E-Book inside.

Mit folgendem persönlichen Code erhalten Sie die E-Book-Ausgabe dieses Buches zum kostenlosen Download.

2018z-pw6p5-
6r72n-p0110

Registrieren Sie sich unter **www.hanser-fachbuch.de/ebookinside** und nutzen Sie das E-Book auf Ihrem Rechner*, Tablet-PC und E-Book-Reader.

* Systemvoraussetzungen: Internet-Verbindung und Adobe® Reader®

Reimund Neugebauer (Hrsg.)

Handbuch Ressourcenorientierte Produktion

Reimund Neugebauer (Hrsg.)

Handbuch Ressourcenorientierte Produktion

HANSER

Der Herausgeber:

Prof. Dr.-Ing. habil. Prof. E. h. Dr.-Ing. E. h. Dr. h. c. Reimund Neugebauer

Bibliografische Information Der Deutschen Nationalbibliothek:
Die Deutsche Nationalbibliothek verzeichnet diese Publikation in der Deutschen Nationalbibliografie;
detaillierte bibliografische Daten sind im Internet über <http://dnb.ddb.de> abrufbar.

ISBN 978-3-446-43008-2
E-Book-ISBN 978-3-446-43623-7

www.hanser-fachbuch.de
Lektorat: Dipl.-Ing.Volker Herzberg
Gestaltung, Seitenlayout und Herstellung: Der Buch*macher*, Arthur Lenner, München
Coverconcept: Marc Müller-Bremer, Rebranding, München, Germany
Titelillustration: Atelier Frank Wohlgemuth, Bremen
Coverrealisierung: Stephan Roenigk
Druck und Bindung: Firmengruppe Appl, aprinta druck, Wemding
Printed in Germany

Vorwort

Wie wollen wir unseren Kindern und Enkeln diese Welt übergeben?

Diese Frage bestimmt zunehmend unser Handeln. Bisher sind wir oft verschwenderisch mit wertvollen Ressourcen umgegangen und Wachstum bedeutete auch immer steigenden Verbrauch von Rohstoffen. Bis 2050 wird die Weltbevölkerung auf neun Milliarden Menschen anwachsen und nach Vorhersage der OECD vervierfacht sich die Weltwirtschaft bis dahin. Wenn unter diesen Gegebenheiten wie bisher weitergewirtschaftet wird, verbraucht die Menschheit 2050 global jährlich 140 Milliarden Tonnen Mineralien, Erze, fossile Brennstoffe und Biomasse - dreimal so viel wie heute. Doch bereits jetzt leben wir über unsere Verhältnisse.

So bestimmen Wissenschaftler des US-amerikanischen Global Footprint Networks seit 1987 den sogenannten Weltüberschusstag. Den Tag, an dem die Menschheit im laufenden Jahr diejenigen regenerativen Ressourcen verbraucht hat, die der Planet für dieses Jahr zur Verfügung stellt. Im Jahre 1987 war es der 19. Dezember - 2011 bereits der 27. September. Ein Wandel ist unumgänglich. Die zentrale Herausforderung des 21. Jahrhunderts heißt Ressourcenschonung und Nachhaltigkeit.

Einem Wachstum im rein quantitativen Sinne sind Grenzen gesetzt. Wird jedoch Wachstum mit Wohlstandsmehrung gleichgesetzt, dann bedeutet dies ein qualitatives Wachstum, das die Lebensqualität der heutigen Generationen verbessert, ohne die Chancen der nächsten Generationen zu beeinträchtigen – im ökonomischen, ökologischen und auch sozialen Bereich.

Die Herausforderungen sind erkannt und politisch wurden die Weichen gestellt. So ist Ressourceneffizienz Teil der „Strategie Europa 2020 für intelligentes, nachhaltiges und integratives Wachstum" und damit eine Priorität der Europäischen Kommission. Auf dieser Ebene wurden bereits im Jahr 2005 die „Thematische Strategie für eine nachhaltige Nutzung natürlicher Ressourcen" und im Jahr 2011 die Leitinitiative „Ressourcenschonendes Europa" sowie den „Fahrplan für ein ressourcenschonendes Europa" beschlossen. Auch vereinbarte die EU bereits 2007 als freiwilliges Ziel bis 2020 insgesamt 20 Prozent weniger Energie zu verbrauchen.

Auf nationaler Ebene nimmt Deutschland hier eine Vorreiterrolle ein, nicht zuletzt dadurch bedingt, dass es als rohstoffarmes Land auf den Import fast aller wichtigen Ausgangsstoffe angewiesen ist. Bereits 2002 hat sich Deutschland im Rahmen der Nationalen Nachhaltigkeitsstrategie als einer der ersten Staaten weltweit ein quantifiziertes Ziel für Ressourceneffizienz gesetzt: Angestrebt wird eine Verdoppelung der Rohstoffproduktivität bis 2020 gegenüber dem Basisjahr 1994. Logische Konsequenz sind das „Energiekonzept für eine umweltschonende, zuverlässige und bezahlbare Energieversorgung vom 28. September 2010" sowie das Deutsche Ressourceneffizienzprogramm „ProgRess" vom 29. Februar 2012.

Die Vision für die Produktion ist eine effiziente, emissionsneutrale und ergonomische Fabrik, die Mensch, Umwelt und Natur schont.

Dabei ist die Produktion direkt an die Ressourcen gekoppelt, ist abhängig von deren Verfügbarkeit und deren Preis. So machen die durchschnittlichen Kosten für Roh-, Hilfs- und Betriebsstoffe über 40 Prozent des Bruttoproduktionswertes aus – doppelt so viel wie der Kostenanteil für Löhne. Es wird eingeschätzt, dass durch technische Modernisierung im Durchschnitt rund 20 Prozent der Materialkosten eingespart werden könnten.

Somit liegt in der weiteren, systematischen Steigerung der Ressourceneffizienz ein großes technologisches Innovations- und Modernisierungspotenzial, dessen Ausschöpfung den Produktionsstandort Deutschland stärken und zur weiteren Senkung des Energieverbrauchs erheblich beitragen kann. Deutsche Ingenieurskunst, verantwortungsvolles unternehmerisches Handeln und zukunftsfähige Geschäftsmodelle sind deshalb in den nächsten Jahren besonders wichtig.

Vor dem Hintergrund, dass der effiziente Einsatz der Ressourcen in hohem Maße darüber entscheidet, wie konkurrenzfähig das Produkt am Markt ist, zeigt dieses Handbuch drei wesentliche Handlungsfelder, wie dieses Ziel zu erreichen ist.

Der Leser erfährt,

- wie die Unternehmensorganisation ressourceneffizient eingestellt wird,
- wie Produktionsstätten, Maschinen und Anlagen ressourcenschonend betrieben werden und
- wie in bestehenden Fertigungsprozessen die Schwachstellen gefunden und beseitigt werden können.

Wo nötig, wird auf einschlägige gesetzliche Regelungen und Normen hingewiesen. Mit Hilfe von Praxisbeispielen wird gezeigt, wie Einsparpotenziale erschlossen werden können und welche wirtschaftlichen Effekte zu erwarten sind.

Das Buch ist gedanklich in zwei Schwerpunkte gegliedert. Der erste beschäftigt sich mit der **Ressourcenbereitstellung und -verteilung**. In drei Teilen werden die Themen

- Ressourcenmanagement
- Ressourcenbeschaffung
- Datenerfassung und -verarbeitung

umfassend beleuchtet. Beginnend bei den Rahmenbedingungen der Energie- und Rohstoffpolitik über Managementkonzepte zum Energie- und Materialeinsatz sowie der Finanzierung, folgen Betrachtungen zu Aspekten der Beschaffung sowie der Energiespeicherung. Diese Thematik wird abgerundet durch Betrachtungen zur Energiedatenerfassung, -auswertung und -simulation.

Der zweite Schwerpunkt widmet sich den **Energieverbrauchern**. Die Teile untergliedern sich in

- Fabrik und Infrastruktur
- Maschinen und Anlagen
- Produktionsprozess.

Im Teil **Maschinen und Anlagen** werden *Maschinen* nach Maschinenelementen und Baugruppen, *Werkzeugmaschinen* entsprechend der unterschiedlichen Technologien, *Produktionsanlagen* und *Automatisierungstechnik* jeweils mit dem Fokus auf Planung und Betrieb von energieeffizienten Werkzeugmaschinen und Fabriksystemen aufbereitet.

Der Teil **Produktionsprozess** setzt sich mit den Themen Fertigungsverfahren, Vor- und Nachbehandlung, Prozessüberwachung, Logistik sowie Hilfs- und Betriebsstoffe auseinander.

Abgerundet wird das Handbuch durch eingängige Praxisbeispiele.

Das Buch richtet sich in erster Linie an Geschäftsführer und leitende Mitarbeiter der oberen und mittleren Führungsebene von Industrieunternehmen. Durch die gezielte Auswahl der Autoren aus dem Kreis der Wissenschaftler von Fraunhofer-Instituten und weitern Forschungseinrichtungen sowie renommierten Praxisvertretern erhält dieses Handbuch Input aus unterschiedlichen Blickwinkeln und mit den Akzenten der jeweiligen Verfasser. Jeder Autor hat sein Thema einer kritischen Bestandsaufnahme unterzogen und die für die Zukunft erforderlichen Lösungsvorschläge herausgearbeitet. Dabei baut dieses Handbuch auf Erkenntnissen unterschiedlicher Forschungsprojekte, realisierter Industrieumsetzungen sowie der persönlichen Erfahrung versierter Praktiker auf. Somit ist das Buch ein unverzichtbarer Leitfaden für alle produzierenden Betriebe, die in der Zeit knapper werdender Ressourcen weiterhin kostengünstig produzieren müssen.

Chemnitz / München, Juni 2013

Prof. Dr.-Ing. habil. Prof. E. h. Dr.-Ing. E. h. mult. Dr. h. c
Reimund Neugebauer

Präsident der Fraunhofer-Gesellschaft

Inhaltsverzeichnis

Teil III – Datenerfassung und -verarbeitung 189

Der Herausgeber

Prof. Reimund Neugebauer

Prof. Reimund Neugebauer wurde am 27.06.1953 in Thüringen geboren. Er studierte Maschinenbau an der Technischen Universität Dresden, wo er 1984 promovierte und 1989 habilitierte.

Nach leitender Tätigkeit in der Industrie wurde er 1989 als Hochschullehrer an die TU Dresden berufen. Seit 1991 war er Institutsleiter des Fraunhofer-Institutes für Werkzeugmaschinen und Umformtechnik IWU mit Standorten in Chemnitz, Dresden, Augsburg und Zittau. 1993 erhielt er einen Ruf als Ordinarius für Werkzeugmaschinenkonstruktion und Umformtechnik an die TU Chemnitz und war seit 2000 geschäftsführender Direktor des Universitätsinstitutes für Werkzeugmaschinen und Produktionsprozesse. Am 1. Oktober 2012 trat er das Amt des Präsidenten der Fraunhofer-Gesellschaft an.

Prof. Neugebauer ist aktives Mitglied (Fellow) der Internationalen Akademie für Produktionstechnik (CIRP), Mitglied der Deutschen Akademie der Technikwissenschaften (acatech) und war von 2010 bis 2011 Präsident der Wissenschaftlichen Gesellschaft für Produktionstechnik e. V. (WGP).

Autorenverzeichnis

Dr.-Ing. Wilhelm Althaus
Fraunhofer-Institut für Umwelt-, Sicherheits- und Energietechnik UMSICHT, Oberhausen (II.2)

Prof. Dr.-Ing. Thomas Bauernhansl
Fraunhofer-Institut für Produktionstechnik und Automatisierung IPA, Stuttgart (IV.2.2.2)

Dipl.-Ing. Stephan Bäumler
RWTH Aachen, Lehrstuhl für Werkzeugmaschinen (V.1)

Prof. Dr.-Ing. Harald Bradke
Fraunhofer-Institut für System- und Innovationsforschung ISI, Karlsruhe (I.1, VI.5.2)

Prof. Michael Braungart
EPEA GmbH, Hamburg (I.7)

Prof. Dr.-Ing. Christian Brecher
Werkzeugmaschinenlabor WZL der RWTH Aachen, Lehrstuhl für Werkzeugmaschinen (V.1)

Dipl.-Ing. (FH) Axel Bruns
Fraunhofer-Institut für Produktionstechnik und Automatisierung IPA , Stuttgart (III.3.2)

Dr. rer. nat. Stefano Bruzzano
Fraunhofer-Institut für Umwelt-, Sicherheits- und Energietechnik UMSICHT, Oberhausen (II.2)

Dipl.-Logist. Dipl.-Kfm. Jan Cirullies
Fraunhofer Institut für Materialfluss und Logistik IML, Dortmund (VI.4)

Hon.-Prof. Dr.-Ing. MBA Carmen Constantinescu
Fraunhofer-Institut für Arbeitswirtschaft und Organisation IAO, Stuttgart (III.3.2)

Dr.-Ing. Martin Dix
Technische Universität Chemnitz, Institut für Werkzeugmaschinen und Produktionsprozesse, Professur für Werkzeugmaschinen und Umformtechnik (VI.1.3.1, VI.1.3.2)

Dr.-Ing. Christian Doetsch
Fraunhofer-Institut für Umwelt-, Sicherheits- und Energietechnik UMSICHT, Oberhausen (II.2, IV.2.2.7)

Dipl.-Ing. Marcus Dörr
Fraunhofer-Institut für Produktionstechnik und Automatisierung IPA, Stuttgart (IV.2.2.2)

Dipl.-Ing. Philipp Eberspächer
Universität Stuttgart, Institut für Steuerungstechnik der Werkzeugmaschinen und Fertigungseinrichtungen (ISW) (III.3.1)

Dipl.-Ing. Hans Erhorn
Fraunhofer-Institut für Bauphysik IBP, Stuttgart (IV.2.1)

Dr. Klaus Erlach
Fraunhofer-Institut für Produktionstechnik und Automatisierung IPA, Stuttgart (I.3)

Dipl.-Ing. Uwe Frieß
Technische Universität Chemnitz, Institut für Werkzeugmaschinen und Produktionsprozesse, Professur für Werkzeugmaschinen und Umformtechnik (V.2)

Dr.-Ing. Ilka Gehrke
Fraunhofer Institut für Umwelt-, Sicherheits- und Energietechnik UMSICHT, Oberhausen (VI.5.3)

Matthias Gläßle, B.Eng.
Fraunhofer-Institut Produktionstechnik und Automatisierung IPA, Stuttgart (V.3.1)

Prof. Dr. Uwe Götze
Technische Universität Chemnitz, Fakultät für Wirtschaftswissenschaften, Professur BWL III - Unternehmensrechnung und Controlling (I.6, II.1)

Dr.-Ing. Thomas Grund
Technische Universität Chemnitz, Professur Verbundwerkstoffe (VI.1.5.2, VI.1.5.4)

Dipl.-Wirt.-Inf. Lars Hackstein
Fraunhofer Institut für Materialfluss und Logistik IML, Dortmund (VI.4)

Dr. Hans-Martin Henning
Fraunhofer-Institut für Solare Energiesysteme ISE, Freiburg (IV.2.2.6)

Dr.-Ing. Werner Herfs, M.B.A.
RWTH Aachen, Lehrstuhl für Werkzeugmaschinen (V.1)

Prof. Dr.-Ing. Christoph Herrmann
Technische Universität Braunschweig, Institut für Werkzeugmaschinen und Fertigungstechnik (V.4)

Dr. rer. nat. Kathrin Hesse
Fraunhofer Institut für Materialfluss und Logistik IML, Dortmund (VI.4)

Dipl.-Ing. Christian Heyers
RWTH Aachen, Lehrstuhl für Werkzeugmaschinen (V.1)

Dipl.-Wirtsch.-Ing. Simon Hirzel
Fraunhofer-Institut für System- und Innovationsforschung ISI, Karlsruhe (VI.5.2)

Dipl.-Ing. Carsten Hochmuth
Fraunhofer-Institut für Werkzeugmaschinen und Umformtechnik IWU, Chemnitz (VI.1.3.4)

Prof. Dr. Clemens Hoffmann
Fraunhofer-Institut für Windenergie und Energiesystemtechnik IWES Kassel (IV.2.2.5)

Dipl.-Ing. Christian Hohaus
Fraunhofer Institut für Materialfluss und Logistik IML, Dortmund (VI.4)

Florian Hondele
MAN Truck & Bus AG, München (VII.1)

Dr.-Ing. Steffen Ihlenfeld
Fraunhofer-Institut für Werkzeugmaschinen und Umformtechnik IWU, Chemnitz (V.2)

Dipl.-Logist. Eike-Niklas Jung
TU Dortmund, Lehrstuhl für Förder- und Lagerwesen, (VI.4)

Dr.-Ing. Doreen Kalz
Fraunhofer-Institut für Solare Energiesysteme ISE, Freiburg (IV.2.2.3)

Dipl.-Ing. Volkmar Keuter
Fraunhofer Institut für Umwelt-, Sicherheits- und Energietechnik UMSICHT, Oberhausen(VI.5.3)

Dipl.-Ing. Wolfgang Klein
Fraunhofer-Institut Produktionstechnik und Automatisierung IPA, Stuttgart (V.3.2)

Prof. Dr.-Ing. Katja Klingebiel
Fraunhofer Institut für Materialfluss und Logistik IML, Dortmund (VI.4)

Dr. Tanja M. Kneiske
Fraunhofer-Institut für Windenergie und Energiesystemtechnik IWES Kassel (IV.2.2.5)

Dr.-Ing. Michael Kuhl
Fraunhofer-Institut für Werkzeugmaschinen und Umformtechnik IWU; Chemnitz (VI.3)

Dipl.-Phys. Tilmann E. Kuhn
Fraunhofer-Institut für Solare Energiesysteme ISE , Freiburg (IV.2.2.4)

Univ.-Prof. Dr.-Ing. habil. Thomas Lampke
Technische Universität Chemnitz, Professur Oberflächentechnik/Funktionswerkstoffe (IV.1.6, VI.1.5.1, VI.1.5.3)

M. Sc. Christoph Lauterbach
Universität Kassel, Institut für thermische Energietechnik, Fachgebiet Solar- und Anlagentechnik, Kassel (IV.2.2.8)

Prof. Dr.-Ing. Philip Leistner
Fraunhofer-Institut für Bauphysik IBP, Stuttgart (IV.5)

Dr.-Ing. Hildegard Lyko
Fraunhofer Institut für Umwelt-, Sicherheits- und Energietechnik UMSICHT, Oberhausen(VI.5.3)

Dipl.-Ing. Thomas Mäder
Technische Universität Chemnitz, Professur Verbundwerkstoffe (VI.1.5.4)

Dr.-Ing. Jörg Mandel
Fraunhofer-Institut für Produktionstechnik und Automatisierung IPA, Stuttgart (IV.2.2.2)

Dipl.-Ing. Nina Nadine Martens, M.Eng.
Fraunhofer-Institut für Bauphysik IBP, Valley (IV.2.3)

Dipl.-Ing. Daniel Meyer
Technische Universität Chemnitz, Professur Oberflächentechnik/Funktionswerkstoffe (VI.1.5.3)

Dr.-Ing. Asja Mrotzek
Fraunhofer Institut für Umwelt-, Sicherheits- und Energietechnik UMSICHT, Oberhausen (I.4.2)

Dr.-Ing. Bernhard Müller
Fraunhofer-Institut für Werkzeugmaschinen und Umformtechnik IWU; Chemnitz (Einleitung VI.1.1, VI.1.1.3)

Dr.-Ing. Roland Müller
Fraunhofer-Institut für Werkzeugmaschinen und Umformtechnik IWU; Chemnitz (VI.2)

Dr.-Ing. Torsten Müller
Fraunhofer Institut für Umwelt-, Sicherheits- und Energietechnik UMSICHT, Oberhausen (I.4.1)

Dipl.-Ing. Martin Naumann
Fraunhofer-Institut Produktionstechnik und Automatisierung IPA, Stuttgart (V.3.1)

Dipl.-Ing. Michael Neumann
Fraunhofer-Institut Produktionstechnik und Automatisierung IPA, Stuttgart (III.3.2)

Rasit Özgüc
Fraunhofer-Institut für Umwelt-, Sicherheits- und Energietechnik UMSICHT, Oberhausen (VII.3)

Dipl.-Ing. Gerd Paczkowski
Technische Universität Chemnitz, Professur Verbundwerkstoffe (VI.1.5.4)

Dipl.-Logist. Matthias Parlings
Fraunhofer Institut für Materialfluss und Logistik IML, Dortmund (VI.4)

Dipl. Umw.-Wiss. Astrid Pohlig
Fraunhofer-Institut für Umwelt-, Sicherheits- und Energietechnik UMSICHT, Oberhausen (II.2, IV.2.2.7)

Dr.-Ing. Clemens Pollerberg
Fraunhofer-Institut für Umwelt-, Sicherheits- und Energietechnik UMSICHT, Oberhausen (IV.2.2.7)

Dr.-Ing. habil. Hartmut Polzin
TU Bergakademie Freiberg, Gießerei-Institut (VI.1.1.1)

Dr.-Ing. Volker Reichert
A&E Applikation und Entwicklung Produktionstechnik GmbH, Dresen (VI.1.1.2)

Dipl.-Ing. Hendrik Rendtzsch
Technische Universität Chemnitz, Institut für Werkzeugmaschinen und Produktionsprozesse, Professur für Werkzeugmaschinen und Umformtechnik (V.2)

Dipl.-Ing. Manfred Renner
Fraunhofer-Institut für Umwelt-, Sicherheits- und Energietechnik UMSICHT, Oberhausen (VII.2)

Dipl.-Ing. (FH) Mark Richter
Fraunhofer-Institut für Werkzeugmaschinen und Umformtechnik IWU, Chemnitz (III.1)

Dr.-Ing. habil. Frank Riedel
Fraunhofer-Institut für Werkzeugmaschinen und Umformtechnik IWU, Chemnitz (VI.1.4)

Dipl.-Ing. Claudius Rienäcker
Fraunhofer-Institut für Werkzeugmaschinen und Umformtechnik IWU, Chemnitz (VI.1.3.4)

Dipl.-Ing. Martin Rist
badenova AG & Co. KG, Freiburg (I.5)

Dipl.-Ing. Josef Robert
Fraunhofer Institut für Umwelt-, Sicherheits- und Energietechnik UMSICHT, Oberhausen (VI.5.3)

Dipl.-Kfm. Steve Rother
Technische Universität Chemnitz, Fakultät für Wirtschaftswissenschaften, Professur BWL III - Unternehmensrechnung und Controlling (I.6, II.1)

Dipl.-Ing. Carlo Rüger
Technische Universität Chemnitz, Institut für Werkzeugmaschinen und Produktionsprozesse, Professur für Werkzeugmaschinen und Umformtechnik (VI.1.3.3)

Dr. Heike Sarstedt
MAN Truck & Bus AG, München (VII.1)

Dipl.-Ing. Frank Schieck
Fraunhofer-Institut für Werkzeugmaschinen und Umformtechnik IWU, Chemnitz (VI.1.2)

Dr.-Ing. Sebastian Schlund
Fraunhofer-Institut für Arbeitswirtschaft und Organisation IAO, Stuttgart (I.5)

Tekn. Dr. Dietrich Schmidt
Fraunhofer-Institut für Bauphysik IBP, Kassel (IV.2.2.1, IV.2.2.8, IV.2.2.9)

M. Sc. Bastian Schmitt
Universität Kassel, Institut für thermische Energietechnik, Fachgebiet Solar- und Anlagentechnik, Kassel (IV.2.2.8)

Dipl.-Ing Frieder Schnabel
Fraunhofer-Institut für Arbeitswirtschaft und Organisation IAO, Stuttgart (I.5)

M.Sc. Dorothea Schneider
A&E Applikation und Entwicklung Produktionstechnik GmbH, Dresen (VI.1.1.2)

Dr.-Ing. Uwe Schob
Fraunhofer-Institut für Werkzeugmaschinen und Umformtechnik IWU, Chemnitz (III.2)

Prof. Dr. rer. pol. Marcus Schröter
Hochschule Bochum, Fachbereich Wirtschaft (I.1)

Prof. Dr.-Ing. Andreas Schubert
Technische Universität Chemnitz, Institut für Werkzeugmaschinen und Produktionsprozesse, Professur Mikrofertigungstechnik (VI.1.3.5)

Dipl.-Ing. Pierre Schulze
Technische Universität Chemnitz, Professur für Oberflächentechnik/Funktionswerkstoffe (VI.1.6)

Dr.-Ing. Ulrich Seifert
Fraunhofer-Institut für Umwelt-, Sicherheits- und Energietechnik UMSICHT, Oberhausen (VI.5.1)

Dipl.-Ing. Alexander Spiller
Fraunhofer-Institut Produktionstechnik und Automatisierung IPA, Stuttgart (V.3.1)

Dr.-Ing. Andreas Sterzing
Fraunhofer-Institut für Werkzeugmaschinen und Umformtechnik IWU, Chemnitz (VI.1.2)

Dipl.-Ing. Ulrich Strohbeck
Fraunhofer-Institut Produktionstechnik und Automatisierung IPA, Stuttgart (V.3.2)

Dr.-Ing. Sebastian Thiede
Technische Universität Braunschweig, Institut für Werkzeugmaschinen und Fertigungstechnik (V.4)

Dipl.-Ing. Johannes Triebs
RWTH Aachen, Lehrstuhl für Werkzeugmaschinen (V.1)

Prof. Achim Trogisch
Hochschule für Technik und Wirtschaft, Dresden (IV.3)

Prof. Dr. Klaus Vajen
Universität Kassel, Institut für thermische Energietechnik, Fachgebiet Solar- und Anlagentechnik, Kassel (IV.2.2.8)

Prof. Dr.-Ing. Dr. h.c. mult. Alexander Verl
Fraunhofer-Institut für Produktionstechnik und Automatisierung IPA, Stuttgart
Universität Stuttgart, Institut für Steuerungstechnik der Werkzeugmaschinen und Fertigungseinrichtungen (ISW) (III.3.1)

Dipl.-Ing. Markus Wabner
Fraunhofer-Institut für Werkzeugmaschinen und Umformtechnik IWU, Chemnitz (V.2)

Dipl.-Phys. Thorsten Wack
Fraunhofer Institut für Umwelt-, Sicherheits- und Energietechnik UMSICHT, Oberhausen (IV.6, VII.4)

Dipl. Wi.-Ing. Sylvia Wahren
Fraunhofer-Institut für Produktionstechnik und Automatisierung IPA, Stuttgart (I.2)

Prof. Dr. Rainer Walz
Fraunhofer-Institut für System- und Innovationsforschung ISI, Karlsruhe (I.1)

Prof. Mathias Wambsganß
Hochschule für angewandte Wissenschaften, Fachhochschule Rosenheim (Professur für Lichtplanung und Gebäudetechnologie) (IV.4)

Prof. Dr. Marion A. Weissenberger-Eibl
Fraunhofer-Institut für System- und Innovationsforschung ISI, Karlsruhe (I.1)

Univ.-Prof. Dr.-Ing. Bernhard Wielage
Technische Universität Chemnitz, Professur Verbundwerkstoffe (VI.1.5.4)

Prof. Dr. Hans-Peter Wiendahl,
Institut für Fabrikanlagen und Logistik, Leibnitz Universität Hannover (IV.1)

Dipl.-Ing. Ruben Winkler
Technische Universität Chemnitz, Professur Verbundwerkstoffe (VI.1.5.4)

Dipl.-Ing. (FH) Ran Zhang
Technische Universität Chemnitz, Institut für Werkzeugmaschinen und Produktionsprozesse, Professur Mikrofertigungstechnik (VI.1.3.5)

Johannes Zauner, M.Sc. Architektur
Hochschule für angewandte Wissenschaften, Fachhochschule Rosenheim, Stabsstelle Forschung & Entwicklung, Energieeffiziente Gebäude und Technologien (IV.4)

Dr. Ing. Barbara Zeidler-Fandrich
Fraunhofer-Institut für Umwelt-, Sicherheits- und Energietechnik UMSICHT, Oberhausen (II.2)

Dr.-Ing. André Zein
Volkswagen Aktiengesellschaft, Wolfsburg (V.4)

Dr. Sebastian Ziegaus
Fraunhofer-Institut für System- und Innovationsforschung ISI, Karlsruhe (I.1)

Dr. Wolfgang Zillig
Fraunhofer-Institut für Bauphysik IBP, Valley (IV.2.3)

TEIL I

Ressourcenmanagement

1 Energie- und Rohstoffpolitik

I

Marion A. Weissenberger-Eibl, Harald Bradke, Rainer Walz,
Marcus Schröter, Sebastian Ziegaus

1.1 Einleitung

Die Bedeutung der Energie- und Rohstoffmärkte sowie der sie begleitenden Energie- und Rohstoffpolitik für Unternehmen, insbesondere im Verarbeitenden Gewerbe, hat in den vergangenen Jahren kontinuierlich zugenommen. Preisschwankungen aufgrund unterschiedlicher Entwicklungen bei Angebot und Nachfrage, klima- und umweltpolitische Rahmenbedingungen und nicht zuletzt Ansprüche an ein auf Nachhaltigkeit verpflichtendes Wirtschaften seitens der Öffentlichkeit verstärken die Notwendigkeit eines zunehmend ressourcensensiblen Managements, um nachhaltig wettbewerbsfähig zu bleiben. Voraussetzung dafür sind realistische Einschätzungen der tatsächlichen und erwartbaren Marktentwicklung, Kenntnisse der (absehbaren) energie- und rohstoffpolitischen Instrumente und ihrer Auswirkungen sowie unternehmerische Ansätze, die sich ändernden Rahmenbedingungen für das Management möglichst produktiv zu nutzen. Der Beitrag zeichnet nach, welche Entwicklungen auf den Rohstoffmärkten und in der Energie- und Rohstoffpolitik für Unternehmen relevant sind und welche Handlungsoptionen sich daraus für das Management ergeben.

1.2 Angebot und Nachfrage nach Energie und Rohstoffen

Rohstoffe sind ein vielfältiger Begriff, der die unterschiedlichsten Inputs in die Produktionsprozesse beschreibt. Zu den für die industrielle Produktion wichtigen Rohstoffen im engeren Sinne gehören Erze und Industriemineralien. Im weiteren Sinne werden oftmals auch Baumineralien sowie Biomasse und fossile Energieträger zu den Rohstoffen gezählt. Von Massenrohstoffen spricht man, wenn die Rohstoffe in großen Mengen eingesetzt werden. Auf der anderen Seite gibt es auch Rohstoffe, die zwar nur in kleinen Mengen eingesetzt werden, die aber für zentrale Funktionen unverzichtbar und für Volkswirtschaften daher von eminenter Bedeutung sind. Für sie hat sich der Begriff der strategischen oder kritischen Rohstoffe eingebürgert.

1.2.1 Massenrohstoffe

Der Verbrauch von Rohstoffen hat weltweit seit den 1950er Jahren kontinuierlich zugenommen. Während der Zuwachs bei der Biomasse deutlich gebremster verlief, nahm insbesondere der Verbrauch von Baumineralien, Energieträgern und Rohstoffen im engeren Sinne (Industriemineralien und Metalle) deutlich zu. Diese Wachstumsdynamik hält ungebremst an. So kam es bei den Rohstoffen im engeren Sinne in den letzten 25 Jahren weltweit zu einer Verdopplung des Verbrauchs (Abb. 1).

Eine genauere Betrachtung der Rohstoffe im engeren Sinn zeigt Differenzierungen zwischen den einzelnen Bestandteilen auf. So hat sich der jährliche Bedarf an Industriemineralien zwischen 1950 und 1975 nahezu verfünffacht. Seither wächst er aber nur noch mit etwa 2 % pro Jahr in etwa gleich stark an wie der Verbrauch bei den Metallen. Bei letzteren zeigt sich in jüngster Zeit ein Strukturwandel weg von Eisen und Stahl hin zu Nicht-Eisen-Metallen, die z. T. deutlich höhere Wachstumsraten aufweisen (Tab. 1). Auch hat sich die Struktur der Nachfrage deutlich verschoben. Die Zunahme des Verbrauchs wird inzwischen durch die Wirtschaftsentwicklung in den schnell wachsenden Ökonomien wie China und Indien getrieben, während er sich in den traditionellen Industrieländern abgeflacht hat.

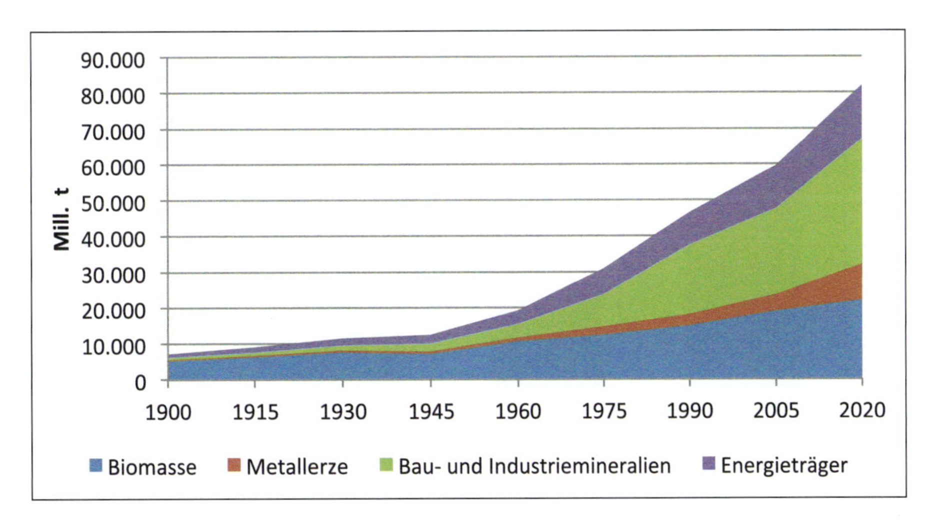

Abb. 1 Entwicklung des weltweiten Materialverbrauchs (Daten von Giljum et al. 2008 und Krausmann et al. 2009)

I

Tab. 1 Entwicklung des weltweiten jährlichen Verbrauchs von Industriemineralien und Metallen in Mio. t (Krausmann et al. 2009, a. a. O)

	1900	1925	1950	1975	2005
Industriemineralien	17,0	57,0	125,0	655,0	1154,0
Eisen	48,5	80,0	132,9	478,0	816,9
Kupfer	0,5	1,6	2,4	6,6	15,4
Aluminium	0,1	0,5	3,0	25,9	63,4
sonst. Metalle	1,9	4,9	10,7	41,4	65,3

Bezüglich der räumlichen Aufteilung des Angebots an Rohstoffen zeigt die Entwicklung ebenfalls eine kontinuierliche Verschiebung hin zu den schnell wachsenden Ökonomien wie China und Indien sowie den Entwicklungsländern an. Daten der OECD (OECD 2010) zeigen auf, dass insbesondere bei den Metallen die Nicht-OECD-Länder noch deutlicher dominieren. Bei der Interpretation dieser Daten muss berücksichtigt werden, dass ein erheblicher Teil der Rohstoffe exportiert wird. Der Verbrauch in den OECD-Ländern liegt deutlich über den Werten für den Abbau, woraus eine erhebliche Importabhängigkeit resultiert (Abb. 2).

Rohstoffmärkte sind durch hohe Preis-Volatilitäten gekennzeichnet und weisen eine hohe Konjunkturabhängigkeit auf. Über viele Jahrzehnte gab es jedoch einen Trend fallender realer Rohstoffpreise. Trotz aller gerade zu Beginn der 1970er Jahre propagierten Problematiken in der langfristigen Verfügbarkeit von Rohstoffen signalisierten die Preise lange Zeit eine eher abnehmende Bedeutung der Rohstoffe als Produktionsfaktor. Erst seit der Jahrtausendwende hat sich dieser Trend umgekehrt – vor allem auch bedingt durch die erhebliche Zunahme der Nachfrage in schnell wachsenden Ökonomien wie China und Indien. Weltweit rücken damit die Verfügbarkeit von und die Kosten für Rohstoffe wieder verstärkt in das Augenmerk (Abb. 3).

Die Entwicklung des Materialverbrauchs in Deutschland spiegelt die Situation in den OECD-Ländern und der EU (vgl. Bleischwitz 2010) wider. Weitgehend ist zwar eine Entkopplung vom Wachstum des Bruttoinlandsprodukts erfolgt, ohne jedoch bei dem eingeschlagenen Tempo das selbst gesteckte Ziel einer Verdopplung der Rohstoffproduktivität bis 2020 gegenüber 1994 erreichen zu können (Statistisches Bundesamt 2010a). Hierbei spielen auch deutschlandspezifische Faktoren wie das Nachlassen des durch die Wiedervereinigung hervorgerufenen Baubooms und die dadurch bedingte Reduktion der Nachfrage nach Baumineralien eine Rolle (Abb. 4).

Allerdings zeigen sich für Deutschland deutlich Verschiebungen. So nimmt die Abhängigkeit von Rohstoffimporten, die bereits in der Vergangenheit bei den Erzen sehr hoch war, auch bei den Industriemineralien zu. Hierbei ist zu beachten, dass nicht nur die direkten Importe an Erzen und Mineralien berücksichtigt werden müssen. Darüber hinaus gibt es auch indirekte Importe von Rohstoffäquivalenten, die im Ausland anfallen, um nach Deutschland importierte Halb- und Fertigwaren zu produzieren. Diese Rohstoffäquivalente weisen ein deutlich höheres Volumen auf als die importierten Halb- und Fertigwaren. Abschätzungen dieser Effekte zeigen insbesondere bei den Industriemineralien einen Trend, dass der Anteil dieser indirekten Importe im Zeitablauf zunimmt (Statistisches Bundesamt 2010b). Festzuhalten ist, dass die deutsche Wirtschaft von Rohstoffimporten abhängiger ist, als es die Außenhandelsstatistiken allein anzeigen. Preissteigerungen auf den weltweiten Rohstoffmärkten schlagen sich auch in den Kosten der importierten Güter nieder.

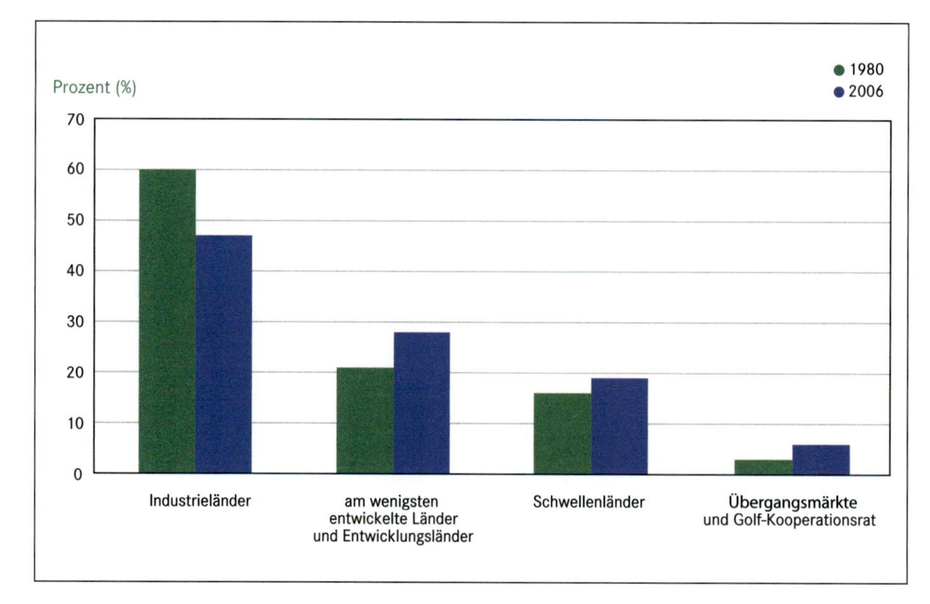

Abb. 2 Verteilung des weltweiten Ressourcenabbaus (UNEP 2011, S. 23)

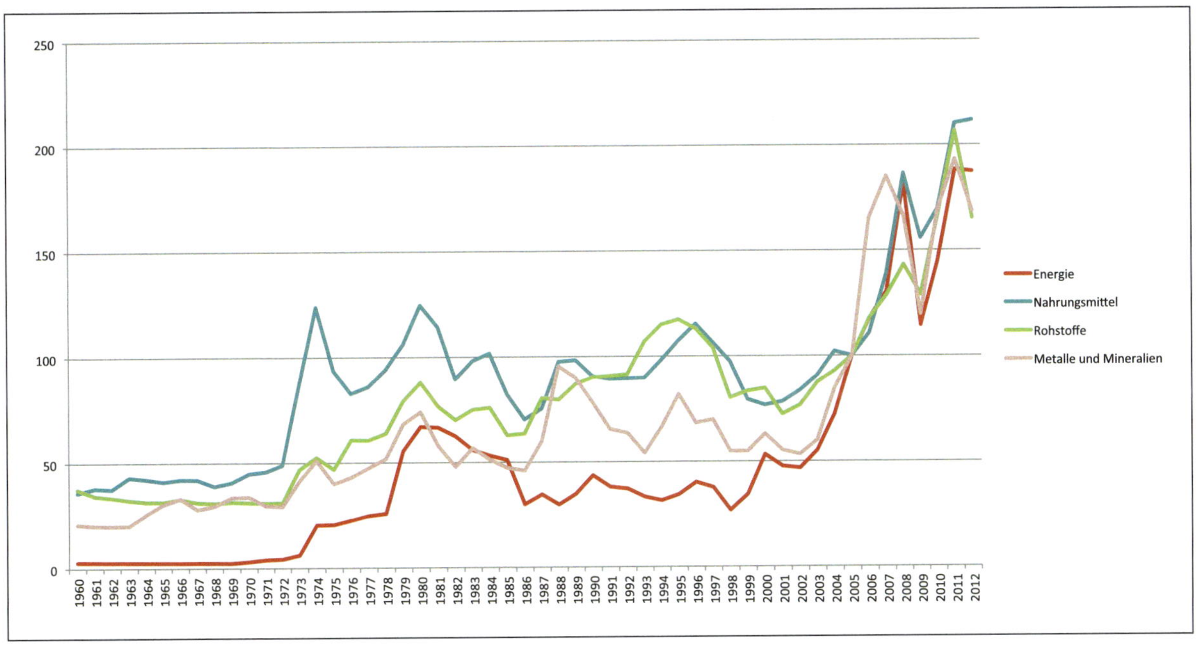

Abb. 3 Preisindex unterschiedlicher Ressourcen in US $ (Daten der World Bank Commodity Price Data)

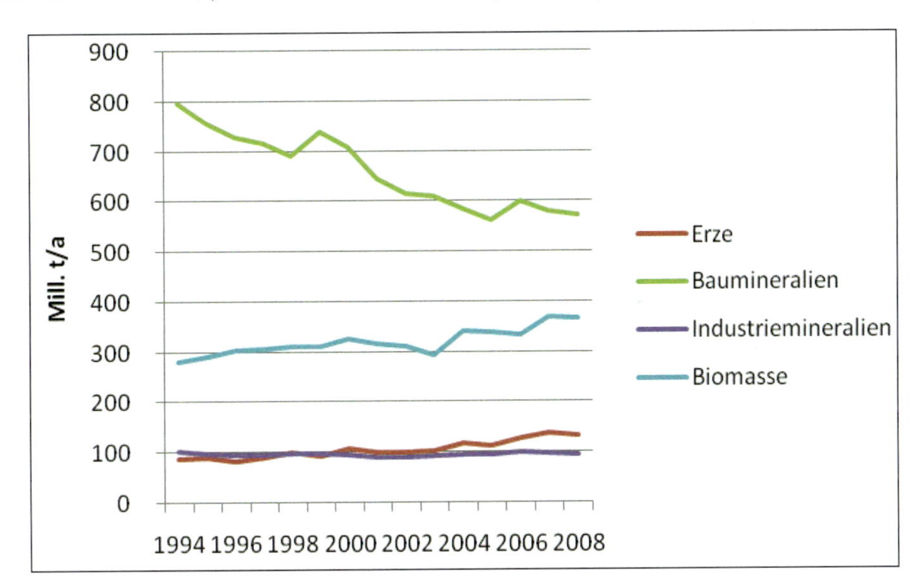

Abb. 4 Entwicklung des Materialverbrauchs in Deutschland in Mio. t (Statistisches Bundesamt 2010b)

1.2.2 Kritische Rohstoffe

Eine verlässliche Versorgung mit Rohstoffen ist essenziell für eine funktionierende Wirtschaft. Dies gilt gerade auch für strategische Rohstoffe wie seltene Erden oder kritische Metalle (vgl. Weissenberger-Eibl, Thielmann, Ziegaus 2010). Sie machen jedoch mengenmäßig nur einen kleinen Anteil des Materialverbrauchs und der Rohstoffimporte aus. Aufgrund von technischen Charakteristika bestehen aber erhebliche Schwierigkeiten, andere Materialien zu finden, welche die spezifischen Funktionen der strategischen Rohstoffe erfüllen könnten. Einige Beispiele mögen die Problematik verdeutlichen: Schwer zu substituieren sind z. B. Chrom in rostfreien Stählen, Kobalt in verschleißfesten Legierungen, Scandium in schlagfesten Aluminium-Scandium-Legierungen, Indium in transparenten Indium-Zinn-Oxid Elektroden für Displays oder Germanium in Linsen der Infrarotoptik (vgl. Angerer et al. 2009). Vielfach thematisiert werden auch seltene Erden wie Neodym oder Dysprosium, die für starke Permanentmagneten, z. B. in Windkraftturbinen, eingesetzt werden.

Problematisch ist allerdings weniger die absolute Verfügbarkeit bei diesen Rohstoffen, wie sie Anfang der 1970er Jahre im Zuge des ersten Berichts des Club of Rome thematisiert wurde. Die Risiken liegen vielmehr darin, dass zum Teil eine Konzentration der Lagerstätten in wenigen

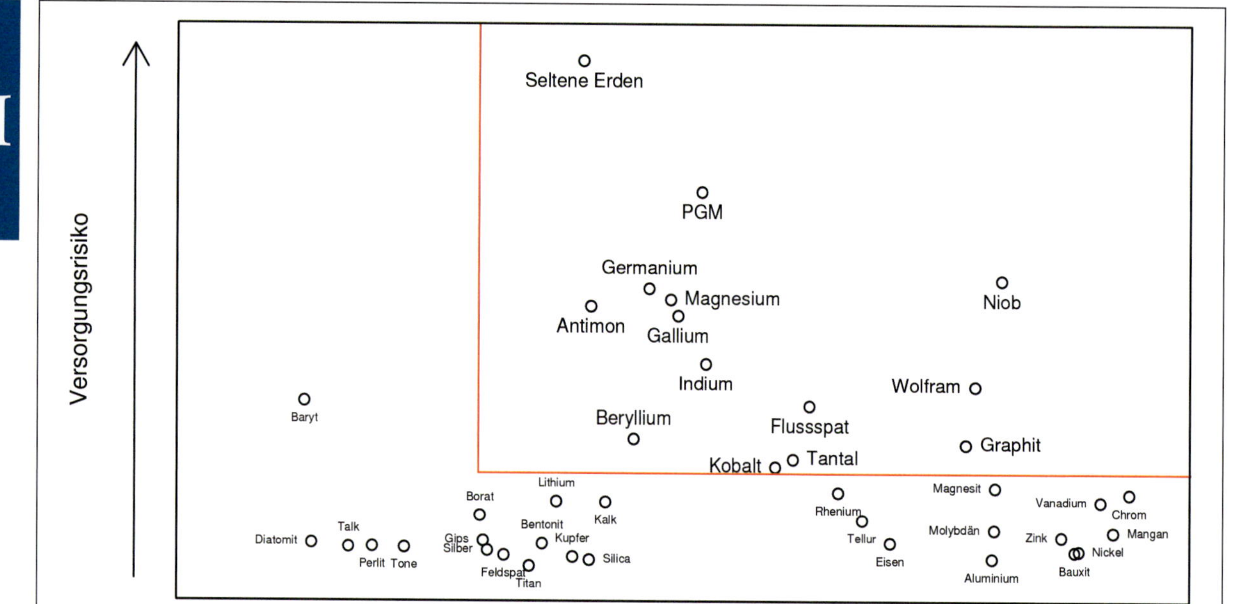

Abb. 5 Einstufung kritischer Rohstoffe (Quelle: EU ad hoc Working Group on Defining Critical Raw Materials 2010 – mit Unterstützung des Fraunhofer ISI)

Ländern besteht. In einigen dieser Länder kommt zudem ein hoher Einfluss des Staates auf Entscheidungen der Marktakteure zum Tragen. Dieser Einfluss erhält eine zusätzliche Dimension, wenn er mit den strategischen, industriepolitischen Interessen in diesen Ländern verknüpft wird. Befürchtet wird, dass eine Reduktion der Exporte kritischer Rohstoffe auch dazu benutzt wird, um der heimischen Industrie, die diese Rohstoffe nutzt, Wettbewerbsvorteile auf dem Weltmarkt zu verschaffen. Weitere sozioökonomische Faktoren, die die Stabilität des Angebots beeinflussen, liegen in der politischen Instabilität einiger Förderländer. Hier werfen illegale Quellen und Korruption Fragen bezüglich der Transparenz in der Rohstoffversorgung auf. Auch wird der Umwelteffekt der Bergbauaktivitäten im Hinblick auf die Life-Cycle-Beurteilung der damit produzierten Güter an Bedeutung gewinnen.

Gleichzeitig sind die Ausweichreaktionen auf der Angebotsseite mit Schwierigkeiten verbunden: Die meisten Rohstoffe fallen im Verbund mit anderen an, sodass keine isolierte Entscheidung zur Förderung für einzelne Rohstoffe getroffen werden kann. Schließlich braucht die Erschließung neuer Lagerstätten erhebliche Anlaufzeiten, und die damit verbundenen Investitionen sind hochgradig irreversibel, was gerade bei strategisch beeinflussten Preis-Volatilitäten das Investitionsrisiko zusätzlich erhöht.

Aufgrund des hohen Anteils der Industrie an der Gesamtwertschöpfung und seiner Armut an Rohstoffen ist Deutschland hinsichtlich der Verfügbarkeit mit strategischen Rohstoffen besonders verletzlich. In vielen OECD-Ländern hat ein Diskussionsprozess begonnen, um die kritischsten Rohstoffe zu identifizieren. Das Fraunhofer ISI hat hier im Rahmen der Raw Material Initiative der EU eine Konzeption entwickelt, nach der die unterschiedlichen Rohstoffe bezüglich ihrer wirtschaftlichen Bedeutung und ihres Versorgungsrisikos klassifiziert werden können (Gandenberger, Marscheider-Weidemann, Tercero Espinoza 2010). Bereits unter den heute bestehenden Rahmenbedingungen wird eine Reihe von Rohstoffen als kritisch eingestuft (Abb. 5).

1.2.3 Energie

Ähnlich der zeitlichen Entwicklung der Nachfrage nach Massenrohstoffen verlief der weltweite Primärenergieverbrauch (Abb. 6). Bis in die 1950er Jahre dominierte die Steinkohle den Primärenergiemarkt. Dann setzte sich zunehmend Erdöl durch und ist mit einem Anteil von rund 1/3 am weltweiten Primärenergieverbrauch heute auf Platz 1, gefolgt von Steinkohle mit etwa 1/4 und Erdgas mit rund 1/5-Anteil. Da erneuerbare Energieträger hauptsächlich auf nichtkommerzieller Biomasse basieren, ist ihre statistische Erfassung mit großen Unsicherheiten behaftet. Ihr Anteil dürfte bei etwa 10 bis 15 % liegen. Aufgrund unterschiedlicher Umrechnungsverfahren schwanken auch die Anga-

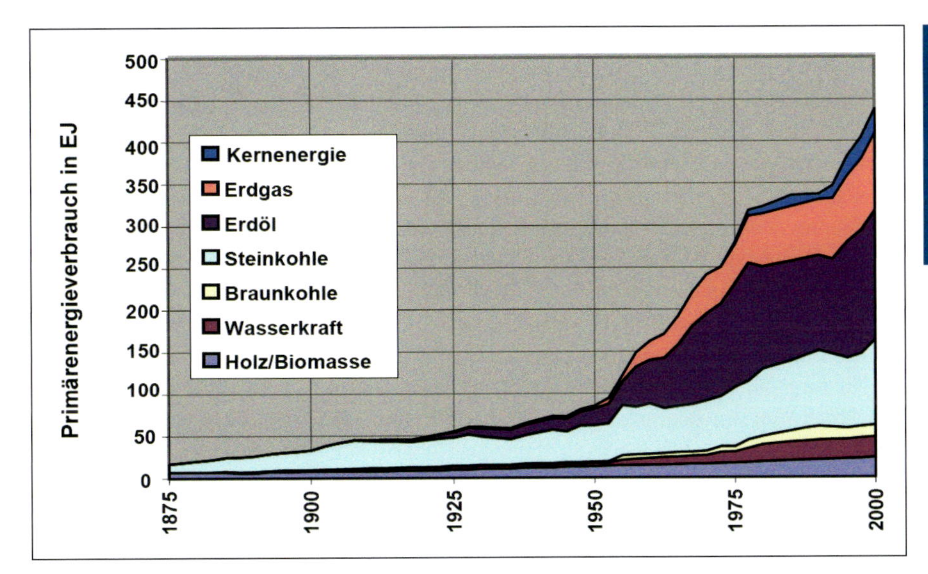

Abb. 6 Entwicklung des weltweiten Primärenergieverbrauchs (Bundesministerium für Umwelt, Naturschutz und Reaktorsicherheit 2004)

ben für Kernenergie. Diese hat etwa einen Anteil von rund 5 % an der Deckung des weltweiten Primärenergiebedarfs. Während Kohle noch in sehr großem Umfang als Ressource im Boden liegt, sind die bekannten und wirtschaftlich abbaubaren Mengen konventionellen Erdgases, vor allem aber von konventionellem Erdöl, stark begrenzt. Bei Letztgenanntem dürfte der Höhepunkt der Förderung bereits überschritten sein. Nennenswerte Vorkommen bei konventionellem Erdgas werden noch in Russland erwartet und bei konventionellem Erdöl im Nahen Osten (Saudi-Arabien, Iran, Irak, Kuwait, Vereinigte Arabische Emirate). Zunehmend werden daher nicht-konventionelle Erdöle wie Teersande oder Ölschiefer sowie nicht-konventionelle Erdgase wie Erdgas in dichten Gesteinsschichten (Shelfgas), Flözgas, Aquifergas und Gashydrate gefördert. Die Förderung dieser nicht-konventionellen fossilen Energieträger ist relativ kostenintensiv und umweltbelastend, sodass sie von vielen Experten nicht als eine echte Alternative gesehen wird.

Eine zurückgehende Förderung preiswerter konventioneller Energieträger, die Erschließung teurer Lagerstätten in bisher unzugänglichen Regionen (Tiefsee, Polargebiete) und aufwendig sowie umweltbelastend zu gewinnende nicht-konventionelle fossile Energieträger lassen bei einer gleichzeitig ansteigenden Nachfrage, vor allem aus den stark wachsenden Volkswirtschaften aus den Schwellenländern, deutlich steigende Preise für fossile Energieträger erwarten. Diese waren seit der Energiepreiskrise Mitte der 1980er-Jahre infolge eines Öl-Embargos der OPEC-Staaten bis Anfang dieses Jahrtausends vergleichsweise moderat mit Preisen im Bereich von rund 20 US-$ pro Barrel nominal gegenüber über 100 US-$ pro Barrel im Durchschnitt 2011. Diese mehr als 20-jährige Phase preiswerter fossiler Energieträger hat – von wenigen Ausnahmen, wie z. B. Deutschland, abgesehen – zu einem sorglosen Umgang mit Energie geführt. Erst die Debatte um einen vom Menschen verursachten möglichen Treibhauseffekt und die in den letzten Jahren anziehenden Energieträgerpreise haben die Suche nach Alternativen zu fossilen Energieträgern forciert. Der in den 1980er-Jahren im Zuge der „Weg vom Öl"-Politik propagierte Ausbau der Kernenergie stagniert seit etwa 20 Jahren mit einem jährlichen weltweiten Zubau von rund fünf neuen Reaktorblöcken, was aufgrund der Stilllegung alter Reaktoren zu einer nahezu konstanten Anzahl von etwa 450 in Betrieb befindlichen Anlagen geführt hat. Das entspricht einem Anteil an der weltweiten Stromproduktion von rund 15 %. Steigende Investitionskosten infolge zunehmender Sicherheitsanforderungen, die nicht geklärte Frage der sicheren Entsorgung der radioaktiven Abfälle und ein zunehmender Widerstand in der Bevölkerung lassen nur noch wenige Experten an eine breite Renaissance der Kernenergie glauben, deren Zubau gegenwärtig vor allem in China mit 27 Neubauvorhaben und Russland mit 11 neuen Blöcken im Jahr 2012 vorangetrieben wird. Eine massive weltweite Ausbaustrategie würde aufgrund des nur begrenzt verfügbaren Angebotes preiswerten Urans den Einstieg in die Brütertechnologie erforderlich machen, was aber auch einen Einstieg in die Plutoniumwirtschaft erfordern würde. Das erscheint derzeit aufgrund der damit verbundenen Gefahren – nicht zuletzt auch durch Proliferation – unvorstellbar. Auch wenn in den letzten Jahren deutliche Fortschritte bei der Kernfusion erreicht werden konnten, wird es bis zu ihrem wirtschaftlichen, großtechnischen Einsatz zu lange dauern, um eine echte Alternative sein zu können. Die Herausforderungen bei den fossilen Energieträgern und der durch die Nutzung fossiler Energieträger beeinflusste Klimawandel erfordern schnellere Lösungen.

Somit bleiben auf der Angebotsseite im Wesentlichen die erneuerbaren Energieträger, die gegenwärtig etwa 10 bis

I

15 % des Primärenergiebedarfs abdecken – zu rund 90 % mit Hilfe von Biomasse. Zur Stromerzeugung tragen erneuerbare Energien zu etwa 1/5 bei, davon ist Wasserkraft mit rund 80 % der dominierende Energieträger. Ein weiterer Ausbau der großen Wasserkraft ist aus ökologischen und gesellschaftlichen Gründen umstritten, ebenso die Nutzung von Biomasse als Energieträger aufgrund der Konkurrenz mit dem Anbau von Nahrungsmitteln und dem Schutz der Regenwälder. Was bleibt, sind im Wesentlichen die Nutzung von solarer Strahlung mittels Fotovoltaik, solarthermischen Kraftwerken und solarer Brauchwassererwärmung sowie die Nutzung der Windkraft. Ihr Nachteil ist ihre in weiten Teilen der Welt nur begrenzte Vorhersagbarkeit und ihre Fluktuation, die eine Speicherung, Transport über weite Entfernungen oder Anpassung der Nachfrage an das Angebot erforderlich machen.
All dies lässt weiter deutlich steigende Energiepreise erwarten.

1.3 Handlungsoptionen und Folgewirkungen

1.3.1 Ansatzpunkte zur Reduktion des Energie- und Ressourcenverbrauchs

1.3.1.1 Energie

Nachhaltige Energieerzeugung und die Reduzierung der Energienachfrage bilden die beiden zentralen Elemente eines nachhaltigen Energiesystems. Folgende unterschiedliche Strategien lassen sich unterscheiden (vgl. Walz et al. 2008):

- Eine nachhaltige Energieerzeugung muss sich längerfristig verstärkt auf erneuerbare Energien stützen. Technologien zur Nutzung erneuerbarer Energie umfassen Fotovoltaik, Solarthermie (inkl. solarthermische Stromerzeugung und solare Warmwasserbereitstellung), Windkraft, Wasserkraft (inkl. Wellen- und Gezeitenkraft), Geothermie, Biomasse/Biogas.
- Effiziente und emissionsarme Kraftwerks- und Umwandlungstechnologien, dezentrale Energieerzeugung/ Energiespeicherung und neue Verteilungskonzepte stellen weitere wichtige zusätzliche Elemente eines grünen Energieangebots dar. Effiziente und emissionsarme Kraftwerks- und Umwandlungstechnologien spielen im Übergang vom derzeitigen Energiesystem zu einer nachhaltigen Energieerzeugung eine wichtige Rolle, insbesondere um die Kohlenutzung, z. B. in Ländern wie China und Indien, bei weniger globaler Umweltbelastung zu erlauben.
- Energieeffiziente Techniken für den Bereich Gewerbe und Haushalte umfassen einmal die Gebäudetechnik. Hierzu gehören sowohl Gebäudekomponenten als auch energieeffiziente Heizsysteme sowie Systemaspekte in Gebäuden wie Niedrigenergie-/Passivhausbauweise. Aber auch energieeffiziente Stromanwendungen bei Beleuchtung und in Elektrogeräten gehören zu den Schlüsselbereichen einer Reduktion der Stromnachfrage.
- Energieeffiziente Verfahren und Prozesse in der Industrie sind oft sehr sektorspezifisch, z. B. in der Eisen-/Stahlproduktion oder der Papierproduktion etc. Erhebliches Potenzial besteht auch bei energieeffizienten industriellen Querschnittstechnologien. Sie beinhalten Technologien, welche weitgehend unabhängig von einer bestimmten Branche eingesetzt werden, also Wärmetauschanlagen, energieeffiziente Elektromotoren, Ventilatoren, Industrieöfen und Trockner.

1.3.1.2 Rohstoffe

Aus technischer Perspektive lässt sich die Einsparung von Rohstoffen in verschiedene Teilaspekte aufgliedern, die sich auf unterschiedliche Produktionsinputs beziehen. Folgende unterschiedliche Strategien lassen sich unterscheiden (vgl. Ostertag, Sartorius, Tercero Espinoza 2010):

- *Materialeinsparung im Produktionsprozess:* Roh-, Hilfs- und Betriebsstoffe können durch verbesserte *Oberflächenbehandlung* sowie neue Verfahren der Formgebung eingespart werden. Durch eine bessere *Kontrolle der Materialqualität und der Verarbeitungsprozesse* lassen sich außerdem die Ausschussquote und damit der Materialverbrauch senken. Beim *Leichtbau* werden Materialeinsparungen durch besonders leichte Materialien (z. B. Magnesium) erzielt. Eine reduzierte Dimensionierung ermöglicht direkt weniger Materialverbrauch, kann aber auch indirekt den Energieverbrauch in der Nutzungsphase reduzieren.
- Ein zentraler Ansatzpunkt zur Reduktion des Materialverbrauchs sind umweltfreundliche Produkte mit erhöhter Lebensdauer. Langlebigkeit lässt sich erzielen durch eine *Erhöhung der Stabilität*, welche die Funktion über einen längeren Zeitraum sicherstellt, durch *Oberflächenbehandlungen*, die ein Gut vor negativen Einflüssen von außen schützen, sowie durch neue *Reparaturverfahren*, die die Nutzungsdauer verlängern. Bei der Erhöhung der Stabilität spielen Verbundwerkstoffe sowie das Härten von Metallen eine Rolle. Oberflächenbeschichtungen und intensivierte Wartung und Reparatur können ebenfalls die Langlebigkeit erhöhen.
- Beim *Recycling* werden mehrere Aspekte unterschieden: Sammlung der Wertstoffe, Zerlegung von Gütern bzw. Produkten am Ende ihrer Nutzungszeit und die (Vor-) Sortierung ihrer Bestandteile entsprechend der Material-

zusammensetzung. Andererseits geht es um spezifische Verfahren zur Wiedergewinnung und Verarbeitung bestimmter Materialien.

1.3.2 Innovationsdynamik

Die Beurteilung der Innovationsdynamik der oben aufgeführten Optionen ist von wichtiger Bedeutung für die Ausgestaltung der Energie- und Rohstoffpolitik. Einerseits ist es erforderlich, die Energie- und Umweltpolitik auch im Sinne einer nachfrageorientierten Umweltpolitik (Edler 2007) auf die Steigerung der Innovationsdynamik der relevanten Technologien auszurichten. Andererseits vermittelt die Innovationsdynamik wichtige Aufschlüsse darüber, in welchen Bereichen sich denn besonders viele neue Handlungsoptionen eröffnen. Eine vorausschauende Politikgestaltung muss auf diese Chancen frühzeitig eingehen. Analysen zur Innovationsdynamik von Technologien zur Energie- und Rohstoffeinsparung wurden vom Fraunhofer ISI sowohl für die Technologien im Energiebereich als auch für Materialeffizienzstrategien durchgeführt (Walz et al. 2008, Ostertag et al. 2010). Interessant ist hierbei jeweils, wie sich die Patentdynamik im Technologiefeld im Vergleich zur Dynamik bei allen Patenten in allen Feldern entwickelt hat und ob innerhalb der Technologiefelder Unterschiede zwischen der weltweiten Dynamik und der in Deutschland ausgemacht werden können (Abb. 7):

- Die höchste Patentdynamik weisen die erneuerbaren Energien auf; dies gilt weltweit sogar noch stärker als in Deutschland.
- Weltweit ist auch die Patentdynamik bei der Energieeffizienz für Haushalte (Gebäude und Elektrogeräte) deutlich höher als bei allen Patenten. Dies gilt allerdings nicht für die Dynamik in Deutschland.
- Die anderen Felder im Energiebereich weisen alle eine ähnliche Patentdynamik wie für die Summe aller Patente auf. Auch zeigen sich keine gravierenden Abweichungen zwischen der weltweiten und der deutschen Patentdynamik in diesen Feldern.
- Bei den Materialeffizienzstrategien (Abb. 8) weisen sowohl die Strategien der Langlebigkeit als auch der Materialeinsparung eine leicht überdurchschnittliche Patentdynamik auf. Bei der Materialeinsparung ist die Dynamik Deutschlands in den letzten Jahren sogar noch stärker als weltweit.
- Die Dynamik bei Recyclingtechnologien ist deutlich schwächer ausgeprägt als bei allen Patenten. Dies trifft für Deutschland sogar noch stärker zu als weltweit.

Insgesamt ist damit festzuhalten, dass insbesondere bei erneuerbaren Energietechnologien die Patentdynamik noch ganz erhebliche Entwicklungsschübe vermuten lässt, während dies beim Recycling weit weniger der Fall ist. Für die deutsche Positionierung ist neben der Dynamik auch zu bedenken, dass das erreichte Niveau von

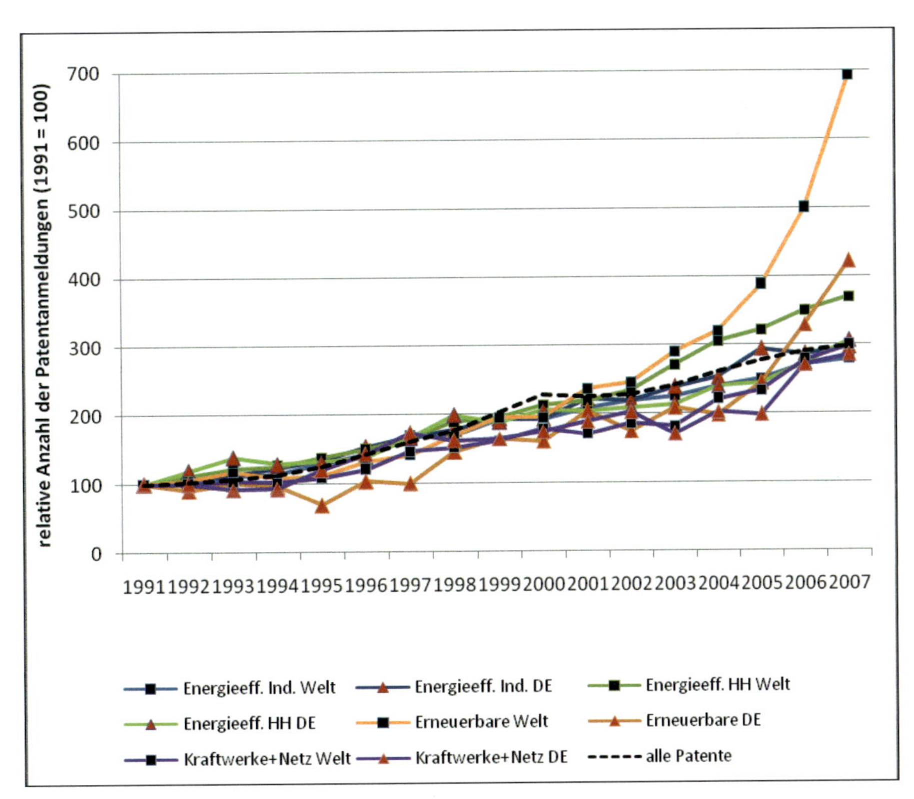

Abb. 7 Patentdynamik in energierelevanten Technologiefeldern in Deutschland und der Welt (Daten von Walz et al. 2008, Walz et al. 2011)

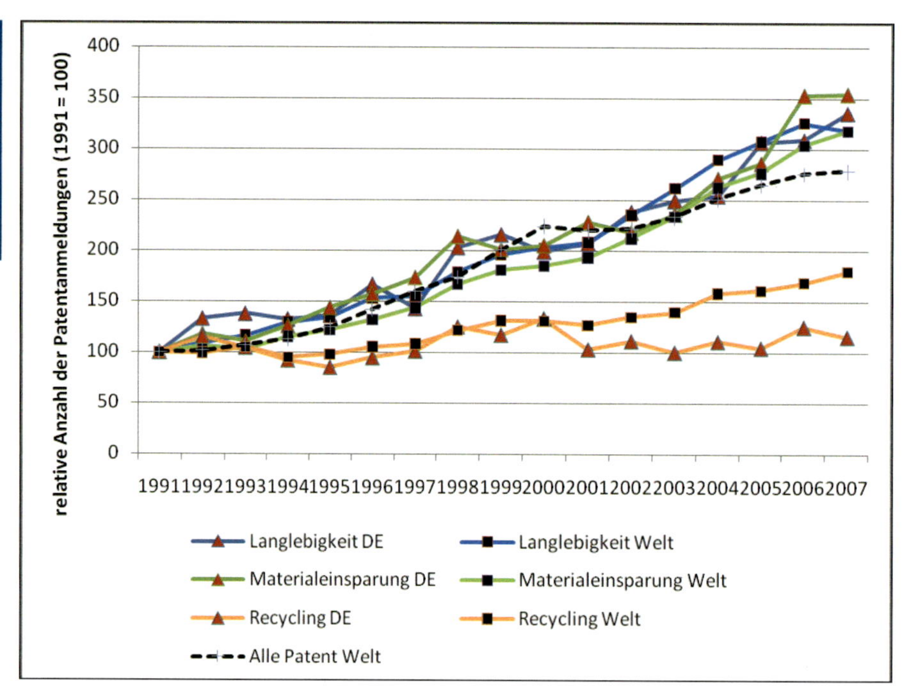

Abb. 8 Patentdynamik in den Technologiefeldern der Materialeffizienz in Deutschland und der Welt (Daten von Ostertag et al. 2010)

Deutschland aufgrund einer frühzeitigen Hinwendung zu umweltfreundlichen Technologien bereits zu Beginn der Betrachtungsperiode vergleichsweise hoch ist, sodass die Steigerungsraten auch moderater ausfallen. Insgesamt ist Deutschland bei den betrachteten Technologien sehr gut aufgestellt, was auch eine Betrachtung der Patentintensitäten und der Spezialisierungsmuster verdeutlicht (Walz et al. 2008, 2011).

1.3.3 Zukunftsszenarien

1.3.3.1 Energieszenarien

Aufgrund der langen Planungs- und Nutzungszeiten und hohen Investitionskosten von Energiegewinnungs-, -umwandlungs-, -transport- und -nutzungstechnologien wie Kraftwerken, Raffinerien, Hochspannungsleitungen, Fabrikanlagen, Gebäuden usw. sind Energieszenarien seit den 1970er Jahren ein weitverbreitetes Planungsinstrumentarium. Neben Unternehmen sind auch Regierungen und staatliche wie überstaatliche Institutionen zur Planung ihrer Politiken auf derartige Vorausschauen angewiesen.

Die Vielfalt der Studien ist heterogen und schwer überschaubar. Neben eher volkswirtschaftlich orientierten Top-Down-Ansätzen und eher prozessorientierten Bottom-up-Ansätzen mit einer Reihe von unterschiedlichen quantitativen Modelltypen kommen auch qualitative Methoden zum Einsatz. Neben normativen Szenarien, die die Wirkung bestimmter gesetzter Annahmen untersuchen und erforderliche Maßnahmen zur Zielerreichung ableiten, existieren auch explorative Szenarien, in denen mögliche Zukünfte konsistent beschrieben werden.

So liegen dem von der Bundesregierung im September 2010 beschlossenen Energiekonzept, welches die energiepolitische Ausrichtung Deutschlands bis 2050 beschreibt und insbesondere Maßnahmen zum Ausbau der erneuerbaren Energien, der Netze und zur Energieeffizienz festlegt, verschiedene Energieszenarien zugrunde. Sie zeigen die erforderlichen Schritte auf, um in Deutschland die Treibhausgasemissionen bis 2050 um 80–95 % gegenüber 1990 zu senken, den Anteil erneuerbarer Energien an der Stromerzeugung auf 80 % zu steigern und den Primärenergieverbrauch um 50 % gegenüber 2008 zu senken.

International gehört der regelmäßig aktualisierte World Energy Outlook der Internationalen Energieagentur zu den wichtigsten Szenarien. Deren Prognose erwartet mittelfristig einen weiteren starken Anstieg der Nutzung von Kohle, während die Nachfrage nach anderen Energieträgern moderat wächst (s. Abb. 9). Die zusätzlich erforderlichen Förderkapazitäten zur Deckung der Nachfrage nach Erdöl und Erdgas sind jedoch gewaltig. Um die Produktion beim Rohöl in Höhe von 104 mb/d (Million Barrel pro Tag) im Jahr 2030 zu decken, sind zusätzlich zu den heutigen Förderkapazitäten 64 mb/d erforderlich – sechsmal die gegenwärtige Kapazität von Saudi Arabien – um den Zuwachs und die zur Neige gehenden gegenwärtigen Quellen zu decken. Nicht viel besser sieht es bei Erdgas aus, hierfür werden zusätzliche Förderkapazitäten von rund 2700 bcm benötigt – viermal die gegenwärtige Kapazität Russlands – die eine Hälfte, um die Rückgänge der existierenden Felder zu decken,

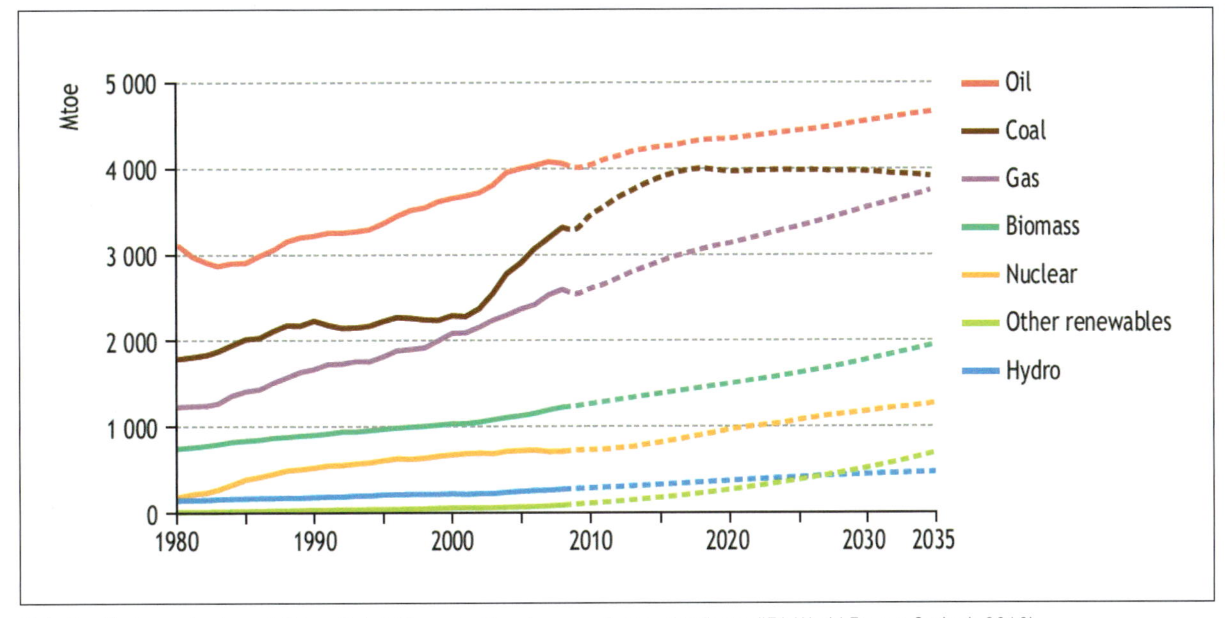

Abb. 9 Ein Szenario der möglichen Entwicklung der Nachfrage nach Energieträgern (IEA World Energy Outlook 2010)

die andere Hälfte, um den wachsenden Bedarf decken zu können. (IEA: World Energy Outlook 2009).
Dieser erwartete Anstieg des Verbrauchs fossiler Energieträger, insbesondere von Kohle, wird nach gegenwärtigem Kenntnisstand zu einer Zunahme der globalen Temperatur um 6° C führen. Um den Temperaturanstieg auf 2° C zu begrenzen (450 ppm-Szenario, s. Abb. 10), werden nach Einschätzung der Internationalen Energieagentur einen Beitrag von 10 % durch die Abscheidung und Lagerung des Kohlendioxids (CCS – Carbon Capture and Storage) liefern, weitere 10 % durch den verstärkten Einsatz von Kernenergie, 23 % durch zusätzliche erneuerbare Energieträger und 57 % durch eine effizientere Nutzung der Energie.

1.3.3.2 Rohstoffszenarien

Im Vergleich zu den Energieszenarien sind bisher noch vergleichsweise wenige Szenarien erstellt worden, die die Zukunft des Rohstoffverbrauchs quantifizieren. Giljum et al. 2008 sowie die OECD (2010) schätzen, dass der Rohstoffverbrauch bis 2020 gegenüber 2002 weltweit um etwa 50 % zunehmen wird. Getrieben wird diese Zunah-

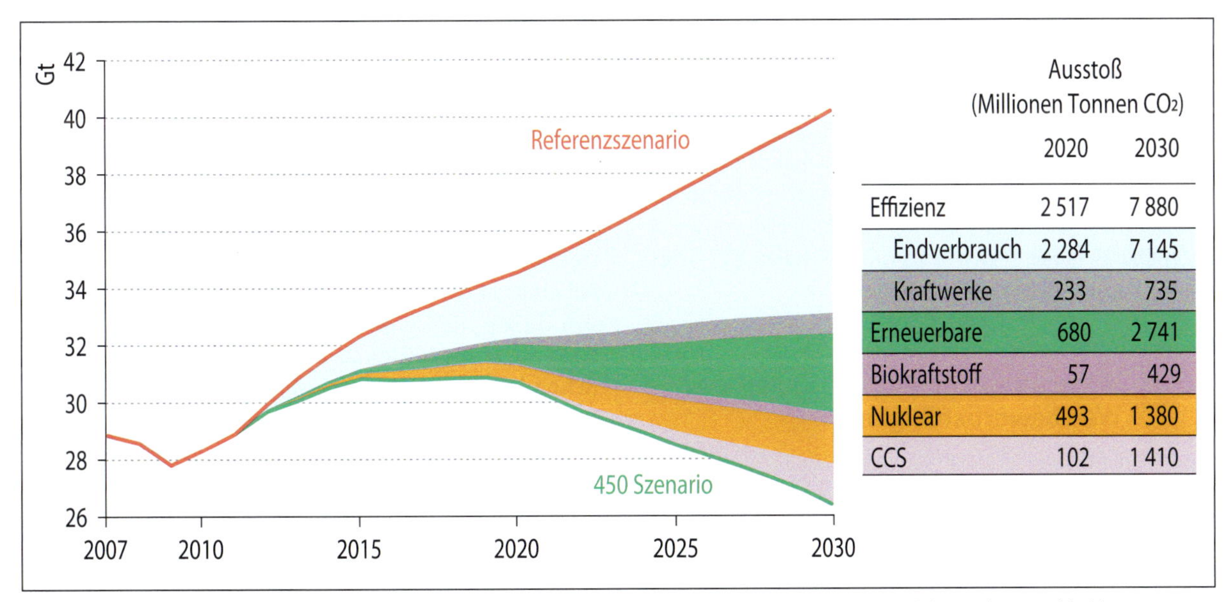

Abb. 10 Das Referenz-Szenario des WEO und die erforderlichen Beiträge einiger Technologien zur Erreichung eines nachhaltigen 450 ppm-Szenarios (IEA World Energy Outlook 2009)

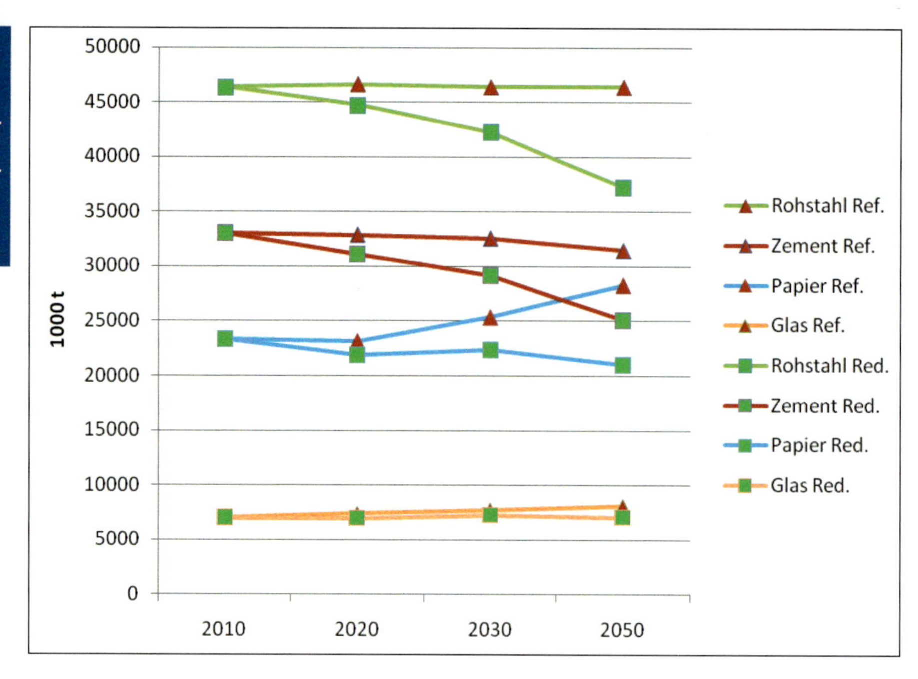

Abb. 11 Referenz- und Material-Einsparszenarien für unterschiedliche Werkstoffe in Deutschland (Daten von Jochem, Schade 2007)

me insbesondere durch schnell wachsende Ökonomien. Innerhalb der einzelnen Rohstoffarten werden besonders hohe Zuwachsraten im Bereich der Metalle gesehen. Für die längerfristige Entwicklung zeigen Überlegungen von UNEP auf, dass bei Fortführung der bisherigen Trends insbesondere die ökonomischen Aufholprozesse in den sich schnell entwickelnden Ländern langfristig zu einer Verdreifachung der weltweiten Rohstoffverbräuche führen würden. Selbst eine Verdopplung der spezifischen Rohstoffproduktivität würde weltweit noch immer zu einer Steigerung des weltweiten Rohstoffverbrauchs um ca. 20 % bis 2050 führen(UNEP 2011).

Eine detaillierte Einschätzung der Minderungsmöglichkeiten durch Materialeinsparung wurde im Rahmen des ADAM Projektes vorgenommen (Jochem, Schade 2007). Bereits im Referenzfall zeigt sich für Deutschland, dass der Einsatz von Werkstoffen in etwa konstant bleibt. Im Szenario einer verstärkten Materialeinsparung kommt es dann zu einer deutlichen Reduktion der Materialverbräuche gegenüber dem Referenzszenario, die zwischen 13 % (Glas) und 26 % (Papier) liegt.

1.3.4 Wirtschaftliche Auswirkungen und Wettbewerbsfähigkeit

Bei den wirtschaftlichen Auswirkungen von Energie- und Rohstoffstrategien müssen verschiedene Aspekte unterschieden werden: Preis- und Kosteneffekte, Verschiebungen in den Nachfragestrukturen, aber auch die Auswirkungen auf Exportmöglichkeiten (Walz, Schleich 2009). Schließlich muss auch bedacht werden, dass mit Energie- und Materialeffizienzstrategien erheblicher struktureller Anpassungsbedarf einhergeht, der von den regionalen Güter- und Arbeitsmärkten bewältigt werden muss.

Die berechneten Auswirkungen von Maßnahmen zur Reduktion der CO_2-Auswirkungen sind nicht unabhängig vom gewählten Modellierungsansatz und der Geschwindigkeit, mit der die Maßnahmen durchgeführt werden. Ein Überblick über die für Deutschland vorliegenden Ergebnisse zeigt auf, dass die Studien für eine moderate CO_2-Reduktion von 10 bis 20 % gegenüber dem Referenzfall überwiegend positive Auswirkungen für BIP und Beschäftigung ausmachen. Hier kommt insbesondere auch zum Tragen, dass Deutschland ein Energie importierendes Land ist, das über eine ausdifferenzierte Umwelttechnik-Industrie verfügt. Ein Großteil der kontraktiven Wirkungen des Nachfragerückgangs nach Energie wird quasi ins Ausland „exportiert", während ein Großteil der expandierenden grünen Energietechnologiegüter im Inland hergestellt wird. Ähnlich ist bei einer mittelfristigen Reduktion der CO_2-Emissionen von 30 bis 40 % davon auszugehen, dass zusätzliche Kostenbelastungen durch die anderen gesamtwirtschaftlichen Mechanismen noch immer kompensiert werden. Neuere Ergebnisse bestätigen diese Tendenz sowohl für umfangreiche Maßnahmenbündel als auch für Untersuchungen, die sich auf die Auswirkungen des Ausbaus von erneuerbaren Energien stützen (Jochem, Schade 2009, Ragwitz et al. 2010).

Für Maßnahmen zur Steigerungen der Materialeffizienz gibt es bisher vergleichsweise wenig Untersuchungen. Die vorliegenden Ergebnisse deuten aber auf ähnliche

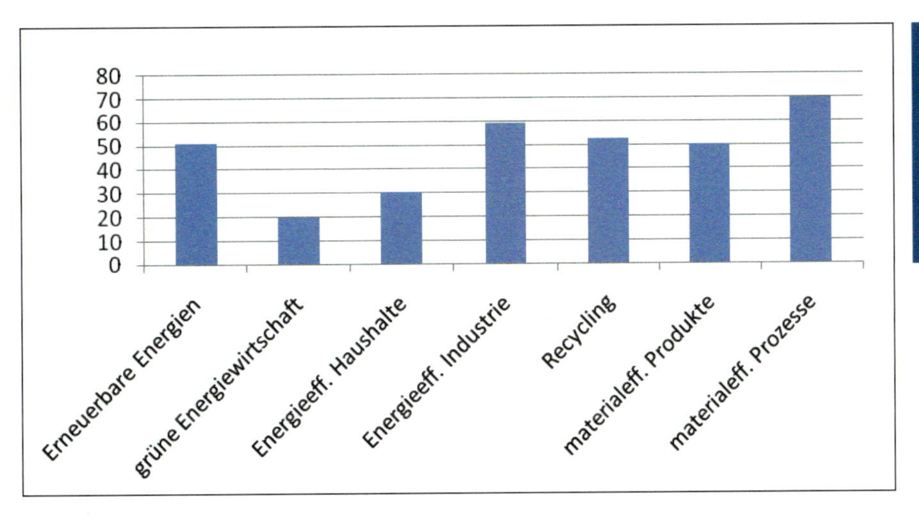

Abb. 12 Relativer Welthandelsanteil Deutschlands in den verschiedenen Technologiefeldern: Spezialisierungsmaß für Bedeutung Exportanteil einer Technologie im Vergleich zum durchschnittlichen Exportanteil eines Landes; Werte liegen zwischen – 100 und + 100 (Daten von Walz et al. 2011, Ostertag et al. 2010)

Wirkungen wie bei der Energie hin, da Deutschland ebenfalls einen erheblichen Teil seines Rohstoffbedarfs importiert (Distelkamp, Meyer, Meyer 2010). Mit steigenden Rohstoff- und Energiepreisen ist dabei zu erwarten, dass die positiven Effekte im Zeitablauf eher noch stärker ausfallen werden. Erhebliche positive Arbeitsplatzeffekte kommen auch dann zustande, wenn die Energie- und Rohstoffstrategien in eine ökologische Steuerreform eingebettet werden, bei der das Aufkommen zur Reduktion der Abgabenlast für Arbeit verwendet wird. Die dadurch sinkenden Arbeitskosten führen zu einer Mehrnachfrage nach dem Produktionsfaktor Arbeit.

Bei den strukturellen Wirkungen von Energiestrategien gehören gerade der Maschinenbau und die Bauwirtschaft tendenziell eher zu den Gewinnern, während sich die kontraktiven Effekte vor allem bei den Energie bereitstellenden Sektoren niederschlagen (Walz, Schleich 2009). Stärkere sektorale Verschiebungen sind bei den Strategien zur Einsparung von Rohstoffen zu erwarten (Walz 2011). Hier nehmen arbeitsintensive Tätigkeiten wie Sammlung von Wertstoffen, aber auch Reparatur und Wartungstätigkeiten oder Servicetätigkeiten im Zusammenhang mit neuen Produktkonzepten ganz erheblich zulasten der Produktion von Grundstoffgütern und ihrer Verarbeitung zu. Gerade Materialeffizienzstrategien sind daher als typische Modernisierungsstrategien innerhalb entwickelter Volkswirtschaften einzustufen, die den Trend hin zu einer Anreicherung von Produkten mit intelligenten Dienstleistungskonzepten vorantreiben.

Eine besondere Wirkung kann von Energie- und Rohstoffstrategien auf die Exportmöglichkeiten ausgehen. Deutschland hat sich bereits eine hervorragende Ausgangsposition beim Export von grünen Energietechnologien und Technologien zur Steigerung der Materialeffizienz erarbeitet. Die Daten zeigen eine ganz erhebliche Spezialisierung bei den Technologien, die für die oben angeführten Energie- und Rohstoffstrategien von Bedeutung sind (Abb. 12). Hier hat Deutschland also nochmals deutlich höhere Exportanteile erreicht als im Durchschnitt seiner – im Weltmaßstab ohnehin außerordentlich hohen – Ausfuhren.

Die Bedingungen für die Fortführung und den Ausbau einer führenden Weltmarktstellung sind vielfältig und können sicherlich nicht mit wenigen linearen Kausalbeziehungen erklärt werden. Dennoch ist festzuhalten, dass die technologische Vorreiterrolle, aber auch der frühzeitige Einsatz der Technologien im heimischen Markt und die damit verbundenen Lerneffekte eine wichtige Rolle spielen (Walz et al. 2011). Weitere Faktoren sind die Einbettung in wettbewerbsstarke komplementäre Branchencluster und eine enge Verzahnung der F&E-Politik mit einer Energie- und Rohstoffpolitik, die frühzeitige Nachfrageimpulse für die entsprechenden Innovationen gibt. Bei einer entsprechenden Ausgestaltung dieser Faktoren bestehen also gute Aussichten, dass sich Deutschland trotz der verschärften Konkurrenz durch neue Wettbewerber bei vielen „grünen Technologien" im Markt behaupten wird.

1.4 Politische Instrumente und Maßnahmen

1.4.1 Energiepolitik

In einer perfekten Marktwirtschaft wären keine politischen Eingriffe in den Markt erforderlich. Da die Energie- und Rohstoffmärkte jedoch in vieler Hinsicht unvollkommen sind und absehbar auch bleiben werden (die Internalisierung externer Effekte ist gerade in diesem Bereich kaum leistbar, die Langfristigkeit der Wirkungen liegt deutlich über den Planungszeiträumen etc.), greift die Politik zuneh-

mend in den Energiemarkt ein, um ihre Ziele im Energie- und Klimabereich zu erreichen.
Die allgemeinen übergeordneten Ziele Wirtschaftlichkeit, Versorgungssicherheit und Umweltverträglichkeit werden, insbesondere zur Erreichung der Minderungsziele bei den Treibhausgasen, in weitere Teilziele zerlegt.
So sollen in Deutschland bis 2020 die Treibhausgasemissionen um 40 % und entsprechend der Zielformulierung der Industriestaaten bis 2050 um mindestens 80 % – jeweils gegenüber 1990 – reduziert werden. Bis 2020 soll zusätzlich der Anteil der erneuerbarer Energien am Bruttoendenergieverbrauch 18 % betragen. Danach strebt die Bundesregierung an, den Anteil erneuerbarer Energien am Bruttoendenergieverbrauch bis 2050 schrittweise auf 60 % zu erhöhen und den Anteil der Stromerzeugung aus erneuerbaren Energien am Bruttostromverbrauch auf 80 %.
Der Primärenergieverbrauch soll bis 2020 gegenüber 2008 um 20 % und bis 2050 um 50 % sinken. Das erfordert pro Jahr eine Steigerung der Energieproduktivität um durchschnittlich 2,1 % bezogen auf den Endenergieverbrauch. Darüber hinaus strebt die Bundesregierung an, bis 2020 den Stromverbrauch gegenüber 2008 in einer Größenordnung von 10 % und bis 2050 von 25 % zu vermindern. Die Sanierungsrate für Gebäude soll von derzeit jährlich weniger als 1 % auf 2 % des gesamten Gebäudebestandes verdoppelt werden. Im Verkehrsbereich soll der Endenergieverbrauch bis 2020 um rund 10 % und bis 2050 um rund 40 % gegenüber 2005 zurückgehen.

Um die politischen Ziele umsetzen zu können, stehen Regierungen von Nationalstaaten eine Reihe verschiedener Typen von Instrumenten zur Verfügung (Tab. 2).
Das bekannteste Gesetz im Energiebereich dürfte das Erneuerbare-Energien-Gesetz (EEG) sein. Das EEG ist derzeit die gesetzliche Grundlage für den Ausbau der erneuerbaren Energien im Strombereich und verpflichtet die Stromnetzbetreiber, Anlagen, die Strom aus erneuerbaren Energien erzeugen, vorrangig an ihr Netz anzuschließen sowie den erzeugten Strom abzunehmen und zu vergüten. Der Preis für den Strom wird durch das EEG geregelt und ist über einen Zeitraum von 20 Jahren mit sinkender degressiver Vergütung garantiert. Je nach Energiequelle, Anlagengröße und Standort kann der Preis unterschiedlich hoch sein.
Einen ebenfalls signifikanten Einfluss hat die Energieeinsparverordnung (EnEV). Durch die Einführung der Verordnung über energiesparenden Wärmeschutz und energiesparende Anlagentechnik bei Gebäuden (EnEV 2002) ab Februar 2002 wurden gegenüber der vorangehenden Wärmeschutzverordnung von 1995 (WSchVO, 1995) und der Heizungsanlagen-Verordnung (HeizAnlV, 1998) die Gebäude- und Anlagentechnik miteinander verknüpft. Das Ziel der Verordnung besteht darin, die Anforderungen gegenüber der alten Wärmeschutzverordnung für den Neubau um 30 % zu verschärfen und stärkere Impulse im Gebäudebestand zu geben. Im Oktober 2009 wurde die EnEV noch einmal um 30 % verschärft.
Um den Anteil der erneuerbaren Energien am Wärmeverbrauch zu steigern, sind Eigentümer von neu errichteten

Instrumententyp		Erläuterung Beispiele
Ökonomische Instrumente	E	Preis- und mengenpolitische Steuerungsmechanismen, Umweltabgaben/-steuern, handelbare Zertifikate, handelbare Optionen, Mindestpreise, Tarifpolitik, Marktreform/-öffnung
Fiskalische Instrumente	F	Subventionen und öffentliche Infrastrukturausgaben, Zuschüsse, verbilligte Kredite, Steuererleichterungen, staatliche Investitionen
Verpflichtungserklärungen	V	Freiwillige und verhandelbare Selbstverpflichtungen, Vereinbarungen von Wirtschaftsbereichen, Branchen oder Unternehmen
Regulierung	R	Ordnungsrechtliche Vorschriften, Ver- und Gebote, technische Standards, Produktkennzeichnung
Information	I	Allgemeine Information und Beratung, Broschüren, Informationszentralen, Agenturen, Beratungsstellen
Bildung	ET	Regelung und Förderungen der Bildung, Aus-, Fort- und Weiterbildung
Forschung und Entwicklung	D	Förderung der Forschung, Entwicklung und Demonstration, Grundlagen- und anwendungsorientierte Forschung, Projektförderung
Andere	O	Andere Instrumente, Appelle, indikative Zielvorgaben/Planung, Hemmnisabbau

Tab. 2 Klassifikation der Instrumententypen (UNFCCC Guideline [FCCC/CP/1997/7] 2/2000).

Gebäuden gemäß dem Erneuerbare-Energien-Wärmegesetz (EEWärmeG) verpflichtet, den Wärmeenergiebedarf durch die anteilige Nutzung von erneuerbaren Energien zu decken, z. B. durch solarthermische Anlagen zu 15 % oder durch die Nutzung von Biomasse, Geothermie oder Umweltwärme zu 50 %.
Viel öffentliche Aufmerksamkeit erregte das Verbot der „Glühbirne", welches im Rahmen der EU-weiten Einführung verbindlicher und anspruchsvoller Mindesteffizienzstandards für energiebetriebene Produkte und ihrer regelmäßigen Dynamisierung (EU-Top-Runner) auf der Grundlage der EU-Ökodesign-Richtlinie (Richtlinie 2005/32/EG) erfolgte, zukünftig auch auf Querschnittstechniken im Industriesektor.
Seit Januar 2005 unterliegen Anlagen der Stromerzeugung sowie eine Reihe energieintensiver Produktionen einer Abgabepflicht für CO_2-Zertifikate (Emissionsberechtigungen im EU-Emissionshandelssystem (EU ETS)) im Umfang der CO_2-Emissionen des jeweiligen Vorjahres. Die Zahl der insgesamt verfügbaren Emissionsberechtigungen lag in der Pilotphase des EU ETS aus einer Vielzahl von Gründen deutlich über den tatsächlichen Emissionsniveaus. Dies führte zum Ende der Pilotphase des EU ETS zu einem Verfall der Zertifikatspreise auf Werte nahe Null. Für die zweite Periode (2008 - 2012) liegt das Emissionsziel für die EU-27 um etwa 126 Mio. t CO_2 unter dem Emissionsniveau der ab 2008 erfassten Anlagen im Jahr 2005. Die entsprechende Knappheit hat ab 2008 zu einem signifikanten Preis für die CO_2-Zertifikate geführt. Mit der dritten Phase des EU ETS wird die Bandbreite der dem System unterliegenden Anlagen ausgeweitet.
In der Periode 2005 bis 2007 ist der überwiegende Teil der Emissionszertifikate den emittierenden Anlagen kostenlos zugeteilt worden. Gleichwohl werden die Anlagenbetreiber den Preis für CO_2-Emissionsberechtigungen bei ökonomisch rationalem Verhalten beim Betrieb der Anlagen als Opportunitätskosten der kostenlos zugeteilten Zertifikate voll berücksichtigen. Für Neuinvestitionen gilt dies nur eingeschränkt, da die kostenlose Zuteilung für Neuanlagen einer Neuanlagensubvention gleichkommt, die bei entsprechender Ausgestaltung der Neuanlagen-Zuteilungsregelungen das CO_2-Preissignal erheblich verzerren kann. Mit den Beschlüssen zur Revision des EU-Emissionshandelssystems ist für das EU ETS ein Emissionsziel (Cap) bis zum Jahr 2020 festgelegt worden. Für den Fall, dass es zu einem internationalen Klimaschutzübereinkommen kommt, werden die Emissionsziele auch im EU ETS verschärft. Damit dürfte sich ein höheres Niveau der Preise für EU-Emissionsberechtigungen einstellen. Ab 2013 werden im EU ETS grundlegend revidierte Zuteilungsregelungen für die Emissionsberechtigungen zur Anwendung kommen, die neben den ökonomischen Anreizen für den Anlagenbetrieb für wichtige Bereiche (z. B. die Stromerzeugung) auch das Investitionskalkül verändern werden (Matthes 2009).

1.4.2 Rohstoffpolitik

Zentraler Ansatzpunkt der bisher umgesetzten Rohstoffpolitik ist das Kreislaufwirtschaftsgesetz mit seinen zugehörigen Verordnungen. Das Kreislaufwirtschaftsgesetz wurde aus dem Abfallrecht heraus entwickelt und hat zum Ziel, einen möglichst hohen Anteil von Abfällen wiederum in den Wirtschaftskreislauf zurückzuführen. In eine ähnliche Richtung zielt auch das Elektro- und Elektronikgerätegesetz (ElektroG). Durch die Regelungen in den Bereichen Verpackungen, Altautos, grafische Altpapiere, Bauabfälle sowie Batterien und Elektrogeräte werden wichtige Impulse zur Etablierung einer Recyclingwirtschaft gegeben. Ein wichtiger Hebel der Gesetzgebung ist die Etablierung einer Produktverantwortung, die die Hersteller von Produkten in die Pflicht nimmt, auch nach der Beendigung der Nutzungsphase Verantwortung für die ordnungsgemäße Verwertung und Beseitigung des Produktes zu übernehmen. So müssen Altautos entweder einer anerkannten Annahmestelle oder einem anerkannten Verwerterbetrieb überlassen werden. Für Verpackungsabfälle wurden Verwertungsquoten definiert sowie mit der Pfandpflicht ein ökonomischer Anreiz geschaffen, der auf die Aufrechterhaltung eines hohen Anteils von Mehrwegverpackungen abzielt. Ende 2011 hat der Bundestag eine Novellierung des Kreislaufwirtschaftsgesetzes beschlossen. Mit der Pflicht zur getrennten Sammlung von Bioabfällen sowie von Papier-, Metall-, Kunststoff- und Glasabfällen ab dem Jahr 2015 sollen weiter ansteigende Recyclingquoten erreicht werden. Des Weiteren soll durch Einführung einer entsprechenden Wertstofftonne die Erfassung wertvoller Reststoffe gezielt angegangen werden.
Die bisherige Politik hat insgesamt vor allem auf die Verwertung von Abfällen abgezielt. Zur Stärkung der weiteren, oben skizzierten Ansatzpunkte wird in der Ökodesignrichtlinie ein ordnungsrechtlicher Ansatzpunkt gesehen, der als zentraler Hebel für eine schnelle Marktdurchdringung mit ressourceneffizienten Produkten genutzt werden könnte. Hierzu wäre es z. B. erforderlich, Mindesteffizienzstandards für Produkte vorzuschreiben.
Neben der Verminderung des Materialeinsatzes durch Steigerung der Materialeffizienz wird in Zukunft auch die Substitution durch nachwachsende Rohstoffe sowie – gerade auch im Hinblick auf die Übernahme globaler Verantwortung durch die Industrieländer – eine möglichst nachhaltige Gewinnung des unvermeidbaren Einsatzes an Primärmaterialien an Bedeutung gewinnen. Entsprechende strategische Ansatzpunkte finden sich in der deutschen Rohstoffstrategie, dem Entwurf des deutschen

Ressourceneffizienzprogramms sowie dem Aktionsplan zur stofflichen Nutzung nachwachsender Rohstoffe. Zunehmend wird anerkannt, dass ein Instrumenten-Mix in der Rohstoffpolitik erforderlich ist (Bleischwitz 2010). Betrachtet man die Instrumentendiskussion, fällt auf, dass sich einige der Instrumentenvorschläge an die im Klimaschutz gemachten Erfahrungen anlehnen und versuchen, sie auf die Rohstoffthematik herunter zu brechen. Folgende Ansatzpunkte sind hier in der Diskussion:

- Intensivierung von Angeboten zur Effizienzberatung und deutliche Erhöhung der Anzahl von Unternehmen, die EMAS (Eco Management and Audit Scheme) nutzen.
- Systematische Ausrichtung der öffentlichen Beschaffung (Procurement) auf Produkte mit hoher Materialeffizienz; hierzu wird diskutiert, die allgemeinen Verwaltungsvorschriften entsprechend zu verändern, damit neben energetischen auch ressourceneffiziente Aspekte betrachtet werden können.
- Einbezug von Ressourcenschutzgesichtspunkten bei der Ausgestaltung von Produktnormen auf nationaler, europäischer und internationaler Ebene.
- Weiterentwicklung von aussagekräftigen Produktinformationssystemen und systematischer Einbezug auch der Ressourceneffizienz in Labels und Siegel.
- Einführung von Zertifizierungssystemen, insbesondere auch im Hinblick auf den Herkunftsnachweis der Rohstoffe aus unbedenklichen Bezugsquellen. In diesem Zusammenhang wird oftmals auf das Beispiel des Forest Stewardship Councils verwiesen (Gandenberger, Garrelts, Wehlau 2011).
- Verstärkung der Forschung im Bereich Materialeffizienz und Integration dieses Themas in Ausbildungs- und Studiengängen.
- Die Erhebung von Umweltabgaben auf Ressourcenförderung und -verbrauch ist bisher nur in wenigen Ländern erfolgt und dort auf einige wenige Ressourcen begrenzt (Söderholm 2011). Für Deutschland wurden in der Vergangenheit Vorschläge zur Einführung einer Primärbaustoffsteuer in die Diskussion gebracht, ohne jedoch auf breite Zustimmung zu stoßen. China hat jüngst eine inländische Abgabe u. a. auf Seltene Erden eingeführt. Es bleibt abzuwarten, welche Verbreitung diese Politikansätze in Zukunft finden.
- Im Energiebereich sind Mindestquoten in den Bereichen erneuerbare Energien und Biokraftstoffe ein verbreitetes Instrument. Eine Übertragung auf die Ressourcenproblematik wäre vor allem beim Einsatz nachwachsender Rohstoffe denkbar. Ein analoges – bisher allerdings noch kaum angedachtes – Instrument zum Emissionshandel wären Quotensysteme in Form von handelbaren Höchstquoten.

Insgesamt ist festzuhalten, dass sich der Fokus der Instrumentendiskussion zunehmend weg von ordnungsrechtlichen Vorgaben und hin auf suasorische und ökonomische Instrumente richtet. Während allerdings bei den suasorischen Instrumenten direkt an die Erfahrungen aus der Energie- und Klimapolitik angeknüpft werden kann, steht ein derartiger Politiktransfer bei den ökonomischen Instrumenten noch vor einigen Übertragungsproblemen. Hier besteht noch erheblicher Forschungsbedarf.

1.5 Herausforderungen und Chancen für Unternehmen und Management

Die Entwicklungen in der Energie- und Rohstoffpolitik stellen für Unternehmen Herausforderungen dar, indem sie sich kontinuierlich auf veränderte Rahmenbedingungen einstellen müssen. Energie- und Materialkosten, Zugang zu Ressourcen und gesetzliche Vorgaben, etwa zur Energieeffizienz und Emissionen, müssen in zunehmendem Maße in den gesamtbetrieblichen Abläufen vom Innovationsmanagement bis zum Marketing berücksichtigt werden. Gleichzeitig eröffnet sich für Unternehmen eine Reihe von Chancen – durch eine Erhöhung der Energie- und Materialeffizienz, durch neue Geschäftsmodelle sowie durch ein vorausschauendes Innovationsmanagement –, Wettbewerbs- und Kostenvorteile zu erzielen (vgl. Abschnitt 1.3.1). Die derzeit schon zu beobachtende Innovationsdynamik (vgl. Abschnitt 1.3.2) lässt vermuten, dass sich in Zukunft weitere Innovationspotenziale für Unternehmen ergeben. Voraussetzung für ihre Realisierung sind in der Regel die Verfügbarkeit relevanter Informationen und ihre Übertragung auf die besonderen Gegebenheiten im Unternehmen[1]. Nicht zuletzt kommt es darauf an, durch eine effiziente Unternehmenskommunikation, interne Potenziale zu realisieren und nach außen Transparenz gegenüber den relevanten Stakeholdern darzustellen.

[1] Gerade auch im Materialbereich sind aufgrund langwieriger Forschungsprozesse Vorausschauaktivitäten wichtige Voraussetzung für die Entwicklung passgenauer Innovationsstrategien. Ein Beispiel für materialspezifische Orientierungsarbeiten auch für Unternehmen liefern Bange et al. 2010.

1.5.1 Strategieentwicklung

Knappe Ressourcen werden in zunehmendem Maße zu einer relevanten Variablen in Innovationsprozessen (vgl. Weissenberger-Eibl 2004, S. 84 - 116)[2] Zwischen technischem Wandel und Rohstoffnachfrage besteht ein komplexes Wechselspiel. Turbulenzen an den Rohstoffmärkten haben dabei meist weniger mit einer Erschöpfung der Ressourcen zu tun als mit einem Ungleichgewicht zwischen Angebot und Nachfrage. Daher wird die Berücksichtigung der Verfügbarkeit von Rohstoffen - die bereits heute als kritisch eingestuft werden bzw. deren Verfügbarkeit in Zukunft zurückgehen könnte -, insbesondere bei der Entwicklung von Zukunftstechnologien, eine zentrale Aufgabe des Innovationsmanagements. Dies gilt insbesondere für Technologien, die Rohstoffe verwenden, die nicht substituiert werden können, wie z. B. Chrom in rostfreien Stählen oder Silber in gedruckten RFID-Labels.

Vorausschaustudien haben gezeigt, wie sich die Rohstoffnachfrage aufgrund von Impulsen absehbarer Zukunftstechnologien entwickeln könnte (vgl. Angerer et al. 2009). Besonders auffällig ist dabei die mögliche Nachfrageentwicklung für Gallium und Neodym. Gallium findet insbesondere in Halbleitern für integrierte Schaltungen und LEDs Verwendung, zukünftig zusätzlich auch in hocheffizienten Solarzellen. Der Galliumbedarf allein für diese drei Anwendungsfelder wird für das Jahr 2030 auf das 6-fache der Jahresproduktion von 2006 geschätzt. Neodym findet vielseitige Verwendungen in Magneten und Lasern. Während der Bedarf für Laseranwendungen auch im Jahr 2030 gering sein wird, wird angenommen, dass sich der Bedarf für Hochleistungs-Permanentmagnete bis dahin vervielfachen wird. Insgesamt könnte der Bedarf für diese beiden Anwendungen auf das 3,8-fache der Jahresproduktion von 2006 steigen.

Vor diesem Hintergrund ist es für technologieorientierte Unternehmen unerlässlich, zukünftige Marktentwicklungen bei relevanten Rohstoffen frühzeitig abzuschätzen und daraus entsprechende Strategien abzuleiten. Dies beinhaltet sowohl klassische Maßnahmen wie die Sicherung des Zugangs zu Rohstoffen (z. B. durch langfristige Lieferverträge) sowie die Steigerung der Materialeffizienz, aber auch alternative Strategien wie Recycling und Substitution sowie grundlegend ein ressourcensensibles Innovationsmanagement.

Marktbedingte Preissteigerungen können unter Umständen geplante oder bereits realisierte Innovationen unrentabel werden lassen. Daher wird es in Zukunft zunehmend notwendig, Ressourcenrestriktionen als Variable in Innovationsprozessen von Beginn an zu berücksichtigen. Voraussetzung dafür ist eine solide Informationsbasis, die es Unternehmen erlaubt, verlässliche Annahmen über zukünftige Marktentwicklungen als Grundlage für die Entwicklung von Unternehmens- und Innovationsstrategien zu nutzen (vgl. Weissenberger-Eibl 2004).

Das Recycling von Rohstoffen stellt insbesondere vor dem Hintergrund der steigenden Bedeutung von Materialverbünden (zur Steigerung der Leistungsfähigkeit, zur Gewichtseinsparung oder zur Realisierung spezifischer Stoffeigenschaften)[3] höchste Anforderungen an die Recyclingtechnik, die in vielen Fällen aus technischen oder wirtschaftlichen Gründen noch nicht erfüllt werden. Preissteigerungen an den Rohstoffmärkten können hier jedoch Anreize zur Entwicklung entsprechender Technologien setzen. Unternehmen können Recyclingangebote jedoch auch in ihre Geschäftsmodelle integrieren, um dadurch Kosten zu senken bzw. durch die Realisierung von Stoffkreisläufen den Zugang zu den für ihre Produkte notwendigen Ressourcen sichern.

Eine dauerhafte Reduzierung der Abhängigkeit von der Verfügbarkeit von Rohstoffen lässt sich nur durch deren Substitution erzielen. Substitution kann dabei als Materialsubstitution oder als Produkt- bzw. Technologiesubstitution erzielt werden. Besonders hervorzuheben ist hierbei das Potenzial systemischer Innovationen, durch die nicht substituierbare Rohstoffe ersetzt werden können. Ein Beispiel dafür ist der Einsatz faserverstärkter Kunststoffe anstelle rostfreier Stähle, die essenziell auf Chrom angewiesen sind.

1.5.2 Ressourcenrestriktionen in Unternehmen

Trotz der Verfügbarkeit von geeigneten Technologien und Konzepten zur wirtschaftlichen Realisierung vorhandener Energie- und Materialeinsparpotenziale werden diese Möglichkeiten noch nicht vollumfänglich von den Betrieben wahrgenommen. Zu den typischen Hemmnissen zählen beispielsweise (Baron et al. 2005, Wied; Brüggemann 2009):

- fehlendes Bewusstsein, Unattraktivität des Themas
- Energie- und Materialverbräuche sind oftmals nicht bekannt, Material- und Energiekosten sind häufig intransparent
- mangelnde Kenntnis über das in den Betrieben vorhandene Einsparpotenzial

[2] Insbesondere im Kontext einer langfristigen strategischen Unternehmensentwicklung spielt das Spannungsfeld von Markt-Struktur-Innovationen eine besondere Rolle.

[3] Beispiele für die Erhöhung der Material- und Energieeffizienz durch Hochleistungskeramiken - auch als Orientierungswissen für die Entwicklung von Innovationsstrategien - zeigen Rödel et al. 2008, S. 20-25.

- mangelnde Informationsverfügbarkeit über Ansätze zur Steigerung von Energie- und Materialeffizienz
- fehlende Personalkapazität
- hoher organisatorischer Aufwand
- hohe Investitionsbedarfe und zu lange Amortisationszeiten
- Investitionen und Energie- bzw. Materialkosten werden aus unterschiedlichen Budgets finanziert und von verschiedenen Organisationseinheiten verwaltet
- ungeeignete Bewertungsmaßstäbe für Investitionen in Energie- und Materialeffizienz werden zugrunde gelegt.

Zur Überwindung dieser Hemmnisse werden verschiedene Ansätze und Instrumente vorgeschlagen, deren Einsatz letztendlich zu einer Steigerung der Materialeffizienz in den Betrieben führen soll:
- Umweltkennzahlensysteme
- Lebenszykluskostenrechnung zur Investitionsbewertung
- Nutzung einer hohen Anzahl an Informationsquellen als Impulsgeber für Prozessinnovationen in der Produktion sowie
- Einbindung in Kooperationen zur Verbesserung von Produktionsprozessen.

Untersuchungen der tatsächlichen Einsparungen zeigen, dass Unternehmen, die Konzepte für Einsparungen beim Materialeinsatz umsetzen, vermehrt eine oder mehrere dieser Maßnahmen ergreifen.

1.5.3 Potenziale und Maßnahmen zur Steigerung der Material- und Energieeffizienz in der Produktion

Auf Basis der Erhebung Modernisierung der Produktion 2009 des Fraunhofer Instituts für System- und Innovationsforschung ISI wurden zwei Bereiche analysiert (vgl. Schröter, Lerch, Jäger 2011 und Schröter, Weißfloch, Buschack 2009), die für die Energie- und Rohstoffpolitik von Relevanz sind:
1. Wie schätzen die Betriebe des Verarbeitenden Gewerbes ihr Material- und Energieeinsparpotenzial in der Produktion ein?
2. Welche betriebswirtschaftlichen Instrumente und Innovationsstrategien können dazu beitragen, dass Betriebe stärker auf Technologien und Konzepte zur Steigerung der Material- und Energieeffizienz setzen?

Der Untersuchungsgegenstand der Erhebung „Modernisierung der Produktion 2009" sind die Produktionsstrategien, Fragen des Personaleinsatzes, Fragen zur Wahl des Produktionsstandortes sowie der Einsatz innovativer Organisations- und Technikkonzepte in der Produktion. Im letzteren Bereich wurde u. a. konkret nach dem Einsatz von Technologien und Konzepten zur Steigerung der Material- und Energieeffizienz gefragt. Darüber hinaus wurden die Betriebe gefragt, in welchem Umfang sie den Material- oder Energieverbrauch in ihrer Produktion verringern könnten, wenn sie die heute verfügbaren technischen Möglichkeiten optimal ausnutzen würden.

An der Erhebungsrunde 2009 beteiligten sich 1484 Betriebe (Rücklaufquote 10 %) (Jäger, Maloca 2009). Die teilnehmenden Betriebe decken alle Branchen des Verarbeitenden Gewerbes umfassend ab. Unter anderem sind Betriebe des Maschinenbaus und der Metall Verarbeitenden Industrie zu 19 beziehungsweise 17 % vertreten, der Elektroindustrie zu 15 %, des Papier-, Verlags- und Druckgewerbes zu 5 %, des Ernährungsgewerbes zu 8 %. Betriebe mit weniger als 199 Beschäftigten stellen 63 %, mittelgroße Betriebe 33 % und große Betriebe (mit mehr als 1000 Beschäftigten) 4 % der antwortenden Betriebe.

Die Betriebe des Verarbeitenden Gewerbes schätzen ihr in der Produktion vorhandenes Materialeinsparpotenzial auf durchschnittlich 7 % ein. Daraus ergibt sich ein geschätztes Potenzial zur Senkung der Materialkosten von ca. 48 Mrd. € pro Jahr (Schröter, Lerch, Jäger 2011) (s. Abb. 13). Insbesondere Betriebe, die komplexe Produkte herstellen (wie z. B. EDV-Produkte), sehen in diesem Bereich hohe Einsparpotenziale.

Im Vergleich zum Materialeffizienzpotenzial wurde das Potenzial für Energieeinsparungen in der Produktion im Verarbeitenden Gewerbe auf durchschnittlich 15 % von den Betrieben beziffert (Schröter, Weißfloch, Buschak 2009). Eine Realisierung dieses Potenzials würde einer Einsparung von Energiekosten in Höhe von insgesamt 5 Mrd. € pro Jahr entsprechen. An dieser Stelle zeigt sich die aktuell unterschiedliche Relevanz des Material- bzw. des Energieverbrauches für die Gesamtkosten im Verarbeitenden Gewerbe. Während die Materialkosten einen Anteil an den Gesamtkosten im Verarbeitenden Gewerbe von 43 % besitzen, tragen die Energiekosten lediglich mit 2 % Anteil an den Gesamtkosten bei und besitzen demnach ein wesentlich geringeres Gewicht (Statistisches Bundesamt 2011). So kommt es, dass trotz eines wesentlich höheren durchschnittlichen Einsparpotenzials beim Energieverbrauch die Möglichkeiten für Kostensenkungen durch Realisierung dieses Einsparpotenzials weitaus geringer einzuschätzen sind, als im Materialbereich. Während die Unternehmensgröße wenig ausschlaggebend für die Einschätzung des Energieeinsparpotenzials ist, lassen sich Unterschiede zwischen den Branchen identifizieren. Weniger energieintensive Branchen wie Fahrzeugbau, Elektroindustrie sowie Maschinenbau sehen größere Potenziale als Unternehmen aus energieintensiven Branchen wie Papiergewerbe, chemische Industrie sowie Glasgewerbe. Dies liegt nicht zuletzt daran, dass hier aufgrund des hohen

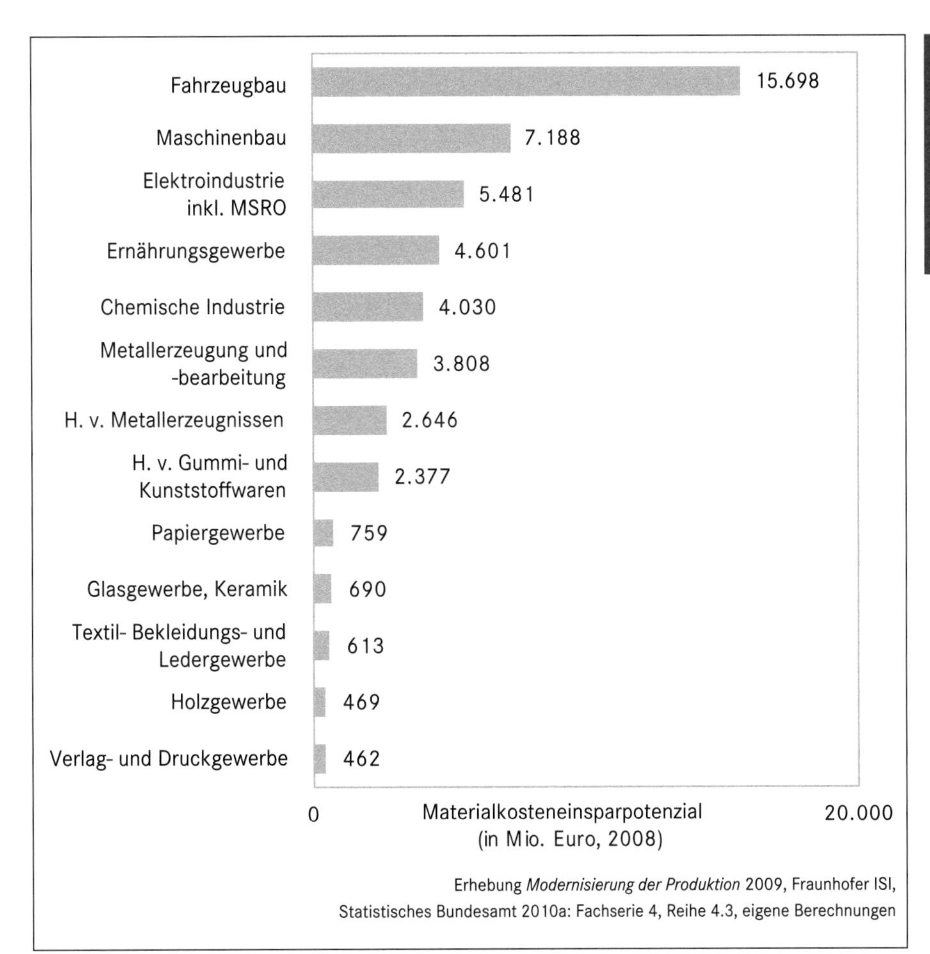

Abb. 13 Gesamtpotenzial Materialeinsparungen in den Branchen des Verarbeitenden Gewerbes (Schröter, Lerch, Jäger 2012, S. 5)

Anteils der Energiekosten bereits im großen Umfang in eine energieeffiziente Produktion investiert wurde.

Zur Realisierung der Material- und Energieeinsparpotenziale stehen eine große Anzahl an Technologien und Konzepten zur Verfügung. Zur Steigerung der Materialeffizienz können beispielsweise Recycling-Konzepte, wie die Produktrücknahme nach der Produktnutzungsphase, der Einsatz von Recyclingmaterialien zur Produktherstellung sowie die Verwendung von Reststoffen zur internen Energieerzeugung, von Interesse sein. Hinzu kommen als betriebsübergreifende Ansätze Recyclingnetzwerke. In Recyclingnetzwerken beliefern Betriebe andere Betriebe mit Kuppelprodukten bzw. Produktionsreststoffen zur weiteren Verwertung, welche ansonsten ggf. deponiert und nicht weitergenutzt worden wären (vgl. Schwarz 1994, Spengler 1998). Neben dem Recycling können klassische Materialien durch neuartige Werkstoffe auf Basis nachwachsender Rohstoffe substituiert oder die Verwendung neuartiger Techniken, z. B. Trockenbearbeitung bzw. Minimalmengenschmierung bei Zerspanungsprozessen zur Steigerung der Materialeffizienz beitragen.

Zur Senkung des Energieverbrauchs wird der Einsatz von verschiedenen Querschnittstechnologien propagiert (Wietschel et al. 2010). Hierzu gehören beispielsweise die Nutzung von Kraft-Wärme-Kopplung, von Elektromotoren mit Drehzahlregelung, von Hocheffizienzpumpen, Steuerungskonzepte von Maschinen in Schwachlastzeiten sowie die Rückgewinnung von Bewegungs- und Prozessenergie (Schröter, Weißfloch, Buschak 2009).

Analysen auf Basis der Erhebung Modernisierung der Produktion 2009 zeigen auf, dass 49 % der Betriebe mindestens eins der genannten Materialeffizienzkonzepte einsetzen. Im Vergleich dazu setzen 39 % der Betriebe mindestens eine der genannten Energieeffizienztechnologien ein (Schröter, Weißfloch, Buschak 2009 und Schröter, Lerch, Jäger 2011). Dass derartige Effizienzkonzepte und -technologien in vielen Betrieben derzeit nicht oder nur zögerlich eingesetzt werden, liegt zu einem großen Anteil an den in Abschnitt 1.5.2 aufgezählten Hemmnissen.

Vertiefte Analysen auf Grundlage oben genannter Datenbasis zeigen jedoch, dass es Ansatzpunkte zu geben scheint, diese Hemmnisse zu überwinden. Exemplarisch werden diese Analyseergebnisse für die Instrumente Umweltkennzahlensystem und Lebenszykluskostenrechnungen im Folgenden dargestellt. Zur Vereinfachung der Darstellung wird dabei lediglich zwischen Betrieben unterschieden, die

mindestens eines dieser Konzepte nutzen, und Betrieben, die keines der Materialeffizienz- bzw. Energieeffizienzkonzepte und -technologien nutzen.
Maßnahmen zur Verbesserung der Material- und Energieeffizienz setzen voraus, dass Entscheidungsträger in Unternehmen über Kenntnisse zur Höhe des Einsparpotenzials in ihrer Produktion verfügen. **Umweltkennzahlensysteme** können die notwendige Informationsbasis liefern, indem sie erlauben, Material- und Energieverbräuche im Betrieb in einer transparenten Form zugänglich zu machen. Auf dieser Grundlage können Material- und Energieeffizienzziele und Maßnahmen zur Zielerreichung formuliert werden. Der Einsatz von Umweltkennzahlensystemen zeigt einen signifikanten Zusammenhang mit dem Einsatz von Materialeffizienzkonzepten. 75 % der Betriebe, die Umweltkennzahlensysteme verwenden, setzen auch Materialeffizienzkonzepte ein. Im Gegensatz dazu setzen lediglich 54 % der Betriebe ohne Umweltkennzahlensystem mindestens eins dieser Einsparkonzepte ein (Schröter, Lerch, Jäger 2011). Betriebe, die Umweltkennzahlen einsetzen, verwenden auch häufiger Energieeffizienztechnologien. So setzen 79 % der Betriebe, die dieses Instrument einsetzen, auch auf Energie-Einspartechnologien. Lediglich 57 % der Betriebe, die keine Umweltkennzahlensysteme einsetzen, nutzen wenigstens eine Energieeffizienztechnologie (Schröter, Weißfloch, Buschak 2009).
Aufgrund der mit Investitionen in Maßnahmen zur Material- und Energieeffizienz verbundenen Risiken (etwa über die Entwicklung der Materialpreise, der Veränderung von gesetzlichen Vorgaben sowie der Technologieentwicklung) werden Materialeffizienzmaßnahmen, wie beispielsweise die Investition in Material sparende Produktionstechnologien oder die verstärkte Nutzung von Recyclingmaterialien in der Produktion, oftmals nicht umgesetzt. Daher benötigen Entscheidungsträger verlässliche Informationen über die entstehenden Folgekosten und Kosteneinsparungen und das daraus resultierende Risiko. Geeignete Berechnungsmethode ist beispielsweise die Lebenszykluskostenrechnung bzw. der Total Cost of Ownership-Ansatz (TCO) (Mattes, Schröter 2011). Analysen zeigen auf, dass Betriebe, die ihre Investitionen unter Berücksichtigung der gesamten Lebensdauerkosten bewerten, signifikant häufiger (81 % der Betriebe) Konzepte zur Steigerung der Materialeffizienz einsetzen, als Betriebe, die für ihre Investitionsentscheidungen lediglich die Anschaffungskosten einbeziehen (54 % der Betriebe) (Schröter, Lerch, Jäger 2011). Weitere Auswertungen verdeutlichen, dass sich ein analoger Zusammenhang zeigt zwischen dem Einsatz der oben genannten Querschnittstechnologien und der Nutzung des Instruments der Lebenszykluskostenrechnung. So setzen 78 % der Betriebe, die diese Bewertungsmethodik verwenden, auch mindestens eine der Energieeffizienztechnologien ein. Demgegenüber stehen lediglich 58 % der Betriebe, die ohne Verwendung dieser Bewertungsmethodik Technologien zur Energieeinsparung in der Produktion nutzen (Schröter, Weißfloch, Buschak 2009).
Der absolute Beitrag dieses Instruments ist allerdings bei Weitem noch nicht ausgeschöpft. Erst 14 % aller Betriebe nutzen diesen Ansatz zur methodischen Unterstützung ihrer Investitionsentscheidungen (Schröter, Weißfloch, Buschak 2009).

1.5.4 Neue Geschäftsmodelle und Organisation der Wertschöpfungsketten

Die weitreichende Umsetzung von gesetzlichen Vorgaben und die Berücksichtigung geänderter Rahmenbedingungen (etwa auf den Rohstoffmärkten) müssen sich nicht nur auf die Optimierung betrieblicher Abläufe beschränken. Neue Chancen ergeben sich, wenn die Zielsetzung des Unternehmens an die Gegebenheiten angepasst und bspw. durch die Implementierung neuer Geschäftsmodelle umgesetzt wird.
Im Verarbeitenden Gewerbe wurde in den vergangenen Jahren verstärkt über eine Zunahme hybrider Produkte – die Kombination von Produkten und Dienstleistungen – diskutiert (Lay et al. 2007). Dabei werden verkaufsorientierte Geschäftsmodelle um innovative Dienstleistungen ergänzt. Zu den etablierten bekannten Produkt-Dienstleistungs-Konzepten zählen bspw. Verfügbarkeitsgarantien, garantierte Produkt-Lebenszykluskosten, Verträge über eine laufende Optimierung, Pay-on-Production sowie das Leasing und Management von Chemikalien. Insbesondere die Konzepte der garantierten Produkt-Lebenszykluskosten und Chemikalienleasing sind aus Perspektive der Erhöhung der Material- und Energieeffizienz von Bedeutung.[4]
Beim Modell **der garantierten Produkt-Lebenszykluskosten** erhält der Kunde eine Garantie über die im Laufe der Nutzung oder Anlage entstehenden Lebenszykluskosten (Total Cost of Ownership). Dieses Modell ist bislang relativ wenig verbreitet (2009 ca. 3 % der Betriebe), wobei kleinere Unternehmen in weitaus geringerem Ausmaß als Nachfrager auftreten als große Unternehmen (Schröter, Buschak, Jäger 2010). Während das primäre Ziel derartiger Maßnahmen die Reduzierung von Ausfall- und Ersatzteilkosten ist, nutzen ein Drittel der anwendenden Betriebe dieses Instrument auch zur Reduzierung ihrer Material- und Energiekosten. Grundsätzlich lässt sich eine Tendenz ablesen, dass Betriebe, die Lebenszykluskosten bei Investitionsentscheidungen berücksichtigen, etwa dreimal

[4] Vgl. zu den folgenden Ausführungen Schröter, Buschak, Jäger 2010.

so häufig hybride Produkte einsetzen wie Betriebe, die darauf bislang verzichten.

Chemikalienleasing ist ein innovatives Geschäftsmodell, um Ressourceneffizienz und ein nachhaltiges Chemikalienmanagement zu erreichen. Das Konzept ist darauf gerichtet, durch eine enge Zusammenarbeit entlang der Wertschöpfungskette den Verbrauch an Chemikalien zu optimieren. Kern dieses Konzepts ist der Ansatz, dass Kunden nicht Chemikalien kaufen, sondern lediglich deren Funktionen wie z. B. Lösen, Reagieren oder Reinigen. Nach der Nutzung kann eine Rücknahme der Chemikalien sowie eine umweltgerechte Aufbereitung oder Entsorgung durch den Anbieter erfolgen. Die Anwender profitieren dabei von einer wirtschaftlich optimierten Einsatzmenge der jeweiligen Chemikalien. Die wichtigsten Argumente für den Einsatz dieses Konzepts sind die Reduzierung des Chemikalienverbrauchs sowie die Reduzierung der Organisations- und Planungskosten. Dies ergibt sich daraus, dass der Anbieter über die Auswahl geeigneter Verfahren für eine fachgerechte Nutzung sorgt.

Etwa 3 % aller Betriebe leasen die für ihre Produktion benötigten Chemikalien. Aufgrund der Festlegung dieses Dienstleistungskonzepts auf den Abnehmerkreis von Chemikalien kommen nur bestimmte Branchen als Kunden in Betracht. Es zeigt sich, dass vor allem Betriebe des Fahrzeugbaus sowie Betriebe des Ernährungsgewerbes Nutzer von Angeboten zum Chemikalienleasing sind. Im Fahrzeugbau sind derartige Konzepte beispielsweise im Bereich der Lackierung bekannt. In der Lebensmittelindustrie wird dieses Konzept z. B. für Reinigungsleistungen eingesetzt.

Aufgrund der steigenden Bedeutung der Lebenszykluskosten für die Kaufentscheidung und der steigenden Dienstleistungsorientierung im Verarbeitenden Gewerbe ist zukünftig davon auszugehen, dass die Relevanz von hybriden Produkten weiter zunehmen wird.

1.5.5 Interne und externe Öffentlichkeitsarbeit

Material- und Energieeffizienzsteigerungen in Unternehmen können nicht nur dazu beitragen, ihre Wettbewerbsposition durch Kostensenkungen oder durch ein vorausschauendes Innovationsmanagement zu verbessern. Im Zuge der Klima- und Umweltdebatten geraten Unternehmen zunehmend auch im Hinblick auf ihr Verhalten und ihre Produkte aus der Perspektive der Nachhaltigkeit in das Visier der Öffentlichkeit. In diesem Kontext hat die Nachhaltigkeitsberichterstattung von Unternehmen in den vergangenen Jahren eine zunehmende Bedeutung erlangt. Damit ist nicht die Erstellung von Hochglanzbroschüren zu Werbezwecken gemeint. Vielmehr dient eine ernsthafte und öffentliche Nachhaltigkeitsberichterstattung dazu, für Kunden wie Investoren Transparenz über die Stärken, aber auch Schwächen im Nachhaltigkeitsprozess eines Unternehmens herzustellen und dadurch Verantwortung zu übernehmen.

Die internetgestützte Unternehmenskommunikation hat der Nachhaltigkeitsberichterstattung in den vergangenen Jahren neue Möglichkeiten eröffnet. Durch die Automatisierung der internen Berichterstattungsabläufe sowie der inhaltlichen und formalen Gestaltung sind eine maßgeschneiderte Stakeholderkommunikation durch Zielgruppenspezifizierung ebenso möglich wie eine Vernetzung zu anderen Kommunikationsinstrumenten und die Integration der Nachhaltigkeitsberichterstattung in die externe Markt- und interne Organisationskommunikation. Durch interaktive Elemente kann ein Dialog mit interessierten Kreisen realisiert werden (Isenmann, Gómez 2008). Für Unternehmen eröffnen sich dadurch neue Gestaltungschancen, Differenzierungsmöglichkeiten (z. B. zu Mitbewerbern) und Profilierungsspielräume im Außenraum.

Die Steigerung der Energie- und Materialeffizienz ist aber zunächst eine interne Aufgabe eines jeden Unternehmens. Daher gilt es, die Mitarbeiter für die Thematik zu sensibilisieren und für die aktive Beteiligung an Veränderungsprozessen zu aktivieren. So setzen bspw. zahlreiche organisatorische Maßnahmen zur Steigerung der Energieeffizienz eine Verhaltensänderung der Mitarbeiter voraus. Eine nachhaltige Veränderung des Verhaltens lässt sich jedoch kaum allein durch Vorgaben erzielen. Vielmehr bedarf es dazu der Motivation und Überzeugung.

1.6 Fazit

Die Abhängigkeit der deutschen Industrie von (kritischen) Rohstoffen geht einher mit einer erheblichen Abhängigkeit von den Entwicklungen an den Energie- und Rohstoffmärkten. Energie- und rohstoffpolitische Maßnahmen setzen daher direkt wirksame Rahmenbedingungen für Unternehmen. Zur Reduktion des Energie- und Ressourcenverbrauchs und zur Realisierung von Potenzialen für Innovationen stehen eine Reihe von Handlungsoptionen für Staat und Wirtschaft gleichermaßen zur Verfügung. Die Analysen zeigen, dass die Bewältigung dieser Herausforderungen entgegen häufig geäußerter Vermutung gesamtwirtschaftlich positive Effekte nach sich ziehen kann. Darüber hinaus bieten sich durch geeignete Energie- und Rohstoffstrategien Möglichkeiten zu neuer Wertschöpfung, bspw. durch den zunehmenden Export von grünen Energietechnologien und

I

Technologien zur Steigerung der Materialeffizienz. Für die Unternehmen selbst wird es zunehmend wichtig, nicht nur die Konsequenzen energie- und rohstoffpolitischer Entwicklungen für ihr eigenes Geschäftsmodell richtig einordnen zu können. Vielmehr gilt es, die Chancen, die sich daraus ergeben, durch die Anwendung geeigneter Instrumente - bspw. zur Erhöhung der eigenen Energie- und Materialeffizienz - zu realisieren. Für eine nachhaltige Orientierung ist daher - wie in der Politik - ein langfristiges strategisches Denken notwendig, das Ressourcenrestriktionen in allen Phasen der betrieblichen Wertschöpfung - vom Innovationsmanagement bis zur Öffentlichkeitsarbeit - als relevante Variable berücksichtigt.

Literatur

Angerer, G., Erdmann, L., Marscheider-Weidemann, F., Scharp, M., Lüllmann, A., Handke, V., Marwede, M. (2009): Rohstoffe für Zukunftstechnologien. Einfluss des branchenspezifischen Rohstoffbedarfs in rohstoffintensiven Zukunftstechnologien auf die zukünftige Rohstoffnachfrage, Fraunhofer IRB Verlag.

Bange, K., Weissenberger-Eibl, M. (2010): Making Glass Better: An ICG roadmap with a 25 year Glass R&D horizon, International Commission on Glass (ICG), Madrid.

Baron, R.; Alberti, K.; Gerber, J.; Jochem, E.; Bradke, H.; Dreher, C.; Ott, V. (2005): Studie zur Konzeption eines Programms für die Steigerung der Materialeffizienz in mittelständischen Unternehmen. Abschlussbericht. Wiesbaden.

Bleischwitz, R. (2010): International economics of resource productivity - Relevance, measurement, empirical trends, innovation, resource policies. International Economics and Economic Policy 7, Nr. 2, 3, S. 227 - 244.

Bundesministerium für Umwelt, Naturschutz und Reaktorsicherheit (2004): Erneuerbare Energien. Investitionen für die Zukunft.

Distelkamp, M., Meyer, B., Meyer, M. (2010): Quantitative und qualitative Analyse der ökonomischen Effekte einer forcierten Ressourceneffizienzstrategie. Abschlussbericht des Arbeitspakets 5 des Projektes „Materialeffizienz und Ressourcenschonung“ (MARESS), Wuppertal.

Edler, J. (Hrsg.) (2007): Bedürfnisse als Innovationsmotor - Konzepte und Instrumente nachfrageorientierter Innovationspolitik. Berlin: edition sigma (Studien , Büro für Technikfolgenabschätzung beim Deutschen Bundestag).

EU Ad-hoc Working Group on Defining Critical Raw Materials (2010): Critical raw materials for the EU, Brüssel: European Commission.

Gandenberger, C., Marscheider-Weidemann, F., Tercero Espinoza, L. (2010): Kritische Rohstoffe aus europäischer Sicht. Die Volkswirtschaft 83, Nr. 11, S. 12-15.

Gandenberger, C., Garrelts, H., Wehlau, D. (2011): Assessing the Effects of Certification Networks on Sustainable Production and Consumption: The Cases of FLO and FSC. Journal of Consumer Policy 34, S. 107-126.

Giljum, S., Behrens, A., Hinterberger, F., Lutz, Ch., Meyer, B. (2008): Modelling scenarios towards a sustainable use of natural resources in Europe. Environmental Science & Policy, Volume 11, Issue 3, S. 195-284.

International Energy Agency (2009): World Energy Outlook 2009, Paris.

International Energy Agency (2010): World Energy Outlook 2010, Paris.

Jäger, A., Maloca, S. (2009): Dokumentation der Umfrage Modernisierung der Produktion. Karlsruhe: Fraunhofer ISI.

Jochem, E., Schade, W. (2007): Report of the Reference and 2°C Scenario for Europe, Deliverable M1.2 of ADAM Project, Karlsruhe: Fraunhofer ISI.

Jochem, E., Schade, W. (2009): ADAM 2-degree scenario for Europe - policies and impacts Deliverable M1.3 of ADAM Project, Fraunhofer ISI, Karlsruhe.

Isenmann, R., Gómez, J. M. (2008): Einführung in die internetgestützte Nachhaltigkeitsberichterstattung, in: dies. (Hrsg.): Internetbasierte Nachhaltigkeitsberichterstattung. Maßgeschneiderte Stakeholder-Kommunikation mit IT, Berlin: Erich Schmidt Verlag, S. 13-34.

Krausmann, F., Gingrich, S., Eisenmenger, N., Erb, K.-H., Haberl, H., Fischer-Kowalski, M. (2009): Growth in global materials use, GDP and population during the 20th century. Ecological Economics 68, S. 2696-2705.

Lay, G. ; Kinkel, S. ; Ostertag, K. ; Radgen, P. ; Schneider, R. ; Schröter, M. ; Toussaint, D. ; Reinhard, M. ; Vieweg, H.-G.: Fraunhofer-Institut für System- und Innovationsforschung -ISI, Karlsruhe: Betreibermodelle für Investitionsgüter : Verbreitung, Chancen und Risiken, Erfolgsfaktoren. Stuttgart : Fraunhofer IRB Verlag, 2007

Matthes, F. Chr., Gores, S., Harthan, R.O., Mohr, L., Penninger, G., Markewitz, P., Hansen, P., Martinsen, D., Diekmann, J., Horn, M., Eichhammer, W., Fleiter, T., Köhler, J., Schade, W., Schlomann, B., Sensfuß, F., Ziesing, H.-J. (2009): Politikszenarien V - auf dem Weg zum Strukturwandel. Treibhausgas-Emissionsszenarien bis zum Jahr 2030; Dessau: UBA.

Mattes, K., Schröter, M. (2011): Wirtschaftlichkeitsbewertung: Bewertung der wirtschaftlichen Potenziale von energieeffizienten Anlagen und Maschinen. Online verfügbar unter: http://www.effizienzfabrik.de/sites/effizienzfabrik/files/bilder, ISI_Kurzstudie_Wirtschaftlichkeitsbewertung_final.pdf (13.06.2012).

OECD (2010): Measuring Material Flows and Resource Productivity. Synthesis Report, Paris: OECD.

Ostertag, K., Sartorius, Ch., Tercero Espinoza, L. (2010): Innovationsdynamik in rohstoffintensiven Produktionsprozessen. Chemie-Ingenieur-Technik 82, Nr. 11, S. 1893 - 1901.

Ragwitz, M., Schade, W., Breitschopf, B., Walz, R., Helfrich, N., Rathmann, M., Resch, G., Panzer, Ch., Faber, T., Haas, R., Konstantinaviciute, I., Zagamé, P., Fougeyrollas, A., Le Hir, B. (2010): EmployRES. The Impact of Renewable Energy Policy on Economic Growth and Employment in the European Union, Final Report. DG TREN, Brussels.

Rödel, J., Weissenberger-Eibl, M., Kounga, A., Koch, D., Bierwisch, A., Rossner, W., Hoffmann, M. J., Schneider, G. (2008): Hochleistungskeramik 2025: Strategieinitiative für die Keramikforschung in Deutschland des Koordinierungsausschusses Hochleistungskeramik der DKG und DGM gefördert durch die Deutsche Forschungsgemeinschaft (DFG), Werkstoffinformationsgesellschaft mbH, Frankfurt.

Schröter, M., Weißfloch, U., Buschak, D. (2009): Energieeffizienz in der Produktion – Wunsch oder Wirklichkeit? Energieeinsparpotenziale und Verbreitungsgrad energieeffizienter Techniken, Modernisierung der Produktion. Mitteilungen aus der ISI-Erhebung Nr. 51, Karlsruhe: Fraunhofer ISI.

Schröter, M., Buschak, D., Jäger, A. (2010): Nutzen statt Produkte kaufen. Mitteilungen aus der ISI-Erhebung Modernisierung der Produktion, Nr. 53; Karlsruhe: Fraunhofer ISI.

Schröter, M., Lerch, Ch., Jäger, A. (2011): Materialeffizienz in der Produktion: Einsparpotenziale und Verbreitung von Konzepten zur Materialeinsparung im Verarbeitenden Gewerbe. Endberichterstattung an das Bundesministerium für Wirtschaft und Technologie (BMWi), Karlsruhe, Fraunhofer ISI.

Schröter, M. ; Lerch, Ch. ; Jäger, A. (2012): Goldgrube Materialeffizienz: Materialeinsparpotenziale und Ansätze zur Verbreitung von Effizienzmaßnahmen. Mitteilungen aus der ISI-Erhebung zur „Modernisierung der Produktion" Nr. 59, Karlsruhe: Fraunhofer ISI.

Schwarz, E. J. (1994): Unternehmensnetzwerke im Recycling-Bereich, Wiesbaden.

Söderholm, P. (2011): Taxing virgin natural resources: Lessons from aggregates taxation in Europe. Resources, Conservation and Recycling 55, S. 911–922.

Spengler, T. (1998): Industrielles Stoffstrommanagement: betriebswirtschaftliche Planung und Steuerung von Stoff- und Energieströmen in Produktionsunternehmen, Berlin.

Statistisches Bundesamt (2010): Nachhaltige Entwicklung in Deutschland – Indikatorenbericht. Wiesbaden: Statistisches Bundesamt.

Statistisches Bundesamt (2010): Rohstoffeffizienz: Wirtschaft entlasten, Umwelt schonen. Ergebnisse der Umweltökonomischen Gesamtrechnungen 2010, Wiesbaden: Statistisches Bundesamt.

Statistisches Bundesamt (2011): Produzierendes Gewerbe – Kostenstruktur der Unternehmen des Verarbeitenden Gewerbes sowie des Bergbaus und der Gewinnung von Steinen und Erden, Fachserie 4, Reihe 4.3, Wiesbaden.

United Nations Environment Programme (2011): Decoupling Natural Resource Use and Environmental Impacts from Economic Growth, Genf: UNEP.

Walz, R., Ostertag, K., Doll, C., Eichhammer, W., Frietsch, R., Helfrich, Ni., Marscheider-Weidemann, F., Sartorius, Ch., Fichter, K., Beucker, S., Schug, H., Eickenbusch, H., Zweck, A., Grimm, V., Luther, W. (2008): Innovationsdynamik und Wettbewerbsfähigkeit Deutschlands in grünen Zukunftsmärkten. Reihe Umwelt, Innovation, Beschäftigung des BMU Nr. 03, 08, Berlin.

Walz, R., Schleich, J. (2009): The economics of climate policy: macroeconomic effects, structural adjustments, and technical change, Heidelberg: Physica.

Walz, R. (2011): Employment and structural impacts of material efficiency strategies: results from 5 case studies, Journal of Cleaner Production, Vol. 19, S. 805–815.

Walz, R., Köhler, J., Marscheider-Weidemann, F. (2011): Global Eco-innovation, economic impacts and competitiveness in Environmental Technologies. Deliverable No: D13 of GLOBIS project, Karlsruhe: Fraunhofer ISI.

Weissenberger-Eibl, M. (2004): Unternehmensentwicklung und Nachhaltigkeit, 2. Auflage, Rosenheim.

Weissenberger-Eibl, M., Thielmann, A., Ziegaus, S. et al. (2010): Rohstoffe für Zukunftstechnologien - Herausforderung für die Batterieforschung, in: VDI Fahrzeug- und Verkehrstechnik (Hrsg.): Baden-Baden Spezial 2010 Elektrisches Fahren machbar machen, Düsseldorf 2010, S. 19–33.

Wied, T.; Brüggemann, A. (2009): Material- und Rohstoffeffizienz in Unternehmen. In KfW-Research (Hrsg.): Perspektive Zukunftsfähigkeit – Steigerung der Rohstoff- und Materialeffizienz. Frankfurt am Main, S. 33–52.

Wietschel, M., Arens, M., Dötsch, C., Herkel, S., Krewitt, W., Markewitz, P., Möst, D., Scheufen, M. (2010): Energietechnologien 2050 – Schwerpunkte für Forschung und Entwicklung: Politikbericht. Stuttgart: Fraunhofer Verlag.

2 Energieeffizienz durch Energiemanagement

Sylvia Wahren

Die Sensibilität für einen sparsamen Umgang mit der Ressource Energie nimmt stetig zu, im privaten wie auch industriellen Sektor. Fortwährend steigende Energiepreise sowie eine zunehmende Anzahl von Initiativen auf nationaler wie auch internationaler politischer Ebene rücken das Thema Energie immer mehr in den Fokus von Wirtschaft und Gesellschaft.

Die Europäische Union gilt bei dem Thema Klimaschutz und CO_2-Einsparung als Vorreiter. Neben den Vorgaben des Kyoto-Protokolls hat die Europäische Union im Jahr 2008 ein Klimapaket verabschiedet, die sogenannten „20-20-20-Ziele". Bis zum Jahr 2020 soll der Energieverbrauch um 20 % reduziert werden, der Anteil an erneuerbaren Energien am Gesamtenergieverbrauch um 20 % erhöht werden und die Treibhausgasemissionen um 20 % gesenkt werden. Um diese Ziele zu erreichen, setzt die Europäische Union auf verschiedene Instrumente, die sowohl die energieangebotsbezogene Seite wie auch die energienachfragebezogene Seite betreffen. Die Verabschiedung von Richtlinien auf europäischer Ebene, wie die Ökodesign-Richtlinie (Richtlinie 2009/125/EG) - die einen Rahmen für die Festlegung von Anforderungen an die umweltgerechte Gestaltung energieverbrauchsrelevanter Produkte schafft - die Emissionshandelsrichtlinie (Richtlinie 2009/29/EG) und die Energiedienstleistungsrichtlinie (Richtlinie 2006/32/EG) sind entsprechende Beispiele dafür. Als ein weiteres Instrument zur Reduzierung des Energieverbrauchs im industriellen Sektor gelten Energiemanagementsysteme. Die Einführung von Energiemanagementsystemen soll Unternehmen dazu anregen Energieeffizienzpotenziale zu identifizieren und zu erschließen (EC 2011). Verschiedenste Studien schätzen, dass ein Energieeinsparpotenzial von 20 bis 30 % in der Industrie besteht (Neugebauer 2008, Eichhammer et al. 2009).

Erste Impulse auf nationaler Ebene für eine stärkere Verbreitung und Nutzung von Energiemanagementsystemen in der Industrie wurden durch das „Integrierte Energie- und Klimaprogramm" (IEKP) der Bundesregierung im Jahr 2007 gesetzt. Dabei setzt die Bundesregierung auf das Potenzial moderner Energiemanagementsysteme: ungenutzte Energieeffizienzpotenziale zu identifizieren und durch zielgerichtete Maßnahmen zu erschließen. Untersuchungen zeigen, dass Unternehmen durch Energiemanagementsysteme bereits in den ersten Jahren ihren Energieverbrauch um bis zu 10 % senken können (Kahlenborn et al. 2010). Damit verbunden sind sinkendende Ausgaben für den Energieeinkauf. Die Einführung und das Aufrechterhalten eines Energiemanagementsystems lohnen sich daher nicht nur in ökologischer Sicht (Senkung der CO_2-Emissionen) sondern auch in ökonomischer Sicht.

2.1 Energiemanagement als Schlüssel zur Energieeffizienz

2.1.1 Hemmnisse von Energieeffizienz

Die steigenden Energiepreise, unter anderem bedingt durch einen stetigen Anstieg des Energieverbrauchs, rücken das Thema Energieeffizienz immer mehr in den Fokus von Unternehmen. Dabei versteht man unter Energieeffizienz auf Verbraucherseite, dass weniger Energie zur Erbringung einer bestimmten Leistung aufgewendet wird (Pehnt 2010). Eine Steigerung der Energieeffizienz kann durch technische, organisatorische und verhaltensändernde Maßnahmen erreicht werden.

Energie hat in den meisten Unternehmen einen untergeordneten Stellenwert bezüglich der Kosten, jedoch wird der effiziente Umgang mit Energie aufgrund der preislichen wie auch politischen Entwicklung zunehmend zum wettbewerbskritischen Erfolgsfaktor. Denn durch Energieeffizienz können Kosten reduziert werden. Darüber hinaus bedeutet Energieeffizienz eine Absicherung vor volatilen Energiepreisen und kann einen Beitrag zur Verringerung der

	2000	2005	2010	Veränderung 2000/ 2010
		Mrd. kWh		%
Bergbau und verarbeitendes Gewerbe	239,1	249,7	243,0	1,6
Verkehr	15,9	16,2	16,5	3,7
Öffentliche Einrichtungen	40,1	44,6	46,0	14,7
Landwirtschaft	7,5	8,3	8,7	15,9
Haushalte	130,5	141,3	141,0	8,0
Handel und Gewerbe	68,3	74,1	74,8	9,6

Tab. 1 Auszug Strombilanz der Elektrizitätsversorgung in Deutschland (AGEB 2011)

I

Importabhängigkeit von Energierohstoffen leisten (Pehnt 2010). Dies trifft auch auf kleine und mittlere Unternehmen aus weniger energieintensiven Branchen zu.

Energieeffizienz ist das Verhältnis oder eine andere quantitative Beziehung zwischen einer erzielten Leistung bzw. einem Ertrag an Dienstleistungen, Gütern oder Energie und der eingesetzten Energie (ISO 50001).

Energieeffizienz heißt, einen gewünschten Nutzen (Produkte oder Dienstleistungen) mit möglichst wenig Energieeinsatz herzustellen oder aus einem bestimmten Energieeinsatz möglichst viel Nutzen zu ziehen (Müller et al. 2009).

Die Betrachtung der Energieeffizienz hat sich in den vergangenen Jahren vorwiegend auf den Gebäudebereich fokussiert, sodass umgesetzte Energieeinsparmaßnahmen in den Bereichen Gebäudehülle, Wärmeversorgung und Beleuchtung zu finden sind. Eine Betrachtung von Energieeinsparpotenzialen in prozess- und fertigungsnahen Bereichen sowie in der Produktion selbst erfolgt oftmals nicht. Studien belegen jedoch eine zunehmende Bedeutung des Themas Energieeffizienz im Allgemeinen wie auch Speziellen. Abbildung 2.2 zeigt die Ergebnisse einer Befragung im verarbeitenden Gewerbe zur Bedeutung des Themas Energieeffizienz in den Bereichen Produktion, Produktgestaltung, Zulieferer und Kunden. Nach Einschätzung von fast zwei Dritteln der Befragten hat die Bedeutung der Energieeffizienz in der Produktion in den vergangenen drei Jahren zugenommen. Für 30,6 % der Befragten ist die Bedeutung gleich geblieben. Nur ein geringer Anteil der Befragten hat angegeben, dass das Thema Energieeffizienz in der Produktion eine abnehmende Bedeutung hat.

Die Gründe für die Durchführung von Maßnahmen zur Senkung des spezifischen Energieverbrauchs können unterschiedlicher Natur sein. Der wesentliche Treiber für die Umsetzung von Energieeinsparmaßnahmen ist die Senkung der Energiekosten. Weitere Gründe für die Durchführung von Maßnahmen zur Senkung des spezifischen Energieverbrauchs sind beispielsweise (KfW 2005):

- Senkung der Energiekosten,
- Beitrag zum Klimaschutz (Reduzierung der CO_2-Emissionen),
- Erhalt und Aufwertung der Immobilie,
- Prozess- und Produktionsoptimierung,
- Imagegewinn,
- Verbesserung der Produktqualität und
- Politische Vorgaben/Einhaltung von Normen.

Trotz des gestiegenen Stellenwertes des Themas Energieeffizienz werden Energieeinsparpotenziale oft nur zögerlich umgesetzt, auch wenn diese wirtschaftlich sind. Als nachteilig für die Umsetzung von Energieeinsparmaßnahmen und das aktive Einsparen von Energie durch die Mitarbeiter erweist sich oftmals die Verteilung der Energiekosten auf die einzelnen Unternehmensbereiche und Abteilungen über den Verteilungsschlüssel „genutzte Fläche". So kommt zwar die Energieeinsparung dem Unternehmen zugute jedoch nicht den einzelnen Abteilungen.

Weitere Hemmnisse liegen vor, wenn (Hirzel et al. 2011, KfW 2005):

- Der Stellenwert der Energiekosten als nachrangig angesehen wird.
- Der Energieverbrauch unbekannt ist und die Energiekosten und deren Verteilung intransparent sind.
- Nur unzureichendes Wissen über mögliche Verbesserungsmaßnahmen vorhanden ist.
- Es keine klare Regelung von personellen Zuständigen gibt (es gibt keinen Energieverantwortlichen).
- Ungeeignete Bewertungsmaßstäbe für Effizienzinvestitionen zugrunde gelegt werden.

Die Ausprägung und Bedeutung der genannten Hemmnisse ist abhängig von Faktoren wie der Unternehmensgröße, der Branchenzugehörigkeit, dem Anteil der Energiekosten an den Gesamtkosten, der Unternehmenspolitik, der Energiepreise, aber auch der politischen Rahmenbedingungen. Die Einführung eines systematischen Energiemanagements wird als geeignetes Instrument angesehen, um die genannten Hemmnisse zu reduzieren und die Energieeffizienz in der Produktion zu steigern.

Tab. 2 Bedeutung der Energieeffizienz in vergangenen drei Jahren (Wackerbauer 2011)

Gesamtergebnis (in %)	zunehmend	gleichbleibend	abnehmend	unbekannt	k.A.
In der Produktion	64,8	30,6	0,4	3,2	1,0
In der Produktgestaltung	37,3	50,5	0,7	9,7	1,8
Bei den Zulieferern	11,9	12,9	0,4	13,2	1,5
Bei den Kunden	46,9	37,2	1,0	13,2	1,7

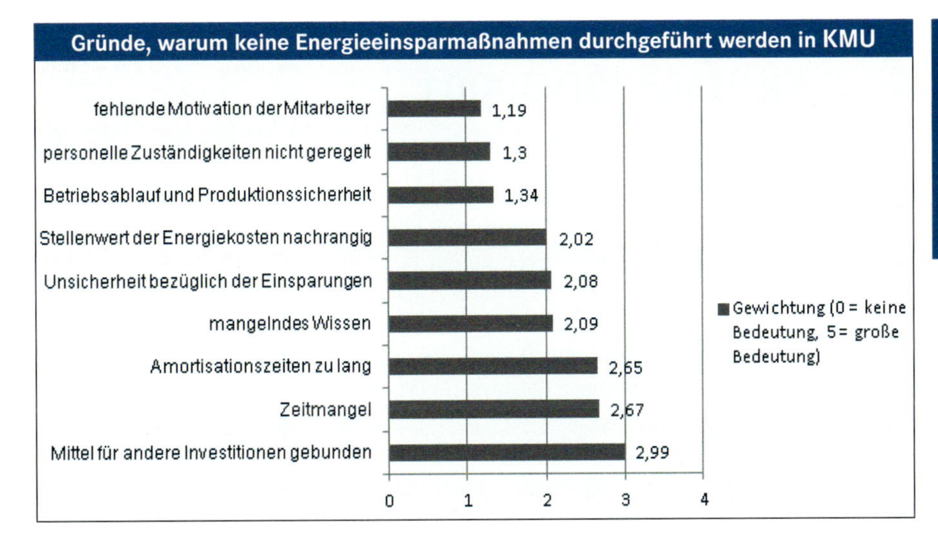

Abb. 1 Faktoren, die eine Umsetzung von Energieeffizienzmaßnahmen im Unternehmen erschweren (Thamling et al. 2010).

Bei einer im Auftrag der KfW-Bankengruppe durchgeführten Befragung bei kleinen und mittleren Unternehmen wurde die Bedeutung unterschiedlicher Faktoren, die eine Umsetzung von Energieeffizienzmaßnahmen erschweren, erfragt. Zu den bedeutendsten Faktoren gehören nach der Umfrage Zeitmangel, fehlendes Kapital für investive Maßnahmen und zu lange Amortisationszeiten (Thamling et al. 2010).

2.1.2 Energiemanagement

Energiemanagement ist ein facettenreicher Begriff, der im Allgemeinen eine Vielzahl unterschiedlicher Aktivitäten zusammenfasst, die sich alle mit dem Umgang mit Energie befassen. Energiemanagement kann sich dabei auf unterschiedliche Bereiche der Energiewirtschaft fokussieren – auf die Energieerzeugung, auf die Energieverteilung und die Energieanwendung. Eine einheitliche Auffassung zu den Inhalten des Energiemanagements ist daher schwierig (Kals 2010). Unter dem Begriff des „Betrieblichen Energiemanagements" versteht man die Abdeckung der gesamten Energiewirtschaft eines Unternehmens (VDI 4602). Der VDI definiert Energiemanagement als „die vorausschauende, organisierte und systematisierte Koordinierung von Beschaffung, Wandlung, Verteilung und Nutzung von Energie zur Deckung der Anforderungen unter Berücksichtigung ökologischer und ökonomischer Zielsetzungen" (VDI 4602). In einem Leitfaden des Umweltbundesamtes zum Energiemanagement wird dieses als „die Summe aller Maßnahmen, die geplant und durchgeführt werden, um bei geforderter Leistung einen minimalen Energieeinsatz sicherzustellen" definiert.
Ein Energiemanagementsystem bildet den Rahmen und schafft die notwendigen Strukturen zur Verwirklichung eines Energiemanagements. Ein Energiemanagementsystem kann als Instrument einer Organisation verstanden werden, welches die Organisation in die Lage versetzt, den von ihr angestrebten Stand energiebezogener Leistung zu erreichen, systematisch zu lenken und beständig zu verbessern. In der VDI-Richtlinie 4602 wird der Begriff des Energiemanagementsystems wie folgt definiert: „Der Begriff Energiemanagementsystem umfasst die zur Verwirklichung des Energiemanagements erforderlichen Organisations- und Informationsstrukturen einschließlich der hierzu benötigten technischen Hilfsmittel (z. B. Soft- und Hardware)". Die erforderlichen Organisations- und Informationsstrukturen sollen die Organisation in die Lage versetzten

- durch Analyse der gegenwärtigen Situation in der Organisation Potenziale zur Steigerung der Energieeffizienz und zur Energieeinsparung zu erkennen und zu bewerten,
- Maßnahmen zu generieren und umzusetzen, um diese Potenziale zu heben sowie
- um infolgedessen die energetische Leistung der Organisation stetig zu verbessern.

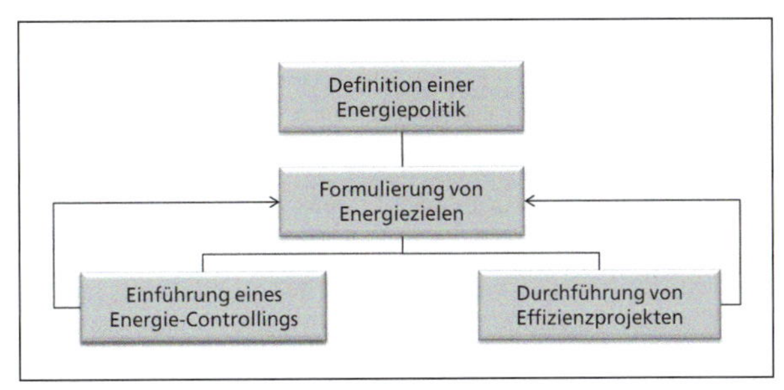

Abb. 2 Bausteine eines Energiemanagementsystems (EA NRW 2007)

I

2.2 Energiemanagement auf Basis der ISO 50001

Mit der ISO 50001 „Energiemanagementsysteme - Anforderungen mit Anleitung zur Anwendung“ gibt es eine internationale Norm, die Anforderungen an ein Energiemanagementsystem festlegt und diese formell beschreibt. Zweck der Norm ist es, Organisationen in die Lage zu versetzen, Systeme und Prozesse aufzubauen, die zu einer Verbesserung der energiebezogenen Leistung (Energieeffizienz, Energieeinsatz und Energieverbrauch) führen. Die Norm verfolgt dabei das Ziel, dass das Thema „Energie“ in das Alltagsgeschäft einer Organisation integriert wird (ISO 50001).

Die Norm basiert, wie die ISO 9001 (Qualitätsmanagement) und ISO 14001 (Umweltmanagement) auf dem als PDCA-Zyklus bekannten kontinuierlichen Verbesserungsprozess. Dieser Prozess besteht aus den vier Schritten plan, do, check, act. Ein wiederholtes Durchlaufen dieser Schritte führt zu einer stetigen Verbesserung der Leistung der Organisation (ISO 50001, Kahlenborn et al. 2010b).

Die ISO 50001 umfasst folgende Hauptelemente:

- Verantwortung des Managements,
- Energiepolitik,
- Energieplanung,
- Einführung und Umsetzung,
- Überprüfung und
- Managementbewertung.

Die im Sommer 2009 veröffentliche europäische Norm EN 16001 „Energiemanagementsysteme - Anforderungen mit Anleitung zur Anwendung“ wurde im Frühjahr 2012 zugunsten der ISO 50001 zurückgezogen.

2.2.1 Verantwortung des Managements

Ein kritischer Erfolgsfaktor für den langfristigen Erfolg eines jeden Managementsystems ist die Unterstützung und die strategische Ausrichtung dessen durch das Top-Management (oberste Leitungsebene) und der Motivation der Mitarbeiter. Dies trifft insbesondere auch auf Energiemanagementsysteme zu (Hirzel et al. 2008).

Vor diesem Hintergrund bilden die Anforderungen an das Top-Management zur Unterstützung des Energiemanagementsystems ein zentrales Element der ISO 50001. Die Anforderungen an das Top-Management umfassen dabei einerseits konkrete Aufgaben, die durch die oberste Unternehmensleitung selbst durchgeführt werden müssen, anderseits hat das Management die Verantwortung, die Wirksamkeit und Funktionalität des Energiemanagementsystems sicherzustellen. Das Top-Management muss sich zu folgenden Dingen verständigen und entsprechende Festlegungen treffen und diese innerhalb der Organisation kommunizieren:

- Geltungsbereich des Energiemanagementsystems,
- Energiepolitik,
- Managementbeauftragter und Energiemanagement-Team sowie
- Management-Review sowohl zur Bewertung des Energiemanagementsystems als auch zu Entscheidungen über weitere strategische Maßnahmen auf Basis der dokumentierten Ergebnisse interner Audits.

Des Weiteren muss das Top-Management Sorge dafür tragen, dass

- die notwendigen personellen, technologischen wie auch finanziellen Ressourcen für das Energiemanagementsystem zur Verfügung stehen,
- strategische und operative Energieziele festgelegt werden,
- und die zu erhebenden Energieleistungskennzahlen (EnPI) für die Organisation angemessen sind.

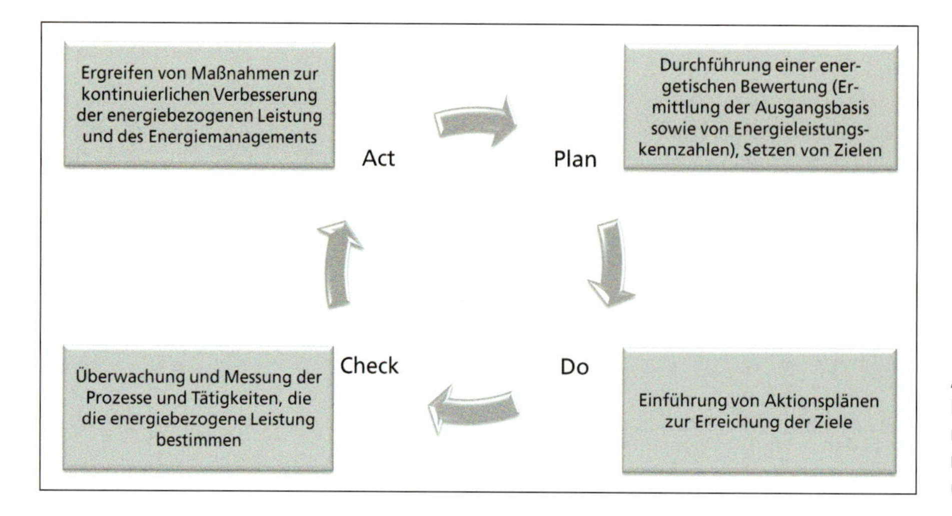

Abb. 3 Schritte des kontinuierlichen Verbesserungsprozesses mit Blick auf ein Energiemanagementsystem nach ISO 50001 (eigene Darstellung)

Eine weitere zentrale Rolle im Energiemanagementsystem nimmt der *Beauftragte des Managements* ein, der sogenannte Energiemanager. Der Energiemanager wird durch das Top-Management bestimmt und sollte im Hinblick auf die mit dieser Position verbundenen Verantwortlichkeiten und Befugnisse ausreichend qualifiziert sein. Der Energiemanager stellt den zentralen Ansprechpartner in der Organisation zum Thema Energie dar. In seiner Funktion als Verantwortlicher für das Energiemanagementsystem sollte dieser das Top-Management regelmäßig über die Leistung und Ergebnisse des Systems informieren und diesbezüglich berichten. Zu den weiteren Aufgaben und Pflichten eines Energiemanagers in einer Organisation zählen beispielsweise:

- das Zusammensetzen und Leiten eines Energieteams
- das Planen, Bewerten und die Kontrolle der Umsetzung von Projekten zur Verbesserung der Energieeffizienz
- die Unterstützung einzelner Organisationsbereiche bei Fragen zum Thema „Energie"
- das Sammeln und Aufbereiten von Informationen zur Leistung und zu Ergebnissen des Energiemanagementsystems und deren Weitergabe an einzelne Organisationsebenen.

In Abhängigkeit der Faktoren wie Unternehmensgröße, Branchenzugehörigkeit sowie der Relevanz und Komplexität des Themas Energie in der Organisation kann es mehrere Energiemanager geben und/oder ein *Energieteam*, das diese aktiv unterstützt. Dabei besteht das Energieteam aus Personen, die mit ihrem Wissen zu den Abläufen in der Organisation sowie zu Prozessen und Technologien die Verbesserung der energetischen Leistung positiv beeinflussen können. Das Energieteam ist als Schnittstelle und direkte Verbindung zwischen dem Energiemanager und den Abteilungen zu verstehen und soll die Kooperation zwischen einzelnen Abteilungen und Organisationsbereichen fördern (Lackner 2007).

2.2.2 Energiepolitik

Die Energiepolitik dokumentiert in schriftlicher Form die strategische Ausrichtung der Organisation hinsichtlich des Umgangs mit der Ressource „Energie" und zeigt den Weg auf, den das Unternehmen zur Erreichung seiner Ziele beschreiten will. Die Energiepolitik beinhaltet die energiebezogenen Leitlinien und Handlungsansätze sowie die langfristigen strategischen Gesamtziele und steckt so den Rahmen für Handlungen und Maßnahmen zur Verbesserung der energiebezogenen Leistung der Organisation ab. Nach der Erarbeitung der Energiepolitik durch das Top-Management und den Energiemanager ist diese allen Mitarbeitern der Organisation bekannt zu gegeben und zugänglich zu machen.

2.2.3 Energieplanung

Bevor Organisationen geeignete Managementstrukturen, Prozesse und Verfahren für einen effizienten und effektiven Umgang mit der Ressource „Energie" aufbauen können – auch im Hinblick auf die Erfüllung der Anforderungen der ISO 50001 – sollten diese ihre aktuelle Situation im Umgang mit der Ressource „Energie" ermitteln und bewerten. Die Ergebnisse der Ermittlung der energetischen Ausgangssituation der Organisation bilden die Basis für die Implementierung eines Energiemanagementsystems. Bei der Ermittlung der Ausgangsbasis steht die systematische Erfassung und Analyse der Energieverwendung in der Organisation im Mittelpunkt. Weitere Aspekte, die bei der Erfassung der Ausgangssituation mit berücksichtigt werden sollten, sind die Erfassung von rechtlichen Verpflichtungen und anderen Anforderungen im Hinblick auf Energie sowie vorhandene Praktiken und Ansätze in der Organisation zur Energieeinsparung. Die Betrachtung der bestehenden Aufbau- und Ablauforganisation ermöglicht es, Anknüpfungspunkte und Gemeinsamkeiten zu anderen Managementsystemen, wie beispielsweise dem Qualitäts- und/oder Umweltmanagement zu finden und für die Implementierung des Energiemanagementsystems zu nutzen.

Ermittlung der energetischen Ausgangsbasis

Die Erfassung und Analyse der bisherigen und aktuellen Energieverwendung (für die Organisation relevante Versorgungsmedien: Elektrizität, Wärme, Kälte, Druckluft, u. a.) stellt insbesondere für Organisationen, deren Energiekosten einen geringen Anteil an den Gesamtkosten haben, eine schwierige Hürde dar. Einer oder wenige zentrale Energiezähler können keinen ausreichenden Eindruck über den Einsatz und die Verwendung von Energie in der Organisation geben. Oftmals sind die einzigen verfügbaren Informationsquellen Rechnungen des Energieversorgungsunternehmens sowie Lastprofile[1]. Je nach der Unternehmensgröße, der Branchenzugehörigkeit, dem Anteil der Energiekosten an den Gesamtkosten und der bisherigen Unternehmenspolitik sind die vorhandenen Informationen zum Energieeinsatz und -verbrauch in ihrem Umfang unterschiedlich und lassen mehr oder weniger detaillierte Rückschlüsse auf energieintensive Bereichen und signifikante Energieverbraucher zu.

Für eine ausführliche Darstellung der Ausgangssituation sollten neben der Erfassung der bezogenen und eventuell

[1] Lastprofile können auf Nachfrage vom Energieversorgungsunternehmen bezogen werden und geben Auskunft über Spitzen im Strom- und Gasverbrauch

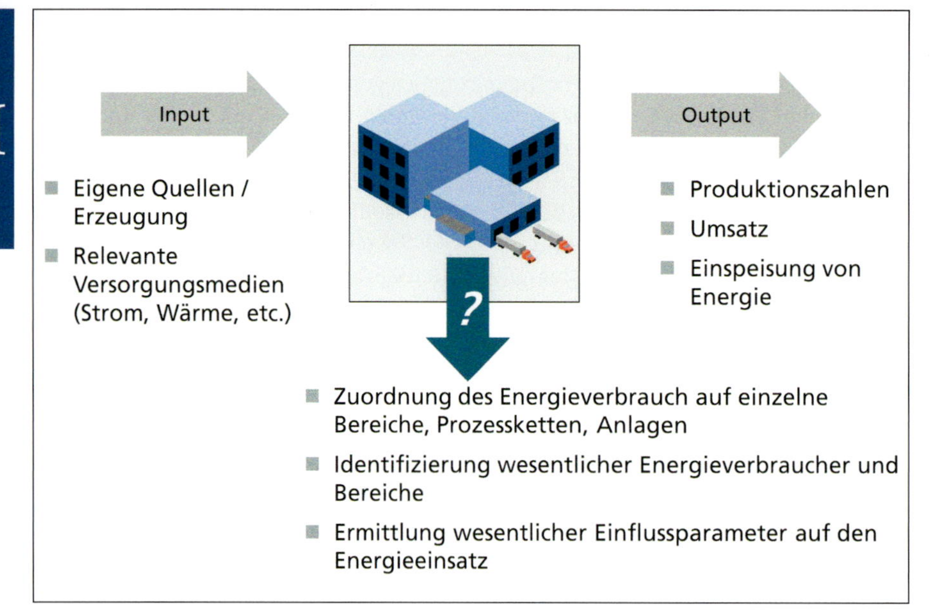

Abb. 4 Konzeptionelle Darstellung der energetische Bewertung einer Organisation (eigene Darstellung)

selbst erzeugten Energie (welche Energieträger, Verbrauch, Kosten) auch Daten zu den Produktionsanlagen (Maschinentyp, Nennleistung, Baujahr, Betriebsstunden, genutzte Energieträger) und zu den Gebäuden (Baujahr, Fläche, beheizte/gekühlte Fläche, Nutzungsstruktur u. a.) erfasst werden. Betriebsbegehungen und Gespräche mit Prozess- und Maschinenverantwortlichen können weitere Erkenntnisse und Daten zur Energienutzung in der Organisation ergeben. Die Analyse der Ausgangssituation ist jedoch nur so gut wie die Qualität der genutzten Daten. Die Genauigkeit von Daten sowie die Konsistenz der Datenerfassungsmethode sind daher von erheblicher Bedeutung. Der Einsatz und die Nutzung von Messtechnik können die Evaluierung der Ausgangsbasis positiv beeinflussen.
In einem nächsten Schritt ist auf Basis der erfassten Daten eine Identifizierung von Bereichen mit erheblichem Energieeinsatz und signifikanten Energieverbrauchern vorzunehmen, aber auch von Bereichen, über deren Energieverbrauch man wenig oder nichts weiß. Vor diesem Hintergrund ist zu entscheiden:

- Welche Bereiche bedürfen einer weiteren Analyse, unterstützt durch Energiemessungen?
- Welche Maschinen und Prozesse sind für den Großteil des Energieverbrauchs verantwortlich und müssen daher im Detail untersucht werden?

Nach der Aufschlüsselung des Energieverbrauchs auf einzelne Bereiche, Prozesse und Anlagen können die Schlüsselfaktoren, die den Energieverbrauch beeinflussen, identifiziert werden. Schlüsselfaktoren können verwendete Technologien sein, Prozessparameter, die einen wesentlichen Einfluss auf den Energieverbrauch haben, aber auch Mitarbeiter können durch ihr Verhalten und Know-how Schlüsselfaktoren sein. Unter Berücksichtigung der spezifischen Energieverbräuche und der Schlüsselfaktoren können wiederum Potenziale identifiziert und Möglichkeiten zur Energieeinsparung ermittelt werden.
Mit Blick auf die Anforderungen der ISO 50001 fordert die Norm, dass Organisationen einen entsprechenden Prozess einführen und dokumentieren, der die energetische Bewertung der Organisation beinhaltet. Im Rahmen dieses Prozesses sind die drei Teilschritte

- Analyse des Energieeinsatzes und des Energieverbrauchs,
- Ermittlung von Bereichen mit wesentlichem Energieeinsatz und Energieverbrauchern und
- Ermittlung von Möglichkeiten für die Verbesserung der energetischen Leistung

abzubilden.

Energieleistungskennzahlen

Die Ergebnisse der Ermittlung der energetischen Ausgangsbasis können zur Definition von Energieleistungskennzahlen (energy performance indicator, EnPI) und zur Bestimmung von strategischen sowie operativen Zielen genutzt werden. Energieleistungskennzahlen werden für die Überwachung und Messung der energiebezogenen Leistung genutzt und können einfache Verhältniszahlen sein oder auf komplexen Modellen beruhen. EnPIs können den absoluten und spezifischen Energieverbrauch – bezogen auf die Zeit und/oder einzelne Bereiche, Prozesse und Verfahren – wiedergeben oder auch Auskunft über die Energieintensität geben (Kahlenborn et al. 2010b).

Strategische und operative Energieziele und Aktionsprogramme

Die Erkenntnisse aus der Analyse der energetischen Ausgangsbasis zu wesentlichen Energieverbrauchern sowie Potenzialen und Möglichkeiten zur Energieeinsparung müssen bei der Formulierung von strategischen und operativen Energiezielen berücksichtigt werden.
Während strategische Energieziele einen langfristigen Charakter haben und oftmals in die Energiepolitik eingebettet sind, umfassen operative Energieziele einen kurzfristigen Zeithorizont.
Die Formulierung von operativen Energiezielen kann auf Basis des SMART-Kriteriums aus dem Projektmanagement erfolgen. Die Formulierung von Zielen und Zielvereinbarungen sollte spezifisch, messbar, angemessen, realistisch und terminiert sein.

Ziele sollten SMART formuliert sein:

S - spezifisch - Ziel muss eindeutig definiert sein.

M - messbar - Ziel muss messbar sein.

A - angemessen - Ziel muss akzeptiert sein und ausführbar sein.

R - realistisch - Ziel muss möglich sein.

T - terminiert - mit dem Ziel muss eine klare Terminvorgabe zur Umsetzung definiert sein.

Zur Umsetzung und Erreichung der gesteckten strategischen wie operativen Ziele sind diese in einzelne konkrete Maßnahmen zu überführen, die in Aktionsplänen dokumentiert werden. Die Aktionspläne schreiben die für die Zielerreichung verantwortliche(n) Person(en) und benötigten finanziellen Ressourcen sowie eine Aussage zur Beurteilung der Zielerreichung fest.

Rechtliche Vorschriften und andere Verpflichtungen

Eine Organisation muss alle rechtlichen Verpflichtungen ermitteln und kennen, die sie einhalten muss. Dies gilt auch im Hinblick auf das Thema Energie. Relevante Gesetze können hier beispielsweise Energieeinsparverordnung (EnEV), das Erneuerbare-Energien-Gesetz (EEG), das Bundes-Immissionsschutzgesetz (BImSchV), Anforderungen zum Emissionshandel oder die Ökodesign-Richtlinie (Richtlinie 2009/125/EG) sein. Zusätzlich zu den gesetzlichen Verpflichtungen können Organisationen auf vertragsrechtlicher oder freiwilliger Basis weitere Verpflichtungen mit Kunden und Behörden eingehen. Alle Anforderungen können in einem Rechtskataster erfasst werden. Dieses bietet in übersichtlicher Form eine schnelle Erfassung der wesentlichen Inhalte der Anforderungen und der davon betroffenen Organisationsbereiche und Personen.

2.2.4 Einführung und Umsetzung

Aufbauend auf den Erkenntnissen und Ergebnissen des Planungsprozesses (energetische Ausgangsbasis) kann die Einführung des Energiemanagementsystems erfolgen. Für eine wirkungsvolle Umsetzung der gesetzten Ziele und Aktionspläne muss die Organisation geeignete Instrumente entwickeln und einsetzen. Die ISO 50001 umfasst diesbezüglich folgende Punkte:

- Fähigkeiten, Schulung und Bewusstsein von Mitarbeitern und Personen mit Einfluss auf die energetische Leistung,
- Kommunikation,
- Dokumentation,
- Ablauflenkung,
- Auslegung (Planung) sowie
- Einkauf & Beschaffung.

Tab. 3 Beispielhafte Darstellung eines Rechtskatasters (eigene Darstellung)

Nr.	Gesetz/freiwillige Verpflichtung	Inhalt	betroffener Prozess/ betroffene Person	für die Einhaltung verantwortliche Person/Stelle
1	Verordnung (EG) Nr. 640/2009	Festlegung von Anforderungen an die umweltgerechte Gestaltung von Elektromotoren	Entwicklung, Einkauf	
2	Erneuerbare-Energie-Gesetz	Begrenzung der EEG-Umlage	Energiemanager	Energiemanager
3	ISO 50001:2011	Energiemanagementsysteme - Anforderung mit Anleitung zur Anwendung	Energiemanager	Energiemanager

Fähigkeiten, Schulung und Bewusstsein

Die erfolgreiche Einführung eines Energiemanagementsystems und die kontinuierliche Verbesserung der energiebezogenen Leistung kann nur schrittweise erfolgen. Das bloße Aufsetzten von Prozessen und Programmen führt nicht automatisch zu einer verbesserten energiebezogenen Leistung. Das Energiemanagement muss von alle Mitarbeitern - Geschäftsführung über Führungskräfte bis hin zum Produktionsmitarbeiter - gelebt werden. Die Förderung des Bewusstseins für die Thematik Energie stellt daher eine fundamentale Angelegenheit dar. Bewusstsein und Sensibilisierung kann über eine Reihe unterschiedlicher Maßnahmen und Kommunikationsarten erfolgen. Geeignete Sensibilisierungskanäle sind zum Beispiel Informationskampagnen, Flyer (z. B. Energiespartipps für Büroarbeitsplätze), Infoscreen, Artikel in Mitarbeiterzeitungen, das Intranet oder Betriebsversammlungen.
Neben dem Bewusstsein müssen die Mitarbeiter der Organisation hinreichend befähigt werden, durch ihr tägliches Tun und Handeln das Energiemanagement der Organisation positiv zu unterstützen. Das bedeutet, dass Organisationen durch entsprechende Instrumente, wie beispielsweise Ausbildung und Weiterbildung, sicherstellen müssen, dass alle Mitarbeiter Kenntnis und Wissen über die Energiepolitik und andere wesentliche Elemente des Energiemanagementsystems haben sowie ihre Rolle im Gesamtsystem verstehen. Ein wichtiger Aspekt hierbei ist, den Mitarbeitern den direkten und indirekten Einfluss ihrer täglichen Arbeit und ihres Verhaltens auf den Energieeinsatz und Energieverbrauch der Organisation sowie ihren Beitrag zur Verwirklichung der gesteckten Energieziele zu verdeutlichen. Durch Qualifikationsplanung und systematische Personalentwicklung kann den Mitarbeitern die dafür notwendige fachliche, methodische und soziale Kompetenz vermittelt werden.

Kommunikation

Die Kommunikation über die energiebezogene Leistung und das Energiemanagementsystem ist eng mit der Sensibilisierung der Mitarbeiter verbunden. Eine aktiv betriebene Kommunikation über die Erfolge der gemeinsamen Anstrengungen für mehr Energieeffizienz erhöht die Motivation aller Beteiligten. Hinsichtlich der Kommunikation kann zwischen der internen (innerbetrieblichen) und externen (außerbetrieblichen) Kommunikation unterschieden werden. Die ISO 50001 fordert, dass Organisationen mindestens einen Prozess für eine *interne Kommunikation* einführen und umsetzen. Dieser Prozess soll eine aktive Kommunikation in beide Richtungen ermöglichen und sicherstellen, zum einen eine Kommunikation von oben nach unten - Informieren über die energiebezogene Leistung und das Energiemanagementsystem durch das Top-Management und den Energiemanager -zum anderen eine Kommunikation von unten nach oben. Das heißt, allen Mitarbeiter innerhalb der Organisation muss es möglich sein, Kommentare und Verbesserungsvorschläge zum Energiemanagementsystem abgeben zu können. Die Einrichtung eines entsprechenden betrieblichen Vorschlagswesens für Energieeffizienzmaßnahmen sollte geprüft und im Idealfall umgesetzt werden.
Eine *externe Kommunikation* über das Energiemanagement ist nicht zwingend erforderlich. Die Unterrichtung interessierter Kreise über die Verbesserung energiebezogener Leistung und innovativer Projekte zur Energieeinsparung dient jedoch der Außendarstellung und wirkt sich positiv auf das Image der Organisation aus.

Dokumentation

Die ISO 50001 stellt folgende Anforderungen an die Dokumentation des Energiemanagementsystems:

- Geltungsbereich und Grenzen,
- Beschreibungen der Kernelemente des Energiemanagementsystems und der Energiepolitik,
- strategische und operative Energieziele und Aktionspläne,
- Dokumente und Aufzeichnungen, die von der Norm gefordert werden (bspw. Auditbericht)
- und weitere Dokumente, die von der Organisation als notwendig eingestuft werden (z. B. dokumentierte Prozesse zur Ablauflenkung).

Der Umfang der Dokumentation kann dabei je nach Größe der Organisation, der Branche und der Komplexität der Prozesse sehr unterschiedlich sein. Die Dokumentation des Energiemanagementsystems sollte nach Möglichkeit in die vorhandene Dokumentation der Organisation, beispielsweise Dokumentation zum Qualitäts- und/oder Umweltmanagementsystem, integriert und grundsätzlich „schlank" gehalten werden. Die Art der Dokumentation kann klassisch in Papierform erfolgen oder in elektronischer Form. Die Beschreibung der Kernelemente kann in einem separaten Energiemanagement-Handbuch erfolgen oder als Teil in einem integrierten Managementhandbuch.
Die Dokumentation zum Energiemanagement muss auch „gelenkt" werden. Unter der Lenkung von Dokumenten werden Aktivitäten zur Pflege, Aktualisierung, Sicherstellung der Richtigkeit und Archivierung verstanden. Zur Lenkung der Dokumente des Energiemanagementsystems können die bereits etablierten Prozesse und Verfahren zur Lenkung

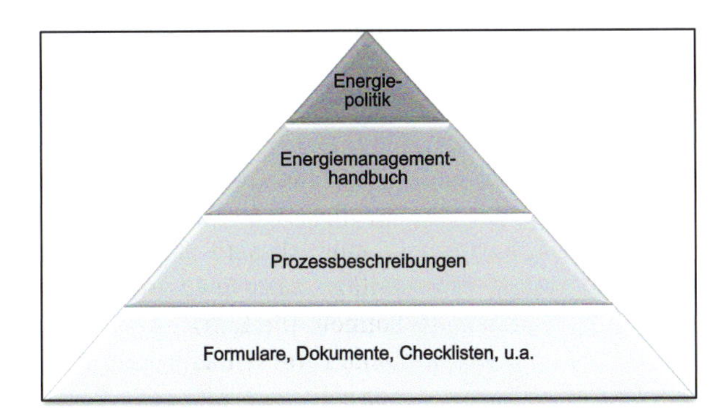

Abb. 5 Beispiel für eine Dokumentenstruktur (WIFI 2011)

von Dokumenten des Qualitäts- und/oder Umweltmanagementsystems genutzt werden.

Ablauflenkung

Eine Vielzahl verschiedenster Aktivitäten, die das tägliche Geschäft einer Organisation bilden, kann sich positiv oder negativ auf die energiebezogene Leistung der Organisation auswirken. Daher ist es notwendig, bestimmte Aktivitäten, die einen großen Einfluss auf die energiebezogene Leistung haben, zu planen und entsprechend zu dokumentieren. Aber auch bestehende Prozesse und Arbeitsabläufe sollten auf positive und negative Auswirkungen auf die energiebezogene Leistung untersucht und gegebenenfalls angepasst werden.

Eine große Bedeutung räumt die Norm Prozessen in den Bereichen *Instandhaltung, Einkauf* und *Auslegung* (Planung) ein und fordert diesbezüglich eine Berücksichtigung von energierelevanten Kriterien.

Bei der Auswahl und Beschaffung von Produkten, wie beispielsweise IT-Equipment und Kleingeräten, aber insbesondere bei der Anschaffung von neuen Produktionsanlagen und Ersatzteilen (Ersatzinvestitionen), sollte der Energieverbrauch des Produktes als ein Entscheidungsmerkmal mit berücksichtigt werden. Diese Praxis sollte sich in der Einkaufspolitik der Organisation widerspiegeln, d.h., im Einkaufsprozess ist ein entsprechendes Bewertungskriterium „Energieeffizienz/Energieverbrauch" zu verankern. In Folge sollte sichergestellt werden, dass die Bewertungskriterien in der Praxis auch Anwendung finden. Je nach Produkt und der geplanten Investitionshöhe sollten Erkenntnisse zu Amortisationskosten und Analyse der Lebenszykluskosten (mögliche Bewertungsverfahren: Total Cost of Ownership, Life Cycle Costing) mitberücksichtigt werden. Weitere Bewertungskriterien können die mit dem Produkt verbundenen CO_2-Emissionen sein oder die Berücksichtigung von Umweltlabels (Top-Runner Modelle, Energy Star, u.a.).

Die Energieeffizienz ist auch bei der Errichtung, Instandhaltung und Erneuerung von Produktionsanlagen und Gebäuden zu berücksichtigen. Bei der Veränderung von Produktionsanlagen genauso wie bei der Planung neuer Gebäude können durch eine energieeffiziente Auslegung (energieeffizientes Design) Energie und Kosten gespart werden.

2.2.5 Überprüfung

Ein wichtiges Element des Energiemanagement nach ISO 50001 ist der Prozess der kontinuierlichen Verbesserung. Zur Sicherstellung einer stetigen Verbesserung der energiebezogenen Leistung der Organisation ist es erforderlich, regelmäßig die Wirksamkeit und die Funktionsfähigkeit des Energiemanagementsystems zu überprüfen. Bei der Überprüfung sind folgende Punkte zu berücksichtigen bzw. zu kontrollieren:

- Überwachung und Messung
- Bewertung der Einhaltung von Rechtsvorschriften
- Nichtkonformität, Korrektur- und Vorbeugungsmaßnahmen
- Planung und Strukturierung der Dokumentation
- interne Audits
- Überprüfung durch das Top-Management.

Überwachung, Messung und Analyse

Die Überwachung, Messung und Analyse relevanter Einflussfaktoren auf die energiebezogene Leistung bildet eine zentrale Aufgabe und die Basis zur Beurteilung der Effektivität des Energiemanagementsystems. Relevante Einflussfaktoren, die es zu messen und zu überwachen gilt, sind vor allem die wesentlichen Energieverbraucher aber auch Faktoren, die diese beeinflussen (z.B. Außentemperaturen). Je nach Höhe des Energiebedarfs, der Komplexität und Größe der Organisation, aber insbesondere der Anforderungen an das *Energiemonitoring* selbst (Wozu wird gemessen? Wie oft wird gemessen? Was wird gemessen? Wo wird gemessen?) kann dieses in verschiedensten Ausprägungsformen erfolgen. In kleinen Unternehmen kann es beispielsweise genügen, den Energieverbrauch von wenigen zentralen Bereichen und energieintensiven Prozessen durch entsprechende zentrale Zähler und Messeinrichtungen manuell zu protokollieren und auszuwerten. Mit steigendem Anteil der Energiekosten an den Gesamtkosten sollte jedoch ein entsprechendes IT-gestütztes Energiedaten-Erfassungssystem mit Messeinrichtungen auf unterschiedlichen Ebenen (Maschinen-, Prozess-, Gebäudeebene) und Bereichen (Druckluft, Lackierung, Rechenzentrum) installiert werden. Dabei gilt für die erforderliche Messtechnik der Grundsatz „So viel wie nötig, so wenig wie möglich!". Mit Hilfe eines Energiedaten-Erfassungssystems kann sichergestellt werden,

I

dass die relevanten Energieverbraucher gemessen und überwacht werden. Durch die regelmäßige Kontrolle der aufgezeichneten Energiedaten und deren Vergleich mit Erwartungswerten (prognostizierte Werte sowie Daten von vorhergehenden Messperioden) ist es möglich, eine ineffiziente Energienutzung schnell aufzudecken und entsprechend gegenzusteuern. Die Analyse der erfassten Energiedaten ermöglicht ebenso die Bewertung der Zielerreichung der operativen und strategischen Energieziele sowie die nachgelagerte Kontrolle und Bewertung von realisierten Verbesserungsmaßnahmen.

Energiecontrolling ist eine Funktion zur Unterstützung des Energiemanagements bei der Analyse und Kontrolle des Energieverbrauchs. Eine Aufgabe des Energiecontrollings ist die individuelle Datenerfassung und -archivierung (Quelle: VDI 4602). ▪

Die Ermittlung geeigneter Indikatoren zur Beurteilung der energetischen Leistung kann in Form betrieblicher Energy Performance Indicators (EnPI) geschehen. Diese Energieindikatoren lassen sich als relative Kennziffern für unterschiedliche Energiearten mit Bezug auf unterschiedliche Faktoren, wie beispielsweise der Produktionsmengen, erstellen.

Interne Audits und Nicht-Konformitäten

In festgelegten regelmäßigen Zeitabständen müssen interne Audits durchgeführt werden. Im Rahmen dieses systematischen Prozesses wird überprüft, ob die Normelemente ausreichend verwirklicht sind, es Abweichungen von den Normvorgaben gibt und weiteres Verbesserungspotenzial hinsichtlich der energiebezogenen Leistung besteht. Dabei geht es nicht um die Beurteilung der Leistung einzelner Mitarbeiter, sondern um die Überprüfung der Effektivität des Energiemanagementsystems an sich.
Im Rahmen des internen Audits

- sollte die aktuelle energiebezogene Leistung bestimmt,
- die Leistungsfähigkeit des Systems sowie der Prozesse geprüft,
- die Ergebnisse mit Energiezielen verglichen,
- Daten für ein Benchmark gesammelt sowie
- Probleme untersucht und Ursachen und Schwächen identifiziert werden.

Die Norm gibt kein Intervall für die Durchführung von internen Audits vor. Im Falle einer externen Zertifizierung der Organisation empfiehlt es sich, das Intervall in Anlehnung an den Audit-Zyklus mindestens mit „jährlich“ festzulegen (WIFI 2011).

Die Ergebnisse eines jeden internen Audits sind vorzuhalten (Auditbericht) und an das Top-Management zu berichten. Neben dem aktuellen Status des Energiemanagements sollte der Auditbericht Abweichungen und Verbesserungspotenziale dokumentieren und entsprechende Folgeaktivitäten enthalten. Bei Abweichungen müssen verpflichtend Maßnahmen zur Abstellung des „Mangels“ abgeleitet und umgesetzt werden. Die Ergebnisse interner Audits, insbesondere zu Abweichungen von den Normvorgaben, sind bei der Planung zukünftiger Audits zu berücksichtigen. Gab es z. B. Abweichungen bei der Einhaltung der Vorgaben zur Beschaffung energieeffizienter Produkte, sollte dieser Bereich beim nächsten Audit schwerpunktmäßig betrachtet werden.
Für den Umgang mit festgestellten Abweichungen (*Nicht-Konformitäten*) ist ein Verfahren zu definieren, um Ursachen zu ermitteln und geeignete Maßnahmen zur Korrektur oder Vorbeugung zu ergreifen. Abweichungen können beispielsweise sein, dass energierelevante Abläufe und definierte Prozesse des Energiemanagementsystems nicht eingehalten werden und Energieverbräuche unerwartet schwanken oder stark erhöht sind.

Management-Review

Das Management-Review ist die Bewertung des Energiemanagementsystems durch das Top-Management der Organisation. Wie die Durchführung von internen Audits kann das Management-Review auch ein Instrument zur Identifizierung von Möglichkeiten zur Verbesserung der Energieeffizienz in der Organisation sein. Welche Faktoren zur Bewertung des Energiemanagementsystems herangezogen und genutzt werden müssen, definiert die Norm sehr genau. Folgende Punkte werden unter anderem im Management-Review überprüft:

- Umsetzung der Folgeaktivitäten aus vorangegangenen Management-Reviews,
- Überprüfung der Aktualität und Angemessenheit der Energiepolitik,
- Überprüfung der energiebezogenen Leistung und der Energy Performance Indicators (EnPI),
- Bewertung der Zielerreichung der strategischen und operativen Energieziele und
- Ergebnisse der Durchführung interner Audits.

Aus den Erkenntnissen und Ergebnissen dieser und weiterer Faktoren sind entsprechend Folgeaktivitäten zu definieren und Verantwortlichkeiten festzulegen.
Im Hinblick auf den PDCA-Zyklus bildet das Management-Review das letzte Glied in einer Reihe notwendiger Aktivitäten im Rahmen eines Energiemanagementsystems auf Basis der ISO 50001. Die Ergebnisse des Management-Reviews sind jedoch gleichzeitig der Ausgangspunkt und

Start für das Durchlaufen eines neuen Zyklus mit der Maßgabe, die energiebezogene Leistung der Organisation zu verbessern.

2.3 Fazit und Ausblick

Voraussetzung für eine verbesserte Energienutzung und eine höhere Energieeffizienz in der Produktion ist die systematische und kontinuierliche Analyse und Bewertung des Energieverbrauchs und der Einflussfaktoren. Energiemanagementsysteme, insbesondere auf Basis der ISO 50001, bieten Unternehmen einen Rahmen für die Etablierung und Verwirklichung von Prozessen und Aktivitäten zur Steigerung der energiebezogenen Leistung. Das Wissen über energieintensive Bereiche und wesentliche Energieverbraucher und Faktoren zur Beeinflussung des Energieverbrauchs, gekoppelt mit dem Verständnis für einen ressourcenschonenden Umgang mit dem Produktionsmittel Energie (Energiepolitik), sind die Basis für die Realisierung von erfolgreichen Maßnahmen zur Verbesserung der Energieeffizienz. Die messtechnische Erfassung von konkreten Energieverbrauchsdaten (Energiecontrolling) – in Verbindung mit dem Know-how zum Produktionsablauf und dem Zusammenspiel der Prozessparameter – bildet eine notwendige Voraussetzung zur Analyse der Energiedaten und zur Ermittlung von Energieeinsparpotenzialen.

Literatur

AGEB 2011: Energieverbrauch in Deutschland im Jahr 2010. AGEB Arbeitsgemeinschaft Energiebilanzen e. V., Berlin, 2011

EA NRW 2007: NRW spart Energie. Informationen für Wirtschaft und Verwaltung. EnergieAgentur.NRW. Düsseldorf 2007

EC 2011: KOM (2011) 109 endgültig: Energieeffizienzplan 2011. Europäische Kommission. Brüssel, 2011

Eichhammer, W., Fleiter, T., Schlomann, B., Faberi, S., Fioretto, M., Piccioni, N., Lechtenböhmer, S., Schüring, A., Resch, G.: Study on the energy savings potentials in EU member states, candidate countries and EEA countries. Fraunhofer-Institut für Systemforschung- und Innovationsforschung ISI, Karlsruhe, 2009

Hirzel, S., Sontag, B., Rohde, C.: Betriebliches Energiemanagement in der industriellen Produktion. Fraunhofer-Institut für Systemforschung- und Innovationsforschung ISI, Karlsruhe, 2011

Hornberger, M., Wahren, S.: Total Energy Efficiency Management. Energiemanagementsysteme Leitfaden zur Umsetzung. Fraunhofer IPA. Stuttgart, 2009

Wackerbauer, J.: Energie-, Material- und Ressourceneffizienz: Zunehmende Bedeutung im Verarbeitenden Gewerbe. In: ifo Schnelldienst 21/2011, ifo Institut, München, 2011

DIN EN ISO 50001: Energiemanagementsysteme - Anforderungen mit Anleitung zur Anwendung (ISO 50001:2011), deutsche Fassung. Beuth Verlag, Berlin, 2011

Kahlenborn, W., Knopf, J., Richter, I.: Energiemanagement als Erfolgsfaktor. International vergleichende Analyse von Energiemanagementnormen. Umweltbundesamt, Dessau-Roßlau, 2010

Kahlenborn, W., Kabisch, S., Klein, J., Richter, I., Schürmann, S.: DIN EN 16001: Energiemanagementsysteme in der Praxis. Ein Leitfaden für Unternehmen und Organisationen. Bundesministerium für Umwelt, Naturschutz und Reaktorsicherheit (BMU). Berlin. 2010

Kals, J.: Betriebliches Energiemanagement: eine Einführung. Kohlhammer, 2010, Stuttgart

Brüggemann, A.: KfW-Befragung zu den Hemmnissen und Erfolgsfaktoren von Energieeffizienz in Unternehmen. KfW Bankengruppe, Frankfurt am Main, 2005

Lackner, P., Holanek, N.: Handbuch Schritt für Schritt Anleitung für die Implementierung von Energiemanagement. Österreichische Energieagentur, Wien, 2007

Müller, E., Engelmann, J., Löffler, T., Strauch, J.: Energieeffiziente Fabriken planen und betreiben. Springer-Verlag Berlin Heidelberg 2009

Neugebauer, R. (Koordinator), Westkämper, E. (Bearb.), Klocke, F. (Bearb.): Energieeffizienz in der Produktion: Abschlussbericht. Untersuchungen zum Handlungs- und Forschungsbedarf. Fraunhofer-Gesellschaft zur Förderung der angewandten Forschung. München, 2008

Pehnt, M.: Energieeffizienz. Ein Lehr- und Handbuch. Berlin. Springer, 2010

Thamling, N., Seefeldt, F., Glöckner, U.: Rolle und Bedeutung von Energieeffizienz und Energiedienstleistungen in KMU. Prognos AG, Berlin, 2010.

VDI-Richtlinie 4602: Energiemanagement Begriffe. Blatt 1. Beuth Verlag, Berlin, 2001

WIFI Unternehmerservice der Wirtschaftskammer Österreich: Energiemanagementsysteme nach ISO 50001. Tipps für die Umsetzung. Wien, 2011

3 Energiewertstrom – Steigerung der Energieeffizienz in der Produktion

Klaus Erlach

3.1 Die Zielsetzung einer energetisch nachhaltigen Produktion

Nur wer seine Produktionsprozesse effizient gestaltet, kann sich in Zeiten wachsender Globalisierung dem weltweiten Wettbewerb erfolgreich und nachhaltig stellen. In jüngster Zeit findet das in der Vergangenheit zumeist stiefmütterlich beachtete Thema der Energieeffizienz eine immer größere Beachtung. Denn gerade im Energiebereich sind die Kostenentwicklungen schwer vorhersagbar und auch kurzfristig sind extreme Preissteigerungen möglich. Nicht nur Unternehmen aus energieintensiven Branchen haben festgestellt, dass der Energieverbrauch zu ungeahnten Steigerungen in den Produktionskosten führen kann, wenn man der Energieverschwendung keinen Einhalt gebietet. So kann auch bei einem scheinbar irrelevanten Energiekostenanteil von 2 bis 4 % in der verarbeitenden Industrie, bei einer durchaus denkbaren kurzfristigen Verdopplung der Energieeinkaufskosten, sich ein schmerzhaft hoher Gewinnanteil zu bloßer Abwärme dissipieren.

Da im Jahr 2006 der „Peak Oil" der konventionellen Ölförderung mit 70 mb/d bereits überschritten worden ist, seitdem also die jährlich geförderte Ölmenge sinkt, braucht man zumindest auf sinkende Erdölkosten nicht mehr hoffen. Nur dank unkonventioneller Ölproduktion aus Ölsanden, Ölschiefer oder als Tiefsee-Öl steigt die Fördermenge derzeit noch an – jedoch zu deutlich höheren Förderkosten, die merklich in den Preis einfließen. Deshalb ist es nicht unwahrscheinlich, dass die Energiekosten im Unterschied zu den letzten Jahrzehnten inflationsbereinigt nicht mehr sinken.

Ein Hindernis, den Energieverbrauch und die damit verbundenen Energiekosten explizit bei der Produktionskostensenkung zu berücksichtigen, ist das Fehlen einer verursachungsgerechten Verrechnung. Häufig werden die Energiekosten über die Flächenkosten pauschal umgelegt, sodass die faktischen Kosten den Produkten und Abteilungen gar nicht zugerechnet werden können. Zusätzlich entfällt lokal der Anreiz zu Energieeinsparmaßnahmen, weil die erreichten Verbesserungen und Einsparungen nicht demjenigen zugeordnet werden, der die entsprechenden Aufwendungen und Kosten getragen hat. Häufig ist die Verantwortlichkeit bezüglich Maßnahmen zur Steigerung der Energieeffizienz gar nicht festgelegt oder aber relativ produktionsfern dem Facility Management zugeordnet.

Im globalen Blickwinkel betrachtet, erscheint der Energieeinsatz zunehmend unter der Perspektive des Klimawandels. Daraus hat sich eine gesellschaftliche Erwartungshaltung ergeben, die zu rechtlichen Vorgaben und imageabhängigen Verkaufserfolgen geführt hat. Daher sind neben den ökonomischen zunehmend auch rechtliche, gesellschaftliche und ökologische Ziele hinsichtlich der Energieeffizienz durch die Produktion zu erfüllen. Das klassische Zieldreieck der Nachhaltigkeit ist daher, wenn auch mitunter unfreiwillig über eine reine Kostensicht hinausgehend, in allen seinen Dimensionen vom Unternehmen zu berücksichtigen (Abb. 1).

Die in aller Regel im Fokus stehenden Kosteneinsparungen ergeben sich zum einen aus der absoluten Reduktion des Energieverbrauchs sowie zum anderen aus der möglichen Tarifreduktion bei durch Abbau von Bedarfsspitzen vergleichmäßigtem Energieverbrauch. Die dazu erforderlichen Investitionen können wie andere Investitionen auch über ihre Amortisationszeit bewertet werden. Ob dann eine Maßnahme wirtschaftlich erscheint oder nicht, hängt auch von den Vorgaben für die erforderliche Amortisationszeit ab. Hierbei ist es auch im Sinne der Wettbewerbsfähigkeit nicht unerheblich, ob man die Zeiträume für kurzlebige Betriebsmittel oder langlebige Immobilien ansetzt. Betrachtungen der Total Cost of Ownership lassen häufig Investitionskostenunterschiede zusammenschrumpfen.

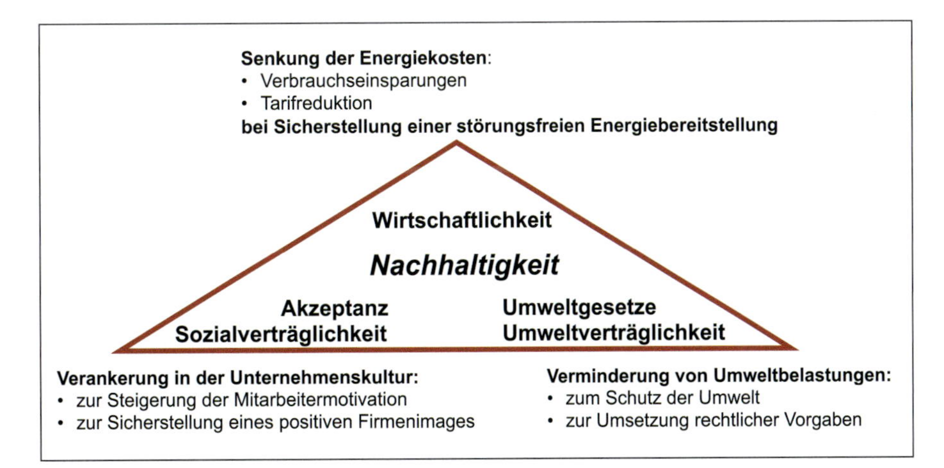

Abb. 1 Das Zieldreieck der Nachhaltigkeit

Energiebedarf und Energieverbrauch

In der Umgangssprache werden Energiebedarf und Energieverbrauch mehr oder weniger synonym gebraucht. Dabei wird der Energieverbrauch eigentlich immer vergangenheitsbezogen verwendet, während der Energiebedarf auch bezüglich der Zukunft gemeint sein kann. Aus physikalischer Sicht gibt es (in geschlossenen Systemen) keinen Energieverbrauch, sondern lediglich Energieumwandlung. Um jedoch vom allgemeinen Sprachgebrauch nicht allzu sehr abzuweichen, wird hier der Begriff „Energieverbrauch" in Bezug auf **Messungen** verwendet. Dadurch charakterisiert der Energieverbrauch die tatsächlich für einen Produktionsprozess eingesetzte Energiemenge. Der Begriff „Energiebedarf" soll hier verwendet werden, wenn es um prognostizierte oder hochgerechnete Werte, also um auf **theoretischen Annahmen** beruhende Bedarfswerte geht. Der Energiebedarf beschreibt diejenige Energiemenge, die für die Produktion mit den gegebenen Mitteln voraussichtlich benötigt wird, wobei Einflüsse der Betriebspraxis im Unterschied zur Messung keine Rolle spielen.

Nicht weniger notwendig, wenn auch nicht ganz so beliebt, ist zweitens die Erfüllung rechtlicher Vorschriften zum Klimaschutz und zur Verminderung von Umweltbelastungen. Dies ist heutzutage häufig mit finanziellen Anreizen verbunden. Dies kann zum einen negativ, also direkt Kosten steigernd mit dem Zwang zum Kauf von Emissionsrechten erfolgen, wobei hier ein reduzierter Energieverbrauch zu verminderten Belastungen führt. Es kann zum anderen indirekt kostensenkend mit Fördermitteln für den Einsatz bestimmter Technologien (beispielsweise Kraft-Wärme-Kopplung) oder zur Entwicklung und Einführung energieeffizienterer Technologien im Rahmen einer Forschungsförderung (Bundesumweltstiftung etc.) erfolgen. Mit diesen rechtlichen und regulatorischen Gründen zur Steigerung der Energieeffizienz mag durchaus auch eine Verwirklichung ökologischer Ziele per se verbunden sein. Dieses Bestreben unternehmerischen Engagements, eine möglichst nachhaltige und ressourcenschonende Produktion zu verwirklichen, heißt dann, eine in wirtschaftlich vertretbarem Ausmaß möglichst hohe Umweltverträglichkeit zu erreichen. Nicht umsonst verweisen Ökonomie wie Ökologie beide auf die Hauswirtschaft (altgriechisch: oikos) und unterscheiden sich in ihrer Zielsetzung weniger im Inhalt, sondern hauptsächlich im zeitlichen Horizont und der Zuordnung von Verantwortlichkeiten.

Eine konsequente Ausrichtung auf einen nachhaltigen Energieeinsatz setzt drittens die Verankerung in der Unternehmenskultur voraus. Damit angestrebte Ziele sind intern die Steigerung der Mitarbeitermotivation sowie extern die Sicherstellung eines positiven Firmenimages durch die glaubhafte Berücksichtigung ökologischer Belange. Die Anwendung der im Folgenden vorgestellten Energiewertstrom-Methode ist ein einfacher und dennoch umfassender erster Schritt zur strategischen Verankerung des Themas im Unternehmen.

Ein nachhaltiger Energieeinsatz in der Produktion sollte zudem eine störungsfreie Energiebereitstellung sicherstellen, um Produktionsausfälle zu vermeiden. Neben dem effizienten Energieeinsatz innerhalb einer Fabrik ist demnach zusätzlich auch die Energiebereitstellung zu betrachten. Dies beginnt bereits mit der Energiebeschaffung, die in Menge und Art mit dem Verbrauchsprofil abzustimmen ist. Dies kann auch bedeuten, den Energieverbrauch an die Energieverfügbarkeit anzupassen. Ferner öffnet die Betrachtung der Energiebereitstellung zusätzlich den Blick auf die Möglichkeiten der lokalen Energieerzeugung innerhalb eines Werkes.

3.2 Vermeidung von Energieverschwendung in schlanken Produktionen

Bei der Produktionsoptimierung in der Tradition von Frederick Winslow Taylor, Henry Ford und Taiichi Ōno waren die grundsätzlichen Ansatzpunkte die Eliminierung von Verschwendung hauptsächlich von Arbeitskraft, die Minimierung erforderlicher Nebentätigkeiten sowie die Effizienzsteigerung der wertschöpfenden Tätigkeiten. Der scharfe analytische Blick der bei Toyota ausgearbeiteten „Lean Production" hat gezeigt, wie gering doch der wertschöpfende Anteil menschlicher Arbeit ist und welche Verbesserungspotenziale es umgekehrt gibt, wenn man diesen Anteil systematisch erhöht. Die dabei entwickelten Prinzipien der Produktionsprozessoptimierung und der Logistikoptimierung sollen nunmehr als Leitfaden dienen, den Energieeinsatz in der Fabrik zielführend zu analysieren und systematisch zu optimieren. Im Ergebnis erhält man dann eine, auch in energetischer Hinsicht, schlanke Fabrik.

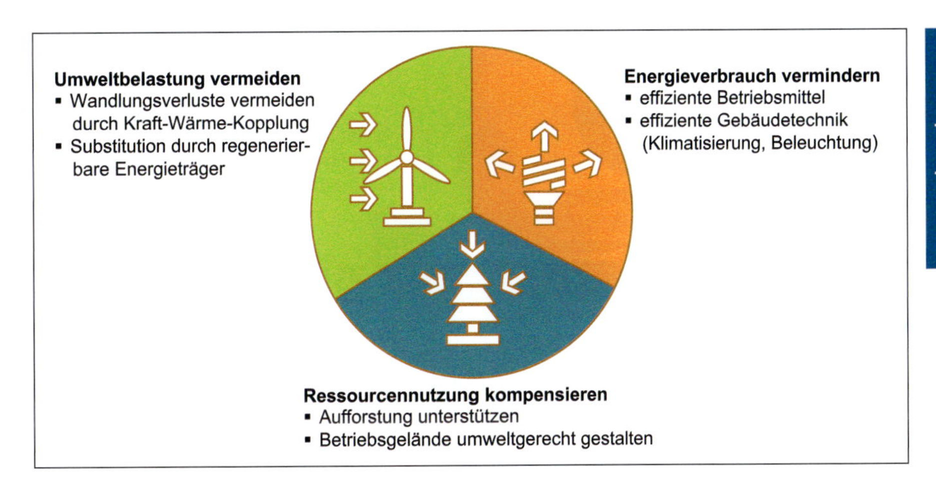

Abb. 2 Die drei grundsätzlichen Ansätze zum nachhaltigen Energieeinsatz

Insgesamt lassen sich drei grundsätzliche Ansatzpunkte zum nachhaltigen Energieeinsatz in der Fabrik unterscheiden (Abb. 2). Bei der Energiebereitstellung für die Fabrik gilt erstens, die Umweltbelastung soweit wie möglich zu vermeiden. So ermöglicht es beispielsweise die Kraft-Wärme-Kopplung, durch Abwärmenutzung gegenüber der konventionellen Stromerzeugung den Primärenergieträgerverbrauch deutlich zu senken. Bei Substitution fossiler Energieträger durch regenerierbare Energieträger kann die Energiebereitstellung CO_2-neutral erfolgen, wobei natürlich andere Umwelteffekte noch nicht ausgeschlossen sind. Generell gilt jedoch, dass möglichst viel Energie bereitgestellt werden sollte – zu tragbaren Kosten und minimalen Umwelteinwirkungen.

Für den Energiebedarf der Fabrik gilt zweitens, ihn soweit wie möglich zu vermindern. Dies erfolgt durch eine Steigerung der Energieeffizienz in der Fabrik. Ansatzpunkte sind hierbei einerseits energieeffiziente Betriebsmittel für Produktion, Material- und Informationsfluss sowie andererseits energieeffiziente Gebäude (Dämmung, Bauweise etc.) und Gebäudetechnik (Klimatisierung, Beleuchtung, etc.). Die wie auch immer erzeugte respektive bereitgestellte Energie sollte möglichst sparsam, d.h. mit einem möglichst hohen Wirkungsgrad verwendet werden, um die Einsatzkosten direkt und die Umweltwirkungen indirekt zu minimieren.

Für den faktischen Energieverbrauch durch die Fabrik gilt drittens, die damit verbundene Ressourcennutzung – soweit sinnvoll – zu kompensieren. Dies kann direkt vor Ort auf dem Betriebsgelände durch eine umweltgerechte Gestaltung erfolgen sowie indirekt monetär über Abgaben oder Unterstützung von Aufforstungen andernorts. Da Kompensationsmaßnahmen betriebswirtschaftlich nur als Kosten erscheinen, sind sie sicher die schlechteste der drei genannten Ansatzpunkte. Im Grunde dienen Kompensationen dazu, negative Folgen vorheriger Energieverschwendung zu beseitigen – und ist daher aus der Perspektive des „Lean Production" selbst eine (im langfristigen Blickwinkel jedoch notwendige) Verschwendung.

Zur näheren Betrachtung der unterschiedlichen Möglichkeiten zur Energieverschwendung bietet es sich an, die aus dem „Lean Production" bekannten „sieben Arten von Verschwendung" in der Produktion heranzuziehen (Takeda 2002, vgl. Tab. 1, linke Spalte). Dabei sollte man sich jedoch nicht zu leichtfertigen Analogieübertragungen verleiten lassen. Natürlich gehen mit dem Ausschuss auch „Energieverluste durch Qualitätsmängel am Produkt" einher (Reinhart et al. 2010). Allerdings erscheint diese Erkenntnis nur auf banale Weise richtig, während aus energetischer Sicht als Energie-Ausschuss eher das Wegwerfen von Energie aufgrund einer fehlenden bzw. mangelhaften Energierückgewinnung zu sehen wäre (vgl. Tab. 1, rechte Spalte). Erst so nimmt man die eigentlich anzugehenden Aufgaben in den Blick. Aus diesem Grund sollen hier die Energieverschwendungsarten aus einem Energieflussmodell heraus gewonnen werden (Abb. 3).

Die erste Art der Energieverschwendung entsteht bereits in der Energiebereitstellung durch unangemessenen Energiebezug. Das können erstens rein ökonomische Verluste durch unangemessen teure Tarife (Gram 2011) sein, wenn man den maximalen Energiebedarf einer Fabrik zu hoch ansetzt. Es kann zweitens die Wahl eines ungeeigneten Energieträgers für den jeweiligen Einsatzzweck sein. Da diese Entscheidungen dem betrieblichen Energieeinsatz vorgelagert sind, findet sich hier auch keine Analogie unter den sieben Verschwendungen der Produktion.

Bevor nun die bezogene Energie als Endenergie in der Fabrik verbraucht werden kann, muss sie verteilt und häufig auch umgewandelt werden – dies alles einhergehend mit den entsprechenden Verschwendungsarten. Die Umwandlungsverluste als zweite Art der Energieverschwendung entstehen in der Regel werksextern bei der Stromerzeugung. Werksintern finden sie sich insbesondere bei der Drucklufterzeugung aus elektrischer Energie wieder. Weniger verbreitete Beispiele für Wandlungsverluste sind werksinterne Kraft-Wärme-Kopplung, Wasserdampferzeugung aus Brennstoffen oder auch Solarenergienutzung.

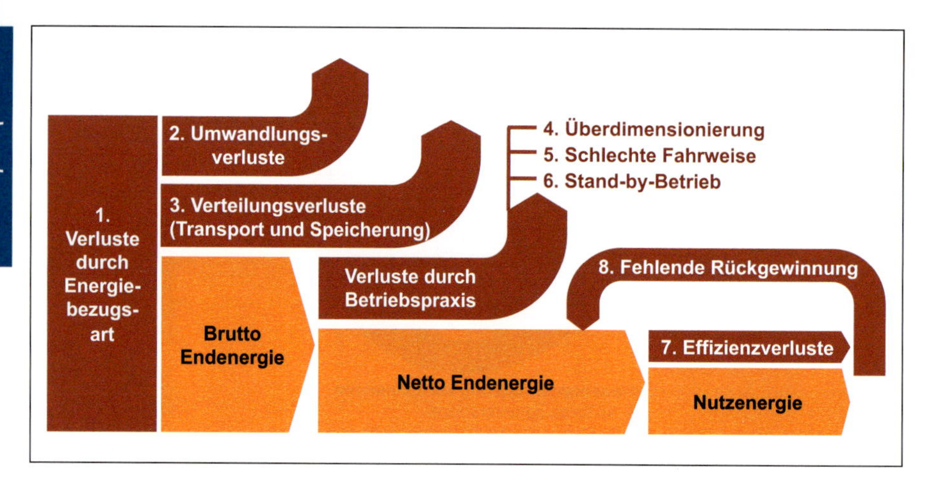

Abb. 3 Die acht Arten der Energieverschwendung im Energieflussmodell

Die Verteilungsverluste als dritte Art der Energieverschwendung entstehen durch Transport und Speicherung und lassen sich zwanglos als Analogie zum Material-Transport auffassen. Speicherverluste werden hier nicht als eigene Verlustart angesehen, auch wenn zu hohe Bestände in der Produktion erst einmal klingen wie „übermäßige Lagerung von Energie, die zu Energieverlusten führt", z. B. im Warmwasserboiler (Reinhart et al. 2010). Nun führen aber zu hohe Lagerbestände nicht automatisch zum Abschmelzen durch Bestandsverluste (leider, leider), denn dann könnte man Produktionsabläufe durch Abwarten recht einfach optimieren. Und bei fossilen Energieträgern sind eher die Lagerkosten das Problem als die doch sehr allmähliche Sublimation von Kohle. Hohe Bestände sind Verschwendung aus ganz anderen Gründen, nämlich aus ablauforganisatorischer Sicht. Auch hier führt die Analogie, sofern man sie auf die Art und nicht die Bezeichnung der Verschwendung bezieht, zu ganz anderen Zuordnungen.
Die am Verbrauchsort bereitgestellte Energie unterliegt nun weiteren Verlusten durch die Betriebspraxis. Das beginnt mit der vierten Art der Energieverschwendung, der Überdimensionierung von Betriebsmitteln. Dies ist nicht rein kapazitativ, sondern auch hinsichtlich der Leistungsaufnahme zu verstehen. Zu üppig ausgelegte Maschinenkomponenten stellen eine Leistung zur Verfügung, die gar nicht abgefordert wird. Diese Form der Verschwendung besteht also gewissermaßen in der Überproduktion von Arbeitsleistung.
Die fünfte Art der Energieverschwendung erzeugen die Mitarbeiter auf operativer oder arbeitsvorbereitender Ebene durch eine energetisch schlechte Fahrweise der Maschinen, Anlagen und anderen Betriebsmittel. Das beginnt ganz banal beim „Vergessen" des Ausschaltens von Beleuchtung und Abschalten in den Schlaf-Modus von Maschinen bei Nichtnutzung, setzt sich über mangelhafte Instandhaltung fort und endet bei der Roboterprogrammierung mit zu langen Verfahrwegen. An dieser Stelle setzen dann auch richtigerweise Maßnahmen zur Einbeziehung von Mitarbeitern in die Eliminierung von Energieverschwendung ein.
Die sechste Art der Energieverschwendung entsteht durch die Energieverbräuche im Stand-by-Betrieb. Hier ist die Verbrauchshöhe zwar technisch bedingt, der mitunter kurzfristige Wechsel zwischen Stand-by und Normalbetrieb ist jedoch von der Ablauforganisation abhängig, also der Belegung mit Aufträgen und der Verfügbarkeit von Mitarbeitern. Ähnlich wie im Materialfluss der Bestand ein Ergebnis mangelhaften Produktionsflusses ist, ist der Stand-by-Betrieb ein „Bestand" von Leistung, die aufgrund schlechter Ablauforganisation grundsätzlich jederzeit verfügbar sein soll, derzeit aber gerade nicht benötigt wird.

Lean – Verschwendung	Energie – Verschwendung
Überproduktion (Material)	Überdimensionierung (Leistung)
Bestand (Material)	Stand-by-Betrieb (Leistung)
Transport (Material)	Verteilungsverluste: Transport/Speicherung (Leistung)
Ausschuss (Material)	Dissipation – keine Rückgewinnung (Leistung)
Bewegung (Werker)	Fahrweise (Mitarbeiter)
Bearbeitung (Maschine)	Effizienzverluste; Umwandlungsverluste (Technologie)
Warten (Werker auf Maschine)	–
–	Verluste durch Energiebezugsart

Tab. 1 Die sieben Arten der Verschwendung in Bezug auf den Energieverbrauch

Die siebente Art der Energieverschwendung ist technisch-physikalischer Natur. Auch von einer optimal bereitgestellten Endenergie kann nur ein gewisser Anteil in Arbeit umgesetzt werden, während der Rest direkt als Abwärme dissipiert. Der nutzbare Anteil wird physikalisch auch Exergie genannt (Gram 2011), während das Verhältnis von Arbeit und eingesetzter Netto-Endenergie technisch durch den Wirkungsgrad beschrieben wird. Allgemein gesprochen geht es hier um die Energieeffizienz der technischen Ausstattung, die vom technischen Stand und den physikalischen Gesetzmäßigkeiten abhängig ist. Den besten Wirkungsgrad erreicht eine Maschine am optimalen Betriebspunkt, wenn sie also mit einer bestimmten Belastung gefahren wird.

Die achte Art der Energieverschwendung betrifft die fehlende Rückgewinnung von verbrauchter Energie zur Reduktion des Energie-Ausschusses gewissermaßen. Bei der teilweise in großen Mengen anfallenden Abwärme ist dies technisch grundsätzlich möglich, wenn auch ebenfalls wieder durch einen Wirkungsgrad reduziert (andernfalls hätten wir ein Perpetuum mobile) und in dessen Höhe deutlich vom Temperaturniveau abhängig. Zudem gibt es Möglichkeiten, einmal geleistete Arbeit wieder zurückzugewinnen – bei vertikalem Transport die Umwandlung potenzieller in kinetische Energie und dann beim Bremsen, um einen Wirkungsgrad reduziert, in elektrische Energie.

3.3 Die Energiewertstrom-Methode als Energie-Audit für die Produktion

Eine Methode, die seit vielen Jahren erfolgreich in der industriellen Praxis bei der Produktionsoptimierung eingesetzt wird, ist die Wertstrommethode. Sie stellt den Kern des „Lean Production“ dar, weil mit ihr der komplette Produktionsablauf mit Produktionsprozessen, Material- und Informationsfluss übersichtlich dargestellt wird. Alle weiteren Methoden und Lösungsprinzipien des „Lean Production“ können innerhalb des Wertstroms systematisch verortet werden. (Erlach 2007). Um nun auch Energieverschwendung und den Energieverbrauch ganzheitlich zu erfassen und systematisch Verbesserungsmaßnahmen zur Steigerung der Energieeffizienz in der Produktion zu erarbeiten, wurde die Wertstrommethode um die Perspektive des Energieverbrauchs erweitert (Erlach et al. 2009). Bereits nach zwei Jahren hat die Methode industrielle Anwendung in mehreren Unternehmen gefunden sowie ein Forschungsinstitut beim Aufbau einer Lernfabrik so intensiv angeregt, dass es die Methode nun für sich reklamiert (Reinhart et al. 2011).

Bei der Wertstrommethode dient zunächst die Wertstromanalyse dazu, den Istzustand einer Produktion mit allen Produktionsprozessen, dem Materialfluss und dem Informationsfluss übersichtlich und umfassend mit einfachen Symbolen darzustellen sowie aus dieser spezifische Verbesserungspotenziale – hinsichtlich Durchlaufzeit und Kapazitätsabstimmung – abzuleiten. Daran anschließend ermöglicht das Wertstromdesign durch systematische Anwendung von acht Gestaltungsrichtlinien die Konzeption eines effizienten (verschwendungsarmen) Produktionsablaufes sowie die Visualisierung des Sollzustandes mit den geplanten Verbesserungsmaßnahmen.

Um nun eine Steigerung der Energieeffizienz in der Fabrik zu erreichen, ist es erforderlich, detaillierte Aussagen bezüglich des Energieeinsatzes in der Produktion zu treffen. In vielen Unternehmen fehlen jedoch die notwendigen Informationen über den Umfang, in dem die einzelnen Energiearten zum Einsatz kommen. Darüber hinaus sind die Anteile der einzelnen Systeme am Energieverbrauch des Unternehmens häufig unbekannt. Derartige Informationsdefizite erschweren das Erkennen von Verbesserungspotenzialen erheblich. Durch die Integration von Energiedaten in die Wertstrommethode lassen sich diese Defizite systematisch beheben. Im Gegensatz zur punktuellen Energieverbrauchsoptimierung durch lokale Verbesserung einzelner Betriebsmittel kann mithilfe der Energiewertstrom-Methode eine gesamthafte Erfassung, Bewertung und Optimierung aller prozessbedingten Energieverbräuche in ihrem wechselseitigen Zusammenhang erfolgen. Für die systematische Erarbeitung von Verbesserungsmaßnahmen dient dann ein Set von Gestaltungsrichtlinien.

Durch die Wertstromperspektive wird der Energiebedarf zudem nicht bezogen auf die jeweiligen Einzelanlagen bewertet, sondern über die ganze Wertschöpfungskette hinweg auf das jeweils betrachtete Produkt bezogen. Dadurch werden die erfassten Energieverbräuche auch für die Produktkalkulation nutzbar.

Die Energiewertstrom-Methode verbindet die Vorteile der Prozessoptimierung mit der Berücksichtigung der Energieverbräuche. Sie ermöglicht das Erreichen der folgenden Ziele:

- Erfassung aller im Produktionsprozess relevanten Energieverbrauchsarten
- Identifikation der wesentlichen Energieverbraucher
- Schaffung von Transparenz über den Energieverbrauch entlang der Wertschöpfungskette
- Abschätzung der Energieeinsparpotenziale durch Bewertung der Energieeffizienz mit Kennzahlen
- Erkennen von Optimierungspotenzialen hinsichtlich des Energieverbrauchs

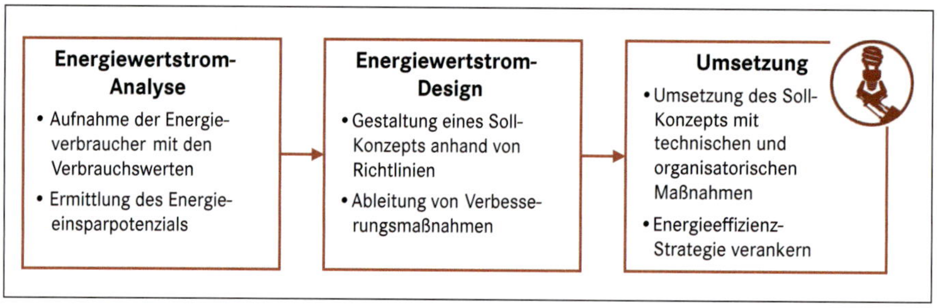

Energiewertstrom-Analyse
- Aufnahme der Energieverbraucher mit den Verbrauchswerten
- Ermittlung des Energieeinsparpotenzials

Energiewertstrom-Design
- Gestaltung eines Soll-Konzepts anhand von Richtlinien
- Ableitung von Verbesserungsmaßnahmen

Umsetzung
- Umsetzung des Soll-Konzepts mit technischen und organisatorischen Maßnahmen
- Energieeffizienz-Strategie verankern

Abb. 4 Die drei Schritte der Energiewertstrom-Methode

- Ableiten von Verbesserungsmaßnahmen zur Steigerung der Energieeffizienz
- Kostenersparnis bei gleichzeitigem Erreichen ökologischer Vorgaben
- Grundlage für die strategische Verankerung des Themas Energie in der Produktion.

Die grundsätzliche, methodisch bewährte Vorgehensweise des Wertstromdesigns bleibt erhalten, ist jedoch durch zusätzliche, energiebedarfsbezogene Komponenten zu ergänzen. Das Vorgehen umfasst insgesamt drei Schritte: Die Erfassung der Ist-Situation mit der Energiewertstrom-Analyse, die Entwicklung eines Sollzustandes mit dem Energiewertstrom-Design sowie die Umsetzung der Effizienz steigernden Maßnahmen im Energiemanagement (Abb. 4).

Mit der Energiewertstrom-Analyse werden im ersten Schritt die Produktionsprozesse mit allen relevanten Material- und Informationsflüssen erfasst und anhand einer überschaubaren Darstellung leicht nachvollziehbar dargestellt. Ergänzend wird hierbei der Energieverbrauch jedes Prozessschrittes mit aufgenommen. Hierdurch wird der Energieverbrauch transparent und zurechenbar. Die Erfassung der Verbrauchswerte erfolgt zumeist unter Zuhilfenahme mobiler Messgeräte. Aber auch stationäre Messwertzähler sowie sonstige Informationen zu Verbrauchsdaten geben Aufschluss über die jeweils eingesetzte Energie. Berücksichtigt werden alle für den Produktionsprozess bedeutsamen Energiearten. Neben der elektrischen Energie sind dies vor allem Energieverbräuche für die Erzeugung von Druckluft sowie prozessbedingte Heiz- und Kühlleistung durch Klimatisierung, Prozesswasser, Dampf oder Kühlgas. Durch die Bildung von produkt- und prozessbezogenen Kennzahlen lässt sich der Energieverbrauch anschließend bewerten und das Potenzial zur Verbesserung ableiten.

Daran anschließend werden im zweiten Schritt mit dem Energiewertstrom-Design anhand von acht Gestaltungsrichtlinien Maßnahmen zur Energieeffizienzsteigerung abgeleitet. Diese Richtlinien bauen systematisch aufeinander auf, wenn man sie im Sinne einer grundsätzlichen Infragestellung des bestehenden Produktionsablaufes versteht und auch so anwendet. Während die ersten vier Richtlinien jeweils auf einen Prozessschritt alleine angewendet werden, behandeln die anderen vier Richtlinien die energetischen Wechselwirkungen zwischen unterschiedlichen Produktionsprozessen. Auch dadurch unterscheidet sich das hier dargestellte methodische Vorgehen von rein punktuellen Betrachtungen an einzelnen Energieverbrauchern. Hinter jeder Gestaltungsrichtlinie verbirgt sich ein Gestaltungsprinzip mit den zugehörigen, typischen Lösungsbausteinen. Das Design schließt mit der Definition und gegebenenfalls Priorisierung von Verbesserungsmaßnahmen in einem Umsetzungsplan.

Im dritten Schritt erfolgen die Umsetzung der Maßnahmen sowie die Verankerung der Vorgehensweise zur kontinuierlichen Steigerung der Energieeffizienz in der Unternehmensstrategie. Dies kann auch unterstützt werden mit der Einführung eines Energiemanagementsystems gemäß DIN 16001 (vgl. Kap. I.2).

Die Energiewertstrom-Methode ist eine Vorgehensweise zur umfassenden und transparenten Darstellung der Energieverbräuche, des jeweiligen Effizienzgrades sowie der aufeinander abgestimmten Ansatzpunkte für Maßnahmen zur Steigerung der Energieeffizienz in der Fabrik. Sie erlaubt eine energetische Gestaltung von einzelnen Produktionsprozessen und auch des Produktionsablaufes im Ganzen. So kann die Energiewertstrom-Methode gezielt helfen, Kosten zu sparen, gesetzliche Vorgaben einzuhalten, ökologische Zielsetzungen des Unternehmens zu erreichen und damit die Wettbewerbsfähigkeit nachhaltig steigern.

3.4 Mit der Energiewertstrom-Analyse zur Transparenz des Energieverbrauchs

In vielen Unternehmen sind kaum genaue Informationen über den tatsächlichen Energiebedarf der einzelnen Produktionsprozesse bekannt. Die Energiewertstrom-Analyse dient dazu, hier erst einmal Transparenz zu schaffen, damit im Anschluss gezielt Maßnahmen entwickelt werden können. Alle Energieverbraucher sind in ihrem produktionsorganisatorischen Zusammenhang zu identifizieren und ihre Energieverbräuche sind bezogen auf die Produktionsprozesse sichtbar zu machen. Der komplette Energiebedarf einer Fabrik kann so in Zusammenhang mit dem Produktionsablauf transparent dargestellt werden. Die oftmals lediglich zentral erfassten Energieverbräuche werden den entsprechenden Verbrauchern zugeordnet. Dies macht erkennbar, an welcher Stelle im Produktionsablauf Energiebedarf für welchen Produktionsprozess anfällt. Im Unterschied zur lokalen Betrachtung einzelner Energieverbraucher liefert die Energiewertstrom-Analyse also eine übergreifende Darstellung aller Energiebedarfe im Zusammenhang der zugehörigen Wertschöpfungskette. Zusätzlich werden produktionsprozessübergreifende Verbesserungspotenziale sichtbar.

3.4.1 Kundentakt als Referenzwert im Energiewertstrom

Eine Energiewertstrom-Analyse beginnt mit der Entscheidung, welcher Energiewertstrom aufgenommen werden soll. Analog zur üblichen Wertstromanalyse erfolgt hierzu eine Untergliederung des in der betrachteten Fabrik produzierten Produktspektrums nach produktionsrelevanten Ähnlichkeitskriterien. Ergebnis sind – im Unterschied zu den Produktgruppen des Vertriebs – die Produktfamilien. Zu einer Produktfamilie gehören alle Produktvarianten, die mit gleichem oder ähnlichem Produktionsablauf auf den gleichen Betriebsmitteln produziert werden. Bei der Produktfamilienbildung ist es – ergänzend zur Analyse des Produktionsablaufes – hilfreich, Produktmerkmale wie Rohmaterialart, Geometrie, Gewicht, Handhabbarkeit oder Arbeitsinhalt heranzuziehen.
Für jede Produktfamilie ist eine eigene Energiewertstromdarstellung aufzunehmen, wobei man mit einer stückzahlstarken und dabei relativ variantenarmen Produktfamilie mit nicht zu kleinem Umsatzanteil beginnen sollte. Dabei sollten die Betriebsmittel mit den höchsten Energieverbräuchen von der ausgewählten Produktfamilie benötigt werden.
Für eine bestimmte Produktfamilie ist zunächst der Kundenbedarf zu ermitteln. Alle ermittelten Energieverbräuche sind in Relation zu diesem Bedarf zu setzen. Der Kunde erhält als Symbol ein Haus (Abb. 5). Unter dem Kundensymbol sind in einem Datenkasten alle Informationen eingetragen, die die Belastung der Produktion bestimmen. Der Kundenbedarf wird mit der Jahresabsatzmenge des zurückliegenden Geschäftsjahres als Jahresstückzahl angegeben, wodurch saisonale Schwankungen automatisch berücksichtigt sind.

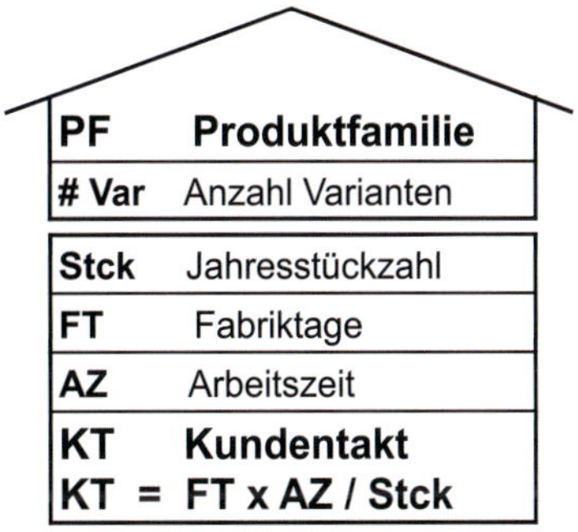

PF	**Produktfamilie**
# Var	Anzahl Varianten
Stck	Jahresstückzahl
FT	Fabriktage
AZ	Arbeitszeit
KT	**Kundentakt**
KT =	**FT x AZ / Stck**

Abb. 5 Das Kundensymbol mit Datenkasten und Kundentakt

Die dem Kundenbedarf entsprechende Leistungsanforderung an die Produktion ist nun – das ist ein besonderes Merkmal der Wertstromanalyse – als mindestens zu erzielende Produktionsrate auszudrücken. Diese berechnet sich als Kundentakt durch einfache Division der verfügbaren Betriebszeit durch den Kundenbedarf. Dabei ergibt sich die Betriebszeit aus den Arbeitstagen laut Fabrikkalender (Fabriktage) sowie den täglichen effektiven Arbeitsstunden der Produktionsprozesse – also bei manuellen Prozessen die Anwesenheitszeit abzüglich der Pausen (Arbeitszeit). Die Beurteilung des Energieverbrauchs kann nun sehr gut und einfach in Bezug auf den Kundentakt erfolgen. Zielsetzung ist es, für eine am Kundenbedarf orientierte Produktion den minimalen Energieverbrauch zu erreichen – durch eine geeignete Energiebereitstellung einerseits sowie durch einen durch hohe Effizienz reduzierten Energiebedarf andererseits. Alle energetischen Aussagen des Energiewertstroms sind produktbezogen und damit auch kundenorientiert.

3.4.2 Messung des Energieverbrauchs im Wertstrom

Zentrales Merkmal der Energiewertstrom-Analyse ist die Aufnahme der Energieverbräuche vor Ort in der Produktion. Dazu ist die Durchführung mobiler Messungen erforderlich, die bei Stromverbrauchern vergleichsweise einfach ist. Die Ergebnisse sind zwar nicht ganz exakt, was aber den bei einer Wertstromanalyse üblicherweise bestehenden Erfordernissen entspricht. Dafür lassen sich die Verbrauchswerte ziemlich schnell – bezogen auf einzelne Betriebsmittel und unter den jeweils aktuellen Einsatzbedingungen – ermitteln. So erhält man eine Momentaufnahme und der Aufnehmer des Energiewertstroms weiß, unter welchen konkreten Bedingungen die ermittelten Werte zustande gekommen sind.

I

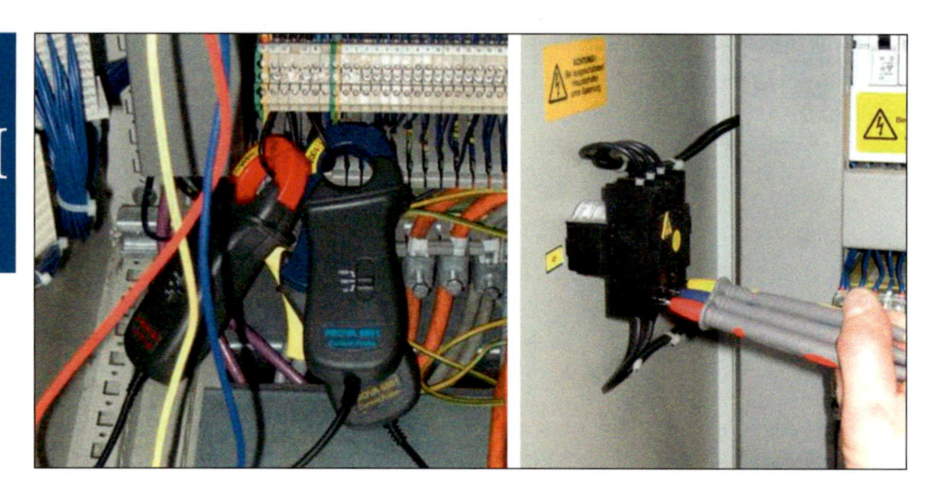

Abb. 6 Links: Messzangen zur Stromaufnahme; rechts: Spannungsabgreifer

Leistungsmesser gehören zu den wichtigsten Messinstrumenten zur mobilen Aufnahme der Energieverbräuche in der Produktion. Sie dienen zur Ermittlung der von einer Anlage aufgenommenen elektrischen Leistung. Die Stromstärke wird mit Messzangen gemessen, die die elektrische Leitung der jeweiligen Phase im Schaltschrank umschließen müssen (Abb. 6, links). Bei Nutzung verschiedener Messzangen in unterschiedlichen Messbereichen ist eine relativ hohe Messgenauigkeit erreichbar. Im einfachsten Fall bei bekannter und als konstant angenommener Spannung reicht dies zur Ermittlung der Leistungsaufnahme bereits aus. Nach Möglichkeit aber wird man zugleich die Spannung abgreifen (Abb. 6, rechts), da man so aufschlussreiche Messkurven des Leistungsverlaufs über dem Arbeitszyklus erhält. Zudem können so neben der Wirkleistung auch die Blindleistung und der Phasenverschiebungswinkel erfasst werden.

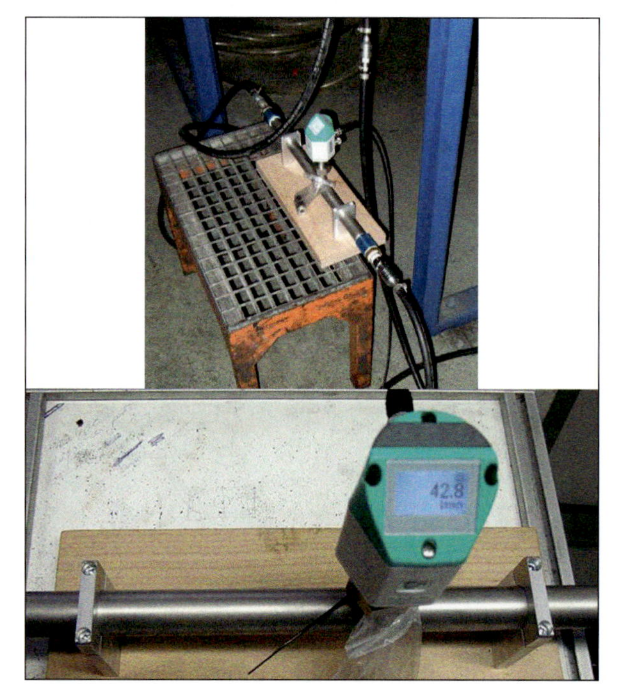

Abb. 7 Druckluftmessung mit geeichtem Messrohr

Zur Erfassung des Druckluftverbrauchs eignen sich Messgeräte zur Durchflussmessung. Derartige Messgeräte sind in mobiler Ausführung verfügbar, benötigen jedoch die Möglichkeit zum Einbau einer Messsonde in die Leitung. Ultraschallmessungen sind aufgrund des Überdrucks nicht bzw. nur unter sehr spezifischen Voraussetzungen möglich. Im einfachsten Fall ist an der Druckluftleitung bereits ein geeigneter Zugang für den Messfühler vorhanden. Dieser kann auch fix während des Betriebs an geeigneten Rohrabschnitten eingebaut werden, was allerdings nicht kostenfrei möglich ist, da die erforderliche Armatur am Rohr verbleibt. Sofern es lösbare Rohr- bzw. Schlauchverbindungen gibt – besonders komfortabel sind hierbei genormte Kupplungen –, baut man am besten eine geeignete Messstrecke ein, die hinreichend lang für eine laminare Strömung sein muss und auf deren exakten Innendurchmesser das Messgerät geeicht wird (Abb. 7). Das Anschließen sowie Entfernen des Messgerätes setzen allerdings jeweils eine kurze Betriebsunterbrechung voraus. Unabhängig von der Verbrauchsmessung lässt sich sehr einfach eine systematische Überprüfung der Dichtigkeit von Druckluftsystemen mit Ultraschall-Detektoren zur Leckage-Ortung durchführen (Abb. 8). Im Grunde gehört das zum Thema Ordnung und Sauberkeit und sollte regelmäßig anlässlich entsprechender Aktivitäten in der Fabrik durchgeführt werden. Da häufig um die 30 % des Druckluftverbrauchs Leckageverluste sind – was sich einfach in Betriebspausen am Wochenende oder an Feiertagen abschätzen lässt –, können hier mit geringem Aufwand große Einsparungen erreicht werden. Dazu gehört zuweilen auch Verhaltensänderung, wenn Druckluft als Klimaanlage verwendet wird.

Die mobil gemessenen Energieverbräuche, seien es elektrische Leistungsaufnahme oder Druckluftvolumen, können in ihrem zeitlichen Verlauf grafisch dargestellt werden. Bei üblichen Arbeitsprozessen, die sich im Minutenbereich

Abb. 8 Links: Ultraschall-Leckage-Suchgerät; rechts: identifizierte Leckagen – 1 spürbar mit der Hand, 2 nur per Ultraschall deutlich erkennbar

bewegen, hat sich die Messung im Sekundentakt bewährt. Man erhält dann den Verlauf des Energieverbrauchs so deutlich dargestellt, dass sich eine Zuordnung zu den einzelnen Arbeitsschritten machen lässt (Abb. 9). Über eine parallele Zeitaufnahme des Produktionsprozesses, die im Rahmen einer Wertstromanalyse ja ohnehin erfolgt, kann man Leistungsspitzen zuordnen. Im gezeigten Beispiel treten sie beim Schließen und erneutem Öffnen des beheizten Werkzeuges durch den Energiebedarf der Antriebe auf. Als unmittelbares Verbesserungspotenzial zeigt sich hierbei der hohe Energieverbrauch während des Teilewechsels (Rüsten), bei dem keine wertschöpfende Arbeit erfolgt.

Im Unterschied zur mobilen Messung liefern fest installierte Messsysteme sehr genaue Aussagen über einen langen Zeithorizont hinweg. Der Vorteil langer Messperioden liegt in der Möglichkeit zur Durchschnittsbildung und ggf. auch Trendermittlung. Normalerweise werden jedoch stationäre Energieverbrauchsmessungen lediglich zentral durchgeführt. So existieren beispielsweise dann ein oder zwei Stromzähler für eine Produktionshalle. Der Energieverbrauch einzelner Produktionsanlagen lässt sich dann durch die Aufteilung der zentral gemessenen Verbrauchsdaten wiederum nur grob abschätzen. Da man sich dabei von den konkreten Bedingungen in der Produktion deutlich löst, ist dies die schlechteste, leider aber nicht immer zu vermeidende, Methode der Verbrauchserfassung.

In der Wertstromanalyse wird die Produktion durch eine Folge von Produktionsprozessen dargestellt. Das Symbol für den Produktionsprozess ist ein Rechteck, in das oben die Prozessbezeichnung eingetragen wird. Jeder Produktionsprozess ist zudem näher bestimmt durch die Anzahl der dem Prozess zugeordneten Mitarbeiter pro Schicht – symbolisiert mit stilisiertem Kopf und Armen – sowie die Anzahl der dem Prozess zur Verfügung stehenden alternativen Betriebsmittel – symbolisiert mit einem kleinen, senkrecht stehenden Rechteck (Abb. 10).

Jedem Produktionsprozess werden nun in einem Datenkasten die wesentlichen Kennwerte zur Prozessbeschreibung hinzugefügt. Bei der Wertstromanalyse gehören vor allem die Bearbeitungszeit, die Rüstzeit, die Losgröße, die Verfügbarkeit und die Gutausbeute des jeweiligen Produktionsprozesses dazu (Abb. 11). In Abhängigkeit von der Anzahl der eingesetzten Mitarbeiter und der Anzahl der verfügbaren Betriebsmittel kann aus der Bearbeitungszeit die produktionsprozessspezifische Zykluszeit errechnet werden. Diese Kennzahl der Wertstromanalyse gibt die Leistung des jeweiligen Prozesses als Produktionsrate in Stück pro Zeiteinheit an (Erlach 2007). Sie zeigt, ob die

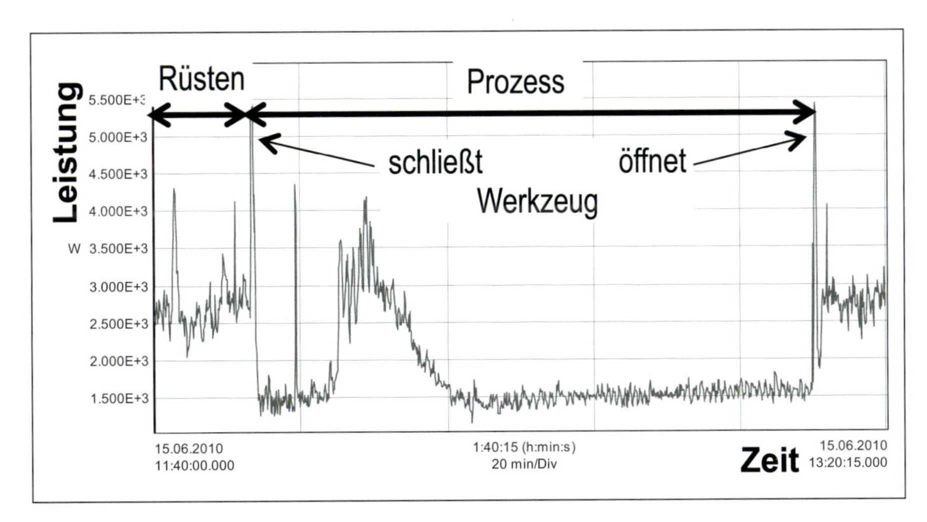

Abb. 9 Die grafische Darstellung der elektrischen Leistungsaufnahme zeigt den Energieverbrauch sehr deutlich in Relation zu den Phasen des Arbeitsprozesses.

Kapazität des Prozesses zur Erfüllung des Kundenbedarfs ausreichend ist. Dies ist gewährleistet, wenn die Zykluszeit kleiner, der Prozess also leistungsfähiger als die im Kundentakt ausgedrückte Leistungsanforderung ist. Die Differenz zwischen Zykluszeit und Kundentakt ist ferner ein Maß für die Stand-by-Zeit der Betriebsmittel, was bei der Bewertung des Energiebedarfs eine wichtige Rolle spielt.

Prozess-Bezeichnung	
# MA	**□# Res**
BZ	Bearbeitungszeit
PZ	Prozesszeit
PM	Prozessmenge
ZZ	**Zykluszeit**
RZ	Rüstzeit
LG	Losgröße
V	Verfügbarkeit
↑	Gutausbeute

Abb. 10 Darstellung eines Produktionsprozesses mit Datenkasten in der Wertstromanalyse

Bei der Energiewertstrom-Analyse sind nun mit der zuvor beschriebenen Erfassung des Energieverbrauchs weitere Werte im Datenkasten einzutragen. Die hauptsächlichen Energieträger Strom, Erdgas und Druckluft können nur getrennt voneinander gemessen werden. Es bietet sich daher an, diese drei Energiearten für eine nachvollziehbare Dokumentation mit einem jeweils eigenen Symbol zu markieren. Den Energieverbrauch an elektrischer Energie kennzeichnet ein Blitz, den Gasverbrauch bildet eine stilisierte Gasflamme ab und den Druckluftverbrauch stellt ein symbolisches Rohrventil dar (Abb. 11). Die alternativ vorgeschlagene Darstellung unterschiedlicher Energieträger durch einen Farbcode (Reinhart et al. 2011) ist für die Anwendung auf dem Shop Floor völlig ungeeignet. Auch sollte man sich vor der Erfassung und Dokumentation von zu vielen Detailinformationen über Temperaturniveaus und Leitungsdimensionen auf der Energiewertstrom-Darstellung hüten.

In den meisten Produktionen hat der Bedarf an elektrischer Energie die größte Bedeutung, da er bei den meisten Betriebsmitteln anfällt. Deshalb und auch passend zu den üblichen Gepflogenheiten soll als einheitliche Messgröße der eingesetzten Energie die Leistungsaufnahme in Watt (W) angegeben werden. Dabei ist der Durchschnittswert für einen Prozesszyklus anzusetzen. Für andere Energiearten können in der Regel die entsprechenden Energieäquivalente zur Umrechnung verwendet werden. Bei Erdgas liegt der Umrechnungsfaktor bei etwa 10 kWh je Kubikmeter unter Normaldruck. Die im Prozess eingesetzte Druckluft ist mit dem für ihre Erzeugung notwendigen Energiebedarf zu bewerten. Dieser lässt sich im Prinzip recht einfach aus dem Strombedarf der eingesetzten Kompressoren unmittelbar in Kilowattstunden ermitteln, wobei aber die Verteilungsverluste nicht berücksichtigt sind.

3.4.3 Bewertung des Energieverbrauchs im Wertstrom

Nachdem mit der Aufnahme des Energiewertstroms die relevanten Energieverbräuche ermittelt worden sind, erfolgt zum Abschluss der Analyse die Bewertung der erfassten Daten. Zu diesem Zweck werden in der Energiewertstromanalyse zwei Kennzahlen eingesetzt. Die Energieintensität des Wertstroms bemisst den Energiebedarf je Produkt. Der Effizienzgrad ist der Quotient aus einem Referenzwert und dem Messwert des Energieverbrauchs eines Produktionsprozesses und stellt damit ein Maß für die Güte des Prozesses dar.

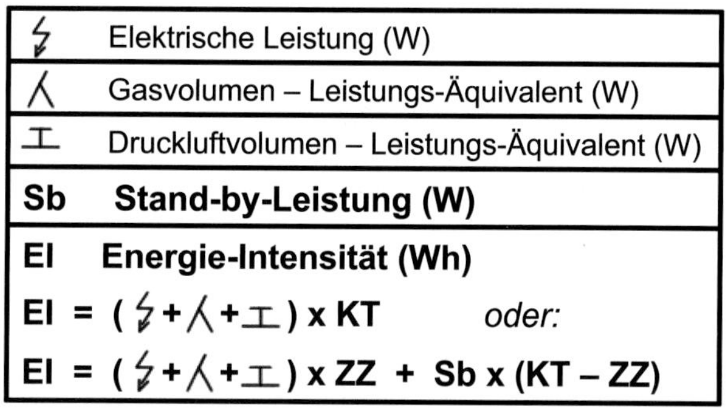

Symbol	Bedeutung
ϟ	Elektrische Leistung (W)
⋏	Gasvolumen – Leistungs-Äquivalent (W)
⌶	Druckluftvolumen – Leistungs-Äquivalent (W)
Sb	**Stand-by-Leistung (W)**
EI	**Energie-Intensität (Wh)**
EI	**= (ϟ + ⋏ + ⌶) x KT** *oder:*
EI	**= (ϟ + ⋏ + ⌶) x ZZ + Sb x (KT – ZZ)**

Abb. 11 Die zusätzlichen Parameter für die Energiewertstrom-Aufnahme im Datenkasten des Produktionsprozesses

Erste Kennzahl ist die ebenfalls im Datenkasten angegebene Energieintensität EI, ausgedrückt in Wattstunden, die den produktspezifischen Energiebedarf im Verlauf der Produkterzeugung sichtbar macht. Sie gibt den erforderlichen Energiebedarf zur Herstellung eines einzelnen Produktes aus der betrachteten Produktfamilie an. Um sie zu berechnen, multipliziert man die sich aus dem Energieverbrauch ergebende Gesamtleistungsaufnahme des jeweiligen Produktionsprozesses mit dem Kundentakt. Das Ergebnis wird dann ebenfalls in den Datenkasten eingetragen (Abb. 11). Durch die Berechnung der Energieintensität mit dem Kundentakt wird die energetische Prozessbewertung im Wertstrom auf eine einheitliche Zeitbasis bezogen. Dadurch erhält man jedoch auch bei exakter Messung nur einen Näherungswert, da sich die Messung auf die Leistungsaufnahme während der Zykluszeit (ZZ) des Prozesses bezieht. Die zur Bearbeitung erforderliche Energieintensität erhält

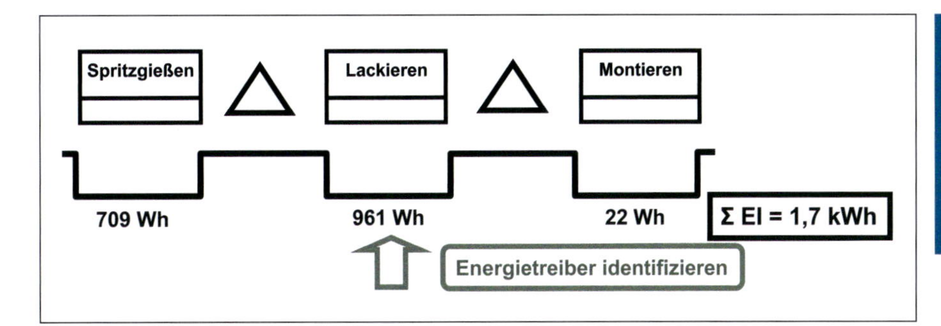

Abb. 12 Zeitlinie des Energiewertstroms mit Energieintensität

man also durch Multiplikation der Gesamtleistungsaufnahme mit der die Prozessleistung ausdrückenden Zykluszeit. Dabei werden dann aber die Leerlaufzeiten überhaupt nicht berücksichtigt. In diesem Fall ist die Leistungsaufnahme im Stand-by-Betrieb zusätzlich zu ermitteln, mit der Differenz von Kundentakt und Zykluszeit zu multiplizieren und als notwendiger Verschwendungsanteil der Energieintensität hinzuzufügen.
Die Energieintensität eines Wertstroms als Summe der Energieintensitäten aller beteiligten Produktionsprozesse gibt dann an, wie viel Energie insgesamt aufgewendet wird, um ein Produkt komplett herzustellen. Hohe Werte der Energieintensität an einzelnen Produktionsprozessen identifizieren die Energietreiber des Wertstroms. Zur Darstellung des Verbesserungspotenzials wird unter der Energiewertstrom-Darstellung eine stufenförmige Linie mit zwei Niveaus, die sogenannte Zeitlinie, gezeichnet. Neben den in der Wertstromanalyse ermittelten Bestandsreichweiten und Bearbeitungszeiten wird hier die Energieintensität für jeden Produktionsprozess jeweils unter diesem eingetragen und dann aufsummiert.
Zweite Kennzahl ist der Effizienzgrad, der den im Energieverbrauch gemessenen Produktionsprozess in Vergleich zu einem Referenzwert setzt und so ein Maß für die Güte dieses Produktionsprozesses darstellt. Der Referenzwert kann entweder aus dem Stand der Technik abgeleitet oder unternehmensintern als Zielwert festgelegt werden. Dieser Zielwert ergibt sich entweder als prozentuale Vorgabe zur Verbesserung oder aus dem Vergleich mit dem jeweils besten Produktionsprozess der eigenen Produktion. Insbesondere die letztgenannte Referenzwert-Definition hat sich in der Praxis als am besten geeignet erwiesen.
Damit Referenzwert und Messwert überhaupt vergleichbar sind, müssen sie auf eine einheitliche Bezugsgröße hin berechnet werden. Diese Bezugsgröße ist abhängig von der jeweiligen Produktionstechnologie und ergibt sich aus dem jeweils technologisch entscheidenden Produktmerkmal. Letzteres kann das Teilegewicht, eine geometrische Teilegröße, wie die Oberfläche des Teils oder die zu bearbeitende Länge oder auch das Spanvolumen sein. So hängt beispielsweise beim Kunststoffspritzen der Energiebedarf hauptsächlich vom Gewicht des zu spritzenden Bauteils ab, während beim Lackieren oder Galvanisieren die zu beschichtende Bauteiloberfläche und beim Schweißen die Länge der Schweißnaht ausschlaggebend sind.
Zur Berechnung des Effizienzgrades ist im ersten Schritt der spezifische Energiebedarf zu berechnen. Dieser ergibt sich aus der Division der aus dem gemessenen Energieverbrauch berechneten Energieintensität durch die technologieabhängige Bezugsgröße. Im Rechenbeispiel eines Spritzgussteils mit einem Teilegewicht von 300 g ergibt sich bei einer Energieintensität von 870 Wh ein spezifischer Energiebedarf von 2,9 kWh/kg.

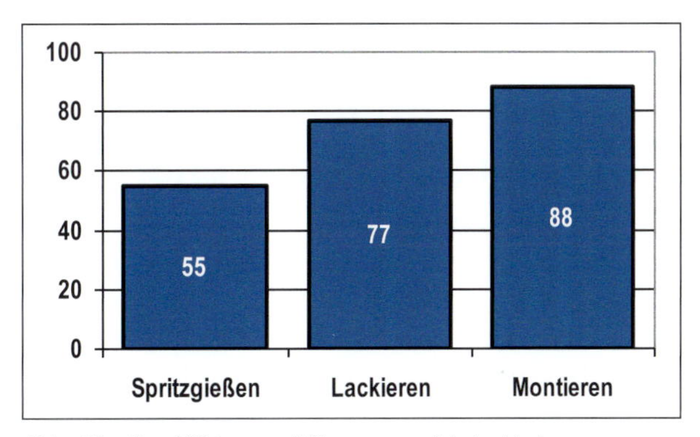

Abb. 13 Das Effizienzgrad-Diagramm zeigt das Verbesserungspotenzial über den gesamten Wertstrom.

Der Effizienzgrad ist nun der Quotient aus dem Referenzwert und dem spezifischen Energiebedarf des gemessenen Produktionsprozesses – bei Verwendung der gleichen Bezugsgröße. Für den Spritzguss technischer Teile liegt der Energiebedarf mit der Teilekomplexität ansteigend beim heutigen Stand der Technik zwischen 1,6 kWh und 2,7 kWh pro kg Teilegewicht. Für das Zahlenbeispiel heißt dies, dass bei einer einfachen Teilegeometrie ein Effizienzgrad von etwa 55 % erreicht wird. Die Güte der Produktionsprozesse kann mit dem Effizienzgrad-Diagramm vergleichend über den gesamten Wertstrom hinweg dargestellt werden (Abb. 13).
Aus den Ergebnissen dieses Energie-Audits leiten sich dann Verbesserungspotenziale für die Suche nach energieeffizienteren Lösungen sowie gegebenenfalls Sofortmaßnahmen ab. Die wesentlichen Ergebnisse der Energiewertstrom-

Analyse basierend auf den mobilen Messungen von Energieverbräuchen an den Produktionsprozessen:

- Ermittlung des produktbezogenen Energieverbrauchs pro Produkt entlang der Wertschöpfungskette, anstelle einer rein ressourcenbezogenen Sicht
- Identifikation von Energieverschwendung durch mangelhafte Blindstromkompensation, Druckluftleckagen, mangelhafter Betriebsmittelzustand, unsachgemäße Verhaltensweisen, etc.
- Analyse des zeitlichen Verlaufs des Energieverbrauchs während eines Prozesszyklus zur Identifikation von Energieverschwendung, insbesondere der Verluste durch kurze Stand-by-Zeiten zwischen den Produktionstakten
- Aufweisen von Differenzen der spezifischen Energieverbräuche gleicher Teile an unterschiedlichen Betriebsmitteln sowie verschiedener Produktvarianten untereinander mit Hilfe von Referenzwerten
- Ableitung einfacher Sofortmaßnahmen.

3.5 Die acht Gestaltungsrichtlinien des Energiewertstrom-Designs zur Steigerung der Energieeffizienz

Das Energiewertstrom-Design dient dazu, basierend auf den in der Energiewertstrom-Analyse erarbeiteten Effizienzsteigerungspotenzialen einen verbesserten Sollzustand der Produktion zu entwickeln. Es stellt dazu eine systematische Vorgehensweise zum Auffinden und Ausschöpfen von Optimierungspotenzialen bereit. Mit seinen acht Gestaltungsrichtlinien gibt das Energiewertstrom-Design einen systematischen Handlungsleitfaden vor, mit dem die Möglichkeiten zur gezielten Steigerung der Energieeffizienz in der Produktion vollständig erarbeitet werden können. In Form einer Darstellung des Sollzustandes wird der angestrebte Zustand der Produktion zusammen mit den jeweils definierten Maßnahmen festgehalten.

Die Reihenfolge der Gestaltungsrichtlinien ist nicht zufällig gewählt, sondern orientiert sich an der Zielsetzung, (zunächst) einen idealen Sollzustand für die energieoptimale Fabrik als Ziel-Vision zu konzipieren. So erhält man eine Gesamtlösung, an der sich die Priorisierung und Terminierung der schließlich umzusetzenden Maßnahmen allerdings nicht orientieren muss. So können einige als energetisch besonders vorteilhaft erkannte Maßnahmen aus wirtschaftlichen Gründen verworfen werden oder aus Gründen der Liquidität derzeit nicht finanzierbar sein. Und es werden zahlreiche andere Restriktionen zu berücksichtigen sein. Da aber letztlich alle Restriktionen im Verlauf der Zeit hinfällig werden können, ist es immer gut, für diesen Fall die Richtung bereits zu kennen.

Die Darstellung der Gestaltungsrichtlinien wird im Folgenden in Form einer Handlungsempfehlung formuliert. Diese beschreibt den jeweils angestrebten Zielzustand und erlaubt es, gezielt Fragen in jeweils spezifischer energetischer Hinsicht an die einzelnen Produktionsprozesse im Wertstrom zu stellen. Die Gestaltungsrichtlinien sind abstrakt formuliert, um neben den derzeit bekannten technischen und organisatorischen Lösungsansätzen auch offen für technologische Neuentwicklungen mit einer entsprechenden Zielsetzung zu sein. Es bietet sich an, für jede der in der Fabrik eingesetzten Technologien eine Sammlung von derzeit bekannten, die Energieeffizienz steigernden Maßnahmen sowie der entsprechenden technischen Lösungsbausteine anzulegen. Darauf können dann bei Bedarf die bei einem Gestaltungs-Workshop zur Neuauslegung eines Energiewertstroms Beteiligten zurückgreifen. Bei einer Neuauslegung sollten Produktions- und Logistikverantwortliche, Instandhalter, Anlagenplaner und Energiemanager mitwirken.

Für die Gestaltungsrichtlinien des Energiewertstromdesigns wurde das Prinzip einer stringent aufeinander aufbauenden Anwendung bei der Konzeption eines idealen Sollzustandes aus dem Buch „Wertstromdesign. Der Weg zur schlanken Fabrik“ (Erlach 2007) übernommen. Ergänzend zur energetischen Betrachtung bietet es sich an, parallel auch ein konventionelles Wertstromdesign zur Produktionsablaufoptimierung durchzuführen. Einige der sich aus den Gestaltungsrichtlinien ableitenden Maßnahmen können sich ergänzen, andere werden aber auch zu Widersprüchen führen, die dann, wie bei anderen Zielkonflikten auch, gegeneinander abzuwägen sind.

3.5.1 Richtige Dimensionierung durch Ausrichtung auf den optimalen Betriebspunkt

Um die für die Produktion benötigte Energie möglichst effizient einsetzen zu können, ist es zunächst erforderlich zu wissen, welche Güter in welcher Menge zu produzieren sind. Die Leistung die Produktionsprozesse muss sich am Kundenbedarf orientieren – beim Energiewertstrom für jede Produktfamilie ausgedrückt als Kundentakt. Die Produktionsprozesse sind nun so auszulegen, dass sie bei Erfüllung des Kundentaktes energetisch optimal arbeiten. Da der stückbezogene Energiebedarf einer Anlage in der Regel von der Auslastung abhängt, ist also die Dimensio-

nierung aller Betriebsmittel in ihrem Kapazitätsangebot am Kundentakt auszurichten.
Die Produktion im optimalen Betriebspunkt führt zu einem minimalen stückbezogenen Energieverbrauch, also zu einer minimalen Energieintensität. Eine Senkung des Produktionstaktes bedeutet einen Betrieb unter Teillast. Wenn der Energiebedarf nicht in gleichem Ausmaß sinkt, bewirkt das eine höhere Energieintensität. Auch eine Steigerung des Produktionstaktes vom optimalen Betriebspunkt aus kann zu einer Erhöhung der Energieintensität führen, wenn nämlich der Energiebedarf im Überlastbereich überproportional ansteigt.

Gestaltungsrichtlinie 1:
Dimensionierung – Ausrichtung auf den optimalen Betriebspunkt

Die Betriebsmittel sind so auszulegen, dass der Produktionstakt mit minimaler Energieintensität dem Kundentakt entspricht.

Diese Gestaltungsrichtlinie fordert die mitunter recht schmerzliche Einschränkung, gezielte Überdimensionierungen als „Sicherheitsreserven“ zu vermeiden. Falls zum Zeitpunkt der Anschaffung die späteren Leistungsanforderungen nicht genau geklärt sind oder die Anlagen bereits auf späteres Wachstum ausgelegt werden, fürchten viele Anlagenplaner den Kauf von zu klein dimensionierten Anlagen und nutzen diese Leistungsreserve, um bei ihrer Investition auf der sicheren Seite zu sein. So hat man dann Betriebsmittel, die schlecht ausgelastet sind oder Komponenten beinhalten, deren Leistung für die gefertigten Produkte zu groß ist. Die durch eine verkleinerte Dimensionierung möglichen Energieeinsparungen rechtfertigen in der Regel keine Ersatzinvestition. Bei einer ohnehin anstehenden Neuinvestition muss diese Gestaltungsrichtlinie jedoch Berücksichtigung finden und sollte auf dem Investitionsantrag eigens abgefragt werden.
Bei Neu- oder Ersatzinvestitionen ist es sinnvoll, die Forderung nach Energieeffizienz explizit in das Lastenheft für die Anlage mit aufzunehmen. Außerdem sollten gerade beim Kauf langlebiger Produktionsanlagen nicht ausschließlich die Investitionskosten ausschlaggebend für die Kaufentscheidung sein, sondern auch die Folgekosten eingerechnet werden. Eine derartige als Life-Cycle-Costing bezeichnete Gesamtkostenbetrachtung bewertet die Kosten einer Anlage über ihren kompletten Lebenszyklus, sodass neben den Anschaffungskosten auch die Betriebskosten (Energiekosten, Kosten für Wartung und Instandhaltung usw.) in der Wirtschaftlichkeitsbetrachtung berücksichtigt werden.
Diese Dimensionierungsrichtlinie entspricht im Regelfall genau den beiden Anforderungen des Lean Production, eine dem Kundentakt entsprechende Kapazitätsdimensionierung für eine gleichmäßig hohe Betriebsmittelauslastung vorzunehmen sowie die Betriebsmittel möglichst kostengünstig auszuführen, sodass sie keine leistungsfähigeren Komponenten enthalten als erforderlich sind – im Unterschied zu hochflexiblen Alleskönnern.

3.5.2 Reduktion des Energiebedarfs im Normalbetrieb durch effiziente Technologie

Der Energiebedarf eines Produktionsprozesses ist stark abhängig von den eingesetzten Technologien und lässt sich daher durch technische Optimierung einzelner Anlagen in hohem Maße beeinflussen. Die beste Möglichkeit zur energieeffizienten Produktion ergibt sich aus der Nutzung von Maschinen und Anlagen nach aktuellem Stand der Technik. Diese weisen im Vergleich zu älteren Modellen zumeist einen geringeren Energiebedarf auf. Daher sind bei Neuinvestitionen und beim Ersatz veralteter Anlagen die entsprechenden Energiebedarfswerte mit zu berücksichtigen. Neben kontinuierlichen Verbesserungen der bestehenden Technologien gibt es auch immer wieder Technologiesprünge, die ein erhebliches Einsparpotenzial eröffnen.

Gestaltungsrichtlinie 2:
Effizienzsteigerung – Reduktion des Energiebedarfs im Normalbetrieb

Der Energiebedarf der Betriebsmittel im Normalbetrieb ist durch technische Verbesserungen zu reduzieren.

Man kann grundsätzlich sieben Prinzipien unterscheiden, nach denen die Energieeffizienz von Produktionsprozessen gesteigert werden kann.

1. Substitution der Technologie
   Oftmals gibt es verschiedene Produktionstechnologien, die das gewünschte Ergebnis am Produkt herbeiführen. Bei der Substitution der aktuell eingesetzten Produktionstechnologie wird das bislang eingesetzte Verfahren durch ein neues Verfahren ersetzt, oder das ursprüngliche Verfahren wird derart variiert, dass es bessere Produktionseigenschaften aufweist. Beispiel wäre der Ersatz des Punktschweißens durch das Clinchen.

2. Änderung der Energieart
   Die für den Produktionsprozess benötigte Energie kann oft von verschiedenen Energiearten bereitgestellt werden. Hierbei können sich in Abhängigkeit der jeweiligen

Anwendung unterschiedliche Energieformen als vorteilhaft erweisen. Wird beispielsweise bisher Wärme aus Strom erzeugt, sollte überprüft werden, ob Wärme auch durch Gas erzeugt werden kann, da eine derartige Nutzung von Primärenergie in der Regel geringere Kosten verursacht und insbesondere einen großen Effekt auf die CO_2-Bilanz hat.

3. Prozessintegration
   Auch die Integration von mehreren Produktionsprozessen in einen Prozess kann zur Senkung des Energiebedarfs beitragen. Ein Spezialfall ist die Elimination einzelner Prozessschritte. Eine Zusammenlegung von Produktionsschritten erfolgt beispielsweise in der Komplettbearbeitung mit Bearbeitungszentren. Durch die gemeinsame Bearbeitung an einer Maschine entfallen zahlreiche Peripherien (Kühlmittelzuführung, Spanentsorgung usw.), die bei getrennten Arbeitsschritten additiv zur Verfügung stehen müssten. Darüber hinaus entfallen die Zwischentransporte. Häufig ist das auch mit einer Reduktion des Produktions- und Lagerflächenbedarfs mit den jeweiligen Energieverbräuchen verbunden.

4. Austausch einzelner Komponenten
   In einem Retrofit können bei Produktionsanlagen veraltete Komponenten durch neue mit höherem Wirkungsgrad ersetzt werden. Gerade im Bereich von Motoren und Pumpen sind in den letzten Jahren große Fortschritte bei der Verbesserung der Wirkungsgrade erreicht worden. Zudem gibt es mittlerweile gesetzliche Vorschriften hinsichtlich der einzusetzenden Effizienzklasse von Antrieben. Vor allem die Investitionskosten für Antriebe kleiner Leistungsklasse amortisieren sich bereits nach kurzer Zeit. Daher ist zu überprüfen, welche Einsparpotenziale der Ersatz einzelner Maschinenkomponenten bietet.

5. Verbesserung der Dämmung
   Die Beseitigung von Wärmebrücken sowie die Senkung der Wärmeabstrahlung durch Dämmstoffe bei Hochtemperaturprozessen wie Lacktrocknen, Emaillieren, Härten senken nicht nur den Energiebedarf des Prozesses, sondern auch die Wärmelast in der umgebenden Halle, die dann ggf. nicht gekühlt werden muss. Gleiches gilt für Kälte. Wärmebildkameras bieten eine gute Hilfestellung bei der Suche nach zu heißen Stellen. Das ist zuweilen auch aus Gründen der Arbeitssicherheit interessant.

6. Einsatz von Hilfs- und Betriebsstoffen
   Eine Steigerung der Energieeffizienz von Produktionsanlagen ergibt sich durch die Auswahl und auch Menge der eingesetzten Hilfs- und Betriebsstoffe. So lässt sich beispielsweise durch die Nutzung spezieller Getriebe- und Hydrauliköle der Energieverbrauch einer Anlage spürbar senken. Derartige Spezialöle sind zwar in der Anschaffung mit höheren Kosten verbunden, diese amortisieren sich jedoch aufgrund der durch die besseren Schmiereigenschaften erzielbaren Energieeinsparungen üblicherweise nach wenigen Monaten.

7. Energieoptimale Fahrweise
   Der tatsächliche Energieverbrauch eines Betriebsmittels hängt auch davon ab, wie es betrieben wird. Bei manuell gesteuerten Prozessen ist das Mitarbeiterverhalten ausschlaggebend, sei es die Fahrweise mit dem Stapler oder das Führen eines Schmelzofenprozesses. Bei automatisierten Prozessen ist die Programmierung ausschlaggebend, seien es zu lange Verfahrwege, zu hohe Beschleunigungen oder das Halten eines Roboterarms mit Antriebsleistung in exakter Position zwischen zwei Arbeitszyklen.

3.5.3 Minimierung des Energieverbrauchs im Wartemodus

Im Produktionsablauf gibt es ablaufbedingte und störungsbedingte Wartezeiten der Betriebsmittel zwischen den wertschöpfenden Arbeitsschritten. So muss eine hydraulische Presse prozessbedingt zwischen jedem Pressvorgang auf das Entnehmen des Fertigteils und Einlegen des neuen Blechs warten. Diese notwendige, jedoch nicht wertschöpfende Nebentätigkeit des Materialhandlings benötigt nicht nur selbst Energie, sofern sie automatisiert ist, sondern verursacht auch bei der Presse einen Energieverbrauch während der Wartezeit. Da diese Wartezeit in der Größenordnung von ähnlicher Dauer wie die eigentliche Bearbeitungszeit ist, entsteht hier eine zu minimierende Energieverschwendung, wenn der Energiebedarf im Wartemodus nicht abgesenkt wird. Das ist gerade bei hydraulischen Pressen häufig nicht gegeben.
Eine zu vermeidende Energieverschwendung entsteht analog bei störungsbedingten Produktionsunterbrechungen infolge von ungeplantem Materialmangel, kurzzeitiger Abwesenheit des Bedieners, Störung in der Steuerung des Handlingsystems etc.

Gestaltungsrichtlinie 3: Produktionsunterbrechung – Minimierung des Energieverbrauchs im Wartemodus

Der Energieverbrauch der Betriebsmittel bei produktionsprozessbedingtem Wartemodus oder kurzen Produktionsunterbrechungen ist zu minimieren.

Eine Möglichkeit zur Reduzierung von solcher Art Energieverlusten stellt die bedarfsgerechte Zu- und Abschaltung von kurzzeitig nicht benötigten Anlagenkomponenten, Anlagenperipherien und Nebenprozessen dar. In vielen Produktionen laufen Energie verbrauchende Anlagenkomponenten durchgängig und unabhängig vom tatsächlichen Bedarf. Hier empfiehlt sich eine bedarfsorientierte Steuerung, beispielsweise die automatische Abschaltung einer maschinenzugehörigen Absaugung bei Nichtbetrieb der entsprechenden Fertigungsanlage. Auch der Betrieb eines Späneförderers ist nur zu den Zeiten nötig, in denen auch tatsächlich spanend bearbeitet wird.

3.5.4 Eliminierung des Energieverbrauchs im Stand-by-Betrieb

Ein nicht unerheblicher Anteil des Energieverbrauchs einer Fertigungsanlage entsteht während der Zeiten, in denen nicht produziert wird. Dieser Stand-by-Verbrauch trägt nicht zur Wertschöpfung am Produkt bei und stellt daher eine klassische Art von Verschwendung dar, die es in jedem Fall zu vermeiden gilt (Abb. 14). Gerade bei längeren produktionsfreien Zeiten ist es sinnvoll, den Verbrauch einer Maschine während der Abschaltzeit auf ein Minimum zu reduzieren. Vor allem bei Freischichten, Wochenenden und Betriebsferien sollte eine Komplettabschaltung der Betriebsmittel erfolgen. Eine besondere Bedeutung beim Vermeiden von Stand-by-Verlusten kommt den Mitarbeitern zu, da sich schon durch verändertes Nutzungsverhalten ein Großteil der Stand-by-Verbräuche vermeiden lässt.

Das Stand-by-Niveau charakterisiert die Leistungsaufnahme der Fertigungsanlage zu Zeiten der Nichtproduktion. In vielen Fällen werden Anlagen im Stand-by auf einem höheren Niveau gehalten, als dies für die Prozesssicherheit notwendig wäre. Kann eine Anlage nicht komplett abgeschaltet werden, so kann gegebenenfalls die Höhe des Energieniveaus während des Stand-by beeinflusst werden.

Geringe energetische An- und Abschaltverluste, ein schnelles Hochfahren der Anlage sowie der technisch zuverlässige Neustart sind Voraussetzungen dafür, Produktionsanlagen während produktionsfreier Zeiten überhaupt abschalten zu können. Wesentlich für den Energieverbrauch, der beim Hochfahren einer Anlage entsteht, ist vor allem die Zeit, die benötigt wird, bis die Anlage produktionsbereit ist. Da die An- und Abschaltverluste nicht zur Wertschöpfung beitragen, sind sie zu minimieren. Die Optimierung der Maschinensteuerung stellt eine der wichtigsten Maßnahmen zur Reduzierung von An- und Abschaltverlusten dar. So reduziert sich beim elektronisch geregelten Hochlauf eines Antriebs die Verlustenergie.

Gestaltungsrichtlinie 4:
Abschaltung – Eliminierung des Energieverbrauchs im Stand-by-Betrieb sowie beim An- und Abschalten

Der Energieverbrauch der Betriebsmittel im Stand-by-Betrieb sowie beim An- und Abschalten ist soweit wie möglich zu eliminieren.

Aus energetischer Sicht kann es sinnvoll sein, Produktionszeiten so zu bündeln, dass möglichst selten an- und wieder abgeschaltet wird, die Produktion also möglichst lange unterbrechungsfrei erfolgt, um dann für längere Zeit abgeschaltet zu werden. So werden häufige und kurze Stand-by-Zeiten durch Zusammenfassung vermieden. Dadurch kann es evtl. überhaupt erst sinnvoll werden, auf ein tieferes Stand-by-Niveau zu gehen.

Unter Umständen ist das Hochfahren einer Anlage mit einem erhöhten Materialausschuss verbunden. In diesem Fall führt das zu einer Steigerung der Materialkosten sowie einen Anstieg des gesamten Energieverbrauchs. Eine Abschaltung wäre dann nicht empfehlenswert. Falls Rüstvorgänge beim Variantenwechsel mit Materialausschuss

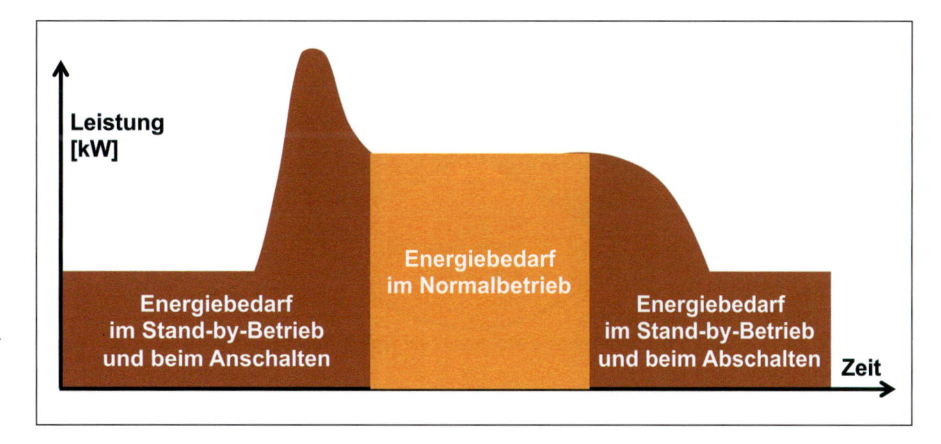

Abb. 14 Energieverluste außerhalb des Normalbetriebs einer Anlage durch Stand-by-Bedarf und Anschaltverluste

I

verbunden sind, kann es sinnvoll sein, die Anlagenabschaltung und die Zeiten des Rüstwechsels koordiniert durchzuführen.

3.5.5 Vier Gestaltungsrichtlinien zur Steigerung der Energieeffizienz einzelner Produktionsprozesse

Die bisherigen vier Gestaltungsrichtlinien lassen sich punktuell auf jeweils einen Produktionsprozess beziehen. Der gesamte Energieverbrauch eines Produktionsprozesses ergibt sich aus drei verschiedenen Energieanteilen, die sich entsprechend des Lean Production in wertschöpfenden, notwendigen und überflüssigen Energieeinsatz gliedern (Abb. 15). Während sich die Gestaltungsrichtlinie 1 mit der Dimensionierung, d. h. der Gesamtsumme dieser drei Teile auseinandersetzt, beziehen sich die drei darauf aufbauenden Gestaltungsrichtlinien auf jeweils einen Energieanteil. Für die eigentliche Wertschöpfung am Produkt ist vor allem die zur Bearbeitung des Materials mit entsprechendem technischem Wirkungsgrad benötigte Energie notwendig. Ansatz zur Verringerung des Energiebedarfs ist hier die Steigerung der Energieeffizienz durch höhere technische Wirkungsgrade, wobei der physikalisch erforderliche Anteil zwingend ist, also die Untergrenze angibt (Gestaltungsrichtlinie 2).
Ein zweiter Anteil sind die Energieverbräuche für den Betrieb der aus technischen Gründen erforderlichen Nebenprozesse und Nebentätigkeiten wie Materialhandling, Spanförderung, Absaugung und Kühlung. Diese können mehr oder weniger technisch effizient sein, insbesondere gilt es hier jedoch, sie im Fabrikbetrieb bedarfsgerecht einzusetzen und entsprechend zu- oder abzuschalten (Gestaltungsrichtlinie 3).

Drittens geht ein großer Teil des Energieeinsatzes als direkte Verschwendung verloren in den Zeiten, in denen überhaupt nicht produziert wird. Dieser Anteil trägt weder zur Wertschöpfung am Produkt bei noch ist er aus technischen Gründen erforderlich und sollte daher soweit wie aus Gründen der Prozesssicherheit möglich eliminiert werden (Gestaltungsrichtlinie 4).

3.5.6 Mehrfachnutzung des Energieeinsatzes

Bei den meisten Produktionsprozessen fällt eine erhebliche Menge an Abwärme an. Im Prinzip ist ja jeder Prozess eine Heizung, da sich letztlich jeder Energieeinsatz in (Reibungs-)Wärme umwandelt. Diese Abwärme fällt entweder direkt als Abstrahlverlust an oder wird mit der Abluft, dem Kühlwasser, dem Maschinenöl oder dem Produkt abgeführt. Eine Nutzung dieser „Abfallprodukte“ und deren Verwendung für andere Prozesse innerhalb des Unternehmens können als Energierückgewinnung nach unterschiedlichen technischen Konzepten erfolgen. Dabei hilft die Wertstromperspektive, für den Wärmeüberschuss an einzelnen Prozessen geeignete Abnehmer an anderen Stellen im Produktionsablauf zu finden.

Gestaltungsrichtlinie 5: Energierückgewinnung – Mehrfachnutzung des Energieeinsatzes

Die eingesetzte Energie sollte beim gleichen Prozess, bei einem anderen Prozess oder für produktionsexterne Verbräuche einer erneuten Nutzung zugeführt werden. ■

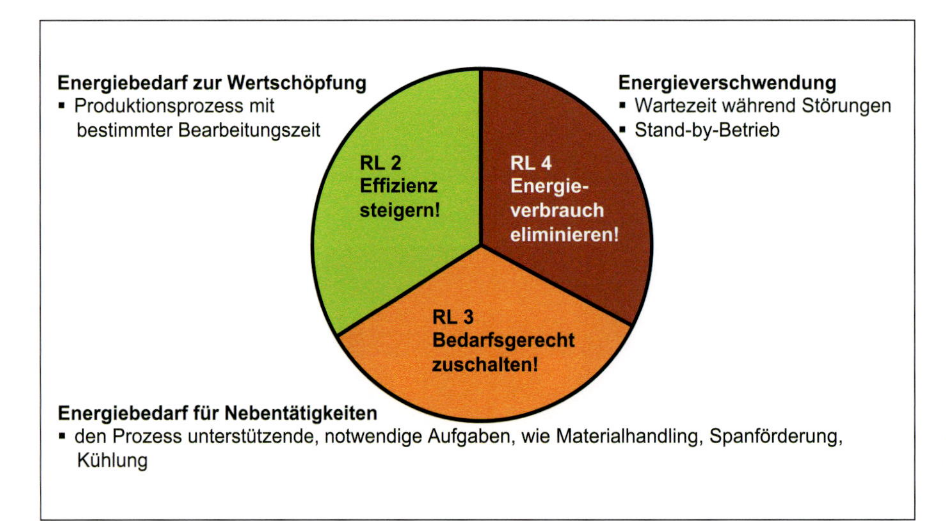

Abb. 15 Die drei Energieanteile im Produktionsprozess mit den Zielsetzungen der zugehörigen Gestaltungsrichtlinien

Abwärme fällt in vielen Produktionsverfahren an, so in der Abluft von Trocknern, als Verbrennungsluft in Öfen und Dampfkesseln, als warmes Abwasser und bei der Erzeugung von Druckluft. Zur Abwärmenutzung erforderlich ist ein Wärmeübertrager (umgangssprachlich auch Wärmetauscher genannt), der das Temperaturgefälle zwischen zwei Stoffen ausnutzt. Einfache Anwendungsfälle sind Brauchwassererwärmung und Hallenerwärmung, anspruchsvoller ist die Hallenklimatisierung. Ist die Temperatur der Abwärme für den weiteren Gebrauch zu niedrig, lohnt sich ggf. die Anwendung von Wärmepumpen. Mithilfe mechanischer Energie kann diese Wärme auf ein höheres Temperaturniveau angehoben werden.
Eine weitere Anwendung der Energierückgewinnung findet sich bei modernen Antrieben, die die Bremsenergie lokal kurzzeitig für spätere Verwendung speichern, anderen Antrieben im gleichen Regelkreis zur Verfügung stellen oder auch ins Netz zurückspeisen.

3.5.7 Spitzenlastausgleich zwischen den Energieverbräuchen

Der Bezug von Energie in Unternehmen ist je nach Verbraucherart und auch nach Jahreszeit unterschiedlich. Die für die Berechnung des Bezugspreises notwendigen Lastganglinien weisen hierdurch verschiedene Verläufe auf. Der Bezugspreis besteht im Wesentlichen aus zwei Bestandteilen: dem Arbeitspreis und dem Leistungspreis. Der Arbeitspreis richtet sich nach den verbrauchten Kilowattstunden. Er variiert zudem nach Hoch- und Niedertarif und teilweise auch nach Winter- und Sommermonaten. Der Leistungspreis wird auf Basis von sogenannten Viertelstundenwerten gebildet, die in 15 Minutenintervallen von den Energieversorgern erhoben werden. Der monatlich höchste Wert (teilweise auch der höchste Jahreswert) bestimmt so den spezifischen Leistungspreis, den ein Unternehmen zu entrichten hat. Somit reichen wenige bzw. sogar einzelne Lastspitzen aus, um die Kosten deutlich in die Höhe zu treiben.
Durch die Einführung eines Lastmanagements lassen sich solche preistreibende Lastspitzen vermeiden. Dieses versucht durch Lastabwurf, die Spitzen im Lastverlauf in einen anderen Zeitraum zu verschieben und somit den Verbrauch unterhalb eines gesetzten Grenzwertes zu halten. So kann mittels organisatorischer und technischer Maßnahmen ein gleichmäßiger Verbrauch von Energie erreicht werden.

Gestaltungsrichtlinie 6: Spitzenlastausgleich – Ausgleich zwischen den Lastverläufen

Der Energieverbrauch einer Fabrik ist durch Ausgleich zwischen Betriebsmitteln mit unterschiedlichen Energieverbrauchsspitzen zu vergleichmäßigen.

Der erste Schritt zur Einführung eines Lastmanagements ist die Analyse der Lastverläufe des Unternehmens. Daran ist zu erkennen, wann sich Lastspitzen ergeben haben. Um eine genauere Aussage treffen zu können, ist es ratsam, die Verbrauchsverläufe der letzten zwei Jahre zu untersuchen. Die Ergebnisse der Energiewertstromanalyse ermöglichen es, insbesondere die „Energiefresser" zu identifizieren. Dabei ist besonders zu beachten, welche Maschinen und Aggregate sich kurzfristig abschalten lassen, ohne negativen Einfluss auf die Produktion und die Qualität der Produkte auszuüben. „Abschalten" hat in diesem Falle nicht immer die wörtliche Bedeutung, sondern kann auch die Reduzierung der Leistung bedeuten. Aufgrund der Analyseergebnisse lassen sich erste Maßnahmen ableiten. Ein erster Ansatz ist in der Regel die Optimierung von Betriebsabläufen.
Lastspitzen lassen sich oft schon durch eine organisatorische Umgestaltung vermeiden. Oft werden in Unternehmen nach Produktionsstopp oder nach einem Wochenende alle benötigten Maschinen und Geräte unmittelbar zusammen hochgefahren. Dies umfasst auch Klimaanlagen bzw. Heizgeräte innerhalb der Produktionsgebäude. Eine dermaßen gebündelte Energienachfrage verursacht natürlich eine Lastspitze. Eine zeitliche Verschiebung des Hochfahrzeitpunktes dieser Maschinen glättet die Spitzenlast und somit den Leistungspreis. Es gilt eine Prioritätenliste zu erstellen, die festlegt, in welcher Reihenfolge die energieintensivsten Anlagen eingeschaltet werden.
Um anspruchsvollere und vorausschauende Optimierung des Lastverhaltens durchführen zu können, sind komplexere elektronisch gesteuerte Systeme notwendig. Diese bestehen aus einer IT-Infrastruktur, über die die Anlagen miteinander verbunden sind, sowie einer Softwareanwendung. Über sogenannte Laufrückmeldungssignale weiß das System, ob eine angeschlossene Anlage gerade zum Leistungsbezug beiträgt oder nicht. Dies ist vor allem wichtig, damit das System die Anlage nicht mitten in einem Bearbeitungsschritt abschaltet und so Ausschuss oder eine Störung verursacht. Weiterhin werden Aspekte der Tarifgestaltung berücksichtigt, um so ein differenzierteres Sollwertmanagement zu gewährleisten. Ein weiterer Vorteil ist die Anwendung von Trend- bzw. Hochrechnungen durch das System.

I

I

3.5.8 Festlegung von energieoptimalen Produktionsreihenfolgen

In mancher Produktion finden sich Anlagen, deren Energieverbrauch je nach zu produzierender Produktvariante schwankt. Dies ist beispielsweise bei thermischen Prozessen der Fall, die je nach Produktvariante in unterschiedlichen Temperaturprofilen gefahren werden. Bei einem gasbetriebenen Durchlaufofen benötigen beispielsweise die einzelnen Produktvarianten jeweils verschiedene Temperaturen für ihren Trocknungsprozess. Um nun ein ständiges Hoch- und Herunterfahren des Ofens mit den entsprechenden Zeit- und Energieverlusten des Leerlaufs zu vermeiden, ist es sinnvoll, die in einem bestimmten Zeitraum zu produzierenden Produkte in der Reihenfolge einer steigenden oder fallenden Prozesstemperatur einzusteuern. In diesem Fall hat die Produktionsplanung und -steuerung (PPS) die Aufgabe, eine entsprechende energieoptimale Reihenfolge der Produktionsaufträge am größten Energieverbraucher zu bilden.

Gestaltungsrichtlinie 7: Produktionsreihenfolge – Festlegung einer energieoptimalen Abarbeitungsreihenfolge am größten Energieverbraucher

Bei variantenabhängigem Energiebedarf ist die Abarbeitungsreihenfolge so festzulegen, dass der durch Umrüstung beim Variantenwechsel entstehende Energieverbrauch minimiert wird.

3.5.9 Synchronisation von Energiebereitstellung und Energieverbrauch

Ein Großteil der für die Produktionsprozesse benötigten Energie wird in der Regel vom Energieversorger bereitgestellt. Ein gewisser Anteil wird jedoch oft auch im Unternehmen erzeugt und verteilt. Wichtig hierbei ist, dass nur diejenige Energie erzeugt werden sollte, die auch tatsächlich genutzt werden kann. Darüber hinaus sollte die Energie effizient, d. h. möglichst verlustfrei und verbrauchsnah bereitgestellt werden. Von besonderer Bedeutung bei der Nutzung selbst erzeugter Energie ist die optimale Auslegung der entsprechenden Systeme zur Energieerzeugung.

Gestaltungsrichtlinie 8: Energiewandlung – Synchronisation von Energiebereitstellung und Energieverbrauch

Die benötigte Energie ist entsprechend des jeweiligen Energieverbrauchs möglichst ohne Verteilungsverluste bereitzustellen.

Der in der Industrie am weitesten verbreitete Anwendungsfall von Energiewandlung in der Fabrik ist die Drucklufterzeugung. Hier stellt sich neben einem effizienten Betrieb der Kompressoren entsprechend der Gestaltungsrichtlinien 1 bis 4 und der Abwärmenutzung nach Gestaltungsrichtlinie 5 die zusätzliche Aufgabe einer verlustarmen Verteilung der erzeugten Druckluft. Dazu gehören zahlreiche Aspekte der Netzauslegung, die zu einer möglichst gelungenen Synchronisation von Druckluftbedarf und Druckluftangebot führen sollen:

- Festlegung des minimalen Druckniveaus, das gerade noch ausreicht, die sichere Funktion der Verbraucher zu gewährleisten
- Vermeidung von Leitungsverlusten durch Leckagen
- verbrauchsortsnahe Drucklufterzeugung erlaubt kurze Leitungen mit möglichst wenigen Armaturen (reduzierte Reibungsverluste)
- dezentrale Druckminderung oder Druckerhöhung (Booster) für Sonderverbraucher oder dezentrale Kompressoren.

In einem weiteren Schritt muss man sich dann die Frage stellen, ob es nicht sinnvoll ist, die benötigte Prozesswärme als Abwärme einer der Kraft-Wärme-Kopplungs-Anlage zu erzeugen und dadurch nebenbei auch noch Strom zu erzeugen. Mit Anwendung der Gestaltungsrichtlinie 8 erweitert sich die Fabrik hin zur Energieerzeugung und damit vom Ziel her in Richtung Energieautarkie.

3.5.10 Priorisierung der Maßnahmen

Das mithilfe der acht Gestaltungsrichtlinien erarbeitete Sollkonzept stellt den angestrebten zukünftigen Zustand der Produktion dar. Um diesen zu erreichen, werden die ermittelten Verbesserungsmaßnahmen bezüglich Aufwand und Nutzen bewertet, priorisiert und in Form eines Projektplans zusammengefasst. Viele der Maßnahmen lassen sich dabei kurzfristig und mit geringem finanziellem Aufwand umsetzen, andere geben die Richtung für den langfristigen Horizont vor.

3.6 Resultate in Fallbeispielen

3.6.1 Herstellung eines Pkw-Stoßfängers

Die Produktion des vorderen Stoßdämpfers für einen Pkw aus fünf Einzelteilen erfolgt in vier Schritten: Stanzen der fünf Einzelteile, hydraulisches Pressen der zwei Großteile sowie das aufeinanderfolgende Punktschweißen und Gasschweißen der fünf Einzelteile.

Vorab wurde vermutet, dass die hydraulische Presse aufgrund ihrer sehr hohen Anschlussleistung mit weitem Abstand der größte Stromverbraucher im Produktionsprozess ist. Das wird bei der Energiewertstrom-Aufnahme bestätigt, wobei zusätzlich noch eine Überlastung der Blindstromkompensation im entsprechenden Hallensegment festzustellen ist. Die Peripherie der Presse, die das Handling der Teile umfasst, verbraucht knapp 20 % der Energie der Presse. Insgesamt werden für beide gepressten Teile zusammen 1.267 Wh benötigt (Abb. 16).

Zusätzlich wird der Stand-by-Verbrauch der Presse zwischen den einzelnen Hüben gemessen, also während die gepressten Teile automatisch entnommen und anschließend die Blechteile eingelegt werden (Abb. 17). Da der hydraulische Druck ständig aufrechterhalten werden muss, um das schwere Werkzeug in offener Position zu halten, ergibt sich dabei der extrem hohe Anteil von 65 % am Gesamtverbrauch. Durch einfache Umbaumaßnahmen an der Presse können diese Verbräuche leicht vermieden werden. Damit ergibt sich die erste Verbesserungsmaßnahme unmittelbar aus der Energiewertstrom-Analyse.

Beim Vergleich mit anderen gepressten Teilen zeigt sich, dass der Energieverbrauch vom Teilegewicht bzw. der Teilegröße unabhängig ist. Daher ist die Auswahl der richtig dimensionierten hydraulischen Presse entscheidend für

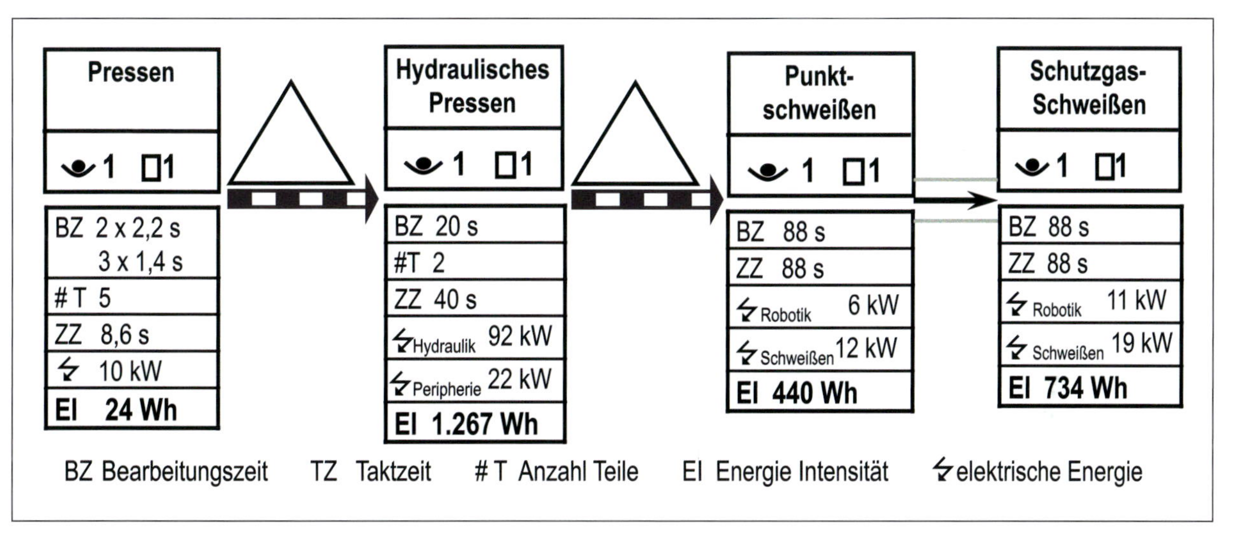

Abb. 16 Produktionskette eines Pkw-Stoßfängers mit Berechnung der Energieintensität

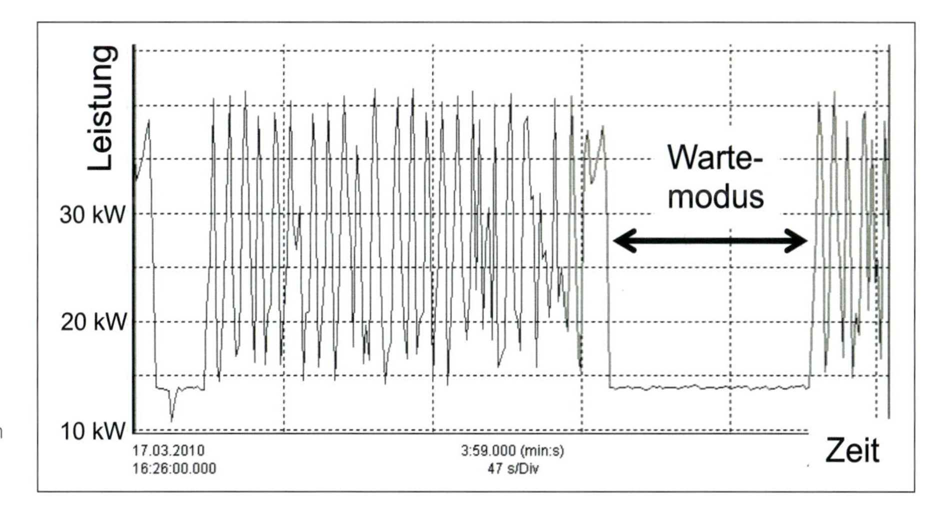

Abb. 17 Typische Energieverbrauchskurve einer hydraulischen Presse mit langer Wartezeit zwischen zwei Arbeitstakten

den spezifischen Energieverbrauch. Dies drückt sich in einem stark variablen Effizienzgrad aus.
Das Stanzen weist, wie vermutet, einen geringen Energieverbrauch auf, der aufgrund der kurzen Bearbeitungszeit auch für die fünf Bauteile in Summe bloß den minimalen Bedarf von 24 Wh ergibt. Beim Schweißen hingegen ist der Energieverbrauch verstärkt durch die vergleichsweise lange Bearbeitungszeit mit 1.174 Wh nahezu genauso hoch wie beim Pressen. Die produktbezogene Sicht liefert somit eine deutlich andere energetische Bewertung als die rein ressourcenbezogene Sicht.

3.6.2 Produktion von Flaschenträgern für Waschmaschinen

Die Produktion eines Flaschenträgers für eine Waschmaschine für Mehrwegflaschen erfolgt in einer verketteten Fließfertigung beginnend mit der Formung der jeweils benötigten 40 Zellen zur Aufnahme der zu reinigenden Mehrwegflaschen. Parallel dazu erfolgt das Profilieren von jeweils zwei Trägerblechen je Flaschenträger. Zwischen diese profilierten Schienen werden dann die 40 Zellen in Reihe von einem Portalroboter durch Punktschweißen angeheftet. Danach werden auf den beiden Stirnseiten des Flaschenträgers Seitenteile von Hand angeschweißt, Kunststoffelemente automatisch eingepresst und der fertige Flaschenträger konserviert (Abb. 18).
Die Zellenfertigung mit integriertem Schweißroboter, Hydraulikpumpe für einen Pressvorgang, diversen Antrieben und einer Absaugung ist der größte Energieverbraucher im Prozess. In der Leistungs-Messkurve des Roboters sind der zyklische Energieverbrauch für die Fertigung von sieben Flaschenzellen sowie die jeweiligen Arbeitsphasen klar und sehr anschaulich erkennbar (Abb. 19). Die Energiespitze während der Bewegung reicht bis zu 1,4 kW. Dann stoppt der Roboter die Bewegung – und benötigt trotzdem 450 Watt fürs Nichtstun, d. h. für das Halten in Warteposition. Dazu nutzt das Programm die elektrischen Antriebe, nicht die Bremsen. Durch einfache Programmänderung kann diese Energie eingespart werden. Nach dieser Unterbrechung arbeitet der Roboter wieder und benötigt dazu erst einmal weniger Energie, da er sich abwärts bewegt und somit die Schwerkraft die Arbeit übernimmt.
Beim manuellen Schweißen entstehen hohe Wartezeit-Verluste durch eine permanent eingeschaltete Absaugung, die etwa 75 % der Zeit ausgeschaltet sein könnte. Auch beim Profilieren der Schienen entsteht ein Stand-by-Verlust von gut 50 % durch die geringe Auslastung innerhalb der

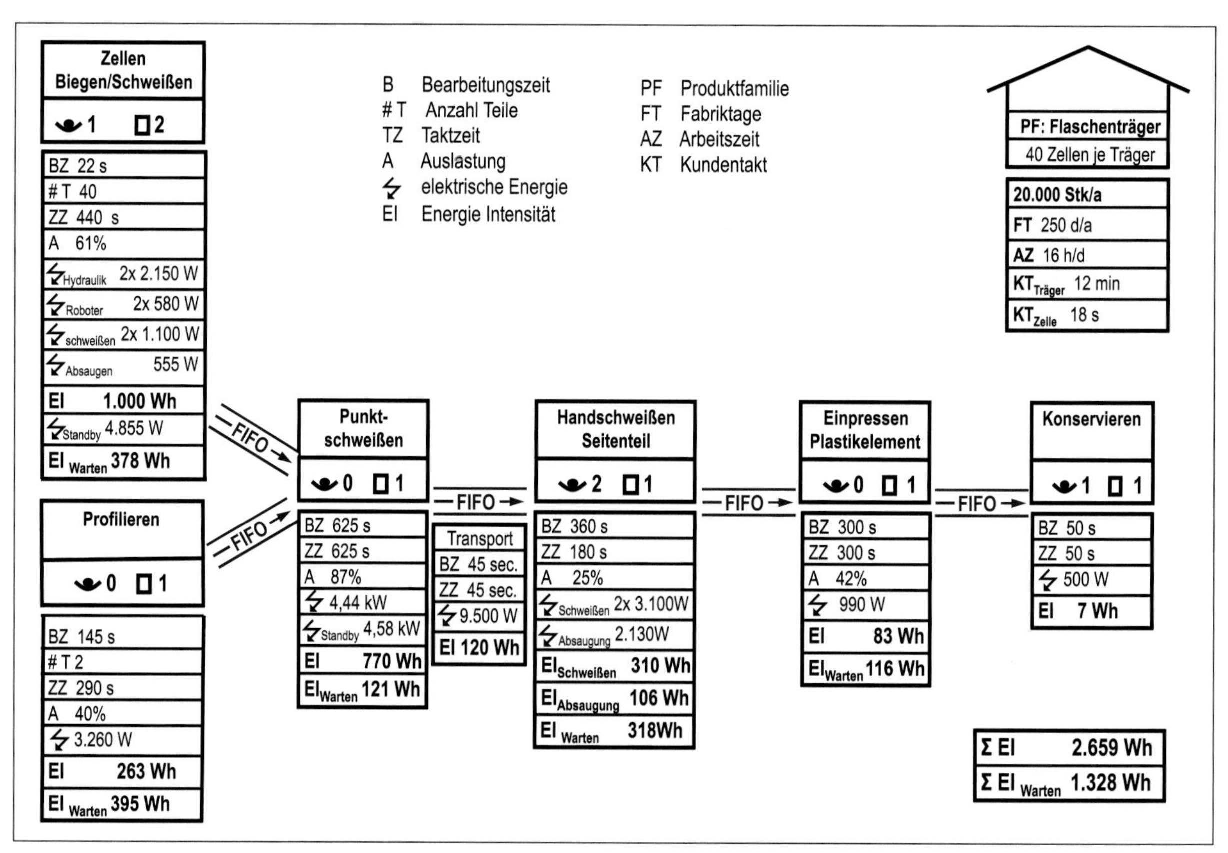

Abb. 18 Energiewertstrom von Flaschenträgern einschließlich Berechnung der Energieintensität

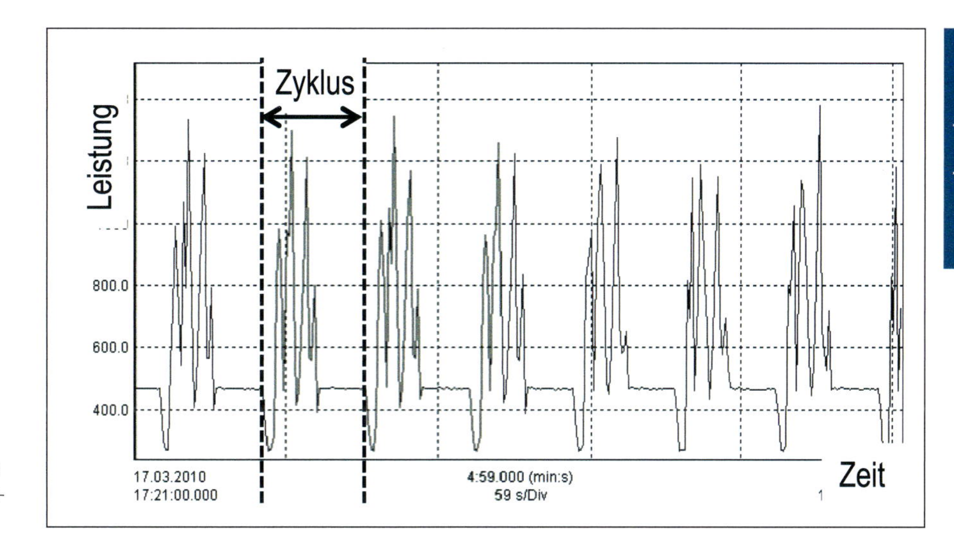

Abb. 19 Leistungs-Messkurve des Roboters mit sieben Arbeitszyklen

verketteten Fertigung und dem konstanten Verbrauch der Hydraulikpumpe. Im Ergebnis zeigt die Analyse, dass auch im Normalbetrieb einer Fließfertigung Energieverluste von 50 % allein durch Stillstandzeiten zwischen den einzelnen Arbeitszyklen entstehen. Durch einfache Schalter ließe sich diese Energieverschwendung überwiegend vermeiden.

3.7 Fazit

Viele Unternehmen stehen vor der Aufgabe, ein Energiemanagementsystem nach DIN EN 50000 einzuführen. Die Norm setzt jedoch nur den organisatorischen Rahmen, lässt dabei jedoch offen, wie man inhaltlich genau vorzugehen hat. Insbesondere für die Produktion im Ganzen gab es bisher noch keine schlüssige Methode - anders als bei einzelnen Technologien oder dem Fabrikgebäude. An dieser Stelle setzt die Energiewertstrom-Methode an. Sie ist leicht anwendbar zur ganzheitlichen Erfassung, Bewertung und Optimierung produktionsprozessbedingter Energieverbräuche. Sie hilft, wirtschaftliche Maßnahmen zur Steigerung der Energieeffizienz innerhalb von Industrieunternehmen zu identifizieren und umzusetzen. Sie unterstützt den Anwender darin, den Forderungen nach einer nachhaltigen Produktion gerecht zu werden, Energiekosten zu sparen und so die Wettbewerbsfähigkeit zu erhalten.

Literatur

Erlach, K.: Wertstromdesign. Der Weg zur schlanken Fabrik. Springer: Berlin [1]2007, [2]2010

Erlach, K.; Westkämper, E.: Energiewertstromdesign: Der Weg zur energieeffizienten Fabrik. Fraunhofer: Stuttgart 2009

Gram, M; Künstle, S.: Effiziente Produktion durch Vermeidung der Verlustquellen im Anlagenbetrieb. In: Biedermann, H. (Hrsg.): Lean Maintenance. Null-Verschwendung durch schlanke Strukturen und wertsteigernde Managementkonzepte. 25. Instandhaltungsforum, S. 113 - 133

Reinhart, G.; Karl, F.; Krebs, P.; Reinhardt, S.: Energiewertstrom. Eine Methode zur ganzheitlichen Erhöhung der Energieproduktivität. ZWF Zeitschrift für wirtschaftlichen Fabrikbetrieb 105 (2010) 10, S. 870 - 875

Reinhart, G.; Karl, F.; Krebs, P.; Maier, T.; Niehues, K.; Niehues, M.; Reinhardt, S.: Energiewertstromdesign. Ein wichtiger Bestandteil zum Erhöhen der Energieproduktivität. wt Werkstatttechnik online 101 (2011) 4, S. 253 - 260

Takeda Hitoshi: Das synchrone Produktionssystem. Just-in-time für das ganze Unternehmen. mi-Verlag, München (Aufl. 3), 2002

4 Material- und Abfallmanagement

I

Asja Mrotzek, Torsten Müller

4.1 Lagerwirtschaft (Halbzeuge, Neben- und Hilfsstoffe)

Torsten Müller

4.1.1 Die Lagerwirtschaft als zentrales Element der Logistikkette

Der wirtschaftliche Erfolg eines produzierenden Unternehmens ist eng mit der Leistungsfähigkeit seiner logistischen Systeme verknüpft. Die Leistung der Logistikkette (Wertschöpfungskette/Supply Chain) eines Unternehmens wird dabei durch die Faktoren Flexibilität, Geschwindigkeit, Kosten, Vernetzungsfähigkeit und Verlässlichkeit bestimmt. Die Lagerung bildet dabei ein wichtiges Element der Logistikkette, deren Wirtschaftlichkeit sie auf Grund ihrer Schnittstellenfunktion zwischen den Produktionsschritten beeinflusst.

Die Logistikkette umfasst hierbei das gesamte logistische System eines Unternehmens und somit den gesamten Materialfluss von den Lieferanten zum Unternehmen – innerhalb des Unternehmens und von dort zu den Kunden. Sie setzt sich aus einer Folge von Transport-, Lager- und Produktionsprozessen zusammen. Diese Prozesse unterliegen jeweils spezifischen Anforderungen, die indirekt auch die vor- und nachgelagerten Prozesse beeinflussen. Auf Grund ihrer Schnittstellenfunktion ist die effiziente Bewirtschaftung der vorhandenen Lager somit eng an die Gestaltung der gesamten Logistikkette geknüpft.

Innerhalb der Logistikkette eines Unternehmens werden verschiedene logistische Systeme unterschieden:

- Die *Beschaffungslogistik* umfasst die logistischen Prozesse von den Lieferanten bis zum Rohwarenlager. Ihre Aufgabe ist die Versorgung der Produktion mit den benötigten Materialien. Durch die Auswahl geeigneter Lieferanten werden dabei Versorgungssicherheit und Qualität sichergestellt. Die Beschaffungslogistik muss flexible auf Schwankungen des Bedarfs reagieren können.
- Die *Produktionslogistik* umfasst den Teil des Materialflusses vom Rohwarenlager bis zum Endproduktlager. Der Begriff „innerbetriebliche Logistik" wird dabei meist eng mit den Lager- und Transportprozessen bei der Produktion verknüpft. Ziel der innerbetrieblichen Logistik ist die Sicherung der Materialflüsse im Unternehmen und die Materialbereitstellung an den Fertigungsstellen.

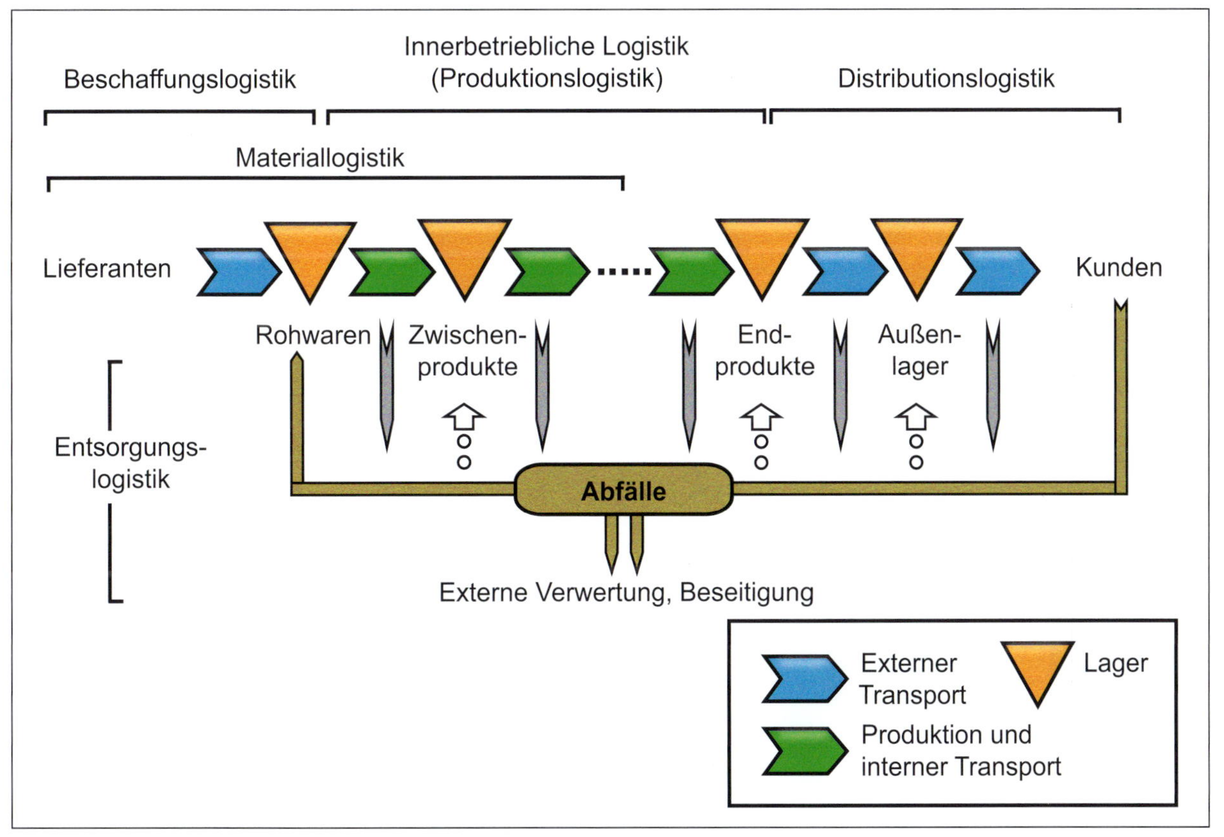

Abb. 1 Logistikkette in der Produktion (Fleischmann 2008, gemäß Bild A 1.1 – 1, S. 5)

I

- Aufgabe der *Distributionslogistik* ist die Lieferung der Endprodukte an die Kunden.
- Parallel zum Materialfluss von den Rohwaren bis zum Kunden existiert im Unternehmen die *Entsorgungslogistik*, die die an den einzelnen Produktionsstellen anfallenden Abfälle sammelt und der geregelten Verwertung bzw. Beseitigung zuführt. Gegebenenfalls gehört hierzu auch die Rücknahme von Alt-Produkten von den Kunden.

Die weiteren Ausführungen beziehen sich auf die Lagerbewirtschaftung im Rahmen der Materiallogistik, die einen Teil des Materialflusses im Unternehmen abdeckt. Sie umfasst die ganzheitliche Betrachtung des Materialflusses von der Beschaffung bis zur Produktion. Bei den Objekten des Materialflusses handelt es sich um Roh-, Hilfs- und Betriebsstoffe, Halbfabrikate und Werkzeuge, die im Weiteren unter den Begriff „Werkstoffe" zusammengefasst werden. Der Materialfluss verknüpft dabei die einzelnen Fertigungsstellen und sorgt für die Ver- und Entsorgung. Ziel der Materiallogistik ist die physische und informative Bereitstellung der benötigten Objekte im Rahmen des innerbetrieblichen Materialflusses (Martin 2009, S. 23). Die technische und räumliche Ausprägung eines Materialflusses im Unternehmen ist an den vorhandenen Lager-, Kommissionier-, Umschlag- und Transportmitteln zu erkennen.

4.1.2 Lagerung

Mit der beschriebenen Schnittstellenfunktion zwischen den einzelnen Produktionsschritten kommt der Lagerung eine wichtige Rolle in der Produktion zu. Sie umfasst die Prozesse des Ein- und Auslagerns sowie des Lagerns. In Abhängigkeit der Lagerstrategie werden die Lager gemäß ihrer Position in der Logistikkette eingeteilt in Eingangslager (Beschaffungslager, Rohstofflager), Zwischenlager (Halbfertigerzeugnisse) und Absatzlager (Fertigerzeugnislager). Unabhängig von seiner Position im Materialfluss setzt sich ein Lager grundsätzlich aus Wareneingangssystem, zuführendem Transportsystem, Einheiten- und/oder Kommissionierlager mit Einlagerungssystem, Lagerungssystem und Auslagerungssystem, abführenden Transportsystem und Warenausgangssystem zusammen (Martin 2009, S. 336). Übergeordnet befindet sich eine übergreifende Verwaltungs- und Steuerungsebene, deren Gestaltung von der Strategie des Unternehmens abhängt.
Aus betriebswirtschaftlicher Sicht wird versucht, möglichst auf Lagervorgänge innerhalb der Produktion zu verzichten, da jede Lagerung mit Lagerkosten und mit einer Kapitalbindung in Form des Lagerbestandes verbunden ist. Aus Sicht der Produktionsorganisation ist eine Lagerung zwischen Produktionsschritten häufig erforderlich, um zeitliche und räumliche Verschiebungen zwischen den Produktionsprozessen ausgleichen zu können. Das Ziel der Sicherung einer durchgehenden Produktion steht somit häufig den betriebswirtschaftlichen Gesichtspunkten entgegen.
Die Gestaltung der Schnittstelle „Lager" hängt im Wesentlichen, wie bereits beschrieben, von den vor- und nachgeschalteten Prozessen ab. Hierbei ist u. a. entscheidend, ob in der Produktion nach dem Bring- oder Hol-Prinzip gearbeitet wird. Im ersteren Fall wird das Material den jeweiligen Fertigungsstellen aus dem Lager bereitgestellt, im zweiten

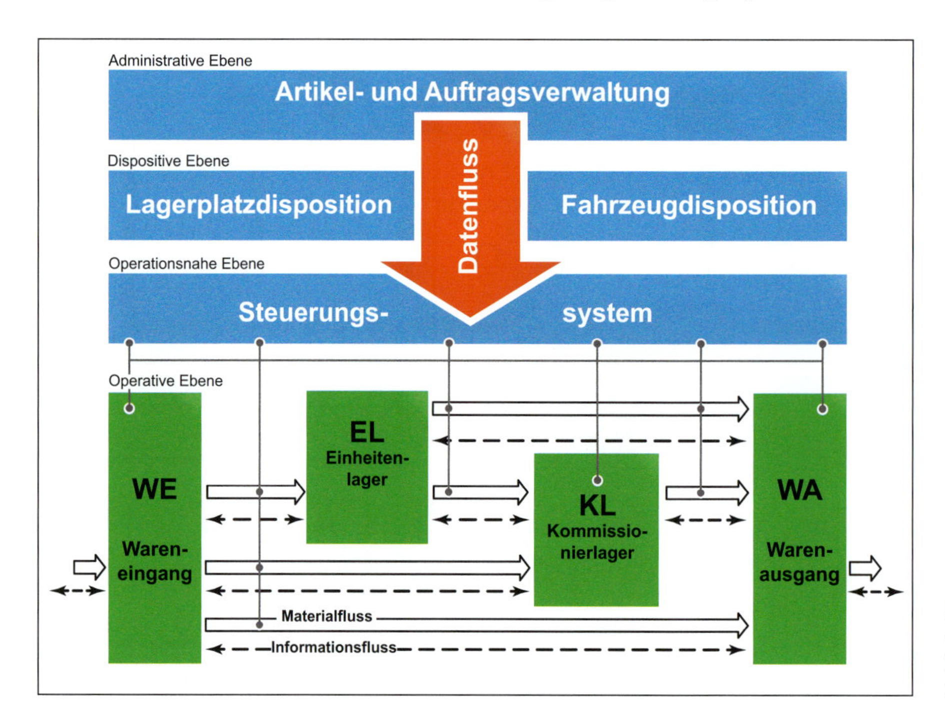

Abb. 2 Logistische Betrachtung des Material- und Informationsflusses im Lagersystem (Martin 2009, gemäß Bild 9.12, S. 341)

Fall muss der Werker sich die benötigten Werkstoffe selber aus dem Lager an seine Fertigungsstelle holen. Hieraus ergibt zusammen mit dem Umfang und der Diversität der Produktionsprozesse der Gestaltungsrahmen für Umfang und Komplexität der Lagerorganisation innerhalb der Produktion.

Dabei gilt es den Zielkonflikt zwischen möglichst guter Anpassung an die vorgegebene Aufgabe einerseits und einem hohen Grad an Flexibilität, Modularität und Skalierbarkeit anderseits optimal zu lösen. Wenn möglich, wird hierbei der Einsatz von automatisierten Systemen favorisiert, allerdings sind hierbei bestimmte Kriterien zu erfüllen, wie beispielsweise die ausreichende Konzentration der Lagergüter an einer Stelle und eine homogene Struktur des Lagersystems. Entlang des gesamten Materialflusses gilt hierbei, dass sämtliche Schritte mit möglichst minimalen Kosten erfolgen sollten. Eine ausreichende Transparenz ist bei der Lagerung damit unerlässlich, daher wird jeder Materialfluss von einem entsprechenden Informationsfluss begleitet.

Je nach Aufgabe ergibt sich so eine mehr oder weniger komplexe Lagerstruktur, die nur effizient mit einer guten Lagerorganisation bewirtschaftet werden kann.

Die Bewirtschaftung des Lagers stellt aus betriebswirtschaftlicher Sicht eine so wichtige Aufgabe dar, da ein hoher Teil der innerbetrieblichen Logistikkosten auf die Lagerung und die mit ihr verbundenen Prozesse entfallen. Bevor die Lagerung optimiert werden kann, ist zu prüfen, welche Funktionen sie innerhalb der Produktion erfüllt. Lager werden aus verschiedenen Gründen in der Produktion gebildet (Jünemann 1999, S. 41):

- Die Hauptfunktion der Lagerung besteht in ihrer *Pufferfunktion* zwischen den einzelnen Produktionsschritten. Zeitliche oder räumliche Asynchronitäten zwischen Erzeugung und Verbrauch lassen sich mit der Lagerung überbrücken, wodurch eine durchgängige Produktion und Auslastung der Produktionsanlagen gesichert wird. Diese Funktion ist insbesondere dann erforderlich, wenn eine hohe Variabilität in der Produktion besteht und somit der Materialfluss teilweise bewusst unterbrochen wird. Besteht eine komplexe Vernetzung von verschiedenen Materialflüssen, dann ist in der Regel die Einrichtung geeigneter Lagereinrichtungen unumgänglich. Solche Puffer- bzw. Produktionslager zeichnen sich durch eine hohe Umschlagshäufigkeit aus.
- Ist die Beschaffungsmenge größer als die Produktionsmenge, dann übernimmt die Lagerung eine *Ausgleichsfunktion*, bei der nicht benötigte Werkstoffe ins Lager verbracht werden. Obwohl versucht wird die Kapitalbindung im Lager durch einen hohen Lagerbestand zu vermeiden, kann dies manchmal unumgänglich sein, wenn Werkstoffe nur in bestimmten Gebindegrößen bestellt werden können. Die Ausgleichsfunktion ist auch erforderlich, wenn Zu- und Abgänge ins Lager unregelmäßig erfolgen, solche Lager werden als Vorrats- oder Beschaffungslager bezeichnet.
- Darüber hinaus übernimmt die Lagerung eine *Sicherungsfunktion*, wenn Werkstoffe nur saisonal verfügbar oder Lieferengpässe (z. B. durch Verkehrsprobleme) zu erwarten sind. In diesen Fällen hat die Sicherung der Produktion und die Auslastung der kostenintensiven Produktionsanlagen Vorrang vor möglichen betriebswirtschaftlichen Gesichtspunkten bei der Lagerung.
- Die *Spekulationsfunktion* der Lagerung kommt zum Tragen, wenn Preisschwankungen am Beschaffungsmarkt die Beschaffung und Einlagerung zu einem Zeitpunkt mit niedrigen Preisen erforderlich machen. Auch bei einer Verknappung von Rohstoffen kann eine Einlagerung von Werkstoffen über den Bedarf entgegen den betriebswirtschaftlichen Gesichtspunkten sinnvoll sein.
- Aufgrund der starken Wechselwirkungen zwischen Lagerung und Produktion innerhalb der betrieblichen Logistikkette beeinflusst die Gestaltung der eingesetzten Lagersysteme in erheblichem Maße auch die Produktionsprozesse. Die Lagerung besitzt somit auch eine *Steuerungsfunktion*.
- Schlussendlich besitzt die Lagerung eine *Sammelfunktion*. Hierzu gehört insbesondere die Entsorgungsfunktion, wenn zu entsorgende Stoffe und Materialien im Lager gesammelt und sortiert sowie für die weitere geregelte Entsorgung bereitgestellt werden. Lager mit dieser Funktion werden als Sammellager bezeichnet.

4.1.3 Lagerstrategie

Basierend auf der Unternehmensstrategie und der Gestaltung des Materialflusses ist eine geeignete Strategie für den Lagerbetrieb und die Lagernutzung erforderlich, damit der Produktion die erforderlichen Werkstoffe in der vorgesehenen Zeit und in der benötigten Menge bereitgestellt werden können. Die Bewegungs- und Belegungsstrategie eines Lagers bestimmen maßgeblich Leistung und Kosten des Lagersystems. Mit der richtigen Strategie lassen sich die Investitionskosten bei einem Neubau senken sowie Durchsatzleistung und Platznutzung im Lagerbetrieb verbessern. Bei der Festlegung der Lagerstrategie bestehen eine Menge Gestaltungs- und Kombinationsmöglichkeiten. Die Grundlage für die Festlegung der Strategie bilden u. a. die Auftrags-, Durchsatz- und Bestandsanforderungen sowie die Lagerdauer und der Lagerumschlag. In einem weiteren Schritt werden die Anforderungen der mit der Lagerung in Verbindung stehenden Produktionsprozesse berücksichtigt. Hierbei wird jeder Produktionsprozess innerhalb des Materialflusses wie ein Kunde behandelt, der optimal vom Lager bedient werden soll. Die Effizienz der Lagerung wird dabei von der erreichten Lagerleistung und den Lagerkosten bestimmt.

Umgesetzt wird die Lagerstrategie im operativen Betrieb mit einer geeigneten Lagerorganisation, die gleichermaßen die Erfüllung der Lageraufgabe als auch die Integration in das Gesamtunternehmen gewährleisten muss. Hierbei ist darauf zu achten, dass die erforderliche Transparenz bei der Durchführung von Prozessen im Lager erreicht wird, der Aufwand für die Verwaltung aber nicht zu groß wird. Die Leistung der Lagerorganisation lässt sich mit unternehmensinternen Kenngrößen messen, z. B. Ein- und Auslagerungsvorgänge je Zeiteinheit.

Die Lagerung entlang des Materialflusses kann homogen oder heterogen, mobil oder stationär sowie zentral oder dezentral erfolgen. Hierauf baut u. a. die Auswahl der Lagertechnik auf. Auch die Auswahl der Fördermittel und die Gestaltung der Fahrwege bei Ein- und Auslagerung spielen eine wichtige Rolle.

Die *Belegungsstrategien* bestimmen, auf welchen Plätzen und in welchen Lagerzonen welche Artikel gelagert und bereitgestellt werden müssen. Die wichtigsten Strategien sind:

- Schnellläuferkonzentration: Lagergüter mit einer hohen Umschlagsrate werden zusammen gelagert, damit Ein- und Auslagerungsvorgänge möglichst schnell erfolgen können.
- Feste Lagerplatzzuordnung: Den zu lagernden Werkstoffen werden feste Lagerplätze zugeordnet. Dies erleichtert die Verwaltung – der Bedarf an Lagerfläche ist jedoch relativ hoch.
- Freie Lagerplatzzuordnung: Die Lagerplätze werden frei zugeordnet.
- Zonenweise feste Lagerplatzzuordnung: In festgelegten Lagerzonen dürfen nur bestimmte Artikelgruppen gelagert werden. Die Lagerplätze in der Zone sind fest zugeordnet.
- Gleichverteilungsstrategie: Die Lagergüter werden über das gesamte Lager verteilt, damit Ein- und Auslagerungsprozesse parallel durchgeführt werden können.
- Platzanpassung: Die Lagerplätze werden entsprechend ihrer Größe zugeordnet. Kleine Lagerplätze werden mit kleinen Artikeln belegt, große Plätze mit großen Artikeln.
- Artikelreine/chargenreine Platzbelegung: Die Stellplätze in einem Bereich werden nur mit einem Artikel oder einer Produktionscharge belegt.

Die *Bewegungsstrategien* legen fest, in welcher Reihenfolge die Ein-, Um- und Auslagerungen vom Fördersystem und von den Lagergeräten vorgenommen werden. Häufig anzutreffende Bewegungsstrategien sind (Martin 2009, S. 346):

- FIFO (First in – First out): Zuerst eingelagerte Artikel werden auch zuerst wieder ausgelagert, z. B. bei Durchlaufregalen.
- LIFO (Last in – First out): Zuletzt eingelagerte Artikel werden als erste wieder ausgelagert, z. B. Einschubregale.
- Querverteilungsstrategie: Die Lagergüter werden so auf die verfügbaren Lagerkapazitäten verteilt, dass bei betrieblichen Problemen (z. B. Ausfall des Fördersystems, Brand) in einem Lager die Versorgung der Produktion weiter sichergestellt ist.
- Einzelspielstrategie: Ein- und Auslagerung erfolgen als getrennte Prozesse.
- Doppelspielstrategie: Ein- und Auslagerungen werden kombiniert, damit die Spielzeiten verkürzt und die Fördermittel besser ausgelastet werden.
- Strategie der Wegoptimierung: Lagergüter mit einer hohen Umschlagsrate werden in Zonen nahe der Ausgabestelle gelagert, Lagergüter mit niedriger Umschlagsrate im hinteren Bereich des Lagers. Die Einteilung erfolgt auf der Grundlage der Ergebnisse der ABC-Analyse.

Die Belegungsstrategien und Bewegungsstrategien sind im Rahmen der Lagerplanung aufeinander abzustimmen. Neben den Kosten und der Leistung der Lagerung berücksichtigt die Lagerstrategie auch die Qualität der Lagerung. Diese ergibt sich aus verschiedenen Parametern wie Redundanzen, Puffermöglichkeiten und der Sicherheitstechnik. Bei der Lagerung von Werkstoffen für die Produktion mit gefährlichen Eigenschaften wird die Qualität in besonderem Maße durch die Sicherheitsstrategie des Unternehmens bestimmt. Die Ausgestaltung der Sicherheitstechnik erfolgt auf Basis der gesetzlichen Anforderungen und der betrieblichen Gefährdungsbeurteilung.

Bei einer hohen Variabilität in der Produktion kann sich ein komplexes Netz aus Materialflüssen ergeben, das den Einsatz komplexer Techniken und Prozesse erfordert. Die zum Einsatz kommenden Ladungsträger und Fördermittel orientieren sich dabei zuerst an den Materialien sowie den Produktionsprozessen und erst dann an den logistischen Grundsätzen. Hierzu ist eine genaue Analyse der Ist-Situation erforderlich.

4.1.3.1 Lageranalyse

Damit eine für die Produktion geeignete Lagerstrategie festgelegt werden kann, ist eine entsprechende Analyse der Ist-Situation erforderlich. Im Rahmen der Analyse sind die Werkstoffe nach ihrer Verfügbarkeit, der Bedarfshäufigkeit, ihrem Wert und ihrer Wichtigkeit für die Produktion zu gruppieren und zu bewerten. Das Ziel hierbei ist es Kostensenkungspotenziale – u. a. durch den effizienteren Einsatz von Werkstoffen – zu identifizieren sowie Maßnahmen zur Steigerung der Ressourceneffizienz abzuleiten. Hierzu werden die wichtigsten „Kunden" des Lagers innerhalb der Produktion identifiziert sowie Kapazitäten und Engpässe für jedes einzelne Gut analysiert. Für die Ordnung des

Materialflusses ist eine solche Gruppierung der Lagergüter unerlässlich, um eine ausreichende Versorgung der Produktion mit benötigten Werkstoffen sicherstellen und unnötig hohe Bestände im Lager vermeiden zu können.

ABC-Analyse

Eine dieser Maßnahmen zur Ermittlung der Ist-Struktur ist die ABC-Analyse, die sich in allen Bereich der Materialwirtschaft einsetzen lässt. Sie ermöglicht

- wesentliche Werkstoffe von unwesentlichen Werkstoffen zu unterscheiden und
- die Aktivitäten schwerpunktmäßig auf den Bereich hoher wirtschaftlicher Bedeutung zu lenken und gleichzeitig den Aufwand für die übrigen Gebiete durch Vereinfachungsmaßnahmen zu senken.

Mithilfe der ABC-Analyse können u. a. die Anzahl und der Wert der beschafften Werkstoffe sowie die Bestandswerte im Lager untersucht werden. Hierbei ist auch die Kombination von Kriterien der ABC-Analyse möglich.
Die Klassifizierung der Werkstoffe erfolgt nach einem Wert-Mengenverhältnis:

- A-Material: geringer mengenmäßiger Anteil (~20 %), hoher wertmäßiger Anteil, mit ca. 80 % Anteil am Umschlag
- B-Material: mittlerer mengenmäßiger Anteil (~30 %), geringer wertmäßiger Anteil, mit ca. 15 % Anteil am Umschlag
- C-Material: hoher mengenmäßiger Anteil (~50 %), geringer wertmäßiger Anteil, mit ca. 5 % Anteil am Umschlag.

Für die industrielle Fertigung gilt in diesem Zusammenhang, dass für A-Materialien ausführliche Marktbeobachtungen und Marktanalysen erforderlich sind, damit sie zu günstigen Konditionen in der festgelegten Menge und Qualität bereitgestellt werden können. Aufgrund ihres hohen Wertes sollten bei der Lagerung die erforderlichen Mengen nicht überschritten werden.
B- und C-Materialien besitzen einen eher geringen Wert und werden weniger in der Produktion eingesetzt. Aus diesem Grund sind insbesondere die Durchlaufzeiten bei B- und C-Materialien zu optimieren, damit diese Werkstoffe möglichst wenig Kosten bei den Lagerprozessen verursachen. Zur Vermeidung häufiger Ein- und Auslagervorgänge durch viele kleine Anlieferungen kann es betriebswirtschaftlich günstig sein, größere Mengen bei einem Lieferanten zu bestellen.
Bei der ABC-Analyse handelt es sich nicht um eine einmalige Klassifizierung, sondern nur um die Bewertung zu einem bestimmten Zeitraum. Die Zuordnung der Artikel zu den Klassen kann sich durch z. B. Änderungen in der Produktion verschieben, daher ist die Analyse in bestimmten Abständen zu wiederholen.

XYZ-Analyse

Eine weitere Methode ist die XYZ-Analyse, die die Werkstoffe anhand ihrer Verbrauchsstruktur klassifiziert. Die Werkstoffe werden nach der Kontinuität ihres Verbrauchs und der Vorhersagegenauigkeit in drei Klassen eingeteilt. Diese Klassifizierung hilft insbesondere bei der Festlegung der Beschaffungs- und der Lagerstrategie.

- X-Material: gleichmäßiger Verbrauch und hohe Vorhersagegenauigkeit, Anteil ~50 %
- Y-Material: schwankender Verbrauch und mittlere Vorhersagegenauigkeit, Anteil ~20 %
- Z-Material: unregelmäßiger Verbrauch und niedrige Vorhersagegenauigkeit, Anteil ~30 %

Auf Basis dieser XYZ-Klassifizierung können u. a. folgende Bereitstellungsempfehlungen für die Beschaffungsobjekte ausgesprochen werden.

- Aufgrund der hohen Genauigkeit bei der Verbrauchsprognose können X-Materialien fertigungs- bzw. bedarfssynchron, also „Just-in-Time" beschafft werden.
- Y-Materialien sollten im Rahmen von Disponierungsprogrammen regelmäßig beschafft und als Vorrat angelegt werden.
- Bei den Z-Materialien wird empfohlen, diese nur verbrauchsorientiert zu beschaffen und nur geringe Mengen vorzuhalten.

Kombinierte ABC- und XYZ-Analyse

Die Ergebnisse der ABC- und XYZ-Analyse lassen sich kombinieren. Hierdurch entsteht eine Matrix mit neun Klassifizierungsgruppen. Werkstoffen, die einen hohen Verbrauchswert (A-Material) besitzen und deren Verbrauch mit einer hohen Genauigkeit vorhergesagt (X-Material) werden kann, bieten das größte Potenzial zum Einsatz von Optimierungsmaßnahmen, z. B. „Just-in-Time". Weiter ergeben sich die folgenden Grundsätze zur Ableitung einer Lagerstrategie (Wannenwetsch 2010, S. 94):

- Grundsätzlich eignen sich die Werkstoffe der Klassen AX, BX und AY für eine produktionssynchrone Beschaffung (Just-in-Time).
- Demgegenüber muss der Beschaffungsaufwand für Werkstoffe mit geringem Wert und niedriger Vorhersagegenauigkeit (CZ-Material) minimiert werden.
- Für die anderen Klassen, die zwischen diesen beiden Extrempositionen liegen, ist eine Einzelfallbetrachtung durchzuführen.

4.1.3.2 Bestandsmanagement

Eine wichtige Querschnittsaufgabe im Rahmen der Lagerbewirtschaftung ist das Bestandsmanagement oder auch die Lagerhaltungsstrategie. Hierbei handelt es sich nur eingeschränkt um eine eigenständige Planungsaufgabe der Lagerbewirtschaftung, da der in den Lagern vorzuhaltende Bestand durch die Produktions- und Transportprozesse entlang des Materialflusses bestimmt wird. Mit den Ergebnissen der beschriebenen Analysen werden die Beschaffungsstrategie und damit der geforderte Bestand im Lager festgelegt. Die Ausrichtung des Bestands und damit der Lagerung erfolgt so, dass der Bedarf der Produktion mengen-, bedarfs-, und qualitätsgerecht erfüllt wird. Bei der Festlegung der Beschaffungsstrategie ist u. a. zu beachten, dass jede Bestellung mit Lagerkosten verbunden ist, die durch eine entsprechende Gestaltung der Einlagerung möglichst gering gehalten werden sollten. Hierbei sind auch die Rahmenbedingungen zu beachten, die u. a. durch Vorgaben der Lieferanten entstehen, z. B. Mindestbestellmengen. Die nutzbaren Kapazitäten der Lagerprozesse sind durch die finanziellen, raumbezogenen und organisatorischen Rahmenbedingungen im Unternehmen vorgegeben (Inderfurth 2008, S. 155).

Der festgelegte Lagerbestand bildet sich aus einem Sicherheitsbestand und einem fixierten Meldebestand. Der Sicherheitsbestand dient der Absicherung der Produktion und stellt somit den erforderlichen Mindestbestand an Hilfs- und Nebenstoffen im Lager dar. Dieser „eiserne" Bestand an Werkstoffen wird nicht zur Fertigung herangezogen. Die neue Lieferung an Werkstoffen sollte bis zum Erreichen des Bestandes eingetroffen sein. Der Sicherheitsbestand beträgt bei produzierenden Unternehmen ungefähr 5–10 % des Lagerbestandes (Wannenwetsch 2010, S. 30ff). Zusätzlich wird ein Meldebestand (Bestellpunkt) festgelegt, um rechtzeitig erforderliche Nachbestellungen auslösen zu können. Die Festlegung kann dabei durch verschiedene Faktoren erschwert werden. Bei komplexen Produktionsstrukturen kann die Herausforderung u. a. darin bestehen, dass vorhandene Daten nur begrenzt eine verlässliche Prognose des Bedarfs an Werkstoffen ermöglichen.

Neben dem Meldebestand und dem Sicherheitsbestand ist ggf. auch die Berücksichtigung des Saisonbestands erforderlich, wenn aufgrund saisonaler Effekte die Produktion hochgefahren wird und entsprechend eine größere Bereitstellungsmenge an Hilfs- und Nebenstoffen erforderlich ist. Eine weitere Größe ist der Work-in-Process-Bestand (WIP-Bestand), der den in der Produktion oder im Transport befindlichen Bestand bezeichnet.

Aus betriebswirtschaftlicher Sicht belastet der Lagerbestand die Bilanz des Unternehmens, denn er bindet Kapital im Lager und es entstehen zusätzliche Betriebskosten durch die erforderlichen Lagerprozesse. Aus diesem Grund wird versucht die Bestände möglichst niedrig zu halten, wobei verschiedene Methoden – u. a. Just-in-Time, Fertigung nur nach Auftrag – eingesetzt werden. Das Ziel ist es, für jedes Objekt die Durchlaufzeit entlang des Materialflusses und den WIP-Bestand zu minimieren. Im Idealfall werden in einem Produktionsschritt nicht mehr Objekte produziert, als im nachfolgenden Produktionsschritt weiterverarbeitet werden können.

Neben den betriebswirtschaftlichen Gesichtspunkten ermöglichen hohe Bestände jedoch einige positive Aspekte wie eine hohe Termintreue, den preisgünstigen Einkauf von Werkstoffen, eine hohe Flexibilität, eine Unabhängigkeit von Schwankungen am Beschaffungsmarkt, die Überbrückung von Störungen, eine hohe Auslastung der Produktionsmittel und eine hohe Lieferbereitschaft. Erhöhte Bestände können allerdings auch störanfällige Prozesse, nicht abgestimmte Produktionskapazitäten, mangelnde Flexibilität und eine schlechte Lieferfähigkeit verdecken. Entsprechend bedarf es einer geeigneten Lagerverwaltung, damit alle Informationen zur Verfügung stehen, die für eine effiziente Lagerbewirtschaftung benötigt werden.

Nachschubdispositionsverfahren

Bei der Disposition des Nachschubs werden zwei wesentliche Verfahren unterschieden, die zu den genannten Bestellzyklus- und Bestellpunktregeln führen (Gudehus 2005, S. 402ff):

- Meldebestandsverfahren: Das Verfahren ist besonders geeignet für Nachschub- und Reservelager. Der Auslöser für die Nachbestellung ist das Erreichen des festgelegten Meldebestands. Das Verfahren bietet die geforderte Lieferfähigkeit bei kostenoptimaler Bestandshöhe. Allerdings ist der Verwaltungsaufwand relativ hoch, da die Bestände laufend überwacht werden müssen.
- Zykluszeitverfahren: Bei diesem Verfahren wird die Nachbestellung durch das Erreichen eines bestimmten Dispositionszeitpunktes ausgelöst. Grundsätzlich ergeben sich bei Zykluszeitverfahren im Mittel leicht höhere Bestände als beim Meldebestandsverfahren. Bei ausreichend kurzem Zeitzyklus kann die Differenz jedoch verringert werden. Damit sich diese Form der Nachbestellung rechnet, ist die Lagerkapazität so zu bemessen, dass sie grundsätzlich die optimale Nachschubmenge plus den Sicherheitsbestand aufnehmen kann.

Bestandssenkungen

Der Bestand im Lager und somit auch die Lagerkapazität können nur gesenkt werden, wenn sämtliche Einflussfaktoren bekannt sind. Die wirksamsten Methoden sind:

- Bereinigung des gelagerten Sortiments: Überprüfung der Notwendigkeit der Lagerhaltung
- Übergang zur Auftragsfertigung und damit Verbesserung der Bedarfsprognosen
- Disposition optimaler Nachschubmengen
- Verkürzung der Dispositionszyklen bei Zykluszeitverfahren

- Reduzierung der Wiederbeschaffungszeiten
- Minimierung von Schwankungen bei Wiederbeschaffungszeiten durch Auswahl verlässlicher Lieferanten und verlässlicher Belieferungswege
- Überprüfung der erforderlichen Lieferfähigkeit des Lagers gemessen am tatsächlichen Bedarf der Produktion
- Korrekte Berechnung und permanente Überprüfung der Sicherheitsbestände.

Aufgrund der mitunter starken Vernetzung der einzelnen Prozesse im Materialfluss ist die Umsetzung geeigneter Maßnahmen stark an die örtlichen Rahmenbedingungen gebunden.

4.1.4 Lagersystem

Entsprechend der Lagerstrategie ist ein geeignetes Lagersystem zu planen und umzusetzen. Unter dem Begriff Lagersystem versteht man dabei die Gesamtheit der zur Ausführung der Lagerfunktionen eingesetzten Fördertechniken einschließlich der Lager- und Informationstechnik. Ausgehend von den Lagergütern und den zum Einsatz kommenden Lagerhilfsmitteln und der Struktur der Produktionsprozesse wird die Struktur der Lagerflächen entwickelt.
Wichtige Bestimmungsgrößen für die Auswahl des geeigneten Lagersystems sind die Eigenschaften der einzulagernden Artikel, die Anzahl der Artikel, die Menge pro Artikel sowie die Eigenschaften der Lagerhilfsmittel. Während die statischen Eigenschaften Einfluss auf die Auswahl der Lagertechnik haben, beeinflussen die dynamischen Eigenschaften - Zahl und Verlauf der täglichen Ein- und Auslagerungen - die Förder- und Lagerbedientechnik (Jünemann 1999, S. 80ff).
Die im Rahmen der gewählten Lagertechnik zum Einsatz kommenden Lagermittel werden dabei nach einer Reihe unterschiedlicher Faktoren charakterisiert: dem Automatisierungsgrad, der Flexibilität bei Änderungen des Artikelspektrums, die Skalierbarkeit, die Erweiterungsfähigkeit und die Direktzugriffsmöglichkeiten auf einzelne Artikel. Grundsätzlich ist eine Erweiterung von statischen Systemen häufig möglich, während dynamische Systeme diese Möglichkeit meistens nur eingeschränkt bieten.
Bei der Auswahl der geeigneten Lagerart für die Lagerung von Werkstoffen sind die Stellung im Materialfluss und die Vernetzung mit den Fertigungsstellen entscheidend. Daneben ist wichtig, in welchen Bearbeitungszustand sich die zu lagernden Werkstoffe befinden und aus welchem Material sie sind. Weitere Vorgaben ergeben sich durch Form und Höhe der zur Verfügung stehenden Lagerbereiche sowie weiteren organisatorischen und technischen Randbedingungen im Unternehmen.

Da es sich bei den Werkstoffen in der Regel um Stückgüter handelt, sind die Bodenlagerung und die Regallagerung die am häufigsten eingesetzten Lagerarten. Vor- und Nachteile ergeben sich insbesondere beim Flächen- und Raumnutzungsgrad, dem erforderlichen Personaleinsatz, den Anforderungen an die Fördermittel und den Automatisierungsmöglichkeiten.

4.1.4.1 Bodenlagerung

Die Bodenlagerung ist die einfachste Form der Lagerung. Das Lagergut wird dabei verpackt oder unverpackt direkt auf dem Boden gestapelt. Dieser Lagertyp eignet sich für große und stapelbare Artikel. Je nach Anordnung der Lagereinheiten wird zwischen Block- und Gassenlagerung unterschieden.
Diese Form der Lagerung zeichnet sich insbesondere durch sehr niedrige Investitionskosten und eine hohe Flexibilität aus. Da nur wenig Lagertechnik zum Einsatz kommt, ist die Störanfälligkeit genauso wie der Personalbedarf gering.
Dem stehen jedoch auch entscheidende Nachteile gegenüber, denn die Transparenz ist gering, wodurch die Bestandskontrolle erschwert wird. Die Möglichkeiten zur Automatisierung sind ebenfalls gering. Die gezielte Entnahme von einzelnen Werkstoffen ist schwierig, da die Artikel nicht einzeln gelagert werden. Aus diesem Grund ist diese Lagerart für Hilfs- und Nebenstoffe nur bedingt geeignet.

4.1.4.2 Regallagerung

Ebenfalls weitverbreitet bei der Lagerung von Stückgütern ist die Regallagerung. Hierbei erfolgt die Lagerung in mehreren Ebenen mithilfe einer Lagereinrichtung (Regalsystem). Die Waren werden dadurch vereinzelt und es ist ein direkter Zugriff auf jeden Lagerartikel möglich. Es ergibt sich somit eine hohe Transparenz und im Vergleich zur Bodenlagerung wird die Erfassung des Bestandes erleichtert. Die Grundsysteme werden im Folgenden beschrieben. Daneben existieren noch Speziallösungen für bestimmte Lagergüter, wie z. B. das nicht beschriebene Kragarmregal für längliche Stückgüter.

Fachbodenregal

Für Lagergüter, die nicht auf Paletten angeliefert werden, bieten sich Fachbodenregale an. Der Vorteil liegt insbesondere bei Kleinteilen in der direkten Zugriffsmöglichkeit. Zur Unterteilung der Regalfächer werden dabei fest stehende oder flexible Fachabtrennungen verwendet. Die Bemessung der Fachregale kann flexible an die zu lagernden Lagergüter angepasst werden. Die wichtigsten Faktoren sind hierbei

die Menge pro Lagerfach, die Umschlaghäufigkeit pro Artikel, die Sortimentsbreite sowie die Raumverfügbarkeit. Da die Fachbodenregale in der Regel manuell bedient werden, beträgt die Regalhöhe max. 2 m. Artikel, die gemäß der ABC-Analyse der Klasse A zugeordnet wurden, werden hierbei in den ergonomisch leicht erreichbaren Fächern eingeordnet.
Da der Lagertyp nur begrenzt automatisierbar ist, ist der Personalbedarf entsprechend hoch. Ein entscheidender Vorteil des Fachbodenregals ist die potenziell hohe Umschlagsleistung, die direkt mit der eingesetzten Anzahl an Personen zusammenhängt. Bei einer ausreichenden Bereitstellung von Personal ist es möglich, sehr gut auf schwankende Tagesganglinien in der Produktion zu reagieren. Fachbodenregale sind kaum störanfällig, sehr funktionssicher und erfordern nur geringe Investitionskosten (Thomas 2008 S. 651).

Fachregallager

Die häufigste in verschiedenen Varianten anzutreffende Form ist das Fachregallager, das trotz hoher Anfangsinvestitionen die platzsparendste und wirtschaftlichste Lösung darstellt. Die bestimmende Größe für die einzelnen Lagerplätze ist in der Regel das Lagerhilfsmittel, z. B. Euro-Palette.
Der wesentliche Vorteil besteht - wie beim Fachbodenregal - aus der Vereinzelung der Ladeeinheiten, hierdurch ergibt sich ein guter Zugriff auf die Waren mit geringen Zugriffszeiten. Aufgrund der Bauweise von Fachregalen ist es möglich, Lagergüter wesentlich höher als bei der Bodenlagerung zu stapeln und somit eine gute Ausnutzung der Fläche zu erzielen. Der guten Flächenausnutzung stehen allerdings bei Hochregallagern (HRL) höhere Investitionen entgegen, da neben den Regalen zusätzliche Techniken, z. B. Regalbediengeräte, erforderlich sind. Trotzdem bilden sie aufgrund der hohen Anzahl an Lagergütern pro Fläche, in vielen Fällen die platzsparendste und wirtschaftlichste Lösung. Bei größeren Lagerkapazitäten, hohem Durchsatz und Mehrschichtbetrieb sind automatisierte Hochregallager deutlich kostengünstiger als konventionelle Lager.
Nachteilig bei dieser Form der Lagertechnik sind neben dem hohen Investitionsaufwand, die begrenzte Erweiterungsfähigkeit und die hohen Anforderungen an die Qualität der Lagerorganisation.

Durchlaufregallager

Bei den Durchlaufregalen erfolgt die Einlagerung der Lagergüter auf der einen und die Auslagerung auf der gegenüberliegenden Seite. Das Lagergut wird dabei durch ein Gefälle oder einen mechanischen Antrieb innerhalb eines Kanals bewegt.

Ein wesentlicher Vorteil ist die strikte Gewährung des FiFo-Prinzips durch die räumliche Trennung der Be- und Entladung des Regals. Durch mehrere Ebenen ergibt sich eine gute Flächen- und Raumnutzung. Eine Automatisierung der Be- und Entladevorgänge ist grundsätzlich möglich.
Nachteilig ist, dass ein komfortabler Einzelzugriff auf die einzelnen Lagergüter nur möglich ist, wenn in jedem Kanal nur eine Artikelart gelagert wird. Die Fördertechnik erfordert relativ hohe Investitionen und durch das störanfällige Fördersystem fallen auch höhere Betriebskosten an. Die Teilentnahme von Artikeln ist relativ aufwendig.
Der Einsatz bietet sich insbesondere bei großen Mengen an kleinen Artikeln an, die sich durch eine hohe Umschlagshäufigkeit auszeichnen. Werden Werkstoffe nur in größeren Gebinden geliefert und in Teilen entnommen, dann ist diese Lagerart weniger empfehlenswert.

Kompaktregale

Neben der statischen Lagerung existieren auch dynamische Varianten bei der Regallagerung. Hierzu zählen die Kompaktregale (Verschiebe- und Umlaufregale), die kompakt angeordnet sind und den Zugriff nur durch Verfahren von Regalteilen ermöglichen.
Die Vorteile der Umlauf- und Verschieberegale (Paternoster) liegen in der sehr guten Flächenausnutzung, der geringen Störanfälligkeit und den guten Verschlussmöglichkeiten. Da nur auf ein oder zwei Regalblöcke direkt zugegriffen werden kann, ergeben sich lange Zugriffszeiten und nur eine geringe Umschlagsleistung. Auch die Erweiterbarkeit der Kompaktregale ist stark eingeschränkt.
Die Anwendung der Kompaktregale bietet sich vor allem bei Ersatzteilen und Artikeln in kleinen bis mittleren Mengen an, die nur eine geringe Umschlagshäufigkeit besitzen.

4.1.4.3 Fördertechnik

Bestandteil des Lagersystems sind auch die Fördermittel, die innerhalb von örtlich begrenzten und zusammenhängenden Betriebsbereichen die Aufgaben des Förderns bewerkstelligen. Sie dienen dabei dem Verteilen, Sammeln, Sortieren, Puffern und Zwischenlagern. Im Unterschied zu anderen Arbeits- und Betriebsmitteln sind sie durch ihre Dynamik charakterisiert und erfüllen Aufgaben zur Verkettung von funktional zusammenhängenden Bereichen, z. B. Transport zwischen verschiedenen Arbeitsbereichen (Jünemann 1999, S. 86). Die Fördertechnik stellt somit das verbindende Element zwischen Lagerung und Produktion dar.

4.1.4.4 Lagerverwaltung[1]

Insbesondere die kürzeren Bestellzyklen und Lieferzeiten in der Produktion ziehen eine stetige Zunahme der Dynamik in der internen Lagerwirtschaft nach sich. Die Entwicklungen in der Informationstechnik bilden dabei eine wichtige unterstützende Rolle. Die heutigen Techniken ermöglichen es, Fähigkeiten verschiedener Softwareanwendungen wechselseitig zu verwenden, Informationen untereinander auszutauschen und einen gemeinsamen Datenbestand zu nutzen. Die Verdichtung der Informationen hilft, Optimierungspotenziale bzw. kritische Systemzustände frühzeitig zu erkennen und sie zu nutzen bzw. ihnen entgegenzuwirken. Die Ein- und Auslagerung von Artikeln im Lager orientiert sich an Regeln, die auf Grundlage der Lagerstrategie im eingesetzten Lagerverwaltungssystem (LVS) hinterlegt werden und eng mit dem Beschaffungsmanagement verbunden sind.

Die Lagerverwaltung liefert ein Abbild der technischen Lagerstruktur. Bei der Verwendung von Regalsystemen können zu jedem belegten Lagerplatz auch die warenspezifischen Daten (Artikelkennzeichnung, Registrierung, Menge) im System hinterlegt werden. Neben Orts- und Mengendaten werden darüber hinaus sogenannte Statusdaten im LVS erfasst, die den Zustand eines gelagerten Artikels oder des entsprechenden Lagerplatzes beschreiben. Typisch für die Einlagerung ist beispielsweise eine Aussage über die Stapelfähigkeit eines Artikels im Blocklager (Jünemann 1999, S. 74). Es ist somit möglich, zu jeder Zeit einen Lagerspiegel - ein Abbild des momentanen Lagerzustandes - zu erstellen. Die Darstellung erfolgt dabei auf verschiedenen Ebenen vom Lager bis zum einzelnen Lagerplatz. Für die Planung von Optimierungsmaßnahmen können die logistischen Kennzahlen direkt aus dem LVS abgelesen werden.

Auf der Grundlage der in der Lagerverwaltung enthaltenen Informationen können in einem festgelegten Rahmen Optimierungen durchgeführt werden. Eine solche Reorganisation des Lagers umfasst Umbuchungs-, Umlagerungs- bzw. Verdichtungsmaßnahmen, die zu einer besseren Auslastung des Lagers führen und ohne Softwareunterstützung bei einem breiten Artikelspektrum bzw. verteilten Lagerbereichen kaum effizient durchführbar wären.

Lagerverwaltungssysteme stellen somit eine zentrale Steuerungskomponente im operativen Betrieb dar, die zum Erreichen einer hohen logistischen Leistung die Koordination von Material- und Informationsfluss ermöglicht. Das LVS erhöht die Transparenz im Lager und kann so die Akzeptanz schaffen, die den Abbau bzw. die Vermeidung nicht benötigter Sicherheitsbestände ermöglicht, denn einer der Gründe für eine Ansammlung von unnötigen Sicherheitsbeständen ist Unsicherheit in Bezug auf den Stand des vorhandenen Systems. Sicherheit und Vertrauen in die eigenen Prozesse lassen sich nur mit einer vollständigen Datenbasis zur Situation im Lager herstellen (Ten Hompel 2006, S. 7).

4.1.4.5 Kommissionieren

Das Kommissionieren dient dem Zusammenstellen von Artikeln aus einem bereitgestellten Artikelsortiment nach vorgegebenen Aufträgen. In Abhängigkeit der Gestaltung der innerbetrieblichen Logistik und der eingesetzten Neben- und Hilfsstoffe spielt das Kommissionieren eine größere oder kleinere Rolle. Werden die Lager in der Produktionskette nur als Einheitenlager betrieben, dann beschränkt sich der Vorgang des Kommissionierens auf die Auslagerung ganzer Ladeeinheiten. Ansonsten bedarf es eines geeigneten Kommissioniersystems, damit die Teilmengen aus den gelagerten Gebinden und Artikelmengen entnommen werden können. Das Lager wird in diesem Fall auch als Kommissionierlager bezeichnet, da die Zusammensetzung der Einheiten geändert wird. Der Kernprozess hierbei ist der Greif- bzw. Pickvorgang zur Vereinzelung, Entnahme und Abgabe der Einzelmenge.

Beim konventionellen Kommissionieren mit statischer Bereitstellung („Mann zur Ware") greift der Kommissionierer aus den bereitgestellten Gebinden gemäß seines Kommissionierauftrags die angeforderten Teilmengen und führt sie in einem Sammelbehälter zusammen. Entsprechend müssen die Gebinde platzsparend und wegoptimal angeordnet sein. Das konventionelle Verfahren ist sehr verbreitet, flexibel und erfordert nur einen minimalen technischen Aufwand, ermöglicht kurze Durchlaufzeiten und ist geeignet für ein breites Artikelspektrum. Nachteilig ist, dass sich evtl. lange Wege ergeben können, wenn das Artikelspektrum sehr groß ist.

Eine andere verbreitete Form ist das stationäre Kommissionieren mit dynamischer Bereitstellung („Ware zum Mann"). Über ein geeignetes Fördersystem werden die Bereitstelleinheiten dem Kommissionierplatz zugeführt, der Kommissionierer entnimmt die angeforderten Artikel und die Bereitstelleinheit wird wieder eingelagert. Vorteilhaft ist der Wegfall der Wege für den Kommissionierer und die optimale Gestaltung der Kommissionierplätze. Nachteilig sind die hohen Investitions- und Betriebskosten aufgrund des erforderlichen Fördersystems.

Da die Kommissionierung fester Bestandteil des Materialflusses ist, ist sie bei der Planung der Lagerung zu berücksichtigen.

[1] (Müller 2012)

4.1.5 Lagerplanung und -optimierung

Das größte Potenzial zum Senken der Betriebskosten eines Lagers besteht in der Regel bei der Planung und in der Bauphase. Die Gestaltung und die Optimierung der Lagerung werden innerhalb der Logistikplanung durch das Aufzeigen von Handlungsalternativen unterstützt. Die hiermit verbundene Lagerplanung unterscheidet hinsichtlich ihres Wirkungszeitraums drei Stufen: operativ, taktisch und strategisch.

Die strategische Lagerplanung (Planungshorizont: mehrere Jahre) ist verknüpft mit der Entwicklung der Unternehmens- bzw. Geschäftsstrategien inkl. der zugehörigen Visionen, um Erfolgspotenziale erschließen zu können. In diesem Zusammenhang wird auch die Grundstruktur des Lagersystems geplant, somit also Technik und Struktur sowie die Organisation festgelegt. Auf dieser Planungsstufe herbeigeführte Entscheidungen lassen sich kurzfristig nicht und mittel- bis langfristig nur mit erheblichem Aufwand korrigieren.

Die taktische Planung (Planungshorizont: 6 bis 18 Monate) zielt auf die Entwicklung eines mittelfristigen Planungshorizonts. Hiermit sind keine grundlegenden Veränderungen des Lagersystems verbunden. Vielmehr dient diese Planungsstufe der Ausformulierung der strategischen Zielsetzungen, damit auf der operativen Ebene die gesetzten Ziele erreicht werden können. Hierzu zählen u. a. die Planung des Personalbestandes und die räumliche Verteilung der Lagerung.

Die operative Planung (Planungshorizont: 1 Tag bis 6 Monate) dient entsprechend der kurzfristigen Verwirklichung der übergeordneten Planungen unter Berücksichtigung der vorhandenen Gegebenheiten und der funktionalen Anforderungen. Diese Planungsstufe dient der konkreten Umsetzung der geplanten Maßnahmen. Sie definiert die notwendigen Ressourcen, z. B. den Personaleinsatz, und beschreibt die Steuerung der Abläufe durch die Festlegung einzelner Maßnahmen zur Umsetzung des geplanten Servicegrades (Lieferbereitschaft des Lagers). Es wird versucht im Rahmen der operativen Planung, einen möglichst hohen Servicegrad bei geringen Betriebskosten zu erreichen. Durchsatz und Auslastung der Lagerplätze müssen dafür optimal abgestimmt werden.

Optimierung

Da der betriebliche Gesamtprozess des Materialflusses neben dem Transport ganz wesentlich durch die Lagertechnik und die Lagerorganisation geprägt wird, können sich auch anspruchsvolle und komplexe Optimierungsrechnungen durchaus lohnen.

Die Effizienz der Lagerung wird durch die Leistung und die Kosten bestimmt. Hinsichtlich der Leistung sind eine hohe Verfügbarkeit, eine kurze Durchlaufzeit und ein hoher Servicegrad anzustreben. Bei den Kosten sind geringe Bestands- und Prozesskosten das Ziel. Zur Überwachung der verschiedenen Größen werden Kennzahlen gebildet, die permanent überwacht werden (Kuhn 2008, S. 248).

Im Rahmen der Festlegung der Lagerstrategie ist u. a. zu entscheiden, ob mit einer festen Lagerplatzzuordnung, einer freien Lagerplatzzuordnung in festen Bereichen oder einer vollständig freien (chaotischen) Lagerplatzzuordnung gearbeitet wird. Letztere Variante erlaubt in jedem Fall in Verbindung mit einer Fachregallagerung eine optimale Nutzung der zur Verfügung stehenden Lagerfläche, erfordert aber den Einsatz eines Lagerverwaltungssystems in Verbindung mit einer geeigneten Erfassung der Lagergüter bei der Ein- und Auslagerung. Die für einen effizienten Betrieb erforderliche Transparenz lässt sich ohne die entsprechende Informationstechnik nicht erreichen. Dies kann ein sehr entscheidender Punkt sein, da auch bei der freien Lagerplatzzuordnung Einschränkungen bei der Zuordnung durch die Stoffeigenschaften, rechtliche Vorgaben oder logistische Anforderungen (z. B. Schnellläufer) bestehen können.

Grundsätzlich wird bei der Optimierung der Lagerbewirtschaftung eine Zentralisierung der Lagerung angestrebt, um die Bewegungen von Gütern auf eine erforderliche Anzahl einschränken zu können. Je nach gewähltem Prinzip zur Versorgung der Fertigungsstellen kann allerdings auch eine dezentrale Lagerung Vorteile aufweisen. Dies gilt insbesondere, wenn nach dem Hol-Prinzip gearbeitet wird. Eine generelle Aussage ist hierzu nicht möglich, da dies durch die Ausgestaltung des Materialflusses des jeweiligen Unternehmens bedingt ist.

Weitere Ziele bei der Optimierung sind die folgenden (Martin 2009, S. 333):

- möglichst hoher Flächen-, Raum- und Höhennutzungsgrad
- schnelles und sicheres Auffinden der Lagergüter
- möglichst hohe Flexibilität
- hohe Auslastung von Personal und Lagereinrichtung,
- maximaler Schutz der Lagergüter gegen Diebstahl und Beschädigung
- einfache und effektive Lagerbuchhaltung/-verwaltung

Im Rahmen der Optimierung der Lagerbewirtschaftung kann auch darüber nachgedacht werden, Teile der Lagerung auf einen Dienstleister zu übertragen. Da der Vorgang der Lagerung kostenintensiv sein kann, steht jedes Unternehmen, das regelmäßige Lagerleistungen benötigt, vor der Frage, ob es diese selbst erbringt oder die Unterstützung eines Dienstleisters in Anspruch nimmt. Für eine Fremdvergabe spricht u. a., dass Lagerdienstleister in der Regel Aufbau und Betrieb eines Lagers wesentlich effizienter ausführen können als Unternehmen, da es ihre Kernkompetenz ist.

Somit kann die Lagerstrategie durchaus in der Vergabe der Lagerung oder zumindest von Teilen der Lagerungen nach außen liegen.
Eine lagerlose Beschaffung, d.h. der Dienstleister stellt die benötigten Materialien an einer zentralen Stelle in der Produktion bzw. an der jeweiligen Fertigungsstelle bereit, lässt sich allerdings nur bei einer ausgeprägten auftragsbezogenen Serienfertigung erreichen, wie sie in der Automobilindustrie anzutreffen ist.

Überprüfung der Maßnahmen

In regelmäßigen Abständen sollte eine Überprüfung der Effizienz der Lagerung erfolgen, die eine Reorganisation des Lagers erforderlich machen kann. Auslöser für eine solche Lagerreorganisation kann das Anwachsen angebrochener Lagereinheiten sein, eine Änderung im Zugriffsverhalten auf eingelagerte Artikel oder eine Änderung in der Produktion. Wird eine solche Reorganisation nicht durchgeführt, können falsch belegte Fächer, längere Wege im Lager und eine sinkende Raumnutzungsrate die Folge sein (Ten Hompel 2006, S. 58).
Die hierfür erforderliche Überprüfung der Effizienz der Lagerung erfolgt mit logistischen Kennzahlen. Hierbei handelt es sich um verdichtete Kenngrößen, die aus erfassten Daten und anderen Kennzahlen zusammengesetzte Verhältnisgrößen bilden. Die Kennzahlen geben einen schnellen und komprimierten Überblick über die Situation im Lager. Eine der wesentlichen Kennzahlen sind dabei die Lagerkosten je Lagerplatz, die wesentlich durch die gewählte Lagertechnik beeinflusst werden.
Weitere Kennzahlen lassen sich ableiten aus: Investitionen, Betriebskosten, Lagerplatzkosten/Palette/Monat, Umschlagkosten/Palette/Monat, Flächen- und Raumbedarf, Automatisierungsgrad, Servicegrad und Anzahl des Bedienpersonals.

Da die Lagerung nur ein Bestandteil des Materialflusses ist, können aus dessen Analyse weitere Erkenntnisse gezogen werden. Hierzu werden u.a. folgende Kennzahlen verwendet (Martin 2009, S. 37):

- Verhältnis Lagerfläche zu Fertigungsfläche
- Verhältnis Verkehrsfläche zu Lagerfläche
- Verhältnis der Personalkosten im Materialflussbereich im Verhältnis zu den Belegschaftskosten
- Verhältnis des Wertes der Lagerbestände zum Kapital

Mit den Kennzahlen können auch Optimierungserfolge gemessen werden. Bei der Regallagerung kann dies z.B. die gewonnene Anzahl an Regalfächern sein oder die durch eine Verbesserung erreichte höhere Anzahl an Ein- und Auslagerungen.

4.1.6 Rechtliche Anforderungen bei der Lagerung

Bei der Lagerung ist durch den Lagerbetreiber eine Vielzahl rechtlicher Anforderungen einzuhalten, die sich spürbar auf Lagerstrategie und -system auswirken können. Die dabei zu treffenden Maßnahmen richten sich nach den individuellen Eigenschaften der gelagerten Güter. Bei der Lagerung von Gefahrstoffen fallen die Vorgaben entsprechend des hohen Gefährdungspotenzials strenger aus.
Gefährliche Situationen bei der Lagerung von Werkstoffen können verschiedene Ursachen haben. Besonders häufig kommt es zur Freisetzung von gefährlichen Stoffen, wenn durch unsachgemäße Lagerung oder Einwirkung von außen Behälter bzw. Verpackungen beschädigt, undicht oder zerstört werden. Ebenfalls häufig kommt es in den Lagern zu Beschädigungen an Behältern durch Gabelstapler

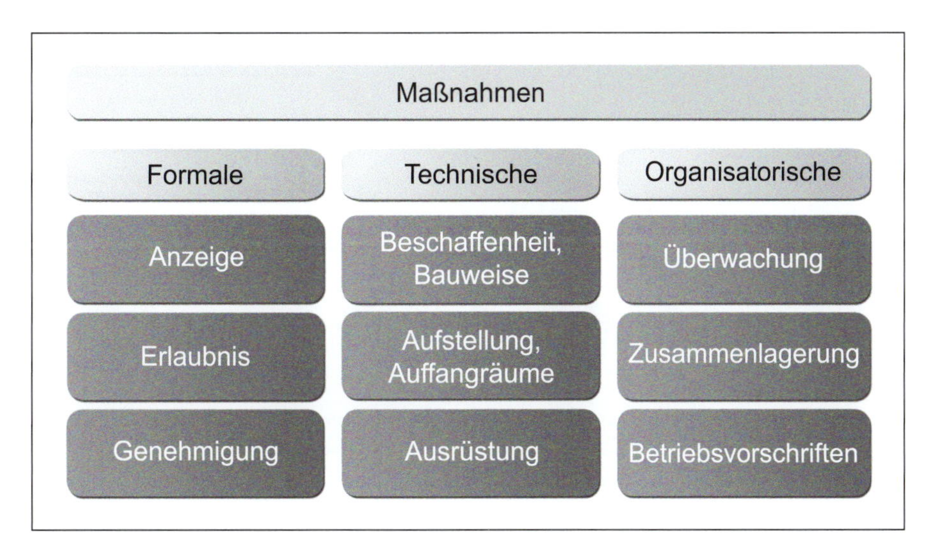

Abb. 3 Einteilung der Maßnahmen (Müller 2012, S. 19)

I

(Anfahren, Anstich). Aus diesem Grund ist entsprechend geschultes Personal zwingend erforderlich.
Weitere Auslöser für gefährliche Situationen sind die Überschreitung der Lagerzeit bzw. das Fehlen stabilisierender Zusätze, die Nichteinhaltung von für die Lagerung vorgeschriebenen Temperaturbereichen. Hinzukommen äußere Einwirkungen wie Feuer, Hitze, Kälte und Wasser sowie Eingriffe Unbefugter.
Da es nicht immer die freigesetzten Stoffe direkt sein müssen, die die Gefahren herbeiführen, sondern es auch zu Wechselwirkungen der Stoffe untereinander sowie mit der Umgebung kommen kann, sind sehr unterschiedliche präventive Maßnahmen erforderlich, die sich in einem breiten Spektrum an einschlägigen Normen wiederfinden. Die sich aus den Anforderungen ergebenden Maßnahmen lassen sich in drei Gruppen fassen: formale, technische und organisatorische Maßnahmen.
Die Ermittlung der zur im Lager vorliegenden Situation passenden Maßnahmen wird häufig dadurch erschwert, dass die Art der Formulierung der Normen nicht der Alltagssprache entspricht. Die Anforderungen müssen so ggf. erst für die eigene Situation interpretiert werden, bevor sie in Form von Maßnahmen umgesetzt werden können. Die anzuwendenden Rechtsnormen sind durch den Lagerbetreiber zu identifizieren und hinsichtlich ihrer Anwendung zu prüfen.
Die bei der Lagerung gefährlicher Stoffe zu berücksichtigenden Anforderungen ergeben sich aus über hundert Regelungen, die sich über mehr als sechs Rechtsbereiche verteilen. Zusätzlich sind häufig – aufgrund von Querverweisen – nicht nur nationale Vorschriften, sondern auch europäische Verordnungen und Richtlinien zu beachten. Weiterhin müssen Regelungen der Berufsgenossenschaften, Anforderungen der Sachversicherer, technische Normen und Verbandsvorschriften auch ohne direkte Gesetzeswirkung in die Betrachtung mit einbezogen werden. Auch durch die örtlichen Behörden und die Feuerwehr können weitere Vorgaben erfolgen.
Allen Normen ist gemeinsam, dass sie dabei einen Zusammenhang zwischen der Gefährlichkeit der Lagerung, den potenziellen Einwirkungen auf die Nachbarschaft und Umwelt, den Schutzzielen für die Vermeidung gefährlicher Einwirkungen und den spezifischen Maßnahmen zur Erfüllung der Schutzziele herstellen.
Grundlegend für die Ausführung der Lagerbereiche ist das Baurecht, wobei ein Schwerpunkt der Brandschutz ist. Aus den baulichen Anforderungen ergeben sich u. a. auch die Begrenzungen der Lagermengen und Lagerhöhen. Ergänzt werden die gesetzlichen Anforderungen durch Vorgaben verschiedener technischer Normen.
Je nach Art der Lagergüter und der von ihnen ausgehenden Gefährdungen kann eine immissionsschutzrechtliche Genehmigung der Lagerung nach dem Bundes-Immissionsschutzgesetz (BImSchG) erforderlich sein. Werden sehr große Mengen gelagert können sich noch weitere Auflagen nach der Störfallverordnung (12. BImSchV) ergeben.
Einen wesentlichen Teil des gesetzlichen Rahmens bei der Lagerung von Gefahrstoffen beschreibt die Gefahrstoffverordnung (GefStoffV) mit den zugehörigen technischen Regeln. Als zentrale Norm ist an dieser Stelle die TRGS 510 hervorzuheben, die übergreifend Anforderungen für die

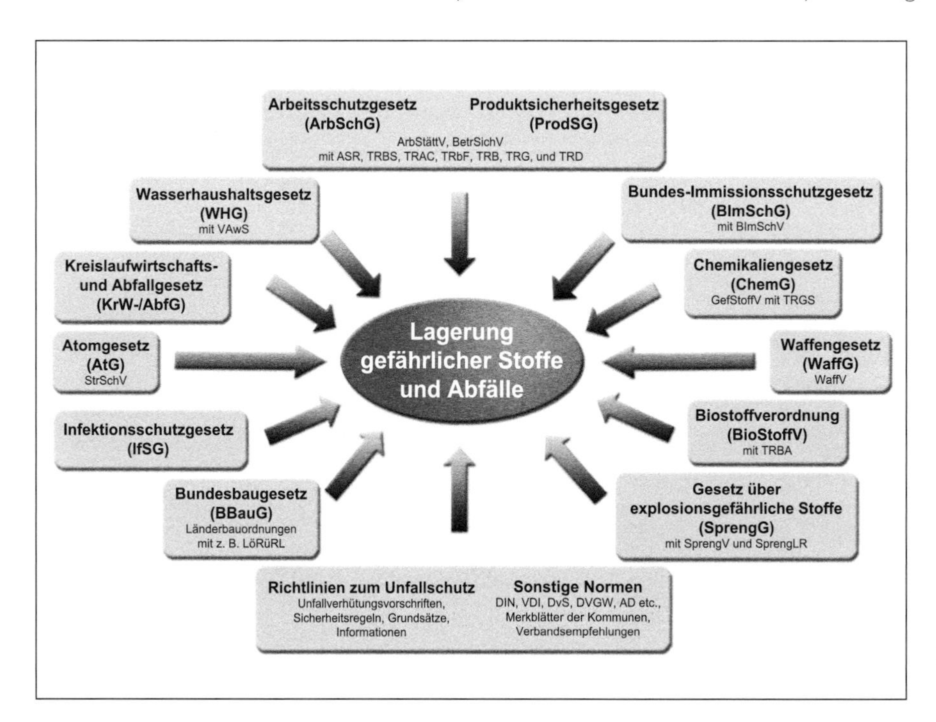

Abb. 4 Übersicht der Vorschriften für die Lagerung von Gefahrstoffen (Müller 2003)

Lagerung von Gefahrstoffen in ortsbeweglichen Behältern beinhaltet.
Ein Bereich, der ebenfalls eine Reihe von normativen Anforderungen an den Betrieb stellt, ist das Wasserrecht. Zentrales Gesetz auf Bundesebene ist das Wasserhaushaltsgesetz (WHG). Stoffe, die als wassergefährdend eingestuft sind, sind gemäß den Anforderungen so zu lagern, dass sie im Falle eines Schadensereignisses im Lager nicht in nahegelegene Gewässer oder in den Boden und somit ins Grundwasser gelangen können.
Weitere Anforderungen ergeben sich aus dem Bereich der Arbeits- und Produktsicherheit. Die grundlegenden Gesetze sind hierbei das Arbeitsschutzgesetz (ArbSchG) und das Produktsicherheitsgesetz (ProdSG). Die wichtigste Verordnung ist die Betriebssicherheitsverordnung (BetrSichV). Sie bildet u. a. die Grundlage für den Explosionsschutz sowie die Inbetriebnahme und Prüfung von Anlagen und Arbeitsmitteln. Die Arbeitsstättenverordnung (ArbStättV) enthält weitere wesentliche Anforderungen zur Gestaltung des Lagers, z. B. Lüftung, Rettungswege und Beleuchtung.
Weitere stoffspezifische Rechtsnormen (z. B. Sprengstoffrecht) können ergänzende Regelungen enthalten.

4.1.7 Zusammenfassung

Das Lagern von Materialien im Rahmen der Produktion ist ein wesentlicher Bestandteil des innerbetrieblichen Materialflusses, um räumliche und zeitliche Verschiebungen zwischen den Prozessschritten ausgleichen und überbrücken zu können. Auch Abhängigkeiten von Lieferanten, saisonalen Einflüssen oder Ressourcenverknappungen können mithilfe der Lagerung ausgeglichen werden, um eine kontinuierliche Produktion sicherzustellen.
Betriebswirtschaftlich betrachtet, besitzt die Lagerung der Werkstoffe wesentlichen Einfluss auf die Gesamtbilanz der innerbetrieblichen Logistik. Zum einen durch die Kapitalbindung in Form der gelagerten Materialien, zum anderen durch die Betriebskosten der Lagerprozesse. Aus diesem Grund zielen sämtliche Optimierungsschritte auf eine Minimierung der Bestände in den Lagern und eine am Bedarf der Produktion ausgerichtete Lagerung mit effizienten Lagertechniken.
Bei einem erkennbaren Trend zur mehr Varianten- und Teilevielfalt in der Produktion und dem Einsatz von selbstorganisierenden Systemen steigt die Komplexität der Logistikkette im Unternehmen. Die durchgehende Betrachtung der Logistikkette mit geeigneten informationstechnischen Maßnahmen ist dabei unumgänglich, damit eine ausreichende Transparenz zur Unterstützung der effizienten Lagerbewirtschaftung erreicht werden kann.

Bei der Optimierung der Lagerung innerhalb des betrieblichen Materialflusses gelten einige Grundprinzipien. Die Lagerstrategie ist jedoch individuell nach einer eingehenden Analyse der Prozesse des Materialflusses an den Gegebenheiten des Unternehmens auszurichten.
Eine der Maßnahmen im Zusammenhang mit der Ressourceneffizienz in der Produktion kann dabei die Reduzierung der Anzahl an unterschiedlichen Werkstoffen durch die Standardisierung und Veränderung von Prozessen sein. Auch die Verbesserung der zeitlichen und räumlichen Abstimmung von Prozessen kann den Lagerbedarf weiter reduzieren.
Die Reduzierung des Spektrums an eingelagerten Werkstoffen kann zu einer Verringerung der innerbetrieblichen Transportvorgänge beitragen, wenn an vielen Fertigungsstellen die gleichen Werkstoffe eingesetzt werden. Hierdurch sinken auch die Bewegungen im Lager. Mit einer Verringerung des Spektrums bei den zu lagernden Werkstoffen, lassen sich ggf. auch die zum Einsatz kommenden Lagertechniken homogenisieren, wodurch auch die Lagerprozesse vereinfacht werden können und somit eine Steigerung der Effizienz durch die Automatisierung von Prozessen ermöglichen. Verbunden hiermit ist eventuell auch eine Reduzierung der rechtlichen Anforderungen an die Lagerung, da in der Regel die Zusammenlagerung einer Vielzahl von unterschiedlichen Stoffen in einem Lager wesentlich komplexeren rechtlichen Anforderungen unterliegt.
Kernelement einer effizienten Lagerbewirtschaftung zur Lagerung von Werkstoffen ist eine durchgehende Betrachtung der Prozesse im Materialfluss, die genaue Analyse der Ist-Situation und die Schaffung von Transparenz durch eine geeignete Lagerverwaltung. Hierzu zählt auch die Etablierung eines kontinuierlichen Verbesserungsprozesses durch die Überprüfung umgesetzter Maßnahmen.

Literatur

Fleischmann, B.: Begriffliche Grundlagen. In: Handbuch Logistik, 3. Aufl., Arnold, D. (Hrsg.); Isermann, H. (Hrsg.); Kuhn, A. (Hrsg.); Tempelmeier, H. (Hrsg.); Furmans, K. (Hrsg.). Heidelberg: Springer-Verlag, 2008.

Gudehus, T.: Logistik. 3. Auflage. Berlin: Springer Verlag, 2005.

Inderfurth, K.; Jensen, T.: Lagerbestandsmanagement. In: Handbuch Logistik, 3. Aufl., Arnold, D. (Hrsg.); Isermann, H. (Hrsg.); Kuhn, A. (Hrsg.); Tempelmeier, H. (Hrsg.); Furmans, K. (Hrsg.). Heidelberg: Springer-Verlag, 2008.

Jünemann, R.; Schmidt, T.: Materialflusssysteme: Systemtechnische Grundlagen. 2. Auflage. Berlin: Springer Verlag, 1999.

Kuhn, A.; Wiendahl, H.-P.: Logistikorientierte Kennzahlensysteme und -kennlinien. In: Handbuch Logistik, 3. Aufl., Arnold, D. (Hrsg.); Isermann, H. (Hrsg.); Kuhn, A. (Hrsg.);

Tempelmeier, H. (Hrsg.); Furmans, K. (Hrsg.). Heidelberg: Springer-Verlag, 2008.

Martin, H.: Transport- und Lagerlogistik. 7. Auflage. Wiesbaden: Vieweg + Teubner, 2009.

Müller, T.: Entwicklung einer Methodik zur softwaretechnischen Abbildung und Verwendung des Technischen Regelwerks – am Beispiel der Lagerung von Gefahrstoffen. Technische Universität, Reihe Fabrikorganisation, A. Kuhn (Hrsg.). Dortmund: Verlag Praxiswissen, 2012.

Müller, T.; Hübner, J.: Lagerung von gefährlichen Stoffen und Abfällen. In: Technische Überwachung. Berlin: Verband der TÜV e. V. (VdTÜV), 2003. S. 10 - 13.

Ten Hompel, Prof. Dr. M.; Schmidt, Dr. T.: Warehouse Management. Berlin: Springer Verlag, 2003.

Thomas, F.: Lagersysteme. In: Handbuch Logistik, 3. Aufl., Arnold, D. (Hrsg.); Isermann, H. (Hrsg.); Kuhn, A. (Hrsg.); Tempelmeier, H. (Hrsg.); Furmans, K. (Hrsg.). Heidelberg: Springer-Verlag, 2008.

Wannenwetsch, H.: Integrierte Materialwirtschaft und Logistik. 4. Aufl.. Heidelberg: Springer-Verlag, 2010.

4.2 Abfall, Müll, Recycling

Asja Mrotzek

4.2.1 Einführung

Bei der Herstellung und Weiterverarbeitung von Produkten und Gütern fallen neben dem eigentlichen Hauptprodukt häufig auch Nebenprodukte an, die ebenfalls vermarktet werden können, aber auch solche Stoffströme, die als Abfälle einer Entsorgung zugeführt werden müssen. Im Rahmen einer ressourceneffizienten Produktion ist auch der Umgang mit Abfällen ein wichtiger Baustein, der näher betrachtet werden sollte. Eine Optimierung des innerbetrieblichen Abfallmanagements, sowohl in der eigentlichen technischen Produktion als auch im betrieblichen Bereich, kann zu einer ressourceneffizienten Produktion, z. B. durch Einsparung von Abfällen oder durch einen geringeren Verbrauch an Rohstoffen beitragen. Neben den innerbetrieblichen Vorgängen gilt es, auch einen Blick auf die verschiedenen Entsorgungswege zu werfen. Hier können durch eine gezielte Auswahl an Verwertungsoptionen möglicherweise betriebsübergreifend Stoffkreisläufe geschlossen oder umwelt- bzw. ressourcenschonende Verwertungswege unter wirtschaftlichen Gesichtspunkten gewählt werden.

Die Abfallverwertung ist sowohl auf Europäischer wie auch auf nationaler Ebene durch rechtliche Vorgaben geregelt, die eine ordnungsgemäße Entsorgung sicherstellen. In den nachfolgenden Kapiteln werden sowohl die rechtlichen Rahmenbedingungen im Umgang mit Abfällen, Möglichkeiten zum innerbetrieblichen Abfallmanagement als auch die verschiedenen Entsorgungsoptionen beschrieben. Abschließend werden einige Bespiele zum innerbetrieblichen Abfallmanagement vorgestellt.

4.2.2 Rechtliche Rahmenbedingungen

Das „Gesetz zur Förderung der Kreislaufwirtschaft und Sicherung der umweltverträglichen Bewirtschaftung von Abfällen (Kreislaufwirtschaftsgesetz – KrWG 2012)" ist zum 01.06.2012 in Kraft getreten und dient der Umsetzung der EU-Abfallrahmenrichtlinie (Richtlinie 2008/98/EG, AbfRRL) in deutsches Recht.

Die EU-Abfallrahmenrichtlinie und dieser folgend auch das Kreislaufwirtschaftsgesetz legen für die Behandlung von Abfällen eine Rangfolge fest. Diese ist im Vergleich zu der alten Hierarchie des Kreislaufwirtschafts- und Abfallgesetzes (KrW-/AbfG) nicht mehr dreistufig, sondern fünfstufig ausgeführt. Abbildung 1 zeigt die neue fünfstufige Abfallhierarchie.

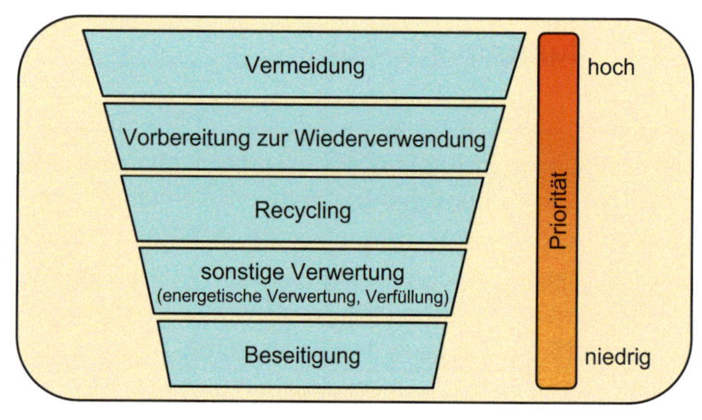

Abb. 1 Fünfstufige Abfallhierarchie

Bei der Wahl einer Entsorgungsmaßnahme ist – ausgehend von dieser Rangfolge – die Maßnahme vorrangig, die nach den Maßgaben der §§ 7 (Grundpflichten der Kreislaufwirtschaft) und 8 (Rangfolge und Hochwertigkeit der Verwertungsmaßnahmen) den Schutz von Mensch und Umwelt bei der Erzeugung und Bewirtschaftung von Abfällen unter Berücksichtigung des Vorsorge- und Nachhaltigkeitsprinzip am besten gewährleistet. Hierbei ist der gesamte Lebenszyklus des Abfalls vor dem Hintergrund der zu erwartenden Emissionen, der Schonung der natürlichen Ressourcen, der einzusetzenden oder zu gewinnenden Energie sowie der Schadstoffanreicherung zu betrachten.

Da bei der Herstellung von Produkten auch Nebenprodukte anfallen können, ist vor dem Hintergrund

Produkt	Rechtlicher Rahmen
Altfahrzeuge	AltfahrzeugV – Altfahrzeug-Verordnung Verordnung über die Überlassung, Rücknahme und umweltverträgliche Entsorgung von Altfahrzeugen
Batterien	BattG – Batteriegesetz Gesetz über das Inverkehrbringen, die Rücknahme und die umweltverträgliche Entsorgung von Batterien und Akkumulatoren
Verpackungen	VerpackV – Verpackungsverordnung Verordnung über die Vermeidung und Verwertung von Verpackungen (Fünfte Verordnung zur Änderung der Verpackungsverordnung)
Elektro- und Elektronikschrott	ElektroG – Elektro- und Elektronikgerätegesetz Gesetz über das Inverkehrbringen, die Rücknahme und die umweltverträgliche Entsorgung von Elektro- und Elektronikgeräten
Altöl	AltölV – AltölVerordnung Verordnung zur Änderung abfallrechtlicher Bestimmungen zur Altölentsorgung

Tab. 1 Rechtsverordnung für Produkte

der ressourceneffizienten Produktion die Abgrenzung zwischen Nebenprodukt und Abfall wichtig. Diese Abgrenzung ist in § 4 KrWG geregelt: Ein Nebenprodukt ist ein Stoff oder Gegenstand, der bei einem Herstellungsverfahren anfällt, dessen hauptsächlicher Zweck aber nicht auf die Herstellung dieses Stoffes oder Gegenstands gerichtet ist. Dieser Stoff oder Gegenstand gilt als Nebenprodukt und nicht als Abfall, wenn folgende Bedingungen erfüllt sind:

1. Sicherstellung, dass der Stoff oder Gegenstand weiter verwendet wird.
2. Keine weitere, über ein normales industrielles Verfahren hinausgehende Vorbehandlung erforderlich ist.
3. Der Stoff oder Gegenstand wird als integraler Bestandteil eines Herstellungsprozesses erzeugt.
4. Die weitere Verwendung des Stoffes oder Gegenstands muss rechtmäßig sein, d. h., dass der Stoff oder Gegenstand alle für seine jeweilige Verwendung anzuwendenden Produkt-, Umwelt- und Gesundheitsschutzanforderungen erfüllt und insgesamt nicht zu schädlichen Auswirkungen auf Mensch und Umwelt führt.

Für eine ressourceneffiziente Produktion sind darüber hinaus die neuen Regelungen des §14 zur Förderung des Recyclings und der sonstigen stofflichen Verwertung wichtig. In diesem Paragraf werden Recyclingquoten von mindestens 65 Gewichtsprozent für Siedlungsabfälle und von mindestens 70 Gewichtsprozent für Bau- und Abbruchabfälle ab dem 01. Januar 2020 festgelegt. Dieses Ziel soll u. a. durch eine getrennte Sammlung von Papier-, Metall-, Kunststoff- und Glasabfällen ab dem 01. Januar 2015 gefördert werden. Bei einem innerbetrieblichen Abfallmanagement werden die getrennte Erfassung und Bereitstellung dieser Materialien bereits heute in der Regel berücksichtigt.

Stoffbezogene Verordnungen	
Stoffstrom	Rechlicher Rahmen
Hausmüllähnliche Gewerbeabfälle	GewAbfV – Gewerbeabfallverordnung Verordnung über die Entsorgung von gewerblichen Siedlungsabfällen und von bestimmten Bau- und Abbruchabfällen
Altholz	AltholzV – Altholzverordnung Verordnung über Anforderungen an die Verwertung und Beseitigung von Altholz
Freiwillige Selbstverpflichtungen	
Stoffstrom	Rechtlicher Rahmen
Bauabfälle	Selbstverpflichtung der Bauwirtschaft (bis 2005)
Graphische Papierprodukte	Selbstverpflichtung der Arbeitsgemeinschaft Graphische Papiere

Tab. 2 Stoffbezogene Verordnungen und freiwillige Selbstverpflichtungen

Ein weiterer Aspekt, der produzierende Unternehmen betrifft, ist die Produktverantwortung (Teil 3, §§23 - 27 KrWG). Diese war bereits Bestandteil des alten KrW-/AbfG und ist auch auf europäischer Ebene verankert. Absatz 1 bestimmt, dass jeder der „Erzeugnisse entwickelt, herstellt, be- oder verarbeitet oder vertreibt, zur Erfüllung der Ziele der Kreislaufwirtschaft die Produktverantwortung trägt." Im Sinne auch einer ressourceneffizienten Produktion bedeutet dies, das Produkte zum einen so gestaltet werden, dass bei ihrer Herstellung und ihrem Gebrauch Abfälle vermieden werden und zum anderen, dass die Produkte nach ihrem Gebrauch umweltverträglich verwertet oder beseitigt werden können. Neben den in §23 allgemein beschriebenen Anforderungen an die Produktverantwortung, wie z. B.

- Einsatz von verwertbaren Abfällen oder sekundären Rohstoffen
- Hinweis auf Rückgabe-, Wiederverwendungs- und Verwertungsmöglichkeiten
- Hinweis auf Pfandregelungen
- Rücknahme von Produkten

ist die Bundesregierung auch ermächtigt Rechtsverordnungen für bestimmte Erzeugnisse und deren Entsorgung nach der Gebrauchsphase zu erlassen.
Tabelle 1 zeigt Beispiele, für welche Produkte bereits produktspezifische Vorgaben bestehen, in denen auch die jeweils geltenden europäischen Richtlinien umgesetzt sind. Darüber hinaus gibt es auch stoffbezogene Verordnungen und freiwillige Selbstverpflichtungen (Tab. 2).
Eine Übersicht über die rechtlichen Rahmenbedingungen, die die Abfallbehandlung in Deutschland betreffen und weitere nützliche Informationen zum Thema liefern, bieten die Internetseiten des Bundesministeriums für Umwelt, Naturschutz und Reaktorsicherheit (www.bmu.de) unter dem Themenschwerpunkt „Wasser, Abfall, Boden".

4.2.3 Innerbetriebliches Abfallmanagement

4.2.3.1 Umweltmanagement

Das innerbetriebliche Abfallmanagement ist ein Teilaspekt des betrieblichen Umweltmanagements, welches zu den Aufgaben des Managements einer Organisation zählt. Das Umweltmanagement beschäftigt sich mit den Tätigkeiten, Produkten und Dienstleistungen, die Auswirkungen auf die Umwelt haben. Die Umsetzung des Umweltmanagements erfolgt durch ein Umweltmanagementsystem (UMS), in welchem Regelungen zu Planung, Ausführung und Kontrolle sowie Verantwortlichkeiten und Verfahrensweisen festgelegt sind (www.emas.de). Für die Umsetzung eines Umweltmanagementsystems in einer Organisation stehen unterschiedliche Systeme zur Verfügung. Hierzu zählen zum einen formal anerkannte Systeme wie EMAS und die ISO 14001, zum anderen regionale oder zielgruppenorientierte Ansätze wie das bayerische Umweltsiegel für das Gaststättengewerbe, PIUS-Check oder Umweltsiegel für Handwerksbetriebe. Genauere Beschreibungen dieser und weiterer Umweltmanagementansätze und ihre Anwendungsfelder sind in der Broschüre „Umweltmanagementansätze in Deutschland" des Bundesministeriums für Umwelt, Naturschutz und Reaktorsicherheit (BMU) zu finden. Im Folgenden werden kurz die formal anerkannten Systeme EMAS und ISO14001 beschrieben.
EMAS steht für das Gemeinschaftssystem für das freiwillige Umweltmanagement und die Umweltbetriebsprüfung (Eco-Management and Audit-Scheme). Die Rechtsgrundlage für EMAS ist die Verordnung über die freiwillige Teilnahme von Organisationen an einem Gemeinschaftssystem für Umweltmanagement und Umweltbetriebsprüfung (EG Nr. 1221/2009). Voraussetzung für eine Registrierung ist zunächst eine Ermittlung der wesentlichen Umweltauswirkungen im Rahmen einer Umweltprüfung, die Einrichtung eines Umweltmanagementsystems und eine Umwelterklä-

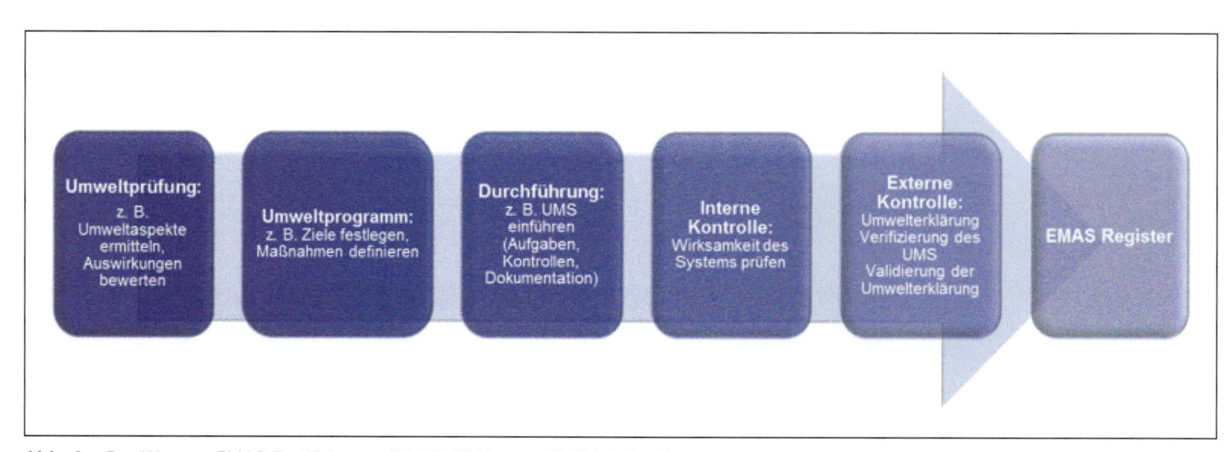

Abb. 2 Der Weg zur EMAS-Zertifizierung (EMAS 2011, gemäß Bild Seite 1)

rung. Die Überprüfung hinsichtlich der Anforderungen der EMAS-Verordnung erfolgt durch einen externen Gutachter. Die einzelnen Schritte zur erfolgreichen EMAS-Zertifizierung sind in Abbildung 2 dargestellt. Weitere Informationen zu EMAS sind unter www.emas.de erhältlich.

Die ISO 14001 „Umweltmanagementsysteme – Anforderungen mit Anleitung zur Anwendung" ist eine internationale Norm. Die Teilnahme ist ebenfalls freiwillig. Die Norm bietet einen Rahmen für die Überprüfung der Umweltverträglichkeit einer Organisation und legt dabei den Schwerpunkt auf einem kontinuierlichen Verbesserungsprozess. Dieser beruht auf der Methode „Planen – Ausführen – Kontrollieren – Optimieren" (Plan-Do-Act-Check) (Abb. 3). In der Norm werden keine absoluten Leistungen festgelegt. Die einzuhaltenden und regelmäßig zu überprüfenden Ziele werden von den Unternehmen im Rahmen ihrer Umweltpolitik selbst festgelegt (Kranert 2010).

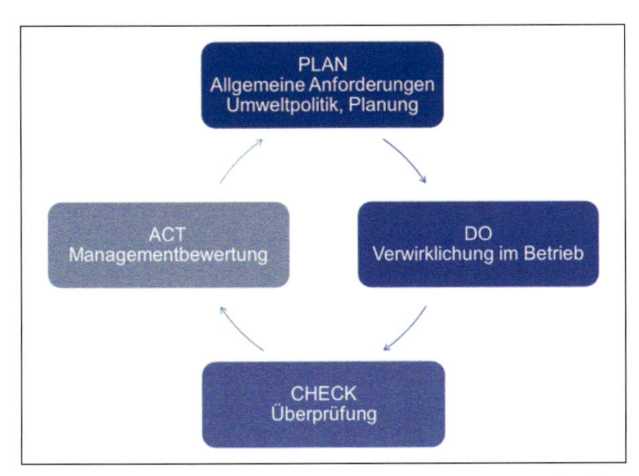

Abb. 3 Methode Plan-Do-Check-Act (Kranert 2010, gemäß Bild 11.3 Seite 499)

4.2.3.2 Innerbetriebliches Abfallmanagement

Das Hauptziel des innerbetrieblichen Abfallmanagements ist die Einhaltung der rechtlichen Anforderungen an die Entsorgung der im Betrieb entstehenden Abfälle (s. Kap. 4.2.2). Über diese Mindestanforderungen hinaus gibt es weitere Möglichkeiten den Anfall von Abfällen zu minimieren, die Schädlichkeit der enthaltenden Inhaltsstoffe zu vermindern und die innerbetrieblichen Abläufe zu verbessern. Die mit der Abfallentsorgung in Verbindung stehenden Aufgaben werden in der Regel von einem Abfallbeauftragten übernommen. Schnittstellen und auch teilweise Überschneidungen gibt es zu den Aufgabenbereichen der Arbeitssicherheit, des Gesundheitsschutzes und des Umweltschutzes (Kranert 2010). Zu Beginn der Einführung oder auch der Optimierung der innerbetrieblichen Abfallwirtschaft steht die Ist-Stand-Erhebung. Dieser folgt die Auswertung der Informationen und die Ableitung von Maßnahmen. Anschließend werden die Maßnahmen im Betrieb umgesetzt und auf ihre Eignung während des Produktionsalltags geprüft. Begleitet wird die praktische Umsetzung durch eine geeignete Dokumentation, die unter Berücksichtigung heutiger technischer Möglichkeiten, ein sicheres und einfaches Handling der Daten erlaubt. Nach der Umsetzungsphase sind die eingeführten Maßnahmen regelmäßig auf ihre Wirksamkeit zu kontrollieren und bei Änderungen im Produktionsprozess auch anzupassen.

Ein wichtiger Baustein bei der erfolgreichen Optimierung des innerbetrieblichen Abfallmanagements ist eine frühzeitige, verständliche und informative Mitarbeiterkommunikation. Gerade im Abfallbereich kann es erforderlich sein, frühzeitig ein entsprechendes Problembewusstsein bei den Mitarbeitern vor Ort zu schaffen. Die Mitarbeiter im Werk oder in der Produktion sind diejenigen, die zum einen die Daten zusammentragen und zum anderen sind sie in erster Linie an einer erfolgreichen Umsetzung von Optimierungsprozessen beteiligt. Daher ist es ebenfalls sinnvoll, die Mitarbeiter von direkt betroffenen Produktionsbereichen in den Optimierungsprozess mit einzubinden.

Ist-Stand-Erhebung

Voraussetzung für die Einführung oder Optimierung eines innerbetrieblichen Abfallmanagements ist die Erhebung des Istzustandes. Hierfür eignen sich z. B. Stoffflussanalysen, in denen der gesamte Betrieb und seine Materialflüsse abgebildet werden. Die Detailtiefe sollte so gewählt werden, dass anfallende Produktionsreststoffe und sonstige betriebliche Abfälle auch erfasst werden können. Bei einer Zusammenfassung mehrerer Prozessschritte zu einer Einheit mit ein- und austretenden Stoffflüssen können Informationen verloren gehen. Die Ist-Stand-Erhebung kann anhand eines Produktions-Fließschemas durchgeführt werden, in dem auch alle Roh-, Hilfs- und Betriebsstoffe verzeichnet sind. Die Beschreibung bzw. Bezeichnung der Stoffströme im Prozess ist konsistent, d. h., es werden gleiche Einheiten und Parameter verwendet. Im Vorfeld der Ist-Stand-Erhebung sollte neben dem aktuellen Produktions-Fließschema auch eine einheitliche Dokumentationsvorlage erstellt werden (Anfallort, Bezeichnung, Mengen, sonstige Parameter, jetziger Verbleib der Abfälle). Darüber hinaus sind auch Verantwortlichkeiten und Schnittstellen zu betrachten: Wer ist an welcher Stelle für das Handling der Reststoffe, die innerbetriebliche Logistik verantwortlich? Wo finden interne oder externe Übergaben statt (z. B. an einen Entsorger), und welche Dokumentationspflichten gehen damit einher?

Dokumentation

Neben der Erhebung der oben genannten Informationen über eine einheitliche Dokumentationsvorlage ist auch die Doku-

I

mentation selbst ein Punkt, der regelmäßig geprüft werden sollte. Hier ist zunächst zu prüfen, an welchen Stellen und in welcher Art Informationen dokumentiert werden. Die Stelle kann z. B. eine Lkw-Waage bei der Materialanlieferung sein. Die Art der Dokumentation umfasst einerseits die Daten, die erhoben werden (Datum, Uhrzeit, Leergewicht, Materialgewicht, Lieferant, Fahrzeug etc.), andererseits aber auch die Form (Papier oder elektronische Datenverarbeitung). Bei unvernetzten Systemen und Papierausdrucken erhöht sich der Aufwand der Datenerhebung, da die Informationen nicht einfach weiterverarbeitet werden können, sondern ausgelesen und zusammengetragen werden müssen. Die Aufbereitung und Zusammenführung der gesammelten Daten und Informationen bildet die Grundlage für die Entwicklung von Optimierungsmöglichkeiten.

Optimierungsansätze

Anhand der zusammengetragenen Informationen können Optimierungsansätze entwickelt werden. Ein besonderer Aspekt bei produzierenden Unternehmen sind die Möglichkeiten, Abfälle durch Änderungen im Produktionsprozess zu vermindern. Hier bestehen im Allgemeinen zwei Optionen, die geprüft werden sollten:

1. Rückführung von Produktionsrückständen in den eigenen Prozessablauf
2. Verminderung von Produktionsrückständen, z. B. durch Minimierung von Schnitt- oder Stanzresten

Im Fall der Rückführung von Reststoffen in die Produktion, sind insbesondere bei unterschiedlichen Verantwortlichkeiten für einzelne Produktionsteile, Spezifikationen für die rückzuführenden Materialen festzulegen und im Rahmen einer Qualitätsprüfung zu prüfen und zu dokumentieren. Die Materialrückführung und die Optimierung von Maschinen oder Prozessschritten zur Minimierung von Schnitt- oder Stanzresten sind Maßnahmen zur Abfallvermeidung (s. a. Hierarchie der Entsorgungsmaßnahmen). Bei der Minimierung von Schnitt- oder Stanzresten fallen weniger Produktionsrückstände an, die als Abfall entsorgt werden müssen; durch die effizientere Materialnutzung werden aber auch entsprechende Einsparungen auf der Eduktseite ermöglicht.

Weitere Maßnahmen zur Abfallvermeidung sind, z. B.:

- Umstellung der eingekauften Waren auf Mehrweggebinde oder verpackungsarme Verpackungen
- Wiederverwendung von Altprodukten zum gleichen Zweck, z. B. Andienung von ausrangierten Fahrrädern an Reparaturdienste
- Umstellung auf Verfahren, bei denen geringere Mengen an Abfällen anfallen
- Papiereinsparung durch datenverarbeitungstechnische Dokumentation
- Förderung von Ökodesign (Einbeziehung von Umweltaspekten in das Produktdesign).

Beispiele für Abfallvermeidungsmaßnahmen und zur Abgrenzung zwischen Vermeidung und Verwertung sind im Auftrag des Umweltbundesamtes in der Studie „Erarbeitung der wissenschaftlichen Grundlagen für die Erstellung eines bundesweiten Abfallvermeidungsprogramms“ (Dehoust 2010) und in der Anlage 4 des Kreislaufwirtschaftsgesetzes aufgeführt.

Zur Verringerung der Gefährlichkeit von Inhaltsstoffen in Produkten und Reststoffen ist eine Substitutionsprüfung sinnvoll, wie sie z. B. bei Tätigkeiten mit Gefahrstoffen gemäß Gefahrstoffverordnung verpflichtend ist. Eine erfolgreiche Suche nach gleichwertigen Ersatzsubstanzen verringert nicht nur die Gefährdungen bei der Verwendung im Prozess und kann hier gegebenenfalls auch zur Anpassung einzelner Prozessschritte führen, sondern kann auch einen Einfluss auf die Einstufung eines Reststoffes als gefährlichen Abfall nach der Abfallverzeichnisverordnung (AVV) haben. Dies eröffnet wiederum andere, möglicherweise kostengünstigere Möglichkeiten der Entsorgung.

Im Bereich der Dokumentation ist die Einrichtung eines vernetzten Dokumentationssystems zu überdenken. Neben dem Vorteil, dass alle Informationen in einem System vorliegen, können diese Systeme auch so eingerichtet werden, dass auf Anweisung automatische Berichte erzeugt werden. Hier sind die Hinterlegung unterschiedlicher Berechtigungsstufen (Schreib-, Lese-, Auswertefunktionen) und die Einschränkung auf einen Nutzerkreis möglich.

Standort- und Behälterauswahl

Wie im Abschnitt zu den rechtlichen Rahmenbedingungen beschrieben, ist spätestens zum 01.01.2015 eine getrennte Erfassung und Bereitstellung für Papier-, Metall-, Kunststoff- und Glasabfällen vorzusehen. Die Erfassung im Betrieb sollte in räumlich sinnvollen Einheiten erfolgen. Die Sammelstellen sollten gekennzeichnet und gut erreichbar sein. Für die innerbetriebliche Logistik sollte auch bei Kleinsammelplätzen in der Produktion ein Augenmerk auf die Behälterauswahl gelegt werden. Behältnisse, die mit Flurförderfahrzeugen gehoben und transportiert werden können, können mit einem geringeren zeitlichen und meist auch personellen Aufwand zu einer zentralen Abfall-Sammel- und -Sortierstation transportiert werden. Eine frühzeitige Getrennthaltung der einzelnen Fraktionen ist sinnvoll, da eine spätere Trennung in Wertstoffe und Restmüll nach vermischter Sammlung deutlich kostenaufwendiger wäre (Okesson 1999).

Bei der *Standort- und Behälterauswahl* des zentralen Sammelplatzes sollten unterschiedliche Gesichtspunkte berücksichtigt werden:

- Behältergröße: Die Größe des Behälters sollte nach der Menge des anfallenden Abfalls (wird durch die Analyse des Betriebs bereitgestellt) und den vereinbarten Abfuhrrhythmen gewählt werden.
- Behälterart: Die Auswahl des Behälters muss auf das Sammelgut abgestimmt sein. Bei Gefahrstoffen sind hier auch entsprechende Gefahrstoff-Bestimmungen zu beachten. Dies gilt auch bei der Einrichtung des Behälterstandorts.
- Räumliche Verhältnisse: Der Aufstellungsort der Behälter sollte sowohl für die interne als auch die externe Logistik gut erreichbar sein. Es sollte auf eine geordnete Aufstellung der Behälter geachtet werden, da dies die Sauberkeit des Standorts erhöht. Eine eindeutige und gut lesbare Bezeichnung an den Behältern erleichtert die Nutzung und fördert die Getrennthaltung der Abfallarten. Fehlwürfe werden so minimiert. Generell erhöht eine saubere Sammelstation die Motivation zur richtigen Nutzung. Die Sauberkeit kann durch regelmäßige Kontrollen und Zuordnung der eindeutigen Verantwortung für diesen Bereich deutlich erhöht werden.
- Netzwerkanbindung: Viele Behältersysteme sind heute mit Möglichkeiten zur benutzerscharfen Erfassung und Füllstandmeldung ausgestattet. Eine benutzerscharfe Erfassung sollte dann gewählt werden, wenn Interesse an einer Zuschlüsselung der Abfallmengen zu Organisationseinheiten besteht oder mehrere unterschiedliche Unternehmen an einem Standort Zugang zu dem Behälter haben (z. B. in Gewerbe- oder Industrieparks). Da diese Behälter mit Identifikationssystemen funktionieren (z. B. Chips, Transponder, Karten) sollte die Auswahl und die Anzahl der Nutzer sinnvoll festgelegt werden (Abb. 4). Behälter mit Füllstandsmeldung sind dann sinnvoll, wenn eine bedarfsabhängige Abholung/Entleerung der Behälter vereinbart wurde. So kann bei einem vorab festgelegten Füllstand entweder ein verantwortlicher Mitarbeiter des Betriebs das Signal des Füllstandsmelders erhalten, oder das beauftragte Entsorgungsunternehmen kann direkt durch das System informiert werden.

Umsetzungsphase

Nach der Erarbeitung der unterschiedlichen Optimierungsansätze werden diese diskutiert und priorisiert. Anschließend wird ein Umsetzungskonzept mit Maßnahmen und Verantwortlichkeiten erstellt:

- kurze Beschreibung der Maßnahme
- Ort der Umsetzung (Produktionsschritt a, Hallenabschnitt b)
- benötigter Bedarf und Unterstützung für die Umsetzung (Neuanschaffungen, Umbauten, Investitionsmittel, Raumplanung, Platzbedarf für Container)
- zeitlicher Rahmen der Umsetzung
- verantwortliche Person.

Die Umsetzung sollte durch regelmäßige Treffen der verantwortlichen Personen begleitet werden. Diese Treffen dienen zum einen dazu, den Stand der jeweiligen Umsetzungsmaßnahmen abzuklären, sollten zum anderen aber auch geeignet sein, Probleme anzusprechen und gemeinsam nach Lösungsmöglichkeiten zu suchen. Nach der erfolgreichen Umsetzung sollten die Maßnahmen in regelmäßigen Abständen auf ihren Erfolg und ihre Auswirkungen auf die Produktion überprüft werden.
Sind an einem Standort mehrere Produktionsbereiche vertreten, wie z. B. in einem Industriepark, ist ein übergreifendes Stoffstrommanagement über die einzelnen Produktionsstätten sinnvoll. Dies kann z. B. durch den Betreiber des Industrieparks erfolgen.

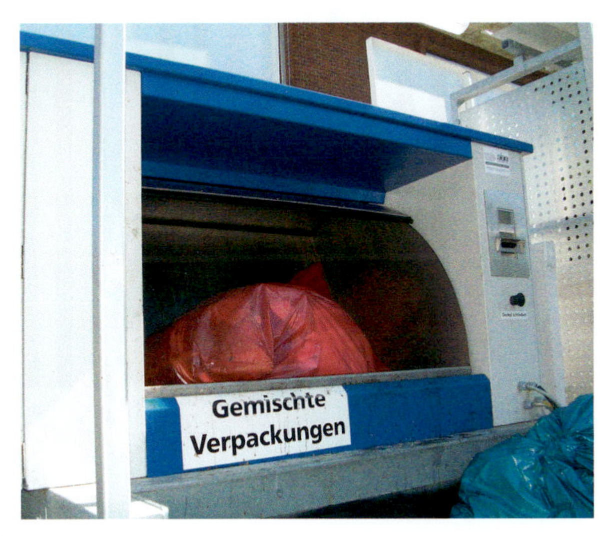

Abb. 4 Benutzerscharfe Abfallschleuse für gemischte Verpackungen

I

4.2.4 Entsorgungsmaßnahmen

Sind die Möglichkeiten des innerbetrieblichen Abfallmanagements ausgenutzt, verbleiben nach Abfallgruppen sortierte Fraktionen, die einer geordneten Entsorgung zugeführt werden müssen. Neben den produktionsspezifischen Reststoffen sind die zu entsorgenden Abfallfraktionen z. B.

- Metallschrott
- Altholz
- Papier/Pappe/Kartonage
- Glas
- Elektro- und Elektronikschrott
- Verpackungsabfälle (zukünftig auch andere stoffgleiche Wertstoffe) und
- (hausmüllähnliche) Gewerbeabfälle.

Für die Entsorgung dieser Fraktionen bieten sich nun zwei Möglichkeiten. Zum einen können alle Fraktionen durch ein Entsorgungsunternehmen entsorgt und entsprechend hochwertig verwertet werden. Zum anderen können die einzelnen Fraktionen auch über spezialisierte Entsorgungsunternehmen abgeholt oder diesen angedient werden, wie z. B. der Metallschrott durch einen Metallhändler. Die Entscheidung für eine dieser beiden Optionen ist im Einzelfall vor dem Hintergrund betrieblicher und wirtschaftlicher Rahmenbedingungen zu treffen. Die erste Möglichkeit bietet den Vorteil, dass der Aufwand im eigenen Betrieb minimiert wird. Die Gesamtentsorgungsleistung wird über einen längeren Zeitraum an ein Entsorgungsunternehmen vergeben, welches sich um alle Belange entsprechend kümmert. Auf günstige oder auch ungünstige Preisschwankungen, z. B. bei der Preissituation von Metallen, kann bei dieser Variante nicht reagiert werden. Bei der zweiten Möglichkeit ist der personelle Aufwand höher. Aufgaben, die hier bestehen, sind z. B.:

- Einholen und Vergleich von Angeboten für die Einzelentsorgungsleistungen
- Marktbetrachtungen bei Preisschwankungen für Wertstofffraktionen
- Verantwortung/Kontrolle der Sauberkeit des Sammelplatzes und
- Verantwortung/Kontrolle der Befüllung der Behältnisse (Fehlwürfe).

Unabhängig davon, ob die Entsorgung der einzelnen Fraktionen durch einen oder mehrere Anbieter erfolgt, gibt es unterschiedliche Entsorgungswege für die Abfälle. Metallschrott, Papier, Glas, Elektro- und Elektronikschrott werden in der Regel stofflich verwertet, d. h. recycelt. Altholz kann abhängig von der Qualität sowohl stofflich verwertet als auch energetisch genutzt werden. Verpackungsabfälle werden je nach Qualität

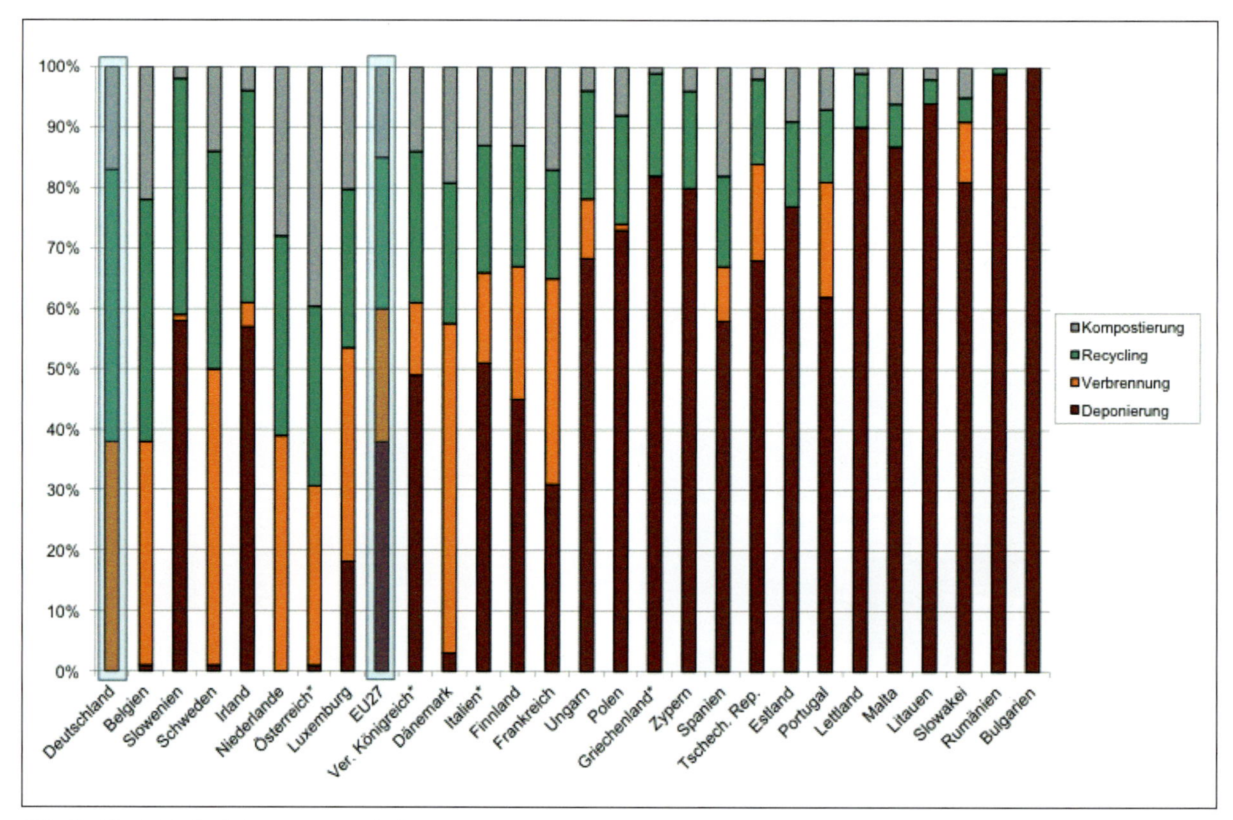

Abb. 5 Vergleich der Entsorgungswege in Europa

(z. B. Sortenreinheit) entweder direkt stofflich verwertet (z. B. saubere, großflächige Verpackungsfolien) oder nach einer weiteren Behandlung in einer Sortieranlage stofflich oder energetisch verwertet. Gewerbeabfälle bzw. hausmüllähnliche Gewerbeabfälle werden zunächst aufbereitet (Aussortierung von Wertstoffen, Herstellung einer heizwertreichen Fraktion) und dann stofflich und energetisch verwertet oder direkt in einer Müllverbrennungsanlage thermisch behandelt.

Dass sich die stoffliche Verwertung und die energetische Nutzung von Abfällen gegenseitig nicht ausschließen, zeigt ein Vergleich der Behandlungsoptionen in Europa. In den Ländern mit einem hohen Anteil an Müllverbrennung zwischen 35 und 50 % wird auch ein großer Anteil der Abfälle kompostiert und recycelt. In diesen Ländern, wie z. B. Deutschland, Belgien, Schweden, Niederlande, Dänemark und Österreich spielt die Deponierung kommunaler Abfälle keine oder nur eine untergeordnete Rolle.

Die der Grafik zugrunde liegenden Informationen werden von dem statistischen Amt der Europäischen Union veröffentlicht (Eurostat-Pressestelle 2012). Die Daten beziehen sich auf die Behandlung kommunaler Abfälle im Jahr 2010.

4.2.5 Nutzen für den Klimaschutz

Welchen Nutzen für den Klimaschutz eine stoffliche Verwertung von Wertstoffen bietet, hat die ALBA Group für die bei ihnen relevanten Stoffströme in zwei aufeinanderfolgenden Jahren gemeinsam mit Fraunhofer UMSICHT erhoben (ALBA 2011). In diesen Studien werden die Herstellung eines Produkts aus Sekundärmaterialien mit der Herstellung eines Produkts aus Primärmaterialien verglichen. Neben den getrennt erfassten Stoffströmen Metalle, Elektroaltgeräte, Kunststoffe, Leichtverpackungen, Papier/Pappe/Kartonagen, Glas und Holz wurde auch die Verwertung von Hausmüll und hausmüllähnlichen Gewerbeabfällen durch das mechanisch-physikalische Stabilisierungsverfahren untersucht. Die CO_2-Einsparungen, die durch den Einsatz der Sekundärrohstoffe entstehen, sind in Abbildung 6 für die unterschiedlichen Stoffströme dargestellt. Dies zeigt, dass durch die getrennte Erfassung von Wertstoffen und eine stoffliche Verwertung sowohl Primärrohstoffe eingespart werden können, als auch ein Beitrag zum Klimaschutz geleistet werden kann. Die ALBA Group konnte mit ihren Aktivitäten im Jahr 2010 eine Ersparnis von über 6,2 Mio. Tonnen CO_2 erzielen. Die Bindung dieser CO_2-Menge entspräche einem europäischen Mischwald mit einer Fläche von 6.244 km^2 (Alba 2011). Die der Grafik zugrunde liegenden Daten wurden in (Alba 2011) veröffentlicht.

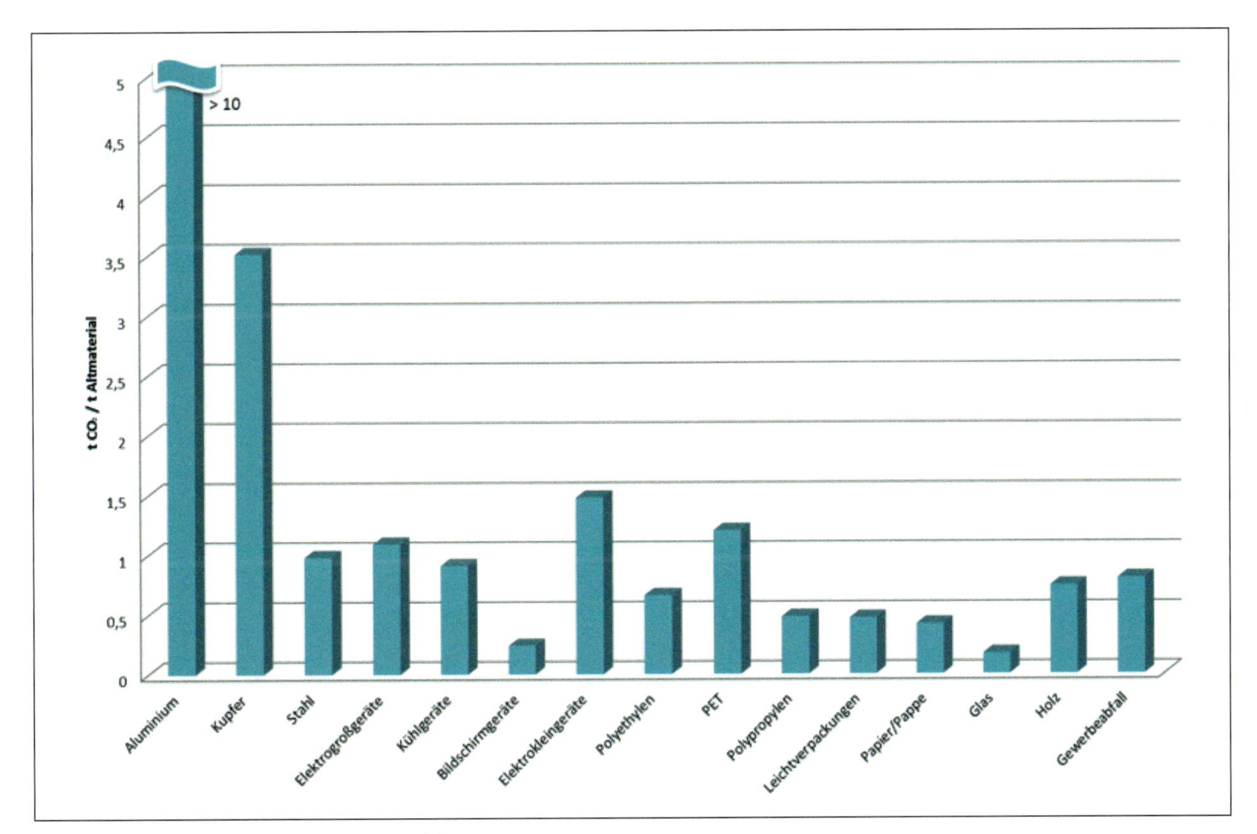

Abb. 6 CO_2-Einsparung pro Tonne Altmaterial

I

4.2.6 Beispiele für ein innerbetriebliches Abfallmanagement

In der Literatur sind einige Beispiele für die Einführung bzw. Optimierung eines innerbetrieblichen Abfallmanagements veröffentlicht.

Server-Produktion

Bei Siemens (Okesson 1999) wurden in den Fertigungsbereichen Entsorgungszellen eingerichtet, in denen Erfassungsgefäße zur Sammlung von hausmüllähnlichen Gewerbeabfällen einerseits und Wertstoffen anderseits aufgestellt wurden. Die Sammelgefäße in den Entsorgungszellen hängen von der Art der Abfälle ab, die im räumlichen Umfeld der Zelle anfallen: Z.B. Altpapiere, Kartonagen, Holz, Styropor-Formteile und -Chips, Folien, Elektro-Schrott und Metalle. Eine wesentliche Funktion der Entsorgungszelle besteht darin, Rückstände frühzeitig in Wertstoffe und Restmüll zu trennen, da eine spätere Trennung nach vermischter Sammlung deutliche kostenaufwendiger wäre. Mit den Zellen wird die logistische Lücke zwischen dem Anfallort der Abfälle am Arbeitsplatz und dem zentralen Sammelplatz (Presscontainer in den Innenhöfen) geschlossen.
Weitere Maßnahmen wurden im Bereich der Abfallvermeidung umgesetzt:

- Anlieferung von Materialien in Mehrwegverpackungen oder verpackungsarme Zulieferungen (verantwortlich: Fertigungsbereiche, Einkauf und Lieferanten)
- Weiterleitung von Packstoffen (z.B. Styroporchips) von den „auspackenden" Betriebsbereichen an die „einpackenden" Abteilungen (Versand)
- Verwendung von Einstoffverpackungen aus Papier und Karton mit einem hohen Altpapieranteil.

Reifenproduktion

In diesem Beispiel (Fritsche 2009) stellte sich das Problem, dass das Aufkommen an Reststoffen und Abfällen stetig und im Vergleich zur Produktionsmenge deutlich überproportional stieg. Hinzu kamen Differenzen in den dokumentierten Daten (z.B. zwischen Qualitätsabteilung und Pforte). Ziele des Projektes waren die Auflösung der „Blackbox" – um Klarheit und Transparenz zu schaffen – sowie die Entwicklung von Optimierungspotenzialen.
Bei der Reifenproduktion werden aus 200 verschiedenen Materialien zunächst Halbzeuge, anschließend Reifenrohlingen und abschließend durch Vulkanisation fertige Reifen gefertigt. Diese Prozesse und die Dokumentation der Daten wurden mit einer Materialflussanalyse detailliert untersucht und es konnten zahlreiche Potenziale zur Reststoff- und Abfallvermeidung identifiziert werden, die von mangelndem Problembewusstsein, über organisatorische und technische Schwierigkeiten bis zu Spezifikationsabweichungen beim Produkt reichten (Fritsche 2009). In Tabelle 3 sind für die Bereiche „Produktionslinien" und „IT-Systeme" erkannte Potenziale und deren Auswirkungen aufgeführt. Darüber hinaus wurden auch die Bereiche „Organisation und Management", „Berichtswesen" und „innerbetrieblicher Transport und Lagerung" untersucht. Dieses Beispiel zeigt, dass durch Auflösen der Blackbox Schwachstellen aufgedeckt und dadurch zahlreiche Ansatzpunkte für Optimierungen entwickelt werden können.

Produktionslinien		IT-Systeme	
Potenzial	Auswirkung	Potenzial	Auswirkung
Nicht erfasste Materialströhme	Ungenaue Datenlage	Inkonsistente Bezeichnungen	Ungenau Datenlage
Ungenaue Prozessparameter	Unnötiger Abfallanfall	Unterschiedliche Einheiten (kg, Stück)	Ungenaue Datenlage
Unzureichende Erfassung der Mengen vor Ort	Ungenaue Datenlage	Unvernetztes System an der Pforte	Umständliche Datenverarbeitung
Nichtbeachtung des „first-in-first-out"-Prinzips	Unnötiger Abfallanfall	Verladung: Nur eine Verladungsart pro Tranaktion	Fehlerhafte Datenlage
Nichteinhaltung der Spezifikationen	Unnötiger Materialverbrauch		

Tab. 3 Optimierungspotenziale der Bereiche „Produktionslinien" und „IT-Systemen" (Fritsche 2009)

Literatur

ALBA: Recycling für den Klimaschutz. Broschüre der ALBA Group plc & Co. KG, Berlin, 2011

Dehoust, G.; Küppers, P.; Bringezu, S.; Wilts, H.: Erarbeitung der wissenschaftlichen Grundlagen für die Erstellung eines bundesweiten Abfallvermeidungsprogramms. Studie im Auftrag des Umweltbundesamts, Dessau-Roßlau, 2010

EMAS: Das Eco-Management and Audit Scheme der Europäischen Union. Flyer „EMAS kompakt". Bezug: www.emas.de. 2011

Eurostat-Pressestelle 2012: Umwelt in der EU27. Deponierung machte 2010 weiterhin fast 40 % der behandelten kommunalen Abfälle in der EU27 aus. Pressemitteilung STAT/12/48 der Eurostat-Pressestelle, 2012

Fritsche, R.; Hartard, S.: Die Blackbox auflösen – innerbetriebliches Reststoff- und Abfallvermeidungspotenzial in der Reifenproduktion. In: Müll und Abfall Ausgabe 3, Erich Schmidt Verlag GmbH & Co. KG, Berlin, 2009

Kranert, M.; Cord-Landwehr, K.: Einführung in die Abfallwirtschaft. 4. Auflage, Vieweg+Teubner Verlag, Springer Fachmedien Wiesbaden GmbH, 2010

KrWG 2012: Gesetz zur Förderung der Kreislaufwirtschaft und Sicherung der umweltverträglichen Bewirtschaftung von Abfällen – Kreislaufwirtschaftsgesetz vom 24. Februar 2012 (BGBl. I S. 212)

Okesson, J.; Noeke, J.: Innerbetriebliche Abfallwirtschaft bei Siemens. In: Müll und Abfall Ausgabe1, Erich Schmidt Verlag GmbH & Co. KG, Berlin, 1999

5 Umsetzung der Ressourceneffizienz im Unternehmen

I

Sebastian Schlund, Frieder Schnabel, Martin Rist

I

5.1 Motivation und Verankerung innerhalb der Unternehmenszielsetzung

Der verantwortungsvolle Umgang mit Ressourcen rückt mehr und mehr in den Fokus einer zukunftsgerechten Unternehmensausrichtung. Dabei gehörte das Ressourcenmanagement bereits in der Vergangenheit zu den Handlungsschwerpunkten unternehmerischer Praxis. Jedoch resultierten Maßnahmen diesbezüglich vielfach aus Zwängen der Versorgungssicherheit. Ursächlich dafür waren Risiken politischer Instabilitäten bzw. Naturkatastrophen. Weiterhin existieren seit jeher Engpassmaterialien, deren Beschaffung erhöhte Aufmerksamkeit erfordert. Spürbar für die Allgemeinheit wurde dies während der beiden Ölkrisen in den Jahren 1973 und 1979. In der letzten Zeit verschob sich der Fokus kritischer Ressourcen zunehmend in Richtung Seltener Erden wie Scandium oder Lanthan, die in zahlreichen Schlüsseltechnologien, wie z. B. der Herstellung von Motoren, Batterien und Displays zum Einsatz kommen. Abbildung 1 zeigt exemplarisch die statistische Reichweite ausgewählter Metalle und Mineralien. Diese gibt den Zeitraum an, für den die bekannten und wirtschaftlich förderbaren Vorkommen eines nicht-erneuerbaren Rohstoffs bei aktuellem Verbrauch noch reichen werden.

Der Begriff Ressourcen selbst ist Gegenstand unterschiedlich weitreichender Betrachtungsebenen. Im industriellen Kontext umfasst der Ressourcenbegriff Einsatzfaktoren für die Produktion von Gütern. Neben den eingesetzten Kosten, der benötigten Zeit und dem Personal beinhaltet dies Material und Energie. Für die weiteren Ausführungen wird auf eine eingeschränkte Definition der *natürlichen Ressourcen* zurückgegriffen, die den sparsameren und umweltfreundlicheren Material- und Energieeinsatz in den Mittelpunkt stellt, während Zeit-, Kosten- und Personalaspekte nicht schwerpunktmäßig berücksichtigt werden.

Definition Ressourcen (in Anlehnung an VDI-ZRE 2011)

Ressourcen stellen im industriellen Kontext die Basis für die Produktion von Gütern und Dienstleistungen dar. Sie werden unterteilt in:

- technisch-wirtschaftliche Ressourcen (Personal, Betriebsmittel, Kapital, Wissen) und
- natürliche Ressourcen (erneuerbare / nicht erneuerbare Rohstoffe und Energie).

Werden für die Herstellung, Anwendung und Entsorgung von Produkten und Dienstleistungen weniger Ressourcen eingesetzt, spricht man von einer erhöhten Ressourceneffizienz. Der Kern des Ressourcenmanagements liegt in der Steigerung der Effizienz, mit der Ressourcen eingesetzt werden. Dabei lassen sich die zwei grundsätzlichen Strategien des Maximal- und des Minimalprinzips unterscheiden. Beim Minimalprinzip wird die Menge der Ressourcen, die für die Erzeugung einer definierten Ausbringungsmenge erforderlich ist, minimiert. Beim Maximalprinzip hingegen wird mit gleichbleibendem Ressourceneinsatz eine möglichst hohe Ausbringungsmenge angestrebt.

Bedingt durch weltweit begrenzte Vorkommen und künstliche Verknappung von Rohstoffen (beispielsweise durch die Reduzierung ihrer Förderkapazitäten) kann ein langfristiger Anstieg der Rohstoffpreise bei einer gleichzeitigen Erhöhung der kurzfristigen Volatilität beobachtet werden (Abb. 2).

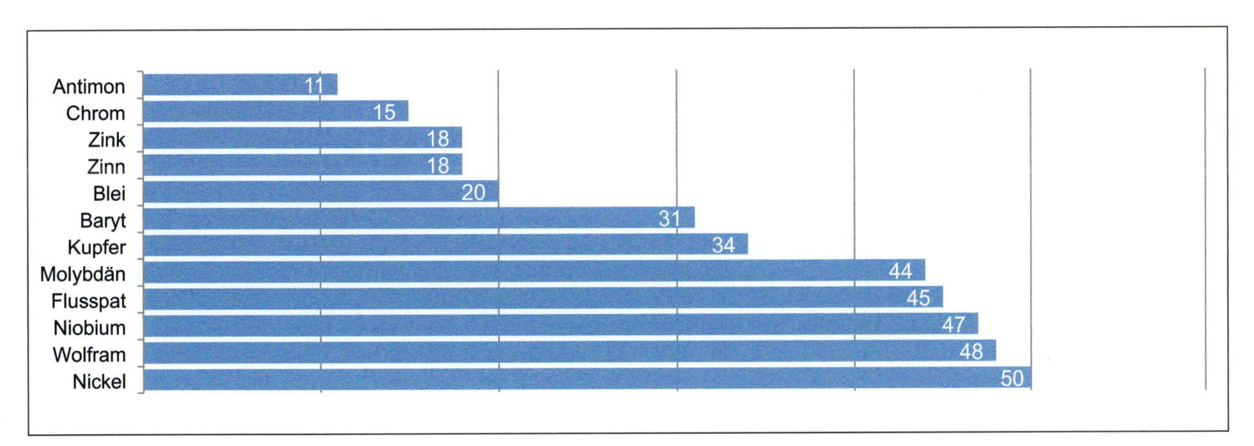

Abb. 1 Statistische Reichweite ausgewählter Metalle und Mineralien (Faulstich 2010, BGR 2009, USGS 2010)

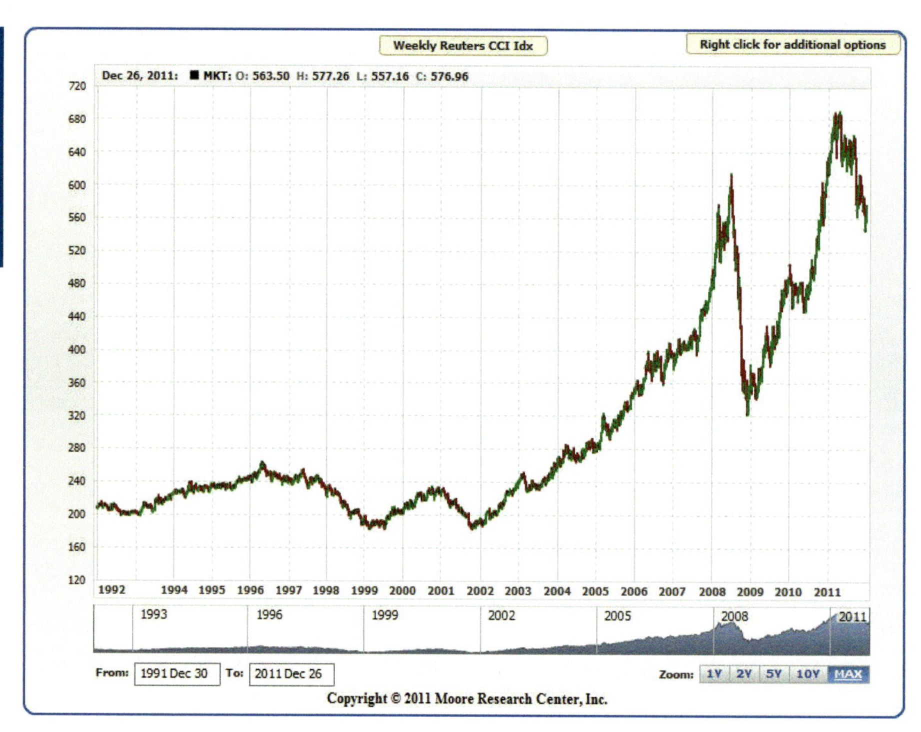

Abb. 2 Rohstoffpreisentwicklung nach dem Reuters CRB Commodity Index (MRCI 2012)

Die Ursache dafür wird im steigenden Ressourcenbedarf, vor allem der Schwellenländer, gesehen. Schon jetzt lässt sich ein kontinuierlicher Anstieg des weltweiten Primärenergieverbrauchs beobachten (Abb. 3).

Direkt verursacht durch die Erhöhung der Rohstoffpreise rücken zunehmend auch die Energiepreise in den Blickpunkt unternehmerischen Interesses. Vor diesem Hintergrund ist damit zu rechnen, dass die Kosten für Produktionsressourcen weiter steigen werden. Ressourcen bilden die Grundlage aller wirtschaftlichen Handlungen, denen wir unseren heutigen Wohlstand verdanken. Nur durch eine effiziente und optimale Verwendung der verfügbaren Ressourcen kann dieser Wohlstand für kommende Generationen auf der gesamten Welt aufrechterhalten werden.

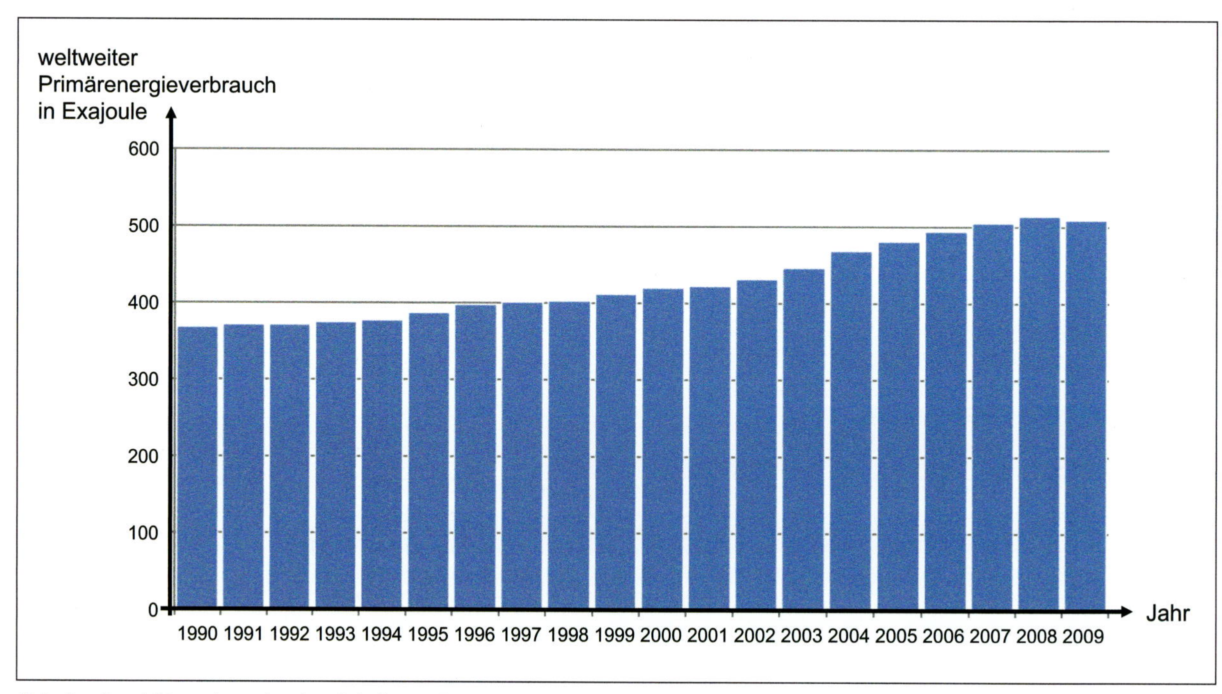

Abb. 3 Entwicklung des weltweiten Primärenergieverbrauchs 1990 – 2009 (BMWi 2011)

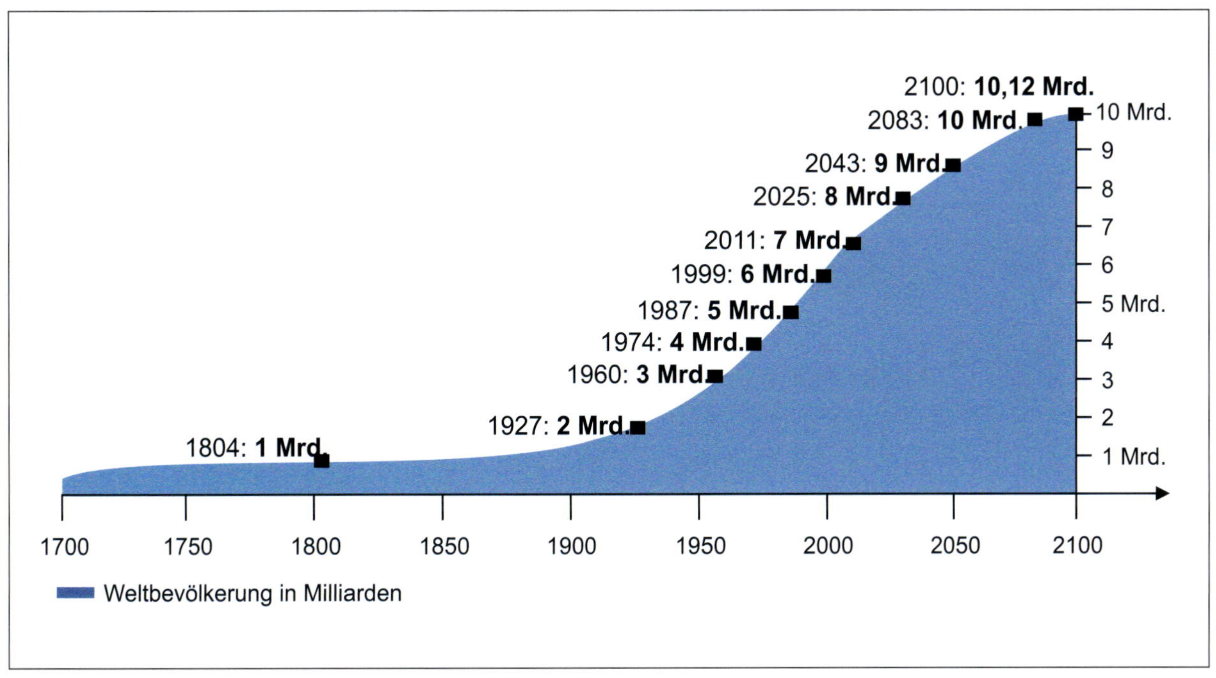

Abb. 4 Erwartete Entwicklung der Weltbevölkerung bis 2100 (Vereinte Nationen 2011)

Ein Festhalten an bestehenden Prozessen und tradierten Gewohnheiten in den Kernbereichen der Produktion, Beschaffung und Logistik wird somit zu einer Erhöhung der Beschaffungs-, Herstellungs- und Distributionskosten führen. Die Steigerung der Ressourceneffizienz ist die wesentliche Antwort auf die Bedürfnisse einer stetig wachsenden Weltbevölkerung. Aktuelle Bevölkerungsprognosen, die von einem weiteren globalen Bevölkerungswachstum ausgehen, verschärfen diesen Trend noch weiter (Abb. 4). Zusätzlich zur Versorgungssicherheit und rein betriebswirtschaftlichen Interessen gewinnen weitere Gesichtspunkte vermehrt an Bedeutung. Diese werden insbesondere durch übergeordnete Zielsetzungen der Gesetzgebung und den Marktdruck der Verbraucher vorangetrieben. Maßnahmen im Bereich des effizienten und schonenden Umgangs mit Ressourcen werden neben unternehmensinternen Vorgaben von weiteren maßgeblichen Interessengruppen beeinflusst. Vereinfacht lassen sich neben der Einordnung des Themas in die internen Zielsetzungen eines Unternehmens drei weitere Perspektiven unterscheiden: die des Gesetzgebers, des Marktes sowie der Öffentlichkeit.

5.1.1 Anforderungen des Gesetzgebers

Eine starke Rolle im Kontext der Ressourceneffizienz spielt der Gesetzgeber. Insbesondere in Deutschland fordern und fördern Staat, öffentliche Institutionen sowie Projektträger eine Ausrichtung der Warenerstellung an der Zielsetzung hoher Ressourcenschonung. Spätestens seit der Ratifizierung des Kyoto-Protokolls 1997 und der medial stark präsenten Diskussion über die globale Erwärmung steigt der Umsetzungsdruck auf Maßnahmen zum Schutz der Umwelt. Die Regulierung der Emissionen wie z. B. NO_x, Feinstaub und CO_2, die als wesentliche Treiber des Klimawandels und einer damit einhergehenden Zerstörung der Umwelt erkannt wurden, fand nach und nach Einzug in den politischen Konsens.

„Wenn es gelingt, das Wirtschaftswachstum vom steigenden Ressourcenverbrauch und zunehmenden CO_2-Ausstoß zu entkoppeln, dann können die globalen Herausforderungen gemeistert und der Wohlstand auch für die zukünftigen Generationen gesichert werden." (BMBF 2010)

Aussagen wie diese zeigen die Bedeutung, die dem Thema Ressourcenschonung auf politischer Ebene zugesprochen wird. Aktivitäten in diesem Bereich werden durch vielfältige direkte Fördermöglichkeiten (z. B. durch die Bundesministerien für Forschung und Wirtschaft sowie Landes- und kommunale Förderinstrumente) sowie steuerliche Förderung unterstützt. Zudem kam es in den letzten Jahren zu einer Grenzwertverschärfung in vielen Bereichen. Die folgende Abbildung zeigt beispielhaft ausgewählte Grenzwertverschärfungen (Abb. 5). Weiterhin wurde für einige Teilbereiche, wie die Nutzung von Gefahrstoffen und Chemikalien, durch die RoHS[1] und REACH[2]-Verordnungen

[1] Richtlinie 2002/95/EG des Europäischen Parlaments und des Rates vom 27. Januar 2003 zur Beschränkung der Verwendung bestimmter gefährlicher Stoffe in Elektro- und Elektronikgeräten

[2] Verordnung (EG) Nr. 1907/2006 (Registration, Evaluation, Authorisation and Restriction of Chemicals)

I

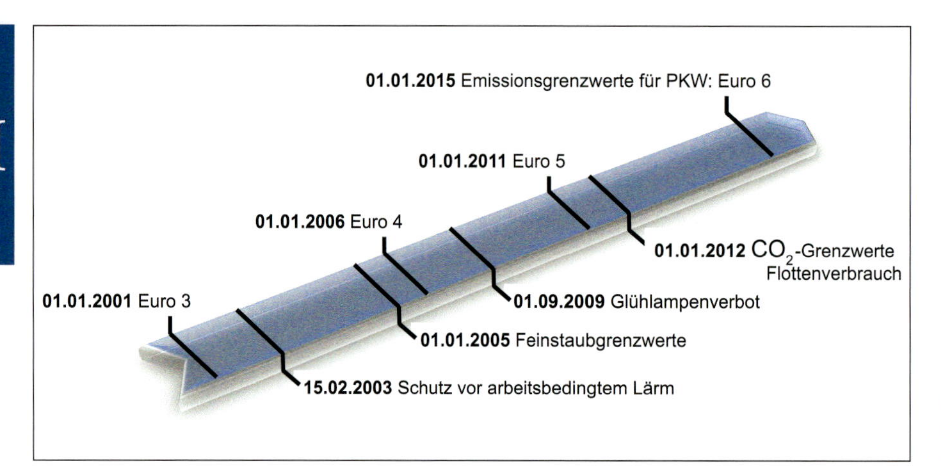

Abb. 5 Grenzwertverschärfung über die Zeit anhand ausgewählter Beispiele

der gesetzliche Rahmen verschärft. Zudem wird der Dokumentationsaufwand beträchtlich erhöht und darüber eine zusätzliche Motivation zur Vermeidung ebendieser Stoffe geschaffen. Obwohl sicherlich die Verabschiedung der Regularien stark von Schwerpunktsetzungen der jeweiligen öffentlichen Meinung abhängt, lässt sich jedoch eine klare Belohnung ressourcenschonenden Verhaltens erkennen. Dem gegenüber steigt der normative Druck auf nichtkonformes Verhalten, sodass teilweise Marktzugangsbarrieren geschaffen werden, welche sich nur durch die Umsetzung ressourcenschonender Maßnahmen und die damit verbundene Investition überwinden lassen.

5.1.2 Anforderungen des Marktes

Nachdem für vereinzelte Personengruppen ökologische Aspekte schon lange eine kaufentscheidende Rolle spielten, haben erst in den letzten Jahren die Differenzierungschancen über die Themen Nachhaltigkeit, Material- und Energieeffizienz flächendeckend an Bedeutung gewonnen. Gut sichtbar wurde dies beispielsweise im Strommarkt, in dem komplette - wenn auch kleine - Verbrauchergruppen einzelne Unternehmen bei ihrer Kaufentscheidung ausschlossen. Dieses Verhalten reicht mittlerweile von klassischen Konsumgütern, wie Strom und Nahrungsmitteln bis hin zu Industriegütern, wie Antrieben und Werkzeugmaschinen. Selbst in der deutschen Automobilindustrie, die sich lange Zeit erfolgreich diesem Trend widersetzen konnte, hat ein Umdenken stattgefunden. Im Endkundenbereich lässt sich dies vor allem daran erkennen, dass einerseits der Bedarf nach einer transparenten Darstellung des Ressourcenverbrauchs steigt, andererseits die Erfüllung wesentlicher Bedingungen aus den Bereichen Nachhaltigkeit, Energie- und Materialeffizienz mittlerweile eine grundlegende Anforderung darstellt, um überhaupt Produkte verkaufen zu können. Beispielhaft dafür sei auf die Transport- und Logistikbranche verwiesen, in die vermehrt Ansätze zur Ausweisung des CO_2-Verbrauchs von Logistikleistungen Einzug halten. In diesem Zusammenhang steigt auch der Druck der Hersteller auf die Zulieferer und die Transport- und Logistikbranche, Anforderungen der Ressourcenschonung über die gesamte Wertschöpfungskette auszuweisen. Vor dem Hintergrund der Entwicklungen der letzten Jahre erscheint die Wahrscheinlichkeit hoch, dass sich dieser Druck weiter verstärkt. Zu den Anforderungen der direkten Kunden kommen weitere Faktoren hinzu, die innerhalb eines Unternehmens zur Priorisierung von Maßnahmen zur Ressourceneffizienz beitragen können. So eröffnet der gezielte und unternehmensweite Ansatz ressourcenschonenden Verhaltens neue Möglichkeiten einer Differenzierung vom Wettbewerb. Vom zielgerichteten Aufbau eines grünen Images profitieren beispielsweise Unternehmen wie Toyota, 3M oder SIEMENS. Diese drei Unternehmen führten 2010 die Rangliste der „grünsten" Unternehmen an (W&V 2010). Gleiches gilt für Großkonzerne bei Aufnahme in den Sustainability-Index (DJSI[3]), welcher börsennotierte Unternehmen hinsichtlich der nachhaltigen Durchführung ihrer Geschäftsaktivitäten bewertet. Unternehmen, wie die Deutsche Telekom oder SIEMENS werben offensiv mit ihrem Listing. Während sich ein starker Markenname nur indirekt im operativen Geschäft widerspiegelt, beeinflussen die Auswirkungen vorteilhafter Testbewertungen der hergestellten Produkte hinsichtlich ihrer Ressourceneffizienz (Energie- und Materialverbrauch) Kaufentscheidungen wesentlich.

Zusammengenommen haben sich Anforderungen an die Ressourceneffizienz über alle Industriebereiche hinweg zu (mit-)entscheidenden Kriterien für die Anschaffung eines Produkts bzw. den Abschluss eines Geschäfts entwickelt. Gelang es bis ins letzte Jahrzehnt noch in zahlreichen Branchen, das Thema Ressourceneffizienz weitgehend zu vernachlässigen, scheint dies heute nicht mehr möglich,

[3] Der Dow Jones Sustainability Index bildet nach eigenen Angaben die Kursentwicklung der Weltmarktführer hinsichtlich ökonomischer, ökologischer und sozialer Kriterien ab (www.sustainability-index.com).

ohne dass sich die Wahrnehmung des Unternehmens in den Augen der Kunden verschlechtert.

5.1.3 Anforderungen der Öffentlichkeit

Zuzüglich zu den Anforderungen, die direkt von Gesetzgeber und Markt an die Unternehmen herangetragen werden, verändert sich der Stellenwert der gesellschaftlichen Wahrnehmung eines effizienten und schonenden Umgangs mit Ressourcen. Der Einfluss „betroffener Nicht-Kunden" hinsichtlich der Einhaltung von Mindeststandards wächst beständig, wie die weitgehende gesellschaftliche Ächtung von Produkten zeigt, die diesen Trend nicht erfüllen. So kann es sich kaum ein Automobil- oder Haushaltsgerätehersteller heute erlauben, keine energiesparenden Produkte im Angebot zu haben. Mittlerweile ist dieser Trend nahezu flächendeckend auf weitere Branchen übergesprungen. Fast jeder Antriebs-, Fördertechnik- oder Werkzeugmaschinenbauer hat energiesparende Produkte im Programm.
Besonders auffällig zeigt sich dieser Trend durch das überdurchschnittliche Wachstum der Konsumenten, die tendenziell einem LOHA-Lebensstil (Lifestyle of Health and Sustainability) folgen. Diese Personen mit häufig überdurchschnittlichen Einkommen werden sowohl als Zielgruppe der Konsumgüterindustrie, aber auch als übergeordnete Meinungsbildner zunehmend wahrnehmbar. Die Bewertung „guter" Produkte erfolgt bei ihnen nicht auf der Kostenbasis, sondern vielmehr in der Verknüpfung eines hochwertigen Konsums mit Nachhaltigkeitsaspekten. Obwohl das Ausmaß dieser Konsumentengruppe sowie die Beweggründe umstritten sind, lässt sich erkennen, dass Aspekte des schonenden Umgangs mit Ressourcen zunehmend Eingang in gesellschaftliche Milieus finden.

5.1.4 Zielsetzung im Unternehmen

Zusätzlich zu dem von außen wirkenden Druck gewinnt das Handlungsfeld Ressourceneffizienz auch im Rahmen der internen Zielsetzung eines Unternehmens zunehmend an Bedeutung. Dies liegt neben der Umsetzung der Forderungen von außen zu einem großen Teil daran, dass durch Maßnahmen zum sparsameren Umgang mit Ressourcen gleichzeitig weitere Zielsetzungen miterfüllt werden können. So können Ressourceneffizienzmaßnahmen als Enabler bei der Umsetzung traditioneller Unternehmensziele dienen. Vor allem der Aspekt der Kosteneinsparung durch die Reduzierung des Ressourceneinsatzes beschleunigt die Umsetzung von Maßnahmen, insbesondere im Bereich der Materialeffizienz (Abb. 6).
So steigt die wirtschaftliche Attraktivität einer möglichen Maßnahme mit dem erzielbaren Return on Investment, und Amortisationszeiten, die mit konventionellen Projekten vergleichbar sind, erleichtern die Umsetzungswahrscheinlichkeit. Allerdings lassen sich auch Maßnahmen mit höheren Amortisationsdauern durchführen, deren Umsetzung sich nicht mehr allein durch die reine Wirtschaftlichkeit begründen lässt. Einen Teil der Begründung dafür zeigt die nachfolgende Abbildung 7. Hinsichtlich der Unternehmenszielsetzungen, die durch Ressourceneffizienz unterstützt werden, zeigt sich, dass direkt auf die reinen Kostensenkungspotenziale (87%) die Themen Wettbewerbsvorteile (72%), Image und Werbemöglichkeiten (53%) sowie Technologievorsprung/Innovativität (49%) folgen. Offensichtlich wird der Beitrag eines schonenden Umgangs mit Ressourcen für die langfristige Sicherung des Unternehmenserfolgs mittlerweile als entscheidend angesehen. Dies erscheint auch deshalb sinnvoll, weil für den Markt für Umwelttechnologien ein Umsatzwachstum auf bis zu

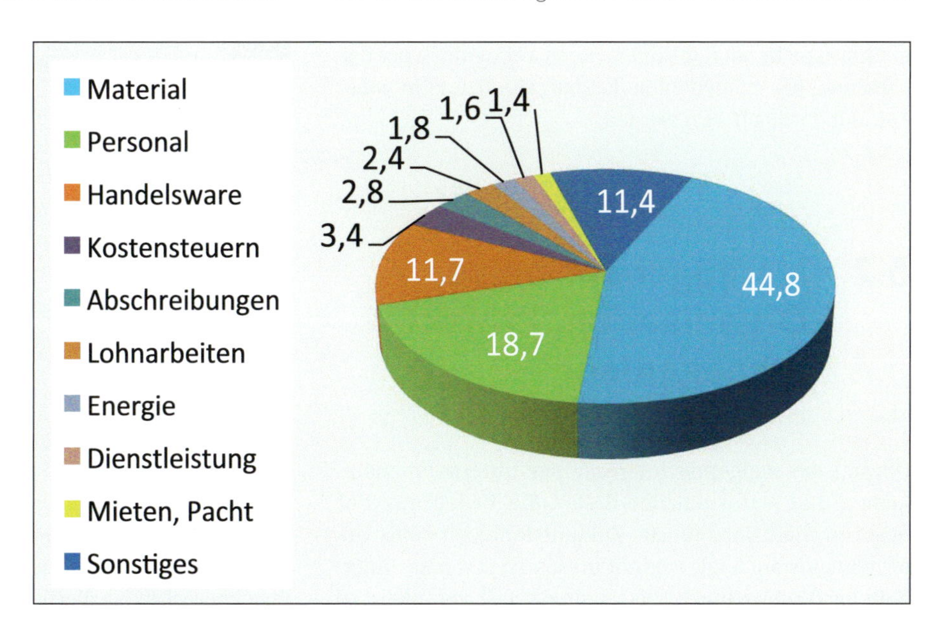

Abb. 6 Kostenstruktur im produzierenden Gewerbe (Statistisches Bundesamt 2010)

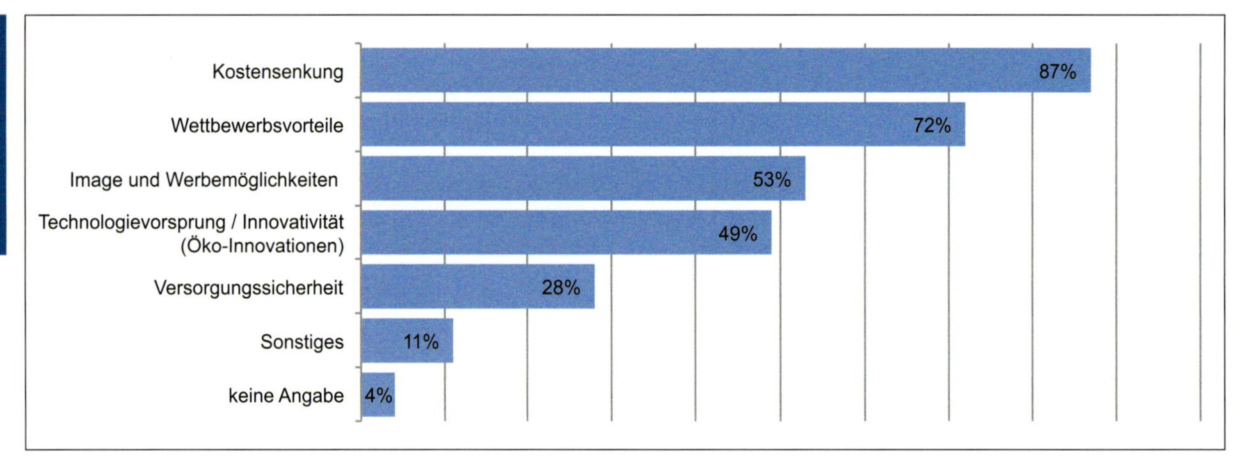

Abb. 7 Unternehmerische Gründe/Motivatoren zur Steigerung der Ressourceneffizienz (Mehrfachnennungen möglich) (Erhardt, Pastewski 2010)

1.000 Mrd. Euro prognostiziert wird (Henzelmann, Mehner, Zelt 2007). Darüber hinaus existiert die Möglichkeit, eigene Verbesserungen im Bereich Ressourceneffizienz an andere weiterzugeben bzw. die Erfahrungen in die eigene Produkterstellung einfließen zu lassen.

Eng verknüpft mit dieser strategischen Positionierung ist die fortschreitende Ausrichtung an der Erfüllung von Nachhaltigkeitszielen. Galten diese früher nur außerhalb der Unternehmensgrenzen für öffentliche und von der Allgemeinheit finanzierte Aktivitäten, halten sie vermehrt Einzug in Unternehmen. Wird die häufig genutzte Begriffsklärung der Nachhaltigkeit über die gleichberechtigte Umsetzung ökonomischer, ökologischer und sozialer Ziele gewählt, trägt der schonende Umgang mit Ressourcen zu allen drei Teilbereichen bei. Neben der bereits thematisierten ökologisch-/ökonomischen Win-Win-Situation zahlreicher Maßnahmen leistet der Ansatz einen Beitrag zur intergenerationalen und globalen Verteilungsgerechtigkeit. Dies gilt umso mehr bei Rohstoffen, deren Vorkommen bei Beibehaltung der momentanen Ressourcennutzung in naher Zukunft erschöpft sein werden.

5.2 Herangehensweise, Organisation, Projektmanagement

Obwohl das steigende Interesse der unternehmensinternen und -externen Beteiligten die Bedeutung der Ressourceneffizienz für die Zukunftsfähigkeit eines Unternehmens aufzeigt, beginnt dieses Thema erst, innerhalb der Unternehmenszielsetzungen fest verankert zu werden. Mittlerweile hat sich die Erkenntnis durchgesetzt, dass solch eine Verankerung neben der gezielten Einbindung motivierter Mitarbeiter nur auf der Basis eines Bewusstseins auf Managementebene möglich ist. Erst dadurch werden die Rahmenbedingungen für einen verantwortungsvollen Umgang mit Ressourcen geschaffen. Die Formulierung von Zielen zur Ressourceneffizienz im Rahmen der Unternehmensstrategie findet sich beispielsweise in einer Berücksichtigung innerhalb der maßgeblichen Dokumente auf Führungsebene wieder. Eine Maßnahme dazu ist die Adressierung des Themenkomplexes Ressourceneffizienz im Unternehmensleitbild. So befindet sich auf der Startseite der VOLVO Group der Bereich „Responsibility“, in dem die Verantwortung des Unternehmens für ökonomische, soziale und ökologische Nachhaltigkeitsaspekte thematisiert wird.

VOLVO Group - Auszug aus Unternehmensleitbild

„Improving environmental performance in production: “In total, Volvo Group has 65 production facilities in 19 countries. Regardless of size and location, all of our production units must comply with our minimum requirements for environmental performance. Our long-term ambition is to make our plants carbon dioxide neutral.”

(Volvo 2011)

Durch die Integration in das Unternehmensleitbild rückt das Thema auf eine Ebene mit den klassischen Inhalten wie Kunden-, Mitarbeiter- und Aktionärszufriedenheit. Dadurch besteht zumindest formell die Grundlage der gleichberechtigten Berücksichtigung von Projekten aus diesem Themenbereich, auch wenn sie (zumindest kurzfristig) möglicherweise im Widerspruch zu klassischen Unternehmenszielen stehen können. Ähnlich dem Unternehmensleitbild existieren in zahlreichen Unternehmen Verhaltensrichtlinien, die in einem Code of Conduct zusammengefasst werden. In einem solchen Dokument werden freiwillige Verhaltensweisen definiert, die zwar für die Beteiligten keine bindende Regelung darstellen, jedoch als Richtlinien für ein Verhalten dienen, welches an den Unternehmensgrundsätzen ausgerichtet ist. So schreibt beispielsweise die Deutsche Post DHL auf ihrer Startseite unter dem Stichwort „Über uns" folgendes:

Deutsche Post DHL - Auszug aus Code of Conduct – „Gesellschaftliche Verantwortung – Umwelt"

„Wir sind uns der ökologischen Auswirkungen unserer Geschäftstätigkeit bewusst und fühlen uns verpflichtet, unsere Umweltbilanz durch präventive Umweltmaßnahmen und den Einsatz umweltfreundlicher Technologien zu verbessern. Die Auswirkungen unseres Geschäfts auf die Umwelt werden regelmäßig beurteilt und überwacht. Durch systematische Identifizierung und Nutzung des Potenzials ökologischer Innovationen streben wir an, kontinuierlich unsere Umweltbilanz und die Effizienz unseres Ressourceneinsatzes zu verbessern. Dies beinhaltet auch die Durchführung von Umwelt-Audits und das Risikomanagement. Für unsere Verfahren und Dienstleistungen sollen höchste Qualitätsmaßstäbe gelten. Nationale und internationale Umweltschutzvorschriften - wie die ISO-14000-Standard-Serie - sind dabei unser Maßstab. Als Konzern fördern und unterstützen wir die Verbreitung anspruchsvoller Umweltschutz- und Sozialstandards weltweit. Der Einsatz und die aktive Mitwirkung unserer Mitarbeiterinnen und Mitarbeiter sind für uns eine wichtige Plattform für unser Engagement und zugleich eine wertvolle Innovationsquelle."

(DHL 2011)

Durch die Einbindung in die grundsätzlichen Unternehmensziele wird die Ausrichtung des Unternehmens in Richtung eines verantwortungsvollen und schonenden Umgangs mit Ressourcen deutlich. Dadurch wird ein allgemein sichtbarer Rahmen geschaffen, Fragestellungen aus dem Bereich Ressourceneffizienz prioritär umzusetzen. Gleichzeitig ermöglicht diese Verankerung innerhalb der obersten Zielsetzung eines Unternehmens die gezielte Entwicklung einer internen Unternehmenskultur sowie einer nach außen gerichteten Unternehmenswahrnehmung zum Thema Ressourceneffizienz.

5.2.1 Normative Grundlagen

Zur systematischen Einbeziehung von Ressourceneffizienzaspekten ins unternehmerische Handeln existieren zahlreiche Leitfäden, Richtlinien und weitere normative Grundlagen. Die Bekanntesten unter ihnen sind die DIN ISO-Norm 14001 „Anforderungen an ein Umweltmanagementsystem (DIN 14001), die DIN EN-Norm 16001 „Energiemanagementsysteme in der Praxis" (DIN 16001) sowie die EMAS-Verordnung „Eco Management and Audit Scheme".

Ausgehend von freiwilligen Selbstverpflichtungen zur Einhaltung von Umweltstandards, die über die gesetzlichen Minimalvorgaben hinausgehen, wurde 1993 die EG-Öko-Audit-Verordnung für das produzierende Gewerbe veröffentlicht. Zwei Jahre später fanden die ersten Zertifizierungen von Unternehmen nach der dann EMAS genannten Verordnung statt. Inzwischen gilt die seit Januar 2010 existierende EMAS III-Verordnung (Nr. 1221/2009). Etwas zeitversetzt wurde 1996 die DIN EN ISO-Norm 14001 eingeführt, welche die Einführung von Umweltmanagementsystemen hinsichtlich ihrer Anforderungen unterstützt sowie eine Anleitung zur Anwendung vorgibt. Seit der Novellierung der EMAS-Verordnung im Jahre 2001 (EMAS II) erfüllt eine Organisation, die nach EMAS zertifiziert ist, auch die Anforderungen der ISO 14001. In den letzten Jahren sind parallel dazu normative Grundlagen hinzugekommen, die zielgerichtet die Einführung von Energiemanagementsystemen adressieren. Die im Juli 2009 in Kraft getretene DIN EN-Norm 16001 „Energiemanagementsysteme in der Praxis" definiert Kriterien zur Einführung eines Energiemanagementsystems. Es handelt sich dabei um eine klassische Managementnorm in einer Linie mit der Qualitätsnormenfamilie DIN 9000 ff. (DIN 9000), die einen prinzipiellen Rahmen vorgibt und auf Unternehmen jeglicher Größenordnung angewendet werden kann. Wie bei anderen Managementnormen auch, existieren für die tatsächliche Umsetzung branchen- und fallspezifische Leitfäden und Richtlinien, z. B. der Leitfaden des Bundesministeriums für Umwelt, Naturschutz und Reaktorsicherheit zum Energiemanagement in der Praxis (Kahlenborn 2010). Weiterführend existiert seit 2011 mit der DIN ISO 50001 eine weitere Norm zur Einführung eines Energiemanagementsystems auf internationaler Ebene (DIN 50001), welche Ende 2011 die DIN 16001 ersetzt hat.

I

Den aufgeführten Standards gemein ist, dass sie als normative Grundlage für die Einführung einer an den Anforderungen aus den Bereichen Umweltmanagement und Ressourceneffizienz orientierten Unternehmensorganisation dienen können. Somit wird die durchgängige Umsetzung der Unternehmensziele in die Unternehmensstruktur und die unternehmerischen Abläufe unterstützt. Für den Bereich Ressourceneffizienz, der neben Energieaspekten auch die Materialeffizienz beinhaltet, existiert noch kein gesonderter Standard. Die bestehenden Richtlinien adressieren vor allem Energieaspekte, wohingegen die Materialeffizienz dabei oft vernachlässigt wird, obwohl diese das größere Potenzial im Bereich der Ressourceneffizienz besitzt (vgl. Abb. 6). Es lassen sich jedoch wesentliche Teilaspekte aus den bestehenden Vorgaben übertragen (vgl. Abschnitt 5.3). Neben den grundsätzlichen Zielstellungen - Umweltschutz, Kostenreduzierung, Nachhaltigkeit - lassen sich durch eine Zertifizierung gut sichtbar Prioritäten im Bereich Ressourceneffizienz darstellen und somit die Außendarstellung verbessern. Zusätzlich zu dieser inhaltlichen Bedeutung der Normen kommt, dass voraussichtlich ab 2013 die Einführung eines Energiemanagementsystems als Voraussetzung von Energiesteuerermäßigungen herangezogen werden soll (IREES 2011).

5.2.2 Verantwortlichkeiten im Unternehmen

Neben der Formulierung von Ressourceneffizienzzielen im Unternehmensleitbild und einer Einordnung in die langfristige Unternehmenszielsetzung sehen fast alle normativen Ansätze die Schaffung übergeordneter Verantwortlichkeiten vor. Gemeinsam haben diese Ansätze, dass sie die Verantwortung des (Top-)Managements für die Initiierung und Durchsetzung der Projekte betonen und Beauftragte definieren, die - häufig in direkter Berichtspflicht an die Unternehmensleitung - Aktivitäten in Richtung Ressourceneffizienz vorantreiben. In zahlreichen Unternehmen sind daher eigene Organisationsstrukturen geschaffen worden, die für die Betreuung und Durchsetzung von Maßnahmen zur Ressourceneffizienz verantwortlich sind. Diese tragen zwar meist nicht den Titel „Ressourceneffizienz", vertreten jedoch Zielsetzungen aus dem Bereich der Ressourcenschonung. Hierbei überlagern sich oftmals die Verantwortlichkeiten in den Gebieten Nachhaltigkeit, Energiemanagement, Umweltmanagement bzw. Corporate (Social) Responsibility. Während die Berücksichtigung von Umweltaspekten durch die Schaffung von Umweltschutzbeauftragten und die weitgehende Etablierung der ISO 14001-Norm Eingang in die traditionelle Unternehmensstruktur gefunden hat, wird das Thema Nachhaltigkeit eher strategisch besetzt. Gerade in international agierenden (Groß-)Unternehmen existieren eigene Stabsstellen, die das Themenfeld Nachhaltigkeit unternehmensweit auf Managementebene repräsentieren. Ressourceneffizienzaspekte werden bisher selten von einer eigens dafür geschaffenen Stelle, sondern häufig von einem oder mehreren der in Tabelle 1 aufgeführten Beauftragten vertreten.

Tab. 1 Beauftragte im Umfeld der Ressourceneffizienz

Beauftragte	Quelle/Normative Grundlage
Umweltmanagementbeauftragter	DIN ISO 14001 (DIN 14001)
Energiemanager	DIN EN 16001 (DIN 16001)
Nachhaltigkeitsbeauftragter/ Sustainability Manager	angelehnt an DIN ISO 26000 (DIN 26000)
Abfallbeauftragter/Betriebsbeauftragter für Abfall	Kreislaufwirtschafts- und Abfallgesetz[4]

Während die Grundidee der Schaffung eines Beauftragten für Fragestellungen der Ressourceneffizienz darin liegt, eine leitungsnahe Zentralstelle zur Information und Koordination einzurichten, obliegt die Verantwortung für die Definition, Operationalisierung und Durchführung von Projekten den Mitarbeitern. Nur wenn die Zielsetzung in der unternehmerischen Praxis verankert und bei operativen Entscheidungen zugrunde gelegt wird, werden sich langfristig spürbare Verbesserungen in Richtung Ressourceneffizienz erzielen lassen.

5.2.3 Projektmanagement

Der Weg von den in der Unternehmensstrategie verankerten Zielen über die Festlegung der Verantwortlichkeiten hin zur operativen Definition und Umsetzung von Maßnahmen verlangt nach einer Einordnung der Themenstellungen in das Projektmanagement. Dadurch wird die Überführung der Ziele in einzeln abgrenzbare, umsetzbare und bewertbare Maßnahmen unterstützt. Als Projekte werden gemeinhin einmalige Vorhaben verstanden, die aus einem Satz abgestimmter und gelenkter Tätigkeiten mit Anfangs- und Endtermin bestehen und durchgeführt werden, um ein Ziel zu erreichen. Dies geschieht vor dem Hintergrund von Zwängen bezüglich der erlaubten Kosten sowie verfügbarer Zeit und Kapazitäten. Oftmals werden mehrere Projekte, die ein gemeinsames übergeordnetes Ziel verfolgen, in einem

[4] Gesetz zur Förderung der Kreislaufwirtschaft und Sicherung der umweltverträglichen Beseitigung von Abfällen (KrW-/AbfG)

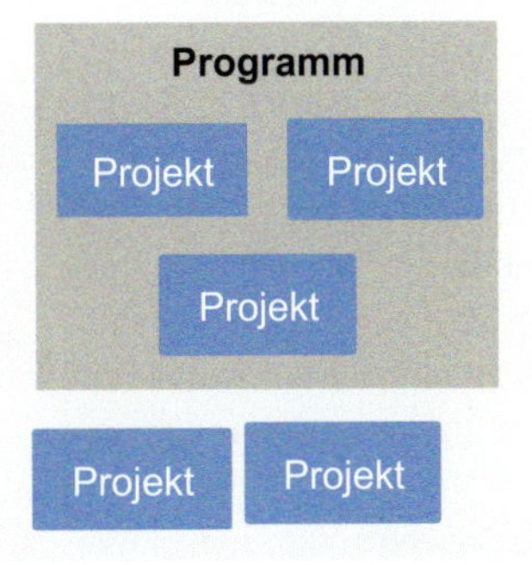

Abb. 8 Elemente und wesentliche Eigenschaften des Multiprojektmanagements (nach DIN 69909 – 1 Entwurf)

Programm und diese wiederum in einem Projektportfolio zusammengefasst. Für die koordinierte Durchführung mehrerer Projekte mit übergeordneten Zielen und Interessen verschiedener Stakeholder gewinnt das sogenannte Multiprojektmanagement an Bedeutung. Es zeichnet sich durch die in Abbildung 8 aufgeführten Eigenschaften aus (DIN 69909 – 1 Entwurf).

Projekte aus dem Bereich der Ressourceneffizienz werden durch ihre Zielsetzung hinsichtlich eines effizienteren Einsatzes von Energie und/oder Material charakterisiert. Im grundsätzlichen Vorgehen gilt es zuerst zu klären, ob das Projekt selbstständig im eigenen Unternehmen durchgeführt werden soll oder ob Fremdleistungen Dritter notwendig sind. In der Regel bestehen dabei folgende Möglichkeiten einer Beteiligung:

- komplett eigene Projektdurchführung
- Zukauf externer Entwicklungsleistungen
- Kooperation mit anderen Unternehmen (der gleichen Branche oder anderer Branchen)
- Kooperationen mit Universitäten oder anderen Forschungseinrichtungen
- Zusammenarbeit mit Beratern
- Clusterinitiativen, Netzwerke, Verbandsarbeit.

Neben der Abgrenzung eigener und fremder Kapazitäten, die zur Durchführung eines Ressourceneffizienzprojektes notwendig sind, gilt es zu klären, welche internen Beteiligten in das Projekt miteinbezogen werden müssen. Obwohl diese Zuordnung je nach Projektfokus sehr unterschiedlich ausgeprägt sein kann, hat es sich gerade in den frühen Projektphasen als zielführend herausgestellt, Vertreter der wesentlichen ressourcenverbrauchsverursachenden Unternehmensfunktionen einzubeziehen. Dies gilt insbesondere für die betrieblichen Einkaufs- und Vertriebsverantwortlichen, da die Ausrichtung einer Unternehmung an Zielsetzungen der Ressourceneffizienz neben der erhofften Innenwirkung – in Form einer effizienteren Ressourcennutzung – eine verbesserte Außenwirkung gegenüber Kunden und Lieferanten darstellt. Beides wird spätestens dann von Bedeutung sein, wenn Zielstellungen aus dem Bereich Ressourceneffizienz stärker und anhand vergleichbarer Kriterien Eingang in Ausschreibungsverfahren finden. Dies gilt sowohl für die eigene unternehmerische Praxis im Sinne einer gezielten Lieferantenauswahl als auch für die Positionierung gegenüber den Kunden. Beide Teilbereiche werden dadurch verbunden, dass zunehmend nicht mehr Einzelunternehmen, sondern die zugrunde liegenden Wertschöpfungsketten verglichen werden. Gerade die Einbeziehung vergleichbarer Kriterien erfordert eine Ausrichtung der eigenen Lieferanten an der Zielstellung eines effizienten Ressourceneinsatzes. Ein Beispiel dafür stellt die Kennzeichnung von Produkten mit den dazugehörigen CO_2-Bilanzen (auch CO_2-Fußabdruck) dar. Die zunehmende Bedeutung des Themas zwingt Unternehmen dazu, ihre Anstrengungen zur Erhöhung der Ressourceneffizienz ganzheitlicher auszurichten und insbesondere ihre Lieferanten einzubinden. Hält die momentane Entwicklung an, ist damit zu rechnen, dass zusätzlich zu den oftmals erforderlichen ISO 9000- und ISO 14000-Zertifizierungen vermehrt Grenzwerte für Aspekte der Ressourceneffizienz Eingang in Vergabeentscheidungen finden.

Um den späteren Projekterfolg bewerten zu können, sollte bereits bei der Projektdefinition klar festgehalten werden, durch welche Kenngrößen der erwartete Projekterfolg gemessen werden soll. Hinsichtlich des Projektmanagements sind darüber hinaus die grundsätzlichen Rahmenbedingungen der Projektorganisation, Projektplanung und -durchführung zu beachten.

5.3 Ansätze zur Erhöhung der Ressourceneffizienz

Verglichen mit den theoretischen Potenzialen von ressourceneffizienten technischen Lösungen werden bislang noch sehr wenige Maßnahmen zur Verbesserung der Ressourceneffizienz tatsächlich umgesetzt. Daher ist es erforderlich, dieses Thema verstärkt ins Zentrum des unternehmerischen Handelns, der gesellschaftlichen Aufmerksamkeit, der wissenschaftlichen Forschung, aber auch der Politik zu rücken. So ist beispielsweise der Staat aufgerufen, finanzielle Anreize für ressourceneffiziente Lösungen zu schaffen, selbst als Nachfrager zu agieren und die dafür benötigten Infrastrukturen bereitzustellen (Kristof, Hennicke 2010).

Es gibt jedoch schon heute technologische Lösungen, deren erfolgreiche Umsetzung für Unternehmen nicht von Fördermaßnahmen abhängig ist, da sie bereits unter den aktuellen Rahmenbedingungen ökonomische Vorteile bieten. Unabhängig von Politik, Gesellschaft und Forschung können Unternehmen demzufolge bereits heute wirtschaftlich tragfähige Maßnahmen in die Wege leiten, die der Steigerung der Ressourceneffizienz dienen.

Grundsätzlich sind dabei zwei Vorgehensweisen zu unterscheiden: Es wird entweder ein bestehendes Produkt bzw. ein Prozess spezifisch analysiert, die Potenziale mit dem größten Stellhebel zur Steigerung der Ressourceneffizienz identifiziert und anschließend eigens dafür kreative Problemlösungsansätze entwickelt. Diese innovativen Lösungsansätze sind speziell auf den jeweiligen Anwendungsfall zugeschnitten, gehen meist über den aktuellen Stand der Technik hinaus und führen zu neuartigen Produkten oder Prozessen. Unterstützung bei solch einem Vorgehen bieten beispielsweise die klassischen Kreativitätsmethoden des Technologiemanagements wie z. B. Brainstorming, Synektik oder Bionik.

Die zweite Möglichkeit der Identifikation von Ressourceneffizienz steigernden Maßnahmen ist die Recherche etablierter Standardansätze und Best-Practice-Beispiele aus der Literatur. Dieses Vorgehen ist vor allem bei geringerer Fachexpertise im Themenbereich Ressourceneffizienz einfacher und schneller zielführend. Im Nachfolgenden sind eine Auswahl solcher Literaturquellen sowie mögliche Standardmaßnahmen zusammengetragen.

5.3.1 Informationsquellen für Unternehmen

Literatur, wie Leitfäden oder Checklisten zur Umsetzung von Ressourceneffizienz-Maßnahmen, ist in großer Anzahl frei verfügbar. Hierbei haben themenspezifische Internetplattformen gegenüber gedruckter Literatur den Vorteil, dass sie fortlaufend angepasst werden können und somit oftmals den aktuellsten Stand einer sich immer schneller entwickelnden Technik dokumentieren. Zu den wichtigsten Informationsquellen für Unternehmen zählen:

- **Die 33 „Merkblätter zur besten verfügbaren Technik" (BVT-Merkblätter) der EU**
  Diese Merkblätter sind in der Richtlinie 2008/1/EG des Europäischen Parlaments und des Rates vom 15. Januar 2008 über die integrierte Vermeidung und Verminderung der Umweltverschmutzung (IVU 2008) enthalten und beschreiben für einzelne Industriebranchen die nach dem aktuellen Stand der Technik wichtigsten verfügbaren Technologien und Verfahrensweisen zur Minderung der Umweltverschmutzung (EU Commission 2011). Übersetzungen der BVT-Merkblätter auf Deutsch werden in Form einer Vollversion sowie einer Zusammenfassung auf der Homepage des Umweltbundesamts herausgegeben (UBA 2011).

- **Zentrum Ressourceneffizienz und Klimaschutz des VDI**
  Der Verein Deutscher Ingenieure e.V. (VDI) bietet auf seiner Internetseite (VDI-ZRE 2011-2) verschiedene Hilfsmittel für Unternehmen bei der Umsetzung von Maßnahmen zur Steigerung der Ressourceneffizienz an. Hierzu zählt z. B. die Darstellung von „Strategien und Ansätzen zur Steigerung der Ressourceneffizienz" oder ein „Ressourcen-Check", mit dessen Hilfe sich Unternehmen zunächst selbst auditieren und schließlich standardisierte Lösungsalternativen bei den größten Einsparpotenzialen empfehlen lassen können.
- **Netzwerk Ressourceneffizienz**
  Dieses Netzwerk wurde federführend vom Wuppertal Institut mit dem Ziel aufgebaut, den gegenseitigen Austausch zwischen Akteuren aus Politik, Unternehmen, Verbänden, Gewerkschaften, Wissenschaft und Gesellschaft zu fördern (Netzwerk Ressourceneffizienz 2011). Es bietet neben einer Einführung in das Thema „Ressourceneffizienz" Hilfestellungen für Unternehmen und Multiplikatoren zur Umsetzung zugehöriger Maßnahmen. Die Netzwerkbegleitung wurde nach Abschluss der Aufbauphase am 1. August 2011 an das VDI-Zentrum für Ressourceneffizienz übergeben.
- **Online Ressourcen-Check der DEMEA**
  Die deutsche Materialeffizienzagentur (DEMEA) bietet einen dem „VDI-Ressourcen-Check" verwandten „Materialeffizienz-selbst-Check" an (DEMEA 2011), der anhand von 13 Fragen das Unternehmen einordnet, um anschließend Potenziale zur Einsparung von Material aufzuzeigen.
- **Produktionsintegrierter Umweltschutz: „PIUS Initiative" in Deutschland**
  Dieses Internet-Portal (PIUS 2011) zeigt Erfahrungen mit Verfahren, Technologien und praxiserprobten Maßnahmen auf, die aus Projekten von Unternehmen, Dienstleistern, Verbänden, Kammern und öffentlichen Stellen zum Thema Ressourceneffizienz hervorgehen. Das Kernstück des Web-Angebotes bildet der Info-Pool mit rund 1.000 Dokumenten zu verschiedenen Themen, wie z. B. in der Praxis angewendete Tools oder Maßnahmenkatalogen. Das zudem im Portal integrierte PIUS-Personennetzwerk bietet die Möglichkeit, mit Fachpartnern und Experten Kontakt aufzunehmen.
- **Cleaner Production Germany**
  Hierbei handelt es sich um ein Internetportal (Cleaner Production 2011), welches über die Leistungsfähigkeit deutscher Technologien und Dienstleistungen im Umweltsektor informiert. Gefördert von mehreren Bundesministerien hat diese Seite das Ziel eines verstärkten Umwelttechnologietransfers. Hierzu findet man Informationen und zahlreiche Praxisbeispiele, die über den aktuellen Stand der Technik in einer breiten Auswahl an Technologiebereichen informieren.
- **Envirowise – Eine Initiative der britischen Regierung**
  Die Initiative Envirowise bietet eine kostenlose Hilfestellung bei der Umstellung auf ressourceneffizienteres und nachhaltigeres Handeln und berät damit seit 1994 britische Unternehmen. Auf der Homepage von Envirowise (Envirowise 2011) finden sich Informationen unterschiedlicher Kategorien zur Verbesserung der Nachhaltigkeit im Unternehmen sowie bei der Umsetzung unterstützende Tools.
- **UNIDO – Organisation der Vereinten Nationen für industrielle Entwicklung**
  Hauptziel dieser Organisation ist die Förderung der industriellen Entwicklung vor allen Dingen in Entwicklungs- und Schwellenländern. Dabei werden Energie- und Umweltthemen hohe Bedeutungen beigemessen. So sind die Bemühungen groß, vor allem die Energieeffizienz der Industrie zu steigern und eine nachhaltige Industrieentwicklung zu fördern. In frei zugänglichen Publikationen sind Informationen zur Maßnahmenumsetzung auf der Homepage von UNIDO (UNIDO 2011) abrufbar.
- **UNEP – Das Umweltprogramm der Vereinten Nationen**
  UNEP identifiziert und analysiert Umweltprobleme, arbeitet Grundsätze des Umweltschutzes aus, entwickelt regionale Umweltschutzprogramme und unter-

Tab. 2 Informationsquellen bei der Umsetzung von Ressourceneffizienz-Maßnahmen

Quelle	Link
EU – „Merkblätter zur besten verfügbaren Technik"	http://eippcb.jrc.es www.bvt.umweltbundesamt.de
VDI – Zentrum Ressourceneffizienz und Klimaschutz	www.vdi-zre.de
Netzwerk Ressourceneffizienz	www.netzwerk-ressourceneffizienz.de
DEMEA – Online Ressourcen-Check	www.materialeffizienz-selbstcheck.de
PIUS Initiative – Produktionsintegrierter Umweltschutz	www.pius-info.de
Cleaner Production Germany	www.cleanerproduction.de
Envirowise	www.envirowise.gov.uk
UNIDO	www.unido.org
UNEP	www.unep.org www.unep.fr/scp/

stützt Entwicklungsländer beim Aufbau von nationalen Umweltschutzprogrammen. Auf der Internet-Seite des UNEP-Programms ist auch die Kategorie Ressourceneffizienz gelistet. Hier finden sich von UNEP beschriebene Lösungsansätze sowie eine Publikationssammlung zum Themengebiet „Nachhaltiges Konsumieren und Produzieren" (UNEP 2011).

Diese Zusammenstellung stellt eine Auswahl an interessanten Informationsquellen zur Unterstützung bei der Umsetzung von Ressourceneffizienz dar und erhebt nicht den Anspruch auf Vollständigkeit. Die gezeigten Quellen sind zur besseren Übersichtlichkeit in Tabelle 2 zusammengefasst.

5.3.2 Maßnahmen und Praxisbeispiele

Die vorgestellten Informationsquellen beinhalten meist einzelne Maßnahmen zur Steigerung der Ressourceneffizienz, die jeweils verschiedene Schwerpunkte und Branchenzuschnitte besitzen. Im Folgenden sind die wichtigsten Maßnahmen aus allen diesen Quellen zusammengetragen. Unter Hinzunahme weiterer Buchliteratur (Fresner et al. 2010, BMU 2007) ergibt sich so eine umfangreiche Sammlung an potenziellen Umsetzungsmaßnahmen, die mit beispielhaften Handlungsempfehlungen hinterlegt sind. Auf sich wiederholende Literaturangaben bei den einzelnen Maßnahmen wurde explizit zugunsten einer besseren Lesbarkeit verzichtet. Alle aufgezählten Maßnahmen sind aus den in Tabelle 2 gezeigten Quellen und der angegebenen Buchliteratur zusammengestellt.
Um eine übersichtlichere Struktur der Vielzahl an gesammelten Maßnahmen zu erzeugen, wurden sie in sechs übergreifenden Ansätzen für Umsetzungsmöglichkeiten zusammengefasst, denen die Einzelmaßnahmen jeweils zugeordnet werden können. Diese übergreifenden Ansätze umfassen:

- Vermeidung von Ressourceneinsatz
- Substitution von Ressourcen
- Optimierung der Kreislauffähigkeit
- Optimierung von Produktionsprozessen
- Verlängerung der Lebensdauer sowie
- strategische Maßnahmen.

Zu jedem dieser grundlegenden Ansätze wird zudem ein Anwendungsbeispiel aus der industriellen Praxis vorgestellt, welches die erfolgreiche Umsetzung weiter verdeutlicht. Diese Anwendungsbeispiele wurden dem „Ressourceneffizienzatlas" (Geibler et al. 2011) sowie dessen zugehöriger Internetseite (REA 2011) entnommen, auf der knapp 90 weitere Good-Practice-Beispiele für Ressourceneffizienz dargestellt sind.

5.3.2.1 Vermeidung von Ressourceneinsatz

Das vielleicht wichtigste Prinzip zur Erhöhung der Ressourceneffizienz ist die Vermeidung des Einsatzes von Energie oder Materialen. In fast allen Firmen schlummern erhebliche Potenziale, mit vergleichsweise einfachen Mitteln weniger Ressourcen im täglichen Betrieb zu verbrauchen. Diese Reduktion von eingesetzten Ressourcen kann über unterschiedliche Maßnahmen umgesetzt werden.
Die erste Stellschraube hierbei betrifft eine *angepasste Dimensionierung* an den tatsächlichen Bedarf. Dies gilt zum einen für die jeweils verwendeten Werkstoffe. Eine werkstoffgerechte Konstruktion, wie z. B. die kraftflussgerechte Gestaltung von Bauteilen oder die Auswahl der Werkstoffe nach den auftretenden Lastfällen, stellt einen wesentlichen Schlüssel zur Ressourceneffizienzsteigerung dar (BMU 2007). Zum anderen sind aber auch ganze Anlagenteile auf ihre richtige Dimensionierung hin zu überprüfen. Beispielsweise kann eine Absauganlage für sich alleine gesehen sehr energieeffizient arbeiten, wenn sie jedoch bzgl. des tatsächlich erforderlichen Volumenstroms überdimensioniert ist, werden wiederum unnötige Energieressourcen verbraucht.
Eine weitere Maßnahme zielt auf die *Minderung von Abfall und Ausschuss*. Konkrete Handlungsempfehlungen hierzu stellen beispielsweise das Einsetzen von Software zur Verschnittoptimierung, der Abgleich von geplanten und tatsächlich anfallenden Mengen des Ausschusses oder die Lagerung von Resten des Verschnitts mit einem Kennzeichnungssystem dar.
Die *Verbesserung des Qualitätsmanagements* hängt eng mit der Reduktion von Ausschuss zusammen und trägt ebenfalls zur Ressourcenschonung bei. Denn aus einer höheren Herstellungsqualität folgt nicht nur eine geringere Ausschussrate, sondern auch ein verminderter Aufwand für Nacharbeit und Prüfung am Endprodukt sowie weniger Fehllieferungen und Kundenreklamationen. Damit verbunden sind wiederum weniger Rücknahmefälle von fehlerhaften Produkten, die schließlich häufig auch als Abfall bezeichnet werden können. Allerdings bezieht bislang nur ein sehr geringer Teil der Unternehmen die Einsparung von natürlichen Ressourcen in die Zielsetzung ihres bestehenden Qualitätsmanagements mit ein. Potenziale zur Verbesserung werden z. B. darin gesehen, Mitarbeitern die benötigten Hilfsmittel und Daten zur eigenständigen Messung und Prüfung der erzeugten Qualität zur Verfügung zu stellen oder Maschinen auf einen so guten Zustand zu bringen, dass keine personelle Nacharbeit mehr nötig ist.
Weitere Verluste an Ressourcen können durch die *Optimierung der Rüstvorgänge* reduziert oder vermieden werden. Hierbei spielen vor allem die Losgrößen eine gewichtige

Rolle. So ist z.B. sicherzustellen, dass bei der Berechnung der optimalen Losgröße nicht nur klassische Parameter wie Kapitalbindung und Durchlaufzeit betrachtet werden, sondern auch die Materialverluste infolge des Rüstens. Möglicherweise kann auch die Auftragsreihenfolge geändert werden, um den Anfahrausschuss, z.B. durch Vermeidung von Reinigungsverlusten, zu reduzieren.
Es existiert zudem der Optimierungsansatz der *Multifunktionalität*. Hierbei gilt es, den relativen Einsatz einer Ressource pro Produkteinheit zu reduzieren, indem zusätzliche Funktionen bei gleichbleibendem Ressourceneinsatz übernommen werden. So kann z.B. Wasser sowohl zur Kühlung als auch zum gleichzeitigen Transport von Stoffen verwendet werden.
Einsparpotenziale liegen weiterhin in der *Einkaufspolitik*. Insbesondere bei Materialien mit geringen Haltbarkeitsdaten sind Maßnahmen wie die Schaffung einer bedarfsangepassten Materialdisposition oder einer zentralen Stammdatenbasis zu empfehlen, bei denen redundante Materialbeschaffungen aufgrund unterschiedlicher Datenbanken, vor allem in größeren Unternehmen, vermieden werden können.
Große Stellhebel zur Vermeidung von Ressourcen finden sich darüber hinaus in der *Energiebereitstellung*. Konkrete Maßnahmen im Bereich Reduzierung des Energieverbrauchs existieren in großer Anzahl (vgl. auch Abschnitt 0, Produktionsprozesse), doch allein z.B. die Erzeugung von Prozesswärme aus Gas anstelle aus Strom senkt den Primärenergiebedarf deutlich, da weniger Umwandlungsverluste entstehen.
Es ist weiterhin möglich, *Kompensationszahlungen* für selbst verursachte Emissionen an Organisationen zu leisten, die mit diesem Geld beispielsweise Klimaschutzprojekte initiieren, in denen die entsprechenden Emissionen wieder eingespart werden. Ein beispielhafter Vertreter einer solchen Organisation ist die atmosfair GmbH. Das Unternehmen hat sich auf die Kompensation von durch Flugreisen entstandenen Emissionen spezialisiert, berücksichtigt aber auch andere Arten von Emissionen. Das Leisten von Kompensationszahlungen ist eine eher umstrittene Maßnahme, denn sie kann nicht zu den direkten Vermeidungsansätzen gezählt werden. Andererseits ist sie vergleichsweise schnell und leicht für Unternehmen umsetzbar und zudem schließlich aus ökologischen Gesichtspunkten sinnvoller, als überhaupt keine Maßnahme anzugehen. Der direkte wirtschaftliche Vorteil, der mit fast allen anderen Ressourceneffizienzmaßnahmen für Unternehmen auf lange Sicht verbunden ist, entfällt allerdings bei der Kompensation von Emissionen. Die unternehmerische Motivation für diese Maßnahme kann somit ausschließlich in einer bestimmten ökologischen Grundhaltung oder in der Erreichung von „grünen“ Image- und Marketingzielen liegen.

Praxisbeispiel:
Vermeidung von Ressourceneinsatz

Ein Segment mit hohem Potenzial zur Vermeidung von Ressourceneinsatz stellt beispielsweise der Herstellungsprozess von Walzdraht dar. Während des Walzprozesses kann eine Überwälzung des Drahtes erfolgen, in deren Folge Oberflächenrisse entstehen. Tritt dieser Produktionsfehler nur an einer Stelle auf, wird die gesamte Drahtrolle unbrauchbar und muss verschrottet bzw. nochmals eingeschmolzen und erneut gewalzt werden. Das von der Montanuniversität Leoben in Österreich entwickelte Verfahren der thermografischen Rissdetektion während des Herstellungsprozesses von Walzdraht soll frühzeitig Oberflächenrisse am glühenden Draht zerstörungsfrei und automatisierbar detektieren, um eine Überwälzung des Drahtes rechtzeitig korrigieren zu können. Dadurch können schließlich Materialausschuss und Energie eingespart und gleichzeitig die Qualität des Produktes erhöht werden. Dieses Verfahren wird ebenfalls zur Rissdetektion bei der Produktion von Solarzellen eingesetzt.

(Oswald-Tranta 2008, REA 2011)

5.3.2.2 Substitution von Ressourcen

Substitution als grundlegender Ansatz zur Steigerung der Ressourceneffizienz nimmt einen immer größeren Stellenwert ein. Die verbreitetste Art der Substitution ist die *Rohstoffsubstitution*, bei der gemäß ihrer Bezeichnung ein Austausch von bislang verwendeten Elementen oder Rohstoffen stattfindet. Das substituierende Material weist dabei grundsätzliche Vorteile gegenüber dem bisherigen auf. So kann es beispielsweise günstiger, energiesparender, langlebiger, umweltschonender oder auch langfristiger verfügbar sein.
Neben der Rohstoffsubstitution (z.B. Austausch des herkömmlichen Fahrzeugkraftstoffs durch Biokraftstoff auf einer Dienstreise) existieren zwei weitere Formen der Substitution (Ziemann et al. 2010, BMBF 2010). Zum einen ist dies die *funktionale Substitution*, bei der ein konventionelles Materialsystem durch ein alternatives, optimiertes Materialsystem ersetzt wird. Dabei bleibt die Funktionalität jedoch definitionsgemäß unverändert. Bei der funktionalen Substitution kann beispielsweise der Einsatz einer neuen Technologie oder aber auch von ganzen Strategien erfolgen,

die auf derselben Funktionalität beruhen. Damit sind die Einsatzmöglichkeiten sehr breit gefächert. Bezug nehmend auf das Dienstreisen-Beispiel von oben würde die funktionale Substitution durch den Wechsel von Dienstwagen auf öffentliche Verkehrsmittel verkörpert.

Bei der dritten Art, der *zweckbezogenen Substitution*, wird ein alternatives Materialsystem eingesetzt, das denselben Zweck mit einer anderen Funktionalität erfüllt. Hier wird z. B. eine Telefon- oder Videokonferenz abgehalten, durch die eine Dienstreise gänzlich eingespart werden kann. Eine zusätzliche Funktionalisierung kann ein entscheidender Auslöser für den Austausch eines Materialsystems sein, welches nur mit hohem Aufwand substituiert werden kann.

Eine erste Maßnahme in Bereich Substitution kann sein, alternative Materialien einzusetzen, die *eine Reduzierung des Verbrauchs anderer Ressourcen* ermöglichen. So spart beispielsweise der Einsatz eines verbesserten Wärmedämmmaterials ebenso Energieressourcen ein, wie Leichtbaumaterialien in Fahrzeugen den Kraftstoffverbrauch reduzieren.

Eine zweite Möglichkeit ist die *Vermeidung des Einsatzes seltener bzw. teurer Ressourcen*, denn eine geringe Verfügbarkeit hat Auswirkungen auf die Sicherstellung des zukünftigen Produktionsprozesses und in der Regel auch eine direkte Verbindung zu hohen Kosten der Ressource. Die Gründe für einen Mangel an bestimmten Ressourcen können sehr vielfältig sein. So kann das natürliche Vorkommen eines Rohstoffes mit hoher Nachfrage bei gleichzeitig begrenzter Verfügbarkeit und Reichweite, wie z. B. Indium, mittel- oder gar kurzfristig zur Neige gehen. Hinzu kommen politische Einflussfaktoren aus Ländern wie z. B. China, das bislang rund 95 % aller Seltenen Erden förderte, nun aber die weltweiten Exporte drastisch reduziert hat. Ziel muss es daher sein, die Abhängigkeit von strategischen Metallen durch neue Ansätze zu verringern.

Die *Substitution durch umweltfreundlichere Ressourcen* ist eine zusätzliche Strategie, um schwerwiegende Auswirkungen auf das Umweltsystem bzw. die menschliche Gesundheit (z. B. CO_2-Emissionen oder toxische Lösemittel) zu reduzieren. Motivation hierfür kann etwa die Erfüllung verschärfter gesetzlicher Vorschriften sein, welche das Unternehmen betreffen. Besonders nachhaltig ist in diesem Zusammenhang die Substitution durch nachwachsende Rohstoffe (NaWaRos), wenn diese umweltverträglich und parallel zu einer ausreichenden Nahrungsmittelversorgung aufgeforstet werden. Doch auch Sekundärrohstoffe oder Rohstoffe mit effizienteren Abbau- bzw. Bereitstellungsmöglichkeiten können Anwendung finden.

Nicht zuletzt wird die *Vermeidung von aufwendig zu entsorgenden Schadstoffen* empfohlen. Beispielsweise ist der ökologische Rucksack von vielen nicht-metallischen Industriemineralen, wie z. B. Kalk, Tonen oder Salzen, zwar in der Rohstoffgewinnung- und Nutzungsphase vergleichsweise gering, die Recyclingfähigkeit bereitet dagegen jedoch größere Schwierigkeiten, da diese Mineralien meist in Verbindung mit Bindemitteln oder als Additive verwendet werden.

Praxisbeispiel:
Substitution von Ressourcen

In der Praxis bereits umgesetzt wird die Substitution von synthetischen Faserverbundwerkstoffen durch nachwachsende Rohstoffe. Faserverbundwerkstoffe bestehen meist aus zwei Hauptkomponenten: den verstärkenden zugfesten Fasern und einer sie bettenden Matrix. In konventionellen Faserverbundwerkstoffen werden die Komponenten zum größten Teil auf Basis fossiler Rohstoffe hergestellt.

Für eine ressourceneffiziente Produktion können die synthetisch erstellten Komponenten durch nachwachsende Rohstoffe ersetzt werden. Diese fallen beispielsweise in der Landwirtschaft oder der Textilindustrie als Reststoffe an (z. B. Stroh und Textilfasern). Bekannte Verbundwerkstoffe, in denen Naturfasern schon heute verarbeitet sind, finden sich z. B. in aus Hanf oder Flachs bestehenden Dämmmatten. Durch die mögliche Rückführung in biologische Kreisläufe ist ein schonender und nachhaltiger Umgang mit den Ressourcen gewährleistet.

(GrAT 2011, REA 2011)

5.3.2.3 Optimierung der Kreislauffähigkeit

Ein dritter genereller Ansatz zur Verbesserung der Ressourceneffizienz ist die Optimierung der Kreislauffähigkeit. Dies bedeutet, dass eine Wieder- bzw. Weiterverwendung möglich gemacht und dadurch der Stoffkreislauf der entsprechenden Ressourcen geschlossen wird. Das wichtigste Mittel zur Optimierung der Kreislauffähigkeit ist das *Recycling*, was insbesondere bei sehr teuren oder seltenen Rohstoffen gilt. Die problemlose Durchführbarkeit von Recyclingprozessen ist bereits bei der Produktgestaltung einzuplanen. Hierzu existieren folgende verschiedene Strategien.

Wichtig ist die *Verwendung von hinsichtlich Kreislauffähigkeit optimierten Rohstoffen*. Solche Stoffe zeichnen sich durch eine Verwertung auf hohem Niveau aus. Das heißt, dass die Qualität der wiederverwendeten Ressource im Vergleich zu einer noch nicht verwendeten Ressource nicht beziehungsweise nur kaum abfällt und damit ein „Down cycling“[5] vermieden werden kann.

Weiterhin sollte ein Produkt in unterschiedliche Module aufgeteilt sein und dadurch die *Austauschbarkeit von einzelnen Komponenten* ermöglichen. Neben dieser Modularisierung ist auf die *einfache Lösbarkeit von Verbindungen* zwischen den einzelnen Komponenten zu achten, um den Aufwand für die Demontage gering zu halten. Mittlerweile existieren auch schon leistungsfähige und sehr flexible Recyclingtechniken, die auch die Wiederverwertung von komplexen oder schwer voneinander trennbaren Materialverbindungen, wie etwa Verbundwerkstoffen, ermöglichen.

Die Verwendung einer möglichst *geringen Materialvielfalt* für ein Produkt trägt ebenso zur verbesserten Kreislauffähigkeit bei, da sie durch eine höhere Sortenreinheit zu einer geringeren Anzahl von Werkstofffraktionen und letztendlich zu einer Verminderung des Demontageaufwandes führt. Als Optimierungsstrategie können dabei Bauteil- und Funktionsintegration unterstützen.

Eine Kreislaufführung besitzt auch außerhalb der Unternehmensgrenzen große Potenziale. So kann der Aufbau von *neuen Geschäftsmodellen* wirtschaftlich lohnenswert sein, indem Wertschöpfungsketten überregional oder sogar international vernetzt werden, um strategische Rohstoffe aus Exportgütern rückzuführen. Beispiele hierzu führt die Studie „Kritische Rohstoffe für Deutschland“ (KfW 2011) der staatlichen Förderbank KfW auf, in der die Versorgungslage für Germanium, Rhenium und Antimon als kritisch für deutsche Unternehmen bezeichnet wird. Anstatt ausgediente Handys in ärmere Länder zu exportieren und darin enthaltene Rohstoffe wieder teuer einzukaufen, sollten deshalb neue Geschäftsmodelle zur wirtschaftlichen Rückgewinnung dieser Rohstoffe entwickelt werden.

Ein weiterer Ansatz neben dem klassischen Recycling ist die *Kaskadennutzung*, bei der anfallende wertstoffhaltige Nebenprodukte in gleichartigen oder ganz anderen Produkten weitergenutzt werden. Dabei sind bereits bei der Entwicklung des Hauptproduktes die Weichen für eine spätere Weiternutzung von Nebenprodukten zu stellen. Bei der Planung ist das Gesamtsystem demnach auch auf weitere Nutzungszyklen hin zu optimieren, was im Extremfall sogar eine Effizienzverringerung der bisherigen Erstanwendung bedeuten kann. Diese Art von mehrstufiger Wieder- und Weiterverwertung besitzt nicht nur für Materialien Gültigkeit, sondern ist auch für Energieformen anwendbar. So können beispielsweise durch Rekuperation oder Abwärmenutzung erhebliche Energiemengen eingespart werden. Im konkreten Anwendungsfall könnten dies z. B. Wärmekopplungen der Abwärme von Kompressoren sein, um Raumluft oder Reinigungsbäder zu beheizen. Ebenso ist es denkbar, durch Vorerwärmung Verarbeitungszeiten in energieintensiven Prozessen (z. B. beim Glühen) zu reduzieren.

[5] Down cycling bezeichnet einen Recyclingprozess, bei dem die ursprüngliche Qualität des Materials nicht mehr mit vertretbarem Aufwand erreicht werden kann. Dies ist beispielsweise bei einigen Kunststoffen der Fall, die anschließend nur noch in minderwertigeren Produkten einsetzbar sind.

Praxisbeispiel:
Optimierung der Kreislauffähigkeit

Die Bauwirtschaft ist eine der Branchen mit dem höchsten Materialverbrauch. Jahr für Jahr werden hier riesige Mengen an Ressourcen für neue Baumaterialien benötigt. Gleichzeitig fallen durch Abriss und Bestandssanierung eine große Anzahl an Rückbaustoffen an, die durch Aufbereitung wieder zu Beton verarbeitet werden könnten, anstatt sie zu deponieren. Somit stellen Städte ein bislang ungenutztes Rohstofflager dar, dessen Rohstoffe durch Recycling im Kreislauf geführt werden können.

Derzeit ist die Qualität von recyceltem Beton noch geringfügig schlechter als von herkömmlichem Beton, welcher mit Primärkies hergestellt wird. Wird dies jedoch bereits in der Planungsphase berücksichtigt, lassen sich auch statisch anspruchsvolle Stellen durch recycelten Beton realisieren.

Um sowohl dem schlechten Image von im Kreislauf geführtem Beton entgegenzuwirken als auch dessen Qualität zu steigern, versucht die Schweizer Initiative „Kies für Generationen“ Wissen über Rückbaustoffe zu vermitteln und den Informationsaustausch zwischen Forschung und unternehmerischer Praxis zu fördern.

(ETH 2010, REA 2011)

5.3.2.4 Verlängerung der Lebensdauer

Die Verlängerung der Lebensdauer ist eine häufig praktizierte Strategie, um Ressourceneffizienz im Produkt umzusetzen. Die Lebensdauer verkörpert diejenige Zeit, in der ein Nutzen aus einem Produkt und dessen Kom-

I

ponenten gezogen werden können. Eine Verlängerung dieser Zeitspanne bedeutet demnach einen unmittelbaren Mehrwert für den Anwender, wodurch wiederum die Attraktivität des angebotenen Produktes steigt. Direkte ökonomische Vorteile für das Unternehmen entstehen, wenn etwa aufwendige Rücknahmeforderungen des Gesetzgebers durch eine Verlängerung der Lebensdauer seltener notwendig werden. Ebenso kann das Auslegen der eigenen Produkte auf eine lange Lebensdauer auch eine Differenzierungsstrategie zu Mitbewerbern sein, um Marktanteile zu gewinnen.

Eine Lebensdauerverlängerung bedeutet jedoch nicht immer automatisch eine Erhöhung der Ressourceneffizienz, sondern ist von Fall zu Fall differenziert zu untersuchen. Kritisch zu betrachten sind vor allen Dingen solche Produkte, die einen hohen Ressourcenverbrauch in der Nutzungsphase besitzen, während der Herstellungsaufwand vergleichsweise gering bleibt. Beispielsweise verbrauchen Wäschetrockner, die bereits einige Jahre alt sind, deutlich mehr Strom als die neu entwickelten Geräte mit einer guten Energieeffizienzklasse. Ob eine Erhöhung der Lebensdauer in diesem Fall über den gesamten Produktlebenszyklus gesehen ressourcenschonender ist, erfordert eine Prüfung im Einzelfall.

Für den Ansatz der Lebensdauerverlängerung ist es – ähnlich den in Abschnitt 5.3.2.3 beschriebenen Recyclingprozessen – maßgeblich, bereits in der Produktgestaltung die entsprechenden Maßnahmen einzuleiten, um schon vor Produktionsbeginn mögliche Schwachstellen zu beseitigen.

Als konkrete Handlungsempfehlung für eine Vielzahl von Produkten ist der *Schutz vor äußeren Einflüssen* wichtig. Dieser Schutz kann in Form von Beschichtungen oder Lackierungen erfolgen (z.B. Korrosionsschutz). Oftmals bieten sich aber auch separate Anpassungskonstruktionen an, die einen solchen Schutz gewährleisten.

Unternehmensintern ist speziell auf den *Verschleiß von Anlagen* zu achten. Dieser kann durch sachgemäßen Umgang und regelmäßige Wartung minimiert werden. Eine hohe Wartungs- und Inspektionsfreundlichkeit (z.B. einfacher Zugang für Instandhaltungsarbeiten oder vereinfachte Erkennung des Verschleißzustandes) trägt wesentlich zur Durchführung von schnellen und sachgemäßen Reparatur- und Wartungsmaßnahmen bei, welche für eine längere Produktlebensdauer unverzichtbar sind.

Eine weitere Strategie zur Erhöhung der Lebensdauer ist das *Nachrüsten von Anlagen*. Durch den gezielten Austausch einzelner Komponenten, die sich durch eine verbesserte und effizientere Leistungsfähigkeit auszeichnen, wird versucht, am Gesamtprodukt eine Aufwertung der Qualität und eine Verlängerung der Lebensdauer zu erreichen. Entscheidend dafür ist, dass die Konstruktion und der Aufbau des Produktes einen Austausch von einzelnen Komponenten zulassen (vergleiche hierzu Abschnitt 5.3.2.3).

Praxisbeispiel: Verlängerung der Lebensdauer

Durch die leichte und schnelle Verfügbarkeit von Konsumgütern – vor allen Dingen von Elektronikgeräten – werden alte Produkte bei minimalen Mängeln häufig sofort ausgetauscht und durch neue Produkte ersetzt. Unter dem Aspekt der Ressourceneffizienz ist dieses Verhalten jedoch als sehr kritisch anzusehen, da allein in Deutschland jährlich über 750.000 t an Elektroschrott anfallen.

Das Konzept „Repa & Service Mobil" hat sich zum Ziel gesetzt, diesem Verhalten entgegenzuwirken, indem es mobile Instandhaltungs- und Reparaturstellen anbietet, an denen der Kunde seine Konsumgüter reparieren und warten lassen kann. Hierdurch sollen Reparatur- und Instandhaltungsdienstleistungen leichter zugänglich und attraktiver gemacht werden, um einen Neukauf zu verhindern. Durch die Lebensdauerverlängerung der Produkte können so Abfall gemindert und Ressourcen geschont werden.

(Arge 2011, REA 2011)

5.3.2.5 Optimierung von Produktionsprozessen

Ein großer Stellhebel zur Steigerung der Ressourceneffizienz ist für produzierende Unternehmen in der Phase der Erzeugung eines Produktes zu finden. Aus ökologischen und ökonomischen Gründen ist es daher wichtig, die Arbeitsprozesse und Produktionsabläufe in der Herstellung hinsichtlich ihrer Ressourceneffizienz weitgehend zu verbessern.

Die *Optimierung der Produktionsprozesse* stellt eine Art Querschnittsdisziplin dar, da ein Großteil der vorangehend genannten Maßnahmen seine Anwendung im Bereich der Produktion finden kann. Hierzu zählt beispielsweise die in Abschnitt 5.3.2.1 dargelegte Maßnahme der an den tatsächlichen Bedarf angepassten Anlagendimensionierung. Trotzdem soll die Optimierung von Produktionsprozessen an dieser Stelle explizit als ein eigenständiger Ansatz mit aufgenommen werden, weil in der Literatur oft weitere typische Handlungsempfehlungen speziell für den energie- und materialeffizienten Anlagenbetrieb genannt werden (so zu finden vor allem in den unter Kapitel 5.3.1 beschriebenen Ressourcen-Checks von DIN und DEMEA).

Die Maßnahmen in diesem Bereich lassen sich unterscheiden in die Entwicklung neuer bzw. die Verbesserung bestehender Anlagen sowie die Optimierung der Prozesse. Die vergleichsweise einfachste Methode ist der *Austausch von bestehenden Anlagen oder Anlagenkomponenten.* Ein Beispiel hierfür ist die Ausstattung bestehender Maschinen mit einer neuen Generation von Elektromotoren, welche energieeffizienter arbeiten und dadurch elektrische Energie einsparen. Als Orientierungshilfe für den Anwender dient eine weltweit geltende Normierung für die Effizienzklassen von Elektromotoren aus dem Jahr 2009, welche die Wirkungsgradklassen IE1 (Standard Wirkungsgrad) bis IE4 (Super Premium Wirkungsgrad) für Niederspannungs-Drehstrom-Asynchronmotoren im Leistungsbereich von 0,75 kW bis 375 kW unterscheidet. Häufig ist der Zukauf neuer Maschinen auch die teuerste Methode, um die Ressourceneffizienz zu steigern. Daher geht die Entscheidungsfindung immer einher mit einer Wirtschaftlichkeitsrechnung, welche die Zeitdauer berechnet, ab der sich der Austausch alter Antriebsmotoren mit neuen Hocheffizienzmotoren amortisiert.

Ist eine solche Investition mit zu hohen Kosten verbunden, lohnt sich häufig auch schon die *Optimierung der bestehenden Anlagen.* Dabei müssen nicht zwangsweise Hightech-Verbesserungen (vergleiche dazu „neue Technologien" in Abschnitt 5.3.2.6) zum Einsatz kommen, sondern oft kann bereits mit einfachen Maßnahmen Energie oder Material eingespart werden. So erreicht man etwa bei temperaturrelevanten Anlagen eine Wirkungsgradsteigerung durch thermische Isolierung der Maschine sowie deren Zu- und Abläufe. Häufig vorkommende Ursache für einen unnötigen Energieverbrauch in Produktionsanlagen sind des Weiteren Querschnittsverengungen in Leitungen durch Kupplungen, Ventile oder geknickte Schläuche. Auch Verluste durch Leckagen und die Notwendigkeit großer Längen von Hochdruckschläuchen sollten überprüft werden.

Neben den Maschinen selbst besitzen auch die *Produktionsprozesse* Potenzial zur Einsparung. Hierbei gilt es, die entsprechenden Prozessparameter zu optimieren, was z. B. über eine *prozessabhängige Steuerung* umgesetzt werden kann. So verbrauchen Antriebsmotoren und Pumpen oft unnötig Energie, weil sie mit konstanter Drehzahl laufen, anstatt diese in Abhängigkeit des Prozesses zu regulieren. Variable Drehzahlen in Elektromotoren werden meist über den Einsatz von Frequenzumrichtern realisiert, da hierzu kein verstellbares Getriebe eingesetzt werden muss. Die Absenkung der Drehzahlen kann bis hin zur kompletten Abschaltung von Maschinenteilen wie z. B. Druckluft- oder Absaugpumpen gehen, wenn Leerlaufsituationen vorherrschen. Darüber hinaus sind Stand-by-Modi der gesamten Anlage hilfreich, wenn z. B. regelmäßige Pausen bei der Produktion eingelegt werden. Hierbei muss selbstverständlich gewährleistet sein, dass die Anlage in ausreichend schneller Zeit wieder betriebsbereit ist.

Eine weitere Stellschraube innerhalb des Produktionsprozesses ist die *Änderung von Herstellungsrezepturen.* Da diese Maßnahme sehr individuell auf das jeweilige Unternehmen bzw. Produkt abzustimmen ist, sollen an dieser Stelle keine weiteren Ausführungen hierzu gegeben werden. Es bedarf vielmehr kreativer Überlegungen durch fachspezifische Experten, um innovative und von bisherigen Denkstrukturen losgelöste Rezepturen zu entwickeln, die Ressourcen einsparen.

Selbiges gilt ebenso für die zur Anwendung kommenden *Fertigungsverfahren.* Auch hier ist kritisch zu hinterfragen, ob die herkömmlichen, häufig energie- und materialintensiven Fertigungsverfahren zwingend notwendig sind, um das jeweilige Produkt in seiner bestehenden Form herzustellen.

Zur Einsparung, speziell der Ressource Energie, wird häufig die *Einführung eines Lastmanagements* zur Vermeidung von Stromspitzen vorgeschlagen. Genau genommen ist dies momentan jedoch keine Maßnahme zur Energiereduzierung, sondern ausschließlich zur Kosteneinsparung. Der eigentliche Gedanke hinter Lastmanagement-Maßnahmen ist das Ausgleichen von Verbrauchsspitzen, wenn mehrere Maschinen für kurze Dauer gleichzeitig unter Spitzenlast gefahren werden. Dieser Ausgleich erfolgt z. B. über das kurzzeitige Abstellen von Maschinen, die nicht zwingend auf eine durchgehende Stromversorgung angewiesen sind, wie etwa Kühlaggregate oder elektrische Öfen. Hierdurch

Praxisbeispiel: Optimierung von Produktionsprozessen

An der Universität Wien wird ein Hochleistungs-Ultraschall Verfahren für höhere Qualität und Ressourceneffizienz bei der Holzbearbeitung entwickelt. In diesem neuartigen Produktionsprozess wird das Schneidewerkzeug in eine hochfrequente Schwingung versetzt, wodurch die Trennkräfte bei der Holzbearbeitung minimiert werden. Diese geringeren Kräfte tragen nicht nur zu einer Verminderung des elektrischen Energieaufwands bei, sondern erlauben aufgrund der geringeren Abnutzung eine höhere Lebensdauer der Maschine. Das kombinierte Trennen aus einer Art Sägen, Schneiden und Spalten in Verbindung mit der Ultraschall-Resonanzschwingung ermöglicht darüber hinaus eine präzisere Bearbeitung und reduziert somit die Menge an Holzabfällen. Ein positiver Nebeneffekt dieses Verfahrens auf die Ressourceneffizienz ist die Erhöhung der Wettbewerbsfähigkeit des nachwachsenden Rohstoffs Holz gegenüber anderen Materialien.

(Mayer et al. 2005, REA 2011)

kann der industrielle Verbraucher den Leistungspreisanteil seiner Energiekostenrechnung reduzieren und der Stromversorger Erzeugungs- und Übertragungsanlagen kleiner dimensionieren. Werden durch diese Maßnahme ganze Kraftwerke eingespart, die speziell zur Versorgung der Spitzenlast installiert wurden, resultiert daraus letztlich doch ein Ressourceneinspareffekt.

Um Materialressourcen bei der Produktion effizienter zu nutzen, existieren ebenfalls einige generell gültige Handlungsempfehlungen zur *Verbesserung der Materiallogistik*. Hierbei wird empfohlen, sich Informationen zu aktuellen Materialflüssen im ganzen Unternehmen, quantifizierte Mengen an Materialverlusten sowie deren Ursachen und Vermeidungsmöglichkeiten zu verschaffen. Außerdem sollten die Mitarbeiter über den Wert des von ihnen zu bearbeitenden Materials informiert und sensibilisiert sein.

5.3.2.6 Strategische Maßnahmen

Im Gegensatz zu den bisher vorgestellten Maßnahmen zur Energie- und Materialeinsparung sind im Nachfolgenden *organisatorisch-institutionelle Ansatzpunkte* beschrieben, deren Umsetzung speziell auf Managementebene erfolgen muss. Wird der Ressourcenverbrauch als zusätzliche strategische Stellgröße in Unternehmen implementiert und findet diese erfolgreich Einzug in die bestehenden *Managementsysteme*, können verborgene Optimierungspotenziale gehoben werden. Wie in Abschnitt 5.3.2.1 erläutert, kann dies z. B. das Berücksichtigen von Energie- und Materialeffizienz im vorhandenen Qualitätsmanagement bedeuten. Dies sollte in Verbindung mit einer kontinuierlichen Bewertung der Dienstleistung bzw. des Produktes und dessen Herstellungsprozesses auch hinsichtlich der Umweltauswirkungen stehen, um daraus Verbesserungen ableiten zu können.

In erster Instanz muss jedoch von der obersten Führungsebene aus eine klare *Zielausrichtung* vorgegeben und gelebt werden, die meist eine freiwillige Verpflichtung des Unternehmens enthält, oberhalb der gesetzlich vorgeschriebenen Mindeststandards zu agieren. Erst dann können weitere strategische Maßnahmen folgen, die zur Steigerung der Ressourceneffizienz beitragen.

Einer der wichtigsten Stellhebel für einen effizienteren Einsatz von Energie und Rohstoffen liegt in den *Forschungs- und Entwicklungsabteilungen*. Hier werden die Grundlagen für innovative und nachhaltige Entwicklungen zur verbesserten Ressourceneffizienz gelegt. Dabei stehen Umfang der Forschungsaktivitäten und Ergebnisoutput in enger Beziehung zueinander, wie z. B. an den bedeutenden, ressourcenschonenden Entwicklungen erkennbar, die aus einer verstärkten Förderung des Leichtbaus in der Stahlindustrie resultierten.

Von entscheidender Bedeutung in den Forschungsaktivitäten ist die Umsetzung eines funktionierenden *Innovations- und Technologiemanagements*. Mit dessen methodischer Unterstützung können *innovative Technologien und neue Werkstoffe* identifiziert, entwickelt und in die industrielle Praxis transferiert werden, welche eine zentrale Rolle bei der Entwicklung und Umsetzung von Ressourceneffizienz spielen (Schnabel et al. 2010, vgl. auch „funktionale Substitution“ in Abschnitt 5.3.2.2). Eine softwareunterstützte Methode zur Identifikation und Bewertung solcher Ressourceneffizienz steigernder Technologien wurde beispielsweise am Fraunhofer Institut für Arbeitswirtschaft und Organisation IAO mit der „Ressourceneffizienzanalyse“ entwickelt (Schnabel 2012).

Eine besondere Rolle beim Einsatz energie- und materialsparender Technologien spielen die sogenannten *Querschnittstechnologien*, deren Einsatzmöglichkeiten sich über viele unterschiedliche Anwendungsfelder erstrecken. Die bekanntesten Vertreter von Querschnittstechnologien sind die *Informations- und Kommunikationssysteme* (IuK), die vor allem für Prozesssteuerungen und den damit verringerten Verbrauch von Ressourcen (vgl. Abschnitt 6.3.2.5, „prozessabhängige Steuerung“) infrage kommen. Beispiele hierfür sind intelligente Stromnetze (smart grids), Virtual Engineering oder Simulationsprozesse. IuK tragen jedoch nicht nur dazu bei, Vermeidung von Ressourcen und Transparenz (etwa durch die Unterstützung bei der Darstellung von Material- und Energieflüssen) zu schaffen, sondern können auch selbst hinsichtlich ihrer Ressourceneffizienz optimiert werden. So bestehen einige Ansätze im Bereich Green IT (z. B. über Netzwerke zur Verfügung gestellte IT-Infrastrukturen – Cloud Computing), mit deren Hilfe Ressourcen eingespart werden können.

Neben den IuK hat in den vergangenen Jahren der Querschnittsbereich der *weißen Biotechnologie* verstärkt zugenommen. Beispiele hierzu sind die Substitution fossiler Energieträger durch aus Biomasse gewonnene Treibstoffe, wie Bioethanol, Biogas oder Biowasserstoff sowie die biotechnologische Herstellung von Monomeren für die Kunststofferzeugung. Nichtsdestotrotz befindet sich die weiße Biotechnologie aktuell erst im Forschungsstadium und Folgewirkungen sind noch schwer abschätzbar.

Ähnliches gilt für die *Nanotechnologie*, die ebenso einen breiten Querschnitt an Anwendungsmöglichkeiten bedient, wie etwa nanobasierte Sensoren zur Detektion, Analyse und in-situ-Überwachung oder die Filtration unerwünschter Stoffe über nano-optimierte Membranen. Diese und weitere Anwendungsgebiete sind beispielsweise nachzulesen in den beiden Studien des Hessischen Ministeriums für Wirtschaft, Verkehr und Landesentwicklung „Materialeffizienz durch den Einsatz von Nanotechnologien und neuen Materialien“ (Pastewski et al. 2009) sowie „Einsatz von Nanotechnologien in der hessischen Umwelttechnologie“ (Heubach et al. 2009).

Große Potenziale für Ressourceneffizienz-Maßnahmen bieten sich ferner in der ganzheitlichen *Produktentwicklung* und vor allem im *Produktdesign* (Spath et al. 2000). In dieser frühen Phase des Produktlebenszyklus wird über ca. 80% der späteren Umweltauswirkungen entschieden, da hier noch viele Stellgrößen beeinflussbar sind. Mit zunehmendem Entwicklungsfortschritt sinken die Freiheitsgrade des Produktes und seines Herstellungsprozesses, wodurch eine Korrektur von negativen Umweltauswirkungen mit erhöhtem Aufwand verbunden ist. Getreu dem Motto „von Anfang an das Richtige planen, anstatt hinterher das Schlimmste zu vermeiden" sind daher Maßnahmen zur Steigerung der Ressourceneffizienz, wie sie in den vorangehenden Kapiteln beschrieben sind, möglichst früh im Produktentwicklungsprozess zu integrieren und das Produktdesign lebenszyklusweit umweltgerecht zu gestalten (Eco-Design). Konkrete Problemlösungsansätze sind z. B. die Verwendung materialsparender Bearbeitungsverfahren oder die Umsetzung eines zeitlosen Designs.

Eher langfristige, aber mit großem Potenzial behaftete Maßnahmen sind in der *Infrastruktur* zu finden. Speziell in über Jahre und Jahrzehnte festgefahrenen Infrastruktursystemen muss deren Effizienz kritisch hinterfragt werden. Einsparmöglichkeiten liegen zwar auch im Unterhalt von Siedlungs-, Produktions- und Versorgungsinfrastrukturen, entscheidenden Einfluss kann man jedoch vor allem bei der Neuerrichtung dieser Infrastrukturen nehmen.

Für ein erfolgreiches Umsetzen von ressourcenschonenden Maßnahmen ist weiterhin die *Qualifikation der Mitarbeiter* ein entscheidender Faktor. Um diesen Aspekt zu verbessern ist es elementar, den Mitarbeitern entsprechende Qualifizierungsangebote zur Verfügung zu stellen. In Schulungen oder Workshops sollte sich aktiv mit dem Thema Ressourceneffizienz auseinandergesetzt werden, um Know-how für einen nachhaltigen und verantwortungsvollen Umgang mit Ressourcen aufzubauen. Dadurch wird der Mitarbeiter zum einen für seinen eigenen Einfluss auf vermeidbare Ressourcenverluste sensibilisiert und zum anderen in der optimierten Bedienung der technischen Ausrüstung geschult. Ein vergleichsweise einfaches Beispiel ist das bewusste Schließen von Toren in Produktionshallen zur Vermeidung unnötiger Heizenergie.

Zudem ist eine entsprechende *Unternehmenskultur* zu schaffen, die Mitarbeitern ermöglicht, eigene Ideen zu Optimierungspotenzialen für Ressourceneffizienz in einem betrieblichen Vorschlagswesen zu äußern. Diese Veränderungsvorschläge und auch konstruktive Kritik sollten zugelassen, gefördert, zügig beantwortet und bei Sinnhaftigkeit auch umgesetzt werden. Dabei ist außerdem eine Vertrauenskultur förderlich, in der Mitarbeiter ermutigt werden, ggf. gemachte Fehler ohne Angst zuzugeben, um anschließend aus diesen Fehlern in einer offenen Lernkultur Schlüsse zur Fehlervermeidung in der Zukunft zu ziehen.

Ein weiterer Ansatz zur Umsetzung von Ressourceneffizienz steigernden Maßnahmen innerhalb der Unternehmensstrategie ist es, *neue Geschäftsmodelle* mit innovativen *Produktions- und Konsummustern* zu implementieren. Die am weitesten verbreitete Maßnahme in diesem Bereich ist die auftragsbezogene Produktion („Production on demand"), bei der eine Überproduktion vollständig vermieden werden kann. Dem Potenzial an Ressourceneinsparungen stehen hierbei gegebenenfalls Hemmnisse entgegen, dass Kunden längere Lieferzeiten als bei einer bestandsorientierten Lagerhalterung in Kauf zu nehmen haben.

Weniger verbreitet sind bislang noch Geschäftsmodelle, die auf *Produkt-Dienstleistungs-Systemen* basieren. Doch es entwickelt sich vermehrt der Trend, Maschinen mit geringer Nutzungsintensität nicht mehr zu kaufen, sondern zu mieten. Statt des eigentlichen Produktkaufs durch den Anwender betreibt dabei der Anlagenhersteller oder ein Betriebsmittellieferant die Maschinen in Form einer Dienstleistung. Das Prinzip „Nutzen statt Besitzen" wird beispielsweise von der Firma Riversimple umgesetzt, die momentan Carbon-Chassis für Autos entwickelt, welche nicht verkauft, sondern verleast werden. Dadurch steigt das Interesse des Herstellers an der Langlebigkeit seiner eigenen Produkte. Ein weiteres Beispiel stellt das so genannte „Chemical Leasing" dar (vgl. „Praxisbeispiel strategische Maßnahmen").

Praxisbeispiel:
Strategische Massnahmen

Durch ein alternatives Geschäftsmodell, dem so genannten „Chemical Leasing", kann der Verbrauch von Chemikalien gesenkt werden. Dieses Geschäftsmodell sieht vor, dass der Kunde nicht mehr das Produkt, sondern eine Dienstleistung kauft. Statt für Chemikalien, mit denen er z. B. Reinigungsvorgänge in seinem Produktionsprozess selbst durchführt, bezahlt der Kunde den Chemikalienhersteller für eine bestimmte Menge an gereinigter Fläche. Durch das Eigeninteresse und das Know-how des Dienstleistungsexperten bezüglich einer sparsamen Verwendung der eingesetzten Reinigungschemikalien kann ein effizienterer Umgang mit den Rohstoffen erreicht werden. Validierungsergebnisse aus Österreich, wo das Geschäftsmodell bereits umgesetzt wurde, zeigen einen erheblichen Rückgang der eingesetzten Gesamtmenge an Chemikalien.

(Chemical Leasing 2011, REA 2011)

I

5.4 Kennzahlen zur Ermittlung des Ressourcenaufwands

Die Umsetzung der Handlungsempfehlungen sollte grundsätzlich unter der Berücksichtigung von Reboundeffekten erfolgen. Diese liegen vor, wenn durch Ressourceneffizienz steigernde Maßnahmen Einsparungen entstehen, die durch eine vermehrte Nutzung und/oder Konsum überkompensiert werden (Jenkins et al. 2011). Beispiele für negative Reboundeffekte sind allgegenwärtig, wie z. B. beim Dreiliterauto, das seinen Einspareffekt an Kraftstoff wieder verliert, wenn es extra als Zweitfahrzeug für Stadtfahrten angeschafft wird oder damit mehr Kilometer als mit dem herkömmlichen Fahrzeug gefahren werden, weil die Fahrtkosten geringer sind. Jegliche Ansätze und Maßnahmen zur Verbesserung der Ressourceneffizienz sollten daher zur Sicherstellung des beabsichtigten Ziels mittels geeigneter Methoden überwacht werden. Zum einen verbessert die Ermittlung des Ressourcenverbrauchs die Entscheidungsgrundlage beim Vergleich mehrerer möglicher Alternativen; zum anderen kann somit überprüft werden, ob umgesetzte Maßnahmen tatsächlich einen Beitrag zur Ressourceneffizienz leisten.

Die Effizienz eines Produktes bzw. Prozesses ist definiert als das Verhältnis zwischen dem erzielten Nutzen bzw. der erzielten Leistung und dem dazu eingesetzten Aufwand. Eine Bestimmung der Ressourceneffizienz setzt somit die Kenntnis sowohl des Nutzens als auch der absoluten Ressourcenaufwendungen eines Prozesses bzw. Produktes voraus. Diese Parameter sollten in quantifizierbarer Form vorliegen.

Der Ressourcenverbrauch kann als Entscheidungsgrundlage bei einem Vergleich von alternativen technischen Lösungen oder dem Benchmark verschiedener Produkte als belastbare und umweltrelevante Größe herangezogen werden. Ein geringer Ressourcenverbrauch bzw. eine hohe Effizienz der Ressourcennutzung bringt Unternehmen eindeutige Wettbewerbsvorteile, beispielsweise durch damit einhergehende Kosteneinsparungen oder einen Imagegewinn. Die transparente Ermittlung und Ausweisung des Ressourcenverbrauchs ist darüber hinaus Voraussetzung für die Erlangung von umweltrelevanten Zertifizierungen oder etwa bei der Erstellung eines Nachhaltigkeitsberichts. Entscheidungsträger können ausgehend von einer Istanalyse des Ressourcenverbrauchs Strategien und Ziele festlegen und deren Fortschritt stetig überprüfen. Dies setzt die Aktualität und eine regelmäßige Erhebung der Daten voraus.

Mit der Kenntnis des Ressourcenverbrauchs lassen sich somit die verschiedenen Aspekte eines Prozesses, eines Produktes oder gar eines Gesamtunternehmens quantifizieren, analysieren und bewerten. Die Ermittlung des Verbrauchs kann sowohl ex-ante (lat. „aus vorher") als auch ex-post (lat. „aus danach") geschehen. Bei einer ex-ante-Analyse des Ressourcenverbrauchs müssen handfeste Annahmen getroffen und Szenarien definiert werden. Hierfür ist häufig ein großer Erfahrungsschatz notwendig, um verlässliche Werte zu ermitteln. Bei einer ex-post-Betrachtung können die tatsächlichen Ressourcenumsätze gemessen und berechnet werden, dabei müssen jedoch die Ressourcenverbräuche möglichst aller Prozessvorketten berücksichtigt werden.

5.4.1 Arten von Kennzahlen

In der praktischen Anwendung wird zwischen absoluten und relativen Kennzahlen unterschieden. Absolute Kennzahlen beschreiben einen Zustand oder Sachverhalt, wohingegen relative Kennzahlen mindestens zwei Werte zueinander ins Verhältnis setzen. Häufig ist es sinnvoll, Kennzahlen in Form von Zeitreihen darzustellen, um eine Entwicklung, realistische Ziele oder den Fortschritt der Zielerreichung zu veranschaulichen. Die Erfassung des absoluten Ressourcenverbrauchs allein lässt nur bedingt eine Interpretation zu. So ermöglicht beispielsweise der absolute Energieverbrauch eines Unternehmens keine klare Schlussfolgerung über den effizienten Umgang mit Energie, da eine etwaige Senkung des Energieverbrauchs z. B. auch aufgrund von Auftragseinbrüchen zustande kommen kann. Ein hoher bzw. ein geringer Ressourcenverbrauch kann prinzipiell gut oder schlecht sein. Er wird jedoch erst dann zu einer Aussage über den effizienten Ressourceneinsatz führen, wenn der absolute Verbrauch an Ressourcen, die sog. Wirkgröße, in das Verhältnis zu einer Bezugsgröße gesetzt wird. Deshalb werden in der industriellen Praxis häufig Quotienten bestehend aus Bezugs- und Wirkgröße verwendet, wie zum Beispiel „Energie pro produzierte Einheit". Abbildung 9 verdeutlicht die Entstehung einer relativen Kennzahl und zeigt mögliche Bezugs- und Wirkgrößen (z. B. Primärenergie-Äquivalente[6] oder Endenergie[7]) auf. Diese können je nach Anwendungsfall und gewünschter Aussage in verschiedenen Kombinationen zusammengefügt werden.

Der Unterschied zwischen absoluten und relativen Kennzahlen ist beispielhaft in Abbildung 10 verdeutlicht. Die

[6] Primärenergie-Äquivalent: Energieinhalt von Energieträgern, die in der Natur vorkommen und technisch noch nicht umgewandelt wurden. (VDI 4661)

[7] Endenergie: Energieinhalt aller Energieträger, die ein Verbraucher bezieht, vermindert um den nichtenergetischen Verbrauch, die Umwandlungsverluste und den Eigenbedarf bei der Energieerzeugung. (VDI 4600)

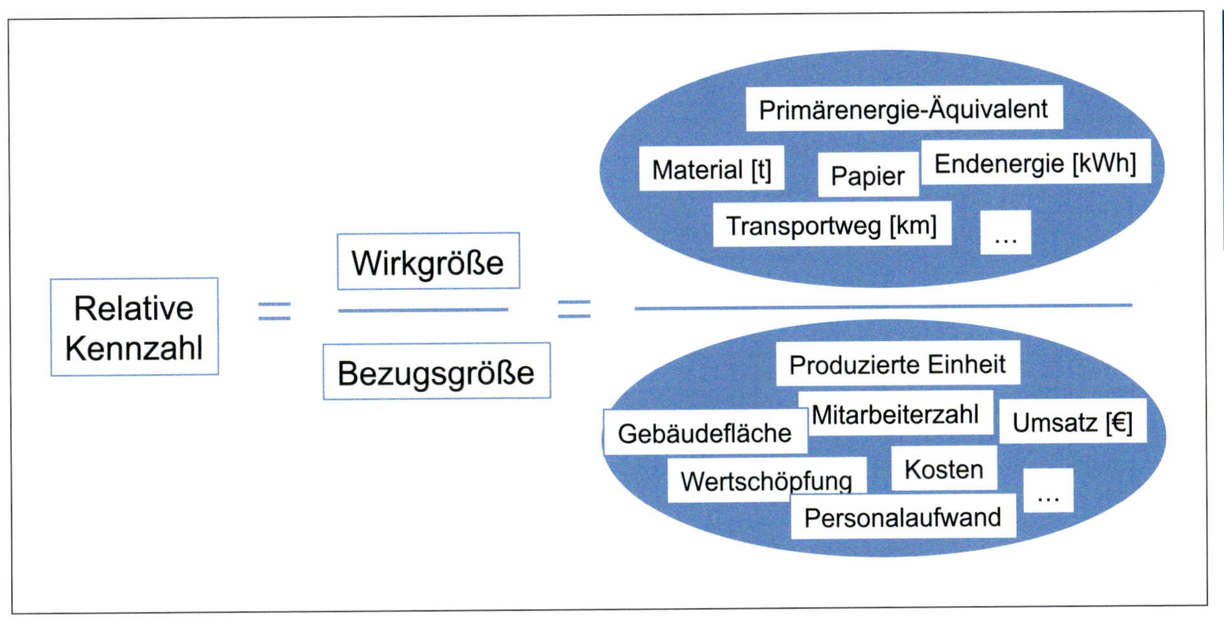

Abb. 9 Wirk- und Bezugsgrößen von relativen Kennzahlen (vgl. Müller, Löffler 2011 und VDI 4661)

dargestellten Kennzahlen stammen aus Jahresberichten der Daimler AG und wurden, um die unterschiedlichen Interpretationsmöglichkeiten von Kennzahlen zu verdeutlichen, zu einem fiktiven Beispiel für relative Kennzahlen zusammengeführt. Der Energieverbrauch des gesamten Unternehmens wird hier durch eine absolute Kennzahl in Form einer Zeitreihe dargestellt. Die alleinige Betrachtung des Energieverbrauchs lässt vermuten, dass deutliche Energieeinsparungen im Jahre 2009 stattgefunden haben. Eine genauere Analyse durch die Auswertung weiterer Kennzahlen und anschließende Bildung einer relativen Kennzahl führt zu einem anderen Ergebnis. Die Zahl der abgesetzten Produkte und damit der Umsatz sind im Jahre 2009 durch die Wirtschaftskrise drastisch eingebrochen. Bezieht man nun den Energieverbrauch auf den Umsatz, wird deutlich, dass 2009 relativ gesehen mehr Energie zur Generierung des Umsatzes eingesetzt wurde als in all den anderen Jahren.

Die konkreten Ressourcenwirkgrößen und Bezugsgrößen sollten stets kritisch hinterfragt werden, damit die Richtungssicherheit und die Aussagekraft der Kennzahlen garantiert werden können. Bei der Ausweisung einer Kennzahl ist zusätzlich die Entstehung dieser Größen zu erläutern, um die Herkunft und Nachvollziehbarkeit zu gewährleisten. In der Praxis haben sich Kennzahlensteckbriefe bewährt, welche die wesentlichen Informationen zu einer jeden Kennzahl beinhalten. Die Bezeichnung der Kennzahlen sollte so gewählt werden, dass eine Verwechslung mit anderen Kennzahlen ausgeschlossen werden kann. Beispielsweise ist auf die Verwendung von

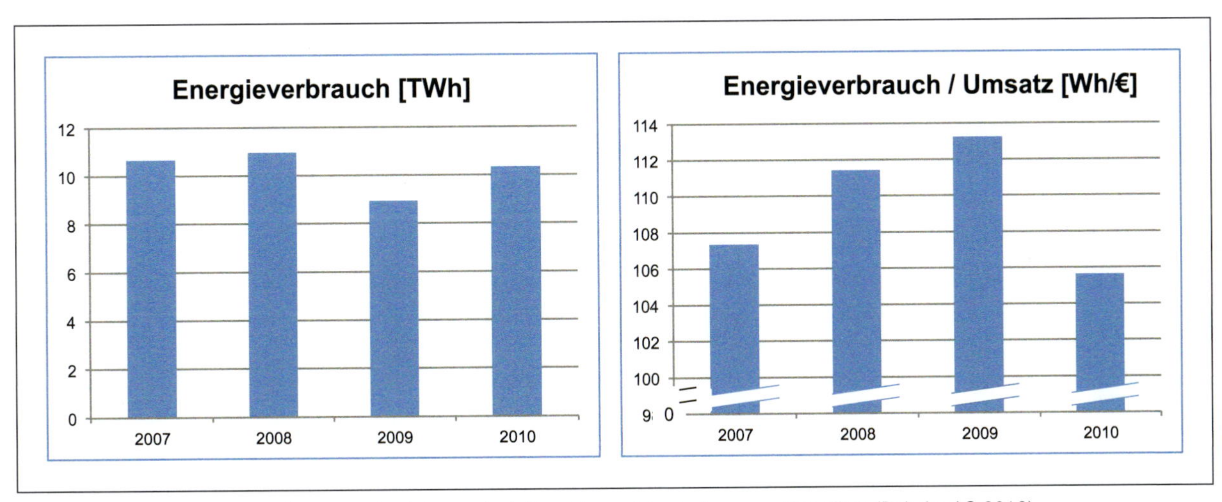

Abb. 10 Beispielhafte Darstellung von absoluten und relativen Kennzahlen in Form von Zeitreihen (Daimler AG 2010)

generischen Kennzahl-Namen (z. B. Energiekennzahl) zu verzichten, da dies zu einer Fehlinterpretation oder zu Missverständnissen führen kann. Die Zuverlässigkeit von Kennzahlen beruht stets auf der Qualität der Daten. Um diese nachvollziehbar darzulegen, ist eine hohe Transparenz bei der Ermittlung des Ressourcenverbrauchs unabdingbar.

5.4.2 Anforderungen an die Datenerhebung

Steigende Informationsansprüche von Kunden, Investoren, Medien, Politik und allen anderen Stakeholdern zur Schaffung von Transparenz waren lange der zentrale Treiber zur Ermittlung des Ressourcenverbrauchs. Heute dient diese Transparenz mehr und mehr der Unterstützung eines kontinuierlichen Verbesserungsprozesses, mit dem nicht nur ökologische Ziele, sondern auch finanzielle und soziale Belange angegangen werden können. Die konsequente Analyse und Beobachtung des Ressourcenverbrauchs unterstützt die Erreichung und Kontrolle verschiedener Unternehmensziele. So können vermeidbare Ressourcenverschwendungen systematisch aufgedeckt und minimiert werden, wodurch, neben der Steigerung der Ressourceneffizienz, auch Kosten eingespart werden. Eine hohe Transparenz und das Bewusstsein über Art und Herkunft der in einem Unternehmen verwendeten Ressourcen ermöglicht die frühzeitige Prognose von Versorgungsengpässen und somit genügend Zeit für die rechtzeitige Suche nach Alternativen.

Eine transparente und vollständige Darstellung der Ressourcenströme[8] schafft, neben einer zuverlässigen Datenquelle zur Ableitung von Verbesserungsmaßnahmen, gleichzeitig die Grundlage zur Überprüfung ihrer Wirksamkeit. Bei der Erhebung dieser Daten sollte darauf geachtet werden, dass jederzeit die Validität, Objektivität und Reliabilität gewährleistet werden (vgl. Tab. 3).

Zusammenfassend bewirkt die Einhaltung dieser Kriterien, dass die erhobenen Daten unabhängig davon, wer sie wo und wann erhoben hat, auch tatsächlich das erfassen, was gemessen werden soll. Für eine tief gehende Analyse der Daten und der anschließenden Weiterverarbeitung der gewonnenen Ergebnisse ist die Reproduzierbarkeit der Erhebung unabdingbar. Nur so können Vergleiche mit alternativen Prozessen gestattet und eine angemessene Auswertung sichergestellt werden. Die Vorgehensweise zur Ermittlung von Daten und Kennzahlen sollte deshalb ausreichend dokumentiert werden. In Anlehnung an die VDI Richtlinie 4050 (betriebliche Kennzahlen für das Umweltmanagement [VDI 4050]) können zur Sicherung der Datenqualität folgende Angaben strukturiert aufgenommen werden:

- Definition und Beschreibung der Kennzahlen
- Erhebungsintervalle oder Auswertungsperioden einzelner Kennzahlen
- die für die Erhebung benötigten Daten mit Hinweisen auf Fundstellen und Verantwortlichkeiten
- konkrete Berechnungsvorschriften
- Einflussfaktoren auf die Aussagekraft einzelner Kennzahlen
- Einflussfaktoren, die zu starken Veränderungen führen (z. B. Fertigungstiefe und Preisschwankungen als Einflussfaktor).

5.4.3 Definition der Bilanzgrenzen

Eine Ermittlung des Ressourcenverbrauchs sollte alle Energie- und Materialströme erfassen, die dem jeweiligen Prozess oder Produkt in seinem gesamten Lebenszyklus zugerechnet werden können. Auf diese Weise kann

[8] Ressourcenströme bezeichnen Energie und Materialmengen, die in dem betrachteten Bilanzierungszeitraum die Bilanzierungsgrenzen überschreiten. In Abhängigkeit des definierten Bilanzierungsraumes können auch Energie oder Materialien separat bilanziert werden. (In Anlehnung an VDI 4600)

Gütekriterium	Beschreibung
Validität	... ist das Ausmaß, in dem innerhalb der Erhebung tatsächlich das analysiert wird, was sie zu analysieren vorgibt (Gültigkeit der Datenerhebung). (Backhaus 2003)
Objektivität	... ist das Ausmaß, innerhalb dessen die Datenerhebung unabhängig vom Erhebenden zu übereinstimmenden Ergebnissen kommt (Unabhängigkeit der Datenerhebung).
Reliabilität	... ist das Ausmaß, mit dem die Wiederholbarkeit der Erhebung mit der gleichen Erhebungsmethode gewährleistet wird. Dabei sollte der erhobene Wert möglichst genau mit den realen Wert übereinstimmen (Zuverlässigkeit der Datenerhebung).

Tab. 3 Gütekriterien der Datenerhebung (in Anlehnung an Backhaus 2003)

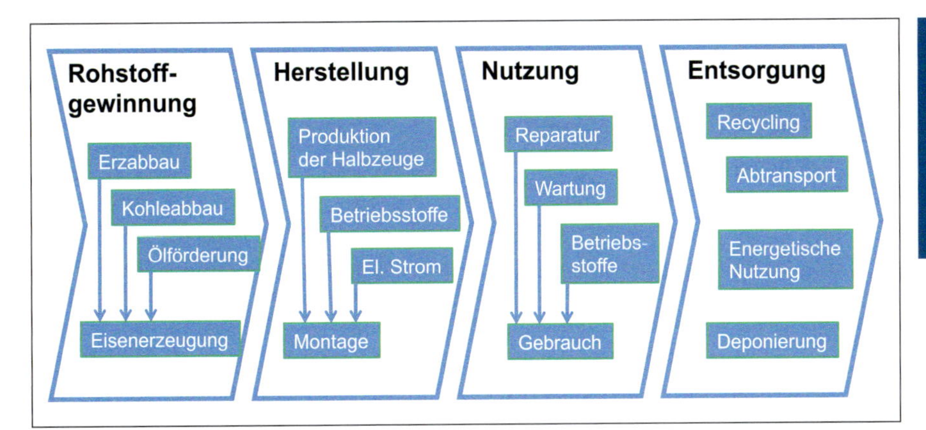

Abb. 11 Darstellung einer Prozesskette mit beispielhaften Lebenszyklusphasen und relevanten Teilschritten

verhindern werden, dass nur einzelne Optimierungspotenziale identifiziert und auf den ersten Blick nicht offensichtliche Schwachstellen des Ressourcenverbrauchs übersehen werden. Dazu müssen alle aufeinanderfolgenden bzw. miteinander verbundenen Schritte eines Produktsystems, von der Rohstoffgewinnung über die Herstellungs- und Nutzungsphase bis hin zur Rückführung in neue Produktsysteme bzw. der endgültigen Entsorgung, erfasst werden (vgl. DIN 14040). Ist dies nicht möglich, müssen bei der Bilanzierung sinnvolle räumliche und zeitliche Grenzen gesetzt werden, die eine verursachungsgerechte Ermittlung des Ressourcenverbrauchs zulassen.

Zur strukturierten Betrachtung werden die einzelnen Lebenszyklusphasen eines Produktsystems sinnvollerweise aufgeschlüsselt und in Form einer Prozesskette dargestellt. Auf diese Weise wird ein Überblick über alle einzubeziehenden Schritte und mögliche sinnvolle Bilanzierungsgrenzen geschaffen. In Abbildung 11 sind beispielhaft die Lebenszyklusphasen eines Produktes dargestellt. Die einzelnen Phasen sind durch eine Reihe von Teilprozessen charakterisiert, bei denen unterschiedliche Ressourcenströme fließen.

In Abhängigkeit der beabsichtigten Aussage einer Kennzahl müssen die Bilanzgrenzen dementsprechend gesetzt werden. Möchte man beispielsweise den Ressourcenverbrauch zur Herstellung eines Produkts als Kennzahl ermitteln, können die Phasen „Nutzung" und „Rückführung" vernachlässigt werden. Es besteht darüber hinaus die Möglichkeit, diese Kennzahl noch enger zu fassen, in dem man nur die benötigte Energie für die Herstellung eines Produktes innerhalb eines Werkes oder mehrerer Bearbeitungsschritte erfasst.

Folglich lassen sich aus solch einer strukturierten Analyse der Lebensphasen die Verlagerungen von Ressourcenverbräuchen und daraus entstehende Umweltbelastungen zwischen den jeweiligen Schritten und Lebensphasen eines Produktprozesses ermitteln und schließlich Maßnahmen zur Vermeidung und Reduktion dieser generieren.

5.4.4 Erhebung des Ressourcenbedarfs

Bei den Vorgehensweisen zur Ermittlung des Ressourcenbedarfs werden in der Literatur unterschiedliche Konzepte dargestellt. Dabei lassen sich zwei prinzipiell verschiedene Ansätze zusammenfassen. Einer detaillierten quantitativen Ermittlung aller Input- und Output-Ströme anhand einer Stoff- und Energiestrombilanz steht die qualitative Analyse mittels Befragung bzw. Abschätzung anhand von Checklisten gegenüber. Zwischen diesen beiden Extremen existieren verschiedene Abwandlungen, die zur Vereinfachung der Analyse häufig auf Äquivalente zurückgreifen. Der Gütegrad der Erhebung kann bei einer rein qualitativen Datengrundlage stark beeinträchtigt werden (Abb. 12), da nicht sichergestellt werden kann, dass alle relevanten Ressourcen berücksichtigt wurden. Dies lässt sich auch nur schwer durch entsprechende Erfahrungswerte kompensieren. Um die Güte der Bewertung bei vertretbarem Aufwand zu erhöhen und dadurch die Entscheidungssicherheit zu verbessern, wird deshalb auf eine vereinfachte Bilanzierung des Ressourcenverbrauchs mittels Äquivalenten zurückgegriffen.

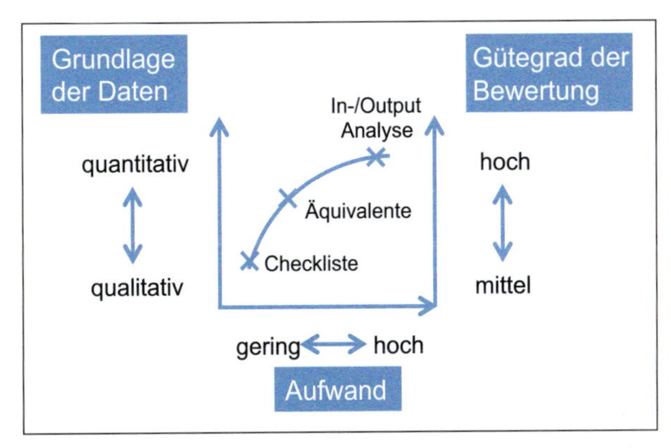

Abb. 12 Schematischer Zusammenhang zwischen Datengrundlage, Gütegrad und Aufwand bei der Ermittlung des Ressourcenverbrauchs

I

Die schnellste, aber auch ungenauste Form der Erhebung ist die Abschätzung anhand eines Fragebogens bzw. einer Checkliste. Verschiedene Verbände, Netzwerke und Beratungsfirmen bieten vorgefertigte Produkte dafür an[9]. Für eine Grobanalyse oder eine erste Einschätzung des Ressourcenverbrauchs, etwa bei einem direkten Vergleich zweier Produkte oder Prozesse, kann dies jedoch ausreichend sein.

Äquivalente sind Faktoren, die bestimmten Ressourcen zugewiesen werden können, um eine einheitliche Bemessungsgrundlage für Vergleichszwecke zu erhalten. Dadurch können Wirkungsabschätzungen von verschiedenen Materialien und Energie durchgeführt und miteinander verglichen werden. Bekanntestes Beispiel ist der sog. „Carbon Footprint[10]“. Dabei werden die im Lebenszyklus eines Produktes oder während eines Prozesses entstehenden Treibhausgas-Emissionen ermittelt. Daraus wird über definierte Umrechnungsfaktoren die äquivalente Menge an Kohlenstoffdioxid berechnet, die das gleiche Schädigungspotenzial auf die Umwelt aufweisen würde. Somit lassen sich Vergleiche der Klimawirksamkeit zwischen unterschiedlichen Produkten oder Prozessen ziehen.

Bei der Input-Output-Analyse werden alle an einem Produkt oder Prozess beteiligten ein- bzw. austretenden Ressourcenströme in tabellarischer Form erfasst und einander gegenübergestellt. In Abhängigkeit des gesetzten Bilanzierungsraumes und des angestrebten Detaillierungsgrades kann der Zeitaufwand dieser Erhebung sehr groß sein. Zur besseren Strukturierung und Bewahrung des Überblicks werden in der Praxis häufig Software-Tools wie Umberto®[11] oder GaBi®[12] zur Unterstützung herangezogen. Ergebnis der Input-Output-Analyse ist eine Katalogisierung aller die Bilanzierungsgrenze überschreitenden Ressourcen, die den Ausgangspunkt für eine anschließende Wirkungsabschätzung bildet.

[9] Vgl. z. B. Online-Ressourcen-Check des Zentrum Ressourcen Effizienz und Klimaschutz des VDI (VDI-ZRE, 2011)

[10] Der Carbon Footprint (CO_2-Fußabdruck) bezeichnet die Bilanz der Treibhausgasemissionen entlang des gesamten Lebenszyklus eines Produkts oder Prozesses innerhalb der gesetzten Bilanzierungsgrenzen. Allerdings gibt es in der Literatur bislang keine einheitliche Definition (in Anlehnung an BMU 2011)

[11] Softwaretool zur Darstellung, Analyse und Simulation von Stoff-, Energie- und Kostenströmen auf Betriebs-, Produkt- oder Prozessebene (IFU 2011)

[12] Die GaBi® Software Familie gilt als eines der weltweit führenden Tools zur ganzheitlichen Bilanzierung, Analyse und Bewertung von lebenszyklusrelevanten Fragestellungen (LBP 2011)

5.4.5 Bestehende Methoden und Standards

In Normen, Richtlinien, Managementhandbüchern und weiterer Fachliteratur finden sich diverse Möglichkeiten und Herangehensweisen, um sich Kennzahlen für Ressourceneffizienz zu nähern. Die Form der Erfassung und die anschließende Bewertung der verwendeten Ressourcen werden nicht anhand eines einheitlichen, allgemein verbindlichen Standards vorgegeben. In der Literatur existieren mehrere Konzepte parallel, die in der Praxis häufig zu firmeneigenen Konzepten und integralen Kennzahlensystemen zusammengeführt werden.

Zu relevanten Standards in diesem Kontext gehören (Aufzählung in Anlehnung an Müller, Löffler 2011):

DIN ISO 14031 – Umweltleistungsbewertung (DIN 14031): Die ISO-Norm ist Teil der Normenreihe ISO 14001 ff. zu Umweltmanagementsystemen und beschreibt Anforderungen an die Umweltleistungsbewertung, innerhalb derer konkrete Anforderungen an Umweltleistungskennzahlen gestellt werden. Die Umweltleistung bzw. -belastung soll demnach als Quotient aus Wirk- und Bezugsgröße ausgedrückt und bevorzugt auf eine funktionale Einheit (eine Produkt- oder eine Dienstleistungseinheit) bezogen werden. Der Bezug auf eine funktionale Einheit ist insbesondere aus einer volkswirtschaftlichen und ökologischen Perspektive speziell für die Bewertung von Material- und Energiekennzahlen zu empfehlen.

DIN EN 16001 Energiemanagementsysteme (DIN 16001): Dieser europäische Standard verlangt die Formulierung einer betrieblichen Energiepolitik und die konsequente Überwachung der Energieleistung des Unternehmens. Eine wichtige Rolle können Energiekennzahlen dabei als Vorgabewert bei der Operationalisierung der Energiepolitik, bei der Analyse von Verbesserungspotenzialen und bei der Überwachung von Prozessen spielen.

DIN ISO 14040 und 14044 Umweltmanagement – Ökobilanz (DIN 14040, DIN 14044): Die Ökobilanz ist die einzige international standardisierte Umweltbewertungsmethode für Produkte (Klöpffer, Renner 2007). Zwei Merkmale prägen den Charakter der Ökobilanz: die analytische Betrachtung des gesamten Lebensweges „von der Wiege bis zur Bahre“ und der Bezug zu einer funktionellen Einheit, die den Nutzen des Produktes oder der Dienstleistung quantitativ abbildet. Die Vorgehensweise gliedert sich in folgende Schritte: Festlegung des Ziels und Untersuchungsrahmens, Sachbilanz, Wirkungsabschätzung und Auswertung (Tab. 4). Die Ökobilanz ist weiterhin ein aktives Forschungsgebiet, das auch in Zukunft methodische Weiterentwicklungen erwarten lässt, beispielsweise bei der Definition schwieriger Wirkungskategorien, der Input-Output-Analyse und der korrekten Anwendung der Ökobilanz im Rahmen des Life Cycle Management.

Bestandteil	Kurzbeschreibung
Festlegung des Ziels und des Untersuchungsrahmens	■ Festlegung der beabsichtigten Anwendung und der Gründe für die Durchführung der Studie; geplante Ansprechpartner ■ Beschreibung und Festlegung des untersuchten Produktsystems (funktionelle Einheit) und des Untersuchungsrahmens (Systemgrenzen, Allokationsverfahren, Wirkungskategorien) ■ Abschätzungen und Annahmen, Beschreibungen zu den Anforderungen an die Daten, kritische Prüfung
Sachbilanz	■ Datensammlung und Berechnung zur Quantifizierung der stofflichen und energetischen In- und Outputflüsse des untersuchten Produkt-Systems sowie Beschreibung der Datensammlung und Berechnung
Wirkungsabschätzung	■ Zuordnung (Klassifizierung, Charakterisierung und Normalisierung) von Sachbilanzdaten zu spezifischen Umweltwirkungen
Auswertung	■ Zusammenfassung der Ergebnisse der Sachbilanz und der Wirkungsabschätzung entsprechend der festgelegten Ziele und des Untersuchungsrahmens

Tab. 4 Bestandteile produktbezogener Ökobilanzen nach DIN EN ISO 14040 ff.

MIPS Methode: Die MIPS-Methode wurde vom Wuppertal Institut für Klima, Umwelt, Energie GmbH entwickelt (Schmidt-Bleek, Friedrich 1998). Sie basiert auf einem Input bezogenen Konzept für die prospektive Erfassung und Bewertung von lebenszyklusweiten Stoffströmen bzw. dem Ressourcenverbrauch und ermöglicht so eine Abschätzung des gesamten Umweltbelastungspotenzials eines Produktes oder eines Prozesses. Die Abkürzung MIPS steht für Materialinput pro Serviceeinheit. Bei diesem Konzept wird jede die Bilanzierungsgrenzen überschreitende Ressource in Äquivalente umgerechnet. Beim Verbrauch von 1 kWh elektrischem Strom aus dem öffentlichen Netz in Deutschland werden im MIPS-Konzept beispielsweise Material-Input-Werte von 4,7 kg abiotisches Material, 83,1 kg Wasser und 0,6 kg Luft äquivalent verrechnet (Wuppertal Institut 2011).

VDI 3807 Energiekennwerte für Gebäude (VDI 3807): Zurzeit umfasst die Richtlinie vier Blätter, welche Energiekennwerte für ausgewählte Gebäude und Liegenschaften liefern. Obwohl sie nur für Gebäude relevante Kenngrößen adressiert, ist die in Blatt 1 beschriebene Methodik, die beispielhaft die Erhebung von Energiekennzahlen und deren anschließenden Vergleich beschreibt, hinsichtlich der Übertragbarkeit auf den Produktionsbereich sehr interessant. Die einzelnen Blätter sind wie folgt benannt:

- VDI 3807 (2007) Blatt 1: Energie- und Wasserverbrauchskennwerte für Gebäude - Grundlagen.
- VDI 3807 (1998) Blatt 2: Energieverbrauchskennwerte für Gebäude - Heizenergie- und Stromverbrauchskennwerte für Gebäude.
- VDI 3807 (2000) Blatt 3: Wasserverbrauchskennwerte für Gebäude und Grundstücke.
- VDI 3807 (2008) Blatt 4: Energie- und Wasserverbrauchskennwerte für Gebäude. Teilkennwerte elektrische Energie.
- Blatt 5 zu Teilkennwerten für die thermische Energie befindet sich in Vorbereitung.

VDI 3922 Energieberatung für Industrie und Gewerbe (VDI 3922): Die Richtlinie umschreibt einen Orientierungsrahmen für den Ablauf und Inhalt einer Energieberatung. Sie beschreibt den Nutzen von Kennwerten zur Steuerung des Energiemanagements, erläutert aber nicht die konkrete Definition, Ermittlung und Anwendung solcher Kennwerte.

VDI 4050 Betriebliche Kennzahlen für das Umweltmanagement: In dieser Richtlinie wird der Prozess der Bildung und Pflege betrieblicher Umweltkennzahlen ausführlicher beschrieben. Es wird auf verschiedene Arten von Ressourcen als potenzielle Größen für Kennzahlen verwiesen. Allerdings konzentrieren sich die beschriebenen Beispiele weitgehend auf die Abfallthematik.

VDI 4070 Nachhaltiges Wirtschaften in kleinen und mittelständischen Unternehmen (VDI 4070): Zielsetzung der Richtlinie ist die Vorbereitung von Unternehmen auf die kommenden Herausforderungen einer nachhaltigen Entwicklung. Sie gibt Handlungsanleitungen, um in Unternehmen praxisnahe Konzepte zum nachhaltigen Wirtschaften erarbeiten und umsetzen zu können. Damit soll eine einsichtige, nachvollziehbare, kostengünstige und realisierbare Integration von Anforderungen des nachhaltigen Wirtschaftens in die Geschäftsprozesse erreicht werden. Die Richtlinie beschreibt die konzeptionelle Vorgehensweise zur Einführung eines Nachhaltigkeitsmanagementkonzepts. Im Anhang werden beispielhaft Kenngrößen zur Überwachung des Ressourcenverbrauchs dargestellt.

I

VDI 4597 – 4599 (VDI 4597 – 99): Das VDI-Zentrum Ressourceneffizienz und die VDI-Gesellschaft Energie und Umwelt wollen mit den geplanten Richtlinien 4597 – 4599 methodische Grundlagen zur Bewertung der Ressourceneffizienz erstellen. Zurzeit befinden sich diese Richtlinien noch in der Erarbeitungsphase; ihre Veröffentlichung ist für die zweite Jahreshälfte 2012 vorgesehen. Geplant sind folgende Richtlinien:

- VDI 4597 „Rahmenrichtlinie Ressourceneffizienz – Grundlagen Bewertungsmethoden"
- VDI 4598 „Ressourceneffizienz in KMU – Bewertungsrahmen und Beispiele"
- VDI 4599 „Kumulierter Rohstoffaufwand – Begriffe, Definitionen, Berechnungsmethoden, Beispiele" (analog zur VDI 4600).

Darüber hinaus sollen Arbeiten an einer weiteren VDI-Richtlinie zu „Indikatoren zur Beurteilung der Umweltverträglichkeit im Rahmen der Ressourceneffizienzanalyse" aufgenommen werden.

Ziel ist es, dass diese Richtlinien sowohl Primärenergieverbräuche als auch die eingesetzten Materialien sowie die beanspruchten Umweltmedien in einem einheitlichen methodischen Bewertungsrahmen zusammenfassen.

VDI 4600 – Kumulierter Energieaufwand (VDI 4600): Das in der VDI 4600 beschriebene Vorgehen zur Ermittlung des „Kumulierten Energieaufwands" (KEA) ermöglicht die energetische Beurteilung und den Vergleich von Produkten und Prozessen. Quantifizierbare Daten bilden die Basis, um die Prioritäten von Energieeinsparpotenzialen im komplexen Zusammenhang des gesamten Lebenszyklus aufzuzeigen. Der KEA gibt den gesamten primärenergetisch bewerteten Aufwand an, der einem Produkt oder Prozess ursächlich zugewiesen werden kann und ist somit eine wichtige Grundlage für die Definition von Energiekennzahlen.

VDI 4661 Energiekenngrößen (VDI 4661): Die Richtlinie gibt eindeutige Begriffsbestimmungen vor, definiert in umfassender Weise Energiekenngrößen und gibt methodische Hinweise zu Energiebilanzen und zur Anwendung von Energiekenngrößen inkl. der Datenerfassung und -verarbeitung. Allerdings werden vor allem die Energiewirtschaft und Energietechnik adressiert. Für den Bereich Produktion sind einige der beschriebenen Kennzahlen nicht relevant oder praktisch nur schwer zu ermitteln.

Tabelle 5 fasst die adressierten Kennzahlen in den genannten Methoden und Standards zusammen. Augenfällig ist, dass die zurzeit verfügbaren Richtlinien und Normen vor allem Vorgehensweisen zur Erfassung und Steuerung von Energiekennzahlen beinhalten. Dahingegen sind Methoden zur standardisierten Betrachtung ganzheitlicher Ressourcenströme sowie deren Wirkungsabschätzung noch ausbaufähig.

Tab. 5 Zusammenfassung der adressierten Kennzahlen in den beschriebenen Methoden und Standards (x=Kennzahlbildung in diesem Bereich wird beschrieben) (*=noch nicht veröffentlicht)

	Energie	Material	Sonstige (Ökonomie, Umwelt...)
VDI 4600	x		
DIN ISO 14031	x	x	x
DIN EN 16001	x		
VDI 3807	x	x	
VDI 3922	x		x
VDI 4050	x	x	x
VDI 4661	X		
VDI 4597 – 4599	*	*	*
VDI 4070	x	x	x
MIPS-Methode		x	x
DIN ISO 14040/44	x	x	x

5.5 Nutzen und Wirtschaftlichkeit

Die Erzielung eines messbaren Gewinns oder Nutzens stellt die Absicht eines jeden Vorhabens im unternehmerischen Kontext dar. Dieser Nutzen kann in Form eines Verkaufserlöses, als Rationalisierungserfolg, als Einsparungserfolg von Material und Energie oder in anderer Form vorliegen. Im Kontext der Ressourceneffizienz liegt ein Nutzen vor, wenn durch eine Maßnahme oder ein Maßnahmenbündel ein effizienterer Einsatz von Material und/oder Energie erzeugt wird. Neben dem ökonomischen Nutzen eines geringeren Ressourceneinsatzes in Abhängigkeit zur Ausbringungsmenge werden weitere Nutzenbestandteile durch die in Abschnitt 5.1 aufgeführten Aspekte (Umweltschutz, Versorgungssicherheit, Image, u. a.) gebildet. Wie im vorherigen Teilkapitel 5.4 beschrieben, werden je nach zeitlichem Verlauf von Umsetzung und Bewertung ex-ante- von ex-post-Betrachtungen unterschieden. Für die weiteren Ausführungen wird von einer initialen Abschätzung im Sinne einer ex-ante-Analyse ausgegangen.

5.5.1 Arten von Wirtschaftlichkeitsbetrachtungen

Die für Maßnahmen aus dem Bereich Ressourceneffizienz notwendigen Aufwände lassen sich analog zu konventionellen Ansätzen der Wirtschaftlichkeitsrechnung aus der Summe der einzusetzenden Kosten für die Einführung und Umsetzung einer Maßnahme ableiten. Abbildung 13 gibt einen Überblick über unterschiedliche Arten von Wirtschaftlichkeitsbetrachtungen.

Hinsichtlich des erwarteten Nutzens stellen Maßnahmen der Ressourceneffizienz einen Spezialfall dar, da oftmals angestrebte Nutzendimensionen nur schwer monetär bewertet werden können. Diese Umrechnung der Effekte in Geldäquivalente stellt den Kern der umsatz- und kostenorientierten Verfahren dar (vgl. Abb. 13). Im Gegensatz dazu basieren nutzenorientierte Wirtschaftlichkeitsbetrachtungen nicht nur auf den Kosten, sondern beziehen nicht oder nur schwer quantifizierbare Aspekte mit ein. Ein Beispiel dafür ist die Gewinnung von Neukunden durch eine verstärkte Ausrichtung des Unternehmens am Thema Ressourceneffizienz. Je nach Anwendungsgegenstand eignen sich demzufolge die einzelnen Verfahren unterschiedlich gut. Bei monetär orientierten Wirtschaftlichkeitsrechnungen existieren zwei grundsätzliche Verfahren zur Bewertung der Geldflüsse. Während die statischen Rechenmethoden zeitliche Unterschiede zwischen monetären Zu- und Abflüssen nicht berücksichtigen, beziehen die dynamischen Rechenmethoden diese durch eine Ab- bzw. Aufzinsung der eingesetzten Geldwerte mit ein. Bekannteste Vertreter der statischen Verfahren stellen die Kostenvergleichs-, die Amortisations- sowie die Rentabilitätsrechnung dar. Bei den dynamischen Verfahren werden die Kapitalwert-, die Annuitätenmethode, die interne Zinsfußmethode (Marginalrenditerechnung) sowie mit zunehmender Beliebtheit die auf dem EVA (Economic Value Added) basierende GWB[13]-Methode angewendet. Für das Einsatzfeld Ressourceneffizienz werden im Folgenden mit der Interne Zinsfuß-Methode und der Nutzwertanalyse je ein typischer Vertreter der monetären bzw. nicht monetären Ansätze vorgestellt.

[13] Der Geschäftswertbeitrag (GWB) stellt die deutsche Übersetzung des EVA (Economic Value Added) dar.

5.5.2 Interne Zinsfuß-Methode

Die Interne Zinsfuß-Methode (auch Marginalrenditerechnung), als ausgewählter Vertreter der dynamischen Verfahren, orientiert sich, wie sämtliche anderen monetär bewertenden Wirtschaftlichkeitsrechnungen, allein an den Kosten als Äquivalent für entstehende Aufwände und Nutzen. Sie wird vorwiegend für die Bewertung von Verfahrensentwicklungen, Lösungsprojekten und allgemeinen Rationalisierungsinvestitionen genutzt. Die Methode basiert auf der Grundannahme, dass eine Maßnahme dann wirtschaftlich sinnvoll ist, wenn einerseits die laufenden Kosten der Maßnahmenumsetzung kleiner als die Kosten des bestehenden Verfahrens sind und andererseits die Kosteneinsparung eine ausreichende Verzinsung der getätigten Investition verspricht. Dazu werden als Aufwände die bisherigen Kosten (bzw. die erwarteten Kosten) den künftigen Rückflüssen als Nutzen gegenübergestellt. Zudem erlaubt das Verfahren eine Berücksichtigung weiterer monetarisierbarer Effekte wie verfahrensbedingte Mehrkosten, Einmalaufwände, Veränderungen des Umlaufvermögens oder allgemeine Einnahmeverbesserungen (Burghardt 2008). Nicht in die Bewertung einbezogen werden jedoch „nicht ausgabewirksame" Kosten wie Abschreibungen (AfA) und kalkulatorische Zinsen. Während die komplette Interne Zinsfuß-Methode Gegenstand umfangreicher Werke zu Wirtschaftlichkeitsberechnungen ist und einigen Erhebungsaufwand benötigt, erlaubt die folgende Formel der verkürzten Interne Zinsfuß-Methode eine erste grobe, jedoch häufig hinreichende Abschätzung.

$$i^* = \left(1{,}2 \cdot \frac{K_{Rück} / T_{Rück}}{K_{Bedarf}} - \frac{1}{T_s}\right) \cdot 100$$

i^* = Näherungswert für den internen Zinsfuß
$K_{\text{Rück}}$ = Finanzmittelrückfluss (in jährlich gleichen Raten)
$T_{\text{Rück}}$ = für den Finanzmittelrückfluss zugrunde gelegte Zeitdauer
K_{Bedarf} = gesamter Finanzmittelbedarf (einmalig auftretend)
T_{S} = Wirtschaftliche Lebensdauer

Abb. 14 Verkürzte Interne Zinsfuß-Rechnung (nach Burghardt 2008)

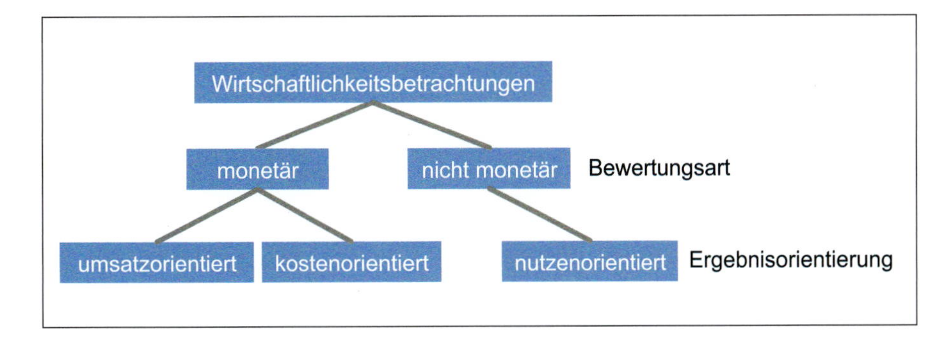

Abb. 13 Unterschiedliche Arten von Wirtschaftlichkeitsbetrachtungen (Burghardt 2008)

Unter der Einhaltung bestimmter Voraussetzungen[14] beträgt die Abweichung der verkürzten Rechnung weniger als drei Prozent zur tatsächlichen Lösung. Bezogen auf Maßnahmen aus dem Bereich der Ressourceneffizienz offenbart die Interne Zinsfuß-Methode jedoch den Nachteil, dass sämtliche zu berücksichtigende Effekte in Geldeinheiten umgerechnet werden müssen. Gerade bei den bereits diskutierten schwer quantifizierbaren Effekten, wie Versorgungssicherheit, Image und Kundenbindung, erscheint diese Art der Umrechnung als schwer realisierbar. Aus diesem Grund wird oftmals (vorwiegend ergänzend zur quantifizierbaren Bewertung) eine nutzenorientierte Bewertung vorgenommen.

5.5.3 Nutzwertanalyse

Im Kontext der Ressourceneffizienz eignen sich nicht monetäre Verfahren häufig besser, da Bereitstellungskosten und Folgekosten (Entsorgung, Recycling) oft nicht repräsentativ für den Ressourceneinsatz sind. Die Nutzwertanalyse als bekanntester Vertreter der nutzenorientierten Wirtschaftlichkeitsrechnungen stellt ein Punktewertverfahren dar, welches auf der Basis eines abgestimmten Zielsystems unterschiedliche Vorhabens-Alternativen miteinander vergleicht. Gegenstand des Zielsystems können neben quantifizierbaren insbesondere auch schwer quantifizierbare Ziele, wie Umweltfreundlichkeit, Ergonomie, Transparenz der Abläufe, Zukunftssicherheit, Marktaussichten, Flexibilität oder die Beschleunigung der Durchlaufzeiten sein (Blohm 2011, Burghardt 2008). Nach Aufstellen der einzubeziehenden Bewertungskriterien werden die Gewichtungsfaktoren festgelegt, mit denen Zielerreichungsfaktoren für die Alternativen ermittelt werden. Der folgende, weitgehend standardisierte Ablauf hat sich im praktischen Einsatz bewährt (REFA 1985):

1. Vorhabens-Alternativen festlegen.
2. Bewertungskriterien definieren.
3. Gewichtungsfaktoren bestimmen.
4. Zielerreichungsfaktoren ermitteln.
5. Nutzwert der einzelnen Kriterien festlegen.
6. Gesamtnutzwert errechnen.
7. Rangfolge der Alternativen aufstellen.

Im Gegensatz zu den monetären Verfahren stellt die Nutzwertanalyse ein mehrdimensionales Zielsystem für Entscheidungen zur Wirtschaftlichkeitsrechnung zur Verfügung. Jedoch erfordern sowohl die Aufstellung dieses Zielsystems als auch die Bewertung einzelner Alternativen koordinierte Abstimmungsprozesse subjektiver Bewertungen. Die Bewertungsergebnisse stellen in ihrer Summe die jeweiligen Präferenzen der Entscheidungsträger hinsichtlich der jeweils betrachteten Aspekte dar. Eine abgesicherte, qualifizierte und vom Vorwurf zu starker Subjektivität freie Nutzwertanalyse benötigt demzufolge einen beträchtlichen Aufwand. Zudem erfordert ihr Einsatz das Vorhandensein mindestens zweier alternativer Handlungsoptionen.
Aus diesem Grund wird die Nutzwertanalyse vor allem dann eingesetzt, wenn Entscheidungen nicht monetär bewertbar sind bzw. die nicht-finanziellen Auswirkungen einer Maßnahme als maßgeblich eingeschätzt werden. Zudem wird sie dann herangezogen, wenn keine quantifizierbaren Merkmale vorliegen, die als Voraussetzung für umsatz- bzw. kostenorientierte Ansätze notwendig sind. Für Maßnahmen der Ressourceneffizienz wird sie oftmals deshalb angewendet, weil sie die Berücksichtigung nicht-monetarisierbarer Aspekte ermöglicht und dadurch eine sinnvolle Ergänzung zu Methoden der direkt quantifizierbaren Wirtschaftlichkeitsrechnung darstellt.

5.6 Fazit

Die erfolgreiche Umsetzung von Maßnahmen zur Erhöhung der Ressourceneffizienz dient nicht nur rein ökologischen Verbesserungen, sondern ermöglicht auch die Erfüllung klassischer Unternehmensziele. Neben wirtschaftlichen Vorteilen durch den effizienteren Einsatz von Material und Energie werden insbesondere Anforderungen des Gesetzgebers, des Marktes und der Gesellschaft bedient. Zudem erhöhen die stetig steigenden Kosten und die zunehmend kritische Verfügbarkeit bestimmter eingesetzter Ressourcen den Druck auf Unternehmen, im Bereich Ressourceneffizienz aktiv zu werden. Dies erfordert die Einbindung des Themas Ressourceneffizienz in die Unternehmenszielsetzung, den Aufbau einer dafür geeigneten Organisationsform sowie ein stringentes Projektmanagement zur Umsetzung von Ressourceneffizienzmaßnahmen. Dazu gehört unmittelbar die Definition und Anwendung geeigneter Kennzahlen zur durchgehenden Überwachung der Wirksamkeit geplanter und bereits umgesetzter Maßnahmen sowie die Überprüfung von Nutzen und Wirtschaftlichkeit.
Die Sammlung an Maßnahmen aus Kapitel 5.3.2 kann als erste Orientierungshilfe gesehen werden, um Ressourceneffizienz im Unternehmen umzusetzen. Sie zeigt, dass mit teilweise einfachen Änderungen im Mitarbeiterverhalten

[14] Zu den Voraussetzungen gehört, dass der gesamte Finanzierungsbedarf einmalig auftritt, der Finanzmittelrückfluss in gleichen Raten erfolgt sowie folgende Grenzwerte der Marginalrenditeforderung (MR) in Abhängigkeit der wirtschaftlichen Lebensdauer nicht über- bzw. unterschritten werden (MR > 25% bei 3 Jahren; 10% < MR < 100% bei 5 Jahren; MR > 100% bei 10 Jahren)

und der Unternehmensstrategie große Ressourceneinsparungen erzielt werden können, welche direkte Vorteile, wie z. B. Kostenersparnis, Imagegewinn oder Versorgungssicherheit für das Unternehmen schaffen. Detailliertere Informationen finden sich in den angegebenen Literaturquellen. Abschließend sei darauf verwiesen, dass Maßnahmen zur Steigerung der Ressourceneffizienz noch weit größere Potenziale hinsichtlich Ressourcenschonung und Wirtschaftlichkeit eröffnen, wenn diese mit Strategien der Konsistenz[15] und Suffizienz[16] ergänzt werden (Huber 1995, Schaltegger et al. 2003). Welche Maßnahmen letztendlich spezifisch für das entsprechende Unternehmen passen, muss individuell entschieden werden.

5.7 Weiterführende Informationen

Literatur

Backhaus, K.: Industriegütermarketing. München: Vahlen, 7. Auflage, 2003

Blohm, H.; Lüder, K.; Schaefer, C.: Investition. Schwachstellenanalyse des Investitionsbereichs und Investitionsrechnung. München: Vahlen, 10. Auflage, 2011

Braungart, M.: Die Klugheit des Kirschbaum (zitiert aus Berliner Zeitung, 26. Juni 2004). http://www.berliner-zeitung.de/archiv/michael-braungart-ist-ein-oeko-visionaer–seine-ideen-stellen-alles-auf-den-kopf–was-wir-unter-umweltschutz-verstehen-die-klugheit-des-kirschbaums,10810590,10188846.html (19. Januar 2012)

Bundesanstalt für Geowissenschaften und Rohstoffe (Hrsg.): Energierohstoffe 2009 - Reserven, Ressourcen, Verfügbarkeit. Hannover, 2009

Bundesministerium für Bildung und Forschung: Bekanntmachung des BMBF zur Förderung von „Materialien für eine ressourceneffiziente Industrie und Gesellschaft - MatRessource“ vom 02.11.2010. http://www.bmbf.de/foerderungen/15420.php (15. Dezember 2011)

Bundesministerium für Umwelt, Naturschutz und Reaktorsicherheit (BMU): Strategie Ressourceneffizienz - Impulse für den ökologischen und ökonomischen Umbau der Industriegesellschaft. Oktober 2007, www.bmu.de/files/pdfs/allgemein/application/pdf/ressourceneffizienz.pdf (15. Dezember 2011)

Bundesministeriums für Umwelt, Naturschutz und Reaktorsicherheit: Homepage - Artikel zum Thema „Product Carbon Footprint“, www.bmu.de (15. Dezember 2011)

Burghardt, M.: Projektmanagement. Leitfaden für die Planung, Überwachung und Steuerung von Projekten. Erlangen: Publicis, 8. Auflage, 2008

Erhardt, R.; Pastewski, N.: Ressourceneffizienz im produzierenden Gewerbe. Stuttgart: Fraunhofer-Verlag, 2010

Faulstich, M.: r 3 - Innovative Technologien für Ressourceneffizienz - Strategische Metalle und Mineralien, Informationspapier zum Forschungs- und Entwicklungsbedarf der gleichnamigen BMBF-Fördermaßnahme. TU München, 2010

Fresner, J.; Bürki, T.; Sittel, H.: Ressourceneffizienz in der Produktion: Kosten senken durch Cleaner Production. Düsseldorf: Symposion Publishing, 2009

Geibler, J. v.; Rohn, H.; Schnabel, F.; Meier, J.; Wiesen, K.; Ziema, E.; Pastewski, N.; Lettenmaier, M.: Ressourceneffizienzatlas - Eine internationale Perspektive auf Technologien und Produkte mit Ressourceneffizienzpotenzial. Kettler GmbH, 2011

Henzelmann, T., Mehner, S., Zelt, T.: Umweltpolitische Innovations- und Wachstumsmärkte aus Sicht der Unternehmen. Forschungsprojekt im Auftrag des Umweltbundesamtes, Förderkennzahl (UFOPLAN) 206 14 132/04, 2007

Heubach D.; Beucker S.; Lang-Koetz C.: Einsatz von Nanotechnologien in der hessischen Umwelttechnologie - Innovationspotenziale für Unternehmen. www.hessen-nanotech.de/mm/NanoUmwelt_Einsatz_Nanotechnologie_Umwelttechnologie_Innovationspotenziale_Unternehmen.pdf, Oktober 2009

Huber, J.: Nachhaltige Entwicklung durch Suffizienz, Effizienz und Konsistenz. In: Fritz, P. et al. (Hrsg.): Nachhaltigkeit in naturwissenschaftlicher und sozialwissenschaftlicher Perspektive. Stuttgart, S. 31 - 46.

IREES Institut für Ressourceneffizienz: Untersuchung des Energieeinsparpotenzials für ein Nachfolge-Modell ab dem Jahr 2013ff zu Steuerbegünstigungen für Unternehmen des Produzierenden Gewerbes sowie der Land- und Forstwirtschaft bei der Energie- und Stromsteuer, Endbericht des Gutachtens für das BMU. Karlsruhe, 2011

Jenkins, J.; Nordhaus, T.; Shellenberger, M.: Energy Emergence Rebound & Backfire as Emergent Phenomena. Breakthrough Institute. Oakland, 2011

Kahlenborn, W.: DIN EN 16001. Energiemanagementsysteme in der Praxis ; ein Leitfaden für Unternehmen und Organisationen. Berlin, Dessau-Roßlau: BMU, 2010

Erdmann, L.; Behrendt, S.; Feil, M.: Kritische Rohstoffe für Deutschland, Institut für Zukunftsstudien und Technologiebewertung (IZT), Im Auftrag der KfW Bankengruppe Abschlussbericht. www.kfw.de/kfw/de/I/II/Download_Center/Fachthemen/Research/PDF-Dokumente_Sonderpublikationen/Rohstoffkritikalitaet_LF.pdf, Berlin, 2011

[15] Konsistenzstrategien (auch Ökoeffektivität) zielen auf die Vereinbarkeit von Technik mit natürlichen Stoffkreisläufen ab (z. B. Energiegewinnung aus Biomasse). Braungart beschreibt den Unterschied zwischen Ressourceneffizienz und -effektivität mit den Worten: „Die Natur produziert seit Jahrmillionen völlig ineffizient, aber effektiv. Ein Kirschbaum bringt tausende Blüten und Früchte hervor, ohne die Umwelt zu belasten. Im Gegenteil: Sobald sie zu Boden fallen, werden sie zu Nährstoffen für Tiere, Pflanzen und Boden in der Umgebung.“ (Braungart 2004)

[16] Suffizienzstrategien sind komplementär zu Effizienz und Konsistenz zu betrachten. Sie fokussieren auf eine Änderung der Bedürfnisse und des Verhaltens von Nutzern (sowohl End- als auch Unternehmenskunden) hin zu einer Selbstbegrenzung oder zum Konsumverzicht (z. B. privates Car-Sharing).

I

Klöpffer, W.; Renner, I.: Lebenszyklusbasierte Nachhaltigkeitsbewertung von Produkten. In: Technikfolgenabschätzung - Theorie und Praxis (TATuP) 16 (3) 32 - 38. 2007

Kristof, K.; Hennicke, P.: Kernstrategien einer erfolgreichen Ressourcenpolitik und die zu ihrer forcierten Umsetzung vorgeschlagenen Instrumente. Wuppertal, Oktober 2010

Mayer, H.; Sinn, G.; Zettl, B.; Pfersmann, G.; Rosenkranz, P. Beer, P.: Holzbearbeitung mit Überlagerung einer Ultraschall-Wechselbeanspruchung. www.fabrikderzukunft.at/fdz_pdf/endbericht_holzbearbeitung_ultraschall_id1842.pdf (15. Dezember 2011)

Müller, E.; Löffler, T.: Energiekennzahlen für Industrie und produzierendes Gewerbe; In: Biedermann, Zwainz, Baumgartner (Hrsg.): Umweltverträgliche Produktion und nachhaltiger Erfolg. München: Hampp, 2011

Oswald-Tranta, B.: Thermografische inline Rissdetektion auf glühendem Walzdraht. www.fabrikderzukunft.at/fdz_pdf/praesentationen/814952_oswald.pdf, 2008

Pastewski N.; Lang-Koetz C.; Heubach D.; Hass K.-H.: Materialeffizienz durch den Einsatz von Nanotechnologien und neuen Materialien. www.hessen-nanotech.de/mm/Materialeffizienz_durch_Nanotechnologie_und_neue_Materialien.pdf, September 2009

REFA: Methodenlehre der Organisation für Verwaltung und Dienstleistung. München: Hanser, 1985

Schaltegger, S.; Burritt, R.; Petersen, H.: An Introduction to Corporate Environmental Management. Striving for Sustainability. Sheffield: Greenleaf, 2003, S.25

Schmidt-Bleek, Friedrich B.: Das MIPS-Konzept. Weniger Naturverbrauch - mehr Lebensqualität durch Faktor 10. München: Droemer Knaur. 1998

Schnabel, F.: „Wie schonen wir die Ressourcen?" - Ressourceneffizienz als Erfolgsfaktor. In: Bullinger, H.-J.: TECHNOlogisch! Technologien erfolgreich in den Markt bringen. Ludwigsburg: LOG_X Verlag, 2012

Schnabel, F.; Pastewski, N.; Geibler, J. v.; Wiesen, K.; Rohn, H.: Transitions towards sustainable innovations - Linking resource efficiency and new technologies; 15th International Conference of Sustainable Innovation, Rotterdam, November 2010

Spath D.; Birkhofer H.; Müller D.; Winzer P.: Umweltgerechte Produktentwicklung. Ein Leitfaden für Entwicklung und Konstruktion. Berlin. Beuth, 2000

Statistisches Bundesamt: Statistisches Jahrbuch 2010. Wiesbaden, 2010

Umweltbundesamt für Mensch und Umwelt: Homepage. Beste verfügbare Techniken - (BVT) Merkblätter zur europäischen IVU-Richtlinie, www.bvt.umweltbundesamt.de (14. November 2011)

U.S. Geological Survey: Mineral commodity summaries. Washington, 2010

Vereinte Nationen - Department of Economic and Social Affairs: World Population Prospects: The 2010 Revision. http://esa.un.org/wpp/ (15. Dezember 2011)

Werben & Verkaufen: Grüne Unternehmen: Toyota vorn, Siemens Dritter. Artikel vom 27.07.2011

Ziemann, S.; Schippel, J.; Grunwald, A.; Schebeck L.: Verfügbarkeit knapper metallischer Rohstoffe und innovative Möglichkeiten zu ihrer Substitution. In: Teipel, Ulrich (Hrsg.): Rohstoffeffizienz und Rohstoffinnovationen. Stuttgart: Fraunhofer Verlag, S. 83-97, 2010

Normen und Richtlinien

Deutsches Institut für Normung: DIN EN ISO 9000 ff. Qualitätsmanagement Dokumentensammlung. Berlin: Beuth, 2009

Deutsches Institut für Normung: DIN EN ISO 14001. Umweltmanagementsysteme. Anforderungen mit Anleitung zur Anwendung. Berlin: Beuth, 2009

Deutsches Institut für Normung: DIN EN ISO 14031 Umweltmanagement - Umweltleitungsbewertung - Leitlinien. Berlin: Beuth, 2000

Deutsches Institut für Normung: DIN EN ISO 14040. Umweltmanagement - Ökobilanz - Prinzipien und allgemeine Anforderungen. Berlin: Beuth, 2009

Deutsches Institut für Normung: DIN EN ISO 14044. Umweltmanagement - Ökobilanz - Anforderungen und Anleitungen. Berlin: Beuth, 2006

Deutsches Institut für Normung: DIN EN 16001. Energiemanagementsysteme - Anforderungen mit Anleitung zur Anwendung. Berlin: Beuth, 2009 (zurückgezogen und ersetzt durch DIN EN ISO 50001)

Deutsches Institut für Normung: ISO 26000 - Leitfaden zur gesellschaftlichen Verantwortung. Berlin: Beuth, 2011

Deutsches Institut für Normung: DIN EN ISO 50001: Energiemanagementsysteme - Anforderungen mit Anleitung zur Anwendung. Berlin: Beuth, 2011

Deutsches Institut für Normung: DIN 69909 - 1. Multiprojektmanagement - Teil 1: Management von Projektportfolios, Programmen und Projekten. Berlin: Beuth, 2011

Richtlinie 2008/1/EG des Europäischen Parlaments und des Rates der Europäischen Union vom 15. Januar 2008 über die integrierte Vermeidung und Verminderung der Umweltverschmutzung, 2008

VDI-Richtlinie 3807: Technikbewertung - Begriffe und Grundlagen. Berlin: Beuth, 2000

VDI-Richtlinie 3922: Energieberatung für Industrie und Gewerbe. Berlin: Beuth, 1998

VDI-Richtlinie 4050: Betriebliche Kennzahlen für das Umweltmanagement - Leitfaden zu Aufbau, Einführung und Nutzung: Berlin: Beuth, 2001

VDI-Richtlinie 4070 Blatt 1: Nachhaltiges Wirtschaften in kleinen und mittelständischen Unternehmen Anleitung zum Nachhaltigen Wirtschaften. Berlin: Beuth, 2006

VDI-Richtlinie 4597: Rahmenrichtlinie Ressourceneffizienz - Grundlagen Bewertungsmethoden

VDI-Richtlinie 4598: Ressourceneffizienz in KMU - Bewertungsrahmen und Beispiele

VDI-Richtlinie 4599: Kumulierter Rohstoffaufwand - Begriffe, Definitionen, Berechnungsmethoden, Beispiele

Diese VDI-Richtlinien befanden sich zum Redaktionsschluss noch in der Erarbeitungsphase. Mit der Veröffentlichung im Beuth Verlag wird im 4. Quartal 2012 gerechnet.

VDI-Richtlinie 4600: Kumulierter Energieaufwand - Begriffe, Definitionen, Berechnungsmethoden. Berlin: Beuth, 1997

VDI-Richtlinie 4661: Energiekenngrößen, Definitionen - Begriffe - Methodik. Berlin: Beuth, 2003

VDI-Zentrum Ressourcen, Effizienz und Klimaschutz: Homepage. http://www.vdi-zre.de/home/was-ist-re/glossar/r/ (15. Dezember 2011)

VDI Zentrum Ressourceneffizienz (ZRE): Homepage, www.vdi-zre.de/ressourcencheck (15. Dezember 2011)

Internetquellen

ARGE: Abfallvermeidung, Ressourcenschonung und nachhaltige Entwicklung GmbH: Homepage, www.arge.at (15. Dezember 2011)

Britische Regierung: Homepage, www.envirowise.gov.uk (15. Dezember 2011)

Bundesministerium für Wirtschaft und Technologie: Primärenergieverbrauch weltweit. http://www.bmwi.de/BMWi/Navigation/Energie/statistik-und-prognosen.html (15. Dezember 2011)

Chemical Leasing: Homepage, www.chemicalleasing.com, (29. November 2011)

Daimler AG: Jahresberichte 2007 bis 2010. Homepage, www.daimler.com, 16. Dezember 2011

Deutsche Materialeffizienzagentur: Homepage, www.materialeffizienz-selbstcheck.de (15. Dezember 2011)

Deutsche Post DHL: Homepage, http://www.dp-dhl.com/de/ueber_uns/ code_of_conduct.html (15. Dezember 2011)

ETH (Fachtagung, Zürich vom 24. März 2010): Homepage, www.kiesfuergenerationen.ch (15. Dezember 2011)

European Commission's Joint Research Centre (JRC), Institute for Prospective Technological Studies (IPTS): Homepage, http://eippcb.jrc.es (14. November 2011)

Gruppe Angepasste Technologie (GrAT), Technische Universität Wien: Homepage, www.grat.at (15. Dezember 2011)

ifu Institut für Umweltinformatik Hamburg: Homepage, http://www.umberto.de/ (15. Dezember 2011)

Initiative produktionsintegrierter Umweltschutz: Homepage, www.pius-info.de (15. Dezember 2011)

Lehrstuhl für Bauphysik der Universität Stuttgart, Abteilung Ganzheitliche Bilanzierung: Homepage, http://www.lbp-gabi.de (15. Dezember 2011)

Moore Research Center: Homepage CRB Commodity Index. Januar 2012. http://www.mrci.com/client/crb.php (15. Januar 2012)

Netzwerk Ressourceneffizienz: Homepage, www.netzwerk-ressourceneffizienz.de (15. Dezember 2011)

Organisation der Vereinten Nationen für industrielle Entwicklung: Homepage, www.unido.org (15. Dezember 2011)

Projekt „Ressourceneffizienzatlas“: Homepage, www.ressourceneffizienzatlas.de (15. Dezember 2011)

Umweltbundesamt für Mensch und Umwelt: Homepage, www.cleaner-production.de (15. Dezember 2011)

Umweltprogramm der Vereinten Nationen: Homepage, www.unep.org/resourceefficiency/ und www.unep.fr/scp/ (15. Dezember 2011)

Volvo Group Global: Homepage. http://www.volvogroup.com/GROUP/GLOBAL/EN-GB/RESPONSIBILITY/Pages/responsibility.aspx (15. Dezember 2011)

Wuppertal Instituts für Klima, Umwelt, Energie GmbH: Homepage: http://www.wupperinst.org, (15. Dezember 2011)

6 Finanzierung als Aufgabe des Ressourcenmanagements

Uwe Götze, Steve Rother

6.1 Gegenstand und Formen der Finanzierung

6.1.1 Einführung

Die Finanzierung von Ressourcen ist ein unverzichtbarer Bestandteil des Ressourcenmanagements: Die Beschaffung von Ressourcen erfordert finanzielle Mittel, die Bereitstellung dieser finanziellen Mittel wird als Finanzierung definiert (Perridon, Steiner 2012). Die besondere Relevanz der Finanzierung für das Ressourcenmanagement wird auch dadurch bewirkt, dass die betrieblichen Wertschöpfungsprozesse zeitlich nacheinander erfolgen. Aktivitäten der Forschung und Entwicklung, des Aufbaus von Produktionskapazitäten, der Produktion oder des Marketing werden vor dem Absatz von Leistungen bzw. Gütern ausgeführt. Damit geht i. d. R. einher, dass Auszahlungen für die Ressourcenbeschaffung zu leisten sind, bevor die Absatzaktivitäten zu Einzahlungen führen – dies bewirkt bzw. vergrößert den Finanzierungsbedarf. Die Finanzierung ist aber nicht nur eine Voraussetzung von Wertschöpfungsprozessen: Da sie Zinskosten bzw. -aufwendungen verursacht, beeinflusst sie zudem in erheblichem Maße den Unternehmenserfolg.
Aus den genannten Aspekten lassen sich die Ziele und Aufgaben der Finanzierung (bzw. Finanzwirtschaft) als flankierender Wertschöpfungsprozess bzw. betrieblicher Funktionsbereich ableiten: Sie soll die Beschaffung der für eine wirtschaftliche Leistungserstellung und -verwertung erforderlichen Ressourcen durch die Bereitstellung finanzieller Mittel ermöglichen. Dazu muss sie Zahlungsströme so koordinieren, dass Auszahlungen zu jedem Zeitpunkt durch Einzahlungen und Zahlungsmittelbestände gedeckt werden können und damit der Konkursgrund der Illiquidität vermieden wird. Außerdem sollen die Eigenschaften der Finanzierungsaktivitäten und der aus ihnen resultierenden Zahlungsströme optimiert werden. Dies bezieht sich insbesondere auf die Minimierung der Kosten, die durch die Bereitstellung von Kapital anfallen. Schließlich soll die Finanzierung zur Sicherung der Unabhängigkeit des Unternehmens beitragen (Töpfer 2007).
Ein sich im Zusammenhang mit der Ressourcenbeschaffung ergebender Finanzierungsbedarf lässt sich durch unterschiedliche Finanzierungsformen decken, die im Folgenden überblicksartig vorgestellt werden.
Finanzierungsformen werden in aller Regel nach zwei Kriterien unterschieden: Das eine Kriterium ist die Herkunft der jeweiligen Mittel, gemäß der danach differenziert wird, ob das Kapital innerhalb der Geschäfts- bzw. Umsatzprozesse des Unternehmens erwirtschaftet wird (Innenfinanzierung) oder dem Unternehmen außerhalb dieser Prozesse zufließt (Außenfinanzierung). Das zweite Kriterium stellt die rechtliche Stellung der Kapitalgeber sowie die Kapitalhaftung dar: Handelt es sich bei dem zugeführten Kapital um das den Eigentümern des Unternehmens zuzurechnende Eigenkapital, wird von Eigenfinanzierung, bei Bereitstellung von Fremdkapital und Entstehen eines schuldrechtlichen Anspruchs auf Rückzahlung gegenüber dem Unternehmen von Fremdfinanzierung gesprochen. Haftendes Kapital stellt lediglich das Eigenkapital dar.
Aus der Kombination dieser Kriterien sowie weiteren Merkmalen resultiert eine Vielzahl von Finanzierungsformen, die in Tabelle 1 überblicksartig gezeigt sind und nachfolgend beschrieben werden.

Tab. 1 Finanzierungsformen im Überblick (Töpfer 2007)

Rechtliche Stellung / Kapitalherkunft	Eigenfinanzierung	Fremdfinanzierung
Innenfinanzierung	■ Selbstfinanzierung ■ Finanzierung aus Abschreibungen und Rückstellungen ■ Finanzierung aus Vermögensumschichtungen	
Außenfinanzierung	■ Beteiligungsfinanzierung: ▪ (ordentliche) Kapitalerhöhung ▪ Private Equity ▪ genehmigtes Kapital ▪ bedingte Kapitalerhöhung	■ langfristige Kreditfinanzierung: ▪ Schuldverschreibung ▪ Schuldscheindarlehen ▪ langfristiger Bankkredit ■ kurzfristige Kreditfinanzierung: ▪ Lieferantenkredit ▪ Kundenkredit ▪ kurzfristiger Bankkredit ■ Kreditsubstitute: ▪ Factoring ▪ Leasing

I

6.1.2 Innenfinanzierung

Innenfinanzierte Mittel haben ihren Ursprung in den Leistungserstellungs- und verwertungsprozessen des Unternehmens, konkret resultieren sie aus erzielten Umsätzen oder Vermögensumschichtungen. Auf wichtige Formen der Innenfinanzierung wird im Folgenden eingegangen. Diese lassen sich jeweils der Eigenfinanzierung zuordnen, wenngleich dies im Hinblick auf die Finanzierung aus Rückstellungen im Schrifttum umstritten ist (Müller 2006, Perridon, Steiner 2012).

Selbstfinanzierung

Werden in Umsatzprozessen erwirtschaftete Gewinne zur Ressourcenfinanzierung einbehalten, spricht man von Selbstfinanzierung. Diese tritt in zwei Formen auf: Bei der *offenen Selbstfinanzierung* werden die Gewinne je nach Unternehmensform dem Kapitalkonto gutgeschrieben (bei Personengesellschaften) oder als offene Rücklage bzw. Gewinnvortrag in die nachfolgende Rechnungsperiode übernommen (bei Kapitalgesellschaften). Das Unternehmen verzichtet auf eine Ausschüttung der Gewinne und macht damit finanzielle Mittel für die Ressourcenbeschaffung verfügbar. Für unternehmensexterne Personen ist diese Form der Selbstfinanzierung anhand entsprechender Veränderungen in der Bilanz ersichtlich.
Die *stille Selbstfinanzierung* lässt sich hingegen für Unternehmensexterne nicht ohne Weiteres erkennen. Hierbei erfolgt aufgrund gesetzlicher Vorschriften, durch die bewusste Ausnutzung von Gestaltungsspielräumen im Rahmen der Bilanzpolitik oder auch unbewusst eine Unterbewertung von Vermögensgegenständen bzw. eine Überbewertung von Schulden. Dadurch werden sogenannte stille Reserven gebildet und der ausgewiesene Gewinn wird verringert, was in der entsprechenden Periode zu geringeren Steuerzahlungen und damit einem Finanzierungseffekt führt. Steuerzahlungen werden demgemäß infolge geringerer ausgewiesener Gewinne in die Zukunft verlagert.
Die Selbstfinanzierung verursacht im Gegensatz zur noch zu erläuternden Kreditfinanzierung keine zukünftigen Zins- und Tilgungszahlungen. Die durch Selbstfinanzierung bewirkte Erhöhung der Eigenkapitalquote steigert die Kreditwürdigkeit von Unternehmen und trägt zur Sicherung der Unternehmensunabhängigkeit bei.
Selbstfinanzierung setzt jedoch die Erwirtschaftung von Gewinnen voraus, was gerade in bestimmten Phasen der Unternehmensentwicklung (insbesondere in den ersten Perioden nach der Gründung) nicht zutreffen muss. Zu beachten ist außerdem, dass Eigentümer i. d. R. eine gewisse Ausschüttung erwarten und dass aus deren Sicht die Einbehaltung der Gewinne im Unternehmen und deren Verwendung zur Ressourcenbeschaffung nur so lange lohnend sind, wie mit ihnen profitabler gewirtschaftet wird als bei einer Alternativanlage.

Finanzierung aus Abschreibungen und Rückstellungen

Abschreibungen bilden den Wertverzehr von langfristig genutzten, abnutzbaren Ressourcen (z. B. Fertigungsanlagen) ab. Dazu werden deren Anschaffungs- bzw. Herstellungskosten auf die Perioden der Nutzungsdauer verteilt. Abschreibungen stellen keine Auszahlungen, sondern nur Aufwendungen dar, die den steuerpflichtigen Gewinn mindern.
Erfolgt eine kostenorientierte Preisbildung, dann sind (auch) die Abschreibungen preisbestimmend (je höher die Abschreibungen, desto höher ist dann der Preis). Falls zudem entsprechende Preise durchgesetzt werden können, ergibt sich ein erster Finanzierungseffekt dadurch, dass das Unternehmen einen Einzahlungsüberschuss in Höhe der Abschreibungen erhält (neben einem mit dem Gewinn korrespondierenden Überschuss). Ein zweiter Finanzierungseffekt resultiert daraus, dass über die Gewinnminderung auch Steuerzahlungen sowie ggf. Ausschüttungen verringert werden (eine positive Gewinnsituation vorausgesetzt), wodurch sich die verfügbaren finanziellen Mittel zusätzlich erhöhen.
Mit *Rückstellungen* soll ein Wertverzehr in einem Geschäftsjahr erfasst werden, der in diesem Jahr seinen Ursprung hat, aber erst zu einem nicht bekannten zukünftigen Zeitpunkt zu Zahlungen in ungewisser Höhe führen wird. Indem eine entsprechende Aufwandsposition in Höhe der erwarteten Zahlung gebildet wird, lässt sich eine zu positive Darstellung des Geschäftsergebnisses vermeiden. Außerdem werden i. d. R. finanzielle Mittel im Unternehmen gebunden. Rückstellungen sind gemäß § 249 I HGB für ungewisse Verbindlichkeiten sowie drohende Verluste aus schwebenden Geschäften anzusetzen. Weiterhin können sie auch für unterlassene und im darauf folgenden Jahr nachzuholende Instandhaltungsarbeiten sowie für Gewährleistungen, deren Erbringung ohne rechtliche Verpflichtung erfolgt, gebildet werden. Analog zur Finanzierung über Abschreibungen entsteht der Finanzierungseffekt von Rückstellungen einerseits bei einer kostenorientierten Preisbildung, indem Einzahlungen erwirtschaftet werden, denen zwar Aufwendungen, aber keine Auszahlungen gegenüberstehen. Andererseits werden durch die Rückstellungen der Periodengewinn und darüber oftmals auch Steuerzahlungen sowie ggf. Ausschüttungen vermindert bzw. in die Zukunft verlagert. Wird die Rückstellung aufgelöst, ohne dass sie in Anspruch genommen wurde, so ist der dann erzielte Gewinn zu versteuern.

Finanzierung aus Vermögensumschichtungen

Außerhalb des laufenden betrieblichen Umsatzprozesses kann die (Innen-)Finanzierung der Ressourcenbeschaffung insbesondere durch die Veräußerung von Gütern des Anlage- oder Umlaufvermögens erfolgen. Der Verkauf von Gegenständen des Anlagevermögens geht mit einer Umwandlung von Sach- in Geldvermögen einher, durch die es zu einem Finanzierungseffekt kommt. Es bietet sich an, Güter des Anlagevermögens zu veräußern, die im laufenden betrieblichen Leistungserstellungsprozess nicht zum Einsatz kommen (z. B. Wertpapiere oder Beteiligungen). Im Falle eines Finanzierungsengpasses kann es jedoch auch erforderlich sein, betriebsnotwendige Güter des Anlagevermögens (z. B. Betriebsmittel) abzustoßen und die dadurch ggf. verursachten Störungen bei der Leistungserstellung in Kauf zu nehmen. Eine Vermögensumschichtung im Bereich des Umlaufvermögens ist insbesondere durch den Abbau von Vorräten und Forderungen realisierbar. Die Höhe des Finanzierungspotenzials hängt vor allem davon ab, welchen Wert diese Gegenstände aufweisen.

6.1.3 Beteiligungsfinanzierung

Die Beteiligungsfinanzierung stellt – neben der Fremd- bzw. Kreditfinanzierung – einen Weg der Außenfinanzierung dar. Die finanziellen Mittel fließen demgemäß außerhalb des Umsatzprozesses zu, und zwar über die Zuführung von Eigenkapital, das von bisherigen oder neuen Anteilseignern stammt. Im Zuge der Finanzierung erwerben die Anteilseigner Gesellschaftsanteile eines Unternehmens und damit Informations-, Kontroll-, Mitsprache- sowie teilweise auch Entscheidungsrechte. Die Möglichkeiten der Beteiligungsfinanzierung hängen in starkem Maße von der Rechtsform und der damit verbundenen Emissionsfähigkeit eines Unternehmens ab – sie werden daher nachfolgend getrennt für nicht-emissionsfähige und emissionsfähige Unternehmen betrachtet.

Beteiligungsfinanzierung bei nicht-emissionsfähigen Unternehmen

Nicht-emissionsfähige Unternehmen, d. h. Personengesellschaften, Einzelunternehmen sowie GmbHs und kleine Aktiengesellschaften, denen es nicht möglich ist, Gesellschaftsanteile an Börsen zu platzieren, haben nur beschränkten Zugang zu Personen oder Institutionen, die Beteiligungskapital zur Verfügung stellen. Dies ist in erster Linie dadurch begründet, dass es kaum etablierte Kauf- oder Verkaufsmechanismen für die Anteile dieser Gesellschaftsformen gibt und derartige Unternehmen nur in geringem Maße verpflichtet sind, Informationen zur Unternehmenssituation zu veröffentlichen. Dies wird i. d. R. zu einer Informationsasymmetrie zugunsten der Vertreter des Unternehmens führen, die potenzielle Anleger einer Beteiligung skeptisch gegenüberstehen lässt. Ähnlich hemmend wirken Fragen der Unternehmensbewertung (anders als bei börsennotierten Gesellschaften existiert kein Kurswert) sowie zumindest bei Personengesellschaften das erforderliche hohe Ausmaß an gegenseitigem Vertrauen und die Haftungsproblematik. Insgesamt ist die Fungibilität der Gesellschaftsanteile vergleichsweise gering.

Diese Probleme erschweren für nicht-emissionsfähige Unternehmen die Finanzierung mittels einer *Kapitalerhöhung*, die grundsätzlich durch Aufnahme neuer Gesellschafter, Komplementäre oder Kommanditisten (u. a. in Abhängigkeit von der Rechtsform), sowie Zuführung finanzieller Mittel durch bisherige Gesellschafter möglich ist.

Um nun die aufgeführten Probleme zu mindern und eine Kapitalerhöhung zu erleichtern, sind verschiedene spezifische Beteiligungsformen entwickelt worden, die sich unter dem Begriff *Private Equity* subsumieren lassen. Dazu gehören Kapitalbeteiligungsgesellschaften, Venture-Capital-Gesellschaften und Unternehmensbeteiligungsgesellschaften.

Die häufig im Besitz von Banken befindlichen *Kapitalbeteiligungsgesellschaften* stellen vor allem kleinen und mittelständischen Unternehmen – die bereits langfristig erfolgreich am Markt etabliert sind – Eigenkapital in Form offener oder stiller Beteiligungen zur Verfügung. Typisch für diese Gesellschaften sind eine ausgeprägte Risikoaversion und das Streben nach relativ hohen laufenden Ausschüttungen. Die Kontrolle oder Beherrschung des finanzierten Unternehmens steht meist nicht im Vordergrund (Töpfer 2007).

Venture-Capital-Gesellschaften engagieren sich in erster Linie bei jungen, innovativen Unternehmen, deren Leistungen meist sehr stark technologisch ausgerichtet sind. Die Kapitalgeber erzielen Erträge primär durch Wertsteigerungen des Unternehmens und unterstützen dieses oft zusätzlich durch Fachwissen. Geldgeber von Venture-Capital-Gesellschaften sind neben Banken und Versicherungen auch Großunternehmen und private Investoren (Töpfer 2007).

Während die Grenzen zwischen Kapitalbeteiligungs- und Venture-Capital-Gesellschaften inhaltlich bestimmt und zudem fließend sind, werden *Unternehmensbeteiligungsgesellschaften* als dritte Private Equity-Form auf Basis rechtlicher Regelungen abgegrenzt. Solche Gesellschaften unterliegen den Vorschriften des Gesetzes über Unternehmensbeteiligungsgesellschaften (UBGG), das u. a. regelt, welche Rechtsform sie annehmen dürfen. Erfüllen Beteiligungsgesellschaften die Vorschriften des UBGG, besteht die Möglichkeit auf Befreiung von der Gewerbesteuer (Töpfer 2007).

I

Beteiligungsfinanzierung bei emissionsfähigen Unternehmen

Im Gegensatz zu den nicht-emissionsfähigen Unternehmen sind die Anteile von *emissionsfähigen Gesellschaften* durch den Zugang zur Börse höchst fungibel. Aufgrund umfassender Veröffentlichungsvorschriften entstehen tendenziell geringere Informationsasymmetrien. Das zuzuführende Kapital ist in kleine Teilbeträge zerlegbar, was es Anlegern ermöglicht, sich auch mit relativ niedrigen Kapitalbeträgen zu engagieren.
Bei börsennotierten Aktiengesellschaften – als der wichtigsten Form emissionsfähiger Unternehmen – kann eine Beteiligungsfinanzierung (neben dem Rückgriff auf die beschriebenen Private Equity-Formen) auf drei verschiedenen Wegen erfolgen, die nachfolgend skizziert werden (Wöhe, Bilstein 2009).
Die sogenannte *ordentliche Kapitalerhöhung* zeichnet sich dadurch aus, dass neue Aktien gegen Barzahlung oder Sacheinlagen ausgegeben werden. Um die Bewahrung der Stimmrechtsanteile zu ermöglichen, besteht grundsätzlich ein Bezugsrecht für die bisherigen Aktionäre (das allerdings von der Hauptversammlung aufgehoben werden kann).
Eine besondere Form der ordentlichen Kapitalerhöhung kommt über das sogenannte *genehmigte Kapital* zustande. Dieses entsteht dadurch, dass die Hauptversammlung den Vorstand für einen befristeten Zeitraum von maximal fünf Jahren dazu ermächtigt, eine ordentliche Kapitalerhöhung durchzuführen. Über deren Zeitpunkt kann der Vorstand entscheiden und hat damit die Möglichkeit, Aktien dann an die Börse zu bringen, wenn aufgrund eines hohen Kurses auch hohe Einzahlungen aus dem Aktienverkauf erzielt werden oder wenn ein entsprechender Kapitalbedarf besteht.
Eine *bedingte Kapitalerhöhung* als dritte Form ist in drei Fällen möglich: Sie kann der Gewährung von Umtausch- oder Bezugsrechten an Gläubiger von Wandelschuldverschreibungen, der Vorbereitung des Zusammenschlusses mehrerer Unternehmen und dem Einräumen von Bezugsrechten für die Arbeitnehmer und die Unternehmensleitung dienen.

6.1.4 Kreditfinanzierung

Bei der Kreditfinanzierung stellen Gläubiger einem Unternehmen Fremdkapital zur Verfügung. Sie erhalten dafür bis auf wenige Ausnahmen keine Mitsprache- und Kontrollrechte am Unternehmen, aber einen Rechtsanspruch auf die Rückzahlung der zur Verfügung gestellten finanziellen Mittel. Zusätzlich wird zwischen dem Kreditnehmer und dem Kreditgeber ein Zinssatz vereinbart, zu dem sich die geliehenen Mittel über den Zeitraum ihrer Gewährung bis zur Tilgung verzinsen. Die Rückzahlung kann sowohl in einem einzigen Betrag als auch gemäß einem Tilgungsplan in Raten, Annuitäten oder anderen Auszahlungsverläufen erfolgen. Voraussetzung für die Vergabe von Krediten ist, dass der Schuldner entsprechende Sicherheiten gibt. Dazu zählen Grundpfandrechte (Hypothek und Grundschuld), Verpfändungen, Sicherungsabtretungen und -übereignungen, Wechselsicherungen, Bürgschaften sowie Garantien (Perridon, Steiner 2012).
Die Kreditfinanzierung lässt sich entsprechend der Fristigkeit in lang- und kurzfristige Formen differenzieren, wobei die langfristigen Formen insbesondere zur Finanzierung langfristig genutzter Ressourcen (Anlagevermögen) und damit als Ergänzung zum Eigenkapital eingesetzt werden.

Langfristige Kreditfinanzierung

Eine langfristige Form der Kreditfinanzierung stellt die *Schuldverschreibung* (oder Anleihe, Obligation) dar. Dieses langfristige Darlehen erhält ein Unternehmen über die Emission entsprechender Wertpapiere am Kapitalmarkt. Es ist in der Regel festverzinslich und kann rechtsformunabhängig an Börsen gehandelt werden. Aufgrund sehr strenger Anforderungen an die Bonität des Unternehmens und die gestellten Sicherheiten sowie eines hohen Mindestvolumens kommen als Emittenten meist nur große Unternehmen in Frage. Die Laufzeiten von Schuldverschreibungen liegen oft bei 10 bis 20 Jahren (Töpfer 2007).
In der Praxis existieren einige Abwandlungen der klassischen Schuldverschreibung (Perridon, Steiner 2012):

- Im Rahmen einer *Gewinnschuldverschreibung* erhält der Gläubiger neben den vereinbarten Zinsen eine Beteiligung am Gewinn des emittierenden Unternehmens; demgemäß wird die Kredit- mit einem Merkmal der Beteiligungsfinanzierung verbunden.
- Typisch für die *Wandelschuldverschreibung* ist, dass sie dem Besitzer das Recht einräumt, sie innerhalb eines fest definierten Zeitraums in Aktien des Unternehmens umzutauschen. Dafür wird vorab ein bestimmtes Umtauschverhältnis festgelegt.
- Die *Optionsschuldverschreibung* hingegen räumt dem Käufer einer Anleihe das Recht auf den Aktienbezug innerhalb eines bestimmten Zeitraums, zu einem fest definierten Bezugsverhältnis und zu einem festgelegten Bezugskurs ein.

An *Schuldscheindarlehen* werden weniger strenge Anforderungen als an Schuldverschreibungen gestellt. So gelten keine besonderen Formvorschriften, daher sind individuelle Ausgestaltungen möglich. Schuldscheine stellen keine Wertpapiere, sondern lediglich Beweisurkunden dar. Sie sind auch nicht an Börsen handelbar und damit weniger fungibel. Die Verzinsung von Schuldscheindarlehen liegt deshalb meist höher als die von vergleichbaren börsengehandelten Anleihen.

Langfristige Bankkredite können von Unternehmen aller Größenklassen aufgenommen werden. Sie stehen damit auch den kleinen und mittleren Unternehmen offen, für die die eben beschriebenen Formen der Beschaffung von Fremdkapital meist nicht infrage kommen. Aufgrund gestiegener Eigenkapitalanforderungen an Banken haben sich in den letzten Jahren die Kreditfinanzierungsmöglichkeiten für Unternehmen verändert: So werden die Kreditkonditionen von Risikoeinstufungen abhängig gemacht – je höher das Risiko eingeschätzt wird, desto höher ist die geforderte Verzinsung.

Kurzfristige Kreditfinanzierung

Eine eindeutige Grenze zwischen den Formen der lang- und der kurzfristigen Kreditfinanzierung lässt sich nur schwer ziehen. Als Orientierung kann die Auffassung der Bundesbank herangezogen werden, die alle Kreditformen mit einer Laufzeit von mehr als vier Jahren als langfristig ansieht (Töpfer 2007). Zu den dann als kurzfristig einzustufenden Krediten zählen Kredite von Lieferanten, Anzahlungen von Kunden und Bankkredite, die für einen kurzen Zeitraum zur Verfügung gestellt werden (Perridon, Steiner 2012, Wöhe, Bilstein 2009).

Lieferantenkredite entstehen dadurch, dass Lieferanten ihren Kunden ein Zahlungsziel bis zur Begleichung einer Rechnung einräumen. In der Regel müssen bei dieser Form der Fremdfinanzierung vom Schuldner keine Sicherheiten hinterlegt werden, allerdings verbleibt oft ein Eigentumsvorbehalt bis zur Bezahlung der Ware. Häufig besteht eine Wahl zwischen der Ausnutzung von Skonto und einem länger laufenden Lieferantenkredit (z. B. bei einer Zahlungsbedingung wie „10 Tage 2 % Skonto, 30 Tage netto" – mit einem Lieferantenkredit über 10 Tage oder über 30 Tage bei Verzicht auf Ausnutzen von Skonto). Bei dieser Wahl ist zu beachten, dass die jahresbezogene Verzinsung für die längere Inanspruchnahme des Lieferantenkredits sehr hoch ist, sodass diese Alternative nur bei schlechter Liquiditätslage gewählt werden sollte.

Bei *Kundenanzahlungen oder -krediten* leistet der Abnehmer bereits vor Fertigstellung der Leistung bzw. Lieferung des Produktes eine Zahlung und trägt damit zur Finanzierung der dafür eingesetzten Ressourcen bei. Neben der Finanzierungsfunktion erhöht die Kundenanzahlung die Wahrscheinlichkeit, dass der Auftraggeber die Leistung bzw. das Produkt tatsächlich abnimmt.

Einen *kurzfristigen Bankkredit* stellt der *Kontokorrentkredit* dar. Er wird von Banken bei Überziehung des Kontos eines Kreditnehmers bis zu einer bestimmten Kreditlinie eingeräumt. Der Zinssatz ist bei dieser Kreditform im Vergleich zu anderen meist relativ hoch. Dennoch wird der Kontokorrentkredit häufig in Anspruch genommen, da er recht einfach verfügbar ist (keine spezifischen Sicherheiten, unkomplizierte Handhabung). Unternehmen können darüber die Zahlungsbereitschaft erhalten und insbesondere finanzielle Spitzenbelastungen abfangen.

Beim *Lombardkredit* handelt es sich ebenfalls um eine Form des kurzfristigen Bankkredits. Für ihn ist typisch, dass der Kreditnehmer zur Sicherung Wertpapiere, Wechsel oder Waren verpfändet. Der Kredit wird in der Regel nur in Höhe eines Teils des gesamten Werts der verpfändeten Vermögensgegenstände vergeben (Beleihungsgrenze).

Der *Wechselkredit* stellt eine dritte Form kurzfristiger Kredite dar. Er basiert auf einem sogenannten Wechsel – einem Wertpapier, das als ein Zahlungsversprechen des Schuldners an den Wechselinhaber verstanden wird und das es im Falle des Ausbleibens der Rückzahlung relativ einfach ermöglicht, die Forderung durchzusetzen („Wechselstrenge").

Die letzte Form eines kurzfristigen Kredits, die hier kurz vorgestellt werden soll, ist der *Avalkredit*. Dieser ist dadurch gekennzeichnet, dass die Bank eine Bürgschaft oder Garantie für den Kreditnehmer übernimmt und zur Zahlung herangezogen wird, wenn dieser seinen Zahlungsverpflichtungen nicht nachkommen kann. Es erfolgt demgemäß eine indirekte Finanzierung („Kreditleihe" anstatt „Geldleihe").

Finanzierungssubstitute

Ausgehend von einer weiten Interpretation der Fremdfinanzierung werden dieser oft auch Finanzierungsformen zugerechnet, die dazu geeignet sind, kurz- und langfristige Kredite zu ersetzen. Die wichtigsten dieser auch als Kreditsubstitute bezeichneten Finanzierungsformen sind das Factoring und das Leasing.

Beim *Factoring* kauft ein sogenannter Factor (Kredit- oder Finanzierungsinstitut) Forderungen aus Lieferung und Leistung vor deren Fälligkeit von einem Verkäufer (der gleichzeitig Lieferant bzw. Erbringer einer Leistung ist) auf (Perridon, Steiner 2012). Damit übernimmt der Factor meist drei Funktionen: die Finanzierungsfunktion, die Delkrederefunktion und eine zusätzliche Dienstleistungsfunktion. Die Finanzierungsfunktion erfüllt er dadurch, dass die Zahlung für die angekauften Forderungen – in Höhe des Forderungsbetrags abzüglich der vom Factor erhobenen Zinsen und Gebühren – unmittelbar erfolgt. Die Delkrederefunktion besteht darin, dass der Factor das Risiko eines Ausfalls der Zahlungen des Kunden trägt (in diesem Fall wird vom echten Factoring gesprochen). Die Dienstleistungsfunktion kann die Übernahme der Debitorenbuchhaltung oder des Mahnwesens umfassen. Zu beachten ist, dass das Factoring nicht in jedem Fall zum Einsatz kommen kann. Einerseits besteht die Möglichkeit, dass Kunden in ihren Geschäftsbedingungen die Abtretung von Forderungen ausschließen, andererseits verhindert dies auch ein Eigentumsvorbehalt des Lieferanten.

Die Kosten des Factoring werden vom vereinbarten Serviceumfang determiniert. Bei Übernahme aller drei Funktionen umfassen sie Zinsen für die frühzeitige Zahlung, Delkrederegebühren für die Risikoübernahme und einen Betrag für die zusätzliche Dienstleistung. Dem gegenüber stehen die Vorteile aus der Erfüllung der genannten Funktionen (Töpfer 2007).

Beim *Leasing* wird ein Gegenstand des Anlagevermögens für einen vertraglich vereinbarten Zeitraum gegen ein Entgelt verliehen bzw. einem Nutzer überlassen. Es lassen sich zwei verschiedene Formen unterscheiden: das Operate- und das Financial-Leasing (Perridon, Steiner 2012).

Beim *Operate-Leasing* wird dem Leasingnehmer ein nur an kurze Fristen gebundenes jederzeitiges Kündigungsrecht eingeräumt. Damit hat der Leasinggeber zum einen das Risiko zu tragen, dass sich das Leasingobjekt für ihn während der Mietzeit nicht amortisiert. Zum anderen trägt er auch die Kosten für den zufälligen Untergang des Leasingobjektes oder dessen Entwertung aufgrund technischen Fortschritts.

Für das *Financial-Leasing* ist hingegen während eines vertraglich vereinbarten, längeren Zeitraums – der Grundmietzeit – kein Kündigungsrecht des Leasingvertrages vorgesehen. Die meisten Financial-Leasing-Verträge sind so ausgestaltet, dass sich das Leasingobjekt für den Leasinggeber innerhalb dieser Grundmietzeit, die in der Regel kürzer ist als die betriebsgewöhnliche Nutzungsdauer des Betriebsmittels, vollständig amortisiert. Werden über die Grundmietzeit hinaus keine weiteren vertraglichen Vereinbarungen getroffen, geht das Leasingobjekt nach dem Ende der Grundmietzeit an den Leasinggeber zurück (Leasingvertrag ohne Optionsrecht). Im Gegensatz dazu kann dem Leasingnehmer jedoch auch ein Optionsrecht zum Kauf am Ende der Grundmietzeit eingeräumt werden (Leasingvertrag mit Kaufoption). Darüber hinaus besteht die Möglichkeit, eine Mietverlängerungsoption zu vereinbaren, die dem Leasingnehmer das Recht zu einer Verlängerung der Nutzung des Leasingobjektes über die Grundmietzeit hinaus verleiht (Perridon, Steiner 2012).

Eine Sonderform des Financial-Leasing stellt das *Sale-and-Lease-Back-Verfahren* dar. Bei diesem wird ein Betriebsmittel von einem Unternehmen gekauft, an eine Leasinggesellschaft verkauft und dann von dieser zurückgemietet. Damit ist die Finanzierung der Anschaffungskosten nur für den Zeitraum zwischen Kauf und Verkauf erforderlich, allerdings fallen während der Leasingphase Leasingraten an. Das Verfahren trägt – wie das Leasing insgesamt – der Tatsache Rechnung, dass Erträge bzw. Einzahlungen aus der Investition in ein Betriebsmittel oft erst im Verlauf der Nutzung anfallen.

Für die wirtschaftliche Vorteilhaftigkeit des Leasing ist die bilanzielle Behandlung der geleasten Vermögensgegenstände relevant. Hierfür existieren für Unternehmen, die ihre Bilanz nach Handelsgesetzbuch (HGB) erstellen, Abgrenzungsregeln des Bundesministeriums für Finanzen und des Bundesfinanzhofs.

6.1.5 Ressourcenbezogene Finanzierungspolitik

Eine Aussage, welche der dargestellten Formen unter welchen Voraussetzungen zur Finanzierung von Ressourcen eingesetzt werden sollten, ist nur schwer möglich. Einerseits determiniert die Rechtsform des Unternehmens den Zugang zu Eigenkapital, andererseits limitieren notwendige Sicherheiten die Verfügbarkeit von Fremdkapital. Zudem verursachen die jeweiligen Formen direkt oder indirekt Kapitalkosten unterschiedlicher Höhe. Schließlich spielen Haftungs- und Risikofragen eine nicht unwesentliche Rolle.

Einen Anhaltspunkt für die Beantwortung der Frage, in welchem Ausmaß eigene oder fremde Mittel zur Ressourcenfinanzierung eingesetzt werden sollten, können die in der Praxis verbreiteten Kapital-Vermögens-Strukturregeln bieten. Sie stellen eine Verbindung zwischen Kapitalherkunft und Kapitalverwendung her, lassen sich in Form von Kennzahlen ausdrücken und werden aus der Unternehmensbilanz abgeleitet. Zu den Kapital-Vermögens-Strukturregeln gehört die „Goldene Bilanzregel", gemäß deren weiter Fassung die Summe aus Eigenkapital und langfristigem Fremdkapital größer sein sollte als das Anlagevermögen. Hiermit soll die Fristenkongruenz gewahrt werden, indem dem langfristig gebundenen Vermögen mindestens genauso viel langfristig verfügbares Kapital gegenübersteht.

Grundsätzlich sind alle aufgeführten Formen für die Finanzierung von Ressourcen geeignet. Daneben existieren weitere Finanzierungskonzepte, die speziell für die Finanzierung bestimmter Arten von Ressourcen genutzt werden können. Solche Konzepte sollen nachfolgend am Beispiel der Ressource Energie sowie der zu deren Erzeugung, Verteilung bis hin zu Nutzung notwendigen technischen Anlagen vorgestellt werden.

6.2 Ausgewählte energiebezogene Finanzierungskonzepte

6.2.1 Finanzierung mittels Einspeisevergütung

Die Finanzierung von Ressourcen aus gesetzlich verankerten Einspeisevergütungen stellt eine spezifische Form der Selbstfinanzierung dar. Der Mittelzufluss erfolgt im Zusammenhang mit Umsatzprozessen, wird jedoch (teilweise) subventioniert.

Den Hintergrund der Gewährung von Einspeisevergütungen bilden die knapper werdenden fossilen Energieträger und die damit einhergehende verstärkte Nutzung regenerativer Energien sowie der Einsatz effizienter Technologien bei der Erzeugung von Ressourcen wie Strom, Wärme oder Kälte. Im Zuge dessen wurden in Deutschland im letzten Jahrzehnt Gesetze geschaffen, die Unternehmen, welche beabsichtigen, in moderne, effiziente und ressourcenschonende Anlagen zur Bereitstellung von elektrischer Energie und Wärmeenergie zu investieren, interessante Möglichkeiten für deren Finanzierung bieten. Vor allem die gesetzlich verankerte vorrangige Abnahme- und Vergütungspflicht für elektrische Energie, die aus erneuerbaren Energieträgern – dazu gehören Solar-, Wind- und Bioenergie sowie Wasser und Geothermie – oder mittels Kraft-Wärme-Kopplungsanlagen (KWK) erzeugt wird, fördert die Amortisation der Anschaffungs- und Herstellungskosten derartiger Anlagen und damit einhergehend deren Vorteilhaftigkeit. Für Industrie- und andere Unternehmen schaffen die gewährten Einspeisevergütungen zusätzliche Liquidität. Der damit verbundene Finanzierungseffekt ergibt sich wie folgt: Die Vergütungen für Strom, der mittels erneuerbare Energien nutzenden oder KWK-Anlagen erzeugt wird, führen zu Einzahlungen im Unternehmen. Gewährt werden diese für selbst erzeugten Strom, der in das öffentliche Netz eingespeist wird und – wenn auch in geringerer Höhe – für eigenverbrauchten Strom. Die damit generierten Einzahlungen können u.a. zur Finanzierung weiterer Ressourcen verwendet werden.

Die Basis für die Förderung des Einsatzes erneuerbarer Energieträger bildet das Gesetz über den Vorrang erneuerbarer Energien (EEG). Dieses existiert gegenwärtig in seiner bereits vierten Fassung aus dem Jahr 2012. Das EEG regelt im Wesentlichen die Anschluss-, Abnahme-, Übertragungs-, Verteilungs- und Mindestvergütungspflicht für Strom aus erneuerbaren Energieträgern („EEG-Strom"). Die Höhe der gesetzlich verankerten Mindestvergütung hängt von dem der Stromerzeugung zugrunde liegenden Energieträger, vom Zeitpunkt der erstmaligen Inbetriebnahme der Anlage, vom Anlagentyp und zum Teil von der Größe der Anlage ab (EEG 2012).

Die letzte Novelle des EEG 2012 brachte darüber hinaus einige Neuerungen gegenüber den Vorläufern. Dazu gehören u.a. eine Flexibilitätsprämie, die der marktorientierten Stromerzeugung durch Biogasanlagen dient, sowie eine optionale Marktprämie für alle EEG-Anlagen, welche einen Anreiz für die Direktvermarktung von EEG-Strom schaffen soll.

Neben dem EEG enthält auch das Kraft-Wärme-Kopplungsgesetz (KWKG) Abnahmepflichten und Vergütungsvorschriften für dezentral erzeugten Strom (KWKG 2009). Damit soll ein verstärkter Ausbau der KWK-Technologie gefördert werden. Motive hierfür sind der höhere Wirkungsgrad von KWK-Anlagen gegenüber Anlagen, in denen Strom und Nutzwärme ungekoppelt erzeugt werden, und die Einsparungen, die damit bei den für die Strom- und Nutzwärmeerzeugung verwendeten Ressourcen ermöglicht werden. Mit der Novelle des KWKG 2009 erfuhr der im gekoppelten Kraft-Wärme-Prozess erzeugte Strom quasi eine Gleichstellung mit Strom aus regenerativen Energieträgern. Die Vergütung setzt sich bei KWK-Anlagen bis zu einer Leistung von 2 MW aus dem durchschnittlich im letzten Quartal an der Strombörse (European Energy Exchange (EEX)) gezahlten Preis für Grundlaststrom (Baseload) und einem gesetzlich verankerten Zuschlag zusammen. Bei größeren Anlagen ist der Abnahmepreis zwischen Anlagen- und Verteilnetzbetreiber verhandelbar. Für selbst verbrauchten und somit nicht eingespeisten Strom wird nur der gesetzliche Zuschlag gezahlt.

Zur Beantwortung der Frage, ob die Investition in eine Anlage bei einem konkreten Einsatzzweck vorteilhaft ist und damit über die Inanspruchnahme der Einspeisevergütung ein Beitrag zur Ressourcenfinanzierung geleistet werden kann, sollte eine Wirtschaftlichkeits- bzw. Investitionsrechnung durchgeführt werden. Da derartige technische Anlagen immer über einen längeren Zeitraum genutzt werden, empfiehlt es sich, dabei auf dynamische Verfahren der Investitionsrechnung zurückzugreifen. Besonders geeignet für die Vorteilhaftigkeitsbeurteilung sind die Kapitalwertmethode sowie die Methode der vollständigen Finanzpläne. Zur Beurteilung des Risikos können zusätzlich Amortisationszeiten und andere kritische Werte berechnet werden (Götze 2008). In die Wirtschaftlichkeitsberechnung sollten neben den Zahlungen für die Anschaffung bzw. Herstellung der Anlage (einschließlich Errichtung und Einrichtung), die in den meisten Fällen vor oder zu Beginn der Nutzung anfallen, auch laufende Zahlungen für Bedienungspersonal, Wartungs- und Instandhaltungsarbeiten und ggf. Brennstoffe sowie für die Demontage oder Entsorgung am Ende der Nutzung einbezogen werden. Diesen Auszahlungen sind die durch

I

Tab. 2 Beurteilung der wirtschaftlichen Vorteilhaftigkeit einer Biomasseanlage mittels Methode der vollständigen Finanzpläne (Götze 2008)

	t=0	t=1	t=2	...	t=20
Einzahlungen		439.200,00	439.200,00		439.200,00
Auszahlungen					
Anschaffungsauszahlung	979.319,00				
fixe Betriebsauszahlungen		21.916,10	22.354,42		31.927,62
variable Substratauszahlungen		189.368,00	193.155,36		275.873,42
sonst. variable Betriebsauszahlungen		45.426,83	46.335,37		66.178,31
Zahlungsreihe	-979.319,00	182.489,07	177.354,85		65.220,65
Eigenkapital					
- Entnahme					
+ Einlage	250.000,00				
Kredit mit Ratentilgung (4,5 %)					
+ Aufnahme	600.000,00				
- Tilgung		-30.000,00	-30.000,00		-30.000,00
- Sollzinsen		-27.000,00	-25.650,00		-1.350,00
Kredit mit Endtilgung (5 %)					
+ Aufnahme	100.000,00				
- Tilgung					-100.000,00
- Sollzinsen		-5.000,00	-5.000,00		-5.000,00
Kontokorrentkredit (10 %)					
+ Aufnahme	29.319,00				
- Tilgung		-29.319,00			
- Sollzinsen		-2.931,90			
Geldanlage pauschal (2,5 %)					
- Geldanlage		-88.238,17	-118.910,81		
+ Auflösung					21.957,03
+ Habenzinsen			2.205,95		49.172,33
Finanzierungssaldo	0,00	0,00	0,00	...	0,00
Bestandsgrößen					
Kreditstand					
Ratentilgung	600.000,00	570.000,00	540.000,00		0,00
Endtilgung	100.000,00	100.000,00	100.000,00		0,00
Annuitätentilgung					
Kontokorrent	29.319,00	0,00			
Guthabenbestand pauschal		88.238,17	207.148,98		1.944.935,98
Bestandssaldo	-729.319,00	-581.761,83	-432.851,02	...	1.944.935,98

die Stromerzeugung und -verwertung erzielbaren Einzahlungen bzw. vermiedenen Auszahlungen sowie ggf. ein zum Ende der Nutzungsdauer erwarteter zahlungswirksamer Liquidationserlös gegenüberzustellen. Die obige Tabelle zeigt beispielhaft eine Investitionsrechnung mittels der Methode der vollständigen Finanzpläne für eine Biomasseanlage.

Der Beispielrechnung liegt die Annahme zugrunde, dass die Anlage jährlich 2.400.000 kWh Strom erzeugt, die zu 100 % eingespeist und mit 18,3 Cent/kWh vergütet werden. Daraus wurden die jährlichen Einzahlungen ermittelt, die für die gesetzlich vorgeschriebene Dauer von 20 Jahren konstant bleiben (EEG 2012). Bei der Ermittlung der fixen Betriebsauszahlungen (enthalten u. a. Personal-, Wartungs-, Versicherungsauszahlungen), der variablen Substrat- sowie der sonstigen variablen Auszahlungen (bestehen u. a. aus Auszahlungen für Reparaturen und fremd bezogenen Strom zum Betreiben der Anlage) wurde eine jährliche Inflationsrate von 2 % berücksichtigt. Der Vermögensendwert am Ende des Betrachtungszeitraums (Bestandssaldo in t = 20) dient zur Beurteilung der absoluten Vorteilhaftigkeit. Dazu wird ein Vergleich mit den verfügbaren Eigenmitteln angestellt: Werden die Eigenmittel in Höhe von 250.000 € über 20 Jahre zu einem Zinssatz von 5 % angelegt, ergibt sich ein Vermögensendwert von 663.324 €. Da der Vermögensendwert der Biomasseanlage größer ist, gilt die Investition in die Anlage als absolut vorteilhaft. Zur gleichen Aussage führt ein Vergleich der Eigenkapitalrentabilität (10,8 %) mit dem Zinssatz für die langfristige Anlage der eigenen Mittel (5 %) (Götze 2008).

6.2.2 Finanzierung mittels Förderprogrammen

Für Maßnahmen, die dem effizienteren Umgang mit Ressourcen wie beispielsweise Strom, Wärme, Kälte oder Wasser sowie dem Umweltschutz dienen, existieren zahlreiche Möglichkeiten der Förderung. Dazu gehören einerseits Maßnahmen, die zu einer Verringerung des Verbrauchs der aufgeführten Ressourcen (hier Nutzenergie) beitragen, andererseits auch solche, die bei der Erzeugung dieser Ressourcen - also noch vor deren eigentlicher Nutzung - einen geringeren Energie- oder Ressourceneinsatz und somit eine höhere Effizienz ermöglichen. Förderprogramme sollen gezielte Anreize schaffen, um in solche Maßnahmen zu investieren, indem sie finanzielle Zuschüsse oder zinsgünstige Kredite bereitstellen - damit leisten sie einen Beitrag zur Finanzierung von Ressourcen und zum Ressourcenmanagement.
Die Möglichkeit der Inanspruchnahme von Förderungen bietet sich unter anderem für Unternehmen, die die Sanierung oder den Neubau von Verwaltungs-, Forschungs- oder Produktionsgebäuden erwägen. Förderungsfähig sind zum einen Maßnahmen, die sich auf die Sanierung alter bzw. bereits bestehender Gebäude oder Gebäudeteile beziehen, zum anderen die gezielt ressourcenschonende Gestaltung von Neubauten. Im Fokus stehen hier meist Vorhaben, die der Gebäudedämmung dienen und damit eine Verringerung des Wärme- oder auch Kälteverbrauchs ermöglichen sollen. In der nachfolgenden Tabelle sind ausgewählte Förderprogramme der Kreditanstalt für Wiederaufbau (KfW), deren Fokus auf die Energieeffizienz von Gebäuden gerichtet ist, beispielhaft aufgeführt.
Darüber hinaus fördert die KfW im Rahmen der Sanierung von bestehenden Gebäuden auch Einzelmaßnahmen, deren Bewilligung nicht an die Erreichung der in der Tabelle genannten Effizienzstandards gebunden ist (www.kfw.de).
Neben diesen in erster Linie verbrauchsorientierten Förderprogrammen unterstützen andere die Investition in neue, moderne technische Anlagen zur Strom-, Wärme- oder Kälteerzeugung und zum sparsamen Umgang mit Wasser. Der Fokus liegt zwar auch bei diesen Fördermaßnahmen auf einer effizienteren Nutzung der genannten Ressourcen, allerdings wird versucht, bereits deren Erzeugung so effizient und umweltschonend wie möglich zu gestalten.
Für die Wärmeerzeugung existieren Förderprogramme, die u. a. die Installation von Brennwertkesseln, Pelletheizungen, Hackschnitzelheizungen, Wärmepumpen oder Erdgasheizungen sowie die Errichtung von Blockheizkraftwerken

Programm	Energieeffizient Bauen	Energieeffizient Sanieren
Beschreibung	▪ für neu errichtete Gebäude ▪ Voraussetzung ist die Erreichung der KfW-Effizienzstandards 70, 55 oder 40	▪ für Sanierungsmaßnahmen an bestehenden Gebäuden ▪ Voraussetzung ist die Erreichung der KfW-Effizienzstandards 115, 100, 85, 70, 55
Darlehenshöhe	▪ bis zu 100 % der Baukosten (ohne Grundstück) ▪ max. 50.000 € je Wohneinheit	▪ bis zu 100 % der Sanierungskosten (inkl. Architekt, Beratung und Planung) ▪ max. 75.000 € je Wohneinheit
Konditionen	▪ Zinssatz ab 1,41 % eff. p. a. ▪ Laufzeit: 4 bis 10, 20 oder 30 Jahre ▪ bis zu 5 tilgungsfreie Anlaufjahre ▪ 10 Jahre Zinsbindung	▪ Zinssatz ab 1,00 % eff. p.a. ▪ Laufzeit: 4 bis 10, 20 oder 30 Jahre ▪ bis zu 5 tilgungsfreie Anlaufjahre ▪ 10 Jahre Zinsbindung
Tilgungszuschuss	In Abhängigkeit vom erreichten KfW-Effizienzstandard: - 55: 5 % - 40: 10 %	In Abhängigkeit vom erreichten KfW-Effizienzstandard: - 115: 2,5 % - 100: 5 % - 85: 7.5 % - 70: 12,5 % - 55: 17,5 %

Tab. 3 KfW-Programme zum energieeffizienten Bauen oder Sanieren (KfW 2012)

I

Tab. 4 KfW-Förderprogramm „Erneuerbare Energien" (KfW 2012)

Bezeichnung	Premium	Standard
Beschreibung	Gefördert werden besonders innovative Vorhaben, darunter u. a.: ■ Solarkollektoranlagen (> 40 m² Kollektorfläche), ■ thermische Biomasseanlagen (> 100 kW Nennwärmeleistung) ■ Nahwärmenetze (> 500kWh/a, aus erneuerbaren Energien gespeist) ■ große Wärmespeicher (> 20 m³, aus erneuerbaren Energien gespeist) ■ Biogasaufbereitungsanlagen	Gefördert werden Anlagen, die die Anforderungen des EEG erfüllen, sowie Anlagen zur Wärmeerzeugung, die die Bedingungen des Programmteils „Premium" nicht erfüllen
Darlehenshöhe	■ bis zu 100 % der förderfähigen Nettoinvestitionskosten ■ max. 10 Mio. € je Vorhaben	■ bis zu 100 % der förderfähigen Nettoinvestitionskosten ■ max. 25 Mio. € je Vorhaben
Konditionen	■ Zinssatz ab 1,46 % eff. p. a. ■ Laufzeit: 5, 10 und 20 Jahre ■ bis zu 3 tilgungsfreie Anlaufjahre ■ 5 oder 10 Jahre Zinsbindung	■ Zinssatz ab 1,66 % eff. p. a. ■ Laufzeit: 5, 10 und 20 Jahre ■ bis zu 3 tilgungsfreie Anlaufjahre ■ 5 oder 10 Jahre Zinsbindung
Tilgungszuschuss	Unterschiedlich, in Abhängigkeit von der Anlage, u. a.: ■ Solarkollektoranlagen: 30 % der Nettoinvestitionskosten ■ thermische Biomasseanlagen: 20 € je kW inst. Nennwärmeleistung, max. 50.000 €	keiner

unterstützen. Auch für thermische Solaranlagen, die der umweltschonenden Warmwassererzeugung dienen, und für Fotovoltaikanlagen zur Stromerzeugung lassen sich Förderprogramme finden.

Neben den bereits in Tabelle 3 aufgeführten Förderprogrammen der KfW, über die zum Teil auch Investitionen in technische Anlagen für die Energieerzeugung finanziert werden können, existiert mit dem sogenannten KfW-Programm „Erneuerbare Energien" ein weiteres, dessen Schwerpunkt auf der zinsgünstigen Finanzierung von Anlagen liegt, die erneuerbare Energien nutzen. Das Programm setzt sich aus den beiden Teilen „Standard" und „Premium" zusammen: Während der Programmteil „Standard" vor allem der Förderung von Anlagen zur gekoppelten und ungekoppelten Strom- und Wärmeerzeugung dient, soll mit dem Programmteil „Premium" die Finanzierung besonders förderwürdiger, innovativer Anlagen erleichtert werden. Beispiele für derartige Anlagen sowie weitere wichtige Eckpunkte der beiden Programmteile sind in der obigen Tabelle 4 überblicksartig dargestellt.

Neben der KfW finden sich weitere Fördermittelgeber u. a. mit der Europäischen Union auf kontinentaler, dem Bundesamt für Wirtschaft und Ausfuhrkontrolle (BAFA) oder der Landwirtschaftlichen Rentenbank auf nationaler sowie den Wirtschafts- oder Umweltministerien der Länder, den Kommunen und einigen Energieversorgern auf regionaler Ebene. Einen sehr umfassenden Überblick über die Vielzahl der existierenden Förderprogramme bietet die im Internet zugängliche, kostenpflichtige Datenbank „Förderkompass Energie" (www.energiefoerderung.info), die vom BINE-Informationsdienst in Zusammenarbeit mit der Deutschen Netzagentur (DENA) erstellt und gepflegt wird. Der Nutzer kann sich hier nach verschiedenen Kriterien und Stichworten über die für sein Vorhaben infrage kommenden Förderprogramme informieren.

6.2.3 Contracting als Sonderform der Finanzierung

Eine weitere Möglichkeit der Finanzierung von energiebezogenen Ressourcen stellt das sogenannte Contracting dar. Dieses kann als die „zeitlich und räumlich abgegrenzte Übertragung von Aufgaben der Energiebereitstellung und Energielieferung an einen Dritten" (DIN 8930 – 5) definiert werden. Typische Energieformen, die mittels Contracting bereitgestellt werden, sind Strom, Wärme, Kälte, aber auch Druckluft. Beteiligte von Contracting-Projekten sind der Contractingnehmer als Auftraggeber einer Leistung und der Contractor (oder: Contractinggeber), der für die Planung und Umsetzung der Projekte verantwortlich ist. Auftraggeber können im Grunde genommen Unternehmen aller Branchen einschließlich der

Wohnungswirtschaft sowie öffentliche und gemeinnützige Einrichtungen sein. Als Contractoren treten üblicherweise Wärme- oder Energieversorger, Stadtwerke, Planungsbüros, Energieagenturen, Anlagenbauer und vereinzelt Handwerksbetriebe (Heizungsinstallateure) auf (Bemmann, Schädlich 2003).

Der Anlass für ein Contracting liegt i.d.R. in der Identifikation von energetischem Optimierungspotenzial, das mithilfe eines Contracting-Projektes ausgeschöpft werden soll. Der Finanzierungseffekt des Contracting ist darin zu sehen, dass die meist hohen Kosten für die Umsetzung von energetischen Verbesserungsmaßnahmen durch den Contractor finanziert werden und somit die Liquidität des Contractingnehmers nicht belasten. Insgesamt können Contracting-Projekte vor allem aufgrund der Spezialisierungsvorteile des Contractinggebers (spezifisches Know-how etc.) für beide Parteien vorteilhaft sein.

In der Praxis existieren verschiedene Formen des Contractings, von denen nachfolgend die Grundmodelle genauer erläutert werden sollen.

Energieeinspar-Contracting

Im Fokus dieser Form des Contractings steht die Umsetzung von Maßnahmen zur effizienten Erzeugung und Nutzung von Energie in einem bestehenden Gebäude oder Gebäudekomplex. Der Contractor übernimmt dabei die Finanzierung der notwendigen Maßnahmen zur Ausschöpfung energiebezogener Verbesserungspotenziale und refinanziert diese über sogenannte Contracting-Raten, die sich an den erzielten und vertraglich garantierten Energie-Einsparungen (daher werden sie auch Einspar-Raten genannt) des Auftraggebers orientieren (bzw. mit diesen übereinstimmen). Dazu wird eine sogenannte „Baseline“ ermittelt. Dies ist ein Basiswert für die Energiekosten, die aus dem Energieverbrauch vor Umsetzung der geplanten Maßnahmen resultieren. Über die Contracting-Raten müssen sich sämtliche Anschaffungs-, Zins- und Betriebskosten des Contractors amortisieren (Bemmann, Schädlich 2003). In der unten stehenden Tabelle sind beispielhaft mögliche Maßnahmen des Energieeinspar-Contractings und deren Wirkungen aufgeführt.

In der Praxis lassen sich zwei verschiedene Modelle des Energieeinspar-Contractings differenzieren: das sogenannte Laufzeitmodell und das Beteiligungsmodell. Bei der erstgenannten Variante erhält der Contractor für einen vertraglich festgelegten Zeitraum als Contracting-Rate die Energiekosten, die durch die im Rahmen des Contracting-Projektes umgesetzten Maßnahmen vom Auftraggeber eingespart werden. Für den Contractingnehmer bleiben die Energiekosten daher zunächst auf dem gleichen Niveau wie vor dem Contracting (ggf. mit Ausnahme von über Preisgleitklauseln berücksichtigten Preisveränderungen). Einsparungen treten erst nach dem Ende der Laufzeit auf (vgl. Abb. 1).

Beim Beteiligungsmodell profitiert der Contractingnehmer hingegen sofort von geringeren Energiekosten, da der Contractor eine Einspar-Rate erhält, die geringer ist als die jährlich vermiedenen Energiekosten. Dies bringt für den Auftraggeber den Vorteil mit sich, die eingesparten Energiekosten zur Finanzierung weiterer Ressourcen nutzen zu können. Aufgrund der geringeren Contracting-Raten sind die Laufzeiten im Beteiligungsmodell regelmäßig länger als beim Laufzeitmodell (vgl. Abb. 2).

Für beide Contracting-Modelle gilt, dass sich die Vertragslaufzeit an den gesamten Projektkosten des Contractors und den erzielbaren Einsparungen orientiert. Je höher/geringer die gesamten Projektkosten und je geringer/höher die erzielbaren Einsparungen sind, umso länger/kürzer ist die Laufzeit des Contracting-Vertrages.

Der Leistungsumfang des Energieeinspar-Contractings erstreckt sich – abgesehen von der Übernahme der

Maßnahme	Wirkung
Einsatz von Regelungstechnik zur Optimierung der Wärmebereitstellung	Vermeidung von falsch beheizten Räumen
Einsatz von Wärmerückgewinnungsanlagen	Ausnutzung vorhandener Wärmepotenziale
Einsatz moderner, effizienter Wärmeerzeugungstechnologien (z. B. KWK-Anlagen)	Verbesserung der Brennstoffausnutzung durch effizientere Technologien und Nutzung von Synergien
Nutzung regenerativer Energien	Einsparung konventioneller Brennstoffe
Einsatz von Lastmanagementsystemen	Optimierung der Strombezugsbedingungen
Einsatz einer tages- oder anwesenheitsabhängigen Steuerung des Beleuchtungssystems	Stromeinsparung
Bautechnische Maßnahmen wie Fassadenisolierung oder Fensteraustausch	Einsparung von Heizenergie

Tab. 5 Ausgewählte Maßnahmen und Wirkungen eines Energieeinspar-Contractings (Bemmann, Schädlich 2003)

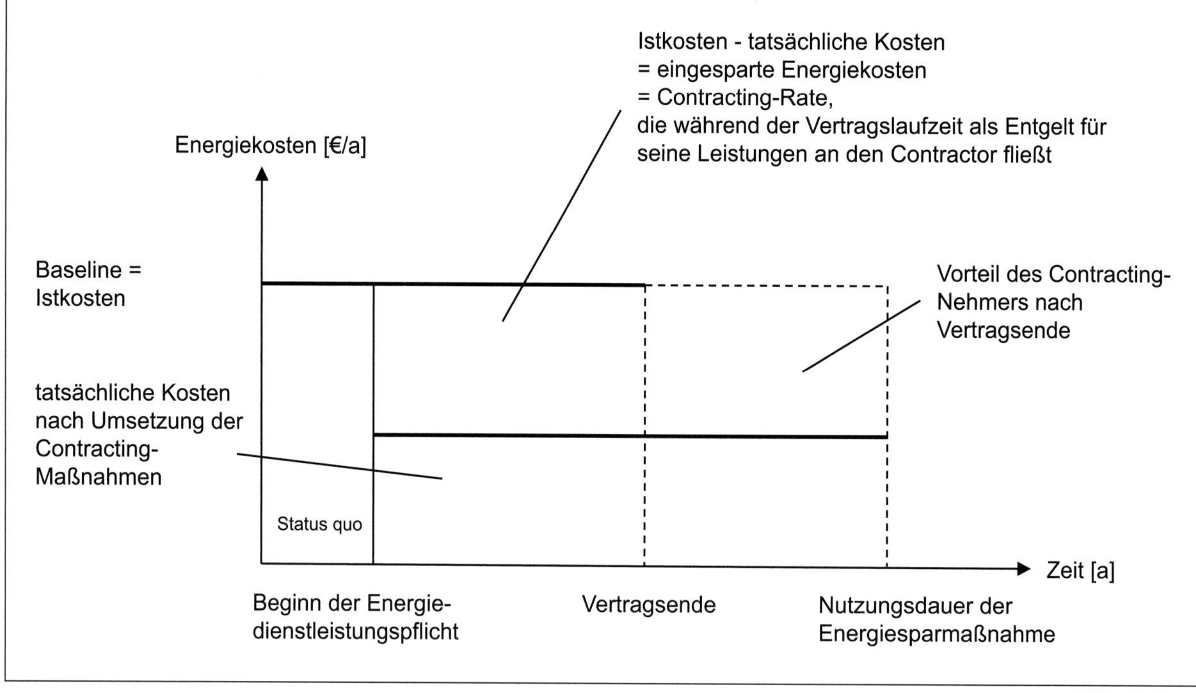

Abb. 1 Laufzeitmodell (Bemmann, Schädlich 2003)

Finanzierung der notwendigen Maßnahmen durch den Contractor – von der Projektierung über die Planung und den Bau bis hin zur Wartung und Instandhaltung. Das Spektrum möglicher Leistungen kann dabei von Einzelmaßnahmen (z. B. Optimierung der Beleuchtungsanlage) bis zur kompletten Energiedienstleistung reichen. In diesem Fall ist der Contractor für den Abschluss von Lieferantenverträgen (für Strom, Brennstoffe etc.) sowie für die Wartung und Instandhaltung aller energiebezogenen Anlagen eines Objektes (z. B. Erzeugung und Verteilung von Wärme, Kälte oder Strom, Beleuchtung, Zu- und Abluftregelung i. d. R. für Gebäude, Gebäudeteile oder Gebäudekomplexe) verantwortlich (Bemmann, Schädlich 2003).

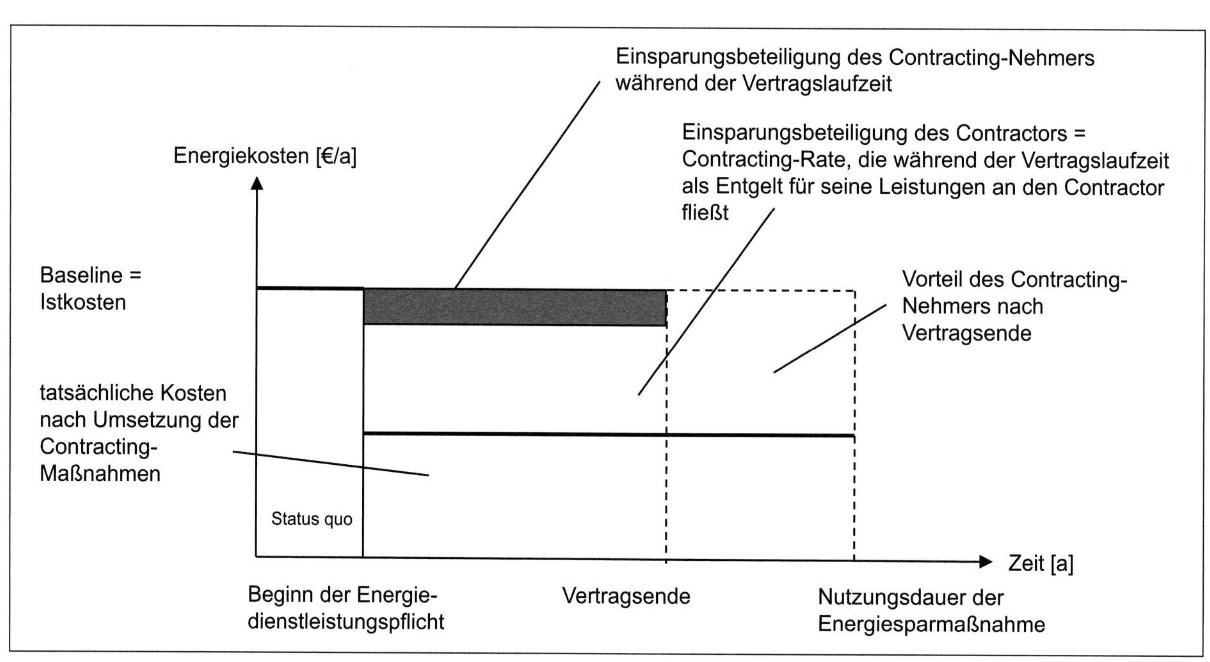

Abb. 2 Beteiligungsmodell (Bemmann, Schädlich 2003)

Energieliefer-Contracting

Das Energieliefer-Contracting (auch Anlagen-Contracting) kann als Teil des Energieeinspar-Contractings aufgefasst werden. Während es beim Einspar-Contracting um eine umfassende Optimierung der gesamten Energiebereitstellung und -nutzung beim Contractingnehmer geht, steht beim Energieliefer-Contracting die effiziente Erzeugung und Verteilung der Nutzenergie im Mittelpunkt (Bühner 2010). Kern des Anlagen-Contractings sind die Errichtung und der Betrieb einer neuen Anlage zur Wärme-, Kälte-, Strom-, Dampf- oder Drucklufterzeugung. Ähnlich dem Energieeinspar-Contracting übernimmt auch bei dieser Form der Contractor die komplette Finanzierung der neuen Anlage und kümmert sich um die Projektierung, die Planung und den Bau sowie um den Betrieb. Anders als beim Energieeinspar-Contracting zahlt der Contractingnehmer jedoch keine Einspar-Rate, sondern einen Preis für die durch den Contractor bereitgestellte Nutzenergie. Das heißt, der Contractor wird für den Auftraggeber zum Energielieferanten. Der zu zahlende Energiepreis und die damit für den Contractingnehmer entstehenden Energiekosten können sich aus den in Tab. 6 dargestellten Positionen zusammensetzen:

Die Ausgestaltung reicht auch beim Energieliefer-Contracting von einzelnen Maßnahmen (z. B. der Wärmebereitstellung durch den Contractor) bis hin zu umfassenden Energiedienstleistungen, bei denen der Contractor für die Bereitstellung und Verteilung aller vom Contractingnehmer benötigten Energieformen (Wärme, Dampf, Strom, Kälte oder Druckluft) verantwortlich ist. Unabhängig vom Contracting-Umfang hat der Contractor in jedem Fall für den Abschluss von Verträgen mit Vorlieferanten Sorge zu tragen, die die für die Energielieferung an den Contractingnehmer benötigten Energieträger oder Brennstoffe bereitstellen (z.B. Erdgas oder Kohle für die Wärmeerzeugung und -bereitstellung). Außerdem übernimmt er die Wartung und die Instandhaltung der jeweiligen technischen Anlagen (Bemmann, Schädlich 2003).

Die vereinbarten Vertragslaufzeiten erstrecken sich in der Regel über den Abschreibungszeitraum der installierten Anlage. Während der Laufzeit, die in den meisten Fällen mindestens 10 Jahre beträgt, ist der Contractor für die Funktionsfähigkeit der Anlage verantwortlich.

Abschließend sei erwähnt, dass im Hinblick auf das Contracting – wie sämtliche anderen hier vorgestellten Möglichkeiten zur Finanzierung von Ressourcen – lediglich ein grober Überblick über die praktisch existierende Vielfalt vermittelt werden konnte. Für genauere Informationen zu bestehenden Voraussetzungen, weiteren Varianten und Konzepten der Finanzierung sowie etwaigen gesetzlichen Restriktionen sei auf die Anbieter entsprechender Lösungen (einschließlich Beratungsunternehmen, die sich auf energie- bzw. ressourcenbezogenen Dienstleistungen spezialisiert haben), die relevanten fachbezogenen Plattformen im Internet sowie die verwendete Fachliteratur verwiesen.

6.3 Weiterführende Informationen

Literatur

Bemmann, U.; Schädlich, S. (Hrsg.): Contracting Handbuch 2003. Verlag Deutscher Wirtschaftsdienst, 2003

Bühner, P.: Leitfaden Energieliefer-Contracting. Arbeitshilfe für die Vorbereitung und Vergabe von Energieliefer-Contracting. Deutsche Energie-Agentur (dena) 2010

Götze, U.: Investitionsrechnung. Modelle und Analysen zur Beurteilung von Investitionsvorhaben. 6. Auflage, Springer Verlag, Berlin, Heidelberg, New York 2008

Position	Einheit	Erläuterung
einmalige Kosten	€	Beteiligung des Auftraggebers an den Anschaffungs- oder Errichtungskosten zur Reduzierung des Grundpreises oder zur Risikobeteiligung
Grund- oder Leistungskosten	€/Jahr bzw. €/(kW*Jahr)	jährliche fixe Kosten, bestehend aus Abschreibungen, Zinsen, Personal, Wartung, Instandhaltung, Versicherung, Kosten für Zähleinrichtungen und Rechnungslegung etc.
Arbeitskosten	€/Jahr	variable Kosten, z. B. für Brennstoffe, die unmittelbar von der gelieferten Energiemenge abhängig sind
Eventualpositionen	€/Jahr	Sonstiges, z. B. Kosten von Effizienzmaßnahmen am Gebäude, Erneuerung des Netzes

Tab. 6 Zusammensetzung des Preises beim Energieliefer-Contracting (Bühner 2010)

Müller, D.: Grundlagen der Betriebswirtschaftslehre für Ingenieure. Springer Verlag, Berlin, Heidelberg, New York 2006

Perridon, L.; Steiner, M.: Finanzwirtschaft der Unternehmung. 14. Auflage, Verlag Franz Vahlen, München 2012

Töpfer, A.: Betriebswirtschaftslehre. Anwendungs- und prozessorientierte Grundlagen. 2. Auflage, Springer Verlag, Berlin, Heidelberg, New York 2007

Wöhe, G.; Bilstein, J.: Grundzüge der Unternehmensfinanzierung. 10. Auflage, Verlag Franz Vahlen, München 2009

Normen und Gesetze:

DIN 8930 – 5: Contracting. Beuth Verlag, Berlin 2003

Gesetz für den Vorrang Erneuerbarer Energien (Erneuerbare-Energien-Gesetz - EEG) in der seit 1. Januar 2012 geltenden Fassung

Kraft-Wärme-Kopplungsgesetz (KWKG) in der seit 12. Juli 2012 geltenden Fassung

Internetquellen:

www.kfw.de

www.energiefoerderung.info

7 Cradle to Cradle – Ressourceneffektive Produktion

Michael Braungart

I

7.1 Einführung

Unser heutiges Verständnis des Begriffs Nachhaltigkeit als Ökoeffizienz hat das Ziel, den Material- und Ressourcenverbrauch der linearen Stoffströme unserer Produkte zu reduzieren und die Umweltauswirkungen unserer Produktionsweise zu verringern. Dies bedeutet jedoch lediglich, etwas weniger zu zerstören. Aber weniger schlecht ist nicht gut. Der Ansatz der Ökoeffizienz ist keine wirkliche Lösung für die Ressourcenknappheit und die Müllproblematik, sondern gibt uns lediglich etwas mehr Zeit. So fahren wir zwar immer noch auf eine Wand zu, nur etwas langsamer. Der Mensch ist das einzige Lebewesen, das Abfall produziert. Daher brauchen wir einen grundlegend anderen Ansatz beim Umgang mit Rohstoffen: das Cradle to Cradle®-Konzept orientiert sich daher am Beispiel der Natur. Indem wir unsere Produktionsweise auf zyklische Nährstoffkreisläufe umstellen und sämtliche Produkte entweder für die Biosphäre oder die Technosphäre entwickeln, können einmal geschöpfte Werte für Mensch und Umwelt erhalten bleiben. Cradle to Cradle® macht damit den heutigen Abfallbegriff überflüssig: alle Gegenstände, mit denen wir tagtäglich zu tun haben, können als Nährstoffe für biologische oder technische Kreisläufe dienen. Wenn unsere Industriegesellschaft ihre Produktionsverfahren dementsprechend umgestaltet, kennt sie keinen Abfall, Verzicht oder Einschränkungen mehr, sondern setzt einfach die richtigen Materialien zum richtigen Zeitpunkt am richtigen Ort ein.

Cradle to Cradle®-Design ermöglicht kreislauffähige Produkte, die wirtschaftlich erfolgreich, förderlich für die Umwelt und gesund für den Verbraucher sind. Ihr innovatives Design geht über Form und Funktionalität hinaus: Cradle to Cradle®-Produkte werden mit besonderem Augenmerk auf ihre Inhaltsstoffe entwickelt und bieten damit eine neue Dimension von Produktqualität und Sicherheit. Dadurch sind sie herkömmlichen Produkten wirtschaftlich, ökologisch und sozial überlegen. Die Anwendung von Cradle to Cradle®-Design bietet Unternehmen große Vorteile. Das Konzept macht Risiko-, Einkaufs- und Prozessmanagement transparenter, optimiert Umwelt- und „Abfall"-kosten, und ermöglicht auch, soziale Aspekte entlang der Produktionskette einschätzbarer zu machen. Cradle to Cradle®-Design verbessert dadurch die Wirtschaftlichkeit im gesamten Wertschöpfungszyklus.

7.2 Hintergrund: Das Cradle to Cradle® Design-Konzept

7.2.1 Take – Make – Waste, von der Wiege zur Bahre

Der wirtschaftliche Wachstumsprozess konnte sich lange Zeit fast ohne Begrenzung fortsetzten. Allein im letzten Jahrhundert stieg die industrielle Produktion enorm an und führte zu einem Anstieg des Wohlstands der westlichen Welt. Oftmals wird dabei übersehen, dass sich die Beanspruchung des Produktionsfaktors Natur in kaum vorstellbare Größenordnungen gesteigert hat. Ungeheure Mengen an Energie werden aufgebracht, um sich in gigantische Materialströme zu verwandeln. Nie zuvor wurden so viele Ressourcen gefördert, so viel Erdreich bewegt und so viele Wälder gerodet wie heute. Innerhalb weniger Jahrzehnte der Industrialisierung haben wir es geschafft, unsere natürlichen Grundlagen nachhaltig zu gefährden. Je rasanter die technische und wirtschaftliche Entwicklung, desto größer die Entfernung von der Natur. Es etablierte

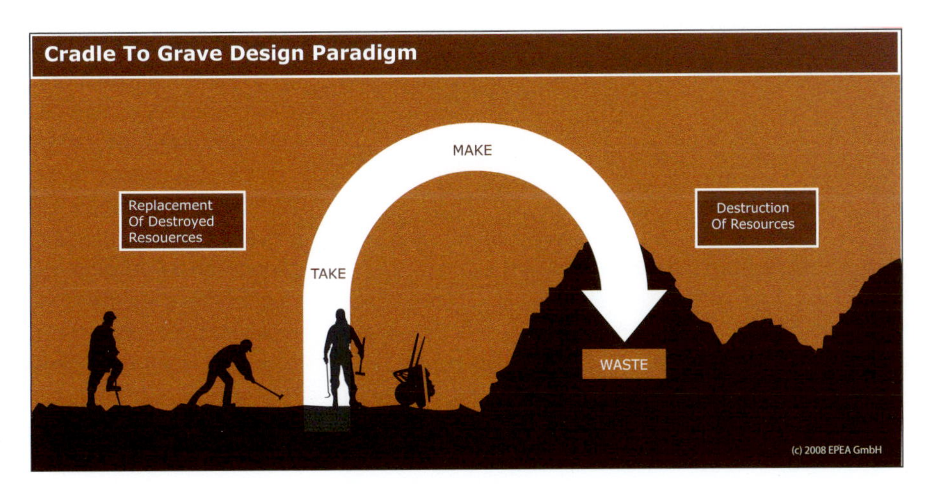

Bild 7.1 Das Take-Make-Waste-Prinzip

sich ein System, das nimmt, produziert und wegwirft und als Materialfluss „von der Wiege zur Bahre“ bekannt ist. Ressourcen und ihr ursprünglicher Nutzen - gewollt oder ungewollt - gehen damit verloren. Wenn die Erde weiterhin in dem Maße kontaminiert wird und begrenzt vorhandene Ressourcen letztendlich zu Abfall transformiert werden, kann die Ideologie derzeitiger Wirtschaftsweisen auf Dauer keine Zukunft haben.

Dass diese enormen Stoffumsätze zu Problemen führen ist offensichtlich, denn die Rohstoffreserven der Erde sind begrenzt. Die jährliche weltweite Entnahme natürlicher Ressourcen beträgt etwa 60 Mrd. Tonnen. Dieses enorme Volumen an Rohstoffen gleicht dem Gewicht von etwa 41.000 Empire State Buildings, von denen jedes etwa 365.000 Tonnen wiegt. Das entspricht einem Ressourcenabbau von 112 Empire State Buildings pro Tag. Durch intensive Landwirtschaft, Entwaldung, Überweidung und Versiegelung verlieren wir weltweit ca. 26 Milliarden Tonnen fruchtbaren Boden pro Jahr. Die Bodendegradation gefährdet weltweit die Agrarproduktion und Ernährungssicherheit und damit den Weltfrieden. Weltweit sind über 20 Millionen Quadratkilometer betroffen. Und in den nächsten Jahrzehnten wird der Verlust von fruchtbarem Boden auch durch die Klimaveränderungen deutlich zunehmen. Greift der Mensch in unveränderter Weise in den Naturhaushalt der Erde ein, würden theoretisch ab dem Jahr 2035 zwei Planeten benötigt werden, um den weltweiten Bedarf an Rohstoffen, Energie und Fläche zu decken.

Ökologisch bedeutsam ist aber vor allem, dass der größte Teil der entnommenen Rohstoffe nur kurzzeitig in den technischen Produkten verbleibt und danach als Abfall, Abgas oder Abwasser in der Umwelt endet. Unter diesen Stoffen sind viele Problemstoffe, beispielsweise Schwermetalle, die vor dem Rohstoffabbau fest in der Erdkruste gebunden waren. Die Elemente Blei, Cadmium, Platin oder Uran kommen an der Erdoberfläche und in Gewässern fast nur als Folge menschlicher Nutzung vor. Hinzu kommt, dass der Mensch Stoffe herstellt, die es in der Natur so nicht gibt (z. B. CKW, FCKW, Dioxine, PVC), und die zur Umweltbelastung werden. Die abnehmende Verfügbarkeit von Boden und Rohstoffen aber auch Umweltschäden werden die Produktion industrieller Güter in zunehmendem Maße erschweren. Vor diesem Hintergrund sind innovative Lösungen zur Kreislaufschöpfung gefragter denn je.

7.2.2 Das schlechte Gewissen

Mit Beginn der Industrialisierung mehrten sich im letzten Jahrhundert deren negative Einflüsse auf die Umwelt. Neben der zunehmenden Luftverschmutzung durch Verkehr und industrielle Produktionsweisen, kamen die erhöhte Umwälzung von Landmasse zur Gewinnung fossiler Rohstoffe und der vermehrte Einsatz von Chemikalien in der Landwirtschaft hinzu. Die Folgen offenbarten sich für das menschliche Auge deutlich in Form von Smogbildung, entwaldeten Landstrichen, schäumenden Gewässern, Bodenverödung und schwellenden Müllhalden. Bereits 1962 belegte Rachel Carson in ihrem Buch „Stummer Frühling“ die Zusammenhänge zwischen Umweltzerstörung und menschlichem Handeln, nämlich dass industrielle Verfahrensweisen Stoffe hervorbringen, die sich vermehrt in der Atemluft, Flüssen, Nahrung und dem menschlichen Organismus wiederfinden.

Bestärkt wurde die ökologische Bewegung durch den Bericht Limits to Growth (Die Grenzen des Wachstums), den der Club of Rome zehn Jahre später (1972) veröffentlichte. Diese wissenschaftliche Abhandlung stellte erstmals die These auf, dass der steigende Lebensstandard in der westlichen Welt und die wachsende Weltbevölkerung zunehmend begannen, mit der Endlichkeit der natürlichen Rohstoffreserven zu kollidieren. Überdies führten zahlreiche Umweltkatastrophen in der zweiten Hälfte des 20. Jahrhunderts zu der Schlussfolgerung, dass die Industrie strenger kontrolliert werden müsse, um sicherzustellen, dass negative Konsequenzen auf ein Minimum reduziert werden. Zu nennen sind hier beispielsweise der Giftunfall von Seveso, der Unfall im Kernkraftwerk von Three Mile Island, die Chemiekatastrophe von Bhopal, die Kernschmelze in Tschernobyl 1986 sowie der Unfall des Öltankers Exxon Valdez. Alle diese Umweltkatastrophen führten zu dem weit verbreiteten Gefühl, dass die Menschen Schädlinge auf der Erde sind, die es besser überhaupt nicht gäbe. Aus diesem Schuldkomplex entstand der Brundtland-Report über Nachhaltigkeit, das Konzept der Ökoeffizienz und Null-Emissionen - alles mit dem Ziel, möglichst wenig schädlich zu sein und den ökologischen Fußabdruck zu minimieren. Es entstanden hocheffiziente Abfallbehandlungstechniken sowie Produkte, die etwas weniger schädlich waren als ihre Vorgänger.

Weniger schlecht ist nicht gut

Umweltschutz wird heute definiert als „weniger zerstören“. Dieses Prinzip fand in den letzten Jahrzehnten verstärkt Einzug in die Umweltprogramme der Politik und Wirtschaft. Vorausschauende Unternehmen, die die Grenzen der herkömmlichen Praktiken in Industrie und Handel erkannt hatten, begannen nach Möglichkeiten zu suchen, die Industrie „nachhaltig“ zu gestalten. Begriffe wie Reduzieren, Wiederverwenden und Verwerten avancierten zu einer Art Leitbild, wodurch industrielle Verfahrensweisen fortan weniger destruktiv wirken sollten.

Ohne Zweifel trägt die Input-Output Optimierung von Produkten und Produktionsweisen im Einzelnen nachweislich dazu bei weniger endliche Ressourcen zu verbrauchen,

weniger Mengen toxischen Materials in Böden, Gewässer und die Atmosphäre freizusetzen und weniger Abfallmengen zu erzeugen. Diese Vorgehensweise hat jedoch einen fatalen Nachteil: Sie lässt das Grundkonzept der Industrieproduktion unverändert. Obwohl die Reformen der Ökoeffizienz die Industrieanlagen immer mehr verfeinert haben, beruht das System immer noch auf dem Prinzip „von der Wiege bis zur Bahre". Die Minimierung von Produktgrößen, die Senkung toxischer Substanzen oder Abfällen, Abwässern und Schadstoffemissionen können die Probleme an Quellen und Senken zwar entschleunigen aber nicht lösen, denn wer weniger zerstört, schützt nicht. Im Gegenteil: Wer falsche Systeme und Produkte optimiert, macht sie damit umso gründlicher falsch. In Folge dessen werden Produkte geschaffen, die etwas weniger giftig sind als ihre Vorgänger. So steckt heute beispielsweise weniger krebserregendes Antimon in PET-Flaschen als noch vor 20 Jahren. In geringeren Konzentrationen ist der gefährdende Stoff weiterhin vorhanden. Diese relative Verbesserung hat bisher verhindert, dass ein völlig ungefährlicher, titanhaltiger Alternativstoff überhaupt auf den Markt kommt.
Ein weiterer Aspekt, der in der Energie- und Ressourceneffizienzdiskussion viel zu selten Beachtung findet, ist der schon 1865 von William Stanley Jevons beschriebene Rebound Effekt. Demnach führen reduzierter Verbrauch von Energie und Ressourcen gar nicht unbedingt zu langfristigen Einsparungen, weil Produkte z. B. ökonomischer und dadurch für mehr Menschen erschwinglich sind. Oder weil freiwerdende Ressourcen für andere Produkte verwendet werden. So geht der Ressourcen- und Energieverbrauch pro Produkteinheit vielleicht zurück, dafür werden aber mehr Produkteinheiten hergestellt.

7.2.3 Von der Wiege zur Wiege – Cradle to Cradle®

Wenn ein System zerstörerisch ist, sollte man nicht den Versuch machen, es effizienter zu gestalten. Stattdessen sollte man Möglichkeiten finden, es vollständig umzukrempeln, so dass es effektiv wird. Ein Weg aus diesem Dilemma heißt „intelligentes produzieren" nach dem Cradle to Cradle®-Design Konzept, welches einen Rahmen für die Grundbeziehung zwischen menschlichem Handeln und seiner umgebenden Umwelt bietet. Dieses Konzept geht über das Bemühen um „Nachhaltigkeit" hinaus hin zu einem neuen, positiven Paradigma, bei dem Wachstum positiv beurteilt ist. Cradle to Cradle® bringt eine Industrie hervor, die sich beständig weiter verbessert und Leben und Wachstum ermöglicht.
Die Produktionsweise „von der Wiege zur Wiege" steht hierbei im direkten Gegensatz zur bestehenden Praxis „von der Wiege bis zur Bahre":Rohstoffe aus der Natur zu entnehmen, Güter aus ihnen zu fertigen und diese nach deren Abnutzung in Form von Abfall in das Ökosystem zurückzuführen. Anstatt die linearen Stoffflüsse heutiger Produkte und Produktionsweisen zu verringern, sieht das Cradle to Cradle®-Design-Konzept deren Umgestaltung in zyklische Nährstoffkreisläufe vor, so dass einmal geschöpfte Werte für Mensch und Umwelt als dynamisches aber verbleibendes Gut erhalten bleiben.
Das Konzept entstand ursprünglich in den 1980er Jahren als sogenanntes „Intelligente Produkte System (IPS)", das EPEA Internationale Umweltforschung GmbH zwischen 1987 und 1992 entwickelt hat. Die Ausgangssituation dabei war die Analyse eines Fernsehgerätes, in dem 4360 verschiedene Chemikalien identifiziert wurden. Auf die banale Frage, ob man 4360 verschiedene Chemikalien haben wolle, oder ob man vielleicht eher Fernsehen schauen möchte, wurde mit dem Vorwurf des „Ökokommunismus" bestraft. Damals war Eigentum Religion. Der Unterschied zwischen Ost und West war, für die Allgemeinheit verständlich, das Konzept des Eigentums. Neben Reisefreiheit und Meinungsfreiheit war dies in der öffentlichen Wahrnehmung sicherlich der bestimmende Systemvorteil.
Nach dem Wegfall des Ost-West-Gegensatzes können Produkte nun völlig neu diskutiert werden. Und so sind viele innovative Produkte mittlerweile Dienstleistungen geworden. Dazu gehören z. B. Kopierer, aber auch Lösemittel, die als Dienstleistung abgegeben werden. Service-Konzepte, Sharing-Konzepte, die Share-Economy sind inzwischen in aller Munde. Dies setzt jedoch voraus, dass geistiges Eigentum völlig anders geschützt wird. Und dies erfordert andererseits, dass Innovationen den Markt erreichen – und zwar in einer Geschwindigkeit, wie sie für Umwelt und Gesundheit tatsächlich Vorteile liefern können. Zum Beispiel hilft es weder der Umwelt noch dem Hersteller, wenn eine Waschmaschine 30 Jahre in Betrieb ist, während der Innovationszyklus einer solchen Maschine etwa 7 Jahre beträgt. Denn dadurch wird die sogenannte Langlebigkeit eher zum Bumerang: Unternehmen, die solche Produkte erzeugen, schließen sich auf diese Art über Jahrzehnte selbst vom Markt aus.
Die Cradle to Cradle® Idee wurde dann 1990 vom deutschen Chemiker und Verfahrenstechniker Michael Braungart und dem amerikanischen Architekten William McDonough ins Leben gerufen. Inzwischen haben Hunderte Unternehmen weltweit – insbesondere in den Niederlanden, aber zum Beispiel auch in den USA, Taiwan, Dänemark, Österreich, der Schweiz und Deutschland – Produkte nach der Cradle to Cradle®-Konzeption im Angebot. Auch Verwaltungen und Institutionen berücksichtigen die Cradle to Cradle®-Prinzipien bei ihren Investitionen. Der Erfolg ist nicht nur in den positiven sozialen, ökologischen und ökonomischen Chancen zu sehen, sondern besonders in der Fokussierung

auf den Erfolg des Produktes - anstatt der Umweltschädlichkeit.

7.2.4 Cradle to Cradle®-Prinzipien

Den Prinzipien der Natur entsprechend hat die Idee der naturnahen Produktion drei grundlegende Prinzipien:

- Alles ist Nährstoff,
- Nutzung von Solarenergie und
- Förderung von Vielfalt.

Alles ist Nährstoff

Die Prozesse jedes an einem lebenden System beteiligten Organismus tragen etwas zur Gesundheit des Ganzen bei. Die Blüten eines Baumes beispielsweise: Seine „Abfälle", fallen zur Erde, wo sie abgebaut und so zur Nahrung für andere Organismen werden. Mikroben etwa ernähren sich von dem organischen „Abfall" und deponieren wiederum Nährstoffe im Erdboden, die dem Baum erneut zugutekommen. Der „Abfall" des einen Organismus ist Nahrung für einen anderen. Menschliche Pläne, die diesem Nährstoffzyklus nachgebildet sind - Zyklen, in denen Müll in dem Sinn nicht mehr vorkommt - bilden die Grundlage der Materialfluss-Systeme, die ein integraler Bestandteil der Cradle to Cradle®-Produktionsweise sind.

Die Nutzung von Solarenergie

Die Erde und die Menschen auf der Erde haben grundsätzlich kein Energieproblem, da die Sonneneinstrahlung ein viel-tausendfaches des Energiebedarfs decken kann, den die Menschen jemals benötigen werden. Der jährliche Energieverbrauch der Erde wird in nur einer Stunde von der Sonne geliefert. Die Sonne könnte die Menschheit 10.000-fach versorgen. Es kommt allein auf die richtige „Energie-Erntetechnik" an. Heute haben wir erstmals in der Menschheitsgeschichte die Möglichkeit, uns die Sonnenenergie und deren abgeleitete Energieformen (Derivate) wie Wind, Wasser, Wellen und Biomasse vollständig nutzbar zu machen. Besonderes Augenmerk ist auf die Gewinnung von Bioethanol aus Algen zu legen, woraus klimaneutraler Treibstoff für die Luftfahrt gewonnen werden kann.

Förderung von Vielfalt

Natürliche Systeme funktionieren und gedeihen durch Komplexität. Verglichen mit den Standardlösungen der industriellen Revolution und der in der Globalisierung so geschätzten Einförmigkeit, fördert die Natur eine unendliche Vielfalt. An die Produktion von Gütern muss letztlich mit vielfältigen Ansätzen herangegangen werden. Sich auf ein einzelnes Kriterium zu konzentrieren, schafft Instabilität im größeren Kontext und repräsentiert das, was wir einen „Ismus" nennen: eine extreme, völlig von der Gesamtstruktur losgelöste Position.

Diese Grundsätze erlauben es, industrielle Systeme zu entwickeln, die der gesunden Fülle der Natur nachgebildet sind. Wenn die Industrie sich bei der Herstellung von Dingen der Effektivität natürlicher Systeme bedient, kann sie einen gesunden Überfluss erzeugen und ermöglicht so die Erschaffung uneingeschränkt nützlicher Industriesysteme, die von einem positiven Synergieeffekt bei der Verfolgung ökonomischer, ökologischer und sozialer Ziele ausgehen. Aus der Perspektive des Industriedesigns bedeutet dies, Versorgungsketten, Herstellungsprozesse und Materialstromsysteme zu entwickeln, die vielfältige,, positive Effekte hervorbringen.

Das Cradle to Cradle®-Design Konzept definiert den Rahmen für die Entwicklung von Produkten und industriellen Abläufen, in denen Materialien zu Nährstoffen werden.

Bild 7.2 Kreislaufführung biologischer und technischer Nährstoffe

Im ständigen Umlauf in biologischen und technischen Stoffkreisläufen wird der Materialfluss sichergestellt. Der biologische Kreislauf bildet die zyklischen Prozesse der Natur ab: der „Abfall" des einen Geschöpfes ist Nahrung für ein anderes. Der zweite, der technische Stoffwechsel, ist ein Modell für Industriesysteme, die wertvolle Materialien in kontinuierlichen Produktionskreisläufen von Nutzung, Wiedergewinnung und Reproduktion zirkulieren lassen. In beiden dieser Stoffwechsel, dem biologischen wie dem technischen, bringt der Nährstoffstrom (von Materialien) während der gesamten Zyklen gesunde Produktivität mit sich.

Die Kreisläufe

Alle Gegenstände, mit denen wir tagtäglich zu tun haben, können nach ihrer Nutzung als Nährstoffe für biologische oder technische Kreisläufe dienen. Daher werden Produkte nach Cradle to Cradle®-Design von vorneherein entsprechend dem geplanten/absehbaren Gebrauchs- und Kreislaufszenario gestaltet, ihre Verwendung nach der ersten Gebrauchsphase also ausdrücklich in die Gestaltung einbezogen. Produkte werden so designt, dass sie nach Ge- bzw. Verbrauch eindeutig entweder dem industriellen - dem technischen - oder dem natürlichen Kreislauf zugeordnet und rückgeführt werden können, so dass der Begriff „Abfall" - wie wir ihn kennen - nicht mehr vorkommt.

7.2.4.1 Biologische Kreisläufe

Der biologische Stoffwechsel ist ein Netzwerk aus wechselseitig voneinander abhängigen Organismen und natürlichen Prozessen. Nebenprodukte des Stoffwechsels der verschiedenen Arten bilden Nährstoffe, die in immer neuen Kreisläufen durch das System zirkulieren. Stoffe, die den biologischen Stoffwechsel optimal durchlaufen, sind biologische Nährstoffe (z. B. der Kohlenstoffkreislauf). Biologische Nährstoffe, wie sie für naturnah gefertigte Produkte definiert sind, sind biologisch abbaubar und stellen weder unmittelbar noch später für lebende Systeme eine Gefahr dar. Sie lassen sich durch den Menschen nutzen und sicher an die Umwelt zurückgeben, um sie Zersetzungsprozessen u. a. zur Bodenbildung zuzuführen. Diese Produkte sind für eine sichere und vollständige Rückkehr in die Umwelt angelegt, wo sie in gesunden, lebenden Systemen als Nährstoffe dienen. Produkte, die als biologische Nährstoffe konzipiert worden sind, werden Verbrauchsgüter genannt. Sie sind für eine sichere und vollständige Rückkehr in die Umwelt angelegt, wo sie in gesunden, lebenden Systemen zu Nährstoffen werden sollen. Reinigungsmittel, „Wegwerfverpackungen", Produkte, die durch die Verwendung biologisch, chemisch oder physikalisch verändert werden (Schuhsohlen, Bremsbeläge etc.), sind typische Verbrauchsprodukte, die sich auch als biologische Nährstoffe entwickeln ließen.

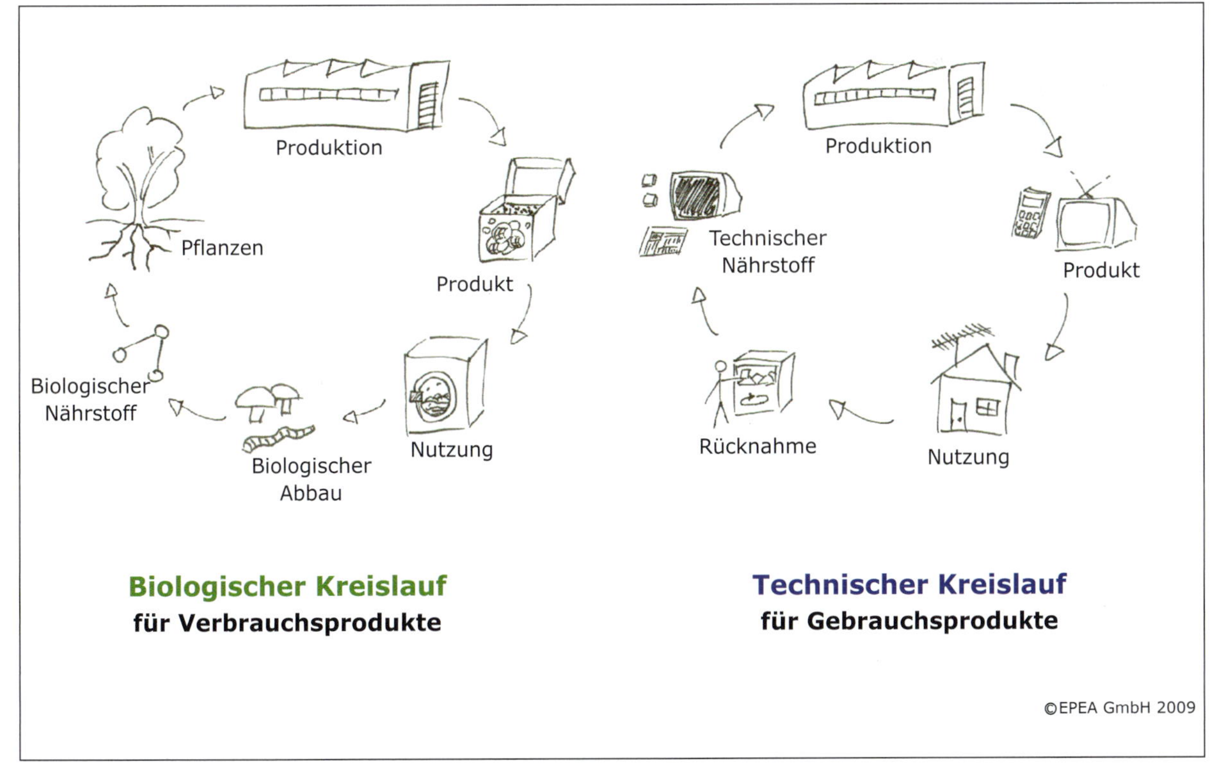

Bild 7.3 Kreisläufe für Verbrauchs- und Gebrauchsgüter

7.2.4.2 Technische Kreisläufe

Der technische „Stoffwechsel" ist ein Modell für Industriesysteme, die wertvolle Materialien in geschlossenen Produktionskreisläufen von Nutzung, Wiedergewinnung und Reproduktion zirkulieren lassen. Hauptsächlich gehen komplexe Gebrauchsgüter und mineralische Materialien in den technischen Stoffwechsel - die Technosphäre - ein. Der technische Metabolismus ist dem biologischen Stoffwechsel nachgebildet: In diesem Stoffwechselkreislauf entstehen keine Abfälle, sondern Nährstoffe, die in kontinuierlichen Kreisläufen dauerhaft zirkulieren. Ein technischer Nährstoff ist ein Material - z. B. Metall - das sicher in einem Kreislauf der Herstellung und Wiedergewinnung verbleibt und nicht als Emission die Biosphäre belastet. Damit erhält das Material seinen Wert während der Lebenszyklen als Produkt aufrecht („upcycling"). Technischen Nährstoffe werden in Gebrauchsgütern verwendet, die für den langfristigen Gebrauch hergestellt werden.

Biologischer und technischer Kreislauf

Dahinter steht ein vollkommen neues Service-Konzept. Ein Produkt wird vom Kunden genutzt, verbleibt aber im Besitz des Herstellers - Waschmaschinen, Automobile und Fernsehgeräte sind derartige Gebrauchsprodukte, die für den endlosen Umlauf, Wiederaufbereitung und erneute Nutzung entwickelt werden können. Diese Strategie eines Dienstleistungsprodukts ist sowohl für den Hersteller als auch für den Kunden von Nutzen. Der Hersteller bleibt weiterhin Eigentümer hochwertiger Materialien für die ständige Wiederverwendung in der Technosphäre und kann so bessere Grundstoffe einsetzen anstatt der billigsten, minderwertigsten Materialien. Die Kunden nehmen die Dienstleistung des Produkts in Anspruch, ohne damit eine materielle Verpflichtung zu übernehmen - wir nennen dieses Modell „Öko-Leasing". Das hat auch zur Folge, dass kurze Produktinnovationszyklen wie z. B. bei Smartphones oder Computern nicht länger im Konflikt mit dem Umweltbewusstsein des Kunden stehen, wonach man Produkte so lange wie möglich nutzen soll, um die Umwelt und Ressourcen zu schonen. Der Hersteller oder „Verkäufer" des Produkts pflegt überdies langfristige Beziehungen mit den Kunden und Nutzern über viele Produkt-Lebenszyklen hinweg. Ein weiterer Grund für die Kunden, zum vertrauten Produkt und damit zum Ökoleasing zurückzukommen. Dieser Ansatz ermöglicht eine umfassendere Qualität des Produktes, als es gegenwärtig der Fall ist.

7.2.5 Öko-Effektivität

Die derzeitige weltweite nachhaltige Entwicklung („Sustainable Development") strebt die Minimierung unserer menschlichen Einflüsse auf die biologische Kapazität des Planeten an. Begriffe wie „Zero-Footprint" und „Abfallvermeidung" spiegeln diese Interpretation wieder. Die entsprechende Ökoeffizienz ist eine Strategie mit der Zielsetzung Umwelt- und Unternehmenskonflikte innerhalb des bestehenden Wirtschaftssystems zu lindern.
Die Effizienz- bzw. Nachhaltigkeitsstrategien beruhen vorwiegend auf einer quantitativen Herangehensweise,

Effizient	Cradle to Cradle®
Weniger Schlecht	Gut - Das Richtige machen!
Minimieren, Reduzieren, Vermeiden	Mehrwert erzeugen
Monodisziplinär	Netzwerke und Partner
Lindern	Adaptieren
Motivieren	Inspirieren

Conventional Sustainability	Cradle to Cradle®
Minimization	Abundance
Being ethical	Being smart
Sustainability as cost	Quality improvement as a benefit
Tell your customer to minimize	Invite your customer to maximize
Durability	Defined use periods
„Closed loops"	„Continuous metabolism"
Energy efficiency	Energy effectiveness

Tabelle 7.1 Gegenüberstellung Effizienz - Cradle to Cradle® und Conventional Sustainability - Cradle to Cradle®

wodurch der Status quo lediglich optimiert wird, ohne dabei grundlegende Veränderungen zu schaffen. Durch eine Optimierung „schlecht designter" Dinge wird der Bedarf von Materialmenge und toxischen Substanzen gesenkt. Die Qualität der eingesetzten Stoffe und ihr Einfluss auf die Umwelt bleiben dagegen außen vor. Negative Auswirkungen werden somit nicht tatsächlich vermieden, sondern lediglich verringert und Rohstoffe lediglich langsamer verbraucht. Auch führen die Effizienzstrategie und die Konzepte der Nachhaltigkeit des auf Wachstum und Gewinnmaximierung ausgelegten Wirtschaftsystems oft ad absurdum: Konsumenten sollen sich einschränken und Güter länger nutzen, wodurch sich der Absatz von Produkten verringert.

Wir müssen uns von der Denkweise verabschieden, dass es erstrebenswert ist, etwas weniger schädliche Dinge herzustellen als zuvor. Vielmehr sollte es nur noch Dinge geben, die weder Mensch noch Umwelt vergiften und deren Inhaltsstoffe nach Gebrauch biologisch oder technisch nützlich sind. Statt also weiter nach dem Prinzip „von der Wiege bis zur Bahre" zu handeln, sollten wir uns an der Natur orientieren, wo das Motto herrscht: Kreislaufschöpfung -„Von der Wiege zur Wiege" - eben „Cradle to Cradle®", öko-effektiv.

Im Gegensatz zur Minimierung und Auflösung propagiert die Öko-Effektivität die Umwandlung von Produkten und der damit zusammenhängenden Materialströme. Damit bietet dieses Konzept eine positive Alternative zu den traditionellen Ansätzen der Öko-Effizienz, was die Entwicklung gesunder und ökologisch unbedenklicher Produkte und Systeme angeht. So wird eine tragfähige Beziehung zwischen ökologischen Systemen und dem Wirtschaftswachstum ermöglicht. Das Ziel besteht nicht darin, den Materialstrom „von der Wiege bis zur Bahre" zu verringern oder zu verzögern, sondern darin, zyklische „Metabolismen" (Stoffwechselkreisläufe) zu erzeugen, die eine naturähnliche Produktionsweise ermöglichen und Materialien immer wieder neu nutzen. Dieses regenerative System ermöglicht einen grundlegenden positiven Neubeginn der Beziehung von Ökonomie und Ökologie. Heute lassen sich Systeme errichten, die der Intelligenz, der Fülle und der Effektivität der Natur nachgebildet sind. Die Menschheit wird wieder ein positiver nutzbringender Teil der Umwelt, anstatt sich wegen ihres schlechten Einflusses ausschließen und absondern zu wollen.

Literatur

Braungart, M.: Die nächste industrielle Revolution: Die Cradle to Cradle-Community, Cep Europäische Verlagsanstalt, 2011

Braungart, M., McDonough, W., Gockel, G., Pampuch, T.: Intelligente Verschwendung: The Upcycle: Auf dem Weg in eine neue Überflussgesellschaft, oekom, 2013

Louv, R., Braungart, M., Kahl, R., Nohl, A.: Das Prinzip Natur: Grünes Leben im digitalen Zeitalter, Beltz, 2012

TEIL II

Ressourcenbeschaffung

1 Beschaffung

Uwe Götze, Steve Rother

1.1 Ziele, Objekte und Funktionen der Beschaffung

Unter dem Begriff *Beschaffung* werden alle Maßnahmen zusammengefasst, die der Versorgung des Unternehmens mit den Produktionsfaktoren bzw. Ressourcen dienen, die nicht selbst bereitgestellt werden können oder sollen (Grün, Kummer, Jammernegg 2009). Die Beschaffung basiert demgemäß in manchen Fällen auf einer Entscheidung über den Träger der Wertschöpfung (Make-or-Buy-Entscheidung, Mikus 2009) – und zwar mit dem Ergebnis, dass ein Fremdbezug der Eigenfertigung vorzuziehen ist. Die Beschaffung stellt dann eine Schnittstelle des Unternehmens zu dessen Beschaffungsmärkten (für Waren und Dienstleistungen, Arbeitskräfte, Geld und Kapital sowie Informationen) dar (Bichler et al. 2010).

Vor dem Hintergrund einer reduzierten Fertigungstiefe, einer erhöhten Variantenvielfalt und der Globalisierung der Beschaffungsmärkte hat die Beschaffung an Bedeutung gewonnen – sie kann wesentlich zur Erhöhung der Wettbewerbsfähigkeit des Unternehmens sowie zur kurz- und langfristigen Gewinnerzielung beitragen.

Aus der oben genannten grundlegenden Aufgabe einerseits und den Zielen des Gesamtunternehmens andererseits ergeben sich die *Beschaffungsziele*. Das oberste Sachziel stellt die Versorgungssicherheit dar: Die fremdbezogenen Objekte sollen in der benötigten Menge, zur richtigen Zeit, am richtigen Ort und in der von einem Bedarfsträger geforderten Qualität zur Verfügung gestellt werden (Bichler et al. 2010). Des Weiteren können die Stärkung der Verhandlungsposition gegenüber den Lieferanten, die Streuung von Beschaffungsrisiken sowie die Verbesserung der Leistungsprozesse und der in diesen entstehenden Produkte und Dienstleistungen des Unternehmens (mittels entsprechender Beschaffungsgüter und -prozesse) angestrebt werden (Roland 1993). Darüber und über die Reduzierung von Kosten leistet die Beschaffung die bereits angesprochenen Beiträge zur Erreichung der Formalziele des Unternehmens, wie Gewinn oder Rendite.

Zu den zu beschaffenden *Objekten* gehören gemäß dem hier vertretenen weiten Begriffsverständnis sämtliche im Leistungserstellungsprozess benötigte Ressourcen, die nicht intern bereitgestellt werden. Dies umfasst typischerweise Sachgüter (Materialien [Werkstoffe, Stoffe] und Investitionsgüter), Rechte, Dienstleistungen, Arbeitskräfte, Informationen und Kapital (Arnold 1997). Der Schwerpunkt der folgenden Ausführungen liegt auf Materialien. Zu diesen zählen Roh-, Hilfs- und Betriebsstoffe. Rohstoffe und Hilfsstoffe gehen als Hauptbestandteile (Rohstoffe einschließlich Halbfabrikate) bzw. unwesentliche Bestandteile (Hilfsstoffe wie Leim, Schrauben, Dichtungen) in die zu erstellenden Güter ein. Betriebsstoffe (wie Kühl- und Schmiermittel für die in der Produktion eingesetzten Anlagen, elektrische Energie, Erdgas, Fernwärme, Wasser, Instandhaltungs-, Büro- und Verpackungsmaterial sowie Artikel für den Arbeitsschutz und Werbemittel) dienen der Aufrechterhaltung des Betriebsprozesses, werden aber kein Produktbestandteil (Large, 1999).

Für die Bereitstellung von Rohstoffen kommt deren Spezifität eine hohe Bedeutung zu. Gemäß diesem Kriterium können Rohstoffe LARGE zufolge in vier Gruppen unterteilt werden (Tab. 1):

Die Spezifität beeinflusst einerseits, ob sich – die Existenz der entsprechenden Bereitstellungsalternativen vorausgesetzt – eher eine Eigenfertigung (bei hoher Spezifität) oder ein Fremdbezug (bei geringer Spezifität) anbietet. Andererseits bedingt sie, wie breit das Spektrum verfügbarer Lieferanten ist.

Die Relevanz der Beschaffung von Rohstoffen ist angesichts der typischerweise hohen Anteile der durch sie verursachten Kosten an den Gesamtkosten von Unternehmen (die Kosten von Rohstoffen haben in der deutschen Industrie

II

Tab. 1 Klassifizierung von Rohstoffen anhand deren Spezifität (Large 1999)

Spezifität	Charakteristik
Abnehmerspezifische Rohstoffe	Können nur von einem Abnehmer eingesetzt werden, für dessen Endprodukte sie individuell entwickelt und gefertigt worden sind (z. B. „Zeichnungsteile“).
Anbieterspezifische Rohstoffe	Ein Bezug ist nur über einen oder sehr wenige Lieferanten möglich, dessen bzw. deren spezifisches Produktwissen in den Rohstoffen verkörpert ist (z. B. „Katalogteile“).
Beziehungsspezifische Rohstoffe	Stellen Rohstoffe mit einer hohen Anbieter- und Abnehmerspezifität dar. Sie werden meistens von Lieferanten und Abnehmern gemeinsam entwickelt und können nur von einem Lieferanten hergestellt werden (z. B. spezieller Antrieb für eine vom Abnehmer genutzte Anlage).
Unspezifische Rohstoffe	Nach nationalen oder internationalen Standards genormte und von einer Vielzahl von Lieferanten angebotene Rohstoffe (z. B. Eisen, Kupfer etc. sowie unspezifische Halberzeugnisse wie Stahlbleche, Standardprofile).

im Jahr 2009 im Durchschnitt 45 % der Produktionskosten betragen [Statistisches Bundesamt 2011]) sowie von Verfügbarkeitsproblemen bei manchen Rohstoffen (wie „Seltene Erden") unstrittig. Aber auch der Bereitstellung von Hilfs- und vor allem Betriebsstoffen kommt vor dem Hintergrund zunehmender Kosten bzw. Restriktionen steigende Bedeutung zu. Dies gilt speziell für die Beschaffung bestimmter Energieträger sowie von Emissions- oder Verschmutzungsrechten (CO_2-Emissionshandel). Diese soll daher und aufgrund der Vielzahl sich gerade in diesem Sektor vollziehender Veränderungen nachfolgend in einem gesonderten Abschnitt thematisiert werden (vgl. 1.4).
Zu erwähnen ist, dass für die Beschaffung verschiedener Objektarten in Unternehmen typischerweise verschiedene Abteilungen zuständig sind. So obliegt die Beschaffung von Arbeitskräften bzw. Kapital oftmals der Personal- bzw. Finanzwirtschaft (Roland 1993). Hingegen wird die Beschaffung von Material durch den Einkauf, die Materialwirtschaft und/oder eine Beschaffungsabteilung vorgenommen (zur Abgrenzung von Einkauf, Materialwirtschaft und Beschaffungsabteilung, Bichler et al. 2010).
Die damit verbundenen institutionellen Fragen sollen nachfolgend nicht weiter erörtert werden, stattdessen liegt der Schwerpunkt auf den *Funktionen* der Beschaffung und deren zielgerichteter Ausführung. Diese lassen sich - nicht ganz trennscharf - einer operativen und einer strategischen Ebene zuordnen. Die operative Ebene umfasst Marktforschungsaktivitäten auf den relevanten Beschaffungsmärkten, die Suche nach Lieferanten, das Stellen von Anfragen an Lieferanten, den Vergleich von Angeboten und die Auswahl des/der günstigsten Lieferanten bzw. Angebote, Verhandlungen, die Auftragserteilung sowie Kontrollen (Bichler et al. 2010). Auf der strategischen Ebene sind auf der Basis von Analysen der beschaffungsrelevanten Unternehmensumwelt und des Unternehmens selbst Beschaffungsstrategien zu formulieren. Ein Überblick über Beschaffungsstrategien wird im nächsten Abschnitt vermittelt, die entsprechenden operativen Beschaffungsprozesse sind Gegenstand des darauf folgenden Abschnitts.

1.2 Beschaffungsstrategien im Überblick

Angesichts der oben angesprochenen Bedeutung der Beschaffung für den kurz- und langfristigen Unternehmenserfolg erscheint es sinnvoll, den Beschaffungsbereich langfristig auszurichten und dazu Beschaffungsstrategien zu verfolgen.

Beschaffungsstrategien setzen sich aus einem Bündel von zukunftsgerichteten, langfristig wirksamen Beschaffungsmaßnahmen (als Strategieelementen) zusammen, die so aufeinander abgestimmt sein müssen, dass die strategischen Ziele der Beschaffung, wie vor allem die langfristige Sicherung der Versorgung des Unternehmens mit den benötigten Einsatzfaktoren, erreicht werden (Bloech 1986). Durch die geeignete Auswahl von Beschaffungsstrategien und -maßnahmen sind unter anderem die Schnittstellen zu den Beschaffungsmärkten, insbesondere die Zulieferer-Abnehmer-Beziehungen, so zu gestalten, dass sich Erfolgspotenziale aufbauen und Risiken bei der Beschaffung bewältigen lassen.
Nach Arnold können vier strategische Beschaffungsaufgaben bzw. -ziele unterschieden werden, die in die Strategieentwicklung einbezogen werden sollten (Arnold 1997):

- Die *Integrationsfähigkeit* bezeichnet das Potenzial, die Vorleistungen der Lieferanten optimal in die eigenen Wertschöpfungsprozesse und Produkte einbinden zu können. Ansatzpunkte für die Erzielung von Integrationsvorteilen stellen die Reduzierung der Variantenzahl und die Standardisierung der eingesetzten Materialien dar, durch die sich Kostenersparnisse sowohl bei der Montage als auch bei der späteren Demontage (Recycling) der Produkte ergeben.
- Die *Innovationsfähigkeit* hängt in hohem Maße von den Lieferanten und der Ausgestaltung der Beziehungen zu diesen ab. Aufgabe der Beschaffung ist es daher, das Innovationspotenzial eines Lieferanten zu erkennen und dieses durch vertragliche Bindungen zu verwerten. Innovationsvorteile können sich z. B. in einer Verkürzung der Produktentwicklungszeiten oder in einer qualitativen Differenzierung gegenüber den Wettbewerbern durch technologisch neue und bessere Produkte oder Produktkomponenten ausdrücken.
- *Vertikale Verbundeffekte* führen zu Qualitäts- und Kostenvorteilen bei der Ausführung von Aktivitäten entlang der Wertschöpfungskette. Sie lassen sich als Folge einer engen Anbindung des Lieferanten sowie einer Neuverteilung der Wertschöpfungsaufgaben erreichen (z. B., indem die doppelte Abwicklung gleicher Tätigkeiten, wie Qualitätskontrollen und Lagerhaltung, verhindert und die Planungssicherheit durch einen frühzeitigen Informationsfluss verbessert wird).
- *Horizontale Verbundeffekte* können mit Einkaufskooperationen realisiert werden, wenn sich durch das kollektive Auftreten mehrerer Nachfrager die Machtverhältnisse am Beschaffungsmarkt so verändern, dass sich bestimmte Forderungen gegenüber den Anbietern eher durchsetzen lassen (z. B. niedrige Preise infolge einer Bedarfsbündelung).

In der nachfolgenden Abbildung werden diese vier strategischen Aufgabenbereiche der Beschaffung mit den in Kapitel 1.1 bereits genannten Zielen zusammenfassend aufgeführt. Zum einen dient die Wahrnehmung dieser Aufgaben der Verbesserung des Wettbewerbspotenzials des Unternehmens, indem durch die Aktivitäten der Beschaffung sowohl die Kosten als auch die Differenzierungsmöglichkeiten gegenüber Konkurrenzunternehmen (insbesondere hinsichtlich der Erfolgsfaktoren Qualität und Zeit, u. a. durch eine Verkürzung der Produktentwicklungs- und Durchlaufzeiten) beeinflusst werden. Zum anderen wird mit ihnen die Grundlage für die erfolgreiche Ausführung der operativen Tätigkeiten geschaffen (Grochla 1978).

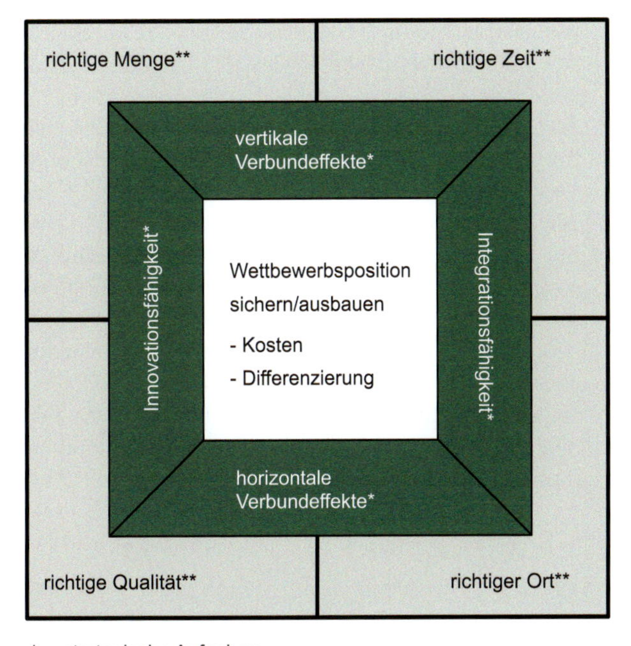

Abb. 1 Ziele und Aufgaben der Beschaffung (Arnold 1997)

Die strategischen Ziele der Beschaffung lassen sich durch die Verfolgung von bestimmten Beschaffungsstrategien erreichen. Für diese Strategien gibt es in der Literatur keine eindeutige Gliederung, was unter anderem auf die Interdependenzen zwischen den in ihnen enthaltenen Maßnahmen zurückzuführen ist. So werden marktstrukturorientierte, bedarfsprogrammorientierte, entwicklungs- und qualitätsorientierte sowie logistikorientierte Beschaffungsstrategien unterschieden (Roland 1993). Arnold differenziert zwischen *strukturbezogenen* und *marktbezogenen* Beschaffungsstrategien (Arnold 1997). Zu den strukturbezogenen Strategien zählt er die Schaffung eines strategischen Planungssystems sowie die Gestaltung der Organisationsstruktur für die Beschaffung. Die marktbezogenen Strategien umfassen:

- die langfristige Absicherung bestehender Beschaffungsquellen (z. B. durch langfristige Lieferverträge oder Kapitalbeteiligungen an Lieferanten),
- die Erschließung neuer Bezugsquellen (z. B. durch verstärkte Lieferantensuche und -förderung in bisher vernachlässigten Märkten oder Branchen),
- die Verstärkung eigener Transaktionspotenziale (indem die Nachfragemacht der Konkurrenten auf dem Beschaffungsmarkt reduziert und deren Marktzutritt erschwert wird, z. B. durch Exklusivvereinbarungen mit Lieferanten oder den Aufkauf nahezu der gesamten Angebotsmenge an bestimmten Rohstoffen) sowie
- den Aufbau kollektiver Transaktionspotenziale (durch die kooperative Ausführung von Beschaffungsaufgaben, z. B. in Form von Sammelbestellungen, gemeinsamer Lagerhaltung oder Qualitätskontrolle, Einkaufsabsprachen oder institutionellen Zusammenschlüssen zur Bündelung der Nachfrage).

Zur Strategiebestimmung sind spezifische Beschaffungsportfolios entwickelt worden, von denen die Marktmachtportfolios und die Risikoportfolios große Beachtung erlangt haben. In den erstgenannten erfolgen die Positionierung von strategisch wichtigen Produkten oder von Objekt-Lieferanten-Kombinationen sowie die anschließende Ableitung von Normstrategien nach der Machtverteilung zwischen Anbieter und Nachfrager. Bei den Risikoportfolios steht die Gefahr der Materialversorgung im Vordergrund. So werden beim „Versorgungsstörungen-Anfälligkeits-Portfolio" die zu beschaffenden Produkte auf der einen Seite hinsichtlich der Gefahr marktbedingter Versorgungs-

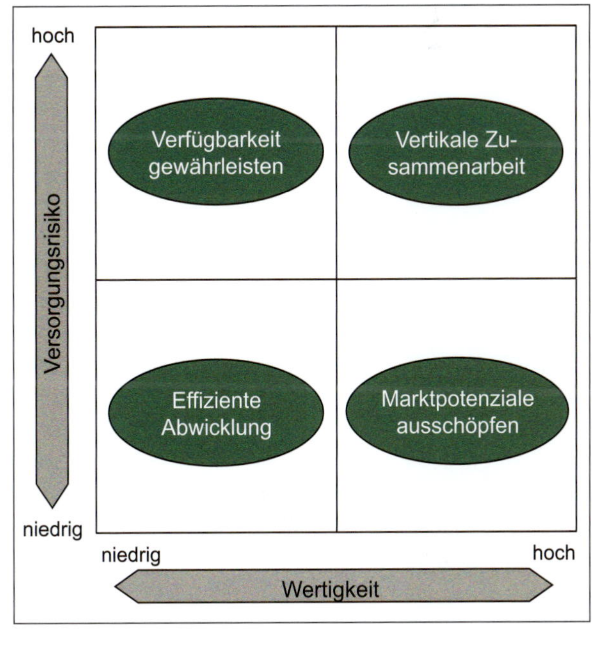

Abb. 2 Versorgungsrisiko-Wertigkeits-Portfolio (Müller 1990)

II

störungen und auf der anderen Seite in Bezug auf ihre Anfälligkeit gegenüber Versorgungsstörungen im Portfolio positioniert. Im Versorgungsrisiko-Wertigkeits-Portfolio wird eine Positionierung auf der Grundlage des Anteils am wertmäßigen Beschaffungsvolumen sowie des – aus der Versorgungsunsicherheit und der internen Anfälligkeit abgeleiteten – Versorgungsrisikos vorgenommen. Daraus lassen sich wiederum bestimmte strategische Handlungsempfehlungen ableiten, wie Abbildung 2 beispielhaft für das Versorgungsrisiko-Wertigkeits-Portfolio zeigt.

Die aus Beschaffungsportfolios abgeleiteten Normstrategien sind aber insbesondere aufgrund der mit ihnen verbundenen Verallgemeinerungen und Vereinfachungen als kritisch anzusehen. Sie können meistens nur erste Hinweise für das Vorgehen bei der Beschaffung und deren generelle strategische Stoßrichtung umfassen.

Bei der konkreten Beschaffungsplanung für ein Objekt wird es erforderlich sein, die Strategieformulierung detaillierter vorzunehmen. Zu diesem Zweck können verschiedene beschaffungsstrategische Vorgehensweisen, sogenannte *Sourcing-Konzepte*, ausgewählt und zu einer Gesamtstrategie zusammengefasst werden.

Die Sourcing-Konzepte lassen sich bezüglich mehrerer Merkmale systematisieren (Tab. 2), und zwar nach der Anzahl der Bezugsquellen, der Komplexität des zu beschaffenden Objektes, der geografischen Ausdehnung der Beschaffungsmärkte, dem Bereitstellungsprinzip (zeitliche Verfügbarkeit der Güter), der Art der Einkaufsorganisation und dem Ort der Wertschöpfung.

Jedes der Sourcing-Konzepte kann durch eine Reihe von spezifischen Merkmalen charakterisiert werden und weist bestimmte Vor- und Nachteile auf, wie nachfolgend beispielhaft erläutert wird:

- Während beim single sourcing der Bedarf beim günstigsten Lieferanten gedeckt werden kann und die damit verbundenen Abwicklungskosten tendenziell am geringsten sind, wird mit zunehmender Zahl von Lieferanten hingegen ein intensiverer Wettbewerb zwischen diesen erzeugt, die Abhängigkeit von spezifischen Lieferanten reduziert und das Beschaffungsrisiko gesenkt, da der Ausfall einzelner Lieferanten durch andere kompensiert werden kann (Grün, Kummer, Jammernegg 2009).
- Mit dem modular sourcing und dem system sourcing gehen typischerweise eine Reduzierung der Anzahl der zu beschaffenden Objekte sowie damit auch eine Verringerung der Bezugsquellenzahl und der abzuwickelnden Beschaffungsprozesse einher. Die verbleibenden Beschaffungsvorgänge sind allerdings mit umfangreicheren Vorkehrungen verbunden als die bei einem unit sourcing von Einzelteilen mit geringer Komplexität.
- Ein local sourcing hat in der Regel eine höhere Versorgungssicherheit zur Folge als eine internationale Ausrichtung der Beschaffung in Form eines global sourcing. Das Konzept des global sourcing bietet dafür aber die Möglichkeit, von einem größeren und häufig auch kostengünstigeren Angebot Gebrauch zu machen und den Wettbewerb auf dem Beschaffungsmarkt zu fördern.

Tab. 2 Systematisierung von Sourcing-Konzepten (Arnold 1997)

Bezugsquelle	single (Bezug bei einem Lieferanten)	dual (Bezug bei zwei Lieferanten)	multiple (Bezug bei mehreren Lieferanten)
Beschaffungsobjekt	unit (Beschaffung von Einzelteilen oder Komponenten)	modular (Beschaffung von kompletten, einbaufertigen Baugruppen, die eine physische Einheit bilden)	system (Beschaffung von funktionell abgestimmten Baugruppen (z. B. Bremsanlage), die nicht unbedingt eine physische Einheit bilden)
Beschaffungsareal	local (regionale Beschaffung)	domestic (inländische Beschaffung)	global (weltweite Beschaffung)
Beschaffungszeit	Vorrat (Beschaffung mit anschließender Lagerhaltung)	produktionssynchron (bedarfsgenaue Anlieferung, Lagerhaltung beim Lieferanten)	just-in-time (Lieferant fertigt erst nach erfolgtem Lieferabruf, bedarfsgenaue Anlieferung, im Idealfall keine Lagerhaltung)
Beschaffungssubjekt	Individual (ein Nachfrager tritt allein auf den Beschaffungsmarkt)		collective (mehrere Nachfrager fassen ihre Bedarfe zusammen, horizontaler Verbund)
Wertschöpfungsort	External (Wertschöpfung des Lieferanten findet vollständig in der Produktionsstätte des Lieferanten statt)		internal (räumliche Annäherung von Lieferant und Abnehmer; im Extremfall fertigt der Lieferant die Einsatzgüter in der Produktionsstätte des Abnehmers)

Die konkrete Umsetzung der Sourcing-Konzepte erfolgt bei der Lieferantenwahl im Rahmen der operativen Beschaffungsprozesse, auf die nachfolgend eingegangen wird.

1.3 Operative Beschaffungsprozesse

Wie die untenstehende Abbildung zeigt, lassen sich vereinfachend vier operative Beschaffungsprozesse unterscheiden, die im Weiteren beschrieben werden sollen (Abb. 3).

Bedarfsermittlung

Im Rahmen der Bedarfsermittlung sind die Art, die Qualität sowie die Menge einer spezifischen Ressource, die ein Unternehmen zu einem spezifischen Zeitpunkt an einem festgelegten Ort benötigt, zu bestimmen. Der Ressourcenbedarf lässt sich aus den Anforderungen der Produktion und/oder des Absatzes ableiten und kann - bezogen auf Materialien - in drei Bedarfsformen differenziert werden (Grün, Kummer, Jammernegg 2009):

- Der Primärbedarf stellt die Gesamtheit der zum Verkauf bestimmten Mengen von Fertigerzeugnissen, Halbfabrikaten und Handelswaren dar.
- Der Sekundärbedarf ist der Bedarf an Rohstoffen, Teilen oder Baugruppen, der unter Berücksichtigung von Lagerbeständen zur Herstellung des Primärbedarfs benötigt wird.
- Der aus dem Primärbedarf resultierende Bedarf an Hilfs- und Betriebsstoffen wird als Tertiärbedarf bezeichnet.

Wie bereits angedeutet, sind bei der Bedarfsermittlung Lageranfangs- und geplante Lagerendbestände einzubeziehen, um von dem Bruttobedarf auf den Nettobedarf, d. h. den tatsächlichen Fertigungs- und Bestellbedarf, schließen zu können.

Genauigkeit und Aufwand der Bedarfsermittlung sollten insbesondere vom Wert der jeweiligen Ressource abhängig gemacht werden. Zur Klassifizierung der benötigten Ressourcen nach dem Wert-Mengen-Verhältnis eignet sich die *ABC-Analyse*. Bei diesem Verfahren werden die Ressourcen in drei Kategorien unterteilt, die sich wie folgt definieren lassen:

- A-Teile sind Ressourcen mit hohem Wertanteil bei geringem Mengenanteil. Die Summe der Verbrauchs- bzw. Bedarfswerte der A-Güter liegt typischerweise zwischen 60 und 80 %, ihr Mengenanteil ist relativ gering.
- Bei B-Teilen handelt es sich um Ressourcen, deren Anteil am Gesamtwert etwa 10 bis 30 % beträgt; der Mengenanteil ist ebenfalls gering und kann ober- und unterhalb desjenigen der A-Teile liegen.
- Zu den C-Teilen zählt der mengenbezogen dominierende Anteil der Ressourcen, der Wert dieser Güter liegt i. d. R. insgesamt unter 10 %.

II

Die angegebenen Prozentwerte stellen jedoch lediglich Richtwerte dar. Die konkrete Einordnung der Ressourcen in die drei Kategorien ist einzelfallabhängig vorzunehmen. Die Ergebnisse der ABC-Analyse haben hohe Relevanz für die Bedarfsermittlung wie auch die nachfolgenden Beschaffungsprozesse: Die Beschaffung von A-Gütern sollte aufgrund ihrer hohen Wertanteile intensiver und mit höherem Personaleinsatz geplant, abgewickelt etc. werden als diejenige von B-Gütern und vor allem C-Gütern.

Für die Ermittlung des Bedarfs können programm- und verbrauchsorientierte Verfahren herangezogen werden. Mit *programmorientierten Verfahren* wird der Bedarf durch Auflösen von Stücklisten, Rezepturen o. ä. aus einem gegebenen Produktionsprogramm (bzw. Primärbedarf) abgeleitet. Die hinreichend sichere und genaue Kenntnis des Produktionsprogramms sowie die Existenz von Stücklisten, Rezepturen etc. sind demgemäß Voraussetzungen für die programmorientierte Bedarfsermittlung (Bloech et al. 2008). Da mit dieser zudem ein nicht unbeträchtlicher Aufwand verbunden ist, eignet sie sich in erster Linie für Ressourcen mit einem hohen Wertanteil (Grün, Kummer, Jammernegg 2009).

Sind keine Stücklisten vorhanden, zu beschaffende Ressourcen in diesen nicht erfasst (z. B. Kleinstteile, Betriebsstoffe) oder handelt es sich nur um Teile mit geringem Wert (C-Teile), ist eine programmorientierte Bedarfsermittlung meist nicht möglich oder zu aufwändig. Es kommen dann häufig *verbrauchsorientierte Verfahren* zum Einsatz, mit

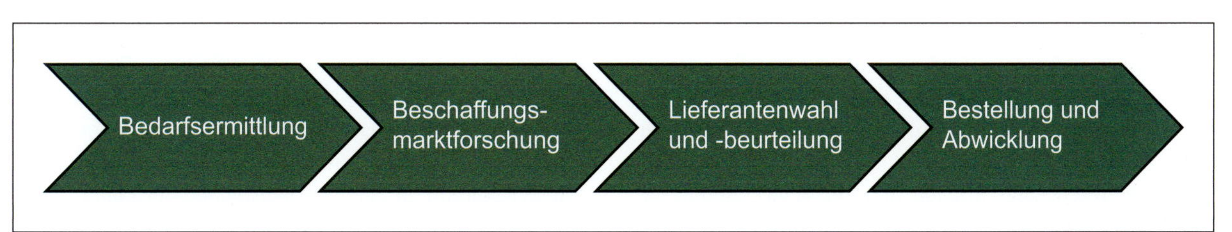

Abb. 3 Operative Beschaffungsprozesse (Grün, Kummer, Jammernegg)

denen der zukünftige Materialbedarf auf der Basis von Verbrauchszahlen vergangener Perioden geschätzt wird. Es handelt sich hierbei vor allem um statistische Verfahren wie die Mittelwertbildung, exponentielle Glättung etc. (Bloech et al. 2008).

Eine gewisse Hilfestellung für die (verbrauchsorientierte) Bedarfsermittlung und die Beschaffung insgesamt gibt auch die XYZ-Analyse (teilweise auch als RSU-Analyse bezeichnet). Mit ihr werden typischerweise Materialien hinsichtlich der Verbrauchs- bzw. Bedarfsstetigkeit und/oder der Vorhersagegenauigkeit des Verbrauchs klassifiziert.

- X-Teile weisen annahmegemäß einen konstanten Bedarf/Verbrauch und eine hohe Vorhersagegenauigkeit des Verbrauchs auf.
- Y-Teile unterliegen hinsichtlich Bedarf und/oder Verbrauch gewissen Schwankungen (z.B. durch saisonale Einflüsse). Bei ihnen wird eine mittlere Vorhersagegenauigkeit des Verbrauches im Zeitablauf unterstellt.
- Bei Z-Teilen ist der Verbrauch völlig unregelmäßig und dadurch kaum vorhersagbar.

Beschaffungsmarktforschung

Um den ermittelten Bedarf gezielt wirtschaftlich decken zu können, sind Informationen über geeignete Lieferanten erforderlich. Diese werden im Rahmen der Beschaffungsmarktforschung durch Beobachtung und Analyse der Beschaffungsmärkte erhoben. Konkreter werden mit der Beschaffungsmarktforschung die Erhöhung der Beschaffungsmarkttransparenz, die frühzeitige Identifikation von Beschaffungsrisiken sowie der Zugang zu neuen Beschaffungsquellen und Substitutionsgütern angestrebt (Grün, Kummer, Jammernegg 2009).

Zu den Objekten der Beschaffungsmarktforschung zählen die auf den Märkten erhältlichen Güter (vor allem deren Beschaffenheit und Verwendungsmöglichkeiten), die verfügbaren Lieferanten (vor allem deren Leistungsfähigkeit, Produkte und Konditionen) sowie die Strukturen der Beschaffungsmärkte (Anzahl und Größe der Markteilnehmer, Dynamik der Marktentwicklung) (Grün, Kummer, Jammernegg 2009).

Die Beschaffungsmarktforschung kann zum einen anhand des Kriteriums der Abhängigkeit von einem spezifischen Anlass in die anlassbezogene *Marktanalyse* sowie die ständige *Marktbeobachtung* unterschieden werden. Die Anlässe einer Marktanalyse sind interner (z. B. Unzufriedenheit mit derzeitigen Lieferanten) oder externer Natur (z.B. Angebotsverknappungen, neue Wettbewerber oder Lieferanten, gesetzliche Änderungen, technologischer Wandel etc.).

Zum anderen erfolgt hinsichtlich der verwendeten Datenquellen eine Differenzierung zwischen Primär- und Sekundärforschung. Bei der *Primärforschung* (Field Research) werden Daten neu für spezifische Zwecke der Beschaffungsmarktforschung erhoben (z.B. im Rahmen von Lieferantenbefragungen, Messen, Tagungen und Ausstellungen, lieferanten- bzw. marktorientierten Internetrecherchen, Befragungen durch Marktforschungsinstitute). Da die Primärforschung jedoch häufig sehr zeitaufwendig und kostenintensiv ist, wird sie oft mit der *Sekundärforschung* (Desk Research) verbunden bzw. durch diese ersetzt. Bei dieser Form der Beschaffungsmarktforschung erfolgt ein Rückgriff auf bereits bestehende, für andere Zwecke erhobene oder zusammengestellte Daten (z.B. Geschäftsberichte, Bilanzen, Kataloge, Prospekte, Berichte in Fachzeitschriften, Branchenverzeichnisse etc.) (Grün, Kummer, Jammernegg 2009).

Mit der Beschaffungsmarktforschung wird der Kreis der Lieferanten eingegrenzt, die generell für die Beschaffung spezifischer Ressourcen geeignet und daher bei der nachfolgenden Lieferantenbeurteilung und -wahl zu berücksichtigen sind.

Lieferantenbeurteilung und -wahl

Vor dem Hintergrund des hohen und in vielen Branchen tendenziell steigenden Anteils fremdbezogener Ressourcen kommt der Wahl der Lieferanten zunehmende Bedeutung für eine wirtschaftliche Bereitstellung von Ressourcen und damit für den Unternehmenserfolg zu. Die Lieferantenwahl basiert auf der Wahl von Sourcing-Konzepten, wie sie im vorherigen Abschnitt vorgestellt worden sind.

Über die dort aufgezeigten Optionen hinaus besteht eine weitere Gestaltungsmöglichkeit der Lieferantenwahl hinsichtlich des *Beschaffungsweges*. Demnach können Ressourcen direkt beim Produzenten oder (indirekt) über einen Händler bezogen werden. Ein Direktbezug empfiehlt sich vor allem bei der Abnahme großer Mengen und geht dann häufig mit Kostenvorteilen einher. Dagegen bringt die indirekte Beschaffung über den Handel u. U. Vorteile, weil dieser geringe Bedarfsmengen einzelner Unternehmen bündeln kann (Grün, Kummer, Jammernegg 2009).

Außerdem kann bei der Auswahl der Lieferanten entweder stärker auf Stammlieferanten zurückgegriffen oder häufiger ein Lieferantenwechsel vorgenommen werden. Daraus resultieren unterschiedliche *Zeiträume und Intensitäten der Lieferantenbeziehungen*. Für die längerfristige und intensivere Zusammenarbeit mit Stammlieferanten können folgende Argumente sprechen:

- das Bestehen eines räumlichen oder prozessualen Verbundes mit diesen Lieferanten (in einer Supply Chain),
- das aus lang andauernden Lieferbeziehungen resultierende Wissen um die Stärken/Schwächen der Lieferanten,
- mangelhafte Kenntnis über alternative Lieferanten,
- hohe Kosten des Lieferantenwechsels.

Bei einem häufigen Lieferantenwechsel steht eher das Bemühen im Vordergrund, die temporär günstigste Bezugsquelle zu nutzen (Grün, Kummer, Jammernegg 2009). Die Beurteilung und letztendliche Wahl von Lieferanten lässt sich - ausgehend von den angesprochenen grundsätzlichen Erwägungen - unter Rückgriff auf eine Reihe von Kriterien wie Liefersortiment, Liefermenge, Lieferpreise und -bedingungen, wirtschaftliche Lage, Zuverlässigkeit, Innovationsfähigkeit, Lieferstandort oder auch soziale und ökologische Verantwortung des Lieferanten durchführen. Dabei sollte die konkrete Festlegung und Gewichtung dieser Kriterien einzelfallbezogen unter Berücksichtigung der Ziele und Strategien des jeweiligen Abnehmers und der bereitzustellenden Ressource erfolgen.
Zur Aggregation der Einzelbewertungen können die *Nutzwertanalyse* oder andere Scoring-Verfahren eingesetzt werden. Ergänzend dazu sollten die bei verschiedenen Lieferanten entstehenden Beschaffungskosten ermittelt und verglichen werden. Dabei ist zu beachten, dass neben dem Beschaffungspreis nicht nur die Beschaffungsnebenkosten (für Transporte, Zölle etc.), sondern auch weitere absehbare Folgekosten (z. B. aufgrund von erwarteten Qualitätsmängeln oder bei Anlagegütern durch Ausfall und Instandhaltung) einbezogen werden, um die gesamten durch eine Lieferanten- bzw. Beschaffungsalternative verursachten Kosten zu bestimmen. Diese werden auch als *Total Cost of Ownership* bezeichnet (Götze, Weber 2008).

Bestellung und Abwicklung

Unter einer *Bestellung* wird eine verbindliche Aufforderung des Abnehmers an den Lieferanten verstanden, bestimmte Ressourcen zu vereinbarten Konditionen (Art, Qualität, Menge, Ort, Zeit, Preis sowie Liefer- und Zahlungsbedingungen) zu liefern (Grün, Kummer, Jammernegg 2009). Der Bestellprozess beginnt - unabhängig von evtl. vorgelagerten vertraglichen Vereinbarungen wie Rahmenverträgen - mit der Angebotsbearbeitung, in deren Rahmen das Angebot auf Korrektheit, Vollständigkeit sowie Eindeutigkeit zu überprüfen und die relevanten Entscheidungskriterien (z. B. Preis, Qualität) zu untersuchen sind. Erfordert das Ergebnis der Angebotsbearbeitung keine Nachverhandlungen mit dem Lieferanten, so wird im Anschluss die Bestellung ausgelöst. Anschließend erfolgt im Rahmen des *Abwicklungsvorgangs* die Überwachung der Liefertermine, um die Versorgungssicherheit und damit den Leistungserstellungsprozess im Unternehmen abzusichern. Gehen bestellte Ressourcen beim Abnehmer ein, so sind diese auf Korrektheit und Vollständigkeit zu prüfen. Schließlich muss vor der Bezahlung auch die Rechnung einer Prüfung unterzogen werden (Grün, Kummer, Jammernegg 2009).
Im Zusammenhang mit der Bestellung und Abwicklung stellt sich auch die Frage, durch wie viele Bestellungen bzw. Abrufe ein gegebener Periodenbedarf gedeckt werden soll und wann diese ausgelöst werden. Die entsprechende Entscheidung beeinflusst insbesondere die Lagerkosten und die Kosten der Beschaffungsvorgänge, wobei sie sich auf beide gegenläufig auswirkt (daneben können auch die Preise dadurch beeinflusst werden, was hier aber nicht weiter betrachtet werden soll). Zur Lösung des entstehenden Optimierungsproblems existieren zahlreiche Optimierungsmodelle bzw. Rechenmethoden wie das klassische Modell der optimalen Bestelllosgröße (ANDLERsches Modell). Bei diesem wird unterstellt, dass die entscheidungsrelevanten Kosten K allein die Lagerkosten K_L und die Bestellkosten K_B umfassen, die wiederum unter bestimmten Annahmen in der folgenden Form von dem Lagerhaltungskostensatz k_L, dem durchschnittlichen Lagerbestand $r/2$ bzw. der Bestellmenge r, dem Bestellkostensatz k_B und der Bestellhäufigkeit n abhängig sind (Buscher et al. 2010):

$$K = K_L(r) + K_B(n) = k_L \cdot \frac{r}{2} + k_B \cdot n$$

Da sich die beiden Variablen der Bestellpolitik, die Bestellmenge r und die Bestellhäufigkeit n, bei gegebenem Gesamtbedarf B im Planungszeitraum, wie er hier unterstellt ist, gegenseitig eindeutig bedingen, und zwar über die Beziehung $B = r \cdot n$, lässt sich eine der Variablen durch die andere in der Kostenfunktion substituieren. Die zu minimierende Funktion der relevanten Kosten lautet dann in Abhängigkeit von der Bestellmenge r:

$$K(r) = k_L \cdot \frac{r}{2} + k_B \cdot \frac{B}{r} \qquad \Rightarrow \; Min!$$

Bei einer analytischen Lösung ist die Kostenfunktion nach der Variablen - der Bestellmenge r - abzuleiten und anschließend gleich Null zu setzen. Das Umformen der Lösung führt zu dem folgenden Ausdruck für die optimale Bestellmenge:

$$r_{opt} = \sqrt{\frac{2 \cdot k_B \cdot B}{k_L}}$$

Die praktische Anwendbarkeit dieses und weiterführender Ansätze sollte aber aufgrund des hohen Aufwandes vor allem für die Datengewinnung auf wertmäßig bedeutsame Ressourcen beschränkt werden. Für wertmäßig weniger bedeutsame Ressourcen bieten sich eher recht einfache Bestellpolitiken an, mit denen eine Annäherung an die „richtige" Bestellmenge angestrebt wird. Bei diesen wird entweder ein Bestellrhythmus (Bestellrhythmusverfahren) oder ein die Bestellung auslösender Meldebestand bzw. Bestellpunkt (Bestellpunktverfahren) festgelegt. Da gleichzeitig die Bestellmenge fix oder variabel sein kann, ergeben sich vier Grundformen von Bestellpolitiken, wie die nachfolgende Tabelle zeigt (ähnlich Grün, Kummer, Jammernegg 2009).

II

Festlegung von / Bestellmenge	Bestellrhythmus	Bestellpunkt
fix	In konstanten Intervallen wird eine konstante Menge bestellt (Bestellrhythmus-Losgrößen-Politik).	Wenn der Lagerbestand den Meldebestand erreicht oder unterschreitet, wird eine fixe Menge bestellt (Bestellpunkt-Losgrößen-Politik).
variabel	In konstanten Intervallen wird der Lagerbestand bis zur Höhe des Sollbestands aufgefüllt (Bestellrhythmus-Lagerniveau-Politik).	Wenn der Lagerbestand den Meldebestand erreicht oder unterschreitet, wird der Lagerbestand bis zur Höhe des Sollbestands aufgefüllt (Bestellpunkt-Lagerniveau-Politik).

Tab. 3: Grundformen der Bestellpolitik (Grün, Kummer, Jammernegg 2009)

Die aufgeführten Bestellpolitiken unterscheiden sich einerseits hinsichtlich ihres dispositiven Aufwandes, andererseits bezüglich ihrer Eignung, in die Nähe der optimalen Bestellmengen zu führen. So ist die Bestellpunkt-Lagerniveau-Politik mit einem recht hohen dispositiven Aufwand verbunden; da sie jedoch eine Höchstgrenze (Sollbestand) für den Lagerbestand vorgibt, beschränkt sie die Lagerhaltungskosten – was insbesondere für die Beschaffung von A-Teilen wichtig ist. Im Gegensatz dazu verursacht die Bestellrhythmus-Losgrößen-Politik einen eher geringen dispositiven Aufwand; da bei ihr jedoch die Gefahr von Lagerfehlbeständen relativ hoch ist, eignet sie sich allenfalls für die Bestellung von C-Teilen.
Nachdem nun eine allgemeine Charakterisierung von Beschaffungsstrategien und operativen Beschaffungsprozessen erfolgt ist, soll im Folgenden der Blick auf die Spezifika der Beschaffung energiebezogener Ressourcen als aktuell besonders relevante Fragestellung gerichtet werden.

1.4 Ausgewählte energiebezogene Fragestellungen der Beschaffung

Im Wertschöpfungsprozess von Unternehmen werden zahlreiche Energien und Energieträger – zumeist als Betriebsstoffe – verbraucht. Nachfolgend soll die Beschaffung von elektrischer Energie und Erdgas und damit von zwei für die meisten Unternehmen besonders bedeutsamen Energien bzw. Energieträgern im Vordergrund stehen. Anschließend wird die Beschaffung von Emissions- oder Verschmutzungsrechten (CO_2-Emissionshandel) thematisiert.

1.4.1 Beschaffung von elektrischer Energie und Erdgas

Charakteristika von elektrischer Energie und Erdgas

Erdgas ist ein weitestgehend natürlicher Energieträger, der unter Ausbeutung entsprechender Rohstoffvorkommen gefördert wird. Es wird daher auch als Primärenergieträger eingeordnet. Erdgas kommt in erster Linie für die Produktion von Raumwärme, industriell genutzter Prozesswärme und vermehrt für die Erzeugung elektrischer Energie zum Einsatz. Aufgrund dieser Einsatzgebiete steht es in einem Substitutionswettbewerb mit anderen Energieträgern wie Kohle oder Öl, die ebenfalls für die oben genannten Zwecke verwendet werden können, jedoch aufgrund höherer CO_2-Emissionen gegenüber Erdgas als umweltschädlicher gelten. *Elektrische Energie* (auch Strom oder Elektrizität) muss im Gegensatz dazu erst durch die Umwandlung von Primärenergieträgern erzeugt werden. Sie wird in fast allen produktnahen und -fernen Abläufen der Wertschöpfung von Unternehmen genutzt (z. B. zur Beleuchtung einer Werkshalle, zum Betrieb einer Fertigungsanlage) und ist meist nicht substituierbar.
Beide Energie(träger)n weisen die Gemeinsamkeit auf, dass ihr Transport weitestgehend an Leitungen gebunden ist. Während elektrische Energie jedoch auf verschiedenen Spannungsebenen mittels Frei- oder Erdleitungen (Kabel) von dem am nächsten zum jeweiligen Verbraucher liegenden Kraftwerk zu den Abnehmern übertragen wird, erfolgt der Transport von Erdgas in der Regel über wesentlich größere räumliche Distanzen mittels (oft länderübergreifender) Gasleitungen (Rohre, Pipelines) vom Ort der Förderung zum Ort des Verbrauchs. Nach der Verflüssigung (in Liquified Natural Gas: LNG) kann Erdgas auch mittels Schiffen transportiert werden (Schiffer 2010).
Unterschiede ergeben sich zwischen beiden Energie(träger)n insbesondere hinsichtlich der Speicherbarkeit: Elektrische Energie ist im Gegensatz zu Erdgas in größeren Mengen nur schlecht speicherbar, sodass der Bedarf,

d. h der Stromverbrauch, eines Unternehmens prognostiziert und im Moment der Abnahme durch entsprechende Liefervereinbarungen oder Eigenerzeugungskapazitäten gedeckt sein muss. Erdgas kann hingegen gespeichert werden, was dazu führt, dass Bedarfsschwankungen unter Rückgriff auf Speichersysteme ausgeglichen werden können.

Während elektrische Energie als weitestgehend homogen gilt und somit immer in nahezu der gleichen Qualität gehandelt wird, ergeben sich beim Erdgas Qualitätsunterschiede hinsichtlich des Brennwertes (in kWh/m³ Gas), die zu einer am Beschaffungsmarkt üblichen Differenzierung in L- und H-Gas (low und high) führen. Als L-Gas gilt das aus den Niederlanden oder Belgien stammende Erdgas (Brennwert: ca. 10,26 kWh/m³), während aus Norwegen oder Russland importiertes Erdgas als H-Gas eingestuft wird (Brennwert: 11,05 - 12,23 kWh/ m³) (Spicker 2006).

Preiszusammensetzung bei elektrischer Energie und Erdgas

Die Verbraucherpreise für elektrische Energie und Erdgas setzen sich aus ähnlichen Bestandteilen zusammen: Die Basis bildet jeweils der Preis für die Lieferung von Gas bzw. Strom. Hinzu kommen bei beiden Energie(träger)n Entgelte für die Nutzung der jeweiligen Strom- bzw. Gasnetze, Entgelte für die Messung bzw. Abrechnung sowie Steuern und Abgaben. Darüber hinaus sind im Preis für elektrische Energie Umlagen enthalten, die zur Finanzierung des Ausbaus erneuerbarer Energien erhoben werden.

Die *Preise für die Lieferung von Erdgas oder elektrischer Energie* ergeben sich aus den Beschaffungs- und Vertriebskosten des Lieferanten sowie in der Regel aus Aufschlägen, die vom Lieferanten zur Erreichung von Gewinn- und Renditezielen oder für die Übernahme von Marktrisiken erhoben werden.

Netznutzungsentgelte stellen die Entgelte für den Transport des Stroms vom Erzeuger bzw. des Gases vom importierenden oder das Gas speichernden Unternehmen zum Verbraucher dar (Konstantin 2009). In Deutschland unterliegen diese einer Genehmigungspflicht durch die Bundesnetzagentur bzw. die Landesregulierungsbehörden und müssen von den Netzbetreibern veröffentlicht werden.

Außerdem umfassen die Verbraucherpreise für Erdgas und elektrische Energie *Entgelte für die Messung und Abrechnung*. Deren Höhe hängt bei elektrischer Energie von der Spannungsebene ab und beinhaltet u. a Kosten für die Lastgangzählung sowie die Erfassung und Fernübertragung der Messdaten (Konstantin, 2009). Bei Erdgas richtet sich die Höhe der Entgelte u. a. nach der Größe des Messgerätes und der Ausrüstung der Messstelle.

Zu den in den Preisen der beiden Energie(träger)n enthaltenen *Steuern und Abgaben* gehören die Umsatzsteuer sowie die Konzessionsabgabe. Diese wird von Kommunen dafür erhoben, dass Netzbetreiber Kabel oder Rohre auf dem Stadt- bzw. Gemeindegebiet verlegen dürfen. Im Verbraucherpreis für Erdgas sind zusätzlich Erdgas- und Mineralölsteuer enthalten, während der Preis für elektrische Energie mit der Stromsteuer belegt wird.

Darüber hinaus beinhalten die Verbraucherstrompreise *Umlagen* nach dem Gesetz über den Vorrang erneuerbarer Energien (EEG-Umlage) und nach dem Kraft-Wärme-Kopplungsgesetz (KWK-Umlage). Die EEG-Umlage entsteht aufgrund der für Netzbetreiber gesetzlich verankerten Abnahme- und Vergütungsverpflichtung für Strom, der aus regenerativen Energien erzeugt wird. Die damit verbundenen Kosten der Netzbetreiber werden von diesen an die Verbraucher weitergeben. Die Umlage wird auf Basis einer Prognose des gesamten deutschlandweiten Aufkommens an aus regenerativen Energien erzeugtem und eingespeistem Strom bestimmt. Analoges gilt für die KWK-Umlage, die aus der den Netzbetreibern auferlegten Abnahmepflicht von Strom – der mittels Kraft-Wärme-Kopplungsanlagen erzeugt wurde – resultiert.

Beschaffungsalternativen

Anhand der Charakteristik und der Preiszusammensetzung von elektrischer Energie sowie Erdgas lassen sich gewisse Parallelitäten zwischen beiden Energie(träger)n erkennen. Diese finden sich auch bei der Systematisierung von Beschaffungsalternativen. Jene können daher stellvertretend für den Strommarkt und damit die Beschaffung von elektrischer Energie beschrieben werden. Auf Besonderheiten der Beschaffung von Erdgas wird an den entsprechenden Stellen hingewiesen. Solche ergeben sich unter anderem aufgrund der besseren Speicherbarkeit von Erdgas gegenüber elektrischer Energie und der weniger weit fortgeschrittenen Entwicklung eines liberalisierten Marktes für den Handel mit Erdgas.

Die Beschaffungsalternativen lassen sich allgemein anhand des strukturellen Aufwands und der Anzahl an Freiheitsgraden bzw. Handlungsmöglichkeiten einordnen. Die vier in Abbildung 4 aufgeführten Alternativen sollen nachfolgend kurz vorgestellt werden. Anzumerken ist jedoch, dass sich in der Literatur zu Energiemärkten und -beschaffung sowohl weitere Beschaffungsalternativen als auch andere Bezeichnungen für die vorgestellten Formen finden lassen.

Klassische Vollversorgung

Die klassische Vollversorgung ist mit einem – im Vergleich zu den weiteren Beschaffungsalternativen – recht geringen strukturellen Aufwand verbunden und stellt daher auch nach der Liberalisierung der Energiemärkte für die meisten Abnehmer von elektrischer Energie oder Erdgas

II

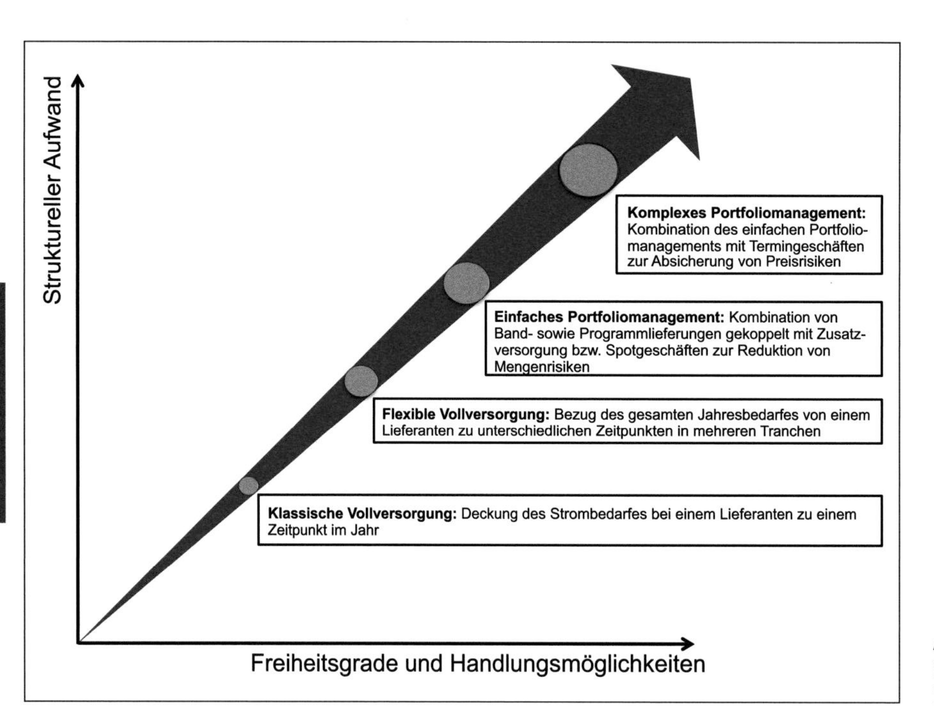

Abb. 4 Alternativen der Strombeschaffung (von der Hagen 2005).

die günstigste Alternative dar. So ist es für die klassische Vollversorgung ausreichend, wenn ein Abnehmer seinen voraussichtlichen Energieverbrauch (Strom- oder Erdgasmenge) innerhalb einer Lieferperiode (und bei elektrischer Energie ggf. die Höchstlast in diesem Zeitraum) kennt. Der Lieferant verpflichtet sich, dem Kunden zu jedem Zeitpunkt des Lieferzeitraums die benötigte Menge an elektrischer Energie bzw. Erdgas zu einem vorab festgelegten Preis, der über Preisgleitklauseln angepasst werden kann, zur Verfügung zu stellen (Zander et al. 2000).
Daraus lässt sich ableiten, dass bei einem Vollversorgungsvertrag bestehende Marktrisiken vom Lieferanten zu tragen sind, die er regelmäßig mittels Preisaufschlägen an die Abnehmer weitergibt. Zu diesen Risiken gehören z. B. Preisrisiken, die dem Lieferanten durch die Preisschwankungen an den Großhandelsmärkten (vgl. die Ausführungen zum Portfoliomanagement) für elektrische Energie und Erdgas entstehen, aber auch Mengenrisiken, die dadurch zustande kommen, dass die Abnehmer ihren Energiebedarf nicht exakt angeben müssen, der Lieferant jedoch zu garantieren hat, dass er zu jedem Zeitpunkt liefern kann. Eine Ausnahme bilden sogenannte unterbrechbare Lieferverträge bei der Beschaffung von Erdgas (Konstantin 2009).

Flexible Vollversorgung

Analog zur klassischen Vollversorgung wird der gesamte Strom- oder Erdgasbedarf eines Unternehmens auch bei der flexiblen Vollversorgung innerhalb eines bestimmten Zeitraums nur durch den Bezug von einem Lieferanten gedeckt. Allerdings besteht die Möglichkeit, die gesamte Strom- oder Erdgasmenge zu unterschiedlichen Zeitpunkten des Lieferzeitraums in mehreren Teilmengen, sogenannten Tranchen (max. 12 innerhalb eines Jahres), zu beschaffen.
Ein Vorteil der flexiblen Vollversorgung gegenüber der klassischen Vollversorgung ist darin zu sehen, dass durch die Beschaffung zu unterschiedlichen Zeitpunkten die Möglichkeit besteht, einen geringeren durchschnittlichen Preis für elektrische Energie oder Erdgas zu erzielen. Allerdings steigt auch der strukturelle Aufwand gegenüber der klassischen Vollversorgung.

Einfaches Portfoliomanagement

Für das Portfoliomanagement ist charakteristisch, dass die gesamte benötigte Strom- oder Erdgasmenge eines Abnehmers nicht komplett von einem Lieferanten bezogen, sondern durch eine Bündelung mehrerer Produkte und vertraglicher Vereinbarungen mit mehreren Lieferanten gedeckt wird (Konstantin 2009). Voraussetzung für ein Portfoliomanagement ist die nahezu exakte Kenntnis des Strom- oder Erdgaslastganges (Lastprofil). So muss beispielsweise der Strombedarf eines Unternehmens oder eines einzelnen Werkes für jede Viertelstunde eines jeden Tages prognostiziert werden können (Zander et al. 2000).
Die einfachste Form des Portfoliomanagements stellt die Vereinbarung von Band-, Programm- und Zusatzlieferungen dar. Eine Bandlieferung entspricht einer konstanten Strom- oder Erdgasmenge, die über einen vereinbarten Zeitraum zur Abdeckung der Grundlast geliefert wird. Bei Programmlieferungen handelt es sich meist um eine zyklische, über die Grundlast einer Bandlieferung hin-

ausgehende, zusätzlich bereitgestellte Leistung, die bei Industrieunternehmen infolge eines erhöhten Strom- oder Erdgasbedarfs z. B. während der Arbeits- bzw. Fertigungszeiten benötigt wird. Sind Lastspitzen nicht durch Band- und Programmlieferverträge abdeckbar, so muss das Unternehmen meist relativ teure Zusatzlieferungen über die Fehlmengen vereinbaren (Zander et al. 2000).

Die Deckung des gesamten Bedarfs eines Unternehmens an elektrischer Energie oder Erdgas wird ausschließlich über Band- und Programmlieferungen meist jedoch nicht möglich sein (oder nur unter Rückgriff auf die angesprochenen teuren Zusatzlieferungen). Daher kann es vorteilhaft sein, einen Teil des Energiebedarfs über Spotmarktgeschäfte zu decken, die entweder börslich oder bilateral (auch: OTC(over-the-counter)-Handel, im Erdgashandel erfolgt dieser über sogenannte „Hubs") abgewickelt werden können. Als Spotmarkthandel wird der kurzfristige Ein- bzw. Verkauf von elektrischer Energie oder Erdgas in einem zeitlichen Intervall von einem Tag bis zu etwa einer Woche bezeichnet (Zander et al. 2000). Für die physische Erfüllung von Spotmarktverträgen, d. h. die Lieferung der Menge elektrischer Energie oder Erdgas, können unterschiedliche (Liefer-)Termine vereinbart werden: der aktuelle (Intraday), der auf den Vertragsschluss folgende Tag (day-ahead) oder speziell bei Erdgas auch der übernächste Tag. Der Käufer ist verpflichtet, die gehandelte Energie abzunehmen und den zum Zeitpunkt des Vertragsschlusses geltenden Preis für die erhaltene Energiemenge zu zahlen (Konstantin 2009).

Für Unternehmen, die das Portfoliomanagement als Alternative der Strombeschaffung nutzen, ergibt sich aus der Nutzung des Spotmarkts ein zentraler Vorteil: Sie können kurzfristig höchst flexibel auf Schwankungen des eigenen Strom- oder Erdgasbedarfs reagieren und sind nicht auf (relativ teure) Zusatzlieferungen zur vollständigen Bedarfsabdeckung angewiesen (Abb. 5).

Allerdings birgt die Nutzung des Spotmarkts zur Abdeckung des Bedarfs an elektrischer Energie oder Erdgas auch Nachteile in Form spezifischer Risiken, die beim Portfoliomanagement gegenüber den Varianten der Vollversorgung hinzukommen bzw. anders ausfallen:

- *Mengenrisiko:* Bei einer Fehlprognose des Bedarfs an elektrischer Energie oder Erdgas muss zu viel beschaffte Energie kurzfristig wieder veräußert werden, während zu wenig beschaffte Energie ggf. teure Zusatzlieferungen erfordert.
- *Kontrahentenausfallrisiko:* Bei bilateralen Spotgeschäften besteht die Gefahr, dass einerseits Verkäufer nicht in der Lage sind, die vereinbarte Energiemenge zu liefern (z. B. durch einen Kraftwerksausfall, Erfüllungsrisiko), andererseits Käufer die vertraglich vereinbarte Menge nicht bezahlen können (Zahlungsrisiko).
- *Preisrisiko:* Aus der Preisvolatilität, die seit der Liberalisierung der Energiemärkte stark zugenommen hat, ergibt sich ein Preisrisiko. Dies äußert sich darin, dass kurzfristig über den Spotmarkt beschaffte Mengen ggf. zu einem bestimmten Zeitpunkt sehr teuer eingekauft werden müssen, während die gleichen Mengen zu anderen Zeitpunkten wiederum preislich sehr günstig sind.

Mengenrisiken können durch ein Lastmanagement (z. B. Steuerung der zu den einzelnen Zeitpunkten in Anspruch genommenen Leistung), Kontrahentenausfallrisiken mittels eines Clearing (finanzielle Abwicklung von Handelsgeschäften), das die Strombörse übernimmt, reduziert werden. Zur Minderung von Preisrisiken eignen sich Terminmarktprodukte, da bei ihnen typischerweise Fest-

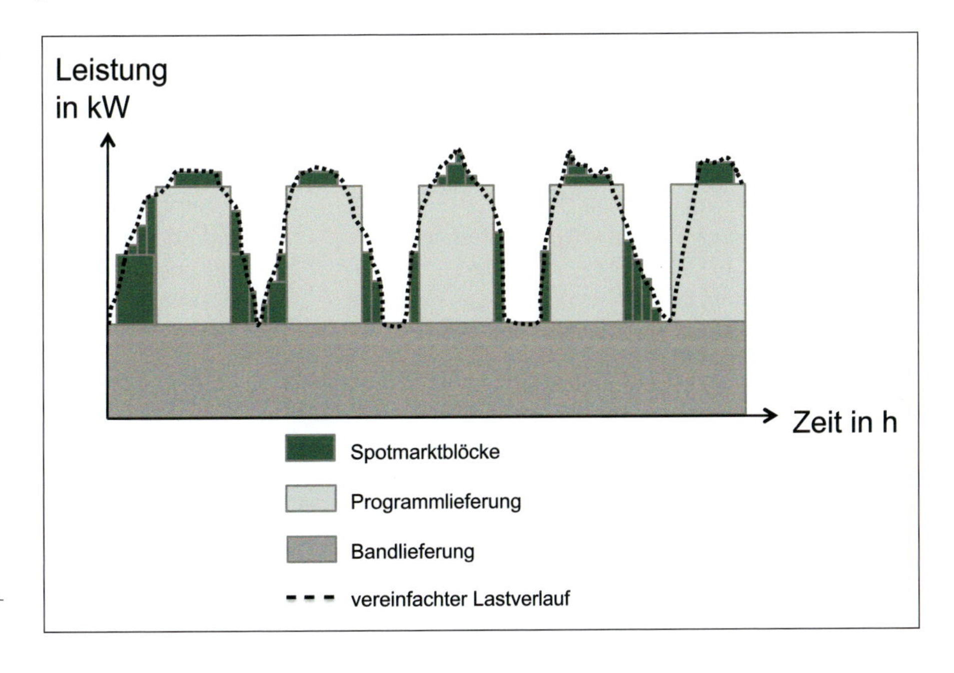

Abb. 5 Flexible Deckung des Strombedarfs mittels Spotmarktblöcken

preise und Preisgrenzen vereinbart werden. Diese werden nachfolgend in Verbindung mit dem komplexen Portfoliomanagement dargestellt.

Komplexes Portfoliomanagement

Eine Abgrenzung zwischen dem einfachen und dem komplexen Portfoliomanagement kann im Hinblick auf die zusätzliche Einbeziehung von Terminprodukten zur Absicherung (sog. „Hedging") von Preisrisiken beim komplexen Portfoliomanagement vorgenommen werden. Dabei sind physische Spotgeschäfte durch entgegengesetzte Termingeschäfte abzusichern, um Verluste, die infolge von Mehrkosten aus höheren als den kalkulierten Spotmarktpreisen resultieren, durch Gewinne bei Termingeschäften zu kompensieren (Zander et al. 2000).

II

Der Unterschied zwischen Spot- und Terminmarkt ist im zeitlichen Horizont der handelbaren Produkte zu sehen: Am Terminmarkt werden Strom- oder Erdgasmengen für mindestens eine Woche bis hin zu maximal 6 Jahren im Voraus gehandelt. Der Erfüllungszeitpunkt von Termingeschäften liegt daher weiter in der Zukunft als der von Spotgeschäften (Zander et al. 2000).

Neben der Fristigkeit unterscheiden sich die Produkte des Terminmarkts noch hinsichtlich eines weiteren Kriteriums von denen am Spotmarkt: Termingeschäfte müssen im Gegensatz zu Spotgeschäften nicht zwangsläufig physisch erfüllt werden, d.h eine tatsächliche Lieferung von elektrischer Energie oder Erdgas muss nicht erfolgen. Zwischen den Vertragsparteien können auch finanzielle Ausgleichszahlungen auf Basis der Preisdifferenz, die zwischen dem Tag des Abschlusses und dem Tag der Erfüllung besteht, vereinbart werden (Bläsig 2007).

Die Formen von Termingeschäften können produktseitig u.a. in die ausschließlich börslich gehandelten Futures und die äquivalent dazu bilateral gehandelten Forwards differenziert werden. Dabei handelt es sich um börsliche oder bilaterale Geschäfte, bei denen sich der Verkäufer dem Käufer gegenüber verpflichtet, eine bestimmte Menge der gehandelten Energie am Fälligkeitstag zu einem bei Vertragsschluss bereits vereinbarten Festpreis zu liefern. Alternativ kann – wie oben bereits angedeutet – statt der physischen Erfüllung ein rein finanzieller Ausgleich der Preisdifferenz zwischen dem Festpreis und dem am Tag der Fälligkeit gültigen Spotmarktpreis vereinbart werden.

Futures und Forwards zählen zu den unbedingten Termingeschäften, die für beide Seiten bei Fälligkeit des Vertrages eine physische oder finanzielle Erfüllungspflicht zur Folge haben (Schuster 2006).

Darüber hinaus existieren bedingte Termingeschäfte mit sogenannten Optionen, bei denen der Käufer ein Ausübungswahlrecht hinsichtlich der Inanspruchnahme der vertraglich vereinbarten Leistung hat (Bläsig 2007). Der Käufer zahlt dafür eine Optionsprämie. Nimmt er die Leistung in Anspruch, so ist der Verkäufer zur Lieferung verpflichtet. Der Käufer wird die Leistung regelmäßig dann beanspruchen, wenn zum Zeitpunkt der Fälligkeit der Basiswert (jeweils aktueller Spotmarktpreis) höher ist als der vertraglich in der Vergangenheit vereinbarte Preis. Ist der Basiswert jedoch geringer, so wird der Käufer auf die Erfüllung verzichten, da er dann die benötigte Menge elektrischer Energie günstiger am Spotmarkt beschaffen kann.

Neben Optionen und Forwards sind Swaps für den bilateralen Stromhandel relevant. Bei diesen findet im Allgemeinen ein Austausch von Basisprodukten (elektrische Energie oder Erdgas) zwischen zwei Vertragsparteien statt (Zander et al. 2000). Dieser Austausch erfolgt in der Regel rein finanziell. So kann eine Swap-Vereinbarung dahin gehend ausgestaltet sein, dass sich eine der Vertragsseiten für einen bestimmten Zeitraum zur Lieferung einer fest definierten Strommenge zum jeweils aktuellen Spotmarktpreis verpflichtet, während die andere Vertragsseite für den selben Zeitraum die Lieferung der gleichen Menge Strom zu einem vorher fest vereinbarten Preis zusichert. Eine physische Erfüllung bleibt dabei jedoch meist aus, es werden nur die jeweiligen Preisdifferenzen ausgeglichen (Zander et al. 2000). Der Terminhandel umfasst außerdem Produkte wie Preisuntergrenzen (Floor) und Preisobergrenzen (Cap) sowie bestimmte Preisbänder (Collar), die der Risikominimierung dienen. Einen Überblick über die Terminprodukte am Markt für elektrische Energie liefert die nachfolgende Abbildung.

Da der liberalisierte Energiemarkt noch relativ jung ist, entwickeln sich ständig weitere Derivate („financial engineering"), die an dieser Stelle nicht weiter beleuchtet werden sollen. Vielmehr sei auf die entsprechende Literatur verwiesen (Horstmann, Cieslarczyk 2006, Spicker 2006, Zander et al. 2000).

Zu berücksichtigen ist, dass beide Formen des Portfoliomanagements mit einem – im Vergleich zur Vollversorgung – recht hohen strukturellen Aufwand verbunden sind. So setzt das Portfoliomanagement einerseits exakte Kenntnis und möglichst genaue Prognostizierbarkeit des Lastverlaufs voraus, andererseits erfordert es eine ständige Beobachtung der Märkte für elektrische Energie oder Erdgas und stellt somit hohe Anforderungen an die Informationsversorgung und -verarbeitung im Unternehmen. Um diesen Anforderungen gerecht zu werden, benötigen Unternehmen entweder speziell geschultes Personal, das sich mit der Energiebeschaffung befasst, oder die Unterstützung von Energiedienstleistern (z.B. Portfoliomanager), die über entsprechende Kompetenzen und Know-how verfügen.

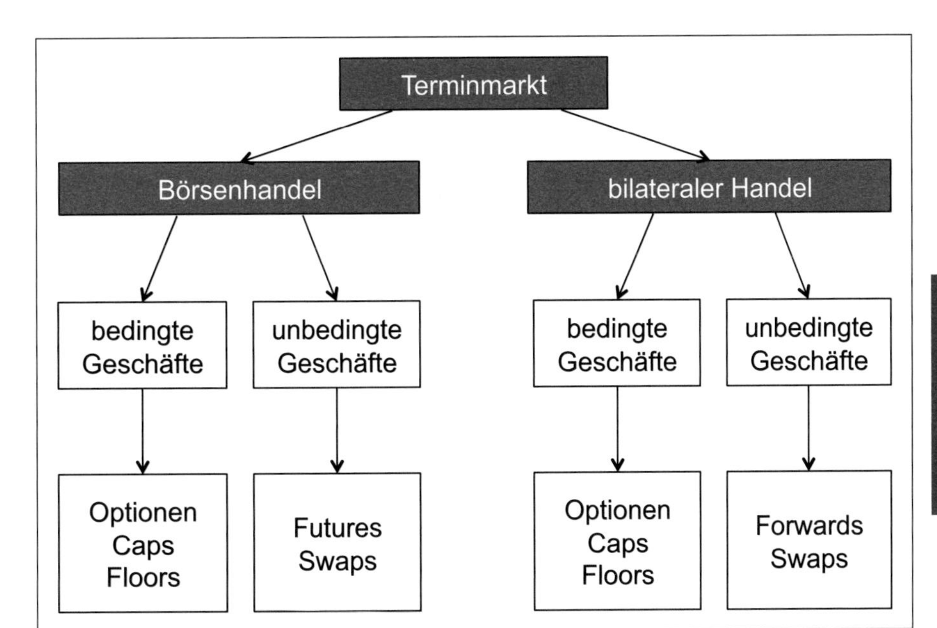

Abb. 6 Formen des Terminhandels für elektrische Energie (Zander et al. 2000)

1.4.2 Beschaffung von Verschmutzungs- bzw. Emissionsrechten

Eine weitere Kategorie von Beschaffungsobjekten stellen Rechte dar. Im Folgenden soll auf die Beschaffung von Verschmutzungs- bzw. Emissionsrechten näher eingegangen werden, die von Betreibern von Verbrennungs- oder Feuerungsanlagen vorgehalten werden müssen, um entsprechende Treibhausgase emittieren zu dürfen.

Die Basis für die Festlegung von rechtlich verbindlichen Obergrenzen zum Ausstoß von Treibhausgasen (z. B. Kohlendioxid, Methan, Lachgas, Fluorkohlenwasserstoffe, halogenierte Kohlenwasserstoffe, Schwefelhexafluorid) in Industrieländern und somit für den Handel mit Emissionszertifikaten auf Unternehmensebene bildet das Kyoto-Protokoll (für den Verpflichtungszeitraum 2008–2012). In diesem sind drei Umsetzungsmechanismen, mit denen eine Reduktion der weltweiten Emissionen um 5,2 % gegenüber dem Niveau von 1990 ermöglicht werden soll, geregelt: der Emissionshandel (ET = Emission Trading), die gemeinsame Umsetzung (JI = Joint Implementation) und der Mechanismus für umweltverträgliche Entwicklung (CDM = Clean Development Mechanism). Dahinter verbergen sich die Möglichkeiten, einerseits die Emissionsreduktionsverpflichtungen durch den Handel mit Emissionsrechten zu erreichen, andererseits jedoch auch in Projekte zur Reduzierung der Emissionen im Ausland zu investieren und sich die damit erzielte Verringerung des Treibhausgasausstoßes für die eigenen Verpflichtungen anrechnen zu lassen (Konstantin 2009).

Der Handel mit Emissionsrechten besteht darin, dass die Vertragsparteien Rechte zum Ausstoß von Treibhausgasen kaufen bzw. verkaufen. Die beiden weiteren Mechanismen CDM und JI werden von der Idee getragen, dass der durch den Ausstoß von Treibhausgasen verursachte Treibhauseffekt ein globales Problem darstellt und es somit irrelevant ist, wo, d. h. in welchem Teil bzw. Land der Erde, Emissionen gesenkt werden. Diesem Gedanken folgend können global Projekte zur Reduzierung von Emissionen umgesetzt werden, die zum Erwerb von Verschmutzungszertifikaten nutzbar sind. Die dazu notwendigen Projekte bedürfen einerseits einer aufwändigen Registrierung und müssen andererseits nachweisen, dass entsprechende Maßnahmen zur Erreichung der Emissionsreduktion eingeleitet wurden und wirksam sind. Die ausgestellten Zertifikate können äquivalent zu den zugeteilten Emissionsrechten gehandelt werden.

Auf Basis des Kyoto-Protokolls entstand auf EU-Ebene ein eigenes System zum Handel mit Emissionsrechten. Dieses sieht mehrere mehrjährige Handelsperioden vor: Der erste Handelszeitraum umfasste die Jahre 2005–2007, der zweite entsprach dem Verpflichtungszeitraum des Kyoto-Protokolls, also 2008–2012. Danach sollen jeweils 8-jährige Handelsperioden umgesetzt werden (Konstantin 2009). Das eingeführte Handelssystem kommt jedoch ausschließlich für das Treibhausgas CO_2 zur Anwendung und beschränkt sich auf einzelne Sektoren (Schiffer 2010). So sind von der Verpflichtung zum Erwerb von Emissionsberechtigungen Unternehmen der Energiewirtschaft sowie der Keramik-, Zellstoff- und Papierindustrie, die Verbrennungs- und Feuerungsanlagen mit einer thermischen Leistung von mehr als 20 MW betreiben, unmittelbar betroffen – innerhalb der EU über die genannten Branchen sind dies insgesamt ca. 11.400 Anlagen (Konstantin 2009). Die Anlagenbetreiber sind dafür verantwortlich, ihre

Emissionsdaten kontinuierlich zu erfassen, zu verwalten und zu prognostizieren. Außerdem müssen die zugeteilten Emissionsrechte verbucht und in einem Emissionsbericht erfasst werden. Darüber hinaus ist der jährliche Ausstoß von Treibhausgasen an die zuständige Behörde – in Deutschland ist dies die Deutsche Emissionshandelsstelle (DEHSt) – zu berichten, um einen Nachweis über die tatsächlichen Emissionen zu liefern. Besitzt ein Anlagenbetreiber zu wenige Emissionsrechte für den Ausstoß seiner Anlage, kann er Zertifikate von anderen Teilnehmern des Emissionshandels (nach-)kaufen. Wurden hingegen weniger Schadstoffe ausgestoßen als Emissionsberechtigungen zugeteilt, dann hat ein Anlagenbetreiber die Möglichkeit, diese überschüssigen Zertifikate zu verkaufen oder – innerhalb einer Handelsperiode – die Verschmutzungsrechte von einem Jahr auf das nachfolgende zu übertragen. Emissionsberechtigungen, die nicht bis zum Ende einer Handelsperiode genutzt wurden, verfallen.

Kann ein Unternehmen nicht genügend Emissionsberechtigungen vorweisen, so werden Strafzahlungen fällig. Diese beliefen sich in der ersten Handelsperiode auf 40 €/t CO_2. In der zweiten Handelsperiode wurden diese Strafen auf 100 €/t CO_2 erhöht. Das Zahlen der vorgesehenen Strafen entbindet Unternehmen jedoch nicht von der Pflicht, die fehlenden Emissionsberechtigungen noch zu erwerben (Konstantin 2009).

Die Zuteilung der Rechte erfolgt durch die DEHSt bisher kostenlos und auf der Grundlage der durchschnittlichen Emissionen einer vorher festgelegten Basisperiode („Grandfathering"). Für den Handelszeitraum 2008–2012 sind dies die Emissionen der Jahre 2000–2005.

Unternehmen, die zum Erwerb von Emissionsrechten verpflichtet sind, erhalten die zugeteilten Verschmutzungsrechte zum 28. Februar eines Kalenderjahres, müssen den geforderten Emissionsbericht bis zum 31. März des Folgejahres bei der DEHSt einreichen und bis zum 30. April die den tatsächlichen Verschmutzungen entsprechenden Zertifikate (zugeteilte und falls notwendig zugekaufte bzw. im Rahmen des CDM und JI erworbene) bei der Behörde abgeben.

Gehandelt werden Emissionsrechte an der Leipziger Energiebörse EEX, aber auch auf außerbörslichen Plattformen, über Broker, Banken oder direkt zwischen den von der Pflicht zum Erwerb von Emissionsrechten betroffenen Unternehmen bzw. Anlagenbetreibern.

Für die Handelsperiode nach dem Auslaufen des Kyoto-Protokolls ist eine Verschärfung des Emissionshandels vorgesehen. Es sollen nicht nur weitere, als die bisherigen Branchen erfasst werden (z. B. auch der Luftverkehr), sondern auch Verschmutzungsrechte teilweise oder komplett ersteigert werden müssen und nicht mehr generell bis zu einer anlagenspezifischen Grenze kostenlos zur Verfügung gestellt werden.

1.5 Weiterführende Informationen

Literatur

Arnold, U.: Beschaffungsmanagement, 2. Aufl., Verlag Schäffer-Poeschel, Stuttgart 1997

Bläsig, B.: Risikomanagement in der Stromerzeugungs- und Handelsplanung, Klinkenberg Verlag, Aachen 2007

Bloech, J.: Die Position der Beschaffungsstrategien in der Unternehmensführung, in: Theuer, G.; Schiebel, W.; Schäfer, R. (Hrsg.): Beschaffung – ein Schwerpunkt der Unternehmensführung, Verlag Moderne Industrie, Landsberg/Lech 1986, S. 115 – 130

Bloech, J.; Bogaschewsky, R.; Buscher, U.; Daub, A.; Götze, U.; Roland, F.: Einführung in die Produktion, 6. Aufl., Springer Verlag, Berlin, Heidelberg, New York 2008

Bichler, K.; Krohn, R.; Riedel, G.; Schöppach, F.: Beschaffungs- und Lagerwirtschaft, 9. Aufl., Gabler Verlag, Wiesbaden 2010

Buscher, U.; Daub, A.; Götze, U.; Mikus, B.: Produktion und Logistik – Einführung mit Fallbeispielen, 2. Aufl., Verlag der GUC, Chemnitz 2010

Grochla, E.: Grundlagen der Materialwirtschaft. Das materialwirtschaftliche Optimum im Betrieb, 3. Aufl., Gabler Verlag, Wiesbaden 1978

Konstantin, P.: Praxisbuch Energiewirtschaft, 2. Aufl., Springer Verlag, Berlin Heidelberg 2009

Kummer, S.; Grün, O.; Jammernegg, W.: Grundzüge der Beschaffung, Produktion und Logistik, 2. Aufl., Verlag Pearson Studium, München 2009

Large, R.: Strategisches Beschaffungsmanagement – Eine praxisorientierte Einführung, Gabler Verlag, Wiesbaden 1999

Mikus, B.: Make-or-buy-Entscheidungen. Führungsprozesse, Risikomanagement und Modellanalysen, 3. Aufl., Verlag der GUC, Chemnitz 2009

Müller, E.-W.: Gestaltungspotenziale für die Logistik in der Beschaffung. Gemeinsam Spitzenleistungen erreichen, in: Beschaffung aktuell, Heft 4, 1990, S. 51 – 53

Roland, F.: Beschaffungsstrategien – Voraussetzungen, Methoden und EDV-Unterstützung einer problemadäquaten Auswahl, Josef Eul Verlag, Bergisch-Gladbach 1993

Schiffer, H.-W.: Energiemarkt Deutschland, 11. Aufl., Verlag TÜV Media, Köln 2010

Schuster, A.: Innovative Stromlieferprodukte, in: Horstmann, K.-P.; Cieslarczyk, M. (Hrsg.): Energiehandel – ein Praxishandbuch, Carl Heymanns Verlag, Köln, Berlin, München 2006, S. 520 – 578

Spicker, J.: Formen des OTC-Handels, in: Schwintowksi, H.-P.: Handbuch Energiehandel, Erich Schmidt Verlag Berlin 2006, S. 29 – 140

Statistisches Bundesamt (Hrsg.): Statistisches Jahrbuch 2011 für die Bundesrepublik Deutschland mit Internationalen Übersichten, Wiesbaden 2011

von der Hagen, H.: Make-or-Buy – Einstieg in die strukturierte Strombeschaffung als schrittweises Vorgehen auf Basis konfektionierter Stromprodukte, in: emw, Heft 3, 2005, S. 23 – 27

Zander, W.; Riedel, M.; Held, C.; Ritzau, M.; Tomerius, C.: Strombeschaffung im liberalisierten Energiemarkt – Leitfaden für die gewerbliche Wirtschaft, Verlag Deutscher Wirtschaftsdienst, Köln, 2000

Unternehmens- und Produktbroschüren

European Energy Exchange AG (Hrsg.): Connecting Markets – Strom, Erdgas, Emissionen, Kohle, 2012

Internetquellen

www.eex.de

www.vng.de

2 Energiespeicherung

Christian Doetsch, Astrid Pohlig, Barbara Zeidler-Fandrich,
Stefano Bruzzano, Wilhelm Althaus

II

2.1 Einleitung

Energie in Form von Strom und/oder Wärme stellt eine bedeutende Ressource für alle Produktionsprozesse dar. Je nach Art des Prozesses muss die notwendige Energie permanent in gleichbleibender Qualität, bedarfsgerecht und dazu kostengünstig zur Verfügung stehen. Der Einsatz von Energiespeichern kann dazu einen wertvollen Beitrag leisten.
In diesem Kapitel wird zunächst die Systematik der Energiespeicherung dargestellt, danach erfolgen eine Vorstellung der Technologien und eine Bewertung hinsichtlich ihrer Einsatzmöglichkeiten in der Produktion.
Der Energiebedarf unterliegt im Regelfall zeitlichen Schwankungen durch das Bezugsprofil der industriellen Anlagen und Betriebe. Zudem führen klimatologische, meteorologische sowie Jahres- und Tageszeiten zu unterschiedlicher Nachfrage. Dieser Energiebedarf wird entweder durch Strombezug oder durch eigene Energiewandlungsanlagen (z. B. BHKW) gedeckt. Bei größeren Anlagen wird häufig zwischen Grund- und Spitzenlast, manchmal auch noch Mittellast unterschieden. Zur Grundlastdeckung werden zumeist Anlagen mit geringen Verbrauchs- aber höheren Investitionskosten eingesetzt. Im Gegensatz dazu dienen für die Spitzenlastdeckung Anlagen mit sehr geringen Investitions- und meist hohen Betriebskosten.
Da sich die zeitliche Energienachfrage und -bereitstellung nicht immer decken, muss hier – da das Stromnetz jederzeit ausgeglichen sein muss – ein Ausgleich gefunden werden. Prinzipiell gibt es hierbei drei Möglichkeiten:

1. Regelung der Erzeugung nach dem Bedarf.
2. Anpassung des Verbrauchs an das Angebot.
3. Ausgleich des zeitlichen Unterschiedes zwischen Angebot und Nachfrage mithilfe eines Speichers.

Anstelle der Spitzenlastanlagen können Energiespeicher, deren Beladung in Schwachlast- und Entladung in Spitzenverbrauchszeiten erfolgt, zur Erweiterung des Grundlastbetriebs und somit zu einer Reduzierung der notwendigen installierten Spitzenleistung beitragen.
Die Energiespeicherung ist

- ein technisches Problem, wenn andere Arten des Ausgleichs zwischen Angebot und Nachfrage nicht möglich sind und
- eine wirtschaftliche Fragestellung, wenn die Speicherung nur eine von mehreren Möglichkeiten darstellt.
- Wirtschaftliche Verbesserungen sind zu erzielen, wenn
- durch Einbau eines Speichers die Benutzungsdauer eines anderen kostengünstigeren Erzeugers im System oder eines Transportelementes erhöht wird,
- die zu erzeugende und zu transportierende Energie vergleichmäßigt wird, oder
- eine Verschiebung der Energieeinspeisung zwischen zwei Erzeugern mit sehr unterschiedlichen Energiebereitstellungskosten erzielt werden kann.

Die Abwägung für ein System mit Energiespeicher kann nur im Einzelfall getroffen werden.

Im Folgenden werden die Speicherarten vorgestellt.

Viele Formen der Energiespeicherung erfordern zwei Energieumwandlungen, jeweils zur Einspeicherung und zur Ausspeicherung der Energie um die elektrische Energie in eine speicherbare Form zu überführen.

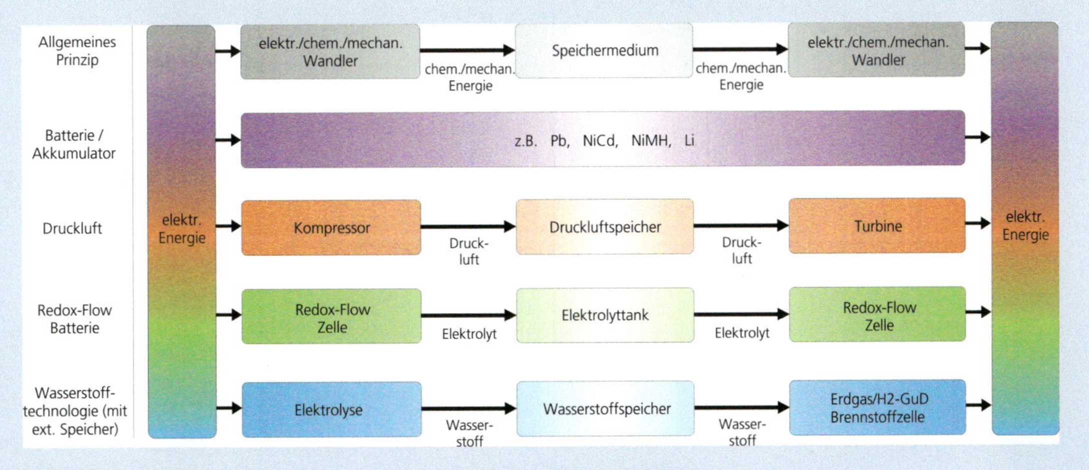

Abb. 1 Vorgang der Energiespeicherung am Beispiel einiger Speicher für Strom

2.1.1 Speicherarten

Die Speicherung von Energie lässt sich nach unterschiedlichen Kriterien, wie Energieform, Zweck und Technik der Speicherung bei verschiedenen Prozessen usw. einteilen. Generell ist die Speicherung in Form von Energieträgern und auch von Sekundärenergie (Strom, Wärme, mechanische Energie) möglich. Die folgende Tabelle stellt eine Übersicht der Energiespeicher vor.

Für jede der vier Speicherarten lassen sich Anwendungsbeispiele für Produktionsprozesse oder im produzierenden Gewerbe finden: Gabelstapler und andere Flurförderzeuge werden häufig elektrisch betrieben und benötigen dafür Akkumulatoren als Energiespeicher. Ein weiteres Beispiel ist die Gewährleistung einer unterbrechungsfreien Stromversorgung (Abkürzung USV) in Industriebetrieben, Krankenhäusern oder Rechenzentren durch Bleibatterie-Anlagen. Warmwasser wird in Tanks bei einer konstanten Temperatur gespeichert, um eine schnelle Verfügbarkeit zu gewährleisten. Schwungräder kommen in zahlreichen Produktionsprozessen zum Einsatz z.B. in Maschinen für Press- oder Walzvorgänge. Tanks für Brennstoffe dienen in aller Regel bis heute zur Bevorratung chemischer Energieträger als langfristig lagerfähige und jederzeit nutzbare Primärenergiequelle. Wenngleich auch ähnliche Tanks zur Bevorratung intermediär gespeicherter chemischer Energie ähnlich aufgebaut sein können, gibt es zu dem eigentlich hier im Fokus stehenden Speichern zum Ausgleich zwischen Angebot und Nachfrage an Energie im Unternehmen einen wesentlichen Unterschied: „Echte Speicher" werden mit Restenergie aus unternehmenseigenen Anlagen befüllt und in einem produktionsgesteuerten Zyklus auch später wieder entleert. Klassische Brennstofftanks werden dagegen mit Brennstoff gefüllt, der von außen über die Unternehmensgrenze gebracht wird. Diese Tanks sind dann in der Regel vom Speichergehalt her auch deutlich größer als die zum Ausgleich eher kurzfristiger Abnahmeschwankungen.

Tab. 1 Einteilung von Speichern

Speicher für elektrische Energie	Speicher für mechanische Energie	Speicher für chemische Energie	Speicher für thermische Energie
elektrochemische Speicherung mit ▪ Akkumulatoren ▪ Batterien ▪ Elektrolyse/ Brennstoffzellen mechanische Speicherung mit ▪ Pumpspeichern ▪ Luftspeicher-Gasturbinen-Anlagen ▪ Dampfspeicheranlagen durch Speicherung potenzieller elektrischer Feldenergie ▪ Kondensatoren	durch Speicherung von potenzieller Energie a) durch „Heben" von Flüssigkeiten in der geodätischen Höhe: ▪ Pumpspeicheranlagen b) durch Heben mechanischer Gewichte ▪ Gegengewichte von Hebeanlagen c) durch Kompression von Gasen auf höheren Druck ▪ Luftspeicher-Gasturbinen-Anlagen d) durch Lagerung von bei hohem Druck verdampften Fluiden ▪ Dampfspeicheranlagen durch Speicherung von Rotationsenergie ▪ Schwungräder	feste Brennstoffe (Steinkohle, Braunkohle, Koks, Briketts, Holz) in Haldenlagerung, Hallenlagerung und Bunkerlagerung flüssige Energieträger (Erdöl, Benzin, Diesel, Naphta, Heizöl, schweres Heizöl,...) in ▪ Tanklagerung ▪ unterirdischer Speicherung gasförmige Brennstoffe in ▪ Übertage-Gasbehältern ▪ Untertagespeichern, (Porenspeicher, Kavernenspeicher) oder nach Gasverflüssigung wie flüssige Energieträger	für sensible Wärme (mit Temperaturänderung bei Be- oder Entladung) a) mit Flüssigkeiten ▪ Warmwasserspeicher (Kurz-, Langzeit- und Saisonalspeicher) ▪ Behälterspeicher ▪ Warmwasser-Speicherseen ▪ Aquiferspeicher b) mit Feststoffen ▪ Elektronachtspeicher ▪ Fußbodenheizungen ▪ Erdwärmespeicher ▪ Beton/Fundamente für Latentwärme (mit Phasenänderung fest/flüssig bei Be- oder Entladung) ▪ Latentspeicher für Dampf ▪ Dampfspeicheranlagen (Gleichdruck- oder. Gefällespeicher) thermochemische Speicherung mit reversiblen Reaktionssystemen großer Reaktionsenthalpie

2.1.2 Speicherkenngrößen und Bewertung von Speichern

Für die Speicherung von Energie werden verschiedenste Technologien verwendet, vor allem abhängig von den Anforderungen des jeweiligen Systems bzw. von folgenden Bewertungskenngrößen:

- maximale Speicherleistung (Einspeichern bzw. Ausspeichern) (kW)
- spezifische Energiedichte des Speichers (volumetrisch oder gravimetrisch) (kWh/m^3) oder (kWh/kg)
- Speicherkapazität (kWh)
- C-Rate (Verhältnis Leistung zu Kapazität) (1/h)
- Selbstentladerate
- Wirkungsgrad („Round-trip efficiency") (%)
- Lebensdauer (Zyklenlebensdauer, kalendarische Lebensdauer)
- Kosten (Investition, Betriebskosten, variable Kosten).

Speicher kann man anhand ihrer „Energiespeicherdichte" bewerten, die angibt, wie viel Energie pro Volumen oder Masse gespeichert werden kann. Bei vielen Energiespeichern ist die Speicherfähigkeit proportional der gespeicherten Masse und abhängig von einer „Potenzialdifferenz" (z.B. Höhendifferenz, Spannung, Temperatur, Druck, Ladungszustand usw.). Weiterhin können zusätzliche Systemkennwerte, wie z.B. der Wärmedurchgangskoeffizient nach außen Anhaltspunkte für Stillstandsverluste von Speichern geben.

2.2 Elektrische Energiespeicher

2.2.1 Einteilung der Technologiefelder

Die Speicherung von elektrischer Energie erfolgt im Allgemeinen indirekt, d.h., ein Überschuss an Strom wird dazu genutzt, Energie entweder in mechanisch-potenzielle Energie (Pumpspeicher, Druckluftspeicher), mechanisch-kinetische Energie (Schwungradspeicher) oder (elektro-)chemische Energie (per Blei-Säure-Batterie[1], Lithium-Ionen-Batterie, Redox-Flow-Batterie, Nickel-Metallhydrid-Batterie, Nickel-Cadmium-Batterie, Wasserstoffspeicherkraftwerk) umzuwandeln und in dieser Form zu speichern. Im Bedarfsfalle wird diese speicherbare Form der Energie wieder in elektrische Energie zurückgewandelt. Alternativ kann die Speicherung auch direkt in Form elektrischer (elektrostatischer bzw. elektromagnetischer) Energie erfolgen (Doppelschichtkondensatoren, supraleitende magnetische Spulen), jedoch ist dabei die Speicherung großer Energiemengen im Regelfall zu aufwendig.

[1] Der Begriff „Batterie" für einen Energiespeicher wird häufig als Oberbegriff verwendet. Korrekt ist die Bezeichnung „Akkumulator" oder auch „Sekundärbatterie". Da aber im allgemeinen Sprachgebrauch auch von einer „Autobatterie" gesprochen wird und im englischsprachigen Raum auch „battery" als Gattungsbegriff Verwendung findet, wird hier auch allgemein von einer Batterie als wiederaufladbarem Energiespeicher gesprochen.

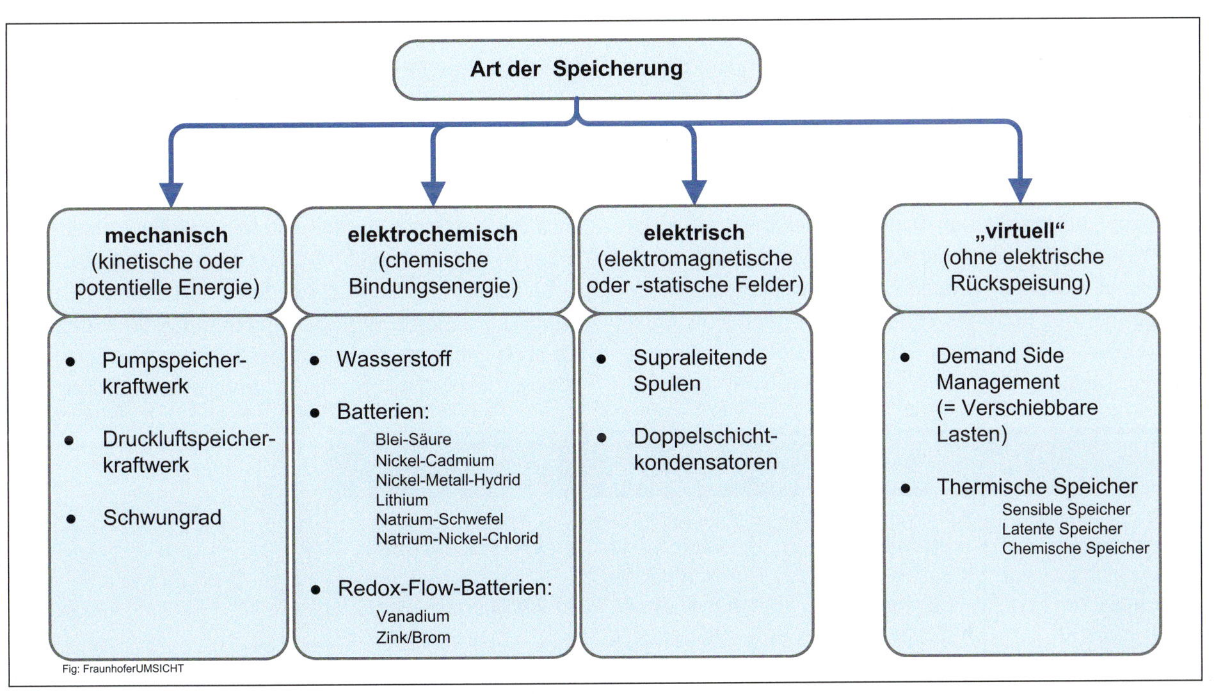

Abb. 2 Möglichkeiten der Speicherung elektrischer Energie

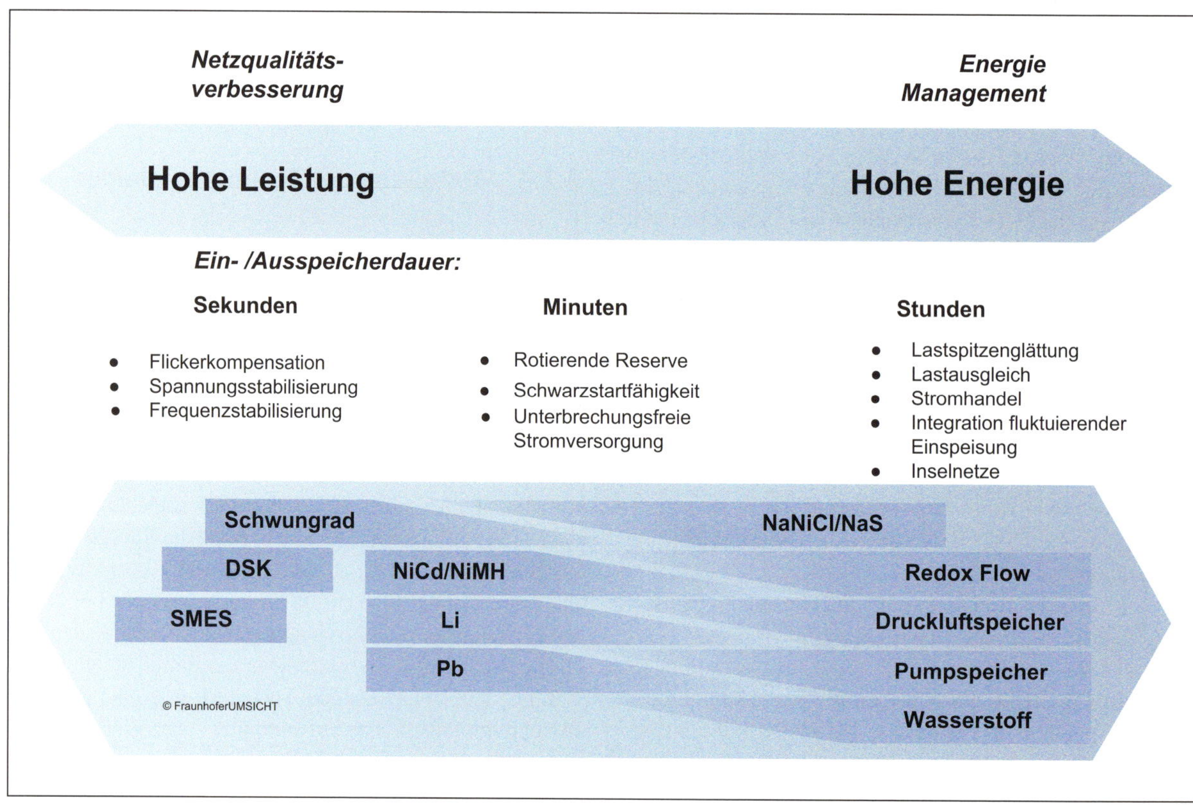

Abb. 3 Einteilung von elektrischen Energiespeichern in Kurz- und Langzeitspeicher

Eine weitere Art der Speicherung stellen virtuelle Speicher dar, bei denen beispielsweise thermische Energie gespeichert jedoch nicht zurückgewandelt wird, da die thermische Energie schon die benötigte Endenergie darstellt.

Energiespeicher lassen sich vereinfachend in Kurz- oder Langzeitspeicher unterteilen. Doppelschichtkondensatoren, supraleitende magnetische Energiespeicher und Schwungräder zählen zu den Kurzzeitspeichern, da sie innerhalb von Sekunden oder Minuten vollständig geladen sind (C-Rate >>1). Zu den Langzeitspeichern dagegen gehören Pumpspeicherkraftwerke, Druckluftspeicherkraftwerke und Wasserstoffspeicherkraftwerke, bei denen der Speicher zumeist über mehrere Stunden geladen wird (C-Rate <<1). Im Bereich der Batterietechnologien können hier auch Redox-Flow- und Natrium-Schwefel-Batterien genannt werden. Die anderen Batterietechnologien sind im Übergangsbereich angeordnet, ihr Einsatz erfolgt jedoch bislang zumeist als Kurzzeitspeicher. Die Aufgabe von Kurzzeitspeichern ist die Sicherstellung der Qualität des Stromes im Netz („Power Quality"); Langzeitspeicher dagegen dienen einer Last- oder Leistungsverschiebung, wie sie z. B. bei der Integration erneuerbarer Energien (Solar- und Windstrom) notwendig ist. Hierzu werden weltweit bisher – neben den Pumpspeicherkraftwerken als verbreitetste Technologie – zwei Druckluftspeicherkraftwerke und eine Vielzahl von Blei-Säure-Batterien eingesetzt. In Japan hat sich zudem noch die Natrium-Schwefel-Batterie etabliert, welche mit hohen Temperaturen (270–350° C) betrieben wird.

Abb. 3 zeigt die Vielfalt der Speichertechnologien für elektrische Energie. Entscheidend für die Anwendung sind die oben genannten Kriterien wie Kosten, Verfügbarkeit, Wirkungsgrad und Lebensdauer. Aufgrund der großen Leis-

Zentrale Speicherkraftwerke	Dezentrale Großbatteriespeicher	Lokale Kleinspeicher	Kurzzeitspeicher
■ Pumpspeicherkraftwerke ■ Druckluftspeicherkraftwerke ■ Wasserstoffspeicherkraftwerke	■ Natrium-Schwefel-Batterien ■ Redox-Flow-Batterien ■ Blei-Säure-Batterien ■ NiCd-Batterien	■ Lithium-Ionen-Batterien ■ NiMH-Batterien ■ Blei-Säure-Batterien ■ NiCd-Batterien	■ Schwungräder ■ Doppelschichtkondensatoren ■ Supraleitende magnetische Energiespeicher

Tab. 2 Einteilung der Technologiefelder elektrischer Energiespeicher

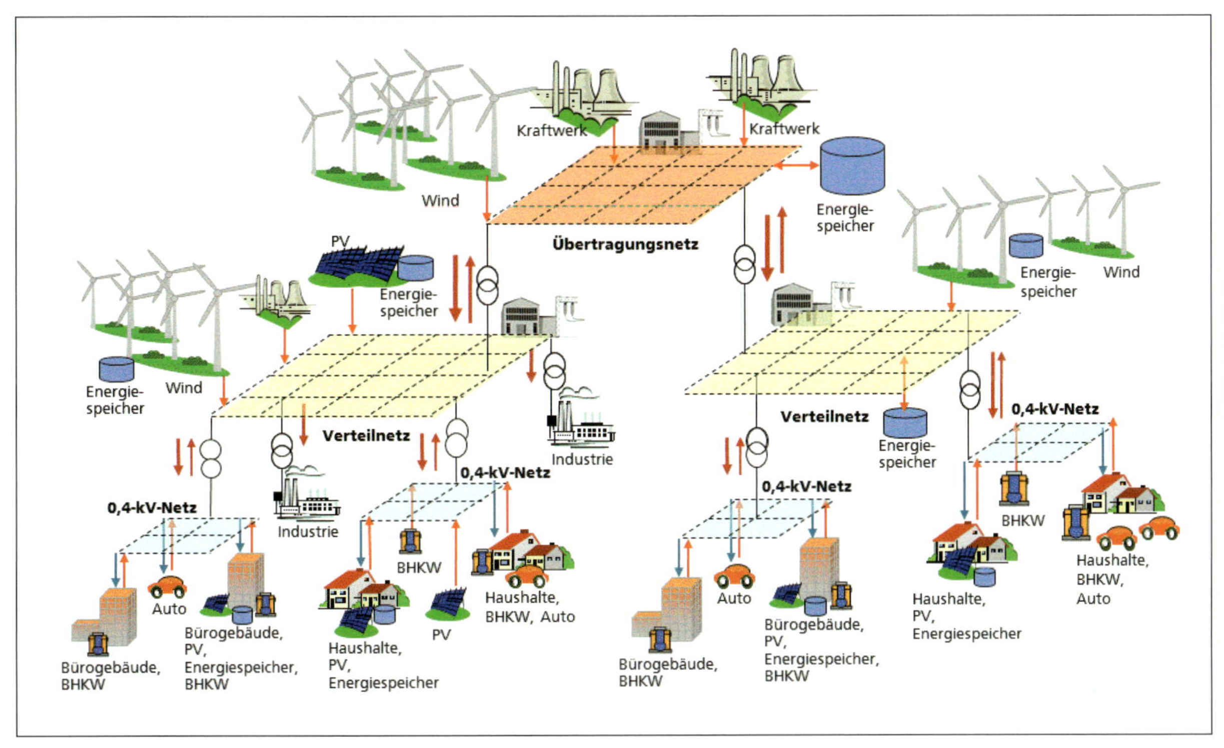

Abb. 4 Einsatzgebiete von Energiespeichern im elektrischen Netz (Fraunhofer IOSB-AST)

tungsunterschiede von einigen Watt bis Gigawatt werden die Technologien im Folgenden anhand der Leistungsgröße zu Technologiefeldern zusammengefasst (s. Tab. 2) und ihr Einsatz im elektrischen Netz, abhängig von der Netzebene dargestellt (s. Abb. 4).

Die zentralen Speicherkraftwerke aus Tabelle 2 sind auf der Ebene des Übertragungsnetzes angesiedelt und somit im Regelfall zu groß für das produzierende Gewerbe. Eine mögliche Ausnahme könnten in Zukunft Druckluftspeicher darstellen. Derzeit sind zwei Druckluftspeicherkraftwerke weltweit in Betrieb, bei denen die erzeugte Druckluft in Kavernen gespeichert wird und somit eine Abhängigkeit von der lokalen Geologie besteht. Weitere Großanlagen sind in der Vorplanung, aber auch eine oberirdische Speicherung z. B. in Druckspeichern ist denkbar. Gerade in Betrieben, die Druckluft als Ressource benötigen, könnte hier in Zukunft auch ein Einsatzbereich liegen.

Im Fokus für das produzierende Gewerbe sind dezentrale Großbatteriespeicher, lokale Kleinspeicher und Kurzzeitspeicher, die schon zum Einsatz kommen bzw. zukünftig eingesetzt werden können.

2.2.2 Natrium-Schwefel-Batterien

In dieser Hochtemperaturbatterie wird die Energie chemisch gespeichert, wobei das flüssige Natrium und der flüssige Schwefel bei der Arbeitstemperatur von ca. 320° C vorliegen. Diese Batterie muss aus Effizienzgründen gut gegen Temperaturverluste und aus Sicherheitsgründen gegen äußere Einflüsse geschützt sein (hohe Brennbarkeit). Bisher hat sich diese Batterie, die eine hohe technische Reife aufweist, nur im japanischen Markt etabliert (>180 Anlagen mit insgesamt >300 MW Leistung). Aus den USA sind derzeit einige Demonstrationsprojekte zur Stützung der Energieversorgungsnetze bekannt. Einen großen Rückschlag hat diese Technologie durch einen schweren Brand 2011 in Japan erhalten.

2.2.3 Redox-Flow-Batterien

Im Gegensatz zu konventionellen Batterien, bei denen Elektrode und Elektrolyt eine feste Einheit darstellen, sind bei einer Redox-Flow-Batterie der Leistungsteil und die Kapazität, also der Speicherteil, getrennt. Der Leistungsteil besteht aus jeweils zwei Elektroden sowie einer Membran, die zusammen die Einzelzelle bilden und in einem Stack – vergleichbar dem Aufbau einer Brennstoffzelle – zusammengeschaltet sind. Die Speicherung des Elektrolyten erfolgt in externen Tanks, was den Vorteil bietet, dass die Leistung (kW) und die Arbeit (kWh) individuell der Anwendung angepasst werden können. Dies ist bei konventionellen Batterien nicht möglich.

Vorrangig wird heute die Redox-Flow-Batterie auf Basis von Vanadium, welches in verschiedenen Oxidationsstufen (V^{2+}/V^{3+}, V^{4+}/V^{5+}) in wässriger Schwefelsäure vorliegt, verwendet. Vorteile des Systems auf Basis von Vanadium

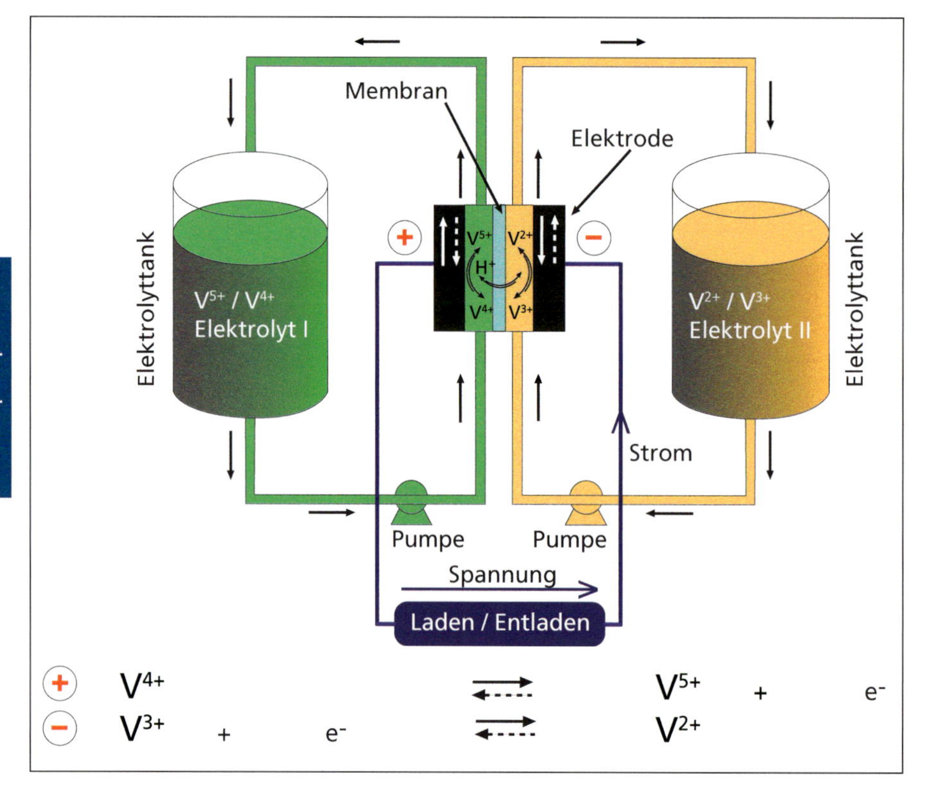

Abb. 5 Prinzipskizze einer Vanadium Redox-Flow-Batterie

sind, dass sich bei einer Schädigung der trennenden Membran keine gegenseitige Verunreinigung der Elektrolyte ergibt und dass es sich um eine wässrige, schnelle Reaktion handelt; der Wirkungsgrad des Systems liegt bei ca. 70 %. Derzeitige Anwendungen sind im Bereich von Demonstrationsanlagen zur Vermeidung von Lastspitzen oder zur Integration von Windenergie in Stromnetzen zu finden. Da die Technologie in hohem Maße scale-up fähig ist, erscheinen Anwendungen bis in den zweistelligen Megawatt-Bereich möglich. Dieser Leistungsbereich wird benötigt, wenn Windparks zuverlässig Energie bereitstellen sollen oder bei Großverbrauchern zum Lastausgleich. Hierfür muss das System aber noch im Hinblick auf eine Steigerung der Effizienz und Senkung der Kosten weiter entwickelt werden.

2.2.4 Blei-Säure-Batterien

Bleibatterien sind Stand der Technik und aus ökonomischen Gründen (Preis, hoher Wirkungsgrad) von allen Batterietechnologien am weitesten verbreitet. Eine aufwendigere Wartung und geringe Zyklenlebensdauer limitieren jedoch den Einsatz dieses Systems in der Zukunft. Heute stellen sie jedoch die investiv preiswerteste und zuverlässige

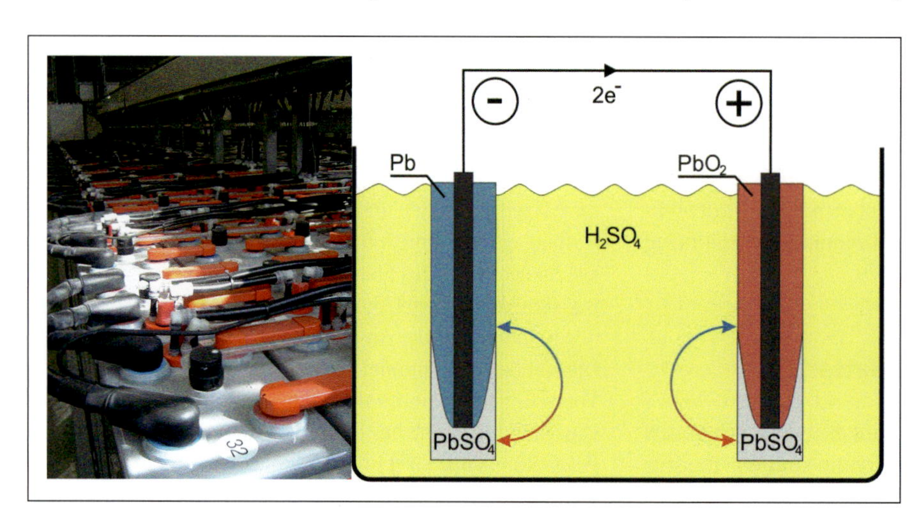

Abb. 6 links: Bleibatterien zur Sicherung der Netzstabilität; rechts: Prinzipskizze einer Bleibatterie

Speicheroption dar, wenn auch mit geringer Lebensdauer. Weltweit wurden über 150 MW Kapazität installiert, wovon einige Anlagen jedoch inzwischen wieder außer Betrieb sind. Bei der klassischen Starterbatterie für Fahrzeuge handelt es sich ebenfalls um eine Blei-Säure-Batterie.

2.2.5 Nickel-Cadmium-Batterien

Die Technologie der Nickel-Cadmium-Batterie (NiCd-Batterie) existiert bereits seit dem Ende des 19. Jahrhunderts. Um 1990 war die NiCd-Batterie der am meisten genutzte Akkumulator in Privathaushalten. Da es sich bei Cadmium um ein sehr giftiges Schwermetall handelt, existieren mittlerweile Gesetze und Richtlinien, die seine Verwendung stark einschränken oder sogar verbieten. Seit 2009 gilt in Deutschland das Batteriegesetz (BattG), welches cadmiumhaltige Batterien mit wenigen Ausnahmen (in schnurlosen Elektrowerkzeugen, für Notbeleuchtungen oder auch für medizinische Ausrüstungsgegenstände) verbietet. Die Batterien für diese Ausnahmefälle dürfen laut einer EU-Richtlinie seit 2006 nur noch 0,002 Gewichtsprozente Cadmium enthalten.
NiCd-Batterie zeichnen sich durch eine große Robustheit aus, sie können z. B. in einem größeren Temperaturbereich eingesetzt werden (noch bei -40 °C). Daher finden diese Batterien gerade in Anwendungsgebieten, in denen eine hohe Zuverlässigkeit nötig ist, wie für die unterbrechungsfreie Stromversorgung (USV), weiterhin Verwendung. In vielen anderen Bereichen wurden sie durch Nickel-Metallhybrid- oder Lithium-Ionen-Batterien ersetzt.

2.2.6 Nickel-Metallhydrid-Batterien

Nickel-Metallhybrid-Batterien (NiMH-Batterien) enthalten kein giftiges Cadmium und besitzen zudem mit ca. 80 Wh/kg eine doppelt so hohe Energiedichte wie die NiCd-Batterie. Daher finden NiMH-Batterien da Verwendung, wo kostengünstig ein recht hoher Strombedarf gedeckt werden muss. Beispiele für die Anwendung sind viele Haushaltskleingeräte wie schnurlose Telefone, elektrische Zahnbürsten oder auch Rasierapparate. In Elektrofahrzeugen kommen Batteriepacks mit NiMH-Zellen zum Einsatz, die jedoch zukünftig von Lithium-Ionen-Batterien ersetzt werden.

2.2.7 Lithium-Ionen-Batterien

Es existiert eine Vielzahl verschiedener Lithium-Systeme, die sich durch unterschiedliche Kathoden- und Anodenmaterialien sowie Elektrolyte unterscheiden. Heute werden z. B. Lithium-Polymer-, Lithium-Cobaltdioxid- ($LiCoO_2$) oder Lithium-Eisenphosphat-Batterien verwendet.
Die Lithium-Ionen-Batterie enthält kein reines metallisches Lithium, sodass die üblicherweise hohe Reaktionsfähigkeit des Lithiums stark gehemmt ist und unter normaler Gebrauchsanwendung kein erhöhtes Sicherheitsrisiko (Explosionsgefahr) besteht. Lithium-Batterien decken eine weite Bandbreite von leistungsorientierten Batterietypen bis zu Batterien mit hohen Energiedichten (95 - 190 Wh/kg je nach verwendeten Materialien) ab, wobei noch weiteres Optimierungspotenzial besteht. Diese Batterien zeigen hinsichtlich Lebensdauer und Wirkungsgrad ein gutes Betriebsverhalten, jedoch benötigen sie einen ausreichenden Spannungsschutz, der in jede Batterie eingebaut ist. Sie werden bereits für mobile Anwendungen (Mobiltelefone, Laptops) eingesetzt und das Anwendungsgebiet erweitert sich auf Traktionsanwendungen (Elektro- und Hybridfahrzeuge), Luftfahrt sowie außerterrestrische Systeme (Satelliten), weil dort vor allem leichte Speicher mit hoher Lebensdauer benötigt werden.
Der Einsatz im Stromnetz erscheint mittelfristig in Sonderanwendungen möglich: Zum einen in netzfernen Gebieten, die mit regenerativen Energien wie Fotovoltaik gespeist werden, bei denen im kleinen Leistungsbereich eine Speicherung oder Besicherung des Netzes erfolgen muss. Zum anderen im Bereich der Elektromobilität.
Zurzeit (2012) werden größere, netzgekoppelte Speicher entwickelt bis zu 1MW/1MWh.

2.2.8 Schwungräder

Schwungradspeicher nutzen nicht die Lageenergie eines Medium, sondern die kinetische Energie ihrer eigenen Rotationsmasse. Zur Speicherung von Energie wird diese Masse in Drehung versetzt. Soll elektrische Energie aus der Anlage entnommen werden, so wird die Rotationsenergie über einen Generator wieder in elektrischen Strom umgewandelt. Sie sind typische Kurzzeitspeicher und können in Zeitspannen bis zu wenigen Minuten zur Frequenzhaltung, zur Sicherung einer unterbrechungsfreien Stromversorgung, zur Pufferung von Lastspitzen oder in mobilen Anwendungen zur Nutzung von Bremsenergie (z. B. in elektrischen Fahrzeugen im Nahverkehr) verwendet werden (Canders, Hinrichsen, Hoffmann 2007, Oertel 2008) Auch ein Einsatz bei zyklischen Anwendungen (Portalkräne, Pressen etc.) ist möglich.

2.2.9 Doppelschichtkondensatoren

In Doppelschichtkondensatoren wird Energie in einem elektrischen Feld gespeichert. Sie arbeiten dabei prinzi-

II

piell wie herkömmliche Kondensatoren. Elektronen sind durch ein Dielektrikum voneinander isoliert. Wird ein elektrischer Strom angelegt, so baut sich eine Ladung auf, die nach dem Ende des Ladevorganges erhalten bleibt. Diese Ladung kann dann bei der Entladung des Speichers wieder in elektrischen Strom umgewandelt werden. Für den Einsatz zur Bereitstellung von Regelenergie weist diese Technologie eine zu geringe Speicherkapazität auf, kurzfristiger Ausgleich von Lastspitzen ist aber möglich (Oertel 2008). Ebenso erfolgt eine extrem kurzfristige Besicherung des Stroms z.B. zum Verstellen von Flügeln bei Windenergieanlagen.

Literatur

Canders, W.-R.; Hinrichsen, F.; Hoffmann, J.; et al.: DynaStore – Energiesparender Schwungmassenspeicher mit HTSL Lagerung für den dezentralen Einsatz; Abschlussbericht, Technische Universität Braunschweig, Braunschweig, 2007

Oertel, D.: Energiespeicher – Stand und Perspektiven, Sachstandsbericht zum Monitoring „Nachhaltige Energieversorgung", Arbeitsbericht Nr. 123, Büro für Technikfolgen-Abschätzung beim Deutschen Bundestag (TAB), Berlin, 2008.

2.3 Thermische Energiespeicher

Thermische Energiespeicher kommen zum einen überall dort zum Einsatz, wo der zeitliche Bedarf von Wärme nicht mit dem Angebot übereinstimmt und zum anderen dort, wo die Leistung der Wärmequelle mit dem Leistungsbedarf eines Verbrauchers nicht deckungsgleich ist. Beispiele für den Einsatz von thermischen Speichern sind: solare Wärmeerzeugung, Abwärmenutzung bei industriellen Prozessen, Kraft-Wärme-Kopplung und die Kältespeicherung. Zugleich ermöglichen sie, angeschlossen beispielsweise an Wärmepumpen oder Elektroheizsysteme, die Entkopplung des Strombedarfs bzw. des Stromaufkommens vom Wärmebedarf. Auf diese Weise können sie als „virtueller Energiespeicher" arbeiten.

Wichtigstes Kriterium bei der Auswahl, eines für eine bestimmte Anwendung geeigneten thermischen Speichers, ist die Temperatur, bei der die Wärme gespeichert werden soll. Weiterhin sind die zu speichernde Energiemenge und die durchschnittlich zu erwartende Speicherdauer wichtige Kriterien. Darüber hinaus lassen sich, je nach Anwendung folgende Anforderungen an thermische Speicher definieren:

- Hohe Energiedichte (volumetrisch und/oder gravimetrisch):
  Der Speicher soll ein möglichst geringes Raumvolumen einnehmen und/oder ein geringes Gewicht aufweisen. Diese Anforderung spielt bei mobilen thermischen Speichern meist eine wesentliche Rolle. Aber auch in der Haustechnik kann der Platzbedarf ein wichtiges Kriterium darstellen. Bei industriellen Anwendungen hingegen spielt diese Anforderung in der Regel eine eher untergeordnete Rolle.
- Hohe Be- und Entladeleistung:
  Der Speicher soll möglichst schnell Energie aufnehmen und wieder abgeben können. Diese Anforderung spielt in industriellen Anwendungen häufig eine tragende Rolle, da dort oft eine hohe Zyklenzahl und schnelle Be- und Entladevorgänge erforderlich sind. Bei der

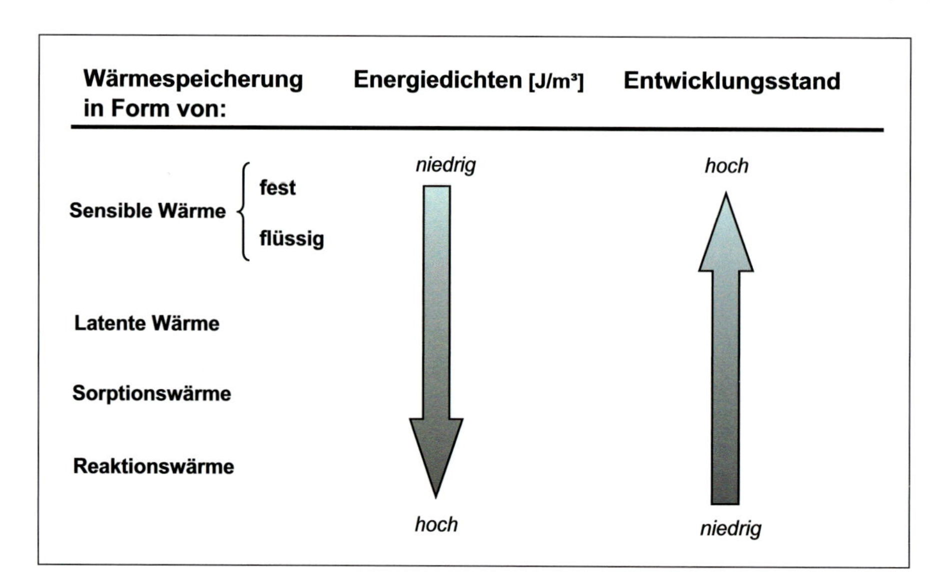

Abb. 7 Vergleich der thermischen Energiespeicheroptionen hinsichtlich Energiespeicherdichte und Entwicklungsstand (nach N'Tsoukpoe 2009)

Speicherung saisonaler Wärme (z. B. in Verbindung mit Nahwärmenetzen innerhalb einer Wohnsiedlung) ist die Be- und Entladeleistung von untergeordneter Bedeutung.

- Geringe Stillstandverluste:
  Der Speicher soll während des eigentlichen Speichervorgangs möglichst wenig Energie an die Umgebung verlieren. Dies ist vor allem in Verbindung mit langen Speicherdauern (Tage) bzw. bei sehr hohen Temperaturen von enormer Bedeutung.
- Geringe Investitionskosten:
  Die Errichtung des Speichers soll möglichst kostengünstig sein, um so die Kosten der Wärmebereitstellung zu minimieren. Hier haben häufig vorkommende Medien wie Wasser und mineralische Materialien wie Steine oder Beton einen klaren Kostenvorteil. Materialien wie Paraffine oder Salze weisen vergleichsweise höhere spezifische Investitionskosten auf, sind aber aufgrund ihrer jeweiligen physikalischen Eigenschaften und den sich daraus ergebenden Temperatureinsatzbereichen interessant.

Die Speicherung thermischer Energie kann auf verschiedene Weise erfolgen:

- Sensible Speicher: Hier wird thermische Energie mittels der Temperaturänderung eines Materials (z. B. Wasser, Beton, Salzschmelzen) gespeichert.
- Latentspeicher: Hier wird thermische Energie durch Phasenumwandlung, beispielsweise beim Schmelzvorgang eines Materials (z. B. Paraffine, Salzhydrate) gespeichert bzw. bei dessen Erstarrung wieder frei.
- Sorptionsspeicher: Hier wird die thermische Energie durch Bindung bzw. Lösen eines fluiden Stoffes (Gas oder Flüssigkeit) an einem festen oder flüssigen Sorbens (z. B. Wasser an Zeolith) gespeichert[2].
- Chemische Speicher: Hier wird thermische Energie mittels einer reversiblen chemischen Reaktion (z. B. Dehydratisierung von Metallhydroxiden) gespeichert.

Von diesen thermischen Speichertypen verfügen die chemischen Speicher tendenziell über die größten Energiespeicherdichten. Verglichen mit den anderen thermischen Energiespeichern befinden sie sich aber noch auf dem geringsten technologischen Entwicklungsstand (Abb. 7).

II

2.3.1 Sensible Wärmespeicher

Die **sensible Speicherung** von Wärme bedingt eine Temperaturänderung im Speichermedium. Der aktuelle Energieinhalt E_{th} eines thermischen Speichermediums ergibt sich aus der Masse m und der Wärmekapazität c_p des Speichermediums sowie der Temperaturdifferenz ΔT mit der der Speicher betrieben wird.

$$E_{th\_sensibel} = V \cdot \rho \cdot c_p \cdot \Delta T = m \cdot c_p \cdot \Delta T$$

Wasser als Speichermedium ist – aufgrund der geringen Kosten und der Umweltneutralität – die häufigste Lösung

[2] Sorptionsspeicher werden in der Literatur häufig auch als thermochemische Speicher bezeichnet. Je nach Art des Sorptionsprozess basiert die Stoffbindung jedoch entweder auf thermophysikalischen und/oder thermochemischen Vorgängen. Daher erfolgt hier eine Unterteilung in Sorptionsspeicher und chemische Speicher, wobei auf thermochemischen Vorgängen basierende Stoffsysteme beiden Gruppen zugeordnet werden können.

Tab. 3 Spezifische und volumetrische Wärmespeicherkapazität von Wärmespeichermaterialien bei 20 °C (Fisch 2005)

Medium	Temperaturbereich	Spezifische Wärmekapazität	Volumetrische Wärmekapazität	Dichte
	°C	kJ/kg K	kJ/m³ K	kg/m³
Wasser	0 - 100	4,19	4 175	998
Kies, Sand	0 - 800	0,71	1 278 - 1 420	1 800 - 2 000
Granit	0 - 800	0,75	2 062	2 750
Beton	0 - 500	0,88	1 672 - 2 074	1 900 - 2 300
Ziegelstein	0 - 1 000	0,84	1 672 - 2 074	1 900 - 2 300
Eisen	0 - 800	0,47	3 655	7 860
Wärmeträger-Öl	0 - 400	1,6 - 1,8	1 360 - 1 620	850 - 900
Kies-Wasser-Schüttung (37 Vol. % Wasser)	0 - 100	1,32	2 904	2 200
Salzschmelze (53KNO_3 + 40$NaNO_2$ + 7$NaNO_3$)	150 - 450	1,3	1 970 - 1 725	2 561 - 2 243
Natrium	100 - 800	1,3	925 - 750	1 203 - 975

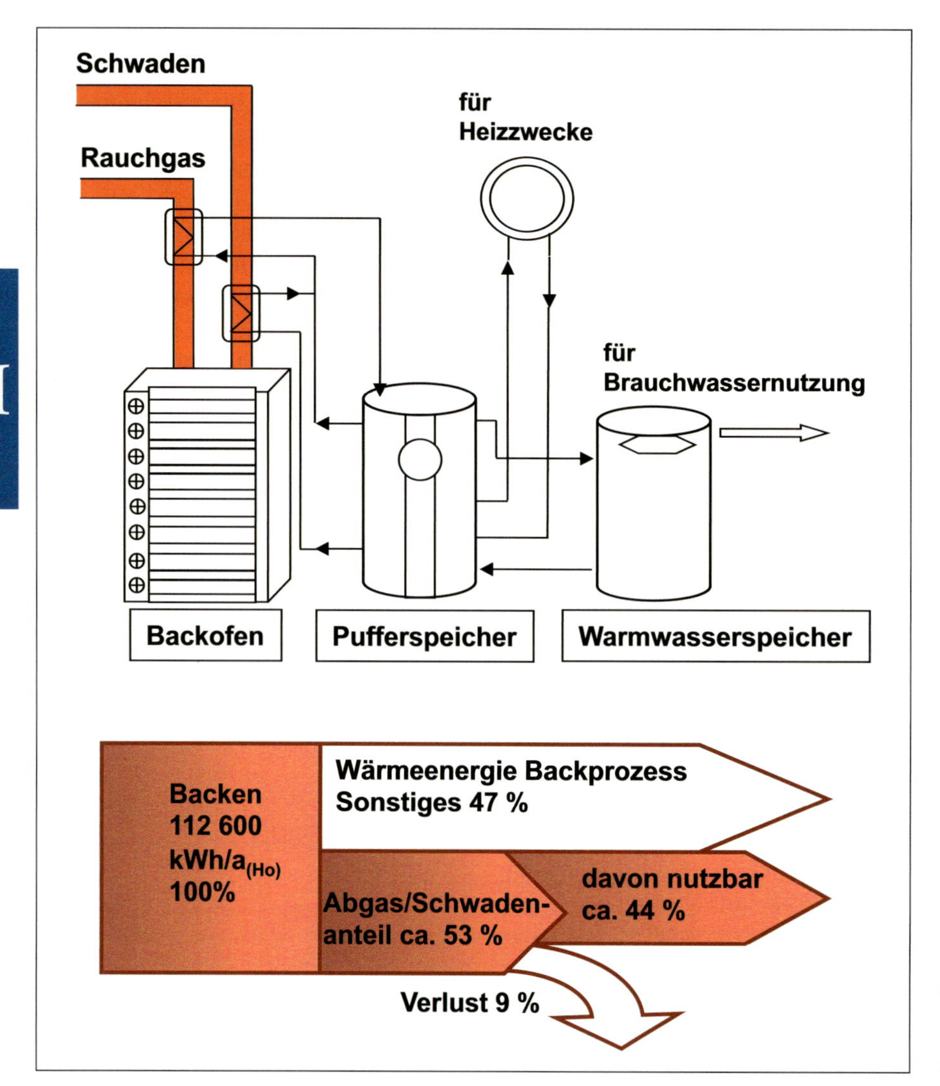

Abb. 8 Beispiel für den Einsatz eines Warmwasserspeichers für die Abwärmenutzung in Bäckereien (BDEW 2012)

bei der sensiblen Wärmespeicherung und kann als „state of the art" angesehen werden. Bei hohen Temperaturen (Prozesswärme) werden auch Sand- oder Betonspeicher in Demonstrationsanwendungen eingesetzt, zudem wird an Salzschmelzen geforscht. Nachteil der sensiblen Wärmespeicher ist, dass sie entweder große Volumina oder große Temperaturspreizungen benötigen, um große Wärmemengen zu speichern. Tab. 3 gibt einen Überblick über spezifische und volumetrische Wärmespeicherkapazitäten von latenten Wärmespeichermaterialien.

Abbildung 8 zeigt den Einsatz eines Warmwasserspeichers (Pufferspeicher) zur Abwärmenutzung in einer Bäckerei. Mittels der in den Rauchgas- und Schwadenleitungen eingebauten Wärmetauscher wird Wasser erwärmt, das in einem Pufferspeicher gesammelt wird. Von dort steht es für Heizzwecke und für die Brauchwassernutzung zur Verfügung. Auf diese Weise können bei optimalen Bedingungen ca. 44 % des gesamten für den Backprozess benötigten Jahresenergiebedarfs wiederverwertet werden.

2.3.2 Latentwärmespeicher

Mit **latenten Wärmespeichern** kann schon bei geringer Temperaturänderung eine große Energiemenge gespeichert werden. Der Energieinhalt eines thermischen Speichers, der ausschließlich die Phasenwechsel-Enthalpie fest-flüssig (Schmelzenergie oder auch Schmelzenthalpie) Δh_m benutzt, wird wie folgt berechnet.

$$E_{th\_latent} = V \cdot \rho \cdot \Delta h_m = m \cdot \Delta h_m$$

Paraffine haben beispielsweise eine Speicherkapazität von bis zu 55 kWh/m³, Eis kann ca. 92 kWh/m³ speichern und Salz und Salzhydrate erreichen bis zu 120 kWh/m³; diese Kapazität steht jedoch nur innerhalb des Temperaturbereiches zur Phasenumwandlung zur Verfügung. Tabelle 4 gibt einen Überblick über Umwandlungstemperaturen und Umwandlungswärmen einiger Latentspeichermateria-

Tab. 4 Umwandlungstemperatur und Umwandlungswärme einiger Latentspeichermaterialien (Fisch 2005)

Medium	Umwandlung	Umwandlungs-temperatur θ_f	Umwandlungswärme Δh_f	Spezifische Wärmekapazität cp_1/cp_2
		°C	kJ/kg	kJ/kg K
Wasser	fest/flüssig	0	335	2,1/4,19
	flüssig/gasförmig	100	2 540	4,19/1,86
Paraffine				
Eicosan	fest/flüssig	36,6	243	1,94/2,08
Rohparaffin	fest/flüssig	34,3	142	
Fettsäuren				
Laurinsäure	fest/flüssig	44	183	1,8/2,16
Myristinsäure	fest/flüssig	54	187	
Stearinsäure	fest/flüssig			
- rein		69,7	221	1,83/2,3
- technisch		64,8	203	
Salzhydrate				
$Na_2SO_4\ 10H_2O$	fest/flüssig	32	241	
$Na_2S_2O_3\ 5H_2O$	fest/flüssig	48	201,2	
$Ba(OH)_2\ 8H_2O$	fest/flüssig	78	266,7	
Salzgemische				
$48NaCl/52MgCl_2$	fest/flüssig	450	432	0,9/1,0
$67NaF/33MgF_2$	fest/flüssig	832	618	1,42/1,38

lien. Bis heute existieren – mit Ausnahme der Eisspeicher und Dampfspeicher – nur wenige kommerziell verfügbare Latent-Speichersysteme. Verschiedene Wärme- bzw. Kältespeichersysteme mit Latentmaterialien befinden sich momentan in der Entwicklung und Demonstration, z. B. Salzschmelzen (Hochtemperatur), Natrium-Acetat (58,5 °C), Phase-Change-Slurries (PCS) (–10 bis –50 °C). Am Markt wird derzeit – mit Ausnahme der Eisspeicher

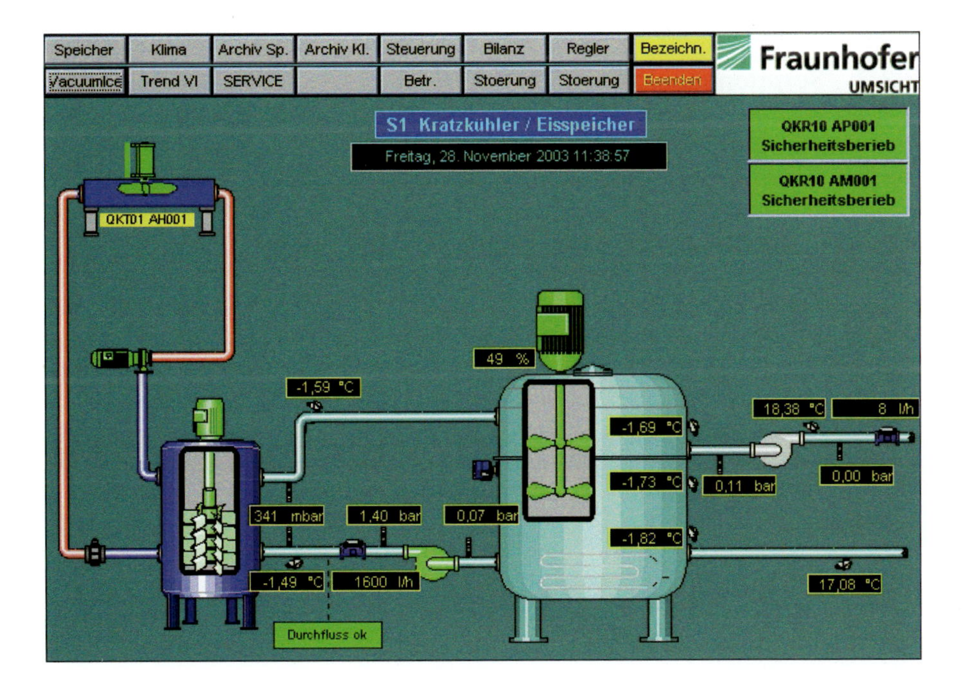

Abb. 9 Visualisierung der Steuerungseinheit einer Anlage für die Erzeugung eines Eis-Wasser-Gemisches (Ice-Slurry) zur Kälteversorgung

II

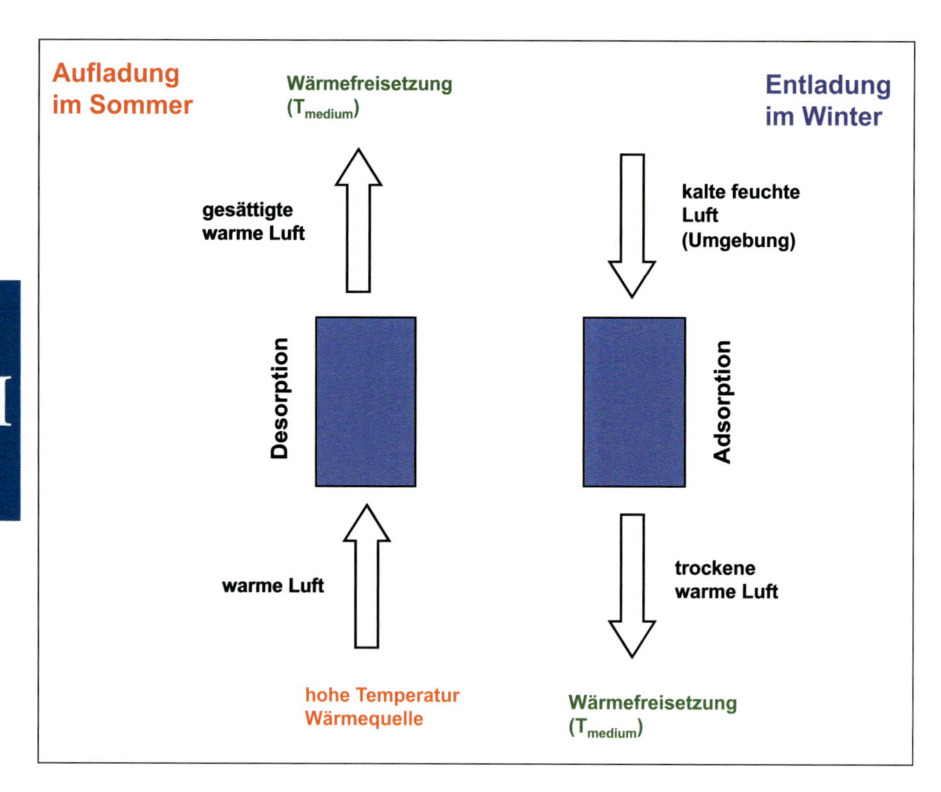

Abb. 10 Offenes Adsorptionsspeichersystem (N'tsoupke 2009)

(Abb. 9) und Dampfspeicher – nur wenige kommerzielle Latent-Speichersysteme verfügbar.
Im Gegensatz zu den sensiblen Speichern werden sie vorrangig bei einer geringen Temperaturspreizung *(ΔT)* eingesetzt, sofern ein Speichermedium genau für diese Temperatur zur Verfügung steht. Damit ist ihr Einsatz deutlich begrenzter als bei sensiblen Speichern und zumeist speziell an eine Applikation angepasst.

2.3.3 Sorptionsspeicher

Je nach Art des Sorptionsvorgangs basieren Sorptionsspeicher auf thermophysikalischen und/oder thermochemischen Prozessen. Ein Überblick verschiedener thermophysikalischer Sorptionsspeicher wird in Tabelle 5 gegeben. Die theoretisch erzielbaren Energiedichten thermophysikalischer Sorptionsspeicher sind mit Werten zwischen 160 – 253 kWh/m³ (Tab. 5) höher als bei Latentwärmespeichern oder sensiblen Wärmespeichern. Exemplarische Energiespeicherdichten thermo-chemischer Sorptionsspeicher können Tabelle 6 im Kapitel 2.3.4 entnommen werden (Dehydratisierung von Salzhydraten). Der Energieinhalt eines Sorptionsspeichers kann bei bekannter Energiedichte h_{SP} durch Multiplikation mit dem Speichervolumen bzw. der Speichermasse berechnet werden.
Da die experimentell erzielbaren Energiedichten häufig deutlich geringer als die theoretischen Werte sind, befinden sich die Sorptionsspeicher mit Ausnahme der Zeolith-Speicher – bei denen erste kommerzielle Anwendungen z. B. als Systemkombination mit einer Gasheizung und als Abwärmespeicher in einer Spülmaschine erhältlich sind – noch im Entwicklungs- bzw. Demonstrationsstadium.
Der Einsatz von Sorptionsspeichern erfolgt entweder in einem offenen oder einem geschlossenen System (Abb. 10, Abb. 11), von denen die offene Prozessführung apparativ einfacher umzusetzen ist. Sie eignet sich vor allem bei Existenz einer kontrollierten Lüftung für den Gebäudebereich und für industrielle Prozesse mit einem hohen Feuchtegehalt in der Abluft. Im Gegensatz hierzu ist die geschlossene Pro-

Medium	Temperatur	Technologie	Energiedichte
LiCl/H_2O	80 – 100 °C	geschlossene Absorption	253 kWh/m³
NaOH/H_2O	150 °C	geschlossene Absorption	250 kWh/m³
Silikagel/H_2O	88 °C	geschlossene Adsorption	50 kWh/m³
Zeolith 13X/H_2O	180 °C	geschlossen Adsorption	180 kWh/m³
Zeolite 4A/H_2O	180 °C	offene Adsorption	160 kWh/m³

Tab. 5 Thermo-physikalische Sorptionsspeicher (N'Tsoukpoe 2009)

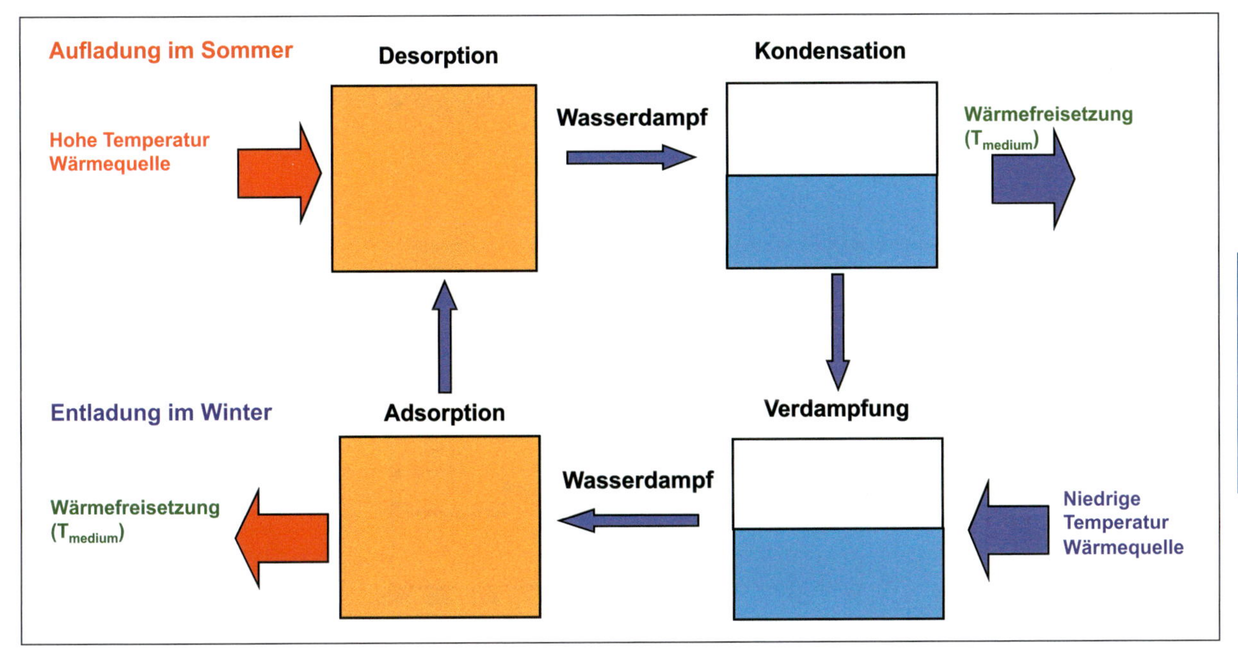

Abb. 11 Geschlossenes Adsorptionsspeichersystem (N'tsoupke 2009)

zessführung unabhängig von einer externen Feuchtequelle. Allerdings müssen hier ca. 60 bis 80 % der bei der Reaktion freigesetzten Wärme als Verdampfungsenergie auf niedrigem Temperaturniveau eingesetzt werden.

Im Gegensatz zu den Latentspeichern bei denen das „Laden" und „Entladen" zumeist in einem sehr ähnlichen Temperaturbereich erfolgt, erfordern viele thermophysikalische Sorptionsprozesse deutlich höhere „Lade"- oder Regenerationstemperaturen. Daher sind sie häufig nur geeignet, wenn die zeitliche Verschiebung von Wärme zugleich eine Absenkung der Nutzwärmetemperatur erlaubt.

2.3.4 Chemische Wärmespeicher

Wärmespeicher auf Basis einer **chemischen Reaktion** bieten das Potenzial zur Realisierung der höchsten Energiespeicherdichten. Allerdings sind sie noch in der technischen, z. T. auch wissenschaftlichen Entwicklung. Bei der Chemiesorption und anderen chemischen Reaktionen wird Wärme nicht über reversible thermodynamische Zustandsänderungen, sondern durch reversible chemische Prozesse gespeichert. Im Vergleich zu den anderen Möglichkeiten der thermischen Wärmespeicherung sind dadurch höhere Energiedichten sowie sehr geringe Standverluste möglich. Es existieren zahlreiche thematisch verwandte Veröffentlichungen und Patentschriften, die die Anwendung niedermolekularer thermochemischer Speichermaterialien, meist anorganischer Natur und bei Temperaturen über 200 °C, als Stand der Forschung darstellen. So werden beispielsweise verschiedene Erdalkalihydroxide (CaOH, $Mg(OH)_2$ und $Ba(OH)_2$) zur Wärmespeicherung verwendet. Die thermische Zersetzung zum korrespondierenden Oxid findet bei Temperaturen zwischen 300 °C und 900 °C statt. Im Hochtemperaturbereich lassen sich somit Speicherdichten bis zu 2500 kWh/m^3 bzw. 9000 MJ/m^3 erzielen (Abb. 12).

In einem thermochemischen Wärmespeichersystem kann die Reaktionsenthalpie ΔH beispielsweise über eine endotherme Spaltungsreaktion eines Produktes A-B gespeichert werden und nachfolgend durch die Rückreaktion in die beiden Zerfallskomponenten A und B zurückgewonnen werden:

$$A - B + \Delta H \Leftrightarrow A + B.$$

Neben thermochemischen Faktoren sind auch andere Kriterien für die Auswahl geeigneter Reaktionssysteme zu beachten (Abendin 2011, Bogdanovic 1990):

- komplette Reversibilität der Reaktion über eine große Anzahl von Zyklen, d. h. keine Nebenreaktion und Verluste an Speicherkapazität
- Kosten der Reaktanden und Prozessanlagen
- hohe Prozessgeschwindigkeit für den Lade- und Entladevorgang
- geringe Wärmeverluste an die Umgebung
- Anwendbarkeit im gewünschten Temperaturbereich
- Korrosivität, Toxizität und Sicherheit
- Praktikabilität der erforderlichen Verfahrenstechnik
- keine oder geringe Hystereseeffekte, d. h. geringe Temperaturdifferenzen zwischen Speicherung und Energieabgabe.

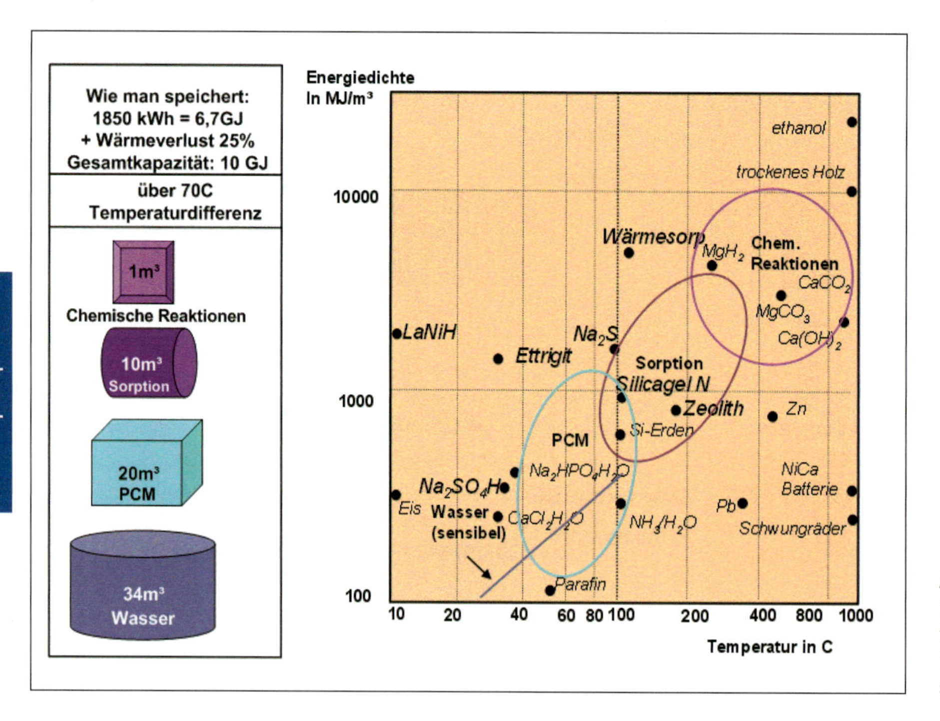

Abb. 12 Energiedichte in Abhängigkeit von der Anwendungstemperatur für verschiedene Formen der thermischen Energiespeicherung (N'Tsoukpoe 2009)

In Tabelle 6 sind eine Reihe chemischer Reaktionen aufgeführt, die zur thermochemischen Energiespeicherung Verwendung finden können. Hierbei wurden die beiden Systeme $Mg(OH)_2/MgO$ und $Ca(OH)_2/CaO$ in den vergangenen 20 Jahren intensiv untersucht. Es handelt sich hierbei um Gas/Feststoff-Reaktionen, bei denen ein direkter

Reaktion	Temperaturbereich [°C]
Dehydratisierung von Salzhydraten	
$MgSO_4 \times 7\ H_2O \rightleftharpoons MgSO_4 \times H_2O + 6\ H_2O$	100 - 150
$MgCl_2 \times 6\ H_2O \rightleftharpoons MgCl_2 \times H_2O + 5\ H_2O$	100 - 130
$CaCl_2 \times 6\ H_2O \rightleftharpoons CaCl_2 \times H_2O + 5\ H_2O$	150 - 200
$CuSO_4 \times 5\ H_2O \rightleftharpoons CuSO_4 \times H_2O + 4\ H_2O$	120 - 160
$CuSO_4 \times H_2O \rightleftharpoons CuSO_4 + H_2O$	210 - 260
Deammonierung von Ammoniakaten anorganischer Chloride	
$CaCl_2 \times 8\ NH_3 \rightleftharpoons CaCl_2 \times 4\ NH_3 + 4\ NH_3$	25 - 100
$CaCl_2 \times 4\ NH_3 \rightleftharpoons CaCl_2 \times 2\ NH_3 + 2\ NH_3$	40 - 120
$MnCl_2 \times 6\ NH_3 \rightleftharpoons MnCl_2 \times 4\ NH_3 + 4\ NH_3$	40 - 160
Thermische Dehydrierung von Metallhydriden	
$MgH_2 \rightleftharpoons Mg + H_2$	200 - 400
$Mg_2NiH_4 \rightleftharpoons Mg_2Ni + 2\ H_2$	150 - 300
Dehydratisierung von Metallhydroxiden	
$Mg(OH)_2 \rightleftharpoons MgO + H_2O$	250 - 350
$Ca(OH)_2 \rightleftharpoons CaO + H_2O$	450 - 550
$Ba(OH)_2 \rightleftharpoons BaO + H_2O$	700 - 800
Decarboxylierung von Metallcarbonaten	
$ZnCO_3 \rightleftharpoons ZnO + CO_2$	100 - 150
$MgCO_3 \rightleftharpoons MgO + CO_2$	350 - 450
$CaCO_3 \rightleftharpoons CaO + CO_2$	850 - 950

Tab. 6 Beispiele einiger chemischer Reaktionstypen für die thermochemische Energiespeicherung (Kerkes 2011)

Zusammenhang zwischen dem Druck und der Reaktionstemperatur besteht. Die Be- und Entladetemperaturen solcher Systeme lassen sich durch gezielte Einstellung des Drucks variieren. Zusätzlich zum Einsatz als reines Wärmespeichermedium, ergibt sich so die Möglichkeit eine chemische Wärmepumpe zu realisieren.

Literatur

Drück, H.; Bachmann, St.; Müller-Steinhagen, H.: Wärmespeicher für Solaranlagen – Historie und zukünftige Entwicklungen. Tagungsband zum Statusseminar „Thermische Energiespeicherung – mehr Energieeffizienz zum Heizen und Kühlen" 2. bis 3. November 2006 in Freiburg: Herausgeber: Forschungszentrum Jülich GmbH, Projektträger Jülich (PTJ); Fraunhofer Solar Building Innovation Centrer SOBIC

Fisch, N.; Bodmann, M.; Kühl, L.; Saße, C.; Schnürer, H.: Wärmespeicher. 4. Auflage, Köln, TÜV-Verlag GmbH, 2005

Kato, Y.; Yamashita, N.; Kobayashi, K, Yoshizawa, Y.: Kinetic study of the hydration of magnesium oxide for a chemical heat pump. Applied Thermal Engineering 16 (1996) 11, S. 853 – 862

Kerkes, H.; Bertsch, F.; Mette, V.; Wörner, A., Schaube, F.: Thermochemische Energiespeicher. Chemie Ingenieur Technik 83 (2011) 11, S. 2014 – 2026

N'Tsoukpoe, E.K; Liu, H.; Pierrès, N. L.; Luo, L.: A review on long-term sorption solar energy storage. Renewable and Sustainable Energy Reviews 13 (2009) S. 2385 – 2396

2.4 Kraft-Wärme-Kälte-Kopplung

Produktionsprozesse benötigen meist Energie in Form von Strom und/oder Wärme und häufig auch Kälte. Je nach Standort und Produkt bietet sich der Einkauf eines Energieträgers wie Heizöl oder Erdgas an, um dann an Ort und Stelle Strom, Wärme und eventuell auch Kälte je nach Bedarf zu erzeugen. Möglich ist dies mit Blockheizkraftwerken (im Folgenden abgekürzt als BHKW). Man spricht von Kraft-Wärme-Kopplung – abgekürzt als KWK – oder erweitert von Kraft-Wärme-Kälte-Kopplung KWKK genannt.

Blockheizkraftwerke

Blockheizkraftwerke (BHKW) erzeugen elektrischen Strom und thermische Energie (Wärme) und gehören damit zu den Kraft-Wärme-Kopplungs-Anlagen. Die eingesetzte Brennstoffenergie aus Erdgas, Heizöl, Deponie-, Klär- oder Biogas wird im Antriebsaggregat (Verbrennungsmotor oder Gasturbine) in thermische und mechanische Energie umgewandelt. Die mechanische Energie wird mittels eines Generators zur Stromerzeugung genutzt. Die in der Motorabwärme, im Ölkreislauf und im Abgas enthaltene thermische Energie wird über Wärmetauscher ausgekoppelt, zumeist um Heißwasser zu erzeugen. Die Abwärme im Abgas, die ungefähr die Hälfte der Gesamtwärme ausmacht, liegt auf einem höheren Temperaturniveau vor und kann daher auch für anspruchsvollere Zwecke genutzt werden: Dampf- oder Kälteerzeugung. Dafür ist der apparative Aufwand zur Nutzung größer, da die Energie aus einem nahezu druckfreien Gasstrom entnommen werden muss. Ein BHKW ist für einen Standort dann besonders sinnvoll, wenn nicht nur der Strom, sondern auch die Wärme bzw. Kälte genutzt werden kann.

Die Abb. 13 stellt ein Beispiel für einen KWKK-Prozess dar, wobei die Prozentzahlen verdeutlichen, wie viel der eingesetzten Energie nach den verschiedenen Umwandlungen noch zur Verfügung steht.

Der elektrische Wirkungsgrad von BHKW ist vor allem von der Leistungsgröße abhängig (s. Abb. 14). Während kleine dezentrale Aggregate (<10 kW) unter 30 % Wirkungsgrad aufweisen, haben größere Aggregate (>250 kW) zumeist Wirkungsgrade >40 % bis zu 45 %.

Der Gesamtwirkungsgrad (elektrisch + thermisch) liegt – unabhängig vom elektrischen Wirkungsgrad – häufig bei 90 %, sofern Motor- und Abgaswärme genutzt werden. Die Wärme aus dem KWKK-Prozess findet sehr häufig Verwendung: Sie kann in ein Wärmenetz eingespeist

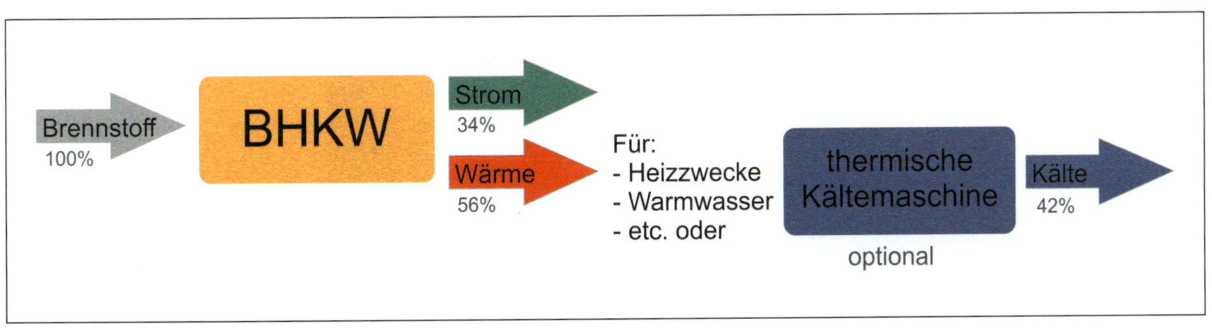

Abb. 13 Prinzipskizze KWKK-Prozess

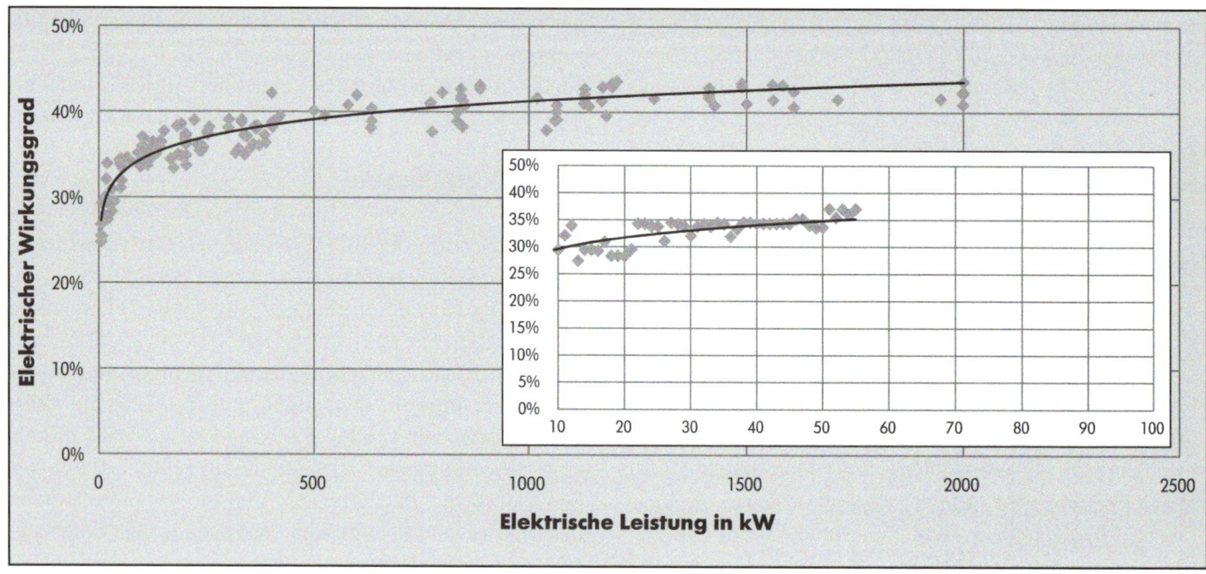

Abb. 14 Elektrische Wirkungsgrade von Erdgas-BHKW (Quelle: ASUE)

werden, um zu heizen oder als Warmwasser zur Verfügung zu stehen. Viele Anwendungen benötigen jedoch im Sommer eher Kälte als Wärme, sodass sich der meist saisonale Betrieb einer nachgeschalteten thermischen Kältemaschine als sinnvoll erweisen kann. Infrage kommen dafür Absorptions- und Adsorptionskältemaschinen sowie Dampfstrahlkältemaschinen.

Literatur

ASUE: Arbeitsgemeinschaft für sparsamen und umweltfreundlichen Energieverbrauch e. V., Internetauftritt www.asue.de; Grafik erhältlich unter http://asue.de/cms/upload/broschueren/2011/bhkw-kenndaten/grafiken/bhkw-kenndaten-abb-3-3_sw.jpg

Abb. 15 BHKW mit angeschlossener thermisch betriebener Kältemaschine am Standort von Fraunhofer UMSICHT

TEIL III

Datenerfassung und -verarbeitung

1 Energiedatenerfassung

Mark Richter

III

1.1 Ausgangssituation

1.1.1 Allgemeines

Vor dem Hintergrund der aktuellen Entwicklungen zur Steigerung der Energie- und Ressourceneffizienz erlangt der Bereich der Energiedatenerfassung im produktionstechnischen Umfeld zunehmend an Bedeutung. Bildet doch die Erfassung von Energieströmen die Grundlage für sämtliche Betrachtungen und Aktivitäten hinsichtlich Effizienzsteigerung – beginnend mit der Schaffung von Transparenz über detaillierte Analysen zur Energieverteilung bis hin zur Validierung von Optimierungsaktionen. Ohne Informationen über den Energieverbrauch der betrachteten Objekte sind keine bzw. nur implizite Aussagen über z. B. den totalen Verbrauch, die Verteilung zwischen mehreren Verbrauchern oder vorhandene Einsparpotenziale machbar. Die Motivationen, Informationen über den Energieverbrauch von produktionstechnischen Anlagen und Maschinen zu bekommen, können dabei vielfältig sein. Seit etwas mehr als vier Jahren ist aus verschiedenen Ebenen heraus ein stetig steigendes Interesse an diesem Themenfeld erkennbar. Dies ist durch verschiedene Faktoren begründet. In erster Linie sind dabei sicherlich die sich verknappenden natürlichen Ressourcen und damit verbunden die immer weiter steigenden Energiekosten zu nennen. Die durch Gesetzgeber, Medien und Marketingaktivitäten anderer Branchen verstärkte breite Wahrnehmung dessen führt nun auch in der Produktionstechnik und deren Umfeld zu einer verstärkten Fokussierung auf Aspekte wie Steigerung der Effizienz und Nachhaltigkeit (Abb. 1). Dabei sind die Interessen bei allen Beteiligten geweckt. Sowohl Hersteller von produktionstechnischen Anlagen als auch deren Nutzer sehen sich mit Fragestellungen rund um den Energie- und Ressourcenverbrauch der von ihnen hergestellten bzw. genutzten Maschinen und Anlagen konfrontiert.

Unter Leitung des Fraunhofer IWU wurde bereits im Jahr 2008 eine vom Bundesministerium für Bildung und Forschung (BMBF) geförderte Studie zur „Energieeffizienz in der Produktion – Untersuchungen zum Handlungs- und Forschungsbedarf" (FhG 2008) durchgeführt.

Abb. 1 Wirtschaftswachstum bei weniger Energieverbrauch (Quelle: BMWi)

Abb. 2 Abschlussbericht Energieeffizienz in der Produktion (Quelle: Fraunhofer Gesellschaft)

Inhalt der von Fraunhofer Instituten und weiteren Forschungseinrichtungen erstellten Studie war, das Potenzial zur Ressourceneinsparung, insbesondere Energieeinsparung, im produzierenden Gewerbe zu analysieren und Handlungsbedarf für die Produktionsforschung abzuleiten. In dieser Studie wurde unter anderem festgestellt, dass vielen Ressourcenverschwendungen allein deshalb nicht begegnet werden kann, weil sie nicht lokalisierbar sind oder nicht gemessen werden. Unter anderem wurde am Beispiel von Werkzeug- und Umformmaschinen aufgezeigt, dass detaillierte Leistungsmessungen nur ganz vereinzelt vorlagen. Bekannt sind in den meisten Fällen lediglich die Anschlussleistungen der Maschinen. Sie dienen im Normalfall aber nur der Dimensionierung der Energieversorgung am Aufstellort. Detaillierte Kenntnisse über die Energieverteilung innerhalb einer Maschine oder Anlage lagen damals so gut wie nicht vor. Ebenso wurde festgestellt, dass auch die Produktionsprozesse und -technologien energetisch nicht bzw. unzureichend transparent sind. Typische Betrachtungsebenen für den Energieverbrauch waren Gebäude bzw. Gebäudeteile. Die Untergliederung der Energiemessungen entsprach in den meisten Fällen der bei der Gebäudeerrichtung geplanten bzw. im Nutzungszeitraum erweiterten Struktur der Energieverteilung. Eine Identifikation von energieintensiven Verbrauchern ist somit in umfangreichen Produktionsanlagen nicht möglich. Deshalb fällt es Unternehmen zum Teil noch heute schwer, detaillierte Angaben über die Effizienz ihrer Produktion zu machen. Auch unter dem Aspekt der zunehmenden Bedeutung des Betriebskostenanteils „Energie“ fehlten Kenndaten, die Einkäufer von Maschinen und Anlagen in die Lage versetzen, derartige Informationen in die Bewertung von Kaufentscheidungen einfließen zu lassen.
Die Studie „Energieeffizienz in der Produktion“ war der Startschuss für eine Vielzahl von Forschungs- und Entwicklungsvorhaben zur Effizienzsteigerung im Bereich der industriellen Produktionstechnik. Sie hat entscheidend zum Vorankommen der wichtigen Entwicklungen in diesem Themengebiet beigetragen.

Da die Bewertung von Effizienzsteigerungen im Prinzip immer ein Vorher-Nachher-Vergleich einer für ein bestimmtes Produktionsziel eingesetzten Energiemenge ist, ist die große Bedeutung des Erfassens von Energieströmen in Maschinen und Anlagen all diesen Vorhaben inhärent.

In jüngster Zeit haben sich sowohl Anwender als auch Hersteller von Maschinen und Anlagen für die Produktionstechnik zunehmend der Thematik Energieeffizienz gewidmet. Beide Seiten haben zum Teil gleiche, zum Teil auch unterschiedliche Interessen. Eine kurze Darstellung der Sichtweisen ist in den Kapiteln 1.1.2 und 1.1.3 zusammengestellt. Im Kapitel 1.1.4 wird der Begriff „Energiemanagement-System“ diskutiert.

1.1.2 Nutzer von Maschinen und Anlagen

In den letzten Jahren ist zu beobachten, dass Nutzer von Maschinen verstärkt aktiv werden, um ihre Energie- und damit Kostenverteilung in einem ersten Schritt transparent zu machen und gegebenenfalls danach zu optimieren. Ist der Umfang der zu betrachtenden Anlage bzw. die Anzahl der Verbraucher klein und überschaubar, nutzen sie dazu eher vorhandenes Personal, wie etwa den typischen Betriebselektriker, der dann mit einfachen Messgeräten überschlägig die Energieverteilung nachvollzieht. Wenn die Anlagen umfangreicher, die Anzahl der Maschinen größer und somit die Messaufgabe anspruchsvoller wird, greifen die Anwender meist auf externe Dienstleister zurück.

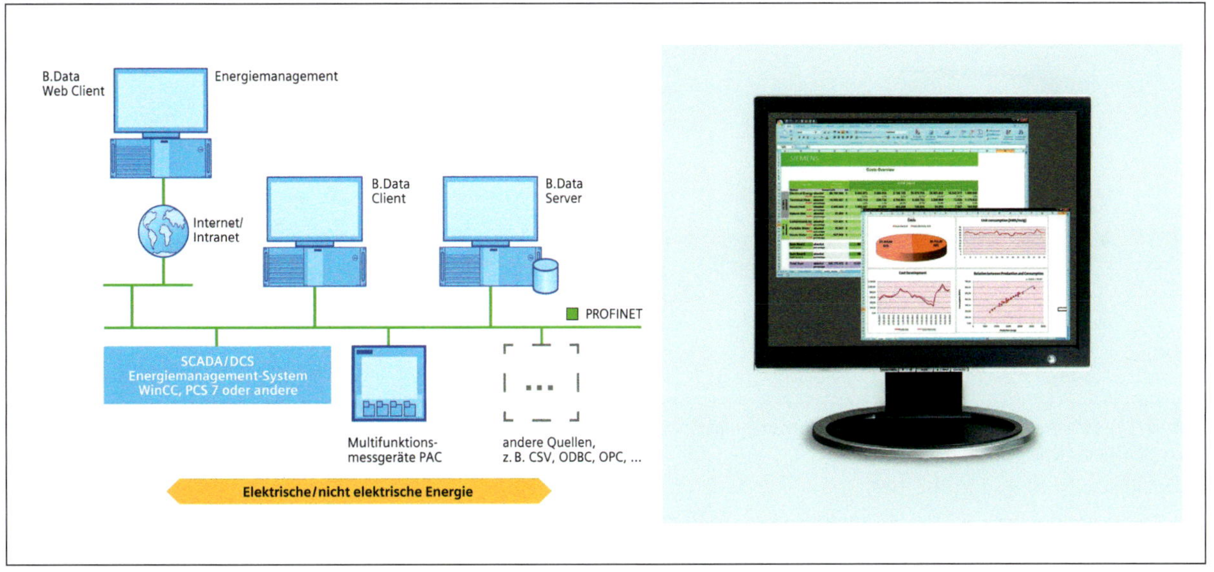

Abb. 3 Software für Energiemanagement (mit freundlicher Genehmigung der Siemens AG)

Im Bereich des Energie-Consultings in der Produktionstechnik sind – ähnlich wie vor einigen Jahren im Bereich Gebäude – mittlerweile jede Menge Unternehmen entstanden, die als Dienstleistung vorrangig das temporäre Messen und Visualisieren, aber auch das Optimieren von Energieverbräuchen oder die Beratung im Bereich der Energiebeschaffung anbieten. Für die Erfassung der Energieströme setzen die meisten dabei auf die Anwendung am Markt verfügbarer industrietauglicher Hardware.

Für die Aufbereitung der Daten und die Visualisierung werden – je nach Anspruch – zum Teil Office-Lösungen (zum Beispiel Microsoft Excel), aber auch sehr mächtige Systeme genutzt. Zum Beispiel bietet SIEMENS ein Software-Produkt, mit dem sehr umfangreiche Energie- und Prozessdaten verarbeitet werden können (Abb. 3). Die Auswertung der Daten, die Interpretation der Ergebnisse inklusive der Optimierungsansätze werden zu einem übergroßen Anteil aus dem Erfahrungswissen der jeweils handelnden Personen bestimmt. Auf die Vorgehensweisen und Details, um effektive Datenauswertung zu betreiben, wird im Kapitel III.2 ausführlich eingegangen.

Wie beschrieben, werden für bestimmte Optimierungsvorhaben durch den Maschinen- bzw. Anlagenanwender meistens temporäre Messaufbauten gewählt, die nach Abschluss des Vorhabens wieder entfernt werden. In der Maschine bzw. Anlage verbleibende oder schon in der Komponente, Maschine oder Anlage integrierte Energiemesssysteme werden zunehmend von den Anwendern gefordert, sind aber noch längst nicht Standard.

1.1.3 Hersteller von Maschinen und Anlagen

Aus Sicht der Hersteller von Maschinen und Anlagen für die Produktionstechnik hat das Thema Energieeffizienz in den letzten Jahren natürlich ebenso an Bedeutung gewonnen. Sie haben begonnen, ihre Produkte hinsichtlich der Energie- und Ressourcenverbräuche zu optimieren. Der Treiber dafür ist vor allem, in der Wettbewerbssituation zu bestehen und ihren Kunden eben nicht nur qualitativ hochwertige, sondern auch energieeffiziente Maschinen anbieten zu können. Immer mehr Maschinenhersteller erkennen diese Herausforderung. Heute werben zum Beispiel Werkzeugmaschinenhersteller mit besonders energieeffizienten Maschinen durch Anwendung innovativer Bauweisen und den Einsatz energiesparender Komponenten.

Auch die Hersteller von Maschinensteuerungen haben reagiert und begonnen, ihre Produkte mit neuen Features auszustatten. Sie unterstützen damit Maschinenhersteller bei der Erfüllung ihrer Kundenanforderungen, entwickeln aber auch selbst ganz neue Alleinstellungsmerkmale, um sich von ihren Wettbewerbern abzugrenzen. Zum Beispiel sind die Bosch Rexroth Produkte IndraMotion MTX cta zur Taktzeitanalyse und IndraMotion MTX ega zur Energieanalyse Werkzeuge einer „klassischen Werkzeugmaschinensteuerung", die gezielt zur Optimierung von Produktivität und Energieeffizienz eingesetzt werden können.

Damit lassen sich zum Beispiel energetisch relevante Verbrauchsdaten direkt aus den Controllern der Antriebe

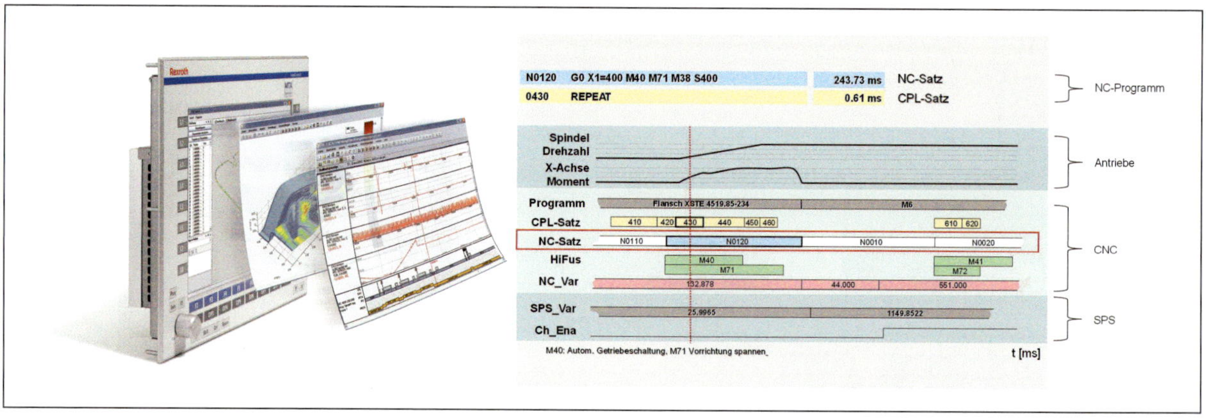

Abb. 4 Optimierungswerkzeuge moderner Werkzeugmaschinensteuerungen: IndraMotion MTX cta und IndraMotion MTX ega von Bosch Rexroth (Quelle: Bosch Rexroth)

mit Prozessdaten verknüpfen. Somit können – auch ohne zusätzliches Messequipment installieren zu müssen – Modelle von Verbrauchern und Prozessabläufen erstellt und zur Berechnung von Leistungsverläufen benutzt werden.

Hersteller von Maschinen und Anlagen werden zukünftig von ihren Kunden aufgefordert werden, ihre Produkte

1. so zu gestalten, dass sie einen energieeffizienten Betrieb sicherstellen und
2. so auszustatten, dass sie energetisch relevante Daten an geeigneten Schnittstellen zur Verfügung stellen.

1.1.4 Energiemanagement-Systeme

Ein Management-System im Allgemeinen versucht über Steuer- und Kontrollmechanismen einen definierten Sollzustand herzustellen. Dabei müssen Istzustände mit Sollzuständen verglichen werden. Werden dabei Abweichungen festgestellt, müssen Funktionen ausgelöst werden, durch die die angestrebten Sollzustände erreicht werden.

Der Begriff Energiemanagement wird heute vielschichtig genutzt. Zum einen gibt es die Betrachtungsweise, der die Norm DIN EN ISO 50001 zugrunde liegt. Damit ist grundsätzlich die Umsetzung eines systematischen Energiemanagements in einer Organisation gemeint. Neben einem Datenmanagement und der Empfehlung zur Nut-

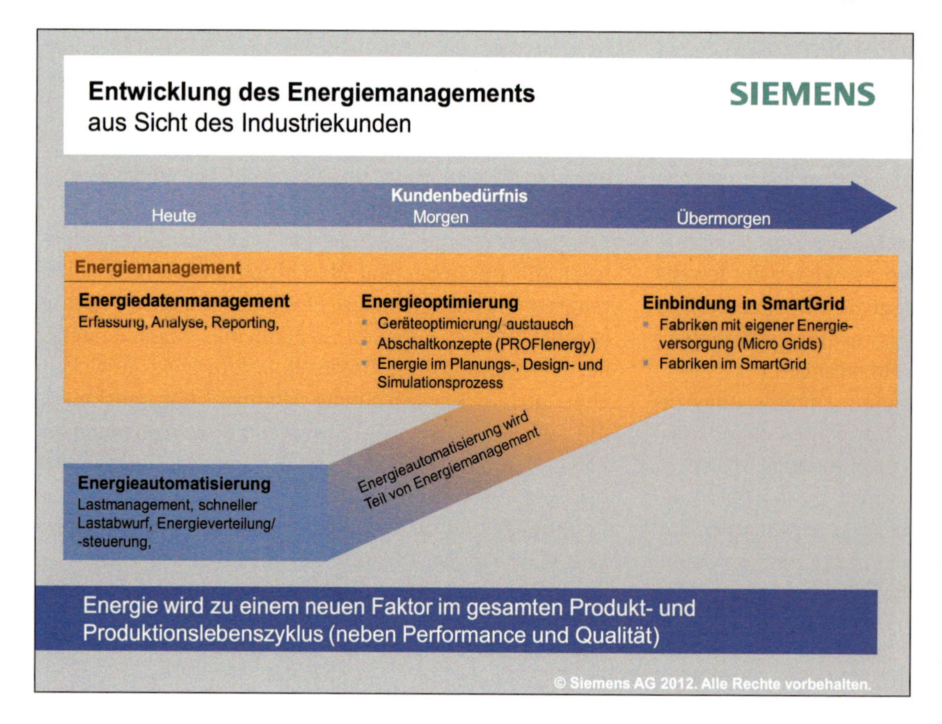

Abb. 5 Entwicklung des Energiemanagements aus Sicht der Industriekunden (Quelle: Konopka, F. – SIEMENS AG, 2012; Mit freundlicher Genehmigung der Siemens AG)

zung einzelner technischer Lösungen stehen vor allem strategische und noch mehr organisatorische Maßnahmen im Vordergrund.
Im Bereich der Produktionstechnik, speziell der Produktions-IT- und Automatisierungstechnik, wird der Begriff in den letzten Jahren sehr oft und ebenso vielschichtig genutzt. Derzeit werden technische Lösungen zum Energiemanagement fast ausnahmslos als Energiedatenmanagement verstanden. Viele Anbieter von „Energiemanagementsystemen" verkaufen unter diesem Stichwort ihren Kunden Produkte zur (mehr oder weniger) automatischen Erfassung, zur Analyse und zum grafischen Auswerten von Energie- und eventuell Prozessdaten. Managementfunktionen im Sinne von automatisiertem Eingreifen in die Energieverteilung übernehmen derartige Systeme (noch) nicht.
Funktionen, die in Energieflüsse tatsächlich eingreifen, wie zum Beispiel das Lastmanagement auf Energieerzeugerseite bzw. der Lastabwurf auf der Energienutzerseite, sind seit Jahrzehnten bekannte, aber meist autark und sehr anwenderspezifisch umgesetzte Anwendungen und nicht Bestandteil von heutigen Energiemanagementsystemen. Ebenso wird die zunehmende Nutzung von erneuerbaren Energien und stationären Energiespeichern auf Standortebene von derartigen Systemen nicht berücksichtigt.
Mit dem Blick eines Industriekunden wird die Weiterentwicklung einer technischen Lösung zum Energiemanagement dazu führen, dass die Sparten „Energiedatenmanagement" und „Energie verteilen" verschmelzen (Abb. 5). Folglich wird die Erfassung von energetisch relevanten Daten in Zukunft eine deutlich größere Bedeutung bekommen müssen.

1.2 Ziele der Energiedatenerfassung

Die mit der Erfassung von Energiemessdaten verfolgten konkreten Ziele sind sehr vielschichtig. Wie bereits im Kapitel III.1.1 beschrieben, werden im Bereich der Produktionstechnik gegenwärtig sämtliche Prozesse in allen Lebenszyklen von Maschinen und Anlagen auf ihre Effizienz hinsichtlich des Energie- und Ressourceneinsatzes untersucht (Abb. 6).
Die Betrachtungen beginnen dabei schon bei der Planung von Maschinen, Anlagen und Standorten. Zukünftig müssen in einem viel größeren Umfang entsprechende energetische Verbrauchsdaten als Planungsgrößen zur Verfügung gestellt werden. Zeitgleich müssen die Planungswerkzeuge für Produktionsanlagen weiterentwickelt werden, um das Kriterium Energie- und Ressourcenverbrauch auch verarbeiten zu können. Beim Fertigen von Produktionstechnik interessiert die Hersteller zum einen die Frage „Wie kann ich selbst meine Produkte ressourceneffizienter herstellen?" – zum anderen aber auch die Analyse ihrer Produkte bis ins kleinste Detail, um sie in Zukunft mit verbesserter energetischer Effizienz im Sinne eines Produktmerkmales zu erzeugen und sie dadurch mit einem Vorteil gegenüber ihren Wettbewerbern am Markt anbieten zu können. Der Nutzer von Produktionstechnik dagegen ist interessiert, die ihm zur Verfügung stehende Produktionstechnik auch unter dem Aspekt Energie- und Ressourceneffizienz optimal zu betreiben.
Auch vonseiten des Gesetzgebers werden schon jetzt Randbedingungen geschaffen, die bestimmte Abnehmer von Energie im produzierenden Gewerbe verpflichten, ihren Verbrauch transparent nachzuweisen. So hat die Bundes-

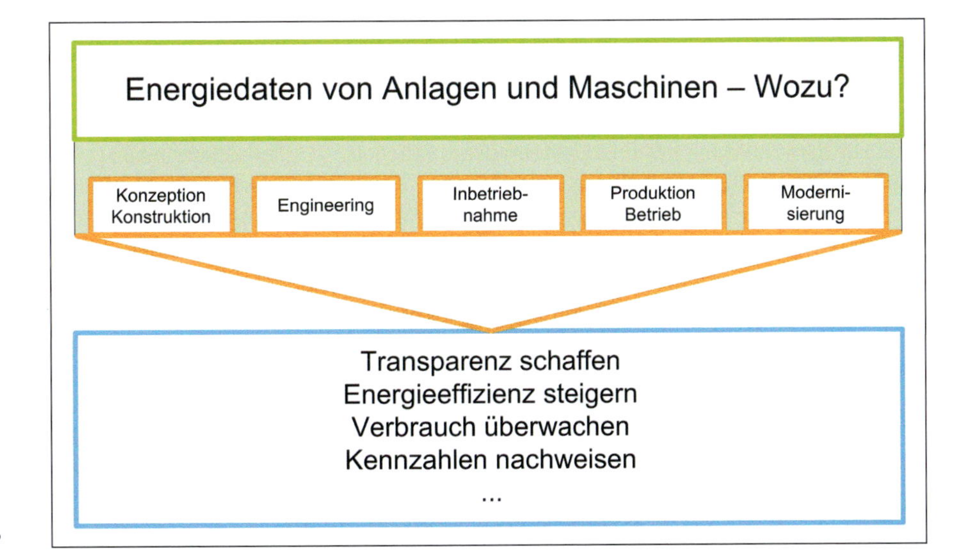

Abb. 6 Energiedaten – Wozu?

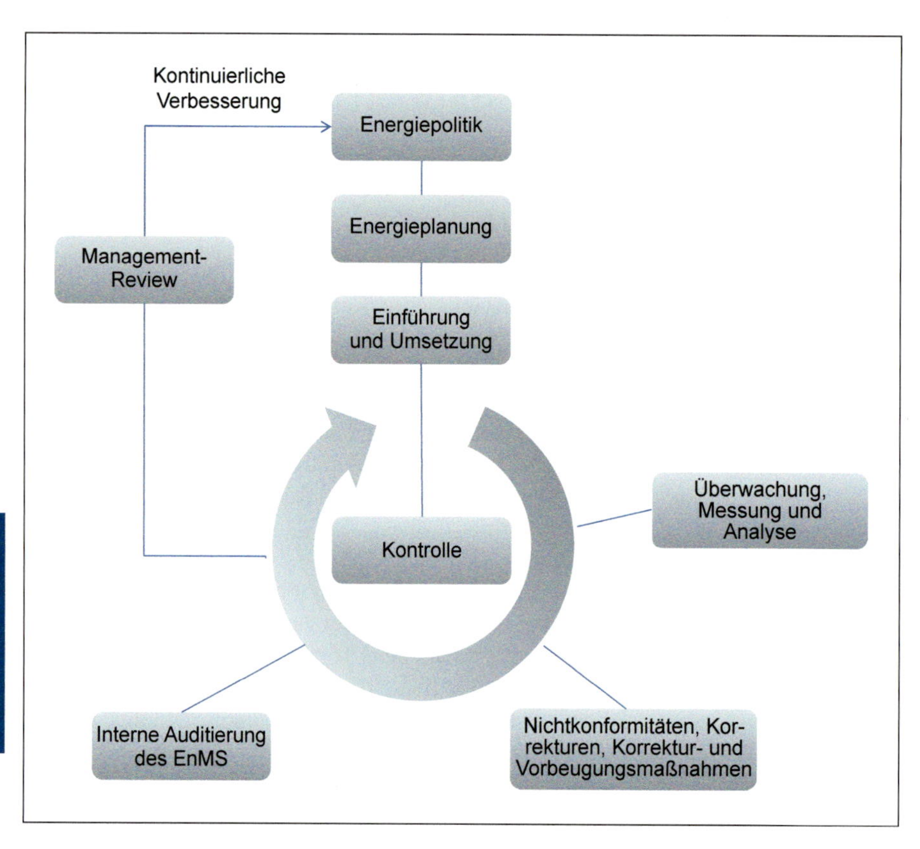

Abb. 7 Für die Norm DIN EN ISO 50001: 2011-2012 verwendetes Managementmodell (Wiedergegeben mit Erlaubnis des DIN Deutsches Institut für Normung e. V. Maßgebend für das Anwenden der DIN-Norm ist deren Fassung mit dem neuesten Ausgabedatum, die bei der Beuth Verlag GmbH, Burggrafenstaße 6, 10787 Berlin, erhältlich ist.)

regierung im Gesetz für den Vorrang erneuerbarer Energien (Erneuerbare-Energien-Gesetz [EEG]) festgeschrieben, dass es zum Beispiel für stromintensive Unternehmen besondere Ausgleichsregelungen gibt, die bei Nachweis einer bestimmten Abnahmemenge zu steuerlichen Vergünstigungen führen. Bezieht ein Unternehmen in einem Geschäftsjahr mehr als 1 GWh Energie und das Verhältnis der vom Unternehmen zu tragenden Stromkosten zur Bruttowertschöpfung des Unternehmens beträgt mindestens 14% (EEG 2008), kann es auf Antrag von der Zahlung der sogenannten EEG-Umlage anteilig befreit werden. Beträgt die vom Unternehmen bezogene Energie mehr als 10 GWh pro Jahr, muss zusätzlich ein Nachweis über eine erfolgte Zertifizierung, mit der der Energieverbrauch und die Potenziale zur Verminderung des Energieverbrauches erhoben und bewertet worden sind, erfolgen.

Für derartige Prozesse gibt es mittlerweile eine standardisierte Vorgehensweise: die Norm DIN EN ISO 50001 „Energiemanagementsysteme - Anforderungen mit Anleitung zur Anwendung" (Abb. 7). Für deren konsequente Anwendung können sich Unternehmen zertifizieren lassen. Aber auch für Maschinenhersteller werden sich in Zukunft ganz andere Anforderungen bezüglich der Energieeffizienz ergeben. So sind beispielsweise auf dem Gebiet der energetischen Bewertung von Werkzeugmaschinen auf europäischer Ebene bereits Normen im Entwurf, die in absehbarer Zeit auf den nationalen Ebenen umgesetzt werden. Als Folge dessen ist abzuleiten, dass es auch in diesem speziellen Bereich einen Bedarf für energetische Verbrauchsmessungen geben wird.

Es lässt sich erkennen, dass es zwischen Energieversorgern, Maschinenherstellern, Nutzern und dem Gesetzgeber ein Zusammenwirken gibt, in dem jeweils verschiedene Interessen verfolgt werden (Abb. 8).

Unabhängig vom tatsächlichen Impuls, Energiemessungen durchzuführen, sind typische Zielstellungen bei der Erfassung von Energiemessdaten z. B.

- Aufzeichnen des Gesamtenergiebedarfes eines Standortes zur Bestimmung der Anforderungen zur Energiebereitstellung
- Ermittlung der Energieverteilung zur Schaffung von Transparenz bzw. zur Zuordnung von Verbräuchen zu bestimmten Abrechnungs- bzw. Kostenstellen
- Ermittlung des Energiebedarfes an bestimmten Objekten (Maschinen, Komponenten), um Einsparpotenziale ableiten zu können
- Sensibilisierung der Mitarbeiter mithilfe von Online-Visualisierungen des Leistungsbezuges/Energiebedarfes an von ihnen genutzten Maschinen/Anlagen
- Messung von Leistungsverläufen zum Nachweis der Einhaltung von Grenzwerten z. B. von Verbrauchsmenge/Zeiteinheit oder von Energiequalität
- Messung der Energieverbräuche an einem definierten Umfang von Maschinen und Anlagen(teilen) zur Er-

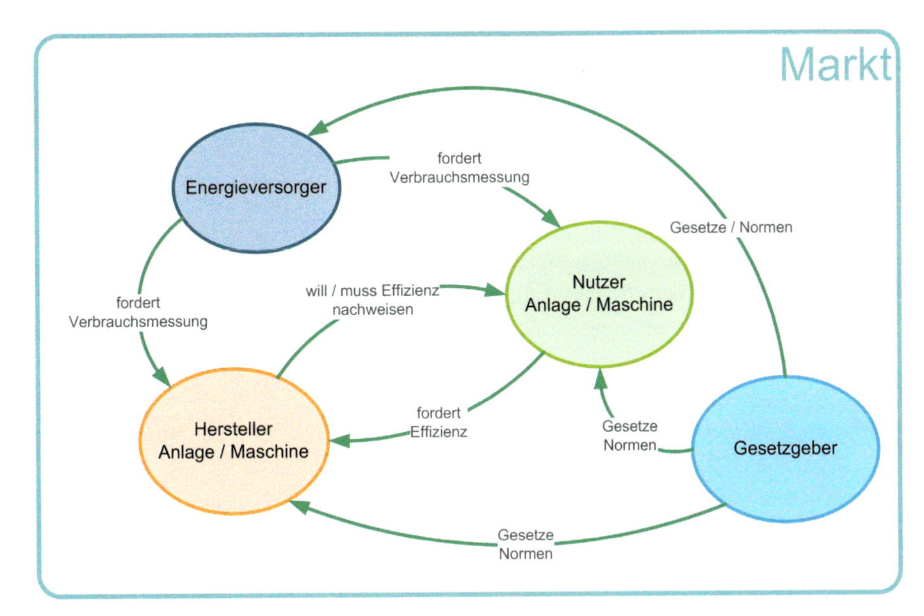

Abb. 8 Energieeffizienz – Rollenverteilung im produktionstechnischen Umfeld

III

mittlung bestimmter Kennziffern (z.B. Gesamtenergieverbrauch zur Herstellung eines bestimmten Bauteiles bzw. Produktes).

Aus diesen Beispielen lässt sich ableiten, dass für energetische Betrachtungen in der industriellen Produktionstechnik verschiedene Betrachtungsebenen existieren. Dabei kann beispielsweise zwischen den in Abbildung 9 dargestellten Ebenen unterschieden werden. Die energetischen Untersuchungen eines Werkes (Standort), einer Anlage, einer Maschine oder nur einer Komponente haben in der Regel andere Zielgrößen und unterschiedliche Adressaten. So interessiert zum Beispiel den Werk- bzw. Standortleiter der Gesamtenergieverbrauch pro Monat oder pro Jahr als Überwachungs- und Prüfgröße. Die Information über den Verbrauch an einer Anlage über acht Stunden dagegen ist für den jeweiligen Verantwortlichen, zum Beispiel einen Schichtleiter, interessant und unterstützt ihn bei der optimalen energetischen Nutzung seiner Anlage. Die Kenntnisse über die Energieverteilung an einer Maschine oder Komponente dagegen sind oft nur temporär für Spezialisten von Interesse, um Optimierungen im Produktionsprozess vornehmen zu können.

Aus diesen beispielhaften Betrachtungen lassen sich vielfältige unterschiedliche Zielsetzungen erkennen. Aus der Vielfalt der möglichen Messziele ergeben sich wiederum

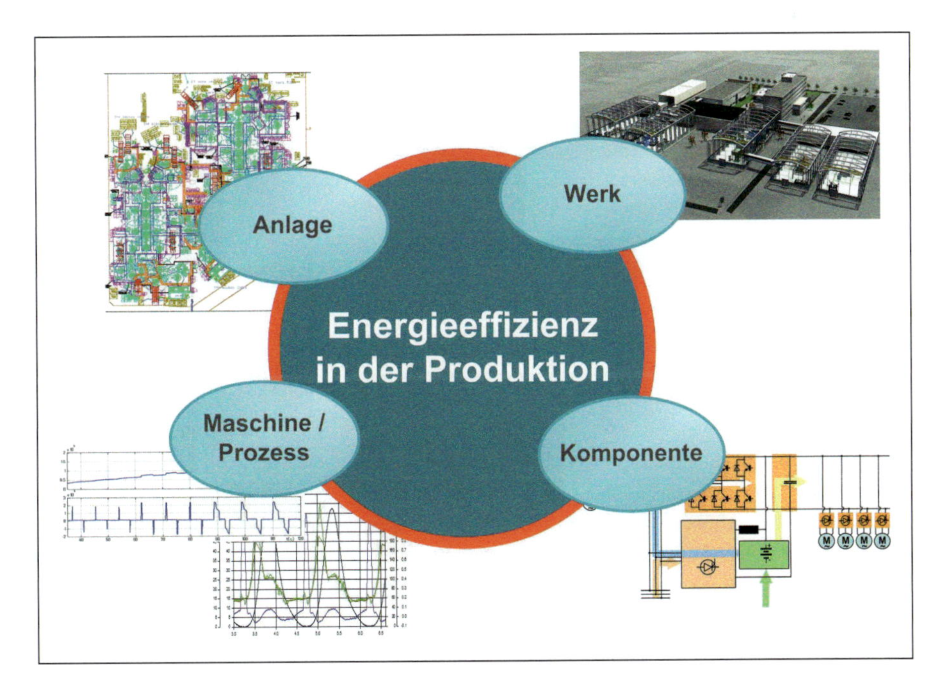

Abb. 9 Energieeffizienz in der Produktion – Betrachtungsebenen

unterschiedlichste Anforderungen an die Umsetzung der messtechnischen Aufgaben und damit die Auslegung der Messeinrichtung. Einige wichtige Kriterien zur Auslegung einer Messeinrichtung dabei sind zum Beispiel:

- Handelt es sich um eine temporäre Messung oder soll ein stationärer Messaufbau entstehen?
- Wie groß ist die zeitliche Auflösung, mit der die Messgrößen erfasst werden müssen (Abtastrate)?
- Wie hoch ist die benötigte Genauigkeit, mit der gemessen werden muss (zulässiger Messfehler)?

Die detaillierte Definition des Zieles bzw. der Ziele des Messvorhabens ist zwingende Grundlage für eine sinnvolle Planung der Messinstallation, eine zielgerichtete Durchführung der Messaufgabe und eine effektive Auswertung der Messdaten.

III

1.3 Messtechnik – Grundlagen

1.3.1 Metrologie

Die Metrologie als die Lehre von den Maßen und den Messsystemen wird im Allgemeinen als die Wissenschaft vom Messen und ihrer Anwendung definiert und kann in folgende drei Bereiche unterteilt werden (Klötzner 1996):

Tab. 1 Metrologie

Metrologie		
Messtheorie	Messtechnik (Praxis)	Messwesen
Grundbegriffe Größen Einheiten Messphilosophie	Messverfahren Messmittel und deren Einsatz	gesetzliche Vorschriften Standardisierung Qualitätskontrolle

Das Gebiet der Messtechnik befasst sich dabei unter anderem mit:

- den Geräten und Methoden zur Messung physikalischer Größen
- der Anwendung und (Weiter-) Entwicklung von Messprinzipien, -methoden und -verfahren
- der Erfassung, Bewertung und Korrektur von Messabweichungen
- der Justierung und Kalibrierung von Messgeräten.

Mit Blick auf die industrielle Produktionstechnik ist die Messtechnik als Bestandteil der Steuerungs- und Regelungstechnik der Automatisierungstechnik zuzuordnen. Der gesamte Messtechnikanteil der industriellen Fertigung wird in diesem Zusammenhang als Prozess- und Fertigungsmesstechnik bezeichnet. Andere Gebiete der Messtechnik sind Präzisionsmesstechnik, Labormesstechnik und Messtechnik für Sondergebiete.

Da im allgemeinen Sprachgebrauch und in vielen aktuellen Diskussionen die Wortwahl im Bereich Messtechnik nicht immer mit dem gleichen Verständnis erfolgt, sollen im Folgenden die wichtigsten Begriffe zu den „Grundlagen der Messtechnik" kurz dargestellt und erläutert werden.

1.3.2 Messen – Messgröße

Die zentralen Begriffe Messen und Messgröße sind wie folgt definiert (DIN 1319-1, 1995):

Messen

Ausführen von geplanten Tätigkeiten zum quantitativen Vergleich der Messgröße mit einer Einheit

Messgröße

Physikalische Größe, der die Messung gilt. Der Wert einer speziellen Messgröße wird durch das Produkt von Zahlenwert und Einheit ausgedrückt.

1.3.3 Messgerät – Messeinrichtung – Messkette

Das *Messgerät* ist ein Gerät, das entweder allein oder auch in Verbindung mit anderen Einrichtungen für die Messung einer Messgröße vorgesehen ist. Typische Beispiele für Messgeräte in der elektrischen Messtechnik sind Messumformer, Strom- und Spannungswandler, Messumsetzer oder auch Messverstärker.

Als *Messeinrichtung* (Abb. 10) wird die Gesamtheit aller Messgeräte (und aller zusätzlichen Einrichtungen) zur Erzielung eines Messergebnisses bezeichnet.

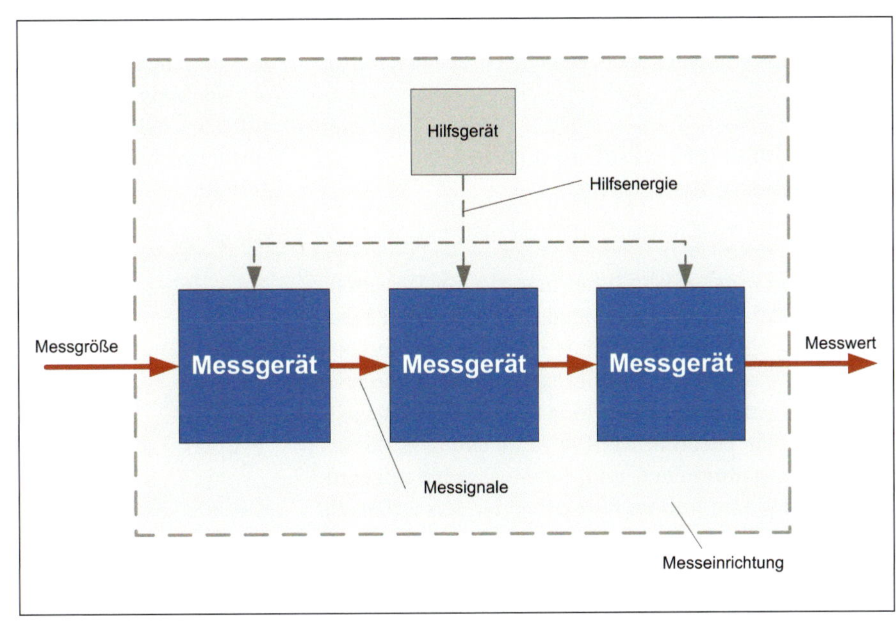

Abb. 10 Messeinrichtung (nach DIN 1319-1)

Mit zusätzlichen Einrichtungen sind dabei zum Beispiel Geräte zur Bereitstellung von Hilfsenergien oder auch Kalibrierungsvorrichtungen gemeint. Im einfachsten Fall kann eine Messeinrichtung auch nur aus einem einzigen Messgerät bestehen.
Im Gegensatz zu einer Messeinrichtung wird als *Messkette* (Abb. 11) die Gesamtheit bzw. die Folge aller Elemente eines Messgerätes oder einer Messeinrichtung, die den Weg des Messsignals von der Aufnahme der Messgröße bis zur Bereitstellung der Ausgabe bildet, bezeichnet. In Abbildung 11 ist durch Beispielangaben der Fokus dieser Darstellungsform - die wirkungsgemäße Darstellung - ergänzt.

1.3.4 Messprinzip - Messmethode - Messverfahren

Als *Messprinzip* wird im Allgemeinen von der physikalischen Grundlage, auf der die Messung beruht, gesprochen (Beispiel: Die Erwärmung eines Leiters durch den elektrischen Strom als Grundlage einer Messung der elektrischen Stromstärke). Die *Messmethode* hingegen bezeichnet die spezielle, vom Messprinzip unabhängige Art des Vorgehens bei der Messung (Beispiele: Analoge Messmethode, digitale Messmethode, indirekte Messmethode). Als *Messverfahren*

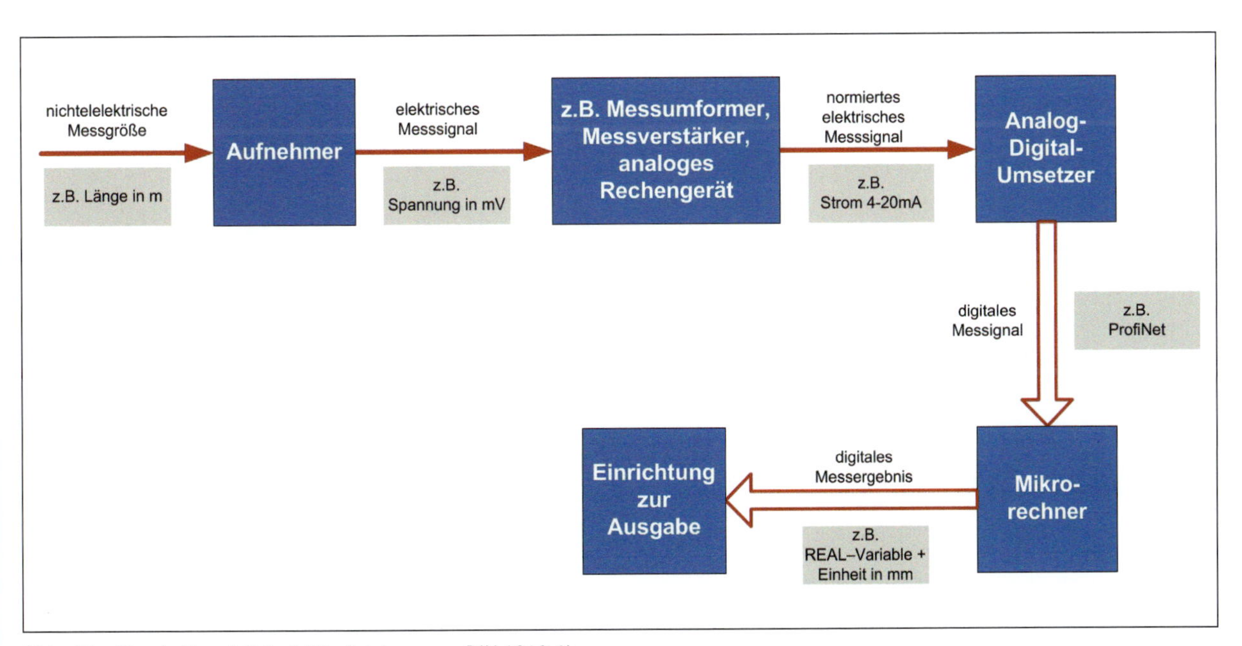

Abb. 11 Messkette mit Beispiel (in Anlehnung an DIN 1319-1)

wird im Allgemeinen die praktische Anwendung eines Messprinzips und einer Messmethode bezeichnet.

1.3.5 Messwert – Einflussgrößen – Messabweichung

Als *Messwert* wird der Wert bezeichnet, der zur Messgröße gehört und der Ausgabe eines Messgerätes oder einer Messeinrichtung eindeutig zugeordnet ist. Bei jeder Messung gibt es *Einflussgrößen*, die nicht Gegenstand der Messung sind, aber dennoch die Messgröße und/oder die Ausgabe der Messgröße beeinflussen. Die Abweichung eines aus Messungen gewonnenen und der Messgröße zugeordneten Wertes vom *wahren Wert* (Wert der Messgröße als Ziel der Auswertung der Messungen der Messgröße) wird als *Messabweichung* bezeichnet. Folglich setzt sich jeder Messwert zusammen:

$$x = x_w + e_r + e_s \,.$$

x - Messwert,
x_w - wahrer Wert,
e_r - zufällige Messabweichung,
e_s - systematische Messabweichung.

Die systematische Messabweichung ist folgendermaßen definiert:

$$e_s = e_{s,b} + e_{s,u}$$

Dabei gilt:
$e_{s,b}$ - bekannte Messabweichung,
$e_{s,u}$ - systematische Messabweichung.

Auf eine noch detailliertere Betrachtung der genannten Begriffe wird hier nicht weiter eingegangen. Dafür wird ausdrücklich auf die in den Punkten 3.4 bis 3.10 der Norm DIN 1319-1 enthaltenen Definitionen und auf den gesamten Punkt 5 „Merkmale von Messgeräten" verwiesen, in dem unter anderem auf die wichtigen Begriffe „Messbereich", „Auflösung", „Hysterese eines Messgerätes", „Messgerätedrift" eingegangen wird. Die in den genannten Abschnitten enthaltenen Kommentare veranschaulichen anhand von einigen Beispielen die in den Definitionen textlich sehr normungstypisch beschriebenen Zusammenhänge zusätzlich.

1.3.6 Zeitabhängige Größen

Einen großen Stellenwert nehmen *zeitabhängige Größen* in der Messtechnik ein. Auch im Bereich der Leistungs- bzw. Energiemessung sind sie von großer Bedeutung, da es sich ja dabei um eine indirekte Bestimmung über die direkte Messung der Größen „elektrische Spannung" und „elektrischer Strom" handelt, die in den meisten Fällen als Wechselgrößen mit der Netzspannung von f = 50 Hz auftreten. Wichtige zeitabhängige Größen sind mit ihren Formelzeichen nach DIN 5483 in Tabelle 2 zusammengestellt.

Tab. 2 Zeitabhängige Größen und ihre Formelzeichen

Gleichgröße	X
Zeitfunktion	$x(t)$
Augenblickswert	x
Scheitelwert	$\hat{x}$
Linearer Mittelwert	$\overline{x}$
Gleichrichtwert	$\lvert\overline{x}\rvert$
Effektivwert	x_{eff}, X

Darüber hinaus werden zur Charakterisierung periodischer Vorgänge in der Messtechnik häufig die in Tabelle 3 dargestellten Mittelwerte benutzt.

Tab. 3 Typische Mittelwerte für periodische Vorgänge

Linearer Mittelwert	$\overline{x} = \frac{1}{T}\int_0^T x(t)\,dt$
Effektivwert	$x_{eff} = X = \sqrt{\frac{1}{T}\int_0^T [x(t)]^2\,dt}$
Gleichrichtwert	$\lvert\overline{x}\rvert = \frac{1}{T}\int_0^T \lvert x(t)\rvert\,dt$

Außerdem sind die folgenden Verhältniswerte gebräuchlich (Tab. 4 Verhältniswerte von Wechselgrößen):

Sämtliche Signale in der Messtechnik können folgendermaßen klassifiziert werden (Abb. 12).

1. Nach Wertevorrat
   - analog: beliebig viele Werte des Signals möglich
   - diskret: endlicher Wertevorrat.
2. Nach zeitlicher Verfügbarkeit
   - kontinuierlich: liegt zu jedem Zeitpunkt vor
   - diskontinuierlich: nur zu bestimmten Zeitpunkten verfügbar.

Moderne Messverfahren beinhalten in den meisten Fällen die Erfassung von analog kontinuierlich vorliegenden

Tab. 4 Verhältniswerte von Wechselgrößen

Scheitelfaktor (Crest-Faktor)	$Scheitelfaktor = \frac{Scheitelwert\ der\ Wechselgröße}{Effektivwert\ der\ Wechselgröße}$
Formfaktor	$Formfaktor = \frac{Effektivwert\ der\ Wechselgröße}{Gleichrichtwert\ der\ Wechselgröße}$

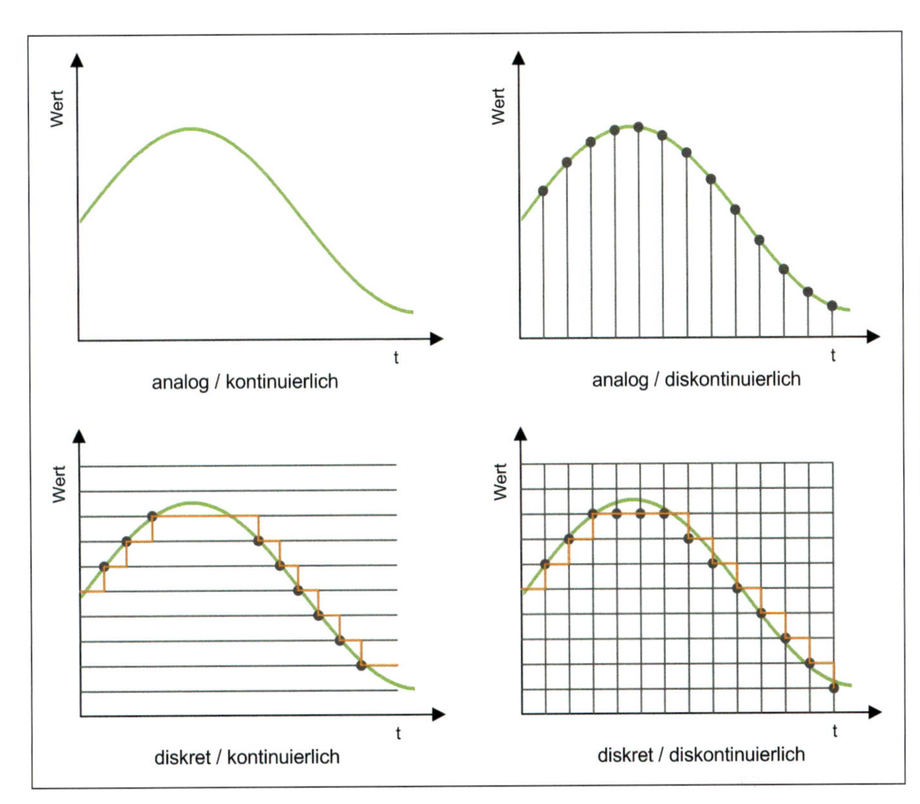

Abb. 12 Klassifizierung von Signalen in der Messtechnik

III

Signalen und ihrer Wandlung in eine diskrete diskontinuierliche Darstellung. Dazu muss der geeignete zeitliche Abstand der einzelnen Messwerte festgelegt werden. Dafür werden die Begriffe

- Abtastzeit $t_a = \frac{1}{f_a}$
- Abtastfrequenz f_a

verwendet. Aus den abgetasteten Werten x*(t) kann der Verlauf der Originalfunktion x(t) nur dann ohne Informationsverlust zurückgewonnen werden, wenn folgende Bedingung erfüllt wird:

$$f_a \geq 2 \cdot f_{max}$$

Das bedeutet, dass ein kontinuierliches, bandbegrenztes Signal mit einer Maximalfrequenz f_{max}, mit einer Frequenz größer als $2 * f_{max}$, gleichförmig abgetastet werden muss, damit man aus dem so erhaltenen zeitdiskreten Signal das Ursprungssignal mit endlichem Aufwand beliebig genau approximieren kann. Diese Forderung ist als grundlegendes Theorem der Nachrichtentechnik, Signalverarbeitung

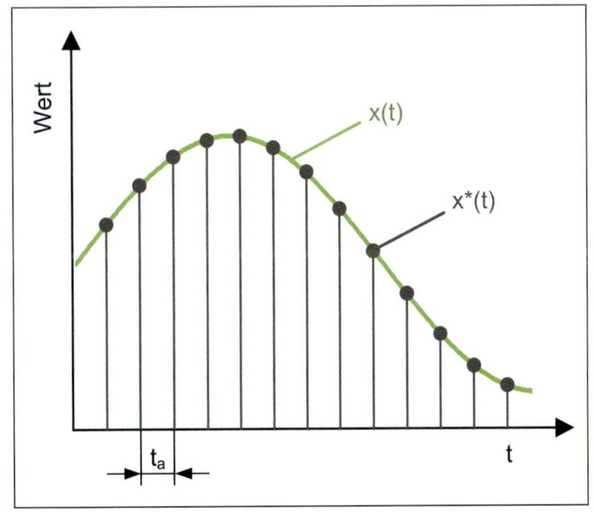

Abb. 13 Nyquist-Shannon-Abtasttheorem

und Informationstheorie unter dem Namen *Nyquist-Shannon-Abtasttheorem* bekannt.

Für die technische Auslegung eines Wandlungssystems, mit dem analog kontinuierlich vorliegende Signale in diskrete diskontinuierliche Darstellungen überführt werden sollen, ist die Berücksichtigung des Abtasttheorems von allerhöchster Bedeutung.

1.3.7 Normen

Auch für unzählige Details der Messtechnik existiert eine sehr große Anzahl von Normen auf unterschiedlichen Ebenen und mit unterschiedlichen Geltungsbereichen. Tabelle 5 enthält nur eine kleine Zusammenstellung einiger wichtiger Normen, die für die Messtechnik im Allgemeinen und den Bereich der elektrischen Messtechnik im Speziellen interessant sind:

1.4 Erfassung von Energiedaten

1.4.1 Elektrische Kenngrößen

Wenn in der Produktionstechnik von Leistungs- und Energieverbrauch gesprochen wird, sind damit in den meisten Fällen die elektrischen Kenngrößen gemeint. Die elektrische Leistung bei *Gleichgrößen* ergibt sich aus dem Produkt der elektrischen Spannung U und des elektrischen Stromes I:

$$P = U \cdot I$$

Die Einheit der elektrischen Leistung ist Watt; das Formelzeichen W.

$$1\,W$$

Für *Wechselgrößen* ergibt sich die zeitabhängige Größe der elektrischen Leistung aus dem Produkt der elektrischen Spannung $u(t)$ und des elektrischen Stromes $i(t)$:

$$p(t) = u(t) \cdot i(t)$$

Tab. 5 Auswahl wichtiger Normen für die Messtechnik

Norm	Bezeichnung
DIN 1319-1 (1995-01)	Grundlagen der Messtechnik - Teil 1: Grundbegriffe
DIN 1319-2 (2005-10)	Grundlagen der Messtechnik - Teil 2: Begriffe für Messmittel
DIN 1319-3 (1996-05)	Grundlagen der Messtechnik - Teil 3: Auswertung von Messungen einer einzelnen Messgröße, Messunsicherheit
DIN 1319-4 (1999-02)	Grundlagen der Messtechnik - Teil 4: Auswertung von Messungen; Messunsicherheit
DIN 1313 (1998-12)	Größen
DIN 1301 (2010-10)	Einheiten
DIN 1304-1 (1994-03)	Allgemeine Formelzeichen
DIN EN 60051 (1998-10)	Direkt wirkende anzeigende elektrische Messgeräte und ihr Zubehör - Messgeräte mit Skalenanzeige
DIN EN 61010 (2011-07)	Sicherheitsbestimmungen für elektrische Mess-, Steuer-, Regel- und Laborgeräte
DIN EN 61869 DIN EN 60044 (VDE 0414)	Messwandler
DIN EN 62052-11 (2003-11)	Wechselstrom-Elektrizitätszähler - Allgemeine Anforderungen, Prüfungen und Prüfbedingungen - Teil 11: Messeinrichtungen
DIN EN 62052-21 (2005-06)	Wechselstrom-Elektrizitätszähler - Allgemeine Anforderungen, Prüfungen und Prüfbedingungen - Teil 21: Einrichtungen für Tarif- und Laststeuerung
DIN EN 62053 (2003-11)	Wechselstrom-Elektrizitätszähler - Besondere Anforderungen

Außerdem sind bei der Betrachtung von Leistungs- und Energiekennwerten folgende Unterscheidungen praktisch relevant:

- Wirkleistung *P*
  Die Wirkleistung ist die tatsächlich umgesetzte Energie pro Zeit. Sie wird in der Einheit Watt (W) angegeben.
- Scheinleistung *S*
  Oft wird die Scheinleistung als Anschlusswert oder Anschlussleistung bezeichnet. Sie wird in Voltampere (VA) angegeben. Sie wird aus dem Produkt der Effektivwerte von Strom und Spannung gebildet:

$$S = U \cdot I = \sqrt{u(t)^2} \cdot \sqrt{i(t)^2}$$

- Blindleistung *Q*
  Die Blindleistung ist im Normalfall ein unerwünschter Leistungsanteil, der durch induktive und kapazitive Verbraucher verursacht wird. Sie wird in Var (var) angegeben.

Zur Darstellung des Zusammenhangs zwischen Schein-, Blind- und Wirkleistung dient die in der Elektrotechnik übliche Darstellung mithilfe von Zeigern in der komplexen Ebene. Auf die Details der komplexen Rechnung wird hier nicht weiter eingegangen. Sie sind in einschlägigen Grundlagenbüchern der Elektrotechnik zu finden.

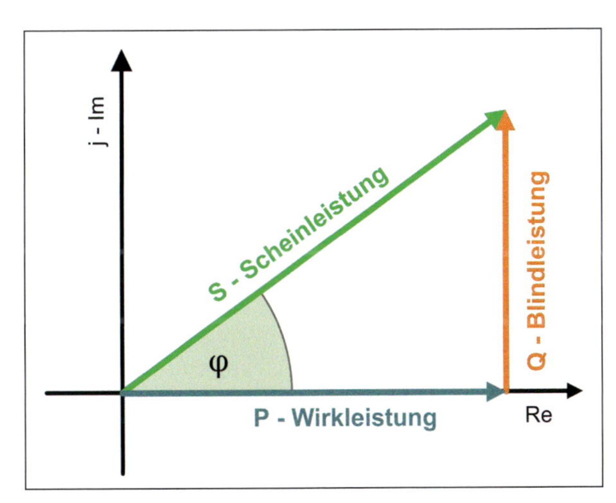

Abb. 14 Darstellung der komplexen Leistung

In Abbildung 14 ist zu erkennen, dass sich der Betrag der komplexen Scheinleistung aus der pythagoreischen Addition von Wirk- und Blindleistung ergibt. Die Wirkleistung *P* ist der Realteil, die Blindleistung *Q* der Imaginärteil der komplexen Scheinleistung.
Mathematisch ausgedrückt bestehen die folgenden Zusammenhänge:

$$S^2 = P^2 + Q^2$$

Mit Einführung des Phasenwinkels $\varphi = \varphi_u - \varphi_i$, der die Phasenverschiebung zwischen Strom und Spannung beschreibt, ergibt sich in der komplexen Rechnung:

$$S = U \cdot I \cdot e^{j\varphi_u} \cdot e^{j-\varphi_i} = U \cdot I \cdot e^{j(\varphi_u - \varphi_i)} = U \cdot I \cdot e^{j\varphi}$$

Bei bekanntem Phasenwinkel φ können die Leistungsanteile auch folgendermaßen beschrieben werden:

Wirkleistung

$$P = U \cdot I \cdot cos(\varphi)$$

Blindleistung

$$Q = U \cdot I \cdot sin(\varphi)$$

Leitungsfaktor

$$\cos(\varphi) = \frac{P}{S}$$

Die elektrische Energie ergibt sich aus dem Integral des Produktes der elektrischen Spannung *u(t)* und des elektrischen Stromes *i(t)* über der Zeit t_1 - t_0:

$$E = \int_{t_0}^{t_1} u(t) \cdot i(t) dt$$

Die Einheit der elektrischen Energie ist Joule; das Formelzeichen J. 1 Joule entspricht einer Wattsekunde:

$$1J = 1Ws$$

In der elektrischen Energietechnik ist die Einheit Kilowattstunde (kWh) üblich. Die Umrechnung erfolgt wie folgt:

$$1\,kWh = 3.600.000\,Ws$$

$$1\,Ws \approx 2{,}778 \cdot 10^{-7}\,kWh$$

1.4.2 Energieversorgung

Die gesamte Elektroenergieversorgung in Europa und in den meisten Regionen der Welt beruht auf einer Erzeugung mit dreiphasigen Generatoren. Das bedeutet, dass ein Netz mit drei, jeweils um 120° phasenverschobenen Spannungen zur Verfügung steht (Abb. 15).
Für die Verschaltung vom Energieerzeuger zum Nutzer wird – zumindest in Deutschland – häufig das sogenannte TN-C-S System (frz. Terre Neutre Combiné Séparé) bei Neuinstallationen verwendet (Abb. 16). Ein solches Netz setzt sich aus einem TN-C-System aus Sicht des Verteilungsnetzes des Energieversorgers und einem TN-S-System in der Kundenanlage zusammen. Beim Energieversorger wird ein PEN-Leiter eingesetzt, der gleichzeitig Schutzleiter (PE) und Nullleiter (N) ist. Auf Verbraucher- bzw. Kundenseite dagegen erfolgt die Auf-

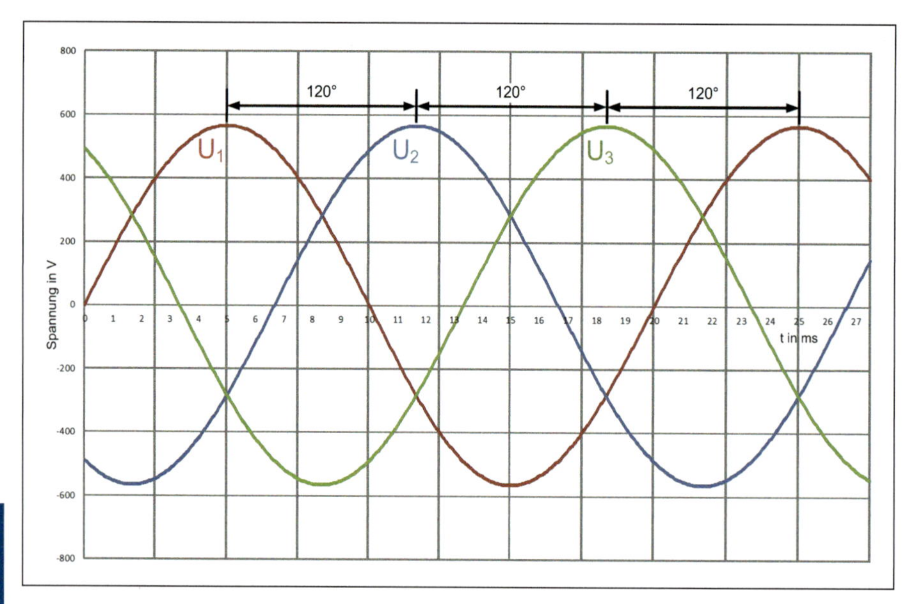

Abb. 15 Dreiphasenwechselspannung

trennung des PEN-Leiters – möglichst im Hauptstromversorgungssystem – und danach die strikte getrennte Führung von PE- und N-Leiter.

Große Produktionsmaschinen und Anlagen werden meist so ausgelegt, dass der Nullleiter nicht benutzt wird. Das bedeutet, dass alle elektrischen Verbraucher mit der Leiter-Leiter-Spannung versorgt werden müssen. Das ist insofern interessant, weil für die Umsetzung von Messaufgaben in derartigen Anlagen oder Maschinen bedacht werden muss, dass u. a. für die Versorgung des Messequipments die Spannungsebene zwischen Haupt- und Nullleiter nicht zur Verfügung steht.

Für Stromversorgungssysteme definiert die Norm IEC 60038 eine Menge von Netzspannungen aus dem Bereich der Niederspannung. In Europa, den meisten Staaten Afrikas und Asiens sowie in Neuseeland beträgt die Spannung zwischen den Hauptleitern 400 V und zwischen den Hauptleitern und dem Nullleiter 230 V bei einer Netzfrequenz von 50 Hz. Auch Indien verfügt in den meisten Regionen wie Europa über ein 400/230-V-Netz bei 50 Hz Netzfrequenz. In den meisten Teilen der USA, in Kanada sowie in Mexiko und einigen Staaten im Norden Südamerikas ist die Höhe der einphasigen Netzwechselspannung im privaten Hausanschlussbereich nur 120 V. Die Netzfrequenz in diesen Regionen beträgt 60 Hz. Für industrielle Verbraucher stehen regional – teilweise sehr stark unterschiedlich – auch andere Spannungsversorgungen (z. B. 480/277 V) zur Verfügung. In Fernost gibt es ebenfalls regional abhängige Unterschiede. So gibt es in China zum Beispiel ein 127/220-V- und ein 220/380-V-Netz. Im Internet lassen sich unter Verwendung entsprechender Suchbegriffe viele Quellen (z. B. Siemens 2013) mit mehr oder weniger aktuellen Angaben zur Spannungsversorgung an weltweiten Standorten finden. An die Aussagen von Maschinenlieferanten angelehnt ist es auch für die Umsetzung von Vorhaben zur Leistungs- bzw. Energiemessung im industriellen Umfeld erforderlich, die Versorgungssituation der Elektroenergie im konkreten Einzelfall zu ermitteln.

Abb. 16 TN-C-S System

Für die Planung und Durchführung von Messaufgaben – vor allem an internationalen Standorten – ist die Berücksichtigung der Spanungsversorgungssituation mit Blick auf die technische Auslegung des Messsystems von sehr großer Bedeutung.

1.4.3 Energiekosten-Abrechnungsmodelle

Die Motivation zur Erfassung von Energiedaten wurde in den Abschnitten III.1.1 und III.1.2 bereits ausführlicher beschrieben. Am Beispiel des Standortes Deutschland sind die ständig steigenden Energiekosten ein leicht nachvollziehbarer und wesentlicher Faktor (Abb. 17).
Die Entwicklungen insbesondere der Kostenanteile Stromsteuer und StrEG/EEG[1] verdeutlichen die Ursachen des Preisanstieges. In diesem Zusammenhang erwähnenswert ist, dass für Großabnehmer von Energie in Deutschland für nahezu alle Kostenanteile des Stromes betreffend zum Teil vergünstigende Sonderregelungen existieren, deren Anwendung bzw. Inanspruchnahme von unterschiedlichen Faktoren, wie zum Beispiel dem jährlichen Energiebedarf des Abnehmers abhängt. Als Beispiel wird auf die teilweise Befreiung von der Zahlung des Anteils der EEG-Umlage verwiesen, die im Kapitel III.1.2 ansatzweise beschrieben ist. Im internationalen Vergleich der Energiekosten liegt der Preis, den die deutschen Industriekunden zahlen, im Spitzenbereich (Abb. 18). Die Verträge zwischen industriellen Großabnehmern (mehr als 100.000 kWh/Jahr)

[1] StrEG – Stromeinspeisegesetz/EEG – Erneuerbare-Energien-Gesetz

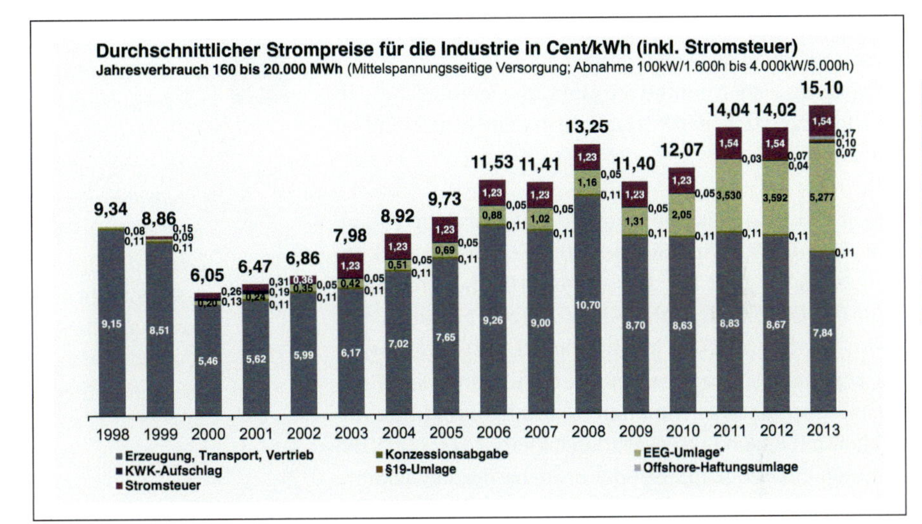

Abb. 17 Durchschnittlicher Strompreis für die Industrie in Cent/kWh (inkl. Stromsteuer) (Quelle: BDEW – Bundesverband der Energie- und Wasserwirtschaft e. V.)

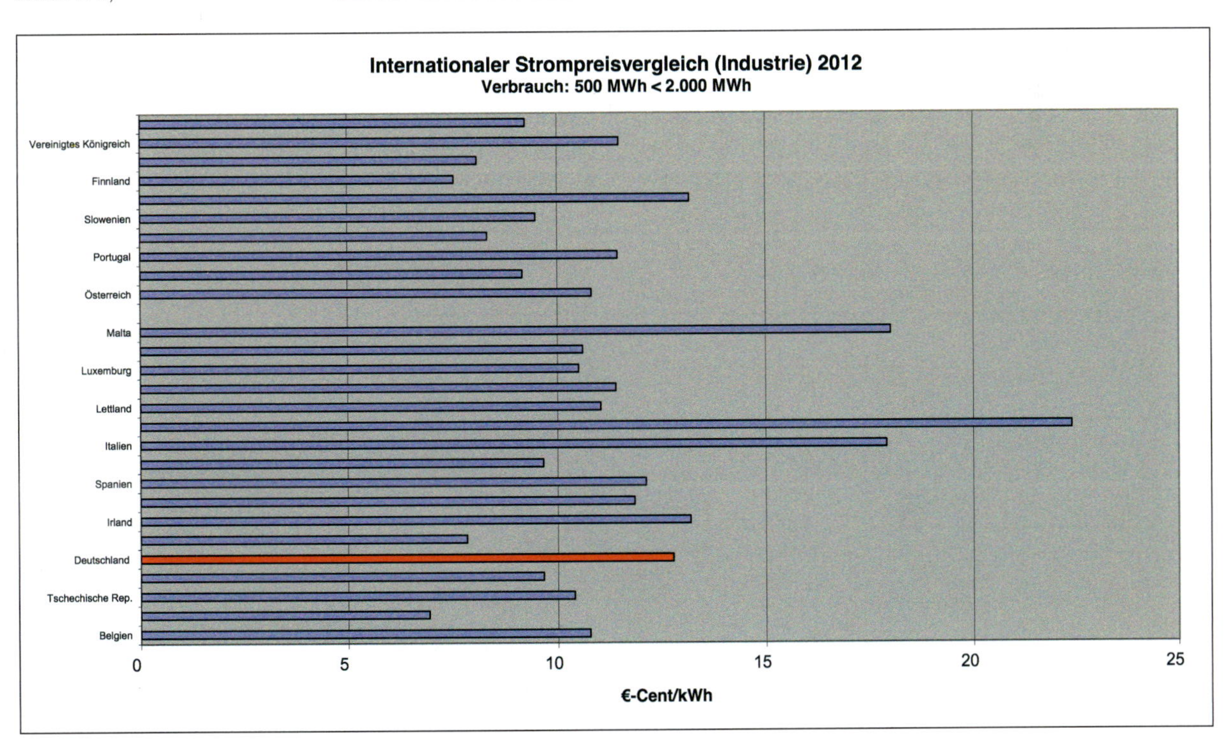

Abb. 18 Internationaler Strompreisvergleich (Quelle: BMWi, Zahlen von Eurostat)

und den Energieversorgungsunternehmen (EVU) sind in den meisten Fällen speziell verhandelte Kontrakte. Von besonderer Bedeutung sind die in den Verträgen grundsätzlich zur Anwendung kommenden Abrechnungsmodelle. Diese ähneln sich und enthalten meist mehrere Anteile, wobei typischerweise in folgende Bestandteile unterschieden wird:

- *verbrauchsunabhängiger Grund- und Messpreis*
- *verbrauchsabhängiger Arbeitspreis*
  Anteil für die tatsächlich bezogene Energiemenge in Cent/kWh
- *verbrauchsabhängiger Leistungspreis*
  Anteil für den höchsten Leistungsmittelwert eines Abrechnungszeitraums (typisch: 15 Minuten) in €/kW
- *verbrauchsabhängige Blindarbeit*
  Kapazitiver oder induktiver Mehrarbeitsanteil (im Verhältnis zur bezogenen Wirkarbeit) in Cent/kvarh((Einheit unklar)).

III

Der Grund- und Messpreis sowie der verbrauchsabhängige Arbeitspreis sind aus dem Bereich des Privatkundengeschäftes bzw. für kleine gewerbliche Abnehmer bekannt. Bei Kunden mit einem Jahresverbrauch von mehr als 100.000 kWh wird vom Energieversorger die sogenannte registrierende Leistungsmessung am Anschlusspunkt des Abnehmers durchgeführt (für Abnehmer mit einem Jahresverbrauch kleiner 100.000 kWh kommen kundengruppen- oder branchenbezogene Standardlastprofile zum Einsatz). Dabei wird in viertelstündigen Messungen ein entsprechender Mittelwert der bezogenen Leistung gebildet. Mithilfe dieses Mittelwertes wird ein Lastgangprofil des Abnehmers erstellt und im Prinzip festgelegt, welche Leistung der Energieversorger in einer Viertelstunde für diesen Abnehmer im Mittel vorhalten muss. Auf dieser Grundlage wird der Anteil „Leistungspreis" vertraglich festgelegt. Im Vertrag geregelt wird aber auch, wie hoch die „Strafzahlungen" für den Abnehmer sind, sollte er in einer Viertelstunde mehr Leistung beziehen und damit den vereinbarten Mittelwert überschreiten. Ohne absolute Zahlen zu nennen, ist allgemein bekannt, dass die dafür fälligen Kosten erheblich sind. Aus Sicht des Abnehmers bedeutet diese Situation, dass er ein sehr großes Interesse an der Vermeidung des Entstehens von Lastspitzen hat. Auch vor diesem - nicht neuen - Hintergrund hat es in den letzten Jahren Entwicklungen gegeben, um mit neuen technischen Lösungen Lastspitzen zu vermeiden (Hoffmann 2012).

Mit Blick auf die vorhandene Vielfalt der zur Anwendung kommenden Vertrags- und Abrechnungsmodelle im Bereich der nationalen (und noch mehr internationalen) Energieversorgung lässt sich schlussfolgern, dass die Erfassung von Energiedaten zum Zweck der Optimierung des Leistungsbezuges - im Sinne der Reduzierung spezieller Kostenanteile - die detaillierte Berücksichtigung des jeweiligen Abrechnungsmodells zwingend verlangt.

1.4.4 Typische Verbraucher

Die elektrischen Verbraucher in der Produktionstechnik sind typischerweise entweder ein- oder dreiphasig an das Niederspannungsnetz angeschlossene Lasten. Weniger leistungsintensive Verbraucher sind dabei häufig

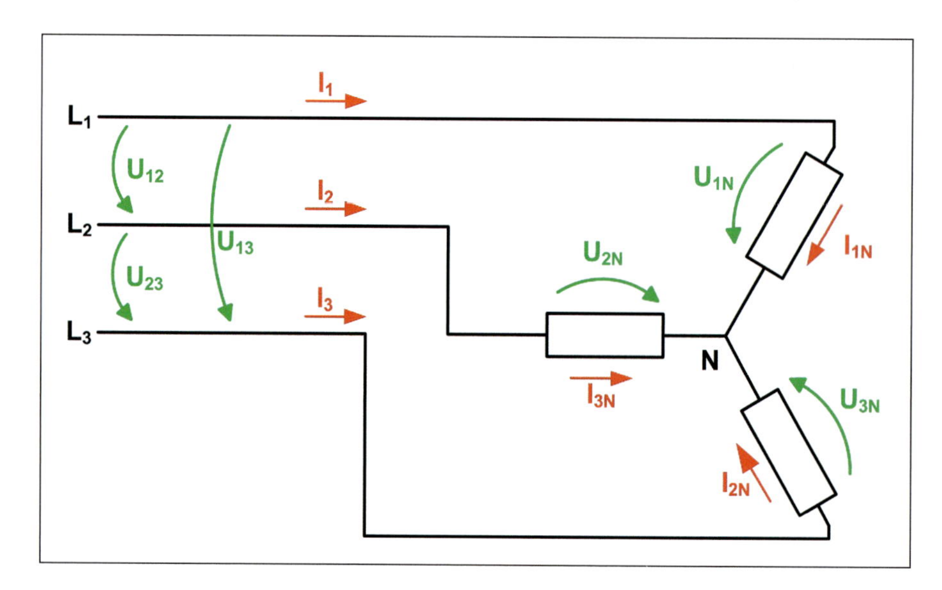

Abb. 19 Sternschaltung dreiphasiger elektrischer Verbraucher

einphasige Verbraucher. Da sie im Vergleich energetisch meist nicht relevant und von der Verschaltung her trivial sind, wird auf ihre nähere Beschreibung hier verzichtet. Leistungsintensive elektrische Verbraucher dagegen sind in der Produktionstechnik meist dreiphasige Verbraucher (z. B. Elektromotoren größerer Leistung). Nachfolgend soll überblicksartig auf die prinzipiellen Unterschiede bei der Verschaltung von dreiphasigen Verbrauchern eingegangen werden. Diese Details sollten bei Messvorhaben immer im Blick sein, denn es ist für die Interpretation der Messwerte entscheidend, an welcher Stelle die Messgeräte in den Zuleitungen dreiphasiger Verbraucher platziert werden. Bei den weiteren Betrachtungen wird von symmetrischen Systemen mit sinusförmigen Verläufen ausgegangen.

Bei dreiphasigen Verbrauchern, z. B. Elektromotoren, wird prinzipiell in Stern- und Dreieckschaltung unterschieden. Beispielsweise sind bei der Sternschaltung eines Elektromotors die Wicklungen sternförmig verschalten – sie bilden einen Sternpunkt (Abb. 19). Die Spannungen des Versorgungsnetzes U_{12}, U_{23} und U_{13} werden als *Leiterspannungen* U_{Lt} und die dazugehörigen Ströme I_1, I_2 und I_3 als *Leiterströme* I_{Lt} bezeichnet. Die Spannungen U_{1N}, U_{2N} und U_{3N} in den Strängen des Verbrauchers werden als *Strangspannungen* U_{St}, die Ströme I_{1N}, I_{2N} und I_{3N} werden als *Strangströme* I_{St} bezeichnet.

Bei der Sternschaltung bestehen folgende Beziehungen zwischen den Leiter- und Strangströmen:

$$I_{Lt} = I_{St}$$

Aus der Darstellung des Zeigerbildes der Spannungen und Ströme in einem symmetrischen System, auf das hier aber nicht näher eingegangen wird, lässt sich ableiten, dass für die Leiter- und Strangspannungen Folgendes gilt:

$$U_{Lt} = \sqrt{3} \cdot U_{St}$$

Bei der Dreieckschaltung eines Elektromotors sind die Wicklungen dreieckförmig verschalten (Abb. 20).

Die Spannungen des Versorgungsnetzes U_{12}, U_{23} und U_{13} werden auch hier als *Leiterspannungen* U_{Lt} und die dazugehörigen Ströme I_1, I_2 und I_3 als *Leiterströme* I_{Lt} bezeichnet. Die Spannungen U_{12}, U_{23} und U_{31} in den Strängen des Verbrauchers werden hier als *Strangspannungen* U_{St}, benannt, die Ströme I_{12}, I_{23} und I_{31} bilden hier die *Strangströme* I_{St}.

Bei der Dreieckschaltung besteht folgende Beziehung zwischen den Leiter- und Strangströmen:

$$I_{Lt} = \sqrt{3} \cdot I_{St}$$

Im Gegensatz zur Sternschaltung gilt für die Leiter- und Strangspannungen bei der Dreieckschaltung:

$$U_{Lt} = U_{St}$$

In einem symmetrischen System – das bedeutet, die Einzelleistungen sind alle gleich – gilt demzufolge immer: Die Gesamtleistung ist immer die Summe der Leistungen in den Strängen:

Scheinleistung

$$S = 3 \cdot U_{St} \cdot I_{St} = \sqrt{3} \cdot U_{Lt} \cdot I_{Lt},$$

Wirkleistung

$$P = 3 \cdot U_{St} \cdot I_{St} \cdot \cos(\varphi) = \sqrt{3} \cdot U_{Lt} \cdot I_{Lt} \cdot cos(\varphi),$$

Blindleistung

$$Q = 3 \cdot U_{St} \cdot I_{St} \cdot \sin(\varphi) = \sqrt{3} \cdot U_{Lt} \cdot I_{Lt} \cdot sin(\varphi).$$

1.4.5 Leistungs- und Energiemessung

Elektrische Kenngrößen

Die Messung – im Sinne des Erfassens analoger Messwerte – an energetisch relevanten Verbrauchern kann nach unterschiedlichen Methoden erfolgen. Die einfachste Methode ist dabei die *Ausschlagmethode*, die bevorzugt

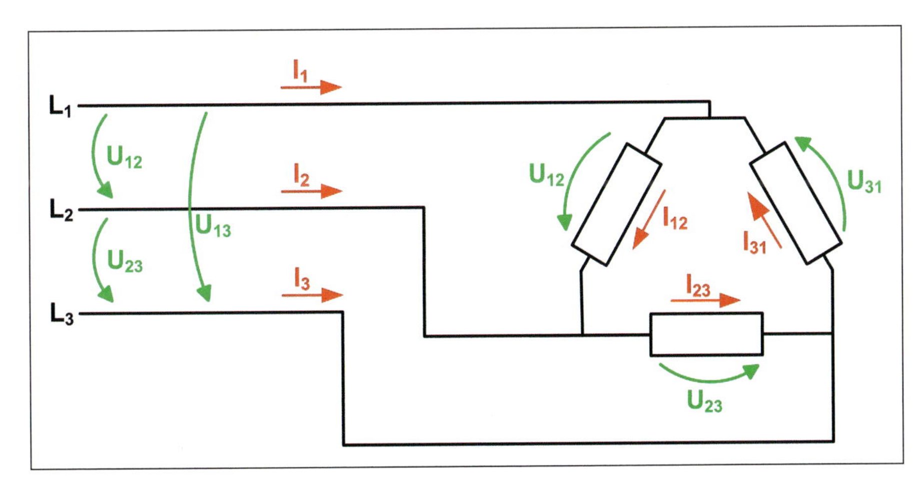

Abb. 20 Dreieckschaltung dreiphasiger elektrischer Verbraucher

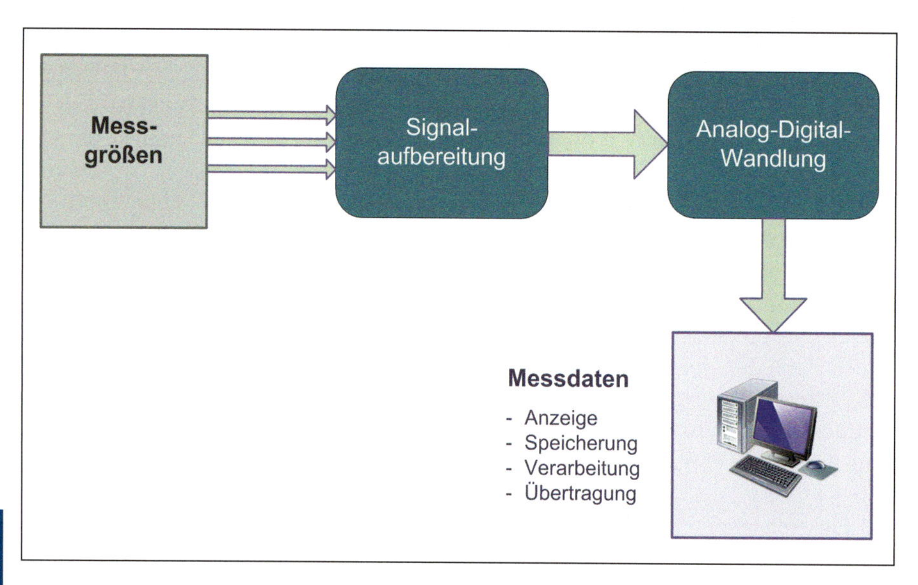

Abb. 21 Messgrößen – Messdaten

III

zur analogen Darstellung mit elektromechanischen Messgeräten verwendet wird. Sie ist unter anderem dadurch gekennzeichnet, dass

- die Messgröße meist direkt in den Messwert gewandelt wird
- die notwendige Energie für Zeigerausschlag dem Messobjekt entnommen wird (Rückwirkungsfehler) und
- die Ausgangsgröße die Abbildung des Absolutwertes der Messgröße ist.

Nach der Ausschlagmethode funktionieren unter anderem die bekannten klassischen elektromechanischen Messwerke, wie Drehspulmesswerk, Dreheisenmesswerk oder elektrodynamisches Messwerk. Die Messung mit derartigen Messwerken findet nur noch sehr selten, z. B. für schnell zu realisierende Überprüfungsmessungen, statt.

Heute besteht fast ausnahmslos die Anforderung, Messdaten elektronisch verarbeiten zu wollen. Deswegen erfolgt die Messgrößenerfassung meist nach dem Prinzip, dass die physikalischen Messgrößen mit Aufnehmern erfasst und in solche Signale aufbereitet werden, die anschließend in digitale Werte gewandelt werden (Abb. 21). Aufgrund der heute zur Verfügung stehenden Messtechnik und Rechenleistungen können Analogwerte sehr feingranular (zeitlich diskret und diskontinuierlich) in digitale Messdaten überführt werden. Das bedeutet, dass die digitale Darstellung der Messdaten gegenüber der analogen Darstellung prinzipiell keinen Nachteil darstellt.

Für die Aufnahme der physikalischen Grundgrößen elektrische Spannung und elektrischer Strom werden im Allgemeinen *Messwandler* nach den entsprechenden Normen (Tab. 5) verwendet. Sie sind meist als Messtransformatoren zur Anpassung der Messbereiche von Spannungs-, Strom- und Leistungsmessgeräten in Wechselstromnetzen ausgeführt.

Spannungswandler (Abb. 22) werden parallel zur Messspannung geschaltet. Sie werden praktisch im Leerlauf betrieben – die Sekundärwicklung darf dabei niemals kurzgeschlossen werden. Sie werden unter anderem durch folgende Angaben gekennzeichnet:

- Bemessungsspannung primär U_{PN} (z. B. 5 kV)
- Bemessungsspannung sekundär U_{PS} (z. B. 100 V)
- Bemessungs-Übersetzung K_N (z. B. 10 kV/100 V)
- Spannungsfehler $F_U = 100 \cdot \frac{K_N \cdot U_{sec} - U_{prim}}{U_{prim}}$ in %
  - U_{sec} sekundäre Spannung
  - U_{prim} primäre Spannung
- Genauigkeitsklassen (z. B. 0,2; 0,5 oder 1,0).

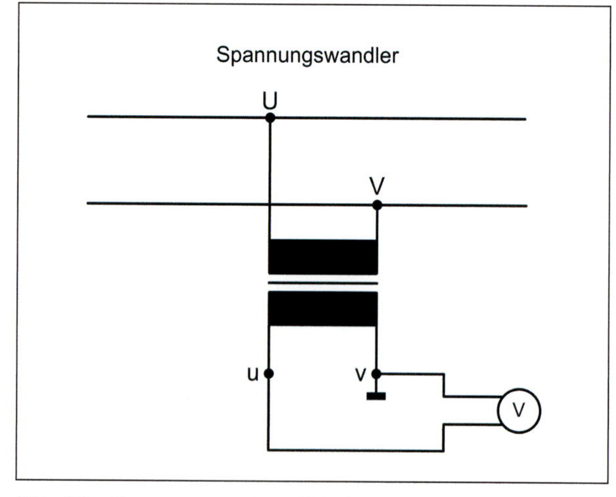

Abb. 22 Spannungswandler – Prinzip

Externe Spannungswandler sind vorrangig notwendig, um Spannungen oberhalb unseres Niederspannungsnetzes (400/230 V) zu erfassen. Die meisten Messgeräte für den

Bereich der Niederspannung haben die Spannungswandler-Funktion integriert, erlauben somit den direkten Anschluss an diese Spannungsebene und benötigen daher keine zusätzlichen externen Spannungswandler.

Stromwandler können praktisch als im Kurzschluss arbeitende Transformatoren betrachtet werden, durch deren Primärwicklung der Bemessungsstrom fließt (Abb. 23). Sie werden in Reihe in den Strom führenden Leiter geschaltet. Beim Betrieb darf die Sekundärwicklung wegen der Gefahr von Überspannungen niemals offen betrieben werden.

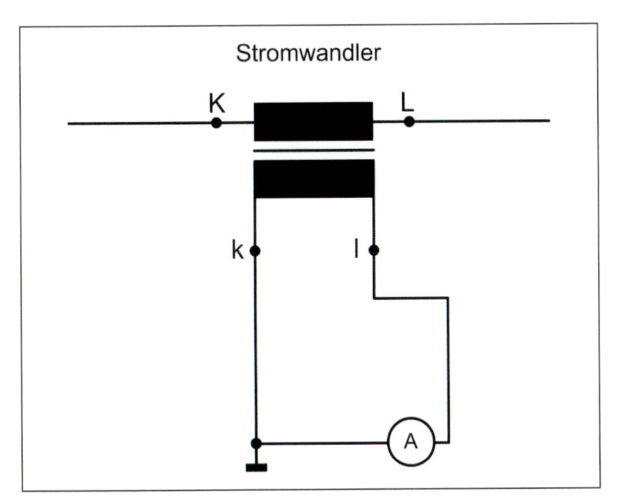

Abb. 23 Stromwandler – Prinzip

Gekennzeichnet werden Stromwandler unter anderem durch folgende Angaben:

- Bemessungsstrom I_N (z. B. 10 A)
- Bemessungsübersetzung K_N (z. B. 500 A/1 A)
- Strommessabweichung $F_I = 100 \cdot \frac{K_N \cdot I_{sec} - I_{prim}}{I_{prim}}$ in%
  - I_{sec} sekundäre Stromstärke
  - I_{prim} primäre Stromstärke
- Genauigkeitsklassen (z. B. 0,2; 0,5 oder 1,0).

Stromwandler gibt es am Markt hinsichtlich all ihrer Parameter in großer Vielfalt. Einige Beispiele sind in Abbildung 24 dargestellt. Bestimmte Ausführungsformen beinhalten neben der Funktion „Stromwandlung" auch die Abbildungsfunktion des Stromes auf ein übliches Standardsignal, wie z. B. $U = 0 - 10\ V$ oder $I = 4 - 20\ mA$, welches dann problemlos von der nächsten Instanz der Messkette weiterverarbeitet werden kann. Neben der Nutzung des Transformatoreffekts werden auch andere Messprinzipien, wie z. B. der Hall Effekt technisch umgesetzt in Stromwandler integriert. Mit solchen Komponenten können auch Gleichströme erfasst werden. Neben der in Abbildung 23 im Prinzip dargestellten Ausführung gibt es auch Stromwandler, die, ohne die Leitungsführung aufzutrennen, nutzbar sind. Handelt es sich dabei um so genannte „geschlossene Varianten", werden bei der Installation die Strom führenden Leitungen einfach hindurchgeführt.

Die „aufklappbaren Varianten" erlauben bei abgeschlossenen Installationen ein einfaches „Umklammern" der bereits im Betrieb befindlichen Strom führenden Leiter, ohne sie von Klemmstellen lösen zu müssen. Vorrangig für temporäre Messaufgaben sind von vielen Herstellern auch sogenannte Zangenstromwandler (auch als Stromzange oder Strommesszange bezeichnet) verfügbar.

Abb. 25 Beispiel Zangenstromwandler (Quelle: Eigenes Foto)

Diese gibt es seit Jahren in den bekannten Varianten (Abb. 25), mittlerweile aber auch in hochflexiblen Ausfüh-

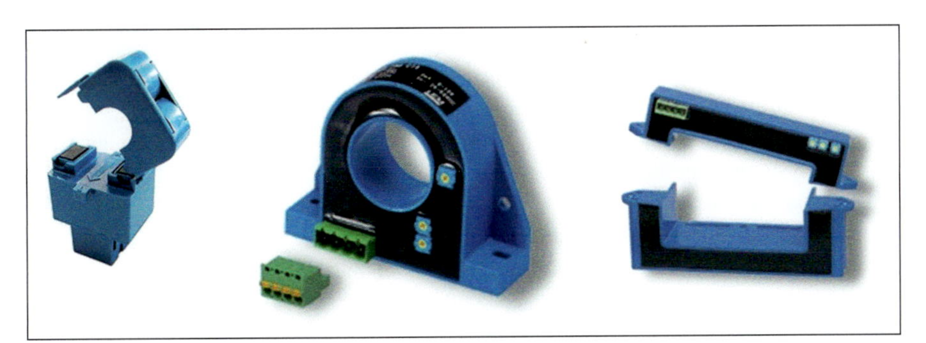

Abb. 24 Beispiele für moderne Stromwandler (courtesy of LEM)

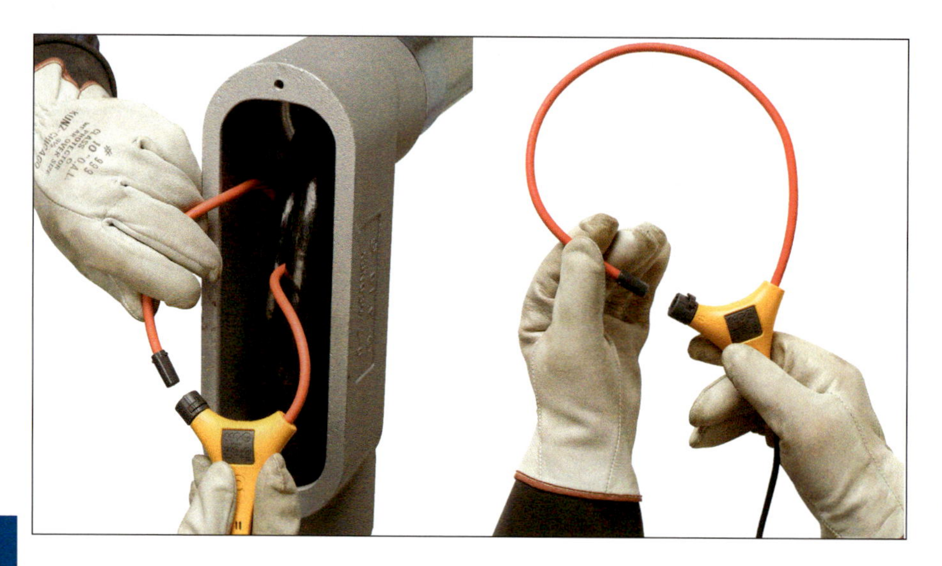

Abb. 26 Beispiel flexible Stromzange (Quelle: FLUKE)

rungsformen, die auch in schwierigen Umgebungen eine effektive Installation zulassen.
Ohne hier auf konkrete Kennlinien zu verweisen, soll an dieser Stelle auf die Notwendigkeit der optimalen Auslegung der Wandler hingewiesen werden. Beachtenswert sind in diesem Zusammenhang vor allem die Auswahl des Messbereiches, des Frequenzbereiches und die Berücksichtigung der Fehlerklasse.

Die Auswahl der für die Messaufgabe geeigneten Wandler ist vorrangig für die Qualität der Messergebnisse von entscheidender Bedeutung.

Der Aufnahme von Spannung und Strom mit Wandlern folgt im Allgemeinen die Signalaufbereitung (Abb. 21). Dabei werden die Rohsignale der Wandler verstärkt und/oder in (in der Automatisierungs- und Messtechnik) übliche Standardsignale, wie z. B.

- *U = 0 ... 10 V; -10 ... 0 ... +10 V*
- *I = 0 ... 20 mA; 4 ... 20 mA*

gewandelt. Diese Anpassungsfunktion übernehmen – je nach Spezifik des Wandlers – entweder sehr wandler- bzw. herstellerspezifische Baugruppen oder auch Standardkomponenten, die am Markt von vielen Herstellern in den unterschiedlichsten Ausführungsformen erhältlich sind. Als derartige Standardsignale vorliegend sind die Messdaten in alle gängigen Messtechnik- und Automatisierungssysteme über die entsprechenden Schnittstellen integrierbar. In diesen Geräten erfolgt dann die Analog-digital-Wandlung der Signale. Nach der Wandlung stehen die Messdaten „nur noch" als diskontinuierliche und zeitdiskrete Zahlenwerte zur Verfügung. Die tatsächlich verfügbare zeitliche und absolute Auflösung des Signals wird dabei sowohl von der Hardware der Eingangsbaugruppen (Abtastrate) und des A/D-Wandlers (interne Samplerate) als auch von der softwaretechnischen Weiterverarbeitung der Daten bestimmt.

Zusammenfassend kann gesagt werden, dass umfangreiche Leistungs- bzw. Energiemessungen an Produktionsmaschinen und -anlagen heute meist mit industriellen Messeinrichtungen, die dem in Abbildung 21 dargestellten Aufbauprinzip unterliegen, umgesetzt werden. Die Vielfalt der in der Praxis anzutreffenden Hardware- und Softwarekomponenten erscheint derzeit unzählig.

Neben dem oben beschriebenen Messaufbau gibt es für energetische Untersuchungen an einzelnen Verbrauchern eine große Vielzahl von Messgeräten für den vorrangig

Abb. 27 Beispiel Netz- und Stromversorgungsanalysator (Quelle: FLUKE)

mobilen Einsatz. In der höchsten messtechnischen Ausbaustufe sind das sogenannte Netz- oder Energieanalysatoren (Abb. 27), mit denen Spannungs- und Stromwerte erfasst und sofort umfassend analysiert werden können. Neben üblichen Standardfunktionen können die Analysemethoden derartiger Hochleistungsmessgeräte beispielsweise die Bewertungen der Netzqualität (Oberschwingungen), die Bewertung von Flickern und die Erfassung von transienten Störungen umfassen.

Solche Messgeräte sind vorrangig für den Zweck der Bewertung von Qualitätskriterien in Stromversorgungsnetzen gedacht und aufgrund ihrer Komplexität vergleichsweise teuer. Um Leistungs- und Energiemessungen „nur" für reine Verbrauchsanalysen durchzuführen, sind sie überdimensioniert und werden deswegen selten für derartige Zwecke eingesetzt.

Neben mobilen Geräten zur Erfassung von Leistungs- bzw. Energiegrößen gibt es eine Form von Messgeräten, die – zum Verbleib an der zu messenden Stelle entwickelt – sich vorrangig zur dauerhaften Überwachung von energetisch relevanten Größen in Maschinen und Anlagen eignen (Abb. 28).

Der Einbau erfolgt typischerweise in ein Gehäuse. In der Regel lassen sich derartige Geräte spannungsseitig direkt an die Niederspannungsebene (ohne externe Spannungswandler) anschließen. Für die Erfassung der Stromsignale sind Stromwandler zu verwenden. Die Geräte besitzen je nach Ausbaustufe mehr oder weniger umfangreiche Mess-, Rechen- und Archivierungsfunktionen. Für die Möglichkeit der Information direkt am Einbauort gibt es an den Geräten ein Display. Außerdem verfügen sie über Netzwerkschnittstellen, die eine unkomplizierte Einbindung der Geräte in ein Energie-Daten-Management-System ermöglichen. Es ist zu beobachten, dass in den letzten drei bis vier Jahren entwickelte Maschinen und Anlagen in der Produktionstechnik zunehmend über derartige Messeinrichtungen verfügen.

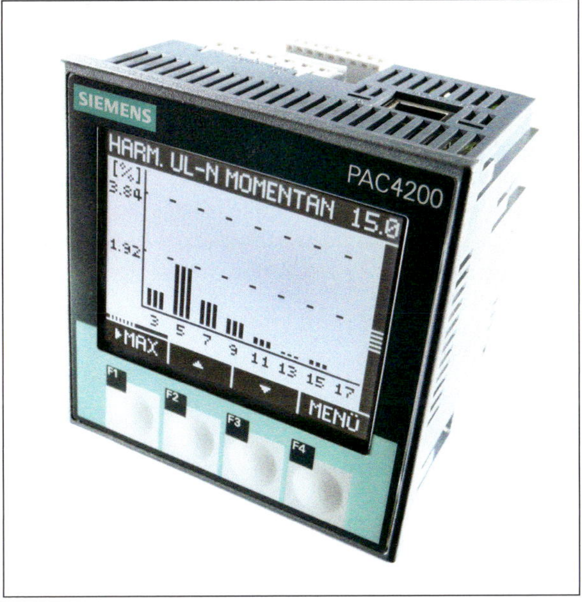

Abb. 28 Multifunktionsmessgerät zur stationären Verwendung (Mit freundlicher Genehmigung der Siemens AG)

Nichtelektrische Kenngrößen

Für die Bewertung von Energie- und Ressourceneffizienz – und demzufolge für die Energiedatenerfassung – in der Produktionstechnik sind nicht nur elektrische Kenngrößen messtechnisch von Interesse. Je nach Betrachtungsraum können beispielsweise auch thermische Energie in Form von Verlustwärme oder der Verbrauch von Flüssigkeiten und Gasen interessant sein. Das wohl am breitesten diskutierte Beispiel ist die Druckluft in technischen Prozessen, die meist sehr energieintensiv hergestellt wird und in den Produktionsanlagen und -prozessen mit einem sehr geringen Gesamtwirkungsgrad genutzt wird.

Für die Bewertung von thermischen Verlusten ist die Erfassung von Temperaturen bzw. Temperaturdifferenzen maßgeblich. Um Stoffströme energetisch zu beurteilen,

Abb. 29 Moderne Sensoren für die Erfassung von Temperatur, Durchfluss und Druck (Quelle: ifm electronic gmbh)

besteht die Aufgabe vorrangig darin, Durchflussmengen und Drücke von meist flüssigen oder gasförmigen Medien zu erfassen. Um Temperaturen, Durchflussmengen, Füllstände, Drücke in und an Maschinen und Anlagen zu erfassen, gibt es für sämtliche in der Produktionstechnik relevanten Anwendungsfälle Sensoren, die jeweils auf unterschiedlichen Messprinzipien basieren. Die Auswahl eines entsprechenden Sensors für eine praktische Messaufgabe wird vor allem durch folgende Kriterien bestimmt:

- Messbereich
- Genauigkeit
- Einsatz- bzw. Einbaubedingungen
- Schnittstelle
- Preis.

Speziell für die Anwendung in der Prozess- und Fertigungsmesstechnik konzipiert, gibt es für nahezu jede zu messende physikalische Größe zahlreiche Sensor-Ausführungsformen, die mit ihren typischen Schnittstellen problemlos in industrielle Messeinrichtungen zu integrieren sind.

Aus dem Messprinzip eines Sensors ergibt sich die Spezifik des Kriteriums Einsatz- bzw. Einbaubedingungen. Besondere Bedeutung bei der Planung eines Messvorhabens und seiner praktischen Umsetzung kommt der Integration von Sensoren in bereits vorhandene Maschinen und Anlagen (brownfield) in bestehende Leitungsführungen zu. In Anlehnung an die Medizintechnik wird eine Sensor-Integration, für die eine Unterbrechung einer bestehenden Leitungsführung erforderlich ist, als *invasive Messung* bezeichnet. Oft bedeutet diese Art von Sensorintegration einen sehr hohen Aufwand bei der Installation (z. B. Durchflussmengensensoren) und wird von den Betreibern der Maschinen und Anlagen teilweise kritisch bewertet. Für die Vermessung von „brownfield-Anlagen“ sind somit Messprinzipien, die „nur“ eine *nichtinvasive* Integration des Sensors erfordern, von besonderer Bedeutung.

Produktions- und Prozessdaten

Informationen zum Energieverbrauch gewinnt man aus Daten zum Energieverbrauch. Daten – im Sinne von beobachteten Unterschieden – sind nur Zwischenschritte auf dem Weg zur tatsächlichen Information. Dazu zählen zum einen die Energiewerte selbst als auch die Größen, zu denen Energieverbräuche in Korrelation gesetzt werden sollen. Durch Mitaufzeichnung eines Zeitstempels zu jedem Messwert lässt sich zwischen den erfassten Messdaten mindestens ein zeitlicher Zusammenhang herstellen.

Bei sehr umfangreichen Messinstallationen mit mehr als einer Stelle (Rechner), an der (dem) die Messwerte zwischenverarbeitet werden, kann die Sicherstellung der Synchronizität aller aufzuzeichnenden Messdaten eine Herausforderung darstellen und muss bei der Erstellung des Konzeptes für die Messdatenerfassung und -speicherung unbedingt berücksichtigt werden. ■

In Abhängigkeit des Messzieles ist es teilweise erforderlich, neben den energetisch relevanten Kenngrößen und Zeitinformationen auch Produktions- und Prozessdaten zu erfassen. Dies kann in sehr überschaubaren Anwendungen sehr einfach durch Operationen wie z. B. Zählen weniger gefertigter Bauteile erfolgen. Im Folgenden soll jedoch auf (informations-)technische Lösungen fokussiert werden. Zwei einfache Beispiele sollen die Notwendigkeit der Erfassung von Produktions- und Prozessdaten verdeutlichen.

Beispiel 1: Verkettete Produktionsanlage

Ziel der Messung in einer Produktionsanlage (fünf Stationen) ist es, den Energiebedarf den einzelnen Stationen zuzuordnen (Kostenstellen) und im Verhältnis zum Produktionsergebnis eines ausgewählten Tages darzustellen. Gefertigt werden typischerweise drei verschiedene Produkte (Typ A, B, C), deren Fertigungsfolge und Stückzahlen von einem Manufacturing Execution System (MES) automatisch vorgegeben werden. Folgende Informationen müssen je festgelegter Zeiteinheit über den gewählten Tag ermittelt werden:

- Leistungsverlauf an den Stations-Einspeisungen
- Anzahl Teile A, B und C.

Die elektrischen Messwerte werden durch Messung an den Stationseinspeisungen gewonnen. Die Informationen, welcher Produkttyp in welcher Stückzahl zu welchem Zeitpunkt gefertigt wird, liegen im MES vor und müssen von dort importiert werden.

Beispiel 2: Umformmaschine

Ein Umformprozess soll energetisch bewertet werden. Als Ergebnis sollen der Leistungsverlauf an der Energieversorgung des Hauptantriebes der Umformmaschine und die Presskraft über einen Stößelhub (Position des Pressenstößels) dargestellt werden. Folgende Informationen müssen je festgelegter Zeiteinheit über einen Pressenhub ermittelt werden:

- Leistungsverlauf an der Versorgung des Hauptantriebes
- die Position des Pressenstößels
- der Verlauf der Presskraft.

Die Erfassung der elektrischen Messdaten erfolgt an der Spannungsversorgung des Hauptantriebes. Die Augenblickswerte der Position des Pressenstößels und der Presskraftverlauf sind für die Steuerung/Regelung des technologischen Ablaufes einer Presse notwendige Größen. Deswegen sind sie typischerweise in einer Pressensteuerung vorhanden und von dort in das Messdatenerfassungssystem zu importieren.

FAZIT: Die Erfassung von Produktions- und Prozessdaten ist für die Zielerreichung vieler Messaufgaben zwingende Voraussetzung. Die in Abbildung 11 bereits dargestellte Messkette wird im Prinzip um zusätzliche Schnittstellen am Mikrorechner ergänzt, um den Zugang zu und die Erfassung von Produktions- und Prozessdaten, die bereits in digitaler Form vorliegen, zu ermöglichen.

Dabei können Produktions- und Prozessdaten, die für die Ergebnisdarstellung des Messvorhabens relevant sind – d.h., zu denen Energie und Ressourcenverbräuche in Korrelation gesetzt werden sollen – im Prinzip aus allen Ebenen der in Abbildung 30 dargestellten Automatisierungspyramide kommen. In den oben angeführten Beispielen wurden bereits Szenarien für die Herkunft aus der SPS und einem MES erläutert.

Explizit hingewiesen sei an dieser Stelle auf den Fall, dass auch Energie und ressourcenverbrauchsrelevante Informationen schon als digitale Daten im zu untersuchenden System vorliegen. Als Beispiel können am Markt verfügbare Antriebssysteme, die über eine Kommunikationsschnittstelle aktuelle Verbrauchsdaten der Motoren an übergeordnete Schnittstellen melden oder auch in Teilanlagen oder Komponenten verbaute, netzwerkfähige Energiezähler genannt werden. Es ist davon auszugehen, dass in Zukunft noch deutlich mehr Komponenten, Maschinen und Anlagen über interne Leistungs- und Energiemesstechnik verfügen werden und über Standard-Schnittstellen entsprechende Daten zur Verfügung stellen können.

Zusammenfassend bedeutet das für die Planung eines Messvorhabens:

Anhand der aus den Messzielen abgeleiteten zu erfassenden Messgrößen sollte zuerst geprüft werden, ob die

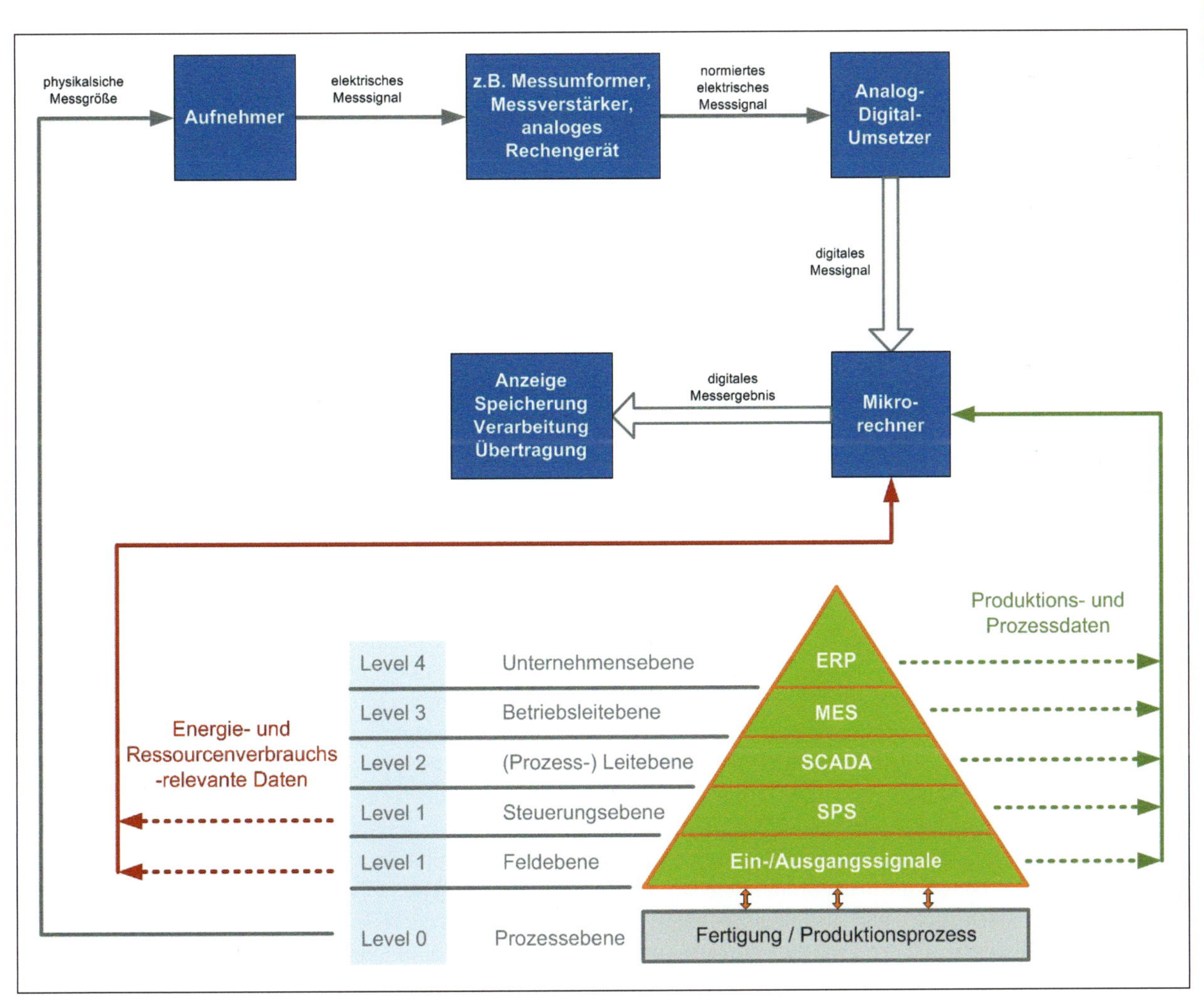

Abb. 30 Nutzung von vorhandenen Daten

benötigten Messgrößen als (digitale) Daten bereits in einem der beteiligten Systeme vorliegen und ob sie in Bezug auf Genauigkeit, zeitliche Auflösung und Aktualisierungsrate dem Anspruch der Messung genügen. Wenn ja, sollten sie mit dem Vorteil des für die Erfassung dieser Messgröße „gesparten" Messequipments über eine zur Verfügung stehende Schnittstelle genutzt werden. Wenn die erforderlichen Daten (noch) nicht vorliegen, ist zu entscheiden, in welchen Systemen die Daten am besten generiert und zur Verfügung gestellt werden sollen. Im betreffenden System sind dann entsprechende Ergänzungen/Anpassungen vorzunehmen, sodass die erforderlichen Daten zur Verfügung gestellt werden können. In der Praxis kann der Zugriff auf das anzupassende System aus verschiedenen Gründen heraus schwierig sein (keine passende Schnittstelle vorhanden; kein Zugriff auf die Steuerungen möglich oder erlaubt). In diesem Fall müssen Alternativen zur Gewinnung der notwendigen Informationen entwickelt und umgesetzt werden. Im oben genannten Beispiel 2 (Umformmaschine) könnte die Stößelposition durch einen zusätzlichen Wegaufnehmer (z. B. Seilzuggeber) und die Presskraft über einen zusätzlichen Kraftsensor erfasst werden.

Aufgrund der sehr großen Heterogenität im Bereich der Maschinen- und Anlagentechnik ist die Entscheidung über die tatsächliche technische Umsetzung der Erfassung einer Messgröße innerhalb eines Messvorhabens meist eine Einzelfallentscheidung.

Bei der Nutzung von bereits in digitaler Form vorliegenden Daten ist die Sicherstellung der Synchronizität zu den anderen Messdaten von sehr großer Bedeutung.

Gebäudeinfrastruktur

Je nach Ziel des Messvorhabens können auch Verbraucher der Gebäudeinfrastruktur Untersuchungsgegenstand sein. Dabei handelt es sich vorrangig um Anlagen und Komponenten der Heizungs-, Klima- und Lüftungstechnik sowie der Beleuchtung. Die in den vorhergehenden Abschnitten für die elektrischen und nichtelektrischen Kenngrößen sowie für die Produktions- und Prozessdaten ausgeführten Bedingungen gelten im Prinzip ebenso für die Erfassung von Leistungs-, Energie- und Zustandsdaten aus dem Bereich der Gebäudeleittechnik (GLT). Lüfter- und Pumpenmotoren beispielsweise sind ebenso elektrische Verbraucher wie die in der Produktionstechnik und werden messtechnisch auch als solche behandelt. Ebenso vergleichbar ist der Umgang bei der Messung von Durchflussmengen, Drücken und Temperaturen von Medien der Gebäudeinfrastruktur.

Dagegen sind die in der Praxis zur Anwendung kommenden Netzwerkprotokolle (z. B. BACnet) und damit verbunden die zur Verfügung stehenden Schnittstellen an den Komponenten der GLT sehr unterschiedlich zu den in der Produktionsautomatisierung üblichen. An diesem Fakt ist erkennbar, dass die Bereiche der Produktions-Informationstechnologien und der Gebäudeleittechnik über Jahrzehnte nahezu vollständig unabhängig voneinander gewachsene Bereiche darstellen. Praktisch bedeutet das, dass der datentechnische Zugriff auf leistungs- und energierelevante Verbrauchsdaten meist über nachträglich zu installierende Koppler-Baugruppen erfolgen muss.

Zukünftig werden – wie in der Produktionstechnik auch – im Bereich der Gebäudeleittechnik deutlich mehr leistungs- und energierelevante Messeinrichtungen vorhanden sein, die übergeordneten Energie-Management-Systemen entsprechende Daten zur Verfügung stellen können.

1.4.6 Bewertung, Planung und Simulation

Aus der Sicht des Nutzers von Maschinen und Anlagen spielten Leistungs- und Energiedaten für deren Planung in der Vergangenheit keine bzw. eine untergeordnete Rolle. Bei Standortplanungen zum Beispiel wurden (und werden) für die Auslegung des notwendigen Anschlusses von Maschinen und Anlagen im Allgemeinen lediglich die von den Herstellern übermittelten Anschlussleistungen, eventuell unter der Berücksichtigung von meist angenommenen Gleichzeitigkeitswerten, aber immer multipliziert mit einem „genügend großen" Sicherheitsfaktor, genutzt. Die auf Grundlage dieser Werte gewählten Komponenten sind deshalb meist deutlich überdimensioniert. Auch in der Produktionsplanung stand bei der Simulation von Materialflüssen ausschließlich das Ziel der Optimierung von Quantität und Qualität im Vordergrund. Die Berücksichtigung von Energiedaten spielte bis jetzt keine bzw. eine untergeordnete Rolle.

In den letzten Jahren ist bei den Endanwendern allerdings ein steigender Bedarf an Kennzahlen, die die Energieeffizienz von Maschinen und Anlagen widerspiegeln, zu erkennen. Zum einen sollen sie Bewertungsmaßstab für bestehende Produktionstechnik sein, zum anderen aber auch Grundlage für die Schaffung von Kennwerten, die für die Planung zukünftiger Maschinen und Anlagen genutzt werden können. Aktuelle Entwicklungen zeigen in verschiedenen Bereichen tatsächlich ein Umdenken. Zum Beispiel wird in Putz 2011 am Beispiel von Robotern beschrieben, dass Werkzeuge zur Materialflusssimulation um Leistungs- und Energiekenngrößen erweitert werden, um energetisch relevante Aspekte schon zum Zeitpunkt der Planung berücksichtigen zu können.

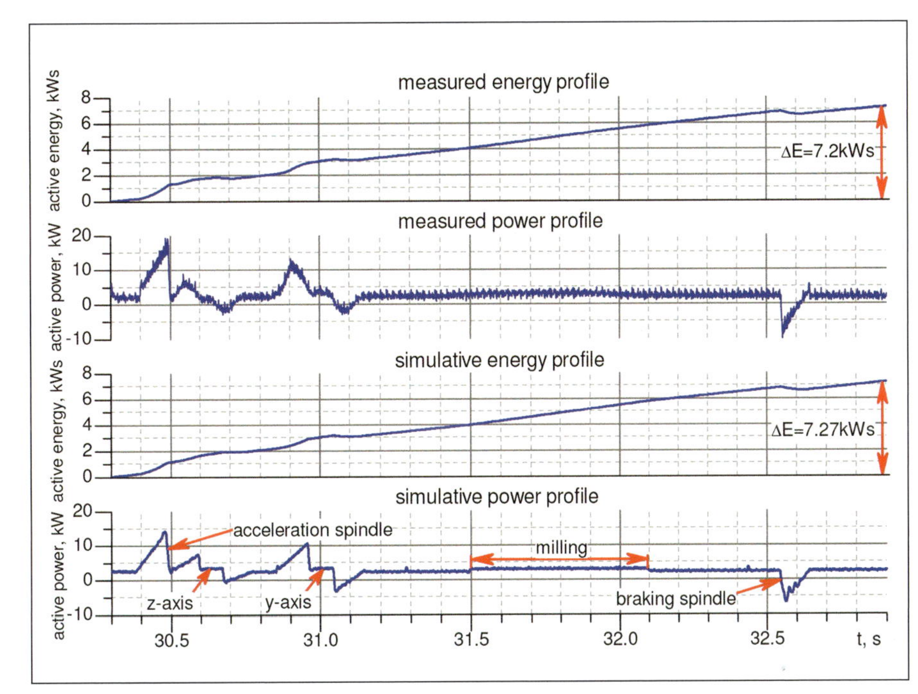

Abb. 31 Leistungs- und Energieverläufe – Messung und Simulation (Quelle: Neugebauer 2012)

Um die gewünschten Bewertungs- bzw. Planungskennzahlen liefern zu können, sind derzeit verschiedene Aktivitäten im Gang. Diese haben zum Ziel, in jeweils verschiedenen Bereichen (z. B. Industrieroboter) Systematiken zu entwerfen, die vergleichbare, transparente Bewertungen ermöglichen. In Abhängigkeit der Diversität der jeweils betrachteten technischen Komponenten (-gruppen) ist dieses Ziel eine Herausforderung, auf die es noch nicht in allen Bereichen befriedigende Antworten gibt.

Auch im Bereich der Antriebstechnik für Werkzeugmaschinen hat es in den letzten Jahren Untersuchungen gegeben, die den Einsatz von hochkomplexen Simulationswerkzeugen erforderten. So ist z. B. der Einsatz von speziellen Energiespeichern in Gleichspannungszwischenkreisen von Antriebsverbünden mit dem Zweck der Effizienzsteigerung untersucht worden (Neugebauer 2012). Um die entwickelten Simulationsmodelle zu verifizieren, wurden reale Messungen den Simulationsergebnissen gegenübergestellt (Abb. 31).

Durch die zunehmende Nutzung von erneuerbaren Energien und den verstärkten Einsatz stationärer Energiespeicher auf der Ebene eines Produktionsstandortes ist zu erwarten, dass auch im Bereich der Simulation der Energieverteilung bestehende Werkzeuge nutzerspezifisch weiter qualifiziert werden müssen.

Die genannten Beispiele beschreiben den Trend, dass Planungs- und Simulationswerkzeuge den energetischen Aspekt zunehmend berücksichtigen und integrieren.

Die Notwendigkeit, die in den Bewertungs-, Planungs- und Simulationswerkzeugen hinterlegten Modelle mit realen Messungen zu verifizieren, unterstreicht auch in diesem Anwendungsfeld die enorme Bedeutung der Erfassung von Energiedaten.

1.5 Ablauf eines Messvorhabens am Beispiel

Die Durchführung eines Messvorhabens lässt sich prinzipiell in vier Teilbereiche gliedern (Abb. 32). Die Vorgehensweise soll im Folgenden am Beispiel erläutert werden. In der Forschungsinitiative Green Carbody Technologies[2] (www.greencarbody.de) haben sich mehr als 60 deutsche produktionstechnische Ausrüster und Zulieferer der Automobilindustrie zusammengeschlossen. Über einen Zeitraum von drei Jahren (Start 1. Januar 2010) wurden unter der Projektkoordination durch die Volkswagen AG

[2] Das Bundesministerium für Bildung und Forschung (BMBF) unterstützte die Initiative im Rahmenkonzept „Forschung für die Produktion von morgen" mit 15 Mio. €. Der Projektträger Karlsruhe (PTKA-PFT) betreute, unter dem Förderkennzeichen 02PO2700 ff, die Initiative.

Analyse, Zielsetzung
- Gewünschte Zielinformationen?
- Systemgrenze?
- Medien?
- Prozesse?
- ...

Konzept, Planung
- Anforderungen
- Messgrößen
- Topologie
- Archivierung
- Auswahl Mess-equipment
- ...

Durchführung
- Installation
- Inbetriebnahme
- Protokoll
- evtl. Rückbau
- ...

Auswertung
- Daten -speicherung, -auswertung, -weiterleitung, -visualisierung
- ...

Abb. 32 Ablauf eines Messvorhabens

und das Fraunhofer Institut für Werkzeugmaschinen und Umformtechnik IWU in fünf Verbundprojekten (Abb. 33) unter anderem folgende Fragestellungen verfolgt: *Mit wie viel Einsparung an Energie und Ressourcen werden sich zukünftig Fahrzeugkarosserien fertigen lassen? Und wie gelingt es besser, Energie- und Ressourceneffizienz bereits als Planungsgröße und in der realen Produktion als effiziente Steuergröße zu gestalten?* (Neugebauer 2012)

Ein wesentliches Forschungsziel wurde in einem Teilprojekt der Innovationsallianz Green Carbody Technologies separat behandelt und bestand in der Entwicklung des Konzepts eines *konfigurierbaren, modularen Energiemanagementsystems*[3] als Erweiterung der Anlagensteuerungen. Dieses Energiemanagementsystem Schaltet die Produktionsanlagen bzw. ihre Komponenten bedarfsgerecht in energetisch günstige Betriebszustände (Abb. 34). Auf diese Weise soll der Ressourcenbedarf in nicht produktiven Zeiten minimiert und die Bereitstellung der Ressourcen während der Produktionsphase bedarfsgerecht gesteuert werden (Knafla 2011).

Die Basis zur Entwicklung eines derartigen Energiemanagement-Systems ist die Modellierung des Ressourcenbedarfs, abhängig von der eingesetzten Produktionstechnik unter Berücksichtigung unterschiedlicher Betriebszustände. Durch dieses Vorgehen lässt sich das Verhalten der Anlage simulieren und prognostizieren. Die Konzeption und Parametrierung der Modelle erfordert eine ausreichend granulare Erfassung von benötigten Energien der Prozess- und Automatisierungsgeräte in der Anlage. Zudem müssen die ermittelten Werte mit den jeweiligen Betriebszuständen der betreffenden Komponenten in Korrelation gebracht werden.

[3] Partner in diesem Teilprojekt waren Volkswagen, Phoenix Contact, SIEMENS, Kuka, Rittal, Trumpf und das Fraunhofer IWU

Abb. 33 Innovationsallianz Green Carbody Technolgies – InnoCaT®

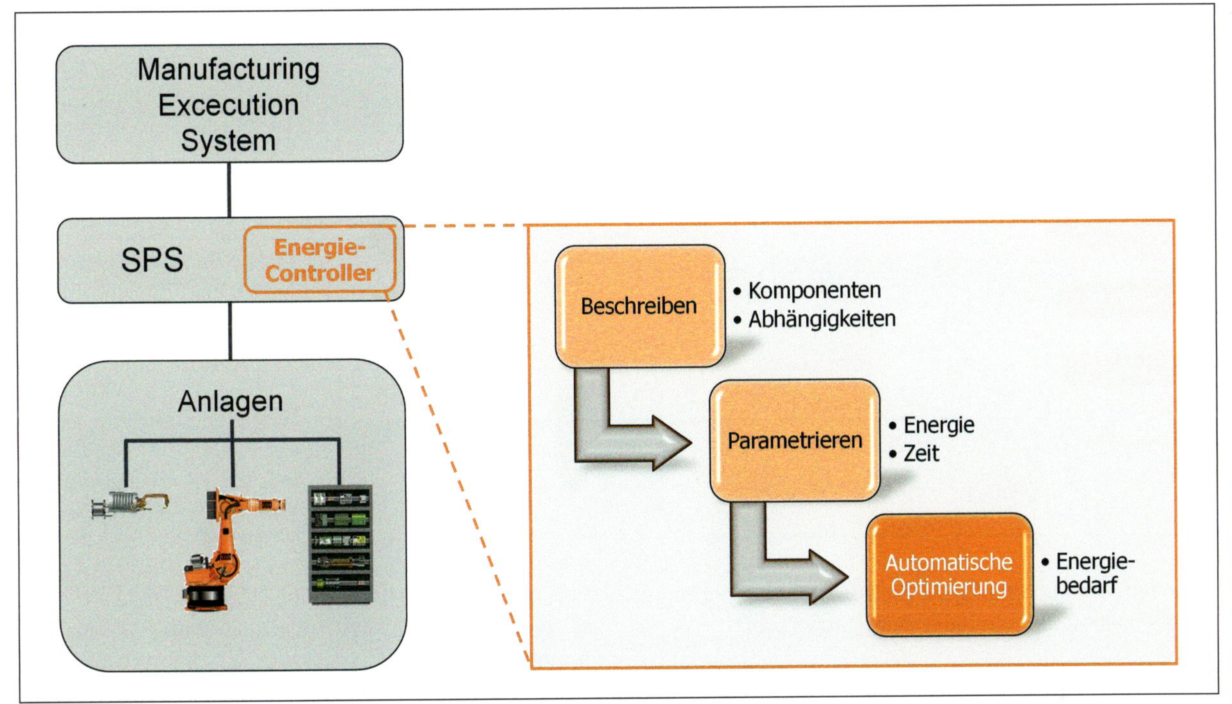

Abb. 34 Konzept Energie Controller

Das Teilprojekt sollte in einer möglichst realen industriellen Umgebung durchgeführt werden. Deshalb wurde eine produzierende Anlage für die Tür des Golf VI im Karosseriebau von Volkswagen in Wolfsburg ausgewählt. Um die erforderlichen Informationen zu bekommen, wurde eine umfassende energetische Analyse geplant und umgesetzt. Die Dimension dieses Vorhabens und die daraus resultierenden Herausforderungen spiegeln sicherlich keine durchschnittliche Messaufgabe wider, lassen aber gerade deshalb die Vielfalt an Einflussgrößen erkennen.

1.5.1 Analyse und Zielsetzung

Der erste und wichtigste Schritt bei einem Messvorhaben ist die Analyse der Messaufgabe und exakte Definition und Fixierung des Messzieles bzw. der Messziele. Besonders mit Blick auf Vorhaben, die Dienstleistungscharakter haben, ist dies grundlegende Voraussetzung, um alle folgenden Aktivitäten effektiv umsetzen zu können.
Für die Zieldefinition sind folgende Fragestellungen zu beantworten:

1. Welche genauen Informationen sollen am Ende des Messvorhabens in welcher Form vorliegen (z.B. Verbrauchs- und Kostenaufteilung, KPIs)?
2. Was sind die Grenzen des zu vermessenden Systems? Was ist der Betrachtungsraum (z.B. ein Standort inklusive Gebäudeinfrastruktur, eine Anlage, eine Maschine)?
3. Welche Energieformen, Medien, Ressourcen sind zu berücksichtigen (z.B. Elektroenergie, Wärme)?
4. Was sind die vorherrschenden Prozesse bzw. welche Prozessinformationen müssen in das Messvorhaben mit einbezogen werden (z.B. Taktzeiten, Stückzahlen, Betriebszustände)?

Wie oben genannt, war im Beispiel der Betrachtungsraum eine produzierende Karosseriebauanlage für eine Fahrzeugtür. Die darin typischen Prozesse (Laser- und Punktschweißen, MIG-Löten, Kleben, Roboterhandling, Stanzen, Falzen, Reinigen) und die entsprechende Produktionstechnik waren zu berücksichtigen. Die Abmessung der Anlage insgesamt betrug ca. 45 x 22 m – sie war dabei in drei Arbeitsgruppen (ARG) gegliedert. Die Produktivität der Anlage wurde mit ca. 1200 Türen pro Tag beschrieben. Aufgabe war, alle relevanten Energieströme durch Messungen an den vorhandenen Prozessgeräten aufzunehmen und zu archivieren. Damit sollten folgende Zielstellungen verfolgt werden:

- Transparenz in der Verteilung zu schaffen
- Zuordnung von Energieverbrauch zu Prozessschritten und sämtlichen Betriebszuständen zu ermöglichen
- vorhandene Einsparpotenziale (Komponenten, Betriebszustände, Prozesse) zu ermitteln.
- Berücksichtigt werden sollten sämtliche Energieformen, die für die Produktionsprozesse direkt notwendig sind (Abb. 35).

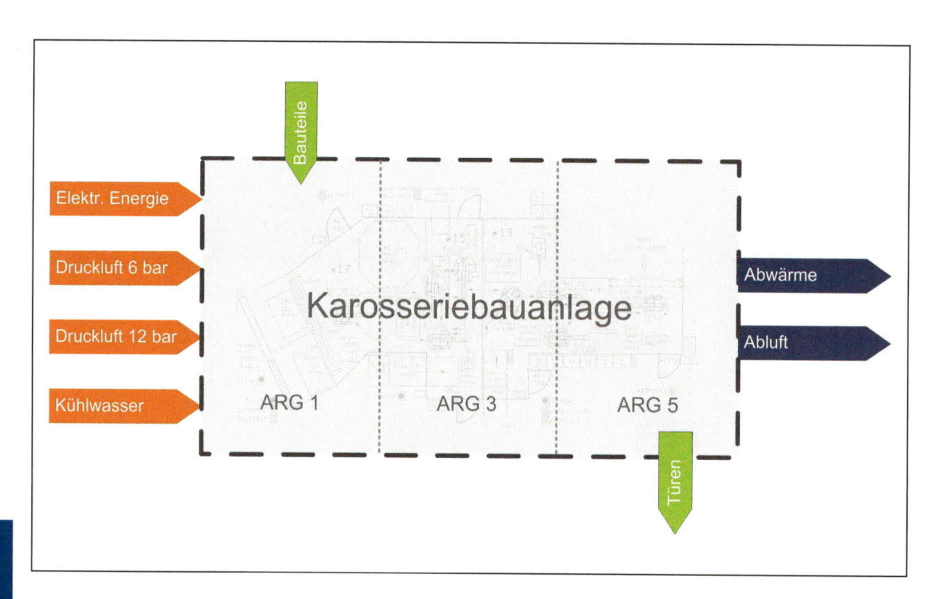

Abb. 35 Zu untersuchender Ressourcenbedarf einer Karosseriebauanlage

III

- Die Infrastrukturversorgung (Heizung, Klima, Belüftung) sollte nicht Gegenstand der Betrachtung sein.

1.5.2 Konzept und Planung

In diesem Punkt sind auf der Grundlage der festgelegten Zielsetzungen sowohl technische als auch organisatorische Details zu entwerfen und zu planen. Im Ergebnis sollte Folgendes vorliegen:

1. technische Auslegung der Messinstallation
2. detaillierte Vorgehensweise zur Umsetzung des Messvorhabens (Planung von benötigten Ressourcen und zeitlichen Abläufen).

Zur Auslegung der Messinstallation gehört Folgendes:

- Zusammenstellung der zu erfassenden Messgrößen, Auswahl der entsprechenden Messprinzipien und -methoden
- Auswahl der Gerätetechnik für die Messkette (Aufnehmer, Messverstärker, A/D-Umsetzer, Rechner, Speicher- und Ausgabegeräte)
- Entwurf der Topologie der Datenerfassung (bei umfangreichen Messvorhaben).

Die Einschätzung, welche Verbraucher energetisch relevant sind, wurde auf Grundlage von Schaltplänen, Datenblättern usw. vorgenommen. Damit eine detaillierte und aussagefähige Datenbasis geschaffen werden konnte, sollten nahezu alle Prozess- und Automatisierungskomponenten mit entsprechender Messtechnik ausgestattet werden. Insgesamt sollten an ca. 420 Messpunkten durch zusätzlich installierte Aufnehmer Messgrößen erfasst werden. Neben energetisch relevanten Größen des Kühlwassers und der Druckluftversorgung bildeten elektrische Leistungsdaten den übergroßen Anteil. Um auch die Lastverläufe der hochdynamischen Laser- und Punktschweißprozesse erfassen zu können, mussten sämtliche Daten dieser Messpunkte in einem zeitlichen Abstand von je zehn Millisekunden aufgenommen werden. Das stellte besondere Anforderun-

Abb. 36 Installierte Messbox (Quelle: PHOENIX CONTACT GmbH & Co. KG)

gen an das Messkonzept, konkret an die zu realisierende Topologie, die Kommunikationsarchitekturen sowie die Leistungsfähigkeit der zu verwendenden Hardware. Zur Datenerfassung wurde vorgesehen, sämtliche Aufnehmer – Volumenstrom- und Druckaufnehmer für die Druckluft, Massenstrommesser und Temperaturaufnehmer für das Kühlwasser sowie elektrische Energiezähler – über entsprechende Sensor-Schnittstellen an mehrere dezentrale Interbusstationen, die in separaten Schaltkästen (Messboxen) platziert wurden, anzuschließen (Abb. 36).

Aufgrund der Vielzahl der Messgrößen wurden 29 Messboxen geplant, die mit leistungsfähigen Speicher programmierbaren Steuerungen (SPS) gekoppelt sind. Um die Anforderungen an die Geschwindigkeit der Datenübertragung zu erfüllen, wurden fünf dieser Steuerungen parallel – als sogenannte Datenbank-Manager fungierend – eingesetzt. Sie sollten die Messdaten mit einem Zeitstempel versehen und via Ethernet direkt in eine Microsoft-SQL-Datenbank schreiben. Das Gesamtkonzept der technischen Umsetzung ist in Abbildung 37 im Prinzip dargestellt.

Parallel zur Aufnahme sämtlicher Messgrößen sollten die jeweils aktiven Betriebszustände der Anlagen und ihrer Komponenten sowie der Status der aktuellen Prozessfunktionen erfasst werden. Für diesen Zweck wurde geplant, die vorhandenen Anlagensteuerungen um spezielle Kommunikationsbaugruppen zu ergänzen (Grund dafür war die Auflage, keine zusätzlichen Geräte in das unternehmensinterne Netz integrieren zu dürfen) und ebenfalls mit einer SPS zu verbinden, die die Prozessdaten in die gemeinsame MS-SQL-Datenbank schreiben soll. Eine weitere Herausforderung bestand darin, die notwendigen Prozessinformationen softwaretechnisch an den Schnittstellen der Anlagensteuerungen der Erfassung zur Verfügung zu stellen. Auf der Grundlage des in einem Gantt-Chart beschriebenen Prozessablaufes mussten durch sehr detaillierte Analysen der Ablaufprogramme in den Anlagensteuerungen die Daten identifiziert werden, die die entsprechenden Informationen widerspiegeln. Ein direkter Eingriff in die Ablaufprogramme war darüber hinaus nicht zugelassen. Aus diesem Grund sollten die Prozessdaten lediglich „mitgehört", das heißt nur kopiert, in einer zusätzlichen Steuerungskomponente aufbereitet, mit einem Zeitstempel versehen und in der Microsoft-SQL-Datenbank archiviert werden.

Das zweite Ziel – die Planung einer detaillierten Vorgehensweise zur Umsetzung des Messvorhabens – hatte bei diesem Projekt sehr große Bedeutung. Der Hintergrund, dass für die Installation nur enge Zeitfenster zur Verfügung standen, die Messungen bei laufender Produktion stattfinden sollten und unter keinen Umständen ein Produktivitätsverlust eintreten durfte, bestimmte die Anforderungen an die Planung maßgeblich. Dabei spielten viele Kriterien eine Rolle. Von der Planung der Installation der Messaufnehmer über die zulässige Verlegung der notwendigen Leitungen bis hin zur Klärung der Rechteverwaltung bei der Nutzung von unternehmensinternen Netzwerken – es waren sowohl viele technische Fragen zu klären als auch umfangreiche organisatorische Herausforderungen zu bewältigen.

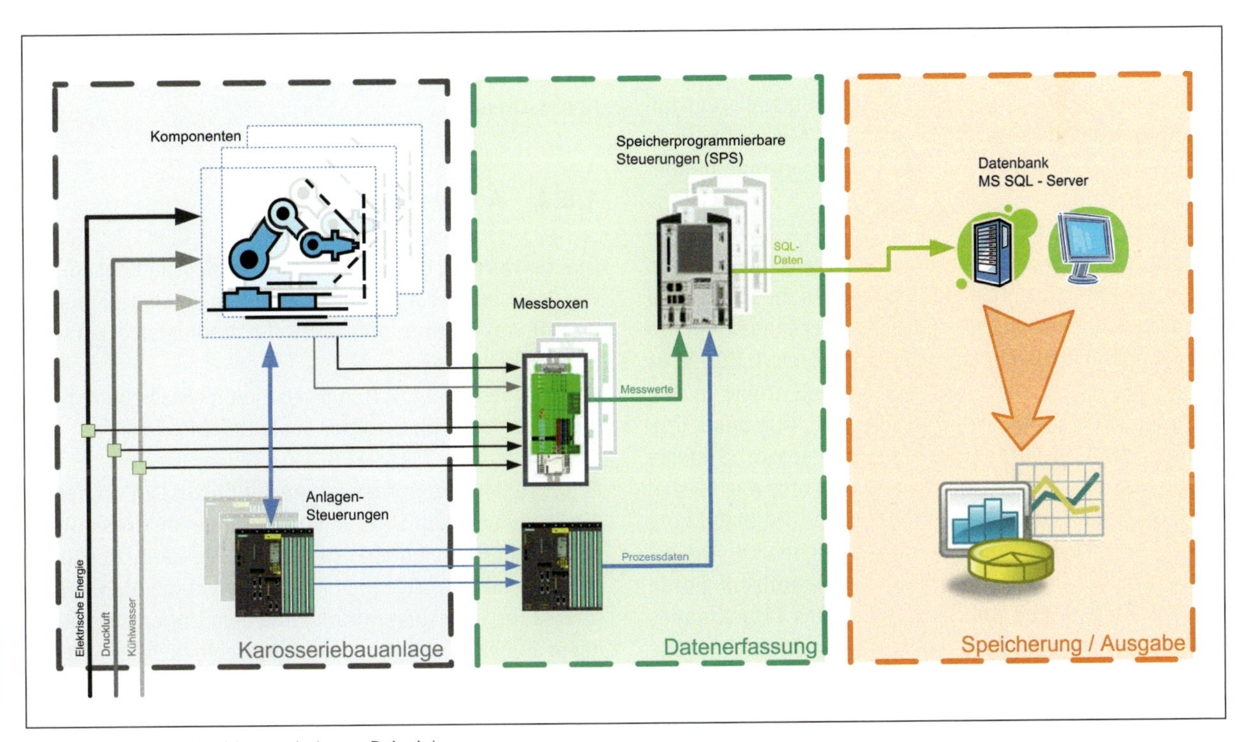

Abb. 37 Konzeption Messvorhaben – Beispiel

Das Know-how über den detaillierten Aufbau, die genauen Funktionsabläufe und die fehlerfreie Bedienung der zu untersuchenden Maschinen und Anlagen wie auch die Berücksichtigung der Verantwortlichkeiten am Standort der Untersuchung sollten als direkte Einflussgrößen auf die Durchführung der Messung nicht unterschätzt werden.

Um alle möglichen, relevanten Betriebszustände der Anlage (Schichtbetrieb, Produktion, Pausen) und ihrer Komponenten abzubilden, wurde die Zeit der Messung im beschriebenen Beispiel auf 14 Tage festgelegt.

1.5.3 Durchführung

Die Durchführung des Messvorhabens lässt sich prinzipiell in folgende zeitliche Abschnitte gliedern:

1. Installation
2. Inbetriebnahme des gesamten Messaufbaus (evtl. Abnahme)
3. Durchführung der Messung
4. eventuell Rückbau der Messinstallation.

Der Installation vorangestellt soll als eventuell zusätzliche Aufgabe die Beschaffung des Messequipments hier genannt werden. Vorausgesetzt, alle benötigten Komponenten sind vorhanden, wird (auf der Grundlage des erstellten Konzeptes und der Zeit- und Ressourcenplanung) die Installation des gesamten Messequipments durchgeführt. Im Beispielprojekt sind durch ein Elektroinstallationsunternehmen sämtliche Komponenten des Messaufbaus an den entsprechenden Stellen installiert und miteinander verkabelt worden.
Dabei waren die bei Volkswagen üblichen Installationsbedingungen bindend. Besondere Herausforderungen bilden bei derartigen Installationsarbeiten die Integration von Messaufnehmern, die in die entsprechenden Versorgungsleitungen eingebracht werden müssen. Dafür ist es immer notwendig, die Energie- bzw. Stoffströme in den betreffenden Leitungen zu unterbrechen, was unter Umständen eine Einschränkung für „mitversorgte" Systeme darstellt. Neben der technischen Umsetzung war hierbei auch die organisatorische und logistische Unterstützung durch die entsprechenden Verantwortlichen vor Ort erforderlich. Die Inbetriebnahme des Messaufbaus wurde im Anschluss durch die Spezialisten des Projektteams schrittweise durchgeführt. Nach erfolgreichem Abschluss der Inbetriebnahme erfolgte die Abnahme im Prinzip dadurch, dass zum nächstfolgenden Produktionsbeginn (bei aktiviertem Messaufbau) sämtliche Produktivitätsdaten geprüft wurden und bestätigt wurde, dass es keinerlei Einschränkungen gibt.
Die eigentliche Durchführung der Messungen bestand dann im Wesentlichen aus dem Starten der vollautomatischen Erfassung und der Aufzeichnung aller Messgrößen für den festgelegten Zeitbereich über 14 Tage. Nach dem Start wurden bestimmte Zustände und Plausibilitäten überprüft und sichergestellt, dass alle Funktionen des Messaufbaus plangerecht ausgeführt wurden. Danach waren bis zum Ende der Messung keinerlei händische Eingriffe mehr notwendig. Wie bereits erwähnt, wurden bei diesem Messvorhaben Prozess- und Gerätezustandsinformationen automatisch erfasst. Somit war sichergestellt, dass sämtliche Leistungs- und Energiemesswerte im Nachhinein nicht nur zeitlich, sondern auch den jeweils vorherrschenden Prozesszuständen eindeutig zugeordnet werden können. Auch bei weniger umfangreichen Messvorhaben kann es in Abhängigkeit der Zieldefinition sinnvoll sein, bestimmte Daten bzw. Informationen während der Messung (auch von Hand) zu protokollieren. Bei der Datenauswertung und Analyse können dadurch eventuell erkennbare, im ersten Moment nicht plausible Abweichungen, Fehler etc. leichter nachvollzogen werden.
Ob der Punkt „Rückbau" relevant ist oder nicht, ist davon abhängig, ob es sich um ein temporäres Messvorhaben handelt oder eine Installation, die zum Beispiel zu Überwachungszwecken in der Maschine oder Anlage dauerhaft verbleiben soll. Im genannten Beispiel handelte es sich um eine temporäre Installation. Folglich ist der Rückbau relevant, im Prinzip aber lediglich die Umkehr der Installation. Demzufolge ist auch dafür – je nach Umfang – eine Planung nach den gleichen Vorgaben wie für die Installation notwendig.

1.5.4 Auswertung

Die Auswertung der aufgezeichneten Messdaten ist direkt von der vereinbarten Zielstellung abhängig. Dabei kann der Begriff Auswertung hier in zwei grundlegende Bereiche unterteilt werden:

- Vorverarbeitung (z. B. Aggregation, Transformation)
- Aufbereitung im Sinn des geplanten Messzieles.

Prinzipiell ist unter Auswertung der Prozess zu verstehen, die Daten aus dem System des verwendeten Messaufbaus zur Aufbereitung nutzbar zu machen. Der dafür zu planende Aufwand ist maßgeblich von den eingesetzten Systemen (Erfassung und Aufbereitung) und dem Umfang der Messdaten abhängig und kann sehr unterschiedlich sein. Es gibt zum einen Konstellationen, bei denen die erfassten Daten direkt in der Aufbereitung/Auswertung genutzt werden können; zum anderen aber auch Vorhaben, bei denen ohne Vorverarbeitung der Messdaten eine Auswertung nicht möglich ist.

Mit Blick auf die Zeit- und Ressourcenplanung ist eine eventuell notwendige Vorverarbeitung der Messdaten ein sehr wichtiges Kriterium.

Der Fall, dass bei einem Messvorhaben die erfassten Daten „nur" einem anderen, eventuell bereits vorhandenen System zur Verfügung gestellt werden sollen, stellt eine zusätzliche Herausforderung an die Planung und Umsetzung der Datenübergabe an das Zielsystem (Schnittstellen) dar und soll hier nicht weiter betrachtet werden.

Im Beispielprojekt der Karosseriebauanlage war die Vorverarbeitung der Daten aufgrund der Dimension der Datenmenge sehr anspruchsvoll. Die Rohdaten aus der MS-SQL-Datenbank mussten in mehreren Schritten aggregiert werden, um sie für die Auswertung mit einem Standard-Werkzeug (MS Excel) nutzen zu können. Detailliertere Ausführungen zur Auswertung von speziell großen Datenmengen sind im Kapitel III.2 Energiedatenauswertung umfassend erläutert - deswegen wird an dieser Stelle darauf verzichtet.

Bei der Aufbereitung der Daten im Sinne des Messzieles kann grob nach zwei Zielrichtungen unterschieden werden:

- Sollen die Messdaten online zur Anzeige gebracht werden?
- Sollen die Messdaten offline einer Auswertung zur Verfügung stehen?

Beide Zielstellungen unterscheiden sich in Abhängigkeit der Forderungen im Einzelfall in ihren technischen Umsetzungen. Die tatsächliche Darstellung der Messergebnisse/des Messzieles sollte maßgeblich von der vereinbarten Zielstellung geleitet sein. Dabei können verschiedenste Darstellungsformen zur Anwendung kommen. Für die Bilanzierung von Energieverbräuchen sind Sankey-, Kreis- oder Balkendiagramme sinnvoll. Für die Darstellung von Leistungsverläufen sind eher zeitbezogene Punkt- bzw. Liniendarstellungen geeignet. Auch Kostenstellen zugeordnete, in Tabellen zusammengefasste Verbrauchswerte können Ziele von Messungen sein.

Die Vielfalt der möglichen Darstellungsformen sollte bei der Vereinbarung des Messzieles als Anlass genommen werden, um sehr genau zu definieren, was dargestellt werden soll. Hierbei ist die detaillierte Beantwortung der Frage: „WAS soll für WEN, WIE dargestellt werden?" hilfreich.

Im Beispiel der Karosseriebauanlage waren die Ziele vielfältig. Um Transparenz der Energie- und Ressourcenflüsse zu schaffen und auf der Grundlage der Korrelation zu den Prozess- bzw. Anlagenzuständen Einsparpotenziale abzuleiten, wurde mit der Vorgehensweise, die in Kapitel III.2 beschrieben ist, die Voraussetzung geschaffen, mit einer Excel-Anwendung sämtliche Daten miteinander zu korrelieren und zu visualisieren. Damit sind in Folge die unterschiedlichsten Auswertungen mit diversen grafischen Darstellungsformen durchgeführt worden (Abb. 39).

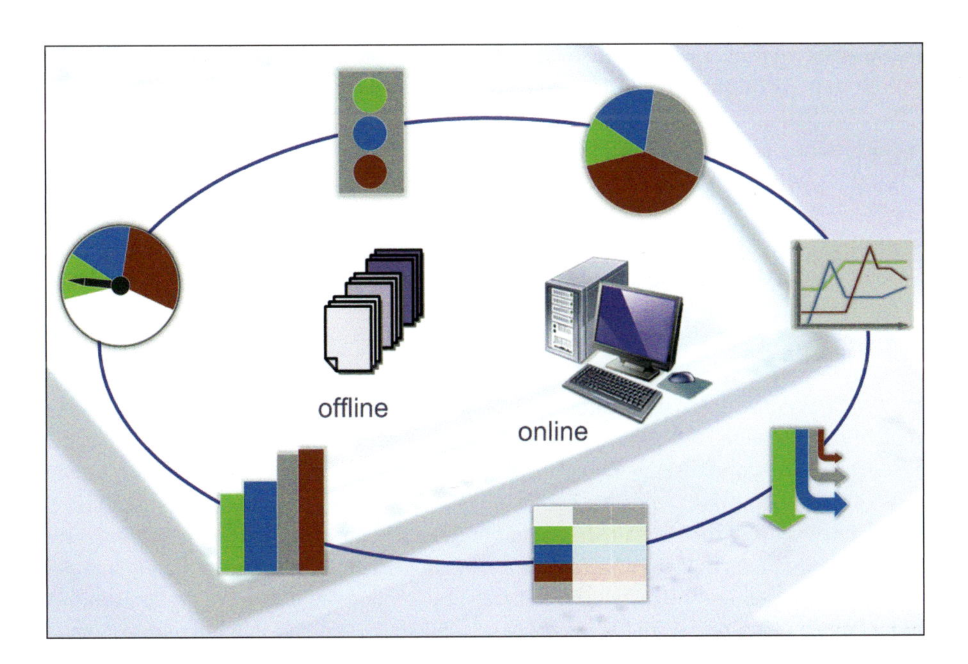

Abb. 38 Typische Darstellungsformen für Leistungs- und Energiedaten

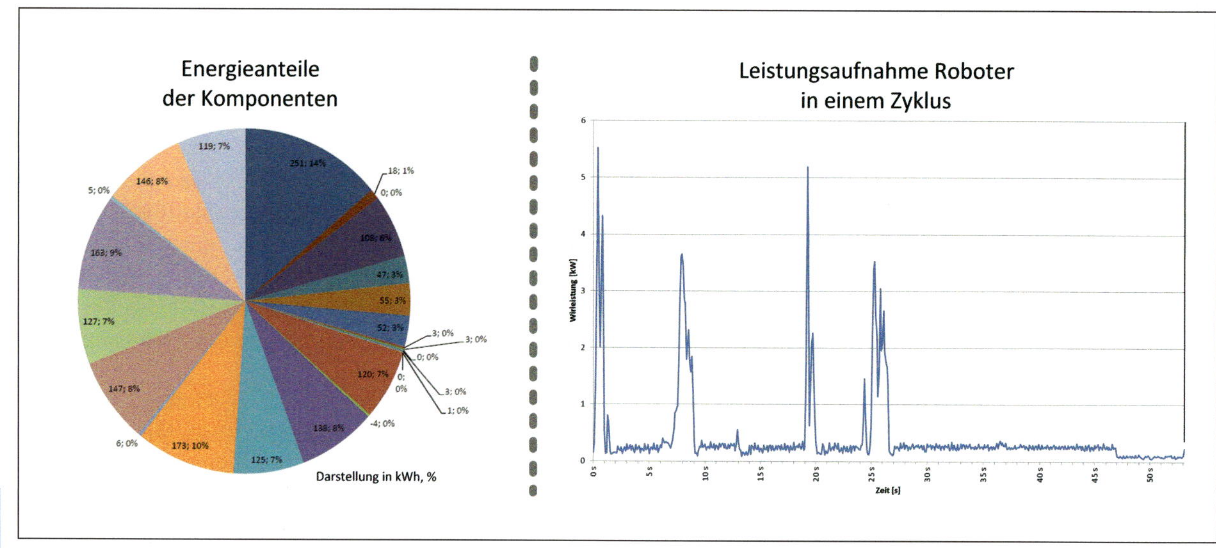

Abb. 39 Beispiele für Visualisierungsformen von Leistungs- bzw. Energiedaten

1.6 Zusammenfassung und Ausblick

Ausgehend von den Entwicklungen in den letzten Jahren kann geschlussfolgert werden, dass der Themenkomplex Energieeffizienz in der Produktionstechnik seine Bedeutung behalten, an bestimmten Stellen sogar steigern wird. Infolgedessen wird es den Fortgang von aktuellen Optimierungsbestrebungen in den verschiedenen Aktionsebenen (Abb. 9) geben. Das sind z. B.:

- Entwicklung und Einsatz von energieeffizienteren Komponenten (z. B. Elektromotoren, Beleuchtung)
- Umsetzen von organisatorischen Vorgaben (z. B. nicht benötigte Verbraucher wie Beleuchtung konsequent auszuschalten)
- Anwendung und Weiterentwicklung von Konzepten zur automatischen Abschaltung nicht benötigter Verbraucher (PROFIEnergy)
- Berücksichtigung des Faktors Leistung/Energie über alle Lebenszyklen von Maschinen und Anlagen hinweg als auch in Planungs-, Design- und Konstruktionsprozessen.

Ob zur Bewertung der Wirtschaftlichkeit derartiger Maßnahmen im Einzelfall oder bei Anwendung der Norm DIN EN ISO 50001 – immer ist das Erfassen von leistungs- und energierelevanten Größen notwendig.

Schon jetzt ist eine große Nachfrage nach Energiekennwerten zur Verwendung in Planungsprozessen erkennbar. Nur durch Messungen und den Abgleich mit entsprechenden Modelldaten können derartige Kennwerte entwickelt und qualifiziert werden – das heißt: *Aus Messwerten werden Planungsdaten.*

Parallel zu den Optimierungen werden auch neue Herausforderungen zu bewältigen sein. Bezüglich des Managens der Ressourcen- und Energieströme in einem Unternehmen bzw. an einem Standort gilt es, ganz neue Anforderungen zu lösen. So zeichnet sich zum Beispiel im Bereich der Energieverteilung ein Paradigmenwechsel ab. Der ehemals klaren Trennung von Erzeuger- und Verbraucherseite folgt ein nicht mehr unidirektionales, sondern intelligentes Verteilnetz (Smart Grid), welches selbstregelnd agiert (ZVEI 2009). In derartige Netze müssen zukünftig auch Produktionsstandorte mit ihrer Gebäude-, aber auch Anlagen- und Maschinentechnik als dezentrale Teilnehmer integriert und betrieben werden. Um dieser Herausforderung erfolgreich zu begegnen, ist es erforderlich, Ressourcen- und Energiemanagementsysteme zu entwickeln, die über mehr Funktionalitäten verfügen als die Systeme, die derzeit verfügbar sind (damit ist explizit nicht die Betrachtungsweise zum Energiemanagement nach Norm DIN EN ISO 50001 gemeint.). Sie müssen fähig sein, in den von ihnen verantworteten Netzbereichen (Micro Grids) ein bedarfsgerechtes Erzeugungs- und Lastmanagement umzusetzen. Dazu gehört die Verwaltung, Überwachung und Steuerung aller Teilnehmer im Netz (Abnehmer, Erzeuger und Speicher), die Kommunikation mit Produktionsleitsystemen (MES), aber auch die Berücksichtigung der Bezugstarife des Energieversorgungsunternehmens (Abb. 40).

Aus den genannten Entwicklungstrends abgeleitet werden zukünftig Energiemesseinrichtungen (und auch Komponenten zur Steuerung einzelner Energieflüsse) zunehmend integraler Bestandteil von produktionstechnischen Maschinen und Anlagen sein. Mit zunehmendem Automa-

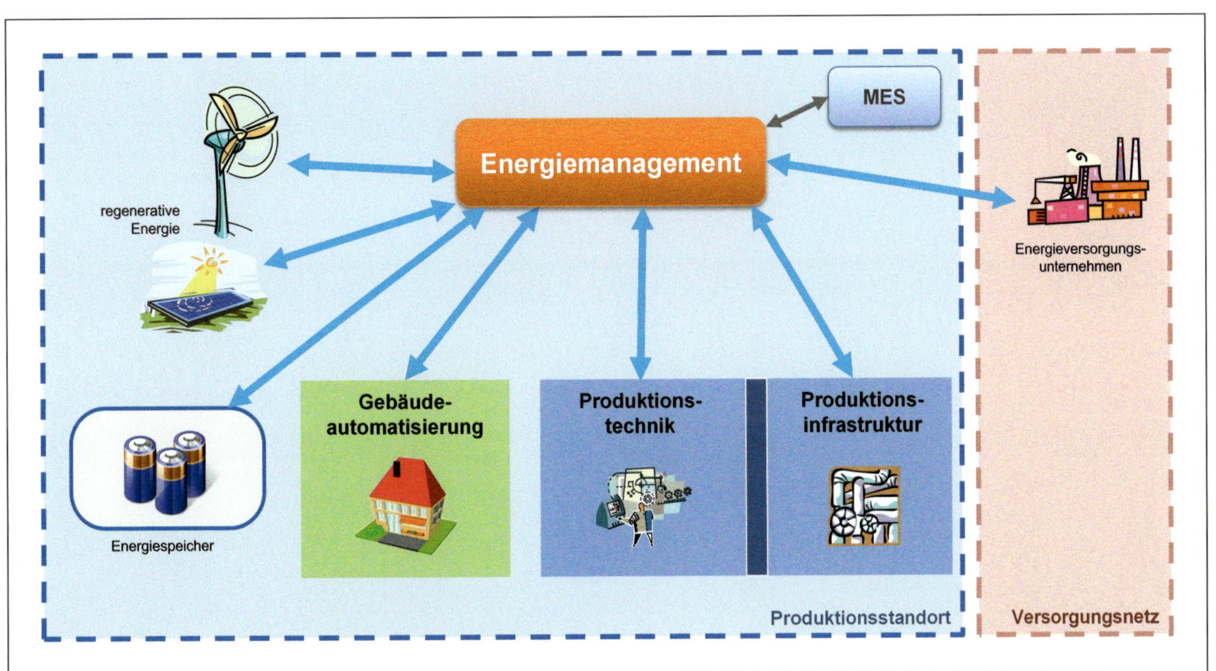

Abb. 40 Energiemanagement-System für einen Produktionsstandort

III

tisierungsgrad der betreffenden Maschinen und Anlagen steigt der Anspruch nach Vernetzung dieser Komponenten.
FAZIT:
Jedes Vorhaben zur Steigerung von Energie- und Ressourceneffizienz im Bereich der industriellen Produktionstechnik beginnt mit der Erfassung der Energieströme. Sie ist die Grundlage zur Feststellung des Istzustands und bietet die Möglichkeit zur Identifizierung von Optimierungspotenzialen. Ob zur Evaluierung von Optimierungen oder zum umfassenden Management von Energieflüssen – die Erfassung von Energiedaten wird in jedem Fall benötigt und ihrer Qualität kommt eine große Bedeutung zu.

„If you can't measure it – you can't manage it" (Peter Drucker)

Literatur

Konopka, F., SIEMENS AG: Intelligente Energieverwendung in Industrieanlagen, Vortrag ACOD 2012

Fraunhofer Gesellschaft (FhG): Abschlussbericht – Energieeffizienz in der Produktion Untersuchung zum Handlungs- und Forschungsbedarf, 2008

Klötzner, HTW Zwickau: Messtechnik im Grundstudium des Studiengangs Elektrotechnik, 1996

DIN 1319-1, Grundlagen der Messtechnik – Teil 1: Grundbegriffe, 1995

*Internationale Netzspannungen und Frequenzen in Niederspannungsnetzen, https://*eb.automation.siemens.com/mall/de/WW/Catalog/Products/7010108, SIEMENS, Download am 11.03.2013

Hoffmann, Priber, Kübler, Steeger: Fabrikenergiemanagementsystem für Produktionsanlagen (eMANAGE), 2012

Putz[a], Schlegel[a], Lorenz[a], Franz[a], Schulz[b]: Gekoppelte Simulation von Material- und Energieflüssen in der Automobilfertigung, 2012

[a] - *Fraunhofer Institut für Werkzeugmaschinen und Umformtechnik IWU*

[b] - *Technische Universität Chemnitz*

Neugebauer[a]; Richter[a]; Kolesnikov[b]: Energy Efficient Storage Systems in the DC Link for the Drive Unit of Machine Tools, 2011

[a] - *Fraunhofer Institut für Werkzeugmaschinen und Umformtechnik IWU*

[b] - *Technische Universität Chemnitz*

Neugebauer, Ergebnisse Innovationsallianz Green Carbody Technologies – InnoCaT®, 2012

Knafla, Richter, Weist, Putz: KAROSSERIEBAU GOES GREEN, A&D, Juni 2011, S. 17

ZVEI: Integrierte Technologie-Roadmap AUTOMATION 2020 + Energie, 2009

2 Datenauswertung

Uwe Schob

2.1 Einleitung

Der Themenbereich der Auswertung von Daten ist ein sehr weitreichendes Feld, das sich nicht nur auf den Bereich von Prozess- oder Energiedaten begrenzen lässt. Vielmehr ist es im Kontext des Bereiches des Wissensmanagements zu sehen, der die Methoden und Vorgehensweisen umfasst, um aus unterschiedlichsten Daten Informationen und schließlich Wissen zu generieren. Da diese Begriffe oft fälschlicherweise synonym verwendet werden, ist eine Unterscheidung nach (Schmitz 2003) angebracht:

- Daten sind im Allgemeinen erst einmal nur wahrnehmbare Dinge. Bezogen auf technische Anlagen sind das Dinge, die mit technischen Mitteln, d. h. Messgeräten, erfasst und aufgezeichnet werden können.
- Aus Daten werden Informationen, indem diese strukturiert und mit einer Bedeutung versehen werden. Aus Messdaten werden genau dann Informationen, wenn sie mit Kontext versehen werden. Kontext bedeutet beispielsweise, wann das Datum wo und unter welchen Bedingungen erfasst wurde.
- Das Ergebnis einer Weiterverarbeitung von Informationen ist Wissen, welches betrachterunabhängige Fakten darstellt und aufgrund dessen weiterführende Entscheidungen getroffen werden können.

Aus Sicht der Auswertung reicht es also nicht aus, Daten nur zu erfassen. Vielmehr sind diese mit Kontextinformationen zu versehen, um schließlich eine Analyse vornehmen zu können. Da es sich hierbei vielmals um eine große Menge von Daten handelt, ist es ferner von Bedeutung, diese auch automatisiert verarbeiten zu können. Die Nutzung von computergestützten Anwendungen ist daher in vielen Fällen die einzige Möglichkeit, große Datenmengen beherrschen zu können. Dies stellt jedoch erhöhte Anforderungen an jeden Anwender, da alle Verarbeitungsschritte nicht nur beschrieben, sondern auch formal beschrieben werden müssen. Wie genau der Formalismus aussieht, ist abhängig von den eingesetzten Anwendungen. Weitere Details dazu sind in Kapitel III.2.3 zu finden.

Die in Abschnitt III.1 vorgestellten Herangehensweisen zum Erfassen von Energiedaten sind also nur ein erster Schritt. Die weiteren Schritte einer jeden Auswertung sind in Abb. 1 bereits mit aufgeführt:

- Das Strukturieren und Ordnen der erfassten Daten erzeugt Informationen, die zahlreiche Kontextinformationen beinhalten.
- Das Aggregieren von Informationen ist besonders dann notwendig, wenn sehr große Informationsmengen vorliegen, die von einem Anwender nicht mehr im Zusammenhang erfasst werden können.
- Die Analyse ist die Stelle einer Auswertung an der Informationen interpretiert werden, um daraus Schlüsse zu ziehen.
- Teilweise sind unterschiedliche Analyseergebnisse anschließend miteinander zu kombinieren.
- Aus der Kombination von beispielsweise Produktionskennzahlen lassen sich nun tatsächliche Entscheidungen treffen, inwiefern z. B. ein Prozess effizienter ist als ein anderer.

Die oben geschilderte Herangehensweise ist auf praktisch jedes Wissensgebiet anwendbar. Da das Gebiet der Produktionstechnik mittlerweile von zahlreichen automatischen Datenverarbeitungseinrichtungen dominiert wird, verleitet dies zu einer breit gefächerten Erfassung sehr vieler, wenn nicht gar aller, technisch verfügbarer Daten. Dies kann jedoch schnell zu einer immens großen Menge führen, in der auch nur eine vollständige Sichtung bereits mehrere Wochen in Anspruch nehmen würde. Betrachtet man allein die unterschiedlichen Hierarchieebenen, in denen Ressourcenverbräuche erfasst werden können (Aktorik/Sensorikmodule, Arbeitsstationen, Fertigungszellen, Fer-

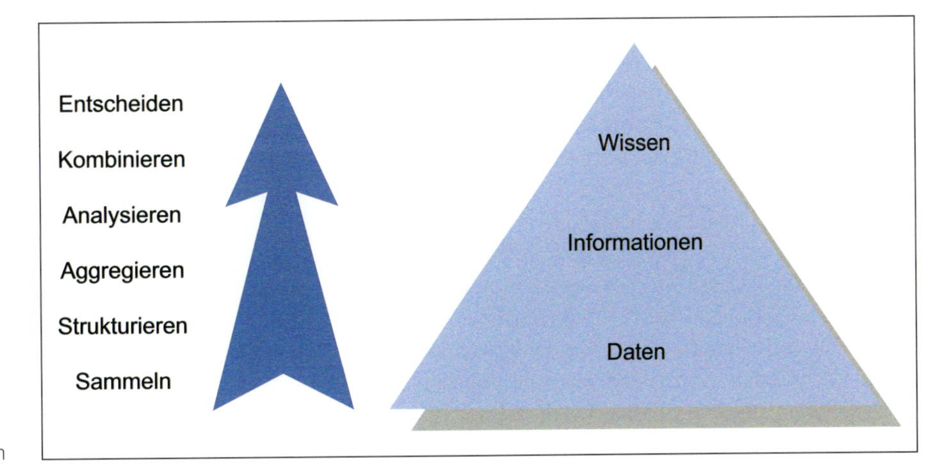

Abb. 1 Zusammenhang von Daten, Informationen und Wissen

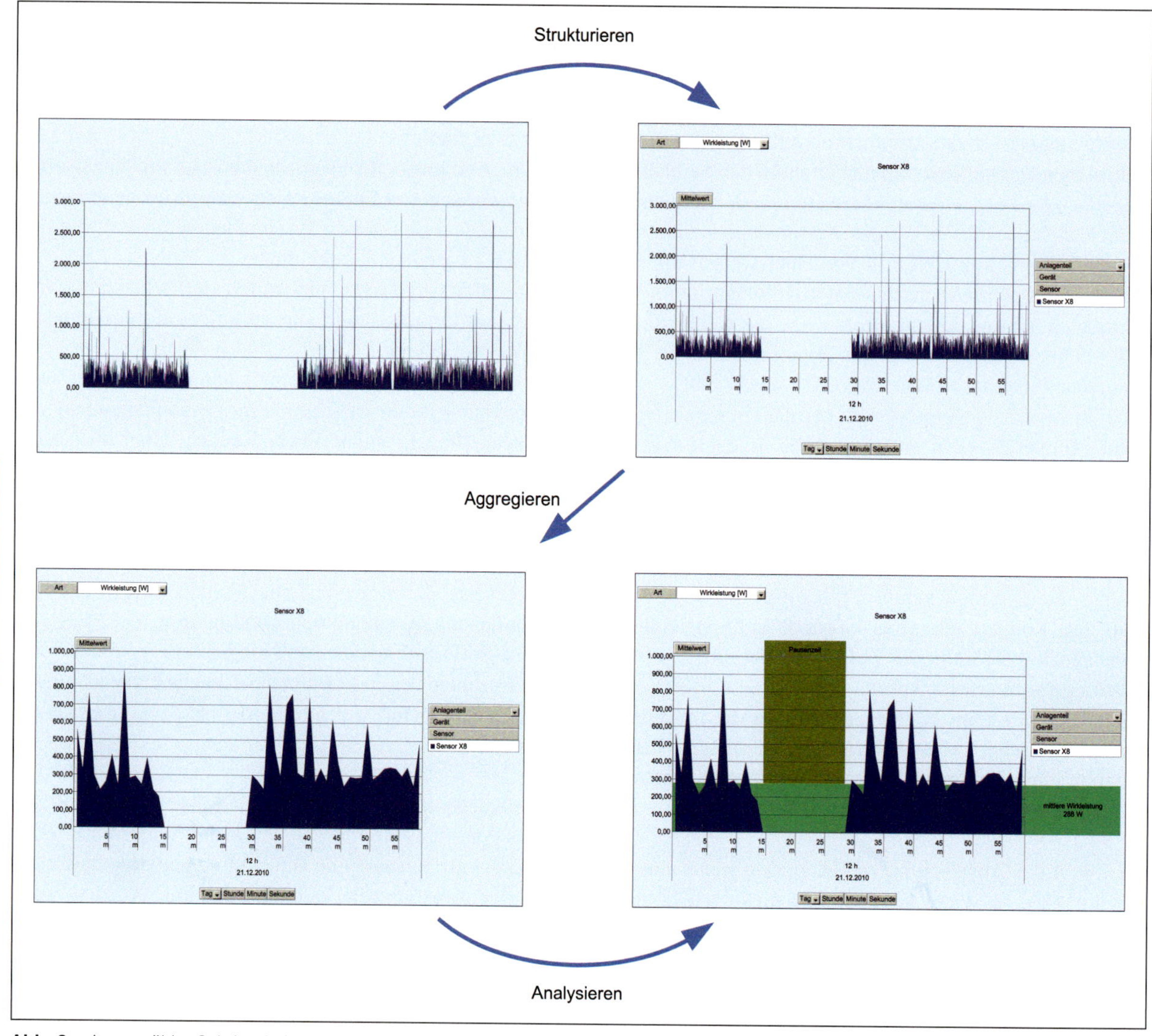

Abb. 2 Ausgewählte Schritte bei der Messdatenauswertung

tigungsanlagen, Hallen, Werke), in Kombination mit den Arten von Ressourcen (Elektroenergie, Druckluft, Material, Kühlmedien, Heizenergie u. v. m.), sollte ersichtlich sein, dass nur die strukturierte Verarbeitung sinnvolle Ergebnisse liefern kann (Götze 2010).

Ziel dieses Kapitels ist es darzustellen, wozu eine strukturierte Datenauswertung notwendig ist und was hierzu als Voraussetzungen geklärt werden muss. Hiernach wird beschrieben, welche allgemeinen methodischen Schritte abzuarbeiten sind und wie diese durch technische Hilfsmittel, hauptsächlich Anwendungen, unterstützt werden können. Schließlich sind im letzten Abschnitt zwei Beispiele aufgeführt, anhand derer die methodischen Grundlagen veranschaulicht werden. Diese können auch als Referenz für weiterführende Analyseaufgaben herangezogen werden, um die Wahl der richtigen technischen Hilfsmittel zu erleichtern.

2.2 Motivation

Wenn eine Arbeitsaufgabe darin besteht, Aspekte einer Produktion hinsichtlich ihrer Effizienz zu analysieren, so stellt sich unmittelbar die Frage, was genau eine effiziente Produktion ausmacht. In (KEG 2003) wird die Ressourceneffizienz wie folgt definiert:

Ressourceneffizienz oder Ressourcenproduktivität lassen sich als die Effizienz definieren, mit der Energie und Materialien in der Wirtschaft genutzt werden, d. h. der Mehrwert je Einheit Ressourcen-Input.

Diese Definition stellt eine aus globaler Sicht praktische Möglichkeit dar, die Ressourceneffizienz zu bestimmen. Die

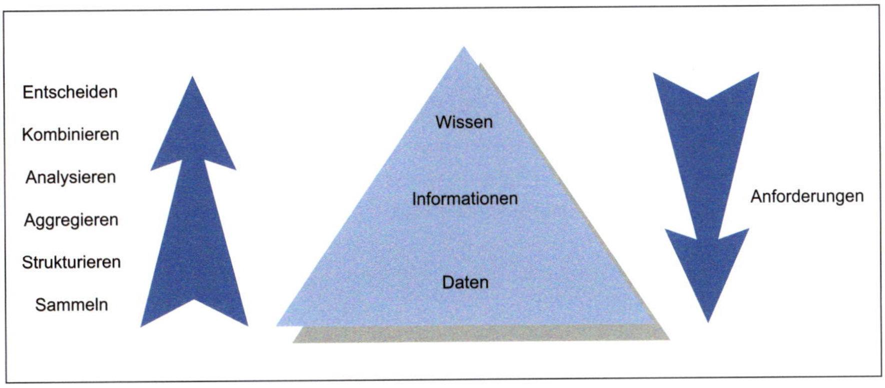

Entscheiden
Kombinieren
Analysieren
Aggregieren
Strukturieren
Sammeln

Wissen
Informationen
Daten

Anforderungen

Abb. 3 Analyse zur Bestimmung der Anforderungen an die Datenerfassung

unmittelbare Aufgabe bestünde darin, an einem Produktionsprozess zu ermitteln, welche Ressourcenmengen für die Erzeugung eines Produktes notwendig sind. Auf nationaler Ebene lassen sich Kennzahlen, wie beispielsweise das Bruttoinlandsprodukt ins Verhältnis zur verbrauchten Menge an Kohle oder Stahl o. ä. setzen. Über den Zeitraum eines Jahres lässt sich dies gleichermaßen für einen einzelnen Produktionsstandort ermitteln, indem beispielsweise der Jahresumsatz ins Verhältnis zum Stahlverbrauch gesetzt wird.
Allerdings wird schnell ersichtlich, dass eine derart grobe Sichtweise erheblich mehr Fragen aufwerfen kann, wenn sich die Analyseperspektive nicht mehr auf fertig verkäufliche Produkte bezieht, sondern auf eine umfangreiche Kette von Produktionsschritten, die erst in ihrer Gesamtheit einen Mehrwert in Form des fertigen Produktes erzeugen. Bediente man sich an dieser Stelle der klassischen Definition der Effizienz, d. h. Nutzen in Relation zu den Aufwänden (Müller 2009), so lässt sich zwar der Gesamtaufwand in Form von verbrauchten Ressourcen feststellen, die Bestimmung der notwendigen bzw. nützlichen Verbräuche ist jedoch nur mit einer sehr detaillierten Betrachtung möglich. Da nicht nur abzählbare Ressourcen Einsatz finden, sondern auch kontinuierliche, wie z. B. Druckluft oder Kühlmittel, heißt detailliert in diesem Fall, dass eine zeitliche Unterteilung notwendig ist. Für eine genaue Bestimmung der Effizienz eines Produktionsprozesses sind also dessen unterschiedliche Verbräuche zeitbezogen zu erfassen und in Zusammenhang mit den einzelnen Schritten zu bringen, um dadurch den produktiven vom unproduktiven Teil zu unterscheiden. Dies bedeutet allerdings, dass die Ressourceneffizienz nicht direkt messbar ist, sondern nur durch Verknüpfung zahlreicher einzelner messbarer Daten hergeleitet werden kann.
Zusätzlich zu diesem Gedankenbeispiel lassen sich neben der Effizienz noch zahlreiche weitere Zielgrößen formulieren, die bei genauer Betrachtung allesamt nicht direkt messbar sind. Auch für diese Zielgrößen sind nachgelagerte Verarbeitungsschritte notwendig, um zu belastbaren Aussagen zu kommen. Grundsätzlich lässt sich also feststellen:

Eine Datenauswertung ist zwingend erforderlich, wenn sich die gewünschten Zielgrößen nicht unmittelbar messen lassen. ■

Wenn wir im Weiteren davon ausgehen, dass eine Verarbeitung stattfindet, ist jedoch noch vollkommen unbekannt, wie diese im Detail aussehen soll. Selbst das allgemeine Vorgehen, um Wissen zu generieren, Abb. 1, diktiert noch kein unmittelbares Verfahren, was exakt zu tun ist. Hierfür ist es nun erforderlich, die Richtung der Auswertung umzukehren und dies als Anforderungsanalyse zu verstehen. Jeder Schritt der Datenauswertung stellt Anforderungen an den vorhergehenden, welche sich letztlich auf die zugrunde liegende Erfassung auswirken, Abb. 3. Diese muss schließlich alle jene Daten einsammeln, die für die Beurteilung einer Gesamtaufgabe erforderlich sind, bspw. zeitlich veränderliche Ressourcenverbräuche einer Produktionsanlage im Zusammenhang mit den durchlaufenen Prozessschritten. Wie anhand der Richtung der Anforderungsanalyse zu erkennen ist, beginnt diese an der Stelle, an der Entscheidungen aufgrund von Wissen getroffen werden sollen. Die stets wichtigste zu beantwortende Frage ist:

Welches Ziel verfolge ich mit einer Datenerfassung und -auswertung bzw. welche Fragen sollen beantwortet werden? ■

Typische Beispiele für zu beantwortende Fragen sind:

- Welcher Fertigungsprozess benötigt wie viele Ressourcen?
- Wie viele Ressourcen werden nicht für die unmittelbare Produktion verwendet?
- Welche Unterschiede existieren zwischen gleichartigen Fertigungsprozessen und welche Parameter sind dafür verantwortlich?
- Welcher Produkttyp ist durch welchen Ressourcenverbrauch gekennzeichnet?

- Welches Produkt ist durch welchen individuellen Ressourcenverbrauch gekennzeichnet?

Jede dieser Fragen impliziert eine unterschiedliche Menge an zugrunde liegenden Daten. Wie diese genau aussehen müssten, zeigt erst eine detaillierte Betrachtung. Anhand von Beispielen wird das später ausführlich erläutert. Einen ebenso wichtigen Einfluss haben neben den inhaltlichen Fragen aber auch die gewünschten Ergebnisformen. Zu unterscheiden sind hierbei:

1. Eine einmalige Mess- und Analyseaufgabe mit einer vorher definierten Zielstellung
2. ein kontinuierliches Erfassen und zeitnahes Visualisieren wichtiger Zielgrößen
3. das rechtssichere Ermitteln und Dokumentieren von spezifischen Ressourcenverbräuchen und
4. das prozesssichere Erfassen, Verarbeiten und Eingreifen in eine laufende Produktion in Form von übergeordneten Steuersystemen.

Auch wenn die vier Ergebnisformen in aufsteigender Reihenfolge an Komplexität zunehmen und jeweils eine sicherere Datenlage erfordern, haben sie alle eines gemeinsam: Grundlage sind stets Mengen von zu ermittelnden Daten, die in verknüpfter Form (hoffentlich) die zuvor gestellten Fragen beantworten. Die in den weiteren Abschnitten vorgestellten Methoden basieren daher alle auf einer abstrakten Verarbeitung von Daten, die in ihrer Gesamtheit im Ergebnis eine kontextsensitive Aussage darstellen. Für die Verwendung der Methoden spielt es dabei keine Rolle, um welche Daten es sich im Detail handelt, wichtig ist nur, dass alle für eine Entscheidung notwendigen Nebeninformationen Bestandteil der Daten sind bzw. in die Verarbeitung mit einbezogen werden.
Um die Thematik der Datenauswertung übersichtlich zu halten, werden die in den nächsten Abschnitten vorgestellten Methoden sich nur auf die allgemeine Datenverarbeitung beziehen. Durch deren Allgemeinheit ist sichergestellt, mit den vielfältigsten Informationen umgehen zu können. Aus technischer Sicht beschränkt sich die Datenauswertung darauf, welche Datentypen vorhanden sind, in welcher Form sie vorliegen und aus welchen Systemen sie abgeleitet werden können. Ein nicht zu vernachlässigender Aspekt ist jedoch auch die Menge der Daten, mehr dazu in Kapitel III.2.3.3.

2.3 Methoden und Werkzeuge zur Auswertung

Als Grundlage einer jeden Auswertung sollte ein methodisches Vorgehen stehen. Eine Methode erleichtert es einem Anwender, ein gewünschtes Ergebnis zu erreichen, ohne sich im Detail um den sinnvollsten Lösungsweg Gedanken machen zu müssen. Das Abarbeiten der nachfolgend beschriebenen Methodenschritte liefert den „roten Faden“, der für jegliche Datenauswertung gültig ist, sich im Detail jedoch unterscheiden kann. Neben der reinen Methode werden zusätzlich möglich Werkzeuge vorgestellt, die entlang des Auswertungsprozesses genutzt werden können. Insbesondere bei der Beantwortung komplexer Fragestellungen und/oder der Auswertung umfangreicher Daten ist es sogar unumgänglich, bestimmte Arten von Werkzeugen einzusetzen, da ohne diese praktisch keine Aussagen mit vertretbarem Aufwand gewonnen werden können.
Das allgemeine Vorgehen zur Auswertung von Daten besteht darin:

1. Die Auswerteziele zu formulieren und zu präzisieren
2. die zu nutzenden Hilfsmittel zu spezifizieren und auszuwählen und
3. schließlich die effektiven Auswerteschritte zu planen und durchzuführen.

Diese Punkte werden in der obigen Reihenfolge in den folgenden Abschnitten näher erläutert.

2.3.1 Definition von Auswertezielen

Auswerteziele können als eine Menge von Fragen formuliert werden, deren korrekte Antworten ein erwünschtes Auswerteergebnis darstellen. Um die Antworten zu ermitteln, ist es erforderlich, die Fragen genauer zu präzisieren, sodass ersichtlich wird, welche Daten hierfür tatsächlich messtechnisch zu ermitteln sind. Werden Auswerteziele definiert, so geschieht dies meist in einem der zwei nachfolgenden Modi (oder Mischformen davon), die sich daran orientieren, welcher Personenkreis die Auswertung praktisch durchführen soll:

Wiederkehrende Beantwortung präziser Fragen durch Fachfremde

Handelt es sich bei den Auswertern um Fachfremde, die lediglich regelmäßig wiederkehrend die gleichen Fragen beantworten sollen, so bietet sich an, die Auswertehilfsmittel derart zu konfigurieren, dass der größte Teil der technisch möglichen Auswerteschritte verborgen ist und nur ganz konkrete Informationen zugänglich sind. Die technische Ermittlung von Antworten muss daher vollständig automatisiert erfolgen und erfordert damit eine vollständige algorithmische Beschreibbarkeit.

Iterativer Erkenntnisgewinn durch Experten

Sind für die Auswertung Experten vorgesehen und/oder die Auswerteziele nur grob bekannt, reichen kompakte Informationen meist nicht aus. Oft wird zur Auswertung nur eine Vielzahl von Werkzeugen bereitgestellt, die ein Auswerter nach eigenem Ermessen kombiniert, um Aussagen zu generieren. Bei diesem Vorgehen wird häufig mit der Klärung grober Fragen begonnen, woraufhin sich durch erste Erkenntnisse neue präzisere Fragen ergeben, welche wiederum durch die Werkzeugnutzung beantwortet werden sollen. Dieser iterative Vorgang erhöht damit sukzessive das Wissen des Experten, der meist zu Beginn nur grobe Einschätzungen durchgeführt hat. Das kontinuierliche Detaillieren der Auswerteziele ist jedoch unvorteilhaft, wenn sich präzisere Fragen ergeben, deren Beantwortung durch die Werkzeuge und/oder die technisch verfügbaren Daten nicht möglich ist. Noch schwerer wiegt, wenn gar das Konzept der Datenerfassung an sich nicht ausreichend dimensioniert ist. Tritt dieser Fall ein, ist es oft unumgänglich, eine erneute Planung der Datenerfassung und -auswertung durchzuführen, wodurch ein deutlich erhöhter Zeitaufwand zu Buche schlägt.

Je unklarer die Auswerteziele sind, desto schwieriger ist es, alle dafür notwendigen Informationen zu benennen und bei einer Datenerfassung mit einzubeziehen. Unklare Fragestellungen führen zu häufigen Aktualisierungsschleifen, was unnötig viel Zeit und Geld beansprucht.

Um zu möglichst präzisen und technisch beantwortbaren Fragen zu kommen und eine mehrfache Neukonzeption der Datenerfassung zu vermeiden, ist es sinnvoll, eine Folge von Prüfschritten zu nutzen. Prüfschritte dienen der Sensibilisierung eines Experten, dass Formulierungsaufwand zu betreiben ist, um von den Auswertefragestellungen zu technischen Messgrößen zu kommen.

Die in der folgenden Abb. 4 dargestellten Prüfschritte haben alle zum Ziel, diese Kluft zwischen „Was will ich wissen?“ und „Was muss ich dafür messen?“ zu überbrücken. Werden alle Teilschritte korrekt berücksichtigt und abgearbeitet, so lassen sich daraus aufwandsarm bspw. die Algorithmen ableiten, die für den ersten Auswertemodus benötigt werden. Auch die für den zweiten Auswertemodus benötigten Expertenwerkzeuge lassen sich so deutlich einfacher identifizieren und bereitstellen.

Unter den 11 Prüfschritten wird Folgendes verstanden:

1. Aufstellen erster Fragen: Auf möglichst allgemeiner und gut verständlicher Ebene wird begonnen, eine kleine Menge von Fragen zu formulieren, welche das gewünschte Zielgebiet umreißen.
2. Sind Fragen vorhanden, so ist zu prüfen, ob verwendete Begriffe eine Zusammenfassung vieler Unterelemente darstellen. Besser als Zusammenfassungen sind vollständige Auflistungen aller zu berücksichtigenden Unterelemente. Ein typisches Beispiel hierfür ist die Frage: „Wie viel verbraucht denn meine Maschine?“ Unklar ist hierbei auf jeden Fall, welche Verbräuche zu betrachten sind (Elektroenergie, Druckluft, Schmiermittel, usw.) und ob es reicht, die Maschine als Gesamtheit zu betrachten oder enthaltene Aggregate einzeln zu beurteilen.
3. Ist man an diesem Schritt angekommen, signalisiert dies, dass eine Notwendigkeit besteht, die bisher formulierten Fragen zu überarbeiten. Je nachdem, welcher vorhergehende Schritt ungenügend beantwortet werden musste, sind hier unterschiedliche Arbeiten notwendig, wie z. B.
   - zusammenfassende Begriffe durch eine Liste von Fragen nach den enthaltenen Unterelementen aufstellen
   - Aufstellen von mathematisch korrekten Verrechnungsvorschriften, um den gewünschten Begriff aus anderen Begriffen bzw. Messwerten herzuleiten
   - neue Fragen für Berechnungsterme aufstellen, für die bisher noch keine Begriffe und Messwerte definiert worden sind.
4. Verbirgt sich hinter jedem Begriff auch nur exakt ein zu untersuchendes Element, so kann nun geprüft werden, ob dieses Element auch durch einen tatsächlichen Messwert erfasst werden kann. Ein sehr häufig vorkommendes Beispiel ist die Erfassung der verbrauchten Elektroenergie einer Maschine. Technisch kann dies nicht direkt gemessen werden, sondern nur über die Integration der miteinander multiplizierten Strom- und Spannungsverläufe. Somit ist klar, dass entweder ein Messgerät eingesetzt werden muss, welches diese Integration durchführt oder im Zuge der Auswertung die Strom- und Spannungswerte verrechnet werden müssen.
5. Wenn ein Begriff sich nicht direkt durch einen Messwert ermitteln lässt, so kann dennoch geprüft werden, ob nicht bereits Begriffe oder Messwerte definiert wurden, aus denen ein Begriff durch eine mathematische Vorschrift hergeleitet werden kann. Greift man das Beispiel der Elektroenergie wieder auf, so ist im aktuellen Schritt zu prüfen, ob in den existierenden

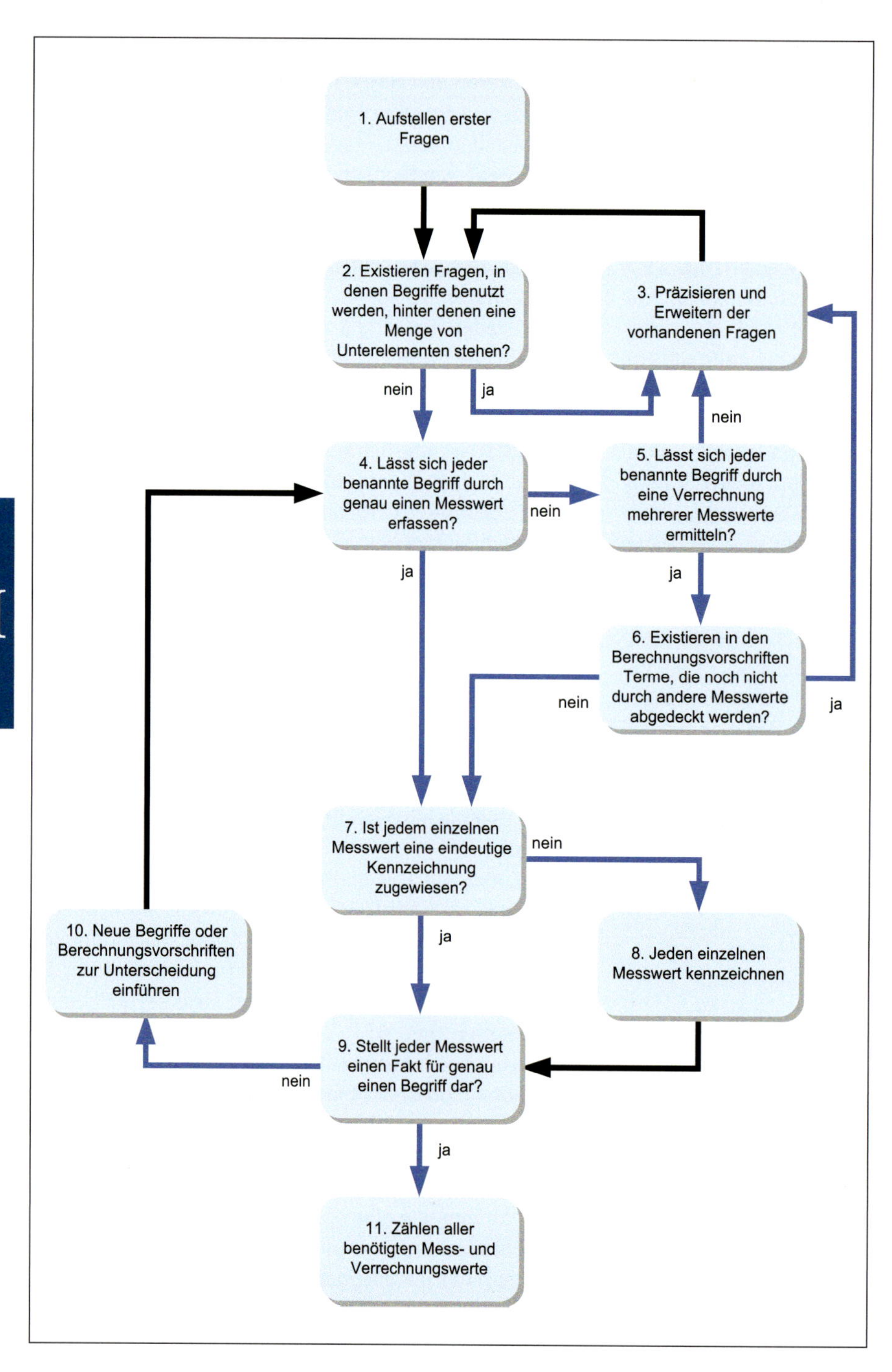

Abb. 4 Wesentliche Schritte zur Definition verwendbarer Auswerteziele

Fragestellungen bereits formuliert wurde, dass Strom- und Spannungswerte zu erfassen sind.

6. In diesem Schritt wird eine Überprüfung aller Berechnungsvorschriften vorgenommen, um festzustellen, ob alle darin enthaltenen Terme auch tatsächlich durch real erfassbare Messwerte abgedeckt werden. Werden beispielsweise bereits der Stromfluss und die Spannung erfasst, so sollte an dieser Stelle klar werden, dass dies bei Wechselstrom eine zeitlich veränderliche Größe darstellt und es erforderlich macht, einzelne Messwerte anhand von Messzeitpunkten zu unterscheiden. Für eine sinnvolle Auswertung müssen also nicht nur die Strom- und Spannungswerte erfasst, sondern auch der Messzeitpunkt festgehalten werden.
7. Ist man an diesem Schritt angelangt, so wird sich bereits eine Liste von notwendigen Messwerten angesammelt haben. Um diese jedoch auch später sauber voneinander unterscheiden zu können, ist es zwingend

erforderlich, sie deutlich zu kennzeichnen. Eine saubere Kennzeichnung ist eineindeutig für jeden Messwert und beinhaltet Aspekte wie Messwertart, Einheit, Messort, zugeordneter Begriff und gegebenenfalls auch Messzeitpunkt. Eine derartige Kennzeichnung wird auch als Kontextinformation bezeichnet.

8. Wurden unter Schritt 7 Messwerte entdeckt, die noch keine vollständige Kennzeichnung beinhalten, so ist dies in diesem Schritt nachzuholen. Wichtig ist hierbei, dass die Kennzeichnungspflicht für alle Messwerte gleichermaßen gilt und konsistent sein sollte. Lückenhafte oder unklare Kennzeichnungen sind zu vermeiden, da hierdurch eine klare Interpretation verhindert und die Glaubwürdigkeit einer Auswertung untergraben wird.
9. In dieser Phase ist bereits eine Menge von Messwerten definiert und gekennzeichnet. Auch wenn für jeden Begriff genau ein Messwert existiert, vgl. Schritt 4, so besteht noch die Gefahr, dass der Umkehrschluss nicht gilt. Praktisch bedeutet dies, dass ein Begriff zwar durch eine Menge von Messwerten beschrieben ist, jedoch nicht alle Messwerte einer gleichen Kennzeichnung nur den Begriff ausmachen. Ist beispielsweise der produktive Energieverbrauch einer Maschine zu ermitteln, so sind Energiemesswerte notwendig. Jedoch sind nicht alle erfassten Energiemesswerte als produktiv zu werten, da in Pausen- oder Stillstandszeiten üblicherweise nichts produziert wird.
10. Wurde im Schritt 9 erkannt, dass nicht alle Messwerte ähnlicher Kennzeichnung für einen Begriff nutzbar sind, so sind neue Unterscheidungsbegriffe zu definieren. Zur Ergänzung des vorhergehenden Beispiels wird demnach für die Präzisierung des Begriffes „produktiver Energieverbrauch“ ein Unterscheidungsmerkmal benötigt, um die erfassten Messwerte in „produktiv“ und „unproduktiv“ zu unterteilen. Ein derartiges Merkmal ist üblicherweise eine Status- oder Betriebsinformation aus der Maschinensteuerung.
11. Der letzte Schritt ist der finale Schritt, um die Auswerteziele zu formulieren und dient der Bestandsaufnahme aller zu erfassenden Messwerte sowie der darauf aufbauenden Verrechnungswerte. Wichtig ist hierbei nicht nur die Anzahl unterschiedlicher Kennzeichnungen, sondern insbesondere die Abschätzung der zu erwartenden Datenmenge. Maßgeblich wird diese durch die Anzahl der Messstellen bzw. Verrechnungsvorschriften, die Messdauer und die Aufzeichnungsfrequenz bestimmt.

Wurden die beschriebenen Prozessschritte vollständig abgearbeitet, so liegen nun eine Menge von aufzuzeichnenden Messwerten, Verrechnungsvorschriften und Verknüpfungen zu tatsächlichen Begriffen bzw. Fragen vor. Anhand dieser Auflistung und der zu erwartenden Datenmenge lässt sich nun abschätzen, welche Hilfsmittel für eine Auswertung notwendig sind.

2.3.2 Auswertungshilfsmittel

Ein weiterer entscheidender Aspekt bei der Auswertung von (Energie-)Messdaten ist die Auswahl geeigneter Hilfsmittel. Hierzu ist zu wissen, dass diese sich signifikant unterscheiden, abhängig von der Größenordnung der praktikabel zu verarbeitenden Datenmenge. Grundsätzlich gilt, dass größere Datenmengen deutlich höhere Anforderungen an Hardware, Software und Fachwissen seitens eines Auswerters stellen. Die mögliche Hard- und Software wird in den anschließenden Abschnitten erläutert. Das Fachwissen bezieht sich in erster Linie darauf, mit den jeweils genannten Begriffen und Anwendungen umgehen und sie effektiv benutzen zu können. Auf eine explizite Auflistung von Themenbereichen wird daher verzichtet.

Hardware

Unter Hardware wird die Art und Ausprägung der eingesetzten Rechnersysteme verstanden. Aufgrund einer hohen Vielfalt an kombinierbaren Einzelkomponenten kann die effektive Leistungsfähigkeit von Rechensystemen bestenfalls in Bereiche eingeteilt werden. Eine exakte Benennung zu nutzender Kombinationsmöglichkeiten würde den Rahmen dieser Arbeit bei Weitem überschreiten. Entscheidend für die Auswahl der Hardware sind vor allem drei Faktoren:

- Die Berechnungskapazität, d. h. wie viele Berechnungsschritte können pro Sekunde ausgeführt werden
- die Speicherkapazität, die angibt, wie viele Daten überhaupt berücksichtigt werden können und
- die Datenverarbeitungsrate, die angibt, wie schnell Daten zur Verarbeitung bereitgestellt werden können.

Die Berechnungskapazität wird maßgeblich durch die Anzahl und den Typ der eingesetzten CPUs bestimmt. Je mehr Rechenkerne mit mehr Taktfrequenz zur Verfügung stehen, desto mehr Berechnungen können durchgeführt werden. Relevant ist dieser Faktor vor allem dann, wenn aus wenigen Messwerten zahlreiche komplexe abgeleitete Werte ermittelt oder umfangreiche Weiterverarbeitungen durchgeführt werden sollen.
Die Speicherkapazität wird durch Anzahl und Größe der Speichermedien festgelegt. Je mehr Messdaten verarbeitet werden sollen, desto mehr Kapazität wird nötig, um mit den originalen Messdaten als auch den Verarbeitungsergebnissen umgehen zu können. Meist werden für mehr Speicherkapazität gleichzeitig auch mehr Festplatten benötigt. Damit deren statistische Ausfallwahrscheinlichkeiten sich nicht addieren, werden oft redundante

Abb. 5 Gegenüberstellung von Desktop und Server-Hardware (© Scanrail und Vtls/Fotolia.com)

Speicherarrays, wie z. B. RAID-Systeme, eingesetzt. Diese können je nach Variante gleichzeitig zur Erhöhung der Datensicherheit als auch der Datenverarbeitungsrate eingesetzt werden.

Um die Berechnungskapazität eines Rechensystems effektiv auszunutzen, ist ein steter Strom neuer Daten an die CPUs nötig. Gleichzeitig sind Berechnungsergebnisse wieder zurückzugeben. Nur wenn also der Transportkanal zwischen Speicher und Recheneinheit hinreichend schnell ausgelegt ist, wird ein effektives Verarbeiten großer Datenmengen möglich sein. Die Datenverarbeitungsrate wird also von den Lese- und Schreibgeschwindigkeiten der Speicher dominiert. Vorteilhaft wirken sich auch große Mengen flüchtigen Hauptspeichers (RAM) aus, wodurch mehr als einmal benötigte Datensätze nicht erneut aus dem Speichermedium gelesen werden müssen. Die Lese- und Schreibgeschwindigkeiten sind um eine Größenordnung, d. h. Faktor von etwa 500 bis 1000, besser als nichtflüchtige Speichermedien.

Die genannten Faktoren sind also in ihrem Zusammenspiel derart zu wählen, dass die gewünschte Auswerteaufgabe realisiert werden kann. Leistungsfähigere Ausbaustufen sind zwar nicht schädlich, jedoch unter Umständen sehr kostenintensiv und nur mit Spezialwissen einsetzbar. Aus diesem Grund sind im Wesentlichen drei Leistungsbereiche zu unterscheiden:

- Desktoprechnersysteme, z. B. PCs
- Server-Systeme und
- Serververbünde, wie beispielsweise Cluster oder auch die Cloud.

Desktopsysteme zeichnen sich durch eine kompakte Bauform und geringe Anschaffungskosten aus und gehören zur Grundausstattung nahezu jedes modernen Büros. Durch diese enorm große Verbreitung ist das benötigte Grundwissen ebenfalls weit verbreitet. Eine sehr breite Palette an einsetzbaren Komponenten ermöglicht es, sich aufgabenspezifische Konfigurationen von wenigen 100 bis weit über 5000 € zusammenzustellen.

Server-Systeme sind nicht grundlegend durch mehr Leistung gekennzeichnet, ermöglichen es aber überhaupt erst, deutlich mehr Berechnungskapazität oder Speicher zu verwalten als Desktop-Systeme. Zudem sind sie durch Redundanzmechanismen deutlich zuverlässiger, was eine hohe Ausfallsicherheit darstellt. Nachteilig wirken sich allerdings die höheren Kosten und die von Arbeitsplätzen getrennte Stationierung aus.

Serververbünde sind die Kombination mehrerer Einzelserver, um noch höhere Leistungen zur Verfügung zu stellen. Da die Leistungssteigerung dabei aber nicht mehr linear mit den Kosten einhergeht und zusätzlich ein hoher technischer Aufwand zur Instandhaltung und zum Betrieb nötig ist, werden derartige Systeme oft von spezialisierten Anbietern zur Nutzung vermietet. Dabei ist überwiegend nur die Nutzung der tatsächlich verwendeten Leistung zu finanzieren. Nach oben hin sind dem Leistungsvermögen kaum Grenzen gesetzt, einschränkender ist jedoch, welche tatsächlichen Dienste genutzt werden können – Details dazu auch im nächsten Abschnitt Software. Problematisch hierbei ist allerdings die möglicherweise zeitaufwendige Datenübermittlung an den Anbieter über herkömmliche Datenleitungen.

Faktor	wird maßgeblich beeinflusst durch	Desktop	Server
Berechnungs kapazität	Anzahl phys. CPUs	1	bis zu 64
Speicherkapazität	Festplatten	bis zu 20 TB	bis zu 100 TB
Datenverarbeitungs-rate	Hauptspeicher	bis zu 64 GB	bis zu 2.000 GB
Kosten	Anschaffungspreis	500 – 10.000 €	5.000 – 100.000 €

Tab. 1 Qualitativer Vergleich von Desktop- und Serversystemen

Software

Zum aktuellen Zeitpunkt existieren unzählige Anwendungen, welche in der Lage sind, Daten zu verarbeiten und Auswertungen durchzuführen. Die Anwendungen variieren stark in ihrem Funktionsumfang, je nachdem, welche inhaltlichen Schwerpunkte durch den Hersteller festgelegt wurden:

- Import/Export vielfältiger Datenformate
- Verwaltung unterschiedlicher Datenquellen
- umfangreiche mathematische Verarbeitungsfunktionen (z. B. Signalverarbeitung)
- Visualisierung von Berechnungsergebnissen
- Dokumenterstellung (Reports) aus Ergebnissen oder
- interaktive Bedienung

sind nur einige von den möglichen Funktionen, die von einem Auswertehilfsmittel zu erbringen sind. Neben den inhaltlichen Unterschieden kommen auch ergänzende Aspekte wie die Lizenzmodelle, die Bedienerfreundlichkeit, die Flexibilität hinzu.

Ein weiterer nicht zu unterschätzender, jedoch schwer zu beziffernder Faktor ist die Skalierbarkeit einer Anwendung, d. h. ihre Fähigkeit auch mit großen bis sehr großen Datenmengen verhältnismäßig performant umgehen zu können. Da bei der Auswertung vor allem die Menge an Daten ein dominierender Faktor ist, wird nachfolgend zwischen zwei Arten von Auswerteszenarien bzw. den dafür geeigneten Anwendungen unterschieden:

- Die Auswertung im Kleinen bezieht sich auf Datenmengen, die nahezu vollständig erfasst und beurteilt werden können. Auswerte- und Analyseschritte beziehen sich vorwiegend auf Signal verarbeitende Berechnungen und interaktive Visualisierung mit Grafiken.
- Für das Auswerten im Großen sind in erster Linie Anwendungen notwendig, welche ein performantes Navigieren und Auswählen großer Datenmengen ermöglichen. Analysen bestehen vorwiegend im gezielten Auswählen und Gegenüberstellen von Informationen, mathematische Weiterverarbeitungsschritte sind dem untergeordnet und werden ggf. nachträglich durchgeführt.

Beispiele für Anwendungen, welche eher für kleinere Datenmengen genutzt werden können, sind:

- MathWorks Matlab
- Microsoft Excel
- National Instruments DIAdem und
- OriginLab Origin.

Die Liste erhebt keinerlei Anspruch auf Vollständigkeit, sondern soll in erster Linie einen Einstiegspunkt für weitere Recherchen darstellen. Um größere Datenmengen verarbeiten zu können, sind obige Anwendungen unter Umständen ungeeignet. Lange Wartezeiten, Programmabstürze oder feste Datenbegrenzungen können eine sinnvolle Analyse verhindern.

An dieser Stelle werden stattdessen häufig Datenbanksysteme eingesetzt, deren entscheidender Vorteil ihre sehr gute Skalierbarkeit und Flexibilität ist. Zwar sind auch diese Anwendungen mathematisch-theoretischen und hardwareseitigen Beschränkungen unterworfen, dennoch sind sie in ihrem Kern für sehr große Datenmengen konzipiert. Beispiele von weitverbreiteten Datenbanksystemen sind:

- Oracle Database
- Microsoft SQL-Server
- MySQL
- PostgreSQL und
- Sybase.

Wichtig für Datenbanksysteme ist, dass diese in erster Linie für die Verwaltung der Daten zuständig sind. Eine interaktive Bedienung oder Weiterverarbeitung ist prinzipiell nicht vorgesehen, lässt sich aber durch spezifische Client-Software realisieren. An dieser Stelle können auch wieder die bereits erwähnten Anwendungen zum Einsatz kommen, wenn diese über Möglichkeiten verfügen, Daten aus Datenbanksystemen abzurufen. Festzustellen ist auch, dass derartige Systeme äußerst komplex sind und für optimale Leistungsfähigkeit ein hohes Wissen zum Einrichten seitens des Anwenders erfordern.

Faustregel zur Softwareauswahl: Sind Datenmengen auszuwerten, die den verfügbaren Hauptspeicher eines Rechnersystems überschreiten, so sollte die Auswertung als „im Großen" angesehen werden und ein entsprechendes Datenbanksystem genutzt werden.

2.3.3 Planen der Auswertung in kleinem Maßstab

Die Auswertung in kleinem Maßstab widmet sich überwiegend der Beantwortung weniger Fragen in einer überschaubaren Menge an Varianten. Entsprechend ist hierfür oft eine geringe Menge an Messdaten ausreichend. Dennoch werden häufig komplexe mathematische Weiterverarbeitungsschritte durchgeführt. Für diese Berechnungen benötigt der durchführende Anwender ein umfassendes Verständnis der Messwerterfassung und ihrer physikalischen Zusammenhänge. Nur mit diesem Kontextwissen können plausible Informationen ermittelt werden.

Die üblichen Schritte für eine Auswertung sind die folgenden:

1. Auswahl der zu erfassenden Messwerte und der Messszenarien
2. Formulieren der Weiterverarbeitungsschritte und
3. Berechnen der Endergebnisse.

Da die konkreten Schritte in ihrem Umfang und ihrer Ausprägung sehr stark von den eingesetzten Anwendungen abhängen, wird hier auf eine vollständige Auflistung verzichtet. Stattdessen folgt ein detailliertes Beispiel, anhand dessen das übliche Vorgehen skizziert wird.

Beispiel: Auswertung einer Werkzeugmaschine

III

Im folgenden Beispiel handelt es sich um eine spanende Werkzeugmaschine, bei der die Energieeffizienz zu erhöhen ist. Hierzu sind einige Vorbetrachtungen nötig.

Bevor jedoch überhaupt Optimierungsmaßnahmen getroffen werden können, ist zu klären, worin diese bestehen könnten. Ein erster Schritt zur Effizienzbetrachtung ist, die Gesamtaufwände zu identifizieren und diese in Relation zu den nützlichen Aufwänden zu setzen. Bei dem Hydraulikaggregat entspricht die elektrische Leistungsaufnahme dabei dem Aufwand. Dieser lässt sich dabei über die Einspeisung des Aggregates messen. Die nützlichen Aufwände hingegen definieren sich etwas aufwendiger darüber, welche hydraulische Leistung produziert wurde. Diese lässt sich jedoch nur indirekt über den zeitlichen Verlauf des Hydraulikdruckes sowie des Volumenstroms bestimmen.

Für die in Abb. 6 dargestellten Kurven wurden, wie oben beschrieben, die elektrische Leistungsaufnahme des Hydraulikaggregates sowie dessen hydraulische Leistungsabgabe gemessen. Für die Messung wurde das Referenzszenario der Fertigung eines Produktteiles herangezogen. Das dadurch aufgespannte Zeitfenster, die Taktzeit der Maschine, ermöglicht eine genaue Berechnung der mittleren Leistungsaufnahme und -abgabe. Hieraus lässt sich anschließend der mittlere Wirkungsgrad ermitteln. Die Ergebnisse der Berechnung sind in Abb. 7 dargestellt.

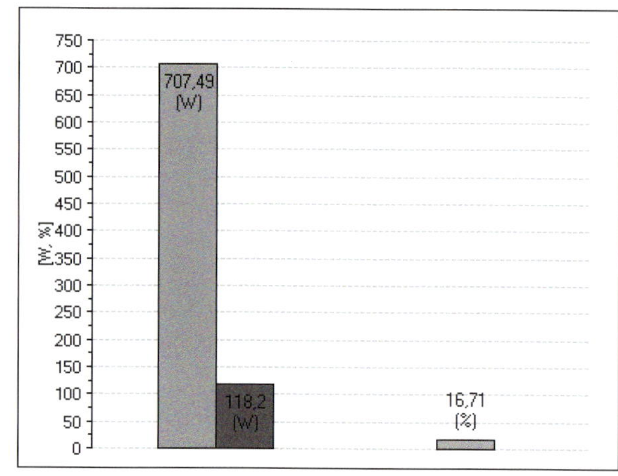

Abb. 7 v. l. n. r.: Mittlere Gesamt- und Wirkleistung sowie Wirkungsgrad des Hydraulikaggregates während des Messzeitraums

Aus den Diagrammen wird ersichtlich, dass das Hydraulikaggregat eine sehr ungleichmäßige Auslastung aufweist. Nur zu wenigen kurzen Zeitintervallen wird das Aggregat überhaupt verwendet. Während des Großteils der Bearbeitung (ca. 83 %) wird lediglich eine Grundlast verursacht. Bezogen auf die anfangs gestellte Frage nach einer Effizienzsteigerung lassen sich aus den ermittelten Informationen zwei Optimierungsstrategien anwenden. Eine unmittel-

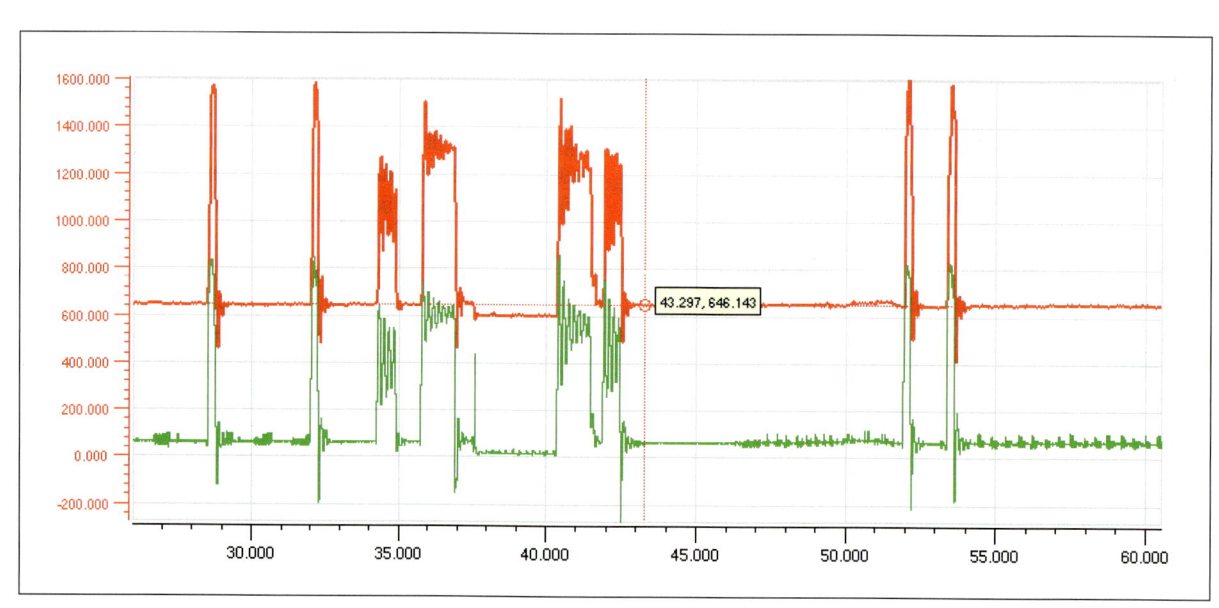

Abb. 6 Zeitlicher Messwertverlauf der aufgenommenen (oben) und wirksamen (unten) Leistungen eines Hydraulikaggregates

bare technische Lösung, welche das Hydraulikaggregat nur für die unmittelbaren Aufgaben aktiviert, wäre zielführend. Mittelfristig ließe sich auch eine große Einsparung durch den Einbau eines automatisch geregelten Aggregates erzielen, welches auch ohne explizite Steueranweisungen nur bedarfsgerecht arbeitet.

2.3.4 Planen der Auswertung in großem Maßstab

Wie bereits in Kapitel III.2.3.2 erwähnt, ist das Auswerten im Großen gekennzeichnet durch Datenmengen, die in ihrer Gänze vom Menschen nicht mehr vollständig erfasst werden können. Muster und Zusammenhänge zwischen einzelnen Aspekten der Messdaten lassen sich unter Umständen nur zufällig finden, ein gezieltes Durchmustern aller Daten ist ohne Weiteres praktisch nicht durchführbar. Um dennoch aus großen Datenmengen Informationen ableiten zu können, werden häufig Mechanismen zur Erzeugung von Überblickswissen eingesetzt. Überblickswissen ermöglicht es, eine grobe Einschätzung vereinfachter Zusammenhänge durchzuführen und interessante Aspekte zu erkennen. Diese Stellen sollten dann wieder etwas genauer betrachtet werden, um darin ebenfalls genauer interessante Aspekte zu finden, usw. Im Endeffekt wird es einem Anwender ermöglicht, sich mittels kompakter bzw. vereinfachter Darstellungen aus einer Vogelperspektive Stück für Stück dem höchsten Detailgrad zu nähern.
Das Fachgebiet, welches sich mit der datenbankbasierten Vorbereitung, Verarbeitung und schließlich Auswertung beschäftigt, ist das Knowledge Discovery. In (Ester 2000) werden ausführlich die dafür notwendigen Randbedingungen und Zusammenhänge erläutert. Das Knowledge Discovery liefert als solches auch ein Vorgehensmodell, wie praktisch Erkenntnisse erlangt werden können. Das Vorgehen orientiert sich am Cross-Industry Standard Process for Data-Mining, siehe dazu (Otte 2004). Die für die Auswertung im Kontext dieses Buches wichtigsten Schritte sind:

1. Erfassung/Datenauswahl
Dieser erste informelle Schritt erfordert die Festlegung, welche der tatsächlich verfügbaren Daten für eine Auswertung genutzt werden sollen. Eine Auswahl kann dabei nicht nur unter technischen, sondern auch unter organisatorischen oder rechtlichen Gründen erfolgen. Letztere sind besonders zu beachten, wenn bspw. personenbezogene Daten erfasst oder Daten von Dritten übernommen wurden. In diesem Schritt wird somit das mögliche Handlungsspielfeld festgelegt.

2. Aufbereitung
Die Aufbereitung ist der entscheidende Schritt, in dem Daten in eine verwertbare Form überführt werden. Diese geschieht über die Mechanismen der Extraktion, Transformation, Loading (ETL). Wie (Bauer 2008) beschreibt, unterteilt sich die Aufbereitung in die drei Schritte:

a) Extraktion bzw. Einsammeln aller festgelegten Informationen aus den verschiedensten Quellen in den unterschiedlichsten Formaten
b) Transformation der Datenschemata in Formate, die denen der Zieldatenbank entsprechen und
c) Laden der eigentlichen Inhalte in die gewünschte Zieldatenbank.

Abb. 8 zeigt das Vorgehen exemplarisch, wobei Daten aus einer Messdatenbank (1.) zusammen mit Kontextinformationen aus einer informellen Quelle (2.) in eine normalisierte und bereinigte Datenbank (3.) überführt werden. Bei diesem ersten Transformationsschritt werde Unstimmigkeiten wie fehlende Einträge, Lücken, Redundanzen und unpassende Datentypen korrigiert. Mit diesem Schritt einher geht auch eine Reduktion der Gesamtdatenmenge. Anschließend wird in einem zweiten Transformationsschritt aus den normalisierten Daten gezielt eine Auswertedatenbank (4.) abgeleitet, die dann von einem Auswerter praktisch durch entsprechende Clients bzw. Front-Ends genutzt werden kann.

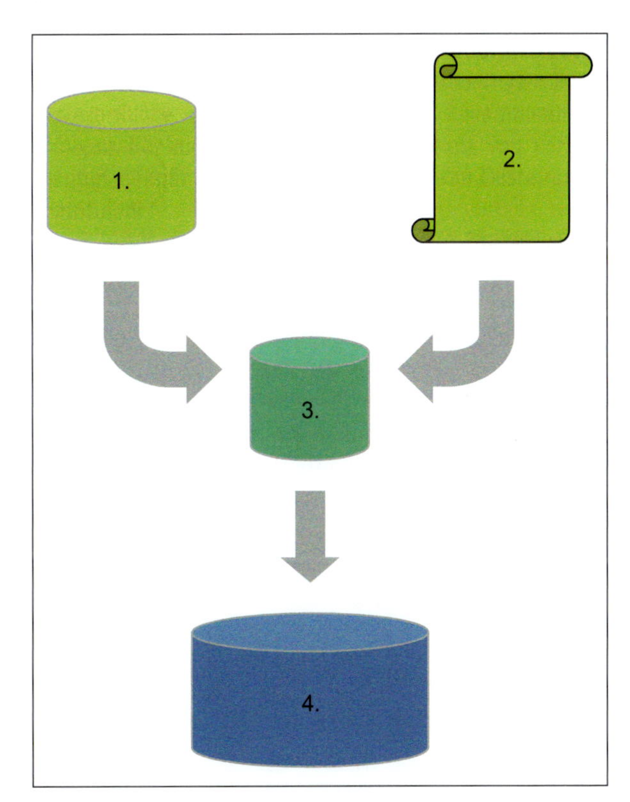

Abb. 8 Grundprinzip des ETL-Prozesses

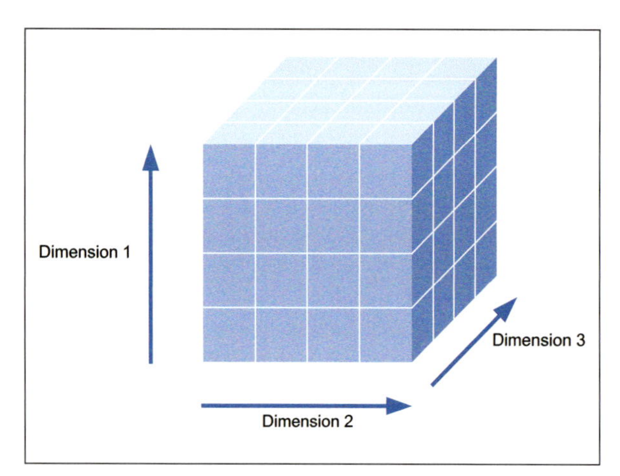

Abb. 9 Grundprinzip eines OLAP-Würfels

Um zu verstehen, was die Transformationen im Einzelnen vollführen, ist es hilfreich, sich erst einmal das Ziel genauer anzuschauen. Die Auswertedatenbank (4.) soll es einem Auswerter ermöglichen, alle im Vorfeld beschriebenen Fragestellungen zu beantworten, vgl. dazu Kapitel III.2.3.1. Hierzu benötigt er nun ein Werkzeug, welches die definierten Begriffe und Aspekte der Auswertung gegenüberstellt und zielgerichtet und kompakt einen Blick auf Teile der Mess- und Berechnungsdaten ermöglicht. Eine Technik, um dies zu erreichen, sind sogenannte Online Analytical Processing Cubes (OLAP-Cubes). Ein OLAP-Würfel ist in erster Linie eine bildliche Repräsentation von datentechnischen Zusammenhängen. Wie (Dubler 2002) beschreibt, sind für OLAP aufbereitete Daten nach unterschiedlichsten Gesichtspunkten ordenbar. Dabei ist festzustellen, dass dies für jedes einzelne Datenelement zutreffen muss. Das Prinzip wird in Abb. 9 anhand eines dreidimensionalen Würfels veranschaulicht. Die einzelnen kleinen Würfel stellen jeweils ein Datenelement dar. Geordnet werden können sie gemäß ihrer Attribute in verschiedenen Ausprägungen, d. h. Dimensionen. Typische Dimensionen sind Zeit, Ort oder Art des Datenwertes. Anders ausgedrückt muss also jedes Datenelement so mit Attributen versehen sein, dass es sich ohne zusätzliche externe Informationen in jede der definierten Dimensionen einordnen lässt. Praktisch sind OLAP-Würfel nicht nur auf drei Dimensionen beschränkt, sondern ermöglichen, abhängig vom Betrachtungsgegenstand, beliebig viele Ordnungskriterien.

Der Vorteil eines OLAP-Würfels besteht nun darin, dass durch eine so geartete strikte Formalisierung der dateninhärenten Zusammenhänge eine Vielzahl von (Auswerte-) Operationen möglich sind. Die Operationen sind jene, die von einem Auswerter benötigt werden, um die verschiedensten Auswertezielfragen beantworten zu können. Zu den wichtigsten Operationen zählen das Ausschneiden und das Aggregieren.

- Abb. 10 zeigt einen OLAP-Würfel mit einer Vielzahl von Datenelementen. Durch gezieltes Festlegen von Filterparametern für einzelne Dimensionen werden Scheiben des Würfels definiert, die deutlich weniger Datenelemente enthalten. Beispielsweise können durch die Festlegung „Zeitdimension = 21.12.2010" alle nicht zum Tag gehörigen Datenwerte ignoriert werden. Ein Auslesen wird damit auf deutlich weniger Elemente verkürzt. Das Filtern und Ausschneiden ist nicht nur auf eine Dimension begrenzt, es kann konsekutiv auf alle Dimensionen angewendet werden.
- Die in Abb. 11 gezeigte Operation stellt das Aggregieren von Datenwerten beispielhaft an zwei Varianten dar. Das Grundprinzip des Aggregierens besteht in der Zusammenfassung vieler einzelner Werte, wenn weniger als der höchste Detailgrad an Informationen benötigt wird. Wurden beispielsweise Daten im Sekundentakt erfasst, werden für eine Auswertung jedoch nur Stundenmittelwerte benötigt, so ist eine Mittelwertaggregation durchzuführen. Im gezeigten Bild werden je zwei Originalwerte zu einem Werten aggregiert, einmal wird der Maximalwert herangezogen und einmal das mathematische Mittel.
- Aggregationen werden ähnlich wie Dimensionen direkt durch das Datenbanksystem durchgeführt, wenn die Auswahl der Dimensionen dies erfordert. Eine Dimension macht dies genau dann erforderlich, wenn die Filterparameter auf einen geringeren als den höchstmöglichen Detailgrad festgelegt wurden.

Sowohl das Ausschneiden von Bereichen eines Datenwürfels als auch das Aggregieren von Einzelwerten sind die

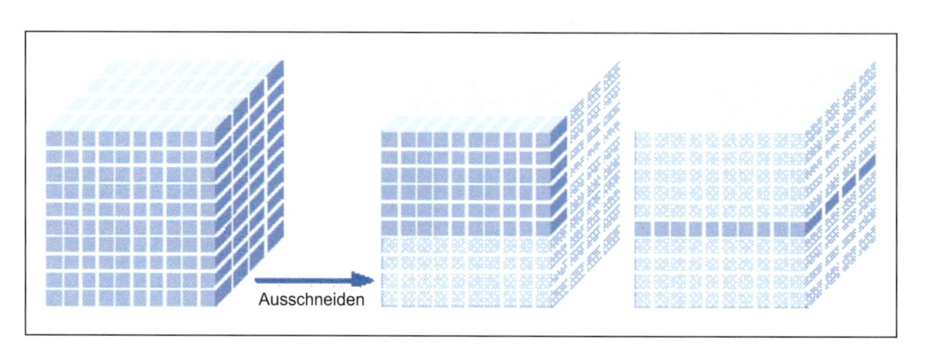

Abb. 10 Varianten des Ausschneidens von Daten aus einem OLAP-Würfel

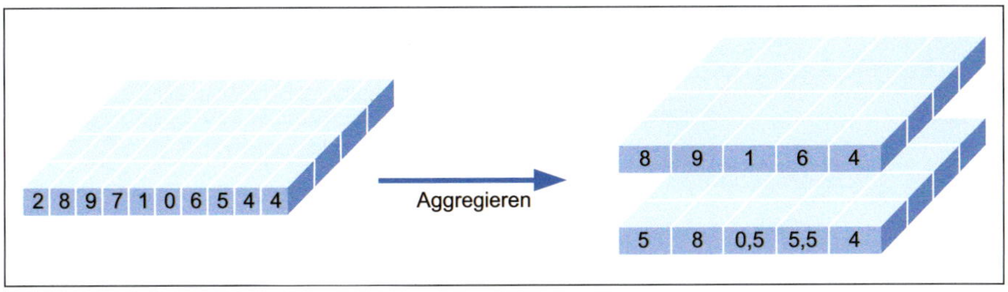

Abb. 11 Maximum und Mittelwert als mögliche Aggregationsbeispiele innerhalb eines ausgeschnittenen Teils eines OLAP-Würfels

essenziellen Operationen, welche ein gezieltes Durchmustern von auch größeren Datenbeständen ermöglicht. Allerdings ist hierfür die zugrunde liegende Auswertedatenbank (vgl. Abb. 8 Nr. 4.) exakt auf derartige Anforderungen zuzuschneiden. Der wesentliche Bestandteil einer solchen Datenbank besteht, wie bereits erwähnt, darin, dass jedes einzelne Datenelement eindeutig einer Stelle einer jeden Dimension zuordenbar ist. Hierfür sind die Kontextinformationen einer Messung die entscheidende Informationsquelle und müssen entsprechend formal formuliert sein. Welche Kontextinformationen nun genau in Dimensionen zu überführen sind, ist abhängig von den Auswertezielen, vgl. dazu Kapitel III.2.3.1. Üblicherweise sind jedoch auf jeden Fall die einzelnen Messstellen im zeitlichen Verlauf voneinander zu unterscheiden.

Erst sinnvoll definierte Dimensionen und Aggregationen ermöglichen eine zweckmäßige und zielgerichtete Verwendung von OLAP-Würfeln. Ihre Erstellung sollte daher mit sehr viel Sorgfalt durchgeführt werden. ■

Da das Eingehen auf alle weiteren für eine OLAP-fähige Datenbank notwendigen Details den Rahmen dieses Werkes bei Weitem übersteigen würde, sei an dieser Stelle auf weiterführende Literatur von (Chamoni 2006) bzw. (Thomsen 2002) verwiesen.

3. Mustererkennung

Wurden alle Daten in eine Auswertedatenbank übertragen, sodass diese als mehrdimensionaler OLAP-Würfel zur Verfügung steht, können nun Auswertungen durchgeführt werden. Hierzu werden wieder die bereits in Kapitel III.2.3.1 definierten Fragen herangezogen. Der Lösungsweg besteht jetzt darin, durch eine Kombination unterschiedlicher Dimensionen, Filterparameter und aggregierter Werte genau die auf jede Frage passenden Antwortwerte zu ermitteln. Um diese unterschiedlichen Möglichkeiten zu realisieren und die Operationen auf dem OLAP-Würfel transparent zu gestalten, werden häufig sogenannte Pivot-Tabellen eingesetzt. Deren Funktionsprinzipien sind unabhängig von den darstellenden Anwendungen identisch. Abb. 12 zeigt die Startansicht einer noch leeren Pivot-Tabelle, wie sie durch Microsoft Excel zur Verfügung gestellt wird.

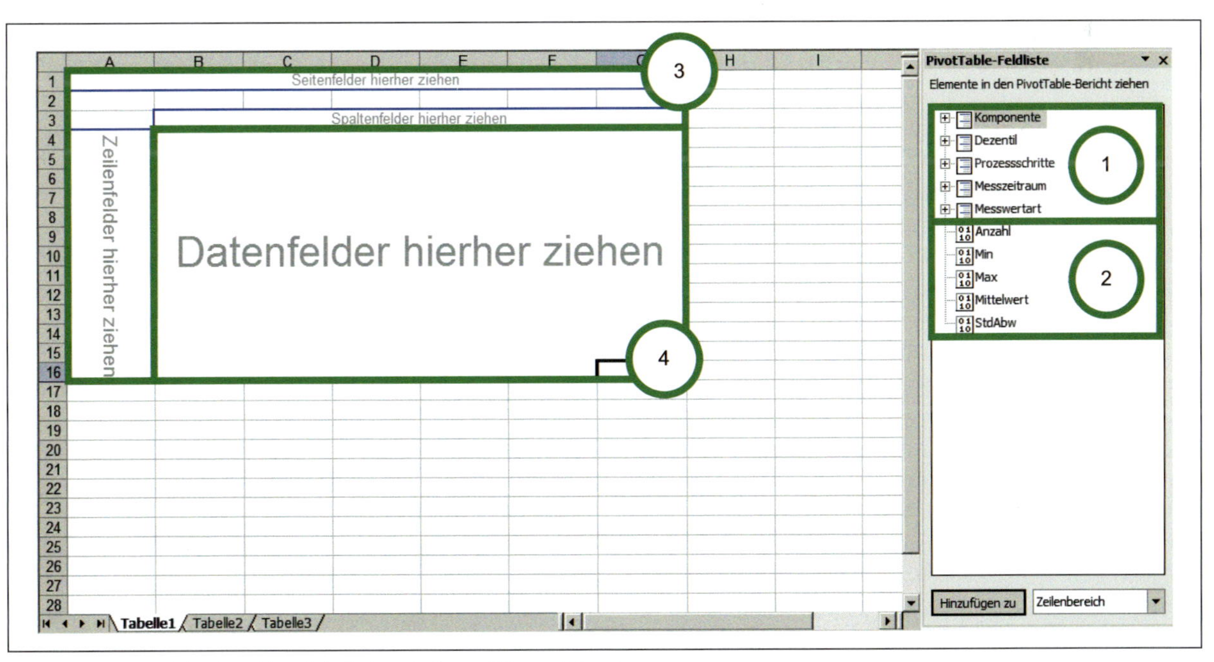

Abb. 12 Leeransicht einer Pivot-Tabelle innerhalb von Microsoft Excel

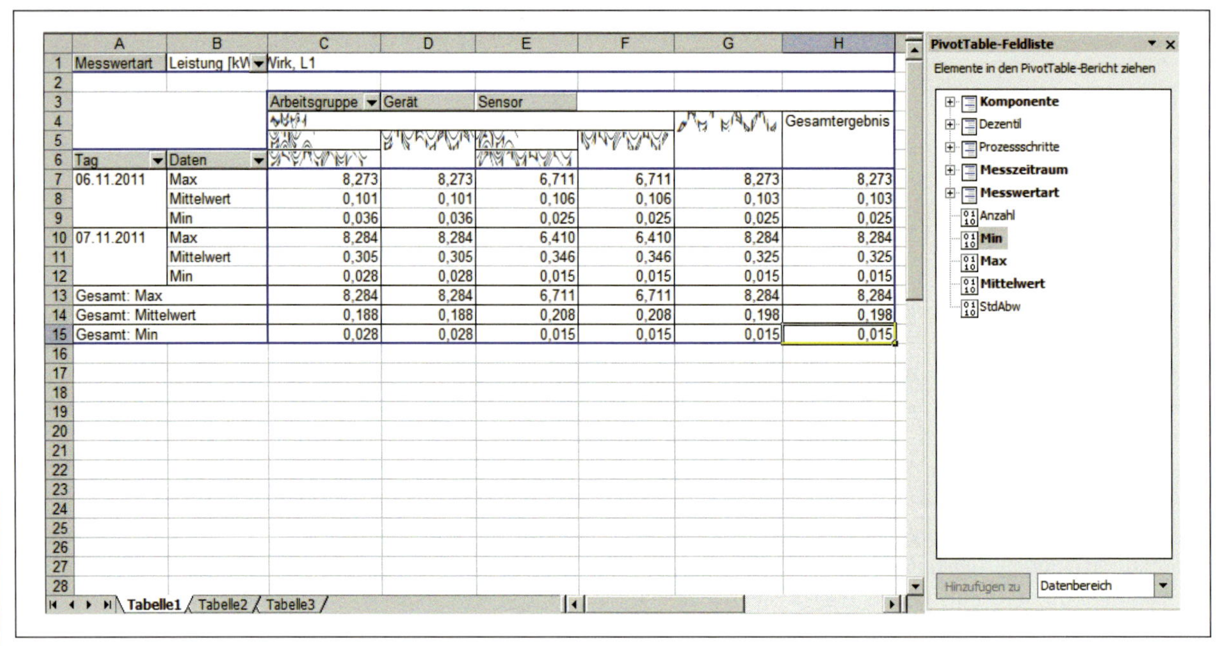

Messwertart	Leistung [kW]	Virk, L1					
		Arbeitsgruppe	Gerät	Sensor			
							Gesamtergebnis
Tag	Daten						
06.11.2011	Max	8,273	8,273	6,711	6,711	8,273	8,273
	Mittelwert	0,101	0,101	0,106	0,106	0,103	0,103
	Min	0,036	0,036	0,025	0,025	0,025	0,025
07.11.2011	Max	8,284	8,284	6,410	6,410	8,284	8,284
	Mittelwert	0,305	0,305	0,346	0,346	0,325	0,325
	Min	0,028	0,028	0,015	0,015	0,015	0,015
Gesamt: Max		8,284	8,284	6,711	6,711	8,284	8,284
Gesamt: Mittelwert		0,188	0,188	0,208	0,208	0,198	0,198
Gesamt: Min		0,028	0,028	0,015	0,015	0,015	0,015

Abb. 13 Darstellung gefilterter und aggregierter Werte in einer Pivot-Tabelle

Unterteilt ist eine Pivot-Tabelle in zwei wesentliche Bereiche, den linken Arbeitsbereich, wo die Operationsergebnisse dargestellt werden, und den Auswahlbereich am rechten Bildrand. Der Auswahlbereich listet zwei Arten von Objekten auf: Dimensionen (1.) und Aggregationen (2.) Dimensionen können im Arbeitsbereich als Spalten- oder Zeilenüberschriften oder auch als Seitenfilter eingefügt werden (3.) Eine oder mehrere Aggregationen lassen sich auf den Datenbereich anwenden. Das grafische Bedienen der Pivot-Tabelle sorgt implizit für das Ausführen der entsprechenden OLAP-Operationen auf seiten des Datenbanksystems. Hierdurch werden die gewünschten Daten ermittelt und dargestellt. Je nach Umfang und Detailgrad der Daten kann dies jedoch erhebliche Zeit in Anspruch nehmen. Für eine anwenderfreundliche Bedienung sind zahlreiche Optimierungsstrategien bekannt, wodurch eine hohe Interaktivität gewährleistet werden kann.

Abb. 13 zeigt eine mit Daten gefüllte Pivot-Tabelle. Dabei wurden die Basisdaten auf eine Messwertart gefiltert und für verschiedene Sensoren die Maximal-, Minimal- und Mittelwerte zweier Messtage dargestellt.

Auch wenn mit den Mitteln von OLAP und Pivot-Tabellen schon sehr flexible Werkzeuge zur Verfügung stehen, stellen sie dennoch nur eine Hilfe dar, um große Datenmengen transparent zu machen. In den Daten inhärente Zusammenhänge können(!) so bei korrekt gestellten Fragen erkannt und bewiesen werden, jedoch nur, wenn der Bediener diese bereits angedacht hat. Eine vollständige Erkennung bzw. die Erkennung unvermuteter Zusammenhänge kann dadurch jedoch nicht gewährleistet werden.

Hierfür werden oft ergänzende Verfahren aus dem Bereich der Statistik angewendet. Die Anwendung statistischer Verfahren auf große Datenbestände ist das Fachgebiet des Data-Minings. Die wesentlichen Methoden lassen sich in strukturentdeckende und strukturprüfende Verfahren unterteilen. Erstere haben zum Ziel, unbekannte Muster ohne exaktes Vorwissen des Bedieners aufzudecken und deren Signifikanz zu beurteilen. Die strukturprüfenden Verfahren gehen von einer oder mehreren Hypothesen aus, die es zu verifizieren gilt.

Da im Kontext der Ressourceneffizienz ein sehr breites Spektrum an praktischen Fragestellungen möglich ist, diese sich jedoch oft bereits bei der Konkretisierung beantworten lassen, sei dem interessierten Leser die weiterführende Literatur von (Petersohn 2005) zum Thema Data-Mining empfohlen.

Beispiel: Auswertung einer Produktionsanlage

Zur Verdeutlichung der beschriebenen Methoden und Werkzeuge für Auswertung im Großen folgt nun ein Beispiel zur Auswertung einer Produktionsanlage. Die Anlage besteht aus autarken Produktionszellen, welche, abgesehen von Teilezu- und -abführung vollautomatisch arbeiten. Ohne auf die Details der hergestellten Produkte oder der dazu eingesetzten Prozesse einzugehen, wurden zu Beginn drei wesentliche Fragen formuliert. Diese dienen der Bilanzierung der Prozessschritte der Anlage:

1. Wie viel Energie wird für die Fertigung eines Produktteils benötigt?

2. Welcher Prozessschritt verbraucht wann wie viel Energie?
3. Wie viel Energieverbrauch ist unproduktiv?

Die Fragen stellen eine erste grobe Analyserichtung dar und wurden für eine praktische Verwendung konkretisiert. Bedient man sich des Ablaufschemas aus Abb. 4, so ergeben sich für obige Fragen folgende detaillierte Begriffe bzw. Messanforderungen:

1. Detaillierung von „Energie“ und „ein Produktteil“

a) Energie ist die Integration von Leistungswerten, welche nur indirekt über Strom- und Spannungsmessungen im zeitlichen Verlauf ermittelt werden können. Um also verbrauchte Energien zu erkennen, sind alle drei Phasen eines Kraftstromanschlusses zu erfassen.

b) Da auf einer Anlage meist mehr als nur ein Produktteil im Verlaufe eines Tages produziert wird, stellt sich die Frage, ob ein bestimmtes einzelnes Produktteil oder eine Menge davon betrachtet werden sollen. Letzteres lässt sich leichter abbilden, da sich produktteilspezifische Verbräuche durch Mittelwertbildung der Gesamtverbräuche geteilt durch die Anzahl der gefertigten Teile bestimmen lassen. Für den ersten Fall hingegen ist es erforderlich, die Energieverbräuche individuell einem Produktteil (identifiziert durch bspw. eine Seriennummer) zuzuordnen. Dies wird aufwendiger, wenn die Anlage zur gleichen Zeit mehrere Teile in unterschiedlichen Fertigungsstadien bearbeitet, d. h. Prozessschritte parallel ablaufen. Jeder ablaufende Prozessschritt muss also im zeitlichen Verlauf exakt einem Produktteil zugeordnet werden.

2. Detaillierung von „Prozessschritt“

a) Problematisch an der Erfassung von Prozessschritten ist, dass sie praktisch nicht messbar sind. Es handelt sich im Prinzip um logische Zeitfenster, in denen bestimmte Arbeiten getan werden. Was sich erfassen lässt, ist also nicht der Verbrauch eines Schrittes selbst, sondern bestenfalls der Energieverbrauch der an dem Prozessschritt beteiligten Gerätschaften. Da eine Gerätschaft zu unterschiedlichen Zeiten an unterschiedlichen Prozessen beteiligt sein kann, ist nur über eine zeitliche Zuordnung erkennbar, wann welche Gerätschaft was getan hat. Hierzu müssen die internen Uhren der Messsysteme möglichst genau synchronisiert sein.

b) Da in einer Anlage sehr viele Schritte ablaufen, teilweise auch parallel, ist genauer festzulegen, welche Schritte genau zu betrachten sind. Sind Zustände im Programmablauf gemeint, technologische Schritte oder andere Hilfsschritte? Unabhängig davon, was alles als Schritt definiert ist, jeder einzelne muss als aktiv oder nicht aktiv erkannt werden können. Dabei ist zusätzlich zu beachten, dass jeder Schritt im Verlaufe einer Messperiode mehrfach durchlaufen werden kann, d. h. mehrere Schrittinstanzen aufweist. Diese können sich in ihrer Dauer und ihrem abgeleiteten Energieverbrauch unterscheiden und müssen daher auch individuell erkannt werden. Für die Messung bedeutet dies, dass Beginn und Ende eines jeden relevanten Schrittes zusätzlich erfasst werden müssen.

c) Nicht vernachlässigt werden darf allerdings auch die Länge der möglichen Prozessschritte. Beispielsweise können Schweißprozesse unter Umständen nach wenigen 100 Millisekunden bereits abgeschlossen sein, der dafür nötige Energieaufwand ist jedoch nicht vernachlässigbar. Die Energiemessung sollte daher in der Lage sein, derartig kurze und intensive Stromverbräuche erfassen zu können, damit diese bei den jeweiligen Prozessschritten auch eingerechnet werden.

3. Detaillierung „unproduktiv“

a) Im Normalfall führt eine Produktionsanlage ein festgelegtes Programm aus, in welchem die produktiven Schritte ebenso mit enthalten sind wie alle unproduktiven. Zu den unproduktiven können je nach Sichtweise Zustellbewegungen, Wartephasen und/oder Pausenstillstandszeiten gehören. Es sollte nun beschrieben werden, welche der erfassbaren Prozessschritte als produktiv zu gelten haben. Unter Umständen sind dazu auch komplexere Unterscheidungsmerkmale, die sich im zeitlichen Verlauf ändern. Sie sind entweder als Kontextinformation für jeden Prozessschritt mit vorzubereiten oder unmittelbar im Messsystem mit zu erfassen.

Ausgehend von den geschilderten Detaillierungen wurde anschließend eine Messwerterfassung konzipiert, die neben einer Vielzahl von Messwerten auch Prozessschrittsignale erfasst. Da zum Zeitpunkt der Dokumenterstellung nicht alle benötigten Aspekte praktisch verfügbar waren, ist die Basis der nachfolgenden Daten durch Simulationen erzeugt. Auch wenn ein wertmäßiger Bezug zu realen Systemen daher nicht gegeben ist, können anhand der Datenbanken dennoch die Möglichkeiten der Auswertung erläutert werden.

Beispielreport zu 1. Wie viel Energie wird für die Fertigung eines Produktteils benötigt?:

Zur Beantwortung dieser Frage ist zu wissen, welche Daten exakt erfasst wurden. Da als Basis nur Momentanleistungen der einzelnen drei elektrischen Phasen verfügbar

Anzahl an Messwerten für Wirkleistungen aller 3 Phasen

Messwertar (Mehrere Elente)

Anzahl		Arbeits	Sensor											
		ARG1												
		AFO60	ARG1						R1B		R1C		R1D	
Tag	Stunde	GCT-AFC	GCT-ARG	GCT-ARG	GCT-ARG	GCT-ARG	GCT-ARG	GCT-ARG	GCT-R1B	GCT-R1B	GCT-R1C	GCT-R1C	GCT-R1D	GCT-R1D
07.11.2011	10 h	30105	30105	30105	30105	30105	30105	30105	30105	30105	30105	30105	30105	30105
	11 h	31851	31851	31851	31851	31851	31851	31851	31851	31851	31851	31851	31851	31851
	12 h	31236	31236	31236	31236	31236	31236	31236	31236	31236	31236	31236	31236	31236
	13 h	33009	33009	33009	33009	33009	33009	33009	33009	33009	33009	33009	33009	33009
	14 h	32442	32442	32442	32442	32442	32442	32442	32442	32442	32442	32442	32442	32442
07.11.2011 Ergebnis		158643	158643	158643	158643	158643	158643	158643	158643	158643	158643	158643	158643	158643

Durchgängigkeitsfaktor der Messwerte 0,294

Abb. 14 Lücken in der Messwerterfassung

sind, müssen diese für den Energieverbrauch integriert werden. Mittels der Parametrierung einer Pivot-Tabelle entstand Abb. 14, in dem auffällt, dass die verschiedenen Sensoren über den Messzeitraum hinweg unterschiedliche Mengen an Messwerten geliefert haben. Bei der Erfassung von drei Wirkleistungen im 100ms-Takt über eine Stunde hinweg sollten 108.000 Messwerte (3600 Sekunden · 10 Werte je Sekunde · 3 Phasen) entstanden sein, praktisch sind jedoch nur ca. ein Drittel davon verfügbar. Lücken in der Messwerterfassung können vielfältige Ursachen haben. Überlastungen des Kommunikationsbusses oder das Ausschalten von Systemteilen durch Wartungsarbeiten sind nur zwei Mögliche. Im vorliegenden Fall wurden zufällig Messwerte ausgelassen, um reale Zustände zu simulieren. Der Grad der Vollständigkeit der Messdaten lässt sich mittels des Durchgängigkeitsfaktors angeben, der im unteren Teil des Bildes über alle 13 Datenpunkte ermittelt wurde. Für die weitere Betrachtung bedeutet dies, dass allein das Summieren der gemessenen Wirkleistungen noch keinen korrekten Energieverbrauch darstellt. Was jedoch getan werden kann, ist, die Summen der Wirkleistungen durch den Durchgängigkeitsfaktor zu dividieren, um eine Hochrechnung des Energieverbrauches zu erhalten, wenn vollständige Messwerte vorlägen. Abweichungen durch nicht gemessene Werte müssen an dieser Stelle in Kauf genommen werden. Allerdings entspricht die Summation der Wirkleistungen noch nicht der Einheit kWh, da die Leistungsmessungen sich auf je 100 Millisekunden beziehen. Eine Einheitenumrechnung ergibt dann einen hochgerechneten Energieverbrauch von ca. 28 kWh für den Messzeitraum von fünf Stunden (vgl. dazu Abb. 15).

Für eine abschließende Beantwortung der Frage ist noch der Bezug zum Produktteil herzustellen. Hierzu kann mittels einer gezielten Datenbankabfrage ermittelt werden, welcher Prozessschritt im Messzeitraum wie oft durchgeführt worden ist (s. dazu Abb. 16). Diese Zahlen geben an, wie viele Teile gefertigt wurden. Dass die letzten Schritte weniger oft durchgeführt wurden, kann darin begründet liegen, dass die Anlage leer gestartet wurde, d. h. die letzten Schritte erst mit Verzögerungen begonnen werden konnten.

Messwertsummen der Wirkleistungen aller 3 Phasen

Messwertar (Mehrere Elente)

Summe		Arbeits	Sensor											
		ARG1												
		AFO60	ARG1						R1B		R1C		R1D	
Tag	Stunde	GCT-AFC	GCT-ARG	GCT-ARG	GCT-ARG	GCT-ARG	GCT-ARG	GCT-ARG	GCT-R1B	GCT-R1B	GCT-R1C	GCT-R1C	GCT-R1D	GCT-R1D
07.11.2011	10 h	978	152	97	0	10611	340	310	17345	135	12960	649	19893	0
	11 h	956	129	74	0	11191	386	265	17287	148	12658	673	19326	0
	12 h	999	141	78	0	11001	374	332	16976	148	12582	653	19031	0
	13 h	439	88	61	0	11557	197	173	10458	141	8341	671	12273	0
	14 h	1053	140	86	0	11409	335	301	16912	147	13198	700	19954	0
07.11.2011 Ergebnis		4424	650	396	0	55769	1632	1381	78978	718	59738	3347	90477	0

Zu Energieverbrauch integrierte Leistunger 28,13

Abb. 15 Energieverbrauch als Summierung von Wirkleistungen

Anzahl an durchgeführten Prozessschritten		
ProcessSte	ProcessStepN	Instances
1	Schritt A-1	180
2	Schritt A-2	180
3	Schritt A-3	180
4	Schritt A-4	180
5	Schritt A-5	180
6	Schritt A-6	180
7	Schritt A-7	180
8	Schritt A-8	180
9	Schritt A-9	179
10	Schritt A-10	179
11	Schritt A-11	178
12	Schritt A-12	178
14	Schritt A-14	178
15	Schritt A-15	178

Abb. 16 Anzahl an Ausführungen der Prozessschritte (Prozessschrittinstanzen)

Bei der Annahme, dass effektiv 178 Teile die Anlage in fünf Stunden verlassen, ergibt sich ein Energieverbrauch von 0,158 kWh je Produktteil. Unberücksichtigt bleibt daran allerdings, welche der Verbräuche tatsächlich den Prozessschritten zuzuordnen sind und welche der notwendigen Grundversorgung zuzurechnen wären.

Beispielreport zu 2. Welcher Prozessschritt verbraucht wann wie viel Energie?:

Um den Energieverbrauch eines jeden Prozessschrittes festzustellen, lässt sich die Pivot-Tabelle derart parametrieren, dass nur die Mittelwerte der Wirkleistungen spezifisch für jeden Prozessschritt angezeigt werden. Gemittelt wurde über alle Prozessschrittinstanzen und alle drei Wirkleistungen (Abb. 17).

Um Energiewerte zu erhalten, sind die mittleren Leistungen wieder zu integrieren. Hierzu wird benötigt, über

Mittelwerte aller 3 Wirkleistungsphasen je Prozessschritt (gemittelt je Instanz)		
Messzeitraum	(Mehrere Elemente)	
Messwertart	(Mehrere Elemente)	
Komponente	ARG1	
Mittelwert		
Arbeitsgruppe	Schritt	Ergebnis
ARG1	Schritt A-1	0,254
	Schritt A-2	0,157
	Schritt A-3	0,247
	Schritt A-4	0,177
	Schritt A-5	0,254
	Schritt A-6	0,227
	Schritt A-7	0,197
	Schritt A-8	0,181
	Schritt A-9	0,186
	Schritt A-10	0,196
	Schritt A-11	0,286
	Schritt A-12	0,349
	Schritt A-14	0,167
	Schritt A-15	0,255
ARG1 Ergebnis		0,238
Gesamtergebnis		0,238

Abb. 17 Mittlere Wirkleistung je Prozessschritt und Phase

Dauer und Energieverbrauch der Prozessschritte (gemittelt über alle Instanzen)		
ProcessStepNar	MeanDuration	Energieverbauch je Prozessschritt [kWh]
Schritt A-1	19971,8	0,004226
Schritt A-2	2060,7	0,000270
Schritt A-3	6059,3	0,001250
Schritt A-4	2037,0	0,000300
Schritt A-5	10058,2	0,002125
Schritt A-6	2037,0	0,000385
Schritt A-7	35060,7	0,005767
Schritt A-8	2037,0	0,000307
Schritt A-9	16119,9	0,002500
Schritt A-10	2036,6	0,000333
Schritt A-11	80228,3	0,019119
Schritt A-12	2036,3	0,000591
Schritt A-14	20151,3	0,002798
Schritt A-15	10113,8	0,002146

Abb. 18 Mittlerer Energieverbrauch je Prozessschritt

welchen Zeitraum die Integration erfolgen soll. Abbildung 18 zeigt das Ergebnis einer Datenbankabfrage über die mittlere Prozessschrittdauer. Gemittelt wurde über die jeweils durchgeführten Prozessschritte. Verrechnet man diesen Wert mit der mittleren Wirkleistung eines jeden Prozessschrittes, so ergibt sich der mittlere Energieverbrauch eines jeden Prozessschrittes. Da sie nur sehr kurze Zeitspannen benötigen, sind auch die Zahlenwerte

Mittelwerte aller 3 Wirkleistungsphasen eines Prozessschrittes

Messzeitraum	(Mehrere Elemente)
Messwertart	(Mehrere Elemente)
Komponente	ARG1

Mittelwert			
Arbeitsgruppe	Schritt	Instanz	Ergebnis
ARG1	Schritt A-12	#3 2011-11-07 10:06:15.550 - 2011-11-07 10:06:17.580	0,232
		#15 2011-11-07 10:26:20.600 - 2011-11-07 10:26:22.630	0,680
		#16 2011-11-07 10:28:06.370 - 2011-11-07 10:28:08.470	0,523
		#17 2011-11-07 10:29:36.740 - 2011-11-07 10:29:38.700	1,199
		#20 2011-11-07 10:34:45.650 - 2011-11-07 10:34:47.680	0,117
		#28 2011-11-07 10:48:00.010 - 2011-11-07 10:48:02.040	0,287
		#29 2011-11-07 10:49:51.660 - 2011-11-07 10:49:53.760	0,540
		#31 2011-11-07 10:52:59.750 - 2011-11-07 10:53:01.780	0,118
		#32 2011-11-07 10:54:42.860 - 2011-11-07 10:54:44.890	0,121
		#33 2011-11-07 10:56:31.920 - 2011-11-07 10:56:34.020	0,120
		#34 2011-11-07 10:57:56.970 - 2011-11-07 10:57:58.930	0,101
		#35 2011-11-07 10:59:46.380 - 2011-11-07 10:59:48.410	0,206
		#36 2011-11-07 11:01:28.580 - 2011-11-07 11:01:30.680	0,098
		#42 2011-11-07 11:11:29.250 - 2011-11-07 11:11:31.280	0,118
		#43 2011-11-07 11:13:09.350 - 2011-11-07 11:13:11.380	0,313
		#45 2011-11-07 11:16:33.470 - 2011-11-07 11:16:35.570	0,897
		#46 2011-11-07 11:18:07.900 - 2011-11-07 11:18:09.930	0,122
		#48 2011-11-07 11:21:26.630 - 2011-11-07 11:21:28.590	0,319
		#50 2011-11-07 11:25:00.410 - 2011-11-07 11:25:02.510	0,940
		#51 2011-11-07 11:26:29.520 - 2011-11-07 11:26:31.480	0,053
		#57 2011-11-07 11:36:41.040 - 2011-11-07 11:36:43.140	0,120
		#60 2011-11-07 11:41:32.310 - 2011-11-07 11:41:34.340	0,226
		#72 2011-11-07 12:01:38.060 - 2011-11-07 12:01:40.160	0,174
		#74 2011-11-07 12:04:52.380 - 2011-11-07 12:04:54.410	0,122
		#75 2011-11-07 12:06:27.580 - 2011-11-07 12:06:29.610	0,109
		#77 2011-11-07 12:09:49.950 - 2011-11-07 12:09:51.980	0,119
		#79 2011-11-07 12:13:17.640 - 2011-11-07 12:13:19.740	0,124
		#80 2011-11-07 12:14:58.090 - 2011-11-07 12:15:00.190	0,894
		#82 2011-11-07 12:18:12.200 - 2011-11-07 12:18:14.230	0,789
		#86 2011-11-07 12:24:56.100 - 2011-11-07 12:24:58.130	0,118
		#105 2011-11-07 12:56:43.460 - 2011-11-07 12:56:45.490	0,666
		#111 2011-11-07 13:06:36.990 - 2011-11-07 13:06:39.020	0,049
		#112 2011-11-07 13:08:27.660 - 2011-11-07 13:08:29.760	0,050
		#113 2011-11-07 13:09:56.210 - 2011-11-07 13:09:58.170	0,049
		#117 2011-11-07 13:16:37.240 - 2011-11-07 13:16:39.270	0,050
		#118 2011-11-07 13:18:16.640 - 2011-11-07 13:18:18.600	0,050
		#120 2011-11-07 13:21:37.680 - 2011-11-07 13:21:39.710	0,246
		#130 2011-11-07 13:38:14.970 - 2011-11-07 13:38:17.000	0,213
		#133 2011-11-07 13:43:25.350 - 2011-11-07 13:43:27.450	0,803
		#135 2011-11-07 13:46:45.130 - 2011-11-07 13:46:47.230	0,107
		#136 2011-11-07 13:48:06.890 - 2011-11-07 13:48:08.850	0,359
		#138 2011-11-07 13:51:40.250 - 2011-11-07 13:51:42.350	0,118
		#140 2011-11-07 13:54:43.860 - 2011-11-07 13:54:45.820	0,121
		#141 2011-11-07 13:56:26.270 - 2011-11-07 13:56:28.230	0,120
		#142 2011-11-07 13:58:05.600 - 2011-11-07 13:58:07.560	0,119
		#145 2011-11-07 14:03:11.850 - 2011-11-07 14:03:13.880	0,050
		#148 2011-11-07 14:08:15.930 - 2011-11-07 14:08:17.960	0,341
		#151 2011-11-07 14:13:15.460 - 2011-11-07 14:13:17.560	0,118
		#152 2011-11-07 14:15:01.580 - 2011-11-07 14:15:03.680	0,119
		#155 2011-11-07 14:19:45.920 - 2011-11-07 14:19:47.880	1,277
		#163 2011-11-07 14:33:06.090 - 2011-11-07 14:33:08.050	0,928
		#164 2011-11-07 14:34:57.880 - 2011-11-07 14:34:59.980	0,660
		#171 2011-11-07 14:46:40.470 - 2011-11-07 14:46:42.570	1,061
		#175 2011-11-07 14:53:03.440 - 2011-11-07 14:53:05.400	0,522
		#176 2011-11-07 14:54:53.060 - 2011-11-07 14:54:55.090	0,532
	Schritt A-12 Ergebnis		0,349
ARG1 Ergebnis			0,349
Gesamtergebnis			0,349

Abb. 19 Detaillierte mittlere Energieverbräuche aller Instanzen eines Prozessschrittes

relativ niedrig. Erst deren wiederholtes Ausführen sorgt für signifikante Verbräuche.
Ohne weitere Probleme kann die in Abbildung 17 gezeigte Pivot-Tabelle auch anders parametriert werden, um die einzelnen Prozessschrittinstanzen und deren Wirkleistungen anzuzeigen. Dies wurde in Abbildung 19 für den Schritt A-12 getan, ist aber auch für jeden anderen oder alle gleichzeitig möglich. Auffällig ist hierbei, dass nicht für jede Instanz ein Messwert angegeben ist. Ursache hierfür sind die bereits erwähnten Lücken in der Messwerterfassung, wodurch für bestimmte Instanzen keine Messwerte verfügbar waren.

Beispielreport zu 3. Wie viel Energieverbrauch ist unproduktiv?:

Um die letzte der Beispielfragen zu beantworten, sind alle dafür notwendigen Informationen bereits in den vorigen Antworten vorbereitet worden. Abbildung 20 zeigt die Mittelwerte aller drei Wirkleistungsphasen für die verschiedenen Prozessschritte. Der in der vorletzten Zeile enthaltene Wert für „unzugeordnet" entspricht dem Mittelwert all jener Messwerte, die keinem Prozessschritt zuordenbar waren.
Aus den Wirkleistungen lässt sich, wie bekannt, über die Integration über das gemessene Zeitintervall der Energieverbrauch jeder einzelnen Prozessschrittinstanz ermitteln.

Mittelwerte aller 3 Wirkleistungsphasen je Prozessschritt (gemittelt je Instanz)

Messzeitraum	(Mehrere Elemente)
Messwertart	(Mehrere Elemente)
Komponente	ARG1

Mittelwert		
Arbeitsgruppe	Schritt	Ergebnis
ARG1	Schritt A-1	0,254
	Schritt A-2	0,157
	Schritt A-3	0,247
	Schritt A-4	0,177
	Schritt A-5	0,254
	Schritt A-6	0,227
	Schritt A-7	0,197
	Schritt A-8	0,181
	Schritt A-9	0,186
	Schritt A-10	0,196
	Schritt A-11	0,286
	Schritt A-12	0,349
	Schritt A-14	0,167
	Schritt A-15	0,255
ARG1 Ergebnis		0,238
unzugeordnet		0,083
Gesamtergebnis		0,126

Abb. 20 Mittlere Wirkleistung der Prozessschritte

Summierter Energieverbrauch aller Prozessschritte

			Energieverbauch [kWh]	
ProcessStepNa	Instances	MeanDuration	je Prozessschritt	gesamt
Schritt A-1	180	19971,8	0,004226	0,76
Schritt A-2	180	2060,7	0,000270	0,05
Schritt A-3	180	6059,3	0,001250	0,22
Schritt A-4	180	2037,0	0,000300	0,05
Schritt A-5	180	10058,2	0,002125	0,38
Schritt A-6	180	2037,0	0,000385	0,07
Schritt A-7	180	35060,7	0,005767	1,04
Schritt A-8	180	2037,0	0,000307	0,06
Schritt A-9	179	16119,9	0,002500	0,45
Schritt A-10	179	2036,6	0,000333	0,06
Schritt A-11	178	80228,3	0,019119	3,40
Schritt A-12	178	2036,3	0,000591	0,11
Schritt A-14	178	20151,3	0,002798	0,50
Schritt A-15	178	10113,8	0,002146	0,38
			gesamt	7,53
			Anlagenweit	28,13
			unproduktive	73%

Abb. 21 Summierter Energieverbrauch der Prozessschritte in Relation zum Gesamtanlagenverbrauch

Multipliziert man diesen Wert mit der Anzahl der jeweiligen Ausführungen, so erhält man den summierten spezifischen Energieverbrauch des jeweiligen Prozessschrittes im Messzeitraum. Die Summe dieser Energien setzt man in Relation zu dem bereits bekannten Gesamtverbrauch der Anlage (ca. 28 kW) und erhält dadurch den unproduktiven Anteil des Energieverbrauches, ca. 73 % (s. dazu Abb. 21). Es ist jedoch anzumerken, dass der Begriff „unproduktiv" nur bedingt gültig ist, da selbst Zustellbewegungen, Teiletransporte und Ähnliches für den Produktionsprozess von Bedeutung sind, selbst wenn sie direkt keinen Bearbeitungsfortschritt darstellen.

Die obigen Beispielfragen haben gezeigt, dass für deren Beantwortung zu Beginn eine genaue Analyse stehen muss, um festzustellen, was nun tatsächlich zu messen ist. Nur mit einer gründlichen Vorbereitung der Messwerterfassung können dann tatsächlich valide Aussagen getroffen werden. Es wurde auch gezeigt, dass die Aussagen oft nur in Relation mit anderen Analyseergebnissen brauchbar sind.

III

2.4 Auswertung in integrierten Managementsystemen

Die vorgestellten Methoden, Hilfsmittel und Beispiele beziehen sich allesamt auf Offline-Systeme, welche die Auswertung von der Erfassung trennen. Dies hat den Vorteil, dass auch unabhängig von aktuellen Produktionsbedingungen Daten nach unterschiedlichsten Vorgaben ausgewertet werden können. Ein exploratives Vorgehen ist also möglich. Am Markt sind mittlerweile auch vermehrt Lösungen unter dem Begriff Energiemanagement zu finden, welche Energieverbräuche aktueller Anlagen sichtbar machen. Sie ermöglichen, parallel zur tatsächlichen Produktion, zeitnah erfasste Werte zu visualisieren. Umfangreiche Weiterverarbeitungsmöglichkeiten, wie in den expliziten Messsystemen, sind jedoch kaum zu finden. Ebenfalls unter dem Begriff Energiemanagement befinden sich Systeme, welche neben einer Erfassung auch Optimierungen vornehmen können. Diese reichen dabei von optimierten Auftragsplänen über Spitzenlastvermeidungen bis hin zu konkreten Abschalt- und Wiederanlaufstrategien im

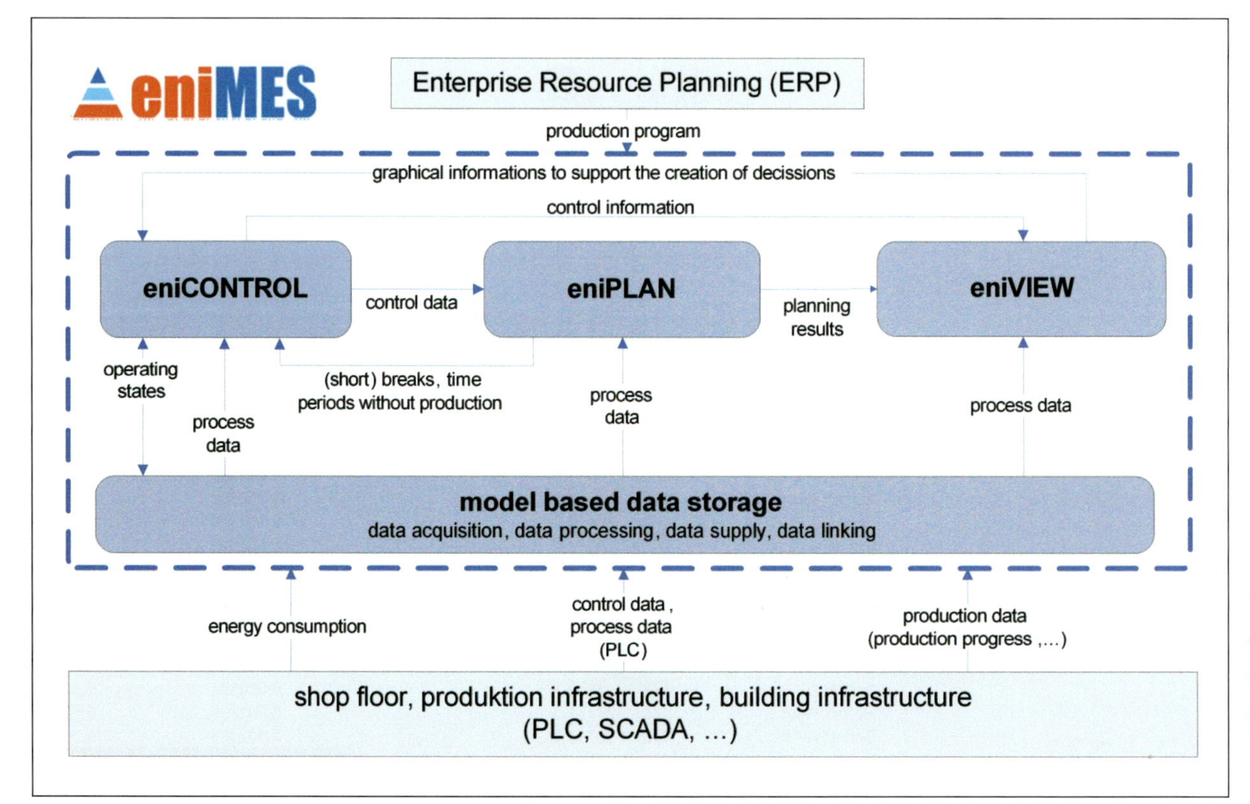

Abb. 22 Modellbasierte Gesamtsteuerung eines Produktionsstandortes für einen minimierten Energieeinsatz

realen Feld. Ein Beispiel für ein System, welches den Gesamtenergieeinsatz einer Halle bei Erreichung eines vorgegebenen Produktionsziels dynamisch überwacht und ggf. minimiert, ist in Abb. 22 zu sehen (Neugebauer 2012). Durch den Ansatz eines Wissensmodells über alle relevanten Energieverbraucher und deren Zusammenhänge bzw. Abhängigkeiten untereinander kann das Steuersystem eniMES je nach Produktionssituation den energetisch niedrigsten Zustand einnehmen. Sobald sich dieses (und andere) in der Entwicklung befindliche System im Praxiseinsatz bewährt hat, können langfristig kostenaufwendige Einzelmessungen entfallen.

2.5 Zusammenfassung

Dieses Kapitel zum Thema der Datenauswertung hat gezeigt, dass vielfältige Einflussfaktoren und Beschränkungen existieren, die es bei der Beurteilung der Ressourceneffizienz zu beachten gilt. Neben den rein technischen Anforderungen sind vor allem die Arbeiten vor einer Analyse von Messdaten bedeutsam. Erst durch ein gründliches Verständnis der Sachverhalte und ihrer Zusammenhänge können auch die richtigen Fragen gestellt werden. Mit sinnvoll definierten Fragen lassen sich im Anschluss daran mit den beschriebenen Methoden und Werkzeugen Antworten darauf ermitteln. Die dargestellten Beispiele dienen in erster Linie als Anschauungshilfe, wie in bestimmten Situationen mit bestimmten Fragen umgegangen werden kann und können als Referenzbeispiele für zukünftige Aufgaben herangezogen werden.

Literatur

Bauer, A., Günzel, H.: Data-Warehouse-Systeme – Architektur, Entwicklung, Anwendung. dpunkt, 2008

Chamoni, P.: Analytische Informationssysteme: Business Intelligence-Technologien und -Anwendungen, Springer: Berlin, 2006

Dubler, C., Wilcox, C.: Just What Are Cubes Anyway, online: http://msdn.microsoft.com/en-us/library/aa140038%28v=office.10%29.aspx#odc_da_whatrcubes_topic2, Microsoft Corporation: 2002

Engelmann, J.: Methoden und Werkzeuge zur Planung und Gestaltung energieeffizienter Fabriken, Technische Universität Chemnitz, 2008

Ester, M., Sander, J.: Knowledge Discovery in Databases: Techniken und Anwendungen. Berlin: Springer, 2000

Götze, U., Koriath, H.-J., Kolesnikov, A., Lindner, R., Paetzold, J., Scheffler, C.: Energetische Bilanzierung und Bewertung von Werkzeugmaschinen. In: Neugebauer, R. (Hrsg.): Energieeffiziente Produkt- und Prozessinnovationen in der Produktionstechnik: 1. Internationales Kolloquium des Spitzentechnologieclusters eniPROD. Auerbach/Vogtl. 2010

Kommission der Europäischen Gemeinschaften (KEG): Entwicklung einer thematischen Strategie für die nachhaltige Nutzung der natürlichen Ressourcen. Brüssel, 2003

Müller, E., Engelmann, J., Löffler, T., Strauch, J.: Energieeffiziente Fabriken planen und betreiben. Berlin: Springer, 2009

Neugebauer, R., Putz, M., Schlegel, A., Langer, T., Franz, E., Lorenz, S.: Energy-sensitive production control in mixed model manufacturing processes. 19th CIRP Conference on Life Cycle Engineering, Berkeley, California, May 2012

Otte, R., Otte, V., Kaiser, V.: Data Mining für die industrielle Praxis. Hanser: München, 2004

Petersohn, H.: Data Mining: Verfahren, Prozesse, Anwendungsarchitektur, Oldenburg: München, Wien, 2005

Thomsen, E.: OLAP Solutions: Building Multidimensional Information Systems, John Wiley & Sons, 2002

Schmitz, C., Zucker, B.: Wissensmanagement. Regensburg, Berlin: Metropolitan Verlag, 2003

3 Energiedatensimulation

Philipp Eberspächer, Alexander Verl,
Axel Bruns, Michael Neumann, Carmen Constantinescu

3.1 Zustandsbasierte Simulation des Energiebedarfs von Werkzeugmaschinen

Philipp Eberspächer, Alexander Verl

Kurzzusammenfassung

Energieverbrauchsmodelle eignen sich sowohl zum Einsatz bei der Energieverbrauchsvorhersage, bei der Prozess- und Produktionsplanung als auch in Energiemonitoren auf Maschinensteuerungen selbst. Neben der reinen Transparenz ergibt sich durch den Einsatz von Modellen auch die Möglichkeit, durch die Analyse von Fertigungs- oder Planungsvariationen, den Energieverbrauch zu optimieren. Dem typischen Verlauf der Leistungsaufnahme von Werkzeugmaschinen folgend, bietet sich ein zustandsbasierter Ansatz zum Abbilden des Energiebedarfs an. In Abhängigkeit der gewünschten Genauigkeit des Prognoseergebnisses kann der Detailgrad der Modelle variiert werden. Für bessere Genauigkeiten sind sowohl der Modellierungsaufwand als auch die benötigte Rechenzeit höher.

3.1.1 Energieverbrauch von Produktionssystemen

Betrachtet man die Lebenszykluskosten von Werkzeugmaschinen, so ergibt sich ein Anteil der Energiekosten von 17 % (Abb. 1); dies ergab eine am Institut für Produktionsmanagement, Technologie und Werkzeugmaschinen (PTW) der Technischen Universität Darmstadt durchgeführte Analyse (Dervisopoulos 2008). Untersuchungen im EU-Projekt ECOFIT (Zulaika et al. 2010) unter anderem am Institut für Steuerungstechnik der Werkzeugmaschinen und Fertigungseinrichtungen (ISW) der Universität Stuttgart ergaben, dass der Großteil dieser Energiekosten und damit des Energieverbrauchs während der Betriebsphase der Werkzeugmaschine anfällt. Auch die Druckluftkosten (Abb. 1) die als zusätzliche Energiekosten anfallen, können zu den 17 % Energiekosten hinzuaddiert werden.

Nur die Angaben zum maximalen Leistungsbedarf von in der Fertigung vorhandenen Werkzeugmaschinen sind bisher typischerweise dem Typenschild zu entnehmen und dienen dazu eine ausreichende Anschlussleistung sicherzustellen. Bei der Anschaffung neuer Maschinen liegt dem Angebot heutzutage häufig eine Verbrauchsübersicht der Maschine bei. Darin sind die maximalen Verbrauchswerte im Stillstand und im Fertigungsprozess aufgeschlüsselt. Außer Acht gelassen wird bisher jedoch meist der tatsächliche, stark schwankende Leistungsbedarf im industriellen Einsatz. Um dieser Schwachstelle gerecht zu werden, müssen zunächst detaillierte Analysen der Leistungsaufnahme von Werkzeugmaschinen durchgeführt werden.

3.1.2 Analyse des Energieverbrauchs und Nutzungsprofile

Um prognosefähige Energieverbrauchsmodelle zu entwickeln, werden zuerst aussagekräftige Erhebungen über den Energieverbrauch von Werkzeugmaschinen benötigt.

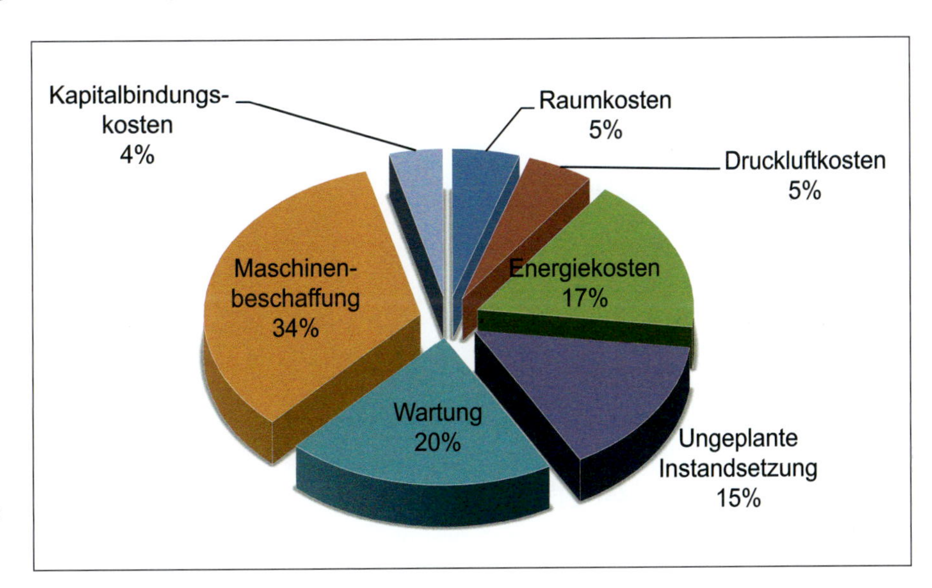

Abb. 1 Lebenszykluskosten von Werkzeugmaschinen 2008 (nach Dervisopoulos 2008)

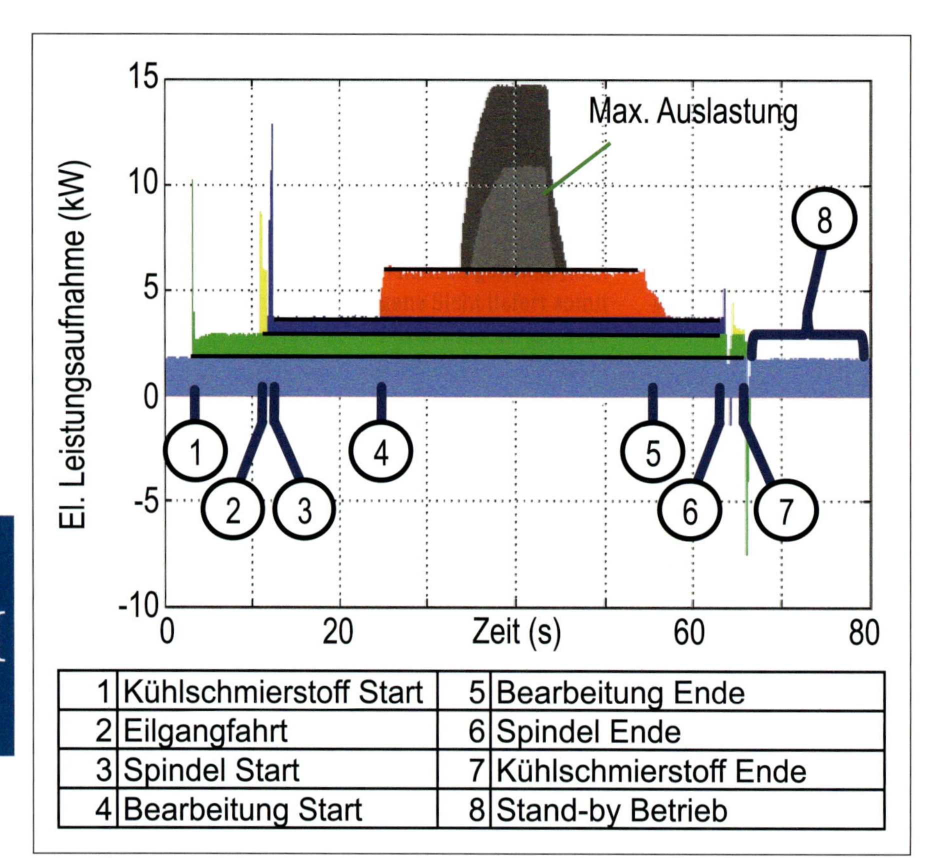

1	Kühlschmierstoff Start	5	Bearbeitung Ende
2	Eilgangfahrt	6	Spindel Ende
3	Spindel Start	7	Kühlschmierstoff Ende
4	Bearbeitung Start	8	Stand-by Betrieb

Abb. 2 Typische Leistungsaufnahme und Betriebsphasenübergänge einer Fräsmaschine

In Abb. 2 ist der beispielhafte Verlauf der Leistungsaufnahme einer Fräsmaschine in ihren unterschiedlichen Betriebsphasen dargestellt. Mit maximaler Auslastung ist darin der Bereich der Leistungsaufnahme markiert, der erreicht wird, wenn durch Fräsparameterwahl die Grenzen der Leistungsfähigkeit der Hauptspindel und Positionierachsen erreicht werden. Deutlich zu erkennen sind im Leistungsverlauf die unterschiedlichen Leistungsniveaus, die den verschiedenen

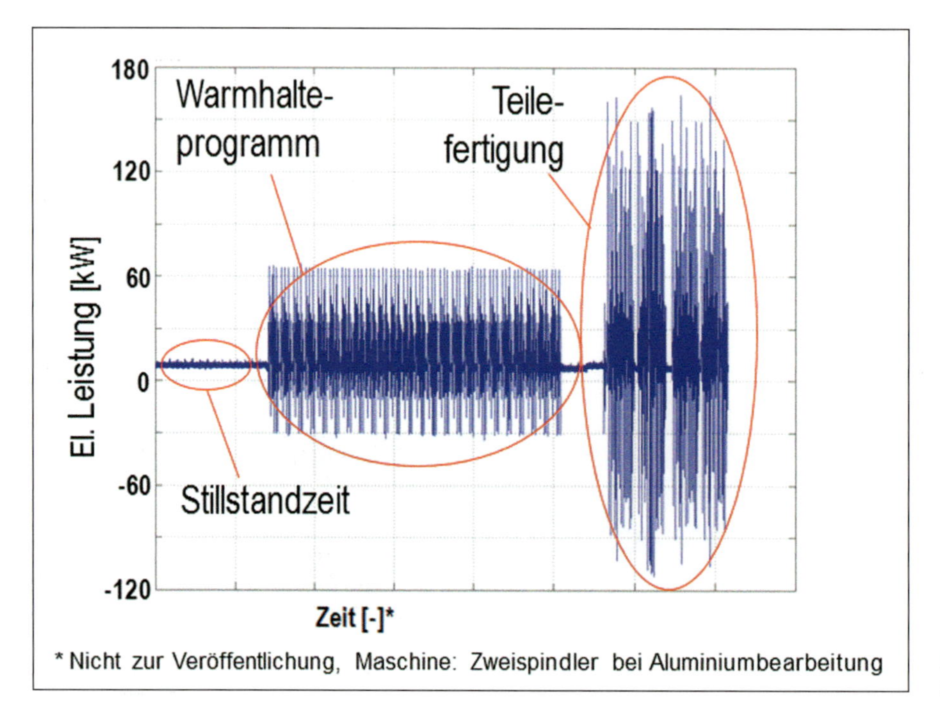

Abb. 3 Exemplarisches Nutzungsprofil in der Serienfertigung

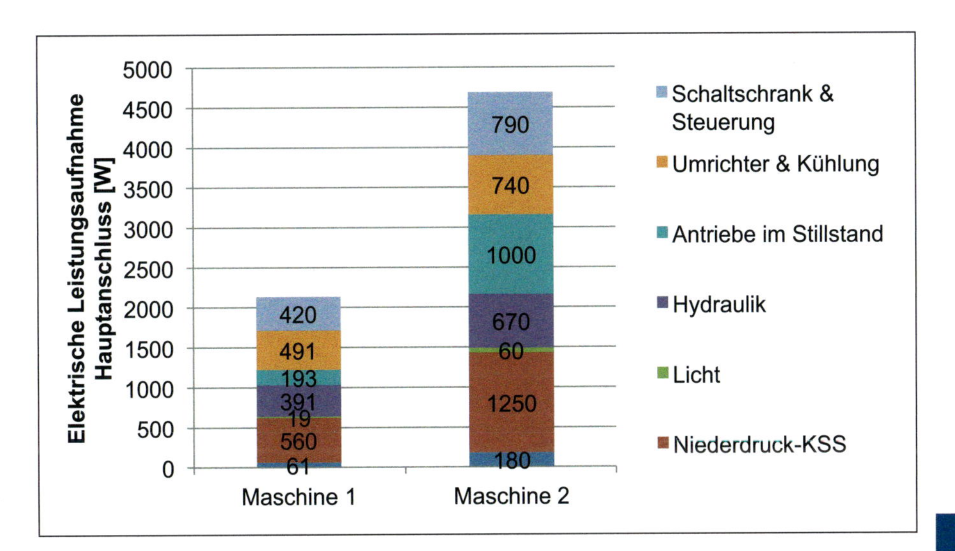

Abb. 4 Leistungsaufnahme der Verbrauchergruppen

Verbrauchergruppen bzw. Betriebszuständen zugeordnet werden können. Betrachtet man nun die Anteile der Leistungsaufnahme, so wird deutlich, dass auch zu Zeiten eines inaktiven Fertigungsprozesses, d. h. wenn keine Wertschöpfung stattfindet, dennoch ein hohes Maß an Leistung benötigt wird. Daher sind zur Verbrauchsreduktion die Verbraucher zu identifizieren und deren Notwendigkeit im jeweiligen Betriebszustand zu überprüfen.

Mit den Verbrauchsmessungen werden zwei grundsätzliche Ziele verfolgt. Zum einen die Leistungsaufnahme dahin gehend zu analysieren, dass exemplarische Nutzungsprofile der einzelnen Maschinen erhoben werden können (Abb. 3) und zum anderen, dass der Verbrauch den einzelnen Maschinenkomponenten zugeordnet wird (Abb. 4). Die Nutzungsprofile umfassen z. B. typische Produktions- und Stillstandzeiten und geben über die typischen Verweildauern in den jeweiligen Maschinenzuständen Aufschluss. Sie sind damit als Basis für die Steigerung der Energieeffizienz in jedem Zustand zu sehen. Die Leistungsaufnahme der Verbraucher und Verbrauchergruppen bildet den ersten Schritt zu einer zustandsbasierten Verbrauchsmodellierung. Bei den Verbrauchern innerhalb einer Werkzeugmaschine handelt es sich sowohl um Konstantverbraucher als auch um Verbraucher mit variabler Leistungsaufnahme, z. B. den Kühlschmierstoff- und Hydraulikpumpen sowie den vorhandenen Antrieben und Hauptspindeln.

3.1.3 Energieverbrauchsmodellierung

Wie bereits in Abb. 2 deutlich dargestellt, sind der typischen Leistungsaufnahme von Werkzeugmaschinen verschiedene, annähernd konstante Leistungsniveaus für die jeweiligen Betriebszustände zu entnehmen. Um diese Leistungsaufnahme abzubilden, bietet sich ein zustandsbasierter Ansatz an. Dabei sind sowohl die Zustände als auch die Übergänge zwischen den Zuständen abzubilden. Das grundlegendste Energieverbrauchsmodell umfasst also zum einen die möglichen Betriebszustände und ihre Übergänge (s. Abb. 5 links) und zum anderen den Zuständen zugeordnete Maschinenkomponenten und ihre jeweilige Leistungsaufnahme (s. Abb. 5 rechts).

Die in Abb. 5 dargestellten Maschinenzustände sind jedoch nur als Beispiel zu sehen. Durch das Hinzufügen oder Entfernen von Zuständen kann der Detailgrad des zustandsbasierten Modells variiert werden. Denkbar wäre ein sehr einfaches Modell mit nur den folgenden drei Zuständen:

- Maschine aus
- Not-Aus
- Im Betrieb.

Ebenso denkbar wären aber auch mehr als die neun dargestellten Zustände, z. B. durch das Aufspalten der Zustände *Bearbeitung* jeweils mit und ohne KSS in Schrupp- und Schlichtbearbeitung oder das Hinzufügen von Energiesparmodi mit unterschiedlicher Ausprägung. Abb. 6 zeigt beispielhaft das Zustandsmodell mit den genannten Erweiterungen. Um den Detailgrad weiter zu erhöhen, können die Übergänge zwischen den Zuständen als Zeitverläufe oder mit Beschränkungen angegeben werden. So gibt es z. B. beim Übergang vom Zustand *Maschine aus* zum Zustand *Betriebsbereit* teilweise Vorschmierzyklen oder Warmlaufzyklen. Durch langes Verweilen im *Not-Aus* kühlt die Maschine ggf. stark ab, sodass zum Erreichen einer Betriebsbereitschaft zunächst ein erneuter Warmlauf notwendig wird. Dieser bedingte Zustandsübergang muss dann bei der Modellierung berücksichtigt werden.

Mit dem Zustandsmodell aus Abb. 5 kann die elektrische Leistungsaufnahme und damit der kumulierte Energieverbrauch bereits gut vorhergesagt werden (Abb. 7). Das

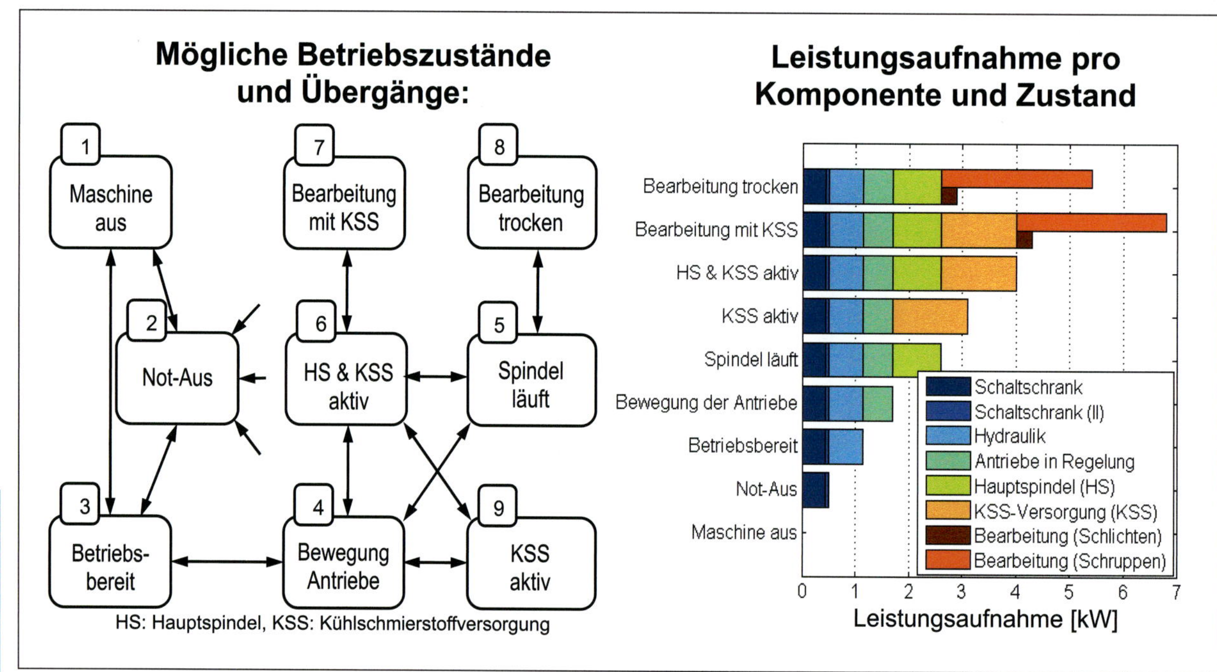

Abb. 5 Zustandsbasierte Energieverbrauchsmodelle nach (Verl et al. 2011)

Modell folgt den Leistungsniveaus deutlich. Im rechten Teil der Abbildung wird der Fehler bei der Analyse des kumulierten Energieverbrauchs deutlich. Als Modelleingang wird hier eine Zustandsfolge über der Zeit eingesetzt. Durch eine kontinuierliche Veränderung und Anpassung der Zustandsfolge kann modellbasiert die optimale Zustandsfolge für den geplanten Fertigungsprozess ermittelt werden. Dieser kann wiederum durch die Maschinensteuerung umgesetzt und somit eine erste Optimierung des Energieverbrauchs vorgenommen werden.

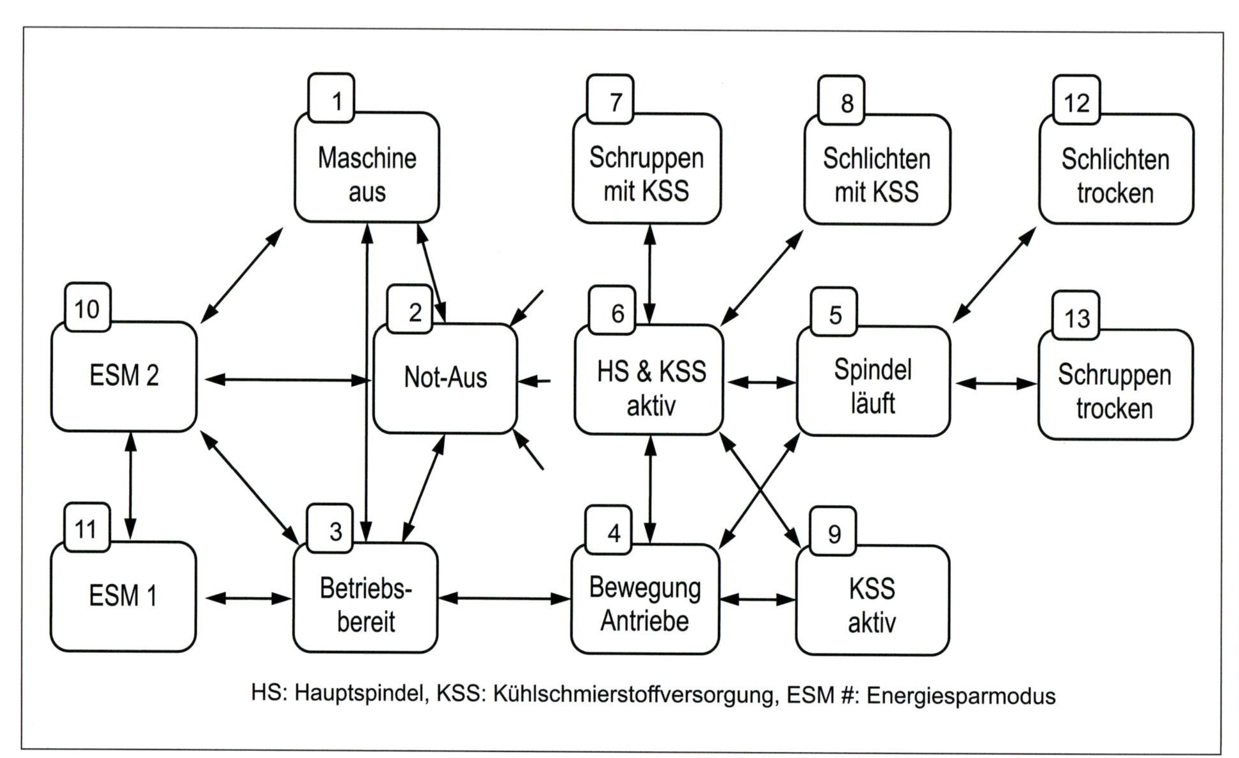

Abb. 6 Erweitertes zustandsbasiertes Energieverbrauchsmodell

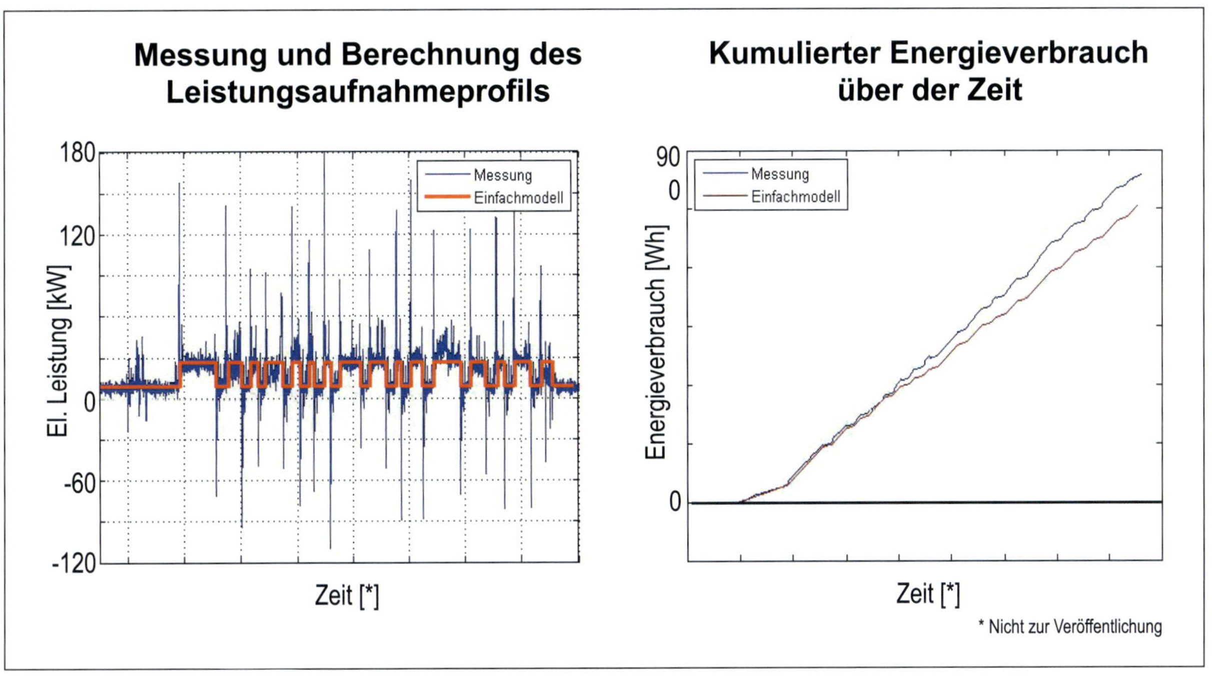

Abb. 7 Anwendung des zustandsbasierten Energieverbrauchsmodells

Die angestrebte Modellstruktur besteht aus einem hybriden Modellansatz (Abb. 8). Dieser umfasst als Grundmodell das Betriebszustandsmodell zusammen mit dem gemittelten, konstanten Verbrauch jeder Komponente im jeweiligen Betriebszustand. In der ersten Erweiterung wird das vorgestellte Zustandsmodell um parameterabhängige, kinematische Modelle ergänzt (s. Kap. III.3.1.3.1), die zweite Erweiterung berücksichtigt dann auch den Bearbeitungsprozess (s. Kap. III.3.1.3.2) im Detail.

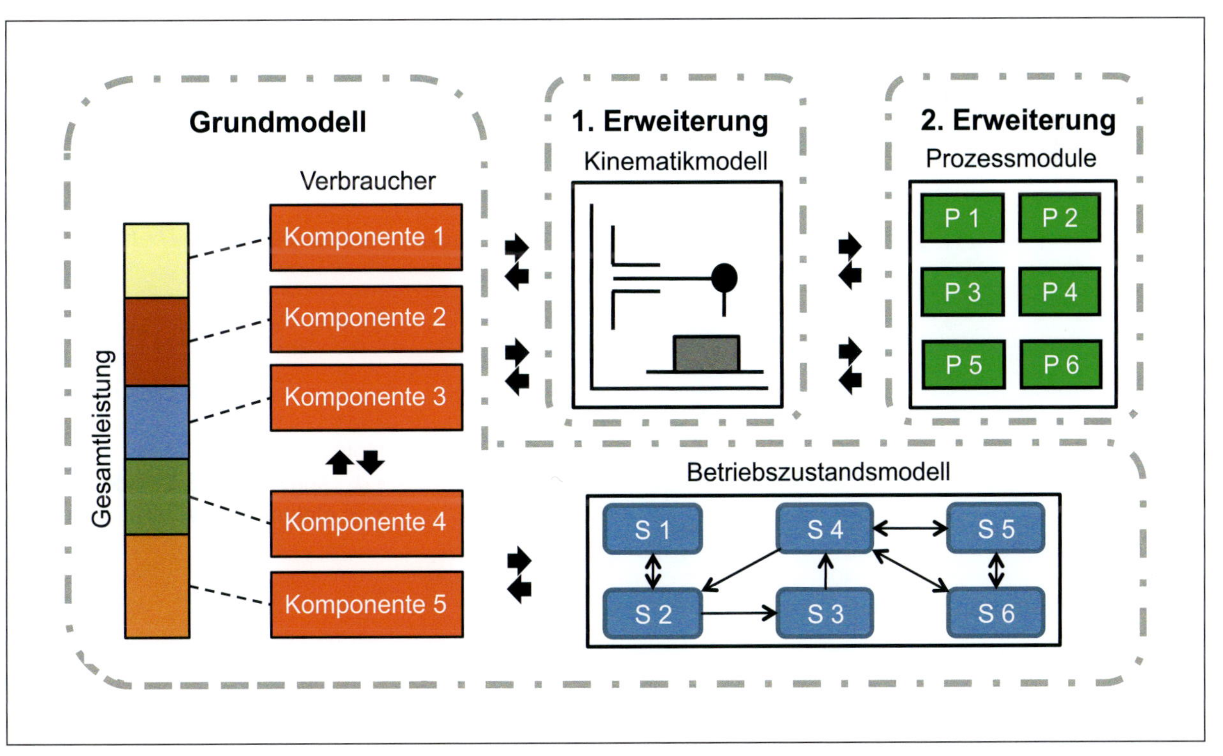

Abb. 8 Modellstruktur zum Einsatz bei der Energieverbrauchsvorhersage

III

3.1.3.1 Kinematisches Modell

Leistungsmessungen mit Drehzahl- bzw. Vorschubvariation der Hauptspindel und der Vorschubachsen zur Ermittlung der drehzahl- und vorschubabhängigen Leistungsaufnahme ergaben, dass die Leistungsaufnahme der Achsen bereits durch einfache mathematische Beziehungen, zum Teil abschnittsweise, quadratische Polynome, gut abgebildet werden kann (Dietmair, Verl, Eberspächer 2011). Auch Getriebestufen von Hauptspindeln können so in den Modellen berücksichtigt werden (s. Abb. 9 links). Außerdem können die für Leistungsspitzen verantwortlichen Verzögerungs- und Beschleunigungsphasen der Hauptachsen unter Berücksichtigung der Trägheit ausreichend genau berechnet werden (s. Abb. 9 rechts).

Ist zu einer geplanten Fertigungsaufgabe das Fertigungsprogramm vorhanden, können durch NC-Interpreter die zu fahrenden Achsgeschwindigkeiten ermittelt werden und so die voraussichtliche Leistungsaufnahme detaillierter berechnet werden.

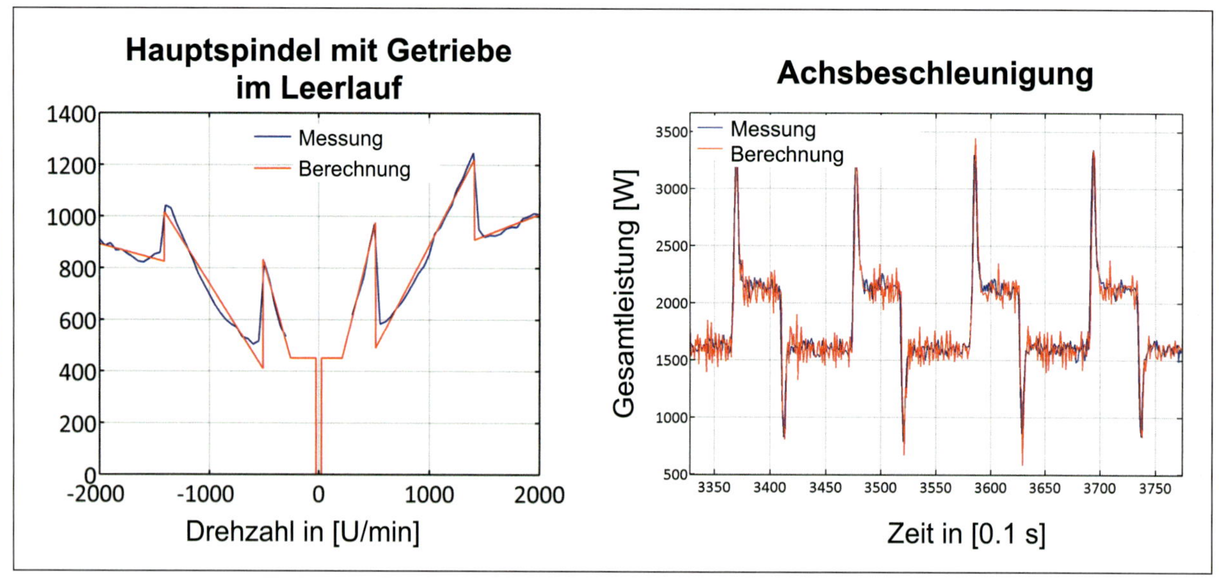

Abb. 9 Integration der Abhängigkeit der Leistungsaufnahme von Drehzahl und Beschleunigung

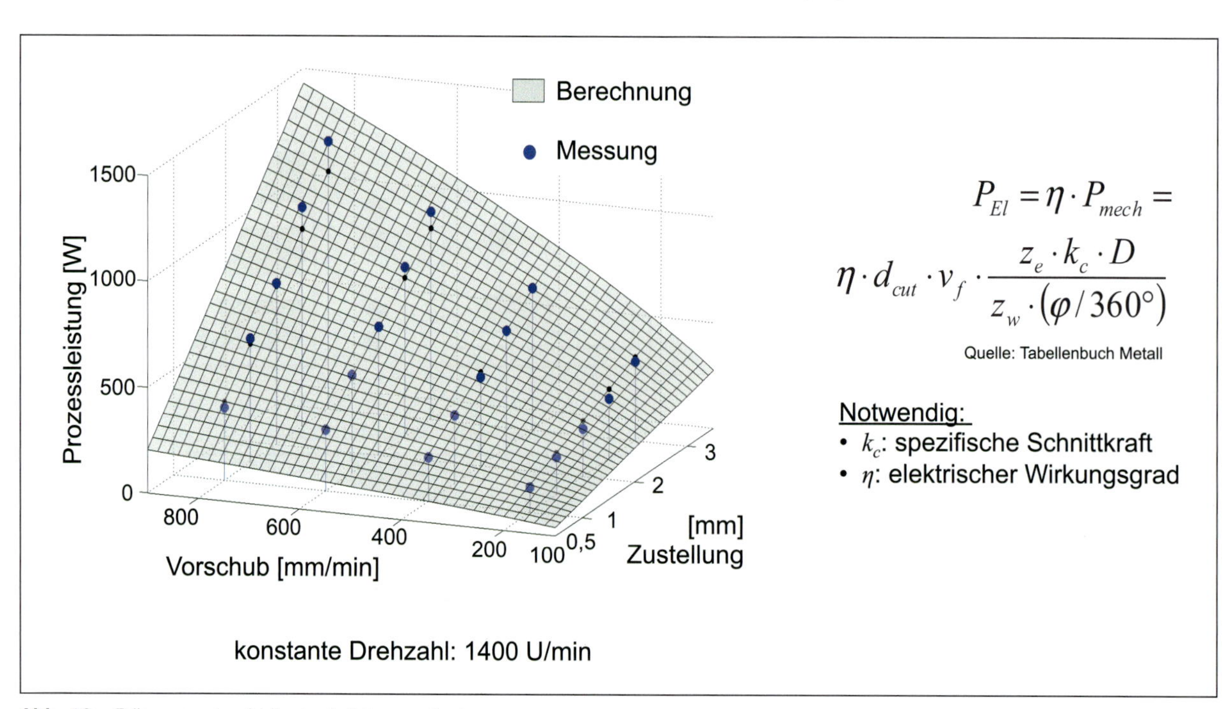

Abb. 10 Fräsparameterabhängige Leistungsaufnahme

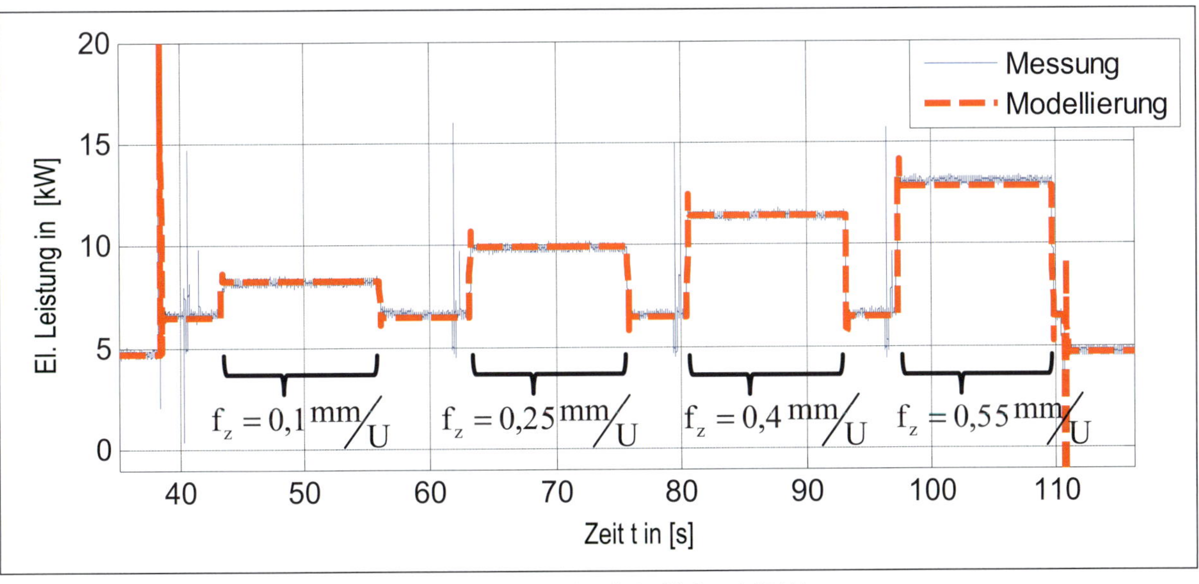

Abb. 11 Prozessleistung beim Längsdrehen unter Variation des Vorschubs (Verl et al. 2011)

3.1.3.2 Modell des Fertigungsprozesses

Um den Fräsprozess selbst auch in der Modellstruktur abbilden zu können, wird das Modell um Prozessmodule erweitert (s. Abb. 8). Parameterstudien am ISW zeigten, dass Gleichungen für die Schnittkraft aus der Literatur zur Berechnung der prozessparameterabhängigen Leistung in einer ersten Näherung ausreichend sind. Abb. 10 zeigt den Vergleich von gemessener und berechneter Fräsleistung für eine Spindeldrehzahl von 1400 U/min beim Fräsen von Aluminium mit zweischneidigem Schaftfräser. Über den hier gewählten Parametervariationsbereich kann das Prozessmodell eingesetzt werden.

Am Institut für Werkzeugmaschinen (IFW) der Universität Stuttgart wurden darüber hinaus Versuche zum Drehprozess durchgeführt. Vom IFW wird aktuell ein detailliertes Prozesskraftmodell entwickelt (Verl et al. 2011). Abb. 11 zeigt die Übereinstimmung des Modells mit der Messung. Dabei wurde eine Variation des Vorschubs mit im Bild dargestellten Werten vorgenommen.

3.1.3.3 Energieverbrauchsprognose

Mit dem hier vorgestellten hybriden Modellansatz kann der Energieverbrauch der Fertigungsprozesse Drehen und Fräsen sehr genau berechnet werden. Durch Variation der

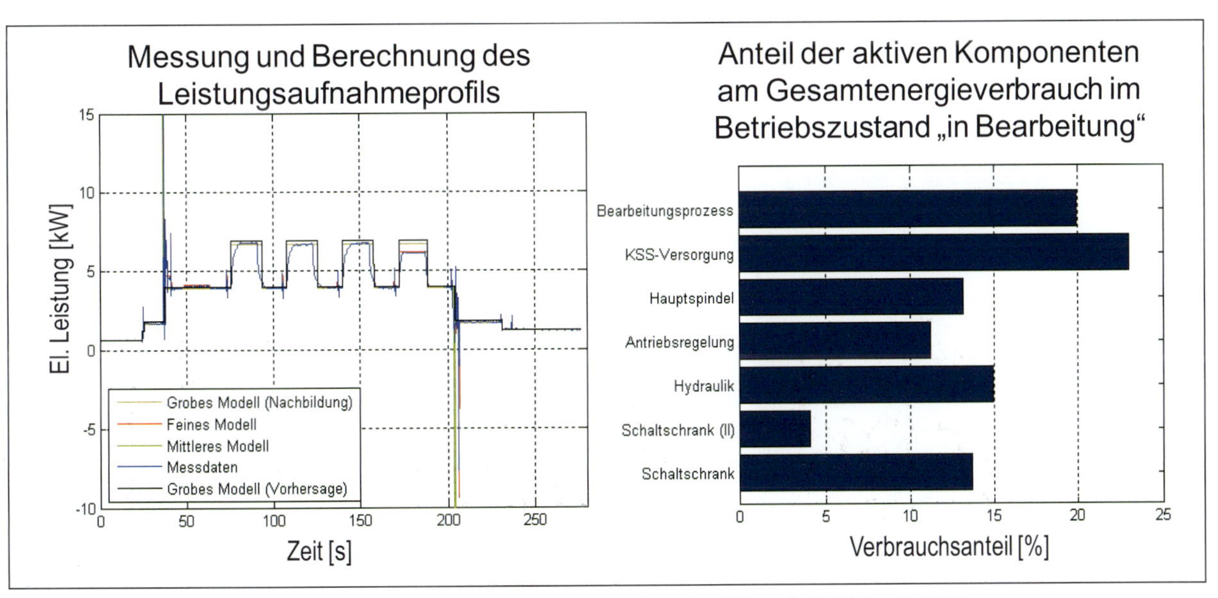

Abb. 12 Verbrauchsvorhersage mittels Modellen unterschiedlichen Detailgrades (Dietmair, Verl, Wosnik 2008)

Nutzungsprofile kann der Verbrauch für die verschiedenen Nutzungsfälle vorhergesagt werden. Abb. 12 zeigt den Abgleich von Messung und Berechnung für Modelle mit unterschiedlichem Detailgrad. Der Detailgrad wurde hier durch die bereits genannten Möglichkeiten variiert. Zur Ermittlung des kumulierten Energieverbrauchs

- sind grobe Modelle meist ausreichend,
- ist die genaue Analyse des Leistungsverlaufs über der Zeit von Interesse,
- bieten sich feinere Modelle an.

Bei der ersten Anwendung der Modelle sind ggf. Parameter anzupassen, um die gemessene Leistungsaufnahme nachzubilden.
Durch die Analyse der Verbrauchsanteile und der Aufenthaltswahrscheinlichkeiten in den unterschiedlichen Verbrauchszuständen besteht die Möglichkeit, erste Aussagen über die potenziellen Einsparmöglichkeiten des Energieverbrauchs zu treffen.

3.1.4 Möglichkeiten der Verbrauchsoptimierung

Unter Verwendung des vorgestellten Modellansatzes kann die Optimierung des Energieverbrauchs sowohl auf Maschinenebene als auch auf Leitebene jeweils durch den Einsatz von Energieverbrauchsmodellen stattfinden.

3.1.4.1 Optimierung der Maschinenzustandssteuerung

Zum energieoptimalen Betrieb bietet sich die Umsetzung von Energiesparmodi auf der Maschinensteuerung an. Ein Energiesparmodus kann verschiedene Ausprägungen haben (Abb. 13):

- Abschalten von nicht genutzten Komponenten oder
- Abschalten der gesamten Maschine.

Je nach Dauer der anstehenden Wartephasen kann es ausreichend sein, ungenutzte Komponenten abzuschalten. Dies ist vor allem bei kurzen Stillstandzeiten von Vorteil und z.B. durch den Einsatz von Feldbusfunktionalität möglich. Stehen längere Pausen an, so bietet es sich an, die Maschine komplett auszuschalten. Zum Verlassen eines Energiesparmodus ist jedoch zu berücksichtigen, dass ggf. ein Aufwärmen der Maschine zur Sicherstellung der notwendigen Toleranzen notwendig ist (Abb. 13). Durch den Einsatz der Energieverbrauchsmodelle ist es möglich, vorausschauend zu analysieren, ab welchen Zeitdauern ein Abschalten von Komponenten bzw. der ganzen Maschine einen wirtschaftlichen Vorteil bringt.

3.1.4.2 Einsatz während der Prozessplanung

Die vorgestellten Modelle können ebenso eingesetzt werden, um als Entscheidungshilfe bei der Prozessplanung zu dienen. Hier kann durch die Modelle die Zielgröße Energie mitberücksichtigt werden. Als Beispiel sei hier das Fräsen einer Tasche mit einem (Schlichtwerkzeug) bzw. zwei Werkzeugen (Schrupp- und Schlichtwerkzeug) genannt. In Abb. 14 zeigt sich, dass die 2. Strategie einen Taktzeitvorteil ohne erhöhten Energieverbrauch auf Kosten eines deutlich erhöhten Spitzenleistungsbedarfs mit sich bringt.

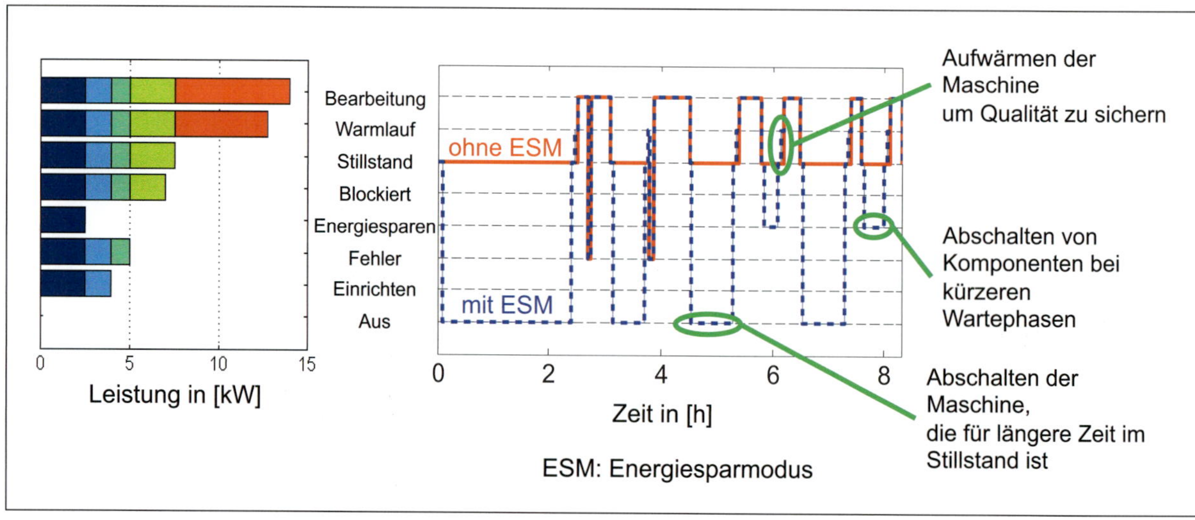

Abb. 13 Betriebsphasenverlauf mit und ohne Energiesparmodi

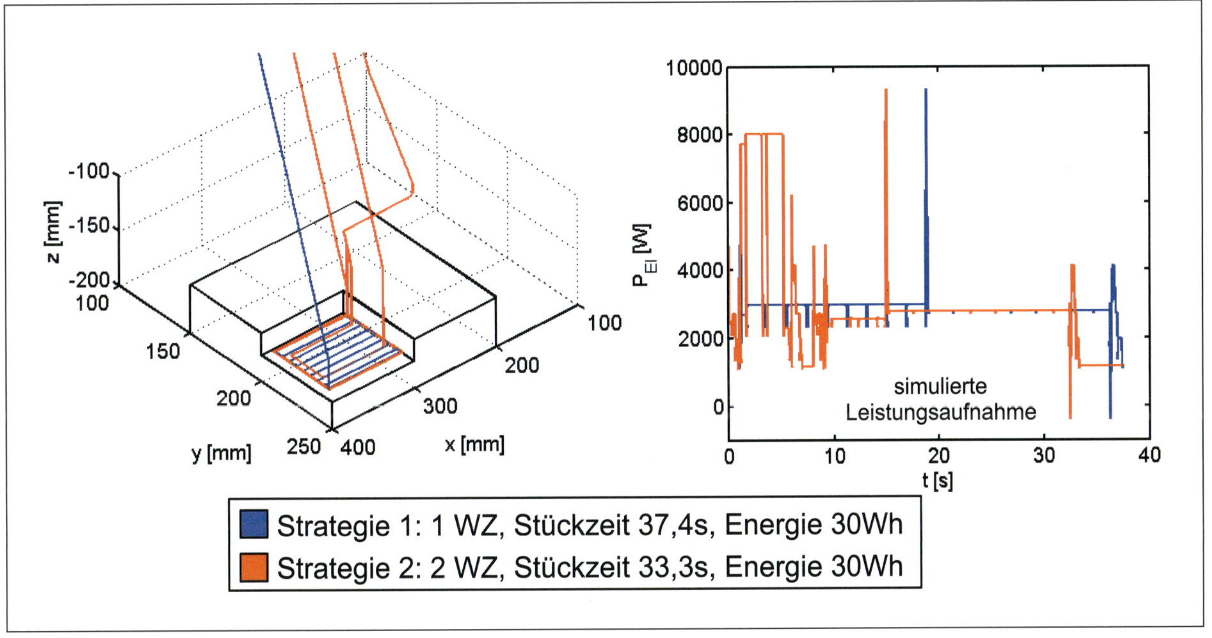

Abb. 14 Variantenberechnung in der Prozessplanung

3.1.5 Optimierung der Produktionssteuerung

Die Modelle können ihren Einsatzort auch in der Produktionsplanung und -steuerung finden. Sie können sowohl zum Vergleich von serieller und paralleler Produktion (Abb. 15) als auch zum Vergleich verschiedener Scheduling-Varianten unter Verwendung von potenziellen Energiesparmodi (Abb. 16) eingesetzt werden. Eine nächste Erweiterung bietet der Einsatz von Energieverbrauchsmodellen zur Analyse des Energieverbrauchs ganzer Fabrikhallen. Dazu werden sämtliche periphere Systeme in der Energiebilanz mit berücksichtigt.

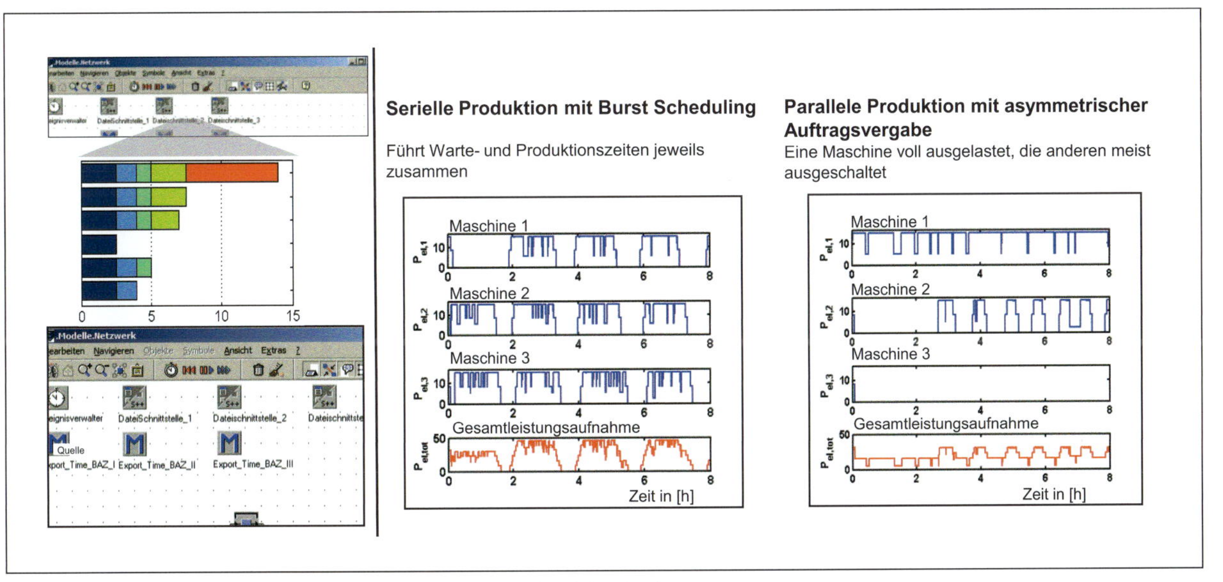

Abb. 15 Vergleich von serieller und paralleler Produktion bei gleicher Auslastung

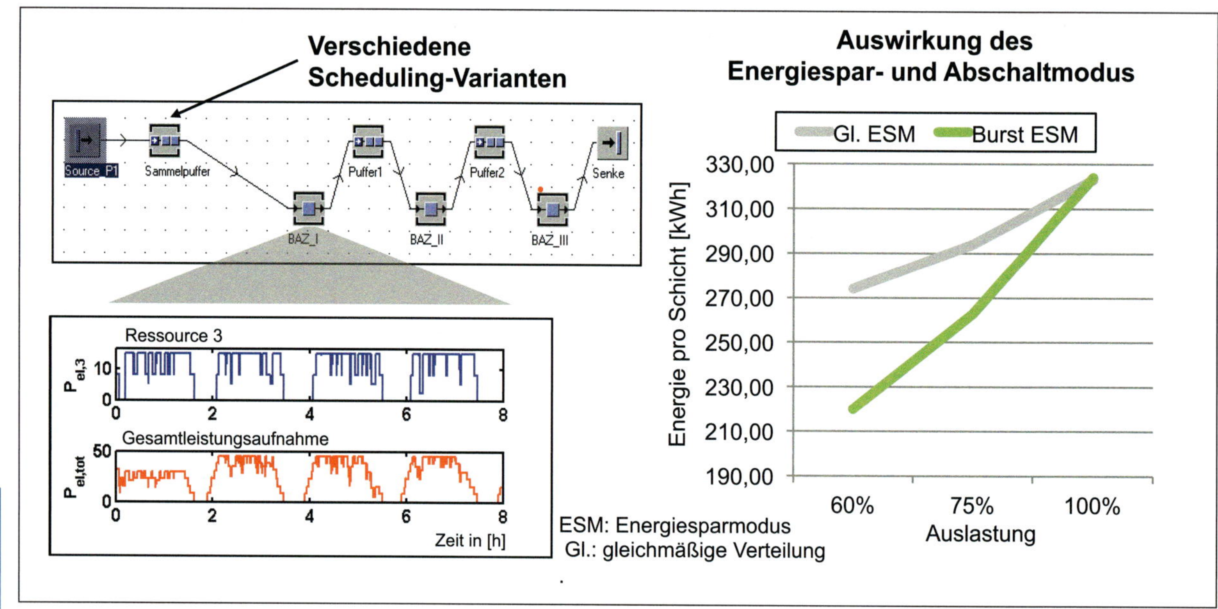

Abb. 16 Analyse des Einsatzes von Energiesparmodi

3.1.6 Ausblick und Zusammenfassung

Zur Nutzung des vorgestellten Modellansatzes müssen kontinuierlich Maschinen und Ressourcen vermessen und deren Energieverbrauch in Modellbibliotheken eingepflegt werden. Die Modelle können dann unter Einsatz geeigneter Software zur Verbrauchsvorhersage – aber auch in Kombination mit Optimierungsverfahren zur Verbrauchsreduktion – eingesetzt werden.

Die aktuelle Forschung zeigt, dass die Betriebsphase wesentlich den Energieverbrauch beeinflusst. Vor allem der Teillastbetrieb kann energieeffizienter gestaltet werden. Der Einsatz von prognosefähigen Energieverbrauchsmodellen ist wichtig für eine ganzheitliche Optimierung, die alle Aspekte des Betriebs von Werkzeugmaschinen abdeckt. Die Forschung kann weiterhin wichtige Beiträge zur Steigerung der Energieeffizienz von Werkzeugmaschinen liefern.

Literatur

Dervisopoulos, M.: CO$TRA – Life Cycle Costs Transparent, Abschlussbericht, Kurzfassung, PTW, Technische Universität Darmstadt, S. 26 – 27, 2008

Zulaika, J.J.; Dietmair, A.; Campa, F.N.; Lopez de Lacalle, L.N.; Verbeeten, W.: Eco-efficient and highly productive production machines by means of a holistic Eco-Design approach. The 3rd International Conference on Eco-Efficiency, Session 6: Eco-Innovation, Egmond aan Zee, Niederlande, 10. Juni 2010

Dietmair, A.; Verl, A.; Wosnik, M.: Zustandsbasierte Energieverbrauchsprofile, wt Werkstattstechnik online, Bd. 98, Nr. 7/8, S.640 – 645, 2008

Verl, A. et al: Modular Modeling of Energy Consumption for Monitoring and Control Proceedings of the 18th CIRP International Conference on Life Cycle Engineering, Technische Universität Braunschweig, Braunschweig, Deutschland, 2. – 4. Mai 2011, S. 341 – 346, ISBN 978-3-642-19691-1, Springer Verlag, Heidelberg, 2011

Schlechtendahl, J.; Eberspächer, P.; Schrems, S.; Verl, A.; Abele, E.: Automated Approach to Exchange Energy Information, Vortrag beim 1. WGP Jahreskongress 2011, Berlin, 8. – 9. Juni 2011 – Best Paper Ressourceneffizienz

Dietmair, A.; Verl, A.; Eberspächer, P.: Model Based Energy Consumption Optimisation in Manufacturing System and Machine Control. International Journal of Manufacturing Research (IJMR), Vol. 6, No.4, S. 380–401, DOI: 10.1504/IJMR.2011.043238, Elsevier, 2011

3.2 Energiedaten-simulationssoftware in der Fabrikplanung am Beispiel „Total Energy Efficiency Management (TEEM)“

Axel Bruns, Michael Neumann, Carmen Constantinescu

3.2.1 Einleitung, Herausforderungen, Motivation

Die Thematik der Energieeffizienz hat in der Industrie, bedingt durch steigende Energie- und Ressourcenpreise, einen hohen Stellenwert erlangt. Hauptziel ist dabei die Einsparung von Energie und Medien in technischen Prozessen, wie zum Beispiel elektrischer Strom, Wärme- und Kälteversorgung sowie Druckluft. Speziell für diese Thematik wurde am Fraunhofer IPA, mit einer interdisziplinär zusammengesetzten Forschergruppe, das System »Total Energy Efficiency Management (TEEM)« konzipiert und schließlich bei der Fa. Kärcher GmbH & Co. KG im Rahmen eines Pilotprojektes validiert.

Das TEEM System umfasst dabei die Integration und Erweiterung verschiedener Methoden zur Planung, Modellierung, Simulation und Optimierung von Fabrik- und Produktionssystemen in Bezug auf Energieeffizienzsteigerungen. Der Einsatzbereich des TEEM Systems im gesamten Fabriklebenszyklus liegt dabei hauptsächlich in der Phase des Fabrikbetriebs (Abb. 1). Ziele von TEEM sind die Erstellung von konkreten Aussagen zu Energiebedarf und -kosten, eine aussagekräftige und permanente Visualisierungen der Energieverbrauchswerte in Kennzahlen und Diagrammen sowie eine belastbare Bewertung von Energiesparmaßnahmen hinsichtlich der Produktionslogistik als Grundlage für eine Überprüfung der Investitionsamortisation.

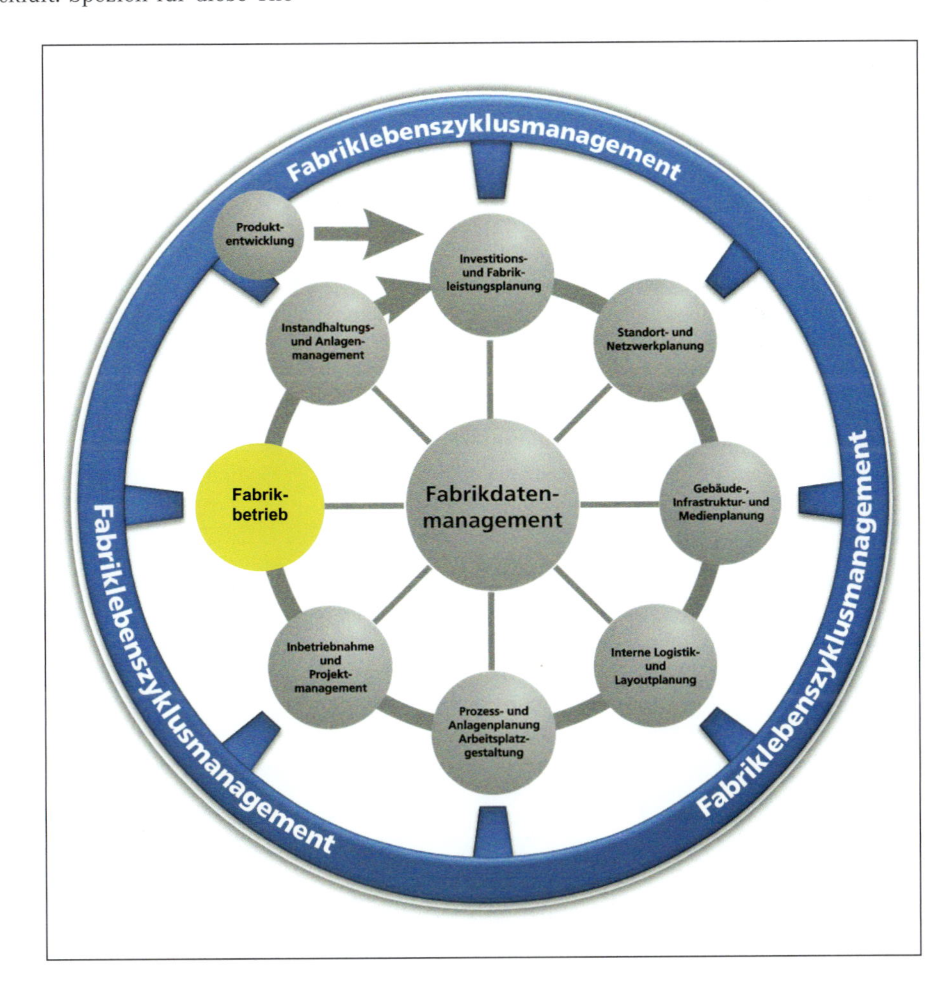

Abb. 1 Einordnung von TEEM in das Fabriklebenszyklus-management

III

3.2.2 Simulation und Visualisierung von Energiewerten in der Digitalen Fabrik

3.2.2.1 Vorgehensweise

Das Total Energy Efficiency Management System besteht aus sechs Modulen, welche im Zusammenspiel eine Steigerung der Energieeffizienz in der Produktion ermöglichen (Abb 2). Die Module „Energiedatenerfassung" und „Maßnahmenermittlung" wurden bereits in den vorangehenden Kapiteln beschrieben und werden hier nicht mehr behandelt. In diesem Kapitel werden die Module „Modellierung", „Simulation", „Visualisierung" und „Bewertung" und die übergreifende Vorgehensweise erläutert.
Die Vorgehensweise umfasst dabei die Entwicklung und Modellierung eines Simulationsmodells zur Steigerung der Energieeffizienz. Auf dieses Modell können dann verschiedene Verbesserungsmaßnahmen auf Basis aufgenommener realer Energiedaten angewandt werden. Die aus den Simulationen resultierenden Auswirkungen auf den Gesamtenergiebedarf der Produktion sowie auf die Prozessketten werden aufgezeigt und mit Kennzahlen und Graphiken visualisiert. Somit lassen sich konkrete Aussagen und Maßnahmen zu Energiebedarf und -kosten ableiten.

3.2.2.2 Modulbeschreibung

Modellierung

Ziel dieses Moduls ist es ein Simulationsmodell unter Zuhilfenahme einer Top-Down-Strategie zu entwickeln. Dazu werden in einem ersten Schritt Randbedingungen und Anforderungen sowie Steuerungslogik und Energieverbrauchsprofile einzelner Ressourcen aufgenommen. Mit Hilfe dieser Informationen kann in einem zweiten Schritt das TEEM Simulationsmodell aufgebaut werden. Die TEEM-Simulationsmodell ist dabei so aufgebaut, das sie eine einfache Parametrierung der unternehmensspezifischen Leistungs- und Stammdaten über Importfunktionen zulässt, was zum einen eine effiziente Modellierung ermöglicht und zum anderen zur zielgerichteten Visualisierung von Energiewerten beiträgt. Zudem wird eine einfache und schnelle Anpassung des Simulationsmodells ermöglicht. Für die Modellierung des TEEM-Modells werden unter anderen folgenden Informationen benötigt:

- Das Fabriklayout für den zu betrachtenden Bereich
- Die Prozessenergieverbrauchswerte (Verbrauchsprofile – aufbereitete Messdaten aus der Produktion) der jeweiligen Ressource für einzelne Produktkomponenten
- Identifikation von unterschiedlichen Maßnahmenkonfigurationen für Verbrauchsprofile
- (z. B. Isolierung der Förderschnecken an der Spritzgussmaschine ergibt als Maßnahme ein anderes Prozessverbrauchsprofil)
- Schichtpläne, Produktionspläne, -mengen, Energiekosten, Steuerungslogik für die Produktionslogistik
- Strom-, Druckluft-, Wärme- und Gesamtzähler (Simulationsvariablen für die unterschiedlichen zu betrachtenden Medien)
- Tabellen zum Protokollieren von aktuellen *zeitlich aufgenommenen* Energieverbräuchen, Simulationsergebnisse, Visualisierungsdaten, Ergebnisberichtsdaten, Kennzahlen, Durchlaufzeiten und Bestände.
- Berechnungsalgorithmen und Steuerungslogik für die Energieverbrauchswerte
- Fabrikmodell bestehend aus unterschiedlichen Teilmodellen für die einzelnen Prozessbereiche (z. B. Spritzguss, Lackieren, Trocknen und Montage, Lager)
- Benutzeroberfläche für Parametereinstellungen im Simulationsmodell
- Visualisierungsbausteine (Diagramme, Histogramme für Energieverbrauchswerte)
- Simulationsbausteine mit energetischen Informationen (Benutzerdefinierte Attribute für die unterschiedlichen Medienverbräuche, Gesamtverbräuche)

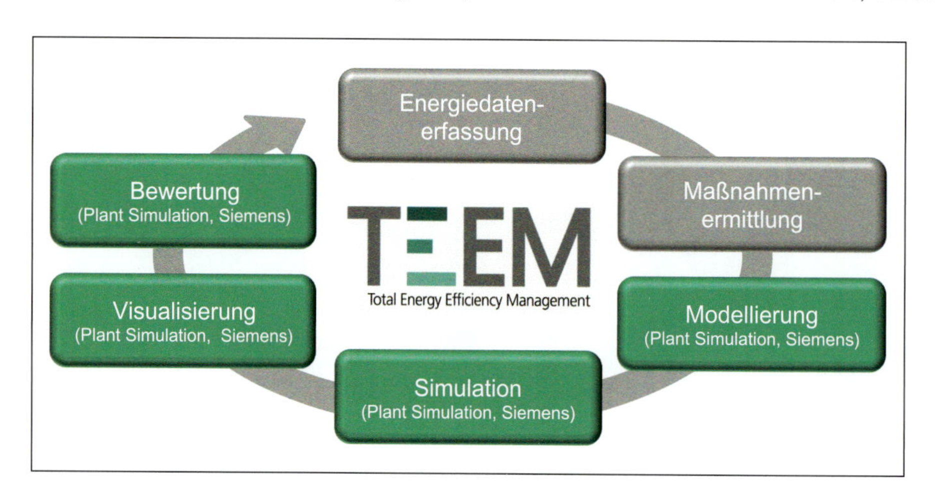

Abb. 2 Module des Total Energy Efficiency Managements

Simulation

Das Simulationsmodul beinhaltet die eigentliche Zielformulierung und die Durchführung von mehreren Simulationsläufen. Für einzelne Prozessschritte können mit dem TEEM Simulationsmodul unterschiedliche Bereiche der Produktion, wie beispielsweise die Fertigung (Spritzgussmaschinen, Lackieranlagen) und die Montage untersucht werden. Für eine schnelle Simulation können verschiedene, vordefinierte Optimierungsmöglichkeiten zur Energieeinsparung an den einzelnen Ressourcen ausgewählt werden. Als Ergebnis der Simulation können die Auswirkungen der gewählten Maßnahmen auf die Prozesskette und auf den Gesamtenergiebedarf berechnet und visualisiert werden. Die Eingangsdaten für eine Simulation können zum Beispiel aus Produktionsplänen (Startdatum, Menge der zu fertigen Teile) und Verbrauchsprofilen (Bearbeitungszeiten) der Maschinen entnommen werden. Die definierten Teilmodelle, welche für die Berechnung der Energieverbräuche in den einzelnen Prozessbereichen genutzt werden, werden durch einen übergeordneten Datendistributionsbaustein zusammengeführt, um somit eine durchgängige Simulation zu ermöglichen.

Visualisierung

Zur Visualisierung von Simulationsergebnissen (z. B. Energieverbräuche, Gesamtleistung, Energiekosten) stellt das TEEM System unterschiedliche Tabellen- und Diagrammobjekte sowie Zähler zur Verfügung. Mit Hilfe von Datenaufnahmemethoden werden während dem Simulationslauf die Energieverbrauchswerte einzelner Prozessbereiche aufgenommen und aggregiert. Somit lassen sich die Gesamtenergieverbrauchswerte des Gesamtfabrikmodells (Simulationsmodell) darstellen. Die aktuellen Verbrauchswerte werden für die einzelnen Ressourcen (Teilmodelle) als Strom-, Druckluft- und Wärmezähler in einem vorgegeben Takt (z. B. 10 Sekunden) dynamisch im Gesamtfabrikmodell dargestellt. Neben den Verbrauchszählern werden zusätzlich auch über Variablenobjekte, Energiekosten und Energiekosten pro Stück sowie die Anzahl der produzierten Teile visualisiert. Das TEEM System unterstützt dabei unterschiedliche Diagrammdarstellungsformen, um eine optimale Informationswiedergabe für spezifische Optimierungsaufgaben zu ermöglichen. Es können unter anderem folgende Diagrammarten ausgewählt werden: 1) Histogrammdarstellung für den Vergleich der Energieverbräuche unterschiedlicher Simulationsläufe oder der verwendeten Medien (z. B. Strom, Wärme, Druckluft); 2) Plotdiagramme die zeitlich fortlaufend die Leistung in KW darstellen; 3) Kuchendiagramme für die anteilige Visualisierung der verwendeten Medien (Abb. 3).

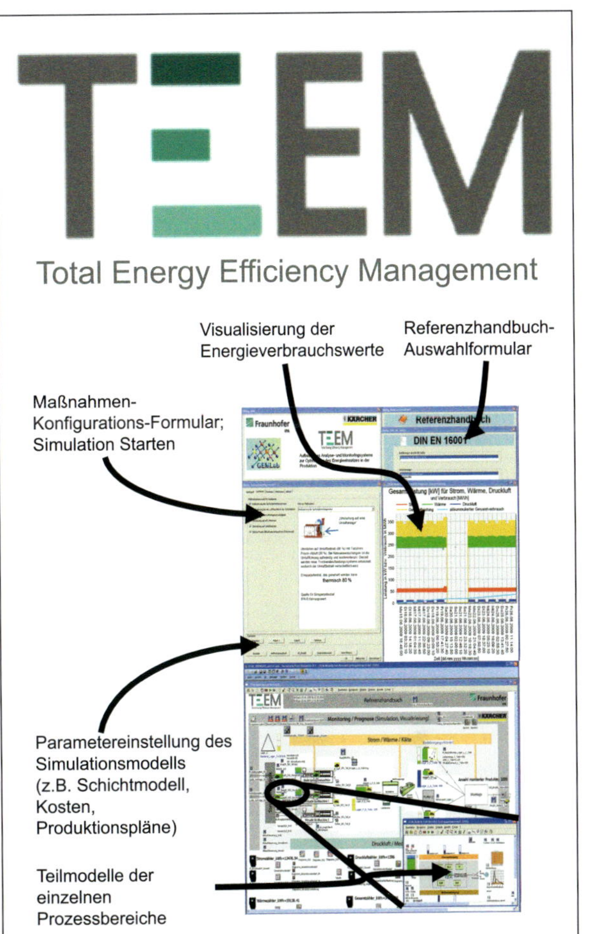

Abb. 3 Realisierung TEEM-Simulationsmodell

Bewertung

Mit Hilfe der Simulation kann eine permanente Visualisierung der Energieverbrauchswerte und damit eine belastbare Bewertung von ausgewählten Maßnahmen auf die Produktionslogistik zur Steigerung der Energieeffizienz aufgezeigt werden. Diese sind z. B. konkrete Aussagen zu Energiebedarf und -kosten sowie eine Energiekostenzuordnung zu Produktionsdaten. Dies wird durch einen Reportbaustein, der Verbrauchswerte für Strom, Wärme und Druckluft sowie die daraus resultierenden Energiekosten und Energiekosten pro Stück des Gesamtsystems und der zugehörigen der Teilsysteme mit Kennzahlen und Diagrammen darstellt, ermöglicht. Zudem können unterschiedliche Szenarien aufgestellt und verglichen werden. Dies ermöglicht es Amortisationsrechnungen für die Umsetzung der gewählten Energieeffizienzmaßnahmen durchzuführen (Abb.4).

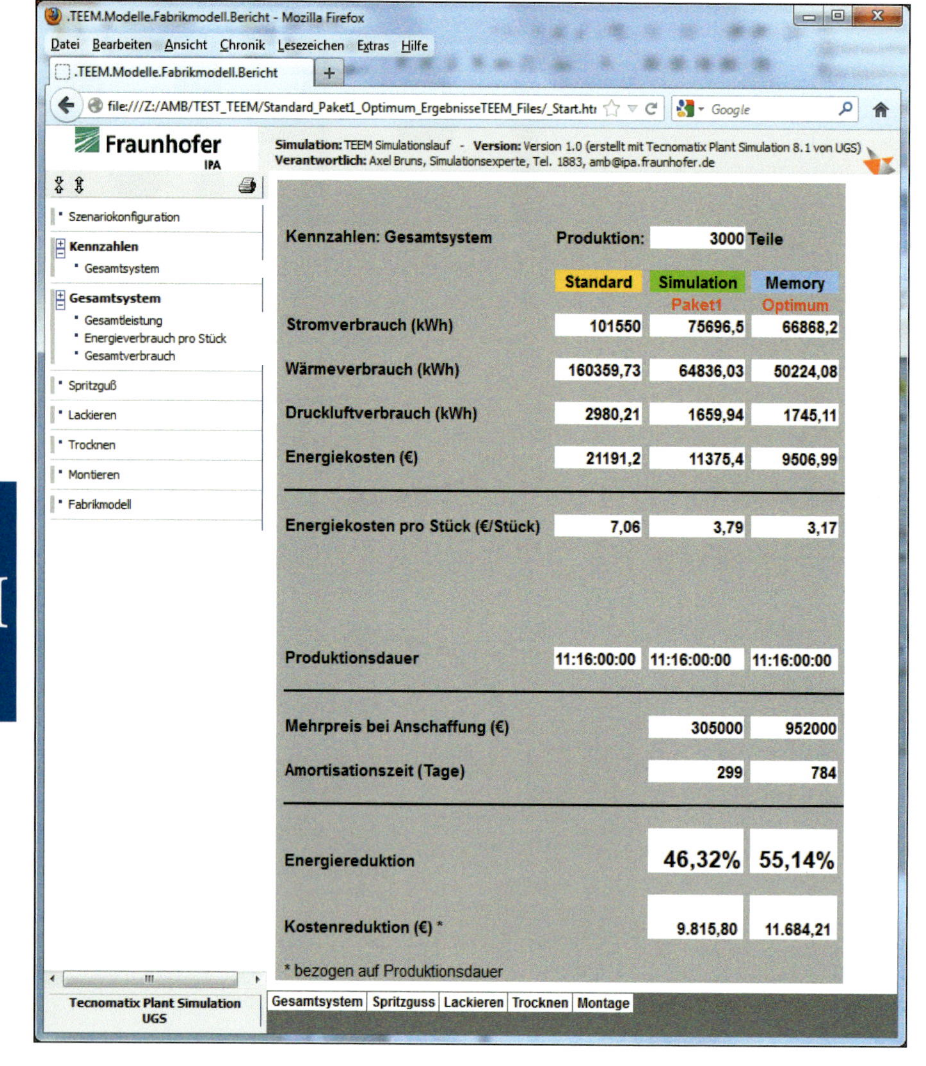

Abb. 4 Reportbaustein des TEEM-Simulationsmodells

3.2.2.3 Nutzen

Das Total Energy Efficiency Management System bietet dem Anwender vielfältigen Nutzen. Mit diesem System können zum einen konkrete Aussagen zu den Energiebedarfen einzelner Verbraucher getätigt werden und zum anderen können anfallende Energiekosten Produktionsdaten zugeordnet werden. Zudem können diese Energieverbrauchswerte und kosten permanent durch Kennzahlen und Diagramme visualisiert werden. Dies ermöglicht eine effiziente Auswahl von geeigneten Energieeffizienzsteigerungsmaßnahmen und die Voraussage sowie die Nachverfolgung der Auswirkungen auf die vorhandene Produktion. Die gewählten Maßnahmen können in einem anschließenden Schritt mit Hilfe der integrierten Amortisationsrechnung überprüft werden. Zusammenfassend lässt sich der Nutzen des TEEM Systems folgendermaßen definieren:

- Möglichkeiten der Abbildung und späteren Simulation von Energieströmen und Medien;
- Auswahl von Energieeffizienzmaßnahmen und deren Verfolgung;
- Darstellung und Visualisierung von Energieverbräuchen und Energiekostenzuordnung;
- Speicherung und Aufbereitung von Energiedaten.

3.2.3 Fazit und Ausblick

Steigende Energie- und Ressourcenpreise stellen Unternehmen vor die Herausforderung geeignete Strategien und Lösungen zur Steigerung der eigenen Energieeffizienz zu finden. Dabei können Methoden und Werkzeuge der Digitalen Fabrik helfen diese Herausforderungen zu Bewältigen. Das TEEM System unterstützt Unternehmen genau in diesem Punkt. Damit können Energieverbrauchswerte und -kosten modelliert, simuliert, visualisiert und Maßnahmen zur Steigerung der Energieeffizienz der Produktion auf Basis realer Energiewerte bewertet und umgesetzt werden. Des Weiteren bietet der im TEEM integrierte Ansatz eine richtungweisende Basis für die Kopplung der Energieverbrauchserfassung und -bewertung an bestehende Systeme der Produktionsplanung und -steuerung (PPS und MES). Eine derartige Verknüpfung von Systemen zur Produktionsplanung sichert eine ressourcenschonende Produktion.

3.2.4 Weiterführende Informationen

Weiterführende Informationen zu den hier beschriebenen Modulen in der Abteilung *„Fabrikplanung und Produktionsoptimierung“*, unter der Leitung von *Michael Lickefett*, am Fraunhofer-Institut für Produktionstechnik und Automatisierung IPA eingeholt werden.
Das Gesamtsystem, die einzelnen Module sowie die erzielten Optimierungsergebnisse wurden in verschiedenen Publikationen der Öffentlichkeit vorgestellt, z. B.

- *Hornberger, Markus:* »Den Energieeinsatz in der Produktion optimieren«, In: Intelligenter produzieren. (2009), Nr. 5, S. 34-35.
- *Erlach, Klaus (Hrsg.); Westkämper, Engelbert (Hrsg.):* »Energiewertstrom : Der Weg zur energieeffizienten Fabrik«, Stuttgart, 2009, ISBN 978-3-8396-0010-8
- *Erlach, Klaus; Weskamp, Markus:* »Mit Methode zur Effizienz«, In: A&D Automation & Drives. (2010), Nr. 1+2, S. 60–63.

Das TEEM System ist in das innovative Testzentrum – »Grid Engineering for Manufacturing Laboratory – GEMLab 2.0« – integriert, welches eine innovative Planungsumgebung aus Eigenentwicklungen und kommerziellen Werkzeugen darstellt, die die Vernetzung und Verteilung von Daten, Modellen, Rechnerressourcen und digitalen Werkzeugen mittels Grid Technologien ermöglicht und steht für Forschung und Industrie zur Verfügung.

TEIL IV

Fabrik und Infrastruktur

1 Ressourcenorientierte Planung von Produktionsstätten

Hans-Peter Wiendahl

IV

1.1 Einführung

Der Produktionsindustrie und damit der Planung ihrer Produktionsstätten kommt im Rahmen des verantwortungsvollen Umgangs mit Rohstoff- und Energieressourcen eine wichtige Aufgabe zu (Jovane et al. 2008). Betrachtet man zunächst den Anteil der Energiekosten am Bruttoproduktionswert der verarbeitenden Industrie in Deutschland, scheint aus rein wirtschaftlicher Sicht die Bedeutung des Energieverbrauchs mit 2,4 % nicht sehr hoch zu sein (Abb. 1) (Statistisches Jahrbuch 2011). Bei den Produktionsbetrieben des Maschinenbaus, der Elektrotechnik sowie des Fahrzeugbaus liegt er sogar nur bei 0,8 bis 1,0 %. Wenn man die von den Unternehmen selbst erbrachte Bruttowertschöpfung als Grundlage nimmt – also ohne Material und Handelsware – beträgt der Energiekostenanteil durchschnittlich 5,2 %. Wenn hier Einsparungen in der Größenordnung von 15 bis 20% erzielbar wären, hätten diese jedoch einen durchaus spürbaren Effekt auf die Kosten und damit den Ertrag.

Wie sich der Energieverbrauch einer einzelnen Produktionshalle aufteilt, zeigt Abbildung 2 am Beispiel eines Karosseriebaus, in dem im großen Umfang Laserschweißanlagen eingesetzt werden. Diese haben einen vergleichsweise schlechten Wirkungsgrad und erfordern daher eine große Kühlleistung (Engelmann 2009). Nur rund die Hälfte der eingesetzten Energie verbrauchen die eigentlichen Wertschöpfungsprozesse, der größte Teil der übrigen Verbraucher sind die Hallenbelüftung und -entlüftung sowie die Beleuchtung.

Das Problembewusstsein für die drohende Ressourcenknappheit hat sich in der Industrie erst seit den frühen 2000er Jahren stark entwickelt und das Thema der Energieeffizienz wurde zunehmend in Forschung und Praxis aufgegriffen. Der Schwerpunkt lag dabei auf der Energieerzeugung, der Energieverteilung sowie den Prozessen und Betriebsmitteln. 2008 hat die Bundesregierung ein Förderprogramm „Ressourceneffizienz in der Produktion" gestartet, dessen Ergebnisse schrittweise veröffentlicht werden (BMBF 2012). Einen ersten ganzheitlichen Ansatz zur Planung und zum Betrieb energieeffizienter Fabriken stellen Müller et al in (Müller 2009) vor. Das Buch enthält neben einer Planungssystematik auch wichtige Hinweise zu den Prozessen und Anlagen sowie zur Analyse und Bewertung des Energieverbrauchs.

Dieses Kapitel behandelt in der gebotenen Kürze das Thema der ressourcenorientierten Produktionsstättenplanung entsprechend Abbildung 3. Der Begriff Ressource wird dabei nur auf den Energieeinsatz bezogen. Material- und Abfallmanagement werden in Kap. IV.1.4 behandelt. Basis der folgenden Ausführungen ist die in (Wiendahl et al. 2009) entwickelte Systematik der synergetischen Fabrikplanung. Ausgangspunkt sind zum einen die Energie verbrauchenden Fabrikobjekte, nämlich die eingesetzten Betriebsmittel, die sie umhüllenden Gebäude und die Infrastruktur eines Werksgeländes. Zum anderen sind diese Objekte im Rahmen des Wertschöpfungsprozesses durch Material-, Informations- und Personenflüsse miteinander verbunden. Den Kern des Beitrags bildet der Planungsprozess einer Produktionsstätte, der die Planungsbereiche Betriebsmittel, Mitarbeiter und Materialfluss umfasst, für die Flächen bereitzustellen sind. Das damit entwickelte Gesamtkonzept

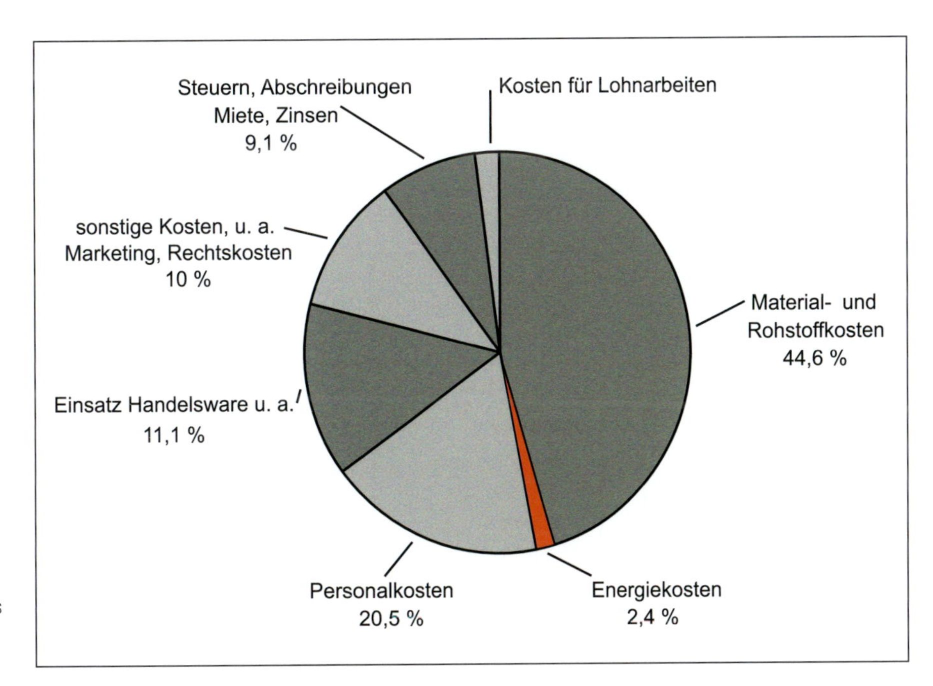

Abb. 1 Kostenanteile am Bruttoproduktionswert im verarbeitenden Gewerbe Deutschlands 2009 (Statistisches Jahrbuch 2011)

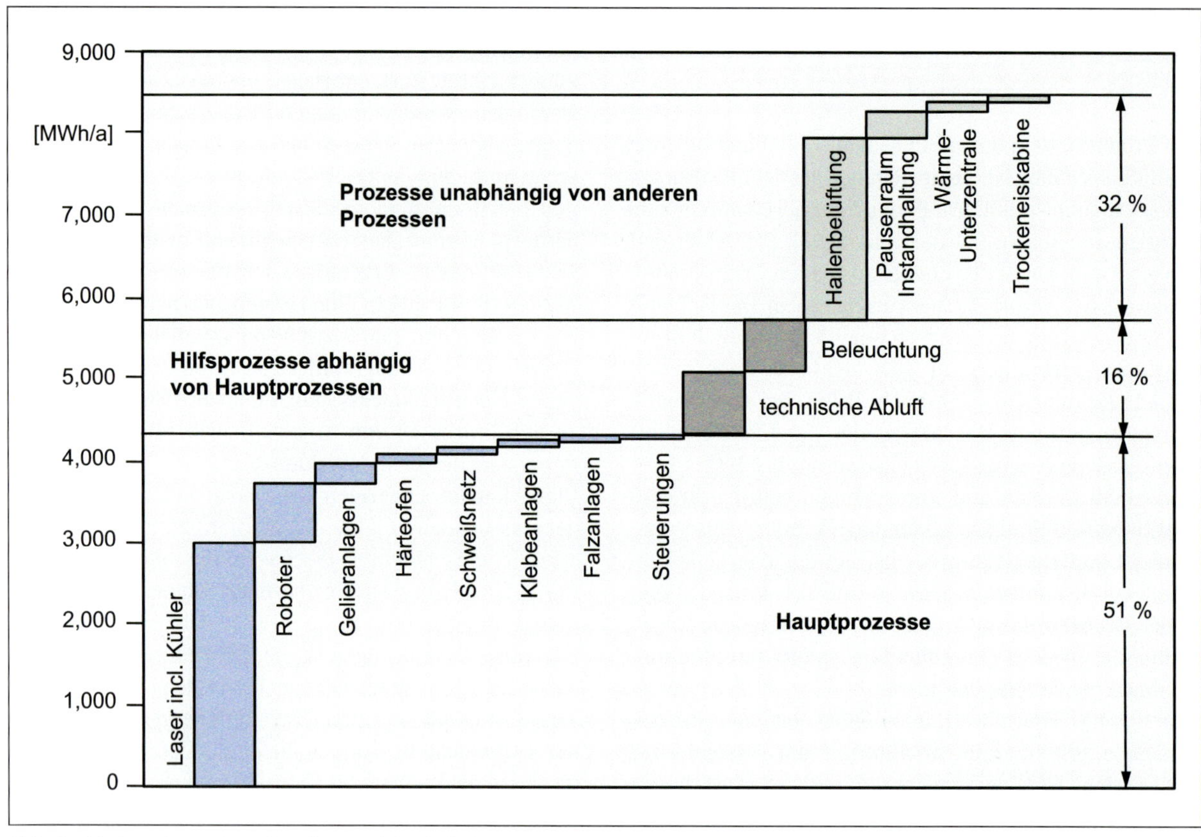

Abb. 2 Verbrauchsstruktur einer Karosseriebauhalle (nach Engelmann)

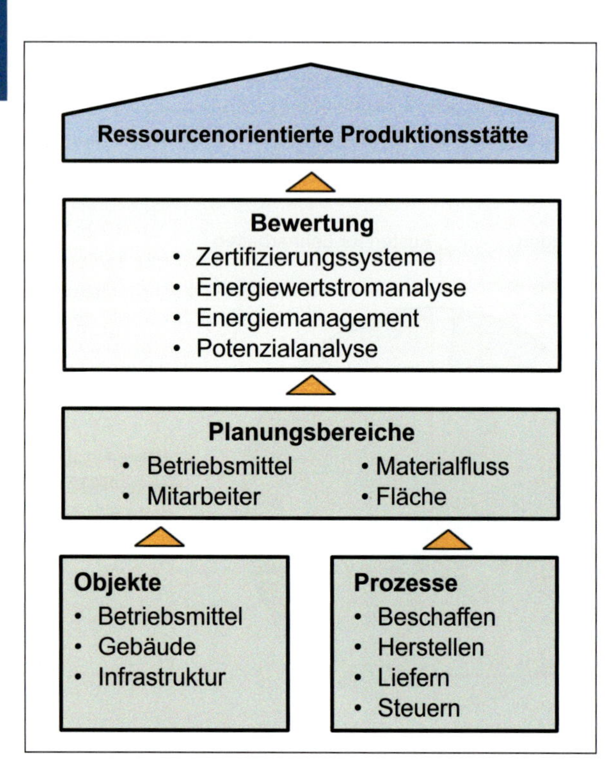

Abb. 3 Rahmenkonzept ressourcenorientierte Produktionsstättenplanung

muss eine Reihe von Anforderungen bezüglich Produktqualität, Lieferzeit, Wandlungsfähigkeit und Kosten erfüllen. Als neue Anforderung tritt die Effizienz der eingesetzten Energie hinzu (Reinema et al 2011).

Schließlich ist die energetische Effizienz der Produktion zu bewerten. Für Gebäude haben sich hierfür bereits mehrere Zertifizierungssysteme etabliert, die für Industriebauten noch im Entstehen sind. Sie werden mit entsprechenden Literaturhinweisen in aller Kürze vorgestellt. Die Energiewertstromanalyse hat sich als praktisches Hilfsmittel für bestehende, aber auch geplante Fabriken erwiesen. Sie wird in diesem Kapitel nicht tiefer behandelt, weil sie Gegenstand von Kapitel IV.1.3 ist. Auch das Energiemanagement wird in einem eigenen Kapitel IV.1.2 betrachtet und daher nicht vertieft. Vorgestellt wird jedoch im Detail eine für Fabrikanlagen und Logistik unter Federführung des Instituts IFA der Leibniz-Universität entwickelte Potenzialanalyse der Energieeffizienz einer Fabrik. Sie umfasst alle Aspekte, beginnend mit dem Standort, über die Gebäude und Prozesse bis hin zu Haustechnik und Organisation und zeigt die Potenziale zur Verbesserung auf.

1.2 Objekte

Den Kern jeder Produktion bilden die in den verschiedenen Bereichen eingesetzten Betriebsmittel. Dabei werden aus Zukaufteilen (Roh- und Halbfertigwaren) einbaufertige Teile erzeugt, die in der Montage zu Baugruppen und Endprodukten gefügt werden. Der innerbetriebliche Materialfluss zwischen den Betriebsmitteln sowie dem Eingang und Ausgang der Werkhallen ist Aufgabe der Produktionslogistik.

Abbildung 4 zeigt eine vereinfachte Übersicht der Betriebsmittel, die nach den drei erwähnten Hauptaufgaben Fertigen, Montieren und Logistik geordnet sind (Wiendahl et al. 2009, S. 177). Sie sind typisch für die in diesem Buch behandelte Stückgüterproduktion des Maschinen- und Anlagenbaus, der Automobilindustrie sowie der Elektrotechnik und Elektronikfertigung. Die meisten Betriebsmittel lassen sich weiter in Teilsysteme gliedern, die zum einen den jeweiligen Fertigungs- bzw. Montageprozess durchführen. Zum anderen erfordert die Zu- und Abfuhr der Werkstücke sowie deren Positionierung werkstückspezifische Einrichtungen; Gleiches gilt für die eingesetzten Werkzeuge. Weiterhin sind die Betriebsmittel zu steuern und zu überwachen und schließlich sind bestimmte Hilfsfunktionen wie Abfallentsorgung, Schutzabdeckungen usw. erforderlich, die unter dem Begriff Peripherie zusammengefasst sind.

Die einzelnen Objekte sind durch den kleinen roten Hinweispfeil gekennzeichnet, ob sie energieverbrauchsrelevant sind. Dominierend sind hier erwartungsgemäß die Fertigungsmaschinen, wobei vor allem Ur- und Umformprozesse (z. B. Gießen, Schmieden), Beschichtungsprozesse (z. B. Lackier- und Galvanisieranlagen) sowie Prozesse zur Wärmebehandlung, wie z. B. Nitrier- und Härteöfen oder PVD-Anlagen (Physical Vapour Deposition), energieintensiv sind. Vergleichsweise weniger bedeutsam sind in diesem Zusammenhang die Hilfseinrichtungen der Werkzeugmaschinen, die Montagemaschinen und Einrichtungen der Intralogistik wie Transport-, Lager- und Umschlagsysteme.

Die Auslegung und Energieminimierung der Verfahren und Betriebsmittel ist nicht Gegenstand der Fabrikplanung. Sie werden in Kap. V.2 (Werkzeugmaschinen), Kap. V.3 (Produktionsanlagen), Kap. VI.1. (Fertigungsverfahren) und Kap. VI.4 (Logistik) behandelt. Für den Fabrikplaner ist jedoch die Kenntnis der energetischen Zusammenhänge hinsichtlich Energiebedarf sowie Abwärme und Schadstoffausstoß wesentlich für die Auslegung der Gebäudeinfrastruktur im Hinblick auf die Luftqualität und Abwärmenutzung.

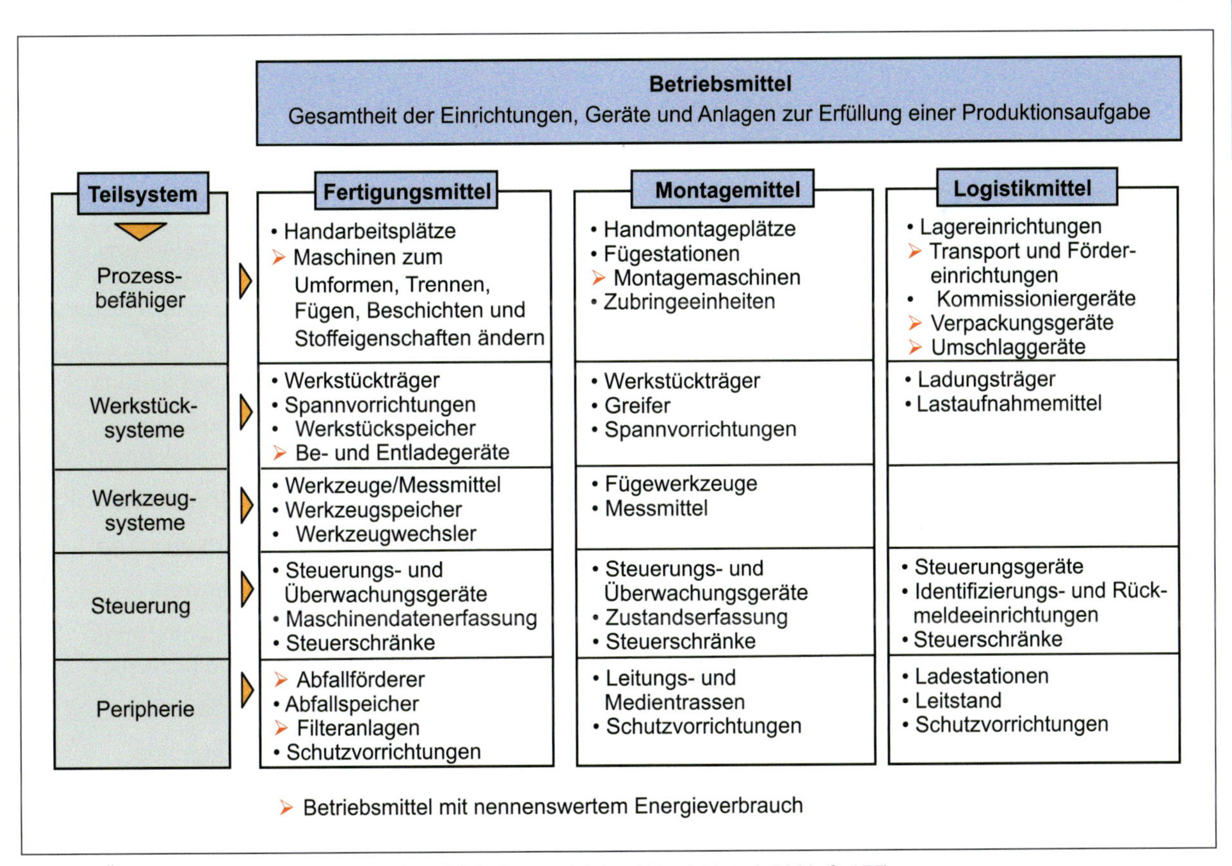

Abb. 4 Übersicht über die Betriebsmittel einer Stückgüterproduktion (Wiendahl et al. 2009, S. 177)

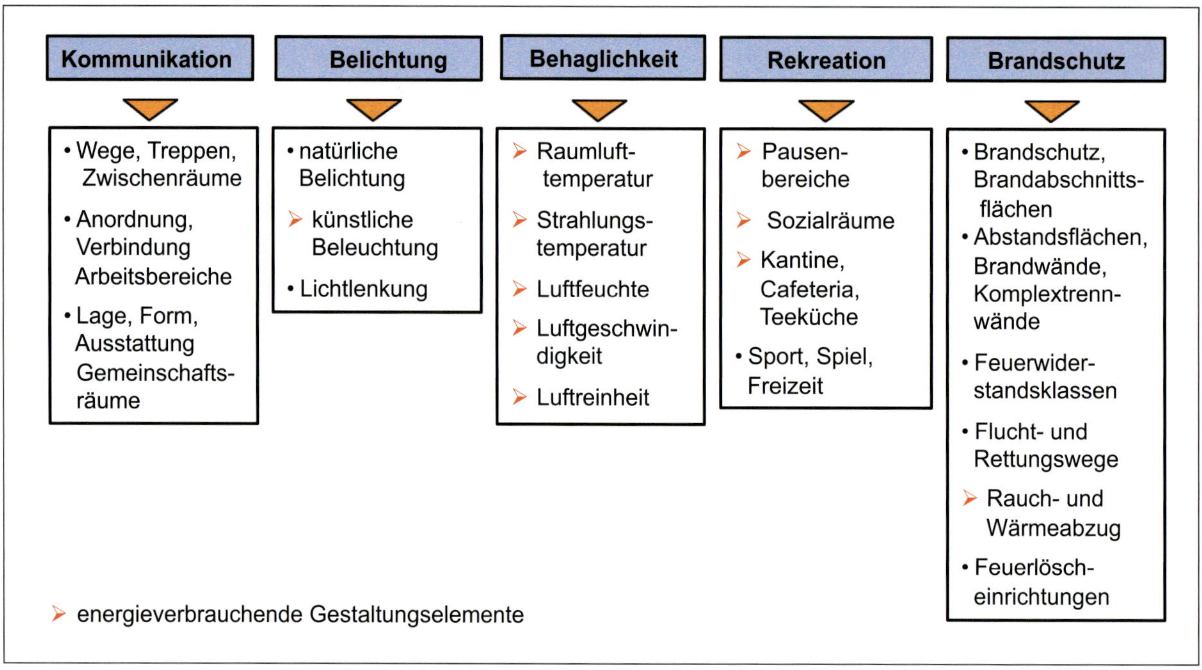

Kommunikation
- Wege, Treppen, Zwischenräume
- Anordnung, Verbindung Arbeitsbereiche
- Lage, Form, Ausstattung Gemeinschaftsräume

Belichtung
- natürliche Belichtung
- ➢ künstliche Beleuchtung
- Lichtlenkung

Behaglichkeit
- ➢ Raumlufttemperatur
- ➢ Strahlungstemperatur
- ➢ Luftfeuchte
- ➢ Luftgeschwindigkeit
- ➢ Luftreinheit

Rekreation
- ➢ Pausenbereiche
- ➢ Sozialräume
- ➢ Kantine, Cafeteria, Teeküche
- Sport, Spiel, Freizeit

Brandschutz
- Brandschutz, Brandabschnittsflächen
- Abstandsflächen, Brandwände, Komplextrennwände
- Feuerwiderstandsklassen
- Flucht- und Rettungswege
- ➢ Rauch- und Wärmeabzug
- Feuerlöscheinrichtungen

➢ energieverbrauchende Gestaltungselemente

Abb. 5 Gestaltungsfelder und -elemente eines Arbeitsplatzes (Wiendahl et al 2009, S. 287)

Die zweite wesentliche Objektgruppe einer Fabrik stellen die Gebäude und ihre Elemente dar. Ihre Auslegung und Dimensionierung ist Aufgabe der Architekten und der ihnen zuarbeitenden Fachplaner für die Wärmedämmung der Hülle, der Klima- und Lüftungstechnik und der Beleuchtung. Deren Auslegung erfolgt aus den Vorgaben der Produktionsprozesse, wie z.B. aus der Einhaltung einer bestimmten Raumtemperatur, -feuchtigkeit oder -reinheit, aus den Anforderungen für menschengerechte Arbeitsplätze und schließlich aus den Anforderungen an das Gebäude selbst hinsichtlich der Energie-Einsparmöglichkeiten. Diese Objekte werden ausführlich in Kap. IV.2 (Bauliche Maßnahmen zur Energieeinsparung), Kap. IV.3 (Klima- und Lüftungstechnik) sowie Kap. IV.4 (Beleuchtungstechnik) behandelt.

Die Gestaltungsfelder, die sich aus der Sicht der Arbeitsplatzgestaltung für ein Gebäude und deren Arbeitsplätze

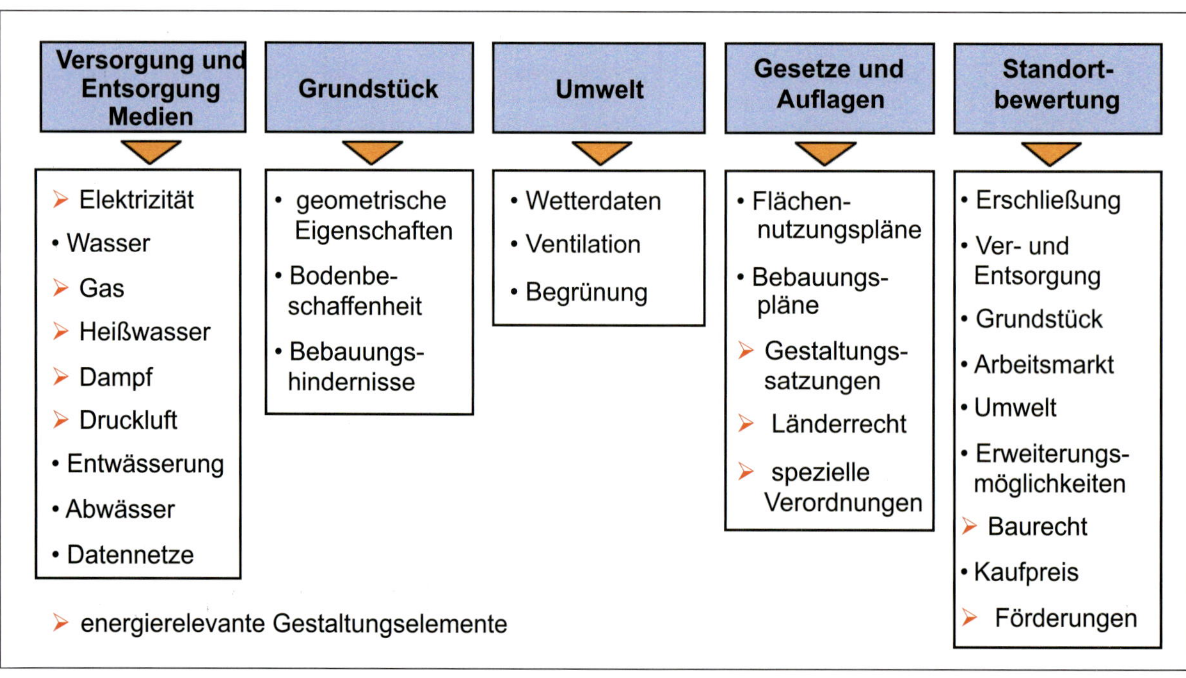

Abb. 6 Gestaltungsfelder Standort (nach Wiendahl et al S. 390)

ergeben, zeigt Abbildung 5 (Wiendahl et al. 2009, S.287). Es wird deutlich, dass die Aspekte der Belichtung, der Behaglichkeit, der Rekreation und des Brandschutzes technische Einrichtungen erfordern, die einen teilweise erheblichen Energiebedarf bedingen. Wie schon das Beispiel in Abbildung 2 zeigte, stellt die Konditionierung der Hallenluft und der Beleuchtung häufig einen erheblichen Posten in der Energiebilanz dar.

Die Produktionsstättenplanung endet aber nicht an den Grenzen der Produktionshallen, sondern an den Grenzen des Fabrikgeländes. Gemäß Abbildung 6 (nach Wiendahl et al. 2009, S. 390) geht es bei der Standortplanung aus Energiesicht primär um die Bereitstellung der Medien für Produktion und Arbeitsplätze, die Beachtung von Gesetzen und Auflagen sowie um Faktoren der Standortbewertung aus Sicht des Baurechts und um mögliche Förderzuschüsse, z. B. für Energiesparmaßnahmen oder regenerative Energieerzeugung durch Fotovoltaik oder Geothermie.

Die hier angesprochenen Gestaltungsfelder hängen sehr stark vom Produktionskonzept z. B. bezüglich der täglichen, wöchentlichen und jährlichen Betriebsdauer, dem geplanten Ausbau oder möglichen Rückbau der Produktion und der örtlichen Einbindung in Energie- und Fernwärmenetze ab. Hier ist besonders eine Lebenszyklusbetrachtung des gesamten Standortes auf Basis eines Masterplans mit einem Zeithorizont von 20 bis 50 Jahren sinnvoll. Die Planung dieser Einrichtungen ist nicht Gegenstand dieses Buches. Jedoch ergeben sich die Anforderungen für deren Auslegung aus den Anforderungen der Betriebsmittel, Gebäude und Arbeitsplätze.

Für die Fabrikplanung ist das Verständnis des Wechselspiels zwischen den Produktionsabläufen und dem Gebäude unter Berücksichtigung der Arbeitsplatzanforderungen die wesentliche Grundlage für eine energieeffiziente Fabrik. Abbildung 7 deutet dieses Wechselspiel an (Herrmann 2011). Als neuere Anforderung tritt die Wandlungsfähigkeit der Produktion hinzu, die aufgrund des häufigeren und schnelleren Wandels der Produkte und Produktionseinrichtungen erforderlich ist (Wiendahl 2007). Sie wurde bisher primär auf die Veränderungsfähigkeit der Produktionsstruktur, der Maschinenanordnung und der Materialflüsse bezogen. Häufig wurde jedoch die damit verbundene rasche und aufwandsarme der Anpassung der Gebäude und ihrer Ausrüstung nicht genügend berücksichtigt. Kapitel IV.1.4 geht hierauf noch näher ein.

Den Ausgangspunkt der Betrachtung bilden die Produktionsmaschinen, die Primärenergie (überwiegend Elektroenergie) sowie Druckluft, Dampf und Kühlwasser benötigen. Sie geben einen Teil davon in ein Energierückflusssystem ab, aber meist entweicht der größere Anteil als Abfallenergie in die Werkhalle oder die Umgebung. Wie bereits erwähnt, benötigen manche Prozesse besondere Raumkonditionen hinsichtlich Temperatur, Feuchtigkeit und Reinheit, welche durch die technische Gebäudeausrüstung bereitgestellt werden müssen. Das Gebäude selbst unterliegt neben den Anforderungen der

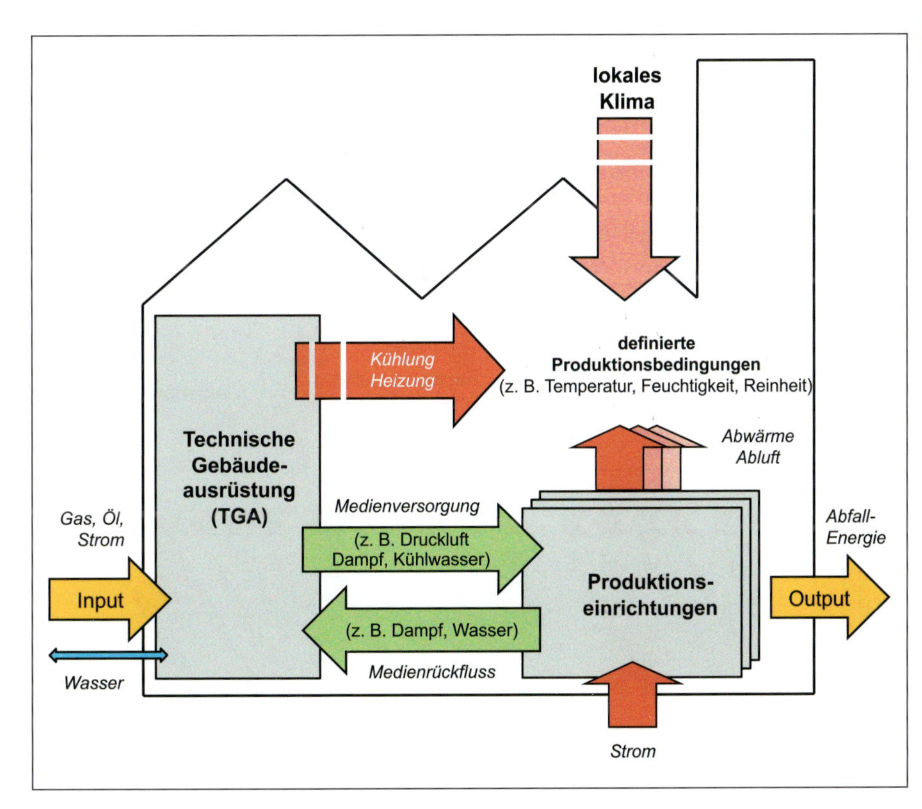

Abb. 7 Energieflüsse einer Fabrik (Herrmann 2011)

Produktionseinrichtungen den örtlichen klimatischen Bedingungen. Schließlich ist für die in der Fabrik arbeitenden Menschen eine gesundheitlich zuträgliche Atmosphäre sicherzustellen.

Im Sinne der Energieeffizienz lassen sich daraus erste Leitsätze ableiten (Herrmann 2011):

- Die Produktionsprozesse und Maschinen stellen den Ausgangspunkt dar. Hier sind neben einem hohen Wirkungsgrad der Prozesse insbesondere ein niedriger Grundbedarf im Stillstand und die Vermeidung von Lastspitzen anzustreben.
- Das Gebäude und die Technische Gebäudeausrüstung TGA sollen energieneutral sein (Nullenergiegebäude). Die Raumqualität und -konditionierung wird dabei durch Prozess- und Arbeitsplatzanforderungen bestimmt.
- Der notwendige Mindestbedarf an Energie für Gebäude und Haustechnik sollen möglichst zu 100 % aus Prozessenergieverlusten und regenerativen Energien gedeckt werden.

IV

1.3 Prozesse

Die in einer Produktion ablaufenden Prozesse lassen sich nach vielen Gesichtspunkten modellieren. Beispielsweise kann der Materialfluss, der Energiefluss, der Informationsfluss oder die Wertschöpfung betrachtet werden, Abbildung 8. Für die Fabrikplanung ist eine ablauforganisatorische Sicht zweckmäßig. Danach lässt sich eine Produktion in die Funktionen Beschaffung, Herstellung, Distribution und Entsorgung gliedern. Die Entsorgungslogistik spielt in der Kreislaufwirtschaft eine große Rolle, wird aber hier nicht weiter betrachtet. Die verbleibenden Hauptprozesse lassen sich nach Abbildung 8 in weitere Teilprozesse gliedern, die hinsichtlich ihrer Energierelevanz gekennzeichnet sind (nach Wiendahl et al. 2009, S. 168).

Im Beschaffungsprozess gelangen bestellte Waren (Rohwaren, Halbfertigfabrikate, Komponenten) über außerbetriebliche Transportprozesse in das Wareneingangslager. Für die Warenannahme muss die Gebäudehülle immer wieder geöffnet werden, sodass es je nach Öffnungsfrequenz und Gestaltung der Tore erhebliche Wärmeverluste oder auch -einträge geben kann. Die anschließende Fertigung, Montage und die Distribution benötigen zu einem bestimmten Zeitpunkt überwiegend nicht einen, sondern mehrere Artikel, meist in unterschiedlichen Mengen. Die Gruppe dieser Artikel für einen Montageauftrag wird als Kommission bezeichnet. Der entsprechende Prozess heißt Kommissionieren und gehört zum Beschaffungsprozess. Alle Beschaffungs- und deren Teilprozesse sind zu planen, zu steuern und zu überwachen.

Die anschließende Fertigung und Montage umfasst, neben ihren bereits erläuterten technologischen Teilprozessen, ebenfalls Lager- und Transportprozesse, jedoch werden hier Roh- und Halbfertigteile innerhalb der Produktion bewegt und gelagert. Wenn die Montage örtliche Lagereinrichtungen besitzt, sind auch dort Kommissionier-Prozesse, z. B. für Zwischenmontagen, anzutreffen. Ebenso ist die Fertigung und Montage je nach Fertigungsart mehr oder weniger genau zu planen und zu steuern.

Die Distribution – auch Warenverteilung oder Lieferung genannt – verantwortet die Bereitstellung der bestellten Erzeugnisse (selbst produziert oder eingekauft) beim Kunden. Das kann ein Vertriebslager, ein Händler oder der Endkunde sein. Dieser Vorgang erfordert neben dem Lagern, Kommissionieren und Transportieren auch den Schutz der Waren durch Verpacken, Zusammenstellen zu Transporteinheiten und ggf. Umschlag der Transporteinheiten, z. B. beim Wechsel des Transportmittels von

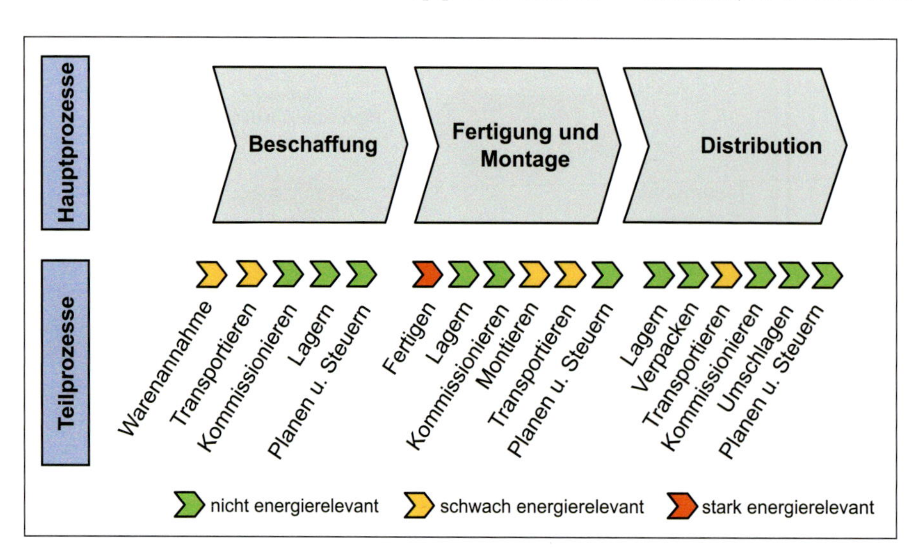

Abb. 8 Haupt- und Teilprozesse der industriellen Produktion (Wiendahl et al. 2009)

einem LKW auf einen Bahnwaggon oder ein Schiff. Auch Distributionsprozesse sind zu planen, zu steuern und zu überwachen.
Betrachtet man die einzelnen Teilprozesse unter dem Gesichtspunkt des Energieverbrauchs, wird die schon bei den Betriebsmitteln gewonnene Erkenntnis noch einmal deutlich, dass lediglich die Fertigung stark energierelevant ist, Transportieren und Montieren schwach relevant sind und die übrigen Funktionen nicht energieverbrauchsrelevant sind. Sicher gibt es auch hier Ausnahmen, wie beispielsweise ein Kühllager mit seinem hohen Stromverbrauch für die Kälteerzeugung oder eine Reinraummontage mit entsprechenden energieintensiven Luftaufbereitungsanlagen.

1.4 Planungsmodell

Bei der Planung einer Produktionsstätte werden Objekte und Prozesse miteinander in einer räumlichen Anordnung (sog. Layout) verknüpft. In der klassischen Fabrikplanung werden dabei, ausgehend von einem Produktionsprogramm und einer übergeordneten Zielsetzung, üblicherweise zunächst die Arbeitsprozesse, Betriebsmittel sowie das Layout geplant. Danach wird meist ein Architekt beauftragt, eine möglichst preiswerte Hülle mit der notwendigen technischen Gebäudeausrüstung zu entwerfen. Diese Planungspraxis führt nicht nur zu Termin- und Budgetüberschreitungen. Sie erzeugt auch unzureichende Planungsergebnisse, die in Funktions- und Qualitätsmängeln, mangelnder Performance des Gebäudes und Kostenüberschreitungen sichtbar werden.

Wie bereits in Abbildung 6 erläutert wurde, stehen die Produktionsprozesse und Anlagen mit ihren Material-, Informations- und Personenflüssen jedoch in enger Wechselbeziehung zur Gebäudearchitektur und der darin installierten Haustechnik (Energie und Medien, Be- und Entlüftung usw.). Die von Wiendahl, Reichardt und Nyhuis entwickelte synergetische Fabrikplanung beginnt demgegenüber schon bei der Zielplanung mit einer gemeinsamen Prozess- und Raumsicht, die sich über alle Planungsphasen bis zur Inbetriebnahme fortsetzt (Wiendahl et al. 2009). Dabei entwickelt der Fabrikplaner und Architekt zunächst jeder für sich eine Vision und leitet danach die fachspezifischen Detailanforderungen in Stufen zunehmender Genauigkeit ab.
Abbildung 9 verdeutlicht den Grundgedanken einer hierauf basierenden Fabrikplanung (Wiendahl et al. 2009, S. 424). Aus *Prozesssicht* stehen die klassischen Forderungen nach hoher Produktivität und Qualität, kurzer Lieferzeit und ergonomischer Gestaltung sowie die bereits erwähnte relativ neue Forderung der Wandlungsfähigkeit im Vordergrund. Letztere wirkt sich unmittelbar auf die Raumsicht aus und betrifft die Gebäudestruktur und ihre haustechnischen Einrichtungen. Weiterhin treten Forderungen auf, die aus den Wechselwirkungen der Fabrik mit einer zunehmend vernetzten Umwelt resultieren. Hierzu zählen die Lebenszyklusbetrachtung der Produkte und Einrichtungen sowie die Einbindung der Produktionsprozesse in Lieferketten und Produktionsnetze.
Die *Raumsicht* beginnt nach der Entwicklung einer Vision mit den eher harten Fakten wie Gebäudetechnologie und Energieverbrauch. Ökologische Überlegungen spielen sowohl beim Bau bezüglich des Energieverbrauchs, der verwendeten Werkstoffe als auch bei Prozessen eine Rolle, wenn es z. B. um gefährliche Zusatzstoffe und Abfälle geht.

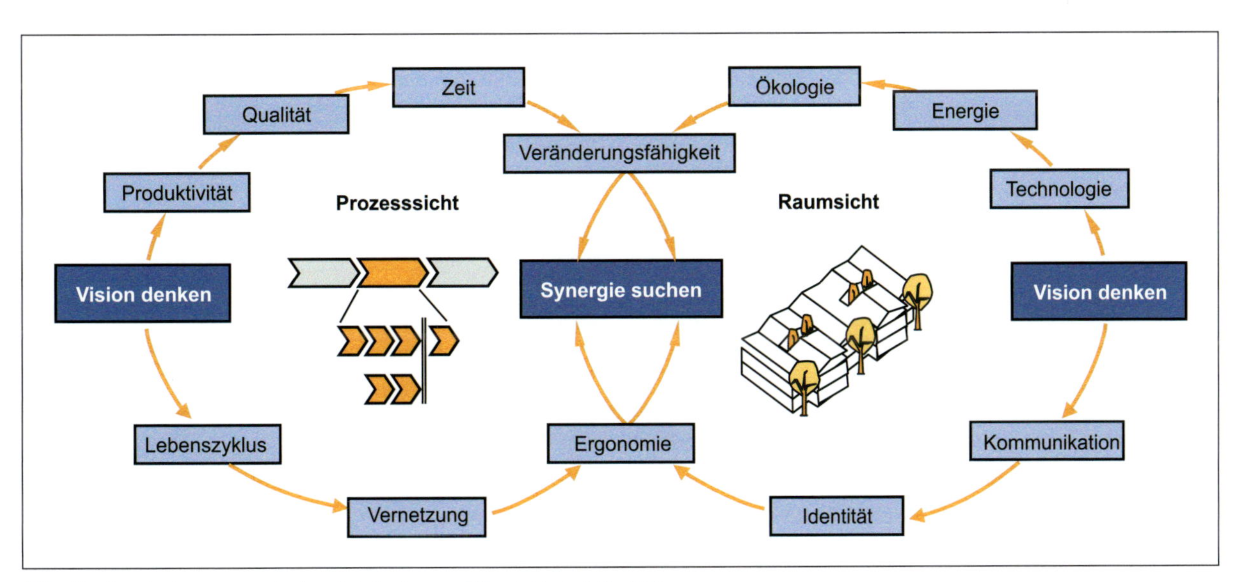

Abb. 9 Ansatz der synergetischen Fabrikplanung (Wiendahl et al, S. 424)

Die weichen Faktoren betreffen hier die Frage der einfachen personalen Kommunikation sowie das identitätsstiftende innere und äußere Erscheinungsbild. Alle Forderungen münden in eine Lösung, in der die Zielprojektionen zu einer vom ganzen Planungsteam getragenen Lösung verschmelzen. Dabei geht es nicht nur um rechenbare Fakten, sondern auch um emotionale Zustimmung. Entscheidend für die Nachhaltigkeit der gefundenen Konzeption ist die von ihr dauerhaft ausgehende Faszination.

Die neue Qualität einer so definierten kooperativen Planung aus Prozess- und Raumsicht liegt in einer möglichst frühzeitig begonnenen Zusammenführung der räumlich durchgebildeten Teilprojekte Standort, Gebäude, Haustechnik und Prozess. Grundsätzlich wird dabei eine dreidimensionale Abbildung aller Objekte angestrebt, die eine IT-unterstützte Interaktion der Planungspartner ermöglicht.

Das im Folgenden vorgestellte Prozessmodell gibt einen strukturierten Ordnungsrahmen für die Planungsfälle Neubau, Erweiterungsbau und Umbau vor, der sich infolge des modularen Aufbaus durch eine hohe Anpassungsfähigkeit auszeichnet. Abbildung 10 zeigt das in vielen Projekten bewährte Modell, das aus drei Teilmodellen besteht (Wiendahl et al. 2009, S. 429).

Den Ausgangspunkt bilden die *Leistungsphasen der Produktionsplanung*, die aus den Hauptprozessen Analyse, Strukturdesign, Layoutgestaltung sowie der Umsetzung des Projektes nach Planungsabschluss bestehen. Dieses Teilmodell beschreibt die Gestaltung der technologischen und logistischen Prozesse sowie der Produktionseinrichtungen und deren Anordnung nach Gesichtspunkten des Material-, Energie- und Kommunikationsflusses in Stufen zunehmender Konkretisierung.

Dem stehen die *Leistungsphasen der Objektplanung* zur Gestaltung der Innen- und Außenräume einer Produktionsstätte aus architektonischer Sicht gegenüber. Diese basieren auf der in Deutschland gesetzlich geregelten Honorarordnung für Architekten und Ingenieure (HOAI) und bestehen aus neun Phasen, von der Grundlagenermittlung bis zur Objektbetreuung und Dokumentation (HOAI 2009).

Die *Leistungsphasen der synergetischen Fabrikplanung* umfassen in einer Integration von Produktionsplanung und Objektplanung den Fabriklebenszyklus-Abschnitt von der Vorbereitung der Planung bis zum Betrieb in sechs voneinander abgegrenzten Phasen. Die Phasen beginnen mit dem Meilenstein M0 und werden jeweils mit einem Meilenstein (M1 bis M6) abgeschlossen. Ergänzt werden diese Phasen durch das begleitende Projektmanagement. Die Bezeichnung dieser Phasen folgt der VDI-Richtlinie VDI 5200 Blatt 1 (VDI 2011). Im Folgenden werden diese

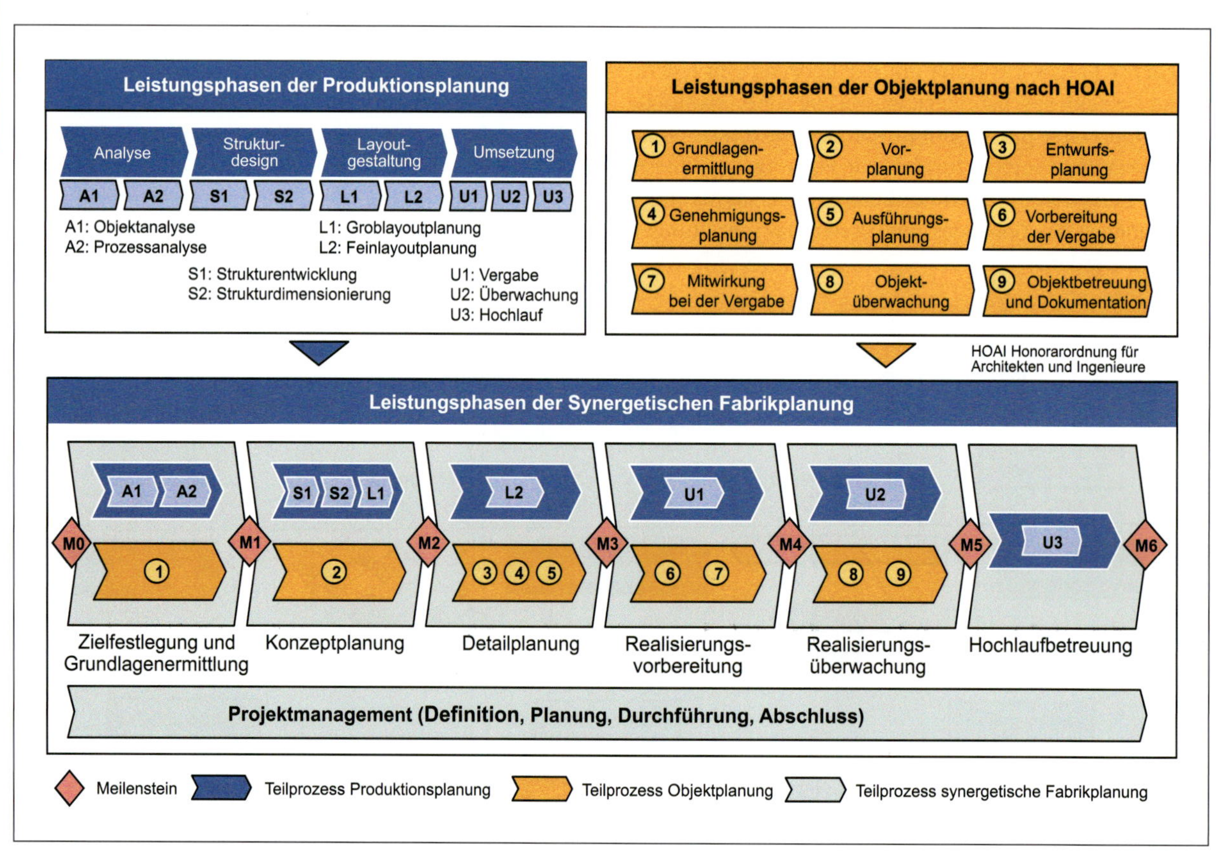

Abb. 10 Prozessmodell der synergetischen Fabrikplanung (Wiendahl et al. 2009)

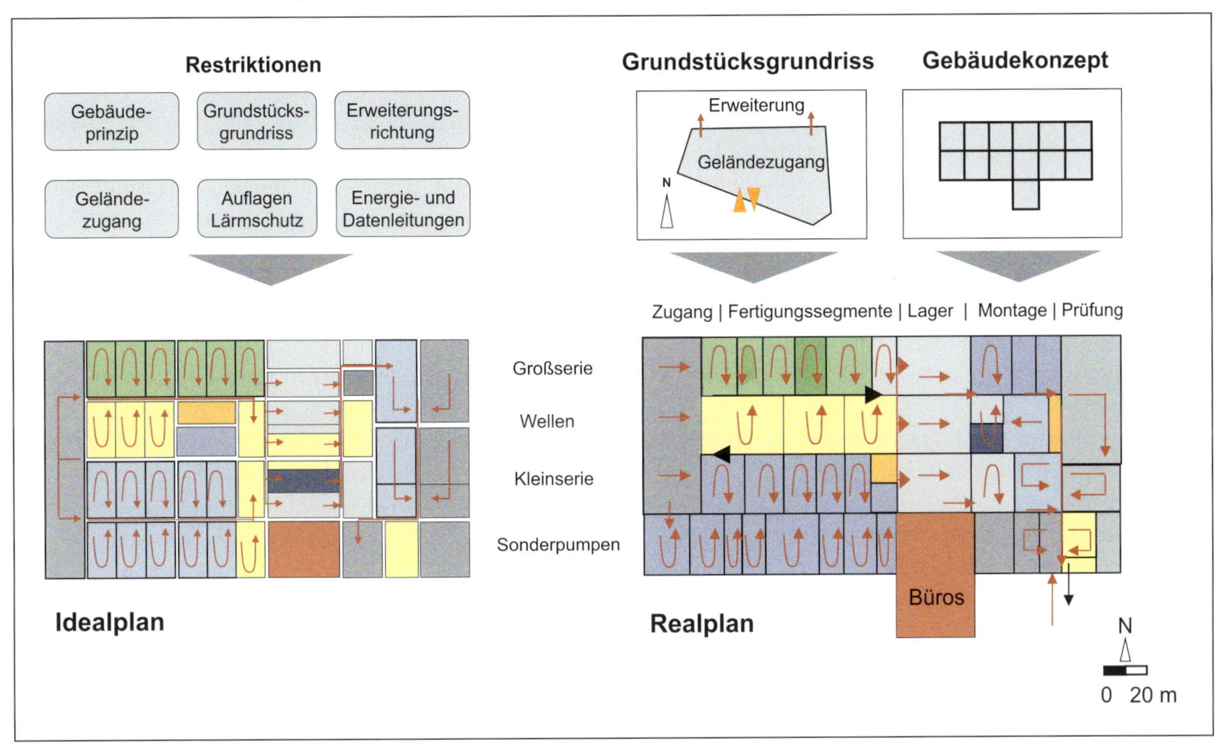

Abb. 11 Entwicklung eines Groblayouts – Beispiel Pumpenfabrik (Wiendahl et al. 2009)

Phasen im Detail unter besonderer Beachtung der Energieeffizienz erläutert.

Den Beginn bildet der Meilenstein Projektbeschluss (M0). Die von der Geschäftsführung festgelegten wesentlichen Eckpunkte betreffen das Produktionsprogramm, den Standort, den Eigenfertigungs- und Zukaufanteil, die Vernetzung mit anderen Standorten sowie eine Zielvorstellung für den Fertigstellungstermin und manchmal auch das Investitionsvolumen.

Die eigentliche Fabrikplanung beginnt mit der Zielfestlegung und Grundlagenermittlung. Hierzu erarbeitet das Projektmanagement mit der Produktionsplanung auf Basis des Meilensteins 0 eine Vision, Mission sowie strategische Ziele für die neue Fabrik. Dabei können bereits erste Vorgaben für Energieeinsparungen formuliert werden, wie beispielsweise eine möglichst weitgehende Nutzung von Prozessabfallenergie oder regenerativer Energien.

Im nächsten Schritt dieser Leistungsphase werden in der Objektanalyse (A1) zum einen die Produkte mit ihren Derivaten, ihren Varianten und ihrem Stücklistenaufbau, unterteilt nach Eigenfertigungs- und Zukaufteilen und Komponenten erhoben. Zum anderen ist eine Bestandsaufnahme neuer oder vorhandener Betriebseinrichtungen mit ihren Flächen und dem erforderlichen Personal notwendig. Für die Betriebseinrichtungen werden neben dem Flächenbedarf und dem Gewicht insbesondere der Energiebedarf und spezielle Anforderungen (Temperatur, Luftfeuchtigkeit, Luftreinheit) erhoben und bereits Möglichkeiten zukünftiger Einsparungen diskutiert. Die Objektanalyse wird ergänzt um Personalzahlen und Büroflächen.

Die Prozessanalyse (A2) untersucht die Produktionsabläufe aus technologischer Sicht auf Basis der Arbeitspläne und Ablauforganisation. Hier finden bereits Überlegungen zu einem Technologiewechsel mit dem Ziel eines niedrigeren Energieverbrauchs statt (s. a. Kap. VI.1 Fertigungsverfahren). Ergänzend kommt die Analyse der Logistik hinzu, d. h. der Anlieferkonzepte der Lieferanten, die Steuerung der Produktion und das Auslieferungskonzept für die Fertigwaren mit den notwendigen Lager- und Transporteinrichtungen. Auch hier greifen Überlegungen zur Energieeinsparung in der inner- und außerbetrieblichen Logistik. Einzelheiten sind in Kap. VI.4 (Logistik) beschrieben.

Seitens der Objektplanung findet nach HOAI in dieser Leistungsphase die Klärung der Aufgabenstellung aus Sicht der Bauplanung statt. Gerade bei komplexen Industrieprojekten gestaltet sich die Grundlagenermittlung der Ausgangsdaten für die Gebäudeplanung meist schwierig. Gründe hierfür liegen u. a. in der stets gegebenen Vermischung von „harten“ Angaben (z. B. zu Stützenrastern, lichten Raumhöhen) mit mehr „weichen“ Faktoren (z. B. Kommunikationsbezüge Mitarbeiter und Kunden) sowie einer großen Meinungsvielfalt der Beteiligten. Für die Objektplanung werden hier die Weichen bezüglich der Energieeffizienz des Gebäudes gestellt. Beispielsweise wird hier entschieden, ob eine DGNB-Zertifizierung für nachhaltiges Bauen vorgesehen ist (DGBN 2012).

In der sich anschließenden zweiten Hauptphase *Konzeptplanung* werden aus Sicht der Produktionsplanung die Strukturentwicklung (S1) (dimensionslos) und Strukturausplanung (S2) (dimensioniert) sowie die Groblayoutplanung (L1) durchlaufen. Die Konzeptphase ist die wichtigste Phase, weil sie die Zukunftsfähigkeit der Fabrik hinsichtlich Technologie, Logistik, Kosten und Wandlungsfähigkeit bestimmt. Hier liegt der Fokus auf der Ermittlung von Strukturvarianten. Sie beschreiben in einer 2D-Darstellung die Beziehungen zwischen den Fertigungs-, Montage- und Logistikbereichen. Dies geschieht auf der Basis bestimmter Strukturbeziehungen, wie z. B. Technologie oder Produktgruppen.

Abbildung 11 zeigt das Ergebnis dieser Planungsphase am Beispiel einer Pumpenfabrik (Wiendahl et al. 2009, S. 477). Ausgehend von den örtlichen Restriktionen wird zunächst im Rahmen der Strukturentwicklung ein ideales Groblayout entworfen (linker Bildteil). In diesem Fall besteht die Fertigung aus vier Segmenten für Großserien, Kleinserien, Sonderpumpen und dem Wellensegment für alle Pumpen. Daran schließt sich ein Zwischenlager an, aus dem sich die Montage nach dem Kanban-Prinzip bedient. Die Pumpen werden abschließend in einem Testfeld auf Funktionsfähigkeit geprüft und versandfertig gemacht.

Die Objektplanung konzentriert sich parallel dazu auf die Erarbeitung eines Entwurfs für den Fabrikbau unter Beachtung der Tragfähigkeit, Genehmigungsfähigkeit und Kosten nach Leistungsphase 2 der HOAI. Das Ergebnis ist im rechten oberen Bildteil unter Einbeziehung der Grundstückssituation und der Erweiterungsrichtung angedeutet.

In das Gebäudekonzept hinein wird im Rahmen der Strukturausplanung das maßstäbliche Layout eingepasst, wie im rechten unteren Bildteil dargestellt.

Den Abschluss dieser Leistungsphase bildet eine Machbarkeitsstudie des Gebäudes (sog. Feasibility-Studie). Sie ist eine synergetische Zusammenschau der bis zu diesem Zeitpunkt erarbeiteten Zielvorstellungen aus Standort, Prozessen und Organisation, Gebäude und Haustechnik in einem räumlichen Gesamtmodell. Es vermittelt dem Lenkungsausschuss und Projektteam beim Meilenstein M2 das Zusammenspiel der Produktionseinrichtungen mit dem Gebäude.

Abbildung 12 zeigt eine derartige Studie für die in Abbildung 11 erläuterte Pumpenfabrik. Sie ist infolge des modularen Aufbaus der Fertigung und Montage, verbunden mit dem modularen Gebäude sehr wandlungsfähig. Sie zeigt die Haupttransportachsen mit den Fertigungssegmenten, dem Zwischenlager sowie der Montage- und Versandfläche. Das Gebäuderaster beträgt hier 21x21 m. Aus Klimagründen wird der gesamte Bau mit gekühlter Luft versorgt.

Nun folgt die Leistungsphase *Detailplanung* L2. Sie umfasst seitens der Produktionsplanung die Festlegung der Betriebsmittel für Fertigung, Montage und Logistik sowie die Feinlayoutplanung. Dabei sind mögliche zukünftige Veränderungen durch Vorhalten von Pufferflächen und eine fundamentlose Aufstellung zu berücksichtigen. Wichtig ist an dieser Stelle die Anpassungsfähigkeit der Energieversorgung sowie der Be- und Entlüftung an Veränderungen von Maschinenstandorten. Durch die Berücksichtigung von Restriktionen der Produktion und des mittlerweile bekannten Gebäudekonzeptes entsteht schließlich eine realistische Ausplanung der Fabrik mit genauer Positionierung der Einrichtungen, Wege, Medienanschlüsse usw.

Die Planungsobjekte stehen jedoch in funktionellen Wechselbeziehungen zueinander, die in Workshops ausführlich diskutiert werden. Das Ergebnis einer solchen konkreten

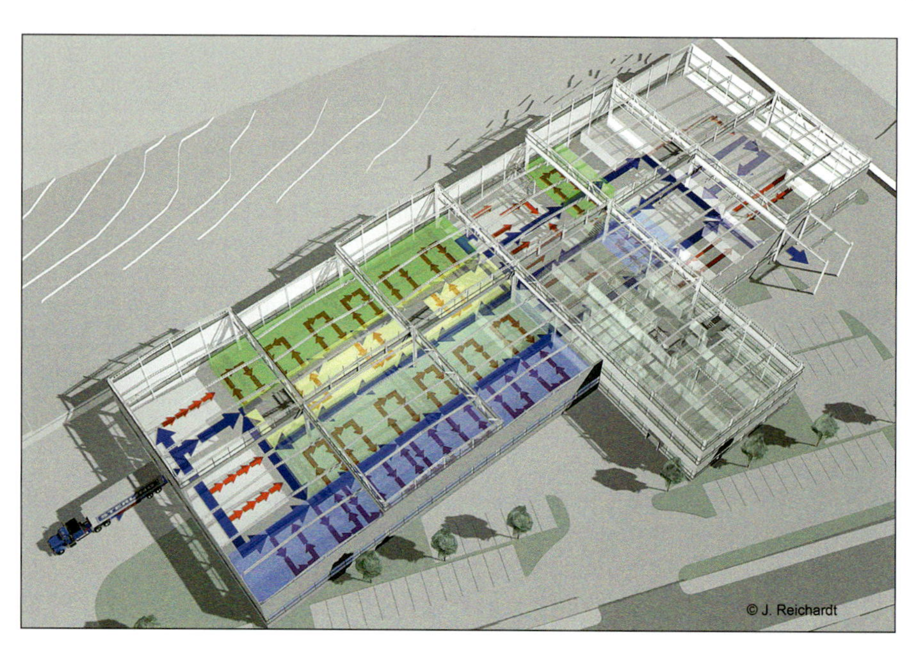

Abb. 12 Studie Pumpenfabrik (Wiendahl et al 2009, S. 478)

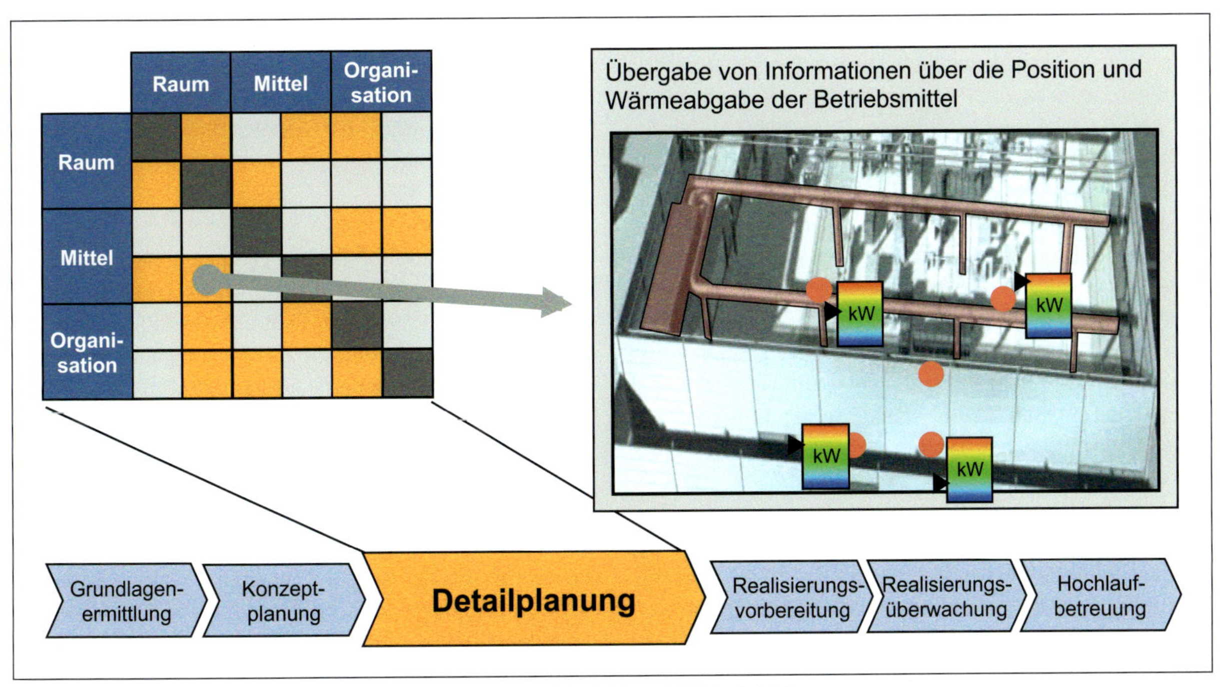

Abb. 13 Abstimmung der Teilprozesse in der Detailplanung (Wiendahl et al 2009, S. 434)

Abstimmung zwischen Prozess- und Raumplanung zeigt Abbildung 13 an einem Beispiel (Wiendahl et al. 2009, S. 434). In der Phase der Detailplanung wird im Schritt L2 die genaue Position der Maschinen bestimmt. Damit steht fest, an welchen Stellen der Fabrik ggf. Abwärme oder Dämpfe entstehen. Diese Informationen bilden die Eingangsinformation für die Objektplanung, sodass die Fachplaner der Haustechnik die Abwärmequellen berücksichtigen und die technische Gebäudeausstattung anforderungsgerecht auslegen können.

Die Objektplanung erstellt in dieser Projektphase die Objektentwürfe nach Leistungsphase 3 und 4 der HOAI. Es müssen notwendige Genehmigungen eingeholt und die Ausführungsplanung angestoßen werden.

Zur räumlichen und funktionellen Abstimmung der Ergebnisse von Prozess-, Raum- und Ausrüstungsplanung wird zur Präsentation am Meilenstein 3 auch hier zweckmäßig ein 3D-Modell erstellt. Ein Beispiel zeigt Abbildung 14 (Wiendahl et al. 2009, S. 525). Man erkennt ein Produktionsgebäude mit seinen wesentlichen Strukturelementen

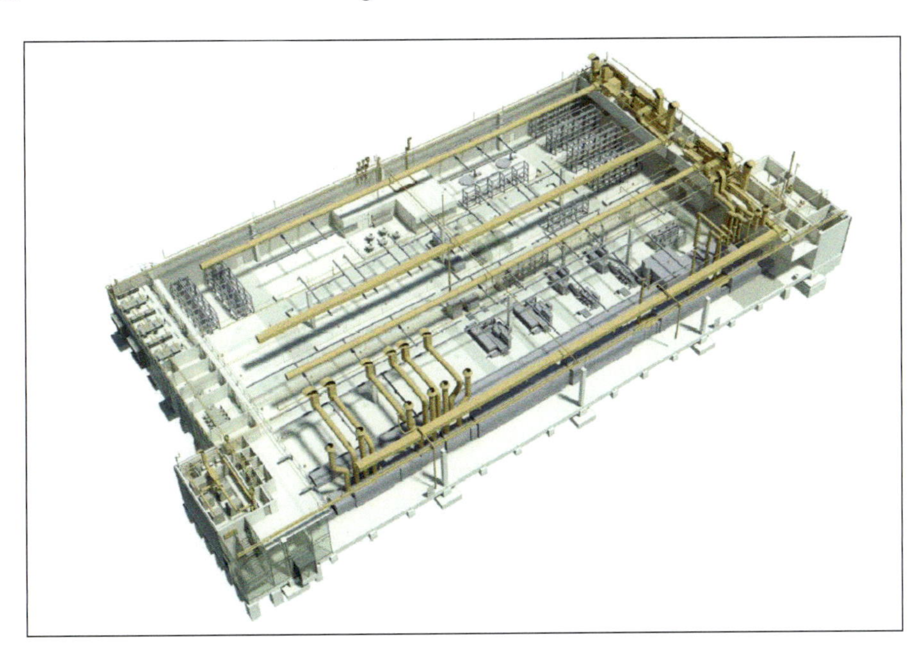

Abb. 14 Überlagerung der Teilmodelle Architektur, technische Anlagen und Betriebsmittel – Projektbeispiel (Wiendahl et al 2009, S. 525)

sowie die Leitungsführung für Zuluft, Abluft und Heizung. Hier kann insbesondere auch diskutiert werden, wie diese Gewerke auf Veränderungen der Betriebsmittel und des Materialflusses reagieren. In diesem Fall ist ein modulares Kanalsystem vorgesehen, das leicht angepasst werden kann.
Mit dem Erreichen des Meilensteins M3 ist die eigentliche Planung des Fabrikobjektes abgeschlossen.
In der anschließenden Leistungsphase *Realisierungsvorbereitung* U1 geht es um die Umsetzung der Planungsergebnisse. Die folgende *Leistungsphase Realisierungsüberwachung* U2 dient der Kontrolle des Baufortschritts und des korrekten Einbaus der Betriebseinrichtungen. Die letzte Leistungsphase U3 besteht in der *Hochlaufbetreuung*. Die Objektplanung (Leistungsphase 9 HOAI) veranlasst in der Gewährleistungszeit bei Auftreten von Mängeln und Eintritt der Gewährleistung für unvollständig oder fehlerhaft erbrachte Bauleistungen die Mängelbeseitigung. Hierbei ist ein enger Kontakt von Raum- und Prozessseite unverzichtbar. Spätestens jetzt empfiehlt es sich, die gesammelten Informationen aus dem Raumbuch (Ausführungsphase) und der Abschlussdokumentation für die Betriebsphase in ein Facility Managementsystem zu überführen. Es bildet die Grundlage für das nach der Inbetriebnahme einsetzende Energiemanagement, das in Kap. 1.2 beschrieben wird.

1.5 Bewertung

- Zertifizierungssysteme

Zur Bewertung der Energieeffizienz von Gebäuden existieren bereits zahlreiche Vorschläge. Zu nennen sind hier das deutsche DGNB Zertifikat für nachhaltiges Bauen und das US-Zertifikat (LEED) Leadership in Energy and Environmental Design (US Green Building Council 2001). Das indische IGBC Green Factory Building Rating System (IGBC) ist das erste Zertifizierungssystem für Industriegebäude. Es unterscheidet nach den Hauptkriterien Geländeauswahl und -planung, Gewässerschutz, Energieeinsparung, Materialeinsparung, Gesundheitsschutz und Innovation des Entwurfs (India Green Building Council 2009).

- Energiewertstromanalyse

Weiterhin ist die Methode der Energiewertstromanalyse zu nennen. Sie gibt in Ergänzung der bekannten Wertstromanalyse wertvolle Hinweise auf Energieeinsparungen in der Wertschöpfungskette einzelner Produkte oder Produktgruppen (Erlach 2009), (Reinhart 2011). Das Verfahren wird in Kap. 1.3 ausführlich erläutert.

- Energiemanagementsysteme

Auf Energiemanagementsysteme zur Einsparung von Energie im laufenden Betrieb eines Gebäudes oder einer Anlage wurde bereits hingewiesen. Dieses Thema wird in Kap. 1.2 behandelt.

- Potenzialanalyse

Es mangelt bei der Hebung der Potenziale für Energieeffizienz und Nachhaltigkeit aber immer noch an einer ganzheitlichen, synergetischen Sicht auf die Fabrik, die auch eine Quantifizierung erlaubt. Hierzu zählen insbesondere die fabrikspezifischen Bereiche Standort, Prozesse und Organisation, die bei den genannten Zertifizierungssystemen nicht näher untersucht werden.
Im Folgenden wird ein Ansatz vorgestellt, der als ecoFabrik bezeichnet wird. Die hier vorgestellte Bewertungssystematik wurde im Rahmen eines vom deutschen Bundesministerium für Bildung und Forschung BMBF geförderten KMU-Verbundprojektes als Internet-Diagnosewerkzeug konzipiert (www.ecofabrik.eu) und beruht auf folgender Vision.
Die ecoFabrik vermeidet jegliche Verschwendung. Die für den Prozess eingesetzte Energie soll möglichst zu 100% wertschöpfend eingesetzt werden. Die Gebäude und die Technische Gebäudeausrüstung (TGA) sollen energieneutral betrieben (Nullenergiegebäude) bzw. zu 100% aus Prozessenergieverlusten sowie regenerativen Energien gedeckt werden.
Nach der Relation der Prozessenergieverluste zum Energiebedarf von Gebäude und Haustechnik lassen sich folgende Eco-Klassen definieren:

- Prozessverluste sind größer als der Bedarf durch Gebäude und Haustechnik: Hier ist nach Nutzungsmöglichkeiten der Überschussenergie zu suchen.
- Prozessverluste sind gleich dem Bedarf durch Gebäude und Haustechnik: Die Fabrik befindet sich im energetischen Gleichgewicht.
- Prozessverluste sind kleiner als der Bedarf durch Gebäude und Haustechnik: In diesem Fall ist nach Lösungen zur Verringerung der Energieverluste und zur Erzeugung lokaler erneuerbarer Energie, z.B. durch Fotovoltaik, Geothermie usw. zu suchen.

Die Bewertung und Verbesserung der Energieeffizienz einer Fabrik umfasst nach diesem Ansatz drei Phasen (www.ecofabrik.eu):

1. Der sogenannte Quick-Check erlaubt mit geringem Aufwand, energetische Schwachstellen in den jeweiligen Grobobjekten der Wirkfelder Standort, Gebäude, Prozess, Haustechnik und Organisation zu identifizieren.
2. Das an den Quick-Check anschließende Scantool untergliedert die Grobobjekte in energierelevante Feinobjekte. Diese werden anhand von Kennzahlen sowie gezielten,

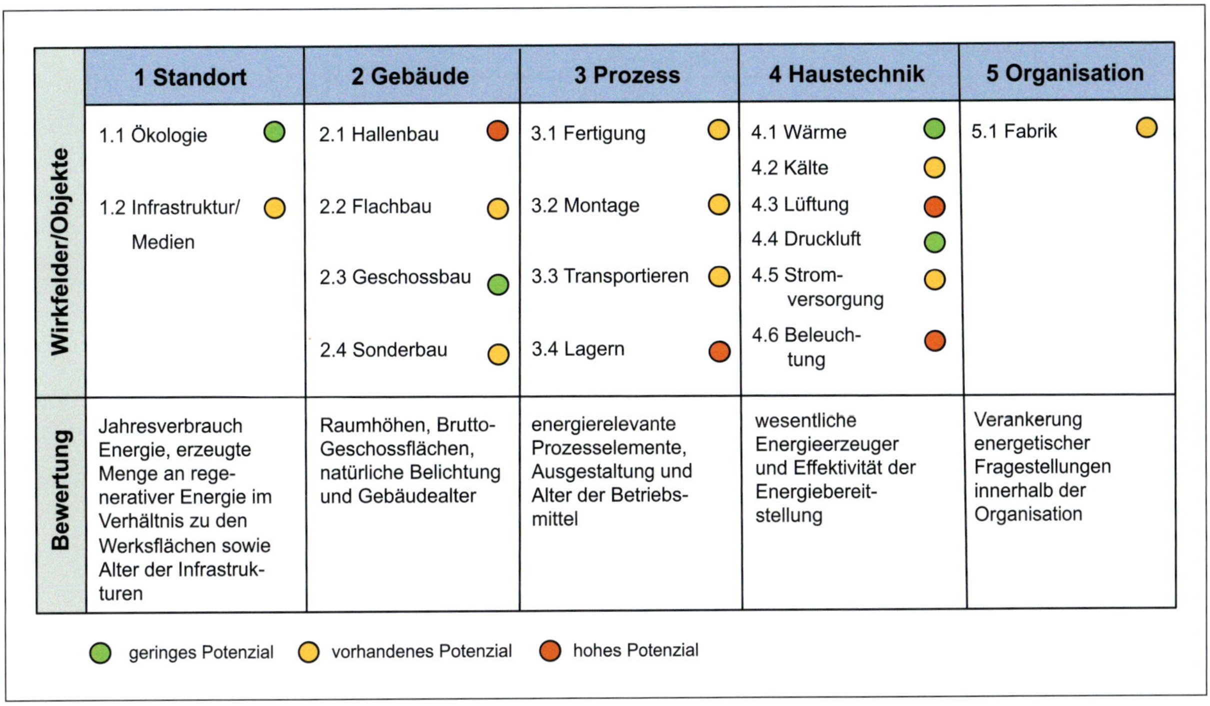

	1 Standort	2 Gebäude	3 Prozess	4 Haustechnik	5 Organisation
Wirkfelder/Objekte	1.1 Ökologie 1.2 Infrastruktur/ Medien	2.1 Hallenbau 2.2 Flachbau 2.3 Geschossbau 2.4 Sonderbau	3.1 Fertigung 3.2 Montage 3.3 Transportieren 3.4 Lagern	4.1 Wärme 4.2 Kälte 4.3 Lüftung 4.4 Druckluft 4.5 Strom-versorgung 4.6 Beleuch-tung	5.1 Fabrik
Bewertung	Jahresverbrauch Energie, erzeugte Menge an regenerativer Energie im Verhältnis zu den Werksflächen sowie Alter der Infrastrukturen	Raumhöhen, Brutto-Geschossflächen, natürliche Belichtung und Gebäudealter	energierelevante Prozesselemente, Ausgestaltung und Alter der Betriebsmittel	wesentliche Energieerzeuger und Effektivität der Energiebereitstellung	Verankerung energetischer Fragestellungen innerhalb der Organisation

geringes Potenzial · vorhandenes Potenzial · hohes Potenzial

Abb. 15 Objekte und Bewertungskriterien der Energieeffizienzanalyse einer Fabrik – Fallbeispiel (nach Reinema und Reichardt)

energiebezogenen Fragestellungen erfasst und abschließend mit Qualitätsmerkmalen bewertet.

3. In der abschließenden Potenzialanalyse werden die Auswirkungen denkbarer Verbesserungsmaßnahmen zur Erhöhung der Energieeffizienz in den Wirkfeldern quantifiziert.

Die strukturelle Ordnung des Quick-Checks erfolgt gemäß Abbildung 15 nach fünf Wirkfeldern, die jeweils in energetisch relevante Grobobjekte gegliedert sind. Die Feststellung der Einsparpotenziale für das konkrete Beispiel einer Montagefabrik sind durch die Ampelfarben rot, grün und gelb gekennzeichnet. In diesem Fall zeigten sich die größten energierelevanten Schwächen in der Produktionshalle, den Transporteinrichtungen, der Gebäudeventilation, der Energieversorgung, der Aufbauorganisation und dem Umsatz. Die Bewertung erfolgt im Einzelnen nach folgenden Kriterien:

Das Wirkfeld *Standort* umfasst die Grobobjekte Ökologie und Infrastruktur. Das Grobobjekt Ökologie erfragt Daten zur Flächenverteilung des Standortes, Alter des Werkes sowie die geografische Lage. Ergänzend dazu erfasst das Grobobjekt Infrastruktur das Alter der am Standort vorhandenen Infrastruktur sowie den standortbezogenen Verbrauch an thermischer und elektrischer Energie. Zu beiden Grobobjekten wird der Realisierungsgrad einer Reihe von Maßnahmen zur Steigerung der Energieeffizienz abgefragt.

Das Wirkfeld *Gebäude* wird in die Grobobjekte Hallenbau, Flachbau, Geschossbau sowie Sonderbau differenziert. Für jedes Grobobjekt werden die Bruttogeschossflächen, das durchschnittliche Alter sowie der Anteil der Hüllflächen und die bisher durchgeführten Maßnahmen zur Steigerung der Energieeffizienz erfasst.

Das Wirkfeld *Prozess* ist in die Grobobjekte Fertigung, Montage, Transport und Lagerung gegliedert. Für jedes Grobobjekt werden die Bruttogeschossflächen für die jeweilige Funktion sowie das Alter der dem Grobobjekt zurechenbaren Betriebsmittel und die schon durchgeführten Maßnahmen zur Steigerung der Energieeffizienz erfasst. Für jedes Grobobjekt wird zusätzlich eine Reihe von Eigenschaften der Grobobjekte erhoben, wie z. B. für die Fertigung die dominante Prozessart oder für die Prozesse die vorhandene Abwärmemenge.

Die *Haustechnik* dient der Bereitstellung von Elektrizität, Wärme, Kälte, Strom und Druckluft u. a. für die Prozesse. Darüber hinaus müssen die Gebäude mit ihren Räumen belüftet, geheizt, beleuchtet sowie evtl. klimatisiert werden. Analog hierzu wird das Wirkfeld Haustechnik in die Grobobjekte Wärme, Kälte, Druckluft, Lüftung, Beleuchtung und Elektrizität differenziert. Für jedes Grobobjekt werden die ermittelte Nutzfläche, das Alter der einzelnen Systeme sowie die bisher durchgeführten Maßnahmen zur Steigerung der Energieeffizienz abgefragt. Zur Charakterisierung der Grobobjekte dienen die Eigenschaften der jeweiligen Nutzenergieträger, z. B. das Temperaturniveau der bereitgestellten Wärme.

4 Haustechnik System	Dimension	Qualität 1 Alter	Qualität 2 Eigenschaften	Qualität 3 Optimierung
4.1 **Wärme**	versorgte Nutzfläche 20.600 m²	Systemalter 0 bis 10 Jahre	Trägermedium/Nutzenergie ● Warmwasser ≤ 90°C O Warmluft/Heizstrahlung O Heizwasser 90-120°C O Thermo-Öl O Dampf >100°C	Einschätzung ● wenig O mittel O viel
4.2 **Kälte**	versorgte Nutzfläche 2.100 m²	Systemalter 0 bis 10 Jahre	überwiegend O Kaltwasser >10°C O Kaltwasser <10°C O Sole (Salz/Alkohol) ● Sonstiges	Einschätzung ● wenig O mittel O viel
4.3 **Lüftung**	versorgte Nutzfläche 20.600 m²	Systemalter 0 bis 7 Jahre	überwiegend O unkonditionierte Luft ● beheizte Luft ● gekühlte Luft O teilklimatisierte Luft O vollklimatisierte Luft	Einschätzung ● wenig O mittel O viel
4.4 **Druckluft**	versorgte Nutzfläche 12.400 m²	Systemalter 0 bis 7 Jahre	überwiegend O Vakuumerzeugung O Gebläseluft O Niederdruck 2-2,5 bar ● Standarddruck ~7bar O Hochdruck >7bar	Einschätzung O wenig ● mittel O viel
4.5 **Strom-** **versorgung**	versorgte Nutzfläche 20.600 m²	Systemalter 0 bis 10 Jahre	überwiegend O Trafos und Versorger ● eigene Trafos O intelligente Netze O Teilabschaltungen	Einschätzung O wenig ● mittel O viel
4.6 **Beleuchtung**	versorgte Nutzfläche 20.600 m²	Systemalter 0 bis 7 Jahre	überwiegend ● konventionell O Energiesparleuchten O LED-Beleuchtung O tageslichtabhängige Steuerung	Einschätzung O wenig ● mittel O viel

Abbildung 16 Grobanalyse: Beispiel Haustechnik – Fallbeispiel (nach Reinema und Reichardt)

4 Haustechnik 4.1 Wärme Gebäude 1 – n Objekt	Dimension	Qualität 1 **Energieeinsatz** • Art • Menge in kWh	Qualität 2 **Erzeugung** • Art • Alter der Anlage • Leistung	Qualität 3 **Verteilung** • Warmwasser-Bereitstellung • Auslastungsgrad • Isolierung	Qualität 4 **Umfang realisierter Maßnahmen**
4.1.1 **Raumwärme**	• thermische Gesamtleistung [kW] • Alter der Anlage [a]	• Endenergieverbrauch 1-n [kW]	• Erzeugerart 1-n • Gesamtleistung [kW] • Alter der Anlage[a]	• Warmwasserbedarf [m³/h] • Regelungsart • Isolierung	Einschätzung O wenig O mittel O viel
4.1.2 **Prozesswärme**	• thermische Gesamtleistung [kW] • Alter der Anlage [a]	• Endenergieverbrauch 1-n [kW]	• Erzeugerart 1-n • Gesamtleistung [kW] • Alter der Anlage [a]	• Medienbedarf [m³/h] • Auslastung [%] • Isolierung	Einschätzung O wenig O mittel O viel
4.1.3 **Ortsbesichtigung**		ja ☐ nein ☐			
4.1.4 **Dokumentation?**		ja ☐ nein ☐			

Abb. 17 Feinanalyse Haustechnik (nach Reinema und Reichardt)

Abbildung 16 zeigt am Beispiel eines Montagewerkes mit einer Nutzfläche von 20.600 m² die Bewertung des Wirkfeldes 4, also der Haustechnik. Nach der Zuordnung der zu versorgenden Nutzfläche zu dem jeweiligen Teilsystem folgt als Qualität 1 das Alter der jeweiligen Teilsysteme (hier in Klassen) und ihre Eigenschaften als Qualität 2 sowie die Kennzeichnung des Standes der Maßnahmen zur Optimierung des Energieverbrauchs als Qualität 3.

Das Wirkfeld *Organisation* beschreibt abschließend die Organisationsstruktur mit dem Fertigungstyp, dem Verhältnis von direkten zu indirekt produktiven Mitarbeitern und dem Schichtmodell. Hinzu kommt das Alter der EDV und das evtl. Vorhandensein eines Energie-Management-Systems. Zur Charakterisierung werden zusätzlich die Branche und die Höhe des Umsatzes abgefragt.

Jedes Element wird mit einem Punktwert zwischen 1 und 10 versehen und führt durch Einteilung in drei Punktbereiche zu einer groben Bewertung mit den Stufen „grün" (keine oder sehr geringe Effizienzpotenziale), „gelb" (vorhandenes Potenzial zur Senkung des Energieverbrauchs) und „rot" (hohes Potenzial zur Steigerung der Energieeffizienz). In Abbildung 16 ist diese Bewertung für das Beispiel des Montagewerkes für einen Automobilzulieferer durch die farbigen Punkte neben den Grobobjekten erkennbar.

Die strukturelle Logik des Quick-Checks setzt sich im Scantool fort, wobei jedes Grobobjekt weiter in Feinobjekte aufgegliedert wird. Abbildung 17 zeigt dies am Beispiel der Feinanalyse des Grobobjektes „4.1 Wärme" des Wirkfeldes „Haustechnik" aus Abbildung 16. Hier wird zwischen Raumwärme und Prozesswärme differenziert und der Energieeinsatz, die Energieerzeugung und die Energieverteilung werden ebenso wie der Umfang realisierter Maßnahmen je Gebäude bewertet.

Die Auswertung erfolgt Excel gestützt mit Algorithmen z. B. als Quotient von Hallenfläche und Gesamtenergieverbrauch. Abbildung 18 zeigt als Beispiel das Ergebnis des Scantools eines Produktionsgebäudes. Man erkennt die Untergliederung des Gebäudes in die Dach-, Fassaden- und Bodenflächen, die zunächst nach den Kriterien der ener-

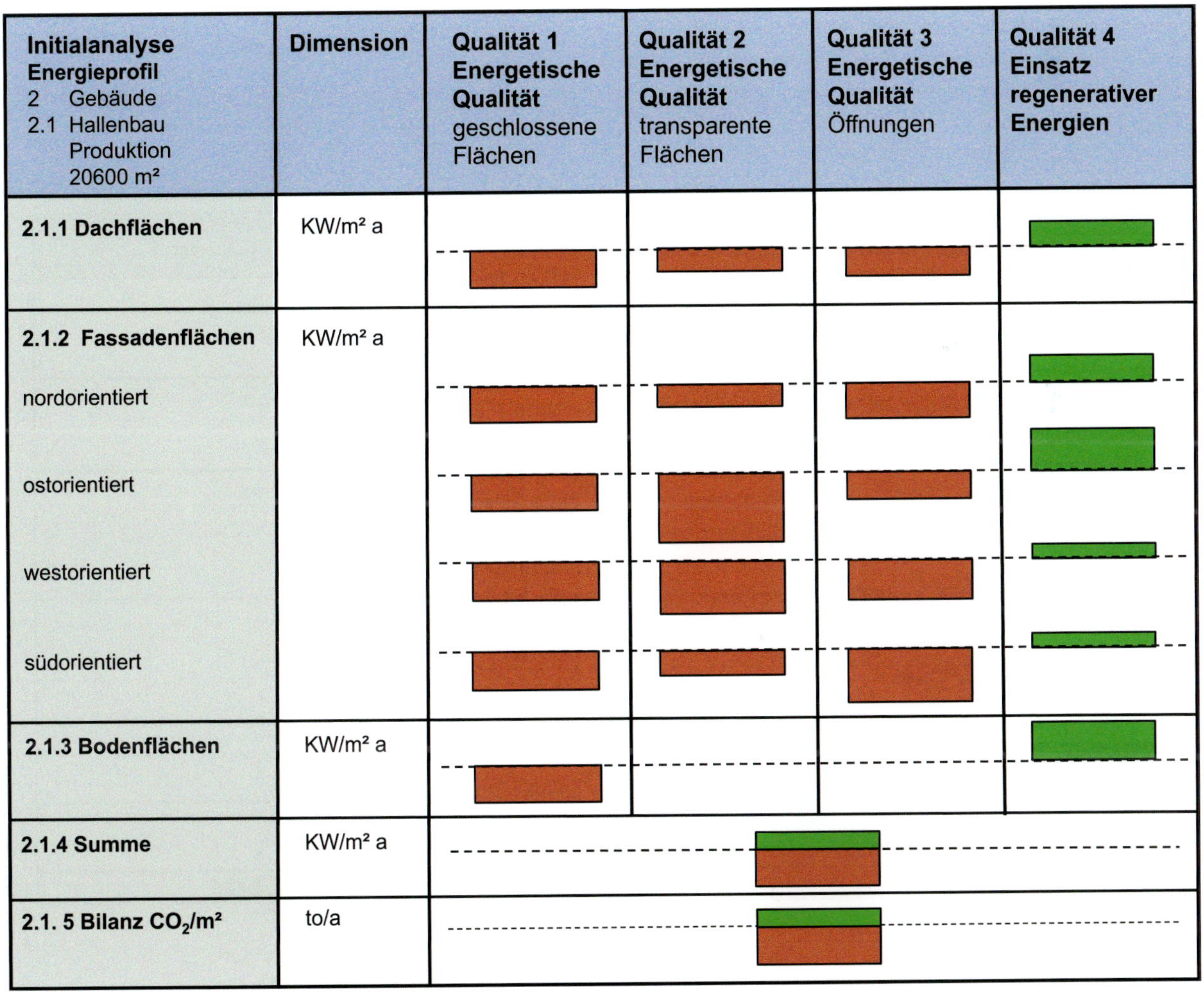

Initialanalyse Energieprofil 2 Gebäude 2.1 Hallenbau Produktion 20600 m²	**Dimension**	**Qualität 1 Energetische Qualität** geschlossene Flächen	**Qualität 2 Energetische Qualität** transparente Flächen	**Qualität 3 Energetische Qualität** Öffnungen	**Qualität 4 Einsatz regenerativer Energien**
2.1.1 Dachflächen	KW/m² a				
2.1.2 Fassadenflächen	KW/m² a				
nordorientiert					
ostorientiert					
westorientiert					
südorientiert					
2.1.3 Bodenflächen	KW/m² a				
2.1.4 Summe	KW/m² a				
2.1. 5 Bilanz CO_2/m²	to/a				

Abb. 18 Potenzialanalyse Energieprofil eines Gebäudes – Fallbeispiel (nach Reinema und Reichardt)

getischen Qualität der geschlossenen und transparenten Flächen sowie der Gebäude-Öffnungen bewertet werden. Hinzu tritt die Frage nach dem Einsatz regenerativer Energien. Wegen der Sonneneinstrahlung wird bei den Fassaden noch nach ihrer geografischen Ausrichtung unterschieden. Die energetische Qualität jeder Fläche wird als jährliche Verlustleistung in W/m^2a bewertet und in kW/m^2a aufsummiert. Sofern an den einzelnen Flächen bereits Energie gewonnen wird (beispielsweise durch Anbringung von Solarkollektoren), erscheint diese Energiemenge in der Spalte „Qualität 4". Die Energiewerte für alle Flächen werden in der Summenzeile aufaddiert. Die Höhe der roten bzw. grünen Säulen wird durch die hier nicht gezeigte Skalierung bestimmt. Insgesamt zeigt sich, dass in diesem Beispiel die Energieverluste deutlich höher sind, als der Gewinn durch regenerative Energien.

Das CO_2-Äquivalent der Verlustenergie bzw. regenerativen Energie hängt sehr von der Art der Energiegewinnung ab und kann nach Angaben des Bundesumweltministeriums für Deutschland (Strom-Mix 2010, Deutschland) mit 5,6 g CO2/KWh angenommen werden (Umweltbundesamt 2012). Die entsprechenden Werte erscheinen in der letzten Zeile als CO2-Bilanz. Falls andere Energieerzeuger eingesetzt werden, finden sich entsprechende Werte unter (Fritsche 2007).

Nach Abschluss des Scantools geht es in der abschließenden Potenzialanalyse um die Frage, wie sich die Energiebilanz verbessern lässt. Dazu werden in einer Gesamtschau die Energiebilanzen aller Objekte gegenübergestellt und erscheinen jeweils als dunkelrote bzw. dunkelgrüne Balken. Abbildung 19 zeigt ein Industriebeispiel. Da es sich um einen Hallenbau handelt, wurden im Aktionsfeld „Gebäude" nicht die Gebäudearten als Grobobjekt aufgeführt, sondern die Feinobjekte, hier also die Flächentypen, denn dort findet der Energieverlust bzw. Energiegewinn statt.

Je nach örtlicher Gegebenheit und verfügbaren Finanzmitteln sind nun Maßnahmen denkbar, um einerseits Verluste zu verringern und/oder zusätzliche regenerative Energie zu gewinnen. Ein Beispiel ist die Maßnahme M 2.1a, die eine nachträgliche Dachsanierung mit Erhöhung der Wärmedämmung vorsieht. M 2.2b betrifft auf das Dach gesetzte Fotovoltaik-Flächen zur regenerativen Energiegewinnung von Solarstrom. Vergleichbar mit den Maßnahmen bei den Prozessen betrifft M 3.1a eine Maßnahme zur Reduzierung von Energieverlusten in der Fertigung aufgrund der Optimierung des Kühlwasserbedarfs und M 3.1b einen Energiegewinn durch Ausnutzung von Reststoffen aus der Fertigung.

Diese Übersicht macht die fachlichen Verknüpfungen von Maßnahmen über die einzelnen Wirkfelder hinweg deut-

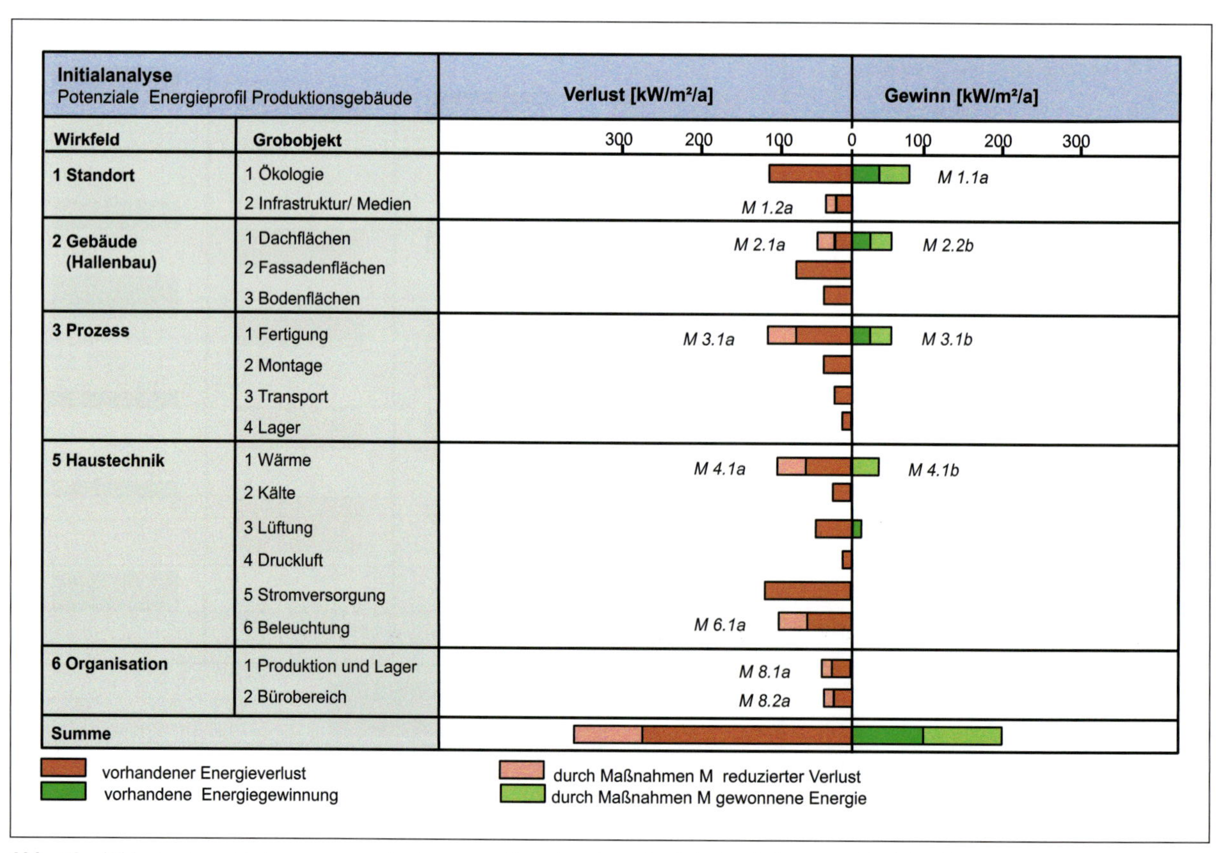

Abb. 19 Wirkungen von Verbesserungsmaßnahmen des Energieverbrauchs-Beispiel (Reinema und Reichardt)

lich. In einer weiteren Vertiefung können dann klassische Wirtschaftlichkeitsbetrachtungen nach den erforderlichen Erstinvestitionen und den laufenden Kosten erfolgen.

1.6 Zusammenfassung

Bei der Planung von Produktionsstätten werden üblicherweise die Ziele hohe Produktqualität, niedrige Herstellkosten, niedrige Bestände, kurze Lieferzeiten und hohe Liefertreue angestrebt. Als übergeordnete, mehr strategische Ziele, haben sich darüber hinaus eine hohe Wandlungsfähigkeit als Reaktion auf zunehmende Turbulenzen und die ergonomische und harmonische Gestaltung der Arbeitsumgebung als Antwort auf den demographischen Wandel und den Fachkräftemangel etabliert.

Nunmehr tritt der Begriff der Nachhaltigkeit unter ökonomischen, ökologischen und sozialen Gesichtspunkten immer stärker in den Vordergrund jeglichen menschlichen Handelns. Die Endlichkeit der Rohstoffe und der Energievorräte sind für das rohstoffarme Deutschland eine starke Motivation, nach intelligenten Lösungen für die daraus resultierenden Probleme zu suchen. Dabei kommt der Produktionsindustrie eine besondere Verantwortung zu, ihre Produktionsprozesse und Fabriken im Hinblick auf den Ressourcenverbrauch vorausschauend zu planen und zu betreiben, ohne die bereits genannten anderen Ziel zu vernachlässigen.

Als Lösungsansatz wird in diesem Kapitel die synergetische Fabrikplanung vorgestellt, mit der eine Fabrik in einem Wechselspiel von Prozess-, Raum und Organisationsplanung in den vier Phasen Zielfestlegung, Grundlagenermittlung, Konzeptplanung und Detailplanung stufenweise konkretisiert wird.

In der *Zielfestlegung* werden generelle Ziele formuliert, wie beispielsweise die Nutzung von Prozessabwärme für die Gebäudeheizung und -kühlung oder die Nutzung von lokal erzeugten regenerativen Energien, die Senkung des jährlichen Energieverbrauchs um 3 % usw.

Die *Grundlagenermittlung* dient neben der Erfassung der Betriebsmittel, Gebäude und Personen unter dem Aspekt der Ressourceneffizienz der Dokumentation des Energieverbrauchs. Hier sollten bereits Möglichkeiten der Reduktion durch andere Prozesse, besser gedämmte Gebäudehüllen oder durch den Betrieb der Maschinen in Zeiten niedriger Energiekosten untersucht werden.

In der *Konzeptphase* erfolgt die Strukturbestimmung der Produktion im Wechselspiel zwischen den Produktionsanforderungen und dem Fabrikgebäude. Ausgehend vom Energiebedarf und der Abfallwärme der Betriebsmittel gilt es, ein stimmiges Gesamtkonzept einer wandlungsfähigen, ergonomischen und energiesparenden Fabrik zu entwickeln. Hier haben sich modulare Grundeinheiten für Produktion, Lagerung und die Gewerke der Haustechnik bewährt, die rasch an veränderte Bedingungen angepasst werden können.

Schließlich bestimmt die *Detailplanung* die genaue Platzierung der Betriebsmittel und der Haustechnik. Ihre Anordnung in durchgängigen Rastern und modularen Lösungen erlauben die aufwandsarme Anbindung der Betriebsmittel an Versorgungs- und Entsorgungssysteme. Aber auch die rasche Verlagerung von Einrichtungen und die Umnutzung von Räumen im Fall der Veränderung des Produktionsprogramms, der Fertigungstiefe oder der Produktionstechnologie sind so möglich.

Zur Bewertung des Einsparpotenzials sowohl bestehender Fabriken als auch alternativer Lösungen für Neubauten wird abschließend ein Verfahren vorgestellt, das auf denselben Grundsätzen basiert wie die synergetische Fabrikplanung. Der Standort, die Gebäude, Prozesse und Haustechnik werden in Grob- und Feinobjekte gegliedert und in drei Qualitätsklassen systematisch bewertet, um zu quantitativen Aussagen über Verlustquellen und Energiegenerierungs-Potenziale zu gelangen.

Literatur

BMBF: Förderprogramm „Ressourceneffizienz in der Produktion" 2012 http://www.produktionsforschung.de

*DGNB Zertifizierungssystem. http://*www.dgnb.de/ Deutsche Gesellschaft für Nachhaltiges Bauen e.V. Stuttgart 2012

Engelmann, J.: Methoden und Werkzeuge zur Planung und Gestaltung energieeffizienter Fabriken. Dissertationsschrift TU Chemnitz 2009 S. 76

Erlach, K. u. Westkämper, E. (Hg.): Energiewertstrom. Fraunhofer IPA Stuttgart 2009 [HOAI09] Volltext: Honorarordnung für Architekten und Ingenieure

Fritsche, U.R.: Treibhausgasemissionen und Vermeidungskosten der nuklearen, fossilen und erneuerbaren Strombereitstellung. Öko-Institut e.V, Darmstadt, März 2007

Herrmann, C. et al: Energy oriented simulation of manufacturing systems – Concept and application. CIRP Annals - Manufacturing Technology 60, 2011, 45 – 48

*HOAI in der Fassung vom 30.04.2009. http://*www.hoai.de/online/HOAI_2009/HOAI_2009.php/

IGBC: Green Factory Building Rating System. Pilot Version. Indian Green Building Council, Hyderabad, 2009 www.igbc.in

Jovane, F. et al: The incoming global technological and industrial revolution towards competitive sustainable manufacturing. CIRP Annals – Manufacturing Technology 57, 2008 641 – 659

Müller, E., Engelmann, J. Löffler, Th. und Strauch, J.: Energieeffiziente Fabriken planen und betreiben. Springer-Verlag, Berlin Heidelberg, 2009

Reinema, C.; Schulze, C. P.; Nyhuis, P.: Energieeffiziente Fabriken - Ein Vorgehen zur integralen Gestaltung, in: wt Werkstattstechnik online, 101, 2011, 4, S. 249 - 252

Reinhart G. et al: Energiewertstromdesign. Ein wichtiger Bestandteil zum Erhöhen der Energieproduktivität. wt Werkstattstechnik online Jahrgang 101, 2011, H. 4 S. 253 - 260

Statistisches Jahrbuch 2011, S. 372

Umweltbundesamt: Entwicklung der spezifischen Kohlendioxid-Emissionen des deutschen Strommix 1990 - 2010 und erste Schätzungen 2011. Umweltbundesamt 2012 (http://www.umweltbundesamt.de/energie/archiv/co2-strommix.pdf) .

US Green Building Council: LEED 2011 for New Construction and Major Renovations Rating System http://www.usgbc.org/

VDI 5200 Blatt 1: Fabrikplanung - Planungsvorgehen Beuth Vertrieb Düsseldorf 2011

Wiendahl, H.-P., Reichardt, J. u. Nyhuis, P.: Handbuch Fabrikplanung. Konzept, Gestaltung und Umsetzung wandlungsfähiger Produktionsstätten. Hanser Verlag München 2009

2 Bauliche Maßnahmen zur Energieeinsparung

Hans Erhorn, Dietrich Schmidt, Thomas Bauernhansl, Jörg Mandel, Marcus Dörr, Doreen Kalz, Tilmann E. Kuhn, Tanja M. Kneiske, Clemens Hoffmann, Hans-Martin Henning, Astrid Pohlig, Clemens Pollerberg, Christian Doetsch, Klaus Vajen, Christoph Lauterbach, Bastian Schmitt, Wolfgang Zillig, Nina Nadine Martens

IV

2.1 Energieeffizienz im Bereich Gebäude und Gebäudetechnik

Hans Erhorn

2.1.1 Überblick Energieverbrauch

Der Bereich Gewerbe, Handel und Dienstleistung nimmt eine bedeutende Stellung im Energiesektor einer Kommune ein. Für die Landeshauptstadt Stuttgart, eine der fünf Siegerstädte des Wettbewerbs „Energieeffiziente Stadt" des Bundesministeriums für Bildung und Forschung (BMBF), werden vom Fraunhofer IBP im Rahmen des Begleitforschungsvorhabens „SEE – Stuttgart: Stadt mit Energieeffizienz" die vorhandenen Potenziale detailliert analysiert und optimiert. Die Analyse ergab, dass in Stuttgart ein Gebäudebestand von 36,2 Mio. m^2 Wohngebäuden und 30,0 Mio. m^2 Nichtwohngebäuden vorhanden ist. Hiervon werden 31,9 Mio. m^2 zu Wohnzwecken genutzt und 22,1 Mio. m^2 im Bereich des Gewerbes, des Handels und der Dienstleistungen. Die verbleibenden 22,2 Mio. m^2 fallen auf die Sektoren Industrie und Verkehrsbauten.

Die Energieverbräuche, die 2008 in den verschiedenen Verbrauchssektoren angefallen sind, sind in Abb. 1 dargestellt. Die Grafik zeigt, dass die Haushalte etwa doppelt so viel Energie verbrauchen wie der Sektor Gewerbe, Handel und Dienstleistung, obwohl das Verhältnis der Gebäudenutzflächen dieser Sektoren nur 1,44 beträgt. Besonders stark ausgeprägt sind die Verhältnisse im Bereich der Raumwärme. In den Haushalten wird etwa das 2,5-fache an Raumwärme je m^2 Nutzfläche benötigt wie im Bereich Gewerbe, Handel und Dienstleistung. Diese scheinbar bessere Energieeffizienz täuscht, da im Gegensatz zum Wohnbereich im Sektor Gewerbe, Handel und Dienstleistung ein signifikanter Flächenanteil (ca. 20 %) ohne Wärmeversorgung ausgestattet ist. Darüber hinaus werden in diesem Sektor viele Bereiche niedertemperiert beheizt. Dennoch lässt sich verallgemeinern, dass das nutzflächenbezogene Potenzial zur Einsparung von Heizwärme im Bereich der Raumwärme kleiner ist als im Wohnungssektor.

Im Bereich der Beleuchtung drehen sich die Verhältnisse um. Hier verbraucht der Sektor Gewerbe, Handel und Dienstleistung nahezu doppelt so viel Energie wie der Sektor Haushalte. Das macht deutlich, dass dieser Verbrauchsbereich eine besondere Bedeutung für diesen Sektor hat.

Beobachtet man die Entwicklung der Energieverbräuche der einzelnen Sektoren, zeigt sich in Tabelle 1, dass in den letzten Jahren besonders im Sektor Gewerbe, Handel und Dienstleistungen die Energieeffizienz erhöht wurde. Da der pure Bezug auf den m^2 Nutzfläche für die einzelnen Sektoren keine sinnvolle Vergleichsbasis ist, wurden unterschiedliche Bezüge gewählt, an denen die Energieverbräuche gemessen wurden. Im Bereich Gewerbe und Industrie wurde der Energieverbrauch auf die Bruttowertschöpfung (BWS) bezogen, im Bereich Verkehr und Haushalte auf die Einwohnerzahl und im Haushalt ergänzend auf die Wohnfläche.

Der konjunkturelle Einfluss zeigt sich im Bereich Gewerbe und Industrie. Während das verarbeitende Gewerbe in den Jahren 1990 und 2008 etwa gleich große Verbräuche je 1.000 € Bruttowertschöpfung aufweist und im konjunkturell schlechteren Jahr 1995 einen um 12 % höheren Verbrauch, zeigt sich im Sektor Gewerbe, Handel und Dienstleistung eine deutliche Steigerung der Effizienz zwischen 1990 und 2008. Natürlich zeigt sich auch hier die Konjunkturschwäche in 1995, aber lange nicht so ausgeprägt. Der Sektor Verkehr zeigt aufgrund der steten Effizienzverbesserung bei den Pkws eine stete Verbrauchsabnahme. Die Haushalte zeigen bei Bezug auf die Einwohner quasi keine Veränderungen über die Jahre, bei Bezug auf die Wohnfläche allerdings eine Abnahme. Das hat mit der Veränderung der Haushaltsstruktur zu tun. Die Haushalte werden über die Jahre personenmäßig kleiner, wohnflächenmäßig aber größer. Der Sektor Gewerbe, Handel und Dienstleistung

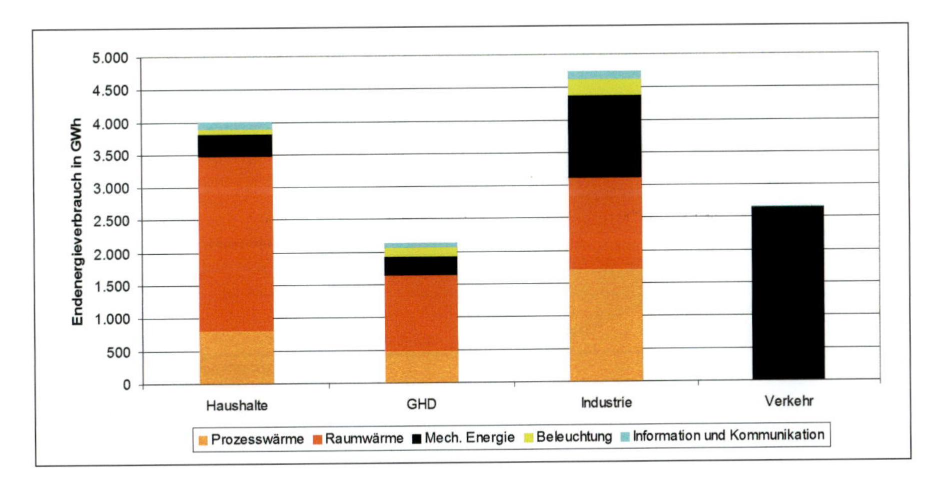

Abb. 1 Verteilung der Energieverbräuche einer Kommune in den Sektoren Haushalte, Gewerbe, Handel und Dienstleistung, Industrie und Verkehr am Beispiel Stuttgart.

IV

hat also überdurchschnittlich an der Effizienzsteigerung in Stuttgart beigetragen. Dennoch besteht auch hier noch ein erhebliches Potenzial, die Energieeffizienz zu steigern.

Tab. 1 Entwicklung des Primärenergieverbrauchs (normiert) in Stuttgart

Sektor	1990	1995	2008
verarbeitendes Gewerbe [kWh/1000 €_BWS]	440	516	449
GHD und sonstige Industrie [kWh/1000 €_BWS]	449	480	385
Verkehr [kWh/EW]	6.466	6.385	5.823
Haushalte [kWh/EW]	10.814	11.420	10.684
Haushalte [kWh/m²Wfl.]	324	330	286

Zusammenfassend lässt sich aus den Untersuchungen in Stuttgart ableiten, dass der Sektor Gewerbe, Handel und Dienstleistung offensichtlich bisher am stärksten auf die Herausforderungen der Effizienzsteigerung reagiert hat. Ebenfalls zeigt sich, dass der Bereich Raumwärme in diesem Sektor weniger stark dominant ist als im Wohnungsbau, dagegen der Bereich Beleuchtung eine deutlich größere Relevanz hat. Dennoch besteht auch in diesem Sektor weiterhin ein hohes Verbesserungspotenzial. Diese Ergebnisse lassen sich verallgemeinernd auch auf andere Kommunen übertragen.

IV

2.1.2 Gebäudebereich

Im Gebäudebereich wurden durch die Wärmeschutzverordnungen bzw. Energieeinsparverordnungen die Anforderungen an die Energieeffizienz von Einzelgebäuden seit 1990 deutlich angehoben. Abb. 2 zeigt die Änderungen der gesetzlichen Anforderungen für Neubauten und dazu im Vergleich mehrheitlich vom Bundesministerium für Wirtschaft und Technologie geförderte Pilot- und Demonstrationsprojekte zur Energieeffizienz in Deutschland. Die Demonstrationsvorhaben, die vor allem auch technologische Weiterentwicklungen getestet und bekannt gemacht haben, sind im Durchschnitt mit ca. 15 – 20 Jahren Vorsprung umgesetzt worden.
Die derzeit gültige Energieeinsparverordnung verwendet die Referenzgebäudemethode zum Nachweis der Einhaltung der gesetzlichen Anforderungen an die Effizienz eines neuen Gebäudes. Dabei werden die Geometrie und die Nutzung eines Gebäudes gespiegelt und für dieses Referenzgebäude vorgeschriebene Technologien für die Gebäudehülle und die Anlagentechnik eingesetzt, die dem Stand der Technik entsprechen. Der Gebäudeentwurf wird somit nicht mehr bewertet. Die Leistung des Architekten, hier vor allem der geometrische Gebäudeentwurf, kann jedoch einen großen Einfluss auf den Energieverbrauch eines Gebäudes haben. So resultiert auch im Bereich der Nichtwohngebäude ein Gebäude mit kleinem A/V-Verhältnis (Verhältnis der Summe der Wärme tauschenden Hüllflächen zum Volumen) auch bei guten Wärmedurchgangskoeffizienten (U-Werten) in einem niedrigeren Heizenergieverbrauch als ein ähnliches Gebäude mit vielen Vor- und Rücksprüngen in der Fassade (hohes A/V-Verhältnis). Die Größe und die Verteilung der Fenster auf die unterschiedlichen Orientierungen haben weiteren Einfluss. Bei Gebäuden, die einen hohen Kühlenergiebedarf aufweisen, kann jedoch ein kleines A/V-Verhältnis unter deutschen Klimaeinflüssen zu einer schlechteren energetischen Effizienz führen.
Die im Folgenden zusammengestellten technologischen Entwicklungen der letzten 20 Jahre im Gebäudebereich wurden zum größten Teil vom Bundesministerium für

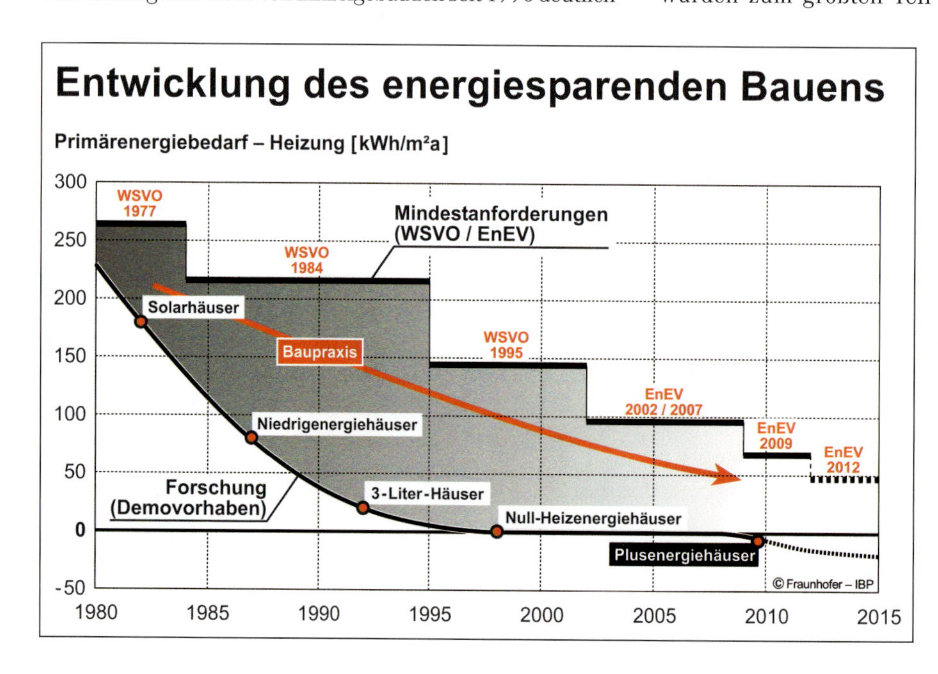

Abb. 2 Erhöhung der Energieeffizienz im Gebäudebereich: gesetzliche Anforderungen, Baupraxis und Fraunhofer-Demonstrationsvorhaben.

Wirtschaft und Technologie u. a. im Gebäudeenergieeffizienzprogramm EnOB (Forschung für energieoptimiertes Bauen) (BMWi 1999) gefördert. Im Einzelnen handelt es sich um Innovationen in den folgenden Bereichen:

- Fenster (Rahmen, Verglasung, Abstandhalter)
- Sonnenschutz
- Wand (Dämmstoffe, wärmebrückenarme Konstruktionen, Putze, Innendämmung, sonstiges)
- Dach
- Kellerdecke.

2.1.2.1 Fenster

Im Fensterbereich wurden seit den 80er Jahren zahlreiche Weiterentwicklungen nicht nur erfolgreich getestet, sondern sie wurden auch vielfach zu neuen Standards. So hat sich der Wärmedurchgangskoeffizient (U-Wert) von Fenstern von ca. 2,6 W/m²K bei Holzrahmen bis ca. 3,0 W/m²K bei Metall- oder Kunststoffrahmen - wie er noch 1990 umgesetzt wurde -auf höchstens 1,3 W/m²K für normale Fenster und 1,4 W/m²K für Dachflächenfenster als neuer Standard sowohl im Neubau als auch bei Sanierungen verbessert. Gefordert wird derzeit ein U-Wert von maximal 1,3 W/m²K für außenliegende Fenster und Fenstertüren im Bereich der Gebäudesanierung. Bei Neubauten gibt es keine Anforderung an Einzelbauteile mehr. Möglich wurde dies durch technische Verbesserungen am Fensterrahmen, an der Verglasung und am Abstandshalter, der den Scheibenverbund darstellt.

Fensterrahmen

Im Rahmenbereich sind die neuesten Entwicklungen Rahmen aus Materialverbünden. Das sind Rahmen, die entweder mit Dämmstoffen gefüllt sind (ausgeschäumte Kunststoff- oder Metallprofile) oder Holzrahmen, die im Mittelbereich eine Dämmstoffschicht besitzen. Damit lassen sich Rahmen-U-Werte von 0,8 W/m²K erreichen.

Bei sogenannten Passivhausfensterrahmen mit Bautiefen bis zu 130 mm lassen sich folgende Rahmenvarianten unterscheiden:

- Extruder-Rahmenprofile aus PVC mit innenliegender Stahlarmierung und mehreren Luftkammern. Zusätzliche PU-Ausschäumungen können die Dämmwirkung des Rahmens weiter verbessern.
- Holzrahmen mit Kerndämmung oder als Sandwichaufbau mit dämmender Mittel- oder Außenschicht. Als Dämmmaterial wird entweder Polyurethan, Purenit, Styrodur oder Weichfaserdämmstoff verwendet. Die Dämmschichtanordnung hängt vom Hersteller ab. Zusätzlich gibt es Holz-Aluminium-Fensterrahmen mit Polyurethan-Dämmkern.
- Aluminiumrahmen, bei denen die Rahmenschalen mit einem Polyurethan-Dämmkern gefüllt sind.

Abbildung 3 zeigt Beispiele für hocheffiziente Rahmen von verschiedenen Herstellern.

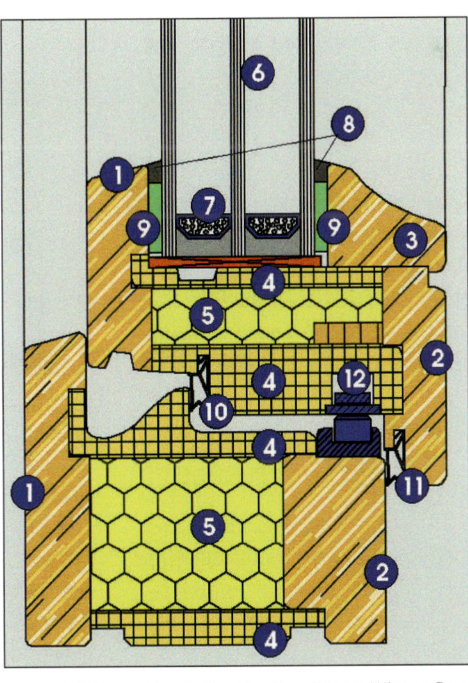

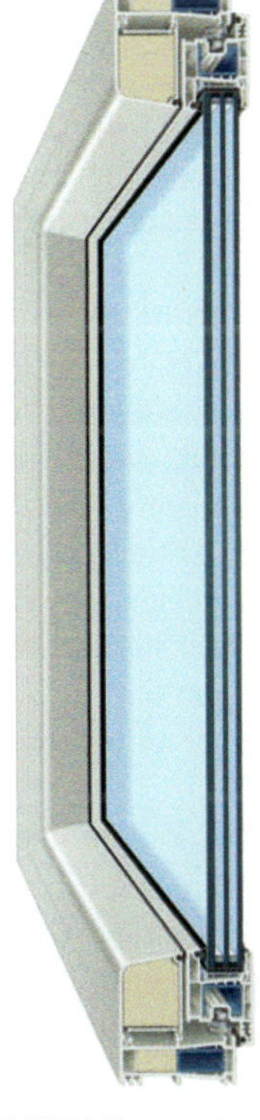

Abb. 3 Schnitte durch weiterentwickelte Fensterrahmen verschiedener Hersteller. Quelle: Firmen Winter, Pazen und WERU (Demonstrationsvorhaben 3-Liter-Häuser in Celle 2002), http://www.3-liter-haus.com/produktinfo.html.

Bei Metallrahmen werden in Deutschland nur noch thermisch getrennte Profile eingesetzt. Neueste Entwicklungen beschäftigen sich mit Vakuumrahmen, um die Rahmen einerseits wieder schlanker zu machen, andererseits die U-Werte weiter zu reduzieren.

Verglasung

Bei den Weiterentwicklungen im Verglasungsbereich handelt es sich zunächst um den Einsatz von Edelgas (Argon, Krypton, Xenon) zur Füllung des Scheibenzwischenraums und neue Beschichtungen der Glasscheiben bzw. Veränderungen der Beschichtungsebene. Diese Entwicklungen werden in den letzten 20 Jahren zum Standard im Fensterbereich. Außerdem wurden auch 3-Scheiben-Verglasungen entwickelt. Im Bereich von 3-Liter-Häusern oder auch Passivhäusern werden diese vermehrt eingesetzt. Damit können Verglasungs-U-Werte von 0,4 bis 0,7 W/m²K erreicht werden.
Eine weitere, jüngere Innovation ist die Vakuumverglasung. Hier wird im Scheibenzwischenraum ein Vakuum erzeugt und so die Wärmeleitung stark reduziert. Im Zweischeibenaufbau können so Verglasungs-U-Werte von 0,5 W/m²K erreicht werden. Die Vakuumverglasung ist derzeit allerdings noch nicht marktgängig.
Mit der Erfindung von thermochromen und gasochromen Verglasungen konnten Fenster entwickelt werden, die in Abhängigkeit der Temperatur (thermochrom) oder durch elektrische Spannung (gasochrom) von klar auf undurchsichtig bzw. weniger durchsichtig geschaltet werden können. Diese können sowohl in der Fassade als Sonnenschutz als auch im Innenbereich zur Abschirmung von z. B. Besprechungsräumen eingesetzt werden.

Abstandhalter

Der Abstandhalter stellt das Verbindungsglied zwischen den einzelnen Glasscheiben der Verglasung dar. Bis vor wenigen Jahren wurden in der Praxis ausschließlich metallische Abstandhalter eingesetzt, die mit ihrer hohen Wärmeleitfähigkeit den eigentlichen energetischen Schwachpunkt der Fenster dargestellt haben. Heutzutage werden auch Abstandhalter aus Kunststoff eingesetzt, die den U-Wert des Gesamtfensters deutlich verbessern.

2.1.2.2 Sonnenschutz

Beim Sonnenschutz gab es u. a. folgende Weiterentwicklungen:

- zweigeteilte Lamellen
- innenliegende Sonnenschutzfolien
- Lichtlenkung in der Verglasung
- Vorsatzrollläden.

Mit den zweigeteilten Lamellensonnenschutzsystemen ist es möglich, den unteren Bereich des Fensters gegenüber Sonneneinstrahlung zu schützen und im oberen, kleineren Bereich weiterhin Sonneneinstrahlung zuzulassen bzw. an die Raumdecke zu leiten, um so das Tageslicht weiterhin nutzen zu können.

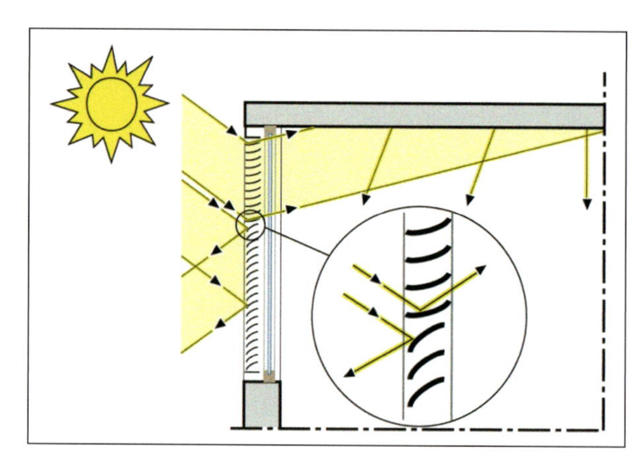

Abb. 4 Skizze eines zweigeteilten Lamellensonnenschutzsystems mit Lichtweiterleitung an die Raumdecke im oberen Bereich.

Folienhersteller haben innenliegende Sonnenschutzfolien mit unterschiedlichen Verschattungsgraden entwickelt, die durch Perforation oder Teildurchsichtigkeit geringe Mengen von Tageslicht zulassen und eine Sicht nach außen zulassen. Diese können teilweise auch von unten nach oben geschlossen werden, um im oberen Fensterbereich weiterhin natürliche Belichtung im Raum zuzulassen.

Abb. 5 Transluzente, von unten nach oben geschlossene Folie als Sonnen- und Blendschutz bei gleichzeitiger natürlicher Belichtung durch den oberen Teil des Fensters.

Lichtlenkung im oberen Verglasungsbereich ermöglicht die Umlenkung des Tageslichts an die Decke und so eine Nutzung des Lichts bis in weitere Tiefen des Raumes. Ein gewöhnliches Sonnenschutzsystem kann mit der Lichtlenkung kombiniert werden, wird aber dann erst unterhalb der Licht lenkenden Verglasung eingesetzt.

Abb. 6 Foto einer Kombination aus Jalousien und Tageslicht lenkendem Glas im oberen Bereich (Quelle: Görres et al. 2007)

Während bis Ende der 1990iger Jahre im Wohnungsbau als außenseitige Verschattung Fensterläden oder Aufsatzrollladen eingesetzt wurden, ist der Trend derzeit, sogenannte Vorsatzrollladen zu verwenden. Diese werden außenseitig an einem aufgedoppelten Fensterrahmen auf eine zusätzliche Dämmschicht angebracht und verhindern so die Wärmebrücke, die bei Aufsatzrollladenkästen im Bereich der Wand entsteht (Abb. 7).

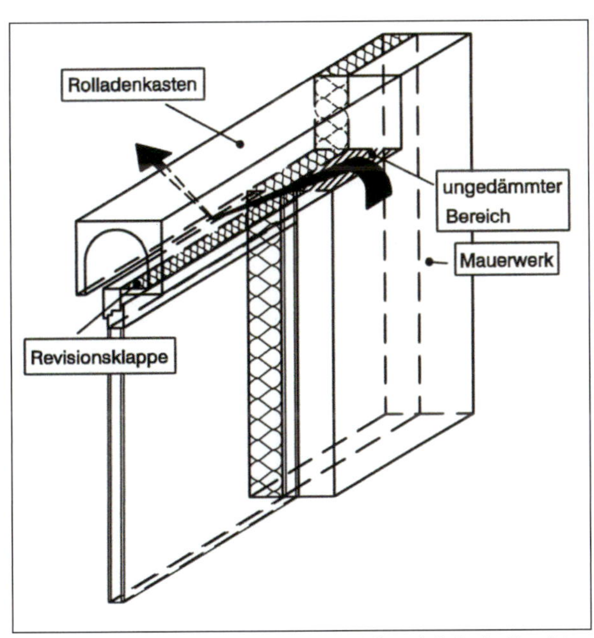

Abb. 7 Schematische Darstellung der Wärmebrücke im Bereich der Außenwand bei Aufsatzrollladen.

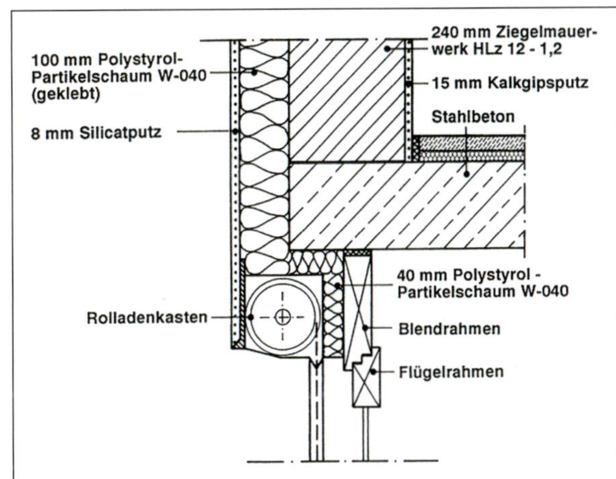

Abb. 8 Anschlussdetail eines vorgesetzten Rollladenkastens in einem Mauerwerk.

2.1.2.3 Wand

Innovationen im Bereich der Wand umfassen u. a. folgende Technologien:

- Dämmstoffe
- wärmebrückenarme Konstruktionen
- Putze
- Innendämmung.

Insgesamt hat sich bei Standardgebäuden der U-Wert der Außenwand in den letzten 20 Jahren deutlich mehr als halbiert. High-Performance-Gebäude wie Passivhäuser oder 3-Liter-Häuser werden mit Wärmedurchgangskoeffizienten der Außenwände von 0,2 W/m²K und darunter umgesetzt.

Dämmstoffe

Neben dem Einsatz von größeren Dämmstoffstärken, wie z. B. im Demonstrationsvorhaben Ultrahaus Rottweil mit 40 cm Mineralwolle, wurden in den letzten Jahren auch Verbesserungen an den Materialien selbst erreicht. So wurde unter anderem ein Polystyrol-Hartschaum mit Grafit in den Poren entwickelt, der den Strahlungswärmeaustausch in den Materialporen reduziert. Damit lassen sich Wärmeleitfähigkeiten von 0,024 bis 0,030 W/mK erreichen. Ein weiteres innovatives Produkt bestehend aus dem duroplastischen Kunststoff Bakelit (Phenolharz) besitzt eine Wärmeleitfähigkeit von nur 0,022 W/mK. Die neueste Mineralwollgeneration erreicht durch Kombination von Steinwolle und Aerogel nach Informationen eines Herstellers eine Wärmeleitfähigkeit von 0,019 W/mK. Eine Übersicht der Leistungsfähigkeit marktgängiger Wärmedämmstoffe zeigt Abbildung 9. Es ist also heute möglich, die gleiche energetische Leistungsfähigkeit mit Konstruktionen zu erreichen, die nur noch halb so große Konstruktionsdicken benötigen wie noch vor einigen Jahren üblich.

Durch den Einsatz von Vakuum-Dämmpaneelen (VIPs) kann die Dämmstoffstärke weiter reduziert werden. Diese Paneelen können allerdings nicht auf der Baustelle zugeschnitten werden, sondern müssen in vorgefertigten Größen eingesetzt werden. Zum Schutz des Vakuums werden die eigentlichen VIPs in dünne Schichten Polystyrol-Hartschaum eingepackt. Die Wärmeleitfähigkeit eines Vakuumpaneels beträgt weniger als 1/10 der Wärmeleitfähigkeit von herkömmlichen Dämmstoffen.

Abb. 10 Vakuum-Isolierpaneel (hier noch ohne die schützenden Polystyrol-Hartschaumplatten) im Vergleich zu einer Mineralwolldämmung mit gleichem Wärmedurchlasswiderstand.

Durch den Einsatz von transparenter Wärmedämmung (TWD) kann ein größerer Anteil der solaren Einstrahlung auf die Außenwand für den Raum genutzt werden, da die Absorptionsfläche hinter der Dämmschicht liegt und so ein geringer Teil der Wärme wieder nach außen abgegeben wird. Je nach Speicherfähigkeit der Wandschichten hinter der TWD wird die Wärme zeitverzögert an den Raum abgegeben. Bei der Dimensionierung des Wandanteils mit TWD muss darauf geachtet werden, dass die höheren Solargewinne nicht zu Überhitzungsproblemen im Sommer führen.

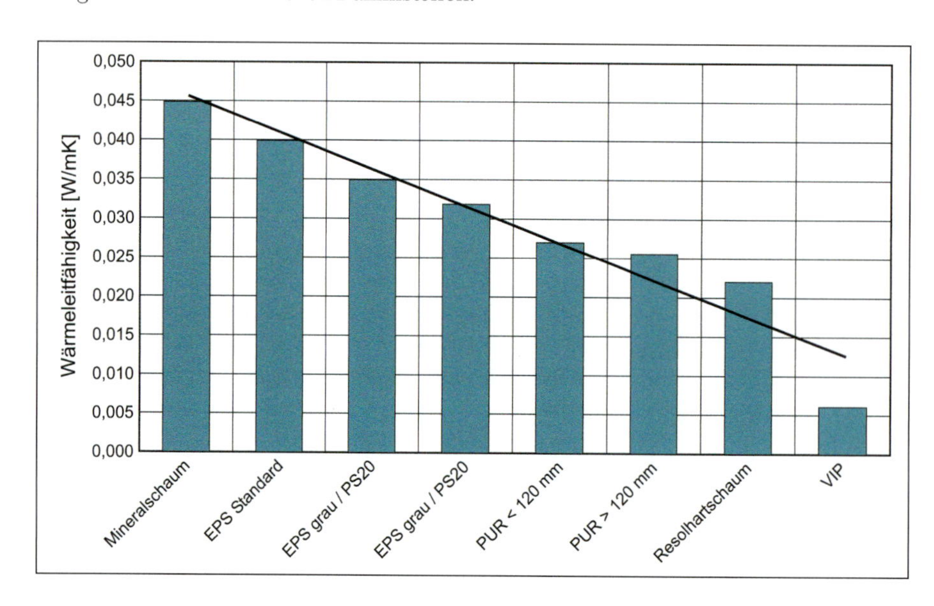

Abb. 9 Variation der Wärmeleitfähigkeiten marktgängiger Wärmedämmstoffe.

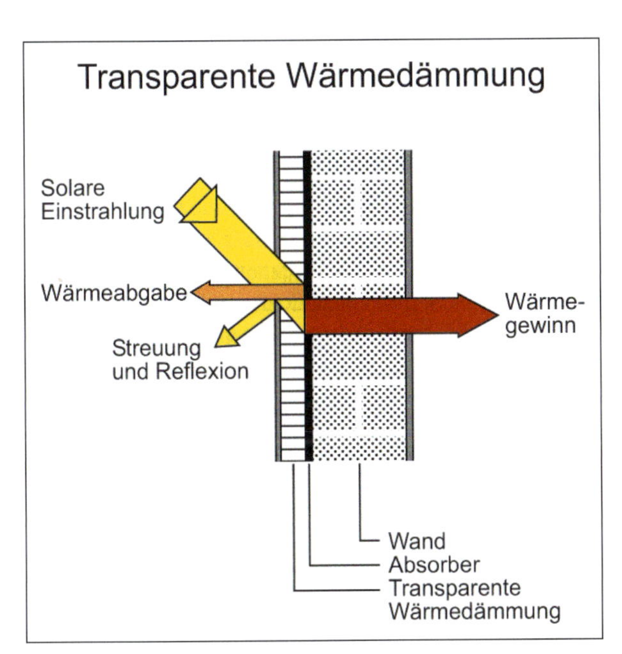

Abb. 11 Bei der transparenten Wärmedämmung wird der Wärmegewinn durch solare Einstrahlung zeitversetzt an den Raum abgegeben.

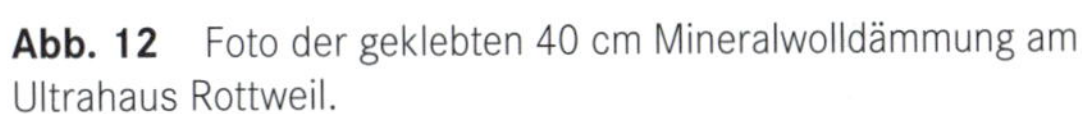

Abb. 12 Foto der geklebten 40 cm Mineralwolldämmung am Ultrahaus Rottweil.

Eine Variante der transparenten Wärmedämmung ist die sogenannte HTWD oder hybride transparente Wärmedämmung. Hier werden auf der Absorberebene wasserführende Rohre angebracht, die die Überschusswärme an die Warmwasserbereitung oder an das Heizsystem übertragen.

Wärmebrückenarme Konstruktionen

Bei Gebäuden mit höherer Qualität der Wärme tauschenden Oberflächen steigt der relative Einfluss der Wärmebrücken. Neben der Verhinderung von Feuchte und Schimmelpilzbildung auf der Innenoberfläche von Bauteilen und Bauteilanschlüssen wird jetzt auch der Wärmeverlust durch die Wärmebrücken interessant. In den letzten Jahren wurden sowohl Musterdetailanschlüsse entwickelt, die dieser Entwicklung Rechnung tragen, als auch technologische Weiterentwicklungen gemacht, um Wärmebrücken zu verhindern oder weitestgehend zu reduzieren.

Um die punktförmigen Wärmebrücken durch Dübel als Befestigung von Dämmstoffen zu verhindern, wurden Dämmstoffe an die Außenwand geklebt. Dies wurde erstmals im Demonstrationsvorhaben Ultrahaus Rottweil eingesetzt. Das geklebte Wärmedämmverbundsystem mit 40 cm Mineralwolle wurde dort vor mehr als 15 Jahren angebracht und hat sich ohne Probleme bewährt.

Auch bei der Holzbauweise gab es Weiterentwicklungen. So wird derzeit zur Reduzierung der Wärmebrücke Holz als Tragwerk-Doppel-T-Träger eingesetzt. Mit der geringeren Dicke des Stegs kann ein besserer U-Wert der Außenwand erreicht werden.

Auch im Bereich der Anschlussdetails gab es Innovationen, wie z.B. thermisch getrennte Anschlüsse von Balkonen und anderen auskragenden Bauteilen. Beim Anschluss von Kellerdecken an Außenwände wurden Sockelsteine mit geringen Wärmeleitfähigkeiten aber hoher Tragfähigkeit entwickelt.

Putze

Die Putzindustrie hat verschiedene Technologien zur Verbesserung des Außenputzes an energieeffizienten Gebäuden entwickelt. Eine Strategie ist der Einsatz von infrarotbeschichtetem Putz. Dies führt neben der Reduzierung der Transmissionsverluste zu höheren Oberflächentemperaturen und damit zu einem geringeren Risiko von Verschmutzung der Außenoberfläche durch Mikroorganismen.

Beim Glaskugelputz wird ähnlich wie bei der transparenten Wärmedämmung der Effekt der Trennung der Absorptionsoberfläche von der äußersten Schicht genutzt. Durch die Glaskugeln wird die Solarstrahlung auf die darunterliegende Mauerwerksschicht geleitet. Dadurch entsteht eine geringere Abstrahlung der solaren Gewinne nach außen.

Innendämmung

Innendämmungen beinhalten neben mehreren Vorteilen wie z. B. meist günstigeren Kosten auch diverse Nachteile, so auch eine höhere Wärmebrückengefahr und das Erfordernis einer sorgfältig angebrachten Dampfsperre, um Feuchte- und Schimmelschäden zu verhindern.
Um bei Innendämmungen auf Dampfsperren zu verzichten, können kapillaraktive Dämmsysteme wie z. B. Kalzium-Silikatplatten eingesetzt werden. Diese Materialien können entstehendes Tauwasser kapillar aufnehmen und in den Dämmstoff hinein transportieren. Das Wasser wird so von der Taupunktebene weggeführt und kann an der Raumseite abtrocknen. Vor allem bei Altbauten ist das eine ideale Lösung. Die Wärmeleitfähigkeit einer Kalziumsilikatplatte beträgt ca. 0,065 W/mK.
Sogenannte PCM-Putze zur latenten (versteckten) Wärmespeicherung können in Gebäuden in Leichtbauweise die thermische Speicherfähigkeit erhöhen und so für ein angenehmeres Raumklima im Sommer sorgen. Dabei wird ein Phasenwechsel-Material (phase change material) mikroverkapselt in den Innenputz eingebracht. Die energetische Auswirkung dieses zusätzlichen Speichers ist als gering einzustufen, der erhöhte Nutzungskomfort macht diese relativ neue Entwicklung jedoch interessant. Im Idealfall konnte ein Temperaturunterschied zwischen Räumen mit und ohne PCM-Speicher von 3,5 K gemessen werden. Die PCMs speichern Wärme durch einen Phasenwechsel, z. B. von fest zu flüssig. Dabei sind hohe Energiedichten möglich. Im Gegensatz zu gewöhnlichen (sensiblen) Wärmespeichervorgängen erfolgt bei der latenten Speicherung nach Erreichen der Phasenübergangstemperatur eine Zeit lang keine Erhöhung der Temperatur, solange, bis das Speichermaterial vollständig geschmolzen ist. Beim Erstarren wird die eingespeicherte Wärme wieder abgegeben. Der Schmelzpunkt sollte so gewählt werden, dass Temperaturen über 26 °C zeitlich beschränkt und solche über 28 °C möglichst nicht eintreten. Ist die Entladung des PCM über Nacht nicht gewährleistet, ist eine Überhitzung am Folgetag möglich. Neben dem Gipsputz mit PCM wird auch eine PCM-Gipskartonplatte auf dem Markt angeboten.
Der Einsatz einer feuchteadaptiven Dampfsperre ermöglicht einen schadensfreien Aufbau einer Innendämmung auch bei höherem Dämmniveau. Ein feuchteabhängiger Wasserdampfdiffusionswiderstand der Folie führt im Winter (bei relativen Luftfeuchten um 40 %) dazu, dass der Wasserdampfeintritt in die Konstruktion vermindert wird. Im Sommer (bei relativen Luftfeuchten um ca. 60 %) jedoch weist die gleiche Folie einen geringeren Diffusionswiderstand auf, sodass die Austrocknung nach innen nur wenig behindert wird.

Innovationen im Fassadenbereich

Generell hat sich im Fassadenbereich, ähnlich wie bei den Fenstern und Außenwänden, aus denen er besteht, die energetische Qualität in den letzten 20 Jahren deutlich gesteigert, nicht zuletzt auch durch die erhöhten Anforderungen

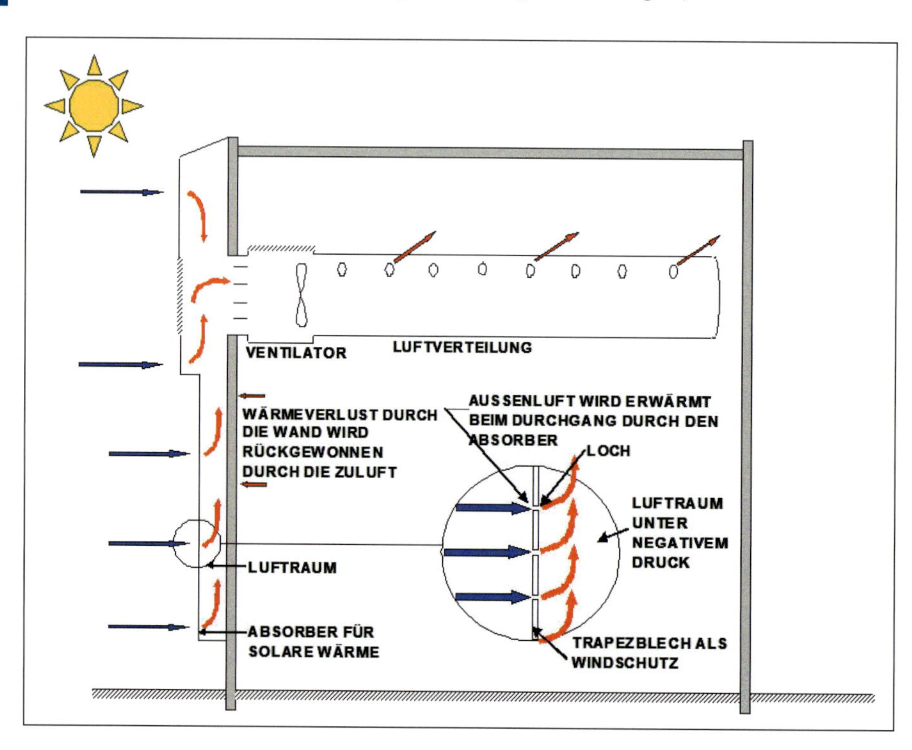

Abb. 13 Funktionsprinzip der Solarwall.

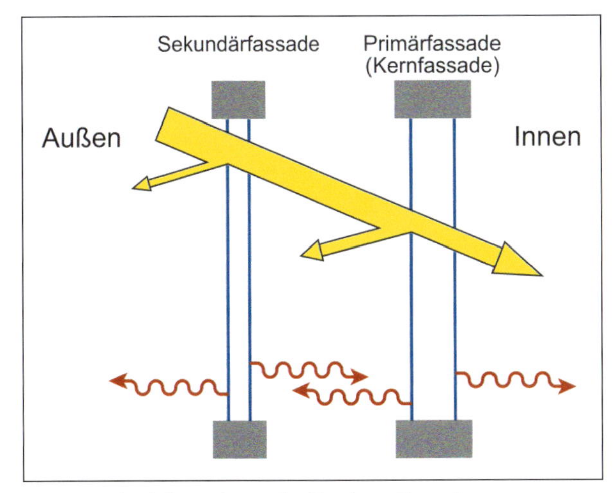

Abb. 14 Funktionsschema der Glasdoppelfassade.

durch die Wärmeschutz- und Energieeinsparverordnungen. Thermisch getrennte Fassadenprofile, der Einsatz von hocheffizienter Wärmeschutzverglasung und Dämmungen in den opaken Fassadenbereichen mit Wärmeleitfähigkeiten von weniger als 0,30 W/mK sind bereits Standard. Durch den Einbau von 3-fach-Verglasungen und Dämmprofilen aus Elastomerschaum zum nachträglichen Einsetzen sind selbst mit Aluminiumfassaden passivhaustaugliche Konstruktionen mit U-Werten unter 0,80 W/m^2K möglich.
Im Folgenden werden zwei spezielle Fassadenentwicklungen etwas näher beschrieben: die sogenannte Solarwall und die Glasdoppelfassaden.
Wasser- oder Luftkollektoren nutzen Sonnenenergie, um eine Absorberplatte hinter einer Glasschicht zu erwärmen. Damit kann dann entweder die Zuluft von mechanischen Lüftungssystemen vorerwärmt oder wie z.B. beim thermischen Solarkollektor die Warmwasserbereitung oder sogar die Heizung unterstützt werden. Eine der einfachsten und deshalb oft auch die wirtschaftlichste Form des Luftkollektors ist die sogenannte „Solarwall". Hier dient als Absorberfläche ein auf der Außenwand (möglichst in Südorientierung) angebrachtes perforiertes Blech. Die bei der Durchströmung durch das Blech erwärmte Luft wird meist direkt als Zuluft in einer mechanischen Belüftung genutzt. Als Anwendungsbereich kommen vor allem Industriegebäude mit hohem Luftumsatz in sonnigen, aber kalten Regionen infrage.
Obwohl Glasdoppelfassaden keine Erfindung der letzten 20 Jahre sind (bereits 1903 wurde in Göppingen mit der Steiff-Fabrik das erste Gebäude mit verglaster Doppelfassade errichtet), wurde dieser Fassadentyp vermehrt erst seit den 80er Jahren eingesetzt, und seit den 90er Jahren unter dem Schlagwort der Energieeffizienz vermarktet. Obwohl durch die zweifache Fassade ein besserer U-Wert als bei einschaligen ganz verglasten Fassaden erreicht werden kann, sind die gemessenen Energieverbräuche bei den meisten Anwendungen, vor allem in Verwaltungshochhäusern, eher enttäuschend, wie in mehreren Publikationen festgehalten wurde. Ein Grund dafür sind die meist erhöhten solaren Gewinne, die zumindest im Sommer zu höherer Kühllast und Kühlenergie führen. Bei Doppelfassaden gibt es unterschiedliche Lüftungsstrategien in Verbindung mit der Fassadentechnologie. In Deutschland wird zumeist auf der Innenseite die Fassade mit dem besseren Wärmedurchgangskoeffizienten eingesetzt.

2.1.2.4 Dach

Im Dachbereich wurde seit den 90er Jahren die Dämmstoffstärke von ca. 10 auf ca. 30 cm erhöht. Bei Schrägdächern gelang es aufgrund neuer Entwicklungen bei den Dampfsperren, die gesamte Sparrenhöhe mit Dämmung zu füllen, ohne dass es zu Feuchteproblemen aufgrund fehlender Hinterlüftung kam. In den letzten Jahren werden vermehrt zusätzlich zur Zwischensparrendämmung auch zusätzliche Untersparrendämmungen oder Aufsparrendämmungen angebracht. So können jetzt U-Werte von unter 0,2 W/m^2K erreicht werden.
Bei Flachdächern werden meist Dämmmaterialien mit sehr geringen Wärmeleitfähigkeiten wie z.B. Polyurethan eingesetzt (Wärmeleitgruppen um 025 bis 030).
Dächer werden heutzutage nicht nur gedämmt, sondern vielfach auch zur Energiegewinnung mittels Kollektoren eingesetzt. Dabei kann sowohl ein thermischer Solarkollektor zur Warmwasserbereitung oder Heizungsunterstützung als auch eine Fotovoltaikanlage zur Stromerzeugung zur Anwendung kommen.

2.1.2.5 Kellerdecke und Bodenplatte

In den 90er Jahren wurden Kellerdecken oder Bodenplatten nur selten gedämmt, wenn vom schwimmenden Estrich ab-

Abb. 15 Anwendung der Vakuumdämmung im Bereich des Fußbodens.

IV

gesehen wird. Heutzutage werden Bodenplatten entweder unterseitig gedämmt, was aber immer noch zu erhöhten Kosten führt, oder es wird bei der Planung ein erhöhter Bodenaufbau durch die Dämmung eingerechnet. Bei Kellerdecken hat sich eine unterseitige Dämmung, meist mit Mehrschichtplatten, durchgesetzt.
Eine Alternative bei begrenzter Höhe des Bodenaufbaus ist der Einsatz von Vakuumdämmung (Abb. 15). Die Vakuumdämmplatten werden ebenso wie bei der Anwendung auf der Außenwand in Polystyrolplatten eingepackt oder unter Perliteschüttungen eingesetzt. So können mit geringen Aufbauhöhen U-Werte um 0,20 W/m^2K erreicht werden.

2.1.2.6 Kosten für bauliche Maßnahmen

Die in den Kapiteln IV.2.1.2.1 bis IV.2.1.2.5 beschriebenen baulichen Weiterentwicklungen können je nach Einsatzgebiet und Ort unterschiedliche Investitionskosten bedingen. Um eine Einschätzung für Mehrkosten durch eine höhere energetische Qualität zu ermöglichen, werden in diesem Abschnitt Kostenkennwerte für die Gebäudehülle und danach für das gesamte Gebäude (Gebäudehülle und technische Gebäudeausrüstung) zusammengestellt. Die Kennwerte sind für die Grobplanung und weniger für die Detailplanung geeignet.
Das nachfolgende Kostendiagramm zeigt die Investitionskosten in Abhängigkeit von der Qualität der Einzelkomponenten der baulichen Hülle. Sondermaßnahmen wie z. B. Vakuum-Dämmpaneele, Lichtlenkung oder PCM-Putze sind in dieser Zusammenstellung nicht berücksichtigt.
Eine Darstellung der Abhängigkeit der Bruttokosten für Gebäude in Abhängigkeit der energetischen Qualität (hier Heizenergiebedarf) ist in Abbildung 17 enthalten.

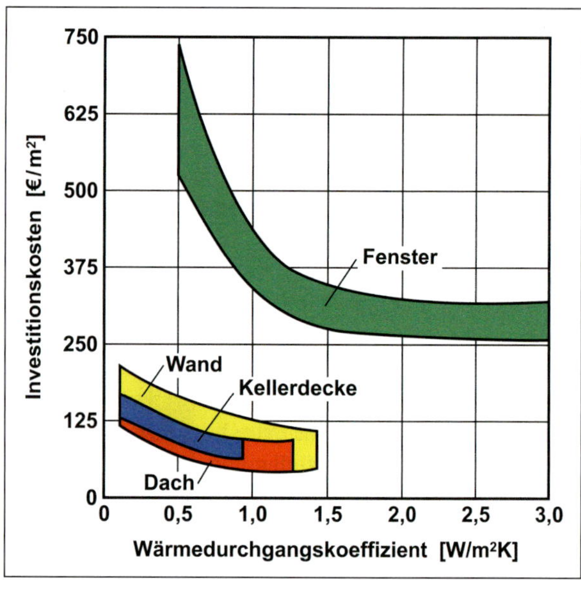

Abb. 16 Bruttokostenansatz für Bauteile (inkl. Einbaukosten) mit unterschiedlicher wärmetechnischer Qualität; Grundlage für dieses Diagramm sind zahlreiche Bauvorhaben, an denen das Fraunhofer-Institut für Bauphysik in den letzten Jahren beteiligt war.

2.1.3 Gebäudetechnik, Gebäudeausrüstung

Die in diesem Abschnitt zusammengefassten Technologien dienen der Energieversorgung von Einzelgebäuden. Die neuen Entwicklungen bei der technischen Gebäudeausrüstung sind im Folgenden untergliedert in die Abschnitte:

- Heizung
- Lüftung
- Kühlung
- Licht
- Betriebsoptimierung
- Strom sparende Geräte.

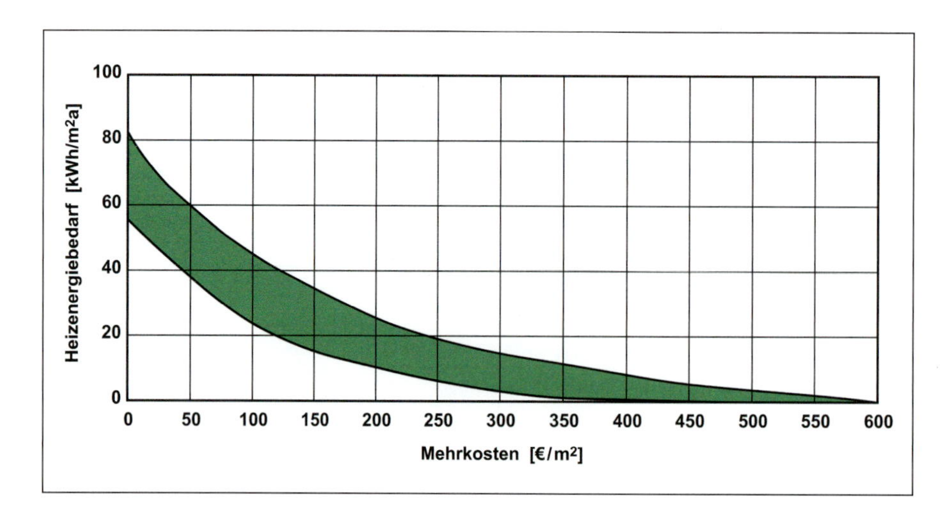

Abb. 17 Bruttomehrkosten von Gebäuden in Abhängigkeit des Heizenergiebedarfs basierend auf Auswertungen des Fraunhofer-Instituts für Bauphysik.

2.1.3.1 Heizung

Im Heizungssektor ist eine weit geringere Innovationsgeschwindigkeit zu verzeichnen als im Hochbaubereich.

Wärmeerzeugung

Die Breitenanwendung der Brennwerttechnik seit Beginn der 90er Jahre für Gaskessel und Ende der 90er Jahre für Ölkessel dominierte lange den Heizungssektor. Erst mit Ausweitung der Markteinführungsprogramme durch die Bundesregierung im Rahmen der Umsetzung des IEKP-Programms im Laufe des letzten Jahrzehnts war eine erkennbare Veränderung der Beheizungsstruktur zu verzeichnen, die mit dem Erlass des Erneuerbare-Energien-Wärmegesetzes noch weiter forciert wird. Während 2006 über 80 % der beheizten Flächen in Deutschland mit Gas- oder Ölkesseln versorgt wurden, ist nach (Wagner et al. 2008) zu erwarten, dass deren Anteil 2020 auf unter 2/3 fällt. Substituiert wird die Veränderung durch eine nahezu Verdopplung der umweltenergiegebundenen Heiztechniken. Ergänzend ist davon auszugehen, dass die neu installierten Gas und Öl befeuerten Wärmeerzeuger umfangreich mit solarthermischen Anlagen ausgestattet werden, was bis 2020 zu einem Anteil von bis zu 20 % der Bestandsanlagen führen kann.

Als hervorzuhebende Innovation der letzten Jahre im Bereich der dezentralen Wärmeerzeuger sind jedoch die Mini-/Mikro-Blockheizkraftwerke und die Gas-Kompressionswärmepumpen zu erwähnen.

Im Bereich der konventionellen dezentralen Wärmeerzeugung konnte in den letzten Jahren eine Verbesserung der Jahresnutzungsgrade im Wesentlichen durch die Modulierung der Brennerleistung bis in den Teillastbereich von etwa 10 % herunter erreicht werden. Ergänzend erlauben Abgaswärmerückgewinnungssysteme auch für Erzeugersysteme mit höherer Systemleistung eine Verbesserung der Systemeffizienz.

Die Solartechnik ist inzwischen ausgereift und arbeitet zuverlässig. Es gab in den letzten Jahren keine marktverändernde Innovationen in diesem Sektor. Beim letzten Vergleichstest der Stiftung Warentest (Stiftung Warentest 2009) wurde die breite Zuverlässigkeit bestätigt: Zehn von zwölf Solaranlagen zur Warmwasserbereitung funktionieren gut oder sogar sehr gut. Sie sparen bis zu 62,5 % der Energiekosten für Warmwasser. Die Kosten bewegen sich zwischen 3.700 und 5.680 € für Komplettpakete (inklusive Speicher und Regelung) an einem 4-Personen-Haus. Um eine staatliche Förderung für neu installierte Solaranlagen aus dem Marktanreizprogramm des Bundes in Anspruch nehmen zu können, dürfen die Solaranlagen nicht nur zur Warmwasserbereitung dienen, sondern müssen auch zur Heizungsunterstützung genutzt werden. Da hierfür eine etwa doppelt so große Kollektorfläche empfehlenswert ist, ohne gleichzeitig eine Verdopplung der nutzbaren Erträge sicherstellen zu können, verschlechtert sich die Wirtschaftlichkeit der Investition.

Die häufigste Form der Umweltwärme-Nutzung erfolgt mittels Wärmepumpen. Diese Wärmeerzeuger sind in ihrer Funktion gleich, nur die Energiequellen unterscheiden sich. So kann mithilfe von Kollektoren und Wärmepumpen die im Erdreich, Grundwasser oder der Umgebungsluft enthaltene Wärmeenergie genutzt werden. Die Energiegewinnung aus dem Erdreich ist die häufigste Art der Umweltwärmenutzung. Die Förderung der Erdwärme erfolgt über Erdwärmesonden oder oberflächennahe Erdwärmekollektoren.

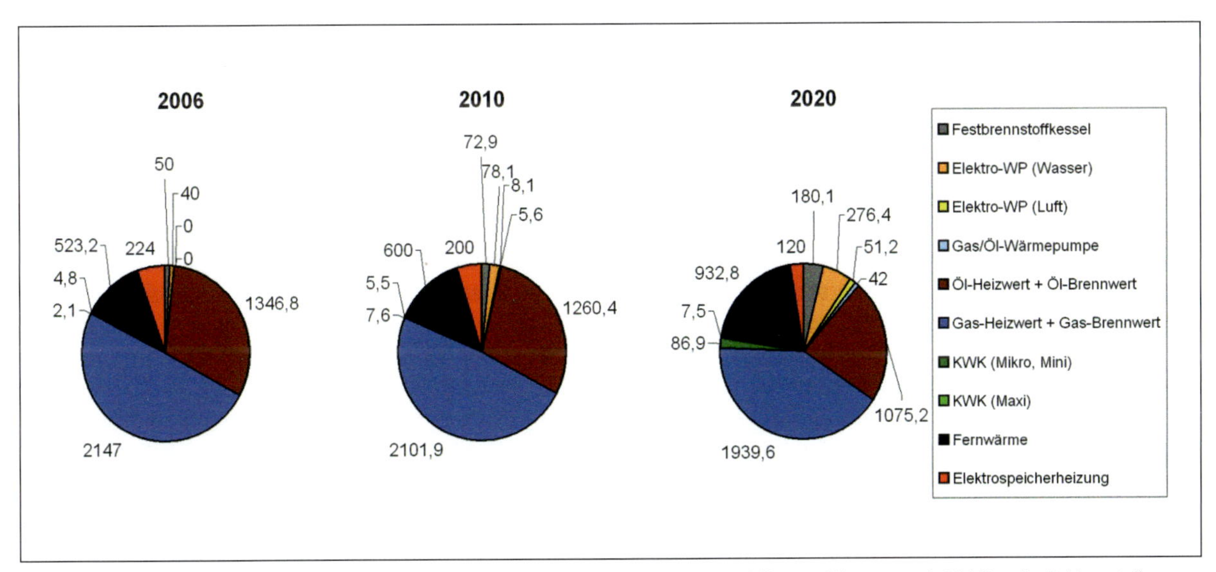

Abb. 18 Entwicklung der Beheizungsstruktur des Gebäudebestandes in Deutschland (Quelle: Wagner et al. 2008) – die Zahlen stellen Mio. m^2 beheizte Gebäudeflächen dar.

IV

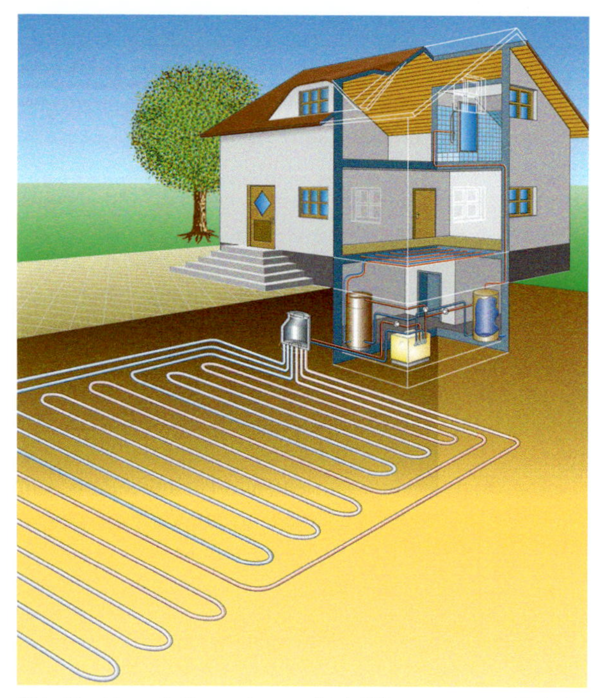

Abb. 19 Umweltwärmenutzung mittels Wärmepumpe und Erdwärmekollektor (links) und Erdwärmesonde (rechts) (Quelle: Bundesverband Wärmepumpe-pwp-e.V.).

Die senkrecht in unterschiedliche Tiefen in den Boden eingelassenen Erdwärmesonden haben i. d. R. eine Länge zwischen 40 und 100 m (Abb. rechts). Oberflächennahe Erdwärmekollektoren werden unterhalb der Frostgrenze in ca. 1,0 bis 1,4 m Tiefe verlegt (Abb. links).

Neben der im Erdreich gespeicherten Wärme kann auch das Grundwasser mit Wärmepumpen genutzt werden. Die Temperatur von Grundwasser beträgt selbst an kältesten Tagen zwischen 7 und 12 ° C. Über einen Förderbrunnen wird das Grundwasser entnommen. Zwischen Förder- und Schluckbrunnen sollte ein Abstand von etwa 10 bis 15 m eingehalten werden.

Eine weitere Energiequelle für Umweltwärme-Heizungen ist die Umgebungsluft, die über Ventilatoren zur Wärmepumpe geleitet wird. Da mit fallender Außentemperatur die Leistung der Wärmepumpe nachlässt, unterstützt i. d. R. ein Elektroheizstab die Wärmepumpe an den sehr kalten Tagen des Jahres.

Moderne leistungsstarke Elektro-Wärmepumpen müssen Jahresarbeitszahlen (JAZ) von mindestens 3,7 (Luft/Wasser Wärmepumpe) bzw. 4,3 (Wasser/Wasser und Sole/Wasser Wärmepumpe) aufweisen (gasbetriebene Wärmepumpen mindestens 1,3), um mit Fördermitteln aus dem Marktanreizprogramm des Bundes unterstützt zu werden. Die Jahresarbeitszahl stellt das Verhältnis der abgegebenen Wärmeleistung (Wärmeenergie) zur aufgenommenen Leistung (Strom/Gas) dar.

Darüber hinaus hervorzuhebende Innovationen der letzten Jahre im Bereich der gebäudeweisen Wärmeerzeugung sind Mini-/Mikro-Blockheizkraftwerke und Gas-Kompressionswärmepumpen. Der Hamburger Ökostromanbieter Lichtblick hat angekündigt, über ein Privathaushalte-Contracting in die Stromerzeugung einzusteigen. Zusammen mit dem Wolfsburger Autobauer Volkswagen plant das Unternehmen den Bau von Mini-Kraftwerken. Das Projekt für den Bau von sogenannten Zuhause-Kraftwerken soll zusammen mit dem VW-Konzern in einer weltweit gültigen Kooperation zum Bau und zur Vermarktung von gasbetriebenen Blockheizkraftwerken realisiert werden. Die Zusammenarbeit sieht vor, dass Lichtblick und VW kleine Anlagen in den Kellern normaler Wohnhäuser installieren. Dort sollen sie Strom produzieren, der ins allgemeine Netz eingespeist wird. Die dabei entstehende Wärme steht den Haushalten zum Heizen und für den Warmwasserbedarf zur Verfügung.

Erfolg versprechend klang in den letzten Jahren auch die Entwicklung eines Biomasse-BHKW für den Gebäudebereich. Holzpellets werden hier in einem Upside-down-Brenner verbrannt. Die Hitze treibt einen Stirlingmotor zur Stromerzeugung an. Von dessen „kalter" Seite wird die Wärme dem Heizungswasser zugeführt (elektrische Leistung 3 kW, thermische Leistung 10 kW). Bisher ist diese Entwicklung aber noch nicht über die Pilotanwendung hinaus gekommen. Auch die Brennstoffzelle ist im Bereich der Einzelgebäude immer noch im Entwicklungsstadium. Eine Breiteneinführung in den nächsten Jahren ist nicht zu erwarten.

Wärmeverteilung

Die Entwicklungen im Verteilungsbereich konzentrieren sich im Wesentlichen auf die Verringerung der Stromaufnahme von Pumpen. Die Voraussetzung für einen energieeffizienten Betrieb der Anlage ist ein fachgerechter hydraulischer Abgleich, der sicherstellt, dass die Druckverhältnisse im Netz bestmöglich vergleichmäßigt sind und der Druckverlust dadurch minimiert wird. Ergänzt werden sollte dieses Hydraulikkonzept mit einem energieeffizienten Pumpenmanagement.
So haben die meisten Hersteller mittlerweile Hocheffizienzpumpen mit der Effizienzklasse A im Angebot, die gegenüber konventionellen Bestandspumpen eine Stromeinsparung um bis zu 80 % ermöglichen. Hierdurch entsteht eine Betriebskostenentlastung von etwa 100 € im Jahr, der Anschaffungskosten von etwa 500 € gegenüberstehen.
Ein anderer Ansatz wurde bei der Entwicklung der dezentralen Heizungspumpe gewählt. Bei herkömmlichen zentralen Umwälzpumpen wird das Heizwasser mit hoher Geschwindigkeit und hoher Temperatur durch die Anlage befördert und muss durch Thermostatventile an den Heizkörpern gedrosselt werden, um ein Überheizen der Räume zu verhindern. Beim Vergleich mit dem Betrieb eines Pkws kann man sagen: Die Heizungsanlage fährt Vollgas, Thermostatventile sind die Bremsen. Die dezentrale Heizungspumpe macht Schluss mit dieser Verschwendung. Miniaturpumpen an den Heizkörpern ersetzen die Thermostatventile und versorgen jeden Heizkörper nur bei Bedarf mit Wärme. Wohnräume werden schnell, exakt und genau zum richtigen Zeitpunkt auf Wunschtemperatur gebracht. Außerhalb der Bedarfszeit laufen die Pumpen nicht. Bei Heizanlagen mit dezentralen Heizungspumpen ist eine Trennung von Primärheizkreis (Wärmeerzeuger) und dem Sekundärkreis, an dem die einzelnen Heizkörper angeschlossen sind, nötig. Die beiden Heizkreise werden über eine hydraulische Weiche gekoppelt. Untersuchungen an verschiedenen Instituten haben ein primärenergetisches Reduktionspotenzial von etwa 20 % ergeben. Hierbei hat jedoch der erreichbare Einzelraumregeleffekt des Systems einen deutlich höheren Einfluss auf das Einsparergebnis als die potenzielle Stromeinsparung.

Wärmeübergabe

Die Entwicklungen im Bereich der Wärmeübergabesysteme im Raum waren in den letzten Jahren verhalten und konzentrierten sich im Wesentlichen auf ein verbessertes Regelverhalten und die Realisierung von Niedrig-Exergiesystemen. Die regeltechnisch bedingten Wärmeverluste am Heizkörper sind bei zentraler Vorlauftemperaturregelung gegenüber heizkörperweiser PI-Regelung um über 80 % höher. Die Intelligenz am Heizkörperventil, die z. B. ein Schließen der Wärmezufuhr bei geöffnetem Fenster sicherstellt, ist einer der entscheidenden Parameter im verbesserten Systemverhalten.
Flächenheizungen haben in den letzten Jahren im Markt eine stärkere Verbreitung gefunden. Hierbei haben die Anwendungen zur thermischen Bauteilaktivierung besonders im Nicht-Wohnbau deutlich zugenommen. Thermische Bauteilaktivierung (auch: Betonkernaktivierung) ist ein Begriff aus der Klimatechnik und bezeichnet Systeme, welche die Gebäudemassen zur Temperaturregulierung nutzen. Diese Systeme werden zur alleinigen oder ergänzenden Raumheizung bzw. Kühlung verwendet. Ein solches System ist die Thermoaktive Decke (TAD). Bei der Erbauung von Massivdecken oder gelegentlich auch von Massivwänden werden Rohrleitungen verlegt, meist Kunststoffrohre. Durch diese Rohre fließt Wasser als Heiz- bzw. Kühlmedium. Die gesamte durchflossene Massivdecke bzw. -wand wird dabei als Übertragungs- und Speichermasse thermisch aktiviert:

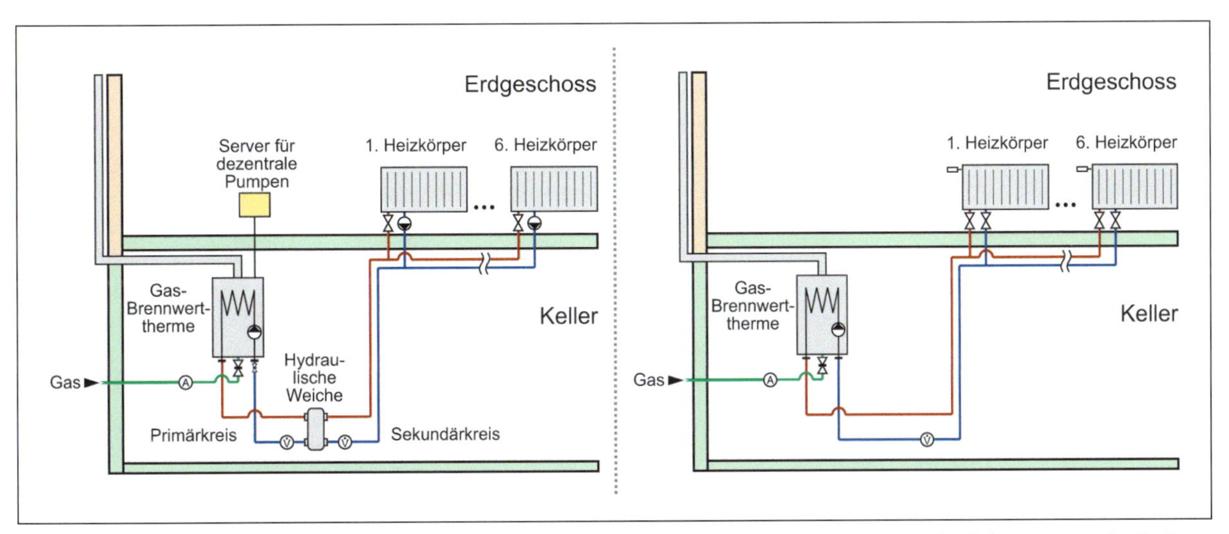

Abb. 20 Vergleich der Verteilsysteme bei Heizsystemen mit dezentraler Heizungspumpe (links) und zentraler Heizungspumpe (rechts).

Die Heizmedientemperaturen sollen im Heizfall nicht über 28° C und die Kaltwassertemperaturen im Kühlfall nicht unter 18° C liegen.

2.1.3.2 Lüftung

Die Lüftung von Gebäuden dient der Versorgung der Aufenthaltsbereiche mit Außenluft zur Sicherstellung einer guten Raumluftqualität. Während vor 30 Jahren mechanische Lüftungssysteme fast ausschließlich im Nichtwohnungsbau vorzufinden waren, hat in den letzten Jahren diese Technologie auch im Wohnungsbau Einzug gehalten. Gründe sind in der zunehmenden verdichteten Bauweise im kommunalen Bereich zu finden (Zunahme von innenliegenden Räumen), aber auch in der Entwicklung von energieeffizienten Gebäuden. Einige der Gebäude setzen mechanische Lüftungssysteme voraus, da diese gleichzeitig die Heizfunktion mit übernehmen. Mit dem Einbau von Lüftungssystemen lassen sich auch die Lüftungswärmeverluste durch Wärmerückgewinnungssysteme reduzieren. Gleichzeitig erhöhen mechanische Lüftungssysteme den Strombedarf in Gebäuden, da die Ventilatoren den Druckverlust im Kanalnetz überbrücken müssen, um den Lufttransport zu ermöglichen. Im Wohnungsbau rechnet man für Abluftanlagen einen Strombedarf zwischen 1 und 4 kWh/m^{2}a und für Zu/Abluftanlagen einen Strombedarf zwischen 2 und 10 kWh/m^{2}a. In Nichtwohngebäuden tritt bei komplexeren Systemen, die üblicherweise mit höheren Druckverlusten beaufschlagt sind, ein deutlich höherer Strombedarf für die Raumlufttechnik auf. Werte zwischen 20 und 40 kWh/m^{2}a sind hier keine Seltenheit, Gebäude mit sehr hohem Lüftungsbedarf (Fast-Food-Restaurants oder Schwimmbäder) kommen sogar auf Strombedarfswerte für die raumlufttechnischen Anlagen von über 100 kWh/m^{2}a.

Daher ist es nicht verwunderlich, dass die durch Lüftungstechnik realisierbaren Primärenergieeinsparungen häufig geringer ausfallen als gemeinhin erwartet, manchmal sogar negativ. Das Problem entsteht, dass die mittels der Lüftungstechnik realisierte Heizenergieeinsparung meist mit einem deutlich günstigeren Primärenergiefaktor bewertet wird als der Strom, der für die Antriebe benötigt wird. Daher muss in der Regel mit dem Lüftungssystem mindestens 2,5-mal so viel Heizenergie eingespart werden, wie Stromaufwand für die Fördertechnik entsteht, bevor es zu einem positiven Primärenergieeinfluss kommen kann. Aufgrund der höheren anfallenden Kosten für Antriebsenergie im Nichtwohnungsbau, aber auch aufgrund psychologischer Bedürfnisse der Gebäudenutzer, findet bei diesen Gebäuden verstärkt der Wunsch nach Integration von natürlichen Lüftungskonzepten statt. In den letzten Jahren wurden daher unterschiedliche hybride Lüftungssysteme entwickelt und in der Praxis getestet. Hierbei wird die mechanische Lüftung nur so lange betrieben, wie sie aus energetischer Sicht sinnvoll ist (in der Regel während der Haupt-Heizzeit) und in der restlichen Zeit wird das Gebäude natürlich belüftet. Prädestiniert sind hier Gebäude mit einem geringen bis durchschnittlichen Luftbedarf, deren Räume überwiegend an der Fassade angeordnet sind (Schulen und Kindergärten, aber auch Bürogebäude mit Einzel- oder Gruppenräumen). Eine „intelligente" Regelung unterstützt den Raumnutzer bei der richtigen Lüftungsstrategie.

Andere Entwicklungen im Lüftungsbereich zielen auf bedarfsoptimierte Strategien hin. Die Luftmenge wird dem tatsächlichen Bedarf angepasst und nicht, wie bei bisherigen Anlagen üblich, nach dem Maximalbedarf gefahren. Derartige Bedarfsoptimierungen sind sowohl bei raumlufttechnischen Anlagen möglich (CO_2-, Mischgas- oder Feuchtesensor) als auch bei natürlich gelüfteten Gebäuden (Lüftungsampel). Während der Sensor den Außenluftwechsel automatisch soweit reduziert, dass der Grenzwert im Raum gerade eingehalten wird, informiert die Lüftungsampel den Raumnutzer visuell über die Raumluftqualität und unterstützt so das energieeffiziente Fensteröffnen und -schließen. Die bedarfsoptimierte Betriebsweise kann zu Energieeinsparungen von 15% und mehr führen.

Ein weiterer Parameter zur Reduzierung der geförderten Luftmengen ist die Lüftungseffektivität. Die gezielte Zuführung der Luft zu den Schadstoffemittenten im Raum (Quelllüftung oder Arbeitsplatzbelüftung) kann im Vergleich zu einer idealen Raumdurchmischung den Lüftungsbedarf senken helfen. Allerdings bedarf es zur Optimierung häufig einer Strömungssimulation in der Entwurfsphase. Nutzungsänderungen erfordern eine entsprechende Anpassung an die Anlagenausführung.

Die Verwendung von Gleichstromantrieben für die Ventilatoren anstelle der üblicherweise verwendeten Wechselstromantriebe kann zu einer Reduzierung des Strombedarfs von 15 bis 20% führen. Allerdings bedarf es dazu der Installation geeigneter Transformatoren, sofern kein Gleichstromnetz im Gebäude vorhanden ist.

Die energetisch interessantesten Komponenten eines Lüftungssystems stellen die Wärmerückgewinnung und die Luftvorwärmung dar. Bei der Luftvorwärmung wird die Außenluft mittels Umweltwärme vorkonditioniert. Die bekannteste Technik ist der Erdreichwärmetauscher. Die Außenluft wird über Kanäle oder Register im Erdreich geführt, bevor sie in das Luftaufbereitungssystem eingebracht wird. Bei fachgerechter Dimensionierung kann die Außenluft hierbei im Winter auf +5 bis +10° C vorgewärmt werden. Im Sommer kann die Außenluft entsprechend vorgekühlt werden. Die Erdreichwärmetauscher sollten zur Optimierung der Wärmeübertragung so dimensioniert werden, dass darin Strömungsgeschwindigkeiten von unter 1 m/s auftreten. Dadurch treten nur geringe Druckverlus-

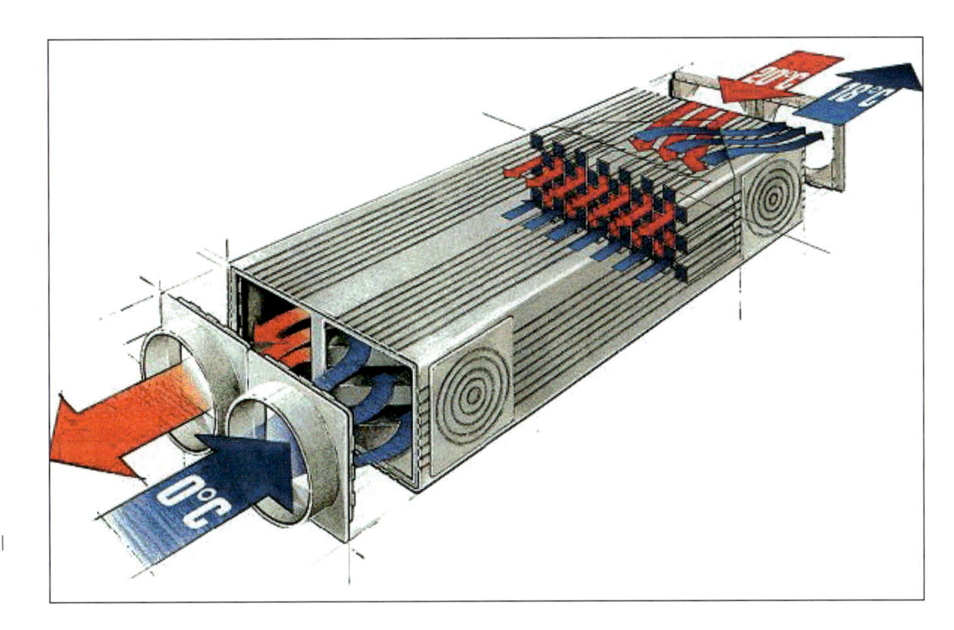

Abb. 21 Kombinierter Kanalstrom und Gegenstromwärmetauscher mit hohem Wärmebereitstellungsgrad (Quelle: Paul Wärmerückgewinnung GmbH, www.paul-lueftung.net).

te auf und entsprechend geringe Antriebsenergien sind erforderlich. Ein anderes Luftvorwärmungssystem sind Luftkollektoren oder deren einfachste Ausführungsform, die Solarwall (perforiertes dunkles Absorberblech vor dem Außenlufteinlass). Diese sind allerdings nur bei Solareinstrahlung aktiv. Im Kapitel IV.2.1.2.3 sind hierzu weitere Details ausgeführt.

Wärmerückgewinnungssysteme sind in den letzten Jahren besonders im Wohnungsbau immer effizienter geworden. Ein Hersteller wirbt mit Wärmebereitstellungsgraden von bis zu 99 %. Eine neue Wärmetauschergeneration (als kombiniertes Kanalstrom- und Gegenstromprinzip) ermöglicht eine derartig hohe Performance.

Aufgrund des hohen Wärmetauschergrades kann es im Winter zu Vereisungen kommen. Dies würde einen erhöhten Strombedarf für die Enteisung des Systems erfordern. Daher ist es angeraten, den Wärmetauscher mit einem Erdkanal zu kombinieren, um eine Vereisung im Wärmetauscher auszuschließen. Bei der Dimensionierung des Wärmetauschers muss primärenergetisch abgeschätzt werden, dass die zusätzlichen Druckverluste des neuen Systems nicht mehr Antriebsleistung benötigen als zusätzlich an Wärme rückgewonnen werden kann.

Bei Sanierungen ergeben sich häufig Probleme bei der Nachrüstung von zentralen Lüftungssystemen, da der Platz für die Schächte in bestehenden Wohnungsgrundrissen nur schwer verfügbar gemacht werden kann. Daher findet man hier häufig Einzelraumlüfter (als Fenster- oder Wandausführung) vor. Vereinzelt wurde auch ein nachträglich installiertes Wärmedämmverbundsystem so ausgeführt, dass hierin Installationsschächte für Lüftung, Elektro- und Heizungsinstallationen vorgesehen sind.

Auch im Schulbau sind Einzellüftungsgeräte als Sanierungsmaßnahmen realisiert worden. Dadurch können die Anforderungen des Brandschutzes einfach gelöst werden. Zu beachten ist, dass die Einzelraumlüftungssysteme häufig nicht so hohe Wärmerückgewinnungsgrade sicherstellen wie die zentralen Systeme und dass der Schallschutz ebenfalls schwerer zu realisieren ist.

Die im Wohnungsbau anfallenden Mehrkosten für die Installation von mechanischen Lüftungsanlagen liegen zwischen 15 bis 35 €/m² für Abluftanlagen und 45 bis 80 €/m² für Zu- und Abluftanlagen. Nachrüstungen im Bestand erfordern in aller Regel um 10 bis 30 €/m² erhöhte Kosten.

2.1.3.3 Kühlung

Als oberster Planungsgrundsatz gilt: Kühlung sollte unter allen Umständen vermieden werden. Im Wohnungsbau ist Kühlung in Deutschland unüblich und bei einem klimagerechten Entwurf auch unnötig. Dennoch ist in den letzten Jahren auch hier eine Zunahme an Einzelraumkühlgeräten, meist als Nachrüstungsmaßnahme, zu verzeichnen. In Baumärkten oder Versandhauskatalogen sind dies im Sommer „Toprunner" unter den Artikeln. Im Kapitel IV.2.1 wurden bauliche Komponenten zur Vermeidung von Kühlsystemen oder zur Senkung des Kühlenergiebedarfs beschrieben.

In den letzten Jahren ist die Auslegung von Klimaanlagen, die im Wesentlichen auf den Behaglichkeitsansätzen von Fanger basieren, in die Diskussion geraten. Anstelle einer außentemperaturunabhängigen Raumtemperatur wurde ein adaptiver Ansatz in die Diskussion gebracht. Aufgrund der Anpassungsfähigkeit des Menschen an sich verändernde Randbedingungen wurde eine Umstellung der Raumtemperatur im Kühlfall an den gleitenden Mittelwert der Außenlufttemperatur untersucht. Die Akzeptanz von steigenden Raumtemperaturen bei längeren Hitzeperioden ist aus dem Bereich nicht klimatisierter Gebäude seit

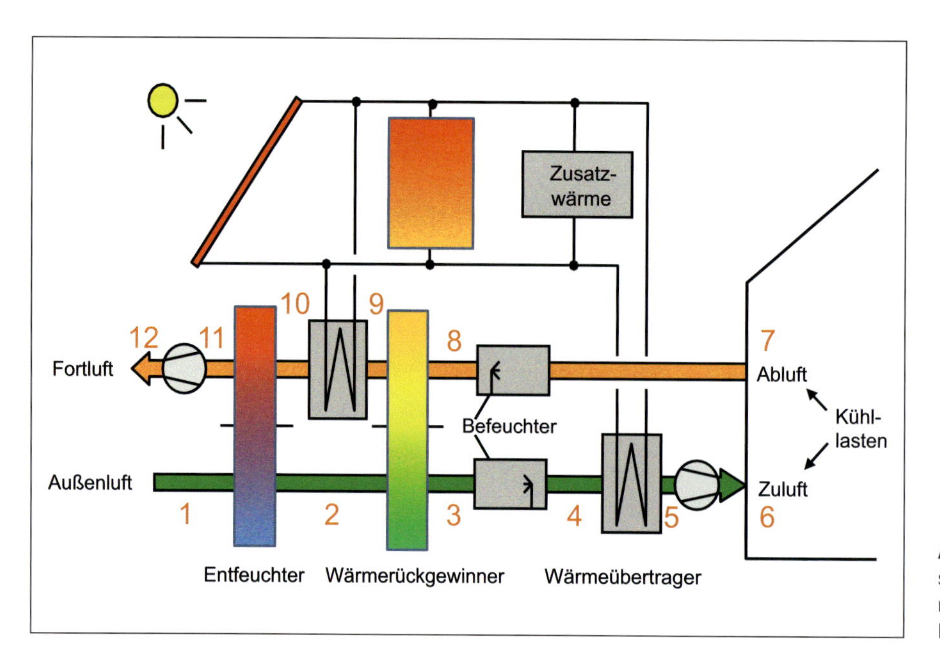

Abb. 22 Standardverfahren der sorptionsgestützten Klimatisierung mit Sorptionsrotor (Quelle: Fraunhofer ISE).

IV

Längerem bekannt. Eine Übertragung dieses Phänomens auf klimatisierte Gebäude könnte helfen, den Kühlbedarf deutlich zu senken. Es liegt hierzu keine abschließende eindeutige Fachmeinung vor. Allerdings ist der Ansatz in Normenkreisen bereits als Alternative eingeflossen. Mit diesem Ansatz ist gegenüber der früheren Regelstrategie eine Kühlenergieeinsparung von 20 % und mehr erzielbar. Im Bereich der Kälteerzeugung sind Kompressionsmaschinen die häufigste Anwendungsform. Hierbei ist zu beachten, dass eine geringe Motorleistung nicht zwangsläufig ein Indikator für den energieeffizienten Betrieb der Systeme ist, bzw. eine hohe Motorleistung nicht automatisch mit einer ineffizienten Betriebsweise gleichgesetzt werden kann. Tatsächlich ist nicht die Motorleistung, sondern die Nutzkälteleistung entscheidend. Dabei ist die Kälteanlage die beste, die zur Erzielung der geforderten Kälteleistung die geringste Antriebsenergie benötigt. Die standardisierte Kennzahl hierfür ist die im Prüfstand ermittelte Nennkälteleistungszahl EER (energy efficiency ratio) oder noch zutreffender die (mittlere) Jahresnennkälteleistungszahl SEER (season energy efficiency ratio), die jeweils in kW/kW angegeben werden. Effiziente marktgängige Systeme (mit zertifizierten Energieeffizienzklassen A und B) weisen für kleine Raumklimageräte (< 12 kW) EER-Werte von über 3,2 bis hin zu 4,0 auf, größere zentrale Kälteerzeugungssysteme können gar EER-Werte von 6,0 erreichen.

Absorptionskälteanlagen können ein wichtiger Beitrag zur Senkung des Energieverbrauchs in der Kälteerzeugung sein. Wichtig für die Wirtschaftlichkeit ist eine kostengünstige Wärmequelle, die für Klimakälteanwendungen ein Temperaturniveau von 80 bis 130 °C haben sollte. Die Investitionskosten für eine bestimmte Kühlleistung sinken mit steigenden Heißwassertemperaturen. Falls nur Wärme auf niedrigerem Niveau zur Verfügung steht, kommen Adsorptionskälteanlagen infrage, die bereits mit Wärmequellen von 50 bis 100 °C auskommen. Interessante Kombinationen sind Sorptionskälteanlagen mit erneuerbaren Energiequellen oder mit Blockheizkraftwerken. Durch den zusätzlichen Wärmebedarf (für Kühlzwecke) im Sommer kann die Laufzeit des BHKW deutlich verlängert und die Wirtschaftlichkeit damit verbessert werden. Zur Vergleichmäßigung der Auslastung werden häufig Kälte- oder Eisspeicher in das System mit eingebunden.

Bei der Verwendung von Sonnenwärme spricht man von „Solarer Kühlung". Diese Kombination hat bei der Bereitstellung von Klimakälte den Vorteil, dass die Energie immer dann zur Verfügung steht, wenn der Kühlungsbedarf am höchsten ist. Allerdings kommen bei diesen Anlagen zu den ohnehin höheren Anschaffungskosten von Sorptionskälteanlagen gegenüber Kompressionskältemaschinen noch die Anschaffungskosten für die Solaranlage hinzu. Die Wirtschaftlichkeit muss im Einzelfall geprüft werden und hängt stark von Abschreibungszeiträumen, Verrechnungszinssätzen und der erwarteten Energiepreisentwicklung ab. Am einfachsten ist die Investitionsentscheidung, wenn die Wärme ohnehin bereitsteht und die Anschaffungskosten dafür bereits durch die winterliche Heizwärmeabnahme amortisiert werden. In diesem Fall kann sich eine Absorptionskälteanlage zum Beispiel als Ergänzung zu einem Blockheizkraftwerk rentieren. Allerdings sind die Systeme ohne Förderung häufig unwirtschaftlich.

Eine Gesamtkostenrechnung (Schöllkopf et al. 2008) unter der Annahme einer Abschreibung über die Lebenszeit führte bei Zugrundelegung der Energiekosten von 2004 zu Mehrkosten von 20 bis 40 % (ohne Förderung). Derzeitige Energiekosten können die Wirtschaftlichkeit verbessern, eine Förderung ist aber weiterhin für den wirtschaftlichen Betrieb in der Regel erforderlich. Als grobe Richtwerte lassen sich folgende Kennwerte unter mitteleuropäischem Klima abschätzen. Benötigte Kollektorflächen 2 bis 4 m^2 je kW Kälteleistung; Investitionskosten 3.500 bis 5.000 € je kW Kälteleistung.

2.1.3.4 Beleuchtung

Im Bereich der Beleuchtung muss zwischen Außenraum-, Objekt- und Innenraumbeleuchtung unterschieden werden.

Außenraumbeleuchtung

Straßenbeleuchtung dient der Verkehrssicherung, der Gefahrenminderung krimineller Übergriffe im öffentlichen Raum, der Steigerung der Attraktivität des öffentlichen Raums sowie der Förderung der Kommunikation in demselben. Der Anteil des Energiebedarfs für Straßenbeleuchtung in Deutschland am Gesamtstromverbrauch liegt bei 0,72 % (de Boer et al. 2009). Somit macht die Straßenbeleuchtung etwa 10 % des deutschen Strombedarfs für Beleuchtungszwecke aus. Die Gesamtbetriebskosten für die Straßenbeleuchtung liegen in Deutschland bei etwa 1 Mrd. €/a.
Die Straßenbeleuchtung macht einen erheblichen Anteil an den kommunalen Energiekosten aus. So lagen beispielsweise die Energiekosten für Straßenbeleuchtung und Verkehrssignalanlagen der Stadt Stuttgart im Jahr 2005 mit 4,1 Mio. € bei 11,3 % der Gesamtenergiekosten der Kommune von 36,3 Mio. € (Landeshauptstadt Stuttgart 2010). Maßnahmen zur Reduzierung dieser Betriebskosten sind üblicherweise in der Wartung (Reinigung) bestehender Anlagen und in der Installation von effizienteren Leuchtmitteln und Leuchten, im Lichtmanagement der Kommune (Absenkung des Beleuchtungsniveaus bis hin zur bedarfsorientierten Beleuchtungssteuerung) zu finden. Neuere Untersuchungen zeigen aber auch, dass die Beschaffenheit des Straßenbelags eine maßgebliche Größe für den Strombedarf für die Straßenbeleuchtung ist. Der Einsatz heller gegenüber dunkler Straßenbelags-Arten ermöglicht eine Absenkung der erforderlichen energetischen Aufwendungen auf ein Drittel – dies bei Bereitstellung verkehrssicherheitstechnisch vergleichbarer Leuchtdichteniveaus. Aufgrund der geringeren Wärmeabsorption bieten helle Beläge darüber hinaus den Vorteil einer geringeren thermischen Belastung von Straßen. Mit hellen Belegen können die Stromkosten merklich gesenkt werden.
Die Straßenbeleuchtung ist ein potenzielles Anwendungsfeld für LED-Leuchten, da diese dort eingesetzt lange brennen und so die Wirtschaftlichkeit eher gegeben ist als bei herkömmlicher Wohn- und Geschäftsnutzung.

Objektbeleuchtung

Die Objektbeleuchtung dient üblicherweise der kommerziellen Präsentation und Vermarktung von Waren, Dienstleistungen oder Gebäuden und Unternehmen. Im innerstädtischen Bereich ist daher ein höherer Energieverbrauch dieses Sektors zu verzeichnen als in den Stadtrandgebieten. Vereinzelt sind auch Sicherheitsaspekte relevant für derartige Beleuchtungsszenarien. In diesem Sektor ist eine starke Zunahme der LED-Technik zu verzeichnen, was aber weniger aus energetischen als aus gestalterischen Gesichtspunkten erfolgt.

Innenraumbeleuchtung

Bei der Innenraumbeleuchtung muss ähnlich wie bei der Außenraumbeleuchtung zwischen Nutzbeleuchtung und Effektbeleuchtung unterschieden werden. Im Bereich der Verkaufs- und Veranstaltungsstätten dominiert häufig die Effektbeleuchtung. Daneben können auch Sicherheitsaspekte bei der Innenraumbeleuchtung relevant für Beleuchtungsszenarien sein (z. B. Bahnhofshallen). In diesem Bereich ergibt sich nur ein moderates Einsparpotenzial, das im Wesentlichen durch die Weiterentwicklung energieeffizienterer Beleuchtungsmittel erschlossen werden kann. Deutlich größer ist das Potenzial bei der Nutzbeleuchtung. In Wohngebäuden liegt der durchschnittliche Stromverbrauch für Beleuchtung bei etwa 4,5 kWh/m^2a, in Nichtwohngebäuden ergibt sich je nach Nutzung ein größeres Spektrum. Gebäude mit einfachen Sehaufgaben und vorwiegender Nutzung während der Tageszeit (Schulen, Kindergärten, einfache Bürogebäude) weisen, sofern sie mit neuwertigen Beleuchtungssystemen ausgestattet sind, Stromverbräuche für Beleuchtungszwecke zwischen 5 und 10 kWh/m^2a auf; Gebäude, in denen höhere Sehanforderungen sicherzustellen sind oder deren Nutzungen stärker auf die Nachtzeiten konzentriert sind (Hotels, Call-Zentren, Küchen), weisen doppelt bis dreimal so große Stromverbräuche für Beleuchtungszwecke auf.
Die verwendeten Leuchtmittel unterscheiden sich wesentlich zwischen Wohn- und Nichtwohngebäuden. Während im Wohngebäudebereich am häufigsten Glüh- und Halogenlampen anzutreffen sind, findet man im Nicht-Wohnbereich sehr häufig stabförmige Leuchtstofflampen vor. Besondere Aktualität kommt der Glühlampensubstitution durch das am 1. September 2009 in Kraft getretene europäische „Glühlampenverbot" zu. In vier Schritten wird der Verkauf von Glühlampen sukzessive verboten.
Alternativen für die Glüh- und Halogenlampen sind Kompaktleuchtstofflampen mit integrierten Vorschaltgeräten und LED-Lampen, die beide über die weitverbreitete E27-Sockelform (Schraubgewinde) verfügen. Während bei Glühlampen nur etwa 5 % des eingesetzten Stroms in

Licht und 95 % in Wärme umgewandelt werden, steigt die Lichtausbeute bei Kompaktleuchtstofflampen auf etwa 20 % und bei LED-Lampen gar auf 30 %. Wirtschaftlich ist die Kompaktleuchtstofflampe der LED-Lampe in den meisten Anwendungsfällen überlegen. Stiftung Warentest (Heft 11/2009) empfiehlt: Setzen Sie LED-Lampen dort ein, wo sie relativ oft und lange brennen. Sonst macht sich die Investition nicht bezahlt. Daneben sind die Farbwiedergabeeigenschaften von LED-Lampen noch schlechter als die von Kompaktleuchtstofflampen (den besten Farbwiedergabeindex haben Glühlampen und Halogenlampen).

Bei den stabförmigen Leuchtstofflampen weisen die T5-Lampen die besten Kennwerte sowohl hinsichtlich der Lichtausbeute als auch der Farbwiedergabe auf. Leuchtstofflampen müssen zwingend mit einem Vorschaltgerät ausgestattet sein. Es gibt elektronische (EVG) und magnetische Vorschaltgeräte. Bei den magnetischen unterscheidet man noch zwischen verlustarmen (VVG) und konventionellen (KVG) Vorschaltgeräten. Die elektronischen Vorschaltgeräte erlauben darüber hinaus, dass die verwendeten Leuchten gedimmt werden können, dies ist mit magnetischen Vorschaltgeräten nicht möglich. Seit 2005 dürfen aufgrund einer EU-Verordnung die KVG nicht mehr auf den Markt gebracht werden, allerdings sind im Bestand immer noch etwa 80 % der Leuchten mit KVG ausgerüstet. EVGs bringen bei gängigen Installationen eine Senkung des Energiebedarfs um 15 % gegenüber KVGs.

Einen ebenso großen Einfluss hat die Wahl des richtigen Leuchtentyps. Eine getrübte Wanne benötigt für die gleiche Beleuchtungsaufgabe etwa 20 % mehr Beleuchtungsenergie als eine Spiegelrasterleuchte. Daneben hat die Installationsart einen deutlichen Einfluss auf den Energieverbrauch. Eine Hängeleuchte benötigt etwa 10 % weniger Energie als eine Ein- oder Anbauleuchte, sofern beide als Direktbeleuchtungssystem verwendet werden. Hängeleuchten werden häufig auch zur indirekten Beleuchtung von Räumen verwendet. Der Energiebedarf bei indirekter Beleuchtung verdoppelt sich etwa gegenüber einer Leuchte mit direkter Beleuchtung.

Schließlich birgt das Lichtmanagement ein entscheidendes Einsparpotenzial. Präsenzmelder und Tageslichtsensoren sind hierbei die wesentlichen Komponenten. Lichtmanagementsysteme erfordern EVG, um die gleitende Anpassung des Kunstlichts an das verfügbare Tageslicht zu ermöglichen. Präsenzkontrolle ist besonders effektiv in wenig genutzten Räumen. Verkehrsflächen, Toiletten, Einzelbüros sowie Unterrichts- und Konferenzräume sind typische Nutzungsbereiche, in denen Einsparungen durch Präsenzmelder im Bereich zwischen 15 bis 60 % erzielt werden können. Ungeeignet dagegen sind Großraumbüros oder Verkaufsstätten. Tageslichtsensoren werden häufig in Verbindung mit Präsenzmeldern installiert. Die Effizienz des Tageslichtsensors hängt wesentlich von der Raumgeometrie (geringe Raumtiefe) und dem verwendeten Sonnenschutz (mit Tageslicht-Lenkfunktion) ab. In der Praxis haben sich abschaltende Systeme (Licht aus – wenn ausreichend Tageslicht vorhanden; Licht an – manuell durch den Nutzer) als wesentlich effizienter erwiesen als vollautomatische, gleitend gedimmte Konstantlichtregelungen (Stand-by-Verluste). Unter günstigen Konditionen können Lichtmanagementsysteme in einzelnen Räumen die erforderliche Beleuchtungsenergie um über 75 % reduzieren. Im Mittel beträgt das Einsparpotenzial der Beleuchtungsenergie in Gebäuden durch Lichtmanagementsysteme jedoch deutlich weniger (eher 10 bis 15 %).

Als besonders effektiv wirken sich die arbeitsplatzbezogenen Beleuchtungslösungen (Task Lighting) aus. Hierbei werden nur die Bereiche eines Raumes mit den für die Tätigkeit erforderlichen hohen Beleuchtungsstärken versorgt und die restlichen Flächen mit geringeren, für Verkehrsflächen ausreichenden Werten. Das einfachste System ist die Schreibtischlampe, die die Arbeitsflächen mit den erforderlichen 500 lx versorgt, während die Grundbeleuchtung den Büroraum nur auf 100 oder 200 lx beleuchtet. Derartige Beleuchtungslösungen können die installierte Leistung in einem Raum gegenüber einer vollständigen Maximalausleuchtung mehr als halbieren.

Abschließend sei noch ein wesentlicher, nichttechnischer Einflussparameter auf die Effizienz der Innenraumbeleuchtung genannt. Helle Raumoberflächen erhöhen den Raumwirkungsgrad und führen somit zu einer besseren Raumausleuchtung und zu einem geringeren Energiebedarf als dunkle Oberflächen. Die Oberflächengestaltung kann einen vergleichbar großen Einfluss auf den Energieverbrauch der Beleuchtung haben, wie die Wahl des Leuchtentyps oder des Vorschaltgerätes, und ist daher nicht zu vernachlässigen.

Eine ausführliche Darstellung der Beleuchtungstechnik finden Sie in Kapitel IV.4.

2.1.3.5 Betriebsoptimierung

In der Planungsphase werden Gebäude oft als „innovativ“, „ökologisch“ oder „intelligent“ etikettiert. Wenn die Gebäude gebaut und in Betrieb genommen sind, enden meist Berichterstattung und Dokumentation. Die von den Planern verabreichten Etiketten bleiben – unabhängig vom tatsächlichen Erfolg des Gebäudekonzepts im realen Nutzungsalltag. Das Forschungsfeld „Energetische Betriebsoptimierung – EnBop“ des Bundesministeriums für Wirtschaft und Technologie (BMWi) hat sich dieser Thematik angenommen. Verschiedene Untersuchungen haben deutlich gemacht: Die Performance von Gebäuden bleibt oft deutlich hinter den in der Planungsphase gesetzten Zielvorgaben zurück. Das ist nicht weiter verwunderlich, denn heutige Nichtwohngebäude sind – insbesondere bei hohem

Komfortniveau und im Zusammenspiel mit individuellen Nutzungsprofilen – zunehmend komplexe „Systeme". In diesem Sinne sind Gebäude oftmals individuell geplante und gefertigte Prototypen, deren Inbetriebnahme eine Phase der intensiven Einregulierung und Optimierung erfordert.

Die Abweichungen von den Zielvorgaben aus der Planungsphase haben unterschiedliche Ursachen. Die Planung ist zu stark auf den Bau des Gebäudes und zu wenig auf dessen Betrieb fokussiert. Es fehlen eindeutige Vorgaben für die Einregulierung und die Betriebsführung der gebäudetechnischen Systeme und die oft fehlende Qualitätssicherung führt zu nur bedingt effektiv funktionierenden Systemen. Zudem gibt es nur selten Unterlagen oder Veranstaltungen zur Information und Schulung der Nutzer. Und mit den üblichen Betriebsüberwachungs- und Facility-Management-Systemen können suboptimale Betriebsweisen nur bedingt erkannt werden. Eine Evaluierung der Gebäudeperformance erfolgt in den seltensten Fällen. Das führt schließlich dazu, dass innovative Gebäudekonzepte und -technologien in der Praxis nur eingeschränkt funktionieren und ihr Komfort- und Energieeffizienzpotenzial nicht voll ausspielen können. Speziell der Faktor Energieeffizienz bleibt oft hinter den Möglichkeiten zurück. 10 bis 20 % des Strom- und Wärmeverbrauchs können in vielen Gebäuden mit nicht- oder geringinvestiven Maßnahmen eingespart werden – mit Amortisationszeiten unter 3 Jahren. Und weil viele Architekten und Fachplaner gar nicht erfahren, ob ihre Gebäude überhaupt wie geplant funktionieren, kann jetzt mit der Evaluierung ein notwendiger Lernprozess in Gang gesetzt und konstruktiv gestaltet werden.

Die Qualitätssicherung während der Errichtung und bei der Inbetriebnahme ist ein wesentlicher Baustein, um einen energieeffizienten und komfortgerechten Betrieb zu erreichen. Im Kontext der Planungsleistungen, deren Ergebnis in der Praxis auf dem Spiel steht, sind die Kosten minimal. Die Einregulierung muss gerade bei integralen Konzepten über das gesamte erste Betriebsjahr erfolgen. Somit wandelt sich die Inbetriebnahme von einer einzelnen Abnahme zu einem längeren Prozess, in dem die Betriebsführung umfassend optimiert wird. Im ersten Jahr muss der Gebäudebetrieb auf die tatsächlichen Rahmenbedingungen eingestellt werden, um danach in den Regelbetrieb übergehen zu können. Mit den entsprechenden mess- und datentechnischen Voraussetzungen lässt sich die Funktion aller Anlagen kontinuierlich überwachen und optimieren. Ein Monitoring sollte möglichst nahtlos an die Übergabe anschließen. Für das Monitoring ist ein gutes Verständnis

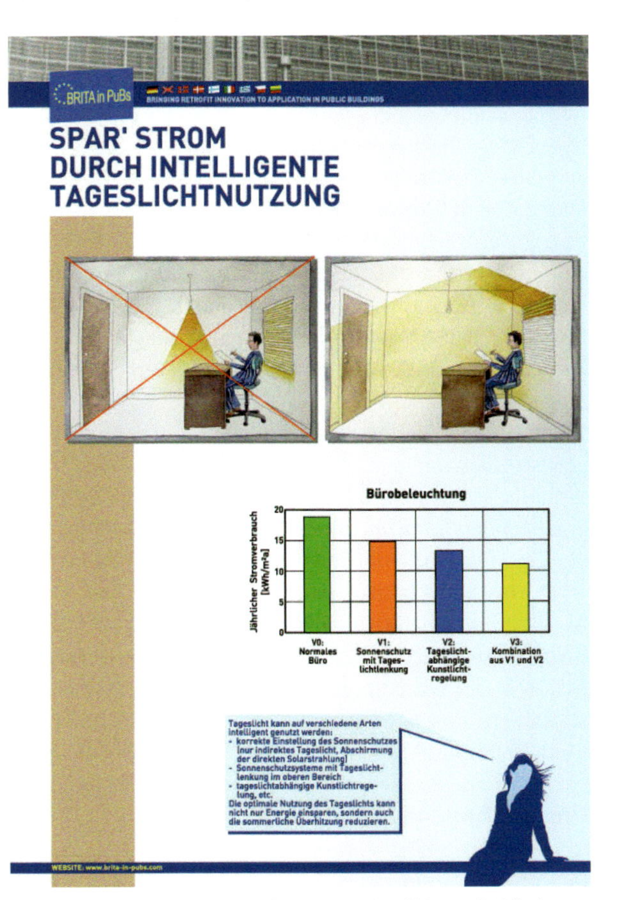

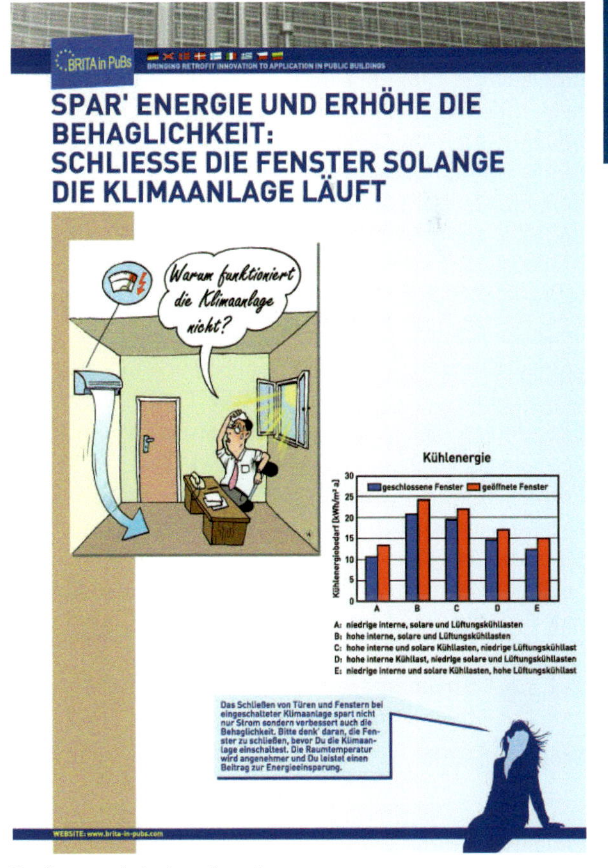

Abb. 23 Informationstafeln für die energieeffiziente Gebäudenutzung (Quelle: www.brita-in-pubs.eu).

der Daten und eine sorgfältige Auswertung ebenso wichtig wie eine gezielte Kommunikation der Ergebnisse an das Gebäudemanagement.

Neben der kontinuierlichen Überwachung der Betriebsdaten ist die Schulung des Betriebspersonals (Facility Manager) und die Involvierung der Gebäudenutzer eine wichtige Komponente zur langfristigen Sicherung einer einmal erreichten Effizienz von Gebäuden. Für das Facility Manager Training gibt es umfangreiches Trainingsmaterial, das in verschiedenen Projekten entwickelt und praktisch getestet wurde (BRITA in PuBs 2008 a). Die Nutzer können durch geeignete Hinweisschilder in den Gebäuden auf energiebewusstes Verhalten stetig erinnert werden. Im EU-Projekt BRITA in PuBs (BRITA in PuBs 2008 b) wurden hierzu mehrsprachige Informationsschilder entwickelt und positiv auf ihre Effektivität überprüft.

Betriebsoptimierung ist aber nicht nur im Nicht-Wohnungsbereich möglich. Im Wohnungsbereich bieten verschiedene Energieversorger seit einiger Zeit sogenannte „Intelligente Zähler oder Smart Meters" an. Das sind Energiezähler mit elektronischen Ausgängen, die die Energieverbräuche in kurzen Intervallen speichern und zur Auswertung zur Verfügung stellen. Die elektronischen Stromzähler wandeln die Verbrauchsdaten in digitale Signale um. Auf diese Weise können die Daten per Funk oder Kabel an den Stromversorger weitergeleitet werden. Manche Techniken greifen auf die Mobilfunknetze zurück, manche übertragen die Daten per Power line und wieder andere kombinieren beide Übertragungswege. In jedem Fall ermöglichen die neuen Zähler eine automatische regelmäßige Fernablesung. Meistens wird der Zählerstand viermal pro Stunde aktualisiert. Die Daten werden an den Stromversorger geschickt und dort für die Rechnungslegung verwendet. Außerdem können die Verbraucher in der Regel in einem geschützten Kundenbereich den eigenen Stromverbrauch einsehen – zeitnah und aktuell –, da ja ständig neue Daten gesendet werden. Stiftung Warentest berichtet über das erschließbare Einsparpotenzial: Die Pilotversuche der Energieversorger zeigen, dass der Stromverbrauch bei den Kunden im Schnitt um 5 bis 10 % zurückging. Bei der EnBW haben ein Drittel der Testkunden ihren Verbrauch sogar um mehr als 10 % gesenkt. Dabei gilt: Je größer der Haushalt und je höher der Energieverbrauch, desto höher auch das mögliche Einsparpotenzial (www.buildup.eu/news/8219).

2.1.3.6 Strom sparende Geräte

Wohngebäude

Die Haushalte sind nach der Industrie mit 28 % der zweitgrößte Stromverbraucher in Deutschland. Im Mittel beträgt der Stromverbrauch einer Wohnung etwa 4.000 kWh/a (ca. 60 kWh/m²a) mit weiterhin steigender Tendenz. Der größte Anteil des Stromverbrauchs wird durch Kühl- und Gefrierschränke (etwa 1.200 kWh/a) verursacht, der kleinste durch die Beleuchtung (etwa 300 kWh/a).

Tab. 2 Verteilung des durchschnittlichen Stromverbrauchs im Haushalt.

Stromverbraucher	Anteil des Stromverbrauchs im Haushalt in %
Kühl- und Gefrierschrank	29
Kochen, Bügeln, Wäschetrocknen	19
Warmwasser in Wasch- und Geschirrspülmaschinen	17
Heizung	15
TV, Radio und Computer	12
Beleuchtung	8

Innerhalb des Hoheitsgebiets der EU sind alle energieverbrauchsrelevanten Produkte mit einem energetischen Produktlabel auszuzeichnen. Hersteller von Haushaltsgeräten werden bereits seit 1992 durch die EU-Richtlinie 92/75/EWG hierzu verpflichtet. Die Richtlinie wurde am 19. Mai 2010 neu verfasst.

Alle Elektrohaushaltsgeräte sind mit deutlich erkennbaren Energielabeln zu versehen, die auf Bewertungsskalen Aussagen über den Energieverbrauch des jeweiligen Haushaltsgerätes machen, sowohl zum Stromverbrauch als auch zu weiteren Gebrauchseigenschaften. Die Energieeffizienzklasse A steht für einen niedrigen, Klasse G für einen hohen Energieverbrauch, zusätzlich farblich gekennzeichnet, von der umweltgrünen Energieeffizienzklasse A bis zur rotleuchtenden Klasse G, um Verbrauchern die Entscheidung für ein energiesparendes Gerät leicht zu machen.

Das Label hat dazu geführt, dass im Laufe der letzten 18 Jahre eine deutliche Verbesserung der Energieeffizienz von Haushaltsgeräten stattgefunden hat. Abgesehen von gewissen Glühlampen-Klassen finden sich am Markt kaum noch Klasse E-G-Neugeräte. 2003 entschied man sich für die ergänzenden Kennzeichnungen A+ und A++; 2010 wurde die Klassifizierung um eine weitere hocheffiziente Klasse A+++ ergänzt. Elektrogeräte der Energieeffizienzklasse A+ verbrauchen im Durchschnitt etwa 25 %, A++ -Elektrogeräte sogar bis zu 50 % weniger Energie als Geräte der Klasse A. Der Wermutstropfen: Sie sind etwas teurer, doch der höhere Anschaffungspreis amortisiert sich innerhalb weniger Jahre.

Nichtwohngebäude

Der Stromverbrauch in Nichtwohngebäuden variiert stark mit deren Nutzung. In allgemeinbildenden Schulen ist er im Mittel mit 15 kWh/m²a relativ klein, in Rechenzentren und Schwimmhallen im Mittel mit 220 kWh/m²a relativ hoch. Mit der Neufassung der EU-Richtlinie 92/72/EWG über die Verbrauchsetikettierung von Haushaltsgeräten im Mai 2010 zur EU-Richtlinie 2010/30/EU über die Verbrauchsetikettierung aller verbrauchsrelevanten Produkte in Europa ist auch die Geräteausstattung von Nichtwohngebäuden zertifizierungspflichtig. Darüber hinaus fördert die neue Richtlinie die Beachtung der Energieeffizienz als Vergabekriterium bei öffentlichen Aufträgen. Daher ist zu erwarten, dass in den nächsten Jahren eine spürbare Effizienzsteigerung bei den Geräten in Nichtwohngebäuden stattfindet.

Mit energieeffizienten IT-Geräten können in Büros rund 50% der IT-Stromkosten eingespart werden. Gerade bei der Arbeit mit dem Computer und den angeschlossenen Geräten wird viel Strom verschwendet: Der Bildschirm bleibt auch während längerer Arbeitspausen eingeschaltet, Scanner oder Drucker werden automatisch mit dem Computer eingeschaltet, auch wenn sie gar nicht benötigt werden. Neben dem persönlichen Verhalten gibt es aber auch technische Faktoren, die den Stromverbrauch beeinflussen. Entscheidend sind der Stromverbrauch im Betriebsmodus und der Stand-by-Verbrauch der verschiedenen Geräte. Effiziente Neugeräte sollten nicht mehr als ein Watt im Stand-by-Modus verbrauchen.

Der höchste Anstieg bei den Energiekosten von Informations- und Kommunikationstechnik in Unternehmen wird in den nächsten Jahren für Rechenzentren erwartet. Gleichzeitig können Unternehmen hier durch gezielte technische Optimierungen gegensteuern und die Energiekosten um bis zu 75 % senken.

2.1.3.7 Bauweise der Zukunft „Plusenergiegebäude“

Mit den am Markt verfügbaren hochwertigen Technologien ist es bereits heute möglich, Gebäude zu errichten, die während eines Jahres mehr Energie produzieren als sie zum Betrieb selber benötigen. Diese Gebäude werden als Plusenergiegebäude bezeichnet. Eines der Piloten für den Bereich Gewerbe, Handel und Dienstleistung ist ein Büro- und Lagergebäude der Zeller/Athoka GmbH in Herten, welches in Abb. 24 dargestellt ist. Die Vision der Geschäftsführer Thorsten und Achim Zeller bei der Konzipierung des Objekts war die Errichtung eines modernen Bürohauses mit ambitionierter Energiebilanz, welches die künftigen EU-Standards erfüllt oder sogar übererfüllt. Das Gebäude wurde von den Fraunhofer-Instituten IBP und UMSICHT messtechnisch validiert.

Das insgesamt 1.335 m² große (800 m² gewerbliche Fläche, 535 m² Bürofläche) Büro- und Lagergebäude in Herten vereint einen guten Wärmeschutz der Gebäudehülle mit etablierten erneuerbaren Energiesystemen wie Lüftungssystemen mit Wärmerückgewinnung, Wärmepumpen und Solarzellen. In Abb. 25 sind die gemessenen Stromerträge der installierten Fotovoltaikanlage den Energieverbräuchen der technischen Systeme des Gebäudes gegenübergestellt. Die Grafik zeigt, dass über die Fotovoltaiksysteme mehr Energie generiert werden konnte als das Gebäude zum Betrieb benötigte.

Das Vorhaben verdeutlicht die wichtige Rolle aber auch die Chance von Bau-, Elektro-, Heizungs- und Klimaunternehmen, Produkte zur weiteren Erhöhung der Energieeffizienz von Gebäuden auf den Markt zu bringen sowie systemübergreifende Planungsansätze zu entwickeln, die das

Abb. 24 Ansicht des Plusenergie-Büro- und Lagergebäudes des Unternehmens Zeller/Athoka in Herten.

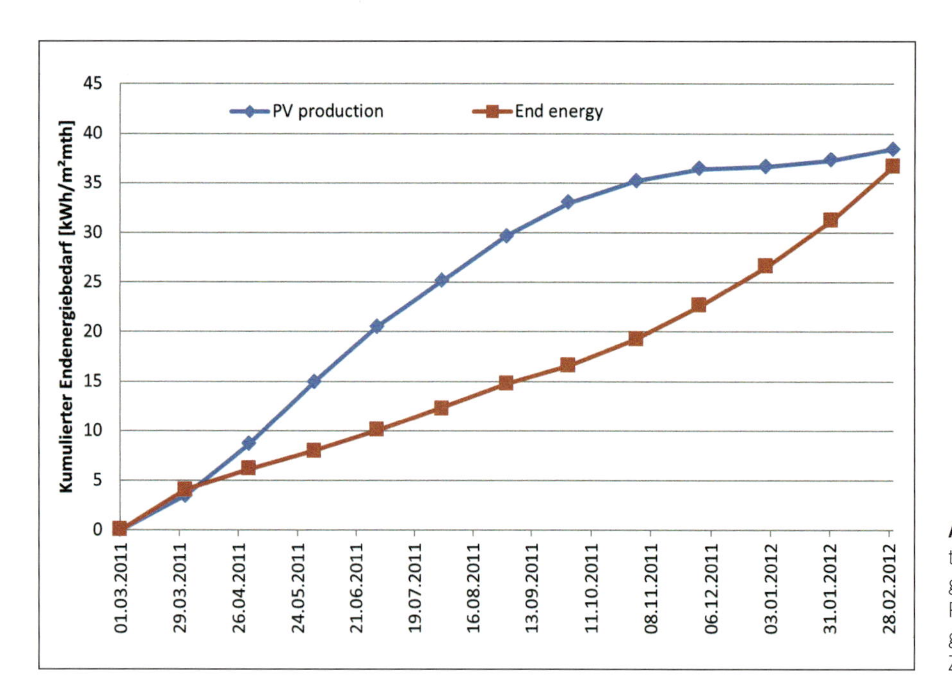

Abb. 25 Kumulierter Fotovoltaikstromertrag versus Endenergieverbrauch für den Betrieb des Plusenergie-Büro- und Lagergebäudes des Unternehmens Zeller/Athoka in Herten.

Konzept von Plusenergiegebäuden zu geringstmöglichen Investitionskosten umsetzen. Dabei kann sich die Wärmepumpentechnik zum Kernelement wirtschaftlicher Lösungen entwickeln. Dies wird hinsichtlich Energieeffizienz, Teillastoptimierung und sogar Energie-Last-Management sowie preiswerter Speicherung der erneuerbaren Energien im Live-Labor in Herten schon heute sichtbar.

Literatur

BRITA in PUBS 2008a: BRITA in PuBs – Bringing Retrofit Innovation to Application in Public Buildings: Facility Managers Training. http://edit.brita-in-pubs.eu/index.php?ID=1295&lang=en

BRITA in PUBS 2008b: BRITA in PuBs – Bringing Retrofit Innovation to Application in Public Buildings: Blackboard information Sheets. http://edit.brita-in-pubs.eu/index.php?ID=1182&lang=en

Bundesministerium für Wirtschaft und Technologie: EnOB: Forschungsförderung und Programm. http://www.enob.info/

de Boer, J. et al.: Überprüfung verschiedener lichttechnischer Kennziffern von Straßendecken. IBP-Bericht WB 154/2009, Stuttgart 2009 (Eigenverlag)

EnOB: Titel des Projekts ist „Forschung für Energieoptimiertes Bauen“. http://www.enob.info/

Görres, J.; Erhorn-Kluttig, H.; Reiß, J.; de Boer, J.; Erhorn, H.; König, H.; Kühnle, P.: Kohlendioxid-Emissions-Reduktion im Altenzentrum Sonnenberg (KORIAS) – Erarbeitung und Realisierung eines modellhaften Sanierungskonzepts für ein Alten- und Pflegeheim in Stuttgart-Sonnenberg. Abschlussbericht. http://www.enob.info/fileadmin/media/Publikationen/EnSan/Projektberichte/09_MonitoringAB1_p2_Pflegeheim-Sonnenberg_k.pdf

Landeshauptstadt Stuttgart (Hrsg.): Energiebericht 2008 für die Landeshauptstadt Stuttgart. Amt für Umweltschutz, Stuttgart 2010 (Eigenverlag)

2.2 Alternative Energiequellen – Einsatz erneuerbarer Energien bei KMUs

2.2.1 Kapiteleinleitung – Einordnung des Themas

Dietrich Schmidt

Je nach Branche kann der Anteil der Energiekosten an den Gesamtkosten eines Unternehmens recht unterschiedliche Größenordnungen annehmen. Häufig wird gerade bei Unternehmen nicht energie-intensiver Branchen die Bedeutung der Energiekosten, jeweils gemessen am Umsatz des Unternehmens, unterschätzt. Dabei liegen selbst bei diesen Unternehmen die Energiekosten oft in der Größenordnung des zu erzielenden Gewinns (zwischen 1,5–3,0 %) – bei Unternehmen aus energieintensiveren Branchen noch weit darüber. Somit machen Aufwendungen für Energie einen wesentlichen Anteil der Unternehmenskosten aus. Auch ist zukünftig ein weiterer deutlicher Preisanstieg für den Bezug von elektrischem Strom und für Brennstoffe zu erwarten (http://www.energie-bildung.de/energieberatung-kmu.phtml).

Für kleine und mittelständische Unternehmen (KMU) ist die Steigerung der Energieeffizienz im Betrieb oder der Aufbau von Anlagen zur Nutzung erneuerbarer Energien vor Ort Herausforderung und Chance zugleich. Leider existieren gerade in KMUs oft gravierende Umsetzungsschwierigkeiten: So mangelt es häufig an Finanzmitteln sowie an personellen Kapazitäten für die Identifikation, Planung und Umsetzung von Effizienzmaßnahmen oder für die mögliche Nutzung von erneuerbaren Energien, da dieser Bereich i. d. R. nicht zum „Kerngeschäft“ eines Unternehmens gehört. Zudem werden Amortisationszeiten gerade von Energieeffizienzmaßnahmen oftmals als zu lang eingeschätzt. Primäres Ziel für die Umsetzung von Maßnahmen bei KMUs in beiden Bereichen, bei einer Energieeffizienzsteigerung und bei der Nutzung von erneuerbaren Energien, ist die Verbesserung der Unternehmenskennzahlen durch Energiekostenreduzierung.

Schon 2009 hat das Bundesumweltministerium für Umwelt, Naturschutz und Reaktorsicherheit (BMU) trotz der Finanzkrise 2009 mit seinem Marktanreizprogramm Finanzmittel zur Förderung der Nutzung von erneuerbaren Energien zur Verfügung gestellt. Diese Förderung hat Investitionen in der Höhe von bis zu drei Milliarden Euro ausgelöst. Unterstützt und teilweise auch ermöglicht werden diese Investitionen durch Förderkredite in Höhe von dreistelliger Millionenhöhe von der KfW-Bankengruppe im Rahmen ihrer Förderprogramme (https://www.kfw.de/Download-Center/Förderprogramme-(Inlandsförderung)/PDF-Dokumente/6000000523-Flyer-Erneuerbare-Energien.pdf). Sehr positiv ist zu bewerten, dass rund 80 % der Förderdarlehen im KfW-Programm Erneuerbare Energien (Premiumvariante) an kleine und mittlere Unternehmen ausgezahlt wurden. In diesen Programmen werden Investitionen für die Nutzung erneuerbarer Energien für die Stromerzeugung beziehungsweise für die kombinierte Strom-Wärme-Nutzung oder auch für die Nutzung erneuerbarer Energien im Wärmemarkt mit bis zu 100 % der förderfähigen Nettoinvestitionskosten durch günstige Kredite der KfW gefördert (http://www.kfw.de/kfw/de/I/II/Download_Center/Foerderprogramme/versteckter_Ordner_fuer_PDF/6000000523_Flyer_Erneuerbare_Energien.pdf).

Um die oben beschriebenen Hemmnisse abzubauen, gibt es eine Vielzahl von Aktivitäten, wie z. B. die zum Jahresbeginn 2013 gestartete neue „Mittelstandsinitiative Energiewende“. Dies ist eine gemeinsame Initiative des Bundesministeriums für Wirtschaft und Technologie (BMWi), des Bundesministeriums für Umwelt, Naturschutz und Reaktorsicherheit (BMU), des Deutschen Industrie- und Handelskammertags (DIHK) und des Zentralverbands des Deutschen Handwerks (ZDH). *Durch diese Initiative soll Unternehmen des Mittelstands fachkundige Information und Expertise rund um das Thema Energieeffizienz und erneuerbare Energien geboten werden* (http://www.bmu.de/bmu/presse-reden/pressemitteilungen/pm/artikel/mittelstandsinitiative-energiewende-gestartet/?tx_ttnews%5BbackPid%5D=1), (http://www.mittelstand-energiewende.de/).

In dem Kontext der Ressourcen- und Energieeffizienz ist für kleine und mittelständische Unternehmen speziell im Stromsektor die Nutzung von Fotovoltaik oder von Kraftwärmekopplungsanlagen, im besten Fall mit einer entsprechend optimierten Nutzung des selbst erzeugten Stromes, eine Option für die Nutzung erneuerbarer Energien. Im Wärmebereich ist besonders die effiziente Nutzung von Abwärme aus Produktionsprozessen oder dem Betrieb von Kraft-Wärme-Kopplungsanlagen zu beachten. Im Niedertemperaturbereich kann die Nutzung von Umweltwärme über Wärmepumpen eine sehr effiziente Alternative sein, für höhere Temperaturen stellt die solare Prozesswärme eine Möglichkeit der Nutzung erneuerbarer Energien dar. Auch für Kühlprozesse eröffnet die solare Kühlung eine Möglichkeit. Alle diese Technologien werden in den folgenden Kapiteln mit ihren jeweiligen Anwendungsfeldern beschrieben.

Literatur

http://www.energie-Abbildung.de/energieberatung-kmu.phtml

*http://*www.kfw.de/kfw/de/I/II/Download_Center/Foerderprogramme/versteckter_Ordner_fuer_PDF/6000000523_Flyer_Erneuerbare_Energien.pdf

*http://*www.bmu.de/bmu/presse-reden/pressemitteilungen/pm/artikel/mittelstandsinitiative-energiewende-gestartet/?tx_ttnews%5BbackPid%5D=1

*http://*www.mittelstand-energiewende.de/

2.2.2 Abwärme aus Produktionsprozessen

Thomas Bauernhansl, Jörg Mandel, Marcus Dörr

2.2.2.1 Warum Abwärme nutzen?

Der Energieverbrauch ist ein Schlüsselfaktor für den Paradigmenwechsel hin zu einer nachhaltigen Produktion. In allen Bereichen der industriellen Produktion bestehen Einsparpotenziale. Die bisherige Strategie geht fast ausschließlich in Richtung von immer mehr Energieeffizienz. Das bedeutet: Je weniger verbraucht und produziert wird, desto besser. Ein zusätzlicher neuer Fokus muss jedoch auf Energieeffektivität gelegt werden, was bedeutet: Je mehr produziert und verbraucht wird, desto besser für die Umwelt. Das heißt, dass wir neuartige Produkte, Verfahren und Prozesse entwickeln müssen, die einen positiven globalen ökologischen Fußabdruck hinterlassen.

Im Grunde benötigen wir ein völlig neues System zur Energieversorgung mit den Säulen:

- regenerative und dezentrale Erzeugung
- smarte Netze und neue Speichertechnologien sowie
- Energie-Rückgewinnung und erneute Einspeisung mithilfe innovativer Technologien.

Hier spielt die Rückgewinnung von Energie aus industrieller Abwärme eine große Rolle, denn in der Industrie werden immer noch 64 % der gesamten verwendeten Energie für Prozesswärme eingesetzt. Die zentral wichtige Nutzung von Abwärme aus Produktionsprozessen ist Gegenstand dieses Kapitels. Die Ergebnisse, die hier präsentiert werden, wurden in Zusammenarbeit mit der EnBW in einem „Leitfaden zur Energieeffizienzbeurteilung und -steigerung im industriellen Bereich" zusammengefasst (Bauernhansl et al. 2012).

Der Einsparung von Energie wurde in den letzten Jahren zwar auch in der Industrie zunehmende Beachtung geschenkt, was zu einer stetigen Verringerung des Energieverbrauchs von Anlagen und Prozessen führte, doch dieser Verbesserung sind systembedingte Grenzen gesetzt. In vielen industriellen Verfahren fällt nach wie vor unvermeidbare Abwärme an, die oft ungenutzt an die Umgebung abgegeben wird, wie Abb. 1 zeigt.

Das Potenzial dieser Abwärme lässt sich zur Energieeinsparung nutzen. Die Zufuhr an Primärenergie kann durch eine Verknüpfung dieser Verfahren minimiert werden.

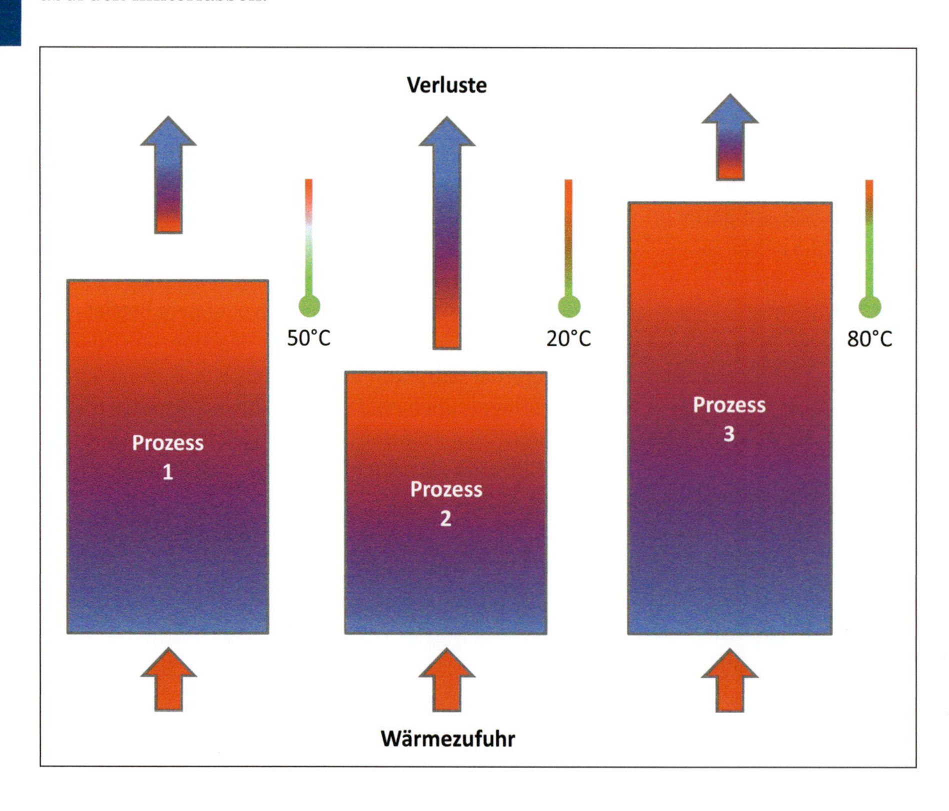

Abb. 1 Prozesse im Industriebetrieb ohne Wärmerückgewinnung

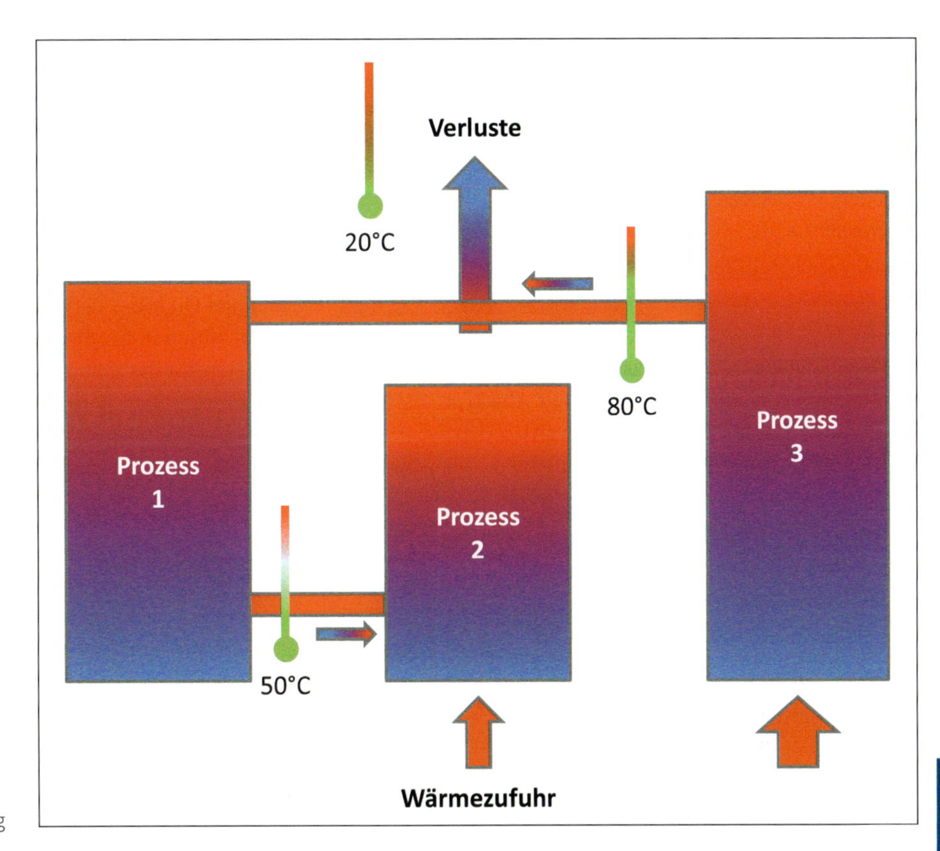

Abb. 2 Prozesse im Industriebetrieb mit Wärmerückgewinnung

Mit der Überprüfung des Wärmeenergieeinsatzes ist es möglich, die Rückgewinnung und Nutzung von Abwärme zu analysieren - siehe Abbildung 2 - und diese in einem Wärmeverbund zu nutzen.

Wichtige Parameter, die für diese Methode ermittelt werden müssen, sind die benötigte und anfallende Wärme- und Abwärmemenge, das Temperaturniveau und die Ganglinie. In der Praxis haben sich für die Abwärmenutzung unterschiedliche technische Komponenten bewährt, wie z. B. Wärmetauscher, -speicher, -pumpen und -transformatoren. Diese Komponenten werden nachfolgend ausführlich beschrieben.

Wie entsteht Abwärme?

Abwärme ist ein „Abfallprodukt" bei der Umwandlung von Energie (Arbeit oder Wärme). Um das Entstehen von Abwärme zu verstehen, werden im folgenden Abschnitt die wichtigsten Grundlagen der Thermodynamik kurz beschrieben.

Thermodynamik

1. Hauptsatz:

$dE = 0$ (Energieerhaltung)

Der erste Hauptsatz der Thermodynamik besagt, dass die innere Energie in einem geschlossenen System erhalten bleibt ($E=const$) (Brand 1997). In solch einem System sind Arbeit und Wärme Formen der Energieübertragung, die weder produziert noch zerstört werden können (Hemmert 2000). Für den Fall, dass an einem System von außen Wärme zugeführt und mechanische Arbeit A verrichtet wird, gilt,

$dS \geq \Delta A + \Delta Q$ (Brand 1997).

2. Hauptsatz:

$dS \geq 0$ (Entropiezunahme)

Der zweite Hauptsatz ergänzt den ersten Hauptsatz (Energieerhaltung) um eine extensive Zustandsgröße (Stoffmenge), die „Entropie", die bei allen in einem abgeschlossenen System ablaufenden Prozessen nicht abnehmen kann (Schaerer 2004).Es gibt also keine Maschine, die periodisch arbeitet und ausschließlich die Abkühlung eines Wärmebehälters und mechanische Arbeit bewirkt. Es erfolgt ein Wärmeübergang vom warmen zum kalten Körper und nicht umgekehrt. Es gibt also kein „perpetuum mobile" (Hemmert 2000).

Um Abwärme zu erkennen, muss man zunächst wissen, wo Abwärme entstehen kann. Es gibt zwei Arten von Abwärme, die in Tab. 1 aufgezeigt werden.

Tab. 1: Formen der Abwärme (Nitzsche 2011, Folie 4).

Konzentrierte Abwärme	Diffuse Abwärme
an Stoffströme gebunden	Strahlung / Konvektion von heißen Oberflächen an Umgebung
Abgas, Abluft, Dampf, Brüden, Prozessgase, Abwasser, ...	Erhöhung der Umgebungstemperatur
Relativ leicht nutzbar	Schwer zugänglich

Nachstehende Reihenfolge hat sich für einen ökonomischen und technisch effektiven Umgang mit Abwärme bewährt: (Sächsische Energieagentur SAENA [A] 2010):

a) Maßnahmen treffen, um das Auftreten von Abwärme zu vermeiden bzw. so weit wie möglich zu vermindern. Beispielhaft sind das Maßnahmen zur Wärmedämmung, zur Optimierung von Prozessen bzw. Verfahren oder der Strömungsführung.
b) Wärmerückführung in den Prozess. Die Rückführung erfolgt z. B. durch: Vorwärmung der Verbrennungsluft oder eine Trocknung/Vorwärmung der Ausgangsstoffe durch die Wärme.
c) Interne Verwendung der Abwärme auf höchstmöglichem Temperaturniveau (Eingliederung in weitere Prozesse oder die Raumheizung/Warmwasserbereitung)
d) Umwandlung der Abwärme in andere benötigte Energieformen, wie z. B. elektrische Energie oder Kälte
e) Nutzung der Wärme in einer Kooperation im Fernwärmenetz, z. B. für Unternehmen, Wohn- und Geschäftsräume im Umkreis.

IV

Abwärmesenken ermitteln

Für die Nutzungsmöglichkeiten von Abwärme ist die oben beschriebene Reihenfolge einzuhalten. Es ist ratsam, zunächst den Prozess zu betrachten, bevor man weitere Nutzungsvarianten oder sogar externe Abnehmer sucht. Folgende Verbindungen sollten zwischen der Nutzung der Abwärme (Senke) und der Abwärmequelle bestehen:

- Die Wärmequelle sollte eine höhere Temperatur als die Wärmesenke besitzen (eventuell die Verwendung von Wärmepumpen beachten).
- Zwischen Wärmequelle und Wärmesenke sollte eine möglichst gleiche bzw. etwas größere Leistung bestehen, ansonsten ist der Einsatz eines Wärmeerzeugungssystems notwendig.
- Die Nutzung und der Verschmutzungsgrad dürfen nicht im Widerspruch stehen.
- Der Anfall der Abwärme und die potenzielle Nutzung sollten zeitnah sein, ist das nicht der Fall, sind Speichersysteme notwendig.
- Es muss entsprechend Platz für den Einbau notwendiger Technologien vorhanden sein.
- Werden zusätzliche Anlagen benötigt, sind entsprechende Genehmigungen für den Bau und Betrieb erforderlich.

Über die Umsetzung solcher Maßnahmen entscheidet neben der technischen Machbarkeit auch die Wirtschaftlichkeit. Für die Wirtschaftlichkeit der Maßnahmen werden folgende Faktoren betrachtet:

- Investitionen für die Abwärmenutzungstechnologie
- Kosten für die Instanthaltung und den Betrieb
- Förderung durch die öffentlichen Einrichtungen
- Erlöse für die Abwärme bzw. geringere Energiekosten für Strom, Erdgas, Heizöl, usw. (Sächsische Energieagentur SAENA 2010 [A])

Folgende Parameter in Tab. 2 sind für die Nutzung der Abwärme in Form von Fern- und Nahwärme zu beachten. Die Tabelle geht nur auf die Anhebung der Vorlauftemperatur ein, die Rücklauftemperatur kann jedoch ebenfalls angehoben werden.

Tab. 2: Parameter für die Nutzung von Fern- und Nahwärme (Bayerisches Landesamt für Umwelt 2008, S. 37)

Nutzung	Temperaturniveau Vorlauf	Druck
Fernwärme	130° C	16–25 bar
Nahwärme	< 90° C	6 bar
bei niedrigeren Werten → Wärmepumpe		

Bei unzureichendem Temperaturniveau kann zusätzlich eine Wärmepumpe eingesetzt werden. (s. Abb. 3).
Die erforderliche Energie für die Wärmepumpe ist aufgrund des höheren Temperaturniveaus von Abwärme geringer als bei üblichen Quellen von Wärmepumpen, wie beispielsweise Grundwasser oder Erdwärme. Dies führt zu einer Leistungszahl (Coefficient of Performance) von 4 bei 30° C und mehr als 5 bei 45° C. Sie ist der Quotient aus abgegebener Heizwärmeleistung und zugeführter elektrischer Brennstoff-Energie (Pehnt, Arens, Jochem 2010, S. 12).
Wärmepumpen stehen für Ein- und Zweifamilienhäuser zur Verfügung sowie auch für große Leistungssegmente mit einer Heizleistung bis zu 34 MW, mit denen Temperaturen von derzeit 75° C bis zukünftig 90° C möglich sind. Auch Kälteanlagen können mit Abwärme betrieben werden.

Möglichkeiten der Abwärmenutzung

Die verschiedenen Möglichkeiten der Abwärmenutzung sind in Tab. 3 aufgeführt.

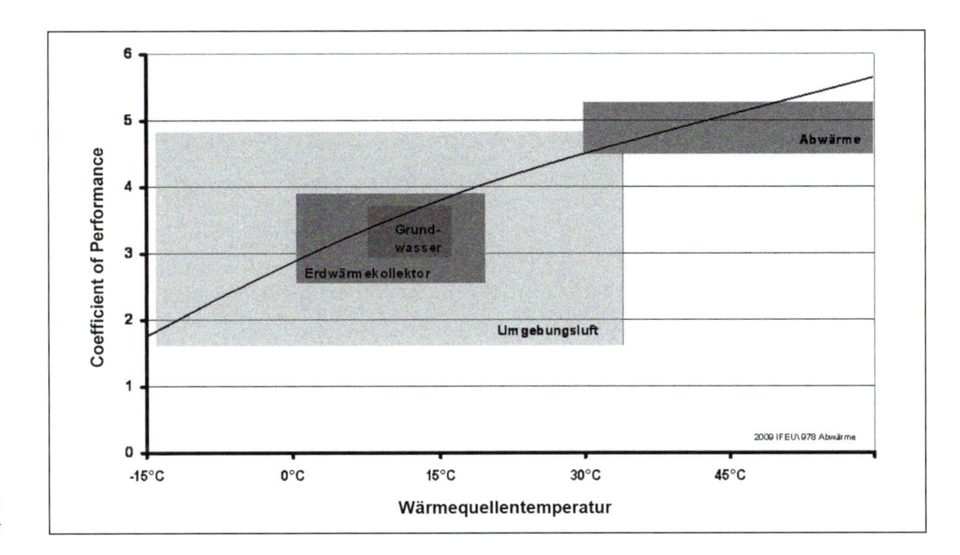

Abb. 3 Der Leistungszahl (Coefficient of Performance) als Funktion der Quellentemperatur

Tab. 3: Möglichkeiten der Abwärmenutzung in einzelnen Branchen (Pehnt, Arens, Jochem 2010, S. 8)

Branche	Beschreibung des Prozesses	Beispielhafte Maßnahmen
Lebensmittelindustrie	Abgase eines Produktionsprozesses gelangen in eine thermische Nachverbrennung, in der unverbrannter Kohlenstoff und Luftschadstoffe verbrannt werden.	Einbau von Abgas/Wasser-Wärmetauschern in die Abgasstränge der einzelnen Prozesse.
Waschmittelproduktion	Bei der Herstellung von pulverförmigen Waschmitteln durch Dampftrocknung fällt Abwärme an.	Der Großteil der Kondensationswärme des Trocknungsprozesses wird über einen Wärmetauscher an die Fernwärme abgegeben.
Lebensmittelindustrie	Kältebereitstellung zur Kühlung von Lebensmitteln	Abwäre der Kältemaschinen wird mittels Wärmepumpe auf ein höheres Temperaturniveau gehoben; Wärme wird an das Fernwärmenetz weitergegeben.
Textilindustrie/ Wäschereien	Dampf zur Kondensation im Waschprozess	In einem Sammelbecken werden warme Abwässer zusammengeführt, die zur Erwärmung des enthärteten Frischwassers durch einen speziellen Abwasserwärmetauscher genutzt werden.
Automobilindustrie	Abwärme aus diversen Prozessen	Die Abwärme der Kompressoren wird im Rücklauf der Warmwasserversorgung genutzt.
Kläranlage	Abführung warmen Abwassers	Einbau eines neuen Kanals, in den ein Abwasserwärmetauscher integriert wurde.
Gießerei	Abwärme aus Hauptschmelz- und Prozessöfen	Einbau eines Abgas/Wasser-Wärmetauschers in den Hauptkanal und Einspeisung in ein Nahwärmenetz
Lackiererei	Mit der thermischen Nachverbrennung werden Lösemitteldämpfe, welche aus der Lackieranlage bzw. Trocknungsräumen abgesaugt werden, verbrannt.	Das Abgas der thermischen Nachverbrennung wird per Abgas/Wasser-Wärmetauscher angekühlt. Abwärme wird direkt über die am Rande des Werkgeländes gelegene Fernwärmeheizzentrale in das Fernwärmenetz eingespeist.
Zementindustrie	Abwärme aus der Klinkerkühlanlage	Stromerzeugung mit ORC-Prozess
Metallverarbeitende Industrie	Abgaswärme im Schmelzofen	Stromerzeugung mit ORC-Prozess
Verpackungsindustrie	Abwärme aus diversen Prozessen	Abwärme wird mit Prozessdampf vorgeheizt und ins Fernwärmenetz eingespeist.
Stahlindustrie	Abwärme aus Öfen	Abwärme wird ins Nahwärmenetz eingespeist.
Lebensmittelindustrie	Abwärme aus Kühlprozessen	Gasmotor-Wärmepumpe heizt Kühlturmwasser vor; Abwärme wird ins Nahwärmenetz eingespeist.
Chemieindustrie	Abwärme aus Schwefelsäureanlagen	Abwärme wird ins Nahwärmenetz eingespeist.

Benötigte Technik zur Wärmerückgewinnung

- Wärmeübertrager
- Wärmespeicher
- Wärmepumpe
- Wärmetransformatoren.

Wärmeübertrager

Wärmetauscher werden für die Übertragung von Wärme von einem Medium auf ein anderes eingesetzt, ohne dass diese Medien in Kontakt zueinanderstehen oder sich vermischen. Die Wärmeübertragung erfolgt dabei immer vom warmen zum kalten Medium (ikz praxis 2003).
Die Übertragung von Wärme erfolgt dabei in drei Varianten:
- Die indirekte Wärmeübertragung erfolgt durch die Wechselwirkung von Stoffströmen in benachbarten, durch eine Wand getrennten Räumen.
- Bei der halbindirekten Wärmeübertragung erfolgt sie durch eine periodische Wechselwirkung der Stoffströme in einem Raum.
- Bei der direkten Wärmeübertragung berühren sich die Stoffströme im selben Raum. Die Wärmeübertragungsfläche verringert sich dadurch deutlich, z. B. in Nasskühltürmen (Brunner, Kyburz 1993, S. 23). Durch die Versprühung des zu kühlenden Wassers erfolgt ein guter Wärmekontakt mit der Luft und ein Teil des Wassers verdunstet (Paschotta).

IV

Die geometrische Führung der Stoffströme zueinander hat einen bedeutenden Einfluss auf die Wärmeübertragung der beiden Stoffe. Die Stoffführung ist nach drei Formen zu unterscheiden, die in Abbildung 4 dargestellt sind:
- Gleichstrom: die Austrittstemperatur des warmen Mediums ist größer als die Austrittstemperatur des kalten Mediums.
- Gegenstromführung: die Austrittstemperatur des kalten Mediums ist größer als die Austrittstemperatur des warmen Mediums (Brunner, Kyburz 1993, S. 24).
- Kreuzstrom führt die Stoffströme so, dass sich ihre Richtungen kreuzen. Diese Stoffführung liegt im Ergebnis zwischen Gegen- und Gleichstrom.

Für ein Wärmerückgewinnungs-/Abwärmenutzungs-System gibt es zwei Optimierungskriterien:
- Netto-Energierückgewinn
- finanzieller Gewinn (größte Kapitalrendite).

Vergleicht man das Maximum des Netto-Energierückgewinns mit dem maximalen finanziellen Gewinn, liegt dieser bei einem höheren Jahresnutzungsgrad. Dies ist darauf zurückzuführen, dass die Investitionen mit hohem Rückgewinn bzw. Nutzungsgrad zunehmen. Die durchschnittliche Lebensdauer für Wärmerückgewinnungs-Anlagen liegt bei zehn bis zwanzig Jahren.

Maximaler Netto-Energierückgewinn

Entscheidend bei der Berechnung bzw. Auswahl der optimalen Wärmerückgewinnungs-/Abwärmenutzungs-Anlage ist die maximale Energierückgewinnung. Der Mehraufwand für Zusatz- und Hilfsenergie wird mit einer entsprechenden Gewichtung subtrahiert.

Maximaler finanzieller Gewinn

Für die Berechnung des maximalen finanziellen Gewinns werden die Betriebs- und Investitionskosten optimiert. Durch eine hohe Luftgeschwindigkeit im Wärmeübertrager bekommt man zwar kleinere Apparate bzw. Investitionen, es ist jedoch ein beachtenswerter Mehraufwand an Hilfsenergie notwendig. Dieser Mehraufwand hat direkten Einfluss auf den Nettogewinn und die Wirtschaftlichkeit der Anlage, besonders bei steigenden Energiepreisen. Je nach Einsatz muss die Lebensdauer der Anlagen bei der Optimierungsberechnung berücksichtigt werden (Brunner, Kyburz 1993, S. 29).

Systeme

Die Hauptkomponenten von Wärmerückgewinnungs-/Abwärmenutzungs-Anlagen sind Wärmeübertrager bzw. Wärmepumpen. Die Unterteilung der einzelnen Systeme wird in Tabelle 4 gezeigt. Im Gegensatz zur Wärmerückgewinnung, die auf vorhandene Schemata zurückgreifen kann, müssen aufgrund der umfangrei-

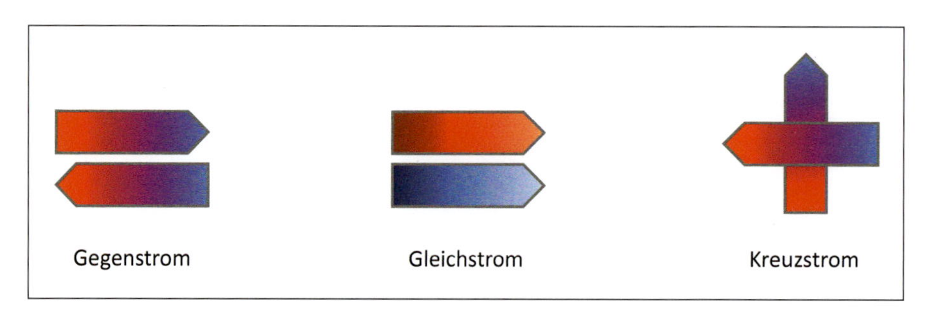

Abb. 4 Schematische Darstellung der Führung der Stoffströme Optimierung

System	Typ	Kategorie	
Platten-, Rohr und Wabentauscher	Rekuperator	I	Schema Plattenwärmetauscher (http://www.haustechnikdialog.de/shkwissen/Showimage.aspx?ID=2809)
Kreislaufverbund, Wärmerohr	Regenerator	II	Prinzip Kreislaufverbund (SBZ Monteur 2009, S. 34)
Rotor-Wärmetauscher	Regenerator	III	
Wärmepumpe u.a		IV	

Tab. 4: Einteilung der WGR-Systeme für raumlufttechnische Anlagen nach Typ und Kategorie gemäß VDI 2071 (Brunner, Kyburz 1993, S. 4)

IV

chen Einsatzmöglichkeiten die für die Abwärmenutzung nötigen Rekuperatoren bzw. Regeneratoren individuell geplant werden.

Zum genaueren Verständnis:

- Rekuperator: Hier erfolgt der Wärmetausch direkt über die Trennfläche.
- Regenerator: Austauschwärme wird im Verlauf des Austauschvorgangs in einer Substanz zwischengespeichert.
- Kategorie I: Verfahren (Rekuperatoren) mit starren Austauschflächen: Mit diesem System wird in der Regel sensible Wärme übertragen.
- Kategorie II: Verfahren (Regeneratoren) mit Trennflächen: Die Wärme wird von einer Speichersubstanz aufgenommen und wieder abgegeben, diese Substanz kann flüssig oder gasförmig sein.
- Kategorie III: Verfahren (Regeneratoren) mit Kontaktflächen: Die verwendete Speichersubstanz ist fest und kann Wärme bzw. Feuchte oder beides aufnehmen und abgeben.
- Kategorie IV: Wärmepumpen-Verfahren: Es wird ein Arbeitsmittel verwendet, das unter Energiezufuhr Wärme überträgt (Brunner, Kyburz 1993, S. 4.)

Wärmespeicher

Der derzeitige Stand der Wärmespeichertechnologien folgt drei Prinzipien:

- Sensible Speicherung: Änderung der Temperatur des Speichermediums
- Latentwärmespeicher: Änderung des Aggregatzustands des Speichermediums (meist von fest zu flüssig)
- Thermochemische Speicherung: endo- und exotherme Reaktion der Speichermedien.

Warm-/ Heißwasserspeicher (sensible Speicherung)

Warm- bzw. Heißwasserspeicher sind die üblichen Wärmespeicher für ein Temperaturniveau bis 100° C. Dieses Speicherprinzip ist kostengünstig und individuell einsetzbar. Der Nachteil ist, dass dieses Prinzip für Langzeitspeicherungen nur bedingt einsetzbar ist aufgrund des schlechten Verhältnisses von Volumen zu Oberfläche. Die Folge sind hohe Wärmeverluste. Für eine Langzeitspeicherung (Wochen oder Monate), sind größere Speichervolumen nötig. Sollen Nahwärmenetze solarthermisch beheizt werden, sind Volumina ab ca. 1.000m^3 und Temperaturen bis 95° C für den Speicher erforderlich. Dieses Volumen und der dazu gehörige Platzbedarf müssen entsprechend in die Infrastruktur eingebettet werden. Die Ausführungen dieses Speicherprinzips sind ober-, unterirdisch oder gebäudeintegriert möglich.

■ Material
Das Speichermaterial für dieses Prinzip ist Wasser. Wasser besitzt eine hohe spezifische Wärmekapazität und somit lässt sich viel Energie speichern. Ein weiterer Vorteil von Wasser ist, das es einfach in hydraulische Systeme zu integrieren und somit ein ideales Transportmedium ist. Bei der Speicherung ohne Druck können Temperaturen bis zu 95° C erreicht werden. Werden höhere Temperaturen benötigt, muss die Konstruktion dampfdicht sein, damit der Druck erhöht werden kann.

■ Ladung
Die Be- und Entladung des Heißwasserspeichers erfolgt mit einem Rohrleitungssystem. Für die Beladung des Speichers wird ein Schichtsystem eingehalten, damit das hohe Temperaturniveau des einströmenden Wassers erhalten bleibt. Das Schichtsystem funktioniert dadurch, dass auf verschiedenen Höhen des Speichers Zu- und Abflussrohre eingebracht sind, über die Wasser eingespeichert bzw. später entnommen werden kann.

IV

■ Größe
Warm- bzw. Heißwasserspeicher gibt es von 0,1 m^3 bis ein paar Tausend m^3. Für ein effizientes Arbeiten der Speicher ist eine Mindestgröße erforderlich. Wird diese nicht eingehalten, sind die Wärmeverluste zu hoch. (Sächsische Energieagentur SAENA 2010 [B])

Kies-Wasser-Speicher (sensible Speicherung)

Eine weitere und gleichzeitig günstige Möglichkeit der sensiblen Langzeitwärmespeicherung ist die Nutzung von Kies- bzw. Erdreich-Wasser-Speicher. Bei diesem Prinzip hat der Speicher einen Kiesanteil von 60–70 % und es kann thermische Energie von bis zu 90° C gespeichert werden. Besonders in Gebieten mit natürlichen Kiesvorkommen ist dies eine einfache Variante.

■ Material
Das Speichermaterial für dieses Prinzip ist neben Wasser Kies oder Erde. Hier ist ein größeres Volumen notwendig, da Kies und Erdreich eine niedrigere Wärmekapazität als Wasser haben.

■ Ladung
Der Kies-Wasser-Speicher hat zwei Variationsmöglichkeiten zum Be- und Entladen, einmal direkt und einmal indirekt.

Direkte Variante:
Diese Variante läuft nach dem gleichen Prinzip wie die Heißwasserspeicherung ab. Sie wird kaum angewendet.
Indirekte Variante:
Bei der direkten Variante werden Kunststoff-Rohrschlangen, welche als Wärmeübertrager wirken, in das Speicherbett eingebracht.

■ Größe
Die Größenordnung für Anlagen nach diesem Prinzip reicht seither von 1.000 bis 8.000 m^3. Damit die Speicherleistung der Leistung eines Heißwasserspeichers entspricht, müssen diese Anlagen 1,3- bis 2-mal so groß ausgelegt werden wie übliche Heißwasserspeicher.

■ Anforderungen/Einsatzbedingungen
Aufgrund der statischen Bedingungen des Speichers kann hier auf eine Betonkonstruktion verzichtet werden, im Gegensatz zu Heißwasserspeicher. Es ist somit leichter, auf diesem Speicher Straßen oder Parkplätze zu errichten. Nachteilig ist jedoch die geringe Wärmekapazität (Sächsische Energieagentur SAENA 2010 [D]).

Latentwärmespeicher (Änderung des Aggregatzustands)

Bei dem Prinzip der Latentwärmespeicherung werden Materialien eingesetzt, die einen Phasenwechsel vollziehen können. Die Wärmespeicherung erfolgt durch die Enthalpie der reversiblen thermodynamischen Zustandsänderung, meist werden hier Salze oder Paraffine eingesetzt. Bei diesem Wärmespeicherprinzip erfolgt eine Änderung des Aggregatzustandes und nicht – wie in den bisher beschriebenen Prinzipien – eine Temperaturänderung. Üblicherweise wird für dieses Prinzip der Phasenübergang fest-flüssig genutzt. Die Entkopplung von Zeit und Raum des Anfalls und der Nutzung von Abwärme ist der Vorteil dieses Prinzips. Der Latentwärmespeicher kann als flexibles, mobiles System ausgeführt werden, ein Beispiel hierfür ist das „Transheat"-System.

■ Material
Das Speichermaterial für dieses Prinzip muss für den einzelnen Anwendungsfall ausgelegt werden, da durch das Speichermaterial die Temperatur des Phasenwechsels bestimmt wird. Die Speichermaterialien können allgemein in organische und anorganische Speichermedien unterteilt werden. Der Temperaturbereich für Speichermaterialien liegt aktuell bei −30° C bis 1.000° C. Für den Temperaturbereich von 5° C bis 150° C setzt man Paraffine, Salzhydrate und eutektische Mischungen von Salzhydraten ein. Für höhere Bereiche werden (Erd-)Alkalisalze oder Gashydrate verwendet.

■ Ladung
Für die Beladung des Speichers muss Wärme über einen integrierten, innenliegenden Wärmeübertrager oberhalb der Phasenwechsel-Temperatur zugeführt werden. Durch den Wechsel des Aggregatzustandes von fest zu flüssig wird die Energie im Speichermedium „fixiert".
Für den Entladevorgang muss Wärme unter diesem Temperaturniveau bereitgestellt werden, wobei der Phasenwechsel annähern isotherm abläuft.

Die Vorteile dieses Prinzips sind:
- Speicherung großer Wärmemengen aufgrund der hohen Leistungsdichte durch geringe Temperaturveränderungen
- zeitweiser Ausgleich von Temperaturschwankungen infolge isothermer Phasenwechsel.

■ Größe
Die Größe von Latentwärmespeichern liegt im Bereich von einigen m^3 bis maximal 100 m^3.

■ Kosten/Wirtschaftlichkeit
Hauptkostentreiber dieser Anlagenart sind die gewünschte Temperatur, das Druckniveau, die Leistungsdichte und die Speicherkapazität. Aktuell belaufen sich die Investitionen auf etwa 100 bis 200 €/kWh, wobei mittelfristig $<$ 100 €/kWh anvisiert werden. Die eingesparte Energie hängt von der Anzahl der Be- und Entladungszyklen ab und bestimmt somit auch die Amortisationszeit (Abb. 5). Zukünftig werden weitere Hochleistungsmaterialien entwickelt und damit höhere Energiedichten bis zu 200 kWh/m^3 angestrebt, wodurch sich das Einsatzgebiet weiter ausweitet (Sächsische Energieagentur SAENA 2010 [E]).

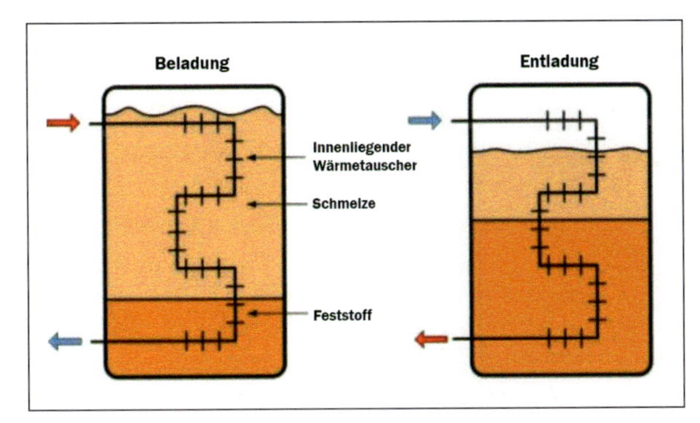

Abb. 5 Be- und Entladung eines Wärmespeichers (Sächsische Energieagentur SAENA 2010 [E])

Das Fraunhofer-Institut für Umwelt-, Sicherheit- und Energietechnik forscht bereits daran, die Technologie des Latent- als auch des Sorptions-Wärmespeichers (thermochemischer Speicher) voranzutreiben, und marktfähige Produkte zu entwickeln (Fraunhofer UMSICHT 2011).

Wärmepumpen

Die Übertragung der Wärme durch Wärmetauscher funktioniert nur, wenn die Temperatur der Wärmesenke höher ist als die der Wärmequelle. Sollte dies nicht der Fall sein, kann die Energie dennoch genutzt werden, indem sie mittels einer Wärmepumpe auf ein höheres Niveau gebracht wird. Für den Betrieb einer Wärmepumpe ist neben der Antriebsenergie eine passende Wärmequelle nötig. Die Auswahl und das Einsatzgebiet der Wärmepumpe werden durch die Qualität der Wärmequelle bestimmt. Die beste Leistung der Wärmepumpe wird bei geringen Temperaturdifferenzen zwischen der „kalten" und der „warmen" Seite erreicht.
Wärmepumpen können in vielen Bereichen eingesetzt werden:
- Heizung, Lüftung, Klima
- Wassererwärmung
- Integrierte Energieversorgung (Wärme-Kälte-Kraft)
- Trocknungsverfahren
- Stofftrennung (Destillation, Rektifikation)
- Konzentration von Flüssigkeiten.

Der Wärmepumpenprozess kann integriert in einem industriellen Verfahren oder in einer gesonderten Maschine ablaufen.
Eine Wärmepumpe wird entweder mit mechanischer Energie angetrieben, wie z. B. mit der Kompressionswärmepumpe bzw. der Brüdenkompression, oder mit thermischer Energie, wie z. B. bei der Dampfstrahl-Brüdenkompression (Brunner, Kyburz 1993, S. 11-12).

Wärmetransformation (Stromerzeugung aus Abwärme)

Aus Abwärme kann auch elektrischer Strom erzeugt werden. Die bisher wirtschaftlichste Möglichkeit ist der Organic-Rankine-Cycle-Prozess. Andere Technologien zur Stromerzeugung aus Abwärme sind z. B. Stirlingmotoren oder die Thermoelektrik nach dem Seeberg-Effekt (Pehnt, Arens, Jochem 2010, S. 10-11).

■ Organic-Rankine-Cycle (ORC)
Mittlerweile ist es möglich, Hochtemperaturabwärme in Elektrizität zu transformieren. Für diesen Fall werden ORC-Systeme genutzt, wie sie etwa die Firma Dürr Cyplan entwickelt. Diese Methode wurde nach ihrem Erfinder, dem schottischen Physiker William Rankine, benannt. Der ORC funktioniert ähnlich wie der Dampfkreislauf aus einem Kohlekraftwerk. Der Unterschied ist jedoch, dass anstatt Wasser Arbeitsmittel eingesetzt werden, die bessere thermodynamische Eigenschaften besitzen und bei niedrigeren Temperaturen verdampfen. In der ORC-Anlage

wird der zugeführte Abwärmestrom genutzt, um das Arbeitsmedium zu verdampfen. Der Dampf treibt eine Turbine an und erzeugt über einen Generator elektrischen Strom. Eine Pumpe bringt das Kondensat anschließend wieder auf Verdampfdruck. Ausschlaggebend für die Wirtschaftlichkeit von ORC-Anlagen sind die Qualität der Wärme, die Abwärmemenge und die Anzahl der Betriebsstunden. Schon ab einem Abwärmetemperaturniveau von 120° C arbeitet eine ORC-Anlage wirtschaftlich.

Temperaturschwankungen des Wärmestroms können durch den Siedepunkt des Arbeitsmediums ausgeglichen werden und der Siedepunkt kann durch das Mischungsverhältnis der Arbeitsmedien angepasst werden.

ORC-Anlagen können eine elektrische Leistung ab 300 kW_{el} haben. Ein Beispiel für die Abwärmenutzung durch ORC-Anlage ist ein Klinkerkühler der Firma Heidelberger Cement. Diese Anlage hat eine elektrische Leistung von 1,1 MW und ist seit 1999 in Betrieb. Ein weiteres Beispiel ist die Gerresheimer Essen GmbH, die eine ORC-Anlage für die Abwärmenutzung aus zwei Schmelzöfen mit 500 kW einsetzt. Durch die ORC-Turbine ergibt sich wiederum ein Abwärmestrom, der für eine weitere Abwärmenutzung verwendet werden kann. So entsteht eine Nutzungskaskade. ORC kann in Großbäckereien, Glas- und Papierfabriken, Stahlwerken, Lackierereien angewendet werden und auch in Blockheizkraftwerken, die mit Biomasse, Bio-Gruben und Deponiegas arbeiten sowie im Bereich der Erdwärme (Geothermie) oder Sonnenenergie (Pehnt, Arens, Jochem 2010, S. 10–11).

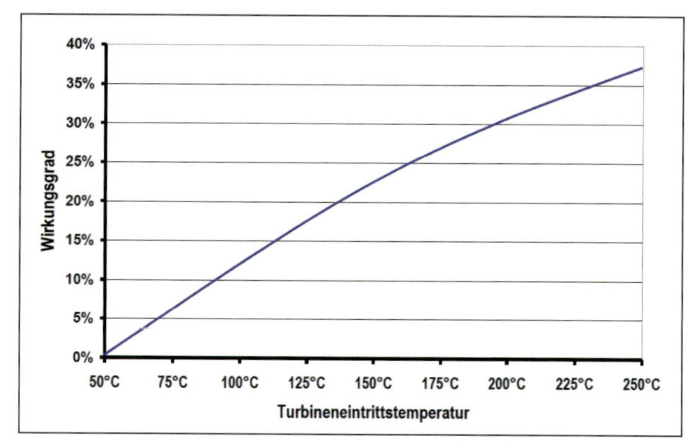

Abb. 6 Elektrischer Wirkungsgrad einer ORC-Anlage (Pehnt, Arens, Jochem 2010, S. 9–11)

Weitere Beispiele für die Nutzung von Abwärme

- Dampfturbinen und Dampfmotoren

Die Firma Voith bietet zur Abwärmenutzung einen Dampfmotor an. Basierend auf dem CRC-Prozess (Clausius-Rankine-Cycle), wandelt er mit überhitztem Wasserdampf in einem Kreisprozess Wärme in mechanische Arbeit bzw. elektrischen Strom.

Die Firma Siemens bietet Kompakt-Dampfturbinen zur Umwandlung von Abwärme aus Abgasen aus Gasmotoren in elektrische Energie an. Die Turbine ist eine einstufige Gleichdruckturbine. Der über Düsen einströmende Dampf wird auf die Laufradschaufeln geleitet. Die Umlenkung der Dampfströmung in den Laufradschaufeln erzeugt mechanische Energie, die in Form einer Drehbewegung

Abb. 7 ORC-Anlagen für mehr Energieeffizienz in der Industrie. Abbildung: Dürr AG

IV

des Laufrades über die Welle und das Getriebe auf den Generator übertragen wird.

- Thermoelektrische Energiewandler

Grundgedanke ist hier die direkte Erzeugung von elektrischer Energie aus Wärme durch die Nutzung des Seebeck-Effekts, der beschreibt, dass ein Temperaturunterschied zu einer Spannung führt. Werden verschiedene Metalle oder Halbleiter in einem Leiterkreis zusammengeschlossen und auf unterschiedlicher Temperatur gehalten, resultiert aufgrund der unterschiedlichen Spannungen bzw. Kräfte ein temperaturindizierter Stromfluss (Müller 2008, S. 69).

2.2.2.2. Fazit

Da bei der Erzeugung von Strom bereits rund zwei Drittel an Abwärme verloren gehen und unnötig verbrauchte Energie auch unnötige Kosten verursacht, sollte an erster Stelle darauf geachtete werden, dass Energie eingespart wird, bevor Maßnahmen zur Rückgewinnung angestrebt werden. Auch bei einer hundertprozentigen Wärmenutzung sollte nicht darauf verzichtet werden, nach Möglichkeiten zu suchen, den Verbrauch zu reduzieren bzw. den Wirkungsgrad der Anlage zu erhöhen. Die Erzeugung einer Kilowattstunde Strom verbraucht im Kraftwerk fast dreimal so viel Primärenergie wie die Erzeugung einer Kilowattstunde Heizwärme. Deshalb ist sie nicht nur mit entsprechend höheren Emissionen, sondern auch mit höheren Kosten verbunden (Deutsche Energie-Agentur 2010, S. 40).

Das Kapitel Abwärme aus Produktionsprozessen stellt technische Aspekte vor. Für eine ganzheitliche Betrachtung des Themas Abwärmenutzung müssen jedoch mittelfristig auch andere Perspektiven als die der technischen Umsetzung eingenommen werden. Fragen wie „Macht die Nutzung von Abwärme infrastrukturell einen Sinn?“, „Wer kann der Abnehmer sein? “, „Wird er sich damit in eine Abhängigkeit bringen?“ oder „Schränkt die Nutzung der Abwärme die Wandlungsfähigkeit einer Produktion ein?“ sind hier zu stellen. Solche Fragen helfen, Rückbindungen von technischen Prozessen zu berücksichtigen, eine grundlegende Voraussetzung für eine ganzheitliche systemische Produktion der Zukunft.

Literatur

Bauernhansl, T.; Wahren, S.; Dörr, M. A.; Hornberger, M. (2012): Leitfaden zur Energieeffizienzbeurteilung und Effizienzsteigerung im industriellen Bereich, Studie des Fraunhofer IPA im Auftrag der EnBW, 2012, unveröffentlicht

Bayerisches Landesamt für Umwelt (LFU): Leitfaden zur Abwärmenutzung in Kommunen, (S. 22, 36); Juli 2008, Augsburg: Senser 2008 http://www.lfu.bayern.de/energie/co2_minderung/doc/leitfaden_abwaermenutzung.pdf

Brunner, R., Kyburz, V. Wärmerückgewinnung und Abwärmenutzung; Planung, Bau und Betrieb von Wärmerückgewinnungs- und Abwärmenutzungsanlagen; Impulsprogramm RAVEL Heft 2 (1993), Bern: Bundesamt für Konjunkturfragen 1993

Brand, H.: Die Hauptsätze der Thermodynamik: Online-Skript Thermodynamik und Statistische Physik. Universität Bayreuth, 1997. http://www.fsmpi.uni-bayreuth.de/thermo/hauptsaetze.html

Deutsche Energie-Agentur: Dena (Hrsg.:) Ratgeber Druckluftsysteme für Industrie und Gewerbe. Berlin 2010, http://www.dena.de/fileadmin/user_upload/Publikationen/ Stromnutzung/Dokumente/Ratgeber_Druckluft_Industrie_und_Gewerbe.pdf

Fraunhofer UMSICHT: Jahresbericht 2010/2011, Oberhausen 2011. http//www.umsicht.fraunhofer.de/content/dam/umsicht/de/documents/jahresberichte/2010-jahresbericht.pdf

Hemmert, T.: Zweiter Hauptsatz der Thermodynamik. Physik-online, Universität Würzburg, 2000. http://www.physik.uni-wuerzburg.de/video/thermodynamik/h/sh11.html

ikz praxis: Thema Wärmetauscher. In: ikz praxis (2003) Nr. 3, S. 12ff. http://www.ikz.de/ikz-praxis-archiv/p0303/030312.php

Müller, W. E.: Stille Reserve: Thermoelektrische Energiewandler erzeugen Strom aus Abwärme. In: DLR-Nachrichten 120, Sonderheft Energie (2008), S.69. http://www.dlr.de/Portaldata/1/Resources/kommunikation/publikationen/120_nachrichten/20_Strom_aus_Abwaerme.pdf

Nitzsche, J.: Vortrag auf der 2. Fachtagung „Ressourcenbewusst handeln!“ am 08. September 2011 in Freiberg. http://www.dbi-gti.de/fileadmin/downloads/5_Veroeffentlichungen/Vortraege/2011/110908_2.Fachtag._IndustrielleAbwaerme_GTI_Nitzsche.pdf

Paschotta, Rüdiger: Kühlturm. Eintrag in Das RP-energie-Lexikon. http://www.energie-lexikon.info/kuehlturm.html

Pehnt, M., Arens, M.; Jochem, E.: Die Nutzung industrieller Abwärme – technisch-wirtschaftliche Potenziale und energiepolitische Umsetzung; Abschlussbericht; Heidelberg, Karlsruhe. Juli 2010. http://www.ifeu.de/energie/pdf/Nutzung_industrieller_Abwaerme.pdf

Sächsische Energieagentur SAENA (A): Direkte Wärmenutzung. In: Sächsische Energieagentur SAENA: Wärmeatlas Sachsen. Dresden, 2010. http://www.abwaermeatlas-sachsen.de/Technologien/Technologien/Direkte-Waermenutzung.html

Sächsische Energieagentur SAENA (B): Warm- bzw. Heißwasserspeicher. In: Sächsische Energieagentur SAENA: Wärmeatlas Sachsen. Dresden, 2010. http://www.abwaermeatlas-sachsen.de/Technologien/Technologien/Direkte-Waermenutzung/Waermespeiche/Heisswasserspeicher.html

Sächsische Energieagentur SAENA (D): Kies-Wasser-Speicher. In: Sächsische Energieagentur SAENA: Wärmeatlas Sachsen. Dresden, 2010. http://www.abwaermeatlas-sachsen.de/Technologien/Technologien/Direkte-Waermenutzung/Waermespeiche/Kies-Wasser-Speicher.html

Sächsische Energieagentur SAENA (E): Latentwärmespeicher. In: Sächsische Energieagentur SAENA: Wärmeatlas Sachsen. Dresden, 2010. http://www.abwaermeatlas-sachsen.

de/Technologien/Technologien/Direkte-Waermenutzung/Waermespeiche/Latentwaemespeicher.html

SBZ Monteur: Tauschen wir? Rückgewinnung von Wärmeenergie. In: SBZ Monteur (2009) Nr. 4, S. 32-35 http://www.gentner.de/Gentner.dll/SBZ-Monteur-2009-04-s32-35-Lueftung_MjQyMTcx.PDF

Schaerer, T.: Physik: Die Hauptsätze der Thermodynamik. Elektronik-Kompendium, 30.7.2004. http://www.elektronik-kompendium.de/public/schaerer/thermody.htm

http://www.haustechnikdialog.de/shkwissen/Showimage.aspx?ID=2809

2.2.3 Nutzung von Umweltwärme (Quelle/Senke) Einsatz von Wärmepumpen plus Bohrungen/Erdkollektoren

Doreen Kalz

Wohn- und Nichtwohngebäude sind mit weltweit mehr als einem Drittel am Gesamtprimärenergieverbrauch beteiligt. Für die Gebäudekühlung in Deutschland und auch in Europa prognostizieren viele Studien weiterhin einen Anstieg des Energiebedarfs. Es wird davon ausgegangen, dass spätestens ab 2015 alle errichteten Neubauten im Sektor „Gewerbe, Handel und Dienstleistungen" mit Klimaanlagen ausgerüstet und auch im Bestand in erheblichem Maße Nachrüstungen erfolgen werden. Andere Studien erwarten für Geschäfts- und Bürogebäude voraussichtlich bis 2020 sogar einen Anstieg der Kühlung auf 70 % des Gebäudebestandes.

IV

Eine wachsende Rolle kommt der Nutzung regenerativer Energien für Kühlung und Klimatisierung zu. In Deutschland bietet vor allem die Nutzung von Wärmesenken in der Umwelt ein erhebliches Potenzial für die Komfortklimatisierung. Nichtwohngebäude, die mit thermoaktiven Bauteilsystemen (TABS) in Verbindung mit der Nutzung von Umweltenergie gekühlt und gegebenenfalls beheizt werden, haben sich in den letzten Jahren etabliert. Viele erfolgreiche und gut funktionierende Beispiele belegen, dass mit diesen Systemen ein hohes Maß an thermischer Behaglichkeit in Verbindung mit einer hohen Energieeffizienz bei Nutzung von erneuerbarer Umweltenergie (v. a. oberflächennaher Geothermie) erreicht werden kann. Jedoch zeigen die Betriebserfahrungen und die systematische wissenschaftliche Auswertung einer ganzen Reihe von Projekten, dass es in Planung, Ausführung und Betrieb noch Verbesserungsmöglichkeiten in Richtung einer besseren Ausschöpfung des Effizienzpotenzials gibt.

Moderne Niedrigenergiegebäude weisen aufgrund ihres energieoptimierten Gesamtkonzeptes aus Architektur, Bauphysik und Gebäudetechnik einen geringen Heiz- und Kühlbedarf auf. Sie können somit bei vergleichbarem Arbeitsplatzkomfort auf eine Vollklimatisierung und den Einsatz von Kältemaschinen zugunsten von Umweltenergie aus dem Erdreich, dem Grundwasser oder der Außenluft, sämtlich Quellen mit geringem Energiegehalt, verzichten. Diesem Trend folgend rücken wassergeführte Flächenheiz- und -kühlsysteme, als ein Beispiel für am Markt befindliche LowEx-Technologien in die engere Auswahl von Architekten und Ingenieuren. Dabei werden Rohrregister unterschiedlicher Dimensionierung direkt in Bauteile (Fußboden, Wand oder Decke) der Gebäudestruktur integriert oder in Form von Kühlpanelen von der Decke abgehängt.

Die Energiebereitstellung für Flächenheiz- und -kühlsysteme kann auf unterschiedliche Arten erfolgen. Besonders gut eignet sich jedoch Umweltenergie, da Flächenheiz- und -kühlsysteme aufgrund ihrer großen Flächen bereits mit sehr kleinen Temperaturdifferenzen zwischen Decken- und Raumtemperatur effektiv heizen oder kühlen können. Die Kühlwassertemperaturen werden auf einen Temperaturbereich von 16 bis 22° C und die Heizwassertemperaturen auf maximal 27 bis 32° C begrenzt. Damit ermöglichen Flächenkühlsysteme als Hochtemperatursystem im Kühlfall den effizienten Einsatz von Umweltwärmesenken.

Die annähernd konstanten Temperaturen des tiefen Erdreichs bis rund 120 m eignen sich energetisch und betriebstechnisch besonders gut für die geothermische Kühlung und Heizung. Ab einer Tiefe von etwa 10 m bleibt die Temperatur im Jahresverlauf praktisch unverändert. Die Wärme wird vorzugsweise mit Erdwärmesonden oder mit Energiepfählen aus dem tiefen Erdreich gewonnen. Erdwärmesonden sind in der Regel 2 bis 3 Doppelrohre aus Kunststoff mit 32 mm Durchmesser, die in ein 30 bis 120 m tiefes Bohrloch eingelassen werden. Durch dieses System wird Wasser gepumpt, das je nach Jahreszeit im Kühlfall Wärme an das Erdreich abgibt oder im Heizfall Wärme aufnimmt. Energiepfähle sind Gründungspfähle eines Gebäudes, die bis zu 20 m tief in den Boden reichen und als Erdwärmesonden genutzt werden. Sowohl Erdwärmesonden als auch Energiepfähle nutzen die saisonale Wärmespeicherfähigkeit des Erdreichs oder Wärmeströme des Grundwassers.

Die direkte Kühlung mittels oberflächennaher Geothermie ermöglicht die Bereitstellung von Klimakälte mit hoher Energieeffizienz, da lediglich Hilfsenergie zur Verteilung der Kühlenergie, nicht aber zu deren Erzeugung, aufgewendet werden muss. Für die Nutzung von Erdwärmesondensystemen ohne den Einsatz einer reversiblen Wärmepumpe bzw. Kältemaschine wurden messtechnisch Jahresarbeitszahlen zwischen 10 und 16 kWh_{therm}/kWh_{el} nachgewiesen. Die Energieeffizienz der Umweltwärmesenken wird durch den Hilfsstrombedarf bestimmt und ist damit in erster Linie von der elektrischen Leistungsaufnahme der Primärpumpe (Grundwasser- oder Solepumpe) abhängig. Im Rahmen

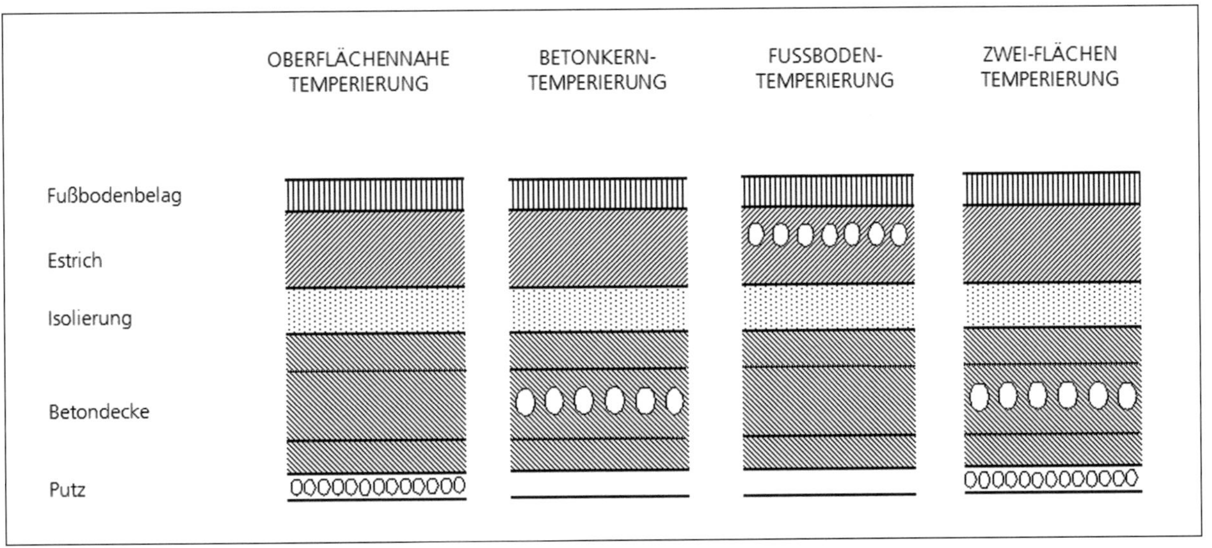

Abb. 8 Thermoaktive Bauteilsysteme: Oberflächennahe Temperierung mittels Kapillarrohrmatten, Betonkern-, Fußboden- und Zweiflächentemperierung. Die Kreise symbolisieren jeweils das Rohrregister für den Wärmeträger (Wasser).

der Planung sollten daher klare Vorgaben für die zu erreichende Energieeffizienz der Systeme vereinbart werden. Auch Grundwasser mit seiner ganzjährigen Temperatur von 8 bis 12° C bietet als Wärmequelle oder -senke gute Bedingungen. Um seine Wärme zu nutzen, wird jeweils bis in die wasserführenden Schichten gebohrt. Tauchpumpen entnehmen den Förderbrunnen Grundwasser, das mittels Wärmeübertrager Wärme aus dem Gebäude aufnimmt. Über Schluckbrunnen wird das Wasser schließlich wieder zurückgeführt. Grundwasser als Wärmequelle oder -senke kann ganzjährig ohne zeitliche Einschränkung genutzt werden. Die Leistungsfähigkeit hängt dabei primär von der Menge des zur Verfügung stehenden Grundwassers ab. Der Betrieb von hocheffizienten Geothermieanlagen erfordert eine gute und sorgfältige Planung, sowohl der Hydraulik als auch der thermischen Auslegung des Erdwärmesondenfeldes bzw. der Grundwasserbrunnenanlage. Falsche Annahmen in der Planung (z. B. ungestörte Erdreichtemperatur, zu geringe Entzugsleistung für Erdwärmesonden, verfügbare Fördermengen für Grundwasser) und Fehler bei der Dimensionierung führen zu unzureichenden Heiz- und Kühlleistungen und zu geringer Energieeffizienz, die im Betrieb der Anlage kaum kompensiert bzw. korrigiert werden können. Dann ist die Nachrüstung eines zusätzlichen Wärme-/Kälteerzeugers unumgänglich.

Erfordert das Gebäude und die Nutzung eine erhöhte Kühlleistung, kann Klimakälte durch eine erdgekoppelte, reversible Wärmepumpe energieeffizient bereitgestellt werden. Auch die Nutzung von erdreichgekoppelten Kältemaschinen stellt ein effizientes und nachhaltiges Konzept zur Gebäudekühlung dar. Die relativ hohen Vorlauftemperaturen zur Kühlung von 16 bis 20° C bedingen gute Energieeffizienzwerte. Messtechnisch wurden in Projekten Jahresarbeitszahlen von 4,8 bis 5,8 kWh_{therm}/kWh_{el} nachgewiesen (Primärkreis und erdgekoppelte Wärmepumpe). Im Winter wird das natürlich vorhandene Temperaturniveau der Umweltenergie durch eine Wärmepumpe noch geringfügig und damit wirtschaftlich günstig erhöht. Für Wärmepumpenanlagen in untersuchten Gebäuden (Wärmepumpe mit Verdichter und Primärpumpe) im Heizbetrieb werden Jahresarbeitszahlen von 3 bis 5,6 kWh_{therm}/kWh_{el} (Erdreich) bzw. 3,0 kWh_{therm}/kWh_{el} (Grundwasser) erreicht. Sowohl die Primärpumpe als auch die Vorlauftemperatur für das thermoaktive Bauteilsystem (TABS) haben einen entscheidenden Einfluss auf die Leistungs- (COP) und Jahresarbeitszahlen der Wärmepumpe.

Die Wärme- bzw. Kältebereitstellung bei geringen Temperaturdifferenzen bedeutet auf technischer Ebene einen reduzierten Primärenergieeinsatz. Jedoch bringen die geringen Temperaturdifferenzen den Nachteil mit sich, dass ein verhältnismäßig hoher Volumenstrom gefördert werden muss, um eine entsprechende Wärme-/Kältemenge zu transportieren. Aufgrund dessen kommt dem hydraulischen Verteilsystem als Verbindungsglied zwischen der Wärme-/Kälteerzeugung und der Wärme-/Kälteübergabe bei der Optimierung des Gesamtsystems eine zentrale Bedeutung zu.

Literatur

Koenigsdorff, R.: Oberflächennahe Geothermie für Gebäude. Stuttgart: Fraunhofer Verlag, 2011, ISBN-13: 9783816782711.

Schmidt, Dietrich; Torio, Herena (Hrsg.): Exergy Assessment Guidebook for the Built Environment – ECBCS Annex 49 Summary Report. Stuttgart: Fraunhofer Verlag, 2011.

IV

2.2.4 Fotovoltaik

Tilmann E. Kuhn

Rahmenbedingungen

Nullenergiegebäude: Mehr als ein Drittel der CO_2-Emissionen in der EU werden vom Gebäudebestand verursacht. Es ist das erklärte Ziel von EU und Bundesregierung, bis 2050 einen CO_2-neutralen Gebäudebestand zu realisieren. Schon ab 2020 müssen neue Gebäude in der EU eine nahezu ausgeglichene Primärenergiebilanz aufweisen. Um eine ausgeglichene Primärenergiebilanz zu realisieren, muss einerseits der Primärenergiebedarf reduziert und der verbleibende Bedarf durch Primärenergiegutschriften kompensiert werden. Eine Verminderung des Primärenergiebedarfs kann unter anderem durch eine Verbesserung der Energieeffizienz (Dämmung, optimierter Betrieb, ...) und den Einsatz von solarthermischen Kollektoren realisiert werden. Die genannten Maßnahmen zur Verminderung des Primärenergiebedarfs sind gerade bei älteren, nicht renovierten Gebäuden in vielen Fällen kosteneffizient. Ab einer gewissen Schwelle der Bedarfsreduktion ist es ökonomisch wesentlich sinnvoller, den verbleibenden Bedarf durch Primärenergiegutschriften zu kompensieren, die durch Erträge von Fotovoltaik-Anlagen (PV-Anlagen) erwirtschaftet werden können, die am Gebäude (z. B. auf dem Dach) montiert oder in die Gebäudehülle integriert sind.

IV

Eigenverbrauch: Eine weitere wichtige Randbedingung sind die extrem gefallenen Kosten für PV-Anlagen (man kann für etwa 18 Cent/kWh in Deutschland seinen eigenen Strom erzeugen und in den Mittelmeerländern noch viel günstiger) und die hohen Strompreise (≥ 25 Cent/kWh für Endverbraucher in Deutschland). Es ist also wirtschaftlich attraktiv, einen Teil seines Strombedarfs durch eigenen Solarstrom zu decken und den eventuell darüber hinaus gehenden Solarstrom ins Stromnetz einzuspeisen. Siehe hierzu auch nächstes Kapitel.

Gebäude als Kraftwerk: Untersuchungen des Fraunhofer ISE zeigen, dass eine Strom- und Wärmeversorgung, die zu 100 % auf erneuerbaren Energien beruht, volkswirtschaftlich günstiger ist als das gegenwärtige fossil-nukleare Energiesystem. (H-M. Henning, A. Palzer, 2012). In einem solchen Energiesystem gibt es einen großen Flächenbedarf für PV- und Solarthermie-Anlagen. Die Gebäudehülle (vor allem die Dächer, aber zum Teil auch die Fassaden) bietet hier ein ausreichend großes Flächenpotenzial mit dem Vorteil, dass kein weiterer Landschaftsverbrauch stattfindet.

PV an Gebäuden: Konventionelle PV versus BIPV

Wenn man ein Gebäude mit einer PV-Anlage ausstatten will, dann hat man grundsätzlich zwei verschiedene Möglichkeiten (s. Abb. 9). Entweder man stellt eine konventionelle PV-Anlage auf das Dach oder man integriert die PV-Anlage in die Gebäudehülle. Im Fall der bauwerksintegrierten PV-Anlage, die neben der Solarstromerzeugung mindestens eine weitere Funktion der Gebäudehülle übernimmt, spricht man von einer BIPV-Anlage. Auf den ersten Blick erscheinen die Unterschiede minimal, bei näherer Betrachtung zeigen sich jedoch einige wichtige Unterschiede. Ein Vergleich:

- *Zellen:* Alle PV-Module bestehen aus vielen PV-Zellen, die im Modul elektrisch zusammengeschaltet sind und für die das Module die schützende Hülle und den mechanischen Träger darstellt. Sowohl bei konventioneller als auch bei BIPV werden die gleichen Zelltechnologien verwendet. Beide Ansätze profitieren deshalb gleichermaßen von den extrem gefallenen Preisen für PV-Zellen. Durch den hohen Innovationsgrad in der PV-Industrie ist nicht auszuschließen, dass eine bestimmte Zelltechnologie vom Markt verschwindet, weil diese nicht mehr konkurrenzfähig ist. Aus diesem Grund ist es nicht unwahrscheinlich, dass es bestimmte Zellen nicht mehr gibt, falls ein Modul aufgrund eines Defekts ausgetauscht werden muss. Bei einem Austausch kommt es immer darauf an, elektrisch möglichst ähnliche Moduleigenschaften zu realisieren. Bei bauwerkintegrierten Anlagen kommt erschwerend hinzu, dass in vielen Fällen auch ein optisch möglichst ähnliches Erscheinungsbild realisiert werden soll. Aus diesem Grund werden häufig Ersatzzellen und/oder Ersatzmodule eingelagert, wobei es insbesondere bei BIPV-Anlagen aufgrund der Gewerketrennung und folglich fragmentierten Wertschöpfungskette häufig nicht einfach zu entscheiden ist, wer Ersatzteile wie einlagert.
- *Modulherstellung* Konventionelle PV-Module werden in industrieller Massenproduktion in sehr großen Stückzahlen und mit identischen Eigenschaften auf Lager produziert und in die ganze Welt verkauft. Jeder dieser konventionellen Hersteller produziert nur wenige verschiedene Größen. In den meisten Fällen ist es vom Architekt und/oder Bauherrn nicht erwünscht, das Gebäude an diese vordefinierten Größenraster anzupassen, weshalb solche vorproduzierten Module meistens über dem Flach- oder Schrägdach montiert werden und weder konstruktiv noch optisch ins Gebäude integriert sind (Abb. 9). Vorproduzierte, nicht kundenspezifische BIPV-Module können bei dachintegrierten Anlagen zum Einsatz kommen, wenn sie nicht das ganze Dach bedecken, sondern nur in einem Bereich die Ziegel ersetzen. Kundenspezifisch gefertigte BIPV-Module können in weiten Bereichen in der Form und in bestimmten Grenzen in der Farbe an die Anforderungen angepasst werden. Eine Übersicht über die verschiedenen Einsatzmöglichkeiten für solche kundenspezifischen Module zeigt Abb. 10. Solche Module

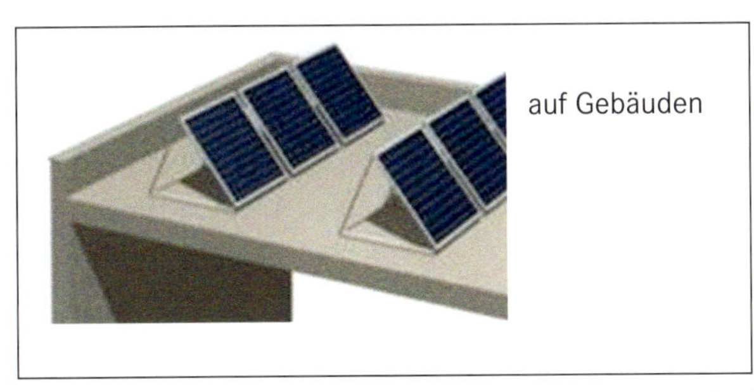

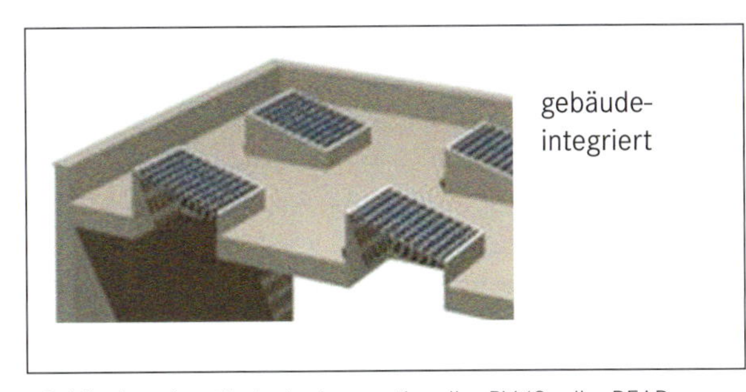

Abb. 9 Vergleich zwischen bauwerksintegrierter PV (BIPV) und auf dem Gebäude aufgeständerter konventioneller PV (Quelle: BEAR Architecs).

müssen aber momentan in aufwendiger Handarbeit hergestellt werden, weshalb sie deutlich teurer sind. Aus produktionstechnischer Sicht wäre es nicht schwierig, kundenspezifische Module industriell herzustellen analog zur kundenspezifischen Isolierverglasungs- oder Autoherstellung. Die Hauptschwierigkeit liegt hier in den Bauprozessen und den vielen Akteuren (z. B. Dach- oder Fassadenhersteller, Elektroplaner, Elektroinstallateur, ...), die bei einer kundenspezifischen Herstellung aufgrund der Gewerketrennung eingebunden werden müssen. Auf der anderen Seite stellen gerade kundenspezifische Module eine große Chance für lokale Produzenten dar, weil in wesentlich geringerem Maße eine weltweite Konkurrenzsituation gegeben ist. Mehrfach-Isolierverglasungen werden in aller Regel lokal produziert, weil die Nachteile einer Fertigung im Ausland in aller Regel überwiegen gegenüber dem Vorteil unter Umständen niedrigerer Herstellkosten.

- *Gesamtsystem:* Ein komplettes PV-System besteht aus mehreren Modulen, die an einen Wechselrichter angeschlossen sind, der die Anlage bezüglich Strom und Spannung so regelt, dass sich eine möglichst hohe Leistung ergibt (MPP = maximum power point) und der den Gleichstrom in netzkonformen Wechselstrom umwandelt. Im Falle von Gebäuden muss besonders auf Verschattung geachtet werden, die die Leistung

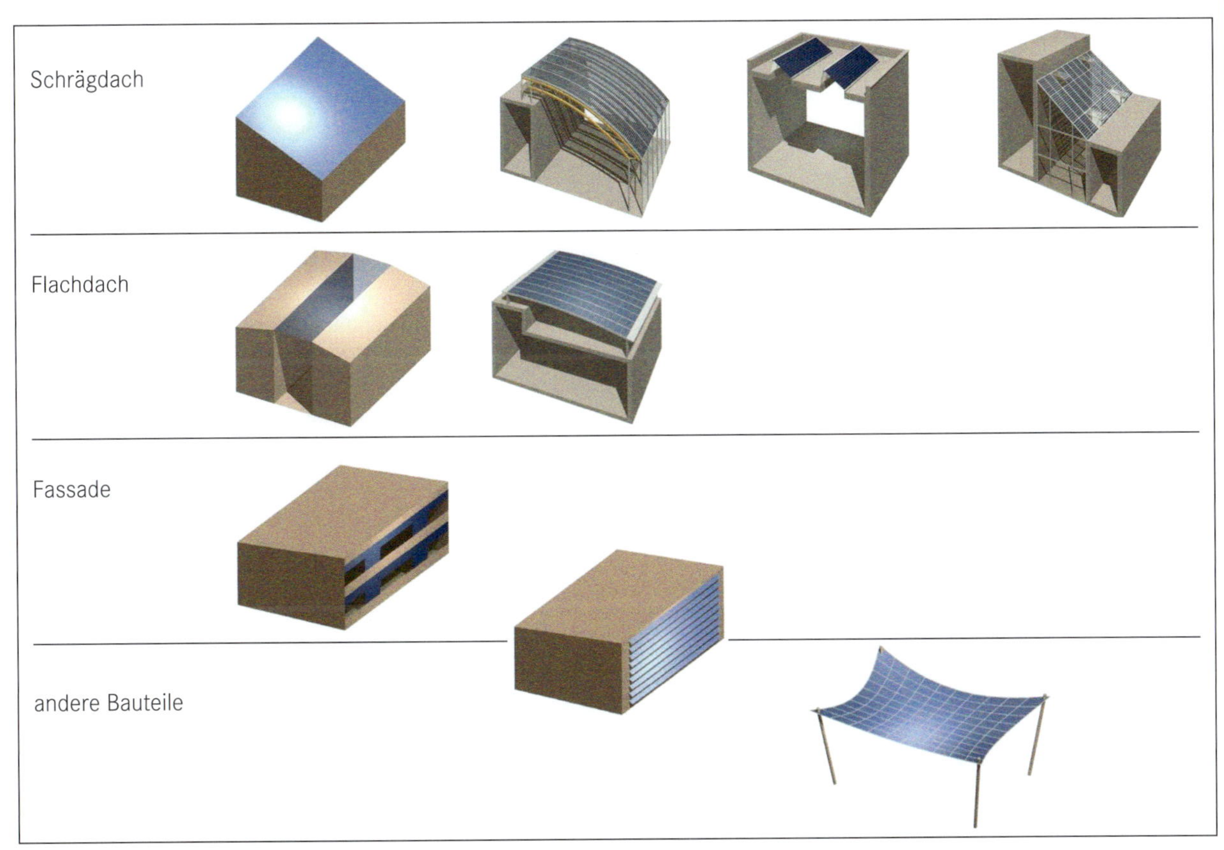

Abb. 10 Mögliche Arten der Gebäudeintegration.

einer Anlage überproportional vermindern kann. Wenn Verschattung nicht vermieden werden kann, dann muss durch die elektrische Auslegung und mithilfe von Bypass- und Blockierdionen darauf geachtet werden, dass zum einen die verschatteten Module nicht durch Überhitzung beschädigt werden, wenn sie als elektrischer Verbraucher betrieben werden und dass die Anlage so ausgelegt ist, dass der Gesamtertrag trotz Verschattung möglichst hoch ist. Bei Systemen, die Module mit verschiedenen Orientierungen beinhalten, können in vielen Fällen Kosten gespart werden, wenn der Wechselrichter unterdimensioniert wird, weil es nicht möglich ist, dass alle Anlagenteile gleichzeitig maximale Leistung liefern.

Fazit

Die notwendige starke Verbesserung der Primärenergiebilanz des Gebäudebestands, die Notwendigkeit, große Flächen für die PV-Nutzung bereitzustellen in einem großteils oder komplett regenerativen Energiesystem gepaart mit den stark gesunkenen Preisen für PV-Anlagen macht den Einsatz von Fotovoltaik an Gebäuden insgesamt sehr attraktiv. Mittelfristig ist es wichtig, die Bauprozesse so umzugestalten, dass es möglich wird, kundenspezifische Produkte zu deutlich geringeren Preisen als bisher anzubieten. Unter heutigen Bedingungen ist es eine Anforderung an die Beteiligten, innerhalb eines Bauprojekts frühzeitig einen integrierten Planungsprozess zu beginnen, um die besonderen Herausforderungen mit möglichst geringem Aufwand zu meistern, die sich aus dem Gewerke übergreifenden Charakter Gebäude integrierter Fotovoltaik ergeben.

IV

Literatur

Henning, H.-M.; Palzer, A.: 100 % ERNEUERBARE ENERGIEN FÜR STROM UND WÄRME IN DEUTSCHLAND. Studie des Fraunhofer-Instituts für Solare Energiesysteme, 2012.

Im Internet abrufbar unter http://www.ise.fraunhofer.de/de/veroeffentlichungen/veroeffentlichungen-pdf-dateien/studien-und-konzeptpapiere/studie-100-erneuerbare-energien-in-deutschland.pdf

2.2.5 Eigenstromnutzung

Tanja M. Kneiske, Clemens Hoffmann

2.2.5.1 Eigenverbrauch und Autarkie

Die erneuerbaren Energien erreichen gegenwärtig eine echte Marktreife in dem Sinn, dass sie von Marktanreizprogrammen unabhängig werden. Eine vollständige Konkurrenzfähigkeit zum Großhandelspreis für elektrische Energie ist zwar noch nicht gegeben, aber bezogen auf den Strombezugspreis wird gegenwärtig eine wirtschaftliche Konkurrenzfähigkeit erreicht. Auch für gewerbliche Stromverbraucher ist die Wirtschaftlichkeit von eigenem EE-Strom in Sicht. Zu dieser Umbruchsituation spielt die Nutzung der selbst erzeugten Energie eine große Rolle. Begrifflich muss nun genau unterscheiden zwischen der Erhöhung und Optimierung des Eigenverbrauchs in netzgekoppeltem Betrieb und der autarken Stromversorgung.

Autarkie ist schon seit vielen Jahrzehnten bekannt und an vielen Orten realisiert worden. Dies geschieht immer dann, wenn kein Anschluss zu einem Stromnetz vorhanden ist, z. B. in abgelegenen Bergregionen, auf kleinen Inseln oder in netz-fernen Regionen von Entwicklungsländern. Die hierfür entwickelten technischen Umsetzungen im sogenannten „Off-grid"-Bereich dienen nun seit einigen Jahren als Grundlage für die Entwicklung von netzgekoppelten Eigenverbrauchssystemen. Autarkie hat also als das Ziel, möglichst den eigenen Strombedarf aus eigener Energie zu decken, während der Eigenverbrauch auf eine maximale Nutzung des selbst erzeugten Stromes abzielt. Der Eigenverbrauch wurde erstmals durch die Extravergütung des selbst verbrauchten Solarstroms im EEG 2009 ein wirtschaftlich interessantes Thema. 2010 wurde die Förderung noch mit verstärkten Anreizen ausgelegt und auf Solaranlagen bis zu 500 kWp erweitert. Dies galt insbesondere, wenn mehr als 30 % des selbst erzeugten Stroms selbst verbraucht wurden. Da die Einspeisevergütung mittlerweile unter den Stromkosten liegt, hat die Novelle des EEG 2012 diese Extravergütung wieder abgeschafft.

Die Nutzung des durch Fotovoltaik (PV) oder Kraft-Wärme-Kopplungsanlagen (KWK) selbst erzeugten Stroms kann gerade für Unternehmen mit stromintensiven Maschinen, Beleuchtungen und Computern, aber auch mit einem hohen Wärme- oder Kältebedarf, wirtschaftlich attraktiv sein. Deren Strombedarf besteht im Gegensatz zu den üblichen Haushalten oft zeitgleich mit der Stromerzeugung oder kann mittels Energiemanagementansätzen auf Gleichzeitigkeit umgestellt werden. Diese Gleichzeitigkeit von Erzeugung und Verbrauch ist beim Thema wirtschaftliche Eigenstromnutzung ein wesentlicher Punkt. Der Anteil der Eigenstromnutzung ist deshalb stark abhängig von der Größe der eigenen Energieerzeugung, der Gewerbegröße, der Geräteausstattung, des Verbrauchsverhaltens und ggf. den Speicherdimensionierungen. So unterstützt das neue EEG durch die kontinuierliche Abnahme der Einspeisevergütung den Eigenverbrauch weiterhin indirekt, da sich der Eigenverbrauch bei kleinerer Einspeisevergütung finanziell immer mehr lohnt. Bevor konkrete Strategien und deren Wirtschaftlichkeit betrachtet werden, werden die beiden unterschiedlichen Ansätze, die wir im folgenden Autarkie und

Eigenverbrauch (beides manchmal engl. *self-consumption*) nennen wollen, noch genauer definiert.

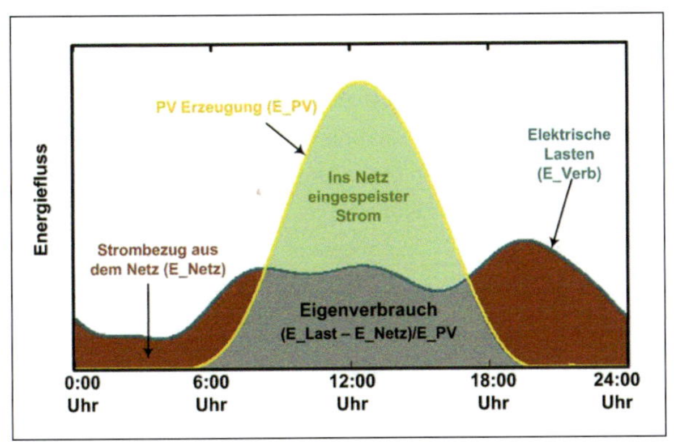

Abb. 11 Vereinfachter Tageslastgang eines Privathaushaltes. Dargestellt ist der Stromverbrauch aus elektrischen Lasten (blaue Kurve)und die erzeugte Leistung einer PV-Anlage (gelbe Kurve). Man unterscheidet nun drei Flächen: 1) Zeiten, in denen kein eigener Strom erzeugt wird und die elektrischen Lasten durch Strom aus dem Stromnetz gedeckt werden (braune Fläche), 2) die überlappende Fläche, in der der Verbrauch gleich dem selbst erzeugten Strom ist und Eigenverbrauch stattfindet (graue Fläche) und 3) der Strom, der über dem Maß an momentanem Verbrauch erzeugt wird und somit nicht genutzt werden kann und ins Stromnetz eingespeist wird (grüne Fläche).

Definition von Eigenverbrauch und Autarkie

Eigenstromnutzung kann also grundsätzlich in zwei verschiedenen Formen auftreten, die noch eigene Varianten aufweisen.

1. **Echter oder zeitgleicher Eigenverbrauch**
   Unter dem realen oder physikalischen Eigenverbrauch versteht man, wie viel des selbst erzeugten Stroms auch zeitgleich selbst verbraucht wird. In der technischen Umsetzung speisen hierbei die PV- oder KWK-Anlagen direkt die elektrischen Verbraucher. Zu beachten ist hierbei, dass eine kleine Erzeugungsanlage zu maximalen Eigenverbrauchsraten führt, da es nicht um die Deckung der elektrischen Lasten geht, sondern lediglich um einen hohen Verbrauch des selbst erzeugten Stroms.

2. **Bilanzieller Eigenverbrauch**
   Der von Produktherstellern oft genutzte Begriff „bilanzieller Eigenverbrauch" bezieht sich auf die Gesamtproduktion und den Gesamtverbrauch des selbst erzeugten Stroms, die in einem bestimmten Zeitraums auftreten, z.B. 1 Jahr. Dabei ist es unwichtig, ob der Strom hauptsächlich im Sommer erzeugt und hauptsächlich im Winter verbraucht wird. Ist in der Jahressumme der Wert des gesamten selbst erzeugten Stroms kleiner als oder gleich dem Jahresstromverbrauch, so spricht man von einem 100 % bilanziellen Eigenverbrauch. Dabei ist es unwichtig, wie viel der auftretenden elektrischen Last gedeckt wurde. Hierbei kann auch der gesamte erzeugte Strom ins Netz eingespeist werden und der gesamte Verbrauch über das Netz abgedeckt werden.

3. **Echte oder zeitgleiche Autarkie oder auch Eigendeckung**
   Im Gegensatz dazu bezeichnet man mit Autarkie die Deckung der elektrischen Lasten aus eigener Stromerzeugung. Hierbei ist die Gleichzeitigkeit ein wichtiger Faktor, besonders wenn man eine Autarkie von 100 % anstrebt. Dies ist in sogenannten Inselsystemen realisiert, die bei Ausfall des öffentlichen Netzes oder in abgelegenen Gegenden schon seit vielen Jahren ihre Anwendung finden. Für netzgekoppelte Systeme liegt durch die Deckung der eigenen Lasten ein großer finanzieller Nutzen, da man seine Stromkosten für viele Jahre fixiert und nicht mehr von den Strompreisanstiegen abhängig ist.

4. **Bilanzielle Autarkie oder Eigendeckung**
   Zur Bestimmung der bilanziellen Autarkie werden wiederum über einen bestimmten Zeitraum der Stromverbrauch mit der Stromproduktion verglichen. Sollte die Stromproduktion eines Jahres dem Stromverbrauch eines Jahres entsprechen oder sie sogar übertreffen, liegt die bilanzielle Autarkie bei 100 %. Das heißt aber nicht notwendigerweise, dass man zu jedem Zeitpunkt im Jahr unabhängig vom Stromnetz ist.

IV

Im allgemeinen Sprachgebrauch werden die hier aufgelisteten Eigenstromnutzungsarten gerne ungenau angewendet, um zum Beispiel den Eindruck von hohen Eigenverbrauchs- oder Autarkieraten zu erwecken, die dann nur bilanziell aufgehen. Bei auf dem Markt befindlichen Produkten sind deshalb angegebene Zahlen genau zu hinterfragen.

Berechnung der Eigenstromnutzung

Ein tieferes Verständnis für die beiden unterschiedlichen Arten der Eigenstromnutzung entsteht, wenn man sich die Berechnung des Eigenverbrauchs EV und des Autarkiegrades AG ansieht.

$$EV = (E_{Verb} - E_{Netz}) \div E_{PV} \quad (1)$$

$$AG = (E_{Verb} - E_{Netz}) \div E_{Verb} \quad (2)$$

Beide Größen beinhalten die Differenz aus verbrauchtem Strom E_{Verb} und dem ins Netz eingespeisten Strom E_{Netz}. Der Unterschied liegt allerdings in der Bezugsgröße. Beim Eigenverbrauch wird die PV-Erzeugung E_{PV} als Bezugsgröße benutzt, während beim Autarkiegrad der Energieverbrauch E_{Verb} herangezogen wird.

Zur Verdeutlichung kann man sich ableiten, dass eine relativ kleine PV-Anlage zu hohen Eigenverbrauchsraten führt, dass dies aber noch nicht heißt, dass ein Großteil des Energieverbrauchs durch selbst erzeugten Strom abgedeckt wird. Im Extremfall, bei kleinen Erzeugungslagen und großer Grundlast, ist es sogar möglich, den gesamten selbst erzeugten Strom komplett zu verbrauchen, sodass ein Anschluss der PV-Anlage ans öffentliche Netz nicht nötig ist. Ein hoher Autarkiegrad wird erzeugt, wenn die installierte Leistung der Erzeugungsanlagen in etwa dem Verbrauch entspricht. Um eine hohe Gleichzeitigkeit zu erhalten, ist bei PV-Anlagen sogar eine überdimensionierte Anlage ratsam. Allerdings ist dann der Einsatz von Speichern sinnvoll, um überschüssig erzeugte Energie in die Zeit der Dunkelheit oder des Winters zu verlagern.
Die bilanziellen Größen werden wie folgt berechnet:

$$EV_{bil} = \sum i((E^i{}_{Verb} - E^i{}_{Netz}) \div E^i{}_{PV}) \quad (3)$$

$$AG_{bil} = \sum i((E^i{}_{Verb} - E^i{}_{Netz}) \div E^i{}_{Verb}) \quad (4)$$

Wobei der Index „*i*“ die unterschiedlichen Werte für verschiedene Zeiten nummeriert, zum Beispiel mit *i = 1 bis i = 365*, die Tagesmittelwerte eines Jahres.

IV

2.2.5.2 Möglichkeiten zur Eigenstromnutzung

PV-Erzeugung und Stromverbrauch

Der wichtigste Aspekt beim Thema Eigenstromnutzung, sei es nun Eigenverbrauch oder Autarkie, ist die Gleichzeitigkeit von Stromerzeugung und Stromverbrauch. Die Stromerzeugung durch Fotovoltaik-Anlagen hat hier den offenkundigen Nachteil, dass der Zeitpunkt der Stromerzeugung durch die Intensität der Sonneneinstrahlung bestimmt wird. Die höchste Strahlungsintensität liegt um die Mittagszeit, kann aber durch Bewölkung auch gemindert und somit das Maximum leicht verschoben oder es können mehrere kleine Maxima erzeugt werden. Sollte man auf Stromkosteneinsparung durch Eigenstromnutzung aus sein, ist zunächst zu prüfen, wie viel des täglichen Stromverbrauchs tagsüber und zur Mittagszeit stattfindet. Dies kann je nach Gewerbe ganz unterschiedlich aussehen (s. Abb. 12). Zum Beispiel hat ein Supermarkt aufgrund seines hohen Kühlbedarfs eine hohe Grundlast und durch die Öffnungszeiten zwischen 7:00 Uhr und 22:00 Uhr mit einem Licht- und Strombedarf großes Potenzial auf hohe Eigenstromnutzungsraten. Viele Supermarktketten installieren deshalb gerne PV-Anlagen auf ihren Filialen. Ein landwirtschaftlicher Betrieb, der zum Beispiel viel Milchnutzung hat, wird morgens und abends einen hohen Verbrauch haben und somit weniger Gleichzeitigkeit zwischen PV-Erzeugung und Stromverbrauch herstellen können. Des Weiteren ist der Unterschied zwischen Eigenverbrauch und Autarkie sichtbar. Die dargestellte „Große PV-Anlage“ produziert zur Mittagszeit mehr Strom als verbraucht werden kann, hat aber das Potenzial durch Speichereinsatz oder Lastverschiebung einen großen Teil des Stromverbrauchs abzudecken. Die „kleinere PV-Anlage“ führt in den Beispielen teilweise zu einer Eigenverbrauchsrate von 100 %, da die Erzeugung fast immer oberhalb der Lastverlaufs liegt. Die richtige Dimensionierung der PV-Anlage ist also je nach Zielsetzung extrem wichtig.

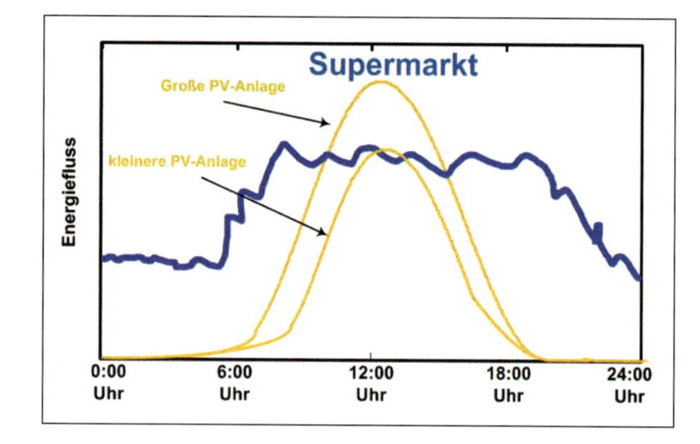

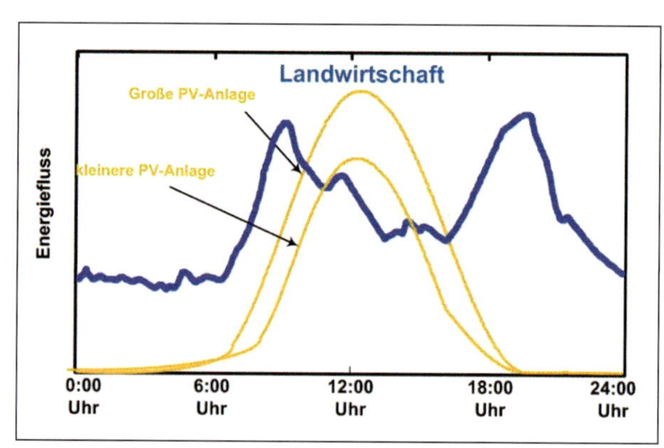

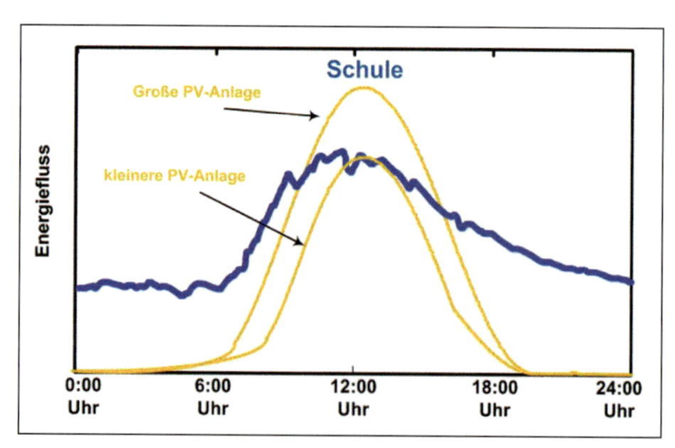

Abb. 12 Tageslastgang für unterschiedliche Gewerbetypen. Gezeigt ist jeweils ein ideales Erzeugungsprofil einer kleinen und einer größeren PV-Anlage (gelbe Kurven) im Vergleich mit einem Lastgang, also dem jeweils benötigten Strom. Je nach Uhrzeit des Stromverbrauchs liegt eine höhere oder geringere Eigenverbrauchsquote und Autarkierate vor.

Korrelation zwischen PV-Erzeugung und Wärme- oder Kältebedarf

Der Wärmebedarf entsteht durch Heizung und Warmwasser, aber auch durch industrielle Prozesse. Der Heizbedarf ist saisonal gegensätzlich zur PV-Stromerzeugung. Die höchste Stromerzeugung findet im Sommer statt, aber die größte Heizlast tritt im Winter auf. Man kann allerdings im Frühling und Herbst je nach Wettersituation noch hohe Eigenverbrauchsraten erzeugen. Der Warmwasserbedarf oder auch industrieller Wärmebedarf wird dagegen konstanter über das Jahr abgefragt, sodass hier auch zur Mittagszeit, zeitgleich mit der PV-Erzeugung, ein Wärmebedarf auftritt und direkt durch eine PV-Anlage in Zusammenhang mit einem elektrischen Wärmeerzeuger gedeckt werden könnte. Einige Wärmeerzeuger (z. B. die Wärmepumpe) sind allerdings imstande nicht nur zu heizen, sondern auch zu kühlen. Bezieht man nun einen gewissen Kühlbedarf mit ein, kann wiederum im ganzen Jahr ein großer Teil des Energiebedarfs durch eigenen PV-Strom gedeckt werden.

Eigenverbrauch vom Kraft-Wärme-(Kälte)-Kopplung erzeugte Strom

Die Grundlagen der Kraft-Wärme-Kopplungsanlagen wurden bereits in Kapitel II.2.4 vorgestellt. Hier soll lediglich kurz auf das Potenzial dieser Anlagen im Zusammenhang mit Eigenstromnutzung eingegangen werden. Im Gegensatz zu PV-Anlagen, die seit 2012 nur noch den ins Stromnetz eingespeisten Strom nach dem Erneuerbaren Energien Gesetz (EEG) vergütet bekommen, gilt für alle KWK-Betreiber seit 2009, dass der Anlagenbetreiber den KWK-Zuschlag nicht nur für den ausgespeisten KWK-Strom, sondern auch für den „selbst genutzten" Strom erhält. Da die KWKG-Novelle (§ 4 Abs. 3a) keine zeitliche Einschränkungen enthält, wird keine Unterscheidung zwischen KWK-Anlagen getroffen, die nach Inkrafttreten der Novelle in Betrieb genommen werden und denen, die davor in Betrieb genommen wurden. Der Zuschlag für den Eigenverbrauch kann auch bezogen werden, wenn die KWK-Anlagen ausschließlich zur Eigenstromdeckung genutzt wird und gar nicht an das öffentliche Versorgungsnetz angeschlossen ist. In diesem Fall muss die Strommessung aber durch einen geeichten Stromzähler erfolgen und die Anlage muss bei der BAFA (Bundesamt für Wirtschaft und Ausfuhrkontrolle) angemeldet sein.

- **Wärme (Kälte)geführte Betriebsweise**

Die KWK-Anlagen derzeit werden zur Deckung des Wärmebedarfs genutzt. Eine gleichmäßige Nachfrage an Wärme ist hierbei von Vorteil, da hieraus eine hohe Anzahl von Volllaststunden resultiert, die die Anlage wirtschaftlich machen. Man erreicht bei herkömmlichen Anlagen nur dann die hohen Wirkungsgrade von ca. 90 %, wenn die Anlage ca. 4500–5000 Stunden läuft. Wenn KWK-Anlagen zunächst den Wärmebedarf decken und quasi nebenbei auch noch Strom erzeugen, nennt man diese Betriebsweise wärmegeführt. Diese Betriebsweise ist für die Wärmebedarfsdeckung ideal, aber nicht für die Erreichung eines hohen Eigenstromnutzungsanteils.

- **Stromgeführte Betriebsweise**

Wenn es um Eigenstromnutzung geht, hat allerdings die sogenannte stromgeführte Betriebsweise deutliche Vorteile. Dies bedeutet, dass die Regelung der Anlage nicht auf den Wärmebedarf, sondern auf den Strombedarf angepasst wird. Hier entsteht also die Wärme als Nebenprodukt und wird direkt genutzt oder in Wärmespeichern zwischengespeichert. Es besteht also im Gegensatz zur Fotovoltaik die Möglichkeit, die Stromerzeugung dem Strombedarf anzupassen und nicht umgekehrt. Dies kann zu einer hohen Gleichzeitigkeit führen und die Autarkie stark erhöhen. Der Nachteil bei diesem Konzept ist allerdings, dass zeitgleich natürlich auch große Wärmemengen anfallen, die ebenfalls sinnvoll genutzt werden wollen. Eine Voraussetzung für eine Eigenstromnutzungslösung mit KWK-Anlage setzt also ein Gewerbe mit hohem Wärmebedarf voraus. Die stromgeführte Betriebsweise ist zwar bei vielen Anlagen möglich, muss aber mit einer gut abgestimmten Kombination von Speichern und dem sich über den Jahresverlauf ändernden Verhältnis zwischen Strom- und Wärmebedarf abgestimmt werden. Die daraus resultierende Wirtschaftlichkeit ist im Einzelfall zu evaluieren. Zum Beispiel sind stromgeführte KWK-Anlagen in Form von Blockheizkraftwerken (BHKW) für die landwirtschaftliche Verwendung sinnvoll aufgrund der vielen Boni, die hier zusätzlich in Anspruch genommen werden können. Der sogenannte Nawaro-Bonus „Bonus für Strom aus nachwachsenden Rohstoffen" vergütet noch einmal Strom aus nachwachsenden Rohstoffen, wie Biogas. Zusammen mit diesem Bonus kann der Gülle-Bonus mit EEG Vergütung und KWK-Förderung kombiniert werden, da die entsprechende Infrastruktur im landwirtschaftlichen Betrieb vorliegt.

Kombinierte Stromerzeugung

Zurzeit werden auch Konzepte überlegt, in denen Stromerzeugung von Fotovoltaik und KWK-Anlagen in Kombination als Erzeuger eingesetzt werden. So kann man jeweils die Nachteile der einen Erzeugungsanlage durch die Vorteile der anderen ausgleichen. Sollte zum Beispiel nachts und im Winter kein oder kaum Solarstrom zur Verfügung stehen, liefert die KWK-Anlage den nötigen Strom. Zu diesen Zeiten ist es auch wahrscheinlicher, dass ein erhöhter Wärmebedarf vorliegt. Im Sommer, wenn die Wärmeerzeugung der KWK-Anlage nicht gebraucht wird,

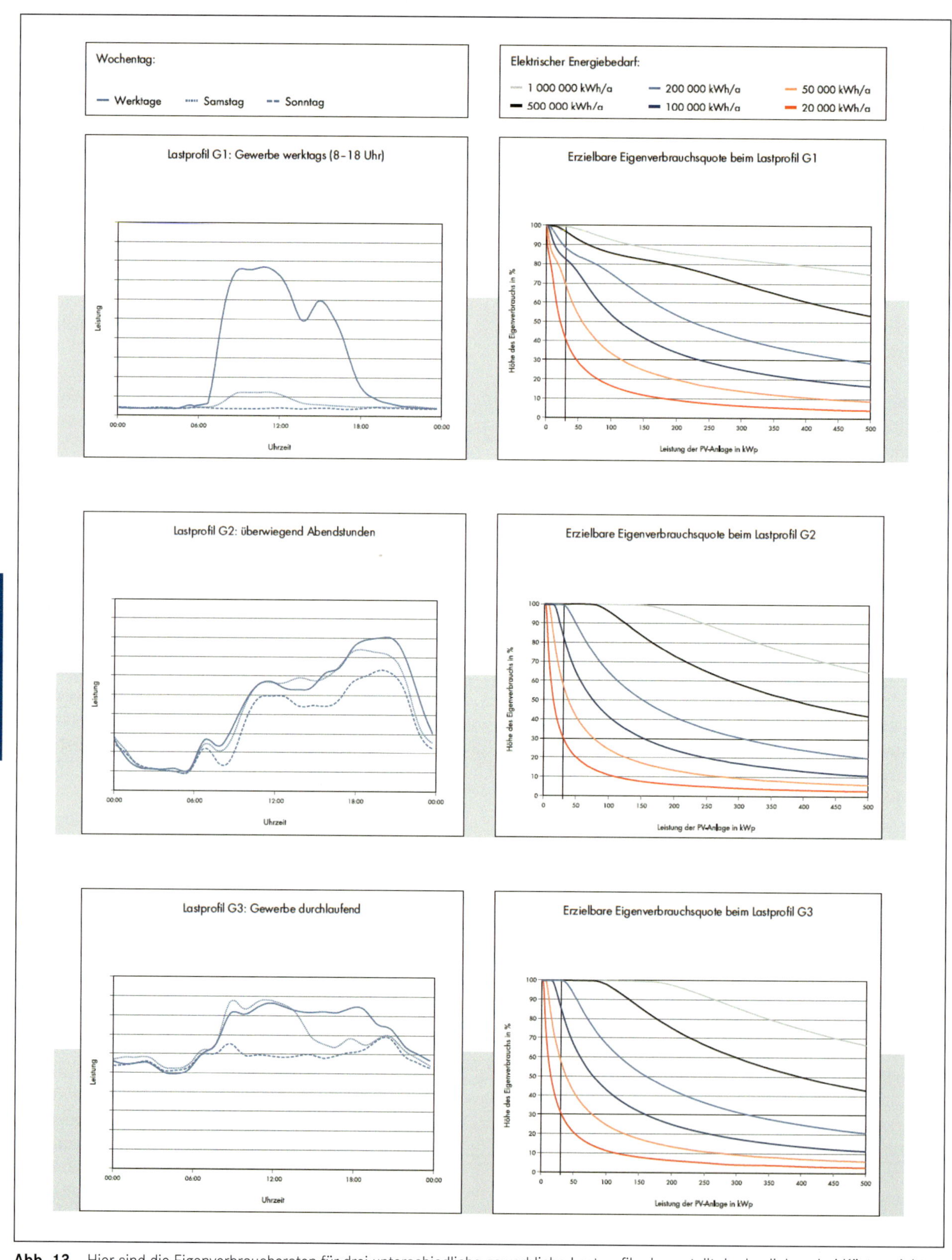

Abb. 13 Hier sind die Eigenverbrauchsraten für drei unterschiedliche gewerbliche Lastprofile dargestellt. In den linken drei Kästen sieht man den Tageslastgang der drei Lastprofile für Werktage, Samstage und Sonntage. Rechts hingegen die daraus resultierenden Eigenverbrauchsraten als Funktion der installierten PV-Leistung. Die unterschiedlichen Kurven stellen die Eigenverbrauchsraten für unterschiedliche Jahresstromverbräuche dar (Quelle: SMA).

speist die PV-Anlage einen Großteil der Stromverbraucher. Generell gilt hierbei aber, dass erzeugter PV-Strom stets mit Vorrang vor dem KWK-Strom zu behandeln ist, da im Gegensatz zur KWK-Anlage keine Grenzkosten bei der Stromerzeugung entstehen.
Bei diesen Kombilösungen kommen dann sowohl Wärme- als auch Stromspeicher zum Einsatz. Diese Konzepte sind allerdings noch recht neu und werden derzeit in Pilotprojekten getestet und verbessert. Nach einer genauen Analyse der Strom- und Wärmelasten bietet der richtige Einsatz beider Erzeugungsanlagen, die Dimensionierung und die Regelung der Energiespeichersysteme, hier ein großes Potenzial für die Nutzung der erneuerbaren Energien unter dem Gesichtspunkt der Eigendeckung.

2.2.5.3 Eigenstromnutzungs-Strategien

Natürliche Eigenstromnutzung

Als natürlichen Eigenbrauch versteht man die Eigenverbrauchsrate, die entsteht, wenn man die bestehenden Lasten und Verbraucher mit einer PV- oder KWK-Anlage koppelt ohne dabei weitere Maßnahmen, wie die Installation eines Speichers oder die Lastverschiebung, zu ergreifen. Die Rate ist stark abhängig von dem jeweiligen Lastverlauf im Unternehmen. Werden Stromverbraucher zum Beispiel vorwiegend tagsüber angeschaltet, wenn die PV-Anlage viel Energie erzeugt, ist die natürliche Eigenverbrauchsrate sehr hoch (s. Abb. 13). In privaten Haushalten, in denen hauptsächlich morgens und abends Strom benötigt wird, liegt der natürliche Eigenverbrauch etwa zwischen 20 % und 30 %. In kleinen und mittelständischen Unternehmen kann diese Zahl wesentlich höher sein. In der Abbildung 14 von SMA Solar AG, wurden für verschiedene gewerbliche Lastprofiltypen G1 bis G3 die Eigenverbrauchsquoten (nicht Autarkiegrade!) in Abhängigkeit von Gesamtstromverbrauch und installierter PV-Leistung berechnet. Man sieht deutlich, dass bei kleinen PV-Anlagen die Eigenverbrauchsrate bei 100 % liegt, während große PV-Anlagen bei kleinem Stromverbrauch die Raten auf wenige Prozent verringern. Interessant ist aber, dass Anlagen um die 100 kWp bei einem Jahresstromverbrauch ab ca. 100.000 kWh hohe Eigenverbrauchsquoten von mehr als 80 % aufweisen. In solchen Fällen sind weitere Maßnahmen, die im Folgenden beschrieben, werden oft unnötig, da sie nur noch unwesentlich zu einer Steigerung beitragen können, ohne einen größeren finanziellen Aufwand zu erzeugen.

Lastverschiebung zur Erhöhung des Eigenverbrauchs

Sollten die elektrischen Verbraucher nicht automatisch vorwiegend in der Mittagszeit angeschaltet sein und so ein sehr geringer natürlicher Eigenverbrauch vorliegt, gibt es Möglichkeiten, die Eigenstromnutzung dennoch sinnvoll zu gestalten. Als eine erste Maßnahme wäre hier das Lastmanagement zu nennen. Die Idee beim Lastmanagement zu mehr Eigenverbrauch ist die Verschiebung des elektrischen Stromverbrauchs in die Zeit der Stromerzeugung. Dies setzt eine Untersuchung der jeweiligen Lasten auf ihr Verschiebepotenzial voraus. Das Verschiebepotenzial sagt aus, inwieweit die Möglichkeit besteht, den Stromverbrauch einer Anlage zu verzögern und auf einen späteren Zeitpunkt zu verschieben. Bei Kühlhäusern kann man z. B. eine Temperaturdifferenz festlegen, in der sich die Kühlung befinden darf. Die Zeit, die das Kühlhaus braucht, um von der hohen Temperatur auf die niedrige Temperatur zu sinken, beziffert dann das Verschiebepotenzial dieser Anlage. In Abbildung 14 sieht man noch mal verdeutlicht, wie man bei konstanter Last (z. B. ein Kühlhaus) diese in die Mittagszeit zur PV-Erzeugung verschieben könnte. Ein weiteres Beispiel ist die Wärmeerzeugung mit einer Wärmepumpe. Die Frage ist hier, wie lange kann ich die Wärmepumpe abschalten, ohne mein Medium (Luft oder Wasser) unter eine gewisse Temperatur sinken zu lassen. Des Weiteren gibt es noch mehr Stromverbraucher im Gewerbe, die großes Last-Verschiebepotenzial aufweisen. Dazu zählen z. B. im industriellen Bereich Druckluftkompressoren und die Aufbereitung von Prozessdampf. Eine Liste für Industrie und Gewerbe mit Potenzialen und Zeitkonstanten wurde detailliert in einer Studie vom VDE ermittelt („Demand Side Integration, Last-Verschiebepotenziale in Deutschland", Juni 2012) und können dort nachgelesen werden.

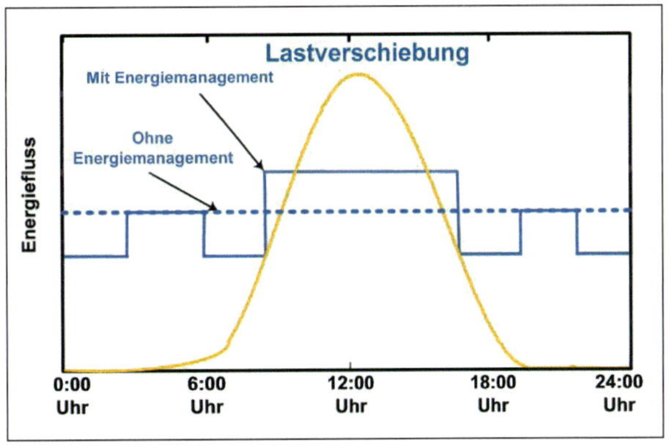

Abb. 14 Schematische Darstellung der Lastverschiebung. Eine konstante Last, z. B. einer Kühlanlage (gestrichelte Linie), wird hinsichtlich eines größeren Stromverbrauchs zur Mittagszeit optimiert (durchgezogene Linie). Zunächst setzt man einen Temperaturbereich der Kühlanlage fest. Tagsüber, wo selbst erzeugter Strom zur Verfügung steht, wird die Kühlanlage eingeschaltet und kühlt auf die minimal festgelegte Temperatur herunter. Zur Abend- und Nachtzeit wird die Anlage möglichst Strom sparend eingesetzt, sodass sie sich eher an der oberen, festgelegten Temperatur orientiert.

Hat man, zum Beispiel mithilfe eines Energieberaters, die jeweiligen Last-Verschiebepotenziale seiner Anlagen analysiert, geht es an deren Umsetzung. Dazu gibt es grundsätzlich zwei Möglichkeiten: das manuelle Steuern, also An- und Abschalten der Verbraucher je nach aktueller Eigenstromproduktion oder die Nutzung von Energiemanagementsystemen (EMS). Die erste Variante ist wahrscheinlich die kostengünstigere, während für die zweite Möglichkeit die Investition in ein Energiemanagementsystem gegen dessen finanziellen Nutzen gegengerechnet werden muss. Bei Energiemanagementsystemen gibt es teilweise große Unterschiede. Einige schalten z. B. per funkgesteuerte Steckdose die Verbraucher zu einem voreingestellten Zeitpunkt an und ab. Etwas komplexere Systeme beinhalten eine intelligente Steuerung, die z. B. unter Zuhilfenahme von Wetter- und Verbrauchsprognosen die optimale Betriebsweise der einzelnen Anlagen zur Maximierung des Eigenverbrauchs berechnen.

Einsatz von Speichern zur Erhöhung der Eigenstromnutzung

■ **Stromspeicher**

Im Gegensatz zur Lastverschiebung, bieten Batteriespeichersysteme eine direktere Art die Eigenstromnutzung zu optimieren. Die Batterie ist in der Lage Tages- und Jahreszeit unabhängig überschüssigen Strom aufzunehmen und zu einem späteren Zeitpunkt in dergleichen Energieform wieder abzugeben. Hierbei ist allerdings zu beachten, dass Batterien derzeit immer noch eine kostspielige Lösung darstellen können. Die richtige Dimensionierung und die Wahl einer geeigneten Technologie können allerdings helfen, die Investitionskosten zu begrenzen.

Es gibt zurzeit eine Vielzahl an fertigen Produkten auf dem Markt, die aus einer Batterie und Leistungselektronik – wie Wechselrichter und Lademanager – bestehen und bereits eine Regelung zur Steigerung des Eigenverbrauchs enthalten. Die meisten Systeme laden die Batterie, sobald mehr Strom von der PV-Anlage erzeugt wird als die elektrischen Lasten zu dem Zeitpunkt benötigen. Erst wenn die Batterie voll ist, wird der erzeugte Strom ins Netz eingespeist. Sobald der eigenproduzierte Strom weniger wird, wird die Batterie zur Deckung der elektrischen Verbraucher mit genutzt. Siehe hierzu auch Übersichten in (*„Die Stromspeicher kommen“, Photovoltaik 12/12*). Die meisten Produkte dieser sogenannten PV-Batteriesysteme sind für Privathaushalte entwickelt worden, können aber auch in ihren größeren Varianten für Kleingewerbe eingesetzt werden. Beachten sollte man dabei die unterschiedlichen Anschlussmöglichkeiten der Batterie, die einmal AC-seitig, das heißt im Wechselstromkreis, und einmal DC-seitig, d. h. im Gleichstromkreis, sein können. Beides hat Vor- und Nachteile für die jeweiligen Anwendungsfälle. Zum Beispiel sind DC-Systeme meist kompakt in Schränken erhältlich und haben aufeinander abgestimmte Systemkomponenten. AC-Systeme sind modularer aufgebaut und können so leichter über einen eigenen Speicherwechselrichter für eine bestehende PV-Anlage nachgerüstet werden. Ein weiterer

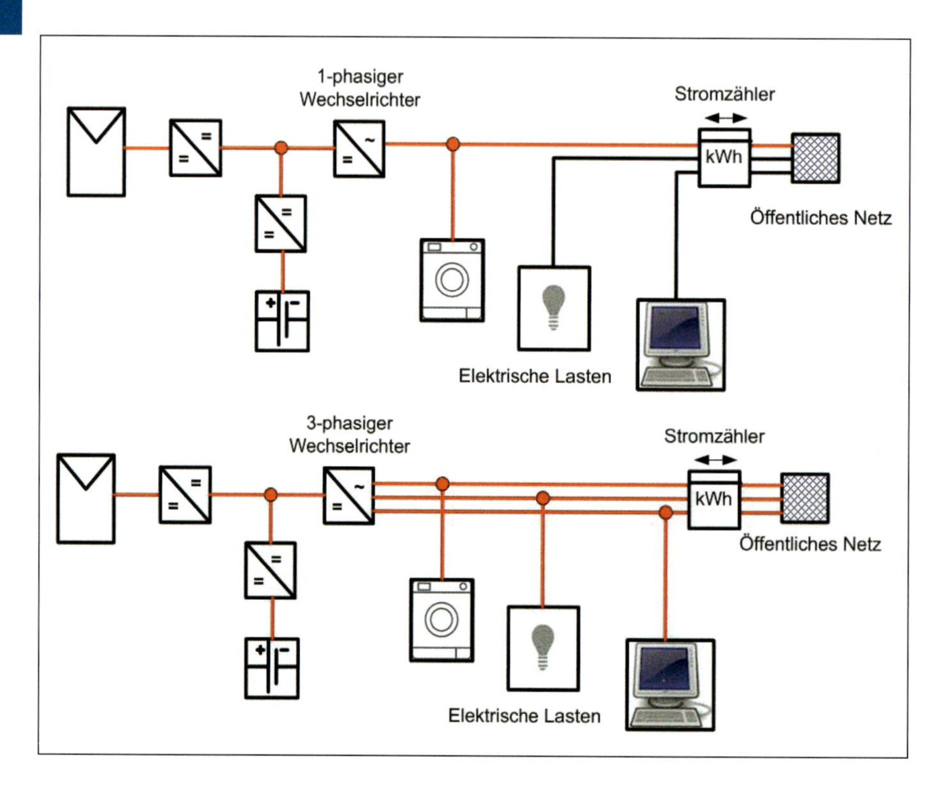

Abb. 15 Darstellung eines 1-phasigen (oben) und eines 3-phasigen (unten) PV-Batteriesystems zur Steigerung des Eigenverbrauchs. Einphasige Systeme können im Autarkiefall nur die Geräte versorgen, die auf der gleichen Phase angeschlossen sind.

Aspekt ist die Frage nach einphasigen und dreiphasigen Systemen. Im Gegensatz zu seit Jahren genutzten USV (unterbrechungsfreie Stromversorgungssysteme) sind die meisten PV-Batteriesysteme zur Steigerung des Eigenverbrauchs einphasig. Dies bedeutet, dass sie auch nur auf einer, nämlich der gleichen Phase angeschlossene Verbraucher mit Strom versorgen können (s. Abb. 15). Möchte man alle drei Phasen in seinem Betrieb bedienen, kann auf jeder Phase ein PV-Batteriesystem angeschlossen werden. Anstelle eines großen Batteriesystems könnte man dann z. B. drei kleine installieren. Hierbei ist noch anzumerken, dass einphasige Einspeiser auf maximal 4.6 kVA durch die Netzanschlussbedingungen begrenzt sind. Derzeit sind mehrphasige Eigenverbrauchssysteme noch in der Entwicklung, die dann in Zukunft eine größere Flexibilität bieten werden (s. a. „Phasenverwirrung", Photovoltaik 11/12).

▪ Wärme- und Kältespeicher

Die Einbeziehung von Wärme- und Kältespeichern ist im Grunde eine erweiterte Form der Lastverschiebung. Man kann das natürliche Verschiebepotenzial verschiedener Wärme- und Kälteanlagen mit Speichern noch vergrößern. Bei dieser Speichertechnologie wird wieder die Verbindung von Energie in Form von Strom und Wärme genutzt. Die Eigenstromnutzung wird also vom Strombedarf auf den Wärmebedarf erweitert. Wie bereits erwähnt, können zum Wärmebedarf sowohl Warmwasser als auch Heizung zählen, aber vor allem birgt der industrielle Wärme- und Kühlbedarf ein großes Potenzial. Wenn die Analyse der Gleichzeitigkeit zwischen Wärmebedarf und Stromerzeugung in einer geringen Übereinstimmung resultiert, sollte man über den Einsatz von Wärme- und Kältespeicher nachdenken, um diese Gleichzeitigkeit herzustellen. Hinzu kommt, dass nur die Wärme- und Kälteerzeuger, die bereits mithilfe von Strom betrieben werden, für die Analyse infrage kommen. Die Umwandlung von Strom in Wärme mittels Heizstäben in Wärmespeichern und ähnliche Varianten sind hochgradig ineffizient und deren Neuanschaffung sollte möglichst vermieden werden. Solche Verbraucher machen die Eigenstromnutzung teilweise wesentlich wirtschaftlicher, gehen aber entgegen dem eigentlichen Ziel: durch Effizienz den Energieverbrauch zunächst zu senken und den restlichen Bedarf mit erneuerbaren Energiequellen wirtschaftlich zu decken. Ein guter Ansatz für die Nutzung von Wärme- und Kältespeichern stellt hingegen die bereits erwähnte Wärmepumpentechnologie dar, die im Gegensatz zu normaler Wärme-zu-Strom-Umwandlung mit einem Verhältnis von 1:1 eine effiziente Umwandlung von 1:4 bewerkstelligen kann. Diese können dann mit Wärme- oder Kältespeichern kombiniert werden und so das Verschiebepotenzial der Wärmepumpe vergrößern. Seit Kurzem bieten die Hersteller auch Wärmespeicher mit Wärmepumpen an, die in der Lage sind, mit selbst erzeugtem Strom aus einer PV-Anlage zu arbeiten. Es gibt sogar schon fertige Kombiprodukte (Photovoltaik 04/12). Die meisten Produkte sind allerdings auf Privathaushalte ausgelegt, können aber je nach Wärme- und Heizbedarf auch auf Kleinbetriebe, Bürogebäude o. ä. ausgelegt werden.

Wie ebenfalls bereits erwähnt, ist auch die Kombination von Wärmespeichern mit KWK-Anlagen sehr sinnvoll, vor allem wenn diese stromgeführt betrieben werden.

Als besonders interessante Anlagen sind hier Kühlhäuser, Kühlaggregate zu nennen, die an sich schon einen Speicher darstellen. Kombiniert mit einem Kälte- oder Eis-Speicher bieten diese ein noch größeres Potenzial zur Lastverschiebung und damit zur Erhöhung des Eigenverbrauchs oder der Autarkie.

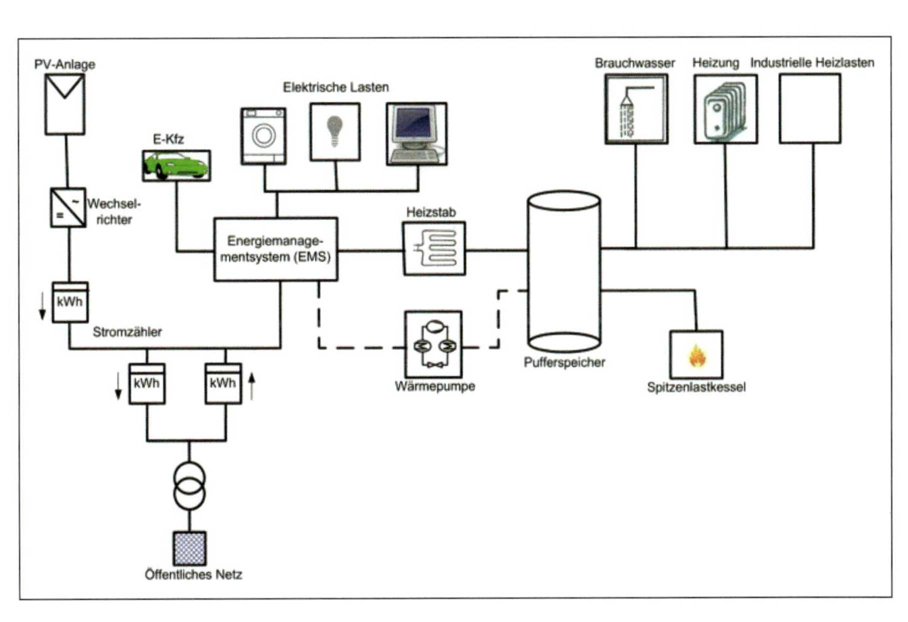

Abb. 16 Schematische Darstellung eines Systems zur Eigenstromnutzung, die Strom- und Wärme-Komponenten mit einschließt. Die Verbraucher werden durch die PV-Anlage bedient. Sollte kein eigener Strom zur Verfügung stehen, wird der Strom aus dem öffentlichen Netz bezogen. Hierbei sind einige Anlagen, wie ein E-Kfz oder die Wärmepumpe optional. Solche Systeme sind zurzeit bereits auf dem Markt erhältlich.

Im Zusammenhang mit oben genannten Anlagen können hier Wärme- und Kältespeicher eine sehr hohe Flexibilität herstellen und den Verbrauch so individuell in die Zeit der Eigenstromerzeugung legen. Im Gegensatz zu Batterien sind die klassischen Wärme- und Kältespeicher derzeit um ein Vielfaches preiswerter und bereits seit Jahren erprobte Technik. Allerdings benötigt man hier auch den nötigen Wärme- und Kältebedarf für eine wirtschaftliche Auslegung des Eigenstromsystems. Wichtig bei der Frage nach den Investitionskosten sind auch bereits vorhandene Anlagen, wie Wärmepumpen oder KWK-Anlagen. Bezieht man diese Anschaffungskosten noch in einen Kostenvergleich gegenüber einem PV-Batteriesystem ein, schneiden diese nicht notwendigerweise preiswerter ab.

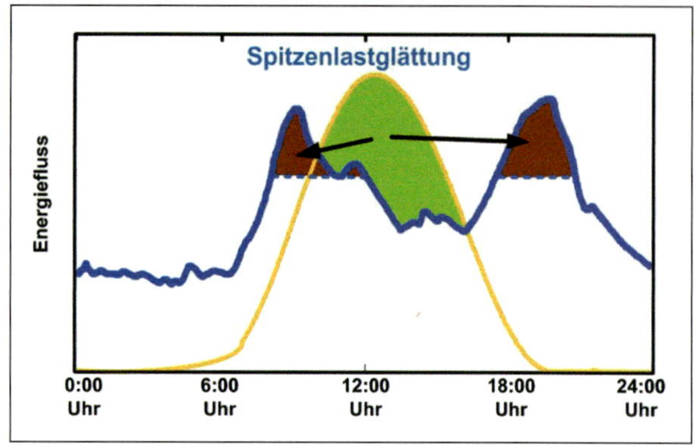

Abb. 17 Schematische Darstellung der Spitzenlastglättung. Der Überschussstrom (grüne Fläche) aus der PV-Anlage wird gespeichert und dann zur Versorgung der Lastspitzen (braune (rote) Flächen) zu einem späteren Zeitpunkt genutzt. Die Lastspitzen werden also nicht mehr aus dem Stromnetz gespeist.

Spitzenlastglättung

In Gewerben sind die Kosten nicht nur von der verbrauchten Energiemenge abhängig, sondern auch vom leistungsabhängigen Anteil. Die Senkung der Leistungskosten durch Spitzenlastoptimierung ist deshalb ein wirtschaftlich relevantes Thema. Auch die Eigenstromnutzung kann hierbei helfen. KWK-Anlagen können zu Zeiten höchster Lastaufkommen dazu geschaltet werden, um so den Strombezug aus dem Netz zu reduzieren. PV-Anlagen können hier im Zusammenhang mit Stromspeichern ebenfalls einen Beitrag leisten. Speichert man den Strom zur Mittagszeit, vielleicht auch über mehrere Tage, in einen gut dimensionierten Speicher, kann dieser dann bei auftretendem hohen Spitzenverbrauch helfen, die Leistungsspitzen und damit die Kosten zu reduzieren (Abb. 17). Ein weiteres Konzept zur Stromkostenreduktion, das im Grunde auf variable Strompreise abzielt, jedoch auch ohne variable Preise heutzutage schon realisierbar ist, ist die sogenannte indirekte Spotmarktoptimierung (ISMO). Die Berechnung der ISMO wird z. B. am Fraunhofer IWES mithilfe dafür extra entwickelter Software für Gewerbekunden angeboten.

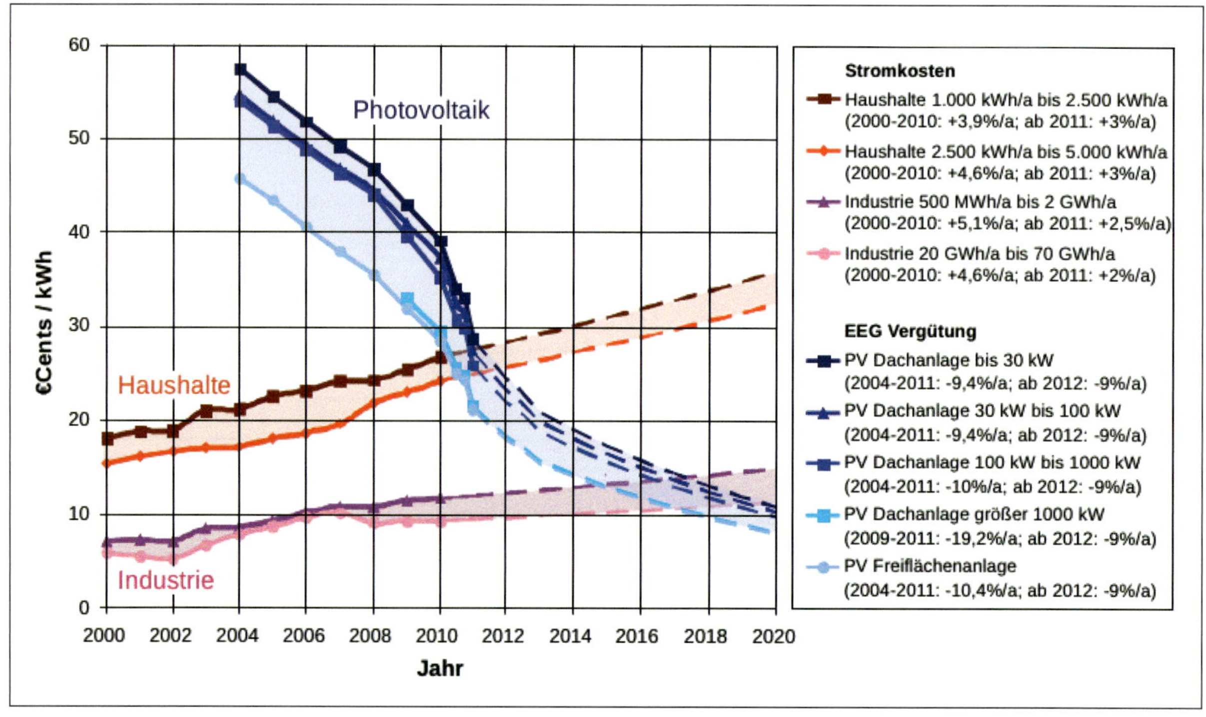

Abb. 18 Strompreisentwicklung (Rottöne) und EEG-Vergütung für verschiedene PV-Anlagengrößen (Blautöne). Wenn sich die blauen und die pinken Linien kreuzen, ist die sogenannte Industrielle Netzparität erfüllt und die Eigenstromnutzung fängt an, wirtschaftlich zu werden. (Quelle: Fraunhofer-ISE „Aktuelle Fakten zur Fotovoltaik in Deutschland").

2.2.5.4 Netzparität

Im Zusammenhang mit der Wirtschaftlichkeit wird immer wieder auf die sogenannte Netzparität (engl.: *Grid-Parity*) hingewiesen. Damit ist der Zeitpunkt gemeint, ab dem die Einspeisevergütung unterhalb der Strompreise liegt (s. Abb.18). Die daraus resultierende Differenz muss mit den Stromerzeugungskosten verglichen werden, um eine mögliche Rendite zu berechnen. Somit würde es sich also lohnen, den selbst erzeugten Strom auch selbst zu verbrauchen. Man nimmt an, dass bei Erreichen der Netzparität auch ein weiteres Marktwachstum im Bereich Eigenstromnutzungsanlagen folgen wird. Sollten die Strompreise weiter ansteigen und die Erzeugungskosten, z. B. in Form von niedrigeren Investitionskosten für Solaranlagen, weiter absinken, wird der Gewinn aus der Eigenstromnutzung immer größer. Aufgrund der unterschiedlichen Stromkosten ist der Schnittpunkt der Strompreiskurven mit der Kurve, die die Einspeisevergütung beschreibt, für Haushalt, Gewerbe und Industrie ein anderer (s. Abb. 18). Der Zeitpunkt der Netzparität für Privatkunden und Kleingewerbe sei bereits im April bzw. Herbst 2012 erreicht worden. Während für größere Gewerbe und Industrie das Jahr 2014 als Jahr der Industriellen Netzparität (engl. Industrial *GridParity*) prognostiziert ist (s. Abb.18). Der genaue Zeitpunkt hängt sicherlich von konkreten Berechnungen der Stromentstehungskosten ab. Sollte sich der Strompreis weiterhin erhöhen, zum Beispiel durch eine weitere Erhöhung der EEG-Umlage (derzeit 3,6 Ct/kWh), wird ein immer höherer Kostenvorteil durch die Eigennutzung des selbst erzeugten Stroms entstehen.

2.2.5.5 Praxisbeispiele

In der Praxis ist die Eigenstromnutzung schon in vielen Gewerben umgesetzt worden. Die Art der Umsetzung ist allerdings zurzeit noch recht einfach. Meist besteht diese aus der Installation einer PV-Anlage, die zunächst die eigenen Lasten bedient und dann den überschüssigen Strom ins Stromnetz einspeist.

Wie bereits erwähnt, haben einige Supermarktketten den Nutzen durch eigene PV-Erzeugung erkannt und dementsprechend Systeme installiert. Hier wurden zum Beispiel von Centroplan auf 100 Dächer von Supermarktfilialen je 80 kW Nennleistung installiert. Die so erreichte Eigenverbrauchsquote soll bei ca. 90 % liegen. Die restlichen 10 % wurden dann nach EEG vergütet (Photovoltaik 09/12).

Ein Projekt von der Solarpraxis AG in Berlin beschäftigt sich mit einem Krankenhaus für mehr als 200 Patienten. Hier sollen Eigenverbrauchsraten von bis zu 95 % realisiert werden (Photovoltaik 09/12).

Ein weiteres einfaches Konzept besteht in der 100 % Eigenverbrauchsnutzung der PV-Anlage. Diese wird so gering dimensioniert, dass zu keiner Zeit die Einspeisung des erzeugten Stroms ins öffentliche Netz nötig ist. Diese Anlage wird auch nicht nach EEG ans Netz angeschlossen und gemeldet. Die Kostenersparnis ist dann recht einfach zu ermitteln, da sie direkt mit dem nicht aus dem Netz bezogenen Strom einhergeht und gegen die Investitionskosten aufgerechnet werden kann.

Der Einsatz von Stromspeichern ist dagegen noch recht selten. Ein Beispiel stammt aus Magdeburg. Dort hat das Restaurant Seeblick am Neustädter See in Zusammenarbeit mit der Firma Deutsche Energieversorgung aus Leipzig einen 120-kWh-Stromspeicher installiert, um den Eigenverbrauch zu erhöhen. Der Stromverbrauch beläuft sich auf etwa 120.000 kWh im Jahr und wurde bereits seit 2011 durch eine 120-kW-Nennleistung-Solaranlage teilweise gedeckt. Das Speichersystem besteht aus 24 Blei-Gel-Batterien und drei Power-Router, die für eine optimale Be- und Entladung sorgen. Mit dieser Anlagenkonstruktion sollen sowohl Eigenverbrauchs- als auch Autarkiewerte von 90 % erreicht werden („Speicher für Gewerbebetriebe", Photovoltaik 11/12).

Viele Entwicklungen in den letzten Jahren gingen in Richtung Eigenbedarfssteigerung durch PV-Batteriesysteme. Eines der größten öffentlichen Projekte zu diesem Thema war das deutsch-französische *Sol-ion Projekt*, das im März 2013 zu Ende ging. Hier wurde ein PV-Batteriesystem entwickelt und in einem Feldtest für Haushalte und Kleingewerbe an Standorten in Frankreich und Deutschland validiert. Daraus resultierend ist ein Produkt, dass derzeit auf dem Markt zur Erhöhung des Eigenverbrauchs angeboten wird. Es werden unterschiedliche Batteriegrößen angeboten, sodass je nach Gesamtverbrauch und Anwendung für Haushalte oder Kleingewerbe die Anlagendimensionierung optimiert werden kann. Der ausführliche Projektabschlussbericht mit allen Ergebnissen und Erfahrungen wird in Kürze veröffentlicht (www.sol-ion-project.eu).

Förderinstrumente

Wie bereits erwähnt, wird der Eigenverbrauch nicht mehr extra durch Regelungen im EEG vergütet. Durch KWK-Anlagen erzeugter Strom wird hingegen sowohl bei Netzeinspeisung als auch bei Eigenverbrauch durch Richtlinien im KWK-Gesetz vergütet.

Förderungen bei der Anschaffung von Anlagen kann man natürlich auch im Bereich der Eigenstromdeckung erhalten. Je nach Anlagenkonzept können Förderungen für PV- oder KWK-Anlagen in Anspruch genommen werden. Hinzu kommen Förderungen von Wärmespeichern, wenn sie im Zusammenhang mit einer KWK-Anlage oder einer Wärmepumpe installiert werden.

IV

Des Weiteren ist seit Kurzen ein KfW-Förderprogramm für PV-Batteriespeicher in Kraft getreten, allerdings zunächst nur für PV-Anlagen mit Größen bis zu 30 kWp. Inwieweit dies in Zukunft noch erweitert wird, steht laut Aussage des BMU noch nicht fest.

Fazit

Zusammenfassend kann man sagen, dass durch hohe Strompreise und das Absinken der Anlagenkosten für eigene Stromerzeugung der wirtschaftliche Nutzen für Eigenstromnutzung vorhanden ist. Die genaue Höhe und die konkrete Umsetzung in der Anlagenplanung und Auslegung kann jedoch extrem unterschiedlich ausfallen und ist stark abhängig von dem auftretenden Energieverbrauch des jeweiligen Gewerbes. Eine umfassende und genaue Untersuchung der vorhandenen Umstände und Gegebenheiten ist deswegen das Wichtigste, sodass dann eine individuelle Eigenstromnutzungslösung mit finanziellem Vorteil gefunden werden kann.

Literatur

Photovoltaik: „Die Stromspeicher kommen" 12/12
Photovoltaik: „Speicher für Gewerbebetriebe", 11/12
Photovoltaik 04/12
Photovoltaik „Phasenverwirrung", 11/12
Photovoltaik 09/12
www.sol-ion-project.eu

2.2.6 Thermische Kühlung unter Einsatz von Solarenergie

Hans-Martin Henning

Viele Betriebe der gewerblichen Wirtschaft benötigen Kälte. Die wesentlichen Anwendungen sind einerseits die sommerliche Komfortklimatisierung von Gebäuden und andererseits die Kühlung von Prozessen oder Gütern. Thermisch angetriebene Verfahren zur Kältebereitstellung oder zur sommerlichen Klimatisierung ermöglichen die Nutzung von Abwärme aus Prozessen oder aus einem Blockheizkraftwerk ebenso wie die Nutzung solarthermischer Energie für diese Anwendungen. Eine umfassende Übersicht über thermisch angetriebene Kühlverfahren sowie die solare Kühlung findet sich zum Beispiel in (Henning, Urbaneck et al. 2009).

Grundsätzlich sind offene und geschlossene Verfahren zur (solar-)thermischen Kühlung bzw. Klimatisierung zu unterscheiden:

- Offene Verfahren: Unter offenen Verfahren werden solche Verfahren verstanden, bei denen das „Kältemittel" in direktem Kontakt zur Atmosphäre steht. Insofern kommt ausschließlich Wasser als „Kältemittel" infrage. Offene Verfahren bestehen grundsätzlich aus einer Kombination von sorptiver Entfeuchtung und Verdunstungskühlung, wobei unterschiedlichste Verschaltungen möglich sind und unterschiedliche Sorptionsmittel zum Einsatz kommen. Das am weitesten verbreitete Verfahren nutzt Sorptionsrotoren zur Luftentfeuchtung. Die verwendeten Rotormaterialien sind heute bislang ausschließlich Silikagel oder Lithiumchlorid, das in eine Zellulosematrix eingebracht ist. Je nach Außenluftbedingungen und geforderten Zuluftbedingungen wird die sorptive Entfeuchtung mit direkter Verdunstungskühlung oder sensibler Kühlung (Oberflächenkühler, Direktverdampfer) kombiniert. Neben den Verfahren mit Sorptionsrotor sind vor allem Verfahren mit flüssigem Sorptionsmittel verfügbar und es wurden etliche Anlagen weltweit installiert. Herzstück dieser Anlagen ist ein Reaktor, in dem die konzentrierte flüssige Sole mit der Prozessluft in Kontakt tritt und Wasserdampf aus der Luft aufnimmt. Zur Sicherstellung eines effizienten Stoffaustauschs werden sowohl Füllkörperreaktoren als auch Reaktoren mit Plattengeometrie verwendet. Als Sorptionsmittel wird in den meisten Fällen Lithiumchlorid verwendet.
  Offene Verfahren sollten immer dann in Betracht gezogen werden, wenn eine Konditionierung von Frischluft ganzjährig erforderlich ist. Dies kann sowohl für Bürogebäude als auch für Fertigungsstätten oder Prozessluft der Fall sein.

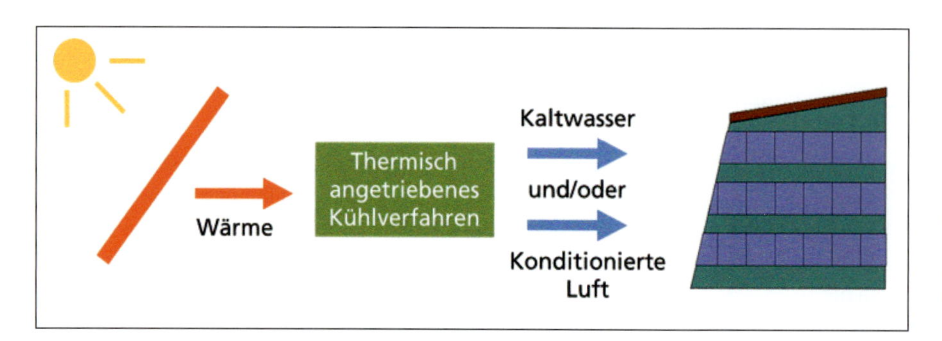

Abb. 19 Prinzipschema - Umwandlung von Solarwärme in Kaltwasser oder konditionierte Luft zur Klimatisierung von Gebäuden

Tab. 5: Übersicht über Sorptionskälte- und -klimatisierungsverfahren.

Systemtyp	Kältemaschine (geschlossener thermodynamischer Prozess)							Direkte Luftbehandlung (offene sorptive Verfahren)	
Physikalische Phase Sorptionsmittel	Flüssig				Fest			Flüssig	Fest
Sorptionsmaterial	Wasser	Lithium-Bromid			Zeolith	Silikagel	Lithium-chlorid	Lithium-chlorid	Silikagel, Zeolith, Lithiumchlorid in Zellulose-Matrix
Kältemittel	Ammoniak	Wasser			Wasser	Wasser	Wasser	Wasser	Wasser
Prozessart	1-effect	1-effect	2-effect	3-effect	1-effect	1-effect	1-effect	Gekühlter Sorptions-prozess	Entfeuchtungs-rotor
COP-Bereich	0.5 - 0.75	0.65 - 0.8	1.1 - 1.4	1.6 - 1.8	0.5 -0.75	0.5 - 0.75	0.5 - 0.75	0.7 - 1.1	0.6 - 0.8
Antriebs-temperatur-Bereich, °C	70 ... 100 120 ...180(1)	70 ... 100	140 ... 180	200 ... 250	65 ... 90	65 ... 90	65 ... 90	60 ... 85	60 ... 80
Solarkollektor-Technologie	FK, VRK, EAK	FK, VRK	EAK	EAK	FK, VRK	FK, VRK	FK, VRK	FK, VRK, SLK	FK, VRK, SLK

- Geschlossene Verfahren: bei geschlossenen Verfahren wird grundsätzlich das Kältemittel in einem geschlossenen thermodynamischen Kreisprozess geführt und die Wärme von außen dem Prozess zugeführt. Derartige Anlagen zeichnen sich durch drei Temperaturniveaus aus: das hohe Temperaturniveau, bei dem die (solare) Antriebswärme bereitgestellt wird, das niedrige Temperaturniveau, bei dem Kälte bereitgestellt – also Wärme auf niedrigem Temperaturniveau aufgenommen – wird und das mittlere Temperaturniveau, bei dem die Summe der beiden eingehenden Wärmeströme an die Umgebung abgeführt wird – beispielsweise über einen Nasskühlturm. Die wichtigsten technischen Ausführungen sind einerseits Sorptionsverfahren und andererseits Dampfstrahlkälteverfahren. Bei den Sorptionsverfahren gibt es wiederum unterschiedliche Materialien, die zum Einsatz gelangen. Die bekanntesten Vertreter sind Wasser-Lithiumbromid-Anlagen, die vor allem für die Komfortklimatisierung Verwendung finden und Ammoniak-Wasser-Anlagen, die für Anwendungen im Bereich der Prozesskälte verwendet werden. Allen Verfahren gemeinsam ist die Bereitstellung von Kälte in einem Verdampfer, in dem das Kältemittel von der flüssigen in die gasförmige Phase übergeht. Die Verdichtung des Kältemittels findet jedoch nicht wie in den bekannten Kompressionskältemaschinen durch mechanische Verdichter statt, sondern durch Anlagerung an ein Sorptionsmittel bei den Sorptionsanlagen bzw. durch Erzeugung eines Unterdrucks in einer Düse bei den Dampfstrahlkältemaschinen. Der Antrieb erfolgt insofern nicht durch mechanische Energie, sondern durch Wärme höherer Temperatur.
  Im Bereich der Sorptionstechnik gibt es heute eine Vielzahl thermisch angetriebener Kälte-Anlagen und Kälte-Techniken unterschiedlichster Leistung – beginnend von ca. 8 kW Kälteleistung im Kleinleistungsbereich bis hin zu Absorptionskältemaschinen mit Leistungen im Bereich der MW-Klasse – von vielen Herstellern weltweit. Diese Anlagen können mit Wärme aus unterschiedlichen Quellen betrieben werden. Dabei ist entscheidend, dass das Temperaturniveau der Wärmequelle zur entsprechenden Anlage passend ist. Als Wärmequellen kommen neben Solarwärme vor allem Abwärme aus industriellen Prozessen (z. B. von Verdichtern), Abwärme aus Anlagen der Kraftwärmekopplung (Blockheizkraftwerk BHKW) oder auch Fernwärme in Betracht. Tabelle 5 gibt eine Übersicht über die Vielzahl der Verfahren, der eingesetzten Sorptionsmittel und Arbeitsmittel (Kältemittel), der Effizienz der Verfahren, ausgedrückt durch den Coefficient of Performance COP, definiert als Verhältnis aus Nutzkälteleistung und Antriebswärmeleistung

  $$COP = Nutzkälteleistung/Antriebswärmeleistung$$

  sowie des jeweiligen Antriebstemperaturbereichs.

Tabelle 5 gibt eine Übersicht über Sorptionskälte- und -klimatisierungsverfahren. Kältemaschinen dienen zur Kältebereitstellung in einem geschlossenen thermodynamischen Prozess, während offene Verfahren eine direkte Luftbehandlung in Lüftungsanlagen ermöglichen. Bei geschlossenen Sorptionskältemaschinen ist eine Mehrfachnutzung der eingesetzten Antriebswärme möglich; dies wird in der Zeile „Prozessart" angegeben. Je höher die Mehrfachnutzung („effect"), desto höher ist der erreichte COP, desto höher ist jedoch auch die benötigte Antriebstemperatur. Die vorletzte Zeile gibt den typischen Bereich der erforderlichen Antriebstemperatur an. Die letzte Spalte beschreibt die entsprechenden Solarkollektortechnologien, die in Verbindung mit den entsprechenden Kälteverfahren angewendet werden können. Dabei bedeutet:

FK = Flachkollektor

VRK = Vakuum-Röhrenkollektor

EAK = einachsig nachgeführter, konzentrierender Kollektor

SLK = Solarluftkollektor

Im Nachfolgenden werden einige wichtige Hinweise gegeben, die aus langjährigen Erfahrungen mit der Auslegung und dem Betrieb von (solar-) thermisch angetriebener Kältetechnik resultieren:

- Die beste Wirtschaftlichkeit erreichen solarthermische Anlagen immer dann, wenn ein hoher Kollektorertrag nutzbringend eingesetzt werden kann. Dies ist oftmals der Fall, wenn neben der Kühlung weitere Anwendungen durch Solarenergie bedient werden können, wie die Heizungsunterstützung oder die Brauchwassererwärmung.
- Für den Einsatz in Gewerbe und Industrie bietet sich oftmals die Kopplung unterschiedlicher Wärmequellen, wie z. B. Abwärme aus Prozessen und/oder der Stromerzeugung mit Blockheizkraftwerken mit der Wärme einer Solaranlage an. Dabei bedient die Abwärme die Grundlast und die Solarwärme die Spitzenlast, die oftmals zu gleichen Zeiten auftreten wie hohe Solargewinne, insbesondere dann, wenn die Kältelast durch die klimatischen Bedingungen geprägt ist.
- Insbesondere bei großen Betrieben wird in der Regel keine monovalente Kältebereitstellung über thermisch angetriebene Kälteanlagen erfolgen, sondern ein Kälteverbund aus konventionellen kompressionsbasierten Kältemaschinen und thermisch angetriebener Kältebereitstellung realisiert werden. Dies führt zu einer höheren Flexibilität, sodass thermisch angetriebene Kältebereitstellung vor allem dann erfolgt, wenn eine geeignete Wärmequelle zum Antrieb zur Verfügung steht und die in der Regel Strom betriebene Kompressionskältetechnik komplementär bei Nichtvorhandensein von ausreichend Wärme für die thermisch angetriebene Kältebereitstellung eingesetzt wird.
- Die Auslegung thermisch angetriebener Kälteanlagen und insbesondere der benötigten Solaranlagen sollte auf der Basis von stunden-genauer Simulation einer gesamten Kühlperiode (oder eines gesamten Jahres) erfolgen, da nur dann die zeitliche Korrelation von Kältelast und zur Verfügung stehender Antriebswärme adäquat erfasst wird.

Zusammenfassend ist solare Kühlung eine vielversprechende Alternative zu konventionellen Anlagen insbesondere dort, wo eine hohe Auslastung der Solaranlage erreicht wird. Dies ist naturgemäß dort der Fall, wo einerseits hohe Einstrahlungswerte vorliegen und wo andererseits eine hohe Abnahme der Solarwärme gegeben ist. In der Praxis liegen die Schwierigkeiten der Technik heute oftmals aufgrund der wenigen Erfahrungen in der Breite in einer unzureichenden Qualität bei Planung, Ausführung und Betrieb. Deshalb sollte besonders auf die Auswahl geeigneter Planungsbüros und auf eine ausreichend umfangreiche Inbetriebnahme-Phase geachtet werden.

Literatur

Henning, H-M. (Ed.): Solar Assisted Air Conditioning in Buildings – A Handbook for Planners, 2nd Revised Edition. Springer-Verlag, Wien New York, 2007

Henning, H.-M.; Urbaneck, Th.; Morgenstern, A.; Núñez, T.; Wiemken, E.; Thümmler, E.; Uhlig, U.: Kühlen und Klimatisieren mit Wärme. Solarpraxis, 2009, ISBN 978-3-934595-81-1

2.2.7 Kälte aus Abwärme

Astrid Pohlig, Clemens Pollerberg, Christian Doetsch

Der Kältebedarf von gewerblichen Betrieben und der Industrie kann konventionell durch Kompressionskältemaschinen gedeckt werden, wie man sie bspw. aus dem Kühlschrank kennt. Alternativ kann auch – wie vorher vorgestellt – Solarenergie genutzt werden, um Kälte für den Betrieb oder den Prozess bereitzustellen. Da jedoch zugleich häufig im gewerblichen und industriellen Bereich Abwärme in relevantem Umfang anfällt, die vor Ort nicht genutzt werden kann, hat sich das Konzept „Kälte aus Abwärme" inzwischen etabliert. Hierbei wird gezielt die bisher nicht genutzte Wärme (daher Abwärme) dazu verwendet, um bspw. Klimakälte oder Prozesskälte bereitzustellen. Da diese Wärme bisher ungenutzt war, steht sie im Regelfall nahezu kostenlos zur Verfügung, sodass die Betriebskosten solcher Anlagen deutlich geringer sind als die der konventionellen Kälteerzeugung. Je nach gewünschtem Temperaturniveau der Kälte, aber auch in

IV

Abhängigkeit von der Temperatur der Abwärme, stehen verschiedene so genannte thermische Kälteerzeugungsverfahren zur Verfügung mit jeweils individuellen Vor- und Nachteilen, die im Folgenden näher vorgestellt werden. In den meisten Fällen ist eine detaillierte, zeitlich aufgelöste Energiemessung, -bewertung und -simulation notwendig, um eine kostenoptimale Lösung zu finden, die auch aus einer Kombination von einer thermischen und einer konventionellen Kälteerzeugung bestehen kann.

2.2.7.1 Konventionelle Kälteerzeugung

Kälte wird heute im Standardfall mittels Kompressionskältemaschinen elektrisch erzeugt: Ein Kältemittel wird zunächst auf einem niedrigen Druckniveau bei niedriger Temperatur verdampft, dann mithilfe eines Kompressors auf ein höheres Druckniveau verdichtet und schließlich bei einer höheren Temperatur; als die Umgebungstemperatur kondensiert. Die beim Verdampfen des Kältemittels aufgenommene Verdampfungswärme ist die erzeugte Kälte, welche bei der Kondensation des Kältemittels an die Umgebung wieder abgeführt wird. Mit der folgenden Abbildung wird das Verfahrensschema einer elektrisch angetriebenen Kompressionskältemaschine veranschaulicht.

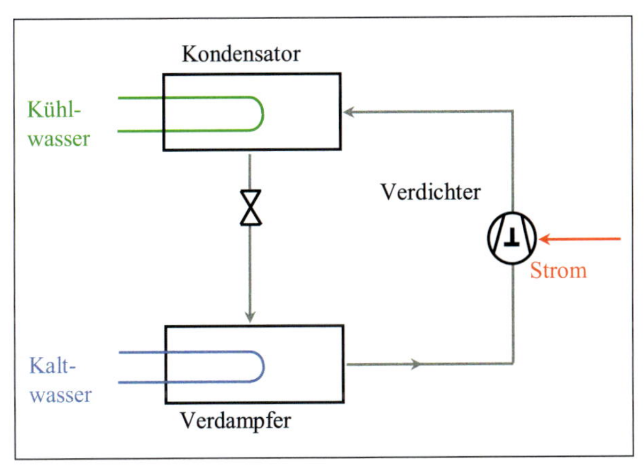

Abb. 20 Verfahrensschema einer Kompressionskältemaschine;

Im Verdampfer siedet das Kältemittel. Die dazu notwendige Verdampfungswärme wird in dem hier dargestellten Fall einem Wasserstrom entzogen und das Wasser somit heruntergekühlt. Das so erzeugte Kaltwasser kann beispielsweise zur Gebäudeklimatisierung oder zur Prozesskühlung dienen. Im nächsten Schritt wird das dampfförmige Kältemittel mithilfe eines elektrisch angetriebenen Kompressors vom Verdampfer in einen Kondensator gefördert und dort auf einem gegenüber dem Verdampfer höheren Druckniveau unter Abgabe der Kondensationswärme kondensiert. Diese Kondensationswärme wird entweder direkt an die Umgebungsluft oder über einen Kühlwasserkreislauf mit einem Rückkühlwerk an die Umgebung abgeführt. Der Kältemittelkreislauf schließt sich, indem das verflüssigte Kältemittel über ein Expansionsventil wieder in den Verdampfer zurückströmt. Bei diesen konventionellen Kompressionskältemaschinen werden die Betriebskosten von den Kosten für den elektrischen Strom dominiert.
Im Unterschied zu einer konventionellen Kompressionskältemaschine nutzen thermisch angetriebene Kältemaschinen (Ab-)Wärme anstelle von elektrischem Strom als Antriebsenergie.

Generell wird die Effizienz der Kälteerzeugung von Kältemaschinen durch die Abbildung des Verhältnisses von Nutzen zu Aufwand beurteilt. Bei konventionellen Kompressionskältemaschinen ist dies das Verhältnis von Kältearbeit [kWh_{th}] zu eingesetzter elektrischer Energie [kWh_{el}]. Bei den thermisch angetriebenen Kältemaschinen ist die eingesetzte Wärme der Aufwand und die erzeugte Kälte der Nutzen – dies wird dann als Wärmeverhältnis bezeichnet. Da die Menge an elektrischer Hilfsenergie gegenüber der Menge an eingesetzter Wärme in der Regel sehr gering ist und einige Kälteprozesse auch ohne elektrische Hilfsenergie betrieben werden können, wird diese bei der Berechnung des Wärmeverhältnisses – wie auch hier – häufig vernachlässigt.

2.2.7.2 Absorptionskältemaschinen

Die Absorptionskältemaschine hat, vergleichbar der Kompressionskältemaschine, einen Verdampfer in dem Kältemittel verdampft, um die Kälteleistung zu erzeugen und einen Kondensator, in dem das Kältemittel wieder kondensiert, bevor es über eine Drossel zurück in den Verdampfer strömt. Der wesentliche Unterschied zur Kompressionskältemaschine liegt darin, dass die Kompression des Kältemittels mithilfe eines Lösungsmittelkreislaufes anstelle eines elektrisch angetriebenen Kompressors erfolgt. Das dampfförmige Kältemittel strömt hierbei aus dem Verdampfer in einen Absorber und wird dort von einem Lösungsmittel aufgenommen. Das Lösungsmittel wird dann mittels einer kleinen Pumpe auf das höhere Druckniveau gebracht und in einen Austreiber gefördert. Dort erfolgt unter Wärmezufuhr eine Trennung von Lösungs- und Kältemittel. Anschließend strömt das dampfförmige Kältemittel in den Kondensator. Bei der Absorptionskältemaschine wird somit kein Dampf, sondern eine Flüssigkeit auf das höhere Druckniveau des Kondensators gebracht, was mit einem deutlich niedrigeren Bedarf an mechanischer Arbeit einhergeht. Diese mechanische Arbeit wird bei einigen Absorptionskältemaschinen sogar durch eine thermisch angetriebene Blasenpumpe erbracht, sodass elektrische Hilfsenergie nicht benötigt wird. Zur Effizienzsteigerung des Prozesses findet ein Wärmeübertrager Verwendung, der das mit Kältemittel angereicherte Lösungsmittel vor Eintritt in den Austreiber vorwärmt und das an Kältemittel arme Lösungsmittel, aus dem Austreiber kommend, vor Eintritt in den Absorber vorkühlt. Durch die Abbildung 21 wird das Verfahren veranschaulicht.

Da Wärme am Austreiber eingebracht wird und zusätzlich Absorptionswärme abgeführt werden muss, ist hier eine größere Rückkühlleistung einzuplanen als bei konventionell elektrisch angetriebenen Kältemaschinen.

Weitere Informationen zur Technologie können dem Cube entnommen werden (Cube 1997).

Zum Betrieb einer einstufigen Absorptionskältemaschine kann Abwärme auf einem Temperaturniveau ab ca. 80° C verwendet werden. Zweistufige Absorptionskältemaschinen benötigen die Wärme auf einem Temperaturniveau über 120° C.

Die meisten heute am Markt verfügbaren Absorptionskältemaschinen nutzen Wasser - Lithiumbromidlösung (H_2O-LiBr) oder Ammoniak - Wasser (NH_3-H_2O) als Kälte- und Lösungsmittel, wobei als erstes das Kältemittel und dann das Lösungsmittel genannt werden. H_2O-LiBr-Absorptionskältemaschinen werden zur Kaltwassererzeugung z. B. für die Klimatisierung oder die Gebäudekühlung eingesetzt und sind im Leistungsbereich zwischen 15 kW_{th} und mehreren MW_{th} marktverfügbar. Da Wasser als Kältemittel eingesetzt wird, kann mit H_2O-LiBr-Absorptionskältemaschinen keine Kälte auf einem Temperaturniveau unterhalb von 0° C erzeugt werden. Wird dies erforderlich, wie beispielsweise bei der Lebensmittellagerung, können NH_3-H_2O-Absorptionskältemaschinen eingesetzt werden, deren Kälteleistungen zwischen 150 kW_{th} und mehreren MW_{th} betragen können. Seit einigen Jahren werden am Markt auch Modelle mit deutlich geringeren Kälteleistungen von unter 25 kW_{th}, angeboten.

Absorptionskältemaschinen sind in einstufiger und zweistufiger Bauweise marktverfügbar, dreistufige Maschinentypen befinden sich derzeit in der Entwicklung. Ziel dieser Entwicklungen ist es, das Wärmeverhältnis weiter zu erhöhen.

Umsetzungsbeispiel:

Seit 2002 wird am Fraunhofer-Institut UMSICHT in Oberhausen eine solarthermisch angetriebene einstufige H_2O-LiBr-Absorptionskältemaschine zur Gebäudekühlung genutzt. Diese Anlage erzeugt Kaltwasser für das Kältenetz des Institutes mittels Solarenergie. Das Kältenetz ermöglicht die Klimatisierung von Büros, Besprechungsräumen, Laboren und Serverräumen. Als Solarkollektoren werden Vakuumröhrenkollektoren eingesetzt, welche die Solarstrahlung zur Heißwassererzeugung nutzen. Mit diesem Heißwasser wird dann die Kältemaschine angetrieben. Das Heißwassernetz der Anlage ist mit dem Heizungsnetz des Instituts verbunden, sodass überschüssige Wärme der Solarkollektoren ins Heizungsnetz des Instituts eingespeist oder Wärme, bei nicht ausreichender Solarstrahlung, zum Betrieb der Absorptionskältemaschine entnommen werden kann.

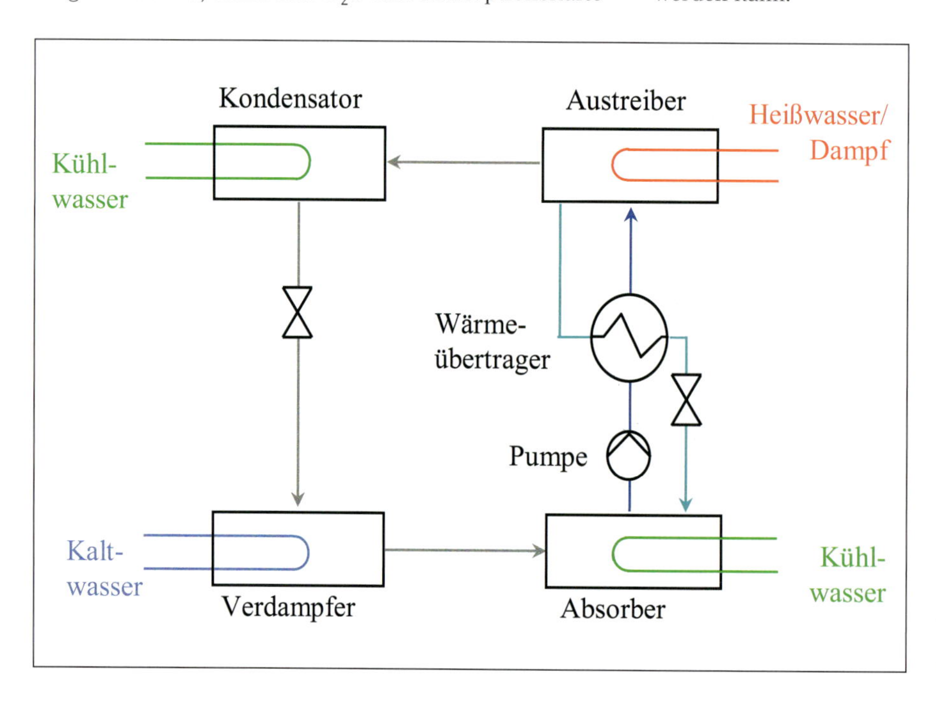

Abb. 21 Verfahrensschema einer einstufigen Absorptionskältemaschine

Abb. 22 Blick auf die Solarkollektoren, den Kühlturm (links) und den Notkühler (rechts);

Insgesamt verfügt die Anlage über 108 m^2 Solarkollektoren (Abb. 22) und es werden Heißwassertemperaturen bis maximal 120° C gefahren. Die nominale Kälteleistung der Absorptionskältemaschine beträgt 35 kW_{th}, je nach Betriebsbedingungen werden sogar bis zu 58 kW_{th} Kälteleistung erreicht. Ein Heißwasserspeicher mit einem Volumen von 6700 l dient als Solarenergiespeicher, um eine begrenzte zeitliche Entkopplung zwischen der angebotenen solaren Wärme und der benötigten Antriebswärme für die Absorptionskältemaschine zu gewährleisten. Ein zweiter Speicher für Kaltwasser besitzt ein Volumen von 1700 l und ermöglicht einen Ausgleich von Lastschwankungen im Kältenetz. In der folgenden Abbildung ist der Maschinenraum der Anlage zu sehen.

Abb. 23 Blick in den Maschinenraum der solaren Kühlung;

2.2.7.3 Adsorptionskältemaschinen

Eine weitere Technologie zur Erzeugung von Kälte aus Wärme stellt die Adsorptionskältemaschine dar, deren Verfahrensschema in der folgenden Abbildung gezeigt wird.

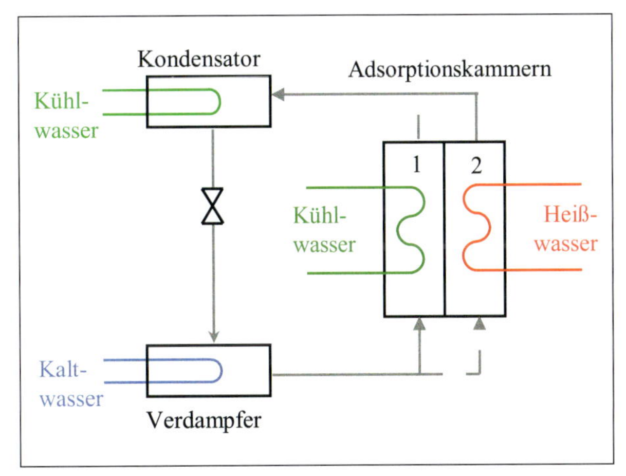

Abb. 24 Verfahrensschema einer Adsorptionskältemaschine;

Auch eine Adsorptionskältemaschine verfügt über einen Verdampfer und einen Kondensator sowie ein Kältemittel, das im Verdampfer verdampft und in einem Kondensator wieder verflüssigt wird. Anders als bei zu den zuvor beschriebenen Kälteprozessen erfolgt die Kompression des dampfförmigen Kältemittels in einem Ad- bzw. Desorber, einem Apparat der je nach Betriebssituation beide Funktionen übernimmt. Darin enthalten ist ein Adsorptionsmaterial – Adsorbens – welches den Kältemitteldampf zunächst adsorbiert. Die während der Adsorption freigesetzte Wärme wird mit einem Kühlmedium abgeführt. Das Druckniveau bei der Adsorption entspricht dem Druck im Verdampfer. Wenn die Adsorptionsfähigkeit des Adsorbens erschöpft ist, wird eine Regeneration notwendig. Diese erfolgt durch Erwärmung des Adsorbens, was zu einer Trennung von Adsorbens und Kältemittel, der Desorption, führt. Die Desorption geschieht auf dem Druckniveau des Kondensators, in den das dampfförmige Kältemittel anschließend strömt und kondensiert. Adsorption und Desorption können nicht zeitgleich in einem Apparat stattfinden, daher stellt diese Technologie einen nicht kontinuierlichen Prozess dar. Für eine kontinuierliche Kälteerzeugung werden zwei „Adsorptionskammern" parallel geschaltet und periodisch im Wechsel betrieben.

Ebenso wie bei der Absorptionskältemaschine wird eine höhere Rückkühlleistung benötigt. Ein Vorteil dieser Technologie ist u. a., dass auch Abwärme mit geringerer Temperatur (bspw. Abwärme bei ca. 65° C) genutzt werden kann (Cube 1997).

Die Arbeitsstoffe von marktverfügbaren Adsorptionskältemaschinen sind Wasser als Kältemittel und Silicagel oder

IV

Zeolith als Adsorbens. Der Einsatz von Wasser als Kältemittel bedingt eine Kälteversorgung im Temperaturbereich von über 0° C, unterhalb von 0° C befinden sich Adsorptionskältemaschinen erst in der Entwicklungsphase. Erste Prototypen mit Methanol oder Ethanol als Kältemittel und Aktivkohle als Adsorbens wurden gebaut und getestet. Ein Vorteil von Adsorptionskältemaschinen ist, dass sie schon mit Wärme auf einem relativ niedrigen Temperaturniveau betrieben werden können.

Umsetzungsbeispiel:

Zur Erprobung dieser Technologie unter den realen klimatischen und baulichen Bedingungen Ägyptens wurde 2012 im Rahmen einer deutsch-ägyptischen Forschungskooperation an der Universität von Assiut eine Demonstrationsanlage in Betrieb genommen. Das in einem gemeinsamen Forschungsprojekt geplante System verfügt über eine Zeolith-Wasser-Adsorptionskältemaschine mit 7,5 kW Kälteleistung, die mit heißem Wasser aus einer 40-m²-Vakuumröhren-Solarkollektoranlage betrieben wird. Das erzeugte Kaltwasser wird zur Kühlung eines Seminarraums eingesetzt. Mit einem Warm- und einem Kaltwasserspeicher lassen sich Unterschiede zwischen Heizwärmeangebot und Kältebedarf ausgleichen und die Raumkühlung auch in die Abendstunden verlängern. Ein 30-kW-Nasskühlturm auf dem Dach des Gebäudes dient als Rückkühler, der die Abwärme der Kältemaschine auch bei Außentemperaturen von über 40° C zuverlässig abführen kann.

Abb. 25 Kältemaschine der solaren Kühlung in einem Seminarraum der Universität von Assiut

Abb. 26 Vakuumröhren-Kollektoren auf dem Dach des Laborgebäudes

2.2.7.4 Dampfstrahlkältemaschinen

Die dritte hier vorgestellte Technologie zur Erzeugung von Kälte aus (Ab-)Wärme ist die Dampfstrahlkältemaschine, dargestellt in Abbildung 27. Die Dampfstrahlkältemaschine verfügt über eine besondere Komponente, den sogenannten Strahlverdichter, der das dampfförmige Kältemittel aus dem Verdampfer in den Kondensator fördert und die notwendige Kompressionsarbeit leistet. Dieser Strahlverdichter wird mit dem Treibmittel Dampf – erzeugt in einer Dampftrommel durch einen Wärmestrom – angetrieben. Treib- und Kältemittel mischen sich im Dampfstrahlverdichter und werden zusammen in einem Kondensator unter Wärmeabgabe kondensiert. Aufgrund dieser Vermischung wird in der Regel ein Arbeitsmittel, beispielsweise Wasser, zugleich als Treib- und Kältemittel eingesetzt. Ausgehend vom Kondensator werden der Verdampfer und die Dampftrommel mit Kondensat versorgt.
Die Kernkomponente einer Dampfstrahlkältemaschine stellt der Dampfstrahlverdichter dar, schematisch in der folgenden Abbildung zu sehen. Seine wesentlichen Bestandteile sind die Treibdüse, die Mischkammer und der Diffusor. Zusätzlich besitzt der Dampfstrahlverdichter drei Anschlüsse: jeweils einen für Treibdampf, Kältemitteldampf und für den entstandenen Mischdampf auf dem Weg zum Kondensator. Die Aufgabe des Strahlverdichters ist die Verdichtung des Kältemitteldampfes, ohne dass elektrische Energie aufgewendet werden muss, dafür notwendig ist jedoch die Bereitstellung von Dampf.
Der Einsatz von Dampfstrahlkältemaschinen erfolgte bisher fast ausschließlich in der industriellen Verfahrenstechnik zur Kühlung von Produkten oder zur Kaltwassererzeugung, für die Gebäudeklimatisierung hingegen wurden bislang nur Demonstrationsanlagen realisiert. Verschiedene Forschungsarbeiten konzentrieren sich auf die Weiterentwicklung der Dampfstrahlkältemaschine zu einem Serienprodukt. Da der verfahrenstechnische Aufwand geringer erscheint als bei anderen thermisch angetrie-

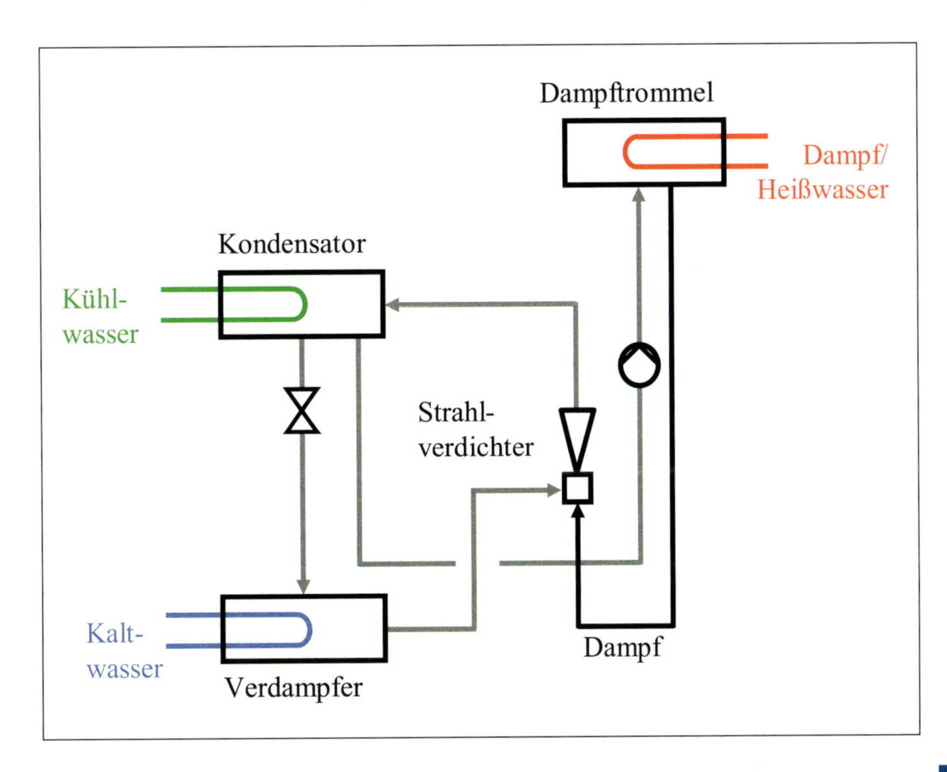

Abb. 27 Verfahrensschema einer Dampfstrahlkältemaschine

benen Kältemaschinen, erwartet man, eine thermisch angetriebene Kältemaschine günstig realisieren zu können. Dies wird sich aber erst nach Start einer Serienproduktion abschließend beurteilen lassen.
Im Gegensatz zu anderen Kältemaschinen reagiert die Dampfstrahlkältemaschine viel schneller auf Lastwechsel. Bei günstigen Rückkühlbedingungen (Temperatur) kann das Wärmeverhältnis relativ hohe Werte erreichen.

Umsetzungsbeispiel:

Seit 1998 betreibt die Energieversorgung Gera GmbH eine Dampfstrahlkältemaschine zur Versorgung eines Fernkältenetzes im Innenstadtbereich, schematisch dargestellt in Abbildung 29.

Ausgangspunkt des Fernkältenetzes ist die Kältezentrale an der Brückenstraße, in der eine Dampfstrahlkältemaschine mit einer Kälteleistung von 600 kW_{th} (mit Wasser als Treib- und Kältemittel) und zusätzlich eine Kompressionskältemaschine mit gleicher Kälteleistung untergebracht sind. Fernwärme des Kraftwerks Gera-Nord liefert die Antriebsenergie für die Dampfstrahlkältemaschine, deren Aufgabe die Deckung der Grundlast des Kältebedarfs ist. Die Kompressionskältemaschine hingegen wird nur zu Spitzenlastzeiten zugeschaltet.
Die Anlage in Gera verfügt über zwei Stufen mit je drei Strahlverdichtern: In der ersten Stufe erfolgt eine Kühlung des Kaltwasser von 12 auf 9° C, in der zweiten Stufe von 9 auf 6° C. Eine Regelung der Kälteleistung wird durch Zu- und Abschalten der Strahlverdichter vorgenommen.

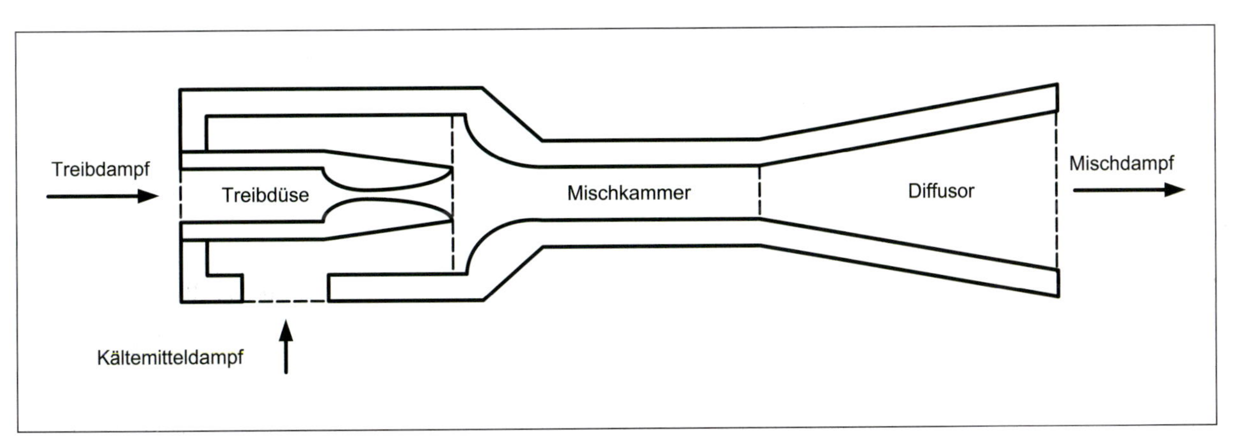

Abb. 28 Schematische Darstellung eines Dampfstrahlverdichters

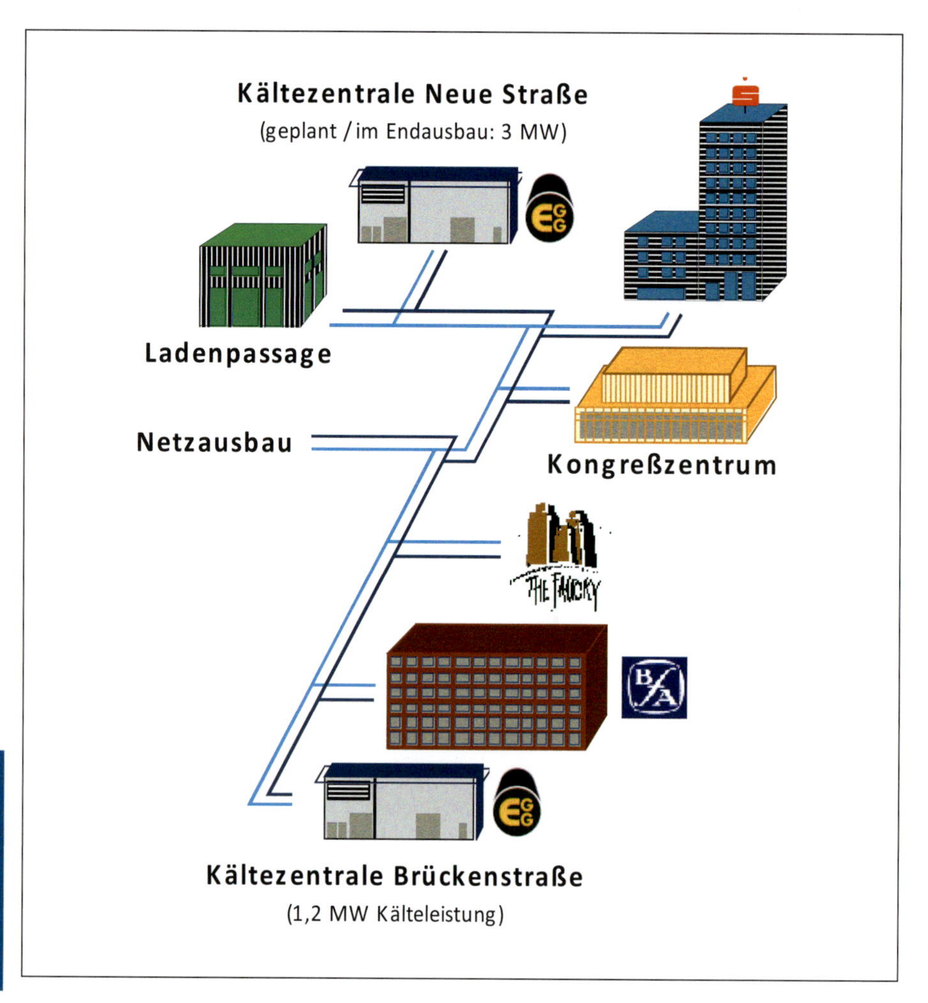

Abb. 29 Fernkältenetz im Innenstadtbereich der Stadt Gera

2.2.7.5 Sorptionsgestützte Klimatisierung

Im Gegensatz zu den bisher vorgestellten Technologien handelt es sich bei der sorptionsgestützten Klimatisierung, im Englischen Desiccant Evaporative Cooling (DEC), um einen offenen Kälteprozess zur Klimatisierung und keinen geschlossenen Kälteprozess. Im Wesentlichen wird durch Trocknung und Befeuchtung die Außenluft gekühlt und dann in das Gebäude geleitet. Somit wird kein Kaltwasser, sondern direkt gekühlte Luft erzeugt. Die Abbildung 30 verdeutlicht das Prinzip.

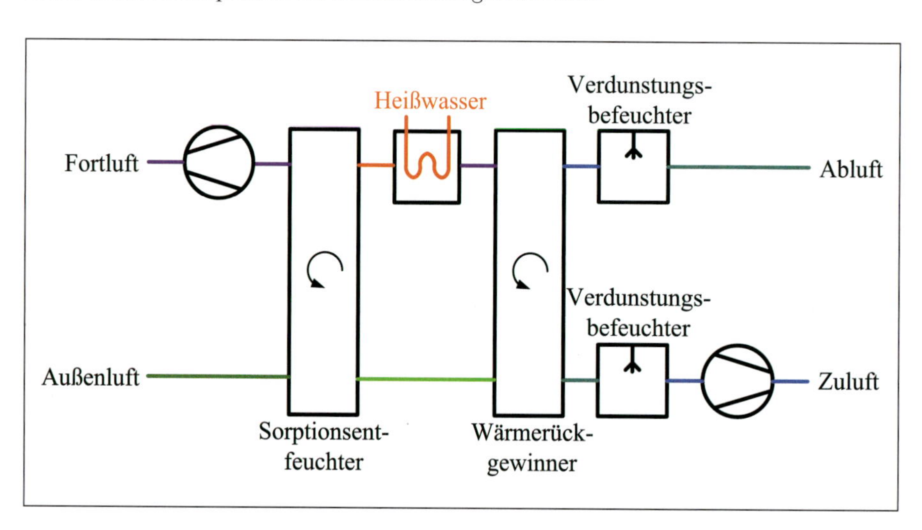

Abb. 30 Verfahrensschema des DEC-Verfahrens

Die Außenluft wird zunächst in einen Sorptionsentfeuchter geleitet, der einen Teil der Luftfeuchtigkeit aufnimmt. Dabei erfolgt eine Erwärmung der Luft, die im nächsten Schritt in einen Wärmerückgewinner strömt, der eine Vorkühlung der Luft vornimmt. Dann wird die Luft in einem Verdunstungs-Befeuchter auf die gewünschte Temperatur für die Klimatisierung gekühlt. Ein zweiter Luftstrom – aus dem Gebäude stammend – dient zur Regeneration des Sorptionsentfeuchters. Die Abluft strömt hierfür zunächst in einen zweiten Verdunstungs-Befeuchter, in dem eine Befeuchtung bis zur Sättigung erfolgt, wobei die Lufttemperatur absinkt. Dieser Luftstrom sorgt dann für eine Kühlung des Wärmerückgewinners, wobei sich der Luftstrom erwärmt. Anschließend wird der Luftstrom mithilfe eines Heizmediums weiter erwärmt, um die Regeneration des Sorptionsentfeuchters zu gewährleisten. Die Regeneration des Sorptionsentfeuchters erfolgt dann durch Wasseraufnahme der Luft, die sich dabei abkühlt. Sowohl Sorptionsentfeuchter als auch Wärmerückgewinner sind in Form von „Rädern“ gebaut, die gleichzeitig auf der einen Seite von der Zuluft und auf der anderen Seite von der Abluft durchströmt werden. Durch Rotation der „Räder“ werden die aufgenommene Feuchtigkeit und die Wärme vom Zuluft- in den Abluftstrom transportiert. Da zur Regeneration des Trocknungsmittels im Sorptionsentfeuchter Temperaturen von 55 bis 65° C ausreichen, können eine Vielzahl von Wärmequellen eingebunden werden. Die Regenerationstemperatur ist allerdings den klimatischen Bedingungen anzupassen, sodass bei einer hohen Luftfeuchtigkeit auch die Regenerationstemperatur angehoben werden muss. Im Gegensatz dazu besteht bei einer ausreichend geringen Luftfeuchtigkeit die Möglichkeit, auf eine Trocknung der Luft zu verzichten, dann wird auch keine Wärme mehr für den Betrieb der Anlage benötigt, da eine Regeneration des Sorptionsentfeuchters entfällt.

Ein Vorteil dieses Verfahrens ist, dass auf eine Prozessrückkühlung mittels Kühlwasserkreislauf verzichtet werden kann. Andererseits muss ein ausreichend großer Luftstrom transportiert werden, um die Kälte zur Anwendung zu transportieren. Bei komplexeren Versorgungsnetzen bietet sich daher der Einsatz von Kaltwassernetzen an. Das DEC-Verfahren stößt dann an seine Einsatzgrenze.

2.2.7.6 Wirtschaftlichkeit von thermisch angetriebenen Kältemaschinen

Thermisch angetriebene Kältemaschinen nutzen Wärme anstelle von elektrischem Strom als Antriebsenergie. Aber anders als beim Strom kann nur ein Teil der Wärmeenergie zum Antrieb des Kälteprozesses genutzt werden. Die Verwendung der Wärme erfordert einen zusätzlichen technischen Aufwand bei thermisch angetriebenen Kälteprozessen und daher auch höhere Investitionskosten, welche durch niedrigere Betriebskosten wettgemacht werden müssen. Dies ist nur möglich über die Energiekosten, wenn

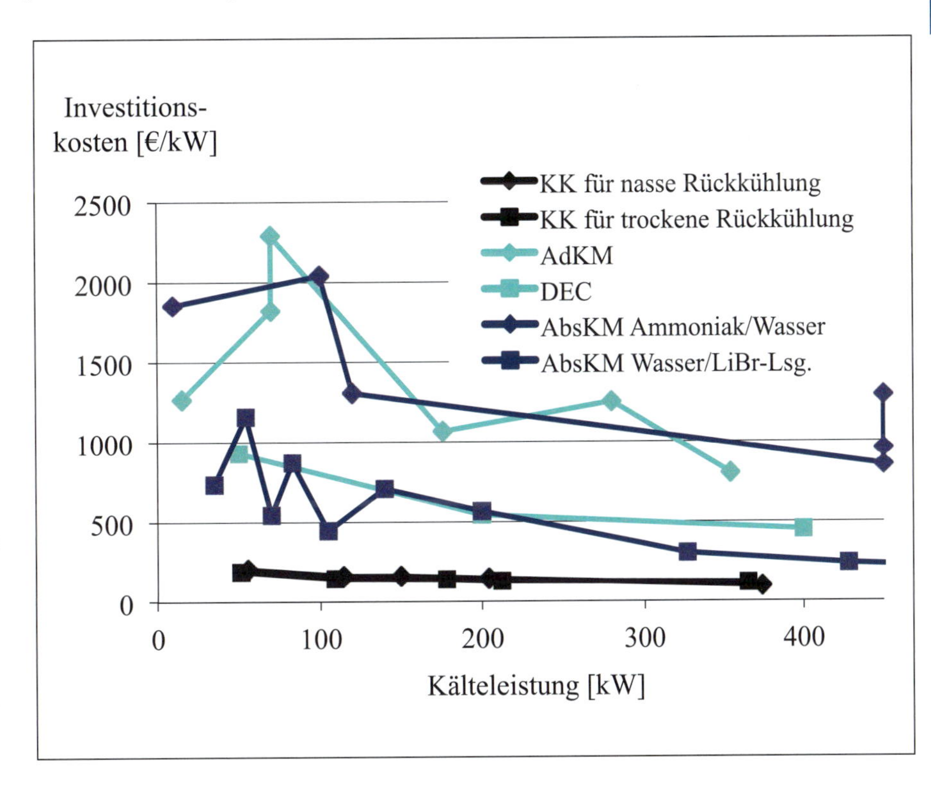

Abb. 31 Investitionskosten von Kältemaschinen, gesammelte Preisdaten nur für die Kältemaschineneinheit (KK – Kompressionskältemaschine, AdKM – Adsorptionskältemaschine, DEC – Desiccant Evaporative Cooling, AbsKM – Absorptionskältemaschine)

der Preis der Wärme deutlich unter dem für Strom liegt. Insbesondere wenn Wärme kostengünstig (Solarthermie, als Koppelprodukt bei der Stromerzeugung oder als Abwärme eines industriellen Prozesses) vorhanden ist, kann der Einsatz der hier beschriebenen Verfahren wirtschaftlich sinnvoll sein. Zu berücksichtigen ist hierbei, dass die Nutzbarmachung einer Wärmequelle immer mit einem technischen Aufwand verbunden ist, der in Form von Wärmekosten in die Bilanzierung des Systems eingehen muss. Zwei besonders interessante Anwendungsgebiete für die hier dargestellten Technologien liegen in der Kraft-Wärme-Kälte-Kopplung (KWKK) und dem solaren Kühlen. Die KWKK verbindet die Strom-, Wärme- und Kälteerzeugung und nutzt die eingesetzten Brennstoffe sehr effizient für die Energieversorgung. Hingegen besitzt das solare Kühlen den großen Vorteil, dass die zu nutzende Solareinstrahlung und der Kältebedarf häufig annähernd zeitgleich auftreten.

Generell ist genau abzuwägen, welche Technologie eingesetzt werden soll, denn unabhängig von den technischen Unterschieden der einzelnen Kälteverfahren unterscheiden sich die Technologien auch deutlich in Bezug auf ihre Investitionskosten. In der folgenden Abbildung sind spezifische Kostendaten verschiedener Kältemaschineneinheiten (ohne Rückkühlung und sonstige Hilfsinstallationen) als Funktion der Kälteleistung aufgetragen.

Bei der Betrachtung der Investitionskosten wird im Vergleich sichtbar, dass diese bei konventionellen Kompressionskältemaschinen viel niedriger ausfallen. Für die thermisch angetriebenen Prozesse bedeutet dies, dass die Kapitalkosten im Vergleich zu konventionellen Kompressionskältemaschinen entsprechend höher sind.

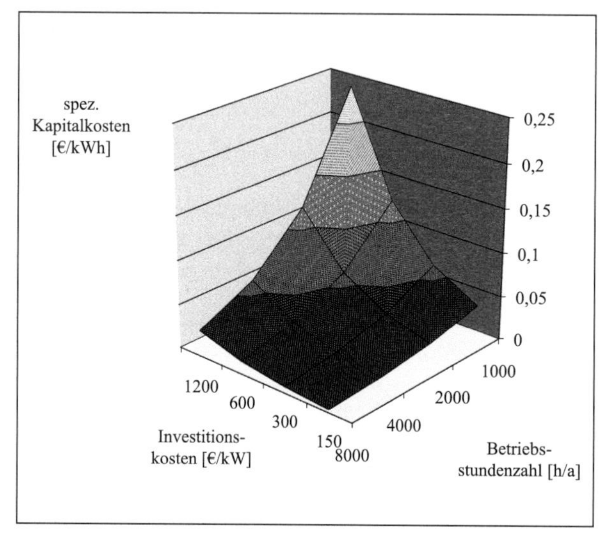

Abb. 32 Spezifische Kapitalkosten in Abhängigkeit der Investitionskosten und der jährlichen Betriebsstundenzahl (Betriebsstundenzahl entspricht hier Volllaststundenzahl der Anlage, Tilgungszeitraum: 6 a, Zinsen: 5 %)

Die Kapitalkosten lassen sich spezifisch auf die erzeugte Energiemenge herunterbrechen. Diese spezifischen Kapitalkosten sind neben den Investitionskosten, von der Betriebsstundenzahl der Anlage abhängig. Der Zusammenhang zwischen den Kapitalkosten bezogen auf die erzeugte Energiemenge und der jährlichen Betriebsstundenzahl bei verschiedenen Investitionskosten wird in dem folgenden Diagramm deutlich.

Niedrige Investitionskosten und eine gleichzeitig hohe Betriebsstundenzahl führen zu geringen spezifischen Kapitalkosten, die aber bei steigenden Investitionskosten deutlich zunehmen. Ist die Betriebsstundenzahl gering, steigen die spezifischen Kapitalkosten noch ausgeprägter an. Entsprechend diesem Zusammenhang muss bei hohen Investitionskosten der Anlage auch eine hohe jährliche Betriebsstundenzahl erreicht werden, da sonst der wirtschaftliche Betrieb gefährdet wäre. Möglicherweise kann es auch zweckmäßig sein, einen Kältebedarf in Grund- und Spitzenlast zu unterteilen. Der thermisch angetriebene Prozess eignet sich dann zur Deckung der Grundlast. Für den wirtschaftlichen Vergleich entscheiden letztlich das Verhältnis von Strom- und Wärmepreis sowie die Betriebsstundenzahl, ob das thermische Verfahren gegen eine elektrisch angetriebene Kältemaschine bestehen kann. Deutlich negativ wirken sich geringe Strompreise, hohe Wärmepreise und eine geringe Betriebsstundenzahl auf die Wirtschaftlichkeit der thermisch angetriebenen Kältemaschine aus. In jedem konkreten Fall müssen die Rahmenbedingungen genau überprüft werden, generelle Aussagen zur Wirtschaftlichkeit der thermisch angetriebenen Prozesse sind nicht möglich. Für die Zukunft ist jedoch anzunehmen, dass die thermisch angetriebenen Kälteprozesse eine wichtigere Rolle bei der Kälteversorgung spielen werden.

Literatur

Cube, H.L. von; Steimle, F.; Lotz, H.; Kunis, J. (Hrsg.): Lehrbuch der Kältetechnik. Band 1. 4. Auflage. C.F. Müller Verlag Heidelberg, 1997. ISBN 3-7880-7509-0

2.2.8 Solare Prozesswärme

Dietrich Schmidt, Klaus Vajen, Christoph Lauterbach, Bastian Schmitt

Der Verbrauchssektor Industrie ist mit ca. 28 % am Endenergieverbrauch Deutschlands beteiligt. Besonders der Nutzung thermischer Energien kommt in diesem Sektor eine große Bedeutung zu. Rund drei Viertel dieser verbrauchten End-Energie wird zur Bereitstellung von Prozesswärme, Raumwärme und Warmwasser benötigt. Mit diesem Anteil entspricht der Wärmeverbrauch der deutschen Industrie nahezu dem gesamten Stromverbrauch Deutschlands (Lauterbach und Schmitt 2010). Ein Teil dieses industriellen Wärmebedarfs kann emissionsfrei durch solarthermische Anlagen bereitgestellt werden, wie verschiedene Potenzial-Studien belegen (Vannoni et. al. 2008), (Lauterbach et. al 2011). Ungefähr 21 % dieses industriellen Wärmebedarfs liegen in einem Temperaturbereich von unter 100° C, der ggf. durch thermische Solaranlagen günstig abgedeckt werden könnte. Weitere 6 % im Temperaturbereich von 100 bis 150° C dieser Wärme könnte mit weiterentwickelten Komponenten solarthermisch bereitgestellt werden. Der Temperaturbereich 150 bis 250° C, der prinzipiell nur mit konzentrierenden Kollektoren abgedeckt werden kann, macht einen Anteil von 4 % aus. Industrielle Hochtemperaturprozesse verbrauchen die verbleibenden 69 % (Nast et. al. 2010).

Da die Effizienz von Solaranlagen mit steigenden Prozesstemperaturen sinkt, eignen sich vor allem Prozesse mit Betriebstemperaturen unter 100° C für den Einsatz der Technologie der thermischen Solarenergienutzung. Zusätzlich sollten diese Prozesse einen möglichst konstanten Wärmebedarf im Wochen- und Jahresverlauf aufweisen. Branchenübergreifend eignen sich vor allem Prozesse wie Blanchieren, Bleichen, Destillieren, Eindampfen, Extraktion, Färben, Kochen, Pasteurisieren, Reinigen, Schmelzen, Sterilisieren, Trocknen, Wärmebehandeln und Waschen für eine solarthermische (Teil-)versorgung. Solche Prozesse finden speziell in den Branchen der chemischen Industrie oder dem Lebensmittelgewerbe Anwendung, doch auch im Bereich der Holzverarbeitung oder bei der Herstellung von Metallerzeugnissen (z. B. Galvanik) gibt es entsprechende Anwendungsfelder (Lauterbach et. al 2011). Der zu erwartende jährliche Ertrag einer thermischen Solaranlage zur Bereitstellung von Prozesswärme wird neben dem Standort maßgeblich von der benötigten Nutztemperatur und dem Lastprofil bestimmt. Es bestehen generell zwei Möglichkeiten der Integration solarer Prozesswärme: Bei der Integration auf Versorgungsebene wird die Solarenergie in einen bestehenden Heizkreis eingespeist. Hierbei kommen insbesondere die Rücklaufanhebung und das Vorwärmen von Kesselzusatz- und -speisewasser infrage, in Ausnahmefällen ggf. auch eine parallele Verschaltung von Kessel und Solaranlage. Mit Ausnahme des Vorwärmens von Kesselzusatzwasser ist die Integration auf Versorgungsebene in aller Regel mit verhältnismäßig hohen Solltemperaturen verbunden, die solar bereitgestellt werden müssen. Bei einer Einbindung auf Prozessebene hingegen wird die Solarenergie direkt für einen oder mehrere ausgewählte Prozesse genutzt. Dies ist zum Beispiel bei der Bereitstellung von Reinigungswasser oder dem Beheizen eines Bades der Fall. Bei dieser Art der Integration kann die solarthermisch bereitzustellende Wärme sogar unterhalb der Betriebstemperatur des Prozesses liegen. Hieraus resultieren im Vergleich zur Integration auf Versorgungsebene höhere Erträge. Bei einem guten Systemkonzept mit einer Integration auf Prozessebene und mit einer Solltemperatur unter 80° C können an guten Standorten in Deutschland Systemerträge von 600 kWh/m^{2}a erzielt werden (Lauterbach et. al 2011).

Die zur Bereitstellung von Prozesswärme verfügbaren Solarkollektoren lassen sich in die drei Betriebstemperaturbereiche bis 80° C, von 80° C bis 150° C und von 150° C bis 250° C einteilen. Für die direkte Beheizung von Prozessen bis 80° C gibt es eine Vielzahl von Flach- und Vakuumröhrenkollektoren auf dem Markt. Zur Prozesswärmebereitstellung in einem höheren Temperaturbereich bis 150° C eignen sich erhältliche Hochleistungsflachkollektoren, Vakuumröhrenkollektoren oder leicht konzentrierende CPC-Kollektoren (Compound Parabolic Concentrator). Für die Beheizung von Prozessen mit höheren Betriebstemperaturen hingegen werden konzentrierende Systeme, wie kleine Parabolrinnen oder Fresnelkollektoren benötigt, welche in Deutschland aufgrund der unzureichenden direkten Einstrahlung bisher ausschließlich in Forschungsvorhaben eingesetzt wurden (Lauterbach und Schmitt 2010).

Bei den Investitionskosten für ein solarthermisches System zur Prozesswärmebereitstellung muss je nach Systemkonzept (mit oder ohne Solarspeicher, Back-up, Hydraulik, etc.) von etwa 450..700 €/kW ausgegangen werden. In diesem Preis sind Komponenten, Planung und Installation der Anlage enthalten. Da der Bau einer thermischen Solaranlage zur Prozesswärmebereitstellung durch den Bund gefördert wird, können Antragsteller (Stand: September 2013) im Rahmen des Marktanteilprogramms eine 50%ige Förderung auf die Planungs- und Investitionskosten der Anlage erhalten. Während bei der Nutzung thermischer Solarenergie im Wohnungsbereich durchschnittliche Jahreserträge von etwa 350 kWh/kW zu erwarten sind, sind im industriellen Bereich oft durchaus doppelt so hohe Erträge realistisch. In Abhängigkeit der spezifischen Investitionskosten der Anlage (€ pro m² Kollektorfläche) und den erzielbaren Erträgen ergeben sich solare Wärmegestehungskosten von etwa 40 bis 50 €/MWh (schlüsselfertig, inkl. Zuschüsse) (Lauterbach et. al 2011).

Für eine beispielhafte Amortisationsrechnung wird von einem Jahresertrag von 500 kWh/m² und einer spezifischen Investition von 500 €/m² ausgegangen, welche über das KfW-Programm Erneuerbare Energien mit 50 % bezuschusst werden. Aus einem angenommenen Gaspreis von 40 €/MWh resultiert eine Amortisationszeit von 12 Jahren. Selbst bei einem Gaspreis von 60 €/MWh würde sich eine, aus industrieller Sicht oft inakzeptable, Amortisationszeit von 7,7 Jahren ergeben. Wird ein optimistischer Jahresertrag von 600 kWh/m² und eine spezifische Investition von 400 €/m² angesetzt, errechnet sich mit einem aktuellen Gaspreis von 40 €/MWh eine Amortisationszeit von 7,8 Jahren (Lauterbach et. al 2011).

Die Bereitstellung von Prozesswärme durch thermische Solaranlagen ist noch immer ein relativ neues Anwendungsgebiet und die Gegebenheiten in Industriebetrieben sind zum Teil sehr komplex und unterschiedlich. Deshalb sollte bei Projekten zur Bereitstellung solarer Prozesswärme eine ganzheitliche Vorgehensweise gewählt werden (Schmitt, Lauterbach, Vajen 2012). Dies bedeutet, dass sich die Untersuchungen nicht ausschließlich auf die Solaranlage beschränken, sondern vielmehr den gesamten thermischen Energiehaushalt des Unternehmens umfassen. Gemäß diesem Ansatz gingen der Realisierung der solarthermischen Pilotanlage bei der mittelständischen Hütt-Brauerei in Kassel-Baunatal umfangreiche Analysen voraus. Es wurde zunächst eine thermische Energiebilanz aller Produktionsbereiche der Brauerei erstellt, um die wichtigsten Energieflüsse, -quellen und -senken zu identifizieren. Auf Basis dieser Bilanz konnten nachfolgend Energieeffizienzmaßnahmen ermittelt und für eine Umsetzung ausgewählt werden. Weiterhin konnte durch diese intensiven Vorarbeiten eine optimale Integration für die thermische Solaranlage in die bestehende Infrastruktur der Brauerei entwickelt werden (Schmitt, Lauterbach, Reinl 2011).

Abb. 33 Die dachintegrierten Großflächenkollektoren ersetzen den Großteil der Ziegel auf dem Brauereigebäude (Schmitt, Lauterbach und Reinl 2011).

Im Sommer 2010 wurde eine thermische Solaranlage, bestehend aus 155 m² Flachkollektoren, auf dem Dach der Brauerei errichtet. Die spezifischen Investitionskosten für diese Anlage liegen bei etwa 615 €/m², wobei die Solaranlage einen Anteil von knapp 15 % an der bestehenden Brauwasserversorgung deckt. Die spezifischen Investitionskosten der ebenfalls in 2010 errichteten Solaranlage bei dem Feinkosthersteller Merl in Brühl belaufen sich auf gut 520 €/m². Hierbei handelt es sich um eine 570 m² große Solaranlage, welche ebenfalls aus Flachkollektoren besteht. Berücksichtigt man die jeweilige Förderung dieser beiden Projekte, so musste die Hütt-Brauerei unter den damaligen Förderbedingungen knapp 310 €/m² und der Feinkosthersteller Merl rund 365 €/m² investieren (Lauterbach et. al 2011).

Trotz eines rein rechnerisch großen technischen Potenzials, industriell benötigte Prozesswärme solarthermisch zu erzeugen, gibt es in Deutschland bisher nur wenige Anlagen und bis vor Kurzem auch kaum einen Zubau weiterer Anlagen. Die ab August 2012 deutlich verbesserten Förderbedingungen haben bei vielen Industriebetrieben hohes Interesse geweckt. Dennoch erschwert die Komplexität und Vielfalt industrieller Prozesse im Vergleich zur Wärmeversorgung von Ein- oder Mehrfamilienhäusern die breite Marktentwicklung. Wegen nicht vorhandenen Hintergrundwissens ist es den meisten Planern von Solaranlagen bisher nicht möglich, zu angemessenen Kosten zu identifizieren, an welchen Stellen innerhalb eines Betriebes Solarenergie sinnvoll eingesetzt werden kann. Doch selbst wenn eine detaillierte Analyse des energetischen Istzustandes der Energieflüsse eines Betriebes vorliegt, stehen der Realisierung meist die für industrielle Verhältnisse langen Amortisationszeiten im Wege. Da die Amortisationszeiten bis auf Weiteres das wichtigste Entscheidungskriterium für oder gegen eine Solaranlage in der Industrie bleiben, müssen die spezifischen Investitionskosten signifikant reduziert werden. Dazu ist vor allem eine effiziente Planung, eine optimale Systemintegration, günstige Komponenten, eine effiziente Installation und eine angemessene Förderung sowie neue Finanzierungsmöglichkeiten, wie z. B. das Contracting, nötig (Lauterbach et. al 2011).

Literatur

Lauterbach, C. und Schmitt, B.: Solarwärme für die Industrie. Energie und Management (2010).

Lauterbach, C.; Schmitt, B.; Jordan, U. und Vajen, K.: Solare Prozesswärme in Deutschland – Potenzial und Markterschließung. 21. Symposium Thermische Solaranlagen, Bad Staffelstein, 2011.

Nast, M.; Pehnt, M.; Frisch, S. und Otter, P.: Prozesswärme im MAP, Stuttgart, 2010.

Schmitt, B.; Lauterbach, C. und Reinl, K.-P.: Solare Prozesswärme für die Bierproduktion – Ein Pilotprojekt aus Nordhessen, Fachbeitrag Brauindustrie, Ausgabe 3/11, 2011.

Schmitt, B.; Lauterbach, C. und Vajen, K.: Leitfaden zur Nutzung solarer Prozesswärme in Brauereien, Universität Kassel, 2012.

Vannoni, C.; Battisti, R. und Drigo, S.: Potenzial for Solar Heat in Industrial Processes. Report within IEA SHC Task 33/IV, Department of Mechanics and Aeronautics, University of Rome, 2008.

2.2.9 Ausblick – Nutzung in Gebäuden

Dietrich Schmidt

Das übergeordnete Ziel eines Einsatzes erneuerbarer Energien bei klein- und mittelständischen Unternehmen (KMU) ist letztendlich die Steigerung der Energieeffizienz für den gesamten Betrieb. Durch Beschreiten dieses Weges zu mehr Energieeffizienz werden unnötig hohe Energiekosten vermieden. Allerdings können Erkenntnisse über eine unwirtschaftliche Energienutzung lange verborgen bleiben, da sich Strukturen der betrieblichen Energieversorgung häufig erst verspätet an die sich schnell ändernden Produktionsprozesse anpassen. In der Folge sind diese Versorgungsstrukturen oft nicht für die tatsächliche Nutzung optimiert. Um diese Situation zu verbessern, ist es notwendig, wie in den obigen Kapiteln ausgeführt, ein Energiekonzept aufzustellen, mit dem Unternehmen die vorhandenen Einsparpotenziale unmittelbar erkennen und ausschöpfen können. In diesem Zusammenhang kann es besonders für kleine und mittlere Unternehmen sinnvoll sein, neutrale und kompetente Energieberater hinzuzuziehen.

Zusammenfassend kann gefolgert werden, dass eine energetische Optimierung generell in den folgenden fünf Punkten umgesetzt werden sollte (Bayerisches Landesamt für Umwelt 2009):

1. Die Vermeidung von unnötigem Energieverbrauch. Dies kann beispielsweise durch die Verringerung der Leerlaufzeiten von Maschinen, durch das Vermeiden von unnötigen Aufheiz- oder Abkühlvorgängen oder auch durch eine Überprüfung von Sicherheitsreserven geschehen.
2. Senkung des spezifischen Energieverbrauchs für einen bestimmten Prozess. Dies kann mit technischen Maßnahmen und durch die Veränderung der Prozessgestaltung, wie beispielsweise bei Trocknung durch den Einsatz von mechanischer anstelle von thermischer Energie, erfolgen.
3. Verbesserung der Wirkungs- und Nutzungsgrade durch eine hohe Auslastung und gute Wartung der Anlagen. Neben der anzustrebenden hohen Auslastung der Produktionsanlagen sind gute Regeleinrichtungen, die Senkung von Verteilverlusten, eine sorgfältige Instandhaltung und der Einsatz von optimal geeigneten Energieträgern sowie ggf. der Einsatz von Kraft-Wärme-Kopplungsanlagen bei einem gleichzeitigen Bedarf von Strom und Wärme im Verhältnis von ca. 2:1 zu prüfen.
4. Die Nutzung von Wärmerückgewinnungsprozessen. Dies sollte möglichst noch im selben Prozess geschehen, in dem die Abwärme anfällt, wie z. B. durch die Vorheizung von Verbrennungsluft. So werden aufwendige Transportprozesse vermieden. Ist dies nicht möglich, kann eine Verwendung z. B. durch die Nutzung von Abwärme für die Beheizung der Gebäude des Betriebes geprüft werden. Unter besonderen Randbedingungen kann auch eine Abgabe der Abwärme an Dritte oder auch die Aufwertung von Abwärme mit niedrigen Temperaturen mittels Wärmepumpe lohnenswert sein.
5. In einem weiteren Schritt sollte die Nutzung regenerativer Energien und ihre optimierte Einbindung in das Versorgungssystem des Betriebes, wie in diesem Kapitel beschrieben, untersucht werden.

Alle diese aufgezeigten Maßnahmen müssen sich an ihrer jeweiligen Wirtschaftlichkeit messen lassen. Unter günstigen Bedingungen lassen sich schon durch einfache und annähernd kostenfreie organisatorische Maßnahmen, wie z. B. das Abschalten von Beleuchtung oder einer Lüftungsanlage über eine Zeitschaltuhr, Energieeinsparungen erreichen. Es könnten jedoch auch erhebliche Investitionen notwendig sein, die sich aber lohnen. Daher sollten bei der Planung einer Anlage nicht ausschließlich die Anschaffungskosten im Vordergrund stehen. Es müssen die verschiedenen Kosten einer Anlage über die gesamte Lebensdauer (Lebenszyklus) betrachtet werden, beispielsweise können bei einem Elektromotor 95 % der Gesamtkosten auf den Energieverbrauch fallen. Um dies abzuwägen, werden die anfallenden fixen und variablen Kosten sowie die zu erwartenden Energie- und Kosteneinsparungen für die Wirtschaftlichkeitsbetrachtung nach einem leicht nachvollziehbaren statischen Verfahren oder einem für Langzeitbetrachtungen genaueren und aufwendigeren dynamischen Verfahren bestimmt. Über eine reine wirtschaftliche Bewertung hinaus sollten weitere Kriterien Berücksichtigung finden, die für Unternehmen unterschiedliche, häufig höhere Priorität besitzen. Beispiele solcher Kriterien sind Versorgungssicherheit,

Emissionsbilanz, zu erwartende neue Vorschriften, Förderprogramme, regionale oder branchenspezifische Entwicklungen sowie das Image des Unternehmens (Bayerisches Landesamt für Umwelt 2009).

Die Nutzung von Abwärme oder auch die Nutzung von Wärme aus regenerativen Quellen mit oft moderaten Prozesstemperaturen ist in vielen Fällen gerade aus wirtschaftlichen Erwägungen vielversprechend. So entsteht Abwärme in fast allen gewerblichen und betrieblichen Bereichen. Sie lässt sich aufgrund der erforderlichen geringen Prozesstemperaturen besonders gut für die Raumheizung und zur Warmwasserbereitung nutzen, aber auch zur Vorwärmung von Prozesswasser, Verbrennungsluft und Trocknungsluft. Auch Beispiele aus der Tagespresse belegen das gestiegene Interesse an der Nutzung von Abwärme gerade für den Einsatz zum Betrieb von Gebäuden (Der Spiegel 2010).

Typische Temperaturbereiche von Abwärme aus folgenden Prozessen sind (Bayerisches Landesamt für Umwelt 2009, 2012):

- 16–26° C für Abluft aus der Raumluft
- 20–60° C für Abluft aus Kühlprozessen
- 20–60° C für Abwasser aus Kühl- und Prozessanlagen
- 160–450° C für Abgase aus Verbrennungs- und Verfahrensprozessen

IV

Generell ist eine hohe Temperaturdifferenz zwischen Abwärme-Temperatur und benötigter Temperatur wichtig für eine lohnende Wärmerückgewinnung. Weiterhin sollte das Verhältnis von Energieangebot zu Energiebedarf mengenmäßig möglichst gut übereinstimmen. Damit eine Nutzung sich lohnt, muss die Wärme ohne großen Aufwand gesammelt und transportiert werden können (Bayerisches Landesamt für Umwelt 2009).

Eine der klassischen Anwendungen für Abwärme ist die Gebäudeheizung bzw. die Heizungsunterstützung. Im günstigsten Fall kann ausreichend warme Abluft mit guter Luftqualität direkt in zu beheizende Räume eingebracht werden. Ist dies nicht so einfach möglich, kann die Abwärme über Wärmetauscher in das Heizungssystem eingebracht werden. Übliche Vorlauftemperaturen für Heizungssysteme sind 35 bis maximal 90° C. Steht ausreichend Abwärme in einem Temperaturbereich oberhalb der Vorlauftemperatur des Heizungssystems zur Verfügung, kann die Beheizung des Gebäudes vollständig aus Abwärme erfolgen. Alternativ kann beispielsweise durch eine Rücklauftemperaturanhebung der notwendige Brennstoffeinsatz und die maximale Kesselleistung des Heizungssystems reduziert werden (Bayerisches Landesamt für Umwelt 2012).

Ähnlich der Abwärmeanwendung für die Gebäudeheizung stellt sich die Nutzung für die Brauchwarmwassererwärmung bzw. -unterstützung dar. Kaltes Trinkwasser muss dabei von einem Temperaturniveau von 8 bis 12° C auf eine Nutzungstemperatur von 45 bis 60° C erwärmt werden. Häufig liegt ein relativ gleichbleibender Bedarf an Brauchwarmwasser über den Jahresverlauf vor, doch muss dieses immer im Einzelfall überprüft werden. Reicht das Temperaturniveau der Abwärme oder die Wärmemenge nicht für eine vollständige Aufheizung des Warmwassers, so kann dies zumindest vorgeheizt werden. Dies ist mit praktisch jeder verfügbaren Abwärmequelle möglich (Bayerisches Landesamt für Umwelt 2012).

Es existieren rechtliche Regeln für die Nutzung von Abwärme im Energierecht, wie auch im Immissionsschutzrecht der Bundesrepublik Deutschland. Die Regelungen im Energierecht zielen auf die Schonung der Energiereserven ab. Hier gibt es unter anderem Regelungen zur Abwärmenutzung in Gebäuden. Die Regelungen im Immissionsschutzrecht orientieren sich an der Verringerung der Umweltbelastungen. Durch die Nutzung von Abwärme reduziert sich die Nutzung von immissionsträchtiger Energieerzeugung insbesondere durch fossile Brennstoffe. Eine Verpflichtung zur Abwärmenutzung und -vermeidung besteht in diesem Zusammenhang unter der Bedingung, dass sich die erforderlichen Maßnahmen in der Zeit der Nutzung einer Anlage wieder amortisieren und damit zumindest kostenneutral sind (Berlinbrandenburgische Akademie der Wissenschaften).

Zusammenfassend kann für den Einsatz erneuerbarer Energien bei klein- und mittelständischen Unternehmen gefolgert werden, dass in den Betrieben viele wirtschaftlich effiziente Möglichkeiten zu deren Einsatz bestehen. Besonders die wirtschaftliche Nutzung von Abwärme aus Produktionsprozessen und z. B. aus der Kraft-Wärme-Kopplung eröffnet je nach dem Verlauf der Energiepreisentwicklung zunehmend mehr Möglichkeiten, die Energieeffizienz des gesamten Betriebes erheblich zu verbessern.

Literatur

Bayerisches Landesamt für Umwelt (LfU): Leitfaden für effiziente Energienutzung in Industrie und Gewerbe – Klima schützen – Kosten senken. Augsburg, 2009.

Bayerisches Landesamt für Umwelt (LfU): Abwärmenutzung im Betrieb – Klima schützen – Kosten senken. Augsburg, 2012.

Der Spiegel: Heft 47, Mit der Abwärme Gebäude heizen. S. 133, 2010.

Berlinbrandenburgische Akademie der Wissenschaften: Rechtliche Regeln über Abwärme in Deutschland. In: Fratzscher, Wolfgang und Stephan, Karl (Hrsg.): Abfallenergienutzung: technische, wirtschaftliche und soziale Aspekte, Berlin, S. 233–249.

2.3 Flachdächer für ressourceneffiziente Produktionsstätten

Wolfgang Zillig, Nina Nadine Martens

2.3.1 Einleitung

Die weltweit immer knapper werdenden Ressourcen beeinflussen nicht nur die Produktion von Waren, sondern auch die Gebäude, in denen sich die Produktionsstätten befinden. Dies trifft einerseits auf den Ressourcen- und Energieverbrauch für die Herstellung der Baustoffe zu, sowie andererseits durch den Energieverbrauch, der für die Beheizung der Produktionsstätte nötig ist. Ein weiterer Aspekt ist, dass die im Industriebau weitverbreiteten Flachdächer nicht nur für ihre eigentliche Aufgabe – dem Schutz des Innenraums vor Wind und Wetter – genutzt werden können, sondern sich auch für weitere Nutzungen, wie zur Erzeugung von Strom mittels Fotovoltaik eignen. Jedoch sind Flachdächer in ihrem Aufbau komplex und bei fehlerhaft ausgelegten Konstruktionen oder einer mangelhaften Ausführung drohen Bauschäden. Dies führt zu einer Verkürzung der Lebensdauer des Dachaufbaus und somit zu steigenden Instandhaltungskosten, weiter kann beispielsweise durch Undichtheiten eindringendes Regenwasser auch die Produktionsanlagen selbst behindern. Wasserschäden an Waren und Maschinen sind mögliche Folgen.

Richtig ausgeführte Flachdächer bieten jedoch hohe Sicherheit vor Bauschäden. Auch ökologische und ökonomische Anforderungen können problemlos erfüllt werden. Im folgenden Beitrag wird zunächst auf die Tragkonstruktionen eingegangen, die bei der Planung und Herstellung eines Flachdachs zu berücksichtigen sind. Anschließend werden die bauphysikalischen Anforderungen erläutert, welche eingehalten werden müssen. Diese umfassen sowohl den Wärme- und Feuchteschutz als auch Aspekte betreffend dem Brand- und Schallschutz. In dem Kapitel konstruktive Grundlagen werden die verschiedenen Flachdachkonstruktionen und Werkstoffe im Detail vorgestellt. Das anschließende Kapitel befasst sich mit der Nachhaltigkeitsbewertung von Flachdächern, wobei eine derartige Bewertung nicht allein für das Dach stattfinden kann, da Nachhaltigkeitsbewertungen das gesamte Gebäude betrachten. Abschließend werden die wichtigsten Aspekte zusammengefasst und weiterführende Literatur vorgestellt.

2.3.2 Tragkonstruktionen

Alle Gebäude unterliegen vielfältigen kombinierenden Einwirkungen wie Wind-, Regen-, Schnee- oder Eislasten. Aber auch Beeinflussungen durch Temperaturschwankungen, Belastungen durch das Eigengewicht oder einer Dachnutzung muss die Konstruktion sicher standhalten. Die Ableitung dieser Kräfte wird von dem Tragwerk übernommen. Die Dimensionierung der Tragelemente ist so zu bemessen, dass übermäßige Verformungen oder Schwingungen vermieden werden und zusätzlich den ökonomischen Anforderungen entsprechen. Besonders bei Flachdächern ist auf eine Begrenzung der Verformung zu achten, ansonsten kann die Abfuhr von Regenwasser nicht mehr sichergestellt werden und es bildet sich stehendes Wasser aus. Dadurch entsteht ein erhöhtes Risiko gegenüber Bauschäden.

Die genannten Aspekte zeigen, dass die Bemessung des Tragwerks einerseits die Standsicherheit erfüllen muss, jedoch durch ökonomische Zwänge das Sicherheitsniveau begrenzt ist. Die Bemessung des Tragwerks erfolgt mittels eines auf Wahrscheinlichkeitswerten basierendem Sicherheitskonzeptes, beschrieben in den Normen EN 1990 bis EN 1995 (Eurocode EC 0 bis Eurocode EC 5).

Die Bestimmung des Sicherheitsniveaus erfolgt mittels charakteristischen Werten für jede Basisgröße sowie zusätzlichen Teilsicherheitsbeiwerten. Bei den einwirkenden Lasten wird zusätzlich unterschieden in ständig einwirkende Lasten (z. B. Eigenlasten), veränderliche Lasten (z. B. Nutz-, Wind, Schneelasten) und in außergewöhnliche Einwirkungen (z. B. Brand, Erdbeben). Bei der Bemessung der Konstruktion werden diese Lasten mit den Teilsicherheitsbeiwerten multipliziert. Dieser liegt für Eigenlasten allgemein bei dem Faktor 1,35 und für Nutz-, Wind und Schneelasten bei Faktor 1,5. Weiterhin erfolgt bei der Charakterisierung der Festigkeitskennwerte eine Berücksichtigung der Schwankungsbreite dieser Kennwerte, um beispielsweise unterschiedliche Eigenschaften von Holz zu berücksichtigen.

Die Tragschichten, die die Lasten in das Primärtragwerk ableiten, können aus verschiedensten Materialien bestehen. Weit verbreitet sind Stahlbeton, Stahl, Holz aber auch Glas. Neben der eigentlichen lastableitenden Funktion übernehmen die Schichten oftmals weitere Funktionen wie den Wärme- oder Feuchteschutz.

Trotz des hohen Eigengewichts werden Flachdächer oft in Stahlbetonbauweise ausgeführt, dadurch werden sehr gute Schallschutzeigenschaften der Konstruktion erreicht. Ein weiterer Vorteil von Dächern aus Beton sind die guten Brandschutzeigenschaften (siehe auch Abschnitt 2.3.3). Bei der (Stahl-)Betonbauweise wird generell zwischen Ortbeton und Fertigbauteilen unterschieden. Bauteile aus Ortbeton werden auf der Baustelle erstellt (Schalung, Bewehrung,

Betonierung). Fertigteile hingegen werden vollständig im Werk produziert. Nachteilig hierbei sind die beschränkten Transportgrößen vom Werk zur Baustelle und der nachträgliche Verguss der Fugen zwischen den Elementen. Es besteht außerdem die Möglichkeit Fertigteilelemente mit einer mittragenden Ortbetonschicht zu versehen und so die Vorteile einer schnellen Bauweise ohne die Größenlimitierung der Fertigteile zu kombinieren. Dächer und Decken aus Stahlbeton sind in der DIN 1045 - 1 (Tragwerke aus Beton, Stahlbeton und Spannbeton), sowie in DIN EN 1992 - 1 (EC 2) normativ beschrieben.

Dächer aus Metall werden in der Regel aus profilierten Blechen erstellt. Es haben sich trapezförmige Profile als sehr wirtschaftlich bewährt: Die Blechtafeln können sowohl einschalig als auch mehrschalig verwendet werden. Bei mehrschaligen Profiltafeln wird über die schubsteife Klebung mit Hartschaumstoff einzelner Blechlagen ein Sandwichelement ausgebildet. Auf diese Weise können komplett fertige Dachelemente erstellt werden. Als wichtige Normen sind die DIN 18807, die europäische Produktnorm DIN EN 14782 sowie für Sandwichelemente die DIN EN 14509 zu nennen.

Holz als natürlicher Baustoff hat eine lange Tradition als verbautes Material für Dachkonstruktionen. Die Verwendung ist vielseitig und reicht von Massivholz über Brettschichtholz bis hin zu den verschiedenen Holzwerkstoffen (z.B. OSB, Sperrholz, Flachpressplatten). Sonderformen sind die Rippen- und Hohlkastenbauweise sowie Massivholzsysteme (Brettstapeldach, Brettsperrholzdach). Normativ ist die Bemessung und Konstruktion von Holzbauten in DIN 1052 und DIN EN 1995 (EC 5) geregelt.

Auch Flachdächer aus Glas sind möglich. Allerdings sind diese eher als Sonderfall anzusehen und bei Produktionsstätten sehr selten anzutreffen.

2.3.3 Bauphysik

Die Bauphysik umfasst vielseitige Themengebiete. Dazu gehören neben den klassischen Themen des Wärme-, Feuchte-, Brand- und Schallschutzes auch die Optimierung der Lichttechnik, Fragen des Raumklimas, der Hygiene, des Gesundheitsschutzes und der Baustoffemissionen.

2.3.3.1 Wärmeschutz

Die Grundvoraussetzung für die Gewährleistung eines hygienischen Raumklimas, den Schutz der Konstruktion des Bauwerks vor unerwünschter Feuchteeindringung und einen reduzierten Energieverbrauch ist der bauliche Wärmeschutz. Zur Reduzierung der Energieaufwendungen für Beheizung als auch Kühlung eines Gebäudes ist eine energieeffiziente Gebäudeplanung besonders wichtig. Hierbei müssen unterschiedliche Aspekte bei der Planung berücksichtigt werden: Neben der Nutzung von erneuerbaren Energien sollte der gesamte Energieverbrauch so gering wie möglich gehalten werden. Der winterliche Wärmeschutz dient zur Verringerung des Energieverbrauchs für die Beheizung von Gebäuden, während der sommerliche Wärmeschutz im Wesentlichen durch den Einsatz von Verschattungsmaßnahmen von opaken Bauteilen die Überhitzung im Gebäudeinneren verhindern soll.

Die wichtigsten normativen Regelungen für die Bestimmung des Wärmeschutzes sind die DIN EN ISO 6946 (Wärmedurchlasswiderstand von Bauteilen), DIN 4108 - 2 (Mindestwärmeschutz im Winter) und die Energieeinsparverordnung (EnEV).

Der Wärmedurchlasswiderstand R (bzw. der Wärmedurchgangskoeffizient U) charakterisiert die energetischen Eigenschaften mehrschichtiger Bauteile. Hierbei können nicht nur homogene Bauteile analysiert werden, sondern auch eine thermische Querverteilung in inhomogenen Bauteilen. Vereinfachend für planparallele Schichten kann der Wärmedurchlasswiderstand nach folgender Formel berechnet werden:

$$R = R_1 + R_2 + \ldots + R_j \text{ mit } R_i = d/\lambda$$

R Wärmedurchlasswiderstand m^2K/W
d Schichtdicke m
λ Wärmeleitfähigkeit W/mK

Der Wärmedurchgangskoeffizient U berücksichtigt gegenüber dem Wärmedurchlasswiderstand R zusätzlich auch die Wärmeübergangskoeffizienten (R_{si}, R_{se}) an den Bauteiloberflächen und berechnet sich nach folgender Formel:

$$U = (R_{si} + R + R_{se})^{-1}$$

Die Größe der Wärmeübergangskoeffizienten sind abhängig von der Richtung des Wärmestroms und sind für den Standardfall am Flachdach (Wärmestrom von unten nach oben) mit $R_{si} = 0{,}13\ m^2K/W$ und $R_{se} = 0{,}04\ m^2K/W$ definiert.

Der Mindestwärmeschutz im Winter ist nach DIN 4108 - 2 definiert, um im Winter ein hygienisches Raumklima sowie einen dauerhaften Schutz der Konstruktion vor eindringender Feuchte zu gewährleisten. Die Randbedingungen sind so gewählt, dass bei üblichen Raumklimata eine zu hohe Feuchte (> 80 % relativer Feuchte) vermieden wird. Diese Anforderungen lassen sich üblicherweise mit wenigen Zentimetern Dämmstoff einhalten. Da der Schwerpunkt der Norm die Einhaltung hygienischer Mindeststandards ist, müssen zusätzlich die Anforderungen nach der Energieeinsparverordnung eingehalten werden.

Die Energieeinsparverordnung EnEV reglementiert den gesamten Energiebedarf, den ein Gebäude zur Deckung

Tab. 1 Werte des Referenzgebäudes nach EnEV bezogen auf das Dach

Bauteil/System	Eigenschaft	Wert der Referenzausführung
Dach, oberste Geschossdecke Wände zu Abseiten	Wärmedurchgangskoeffizient	U=0,20 W/m²K
Dachflächenfenster	Wärmedurchgangskoeffizient	U=1,40 W/m²K
	Gesamtenergiedurchlassgrad der Verglasung	g=0,60
Lichtkuppeln	Wärmedurchgangskoeffizient	U=2,70 W/m²K
	Gesamtenergiedurchlassgrad der Verglasung	g=0,64
oben genannte Bauteile	Wärmebrückenzuschlag	ΔU_{WB}=0,05 W/m²K

der Wärmeverluste über die Gebäudehülle, zum Betrieb der Heizanlage, der Warmwasserbereitung und ggf. dem Betrieb von Lüftungsanlagen benötigt. Das Berechnungsverfahren definiert ein Referenzgebäude gleicher Geometrie, Gebäudenutzfläche und Ausrichtung sowie für die einzelnen Bauteile Referenzausführungen (Tab. 1). Durch das Referenzgebäudeverfahren mit der Bilanzierung über alle Bauteile sind keine spezifischen Grenzwerte für einzelne Bauteile festgelegt. Üblicherweise werden die Bauteile in etwa die Eigenschaften der Referenzausführung erreichen. Für einen Flachdachaufbau beispielsweise würde unter Berücksichtigung von 20 cm Stahlbeton eine Dämmschichtdicke von 20 cm mit einer Wärmeleitfähigkeit von 0,04 W/mK benötigt, um einen U-Wert von 0,20 W/m²K zu erreichen.
Die Bestimmung des sommerlichen Wärmeschutzes nach DIN 4108 - 2 soll dazu dienen, die Aufheizung des Raumes unter dem Flachdach zu begrenzen und den Nutzern somit ein behagliches Raumklima zu schaffen. Bei Flachdächern ist der Wärmeeintrag durch beinhaltende Glasflächen (z. B. Lichtbänder) zu beachten. Während große Glasflächen für die Ausleuchtung des Innenraums mit Tageslicht sinnvoll sein können, sind hingegen kleine Fensterflächen zur Begrenzung des solaren Wärmeeintrags vorteilhaft. Mit dem Berechnungsverfahren nach DIN 4108 - 2 kann ein Sonneneintragskennwert, der abhängig von der Verglasung ist, bestimmt werden. Dieser Wert ist mit einem maximal zulässigen Wert in Abhängigkeit von Klima und baulichen Parametern zu vergleichen.

2.3.3.2 Feuchteschutz

Bei der Planung eines Flachdachs ist der Feuchteschutz für ein Gebäude beidseitig zu betrachten: Einerseits schützt eine Dachabdichtung das Dach vor Regenwasser, andererseits wird die Austrocknung der Konstruktion von eindringender Raumluftfeuchte nach außen hin verhindert. Durch zunehmende Verbesserung von Wärmedämmung und der Gebäudedichtheit sind Schadensrisiken gestiegen, die auf höhere Luftfeuchtigkeit in den Gebäuden und größeren Temperaturunterschiede zwischen innerer und äußerer Bauteiloberfläche zurückzuführen sind. Dies bedeutet: Wenn weniger Wärme aus dem Raum in der Gebäudehülle ankommt, kann weniger Wasser verdunsten, sodass unplanmäßig eingedrungene Feuchte zunehmend ein größeres Problem darstellt.
Aufgrund dieser Tatsachen ist bei der Auswahl von Feuchteschutzmaßnahmen eine genaue Analyse der klimatischen Bauteilbeanspruchungen erforderlich. Die Abweichungen eines Raumklimas von den üblichen Verhältnissen, die gewöhnlich in Wohn- oder Bürogebäuden auftreten, haben häufig große Auswirkungen auf das Feuchteverhalten einer Konstruktion. Dies ist besonders bei Produktionsstätten mit hoher Wärme- und Feuchteproduktion zu beachten.
Ein weiterer Aspekt den Feuchteschutz von Konstruktionen betreffend ist der Einfluss des Außenklimas. Während in Deutschland die Unterschiede noch nicht extrem sind, muss dies bei der Planung von Produktionsstätten im Ausland (beispielsweise im tropischen Klima) berücksichtigt werden.
Der Feuchtetransport in Bauteilen erfolgt üblicherweise durch Wasserdampfdiffusion. Bei Vorhandensein von Undichtheiten kann es auch zu einer Luftströmung durch das Bauteil kommen (Dampfkonvektion). Durch Abkühlen der Luft im Bauteil kann es zu einem Ausfall von Kondenswasser kommen. Die Wassermenge, die über Dampfkonvektion in das Bauteil gelangt, kann um Vielfaches größer sein als die Wassermenge die durch Dampfdiffusion ins Bauteil gelangt. Daher sollte auf eine luftdichte Gebäudehülle besonders geachtet werden.
Ist der Feuchtegehalt in einem Baustoff ausreichend hoch, setzt in kapillaraktiven Materialien die sogenannte Kapillarleitung ein. Bei dieser bewegt sich Wasser in flüssiger Form durch die Porenräume des Baustoffes. Üblicherweise ist der Wassertransport durch Kapillarleitung größer als der Transport durch Wasserdampfdiffusion.
Die Berechnung von Wasserdampfdiffusionsvorgängen ist mit dem sogenannten Glaser-Verfahren nach DIN 4108 - 3

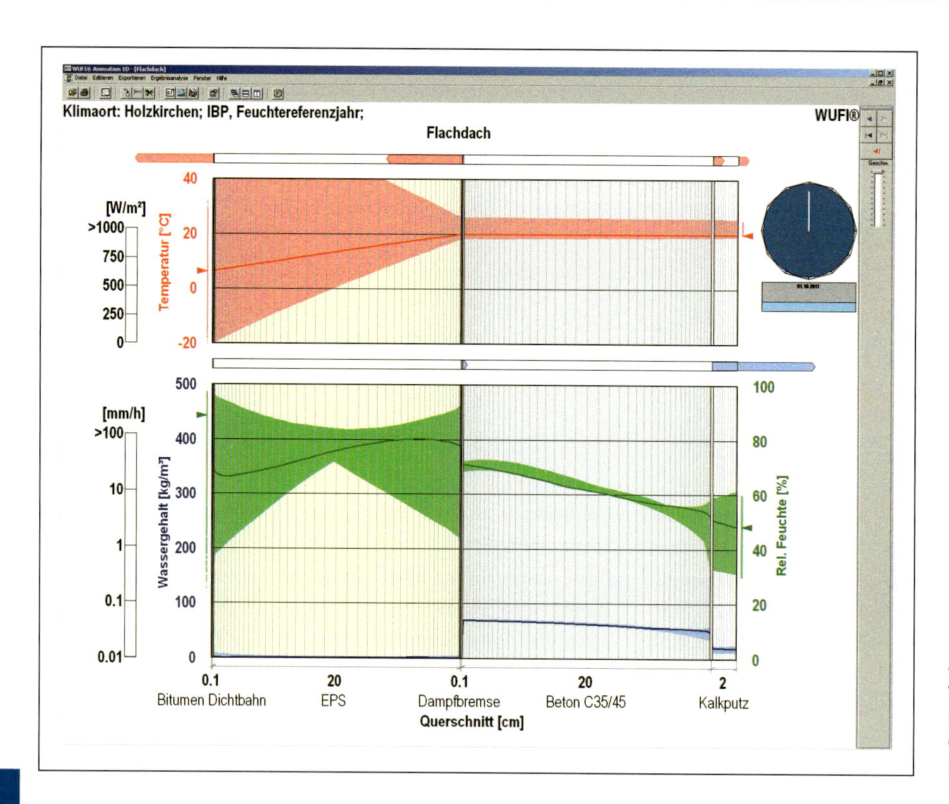

Abb. 1 Wärme- und Feuchteverteilung in einem Bauteil berechnet mit der Software WUFI(r). Quelle: Fraunhofer-Institut für Bauphysik

IV

möglich. Dieses definiert stark vereinfachte Blockrandbedingungen sowohl für Innen- als auch Außenklima im Sommer- und Winterklima. Weiterhin erfolgt keine Berücksichtigung von Wärme- und Feuchtespeichervorgängen sowie des Feuchteeintrags durch Konvektion und der Kapillarleitung. Das Glaser-Verfahren darf nach normativen Anhang A nicht für begrünte Flachdächer eingesetzt werden. Neben dem stark vereinfachten Glaser-Verfahren können Feuchteschutzbemessungen auch durch instationäre Rechenverfahren durchgeführt werden. Seit 2007 existiert mit der DIN EN 15026 eine Norm, welche diese Modelle und deren Anwendung regelt. Entsprechende instationäre Berechnungsverfahren wie beispielsweise Wufi® (www.wufi.de) berücksichtigen alle benötigten Wärme-, Feuchtespeicher- und Transportvorgänge. Weiterhin wird üblicherweise das Innen- und Außenklima in Stundenwerten abgebildet. Als Ergebnis der Berechnung werden die stündlichen Temperatur- und Feuchteprofile im Bauteil sowie die Wärmeströme ausgegeben. Ein Beispiel der berechneten Wärme- und Feuchteverteilung in einem Bauteil zeigt Abbildung 1. Bei der Bewertung der Berechnungsergebnisse wird darauf geachtet, dass sich langfristig im Bauteil keine Feuchte akkumuliert. Zusätzlich muss analysiert werden, ob Schimmelpilzbildung oder sonstige Schädigungen zu erwarten sind.

Auch wenn die instationäre hygrothermische Bauteilsimulation die aufwendigere Methode ist, bietet sie Vorteile. Neben der klassischen Analyse des winterlichen und sommerlichen Feuchteschutzes können auch Fragen der Rohbaufeuchte oder Konstruktionen unter Berücksichtigung anderer Klimata (sowohl raumseitig als auch des Außenklimas) bewertet werden.

2.3.3.3 Brandschutz

Die Brandursachen in Gebäuden sind vielfältig und reichen von Selbstentzündung über technische Defekte bis hin zur Brandstiftung. Die Bauvorschriften der Länder schreiben in Abhängigkeit von der Nutzung eines Gebäudes Brandschutzmaßnahmen (s. Schema Brandschutz) vor, um die durch einen Brand entstehenden Schäden an Personen und Sachwerten zu verhindern oder zu begrenzen. Ein entsprechendes Brandschutzkonzept zum Nachweis der gesetzlichen Vorschriften wird daher bei größeren Gebäuden im Baugenehmigungsverfahren gefordert.

Bei Flachdächern müssen besonders die Brandschutzanforderungen an die Bedachung sowie die Feuerwiderstandsfähigkeit des Tragwerks unterschieden werden. Die genauen Anforderungen sind in den Bauordnungen der Länder bzw. in der Musterbauordnung (MBO) geregelt. Bei Industriebauten kann nach der Industriebaurichtlinie (IndBauRL) auch von den Vorgaben der MBO abgewichen werden – entsprechende Brandlastberechnungen auf Basis der vorhandenen Brandlasten sind jedoch nötig.

Zur Bewertung der Brandschutzeigenschaften der verschiedenen Baumaterialien erfolgt eine Einteilung entsprechend ihrer Entflammbarkeit (nach DIN 4102 – 1 bzw. zukünftig DIN EN 13501). Es wird zwischen nicht brennbaren (Klas-

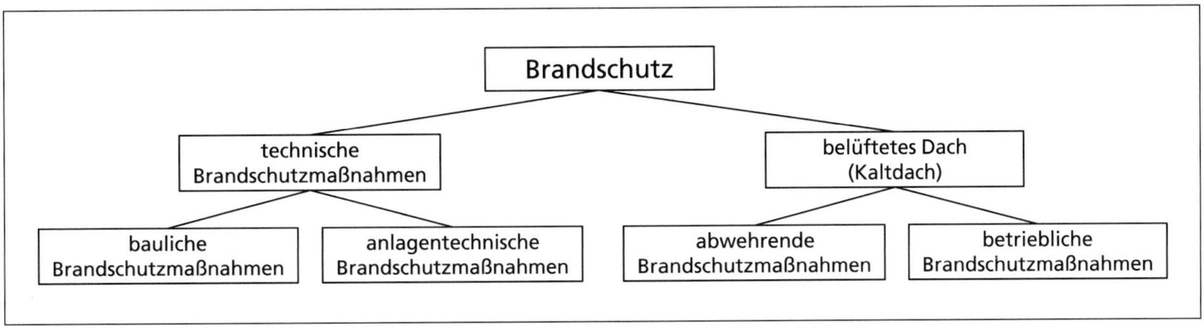

Brandschutz

technische Brandschutzmaßnahmen

belüftetes Dach (Kaltdach)

bauliche Brandschutzmaßnahmen

anlagentechnische Brandschutzmaßnahmen

abwehrende Brandschutzmaßnahmen

betriebliche Brandschutzmaßnahmen

Abb. 2 Schematische Einteilung von Brandschutzmaßnahmen. Quelle: eigene Zeichnung nach Sedlbauer et. al.: Flachdach Atlas 2010

se A) und brennbaren Baustoffen (Klasse B) unterschieden. Durch Brandversuche wird weiterhin in schwer entflammbare (Klasse B1) und normal entflammbare (Klasse B2) Baustoffe unterteilt. Baustoffe, die nicht den Kriterien der Klasse B2 entsprechen, werden den leicht entflammbaren Baustoffen (Klasse B3) zugeordnet, welche bei Gebäuden nicht eingesetzt werden dürfen.

Auch Konstruktionen wie Wände, Decken und Dächer werden entsprechend ihren Brandschutzeigenschaften klassifiziert. Gemäß der DIN 4102 - 2 (bzw. DIN EN 1363 bis 1366) wird überprüft, wie lange eine Konstruktion tragfähig bleibt und den Raumabschluss im Brandfall sicherstellt. Die Überprüfung findet in einem Prüfofen unter sogenannten Normbrandbedingungen statt. Die Klassifizierung erfolgt nach der Feuerwiderstandsdauer von mindestens 30, 60 oder 90 Minuten sowie der Funktion der Bauteile (tragende/nicht tragende Bauteile; mit/ohne Raumabschluss; Innen- oder Außenwände).

2.3.3.4 Schallschutz

Die akustische Gestaltung eines Gebäudes dient dem Aspekt, angenehm passende Bedingungen für den Nutzer zu bewirken. Wesentliche Aspekte sind Gesundheit und Wohlbefinden, bei Arbeitsräumen kommt die Leistungsfähigkeit hinzu. Vermeidung von Belästigung durch Lärm und auch die Findung von angenehmen akustischen Bedingungen sind Aufgabe des Schallschutzes. Wichtige Zusammenhänge zwischen Außen- bzw. Innengeräuschen und Luftschalldämmung, Trittschall- und Körperschalldämmung und Schallabsorption im Raum sind für die akustische Auslegung von Gebäuden wie Produktionshallen zu berücksichtigen.

Eine ausreichende Luftschalldämmung der Konstruktionen soll gewährleisten, dass einerseits von außen eindringender Lärm und andrerseits Lärm zwischen benachbarten Räumen ausreichend gemindert wird. Aber nicht nur der ins Gebäude eindringende Lärm muss beachtet werden. Bei Produktionsstätten mit lärmintensiven Anlagen muss die Schallabstrahlung des Gebäudes in die Nachbarschaft begrenzt werden. Die jeweilig zulässigen Immissionsrichtwerte nach der „Technische Anleitung zum Schutz gegen Lärm" (TA Lärm) sind zusätzlich im Zusammenhang mit der Tageszeit und der baulichen Nutzung am Immissionsort zu betrachten.

Neben dem Schallschutz von Bauteilen - wie Flachdächern - ist in Produktionsstätten auf eine geeignete Raumakustik zu achten. Einerseits kann durch geeignete Maßnahmen wie schallabsorbierender Materialien an der Unterseite der Flachdächer eine Dämpfung von Geräuschen im Innenraum erfolgen. Andererseits kann die Hörsamkeit und Verständlichkeit von Sprache, Musik oder Signalen gezielt beeinflusst werden.

2.3.4 Konstruktive Grundlagen

Neben der richtigen bauphysikalischen Auslegung der Flachdachkonstruktionen für ressourceneffiziente Produktionsstätten sind die Auswahl von Materialien und der Konstruktion von Bedeutung für ein dauerhaft dichtes Dach. Die Bandbreite an Werkstoffen für Flachdachkonstruktionen ist vielfältig, nicht alle Werkstoffe sind für jeden Dachaufbau gleichermaßen gut geeignet. Daher wird im folgenden Abschnitt zunächst ein Überblick über Werkstoffe für Dachabdichtung und Dämmung gegeben. Der darauf folgende Abschnitt erläutert die wichtigsten technischen Regeln und deren Umsetzung in den jeweiligen Flachdachkonstruktionen.

2.3.4.1 Werkstoffe

Dachabdichtung

Als eine der wesentlichen konstruktiven Schichten bei einem Flachdach kann die Dachabdichtung angesehen werden. Sie übernimmt den Schutz der Konstruktion vor Niederschlagswasser. Da diese Schicht oftmals die oberste Lage des Dachaufbaus ist, ist sie großen Solareinstrahlungen und den damit verbundenen Temperaturschwankungen ausgesetzt, denen sie dauerhaft standhalten muss. Im Zuge der Harmonisierung der

europäischen Normen teilen sich die Anforderungen an Dichtschichten in Produktnormen, Anwendungsnormen und Konstruktionsnormen auf. Für die als Dachabdichtung häufig verwendeten Bitumenbahnen ist die Produktnorm DIN EN 13707 und für die Kunststoff- und Elastomerbahnen die DIN EN 13956 zu nennen. Weiterhin besteht die Möglichkeit, die Dachabdichtung aus Flüssigabdichtungen zu erstellen. Die Systeme müssen eine technische Zulassung entsprechend der ETAG 005 besitzen. Zur Spezifikation der Mindestanforderungen wie beispielsweise die Mindestdicken der Schichten dient die Anwendungsnorm für Abdichtungsbahnen nach europäischen Produktnormen zur Verwendung in Dachabdichtungen DIN V 20000 - 201. In dieser Norm werden auch die verschiedenen Anwendungstypen, z. B. Bahnen für die einlagige Verwendung, klassifiziert.
Auch die Qualitätsstufen für die Ausführung der Dachabdichtung werden normativ geregelt (DIN 18531). Die Kategorie K1 umfasst alle Dachabdichtungen, die übliche Anforderungen erfüllen. Kategorie K2 beinhaltet Dachabdichtungen, an die durch höherwertige Nutzung oder durch erschwerten Zugang erhöhte Anforderungen gestellt werden. Weiterhin ist durch den Planer der Flachdachkonstruktion festzulegen, ob die Konstruktion mäßiger oder hoher mechanischer sowie thermischer Belastung unterliegt und Materialien mit einer entsprechenden Eigenschaftsklasse zu wählen sind.
Bei den oben genannten Bitumenbahnen bzw. Kunststoff- und Elastomerbahnen gibt es eine kaum zu überschauende Produktvielfalt. Diese umfassen unterschiedliche Basismaterialien, verschiedenen Mischungen aus Materialien und unterschiedlichen Einlagen zur Verbesserung der mechanischen Eigenschaften. Die Materialien unterscheiden sich oftmals in ihren Materialeigenschaften, ihrer Verarbeitung, den ökologischen Eigenschaften und der Dauerhaftigkeit. Aufgrund der großen Vielfalt wird hier auf die weiterführende Literatur, siehe Abschnitt 2.7, hingewiesen.

Dämmstoffe

Die benötigten Dämmschichtdicken leiten sich aus den bauphysikalischen und insbesondere den wärmetechnischen Anforderungen (siehe Abschnitt 2.3.1) ab. Auch die akustischen und brandschutztechnischen Anforderungen können die Dämmstoffauswahl beeinflussen.
Bei Flachdächern ist zunächst auf die Auswahl eines Dämmstoffes zu achten, der nach DIN V 4108 - 10 einem geeigneten Anwendungstyps entspricht. Bei Flachdachkonstruktionen sind drei Typen zu unterscheiden:

- DAD: Außendämmung von Dach und Decke, vor Bewitterung geschützt, Dämmung unter Deckung
- DAA: Außendämmung von Dach und Decke, vor Bewitterung geschützt, Dämmung unter Abdichtung
- DUK: Außendämmung des Dachs, der Bewitterung ausgesetzt (Umkehrdach).

Ein weiteres Kriterium für die Auswahl des Dämmstoffes ist dessen Druckbelastbarkeit. Je nach Art der Nutzung, z. B. für Fotovoltaik oder als Parkdeck ist eine entsprechende Belastbarkeit des Dämmstoffes sicherzustellen.
Als Materialien kommen alle üblichen Dämmstoffe infrage. Dies reicht von Schaumkunststoffen (z. B. Polystyrol-Hartschaum oder Polyurethan-Hartschaum), Mineralwolldämmstoffen (z. B. Glaswolle, Steinwolle) über Schaumglas bis hin zu Dämmstoffen aus nachwachsenden Rohstoffen (z. B. Holzfaserdämmstoffen). Die Variation der Eigenschaften ist weitläufig, daher wird hier ebenfalls auf die weiterführende Literatur in Abschnitt 2.6 verwiesen.

Werkstoffunverträglichkeiten

Ein besonders kritischer Punkt bei der Materialauswahl für Flachdächer sind Werkstoffunverträglichkeiten. Vor allem zwischen Dämmstoffen und Dichtstoffen sind verschiedene Materialunverträglichkeiten bekannt. Hinweise zu möglichen Materialunverträglichkeiten sind in den Produktdatenblättern angegeben. Diesbezüglich ist es vorteilhaft, auf Systemlösungen der Hersteller zurückzugreifen und nicht eigene Aufbauten mit Produkten verschiedener Hersteller zu entwerfen.

2.3.4.2 Konstruktionen

Wie der Name Flachdach schon aussagt, sind Flachdachkonstruktionen Dächer ohne oder mit geringer Dachneigung. Erst ab einer Neigung ab 10 % (etwa 10°) Dachneigung wird von geneigten Dächern gesprochen. Jedoch sind komplett ebene Dächer eher als Ausnahme anzusehen, da unterhalb einer Neigung von 5 % (~3°) aufgrund von Durchbiegungen mit einer Pfützenbildung zu rechnen ist.
Grundsätzlich werden Flachdächer durch ihre bauphysikalischen Eigenschaften in zwei Typen eingeteilt: in nicht belüftet und belüftetes Flachdach. Bei dem nicht belüfteten Flachdach kann außerdem die Abdichtungsebene ober- oder unterhalb der Dachabdichtung liegen. Die erstere Variante ist das konventionelle Flachdach, die zweite Variante wird als Umkehrdach bezeichnet. Die Abbildung 3 „Einteilung Flachdächer“ zeigt die Aufteilung der verschiedenen Flachdachtypen. Weiterhin gibt es noch begrünte Flachdächer sowie begeh- oder befahrbare Flachdächer.
Normativ werden Flachdachkonstruktionen durch eine Vielzahl an Normen abgedeckt. Als wesentliches Regelwerk ist die vom Zentralverband des Deutschen Dachdeckerhandwerks (ZVDH) herausgegebene „Fachregel für Abdichtungen – Flachdachrichtlinie“ zu nennen.

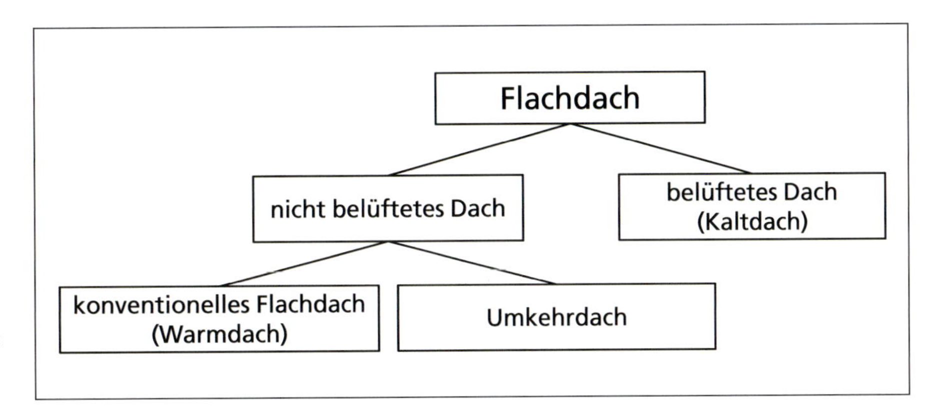

Abb. 3 Systematische Unterteilung der verschiedenen Flachdachkonstruktionen. Quelle: eigene Zeichnung nach Sedlbauer et. al.: Flachdach Atlas 2010

Konventionelles Flachdach (Abdichtung über Dämmung)

Bei der gängigsten Variante des Flachdaches ist die Dachabdichtung über der Dämmschicht angeordnet. Somit ergibt sich der Aufbau von oben nach unten folgendermaßen: Dachabdichtung, Dämmung, Tragwerk. Je nach verwendeten Materialien bzw. nach Ausführung des Tragwerks können bauphysikalisch bedingt weitere Schichten wie eine Dampfbremsebene nötig werden. Bei Tragwerken in Holzbauweise kann sowohl die Dämmung zwischen den Sparren als auch zusätzlich oberhalb der Sparren eingebaut werden.

Belüftetes Flachdach (Abdichtung über Dämmung)

Das belüftete Flachdach stellt eine Sonderform des konventionellen Flachdaches dar, hier liegt die Dachabdichtung auch über der Dämmebene. Jedoch ist zwischen der Abdichtung und der Dämmung eine zusätzliche Luftebene angeordnet, welche über Lüftungselemente mit der Außenluft belüftet wird. Diese Luftschicht dient zur Abführung eindringender Feuchte nach außen. Einer der wesentlichen Nachteile dieser Konstruktion ist die zusätzliche benötigte Tragebene, um den Luftraum zu erstellen. Daher sind solche Konstruktionen entsprechend kostenintensiv und werden nur bei speziellen Anforderungen eingesetzt.

Umkehrdach (Abdichtung unter Dämmung)

Entsprechend der Namensgebung ist der Aufbau beim Umkehrdach gedreht: Die Wärmedämmebene liegt oberhalb der Dachabdichtung. Vorteilig bei dieser Anordnung ist, dass die Dachabdichtung durch die Dämmebene vor großen Temperaturschwankungen und mechanischer Belastung geschützt ist. Allerdings werden bei diesem Aufbau höhere Anforderungen an den Dämmstoff gestellt. Dieser muss wasser- und frostbeständig sowie diffusionshemmend sein. In Deutschland ist für solch einen Einsatzzweck allein extrudierter Polystyrol-Hartschaum (XPS) zugelassen. Der Großteil des Niederschlagwassers wird oberhalb der Dämmebene abgeführt, ein restlicher Teil dringt in die Ebene unterhalb der Dämmung und wird dort in der Drainageebene abgeführt. Damit die Dämmung bei Regen nicht aufschwimmt sowie der Windbelastung standhält, ist bei Umkehrdächern eine Deckschicht zur Auflast nötig. Die Last kann beispielsweise durch eine mindestens 5 cm dicke Kiesschicht (Abb. 4) oder aus Betonplatten bestehen. Alternativ können Umkehrdächer auch mit einem Gründachaufbau ausgeführt werden.

Abb. 4 Deckschicht aus Kies bei einem Umkehrdach. Quelle: IB Bludau, München

Sonderform (Abdichtung zwischen Dämmung)

Eine Sonderform stellt die Variante dar, bei der die Abdichtung zwischen zwei Dämmebenen liegt. Dies ist eine Mischform zwischen klassischem Flachdach und Umkehrdach. Ein solcher Aufbau kann beispielsweise zur nachträglichen Verbesserung des Wärmeschutzes an einem bestehenden Flachdach eingesetzt werden. Die bauphysikalischen Anforderungen (vor allem der Feuchteschutz) sind nachzuweisen.

Gründach

Ein begrüntes Flachdach bietet viele Vorteile. Die Dachabdichtungsebene wird vor hohen Temperaturschwankungen geschützt. Außerdem wirkt sich die hohe thermische Masse der Aufbauten positiv auf das Raumklima der unter dem Dach liegenden Räume auf. Zusätzlich entsteht eine optisch ansprechende Gestaltung der Gebäudeansicht: Gründächer können als Minderungsmaßnahme bei der Eingriffs-Ausgleichs-Regelung nach Baugesetzbuch (BauGB) dienen, da die geschaffenen Grünflächen als Ausgleich zum Eingriff der Baumaßnahme in die Natur darstellen.
Auch bei begrünten Dächern müssen diverse Regelwerke eingehalten werden. Das Standardwerk hierfür ist die „Richtlinie für die Planung, Ausführung und Pflege von Dachbegrünungen – Dachbegrünungsrichtlinie", herausgegeben von der Forschungsgesellschaft Landschaftsentwicklung Landschaftsbau e. V. (FLL).
Für begrünte Dächer eignen sich generell alle oben genannten Konstruktionsvarianten. Die bauphysikalischen Anforderungen sind im Einzelfall zu überprüfen. Die Tragkonstruktion muss für die erhöhte Auflast auch im feuchten Zustand ausgelegt sein. Der Schichtaufbau besteht üblicherweise von oben nach unten aus einer Substratschicht, welche die Basis für die Vegetation darstellt. Darunter liegt eine Filterschicht, die die Drainageebene vor dem Einschwemmen von Feinteilen der Substratschicht schützt. Unterhalb der Drainageebene, die zur Abführung überschüssigem Niederschlagswasser dient, wird eine Wurzelschutzbahn benötigt, um die Abdichtung vor dem Eindringen von Wurzeln zu schützen. Bei Umkehrdächern wird diese Wurzelschutzbahn oberhalb der Wärmedämmung verlegt.
Je nach Art der Begrünung kann weiterhin unterschieden werden in Extensivbegrünungen, Intensivbegrünungen sowie die Sonderform der einfachen Extensivbegrünung. Die extensive Begrünung umfasst naturnah angelegte Begrünung üblicherweise bestehend aus Sedum, Moosen oder Gräsern. Diese Pflanzen benötigen keine weitergehende Pflege und erhalten sich weitestgehend selbst. Im Gegensatz hierzu sind Intensivbegrünungen vergleichbar mit üblichen Grünflächen und die Nutzung kann bis zur gepflegten Gartenanlage reichen. Intensive Gründächer erfordern daher größeren Aufwand zur Erstellung und Pflege. Eine Sonderform ist die einfache Intensivbegrünung: Durch eine Einschränkung der Bepflanzung auf bodenbedeckende Gräser, Stauden und kleinen Sträuchern reduzieren sich die benötigten Pflegemaßnahmen.

Abb. 5 Ansicht eines Gründaches. Quelle: iStockPhoto

2.3.5 Nachhaltigkeitsaspekte von Flachdächern

Vor dem Hintergrund des Klimawandels, der Verknappung und Verteuerung von Energie und Rohstoffen treten die Aspekte des nachhaltigen Bauens zunehmend in den Vordergrund. Im Bereich der effizienten Energienutzung gab es in den letzten Jahren bzw. Jahrzehnten wesentliche Verbesserungen, jedoch geht das nachhaltige Bauen deutlich über das energieeffiziente Bauen hinaus. Es werden gleichwertig Aspekte der Ökologie, der Ökonomie sowie soziokulturelle Faktoren wie Gesundheitsschutz und Behaglichkeit der Gebäudebenutzer betrachtet (siehe Abb. 6 Säulen der Nachhaltigkeit). Ebenso fließt in die Betrachtung nicht nur die Gebäudeherstellung ein, sondern die Analyse und Bewertung aller Lebenszyklusphasen von Planung, Herstellung über Nutzung bis hin zur Demontage und Entsorgung. Daher ist es offensichtlich, dass bei einer Nachhaltigkeitsbewertung einzelne Bauteile wie Flachdachkonstruktionen nur Teilaspekte zum gesamten Gebäude beitragen.

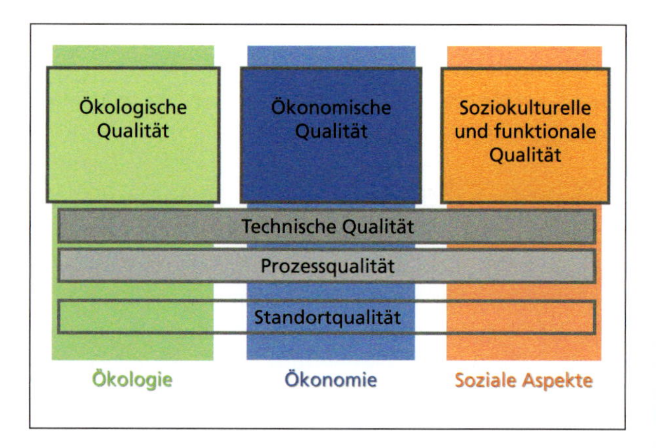

Abb. 6 Säulen der Nachhaltigkeit. Quelle: Deutsche Gesellschaft für Nachhaltiges Bauen.

Seit fünf Jahren gibt es mit dem Zertifizierungssystem für nachhaltige Gebäude der Deutschen Gesellschaft für Nachhaltiges Bauen (DGNB) ein eigenständiges Bewertungssystem, welches sukzessiv auf weitere Gebäudearten ausgeweitet wurde. Auch die Bewertungskriterien unterliegen einer ständigen Optimierung und Anpassung an die technischen Entwicklungen. Für den Bereich der Produktionsstätten sind besonders die Systemvarianten der DGNB für Industriebauten, Produktionsstätten und Logistikgebäude zu nennen. Die Systemvariante für den Neubau liegt aktuell in der Version von 2012 vor, eine Variante zur Bewertung von Bestandsgebäude ist derzeit in Erstellung. Die Bewertung der Gebäude erfolgt anhand von rund 50 Einzelkriterien, welche alle Aspekte der Nachhaltigkeit abdecken. Je nach Erfüllungsgrad der Kriterien erfolgt eine Vergabe der Auszeichnung in Gold, Silber oder Bronze. Flachdachkonstruktionen gehen besonders in den Kriterien für den Energieverbrauch des Gebäudes und in die Ökobilanz ein. Im DGNB System stellen die Anforderungen der Energieeinsparverordnung die Mindestqualität dar. Daher kann es durchaus notwendig sein, für eine gute Kriterienerfüllung einen besseren energetischen Standard einzuhalten, der üblicherweise zu höheren Dämmschichtdicken führt als dies rein durch die EnEV nötig wäre.
Komplizierter wird es hingegen bei der Optimierung der Konstruktionen für die Ökobilanz von Gebäuden. Im Rahmen einer Ökobilanz (engl. „life cycle assessment LCA“) erfolgt eine Analyse und Bewertung der Umweltauswirkung der jeweiligen Produkte oder Objekte. Während auf Produktebene Lebenszyklusanalysen weit verbreitet sind, finden Ökobilanzen auf Gebäudeebene erst langsam Verbreitung. Als Grundlage für die Vorgehensweise und den Anwendungsmöglichkeiten bei der Erstellung einer Ökobilanz kann die DIN EN ISO 14040 herangezogen werden. Die zu betrachtenden Systeme sind meist sehr komplex, allerdings gibt es mittlerweile Softwarelösungen wie die Datenbank GaBi, die eine umfangreiche Datenbasis zur Verfügung stellt (PE INTERNATIONAL GmbH; Lehrstuhl für Bauphysik, Universität Stuttgart: GaBi 5: Software und Datenbanken zur ganzheitlichen Bilanzierung, http://www.gabi-software.com). Für die Bewertung und Deklaration einzelner Bauprodukte gibt es die sogenannten Umweltproduktdeklarationen nach DIN ISO 14025 (engl. „environmental product declaration EPD“). Die EPDs stellen eine extern zertifizierte und geprüfte Datenbasis der jeweiligen Produkte dar und beinhalten eine Ökobilanzierung für das Produkt. Die Angaben in den Umweltproduktdeklarationen der Bauprodukte dienen daher als Grundlage der Materialwahl aus ökologischer Perspektive.

Weitere Aspekte, die die Nachhaltigkeit der Flachdachkonstruktionen betreffen, können durch die Nutzbarkeit der Dachflächen entstehen. Zusätzlich zu den positiven Aspekten der Gründächer, beschrieben im Kapitel 2.4.2, eignen sich Flachdächer ebenso hervorragend für die Erzeugung von Strom mittels Fotovoltaik. Es können zwei verschiedene Methoden angewendet werden: Erstens die Aufständerung der Module auf Haltegestellen auf dem Dach. Diese ermöglichen eine optimale Ausrichtung der Module zur Sonne. Die Kombination aus Haltegestelle mit Gründachaufbauten ist ebenfalls möglich. Zweitens gibt es mittlerweile Fotovoltaikelemente, die herstellerseitig in die Dichtbahnen integriert sind.
Die Ausrichtung zur Sonne ist bei dieser Variante durch die Dachneigung vorgegeben. Hier entfällt der Aufwand für die Konstruktion der Haltegestelle. Vorteil beider Varianten ist die Erzeugung erneuerbarer Energie ohne zusätzlichen Flächenverbrauch.

2.3.6 Zusammenfassung

Ein dauerhaft dichtes Dach ist die Grundvoraussetzung für jedes Gebäude und trifft besonders auf Produktionsstätten zu. Produktionsausfälle durch Schäden am Dach sind vermeidbar, jedoch sind gerade Flachdachkonstruktionen komplexe Aufbauten und bedürfen sorgfältiger Planung und Umsetzung. Dieser Beitrag soll einen Überblick über die bauphysikalischen Anforderungen bis hin zu den Aspekten betreffend der Nachhaltigkeit geben. Auch wenn sich auf den ersten Blick „das einfache“ Flachdach als eine Konstruktion mit vielfältigen Varianten und großer Produktauswahl herausgestellt hat, findet sich für überwiegend jeden Anwendungszweck eine passende Lösung.

2.3.7 Weiterführende Informationen

Sedlbauer et al: Flachdach Atlas: Werkstoffe, Konstruktionen, Nutzungen. 2010

Der Flachdach Atlas ist ein Konstruktionsfachbuch für Architekten und Fachplaner. Der „Flachdach Atlas“ verschafft dem Planer neben grundsätzlichen Konstruktionsregeln einen Überblick über die Nutzungs- und Konstruktionsarten sowie die Regelaufbauten für Flachdächer. Zusammen mit den wichtigsten Normen und Regelwerken runden Konstruktionsdarstellungen der wesentlichen Anschlusspunkte die Publikation ab.

3 Klima- und Lüftungstechnik

Achim Trogisch

3.1 Einleitung

Die energieeffiziente Technik des Lüftens, Heizens, Kühlens und Be- bzw. Entfeuchtens in Produktionsgebäuden ist und wird zukünftig geprägt sein durch

- optimale Behaglichkeit für den Nutzer
- große Nutzungsvariabilität
- Gewährleistung nutzungsspezifischer Parameter
- Minimierung des energetischen Aufwandes
- Optimierung der Investitionskosten unter Berücksichtigung der Nachhaltigkeit und der Lebenszykluskosten (LCC)
- rechnergestützte Berechnung von Lasten, Bedarf und Verbrauch
- Analyse von tages-, wochen-, monat- und jahreszeitlichen Bedarf bzw. Verbrauch einzelner Energieträger
- Berücksichtigung bauklimatischer Aspekte (d. h. dem bauklimatischen Lehrsatz: „Erst klimagerecht bauen und dann bauwerksgerecht klimatisieren“ [Petzold 1983]) sowie
- integrale technische Lösungen unter Einbeziehung der Gebäudeautomation und Informationstechnologien.

Es wird und kann nicht „die technische Lösung“ geben, sondern nur „Systemlösungen“ in Abhängigkeit vorgegebener Randbedingungen.
Geprägt werden die modernen Systeme vor allem durch

- Gewährleistung optimaler Nutzungsbedingungen unter Beachtung der Behaglichkeit und Raumströmung
- Einsatz von Leistungselektronik
- optimierter Gebäudeautomation
- gesetzliche Vorgaben zur Minimierung des Energieverbrauches (u. a. EPBD 2010, EnEV 2009, DIN V 18599, EEWärmG) sowohl seitens der Gebäude als auch der Anlagentechnik
- Nutzung regenerativer (erneuerbarer) Energien und der Wärmerückgewinnung
- Kraft-Wärme-Kopplung (Wärmepumpen)
- Nutzung der Speicherung im Gebäude, der Umwelt und in Systemen und
- Einer Vielzahl von Verknüpfungsvarianten von Einzellösungen unter dem Aspekt der Minimierung des Energieverbrauchs.

Deshalb werden im Folgenden vorrangig die Belange der Klima- und Lüftungstechnik betrachtet. Auf technische Lösungen, die zur Minimierung bzw. Steigerung der Energieeffizienz dieses Fachgebietes beitragen können, wird verwiesen bzw. diese nur kurz erläutert.
Untrennbar sind jedoch verbunden die Aspekte der Kälteerzeugung, der Kraft-Wärme-Kopplung (KWK) und der thermischen Speicherung.

3.2 Systematisierung

3.2.1 Allgemeine Definitionen der Lüftungstechnik – Klimatechnik

Die Lufttechnik wurde nach DIN 1946 T1 bisher entsprechend Abbildung 1 und nach verfahrenstechnischen Merkmalen entsprechend Abbildung 2 eingeteilt.

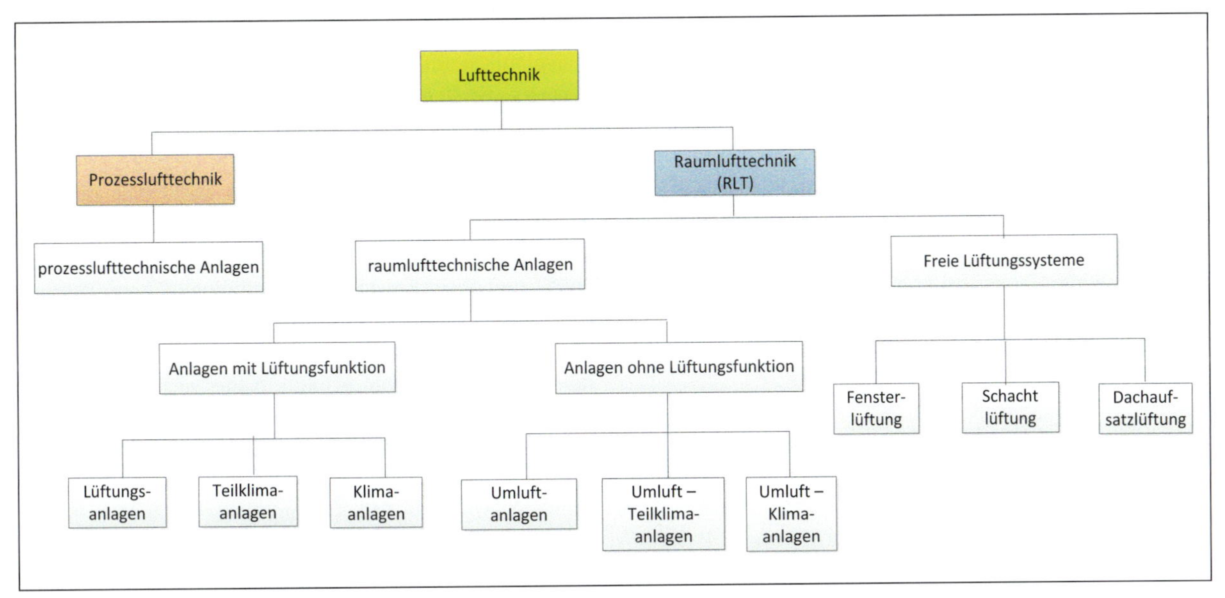

Abb. 1 Einteilung der Lufttechnik nach DIN 1946 T1

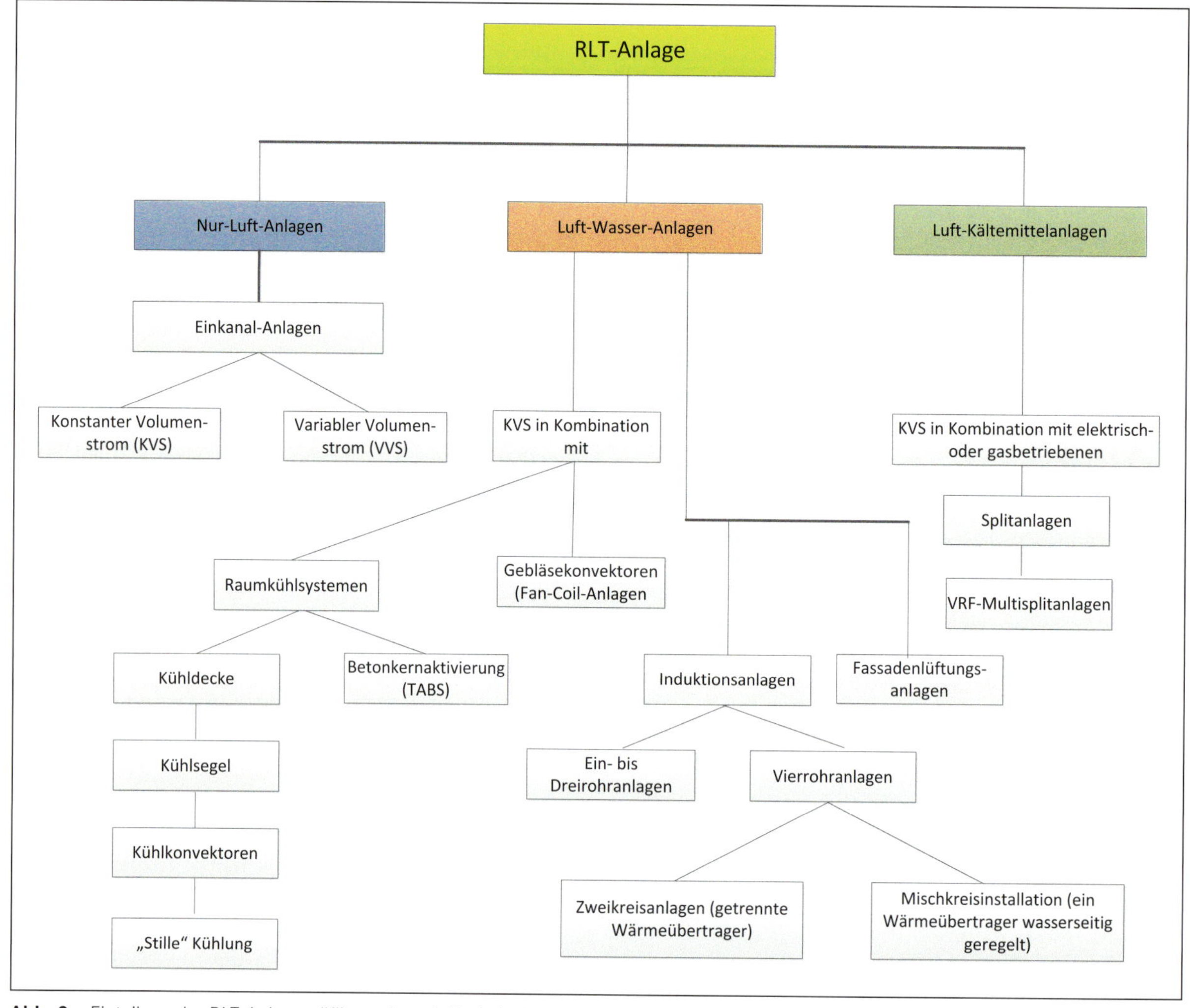

Abb. 2 Einteilung der RLT-Anlagen (Klimaanlagen) (Steimle 2000) und (Recknagel, Sprenger, Schrameck 2005/06)

Mit der technischen Entwicklung wie z. B. der Regelung des Volumenstroms, der Minimierung des Energieaufwands, der Anpassung an die jeweiligen Nutzungsbedingungen und vor allem unter dem Aspekt der Gewährleistung der Raumklimaparameter gibt es die verschiedensten Systeme. Trotz der Vielfalt der möglichen Systeme (Abb. 2 und 3) werden sie immer noch unter dem Begriff „RLT-Anlagen" eingeordnet, wobei darauf orientiert werden sollte, den erforderlichen Mindestaußenluft-Volumenstrom zu gewährleisten.

Aufgabe der *Lüftung* ist die Gewährleistung

- einer hygienischen und/oder technologisch zulässigen Konzentration
  - z. B. von Gasen (z. B. CO_2), gasförmigen Schadstoffen, Staub, Bakterien, Sporen, Feuchtigkeit
- von behaglichen bzw. technologisch erforderlichen Werten
  - z. B. von Temperatur, Feuchtigkeit, Schall, Luftgeschwindigkeit und -turbulenz
- der Zuführung notwendiger Verbrennungsluft.

Aufgabe der *Klimatisierung* ist die Gewährleistung von

- hygienisch und/oder technologisch geforderter Lufttemperatur und/oder Luftfeuchtigkeit durch die thermodynamische Aufbereitung der Luft mit den Prozessen

„Heizen (H), Kühlen (K), Befeuchten (B) und Entfeuchten (E)"

Außer den genannten thermodynamischen Grundprozessen gibt es noch das *Mischen (MI)*, das *Energierückgewinnen (WRG)* und die technischen Behandlungen *Filtern (F)* sowie *Schalldämpfen (SD)*.

Die Unterteilung der RLT-Anlagen in Lüftungs-, Teilklima- und Klimaanlagen erfolgte bisher entsprechend der Luftaufbereitung nach DIN EN 13779 (2005) (s. a. Tab. 1). Je nachdem, wo im Gesamtsystem „Gebäude/Klimaanlage" die Luftaufbereitung erfolgt, wird in *zentrale* oder *dezentrale Klimatisierung* bzw. RLT-Anlagen unterschieden.

In der Fassung der DIN EN 13779 von 05/2005 war bisher klar definiert, welche Grundarten von raumlufttechnischen Anlagen (Lüftungsanlage, Teil-Klimaanlage, Klimaanlage)

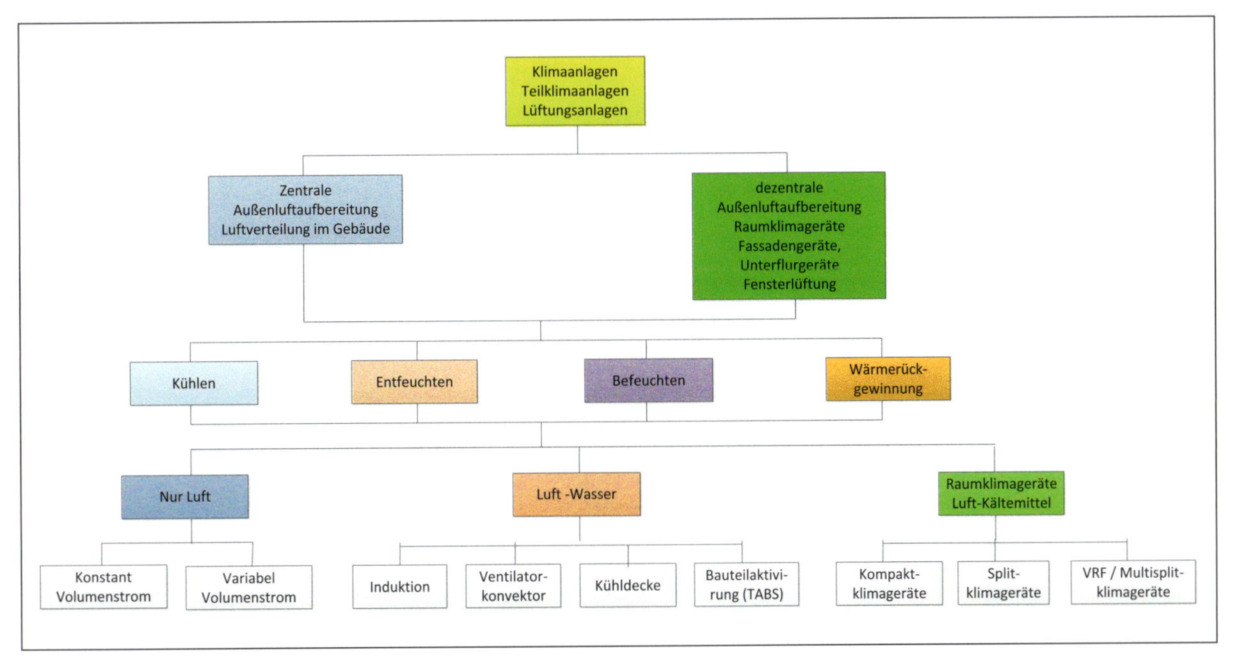

Abb. 3 Einteilung der RLT-Anlagen auf Grundlage von (DIN V 18599)

entsprechend der möglichen Luftbehandlungsfunktionen existieren und damit war ein einheitlicher Sprachgebrauch zwischen den Projektbeteiligten möglich. Die aktuelle Fassung der DIN EN 13799 von 09/2007 legt weder die Art der thermodynamischen Luftbehandlung noch die notwendigen Anlagenteile und deren Anordnung (z. B. Filter, Schalldämpfer) fest.

Stattdessen werden die Aufgaben der Lüftungs- und Klimaanlagen und Anlagentypen unter Punkt 6.3 in der aktuellen Fassung ausschließlich verbal wie folgt beschrieben:

- „Lüftungs- und Klimaanlagen und Raumkühlsysteme haben die Aufgabe, die Raumluftqualität und die thermischen Bedingungen und die Feuchte im Raum so zu beeinflussen, dass im Voraus getroffene Festlegungen erfüllt werden...
- Lüftungsanlagen bestehen aus einer Zu- und Abluftanlage und sind gewöhnlich mit Filtern für die Außenluft sowie Heiz- und Wärmerückgewinnungseinrichtungen ausgerüstet...
- Die Grundkategorien der Anlagenart sind abhängig von der Möglichkeit, die Raumluftqualität zu beeinflussen sowie davon, auf welche Weise und wie sie die thermodynamischen Eigenschaften im Raum regeln...
- Mögliche Behandlungen der Luft zur Veränderung des hygrothermalen Umgebungsklimas (Raumklimas) sind: Heizen, Kühlen, Befeuchten und Entfeuchten. Für eine Klassifizierung ist eine Funktion nur dann gültig, wenn die Anlage in der Lage ist, diese Funktion so zu regeln, dass die vorgegebenen Bedingungen im Raum hinsichtlich der Grenzen erfüllt werden können (z. B. eine ungeregelte Entfeuchtung in einer Kühleinheit kann nicht als Entfeuchtung betrachtet werden)."

Die Anlagenfunktionen sind entsprechend ihrer Relevanz aufzulisten:

- Lüftung
- Heizung
- Kühlung
- Befeuchtung
- Entfeuchtung.

Darüber hinaus erfolgt eine Zuordnung der Anlagen nach der Art der Regelung des Umgebungsklimas im Raum (s. Abb. 2).

Bezeichnungen

Die unterschiedlichen Luftvolumenströme q_V werden durch Indizes entsprechend DIN EN 13 779 (0/7) gekennzeichnet, die die Art der Zuführung bzw. Abführung der Luft zum betrachteten Raum charakterisieren (Abb. 4). In DIN EN 13 779 (0/7) gibt es nur noch englischsprachigen Bezeichnungen, wobei nach VDI 4700 Bl. 2 vor allem die deutschsprachigen Bezeichnungen verwendet werden können und sollten.

Unter Einbeziehung dezentraler Systeme ergibt sich die Übersicht nach (Trogisch, A. 2011, Planungshilfen) (Abb. 5).

Der Transport der Luft erfolgt entweder auf natürlichem (freie Lüftungssysteme) oder mechanischem Weg (mechanische Lüftung) oder durch Kombination beider Systeme (Abb. 6). Von Bedeutung sind die Außenluftzufuhr, die Fortluftabfuhr und die Luftführung im Raum.

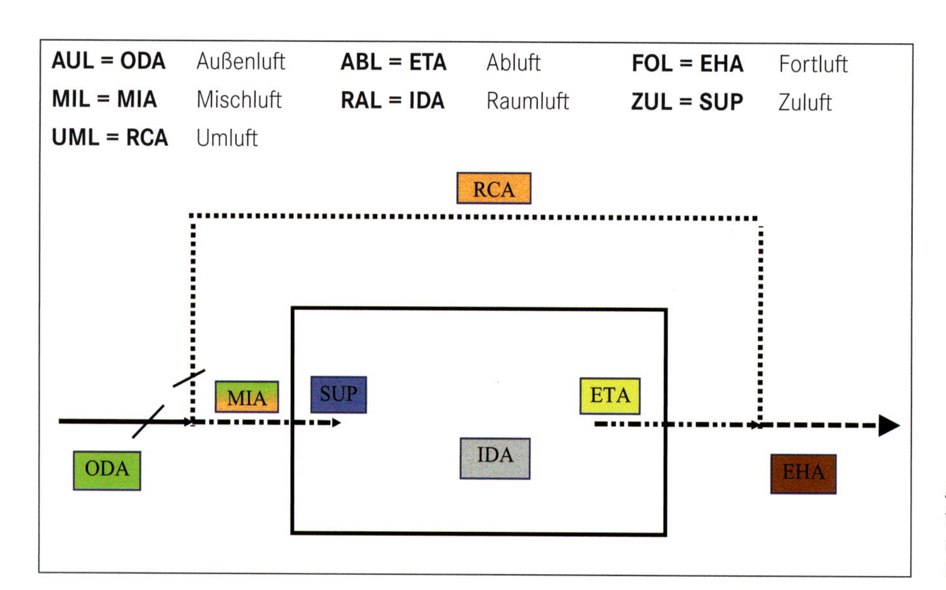

Abb. 4 Bezeichnungen für thermodynamische und technische Luftbehandlung und für Luftvolumenströme

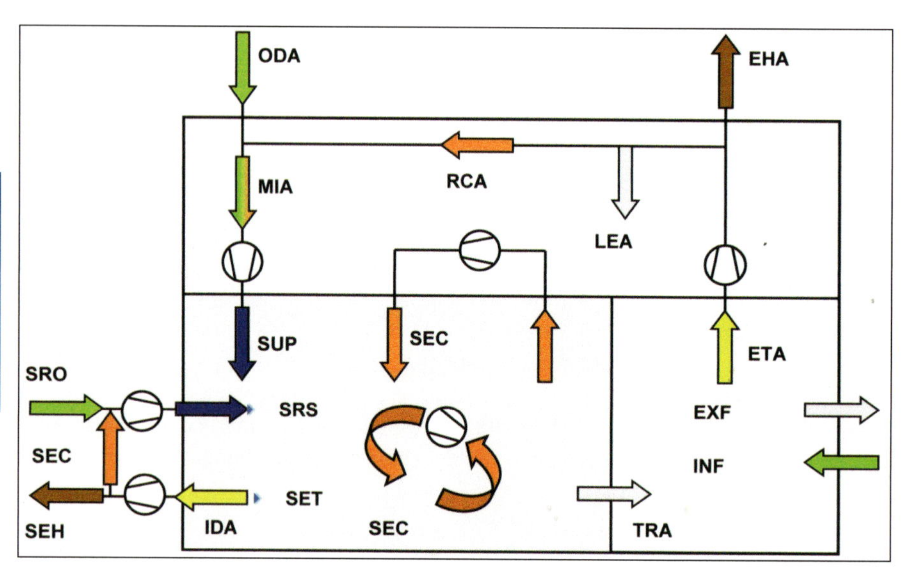

Abb. 5 Darstellung der Luftarten nach DIN EN 13779 (2007)

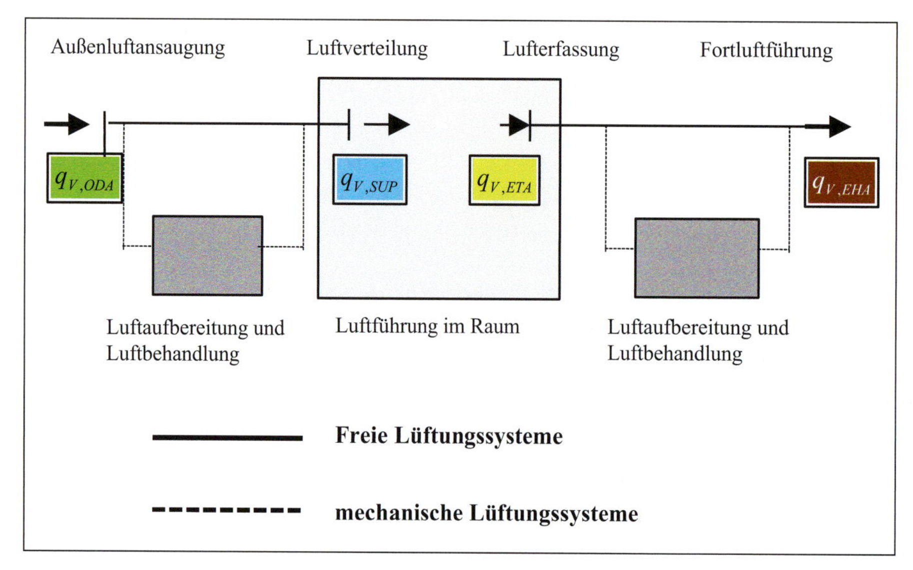

Abb. 6 Schema für freie und mechanische Lüftungssysteme

Tab. 1 Grundarten von Anlagen entsprechend der Anlagenfunktion nach DIN EN 13779 (2005)

Kategorie	Anlagengeregelte Funktion					Name der Anlage	Farbcode für die Zuluft
	Lüftung	Heizung	Kühlung	Befeuchtung	Entfeuchtung		
THM-C0	x	-	-	-	-	reine Lüftungsanlage	grün
THM-C1	x	x	-	-	-	Lüftungsanlage mit Heizung oder Luftheizanlage	rot
THM-C2	x	x	-	x	-	Teil-Klimaanlage mit Befeuchtung	blau
THM-C3	x	x	x		(x)	Teil-Klimaanlage mit Kühlung	blau
THM-C4	x	x	x	x	(x)	Teil-Klimaanlage mit Kühlung und Befeuchtung	blau
THM-C5	x	x	x	x	x	Raumklimaanlage	violett
Es bedeuten:	-	von der Anlage nicht beeinflusst					
	x	durch die Anlage geregelt und im Raum sichergestellt					
	(x)	Durch die Anlage bewirkt, jedoch im Raum nicht sichergestellt					

Die Kategorie THM-C5 ist nur anzugeben, wenn eine geregelte Entfeuchtung tatsächlich erforderlich ist.

Tab. 2 Grundarten von Anlagen entsprechend den Möglichkeiten zur Regelung des Umgebungsklimas in einem Raum nach DIN EN 13779 (2005)

Beschreibung	Name der Anlagenart
Regelung durch die Lüftungsanlage allein	Nur Luftanlagen
Regelung durch die Lüftungsanlage in Verbindung mit anderen Einrichtungen (z. B. Heizvorrichtung, Kühldecken, Radiatoren)	Kombinierte Systeme

Eine Definition zur Klassifizierung von RLT-Anlagen in Anlehnung an Abbildung 2 enthält DIN EN 15243, die in luftbasierte, wasserbasierte und Kompakt-Anlagen unterscheidet und damit eine Klassifizierung im Wesentlichen nach dem Verteil- und Übergabesystem vornimmt. Eine im allgemeinen Sprachgebrauch übliche und zur Kostenberechnung nach DIN 276 erforderliche Klassifizierung entsprechend der Luftbehandlungsfunktionen ist europäisch damit nicht mehr vorgesehen.

Die in DIN EN 13779 (2007) eingeführten Begriffe und deren Definitionen sorgen entgegen dem angestrebten Ziel einer einheitlichen europäischen Nomenklatur eher für weitere begriffliche Verunsicherung. Ein Beispiel dafür ist die Definition für ein Raumkühlsystem:

- „Raumkühlsystem:
  Vorrichtung, die in der Lage ist, die Behaglichkeitsbedingungen in einem Raum innerhalb eines definierten Bereichs zu halten.“

Es wird dabei unterstellt, dass die Behaglichkeit im Raum allein durch ein Raumkühlsystem in einem definierten Grenzwertbereich einzuhalten ist, was allenfalls für die thermische Komponente der Behaglichkeit unter sommerlichen Bedingungen zutrifft. Die Raumluftfeuchte hingegen ist mit den meisten Raumkühlsystemen oft nicht gezielt beeinflussbar.

IV

In Ergänzung zu DIN EN 13779 (2005) wurde im Zusammenhang mit der Inspektion von Klimaanlagen die ursprüngliche Einteilung nach Tabelle 1 in der DIN SPEC 13779 wieder vorgenommen.

Dabei unterscheidet die DIN SPEC 13779 eine „Klimaanlage“ in:

a) Anlagen mit Lüftungsfunktion (Lüftungs- und Klimaanlagen, s. a. Tab. 1)
b) Anlagen zur Raumkühlung ohne Lüftungsfunktion (Raumkühlsysteme, Raumklimageräte, Kühldecken usw.).

Obwohl die Tabelle 1 auch die Luftheizung bzw. die thermodynamische Funktion des Heizens beinhaltet, wird im Sinne der EnEV 2009 und der Inspektion nur auf die Nennleistung für die Kälteerzeugung der Klimaanlage eingegangen. Die Nennleistung ist die vom Hersteller festgelegte und unter Beachtung des vom Hersteller angegebenen Wirkungsgrades als einhaltbar garantierte größte Kälteleistung (sensibel und latent) (Trogisch 2008).

Dies bedeutet, dass für die notwendige periodische Inspektion nach EnEV 2009 folgende Anlagen nach DIN SPEC 13779 zu berücksichtigen sind:

1. Klimaanlagen mit einem Kälteerzeuger mit mehr als 12 kW Nenn(kälte)leistung (Summe je Nutzungseinheit oder je Gebäude).
2. Andere maschinelle Systeme zur Temperaturabsenkung mit mehr als 12 kW Nenn(kühl)leistung (bezogen auf die Zuluft oder die Raumluft als Summe je Nutzungseinheit oder je Gebäude) wie z. B. direkte oder indirekter Verdunstungskühlung, freie Kühlung über Kühlturm, geothermische Kühlung, Grund- und Oberflächenwasserkühlung).

3.2.2 Vorschlag für neue Definition der Lüftungstechnik – Klimatechnik

Von Trogisch (Trogisch, A. 2011, Was ist ...) wurde eine gegenüber Abbildung 2 erweiterte Darstellung vorgeschlagen. Grund: Der hygienisch erforderliche Mindest-Außenluftvolumenstrom wird durch die Heizlast und die Kühllast beeinflusst. Die thermischen Gebäudeeigenschaften und die baulich bedingte Infiltration spielen ebenfalls eine große Rolle. Im Endeffekt haben sowohl die Lüftung bzw. Klimatisierung als auch die Heizung bzw. Kühlung die *primäre Aufgabe*, die entsprechenden zu vereinbarenden bzw. normativ vorgegebenen oder empfohlenen *Raum(luft) konditionen*, ihren zeitlichen Verlauf und die Änderungsgeschwindigkeiten zu garantieren.
Eine generelle Übersicht (Abb. 7) über die möglichen Systeme erscheint sinnvoll und zweckmäßig, um die Vielfalt der Möglichkeiten zur Konditionierung eines Raum(luft)-Zustandes charakterisieren zu können.
Damit sollte die traditionelle Abgrenzung zwischen Heizen, Lüften, Klimatisieren entfallen, weil

- es nicht mehr „die Lösung" gibt
- es verschiedene Kombinationen von technischen Lösungen gibt, um die Raumluftkonditionen zu erreichen und
- es damit zukünftig offen ist, neue Lösungsansätze zu konzipieren.

Der Begriff *Konditionierung* wurde einerseits gewählt, weil er die Prozesse Heizen, Kühlen, Befeuchten und Entfeuchten in ihrer Gesamtheit einschließt und sich nicht nur auf eine „Temperierung" in Form von Heizen und/oder Kühlen konzentriert und weil er andererseits mit der englischen Version der Klimatisierung (Air Conditioning) eine gewisse Kongruenz verdeutlicht. Deshalb sollte zukünftig von Raum(luft)-Konditionierungsanlagen (RKA) gesprochen werden.
Der Hinweis auf die „Luft" soll verdeutlichen, dass

- im Allgemeinen dem Raum Außenluft (Mindestaußenluft-Volumenstrom) zugeführt werden muss
- durch den Nutzer die Qualität der Raumluft „empfunden" wird und
- die praxisrelevante Mess- und Regelgröße die Raum*luft*temperatur ist.

Die vorgenommene Systematik ist plausibel und verdeutlicht, dass die Grenzen zwischen Heizungs-, Lüftungs-, Klima- und Kühltechnik kaum noch vorhanden sind.

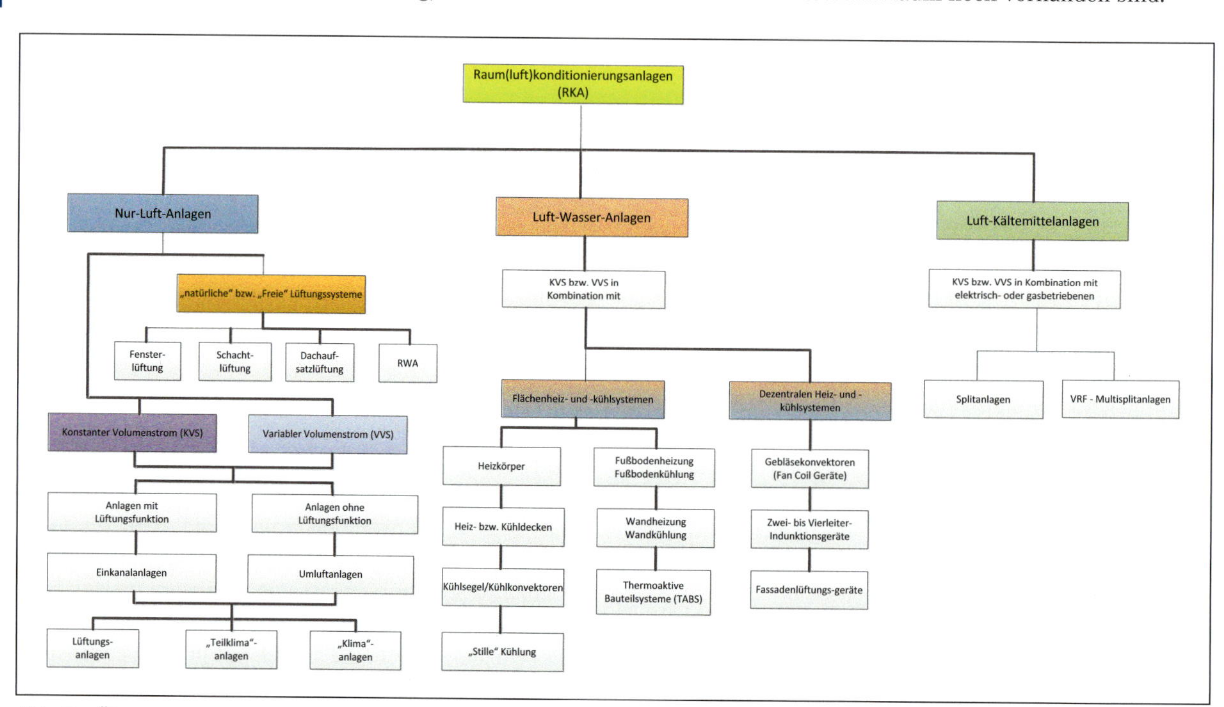

Abb. 7 Übersicht über die Möglichkeiten der Raumkonditionierung nach (Trogisch, A. 2011, Was ist ...)

3.3 Maßnahmen zur Effizienzsteigerung

3.3.1 Allgemeine Hinweise

Um die energetische Effizienz sowohl im Bestand als auch bei Neuplanungen zu steigern bzw. zu optimieren, sollten folgende Grundsätze verwirklicht werden, wobei vorausgesetzt werden muss, dass sowohl die Behaglichkeit der Nutzer (Trogisch, A. 2011, Planungshilfen) als auch z. B. die thermischen und hygienischen Randbedingungen des jeweiligen technologischen Prozesses gewährleistet werden müssen.

- Berechnung der thermischen Lasten mit PC-Programmen
- Transport der Kühl- bzw. Heizenergie möglichst über eine Flüssigkeit
- Realisierung einer Volumenstrom- bzw. Massenstromregelung bei den Ventilatoren bzw. Pumpen
- Minimierung der Zuführung des hygienisch oder technologisch erforderlichen Außenluftvolumenstroms

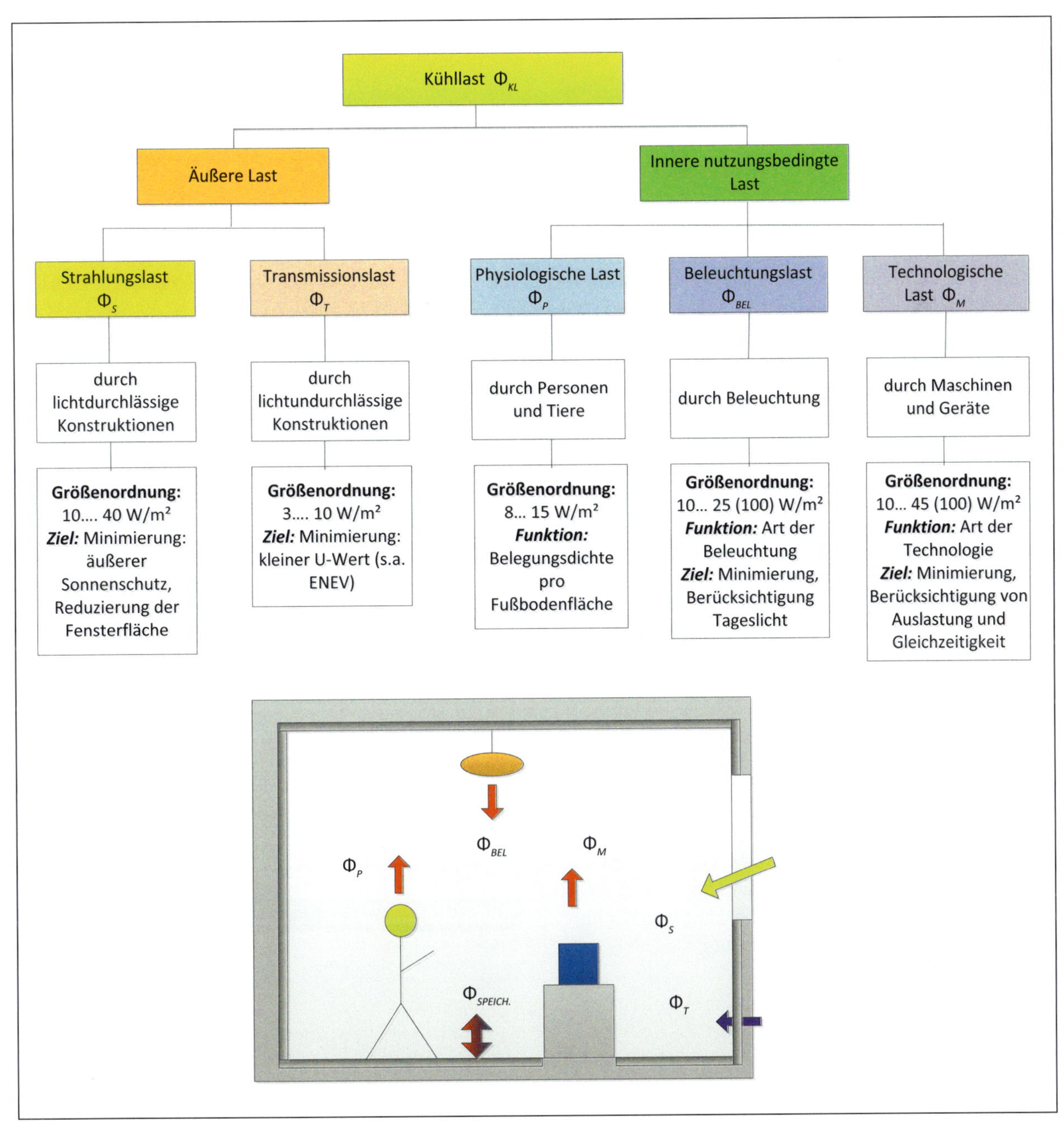

Abb. 8 Übersicht über die Komponenten der Kühllast

- Nutzung von Speicherungsvarianten
- durchgängige Anwendung der Wärmerückgewinnung
- gezielte Anwendung von Raumströmungen unter Berücksichtigung spezifischer Randbedingungen
- Einsatz alternativer Möglichkeiten der Kälteerzeugung bzw. Speicherung
- Anwendung der Kraft-Wärme-Kälte-Kopplung
- zweckmäßige Anordnung der notwendigen RLT-, Heizungs- und Kältezentralen sowie der Rückkühlung
- regelmäßige Inspektion und Wartung der Anlagen.

3.3.2 Lastberechnung

Die Lastberechnung (Komponenten, Abb. 8) ist die Grundlage für die Auslegung der Lüftungs-/Klimaanlagen, der Heizungs- und Kälteanlage. Die EnEV minimiert gesetzlich die Heizlast (Berechnung nach DIN EN 12831) durch Reduzierung der Transmissionsverluste und somit auch der Transmissionsgewinne im Sommer. Die Strahlungslast ist bei Produktionshallen auch als gering einzuschätzen, es sei denn, es werden überwiegend Glasflächen in der Hüllkonstruktion eingesetzt (ist eine Ausnahme wie z. B. Gläserne Manufaktur in Dresden).
Die Last (Kühllast) wird vorrangig durch die inneren Lasten, d. h. nutzungsbedingten Lasten bestimmt. Zu berücksichtigen sind bei der Ermittlung nicht nur die Anschlussleistungen der Maschinen, sondern die energetische Auslastung und Gleichzeitigkeit. Diese sind nicht mit den technologisch vorgegebenen Werten zu verwechseln.
Die Lastberechnung erfolgt heute mit modernen PC-Programmen (z. B. VDI 2078 [Entwurf]), mit denen es möglich ist, sowohl Maximalwerte der Kühllast und deren zeitlichen Verlauf am Tag, im Monat und im Jahr als auch resultierende Raumlufttemperaturen und den Einfluss von Gebäudespeicherung und der gewählten Anlagentechnik (so z. B. Kühlmöglichkeiten über Fußboden, Decke oder Kühlelemente) zu berechnen.

IV

3.3.3 Energietransport

Der Energietransport sollte primär auf der Basis von Flüssigkeiten erfolgen und nicht, wie in der Vergangenheit oft üblich, über Luft (Luftheizung, Luftkühlung) in Lüftungsanlagen.
Geht man von der allgemeinen Gleichung

$$q_v = \Phi / \rho \cdot c \cdot \Delta\theta = \Phi / \rho \cdot \Delta h \qquad (3.1)$$

zur Berechnung des Volumenstromes mit dem Bezug auf eine Last Φ aus, so erkennt man, dass auf Grund der unterschiedlichen physikalischen Werte von Wasser bei $20\,°C$ ($\rho_W = 1.000\ kg/m^3$ und c_L = 4,2 kJ/kg K) und Luft bei $20\,°C$ ($\rho_L = 1{,}2\ kg/m^3$ und $c_W = 1{,}02\ kJ/kg\,K$) ein Unterschied bei zu transportieren Volumenstrom von 1 : ≈4.000 besteht.
Für den Transport ist für den Ventilator bzw. der Pumpe elektrische Energie P notwendig.
Diese ist abhängig vom zu überwindenden Druckverlust in den Leitungen (Kanälen), der Einzelwiderstände und den Verbrauchern (z. B. Heiz- oder Kühlflächen, Wärmeüberträger, Luftdurchlässe, Luftaufbereitungskomponenten).
Es besteht folgender Zusammenhang zwischen dem Druckverlust, dem Volumenstrom und der erforderlichen Leistung:

$$P = \frac{\Delta p \cdot q_v}{\eta_{Motor}} \qquad (3.2)$$

d. h. $P \cong q_v^3$ und $P_{SFP} = P_{vent} / q_v$ (spezifische Ventilatorleistung = SFP-Wert)
Diese Druckverluste sollten möglichst gering sein, was durch geringe Strömungsgeschwindigkeiten bewirkt werden kann (d. h. je kleiner die Geschwindigkeit v, umso geringer ist der Druckverlust und die notwendige Transportleistung P (d. h. bei Reduzierung der Geschwindigkeit z. B. um 50 %, reduziert sich der Druckverlust auf 25 % und die Leistung auf 12,5 %)).
Sowohl in den einschlägigen Normen (DIN EN 13779, DIN EN 15251) als auch in der EnEV 2007 und 2009 sind SFP-Werte vorgegeben, die zu gewährleisten und einzuhalten sind.
Orientierungswerte sind SFP-Kategorien zwischen 2 und 4. (Tab. 3).
(Franzke, Schiller 2011) haben in einer Analyse zum Energieeinsparpotenzial in der Raumlufttechnik aufgezeigt, dass ein erhebliches Potenzial

- in der Regelung des Volumenstromes bzw. Massestromes am Ventilator bzw. den Versorgungspumpen für das Kühlwasser und Heizwasser
- in den Wirkungsgraden des Motors, der Kraftübertragung und beim Ventilator beim Laufradwirkungsgrad
- in veränderten Einbaubedingungen und falschen Auslegungsdruckverlusten und
- in der regelmäßigen Wartung und Inspektion der Anlagen

zur Effizienzsteigerung zu suchen ist.

Tab. 3 Klassifizierung der spezifischen Ventilatorleistung nach DIN EN 13779

Kategorie	P_{SFP} in Ws/m³
SFP 1	< 500
SFP 2	500 - 750
SFP 3	750 - 1 250
SFP 4	1 250 - 2 000
SFP 5	2 000 - 3 000
SFP 6	3 000 - 4 500
SFP 7	> 4 500

Tab. 4 Richtwerte elektrischer Leistungsaufnahmen für RLT-Anlagen nach VDI 3803 (E):

Luftvolumenstrom q_v m³/h	m³/s	Anlagen ohne thermodynamische Luftbehandlung	Anlagen mit Lufterwärmung	Anlagen mit weiteren Luftbehandlungs-funktionen
2.000 bis 10.000	0,56 bis 2,78	SFP 5	SFP 6	SFP 6
10.000 bis 25.000	2,78 bis 6,94	SFP 5	SFP 5	SFP 6
25.000 bis 50.000	6,94 bis 13,89	SFP 4	SFP 5	SFP 5
> 50.000	> 13,89	SFP 3	SFP 4	SFP 4

Tab. 5 SFP-Kategorien und Standardwerte nach (Trogisch, Mai 2008)

Kategorie	P_{SFP}	Üblicher Bereich (farbig markiert) /Standardwert (x)			
	Ws/m³	Zuluftventilator		Abluftventilator	
		Klimaanlage	Lüftungsanlage ohne WRG	Klimaanlage oder Lüftungsanlage mit WRG	Lüftungsanlage ohne WRG
SFP 1	< 500				
SFP 2	500 - 750				x
SFP 3	750 - 1.250		x	x	
SFP 4	1.250 - 2.000	x			
SFP 5	2.000 - 3.000				
SFP 6	3.000 - 4.500				
SFP 7	> 4.500				

Tab. 6 Vergleich von SFP-Kategorien nach DIN 1946, DIN EN 13779 und DIN EN 15251 nach (Trogisch, Mai 2008)

Lüftungsanlage mit WRG		Volumenstrom q_v	P_{SFP}	Kategorie
		m³/(h, Person)	Ws/m³	
DIN 1946 (1.000 Pa, η = 0,6)		40	1670	SFP 4
DIN EN 13779	IDA 1	72	3530	SFP 6
	IDA 2	45	1890	SFP 4
	IDA 3	29	1270	SFP 3
DIN EN 15251 (Kategorie II)	nicht schadstoffarmes Gebäude	75	3760	SFP 6
	schadstoffarmes Gebäude	50	2135	SFP 5
	sehr schadstoffarmes Gebäude	36	1510	SFP 4

		EnEV 2007	EnEV 2009
Spezifische Leistungsaufnahme Zuluftventilator	kW/(m³/s)	2,0	1,5
Spezifische Leistungsaufnahme Abluftventilator	kW/(m³/s)	1,25	1,0
Wirkungsgrad der Wärmerückgewinnung	%	45	60
Regelung der Pumpen		ungeregelt	geregelt

Tab. 7 Forderungen der EnEV 2007 und 2009 für die Lüftung von Referenzgebäuden für die energetische Bewertung

3.3.4 Minimierung der Zuführung des hygienisch oder technologisch erforderlichen Außenluft-Volumenstroms

Aus Gründen der hygienischen Behaglichkeit und der Minimierung des energetischen und investiven Aufwandes für die Lüftung sollte im Allgemeinen einem Raum nur der Mindestaußenluft-Volumenstrom $q_{v,AUL,\min}$ zugeführt werden. Oft wird auch der Mindestaußenluft-Wechsel $n_{AUL,\min}$ angegeben oder die unkorrekte Bezeichnung „Luftwechsel" n verwendet.

Die unterschiedlichen technischen Regeln – z.B. DIN EN 13779 (2007), DIN EN 15251 – weisen, vor allem mit Bezug auf die CO_2-Konzentration, einzuhaltende Mindestaußenluft-Volumenströme für Personen aus, die auszugsweise den Tabellen 8 bis 10 entnommen werden können. Wenn keine entsprechenden Forderungen bzw. Vereinbarungen bestehen, ist von Kategorie II auszugehen.

Tab. 8 Erforderlicher Lüftungsvolumenstrom zur Abschwächung von Emissionen (biologische Ausdünstungen) von Personen $q_{V,P}$

Kategorie	Erwarteter Prozentsatz Unzufriedener	Luftvolumenstrom je Person in l/s, Person
I	15	10
II	20	7
III	30	4
IV	> 30	< 4

Tab. 9 Lüftungsvolumenstrom $q_{V,B}$ für die Gebäudeemission in l/s, $m^2_{\text{Grundfläche}}$

Kategorie	Gebäude		
	sehr schadstoffarm	schadstoffarm	nicht schadstoffarm
I	0,5	1.0	2,0
II	0,35	0,7	1,4
III	0,3	0,4	0.8

Tab. 10 Lüftungsvolumenstrom für Nichtwohngebäude bei einer Standardbelegungsdichte und bei unterschiedlichen Nutzungen in l/s, m² nach DIN EN 15251 (Anhang B).

Gebäude- bzw. Raumtyp	Kategorie	Grund-fläche in m² je Person	$q_{v,P}$	$q_{v,B}$	$q_{v,tot}$	$q_{v,B}$	$q_{v,tot}$	$q_{v,B}$	$q_{v,tot}$	Zugabe bei Rauchen
			Bei Belegung	Sehr schadstoffarme Gebäude		schadstoffarme Gebäude		nicht schadstoffarme Gebäude		
Einzelbüro	I	10	1,0	0,5	1,5	1,0	2,0	2,0	3,0	0,7
	II	10	0,7	0,3	1,0	0,7	1,4	1,4	2,1	0,5
	III	10	0,4	0,2	0,6	0,4	0,8	0,8	1,2	0,3
Großraumbüro	I	15	0,7	0,5	1,2	1,0	1,7	2,0	2,7	0,7
	II	15	0,5	0,3	0,8	0,7	1,2	1,4	1,9	0,5
	III	15	0,3	0,2	0,5	0,4	0,7	0,8	1,1	0,3
Konferenzraum	I	2	5,0	0,5	5,5	1,0	6,0	2,0	7,0	5,0
	II	2	3,5	0,3	3,8	0,7	4,2	1,4	4,9	3,6
	III	2	2,0	0,2	2,2	0,4	2,4	0,8	2,8	2,0
Hör- bzw. Zuschauersaal	I	0,75	15	0,5	15,5	1,0	16	2,0	17	
	II	0.75	10,5	0,3	10,8	0,7	11,2	1,4	11,9	
	III	0.75	6,0	0,2	6,2	0,4	6,4	0,8	6,8	
Restaurant	I	1,5	7,0	0,5	7,5	1,0	8,0	2,0	9,0	
	II	1,5	4,9	0,3	5,2	0,7	5,6	1,4	6,3	5,0
	III	1,5	2,8	0,2	3,0	0,4	3,2	0,8	3,6	2,8
Klassenraum	I	2,0	5,0	0,5	5,5	1,0	6,0	2,0	7,0	
	II	2,0	3,5	0,3	3,8	0,7	4,2	1,4	4,9	
	III	2,0	2,0	0,2	2,2	0,4	2,4	0,8	2,9	
Kindergarten	I	2,0	6,0	0,5	6,5	1,0	7,0	2,0	8,0	
	II	2,0	4,2	0,3	4,5	0,7	4,9	1,4	5,8	
	III	2,0	2,4	0,2	2,6	0,4	2,8	0,8	3,2	
Kaufhaus	I	7	2,1	1,0	3,1	2,0	4,1	3,0	5,1	
	II	7	1,5	0,7	2,2	1,4	2,9	2,1	3,6	
	III	7	0,9	0,4	1,3	0,8	1,7	1,2	2,1	

Der technologisch zuzuführende Außenluft-Volumenstrom wird maßgeblich von den zu kompensierenden Schadstoffen geprägt, sofern sie in der Produktionshalle freigesetzt werden. Ansonsten dominiert die aus den technologischen Prozessen abzuführende Abluft, die im Allgemeinen gezielt über Absaugöffnungen oder direkt in dem gekapselten technologischen Prozess erfasst werden sollte.

3.3.5 Konditionierung der Außenluft

3.3.5.1 Gestaltung der Außenluftansaugung

Für die Außenluftansaugung (Abb. 9) sollten die folgenden Prämissen gelten:

- horizontaler Abstand zwischen der Außenluftansaugung und einer Schadstoffquelle wie z. B. Abfallsammelstellen, Parkplätze, Fahrwegen, Kanalentlüftungsöffnungen, Schornsteine sollte nicht geringer als 8 m sein
- keine Anordnung in der Hauptwindrichtung von Verdunstungs-Kühlanlagen oder in deren unmittelbaren Nähe
- nicht an Fassaden von belebten Straßen, wenn nicht zu vermeiden, so hoch wie möglich über Oberkante Erdreich bzw. Boden
- nicht an Stellen, wo eine Rückströmung von Fortluft oder Störung durch Verunreinigungen bzw. Geruchsemissionen zu erwarten ist
- nicht direkt über Oberkante Erdreich, mindestens über das 1,5-fache der Dicke der zu erwartenden Schneehöhe
- möglichst nicht auf dem Dach, sondern in der bevorzugt vom Wind angeströmten Gebäudeseite
- möglichst nicht in Bereichen, deren Oberflächen im Sommer übermäßig erwärmt werden
- maximale Strömungsgeschwindigkeit in der Öffnung sollte $\leq$ 2 m/s sein
- Möglichkeiten der Reinigung und Wartung sollten berücksichtigt werden.

Die Anordnung der Fortluftführung ist so vorzunehmen, dass

- die Fortluftöffnung möglichst in der „ freien ungestörten Strömung" liegt und
- es zu keinem Kurzschluss mit der Außenluftansaugung kommt.

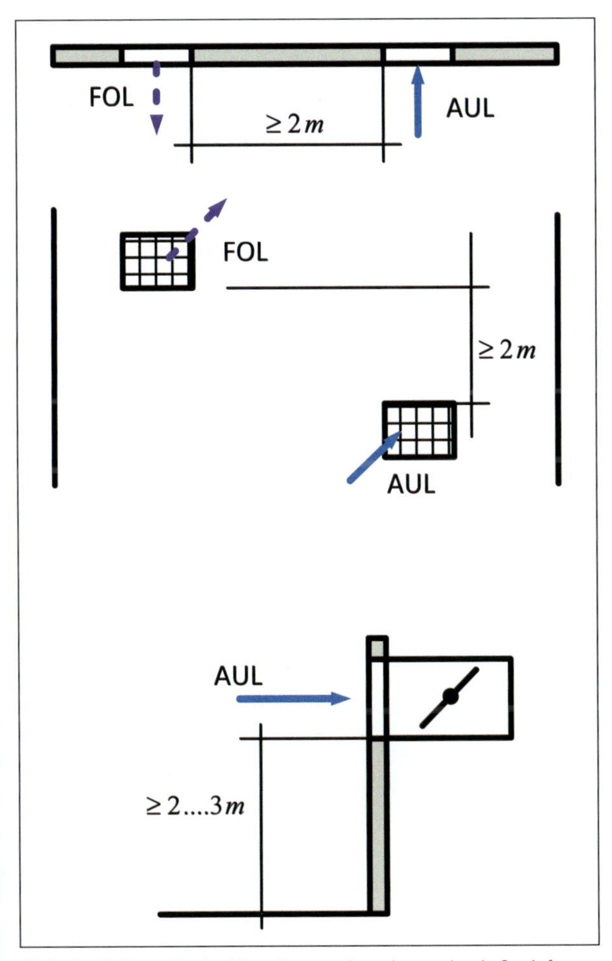

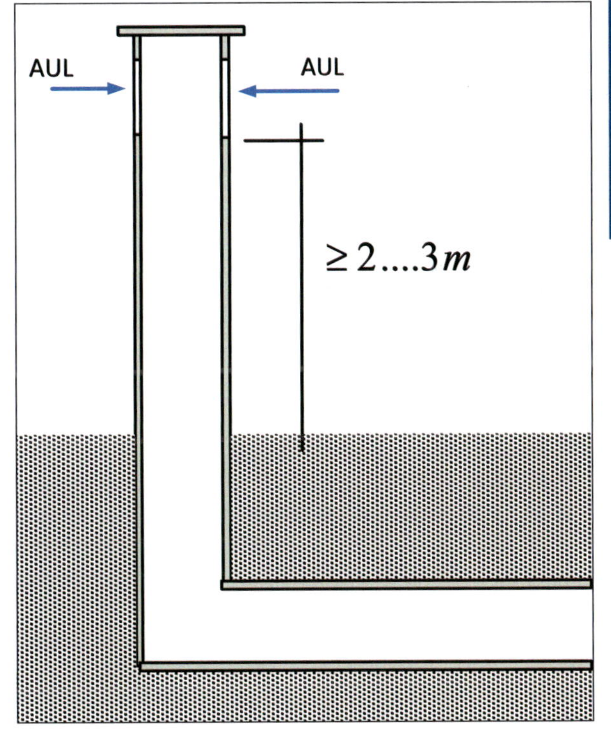

Abb. 9 Schematische Hinweise zur Anordnung der Außenluftansaugung

IV

Detaillierte Hinweise für die Anordnung und Gestaltung von Außenluftansaugung und Fortluftführung enthält (Trogisch, A. 2011, Planungshilfen).
Eine häufig genutzte Möglichkeit der Außenluftansaugung stellt ein Ansaugbauwerk dar (Abb. 10), welches im Allgemeinen mit den Lösungen nach 3.3.5.2 verbunden ist.

Abb. 10 Schematische Hinweise zur Anordnung eines Außenluftbauwerkes und Beispiel

IV

3.3.5.2 Luftbrunnen, Thermolabyrinth

Als energetisch und ökologisch günstig erweist sich die Ansaugung über Ansaugbauwerke und Luftführung über Erdkanäle (Luftbrunnen) (Abb. 11) oder Kanäle im Außenbereich des Kellers oder im Keller (Thermolabyrinth) (Abb. 13).

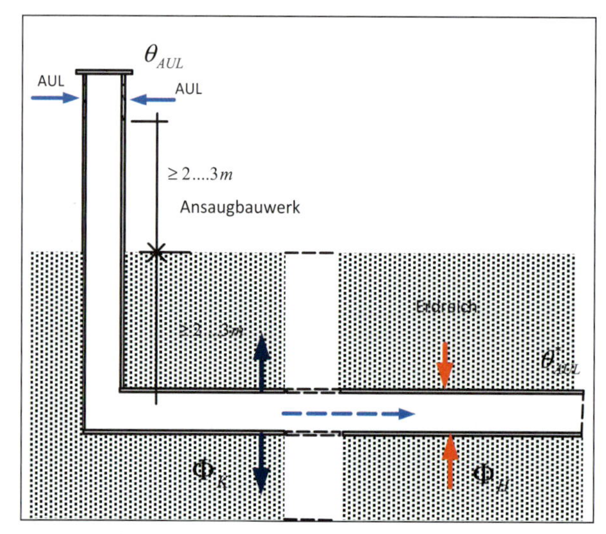

Abb. 11 Schematische Darstellung eines Luftbrunnens

Beim Luftbrunnen mit Ansaugbauwerk wird die angesaugte Luft über einen im Erdreich verlegten Kanal geführt, der eine möglichst große Übertragungsfläche (Umfang) zum Erdreich haben sollte. Als zweckmäßiger Richtwert für die notwendige Kanaloberfläche ist von einem spezifischen Wert $A_{Kanaloberfl.} / q_V$ = 0,04 m²/m³/h auszugehen Die Luftgeschwindigkeit im Kanal sollte zwischen 2 und 4 m/s liegen. Da die Erdreichtemperatur, die sich ab 2... 3 m der Grundwassertemperatur (θ_{GW} = 8 ... 10° C) hinreichend nähert, über das Jahr gesehen relativ konstant ist, kann das Erdreich als „Energiespeicher" genutzt werden.
Eine weitere Möglichkeit stellt die Einbindung eines Schotterspeichers in die Luftansaugung dar (Reichel 2011) (Abb. 12). Unter sommerlichen Bedingungen ist eine Vorkühlung und unter winterlichen Bedingungen eine Vorheizung der Außenluft möglich. Dadurch sind zu beachtende energetische Einsparungen möglich.
Tabelle 11 gibt Orientierungswerte zur Dämpfung der Außenlufttemperatur und mögliche energetische Leistungseinsparungen (Trogisch, A. 2011, Planungshilfen).

Tab. 11 Mögliche Effekte bei Anwendung von Luftbrunnen auf die angesaugte Außenlufttemperatur und die Einsparung von Aufbereitungsenergie

	Dämpfung	
	Mittelwert θ_{GW} in °C	Amplitude $\hat{\Theta}_e$ in K
Sommer	0,2 ... 2	1 ... 8
Winter	0,2 ... 1	2 ... 4
	Einsparung MWh/Monat	%
Kühlenergie	20 ... 60	25 ... 45
Heizenergie	10 ... 25	10 ... 17

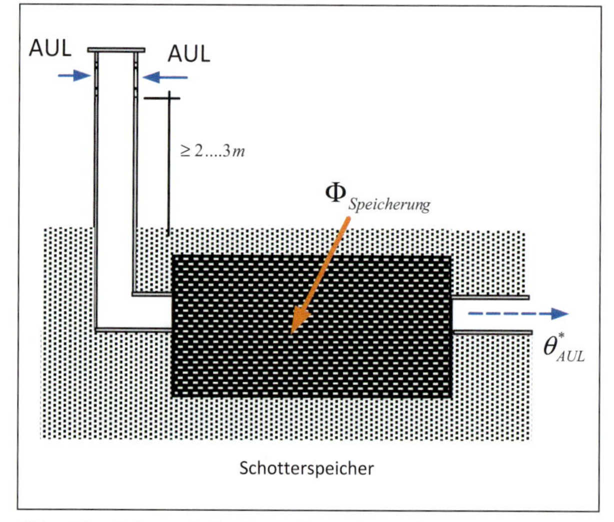

Abb. 12 Schematische Darstellung eines Luftbrunnens unter Einbeziehung eines Schotterspeichers

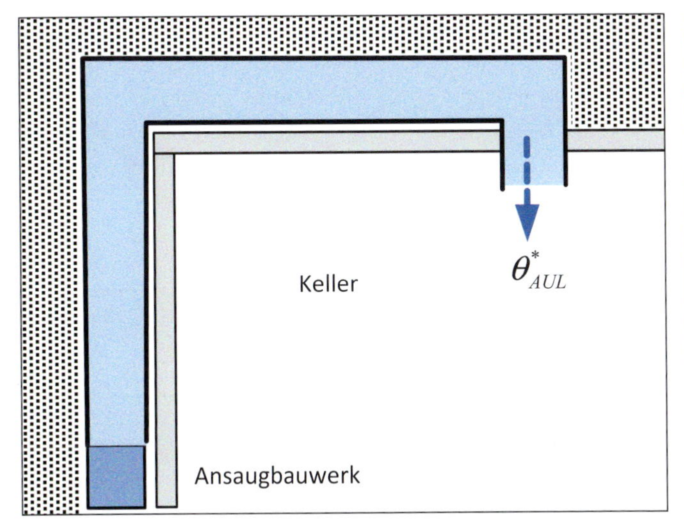

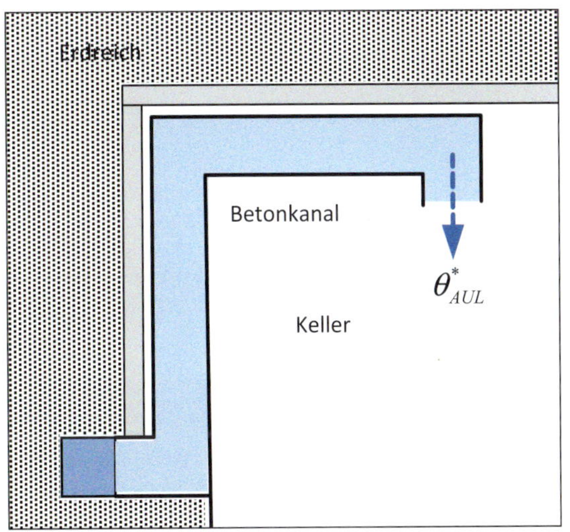

Abb. 13 Schematische Darstellung eines Thermolabyrinths

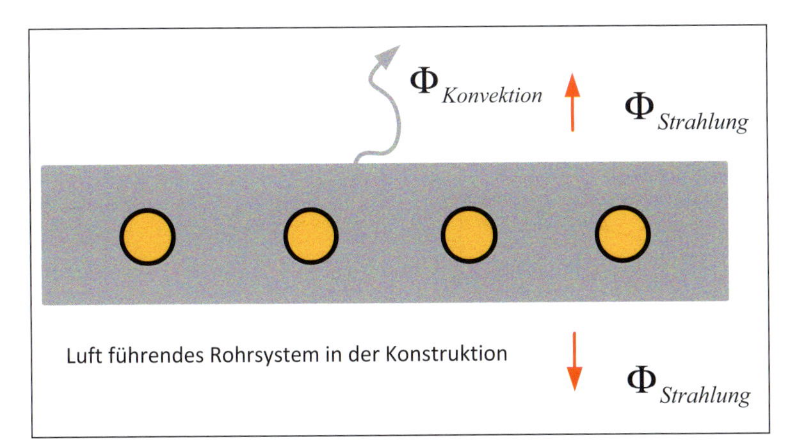

Abb. 14 Schematische Darstellung des Flächenkühlsystems

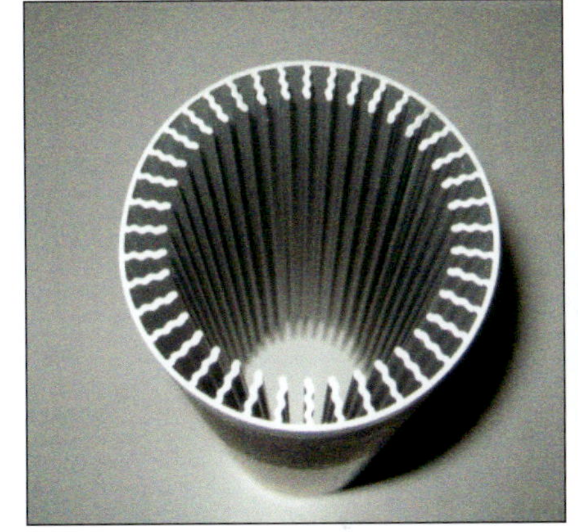

Abb. 15 Kühlrohr (Werkbild. Fa. Kiefer)

Eine Sonderform des Thermolabyrinths bzw. der Bauteilaktivierung (Tabs) (Trogisch, Günther 2008) stellt ein eingebettetes Flächenkühlsystem mit Luft der *Fa. Kiefer* dar (s. a. Trogisch, A. 2011, Planungshilfen). Die Kühlrohre werden in der statisch neutralen Zone der Betondecke zwischen oberer und unterer Bewehrung verlegt (Abb. 14). Die Kühlrohre (Abb. 15) bestehen aus gut Wärme leitendem Aluminium, wobei die Rohrinnenseite zur Verbesserung des inneren Wärmeübergangs bzw. der Übertragungsfläche (nahezu vervierfacht) berippt sind. Die Kühlrohre werden in den Durchmesserabmessungen 60 und 80 mm eingesetzt.

3.3.5.3 Adiabate Befeuchtung (Kühlung)

Eine Möglichkeit, die angesaugte Außenluft vorher zu kühlen, kann darin bestehen, dass im Ansaugbereich Wasserflächen angeordnet (Abb. 16) werden oder Wasser versprüht oder auf Flächen verrieselt (Abb. 17) wird.

Dieser Effekt, thermodynamisch als *adiabate Kühlung* (s. a. Abb. 18) bezeichnet, kann eine Temperaturabsenkung von 2 bis 4 K hervorrufen.

Allerdings steigt bei diesem Vorgang der Feuchtegehalt der Luft (absolute Feuchte x und relative Feuchte ϕ_D) stark an, und diese feuchte Luft kann gegebenenfalls bei Kontaktierung mit kühlen Flächen Kondensaterscheinungen (Taupunktunterschreitung) bewirken.

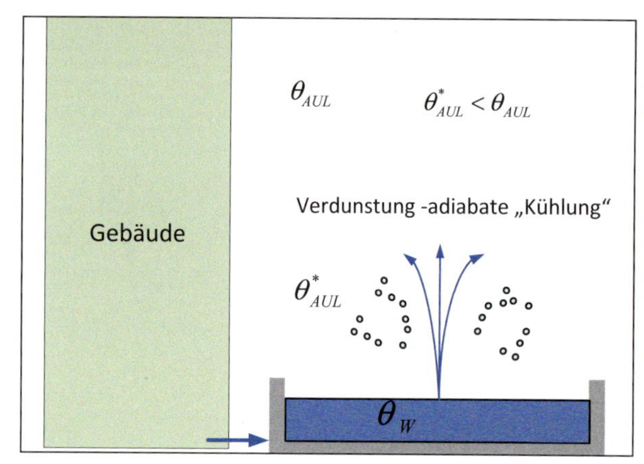

Abb. 16 Schematische Darstellung der Verdunstungskühlung durch eine vorgelagerte Wasserfläche oder Versprühen von Wasser

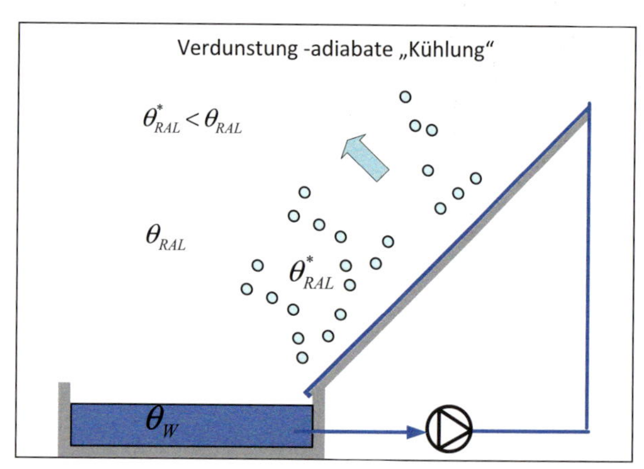

Abb. 17 Schematische Darstellung der Verdunstungskühlung durch Berieselung einer Bauteilfläche

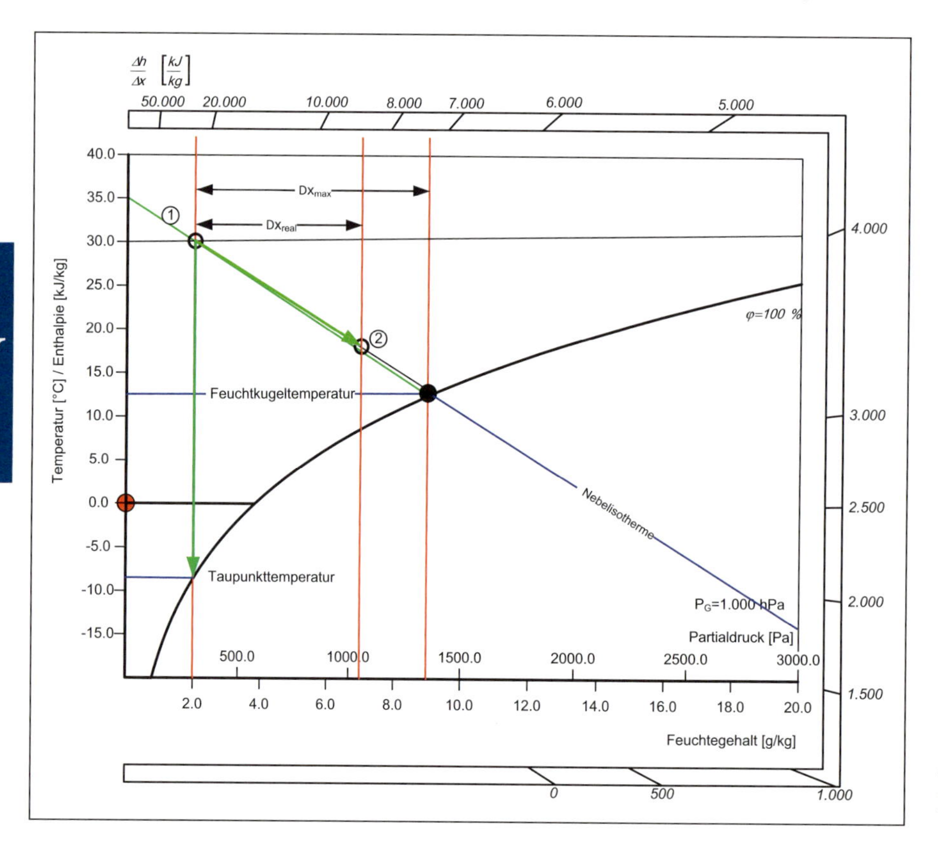

Abb. 18 Adiabates Befeuchten (Kühlen) Feuchtkugeltemperatur, Taupunkttemperatur t_S

3.3.6 Anwendung der Wärmerückgewinnung

Die Wärmerückgewinnung in der Lüftungstechnik ist Stand der Technik (VDI 3805 Bl.5) und wird zumindest ab Luftvolumenströmen > 4.000 m^3/h (EnEV) bzw. in der energetischen Bewertung nach DIN V 18 599 (s. a. Tab. 5) mit entsprechenden Übertragungsgraden vorgegeben.

Detaillierte Aussagen zur WRG sind Trogisch, A. 2011, Planungshilfen, Heinrich, Franzke 1993 und VDI 3805 zu entnehmen.

Abbildung 19 gibt einen Überblick über WRG-Verfahren und die Abbildungen 20 bis 25 zeigen schematisch übliche Systeme. Alle Systeme – außer dem KV-System – setzen voraus, dass der Außenluft- und der Abluftluft-Volumenstrom an einer Stelle an das Gerät herangeführt werden muss. Vorteil des KV-Systems ist, dass keine Zusammenführung notwendig ist. Die Übertragungsgrade der Systeme liegen im Allgemeinen zwischen 60 bis 90 %.

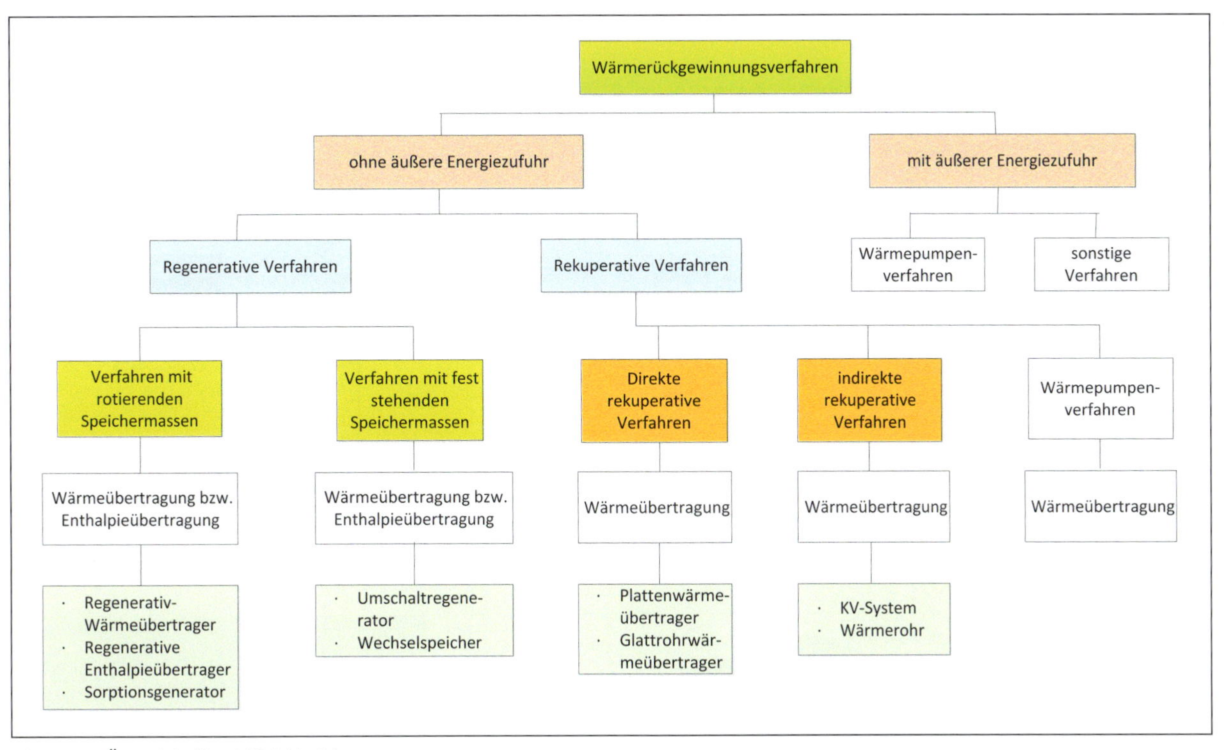

Abb. 19 Übersicht über WRG-Verfahren

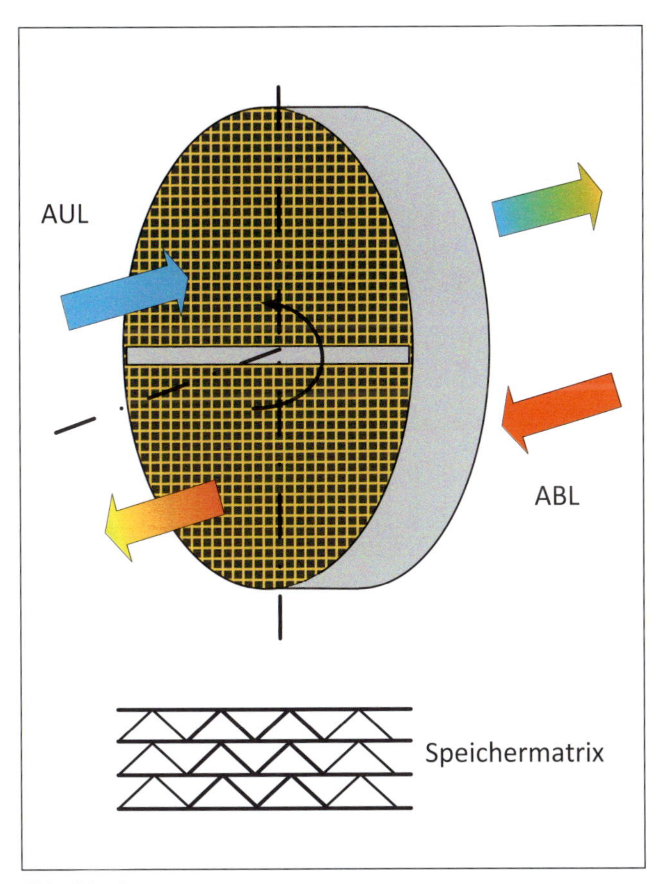

Abb. 20 Regenerator

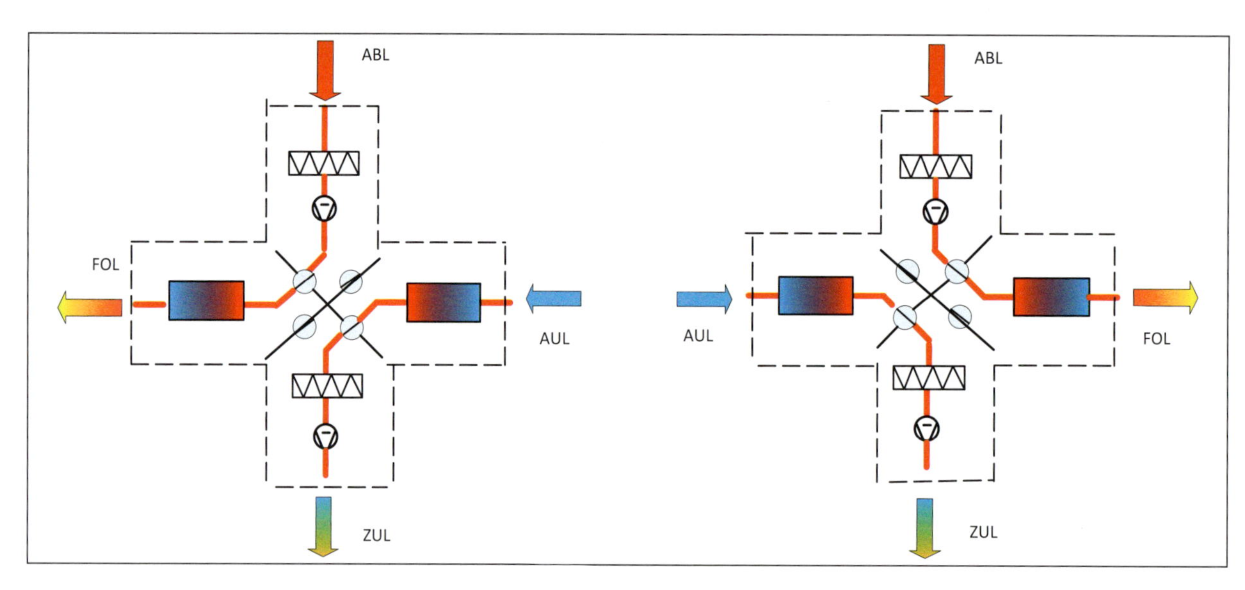

Abb. 21 Umschaltregenerator/Wechselspeicher

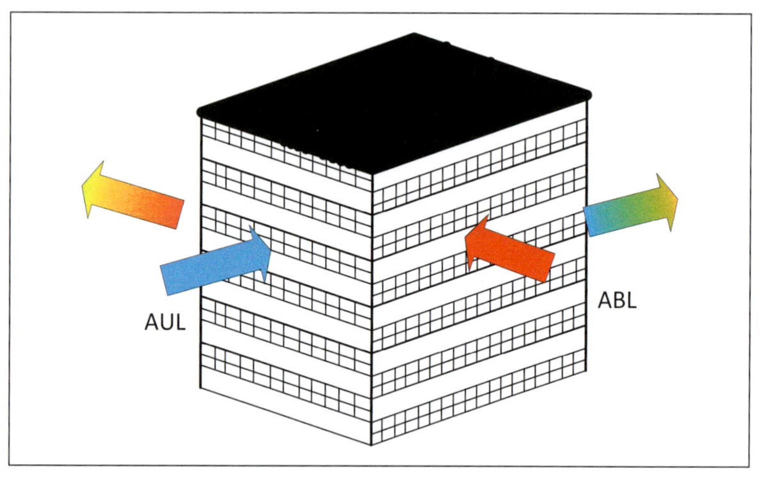

Abb. 22 Plattenrekuperator

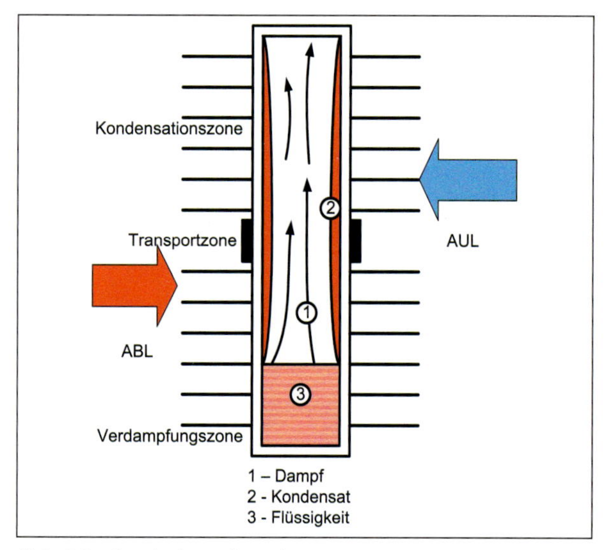

Abb. 23 Gravitationswämerohr

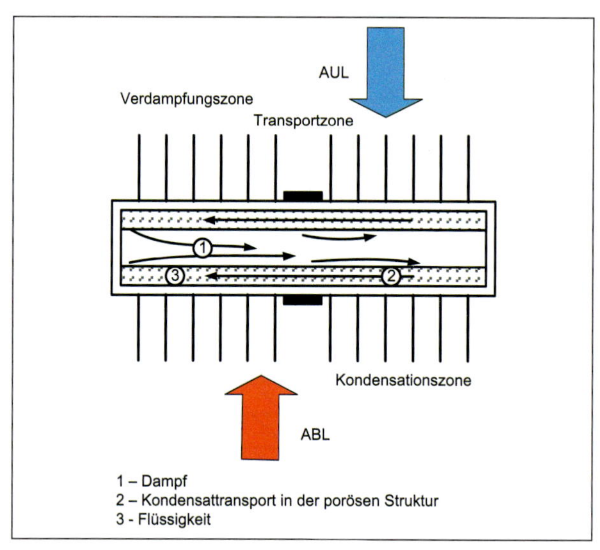

Abb. 24 Kavitationswämerohr

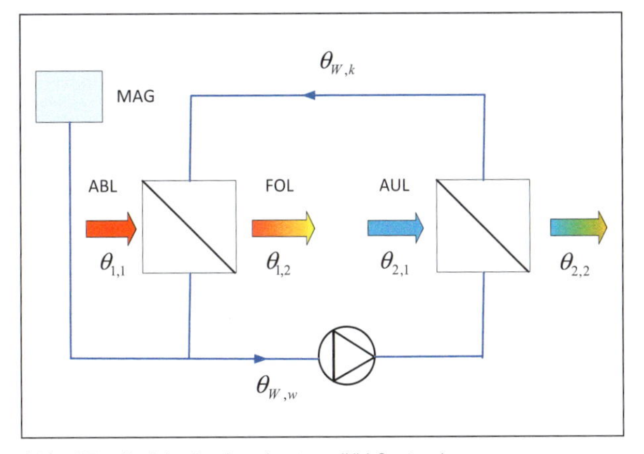

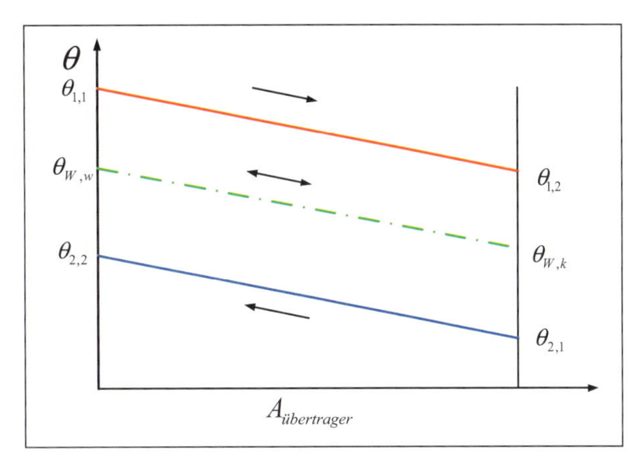

Abb. 25 Kreislaufverbundsystem (KV-System)

3.3.7 Nutzung von Speicherungsvarianten (Kälte- und Wärmespeicherung)

3.3.7.1 Allgemeine Aspekte

Um zeitliche Unterschiede von Bedarf und Verbrauch an Kälte bzw. Wärme zu kompensieren, Spitzen bei der Dimensionierung von Kälte- und Wärmeerzeugern abzubauen und um Betriebskosten (Arbeits- und Leistungspreise für Elektroenergie bzw. Heizenergie) zu reduzieren, sind Speichersysteme notwendig.
Es sind die Phasen Speicherung (Beladung) und Entspeicherung (Entladung) zu unterscheiden (Abb. 26). Der zeitliche Verlauf entspricht im Allgemeinen einer Exponentialfunktion. Um einen Speicher effektiv nutzen zu können, sollte die Entspeicherung nahezu abgeschlossen sein. Bezüglich der Gesamtzeit

$$\text{(Speicherperiode } \tau_P = \tau_{Speich} + \tau_{Entspeich}) \tag{3.3}$$

wird in Tages-, Wochen-, Monats und Jahresspeicher unterschieden. Für die Speicherung im Bauwerk und bei Einsatz von Speichermaterialien in klimatechnischen Prozessen wird im Allgemeinen davon ausgegangen, dass τ_P = 24 h ist.

3.3.7.2 Latentspeicher

Als Speichermaterial wird im allgemeinen Wasser aufgrund seiner hohen spezifischen Wärmekapazität genutzt. Speichermaterialien, die in einem Temperaturbereich einen Phasenwechsel des Aggregatzustandes durchlaufen, nennt man *Latentspeicher*. Das bekannteste Beispiel ist das Wasser, dass bei 0° C vom flüssigen in den festen Zustand übergeht, was mit einem Wärmeentzug verbunden ist (Abb. 27). Dieser Vorgang kann im Allgemeinen als reversibel angesehen werden. Materialien, die in einem bestimmten Temperaturbereich einen Phasenwechsel durchlaufen, werden auch als PCM (Phase Change Materials) bezeichnet

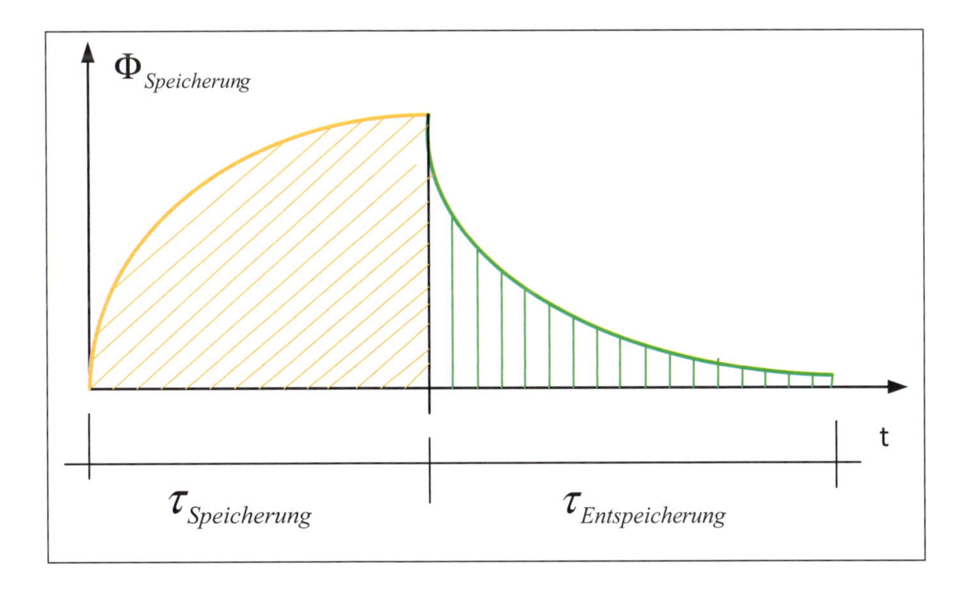

Abb. 26 Schematische Darstellung von Speicherung und Entspeicherung

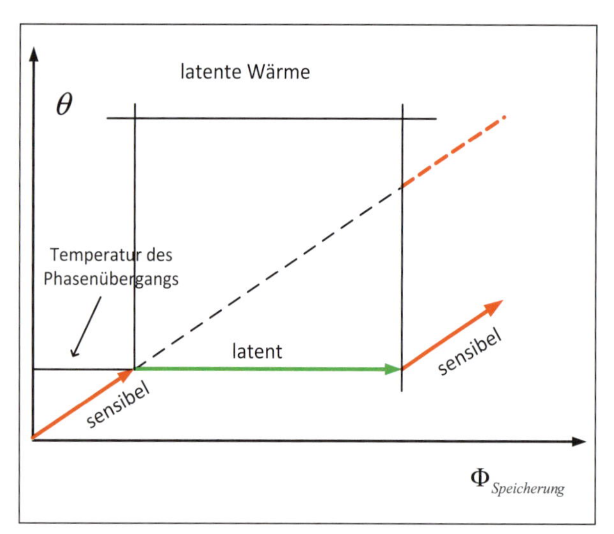

Abb. 27 Vergleich der Wärmespeicherung durch sensible und latente Wärme

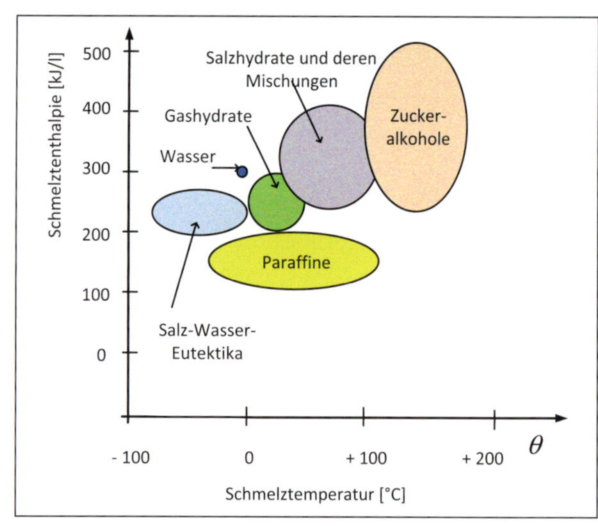

Abb. 28 Typische volumenspezifische Schmelzenthalpien und die dazugehörigen Temperaturbereiche von PCM

(Abb. 28). Die in der latenten Phase gespeicherte Energie, kann eine zu beachtende Größenordnung, in Abhängigkeit von der Speicherdichte Werte bis zu 200 kJ/kg, erreichen. Für den Einsatz von PCM in der Raumlufttechnik bzw. im Gebäude zur Erhöhung der thermischen Speicherfähigkeit der Raumumschließungskonstruktion ist vor allem die Temperatur des Phasenübergangs entscheidend, die in einem Bereich von 20 bis 22° C liegen sollte. Viele schon bisher bekannte Latentspeicher wiesen Probleme auf, wie z.B. Entmischung bei Wasser-Salz-Gemischen, Hysterese von Erstarren und Schmelzen sowie Korrosivität, die einen großtechnischen Einsatz kaum erlaubten. Zurzeit stehen PCM in gekapselter Form oder als Verbundmaterial zur Verfügung, die einen verstärkten technischen Einsatz ermöglichen.

Bei dem Verbund mit Graphit wurde die Leitfähigkeit des Materials erheblich erhöht. Dieses Material findet auch Einsatz in RLT-Geräten (Abb. 29).

3.3.7.3 Eisspeicher

Bei der *Eisspeicherung* wird Wasser in einem Behälter durch Kühlmittel oder Kältemittel so gekühlt, dass sich an den Rohren oder Platten Eis (Abb. 30) bildet. Nach Aufladung, d.h. nach Erreichen einer bestimmten Eisdicke, kann durch Beaufschlagung des Speichers mit Kühlwasser das Eis wieder geschmolzen werden. Bei der Kopplung des Speichers an die Kälteerzeugung ist eine direkte und indirekte Lösung möglich (Abb. 31).

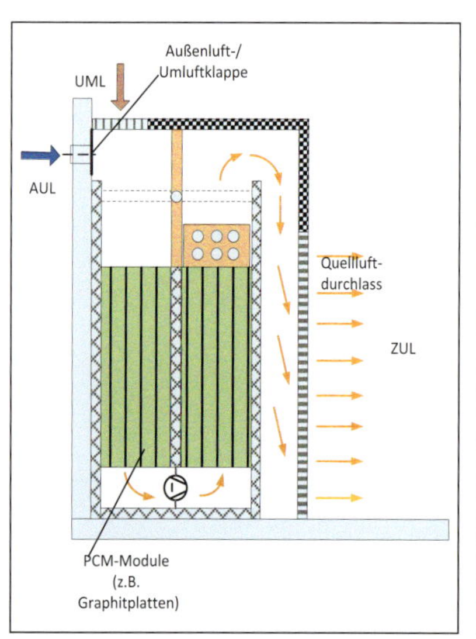

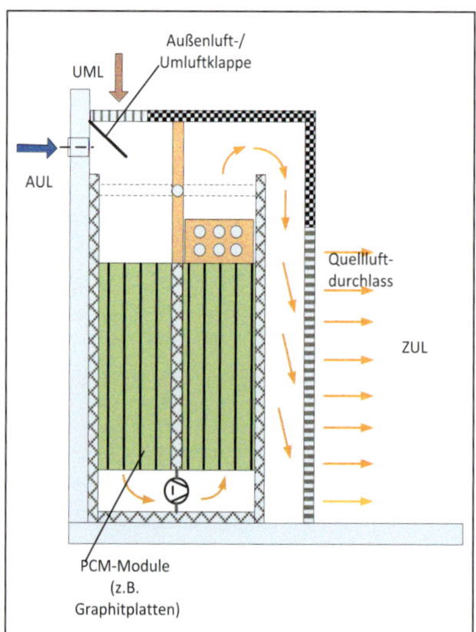

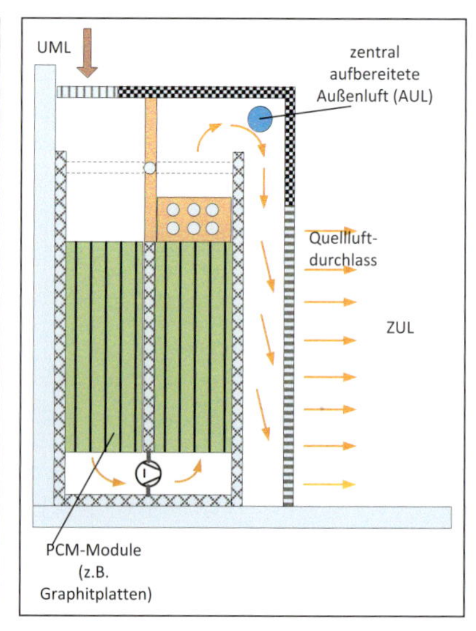

Abb. 29 PCM im Einsatz in einem dezentralen RLT-Gerät (Werkbild: Fa: Emco bzw. Fa. Imtech)

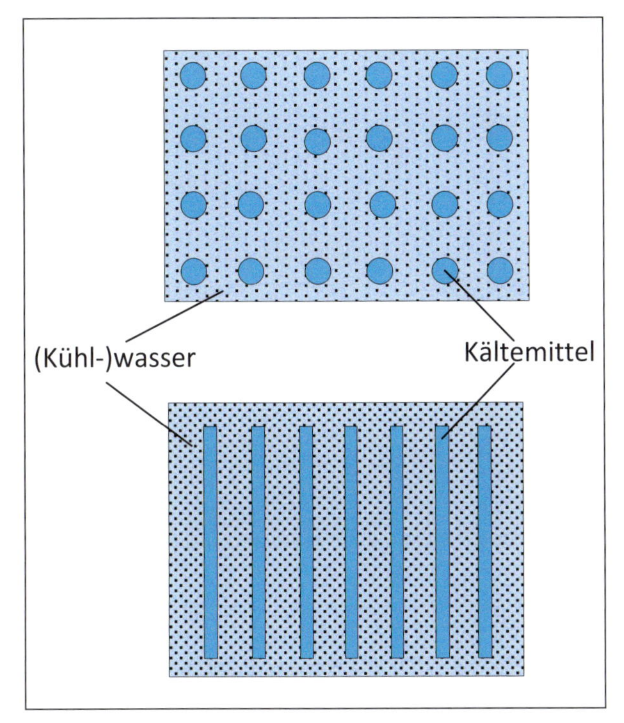

Abb. 30 Wärmeübertrager zur Eisanlagerung

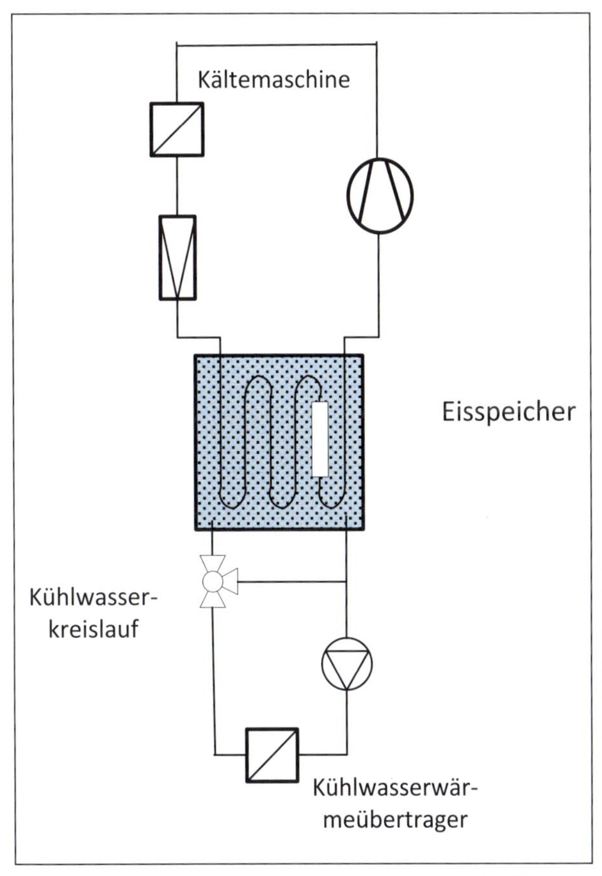

Abb. 31 Direkter Einbindung der Kältemaschine an den Eisspeicher

Die im Allgemeinen vorgefertigten Speicherbehälter können sowohl im Gebäude (z. B. in der Technikzentrale, untergeordneten Räumen oder bauseits erforderlichen Leerräumen) als auch im Außenbereich in der Erde untergebracht sein. Eine gewisse Zugänglichkeit zur Montage und Wartung ist zu gewährleisten.

3.3.7.4 Erdreich

Das Erdreich, insbesondere bei einem hohen Feuchteanteil, ist aufgrund einer guten Wärmeleitung ebenfalls als „Speicher" nutzbar.

Bei der Nutzung des *Erdreiches* als Speicher wird davon ausgegangen, dass einerseits die Außenklimaschwankungen ab einer Tiefe von 3 ... 5 m kaum signifikant sind und anderseits der Einfluss der Grundwassertemperatur mit ca. 7 ... 10° C dominant ist. Besonders feuchte Erdstoffe zeichnen sich durch eine gute Wärmeleitung aus (Tab. 12). Durch horizontal verlegte Rohre (Erdwärmekollektoren) im Erdreich (Abb. 32) oder besonders bei für die Standfestigkeit des Gebäudes erforderlichen Stützen, aber auch durch Betonkerne (Erdwärmesonden) kann das Erdreich als Wärme- bzw. Kältespeicher dienen.

Das Erdreich als Speicher kommt vor allem im Zusammenhang mit Wärmepumpen zur Anwendung.

In Deutschland gibt es schon eine Reihe von Versuchsanlagen, wobei der Einsatz von Wärmesonden sowohl von wasser- als auch bergbaurechtlichen Randbedingungen abhängig ist. Als Wärmeträger können Wasser - im Allgemeinen ein Wasser-Glykol-Gemisch - aber auch Kältemittel, wie z. B. Ammoniak zum Einsatz gelangen.

Tab. 12 Spezifische Entzugsleitungen von Erdwärmekollektoren in Abhängigkeit der Jahresarbeitszahl β_a

Untergrund	Spezifische Entzugsleistung in W/m²	Erdwärmekollektorfläche je 1 kW Heizleistung in m²	
		$\beta_a = 3$	$\beta_a = 3{,}5$
trockener sandiger Boden	10 - 15	44 - 67	48 - 71
feuchter sandiger Boden	15 - 20	33 - 44	36 - 48
trockener lehmiger Boden	20 - 25	27 - 33	29 - 36
feuchter lehmiger Boden	25 - 30	22 - 27	24 - 29
wassergesättigter Sand/Kies	30 - 40	17 - 22	18 - 24

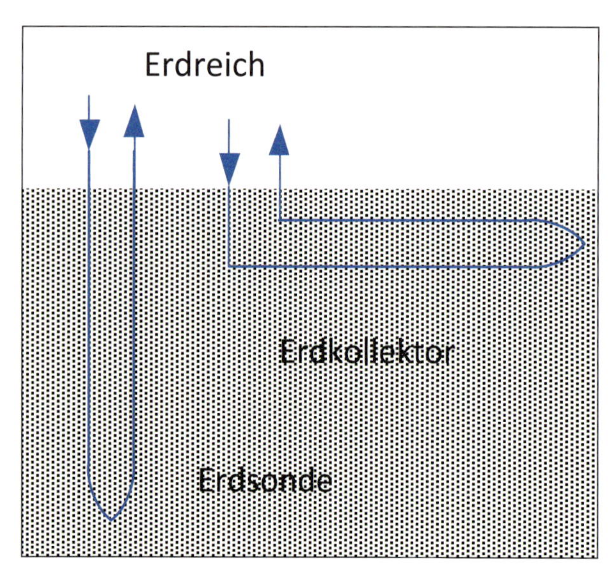

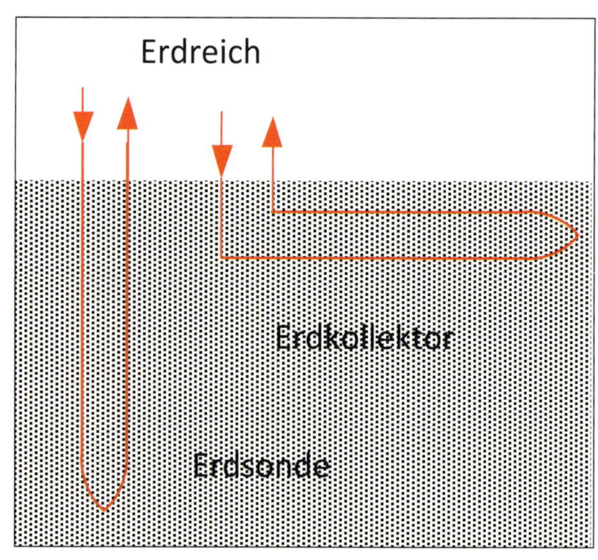

Abb. 32 Direkter Erdkollektor und Erdsonde als Wärmequelle und -senke

3.3.7.5 Schotterspeicher

IV

In praktische Anwendungen, u. a. (Reichel 2011) ausführlich dokumentiert, haben sich auch luftdurchströmte Schotterschüttungen als Speichermaterial bewährt. Sie stellen vor allem bei mittleren (ca. bis 10.000 m^3/h) und großen (ca. bis 100.000 m^3/h) Luftvolumenströmen einen geeigneten Kompromiss dar.
Die wesentlichen Vorteile sind:

- Vorwärmung im Winterbetrieb (reduziertes Frostrisiko an WRG)
- im Sommer Luftkühlung mit sporadischer Entfeuchtung.

Weitere Vorteile sind nach (Reichel 2011):

- einfacher Aufbau und Integration in den Baukörper möglich
- in der Regel preisgünstige Erstellung
- hohe Energiegewinne, geringe energetische Aufwendungen für zusätzliche Lufttransporte.

Ein untersuchter Schotterspeicher (Abb. 33 und 34) beschreibt (Reichel 2011): „Er besitzt eine quaderförmige Geometrie. Seine Größe ist abhängig vom Auslegungsvolumenstrom und der geforderten Speicherladedauer. Er befindet sich regelmäßig unter der Geländeoberkante (GOK). Dabei ist darauf zu achten, dass das gesamte Speichervolumen oberhalb des höchsten zu erwartenden Grundwasserspiegels liegt. Der unterirdische Ausbau kann unter freiem Gelände aber auch unter Gebäuden mit thermischer Entkopplung erfolgen.
Der Schotterspeicher wird an seinen Seitenflächen durch ein Luftverteil- bzw. -sammelsystem begrenzt. Auf der Oberseite ist der Schotterspeicher mit einer wasserundurchlässigen Folie gegen eindringendes Oberflächen- oder Sickerwasser zu schützen. Die zur Belüftung des Gebäudes benötigte Außenluft wird über eine Außenluftansaugung dem Luftverteilsystem zugeführt, durch die Schotterhohlräume geführt, am Austritt des Speichers als thermisch aufbereitete Außenluft gesammelt und über einen Lüftungskanal dem Lüftungsgerät im Gebäude zugeleitet. Der Zuluftventilator des Lüftungsgerätes kompensiert die Druckverluste.
Für die Regenerierung des Schotterspeichers wird ein zusätzlicher Regenerationsventilator benötigt. Während der Speicherregeneration ist der Luftaustausch des Gebäudes über einen Bypass oder eine weitere Außenluftansaugung sicherzustellen. Die Regenerationsluft wird über die Betriebsaußenluftansaugung ins Freie geblasen. Eventuell eintretendes Schichtenwasser fließt im ab und wird am Boden des Schotterspeichers über Drainagerohre abgeleitet.“

Abb. 33 Herstellung eines Schotterspeichers nach (Reichel 2011)

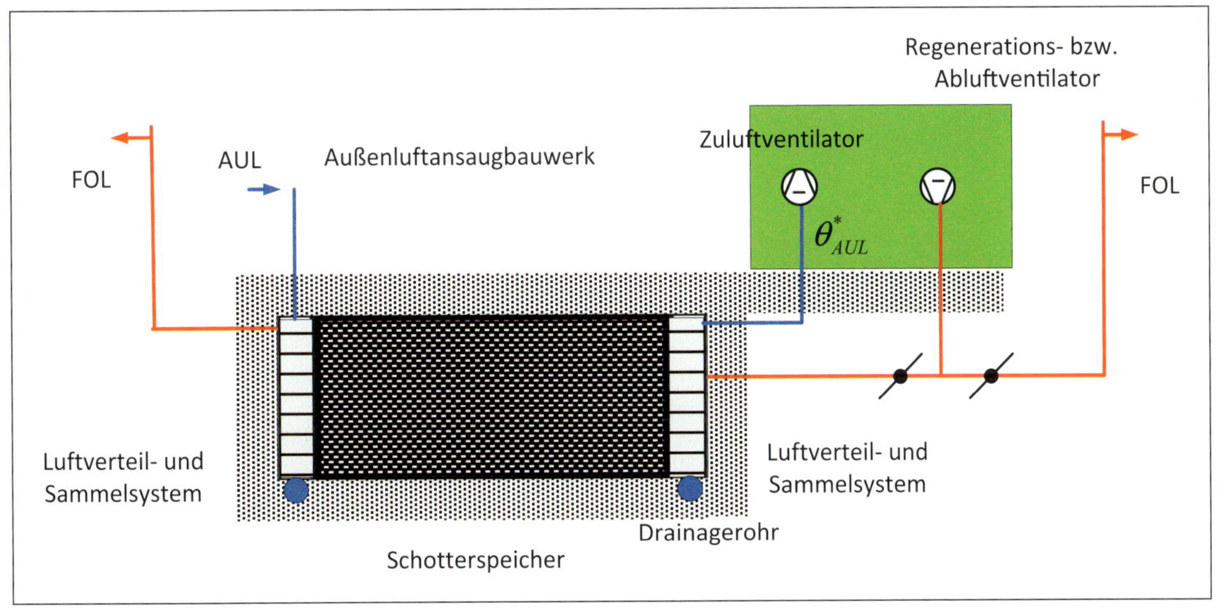

Abb. 34 Prinzipieller Aufbau als Schnittdarstellung

3.3.7.6 Grundwasserspeicher

Die Nutzung des Erdreiches bzw. von *wasserführenden Schichten* oder *Brunnen* (Zapf- und Schluckbrunnen bei Wärmepumpenanlagen) zur Speicherung bedarf es in Deutschland der Zustimmung durch die zuständige Wasserbehörde bzw. die zuständigen Wasserversorgungsunternehmen.

Eine natürliche oder künstlich erstellte, abgesperrte Wasser führende Schicht im Erdreich wird als *Aquifer* bezeichnet. Dieser horizontale Wasserspeicher wird sowohl als Kälte- als auch als Wärmespeicher genutzt (Abb. 35). Erfahrungen im großtechnischen Bereich sind ungenügend bekannt, wobei die Realisierung vor allem abhängig von der Wirtschaftlichkeit (Investitionskosten, Energiekosteneinsparungen) ist.

Im Berliner Raum sind durch geologische Bedingung zwei Wasser führende Schichten vorhanden. Diese beiden Schichten werden für die Wärme- und Kältespeicherung der heizungs- und kühltechnischen Anlagen des Reichstages genutzt (Abb. 36).

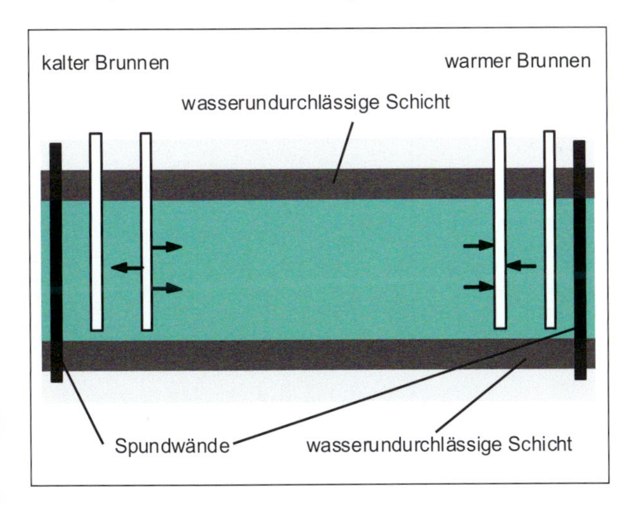

Abb. 35 Beispiel eines Aquifers

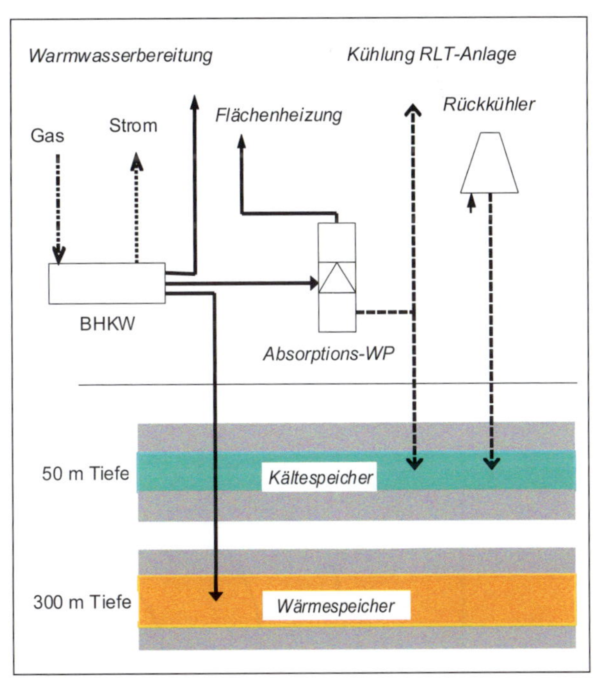

Abb. 36 Nutzung zweier Wasserspeicher für die heizungs- und kühltechnischen Anlagen im Reichstagsgebäude

IV

3.4 Raumströmung in Produktionshallen

Die Luftführung im Raum wird sehr oft als ein rein technisches Problem angesehen. Sie ist als ein sehr sensibler Punkt in der planerischen Zusammenarbeit zwischen Produktionsplaner, der eingesetzten Technologie und den einzuhaltenden Randbedingungen, u. U. dem Architekten *und* dem Lüftungstechniker zu werten. Folgende Aspekte weisen beispielhaft auf Punkte der notwendigen Koordination und Abstimmung hin und charakterisieren Einflussgrößen auf die Luftführung:

- Gestaltung des Raumes, z. B. Abmessungen, bauliche Versperrungen (z. B. Dachbinder, Stützen), technologisch bedingte Versperrungen (z. B. Kranbahnen)
- die Anordnung von Kanälen und Luftdurchlässen (Luftverteiler, Lufterfasser), baulicher und technologischer Einrichtungen (Maschinen)
- einzuhaltende Behaglichkeitswerte (z. B. Luftgeschwindigkeit, Luftturbulenz, Lufttemperatur, akustische Werte, einzuhaltende Arbeitsplatzkonzentrationen von Schadstoffen)
- Beleuchtung, z. B. Anordnung von Lampen, Tageslicht (Fenster, Oberlichte, Brandschutz [Rauch- und Wärmeabzüge]) und
- Anordnung von verglasten Flächen (Heizkörper, öffenbare Fensterflächen).

Die Raumströmung exakt vorher zu berechnen, ist aufgrund ihrer Komplexität kaum eindeutig realisierbar. Für einfache bzw. bei klar definierten Randbedingungen kann eine Berechnung sowohl manuell als auch über entsprechende numerische Simulationsprogramme erfolgen.

Zweckmäßig erscheinen bei etwas kritischeren Bedingungen Modellversuche (bis zur Nachbildung von 1:50- bzw. 1:1-Lösungen von Teilbereichen). Nur eine gemeinsame abgestimmte, d. h. integrale Planung, ergibt eine vom Nutzer akzeptierte Lösung.

Zu einer gelungenen Auslegung der Luftführung im Raum gehören grundlegende Kenntnisse der Strömung, praktische Erfahrungen aus ausgeführten Objekten und auch gestalterische Aspekte bei der Anordnung der Luftkanäle und Luftdurchlässe.

Begriffe, Grundsätze und Luftführungsarten werden ausführlich in (Trogisch, A. 2011 Planungshilfen) erläutert und im Folgenden soweit behandelt, wie sie für die Lüftung von Produktionshallen Berücksichtigung finden sollten.

3.4.1 Begriffe

Freistrahl: entsteht bei Luftaustritt mit der Geschwindigkeit v_O aus einer beliebigen Öffnung, wenn die Strahlausbreitung frei und ohne Beeinflussung durch die Raumbegrenzung oder andere Störungen (z. B. Unterzüge, Beleuchtung, halbhohe Raumabtrennungen) erfolgt (Abb. 37).

Wandstrahl: entsteht bei Luftaustritt in unmittelbarer Wandnähe. Er kann annähernd als halber Freistrahl betrachtet werden. Durch den Coanda-Effekt wird der Strahl an die Wand herangezogen (Abb. 38).

Raumstrahl: weist Abweichungen vom Verhalten der Freistrahlen auf, z. B. infolge eines begrenzten Raum-

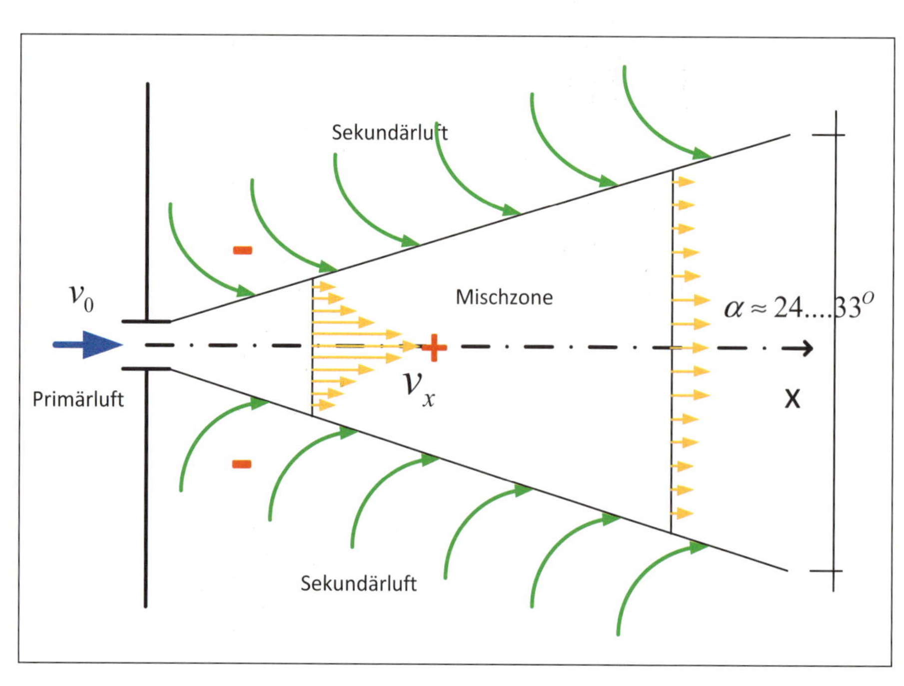

Abb. 37 Prinzipskizze für einen Freistrahl

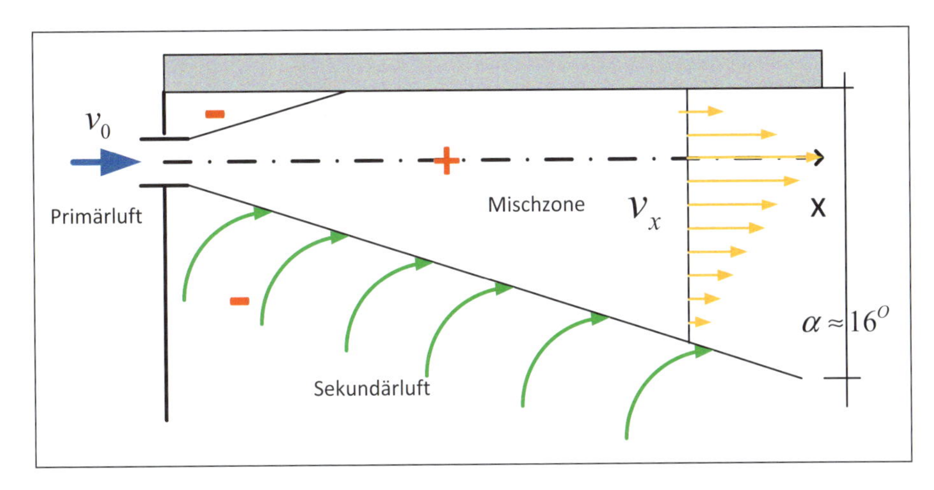

Abb. 38 Prinzipskizze für einen Wandstrahl

volumens, dem Einfluss von Raumbegrenzungswänden, Störfaktoren im Raum (Wärmequellen, Versperrungen) (Abb. 39).

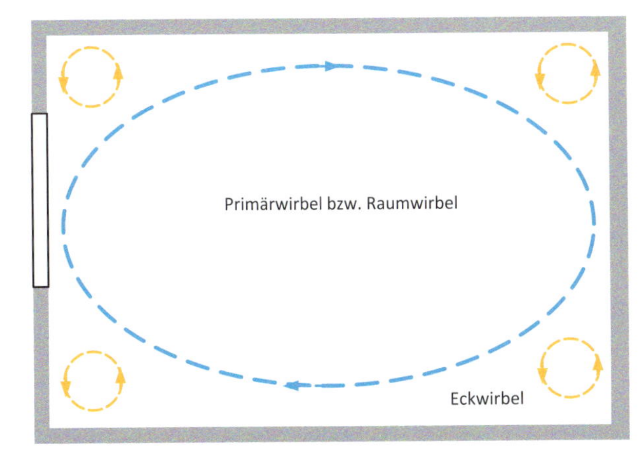

Abb. 39 Prinzipskizze für einen Raumstrahl (in den Ecken des Raumes bilden sich Eckwirbel aus)

Strömungen infolge thermischer Kräfte:

Diese sind vertikal orientierte Luftbewegungen erwärmter oder abgekühlter Luft. Sie werden durch thermische Kräfte erzeugt und weisen ähnliche Eigenschaften wie mechanisch erzeugte Luftstrahlen auf:

- *Wärmequellen:* Φ_N und/oder Φ_S, (Abb. 41) oder durch Heizquellen (z. B. Heizkörper, Öfen bzw. Menschen oder technische Geräte) (Abb. 40) und
- *Wärmesenken:* können vor allem an kalten Flächen entstehen (Fenster, kalte Außenwand). Sie werden als Kaltluftfall bezeichnet (Abb. 42). Dieser tritt mit hoher Wahrscheinlichkeit auf, wenn $\theta_a - \theta_{o,i} > 4...5\ K$ ist. Deshalb sollte u. a. auch der Heizkörper unter der kalten Fläche angeordnet werden (Abb. 41).

Beim *Kaltluftfall* kommt es nur zu einer minimalen Zumischung von Raumluft als Sekundärluft. Diese Kaltluft verbleibt aufgrund ihrer höheren Dichte im Bereich des Fußbodens

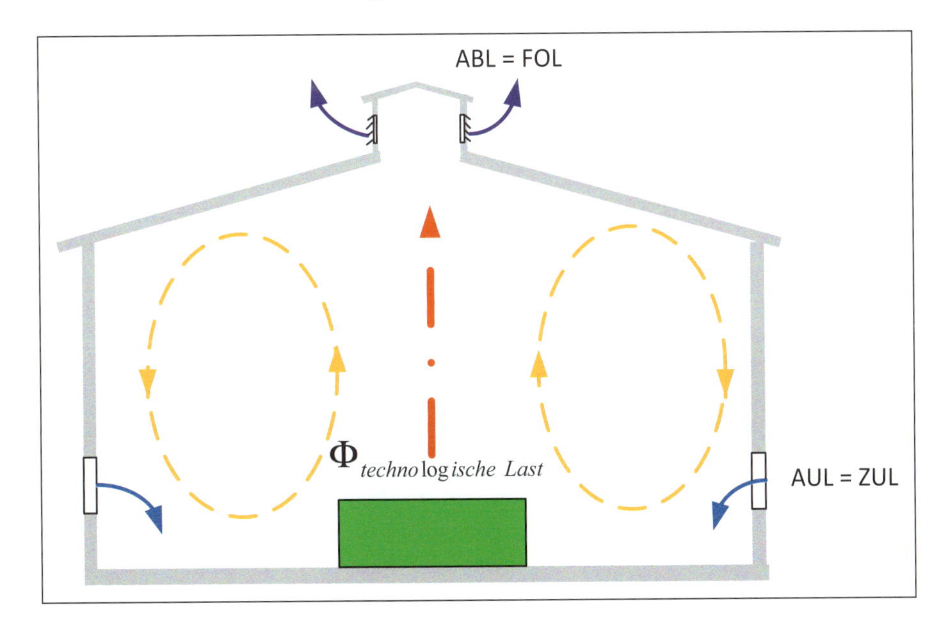

Abb. 40 Prinzipskizze für thermische Auftriebsströmungen durch Wärmequellen Φ_N und/oder Φ_S

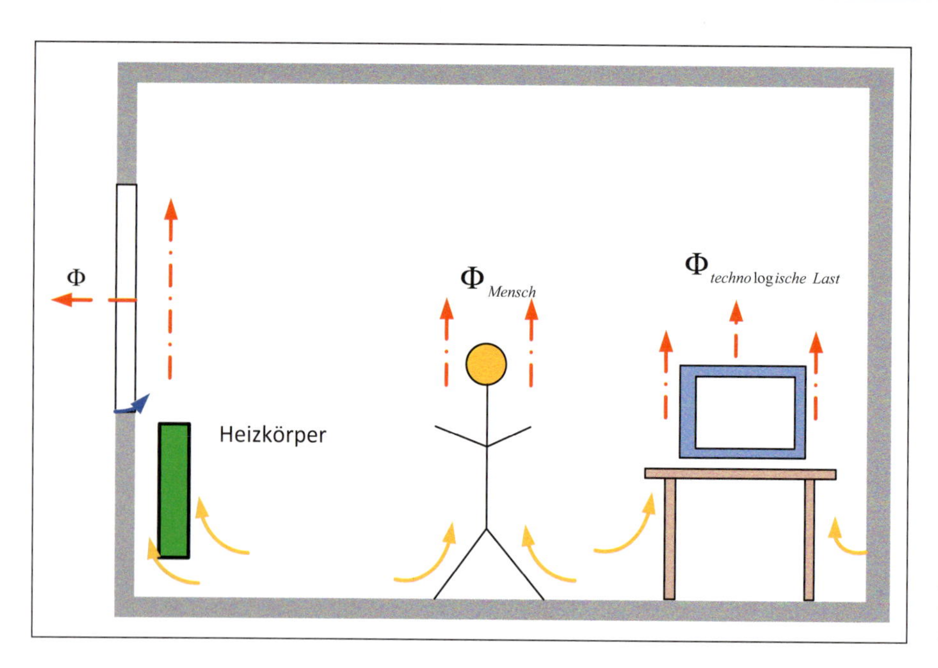

Abb. 41 Prinzipskizze für thermische Auftriebsströmungen durch innere Wärmequellen

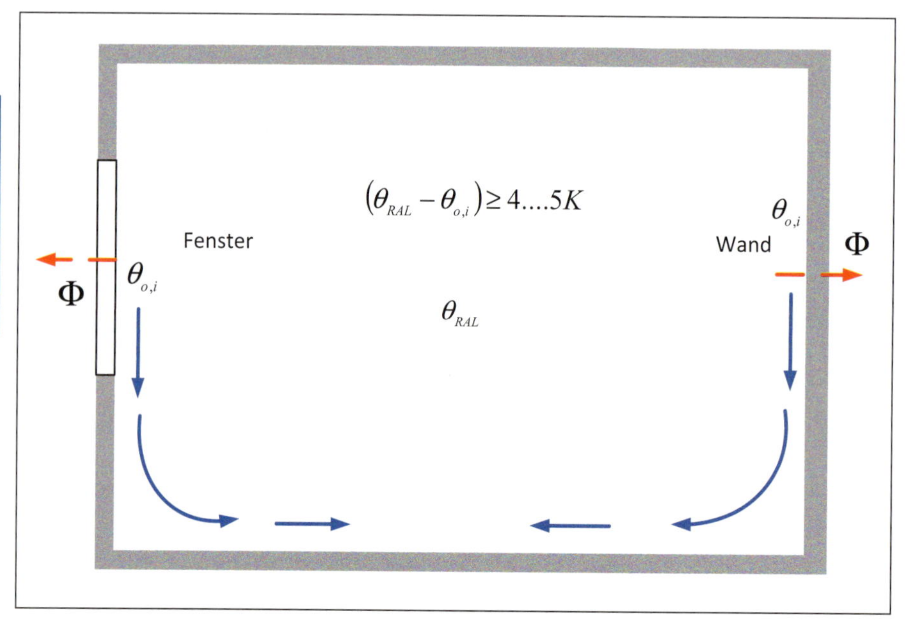

Abb. 42 Prinzipskizze für den Kaltluftfall an einer kalten Fläche

IV

(Kaltluftsee) (Abb. 42). Diese Tatsache wird im Zusammenhang mit thermischen Auftriebskräften (innere Kühllasten Φ_N, wie z.B. Menschen Φ_P oder Maschinen Φ_M) für die *Quelllüftung* genutzt.

Drallstrahl: entsteht nach Zuluftöffnungen mit speziellen Drall- und Wirbeleinrichtungen (Abb. 43). Diese Sonderform eines „ Freistrahles" zeichnet sich durch

- einen großen Temperaturdifferenzabbau $\Delta\,\theta_o = |\theta_{RAL} - \theta_{ZUL}|$
- einen großen Geschwindigkeitsabbau der Zuluftgeschwindigkeit v_o und
- eine hohe Turbulenz

aus.

Nach einer Lauflänge von ca. x = 1 m ist schon eine Reduktion der Zuluftgeschwindigkeit und der Zulufttemperaturdifferenz um 75 % erfolgt und somit können die Luftaustrittsbedingungen am Luftauslass v_o und $\Delta\,\theta_o$ größer sein als bei einem Freistrahl.

Isothermer Strahl: liegt vor, wenn kein Temperaturunterschied zwischen Zu- und Raumluft besteht.

Nichtisothermer Strahl: tritt bei allen lüftungstechnischen Anlagesystemen und der „Freien Lüftung" auf, wenn ein Temperaturunterschied zwischen Zu- und Raumluft $\Delta\,\theta_o = |\theta_{RAL} - \theta_{ZUL}| >$ bzw. < 0 besteht.

Abbildung 44 verdeutlicht, dass mit einem bezüglich des Luftaustrittswinkels nicht regelbaren Luftdurchlass die

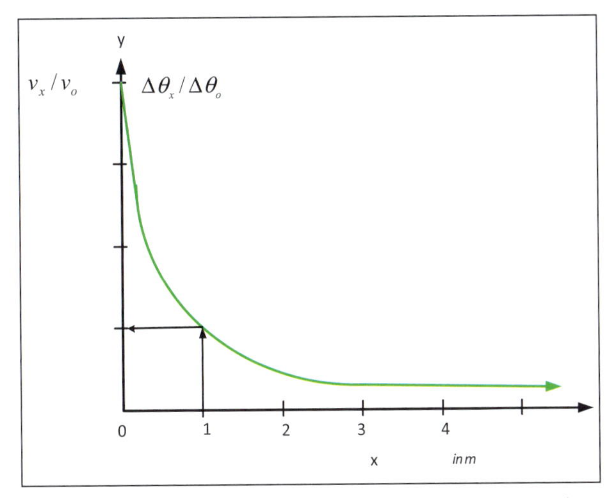

Abb. 43 Schematische Darstellung des Temperaturdifferenzabbaus und Geschwindigkeitsabbaus bei Drallstrahlen

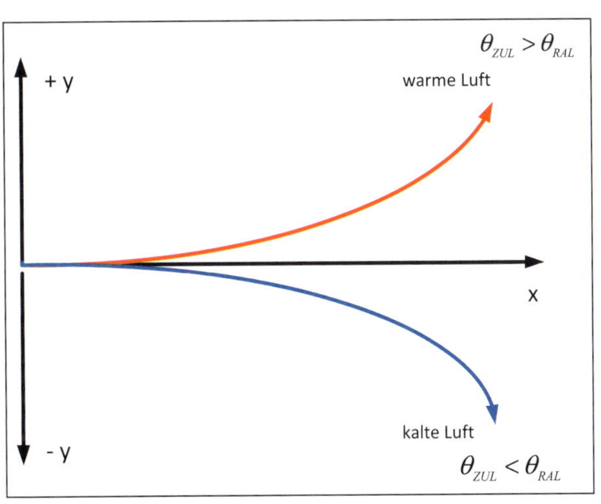

Abb. 44 Schematische Darstellung des Zuluftstrahlverlaufes bei Luftheizung und Luftkühlung

Funktionen „Luftheizen" und „Luftkühlen" bei der Strahlausbreitung entgegengesetzt wirken.
Tabelle 13 gibt Orientierungswerte für die Richtungsänderung von horizontalen und vertikalen Zuluftstrahlen bei gekühlter und beheizter Luft.

Tab. 13 Richtungsänderung des Zuluftstrahles bei Luftheizung und Luftkühlung

	$\theta_{ZUL} > \theta_{RAL}$	$\theta_{ZUL} < \theta_{RAL}$
Richtungsänderung	nach oben	nach unten
horizontaler oder schwach geneigter *Zuluftstrahl*	Ablenkung zur Decke	Ablenkung zum Fußboden
vertikaler Zuluftstrahl		
von oben nach unten	Verzögerung	Beschleunigung
von unten nach oben	Beschleunigung	Verzögerung

3.4.2 Grundsätze

Die folgenden Grundsätze sollten bei der Planung der Raumströmung bzw. bei der Anordnung der Zuluft- und Abluftöffnung unter Berücksichtigung von strömungstechnischen Aspekten und von architektonischen und nutzerspezifischen Randbedingungen Beachtung finden.

- Zuluftgeschwindigkeit, Zulufttemperatur und Luftzusammensetzung sind so zu wählen, dass die thermischen und hygienischen Behaglichkeitskriterien und technologisch geforderten Randbedingungen gewährleistet werden.
- Zugerscheinungen und unzulässige Schadstoff- oder Staubanreicherungen im Arbeits- und Aufenthaltsbereich sind zu vermeiden.
- Die Strömungsform der Zuluftstrahlen (der Raumströmung) stellt sich nach dem Prinzip des geringsten Energieverlustes ein.
- Es ist ein klares und stabiles Strömungsbild in Übereinstimmung mit der Nutzung des Raumes anzustreben.
- Die Intensität der Raumdurchspülung ist eine Funktion des Zuluftimpulses

$$I_o = A_o \cdot \rho \cdot v_o^2 \qquad (3.4)$$

- und wird durch das Verhältnis des Zuluftimpulses zum Raumvolumen V_R bestimmt.
- Die Intensität der Kühllasten oder Schadstofflasten und/oder die Lage und Größe von baulichen oder nutzungsbedingten Versperrungen beeinflussen die Wahl des Luftführungssystems und die Raumströmung.

Zuluftöffnung

Durch die Lage und Anordnung der Zuluftöffnung im Raum und den Zuluftimpuls wird im Allgemeinen die Raumströmung bestimmt. Tabelle 14 gibt Orientierungswerte für eine Anordnung der Zuluftöffnung.
Mögliche Anordnungen von Zuluftdurchlässen sind in Abbildung 45 dargestellt.

Abluftöffnung

Die Lage der Abluftöffnung ist bei intensiver Durchmischung des Raumes von untergeordneter Bedeutung, jedoch bei Quelllüftungssystemen möglichst im oberen Raumbereich anzuordnen. Bei

- teilweiser Raumbelüftung
- intensiven Wärme-, Schadstofflasten (-quellen) und
- induktionsarmer Raumdurchspülung

		Hinweise
in niedrigen Räumen	mit Personen	im Deckenbereich anordnen Drehrichtung des Raumwirbels so wählen, dass die Personen weitestgehend von vorn angeströmt werden
in hohen Räumen	mit Personen	horizontal in ca. 4...6 m Höhe einblasen i. Allg. Anwendung der Wurflüftung
in Räumen mit	hohen Kühllasten Φ	im Fußbodenbereich Quelllüftung (s. a. Abb. 52)
	großen Fensterflächen	teilweise Luftzuführung unter den Fenstern oder Unterstützung von thermischen Auftriebsströmungen zum Abfangen von Kaltluftströmen

Tab. 14: Orientierungshinweise für die Anordnung der Zuluftöffnung

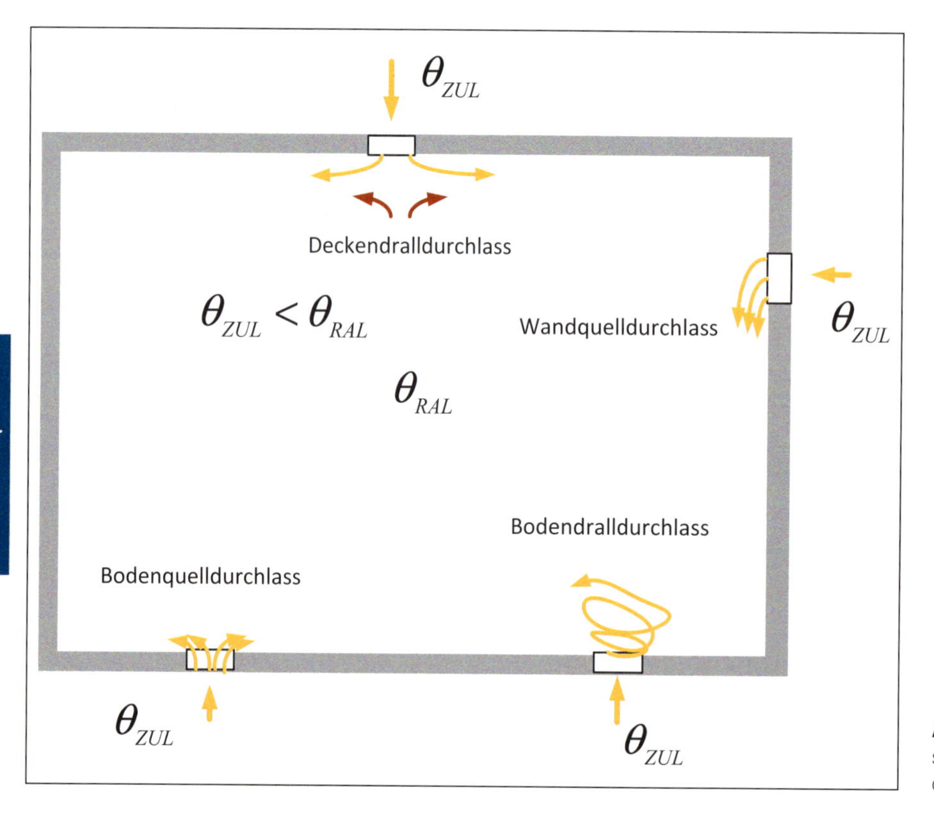

Abb. 45 Schematische Darstellung von Zuluftdurchlassanordnungen

sind folgende *Grundsätze zu beachten*:

- intensive Quellen am Ort der Entstehung absaugen
- Schadstoffe entsprechend ihrer Dichte oben oder unten absaugen
- bei sehr hohen Räumen (z. B. Industriehallen, überdachte Atrien) und großen Wärmequellen die Abluftöffnung über der Wärmequelle anordnen
- bei hohen Wärme- und/oder Schadstofflasten unter Ausnutzung des „Thermikschlauches" direkt über der Entstehung absaugen (z. B. Küchen) (Abb. 46) und
- bei geringem Strahlimpuls und/oder hohen Versperrungen in der Aufenthaltszone absaugen.

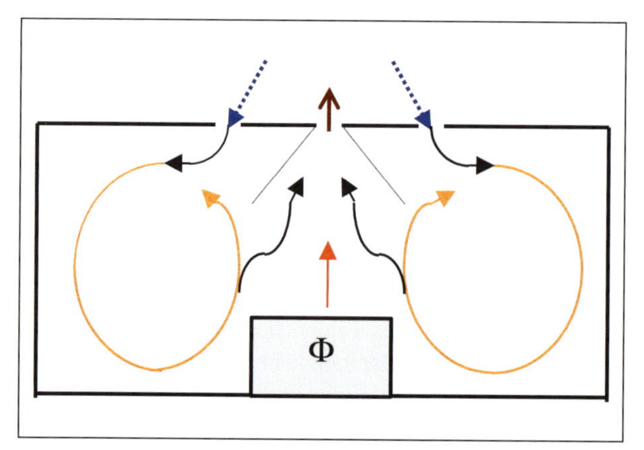

Abb. 46 Schematische Darstellung der Erfassung von thermischen Auftriebsströmungen

Versperrungen im Raum

Versperrungen im Decken- und/oder Fußbodenbereich können erheblich die Raumströmung beeinflussen und u. a. Diskomfortzonen im Aufenthaltsbereich schaffen.
Deshalb sind Versperrungen möglichst längs zur Strömungsrichtung anzuordnen; bei quer-liegenden Versperrungen (Deckenbereich: Unterzüge, Beleuchtungskörper) muss ein Ablenken des Zuluftstrahles vermieden werden (Höhe der Versperrung h_{ver} < Abstand zwischen Zuluftauslass und Versperrung x_{ver}; $h_{ver} < 0{,}04 \cdot x_{ver}$).

3.4.3 Luftführungsarten

Es können folgende Luftführungsarten unterschieden werden (Trogisch, A. 2011, Planungshilfen) (Beispiellösungen für Produktionshallen s. a. Kapitel 3.7):

- Lüftung nach dem Vermischungsprinzip
- Verdrängungslüftung
- Quelllüftung.

Diese Luftführungsarten können auch miteinander kombiniert werden.

Lüftung nach dem Vermischungsprinzip

ist charakterisiert durch eine bewusste, mithilfe von Freistrahlen erzielte Vermischung von Zuluft und Raumluft. Es ist relativ gleichgültig, ob

- die Luft im gesamten Raum – „tangentiale" Luftführung: z. B. *Wurflüftung* (Wurflüftung mittels Düsen [Abb. 47 und 48]) bzw. „diffuse" Luftführung: z. B. *Drallströmung* mittels Drallstrahl
- oder nur örtlich begrenzt vermischt wird (*lokale Klimagestaltung* [Abb. 48])
- oder die Zuluftführung über die Fußbodenkonstruktion (Fußbodendrallauslässe, luftdurchlässiger Teppichboden) (Abb. 50) erfolgt.

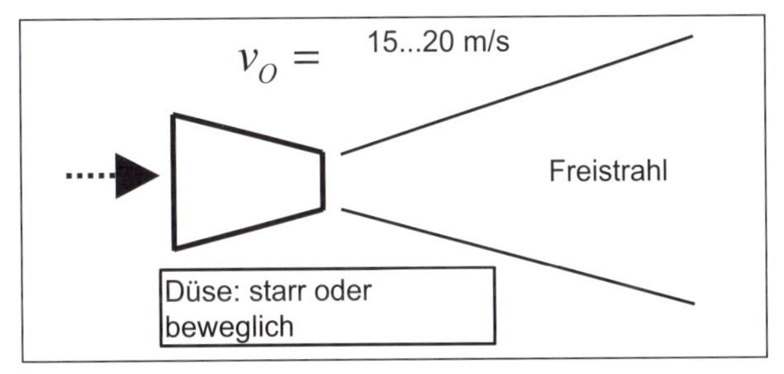

Abb. 48 Detail: Düse – Anwendung von Freistrahlen

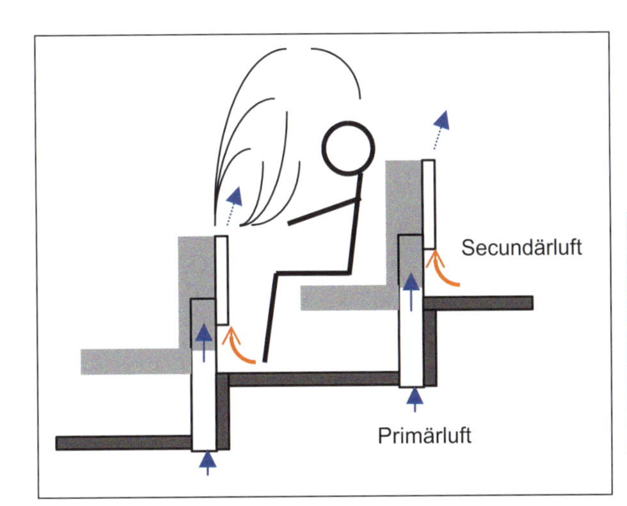

Abb. 49 Schematische Darstellung einer lokalen Klimagestaltung bei einer Stuhllehnenbelüftung

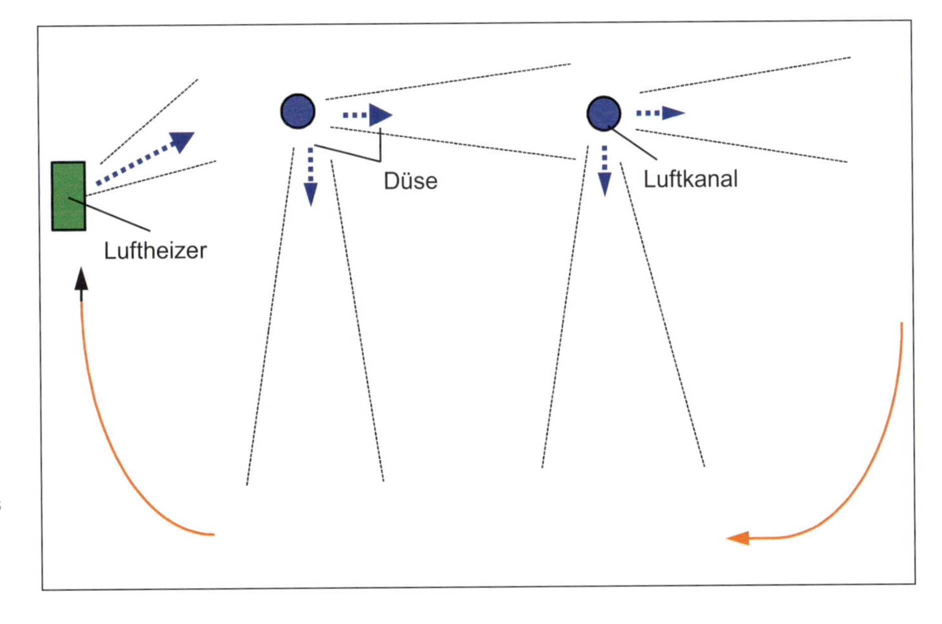

Abb. 47 Schematische Darstellung einer Wurflüftung mittels Düsen (DIRIVENT-System) zur Luftheizung großer Hallenkomplexe

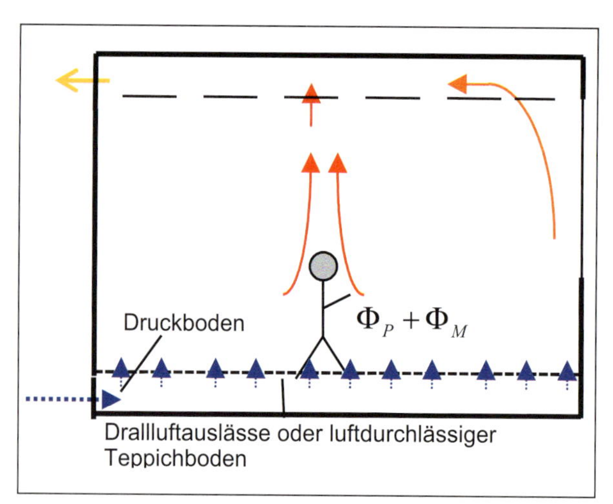

Abb. 50 Schematische Darstellung der diffusen Luftführung über den Teppichboden bzw. Fußbodendrallauslässe

Verdrängungslüftung

Diese ist dadurch charakterisiert, dass es zu einer möglichst geringen Vermischung zwischen der Zuluft und der Raumluft kommt. Die kolbenartige, vermischungsfreie Verdrängung der Raumluft ist praktisch nur schwer realisierbar (Abb. 51). Kleinste Störungen können diese Strömung stark beeinflussen.

Quelllüftung

Diese ist charakterisiert durch eine örtlich begrenzte, zugfreie Zuführung kühler Luft, die kombiniert wird mit der Eigenkonvektion über Wärme- und/oder Schadstofflasten (-quellen).

Sie ist eine Sonderform der Verdrängungslüftung (*Quelllüftung*) (Abb. 52), *„Stille Kühlung"* (System Gravivent) (Abb. 53).

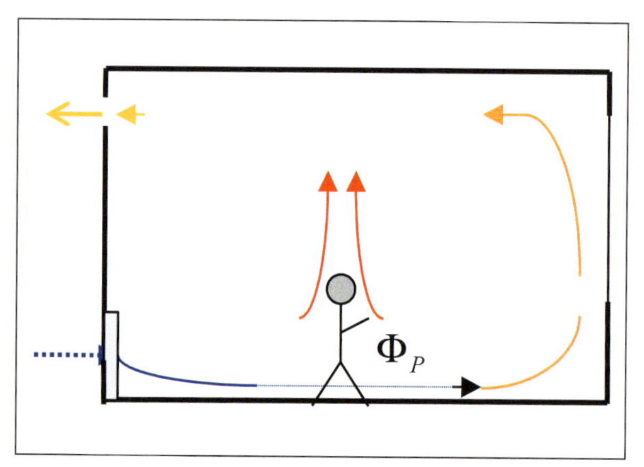

Abb. 52 Schematische Darstellung einer Quelllüftung

Abb. 51 Schematische Darstellung einer Verdrängungslüftung

Diese Systeme werden immer häufiger angewendet, vor allem bei

- hohen inneren Kühllasten (auch in Kombination von Flächenkühlung an der Decke) und/oder
- hohen akustischen Forderungen im Raum und
- Produktionshallen (s. a. Kapitel 3.7)

Die Luftaustrittsgeschwindigkeit v_o sollte in einem Bereich $\leq 0{,}15...0{,}25$ m/s liegen, so dass die Austrittsfläche relativ groß wird. Die Kontur der Austrittsfläche kann vielgestaltig sein und u. U. auch als architektonisches Gestaltungselement genutzt werden.

(Trogisch, A. 2011, Planungshilfen) enthält eine Übersicht über Anwendungsbeispiele der Luftführungsarten und spezieller charakteristischer Aspekte (wie z. B. Kühllast Φ bzw. ϕ, Wurfweite X, Raumhöhe H_R).

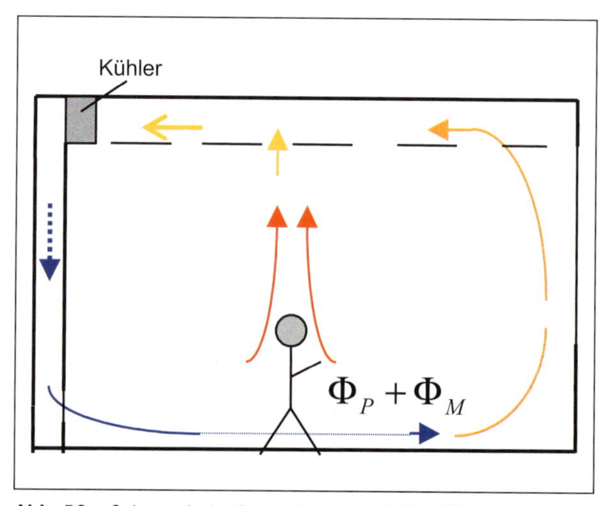

Abb. 53 Schematische Darstellung der „Stillen Kühlung" (System Gravivent)

3.5 Möglichkeiten der Kälteerzeugung, Kühlung und Entfeuchtung

3.5.1 Allgemeines

Für Kühlprozesse wird „Kälte“ benötigt. Für die Kälteerzeugung gibt es eine Reihe von technischen Lösungen. Die Dimensionierung der Kälteerzeugungseinrichtung ist insbesondere eine Funktion des zeitlichen und maximalen Kältebedarfes und der Anwendung (z.B. Klimatisierung, technologische Prozesse). Bei der Klimatisierung wird der Kältebedarf vorrangig durch die Kühllast und deren zeitlichen Verlauf (Tages- und Jahresgang) sowie die meteorologischen Bedingungen determiniert.

Ausgehend von der Summenlinie der Außenlufttemperatur θ_e ist erkennbar (Abb. 54), dass nur in einem geringen Zeitraum technisch erzeugte Kälte benötigt wird, wenn die Außenlufttemperatur θ_{AUL} größer als die behagliche Raumlufttemperatur θ_{RAL} ist.

In einem größeren Zeitraum kann die Temperaturdifferenz zwischen der Raumluft und der Außenluft zur Kühlung („Freie Kühlung“) genutzt werden. Wird Kälte zur Kühlung und Entfeuchtung bei inneren Kühl- und Feuchtelasten benötigt, so wird dieser Zeitraum größer werden (Abb. 55).

Die Kenntnis der Bedarfslinien ist eine entscheidende Größe zur Dimensionierung der Kälteanlage inklusive der Rückkühlmöglichkeiten und des Einsatzes von Kältespeichern. Bei dem Kältebedarf Q_C ist im Allgemeinen ein ausgeprägter Tagesverlauf (Abb. 56), aber auch ein Wochen-, Monats- und Jahresverlauf charakteristisch.

Aus der Bedarfslinie kann z.B. die Anzahl und die Leistungsgröße der Kälteerzeuger (KM) abgeleitet werden, um möglichst eine hohe Volllaststundenzahl und einen großen Wirkungsgrad zu erreichen (Abb. 57). Ähnliche Aussagen können zur Kombination „Speicher-Kälteerzeuger“ abgeleitet werden (Abb. 58).

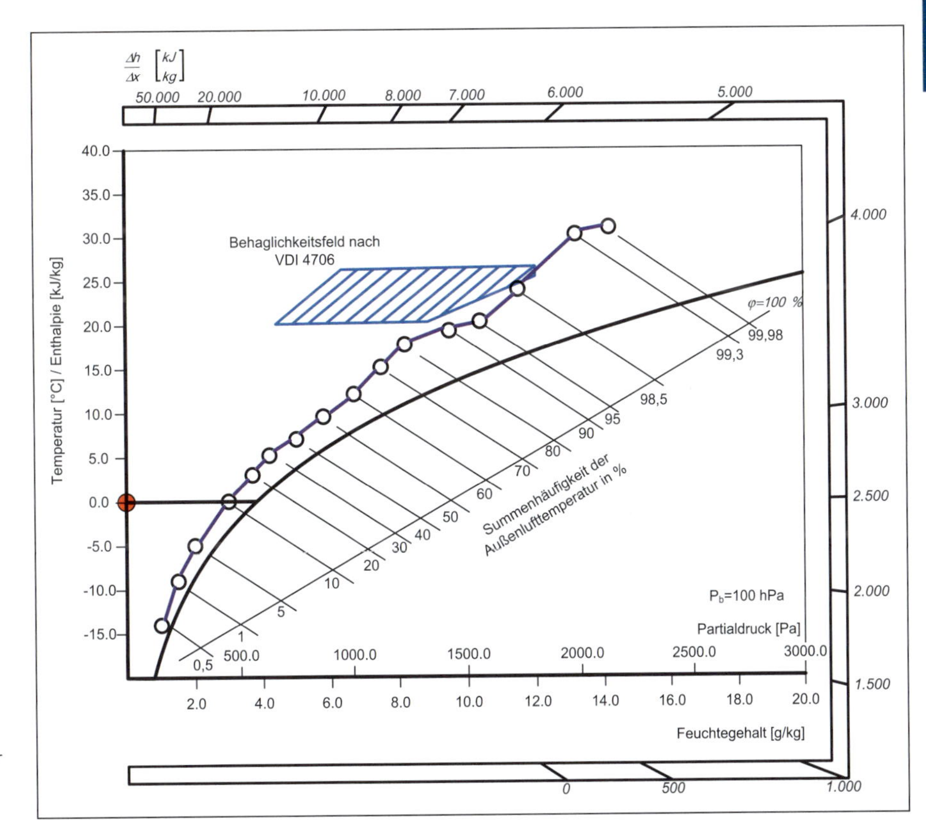

Abb. 54 Summenhäufigkeit der Außenlufttemperatur (Potsdam) im h, x-Diagramm

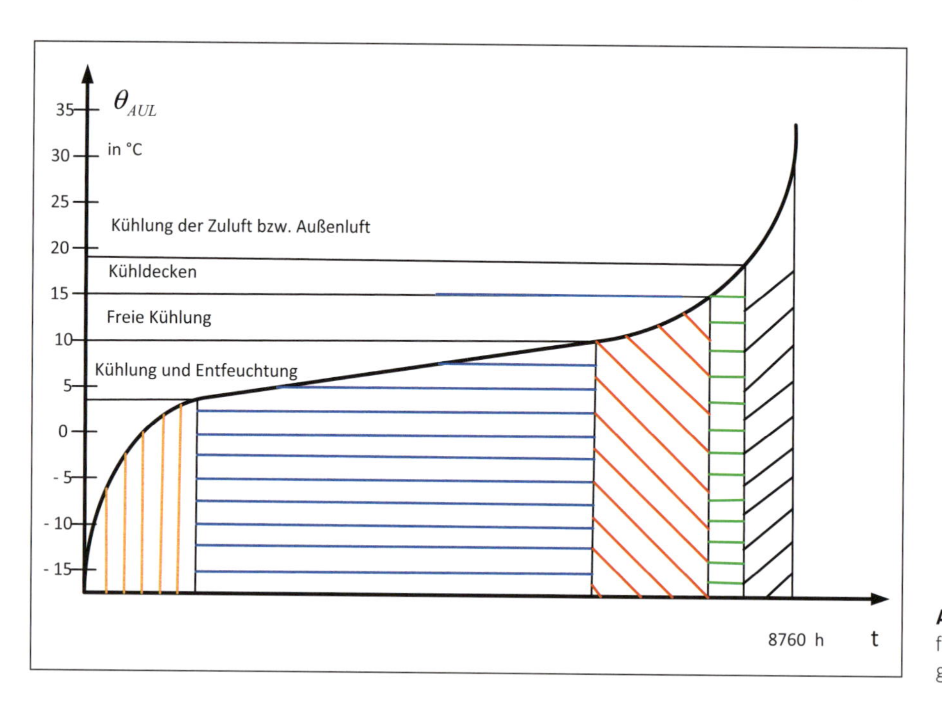

Abb. 55 Anwendungsbereiche für die Kühlung bzw. Kälteerzeugung

IV

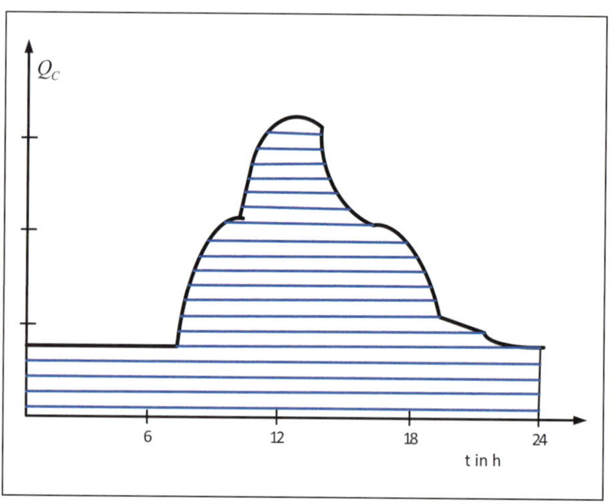

Abb. 56 Tagesverlauf eines Kältebedarfes

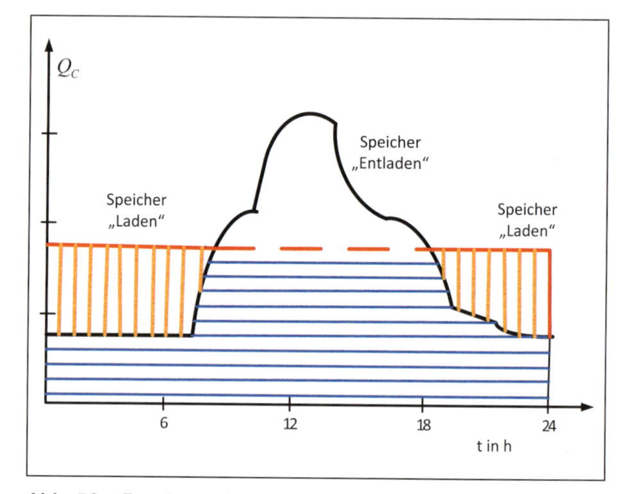

Abb. 58 Zuordnung der Kälteerzeugung und des Kältespeichers zum Kältebedarf

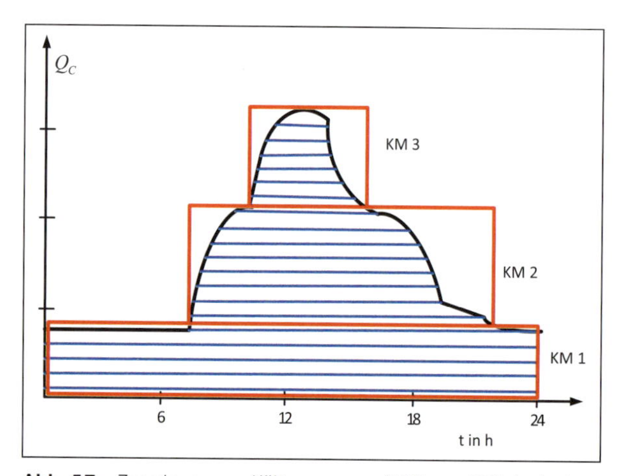

Abb. 57 Zuordnung von Kälteerzeugern (KM) zum Kältebedarf

3.5.2 Kälteerzeugung

Bei der Kälteerzeugung wird mit einem thermodynamischen Rechtsprozess durch Zuführung von Energie einem Wärmepotenzial Energie entzogen (Kälte) und auf ein höheres Wärmepotenzial gehoben. Auf die Wirkungsweise dieses thermodynamischen Prozesses, auf Wärmequellen, auf die energetische Bewertung und auf die technische Beschreibung der Bauteile der Kältemaschine wird nicht näher eingegangen. Für den Kälteprozess sind folgende Bestandteile notwendig: Verdichter, zwei Wärmeübertrager (Verdampfer, Kondensator), Expansionsventil und Kältemittel. Sie werden in einer konstruktiven Einheit, der Kältemaschine, zusammengefasst (Abb. 59).

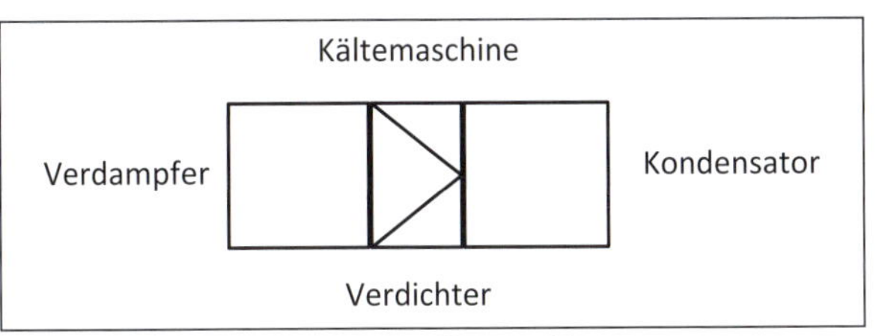

Abb. 59 Symbolschema einer Kältemaschine

Nach dem Prinzip der Verdichtung wird in Kompressions- (Abb. 60) und Absorptionskältemaschinen (Abb. 61) und bei der Kompressionskältemaschine weiter nach der Art der Verdichtung (Kolben-, Schrauben-, Turboverdichter) unterteilt. Eine Sonderform stellt die Adsorptionskältemaschine (Abb. 62) dar. Den Unterschied zwischen Adsorption (Anlagern) und Absorption zeigt Abbildung 63.

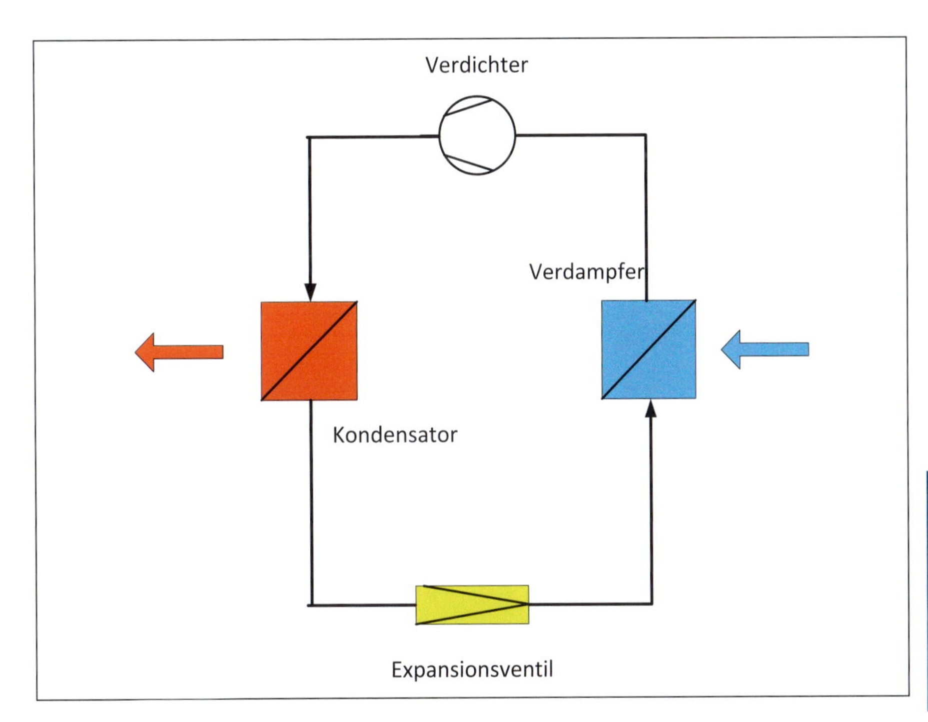

Abb. 60 Symbolschema einer Kompressionskältemaschine

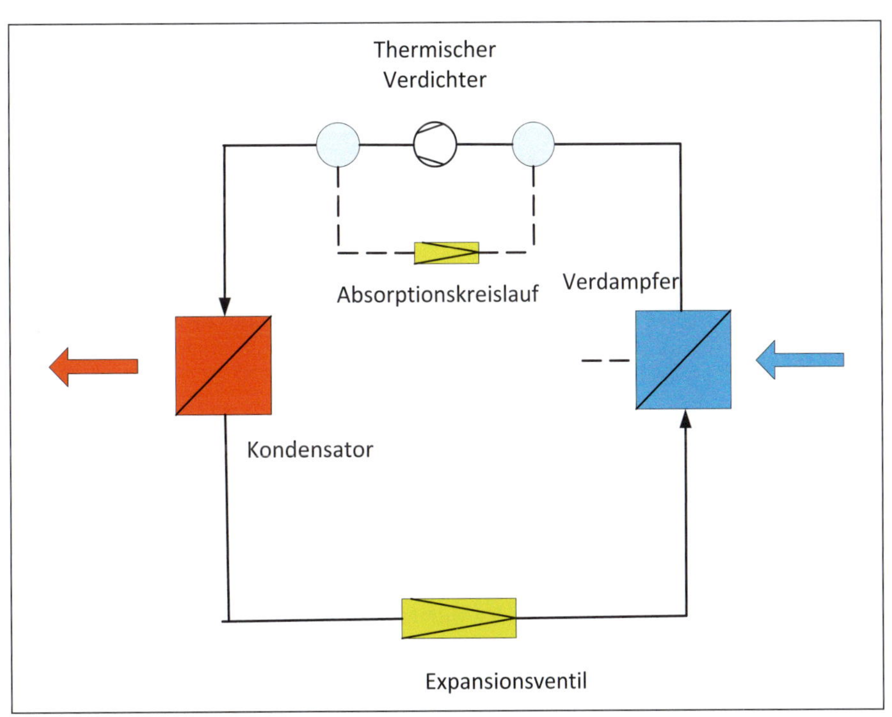

Abb. 61 Symbolschema einer Absorptionskältemaschine

IV

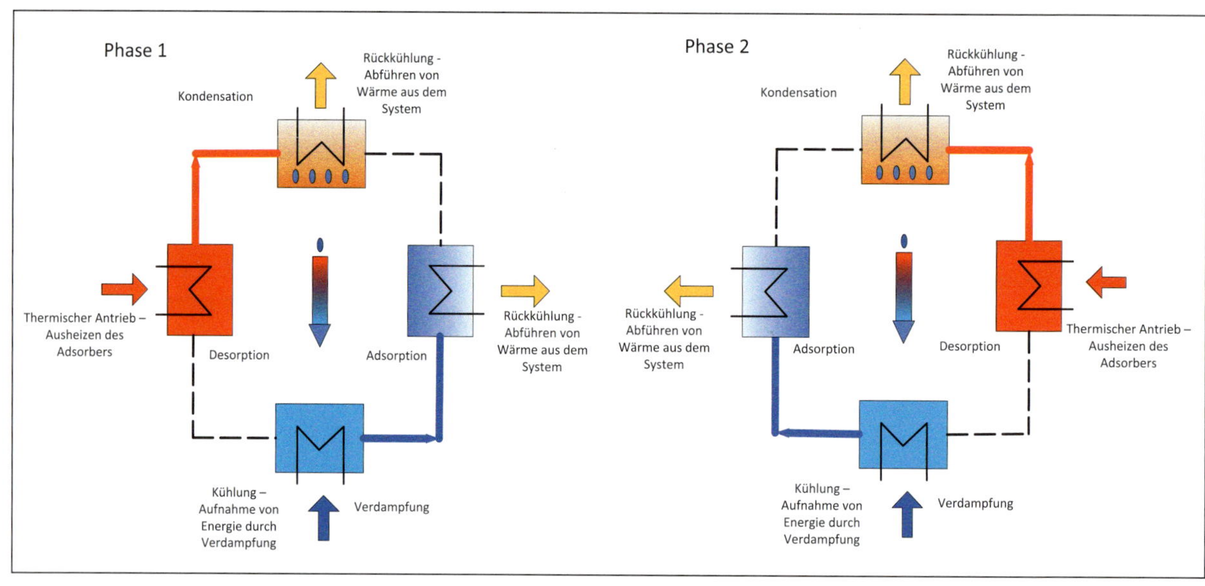

Abb. 62 Prinzipschema einer Adsorptionskältemaschine

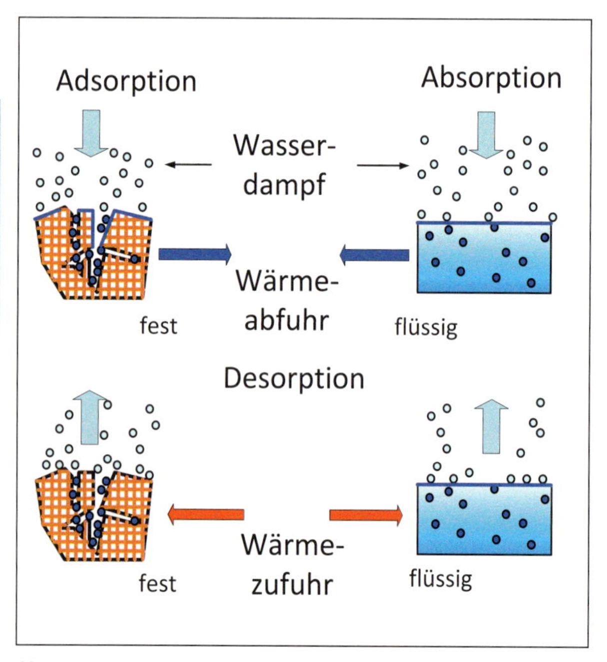

Abb. 63 Gegenüberstellung Absorption und Adsorption

Die beiden Wärmeübertrager – der Verdampfer zur Übertragung der Kälte und der Kondensator zur Übertragung der Wärme – sind jeweils über eine geschlossene Rohrleitung mit Pumpe (Kühlkreislauf) an einen, die Kälte oder Wärme übertragenden Wärmeübertrager (z. B. Oberflächenkühler, Rückkühler) angeschlossen (Abb. 64). Je nach Rückkühlung unterscheidet man in luftgekühlte und wassergekühlte Kältemaschinen.

Interessiert nicht die Erzeugung von Kälte bei der Kältemaschine, sondern die abzuführende Wärme am Kondensator, so spricht man von einer *Wärmepumpe.*

Der Begriff „reversible Wärmepumpe" ist irreführend und thermodynamisch „falsch", da bei der Wärmepumpe die „warme" Seite und bei der Kältemaschine die „kalte" Seite von technischem Interesse ist. Selbstverständlich ist es möglich und heute oft angewendet, entweder die „warme" Seite für die Heizung oder die „kalte" Seite für die Kühlung zu nutzen (s. a. 3.6).

Als Kältemittel in der Kältemaschine können die unterschiedlichsten Sicherheitskältemittel, Ammoniak (NH_3), aber auch Wasser eingesetzt werden. Im Kaltwasserkreis-

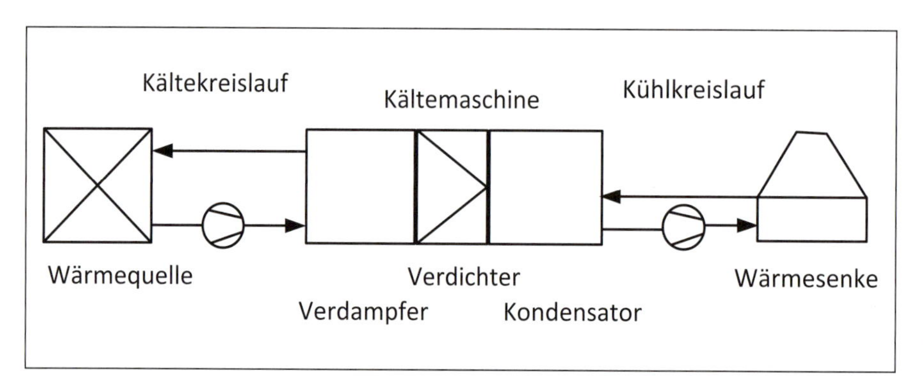

Abb. 64 Wärmequelle – Kältemaschine – Wärmesenke

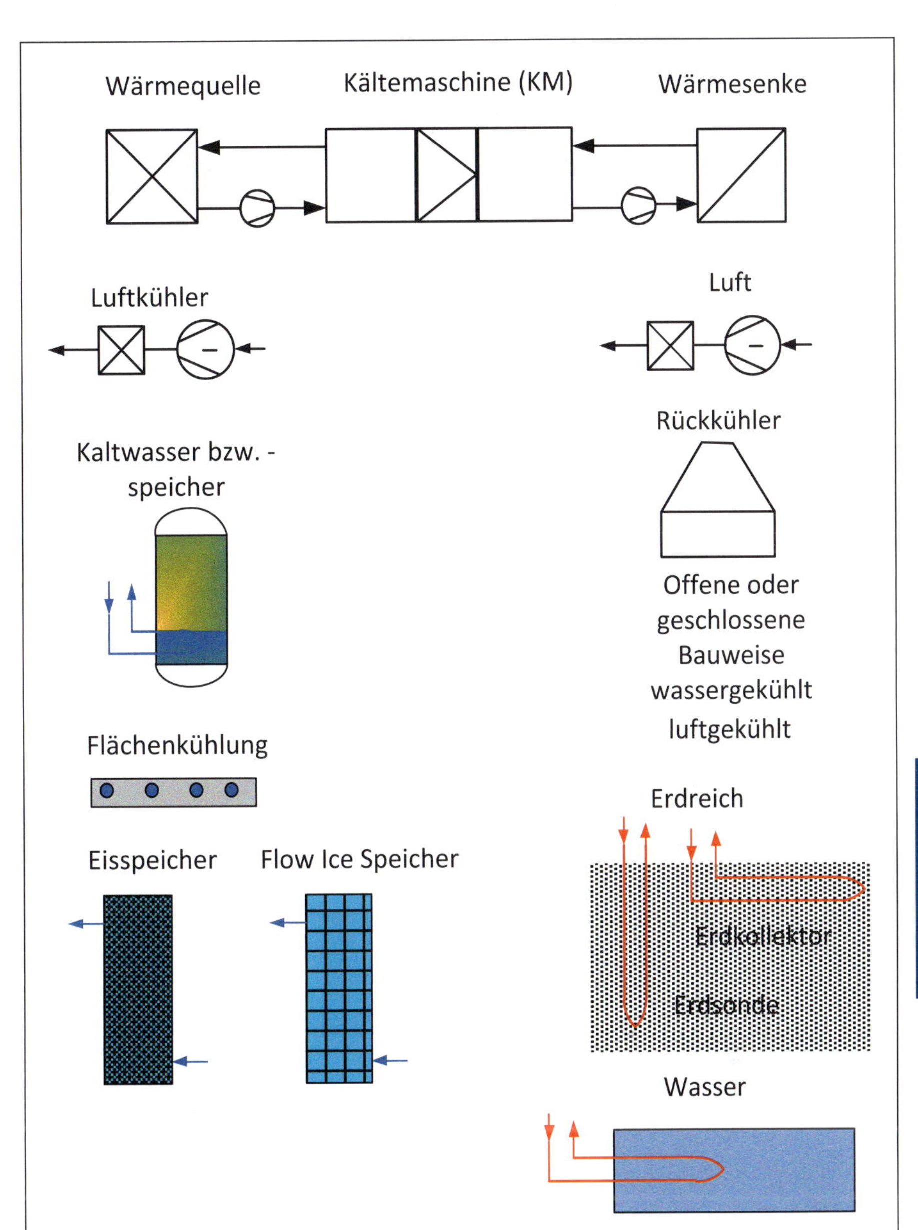

Abb. 65 Übersicht Wärmequelle - Wärmesenke bei Kältemaschinen

lauf („kalte" Seite) und im Kühlwasserkreislauf („warme" Seite) wird im Allgemeinen Wasser verwendet.

3.5.3 Kühlprozesse

Mit der Verdunstung beim „Befeuchten von Luft" ergibt sich ein Kühleffekt, der auch als *adiabate Befeuchtung* oder als *adiabate Kühlung* bezeichnet wird (Abb. 66).
Dieser Prozess wird vor allem bei der Aufbereitung der Zuluft angewendet, wobei es dafür verschiedene technische Verfahren gibt wie z. B. Rieselbefeuchtung, Sprühbefeuchtung, Druckluftdüsenzerstäubung, Ultraschallbefeuchtung (Kaltdampfgenerator).

Auch außerhalb des Klimaprozesses ist dieser Prozess anzutreffen (in wärmeren Klimazonen wird die Druckluftdüsenzerstäubung genutzt, um z. B. vor Eingangsbereichen von Supermärkten oder in Ausstellungsgebäuden (z. B. Expo in Sevilla) lokal eine Kühlung der Luft zu erzeugen. Zu bedenken ist, dass die Luft Feuchtigkeit aufnimmt, die Taupunkttemperatur θ_S ansteigt und es u. U. an Bauteilen oder Einrichtungsgegenständen zu Tauwasserbildung und möglichen baulichen Schäden kommen kann.
Durch eine sinnvolle Kopplung von Luftaufbereitungsverfahren kann mit der Nutzung von externer Wärme (z. B. Abwärme, Solarenergie) die Luft gekühlt werden und somit auf eine traditionelle Kälteerzeugung und vor allem auf den Rückkühler weitestgehend verzichtet werden.

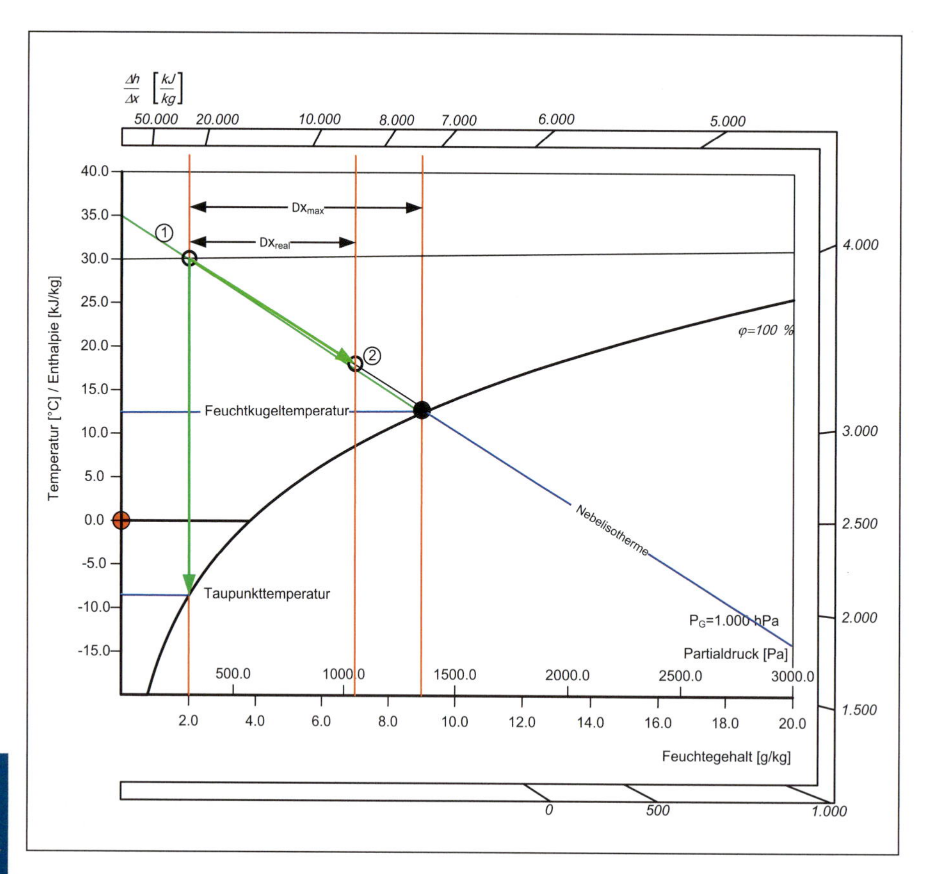

Abb. 66 Adiabates Befeuchten (Kühlen) Feuchtkugeltemperatur t_F, Taupunkttemperatur t_S

Bei dem *DEC-Verfahren* (Desicative and Evaporative Cooling; auch als *sorptionsgestützte Klimatisierung* (SGK) bezeichnet) (Heinrich, Franzke 1993) werden die Verfahren

- sorptive Luftentfeuchtung
- Verdunstungskühlung und
- Wärmerückgewinnung

miteinander kombiniert. Abbildung 67 zeigt die Anordnung der Verfahrenseinheiten einer einstufigen DEC-Anlage.

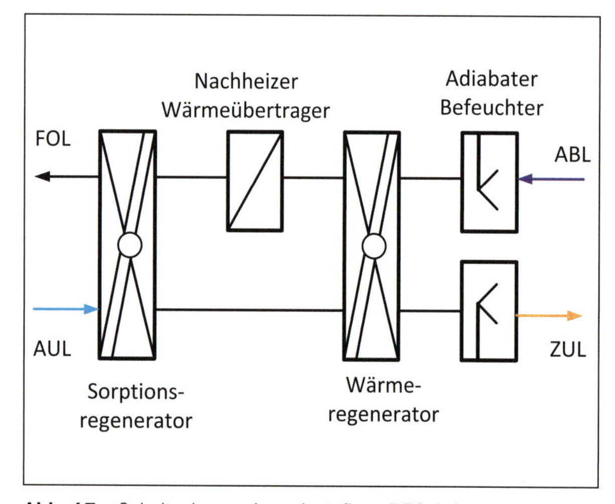

Abb. 67 Schaltschema einer einstufigen DEC-Anlage

Die Energie für den Nachheizer-Wärmeübertrager kann z. B. über eine thermische Solaranlage, einen Fernwärmeanschluss, einen Verdampfer einer Kälteerzeugung bereitgestellt werden. Die Vorlauftemperaturen des Heizmediums sollten dabei im Bereich zwischen 50 und 90° C liegen.

3.5.4 Kühlverfahren

In Analogie zur Flächenheizung (Fußboden-, Decken- oder Wandheizung) werden diese baulichen bzw. technischen Lösungen zur „Strahlungskühlung" genutzt.
Bei dieser *Flächenkühlung* wird vorrangig in flächenmäßig geschlossene und offene Systeme unterschieden, wobei durch den zusätzlichen konvektiven Anteil bei den offenen die spezifische Kühlleistung größer ist.
Abbildung 68 gibt eine Übersicht über die möglichen Anordnungen der Kühlwasser führenden Leitungen und gekühlten Flächen im Deckenbereich. Die spezifische Kühlleistung kann herstellerabhängig zwischen 70 W/m² und 110 W/m² (offene Kühlflächen) liegen.
Bewährt hat sich auch die Nutzung des Fußbodenheizsystems zur Kühlung des Fußbodens, besonders in thermisch höher belasteten Räumen zur Grundkühlung.
Zu beachten ist bei der Flächenkühlung, dass Oberflächentemperaturen $\theta_{o,i}$ von ca. 18° C nicht unterschritten

werden sollten, um eine Tauwasserbildung besonders im Sommer auf der Oberfläche zu verhindern. Daraus ergibt sich, dass die Kühlwasservorlauftemperaturen bei ca. 16... 17° C liegen sollten.
Die Nutzung von senkrechten Flächen zur Kühlung ist als äußerst sensibel zu betrachten, da es bereits bei einer Temperaturdifferenz $\left(\theta_{RAL}-\theta_{o,i}\right)\geq 4...5\ K$ zu unkontrollierten Kaltluftfallströmungen kommen kann.

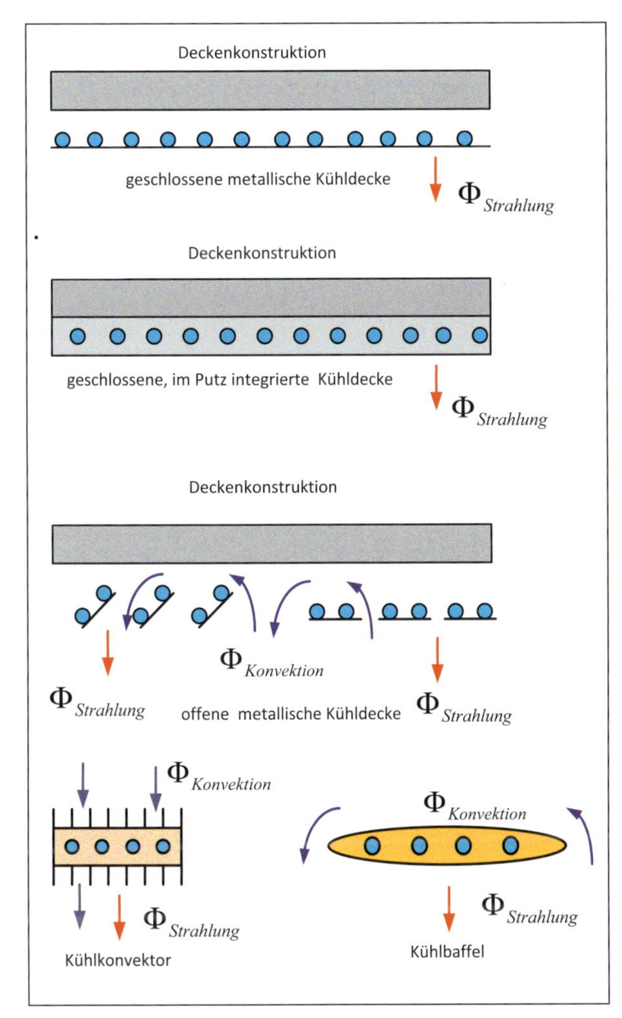

Abb. 68 Geschlossene und offene Kühldeckenkonstruktionen

Zur Temperierung von Bauteilen, d.h. der Kompensation einer thermischen Grundbelastung, findet die *Bauteilkühlung* eine Reihe von interessanten Anwendungen (Trogisch, Günther 2008). Als Kühlmittel wird vorrangig Kühlwasser eingesetzt und die Kühlwasser führenden Leitungen werden in die Bewehrungskonstruktion integriert. Daraus ergibt sich vorrangig der Einsatz in horizontalen Bauelementen (Abb. 69).

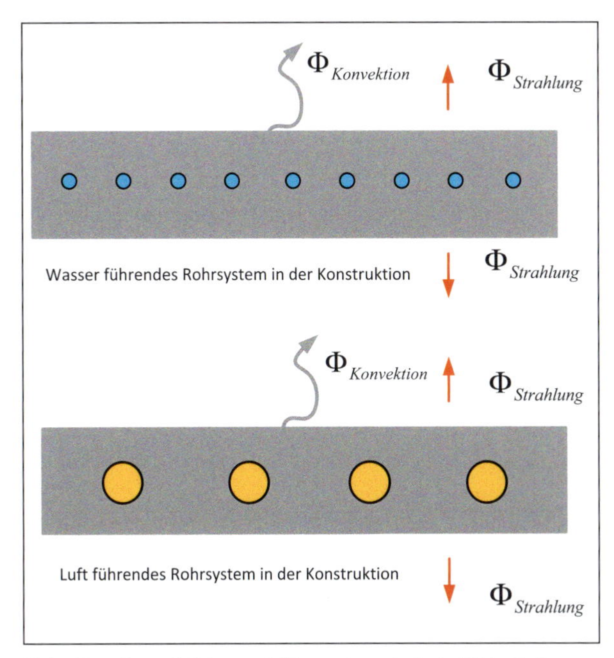

Abb. 69 Bauteilkühlung mit Wasser bzw. Luft als Kühlmittel

Bei hohen inneren Wärmelasten (z.B. Fernsehstudios, PC-Kabinette) und/oder hohen akustischen Nutzerforderungen ist die Anwendung der *„Stillen Kühlung"* bzw. *„Schwerkraftkühlung"* angebracht (Abb. 70). Der Oberflächenkühler wird so angeordnet, dass durch eine gezielte Fallströmung eine Raumströmung induziert wird. Die Zuführung der gekühlten Luft geschieht in Form der „Quelllüftung".
Die kalte Luft wird dabei in einem Schacht geführt, dessen eine Begrenzung die Wand und dessen andere eine Vorwandkonstruktion oder auch eine Einbaumöblierung sein kann. Die Austrittsflächen für die kalte Luft sind großflächig zu gestalten, um geringe Luftaustrittsgeschwindigkeiten zu gewährleisten.
Es ist auch möglich, kühle Flächen im Raum zu platzieren (Abb. 71) und durch gezielte Fallströmung eine Raumströmung und Kühlung der Raumluft bzw. eine Kompensation der Wärmelast zu erzielen, wobei dadurch die Variabilität der Raumnutzung nur wenig beeinträchtigt wird.
Kühlverfahren und -systeme können miteinander und mit der konventionellen Kälteerzeugung verknüpft werden.
Eine weitere Möglichkeit der Kühlung stellt der Einsatz von latenten Speichermaterialien (PCM = Phase Change Materials) sowohl in RLT-Geräten (Brüstungsgeräten) als auch in Kombination mit Kühldecken der Lüftungswandelemente dar. Weiterhin können PCM auch in Baustoffe integriert werden, um die „Speicherfähigkeit" der Raumumschließungskonstruktion zu verbessern.

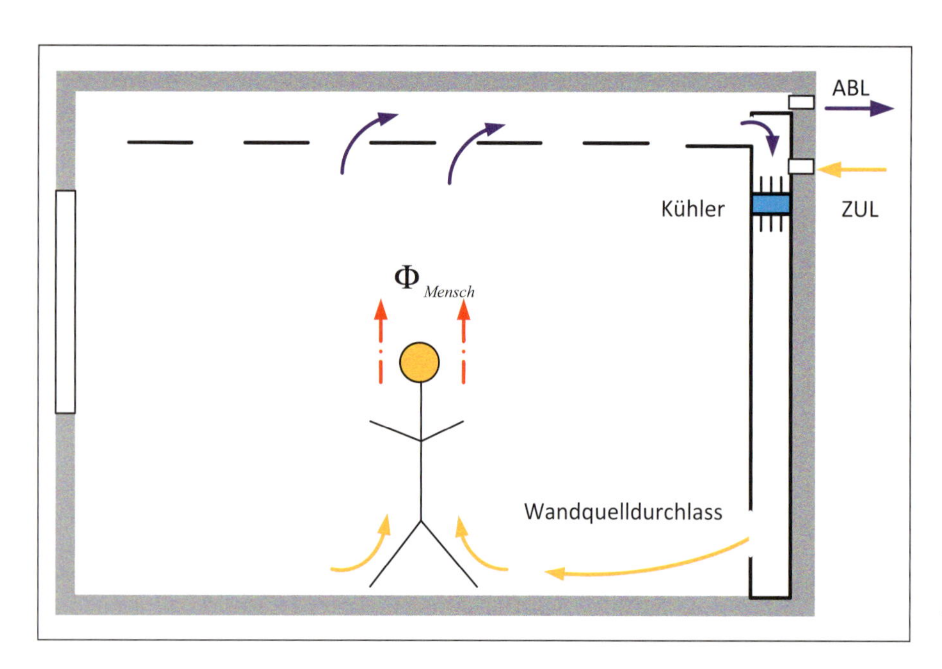

Abb. 70 Prinzipskizze: Schwerkraftkühlung („Stille Kühlung“)

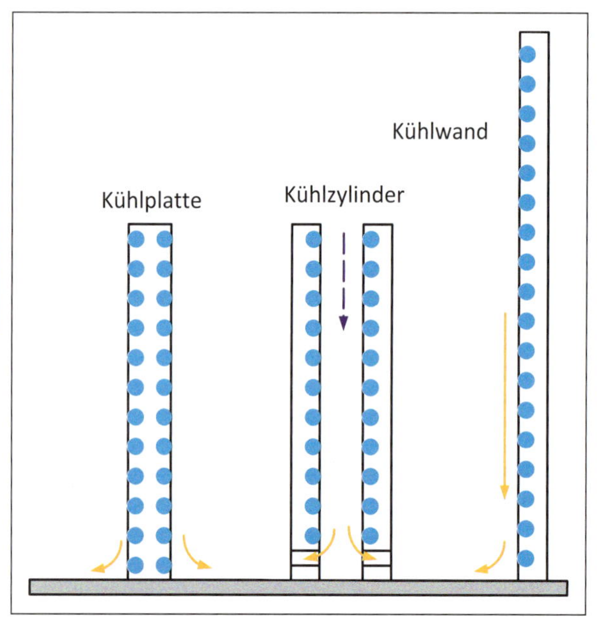

Abb. 71 Prinzipskizze: Schwerkraftkühlung über senkrechte Kühlflächen

3.5.5 Luftentfeuchtung und Trocknung

Um die Luft zu entfeuchten bzw. zu trocknen, gibt es mehrere Möglichkeiten.

- Kühlen mit Taupunktunterschreitung
- Kontakt der Luft mit einem absorptiven bzw. adsorptiven Material
- Feuchterückgewinnung
- Mischen mit Druckluft.

Die Luftentfeuchtung durch Taupunktunterschreitung ist die gängige Lösung innerhalb der Klimatechnik. Dabei kommen entweder Oberflächenkühler mit Kaltwasser/Sole oder Direktverdampfer zum Einsatz. Der ziehende Punkt der Entfeuchtung wird durch die Oberflächentemperatur des Wärmeübertragers gegeben.

Die Oberflächentemperatur selber hängt wieder von der mittleren Kaltwassertemperatur ab. Die Wasserausscheidung findet im Wärmeübertrager in der Regel immer nur in Teilbereichen statt. Dabei kondensiert der Wasserdampf an der kalten Oberfläche und wird aus dem Bilanzraum ausgeschieden.

Die gesamte Zustandsänderung ergibt sich somit aus einer Mischung gekühlter und dabei entfeuchteter Luft mit nur gekühlter Luft zusammen. Abbildung 72 zeigt den Prozess im h, x-Diagramm für ein Luftmolekül, welches vom Eintritt in den Kühler zunächst bis zur Taupunkttemperatur gekühlt und anschließend entlang der Sättigungslinie bis zum Feuchtegehalt am Austritt entfeuchtet wird.

In der Praxis hängt der Verlauf der Zustandsänderung innerhalb des Wärmeübertragers von diversen Einflüssen ab. Abbildung 73 zeigt die möglichen Zustandsänderungen. Der Einfachheit halber wird häufig eine Gerade zwischen Ein- und Austritt verwendet. Je nach Konstruktion ist diese Zustandsänderung etwas gekrümmt.

Neben der Entfeuchtung durch Taupunktunterschreitung gibt es noch die Entfeuchtung durch Sorption infolge eines Kontaktes mit absorptiven bzw. adsorptiven Material. Diese Art der Luftentfeuchtung basiert auf dem Einsatz hygroskopischer Materialien. Dabei wird der in der feuchten Luft enthaltene Wasserdampf aufgrund von Partialdruckunterschieden aus dem Luftstrom entfernt.

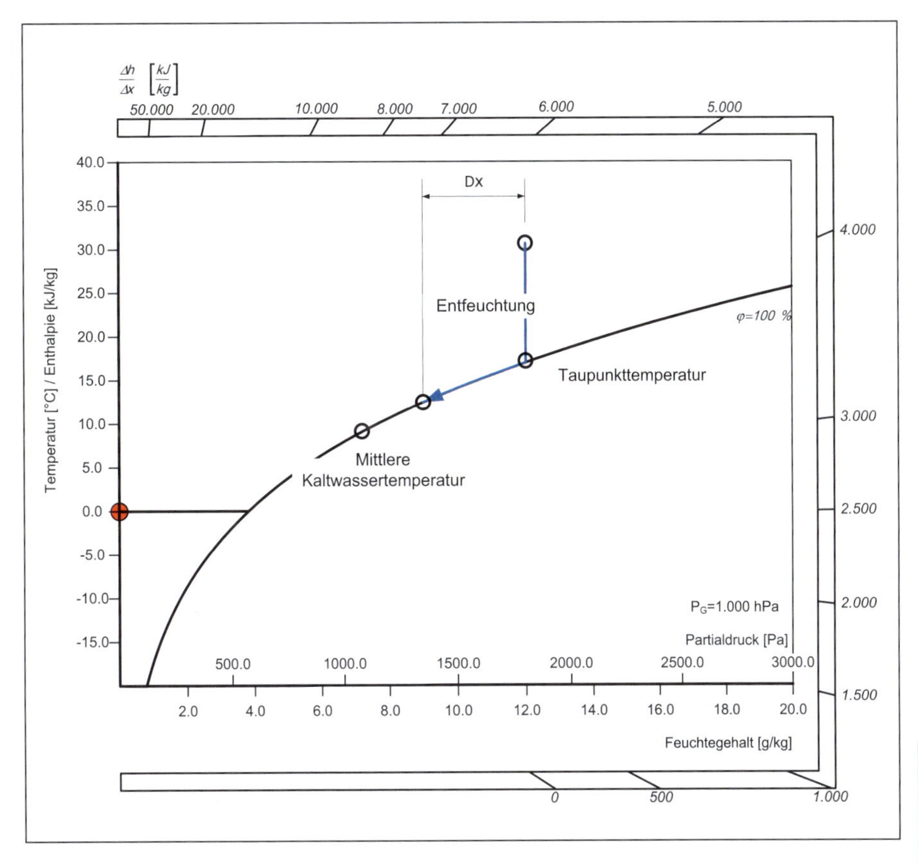

Abb. 72 Entfeuchtung durch Taupunktunterschreitung

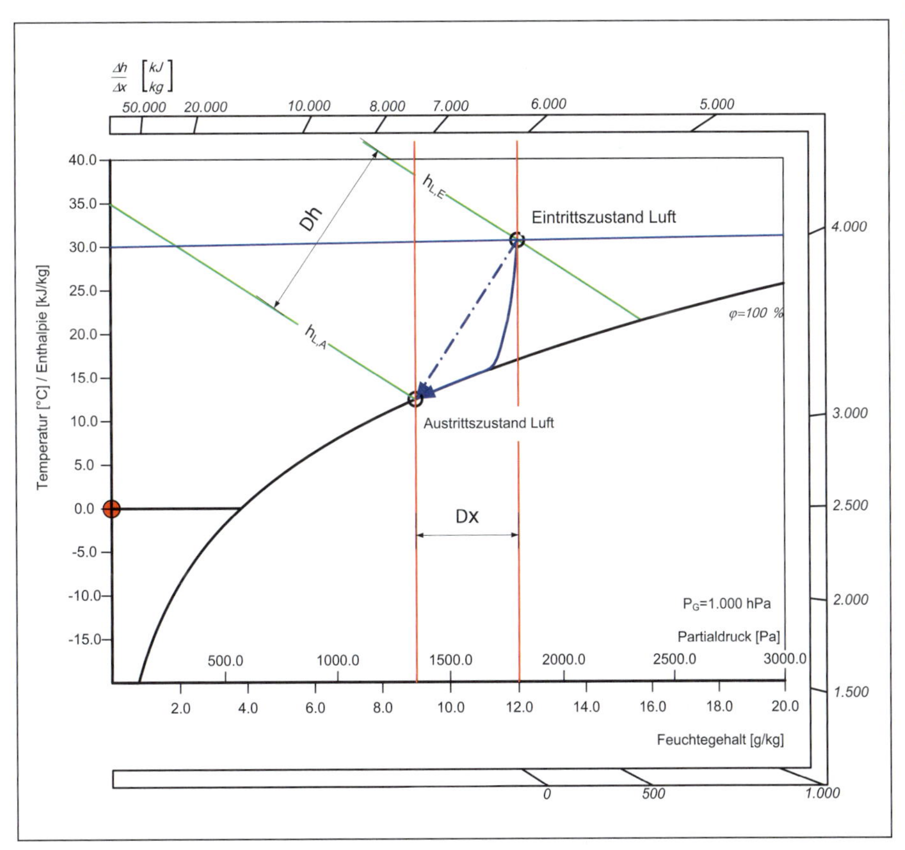

Abb. 73 Prozessverlauf beim Kühlen und Entfeuchten

IV

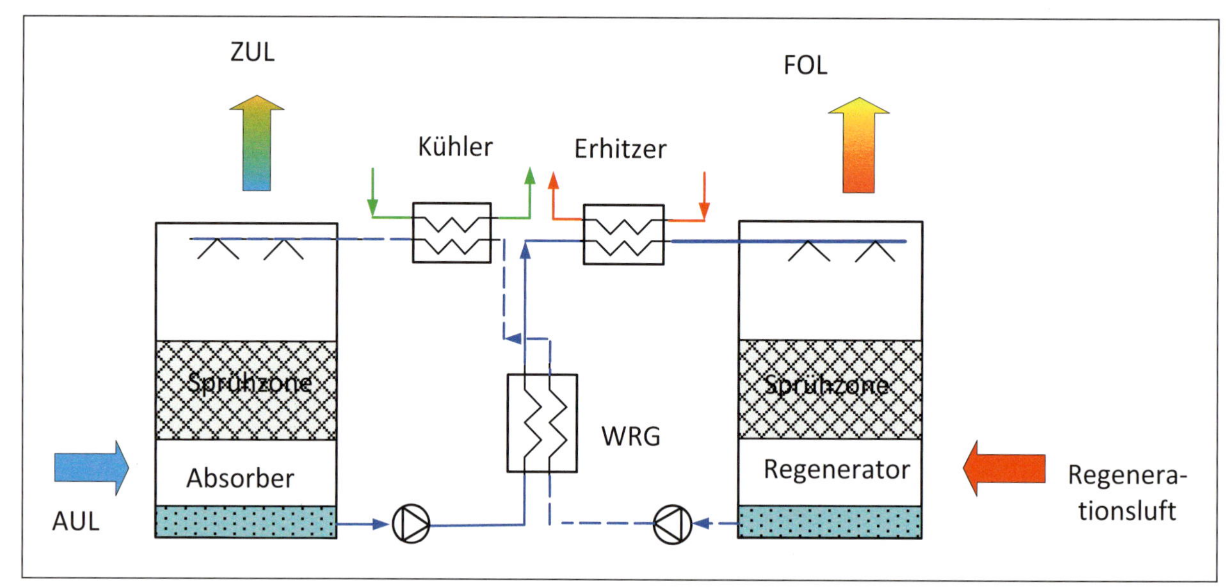

Abb. 74 Flüssige Sorption

Solange der Partialdruck des Wasserdampfes in der Luft größer ist als an der Oberfläche (Grenzschicht) des hygroskopischen Materials ist, kommt es zu einem Partialdruckausgleich. In der Folge wird die Luft entfeuchtet.
Dieser Prozess funktioniert solange, bis ein Gleichgewichtszustand zwischen dem Wasserdampf-Luft-Gemisch und dem hygroskopischen Material entstanden ist. Durch die Zufuhr von Wärme kann dieser Prozess umgekehrt werden, sodass Wasserdampf aus dem hygroskopischen Material an die Luft abgegeben wird.
Zum Einsatz gelangen dabei Sorptionsmittel wie z. B. Silicagel, Lithiumchlorid, Zeolithe, u. a. m. Je nach Bindung des Wasserdampfes wird von Ad- oder Absorption gesprochen (Abb. 63).
In der technischen Realisierung gibt es feste und flüssige Systeme.
Die flüssigen Lösungen basieren häufig auf dem Kathabar-System (Abb. 74). Der Vorteil der flüssigen Systeme besteht darin, dass die bei der Bindung des Wasserdampfes freigesetzte Wärme nicht zwangsläufig zu einer Temperaturerhöhung der Luft führt. Die Ursache liegt darin, dass je nach Temperatur und Massenstrom der flüssigen Lösung die Verdampfungs- und Bindungswärme zumindest in Teilen abgeführt wird. Dadurch erhöht sich auch die Entfeuchtungsbreite.
Einen beispielhaften Prozessverlauf zeigt Abbildung 75. Folgende Einzelschritte sind dargestellt:

- 1 - 2: Absorption
- 2 - 3: Ventilatorwärme
- 3 - 4: Indirekte Verdunstungskühlung
- 4 - 5: Kühl- und Entfeuchtungslast
- 5 - 6: Indirekte Verdunstungskühlung
- 1 - 7: Desorption.

Das zugehörige Gerät zeigt Abbildung 76.
Bei den festen Systemen kommen Sorptionsregeneratoren zum Einsatz. Diese haben im Allgemeinen den gleichen Aufbau, wie die aus der Wärmerückgewinnung bekannten Regenerativ-Wärmerückgewinner.
Das Grundprinzip besteht darin, dass eine langsam rotierende Speichermasse im Gegenstrom von zwei Luftvolumenströmen durchströmt wird. Abwechselnd gelangt dabei die Speichermasse durch die rotierende Bewegung von einem Luftstrom in den anderen. Die hygroskopische Oberfläche der Speichermasse sorgt dafür, dass neben Wärme auch Feuchtigkeit übertragen werden kann.
Durch den geringen Wasserdampfpartialdruck an der Oberfläche des Speichermaterials kommt es zu einer Anlagerung des Wasserdampfes. Dies führt zu einer Temperaturerhöhung aufgrund der Freisetzung der Verdampfungs- und Bindungswärme. Diese Veränderung der Temperatur ist zugleich der Grund für eine eingeschränkte Entfeuchtungsleistung der Sorptionsrotoren. Die thermische Aktivierung der hygroskopischen Oberfläche erfolgt mithilfe des erwärmten Luftvolumenstroms. Dabei wird die gebundene Feuchtigkeit an den Luftvolumenstrom übertragen.
Die Speichermasse hat die Aufgabe, eine geordnete Luftführung in den von der Struktur bereitgestellten geraden Kanälchen zu ermöglichen. Gleichzeitig wird damit eine große Oberfläche geschaffen. Dabei werden innere Oberflächen zur Wärme- und Stoffübertragung von bis zu 3.000 m^2/m^3 erreicht. Die minimal notwendige Konfiguration (Sorptionsregenerator plus Heizer) zeigt die Abbildung 77. Für den Einsatz als reiner Luftentfeuchter ist der Flächenanteil der Regenerationsluft in der Regel kleiner als der Flächenanteil der Außenluft. Bei gleichen Luftgeschwindigkeiten ist damit

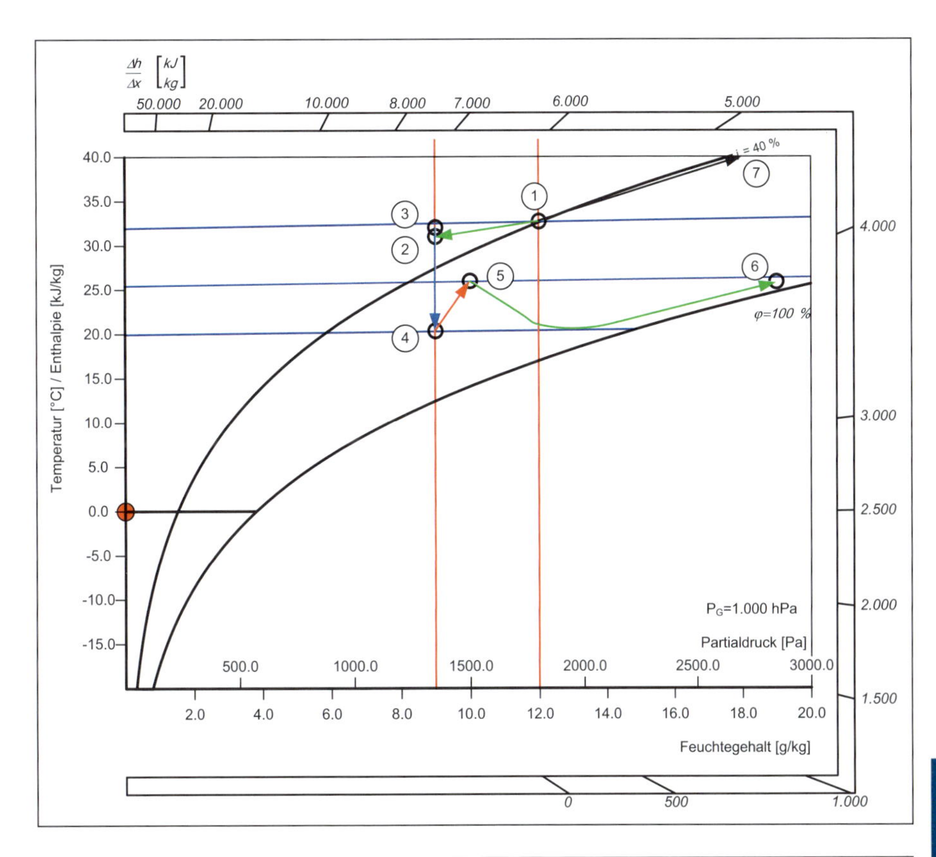

Abb. 75 Verlauf der flüssigen Sorption (Trogisch, Franzke 2012)

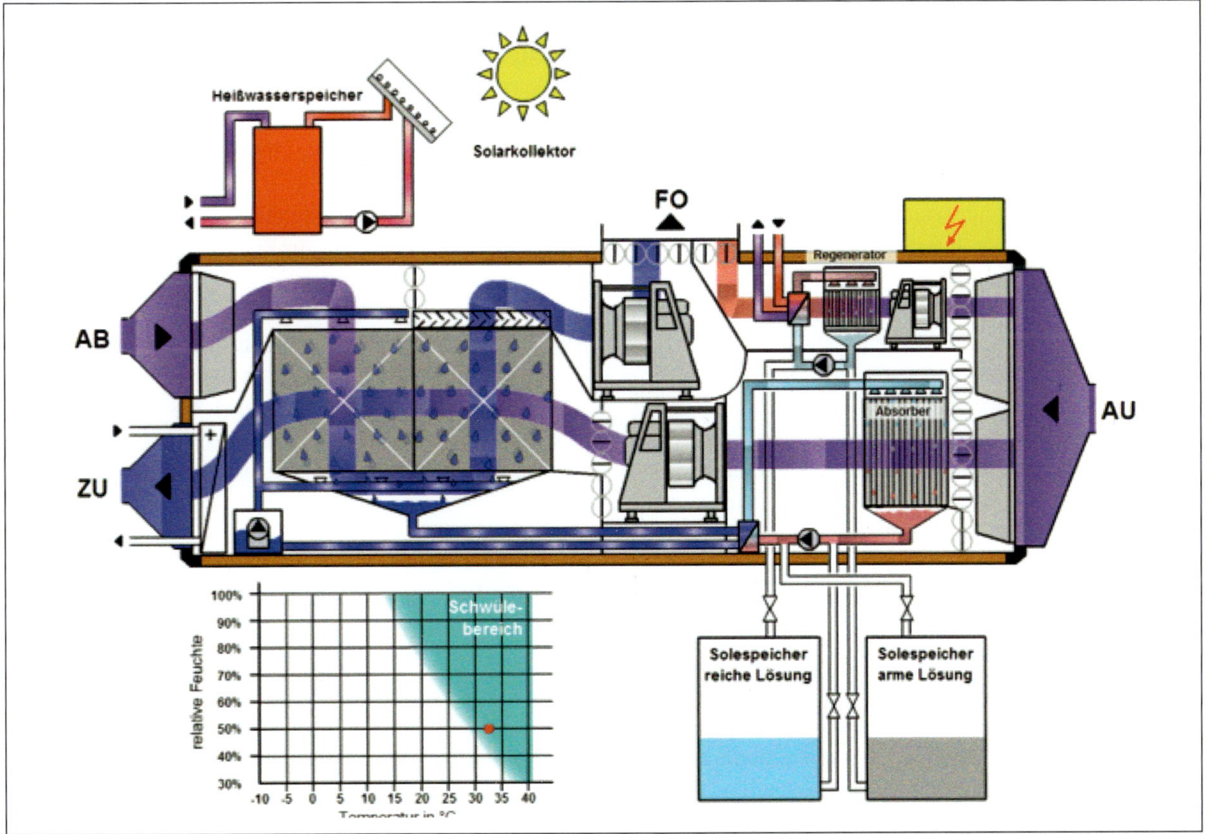

Abb. 76 Geräteschema (Quelle: *Werkbild Fa. Menerga*)

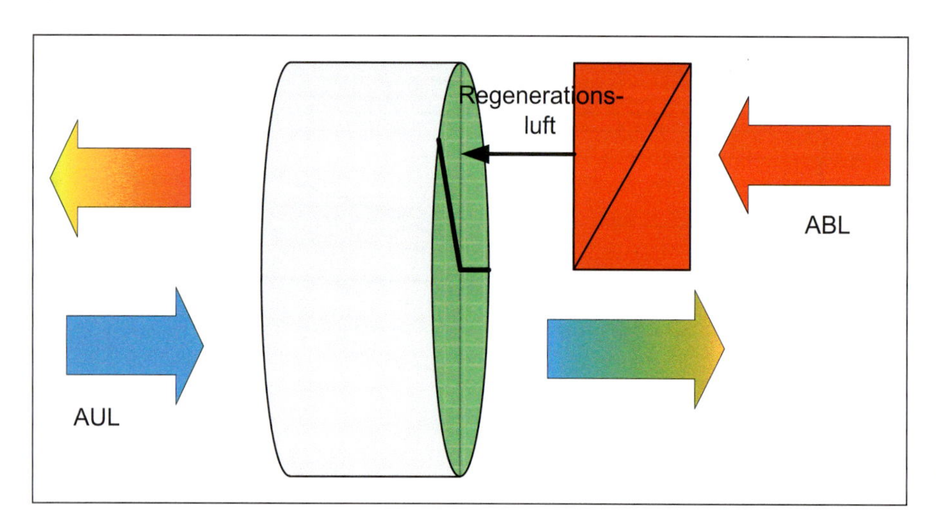

Abb. 77 Sorptionsregenerator zur Luftentfeuchtung

das Verhältnis der Flächen etwa auch proportional zum Verhältnis der Massenströme.
Bei der Verwendung der Sorptionsregeneratoren in Klimaanlagen ist das Flächenverhältnis in der Regel 1:1.

IV

3.6 Kraft-Wärme-Kälte-Kopplung

3.6.1 Wärmepumpen

Man spricht von einer „Wärmepumpe", wenn die abzuführende Wärme am Kondensator für die zur Bereitstellung von Wärmeenergie von Interesse ist.
Es wird unterschieden in:

- Wasser/Wasser - WP bzw. Sole/Wasser-WP
- Wasser/Luft - WP
- Luft/Luft - Wärmepumpe.

Die Anwendung von Wärmepumpen zum Heizen von Gebäuden bzw. zur Bereitstellung von Trinkwarmwasser hat vor dem Hintergrund der EnEV und der Minimierung des Heizlast bzw. des Heizenergiebedarfs immer mehr an Bedeutung gewonnen.
Abbildung 78 zeigt eine Übersicht über mögliche Wärmequellen und -senken.
Der Begriff „reversible Wärmepumpe" ist irreführend und thermodynamisch „falsch", da bei der Wärmepumpe die „warme" Seite und bei der Kältemaschine die „kalte" Seite von technischem Interesse ist. Selbstverständlich ist es möglich und heute oft angewendet, entweder die „warme" Seite für die Heizung im Winter oder die „kalte" Seite für die Kühlung im Sommer zu nutzen.

3.6.2 Blockheizkraftwerke

Blockheizkraftwerke (BHKW) sind Kleinkraftwerke auf der Basis von Verbrennungsmotoren. Sie werden eingesetzt, wenn die Gleichzeitigkeit von Strom- und Wärmenachfrage im Einsatzfall gewährleistet ist. Es wird in einer strom- und wärmeorientierten Fahrweise unterschieden.
Der prinzipielle Aufbau ist Abbildung 79 zu entnehmen.
Die Hauptbestandteile des BHKW sind der Verbrennungsmotor, der Generator, der Kühlwasserwärmetauscher und der Abgaswärmetauscher.
Als Verbraucher sind möglich:

- Heizungsanlage mit Warmwasserspeicher
- Wärmepumpe (u.a. Nutzung der Elektroenergie für Kältemaschine)
- Absorptionskältemaschine oder Adsorptionskältemaschine (s.a. Abb. 61 und 62) zur Erzeugung von Kühlwasser bzw. Kühlenergie

Die Wirtschaftlichkeit ist abhängig von der Ausnutzungsdauer bzw. den Energieverbrauchscharakteristiken (Lastverlaufsdiagramme, Energieanalyse).
Die Netzersatzstromversorgung kann auch durch den Einsatz eines BHKW gewährleistet werden.

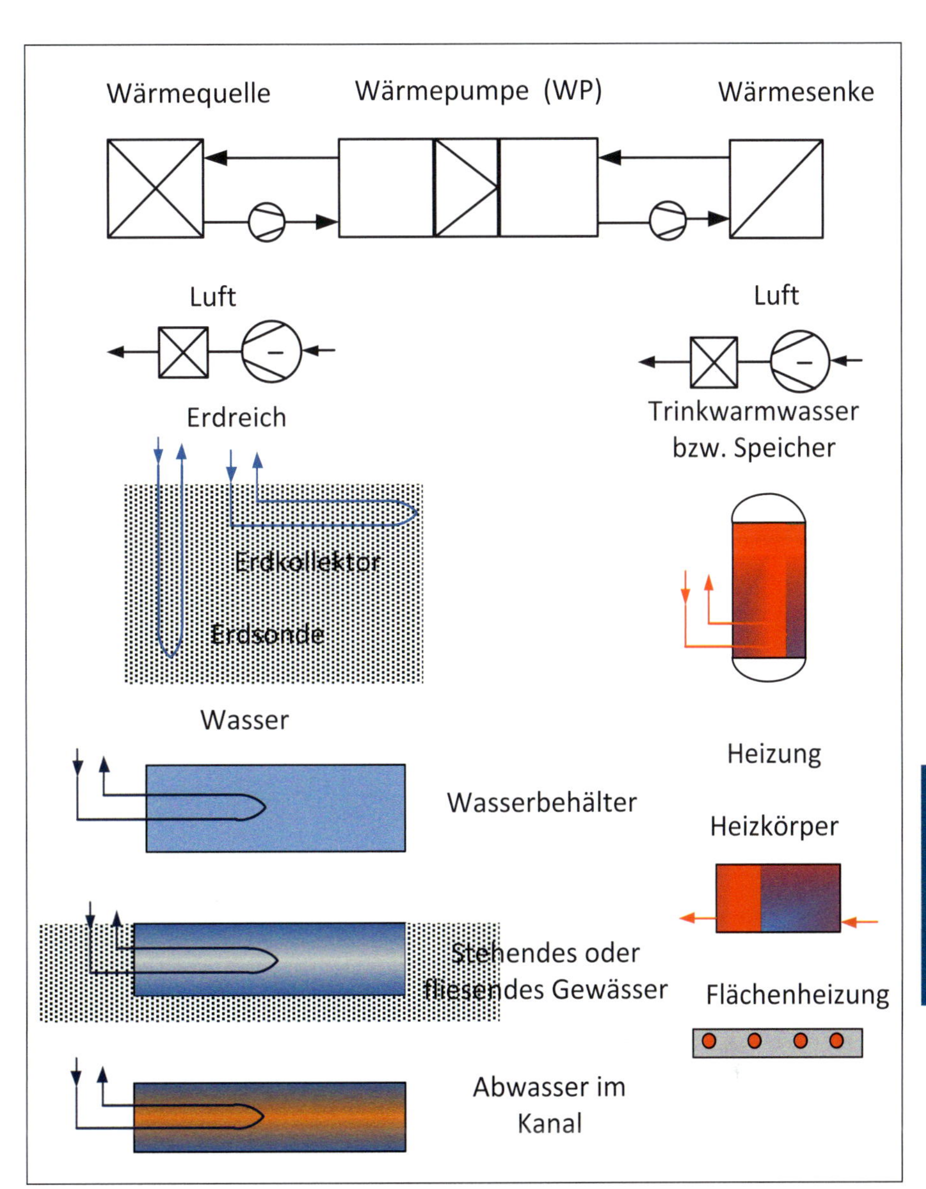

Abb. 78 Übersicht Wärmequelle - Wärmesenke bei Wärmepumpen

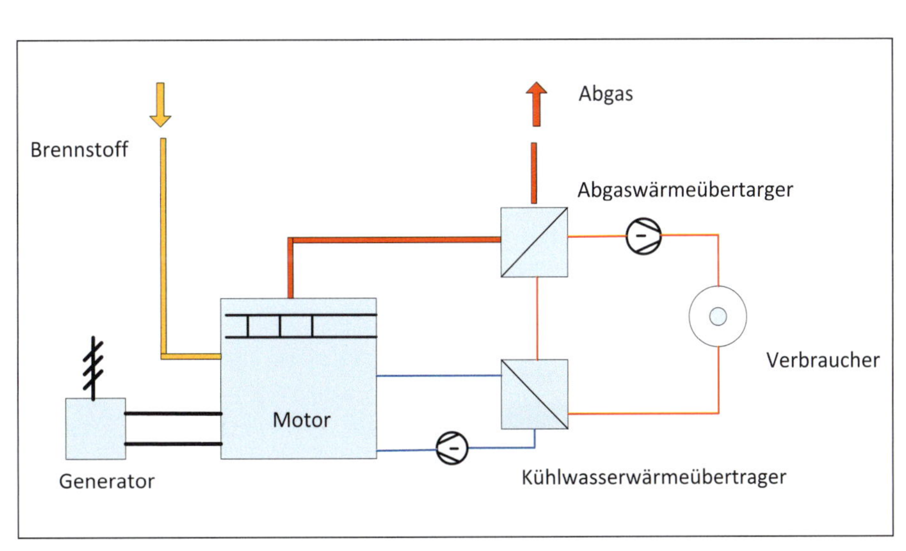

Abb. 79 Schema eines BHKW

IV

3.7 Systemlösungen

Die Belüftung von industriell genutzten Gebäuden ist vielschichtig und hängt von den durch die Nutzung einzuhaltenden definierten Randbedingungen ab.
Da die Nutzung im Allgemeinen mit höheren inneren Wärmelasten $\Phi_{technol.Last}$ verknüpft ist, hat es sich als sinnvoll und zweckmäßig erwiesen, Zuluft im Arbeitsbereich, z.B. Quellluftdurchlässe (Ausführungsbeispiele s. Trogisch, A. 2011, Planungsbeispiele), zuzuführen (Abb. 80) und die Abluft im Deckenbereich zu erfassen. Damit verläuft die sich einstellende Raumströmung adäquat zur Auftriebsströmung, die durch den konvektiven Anteil der inneren Wärmelast indiziert wird. Aufgrund der bautechnischen und energetischen Forderungen der EnEV ist eine Beheizung (im Allgemeinen über Strahlplatten) selten notwendig, dagegen sind über Aufenthaltsbereiche Deckenstrahl-Kühlplatten eine zweckmäßige Ergänzung zur Lüftung.

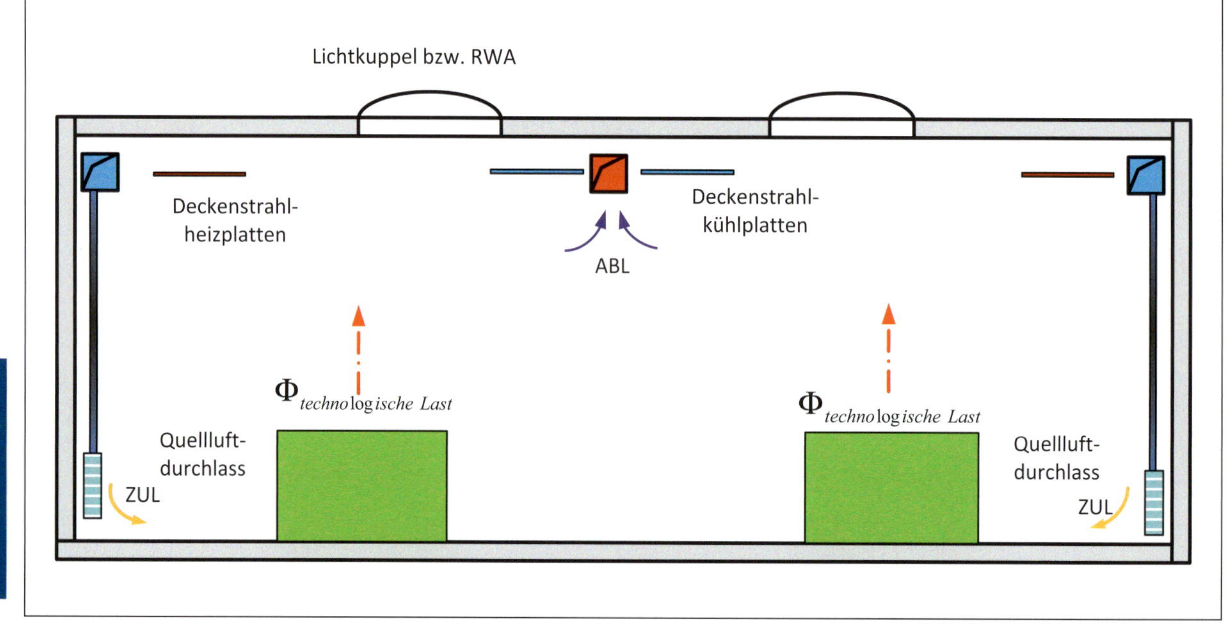

Abb. 80 Prinzipskizze einer Industriehallenlüftung

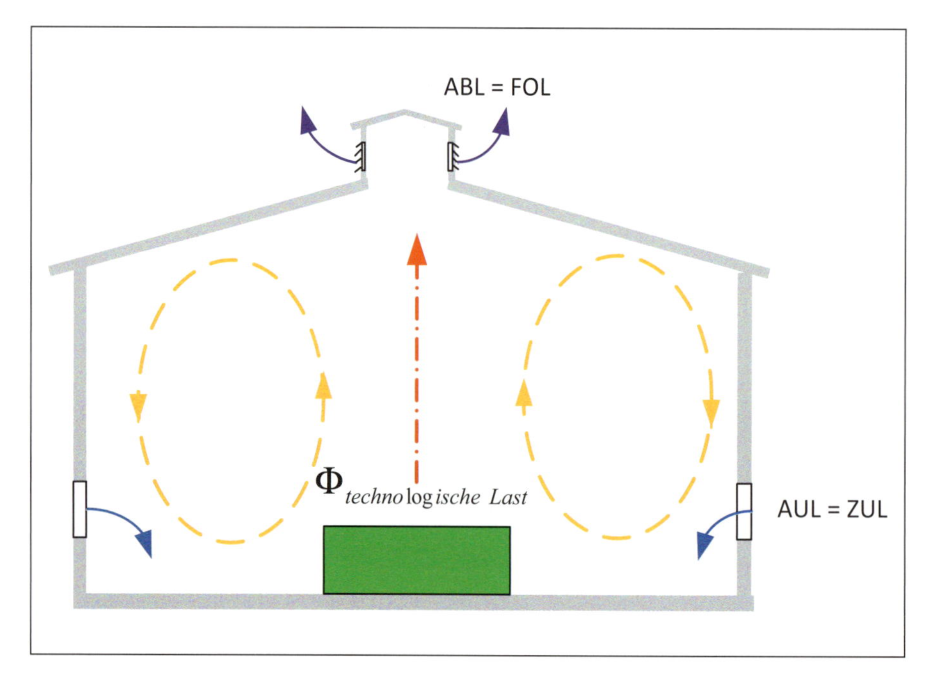

Abb. 81 Prinzipskizze einer Dachaufsatzlüftung

IV

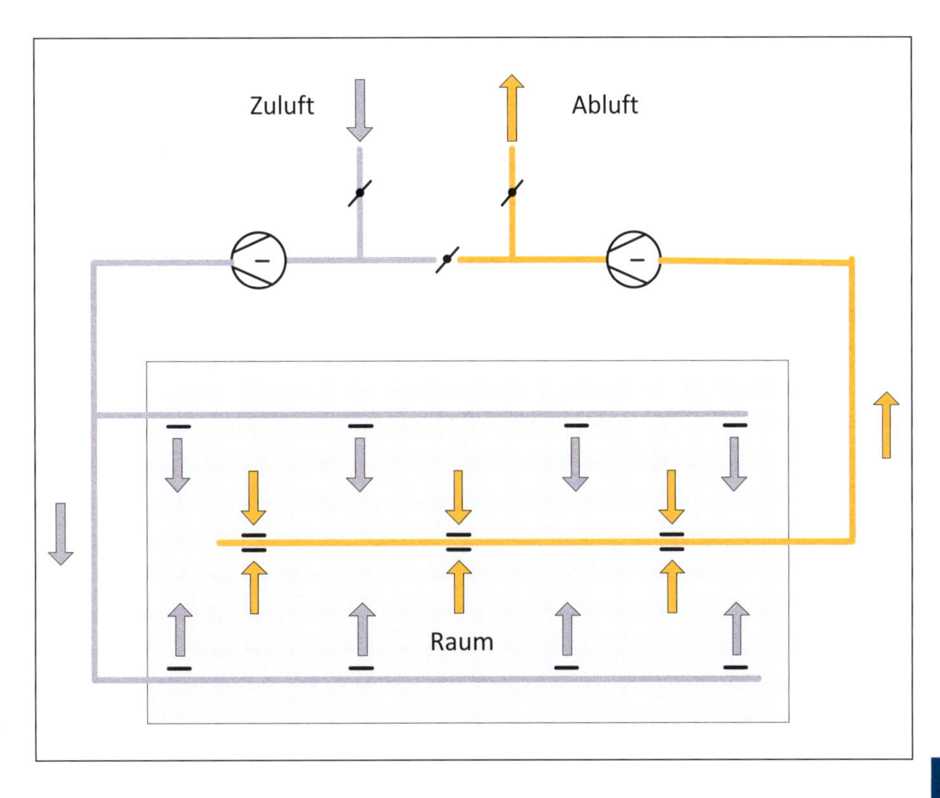

Abb. 82 Konventioneller stationärer Betrieb nach (Kaup 2012)

Wenn sehr hohe innere Wärmelasten > 150 W/m² (Warm- und Heißbetriebe) vorhanden sind, sollte eine Dachaufsatzlüftung zur Anwendung kommen (Abb. 81).

In (Kaup 2012) wird eine Impulslüftung auf der Basis einer intermittierenden, instationären Raumlüftung vorgeschlagen und ein energetischer Vorteil gegenüber einer konventionellen, stationären Lüftung ausgewiesen. Der Vergleich ist in den Abbildungen 82 bis 84 dargestellt.

Ob es immer sinnvoll ist, einen entsprechenden Abluftstrang vorzusehen, sollte überlegt werden. Bei einer Im-

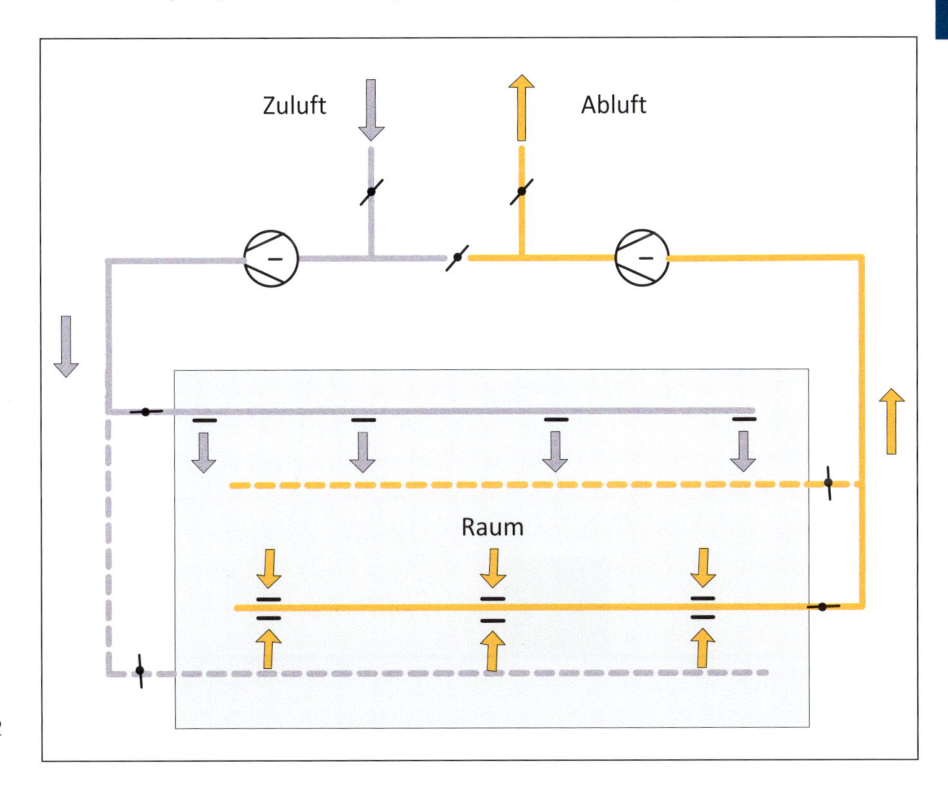

Abb. 83 Phase 1: Betrieb über Zuluftstrang 1 und Abluftstrang 2 nach (Kaup 2012)

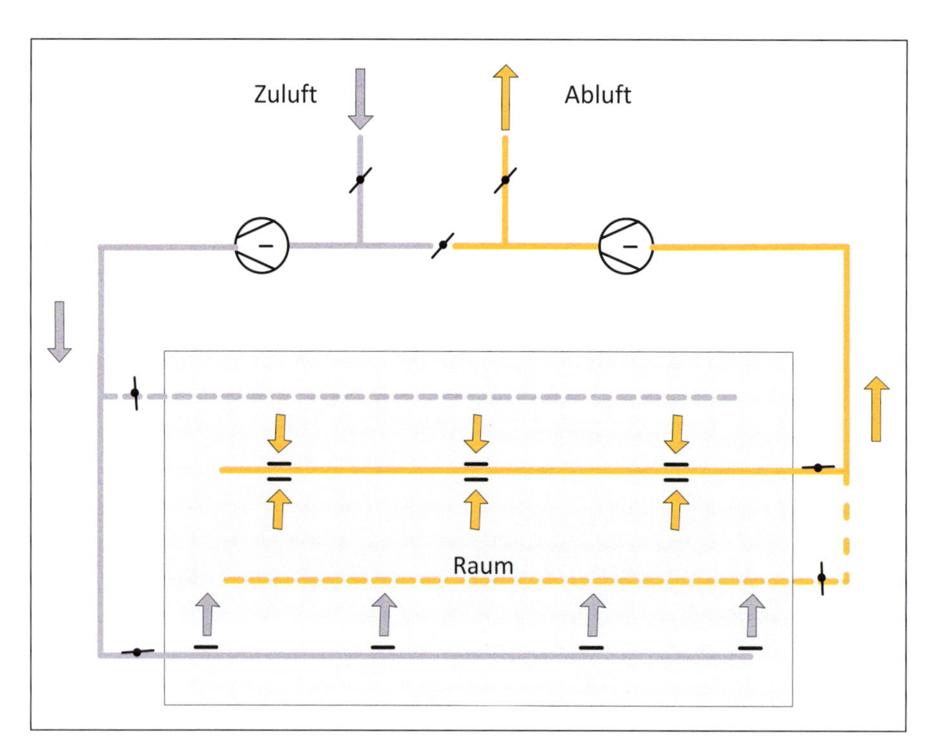

Abb. 84 Phase 2: Betrieb über Zuluftstrang 2 und Abluftstrang 3 nach (Kaup 2012)

IV

pulslüftung und auch Quelllüftung ist es erfahrungsgemäß ausreichend, eine größere Ablufterfassung im Raum vorzunehmen, da durch die Abluftöffnung im Allgemeinen eine Raumströmung unwesentlich beeinflusst wird.
Bei großen Hallenkomplexen kann auch ein „Weitwurfdüsensystem“ (System DIRIVENT) zum Einsatz gelangen. Es wird nur der erforderliche Mindestaußenluft-Volumenstrom zugeführt. Die Kanäle für das Verteilsystem können klein dimensioniert werden und es kommt somit kaum zu Kollisionen mit z. B. der Kranbahn oder anderen technologischen oder baulichen Versperrungen.

Die Abbildungen 85 und 86 zeigen schematisch die Systemlösung. Grundsätzliche Hinweise zu den Düsen zeigt Abbildung 88.
Wenn das System sowohl zur Kühlung als auch zur Heizung eingesetzt wird, sind unbedingt automatische verstellbare Düsen notwendig.

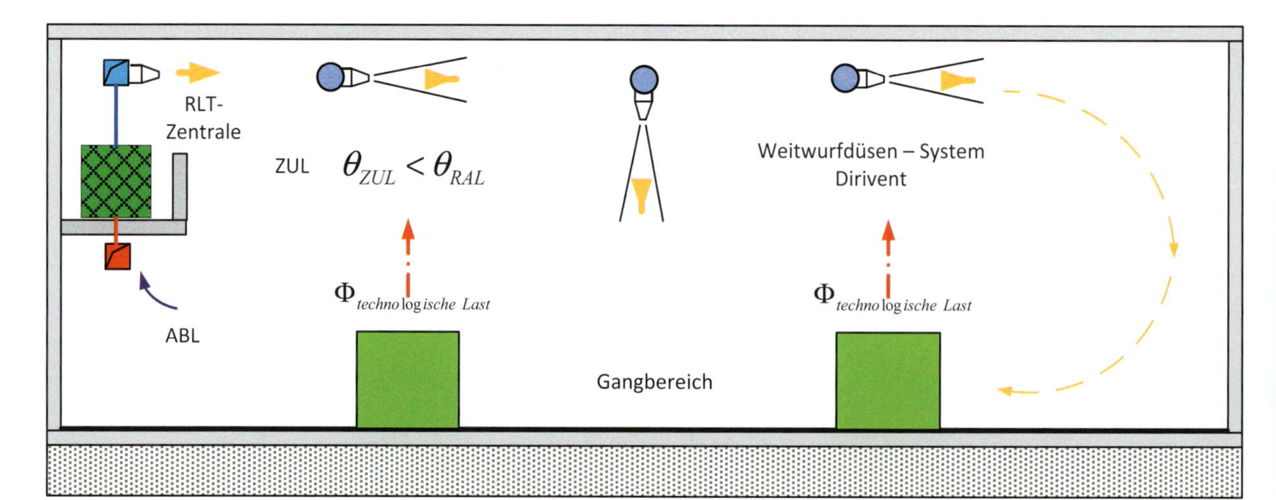

Abb. 85 Prinzipdarstellung für ein Weitwurfdüsensystem in einer Produktionshalle

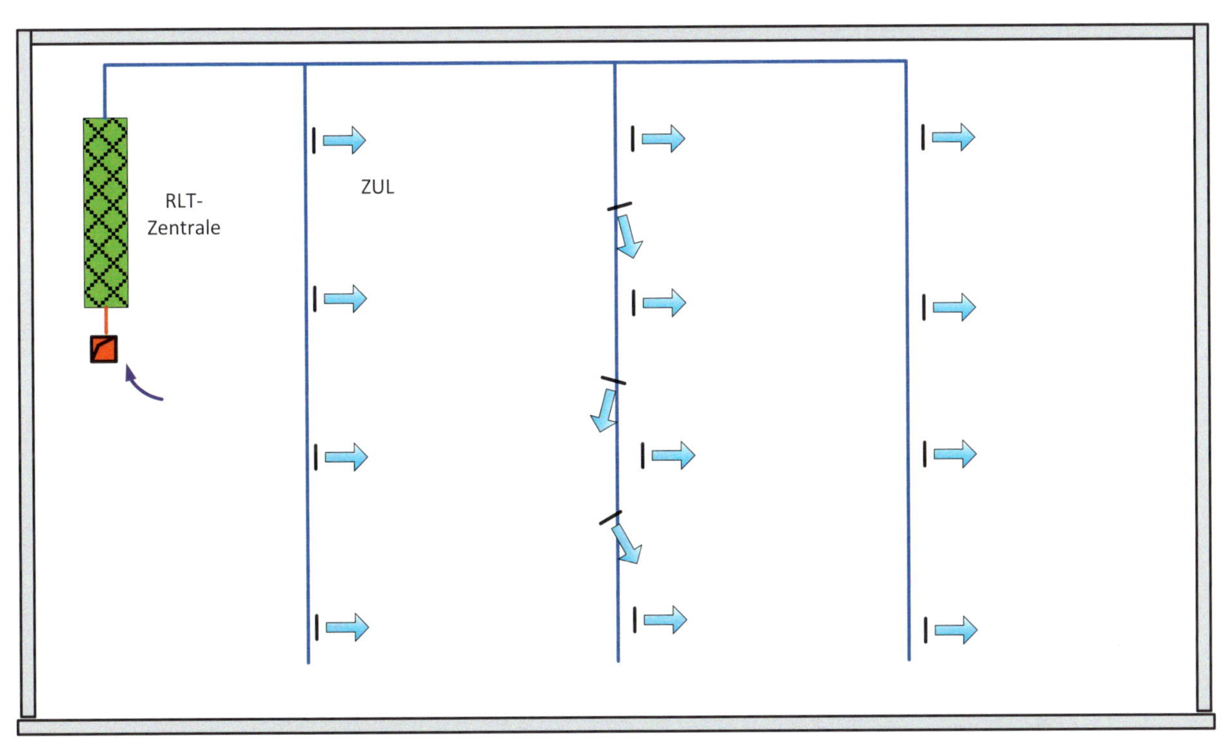

Abb. 86 Prinzipdarstellung für die Anordnung des Luftverteilsystems (unter Bezug auf Abb. 85)

Da es in Produktionshallen oft unterschiedliche Bereiche mit unterschiedlichen raumklimatischen Forderungen gibt, ist es zweckmäßig und sinnvoll, auch diese unterschiedlich lüftungstechnisch bzw. heizungs- und kühltechnisch zu behandeln. Es sollten folgende Grundsätze verfolgt werden, wie sie schematisch im Abbildung 88 dargestellt sind:

- Minimierung des Zuluftvolumenstromes auf das hygienische und technologisch erforderliche Maß bzw. dessen Anpassung an die Lasten durch Volumenstromregelung
- Zuführung der aufbereiteten Zuluft möglichst im Aufenthaltsbereich (z. B. Quelllüftung)

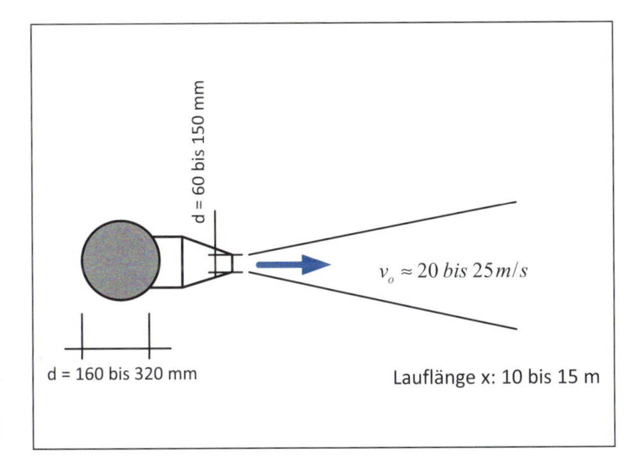

Abb. 87 Prinzipdarstellung Kombination: Düse – Luftleitung, die Düse kann verstellbar oder starr ausgeführt werden.

- Luftführung von „unten nach oben“ unter Nutzung des thermischen Auftriebs
- Grundbeheizung und -kühlung über Flächenheizungs- oder -kühlsysteme
- Erfassung der Abluft möglichst nahe der Emissionsquelle (wenn möglich, diese kapseln) und Nutzung des Energiepotenzials durch Wärmerückgewinnung
- Erfassung der Abluft der allgemeinen Lüftung im Dachbereich und Minimierung des Aufwandes für das Kanalsystem und
- bei Bereichen, die relativ konstante Bedingungen (thermisch, schadstoffmäßig) aufweisen, sollte dies räumlich separiert werden und über ein Umluftsystem behandelt werden. Unter Umständen sollte sowohl durch Überdruck (mehr Zuluft als Abluft) als auch durch Abschottung (Schleusen) eine Verbindung zwischen Hallenluft und „Raumluft“ vermieden werden.

Für die Anordnung der RLT-Zentrale gibt es vorrangig folgende Lösungsansätze:

- Integration in den Gebäudekomplex
- Dachaufstellung.

Vor- und Nachteile sind in (Trogisch, A. 2011, Planungshilfen) ausführlich behandelt. Die Dachaufstellung (Abb. 89) bietet u. a. folgende Vorteile:

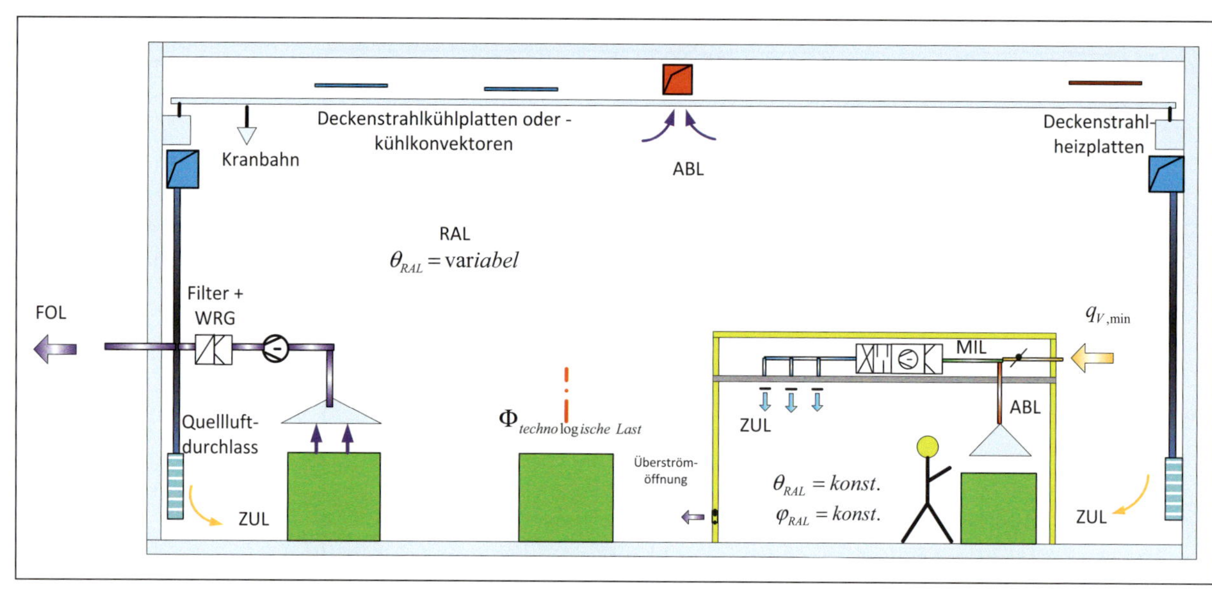

Abb. 88 Vorschlag für eine energetisch zweckmäßige lüftungs- und klimatechnische Lösung

- durch Verlegung des Luft- und Rohrleitungssystems auf dem Dach, nur geringfügige Einschränkung im Gebäude und
- relative Unabhängigkeit bei der Erstellung des Gebäudes und hohe Flexibilität sowohl bei Änderungen in den Nutzungsstrukturen im Gebäude als auch geringe Beeinflussung der Nutzung bei Instandhaltung, Reparatur und Erneuerung der RLT-Geräte.

Problematisch ist die Ansaugung der Außenluft übers Dach, wobei auch eine zentrale Außenluftaufbereitung in einer „Energiezentrale" und Ansaugung der Außenluft über „Luftbrunnen" oder Schottenspeicher eine sinnvolle Möglichkeit sein kann.

Ein funktionales Schema für eine RLT-Zentrale ist Abbildung 91 zu entnehmen. Die notwendigen Komponenten sind dabei eine Funktion der geforderten und einzuhaltenden thermischen, hygienischen und technologischen Parameter.

Die „Energiezentrale" sollte zweckmäßigerweise im Randbereich der Halle angeordnet werden (Abb. 90) und wenn möglich alle notwendigen technischen Anlagesysteme

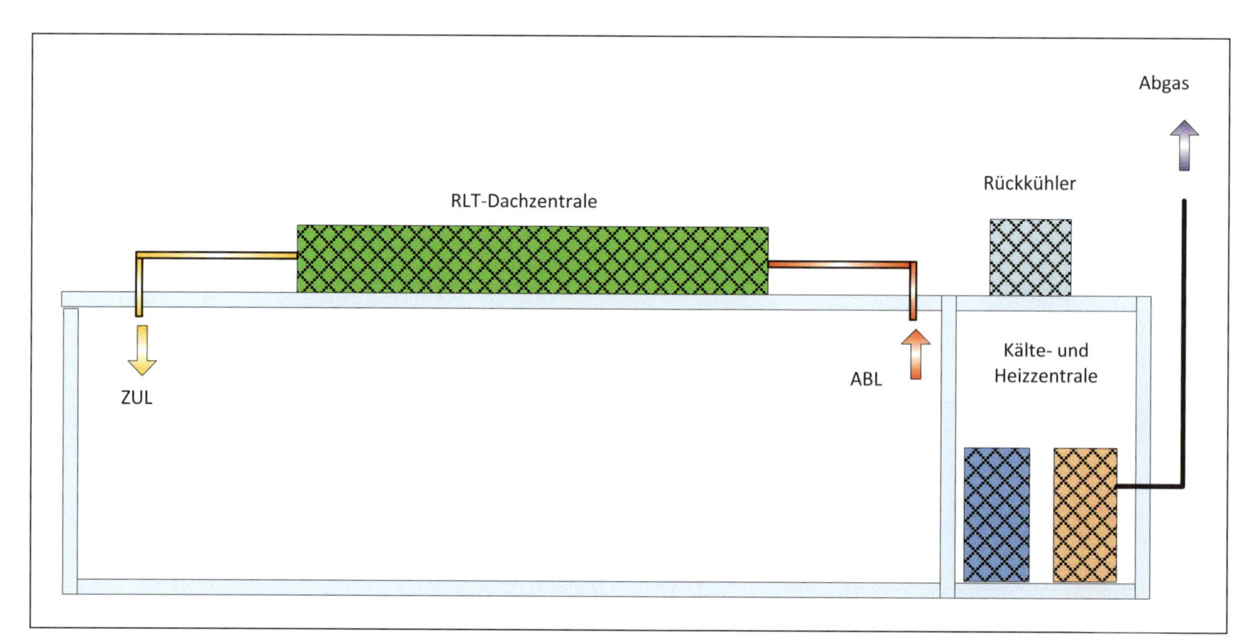

Abb. 89 Prinzipskizze für RLT-Dachzentrale und „Energiezentrale"

beinhalten, angefangen über die Wärme- und Kälteerzeugung, die Speicherung, die Aufbereitung von Medien, die Elektroenergieerzeugung und den Bereich für die Überwachung der Gebäudeautomation. Auf diesem kompakt zu erstellenden Gebäudeteil kann auch die bei der Kälteerzeugung als für technologische Zwecke erforderliche Rückkühlung angeordnet werden.

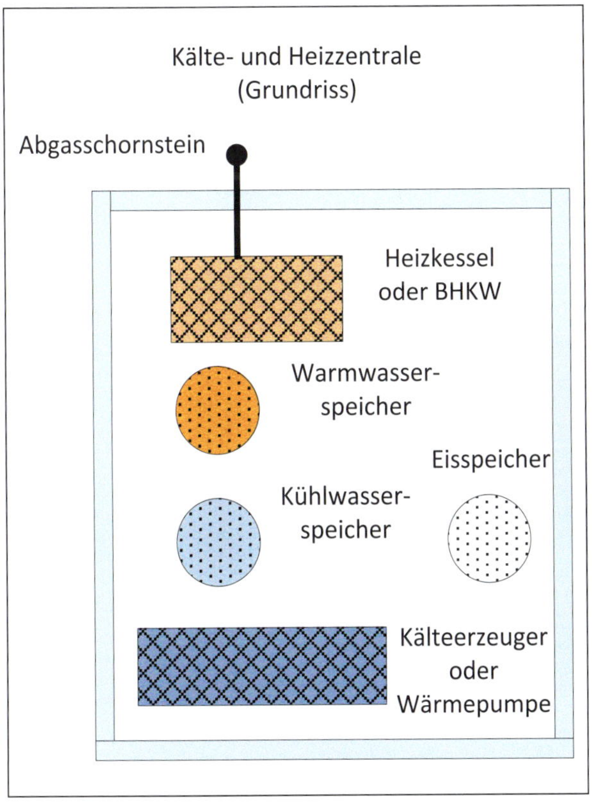

Abb. 90 Möglicher Grundriss einer „Energiezentrale"

RLT-Anlagen sind für die Gewährleistung technologischer, hygienischer und arbeitsschutztechnischer Raumklimaparameter in Fertigungsstätten bzw. am Arbeitsplatz eine heute unabdingbare Voraussetzung. Dies wird ausführlich sowohl in der VDI 3802 bzw. in deren Überarbeitung als auch in der VDI 3362 dokumentiert und in (Trogisch 2013a) bzw. (Trogisch 2013b) kritisch bewertet.

VDI 3802 zeigt auf, dass der wirksame und wirtschaftliche Einsatz raumlufttechnischer Maßnahmen wirkungsvoll erreicht werden kann, wenn Luftführung, Lufterfassungseinrichtungen und Anlagen zur Ablufterfassung aufeinander abgestimmt sind. Dies bedeutet eine integrale Planung zwischen der Fabrikplanung, der Gebäudehülle und den notwendigen RLT-Anlagen.

Die Komplexität der Randbedingungen ist verbunden mit umfangreichen Vorschriften, Normen und Richtlinien, die in VDI 2083 (E) aktualisiert wurden.

Die Berechnungsverfahren für die Luftvolumenströme entsprechen dem bisherigen Kenntnisstand und sind aktuell. Bemerkenswert sind die Algorithmen für die Bewertungsgrößen lufttechnischer Maßnahmen und für die Thermikströme an horizontalen und vertikalen Flächen sowie die Geschwindigkeitsabnahme auf der Symmetrieachse von Senkenströmungen.

In einem gesonderten Kapitel werden die Anforderungen an die baulichen und gerätetechnischen Anforderungen aufgeführt.

Bei der Luftführung werden drei grundlegende Grundströmungsarten: Mischströmung, Schichtströmung Verdrängungsströmung unterschieden. Sie werden mit ihren Charakteristika beschrieben und an hand von Beispielen erläutert (Abb. 92 bis 102).

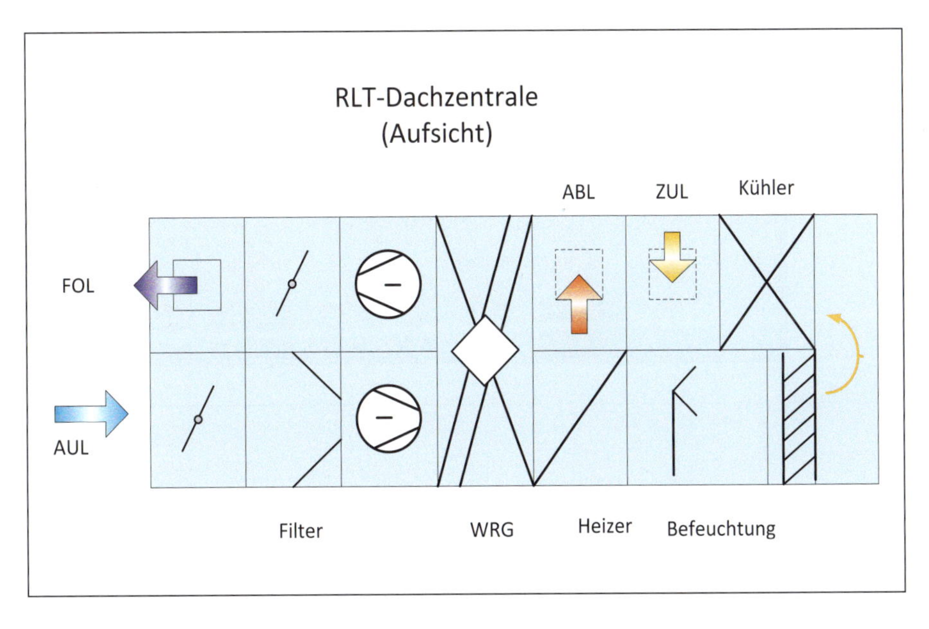

Abb. 91 Prinzipdarstellung einer RLT-Dachzentrale

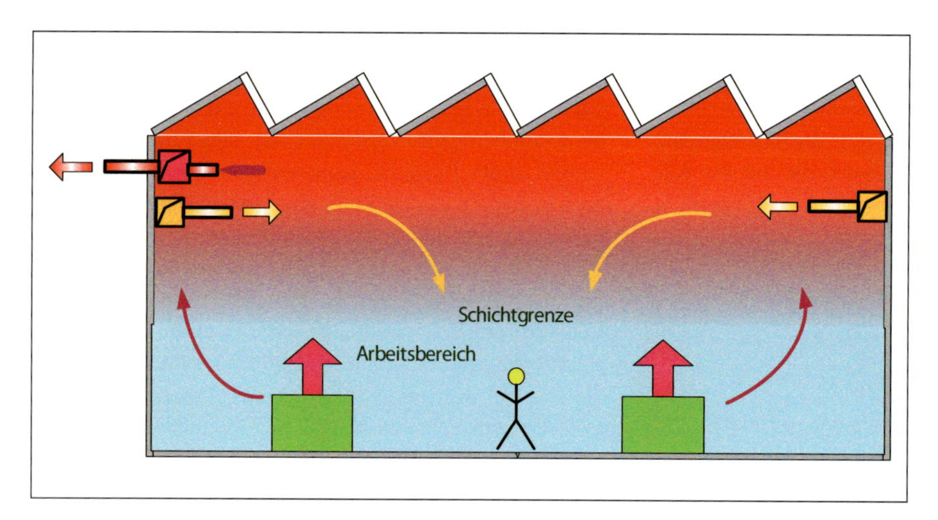

Abb.92 Mischströmung durch Luftzufuhr unter dem Hallendach

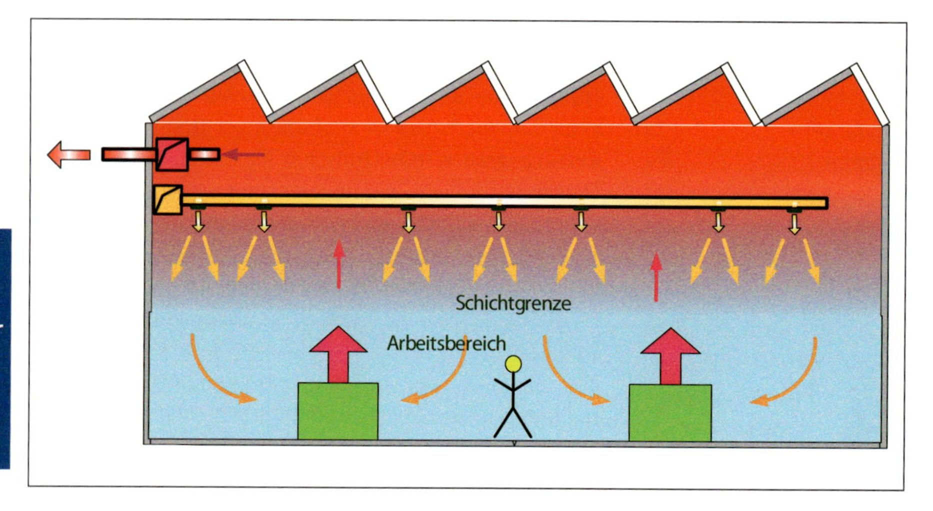

Abb. 93 Mischströmung, Luftzufuhr mit Impuls vom Hallendach

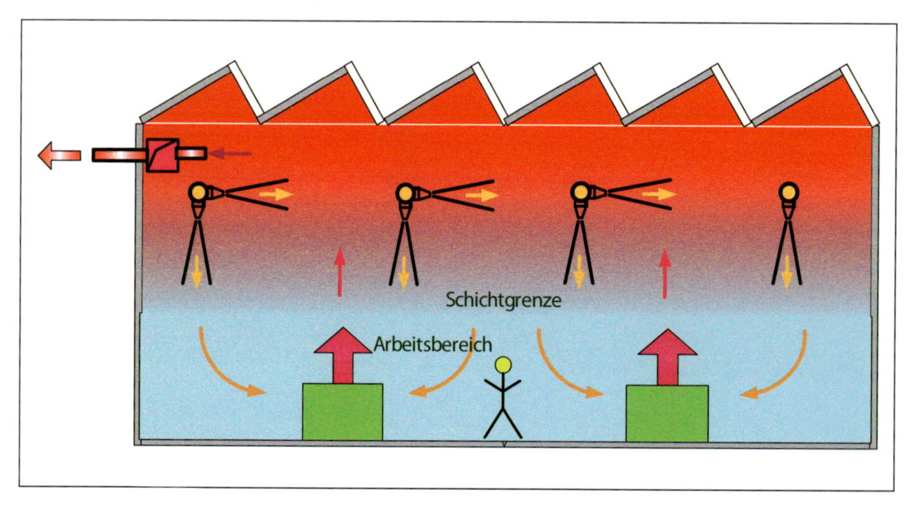

Abb. 94 Mischströmung durch Luftverteilung durch Treibstrahlen

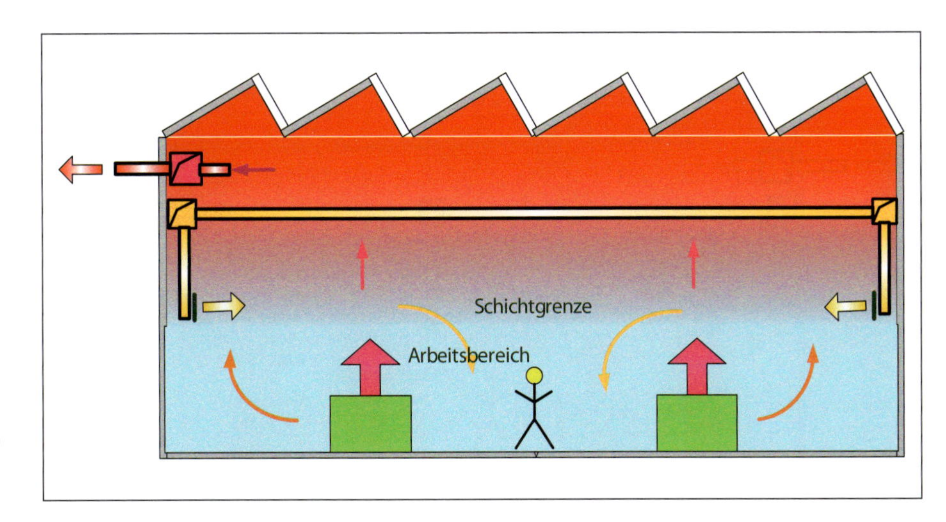

Abb. 95 Mischströmung durch Luftzufuhr mit Impuls oberhalb des Arbeitsbereiches

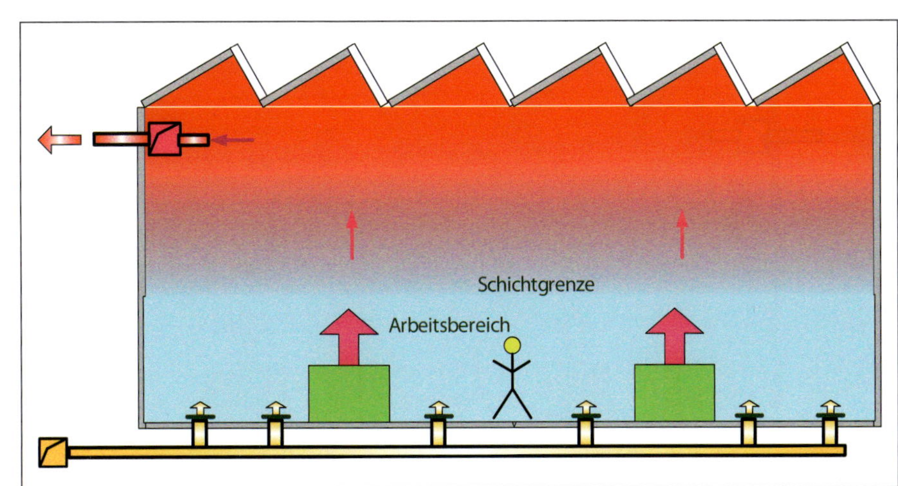

Abb. 96 Bereichsweise Mischströmung über dem Fußboden

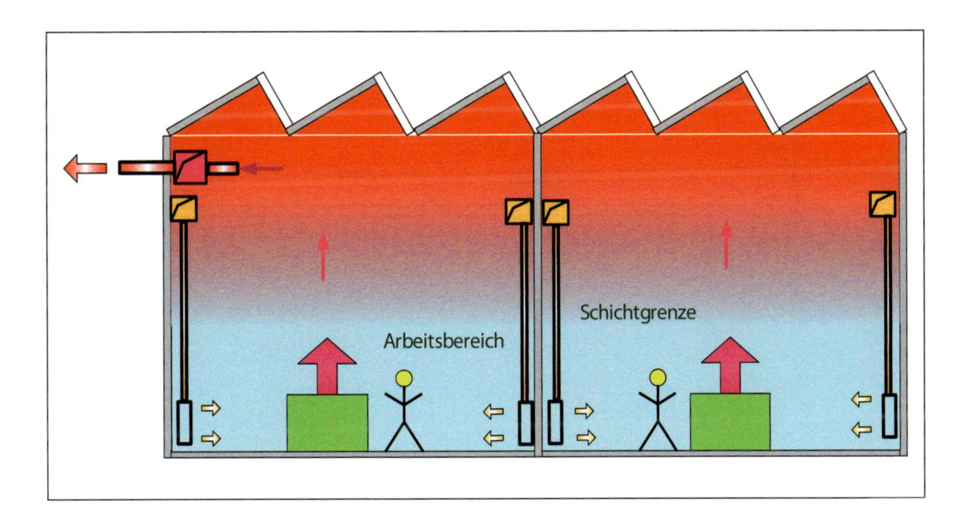

Abb. 97 Schichtströmung durch Luftzufuhr ohne Impuls im Arbeitsbereich

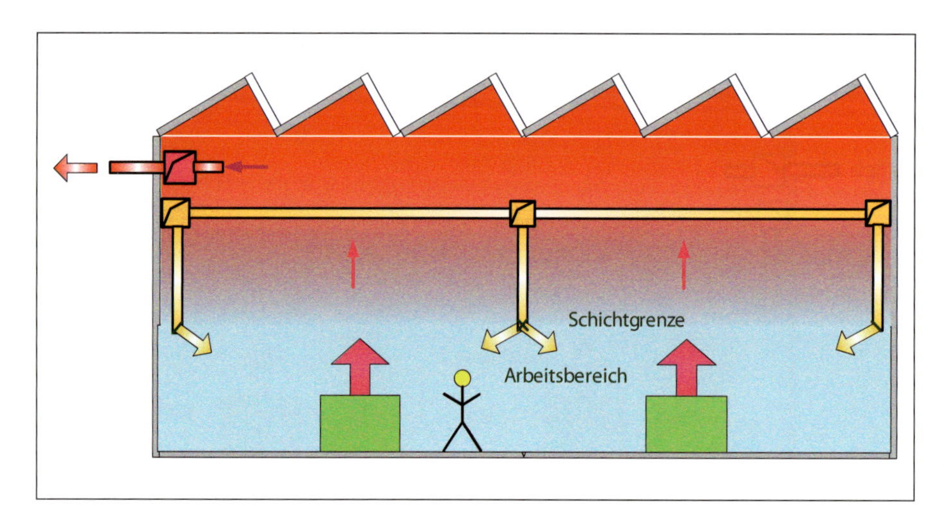

Abb. 98 Schichtströmung mit Luftzufuhr oberhalb des Arbeitsbereichs

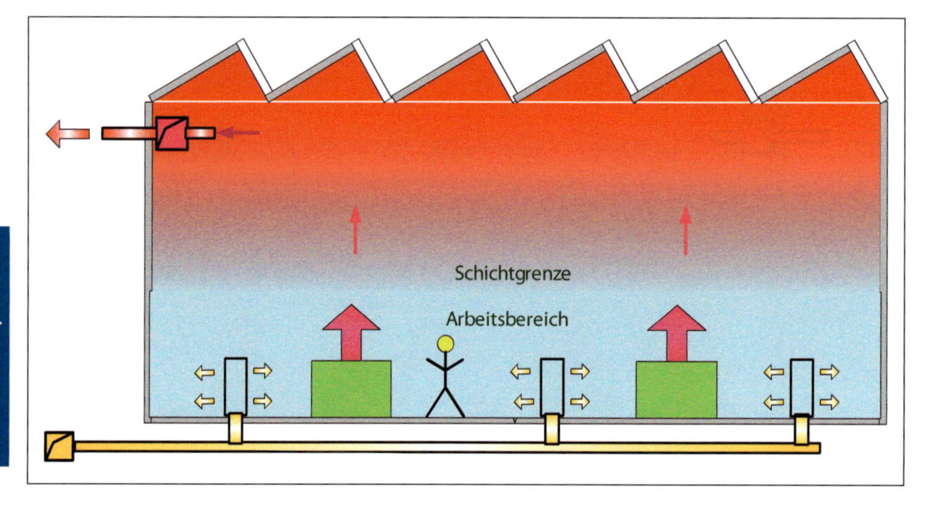

Abb. 99 Bereichsweise Schichtströmung über den Fußboden

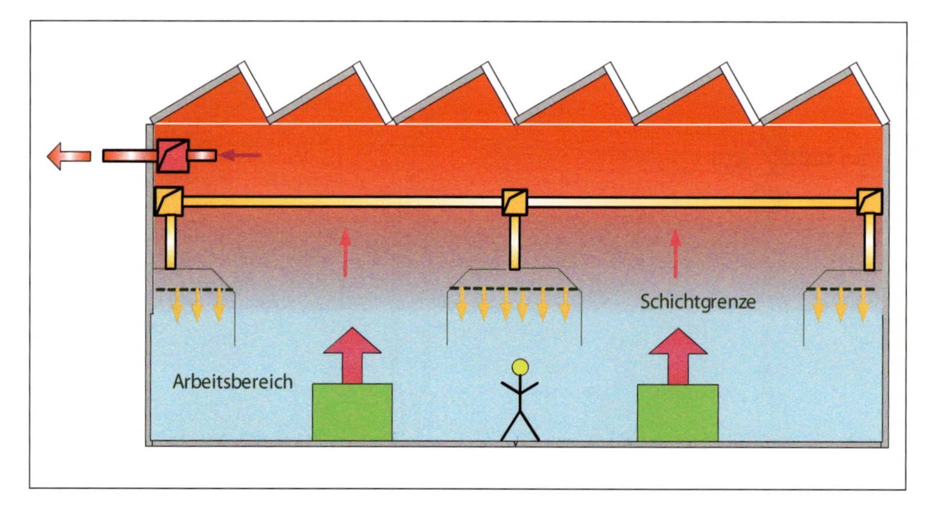

Abb. 100 Bereichsweise Verdrängungsströmung

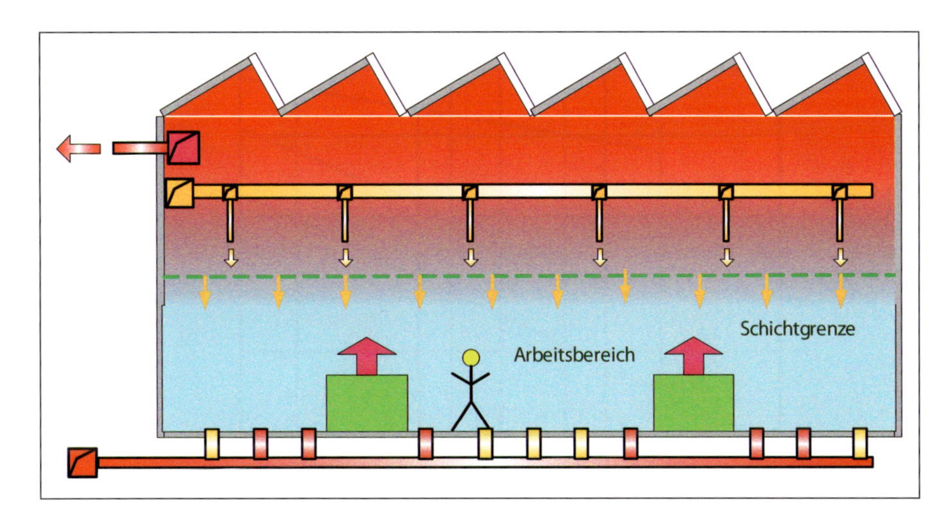

Abb. 101 turbulenzarme Verdrängungsströmung

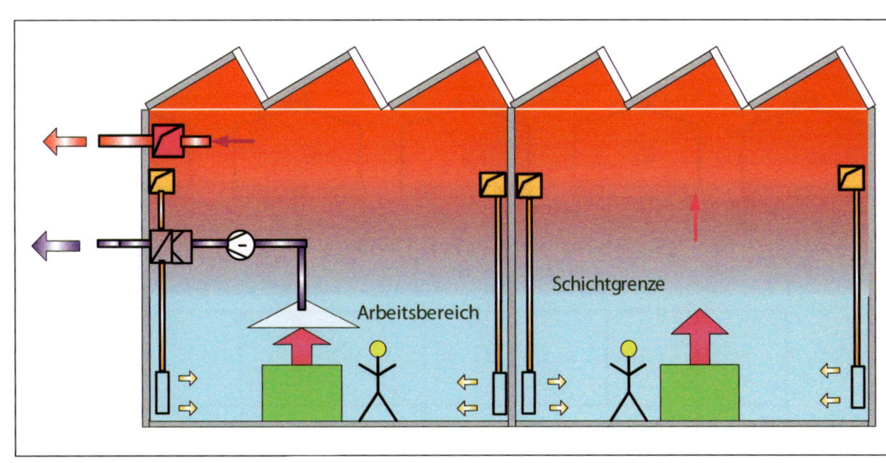

Abb. 102 Schichtströmung durch Luftzufuhr ohne Impuls im Arbeitsbereich in Kombination mit Erfassungsanlagen

Die Informationen zur Anwendung der Freien Lüftung in VDI 2083 (Abb.103 und 104) sind gut und werden im Anhang D durch Tabellen und Diagramme (Abb. 105 bis 107) unterstützt. Der Anhang C in VDI 2083 bzw. VDI 2083 (E) zeigt schematische Beispiele für Erfassungseinrichtungen und das Beispiel in Anhang B verdeutlicht eindrucksvoll den Vorteil der Schichtströmung.

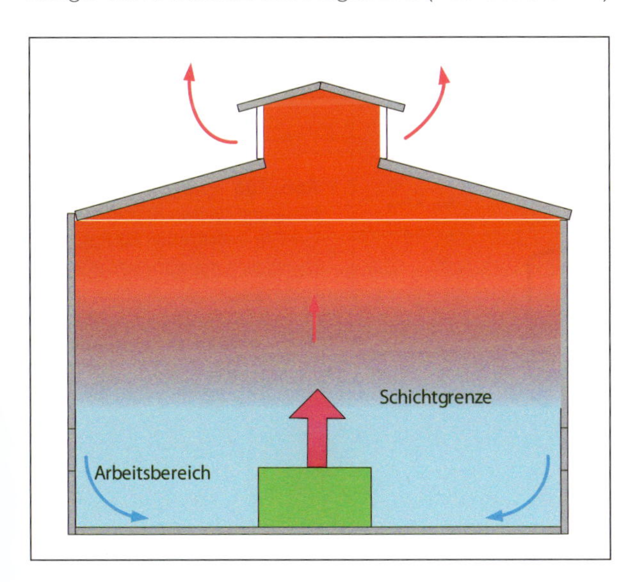

Abb. 103 Freie (natürliche) Lüftung

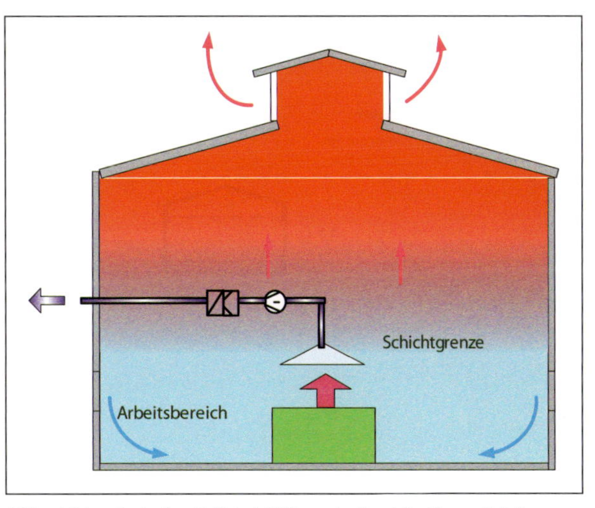

Abb. 104 Freie (natürliche) Lüftung in Kombination mit Erfassungsanlagen

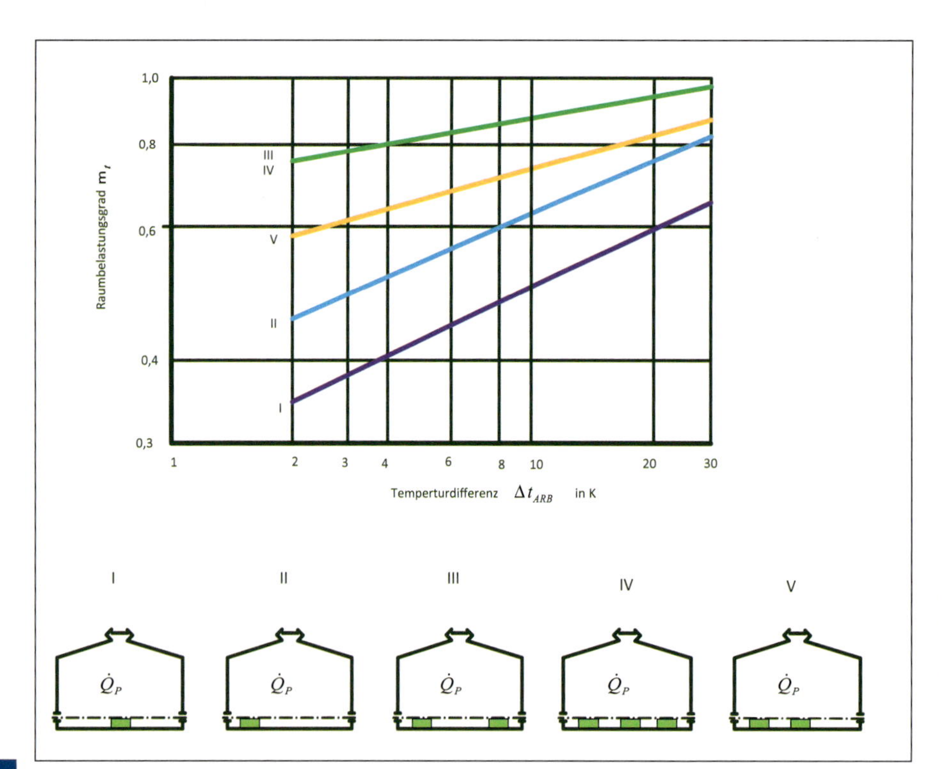

Abb. 105 Raumbelastungsgrad in Abhängigkeit von der mittleren Temperaturdifferenz für eine mittlere Höhe der Außenluftöffnung = 4 bis 8 m und für gleich große aerodynamische wirksame Außen- und Abluftflächen

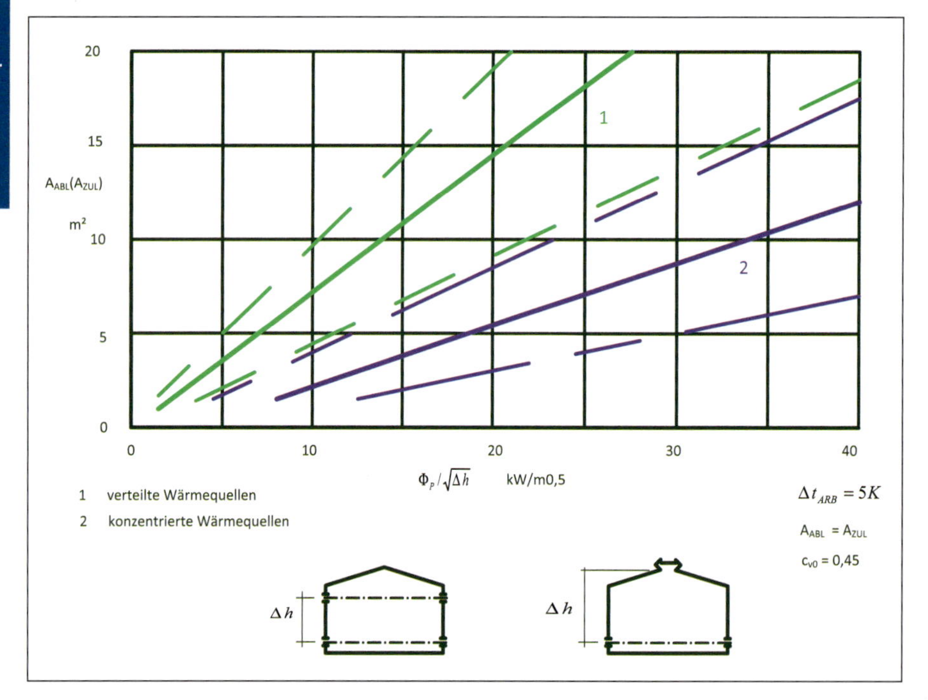

Abb. 106 Diagramm zur näherungsweisen Bestimmung der Öffnungsflächen für Produktionshallen mit wärmeintensiver Technologie (1 - verteilte Wärmequellen; 2 - konzentrierte Wärmequellen)

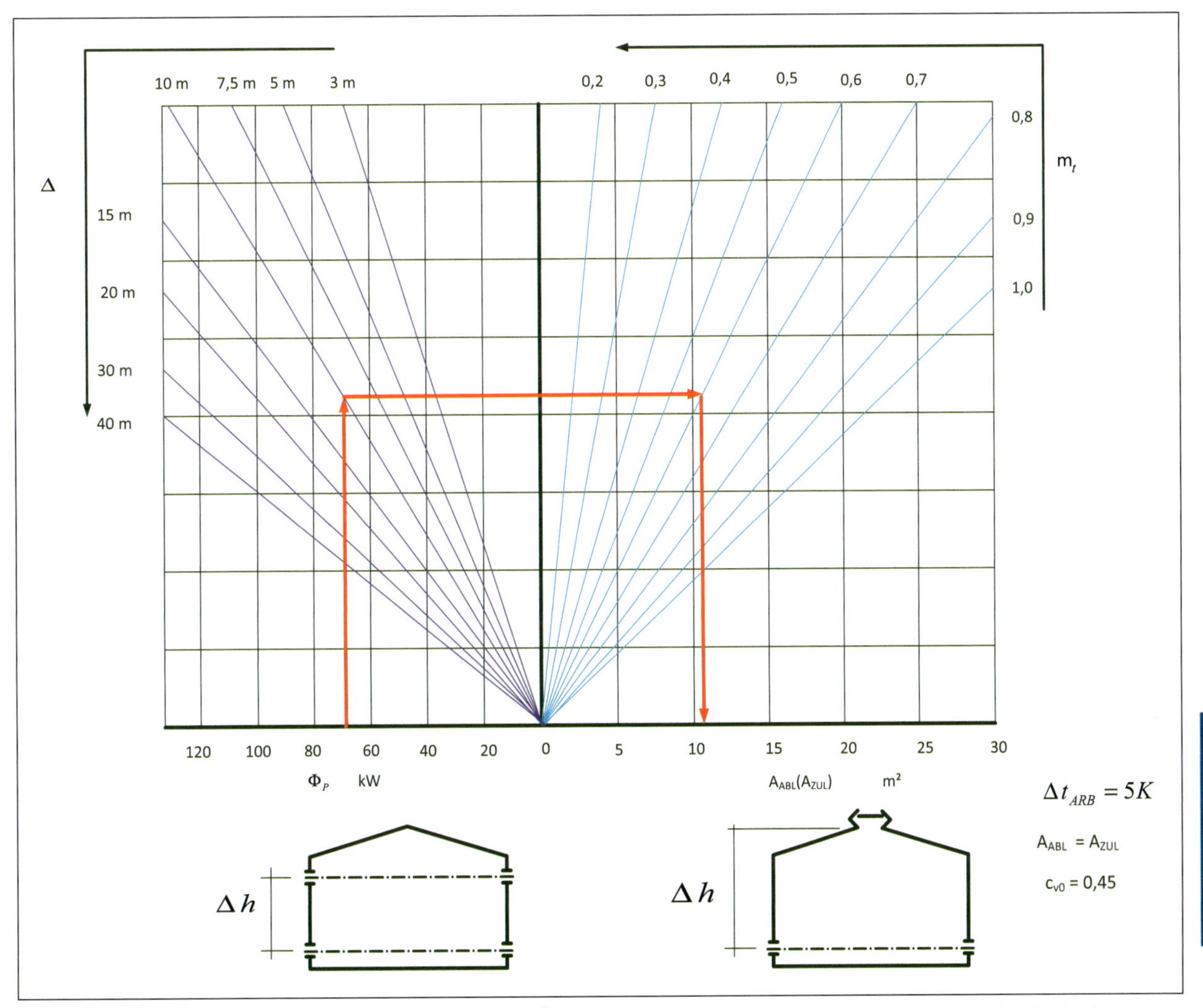

Abb. 107 Diagramm zur näherungsweisen Bestimmung der Öffnungsflächen für Produktionshallen mit wärmeintensiver Technologie

Aufgabe der Richtlinie VDI 2263 ist es, Informationen zur Minderungen der Exposition durch luftfremde Stoffe am Arbeitsplatz mittels lufttechnischer Maßnahmen zu geben. Die Richtlinie gibt allgemeine Hinweise und Anregungen für wirksame und zugleich kostengünstige Lösungen. Die beschriebenen und empfohlenen Maßnamen sind sowohl für belästigende als auch gesundheitsgefährdende Stoffe, wie z. B. alle Gase, Dämpfe, Nebel, Rauche und Stäube, außer für brennbare und mit Luft explosionsfähige Stäube anwenden.
Die Freisetzungs- und Ausbreitungsvorgängen werden detailliert beschrieben und dargestellt (z. B. Beschreibung der Thermikströme (Abb. 108).

Die Abscheidetechnik wird umfangreich dargestellt. Die einzelnen Verfahren werden beschrieben und im Anhang D von VDI 2083 (E) eine Übersicht (u. a. bildliche Darstellung, Wirkungsweise, Einsatzgrenzen, Vor- und Nachteile) dargestellt.

Bei den Anforderungen an die Luftleitungen wäre es zweckmäßig auf die Besonderheiten der Anordnung von Zu- und Abluftkanälen in Fertigungshallen hinzuweisen (wie z. B. in den Abb. 109 und 110.

Beispiele für lüftungstechnische Anlagen runden die Regel der Technik anschaulich ab (z. B. Abb. 111).

IV

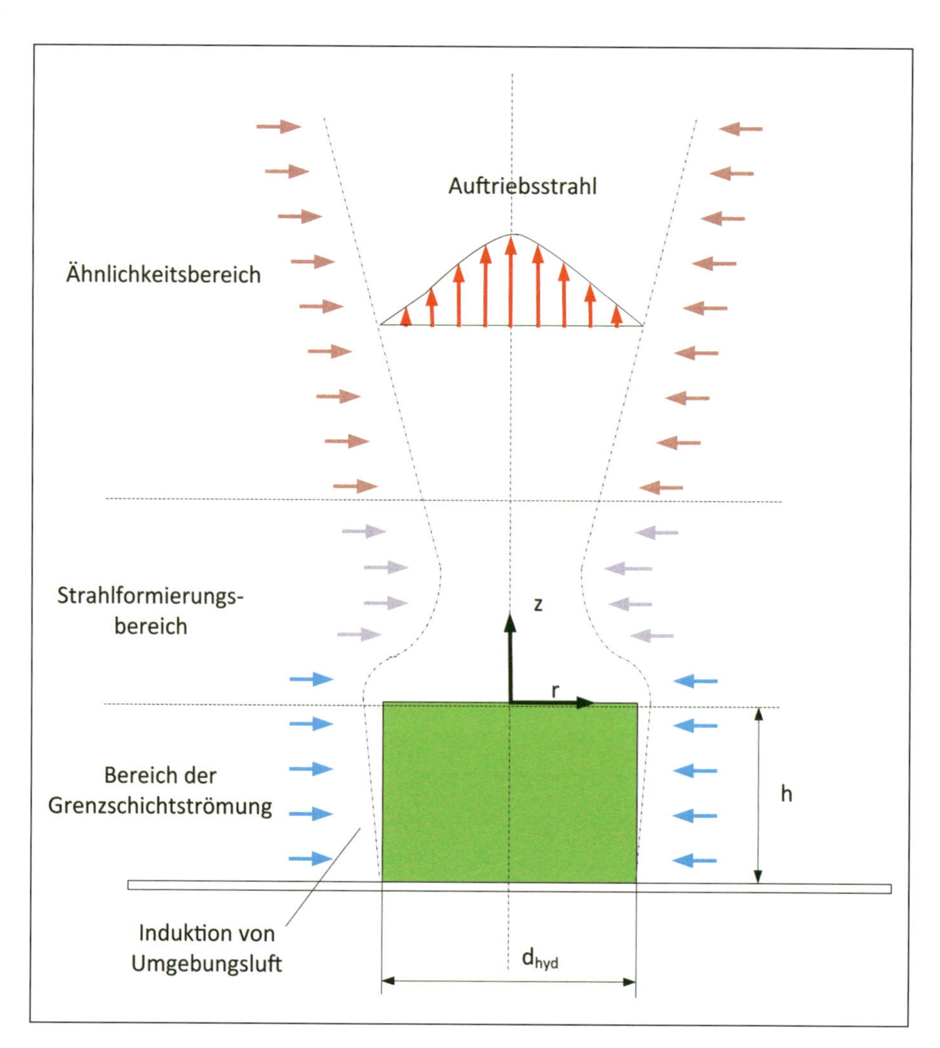

Abb. 108 Strömungsbereiche bei Thermikströmungen an wärmeabgebenden Produktionseinrichtungen

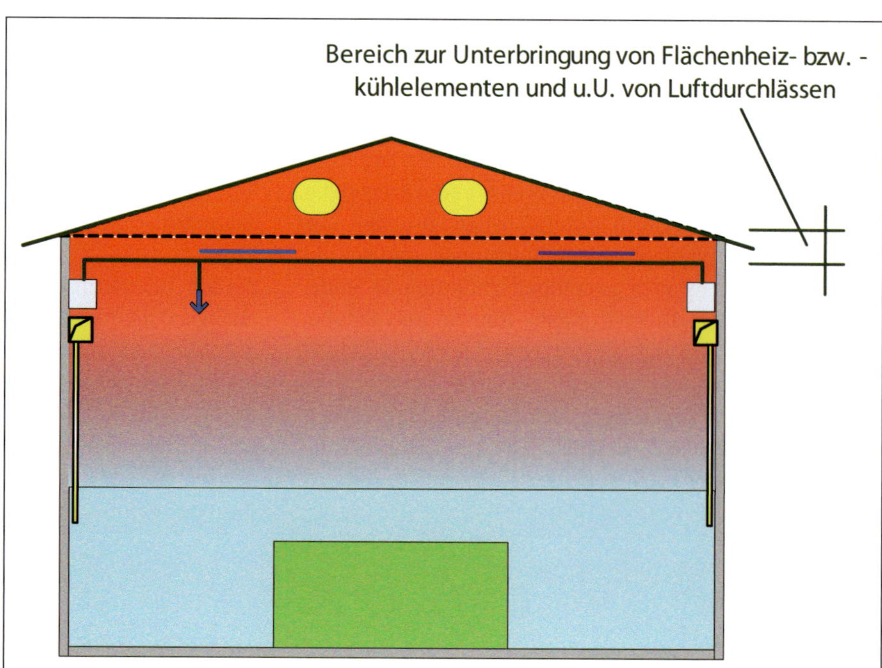

Abb. 109 Möglichkeiten der Anordnung von Luftleitungssystemen bei Hallen mit Beton-Bindern und Kranbahn

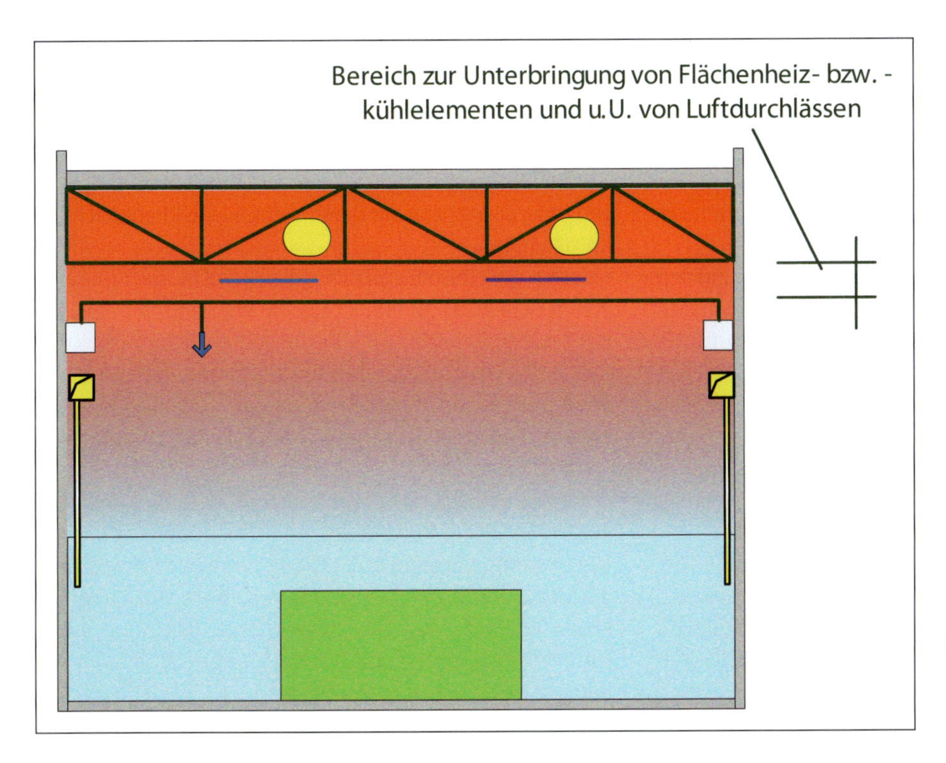

Abb. 110 Möglichkeiten der Anordnung von Luftleitungssystemen bei Hallen mit Stabnetztragwerk und Kranbahn

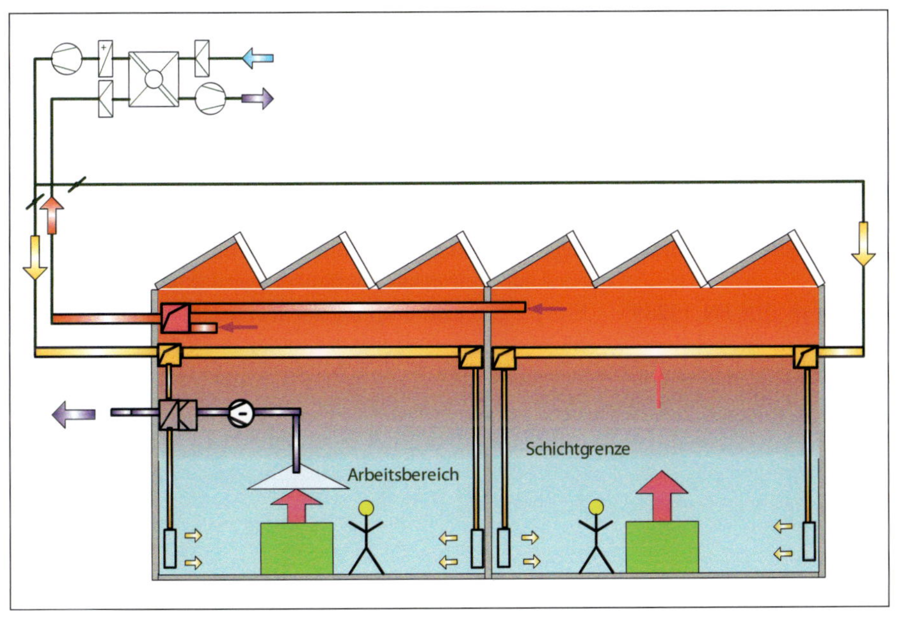

Abb. 111 Schichtströmung durch Luftzufuhr ohne Impuls im Arbeitsbereich in Kombination mit Erfassungsanlagen sowie zugehöriger Anlagentechnik

3.8 Inspektion

Der Betrieb von Klimaanlagen kann ein Maximum an Behaglichkeit und technologisch geforderte Klimaparameter gewährleisten.
Die Voraussetzung für diese Funktionstüchtigkeit und den energiesparenden Betrieb einer solchen Anlage sind jedoch regelmäßige Überwachung, Wartung und Optimierung der Anlage. Die energetische Inspektion von Klimaanlagen kann hierzu einen Beitrag leisten (Schädlich, Trogisch 2011).
Sowohl die DIN EN 13779 (Checkliste zur Nutzung der Anlage) als auch die EnEV verweisen auf eine notwendige regelmäßige Inspektion der RLT-Anlagen.
Die Inspektion ist in den Normen DIN EN 15239 und DIN EN 15240 geregelt. In DIN EN 15240 wird hingewiesen, dass zwischen der Inspektion durch einen unabhängigen Prüfer, der die Anlage in Bezug auf den Energieverbrauch bewertet, und der Wartung, die zur Aufrechterhaltung einer optimalen Leistung der Anlage entsprechend der Forderungen des Betreibers durchzuführen ist, zu unterscheiden ist. Inspektion und Wartung sind Teilaufgaben der Instandhaltung nach DIN 31051 (Abb. 93), zu der auch die Instandsetzung und eine Verbesserung gehören.
Dies wird in der Praxis oft anders gesehen und die Wartung oft aus Kostengründen vernachlässigt.
Es ist darauf hinzuweisen, dass die Wartung einzig und allein Aufgabe des Nutzers ist. Eine ordnungsgemäße Wartung kann erheblich zu einer Minimierung des Energieverbrauches beitragen.
Der umfangreiche informative Anhang in DIN EN 15239 gibt Beispiele für Inspektionshäufigkeit, Inspektionsumfang, Beispiele für Verbesserungsvorschläge und Hauptauswirkungen auf den Energieverbrauch sowie Formblätter für Beschreibung der Installation, der Berichterstattung und Hinweise zu vorzunehmenden Messungen des Luftvolumenstromes. Detailliert wird in (Schädlich, Trogisch 2011) auf praktische und theoretische Fragen der energetischen Inspektion eingegangen und z. T. die Checklisten nach DIN EN 15239 und DIN EN 15240 dokumentiert.
Die Zielsetzung der energetischen Inspektion liegt in der Bestimmung der Energieeffizienz von Klima- und Kälteanlagen unter Beachtung der damit verbundenen Behaglichkeit im Gebäude.
Jedoch kann eine energetische Inspektion immer nur einen ersten Schritt im Hinblick auf eine energetische Optimierung darstellen. Obwohl also die energetische Inspektion eine Reihe von Vorteilen bietet, sind die Hemmnisse gegen die Durchführung der energetischen Inspektion vielfältig: zunächst stehen auch hier die anfallenden Kosten im Vordergrund.
Der direkte Nutzen wird nicht erkannt, da die Optimierung der Anlage gedanklich häufig mit Investitionen in die Anlagentechnik verbunden ist. Viele Betreiber beherrschen die vorhandene Anlagentechnik mit ihren Unzulänglichkeiten einigermaßen und haben Sorge, dass eine Änderung der Anlagentechnik, der Regelungstechnik oder der Betriebsweise Schwierigkeiten bereitet.
Hier ist es sicherlich Aufgabe des Anbieters, dem Betreiber die Potenziale der energetischen Inspektion aufzuzeigen. Allein eine mit der energetischen Inspektion verbundene Sichtprüfung kann z. B. Undichtigkeiten an Kabeldurchführungen, Türen oder Anschlussstutzen aufzeigen, durch deren Abdichtung 10 oder 20% Energiekosten gespart werden können.
In jedem Fall wird durch die Durchführung einer Energetischen Inspektion nach EnEV die gesetzliche Pflicht erfüllt.
In einer Untersuchung (Franzke, Schiller 2011) wird basierend auf zahlreiche Untersuchungen sowohl auf erhebliche Einsparpotenziale verwiesen als auch die bisherige ungenügende Untersetzung der in der EnEV § 12 geforderten Inspektionspflicht dargelegt. Obwohl für Anlagen, die bis 1995 errichtet wurden, eine Inspektion bis 2011 gesetzlich gefordert wurde, kann davon ausgegangen werden, dass bisher weniger als 10 % überprüft wurden (Franzke, Schiller 2011).

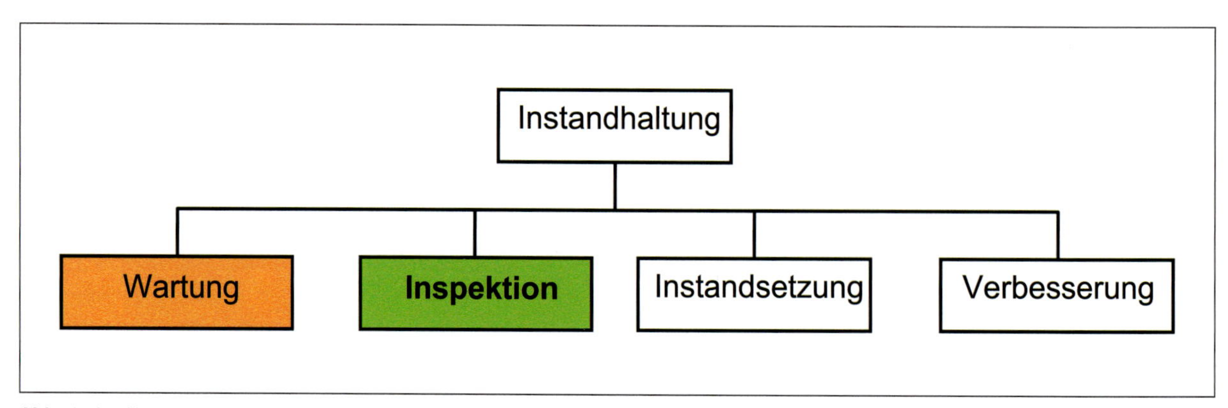

Abb. 112 Unterteilung der Instandhaltung nach DIN 31051

3.9 Fazit

Die lüftungs- und klimatechnischen Anlagen in industriell genutzten Produktionshallen stellen ein erhebliches Potenzial zur energetischen Optimierung dar.
Einen generellen Lösungsansatz gibt es kaum, jedoch sollten folgende Grundsätze beachtet werden:

- Die Anlagenkonzeptionen sollten den sich häufig wechselnden Produktionsbedingungen und technologischen Forderungen anpassen können und angepasst werden.
- Die Anlagen sollten grundsätzlich eine Regelung des Luftvolumenstromes oder des Kühlmittel- bzw. Heizmittel-Massenstroms ermöglichen, da sich der Energieverbrauch der Ventilatoren bzw. Pumpen proportional zur dritten Potenz des Luftvolumen- bzw. Massenstroms verhält.
- Die Energiezufuhr zum Heizen bzw. Kühlen sollte möglichst nicht über die Luft erfolgen, wobei darauf orientiert werden sollte, nur den minimalen hygienisch oder technologisch erforderlichen Mindestaußenluft-Volumenstrom der Produktionshalle zuzuführen.
- Die notwendige Energiezufuhr zur Gewährleistung der thermischen Behaglichkeit oder technologisch erforderlicher Klimaparameter sollte zweckmäßigerweise über eine Strahlungsheizung bzw. -kühlung oder thermisch aktive Bauteile (TABS) erfolgen.
- Die Abluft von schadstoffbelasteten Bereichen ist möglichst nahe an der Emissionsquelle zu erfassen.
- Bereiche mit unterschiedlichen Bedingungen sollten räumlich voneinander getrennt werden und getrennt versorgt werden.
- Die Zuluft sollte möglichst im Aufenthaltsbereich der Personen zugeführt werden (Quelllüftung).
- Bei wärmeintensiven Bereichen kann die freie Lüftung genutzt werden, wobei im Sommer im Arbeitsbereich eine partielle Kühlung (Strahlungskühlung) und im Winter eine partielle Heizung notwendig wird.
- Wärmerückgewinnung sollte, wenn möglich und wirtschaftlich, vorgesehen werden (gesetzlich geforderte notwendige Maßnahme [EnEV]).
- Zur Kompensation von Lastspitzen ist der Einsatz von Kälte- und Wärmespeicherung vorzusehen.
- Die Nutzung regenerativer Systeme (z. B. Wärmepumpen, Solaranlagen), des Speicherpotenzials der Umwelt (Luft, Wasser, Erdreich) und der Kraft-Wärme- (Kälte)- Kopplung ist sinnvoll, bedarf aber einer wirtschaftlichen Bewertung.

3.10 Weiterführende Informationen

Literatur

Franzke, U.; Schiller, H.: Untersuchungen zum Energieeinsparpotenzial der Raumlufttechnik in Deutschland, 2011, ILK gGmbH Dresden, Fachbericht ILK-B - 31-11-3667; bzw. Unterlage des Fachverbandes Gebäude Klima e.V.

Heinrich, G., Franzke, U (Hrsg): Wärmerückgewinnung in lüftungstechnischen Anlagen, 1993, 1. Auflage, Verlag C. F. Müller, Heidelberg

Kaup, C: Impulslüftung für bessere Luftqualität, 2012, TAB (Technik am Bau), H. 7 - 8; S. 54 - 59

Petzold, K.: Raumklimaforderungen und Belastungen, thermisch Bemessung der Gebäude, Lüftung und Klimatisierung, Handbuch der Industrieprojektierung, Abschn. 5.4 bis 5.6, 1983, Verlag Technik, Berlin

Recknagel/Sprenger/Schrameck: Taschenbuch für Heizung + Klimatechnik, Oldenbourg-Verlag München/Wien, 70. Auflage, 2005/06

Reichel, M.: Effizienzerhöhung in RLT-Anlagen - Luftdurchströmte Schotterschüttungen, 2011, Teil 1: , H. 5, S. 38 - 43; Teil 2: Anwendungsbeispiel, H. 6, S. 58 - 63, DIE KÄLTE + Klimatechnik, Gentner Verlag Stuttgart ...

Schädlich, S.; Trogisch, A.: Energetische Inspektion von Klimaanlagen, 2011, 1. Auflage cci Dialog GmbH, Karlsruhe

Steimle, F.: Handbuch der haustechnischen Planung, Karl-Krämer-Verlag, Stuttgart+Zürich, Abschnitt 13, 2000.

Trogisch, A.; Günther, M.: Planungshilfen bauteilintegrierte Heizung und Kühlung, 2008, C.F. Müller Verlag Heidelberg

Trogisch, A.; Mai, R: Die Planung von Lüftungs- und Klimatechnik unter Beachtung der europäischen Normung; Ki - Luft- und Kältetechnik (2008), H. 5; S. 30 - 36 und H. 6, S. 16 - 22

Trogisch, A.: Was ist eine Klimaanlage?, Sanitär- und Heizungstechnik (SHT), 2011, H. 5, S. 50 - 55, Krammer Verlag Leipzig GmbH

Trogisch, A.: Planungshilfen Lüftungstechnik. 11/2011, 4. Auflage, VDE-Verlag, Berlin, Offenbach

Trogisch, A., Franzke, U.: Feuchte Luft - h, x Diagramm - Praktische Anwendungs- und Arbeitshilfen, 03/2012, 1. Auflage, VDE-Verlag, Berlin, Offenbach

Trogisch 2013a: RLT-Fertigungsstätten - VDI 3802 oder VDI 2262, 2013, Technik am Bau (TAB), H. 3, S. 110-115

Trogisch 2013b: Richtlinie zu RLT-Anlagen in Fertigungsstätten überarbeitet, 2013, TGA-Fachplaner, H. 4. S. 54-55

Normen und Richtlinien

DIN 276 - 1: Kosten im Hochbau, Teil 1: Hochbau, 11/2006, Beuth-Verlag GmbH, Berlin

DIN 1946, T1: Terminologie und grafische Symbole (VDI-Lüftungsregeln,) 10/1988, Beuth-Verlag GmbH, Berlin

DIN EN 12831: Heizungsanlagen in Gebäuden - Verfahren zur Berechnung der Normheizlast, Berlin, 08/2003, Beuth-Verlag GmbH

DIN EN 13779: Lüftung von Nichtwohngebäuden- Allgemeine Grundlagen und Anforderungen an Lüftungs- und Klimaanlagen, 07/2005, Beuth-Verlag GmbH, Berlin

DIN EN 13779: Lüftung von Nichtwohngebäuden - Allgemeine Grundlagen und Anforderungen an die Lüftungs- und Klimaanlagen, 09/2007, Beuth-Verlag GmbH, Berlin

DIN SPEC 13779: Lüftung von Nichtwohngebäuden - Allgemeine Grundlagen und Anforderungen für Lüftungs- und Klimaanlagen und Raumkühlsysteme - Nationaler Anhang zur DIN EN 13779: 2007 - 09) 12/2009, Beuth-Verlag GmbH, Berlin

DIN EN 15239: Lüftung von Gebäuden- Gesamteffizienz von Gebäuden - Leitlinien für die Inspektion von Lüftungsanlagen, 08/2007, Beuth-Verlag GmbH, Berlin

DIN EN 15240: Lüftung von Gebäuden- Gesamteffizienz von Gebäuden - Leitlinien für die Inspektion von Klimaanlagen, 08/2007, Beuth-Verlag GmbH, Berlin

DIN EN 15243: Lüftung von Gebäuden - Berechnung der Raumtemperaturen, der Last und Energie von Gebäuden mit Klimaanlagen, 10/2007, Beuth-Verlag GmbH, Berlin

DIN EN 15251: Eingangsparameter für das Raumklima zur Auslegung und Bewertung der Energieeffizienz von Gebäuden - Raumluftqualität, Temperatur, Licht und Akustik, 08/2007, Beuth-Verlag GmbH. Berlin

DIN V 18599: Energetische Bewertung von Gebäuden - Berechnung des Nutz-, End- und Primärenergiebedarfs für Heizung, Kühlung, Lüftung, Trinkwarmwasser und Beleuchtung; Teil 1 bis 11, Entwurf, 12/2011; Beuth-Verlag GmbH

DIN 31051: Grundlagen der Instandhaltung; 06/2003, Beuth-Verlag GmbH, Berlin

EEWärmG: Gesetz zur Förderung erneuerbarer Energien im Wärmebereich, 01/2009

EPBD 2010: Richtlinie über die Gesamtenergieeffizienz von Gebäuden des Europäischen Parlaments und Rates der Europäischen Union (Neufassung), 2009, 2010/31/EU, Brüssel

EnEV 2009: Verordnung der Bundesregierung zur Änderung der Verordnung über energiesparenden Wärmeschutz und energiesparende Anlagentechnik bei Gebäuden - Energieeinsparverordnung (EnEV), 01.10.2009, Berlin

VDI 4700 Bl. 2 (Entwurf): Festlegungen in der Bau- und Gebäudetechnik - Abkürzungen in der Raumlufttechnik, 01/2010, Beuth-Verlag GmbH, Berlin

VDI 2078 (Entwurf): Berechnung von Kühllast und Raumtemperaturen von Räumen und Gebäuden (VDI-Kühllastregeln), 03/2012, Beuth-Verlag GmbH Berlin

VDI 2262 Bl. 3: Luftbeschaffenheit am Arbeitsplatz - Minderung der Exposition durch luftfremde Stoffe - Lufttechnische Maßnahmen, 06/2011, Beuth-Verlag GmbH, Berlin

VDI 3802 Bl. 1 (E): Raumlufttechnische Anlagen für Fertigungs stätten, 03/2013, Beuth-Verlag GmbH, Berlin

VDI 3802: Raumlufttechnische Anlagen für Fertigungsstätten, 12/98 (Gültigkeitsverlängerung: 07/03), Beuth-Verlag GmbH, Berlin

VDI 3803 (E): „Raumlufttechnik" - bauliche und technische Anforderungen an zentrale raumlufttechnische Anlagen, Entwurf, 07/2008, Beuth-Verlag GmbH. Berlin

VDI 3803 Bl. 5: Raumlufttechnik, Geräteanforderungen - Wärmerückgewinnungssysteme (VDI-Lüftungsregeln), 04/2011, Beuth-Verlag GmbH Berlin

4 Beleuchtungstechnik – Licht ist mehr als Energiebedarf

Mathias Wambsganß, Johannes Zauner

4.1 Einleitung

Gutes Licht ist ein Wirtschaftlichkeitsfaktor in der Industrie. Es ist untrennbar mit Produktion und Qualitätssicherung verknüpft. Gutes Licht hilft die Kosten und den Einsatz von Ressourcen zu reduzieren und steigert dabei die Produktivität. Motivation und Leistungsfähigkeit von Menschen werden maßgeblich durch Licht beeinflusst.
Auch wenn der Primärenergiebedarf für Kunstlicht im produzierenden Gewerbe in der Regel nur einen moderaten Anteil am gesamten Energiebedarf ausmacht, so sind Einsparpotenziale beim Kunstlichtstrombedarf von 20 % – 50 % teils mit einfachen Maßnahmen zu realisieren und von entsprechendem wirtschaftlichen Interesse. Insbesondere die Option, das Tageslicht konsequent zu nutzen und mit dem Betrieb der Kunstlichtlösung sinnvoll zu kombinieren, ist dabei von Bedeutung. Dies zeigt auch die exemplarische Planung einer 1.000 m² großen Produktionshalle am Ende des Beitrags.
Dieses Kapitel beschreibt die wichtigsten allgemeinen Grundlagen für eine gute Lichtplanung und vermittelt zusätzlich spezifische Informationen für Produktionsstätten.

4.2 Lichttechnische Grundbegriffe

Licht wird über verschiedene messbare Größen definiert, um beispielsweise Lichtmenge, -intensität, und -verteilung zu erfassen. Auch einige qualitative Merkmale des Lichtes lassen sich so beschreiben. Für die Planung von Licht ist das Wissen um diese Grundbegriffe essenziell, um Lichtlösungen zu realisieren, die an die Bedürfnisse der Mitarbeiter perfekt angepasst sind und dabei minimalen Energieverbrauch aufweisen. Die wichtigsten Größen werden daher im Folgenden kurz erläutert:

4.2.1 Lichtstrom (Φ)

Der Lichtstrom beschreibt die Strahlungsleistung im sichtbaren Teil des Spektrums. Im Unterschied zu thermischen Betrachtungen wird nur der für den Menschen sichtbare Teil des Spektrums zwischen 380 nm und 780 nm Wellenlänge berücksichtigt. Der Lichtstrom ist richtungsunabhängig und hat die Einheit Lumen (lm).

4.2.2 Lichtstärke (I)

Wird nur der Teilbereich des Lichtstromes betrachtet, welcher auf einen bestimmten Raumwinkel (bzw. eine Richtung) entfällt, wird von der Lichtstärke gesprochen, die in Candela (cd) angegeben wird. Ein Candela entspricht einem Lumen pro Steradiant (Raumwinkel).

4.2.3 Lichtausbeute

Das Verhältnis des Lichtstromes zur gesamten Leistungsaufnahme einer Lichtquelle wird als Lichtausbeute (lm/W) bezeichnet. Die Spektralverteilung der Lichtquelle ist maßgeblich für dieses Verhältnis, in dem auch sekundäre Wärmeabgaben einbezogen werden, wie etwa Verlustleistungen von Vorschaltgeräten. Die Lichtausbeute als Maß der Energieeffizienz von Kunstlicht und Tageslicht wird im Kapitel (Lichtquellen) vertieft.

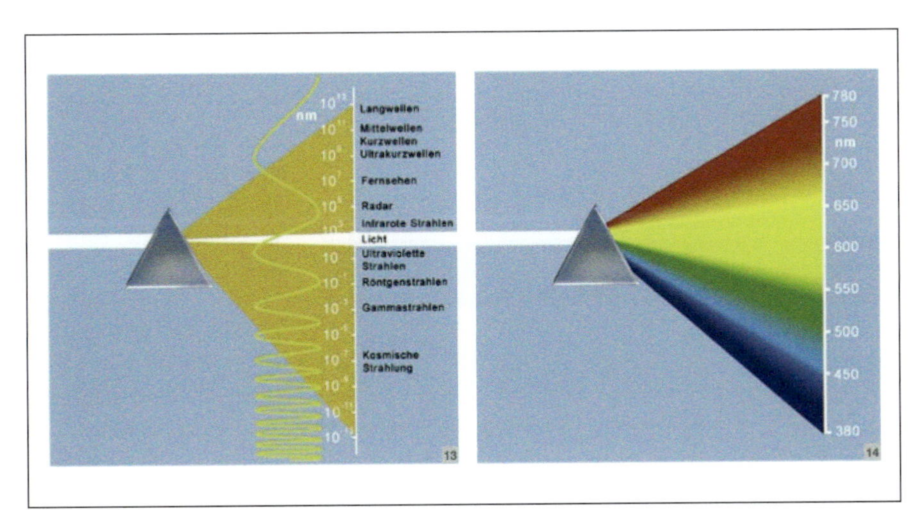

Abb. 1 Licht als Teilbereich des Wellenspektrums (Licht.wissen 01, S. 4)

4.2.4 Beleuchtungsstärke (E)

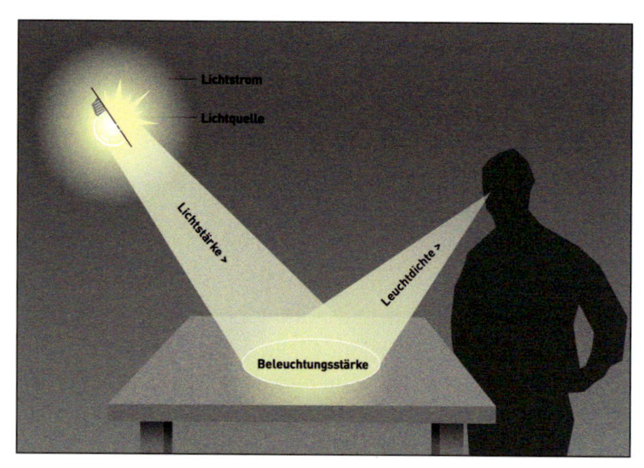

Abb. 2 Dieses Schema zeigt den Zusammenhang von Lichtstrom, Lichtstärke, Beleuchtungsstärke und Leuchtdichte.

Die Beleuchtungsstärke beschreibt die Menge an Licht, die auf einer Fläche auftrifft. Die Einheit der Beleuchtungsstärke ist ein Lux (lx). Sie bildet sich aus dem einfallenden Lichtstrom bezogen auf eine Fläche ($1 lx = 1 lm/m^2$).

Die Beleuchtungsstärke ist eine quantitative Größe, auf der die meisten Vorgaben für Lichtplanungen basieren. Zwar können Beleuchtungsstärken vom Menschen nicht gesehen werden, sie sind aber in vielen Fällen als Indikator für zu helle oder dunkle Bereiche ausreichend.

IV

Tab. 1 Mindestbeleuchtungsstärken nach DIN 12464 - 1 und typische Beleuchtungsstärken

Sehaufgabe	Mindest-Beleuchtungsstärke
Verkehrsbereiche	100 lx
Lager, Archiv, Technikräume, etc.	200 lx
Arbeitsbereiche mit üblichen Anforderungen	500 lx
Arbeitsbereiche mit hohen Anforderungen	bis zu 2.000 lx
Mindestwert zur Erkennung von groben Gesichtszügen	20 lx
natürliche Umgebung	**typische Beleuchtungsstärke**
klarer Sommertag	bis 100.000 lx
bedeckter Tag	5.000 lx - 20.000 lx
Straßenbeleuchtung	10 lx
Mondlicht	1 lx

Durch den Bezug auf eine Fläche wird die Lage und Ausrichtung im Raum entscheidend. Daher wird vor allem zwischen horizontalen (Eh) und vertikalen (Ev) Beleuchtungsstärken unterschieden. Die Verteilung der Beleuchtungsstärke auf einer Fläche wird als Gleichmäßigkeit bezeichnet. Diese ist eines der Gütekriterien für gute Beleuchtung.

In Normen werden Mindestwerte für Beleuchtungsstärken vorgegeben, die von der Art der Nutzung sowie der Ausrichtung der Flächen abhängen. In Tabelle 1 werden einige Beispiele gezeigt. Zum Vergleich werden dort auch typische Beleuchtungsstärken aufgeführt, um die Bandbreite zu zeigen, in der Menschen in ihrer natürlichen Umwelt Sehaufgaben wahrnehmen.

4.2.5 Leuchtdichte (L)

Die Leuchtdichte beschreibt den Lichtstrom aus einem Raumwinkel bezogen auf dessen eingenommene Fläche und wird in Candela pro m^2 angegeben (cd/m^2). Sie ist die Helligkeitsinformation, die das Auge an einem Punkt oder einer Fläche im Gesichtsfeld erhält. Die Leuchtdichte ist die einzige photometrische Größe, die von Menschen direkt wahrgenommen werden kann. Sie hat dadurch eine besondere Bedeutung in der Planung und Ausführung von Lichtlösungen.

Die gemessenen Leuchtdichten und ihre Lage und Ausdehnung im Gesichtsfeld sind wesentlich für viele Gütemerkmale des Lichts. So führen zu hohe Leuchtdichten bzw. Leuchtdichtekontraste zu Blendungserscheinungen und reduzieren den Komfort und die Produktivität.

Trotz ihres hohen Stellenwertes ist die Leuchtdichte in der Planung der Beleuchtungsstärke häufig untergeordnet. Die Planung auf Basis von Leuchtdichten und die Überprüfung gegebener Schwellwerte ist erheblich aufwendiger, da die Materialeigenschaften der Flächen im Raum eine maßgebliche Rolle spielen. Es ist auch eine gewisse Unsicherheit - die bis in die Normung reicht - über die Bewertung von Leuchtdichten festzustellen, wenn Tageslicht zum Einsatz kommt. So gibt die DIN 12464 - 1 (2011) als obersten Grenzwert für mittlere Leuchtdichten von Leuchten, die sich in Flachbildschirmen spiegeln können, 3.000 cd/m^2 vor, verweist beim Tageslicht jedoch darauf, dass „für die psychologische Blendung durch Fenster ... zurzeit kein genormtes Blendungsbewertungsverfahren zu Verfügung (steht)". DIN 5035 - 7 (2004) merkt an, dass „Aufgrund der positiven psychischen Wirkung des Tageslichtes ... Flächen höherer Leuchtdichte und größerer Leuchtdichteunterschiede verursacht durch das einfallende Tageslicht vom Nutzer akzeptiert (werden)."

Tabelle 2 zeigt typische Leuchtdichten im Alltag.

Tab. 2 Typische Leuchtdichten

Leuchtdichte	L (cd/m²)
Sonne	(1.900.000.000)
Glühlampe (mattiert)	100.000
Leuchtstofflampe	10.000
besonnte Wolken	10.000
blauer Himmel	5.000
weißes Papier bei 500 lx	100
Bildschirm (positive Darstellung)	200 - 400

4.2.6 Farbwiedergabe (R_a)

Abb. 3 Die unterschiedlichen Farbwiedergabeeigenschaften von Lampen führen trotz gleicher Lichtfarbe zu unterschiedlichen Farbwahrnehmungen. Wenn z. B. in dem Spektrum der Lampen nur wenig Rot vorhanden ist (rechts), werden auch die roten Körperfarben nur unvollkommen wiedergegeben (Licht.wissen 01, S. 17)

Menschen verknüpfen Oberflächen und Materialien mit bestimmten Farben. Stimmt eine wahrgenommene Farbe mit der Erwartung überein, erscheint sie natürlich. Die Fähigkeit von Licht, Farben wiederzugeben, liegt in der spektralen Zusammensetzung der jeweiligen Lichtquelle begründet. Jeder Wellenlängenbereich wird vom Gehirn als Farbe interpretiert. Tageslicht ist eine sehr gute Referenz, da sich das menschliche Auge im Rahmen der Evolution entwickelt und hervorragend darauf angepasst hat. Weicht eine Lichtquelle von der Spektralverteilung ab, werden Farben anders wahrgenommen oder können im Extremfall gar nicht wiedergegeben werden.

Um die Qualität von Lichtquellen in dieser Hinsicht zu bewerten, wird die Farbwiedergabe mit einem dimensionslosen Maß beschrieben. Lichtquellen, die R_a=100 aufweisen, lassen alle Farben wie unter der standardisierten Bezugslichtquelle erscheinen. Niedrigere Werte weisen auf eine entsprechend schlechtere Farbwiedergabe hin. Sie lässt jedoch noch keinen Rückschluss zu, welche einzelnen Farben besser oder schlechter dargestellt werden. Diese Information kann erst mithilfe der spektralen Verteilung gewonnen werden. Tabelle 5 im Kapitel Lichtquellen zeigt Spektralverteilungen einiger Lichtquellen und des bedeckten Himmels.

Gute Farbwiedergabeeigenschaften sind allgemein in Produktionsstätten von großer Bedeutung - insbesondere jedoch in Bereichen der Qualitätssicherung.

4.2.7 Farbtemperatur

Die Farbtemperatur beschreibt den Farbeindruck einer weißen Lichtquelle. Dazu wird die zu bewertende Lichtquelle mit der Lichtfarbe eines erhitzen „idealen schwarzen Körpers“ in Relation gesetzt. Die in Kelvin (K) gemessene Temperatur des schwarzen Körpers zum Zeitpunkt der farblichen Übereinstimmung wird als „ähnlichste Farbtemperatur“ direkt angegeben. Typischerweise werden die Farbtemperaturen von Lichtquellen in drei Kategorien eingeteilt. Die Farbwiedergabe ist komplett unabhängig von der Farbtemperatur und kann in allen drei Kategorien Ra=100 sein.

Tab. 3 Farbtemperaturen

Farbeindruck	Farbtemperatur
Warmweiß	Unter 3300 K
Neutralweiß	3300 - 5000 K
Tageslichtweiß (bzw. Kaltweiß)	Über 5000 K

4.2.8 Tageslicht

Tageslicht unterscheidet sich in vielerlei Hinsicht von den anderen Lichtquellen. Die Intensität ist, zumindest im Außenraum, weit größer als die der künstlichen Pendants. Die Wirkung auf den Menschen ist nur bedingt vergleichbar - in der Regel wird Tageslicht sehr positiv bewertet. Ein Fakt, der sich, wie unter dem Punkt Leuchtdichte kurz erläutert, sogar in der Normung niederschlägt.

IV

Ein weiterer, für die Planung bedeutender Unterschied liegt in der starken tages- und jahreszeitlichen Variation des Tageslichtes. Wolken und andere atmosphärische Einflüsse, vor allem aber die Varianz der Sonneneinstrahl-Winkel führen zu großen und nur bedingt vorhersagbaren Schwankungen. In Innenräumen führt dieser Einfluss zu einer wechselnden Tageslichtversorgung, die gegebenenfalls mit Kunstlicht unterstützt werden muss.
Bei der grundsätzlichen Bewertung der Tageslichtversorgung können keine absoluten Maßstäbe angesetzt werden, daher werden relative Größen verwendet.

4.2.9 Tageslichtquotient (D)

Der Tageslichtquotient gibt an, wie viel Licht an einem Punkt im Raum in Relation zu einem Referenzpunkt im Außenraum (unverbaut) gemessen wird. Grundlage sind horizontale Beleuchtungsstärken, die bei einem ideal diffusen Himmel erfasst werden. Bei diesem von der CIE genormten Himmel beträgt die Helligkeitsverteilung von Zenit zu Horizont 3 zu 1. Der Tageslichtquotient wird in Prozent angegeben. 10 % gelten in der Regel als Obergrenze, auch um Blendung zu vermeiden.[1] Ein Vergleich der Quotienten innerhalb eines Raumes dient der Abschätzung der Gleichmäßigkeit des eingebrachten Tageslichts.

[1] Allgemein geht man davon aus, dass ab diesem Wert auch das sommerliche Überhitzungsrisiko ansteigt.

4.2.10 Tageslichtautonomie

Werden in einem Gebäude Fenster und Oberlichter auf Basis einer guten Tageslichtplanung angeordnet, können die Anforderungen an die Allgemeinbeleuchtung in Innenräumen zu weiten Teilen des Jahres durch Tageslicht abdeckt werden. Die Tageslichtautonomie beschreibt prozentual den Zeitanteil innerhalb einer vorgesehenen Nutzungszeit, bei dem dieser Sachverhalt gegeben ist. Anhand des mittleren Tageslichtquotienten eines Raumes kann die Tageslichtautonomie näherungsweise abgeschätzt werden. Eine genauere Aussage bedarf weitergehender Tageslichtsimulationen, die auch direkte Sonnenstrahlung und bewegliche Verschattungssysteme berücksichtigen. Bei einem Arbeitsplatz unter freiem Himmel wäre in Europa bei typischen Büroarbeitszeiten eine Tageslichtautonomie von 90–95 % möglich.
In dem folgenden Beispiel wurde die Abschätzung für einen Zweischichtbetrieb vorgenommen. Abhängig von der gewünschten Beleuchtungsstärke, sowie der grundsätzlichen Tageslichtversorgung (Tageslichtquotient D) kann die erzielbare Tageslichtautonomie in dem Diagramm abgelesen werden. Man kann dabei erkennen, dass bedingt durch die lange Nutzungszeit maximal ca. 70 % Tageslichtautonomie zu erzielen sind. Ebenso lässt sich ablesen, dass eine Erhöhung des Tageslichtquotienten – mit den Risiken der Blendung und/oder Überhitzung – nicht proportional zu höherer Tageslichtautonomie führt. Wird von einer Allgemeinbeleuchtungsstärke von 300 Lux ausgegangen, so kann bei einem realistischen mittleren Tageslichtquotienten von 5 % ca. 58 % Tageslichtautonomie erreicht werden. Eine Verdopplung des Tageslichtquotienten führt nur zu einer Steigerung der Tageslichtautonomie auf 68 %.

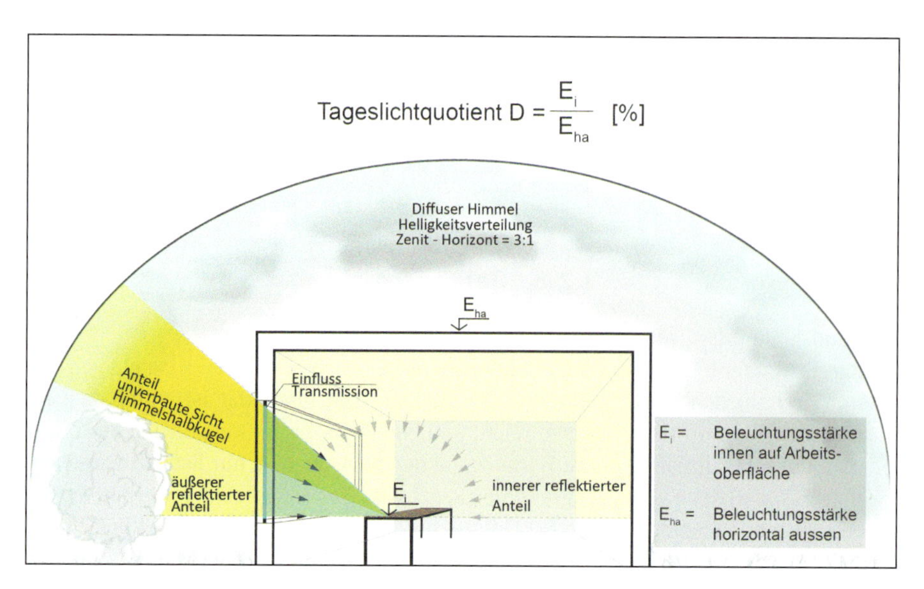

Abb. 4 Schema Tageslichtquotient(-faktor) (nach Licht – Grundlagen der Beleuchtung, S.34)

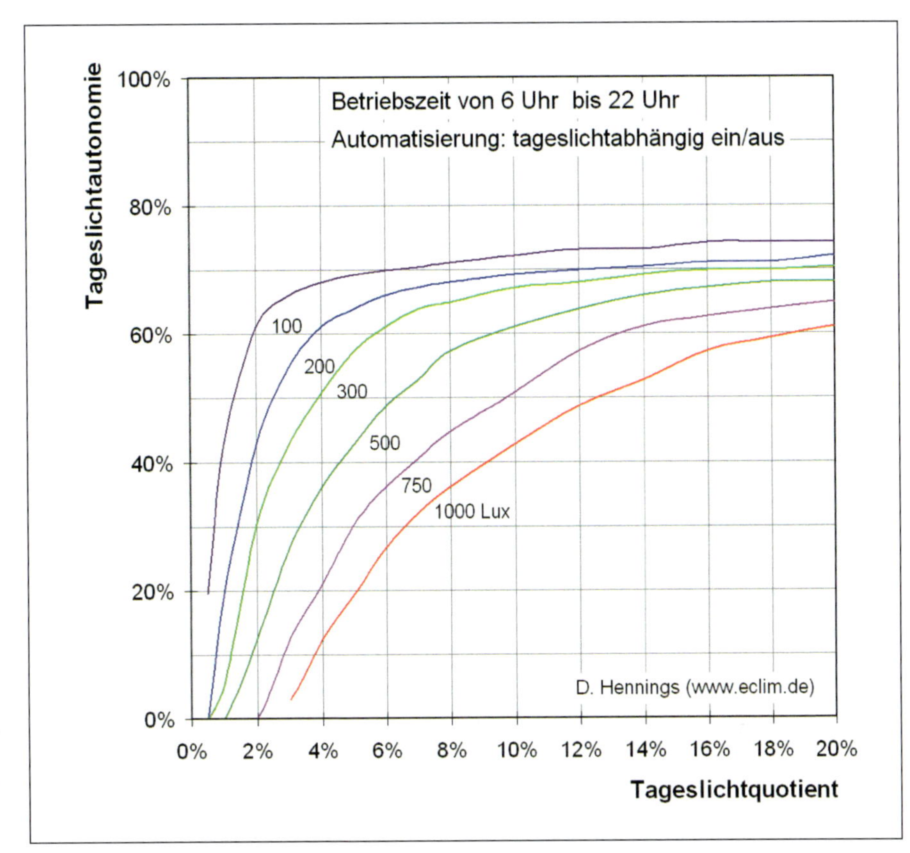

Abb. 5 Tageslichtautonomie, Abschätzung für den Zweischichtbetrieb in Abhängigkeit der gewünschten Beleuchtungsstärke und des Tageslichtquotienten (Quelle: Dr. Detlev Hennings)

Mithilfe der Tageslichtautonomie sind überschlägige Wirtschaftlichkeitsberechnungen möglich, um beispielsweise den Einfluss einer tageslichtabhängigen Regelung des Kunstlichts zu berücksichtigen. Wird dieses bei Über- oder Unterschreiten der geforderten Beleuchtungsstärke automatisch aus- oder eingeschaltet, könnte in dem obigen Beispiel mit 300 Lux Anforderung bei einem Tageslichtquotient von 5 % mehr als die Hälfte der elektrischen Energie eingespart werden.

4.2.11 Himmelsmodelle

Die detaillierte Planung von Tageslicht in Gebäuden erfordert die Berücksichtigung verschiedener Himmelszustände. Zu diesem Zweck wurden Himmelsmodelle entwickelt, die mit Eingabe von Standpunkt, Datum und Uhrzeit idealisierte oder realitätsnahe Helligkeitsverteilungen auf der Himmelshalbkugel errechnen. Diese können dann als Grundlage für weiterreichende Berechnungen dienen. Die internationale Beleuchtungskommission CIE (commission international d'éclairage) definiert idealisierte Himmelsmodelle, die unterschiedliche Bewölkungsgrade berücksichtigen.

4.3 Physiologie und Sehleistung

Untersuchungen zeigen, dass mehr als 80 % der Sinneswahrnehmungen eines Menschen über die Augen erfolgt. Dies unterstreicht die herausragende Bedeutung von guter Beleuchtung für uns Menschen. Dabei kann Licht nicht nur als Voraussetzung für die Erfüllung konkreter Sehaufgaben betrachtet werden. Licht unterstützt Orientierung im Raum, ist Bestandteil visueller Kommunikation und essenzieller Parameter, wenn es um die Atmosphäre eines Raumes geht. Die wesentliche Verarbeitung der Sinnesreize erfolgt im visuellen Cortex des menschlichen Gehirns. Die verantwortlichen Rezeptoren im menschlichen Auge sind hinlänglich bekannt. Ca. 120 Millionen Stäbchen ermöglichen das Hell-Dunkel-Sehen und ca. 6 Millionen Zapfen sind für das Sehen von Farben verantwortlich.

Darüber hinaus kennt man schon geraume Zeit die positiven Effekte des Lichtes im nichtvisuellen Bereich. Zu Beginn des 20. Jahrhunderts wurde Rachitis als Lichtmangelerkrankung diagnostiziert und seit Ende der 80er Jahre ist die gezielte Gabe von Licht als Therapie bei einer saisonal auftretenden Depression (Herbstblues oder Winterdepression) anerkannt. Doch erst seit 2001, als die schon lange bekannten Ganglienzellen im menschlichen Auge als eigenständiger photosensitiver Rezeptor identifiziert wurden, kennt man den Wirkmechanismus von Licht auf den circadianen Rhythmus von Menschen. Dieser Rezeptor wirkt nicht auf den visuellen Cortex, sondern direkt auf den Hormonhaushalt des menschlichen Organismus.

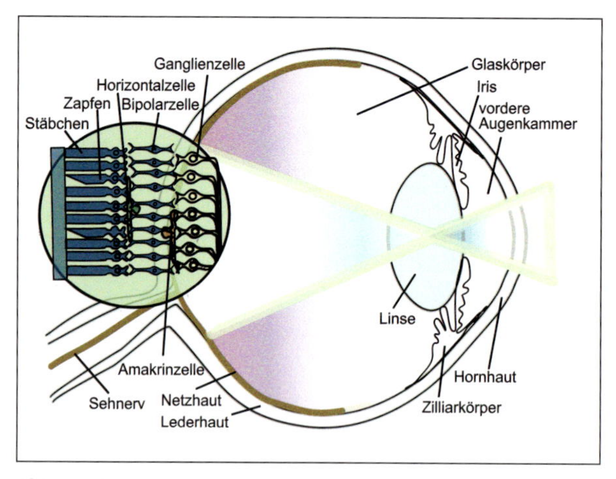

Abb. 6 Schema: Auge und der Aufbau der Netzhaut

Die größte Empfindlichkeit dieses dritten Rezeptors liegt im eher kurzwelligen, blauen Bereich des Spektrums. Der bekannteste Effekt ist die Beeinflussung des auch als „Schlafhormon" bekannten Melatonins. Licht mit hohen Blauanteilen führt zur Unterdrückung der Melatoninproduktion und hält den Menschen damit eher wach als die gleiche Lichtmenge mit einem geringen Blauanteil. Der Einfluss auf weitere Hormone gilt als gesichert. In einem typischen Tageslichtspektrum, für das unser Auge besonders gut angepasst ist, sind diese Blauanteile enthalten (siehe Lichtquellen). Dies unterstreicht die besondere Qualität dieser natürlichen „Lichtquelle" für den Menschen. Insbesondere für diejenigen, welche die meiste Zeit in geschlossenen Räumen verbringen[2]. Mit Kenntnis dieser Wirkung ist es möglich, durch künstliche Beleuchtung den circadianen Rhythmus gezielt zu beeinflussen. Daraus den permanenten Einsatz von Kunstlicht mit hohem Blauanteil am Arbeitsplatz abzuleiten, wird jedoch den komplexen Funktionsabläufen des menschlichen Organismus nicht gerecht.

Das Wissen um diese Zusammenhänge muss bei der Planung von Tages- und Kunstlichtlösungen berücksichtigt werden. Das richtige Licht zur richtigen Zeit hat großen Einfluss auf den Tagesrhythmus von Mitarbeitern und deren Konzentrationsfähigkeit und Aufmerksamkeit. Das Lichtangebot am Arbeitsplatz bedingt dabei die langfristige Gesundheit eines Mitarbeiters ebenso wie die unmittelbare Qualität seiner Arbeit und seine Leistungsfähigkeit.

[2] Nach Angaben des Umweltbundesamtes halten sich Mitteleuropäer im Schnitt 90% ihrer Zeit in Innenräumen auf.

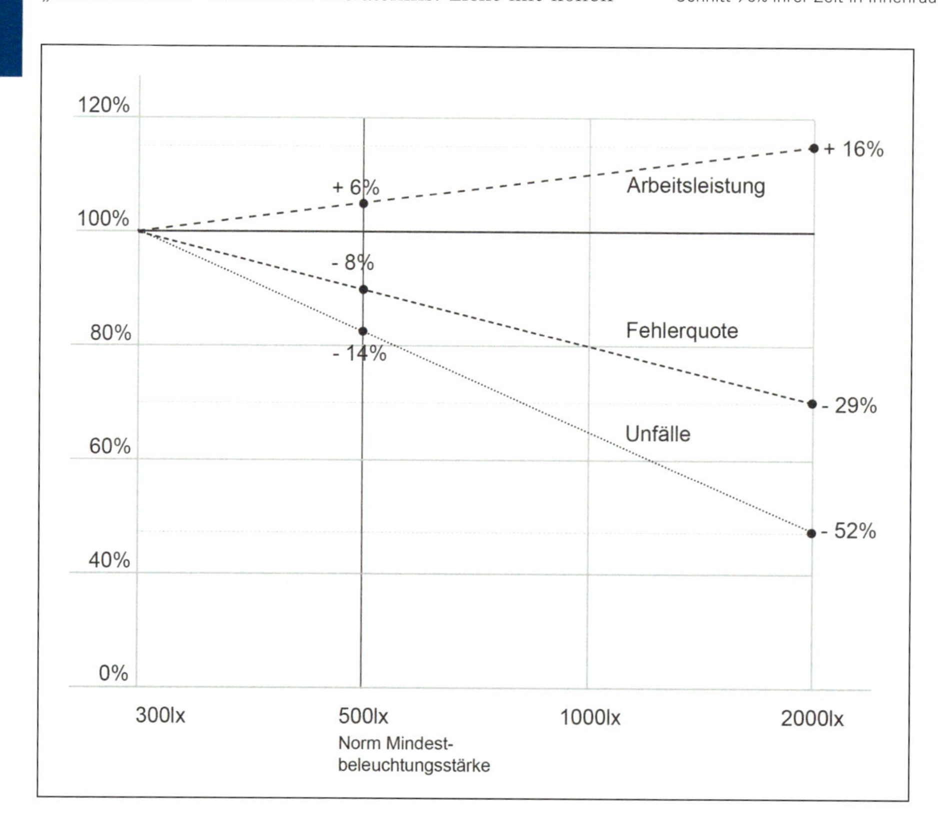

Abb. 7 Zusammenhang zwischen Lichtmenge am Arbeitsplatz und Leistungsfähigkeit, Fehlerquote sowie Unfallhäufigkeit eines dort eingesetzten Mitarbeiters (Bommel et al. 2002)

Untersuchungen bei verschiedenen Beleuchtungsstärkeniveaus zeigen einen offensichtlichen Zusammenhang zwischen der Menge des Lichtes, das am Arbeitsplatz zur Verfügung steht und der Leistungsfähigkeit bzw. der Fehlerquote eines dort eingesetzten Mitarbeiters. Ebenso ist die Anzahl und Schwere von Arbeitsunfällen bei größerer Helligkeit nachweislich deutlich geringer.

Diesem Wissen um die physiologischen Zusammenhänge wird die Normung derzeit nur eingeschränkt gerecht. Die dort genannten Beleuchtungsstärkewerte sind in aller Regel nur Mindestanforderungen, die z. B. auch den altersabhängig unterschiedlichen Lichtbedarf von Menschen nicht berücksichtigen. Untersuchungen zeigen den deutlichen Anstieg des Lichtbedarfs mit zunehmendem Alter.

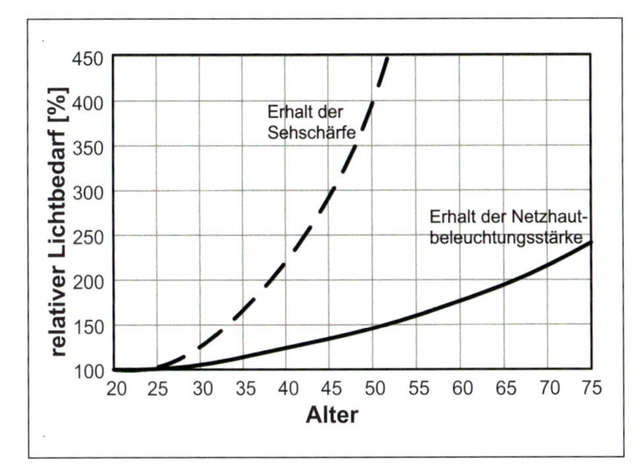

Abb. 8 Erforderlicher relativer Lichtbedarf, um mit zunehmendem Alter zwei beispielhafte Zielgrößen auf dem Niveau von 25-jährigen zu halten. Durchgezogene Linie: Erhalt der Beleuchtungsstärke auf der Netzhaut durch Kompensation der altersbedingten Transmissionsverluste, mit Berücksichtigung der Pupillenverengung im Alter. Gestrichelte Linie: Eine Bewahrung der Sehschärfe ist mit höheren Beleuchtungsstärken allein nicht möglich, da die Anzahl der Fotorezeptoren abnimmt und sehr große Beleuchtungsstärke-Werte auch Blendung verursachen (Schierz 2008)

Ganz allgemein geht man davon aus, dass bedingt durch nachlassende Sehschärfe und zunehmende Trübung der Linse ein 60-jähriger im Vergleich zu einem 20-jährigen Menschen zwischen 1,5- und 2-mal höheren Lichtbedarf hat, um eine Sehaufgabe in vergleichbarer Qualität zu erfüllen. Fatalerweise führt aber die genannte Trübung der Linse auch zu einer erhöhten Streuung des Lichtes im Auge und damit eher zu Blendungserscheinungen. Eine Forderung nach höheren Lichtmengen für ältere Mitarbeiter muss daher mit einem besonderen Augenmerk auf die Blendungsbewertung der jeweiligen Arbeitssituation einhergehen. Die folgende Übersicht zeigt die altersabhängigen Effekte, welche das menschliche Sehen betreffen. Ausreichende Beleuchtungsstärken bei ausgewogenen Leuchtdichten im Gesichtsfeld des Mitarbeiters sind die essenziellen Voraussetzungen um „gutes Sehen" zu ermöglichen (mehr im nächsten Kapitelabschnitt). Zu hoher oder zu geringer Kontrast und vor allem Blendungserscheinungen sind die bekannten Folgen einer ungünstigen Lichtlösung. Bei der Entstehung von Blendung wird dabei zwischen Direkt- oder Reflexblendung unterschieden. Jeweils abhängig davon, ob eine direkte Sichtbeziehung zwischen Auge und Lichtquelle besteht oder ob das Licht an einer Fläche reflektiert wird. Im Fall der Reflexblendung kommt somit allen relevanten Materialien im Raum mit ihren jeweiligen lichttechnischen Eigenschaften ein besonderes Augenmerk zu.

Bei der Bewertung von Blendung – unabhängig davon, wie diese entsteht – wird zwischen physiologischer und psychologischer Blendung unterschieden. Im Fall von physiologischer Blendung ist die Sehfunktion eingeschränkt und der Betroffene nimmt diesen Sachverhalt klar als Störung wahr. Schwieriger ist es im Fall der psychologischen Blendung, die trotz uneingeschränkter Sehfunktion bewusst oder unbewusst als Störung empfunden wird. Sie ist dementsprechend schwer zu beherrschen und die Vielzahl möglicher ebenso unbewusster Reaktionen der Betroffenen (Beispiel: besondere Kopfhaltung zur Vermeidung einer Störung durch einen Reflex auf einem

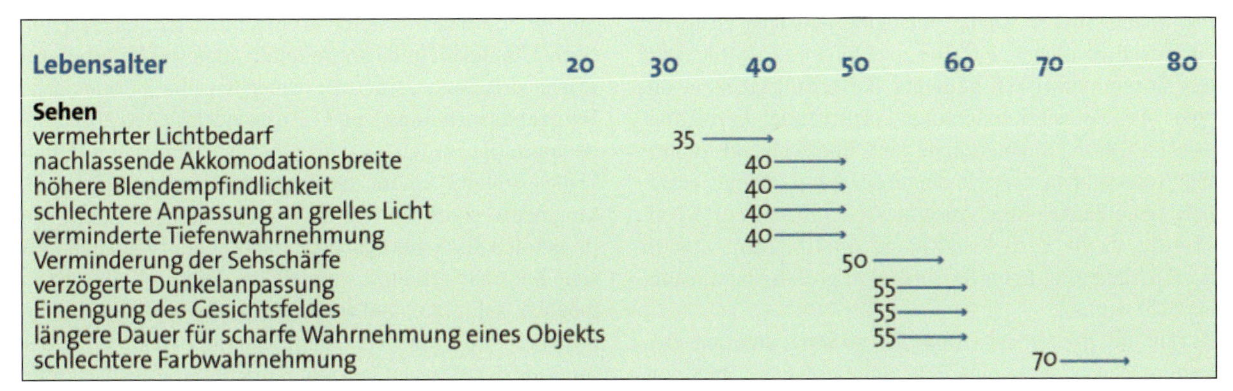

Lebensalter	20	30	40	50	60	70	80
Sehen							
vermehrter Lichtbedarf		35 →					
nachlassende Akkomodationsbreite			40 →				
höhere Blendempfindlichkeit			40 →				
schlechtere Anpassung an grelles Licht			40 →				
verminderte Tiefenwahrnehmung			40 →				
Verminderung der Sehschärfe				50 →			
verzögerte Dunkelanpassung				55 →			
Einengung des Gesichtsfeldes				55 →			
längere Dauer für scharfe Wahrnehmung eines Objekts				55 →			
schlechtere Farbwahrnehmung						70 →	

Abb. 9 Das Nachlassen der Sinne im Verlauf des Lebens (RKW Kompetenzzentrum 2011, S.11)

Bediengerät) sowie der daraus resultierenden Beschwerden (Nackenschmerzen, Kopfschmerzen, etc.) machen eine Diagnose schwierig.

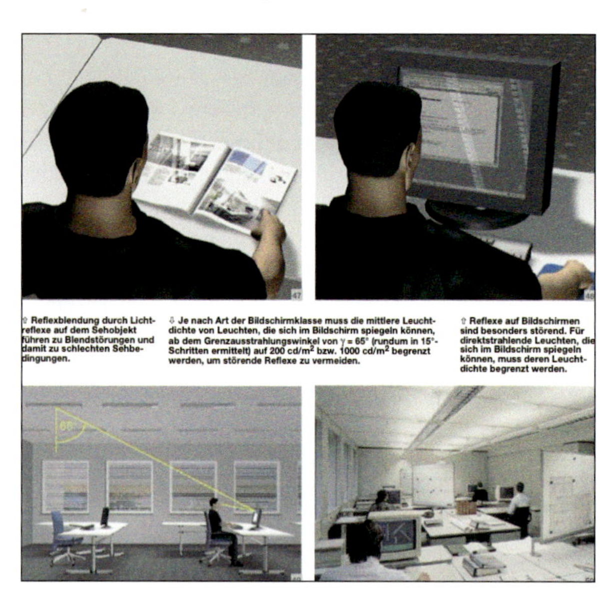

Abb. 10 Oben links: Reflexblendung durch Lichtreflexe auf dem Sehobjekt führen zu Blendstörungen und damit zu schlechten Sehbedingungen, oben rechts: Reflexe auf Bildschirmen sind besonders störend. Für direkt strahlende Leuchten, die sich im Bildschirm spiegeln können, muss deren Leuchtdichte begrenzt werden. Unten: Je nach Art der Bildschirmklasse muss die mittlere Leuchtdichte von Leuchten, die sich im Bildschirm spiegeln können, ab dem Grenzausstrahlungswinkel von γ= 65° (rundum in 15°-Schritten ermittelt) auf 200cd/m² bzw. 1000 cd/m² begrenzt werden, um störende Reflexe zu vermeiden (Licht.wissen 01, S. 13)

4.4 Gütemerkmale der Beleuchtung

Was ist „gute Beleuchtung"? Vor dieser Frage stehen Lichtplaner immer wieder neu. Eine pauschale Antwort ist jedoch nicht möglich. Die nachfolgende Grafik zeigt das Zusammenwirken gängiger Bewertungsgrößen, die auch als „Gütemerkmale guter Beleuchtung" bezeichnet werden. Diese Gütemerkmale sind überwiegend quantifizierbare Größen, die es in einem gewissen Rahmen erlauben, „gute Beleuchtung" auch messtechnisch zu erfassen. Erst durch die Berücksichtigung qualitativer Aspekte der Lichtplanung kann letztlich eine gute Gesamtlösung erreicht werden.

Es fällt auf, dass in der Grafik Investitions- und Betriebskosten ebenso wenig eine Rolle spielen wie der Ressourcenverbrauch einer Lichtlösung.

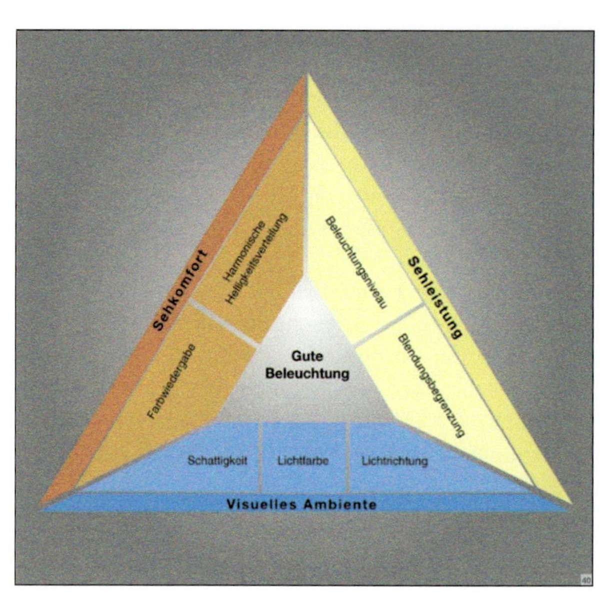

Abb. 11 Dimensionen einer „guten Beleuchtung" (Licht.wissen 01, S. 10)

Die sieben Merkmale einer guten Beleuchtung werden unter drei Oberbegriffen summiert.

„Sehleistung" beschreibt die Qualitäten, welche zur schnellen und genauen Erfüllung einer Sehaufgabe gegeben sein müssen. Dazu werden die Begriffe „Beleuchtungsniveau" und „Blendungsbegrenzung" genannt. Zu beiden gibt es in Normen und Richtlinien eine Vielzahl von Vorgaben, die mit den bekannten lichttechnischen Größen gut plan- und im Nachgang auch messbar sind. So wird das Beleuchtungsniveau in der Regel durch Vorgaben von (Mindest-) Beleuchtungsstärken festgelegt, während die Blendungsbegrenzung über maximale absolute Leuchtdichten unter definierten Blickwinkeln eines Nutzers beschrieben wird.

„Sehkomfort" beschreibt sowohl die Gestaltung der Umgebung als auch des unmittelbaren Bereichs der Sehaufgabe, in dem sich ein angenehmes visuelles Ambiente einstellen soll. Guter Sehkomfort ist schwieriger bewertbar als die reine Sehleistung. Er ist jedoch ein wichtiger Aspekt, da hier einer der Grundsteine für die Zufriedenheit, Konzentrationsfähigkeit und Langzeitmotivation von Mitarbeitern gelegt wird. Dazu werden die beiden Begriffe „harmonische Helligkeitsverteilung" und „Farbwiedergabeeigenschaft" genannt. Die Forderung nach einer „harmonischen Helligkeitsverteilung" meint dabei eine ausgewogene Beleuchtung der wesentlichen Bereiche eines Raumes ebenso wie im Bereich der Sehaufgabe(n). Dabei sollen sich angemessene Kontrastverhältnisse einstellen. Rein technisch ist es möglich, dafür maximal zulässige Leuchtdichteunterschiede in der jeweiligen visuellen Umgebung zu definieren. Der Auswahl der Materialien kommt hierbei eine ebenso große Bedeutung zu wie der Lichtlösung selbst. Die „Farbwieder-

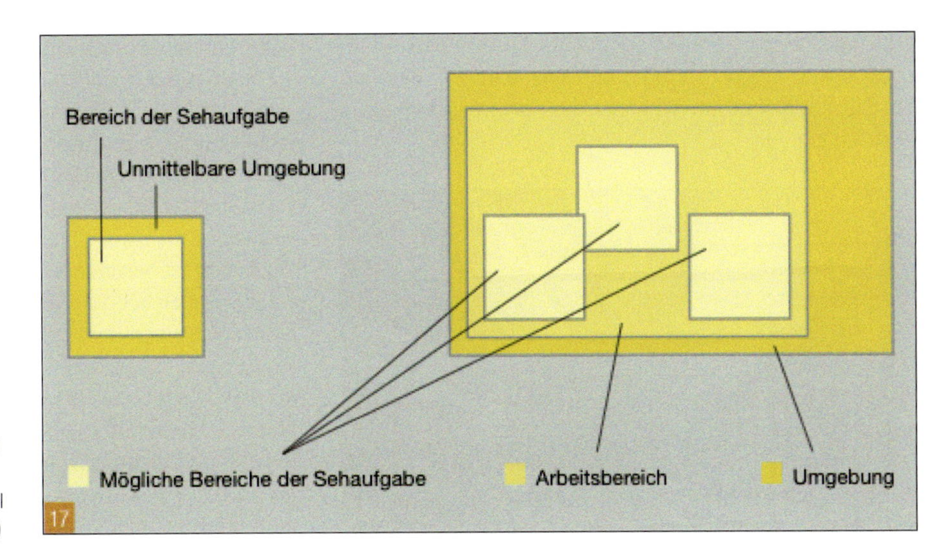

Abb. 12 Schematische Grundrissteilung im Bereich der Sehaufgabe und unmittelbarer Umgebungsbereich nach DIN EN 12464 - 1:2011 sowie Arbeitsbereich nach DIN 5035 - 7 (ZVEI Leitfaden zur DIN EN 12464 - 1)

gabeeigenschaft" einer verwendeten Lichtquelle sollte der jeweiligen Sehaufgabe angemessen sein.

„Visuelles Ambiente" als dritter Oberbegriff beschreibt die erlebte Stimmung im Raum und ist zumindest teilweise den Aspekten des „Sehkomforts" ähnlich. Die wesentlichen Faktoren sind hierbei „Lichtrichtung", „Schattigkeit" und „Lichtfarbe". Bei der „Lichtrichtung" haben Menschen eine klare Erwartungshaltung. Licht kommt in aller Regel von oben, in Innenräumen auch von der Seite. Jede andere Lichtrichtung wird als unnatürlich empfunden und als dauerhafte Lösung in der Regel abgelehnt.

„Schattigkeit" ist eine essenzielle Voraussetzung zum Erkennen der Geometrie eines Gegenstandes selbst (Eigenschatten) und dessen Lage im Raum (Schlagschatten). Voraussetzung dafür ist das zumindest anteilige Vorhandensein von gerichtetem Licht. Die „Lichtfarbe" - auch Farbtemperatur genannt - ist die entscheidende Größe, um eine der Situation angemessene Atmosphäre zu erzeugen. Es besteht die Tendenz, dass bei niedrigen Beleuchtungsstärkeniveaus eher warme Lichtfarben, bei hohen Beleuchtungsstärkeniveaus eher kalte Lichtfarben Akzeptanz finden.

Diese sieben Gütemerkmale helfen im Vorfeld einer Planung, die wesentlichen Grundlagen zu ermitteln. Sie werden für jede Planungsaufgabe individuell überprüft und dabei gegebenenfalls auch neu gewichtet. So können sich beispielsweise für Aufgaben in der Qualitätssicherung eines produzierenden Gewerbes neben den zu erwarteten Gütemerkmalen im Bereich der Sehleistung auch ganz besondere Anforderungen an „Farbwiedergabe", „Lichtrichtung" und „Schattigkeit" ergeben. Gütemerkmale des „Sehkomforts" oder des „visuellen Ambientes" besitzen keineswegs nur einen optionalen Charakter.

Das bedeutet, dass die angestrebte Beleuchtungsqualität in hohem Maße aus den Anforderungen der Menschen resultiert, die eine bestimmte Sehaufgabe erfüllen müssen und sich dabei langfristig in ihrem visuellen Ambiente auch wohlfühlen sollen. Anforderungen an einzelne Produktionstypen befinden sich in der DIN EN 12464 und der Schrift Nr. 05 aus der Serie Lichtwissen.

In größeren Planungsprojekten ist unbedingt auf eine angemessene räumliche Zonierung zu achten. Räumlichkeiten sollen nicht nach der schwierigsten Sehaufgabe im Projekt bewertet und dann einheitlich mit den daraus resultierenden Anforderungen überplant werden. Wesentlich sinnvoller und in der Norm explizit vorgesehen, ist eine Zonierung nach Sehaufgaben. So werden Mehraufwendungen bei Investition und Betrieb in eine Lichtanlage vermieden und unter Umständen auch ein deutlich angenehmeres Ambiente erreicht. Die Teillösungen orientieren sich im Zweifel viel mehr an dem, was ein Nutzer auch tatsächlich erwartet. Abbildung 12 zeigt exemplarisch die Zerlegung in Teilflächen.

4.5 Lichtquellen

Neben dem natürlichen Tageslicht stehen zu Beleuchtungszwecken verschiedene technische Lichtquellen zur Verfügung. Die Lichtquellen unterscheiden sich bzgl. ihrer Eigenschaften teils erheblich voneinander. Dies betrifft die Lichtqualität des abgegebenen Spektrums (Farbwiedergabe und Farbtemperatur) ebenso wie das energetische Verhalten (Lichtausbeute) der Lichtquellen. Während die technischen Lichtquellen in der Regel gleichbleibende Eigenschaften besitzen, weist das Tageslicht im Tages- und Jahresverlauf in verschiedener Hinsicht eine große Dynamik auf.

Eine gute Lichtplanung berücksichtigt diesen Sachverhalt, nutzt soweit möglich Tages- und Kunstlicht und setzt die Vorteile des einen zum Ausgleich der Nachteile des jeweils anderen ein.

Abb. 13 Tages- und Kunstlicht in Kombination (Licht.wissen 05, S. 5)

4.5.1 Tageslicht

Seine hohe Akzeptanz und die in aller Regel äußerst positive Wirkung auf die Nutzer rechtfertigen - neben der freien Verfügbarkeit - den Aufwand, Tageslicht während des Entwurfsprozesses adäquat zu planen und entsprechende Tageslichtöffnungen vorzusehen.

Tageslicht setzt sich aus der intensiven direkten Sonnenstrahlung und dem diffusen Licht der Himmelshalbkugel zusammen. Grundbaustein jeden Tageslichteintrages sind transparente (durchsichtige) oder transluzente (durchscheinende) Flächen in der Gebäudehülle. Sie sollen möglichst viel des diffusen Himmelslichtes in den Raum bringen, ohne dass der direkte Anteil zu Blendungs- und Überhitzungsproblemen führt. Größe, Anordnung, Ausrichtung und Beschaffenheit dieser lichtdurchlässigen Bauteile erfordern demnach besonderes Augenmerk in der Planung und zählen zu den wichtigsten Entscheidungen beim Entwurf der Gebäudehülle. So ist der Lichteinfall durch horizontale Lichtöffnungen um ein Mehrfaches größer als bei einem Seitenfenster gleicher Größe, da das wesentlich hellere Zenitlicht genutzt wird. Bauliche Gegebenheiten des Gebäudes und Außenraumes, etwa mehrstöckige Bauweise oder nahestehende Bebauung begünstigen oder verhindern bestimmte Maßnahmen - diese sind im konkreten Fall zu prüfen.

Im Allgemeinen sollte darauf geachtet werden, dass sich das Tageslicht möglichst gleichmäßig im Raum verteilt. Für ausschließlich durch Oberlichter belichtete Räume sollte das Verhältnis von minimalem zu mittlerem Tageslichtquotient als Ausdruck der Gleichmäßigkeit den Wert 1:2 nicht unterschreiten.

Von intensivem, direkten Sonnenlicht besonders betroffene Lichtöffnungen (etwa auf dem Dach) sollten zudem mit einem außen liegenden (sommerlicher Wärmeschutz + Blendschutz) oder innen liegenden Blendschutz versehen werden.

Tageslicht ist besonders dafür geeignet, eine Grund- oder Allgemeinbeleuchtung im Raum herzustellen und Nutzern dabei auch einen Bezug zum Außenraum zu bieten. Dieser Bezug zum Außenraum wird durch Seitenfenster auf direktem Wege oder aber bei Oberlichtern bzw. transluzenten Materialien über die sich im Tagesgang ändernde Lichtintensität und Lichtfarbe indirekt hergestellt.

Tageslicht lässt sich mit Kunstlicht energetisch nur bedingt vergleichen. Um dennoch einen Vergleich zu ermöglichen, wird der Lichteintrag in das Gebäude in Relation zum Wärmeeintrag betrachtet. Bei Tageslicht liegt er in Abhängigkeit der Tageszeit sowie des direkten und diffusen Lichtanteils zwischen 100 - 125 Lumen/Watt. Ende 2013 sind zwar einige künstliche Lichtquellen am Markt, die diesen Wert übertreffen, dafür müssen aber in aller Regel deutliche Einbußen in der Qualität, etwa der Farbwiedergabe hingenommen werden. Spielt der Wärmeeintrag über die Tageslichtöffnungen für die Produktionsstätte nur eine untergeordnete Rolle, stellt der Tageslichteintrag in Hinsicht auf Energieverbrauch und Qualität immer einen Gewinn dar. Im anderen Fall kann die Ausbeute des Tageslichtes mit Hilfe von Sonnenschutzgläsern deutlich erhöht werden, die speziell den Infrarotanteil der auftreffenden Strahlung besonders abblocken (selektive Verglasungen).

Tab. 4 Lichtausbeute von Tageslicht unter verschiedenen Umständen (Szolokay, S. 101)

	lm/W
Sun	
Altitude = 7,5°	90
Altitude > 25°	117
Average	100
Sky	
Clear	150
Average	125
Global (sun + sky) average	115

Oberlichtelemente

Oberlichtelemente wie Kuppeln und Lichtbänder eignen sich besonders, um großflächige Hallen gleichmäßig mit ausreichend Tageslicht zu versorgen. Häufig sind diese in geringer Anzahl als RWA-Öffnungen im Brandschutzkon-

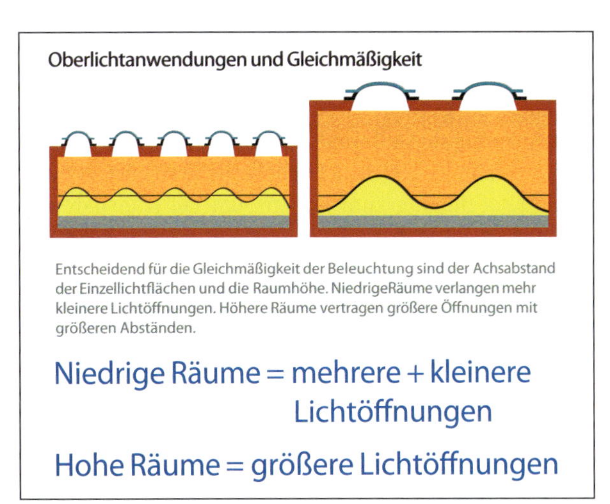

Abb. 14 Links: Halle mit Lichtbändern (Fachverband Tageslicht und Rauchschutz e.V. Heft 18, S. 8), rechts: Oberlichtanwendungen und Gleichmäßigkeit (Fachverband Tageslicht und Rauchschutz e.V. Heft 8, S. 9)

zept bereits vorgesehen. Da das eintretende Zenitlicht weit intensiver als Seitenlicht ist, wird weniger lichtdurchlässige Fläche als an der Außenwand notwendig. Gleichzeitig steigt die Anforderung an Blendungsbegrenzung und ausgeglichene Ausleuchtung. Als Faustregel gilt: Besonders ausgeglichen beleuchtete Räume können erzielt werden, wenn der Abstand zwischen zwei Lichtkuppeln nicht größer ist, als die Distanz zwischen deren Unterkanten und dem Boden. Hohe Hallen können bereits mit vergleichsweise wenigen, großen Oberlichtern gut ausgeleuchtet werden, während niedrigere Hallen kleinere Oberlichter benötigen, dafür aber eine größere Anzahl. Unterzüge und ähnliche, deckennahe Vorrichtungen stören die Lichtausbreitung ebenso wie dunkel gestaltete Oberflächen in der Produktionsstätte. Darüber hinaus ist zu beachten, dass horizontale Tageslichtöffnungen weitaus schneller und stärker verschmutzen als vertikale. Ein erhöhter Reinigungsaufwand ist zu erwarten, wenn die Transmissionseigenschaften von neuen Oberlichtern auch dauerhaft erhalten werden sollen.

Sheddach

Eine Form des Oberlichtes, dessen gesamte Dachkonstruktion auf den Lichteintrag ausgelegt ist, stellt das Sheddach oder auch Sägezahndach dar. Bei dieser Konstruktion wird die Dachhaut in Form von aneinandergereihten, satteldachähnlichen Flächen mit einem Achsabstand von mehreren Metern ausgeführt. Die in der Regel nach Norden und Süden ausgerichteten Teilflächen sind charakteristisch für viele Industriebauten der ersten Hälfte des vergangenen Jahrhunderts. Immer leistungsfähigere künstliche Lichtquellen, niedrige Strompreise und auch bauphysikalische Probleme haben diese jedoch aus der Mode kommen lassen. Veränderte Randbedingungen in der heutigen Zeit führen zur erneuten Auseinandersetzung mit dieser Typologie.

Die nach Norden ausgerichtete Dachflächenteile versorgen, als Oberlichtband ausgeführt, den darunterliegenden Raum mit diffusem und somit blendfreiem Tageslicht, während die intensiv besonnte Südseite zur aktiven Solarnutzung, etwa durch Fotovoltaikelemente prädestiniert ist.

Abb. 15 Sheddach – hier mit Fotovoltaik auf der Südseite (Quelle: Lamilux))

Seitenfenster

Fenster in der Außenwand eignen sich immer dann, wenn vergleichsweise geringe Raumtiefen belichtet werden müssen oder die Produktionsstätte mehrstöckig ausgeführt wird. Vor allem die Sturzhöhe der Fenster ist für das nutzbare Lichtangebot entscheidend. Der Lichtabfall mit zunehmender Raumtiefe ist unabhängig davon sehr stark, sodass von der unmittelbar am Fenster auftreffenden Lichtmenge (auf Höhe der Fensterbrüstung) in ca. 6 m Entfernung meist weniger als 1/20 ankommt. In großen, eher dunklen Räumen können die vergleichsweise hohen Leuchtdichten

IV

der Fensterfläche selbst ein Blendungsproblem darstellen. Fensterreihen an gegenüberliegenden Fassaden führen zu einem ausgeglicheneren Tageslichteinfall. Allgemein ist der Reinigungsaufwand der Außenflächen vertikaler Öffnungen im Vergleich zu Dachoberlichtern geringer und die Blickbeziehung zum Außenraum bei transparenter Verglasung optimal.

Abb. 16 Seitenlicht in einer Produktionsstätte (Licht.wissen 05, S. 29)

Transluzente Wandflächen

Klassische Fenster oder Dachoberlichter sind nicht die einzigen Möglichkeiten für den Tageslichteintrag. Außenwände mit transparenter Wärmedämmung (TWD) erlauben einen Lichteinfall über eine sehr große Fläche. Dabei werden zwei Glas- oder Kunststoffscheiben mit einer lichtdurchlässigen Wärmedämmung gefüllt und in einen Rahmen gespannt. In der Planung müssen die in der Regel großen Eintragsflächen im Hinblick auf Blendung und (sommerlichen) Wärmeschutz besonders geprüft werden. Bei stark verbauten Außenräumen oder Nordfassaden können mithilfe der transluzenten Außenwände hohe Tageslichtmengen in den Raum gebracht werden, ohne dass direkter Sonneneinfall zu Blendungsproblemen führen muss.

Abb. 17 Transluzente Wandflächen (Quelle: Deutsche Everlite GmbH)

4.5.2 Kunstlicht

Kunstlicht ist ein Sammelbegriff, der technisch erzeugtes Licht umfasst. Gemeinhin werden alle elektrisch betriebenen Lichtquellen damit bezeichnet. Kunstlicht wird in der Regel eingesetzt, wenn das verfügbare Tageslicht die lichttechnischen Anforderungen bestimmter Aufgaben nicht erfüllen kann oder wenn bestimmte Effekte erzielt werden sollen.

Besonders hohe Anforderungen und Kriterien an die Lichtqualität gibt es in Produktionsstätten – denn nur Kunstlicht kann Räume weitestgehend konstant und mit definierten Eigenschaften beleuchten. Für die Qualitätskontrolle von Oberflächen sind beispielsweise bestimmte Lichtrichtungen und Schattenwürfe Voraussetzung. Sofern auch Farbe eine besondere Rolle spielt, ist die Farbwiedergabeeigenschaft der Lichtquelle von Bedeutung.

Technisch gesehen benötigt man zur Erzeugung von Kunstlicht drei Komponenten: das Leuchtmittel, gegebenenfalls ein Vorschaltgerät und die Leuchte. Das Leuchtmittel (auch Lampe) erzeugt das Licht und ist für Lichtqualitäten wie Farbwiedergabe und Farbtemperatur hauptverantwortlich.

Das Vorschaltgerät steuert die elektrische Energiezufuhr des Leuchtmittels. Die Leuchte bildet das Gehäuse und den Schutz des Leuchtmittels, bestimmt - eventuell mit Hilfe von Reflektoren und Filtern - die Lichtverteilung in den Raum und unterstützt das Thermomanagement der Lichtquelle. Die Kombination dieser Bauteile erlaubt Kunstlichtlösungen für eine Vielzahl von Anwendungsgebieten. Durch sie werden Lichtqualität und Effizienz maßgeblich beeinflusst.

Abb. 18 Kunstlicht in der Produktion (Licht.wissen 05, S. 3)

4.5.3 Leuchtmittel

Die ältesten und bekanntesten elektrischen Kunstlichtquellen sind Temperaturstrahler, die Licht sozusagen als „Nebenprodukt“ der Wärmeerzeugung ausstrahlen. Die Glühlampe oder die etwas effizientere Halogenlampe zählen hierzu. Ihre schlechte Energieeffizienz von teilweise weit unter 25 Lumen/Watt hat diese Lichtquellen jedoch in fast allen gewerblichen und industriellen Anwendungsbereichen eliminiert. Politisch ist auch die Verbannung aus dem Wohnbereich gewünscht, was sich nicht zuletzt in Verboten äußert, diese Lichtquellen weiterhin zu verkaufen.
In Produktionsstätten kommen in der Regel (Gas-)Entladungslampen zum Einsatz. Die häufig verwendete Leuchtstofflampe und die weniger verbreitete Hochdruck-Entladungslampe können vor allem mit hohen Lichtausbeuten bis über 100 Lumen/Watt bei gleichzeitig guten Farbwiedergabeeigenschaften von $R_a \geq 80$ überzeugen. Die Leuchtstofflampen sind flexibler als die Hochdruck-Entladungslampen - etwa durch die Möglichkeit zu dimmen. Diese Eigenschaften haben die Marktvormacht der „Leuchtstoffröhren“ für lange Zeit begründet. Diese Stellung wird voraussichtlich die LED (Licht emittierende Diode bzw. Light Emitting Diode) übernehmen, die als besonders energieeffizient und langlebig gilt.

4.5.4 Leuchtstofflampen (LL) in der Industrie

Leuchtstofflampen bestehen aus einem gasgefüllten, meist zylindrischen Körper, dessen Innenwand mit einem „Leuchtstoff“ speziell beschichtet wird. Nach Anlegen

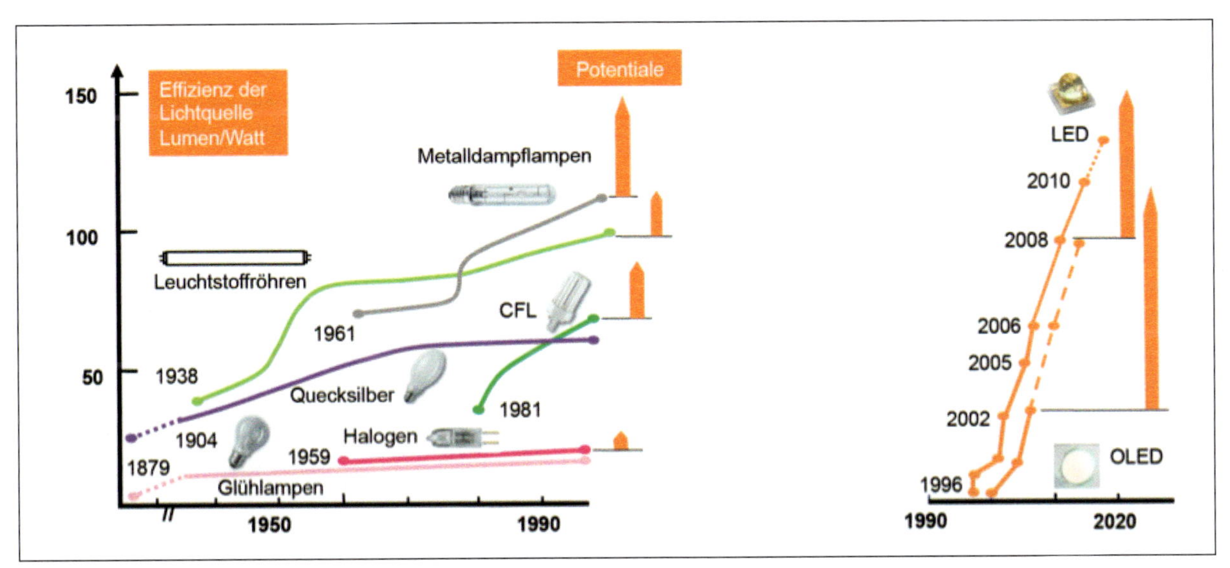

Abb. 19 Effizienz unterschiedlicher Leuchtmittel basierend auf Daten von Osram 2011 (entnommen Vortrag: „LED Basiswissen“; Building Knowledge; Siemens AG, Osram GmbH; Februar 2011, München)

einer „Zündspannung“ wird das Gas elektrisch leitend und emittiert in der Regel Strahlung im ultravioletten Spektralbereich. Diese wird von dem Schichtstoff des Leuchtmittels absorbiert und in Form von sichtbarer Strahlung nach außen abgegeben. Je nach Ausführung der Gasfüllung, des Zündmechanismus sowie der Beschichtung können wichtige Eigenschaften variiert werden. Die Durchmesser der Leuchtmittel wurden standardisiert und kategorisiert. Die sogenannten T5- (ø16 mm) und T8- (ø25 mm) Leuchtmittel werden am häufigsten verwendet. In Industriestätten können heute vier Grundtypen unterschieden werden:

- LL Standard: Lebensdauer ca. 12.000 - 16.000 Betriebsstunden, Farbtemperatur Neutralweiß (4.500 K); Farbwiedergabe Ra ≥ 80
- LL mit langer Lebensdauer: Lebensdauer 30.000 Betriebsstunden und länger
- LL mit hoher Farbtemperatur: Farbtemperatur im tageslichtweißen Bereich (6.500 K, 8.000 K) zur Anregung der circadianen Wirkfunktionen, häufig als Indirektlicht eingesetzt zur Verstärkung der physiologischen Wirkung
- LL mit hoher Temperaturbeständigkeit: Leuchtstofflampen sind in Ihrer Effizienz stark abhängig von der Betriebstemperatur. In normaler Umgebung sorgt das Thermomanagement einer Leuchte für ideale Temperaturen (meist 35 - 40 °C). Schwankt die Umgebungstemperatur stark (Außenbereich) oder weicht sie dauerhaft ab, lohnt es in entsprechende Leuchtmittel zu investieren, um konstant hohe Lichtströme zu gewährleisten.

IV

4.5.5 Hochdruckentladungslampen in der Industrie

Auch die Lichterzeugung von Hochdruckentladungslampen basiert auf dem Vorgang der Gasentladung. Im Gegensatz zu Leuchtstofflampen wird aber unmittelbar im Gasgemisch Licht im sichtbaren Teil des Spektrums erzeugt. Der Einsatz eines Leuchtstoffs entfällt.

Hochdruckentladungslampen zeichnen sich durch sehr hohe Lichtausbeuten, eine sehr große Bandbreite an verfügbaren Wattagen und i. d. R. gute Farbwiedergabe positiv aus, sind aber nicht dimmbar. Die ersten beiden Punkte führen dazu, dass Räumlichkeiten meist mit einer geringeren Leuchten-Anzahl auskommen als eine vergleichbare Beleuchtungsanlage basierend auf Leuchtstofflampen.

Bei der Verwendung in Industrieanlagen sind jedoch auch Nachteile bzw. Einschränkungen dieses Leuchmittel-Typus in der Planung und Nutzung zu beachten. Die Kombination von hoher Lichtausbeute und Lampenleistung auf der einen Seite und sehr kompakten Leuchtmittel-Körpern auf der anderen, führt zu enormen Leuchtdichten beim Blick auf das Leuchtmittel. Dies stellt erhöhte Anforderungen an die Entblendung durch die Leuchte und deren Positionierung im Raum. Um eine gleichmäßige Ausleuchtung sicherzustellen, ist daher in der Regel eine Lichtpunkthöhe von über 6 m erforderlich. Schließlich ist zu beachten, dass einseitig gesockelte Hochdruckentladungslampen nicht „warm“ gestartet werden können. Nach einem Stromausfall etwa können sie für mehrere Minuten nicht neu gezündet werden. In diesem Fall muss eine gesonderte Lichtlösung die Mindestanforderungen für die Sicherheitsbeleuchtung erfüllen.

4.5.6 LED in der Industrie

Die LED-Technologie steht für Effizienz, Langlebigkeit, Fortschritt und Umweltbewusstsein. Eine Bestandsaufnahme der am Markt verfügbaren Produkte 2013 zeigt jedoch, dass auch konventionelle Leuchtmittel unter technischen wie ökologischen Gesichtspunkten durchaus (noch) vergleichbar sind. In den vergangenen Jahren hat die LED eine massive Weiterentwicklung erfahren und es ist davon auszugehen, dass dieser Trend anhält – auch wenn beispielsweise die Effizienzkurve zwangsläufig flacher werden wird. Parallel dazu wurden und werden anstehende Fragen zur Betriebsführung und Wartung diskutiert und es ist mit weiter sinkenden Preisen zu rechnen.

Die LED ist jedoch keineswegs ein „einfaches“ Produkt. Ob sie die oben genannten positiven Eigenschaften auch tatsächlich erfüllt, hängt von einer Vielzahl von Parametern ab. Einer der wichtigsten ist das Temperaturmanagement der LED. Weil die LED keine Wärme in Lichtausstrahlrichtung emittiert, ist die Abfuhr der Wärme auf der Rückseite der LED von entscheidender Bedeutung. Wird hier keine hochwertige Lösung eingesetzt, ist mit einer erheblichen Abnahme des Lichtstroms während des Betriebs zu rechnen und die erwarteten Lebensdauern werden nicht erreicht. Einer Leuchte ist die Qualität ihres Thermomanagements jedoch nicht auf den ersten Blick anzusehen.

Viele LED-Produkte werden momentan noch als Einheit von Leuchtmitteln und Leuchten verkauft oder weisen proprietäre Anschlüsse auf. Dies führt bei einem Ausfall des Leuchtmittels nicht nur zu unnötig hohem Abfallaufkommen, sondern erhöht die Gefahr für den Käufer nach einigen Jahren keinen Ersatz für ausgefallene LED-Module zu erhalten. Unter dem Namen Zhaga haben sich Hersteller und Firmen der Beleuchtungsindustrie zusammengeschlossen, um einen Industriestandard für LEDs zu entwickeln. Leuchtmittel sollen zukünftig von Leuchten getrennt sein und im Bedarfsfall mit möglichst geringem Materialaufwand erneuert werden können – im

Interesse des Marktes auch mit Leuchtmitteln anderer Hersteller.
Die Investitionskosten für eine Lichtlösung mit LEDs liegen im Vergleich zu einer konventionellen Anlage teils deutlich höher. Diesen höheren Investitionskosten stehen allerdings Einsparungen bei den Betriebskosten gegenüber. Ob die Amortisation innerhalb eines vertretbaren Zeitraums erreicht werden kann, muss von Fall zu Fall bewertet werden. Für die Anwendung in Verwaltungsgebäuden, Shops, Museen und auch im Wohnbereich sind LED-Lösungen schon seit einiger Zeit am Markt. Für den Einsatz in Industrie- und Produktionsstätten mit hohen Anforderungen an die Lichtströme sind seit Ende 2012 Serienprodukte am Markt.
Die OLED (Organic Light Emitting Diode) aus organischen Materialien wird den Markt der Leuchtmittel künftig erweitern. Momentan wird die Technologie in Bildschirmen verwendet oder in ersten Prototypen von Leuchten. Die Technologie hat jedoch ein sehr großes Potenzial. Insbesondere erlaubt die OLED im Gegensatz zur LED

Lichtquelle	Farbwiedergabe1	Farbtemperatur1	Typ	Spektralverteilung
Tageslicht	Ra = 97,08	6074 K	bedeckter Himmel	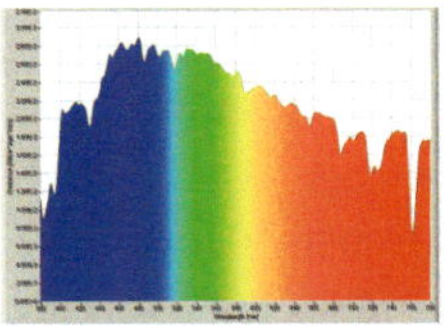
Glühlampe	Ra = 99,33	2786 K	Osram Glühlampe 60 Watt, matt	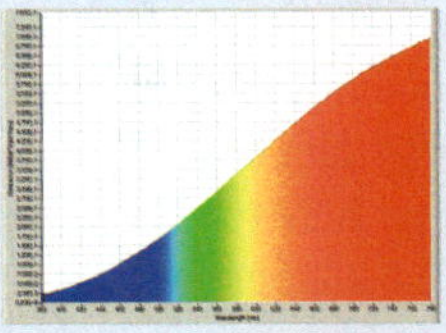
Leuchtstoffröhre (T5), herkömmlich	Ra = 84,78	ca.6678 K	Osram FH 28 Watt, HE	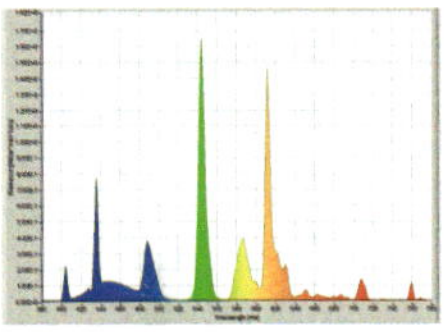
Leuchtstoffröhre (T5), circadian wirksam 2	Ra = 84,32	ca. 6649 K	Philips Tornado ESaver 20 Watt CDL	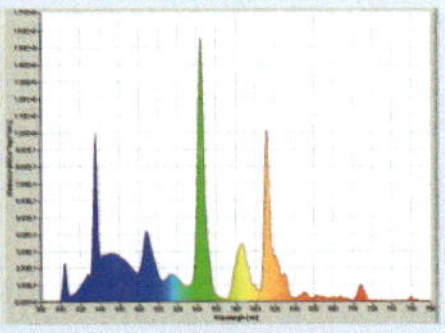
LED	Ra = 79,80	3033 K	Philips Fortimo LED-DLM 36 Watt	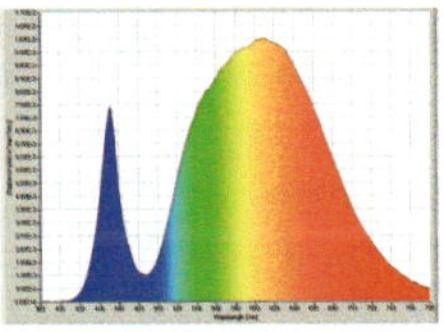
OLED	Ra = 79,74	2964 K	Philips Lumiblade OLED 2 Watt	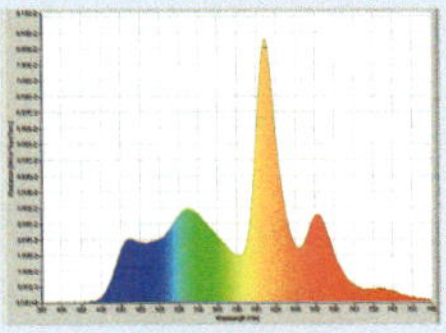

Tab.5 Eigenschaften beispielhafter Lichtquellen

große leuchtende Flächen. Damit einher geht ein deutlich geringeres Blendungsrisiko. Bis zu einer breiten Markteinführung im Bereich der Allgemeinbeleuchtung werden aber (Stand 2013) je nach Marktsegment sicher noch 3 - 5 Jahre vergehen.

4.5.7 Vorschaltgeräte

Vorschaltgeräte sind elektronische Bauteile, die bei fast allen Arten von Leuchtmitteln notwendig sind. Grundsätzlich steuern sie die Stromzufuhr zum Leuchtmittel in Bezug auf Stromstärke, Spannung und Frequenz. Meist sind Vorschaltgeräte bereits in den Leuchten integriert und werden zusammen mit ihnen ausgeliefert. Es werden drei Haupttypen von Vorschaltgeräten unterschieden:
KVG: Konventionelles Vorschaltgerät; ursprüngliche Form der magnetischen Vorschaltgeräte mit einer Verlustleistung zwischen 10 - 20 %; KVGs sind nur im Bestand zu finden, teils noch mit PCB-belasteten Kondensatoren gekoppelt.
VVG: Verlustarmes Vorschaltgerät; Weiterentwicklung des KVG mit weniger Verlustleistung, das mittlerweile bei Neuanlagen nicht mehr eingesetzt werden darf.
EVG: Elektronisches Vorschaltgerät; EVGs arbeiten auf einer höheren Frequenz als magnetische Vorschaltgeräte, sind kleiner und verlustarmer und Standard bei neuen Beleuchtungsanlagen.
Fast alle heutigen EVGs haben die Option auf einen Bus-Anschluss. Damit können Leuchten in Gebäudeautomationssysteme eingebunden und Kunstlichtsteuerungen bzw. -regelungen realisiert werden. Um ein Leuchtmittel zu dimmen, muss auch das EVG dafür geeignet sein. Dieses zusätzliche Qualitätsmerkmal schlägt sich in der Regel auch im Preis nieder.
Für Produktionsstätten mit sehr vielen Betriebsstunden im Jahr ist es wichtig, Industrie-EVGs mit einer Lebensdauer von 100.000 Betriebsstunden zu verwenden. Um die größtmögliche Flexibilität der Beleuchtungsanlage zu erreichen (siehe Kapitel Raum), können Multiwatt-EVGs eingesetzt werden, die für Leuchtmittel gleicher Länge aber unterschiedlicher Wattage ausgelegt sind. Leuchten mit Multiwatt-EVGs können je nach Bedarf unterschiedlich bestückt werden. Zur Begrenzung der Verlustleistung empfehlen sich Vorschaltgeräte mit der Bezeichnung A2 BAT (best available technology) für nicht dimmbare und A1 BAT für dimmbare EVGs.

4.5.8 Leuchten

Als Leuchte wird die Einheit aus Leuchtenkorpus und Leuchtmittel bezeichnet - evtl. ergänzt durch einen Reflektor und sofern benötigt, ein Vorschaltgerät.

Lichtverteilung

Ein wesentliches Unterscheidungsmerkmal von Leuchten ist ihre jeweilige Lichtverteilung. Es wird zwischen rein direkt (in den unteren Halbraum) oder indirekt (in den oberen Halbraum) strahlenden Leuchten und sogenannten direkt/indirekt strahlenden Leuchten unterschieden.
Neben der bloßen Verteilung des Lichts ist speziell für den nach unten strahlenden Direktanteil die Entblendung besonders wichtig. Leuchtstofflampen können beispielsweise Leuchtdichten von über 10.000 cd/m^2 aufweisen. Bei direkter Sichtverbindung oder ungünstiger Reflexion (etwa auf Bildschirmen) stellen diese eine erhebliche Blendgefahr dar. Mithilfe von Diffusor-Materialien, Rastern oder optischen Systemen kann diese Gefahr eingegrenzt werden. Zur Bewertung der Direktblendung durch Kunstlicht wird der UGR-Wert (Unified Glare Rating) herangezogen. In der Norm 12464 - 1 wird in Abhängigkeit der Sehaufgabe eine entsprechende UGR Grenze vorgeben.

Leuchtenbetriebswirkungsgrad

Jede Leuchte absorbiert einen mehr oder weniger großen Teil des in ihr erzeugten Lichts, insbesondere bei der Entblendung. Der Leuchtenbetriebswirkungsgrad (auch Leuchtenwirkungsgrad) beschreibt, welcher Anteil des Lichts, den das Leuchtmittel abgibt, die Leuchte auch tatsächlich verlässt (nutzbarer Lichtstrom). Bei ungünstig gestalteten Leuchten kann dieser Wert unter 60 % liegen und bei ausschließlich direkt strahlenden LEDs nahe 100 % erreichen. Der Leuchtenbetriebswirkungsgrad ist, ähnlich der Lichtausbeute des Leuchtmittels, eine der wichtigen Größen zur Bewertung der Energieeffizienz.
Da auch die Betriebstemperaturen von Leuchtmittel und Vorschaltgerät für den Lichtstrom von Leuchtmitteln sehr bedeutsam sind, wird für professionelle Leuchten ein an die Umgebungsbedingungen angepasstes Thermomanagement entwickelt. Dies gilt für Leuchten auf LED-Basis gleichermaßen wie für Leuchten mit konventionellen Leuchtmitteln.

Montageart

Leuchten lassen sich auch nach ihrer Montageart unterscheiden. Man kennt Anbau-, Einbau- und Pendelleuchten. Sofern Indirektanteile für das Lichtkonzept benötigt werden, kommen bei Deckenmontage nur abgependelte Lösungen infrage. Alternativ finden sich auch Lichtlösungen, die an der Wand montiert werden - diese sind jedoch eher die Ausnahme.

Abb. 20 Leuchtentypen und charakteristische Lichtverteilung; (Licht.wissen 05, S.19). **1/2** Ex-Leuchte (explosionsgeschützt), **5/6** Maschinenleuchte in den Ausführungen Maschinenrohrleuchte (links) und LED-Maschinenleuchte (rechts) -**9/10** Schutzart IP 67, Arbeitsplatzleuchte in den Ausführungen Systemleuchte (links) und universal (rechts) - Schutzart IP20, **13/14** Reinraumleuchte - Schutzart IP65 **3/4** Feuchtraum-Wannenleuchte - Schutzart IP 65, **7/8** Lichtleisten-Leuchte ohne Reflektor - Schutzart IP 65 (Feuchtraumleuchte), **11/12** Rettungszeichenleuchte - Schutzart IP23 oder IP 65 für Industriehallen, **15/16** Rasterleuchten für den Deckenanbau (links) und -einbau (rechts) - Schutzart IP20

Tab. 6 Schutzarten von Leuchten (Licht.wissen 05, S.14)

Betriebsbedingungen: Anforderungen hohe Schutzart				
	1. Kennziffer	Schutz gegen Fremdkörper und Berührung	2. Kennziffer	Schutz gegen Wasser
0	ungeschützt		ungeschützt	
1	geschützt gegen feste Fremdkörper > 50 mm		geschützt gegen Tropfwasser	△
2	geschützt gegen feste Fremdkörper > 12 mm		geschützt gegen Tropfwasser (unter 15° Neigung)	
3	geschützt gegen feste Fremdkörper > 2,5 mm		geschützt gegen Sprühwasser	▣
4	geschützt gegen feste Fremdkörper > 1 mm		geschützt gegen Spritzwasser	▲
5	geschützt gegen Staub	❖	geschützt gegen Strahlwasser	▲▲
6	dicht gegen Staub	❖	geschützt gegen schwere See	
7	-		geschützt gegen zeitweises Eintauchen	△△
8	-		geschützt gegen dauerndes Untertauchen	△△ ... m

Leuchtenkorpus

Der Leuchtenkorpus schützt das Leuchtmittel und sämtliche elektronischen Bauteile gegen das Eindringen von Fremdkörpern und Wasser. Der Schutzumfang wird über zwei Kennziffern definiert, die als IP-Angabe für Leuchten verfügbar sind (s. Tab. 6). Neben dem notwendigen Schutz z.B. bei Explosionsgefahr aufgrund von Stäuben kann eine erhöhte Schutzklasse auch hilfreich sein, um die Verschmutzung des Leuchtmittels sowie der Reflektoren zu verhindern und einem zusätzlichem Wirkungsgradverlust vorzubeugen.

4.6 Raumpotenzial und Systempotenzial

Gutes Licht beruht nicht alleine auf den Komponenten Leuchte und Leuchtmittel, so effizient und herausragend diese auch sein mögen. Erst durch die richtige Anordnung der Leuchten und die Auswahl der richtigen Reflexionseigenschaften für die relevanten Flächen im Raum wird ein gutes Gesamtsystem entstehen. Gemeinhin wird das als Gebrauchstauglichkeit definiert und über die Begriffe Raum- und Systempotenzial beschrieben.

4.6.1 Raumpotenzial

Das Raumpotenzial beschreibt eine Produktionsstätte, für die eine geeignete Beleuchtungslösung gefunden werden soll, im Hinblick auf ihre lichttechnischen Eigenschaften und Anforderungen. Die folgenden Fragestellungen sind dabei von besonderer Relevanz:
Welche Geometrie besitzt der Raum und welche Oberflächen?
Wie groß ist der Verschmutzungsgrad und wie häufig wird er gereinigt?
Besteht die Möglichkeit zur Tageslichtnutzung und wie können die Öffnungen angeordnet werden?
Wie sind die Produktionseinrichtungen angeordnet?
Das Verhältnis der Raumhöhe zu seiner Breite/Länge entscheidet darüber, wie gut sich Licht im Raum verteilen kann. Wie auch im Abschnitt Oberlichtelemente beschrieben, führen größere Lichtpunkthöhen bei gleicher Leuchtenanzahl zu einer gleichmäßigeren Verteilung des Lichts. Allerdings wird durch die größere Distanz zwischen Arbeitsplatz und Leuchte die gezielte Beleuchtung einzelner Arbeitsplätze mit erhöhten Anforderungen erschwert.
Die Reflexionsgrade der umgebenden Flächen beeinflussen nicht nur den Raumwirkungsgrad der Lichtlösung, sondern auch ganz erheblich die Raumwirkung auf den Nutzer. So wirken Hallen mit weißen Decken weit weniger bedrückend, weil sie für den Nutzer einen hellen und gleichmäßigen Eindruck im oberen Teil des Gesichtsfelds bewirken.

Räumlichkeiten verschmutzen in Abhängigkeit von Raumnutzung und Zeit zunehmend. Bei stark verschmutzenden Räumen nehmen die Reflexionseigenschaften der Oberflächen schnell ab und eine neue Kunstlichtanlage muss entsprechend überdimensioniert werden, um ein ausreichendes Helligkeitsniveau über einen definierten Zeitraum sicher zu erreichen. Die Folge sind erhöhte Betriebskosten der Neuanlage. Kurze Reinigungsabstände insbesondere bei hellen Oberflächen erlauben eine geringere Überdimensionierung und verringern in der Folge die Betriebskosten.

Tageslicht

Der Beitrag des Tageslichts wird – da, zu einem wesentlichen Teil auch baulich bedingt – dem Raumpotenzial zugeordnet. Planung und Ausführung eines Kunstlichtsystems entscheiden dann darüber, ob das vorhandene Potenzial auch energetisch genutzt wird. Die physiologischen Vorteile des Tageslichteinsatzes wurden bereits beschrieben und stellen über energetische Einsparungen hinaus einen Mehrwert dar. Ein überlegter Tageslichteinsatz kann ein weitgehend natürliches Arbeitsumfeld ermöglichen, das aufgrund der spektralen Verteilung des Lichtes Konzentration und Wachheit der Mitarbeiter fördert. Die mit Tageslicht erreichbaren Helligkeitsniveaus sind darüber hinaus weit größer als bei Kunstlicht und erhöhen beispielsweise die Sehschärfe. Diesen Vorteilen stehen (lösbare) Fragen zu Blendungsbegrenzung und Schutz vor sommerlicher Überhitzung gegenüber (s. a. Abschnitt Tageslicht).

Produktionslayout

Das Layout einer Produktionsstätte beeinflusst die Auslegung und Anordnung einer Lichtanlage. Während die Allgemeinbeleuchtung in der Regel in Form eines übergeordneten Rasters sichergestellt werden kann, sind sekundäre Leuchten für die Individualbeleuchtung mehr oder weniger unablässig.

Die sinnvolle Gruppierung von Flächen mit vergleichbarer Nutzung ermöglicht ein einheitliches Beleuchtungsbild innerhalb der Nutzungsbereiche und ermöglicht eine wirtschaftlichere Auslegung. Im Vordergrund steht jedoch die Analyse von Bereichen unterschiedlicher Anforderung (s. a. Gütemerkmale). Die Aufgliederung des Raumes kann bis auf die Ebene eines einzelnen Mitarbeiters reichen, mit seinen spezifischen (altersabhängigen) Bedürfnissen. Ändern sich Nutzung, Raumaufteilung und Besetzung in absehbarer Zeit oder gar in zyklischen Abständen, ist eine möglichst flexible Auslegung des Lichtsystems von großer wirtschaftlicher Bedeutung (s. Lichtbandsysteme).

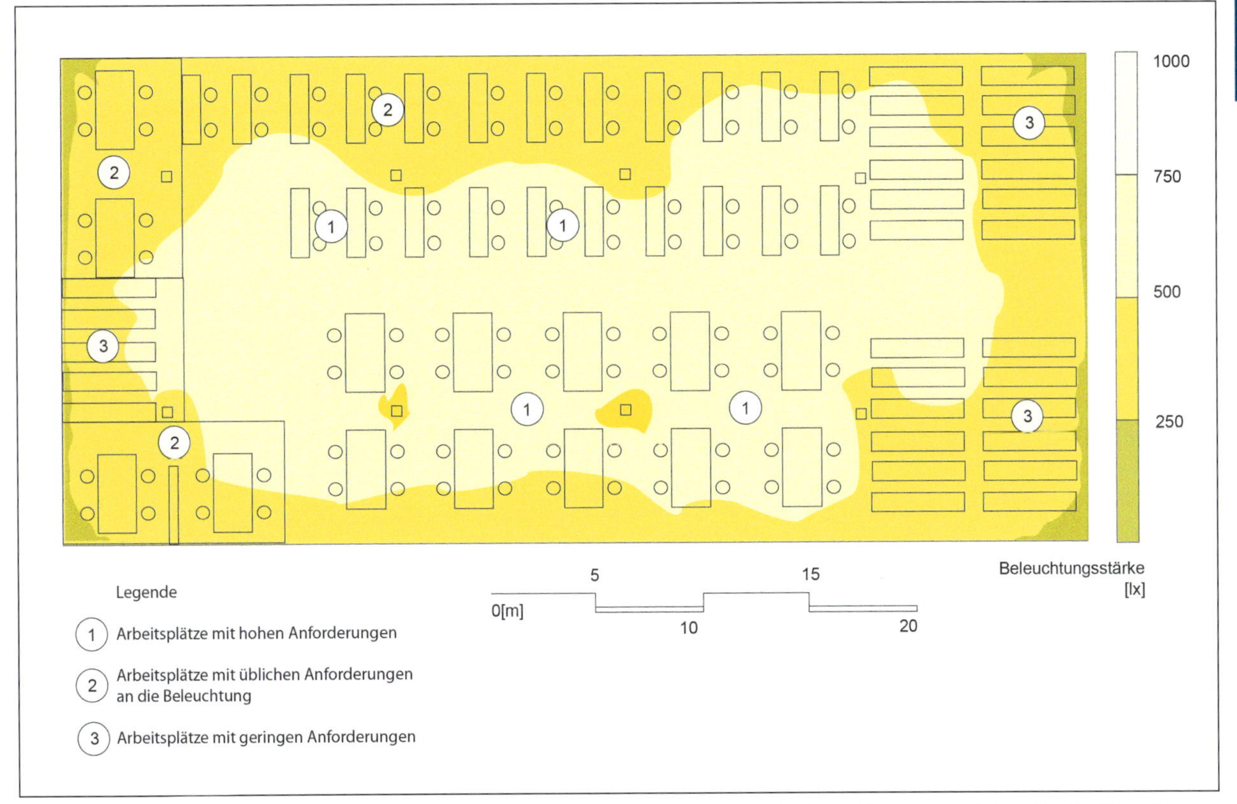

Abb. 21 Falschfarbenbild der Beleuchtungsstärke in einer Produktionsstätte mit verschiedenen Nutzungsbereichen (Quelle: Siteco)

	geringe Ansprüche	mäßige Ansprüche	hohe Ansprüche	sehr hohe Ansprüche
Verkaufsräume	Abstellräume, grobe Lagergüter	kleine Lagerwaren	Verkauf	Verkauf
Metallherstellung	Grobgießen, Grobwalzen	Handguss, Spritzguss, Kokillenguss, Walzen	Handformerei, Kernmacherei, Kontrollen	
Metallbearbeitung	Schmieden, Schuppen, Sandstrahlen	Drehen, Bohren, Fräsen, Biegen, Schneiden, Schweißen	Feinarbeiten, Feinmontage, Polieren	Werkzeuglehren und Vorrichtungsbau
Baustoffe	Zementherstellung und -verarbeitung	Emaillieren, Glasieren	Schleifen, Ätzen, Polieren	
Elektrotechnik	Sägegatter	Kabelherstellung, einfach Montagen	Fein- und Endmontage	Feinstmontage, Justieren, Prüfen
Holzbearbeitung		Hobeln, Sägen, Leimen, Fräsen, Zusammenbau	Polieren, Lackieren, Drechseln	
Gebrauchstauglichkeit nach DIN EN ISO 9241-11				

Tab. 7 Anforderung an die Beleuchtung in verschiedenen Betrieben (Fachverband Lichtkuppel, Lichtband und RWA e. V. Heft 13 Tageslicht und Ergonomie, S. 7)

IV

4.6.2 Systempotenzial

Das Systempotenzial beschreibt die Komponenten der Lichtlösung und wie gut diese auf die Anforderungen und Gegebenheiten im zu beleuchtenden Raum reagieren können. Zur Ermittlung des Systempotenzials werden folgende Fragen untersucht:
Aus welchen Komponenten setzt sich die Anlage zusammen und wie häufig werden diese gewartet?
Wo ist die Lichtanlage im Raum positioniert?
Reagiert das System auf Präsenz und/oder Tageslicht?

Lichtanlage und Wartungsfaktor

Lichtanlagen bestehen in der Regel aus Leuchten (mit Leuchtmittel, Reflektor und Vorschaltgeräten) und immer häufiger auch aus elektronischen Bauteilen zu Regelung oder Steuerung der Anlage. Die Wahl dieser Grundkomponenten bestimmt grundlegend die maximal verfügbare Lichtmenge, die damit erreichbare Lichtqualität und den Energiebedarf der Kunstlichtlösung. Als Grundregel gilt: Je effizienter die Grundkomponenten einer Anlage sind (installierte Leistung), desto geringer ist das absolute energetische Einsparpotenzial durch nachfolgende Maßnahmen (genutzte Leistung).
Analog zum Raumwirkungsgrad reduziert sich auch der Wirkungsgrad einer Lichtanlage durch Verschmutzung. Zusätzlich muss der altersbedingte Rückgang des Lichtstroms und der teilweise Frühausfall von Leuchtmitteln berücksichtigt werden. Die logische Konsequenz sind überdimensionierte Neuanlagen, damit diese auch am Ende ihres vorgesehenen Wartungszyklus noch das geforderte Beleuchtungsstärkeniveau liefern können. Alle diese Punkte werden bei der Auslegung einer Lichtanlage gemeinsam mit der Raumverschmutzung im sogenannten Wartungsfaktor zusammengefasst. In einer eher sauberen Büroumgebung werden Lichtanlagen um mindestens 25 % überdimensioniert. In Produktionsstätten kann die notwendige Überdimensionierung je nach den örtlichen Gegebenheiten auch 100 % und mehr betragen. Neben dem offensichtlichen Stellrad, dem Wartungszyklus, gibt es einige andere Möglichkeiten, den Wartungsfaktor zu verbessern. Leuchtmittel mit langer Lebensdauer und geringer Lichtstromabnahme über die Zeit, wie sie etwa bei der LED versprochen werden, bieten einen Ansatzpunkt. Aber auch die Leuchte selbst kann einen Beitrag leisten, etwa indem das Leuchtmittel gegen äußere Verschmutzung geschützt wird – was beispielsweise in Leuchten mit Schutzwerten ab IP20 der Fall ist. In der Regel sind solcherart geschützte Leuchten auch einfacher zu reinigen, weil die Schmutz ansetzenden Oberflächen leichter zugänglich sind.
Waren Wartungszyklen bisher häufig „Komplettpakete“, in denen die Leuchten gereinigt und defekte Komponenten getauscht wurden, sind bei den steigenden Lebensdauern der Leuchtmittel ggfs. separate Reinigungsgänge notwendig, um die Anlagenleistung zu erhalten.

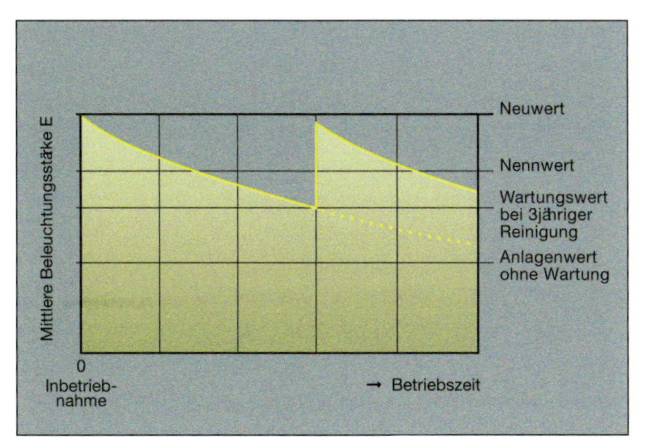

Abb. 22 Abnahme der Beleuchtungsstärke über die Zeit und bei Wartung (Licht.wissen 04, S.31)

Leuchtenposition

Die Positionierung der Leuchten relativ zum Nutzer bzw. der zu beleuchtenden Flächen beeinflusst die Lichtlösung und deren Energieverbrauch. Arbeitsplatzferne Leuchten sind für die Allgemeinbeleuchtung gut geeignet, während sich arbeitsplatznahe Leuchten für die Individualbeleuchtung anbieten.

Für eine möglichst große Flexibilität sorgen Lichtbandsysteme, die mit verschiedenen Systemelementen bestückt werden können, etwa für die Allgemeinbeleuchtung, für indirekte Beleuchtung oder bei Bedarf auch zur Erzeugung vertikaler Beleuchtungsstärken. Werden an diesen Lichtbändern auch Leuchten für Arbeitsbereiche mit erhöhten Anforderungen verwendet, sollte die Lichtpunkthöhe aus energetischen Gründen nicht höher als 5 m über dem Boden liegen. Solche Systeme eignen sich auch dann, wenn zum Zeitpunkt der Installation(splanung) noch ungeklärte Raumparameter Einfluss auf die Beleuchtungssituation nehmen können, beispielsweise Farben und Reflexionsgrade der umgebenden Flächen und Maschinen. Die zusätzlichen Investitionskosten eines Lichtbandsystems lohnen spätestens dann, wenn das Layout oder die Anforderungen an die Beleuchtung verändert und die Tragraster mit geringem Montageaufwand neu bestückt werden müssen.

Steuerung und Regelung

Bei der Automatisierung einer Lichtanlage werden Leuchten mithilfe von Sensoren oder zeitlichen Vorgaben geschaltet und/oder gedimmt. Dadurch sind teilweise beträchtliche Einsparpotenziale zu realisieren, die jedoch stark von der Nutzung und der konkreten Situation abhängen. Insbesondere durch die Kombination mehrerer Maßnahmen miteinander können die Einsparpotenziale deutlich über 50 % liegen. Grundsätzlich werden drei Varianten zur Reduktion des Strombedarfs durch Automatisierung unterschieden. Voraussetzung dafür sind dimmbare bzw. sicher schaltbare Leuchtmittel. Damit sind Lösungen auf Basis von LEDs oder Leuchtstofflampen gut geeignet – während Hochdruckentladungslampen nicht infrage kommen.

Abb. 23 Lichtbandsystem mit Lichtsegeln mit biologischer Wirkung bei dunklen Decken (Quelle: Siteco)

Ausregelung des Wartungsfaktors

Die schon beschriebene Überdimensionierung einer Anlage führt dazu, dass sie bis zu ihrer Wartung mehr Leistung benötigt, als zur Erfüllung der gestellten Anforderungen notwendig wäre. Diese Leistung kann beispielsweise mithilfe von Helligkeitssensoren erfasst und über das dimmbare, elektronische Vorschaltgerät auf das notwendige Maß reduziert werden. Das Einsparpotenzial ist zum Zeitpunkt der Inbetriebnahme der Anlage am größten und fällt bis zum Zeitpunkt der Wartung stetig ab. Beispielsweise können in einem Büro mit einer um 25 % erhöhten Auslegung der Neuanlage ca. 11 % der Energiekosten eingespart werden. In einer Produktionsstätte mit normaler (50 % überdimensioniert) bzw. starker Schmutzbelastung (100 % überdimensioniert) sind es ca. 20 % bzw. ca. 33 %.
Als Alternative zu einer Sollwertregelung auf Basis von Helligkeitssensoren (diese können selbst verschmutzen!) kann die Abnahme des Lichtstroms durch Alterung der Leuchtmittel und die angenommene Verschmutzung auch als feste Korrekturkurve in einer Lichtsteuerung hinterlegt werden.

Bewegungs- oder präsenzabhängige Schaltung oder Dimmung

Diese Automationsform steuert das Licht abhängig davon, ob sich jemand in dem zu beleuchtenden Raumbereich aufhält. Stark frequentierte Flächen profitieren davon kaum, während Nebenbereiche, wie Lager und selten genutzte Verkehrsflächen, erhebliche Einsparpotenziale aufweisen können. Aus Sicherheitsaspekten wird das Licht nicht komplett ausgeschaltet, sondern auf einen niedrigen Dimmwert reduziert (z. B. 10 %). Die Erfassung durch Sensoren erfolgt an (oder schon vor) den Rändern und innerhalb der zu überwachenden Bereiche. Wichtig sind eine umfassende Abdeckung der Flächen und eine zuverlässige Detektion in den kegelförmigen Erfassungsbereichen der Sensoren. Präsenzmelder sind nur in Bereichen mit geringem Bewegungsaufkommen notwendig (beispielsweise Büroarbeit), die günstigeren Bewegungssensoren reichen für Produktionsstätten häufig aus. Werden Präsenzmelder verwendet, ist zudem auf Luftauslässe zu achten, welche die typische Detektion im Infrarotbereich verfälschen können.

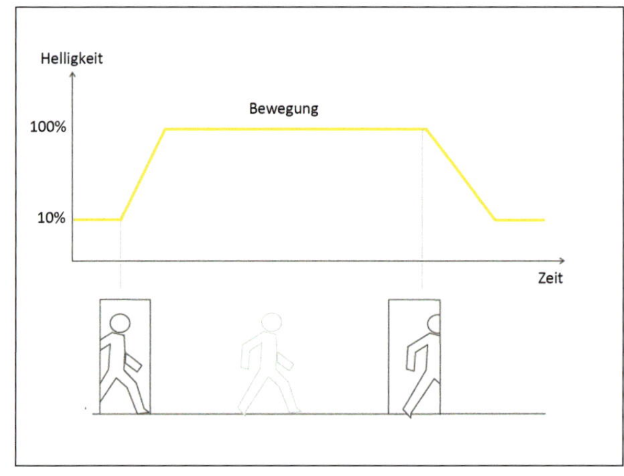

Abb. 25 Prinzip der bewegungsabhängigen Steuerung

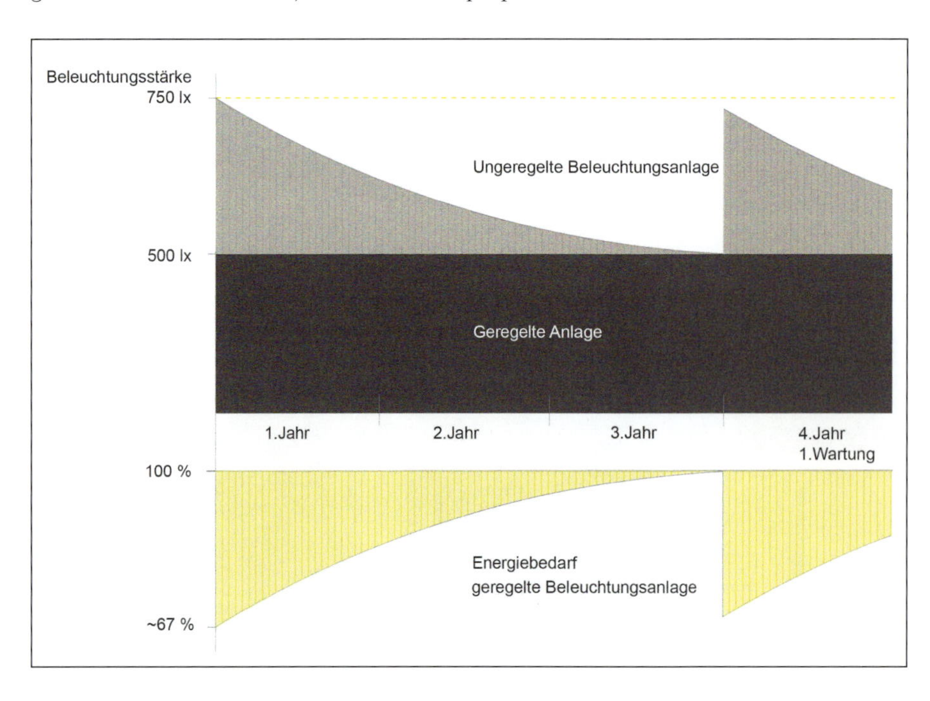

Abb. 24 Prinzip der Ausregelung des Wartungsfaktors (Beispiel für 500 lx, Wartungsfaktor 0,67)

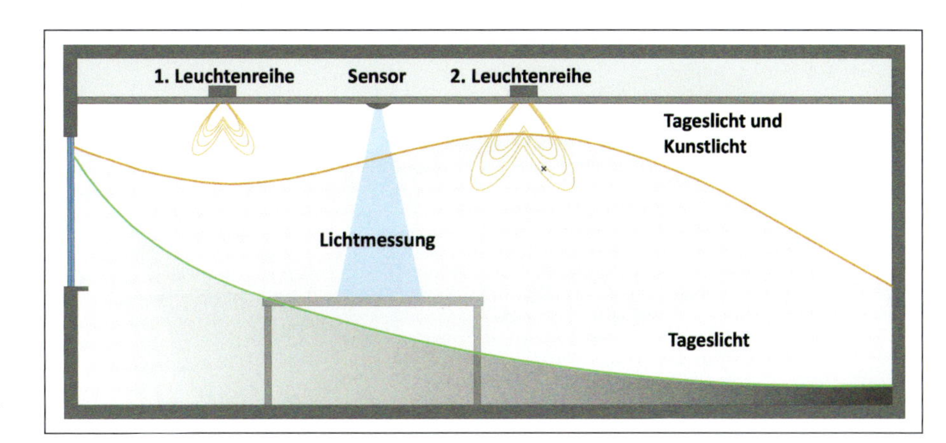

Abb. 26 Prinzip der tageslichtabhängigen Regelung (Licht.wissen 05, S. 11)

Tageslichtabhängige Steuerung oder Regelung

Bei der tageslichtabhängigen Steuerung oder Regelung wird das (zusätzliche) Kunstlichtniveau im Raum in Abhängigkeit des Tageslichtangebotes angepasst. Sofern die Tageslichtmenge nicht ausreicht, um die Beleuchtungsanforderungen im Raum zu erfüllen, wird die fehlende Lichtmenge durch die Kunstlichtanlage ergänzt. Reicht das Tageslichtangebot dagegen aus, kann das Kunstlicht sogar ganz ausgeschaltet werden.

Die Erfassung des Lichtniveaus geschieht über Helligkeitssensoren entweder in den Räumlichkeiten selbst (Regelung) oder außerhalb, etwa auf dem Dach (Steuerung). Wird die Helligkeit in dem zu regelnden Bereich erfasst, sind bei den üblichen Raum- bzw. Hallengrößen mehrere Messpunkte mit entsprechender Bewertung erforderlich (z.B. Mittelwertbildung, Median, Schlechtpunkt o.a.). Neben reinen Helligkeitssensoren werden für die Nutzung im Raum auch kombinierte Systeme angeboten, die Präsenz- und Helligkeitsinformationen in einem Gerät erfassen.

Im Falle einer Steuerung wird über dem Sensor auf dem Dach die Himmelslichtverteilung erfasst und deren Auswirkung auf den Raum bewertet. In Abhängigkeit davon wird die Kunstlichtmenge entsprechend angepasst.

Je nach Tageslichtautonomie des Raumes können durch diese Maßnahmen über 50 % des Energiebedarfs für Kunstlicht eingespart werden[3]. Je länger jedoch die tägliche Nutzungszeit der Produktionsstätte ist, desto geringer wird zwangsläufig das relative Einsparpotenzial durch den steigenden Anteil an Nachtstunden.

Allgemeine Anforderungen an Steuerung oder Regelung

Um die beschriebenen Potenziale zu nutzen, muss die Lichtanlage über die elektronischen Vorschaltgeräte mit einem Bus-System der Gebäudeautomation verbunden werden. Für Leuchten ist das in aller Regel der sogenannte DALI-Bus (Digital Addressable Lighting Interface). Als Industriestandard wird er von allen aktuellen EVGs unterstützt und ist über Gateways zu anderen wichtigen Bus Systemen kompatibel. Soll das Licht nicht nur geschaltet, sondern auch gedimmt werden, muss neben einem entsprechenden Leuchtmittel auch ein geeignetes EVG gewählt werden.

4.7 Exemplarische Anwendung

In diesem Beispiel werden wesentliche Teile der in den vorangegangenen Abschnitten beschriebenen Informationen angewendet. An dieser Planung werden Optionen für Kunst- und Tageslichtplanung aufgezeigt und ihre Auswirkungen auf Investitions- und Betriebskosten ermittelt. Dabei werden sowohl quantitative als auch qualitative Kriterien herangezogen, soweit sie für dieses Beispiel relevant sind.

Basis der Untersuchung ist eine Produktionshalle mit L x B x H 50 m x 20 m x 6 m (Traufhöhe) und einem Satteldach mit 10 % Neigung. Im Hinblick auf die möglichen Produktionsstätten wird ein möglichst repräsentatives Beispiel ohne detaillierte Nutzungen entwickelt. Es werden lediglich allgemeine Anforderungen an Arbeits- und Verkehrsflächen definiert.

[3] Bei reellen Tageslichteinträgen (TLQ < 5 %), s. nächster Abschnitt;

IV

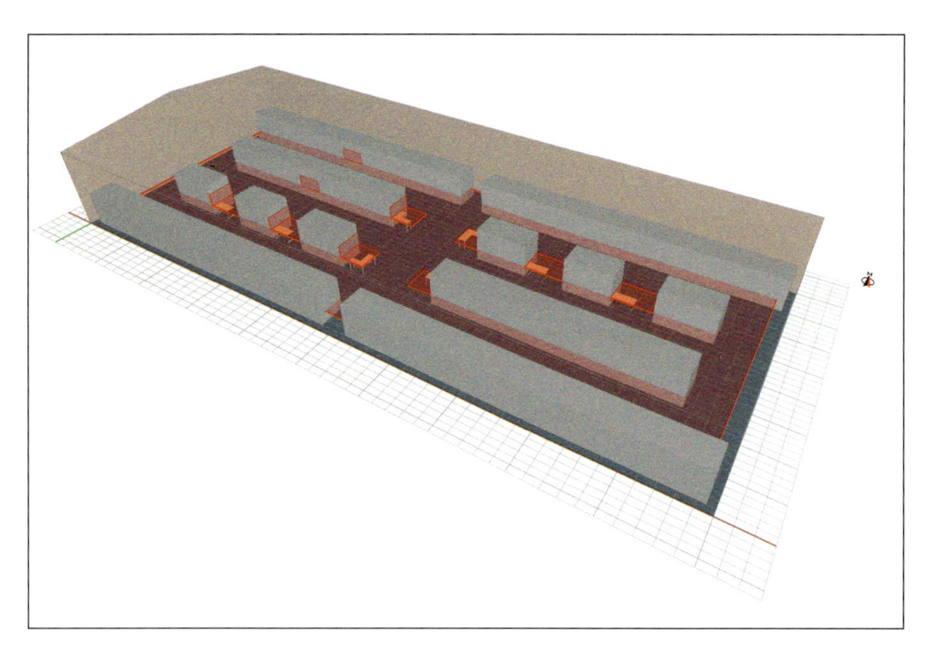

Abb. 27 Untersuchungen in einer beispielhaften Produktionsanlage. Rote Flächen = Messflächen der Beleuchtungsstärke

Allgemeines	Industriehalle: Breite = 20 m, Länge = 50 m, Höhe = 6 m (Dachkante), Dach-Neigung = 10 %, Fläche = 1000 m^2, 8 Einzelarbeitsplätze (ca. 65 m^2 Fläche), Umgebungsfläche/Verkehrsfläche = ca. 600 m^2
Reflexionsgrade	Wände 50 %; Boden 20 %; Decke 70 %; Anlagen 50 %
Layout	Produktionsgeräte in vier Reihen mit Verkehrsflächen und mehreren Einzelarbeitsplätzen. s. Abb. 27
Arbeitszeiten	Arbeit im teilkontinuierlichen Zweischichtbetrieb (Mo-Fr von 6 - 22 Uhr)
lichttechnische Anforderungen	Umgebungs-/Verkehrsflächen: horizontal 300 Lux, Arbeitsflächen horizontal 500 Lux; UGR-Wert (Blendung) ≤ 25

Tab. 8 Untersuchungsdesign und Randbedingungen

IV

4.7.1 Tageslichtkonzepte

Tab. 9 Untersuchte Tageslichtkonzepte

	Nr.	Name	Beschreibung
	T1	kleine Dachoberlichter	30 gleichmäßig über die Halle verteilte quadratische Oberlichter mit einer lichten Fläche von jeweils 1,5 m^2 =45 m^2 Oberlichtfläche
	T2	große Dachoberlichter	wie T1 jedoch mit der doppelten Fläche pro Oberlicht von jeweils 3 m^2 =90 m^2 Oberlichtfläche
	T3	drei Lichtbänder	drei gleichmäßig im Raum verteilte Lichtbänder über die gesamte Hallenlänge, jeweils mit einer lichten Fläche von 60 m^2 =180 m^2 Oberlichtfläche
	T4	zentrales Lichtband	ein großes Lichtband in der Hallenmitte mit einer lichten Fläche von 180 m^2 = 180 m^2 Oberlichtfläche
	T5	Sheddach	die Dachform weicht von der Vorgabe des Satteldaches ab und wird als Sheddach mit 5 Sheds ausgebildet, ein Oberlicht an jeder Nord-Dachfläche mit einer lichten Fläche von jeweils 70 m^2 = 350 m^2 Oberlichtfläche

4.7.2 Kunstlichtkonzepte

Jedes Kunstlichtkonzept wird in zwei Varianten berechnet. Einmal unter der Annahme einer großen Lichtzone über die gesamte Halle und 500 Lux als allgemeine Mindestanforderung (in der Tab.: 500 lx) und einmal unterteilt in mehrere Lichtzonen mit 300 Lux in den Umgebungs-/Verkehrsflächen und 500 Lux in den Arbeitsbereichen (in der Tab.: 300 lx +AP). Für die dezidierte Arbeitsplatzbeleuchtung im zweiten Fall werden für die Wirtschaftlichkeitsbetrachtungen pauschal 100 W je Arbeitsplatz zusätzlich angesetzt. Die eingesetzten Leuchten entsprechen frei auf dem Markt verfügbaren Modellen eines namhaften Leuchtenherstellers. Die Leuchten werden auf einem Lichtbandraster mit einer Lichtpunkthöhe von 5 m montiert.

Tab. 10 Untersuchte Kunstlichtkonzepte

	Nr	Name	Beschreibung
	K1	Standard	Verwendung einer Standardbeleuchtung für Industriehallen, überwiegend direkt strahlend, bestückt mit 2 x 49 W T16/4000K Ra ≥ 80, á 4300 lm; Anschlussleistung 110 W; Wirkungsgrad der Leuchte 61,8 %, Direktstrahlung 75,9 % - Indirektstrahlung 24,1 %
	K2	hochwertig direkt	Verwendung einer hochwertigen Beleuchtung mit Prismenwanne (bessere Entblendung, höherer Schutz des Leuchtmittels) primär direkt strahlend, bestückt mit 4 x 80 W T16-I/4000K Ra ≥ 80, á 6800 lm; Anschlussleistung 333 W; Wirkungsgrad der Leuchte 78,3 %, Direktstrahlung 94,2 % - Indirektstrahlung 5,8 %
	K3	hochwertig direkt/ indirekt	Verwendung einer hochwertigen Beleuchtung mit Prismenwanne (bessere Entblendung, höherer Schutz des Leuchtmittels) und Segelaufsatz für vertikale Beleuchtungsstärken, direkt/indirekt strahlend, bestückt mit 2 x 80 W T16-I/ 4000K Ra ≥ 80, á 6800 lm (direkt strahlend) & 2 x 80 W T16-I/6500K Ra ≥ 80, á 6800 lm (indirekt strahlend); Anschlussleistung 345 W; Wirkungsgrad der Leuchte 74,7 %, Direktstrahlung 58,6 % - Indirektstrahlung 41,4 %
	K4	LED	LED-Leuchte für den Einsatz in Industrie- und Produktionsstätten, direkt strahlend, 70 Watt Anschlussleistung, 8000 lm, Wirkungsgrad 83,48 %,

4.7.3 Ergebnisse Tageslicht

Tab. 11 Ergebnisübersicht Tageslichtkonzepte

Nr.	T1	T2	T3	T4	T5
Bezeichnung	kleine Dachoberlichter	große Dachoberlichter	drei Lichtbänder	zentrales Lichtband	Sheddach
Anzahl Öffnungen	30	30	3	1	5
Öffnungsanteil an der Grundfläche	4,5 %	9,0 %	18,0 %	18,0 %	35,0 %
ø Tageslichtquotient	1,5	3,3	7	7,7	4,5
Tageslichtautonomie theoretisch (300 lx)[1]	31 %	58 %	67 %	68 %	63 %
(500 lx) [1]	16 %	42 %	62 %	63 %	52 %
Gleichmäßigkeit	0,5	0,5	0,6	0,1	0,4
Falschfarbenbild des Tageslichtquotienten					
Skala Falschfarben (Tageslichtquotient)	50	250	500	750	1000
	0,5	2,5	5,0	7,5	10,0

[1]Bezogen auf den ø Tageslichtquotienten

Die Berechnungen zeigen einige für Tageslichtplanungen typische Erkenntnisse.

Die Tageslichtversorgung eines Raumes, abgeleitet aus dem mittleren Tageslichtquotienten, nimmt in erster Näherung proportional mit der Oberlichtfläche zu. Dass hierbei die Ausrichtung der Fensterflächen in Bezug auf die Grundfläche besondere Bedeutung besitzt, wird am Beispiel T5 mit dem Sheddach sichtbar.

Im Gegensatz dazu erreicht die effektive Nutzbarkeit des Tageslichtes, abgeleitet aus der berechneten Tageslichtautonomie, schnell eine Grenze oberhalb der zusätzliche Öffnungen, nur zu einer vergleichsweise wenig erhöhten Tageslichtautonomie führen.

Die Verteilung der Oberlichtflächen im Grundriss muss mit Sorgfalt gewählt werden, da ansonsten die Gleichmäßigkeit der Beleuchtungsstärkeverteilung im Raum erheblich leidet. In diesen Fällen profitieren nur Teilbereiche des Raumes von einem partiell hohen Tageslichteintrag, während parallel dazu die Gefahr von störenden Blendungseffekten zunimmt.

Die Sheddach-Konstruktion zeigt bezogen auf die Fensterfläche eine geringere Tageslichtversorgung. Berücksichtigt man jedoch, dass der Tageslichtquotient lediglich den diffusen Tageslichtanteil beschreibt, stellt sich diese scheinbare Schwäche als Stärke heraus. Durch die Nordausrichtung ist das durch die Sheds einfallende Tageslicht beinahe ausschließlich diffus, eine Verschattung ist in der Regel nicht notwendig. Im Gegensatz dazu sind für die anderen Varianten Blend- und Sonnenschutzmaßnahmen erforderlich, die neben dem intensiven, direkten Sonnenlicht auch das für den Innenraum nützliche diffuse Himmelslicht reduzieren.

Bei der folgenden Betrachtung der Kunstlichtvarianten wurde für die Darstellung des Tageslichteinflusses immer mit der Tageslichtvariante T5 mit Sheddach gerechnet.

IV

4.7.4 Ergebnisse Kunstlicht

Tab. 12 Ergebnisübersicht Kunstlichtkonzepte

Nr. Bezeichnung		K 1 Standard	K 2 hochwertig direkt	K 3 hochwertig d/i	K 4 LED
Anzahl Leuchten	300 lx+ AP	100 +Arbeitsplätze	25 +Arbeitsplätze	30 +Arbeitsplätze	93 + Arbeitsplätze
	500 lx	169	42	49	156
installierte Leistung pro m²	300 lx+ AP	11,8 W/m²	9,1 W/m²	11,2 W/m²	5,8 W/m²
	500 lx	18,6 W/m²	14,0 W/m²	16,9 W/m²	8,5 W/m²
Energiebedarf pro m² & Jahr	300 lx+ AP	47,2 kWh/m² a	36,5 kWh/m² a	44,6 kWh/m² a	23,4 kWh/m² a
	500 lx	74,4 kWh/m² a	56,0 kWh/m² a	67,6 kWh/m² a	33,9 kWh/m² a
Energiebedarf bei Tageslichtautonomie T5[3]	300 lx+ AP	19,5 kWh/m² a	15,5 kWh/m² a	18,5 kWh/m² a	10,7 kWh/m² a
	500 lx	37,3 kWh/m² a	28,5 kWh/m² a	34,1 kWh/m² a	17,9 kWh/m² a
Investition Kosten pro m²	300 lx+ AP	54,93 €/m²	44,15 €/m²	62,01 €/m²	74,00 €/m²
	500 lx	67,55 €/m²	49,03 €/m²	79,25 €/m²	99,87 €/m²
Energiekosten pro m² &Jahr[1]	300 lx+ AP	3,87 €/m² a	2,99 €/m² a	3,66 €/m² a	1,92 €/m² a
	500 lx	6,10 €/m² a	4,59 €/m² a	5,54 €/m² a	2,78 €/m² a
Energiekosten bei Tageslichtautonomie T5[3]	300 lx+ AP	1,60 €/m² a	1,27 €/m² a	1,52 €/m² a	0,87 €/m² a
	500 lx	3,06 €/m² a	2,34 €/m² a	2,80 €/m² a	1,47 €/m² a
UGR[2]	300 lx+ AP	17	17	12	21
	500 lx	16	19	11	24
Falschfarbenbild Beleuchtungsstärke	300 lx+ AP				
	500 lx				
Skala Falschfarben (lx)	100	150	200	300	500	750

[1] basierend auf 8,2 ct/kWh, ohne Berücksichtigung von Tageslicht

[2] Beobachterstandpunkt für den UGR: querseitig in Hallenmitte, Abstand zur Giebelseite 3 m mit Blick in die Hallentiefe; die Anforderung für den UGR-Wert in Industriestätten (und Nebenflächen) variiert in Abhängigkeit der Nutzung zwischen 16 - 28.

[3] T5: Tageslichtvariante Nr. 5 (Sheddach). Die Tageslichtautonomie wird hier lediglich für die Allgemeinbeleuchtung angesetzt. Ein mögliches Einsparpotenzial der Arbeitsplatzbeleuchtung (AP) ist in diesem Beispiel nicht berücksichtigt.

Jede der vier Varianten zeigt die Vorteile einer auf 300 Lux ausgelegten Allgemeinbeleuchtung mit zusätzlicher Arbeitsplatzbeleuchtung, selbst wenn, wie in diesem Beispiel, die Arbeitsplatzbeleuchtung nicht tageslichtabhängig angepasst wird. Dies gilt für den Energiebedarf sowie die Betriebs- und die Investitionskosten.

Im Vergleich der Kunstlichtvarianten zeigen die primär direkt strahlenden Leuchten (K2, K4) erwartungsgemäß den geringsten Energiebedarf. Allerdings zeigt die Falschfarbendarstellung deutlich die relativ dunklen Decken, was sich bzgl. der Raumwirkung negativ bemerkbar machen kann. Die Wahl von Leuchten mit einem zumindest

geringfügigen Indirektanteil ist in einem solchen Fall in Bezug auf die qualitativen Kriterien unbedingt zu prüfen. In Anbetracht der in kurzen zeitlichen Zyklen kontinuierlich ansteigenden Lichtausbeute von LED-Modulen, kann aber ohne große Verschlechterung des Energiebedarfs auch etwas Licht gesondert nach oben abgeben werden.
Ebenso eindeutig sind die Ergebnisse, wenn die Berechnungen der Kunstlichtvarianten exemplarisch mit den Einsparpotenzialen der Tageslichtvariante „Sheddach" kombiniert werden. Die Kunstlichtvarianten zeigen ein Energieeinsparpotenzial von ca. 57 % bei den 300-lx-Varianten und ca. 49 % bei den 500-lx-Varianten.
Im Durchschnitt aller Varianten werden die Energiekosten bei den 300-lx-Varianten um ca. 1,80 €/m²*a (ca. 22 kWh/m²*a) und bei den 500-lx-Varianten sogar um etwa 2,34 €/m²*a (ca. 28 kWh/m²*a) reduziert.
Zusätzliche Systemkosten für die Gebäudeautomation amortisieren sich je nach Systemwahl häufig bereits nach wenigen Jahren.

4.8 Weiterführende Informationen

Normen

Norm	Inhalt
DIN 12464 - 1	Beleuchtung von Arbeitsstätten – Teil 1: Arbeitsstätten in Innenräumen
DIN 5034 - 1	Tageslicht in Innenräumen – Teil 1: Allgemeine Anforderungen
DIN 5034 - 3	Tageslicht in Innenräumen – Teil 3: Berechnung
DIN 5034 - 6	Tageslicht in Innenräumen – Teil 6: Vereinfachte Bestimmung zweckmäßiger Abmessungen von Oberlichtöffnungen in Dachflächen
DIN 5035 - 7	Beleuchtung mit künstlichem Licht – Teil 7: Beleuchtung von Räumen mit Bildschirmarbeitsplätzen

Literatur

v. Bommel, W. J. M. et al.: „Industrielle Beleuchtung und Produktivität" (Metallindustrie) Licht 2002, Maastricht

Bundesamt für Konjunkturfragen: Licht – Grundlagen der Beleuchtung, (Schweiz 1994)

David A. Huble: Auge und Gehirn

Fachverband Lichtkuppel: Lichtband und RWA e. V. Heft 13 Tageslicht und Ergonomie

Fachverband Tageslicht und Rauchschutz e. V. Heft 18, S. 8

Licht.wissen 01: Die Beleuchtung mit künstlichem Licht

Licht.wissen 04: Gutes Licht für Büros und Verwaltunggebäude

Licht.wissen 05: Industrie&Handwerk

RKW Kompetenzzentrum: Wirtschaftsfaktor Alter; 2011

Schierz, Ch.: Tagungsbeitrag zur Licht 2008: Licht für die ältere Bevölkerung – Physiologische Grundlagen und ihre Konsequenzen

Szolokay: Environmental Science Handbook

5 Akustik

Philip Leistner

IV

5.1 Einleitung

Die individuelle Bewertung der gehörten Umwelt beruht auf einer Gesamtbilanz von akustischen Reizen, die nahezu überall und ständig präsent sind. Dabei ist das Gehör immer gefordert, da es sich als „Alarmorgan" nicht abschalten lässt. Auch geht es nicht nur um laut und leise, selbst kaum hörbare Geräusche führen zu drastischen Reaktionen, wenn sie mit bestimmten Inhalten verbunden sind. Die jeweilige Intensität, Dosis und Charakteristik dieser Schallereignisse und eine Reihe von Begleitfaktoren führen zu einer Gesamtwirkung, die immer häufiger das erträgliche Maß überschreiten. Zugleich lässt der technisch verursachte Lärm nicht nach, akustisch geeignete Räume und Gebäude sind keinesfalls die Regel und auch auf das bewusste Hören, ob als Klangerlebnis oder Kommunikation, mag nicht verzichtet werden.

Vor diesem Hintergrund der immer seltener werdenden Orte der Ruhe ist die akustische Gestaltung von Produktionsprozessen und -räumen unverzichtbar. Es bedarf also eines effizienten Ressourceneinsatzes, um für die zweifelsfrei wichtigste Ressource, die Menschen, geeignete Arbeitsbedingungen zu schaffen. Darüber hinaus können von Produktionsstätten Geräusche in der Nachbarschaft ausgehen, die zu Belästigungen und Belastungen führen. Der Schutz vor diesen Geräuschen ist gesetzlich in Form von Grenzwerten geregelt. Eine sorgsame akustische Planung von Anfang an minimiert erfahrungsgemäß den Aufwand zur Einhaltung dieser Grenzwerte und ermöglicht den optimalen Betrieb.

In einer Reihe von Produktionsprozessen mit Bedarf an Geräuschminderung kann heute auch die Energie- und Materialeffizienz von schalldämpfenden Einbauten für Maschinen und Anlagen verbessert werden. Ein Beispiel dafür sind Schalldämpfer in lufttechnischen Anlagen, die bei angepasster Auswahl zur ökonomischen und ökologischen Nachhaltigkeit beitragen. Diese drei Verbindungen zwischen Akustik und Produktion werden hier behandelt, um Hinweise und Hilfestellung bei der akustischen Planung und Gestaltung effizienter Produktionsstätten zu geben.

5.2 Wahrnehmung und Wirkung von Schall

Den Ausgangspunkt für hörbaren Schall bilden Luftdruckschwankungen bzw. Schallschwingungen, die von Schallquellen aller Art erzeugt werden. Sie lassen sich durch objektiv messbare Kennwerte, wie Schallpegel, Frequenz, Dauer usw., charakterisieren und stellen die sogenannten Reizgrößen dar. Breiten sich die Schallschwingungen wellenförmig aus und treffen auf Hörer, führen die Reizgrößen zu Empfindungen, die sich mit Empfindungsgrößen, wie Lautheit, Tonhöhe, Rauigkeit usw., ausdrücken lassen. Sie haben, wie physikalische Größen auch, Zahlenwerte und Einheiten. Nach wie vor ist es dennoch jeweils eine Herausforderung, in einem konkreten Kontext strenge Beziehungen zwischen beiden Kategorien zu finden. Während beim gezielten Sound Design dafür viel Aufwand betrieben wird, beschränken sich zahlreiche andere Anwendungsbereiche auf starke Vereinfachungen. So dominieren in der Praxis Einzahlwerte, wie z. B. der Summenpegel für Geräusche.

Für zeitlich und spektral komplexe Geräusche sind diese Werte natürlich nur sehr begrenzt aussagekräftig, aber sie sind einfach zu nutzen, etwa beim Vergleich mit Grenzwerten oder zwischen unterschiedlichen Schallquellen. Um bei der Frage nach „laut oder leise" auch die menschlichen Höreigenschaften zu berücksichtigen, werden die physikalischen Kenngrößen bewertet. Die bekannteste Bewertungsmethode ist die sogenannte A-Bewertung für Schallpegel. Die entsprechende Bewertungskurve beruht auf der Ruhehörschwelle für quasistationäre Vorgänge. Statistisch fundierte Werte zur frequenzabhängigen Ruhehörschwelle zeigt Abbildung 1, ergänzt durch weniger fundierte Schmerz- und Unbehaglichkeitsschwellen und das sogenannte Sprachfeld.

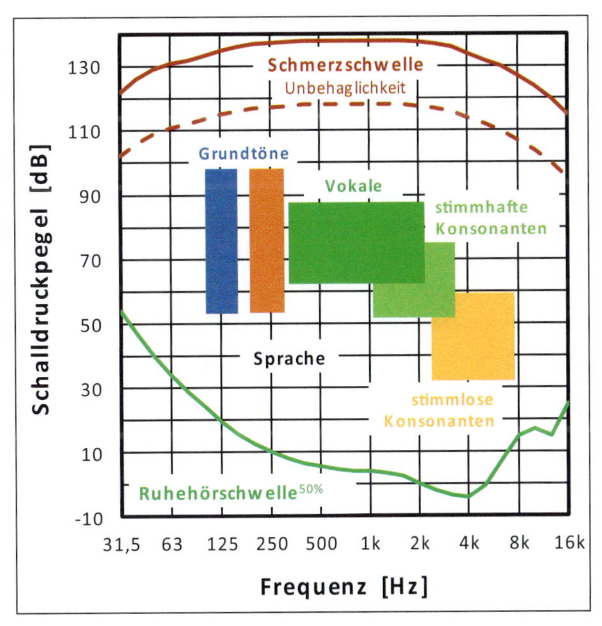

Abb. 1 Hör- und Schmerzschwellen sowie die Bestandteile der Sprache, dargestellt als Schalldruckpegel in Abhängigkeit von der Frequenz

Auch wenn diese Kurven individuelle Schwankungen aufweisen, illustrieren sie doch folgende wesentlichen Zusammenhänge:

- Der Hörfrequenzbereich reicht von ca. 20 Hz bis 20 kHz. Darunter liegt der Infraschall-Bereich, in dem einige Produktionsanlagen durchaus kritische Pegel erzeugen. Darüber spricht man von Ultraschall.
- Hohe und mittlere Frequenzen werden bei deutlich niedrigeren Schallpegeln gehört als tieffrequente Geräusche.
- Der Pegelabstand zwischen Hörschwelle und Unbehaglichkeits- bzw. Schmerzschwelle liegt zwischen ca. 50 und 100 dB, er steht für die sehr beachtliche Dynamik des gesunden Gehörs.
- Die für alle Arten der Kommunikation wichtige Sprache umfasst einen breiten Frequenzbereich, wobei einzelne Sprachbestandteile sehr unterschiedliche Schallpegel erreichen.

An dieser Stelle sei erwähnt, dass es neben der A-Bewertung, die für bestimmte Lautstärkepegel zutrifft, auch andere Bewertungskurven gibt. Bei der C-Bewertung werden die tieffrequenten Geräuschanteile weniger stark „reduziert“. Sie ist z.B. anzuwenden, wenn Lautstärken anzutreffen sind, die im Bereich der Grenzwerte für Lärmbelastung an Arbeitsplätzen liegen.

Damit sind einige Grundzüge der Schallwahrnehmung dargestellt. Das Wirkungsspektrum von Schall beginnt nach dem Empfang der Schallereignisse und ist sehr reichhaltig. Eine Klassifizierung kann durch die Aufteilung in aurale und extraaurale Wirkungen von Schall vorgenommen werden.

Bei der Aufzählung auraler Schallwirkungen gilt der erste Gedanke den akuten und chronischen Hörschäden, von denen in der Tat eine erschreckend hohe Zahl von Menschen betroffen ist. In Europa ist die Lärmschwerhörigkeit nach wie vor die häufigste anerkannte Berufskrankheit. Auch wenn die Zahl hierzulande zurück geht, ist sie branchenabhängig immer noch viel zu hoch. Dabei sind individuelle Lebenseinschränkungen mit gewaltigen Kosten bei den Versicherungsträgern verbunden. Von Entwarnung im Bemühen um weniger lärmintensive Arbeitsplätze kann also keine Rede sein.

Ein Dauerbrenner bei der Beurteilung des Lärms und der Lästigkeit von technischen Geräuschen ist die Tonalität, d.h. die Dominanz einzelner Frequenzen oder schmaler Frequenzbereiche. Ventilatoren, Motoren, Transformatoren sind oftmals Quellen für derartige Schallspektren mit meist tieffrequenten Geräuschspitzen. Die erhöhte Lästigkeit von Geräuschen mit Einzeltönen bei an sich gleichem Schallpegel ist unbestritten und hat bei der Festlegung von zulässigen Lärmgrenzwerten an einigen Stellen seinen Niederschlag gefunden. Die Tonzuschläge in manchen Vorschriften sind ein Beispiel dafür. Aber auch hier beginnt die Herausforderung bei der Verallgemeinerung der Erkenntnisse. Starke Tonalität wird noch relativ einheitlich beurteilt, während bei geringer Tonalität die subjektive Wahrnehmung erheblich von der objektiven Beurteilung abweicht.

Typische extraaurale Schallwirkungen sind vegetative Reaktionen, psychosoziale Folgeerscheinungen und Schlafstörungen. Über diese Wirkungen hinaus verursachen Geräusche von technischen Anlagen aber auch Störungen und Belästigungen. Sie beeinträchtigen die Kommunikation und Leistungsfähigkeit und können in sicherheitsrelevanten Fällen die alarmierende Wirkung von Warnsignalen reduzieren. Es sei hier auch auf den Informationsgehalt von Geräuschen verwiesen, der für die Wirkung entscheidender sein kann als die Intensität der akustischen Reizgröße. Ein neutrales Beispiel mit Symbolcharakter ist das surrende Geräusch einer Stechmücke: Obgleich der Geräuschpegel fast nicht messbar ist, kann die Wirkung im Schlafzimmer (örtlicher Kontext) beim Einschlafen (zeitlicher Kontext) überaus drastisch ausfallen. Andere Beispiele lassen sich in Arbeitsumgebungen finden. Insbesondere zeitvariante Schalle, also keine monotonen Dauergeräusche, sind mit Effekten auf die kognitive Leistungsfähigkeit verbunden. Selbst die Verarbeitung visuell dargebotener Informationen kann z.B. durch Hintergrundsprache beeinträchtigt werden.

Die Frage nach der Wirkungsart ist nahezu immer auch um Fragen zu ergänzen, wie, wann und wo diese Wirkung der Geräusche auftritt bzw. zu erwarten ist. Der zeitliche und räumliche Kontext kann erheblichen Einfluss auf die Wirkung von Geräuschen ausüben. Trotz der auch hier zutreffenden Individualität wird klar, dass Schallschutz ohne jeden Zweifel Gesundheitsschutz ist. Hinzu kommen Wechselwirkungen mit anderen Umgebungsfaktoren oder sogenannten Stressoren, wie z.B. Hitze, Staub, andere Emissionen, die zu einer Potenzierung der Belastung führen können.

Zusammenfassend sei festgestellt, dass die Bewertung und Beurteilung der auditiven bzw. hörbaren Qualität von Produktionsanlagen und -räumen einer Gesamtbetrachtung von

- Schallquelle (physikalisch-akustische Eigenschaften)
- Übertragungsweg (im Freien, im Gebäude, im Raum)
- Empfänger (Situation, Aktivitäten, Erwartungshaltung)

bedarf. Eine akustische Bewertung nur anhand von Einzelaspekten und Einzahlwerten, ob bei der Charakterisierung oder Reglementierung, muss angesichts der differenzierten individuellen Schallwahrnehmung und -wirkung zwangsläufig zu Überraschungen führen.

5.3 Akustische Gestaltung von Produktionsräumen

Der akustische Idealzustand lautloser Maschinen ist aus heutiger Sicht praktisch unerreichbar. Unter bestimmten Aspekten ist er auch nicht erstrebenswert, da eine „akustische Rückkopplung“ von Maschinen und Anlagen durchaus erwünscht sein kann, um deren Zustand oder die laufenden Produktionsprozesse bewerten zu können. Aber auch von diesem Geräuschniveau sind die meisten realen Produktionsräume weit entfernt, sodass die Zielsetzung in einer sinnvollen Minimierung von Belastung und Belästigung liegt. In jedem Fall müssen aber gesetzliche Anforderungen beachtet und eingehalten werden, die sich auf Lärmpegel an Arbeitsplätzen beziehen. Darüber hinaus ist es sehr zu empfehlen, im Sinne der Betroffenen auch die erläuterten anderen Schallwirkungen möglichst zu berücksichtigen. Die technischen, organisatorischen, baulichen und individuellen Maßnahmen zur Geräuschminderung sind vielfältig, sodass an sich kein Betroffener kritischem Lärm ausgesetzt sein muss. Da die Maßnahmen auch kostenwirksam sind, hilft eine konkrete und kompetente Planung unter Ausschöpfung aller Möglichkeiten bei der ökonomischen Optimierung.

5.3.1 Anforderungen und Regeln

Die seit 2007 gültige zentrale Regelung zu Lärm am Arbeitsplatz ist die „Verordnung zum Schutz der Beschäftigten vor Gefährdungen durch Lärm und Vibrationen“ (kurz: LärmVibrationsArbSchV). Wie der Titel schon sagt, sind darin die grundlegenden Vorschriften zu Belastungen sowohl durch Lärm als auch durch Vibrationen bei der Arbeit zusammengefasst. Nur in wenigen Sonderfällen (Bergbau, Landesverteidigung) sind Ausnahmen zulässig und im Übrigen gilt die Verordnung für Beschäftigte und Auszubildende (Schule, Studium, Beruf) gleichermaßen. Die Lektüre und Beachtung dieser Verordnung ist für Unternehmen mit Produktionsstätten unerlässlich, aber in den meisten Fällen auch gängige Praxis, z. B. für die Sicherheitsfachkräfte. Mit dem Aktualisierungsstand 2010 gibt es zu dieser Verordnung Technische Regeln, die deutlich umfangreichere und detailliertere Informationen zum Hintergrund, zum Stand der Technik und zu gesicherten Erkenntnissen in diesem Kontext enthalten. Dazu zählen z. B. auch wertvolle und praktische Hinweise zur Auswahl und Gestaltung von Lärmschutzmaßnahmen an Arbeitsplätzen. Zwei Arten von Lärmpegel werden bei der Beurteilung herangezogen, ob durch Analyse der jeweiligen Arbeitssituation oder durch Messungen bestimmt.

1. Der Tages-Lärmexpositionspegel $L_{EX,\,8h}$, angegeben in dB(A), repräsentiert eine Art Lärmdosis bezogen auf einen Zeitraum von 8 Stunden.
2. Der Spitzenschalldruckpegel $L_{pC\,peak}$, angegeben in dB(C), dient als Ausdruck für die mögliche maximale Lärmbelastung, auch wenn sie sehr kurzzeitig auftritt.

Diese beiden Werte – ermittelt in der jeweils konkreten Situation – werden Richtwerten gegenübergestellt und je nach Ergebnis ergeben sich daraus Lärmschutzmaßnahmen. Während in der Vergangenheit lediglich ein Grenzwert bestand, gibt es in der heute gültigen Verordnung zwei sogenannte Auslösewerte jeweils für die beiden Pegelgrößen.

3. Untere Auslösewerte: $L_{EX,\,8h}$ = 80 dB(A) bzw. $L_{pC,\,peak}$ = 135 dB(C)
4. Obere Auslösewerte: $L_{EX,\,8h}$ = 85 dB(A) bzw. $L_{pC,\,peak}$ = 137 dB(C)

Die Überschreitung dieser Auslösewerte signalisiert Lärmschutzbedarf. Um diese Werte etwas einzuordnen, zeigt Abbildung 2 die typischen Schalldruckpegel (keine Tages-Lärmexpositionspegel!) für eine Reihe von Geräuschquellen.

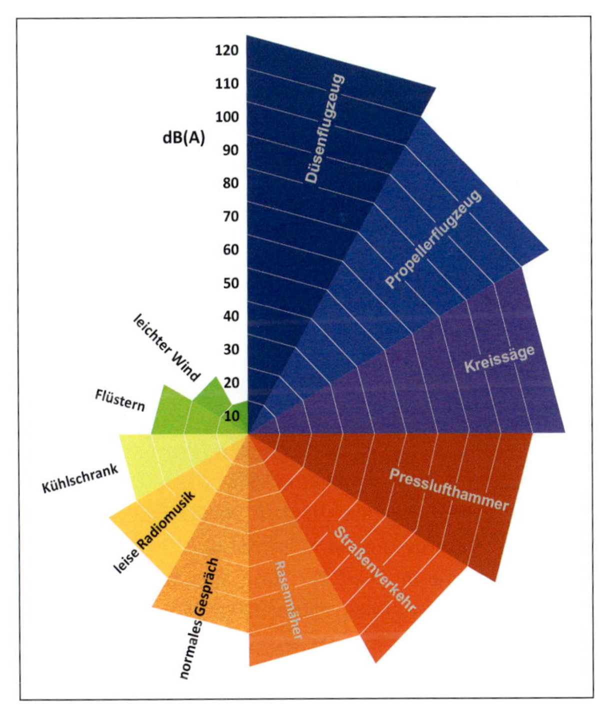

Abb. 2 Schalldruckpegel von einigen typischen Geräuschquellen im Vergleich

Die höchste Priorität bei der Lärmminderung haben dabei Gegenmaßnahmen an der Quelle oder am Ort der Entstehung, d. h. die Verhinderung oder Verringerung der

Lärmabstrahlung, soweit es nach dem Stand der Technik möglich ist. Erst wenn dieses Potenzial an technischen Möglichkeiten ausgeschöpft ist, können organisatorische Maßnahmen oder zuletzt auch der persönliche Gehörschutz in Betracht gezogen werden. Bei Überschreitung des unteren Auslösewertes hat demnach der Arbeitgeber den Beschäftigten einen geeigneten Gehörschutz zur Verfügung zu stellen und zu gewährleisten, dass sie eine allgemeine arbeitsmedizinische Beratung erhalten. Das Angebot von Vorsorgeuntersuchungen ergänzt die Konsequenz bei derartigen Geräuschpegeln.

Wird auch der obere Auslösewerte erreicht oder überschritten, sind folgende Maßnahmen erforderlich:

- Arbeitsbereiche müssen als Lärmbereich gekennzeichnet, falls möglich abgegrenzt werden, und der Aufenthalt in diesen Bereichen ist auf ein Minimum zu reduzieren.
- Ein Programm mit technischen und organisatorischen Maßnahmen zur Verringerung der Lärmexposition ist auszuarbeiten und umzusetzen.
- Der Arbeitgeber hat dafür Sorge zu tragen, dass die Beschäftigten den persönlichen Gehörschutz bestimmungsgemäß verwenden.
- Regelmäßige Vorsorgeuntersuchungen sind zu veranlassen.

IV

Zweifellos resultieren aus diesen Anforderungen für manche Produktionsstätten echte Herausforderungen. Dennoch sollte dieser Aufwand als Investition in die Zukunft verstanden werden, nicht nur unter dem Aspekt, Ordnungswidrigkeiten oder gar Straftaten im Sinne der gesetzlichen Regelungen auszuschließen. Optimale Arbeitsbedingungen sind zu allererst ein Garant für nachhaltige Effizienz und Leistungsfähigkeit der Beschäftigten.

Bei der Vorgehensweise zur Lärmminderung kann auf zahlreiche Erfahrungen und Erkenntnisse, auch spezifischer Art zurückgegriffen werden. Einige Grundregeln sind bereits in der Verordnung zu finden, wie z. B.

- der Vergleich von Arbeitsverfahren (Prozesse, Maschinen) unter dem Gesichtspunkt der
- Lärmminderung, einschließlich zusätzlicher Maßnahmen zur Beruhigung der Maschinen
- die Überwachung und Wartung von Maschinen und Anlagen, die in vielen Fällen ansteigende Lärmpegel verhindern kann
- die technische und räumliche Ausstattung der Arbeitsplätze sowie arbeitsorganisatorische Maßnahmen (Ruhezonen und -zeiten).

Einige dieser Möglichkeiten werden in den folgenden Abschnitten näher beleuchtet, um Anregungen und Hinweise für konkrete Maßnahmen in konkreten Szenarien zu geben.

5.3.2 Maschinen und Prozesse

Je nach Maschine, Verfahren und Prozess kommen in Produktionsstätten vielfältige Schallquellen gleicher und unterschiedlicher Art vor. Typische Geräuscherzeuger sind Antriebe in Form von Elektro- und Verbrennungsmotoren, Ventilatoren und Kompressoren. Meist entsteht der Schall durch die rotierenden Teile, verbunden mit einer Drehzahlabhängigkeit der Geräusche bezüglich Pegel und Frequenzcharakteristik. Dies gilt zum Teil auch für Übertragungselemente wie Wellen und Getriebe – während andere Elemente den Schall lediglich ungehindert weiterleiten, z. B. Kanäle und Leitungen. Den größten Anteil mit der zugleich größten Bandbreite an Geräuschen repräsentieren jedoch die prozessbedingten Schallquellen. Von nahezu sämtlichen Be- und Verarbeitungsprozessen, wie Drehen, Fräsen, Sägen, Bohren, Drucken u. a., gehen teils sehr laute und lästige Geräusche aus. Diese Gruppe von Schallquellen lässt sich noch ergänzen um Bewegungsprozesse (Förderung, Transport) und Bereitstellungsprozesse für Medien, Stoffe und Energie.

Zu einer Vielzahl von Maschinen liegen als Planungsgrundlage Geräuschemissionswerte vor, meist in Form eines Schallleistungspegels L_{WA} als Eigenschaft der Quelle und eines Emissionsschalldruckpegels L_{pA}. Letzterer charakterisiert das z. B. am Bedienort hörbare Geräusch, allerdings noch unbeeinflusst durch die Umgebung. Das „A“ im Index steht für die A-Bewertung. Diese Werte können und sollten auch zum Vergleich herangezogen werden, wenn es um die Auswahl der auch akustisch passenden Maschine oder Anlage geht.

Sind keine leisen Maschinen zu finden, hält die Fachliteratur zur Beruhigung jeder einzelnen dieser Schallquellen ein sehr umfangreiches und spezifisches Repertoire an Maßnahmen bereit – allerdings keine Patentrezepte oder magischen Lösungen. Ihr Studium und damit auch der Schallminderungsprozess sollten daher strukturiert und fokussiert auf die konkrete Situation erfolgen. Zur Orientierung haben sich folgende Eckpunkte bewährt:

- Wahl der Maschine und Anlage je nach funktionaler Aufgabenstellung und verfügbarem Funktionsprinzip auch unter akustischen Gesichtspunkten, z. B. Vergleich von Verfahren und Prozessen
- Bewertung und Berücksichtigung der Einsatz- bzw. Randbedingungen (akustische Gesamtsituation, andere Belastungen und Gefährdungen und dergleichen)
- Entwicklung und Umsetzung primärer (Emission) und sekundärer (Transmission) Lärmminderungsmaßnahmen einschließlich optimierter Balance
- Überprüfung, Überwachung und Aufrechterhaltung von Wirkung und Effizienz.

Übersetzt in die akustische Ebene des Lärmminderungsprozesses lassen sich diese Schritte auch nach dem Schema

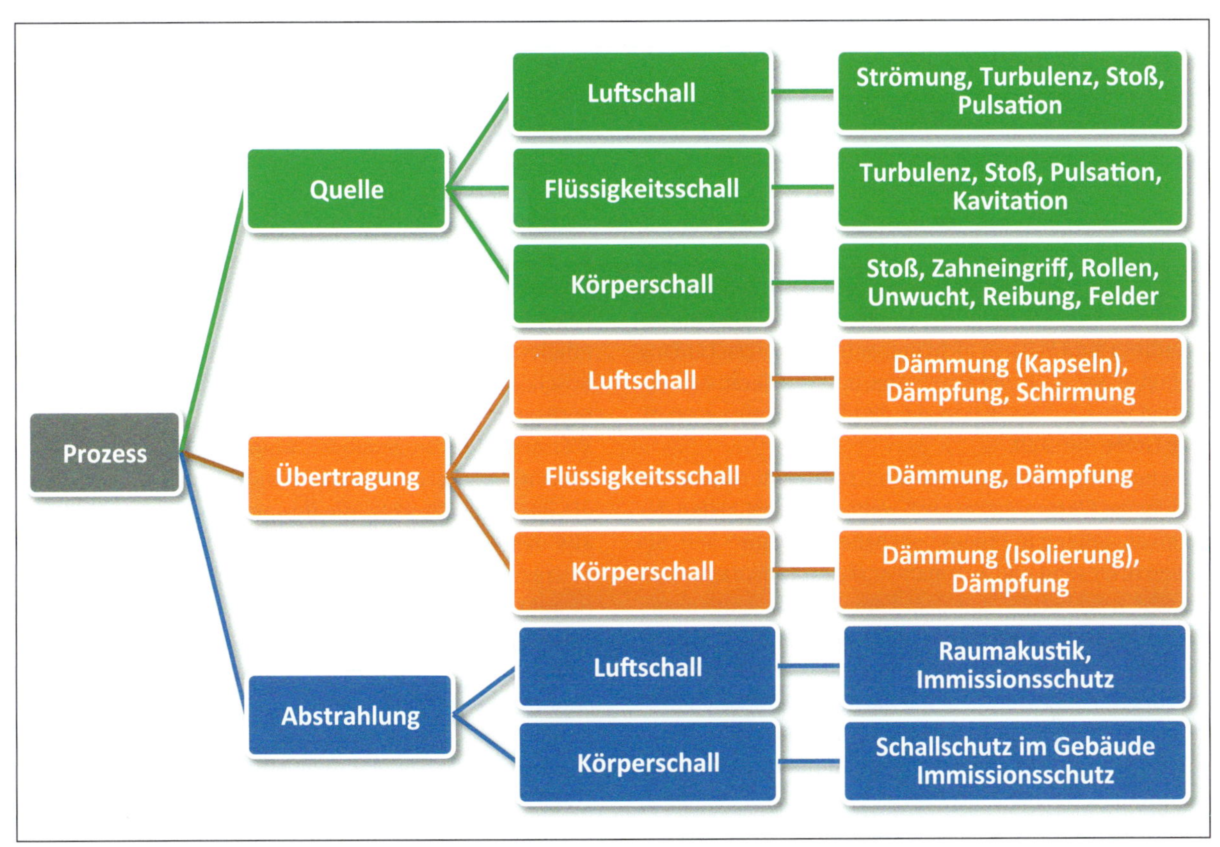

Abb. 3 Schematische Darstellung der wesentlichen Elemente des Lärmminderungsprozesses

in Abbildung 3 zusammenfassen. Es veranschaulicht die Elemente und Spielarten der Lärmentstehung sowie einer Reihe von Möglichkeiten der Reduzierung.
Ein allgegenwärtiges Element sei hier herausgegriffen, das immer dann Anwendung findet, wenn der eigentliche Mechanismus der Schallentstehung nicht mehr mit vertretbarem Aufwand beeinflusst werden kann. An dieser Stelle

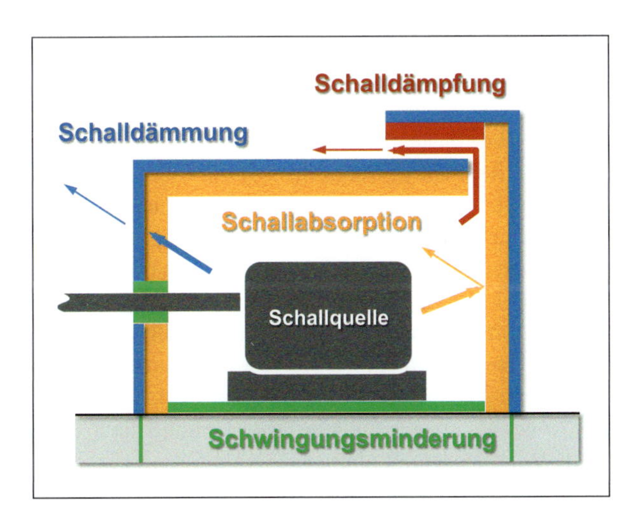

Abb. 4 Aspekte und Bestandteile der Kapselung von Geräuschquellen

kommen Gehäuse, Kapseln oder Kabinen zur Eindämmung der Schallausbreitung zum Einsatz. Allerdings müssen auch dabei Details beachtet werden, die in Abbildung 4 illustriert sind.
Die schalldämmende Einhausung dient zunächst der „Blockade“ der ansonsten ungehinderten Ausbreitung. Zur Vermeidung der Schallpegelzunahme im Inneren infolge Reflexion dient eine schallabsorbierende Auskleidung. Sind prozessbedingt im Gehäuse Öffnungen und dergleichen zur Abfuhr von Wärme oder Zufuhr von Werkstücken erforderlich, müssen auch sie bedämpft werden. Schließlich bleiben noch Schallübertragungswege, sogenannte Nebenwege, bei denen der Schall Schwingungen z. B. des Bodens anregt, die sich ausbreiten und außerhalb des Gehäuses zur Schallabstrahlung führen. Dagegen helfen elastische Lagerungen und Unterbrechungen dieser Schwingungsausbreitung.

5.3.3 Raumakustik und Schallabsorber

Einige der gerade erläuterten Zusammenhänge zu Gehäusen und Kapseln lassen sich sinngemäß auch auf die Situation übertragen, wenn mehrere Maschinen bzw. Schallquellen in einer Produktionshalle einen resultierenden Gesamtschallpegel erzeugen. Das Gebäude gleicht dem Gehäuse, sodass auch in der Halle schallabsorbierende Elemente zur Beruhigung beitragen. Ihre Wirkung sollte jedoch weder unter- noch überschätzt werden. Ausgehend vom bereits genannten Schallleistungspegel LWA einer Quelle und einer typischen (diffusen) Schallverteilung im Raum, kann eine Flächenverdopplung selbst vollwertiger Schallabsorber den resultierenden (hörbaren) Schalldruckpegel L_{pA} im Raum um maximal 3 dB reduzieren. In halligen Räumen mit schallharten Wandflächen bewirken deshalb die ersten Quadratmeter Schallabsorber viel Dämpfung. Allerdings sind Flächen nicht immer im beliebigen Umfang verfügbar, sodass in der Praxis eine mittlere Geräuschminderung von ca. 3 bis maximal 6 dB im Raum eine realistische Größe darstellt.

Vor einer Darstellung der für die Raumschall-Absorption geeigneten Elemente sind noch weitere Möglichkeiten der Lärmbehandlung in Produktionshallen anzusprechen. Sie stellen insgesamt und aufeinander abgestimmt das gestalterische Angebot dar, mit dem komplexe Maschinen und Prozesse akustisch beeinflusst werden können. Eine dieser Möglichkeit ergibt sich aus einer Art von „akustischem Layout" in großen Produktionsräumen mit vielen Maschinen, indem z. B. unvermeidbar lärmintensive Maschinen nicht gleichmäßig im Raum verteilt, sondern räumlich konzentriert werden. Natürlich ist es auch bei diesen Überlegungen notwendig, eine Balance aller Bedürfnisse zu finden. Lassen sich lärmintensive Abschnitte zusammenfassen, aber prozessbedingt nicht einhausen, können Abschirmwände als Barriere eingeplant werden. Eine wesentliche akustische Einschränkung dieser Lärmschutzwände ist ihre geringe Wirkung bei tiefen Frequenzen. Zugleich funktionieren sie nur dann, wenn die Wände und Decken der Räume absorbierend verkleidet sind, da sonst der Schall um die Abschirmung herum reflektiert wird. Schallabsorber in Produktionsräumen haben also eine beruhigende Wirkung und ermöglichen zugleich die sinnvolle Verwendung von Schallbarrieren.

Das Angebot an Werkstoffen und Bauteilen zur Schallabsorption ist umfangreich, sowohl hinsichtlich ihrer Funktionalität als auch ihrer ökonomischen und ökologischen Bilanz. Der am meisten verbreitete Typ, die sogenannten porösen Absorber, lässt sich aus einer großen Vielfalt an Materialien herstellen. Die Platten können aus künstlichen Mineralfasern, offenzelligen Schäumen oder gebundenem Granulat (haufwerksporige Stoffe) bestehen. Viele dieser Stoffe sind akustisch gleichwertig, was sich mittels des längenbezogenen Strömungswiderstandes, praktikabel im Wertebereich zwischen 5 und 20 kPas/m^2, als relevante Stoffkenngröße ausdrücken lässt. Die mitunter verwendete Dichte des Materials zur Kennzeichnung der Schallabsorption ist irreführend, da z. B. geschlossen-zellige Stoffe wie Polystyrolschaum keine nutzbaren Werte der Schallabsorption erreichen. Eine für das Schallabsorptionsspektrum wiederum entscheidende Größe ist die Schichtdicke. Je dicker die Absorberschicht ist, desto tiefer sind die absorbierten Frequenzen.

Wenn nun die Absorptionsfähigkeit nahezu gleich ist, kann sich die jeweilige Wahl an anderen Kriterien, z. B. Kosten, Brandschutz oder Reinigbarkeit, orientieren. In der Praxis werden nur wenige poröse Stoffe ohne mechanische oder chemische Schutzhülle verwendet. Bei diesen Abdeckungen aus Lochblech, Rieselschutz (Vlies) und Folien sind Regeln zu beachten, um die akustische Wirkung nicht zu mindern. Letztlich läuft es dabei immer auf ausreichende Schalldurchlässigkeit hinaus, damit Schallenergie in den porösen Absorber eindringen und infolge Reibung in Wärmeenergie umgewandelt werden kann.

Eine weitere große Gruppe von Schallabsorbern sind die Resonanzabsorber, die ihre praktische Berechtigung aus dem Bedarf an hoher Absorption bei bestimmten Frequenzen ableiten. Da sie zum Teil ohne poröse Stoffe auskommen können, sind sie auch für hygienisch anspruchsvolle Einsatzbereiche geeignet, z. B. in der Lebensmittel- und Pharma-Industrie. Folgende Typen sind zu unterscheiden:

- Masse-Feder-Systeme lassen sich durch verschiedene konstruktive Maßnahmen praktisch realisieren. Geschlossene Abdeckungen (Masse) aus Folien, Membranen oder Platten überspannen dabei vollständig eine poröse oder Luftschicht (Feder). Die Resonanzfrequenz ergibt sich aus der flächenbezogenen Masse der Abdeckung und der dynamischen Steifigkeit der Schicht aus porösem Material oder Luft. Je höher die Masse und je geringer die Steifigkeit, desto tiefer liegt die Resonanzfrequenz. Inhärente Reibungsverluste verbreitern das Absorptionsspektrum.
- Das Wirkprinzip von Plattenschwingern beruht auf der Anregung von Biegeeigenschwingungen der Abdeckung (biegesteife Platten), wiederum vor einer porösen oder Luftschicht. Der Aufbau gleicht daher dem der Masse-Feder-Resonatoren, allerdings wird das Resonanzverhalten nun auch von den Plattenabmessungen bestimmt. Bei gleicher Dicke und Dichte führen größere Platten zu tieferen Resonanzfrequenzen.
- Auch beim sogenannten Helmholtz-Resonator ist eine Abdeckung erforderlich, jedoch mit wohl definierten Öffnungen in Gestalt von Löchern, Schlitzen oder dergleichen. Daher schwingen auch nicht die Platten, sondern die Luftpfropfen in den Löchern. Sie schwingen mit dem Luftvolumen dahinter im Sinne eines Resonanz-Systems, das beim Anblasen von Flaschen oder manchen Musikinstrumenten zu einem Klang führt. Treffen Schallwellen auf dieses System, funktioniert es als Absorber.

Die gut beherrschbare Auslegung all dieser Resonanzabsorber hat zu zahlreichen konstruktiven und gestalterischen Spielarten geführt. Als wohl jüngste Schallabsorber-Generation gelten mikroperforierte Bauteile mit sehr vielen Löchern und einem Lochdurchmesser unter einem Millimeter (Abb. 5).

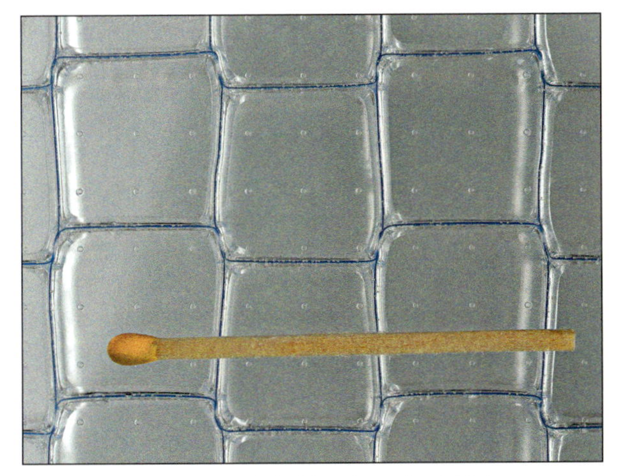

Abb. 5 Mikroperforierte Schallabsorber, z. B. als Wabenstrukturen mit mikroperforierten Deckfolien, Foto: Roman Wack

Auch diese Folien, Platten oder Membranen benötigen ein Luftkissen. Ihr erstaunlicher Gestaltungsspielraum resultiert aus der Freiheit der stofflichen Wahl. Die akustische Wirkung hängt ausschließlich von der Geometrie der Mikrolöcher ab, völlig gleichgültig, ob sie in Metall-, Holz, Kunststoff- oder Glasplatten vorliegen. Nur so sind z. B. transparente und transluzente Absorber-Elemente möglich.

5.3.4 Persönlicher Gehörschutz

Stellen sich infolge der bisher genannten Lärmschutzmaßnahmen Expositionspegel unterhalb der Auslösewerte ein, können zumindest die gesetzlichen Anforderungen als erfüllt betrachtet werden. Überschreiten sie diese Auslösewerte immer noch, ist ein persönlicher Gehörschutz unvermeidlich. Natürlich muss nun mit diesem Gehörschutz die Lärmexposition dauerhaft ausreichend vermindert werden. Zur Auswahl stehen Kapselgehörschützer, zum Teil mit Zusatzfunktionen wie Kommunikationseinrichtung oder Musikwiedergabe, Gehörschutzstöpsel und Otoplastiken, d. h. individuell angepasste Formteile mit vergleichsweise hoher Wirkung und hohem Tragekomfort. Der Kostenaufwand selbst für hochwertige Gehörschützer liegt in vielen Fällen weit unter dem Aufwand für technischen und baulichen Lärmschutz.

Dennoch bleibt eine Reihe von Argumenten, die bei der dauerhaften Einführung von persönlichem Gehörschutz beachtet werden sollte. Das Gehör fungiert ganz allgemein als ein Alarmorgan des Menschen, sodass bei zu starker „Abkopplung" von der Umwelt auch Warnsignale wirkungslos bleiben können. Hygienische Fragen können auftreten und gerade bei körperlicher Anstrengung kann ein Gehörschützer als zusätzliche Belastung empfunden werden. Diese und weitere Aspekte münden mitunter in einer allgemeinen Ablehnung, sodass der Zwang zum dauerhaften Tragen eine erhebliche Einschränkung bedeuten kann. Trotz aller individuellen Unterschiede sollten diese Erfahrungen in die Planung und Bewertung eines geeigneten Gesamt-Lärmschutzansatzes unbedingt einfließen.

5.4 Geräuschabstrahlung von Produktionsstätten

Die gesellschaftlichen Entwicklungen der letzten Jahre zeugen von einer zunehmenden Sensibilisierung insgesamt gegenüber Emissionen wie Abgas, Feinstaub und auch Lärm, worauf bereits mit verschärften Anforderungen reagiert wurde. Diese Tendenz ist nahezu weltweit zu beobachten, sodass die Betreiber von emissionsintensiven Anlagen immer weniger „Fluchtmöglichkeiten" finden. Aus der Wahrnehmung dieser Situation resultiert aber bereits eine Gegenbewegung, d. h. ein Angebot emissionsarmer Technologien als Reaktion auf weltweite Nachfrage.

5.4.1 Anforderungen und Regeln

Für nahezu alle Produktionsstätten, d. h. inner- und außerhalb von Gebäuden einschließlich des betriebsbedingten Verkehrs, bestehen daher auch akustische Emissionsregelungen, um Belastungen durch Lärm und Ruhestörungen in der Nachbarschaft zu vermeiden. Ausgehend vom Bundesimmissionsschutzgesetz (BImschG) enthalten zahlreiche Bestimmungen und Vorschriften die einzelnen Grenzwerte mit Bezug auf örtliche und zeitliche Randbedingungen. Hervorzuheben ist die „Technische Anleitung zum Schutz gegen Lärm" (TA Lärm 1998). Bei den einzuhaltenden Immissionspegeln, also am schützenswerten Hörort bestimmt, wird zwischen Tag und Nacht sowie nach der Art des umgebenden Gebietes wie folgt unterschieden.

Tab. 1 Immissionspegel an ausgewählten Orten

Industriegebiete		70 dB(A)
Gewerbegebiete	tags	65 dB(A)
	nachts	50 dB(A)
Kern-, Dorf- und Mischgebiete	tags	60 dB(A)
	nachts	45 dB(A)
allgemeine Wohngebiete	tags	55 dB(A)
	nachts	40 dB(A)
reine Wohngebiete	tags	50 dB(A)
	nachts	35 dB(A)
Kurgebiete, Krankenhäuser usw.	tags	45 dB(A)
	nachts	30 dB(A)

Über diese Grenzwerte hinaus sind besondere Regelungen für einzelne kurzzeitige Geräuschspitzen sowie für besonders tieffrequente und tonhaltige Geräusche getroffen. Viele praktische Beispiele zeugen von den technischen, baulichen und zum Teil logistischen Herausforderungen, diese Grenzwerte einzuhalten. Bei vorausschauender Planung und Einhaltung trägt dieser Lärmschutz jedenfalls zur Effizienz von Produktionsanlagen bei, wenn dadurch z. B. Auflagen zu begrenzten Produktionszeiten vermieden werden.

IV

5.4.2 Baulicher Schallschutz

Eine zentrale Maßnahme zur Verhinderung von Nachbarschaftslärm durch Produktionsstätten ist die ausreichend schalldämmende Gebäudehülle. Dabei muss generell beachtet werden, dass der akustisch „schwächste" Teil die Bilanz des baulichen Schallschutzes bestimmt. Dicke gemauerte Wände nutzen nichts, wenn unzureichend schalldämmende Fenster verwendet werden oder zahlreiche unbedämpfte Öffnungen vorhanden sind.

Der erste Schritt dieser Bilanz besteht in der Ermittlung der Lärmpegel in der Produktionshalle, um anschließend den Dämmungsbedarf anhand der gebietsabhängigen Anforderungen festzulegen. Dabei kann in bestimmten Fällen noch die geografische Ausrichtung zu den nachbarschaftlichen Schallempfängern berücksichtigt werden. Gerade bei sehr großen Produktionshallen lässt sich daraus mitunter Einsparpotenzial ableiten. Beim zweiten Schritt, der Auswahl geeigneter Wand- und Dachkonstruktionen einschließlich der diversen Detailausprägungen, helfen allgemeingültige, wie z. B. die DIN 4109 (Beiblatt 1), und produktbezogene Bauteilkataloge. Sie enthalten eine Vielzahl von Ausführungsmöglichkeiten mit den zugehörigen Schalldämm-Maßen. Physikalisch bedingt sind bei höheren Ansprüchen massive Konstruktionen im Vorteil, da sie auch im tieffrequenten Bereich eine gute Schalldämmung aufweisen. Leichte Bauteile, also z. B. Fenster, Metallfassaden und -dächer, werden bei derartigen Anforderungen vergleichsweise dick und viellagig. Erfahrungsgemäß sind Funktionsöffnungen wie Türen, Tore und Lüftungsdurchlässe besonders kritische Bauteile, da sie prozessbedingt nicht allzu schwer und auch nicht dauerhaft geschlossen sein dürfen. Vorhänge oder Lamellen aus Kunststoffmembranen reichen oft nicht aus, sodass mehrlagige Systeme nach Art von Schleusen erforderlich werden. Zugleich ist die organisatorische Minimalforderung zur Vermeidung von lärmbedingtem Ärger zu beachten, die Tore und Türen immer nur kurzzeitig zu öffnen.

Bleiben noch die in manchen Fällen sehr zahlreichen Abluftöffnungen z. B. in Dächern von Produktionshallen. Auch hierfür liegen schalldämmende Lösungen vor, beispielsweise in Form von Labyrinth-Systemen. Sie führen die Luft um mehrere Umlenkungen, die zusätzlich mit schalldämpfendem Material ausgekleidet sind, nach außen. In Abbildung 4 ist dies unter dem Stichwort Schalldämpfung illustriert. Auch hier besteht jedoch die besondere Herausforderung in der Dämpfung tiefer Geräusche mit möglichst schlanken Baukonstruktionen.

5.4.3 Technischer Schallschutz

Die eben genannten Abluftöffnungen für Produktionshallen und die Verwendung schalldämpfender Materialien zur Verringerung des Schalldurchgangs weisen akustische Ähnlichkeiten zu einer praktisch bedeutsamen, weiteren Gruppe von Lärmquellen auf, den prozesslufttechnischen Anlagen. Erkennbar an den großen Metallkanälen oder hohen Kaminen stellen sie in vielen Produktionsstätten sogar die einzig nennenswerten Geräuschverursacher dar. Die „Klassiker" sind z. B. Lackieranlagen, immerhin mehrere zehntausend in Deutschland, Anlagen in der Holz-, Papier- und Textilverarbeitung sowie in der chemischen, pharmazeutischen und Lebensmittelindustrie.

Aus akustischer Sicht ist schallemissionsarme Prozesslufttechnik nicht allein mit leiseren Schallquellen erreichbar. Die gerade in diesen Anlagen meist leistungsstarken Ventilatoren, Gebläse usw. sind zwar leiser und auch energieeffizienter geworden. Nach wie vor erzeugen sie jedoch erhebliche Lärmpegel, die saug- und druckseitig mit voluminösen Schalldämpfern reduziert werden müssen. Gebräuchlich sind die sogenannten Kulissen-Schalldämpfer (Abb. 6), die in Kanäle oder Kamine eingestellt werden.

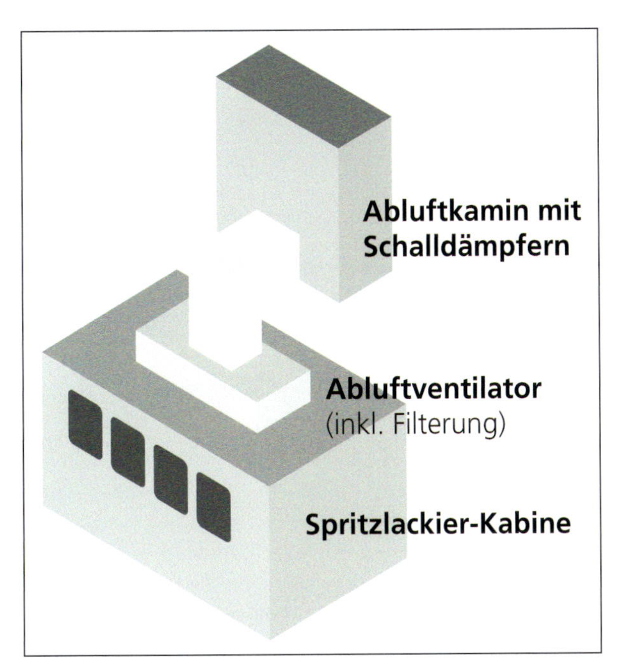

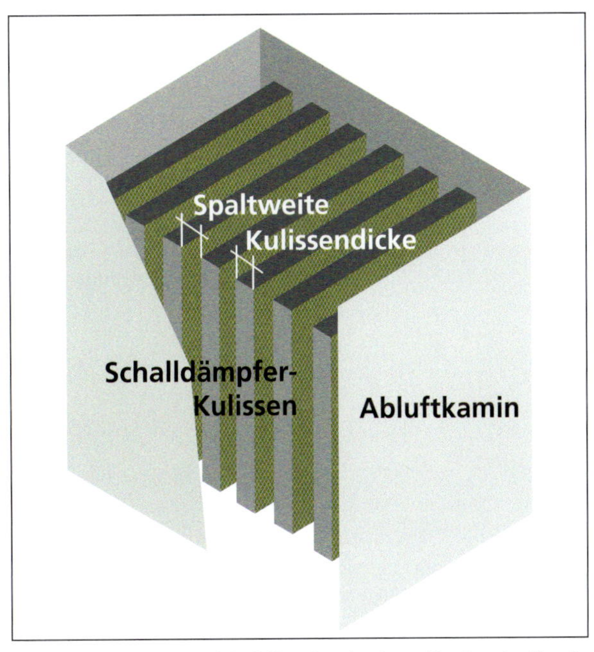

Abb. 6 Links: Schema einer Lackieranlage mit Abluftsystem, rechts: Typische Anordnung von Schalldämpfern in einem Kamin oder Kanal.

An der Spitze der Verbreitung stehen die passiven oder porösen Schalldämpfer aus Mineralwolle-Platten, die außen mit einem Vlies oder Gewebe sowie mit Lochblech geschützt sind. Mit den niedrigsten Anschaffungskosten bewirken sie eine hohe Schalldämpfung bei mittleren und hohen Frequenzen. Mit Bezug auf die meist tieffrequent dominierten Geräuschspektren von Ventilatoren reicht deren Dämpfung häufig nicht aus, sodass bereits heute andere, besser angepasste Resonanz-Schalldämpfer angeboten werden. Deren Dämpfung lässt sich auf ein erforderliches Geräuschspektrum abstimmen, wobei entweder Masse-Feder-Systeme oder Hohlkammern (z. B. Helmholtz-Resonatoren) in unterschiedlichen Bauformen genutzt werden. Ihre akustischen Wirkprinzipien gleichen denen der Schallabsorber, wie sie unter dem Stichwort Raumakustik bereits vorgestellt wurden.

Die akustische Auswahl und Dimensionierung von Schalldämpfern ist allerdings nicht die einzige Aufgabe bei der Beruhigung von lufttechnischen Anlagen. So sind auch Verschmutzungs- oder gar Versottungsrisiken zu beachten. Es ist keine Seltenheit, dass bei neuen Anlagen nach ein, zwei Jahren Lärmbelästigungen auftreten, da das Lochblech vollständig mit Partikeln zugesetzt ist. Große Anlagen werden daher regelmäßig mittels Schallmessungen überwacht, um rechtzeitig die Schalldämpfer zu reinigen oder auszutauschen. Diese Prozeduren sind kostenintensiv, sodass sich verschmutzungsresistente oder gar reinigbare Schalldämpfer amortisieren. Schließlich muss jeweils die gesamte Anlage akustisch und natürlich auch aerodynamisch abgestimmt werden, wobei entsprechende Richtlinien und Auslegungsprogramme helfen. Erneut gilt, wie an sich immer beim Lärmschutz, dass die tiefen Töne besonders schwer zu dämpfen sind.

5.5 Akustische und energetische Effizienz – Ein Beispiel

Die vorgestellten Schalldämpfer für lufttechnische Anlagen haben in der Praxis Nebeneffekte. Über die Herstellungs- und Anschaffungskosten hinaus verursachen sie laufende Kosten. Dazu gehört der Aufwand für Reinigung und ggf. regelmäßigen Austausch, z. B. in den zahlreichen Lackieranlagen nach meist wenigen Jahren. Darüber hinaus stellen Schalldämpfer ein Hindernis für die Luftströmung dar. Der damit verbundene Gegendruck muss mittels erhöhter Ventilatorleistung überwunden werden, die wiederum direkt mit entsprechendem Elektroenergieverbrauch einhergeht. Damit lässt sich eine klare Wechselwirkung zwischen akustischer und energetischer Effizienz begründen, deren Bedeutung zunimmt, da es sich hier keinesfalls um vernachlässigbare Einspareffekte handelt, im Gegenteil. Als Beispiel sei auf Spritzlackieranlagen in der Fahrzeugherstellung verwiesen. Deren Energieverbrauch macht bis zu 70 % des Gesamtenergieverbrauchs zur Herstellung eines Pkw aus, wovon wiederum ein Teil auf die schall-

Abb. 7 Reinigbare Resonanz-Schalldämpfer aus Edelstahl-Membranen mit hoher akustischer und energetischer Effizienz im Abluftschacht einer Lackieranlage (Links: Einbau der ersten Kulisse in den Betonschacht, rechts: Vollständiger Abluftschacht mit Schalldämpfern) (Fotos: Ingo Hannuschka)

dämpfenden Einbauten zurückgeht. Abbildung 7 zeigt ein Ausführungsbeispiel metallischer Schalldämpfer im Abluftschacht einer großen Lackieranlage.

Für die energetische und akustische Planung und Realisierung von schalldämpfenden Einbauten, wie sie heute praktiziert werden, lassen sich folgende Konsequenzen ableiten:

- Die konstruktiven und lufttechnischen Einflussparameter wirken sich sowohl auf die energetische als auch auf die akustische Wirkung von schalldämpfenden Einbauten aus.
- Die Intensität dieser Auswirkungen und ihre Wechselwirkungen untereinander unterscheiden sich je nach Anlage.
- Scheinbar vernachlässigbare Details und „Unsicherheiten“ können erhebliche Folgen haben, im Sinne der energetischen und akustischen Effizienz gleichermaßen.
- Eine eng verknüpfte Optimierung und Präzisierung beider Aspekte bei Planung, Auslegung und Ausführung ist erforderlich, um Einsparpotenzial zu erschließen.

In der bisherigen Herangehensweise ist die integrale Betrachtung von Akustik und Energieeffizienz kein Standard bei Planung und Betrieb prozesslufttechnischer Anlagen. Gerade in dieser Synergie liegt aber großes Potenzial zur weiteren Energieeinsparung bei verbesserter akustischer Qualität im Sinne effizienter Produktionsanlagen.

Literatur

DIN 4109, Beiblatt 1: 1989 - 11. Schallschutz im Hochbau - Ausführungsbeispiele und Rechenverfahren.

DIN EN 12354 - 4: 2001 - 04. Bauakustik - Berechnung der akustischen Eigenschaften von Gebäuden aus den Bauteileigenschaften - Teil 4: Schallübertragung von Räumen ins Freie.

Eckoldt, D.: Integrierte Schalldämpfer in Abluftanlagen senken Lärmpegel und verringern Druckverlust.

Fuchs, H.: Schallabsorber und Schalldämpfer. Springer-Verlag Berlin, 2007.

Hannuschka, I.: Energieeffizienz und Lärmschutz in der Praxis. Symposium Schall+Energie Dämpfer, Stuttgart 2010

Maschinen Markt 106 (2000), H. 4, S. 30 - 33.

Müller, G., Möser, M.: Taschenbuch der Technischen Akustik. Springer-Verlag Berlin, 2004.

Sechste Allgemeine Verwaltungsvorschrift zum Bundes-Immissionsschutzgesetz (Technische Anleitung zum Schutz gegen Lärm - TA Lärm) 1998 - 08.

Technischer Lärmschutz. Hrsg.: Werner Schirmer. VDI Verlag Düsseldorf 1998.

VDI - Richtlinie 2081: Geräuscherzeugung und Lärmminderung in Raumlufttechnischen Anlagen. Berlin: Beuth-Verlag 2001

Technische Regeln zur Lärm- und Vibrations-Arbeitsschutzverordnung, Teil 3 - Lärmschutzmaßnahmen.Januar 2010.

Verordnung zum Schutz der Beschäftigten vor Gefährdungen durch Lärm und Vibrationen (Lärm- und Vibrations-Arbeitsschutzverordnung - LärmVibrationsArbSchV). März 2007.

Zwicker, E., Fastl, H.: Psychoacoustics. Springer-Verlag Berlin, 1999.

6 Green IT

Thorsten Wack

6.1 Umweltauswirkungen der Informationstechnik

Die IT-Branche ist mit einem Anteil von ca. zwei Prozent der weltweiten CO_2-Emissionen durch die Herstellung, Nutzung und Entsorgung der Geräte eine der Mitverantwortlichen des Klimawandels. Dies entspricht in etwa der emittierten Menge des internationalen Luftverkehrs (Gartner 2007).
Der hohe CO_2-Ausstoß resultiert zu einem erheblichen Teil aus der Energieintensität der Produktion von Hardwarekomponenten. Neben den mittel- bis langfristigen klimatischen Auswirkungen der CO_2-Emissionen hat die Produktion direkte Auswirkungen auf die Menschen und die Umwelt an den Produktionsstätten. Die Umweltorganisation Greenpeace untersuchte Wasserproben aus dem Umfeld von Fabriken zur Herstellung von Platinen und Halbleitern in China, Mexiko, Thailand sowie auf den Philippinen (Greenpeace 2007). Im Abwasser sowie im Grundwasser fanden sich neben bromhaltigen Flammschutzmitteln und Weichmachern chlorhaltige Lösungsmittel sowie hohe Konzentrationen von Schwermetallen. Nicht nur die ökotoxikologischen Auswirkungen eingesetzter Stoffe, sondern auch die Materialintensität der verwendeten, größtenteils endlichen Rohstoffe selbst zeigen auf, dass sich durch die immer intensivere Nutzung von IuK-Technologie der ökologische Fußabdruck stetig vergrößert.
Der Energiebedarf für den Betrieb von IT-Komponenten ist ebenso zu berücksichtigen. So wurde Anfang des Jahrzehnts geschätzt, dass allein 2 % des gesamten Stromverbrauchs der USA Computern und entsprechenden Netzwerkkomponenten zuzurechnen sind (Kawamoto 2001), in Deutschland sogar 3 - 8 % und in Japan zwischen 3,3 - 4,3 % (Plepys 2004). Nach Berechnungen des Borderstep Instituts lag 2008 allein der Stromverbrauch von Servern und Rechenzentren in Deutschland bei 10,1 TWh, was einem Anteil am Gesamtstromverbrauch von rund 1,8 % entspricht (Fichter 2008).

6.1.1 Recycling, Entsorgung und Schonung von Ressourcen

Neben der Menge an CO_2-Emissionen im Bereich der Informationstechnik haben auch das Abfallaufkommen und die anschließende Behandlung der Abfälle erhebliche Auswirkungen auf die Umwelt. Gegenwärtig ist in Europa zu beobachten, dass die Menge an Elektroaltgeräten im Vergleich zu anderen Abfallarten aufgrund kürzerer Innovationszyklen und Nutzungsdauer der Elektrogeräte fast dreimal schneller wächst. Europäische Hersteller wurden deshalb gesetzlich verpflichtet, sich um die Rücknahme und Verwertung ihrer Geräte zu kümmern. Dennoch enden rund 70 % des weltweiten Elektroschrott-Aufkommens in China (GAP 2007). Wie eine aktuelle Studie des Umweltbundesamtes (UBA) zeigt, gelangen ebenfalls erhebliche Mengen an Elektroschrott aus Deutschland nach Ghana, Nigeria, Südafrika, Vietnam, den Philippinen und Indien (UBA 2010).
In Deutschland wurden 2006 in der Kategorie IT und Unterhaltungselektronik ca. 315 000 t in Verkehr gebracht und ca. 102 000 t im Rücknahmesystem nach ElektroG gesammelt und behandelt (davon 7 000 t in anderen Mitgliedstaaten) (BMU 2008).
Elektroschrott wird teilweise in weniger entwickelte Länder exportiert und dort unter gesundheits- und umweltschädlichen Bedingungen wiederverwertet. Als Gründe dafür werden die steigenden Abfallmengen, begrenzte Kapazitäten der Recyclingbetriebe sowie geringere Kosten in den weniger entwickelten Ländern aufgeführt. Greenpeace untersuchte Recyclingbetriebe in Indien, China und Ghana (Greenpeace 2005), (Greenpeace 2008). In einigen der dortigen Recyclingbetriebe werden die Arbeiten zu größten Teilen im Freien verrichtet. Wertvolle Rohstoffe werden dort unprofessionell und unter ökologisch sowie gesundheitlich bedenklichen Bedingungen wiedergewonnen. Nicht verwertete Teile werden außerhalb der Dörfer von den Recyclingbetrieben wild deponiert. Im Rahmen der Untersuchung wurden Proben von Wasser, Boden und Luft in den Betrieben genommen, die eine hohe Konzentration an Blei, Zinn, Kupfer, Cadmium und anderen Schwermetallen aufwiesen. Messungen in den Häusern der Arbeiter ergaben ebenfalls sehr hohe Schwermetallbelastungen, die durch die Kleidung der Arbeiter dorthin gelangen. Weitere Gefahren für die Umwelt entstehen durch kontinuierliches Spülen des Schreddermaterials mit Wasser, das unbehandelt abgeleitet wird. Die Konzentration von Blei, Kupfer, Nickel und Antimon war in den Abflusskanälen 200 bis 600 Mal höher als üblich.
Erwähnenswert ist der Anteil der „seltenen Erden" im Elektroschrott. Diese sind zum Teil wichtige Bestandteile in der modernen Elektronikindustrie und werden zusammen mit anderen Metallen daher auch „Elektronikmetalle" genannt. Durch ein fortschrittliches Elektroschrottrecycling lässt sich eine bevorstehende Versorgungslücke verkleinern und eine größere Unabhängigkeit von Importen erreichen. So besteht schon heute ein Großteil des gehandelten Galliums aus der Aufbereitung von Gallium-, Zink- und Aluminiumschrotten (BGR 2010). Eingesetzt wird es z. B. als Flüssigmetall-Wärmeleitpaste in PC oder in Form von Galliumnitrid in integrierten Schaltkreisen.

6.1.2 „Rebound Effects“

Die von der IT-Branche verursachten Umweltprobleme verstärken sich, da der Markt schneller wächst als Effizienzgewinne in der Produktion erzielt werden können (Plepys 2004, S. 3 und 4). Gleichzeitig steht zu vermuten, dass der globale Markt rasant wächst, gerade weil die Produktion effizienter und somit günstiger wird.
Diese in der Literatur als „Rebound Effect“, also Rückschlag, bezeichnete Entwicklung bedeutet, dass der Gesamtbedarf an Material und Energie eines Systems ansteigt, obwohl Energie- und Materialintensität zur Produktion einzelner Güter sinken (Plepys 2004, Appendix B, Paper I). Dies liegt darin begründet, dass mit steigender Effizienz die Einstandspreise einzelner Güter fallen und somit die Nachfrage steigt. Verstärkt wird der Effekt im Fall der IT-Branche zudem durch immer kürzere Innovationszyklen.

6.1.3 Ökoeffizienz und Dematerialisierung

Den oben beschriebenen negativen Wirkungen der IT auf die Umwelt kann mit den Konzepten der Ökoeffizienz und der Dematerialisierung begegnet werden. Das vom World Business Council For Sustainable Development (WBCSD) zu Anfang der 1990er Jahre geprägte Konzept der Ökoeffizienz hat zum Ziel, Produktion und Produktnutzung auf Nachhaltigkeit auszurichten, also Umweltauswirkungen möglichst so weit zu reduzieren, dass negative Effekte die natürliche Regenerationsfähigkeit der Umwelt nicht übersteigen.

Ökoeffizienz wird laut WBCSD erreicht durch „die Bereitstellung von preisgünstigen Waren und Dienstleistungen, die menschliche Bedürfnisse befriedigen und Lebensqualität bringen bei schrittweiser Verringerung der Umweltauswirkungen und der Ressourcenintensität von Gütern über den gesamten Lebenszyklus auf ein Niveau im Einklang mit der geschätzten Tragfähigkeit der Erde“ (Verfaillie 2000). Demnach beinhaltet Ökoeffizienz sowohl die ökonomische als auch die ökologische Effizienz. Ziel des Ökoeffizienzkonzepts in Bezug auf die IT-Branche ist es somit, geeignete IT-Dienstleistungen unter Beibehaltung der wirtschaftlichen Konkurrenzfähigkeit mit einem Minimum an Umweltbelastung zu erzeugen.
Schlüssel zur Erfüllung dieses Ziels ist die Dematerialisierung, also die Reduktion der Energie- und Materialintensität eines Produktes oder einer Dienstleistung. Kern dieses Konzeptes ist, die zu erfüllende Funktion oder Aufgabe eines Produktes in den Vordergrund zu stellen anstelle des Produktes selbst, wie z. B. einen Computer (Plepys 2004, S. 13ff). Im Fall der IT-Branche bedeutet dies, alternative Systeme und Infrastrukturen aufzubauen, die in der Lage sind, bei deutlich verringerten Umweltauswirkungen die gleichen Funktionen in der gleichen Qualität zu erfüllen.

6.2 IT Infrastrukturmodelle

Das folgende Kapitel beschreibt die zurzeit gängigen IT-Infrastrukturmodelle, die die Verlagerung der Rechenkapazität vom Client ins Rechenzentrum zum Ziel haben. Durch diesen Ansatz kann einerseits die Auslastung der bestehenden IT-Infrastruktur optimiert werden. Andererseits existiert eine Reihe von Optimierungsmaßnahmen hinsichtlich der energetischen Effizienzsteigerung von Rechenzentren.

6.2.1 Terminal Server

Das Funktionsprinzip aktueller Terminal Server geht zurück auf Host-Systeme, wie sie bereits in den 1950er und 1960er Jahren gebräuchlich waren. Da zu dieser Zeit Ressourcen wie Prozessoren und Speicher in Relation zur angebotenen Leistung signifikant teurer waren, als dies heute der Fall ist, kamen Großrechenanlagen, die sogenannten Mainframes, zum Einsatz, die bereits multiuser- und multitaskingfähig waren und daher von mehreren Anwendern gleichzeitig genutzt werden konnten.
Ein Netzwerk im heutigen Sinn existierte dabei allerdings noch nicht. Die Clients – „Terminal“ genannt – wurden über serielle Leitungen sternförmig an ihren Host angebunden und dienten ausschließlich der Übertragung der Eingaben zum Host und der Darstellung der textbasierten Ausgabe des Systems (Abb. 1).

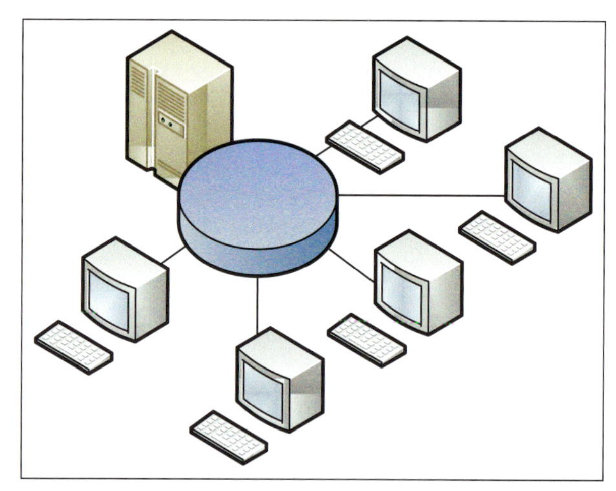

Abb. 1 Mainframe und Terminals

Im Zuge der Entwicklung des Betriebssystems UNIX entstand durch das X11-Protokoll und die Einführung entsprechender Terminals, die über ein TCP/IP-Netzwerk mit ihren Hosts kommunizieren, die Möglichkeit zum verteilten, serverbasierten Arbeiten mit grafischen Benutzeroberflächen.

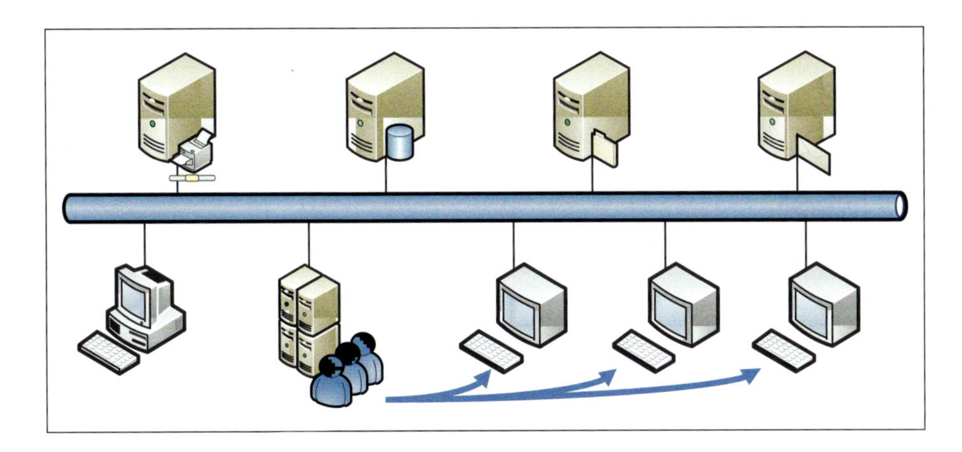

Abb. 2 Server Based Computing

Dieses Betriebsmodell hat Microsoft mit der Terminal Server Edition seines Server-Betriebssystems Windows NT Mitte der 1990er Jahre adaptiert. Gemeinsam mit der Firma Citrix und deren Produkt WinFrame entstanden Lösungen, die die Bereitstellung von Windows-Applikationen nach dem Prinzip der Host-Umgebungen ermöglichen. Sämtliche Datenverarbeitung und Rechenleistung wird dabei auf dem Server erbracht. Über das Netz werden, wie beim historischen Vorbild, nicht die Anwendungsdaten, sondern nur Benutzereingaben und Video- sowie Audioausgaben zwischen Client und Server ausgetauscht (Abb. 2).
Das Konzept aktueller Implementierungen - beispielsweise der Remotedesktopdienste unter Windows Server 2008 R2 und Citrix XenApp 6.0 - sieht vor, mehrere Server zu einer Farm zusammenzufassen. Dabei wird eine Lastverteilung zwischen den teilnehmenden Servern realisiert und anfragende Benutzer werden automatisch zu dem Server mit der geringsten Last geleitet. Anwender müssen sich somit nicht mehr gezielt mit einem Server verbinden und nicht mehr darum kümmern, wo sich eine bestimmte Applikation oder Ressource befindet.

Abb. 3 Thin Client (links) im Vergleich zu einem Desktop PC

6.2.2 Thin Clients

Neben der Möglichkeit, einen herkömmlichen PC als Terminal Server Client zu nutzen, kann am Arbeitsplatz des Endanwenders ebenso ein modernes Terminal - Thin Client im allg. Sprachgebrauch - eingesetzt werden. Diese Geräte sind deutlich kleiner als PC-Systeme und beinhalten in der Regel keine beweglichen Teile wie Festplatten oder Lüfter (Abb. 3).
Im Rahmen früherer Studien wurde deutlich, dass Thin Clients gegenüber PC sowohl in wirtschaftlicher als auch in ökologischer Hinsicht in vielen Einsatzszenarien Vorteile bieten. Es wurden allerdings auch Ansatzpunkte für weiteres Optimierungspotenzial ermittelt.
So entfallen im Hinblick auf eine ökologische Bewertung bei einem Aufbau mit dedizierter Hardware pro Terminalserver über 66 % des Treibhausgaspotenzials eines Arbeitsplatzsystems auf den Serveranteil (UMSICHT 2008, S. 71). Hier bietet die Virtualisierung der Terminal Server einen Ansatzpunkt, diesen Anteil zu reduzieren. Weiterhin ist gegenwärtig eine vollständige Anwendungsbereitstellung nur über Terminal Server oftmals nicht möglich - sei es aufgrund zu hoher Ressourcenanforderungen einzelner Anwendungen oder durch Inkompatibilitäten mit dem Multiuser-Betrieb. Hier setzt die Desktop-Virtualisierung an.

6.2.3 Server-Virtualisierung

Analog zum Funktionsprinzip der Terminals ist auch die Virtualisierung von Computersystemen kein wirklich neuer Gedanke. Konzepte der Virtualisierung wurden ebenfalls erstmals bei Mainframes eingeführt und dort zur Produktionsreife entwickelt.
Ganz allgemein dient die Virtualisierung dem Nachbilden von Eigenschaften scheinbar vorhandener Netzwerke, Systeme, Geräte, Komponenten, Verbindungen, Zustände, Datensätze, Dienste und Anwendungen. Dies dient unter

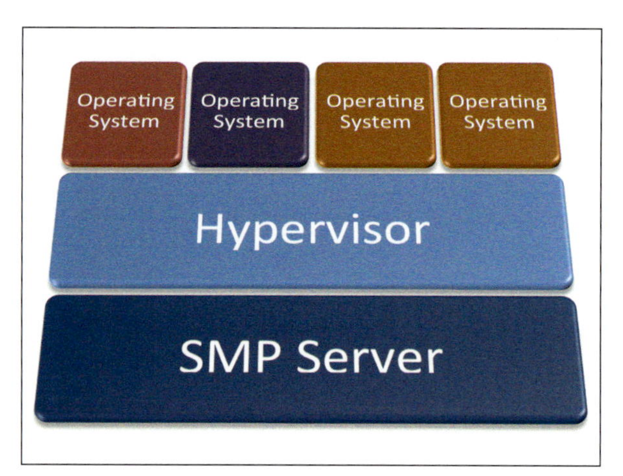

Abb. 4 Virtualisierung mittels Hypervisor (Quelle: IBM 2005)

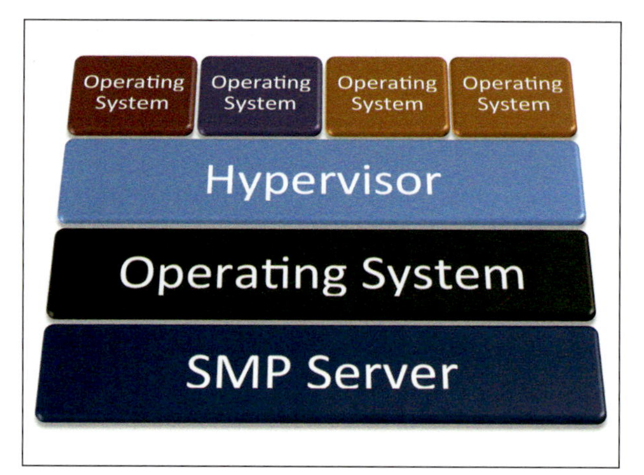

Abb. 5 Typ 2 Hypervisor (Quelle: IBM 2005)

anderem dem Zweck, vorhandene Ressourcen zur besseren operativen Verwaltung anders darzustellen, als dies den physischen Gegebenheiten entspricht, wodurch die vorhandene Hardware wesentlich effizienter ausgelastet werden kann.

Die Virtualisierung von Serverinstanzen darf inzwischen als im Markt etablierter Standard angesehen werden. Entsprechende Softwareprodukte abstrahieren mittels einer als Hypervisor bezeichneten Instanz von der unterliegenden Hardware und erlauben so, mehrere Betriebssysteme parallel auszuführen.

Bei einem Typ 1 Hypervisor handelt es sich um ein Kontrollprogramm, das im privilegierten Modus, dem Kernel Modus im Ring 0 einer CPU, direkt auf einer physisch vorhandenen Hardwareplattform läuft. Ein Gastbetriebssystem arbeitet demnach auf der zweiten Schicht über der Hardware (Abb. 4).

Der klassische Typ 1 Hypervisor war CP/CMS, bei IBM in den 60er Jahren entwickelt und Vorläufer von IBMs aktuellem z/VM. Eher neuere Vertreter dieser Kategorie sind Citrix XenServer, Microsoft Hyper-V, VMware ESX Server oder die Open Source Projekte KVM und Xen.

Demgegenüber benötigt ein Typ 2 Hypervisor eine unterliegende Betriebssystemumgebung als Basis. Ein Gastbetriebssystem muss dementsprechend auf der dritten Schicht (Ring 2) über der Hardware laufen. Beispiele hierfür sind VMware Server und Workstation, Microsoft Virtual PC, Parallels Desktop oder SUN VirtualBox.

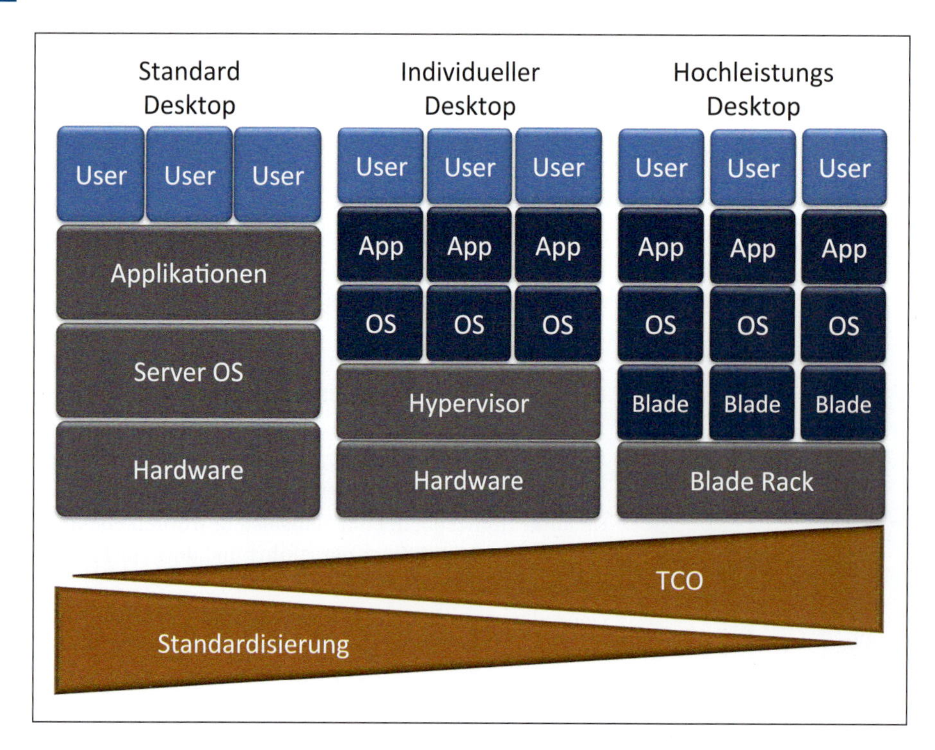

Abb. 6 Unterschiedliche Ausprägungen der Desktop-Virtualisierung (Quelle: Citrix Systems)

Typ 2 Hypervisoren finden hauptsächlich als Virtualisierungslösung für einzelne Arbeitsplatzsysteme Anwendung, beispielsweise als Testumgebung für Softwareentwickler. Demgegenüber haben sich als Infrastrukturlösung für den Einsatz im Rechenzentrum Typ 1 Hypervisoren als Stand der Technik etabliert. Auf dieser Basis können nun beliebige Infrastruktur-Server, wie Domain Controller, Print- oder Datenbank-Server sowie Terminal Server virtualisiert werden.

6.2.4 Desktop-Virtualisierung

Die Virtualisierung von Desktops zielt auf die Verlagerung von Ressourcen vom Arbeitsplatz des Benutzers in das Rechenzentrum in Verbindung mit dem zentralen Management dieser Ressourcen. Bei einer allgemeinen Auslegung des Begriffs kann bereits der Einsatz von Terminal Servern als Form der Desktop-Virtualisierung verstanden werden, werden doch auf diese Weise viele Anwender von einer Betriebssysteminstanz mit standardisierten Desktops versorgt (Abb. 6).
Im engeren Sinne werden virtuelle Desktops jeweils auf einzelnen Instanzen eines Desktop-Betriebssystems wie Windows XP oder Windows 7 betrieben. Diese Betriebssysteme werden ihrerseits auf einem Typ 1 Hypervisor betrieben oder – sofern Anforderungen an die Leistung dies erfordern – auf einer dedizierten Hardware, beispielsweise in Form eines Server-Blades, installiert. Diese Ansätze der Desktop-Virtualisierung werden oftmals als Virtual Desktop Infrastructure (VDI) oder Hosted Virtual Desktop (HVD) bezeichnet.
In allen Fällen bietet sich als Endgerät ein Thin Client an, dem je nach Szenario unterschiedlich ausgeprägte Serversysteme im Rechenzentrum gegenüberstehen.

6.3 Rechtliche Rahmenbedingungen

Dieses Kapitel fasst für Produktion, Betrieb und Entsorgung von IT-Komponenten relevante Gesetze und Verordnungen zusammen.

Tab. 1 Gesetzliche Anforderungen an Computersysteme (Auszug, ohne Anspruch auf Vollständigkeit)

EU-Ebene	Deutschland
Directive 2002/96/EC Waste electrical and electronic equipment WEEE	Gesetz über das Inverkehrbringen, die Rücknahme und die umweltverträgliche Entsorgung von Elektro- und Elektronikgeräten (Elektro- und Elektronikgerätegesetz – ElektroG)
Directive 2002/95/EC Hazardous substances in electrical and electronic equipment (RoHS)	ElektroG
Directive 2006/12/EC on waste (Abfallrahmenrichtlinie)	KrW-/AbfG (Kreislaufwirtschafts- und Abfallgesetz)
Directive 2008/98/EC on waste and repealing certain Directives, ersetzt seit 12.12.2008 die Directive 2006/12/EC	Directive 2008/98/EC musste bis zum 12.12.2010 in deutsches Recht umgesetzt werden. Dazu wird das KrW-/AbfG angepasst (noch nicht vom dt. Bundestag beschlossen)
EuP Directive 2005/32/EC for energy using products (EuP), ab 6.7.2005	Gesetz über umweltgerechte Gestaltung energiebetriebener Produkte (Energiebetriebene-Produkte-Gesetz EBPG) (am 7.3.2008 in Kraft getreten)
ErP Ecodesign Directive 2009/125/EC for Energy using Products (EuP) and Energy related Products (ErP) (ersetzt und erweitert seit 20.9.2009 Directive 2005/32/EC)	Anpassung des Gesetzes über umweltgerechte Gestaltung energiebetriebener Produkte. Die notwendigen Anpassungen betreffen im Wesentlichen die Änderung des Anwendungsbereichs von energiebetriebenen auf energieverbrauchsrelevante Produkte. (am 25.11.2011 in Kraft getreten)
EU-Chemikalienverordnung REACH (EG) Nr. 1907/2006 seit 1. Juni 2007 in Kraft getreten	Diese EU-Verordnung ist für alle Mitgliedstaaten direkt vorgegeben durch die EU; allerdings regelt die Gefahrenstoffverordnung für Deutschland die Rechtslage und Verpflichtungen für Hersteller von Chemikalien im Sinne der REACH-Verordnung

6.3.1 EU-Ebene und international

Bei der Herstellung und dem Inverkehrbringen von IT-Geräten sind europäische Vorschriften und deren Umsetzung in nationales Recht zu berücksichtigen. Hinsichtlich der Umweltverträglichkeit sind insbesondere die nachstehenden Vorschriften relevant.

Die EU-Richtlinie 2002/96/EC (WEEE) bezweckt vorrangig die Reduktion von Elektro- und Elektronikabfällen sowie das Recycling und andere Formen der Wiederverwertung, wie z. B. den Aufbau eines nationalen Sammelsystems. Die Verwertungsquote muss bei mindestens 75 % liegen, davon müssen 65 % einer Wiederverwendung oder einer stofflichen Verwertung zugeführt werden. Am 22. Juni 2010 haben die Europaabgeordneten des Umweltausschusses eine Neufassung der Richtlinie zur Entsorgung von Elektro- und Elektronik-Altgeräten beschlossen (UmweltMagazin 2010).

Die EU-Richtlinie „Restriction of the use of certain hazardous substances in electrical and electronic equipment" (2002/95/EC), kurz RoHS, beschränkt die Verwendung bestimmter Stoffe in Elektro- und Elektronikgeräten. So schreibt die Richtlinie unter anderem eine bleifreie Verlötung elektronischer Bauteile vor, verbietet den Einsatz einiger Flammschutzmittel und soll so die Förderung von Ersatzstoffen stärken. Die Richtlinie 2005/32/EG „Energy using Products" legt einen Rahmen für die Anforderungen der umweltgerechten Gestaltung energiebetriebener Produkte fest. Ziel ist es, Energie und Ressourcen im gesamten „Lebenszyklus" des Produktes einzusparen. Dies beinhaltet unter anderem die Verwendung von Recyclingmaterial, Verringerung jeglicher Form von Emissionen in Atmosphäre, Luft, Wasser und Boden sowie die Verringerung von Masse und Volumen des Produktes zur Einsparung von Ressourcen.

Die Rahmenrichtlinie 2005/32/EC on energy using Prouducts, kurz EuP, wurde in Deutschland durch das Energiebetriebene-Produkte-Gesetz, kurz EBPG, umgesetzt. Die EU-Richtlinie wurde ab dem 20.9.2009 durch die Ecodesign Directive 2009/125/EC for Energy using Products (EuP) and Energy related Products (ErP), kurz ErP, ersetzt. Die neue Richtlinie umfasst somit auch beispielsweise Dämmstoffe oder Fenster. Auf nationaler Ebene soll sie durch die Anpassung des EBPG umgesetzt werden (BMU 2009).

Die am 30.12.2006 erstmals im Amtsblatt der EU veröffentlichte REACH-Verordnung befasst sich mit Regeln für Chemikalien in Erzeugnissen. Dies soll Verbraucher und Umwelt vor Chemikalienrisiken schützen und europäischen Herstellern die Einstufung und Kennzeichnung importierter Stoffe erleichtern (UBA 2010). Diese Richtlinie kann Eingangstoffe von Bauteilen der Computer betreffen, z. B. Flammschutzmittel.

6.3.2 Deutschland

Durch das ElektroG wurden die EU-Richtlinien 2002/96/EC und 2002/95/EC in nationales Recht überführt. Dabei wurden die erforderlichen Recyclingquoten der EU-Vorgaben übernommen (ElektroG 2007). Die im Juli 2005 verabschiedete EU-Richtlinie 2005/32/EC wurde durch das Gesetz über die „umweltgerechte Gestaltung energiebetriebener Produkte" in nationales Recht umgesetzt.

6.3.3 Andere Leitmärkte (USA)

In den USA wird derzeit der Vorschlag des „Electronic Device Recycling Research and Development Act" diskutiert. Dies wäre das erste für die gesamten Vereinigten Staaten geltende Gesetz zum Recycling von Elektroschrott. Dadurch sollen zum einen die Umwelteinflüsse durch Wiederverwendung, Reduzierung und Recycling der Elektro- und Elektronikaltgeräte untersucht und zum anderen die Ausbildung von zusätzlichen Fachkräften des Elektronikbereichs ermöglicht werden (Gillibrand 2009). Amerika verfügt derzeit im Gegensatz zu Japan, Südkorea und vielen europäischen Staaten über kein Recyclingprogramm für Elektro- und Elektronikgeräte. Staaten wie Washington, Maine und Maryland haben ein „Rücknahme-Gesetz" beschlossen und ein Dutzend anderer Staaten planen ein solches Gesetz. Neben diesem, auf Staaten begrenzten Recycling engagieren sich Großunternehmen wie z. B. Dell oder HP im Bereich des Elektrorecyclings. HP z. B. organisiert freiwillige Sammelfahrten, bei denen Altgeräte, die von Kunden in Fachgeschäften kostenlos abgegeben werden, eingesammelt werden (AP 2007).

6.3.4 Labels, Initiativen, Prüfsiegel und Zertifikate

Neben den gesetzlichen Vorgaben durch EU-Richtlinien und den Umsetzungen in nationales Recht legen Umweltlabel Grenzwerte für die Leistungsaufnahme und weitere ökologische Parameter von IT-Komponenten fest. Diese werden im Folgenden kurz beschrieben.

6.3.4.1 Energy Star

Der Energy Star der US-Umweltbehörde EPA („Environmental Protection Agency") ist seit 1992 ein internationales freiwilliges Kennzeichnungsprogramm für Strom sparende Bürogeräte. Mit der Neufassung der Energy Star Richtlinien (Energy Star 5.0) wurden erstmals auch Thin Clients als separate Gerätekategorie erfasst (Energy Star 2009). Die Vorgaben

regeln nun nicht nur den Energiebedarf von Computern während des Stand-by- und Soft-Off-Betriebes, sondern auch die Leistungsaufnahme bei unbelastetem Betrieb. So wird z. B. ein Einsatz von sogenannten „80-Plus"-Netzteilen gefordert, die ab einer Belastung von 20 % der Nennleistung eine Effizienz von mindestens 80 % aufweisen müssen, sowie vorkonfigurierte Stromsparmodi für Monitore (nach 15 Minuten) und den kompletten PC nach 30 Minuten (Windeck 2008).
Die Energy Star Richtlinie unterteilt Geräte in Kategorien, denen unterschiedliche Anforderungen zugeordnet werden. Im Bereich der Thin Clients werden z. B. zwei Kategorien unterschieden. Ein Thin Client der Kategorie B darf im Leerlauf maximal 15 Watt aufnehmen, ein Client der Kategorie A 12 Watt. Die Leistungsaufnahme im abgeschalteten Zustand („Soft-Off") darf, wie auch bei den anderen Computern, nicht mehr als 2 Watt betragen. Sofern das Gerät mit aktivierter Wake-on-LAN Funktion ausgeliefert wird, werden maximal 2,7 W im „Soft-Off" vorgegeben.

6.3.4.2 Blauer Engel, EU Ecolabel, Nordic Ecolabel

Der Energy Star ist zudem Vorbild für andere Umweltzeichen, wie den „Blauen Engel", das „EU Eco Label" und das „Nordic Ecolabel". Die aktuelle Vergabegrundlage des „Blauen Engels" für Arbeitsplatzcomputer und tragbare Computer (RAL-UZ 78) (RAL 2009) fordert für Thin Clients die Einhaltung der Vorgaben des Energy Star 5.0.
Das EU-Ecolabel wurde 1992 durch eine EU-Verordnung eingeführt und ist ebenfalls ein Siegel zur Auszeichnung besonders umweltverträglicher Produkte, allerdings nicht beschränkt auf Elektro- und Elektronikgeräte. Es umfasst 28 Produkt- und Dienstleistungsgruppen. Die Kriterien sind so eng aufgestellt, dass maximal 30 % der auf dem Markt befindlichen Produkte das Label erhalten können. Elf verschiedene ökologische Aspekte spielen bei der Bewertung eine Rolle, darunter z. B. Schutz der Böden, Vermeidung von Erderwärmung und Lärmbelästigung (Ecolabel 2009). Die Auszeichnung mit dem EU-Umweltzeichen beruht auf den Ergebnissen wissenschaftlicher Studien und Beratung des AUEU.
Das „Nordic Ecolabel" als Äquivalent zum „EU Ecolabel" für die nordeuropäischen Länder umfasst 65 Produkt- und Dienstleistungsgruppen und enthält einen Kriterienkatalog für Computer in der Kategorie „At work\Office machines" (Nordic 2009). Es wird die Einhaltung der Grenzwerte gemäß Energy Star 5.0 gefordert.

6.3.4.3 Informationsdienst für umweltfreundliche Beschaffung

Das Umweltbundesamt (UBA) betreibt einen webbasierten Informationsdienst für umweltfreundliche Beschaffung mit Empfehlungen zu Beschaffungskriterien im öffentlichen Sektor. Auf den Webseiten werden im Bereich „Büro\ Bürogeräte" neben Computern und tragbaren Computern auch Thin Clients differenziert. Die entsprechenden Empfehlungen orientieren sich am „Blauen Engel" und am „Energy Star".

6.3.4.4 Office-TopTen

Orientierend an der Systematik des Energy Star gibt es die „Office-TopTen" der Deutschen Energie-Agentur GmbH (Dena), eine internetbasierte Auswahlhilfe, die nach Gerätegruppen sortiert jeweils die effizientesten Geräte pro Gruppe ausweist. Im Bereich der PC werden allerdings nur die Gruppen Office-PC, Multimedia-PC und Netzwerk-PC unterschieden. Thin Clients werden nicht explizit genannt und finden sich lediglich als Fußnote im Beschaffungsleitfaden der Dena (Dena 2007). Ein empfohlenes TopTen-Kriterium wird dort folgendermaßen definiert: „Ein zentraler Server stellt die Dienste (z. B. Bürosoftware) für eine Vielzahl von Clients (z. B. Bürocomputer) über ein Netzwerk zur Verfügung. Da dadurch notwendige Rechenleistung auf den zentralen Server ausgelagert wird, müssen die Clients über weit weniger hardwareseitiges Leistungspotenzial verfügen". Auf Server Based Computing angepasste Leistungsdaten werden nicht explizit benannt.

6.3.4.5 TCO

Das Siegel „TCO" (Tjänstemännens Centralorganisation - Zentralorganisation der Angestellten) setzt seit 1992 Standards im Bereich Ergonomie, elektromagnetische Felder, Energieeffizienz und Umwelt fest. Mit dem „TCO'95"-Siegel wurden bereits bromierte und chlorierte Flammschutzmittel in Kunststoffteilen verboten, fast 10 Jahre vor der Einführung der „RoHS-Richtlinie" der EU (s. o.). Doch das „TCO"-Siegel geht über die „RoHS-Richtlinien" hinaus und verbietet zudem auch andere bromierte Flammschutzmittel, u. a. DekaBDE , welches in der EU trotz durch Studien belegte schädliche Wirkungen immer noch erlaubt ist (Boivie 2007).

6.4 Optimierungspotenziale im Rechenzentrum

23 % der IT-bedingten CO_2-Emissionen entstehen laut Gartner-Studien durch den Betrieb von Servern und Kühlsystemen (http://www.datacenter.de). Getrieben

durch das Bestreben den Energieverbrauch und den damit verbundenen Kohlendioxidausstoß insbesondere an dieser Stelle zu senken, laufen derzeit internationale Bemühungen, einheitliche Bewertungskriterien und Kennzahlen für die Effizienz von Rechenzentren zu erarbeiten. Hierbei existiert eine Reihe aktueller und noch nicht abschließend beantworteter Fragestellungen wie beispielsweise die Bewertung von Rechenleistung, Abwärmenutzung, Raum- und Flächennutzung, Verlagerung von Rechenleistung vom Anwender ins Rechenzentrum, Bestimmung des Carbon-Food-Prints und dessen Einfluss auf die Gesamtleistung des Rechenzentrums bzw. Serverraums. Eine besondere Rolle übernimmt hierbei die TGG (The Green Grid Association), die u. a. für die Definition der PUE und anderer Kennzahlen zur Effizienzbewertung von Rechenzentren verantwortlich ist. Zusammengesetzt ist die Assoziation aus Hardwareherstellern, Rechenzentrumsbetreibern, Beratern und Lieferanten, wobei alle global arbeitenden Hersteller von Serversystemen beteiligt sind. Daneben gehen entscheidende Impulse von ASHRAE, Uptime-Institute, BITKOM und TÜV aus. Da die großen Rechenzentren ihre Kapazitäten global bereitstellen, wird versucht, die Bewertung der Energieeffizienz international zu harmonisieren.

Diese Harmonisierungsbemühungen erfolgen unter Beteiligung der folgenden Organisationen:

- The Green Grid, ein non-profit Industriekonsortium aus Rechenzentrumsplanern und -betreibern, Technologieunternehmen
- U.S. Department of Energy Save Energy Now Program
- U.S. Environmental Protection Agency's Energy Star Program
- European Commission – Joint Research Centre
- Ministry of Economy, Trade, and Industry (Japan)
- Green IT Promotion Council (Japan).

IV

6.4.1 Verfügbare Kennzahlen

Gegenstand der aktuellen Diskussion sind folgende Kennzahlen:

- PUE — **P**ower **U**sage **E**ffectiveness
- DCIE — **D**ata **C**enter **I**nfrastructure **E**fficiency
- DCcE — **D**ata **C**enter **c**ompute **E**fficiency (Aggregation aller ScE)
- ScE — **S**erver **c**ompute **E**fficiency (Auslastung des Servers)
- pPUE™ — **partial PUE™** (betrachten einzelne Komponenten, z. B. nur Kühlsystem), Zoneneinteilung (Vergleich von Zonen mit z. B. unterschiedlichen IT-Ausstattungen)
- DPPE — **D**atacenter **P**erformance **P**er **E**nergy
- CADE — **C**orporate **A**verage **D**ata **E**fficiency.

Die Kennzahlen sind derzeit die entscheidenden Parameter zur Beschreibung der Energieeffizienz in Rechenzentren und Serverräumen. Trotz einiger Schwächen, auf die im Weiteren eingegangen wird, bilden diese Kennzahlen die wichtigsten Werkzeuge, um die Energieeffizienz in Rechenzentren bzw. Serverräumen vergleichbar zu machen. Noch in der Diskussion befinden sich die folgenden Parameter:

- CUE™ — **C**arbon **U**sage **E**ffectiveness
  Gesamtmenge der CO_2-Emissionen bezogen auf den Gesamtenergiebedarf im Rechenzentrum/IT-Energiebedarf
- WUE™ — **W**ater **U**sage **E**ffectiveness
  jährlicher Wassereinsatz/IT-Energiebedarf
- ERE — **E**nergy **R**euse **E**ffectiveness
  (Gesamtenergiebedarf – zurückgewonnene Energie)/IT-Energiebedarf
- ERF — **E**nergy **R**euse **F**actor
  zurückgewonnene Energie/Gesamtenergiebedarf.

Hierbei handelt es sich um Parameter, die im Sinne des nachhaltigen Betriebes von Rechenzentren auch die Wärmerückgewinnung sowie die Reduzierung des Wassereinsatzes sowie des Beitrages zu den CO_2-Emissionen berücksichtigen. Die genaue Anwendung dieser Parameter ist noch nicht abschließend geklärt.

Die **PUE** als Maßstab für die Energieeffizienz in Rechenzentren wurde 2007 durch die TGG veröffentlicht. Laut Definition gibt die PUE das folgende Verhältnis wieder:

$$PUE = \frac{Total\ Facility\ Power}{IT\ Equipment\ Power}$$

Formel 1: Definition PUE

Wichtig für die Aussagekraft sind die Angabe des Messpunkts, die Häufigkeit der Messung und die Dauer der Messung. Aus diesem Grund wurden mit der Definition auch die Messpunkte genau vorgegeben.

Die PUE kann in verschiedenen Güteklassen bestimmt werden, die auch Einfluss auf die Genauigkeit und Vergleichbarkeit der Werte haben. Hierzu wurde im Jahr 2009 die Einteilung des PUE in Level eins bis drei eingeführt. Diese Angaben sind bei der Veröffentlichung der Kennzahl zu deren Beurteilung mit anzugeben (GreenGrid 2009). Diese Kennzeichnung wird auch „TGG annotation" genannt.

Empfohlen wird für die PUE die kontinuierliche Messung oder $PUE_{L2;\,YC}$ (PUE Level 2 Yearly Continuous) mit den folgenden Randbedingungen:

- gemessene Einheit: Energie
- Häufigkeit der Messung: kontinuierlich

Tab. 2 PUE/DCiE Erfassungs-Level

	Level 1 (L1) (Basic)	Level 2 (L2) (Intermediate)	Level 3 (L3) (Advanced)
IKT Leistung gemessen an	USV	PDU	Server
Gesamt Facility Leistung gemessen an	Rechenzentrums-Eingangsstrom	Rechenzentrums-eingangsstrom abzgl. anteiliger Klimatisierung	Rechenzentrumseingangsstrom abzgl. anteiliger Klimatisierung zzgl. Gebäude, Licht, Sicherheitseinrichtungen
Minimales Messintervall	monatlich/wöchentlich	täglich	kontinuierlich

- Messperiode: Jahr
- Ort der Messung für das RZ: Übergabepunkte der Einrichtungen
- Ort der Messung für die IT: PDU Output.

Die Tabelle 2 gibt einen Überblick über die unterschiedlichen Erfassungs-Level.
Eine ähnliche Definition, die die Vergleichbarkeit von PUE-Werten gewährleisten soll, liefert die Task Force, bestehend aus den Institutionen 7x24 Exchange, ASHRAE, The Green Grid, Silicon Valley Leadership Group, U.S. Department of Energy Save Energy Now Program, U.S. Environmental Protection Agency's Energy Star Program, United States Green Building Council und Uptime Institute in ihrer Richtlinie „Recommendations for Measuring and Reporting Overall Data Center Efficiency“ (Task force 2011). Hier wird die PUE in Kategorien von 0 bis 3 eingeteilt, wobei Kategorie 0 eine Augenblicksmessung beschreibt. Die Kategorien 1 bis 3 beruhen auf der permanenten Erfassung der Leistungskennwerte, wobei die Genauigkeit der Erfassung der tatsächlichen Situation im IT-Rechnerraum mit jeder Kategorie steigt.
Von dem BITKOM wurde diese Betrachtungsweise in dem Leitfaden „Wie messe ich den PUE richtig?“ in deutscher Sprache veröffentlicht (Skurk 2011).
Die Task Force hat bei ihrer Arbeit auf das Level-System des TGG aufgebaut, sodass sich die Kategorien auf das Level-System abbilden lassen.

Tab. 4 Abbildung der PUE-Kategorien auf das Level-System des TGG

PUE category	TGG annotation
PUE_0	$PUE_{L1, Y-}$
PUE_1	$PUE_{L1; YC}$
PUE_2	$PUE_{L2, YC}$
PUE_3	$PUE_{L3, YC}$

Der Wertebereich der PUE liegt zwischen 1,0 und unendlich, wobei ein Wert unter 2,0 bereits als effizient, ein Wert unter 1,5 als sehr effizient angesehen wird. Eine einseitige Energieeinsparung aufseiten der IKT-Systeme führt zu einer Verschlechterung der Kennzahl, sodass die absolute Einsparung hierdurch nicht dargestellt wird (Weßler 2011). Zusammenfassend lässt sich sagen, dass die PUE klar definiert ist, jedoch bei der Ermittlung die Regeln nicht immer beachtet werden und eine vollständige Transparenz nicht immer gegeben ist. Aus diesem Grund werden die Richtlinien zur Ermittlung und definitionskonformen Darstellung der PUE laufend verfeinert (s. PUE-Level und PUE-Kategorie), sodass auch unpräzise Erfassungsmethoden herangezogen werden können, diese dann aber auch erkennbar sind.
Der laufende Harmonisierungsprozess hat das Ziel, die PUE sowie die zugrunde liegenden Definitionen und Regeln international zu vereinheitlichen.

Tab. 3 PUE-Kategorien zur Genauigkeit der Erfassung (Skurk 2011)

	PUE Kategorie 0	PUE Kategorie 1	PUE Kategorie 2	PUE Kategorie 3
Ort der IT-Energiemessung	USV Ausgang	USV Ausgang	PDU Ausgang	IT-Equipment Eingang
Definition IT-Energie	elektrische Spitzenleistung der IT	jährlicher Energieverbrauch der IT	jährlicher Energieverbrauch der IT	jährlicher Energieverbrauch der IT
Definition Gesamtenergie	elektrische Gesamtspitzenleistung	jährlicher Gesamtenergieverbrauch	jährlicher Gesamtenergieverbrauch	jährlicher Gesamtenergieverbrauch

Die **DCiE** gibt die energetische Effektivität eines Rechenzentrums unter den gleichen Einflussgrößen wie die PUE an (GreenGrid 2009).

$$DCiE = \frac{1}{PUE} \cdot 100\% = \frac{IT\ Equipment\ Power}{Total\ Facility\ Power} \cdot 100\%$$

Formel 2: Definition DCiE

Der Wertebereich liegt zwischen 0 % und 100 %, wobei Werte über 50 % als effizient gelten.
Die **DCcE** ist eine Kennzahl, die die Unterkennzahl ScE (Server compute Efficiency) über alle Server zusammenfasst. Die ScE bildet den prozentualen Anteil an Hauptaktivitäten eines Servers bezogen auf alle Aktivitäten. Aktivitäten können Services, i/o-Operationen, Netzwerkverbindungen usw. sein. Hauptaktivitäten sind Aktivitäten, die dem primären Ziel des jeweiligen Servers entsprechen. So hat ein E-Mail-Server die primäre Aufgabe E-Mail zu verarbeiten. Sekundäre Aufgaben eines E-Mail-Servers sind beispielsweise Back-up oder Virenprüfung. Aufgrund der individuellen Definition der primären und sekundären Aufgaben ist die Kennzahl nur bedingt zwischen Rechenzentren übertragbar (GreenGrid 2010).
Die **pPUE** oder partial PUE ist eine Kennzahl, die sich derzeit in der Entwicklung befindet. Hier soll mit einer Kennzahl, die ähnlich der PUE definiert ist, die Effektivität von Subsystemen eines Rechenzentrums (z. B. eine Containereinheit eines Rechenzentrums) vergleichbar gemacht werden (GreenGrid 2010).
Die **DPPE** betrachtet die Effektivität von Rechenzentren unter der Berücksichtigung der Produktivität. Hierbei ist die DPPE abhängig von vier Unterkennzahlen wie ITEU (IT Equipment Utilization), ITEE (IT Equipment Energy Efficiency), PUE, GEC (Green Energy Coefficient). Diese Kennzahl ist vom Green IT Promotion Council (Japan) entwickelt worden (GRITPC 2010).
Die **CADE** (Corporate Average Data Efficiency), eine von McKinsey und dem Uptime Institute entwickelte Kennzahl, ist eine weitergehende Kennzahl, die die Gesamteffektivität des Systems Rechenzentrum betrachtet.
Die Kennzahl CADE wird gebildet aus dem Produkt der Effektivität des Gebäudes und der IKT-Systeme. Diese setzen sich jeweils aus dem Produkt der energetischen Effizienz und der Auslastung zusammen. Gebildet wird so eine prozentuale Kennzahl, die in fünf Levels differenziert wird. Anhand des Levels ist der Handlungsbedarf erkennbar (Büttner 2010).

6.4.2 Effizienzsteigerung

Um die Effizienz eines komplexen Systems, wie das eines IT-Rechnerraums und seiner Versorgungseinrichtungen, zu steigern, ohne dabei das Risiko für einen permanenten und störungsfreien Betrieb zu erhöhen, ist ein strukturiertes Vorgehen notwendig. Ziel hierbei ist es, die Schwächen des Systems mit seinen Abhängigkeiten und Wechselwirkungen zu anderen Komponenten innerhalb sowie außerhalb des Systems zu identifizieren und zu bewerten. Danach kann ein auf den jeweiligen IT-Rechnerraum abgestimmtes Konzept entwickelt werden, das die Auswirkungen von Maßnahmen zur Effizienzsteigerung mit den jeweiligen Auswirkungen benennt und die Risiken bewertet. Das Vorgehen erfolgt dabei in Anlehnung an das Energiemanagementsystem (EMS) nach DIN 16000.

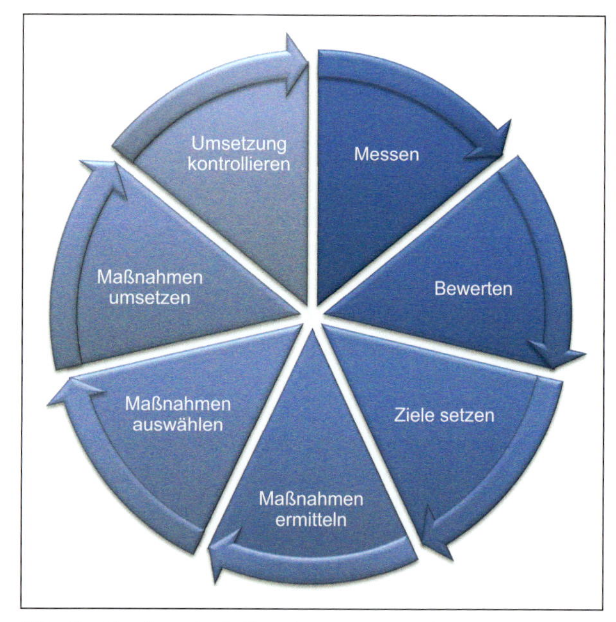

Abb. 7 Handlungskreis Energiemanagement (DIN 16001, 2009)

6.4.2.1 Messen

„If you can't measure it, you can't improve it". Der Kern dieser Aussage ist die Basis jeder Optimierung, insbesondere bei der Effizienzsteigerung in IT-Rechnerräumen. Hierbei werden neben den energetischen Größen wie Arbeit und Leistung auch Temperatur, geometrische Größen sowie nicht physikalische Daten erhoben. Ziel ist es, aus den verfügbaren Daten den Istzustand des Rechenzentrums abzubilden.
Aus den energetischen Größen, die die Energieströme in und aus dem System Serverraum beschreiben, kann die Kennzahl PUE ermittelt werden. Allerdings ist die Betrachtung der Schnittstellen des Systems genau durch-

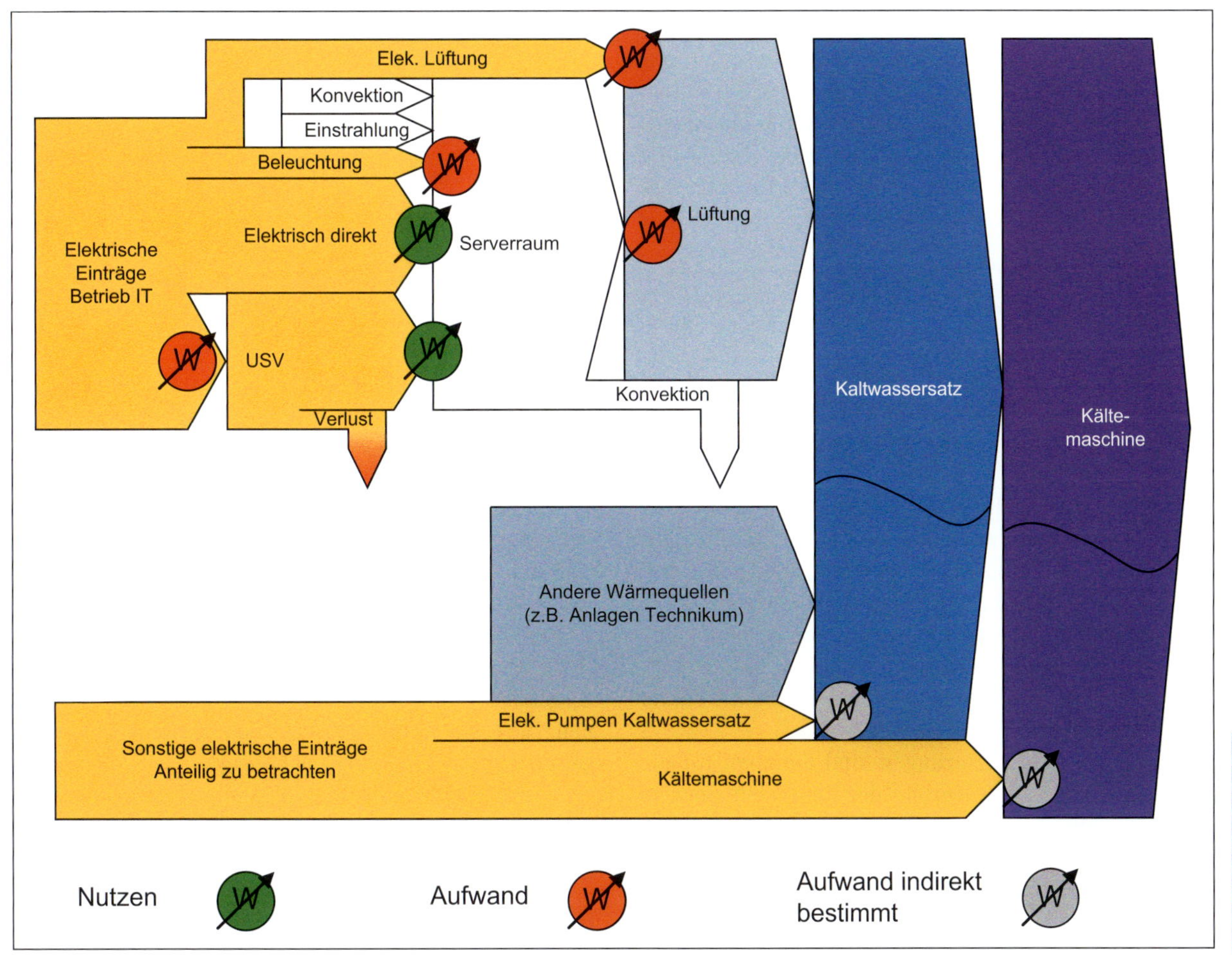

Abb. 8 Energiebilanz und Messstellen im Serverraum

zuführen und auch kritisch zu hinterfragen. Häufig sind Energieströme nicht immer direkt zu messen bzw. es gibt Energieströme, die bei einer ersten flüchtigen Betrachtung nicht erkannt werden. So sind z. B. Lüfter, die über die USV betrieben werden, Bestandteil der Infrastruktur und daher bezüglich ihrer Energieaufnahme nicht der IKT zuzurechnen. Die Erfassung des Energiebedarfs kann auf mehreren Ebenen erfolgen:

- Gesamtrechenzentrum
- IKT-Versorgung gesamt (USV)
- IKT-Versorgung lokal
- IKT-Versorgung gerätespezifisch

Diese mehrschichtige Betrachtung macht eine enge Abstimmung des IT-Managements mit den für die Infrastruktur zuständigen Stellen erforderlich. Dieser Aspekt wird auch in den unterschiedlichen Literaturstellen als ein wichtiger Ansatzpunkt vor der Aufnahme von Effizienz steigernden Maßnahmen genannt.

Eine definitionsgemäße Ermittlung der Kennzahl PUE und eine fortwährende Optimierung des Systems „IT-Rechnerraum“ sind nur möglich, wenn der aktuelle Istzustand jederzeit bestimmt werden kann. Hierfür ist eine kontinuierliche Messung der energetischen Größen mit anschließender Archivierung der Messwerte erforderlich, um über einen längeren Zeitraum Last- und Witterungseinflüsse beurteilen zu können.

Die Messung ist nicht nur erforderlich, um den Istzustand ermitteln zu können, sondern auch, um den Erfolg der durchgeführten Maßnahmen am Ende des in Abbildung 1 dargestellten Ablaufs bestimmen zu können. Schwierig wird es, wenn keine kontinuierlichen Messungen möglich sind und man sich mit temporären Messungen behelfen muss. Hierbei ist zu berücksichtigen, dass die jeweiligen Klimabedingungen einen großen Einfluss auf die ermittelte Kennzahl haben. So kann eine Maßnahme, die sehr gute Erfolge zeigen sollte, durch einen Anstieg der Außentemperatur so stark überlagert werden, dass messtechnisch eine Verschlechterung angezeigt wird. Ähnlich verhält es sich, wenn in dem Zeitraum zwischen den Messungen die elektrische Last der IKT-Komponenten geändert wurde. In beiden Fällen sind die Messungen – vorher und nachher

– nicht mehr direkt miteinander vergleichbar. Diesem Umstand kann nur durch Normierung der Messwerte begegnet werden. In die Normierung müssen der Klimaeinfluss und die Änderung der Last durch die IKT-Komponenten einfließen. Hierbei handelt es sich um zwei voneinander unabhängige Anpassungen. Ein Beispiel hierfür findet sich in der Fallstudie des TGG zur Rechenzentrumsoptimierung (GreenGrid 2011).

6.4.2.2 Bewerten

Eine Bewertung und Klassifizierung von Rechenzentren kann nach vielen Gesichtspunkten erfolgen, wie z. B. Sicherheit, Größe, Bauweise usw. Sehr bekannt ist die Klassifizierung nach Tier, die die Ausfallwahrscheinlichkeit darstellt. Das BIT teilt die Serverräume in vier Klassen (Klasse A bis D) ein, wobei hier die „Größe" der Installationen das Einteilungskriterium bildet. Die Größe wird dabei durch die Fläche, Anzahl der Racks, die elektrische Last und weitere untergeordnete Angaben bestimmt (BIT 2011). Die TU Berlin nimmt eine Einteilung von Rechenzentren hingegen nur bezogen auf die Anzahl der Server in sechs Stufen vor (TU Berlin 2008).

Viele weitere Klassifizierungen sind denkbar, für die Betrachtung zur Verbesserung der Energieeffizienz in IT-Rechnerräumen ist es sinnvoll, nach der Art der Kältebereitstellung zu unterscheiden. Dies geschieht, weil in diesem Bereich großes Optimierungspotenzial zu erwarten ist und die unterschiedlichen Technologien verschiedene Vorgehensweisen im operativen Betrieb erfordern. Hierdurch wird auch das letztendlich erreichbare Effizienzniveau bestimmt.

Die Studie des eco-Verbandes der deutschen Internetwirtschaft e. V. von 2009 (ECO 2009) hat bei der Nutzung verschiedener Technologien zur Kälteerzeugung bzw. Bereitstellung einen Zusammenhang zur ermittelten PUE festgestellt.

Tab. 5 Durchschnittliche Effizienz verschiedener Kühlverfahren (ECO 2009)

Kälteerzeugung	Durchschnittlicher PUE
indirektes Freikühlsystem	1,50
kombinierte Umluft- und Kaltwassersysteme	1,57
Direktverdampfer	1,63
zentrale Kaltwassererzeugung	1,94

Die Studien des eco-Verbandes (ECO 2009) und der TU Berlin (TU Berlin 2008) sowie die Fallstudie vom Green Grid (GreenGrid 2011) benennen die Kühlungssysteme eines Rechenzentrums als die Anlagenteile mit dem größten Einsparpotenzial. Dies ist leicht nachvollziehbar, da der Energiebedarf der Kühlsysteme bis zu über 50 % des Gesamtenergiebedarfs ausmachen kann (Abb. 9).

Um Rechenzentren energetisch zu optimieren, ist es somit sinnvoll, diese zunächst nach ihrer Art der Kältebereitstellung zu klassifizieren, um anschließend die einzelnen Optimierungspotenziale erkennen und bewerten zu können. Die erreichbaren Effizienzsteigerungen sind von der genutzten Basistechnologie abhängig.

6.4.3 Maßnahmen

Im Folgenden wird eine Reihe von Optimierungsmaßnahmen aufgeführt, die sich in folgende Themenbereiche gliedern lassen:

- Bauliche Maßnahmen
- Kältebereitstellung
- Kühlung
- Elektrische Wirkungsgrade
- Organisation.

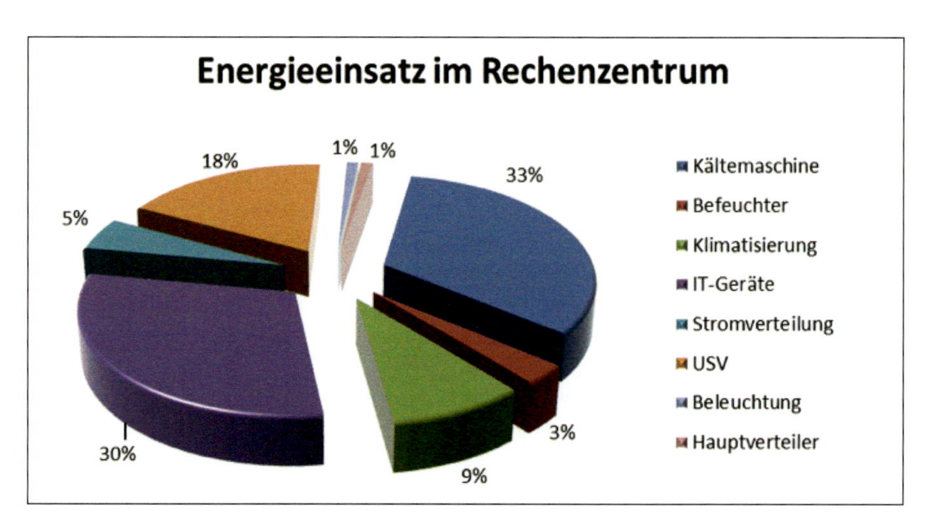

Abb. 9 Energiefluss eines typischen Datencenters (APC 2008)

Es ergibt sich eine Abstufung nach strategischen, taktischen und operativen Maßnahmen, die hinsichtlich Aufwand und Umsetzungsertrag abzuschätzen sind. Es ist hierbei zu erwähnen, dass sich nur begrenzt wissenschaftliche Untersuchungen zur Steigerung der Energieeffizienz in Rechenzentren finden lassen. Viele der zusammengetragenen Informationen beruhen daher auf Angaben von Unternehmen und Unternehmensverbünden. Unabhängige, neutrale Untersuchungen konnten bisher nur für Teilaspekte gefunden werden. Weiterhin bestehen potenzielle Abhängigkeiten zwischen den einzelnen Maßnahmen, auf deren detaillierte Ausführung an dieser Stelle verzichtet wird.

6.4.3.1 Bauliche Maßnahmen

Bauliche Maßnahmen betreffen die Gebäudestruktur bzw. deren Ausstattung. Dies können sowohl Maßnahmen sein, die bei der Planung eines Neubaus zum Tragen kommen, als auch nachträgliche Änderungen. Sie befinden sich an oberster Stelle der Maßnahmenhierarchie, da sie in der Regel nur mit einem größeren technischen, organisatorischen sowie finanziellen Aufwand umzusetzen sind.

Fenster abschatten

Durch Fenster kann ein hoher Wärmeeintrag erfolgen, deshalb sind sie bei dem Neubau von IT-Rechnerräumen grundsätzlich zu vermeiden. Bei bestehenden IT-Rechnerräumen ist es oft schwierig, vorhandene Fenster durch entsprechende Maßnahmen auf den gewünschten Standard zu bringen. Häufig bedeutet dies einen baulichen Eingriff. Zum Abschatten der Fenster werden optimalerweise außen liegende Laden oder Blenden angebracht. Einfach umzusetzen ist eine Abschattung der Fenster von innen (TU Berlin 2008). Abschatten von Fenstern ist in seiner Auswirkung stark von der Himmelsrichtung der Fensterfläche bestimmt. Das Risiko für negative Nebeneffekte ist bei dieser Maßnahme sehr gering.

Wände dämmen

Durch Dämmung der Wände kann der Wärmeeintrag in den Serverraum an heißen Sommertagen reduziert werden. Über das Jahr betrachtet liegt die Serverraumtemperatur aber größtenteils über der Außentemperatur. Bei einer Anhebung der Raumtemperatur nach ASHRAE TC9 (ASHRAE 2011) wird der Zeitraum, in dem dieser Zustand herrscht, noch vergrößert, sodass meist ein Wärmestrom durch die Wände nach außen erfolgt. Dieser Wärmestrom stellt jedoch nur einen sehr kleinen Anteil der abzuführenden Wärmemenge dar. Bei der Dämmung sind die aktuellen baurechtlichen Richtlinien zu berücksichtigen bzw. auf ihre Gültigkeit für IT-Rechnerräume zu prüfen (TU Berlin 2008).

Wände begrünen

Eine Begrünung der Fassade kann durch Verdunstungskühlung die Wärmeabfuhr bei hohen Außentemperaturen durch die Wand unterstützen. Der Einfluss ist aber nur gering (TU Berlin 2008).

Sonstige Maßnahmen

Durch direkte Sonneneinstrahlung können sich Teile der Kälteanlage stark erwärmen, dies kann sich ungünstig auf deren Effektivität auswirken. Hier kann durch Abschattung eine Verbesserung erzielt werden. Die Wirkung ist im Einzelfall zu prüfen (TU Berlin 2008), eine Beeinträchtigung der Funktionsweise von Baugruppen, wie z. B. Wärmetauschern, ist dabei allerdings unbedingt zu vermeiden.

6.4.3.2 Kältebereitstellung

Das folgende Kapitel beschreibt die Maßnahmen, die die Kältebereitstellung, also den Wärmetransport außerhalb des IT-Rechnerraums betreffen.

Direktverdampfer, konventionell

Bei dem Direktverdampfer wird in den Präzisionsklimageräten durch einen Verdampfer und Kompressor die Wärme mittels Kältemittel zu einem im Außenbereich installierten Kondensator transportiert. Hierbei sind ggf. lange Kältemittelleitungen notwendig, die gut isoliert sein sollten (TU Berlin 2008).
Einsparungen können auch durch eine Optimierung der Fahrweise der Kältemaschine erreicht werden. Diese Optimierung der Fahrweise wird durch einen guten Kompromiss aus Anfahrzeit, Kühlbetrieb im Arbeitspunkt und Stillstandzeit erreicht.

Direktverdampfer mit freier Kühlung

Es existiert aber auch eine weniger bekannte Möglichkeit der freien Kühlung in Kältemittelkreisläufen, d. h. ohne Zwischenschalten eines Solekreislaufes (Kaltwassersatz) (E-COMPANY 2010) (TU Berlin 2008). Auch hier müssen die Schwellwerte zum Wechsel der Betriebsarten so gewählt werden, dass ineffektive Betriebszustände vermieden werden.

Kaltwasser: Temperatur erhöhen

Jede Erhöhung der Verdampfertemperatur um 1 Grad Celsius bedeutet ca. 3 % Energieeinsparung (Güntner 2010) (TU Berlin 2008).

Die Erhöhung der Kaltwassertemperatur wirkt sich direkt auf die Luftkonditionierung für den IT-Rechnerraum aus, daher sollte diese Maßnahme immer vor Änderungen am Regelverhalten der Klimageräte erfolgen.

Leistungsregelung im Wasser- und Kältemittelkreislauf

Verluste durch zu hohe Umwälzung des Kaltwassers können meist durch eine Drehzahlregelung vermieden werden. Ein erhöhter Wärmeeintrag in die Kaltwasserleitungen, in der nur eine minimale bedarfsgerechte Umwälzung erfolgt, wird durch eine ausreichende Isolation verhindert (TU Berlin 2008).
Bei einem Senken der Umwälzgeschwindigkeit muss sichergestellt werden, dass an den Einspeisungen der Kälteverbraucher immer eine Versorgung mit Wasser mit ausreichend niedriger Temperatur bereitsteht. Auch diese Maßnahme kann sich direkt auf die Luftbedingungen im IT-Rechnerraum auswirken und sollte daher am Anfang der Maßnahmenkette erfolgen.

Freie Kühlung Kaltwassersatz (Kompressionskältemaschinen)

Im Zusammenhang mit dieser Maßnahme bedeutet Freikühlung, dass die Kühlung des Kaltwassersatzes direkt durch die Umgebung erfolgt, also ein Betrieb des Kompressors nicht notwendig ist. Dies ist immer dann möglich, wenn die Umgebungstemperatur unter der Temperatur des Kaltwassers liegt. Eine Anhebung der Wassertemperatur vergrößert den Zeitraum, in dem freie Kühlung die komplette Wärme aufnehmen kann. Es gibt auch die Möglichkeit, freie Kühlung und Kältemaschine im Mischbetrieb zu betreiben, dies bedarf allerdings einer speziellen Installation und Regelung (TU Berlin 2008). Beim Betriebswechsel, im Kompressor- und Mischbetrieb ist darauf zu achten, dass die maximal zulässige Kaltwassertemperatur eingehalten wird. Nach Aussage der TGG kann in Mitteleuropa für mehr als 5 000 Jahresbetriebsstunden freie Kühlung eingesetzt werden (Abb. 11). Dies ist ein Anteil, der mehr als 50 % der Jahresbetriebszeit entspricht. Eine solche Maßnahme hat somit große Wirkung auf die Verbesserung der Energieeffizienz.

Luftgekühlt (Kompressionskältemaschinen)

Die Abgabe der Wärme von Kältemaschinen an die Umgebung erfolgt üblicherweise durch die Kondensation eines Kältemittels in einem zwangsdurchlüfteten Kondensator (E-COMPANY 2010) (TU Berlin 2008).
Einsparungen können durch Optimierung der Fahrweise der Kältemaschine erreicht werden. Hierbei ist darauf zu achten, dass die Pausenintervalle nicht zu einem unzulässigen Anstieg der Kaltwassertemperatur führen.

Wassergekühlt mit freier Kühlung (Kompressionskältemaschinen)

Hierbei wird der Kondensator der Kältemaschine von einem Wasserkreis gekühlt, der zur Wärmeabgabe einen offenen oder Nass-Kühlturm nutzt. Bei diesem Verfahren wird das Kühlwasser an der Luft gekühlt, wobei ein Teil des Wassers verdunstet (adiabate Kühlung). Die Kühlwassertemperatur wird hierbei unter die Umgebungstemperatur abgesenkt. Nachteilig bei dieser Maßnahme ist die offene Betriebsweise, die zu unerwünschtem Stoffeintrag führen kann. Der verfahrensbedingte Wasserverlust durch Verdunstung muss mit Frischwasser ausgeglichen werden. Hierdurch kann es zu einer Anreicherung von Salzen kommen, der mit geeigneten Maßnahmen zur Wasseraufbereitung entgegengewirkt werden muss (E-COMPANY 2010) (TU Berlin 2008).

Wassergekühlt ohne freie Kühlung (Kompressionskältemaschinen)

Wasserkühlung (ohne freie Kühlung) wird häufig bei großen Kältemaschinen aufgrund baulicher Gegebenheiten eingesetzt, z. B. um die Kältemittelmenge bzw. die Leitungslängen im Kältemittelkreis gering zu halten. Energetisch nachteilig sind hier die zusätzlichen Wärmeübergänge im Kondensator (Kältemittel – Wasser) und am Kühler oder Kühlturm (Wasser – Luft).

Freie Kühlung

Freie Kühlung bezeichnet eine Technik, die die Umgebungsluft als Wärmesenke nutzt. Der Wärmetransport wird nicht durch Kreisprozesse erzwungen, sondern ist nur durch das vorhandene Temperaturgefälle getrieben. Dies bedeutet, dass die Temperatur der Umgebungsluft niedriger sein muss als die geforderte Kühllufttemperatur bzw. als die Temperatur der eingesetzten Wärmeträger. In den Karten (Abb. 10 und 11) ist gut zu erkennen, dass mit direkter freier Kühlung in Deutschland fast das komplette Jahr abgedeckt werden kann, bei indirekter freier Kühlung ist immer noch über die Hälfte des Jahreszeitraumes möglich. Hierbei setzt die direkte freie Kühlung (Abb. 10) eine Temperatur zum Betrieb der IKT-Systeme von 27° C an und die indirekte freie Kühlung (Abb. 11) eine Wassertemperatur in einem Kaltwassersatz von 10° C.

Direkte freie Kühlung

Direkte freie Kühlung bedeutet, dass die Außenluft direkt zur Kühlung der IKT genutzt wird. Diese Methode ist auf-

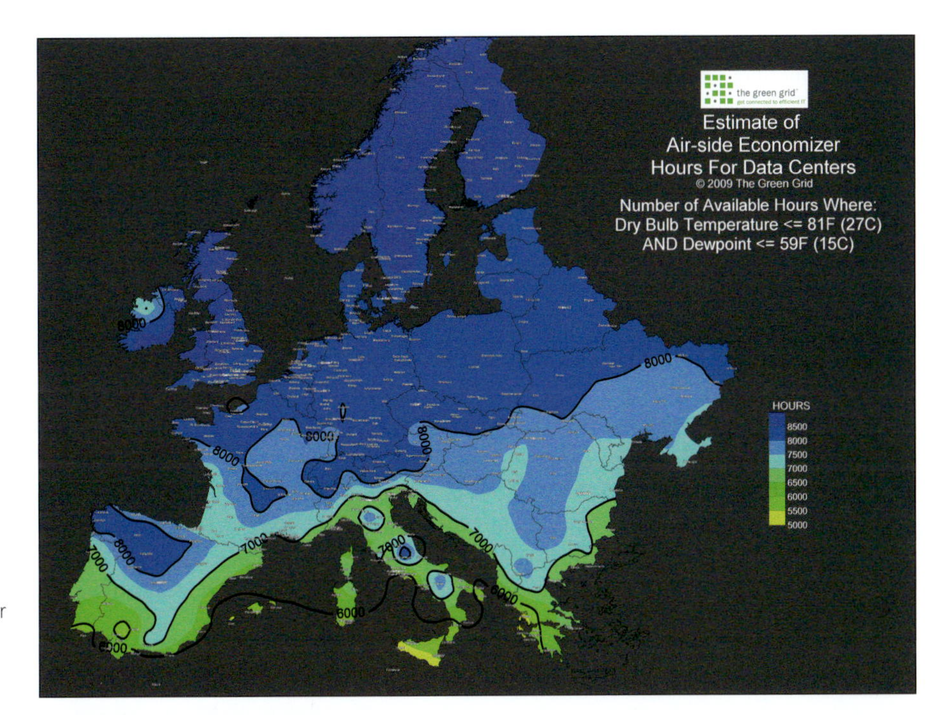

Abb. 10 Jahresstunden direkter freier Kühlung bei Temperaturen kleiner 27° C (Quelle: The Green Grid, www.thegreengrid.org)

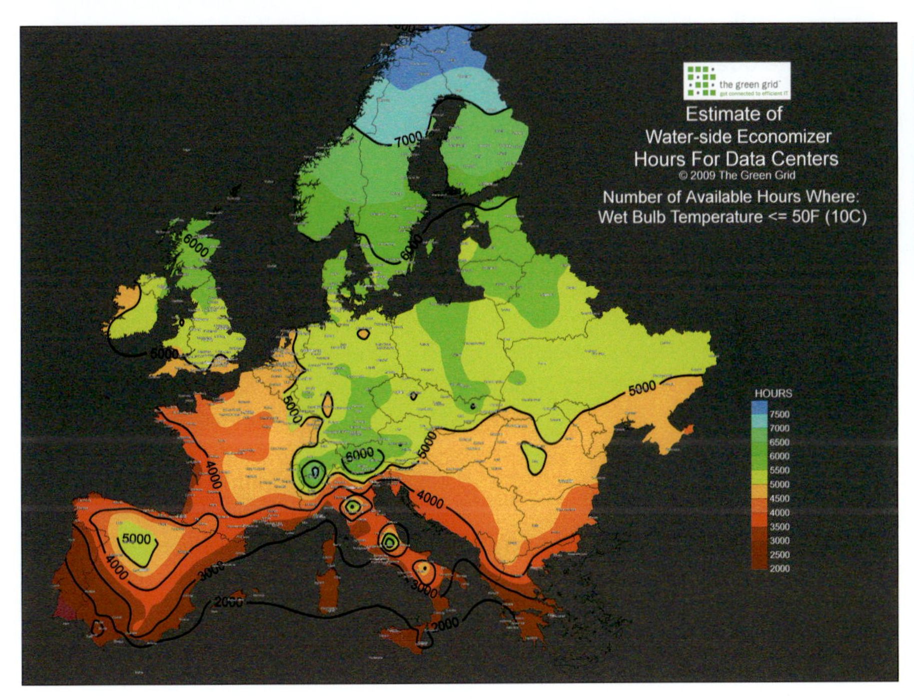

Abb. 11 Jahresstunden indirekter freier Kühlung bei Temperaturen kleiner 10° C (Quelle: The Green Grid, www.thegreengrid.org)

grund der dabei nicht notwendigen Temperaturgradienten an Wärmetauschern in einem deutlich größeren Jahreszeitraum anwendbar als die Nutzung indirekter freier Kühlung. Allerdings muss die Luft gefiltert und ggf. konditioniert werden. Zum Abtransport großer Wärmemengen, wie sie bei heutigen Leistungsdichten üblich sind, müssen große Luftvolumenströme transportiert werden, die entsprechend dimensionierte Lüftungskanäle erfordern (E-COMPANY 2010) (TU Berlin 2008). Mit dieser Technik lassen sich sehr effiziente Rechenzentren planen. Aktuelle Containerrechenzentren werden mit einem PUE-Wert von 1,05 bei freier Kühlung beworben.

Grundwasser als Kühlmittel

Die Temperatur im Erdreich bei 15 m unter der Oberfläche beträgt in der Regel 8° C bis 12° C, bei größeren Tiefen steigt sie dann allerdings um 3° C pro 100 m. Grundwasser dieser Temperatur kann als Wärmesenke genutzt werden, hierbei ist allerdings die geringe Wärmeleitung im Erdreich zu berücksichtigen. Dafür wird eine Fläche im Erdreich benötigt, die ein Vielfaches der IT-Nutzfläche beträgt (TU Berlin 2008). Kältebereitstellung durch Grundwassernutzung spart 90 % der Energiekosten im Vergleich zur herkömmlichen Kälteerzeugung ein. Die im Betrieb befindlichen Anlagen zeichnen sich insgesamt durch günstige Betriebskosten aus (E-COMPANY 2010).

KyotoCooling

KyotoCooling ist eine Sonderform der indirekten freien Kühlung, die einen rotierenden Luft-Luft-Wärmetauscher nutzt. Das System beansprucht viel Volumen im Gebäude für seine Luftführung sowie für andere Komponenten und ist somit für den nachträglichen Einbau meist ungeeignet. Der Hersteller gibt 80 % Einsparung gegenüber herkömmlichen Lösungen an (E-COMPANY 2010). Allerdings finden sich nur wenige Informationen zu diesem Verfahren aus unabhängigen Quellen.

Absorptionskältemaschine mit Abwärme / Fernwärme oder Sonne als Energiequelle

Bei Sorptionskältemaschinen handelt es sich um Aggregate, die ebenfalls Kreisprozesse nutzen, ähnlich dem weitverbreiteten Kompressionskälteprozess, nur dass das Kältemittel nicht verdampft und kondensiert, sondern gelöst und aus der Lösung ausgetrieben wird. Hierbei kann die Austreibung durch Wärme auf relativ niedrigem Niveau (70° C bis 120° C) erfolgen, sodass hier Solar- oder Fernwärme als Energiequelle möglich sind. Im Bereich der IKT ist diese Technik bisher noch wenig verbreitet (E-COMPANY 2010).

6.4.3.3 Kühlung

Das folgende Kapitel beschreibt Optimierungsmaßnahmen, die den Wärmetransport aus dem System „IT-Rechnerraum“ heraus betreffen. Das Ziel dabei ist es, in einer möglichst homogenen Umgebung mit minimalem Volumenstrom die durch die IKT-Systeme eingetragene Wärmemenge mit geringem Aufwand abzuführen. Es sind aber auch Installationen denkbar, bei denen bespielweise durch dynamische Zuweisung der Serverlast bei hochintegrierten Servern, z. B. durch Virtualisierung auf mehreren Bladeservern, wechselnde Hotspots innerhalb des Rechenzentrums entstehen. Da hierdurch die homogene Lastverteilung im Raum aufgehoben wird, sind ggf. weitergehende Ansätze zu berücksichtigen, wie z. B. der Betrieb von „High-Density-Zonen“ (Rasmussen 2011).

Gerichtete Raumklimatisierung

Eine gerichtete Raumklimatisierung ist eine einfache Maßnahme, bei der die Zuführung kalter Luft an die zu kühlenden Einrichtungen erfolgt. Dies ist in der Regel ohne aufwendige Maßnahmen an den Serverschränken oder der Raumgestaltung möglich und daher auch im laufenden Betrieb gut umzusetzen. Sie erreicht aber nicht die hohe Effektivität der anderen Maßnahmen zur Belüftung, wie Aufstellung in warmen und kalten Gängen oder gar Einhausung, und bietet sich somit nur für kleinere und ältere Installationen an (BIT 2011).

Aufstellung in warmen / kalten Gängen

Bei einer Aufstellung der Racks in warmen und kalten Gängen kann eine gute Trennung des kalten Zuluftstroms und des warmen Abluftstroms erreicht werden, wodurch eine hohe Steigerung der Effektivität erreicht werden kann. Allerdings sollten hierbei die Racks ohne Zwischenräume aufgestellt sein und andere Maßnahmen zur Reduzierung von Leckageströmen im Rack zur Anwendung kommen, wie z. B. die Nutzung von Blenden. Die kalte Luft wird bei dieser Aufstellung im Bereich der kalten Gänge optimalerweise durch den Boden zugeführt und in den warmen Gängen im Bereich der Decke abgesaugt (Rasmussen 2003).

Einhausen

Eine Einhausung ist eine vollständige Trennung der kalten und warmen Luftströme. Bei richtiger Anwendung sind Strömungskurzschlüsse auszuschließen. Unter Einhausung werden hier folgende konkrete Maßnahmen verstanden:

- Warmgang-Einhausung
- Kaltgang-Einhausung
- Einzelrackabschottung

Einhausungen stellen die konsequente Erweiterung zur Aufstellung in warmen und kalten Gängen dar. Die Warm- und Kaltgang-Einhausung werden in der Literatur sehr ähnlich bewertet, sodass hier eine Entscheidung nach der bestehenden baulichen Situation (Aufstellung) erfolgen sollte. Bei Gesprächen mit Experten aus der Praxis zeigte sich, dass keine der Lösungen prinzipiell favorisiert wird, allerdings finden sich in den Rechenzentren besonders häufig die Kaltgang-Einhausungen.
Die Einzelrackabschottung stellt eine Trennung des Racks vom Serverraum dar, wobei die Luft direkt dem Rack zugeführt wird. Sie bietet sich bei hohen thermischen Lasten je Rack an, wenn diese weit über dem Mittel der sonstigen IKT-Lasten liegt. Allerdings wird bei der Einzelrackabschottung ggf. der Einsatz zusätzlicher Ventilatoren erforderlich, wodurch sich der Energieeinsatz für die Kühlung erhöht und sich die PUE-Kennzahl verschlechtern kann.

Die Einhausung kann im einfachsten Fall durch die Verwendung von Kunststoffvorhängen erreicht werden. Weiterhin ist die Einhausung des jeweiligen Gangs mit Wänden und Türen möglich. Es werden auch Anbausysteme angeboten, die vor den Racks über den Einlässen des Doppelbodens platziert werden und somit die Racks von der Umgebung abschotten. Die Einhausungslösungen werden auch für heterogene Rack-Landschaften angeboten, die Abdichtung wird dann durch passende Blenden realisiert.

InRow-Geräte (Schrankklimageräte)

InRow-Geräte ermöglichen einen modularen Ausbau der Kühlleistung und sind vor allem dort eine gute Wahl, wo kein Doppelboden vorhanden ist. Allerdings benötigen sie zusätzliche Installationen für Kühlwasser, Kältemittel oder Ab- und Zuluftkanäle im IT-Rechnerraum, die aus Gründen der Betriebssicherheit vermieden werden sollen. Für kleine Installationen sind sie aber eine gute Alternative.
Sie erlauben hohe Leistungsdichten im Rack und können bei einer entsprechenden räumlichen Verteilung helfen, Hotspots zu vermeiden (BIT 2011) (E-COMPANY 2010). In einigen Fällen werden sie als Ergänzung zur Raumlüftung mit Einhausung eingesetzt, um bei hohen Leistungsdichten die Kühlung zu unterstützen.

Reduzierung von Leckagen

Leckagen können zu ungleichmäßigen Druckverhältnissen im Doppelboden führen und einen hohen Luftumlauf bei der Kühlung zur Konsequenz haben. Dabei ist unter einer Leckage ein Strömungskurzschluss zu verstehen, bei dem die Leckageluft nicht oder kaum zur Kühlung der IKT-Geräte beiträgt und zu einer energetisch ungünstig geringen Temperaturspreizung an den Wärmetauschern der Präzisionsklimageräte führt (Rasmussen 2003) (Avelar 2011).

Reduzierung von Druckverlusten

Installationen im Doppelboden können die Luftströmung behindern und ggf. zu einer ungleichmäßigen Druckverteilung oder zum Druckabfall im Doppelboden führen. Installationen im Doppelboden sollten (bei neuen Planungen) vermieden werden, so können Kabeltrassen über den Racks besser zur Installation von Energie- und Kommunikationsleitungen genutzt werden. Bei bestehenden Anlagen sollte darauf geachtet werden, dass der Querschnitt im Doppelboden nicht mehr als um 1/3 eingeengt wird (Rasmussen 2003) (Avelar 2011).
Zu den Verbesserungsmaßnahmen im Zusammenhang mit Doppelböden zählen die Vermeidung der Lagerung von Gegenständen im Doppelboden, das Entfernen alter Kabel aus dem Doppelboden, die Anhebung des Doppelbodens, die Nutzung von Kabelmanagementsystemen sowie die Optimierung der Strömungsgeschwindigkeit, z. B. durch den Einbau von Leitelementen im Doppelboden.
Die erforderliche Höhe des Doppelbodens ist abhängig von der Größe des IT-Rechnerraums, der Leistungsdichte, der Anzahl und Position der Präzisionsklimageräte und letztendlich von dem benötigten Luftvolumenstrom. Grundsätzlich gilt hier: Je höher, desto besser. Ein 1.000 m^2 großer Raum mit einer Leistungsdichte von 1 kW/m^2 benötigt ca. 300.000 m^3/h Kühlluft und eine freie Höhe des Doppelbodens von 0,5 m (Petschke 2008).

Optimierte Strömung im Rack

Zur Verbesserung der Strömung im Rack empfehlen sich die Verblendung nicht belegter Einbauplätze und das Verschließen seitlicher Leckagen mit sogenannten Air Dam Baffle Kits. Unter anderem können auf diese Weise Strömungskurzschlüsse an den IKT-Geräten vermieden werden. Um eine Trennung der Kalt- und Warmluftströme zu ermöglichen, sowie die Zu- und Abluftströme zu homogenisieren, sollte zuerst im Rack mit der Optimierung angesetzt werden, da die Maßnahmen in der Regel leicht umzusetzen sind und einen relativ hohen Effekt erzielen (Rasmussen 2003) (GreenGrid 2011).

Trennung von Geräten unterschiedlicher Lüftungsanforderungen

Bei IKT-Geräten ist eine Strömungsrichtung der Kühlluft von vorne nach hinten üblich. Einige Geräte, wie beispielsweise Switches, weichen hiervon allerdings aus baulichen Gründen ab. Diese Geräte sollten gemeinsam in Racks mit entsprechend angepasster Luftführung installiert werden. Alternativ sollten spezielle Einschübe, die eine Umlenkung der Luftströme unterstützen und damit die effektivste Lösung darstellen, eingesetzt werden. Allerdings erfordert diese Lösung mehr Energie, da zusätzliche Ventilatoren zu betreiben sind (Rasmussen 2004).

Homogene Leistungsdichte

Gerne werden ähnliche Geräte in räumlicher Nähe zueinander installiert. Dies kann organisatorische Vorteile bieten, ist aber für den Fall, dass es zur räumlichen Konzentration von elektrischer Leistung führt, für die Kühlung von großem Nachteil. Übliche Verteilsysteme für die Kühlluft arbeiten am effektivsten, wenn die Last homogen über den Raum verteilt ist. Die Vermeidung von Hotspots und eine gleichmäßige Verteilung der Lasten über alle Racks erlauben es, eine ausreichende Kühlung mit einem geringen Volumenstrom zu ermöglichen (APC 2003) (Rasmussen 2003).

Leistungsregelung im Luftkreislauf (Lüfterdrehzahl)

Die Umluft- und Klimageräte in IT-Rechnerräumen verfügen meist nicht über eine Drehzahlregelung für die eingebauten Ventilatoren. In der Regel wird die Luft mit einem zu hohen Volumenstrom umgewälzt. Dies ist häufig durch andere ungünstige Betriebsbedingungen wie Leckageströmungen usw. bedingt. Kann man die Luftumwälzung reduzieren, sinkt der Energiebedarf der Umluftgeräte deutlich. Die Leistungsaufnahme eines Ventilators wächst mit der dritten Potenz der Drehzahl, d. h., eine Reduzierung der Ventilatorendrehzahl auf das benötigte Minimum kann zu einer erheblichen Einsparung beitragen. Werden mehrere Klimaschränke parallel benutzt, ist es vorteilhafter, sie bei reduzierter Drehzahl parallel zu betreiben, anstatt die Reservesysteme im Stillstand vorzuhalten. Bei Ausfall eines Systems regeln die anderen auf eine höhere Drehzahl, um den Verlust auszugleichen. Bei paralleler Nutzung kommt den Wärmetauschern die geringere Strömungsgeschwindigkeit als effizienzsteigernder Vorteil zugute (GreenGrid 2011). Werden beispielsweise drei Umluftgeräte eingesetzt, von denen zwei mit hoher Drehzahl Luft fördern und eines im Stand-by bereitgehalten wird, kann man bei gleicher Ausfallreserve alle drei Geräte mit einem Drittel der ursprünglichen Drehzahl betreiben und muss dabei für die Ventilatoren nur ca. 44 % der ursprünglichen Leistung aufwenden.

IV

Dynamischer Einsatz der Klimatechnik (Ausschalten)

Ist keine Drehzahlregelung möglich, die es erlaubt, den Mindestvolumenstrom bei geringer Ventilatordrehzahl durch den gleichzeitigen Betrieb aller Präzisionsklimageräte bereitzustellen, ist das Ausschalten der nicht benötigten Ventilatoren eine weitere Maßnahme.

Temperaturniveau anheben

In der Vergangenheit wurden Serverräume häufig auf Temperaturen unter 20° C gekühlt. Der Verband ASHRAE (ASHRAE 2011) empfiehlt in seiner neuesten Version des Whitepapers zur Temperaturregelung in Rechenzentren einen Temperaturbereich von 18° C bis 27° C für Rechenzentren mit kritischen Anwendungen. Als grundsätzlich zulässig wird der Bereich von 15° C bis 32° C angegeben. Nach der alten Richtlinie von 2004 (ASHRAE 2004) lagen der empfohlene Bereich bei 20° C bis 25° C und der zulässige Bereich bei 15° C bis 32° C.
Das höchste Ausfallrisiko von Servern besteht nach Aussage u. a. von Microsoft bei den darin verbauten Festplatten (Abb. 11). Analog hierzu zeigt eine Untersuchung von Google, dass der Betrieb von Festplatten bei Temperaturen unter 40° C das Risiko nicht substanziell vergrößert (Google 2007).
Durch ein Anheben der Zulufttemperatur und damit der Arbeitstemperatur der IT-Systeme sinken der Aufwand bei der Kühlung und damit auch der Energiebedarf für die Kältemaschinen. Dies kann eine erhebliche Einsparung bedeuten. Die Wärmetauscher können aufgrund niedriger Strömungsgeschwindigkeiten und größerer Temperaturdifferenzen effektiver arbeiten bzw. der Einsatz freier Kühlung ist über einen größeren Zeitraum im Jahr möglich. Die Literatur nennt hier übereinstimmend, dass eine Temperaturerhöhung um einen Grad – ausgehend von 20°C – eine Einsparung von 3 % bis 4 % ergeben kann. Verschiedene Literaturstellen verweisen hierbei auf die Studie von Hans Eisenhut mit dem Titel „Risikofreier Betrieb von klimatisierten EDV-Räumen bei 26° C Raumtemperatur". Aufgrund dieser Studie spricht das Schweizer Bundesamt für Energie (BfE) die Empfehlung aus, Serverräume bei einer Temperatur von 26° C zu betreiben (Altenburger 2004). Allerdings wird die Einsparung im Bereich der Kühlung mit steigender Temperatur durch einen höheren Verbrauch der

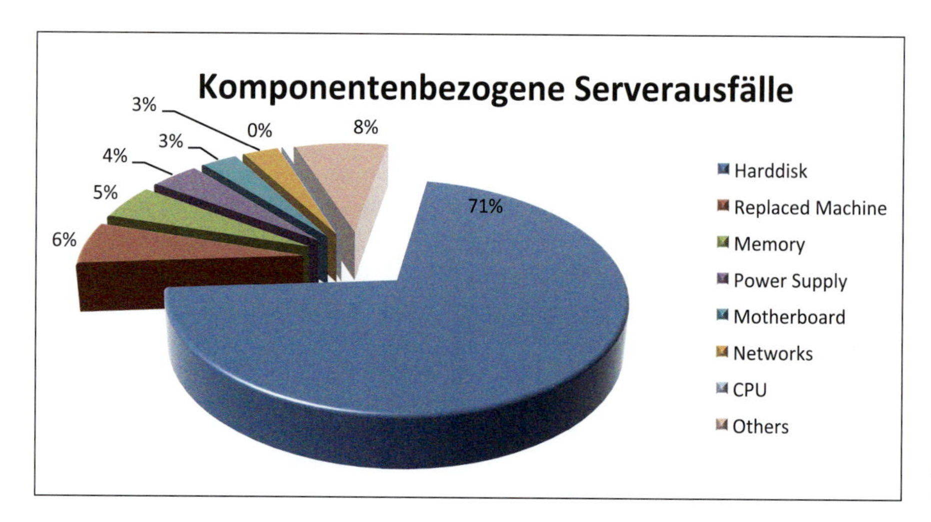

Abb. 12 Fehlerrate der Serverkomponenten (Koch 2011)

IT-Systeme, z. B. durch gesteigerten Lüftungsaufwand und Leckageströme in den Halbleitern, zunichtegemacht. Eine Studie von Dell und Schneider-APC (APC 2011) ermittelt den niedrigsten Gesamtenergieverbrauch bei einer Temperatur von 24° C bis 27°C.
Nach eigener Aussage legt Emerson Networkpower Rechenzentren ebenfalls aufgrund von Erfahrungen aus der Praxis mit einer Arbeitstemperatur von 26° C aus.

Luftfeuchtigkeit Senken

Die Luftfeuchtigkeit sollte auf den kleinsten zulässigen Wert gesenkt werden. Häufig ist eine relative Luftfeuchtigkeit von 50 % in Rechenzentren eingestellt, ohne dass dies notwendig ist. Dieser hohe Wert hat seinen Ursprung aus der Zeit des Betriebs von Hochgeschwindigkeitsdruckern in den Rechenzentren, bei denen der schnelle Papiertransport zu elektrostatischen Aufladungen führen konnte. Übliche IKT kann in Räumen mit deutlich gesenkter Feuchte betrieben werden. Hierdurch kann Kondensation in den Präzisionsklimageräten reduziert und eine energieaufwendige Befeuchtung vermieden werden (Rasmussen 2003).

Befeuchtung optimieren

Wird die Luftkonditionierung in einem Raum des IT-Rechnerraums von mehreren Präzisionsklimageräten bereitgestellt, kann es bei ungünstiger Einstellung oder zu großer Hysterese in den Regelgrenzen zu einem gegenläufigen Arbeiten der Geräte kommen. In diesem Fall entfeuchtet ein Gerät die Luft, während ein anderes die Luft permanent befeuchtet (Rasmussen 2003).

6.4.3.4 Elektrische Wirkungsgrade

Effiziente USV

Systeme zur unterbrechungsfreien Spannungsversorgung können sich deutlich in ihrem Wirkungsgrad unterscheiden. Es sind Systeme zu bevorzugen, die bei der jeweils erwarteten Last ihren optimalen Wirkungsgrad erreichen, ggf. ist eine modular ausbaubare USV vorzusehen (E-COMPANY 2010) (TU-Berlin 2008).

Modulare USV

Eine USV sollte möglichst gut an die Last, die sie versorgen soll, angepasst sein. Eine Online-USV hat bei über 90 % Auslastung einen typischen Wirkungsgrad von 96 %. Wird sie nur zu einem Viertel ihrer Nennlast ausgelastet, sinkt der Wirkungsgrad meist unter 90 % (E-COMPANY 2010) (TU Berlin 2008). Eine modulare USV spart hier doppelt, bei der Anschaffung fallen nicht die Kosten für ein überdimensioniertes System an und beim Betrieb arbeitet sie in einem Arbeitspunkt mit optimalem Wirkungsgrad.

Räumliche Trennung von Serverraum, USV-Batterien und USV-Elektronik

Die Batterien der USV haben ihre optimalen Betriebsbedingungen bei 20°C bis 22°C (E-COMPANY 2010), während die Elektronik bei deutlich höheren Temperaturen betrieben werden kann und keiner Kühlung bedarf. Damit die Elektronik der USV ihre Verlustleistung nicht in den Serverraum abgeben kann, ist eine räumliche Trennung sinnvoll (TU Berlin 2008).

Blindleistungskompensation

In Wechsel- und Drehstromnetzen kann es durch Phasenverschiebung zwischen Strom und Spannung zu sogenannten Blindströmen kommen. Die Blindströme verrichten keine Arbeit, werden aber auch nicht von einem normalen Zähler des EVU erfasst. Allerdings müssen sie bei der Dimensionierung der elektrischen Leitungen berücksichtigt werden. Bei großen Abnehmern wird durch das EVU auch ein Blindleistungszähler eingesetzt und Blindleistung in Rechnung gestellt, da sie das Versorgungsnetz ungünstig belastet. Um diese Kosten zu vermeiden, ist eine Einrichtung zur Blindleistungskompensation sinnvoll (BIT 2011).

6.4.3.5 Organisation

Optimierung der IT-Hardware (und Software)

Jede Watt-Sekunde, die von IKT-Systemen nicht in den IT-Rechnerraum eingetragen wird, muss nicht mühevoll und unter Energieaufwand wieder abgeführt werden. Durch organisatorische Maßnahmen kann die durch die IKT-Systeme benötigte elektrische Leistung reduziert werden und verringert somit auch den Aufwand bei der USV und der Kühlung.

IT-Auslastung – Virtualisierung

Durch Virtualisierung kann eine Reduzierung der IKT-Last erreicht werden, wodurch u. a. bei der Kühlung der Leistungsbedarf reduziert werden kann. Sind die Versorgungssysteme nicht modular aufgebaut, kann dies bedeuten, dass eine Reduzierung der IKT-Last nicht linear auf die Leistung für Versorgung skaliert. Trotzdem sinkt der Gesamtbedarf (Niles 2008). Bei der Virtualisierung kann es durch dynamische Zuweisung der Serverlast zu wechselnden Hotspots in den Racks kommen. Diesen muss durch geeignete Kühlstrategien begegnet werden. Im Extremfall kann hier die Installation eines Bereichs hoher Energiedichte sinnvoll sein, der mit geeigneten Kühlmaßnahmen ausgestattet werden muss (Rasmussen 2011) (BIT 2010) (BIT 2011).

Abschalten überflüssiger Systeme

Ein wichtiger Punkt, der immer wieder genannt wird, ist die Identifikation von Servern und Geräten, die über einen längeren Zeitraum einen sehr gleichmäßigen, niedrigen Lastverlauf aufweisen. Hier liegt die Vermutung nahe, dass sie entweder nicht ausgelastet sind bzw. gar nicht benötigt werden. In seinem Artikel geht Darrell Dunn davon aus, dass 8 % bis 10 % der Server in einem größeren Rechenzentrum nicht benötigt werden. Dabei werden Einsparungen von 7 % allein bei der Abschaltung nicht benötigter Systeme prognostiziert (Weßler 2011).
Organisatorisch lassen sich im Rahmen der Gegebenheiten auf verschiedenen Ebenen Maßnahmen ergreifen:

Im Rechenzentrumsbetrieb

- Konsolidierung: Zusammenführung von Systemen, Applikationen und Datenbeständen
- Virtualisierung: Betrieb mehrerer virtueller Systeme auf einer „realen“ Hardware
- Aktivitätsmanagement: Lastspitzen vermeiden, Auslastung optimieren, Verringerung des Energiebedarfs außerhalb der Nutzungszeiten.

Im Einkauf

- Berücksichtigung von Nachhaltigkeitsaspekten bei der Bestellung neuer Geräte und Software;
- Berücksichtigung von Nachhaltigkeitsaspekten bei der Neuplanung und dem Umbau von Rechenzentren.

Beim Einkauf der Ausstattung ist auf die Wirkungsgrade von z. B. Netzteilen, USV und Netzersatzanlagen zu achten. Der Stromverbrauch des IT-Rechnerraums sowie der einzelnen Bestandteile ist möglichst genau zu erfassen. Für den Serverbetrieb bieten sich hier intelligente Steckdosenleisten (SPS Smart Power Strips) an. Eine mögliche Maßnahme besteht auch im Leasing der Hardware und dem damit verbundenen regelmäßigen Austausch der Geräte, sofern der Leasinggeber eine entsprechende Weiterverwendung oder bei Aussonderung die entsprechende Entsorgung bzw. Recycling garantiert.

6.5 Fazit

Die Kennzahl Power Usage Effektiveness (PUE) ist hinsichtlich ihrer Aussagekraft nicht unumstritten, allerdings stellt sie derzeit den gemeinsamen Nenner in der globalen Betrachtung der Energieeffizienz von Rechenzentren dar. Da die Ermittlung allerdings nicht immer gemäß den Vorgaben des TGG erfolgt und die PUE zu Werbezwecken vielfach missbraucht wird, fehlt häufig das Vertrauen in Angaben zur Energieeffizienz bestimmter Technologien und Maßnahmenkombinationen. Es findet aber gegenwärtig eine Harmonisierung und Detaildefinition für die PUE statt, die die Vergleichbarkeit verbessern soll.
Serverräume und Rechenzentren können in ihrer Größe und Ausführung stark variieren. So reicht das Spektrum von kleinen Installationen in Unternehmen bis hin zu großen Rechenzentren von IT-Dienstleistern und Providern. Für letzteren Fall findet man häufig spezielle Konzepte mit homogener Hardware, die entsprechend auf den energieeffizienten Betrieb ausgelegt sind. Infrastruktur und IKT sind so aufeinander abgestimmt, dass sie mittlerweile häufig als komplette Containereinheiten in den großen Rechenzentren verbaut werden. In diesen Fällen sind durch den Einsatz einer minimalen Infrastruktur in Verbindung mit einem optimalen Standort sehr niedrige PUE-Werte realisierbar.
Bestandsrechenzentren und kleine bis mittlere Serverräume haben aufgrund der relativ geringen IT-Leistung und der gewachsenen heterogenen Serverlandschaft andere Rahmenbedingungen. Daher fallen hier die PUE-Werte höher aus. Bisher liegen nur wenige unabhängige und umfangreiche Messungen vor, die ein komplettes Bild der am Markt verfügbaren Technologien zur Steigerung der Energieeffizienz in Rechenzentren zeichnen. Viele Werte über mögliche Einspareffekte beruhen auf Schätzungen. Die Studien haben gezeigt, dass die geschätzten PUE-Werte höher lagen als die durch Messung bestimmten Werte.
Um die energetische Entwicklung der jeweiligen IKT-Landschaft beurteilen zu können und in einen fortlaufenden Optimierungsprozess eintreten zu können, ist eine kontinuierliche Erfassung der energetischen Größen in- und außerhalb der IT-Rechnerräume notwendig. Ohne die Durchführung von Messungen lässt sich die Wirkung von umgesetzten Maßnahmen zur Steigerung der Energieeffizienz nicht überprüfen. Erste Einsparungen sind ggf. nach der Ermittlung der energetischen Ist-Situation allein durch Umsetzung organisatorischer Maßnahmen möglich. Technische und bauliche Maßnahmen, die höhere Investitionen erfordern, können nur auf Basis belastbarer Zahlen ermittelt und umgesetzt werden. Beispielsweise kann bei einem energetisch ungünstigen Kühlkonzept der Einsatz

energieeffizienter IT-Geräte nur begrenzt zu einer Verbesserung der Energieeffizienz beitragen.
Beim Umbau bzw. Neubau von IT-Rechnerräumen ist darauf zu achten, dass die Infrastruktur bedarfsgerecht ausgelegt wird, da jede Überkapazität dem Ziel der Energieeffizienz entgegenwirkt. Daher sollten die Systeme regelbar und modular aufgebaut sein, um die Infrastruktur schrittweise in Abhängigkeit des IKT-Ausbaus erweitern zu können. In diesem Zusammenhang wird ein ganzheitliches Regelkonzept benötigt, das die unterschiedlichen Regelstrategien der entsprechenden Komponenten zusammenführt. Andernfalls können sich die geplanten Einsparungseffekte nicht einstellen.
Die derzeitigen Diskussionen zeigen, dass an vielen Stellen über geeignete Maßnahmen zur Energieeffizienzsteigerung in Rechenzentren und Serverräumen nachgedacht wird. Dies wird insbesondere durch Cloud Computing und die steigenden Energiepreise getrieben. Der Expertendialog bezüglich geeigneter Maßnahmen gewinnt an Intensität und es stellt sich zunehmend die Bereitschaft ein, sich diesem Thema auf verschiedenen Ebenen, nicht nur im IT-Bereich, sondern in der gesamten Unternehmensorganisation zu stellen.

Literatur

Altenburger, A.: 26° C in EDV-Räumen – eine Temperatur ohne Risiko. Technical report, Bundesamt für Energie (BfE) Schweiz, 2004

AP, The Associated Press (Hrsg.): „HP – Other Computer Firms Boost Recycling Efforts."http://cbs5.com/business/computer.recycling.Hewlett.2.453267.html, 2007

APC: Stromversorgung und Kühlung für ultrakompakte Racks und Blade-Server. White Paper 046. Schneider Electric/APC, 2003

APC: Elektrisches Wirkungsgradmodell von Datencentern. White Paper 113. Schneider Electric/APC, 2008

APC: Energy Impact of Increased Server Inlet Temperature. White Paper 138. Schneider Electric/APC, 2011

Avelar, V.: How Overhead Cabling Saves Energy in Data Centers. Weißbuch Nr. 159. Schneider Electric, 2011

ASHRAE: Thermal Guidelines for Data Processing Environments. Technical report, American Society of Heating, Refrigerating and Air-Conditioning Engineers, Inc. (ASHRAE), ASHRAE-TC9.9, 2004

ASHRAE: Thermal Guidelines for Data Processing Environments – Expanded Data Center Classes and Usage Guidance – Whitepaper prepared by ASHRAE Technical Committee (TC) 9.9 Mission Critical Facilities, Technology Spaces, and Electronic Equipment. ASHRAE TC 9.9, 2011

BIT, Bundesverwaltungsamt – Bundesstelle für Informationstechnik 2010: Vorgehensmodell für Green IT in Rechenzentren BVA / BIT. Berlin, 2010

BIT, Bundesverwaltungsamt – Bundesstelle für Informationstechnik 2011: Gestaltung von energieeffizienten Serverräumen. Berlin, 2011

BGR: Bundesanstalt für Geowissenschaften und Rohstoffe (Hrsg.) 2010: „Elektronikmetalle. Zukünftig steigender Bedarf bei unzureichender Versorgungslage?" Hannover, 2010

BMU, Bundesministerium für Umwelt, Naturschutz und Reaktorsicherheit (BMU): Webseite des BMU zum ElektroG 2008 http://www.bmu.de/abfallwirtschaft/downloads/doc/print/5582.php, 2010

BMU, Bundesministerium für Umwelt, Naturschutz und Reaktorsicherheit (Hrsg.): Daten über Elektro(nik)geräte in Deutschland im Jahr 2006 – BMU-Erläuterungen zu der Berichterstattung an die EU-Kommission, Berlin, 2008

BMU, Bundesministerium für Umwelt, Naturschutz und Reaktorsicherheit (Hrsg.): Ökodesign-Richtlinie 2009 http://www.bmu.de/produkte_und_umwelt/oekodesign/oekodesign_richtlinie/doc/39037.php, 2010

Boivie, P. E.: „Das TCO-Gütesiegel für Monitore – Seine Bedeutung für die Anwender und die Umwelt", 2007

Büttner, G. L.: PUE – DCIE – CADE. Vortrag. DiM Design Institut München, München, 2010

DIN Deutsches Institut für Normung e. V.: DIN EN 16001 – Energiemanagementsysteme – Anforderungen mit Anleitung zur Anwendung. Norm. Beuth-Verlag GmbH, Berlin, 2009

DENA Deutsche Energie-Agentur GmbH: „Beschaffungsleitfaden: Energieeffiziente Bürogeräte professionell beschaffen", Berlin, 2007

ECO – Verband der deutschen Internetwirtschaft e. V.: Bestandsaufnahme effiziente Rechenzentren in Deutschland. Studie. Eco – Verband der deutschen Internetwirtschaft e. V., 2009

Ecolabel, Belgischer Föderaler Öffentlicher Dienst (Hrsg.): „EU-Umweltzeichen". http://www.ecolabel.be/spip.php?article90, 2009

E-COMPANY: Green-IT im Rechenzentrum. E-COMPANY / Initative GreenIT Berlin Brandenburg, 2010

EnergyStar, U.S. Environmental Protection Agency/U.S. Department of Energy 2009: ENERGY STAR Program Requirements for Computers, Version 5.0 http://www.energystar.gov/ia/partners/prod_development/revisions/downloads/computer/Version5.0_Computer_Spec, 2010

Fichter, K.: Energieverbrauch und Energiekosten von Servern und Rechenzentren in Deutschland, Trends und Einsparpotenziale bis 2013, Berlin: http://www.bitkom.org/files/documents/Energieeinsparpotenziale_von_Rechenzentren_in_Deutschland.pdf, 2008

GAP, Global Action Plan (Hrsg.): An Inefficient Truth – Report. http://www.globalactionplan.org.uk/news_detail.aspx?nid=e06182e3-8e00-4ec5-be39-516c7030b652, 2007

Gartner, Inc.: Gartner Estimates ICT Industry Accounts for 2 Percent of Global CO_2 Emissions, Pressemitteilung vom 26.04.2007, http://www.gartner.com/it/page.jsp?id=503867, 2007

IV

Gillibrand, K.: Klobuchar, Gillibrand Introduce Bipartisan Legislation to Promote Recycling of Electronic Waste. Legislation would find best ways to recycle e-waste and reduce the use of hazardous materials in electronics. http://gillibrand.senate.gov/newsroom/press/release/?id=0650ce7b-3eb7-42d4-af16-35d7cdf0c0cb, 2009

Google, P. E., Weber, W.-D.; Barroso, L. A.: Failure Trends in a Large Disk Drive Population. Studie. Google Inc., 2007

GÜNTNER AG&Co. KG: Energieeinsparung auf der Niederdruckseite einer Kältemaschine. Güntner AG&Co. KG, 2010

GreenGrid: USAGE AND PUBLIC REPORTING GUIDELINES FOR THE GREEN GRID'S INFRASTRUCTURE METRICS (PUE/DCIE). The Green Grid, 2009

GreenGrid: THE GREEN GRID DATA CENTER COMPUTE EFFICIENCY METRIC: DCcE. The Green Grid, 2010

GreenGrid: A METRIC FOR MEASURING THE BENEFIT OF REUSE ENERGY FROM A DATA CENTER. The Green Grid, 2010

GreenGrid: Case Study: The ROI of cooling system energy efficiency upgrades. White Paper #39. The Green Grid, 2011

Greenpeace (Hrsg.): Recycling Of Electronic Wastes In China & India: Workplace & Environmental Contamination. http://www.greenpeace.de/themen/chemie/elektroschrott/, 2005

Greenpeace (Hrsg.): Cutting Edge Contamination – A Study of Environmental Pollution During The Manufacture Of Electronic Products, http://www.greenpeace.org/international/press/reports/cutting-edge-contamination-a/, 2007

Greenpeace (Hrsg.): Poisoning the Poor. Electronic waste in Ghana. http://www.greenpeace.org/raw/content/international/press/reports/poisoning-the-poor-electonic.pdf, 2008

GRITPC, Green IT Promotion Council: Concept of New Metrics for Data Center Energy Efficiency, Introduction of Datacenter Performance per Energy (DPPE). Green IT Promotion Council, Japan, 2010

Kawamoto, K.; Koomey, J. G. et al.: Electricity Used by Office Equipment and Network Equipment in the U.S.: Detailed Report and Appendices, Lawrence Berkeley National Laboratory. http://enduse.lbl.gov/Projects/InfoTech.html, 2001

Koch, F.: Datacenter Efficiency – Holistic Approach to Improving TCO & ROI through Optimizing Performance and Power. Präsentation: Heise Events Seminar: RECHENZENTREN & INFRASTRUKTUR, Dortmund. Microsoft, 2011

Niles, S.: Virtualisierung: Optimierung der Stromversorgung und Kühlung optimiert den Ge-samtnutzen. Weißbuch Nr. 118. APC American Power Conversion, 2008

Nordic Ecolabelling (Hrsg.): Nordic Ecolabelling of Computers http://www.svanen.se/Templates/Criteria/CriteriaGetFile.aspx?fileID=109866001, 2009

Plepys, A.: Environmental Implications of Product Servicising. The International Institute for Industrial Environmental Economics, Lund University, 2004

Petschke, B.: Data Centre Cooling – Best Practice. Whitepaper, Release 2. Stulz GmbH, 2008

RAL gGmbH (Hrsg.): Vergabegrundlage für Umweltzeichen – Computer (Arbeitsplatzcomputer und tragbare Computer) RAL-UZ 78. http://www.blauer-engel.de/_downloads/vergabegrundlagen_de/UZ-078.zip, 2009

Rasmussen, N.: Ermitteln der Anforderungen für die Kühlung in Datencentern. Weißbuch Nr. 25, Revision 1. APC American Power Conversion, 2003

Rasmussen, N.: Mögliche Kühlverfahren für Rackgeräte mit seitlicher Luftstromführung. Weißbuch Nr. 50. American Power Conversion, 2004

Rasmussen, N., Avelar, V.: Deploying High-Density Pods in a Low-Density Data Center. Weißbuch Nr. 134, Revision 2. Schneider Electric, 2011

Skurk, H. (Ansprechpartner): Wie messe ich den PUE richtig? Leitfaden. BITKOM, AK Rechenzentrum & IT-Infrastruktur, Berlin, 2011.

Taskforce bestehend aus 7x24 Exchange; ASHRAE; The Green Grid; Silicon Valley Leadership Group; U.S. Department of Energy Save Energy Now Program; U.S. Environmental Protection Agency's ENERGY STAR Program; United States Green Building Council; Uptime Institute: Recommendations for Measuring and Reporting Overall Data Center Efficiency, Version 2 – Measuring PUE for Data Centers. The Green Grid, 2011, http://www.thegreengrid.org/en/Global/Content/Reports/RecommendationsForMeasuringandReportingOverallDataCenterEfficiencyVersion2

TU Berlin, Behrendt, Prof. Dr. rer. nat. F.; Schaefer, Dipl.-Ing. M.; Belusa, Dipl.-Ing. T.; Ziegler, Prof. Dr.-Ing. Fe.; Lanser, Dipl.-Ing. W.; Erdmann, Prof. rer. pol. G.; Dittmar, Dipl.-Wirtsch.-Ing. L.; Kleschin, Dipl.-Ing. S.; Kieseler, cand. Ing. St.: Konzeptstudie zur Energie- und Ressourceneffizienz im Betrieb von Rechenzentren. Endbericht. Technische Universität Berlin, Innovationszentrum Energie (IZE), Berlin, 2008

UBA, Umweltbundesamt: Optimierung der Steuerung und Kontrolle grenzüberschreitender Stoffströme bei Elektroaltgeräten/Elektroschrott. Studie der Ökopol GmbH für das Umweltbundesamt, 2010

UBA, Umweltbundesamt: REACH. http://www.reach-info.de/, 2010

UMSICHT, Fraunhofer UMSICHT (Hrsg.): „Ökologischer Vergleich der Klimarelevanz von PC und Thin Client Arbeitsplatzgeräten 2008"

UmweltMagazin: Europa – kurz notiert. Heft 7/8. Seite 10, Juli – August 2010

Verfaillie, H.; Bidwell, R.: Measuring eco-efficiency. A guide to reporting company performance, World Business Council for Sustainable Development, WBCSD (Hrsg.), Genf, 2000

Weßler, B.: Intelligentes Power Management im Rechenzentrum im Spannungsfeld zwischen IT-Facility und IT. Präsentation: Seminar Powerbuilding & DataCenter Convention, Köln. Raritan Deutschland GmbH, 2011

Windeck, Ch.: „Spar-Kennung – Kennzeichnungen und Richtlinien für sparsame Rechner" in: c't Magazin für Computertechnik, Ausgabe 4/2008, Heise Zeitschriftenverlag GmbH & Co. KG, Hannover, 2008

TEIL V

Maschinen und Anlagen

1 Maschinenelemente und Baugruppen

Christian Brecher, Werner Herfs,
Christian Heyer, Johannes Triebs

1.1 Ressourceneffizienz elektrischer Antriebe in Produktionssystemen

1.1.1 Einleitung

Moderne Produktionsanlagen sind ohne den Einsatz elektrischer Antriebe nicht vorstellbar. Das Einsatzspektrum reicht von kleinen Stellantrieben geringer Leistung, über kontinuierlich laufende Antriebe mittlerer Leistung, bis hin zu Hochleistungs- bzw. Hochdrehzahlantrieben.
Ebenso unterschiedlich sind die resultierenden Anforderungen. Die Anwendung gibt vor, nach welchen Gesichtspunkten ein Antrieb ausgelegt wird und welche Eigenschaften von hoher Relevanz sind. Zwei Beispiele in Anlehnung an Abbildung 1:

- Förder- oder Pumpenantriebe müssen im Allgemeinen keine hohen dynamischen Anforderungen erfüllen. Die Produktionskosten, Skalierbarkeit in Dimension und Leistung sowie eine robuste Konstruktionsweise stehen bei solchen Antrieben, die mit hoher Stückzahl gefertigt werden, im Vordergrund der Betrachtungen.
- Vorschubantriebe hingegen sollen eine sehr hohe Dynamik über einen weiten Drehzahlbereich, bei gleichzeitig hoher Leistungsdichte, bereitstellen. Im Fokus des Kunden stehen hauptsächlich konstruktive Gesichtspunkte wie Bauraum, Leistung und Genauigkeit.

Bereits an diesen zwei Ausrichtungen wird deutlich, dass bei Betrachtung und Optimierung der Ressourceneffizienz von Antriebskonzepten grundsätzlich unterschiedliche Vorgehensweisen notwendig werden. Analysiert man nochmals die zuvor genannten Beispiele, so ergeben sich folgende Aspekte:
Für Förder- oder Pumpenantriebe kommen typischerweise Norm-Asynchronantriebe zum Einsatz (Dena 2007a). Diese zeichnen sich durch eine kostengünstige Herstellung und durch eine robuste Bauweise aus. Der Betrieb am Netz erfordert keine zusätzliche Technik. Der Einsatz hocheffizienter Permanentmagnet-Synchronmotoren und die Verwendung von Umrichtertechnik zur Einstellung des optimalen Arbeitspunktes sowie zur Rückgewinnung von Bremsenergie könnten hier anwendungsabhängig elektrische Energie einsparen. Bei geringem Einsparpotenzial rechtfertigen sich diese Maßnahmen, wirtschaftlich betrachtet, jedoch nicht, sodass sich Amortisationszeiten deutlich über drei Jahre ergeben. Die Umsetzung auf Basis von Synchronantrieben würde in diesem Beispiel zusätzlich einen deutlich gesteigerten Ressourcenbedarf für das in hoher Stückzahl notwendige Permanentmagnetmaterial generieren. Aus Ressourcensicht ist eine solche Maßnahme daher nicht sinnvoll umsetzbar.

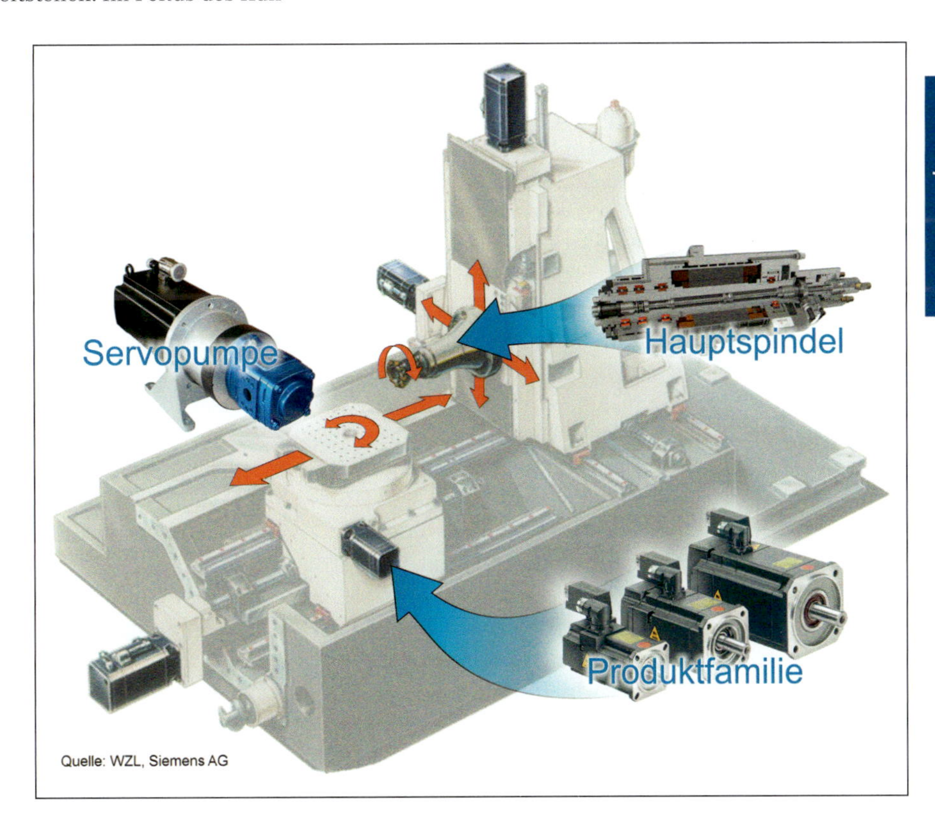

Abb. 1 Typischer Einsatz elektrischer Antriebe in Werkzeugmaschinen (Quelle: Siemens AG)

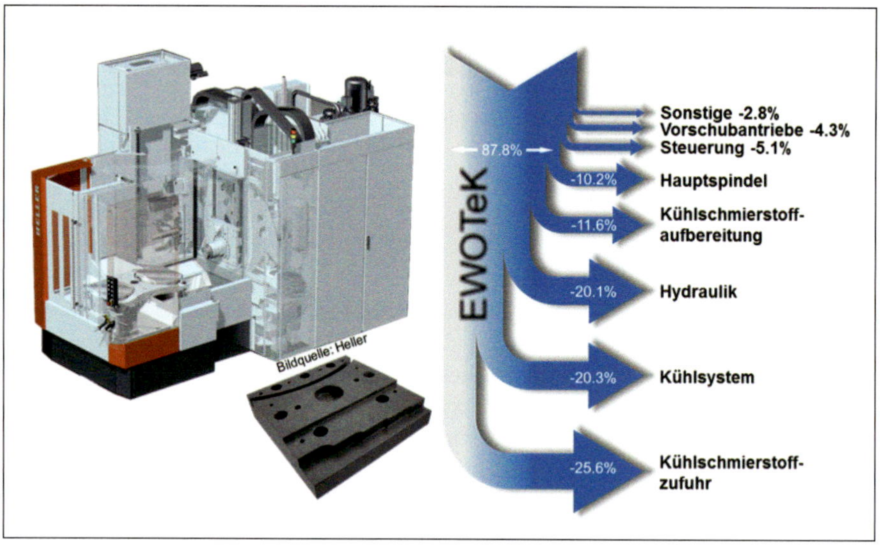

Abb. 2 Energieverteilung einer Werkzeugmaschine im Produktivbetrieb (Quelle: Bäumler 2011)

Für das Beispiel des Vorschubantriebs lässt sich ein ähnliches Bild aufzeichnen: Kombinationen aus Umrichter und Synchronantrieb, die sich bereits durch eine sehr hohe Energieeffizienz auszeichnen, kommen hier von je her zum Einsatz. Kleine Verbesserungen sind zum Beispiel durch angepasste Regelung oder den Einsatz größerer effizienter Motoren möglich. Meist ist dies konstruktiv jedoch nur mit großem Aufwand umsetzbar und rechtfertigt sich daher hinsichtlich der möglichen Einsparungen kaum. Eine zugeschnittene Lösung erfordert auch hier eine ganzheitliche Betrachtung der Anwendung.

Abbildung 2 stellt beispielhaft die Energieaufteilung für eine typische 3-Achsbearbeitung mit einem Heller H2000 BAZ im Normalbetrieb dar. Betrachtet man das System Werkzeugmaschine, so zeigt sich, dass ein Großteil der Gesamtenergieaufnahme der Maschine in sog. Nebenaggregaten von Kühlschmierstoff- oder Hydraulikpumpen umgesetzt wird. Die Vorschubantriebe selber weisen nur einen geringen Beitrag am Gesamtenergieverbrauch auf. Es kann daher durchaus sinnvoll sein, die Dynamik der Vorschubantriebe durch leistungsstärkere Motoren, Umrichter oder Regelungssysteme zu steigern. Zwar kann dies dazu führen, dass die Energieaufnahme in den Vorschubantrieben selbst ansteigt (Brecher 2011b), durch die gleichzeitig mögliche Reduktion der Bearbeitungsdauer kann jedoch der Energieverbrauch der Nebenaggregate vergleichsweise überproportional gesenkt werden. Letztlich resultiert für das Gesamtsystem daher eine Energieeinsparung, obwohl Einzelsysteme einen höheren Verbrauchsanteil aufweisen. Die folgenden Abschnitte versuchen, einen Einblick in die vielfältigen Optimierungsmaßnahmen im Bereich der elektrischen Antriebe zu geben. Es wird dabei hinsichtlich der Motoren, Speisegeräten (Umrichtersysteme, Filter, Energiespeicher), Auslegung und Regelungstechnik unterschieden. Als Referenzsystem wird weiterhin die Werkzeugmaschine betrachtet, da diese die unterschiedlichsten Anforderungen an Antriebstechnik gut abbildet. Gleichzeitig können die vorgestellten Optimierungsmaßnahmen auf Produktionssysteme mit ähnlichen Anforderungen übertragen werden.

1.1.2 Ressourceneffiziente Motortechnik

Produktionssysteme im Allgemeinen und Werkzeugmaschinen im Speziellen verwenden die in Abbildung 3 dargestellten Antriebsmotoren.

Es zeigt sich, dass sowohl der Drehstrom-Asynchronmotor als auch der Drehstrom-Synchronmotor vielfach und in großen Stückzahlen Verwendung finden. Der Gleichstrommotor weist konstruktionsbedingt deutliche Nachteile gegenüber den zuvor genannten Antriebstypen auf und kommt daher nur noch in Nischenanwendungen als Antrieb sehr großer Leistung zum Einsatz. Beispiele für typische Anwendungen sind:

- Walzwerksantriebe
- Drahtziehmaschinen
- Extruder und Kneter
- Pressen
- Aufzugs- und Krananlagen
- Seilbahnen und Lifte
- Schachtförderanlagen
- Prüfstandsantriebe

Der Einsatz eines verschleißbehafteten Kommutators zur Energieübertragung auf den Rotor bedingt hohe Wartungskosten. In den vorgestellten Anwendungen wird dieser Nachteil durch die systembedingten Vorteile – kostengünstiger Vierquadrantenbetrieb, hohes Anlaufmoment, großer Drehzahl-Stellbereich mit konstanter Leistung, hohe Leistungsdichte sowie hoher Wirkungsgrad – ausgeglichen

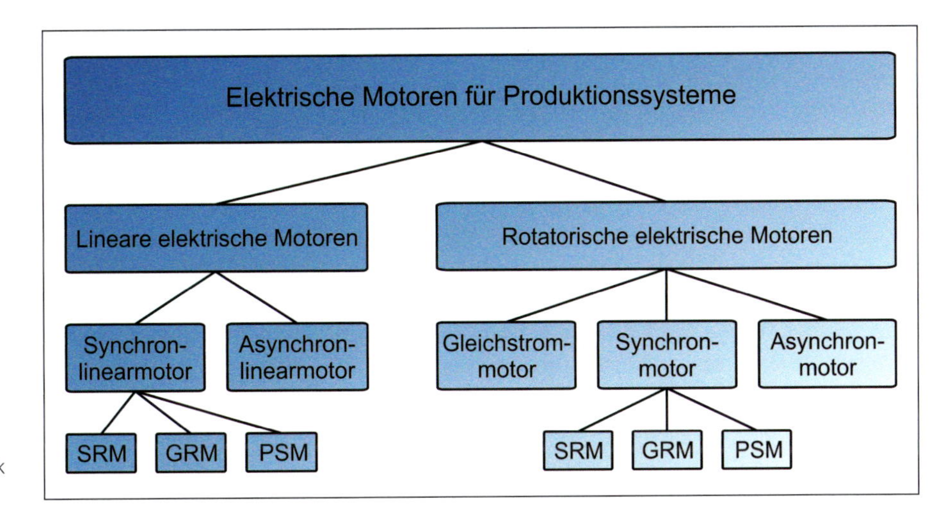

Abb. 3 Antriebe in Produktionssystemen (Quelle: nach Weck 2006)

(Siemens 2011a). In Serienanwendungen mit hohen Stückzahlen ist dies selten der Fall. Gleichstromantriebe werden dort nahezu völlig durch hochverfügbare Drehstromantriebe ersetzt. Eine tiefer gehende Thematisierung soll daher an dieser Stelle nicht erfolgen.

Asynchronmotoren

Der Asynchronmotor ASM hat sich aufgrund seiner positiven Eigenschaften, wie beispielsweise dem günstigen Preis, einem einfachen und robusten Aufbau sowie geringeren Wartungsaufwand, zum Standardantrieb entwickelt.
Der Stator trägt typischerweise eine dreiphasige Drehstromwicklung (vgl. UVW in Abb. 4), die über den Umfang verteilt ist. Je nach Ausführung werden die Windungen entweder zu einem symmetrischen Stern oder Dreieck verschaltet. Durch Umschaltung der Wicklungskonfiguration im Betrieb ändert sich die wirksame Phasenspannung und entsprechend die Drehmoment-Drehzahl-Charakteristik der Maschine. Der Rotor trägt ebenfalls eine Drehstromwicklung. Diese ist entweder kurzgeschlossen (Kurzschluss- oder Käfigläufer) oder wird über drei Schleifringe und Schleifbürsten nach außen geführt (Schleifringläufer). Im normalen Produktionsmaschinenumfeld wird nahezu ausschließlich die Bauform mit einem Kurzschlussläufer eingesetzt. Der für das Rotorfeld erforderliche Rotorstrom wird nach dem Transformatorprinzip über den Stator in den Rotor induziert. Hierzu ist funktionsbedingt eine Drehzahldifferenz (Schlupf *s*) zwischen dem Statordrehfeld und der Rotordrehzahl notwendig. Es resultiert die in Abbildung 4 rechts dargestellte Charakteristik der Asynchronmaschine. Diese Motorkonfiguration zeichnet sich durch einen einfachen und robusten Aufbau aus und kommt daher in den unterschiedlichsten Anwendungsfeldern als störungsarmer und nahezu wartungsfreier Antrieb zum Einsatz. Die Herstellung kann auf Basis von Elektroblech Stanzteilen und

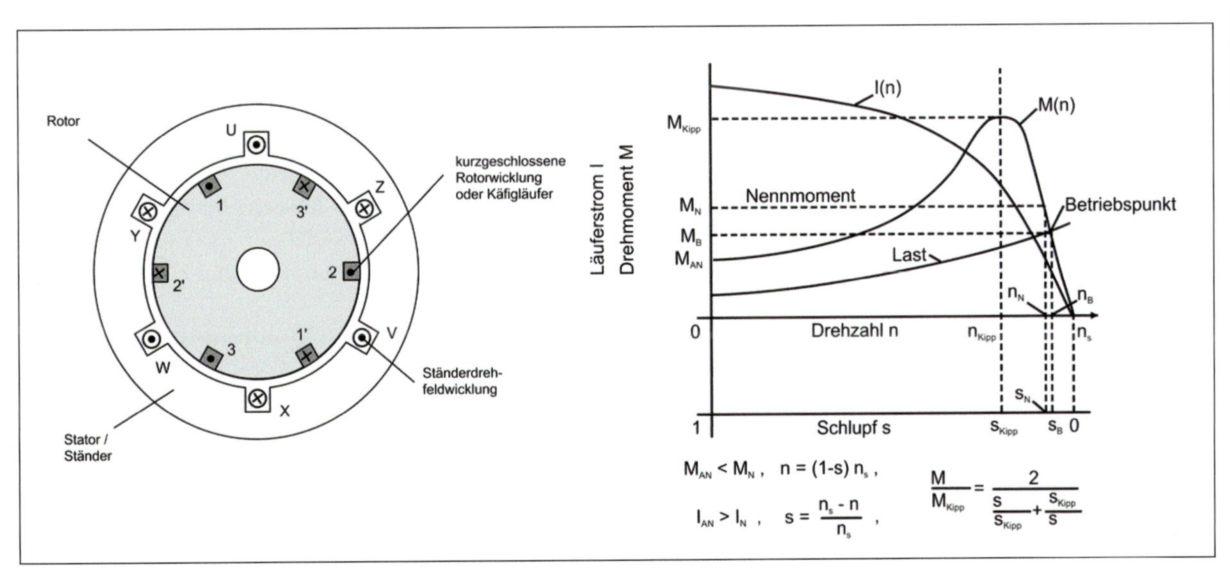

Abb. 4 Aufbau und Charakteristik der Asynchronmaschine (Quelle: Weck 2006)

Aluminium Spritzguss in hohen Stückzahlen weitgehend automatisiert erfolgen.
Asynchronmotoren können ohne Vorschaltgeräte am öffentlichen 50-Hz-Netz hochlaufen. Eine Drehzahlverstellung erfolgt entweder über ein nachgeschaltetes Getriebe oder in geringem Maße durch Veränderung des Schlupfs in Abhängigkeit der Drehmomentcharakteristik (Abb. 4 rechts) der angeschlossenen Last. Durch eine Stern-Dreiecks-Umschaltung kann dabei zwischen zwei Arbeitspunkten umgeschaltet werden, was z. B. einen Antriebshochlauf mit geringem Anlaufstrom im Stern bei reduziertem Moment ermöglicht, während bei Erreichen des Nennpunkts automatisch auf die leistungsstärkere Dreieckskonfiguration gewechselt wird. Durch den Einsatz von Frequenzumrichtern erschließt sich der Asynchronmaschine jedoch auch der Bereich der anspruchsvollen Drehmoment-, Drehzahl- oder positionsgeregelten Antriebe.
Aus Sicht der Ressourceneffizienz stellt der notwendige Schlupf zwischen mechanischer und elektrischer Speisefrequenz einen Verlustfaktor dar. Die notwendige elektrische Energie zum Aufbau des Magnetfeldes trägt nicht zur mechanischen Leistung der Maschine bei und führt lediglich zur Erwärmung der Motorstruktur. Durch Maßnahmen an der elektrischen und magnetischen Konstruktion des Motors können diese Verluste reduziert werden. Dies betrifft in der Hauptsache die folgenden Maßnahmen (Kaever 2009) (mögliche Wirkungsgradsteigerungen sind in Prozent angegeben):

- Vergrößerung des Aktivvolumens (+0.9 %)
- Optimierung der Wicklung (2-schichtiger Aufbau und Anpassung des Wickelkopfes) (+1.8 %)
- erhöhter Kupfereinsatz in den Stator- und Rotorwicklungen (+3.5 %)
- Verwendung qualitativ hochwertiger Elektrobleche und deren optimierte Verarbeitung, sodass geringere Wirbelstromverluste resultieren (+1.4 %).

Zur Bewertung dieser Optimierungen wird in (DIN EN 60034 - 30) Wirkungsgradklassen für Asynchronantriebe ohne Polumschaltung definiert. Auf dieser Basis hat die Europäische Kommission verfügt, dass ab dem 16.06.2011 nur noch Motoren produziert werden dürfen, welche der Wirkungsgradklasse IE2 (Wirkungsgrad Hoch) genügen. Ab 2015 wird dies durch eine Verschärfung auf die sogenannte Stufe IE3 (Wirkungsgrad Premium) erweitert. Als höchste Anforderungsstufe wird aktuell die Stufe IE4 ausgearbeitet. Drehzahlgeregelte Motoren und Direktantriebe, welche konstruktiv mit der Gesamtstruktur verbunden sind, werden allerdings von der Regelung ausgenommen. Der notwendige Mehreinsatz von Kupfer erhöht die Anschaffungskosten für Motoren der Klasse IE2 oder höher. Diese Mehrkosten müssen durch Einsparung elektrischer Energie im Betrieb gerechtfertigt bzw. gerechnet werden. Im Einsatz als Dauerläufer amortisiert sich der Einsatz von IE2-Motoren meist innerhalb der ersten 1,5 bis 3 Jahre. Dieses Bild kann sich jedoch verschieben, wenn diskontinuierlich laufende Antriebe (Hebepumpen, Kompressoren, etc.) mit IE2-Motoren (oder höher) ausgestattet werden. Der hohe Kupferanteil im Rotor der optimierten Motoren erhöht das Trägheitsmoment des Systems, womit gleichzeitig der notwendige Anlaufstrom zum Beschleunigen ansteigt. Durch den reduzierten Statorwiderstand ergibt sich eine zusätzliche Steigerung. In Summe erhöht sich durch den geschilderten Sachverhalt die Energieaufnahme während des Motoranlaufs bei gleicher Nennleistung im Arbeitspunkt. Für häufig schaltende Antriebe kann dies zu einer negativen Energiebilanz führen und im ungünstigsten Fall auch zu einer Überhöhung der zulässigen Motortemperatur. Dann wird der Einsatz von Sanftstartern oder leistungsstärkeren Motoren – deren Überlastfähigkeit den Anforderungen genügt – notwendig. Der höhere Kupferanteil (auch Aktivvolumen) im IE2- oder IE3-Motor vergrößert zusätzlich die Baugröße im Vergleich zum bisherigen IE1-Motor.
Die Regulierung durch die EU-Kommission wird auf absehbare Zeit jedoch trotz der angeführten Nachteile dazu führen, dass nur noch IE2-Motoren am Markt verfügbar sein werden. Letztlich muss daher für jede Anwendung geprüft werden, ob ein wirkungsgradoptimierter Motor sinnvoll zum Einsatz kommt oder ob der Antrieb mit rentablem Aufwand drehzahlgeregelt ausgeführt werden kann. Hierbei können weitere Vorteile in Form eines gesteigerten Mehrwerts durch Zusatzfunktionen (z. B. Condition Monitoring, Rückgewinnung von Bremsenergie, Geräuschreduktion etc.) berücksichtigt werden.
Komplexe integrierte Direktantriebe, wie z. B. Hauptspindelantriebe, sind von der Einteilung in Wirkungsgradklassen ausgenommen. Die konstruktiven Anforderungen durch den vorgegebenen Bauraum, Hohlwellen oder Spannsysteme beschränken die Möglichkeiten zur Reduktion der prinzipbedingten Zusatzverluste. Solche Hochperformance-Antriebe werden jedoch von je her mit hohem Kupferanteil ausgeführt, um die Motorerwärmung zu reduzieren. Eine nachhaltige Erhöhung der Effizienz im Betrieb kann hier durch angepasste Speiseverfahren, einer optimierten Regelung und hohe Auslastung erfolgen.

Permanentmagnet Synchronmotoren

Die Gruppe der Synchronmotoren wird in Produktionssystemen hauptsächlich durch die sog. Permanentmagnet Synchronmaschine PSM gebildet. Der Läufer trägt bei der PSM im Unterschied zur ASM keine weitere Drehstromwicklung, sondern je nach Polpaarzahl mehrere Permanentmagnete, die für ein konstantes Rotormagnetfeld sorgen. Die Spulen im Stator werden entsprechend der Winkelstellung des

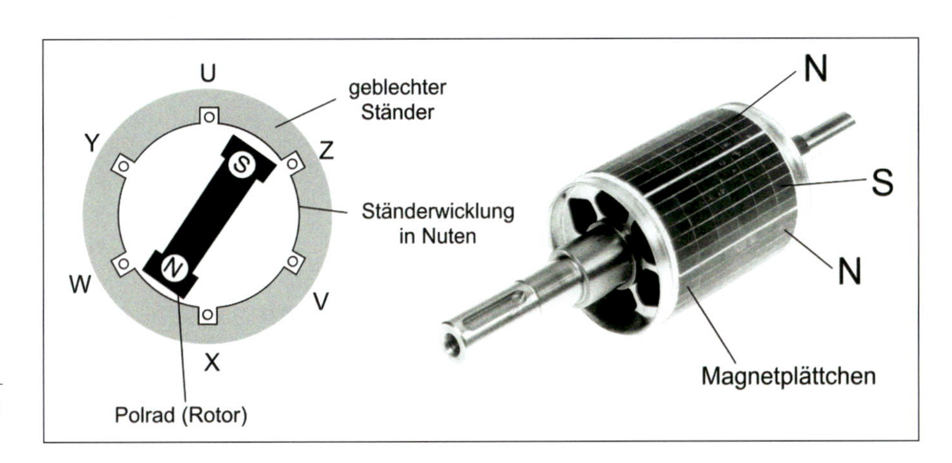

Abb. 5 Aufbau der Permanentmagnet Synchronmaschine PSM (Quelle: Weck 2006)

Rotors (magnetische Flussrichtung durch den Stator) geeignet bestromt (Windungen UVW in Abb. 5). Entsprechend dem Lorentz-Prinzip entsteht eine Kraft zwischen dem Stator- oder Rotorfeld. Die Kommutierung wird durch die Stromrichtungsänderung im Stator erreicht, ohne dass Bürsten und Kollektor wie für den Gleichstrommotor erforderlich sind.

Als Motor-Drehgeber Kombination mit Normflansch wird die PSM als Servo-Motor bezeichnet und kommt typischerweise in Vorschubantrieben zum Einsatz. Entsprechend der Anforderungen in Vorschubantrieben müssen die Motoren dabei insbesondere eine geringe Massenträgheit aufweisen, um die mit dem verfügbaren Drehmoment möglichst große Beschleunigungswerte darstellen zu können. Die in Abbildung 5 dargestellte Welle verfügt daher über einen in Längsrichtung ausgesparten Rotor. Vorteile verspricht der Einsatz von Motorwellen aus Faser-Verbund-Werkstoffen. Als magnetisches Rückflussjoch können dabei Drahtgeflechte im Rotor zum Einsatz kommen. Übertragen auf den Einsatz der PSM als Antriebsmotor für hochdrehende Hauptspindelantriebe, reduzieren sich Beschleunigungs- und Bremszeiten. Dies wirkt sich insbesondere auf die Span-zu-Span-Zeit von Werkzeugmaschinen nach (DIN VDI 2852) und die resultierende Produktivität aus.

Mit einem nominalen Wirkungsgrad von ca. 95 % ist die PSM im Vergleich der effizienteste Antriebsmotor. Optimierungspotenziale sind daher vergleichsweise gering und erfordern hohe Aufwendungen. Der Fokus liegt entsprechend meist nicht auf der Optimierung des Motors, sondern in dessen optimiertem Betrieb durch Speisegeräte und entsprechender Reglungstechnik.

Reluktanz Motoren

Ein weiterer Vertreter der Antriebsklasse Synchronmotor ist die sog. Synchron Reluktanz Maschine SRM (Lendenmann 2011). Sie ist bisher vergleichsweise selten anzutreffen. Als Ersatz für frequenzgeregelte Asynchronantriebe könnte sich dies jedoch zukünftig – mit der Einführung des IE3-Motors – ändern. Im Vergleich zur Asynchronmaschine ASM zeichnet sich die SRM dabei durch einen höheren Wirkungsgrad bei ähnlich einfacher Konstruktion aus. Anders als bei der PSM oder der ASM basiert das Wirkungsprinzip der SRM nicht auf der Lorenzkraft, sondern macht sich die sog. Reluktanzkraft – das Besterben der Maschine, den magnetischen Widerstand im Flussweg zu minimieren – zunutze. Der Rotor der SRM wird dabei mit

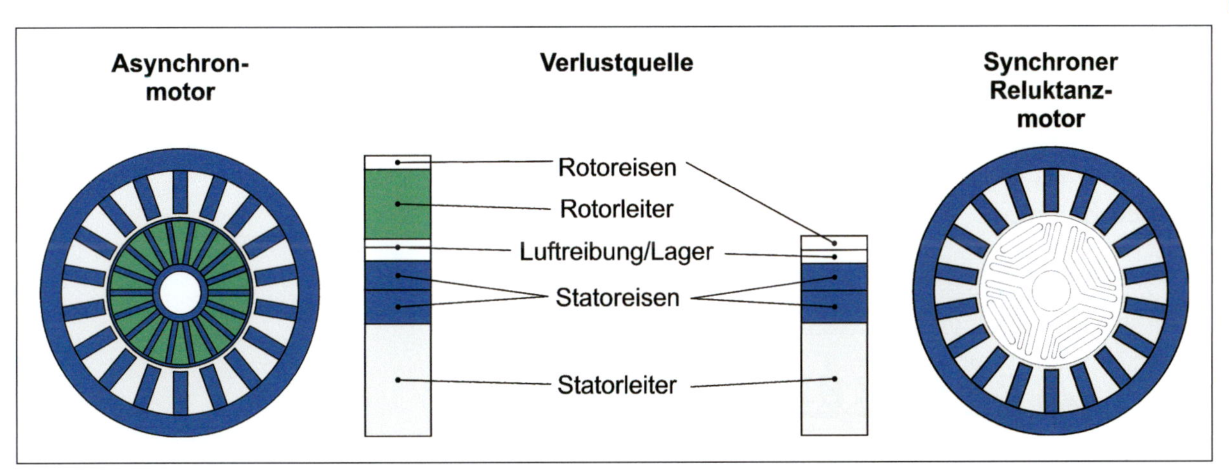

Abb. 6 Vergleich ASM und SRM (Quelle: nach Lendenmann 2011)

Flusssperren konstruiert und weist daher längs seines Umfangs Abschnitte mit unterschiedlicher magnetische Leitfähigkeit auf (Abb. 6 rechts). Der Stator ist dreiphasig aufgebaut und unterscheidet sich nicht von PSM oder ASM. Im Magnetfeld des Stators wirken entsprechend der magnetischen Asymmetrie des Rotors Reluktanzkräfte und es resultiert ein Drehmoment. Auf den Einsatz eines teuren und konstruktiv komplexen Rotors mit Permanentmagneten (Abb. 5 rechts) kann verzichtet werden. Im Unterschied zur ASM entfällt der verlustbehaftete notwendige Schlupf zum Aufbau der Magnetisierung. Insbesondere die hohen Kupferverluste im Rotor der ASM werden vermieden.
In der Ausführung als reine SRM können so effiziente drehzahlgeregelte Antriebe mit Umrichterspeisung realisiert werden. Ein Kurzschlusskäfig – vergleichbar mit dem einer Käfigläufer Asynchronmaschine – der auf den Rotor aufgespritzt wird, ermöglicht der SRM (oder ASM mit Reluktanzmoment) selbstständig am Netz anzulaufen, um dann in den Synchronbetrieb zu fallen. In dieser Form kann die SRM als Ersatz für netzgespeiste Asynchronantriebe verwendet werden und wird vermutlich eine Einstufung als IE4-Motor erhalten (Brosch 2008/2012).
Als weitere Variante der Reluktanzmaschine existiert neben der SRM auch die sog. geschaltete Reluktanzmaschine GRM. Rotor und Stator weisen eine ausgeprägte Zahnstruktur auf, wobei die Zähnezahl von Rotor und Stator dabei explizit abweicht. Auf den Statorzähnen angebrachte Spulen werden abwechselnd bestromt. Der Rotor richtet sich entsprechend des geringsten magnetischen Widerstands aus, sodass bei korrekter Bestromung eine Drehbewegung erzielt werden kann. Aufgrund der abweichenden Bestromung im Vergleich zu konventionellen Drehstromantrieben benötigt die GRM andere Umrichter- und Regelungssysteme. Ein Ersatz von ASM, PSM oder SRM durch eine geschaltete Reluktanzmaschine ist daher nicht ohne den Einsatz anderer Umrichter möglich. GRM-Antriebe werden daher aktuell hauptsächlich in speziellen Einsatzfeldern, z. B. als Hochdrehzahlantrieb für Spinnmaschinen, eingesetzt. Bezogen auf die Vereinfachung der Rotorproduktion und den notwendigen Ressourceneinsatz versprechen Reluktanzmaschinen – verglichen mit PSM und ASM – Einsparpotenziale. Diese können nur mit wachsender Marktdurchdringung umgesetzt werden.

Linearmotoren

Linearantriebe eignen sich insbesondere zur Realisierung von reibungsarmen Vorschubantrieben und als Transportsystem. Die bereits vorgestellten Maschinentypen können grundsätzlich alle auch als Linearmotor ausgeführt werden. Die Rotor-Stator-Anordnung wird dabei quasi abgewickelt und erzeugt eine gerichtete Kraft. Welche Motorkonfiguration – ASM, PSM, SRM oder GRM – dabei zum Einsatz kommt, wird maßgeblich durch den Verfahrweg und der notwendigen Dynamik bestimmt.
Als Vorschubantrieb kommen hauptsächlich Permanentmagnet Synchronmotoren zum Einsatz. Der Ressourceneinsatz – in Form von Magnetmaterial – kann dabei abhängig von der Verfahrlänge signifikant ansteigen. Im Sinne der Ressourceneffizienz macht bei Neukonstruktionen der Einsatz von SRM-Linearantrieben – z. B. der 1FN6 Baureihe aus dem Hause Siemens – Sinn. Durch den Verzicht auf Magnetmaterialien wird einerseits der Ressourceneinsatz minimiert und andererseits können neue Anwendungsfälle

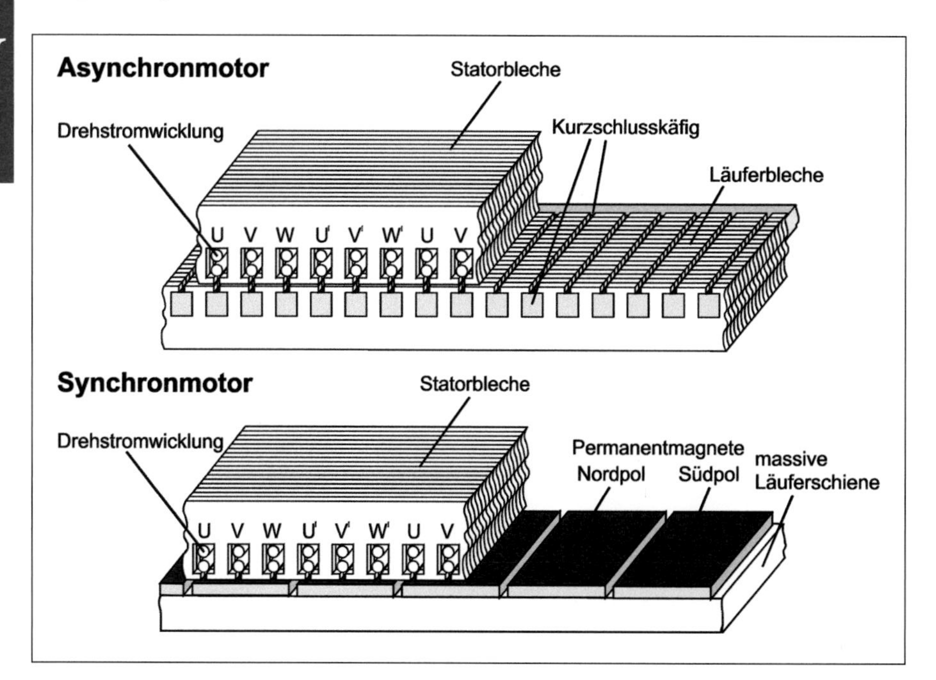

Abb. 7 Aufbau von ASM und PSM Linearantrieben (Quelle: Weck 2006)

(mehrere bewegte Primärteile, Entstehung ferromagnetische Späne) erschlossen werden.
Grundsätzlich rechtfertigt sich der Einsatz von Linearantrieben immer dann, wenn die Prozessanforderungen dies erfordern. Die jeweilige Anwendung entscheidet, ob ein Einsatz auch aus Energieeffizienz-Gesichtspunkten gerechtfertigt ist. Für die Anwendung als Vorschubantrieb in Werkzeugmaschinen ist neben einer hohen Dynamik auch ein temperaturstabiler Betrieb unabdingbar. Räumlich gekapselte rotatorische Servo-Antriebe mit mechanischer Übertragung ermöglichen eine lokale Wärmeabfuhr der Motorverluste. Im Unterschied ist der Stator des Linearmotors Bestandteil der Maschinenstruktur und muss entsprechend aufwendig gekühlt werden, um thermische Verformungen der Maschinenstruktur zu vermeiden. Die notwendige Kühlleistung für linearangetriebene Maschinenkonzepte ist daher komplexer und fällt höher aus, als für rotatorische Antriebe. Soll die Leistungsbilanz des Gesamtsystems - inklusive der Motorkühlung und den übrigen Nebenaggregaten - positiv ausfallen, muss die gesteigerte Dynamik bzw. die Reduktion der Nebenzeit eine Produktivitätssteigerung ermöglichen.

Sonstige

Für einfache und kostengünstige Positionieranwendung kommen darüber hinaus auch Schrittmotoren zum Einsatz. Die dort verwendeten Leistungsklassen liegen jedoch aufgrund der niedrigen Drehzahlen und vergleichsweise kleinen Drehmomente im unteren Bereich. Sinnvolle Sparmaßnahmen können z.B. durch eine Reduktion des Haltstroms im Stillstand erreicht werden.
Gleiches gilt in Analogie auch für Kleinantriebe, wie sie beispielsweise für Lüfter verwendet werden. Die hier eingesetzten EC-Motoren (electrical commutated) sind blockförmig bestromte Permanentmagnet Synchronmaschinen mit kleiner Leistung und geringem Einsparpotenzial. Eine intelligente Regelung solcher Antriebe wirkt sich in vielen Fällen indirekt aus. Für das Beispiel der Kleinlüfter (<250 W) reduziert eine Drehzahlregelung den Leistungsbedarf des Motors selbst nur geringfügig, doch sinken z.B. die akustischen Emissionen, während gleichzeitig die Standzeit eines angeschlossenen Luftfilters im Vergleich zu einem ungeregelten Lüftermotor ansteigt.

1.1.3 Energieeffiziente Speisegeräte

Für viele Anwendungen reichen Antriebe mit einer oder zwei festen Drehzahlen nicht aus. Insbesondere Vorschubsysteme, Transportanwendungen und jede Art gesteuerter oder geregelter Bewegung erfordert den Einsatz Drehzahl variabler Antriebe.
Die im Kapitel V.1.1.2 vorgestellten Antriebe (ASM, PSM und SRM) werden über ein dreiphasiges Drehstrom Speisenetz versorgt. Die Drehzahl ist dabei direkt von der Drehfrequenz des Speisenetzes abhängig. Da das öffentliche Netz mit festen 50 Hz rotiert, sind sogenannte Umrichter notwendig, um die Frequenz und Amplitude des Speisenetzes anzupassen. Den schematischen Aufbau eines Umrichters mit Spannungszwischenkreis zeigt Abbildung 8:
Das 50-Hz-Speisenetz wird dabei zunächst gleichgerichtet, woraus ein Spannungszwischenkreis (bei hohen Leistungen auch üblich: Stromzwischenkreis) mit konstanter Gleichspannung resultiert. Durch Anwendung der sog. Pulsweitenmodulation kann die mittlere Amplitude U_{mittel} dieser Gleichspannung durch gezieltes Schalten der Halbleiterventile (z.B. IGBT Insulated Gate Bipolar Transistor, MOSFET Metall oxide Semiconductor Field Effect Transistor oder Thyristor) sehr schnell angepasst werden. Wird als Sollwert für diese Modulation ein sinusförmiger Spannungsverlauf vorgegeben, so ermöglicht das System die Annäherung eines Speisnetzes variabler Frequenz und Amplitude. Letztere werden typischerweise durch eine Steuerung oder Regelung abhängig vom gewünschten Drehmoment vorgegeben. Die Umrechnung in die notwendige Pulsweite, bzw. die Erzeu-

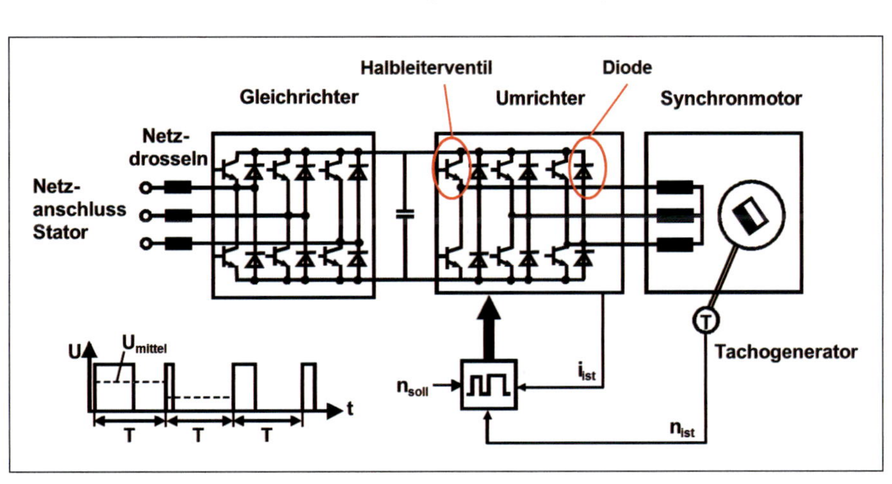

Abb. 8 Schema eines Umrichterantriebs mit Spannungszwischenkreis (Quelle: Weck 2006)

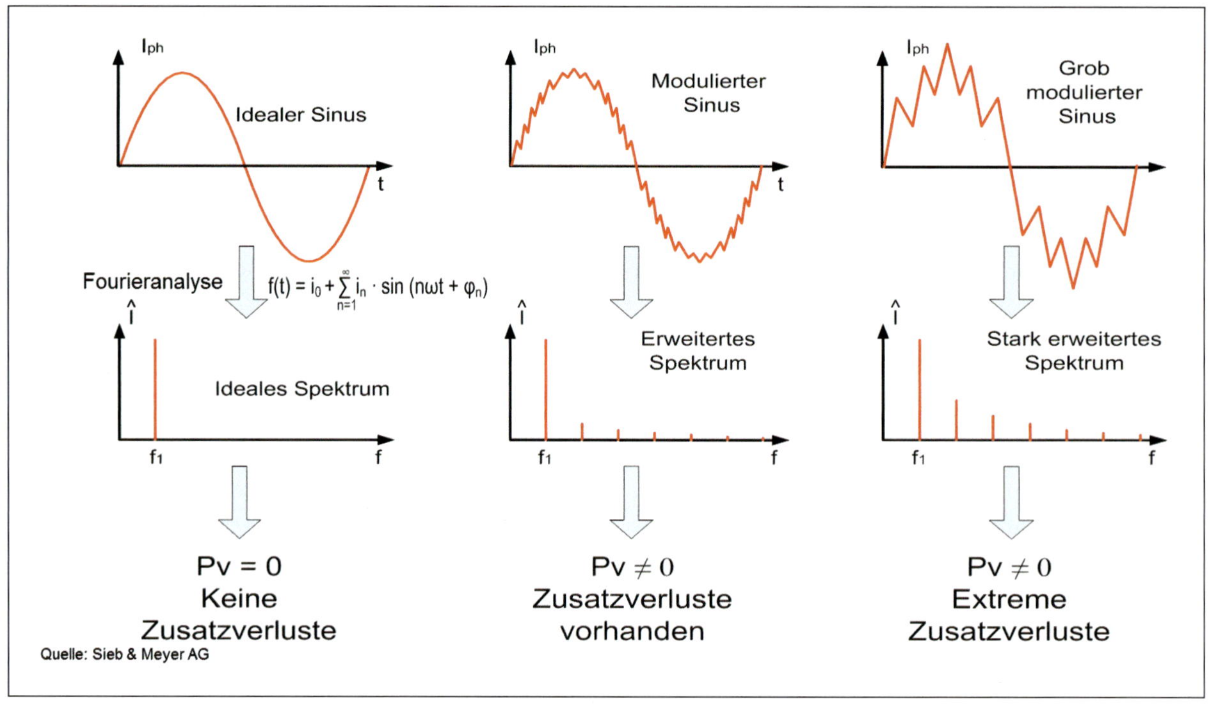

Abb. 9 Zusatzverluste in Antriebssystemen bei Umrichterspeisung (Quelle: Gerhardt 2009)

gung geeigneter Pulsmuster, sowie die Pulsfrequenz *1/T* bestimmen dabei, wie genau ein ideal sinusförmiger Spannungsverlauf angenähert werden kann. Es ist einsichtig, dass bei hohen Drehzahlen, die notwendige Speisefrequenz für den Motor steigt. Je näher Speisfrequenz - oder auch Grundwellenfrequenz f_1 - und Pulsfrequenz *1/T* zusammenrücken, desto geringer wird die Anzahl der verfügbaren Stützstellen zur Synthetisierung der Sinusspannung. Die resultierenden Abweichungen vom Idealverlauf verursachen Stromrippel in den Induktivitäten der Motorzuleitung und des Motors selbst. Neben der gewünschten Grundwelle entstehen auf diese Weise sog. Oberwellen, die auch im Spektrum des Antriebsstroms sichtbar werden. Diese in Abbildung 9 beispielhaft dargestellten Oberwellen tragen zu einem Großteil nicht zur Drehmomentbildung im Motor bei, sondern verursachen lediglich Verlustleistung in den Blechpaketen der Motoren, was letztlich zu einer erhöhten Motorerwärmung führt. Neben der notwendigen Mehrleistung zur Deckung der Zusatzverluste muss daher auch zusätzliche Kühlleistung bereitgestellt werden. Der Optimierung der Pulsmustererzeugung und der resultierenden Ausgangsspannungen kommt daher eine große Bedeutung zu (Gerhardt 2009).

Optimierte Pulsmuster

Die in Abbildung 9 verwendete Fourier Transformation kann verwendet werden, um unterschiedliche Pulsmuster bezüglich ihres Oberwellengehaltes zu überprüfen. Auf diese Weise ist es möglich, für eine Grundwellenfrequenz f_1 der Amplitude *i* ein oberwellenreduziertes Pulsmuster offline zu bestimmen. Durch Verschiebung der Zündzeitpunkte der einzelnen Halbleiterventile zueinander kann zum Beispiel eine Oberwelle niedriger Ordnung im Verhältnis zur Grundwelle und zu Oberwellen höherer Ordnung, stark gedämpft werden. Derartige optimierte Pulsmuster werden typischerweise in der Steuerungshardware des Umrichters frequenz- und amplitudenabhängig hinterlegt und im Betrieb automatisch verwendet.

Wird neben der Pulsweite auch die Pulsamplitude - durch Variation der Zwischenkreisspannung - angepasst, spricht man zusätzlich von Pulsamplitudenmodulation PAM. Für Einzelantriebe mit eigenem Zwischenkreis kann so der Grundwellengehalt der Ausgangsspannung weiter erhöht werden. Diese Regelung der Zwischenkreisspannung unterliegt gewissen Voraussetzungen:

- Es muss ein weiterer Umrichter (oder Hoch-Tiefsetzsteller) zur Variation der Zwischenkreisspannung vorhanden sein. Ein rein passiver B6-Gleichrichter reicht dazu nicht aus. Es wird ein sog. Active Front End benötigt[1].
- Bei mehrachsigen Produktionssystemen kommen typischerweise mehrere Wechselrichter an einem gemeinsamen Zwischenkreis zum Einsatz. Da sich die einzelnen Antriebe in sehr unterschiedlichen Arbeitspunkten befinden können, ist eine Variation der Zwischenkreisspannung zugunsten einer Antriebsachse nicht sinnvoll möglich.

[1] Funktionsweise siehe Unterkapitel „Rückspeisung von Bremsenergie".

Moderne spannungsgesteuerte Halbleiterventile (IGBTs oder MOSFETs) können Ströme im Bereich bis 1 kA mit Pulsfrequenzen von ca. 16 kHz noch sicher schalten. Diese Tendenz wird durch den fortschreitenden Einsatz von Siliziumkarbit als Halbleitermaterial weiter vorangetrieben. Im Vergleich zum Betrieb mit niedrigen Schaltfrequenzen fallen erhöhte Schaltverluste (zum Umladen bzw. Schalten der Halbleiterventile) an. Da Halbleiterventile nicht ideal zwischen Sperr- und Durchlassbetrieb umschalten können, entstehen zusätzlich sog. Durchlassverluste. Beide Verlustmechanismen führen mit steigender Schaltfrequenz zu einer Erhöhung der Halbleitertemperatur. Um den Halbleiter in diesem Falle vor Schädigungen zu schützen, muss die Strombelastung reduziert werden. Die reduzierte Stromtragfähigkeit wird als „Derating" bezeichnet. Die Verwendung hoher Schaltfrequenzen bei gleichzeitig hoher Abgabeleistung bedingt eine angepasste Umrichterauslegung oder den Einsatz modernster Halbleitermaterialien (Siliziumkarbit). Entsprechende Umsetzungen ermöglichen es jedoch, die gewünschte sinusförmige Ausgangsspannung mit mehr Stützstellen zu synthetisieren. Der Oberwellenanteil und die resultierenden Eisenverluste in den Motoren können auf diese Weise reduziert werden.
Eine Umsetzung erfolgt typischerweise aufgrund der Prozessanforderung nach hohen Drehzahlen. Die Energiebilanz rechtfertigt die notwendigen Mehrkosten für komplexere größer dimensionierte Umrichterhardware derzeit allerdings nicht.

Ausgangsfilter

Um die Qualität der Umrichterausgangsspannung für den Motorbetrieb weiter zu erhöhen, können neben modifizierten hochfrequenten Pulsmustern auch LC-Ausgangsfilter zum Einsatz kommen. Die Kombination von passiven Ausgangsfiltern – mit fester Grenzfrequenz und Dämpfung – und Motor kann dabei zu unerwünschten Resonanzerscheinungen führen. Rein passive LC-Filter würden zusätzlich einen Leistungsabfall bei hohen Grundwellenfrequenzen bewirken, da über der Filterinduktivität mit steigender Frequenz höhere Spannungen abfallen. Industrielle Lösungen verwenden zur Vermeidung dieser Probleme derzeit aktiv geregelte LC-Filter (Abb. 10).
Abhängig vom Arbeitspunkt des Motors wird dabei durch schaltbare Kapazitäten das Filter neu abgestimmt. Durch gleichzeitiges Anpassen der Pulsmuster kann dabei eine Anregung der Resonanzfrequenz des Systems vermieden und der Spannungsabfall über der Induktivität kompensiert werden. Oberwellenverluste im Motor werden stark reduziert, müssen teilweise im LC-Filter dissipiert werden. Die Verwendung eines Ausgangsfilters erlaubt es jedoch, die volle Leistungsfähigkeit des Umrichters – mit konventioneller Schaltfrequenz – für den Betrieb des Motors bei hohen Drehzahlen zu nutzen (Abele 2009). Dem Anwender ermöglicht dies, eine bessere Auslastung des Gesamtsystems umzusetzen.

Anwendung der direkten Drehmomentregelung DTC

Im Unterschied zu Umrichtersystemen mit fester Pulsfrequenz und vordefinierten Pulsmustern können auch Systeme realisiert werden, die ohne einen PWM-Modulator arbeiten (ABB 2000). Die in Abbildung 8 dargestellte Umrichterschaltung kann acht (2^3) gültige Schaltzustände annehmen. Diese können für einen beliebigen Zeitraum aktiviert werden.
Auf Basis eines genauen Motormodells wird bei der direkten Drehmomentregelung DTC berechnet, welcher Schaltzustand aktuell geeignet ist, um das geforderten Drehmoment aufzubringen. Sobald – aber auch nur dann – ein anderer Schaltzustand notwendig wird (weil der Antrieb rotiert oder z. B. der magnetische Fluss durch eine sog. Flussstützung angepasst werden muss) erfolgt eine Umschaltung. Die Anzahl der notwendigen Schaltbefehle ist dabei um bis zu 30 % geringer als bei einer PWM-basierten Variante, was die Verlustleistung (Durchlass- und Schaltverluste) in den Halbleiterventilen reduziert. Durch den Verzicht auf PWM-Modulator und Stromregler kann eine DTC-Regelung eine schnellere Reaktionszeit realisie-

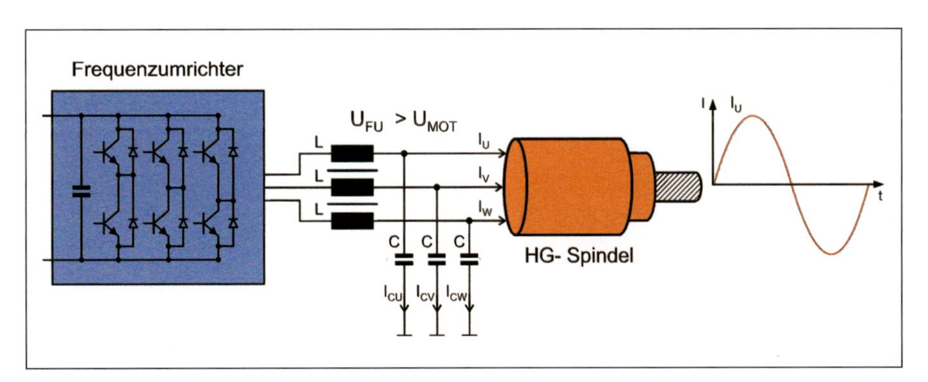

Abb. 10 Umrichtersystem mit aktiv geregeltem Ausgangsfilter (Quelle: nach Gerhardt 2009)

ren. Drehmomentschwankungen können entsprechend schneller ausgeregelt werden, was zu einer Erhöhung der Antriebsdynamik beiträgt.
DTC-Systeme werden aufgrund der hohen Geschwindigkeitsanforderungen der Regelung, z. B. auf Basis schneller FPGA-Hardware, realisiert. Eine Umrüstung bestehender Systeme auf Basis von Softwareanpassungen ist nicht möglich.

Rückspeisung von Bremsenergie

Bei vielen Antriebssystemen werden große Massen beschleunigt und nachfolgend wieder abgebremst. Abzüglich der mechanischen Verluste und Wirkungsgrade der Einzelkomponenten des Antriebssystems wird beim Bremsen elektrische Energie im Motor frei. Der in Abbildung 8 rechts dargestellte Umrichter verfügt zusätzlich zu den schaltbaren Halbleiterventilen über passive Dioden, welche im Motorbetrieb in Sperrrichtung geschaltet sind. Im generatorischen Betrieb liegen diese in Durchlassrichtung und erlauben somit das Laden des Zwischenkreises mit Bremsenergie. Wird die Bremsenergie nicht direkt von anderen Antrieben am gleichen Zwischenkreis genutzt, so muss sie entweder im Zwischenkreiskondensator gespeichert, ins Speisenetz zurückgespeist oder in einem Bremswiderstand in Wärme umgesetzt werden. Andernfalls kommt es zu einer unzulässigen Überhöhung der Zwischenkreisspannung.
Typische Elektrolytkondensatoren können nur eine begrenzte Menge an Energie aufnehmen, da Ihre Kapazität aufgrund der hohen Zwischenkreisspannungen beschränkt ist. Hochleistungskondensatoren sind derzeit in Bezug auf die Spannungsfestigkeit nicht für den direkten Einsatz – ohne Vorschaltgeräte – im Spannungszwischenkreis geeignet. Es gibt daher Lösungen, welche durch den Einsatz einen Hoch-Tiefsetz-Stellers die Zwischenkreisspannung auf ein niedrigeres Level umsetzen und die Bremsenergie in geeigneten HiCAPs (nach Barth 2011 werden typischerweise zwischen 1800 bis 10000 Ws Speicherkapazität eingesetzt) speichern. Benötigt der Antrieb im Nachgang erneut Energie zum Beschleunigen, wird durch den Hochsetzsteller die Spannungsebene des HiCAP wieder auf das Niveau des Zwischenkreises gehoben. Abzüglich der Verluste im Hoch-Tiefsetzsteller kann die gespeicherte Bremsenergie zurückgewonnen werden.
Diese Energiespeichersysteme werden insbesondere als Nachrüstlösung für Antriebssysteme mit Bremswiderstand angeboten (Barth 2011). Typische Vertreter in diesem Bereich sind zum Beispiel Industrieroboter. Die vergleichsweise geringe installierte Antriebsleistung typischer Industrieroboter rechtfertigt den Mehrinvest für rückspeisefähige Umrichtersysteme bei den aktuellen Preisen für elektrische Energie – insbesondere im Automotive Sektor – hinsichtlich wirtschaftlicher Energiebilanzierung nicht. Weiterhin müssen Robotersysteme aufgrund der teilweise engen Mensch-Maschine-Interaktion zu jedem Zeitpunkt sicher abbremsen können. Dies kann nur durch den Einsatz von Bremswiderständen abgebildet werden. Ein nachrüstbarer Energiespeicher stellt eine sinnvolle Ergänzung zum installierten Bremswiderstand dar; beeinträchtigt daher nicht die Sicherheitsfunktionen, kann aber im Normalbetrieb Bremsenergie aufnehmen und bei nachfolgender Beschleunigung wieder abgeben. Ein Zuschalten des Bremswiderstands wird in diesem Fall vermieden. Für den Notfall steht dieser jedoch weiterhin zur Verfügung. Die in Abbildung 11 dargestellte Messung belegt die mögliche Energieeinsparung für einen typischen Industrieroboter.
Für dieses Beispiel können anwendungsabhängig bis zu 25 % der Energieaufnahme des Roboters eingespart werden. Gleichzeitig reduziert sich ebenfalls die Spitzenleistung.
Verbreiteter als diese Systeme mit großem Zwischenkreisspeicher sind Umrichtersysteme mit integrierter Rückspeisefähigkeit in das speisende Netz. Diese Konfiguration – in Abbildung 8 links dargestellt – wird auch als Active Front End AFE bezeichnet und kann durch

- Testszenarien Kuka KR30 Jet
  - Test 1: Jet- Achse: Wiederholende rampenförmige Bewegung 2,4m/s, Messdauer 600s
  - Test 2: Vertikal- Achse: Wiederholende rampenförmige Bewegung 126°/s, Messdauer 600s

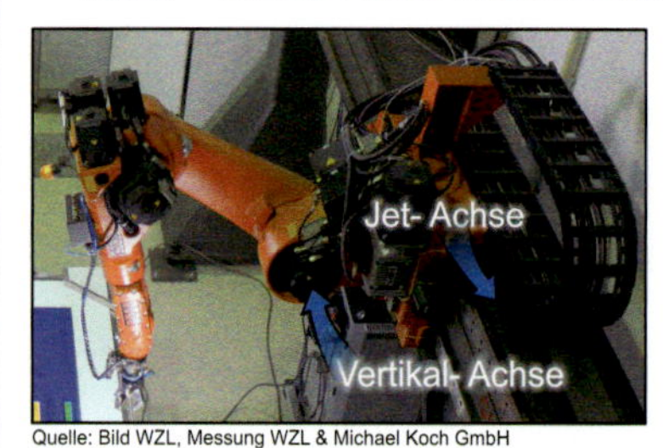

Quelle: Bild WZL, Messung WZL & Michael Koch GmbH

		Test 1	Test 2
Ohne Speicher	Energie [Wh]	238	188
	mittl. Leistung [W]	1430	1130
Mit Speicher	Energie [Wh]	203	140
	mittl. Leistung [W]	1220	845
Abweichung Energie	Absolut [Wh]	35	48
	%	15	25
Abweichung Leistung	Absolut [Wh]	210	285
	%	15	25

Abb. 11 Energieeinsparung durch Bremsenergierückgewinnung bei einem Industrieroboter (Barth 2011)

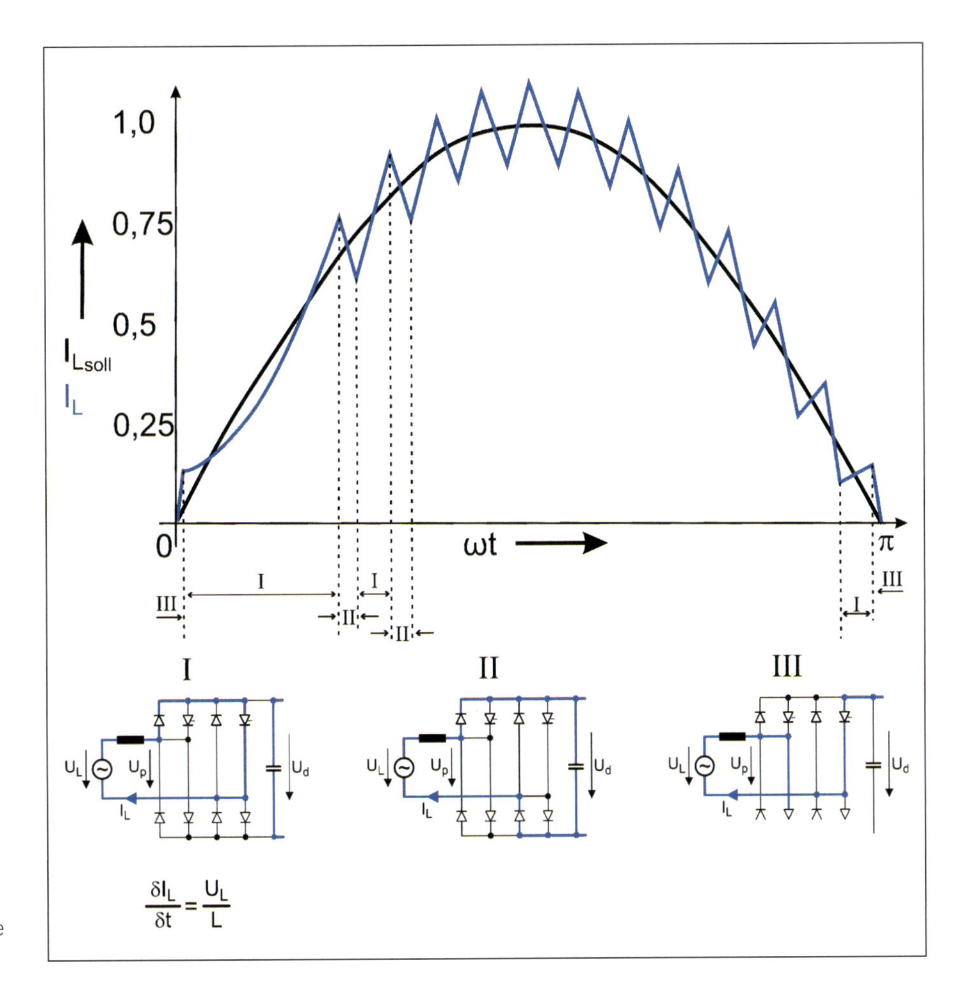

Abb. 12 Betriebszustände einer Umrichterphase eines Active Front End

aktives Schalten der zusätzlichen Halbleiterventile die natürliche Kommutierung des Stroms zwischen den drei Phasen des Speisenetzes beeinflussen. Dadurch kann die Amplitude der Zwischenkreisspannung variiert werden und Bremsenergie lässt sich aus dem Zwischenkreis ins Netz zurückspeisen. Zusätzlich wird die blockförmige Netzstromentnahme einer passiven B6-Dioden-Brücke wird vermieden. Letzteres – auch als Power Factor Correction PFC bekannt – minimiert die Entnahme von Blindleistung aus dem Speisenetz.

Zum besseren Verständnis der Funktionsweise des AFE sind in Abbildung 12 die drei Betriebszustände I-III einer Phase des Systems dargestellt. Der reale Aufbau verwendet die in Abbildung 8 dargestellten drei um je 120° zeitlich versetzt schaltenden Phasen.

1. Laden der Netzdrossel

Die Netzdrossel begrenzt schnelle Stromanstiege, die beim Schalten von Halbleiterventilen typischerweise auftreten können. Zum Schutz vor Rückwirkungen des Umrichtersystems auf das Speisenetz ist dies zwingend notwendig. Meist kommt zusätzlich noch ein passiver Netzfilter zum Einsatz.

Durch Einschalten des Halbleiterventils im oberen Brückenzweig wird die Netzdrossel aufmagnetisiert, wobei der Strom I_L ansteigt.

2. Versorgung des Zwischenkreises

Der Zwischenkreis soll nach Möglichkeit immer ein konstantes Spannungsniveau aufweisen. Bei Energieentnahme durch den motorseitigen Umrichter sinkt diese Spannung und der Zwischenkreis muss aus dem Netz aufgeladen werden.

Durch Abschalten des zuvor aktiven Halbleiters kommutiert der Strom I_L auf den Zwischenkreiskondensator, wodurch dieser wieder geladen wird, sodass der Strom I_L sinkt. Durch geregelten hochfrequenten Wechsel zwischen den Zuständen I und II kann im Mittel ein nahezu sinusförmiger Stromverlauf für I_L eingestellt werden, der dem Verlauf von U_L folgt. Bezogen auf den Oberschwingungsgehalt des Netzstroms kann hierdurch eine deutliche Reduktion im Vergleich zur blockförmigen Stromentnahme einer passiven B6-Dioden-Brücke erzielt werden.

Die durch die Kapazität des Zwischenkreises bedingte Phasenverschiebung zwischen U_L und I_L kann durch den Zeitpunkt des Zustandswechsels I-II beeinflusst werden.

Dies ermöglicht einen blindleistungsfreien Betrieb des Antriebs und damit eine Entlastung der Zuleitungen und Kompensationsanlagen.[2]

3. Rückspeisen

Wenn die Spannung im Zwischenkreis im Bremsbetrieb stark ansteigt (oder im Rahmen der bereits thematisierten PAM reduziert werden soll), muss Energie aus dem Zwischenkreis entnommen und ins Netz zurückgespeist werden.

Durch Schalten der Ventile im hervorgehobenen Strompfad wird die Zwischenkreisspannung zur Ummagnetisierung der Netzdrossel verwendet.[3] Durch die zwangsweise Kommutierung auf die aktiven Ventile kann bei positiver Phasenspannung U_L ein negativer Stromfluss I_L und damit eine Leistungsabgabe ans Netz – Rückspeisung – initiiert werden. Vergleichbar zum Einspeisebetrieb kann durch Wechsel zwischen den Zuständen III und I die Richtung des Stromanstiegs modifiziert, und damit ein sinusförmiger Stromverlauf synchron zur Netzspannung U_L nachgebildet werden.

Bremsenergiespeicherung oder Rückspeisung ermöglichen einen energieeffizienten Betrieb von Antriebssystemen. Wie hoch die Energieeinsparung ausfällt, hängt vom Wirkungsgrad der Komponenten ab. Abbildung 13 stellt die Wirkungsgrade für eine Werkzeugmaschine mit hochwertigen Kugelgewindetrieben dar. In Rot dargestellt sind jeweils die zu erwartenden prozentualen Energieverluste der einzelnen Energiewandler.

In diesem Beispiel können ca. 87 % der Einspeiseleistung an der Welle des Antriebs genutzt werden. Abzüglich der systemspezifischen mechanischen Verluste – im Beispiel mit 10 % angenommen – können im Umkehrschluss ca. 87 % dieser Energie zurückgewonnen werden, woraus ein Gesamtwirkungsgrad von ca. 68 % resultiert. Der Unterschied zwischen direkter Energienutzung aus dem gemeinsamen Zwischenkreis oder der Rückspeisung ins Netz fällt dabei gering aus.

Welche Kosteneinsparung ein solches System realisiert, hängt neben dem Energiepreis auch von der diskutierten Energiemenge ab. Kleine, langsam bewegte Massen, benötigen wenig Energie zur Beschleunigung und setzten entsprechend wenig Bremsenergie frei. Drehmaschinen mit rotierendem Stangenmagazin benötigen z. B. deutlich mehr Energie zum Beschleunigen der relevanten Werkstückmassen. Diese wird entsprechend im Bremsbetrieb auch wieder zurückgespeist.

Der Anteil rückspeisefähiger Antriebssysteme in hochwertigen Produktionssystemen ist mittlerweile sehr hoch, sodass alle großen Anbieter von Antriebstechnik entsprechende Produkte im Programm aufnehmen, bzw. keine

[2] Da die Blindleistungsentnahme des Umrichtersystems nahezu frei eingestellt werden kann – insbesondere kann kapazitive Blindleistung durch den Zwischenkreis bereitgestellt werden – ist es möglich, mit einem AFE auch die Blindleistungsaufnahme ungeregelter Verbraucher am gleichen Speisenetz zu kompensieren. Die zu kompensierende Blindleistung muss dazu ermittelt werden. Für Verbraucher mit konstantem Arbeitspunkt kann dies durch Festwerte erfolgen, für geschaltete Verbraucher eignet sich der Einsatz eines zusätzlichen Sensors. Eine entsprechend ausgestattete Werkzeug- oder Produktionsmaschine kann bezogen auf ihren Netzanschluss auf diese Weise als blindleistungsfrei dargestellt werden.

[3] Im Einspeisebetrieb kann dieser Schaltzustand verwendet werden, um die Netzdrossel auch bei kleinen Spannungen U_L durch Nutzung von U_d schnell umzumagnetisieren. Die sinusförmige Stromentnahme kann damit auch im Nulldurchgang der Speisspannung U_L umgesetzt werden

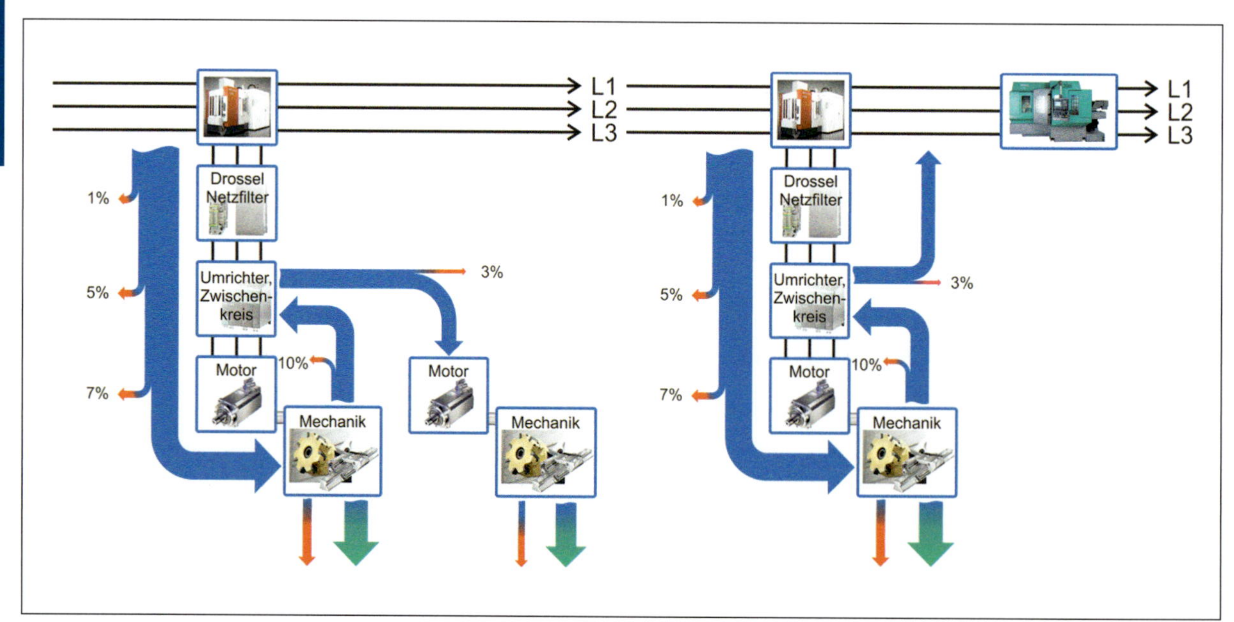

Abb. 13 Beispielhafte Wirkungsgrade für Rückspeisung in Werkzeugmaschinen

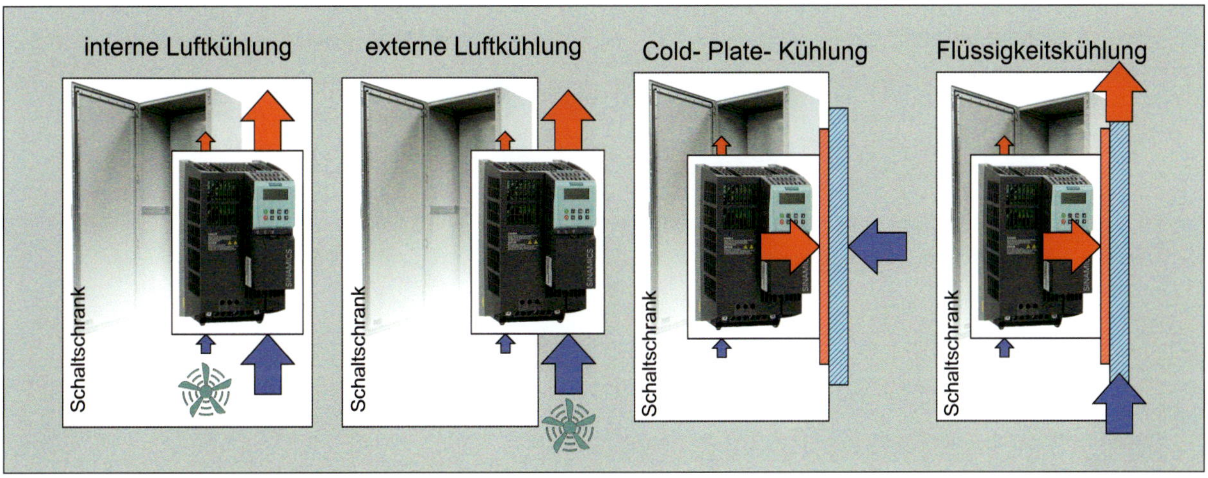

Abb. 14 Kühlvarianten für Umrichtersysteme (Quelle: Siemens AG)

reinen Einspeisungen mehr anbieten. Als Hauptargument dafür sind die bereits thematisierte Power Factor Correction und die Reduktion der Oberwellen zu nennen. Normative Vorgaben (DIN EN 61000) bedingen zudem die Einhaltung verpflichtender Grenzen für die Rückwirkung von Umrichtersystemen auf das Versorgungsnetz. Vergleichbar der Wirkungsgradklassifizierung für Asynchronmotoren ist zukünftig von einer Einteilung der Umrichterwirkungsgrade nach Leistungsklasse auszugehen.

Die vorgestellten Maßnahmen werden im Allgemeinen nur bei Neukonstruktionen oder Retrofits zum Einsatz kommen, da sie häufig den Einsatz neuer Komponenten bedingen und nicht allein auf Basis von Anpassung der Umrichtersoftware umgesetzt werden können. Mit der verpflichtenden Einführung von Asynchronmotoren nach IE3-Norm sollte bei der Antriebsauslegung der Einsatz eines Umrichters mit IE2-Antrieb oder Synchronreluktanzmaschine in Betracht gezogen werden. Ein sinnvoller wirtschaftlicher Ersatz eines Festdrehzahlantriebs durch einen Drehzahl variablen Umrichterantrieb ist insbesondere bei Systemen mit wechselndem Arbeitspunkt zu betrachten. Ein gutes Beispiel hierfür sind Pumpensysteme mit variablem Druck oder Volumenstrom. Stand der Technik ist in diesem Bereich der Einsatz konstant laufender Pumpen in Kombination mit verlustbehafteten Drosselsystemen. Der Einsatz von Antrieben mit variabler Drehzahl ermöglicht den Verzicht auf die Drosselregelung, indem der Arbeitspunkt der Pumpe durch Änderung der Drehzahl an den aktuellen Verbrauch angepasst wird. Das Kapitel V.1.2 behandelt solche Systeme im Detail.

Zahlreiche Pumpenhersteller bieten bereits integrierte Systeme aus Umrichter und Motor in einer zugeschnittenen Kombination an. Der Mehraufwand für eine Installation eines zusätzlichen Umrichters erübrigt sich und die Wirtschaftlichkeit gegenüber einem ungeregelten IE3-Antrieb kann gesteigert werden.

Wirkungsgradoptimierte Rückkühlung

Die im Umrichtersystem entstehende Verlustwärme (hauptsächlich als Durchlass- und Schaltverluste in den Halbleiterventilen) wird konventionell über Umluft oder forcierte Luftkühlung abgeführt. Die Abwärme fällt daher im gesamten Schaltschrank an und wird dort typischerweise über aktive Klimasysteme oder Luft-Wasser-Wärmetauscher abgeführt. Die resultierenden unterschiedlichen Wärmeübergänge senken den Wirkungsgrad des Kühlsystems, das entsprechend größer dimensioniert werden muss. Diese Varianten finden sich in Abbildung 14 als interne oder externe Luftkühlung. Ein wesentlicher Vorteil der direkten Flüssigkühlung der Umrichter ergibt sich aus der Wirkungsgradsteigerung des Kühlsystems. Unterschieden werden dabei direkte Kühlsysteme, bei denen das Kühlmedium direkt im Halbleiterkühlkörper zirkuliert und sog. Cold-Plate-Lösungen, bei welchen der Halbleiterkühlkörper selbst ungekühlt ist und auf eine aktiv gekühlte Montageplatte - die Cold-Plate - montiert wird. Neben der möglichen Erhöhung der Kühleffizienz weist die Flüssigkühlung eine höhere Wärmekapazität auf, was die Kurzzeit-Überlastfähigkeit des Umrichters (bei gleichem oder reduziertem Bauraum) steigert. Insbesondere bei Neukonstruktionen, die ohnehin für weitere Systeme eine Wasser- oder Ölkühlung verwenden, ist der Einsatz dieser Systeme sinnvoll und ermöglicht unter Umständen eine effizientere Auslegung der Umrichtersysteme.

1.1.4 Bedarfsgerechte Antriebsauslegung

Im Normalfall steigt der Wirkungsgrad eines Antriebssystems je näher die Einzelkomponenten an ihrem Nennbetriebspunkt arbeiten. Für einen effizienten Betrieb

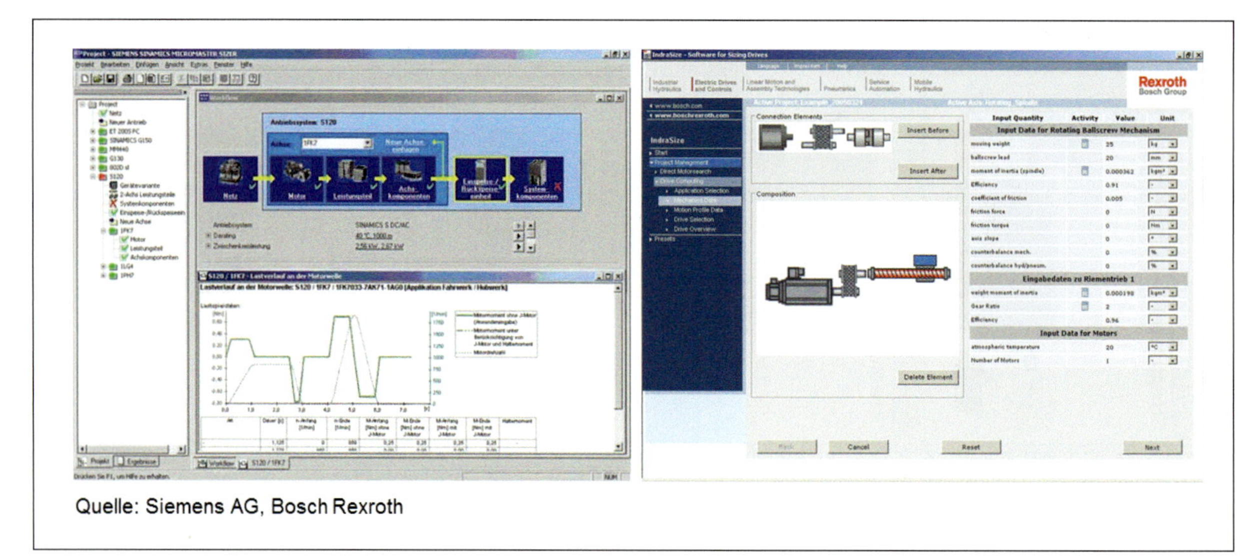

Abb. 15 Antriebsauslegung mit Softwareunterstützung (Quelle: Siemens AG; Bosch Rexroth)

müssen daher die Komponenten aufeinander und auf die Prozessanforderungen abgestimmt sein. Die typische Antriebsauslegung erfolgt heute unter Berücksichtigung vergleichsweise großer Sicherheitsfaktoren (typisch 1,5-fach überdimensioniert [Schäfer 2008]) in den einzelnen Komponenten. Vielfach sind die realen Anforderungen aber nicht oder nur unzureichend bekannt bzw. es wird versucht, ein sehr breites Feld an Anwendungsfällen sicher abdecken zu können.

In bestehenden Anlagen und Produktionssystemen kann die Antriebsauslegung meist nicht nachträglich wirtschaftlich optimiert werden. Eine Anpassung an wechselnde Anforderungen (z. B. als Ergebnis eines veränderten Produktspektrums oder durch den Einsatz neuer Werkzeuge und Materialien) erfolgt daher nicht.

Durch Variation der Prozessparameter kann in einigen Anwendungen eine Verbesserung der Antriebseffizienz herbeigeführt werden, jedoch ist dies in den seltensten Fällen möglich, ohne weitere beteiligte Betriebsmittel zu überlasten[4]. Derartige Prozessanpassungen erfordern ein hohes Expertenwissen und sinnvolle Messmöglichkeiten zur Beurteilung der erreichten Optimierungen. Umrichtergespeiste Antriebe unterstützen den Anwender hier durch integrierte Messmöglichkeiten. Antriebsparameter, interne Messgrößen oder berechnete Kenngrößen (z. B. Drehmoment, Auslastung etc.) können über Zusatzsoftware oder direkt im Steuerungssystem im Betrieb aufgezeichnet und beurteilt werden.

Bei der Neubeschaffung von Produktionsanlagen können Messdaten der vorhandenen Produktionssysteme verwendet werden, um die Produktanforderungen bereits im Vorfeld an der aktuellen Systemauslastung zu spiegeln. Maschinenhersteller können auf dieser Basis die Dimensionierung des Gesamtsystems und der Antriebe bedarfsgerecht umsetzen.

Die korrekte Dimensionierung eines Antriebs unterliegt auch bei bekannten Anforderungen noch zahlreichen Einflussfaktoren (z. B. Regelungseinstellungen, Gleichzeitigkeitsfaktoren, Master-Slave-Konzepte etc.). Um Maschinenhersteller bei der Auswahl zu unterstützen, bieten zahlreiche Antriebshersteller Auslegungssoftware für ihr Produktspektrum an (Abb. 15 zeigt beispielhaft die Oberfläche der Produkte Sizer und Rexroth IndraSize der Häuser Bosch Rexroth und Siemens).

Bekannte mechanische Kenndaten der Zielanwendung, wie Trägheitsmomente, Geschwindigkeit, Beschleunigung u. Ä. können dabei verwendet werden, um das Produktspektrum einzuschränken und eine passende Umrichter-Motor-Kombination auszuwählen. Je nach Anbieter beschränkt sich die Auswahl dabei nicht auf die elektrischen Komponenten, sondern umfasst auch mechanische Komponenten wie Kupplungen, Getriebe oder Kugelgewindetriebe.

Die Berücksichtigung energieeffizienter Konzepte findet entsprechend dem Produktspektrum ihren Eingang in die Auslegungssoftware. Die Zuverlässigkeit einer softwaregestützten Auslegung kann dabei aber durch reale Messdaten und fortschreitenden Abgleich verbessert werden.

[4] Als Beispiel sei hier genannt: eine (automatische) Anpassung der Vorschubgeschwindigkeit im Fräsprozess, um Spindel- oder Vorschubantriebe besser auszulasten (z. B. DMG AFC) und die Bearbeitungszeit zu reduzieren. Insbesondere Spannmittel und Fräswerkzeuge können dabei unzulässigen Belastungen ausgesetzt werden, die im ungünstigen Fall eines Ausfalls die Produktivität (oder zumindest die Standzeit/Lebensdauer) stark reduzieren.

1.1.5 Optimierung der Energieeffizienz durch Anpassung der Antriebsregelung

In Bestandsanlagen mit Drehzahl variablen Antrieben kann durch Anpassung der Antriebsregelung in manchen Fällen eine Wirkungsgradsteigerung erzielt werden. Wie bereits im vorangegangenen Abschnitt angedeutet, muss auch hier insbesondere eine gleichbleibende Prozessstabilität sichergestellt werden.

Softwareanpassungen bzw. Veränderungen der Regelung erfordern im Idealfall keine oder nur geringe Hardware-Ressourcen. Umso relevanter wird der Einsatz von entsprechenden Fachkräften, die diese Systeme beherrschen. Auch wenn viele Antriebssysteme mit einer automatischen Antriebsparametrierung und Reglereinstellung aufwarten können, ist zur Antriebsoptimierung an komplexen Systemen weiterhin ein hohes Expertenwissen notwendig. Der Einsatz neuer Algorithmen in bestehenden Antriebsplattformen erfordert im besten Fall nur wenige Zusatzeinstellungen, die ohne signifikanten Personalaufwand (teilweise automatisiert) umgesetzt werden können. Im ungünstigen Fall muss jedoch eine Neuinbetriebnahme des Antriebs erfolgen.

Je höher der Wirkungsgrad bestehender Systeme im Ausgangszustand, desto geringer sind die möglichen Einsparpotenziale. Für Hochleistungsantriebe, wie z. B. Vorschub- und Spindelantriebe von Werkzeugmaschinen können durch angepasste Regelungsstrategien im Nennbetrieb entsprechend keine unmittelbaren Energieeinsparungen durch den Antrieb selbst realisiert werden. Optimierte Regelungsstrategien steigern die realisierbare Dynamik, den Wirkungsgrad im Teillastbetrieb oder tragen zur besseren Auslastung des Gesamtsystems bei.

Bezogen auf den Einsatz in Werkzeugmaschinen ermöglicht eine gesteigerte Antriebsdynamik, die sich durch Drehzahlsteifigkeit, Positioniergenauigkeit, hohe Beschleunigung, hohen Ruck u. Ä. auszeichnet, die Reduktion von Neben- und Hauptzeiten. Nebenzeitreduktionen können zum Beispiel durch eine Verbesserung des Beschleunigungs- und Bremsverhaltens der Hauptspindel, sowie durch höhere Eilganggeschwindigkeiten der Vorschubantriebe realisiert werden. Dynamik und/oder Genauigkeitssteigerungen im Vorschubantrieb ermöglichen hingegen prozessabhängig eine Steigerung der Zerspanleistung oder Verkürzung der Bearbeitungsdauer. Die resultierende Produktivitätssteigerung ermöglicht höhere Stückzahlen oder das vorzeitige Abschalten der Maschine.

Steigerung der Produktivität durch optimierte Regelung

Zur hochdynamischen Speisung von Antrieben wird in heutigen Umrichtern die sogenannte „feldorientierte Regelung“ verwendet. Durch die mathematische Transformation der dreiphasigen Speisespannungen und Ströme (auch bekannt als Park-Transformation nachvollziehbar z. B. in Schroeder 2009) ergibt sich die Möglichkeit, den feldbildenden Motorstrom i_d unabhängig vom Drehmoment bildenden Strom i_q zu regeln. Dies erlaubt die Vorgabe der Motormagnetisierung bzw. der Läuferflussverkettung nahezu unabhängig vom Drehmoment. Um diese Entkopplung von Feld- und Drehmoment bildendem Strom nicht nur für Strom einprägende, sondern auch für spannungseinprägende Umrichter (s. Abb. 8) zu realisieren, wird dabei ein Entkopplungssystem notwendig. Abbildung 16 stellt das Regelungsschema eines Asynchronantriebs dar. An dieser Stelle, sowie für die Umsetzung von geberlosen

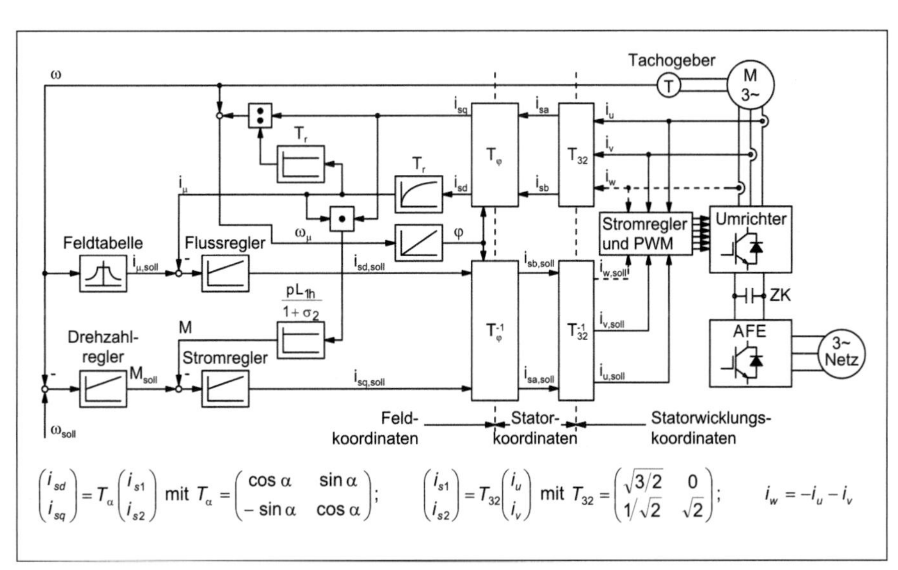

Abb. 16 Regelungsschema eines Asynchronantriebs (Quelle: nach Dubbel 2011)

Regelungssystemen und zur korrekten Schätzung des Schlupfs in Asynchronmotoren, ist ein sehr genaues Motormodel erforderlich. Die Parameter dieses Modells, wie Wicklungswiderstände oder Induktivitäten (z. B. L_h oder T_r aus Abb. 16) sind allerdings temperatur- und stromabhängig. Durch einen genauen, teilweise adaptiv nachgeführten, Abgleich der Modellparameter kann die Antriebsdynamik gesteigert werden.

Für die in Abbildung 16 dargestellte Drehzahlregelung ist eine zuverlässige Schätzung des Motorschlupfs und des resultierenden Winkels φ unabdingbar, um einen stabilen Betrieb sicherzustellen. Letztere werden dabei vom Rotorwiderstand und der Hauptinduktivität der Maschine beeinflusst. Beide Parameter müssen daher während der Antriebsinbetriebnahme automatisch ermittelt und teilweise in Abhängigkeit des aktuellen Betriebszustands nachgeführt werden.

In (Abele, Rothenbücher 2011) wird eine Erweiterung des klassischen kaskadierten Regelkreises aus Drehzahl- und Stromregler für Synchronantriebe vorgestellt. Die Induktivitäten des Motors werden dabei arbeitspunktabhängig vermessen und im Umrichter hinterlegt. Das resultierende genauere Motormodell ermöglicht eine Vorsteuerung der Stromregelung, was im Ergebnis eine deutliche Verbesserung des Antriebsverhaltens bei hochdynamischen Vorgängen und eine Reduktion der Reversierzeit um ca. 30 % ermöglicht. Dies ermöglicht im Bereich der Hauptspindelantriebe die Span-zu-Span-Zeit zu optimieren, ohne dass eine Prozessbeeinflussung resultiert. Die Vermessung der Induktivitäten erfolgt in diesem System automatisch, sodass der resultierende Inbetriebnahmeaufwand im Feld gering bleibt.

Solche Erweiterungen können auch auf Vorschubantriebe übertragen werden. Aufgrund der vergleichsweise geringen Drehzahlen und Temperaturschwankungen sind allerdings nur geringere Vorteile zu erwarten. Der Einsatz von Filtersystemen zur Dämpfung von Resonanzschwingungen der Maschinenstruktur kann an dieser Stelle einen größeren Betrag zur Produktivitätssteigerung leisten.

Abbildung 17 stellt einen typischen Lageregelkreis dar. An verschiedenen Stellen werden dort Istwerte aus Elektrik und Mechanik mit Führungsgrößen verglichen. Dabei kann die Qualität der Istwerterfassung den Einsatz von Filtern zur Rauschunterdrückung, z. B. im Stromistwert oder bei abgeleiteter Ist-Geschwindigkeit, notwendig machen. In anderen Fällen kann es erforderlich werden, die Anregung strukturbedingter Resonanzen zu vermeiden.

Die Wirksamkeit solcher Maßnahmen sei am Beispiel einer Istwertfilterung im Positionssignal des Lageregelkreises dargestellt:

Die untersuchte Werkzeugmaschine mit Kugelgewindetrieb weist im Normalzustand eine ausgeprägte Resonanz bei 19 Hz auf. Diese verhindert eine Anhebung der Lagereglerverstärkung K_L. Durch Modifikation des Positionsistwertes kann eine Anregung dieser Resonanz wirkungsvoll verhindert werden. Dies ermöglicht es, im vorliegenden Fall die Lagereglerverstärkung um 100 % zu erhöhen. Der

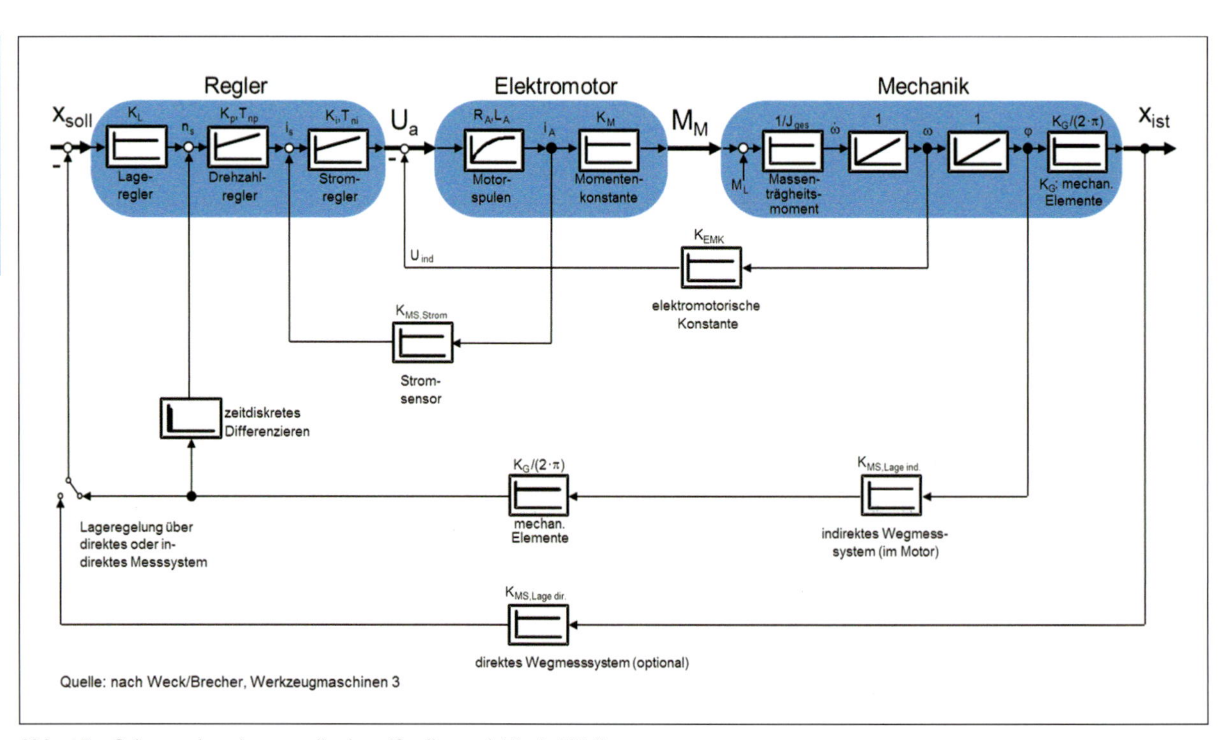

Abb. 17 Schema eines Lageregelkreises (Quelle: nach Weck 2006)

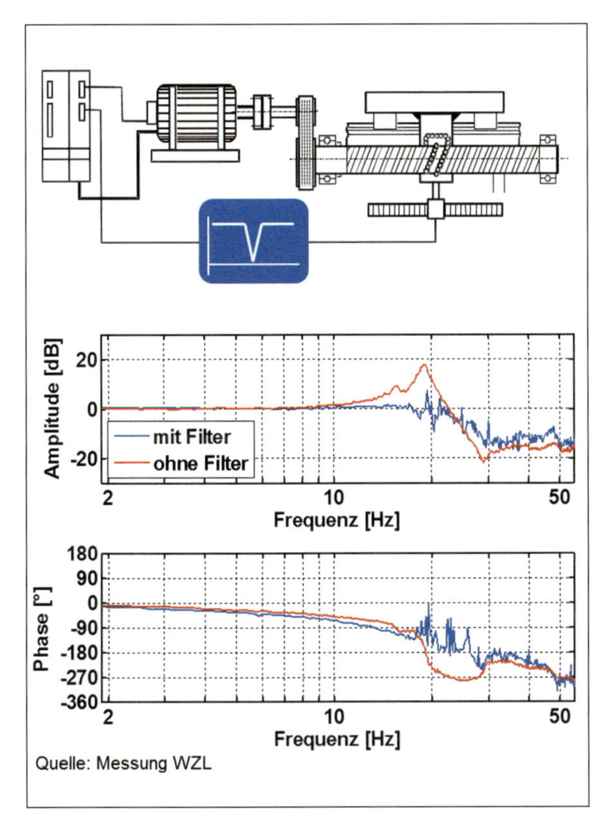

Abb. 18 Leistungsfähigkeit der Lageistwertfilterung

Schleppfehler, welcher die Differenz zwischen Soll- und Ist-Position während der Bewegung repräsentiert, kann damit im Vergleich zum Ausgangszustand bei gleicher Geschwindigkeit halbiert werden. Im Umkehrschluss kann bei gleichem Schleppfehler eine deutlich höhere Vorschubgeschwindigkeit eingestellt werden, wodurch sich prozessabhängig Schnittgeschwindigkeit und Produktivität steigern lassen.

Auch an anderen Stellen im Regelkreis können ähnliche Strukturen zu einer erhöhten Antriebsdynamik beitragen. Als Beispiele seien hier Fanuc Jerk Control (FANUC 2010), Siemens VIBX (Siemens 2011b) oder APC (Siemens 2006) genannt.

Steigerung des Wirkungsgrads durch optimierte Regelung

Die Realisierung direkter Energieeinsparungen im Antrieb durch den Einsatz regelungstechnischer Optimierungen ist im Nennbetrieb kaum möglich. Im Teillastbetrieb ist das realisierbare Potenzial jedoch höher:

Wie bereits erläutert, sinkt der Wirkungsgrad von Antriebssystemen im Teillastbereich. Der Drehzahl variable Asynchronantrieb ist dafür ein gutes Beispiel:

Für den Betrieb der Asynchronmaschine wird ein magnetischer Fluss im Rotor benötigt. Der Aufbau dieses Magnetfelds erfordert einen feldbildenden Strom i_d bzw. übertragen auf den gesteuerten U/f-Betrieb[5] eine gewisse Spannungsamplitude. Die Höhe des Feldes wird dabei im Normalbetrieb nur bei hohen Drehzahlen – dem sog. Feld-

5 Im Unterschied zur feldorientierten Regelung wird dabei das Verhältnis von Speisespannung zu Speisefrequenz - durch einen Umrichter gesteuert - konstant gehalten. Mit steigender Drehzahl und Speisfrequenz steigt daher die Speisespannung.

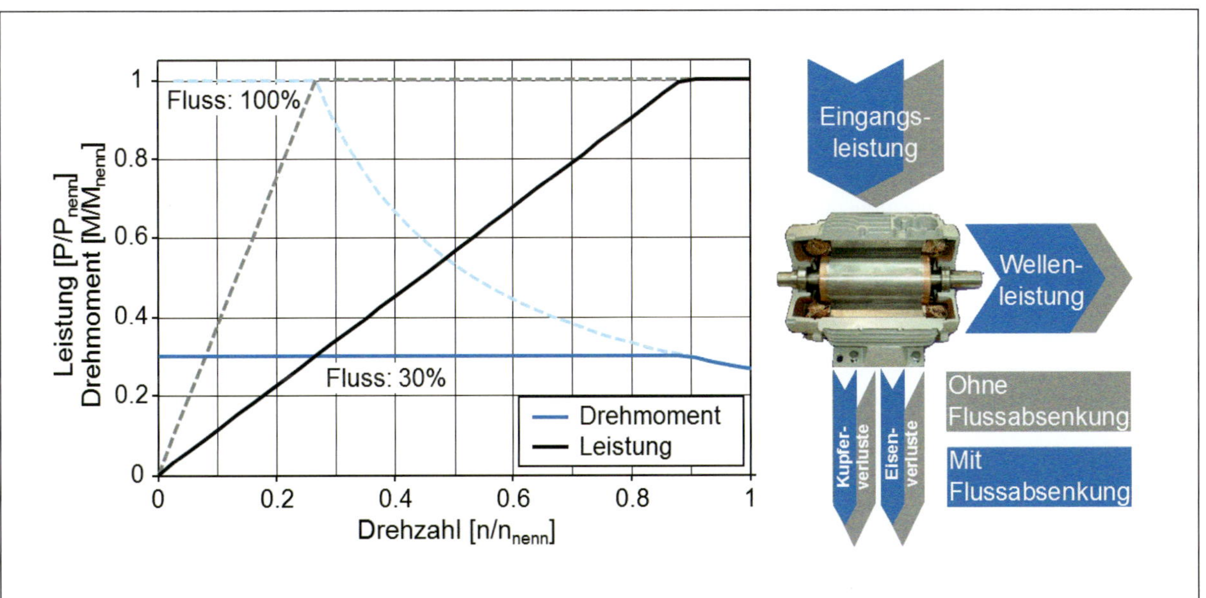

Abb. 19 Flussabsenkung im Teillastbereich bei Asynchronmaschinen (Quelle: Bäumler 2011)

schwächbetrieb[6] - reduziert. Im normalen Drehzahlbereich wird der magnetische Fluss auf ein maximales Niveau geregelt, das durch die Motorcharakteristik vorgegeben wird. Der Teillastbetrieb mit geringeren Motormomenten kann auch mit niedrigerem magnetischen Fluss und niedrigerem Strom realisiert werden. Eine Flussabsenkung im Teillastbereich reduziert daher Kupfer- und Eisenverluste im Asynchronmotor sowie Durchlassverluste im Umrichter (Heyers 2010). Die verlustbedingte Erwärmung, bzw. notwendige Kühlleistung, wird reduziert, während die abgegebene Wellenleistung konstant bleibt. Abbildung 19 veranschaulicht die Zusammenhänge und stellt einen Vergleich der Drehmoment-Drehzahl-Charakteristik bei unterschiedlichen Flussverkettungen dar.

Der Betrieb der Flussabsenkung unterliegt dabei gewissen Randbedingungen, die vor dem Einsatz bedacht oder durch weitere Zusatzsysteme kompensiert werden müssen.

So ist die Dynamik der Flussregelung nicht mit der Drehmomentregelung zu vergleichen. Der magnetische Fluss unterliegt einem PT1-Verhalten (lineares zeitinvariantes Verhalten mit einer Verzögerung 1. Ordnung) und kann nicht beliebig schnell aufgebaut werden. Da das verfügbare Drehmoment des Antriebs jedoch direkt proportional zum Fluss ist, resultiert bei abgesenktem Fluss eine Reduktion der Drehzahlsteifigkeit des Antriebs für die Dauer des Flussaufbaus. Es hängt von der Überlastfähigkeit des Antriebs ab, ob eine reaktive Kompensation der reduzierten Drehzahlsteifigkeit möglich ist, oder ob weitere Maßnahmen zum rechtzeitigen Aufbau des Magnetfeldes notwendig sind. Prozessbeeinträchtigungen z. B. beim Fräsen müssen aus Produktivitätsgründen unbedingt vermieden werden.

Für eine verlustoptimale Wahl des magnetischen Flusses muss ebenfalls ein genaues Maschinenmodell vorliegen, wobei Erweiterungen zur Berücksichtigung der Eisen- und Umrichterverluste notwendig sind. Zusätzliche Einflussgrößen, wie der Energiebedarf für den Flussaufbau oder der minimal zulässige Fluss müssen, wobei z. B. während der Antriebsinbetriebnahme oder im laufenden Betrieb (idealerweise) automatisch, bestimmt werden.

Da das System sowohl für hochdynamische feldorientiert geregelte Antriebe wie auch für U/f-gesteuerte Antriebe zu Einsatz kommen kann [7], ist ein sinnvoller Einsatz auch bei Pumpensystemen u. Ä. mit häufigem Teillastbetrieb sinnvoll.

Pumpensysteme finden sich in vielen Anlagen als unverzichtbares Produktionsmittel. Neben der Verwendung als Kühlmittel- und Hydraulikpumpen kommen sie auch beim Transport von Produktions- oder Hilfsmitteln zum Einsatz. Durch den Einsatz Drehzahl variabler Antriebe können dabei sehr hohe Energieeinsparungen umgesetzt werden. Das nachfolgende Kapitel wirft daher einen genaueren Blick auf Funktionsweise und Optimierungspotenziale bei Pumpensystemen.

1.1.6 Zusammenfassung

Forschung und Entwicklung kennen zahlreiche Methoden zur Verbesserung der Ressourceneffizienz von elektrischen Antrieben. Der notwendige Ressourceneinsatz ist dabei teils sehr unterschiedlich, sodass sich bereits aus diesen Gründen ein genereller Einsatz aller Methoden in beliebigen Anwendungsfällen verbietet.

Wie auch das nachfolgende Kapitel zur Energieeffizienz von Pumpensystemen zeigt, muss die jeweilige Anwendung genau analysiert werden. Neben Softwarewerkzeugen sollten - soweit möglich - Daten bereits bestehender Fertigungsanlagen berücksichtigt werden. Nur so kann ein ganzheitliches System unter Berücksichtigung effizienter Komponenten und Techniken realisiert werden, welches auch bei den aktuellen Strompreisen eine zeitnahe Amortisationszeit gewährleistet.

1.2 Energieeffizienz von Pumpensystemen

1.2.1 Energieverbrauch von Pumpen

Bei der Auswahl von Pumpen für Werkzeugmaschinen wird meistens nur auf den Gerätepreis geachtet, da die Anschaffungs- und Betriebskosten in einem Unternehmen in unterschiedliche Zuständigkeiten fallen. Auch wenn die Betriebskosten einer Pumpe oftmals die Investitionskosten deutlich übersteigen (Abb. 20), werden die Betriebskosten bei der Pumpenauswahl noch nicht ausreichend beachtet. Mit steigenden Energiekosten fallen auch die Betriebskosten immer mehr in den Fokus. Die Energiekosten machen mit 45 % den größten Anteil im Lebenszyklus einer Pumpe aus (Abb. 20). Nur rund 10 % der Lebenszykluskosten entfallen dabei auf die Anschaffungskosten (VDMA 2003).

---

[6] Die Speisespannung eines Motors kann aus technischen Gründen, wie z. B. der Spannungsfestigkeit der Windungen oder des Umrichters, nicht beliebig steigen. In diesem Fall bleibt die Speisspannung konstant, während die Speisefrequenz weiter erhöht wird. Das mögliche Drehmoment des Motors reduziert sich dabei.

[7] Durch Absenkung der Netzspannungsamplitude mittels zusätzlicher Vorschaltelektronik kann eine Flussabsenkung auch für konstant laufende Antriebe ohne Umrichter realisiert werden. Entsprechende Lösungen für Antriebe mit hoher Leistung finden sich mittlerweile am Markt. Die Investitionskosten im Vergleich zu entsprechend leistungsstarken Umrichtern versprechen dabei niedriger zu sein.

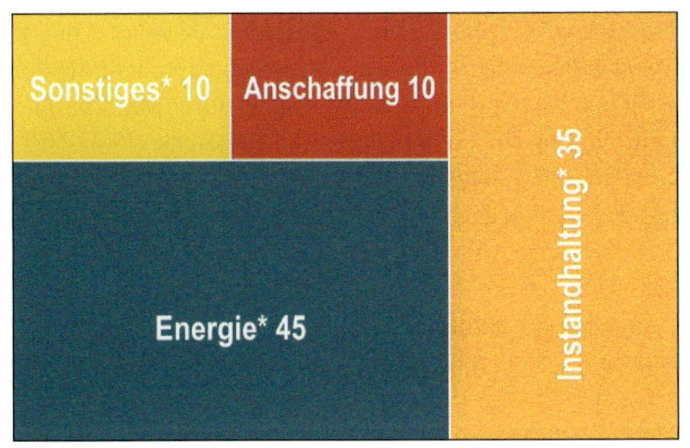

Abb. 20 Lebenszykluskosten von Pumpen in Prozent (*über 10 Jahre kumuliert, nach Daten aus VDMA03)

Pumpen werden in Werkzeugmaschinen für verschiedenste Anforderungen benötigt. Betrachtet man die elektrische Gesamtleistungsaufnahme einer Werkzeugmaschine, so entfällt ein großer Anteil dieser elektrischen Leistung auf Pumpensysteme. Abb. 21 zeigt exemplarisch die Verteilung der mittleren elektrischen Leistungsaufnahme für eine Werkzeugmaschine und ihre einzelnen Komponenten sowie den Betrag der mittleren elektrischen Leistungsaufnahme aller Pumpen eines Bearbeitungszentrums vom Typ H2000 der Firma Heller. Dabei haben Pumpen für das untersuchte Bearbeitungszentrum und für das betrachtete Prüfwerkstück einen Anteil von 60 % an der gesamten elektrischen Leistungsaufnahme der Maschine. Weiterhin wird deutlich, dass die elektrische Leistungsaufnahme der Pumpen der Nebenkomponenten Hydraulik und Kühlschmierstoffbereitstellung dominant sind.

1.2.2 Beschreibung verschiedener Pumpenarten

Wie in (Dena 2007a) beschrieben, erzeugen Pumpen die Druckdifferenz durch Umlenkung und Beschleunigung der Flüssigkeit, z.B. durch die Fliehkraft in einem sich drehenden Laufrad. Pumpen lassen sich entsprechend ihres Funktionsprinzips in zwei Hauptklassen unterteilen. Diese sind Strömungsmaschinen (meist Kreiselpumpen) und Verdrängerpumpen. Verdrängerpumpen besitzen einen kontinuierlichen Förderstrom und einen stetigen Förderdruck. Die meisten Förderaufgaben lassen sich mit Kreiselpumpen kostengünstiger bewerkstelligen als mit Verdrängerpumpen. Innerhalb der Kreiselpumpen gibt es große Unterschiede, die z.B. durch die Form des Laufrades, die Anzahl der Laufräder oder durch die Art der Anströmung bestimmt werden.

1.2.2.1 Verdrängerpumpen

(Murrenhoff 2007) liefert detaillierte Informationen zu Verdrängerpumpen. Demnach wird bei Verdrängerpumpen das Medium durch die periodische Verdrängung des Arbeitsraumvolumens transportiert. Die Verdrängung des Arbeitsraumvolumens kann dabei durch eine große Anzahl verschiedener Verdrängerprinzipien erfolgen. Die wichtigsten sind jedoch die Prinzipien Zahn, Flügel und Kolben. Je nach Bewegungsart des Verdrängers unterscheidet man zwischen einer rotierenden und einer oszillierenden Pumpe.

Beim Verdrängerprinzip Zahn bilden die Zahnzwischenräume, die mit dem Gehäuse ein geschlossenes Volumen darstellen, den Arbeitsraum. Beim Eingriff der Zähne ineinander erfolgt die Verdrängung. Das Verdrängervolumen ist dabei jedoch pro Umdrehung konstant. Je nach Bauart wird zwischen einer Außen- oder Innenverzahnung, einer Zahnring- oder Schraubenpumpe unterschieden.

Auch die Flügelpumpe gehört zu den rotierenden Pumpen. Der Verdrängerraum wird durch ein oder mehrere Flügel zusammen mit dem Rotor und dem Gehäuse gebildet. Abhängig von der Anordnung der Flügel im Rotor oder am Gehäuse werden die Bauarten Flügelzellen- und Sperr-

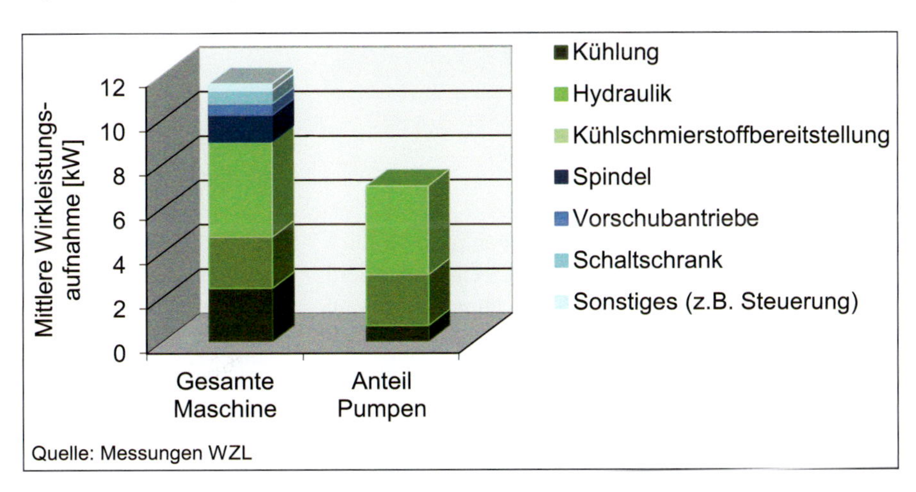

Abb. 21 Exemplarische Darstellung der Leistungsaufnahme von Pumpen in Werkzeugmaschinen

flügelpumpen unterschieden. Beide Bauarten gibt es in ein- und mehrhubigen Ausführungen. Durch Verschieben der Rotorwelle ist bei einer einhubigen Flügelpumpe ein veränderliches Schluckvolumen einstellbar.
Zur Gattung der oszillierenden Pumpen gehören Pumpen mit dem Verdrängerprinzip Kolben. Der Kolben führt in einem Zylinder eine Hubbewegung durch und verdrängt bzw. saugt dabei das Medium an. Durch ein Ein- und Auslassventil wird der Förderstrom reguliert. Man unterscheidet bei den Kolbenpumpen zwischen Axialkolben-, Radialkolben- und Reihenkolbenpumpe. Sowohl die Axialkolben- als auch die Radialkolbenpumpe können ein veränderliches Verdrängervolumen haben, vorausgesetzt Sie sind einhubig ausgeführt.

1.2.2.2 Kreiselpumpen

Die Kreiselpumpe gehört zur Gattung der Strömungsmaschinen. Der Energieumsatz bei Strömungsmaschinen beruht auf hydrodynamischen Verhältnissen. Hydrodynamische Vorgänge zeichnen sich durch eine proportional zum Quadrat der Strömungsgeschwindigkeit abhängigen Druck- und Energiedifferenz aus. Es gibt eine Vielzahl an Bauarten, jedoch tritt bei allen Kreiselpumpen das Fluid axial in das Laufrad ein. Abbildung 22 stellt eine typische Kreiselpumpe mit mehreren Laufrädern dar.

Abb. 22 Links: Schnittbild einer Kreiselpumpe mit mehreren Laufrädern, rechts: Detailansicht Laufrad (Quelle: Grundfos)

Eine detaillierte Beschreibung zu Kreiselpumpen ist (Gülich 2010) und (Walter 2009) zu entnehmen. Demzufolge wird bei Kreiselpumpen das Laufrad durch die Pumpenwelle vom Motor angetrieben und überträgt die zur Förderung nötige Energie auf das Fluid. Das Fluid wird durch das Laufrad in radiale Richtung umgelenkt. Durch die Fliehkräfte erfährt das Medium eine höhere Geschwindigkeit und der statische Druck steigt. Nach dem Austritt aus dem Laufrad wird die Flüssigkeit im Spiralgehäuse gesammelt. Dabei wird durch die Gehäusekonstruktion die Strömungsgeschwindigkeit wieder etwas verlangsamt. Es erfolgt durch die Energieumwandlung eine weitere Erhöhung des Druckes. Zwischen Laufrad und Gehäuse ist ein enger Dichtspalt angeordnet, durch den eine gewisse Leckage vom Laufradaustritt zum -eintritt zurückfließt. Ein zweiter, auf der Tragscheibe angeordneter Dichtspalt, dient dem Ausgleich der auf die Laufraddeckscheiben wirkenden Axialkräfte. Das durch den Spalt strömende Fluid gelangt über Entlastungsbohrungen für den Axialschub-Ausgleich in der Tragscheibe in den Saugraum zurück.
Kreiselpumpen arbeiten nach dem sogenannten hydrodynamischen Förderprinzip. Dabei wird das Fördermedium durch die Laufräder beschleunigt. Dies kann einstufig oder aber auch je nach benötigtem Betriebsdruck mehrstufig umgesetzt werden. Der Druckstutzen setzt die erzeugte Geschwindigkeit des Mediums in eine Förderhöhe um. Der optimale Betriebspunkt kann durch verschiedene Einstellmöglichkeiten erreicht werden. An dieser Stelle soll exemplarisch auf die Variation des Laufraddurchmessers eingegangen werden. Die Auswahl des Laufraddurchmessers hat einen ähnlichen Effekt, wie eine Drehzahlregelung der Pumpe oder eine Drosselung des Förderstroms (Hyfoma 2012). Mit der Wahl des Durchmessers wird der Schnittpunkt von der Pumpenkennlinie mit der Anlagenkennlinie festgelegt. Durch diese Variationsmöglichkeit des Pumpentyps kann genau den Anforderungen und den Betriebsbedingungen entsprechend die passende Pumpenbauart ausgewählt und somit die bestmögliche Stabilität und Regelbarkeit erreicht werden (Dena 2007a). Gegebenenfalls kann nach dem Praxistest oder aber auch bei Veränderung der Anforderung durch Verkleinern des Laufraddurchmessers der Betriebspunkt angepasst werden. Jedoch wird durch die nachträgliche Korrektur des Durchmessers der Wirkungsgrad verringert (Hyfoma 2012).

1.2.2.3 Beschreibung der formelmäßigen energetischen Zusammenhänge

Pumpen wandeln mechanische in hydraulische Energie. Für den Betrieb von Pumpen und die Bereitstellung einer gewissen hydraulischen Energie ist eine Reihe von Systemkomponenten notwendig. Pumpen können daher als Bestandteil eines Energieflusses entlang verschiedener Systemkomponenten betrachtet werden. Bevor die Energie aus dem Stromnetz für die Förderaufgabe eingesetzt wird, muss sie verschiedene Systemkomponenten durchlaufen (Abb. 23).
Die Beschreibung der formelmäßigen Zusammenhänge erfolgt in Anlehnung an (Watter 2008). Zwischen den einzelnen Komponenten findet meist eine Umwandlung

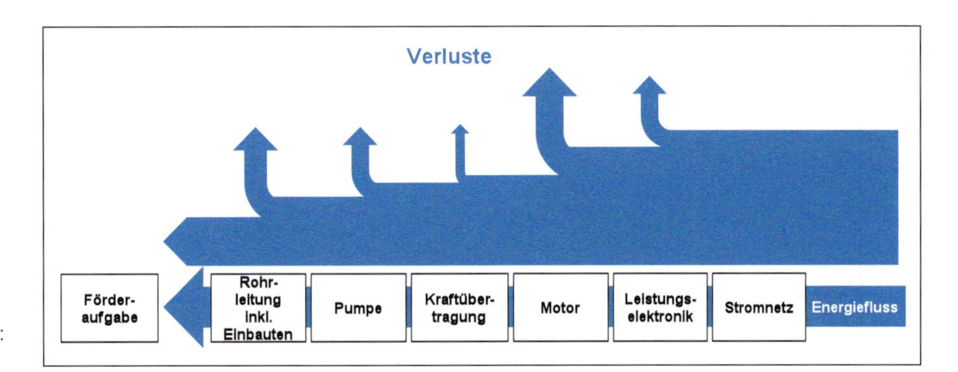

Abb. 23 Energiefluss durch die Systemkomponenten (Quelle: Dena 2007b)

der Energie statt, und damit einhergehend auch immer ein unterschiedlich großer Verlust. Zuerst muss die Netzfrequenz gewandelt werden, dann wird die elektrische Energie in eine Drehbewegung transformiert und die Drehbewegung erzeugt dann eine hydraulische Energie. In den Rohrleitungen und Einbauten entstehen wiederum durch Rohrreibung und drosselnde Ventile etc. Verluste. Zu den Verlusten kommen weitere mechanische Verluste, wie z. B. Reibung in Lagern.

Die Leistungsübertragung ausgehend vom Stromnetz kann formelmäßig beschrieben werden. Die zugeführte elektrische Antriebsleistung (P_{el}) eines Elektromotors bei Wechselstromantrieben lässt sich wie folgt berechnen:

$$P_{el} = U_S \cdot I_S \cdot \cos\phi$$

P_{el} = elektrische Leistung
U_s = Statorstrangspannung
I_s = Statorstrangstrom
ϕ = Leistungsfaktor

und entsprechend für Drehstromantriebe:

$$P_{el} = 3 \cdot U_S \cdot I_S \cdot \cos\phi$$

Die dem Motor zugeführte elektrische Leistung wird verlustbehaftet in die mechanische Wellenleistung (P_{mech}) umgewandelt. Diese ergibt sich wie folgt:

$$P_{el} = \frac{P_{mech}}{\eta_{mech,Motor}}$$

P_{mech} = mechanische Wellenleistung
η_{mech} = mechanischer Motorwirkungsgrad

Dabei gilt für die mechanische Leistung eines Motors:

$$P_{mech} = M_{el} \cdot \omega = M_{el} \cdot 2\pi \cdot n$$

M_{el} = elektrisches Drehmoment
ω = Drehgeschwindigkeit
n = Drehzahl

Die vom Motor erzeugte mechanische Wellenleistung wird wiederum verlustbehaftet über die Pumpe zu hydraulischer Leistung (P_{hyd}) umgewandelt.

$$P_{hyd} = P_{mech} \cdot \eta_{vol} \cdot \eta_{hm}$$

P_{hyd} = hydraulische Leistung
η_{vol} = volumetrischer Wirkungsgrad
η_{hm} = hydraulisch-mechanischer Wirkungsgrad

Die Form der hydraulischen Leistung innerhalb des Fluidsystems wird durch folgende Beziehung beschrieben:

$$P_{hyd} = Q_e \cdot \Delta p_{Pumpe}$$

Q_e = Fördervolumen Pumpe
Δp_{Pumpe} = Druckdifferenz Pumpe

Zusammengefasst können die auftretenden Verluste an der Pumpe mittels der entsprechenden Wirkungsgrade beschrieben werden:

$$\eta_{ges} = \eta_{vol} \cdot \eta_{mech} \cdot \eta_{hyd}$$

η_{ges} = Gesamtwirkungsgrad
η_{vol} = volumetrischer Wirkungsgrad (Leckage, Kompressibilität)
η_{mech} = mechanischer Wirkungsgrad (Lagerreibung, mechanische Verluste)
η_{hyd} = hydraulischer Wirkungsgrad (Reibungs-, Strömungsverluste) (Watter 2008)

Im Allgemeinen werden der hydraulische und der mechanische Wirkungsgrad zu einem hydraulisch-mechanischen Wirkungsgrad η_{hm} zusammengefasst. Abbildung 24 zeigt den qualitativen Verlauf der Wirkungsgrade in Abhängigkeit vom Druck bzw. der Drehzahl.

Man kann erkennen, dass die Wirkungsgradanteile dabei gegenläufig sind. Das heißt, bei hoher Leistung sinken die relativen Reibungsverluste im Gegensatz zu den Leckageverlusten (Watter 2008).

Nach (Helpertz 20120) hängt der hydraulische Wirkungsgrad einer Pumpe sowohl von konstruktiven Details als auch von den Betriebsparametern ab. Die Umsetzung

V

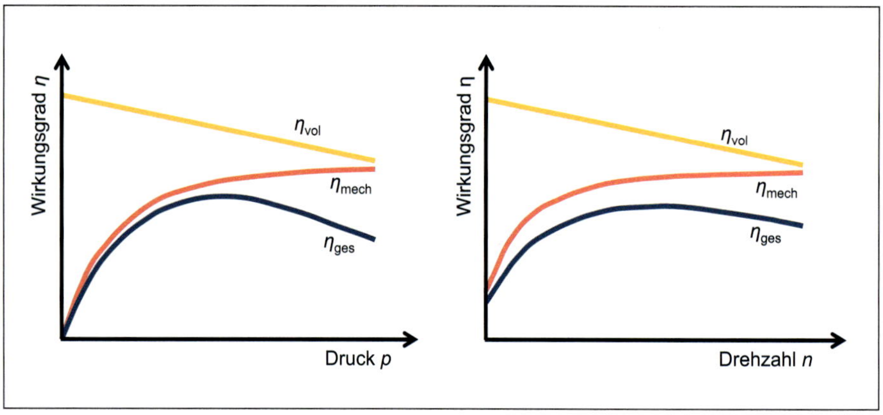

Abb. 24 Qualitative Darstellung der Wirkungsgrade von Hydromaschinen (nach Walter 2008)

konstruktiver Optimierungen hängt dabei unmittelbar von den Fertigungsmöglichkeiten ab:

- Konstruktion: Kammerzahl, Spaltgröße- und form, Reibung durch Lagerungen und Dichtungen und Verschleißbeständigkeit
- Betrieb: Viskosität, Gasgehalt des Mediums, Art und Menge abrasiver Feststoffe im Fluid, Drehzahl sowie Druck.

1.2.3 Kennlinien von Pumpen

Bei einer Pumpenkennlinie wird die Förderhöhe in Abhängigkeit des Volumenstroms *Q* angegeben (Abb. 25). Dabei steht die Förderhöhe *H* im direkten Verhältnis zum Druck. Bei einer nicht verstellbaren Verdrängerpumpe hängt der Volumenstrom von der Drehzahl ab, da sie ein festes Schluckvolumen pro Umdrehung hat. Der Förderstrom sinkt bei steigendem Gegendruck nur aufgrund des höheren Drehmoments, das der Motor leisten muss und der damit einhergehenden Drehzahlverringerung. Variiert bei der Kreiselpumpe der Förderstrom, so verändern sich auch die Förderhöhe und der Wirkungsgrad, welcher eine starke Abhängigkeit zum Förderstrom besitzt. Jede Anlage, die von der Pumpe versorgt wird, hat analog zur Pumpenkennlinie eine Anlagenkennlinie. Bei zunehmendem Förderstrom steigt der Gegendruck der Anlage auf die Pumpe. Legt man beide Kennlinien in ein Diagramm, so ergibt sich der Betriebspunkt des Systems im Schnittpunkt der Anlagen- und Pumpenkennlinie. Pumpenkennlinien werden normalerweise für eine frei abströmende Pumpe bestimmt. Durch grafische Subtraktion der Anlagenkennlinie von der Pumpenkennlinie erhält man die Gerätekennlinie (Dena 2007a).

Die meisten Pumpen können in einem breiten Bereich des Q/H-Diagramms durch eine geeignete Regelung betrieben werden. Die Pumpenart und -größe muss so auf die Prozessanforderungen ausgelegt werden, dass die verschiedenen Betriebspunkte möglichst im Bereich der idealen Wirkungsgrade liegen. Nur so kann die Energieeffizienz maximiert, aber auch der Verschleiß und die Investitionskosten minimiert werden (Dena 2007a).

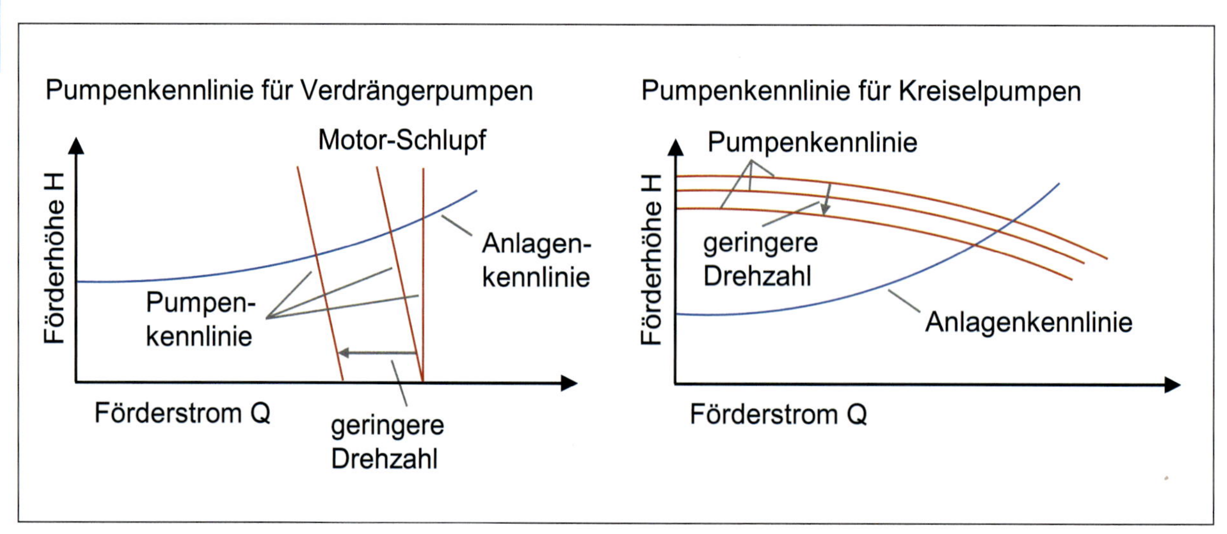

Abb. 25 Pumpenkennlinien für Verdränger- und Kreiselpumpe (Quelle: Dena 2007a)

1.2.4 Beschreibung von Pumpenantrieben

Die Antriebe für Pumpen lassen sich generell in zwei Gruppen unterteilen. Zum einen gibt es Trockenläufer und zum anderen Nassläufer. Bei den Nassläufern befindet sich der Antrieb innerhalb des Förderguts, der stromdurchflossene, statische Teil des Motors befindet sich jedoch außerhalb des Fördergutes. Diese Anbringung besitzt den Vorteil, dass keine Wellendurchführung und somit auch keine dynamische Dichtung benötigt werden. Daraus resultiert ein längeres Wartungsintervall (Dena 2007c).

Der größte Teil der sich im Einsatz befindlichen Antriebe sind Trockenläufer. Man kann zwischen mehreren verschiedenen Typen von Motoren für Pumpen wählen. Man unterscheidet zwischen Gleichstrom-, Asynchron- und Synchronmotoren. Der Wirkungsgrad ist abhängig von der Qualität der Auslegung, beträgt aber im Normalfall über 90 %. Durch Umrichter werden die Motoren mit der im Arbeitspunkt geforderten Spannungsamplitude und -frequenz versorgt. Für Pumpenantriebe werden heute hauptsächlich Asynchronmotoren verwendet (Dena 2007a). Vorteile von Asynchronmotoren sind ihre hohe Dynamik und Robustheit (Schröder 2009).

Der Laufraddurchmesser und der Betriebspunkt haben großen Einfluss auf das nötige Drehmoment. Daher werden viele Pumpen mit unterschiedlichen Motoren angeboten. Die erforderliche Leistung kann in einem Pumpendiagramm (Abb. 26) abgelesen werden (Dena 2007a).

Bei der Dimensionierung des Motors ist zu beachten, dass sich der tatsächliche Energieverbrauch aus der nominalen Leistung und der Mehrleistung des Motors für die Deckung von Verlusten in Rohrleitung, Pumpe, Getriebe und Motor zusammensetzt. Daher muss die Dimensionierung des Motors sehr genau erfolgen. Ein zu kleiner Motor erfüllt die Förderaufgabe nicht ausreichend, während ein überdimensionierter Motor höhere Anschaffungskosten und unnötige Energieverluste und damit höhere laufende Kosten verursacht (Dena 2007d).

1.2.5 Regelungsarten von Pumpen und Pumpensystemen

Die meisten der heute eingesetzten Pumpensysteme wurden nach anderen Gesichtspunkten entwickelt und eingesetzt, als nach dem Kriterium der Energieeffizienz. Daher zeigen diese Pumpensysteme noch sehr viel Einsparpotenzial auf, sodass es sich lohnt, ein Augenmerk auf dieses Kriterium zu richten. Über den gesamten Bearbeitungsprozess, selbst in Zyklusunterbrechungen oder Prozessschritten, in denen geringere Fluidmengen bzw. ein niedriger Systemdruck ausreichend wären, wird das Pumpensystem oftmals mit konstanter Drehzahl und somit gleicher Leistung betrieben. In diesen Fällen wird das überschüssige Fluid ungenutzt über Ventile wieder in den Vorratstank zurück gefördert. Dadurch entsteht beispielsweise zusätzlich Wärme, die eine erhöhte Kühlleistung erfordert und Energieverschwendung bedeutet. Weiterhin kann ein Bedarf zur Filtration entstehen (Huntz 2008).

Um Energieeinsparmöglichkeiten zu erschließen, hilft eine Systemregelung die Pumpe bei veränderten Bedingungen oder auch unterschiedlichen Prozessanforderungen effizienter zu betreiben. Für die Umsetzung eines geregelten Betriebs existieren mehrere Ansätze.

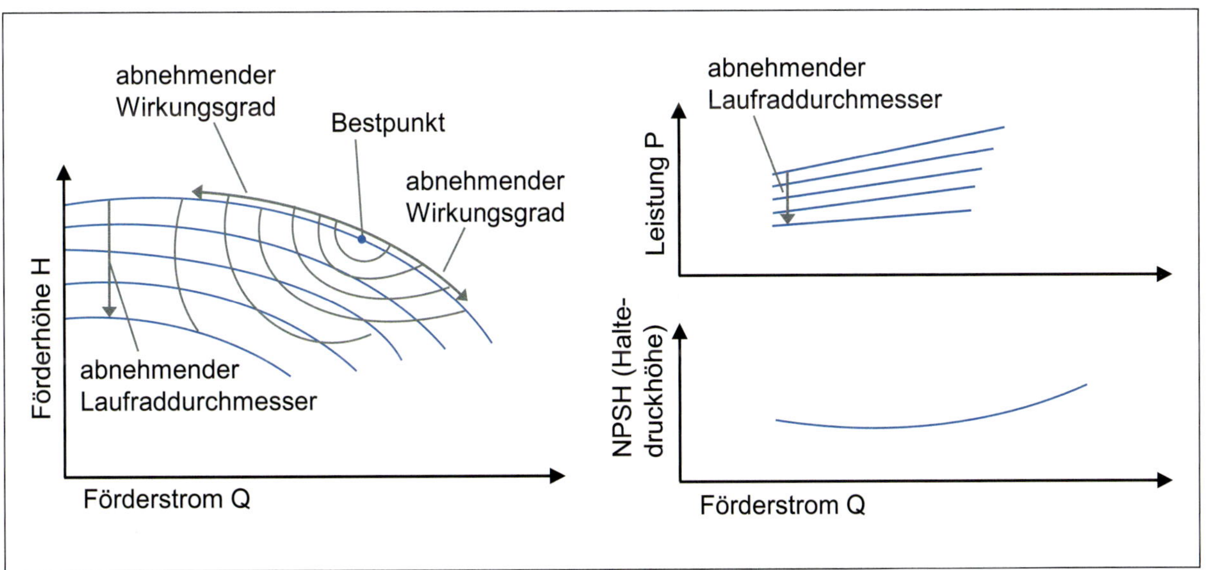

Abb. 26 Typisches Pumpendiagramm mit Wirkungsgraden, Motorleistung und NPSH Wert (Quelle: Dena 2007a)

1.2.5.1 Zweipunktregelung

Die simpelste und kostengünstigste Regelungsvariante ist die sogenannte Zweipunktregelung bzw. An-/Ausregelung. Dabei wird die Pumpe entweder in ihrem Auslegungspunkt betrieben oder ausgeschaltet. Der Energieverbrauch im Betrieb bleibt damit konstant und hängt maßstäblich von den Betriebs- und Pausenzeiten und den Randbedingungen wie z. B. Rohrdurchmesser und Rohrleitungslänge ab (Dena 2007a). Vorteil dieser Variante ist, dass die Pumpe im Betriebszustand immer mit dem bestmöglichen Wirkungsgrad arbeitet.

1.2.5.2 Drosselregelung

Eine weitere Regelvariante stellt die Drosselung dar. Durch den Einsatz eines Regelventils wird die Menge des Förderstroms eingestellt. Durch die Drosselung steigt der Systemwiderstand, da sich der Gegendruck an der Pumpe erhöht (Abb. 27).
Dadurch verschiebt sich die Anlagenkennlinie und der neue Betriebspunkt der Pumpe liegt im Schnittpunkt mit der Pumpenkennlinie. Dennoch verursacht diese Regelungsart zusätzliche Energieverluste. Aufgrund des vom Auslegungspunkt abweichenden Betriebs arbeitet das Pumpen-Motor-System nicht mit optimalem Wirkungsgrad. Des Weiteren entsteht an dem Regelventil Wärme. Um nicht zu große Schwankungen um den Auslegungspunkt zu erzeugen, wird diese Regelungsart sehr häufig bei Kreiselpumpen kleiner bis mittlerer Leistungsgröße verwendet (Dena 2007a). Verdrängerpumpen hingegen liefern einen konstanten Förderstrom und lassen sich aus diesem Grund nicht durch Drosselung regeln.

1.2.5.3 Bypassregelung

Die Bypassregelung wird hauptsächlich bei Systemen mit Verdrängerpumpen eingesetzt, da – wie oben erläutert – eine Drosselung des Volumenstroms nicht möglich ist. Über eine Bypassregelung mit Druckregelventil wird bei dieser Variante ein Teil des Förderstroms wieder ungenutzt in den Vorlaufbehälter zurückgeführt, also von der Druckseite der Pumpe wieder auf die Saugseite. Abbildung 28 zeigt hierzu die schematische Darstellung.

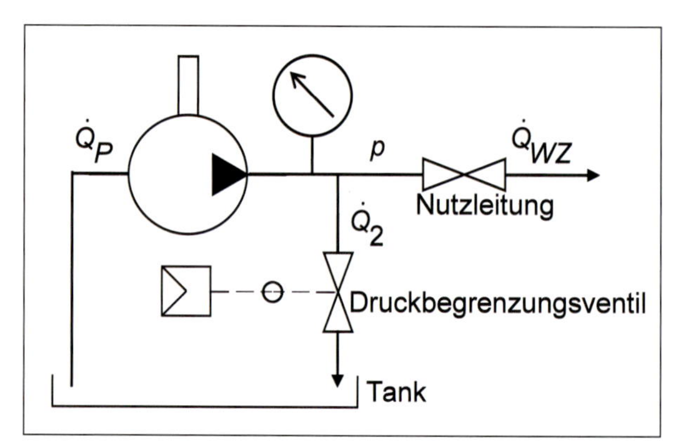

Abb. 28 Schematische Darstellung Bypassregelung (Quelle: Bäumler 2011)

Eine Regelung über einen Bypass weißt dennoch einige Nachteile auf. Die hydraulische Energie, die über den Bypass geht, wird komplett in Wärmeenergie umgewandelt und geht verloren. Dies kann unter Umständen zur Folge haben, dass zusätzliche Energie zur Kühlung benötigt wird. In den meisten Fällen ist diese Variante bei Kreiselpumpen energetisch ungünstiger als die Drosselung. Der entscheidende Vorteil jedoch ist, dass die Pumpe und der Motor in ihrem optimalen Betriebspunkt arbeiten (Dena 2007a).

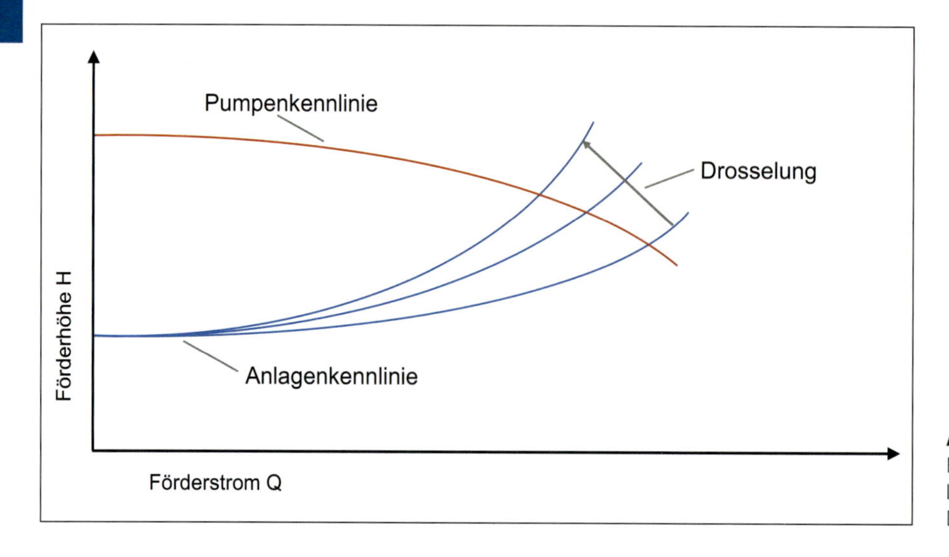

Abb. 27 Verschiebung des Betriebspunktes bei der Drosselung eines Regelventils (Quelle: Dena 2007a)

1.2.5.4 Drehzahlsteuerung

Für die Realisierung einer Drehzahlsteuerung muss jedem Werkzeug, Verbraucher bzw. Bearbeitungsprozess eine feste Drehzahl zugeordnet werden. Diese feste Drehzahl wird beim Betrieb des jeweiligen Verbrauchers vom Frequenzumrichter angefahren. Zur Bestimmung der festen Drehzahlen gibt es mehrere Möglichkeiten. Entweder sind die Kennlinien aller Verbraucher und der Pumpe vorher bekannt (Helpertz 2010); dies bedeutet z. B., dass für jeden Bearbeitungsprozess von Werkzeugherstellern Angaben zum Volumenstrom bestimmt und vorgegeben werden (Denkena 2011). Oder die jeweiligen Volumenströme müssen durch Einlernen der Punkte an der Werkzeugmaschine einmalig bestimmt werden. Die Vorteile einer Drehzahlsteuerung sind zum einen relativ schnelle Reaktionszeiten und zum anderen ist kein zusätzlicher Sensor wie bei der Druckregelung notwendig. Nachteile einer Drehzahlsteuerung sind in einem erforderlichen Programmieraufwand und der damit verbundenen Kommunikation zwischen Werkzeugmaschine und Frequenzumrichter sowie in einer fehlenden automatischen Berücksichtigung von Pumpenverschleiß begründet. Zusätzlich muss bei jeder Änderung der Verbraucher wieder eine Anpassung der Programmierung durchgeführt werden (Helpertz 2010).

1.2.5.5 Drehzahlregelung

Bei der Verdrängerpumpe resultiert aus der Motordrehzahl und dem Verdrängervolumen der Förderstrom. Dieser ist anders als bei der Kreiselpumpe proportional zur Drehzahl. Bei der Kreiselpumpe lässt sich über die Drehzahl sowohl Druck als auch Volumenstrom regeln. Durch eine Drehzahländerung verschiebt sich, wie in Abbildung 25 rechts erkennbar, die Pumpenkennlinie und damit auch der Betriebspunkt in Abhängigkeit von der Anlagenkennlinie. Diese Regelung ist im Verhalten der Variation des Laufraddurchmessers einer Kreiselpumpe sehr ähnlich. Durch die parallele Verschiebung der Kennlinie im Q-H-Diagramm erreicht die Pumpe auch bei Teillastbetrieb einen hohen Wirkungsgrad. Im Gegensatz zu der Anpassung des Laufraddurchmessers verringert diese Regelungsart die Gefahr von Kavitation, schwingungsanregender Kräfte und hydraulischer Belastung der Pumpenlager. Die Einsparmöglichkeiten sind je nach Betriebsart unterschiedlich groß. Besonders bei Pumpen, die häufig im Teillastbetrieb oder mit starken Unterschieden im Lastprofil betrieben werden, ist ein Drehzahl variabler Antrieb von großem Vorteil. Dabei gilt: je steiler die Pumpen- und Systemkennlinie verlaufen, desto größer ist das Einsparpotenzial (Dena 2007a). Nachteilig zu bewerten sind die Notwendigkeit einer geeigneten Sensorik, die langsamere Reaktionszeit von bis zu zwei Sekunden und das Auftreten möglicher Instabilitäten durch Resonanzeffekte oder Überschwinger (Helpertz 2010).

Für die Umsetzung einer Drehzahlregelung kann entweder ein Drucksensor in der Nähe des Verbrauchers eingesetzt oder die über das Druckbegrenzungsventil entweichende Fluidmenge überwacht werden (Helpertz 2010). Zusätzlich werden in (Garber 2011) Untersuchungen zur Regelung einer Kühlschmierstoffpumpe mittels Volumenstromsensor beschrieben. Die Realisierung einer Drehzahlregelung kann mithilfe von Spannungs- oder Frequenzumrichtern (FU) oder auch stufenweise durch Polumschaltung erfolgen. Für die Realisierung einer Drehzahlregelung mittels Drucksensor visualisiert Abbildung 29 eine schematische Darstellung. Der Drucksensor erfasst den aktuell anliegenden Ist-Druck. Einem PI-Regler werden der Ist-Druck und der aus der Steuerung vorgegebene Soll-Druck zugeführt. Deren Regeldifferenz gibt der Regler als Drehzahl-Sollwert an einen Frequenzumrichter (FU) weiter. Daraus ergibt sich die Regeldifferenz, die als Drehzahl-Sollwert an einen Frequenzumrichter (FU) weitergegeben wird. Dem Drehzahl variablen Pumpenmotor wird durch den FU direkt eine Soll-Frequenz vorgegeben, aus der die Motordrehzahl folgt (Kuhrke 2010).

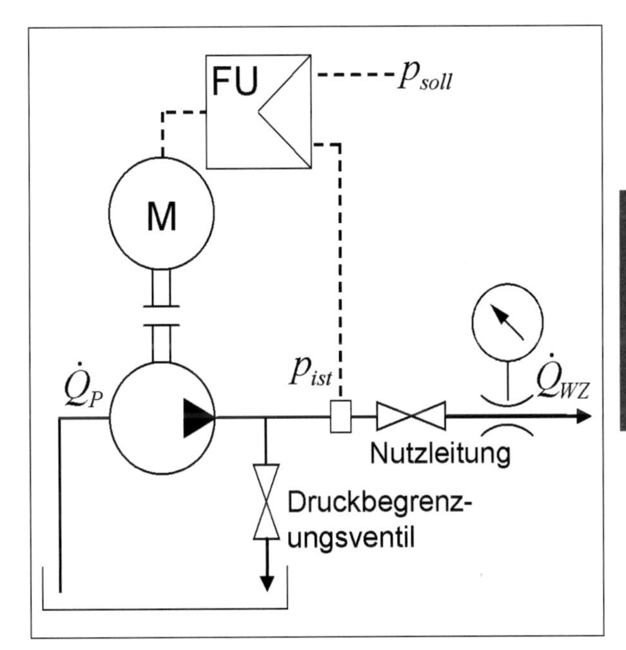

Abb. 29 Schematische Darstellung der Druckregelung (Bäumler 2011)

1.2.5.6 Zusammenfassende Bewertung

Im Allgemeinen lässt sich eine bestimmte Regelungsart nicht als die rentabelste bewerten. Das Einsparpotenzial hängt im Wesentlichen von den einzelnen spezifischen

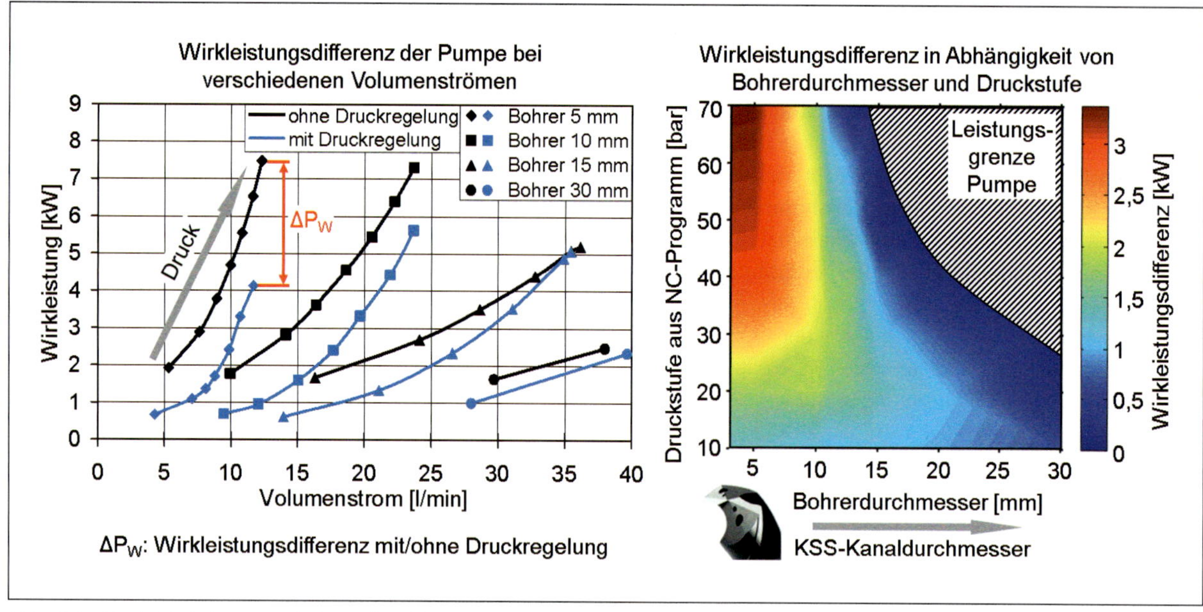

Abb. 30 Vergleich: Leistungsaufnahme einer Kühlschmierstoffhochdruckpumpe mit Bypass- und Druckregelung (Quelle: Bäumler 2011)

Anwendungsfällen ab. Das bedeutet im Umkehrschluss, dass die Lebenszykluskosten der jeweiligen Pumpensysteme von der Betriebsart abhängig sind und demnach die jeweilige Regelung ausgewählt werden muss. Aufgrund der gesunkenen Preise der Leistungselektronik und der gestiegenen Qualität ist die Druckregelung über einen Frequenzumrichter in vielen Anwendungsfällen ausgesprochen rentabel (Dena 2007a).

Abbildung 30 zeigt die Energieeinsparmöglichkeiten an einer Schraubenspindelpumpe mit 7,5 kW Anschlussleistung, die als Hochdruckpumpe für die Innenkühlmittelzufuhr bei der Kühlschmierstoffbereitstellung verwendet wird. Die Hochdruckpumpe muss sowohl über kleine als auch große Werkzeuge ausreichend Kühlschmierstoff bei einem bestimmten geforderten Druck der Bearbeitungsstelle zur Verfügung stellen. Für Bohrer mit eher kleinen Kühlkanälen werden dabei hohe Drücke benötigt. Für Fräser mit eher großen Kühlkanälen wird ein größerer Volumenstrom bei vergleichsweise kleinem Druck benötigt. Somit wird die Hochdruckpumpe über ihren gesamten Betriebsbereich von 0–70 bar und 0–45 l/min eingesetzt. Um diesen Anforderungen gerecht zu werden, vergleicht Abbildung 30 im linken Teil die Leistungsaufnahme einer Bypassregelung mit einer Druckregelung mit Frequenzumrichter für verschiedene Werkzeuge mit unterschiedlich großen Kühlkanälen bei verschiedenen Druckstufen. Im rechten Teil werden die möglichen Leistungseinsparungen in Abhängigkeit vom Druck und Volumenstrom bzw. Durchmesser des Bohrers visualisiert. In Abhängigkeit des gewählten Betriebspunktes der Hochdruckpumpe liegen die möglichen Leistungseinsparungen durch den Einsatz einer Druckregelung im Vergleich zu einer Bypassregelung zwischen 0 und 3,5 kW. Insbesondere bei kleinen Durchmessern der Kühlkanäle wird ein großer Teil des bereitgestellten Kühlschmierstoffs ungenutzt über den Bypass zurück in den Tank gefördert. Durch den Einsatz einer druckgeregelten Pumpe mit Frequenzumrichter besteht hier in weiten Bereichen ein hohes Energieeinsparpotenzial. Der Volumenstrom, den die Pumpe bereitstellt, ist bei dieser Art der Regelung abhängig von der Pumpendrehzahl, die über einen Frequenzumrichter variiert wird. Dadurch wird nur der Volumenstrom bereitgestellt, der aufgrund der gewählten Druckstufe und des eingesetzten Werkzeugs erforderlich ist. Das Bypassventil besitzt für die Ausführung mit Druckregelung nur noch die Funktion eines Sicherheitsventils mit konstantem Einstelldruck. Für große Werkzeuge begrenzt einzig die Gerätekennlinie der Pumpe die Leistungsaufnahme und den damit verbundenen bereitgestellten Volumenstrom (Bäumler 2011, Brecher 2011a).

Die mechanischen und die hydraulischen Wirkungsgrade sind heutzutage schon sehr hoch, sodass eine weitere Steigerung schwierig und mit hohem Aufwand verbunden ist. Die Energieeffizienz von Pumpen hängt stark vom Wirkungsgrad ab. Jedoch kann auch eine falsche Pumpenauslegung die Effizienz einer Pumpe herunter setzen. Dabei sind der Einsatzbereich und die Betriebsanforderung maßgebend. Laut Umweltbundesamt ermöglicht eine Regelung der Motordrehzahl allerdings ein höheres Einsparpotenzial als eine Steigerung des Motorwirkungsgrades (Ittershagen 2009).

Zu einem ähnlichen Ergebnis kommen amerikanische und europäische Energiestudien. Sie haben ergeben, dass sich lediglich im Durchschnitt 3 % im Bereich der Hydraulik von Pumpen und bei Motoren durch Optimierung einsparen lassen. Werden jedoch Pumpen und Motoren mit Frequenzumrichter ausgestattet und existiert eine gute Zusammenarbeit bei der Auslegung zwischen Anwender und Lieferant, können höhere Einsparpotenziale erreicht werden (Wenderott 2010).

1.2.6 Pumpen für den Einsatz zur Kühlschmierstoffbereitstellung

Da Pumpen für die Bereitstellung von Kühlschmierstoff einen erheblichen Anteil am Energieverbrauch einer Werkzeugmaschine haben können (Abb. 21), werden mögliche Pumpenarten für diesen Einsatz nachfolgend exemplarisch genauer betrachtet. Zur Bereitstellung von Kühlschmierstoff eignen sich je nach Anforderungsart verschiedene Pumpen. Dabei sind die Herausforderungen an die Pumpen sehr groß, da sie in vielen verschiedenen Betriebspunkten arbeiten müssen. Für eine Innenkühlschmierstoffzufuhr (IKZ) bei Tieflochbohrungen muss unter hohem Druck Kühlschmierstoff gefördert werden. Andererseits wird bei einer Außenkühlung nur ein niedriger bis mittlerer Druck benötigt (Huntz 2008).
Je nach Anforderung an die Förderaufgabe eignen sich am besten Schraubenspindel-, Innenzahnrad- oder Kreiselpumpen. Die Kreiselpumpe wurde bereits in den vorhergehenden Kapiteln behandelt. An dieser Stelle soll nun näher auf die Schraubenspindel- und Innenzahnradpumpe eingegangen werden.
Schraubenspindelpumpen gehören zu der Gruppe der Rotationsverdrängerpumpen. Im Laufe der Jahre wurden verschiedenste Ausführungen entwickelt, die ein- oder zweiflutig sein können und zwei oder mehr ineinandergreifende Schraubenspindeln besitzen (Schmidt 1999). Für den Einsatz zur Kühlschmierstoffbereitstellung ist die Ausführung mit drei Schraubenspindeln weit verbreitet (Abb. 31). Durch die Profilgeometrie der sich drehenden

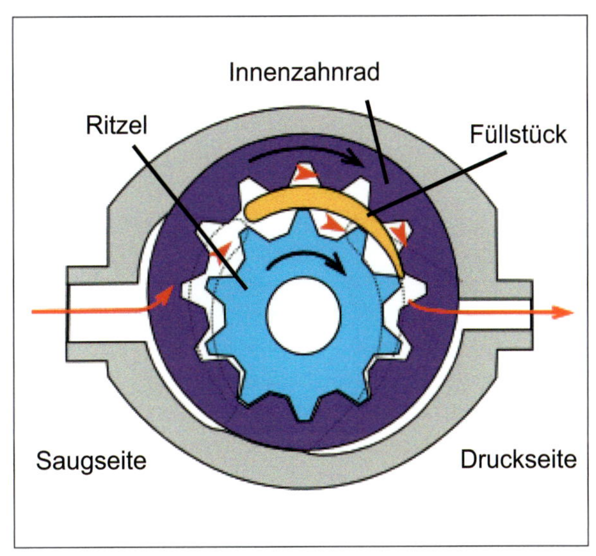

Abb. 32 Darstellung einer Innenzahnradpumpe (Grafik: GFDL)

Spindeln, der dicht kämmenden Spindelgänge und dem Pumpengehäuse werden abgedichtete Arbeitsräume gebildet. Das Fördermedium wird in axialer Richtung zur Druckseite gefördert. Der Verdrängungsraum bleibt dabei konstant (Will 2008). Beginnend auf der Saugseite über die einzelnen Kammern bis hin zur Druckseite stellt sich der Druck gestuft annähernd linear ein. Dabei hängt der volumetrische Wirkungsgrad der Pumpe in wesentlichen Teilen von der Anzahl der Kammern sowie der Größe und Form der Spalte zwischen den Kammern ab (Helpertz 2010).
Der Vorteil dieser Pumpenart besteht in seiner Laufruhe und der kleinen Baugröße auch bei großen Förderströmen. Es treten keine radialen Belastungen auf, da die von den Spindeln umschlossenen Kammern einen radialen Druckausgleich bewirken. Die axiale Belastung wird an der Druck- und Saugseite aufgehoben. Dadurch besitzt die Pumpe eine sehr hohe Lebensdauer. Des Weiteren fördert die Pumpe nahezu pulsationsfrei. Bauartbedingt entstehen

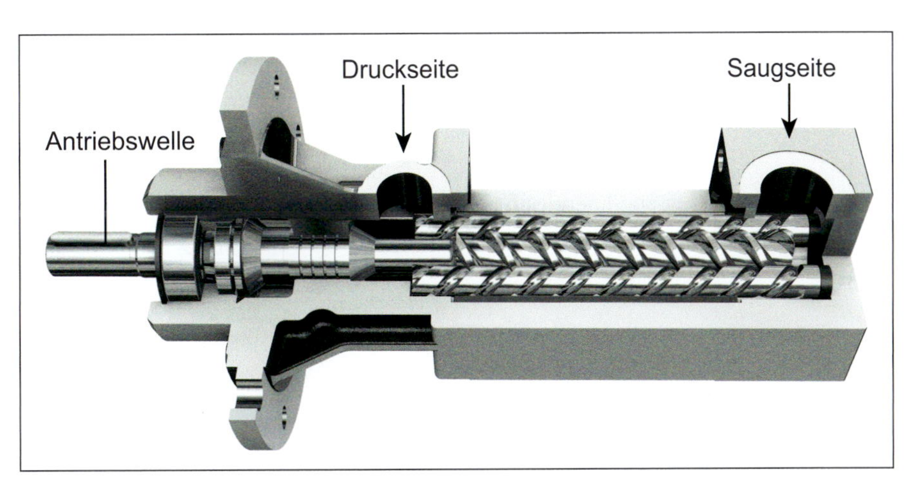

Abb. 31 Aufbau einer Schraubenspindelpumpe (Quelle: KNOLL Maschinenbau GmbH)

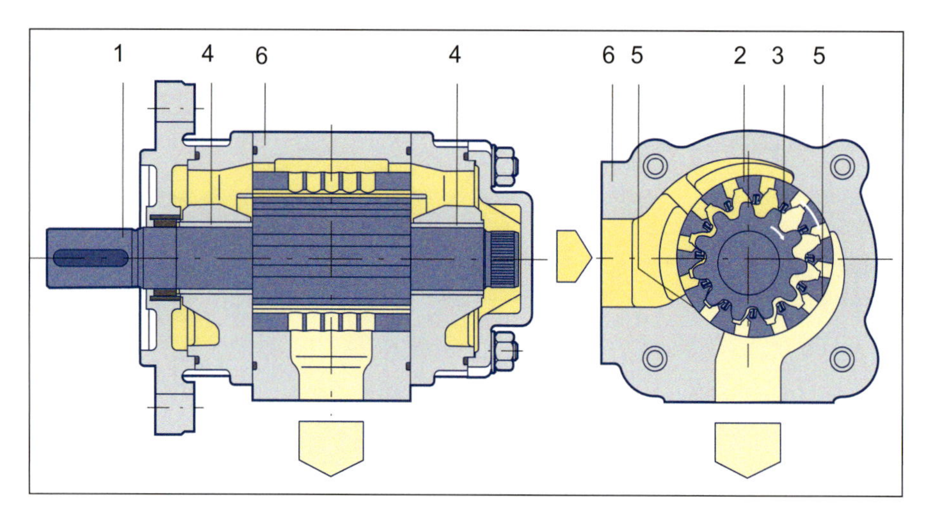

Abb. 33 Innenzahnradpumpe ohne Füllstück
1 Ritzelwelle
2 Hohlrad
3 Dichtlippen (Kompensation)
4 Gleitlager
5 Hydrostatisch entlastetes Lager
6 Gehäuse

(Quelle: Voith GmbH)

hohe Reibungskräfte, wodurch der Nachteil des schlechten Gesamtwirkungsgrads entsteht. Der Arbeitsdruck ist auf ca. 200 bar begrenzt (Will 2008).

Innenzahnradpumpen gehören zu den Verdrängerpumpen und basieren auf dem Verdrängerprinzip Zahn (Abb. 32). Die Arbeitsräume werden bei dieser Pumpe durch die Zähne des Ritzels gebildet. Das Ritzel ist angetrieben und treibt das Innenzahnrad mit an. Dabei wird das Hydrauliköl zwischen den beiden Zahnrädern und dem Füllstück gefördert. Gegenüber der außenverzahnten Pumpe weist die innenverzahnte Pumpe einige systembedingte Vorteile auf. Durch den längeren Zahneingriff bei dieser Bauart resultiert eine bessere Dichtwirkung und damit ein größerer Saug- und Druckwinkel. Zudem weisen sie aufgrund ihrer zentrischen Anordnung des Ritzels und der Antriebswelle bei gleichem Verdrängervolumen ein kleineres Bauvolumen auf als außenverzahnte Pumpen. Die Pumpe zeichnet sich zudem durch eine sehr niedrige Förderstrom- und Druckpulsation und eine sehr geringe Geräuschentwicklung aus. Innenverzahnte Pumpen ohne Füllstücke besitzen eine besonders kompakte Bauweise (Abb. 33). Die Trennung von Saug- und Druckseite erfolgt durch eine Abdichtung am Zahnkopf (Murrenhoff 2007).

V

1.2.7 Zusammenfassung

In der Industrie und in der Forschung sind vielfältige Ansätze zur Steigerung der Energieeffizienz von Pumpen und Pumpensystemen bekannt. Eine generelle optimale Umsetzung eines Pumpensystems ist nicht vorhanden, da auf der einen Seite eine Vielzahl von Lösungsmöglichkeiten angeboten werden und auf der anderen Seite vielfältigste Einsatzgebiete für Pumpensysteme vorhanden sind. Für einen möglichst geringen Energieverbrauch ist daher eine optimale Abstimmung des Pumpensystems auf den jeweiligen Anwendungsfall unerlässlich. Sofern die Pumpe inklusive ihrem Antriebssystem schon über einen guten Wirkungsgrad verfügt, ist prinzipiell anzunehmen, dass das größte Potenzial zur weiteren Verbesserung der Energieeffizienz in der Auswahl der für den vorliegenden Einsatzfall am besten geeigneten Regelungsart liegt.

Literatur

ABB Automation Group: Technische Anleitung Nr. 1 - DTC Direkte Drehmomentregelung. In: Publikation der ABB Automation Group, 2000

Abele E., Rothenbücher S., Schiffler A.: Ausgangsfilter für Synchron-Hauptspindelantriebe - Theoretische Grundlagen für ein neuartiges Regelungskonzept. In: wt Werkstattstechnik online Jahrgang 99, 2009

Abele, E., Rothenbücher, S.: Alles synchron. In: Antriebstechnik, Heft 1/2, S. 26 - 29, 2011

Barth, H.: Bremsenergie managen. In: Vortrag zum Seminar für Vorschubantriebe am WZL der RWTH Aachen, Dezember 2011

Bäumler, S., Bode, H., Brecher, C., Breitbach, T., Hansch, S., Hennes, N., Prust, D., Tannert, M., Thoma, C., Wagner, P., Witt, S., Würz, T.: Resource Efficiency in Machine Tool Manufacture. In: Brecher, C., Klocke, F., Schmitt, R., Schuh, G. (Hrsg.); Wettbewerbsfaktor Produktionstechnik: Aachener Perspektiven. Proceedings of Aachener Werkzeugmaschinenkolloquium (AWK), 2011

Brecher, C., Bäumler, S., Triebs, J.: Energieverbrauch von Kühlschmierstoffanlagen senken. MM Maschinenmarkt, Heft Nr. 22, S. 28 - 30, 2011a

Brecher, C., Heyers, C.: Steigerung der Dynamik durch den Einsatz redundanter Achsen. In wt-online, Heft 1/2, S. 31 - 38, 2011b

Brecher, C., Heyers, C.: Energieeffizienter Betrieb von Asynchron Hauptspindelantrieben durch Feldstromregelung bei Niedriglast. In: SPS/IPC/DRIVES, ISBN 9783800733125, 2010

Brosch, Peter F.: Energiesparmotor - Der Reluktanzmotor erlebt als IE4-Antrieb seine Renaissance, In: Elektrotechnik Vogel

Business Media GmbH & Co. KG, Online abgerufen zuletzt 13.01.12, 2012

Brosch, Peter F.: Moderne Stromrichterantriebe. In: Vogel Verlag Würzburg, 5. Auflage, 2008

Dena, Deutsche Energie-Agentur GmbH: Auswahl und Regelung von Pumpen und Pumpensystemen. Berlin, Firmenschrift, 2007a

Dena, Deutsche Energie-Agentur GmbH: Systemkomponenten und Energiebedarf von Pumpen und Pumpensystemen. Berlin, Firmenschrift, 2007b

Dena, Deutsche Energie-Agentur GmbH: Motoren für Pumpenantriebe. Berlin, Firmenschrift, 2007c

Dena, Deutsche Energie-Agentur GmbH: Lebenszykluskosten von Pumpen und Pumpensystemen. Berlin, Firmenschrift, 2007d

Denkena, B., Möhring, H.-C, Hackelöer, F., Hülsemeyer, L., Dahlmann, D., Augenstein, E., Nelles, J., Grigoleit, A.: Effiziente Fluidtechnik für Werkzeugmaschinen. wt Werkstattstechnik online, Jahrgang 101, Heft Nr. 5, 2011, S. 347 - 352

Dubbel: Dubbel - Taschenbuch für den Maschinenbau. Springer Verlag, 23. Auflage, Herausgeber: Grote, K.-H., Feldhusen, J., 2011

FANUC; CNC Series 30i /31i /32i MODEL A. Datenblatt Fanuc CNC Europe S.A., 2010

Garber, T., Gronbach H.: Analyse und Bewertung der Energieeffizienz von Werkzeugmaschinen. In: Neugebauer (Hrsg.): Tagungsband Kongress Nachhaltige Produktion, 2011, S. 243 - 262

Gerhardt, R.: Frequenzumrichter für Hochgeschwindigkeits - Bearbeitungsspindeln. In: Vortrag zum Seminar für Vorschubantriebe am WZL der RWTH Aachen, November 2009

Gülich, J. F.: Kreiselpumpen: Handbuch für Entwicklung, Anlagenplanung und Betrieb (Hrsg.): Springer. 3 Auflage, Berlin Heidelberg, 2010

Helpertz, M., Wenderott, D., Wagner, P.: Energieeffizienter Betrieb von Schraubenspindelpumpen an Werkzeugmaschinen. In: Schraubenmaschinen 2010. 8. VDIFachtagung, TU Dortmund, 5. und 6. Oktober 2010, VDI-Berichte 2101, 2010, S. 137149

Huntz, H.: Drehzahlregelung für Pumpen fördert Kühlmittel auf energiesparendem Weg. MM MaschinenMarkt, August 2008

Hyfoma: Charakteristik einer Kreiselpumpe. URL: http://www.hyfoma.com/de/content/technologie-produktion/lagerung-transport/pumpe/kreiselprinzip /, Stand 05.01.2012

Ittershargen, M.: Energieeffizienz bei Elektromotoren. Pressemitteilung vom Umwelt Bundesamt für Mensch und Umwelt, Juli 2009

Kaever, M.: 9. Vortrag Energieeffiziente Antriebslösungen steigern die Produktivität. In: Karlsruher Arbeitsgespräche Produktionsforschung 2008

Kuhrke, B., Rothenbücher, S.: Energiebündel auf dem Prüfstand. Werkstatt und Betrieb, Heft 9, 2010, S. 130 - 137

Lendenmann, H.: Motoren mit Zukunft - Frequenzumrichtergespeiste Synchronmotoren sorgen für höhere Effizienz und Kompaktheit in industriellen Anwendungen. In: ABB Review, ISSN: 1013 - 3119, 2011

Murrenhoff, H.: Grundlagen der Fluidtechnik, Teil 1: Hydraulik (Hrsg.): Institut für fluidtechnische Antriebe und Steuerungen. Reihe: Fluidtechnik, 5. Auflage Aachen, 2007

Schäfer, R.: Ganzheitliche Analyse ermöglicht Auswahl des wirtschaftlichsten Antriebs. In: MM Maschinenmarkt, Ausgabe 3, S. 42, 43, 2008

Schmidt, S.: Verschleiß von Schraubenspindelpumpen beim Betrieb mit abrasiven Fluiden. Universität Erlangen-Nürnberg, 1999

Schröder, D.: Elektrische Antriebe, Grundlagen. 4. Auflage, Berlin, Heidelberg: Springer Verlag, 2009

Schroeder, D.: Elektrische Antriebe- Regelung von Antriebssystemen.3. Auflage, Springer Verlag, 2009

Siemens AG: APC-Advanced Position Control Option, Simodrive User Manual, Siemens AG, 2006

Siemens AG: Sinamics DCM Cabinet. In: Hauspublikation Siemens AG, 2011a

Siemens AG: SINUMERIK 840D sl 6ZB5411 - 0BR01 - 0BA4. Broschüre Siemens AG, 2011b

VDMA: Pumpen Lebenszykluskosten. Frankfurt: VDMA Verlag, 2003

Wagner, W.: Kreiselpumpen und Kreiselpumpenanlagen. 3. Auflage, Vogel Business Media, 2009

Watter, H.: Hydraulik und Pneumatik. Grundlagen und Übungen - Anwendungen und Simulation. 2. Auflage, Wiesbaden: Vieweg+Teubner, 2008

Weck, M., Brecher C.: Werkzeugmaschinen Konstruktion und Berechnung. 6. Auflage, Springer Verlag. Berlin, 2006

Wenderott, D.: Ganzheitliche Pumpenauswahl senkt den Energiebedarf um 40 %. MM MaschinenMarkt, April 2010

Will, D., Gebhardt, N.: Hydraulik - Grundlagen, Komponenten, Schaltungen. Springer Verlag, 4. Auflage, Berlin Heidelberg, 2008

2 Werkzeugmaschinen

Steffen Ihlenfeldt, Markus Wabner,
Uwe Frieß, Hendrik Rentzsch

V

2.1 Einleitung

Die Europäische Union hat sich das ehrgeizige Ziel gesetzt, eine deutliche Steigerung der Effizienz der eingesetzten Ressourcen in allen Bereichen, wie Wohnen, Transport, Energieerzeugung und Industrie, in den nächsten Jahren zu erreichen. Aufseiten der Politik sind konkrete Umsetzungen auf den Weg gebracht (BMBF 2006). So wurde z. B. im Jahr 2008 die Werkzeugmaschine in das Arbeitsprogramm der EuP-Richtlinie (Energy using Products) aufgenommen. Dies hat auch seitens der Verbände zu einer Reihe von konkreten Maßnahmen geführt. Einige Eckpunkte sind nachfolgend dargestellt.

- 2008: Werkzeugmaschinen stehen im Arbeitsprogramm der EuP-Richtlinie
- 2009: VDW Initiative Blue Competence gestartet (auf EMO Mailand)
- 2010: Erstes Treffen der ISO-Arbeitsgrupppe für die ISO 14955
- 2012: ISO-Norm zum Ökodesign von Werkzeugmaschinen (ISO 14955) erscheint als DIS.

Seit 2009 sind die großen Werkzeugmaschinen-Verbände (insbesondere CECIMO und VDW) in Diskussion mit Vertretern der Europäischen Kommission, um gesetzliche Durchführungsmaßnahmen mithilfe von Selbstregulierungsmaßnahmen zu verhindern. Aktuell werden generische Maßnahmen mit Energieeinsparungen von durchschnittlich 5 % für die Werkzeugmaschinen kommuniziert. Durch verbesserte Produktionstechnik können Produkte mit verbesserten Eigenschaften (z. B. reibungsoptimierte Oberflächen) hergestellt werden, die dadurch innerhalb ihres Lebenszyklus einen geringeren Energieverbrauch aufweisen. Nicht Bestandteil dieser Betrachtung sind die Hebelwirkungen auf die gesamte Produktion, die durch effizientere Technologien in Verbindung mit neuer Maschinentechnik entstehen.

Zusammenfassend ist festzustellen, dass Werkzeugmaschinen als ein Kernelement der industriellen Produktion in Zukunft vielseitige Anforderungen hinsichtlich Ressourcen- und Energieeinsatz erfüllen müssen, z.B. politische, ökonomische, gesellschaftliche und ökologische Forderungen.

Bei der technischen Umsetzung gibt es verschiedene Aktivitäten zur Steigerung der Energieeffizienz von Werkzeugmaschinen. Dazu gehören direkte Effizienzsteigerungen auf der Prozess- und Komponentenebene sowie Effizienz-

1 Effiziente Bearbeitungsprozesse
- Prozessenergie
- Prozessketten, Abfälle

2 Effiziente Komponenten
- Energiewandler
- Energieübertragung
- Zuverlässigkeit

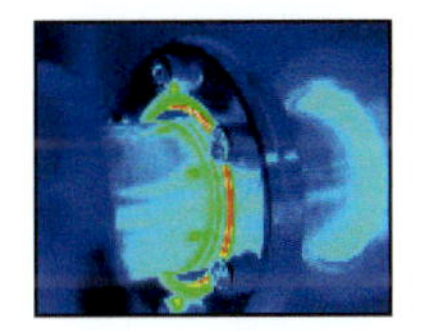

3 Effizientes Systemdesign
- Interaktion Komponenten
- Interaktion Maschine-Prozess
- Wandlungsfähigkeit

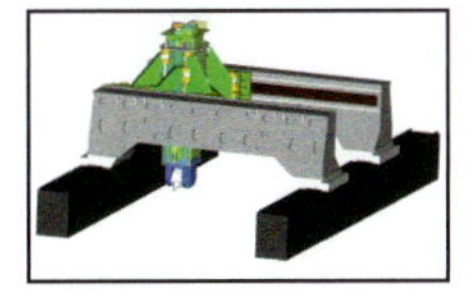

4 Effektives Energiemanagement
- Sekundärnutzung Energie
- Bedarfsgerechtigkeit
- Prozessstabilität, Produktivität

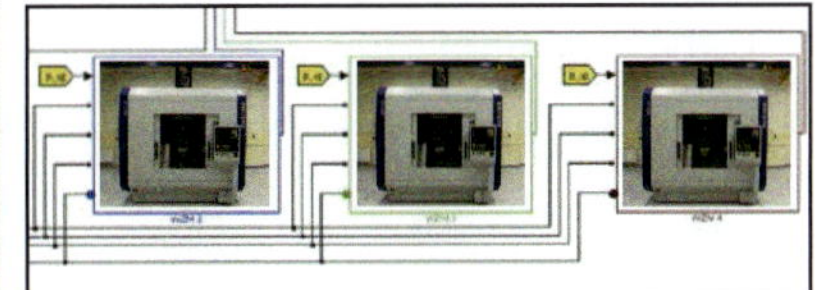

Abb. 1 Effizienzorientierte Eingriffsebenen auf der Produktionssystemebene

steigerungen durch optimiertes Zusammenwirken und Management der Komponenten auf der jeweils höheren Systemebene. Diese Eingriffsebenen werden in Abb.1 veranschaulicht.
In der Analyse der derzeit laufenden Aktivitäten ist festzuhalten, dass die meisten Maßnahmen auf der Komponentenebene umgesetzt werden. Dabei sind sowohl Austausch- als auch Vermeidungsstrategien zu erkennen. Diese Maßnahmen haben zu einem ersten erkennbaren Rückgang des Energieverbrauchs von Werkzeugmaschinen geführt. Ein viel größeres Potenzial bietet die Optimierung der komplexen energetischen Interaktionen zwischen Komponenten und Teilsystemen einer Maschine. Neben der Optimierung bietet dieser Ansatz die Chance, sich von den klassischen Strukturen zu lösen und neue energieoptimierte Systeme zu entwickeln.
In diesem Buchkapitel wird sich daher auf die Systemebene konzentriert. Dazu werden im ersten Teil der Aspekt der Bewertung genauer untersucht und im zweiten Teil ausgewählte Lösungsansätze im Detail behandelt.

2.2 Allgemeine Aspekte der Energieeffizienz von Werkzeugmaschinen

Zur Ermittlung von Eingriffsmöglichkeiten und zur Bewertung der Energieeffizienz von Werkzeugmaschinen und Produktionssystemen bedarf es aussagekräftiger und ausgereifter Methoden. Besondere Relevanz kommt den energetischen und energetisch-wirtschaftlichen Bilanzierungs- und Bewertungsinstrumenten zu.
Es hat sich in der Vergangenheit gezeigt, dass die Entwicklung einer allgemeingültigen Bilanzierungsmethode für Werkzeugmaschinen und Produktionssysteme eine große Herausforderung ist, die bis heute nicht als zufriedenstellend gelöst angesehen werden kann. Das liegt insbesondere in den Besonderheiten der Produktionstechnik begründet, die gekennzeichnet ist durch einen hohen Individualisierungsgrad und damit durch eine hohe Varianz von:

- Werkstücken, Funktionselementen und zu bearbeitenden Werkstoffen
- Genauigkeitsanforderungen
- Bearbeitungsprozessen und einstellbaren Prozessparametern
- Maschinen- und Anlagentypen sowie -konfigurationen.

Gleichzeitig ist der Druck vonseiten der Politik und den Anwendern groß, sich insbesondere der vergleichenden Energiebilanzierung zu stellen. Trotzdem wird die Vielzahl der Einsatzszenarien in der Produktionstechnik nur bedingt sinnvoll vergleichend bilanziert werden können. Deshalb werden auf absehbare Zeit zum einen insbesondere Bilanzierungsmethoden für einzelne Hierarchieebenen in der Produktionstechnik vom Prozess über Komponenten und Maschinen bis hin zum Fertigungssystem und der Fabrik an Bedeutung gewinnen, wobei für jeweils untergeordnete Ebenen kompromissbehaftete Vereinfachungen getroffen werden müssen. Zum anderen werden Klassifizierungen bezüglich variabler Aspekte wie Einsatzszenario (Werkstück, Prozess, Genauigkeit, Losgröße etc.) oder Maschinentyp und -funktionsumfang nicht zu vermeiden sein.
Unter Berücksichtigung der beschriebenen Aspekte ist ein grundsätzlicher Bilanzierungsansatz für Werkzeugmaschinen und Produktionssysteme der Wirkungsgrad als Verhältnis von Nutzenergie zu zugeführter Energie. Die abgegebene Nutzenergie ist in dieser Betrachtungsebene die Prozessenergie, die zur Formgebung des Werkstücks notwendig ist, sowie Energie zur Prozessbeherrschung (z.B. Kühlschmierstoff). Alle anderen Energien, die beispielsweise zur Maschinenbeherrschung (Komponentenkühlung, Werkzeugspannung, Sperrluft etc.) oder zum Handling notwendig sind, können als Verlustenergien angenommen werden, da sie nicht direkt für den Formgebungsprozess notwendig sind und damit zumindest theoretisch entfallen könnten.
Die Energieeffizienz ist durch den unspezifischen Ausstoß (z. B. Volumen) dividiert durch den Energieverbrauch definiert. Sie ist im Gegensatz zum Wirkungsgrad, der das Verhältnis von Nutzenergie zur zugeführten Gesamtenergie angibt, keine dimensionslose Größe und kann verschiedene Einheiten aufweisen (z. B. m^3/kWh):

Energieeffizienz $$\varepsilon = \frac{Ausstoß}{Energie_{in}} \quad (1)$$

Neben der Energieeffizienz ist auch die Energieeffektivität ein wesentlicher Aspekt. Sie gibt an, ob Energie sinnvoll zum Einsatz gebracht wird.
Die nachfolgende Abbildung zeigt grundlegende Aspekte der Energieeffizienz eines Produktionssystems. Ein Produktionssystem umfasst verschiedene Einzelmaschinen und bildet eine Prozesskette zur Herstellung eines Werkstücks ab. Sowohl eine Einzelmaschine als auch ein gesamtes Produktionssystem weisen erstens einen Energieverbrauch und eine Energieeffizienz während ihrer Betriebsphase auf. Zweitens ist zur Realisierung und Entsorgung der Einzelmaschine bzw. des Produktionssystems ein Energieverbrauch notwendig, der auf den Ausstoß im Lebenszyklus umgerechnet werden kann und die Gesamtenergieeffizienz beeinflusst. Ein Produktionssystem ist dabei durch komplexe Wechselwirkungen zwischen den Teilsystemen

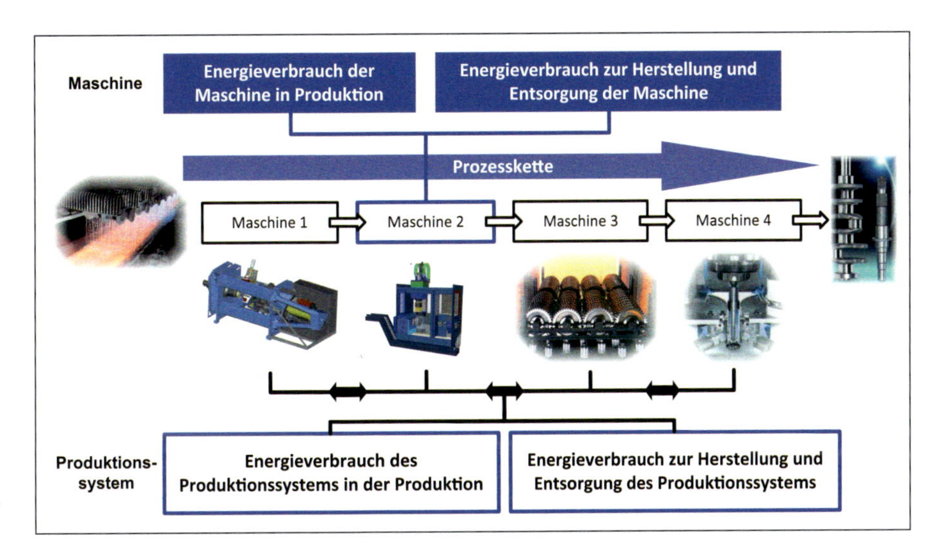

Abb. 2 Aspekte des Energieverbrauchs von Werkzeugmaschine und Produktionssystem

(Maschinen, Handlingsystemen) gekennzeichnet. Der Austausch einer Maschine, die die Produktivität des Produktionssystems limitiert, kann zu einer Erhöhung der Energieeffizienz des Gesamtsystems führen, auch wenn die neue Maschine mit erhöhter Produktivität mehr Energie pro Zeiteinheit verbraucht als die ersetzte Maschine. Im Folgenden wird bei der Vorstellung der Methodik von einer Einzelmaschine und ihren Subsystemen (Komponenten) ausgegangen. Die Methodik kann jedoch analog auf Produktionssysteme angewandt werden. Dabei sind die Einzelmaschinen eines Produktionssystems analog den Subsystemen einer Maschine zu behandeln.

2.3 Entwicklungsmethoden für energieeffiziente Werkzeugmaschinen

2.3.1 Virtuelle Produktentwicklung

Werkzeuge für die virtuell unterstützte Entwicklung effizienter Produkte müssen analog der allgemeinen Entwicklungsmethodik für mechatronische Systeme sowohl in den einzelnen Entwicklungsdomänen als auch für das Gesamtsystem Aussagen liefern. Genau genommen sind die Domänen Mechanik, Elektrotechnik und IuK um den Bearbeitungsprozess zu ergänzen, wenn die Entwicklungsmethodik auf die Produktionstechnik angewendet werden soll. Trotzdem kommt der Gesamtsystemsimulation eine besondere Bedeutung zu, da viele der derzeit untersuchten Maßnahmen zur Verringerung des Energieverbrauchs erst im Zusammenspiel der einzelnen Domänen Effekte ergeben, auch wenn Eingriffsmöglichkeiten häufig auf Domänenebene liegen.

Virtuelle Prototypen sind heute ein unverzichtbarer Bestandteil im Produktentwicklungsprozess. Es ergeben sich Vorteile wie verkürzte Entwicklungszeiten, die Verringerung oder Vermeidung realer Prototypen und damit eine wesentlich vereinfachte Produktoptimierung. In der Regel konkurrieren mehrere Auslegungskriterien miteinander, so dass die Produktentwicklung ein mehrkriterielles Optimierungsproblem darstellt. In der Produktionstechnik und speziell im mechatronischen Werkzeugmaschinenbau sind wichtige klassische Auslegungskriterien die Funktion, die Maschinenperformance, die statische, dynamische und thermische Steifigkeit als auch diverse Kostenarten von der Entwicklung über den Betrieb bis hin zum Recycling. Diese Kriterien müssen im Rahmen eines modernen Prozess- und Systemdesigns um entsprechende effizienzorientierte Optimierungskriterien erweitert werden. Die Einflussmöglichkeiten beginnen mit der Produktkonzeption, die sich direkt auf die erforderliche Produktionstechnik und den notwendigen Energie- und Ressourcenverbrauch auswirkt.

In der Produktentwicklung kann somit zukünftig prospektiv die Ressourcenplanung für das Produkt, das Produktionssystem und den Fertigungsprozess durchgeführt werden. Ein Werkzeug dafür ist das in Abbildung 4 dargestellte wissensbasierte Schichtenmodell. Dieses Modell basiert auf Produktionsprozessen für energieeffiziente Produkte und Produktionssysteme (Objekte). Die Entscheidungen erfolgen nach Funktionalität, Energieeffizienz oder Kosten. Im digitalen Zeitalter der Produktentwicklung können die Herstellprozesse, die Gestalt, die Oberfläche und weitere Gebrauchseigenschaften neuer Produkte prospektiv an Modellen untersucht und in der virtuellen Realität (VR) dargestellt werden. Neben der reinen 3D-Darstellung der

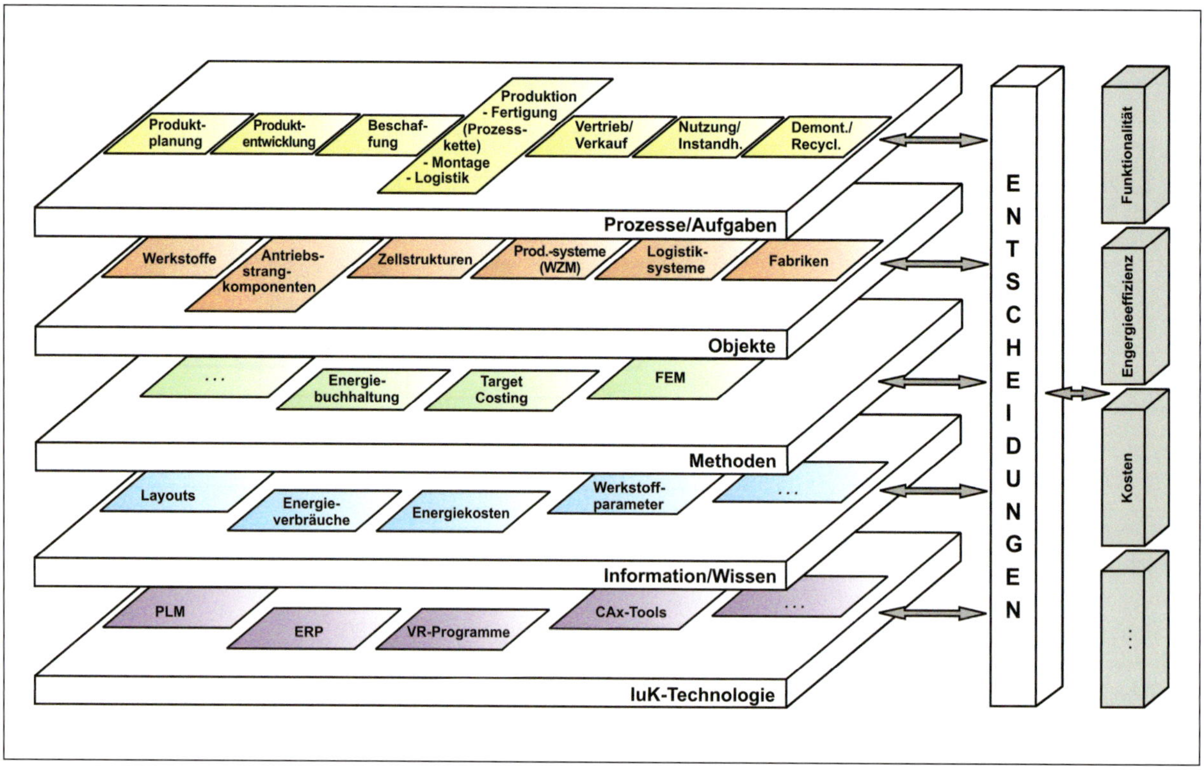

Abb. 3 Wissensbasiertes Schichtenmodell (Vajna 2007)

Produktgeometrie ist die Integration weiterer produkt- und prozessrelevanter Parameter in die VR-Visualisierung von Interesse. Damit wird auch die Möglichkeit geschaffen, innerhalb einer intuitiv zu erfassenden visuellen Umgebung optimale Entscheidungen für die Produktentwicklung hinsichtlich der Energie- und Ressourceneffizienz zu treffen. Die Vielfalt von Modellen für die Beschreibung der Geometrie, Festigkeit, Kinematik, Dynamik und Prozesse gilt es zu einer gekoppelten Simulation zusammenzufügen und die Systemeigenschaften in Verbindung mit der Energieeffizienz zu untersuchen. Die Anbindung von Simulationen an die VR-Visualisierung ermöglicht die direkte und schnelle Bewertung der Auswirkungen verschiedener Produkt- und Prozessparameter auf die Ressourcenbilanz. Folgende Bausteine werden dabei den zukünftigen Produktentwicklungsprozess unterstützen:

- Methoden zur Zuordnung abstrakter energierelevanter Größen (Simulationsdaten, Messdaten) zur Produktgeometrie; Zuordnung verschiedener Energieformen bis auf Baugruppenebene
- Visualisierungsmethoden für Energieströme in virtuellen Prototypen zur Überlagerung energierelevanter Informationen über die eigentliche Maschinengeometrie, z. B. 3D-Sankey-Diagramme
- Bidirektionale Schnittstellen zwischen der VR-Visualisierung und der adaptiven FE-Simulation zur interaktiven Bewertung virtueller Prototypen
- Arbeitsworkflow für Datenmanagement und Kostendaten
- Verbindung von Fertigungssystemen und -technologien mit der NC-Steuerung und virtuellen Realität
- VR-basierte Entwicklungsmethoden zur Planung von Prozessketten.

Für die Visualisierung der energierelevanten Informationen ist es erforderlich, die gewünschten Energiedaten zu generieren und dem System zur Verfügung zu stellen. Die Generierung erfolgt sowohl mit diskreten Messwerten als auch mit diskreten Simulationswerten. Für die Produktentwicklung sind Simulationsdaten zur Verhaltensbewertung des virtuellen Prototyps grundsätzlich besser geeignet als Messwerte. Für die interaktive Nutzbarkeit und die Bewertung von Fragestellungen der Energieeffizienz sind ein mathematisches Modell und geeignete Bewertungskriterien in die VR-Anwendung zu integrieren. Für die generierten Daten sind zwischen den VR-Entwicklungswerkzeugen Schnittstellen zu schaffen. In einem ersten Schritt wurden diskrete Messwerte als Eingabedaten verwendet, die als Textdateien vorliegen. Im Weiteren werden Simulationsmodelle angebunden und simulierte Energiewerte direkt ausgelesen. Durch das Simulationsmodell wird es möglich, eine interaktive Parameteränderung in der VR zu implementieren und die Ergebnisse der erneuten Simulation direkt zu visualisieren. Für die Visualisierung von Energiekenngrößen wur-

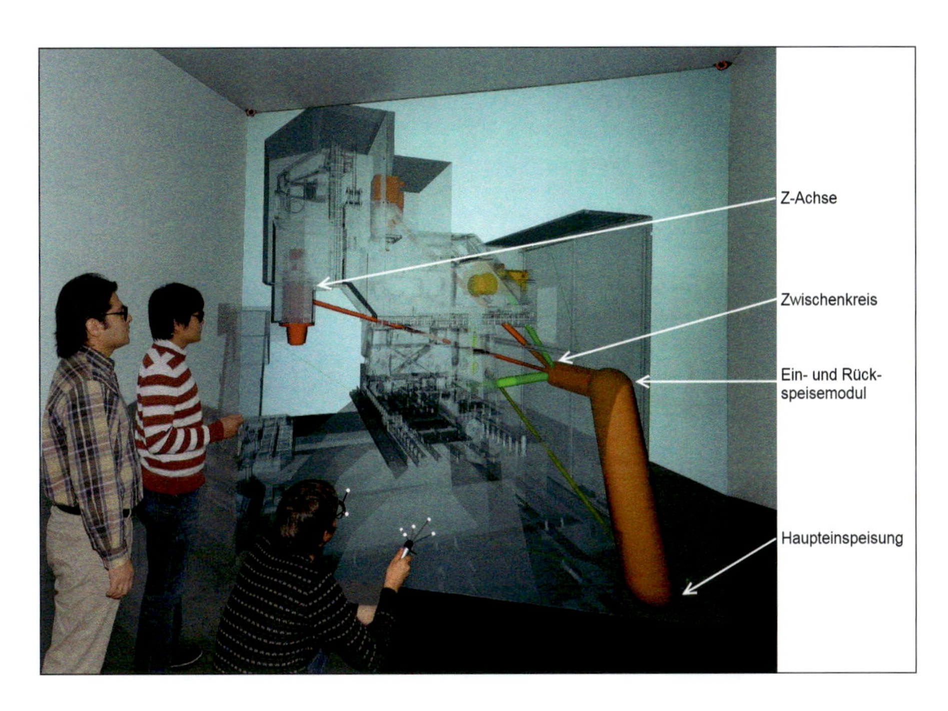

Abb. 4 3D-Sankey-Diagramm in einer VR-Umgebung

den verschiedene Darstellungen analysiert und bewertet. Hierbei stellten sich drei Varianten heraus: Einfärbung von Bauteilen, Balkendiagramme sowie Energieflussdiagramme (Sankey-Diagramme).

Eine Betrachtung der Vor- und Nachteile ergab, dass Sankey-Diagramme am besten für die Darstellung von Energiegrößen geeignet sind (Neugebauer et al. 2010). Die Anwendung von interaktiven Sankey-Diagrammen und der damit verbundenen Hinterlegung von sich verändernden Messwerten ist bereits durch die Anbindung von Microsoft Excel® in kommerziellen Programmen wie e!Sankey oder Sankey Helper verfügbar. Abbildung 4 zeigt ein beispielhaftes 3D-Sankey-Diagramm, gekoppelt an eine Werkzeugmaschine.

Ein weiteres Ziel der virtuellen Produktentwicklung ist es, das bereits breite Spektrum der VR-Technologien im Maschinenbau durch die VR-basierte Maschineninbetriebnahme zu erweitern. Um dieses Ziel zu erreichen, wurde eine Siemens SINUMERIK 840Di Werkzeugmaschinensteuerung mit einem VR-Modell einer 5-Achs-Fräsmaschine gekoppelt. Diese so genannte Hardware in the Loop (HiL)-Kopplung erlaubt einerseits die Verwendung des kompletten Funktionsumfangs der NC-Steuerung und ermöglicht andererseits den Einsatz eines VR-Maschinenmodells für vielfältige Tests noch vor der Fertigstellung der realen Maschine. Diese Art der Simulation bietet dem Anwender zum einen die Chance, seine Maschine auf Funktionalität zu prüfen, zum anderen eignet sich diese HiL-Kopplung auch sehr gut für die Schulung von Mitarbeitern. Damit erhalten die Mitarbeiter die Möglichkeit, weit vor der Inbetriebnahme die Bedienung und das Verhalten der Maschine kennenzulernen. Durch gut geschulte Mitarbeiter können die Fehlerrate und damit Fehlerfolgekosten sowie Ausfallzeiten an der realen Maschine reduziert werden. Außerdem ermöglicht es dem Maschinenhersteller, noch vor der Fertigstellung des ersten Prototyps Fehler zu bemerken und diese zu korrigieren.

Die größte Herausforderung stellt dabei die Kopplung der NC-Steuerung an das VR-Modell dar, weil NC-Steuerungen echtzeitsicher arbeiten und die Antwort des Simulationsprogramms in einem definierten Zeitintervall erfolgen muss. Da die Anforderungen dieser Kopplungsvariante von Modell und Steuerung sehr hoch sind, wird die NC-Steuerung meist nur im so genannten Simulationsmodus betrieben. Dadurch werden ihre ausgehenden Soll-Werte direkt wieder als Ist-Werte an den internen Lageregler zurückgegeben. Mit dieser HiL-Kopplung arbeitet die NC-Steuerung das NC-Programm wie gewohnt ab und das angebundene VR-Maschinenmodell verfährt exakt nach ihren Vorgaben. Dies ermöglicht eine frühzeitige Prüfung des NC-Programms und die Aufdeckung möglicher Kollisionen der Maschinenachsen. Der Nachteil dieser Variante ist, dass die internen Reglerstrukturen der Steuerung nicht getestet werden können. Alle sonstigen von der NC-Steuerung verursachten Fehler, wie z. B. das Anfahren eines Punktes außerhalb des Arbeitsraums der Maschine oder mögliche Kollisionen der Maschinenachsen, können erkannt und korrigiert werden. Folgen dieser Fehlerarten reichen von einem ‚Stop' auf der NC-Steuerung bis hin zu schwerwiegenden Kollisionen, die zu einer Zerstörung der Maschine führen können. Durch die Verwendung der realen Steuerung eignet sich die HiL-Kopplung außerdem hervorragend für die Optimierung der Verfahrwege und

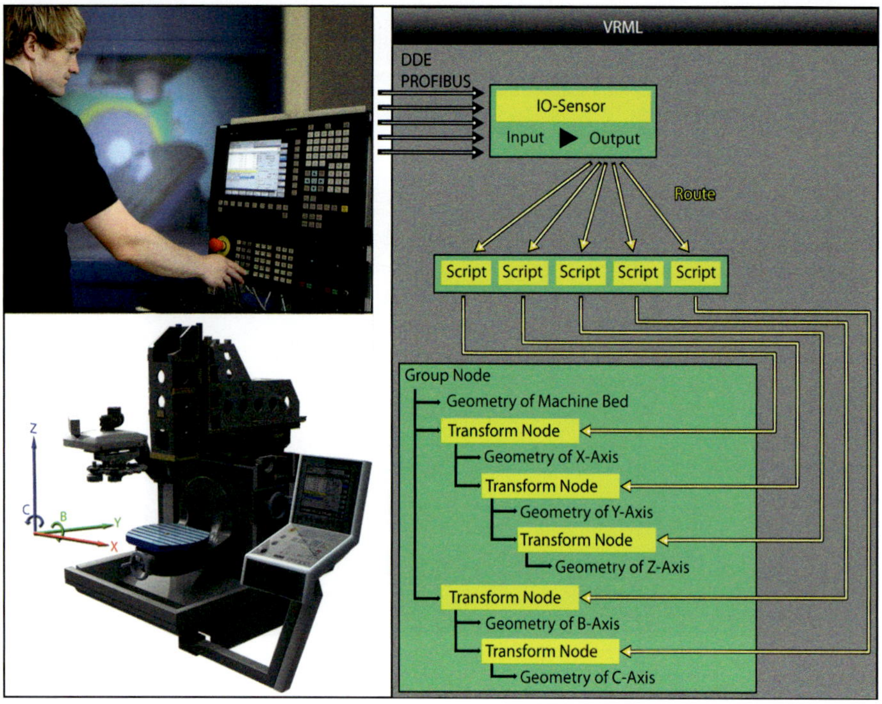

Abb. 5 Hardware in the Loop (HiL-)Kopplung (Neugebauer, Klimant, Wittstock 2010)

die Reduzierung möglicher Stillstandszeiten. Zeitgleich können virtuelle und real benötigte Werkzeugparameter auf der Steuerung miteinander abgeglichen werden.
Die VR-Visualisierung der Werkzeugmaschine erleichtert zusätzlich das Erkennen möglicher Bahnfehler. Die vom IWP der TU Chemnitz entwickelte Abtragssimulation lässt die Werkstückgeometrie zeitgleich mit dem Ablauf des NC-Programms virtuell entstehen. Mit diesem Hilfsmittel ist eine Überprüfung der entstandenen Geometrie noch vor der Fertigung des realen Werkstücks möglich. Weitere potenzielle Fehler, die unter Verwendung dieser Simulation frühzeitig entdeckt und behoben werden können, sind durch den Postprozessor entstandene Probleme, Kollisionen der Maschinenachsen und fehlerhafte Koordinaten, wie z. B. Zielpunkte, die die Maschine aus baulichen Gründen nicht anfahren kann. Zusätzlich ist eine zeitliche Optimierung der NC-Programme möglich. Eine zunehmend leistungsfähigere Rechentechnik wird es ermöglichen, eine steigende Anzahl an Prozessparametern der Maschine in die Simulation und vor allem in die Visualisierung einfließen zu lassen. Das beinhaltet die Berücksichtigung von Abdrängkräften, möglichem Werkzeugverschleiß bis hin zur Vorhersage von Werkzeugbruch. Außerdem kann die elastische Verformung des Werkstücks sowie des Werkzeugs in Abhängigkeit relevanter Werkstoffkenngrößen in Echtzeit simuliert werden (Neugebauer et al. 2010).

2.3.2 Ansätze zur Berücksichtigung der Energieeffizienz in der Konstruktionsmethodik

Diskussion etablierter Entwicklungsmethoden

Im deutschsprachigen Raum wurde seit 1950 versucht, den abstrakt-intuitiven Konstruktionsprozess mithilfe präskriptiver Konstruktionsmethodiken zu systematisieren (Rodenacker 1970; Pahl, Beitz 1977; Roth 1982; Pahl et al. 2007). Diese Ansätze mündeten in den VDI-Normen 2221 (VDI-Richtlinie 2221, 1993) und 2222 (VDI-Richtlinie 2222, 1997). Sie stellen einen grundlegenden Konsens hinsichtlich der präskriptiven Konstruktionsmethodik um 1990 dar. Die klassische Methodik sieht sich aufgrund ihrer geringen Anwendung in der industriellen Konstruktion zunehmend mit der Hinterfragung ihrer praktischen Relevanz konfrontiert (Ehrlenspiel 2009). Die starre Phasengliederung und die zentrale Hervorhebung der Abstraktion über Funktionen und Funktionsstrukturen hat sich nicht durchgesetzt (Fricke 1993). Es wird stringent vorgegangen und zwar von den Anforderungen mithilfe von Abstraktion über Funktionen und deren Wirkprinzipien zu Lösungen, ohne das initial bestehende konstruktive (Teil-)Lösungen betrachtet werden. Dies bietet den Vorteil, dass Lösungsvarianten generiert werden, welche zu völlig neuartigen technischen Systemen führen können. In der Praxis geht man jedoch von bestehenden Lösungsprinzipien bzw. deren technischer Umsetzung aus, auch wenn diese weiterentwickelt werden. Insbesondere bei komplexen technischen Produkten (WZM, Pkw, Flugzeug) ist das Generieren einer sinnvollen und konkurrenzfähigen Lösung ohne die Anlehnung an vorhandene konstruktive Lösungen kaum möglich. Darüber hinaus tragen klassische Ansätze der zunehmenden Bedeutung mechatronischer Komponenten und Systeme nur bedingt Rechnung. Zwar sind die Methodiken generell für alle Domänen geeignet, jedoch ist ihre Anwendung außerhalb klassischer mechanischer Ansätze nicht verbreitet. Dieser Tatsache wurde durch die Einführung der VDI-2206 Rechnung getragen (VDI-Richtlinie 2206, 2004), welche sich stärker an die Systemtechnik anlehnt und versucht, eine Brücke zwischen verschieden Domänen zu schlagen und einen generellen Vorgehensrahmen bereitstellt. Die VDI 2206 stellt damit einen sehr effektiven Rahmen zur Verfügung, welcher die projektorientierte Entwicklung komplexer mechatronischer Systeme beschreibt. Die Kritik des V-Modells bezieht sich zum einen darauf, dass die eigentliche Lösungsfindung wenig konkret beschrieben wird, zum anderen lässt sich nicht jedes System – wie im V-Modell dargestellt – in klar trennbare domänespezifische Teilsysteme untergliedern. Gelungene mechatronische Ansätze zeichnen sich gerade durch einen ganzheitlichen mechatronischen Entwurf aus. Unabhängig von der europäischen Schule sind in Asien und Nordamerika Methoden entwickelt worden, die einen allgemeineren Zugang zur Konstruktionsmethodik darstellen und weniger an den konkreten Systemen orientiert sind. Bekannt sind die GDT (General Design Theory) von Yoshikawa und das Axiomatic Design von P. Suh (Suh 1990). Im Mittelpunkt des Axiomatik Design steht der Zusammenhang zwischen den aus den Anforderungen abgeleiteten functional requirements (FR) und den zur Erfüllung der FR's zu definierenden design parameters (DP). Der Zusammenhang kann als Matrix formuliert werden. Zusätzlich hat Suh Axiome formuliert, von denen vor allem das erste wesentlich ist, welches besagt, dass die verschiedenen „Functional requirements“ möglichst unabhängig voneinander erfüllt werden sollen (Suh 1990). Die internationalen Modelle stellen sehr abstrakte Beschreibungen des Konstruktionsprozesses dar, was z. T. der Tatsache geschuldet ist, dass sie sich nicht auf komplexe technische Systeme – wie z. B. eine WZM – im Engeren beschränken. Die zentrale Forderung des Axiomatic Designs, eine zentrale Matrizengleichung aufstellen zu können, die die Zusammenhänge zwischen functional requirements und design parameters widerspiegelt, ist vor dem Hintergrund der Anzahl der Parameter eines realen technisches System nicht realistisch.

Methode Charakteristics-Properties Modelling

Mit dem Property-Driven Developement bzw. dem Charakteristics-Properties Modelling (CPM) von Weber (Weber 2007) wird versucht, verschiedene Ansätze der Konstruktionsmethodik wie die präskriptiven Modelle und die internationalen Ansätze zu vereinen. Den prinzipiellen Aufbau gibt Abbildung 6 wieder. Es stellt den Konstruktionsprozess als den Prozess dar, der ausgehend von vorgegebenen Anforderungen des Systemverhaltens (properties) versucht, entsprechende Merkmale (characteristics) festzulegen, wie z. B. geometrische Abmessungen oder den Werkstoff. Die Beziehungen zwischen den Anforderungen und den Merkmalen stehen im Mittelpunkt der Methodik.

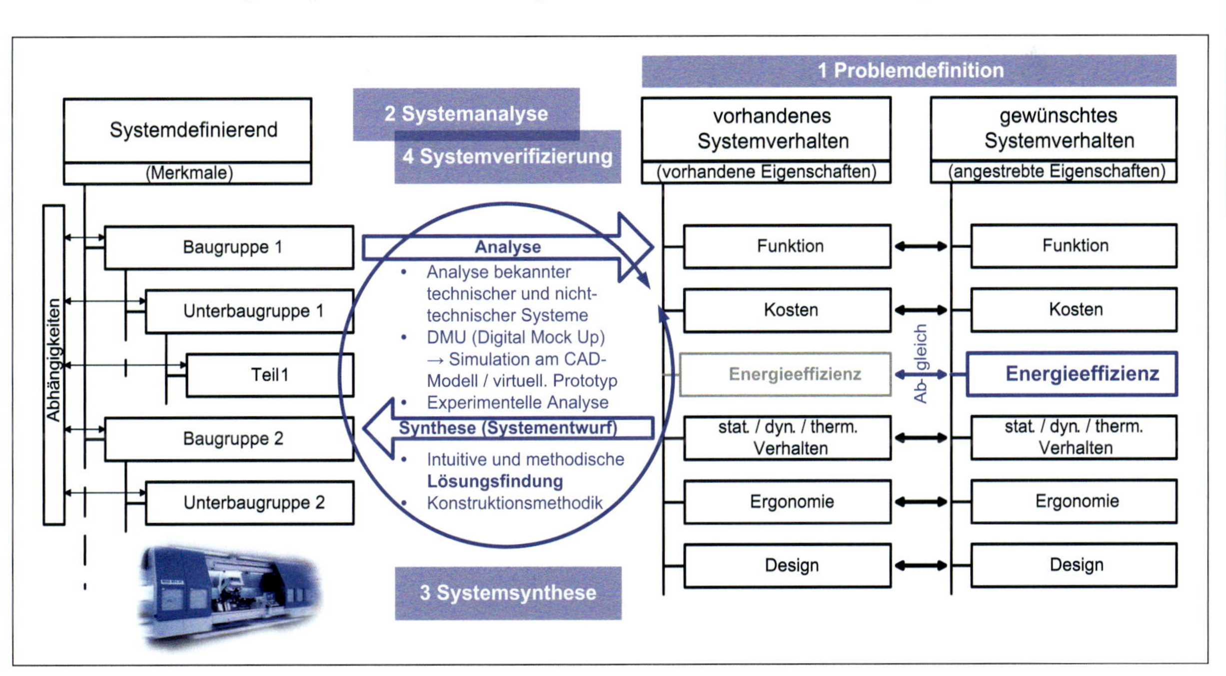

Abb. 6 Charakteristics-Properties Modelling von Weber (Weber 2007)

Diese Beziehungen können ähnlich wie beim Axiomatic design über eine mathematische Matrizengleichung formuliert werden. Technische Systeme realer Ausprägung sind jedoch durch eine extreme Anzahl von Merkmalen und einen diffusen „Anforderungsraum“ gekennzeichnet. Eine mathematische Formulierung dieser Beziehungen ist theoretisch richtig und erstrebenswert, ist jedoch aufgrund der Komplexität moderner technischer Systeme praktisch nicht umsetzbar. Für kritische Einzelaspekte ist dies jedoch möglich. So stellt eine FEM-Berechnung der Eigenfrequenzen einen Zusammenhang von Merkmalen (Abmessungen, Steifigkeiten u.a.) und den dynamischen Systemeigenschaften (Eigenfrequenzen und Eigenschwingformen) des System her. Der umgekehrte Schritt, aus vorhandenen Eigenfrequenzen und Eigenschwingformen auf das dynamische Systemverhalten zu schließen, ist nur bedingt möglich und zeigt die generellen Schwierigkeiten der Systemsynthese deutlich.

2.3.3 Entwurfsmethode „Design to Efficiency“

Aufbauend auf den vorgestellten „etablierten“ Methoden der Produktentwicklung wurde am Fraunhofer-Institut für Werkzeugmaschinen und Umformtechnik IWU und der TU Chemnitz ein ganzheitlicher allgemeiner Ansatz entwickelt. Die Methode ist anwendbar bei der Weiterentwicklung von Werkzeugmaschinen. Dabei werden die Prozessketten nicht mit betrachtet. Mit der Methode sollen Schwachstellen aktueller Systementwürfe vor dem Hintergrund der Einführung des neuen Kriteriums der Energieeffizienz identifiziert werden.

Beschreibung der Methode

Die entwickelte Methode basiert auf dem von Weber eingeführten property-driven developement. Durch das Durchlaufen mehrerer Schleifen des Entwicklungsprozesses – vom ersten konzeptionellen Systementwurf zur detaillierten Systemkonstruktion – kann ein Zusammenhang mit den Konstruktionsphasen der VDI-2221 hergestellt werden. Durch die Berücksichtigung der Modularisierung und domänespezifischen Konstruktion in den unterschiedlichen Schleifen wird der Zusammenhang mit dem V-Modell der VDI-2206 deutlich. Der Kernkonflikt zwischen den zu definierenden Merkmalen und den zu erwartenden Eigenschaften kann dabei mit der Kernmatrix des Axiomatic Designs von Shu angenommen werden. Abbildung 8 zeigt den generellen Aufbau der Methode und den Zusammenhang zu den etablierten VDI-Richtlinien.

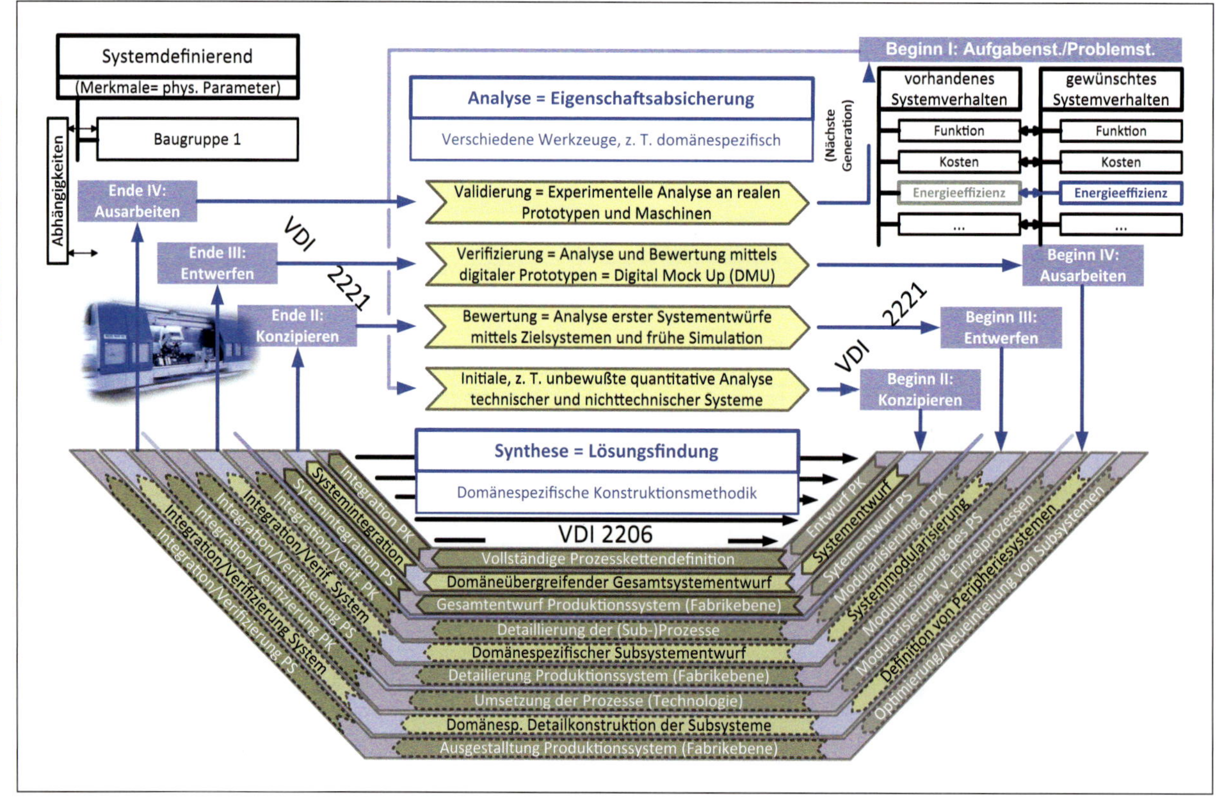

Abb. 7 Entwurfsmethode für energieeffiziente Werkzeugmaschinen

Bisherige Entwicklungsmethoden haben sich untergeordnet bzw. nicht mit dem Thema der Energieeffizienz auseinandergesetzt. Inhärenter Teil der Methodik ist es daher, die Energieeffizienz eines technischen Systems als zu realisierende Eigenschaft zu betrachten, ähnlich dem statischen, dynamischen oder thermischen Verhalten einer Maschine. Im Gegensatz zu etablierten Methoden wird eine initiale Analyse bestehender technischer Systeme als integraler Bestandteil angesehen. Die folgende Kurzbeschreibung erklärt das in der Methode vorgeschlagene generelle Vorgehen.

In einem ersten Schritt wird die Aufgabenstellung näher definiert. Diese Aufgabenstellung beinhaltet die Aufstellung der Forderungen mit dem neuen Kriterium der Energieeffizienz. In einem zweiten Schritt wird das (bestehende) technische System - die Werkzeugmaschine - bezüglich seiner relevanten Verbraucher eingeteilt. Anschließend wird ermittelt, welche Verbraucher in welchem Umfang zum Gesamtenergieverbrauch beitragen. Dabei ist die Definition von adäquaten Bearbeitungszyklen wesentlich. Am Ende der Analyse werden die relevanten Verbraucher entsprechend ihres Anteils am Gesamtenergieverbrauch gruppiert und bewertet. Die Subsysteme mit dem höchsten Verbrauch werden in einem weiteren Schritt systematisiert. Im Syntheseschritt wird versucht, den Energieverbrauch der Systeme zu reduzieren. Dabei wird ein systematisches Vorgehen gewählt, beginnend mit dem kompletten Entfall der einzelnen Verbraucher bis zur Sekundärnutzung. Anschließend erfolgt ein erneuter Analyseschritt - die Verifizierung. Das Systemverhalten wird mittels digitaler Werkzeuge wie FEM-Berechnungen prognostiziert und gegenüber dem Ausgangszustand bewertet. Somit kann die Wirksamkeit der ergriffenen Maßnahmen an den digitalen Prototypen abgeschätzt werden.

Anschließend erfolgen weitere Synthese- und Analyseschritte, welche das System zunehmend genauer beschreiben und im Ergebnis ein immer detaillierteres Produktmodell ergeben. Es kommt dabei immer wieder zu Iterationsschleifen, in denen Lösungen verworfen oder überarbeitet werden können. Das reale Systemverhalten wird final am Prototypen oder der Pilotmaschine untersucht, um das digitale Modell bzw. den digitalen Prototypen für zukünftige Maschinen zu verbessern.

2.3.3.1 Analyse des Energieflusses

Für die Anwendung der Entwicklungsmethode ist eine detaillierte Kenntnis der Energieflüsse im System Werkzeugmaschine erforderlich. Für alle technischen Systeme gilt das nachfolgend dargestellte prinzipielle Energieflussbild. Die Systemgrenze kann hierbei ein Produktionssystem, eine Maschine oder eine Maschinenkomponente sein. Die systematische Analyse des Energiebedarfs sollte entlang dieses Energieflusses erfolgen, wobei die Energieinfrastruktur die Aufgaben Umwandeln, Verteilen und Speichern vereint. Die Energierückgewinnung bzw. sekundäre Energienutzung sind ebenfalls Funktionen der Energieinfrastruktur. Je nach Anforderung und Detaillierungsbedarf sind die einzelnen Elemente dieses Energiesystems in weitere Sub- und Teilsysteme zu unterteilen und später zu einem Gesamtbild zusammenzufügen. Das Anwendungsbeispiel zeigt die Energieflussdarstellung einer WZM mit den Bilanzierungsgrenzen zur Werkhalle (Input und Output) und dem Prozess (Output).

Eine geeignete Systematik der Teil- und Subsysteme zur umfassenden Darstellung der Energieflüsse zu finden ist sehr komplex, da sich deren Funktionen oft überschneiden. Die Aufschlüsselung der Sub- und Teilsysteme einer Werkzeugmaschine kann nach konstruktiven, funktionalen (prozessorientierten) oder energetischen Kriterien erfolgen, wobei eine Verbindung der letzteren hinsichtlich der gesetzten Zielstellung am sinnvollsten erscheint. Während des Betriebes bzw. Bearbeitungsprozesses wird die eingespeiste elektrische Energie zu nahezu 100 % in thermische Energie umgesetzt. Es ist deshalb legitim, in erster Linie die Flüsse elektrischer Energien zu analysieren. Im ersten Schritt sind alle elektrischen und pneumatischen Verbraucher bzw. Verbrauchergruppen

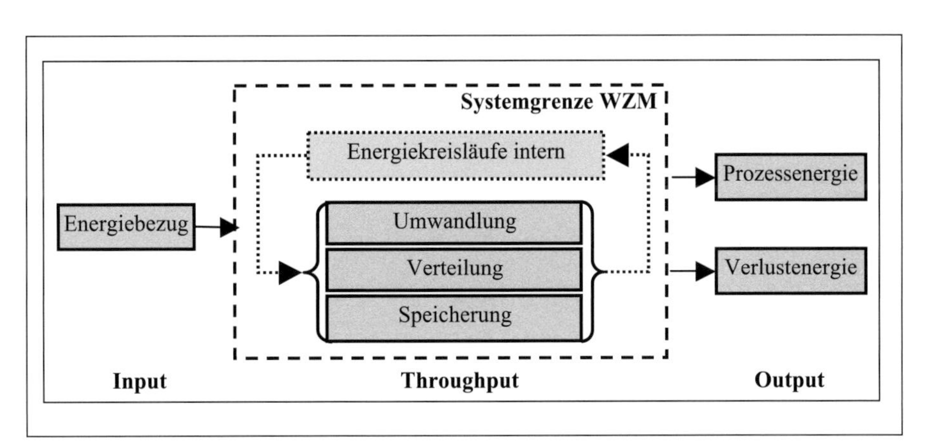

Abb. 8 Bilanzierungsgrenzen einer WZM

Energetische Systematisieung einer WZM			
Antriebssysteme	Hauptantriebe		
	Nebenantriebe		
	Hilfsantriebe	Kühlschmierstoffversorgung	
		Werkzeugbereitstellung	
		Werkstückbereitstellung	
		Hydraulik	
		Späneentsorgung	
		Absaugung	
		Kühlung	Pumpen
			Ventilatoren
Sonstige Hilfssysteme	Elektrisch	ESNQ	
		ER-Modul mit ZK	
		24 V Gleichstromversorgung	
		Steuerung, Regelung	
		Sensorik	
		Beleuchtung	
	Pneumatisch	Sperrluft	
		Blasluft Werkzeugwechsel	

Anwendungsbeispiel Energiefluss einer WZM

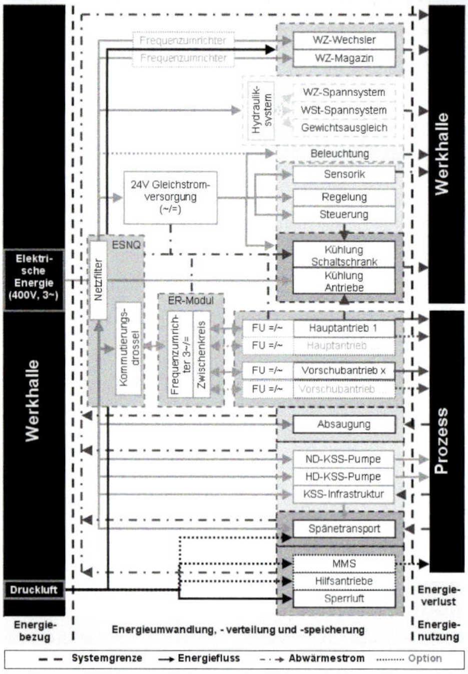

Abb. 9 Beispiel zur energetischen Systematisierung einer WZM

zu erfassen und anhand der installierten Nennleistungen zu ordnen. Daraus folgt die in Abbildung 9 vorgenommene Systematisierung der Verbraucher. Im jeweils zu untersuchenden Einzelfall muss dann eine entsprechende Auswahl bzw. weitere Detaillierung und Erweiterung der Verbrauchergruppen erfolgen (Tab. 1).

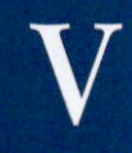

Tab. 1 Beispiel für Subsysteme von Werkzeugmaschinen und exemplarische Verbräuche

Subsysteme der Werkzeugmaschine		P_{nom} [kW]	P_{nom} [%]	Stand-by	Produktions-bereitschaft	Produktion: Werkzeug-wechsel	Produktion: Positionierung	Produktion: Bearbeitung
Servoan-triebe	Hauptantriebe	5,00	6,98		X	X	X	XX
	Nebenantriebe	51,50	71,93		X	XX	XX	XX
Hilfs- und Zusatzfunk-tionen	Kühlmittel	11,99	16,75				XX	XX
	Kühlung	0,64	0,90	X	XX	XX	X	XX
	Hydraulik	0,96	1,35		XX	XX	XX	XX
	Späne-entsorgung	0,25	0,35	X	X	XX	XX	XX
	Luftabsaugung	0,53	0,74		X	XX	XX	XX
	Werkzeug-wechsler	0,20	0,28			XX		
Steuerung	CNC	0,24	0,34	XX	XX	XX	XX	XX
Andere		0,40	0,39	X	X	X	X	X
Installierte (Nenn-Leistung)		71,60	100,00					
Druckluft [1]	Sperrluft	8,75		XX	XX	XX	XX	XX
	Klemmung					XX		

1 mittlerer Druckluftverbrauch laut Hersteller, erzeugt mit Kompressor aktueller Bauart. 0,3125 kW/(m^3/h)

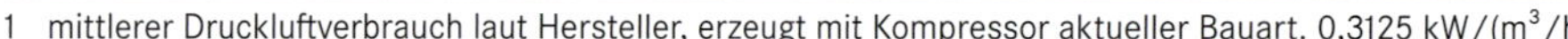

Daraus ergibt sich die maximale Leistungsaufnahme, nach der die Energieinfrastrukturen innerhalb und außerhalb des Systems Werkzeugmaschine ausgelegt werden müssen. Eine praktikable Einteilung der Subsysteme einer Werkzeugmaschine unter Berücksichtigung energetischer und funktionaler Gesichtspunkte zeigt beispielhaft Tabelle 1. Demnach sind die wesentlichen Verbraucher der untersuchten 3-Achs-Fräsmaschine ihre Vorschubantriebe (ca. 72 %) und die Kühlschmierstoffversorgung (ca. 16.7 %). Erst danach folgt die Hauptspindel mit einem Anteil von nur 7 %. Berechnet man die benötigte Leistung für den vom Hersteller angegebenen durchschnittlichen Pneumatikbedarf, so liegt auch dieser mit ca. 8,75 kW noch über der Nennleistung der Hauptspindel.

Da der Energieverbrauch einer WZM im Wesentlichen vom Prozess bestimmt sein sollte, sind in einem weiteren Schritt Referenzprozesse und -zeiträume zu definieren. Erste Aussagen zum Energieverbrauch können getroffen werden, indem die Gesamtleistungsaufnahme an der Einspeisung der Maschine während eines Bearbeitungsprozesses gemessen und anschließend das entstandene Leistungsprofil den Schaltzuständen der Subsysteme zugeordnet wird. Die aktuellen Untersuchungen zeigen die Diskrepanz zwischen installierter Leistung einzelner Antriebskomponenten und tatsächlichem Anteil am Gesamtenergieverbrauch während des Betriebes. Danach liegt der prozessbedingte Energiebedarf durch Haupt- und Vorschubantriebe im Mittel bei lediglich 25 %, während sich Hilfsantriebe und Steuerungssysteme zu einer Grundlast von 75 % summieren.

Es ist daher notwendig, die Energieflüsse und Verluste der kleinen Verbraucher zu untersuchen sowie geeignete Betriebszustände zu definieren, um den zu erwartenden Energiebedarf während des Einsatzes der Werkzeugmaschine realistisch zu beurteilen. Als geeignete Betriebszustände bieten sich AUS, Stand-By, Produktionsbereit, Fertigung mit Werkzeugwechsel, Positionierung und Bearbeitung an. Diese sind durch Messungen zu verifizieren und ggf. weiter zu detaillieren und anzupassen.

2.3.3.2 Synthese

Nach der Ermittlung wesentlicherer Verbraucher wird nachfolgend eine Systematik dargestellt, mit der die Untersuchungen zur Verbrauchreduzierung durchgeführt werden. Prinzipiell kann ein als kritisch abgeleiteter Energiefluss generell auf verschiedene Weise reduziert werden (Tab. 2.):

1. (zeitweise) Eliminierung des Energiebedarfs → Effektivität
2. Anpassung des Energieverbrauchs → Effizienz
3. Komponenten mit besserer Energieeffizienz → Effizienz
4. Energierückgewinnung → Effizienz

Beim Entfall des Energieflusses wird versucht, den Energiebedarf komplett zu eliminieren. Beispiel hierfür wäre ein Kühlkreislauf, der durch eine thermisch robuste Gestaltung oder den Einsatz neuer Werkstoffe nicht mehr notwendig ist.

Die bedarfsgerechte Energieflusssteuerung bietet bei den Hilfssystemen von Werkzeugmaschinen das größte Potenzial. So können beispielweise der KSS-Fluss oder die Arbeitsraum-Absaugung in Abhängigkeit des Spanvolumens aktiv gesteuert werden.

Die prinzipielle Funktionsverbesserung beinhaltet die Einführung neuartiger Wirkprinzipien oder die Verbesse-

	Eliminierung elektrischen Verbraucher	Anpassung der Energienutzung	Verbesserte Energieeffizienz	Energierückgewinnung
NC-Achsen	Achse klemmen wenn nicht gebraucht	Abschalten von Windungen	Effiziente Motoren reibungsarme Lager reduzierte bewegte Massen	Rückspeisung der Bremsenergie
Kühlung für Servomotoren	Abschaltung unterhalb bestimmter Temperaturgrenzen	Variable Durchflussmengen	Leitungswiderstände optimieren	Erzeugung von Elektroenergie mittels erwärmten Kühlwassers in thermo-elektrischen Wandler
Kühlschmiermittel	Trockenbearbeitung (wenn möglich)	Abhängig vom Spanvolumen	CO_2 Kühlung	

Tab. 2 Beispiele für Verbrauchsreduzierung bei Werkzeugmaschinen

V

rung des Energieverbrauchs ohne Prozessbeeinflussung. Beispiele dafür sind neuartige Führungen mit niedrigem Reibkoeffizienten.
Die Energierückführung beinhaltet die Sekundärnutzung von Verlustenergie. Der Generatorbetrieb von Vorschubantrieben beim „Bremsen" stellt hierfür ein Beispiel dar.

2.3.3.3 Verifizierung

Nach der systematischen Beurteilung eines Teilsystems und der anschließend erfolgten konstruktiven Verbesserung ist es notwendig, die erzielten Effekte zu beurteilen. Diese Beurteilung ist ein erneuter Analyseschritt im Entwicklungsprozess. Dazu stehen verschiedene Werkzeuge zur Verfügung. Insbesondere die Eigenschaftsprognose am digitalen virtuellen Prototypen - das sogenannte Digital Mock Up (DMU) - steht dabei im Mittelpunkt. Wenn damit erzielte Effekte quantitativ bekannt sind oder zumindest abgeschätzt werden können, so kann ein technisch eigenständiger Verbraucher final mit dem Ausgangszustand verglichen werden. Dabei kann eine Energieeffizienzkennzahl eingeführt werden, welche den Energieverbrauch des Systems auf den Ausgangsverbrauch bezieht und eine dimensionslose Kenngröße darstellt:

Energieeffizienz - Index $$EEI = \frac{\varepsilon_{rev}}{\varepsilon_{aktuell}} \qquad (2)$$

Um Maschinen bzw. Produktionssysteme besser vergleichen zu können, bietet sich jedoch die Nutzung eines speziellen Energieproduktivitätsindizes an, der im Gegensatz zur allgemeinen Energieeffizienz (z. B. m^3/kWh) produktionsbezogene Kenngrößen zur Basis hat (z. B. Werkstücke/kWh oder Bohrungen/kWh):

Energieproduktivität $$\varepsilon_P = \frac{Aussto\beta_P}{Energie_{in}} \qquad (3)$$

Energieproduktivitätsindex $$EEI_P = \frac{\varepsilon_{P\_rev}}{\varepsilon_{P\_aktuell}} \qquad (4)$$

Zur realistischen Beurteilung von Maschinen und Produktionssystemen und ihren Subsystemen ist die Berücksichtigung des Energieverbrauchs zur Herstellung und Entsorgung der Maschinen zu berücksichtigen und auf die Lebensdauer *(LZ)* des Systems zu verteilen (für Maschinen zwischen 20.000 h und 60.000 h).

Energieverbrauch Lebenszyklus

$$E_{Sys\_i,LZ} = E_{zur\_P,Sys\_i} + E_{P,Sys\_i} + E_{\mathrm{Rec},Sys\_i} \qquad (5)$$

Wenn dieser Energieverbrauch zum gesamten - eventuell angenommenen - (Produktions-) Ausstoß des Systems gesetzt wird, ergibt sich:

Lebenszyklus Energieproduktivität $$\varepsilon_{P,Sys,ls} = \frac{O_{P,sys,ls}}{E_{Sys,ls}} \qquad (6)$$

Ein eventuell höherer Energieverbrauch für die Herstellung *(EzP)* und Entsorgung *(ER)* des verbesserten Systems ist demzufolge auf dessen Lebenszeit umzurechnen. Prinzipiell ist der gesamte anfallende Energieverbrauch für die Herstellung und Entsorgung einer Maschine auf die Subsysteme *(Sys_i)* herunterzubrechen und für jedes Subsystem auf die erwartete Nutzungsdauer zu verteilen:

$$\varepsilon_{P,Sys\_i,LZ} = \left[\frac{E_{zP,Sys\_i}}{O_{P,Sys,LZ}} + \frac{E_{P,Sys\_i}}{O_{P,Sys,LZ}} + \frac{E_{R,Sys\_i}}{O_{P,Sys,LZ}}\right]^{-1} \qquad (7)$$

Es handelt sich hierbei um eine Kennziffer, welche die Energieproduktivität angibt, die vorliegen würde, wenn zur Herstellung des Werkstücks nur dieses (Sub-)System notwendig wäre und nur diese Systemenergie verbrauchen würde. Sie kann damit nicht mit der Energieproduktivitätskennziffer eines Gesamtsystems (z. B. einer WZM) verglichen werden, welche bezüglich der Gesamtsystemenergieeffektivität eine Reihenschaltung aller Subsysteme aufweist. Sie ist jedoch für den Vergleich von Systemen und Vorher-/Nachher- Zuständen geeignet.
Ist der Energieverbrauch für die Herstellung der Maschine und ihrer Subsysteme nicht bekannt, so kann mithilfe der Herstellkosten K der Maschine und der Subsysteme und der Information über den Anteil der Energiekosten an den Gesamtkosten der Produktion (z. B. rund 5 % [KfW-Bankengruppe 2005]) sowie der Annahme eines Strompreises (z. B. 0,1 €/kWh) nachfolgender Zusammenhang hergestellt werden. Dabei sind nur energieverbrauchende Subsysteme zu berücksichtigen (z. B. ohne die Berücksichtigung des Maschinebettes), um den gesamten Energieverbrauch über die Kosten zu verteilen. Dies stellt eine Näherung dar, erlaubt jedoch eine quantitative Aussage der Wirksamkeit konstruktiver Maßnahmen zur Erhöhung der Energieeffizienz:

$$\varepsilon_{P\_Sys\_i} = \left[\frac{E_{Verbr\_P\_Sys\_i}}{Aus_{P\_Maschine}} + \left(\frac{\frac{1}{K_E} \cdot K_{E,P} \cdot \frac{K_{Sys\_i}}{\sum K_{alle\_Sys}}}{Aus_{P\_Maschine\_Lebenszyklus}}\right) \cdot 1{,}5\right]^{-1} \qquad (8)$$

Die Energieproduktivität des Gesamtsystems kann aus den Resultaten bzgl. der Einzelsysteme wie folgt hergeleitet werden:

V

$$\varepsilon_{P\_Maschine} = \left[\sum_{i=1}^{n} \left[\varepsilon_{P\_Sys\_i} \right]^{-1} \right]^{-1} \quad (9)$$

Die Energieproduktivitätskennziffer für ein technisches Gesamtsystem oder ein gesamtes Produktionssystem kann durch die Aufsummierung der erzielten Effekte über allen (Sub-) Systemen ermittelt werden. Dabei werden die erzielten Energieproduktivitätskennziffern mit dem Faktor ihres Anteils am Gesamtenergieverbrauch der verbesserten Maschine bzw. des verbesserten Systems berücksichtigt.

$$EEI_{P,Sys\_neu,LZ} = \cdot \frac{\left[\sum_{i=1}^{n} \left[\varepsilon_{P,Sys\_i\_Rev,LZ} \right]^{-1} \right]^{-1}}{\left[\sum_{i=1}^{n} \left[\varepsilon_{P,Sys\_i\_neu,LZ} \right]^{-1} \right]^{-1}} = \frac{\sum_{i=1}^{n} \left[\varepsilon_{P,Sys\_i\_neu,LZ} \right]^{-1}}{\sum_{i=1}^{n} \left[\varepsilon_{P,Sys\_i\_Rev,LZ} \right]^{-1}} \quad (10)$$

Diese Kennziffer soll minimiert werden und dient als Bewertungsgrundlage.

Zusammenfassend ist festzuhalten, dass diese Methode von Komponentenbetrachtungen bis hin zur Systembetrachtung eingesetzt werden kann. Kernidee ist die systematische Identifikation von Schwachstellen in vorhandenen Systemen und deren Optimierung.

2.4 Ausgewählte Ansätze für energieeffiziente Werkzeugmaschinenstrukturen

2.4.1 Generelle Ansätze

In diesem Kapitel werden verschiedene funktionale und geometrische Gestaltungsprinzipien für Werkzeugmaschinen mit Auswirkungen auf der Systemebene diskutiert. Da eine exakte Quantifizierung der Auswirkungen jedes dieser Aspekte auf die Energieeffizienz nicht möglich ist, werden in diesem Abschnitt nur die qualitativen Effekte analysiert.

Allgemein betrachtet können die Bedarfe der Verbraucher in primäre (Prozessenergie, Hauptantriebe, Vorschubantriebe, Kühlmittel, etc.) und sekundäre (Handling, Werkzeugwechsel, etc.) Bedarfe eingeteilt werden. Bei Optimierungsfragen ist die Erhöhung der Effizienz für diese Bedarfe von besonderer Bedeutung. Im Gegensatz dazu werden sekundäre Bedarfe nicht effektiv angewandt, da sie nicht

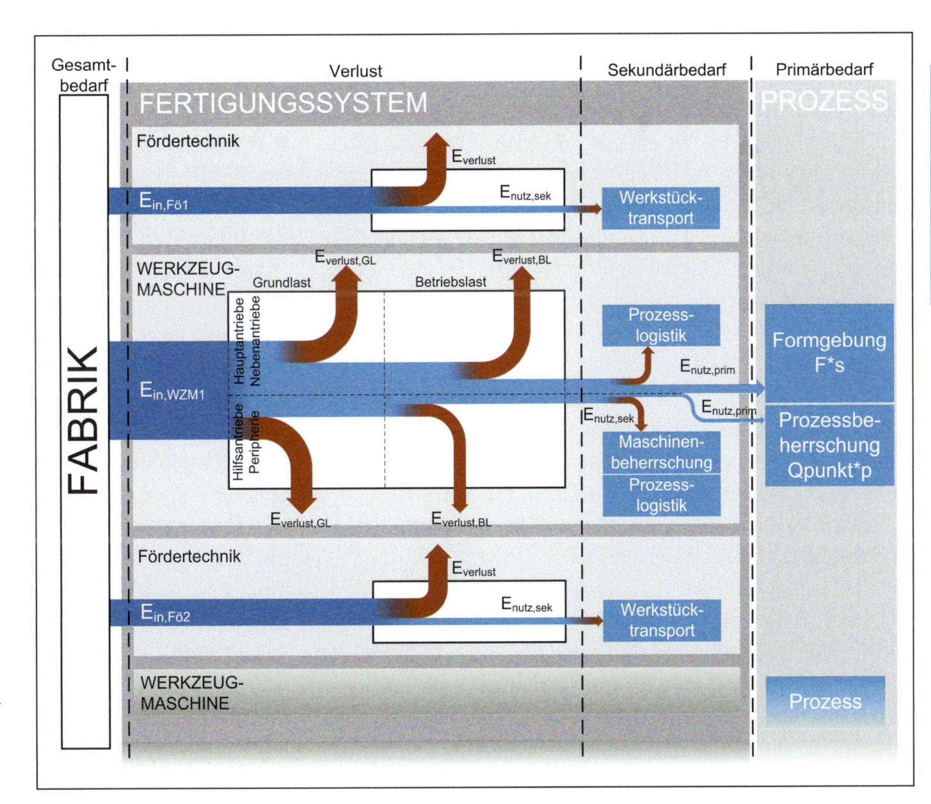

Abb. 10 Nutz- und Verlustenergieflüsse sowie Systemgrenzen auf Maschinen- und Produktionssystemebene

unmittelbar zur Verwirklichung des Prozesses verwendet werden und daher prinzipiell nicht effektiv sind. Daher hat theoretisch eine energetisch ideale Werkzeugmaschine keine sekundären Energiebedarfe.
Mit der im vorangegangen Abschnitt vorgestellten Optimierungsmethode wurde die Verbesserung der Effizienz angestrebt. Die in diesem Abschnitt vorgestellten Ansätze verfolgen insbesondere die Erhöhung des Gesamtwirkungsgrades. Erreicht wird dies durch die Reduzierung der Sekundärbedarfe und der Gesamtverbräuche.
Folgende prinzipiellen Ansätze werden aktuell verfolgt:

- Stabilität

Das Thema Stabilität hat verschiedene Aspekte (statisches, dynamisches und thermisches Verhalten). Betrachtet man in diesem Zusammenhang zusätzlich die Energieeffizienz, ergeben sich neue Lösungen. Gestaltet man beispielsweise thermisch robuste Maschinenstrukturen durch neue Werkstoffe, kann dies zu einer Reduzierung des Aufwandes für die Kühlung führen. Aktive und passive Ansätze zum thermischen robusten Design sind in (Brecher, Hirsch 2004; Mitsuishi, Warisawa, Hanayama 2001; Aggogeri, Mazzola, Merlo 2010) vorgestellt. In Bezug auf die statische und dynamische Steifigkeit von Komponenten führt eine höhere Stabilität zu einer erhöhten Produktivität (Bewegungsdynamik und Schnitttiefen) und über diesen Weg auch zu einer geringeren Grundlast (Zulaika, Campa 2009).

- Mobilität

Es können zwei unterschiedliche Aspekte der Mobilität identifiziert werden. Erster Aspekt ist die Transportfähigkeit der Maschine zum Bearbeitungsort bzw. zum Werkstück entgegen der heutigen Doktrin, dass das Werkstück zur Maschine kommt. Ein zweiter, darauf aufbauender Aspekt ist die Möglichkeit, die Maschine auf dem Werkstück zu befestigen und zu bewegen. Heute wird noch immer der Ansatz verfolgt, das Werkstück in der Maschine zu bearbeiten. Insbesondere der zweite Punkt führt zu neuen Ansätzen in der Konstruktion von Werkzeugmaschinen, da das Werkstück künftig Teil der Maschinenstruktur wird. Beide Aspekte kombiniert führen in der Zukunft zu deutlichen Energieeinsparungen, da große Teile nicht mehr aufwändig transportiert werden müssen, sondern eine kleine, leichte Maschine zum bearbeitenden Werkstück transportiert wird. Beispiele für Anwendungen der mobilen Bearbeitung werden in (Schwaar et al. 2010) und (Melkert 1999) vorgestellt.

- Miniaturisierung

Dieser Ansatz kann auch unter die Überschrift „Vermeidung von Überdimensionierung" gestellt werden. Größenangepasste Maschinen haben auf verschiedenen Ebenen Vorteile. So führt eine allgemeine Reduzierung der Größe des Maschinensystems zu der Möglichkeit, kleiner dimensionierte Komponenten einzusetzen und teilweise sogar verschiedene unterstützende Komponenten wegzulassen. Die energetischen Vorteile erklären sich durch die Verringerung der absoluten Verluste in den Komponenten und den teilweise weniger benötigten Nebenaggregaten (Axinte et al. 2010; Hansen et al. 2006). Die oft diskutierten Vorteile im Herstellprozess der Maschinen durch geringeren Materialbedarf können in der Gesamtlebenszyklusbetrachtung nur eingeschränkt bestätigt werden.
Die mittels Down-Sizing erzielbaren Effekte können teilweise erhebliche Größenordnungen annehmen. Für spezielle Anwendungen konnten Einsparungen bis zum Faktor 3 nachgewiesen werden (Liow 2009).

- Adaptivität

Als Adaptivität wird eine schnelle Anpassung der Maschineneigenschaften an die Anforderungen der Bearbeitungsaufgabe beschrieben. Die Maschine hat entsprechende Stellelemente, um sich auf die unterschiedlichen Anforderungen aus der Bearbeitungsaufgabe individuell anzupassen. Sowohl auf der Komponenten- als auch der Systemebene wurden schon eine Vielzahl von Lösungen vorgestellt. Als Beispiel soll hier ein adaptiver Kugelgewindetrieb genannt werden. Ziel dieser Lösung ist die Anpassung der Vorspannung auf verschiedene Betriebszustände (z. B. Eilgang und Bearbeitung) (Wittstock 2007). Andere Lösungen mit hohem Energieeinsparungspotenzial sind die bedarfsgerechte Zuschaltung von Zusatzaggregaten (Mussa, Zettl 2011) bzw. die aufgabenangepasste hierarchische Aufteilung von Bewegungsanteilen in redundanten Antriebsstrukturen.

- Wandlungsfähigkeit

Im Vergleich zum Ansatz der Adaptivität ermöglicht die Wandlungsfähigkeit von Anlagen, sich langfristigen Änderungen der Produktionsanforderungen anzupassen (Koren et al. 1999; ElMaraghy 2006). Obwohl die Idee der Wandlungsfähigkeit hauptsächlich durch die Möglichkeit der Anpassung an unsichere Marktbedingungen (z. B. Änderung von Produktvarianten und Mengen) begründet ist, gibt es auch energetische Vorteile, die diesen Ansatz vorteilhaft erscheinen lassen.
Die selektive und modulare Substitution von Systemkomponenten ermöglicht einen höheren Grad der Wiederverwendung (Lebenszyklus-Erweiterung) und vermeidet daher umfangreiche Ressourcen für Neumaschinen. Darüber hinaus kann die Wandlung auch bzgl. energetisch optimaler Ausrüstung erfolgen (Youssef, ElMaraghy 2007; Kannan, Saha 2009).

- Multifunktionalität vs. Spezialisierung

Multifunktionalität und Spezialisierung sind zwei Ansätze, die sich gegenseitig ausschließen und beide müssen speziell für jeden Anwendungsfall analysiert werden. Beide Ansätze haben grundsätzlich Vorteile hinsichtlich der Energieeffizienz von Produktionssystemen. Dies ist allerdings sehr stark von den Produktionsanforderungen abhängig. So können Werkstücke mit komplexen Anforderungen sehr viel schneller und genauer durch Komplettbearbeitung auf einer multifunktionalen Maschine bearbeitet werden. Vorteil ist in diesem Fall der Wegfall des Teiletransports zwischen einzelnen Arbeitsstationen (Moriwaki 2008). Darüber hinaus kann die geringere Anzahl von Maschinen zu einem geringeren Grundlast-Anteil pro Teil führen. Auf der anderen Seite können spezialisierte Fertigungstechnologien und Maschinen zu effektiven und effiziente Gesamtprozessen führen. Um die Entscheidungsfindung für einen der Ansätze zu unterstützen, wurde in (Abdi 2009) ein Verfahren vorgestellt.

Neue strukturelle Lösungen für Werkzeugmaschinen entstehen nicht durch singuläres Verfolgen einzelner Ansätze. Wirklich neue Lösungen entstehen durch Verbindung verschiedener Ansätze. So ist beispielsweise die Bionik eine solche interdisziplinäre Wissenschaft. Sie setzt sich aus den Begriffen der Biologie sowie der Technik zusammen und bietet hier als Methode einen wichtigen Input. Die Bionik beschäftigt sich mit der Entschlüsselung von „Erfindungen der belebten Natur“ und ihrer innovativen Umsetzung in der Technik.

Bionisch inspirierte Aufbauprinzipien

Heutige Maschinenstrukturen sind historisch gewachsen und bilden mit ihrer Achskonfiguration im Wesentlichen das Denken in kartesischen Koordinaten und diskreter Vorschubaktorik ab. Häufig ergeben sich bei der Bearbeitung einfacher Formelemente komplizierte Achsbewegungen mit vielen Beschleunigungsvorgängen. Löst man sich von diesem Denken, können viele in der Natur erfolgreich „umgesetzte“ Prinzipien auch angewendet werden, um energetisch günstige Strukturprinzipien für Bewegungssysteme und Werkzeugmaschinen abzuleiten. Neben allgemeinen innovativen Möglichkeiten, den Energiebedarf in der Produktion zu senken, ist eine konkret formulierte Aufgabe in der Produktionstechnik, die Antriebs- und Bewegungsenergiebedarfe zu senken. Dazu können zwei grundsätzlich sinnvolle Vorgehensweisen zur Lösungsfindung angewendet werden. Der Top-Down-Ansatz eignet sich, wenn konkrete Problemstellungen formuliert werden können, während der Bottom-Up-Ansatz eher auf einer weitestgehend freien Analyse von biologischen Prinzipien basiert, um daraus neue Denkansätze und Produkte abzuleiten.

Analogie-Bionik (Top-Down)

1. Definition des Problems

→ **hohe Dynamik bei min. Antriebsenergie**

2. Suche nach Analogien in der Natur
3. Analyse der Vorbilder in der Natur
4. Lösungssuche

Beispiel: Bewegungsredundanz

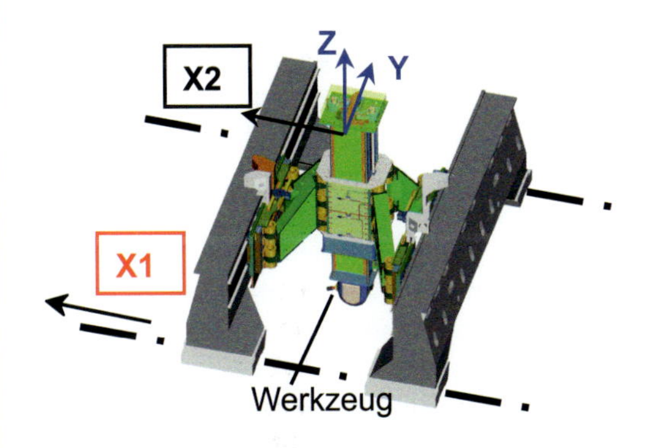

Abstraktions-Bionik (Bottom-Up)

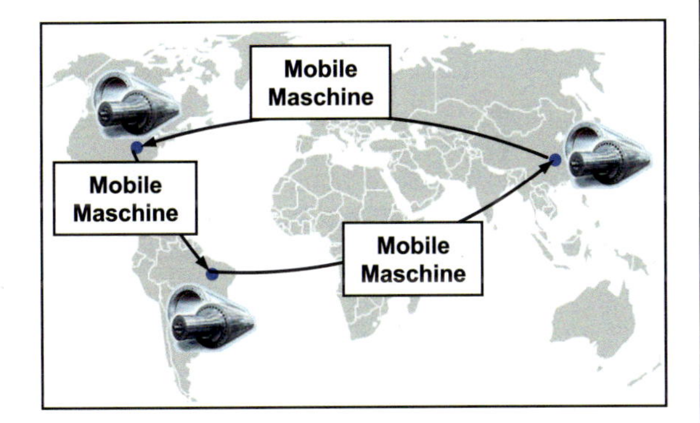

Beispiel: Mobile/Autonome Maschinen

4. Suche nach technischen Anwendungen
3. Abstraktion dieses Prinzips
2. Erkennen und Beschreiben des Prinzips
1. Biologische Grundlagenforschung

Abb. 11 Bionik als Lösungsfindungsmethode zur Erhöhung der Energieeffizienz bei Antriebs- und Bewegungsprozessen mit ausgewählten Beispielen

V

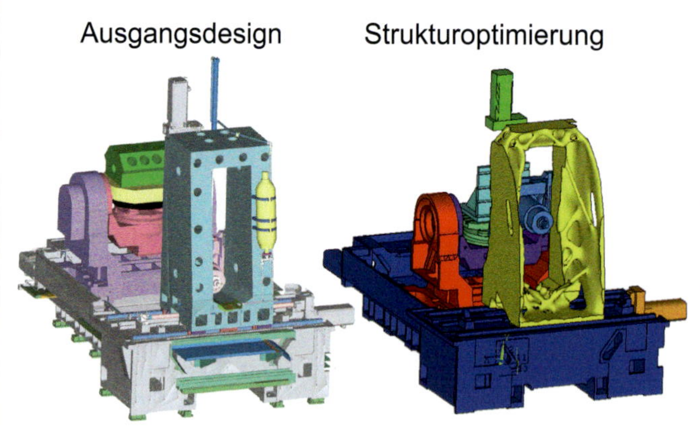

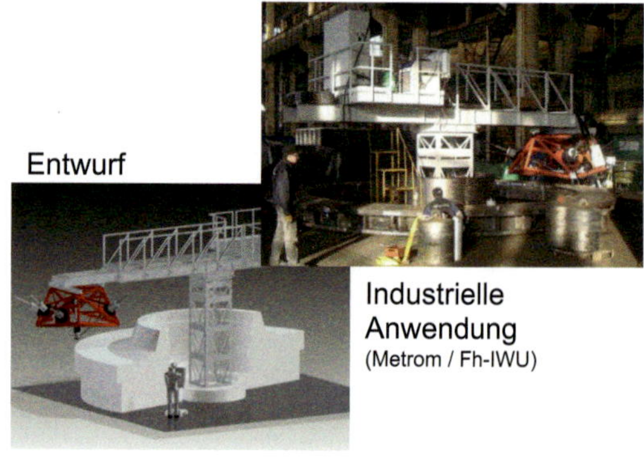

Abb. 12 Lösungen für Struktur- und Bewegungsbionik (Neugebauer 2012)

Als konkrete Lösungsansätze wurden die Nutzung von Antriebs- und Bewegungsredundanzen sowie der Betrieb von periodisch bewegten Baugruppen in Resonanz abgeleitet.
Hinsichtlich bionisch inspirierter Ansätze zur Erhöhung der Energieeffizienz sollen nachfolgend folgende Lösungen näher vorgestellt werden:

- Strukturleichtbau bei mechanischen Maschinenkomponenten auf Basis bionisch inspirierter Topologiegestaltung
- Lokale Erzeugung hochdynamischer Bewegungen in großen schweren Systemen durch Bewegungsredundanz in Analogie zum Menschen (Beispiel Handschreiben: Grobpositionierung durch den gesamten Arm; Schreiben als Feinpositionier- und Bewegungsvorgang durch die Hand und die Finger)
- Bearbeitung großer Werkstücke mit kleinen energiebedarfsarmen mobilen Maschinen sowie Senkung des Transportaufwandes von großen Werkstücken in Analogie zu Blattschneideameisen oder Spechten

Darüber hinaus wurden weitere Lösungsansätze entwickelt, die hier aber nicht näher dargestellt werden sollen. Dazu zählen beispielsweise die gezielte Funktionsverteilung in komplexen Systemen (optimale Kombination von passiven und aktiven Funktionalitäten) oder die gezielte Nutzung von Redundanzen zur Reduzierung des Energiebedarfs in Schwingsystemen.

2.4.2 Energieeffizienz durch Leichtbaukomponenten

Effekte von Leichtbaumaßnahmen

Die Energieeffizienz von Vorschubantrieben wird durch Leichtbaulösungen direkt und indirekt beeinflusst (EU, Ecodesign Directive 2006/32/EG). Nachfolgende Abbildung 13 gibt dabei eine Übersicht über die Effekte von Leichtbau auf die Energieeffizienz von Vorschubantrieben. Dabei ist ersichtlich, dass eine Reduktion der wirksamen Trägheiten sowohl direkt die Energieverluste im Antrieb selbst bei analoger Dynamik reduziert als auch indirekt durch die Erhöhung der Vorschubdynamik die Energieeffizienz aufgrund geringerer Durchlaufzeiten steigert.
Die direkten Effekte beruhen darauf, dass geringere Massen zu reduzierten Beschleunigungskräften führen und sich damit die mechanische Blindleistung reduziert (BMBF 2006). Weiterhin reduziert sich durch verringerte Gewichtskräfte die Reibleistung im System. Eine reine Erhöhung der dynamischen Steifigkeit ohne Massereduktion kann über eine höhere mögliche Prozessdynamik – z. B. durch Erhöhung der Schnitttiefe und damit des Zeitspanvolumens – ebenfalls zu einer Verbesserung der Energieeffizienz führen.
Das Potenzial von Leichtbaumaßnahmen steigt mit zunehmender Dynamik von Maschinen, wobei insbesondere Maschinen mit häufigen Beschleunigungszyklen profitieren. Obwohl sich Leichtbau auch auf weniger dynamische Ma-

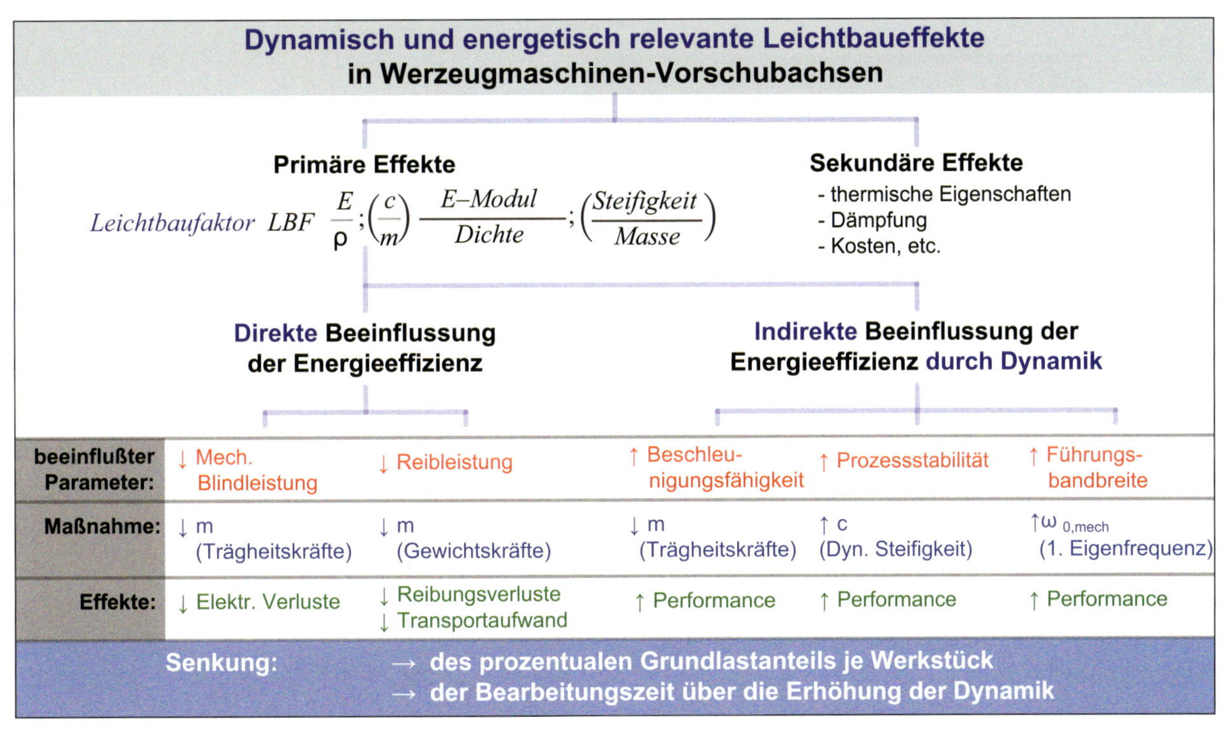

Abb. 13 Dynamisch und energetisch relevante Leichtbaueffekte in WZM-Servoachsen

schinen anwenden lässt, rechtfertigen die geringen Effekte den zusätzlichen technischen und wirtschaftlichen Aufwand hier oftmals nicht. Nicht unerwähnt bleiben soll, dass träge Massen einen deutlichen Widerstand gegen dynamische Störkräfte darstellen. Leichtbau kann deshalb unter Umständen zu einer verminderten Prozessstabilität führen.

Nachfolgend werden die Optionen zur Beeinflussung der Energieeffizienz am Beispiel einer linearen Bahnbewegung von 2 m für zwei verschiedene Vorschubantriebe und einer Ausgangslastmasse von 3500 kg diskutiert. Eine Trägheitsreduktion ermöglicht bei analogen elektrischen Verlusten in den Antrieben eine höhere Dynamik, was reduzierte Bearbeitungszeiten nach sich zieht und damit indirekt die Energieeffizienz durch verkürzte Durchlaufzeiten steigert. Alternativ reduzieren sich die elektrischen Verluste innerhalb der Vorschubantriebe bei analoger Dynamik aufgrund geringerer mechanischer Blindleistungen (Abb. 14).

Abbildung 15 gibt eine Abschätzung über die mögliche Reduktion der Zykluszeit einer Vorschubachse für eine Verringerung der Massenträgheit von 30 % wieder (Kroll 2011). Die Verkürzung der Zykluszeit aufgrund höherer Vorschubdynamik beträgt in diesem Fall 5 %. Durch die Dominanz

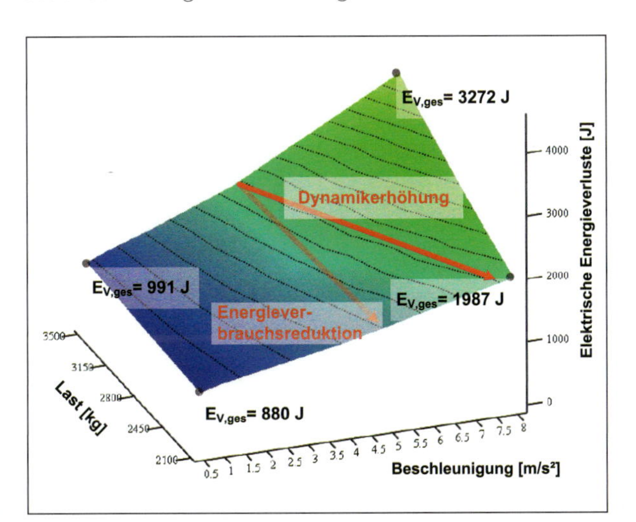

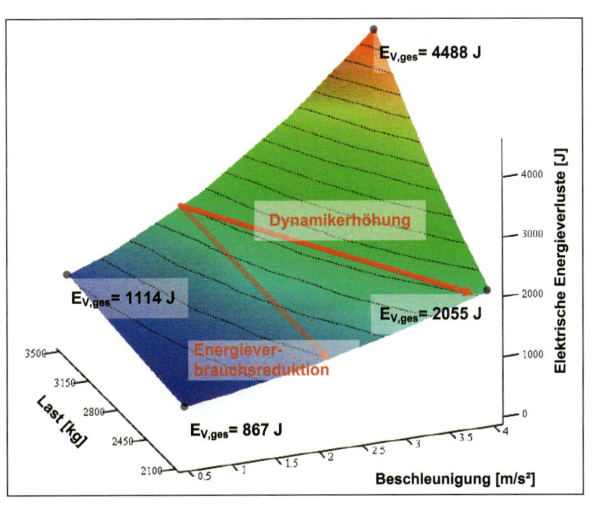

Abb. 14 Elektrische Energieverluste für eine Bahnbewegung von 2 m mit max. 1 m/s in Abhängigkeit von der Last und der Beschleunigung für zwei verschiedene Vorschubantriebe; links: Siemens 1FT6108, rechts Siemens 1FT6086

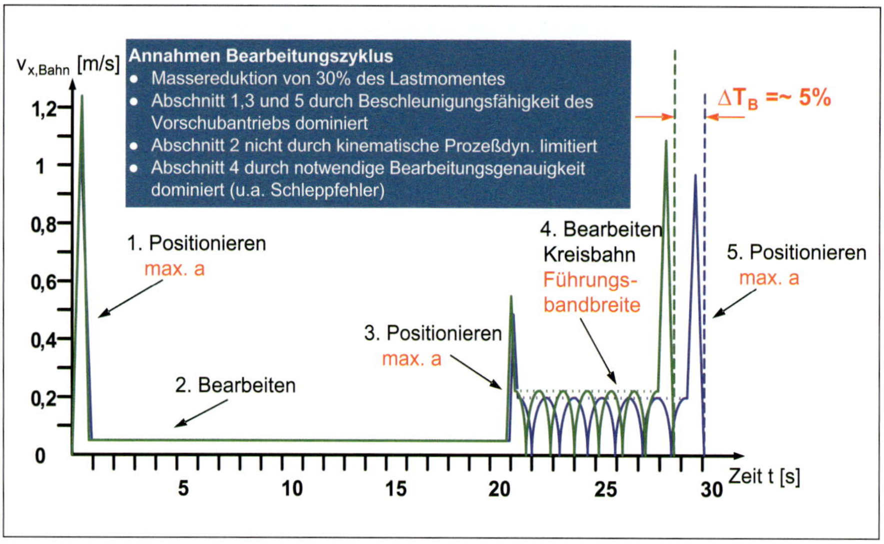

Abb. 15 Reduktion der Zykluszeit durch Beschleunigungserhöhung und Steigerung der Führungsbandbreite aufgrund einer Trägheitsreduktion um 30 %

der Hilfssysteme am Energieverbrauch von WZM wäre unter Annahme einer entsprechend verkürzten Einschaltdauer eine Reduktion des Energieverbrauchs in ähnlicher Höhe zu erwarten.

Für die Produktivität von spanenden WZM spielt das dynamische Vorschubverhalten, wie bereits beschrieben, eine wesentliche Rolle. Neben der Reduktion der kinematisch bewegten Trägheiten durch Leichtbau kann das dynamische Verhalten durch eine Erhöhung der dynamischen Steifigkeiten der WZM positiv beeinflusst werden (Dresig, Holzweißig 2010; Oertli 2008; Zirn, Weikert 2006; Hoffmann 2008).

Beispiel: Topologieoptimierung eines Maschinenständers

Die Optimierung von Baugruppen in konventioneller Metallbauweise mithilfe der Topologieoptimierung ist mittlerweile Stand der Technik. Damit lässt sich der Leichtbaufaktor wirtschaftlich um durchschnittlich 20 bis 30 % verbessern, wobei kompakte Komponenten wie Dreh-Schwenk-Tische aufgrund der fehlenden Belastungsvorzugsrichtung eher geringes Potenzial aufweisen. Dagegen lassen sich insbesondere bei lang auskragenden Gestellkomponenten mit deutlichem Biegeanteil durch Materialsubstitution signifikante Effekte erreichen (Abb.16).

Beispiel: Leichtbauschlitten aus Metallschaum

Leichtbaulösungen können mittlerweile auf verschiedenen Wegen umgesetzt werden. Effektiv ist eine Kombination von Struktur- und Stoffleichtbau. Ersterer lässt sich durch spezielle Strukturen wie Sandwiches realisieren. Mit Stoffleichtbau setzt man hingegen auf den Einsatz von Materialien mit niedriger Dichte, wie z.B. Aluminiumschäume. Sandwiches mit einem Aluminiumschaumkern niedriger Dichte in Kombination mit biegesteifen und hochfesten Stahldecklagen stellen die geradlinigste Umsetzung beider Leichtbauweisen in Kombination dar. Gegenüber masseäquivalenten Stahlblechen besitzen derartige Sandwiches meist eine bis zu 40fach höhere Biegesteifigkeit aufgrund ihres hohen Flächenträgheitsmoments – sie sind somit prädestiniert für Leichtbauanwendungen.

Aluminiumschaum mit einer Dichte von etwa 0,5 g/cm^3 ist nicht nur extrem leicht, sondern ermöglicht zudem durch die zellulare Struktur des Aluminiumschaums die Ableitung und den Abbau von Schwingungsenergie durch sehr kleine plastische Verformungen der dünnen Zellwände sowie durch die Reibung der Rissoberflächen in den Porenwänden. Mit Aluminiumschaum ausgefüllte Stahlkonstruktionen helfen deshalb, Schwingungen in

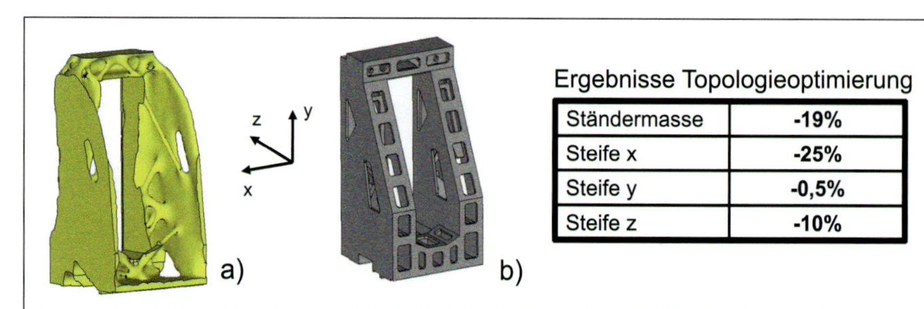

Ständermasse	-19%
Steife x	-25%
Steife y	-0,5%
Steife z	-10%

Abb. 16 Beispiel für einen Leichtbauständer durch bionisch inspirierte Topologieoptimierung a) Topologieoptimierung, b) konstruktive Interpretation (Neugebauer et al. 2010)

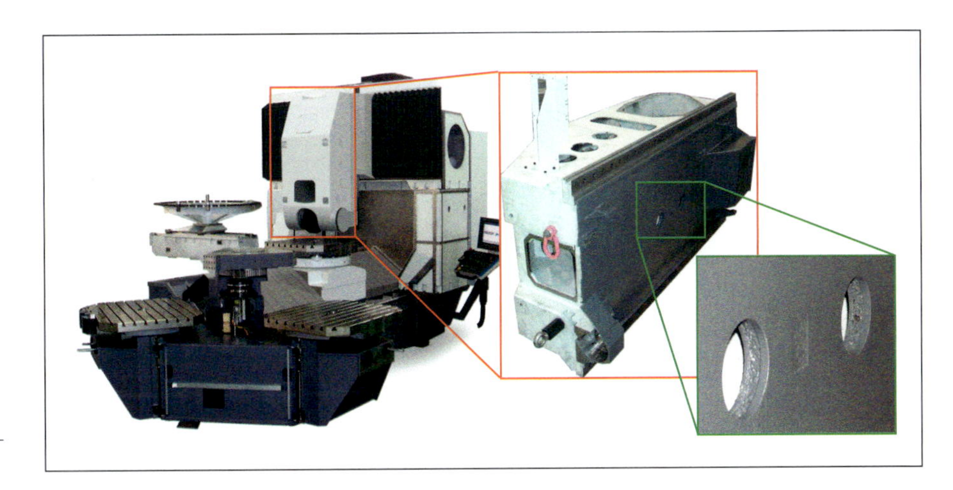

Abb. 17 Mikron HPM 1850 U (ohne Umhausung) mit Universalschlitten in Metallschaumbauweise (Neugebauer et al. 2011)

Maschinenbaugruppen besser zu dämpfen oder aber das Eigenschwingungsverhalten positiv zu beeinflussen.
Der praktische Nachweis der vorhergesagten Vorteile des Werkstoffs Aluminiumschaum gelang vielfach. Stellvertretend für alle bereits gefertigten Baugruppen sei der Universalschlitten einer Hochleistungs-Fräsmaschine für den Werkzeug- und Formenbau genannt (vgl. Abb. 17).
Der Maschinenschlitten ist überwiegend aus zugeschnitten Aluminiumschaum-Sandwiches mit stark unterschiedlichen Deckblechdicken aufgebaut, welche durch Schweißen zu einer Baugruppe zusammengefügt wurden. Mit diesem individuellen Schichtaufbau konnten die spezifischen Belastungsanforderungen sehr gut erfüllt werden. Der Sandwich-Schlitten wurde in seiner Masse um über 30 % gegenüber einer reinen Stahlkonstruktion reduziert. Dabei erhöhten sich die dynamische Steifigkeit und insbesondere die Dämpfung. Dies führt unter anderem zu einem sehr guten dynamischen Verhalten mit optimaler Genauigkeit und Oberflächengüte am Werkstück.

Beispiel: Leichtbauschlitten aus CFK

Sind die durch Topologieoptimierung und Strukturleichtbau möglichen Potenziale ausgereizt, entsteht ein Zielkonflikt, der alternative Maßnahmen notwendig macht. Diese Problematik ist unter anderem bei Laserschneidanlagen relevant. Das Beschleunigungsvermögen des etwa 3,5 m langen Querbalkens einer Maschine, der mit zwei asynchron verfahrbaren Lasereinheiten bestückt ist, sollte auf 2,5 g erhöht werden. Die FEM-Simulation der bereits optimierten Stahlvariante zeigte, dass die gewünschte Dynamikerhöhung allein mit metallischen Werkstoffen nicht zu erzielen ist. Hier hat sich gezeigt, dass ein Querbalken in Kohlenstofffaser-Verbundbauweise deutlich positive Effekte hatte.
Der entwickelte Querbalken kann als Referenz im Werkzeugmaschinenbau betrachtet werden. Es wurde nicht nur die Masse halbiert, sondern gleichzeitig die Bauteilsteifigkeit verdoppelt. Gegenüber der optimierten Stahlvariante führte das in der Summe zu einer Erhöhung der dynamischen Steifigkeit um den Faktor 4 und einer Produktivitätssteigerung um 70 %.
Gleichzeitig ist es erforderlich, eine geeignete Herstellungstechnologie zu entwickeln. Dazu wurden Untersuchungen zur Automatisierbarkeit des Fügeprozesses sowie zu Kosteneinsparungspotenzialen durchgeführt. Nach Aussagen des Maschinenherstellers amortisieren sich durch die Produktivitätssteigerung die Mehrkosten der CFK-Variante nach 3,5 Monaten. Mit dem Querbalken konnte bewiesen werden, dass sich der Einsatz von Faserverbundbauteilen im Werkzeugmaschinenbau nicht nur technisch, sondern auch betriebswirtschaftlich lohnen kann.

2.4.3 Energieeffizienz durch Antriebs- und Bewegungsredundanz

Wie bereits dargestellt, ist die Nutzung von Bewegungsredundanzen als energieeffizientes Bewegungsprinzip neben der bionisch-orientierten Gestaltung von Werkzeugmaschinenstrukturen ein weiterer Erfolg versprechender Weg, positiv auf den Energieverbrauch einzuwirken. Die Überlagerung von Bewegungen mit einer niedrigen und einer hohen Dynamik kann an verschiedenen Beispielen in der Natur beobachtet (z. B. „die schreibende Hand") und als Bewegungsprinzip für spanende Werkzeugmaschinen umgesetzt werden (Abb. 18).
An vereinfachten Modellen einer Werkzeugmaschinen-NC-Achse sollen die Effekte der Bewegungsredundanz verdeutlicht werden. In Abbildung 19 sind das vereinfachte physikalische Modell a) und das Ersatzmodell b) dargestellt. Das Originalsystem besteht aus einem verfahrbaren Ständer mit der Gesamtmasse $m_{sum}=m_{1a}+m_{1b}+m_2$, wobei m_{1a} und m_{1b} starr miteinander verbunden sind, sodass sich ein 2-Massen-System ergibt. Praktisch wird die Führungsbandbreite durch die mechanische Eigenfrequenz begrenzt.

V

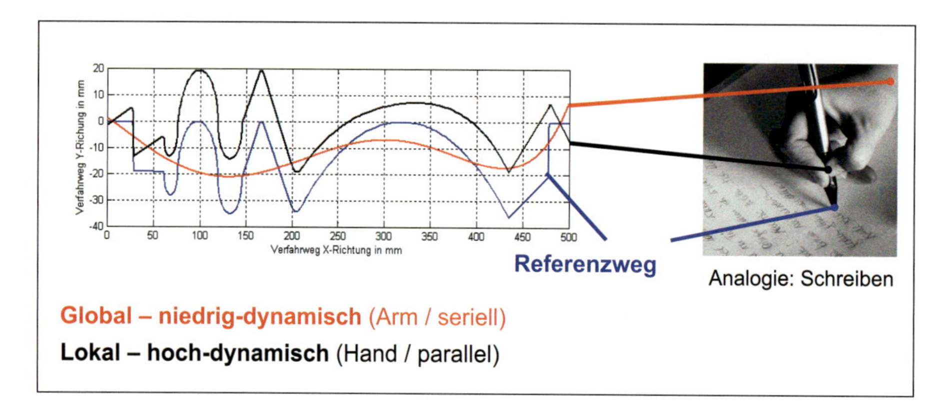

Abb. 18 Grundprinzip der Bewegungsredundanz

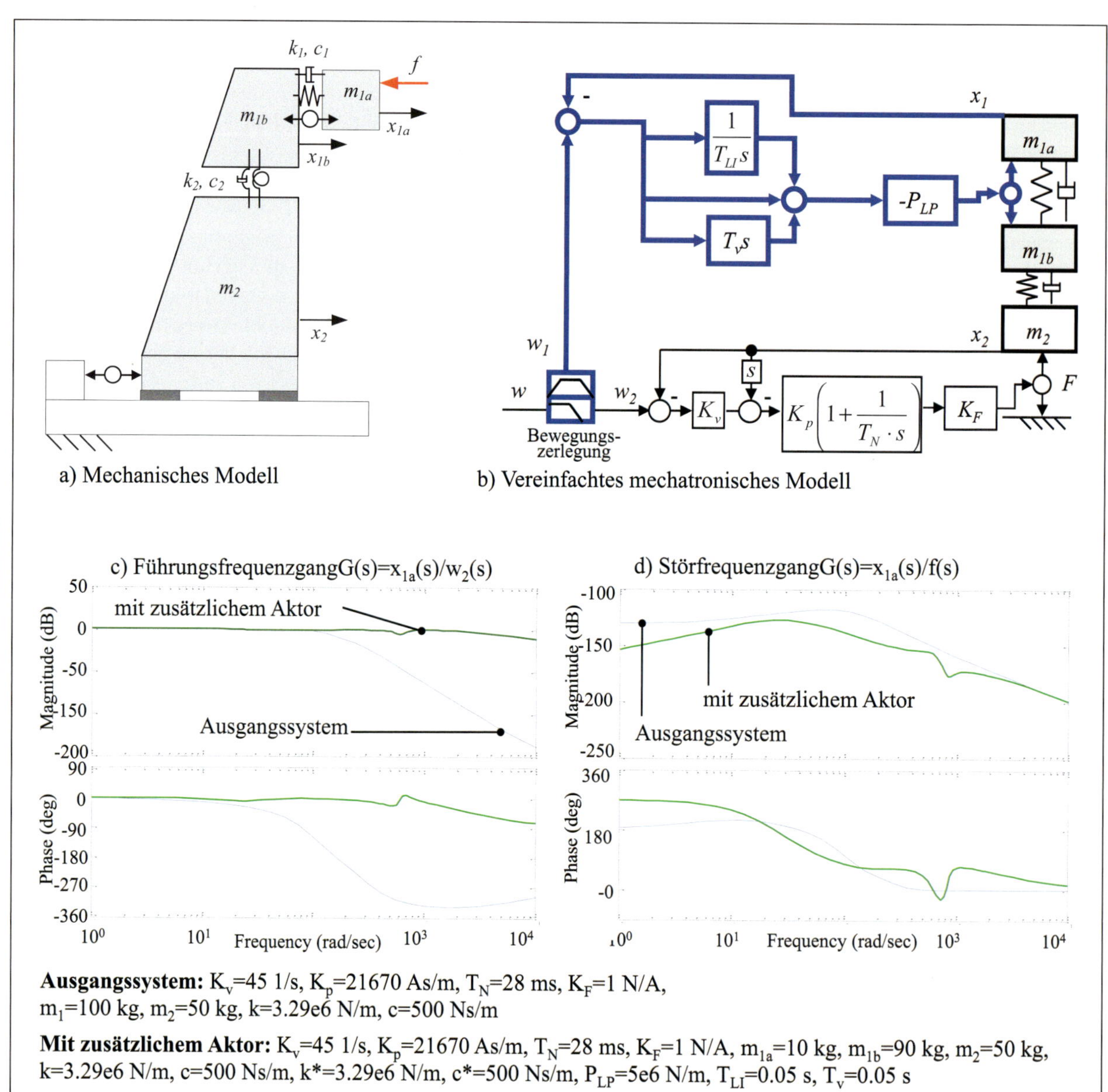

Abb. 19 Vereinfachtes physikalisches Modell a) und äquivalentes Simulationsmodell einer NC-Achse mit der die Führungsbandbreite begrenzenden Elastizität k_2 und einer redundanten Achse; Führungsfrequenzgänge c) und Störfrequenzgänge d) des Ausgangssystems und des redundanten Systems

Abb. 20 Realisierte Scherenkinematik am Fraunhofer IWU Chemnitz

Das Führ- und Störübertragungsverhalten dieses Originalsystems ist jeweils in c) und d) dargestellt. Man erkennt deutlich die Bandbreitengrenze bei ca. 100 rad/sec.
Durch die Integration eines zweiten, in Vorschubrichtung wirkenden Wegaktors ergibt sich das bewegungsredundante System. Der Zusatzantrieb wird vereinfacht mit einem PID-Regler versehen. Unter der Annahme, dass die maximale Hublänge des Zusatzantriebs nicht überschritten wird, kann eine vereinfachte Sollwertaufteilung auf Basis von Filtern verwendet werden. Somit ergeben sich die in c) und d) dargestellten funktionalen Verbesserungen im Führungs- und Störverhalten.
Ein Anwendungsbeispiel sind Großwerkzeugmaschinen. Aufgrund der Widersprüchlichkeit der Anforderungen hinsichtlich hoher Vorschubgeschwindigkeiten, großer Antriebsleistungen und geringer Massen gelangten bisherige Maschinenkonzepte für den Großwerkzeug- und Formenbau an ihre Grenzen. Besonders deutlich zeigt sich dies bei multifunktionalen Maschinen mit dem Widerspruch zwischen großem Arbeitsraum und hoher Maschinendynamik. Zur Lösung dieses Zielkonflikts wurde vom Fraunhofer-IWU in Zusammenarbeit mit mehreren Unternehmen das Konzept überlagerter Antriebsstrukturen in einem Maschinensystem auf Basis einer sogenannten Scherenkinematik umgesetzt. Diese kombiniert den großen Arbeitsraum einer seriellen Struktur mit der hohen Dynamik einer Parallelstruktur (vgl. Abb. 20).
Charakteristisch für dieses Konzept sind:

- Der Dynamikgewinn wird gezielt in einem begrenzten Bereich erreicht und damit die Dynamik von Verfahrbewegungen der seriellen Achsen erhöht.
- Die Maschineneigenschaften sind durch die dynamikorientierte Achs-Redundanz an den jeweiligen Verfahrensschritt anpassbar.

Im Rahmen systematischer Untersuchungen konnte nachgewiesen werden, dass die Nutzung dieses Bewegungsprinzips für spanende Bearbeitungsprozesse neben einer Verbesserung der Bearbeitungsqualität insbesondere zu einer Reduzierung der Bearbeitungszeit führt. Am Beispiel eines Testwerkstücks konnten Einsparungen von ca. 20 % realisiert werden.

2.4.4 Energieeffizienz durch mobile Maschinen

Völlig andere Wege beschreitet man bei der Erhöhung der Ressourceneffizienz in der Produkt- und Technologiegestaltung mit der mobilen Bearbeitung. Die konventionelle Bearbeitung von großdimensionalen Bauteilen erfordert entsprechend große Maschinen mit entsprechend großem Arbeitsraum. Wenn an diesen Bauteilen jedoch nur lokale Geometrien bearbeitet werden müssen, oder es möglich ist, große zu bearbeitende Formelemente in kleinere lokale Bearbeitungsaufgaben zu unterteilen, bietet sich die Bearbeitung mit mobilen Maschinen als energieeffiziente alternative Lösung an. Kerngedanke von mobilen Maschinen ist zum einen, dass das Werkstück deutlich größer als die Bearbeitungsmaschine sein kann, da die Bearbeitungsgenauigkeit durch Referenzierung an lokalen Werkstückelementen realisiert wird und der Kraftfluss teilweise über dem Werkstück verläuft – das Werkstück also temporärer Teil der Maschinenstruktur werden kann. Dadurch kann sowohl der Ressourceneinsatz für die mobile Maschine als auch der Energiebedarf beim Betrieb aufgrund geringerer zu bewegender Massen deutlich gesenkt werden. Zum anderen ist es aus energetischer und ökonomischer Sicht sinnvoll, anders als sonst üblich, die Maschine zum zu bearbeitenden Werkstück zu transportieren. Neben positiven Effekten durch die Verringerung zu bewegender Massen kann die Ausfallzeit von Maschinen und Anlagen aufgrund der entfallenden Transportzeit zu zentralen Servicestandorten minimiert werden. Weiteres Potenzial liegt in der Bearbeitung von Komponenten im eingebauten Zustand, wodurch Montageaufwände entfallen (Abb. 21).
Neben den genannten direkten Effekten auf die Energie- und Ressourceneffizienz ergeben sich durch die mobile Bearbeitung neue Potenziale in der Produktentwicklung. Durch die entfallenden Größenbeschränkungen bei Werkstücken und Systemen kann die heute häufig notwendige Differentialbauweise völlig neu gestaltet werden. Insbesondere die Genauigkeit des Gesamtsystems ist hier nicht mehr abhängig von der Genauigkeit der Einzelsysteme bzw. -komponenten, da Toleranzketten nicht mehr generell als genauigkeitsbestimmender Faktor berücksichtigt werden müssen. Alternativ ergibt sich die Möglichkeit, ohne Umwege die Integralbauweise anzuwenden, wodurch zu bearbeitende Kontaktelemente und damit Bearbeitungs-

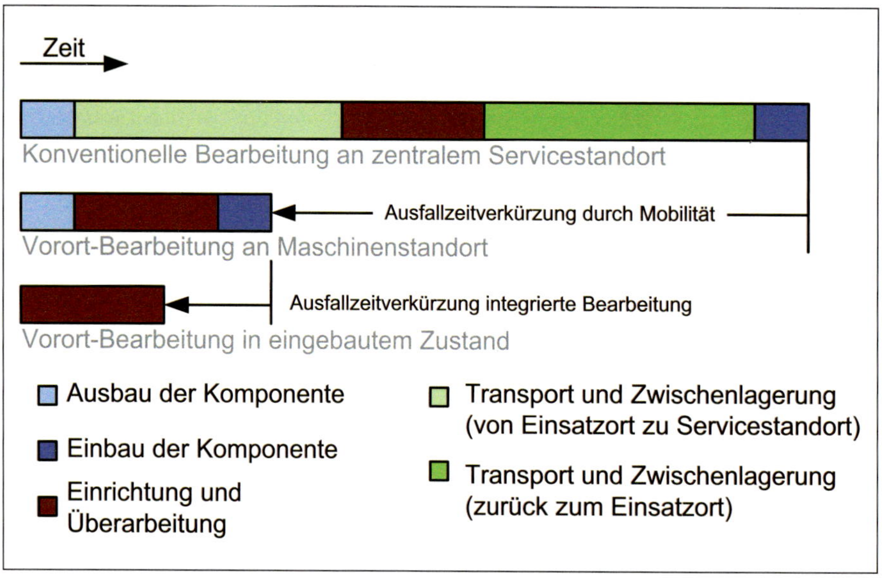

Abb. 21 Ausfallzeitreduzierung durch Vor-Ort-Bearbeitung mit mobilen Maschinen

schritte und Montageaufwände entfallen. Aus funktionaler Sicht kann zusätzlich eine höhere Gesamtsteifigkeit erzielt werden, da Montageschnittstellen im Regelfall als zusätzliche elastische Elemente im System anzusehen sind. Diese Aspekte führen zusammengefasst zur Verringerung des Bearbeitungsaufwandes und damit letztendlich zu einer Erhöhung der Ressourceneffizienz durch Produktgestaltung.

Potenziale mobiler Maschinen hinsichtlich Energieeffizienz

Für Bauteile, bei denen das Verhältnis von den äußeren Abmessungen geschuldetem Platzbedarf innerhalb der Maschinenstruktur zu dem von der zu bearbeitenden Geometrie eingeschlossenem Raum (benötigter effektiver Arbeitsraum) sehr groß ist, resultiert eine ineffektive und ineffiziente Nutzung der Maschine. Denn für alle konventionellen Werkzeugmaschinen, bei denen das Werkstück in die Maschine eingelegt werden muss, sind dessen äußere Abmessungen für die Dimension des benötigenden Arbeitsraumes und somit die Gesamtgröße der Maschine bestimmend, was zu extremen Missverhältnissen zwischen theoretisch benötigter und vorhandener Maschinengröße führt. Ein erster Aspekt hinsichtlich mobiler Maschinen ist hier die Positionierung der Bearbeitungseinheit am Werkstück im Sinne lokaler Mobilität. Damit lässt sich die

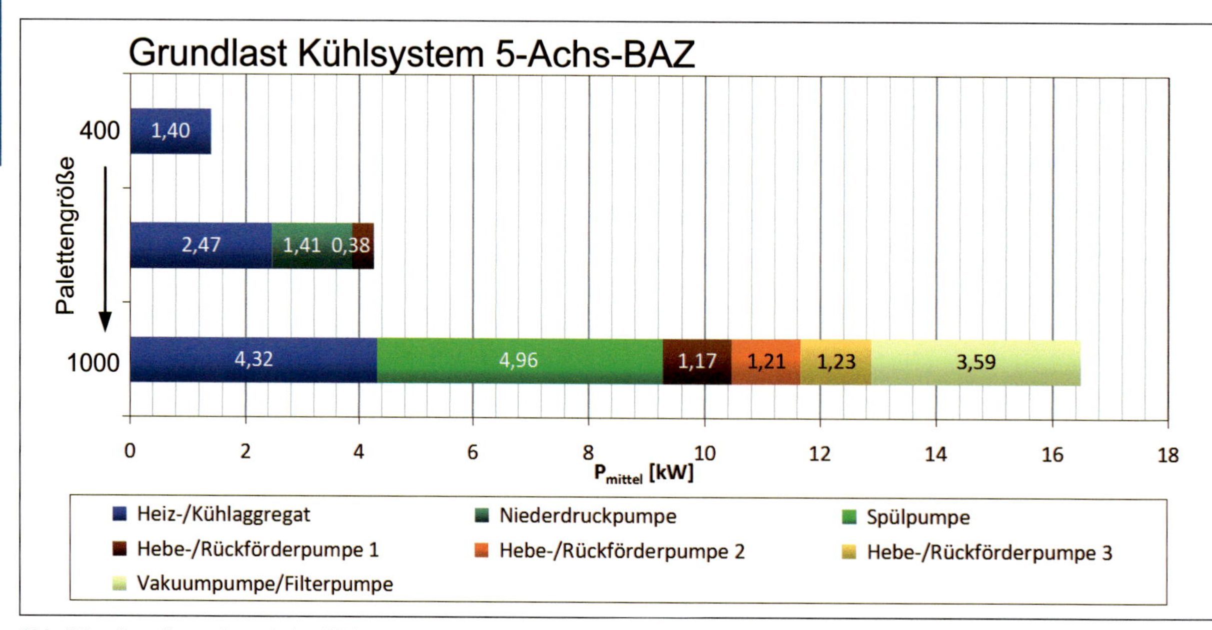

Abb. 22 Grundlastverbrauch des Kühlsystems von gleichartigen 5-Achs-BAZ verschiedener Größe

Abhängigkeit von Bauteilabmessung und Maschinengröße zum Teil auflösen. Energetisch relevante Aspekte hinsichtlich dieses Punktes sind demnach:

- geringere zu bewegende Massen → niedrigere Lasten und damit sinkender Energieverbrauch und kleinere absolute Wirkungsgradverluste
- niedriger dimensionierte Verbraucher → geringerer Grundlastverbrauch und Betrieb in wirkungsgradgünstigen Lastbereichen (Abb. 22)
- weniger Peripherie zur Maschinenbeherrschung → weniger Verbraucher in Grund- und Betriebslast (Abb. 22)
- geringerer Energieeinsatz bei der Herstellung der Maschine.

Durch die Tatsache, dass sich das Prinzip der Positionierung von Maschinen am Werkstück auf leichte und autarke Bearbeitungseinheiten stützt, ergeben sich auch für den Aspekt des Maschinen- bzw. Werkstücktransports neue Ansätze. Besonders in der Instandhaltung großer Maschinen und Anlagen besitzen kleine mobile Maschinenstrukturen große Potenziale. Der Transport der zum Teil mehrere Tonnen schweren Komponenten an zentrale Servicestandorte nimmt enorme Ressourcen in Anspruch. Durch kleine mobile Maschinen könnte dies umgangen und stattdessen die Maschinensysteme an den Einsatzort der Anlage gebracht werden, wo mit ihrer Hilfe die Bearbeitung vor Ort erfolgen kann. Hier wird das Prinzip der globalen Mobilität der Maschine genutzt.

Aufbauprinzipien

Betrachtet man konventionelle Werkzeugmaschinen, ist die Schnittstelle zum Werkstück in der Regel eine Spannvorrichtung, die den Kraftfluss schließt. Die Position des Werkstückes innerhalb der Maschine ist dort definiert über die geometrischen Beziehungen in der kinematischen Kette bis hin zum TCP (Tool Center Point). Für mobile Maschinen treten allerdings neue Randbedingungen hinsichtlich Referenzierung und Fixierung auf. Grundlegend kann zunächst unterteilt werden (Abb.23):

- direkte Kopplung zwischen Maschine und Werkstück, geschlossener Kraftfluss innerhalb dieses Systems
- indirekte Kopplung zwischen Maschinen und Werkstück, Kraftfluss durch zwischengeschaltete Systeme (z.B. Hallenboden, Aufnahmevorrichtung etc.).

Ein weiteres Unterscheidungsmerkmal ist die Art der Positionierung des lokalen Arbeitsraumes am Werkstück. Neben der manuellen Positionierung und damit stationären Festlegung des Bearbeitungsbereiches kann der Positionierungsprozess auch autonom erfolgen. Dadurch wird es möglich, den lokalen Arbeitsraum der mobilen Maschine auf dem Werkstück zu verschieben und diskret verteilte

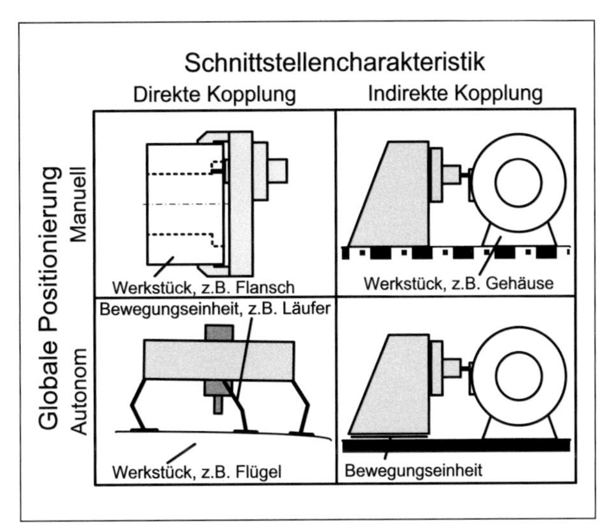

Abb. 23 Grundkonzepte mobiler Maschinen

Geometrien zu bearbeiten (Abb. 24). Die unterschiedlichen Konzepte führen zu entsprechend differenziert zu betrachtenden Eigenschaften und Randbedingungen beim Einsatz mobiler Maschinen.

Direkte Kopplung führt zu einem kurzen mechanischen Steifigkeitspfad und einem innerhalb des Systems geschlossenen Kraftfluss, was zu einer Minimierung der Fehlereinflüsse führt. Allerdings muss das Werkstück neben den Prozesskräften unter anderem auch die Gewichtskräfte der Maschine aufnehmen. Dies und der Punkt, dass es gleichzeitig als eine Art Maschinenbett fungiert, führt dazu, dass die Steifigkeitseigenschaften des Werkstückes ein entscheidender Faktor für die Anwendung sind und bei Planung und Auslegung grundsätzlich mit einbezogen werden müssen.

Anwendung des Prinzips

Die Vorteile des Prinzips der mobilen Bearbeitung liegen auf der Hand. Die entscheidende Aufgabe ist es, maschinentechnische Lösungen zu entwickeln, um die grundsätzlichen Potenziale wirtschaftlich und qualitätsgerecht in die Anwendung zu übertragen.

Abbildung 24 zeigt eine Lösungsvariante. Hier liegt ein zu bearbeitender Rotor in einer einfachen Lünette. Um den Rotor wurde vor Ort ein Rahmen gebaut und montiert, mit dem die Komponenten einer 5-Achs-Fräsmaschine in Parallelkinematik verbunden wurden. Mit Steuerschrank und Nebenaggregaten entstand ein einsatzfähiges Bearbeitungszentrum direkt am Werkstück.

Eine alternative Lösungsvariante für Gasturbinen ist in Abbildung 25 dargestellt.

Mobile Maschinen werden heute an mehreren Stellen zur Reparatur von Kraftwerksrotoren eingesetzt. Vorrangiges Ziel ist das Abfräsen von Oberflächen, auf denen sich

V

1 – Lünette
2 – Turbinenrotor
3 – Rahmen
4 – Kardan-Gelenk
5 – Strebe
6 – Hauptspindel
7 – Schaltschrank

Abb. 24 Mobile Maschine am Rotor einer Gasturbine (Ihlenfeldt et al. 2011)

Mikrorisse gebildet haben. Auf diese Weise wird das Risswachstum unterbrochen.

Die Bearbeitung kann von oben oder von der Seite erfolgen. Für die notwendige Drehung der Rotoren werden je nach Einsatzort unterschiedliche Lösungen realisiert. In einem Fall wurde zum Beispiel der Hallenkran als Antrieb benutzt. Mit einem absolut messenden Drehgeber, der als Option angeboten wird, kann die Drehposition nachträglich bestimmt und das Koordinatensystem der Maschine entsprechend korrigiert werden.

Eine andere Anwendung ist die Überarbeitung von Papierwalzen direkt am Einsatzort (vgl. Abb. 26). Als Fertigungsverfahren kommt hier ein kraftgeregeltes Schleifen zum Einsatz. Damit können die Steifigkeitsnachteile mobiler Lösungen kompensiert werden. Die Idee konnte durch Anwendung folgender Prinzipien angewendet werden:

- Scannen der Oberfläche des Rotors mit der geforderten Genauigkeit und entsprechender Winkelauflösung
- Erstellung eines Modells für den kraftgeregelten Schleifprozess
- Umsetzung eines echtzeitfähigen Regelprozesses auf entsprechend robuster Hardware für den mobilen Einsatz.

Abschließend soll hier noch ein Beispiel für die Neuanfertigung von Großteilen gezeigt werden. Konkret handelt es sich um Großteile für Wasserkraftwerke. Hier wurde eine mobile Maschine mit einem einfachen Positioniersystem variabel auf dem Teil positioniert. Das Positioniersystem hat nur Handlingsaufgaben. Die Genauigkeit wird durch Messung der Position der Spindel im Bezug zum Werkstückkoordinatensystem erreicht. Der Vorteil dieser Lösung liegt in dem geringen Gewicht und der kurzen Implementierung einer solchen Maschine am Einsatzort (Abb. 27).

Im Bereich der mobilen Werkzeugmaschinen liegt in Zukunft ein Schwerpunkt auf der Entwicklung von Kopplungsprinzipien zwischen Maschine und Werkstück. Weitere Forschungsarbeiten befassen sich mit wirtschaftlichen Bewertungsmodellen und Assistenzsystemen.

Abb. 25 Mobile Maschine in seitlicher Position (Ihlenfeldt et al. 2011)

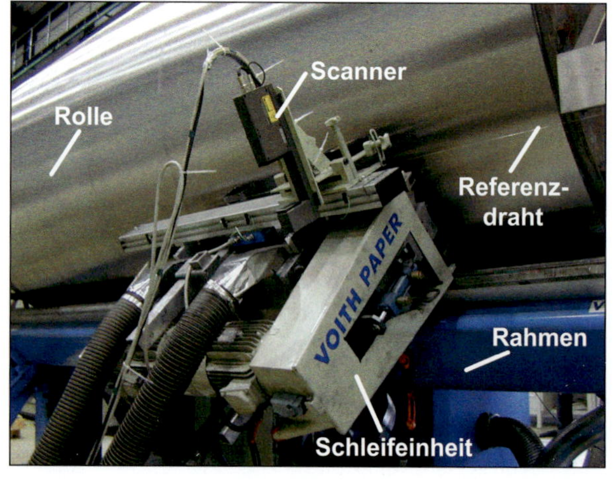

Abb. 26 Mobiles Schleifsystem (Teststand)

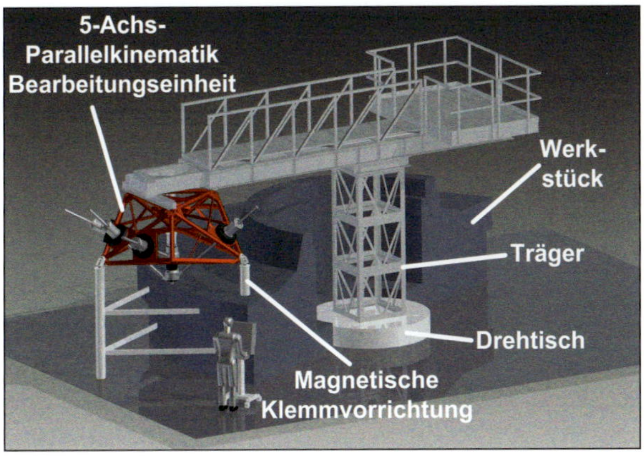

Abb. 27 Mobile Maschine für Bearbeitung von Wasserturbinen (Ihlenfeldt et al. 2011)

2.4.5 Energieeffizienz durch thermisch robuste Maschinen

Bis zu 80 % aller im Maschinenbau auftretenden Maßabweichungen sind auf thermisch bedingte Verformungen und Verlagerungen zurückzuführen. Dies resultiert aus ständig steigenden Genauigkeitsanforderungen, dem Betrieb im instationären Zustand, dem Trend zur Trockenbearbeitung und der immer weiter steigenden Leistungsdichte von Werkzeugmaschinen. Zusätzlich wird zukünftig aus Effizienzgründen die Minimierung von Kühlleistungen an Bedeutung gewinnen, um den Grundlast-Energiebedarf von Maschinen und Komponenten zu senken. Um das Ziel der Null-Fehler-Produktion zu erreichen und somit neben einer hohen Produktivität auch ein hohes Maß an Energie- und Ressourceneffizienz zu erlangen, ist die Reduzierung thermisch bedingter Fehler in der Produktion eine besonders große Herausforderung.
Abweichungen der Werkzeugposition infolge thermisch bedingter Verformungen und Verlagerungen können durch Korrektur- und/oder Kompensationsmaßnahmen verringert werden. Bei der Korrektur von Positionsfehlern werden dabei inversive Vorgaben zur steuerungsintegrierten Verarbeitung von Soll- und Istwerten der Lageregelung von Vorschubachsen erzeugt. Die Berechnungen stützen sich in diesem Zusammenhang auf Modell- und Messwerte. Im Gegensatz dazu werden beim Kompensieren interne Komponenten physisch beeinflusst, um thermisch bedingte Verlagerungen an der Prozessstelle zu minimieren bzw. ganz aufzuheben.
Um effektive Lösungen zur Verbesserung des thermischen Verhaltens von Werkzeugmaschinen zu erreichen, ist es denkbar, zuerst innere Wärmequellen zu reduzieren, darauf folgend vorhandene Temperaturfelder zu homogenisieren und letztendlich unvermeidbare Verzerrungsfelder zu egalisieren. Konkret werden hierbei verschiedene Ansätze verfolgt.

Durch Integration von Aktoren in den Antriebsstrang von Werkzeugmaschinen kann beispielsweise die Vorspannung im Kugelumlauf von Gewindetrieben fremd- bzw. selbstgeregelt beeinflusst werden. Die dabei vorgesehenen Stellelemente arbeiten auf Grundlage des Formgedächtniseffektes. So wird es möglich sein, die Reibung und damit auch die Erwärmung und den Verschleiß im System zu reduzieren.
Mit dem Einsatz von „PhaseChangeMaterials“ (PCM) in Metallschaumverbünden ist es des Weiteren möglich, thermische Lastspitzen zu reduzieren. Hierbei werden Materialien eingesetzt, die in niedrigen Temperaturbereichen einen ausgeprägten Phasenwechsel aufweisen. Durch Infiltration von Metallschäumen mit PCM können infolge der Phasenumwandlung Wärmeströme im jeweiligen Arbeitsbereich temperaturneutral aufgenommen bzw. abgegeben werden.
Da insbesondere großvolumige Bauteile, wie beispielsweise Maschinengestelle, als Folge von räumlichen Temperaturschichtungen dazu neigen, sich zu verwölben, wird die steuerungsinterne Korrektur wesentlich erschwert. Dieser Effekt kann durch gezielte Variation der Materialeigenschaften deutlich reduziert werden. Ermöglicht wird dies beispielsweise durch gradierte Strukturen. Durch einen über der Bauteilhöhe variablen Ausdehnungskoeffizienten lässt sich bei Mineralgussbetten ein gerichtetes und damit ebenes Dehnungsverhalten erzielen.
Grundlegend ist erkennbar, dass Kompensationsmaßnahmen als Basis für effiziente Korrekturmaßnahmen dienen können. Dabei nutzen energieoptimale technische Lösungen semiaktive und/oder passive Materialeffekte aus. Die grundlegende Funktion der beschriebenen Ansätze zur Kompensation von thermisch bedingten Verlagerungen in Werkzeugmaschinen konnte bereits in Versuchen nachgewiesen werden. Das Ziel ist es, die dabei gewonnenen Erkenntnisse in komplexe Werkzeugmaschinen zu integrieren.

Beispiel: Thermoaktive Aktorik

Ein Ansatz zur Minimierung thermoelastisch verursachter Fehler am Werkstück ist die gezielte Steuerung von Wärmeströmen in Gestellbaugruppen. Ziel ist das schnelle Erreichen eines Beharrungszustandes mit möglichst homogenem Temperaturfeld und dessen längstmögliche Beibehaltung. Der hier vorgestellte kompensatorische Ansatz zur Genauigkeitswahrung basiert auf dem Einbringen zusätzlicher Wärmekapazitäten sowie deren bedarfsgerechter Ansteuerung durch schaltbare Wärmeübergänge. Durch eine erhöhte thermische Trägheit werden Temperaturschwankungen abgeschwächt und eine Maschine kann dadurch auch unter inhomogenen thermischen Lastbedingungen länger im thermisch optimalen Bereich betrieben werden.

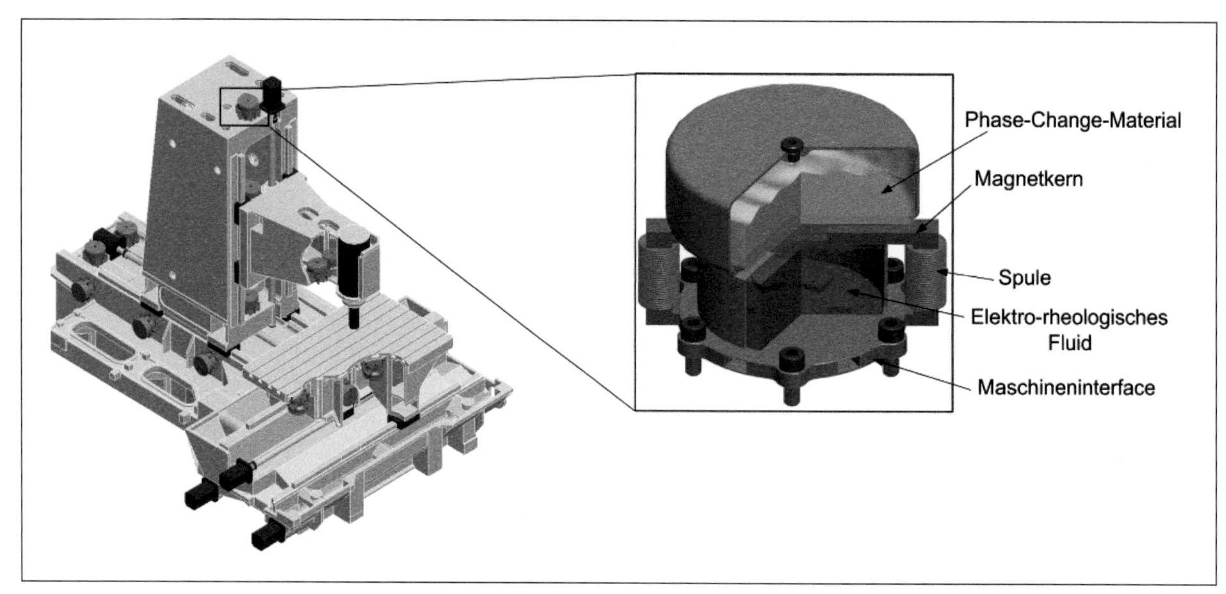

Abb. 28 Mögliche Platzierung thermischer Tilger an der Maschinenstruktur (links), Aufbau eines thermischen Tilgers (rechts) (Neugebauer 2011)

Zur Realisierung dieser thermischen Trägheit kommen dabei Latentwärmespeicher auf Basis von PCM zum Einsatz. Diese zeichnen sich durch eine hohe Schmelzenthalpie aus, wodurch im Schmelzbereich des Materials große Mengen thermischer Energie ohne spürbare Änderung der Temperatur aufgenommen werden können. Nachteilig ist dabei die geringe thermische Leitfähigkeit der betrachteten Materialien, der durch Einbettung in eine Metallschaum-Matrix entgegengewirkt wird. Dies ermöglicht eine Steigerung der Wärmeleitfähigkeit λ von 0,2 W/mK auf etwa 20 W/mK.

Um außerhalb des Beharrungszustandes einer Verschlechterung des thermischen Übergangsverhaltens durch die erhöhte thermische Trägheit entgegenzuwirken, wird der Wärmespeicher mithilfe schaltbarer Wärmeübergänge an die zu beeinflussenden Maschinenkomponenten angekoppelt. Dabei werden zwei Möglichkeiten betrachtet: Formgedächtnislegierungen (FGL) und magnetorheologische Fluide (MRF).

Die Eigenschaften thermischer Formgedächtnislegierungen ermöglichen zwei Wirkprinzipien: Die Änderung der Wärmeleitung des Werkstoffes durch Phasenumwandlung sowie eine geometrische Änderung der Kontaktbedingungen. Die thermische Aktivierung des Materials ermöglicht dabei sogar einen energieautarken Einsatz. In ersten Untersuchungen konnte eine Wärmebrücke sowohl mit aktiv erhitztem als auch mit autark reagierendem FGL-Element geschaltet werden. Dabei war durch das Öffnen und Schließen einer Luftlücke eine Änderung der Wärmeleitfähigkeit der Anordnung um den Faktor 47 möglich.

Magnetorheologische Fluide als zweite Möglichkeit bestehen aus einer Suspension ferromagnetischer Partikel in einem Trägermedium. Unter Einwirkung eines Magnetfeldes ordnen sich die Partikel in kettenartigen Strukturen an und ermöglichen somit eine richtungsabhängige Änderung der Wärmeleitung. Bei Untersuchungen mit kommerziell verfügbarem MRF (optimiert hinsichtlich der mechanischen Eigenschaften) konnte eine Erhöhung der Wärmeleitfähigkeit um den Faktor 1,9 durch Einwirken eines äußeren Magnetfeldes bewirkt werden (Abb. 28).

Literatur

Abdi, M. R., 2009: Fuzzy multi-criteria decision model for evaluating reconfigurable machines. International Journal of Production Economics, 117:1–15.

Aggogeri, F.; Mazzola, A.; Merlo, A., 2010: Multifunctional structure solutions for Ultra High Precision (UHP) machine tools. The International Journal of Machine Tools & Manufacture, 50:366–373.

Axinte, D.A.; Abdul Shukor, S.; Bozdana, A.T., 2010: An analysis of the functional capability of an in-house developed miniature 4-axis machine tool. International Journal of Machine Tools & Manufacture, 50:191–203.

Brecher, C.; Hirsch, P., 2004: Compensation of thermo-elastic machine tool deformation based on control internal data. Annals of the CIRP, 53/1:299–302.

Bundesministerium für Bildung und Forschung (BMBF): Die Hightech-Strategie für Deutschland. BMBF 2006.

Dresig, H.; Holzweißig, F.: Dynamics of Machinery, Springer, Berlin/ Heidelberg, 2010

ElMaraghy, H.A., 2006: Flexible and reconfigurable manufacturing systems paradigms. International Journal of Flexible Manufacturing Systems, 17:261–276.

Ehrlenspiel, K.: Integrierte Produktentwicklung. München: Hanser 2009

EU: Ecodesign Directive 2006/32/EG.

Fricke, G.: Konstruieren als flexibler Problemlösungsprozess - Empirische Untersuchungen über erfolgreiche Strategien und methodische Vorgehensweisen beim Konstruieren. Düsseldorf: VDI-Verlag 1993

Hansen, H.N.; Eriksson, T.; Arentoft, M.; Paldan, N.: 2006. Design rules for micro factory solutions. 5th International Workshop on Microfactories (IWMF), 25.-27.10., Besançon, France, 1-4.

Hoffmann, F.: Optimierung der dynamischen Bahngenauigkeit von Werkzeugmaschinen mit der Mehrkörpersimulation, Werkzeugmaschinenlabor (WZL) RWTH Aachen, Aachen, Diss. 2008

Ihlenfeldt, S.; Neugebauer, R.; Drossel, W.-G.; Rentzsch, H.; Schwaar, M. (2011): Mobile Machines - An Approach for Energy Efficiency in Machining of Large Parts. 61st CIRP General Assembly, Budapest, Ungarn, 21.-27.08.2011.

*Kannan, M.; Saha, J., 2009. A feature-based generic setup planning for configuration synthesis of reconfigurable machine tools. International Journal of Advanced Manufacturing Technology, 43:*994-1009.

KfW-Bankengruppe: KfW-Befragung zu den Hemmnissen und Erfolgsfaktoren von Energieeffizienz in Unternehmen. Frankfurt am Main: KfW-Bankengruppe 2005

*Koren, Y. et al. 1999. Reconfigurable Manufacturing Systems. Annals of the CIRP, 48/2:*527-540.

Kroll, L.; Blau, P.; Wabner, M.; Frieß, U.; Eulitz; J.; Klärner, M.; 2011: Lightweight components for energyefficient machine tools, CIRP Journal of Manufacturing Science and Technology 4/2: 148-160.

Liow, J. L. 2009: Mechanical micromachining: a sustainable micro-device manufacturing approach? Journal of Cleaner Production, 17:662-667.

Melkert, S., 1999: Grinder. Patent WO 01/49451 A1, 31.12.1999.

Mitsuishi, M.; Warisawa, S.; Hanayama, R.; 2001: Development of an intelligent high-speed machining center. Annals of the CIRP, 50/1:275-280.

Moriwaki, T., 2008: Multi-functional machine tool. CIRP Annals - Manufacturing Technology, 57:736-749.

Mussa, S.; Zettl, G., 2011: Steigerung der Energieeffizienz in der Produktion: Energieeffiziente Produktionsmaschinen. 4. Fachtagung - Energieeffiziente Fabrik in der Automobilproduktion, 08./09.02., Munich, Germany.

Neugebauer, R.; Wittstock, V.; Gländel, J.; Pätzold, M.; Schumann, M.: VR-tools for the Development of Energy-Efficient Products. In: Energieeffiziente Produkt- und Prozessinnovationen in der Produktionstechnik: 1. Internationales Kolloquium eniPROD, Chemnitz, 2010, S. 657-676.

Neugebauer, R.; Wittstock, V.; Klimant, P.; Hein, J.: VR-unterstützte Simulation von NC-Programmen. ZWF Zeitschrift für wirtschaftlichen Fabrikbetrieb * Band 105 (2010) Heft 7/8, Seite 687-692.

Neugebauer, R.; Klimant, P.; Wittstock, V.: Virtual-Reality-Based Simulation of NC Programs for Milling Machines. CIRP Design Conference, 2010, Nantes, France, 2010

Neugebauer, R.; Ihlenfeld, S.; Wabner, M.; Treppe, F.; Kunze, H.; Müller, B.; Bucht, A.; Hohlfeld, J.; Frieß, U.; Rentzsch, H.: Ressourceneffiziente Werkzeugmaschinen- und Prozessgestaltung, Nachhaltige Produktion, 2011, Hannover, S. 47-72.

Neugebauer, R; Wabner, M.; Ihlenfeldt, S.; Frieß, U.; Schneider, F.; Schubert, F.: Bionics Based Energy Efficient Machine Tool Design, CIRP Procedia, Volume 3, 2012, Pages 561-566

Oertli, T.: Strukturmechanische Berechnung und Regelungssimulationvon Werkzeugmaschinen mit elektromechanischen Vorschubantrieben, Diss.,TU München, München, 2008

Pahl, G.; Beitz, W.: Konstruktionslehre. Berlin: Springer 1977

Pahl, G.; Beitz, W.; Feldhusen, J.; Grote, K.-H.: Konstruktionslehre, 7. Auflage. Berlin: Springer 2007

Rodenacker, W.G.: Methodisches Konstruieren. Konstruktionsbücher, Bd. 27. Berlin: Springer 1970

Roth, K.: Konstruieren mit Konstruktionskatalogen. Berlin: Springer 1982.

Schwaar, M.; Schwaar, T.; Ihlenfeldt, S.; Rentzsch, H., 2010: Mobile 5-axes machining centres. ICMC 2010-Sustainable Production for Resource Efficiency and Ecomobility, 29./30.09., Chemnitz, Germany.

Suh, N.P.: The Principles of Design; Oxford University Press; Oxford 1990

Vajna, S: Grundlagen der Modellierung von Prozessen in der Produktentwicklung. 2007; http://www.pronavigate.com

VDI-Richtlinie 2206: Entwicklungsmethodik für mechatronische Systeme. Berlin: Beuth-Verlag 2004

VDI-Richtlinie 2221: Methodik zum Entwickeln und Konstruieren technischer Systeme und Produkte. Düsseldorf: VDI-Verlag 1993

VDI-Richtlinie 2222: Blatt 1-Konzipieren technischer Produkte; Blatt 2 - Erstellung und Anwendung von Konstruktionskatalogen. Düsseldorf: VDI-Verlag 1997

Weber, C.: Looking at „DFX“ and „Product Maturity“ from the Perspective of a new Approach to Modelling Berlin 2007

Wittstock, V., 2007: Piezobasierte Aktor-Sensor-Einheiten zur uniaxialen Schwingungskompensation in Antriebssträngen von Werkzeugmaschinen, Zwickau, Verlag Wissenschaftliche Scripten.

Yoshikawa, H.: General Design Theory and a CAD System, in Sata, T., Warman, E. (eds.), Man-Machine Communication in CAD/CAM, North-Holland, Amsterdam, pp. 35-58

Youssef, A. M. A.; ElMaraghy, H. A., 2007: Optimal configuration selection for reconfigurable manufacturing systems. International Journal of Flexible Manufacturing Systems, 19:67-106.

Zirn, O.; Weikert, S.: Modellbildung und Simulation hochdynamischer Fertigungssysteme, Springer, Berlin/Heidelberg, 2006

Zulaika, J.; Campa, F. J., 2009: New concepts for structural components. In: Machine Tools for High Performance Machining, London, Springer Verlag, 47-73.

3 Produktionsanlagen

Martin Naumann, Alexander Spiller, Matthias Gläßle, Ulrich Strohbeck, Wolfgang Klein

V

3.1 Energieeffizienz in der Robotik

Martin Naumann, Alexander Spiller, Matthias Gläßle

In diesem Kapitel wird die Energieeffizienz von Robotern im Produktionsumfeld betrachtet. Zunächst erfolgt ein Überblick über aktuelle Robotertechnologien. Danach werden die zwei wesentlichen Möglichkeiten zur Beeinflussung des Energieverbrauchs dargestellt. Dies sind zum einen die Konstruktion und technische Umsetzung der Roboter und zum anderen der Betrieb der Roboter in der Produktion, was sowohl planungstechnische Aspekte (z. B. Zellenlayout) als auch die Steuerung umfasst.

3.1.1 Grundlagen

Im vorliegenden Kapitel wird ein Überblick über die Grundlagen der Industrieroboter gegeben. Zuerst wird der Begriff Roboter definiert. Anschließend wird der Aufbau von Robotern thematisiert und unterschiedliche Einsatzgebiete von Robotern beschrieben. Darauf aufbauend werden Energieaspekte betrachtet.

3.1.1.1 Definition Roboter

Der Begriff Roboter wird für eine Vielzahl von Maschinen verwendet. Die Verwendung ist uneinheitlich und zum Teil widersprüchlich, da bis heute eine stattliche Anzahl von unterschiedlichen Definitionen existiert. Um Unklarheiten vorzubeugen, beschränken wir uns im Folgenden auf die Definition nach DIN EN ISO 8373.

„Industrieroboter, Roboter: Automatisch gesteuerter, frei programmierbarer Mehrzweck-Manipulator, der in drei oder mehr Achsen programmierbar ist und zur Verwendung in der Automatisierungstechnik entweder an einem festen Ort oder beweglich angeordnet sein kann." (CEN 1996)

Mobile Roboter sind ebenfalls Teil der Norm, sollen hier aber nicht weiter behandelt werden. Der Schwerpunkt dieses Kapitels liegt auf den ortsfesten Industrierobotern, die in der Produktion eingesetzt werden. In diesem Zusammenhang wird häufig der Begriff Universal-Roboter erwähnt. Es gibt keine einheitliche Definition für Universal-Roboter. Aber der Begriff wird in der Regel für vertikale Knickarm-Roboter (s. Abb. 1 links) mit fünf bis sieben Freiheitsgraden (unabhängigen Achsen) verwendet, die keine funktionseinschränkenden Spezialisierungen haben, z. B. nur Aufnahme für Lackiersystem und keinen Endflansch nach ISO 9409-1. Mit diesem universellen Robotertyp lässt sich die Mehrheit der Roboteranwendungen realisieren.

3.1.1.2 Aufbau von Robotern

In einem ersten Schritt können die Bestandteile eines Roboters den drei großen Bereichen Mechanik, Elektrotechnik und Software zugeordnet werden. In der Mechanik sind Maschinenelemente wie Getriebe, Lager und Gelenke zusammengefasst. Darüber hinaus werden die Armstruktur (samt Sockel und Verankerung) und die Kinematik der Mechanik zugeordnet. Im Bereich der Elektrotechnik sind alle elektrischen und elektronischen Baugruppen zu finden. Die wesentlichen Elemente sind elektrische Antriebe, Sensoren und Steuerungshardware. Die Steuerungsfunktionen und die Regelung werden abschließend in den Bereich Software eingeordnet.

Wie im vorigen Kapitel angesprochen gibt es eine hohe Typenvielfalt in der Robotik. Im mechanischen Aufbau kann in einem ersten Schritt zwischen seriellen und parallelen kinematischen Ketten (Siciliano 2009) differenziert

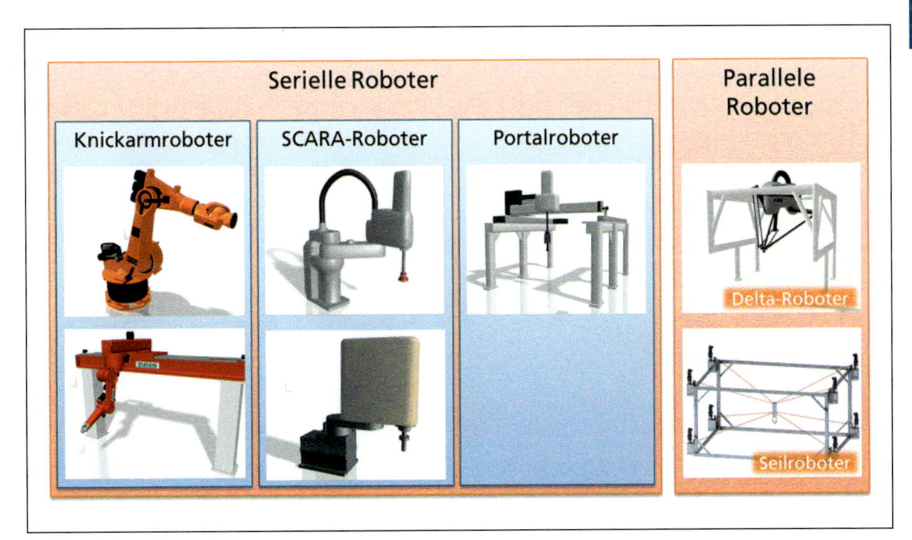

Abb. 1 Unterschiedliche Robotertypen in der Übersicht (Quelle: Fraunhofer IPA)

werden. In diesem Zusammenhang beschreibt eine kinematische Kette die Anordnung der Gelenke zueinander.

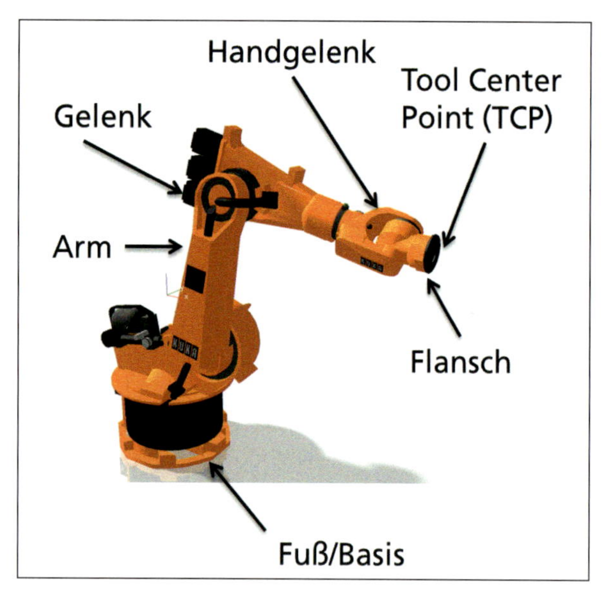

Abb. 2 Aufbau eines Knickarm-Roboters (Quelle: Fraunhofer IPA)

Bei einer seriellen Kette sind alle Gelenke hintereinander angeordnet. In Abb. 1 sind die wichtigsten Industrieroboter mit serieller kinematischer Kette dargestellt. Abbildung 2 zeigt den Aufbau eines Knickarm-Roboters. Mit einer seriellen Kette lassen sich mit geringem Aufwand sechs Freiheitsgrade realisieren. So erreicht ein Portal-Roboter mit seinen drei Hauptachsen jeden Punkt innerhalb seines Arbeitsraums. Wenn er darüber hinaus noch mit einer Hand ausgestattet ist, die über drei Achsen verfügt, kann der Endeffektor im Rahmen der mechanischen Grenzen jede Orientierung einnehmen. Der Aufbau von seriellen Industrierobotern ist sehr flexibel und für unterschiedliche Einsatzzwecke geeignet. Die Nachteile einer seriellen Kette sind sich addierende Positionierungsfehler, große bewegte Massen (Antriebe werden mitbewegt) und eine begrenzte Dynamik der Hauptachsen. Insbesondere bei Knickarm-Robotern müssen zudem Singularitäten berücksichtigt werden.

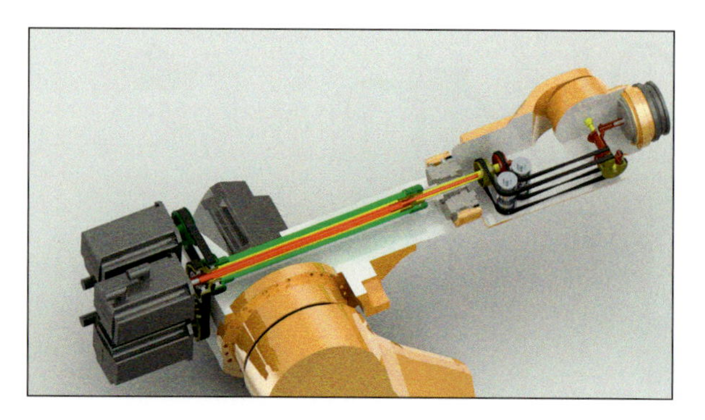

Abb. 3 Schnittbild Handachsantrieb (Krenz 2011)

Delta-Roboter arbeiten mit parallelen kinematischen Ketten, d.h. mehrere Achsen arbeiten parallel. Dies bringt spezifische Vor- und Nachteile mit sich. Generell wird eine hohe Maschinensteifigkeit und Genauigkeit erreicht, da Positionierungsfehler und Elastizitäten sich nicht entlang einer Gelenkkette fortpflanzen, was wiederum zu hohen Geschwindigkeiten und hohen Beschleunigungen führt. Die ungünstigen Eigenschaften bei typischen Deltakinematiken sind: ein kleiner Arbeitsraum, eine im Vergleich zum seriellen Roboter kompliziertere Bahnberechnung, eine Einschränkung der Orientierungsmöglichkeiten und ein schlechteres Nutzlast/Eigengewicht-Verhältnis. Die Anwendung von Delta-Robotern unterliegt daher engen Grenzen.

Seilroboter sind parallele Roboter, bei denen anstelle von starren Stäben - wie bei Delta-Robotern - Seile verwendet werden. Die bewegliche Plattform des Seilroboters führt das Werkzeug und wird durch die Seile gegenüber einer Tragstruktur abgespannt. Die Plattform wird durch die Seile fest an einen Ort einspannt, so dass sie Kräften und Momenten widersteht, ohne zu pendeln oder zu schwingen. Wenn die wirksame Länge der Seile durch Winden verändert wird, lässt sich die bewegliche Plattform in bis zu drei translatorischen und drei rotatorischen Freiheitsgraden bewegen.

3.1.1.3 Einsatzszenarien von Robotern

Industrieroboter werden für unterschiedliche Aufgaben eingesetzt. In Deutschland werden Industrieroboter hauptsächlich für Handhabungs- (ca. 52 %) und Schweißarbeiten (ca. 26 %) genutzt. Weitere relevante Einsatzszenarien sind Montieren (ca. 6 %), Beschichten (ca. 5 %) und Bearbeiten (ca. 3 %) (*World Robotics 2010*). Nachfolgend soll genauer auf Handhabungs- und Schweißszenarien eingegangen werden. „Handhabung" lässt sich hier in die Untergruppen Pick-and-Place, Palettieren und Maschinenbeschickung gliedern.

Pick-and-Place (P&P)-Aufgaben erfordern hochdynamische und präzise Bewegungen innerhalb eines kleinen Arbeitsraumes bei geringen Lasten (in der Regel kleiner 5 kg). Die Teile sind beispielsweise chaotisch auf Förderbändern angeordnet. Dies erfordert den Einsatz von Kameras und Bilderkennungssoftware. Auch werden optische Qualitätskontrollen durchgeführt, bevor ein Teil gegriffen wird. Ähnlich wie beim Palettieren müssen nur horizontale Ebenen erreicht werden. Beispielhaft sei hier das Verpacken von Pralinen genannt.

Beim Palettieren werden Produkte auf Paletten gestellt. Um eine hohe Produktivität zu gewährleisten, werden häufig mehrere Produkte gegriffen bzw. hohe Geschwindigkeiten gefahren. Die Produkte sind meist verpackt (häufig quaderförmig). Diese Aufgabenstellung benötigt nur die Erreichbarkeit von horizontalen Ebenen, d.h. der Roboter benötigt weniger Freiheitsgrade.

Eine weitere Untergruppe der Handhabung ist die Maschinenbeschickung. Halbzeuge werden in Produktionsmaschinen eingelegt oder Fertigteile werden entnommen. Der Roboter muss sich in engen Räumen bewegen. Dazu ist ein schlanker Aufbau von Vorteil. Die Traglasten können sehr unterschiedlich sein. Vom leichten Spritzgussteil (Kunststoffteil mit weniger als 1 kg) bis zum schweren Pressteil. Ein typischer Fall von Maschinenbeschickung ist die Pressenbedienung.

Im Hinblick auf Schweißszenarien lassen sich Punkt- und Bahnschweißen gegeneinander abgrenzen. Beim Punktschweißen werden mittels Schweißzangen Schweißpunkte erzeugt. Der Schweißpunkt verbindet meist zwei oder mehr Bleche. Um einen Schweißpunkt zu setzen, muss eine Zugänglichkeit von beiden Seiten gewährleistet sein. Der Roboter positioniert die Schweißzange an einer vorgegebenen Position. Dann schließt sich die Schweißzange (mittels pneumatischer oder elektrischer Aktoren) und der Schweißvorgang beginnt. Während des Schweißens wird die Position gehalten. Anschließend wird die Schweißzange geöffnet und der nächste Schweißpunkt angefahren.

Die Erzeugung einer Schweißnaht erfolgt mittels Bahnschweißen. Im Vergleich zum Punktschweißen ist hier die Medienführung anspruchsvoller, da in der Regel mehrere Medien (wie elektrischer Strom, Schutzgas, Schweißdraht, ...) zur Verfügung gestellt werden müssen. Aus diesem Grund werden Roboter mit einer integrierten Kabelführung und einem „hohlen Handgelenk" (engl. "hollow wrist") eingesetzt. Es kommen unterschiedliche Schweißverfahren zum Einsatz (u. a. MIG/MAG-Schweißen, Rührreibschweißen, Laserschweißen). Beim Bahnschweißen muss nur die Zugänglichkeit von einer Seite gewährleistet sein. Der Roboter muss eine hohe Bahngenauigkeit erreichen.

3.1.1.4 Energieverbrauch von Robotern

In diesem Abschnitt wird dargestellt, wie sich der Energiebedarf eines Industrieroboters zusammensetzt. Es wird dabei ein serieller, vollständig elektrisch betriebener Roboter betrachtet.

Ein Industrieroboter besteht aus dem eigentlichen Roboter (der Kinematik) und der Steuerung. Elektrisch betriebene Komponenten an der Kinematik sind die Motoren, die elektromechanischen Bremsen, die Drehgeber und eventuell vorhandene weitere Elektrik (Sicherheitstechnik, Endanschlagsüberwachung, SPS-Funktionen etc.). Innerhalb der Steuerung wird elektrische Energie zum Betrieb des Steuerungsrechners (Industrie-PC), der Lüftung/Kühlung, der Schutz- und Sicherheitseinrichtungen, einer eventuell vorhandenen SPS und zum Laden der Batterien für die unabhängige Stromversorgung verwendet.

Vergleicht man den Anteil am Energiebedarf während eines typischen Einsatzszenarios, so wird der größte Teil der Energie für die Motoren der Kinematik, für den Betrieb des Steuerrechners und für die Kühlung des Steuerschranks benötigt. Im Vergleich dazu sind alle anderen Bedarfe als nicht signifikant einzustufen.

3.1.1.5 Energiebedarf

Es soll nun betrachtet werden, wie sich der elektrische Energiebedarf insgesamt zusammensetzt:

$$E_{Gesamt} = E_{Motoren} + E_{Steuerungsrechner} + E_{Kühlung} + E_{Sonstiges}$$

Der Gesamtenergiebedarf E_{Gesamt} setzt sich also aus den im letzten Abschnitt genannten Energiebedarfen zusammen:

$E_{Motoren}$ Energiebedarf der Motoren,
$E_{Steuerungsrechner}$ Energiebedarf des Steuerungsrechners,
$E_{Kühlung}$ Energiebedarf zur Kühlung des Steuerschranks,
$E_{Sonstiges}$ alle anderen elektrischen Verbraucher.

Im Folgenden wird der Energiebedarf der Motoren näher betrachtet. Die anderen Energiebedarfe sind herstellerabhängig und daher nicht allgemein beschreibbar.

Betrachtet man den Energiebedarf der Motoren genauer, ergibt sich:

$$E_{Motoren} = E_{mechanisch} + E_{Verlust}$$

In einem ersten Schritt trennt man zwischen dem mechanischen Energiebedarf, der zur Bewegung der Kinematik benötigt wird, und zwischen Verlusten. In einem Roboter treten an verschiedenen Stellen Energieverluste auf, die nicht vernachlässigt werden dürfen. Man kann die Energieverluste trennen in:

$$E_{Verluste} = E_{Getriebe} + E_{Lager} + E_{Wandlung}$$

wobei

$E_{Getriebe}$ die Verluste durch Reibung in den Getrieben,
E_{Lager} die Verluste durch Reibung in den Lagern und
$E_{Wandlung}$ die Verluste durch die Wandlung der elektrischen Energie in mechanische Energie und die Verluste in den Leistungsverstärkern des Steuerschrankes

bezeichnen. Der mechanische Energiebedarf kann seinerseits weiter aufgeteilt werden:

$$E_{mechanisch} = E_{Körper} + E_{Last}$$

Hierbei bezeichnet $E_{Körper}$ die benötigte Energie, um die einzelnen Armglieder des Roboters zu bewegen, und E_{Last} die benötigte Energie zur Bewegung der eigentlichen vom Roboter zu tragenden Last. Dabei muss darauf geachtet werden, dass jegliche vom Roboter getragene Last einbezogen wird, also die tatsächliche Nutzlast, aber auch Nebenlasten, wie zusätzliche Verkabelungs- und Peripherieelemente, die in einigen Fällen einen großen Einfluss haben.

V

Um den Energiebedarf zur Bewegung der Armglieder und der Last zu modellieren, muss das an den Motoren des Roboters auftretende und zu überwindende Moment betrachtet werden:

$$M_{Motoren} = M_{mechanisch} + M_{Verluste}$$

$M_{Verluste}$ lässt sich nur schwer modellieren. Für Getriebe und Lagerverluste können geschwindigkeitsabhängige, der Bewegung entgegenstehende Reibmomente (viskose Reibung) und richtungsabhängige, fixe und der Bewegung ebenfalls entgegenstehende Reibmomente (Coulomb'sche Reibung) angenommen werden. Die Wandlungsverluste können den Datenblättern der Motoren und der Leistungsverstärker entnommen werden. Sie sind meist drehzahl-, leistungs- und betriebstemperaturabhängig.

$M_{mechanisch}$ kann mithilfe der inversen Dynamik eines Roboters ermittelt werden. Dabei wird der Roboter inklusive Last als ein mechanisches System von gekoppelten starren Körpern modelliert (s. z.B. Spong, Hutchinson, Vidyasager 2006). Wird nun eine Bewegungstrajektorie des Roboters vorgegeben, kann der Momentenverlauf zur Bewegung der Kinematik berechnet werden. Aus diesem Momentenverlauf kann dann über

$$E_{Kinematik,\, Trajektorie} = \sum_{k=1}^{n} \int \left(M_k(t) \cdot \omega_k(t) \right) dt$$

die während der Bewegung eingesetzte Energie berechnet werden, wobei n die Anzahl der starren Körper, $M_k(t)$ das am Körper k angreifende Drehmoment zum Zeitpunkt t und $\omega_k(t)$ die Rotationsgeschwindigkeit des Körpers k zum Zeitpunkt t beschreibt.

V

3.1.2 Gestaltung eines Roboters

Bei der Konstruktion eines Roboters gibt es unterschiedliche Zielsetzungen:

- Maximale Nutzlast
- Hohe Positioniergenauigkeit
- Hohe Wiederholgenauigkeit
- Großer Arbeitsraum
- Geringe Herstell- oder Betriebskosten
- Hohe mechanische Steifigkeit
- Hohe Geschwindigkeiten und Beschleunigungen
- Gute Energieeffizienz.

Diese Ziele sind zum Teil widersprüchlich. Die Anforderungen an einen Roboter sind abhängig von dem Aufgabenfeld, in dem der Roboter eingesetzt werden soll. Durch stetig steigende Energiepreise und klimapolitisch motivierte Energiesparziele fokussieren sich Anlagenbetreiber von Robotern auf die Verbesserung der Energieeffizienz.

Im vorliegenden Kapitel werden unterschiedliche konstruktive Ansätze thematisiert, die sich mit der Verbesserung der Energieeffizienz von Robotern auseinandersetzen. Im ersten Unterkapitel wird auf energieeffiziente Antriebstechnik eingegangen. Danach wird der Leichtbau in der Robotik angesprochen. Ferner wird der Zusammenhang von Spezialrobotern und Energieeffizienz untersucht. Abschließend werden Robotersteuerungen betrachtet.

3.1.2.1 Verwendung von energieeffizienten Antrieben

Energieeffiziente Bauteile wandeln die ihnen zugeführte Primärenergie mit hohem Wirkungsgrad in Nutzenergie um. Ein typisches Beispiel sind elektrische Antriebe. Hier wird mittels elektrischen Stroms eine mechanische Bewegung erzeugt.

In *Integrierte elektrische Antriebe für flexible Montagesysteme* (Schreiber 1993) werden Anforderungen an Antriebe in der Robotik definiert. Hauptanforderung ist ein bestmögliches Leistungsgewicht. Darüber hinaus werden folgende Eigenschaften für Roboterantriebe relevant:

- Robuste Regelbarkeit (Lage- und Momentenregelung)
- Hohe Positioniergenauigkeit
- Gutes Verhältnis von Baugröße und Leistungsgewicht.
- Hohe Überlastfähigkeit (Not-Stopp)
- Geringer Wartungsaufwand
- Lange Betriebsdauer
- Hohe Robustheit
- Einfache Möglichkeit zur Kühlung
- Energieeffizienz (allgemeiner Wirkungsgrad η ist abgegebene mechanische Leistung P_{mech} durch aufgenommene elektrische Leistung $P_{elektrisch}$) $\eta = P_{mech} / P_{elektrisch}$

Die Anforderung an einen geringen Wartungsaufwand und eine lange Betriebsdauer schließt den Einsatz von bürstenbehafteten Antrieben und Reihenschlussmotoren aus. Deshalb werden elektronisch kommutierte Drehstrommotoren verwendet.

3.1.2.2 Leichtbau

Der Energiebedarf zum Bewegen eines mechanischen Systems steigt mit der Masse. Daraus folgt, dass eine verringerte Masse zu einem verringerten Energieverbrauch führt. Im Rahmen des Leichtbaus wird daher die Masse des Systems reduziert. Die Grundlagen des Leichtbaus werden in (Klein 2009) erläutert. Bei der Nutzung von Leichtbaukonstruktionen fällt auf, dass einerseits die Entwicklung und Herstellung durch die Verwendung von Leichtbaumaterialien wie Aluminium und CFK/GFK aufwändiger und damit teurer ist, aber andererseits die

Lebenszykluskosten durch die Einsparung von Energie gesenkt werden können.

Die Leistungsdaten (in der Robotik u. a. Geschwindigkeiten, Beschleunigungen, Handhabungslasten, Arbeitsräume und Positioniergenauigkeiten) müssen bei einer Leichtbaukonstruktion erhalten bleiben. Oft wird sogar eine Leistungssteigerung angestrebt. In (Pehnt 2010) werden drei unterschiedliche Leichtbauansätze thematisiert. Der Autor bezieht sich in erster Linie auf Automobile, doch die Ansätze sind allgemeingültig: „Erstens kann konventionelles Material durch leichteres ersetzt (stofflicher Ansatz), zweitens kann der Materialeinsatz minimiert (formbezogener Ansatz) und drittens kann die absolute Teilezahl reduziert werden (konzeptioneller Ansatz)" (Pehnt 2010, S. 320).

In der Robotik ist das Leichtbaupotenzial noch recht groß. Das Verhältnis von Eigengewicht zu Nutzlast (Universal-Roboter) liegt laut (Hägele 2010) bei 1:7 bis 1:10. Tatsächlich streuen die Werte (s. Abb. 4) in einem weiten Rahmen. Das Eigengewicht-Nutzlast-Verhältnis ist alleine nicht aussagekräftig, da es auf die Massenträgheitsmomente ankommt, die auf die Motoren wirken. So haben Delta-Roboter zum Teil schlechtere Eigengewicht-Nutzlast-Verhältnisse als Universal-Roboter.

Die Anwendung von Leichtbaumethoden auf Roboter erfolgt in (Feyerabend 1990). Der Autor untersucht am Beispiel eines SCARA-Roboters und eines Knickarm-Roboters Leichtbauansätze.

Die Masse von hochbelasteten Bauteilen kann durch die Verwendung von CFK/GFK, bei gleichbleibenden Leistungswerten (Traglast, Positioniergenauigkeit, Arbeitsraum ...), reduziert werden (Jacob, Koeppe, Klüger 2011). Werkstoffe wie Aluminium und Mangan-Bor-Stähle (Kämpfer 2011) bieten ebenfalls Möglichkeiten der Gewichtsreduktion. Insbesondere das gute Preis-Leistungs-Verhältnis von Stahl ist zu berücksichtigen.

Der Leichtbau-Roboter (aktuell in der Version LBR 4+) von KUKA, der modulare Light Weight Arm (LWA 3) von Schunk, der Universal Robot von Universal Robots und der WAM (Whole-Arm Manipulation) von Barrett Technology sind Beispiele für angewandten Leichtbau. Der KUKA LBR, der von KUKA in Kooperation mit dem Deutschen Zentrum für Luft- und Raumfahrt entwickelt wurde, erreicht fast ein Verhältnis von Eigengewicht zu Nutzlast von 2:1 (Darstellung der Entwicklung in Bischoff et al. 2010). In Abb. 4 ist der KUKA LBR der Roboter mit dem besten Eigengewicht-Nutzlast-Verhältnis.

3.1.2.3 Spezialroboter

Die Verwendung von Universal-Robotern gewährleistet höchste Flexibilität. Der Preis für diese Flexibilität ist in der Regel ein schwerer und überdimensionierter Roboter. In der industriellen Fertigung gibt es Roboterarbeitsplätze, die eine geringe Flexibilität erfordern. Beispielhaft seien folgende Bereiche genannt:

Hersteller und Bezeichnung	Nutzlast [kg]	Gewicht [kg]	Reichweite [mm]	Eigengewicht-Nutzlast-Verhältnis (5 10 15 20 25 30)
Barret Technology - WAM Arm	4	25	1000	
Universal Robot - UR-6-85-5-A	5	18	850	
Schunk - LWA 3	5	18,7	776	
KUKA - LBR 4	7	15	790	
ABB - IRB 1600-8/1.2	8,5	250	1200	
KUKA - KR 16-2	16	235	1610	
Motoman - HP20D	20	268	1717	
KUKA - KR 30-3	30	665	2033	
Fanuc - M-420iA (High Speed Wrist)	30	630	1855	
ABB - IRB 260	30	340	1560	
Motoman - UP50RN-35	35	600	2700	
KUKA - KR 150-2 (Serie 2000) (Variante 1)	150	1245	2700	
Fanuc - R-2000iB 150U	150	1070	2655	
ABB - IRB 6620	150	900	2200	
Motoman - ES165D	165	1100	2651	
KUKA - KR 300 R2500 Ultra (Quantec Ultra)	300	1120	2500	
Fanuc - M-410iB 300	300	1940	3143	
Motoman - MPL300	300	1820	3159	
KUKA - KR 500-3 (Variante 3)	500	2350	2826	
Fanuc - M-410iB 450	450	2430	3130	
ABB - IRB 7600-500	500	2450	2550	
Motoman - MPL500	500	2300	3159	
KUKA - KR 700 PA	700	2850	3320	
Fanuc - M-410iB 700	700	2700	3143	
Motoman - MPL800	800	2550	3159	
KUKA - KR 1000 Titan	1000	4690	3202	
KUKA - KR 1000 1300 Titan PA	1300	4690	3202	
Fanuc - M-2000iA 1200 (1350 kg SW)	1350	8600	3734	

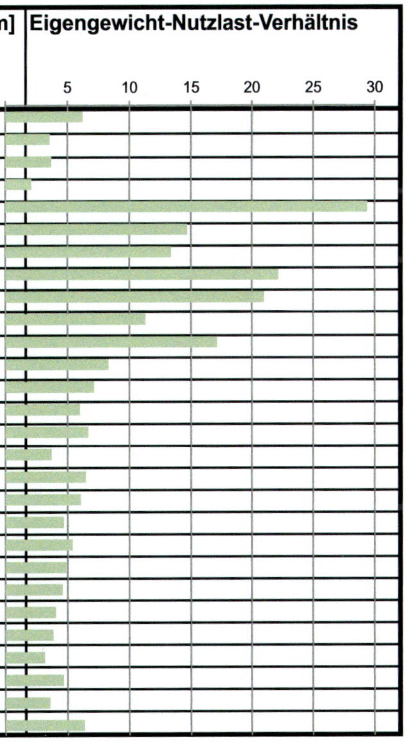

Abb. 4 Gegenüberstellung von Robotern (Quelle: Datenblätter der Hersteller)

- Palettieren
- Pick-and-Place
- Bahnschweißen
- Lackieren.

In diesen Bereichen werden häufig Sonderbauformen genutzt. Sonderbauformen sind spezielle, an die gegebenen Anforderungen angepasste Roboter. Darum ist das Verhältnis Nutzlast zu Eigengewicht günstiger.
Beim Palettieren werden schnelle Bewegungen mit großen Nutzlasten durchgeführt. Die Aufgabenstellung erfordert nur die Erreichbarkeit von horizontalen Ebenen. Spezialisierte Palettier-Roboter haben nur vier unabhängige Achsen, d. h. zwei Antriebseinheiten weniger als Universal-Roboter. Die Roboterkinematik enthält Parallelogramme, wodurch die Maschinensteifigkeit erhöht werden kann (Siciliano 2009), die hieraus resultierende Verkleinerung der Beweglichkeit kann hingenommen werden. Insgesamt reduzieren die angesprochenen Konstruktionsmerkmale die Robotermasse, erhöhen die Maschinensteifigkeit und verringern die Anzahl der Freiheitsgrade des Roboters. Die reduzierte Masse führt zu einer höheren Dynamik und ermöglicht effizienteres Palettieren. In Abb. 5 sind Palettier-Roboter mit Parallelogramm von unterschiedlichen Herstellern zu sehen.
Für Pick-and-Place-Aufgaben bieten sich SCARA- und Delta-Roboter an, da sie

1. hohe Geschwindigkeiten innerhalb eines kleinen Arbeitsraums erreichen,
2. nur die benötigte Anzahl von Freiheitsgraden besitzen,
3. für kleine Nutzlasten ausgelegt sind,
4. eine kleine Aufstellfläche benötigen.

Die Entwicklung des SCARA-Roboters (Selective Compliance Assembly Robot Arm) basiert auf der Beobachtung, dass sich viele Montageaufgaben mit vier Freiheitsgraden realisieren lassen, z. B. die Bestückung von Leiterplatten. Ausgehend von dieser Beobachtung entwickelte Professor Makino Anfang der 70er Jahre das SCARA-Prinzip (Hesse 1998). SCARA-Roboter gehören zur Gruppe der Horizontalknickarm-Roboter. Der gesamte Aufbau ist einfach und robust (s. Abb. 1). Aufgrund ihres Aufbaus besitzen SCARA-Roboter eine hohe Steifigkeit gegen vertikale Belastungen und haben einen nierenförmigen Arbeitsbereich. Das Verhältnis von Eigengewicht zu Nutzlast liegt bei 1:4 bis 1:5. Weitere Vorteile sind ein geringer Platzbedarf und eine schnelle Montage am Montageort. Mit der Entwicklung von SCARA-Robotern, die an der Decke verankert werden, konnte der Platzbedarf direkt am Montageband nochmals reduziert werden. Darüber hinaus besitzen deckenmontierte SCARA-Roboter einen zylinderförmigen Arbeitsraum, der größer ist als bei sockelmontierten SCARA-Robotern. Nachteilig am SCARA-Aufbau sind die geringe Reichweite und der nicht befahrbare Bereich des Arbeitsraums bei der Sockelvariante.
Delta-Roboter sind eine Untergruppe der Parallel-Roboter. Da in den letzten Jahren zentrale Patente bezüglich Stabkinematiken ausgelaufen sind, entwickelt sich momentan

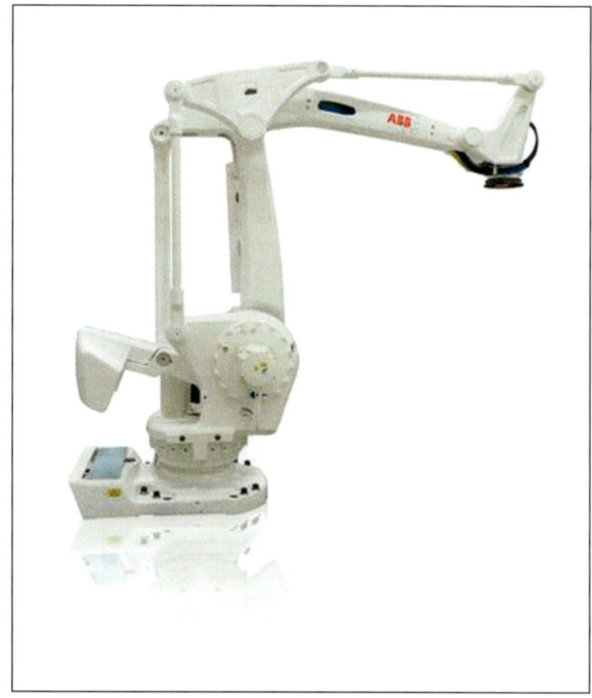

Abb. 5 Links: KUKA KR 700 PA (Quelle: KUKA Roboter GmbH), rechts: ABB IRB 760 (Quelle: ABB)

der Markt mit einer hohen Dynamik (Mentgen 2010a). Wie in *World Robotics 2010* dargestellt, sind Delta-Roboter erst in geringen Stückzahlen im Einsatz. Aufgrund ihrer hervorragenden Leistungsdaten kann allerdings von einem steigenden Marktanteil ausgegangen werden. Delta-Roboter sind momentan (August 2013) die schnellsten Pick-and-Place-Roboter. Neben ihrer hohen Geschwindigkeit überzeugen sie durch eine gute Energieeffizienz (45 % Energieeinsparung im Vergleich zu einem Universal-Roboter) (Mentgen 2010b). Schnelle Bewegungen bei gleichzeitig hoher Energieeffizienz sind nur möglich, wenn die bewegten Massen minimal sind. Bei Delta-Robotern sind sämtliche Antriebe und Getriebe fest im Gehäuse untergebracht. Zur Durchführung einer Manipulationsaufgabe werden eine leichte Stabkonstruktion, der Endeffektor und eine kleine Plattform bewegt.

Weitere Spezialisierungen sind Schweiß- und Lackier-Roboter. Beide Robotertypen verfügen über integrierte Kabelführungen und ein schlankes Design. Das schlanke Design gewährleistet eine gute Zugänglichkeit, reduziert das Gewicht und erlaubt eine höhere Roboterdichte.

Lackier-Roboter integrieren Lackierkomponenten wie Farbwechselventile, Dosierpumpen, Durchflusssensoren und/oder Luft- und Lackregler (IRB 5400 2004). In allen Fällen kann dank der Integration von prozessspezifischen Komponenten die Gesamtmasse gesenkt werden. Die Integration ermöglicht als weiteren Vorteil die Steuerung von Lackier-/Schweißparametern innerhalb der Robotersteuerung. So werden Verzögerungen reduziert, die sonst aufgrund von Signallaufzeiten entstehen. Mit einer internen Steuerung lassen sich z. B. größere Geschwindigkeiten realisieren und gleichzeitig die Übersprühverluste beim Lackieren minimieren.

3.1.2.4 Steuerung

Wenn nur die Steuerung aktiviert ist, benötigt ein durchschnittlicher Roboter zwischen 180 – 300 W elektrische Energie. Einerseits kann durch die Verwendung von modernen Chips die Leistungsaufnahme und Abwärme reduziert werden. Auch die von Computern bekannten Technologien der teilweisen Abschaltung (CPU-Kerne, Grafikkarten, Festplatten) lassen sich übertragen. Auf der anderen Seite kann bei der Kühlung auf Passivkühler und temperaturgeregelte Lüfter zurückgegriffen werden (Jacob et al. 2011, Mentgen 2011). Mehrere Hersteller bieten aktuell (August 2013) energieoptimierte Steuerungen an. Diese Steuerungen bauen im Vergleich zu ihren Vorgängermodellen kleiner, verfügen über eine optimierte Kühlstrategie und integrieren teilweise eine Energierückkopplung.

Roboter bremsen überwiegend mit ihren elektrischen Antrieben. Dies ist möglich, da Roboter 4-Quadrantenantriebe haben, d. h. der Motor- und Generatorbetrieb in zwei Drehrichtungen möglich ist. Bei einer Bremsung wird also der Antrieb in den Generatormodus geschaltet. Wenn die erzeugte elektrische Energie genutzt wird, spricht man von Energierückkopplung. Der elektrische Strom kann entweder in den Zwischenkreis des Roboters oder in das Stromnetz eingespeist werden. Die Rückspeisung in das Stromnetz ist kompliziert, da sie mit dem Netz synchronisiert werden muss. Bei einer Rückspeisung in den Zwischenkreis kann der elektrische Strom direkt für die anderen Antriebe genutzt werden. In beiden Fällen sind spezielle Umrichter notwendig, die zu höheren Anlagenkosten führen.

Weitergehende Energiesparmaßnahmen wie Stand-by-Modi bieten ebenfalls Einsparpotenziale. Die aktuelle (August 2013) KUKA-Quantec-Serie unterscheidet fünf Zustände (Produktion, Warten in Regelung und drei Stand-by-Modi). Die letzte KUKA-Generation kannte nur einen Stand-by-Modus. Wenn der Roboter sich mit Last bewegt und ein Produktionsprogramm abarbeitet, befindet er sich in einer Produktionsbewegung. Bei dem Zustand Warten in Regelung steht der Roboter still und hat bestromte Motoren. Er kann sich ohne Anschaltverzögerung wieder in Bewegung setzen. Bei den Stand-by-Modi gibt es immer eine Anschaltverzögerung, bevor der Roboter sich wieder bewegen kann. Die einzelnen Stand-by-Modi unterscheiden sich in ihrem Energieverbrauch und benötigen unterschiedlich lange, um wieder in einen Produktivbetrieb zu wechseln. Laut Hersteller beträgt die Verzögerung bei „Stand-by-Modus 1“ 0,05 s, bei „Stand-by-Modus 2“ 10 s und bei „Stand-by-Modus 3“ 60 s. In Abb. 6 erfolgt ein Generationenvergleich für Roboter mit einer Traglast von 210 kg und einer Reichweite von 2700 mm. Die Werte wurden unter Volllast vom Hersteller KUKA ermittelt. Die Tabelle veranschaulicht den Nutzen von Stand-by-Modi.

Auch die Verlagerung von unterschiedlichen Funktionen direkt in die Robotersteuerung bietet Energiesparpotenziale, da zusätzliche Hardware überflüssig wird (Munz, Fuchs, Heinze 2010). Beispielhaft seien der Zangenausgleich, die Sicherheits-SPS und der Lackregler genannt. Durch die Verwendung von Ethernet ist die Übertragung aller Daten über eine Leitung möglich. Dadurch reduziert sich die Zahl der Kommunikationsschnittstellen.

3.1.3 Betrieb

Neben der energieeffizienten Gestaltung des Roboters selbst bieten sich im Betrieb eines Roboters zusätzliche Einsparpotenziale durch

- eine optimierte Bahnsteuerung
- ein verbessertes Zellenlayout
- Simulations- und Monitoringsoftware

	Energieverbrauch eines durchschn. Roboters [W]	Energieverbrauch Quantec [W]	Veränderung Quantec [Prozent]
Produktions-bewegung	2500	1750	-30 %
Warten in Regelung	750	300	-60 %
Stand-by-Modus 1	220	187	-15 %
Stand-by-Modus 2		154	-30 %*)
Stand-by-Modus 3		44	-80 %*)

*) verglichen mit Stand-by-Modus 1

Abb. 6 Vergleich von Robotergenerationen anhand ihres Energiebedarfs (Klüger 2011)

- Vernetzung (Stand-by-Modi)
- Energierückgewinnung.

Auf die ersten drei Aspekte soll in den folgenden Abschnitten näher eingegangen werden. Die Themen Stand-by-Modi und Energierückgewinnung wurden bereits im vorigen Abschnitt behandelt und sollen nicht weiter ausgeführt werden.

3.1.3.1 Bahnsteuerung

Klassische Bahnsteuerung, LIN und PTP

Die Bewegungssteuerung eines Roboters bestimmt die benötigten Geschwindigkeiten und Beschleunigungen der einzelnen Achsen, um vorgegebene Positionen zu erreichen. In diesem Zusammenhang spricht man auch von Trajektorien oder Bewegungsbahnen. Unterschiedliche Aufgaben erfordern verschiedene Arten der Bewegungssteuerung. Nach (Hesse 1998) bzw. (Siciliano 2009) ist eine Differenzierung von Punkt-zu-Punkt- (Point-to-Point, „PTP") und Bahnsteuerung (linear, „LIN") möglich. Bei einer PTP-Bahn ist der exakte Bahnverlauf nicht genau bekannt und spielt eine untergeordnete Rolle, während bei einer LIN-Bahn die Trajektorie einer idealen Geraden angenähert wird. Beispielhaft wird eine PTP-Bahn dann verwendet, wenn der genaue Weg eine untergeordnete Rolle spielt, z. B. bei Pick-and-Place-Anwendungen, wohingegen LIN bei Anwendungen mit genau definiertem Bahnverlauf eingesetzt wird, z. B. Bahnschweißen. Bei einer PTP-Bewegung fährt jede Achse unabhängig eine vorgegebene Zielposition an, indem die Achse auf eine Soll-Geschwindigkeit beschleunigt wird und solange verfährt, bis zur Zielposition abgebremst wird. Bei einer LIN-Bewegung müssen alle Achsen miteinander synchronisiert werden, um einer vorgeschriebenen Bahn zu folgen. Dies bedeutet für jede Achse zusätzliche Beschleunigungs- und Bremsvorgänge. Deshalb sind PTP-Bewegungen energieeffizienter als LIN-Bewegungen. Beim Vergleich von PTP und LIN anhand eines Comau-Roboters konnte innerhalb des Forschungsprojekts EneRo eine durchschnittlich ca. 30 % höhere Leistungsaufnahme bei der Verwendung von LIN-Bewegungen bestimmt werden (Naumann, Spiller, Fritsch 2009).

Alternative Bahnsteuerungen mit Optimierungsstrategien

Die Bahnerzeugung ist hochkomplex. Darüber hinaus hat sie zentrale Bedeutung für die Wirtschaftlichkeit von Robotersystemen. Aus diesen Gründen gibt es eine Vielzahl von Veröffentlichungen, die sich mit optimierten Bewegungsbahnen von Robotern auseinandersetzen. Die meisten Forschungsartikel beschäftigen sich mit der Bestimmung von zeitoptimierten Roboterbewegungen. Andere Schwerpunkte sind die Bestimmung von ruckfreien, energie- und kostenoptimierten Bewegungen. Um den Anforderungen aus der Praxis zu entsprechen, werden hybride Ansätze erforscht, z. B. zeit- und energieoptimierte Bewegungsbahnen (Chen, Liao 2011) oder zeit- und ruckoptimierte Trajektorien (Cong, Xu, Xu 2008).
Die Verwendung von zeitoptimierten Trajektorien dient der Erhöhung der Produktivität, d. h. der Realisierung von möglichst kurzen Taktzeiten. Die optimierten Bewegungen haben eine hohe Dynamik und sind häufig ruckbehaftet. Das Antriebssystem und die gesamte Struktur werden hochbelastet. Dies führt zu einem hohen Energieverbrauch und großen Verschleiß.
Energieeffiziente Bewegungsbahnen weisen eine geringere Dynamik als zeitoptimierte Trajektorien auf. Da der Energiebedarf zum großen Teil im Motor auftritt, gilt es, Bewegungsbahnen zu bestimmen, die nur geringe Beschleunigungen und Geschwindigkeiten erfordern. Energieoptimierte Bewegungsbahnen erhöhen die Taktzeit. Eine weitere Optimierung ist die Reduzierung der bewegten Massen, d. h. bei der Bahnplanung werden möglichst nur die leichten Achsen bewegt. In der Fachliteratur sind reine energieeffiziente Bahnplanungen kaum bis gar nicht vertre-

ten. Hierfür gibt es hauptsächlich zwei Gründe: einerseits die Forderung nach gleichbleibend hoher Produktivität, andererseits war das Thema Energieeffizienz bei Robotern lange Zeit kaum von Interesse.
Die Optimierung im Hinblick auf ruckfreie Bewegungen führt zu einer Reduzierung der Dynamik. Die Taktzeit wird im Vergleich zu einer zeitoptimierten Trajektorie länger. Die Belastung der Struktur und des Antriebssystems sinkt. Aus diesen Gründen kann der Verschleiß und der Energieverbrauch reduziert werden (Gasparetto, Zanotto 2007).
Eine Optimierung auf eine kosteneffiziente Roboterbewegung erfordert eine umfangreiche Betrachtung sämtlicher Parameter. Die Berechnung muss eine Bewegungsbahn bestimmen, die für die Parameter Produktivität, Verschleiß und Energieverbrauch ein gemeinsames Optimum darstellt. Dieser Ansatz hat je nach Gewichtung der Parameter sehr unterschiedliche Optima (Saravanan, Ramabalan 2008).
Eine weitere Strategie stellt die Verwendung einer bionischen Trajektorie dar. Die Bewegungsabläufe von Lebewesen sind energieeffizient, geschmeidig (d. h. ruckfrei) und berücksichtigen die Grenzen der Gelenke. Weitere Besonderheiten von bionischen Bewegungen sind die Nutzung von Energiespeichern (Sehnen) und die Nutzung der Trägheit, z. B. wird beim Hochsprung zuerst horizontal beschleunigt (mit geringem Aufwand), um anschließend eine vertikale Bewegung durchzuführen. In (Bobrow et al. 2001) wird ein Gewicht gehoben. Der verwendete Puma-762-Roboter hat laut Hersteller ein maximales Nutzgewicht von 20 kg. Die Verwendung einer bionischen Trajektorie erlaubt hier das Heben von 63,2 kg.

3.1.3.2 Layout der Roboterzelle

Die Positionierung von Robotern, Werkstücken und Werkzeugen beeinflusst direkt die Bewegungsbahn.
Die Bahn ist wiederum für die Produktivität und die Energieeffizienz des gesamten Systems verantwortlich. In Abb. 7 sind mögliche Positionen fürs Kommissionieren zu sehen. In (Mitsi et al. 2008) wird eine Methode beschrieben, wie bei gegebenen Endeffektor-Positionen eine optimale Positionierung der Roboterbasis durchgeführt werden kann. Andere Forschungsartikel beschäftigen sich mit der Optimierung von Taktzeit und Erreichbarkeit (Feddema 1996).

3.1.3.3 Simulation und Monitoring

Die Simulation von Roboterprozessen ist Stand der Technik. Mittels Simulationen werden Roboterzellen geplant, vor ihrer Inbetriebnahme auf Probleme (Kollisionen/Arbeitsraum) untersucht (Munz, Fuchs, Heinze 2010) und Roboter offline programmiert. Dies erlaubt eine schnellere Inbetriebnahme. Aktuell wird in der Forschung die Nutzung von Simulationen zur Ermittlung des Energiebedarfs eines Roboters und darauf aufbauend die Möglichkeit der

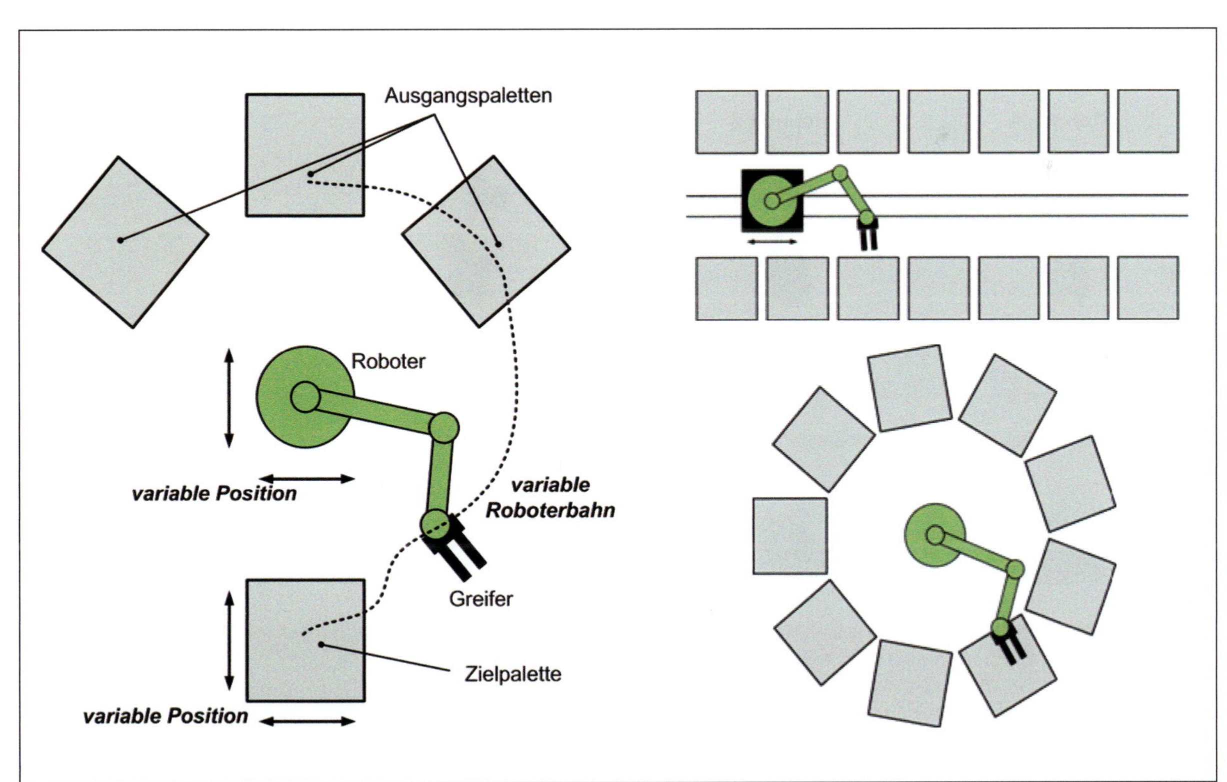

Abb. 7 Unterschiedliche Layoutvarianten zum Kommissionieren (Quelle: Fraunhofer IPA)

Optimierung sowohl des Layouts einer Roboterzelle als auch der Roboterbahnen untersucht. (Spiller et al. 2011). Die Überwachung (Monitoring) von Industrieanlagen ist weit verbreitet. Infolge des steigenden Anteils von Elektronik in den Maschinen ist der Erfassungsaufwand relativ gering. Die meisten Anlagen mit eigener Steuerung sind in eine Prozessleitebene eingebunden. Die Maschinendaten werden von den Steuerungen erfasst und anschließend an die Prozessleitebene weitergeleitet. Eine Robotersteuerung erfasst Positionen, Motorkennwerte, Momente und Lasten. Die erfassten Daten können für unterschiedliche Zwecke genutzt werden. Von zentraler Bedeutung ist die Erfassung der Produktivität.

Ein weiterer möglicher Anwendungsfall ist die Energieanalyse. Aus dem Energieverbrauch und anderen Prozessdaten lässt sich die Energieeffizienz bestimmen. Werden die Energieverbräuche über einen längeren Zeitraum erfasst, können Optimierungspotenziale identifiziert und die Auswirkungen von Parameteränderungen auf die Energieeffizienz untersucht werden.

3.1.3.4 Vernetzung

Typischerweise sind Roboter in Feldbussysteme eingebunden, um mit der Peripherie und übergeordneten Steuerungen kommunizieren zu können.

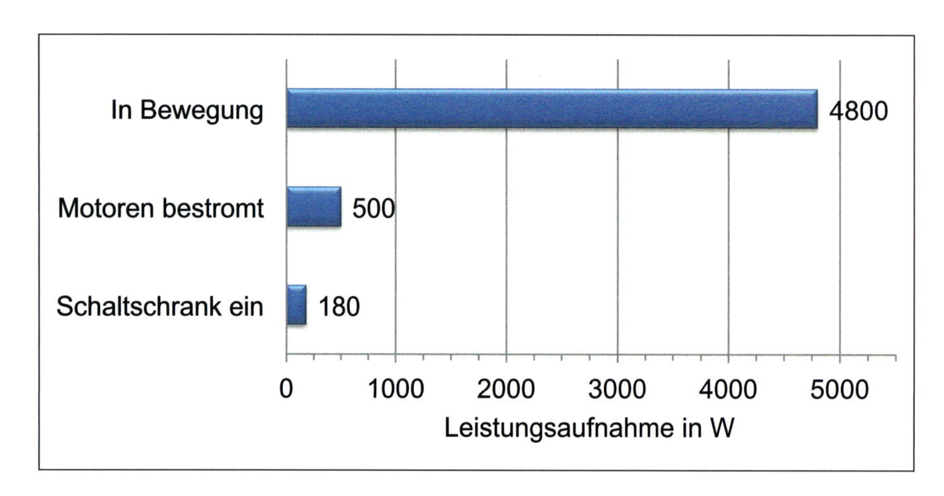

Abb. 8 Vergleich des Energieverbrauchs eines Roboters in verschiedenen Zuständen, Messung des Fraunhofer IPA an Comau NJ-130 (Quelle: Fraunhofer IPA)

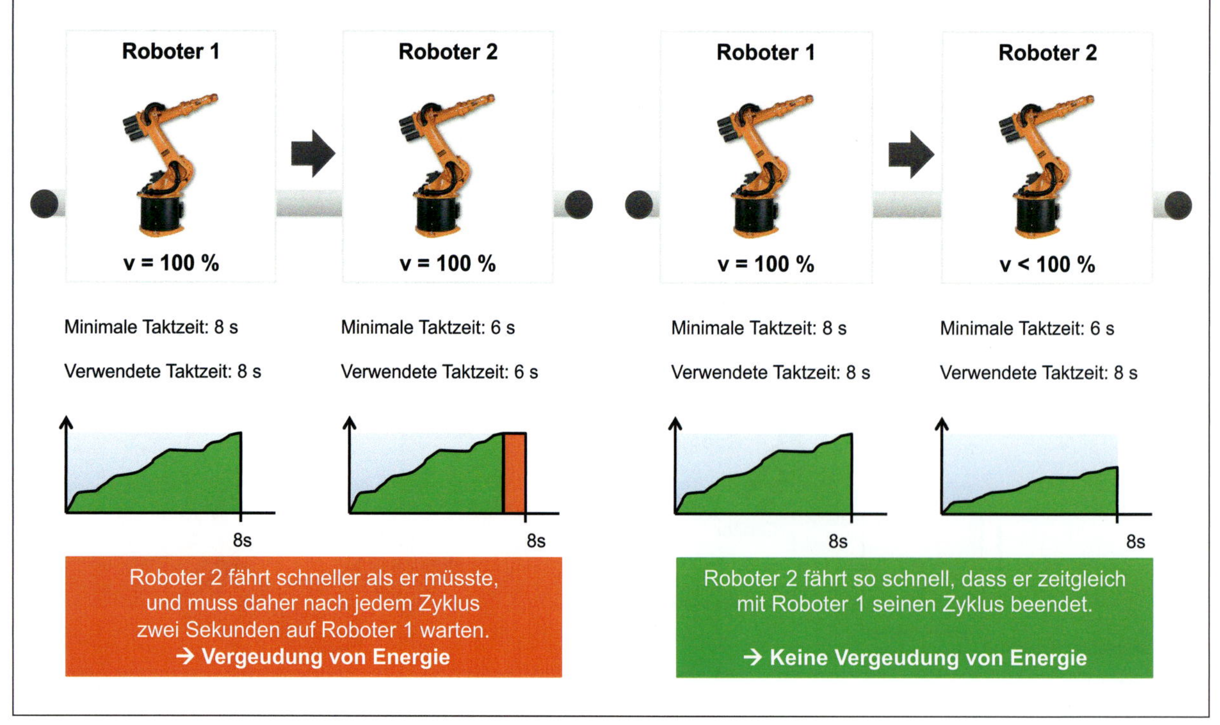

Abb. 9 Synchronisierung zweier Roboter (Naumann, Fritsch 2009)

Sobald ein Roboter in ein Feldbussystem integriert ist, kann er zentral gesteuert werden. So kann flexibel auf Veränderungen reagiert werden, die außerhalb der sensorischen Erfassung der Roboterzelle liegen. Produktionspausen sind hierfür ein anschauliches Beispiel. Der Roboter kann mit seiner Sensorik nur feststellen, dass nicht mehr produziert wird. Wie lange die Pause dauert und was die Ursache für die Pause ist, kann der Roboter nicht erkennen. Aus diesem Grund warten Roboter mit aktiven Antrieben auf die Wiederaufnahme der Produktion. Eine zentrale Steuerung, der die Ursache und die ungefähre Dauer der Pause bekannt ist, kann über ein Feldbussystem gezielt Produktionsmittel ausschalten bzw. in unterschiedliche Stand-by-Modi versetzen. So kann der Energieverbrauch in produktionsfreien Zeiten deutlich reduziert werden. In Abbildung 8 ist der Energieverbrauch eines Roboters in verschiedenen Zuständen dargestellt. Auffällig ist der hohe Unterschied zwischen „Motoren bestromt“ und „Schaltschrank ein“. Eine erste Studie zum gezielten Abschalten von Produktionsmitteln zeigt Energiesparpotenziale von 33 % des Gesamtenergieverbrauchs (Klasen 2011)..

Neben der gezielten Abschaltung kann auch die Durchlaufzeit angepasst werden. In einer Fließbandfertigung sollten alle Roboter die vorgegebenen Taktzeiten einhalten. Ist ein Roboter schneller als die Taktzeit und muss anschließend warten, wird unnötig Energie verbraucht. Der Roboter sollte stattdessen besser weniger stark beschleunigen und abbremsen, um sein Ziel zu erreichen. Abbildung 9 veranschaulicht diesen Sachverhalt.

3.1.4 Zusammenfassung

Maßnahmen zur Steigerung der Energieeffizienz in der Robotik können unterteilt werden in Maßnahmen zur energieeffizienten Gestaltung des Roboters und der zugehörigen Steuerung sowie in Maßnahmen zur energieeffizienten Gestaltung und zum energieeffizienten Betrieb einer Roboterzelle. Die energieeffiziente Gestaltung des Roboters und der Steuerung betrifft hauptsächlich die Roboterhersteller und umfasst folgende Ansätze:

- die mechanische Konstruktion des Roboters mit dem Ziel, das Verhältnis von bewegter Masse zu Nutzlast zu minimieren,
- den Einsatz energieeffizienter Antriebe,
- die Verwendung energieeffizienter Komponenten in der Steuerung
- die Implementierung energiesparender Steuerungsfunktionen und Betriebsarten.

Ein solcher Roboter bildet dann die Grundlage zur Realisierung energieeffizienter Roboterzellen. Dieses Ziel muss allerdings schon in der Planungsphase einer Roboterzelle berücksichtigt werden:

- Das Zellenlayout muss so gestaltet werden, dass die Wege des Roboters möglichst kurz sind.
- Der Roboter muss über eine ausreichend hohe Nutzlast und einen ausreichend großen Arbeitsraum verfügen, darf aber nicht überdimensioniert sein.
- Die gewählte Robotersteuerung sollte über verschiedene Modi verfügen, um die Antriebe bei Bedarf stromlos zu schalten und Teile der Steuerung selbst - je nach Länge der Unterbrechung - abzuschalten.
- Greifer und sonstige Endeffektoren sollten so leicht wie möglich gestaltet werden.

Bei der Programmierung des Roboters müssen folgende Punkte bedacht werden, um den Energieverbrauch gering zu halten:

- LIN-Bahnen sollten nur wenn nötig verwendet werden, ansonsten sind PTP-Bahnen zu bevorzugen, da sie deutlich weniger Energie verbrauchen.
- Der Roboter sollte nur dann stark beschleunigt und abgebremst werden, wenn dies absolut nötig ist, um die vorgeschriebene Taktzeit zu erreichen.
- Die Robotersteuerung sollte mit einer übergeordneten Steuerung verbunden sein. Diese sollte Informationen über geplante und ungeplante Unterbrechungen bereitstellen.
- Treten Pausen im Roboterprogramm auf, sollten die Antriebe stromlos geschaltet werden und - je nach Dauer der Unterbrechung - auch die Steuerung in einen energiesparenden Stand-by-Modus versetzt werden.

Manche der oben genannten Punkte entsprechen der klassischen Vorgehensweise bei der Planung einer Roboterzelle und dienen auch der Minimierung von Investitionskosten. Andere Maßnahmen bedingen erhöhte Anfangsinvestitionen, lohnen sich aber unter Umständen durch die eingesparte Energie über die Laufzeit einer Roboterzelle. Welche dieser Maßnahmen umgesetzt werden, muss deshalb bei der Planung jeder Roboterzelle individuell entschieden werden. Wieder andere Maßnahmen sind sehr leicht umsetzbar und können auch bei bereits bestehenden Zellen zur Steigerung der Energieeffizienz genutzt werden. Hier seien die Verwendung von PTP-Bahnen statt LIN-Bahnen, das definierte Stromlos-Schalten der Antriebe und das Versetzen der Robotersteuerung in einen energiesparenden Stand-by-Modus genannt.

Literatur

Bischoff, R.; Kurth, J.; Schreiber, G.; Koeppe, R.; Stemmer, A.; Albu-Schäffer, A.; Eiberger, O.; Beyer, A.; Grunwald, G.; Hirzinger, G.: Aus der Forschung zum Industrieprodukt: Die Entwicklung des KUKA Leichtbauroboters. *at - Automatisierungstechnik* Band 58, 12, 670 - 680. 2010.

Bobrow, J. E.; Martin, B.; Sohl, G.; Wang, E. C.; Park, F. C.; Kim, J.: Optimal robot motions for physical criteria. *J. Robotic Syst.* 18, 12, 785 - 795. 2001.

CEN: Industrieroboter - Wörterbuch, DIN EN ISO 8373:1996. 1996.

Chen, C.-T.; Liao, T.-T.: A hybrid strategy for the time- and energy-efficient trajectory planning of parallel platform manipulators. *Robotics and Computer-Integrated Manufacturing* 27, 1, 72 - 81. 2011.

Cong, M.; Xu, X.; Xu, P.: Time-Jerk Synthetic Optimal Trajectory Planning of Robot Based on Fuzzy Genetic Algorithm. In *15th International Conference on Mechatronics and Machine Vision in Practice, 2008. M2VIP 2008.*, 274 - 279.

Feddema, J. T.: Kinematically optimal robot placement for minimum time coordinated motion. *International Conference on Robotics and Automation. Proceedings, April 22 - 28, 1996, Minneapolis, Minnesota.* IEEE Service Center, Piscataway (N.J.), 3395 - 3400. 1996.

Feyerabend, F.: Methodische Gewichtsreduzierung am Beispiel von Industrierobotern. Dissertation, Universität-Gesamthochschule Paderborn. 1990.

Gasparetto, A.; Zanotto, V.: A new method for smooth trajectory planning of robot manipulators. *Mechanism and Machine Theory* 42, 4, 455 - 471. 2007.

Hägele, M.: Der Energieverbrauch ist heute eine zentrale Anforderung. Interview. *Industrieanzeiger,* 19. 2010.

Hesse, S.: Industrieroboterpraxis. Automatisierte Handhabung in der Fertigung. Braunschweig, Wiesbaden: Vieweg, 1998.

IRB 5400 - 22 Prozessroboter. Lackierroboter. Datenblatt. 2004.

Jacob, D.; Koeppe, R.; Klüger, P.: Der Weg zum energieeffizienten Roboter. Ganzheitlicher Ansatz zur Senkung des Energieverbrauchs. *WB Werkstatt und Betrieb,* 144, 82 - 85. 2011.

Kämpfer, S.: Leicht wie Stahl. *Technology Review,* 08, 42 - 48. 2011.

Klasen, F.: ProfiEnergy - die gemessene Einsparung. Die Erkenntnisse der ProfiEnergy-Studie. *Computer&AUTOMATION,* 5, 32 - 37. 2011.

Klein, B.: Leichtbau-Konstruktion. Berechnungsgrundlagen und Gestaltung. Wiesbaden: Vieweg + Teubner, 2009.

Klüger, P.: Kosteneffizienter Karosseriebau. Konsequenzen für zukünftige Robotersysteme. KUKA. *Green Automation. Grün produzieren und Grünes produzieren. Fraunhofer IPA Technologieforum, 29. März 2011, Stuttgart,* 46 - 56. 2011.

Krenz, C.: Dynamikmodellierung der Antriebsstränge eines 6-achsigen Roboters in Virtuos. In Kooperation mit dem ISW. Bachelorarbeit, Universität Stuttgart. 2011.

Mentgen, A. (2010a): Delta-Roboter auf der Überholspur? Können Roboter mit Stabkinematik eines Tages sogar den Scara-Robotern den Rang ablaufen? 2010. http://www.produktion.de/automatisierung/delta-roboter-auf-der-ueberholspur/. Accessed 12 December 2011.

Mentgen, A. (2010b): Mit dem Adept Quattro bis zu 45 % Energie einsparen. 2010. Adept Technology treibt sein Engagement für eine nachhaltige und grüne Produktion weiter voran - und bekräftigt dies durch Energieeinsparungen mithilfe des Adept Quattro. http://www.produktion.de/automatisierung/mit-dem-adept-quattro-bis-zu-45-energie-einsparen/. Accessed 8 December 2011.

Mentgen, A. (2011): Neue Fanuc-Steuerung feierte „Sneak-Preview" in Tokio. Interview mit Tetsuya Kosaka (Entwicklungsleiter Fanuc Corporation). 2011. http://www.produktion.de/automatisierung/neue-fanuc-steuerung-feierte-sneak-preview-in-tokio/. Accessed 12 December 2011.

Mitsi, S.; Bouzakis, K.-D.; Sagris, D.; Mansour, G.: Determination of optimum robot base location considering discrete end-effector positions by means of hybrid genetic algorithm. *Robotics and Computer-Integrated Manufacturing,* 50 - 59. 2008.

Munz, H.; Fuchs, P.; Heinze, R.: Roboter setzen auf Software. *open automation* 12, 6, 38 - 44. 2010.

Naumann, M., Fritsch, D.: LEROI - Lebenszykluseffiziente Robotersysteme durch IKT-basierte Planungs- und Steuerungssysteme. Fraunhofer-Institut für Produktionstechnik und Automatisierung - IPA, Stuttgart. 2009.

Naumann, M.; Spiller, A.; Fritsch, D.: EneRo. Energieeffizienz in der Robotik - Vorstellung Projekt EneRo (IPA-interne Vorlaufforschung). Fraunhofer-Institut für Produktionstechnik und Automatisierung - IPA, Stuttgart. 2009.

Pehnt, M.: Energieeffizienz. Ein Lehr- und Handbuch. Berlin, Heidelberg: Springer, 2010.

Saravanan, R.; Ramabalan, S.: Evolutionary Minimum Cost Trajectory Planning for Industrial Robots. *J Intell Robot Syst* 52, 1, 45 - 77. 2008.

Schreiber, A.: Integrierte elektrische Antriebe für flexible Montagesysteme. Dissertation, Universität Stuttgart. 1993.

Siciliano, B.: Robotics: modelling, planning and control. London: Springer, 2009.

Spiller, A.; Voss, V.; Lechler, A.; Palzkill, M.: MoniSimO. Monitoring, Simulation und Optimierung von Roboteranwendungen zur Steigerung der Energieeffizienz. Vor-Ort-Evaluierung des von der Landesstiftung Baden-Württemberg GmbH geförderten Projekts „MoniSimO". Fraunhofer-Institut für Produktionstechnik und Automatisierung - IPA, Stuttgart. 2011.

Spong, M. W., Hutchinson, S., Vidyasager, M.: Robot modeling and control. John Wiley & Sons, Hoboken, N. J. 2006.

World Robotics 2010. Industrial Robots. IFR Statistical Department, [Frankfurt]. 2010 - 2011.

3.2 Oberflächenbehandlung

Ulrich Strohbeck, Wolfgang Klein

3.2.1 Lackieren als unverzichtbarer Teil der Produktion

Lackierprozesse werden in vielen verschiedenen Anwendungsbereichen und Branchen durchgeführt. Schätzungen gehen von über 50.000 Lack verarbeitenden Industriebetrieben in Deutschland aus. Bei der Herstellung von Serienprodukten, z.B. Automobilen, findet das Lackieren meist als letzter Prozessschritt vor der Montage statt (Abb. 1). Praktiziert wird aber auch die Lackierung von fertig montierten Produkten wie Großmotoren, Ventilatoren und Stahlkonstruktionen.
Es gibt eine Vielzahl von uwnterschiedlichen Lackierprozessen, deren Auswahl vom Werkstoff (Metall, Kunststoff oder Holz) abhängig ist. Die Prozesse müssen jeweils auch auf die zu lackierenden Produkte, ihre Geometrie, die Qualitätsanforderungen, die Produktionskapazität und die Fertigungsintegration abgestimmt werden. Die Lackiertechnik mit ihren verschiedenen Prozessen kommt nahezu in allen Branchen von Industrie und Handwerk zum Einsatz. Die Anwendungen reichen von geringen bis zu sehr hohen Anforderungen an die Oberflächenqualität.
Der Verfahrensablauf beim Lackieren umfasst - stark vereinfacht - eine Prozesskette mit den Teilschritten: Vorbehandlung (sofern für die Werkstückoberfläche erforderlich), Lackauftrag (Applikation) und Trocknung bzw. Härtung der Lackschicht (Quelle IPA Steckbrief).

3.2.2 Energierelevanz von Lackierprozessen

Das Lackieren ist in vielen Betrieben ein unverzichtbarer Fertigungsschritt, der jedoch sehr energieintensiv ist und hohe Kosten verursacht. Bezogen auf den gesamten Energieeinsatz zur Herstellung eines Produktes aus Halbzeugen erfordert das Lackieren einen Anteil von oft über 50 %. Bei den weit verbreiteten Spritzlackieranlagen sind dabei die wesentlichen Energietreiber (Abb. 2)

- die Wärmeverluste bei der Spritzvorbehandlung und Abwasserbehandlung
- die Belüftung und Klimatisierung der Spritzlackierkabinen mit Frischluft, die über weite Teile des Jahres erwärmt und - speziell beim Einsatz von Wasserlacken - befeuchtet werden muss. Aufgrund der dazu erforderlichen jährlichen Wärmeenergie von ca. 53.000 kWh pro m^2 durchströmter Kabinenfläche (dies entspricht dem jährlichen Heizenergiebedarf von mehreren Einfamilienhäusern) stellen Spritzlackierkabinen meist die größten Energieverbraucher in Lackieranlagen dar (Jahrbuch 2013).
- das mehrmalige Aufheizen der Werkstücke, z.B. bei einer typischen Lackieranlage für Metallteile
- auf bis zu 70° C in der Vorbehandlungsanlage
- auf 80° C - 120° C im Haftwassertrockner zur Entfernung der Wasserreste vom Vorbehandlungsprozess sowie
- auf 80° C - 200° C im Lacktrockner, um die Lackschicht zu trocknen bzw. chemisch zu vernetzen. Je nach Anzahl der Lackschichten findet dieser Prozessschritt einmal oder mehrmals statt.

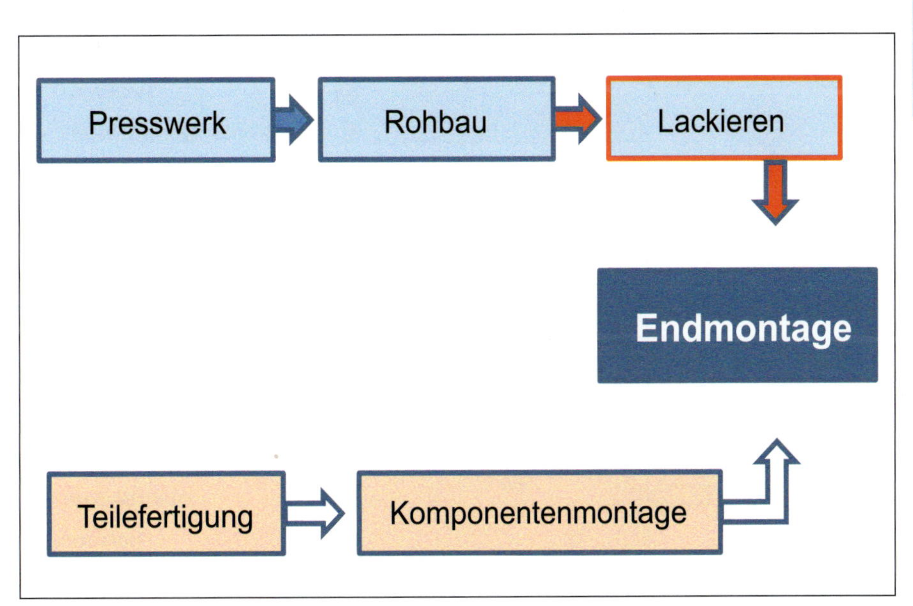

Abb. 1 Die Prozesskette im Automobilbau (Quelle: Delmia)

Bereits kleinere Lackieranlagen benötigen für diese Aufheizprozesse Wärmeleistungen im Bereich von 200 bis 500 kW.

Bezogen auf die Lackierkosten haben die Energiekosten einen Anteil von 10 – 15 %. Vor diesem Hintergrund werden in den folgenden Abschnitten die technisch möglichen sowie betriebswirtschaftlich interessanten Maßnahmen zur Energieeinsparung aufgezeigt. Generell dürfen Maßnahmen zur Energieeinsparung nicht den Arbeitsschutz, die Prozesssicherheit und die Produktqualität gefährden. So ließe sich beispielsweise durch die Reduzierung des Luftdurchsatzes in Spritzkabinen oder durch die Absenkung von Prozesstemperaturen in Vorbehandlungsbädern und Öfen theoretisch viel Energie sparen. Derartige Maßnahmen stoßen jedoch in der Praxis durch Vorgaben zum Explosions- und Arbeitsschutz sowie zur Beschichtungsqualität schnell an Grenzen. Zudem sind Kosteneinsparungen durch geringeren Energieverbrauch wirtschaftlich uninteressant, wenn die Einsparung durch einen höheren Energie- und Kostenaufwand aufgrund einer höheren Ausschuss- und Nacharbeitsrate kompensiert werden (LfU-Leitfaden 2006).

Bei den Maßnahmen zur Energieeinsparung ist zwischen verschiedenen Arten zu unterscheiden:

- Technische und organisatorische Maßnahmen, die in bestehenden Anlagen kurzfristig ohne hohe Investitionen umgesetzt werden können.
- Maßnahmen, die mit höherem Aufwand und Eingriffen in die vorhandene Anlagen- und Verfahrenstechnik im Rahmen von Anlagenmodernisierungen verbunden sind. Solche Maßnahmen können auch bei Anlagen-Neuplanungen zum Tragen kommen.
- Maßnahmen in Verbindung mit alternativen Fertigungskonzepten, die substanzielle Änderungen gegenüber den bisher eingesetzten bzw. bisher üblichen Prozessen, Anlagen und Materialien erfordern. Solche Maßnah-

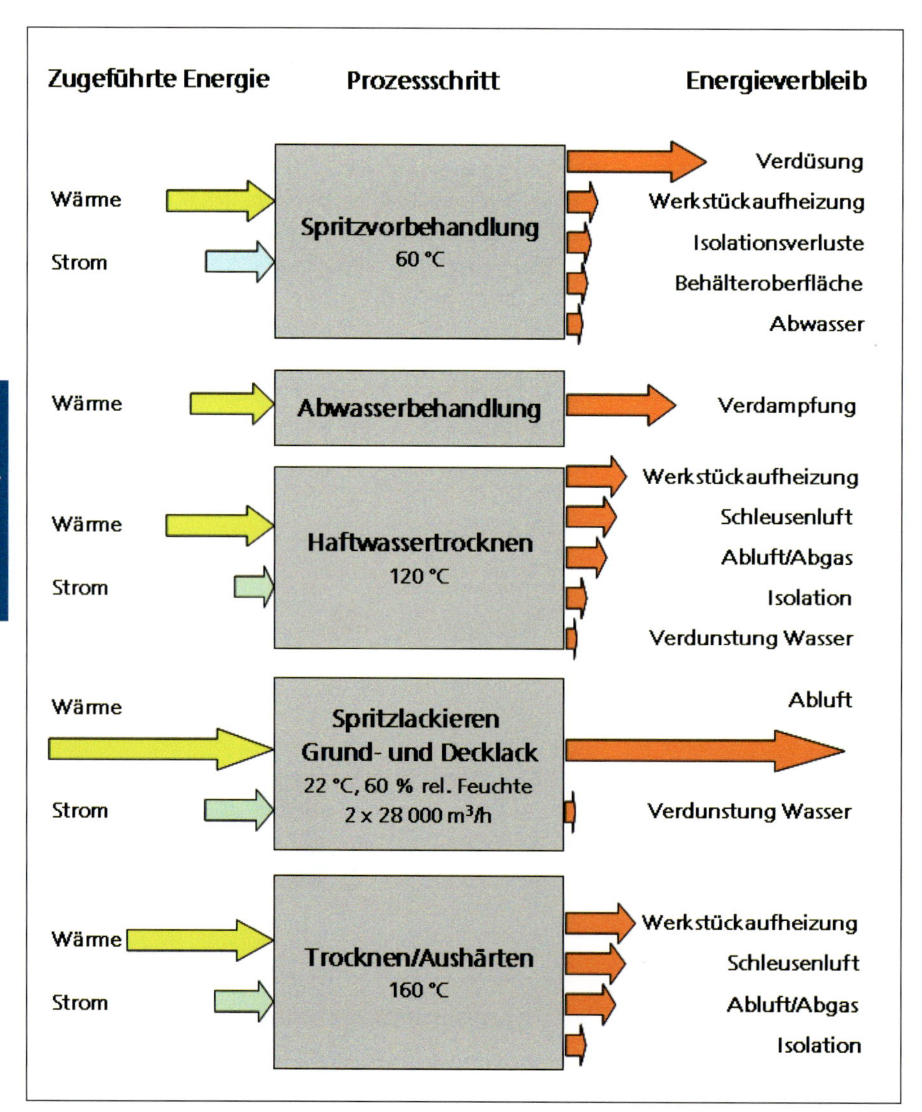

Abb. 2 Energiefluss (schematisch) in einer typischen Spritzlackieranlage (Quelle: Fraunhofer IPA)

men müssen im Vorfeld in enger Zusammenarbeit mit den Anlagen- und Materiallieferanten sowie ggf. durch Hinzuziehen neutraler Experten abgesichert werden (LfU-Leitfaden 2006).

3.2.3 Energiearten und -erfassung in Lackieranlagen

In Lackieranlagen wird Energie sowohl als Prozesswärme (thermische Energie) als auch in Form von elektrischer Energie benötigt. Im Verhältnis liegt der Verbrauch an Elektroenergie in typischen Lackieranlagen bei 15 bis 30% des Wärmeenergieverbrauchs (LfU-Leitfaden 2006). Unter Berücksichtigung des Einsatzes fossiler Brennstoffe bzw. der CO_2-Emission bei der Stromerzeugung sowie des Kostenverhältnisses zwischen Strom und Gas bzw. Heizöl schlägt in Deutschland der Stromverbrauch umwelt- und kostenbezogen überproportional zu Buche.
Thermische Energie wird meist aus fossilen Brennstoffen wie Gas oder Öl erzeugt und zur Erwärmung flüssiger Medien, z.B. in der Vorbehandlung, zur Erwärmung der Zuluft für Spritzkabinen, zur Lufterhitzung in Lacktrocknern sowie zur Verbrennung von Lösemitteln in einer thermischen Abluftreinigungsanlage verwendet.
Elektrische Energie wird in Lackierereien vor allem für Antriebe von Ventilatoren, Pumpen, Druckluftkompressoren und Förderern, zur Beleuchtung sowie zum Betrieb peripherer Geräte wie Steuerungen u.ä. eingesetzt. Bei der Elektrotauchlackierung wird elektrische Energie für den Lackabscheidungsprozess benötigt.
Nur wer seinen Energieverbrauch kennt, kann auch Energie sparen. Häufig können Lackieranlagenbetreiber keine oder nur unzureichende Angaben zum Energieverbrauch machen. Oft erscheinen sie in Betriebsabrechnungsbögen nur als Umlage. Aus dem betrieblichen Controlling lässt sich häufig ein erster Überblick über eingekaufte Energiemengen verschaffen (Klein 2008). In einigen Fällen sind die Energieverbrauchswerte der Lackiererei bereits zugeordnet. Die Ermittlung des zeitlichen Verlaufs des Gesamtenergiebedarfs mit der jeweiligen Zuordnung lässt sich mittels Stromzählern, Gaszählern, Wassermengenzählern, Betriebsstundenzählern, Protokollen von Schornsteinfegern sowie Messprotokollen von Messfirmen im Rahmen von behördlichen Untersuchungen durchführen. Weitere Energieverbrauchsdaten können auch über Nennleistungen (Typenschilder von Elektromotoren), Durchschnittsleistungen und Betriebszeiten abgeschätzt werden (Jahrbuch 2013).
Zur Nutzung der vorhandenen Einsparpotenziale sollten Anlagenbetreiber organisatorische Maßnahmen zur Einführung einer definierten Kostenrechnung ergreifen.

Die Kenntnis des Energieverbrauchs der einzelnen Anlagenkomponenten ist dabei die Voraussetzung für eine verursacherspezifische Kostenzuordnung. In diesem Zusammenhang wird auf das Kapitel „Energiemanagement auf Basis der DIN EN ISO 50001“ verwiesen, in dem die Anforderungen bei der Einführung und die Vorgehensweise bei der Umsetzung eines Energiemanagementsystems beschrieben werden.
Die Überwachung, Messung und Analyse der wesentlichen Energieverbraucher und der diese beeinflussenden Variablen stellen eine zentrale Aufgabe beim Energiemanagement auf Basis der DIN EN ISO 50001 dar. Zur Identifizierung von Energietreibern sollte die Diagnose des Energieverbrauchs im Rahmen einer IST-Zustandsaufnahme erfolgen:

- Erfassung der Betriebszustände
- temporäre Messungen des Energieverbrauchs von Heizeinrichtungen und Antrieben
- temporäre Messungen der Energieverluste (Abluft, Abgas, Schleusen)
- Momentaufnahme der Produktionsleistung (Massen-, Flächendurchsatz)
- Erfassung von bereits installierten Energieeinsparungs-Maßnahmen (Wärmerad, Frequenzumformer).

Auf der Basis dieser Erkenntnisse kann eine sinnvolle Messeinrichtung in Verbindung mit einer geeigneten EDE-Software (Energiedaten-Erfassung) geplant und umgesetzt werden. Über die Auswertung der Messdaten lassen sich maschinen- und auftragsbezogene Energieverbräuche feststellen und auswerten:

- Visualisierung des Energieverbrauchs zur Steuerung von Spitzenlasten
- Gewinnung von produktbezogenen Energieverbrauchswerten als Ergänzung zu bisherigen Produktionsdaten als Datenbasis für Optimierungen und/oder Simulation
- Optimierung der Fertigung unter Berücksichtigung der Energieeffizienz
- Bewertung und Benchmarking von Energiedaten
- Zuordnung der Energiekosten zu Verursachern (Zuordnung zu Kostenstellen)
- mehr Prozesssicherheit (Reduzierung von Nacharbeit)
- Simulation der Auswirkung verschiedener Produktionsabläufe auf den Energieverbrauch.

Die Vision ist ein Leitstand, mit dem Energiequellen und -senken für mehr Energieeffizienz in der Produktion genutzt werden (Abb. 3).

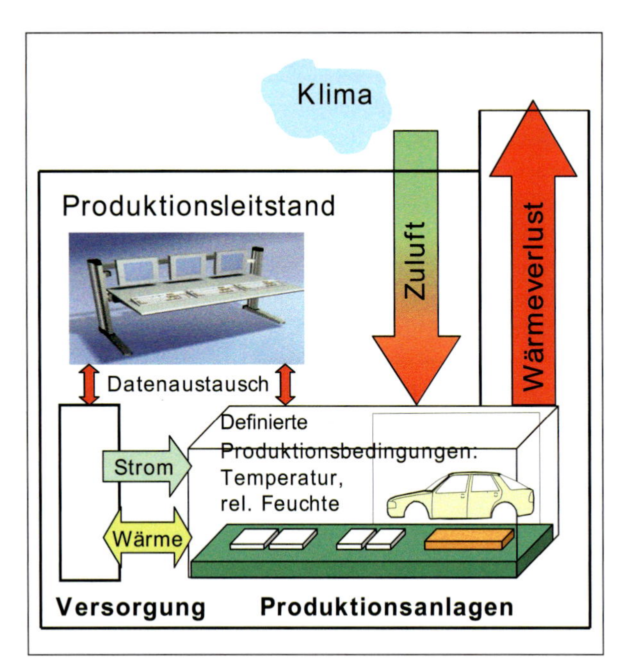

Abb. 3 Leitstand (Quelle: TEEM Fraunhofer IPA)

3.2.4 Lackieranlagen im Fokus

Generell sollen in diesem Kapitel solche Lackieranlagen betrachtet werden, die den größten Bereich der industriellen und handwerklichen Lackiertechnik abdecken. Dies sind Spritzlackieranlagen für flüssige Lacke sowie elektrostatische Pulversprühanlagen. Anlagentechnische Unterschiede bezüglich der Betriebsart, des Warentransports und des Beschichtungsprozesses ergeben sich außer durch das Lackmaterial, die Werkstücksformen und den Substratwerkstoff (Metall, Kunststoff, Holz etc.) auch durch die zu lackierenden Stückzahlen, die Farbtonvielfalt sowie die geforderte Beschichtungsqualität.
Die nachstehend betrachtete Anlagentechnik wird auf die Komponenten Vorbehandlung, Lackauftrag und Trocknung bzw. Härtung einschließlich Nebenanlagen für die Abwasser- und Abluftbehandlung beschränkt. Basis für die nachstehenden Betrachtungen ist eine typische Lackieranlage für Metall-Büromöbel.

3.2.4.1 Vorbehandlung

Der Prozess der Vorbehandlung wird vor allem durch die Qualitätsanforderungen an die zu beschichtende Oberfläche bestimmt. Bevor die Werkstücke lackiert werden, müssen sie je nach Zustand der Werkstückoberfläche gereinigt und entfettet werden. Bei den Vorbehandlungsverfahren unterscheidet man zwischen mechanischen und chemischen Verfahren. Die mechanische Reinigung kann manuell, durch handgeführte Maschinen, Schleifmaschinen oder durch Strahlen erfolgen. Bei metallischen Werkstücken sind flüssige Reinigungs- und Entfettungsmittel auf der Basis von Kohlenwasserstoffen wie TRI, PER usw. rückläufig, es kommen heute vermehrt wässrige Reinigungssysteme (Wasser vermischt mit Reinigungsmitteln) zum Einsatz, bei denen die Reinigungslösung auf das Werkstück gesprüht oder das Werkstück darin getaucht wird. Aus Gründen des Korrosionsschutzes und/oder zur Verbesserung der Lackschichthaftung auf dem Werkstück (Aktivierung der Oberfläche) werden Konversionsbehandlungen angewandt, die zu den chemischen Verfahren gezählt werden. Solche Behandlungen sind z. B. Eisen- und Zinkphosphatierungen, die überwiegend für Stahlteile geeignet sind, sowie Passivierungen, wie sie für Leichtmetalle angewandt werden.
Zur Vorbehandlung (z. B. Reinigung, Entfettung und Bildung von Konversionsschichten) sind aus Gründen des Umweltschutzes vorwiegend wässrige Verfahren im Einsatz. Nachstehend werden die Spritz-Vorbehandlung und die Abwasseraufbereitung betrachtet.

3.2.4.1.1 Spritzvorbehandlung

Energiebilanz

Um den Wärmebedarf für die Beheizung von Vorbehandlungsbädern zu ermitteln, werden die Wärmeverluste durch
- Verdunstung über die Badoberfläche
- Aufheizung des Ergänzungswassers
- Aufheizung der Werkstücke
- Verdunstungsverlust bei der Verdüsung

gemessen bzw. berechnet.

In Spritzvorbehandlungsanlagen entsteht der weitaus größte Energieverlust beim Verdüsen des beheizten Behandlungsmediums – ein großer Teil der zugeführten Energie wandert von den beheizten Zonen in die kälteren Spülbäder durch die Luftzirkulation in den neutralen Zonen. Dieser Verlust an Wärmeenergie ist vom Tunnelquerschnitt und der Temperaturdifferenz zwischen den Zonen abhängig. Weitere Verluste entstehen durch die Schwadenabsaugung im Ein- und Auslauf der Vorbehandlungsanlage.

Energiesparpotenziale für Spritzvorbehandlungsanlagen:
1. Kurzfristig umsetzbare technische und organisatorische Maßnahmen ohne hohe Investitionen
   a) Abschalten der Spritzpumpen in Pausen, während Transportlücken und bei Fördererstillstand; das Verdüsen verbraucht die meiste Wärmeenergie

   b) Einsatz von Reinigungschemikalien, die eine Vorbehandlung bei niedrigeren Prozesstemperaturen ermöglichen (z. B. Reduktion um 10 °C)
   c) Druckminderung der Umwälzpumpen durch Frequenzregelung anstelle von Drosselklappen in den Rohrleitungen
2. Maßnahmen bei Anlagenmodernisierungen und -neuplanungen
   a) Abschottbleche zwischen beheizten und unbeheizten Zonen als „Wärmefalle“ einbauen
   b) Dämmung von Gehäuse, Badbehälter, Wärmetauscher und Rohrleitungen bei beheizten Zonen
   c) Verlängerung der Einlaufzonen
   d) Abluftfreier Betrieb durch Einbau eines Kondensationsaggregats mit Wärmerückgewinnung
   e) Nutzung der Abwärme des Lacktrockners bzw. des Haftwassertrockners
3. Maßnahmen in Verbindung mit alternativen Fertigungskonzepten
   a) Anlagenkonzept mit Tauchbädern
   b) Einsatz einer nasschemiefreien Vorbehandlung, z. B. Strahlen, CO_2- oder Trockendampf-Technik. Hierbei müssen allerdings die spezifischen Voraussetzungen (z. B. Minimalbeölung) und Grenzen beachtet werden sowie die Gewährleistung der jeweiligen Qualitätsanforderungen (Korrosionsschutz, Haftung etc.) sichergestellt sein.

3.2.4.1.2 Abwasseraufbereitung

In die Energiebetrachtung für die Vorbehandlung mit einzubeziehen ist auch die Abwasseraufbereitung. Häufig wird zur Vermeidung von aufwändigen Wassereinleitungsgenehmigungen die konventionelle Chargen-Abwasseranlage durch eine Schmutzwassereindampfanlage ersetzt. Bei einer üblichen Entfettungs- und Eisenphosphatierungsanlage und nicht übermäßig schöpfenden Werkstücken fallen ca. zwei Liter Abwasser je m^2 vorbehandelter Werkstückoberfläche an. Während für die Behandlung von einem m^3 Abwasser in einer Chargen-Abwasseranlage nur ca. 10 kW an elektrischer Leistung erforderlich sind, benötigt ein Verdampfer mit einer Leistung von 200 l/h eine Heizenergie von ca. 180 kWh/h.

3.2.4.2 Haftwassertrockner

Energiebilanz

Zur Trocknung der Werkstücke nach der Vorbehandlung werden in der Praxis verschiedene Systeme von der einfachen Warmblaszone bis zum aufwändigen Düsentrockner verwendet. Bei der typischen Anlage zur Metallmöbellackierung ist ein Haftwassertrockner eingesetzt. Der Energieverbrauch wird nicht nur durch die von den Werkstücken zu entfernende gesamte Wassermenge beeinflusst, sondern auch von dessen Verteilung auf den Werkstücken. Zur Verdunstung von Wasserresten auf freiliegenden Oberflächen reichen Umlufttemperaturen im Bereich von 75° C aus, während die Entfernung von Wasser aus engen Spalten oder die Trocknung von kleineren „Pfützen“ ein Verdampfen bei Umlufttemperaturen über 100° C erfordert. Wesentlichen Einfluss auf den Energieverbrauch von Haftwassertrocknern hat zudem die Konstruktion der Ein- und Auslauföffnungen. Übliche Ausführungsvarianten sind:

- Ausblasen eines Teilstroms der Umluft an den Ein- und Auslauföffnungen (Sparschleuse)
- umluftbetriebene Luftschleusen
- A-Schleusen (Werkstückein- und -auslauf von unten bzw. nach unten) sowie
- Schiebetore (nur bei Taktbetrieb).

Die Sparschleuse am Trocknerein- bzw. -auslauf eignet sich nur für niedrige Trocknertemperaturen und kleine Ein-/Auslauföffnungen. Zum Ausgleich des thermischen Drucks

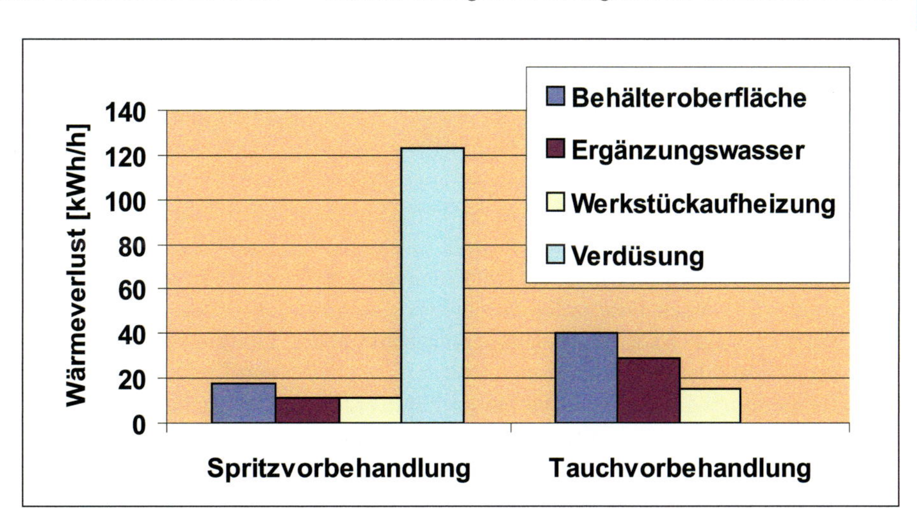

Abb. 4 Wärmeverluste in Spritz- und Tauchvorbehandlungsanlagen (typische Anlage für Metall-Büromöbel, Flächendurchsatz 160 m^2/h).

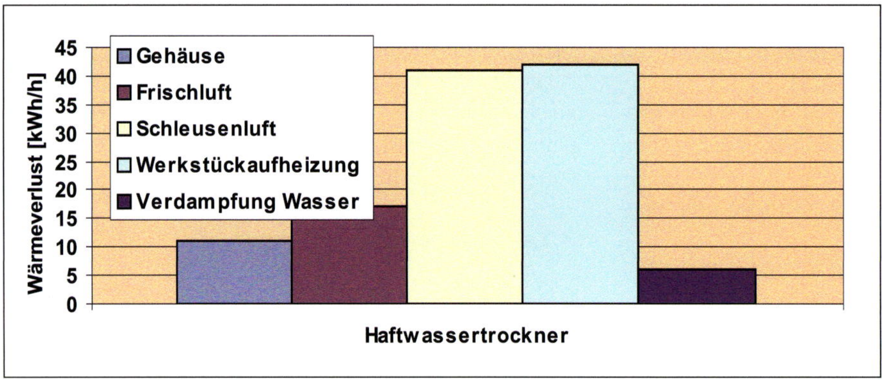

Wärmeverlust [kWh/h]
45
40
35
30
25
20
15
10
5
0
Gehäuse
Frischluft
Schleusenluft
Werkstückaufheizung
Verdampfung Wasser
Haftwassertrockner

Abb. 5 Wärmeverluste in einem Haftwassertrockner (typische Anlage für Metall-Büromöbel, Flächendurchsatz 160 m^2/h).

muss der Unterdruck im Trocknerkanal relativ hoch sein, wodurch Energieverluste durch die erforderliche hohe Abluftmenge entstehen.

Energieeffizienter sind umluftbetriebene Luftschleusen, mit denen die Warmluft besser zurückgehalten werden kann. A-Schleusen sind für den kontinuierlichen Betrieb aus energetischen Gründen die beste Lösung, setzen aber eine ausreichende Hallenhöhe voraus.

Durch die Umstellung von gasbeheizten Trocknern von indirekter auf direkte Beheizung (Umluftführung direkt über die Gasflamme) lassen sich 10 bis 15 % Heizenergie einsparen, die bei indirekter Beheizung im Wärmetauscher verloren geht. Bei der betrachteten typischen Lackieranlage für Metall-Büromöbel wurde die direkte Beheizung gewählt. Die Wärmeverluste eines Haftwassertrockners verteilen sich wie in Abbildung 5 dargestellt:

Energie-Einsparpotenziale für Haftwassertrockner:

1. Kurzfristig umsetzbare technische und organisatorische Maßnahmen ohne hohe Investitionen
   a) Minimierung der Öffnungszeiten bei Schiebetoren
   b) Abdeckung nicht genutzter Öffnungsflächen, wenn die Werkstückein- und -auslauföffnungen für die Werkstücke zu groß sind
   c) Reduzierung der Trocknerabluft auf die zur Abführung des Wassers notwendige Mindestabluft
2. Maßnahmen bei Anlagenmodernisierungen und -neuplanungen
   a) Bei indirekter Beheizung der Umluft über einen Lufterhitzer sollte wenn möglich auf eine direkte Beheizung umgerüstet werden (in der betrachteten Anlage gemäß Abbildung 5 bereits berücksichtigt)
   b) Sind keine umluftbetriebenen Luftschleusen o. ä. vorhanden, sollten diese nachgerüstet werden, wenn räumlich möglich sogar A-Schleusen eingebaut werden (Einlauf der Werkstücke von unten)
   c) Temperaturreduzierung in Verbindung mit einer Entfeuchtung der Umluft (durch Kälte- oder Sorptionstrocknung)
   d) Mehrere Trockner als Blocktrockner ausführen (eine Seitenwand wird eingespart)
   e) Beheizung durch Abluft aus dem Lacktrockner
3. Maßnahmen in Verbindung mit alternativen Fertigungskonzepten
   a) Einsatz einer nasschemiefreien Vorbehandlung, z. B. Strahlen, CO_2- oder Trockendampf-Technik. Hierbei müssen allerdings die spezifischen Voraussetzungen (z. B. Minimalbeölung) und Grenzen beachtet werden sowie die Gewährleistung der jeweiligen Qualitätsanforderungen (Korrosionsschutz, Haftung etc.) sichergestellt sein.

3.2.4.3 Spritzlackierkabinen und -stände, Pulversprühkabinen

Energiebilanz

Um die Lackierer vor Aerosolen und Lösemitteldämpfen zu schützen sowie aus Gründen des Explosionsschutzes ist es notwendig, die Kabinen mit beheizten und – insbesondere beim Einsatz von Wasserlacken – befeuchteten großen Luftmengen zu durchströmen. Dabei werden Luftsinkgeschwindigkeiten zwischen ca. 0,3 und ca. 0,6 m/s eingestellt. Zum Erreichen der bei der Spritzapplikation notwendigen Prozessbedingungen sind für die Zuluft der Spritzkabine Temperaturen von 22° C und eine relative Luftfeuchte je nach Lacksystem von 55 – 70 % erforderlich. Für die Beheizung der Luft auf 22° C Arbeitstemperatur bei einer durchschnittlichen Jahres-Außentemperatur von 9° C werden je 0,1 m/s Luftsinkgeschwindigkeit etwa 1,7 kW Wärmeenergie pro m^2 Kabinenfläche benötigt. Soll die Luft zusätzlich noch auf 60 % relative Luftfeuchte gebracht werden, steigt der Energieverbrauch auf rund 3,0 kW an. Für die Belüftung von 1 m^2 Kabinenfläche mit erwärmter und befeuchteter Luft ist im Schnitt eine Wärmeenergie von ca. 53.000 kWh pro Jahr notwendig. Dies entspricht bei der betrachteten typischen Anlage zur Metallmöbellackierung ca. 45 % des gesamten Wärmeenergiebedarfs für den Betrieb

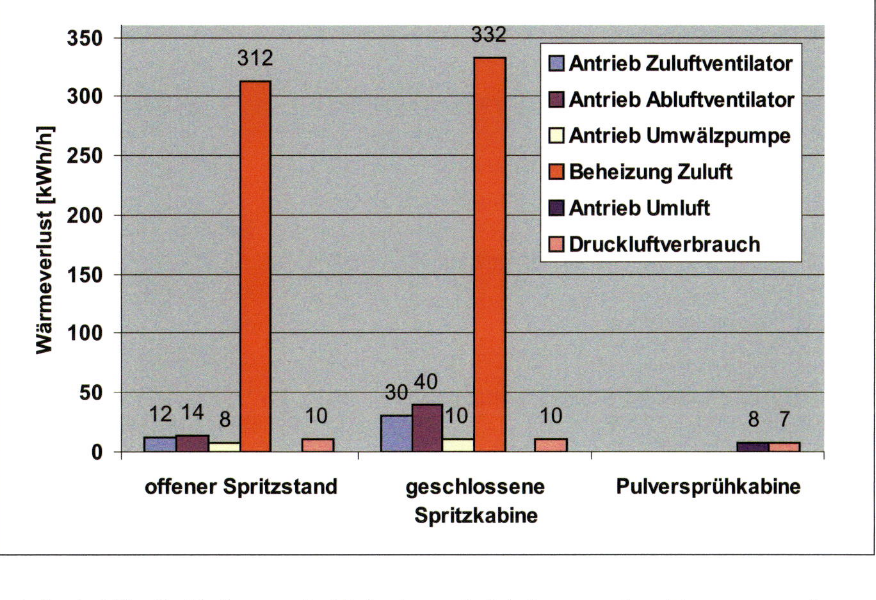

Abb. 6 Vergleich des Energieverbrauchs verschiedener Lackierkabinensysteme (typische Anlage für Metall-Büromöbel)

der Lackieranlage. Der übrige Anteil wird für die Vorbehandlung, den Trockner usw. verbraucht. Lackierkabinen sind lüftungstechnisch zu unterscheiden in

- Hand-Spritzkabinen und offene Spritzstände mit reinem Frisch-/Abluft-Betrieb
- Automatik-Spritzkabinen mit je einem Teilstrom im Frisch-/Abluft- und im Umluft-Betrieb
- Hand- und Automatik-Pulver-Sprühkabinen mit reinem Umluftbetrieb.

Abbildung 6 stellt einen Vergleich der Energieverluste dieser Kabinensysteme dar. Zu beachten ist, dass im Falle der geschlossenen Spritzkabine eine größere Kabinenfläche als beim offenen Spritzstand belüftet wird und dadurch der Energieverbrauch höher ist.

Einsparpotenziale für Spritzkabinen:

1. Kurzfristig umsetzbare technische und organisatorische Maßnahmen ohne hohe Investitionen
   a) Anpassung der Luftleistung an den tatsächlichen Bedarf, z.B. Abschalten der Spritzkabine während Arbeitspausen, wobei der Nachlauf für die technische Lüftung zu berücksichtigen ist
   b) Reduzierung der Luftsinkgeschwindigkeit von 0,5 auf 0,4 m/s durch Reduzierung des Oversprays, z.B. durch HVLP-Zerstäuber (nicht bei offenen Spritzständen)
   c) Reduzierung der Luftsinkgeschwindigkeit von 0,5 auf 0,3 m/s durch Reduzierung des Oversprays bei automatischer Lackierung, z.B. mit elektrostatischen Hochrotationsglocken
   d) Verarbeiten von Wasserlacken, bei denen keine Befeuchtung der Kabinenluft notwendig ist
2. Maßnahmen bei Anlagenmodernisierungen und -neuplanungen
   a) Rückgewinnung der Wärme aus der Kabinenabluft mittels Wärmetauscher; moderne Wärmetauschersysteme ermöglichen eine Einsparung an Heizenergie zwischen 50 % (Kreuzstrom-Wärmetauscher) und 75 % (Wärmeräder).
   b) Verzicht auf eine Vollklimatisierung der Kabinenzuluft; stattdessen Zuluftkühlung mittels Befeuchtung innerhalb des klimatischen Prozessfensters
   c) Der Einsatz von Ventilatoren mit verbessertem Wirkungsgrad ermöglicht eine bis zu 20 % höhere Luftleistung bei gleichem Energieeinsatz.
   d) Der Einsatz von Ventilatormotoren mit Frequenzumrichtern ermöglicht eine Anpassung der Luftleistung an den tatsächlichen Bedarf, insbesondere eine Minimierung der Luftmenge in Betriebszeiten ohne Lackiervorgänge. Je nach Anlagennutzungsgrad sind damit jährliche Energieeinsparungen bis über 30 % möglich.
   e) Die Mehrkosten für hocheffiziente Elektromotoren (Energieeffizienzklasse IE 2) amortisieren sich oft schon nach einem Jahr.
   f) Umstellen auf Umluftbetrieb mit Teilstrom Frisch-/Abluft im Zusammenhang mit einer Automatisierung der Lackapplikation (in Kabinen mit Umluftbetrieb dürfen keine Handlackierer arbeiten!)
   g) Umstellen von Venturi-Nassabscheider auf regenerativen Trockenfilter bei Automatikkabinen mit Umluftbetrieb. Da beim Trockenabscheider keine Auffeuchtung und Abkühlung des Abluftvolumenstromes erfolgt, kann dieser ohne zusätzlich erforderliche Wärmeenergie der Lackierkabine wieder zugeführt werden (Quelle: Drescher 2010).

h) Verlagerung von geeigneten Lackieraufgaben (z. B. Kleinteile) in kleine Spritzstände mit geringem Luftdurchsatz
3. Maßnahmen in Verbindung mit alternativen Fertigungskonzepten
   a) Reduzierung der Lackschichtanzahl und damit des Lackierumfangs (z. B. Verwendung von vorbeschichtetem Blech)
   b) Lackierprozess auf Pulverlack umstellen

3.2.4.4 Abdunstzonen

Einflussgrößen auf den Energieverbrauch

Beim Einsatz von lösemittelhaltigen Lacksystemen wird in Abdunstzonen in der Regel ausschließlich elektrische Antriebsenergie für Belüftungsventilatoren benötigt. Das Abdunsten erfolgt hier meistens bei Umgebungstemperatur, eine zusätzliche Beheizung ist nicht erforderlich.
Wasserlacke benötigen einen höheren Energieeinsatz zum Abdunsten. Die Abdunstrate steigt mit zunehmender Temperatur und abnehmender relativer Feuchtigkeit sowie mit zunehmender Luftströmungsgeschwindigkeit in der Abdunstzone. Um den Energieeinsatz für die Abdunstzone zu minimieren, sollte im Vorfeld unter verschiedenen klimatischen Bedingungen experimentell der maximal zulässige Restwassergehalt in der Lackschicht ermittelt werden, bei dem im Trockner eine Kocherbildung (Bläschen in der Lackschicht infolge zu starker Wasserdampfbildung) sicher vermieden wird.

Einsparpotenziale für beheizte Abdunstzonen:
1. Kurzfristig umsetzbare technische und organisatorische Maßnahmen ohne hohe Investitionen
   a) Anpassung der Luftleistung an den tatsächlichen Bedarf, z. B. Abschalten der Abdunstzone während Arbeitspausen, wobei der Nachlauf für die technische Lüftung zu berücksichtigen ist.
2. Maßnahmen bei Anlagenmodernisierungen und -neuplanungen
   a) Nutzung der Abwärme aus dem nachfolgenden Lacktrockner zur Beheizung der Abdunstzone
   b) Förderung der warmen, aus dem Trockner kommenden Werkstücke durch die Abdunstzone
   c) Einsatz von Ventilatoren mit verbessertem Wirkungsgrad
   d) Einsatz von Ventilatormotoren mit Frequenzumrichtern
   e) Einsatz hocheffizienter Elektromotoren (Energieeffizienzklasse IE 2)
3. Maßnahmen in Verbindung mit alternativen Fertigungskonzepten
   a) Reduzierung der Lackschichtanzahl und damit der Abdunstprozesse (z. B. Verwendung von vorbeschichtetem Blech)
   b) Lackierprozess auf Pulverlack umstellen

3.2.4.5 Lacktrocknung /-aushärtung

Am Ende des Verfahrensablaufs einer Lackierung steht das Trocknen oder Aushärten der Lackschicht. Man unterscheidet in
Trocknen: Austreiben des Lösemittels bzw. des Wassers durch Verdunsten (physikalischer Prozess).
Härten: Vergrößerung der Moleküle des Bindemittels durch chemische Reaktion (chemischer Prozess). Je nach Reaktion wird unterschieden in Polymerisation, Polykondensation, Polyaddition und oxidative Härtung. Bei Pulverlacken erfolgt das Härten nach vorherigem Aufschmelzen der Pulverschicht.
Es gibt Beschichtungen, die nur getrocknet (physikalischer Vorgang) oder nur gehärtet (chemische Reaktion zweier Komponenten) werden, bei den meisten folgt auf einen Trocknungsprozess ein Härtungsprozess. Beim Trocknen und Härten wird jeweils dem Lackfilm Energie (Wärme, Strahlung) zugeführt.

3.2.4.5.1 Trocknung/Härtung mit Umluft

Energiebilanz

Für Lacktrockner gelten bezüglich des Energieverbrauchs prinzipiell die gleichen Beziehungen und Überlegungen wie für den Haftwassertrockner. Der Energiebedarf zur Verdunstung/Verdampfung von Lösemittel (Wasser) ist gering und wird daher in der Bilanzierung meist nicht berücksichtigt. Für die Aushärtung von lösemittelhaltigen Lacksystemen schreibt der Gesetzgeber ab einer festgelegten Lösemitteldurchsatzmenge eine Abluftreinigungsanlage, z. B. eine thermische Nachverbrennung vor. Die Konzentration der anfallenden Lösemittel aus dem Lackierprozess reicht zur Verbrennung nicht aus, sodass für den Anlauf und den Betrieb zusätzliche Wärmeenergie zugeführt werden muss. Alternativ können die Lösemittel so weit aufkonzentriert werden, dass diese ohne Zusatzenergie verbrennen. Die Abwärme kann zumindest teilweise genutzt werden, insbesondere für die Beheizung des Trockners und der Vorbehandlungsbäder.
Auch beim Lacktrockner ist die Konstruktion der Ein- und Auslauföffnungen energierelevant.

- Das Ausblasen eines Teilstroms der Umluft an den Werkstücköffnungen (Sparschleuse) eignet sich nur für niedrige Trocknertemperaturen und kleine Ein-/

Auslauföffnungen und ist mit hohen Energieverlusten verbunden.

- Umluftbetriebene Luftschleusen halten die Warmluft besser zurück und weisen einen geringeren Energieverlust auf.
- A-Schleusen sind bei ausreichender Raumhöhe energetisch gesehen die beste Lösung.
- Schiebetore sind bei Taktbetrieb ebenfalls eine energetisch sinnvolle Lösung.

Je nach Massendurchsatz und Trocknungs- bzw. Umlufttemperatur wird bis zur Hälfte der Wärmeenergie bei Umlufttrocknern für die Werkstückaufheizung benötigt. Beim Massendurchsatz ist auch die Masse der Werkstückträger und Aufhängungen zu berücksichtigen, die insbesondere bei Kunststoffteilen weit höher als die der Werkstücke selbst sein kann.

Einsparpotenziale für einen üblichen Umluft-Lacktrockner (Trocknungstemperatur 160 °C):

1. Kurzfristig umsetzbare technische und organisatorische Maßnahmen ohne hohe Investitionen
   a) Abschalten des Brenners bei Produktionsunterbrechungen
   b) Reduzierung bzw. Abschaltung von Umluftvolumenströmen während der Produktionspausen bzw. bei Teillastbetrieb
   c) Verwendung von Lacken mit geringerer Aushärtungstemperatur, z. B. Zwei-Komponentensysteme, wobei die Wirtschaftlichkeit und die Qualitätsspezifikationen abzusichern sind.
2. Maßnahmen bei Anlagenmodernisierungen und -neuplanungen
   a) Bei indirekter Beheizung der Umluft über einen Lufterhitzer sollte – wenn möglich – auf eine direkte Beheizung umgerüstet werden.
   b) Optimierte Anströmdüsen- und Luftführungskonzepte ermöglichen kürzere Trocknungszeiten
   c) Die Minimierung des zu reinigenden Abluftvolumenstroms in Verbindung mit der maximalen Wärmerückgewinnung aus dem thermisch gereinigten, heißen Abluftvolumenstrom mittels optimierter Wärmetauschertechnik verringert die Abwärmeverluste signifikant.
   d) Einsatz von alternativen Abluftreinigungstechniken mit geringeren Abwärmeverlusten (s. Abschn. 1.4.5.4)
   e) Abwärmenutzung zur Kälteerzeugung mittels Absorptionskältemaschine (Quelle: Schmid 2010) bzw. zur Stromerzeugung mittels ORC-Prozess (Quelle: Dürr Firmenbroschüre)
   f) Ein getakteter schneller Teiletransport durch die Schleusenzonen verringert luftströmungsbedingte Energieverluste durch Heißluftaustritt bzw. Kaltlufteintritt.
   g) Einsatz energieeffizienter Brennertechnik
   h) Bei wasserlöslichen Lacken Reduzierung der Trocknertemperatur im Zusammenhang mit einer Entfeuchtung der Umluft (z. B. auf 60 °C, nur bei Wasserlacken).
   i) Verkürzung der Einbrennzeit mittels zusätzlicher Dunkelstrahler (Abgasrückführung).
3. Maßnahmen in Verbindung mit alternativen Fertigungskonzepten
   a) Wenn möglich auf ein strahlungshärtendes Lacksystem umstellen (z. B. auf UV-härtende Lacke).

3.2.4.5.2 Härtung mit IR-Strahlen

Es gibt eine Vielzahl von Anwendungen, in denen die Infrarot-Technologie bei der Trocknung und Härtung von Lacken eingesetzt wird, so z. B. in der industriellen Fahrzeugfertigung (Pkw, Lkw, Busse, Motorräder, Fahrräder usw.), bei der Vortrocknung von Basislack- und Wasserlackschichten oder in der Reparaturlackierung. Weitere Anwendungsgebiete für die IR-Strahlungstrocknung sind ebene Werkstücke wie Coils, Folien, Holzplatten.

Die Bauart von IR-Trocknern entspricht, soweit es sich um Durchlauföfen handelt, in etwa der von Konvektionsöfen. Häufig wird die IR-Trocknung in Kombination mit konvektiver Trocknung eingesetzt.

Einsatz im Automobilbereich:

- Bei der Vortrocknung von Wasserbasislacken werden Karosserien innerhalb von ein bis zwei Minuten durch IR-Strahlung auf 60 bis 80 °C erwärmt.
- Reparaturen in der Kfz-Werkstatt lassen sich mit der IR-Trocknung wirtschaftlich durchführen. Durch die Verwendung der IR-Strahlung kann nach dem Spachteln und Grundieren jeweils schneller geschliffen und lackiert werden. Es gibt für diesen Zweck eine Vielzahl von dreidimensional verstellbaren IR-Strahlersystemen.

Bei der Trocknung von Beschichtungen auf dickwandigen oder massiven Objekten (z. B. Stahlrohre, Elektromotorengehäuse aus Metall) lässt sich die IR-Wärmetechnik besonders effizient einsetzen. Die Umlufttrocknung von beschichteten Halbzeugprodukten in der Stahlindustrie erfordert üblicherweise für die Wärmeübertragung sowie für die Umwälzung des Wärmeträgers Luft großvolumige Anlagen. Im Fall der IR-Trocknung ist die Wärmeübertragungsleistung hingegen um ein Vielfaches höher, wodurch der Anlagenumfang deutlich reduziert werden kann. So lassen sich z. B. Lackschichten mit einer Dicke von ca. 20 µm, die aus Gründen des Korrosionsschutzes auf Stahlrohre (Länge 5 – 15 m, Durchmesser 200 – 700 mm, Wandstärke 10 – 100 mm) aufgebracht werden, durch IR-Strahlung bei hoher Strahlungsleistungsdichte gezielt erwärmen.

Die bei der Konvektionstrocknung erforderliche Erwärmung der Umluft und des gesamten Ofenraumes sowie die weitgehende Durchwärmung der Stahlrohre entfällt. Ebenso fallen bei der IR-Trocknung Wärmeverluste weg, die auf Grund der erforderlichen großen Austrittsöffnungen für die Rohre bei der konvektiven Ofentrocknung entstehen.

Trotz der im Vergleich zu Gas höheren spezifischen Energiepreise liegen beim Betrieb von elektrischen IR-Strahlern bei dem betrachteten Beispiel die Energiekosten um 40 % niedriger als bei einer Umlufttrocknung. In Verbindung mit den geringeren Kapitalkosten und den hohen Produktionsleistungen führt dies zu betriebswirtschaftlichen Vorteilen beim Einsatz der IR-Trocknung.

3.2.4.5.3 Härtung mit UV-Strahlen

Bei UV-härtenden Lacksystemen werden die Polymerisationsprozesse durch die Absorption von UV-Strahlung in Photoinitiatoren eingeleitet. Die Lackschicht vernetzt wesentlich schneller und bei geringeren Temperaturen als bei der herkömmlichen thermisch angeregten Härtung in Einbrennöfen. Dabei wird eine hohe Vernetzungsdichte erreicht, die zu einer hohen Produktqualität hinsichtlich Abriebfestigkeit, Härte und Chemikalienbeständigkeit führt. Zudem lassen sich emissionsfreie Lacksysteme formulieren. Gegenüber konventionellen Lacksystemen hat die Anwendung UV-härtender Lacksysteme die nachstehend beschriebenen verfahrenstechnischen Vorteile hinsichtlich einer höheren Ressourcen- und Energieeffizienz sowie hinsichtlich einer Reduzierung der Lackierkosten:

- kürzere Prozesszeiten und damit höherer Teiledurchsatz
- geringerer Platzbedarf für die Anlagentechnik
- geringerer Energieverbrauch (aufgrund der strombetriebenen UV-Strahler allerdings nicht zwangsläufig geringere Energiekosten)
- schnellere Staubtrockenheit und damit geringere Nacharbeit
- schnellere Lagerfähigkeit und Weiterverarbeitbarkeit der Werkstücke
- geringerer Materialverbrauch durch Einsatz recyclingfähiger UV-härtender Lacksysteme
- geringere Prozesstemperaturen ermöglichen die Lackierbarkeit von wärmeempfindlichen Teilen.

Zu beachtende Grenzen und Nachteile sind insbesondere:

- die aufgrund der starken Schrumpfung des Lackmaterials beim Vernetzten auftretenden Spannungen sind vor allem hinsichtlich der Lackhaftung auf Metallsubstraten zu berücksichtigen
- einzelne Farbtöne sind für die UV-Härtung problematisch
- unzureichende Aushärtung an unterbelichteten Stellen bei dreidimensionalen Werkstücken
- Gefahr der Lackieranlagenverschmutzung durch nicht ausgehärtetes Overspray.

Die Anwendungen für fotopolymerisierbare Beschichtungssysteme reichen von der Grundierung bis zur Decklackierung und von dicken Schichten (Polierlacke auf Holz) bis zu dünnsten Schichten (z. B. Drucklacke und Druckfarben auf Papier, Karton, Metall).

Das größte Anwendungsgebiet für UV-härtende Beschichtungsmaterialien findet sich in der Holzveredelungs- und Möbelindustrie, wo sie vorwiegend bei Produkten aus Holz und Holzwerkstoffen sowie bei Holzfußböden zum Einsatz kommen.

Eine neue Herausforderung an die UV-Technologie stellt die zunehmende Nachfrage nach Beschichtungen für dreidimensionale Teile dar, wie sie z. B. in metall- und kunststoffverarbeitenden Branchen üblich sind. Die realen Teilegeometrien mit ihren Unsymmetrien, Hinterschneidungen und Vertiefungen stehen im Widerspruch zu den geforderten definierten Bestrahlungsverhältnissen. Mögliche Folgen sind unvollständig vernetzte Beschichtungen bzw. uneffektiv arbeitende Anlagen, die den erwarteten Teiledurchsatz nicht oder nur mit einer unverhältnismäßig hohen Anzahl von Strahlern gewährleisten. Eine nicht ausreichend durchgehärtete Beschichtung ist nicht nur aus funktionellen Gründen, sondern auch aufgrund der freiwerdenden, zum Teil für die Gesundheit bedenklichen Lackbestandteile kritisch.

Während in einer konventionellen Trocknungsanlage für dreidimensionale Objekte praktisch beliebige Geometrien durchsetzbar sind, müssen in der UV-Anlage die Strahler an jede Oberflächengeometrie individuell angepasst werden. Zur Erzielung der optimalen Eigenschaften der Lackschicht ist eine definierte, gleichmäßige Bestrahlung aller beschichteten Bereiche der Werkstücke wichtig. Bei

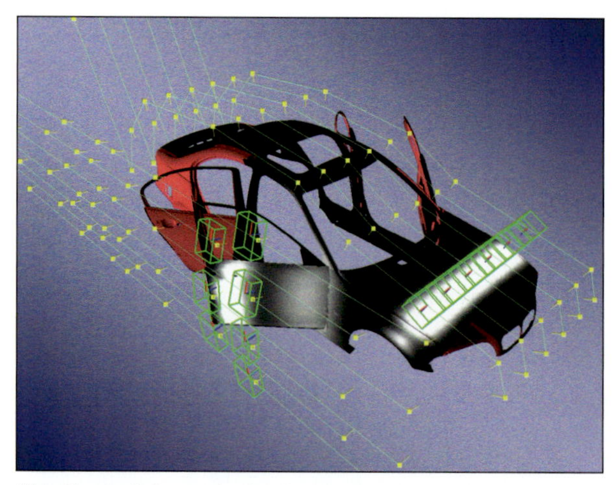

Abb. 7 Optimierung der UV-Strahleranordnung mittels numerischer Simulation hinsichtlich einer energieeffizienten Lackaushärtung (Quelle: Fraunhofer IPA)

V

komplizierten Geometrien waren dazu bisher umfangreiche Produktionsversuche erforderlich, um die Anzahl der benötigten Strahler, deren Anordnung sowie die notwendige Transportgeschwindigkeit zu ermitteln.
Inzwischen stehen benutzerfreundliche Computerprogramme zur Verfügung, die bei vorgegebener Strahlerkonfiguration und -charakteristik eine genaue Vorhersage der Strahlungsdosisverteilung auf der Werkstückoberfläche liefern und so eine optimale Strahleranordnung für eine energieeffiziente Lackaushärtung ermöglichen (Abb. 7).
Eine weitere Lösungsmöglichkeit für die Aushärtungsproblematik (Jahrbuch 2013) bei dreidimensionalen Objekten ist der Einsatz von sogenannten Dual Cure-Lacken. Diese härten schnell durch UV-Strahlung und langsam durch chemische Härtungsmechanismen (in unterbelichteten Werkstückbereichen). Durch den chemischen Härterzusatz haben die Dual Cure-Lacke nicht mehr die hohe Kratzbeständigkeit und stellen bzgl. ihrer Eigenschaften einen Kompromiss dar.
In der Automobilzulieferindustrie gibt es bereits Serienanwendungen von UV-härtenden Lacksystemen, z. B. UV-Grundlackbeschichtung von Scheinwerfer-Reflektoren aus Kunststoff vor der Metallisierung

- Beschichtung von Scheinwerfer-Streuscheiben aus Polycarbonat mit UV-härtendem Klarlack.

Sonderanwendungen sind unter anderem:

- UV-Klarlackbeschichtungen auf Automobil-Karosserieteilen aus Metall und Kunststoff, z. B. Motorhauben, Türen, Heckklappen usw.
- UV-Klarlackbeschichtung von Kfz-Radzierkappen, Spiegelgehäusen, Kühlergrills usw. zur Verbesserung der Wetterbeständigkeit, Steinschlag- und Kratzfestigkeit
- pigmentierte UV-Einschichtlackierung von Rammschutzleisten, Airbag-Abdeckungen und Stoßfängerteilen aus TPO (thermoplastisches Olefin) mit dem Ziel, auf einen zusätzlichen Haftprimer zu verzichten
- UV-Klarlackbeschichtung von Rückleuchten-Scheiben aus Acrylat zur Verbesserung der dekorativen und funktionellen Eigenschaften.

Besonders die Streuscheibenbeschichtung stellt einen stark wachsenden Markt dar, da sich die immer komplizierteren Streuscheibengeometrien, bedingt durch modernes Automobil-Design, oft nicht mehr aus Glas anfertigen lassen. Ein weiterer Vorteil der Kunststoff-Streuscheiben ist das geringere Gewicht.
Ob konventionell härtende oder UV-härtende Lacksysteme zum Einsatz kommen, ist für den jeweiligen Einzelfall zu untersuchen und anwenderspezifisch zu entscheiden. Wirtschaftlich besonders attraktiv ist die Substitution eines klassischen Zweischichtaufbau-Konzeptes mit konventionellen Lacksystemen durch ein Einschichtaufbau-Konzept mit einem UV-härtenden Lacksystem. Der Zweischichtaufbau erfordert aufgrund der längeren Abdunst- und Trocknungszeiten einen mehrfachen Flächenbedarf für die Anlage gegenüber einer Einschicht-UV-Anlage.

3.2.4.5.4 Lacktrocknung mittels entfeuchteter Luft

Mit dem Begriff „Trocknung“ bezeichnet man die Entfernung von Wasser oder Lösemitteln aus feuchten Materialien durch Verdampfen oder Verdunsten. Zum Phasenwechsel der Flüssigkeit in den dampfförmigen Zustand ist Energie erforderlich, die meist in Form von Wärme zugeführt wird. Mit der Trocknung ist nicht nur der Entzug von Feuchte, sondern oft auch eine Veränderung des Feststoffes verbunden. Lackfilme z. B. schrumpfen während der Trocknung; bei ungleichmäßigem oder zu schnellem Feuchtigkeitsentzug können die Lackschichten durch entstehende Spannungen reißen. Wegen der gewünschten Qualität des Produktes sind häufig enge Grenzen in der maximalen Temperatur des Produktes während der Trocknung gesetzt. Die Qualität des Produktes bestimmt die Trocknungsbedingungen und die Behandlung von Werkstücken im Trockner.
Für die Entziehung von Feuchtigkeit aus der Luft bestehen zwei grundsätzlich verschiedene Methoden:

- Kühlung der Luft mit Wasserausscheidung (Kältetrocknung)
- Absorption des Wassers durch Absorptionsstoffe.

Untersuchungen ergaben, dass sich die Energiemengen bei der Heißtrocknung und der Kältetrocknung etwa im Verhältnis 10:1 gestalten. Das hat unterschiedliche Gründe. Zum einen muss bei der Heißtrocknung mit Abluft gefahren werden, um die gesättigte Luft über Dach abzuführen. Dabei wird gleichzeitig ein großer Teil ungesättigter Abluft ungenutzt abgeführt. Zusätzlich treten erhebliche Wärmeverluste an den Oberflächen der Anlage, an den Werkstücken, an den Schleusen und den Fördereinrichtungen auf. Dies alles ist bei der Kältetrocknung nicht notwendig.
Mit dem Kältetrocknungsverfahren wird im Gegensatz zu herkömmlichen Trocknern das Energiepotenzial der feuchten Luft vollständig genutzt. Die Trockenluft wird im geschlossenen Kreislauf gefahren. Um nun ein extrem trockenes Klima zu erzielen, wird die feuchte Luft im Bypass ständig entfeuchtet. Die dazu notwendige Energie wird bei diesem Verfahren größtenteils aus dem Energiepotenzial der feuchten Luft entzogen. Der Rest stammt aus der Wärmeabgabe der eingesetzten Ventilatoren, deren Motoren auf Grund der niederen Temperaturen nun im Luftstrom platziert sein können. Durch Trocknungstemperaturen zwischen 30 und 60 °C werden die Abstrahlungsverluste auf ein Minimum reduziert. Neben der in der Regel deutlich reduzierten Trocknungszeit wird damit auch der Energieverbrauch minimiert.

In einem Beispielfall eines Lacktrockners für Fensterbeschläge mit einem Kältetrockner wurde die Trocknungszeit von drei Takten auf zwei Takte verkürzt. Die Amortisation der Investitionsmehrkosten wurde in weniger als 2,5 Jahren erreicht.
Bei der Konvektionstrocknung ist die Trocknungsgeschwindigkeit abhängig vom relativen Feuchtegehalt, von Temperatur und Strömungsgeschwindigkeit der über die zu trocknende Lackschicht strömenden Luft.
Die Geschwindigkeit der Luftströmung hat einen wesentlichen Einfluss auf das Abdunstver-halten der Lackfilme. Selbst bei ungünstigen klimatischen Verhältnissen lässt sich die Ab-dunstdauer durch Auferlegung einer Luftströmung deutlich reduzieren (z. B. um ca. 60 min für den Fall 30 °C/90 % rel. Feuchte). In Kleinbetrieben, wie Schreinereien und Kfz-Reparaturwerkstätten, ließe sich somit ein einfaches und kostengünstiges Verfahren zur Trocknung von Wasserlacken durch den Einsatz von belüfteten Hordenwagen oder Trockenblaspistolen realisieren (Abb. 8). Mithilfe solcher Trocknungsgeräte lassen sich innerhalb eines relativ großen Prozessfensters (20 – 50 °C Zulufttemperatur, rel. Luftfeuchte < ca. 70 %, Strömungsgeschwindigkeit der Luft an der Lackoberfläche v = 0.5 – 2 m/s) befriedigende Trocknungsergebnisse mit akzeptablen Trocknungszeiten erzielen. Die Luft sollte, wenn möglich, entlang der kürzeren Abmessung der lackierten Werkstücke strömen. Es ist darauf zu achten, dass bei zu hoher Luftgeschwindigkeit keine Rissbildung in den Lackfilmen auftritt.

Abb. 8 Belüfteter Hordenwagen zur Trocknung von wasserlackbeschichteten Flachteilen mittels strömender Luft (Prototyp Fraunhofer IPA)

Der relative Feuchtegehalt der Trocknungsluft hat ebenfalls einen großen Einfluss auf die Trocknungsgeschwindigkeit. Die Trocknung mit entfeuchteter Luft kann sich für den industriellen Bereich lohnen, wenn z. B. bei wärmeempfindlichen Teilen oder bei Werkstücken mit hoher Wärmekapazität eine effiziente und schonende Trocknung bei relativ niedrigen Temperaturen realisiert werden soll. Durch Nutzung der anfallenden Prozesswärme lassen sich Trocknungsprozesse mit entfeuchteter Luft kostengünstig realisieren (Kondensations- oder Sorptionstrockner). Eine zusätzliche Entfeuchtung der strömenden Luft auf Werte < 10 – 15 % rel. Feuchte kann sich durchaus lohnen, wenn dadurch über die Verkürzung der Abdunstdauer um weitere 30 – 60 s die Wirtschaftlichkeit des Produktionsprozesses (höherer Teiledurchsatz, reduzierter Staubbefall usw.) gesteigert wird. Bei der Trocknung mit entfeuchteter Luft ist allerdings zu beachten, dass selbst bei extremer Entfeuchtung der Trocknungsluft die Abdunstgeschwindigkeit bei festgehaltener Temperatur einen bestimmten Wert nicht überschreiten kann; eine weitere Steigerung der Trocknungsrate ist nur durch Temperaturerhöhung möglich. Darüber hinaus wird die Verdunstung der organischen Restlösungsmittel im Wasserlack durch Einsatz der entfeuchteten Luft nicht beschleunigt.
Letztendlich wird eine Kombination aus Trocknungsverfahren mit entfeuchteter Luft und leichter Erwärmung der Trocknungszone auf 30 – 40 °C bei 10 – 20 % rel. Feuchte sowie ausreichender Luftbewegung von v = 0.5 – 2 m/s sicher eine der Möglichkeiten sein, um eine möglichst effiziente Trocknung der Lackschichten zu erreichen. Bei der Produktionsplanung und für die Erstellung von Energie- und Kostenbilanzen sind darüber hinaus die jeweiligen betrieblichen Gegebenheiten (Teilespektrum, angestrebte Prozesszeiten, Räumlichkeiten usw.) mit in Betracht zu ziehen (Ondratschek et al. 2001).

3.2.4.5.5 Lacktrocknung mittels Induktion

Bei der induktiven Erwärmung wird die hohe Energiedichte und kurze Behandlungszeit in Verbindung mit der direkten Wärmeeinkopplung direkt und konzentriert an der Werkstückoberfläche genutzt. Die Energieübertragung erfolgt mittels niederfrequenter, magnetischer Felder. Ein durch eine Spule (Induktor) fließender Wechselstrom erzeugt in der unmittelbaren Umgebung ein magnetisches Wechselfeld. Befindet sich ein elektrisch leitendes Werkstück im Bereich dieses Feldes, so wird darin eine Spannung induziert, die einen Stromfluss zur Folge hat. Dieser sog. Wirbelstrom fließt im Bereich der Werkstückoberfläche und erzeugt durch den ohmschen Widerstands des Substratmaterials Wärme.
Interessant für die Trocknung und Aushärtung von Lackschichten ist, dass die Wärmeentwicklung unmittelbar an der Substratoberfläche erfolgt. Bei Nasslacken beginnt die Erwärmung und somit auch die Lackaushärtung von der Substratoberfläche her, wodurch eine Hautbildung verhindert und damit verbundene Beschichtungsfehler wie „Kocher“

oder „Nadelstiche" vermieden werden. Bei der Beschichtung von porösen Werkstoffen, wie Aluminiumguss, kann die eingeschlossene Luft ausgasen, bevor sich die aushärtende Lackfilmoberfläche schließt. Dadurch sind fehlerfreie Beschichtungen insbesondere mit Pulverlacken möglich.
Eine ausreichende Energieankopplung ist jedoch nur im unmittelbaren Bereich der Induktor-spulen gegeben. Gestaltung und Anordnung auf die zu behandelnden Gegenstände müssen angepasst sein, um gute Wirkungsgrade erzielen zu können. Eine Teilevielfalt mit unterschiedlicher Produktgeometrie lässt sich mit diesem Verfahren nur mit großem Aufwand behandeln.
Der Induktionstrockner funktioniert wie folgt: Die Netzspannung wird in einem Frequenzumrichter in eine Wechselspannung mit gewünschter Frequenz umgewandelt. Je nach Anwendung bzw. Einsatzzweck betragen die Frequenzen zwischen 500 Hz und 20 kHz. Dabei muss davon ausgegangen werden, dass die Eindringtiefe der Wärme im Werkstück mit zunehmender Frequenz geringer wird, also die Oberflächenaufheizung zunimmt. Weitere bestimmende Faktoren für die induzierte Wärmeleistung sind die Stärke des Stroms, der durch den Induktor fließt, der spezifische elektrische Widerstand des Substratmaterials und dessen relative magnetische Permeabilität. Vom Frequenzumsetzer wird der Wechselstrom in einen Parallelschwingkreis eingekoppelt, dessen Resonanzfrequenz der Arbeitsfrequenz entspricht. Die Induktivität dieses Schwingkreises oder zumindest ein Teil davon bildet den Induktor, über dessen Magnetfeld die Energie auf das Werkstück übertragen wird. Die Werkstücke werden im kontinuierlichen Durchlauf durch das Wechsel-Magnetfeld der Induktorschleife(n) mittels eines Transportsystems bewegt.
In Abbildung 9 ist eine Induktions-Trocknungsanlage zur Bearbeitung von Pkw- Bremsscheiben gezeigt. Es ist der Einlauf der lackierten Bremsscheiben in die Induktionszone der Anlage.

Abb. 9 Induktive Trocknung – Einlauf von Bremsscheiben in die Induktionsschleife (Werkbild: Daimler AG, Werk Mettingen)

Oberhalb der durchlaufenden Werkstücke sind die als Induktorspule wirkenden Kupferschienen angebracht.
Die wichtigsten Gründe für die Wahl der Induktionstrocknung an diesem Beispiel waren ein wesentlich geringerer Platzbedarf und ein erheblich reduzierter Energieaufwand gegenüber dem Umluftverfahren.

3.2.4.6 Anlagen zur Abluftreinigung

Ist im Sinne der VOC-Verordnung ein Reduzierungsplan nicht anwendbar, so sind anlagentechnische Maßnahmen zur Behandlung der Spritzkabinen- bzw. Trocknerabluft erforderlich.
Das am weitaus häufigsten angewandte Verfahren ist die Thermische Nachverbrennung (TNV), bei dem die schadstoffbelastete Abluft auf 700 – 800° C aufgeheizt wird und dabei die organischen Schadstoffe durch Oxidation abgebaut werden. Bei der Aufheizung der Abluftmengen auf diese Temperatur entsteht ein hoher Abwärmeüberschuss. Daher wird die gereinigte heiße Abluft nacheinander durch mehrere Wärmetauscher geleitet, um möglichst viel der darin enthaltenen Wärmeenergie zurückzugewinnen und zur Trocknerbeheizung, Zulufterwärmung und Warmwasserbeheizung verwenden zu können.
Die Regenerative Nachverbrennung (RNV) benötigt weniger Heizleistung als die TNV und erzeugt dadurch weniger überschüssige Abwärme. Sie findet oft Anwendung, wenn keine zeitgleichen Wärmeabnehmer vorhanden sind. Dem geringeren Energieverbrauch und den geringeren Betriebskosten steht vor allem der große Platzbedarf durch die großvolumige Bauweise gegenüber.
Die katalytische Oxidation konnte sich bisher nicht richtig durchsetzen, obwohl der Energieeinsatz infolge der niedrigeren Prozesstemperaturen weitaus geringer ist als bei der thermischen Nachverbrennung. Gründe dafür dürften bei der Empfindlichkeit der eingesetzten Katalysatoren gegenüber vielen in der Abluft enthaltenen Stoffen zu suchen sein. Diese können als „Katalysatorgifte" wirken und die katalytische Wirkung stark beeinträchtigen, so dass schon nach kurzen Betriebzeiten keine ausreichende Reinigungswirkung mehr zu gewährleisten ist.
Einen neuen Lösungsansatz zur Trocknerabluftreinigung stellt das Ozon-Katalysator-Verfahren dar, bei dem der Schadstoff-Abbau durch katalytische Oxidation mit zusätzlicher Einleitung von Ozon ebenfalls bei wesentlich niedrigeren Prozesstemperaturen als bei der thermischen Nachverbrennung stattfindet (Quelle: Wagner 2012). Erste Serienanwendungen zeigen eine robuste Betriebsweise und gegenüber der TNV eine deutlich bessere Energieeffizienz. Schwach belastete Abluftströme können mit Adsorptionsstoffen wie Zeolith oder Aktivkohle gereinigt werden. Die Lösemittel werden dort gebunden und mittels Heißluft wieder entfernt (desorbiert).

Verfahren zur biologischen Abluftreinigung gelten als anfällig gegenüber äußeren Bedingungen und sind in Lackieranlagen bisher selten zu finden. Der zu reinigende Abluftvolumenstrom darf eine maximale Temperatur von ca. 60 °C nicht überschreiten, so dass sich diese Verfahren nicht für heiße Trocknerabluft-Volumenströme, sondern nur für Lackierkabinen-Abluftströme eignen. Ähnliches gilt auch für eine Reihe weiterer derzeit diskutierter Abluftreinigungsverfahren wie das Fotolyseoxidations-Verfahren (Vincentz Network 2011) und die Absorbermodultechnik nach dem Prinzip des „regenerativen Fallfilms“ (aws-systems.com). Bei allen diesen Systemen müsste die Abluft aus dem Lacktrockner gekühlt werden, was mit zusätzlichem Energieverbrauch und einer Kondensatbildungsgefahr verbunden wäre.

Energieeinsparpotenziale in Abluftreinigungsanlagen:

- Beschränkung der thermischen Nachverbrennung auf (Teil-)Abluftvolumenströme mit kritischer Schadstoffkonzentration (Absicherung durch Schadstoffkonzentrationsmessungen)
- Minimierung des zu reinigenden Abluftvolumenstroms (Absicherung durch Schadstoffkonzentrationsmessungen)
- Vermeidung der Abluftreinigung durch den Einsatz von lösemittelfreien bzw. -armen Lacksystemen)
- Aufkonzentrierung der Lösemittel in der Abluft. Diese Maßnahme hat einen doppelten Effekt: Zum einen wird der zu reinigende Abluftvolumenstrom und damit die erforderliche Heizenergie, verringert, zum anderen wirken die Lösemittel als Heizmittel und verringern die notwendige externe Energiezufuhr umso mehr, je höher die Konzentration in der Abluft ist (bei Lösemittelkonzentrationen größer als ca. 7 g/Nm^3 ist keine Energiezufuhr mehr notwendig)
- Aufbau von Energieverbundsystemen mit dem Ziel, eine möglichst kontinuierliche Abnahme der Energie zu gewährleisten.

V

3.2.4.7 Planung und Betrieb von energieeffizienten Lackieranlagen

3.2.4.7.1 Energieeffizientes Anlagenlayout

Bereits beim Layout einer Lackieranlage können die Weichen für eine energieeffiziente Lackierung gestellt werden. So sollten z. B. durch die direkte Wand-an-Wand-Anordnung von „warmen“ Anlagenkomponenten, z. B. bei Blocktrocknern, die Wärme abstrahlenden Flächen und damit der Verlust an thermischer Energie minimiert werden.

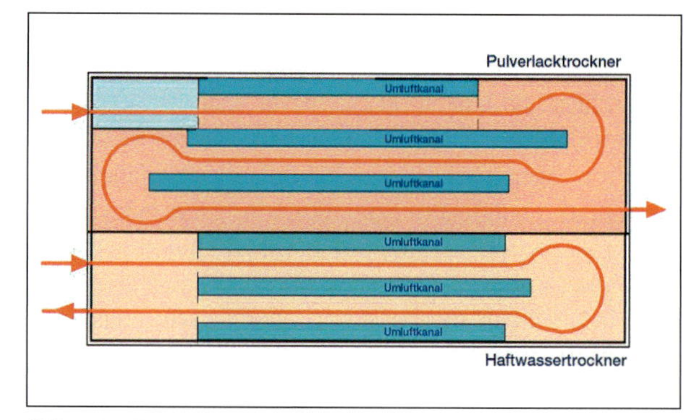

Abb. 10 Energieeffizientes Anlagenlayout in Form von Oberflächenminimierung bei den „warmen“ Anlagenkomponenten (Blocktrockner) (Quelle: Eisenmann)

3.2.4.7.2 Anlagenkapazität

Eine nicht voll ausgelastete Lackieranlage arbeitet nicht energieeffizient. Daher sollte die Kapazität der Lackieranlage, d. h. der maximal mögliche Durchsatz an Masse bzw. an Teilen pro Zeiteinheit, voll ausgeschöpft werden. In der Praxis laufen oft leere oder nur teilweise beladene Warenträger durch die Anlage. Unter energetischen Gesichtspunkten optimal ist eine voll ausgelastete Anlage in Verbindung mit der Möglichkeit zur fallweisen Kapazitätserhöhung, z. B. durch

- zusätzliche Kleinanlagen
- Einlegen von Sonderschichten oder
- Vergabe von Aufträgen an Lohnbeschichter.

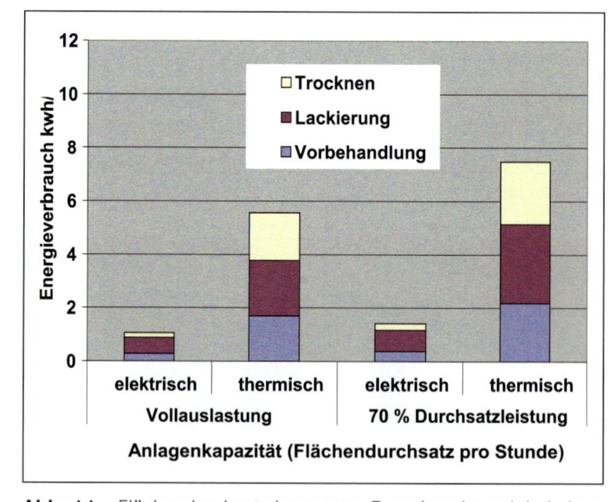

Abb. 11 Flächendurchsatz-bezogener Energieverbrauch bei einer voll ausgelasteten und einer teilausgelasteten Lackieranlage (typische Anlage für Metall-Büromöbel)

Abbildung 11 zeigt anhand der typischen Anlage für Metallmöbelteile, wie der spezifische Energieverbrauch zunimmt, wenn die Anlage lediglich zu 70 % ausgelastet ist. Im Vergleich zur vollausgelasteten Anlage, die 16 h pro

Tag läuft, muss die teilausgelastete Anlage 22,8 h laufen, um gleich viel Oberfläche lackieren zu können. Dies erhöht die jährlichen Energiekosten erheblich (Abb.12)

Tab. 1 Tabelle zum Vergleich der jährlichen Energiekosten bei voll- und teilausgelasteten Anlage (typische Anlage für Metall-Büromöbel [s. Abb. 2-3]; Flächendurchsatz bei 100 % Auslastung: 160 m^2/h).

	70 % Anlagen-auslastung	100 % Anlagen-auslastung
Anlagenlaufzeit	240 d à 22,8 h	240 d à 16 h
Stromkosten/a	99.476 €	70.556 €
Gaskosten/a	189.708 €	139.707 €
Gaspreis: 0,05 €/kWh ; Strompreis : 0,12 €/kWh		

3.2.4.7.3 Energieeffiziente Anlagenkomponenten

In der Planungsphase sollten mit den Anlagenherstellern die Mehrkosten und die Einsparpotenziale folgender energiekostenrelevanter Komponenten ermittelt werden:

- Elektromotoren mit Energieeffizienzklasse IE2
- Drehzahlregelbare Elektromotoren
- Sanftanlauf von Elektromotoren zur Vermeidung von Stromspitzen (→ Einstufung in einen günstigeren Stromtarif)
- Ventilatoren mit verbessertem Wirkungsgrad
- optimiertes Druckluftkonzept (z.B. mehrere Kompressoren)
- Einsatz von Lack-Applikationssystemen mit minimiertem Druckluftverbrauch sowie
- Einsatz einer Kraft-Wärme-Kopplung bzw. einer Kraft-Wärme-Kälte-Kopplung.

3.2.4.7.4 Wirkungsgradverbesserung bei Ventilatoren

Ein Potenzial für die Einsparung teurer Elektroenergie besteht bei Ventilatoren. Übliche Ventilatoren weisen heute, bezogen auf die benötigte elektrische Antriebsenergie, einen Wirkungsgrad von ca. 0,4 auf. Einige Ventilatorenhersteller haben durch Weiterentwicklungen, z.B. 2-flutige Systeme, bereits einen Wirkungsgrad von nahezu 0,6 erreicht. Bei einer Luftleistung von 21.000 m^3/h und einem statischen Druckabfall von 400 Pa reduziert sich dadurch die erforderliche Motorenleistung von ursprünglich 5,5 kW um eine Stufe auf 4,0 kW.
Durch den Einsatz von Motoren mit geringerer Leistung bei wirkungsgradverbesserten Ventilatoren lässt sich der elektrische Anteil des Energieverbrauchs der betrachteten typischen Anlage für Metallbüromöbel um ca. 20% senken.

3.2.4.7.5 Alternative Lackierverfahren zur Reduzierung des Energieverbrauchs

Die Untersuchung verschiedener Fertigungskonzepte ermöglicht einen Vergleich verschiedener Lackierverfahren. Die Konzeptalternativen „Wasserlackierung" und „Pulverlackierung" für die typische Anlage zur Beschichtung von Metallbüromöbeln lassen sich bezüglich des Energieverbrauchs, wie in Abbildung 12 dargestellt, vergleichen: Die Vorbehandlung ist jeweils gleich.
Lackierung: Für den Betrieb der Pulversprühkabinen wird keine Heizenergie benötigt, da die aus der Halle eingesaugte, mit Overspraypulver beladene Abluft nach dem

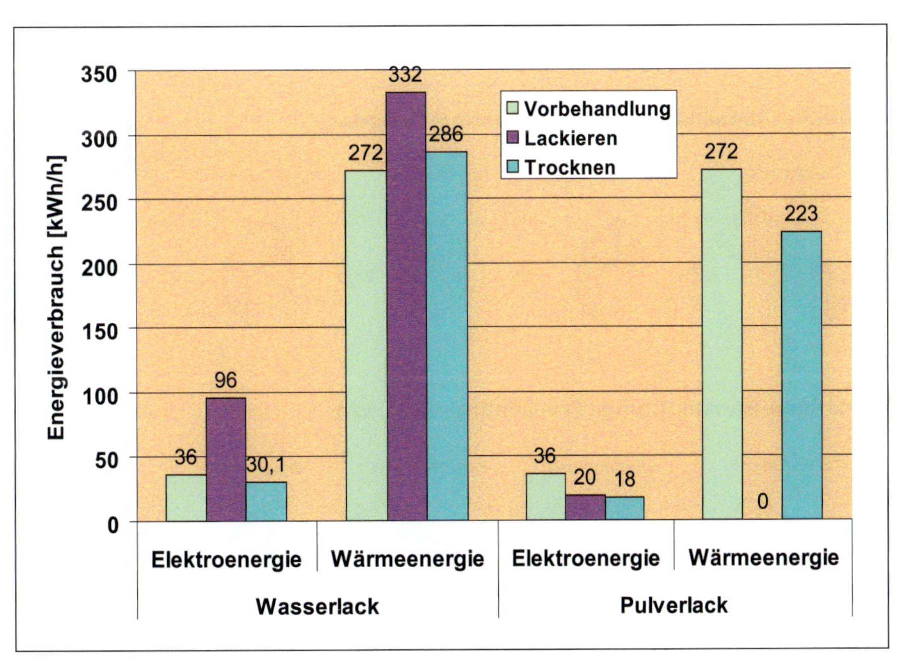

Abb. 12 Vergleich des Energieverbrauches in kWh/h der Konzept alternativen Wasserlack- und Pulverlackbeschichtung (Typische Lackieranlage für Büromöbel)

Durchströmen des Pulverabscheiders (Filter bzw. Zyklon) direkt wieder in die Halle geblasen wird.
Trocknung: Die Pulverlackierung wird als Einschichtlackierung aufgetragen, daher entfällt eine Zwischentrocknung. Trotz höherer Einbrenntemperatur (200° C) wird für den Trocknungsprozess daher weniger Energie als für den Zweischicht-Wasserlackierprozess benötigt.

3.2.4.7.6 Ganzheitliche energieeffiziente Zukunftskonzepte

Coil- und Platinenbeschichtung

Um die Energieeffizienz nicht nur anhand von Detailoptimierungen zu verbessern, besteht Bedarf an ganzheitlich energieminimierten Lackierkonzepten. Zu nennen ist hier unter anderem die Coil- und Platinenbeschichtung. Bei diesen „Precoating"-Konzepten wird die Beschichtung vor den Umformprozess verlagert (Abb. 13)
Dadurch lässt sich die Vorbehandlung und Lackierung auf völlig ebenen und großen Flächen ausführen. So besteht die Möglichkeit, die umweltfreundlicheren und kostengünstigeren nicht zerstäubenden Nasslackierverfahren (z.B. Walzen, Gießen) einzusetzen, wodurch keine hohen energieintensiven Druckluftmengen - wie zum Spritzlackieren - benötigt werden. Auch kann auf das energieintensive Versprühen von wässrigen Medien in der Vorbehandlung (s. Abschn. 3.2.4.1.1) verzichtet werden, da die Vorbehandlung mittels Walzen erfolgen kann. Die Coilbeschichtung wird in der Regel beim Coilhersteller ausgeführt. Für den verarbeitenden Betrieb entfällt dadurch die komplette Lackiertechnik.
Um die Coil- und Platinenbeschichtung auch mit Pulverlacken bei flüssiglacktypischen hohen Prozessgeschwindigkeiten durchführen zu können, wurde am Fraunhofer IPA in Zusammenarbeit mit dem Institut für industrielle Fertigung und Fabrikbetrieb an der Universität Stuttgart (IFF) das pistolenlose „TransApp"-Pulverbeschichtungsverfahren entwickelt, das auf dem elektrostatischen Fluidisierbettverfahren basiert. Der Pulverlack wird nahezu ausschließlich mittels elektrischer Kräfte zum Substrat (Coil bzw. Platine) transportiert und dort gleichmäßig abgeschieden (Abb.14). „TransApp"-Beschichtungsmodule weisen nur einen Bruchteil der Größe vergleichbarer Pulverkabinen in konventionellen elektrostatischen Pulversprühanlagen (EPS-Anlagen) auf, da kein Raum für Sprühpistolen benötigt wird und das Fluidisierbett aufgrund der hohen Pulverübertragungsrate extrem kompakt ist. Die hohe Übertragungsrate erlaubt im Gegensatz zu konventionellen EPS-Anlagen Coilanlagen-typische hohe Durchlaufgeschwindigkeiten bis über 150 m/min. Da die Druckluft im Wesentlichen nur zur Pulverfluidisierung im Fluidisierbett benötigt wird, beträgt der Druckluftverbrauch pro m^2 Substratoberfläche weniger als ein Drittel des Verbrauchs einer (bei hohen Durchlaufgeschwindigkeiten nur theoretisch) vergleichbaren konventionellen EPS-Anlage mit Sprühpistolen. Die nahezu luftlose Pulverapplikation verursacht zudem nur sehr geringe Overspraymengen und erfordert dadurch zur Einhaltung der Sicherheitsvorschriften weniger als ein Drittel der Absaugleistung einer vergleichbaren EPS-Pulverkabine. Entsprechend kompakt und energiesparend lässt sich die Pulverrückgewinnungsanlage auslegen.
Die hohen Durchlaufgeschwindigkeiten erfordern auch kurze Einbrennzonen, in denen sich die Pulverlackschicht in weit weniger als einer Minute bei möglichst geringem Energieverbrauch so vernetzen lässt, dass keine Qualitätsverluste bei der anschließenden Umformung auftreten. Am IPA/IFF wurden dazu neue Konzepte zur gezielten

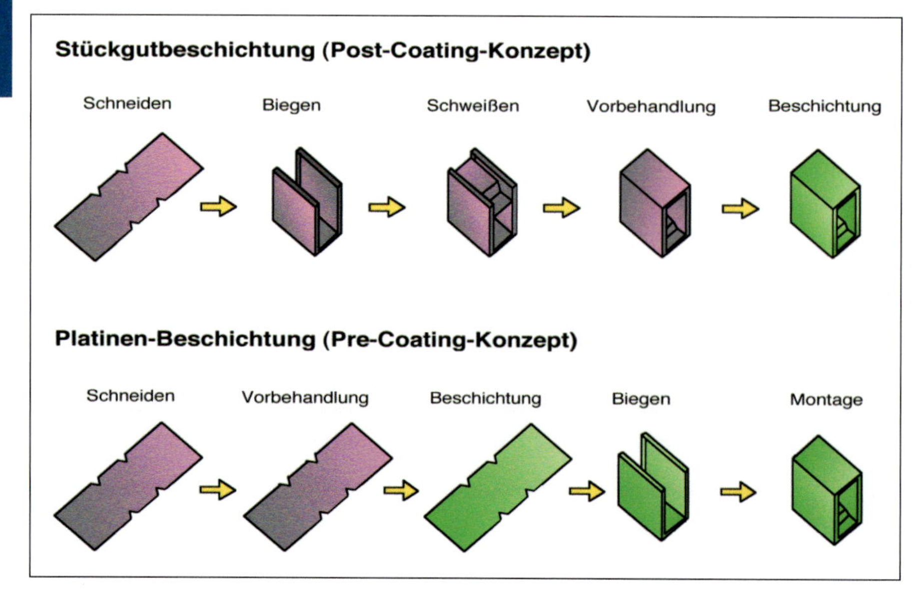

Abb. 13 Verlagerung des Prozessschritts Beschichtung vor den Prozessschritt Umformung am Beispiel Platinenbeschichtung (Quelle: Fraunhofer IPA).

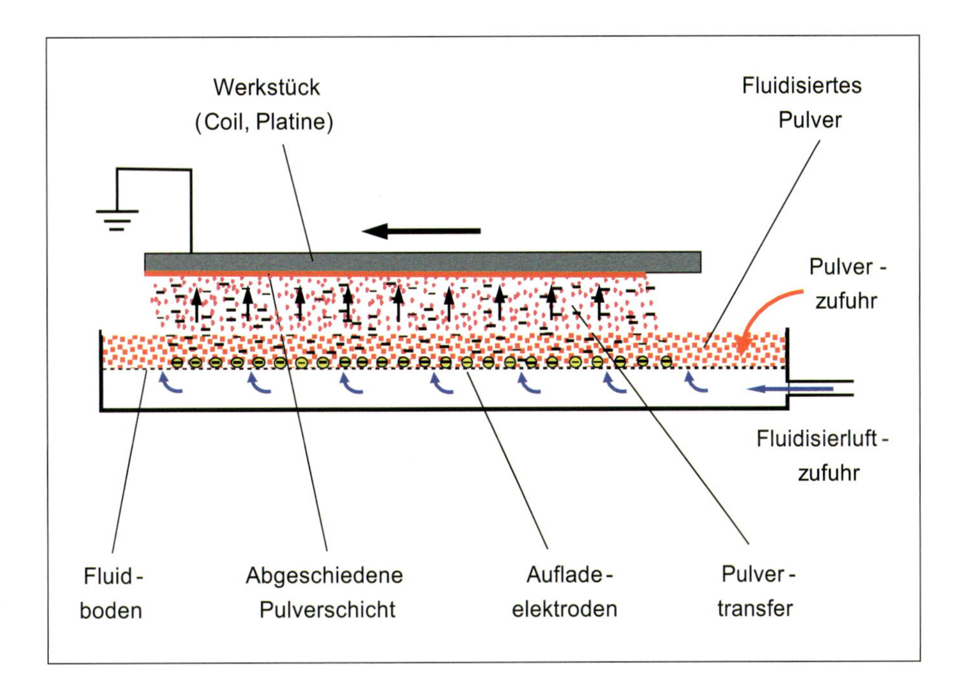

Abb. 14 Prinzip des pistolenlosen TransApp-Pulverbeschichtungsverfahrens (Quelle: Fraunhofer IPA / IFF)

Steuerung der Pulverlack-Aufschmelz-, -Ausgasungs- und -Vernetzungsphase bei schnellen Einbrennprozessen mit elektrischen und gasbetriebenen Hochleistungs-Infrarotstrahlern entwickelt.

In Verbindung mit den am Leibniz-Institut für Polymerforschung Dresden e. V. entwickelten umformstabilen Pulverlacken und den am Fraunhofer IWU entwickelten oberflächenschonenden Umformtechniken zur Herstellung komplexer dreidimensionaler Bauteile aus vorbeschichtetem Blech eröffnen sich mit der schnellen Pulver-Precoatingtechnologie neue Märkte für die Pulverbeschichtung (Abschlussbericht 2008/09). Im Fokus stehen unter anderem der Automobil-, Metallmöbel- und Maschinenbaubereich, wo die Herstellung von hochwertigen Bauteilen aus pulverbeschichtetem Aluminium- und Stahlcoil bzw. aus Platinen mit deutlichen Energie- und Materialkostenvorteilen gegenüber der klassischen Stückgutbeschichtung nach dem Umformen verbunden ist.

Abb.15 Pistolenloses „TransApp"-Beschichtungsmodul (Quelle: Fraunhofer IPA / IFF)

Mit dem pistolenlosen „TransApp"-Pulverbeschichtungsverfahren lassen sich nicht nur Coils und Platinen, sondern auch dreidimensionale Teile unterschiedlicher Komplexität mit hoher Qualität sowie mit hoher Energie- und Materialeffizienz beschichten (Abb. 15). Die entscheidenden Innovationen liegen dabei in neuen Techniken zur Anpassung des elektrischen Feldes an unterschiedliche Teilegeometrien. Dazu zählen speziell gestaltete Auflade- und Zusatzelektroden sowie der Einsatz gepulster Hochspannung an Stelle der bisher üblichen Gleichspannung.

V

Energieminimierte Spritzkabinen

Ein weiteres energieminimiertes Zukunftskonzept stellt die Reduzierung der Spritzkabinenflächen durch systematische Neuentwicklungen an den Kabinen dar. Die derzeit realisierten Flüssiglack- und konventionellen Pulverlack-Kabinenbelüftungen sind empirisch und damit großflächig ausgelegt.

Grundsätzlich ist immer zu klären, ob die Bewegungseinrichtungen der Spritz- und Sprühaggregate bzw. die Spritzlackierer in der Lackierkabine stehen müssen. Weiterhin ist die Frage zu stellen, ob die komplette Kabinenfläche mit einer konstanten Luftsinkgeschwindigkeit zu belüften ist. Für diese energierelevanten Fragestellungen besteht bisher kein ausreichendes Wissen. Im Fraunhofer IPA wurden hierzu Grundlagenuntersuchungen durchgeführt.

Mit verschiedenen Lackauftragsverfahren wurde der Einfluss der Luftsinkgeschwindigkeit sowie auch die Wirkung von unterschiedlichen Werkstückkonfigurationen (z. B. an

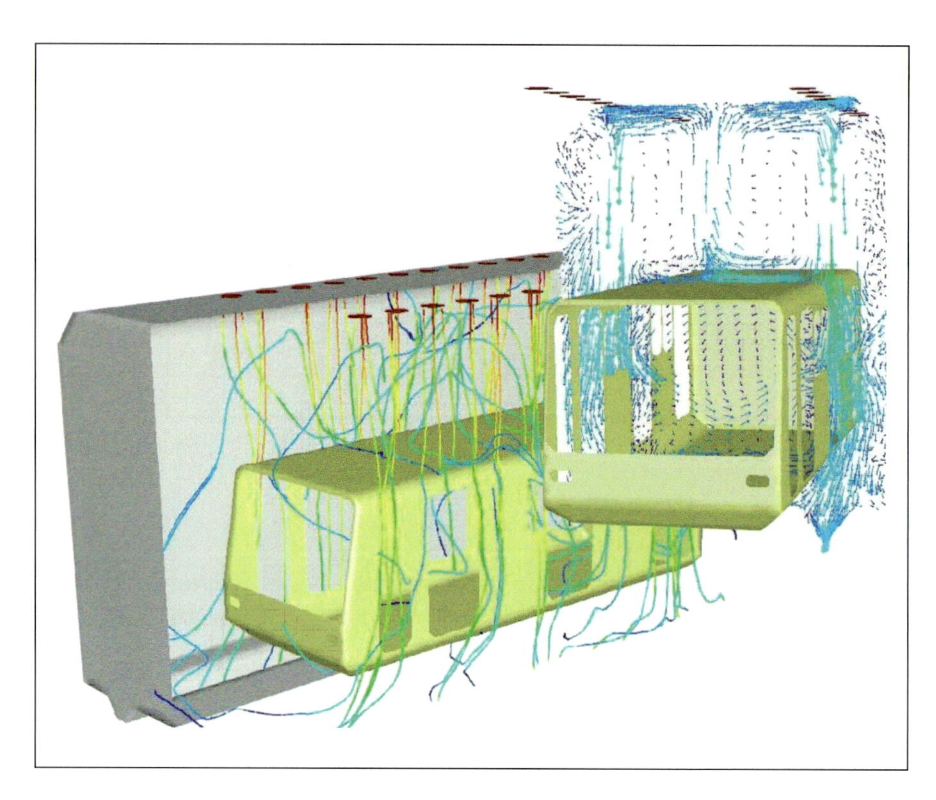

Abb. 16 Strömungssimulationen in Lackierkabinen (Quelle: Fraunhofer IPA)

Förderern vertikal oder horizontal aufgehängte Flachteile und 3D-Körper bzw. auf Transportbänder aufgelegte Flachteile, wie z. B. in der Holzindustrie) mit der numerischen Simulation erfasst und simuliert.

Weitere Untersuchungen befassten sich mit den Auswirkungen von automatischen Beschichtungsanlagen, wie Hubautomaten und Roboter, innerhalb des be- und entlüfteten Kabineninnenraumes. Dabei wurde ermittelt, welche Einflussgrößen Bewegungsabläufe der Beschichtungsgeräte in Verbindung mit der Werkstückform auf die Luftströmung haben. Die Be- und Entlüftung von Kabineninnenräumen soll optimiert werden, indem festgestellt wird, in welchem Kabinenbereich in Abhängigkeit vom Spritzstrahl eine Luftströmung überhaupt erforderlich ist. Kabinenbelegungen, bei denen erhebliche Störungen der Luftströmung, z. B. durch Turbulenzen und Toträume auftreten, erfordern Maßnahmen zur Erzeugung laminarer Strömungen (Abb. 16).

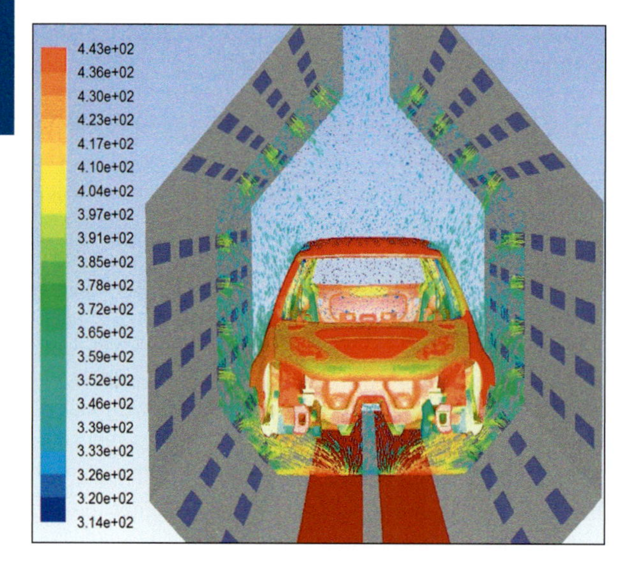

Abb. 17 Strömungssimulationen eines Umlufttrockners (Quelle: Fraunhofer IPA)

Die numerische Strömungssimulation wird vom Fraunhofer IPA bereits erfolgreich zur Schwachstellenanalyse und Luftströmungsoptimierung auch in Trocknungsanlagen eingesetzt. Eine optimierte Belüftung trägt entscheidend zur Minimierung des Energieeinsatzes bei (Abb. 17).

Literatur

Abschlussbericht: Hocheffizientes Aluminium-Precoating mit pistolenlose Pulverapplikation und schnellem Einbrennen in Verbindung mit umformstabilen Pulverlacken, Verbundvorhaben (271 ZBG) ZUTECH-Programm (AiF), Laufzeit 2008-2009

Bayerisches Landesamt für Umwelt: Klima schützen – Kosten senken. Energieeinsparung in Lackierbetrieben – Langfassung, Augsburg, 2006

Broschüre Fa. Dürr: Stromerzeugung aus Abwärme

*Drescher, N.:*Abscheidetechnik im Kostenvergleich Overspray-abscheidung – trocken oder nass?, JOT 1/2012, 8-13

Jahrbuch 2013: Besser lackieren!, Vincentz Network, 2013

Klein, W.: Energieeffizienz bei Lackierprozessen – Sparpotenzial in jedem Prozessschritt, JOT 10/2008, 90-94

Ondratschek, D., Schneider, M., Vogelsang, H.: Forcierung des Wasserlackeinsatzes durch neue Trocknungsverfahren, LUBW Landesanstalt für Umwelt, Messungen und Naturschutz Baden-Württemberg, Karlsruhe, 2001

Schmid, W.: Aus heiß mach kalt Abdampf für Absorptionskältemaschine, Kälte Klima Aktuell, Sonderausgabe Großkältetechnik, München, 2010, 66-67

Vincentz Network: Abluft umweltfreundlich und kostengünstig aufbereiten, besser lackieren! 12/2011

Wagner, A.: Innovativer Abluftreinigungsverfahren spart Energie, JOT 1.2012, 14-15

http://www.aws-systems.com/leistungen/luft-und-gas-aufbereitung.htm

V

4 Automatisierungstechnik

Christoph Herrmann,
Sebastian Thiede, André Zein

V

4.1 Planung und Betrieb von energieeffizienten Werkzeugmaschinen und Fabriksystemen

In der industriellen Produktion werden Produkte unter Einsatz von Ressourcen wie Material, Hilfsstoffe und Energie hergestellt. Produktionsprozesse sind damit Transformationsprozesse, die wertschöpfend und wertverzehrend zugleich sind.

Vor dem Hintergrund einer wachsenden gesellschaftlichen und politischen Motivation zur Entkopplung von Wirtschaftswachstum und Energieverbrauch sowie einer zunehmenden Sensibilisierung von Unternehmen für die Bedeutung der Energiekosten stellt die Entwicklung von Konzepten für eine Nachhaltigkeitsorientierung in produzierenden Unternehmen ein zentrales Handlungsfeld dar. Die Steigerung der Energieeffizienz bildet dabei als Strategie für eine nachhaltige Entwicklung eine unmittelbare und dem Prinzip der Wirtschaftlichkeit entsprechende Möglichkeit, den erforderlichen Energiebedarf von Prozessen zur Erzeugung von Produkten zu reduzieren (Herrmann 2010).

Die Umsetzung und Vorbereitung von europäischen Ecodesign-Richtlinien zur Verbesserung der Umweltverträglichkeit energieverbrauchsrelevanter Produkte verstärkt auch die Betrachtung des Energieeinsatzes von Werkzeugmaschinen für die industrielle Metallbearbeitung und forciert die Entwicklung von technischen und organisatorischen Maßnahmen zur Energieeinsparung (Schischke et al. 2012). In Ergänzung zu Qualität und Wirtschaftlichkeit stellt die Identifikation und Erschließung von Energieeffizienzpotenzialen bei der Entwicklung von neuen und dem Betrieb von bestehenden Maschinen folglich ein weiteres Handlungsfeld für Maschinenhersteller und -anwender dar.

Die Verbesserung des Energieeinsatzes wird jedoch durch informationstechnische, organisatorische und wirtschaftliche Hemmnisse erschwert, so dass in der Folge energetische Einsparpotenziale in der Planung und dem Betrieb ungenutzt bleiben (International Energy Agency 2006, Fruehan et al. 2000). Die Ursachen hierfür liegen insbesondere in der fehlenden Verfügbarkeit von Informationen über Energieverbräuche auf Maschinen- und Prozesskettenebene, technisch erreichbare Energielimits für die Gestaltung und Beschaffung von effizienten Maschinen und Anlagen sowie einer energieorientierten Ausplanung der Betriebsweise innerhalb der Prozessketten- und Fabriksystemebene (Thiede 2012, Zein 2012, Abb. 1).

Vor diesem Hintergrund werden nachfolgend zwei Ansätze vorgestellt, die Methoden und Werkzeuge zur Bewertung und Steigerung der Energieeffizienz sowohl auf der Maschinen- (Kap. V.4.2) als auch auf der Prozessketten- und Fabriksystemebene (Kap. V.4.3) bereitstellen. Die Anwendung beider Ansätze wird anhand von praxisorientierten Fallbeispielen verdeutlicht.

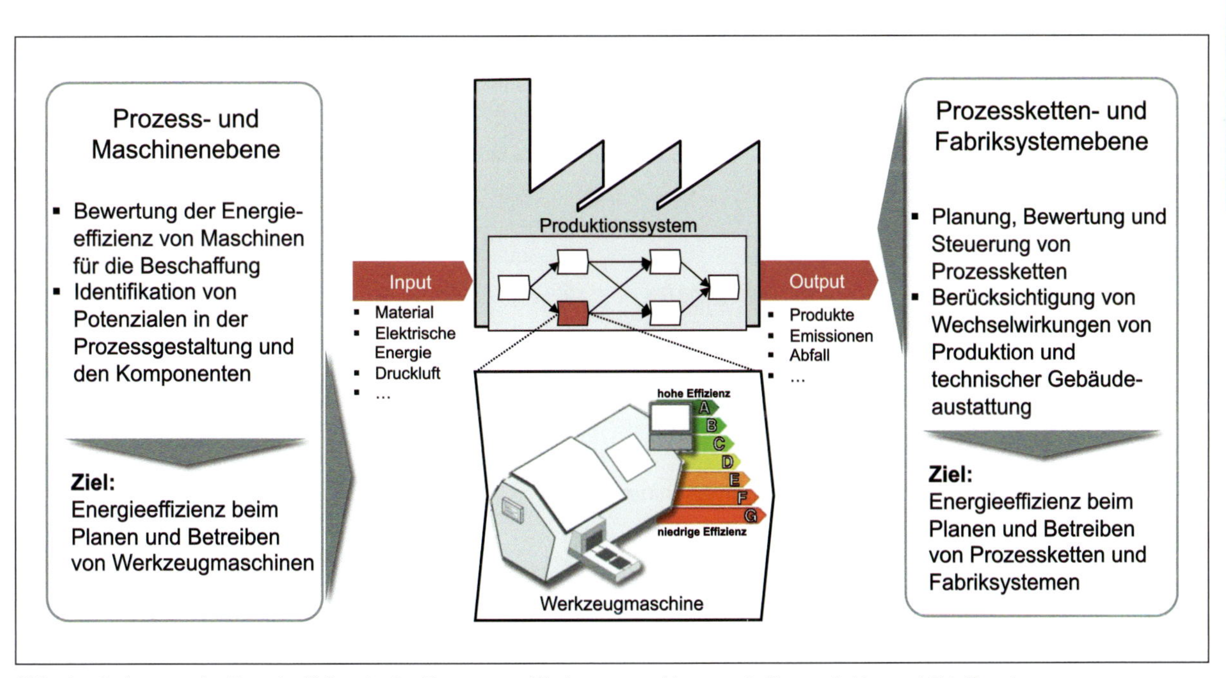

Abb. 1 Steigerung der Energieeffizienz in der Planung von Werkzeugmaschinen sowie Prozessketten und Fabriksystemen

4.2 Bewertung der Energieeffizienz von Werkzeugmaschinen

4.2.1 Stand der Technik und Forschung

Werkzeugmaschinen sind komplexe, technische Systeme, die vorwiegend elektrische Energie in Fertigungsverfahren (z. B. Spanen nach DIN 8580) zur Herstellung von Werkstücken einsetzen (Tönshoff 1995). Der Energiebedarf resultiert aus der individuellen, zeitlichen Leistungsaufnahme der integrierten Komponenten (Abb. 2). Hierzu zählen u. a. die Spindeln, Antriebe, Mess- und Steuerungssysteme sowie Hydraulik. In Abhängigkeit von der Zusammensetzung und spezifischen Betriebsweise der Komponenten ist die Leistungsaufnahme einer Werkzeugmaschine dementsprechend dynamisch und der resultierende Energiebedarf von einer Vielzahl von Faktoren abhängig.

Für Maßnahmen zur Verbesserung des Energiebedarfs stehen in der Folge diverse Anknüpfungspunkte auf der Maschinen- und Komponentenebene bereit (Schischke 2012, Zein 2011). Diese sind generell nach ihrem Wirkprinzip in eine Zeit- und Leistungsreduktion sowie eine Vermeidung von Verlusten durch Energierückgewinnung zu unterscheiden (Abb. 3) (Müller et al. 2009). Maßnahmen zur Reduzierung der Leistungsaufnahme umfassen beispielsweise den Austausch von Maschinenkomponenten durch energiesparendere Lösungen (z. B. bei Antrieben, Hydraulik und Spindeln) (Neugebauer et al. 2008, Abele et al. 2011). Darüber hinaus sind über eine zeitliche Adaption im Prozessdesign (z. B. unmittelbar durch eine Erhöhung der Abtragsrate bei trennenden Verfahren oder Kompentenansteuerung) sowie durch „Near-Net-Shape"-Prozesse Energieeinsparungen realisierbar (Fanuc 2008, Heidenhain 2010, Müller et al. 2009, Mori et al. 2011).

In Abbildung 3 sind die realisierbaren Potenziale ausgewählter Maßnahmen aufgeführt, die in Fallbeispielen an Demonstratoren ermittelt wurden. Die Ergebnisse verdeutlichen, dass einzelne Maßnahmen erst in Summe eine substanzielle Energieeinsparung ermöglichen. Vor diesem Hintergrund ist eine ganzheitliche Betrachtung einer Werkzeugmaschine unabdingbar, um in der Planung und dem Betrieb von Werkzeugmaschinen technisch erreichbare Energieeinsparungen quantifizieren und umsetzen zu können (Zein 2012).

Aktuelle Ansätze in der Forschung betrachten vorwiegend die messtechnische Erfassung und modellbasierte Charakterisierung der Energiebedarfe von Werkzeugmaschinen (Behrendt, Zein, Min 2012, Duflou et al. 2012, Li, Kara 2011, Herrmann et al. 2009, Dietmair, Verl 2009). Nur vereinzelt verfolgen Konzepte darüber hinaus das Ziel, eine Bewertung des Energiebedarfs von Werkzeugmaschinen vorzunehmen. Potenziale zur Verbesserung für Maschinensysteme werden hierzu vorwiegend über paarweise Gegenüberstellungen von bestehenden Systemen oder über Vergleiche mit theoretischen, physikalischen Grenzwerten bzw. prozessspezifischen Energiebedarfen (z. B. Schnittenergie beim Zerspanen) ermittelt (Binding 1988, Branham et al. 2008, Draganescu 2003, Renaldi et al. 2011). Eine ganzheitliche Bewertung des absoluten, technisch erreichbaren Verbesserungspotenzials für ein Maschinensystem und Unterstützung bei der Umsetzung dieser Potenziale ist bisher nicht verfügbar.

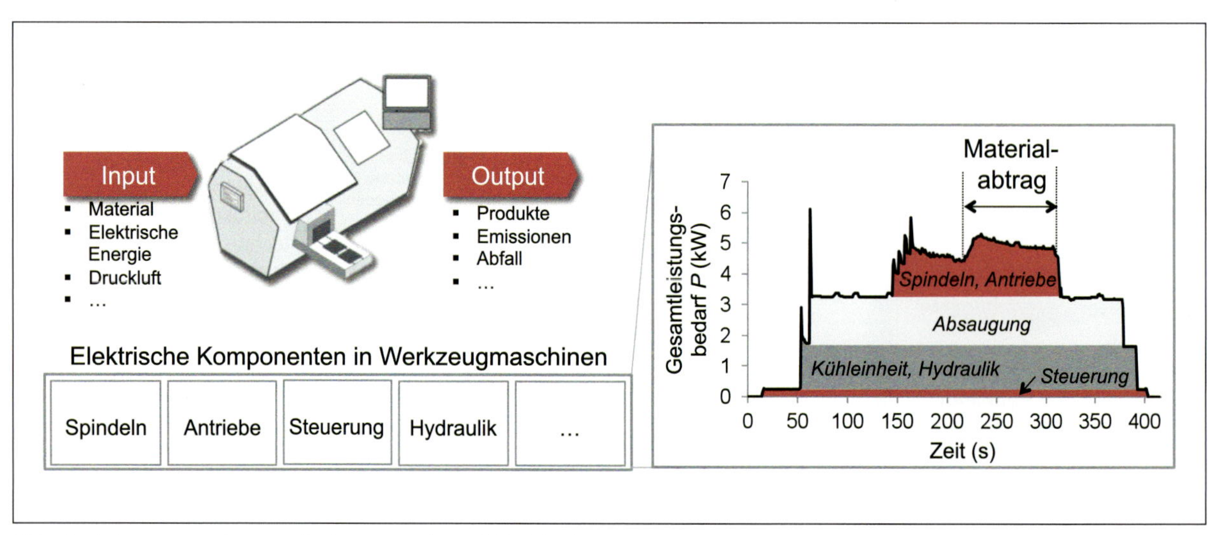

Abb. 2 Leistungsaufnahme von Werkzeugmaschinen (Zein 2011)

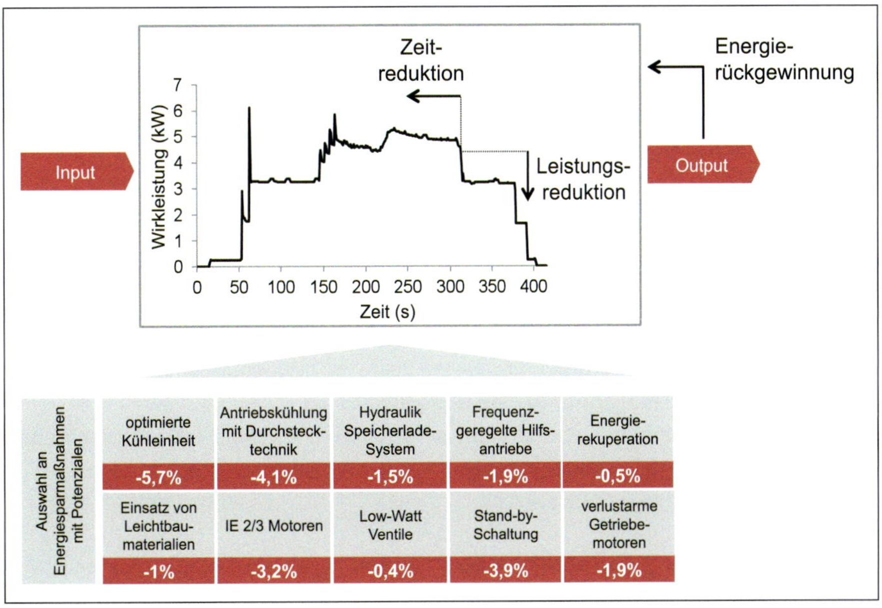

Input → Wirkleistung (kW) über Zeit (s) → Output

Zeit-reduktion · Leistungs-reduktion · Energie-rückgewinnung

Auswahl an Energiesparmaßnahmen mit Potenzialen					
	optimierte Kühleinheit	Antriebskühlung mit Durchsteck-technik	Hydraulik Speicherlade-System	Frequenz-geregelte Hilfs-antriebe	Energie-rekuperation
	-5,7%	-4,1%	-1,5%	-1,9%	-0,5%
	Einsatz von Leichtbau-materialien	IE 2/3 Motoren	Low-Watt Ventile	Stand-by-Schaltung	verlustarme Getriebe-motoren
	-1%	-3,2%	-0,4%	-3,9%	-1,9%

Abb. 3 Ansatzpunkte und absolute Potenziale zur Verbesserung des Energiebedarfs (Hegener 2010, Müller et al. 2009, Schischke et al. 2012)

4.2.2 Konzept zur Bewertung und Steigerung der Energieeffizienz von Werkzeugmaschinen

Vor diesem Hintergrund wurde ein energieorientiertes Performance-Management Konzept entwickelt mit der Zielsetzung, die Effizienz des Energiebedarfs von Werkzeugmaschinen anhand von prozess- und maschinenorientierten Kriterien ganzheitlich zu bewerten und in spezifische Handlungsempfehlungen zur Energieeinsparung zu überführen (Zein 2012). Der entwickelte Ansatz ist in Abbildung 4 als umfassender Bewertungs- und Planungsprozess visualisiert und basiert auf vier methodischen Bausteinen:

- Ermittlung von Bewertungskriterien und Charakterisierung eines technisch erreichbaren Energieminimums

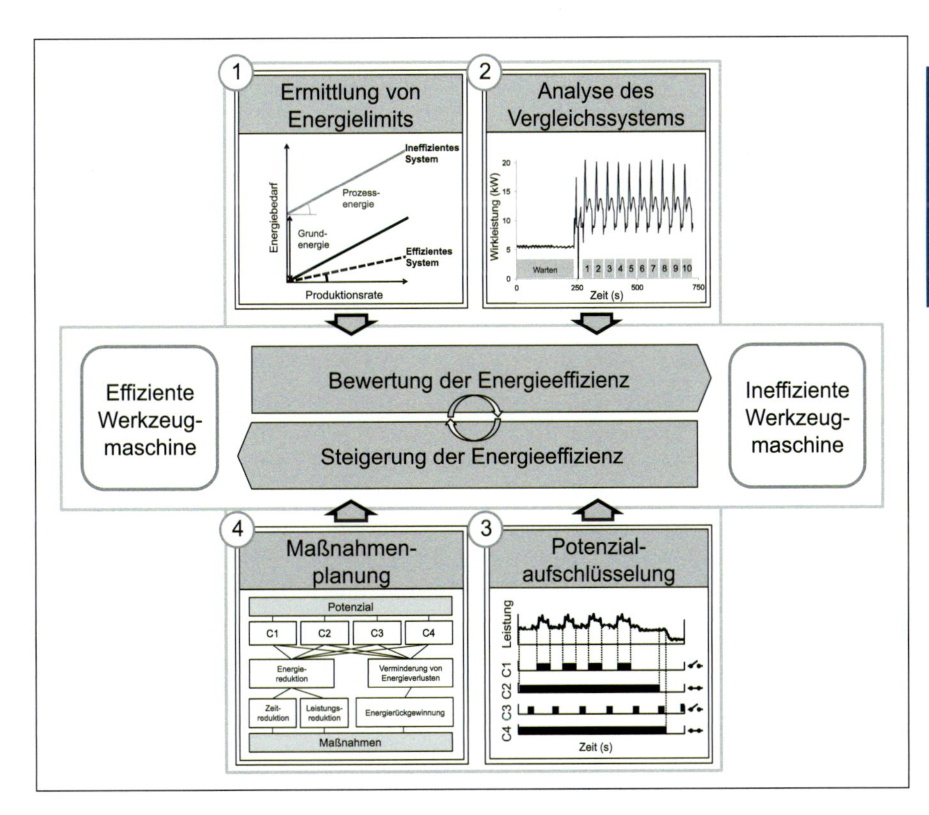

Abb. 4 Performance-Management Konzept zur Bewertung und Steigerung der Energieeffizienz von Werkzeugmaschinen (Zein 2012)

als Maßstab für den Vergleich der Energieeffizienz einer Werkzeugmaschine (1)
- Analyse des Vergleichssystems und Gegenüberstellung mit dem Energieminimum zur Quantifizierung des ganzheitlichen Verbesserungspotenzials (2)
- Aufschlüsselung des Energieverbrauchs auf die Maschinenkomponenten als Basis für die Spezifizierung von Verbesserungspotenzialen (3)
- strukturierte Prüfung und Allokation von Maßnahmen für die Realisierung des identifizierten Verbesserungspotenzials (4).

Die Bewertung und Steigerung der Energieeffizienz ist in Prozessmodellen aufbereitet und kann iterativ durchgeführt werden. Sie unterstützt auf diese Weise einen kontinuierlichen Verbesserungsprozess.

4.2.2.1 Bewertung der Energieeffizienz von Werkzeugmaschinen

Ausgangspunkt für die Bewertung der Energieeffizienz von Werkzeugmaschinen bildet die Definition von geeigneten Kriterien und deren Operationalisierung in Form von technisch erreichbaren Energielimits als messbare Kenngrößen. Der Energiebedarf eines Transformationsprozesses kann aus systemischer Sicht in Abhängigkeit von der Produktionsmenge beschrieben werden (s. Abb. 5). Diese Beschreibung ermöglicht es, einen effizienten von einem ineffizienten Prozess anhand von zwei Eigenschaften zu unterscheiden.

1. Ein energieeffizienter Transformationsprozess benötigt nur Energie im produktiven, wertschöpfenden Betrieb.
2. Der spezifische Energiebedarf für die effiziente Herstellung eines Produktes entspricht dem minimalen Energiebedarf für die Durchführung der Transformation.

V

Diese allgemeingültigen Eigenschaften eines energieeffizienten Transformationsprozesses wurden im Rahmen des entwickelten Performance Management-Konzepts für die Bewertung von Werkzeugmaschinen in drei Kenngrößen überführt (Zein 2012).

- Energielimit 1: Keine Grundlast

Die erste Kenngröße fokussiert die Grundlast einer Werkzeugmaschine, die als konstante Leistungsaufnahme in nicht-produktiven, betriebsbereiten Zeiten (z.B. Warten auf Teile) anliegt. Zur Vermeidung eines resultierenden Grundenergiebedarfs wurde daher eine Grundlast von Null als erstes Energielimit einer energieeffizienten Werkzeugmaschine definiert.

- Energielimit 2: Effizientes Maschinendesign

Die zweite Kenngröße bewertet ganzheitlich das Maschinendesign über Energieverbrauchsfunktionen. Diese vereinen sämtliche energetischen Einflussfaktoren und beschreiben den individuellen Energiebedarf in Abhängigkeit von der Prozessrate. Verbrauchsfunktionen ermöglichen auf diese Weise einen Vergleich der Energiebedarfe von Werkzeugmaschinen unter gleichen Prozessanforderungen. Aufgrund der begrenzten Verfügbarkeit und aufwendigen Ermittlung von maschinenspezifischen, parametrischen Verbrauchsfunktionen wurde ein aktivitätsbezogenes Annäherungsverfahren entwickelt, um über eine diskontinuierliche, nicht-parametrische Energieverbrauchsfunktion einen Rand effizienter Prozesse einer Fertigungstechnologie zu approximieren. Für beliebig definierbare Produktionsraten bildet dieser empirisch ermittelte Rand einen effizienten Maßstab und beschreibt als marginale Prozessenergie ein technisch erreichbares Energieminimum von beobachteten Werkzeugmaschinen.

- Energielimit 3: Effizientes Prozessdesign

Während sich die ersten beiden Energielimits auf die Maschine beziehen, betrachtet das dritte Energielimit den Prozess. Ausgehend von der definierten Energieverbrauchsfunktion einer Werkzeugmaschine kann ein Rand effizienter Prozessbedingungen abgegrenzt werden. Dieser definiert Prozesskonstellationen mit maximaler Energieproduktivität (gleichbedeutend einem minimalen spezifischen Energiebedarf) als Energielimit in Abhängigkeit von Adaptionen im Prozessdesign. Die Energieproduktivität ist dabei definiert über das Verhältnis des Abtragsvolumens zum Energiebedarf als Kennzahl zur Beschreibung der Leistungsfähigkeit.

Für jedes der drei Energielimits wurden im Rahmen des Performance-Management-Konzepts Methoden und Werkzeuge entwickelt, um das entsprechende technisch erreichbare Energieminimum als quantifizierbare Kenngröße für die Bewertung zu ermitteln. Die Festlegung des zweiten und dritten Energielimits setzt dabei eine empirische Approximation des effizienten Rands voraus. Während die Energieverbrauchsfunktion einer Maschine über Leistungsmessungen bzw. Beschreibungsmodelle ermittelt werden kann, erfordert das entwickelte Annäherungsverfahren zur Bewertung des Maschinendesigns eine initiale, aktivitätsanalytische Charakterisierung verschiedener Werkzeugmaschinen einer Technologie. Ergänzend zu eigenen Messungen können hierbei Literaturdaten, umfassende Datensätze von verschiedenen Initiativen (z.B. CO_2PE! – Cooperative Effort on Process Emissions in Manufacturing) und Forschungsprojekte wichtige Informationsquellen darstellen (Gutowski et al. 2006, Pohselt 2011, Kellens et al. 2012). Diese ermöglichen eine Initialisierung einer effizienten Energieverbrauchsfunktion, welche über neue Datensätze kontinuierlich aktualisiert und verfeinert wird. Auf diese Weise berücksichtigt das zweite Energielimit systematisch weitere effiziente Maschinendesigns

und adaptiert den Bewertungsmaßstab an das gegenwärtig technisch erreichbare Energieminimum (Zein 2012).
Aufbauend auf der Festlegung der Energielimits folgt in einem zweiten Schritt die Analyse des Vergleichssystems, um das resultierende Verbesserungspotenzial für die jeweilige Kenngröße durch die Gegenüberstellung mit der energetischen Kenngröße ermitteln zu können. Hierfür wurde ein konsistentes und zuverlässiges Messkonzept entwickelt, das sowohl die Messmethode und -prozedur als auch die Aggregation der Messwerte zu Kenngrößen eindeutig definiert (Zein 2012).
Insbesondere bei der Gestaltung der Messroutine ist zu berücksichtigen, dass der Aufwand für die erforderliche Erfassung der Messdaten gering ist und eine zeitliche Störung im operativen Produktionsbetrieb einer Werkzeugmaschine vermieden wird. Für die Ermittlung der erforderlichen Vergleichswerte wurde daher ein zweistufiges Vorgehen entwickelt, das sich unter Verzicht auf normierte

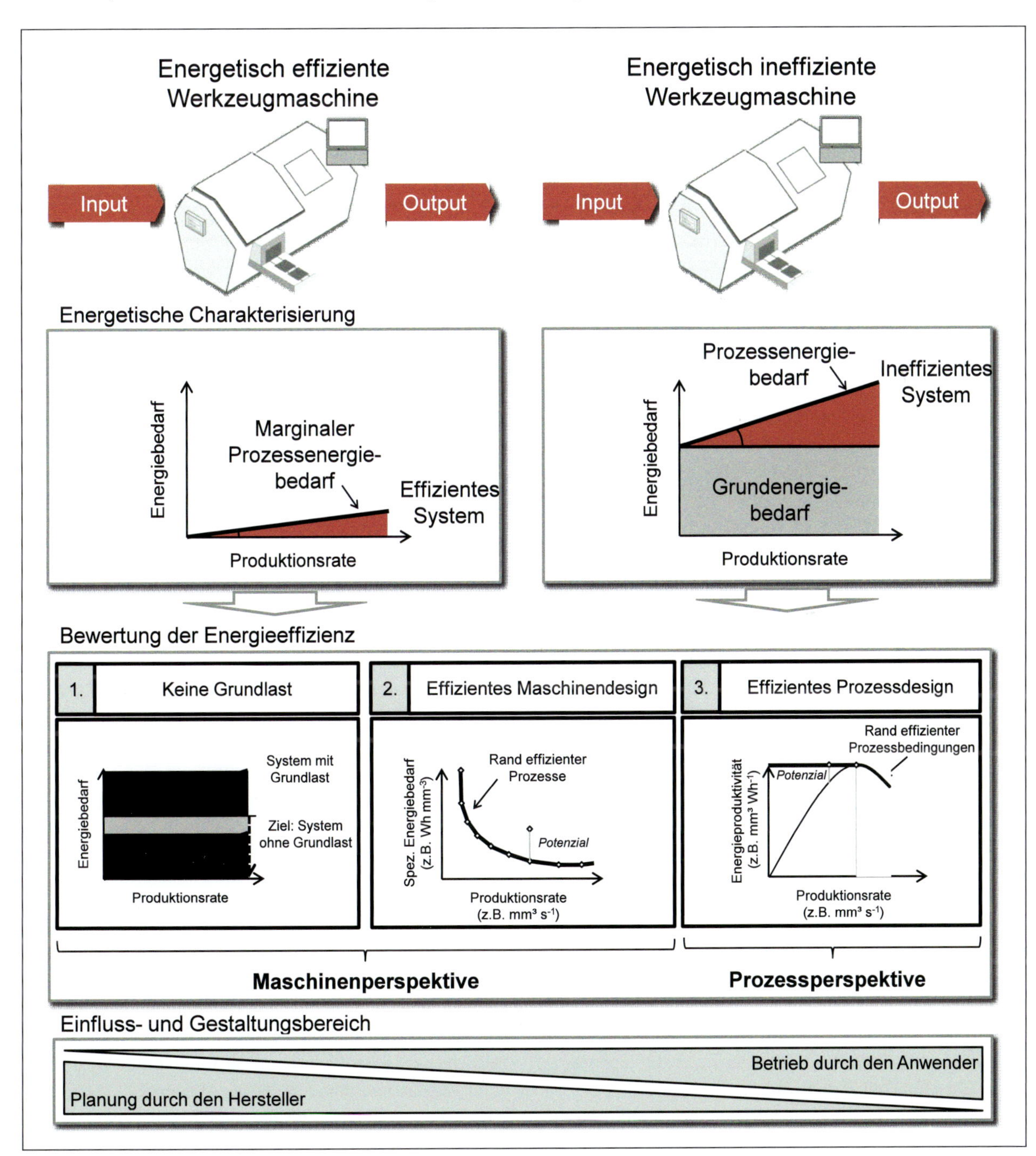

Abb. 5 Energielimits zur Bewertung energieeffizienter Werkzeugmaschinen (Zein 2012)

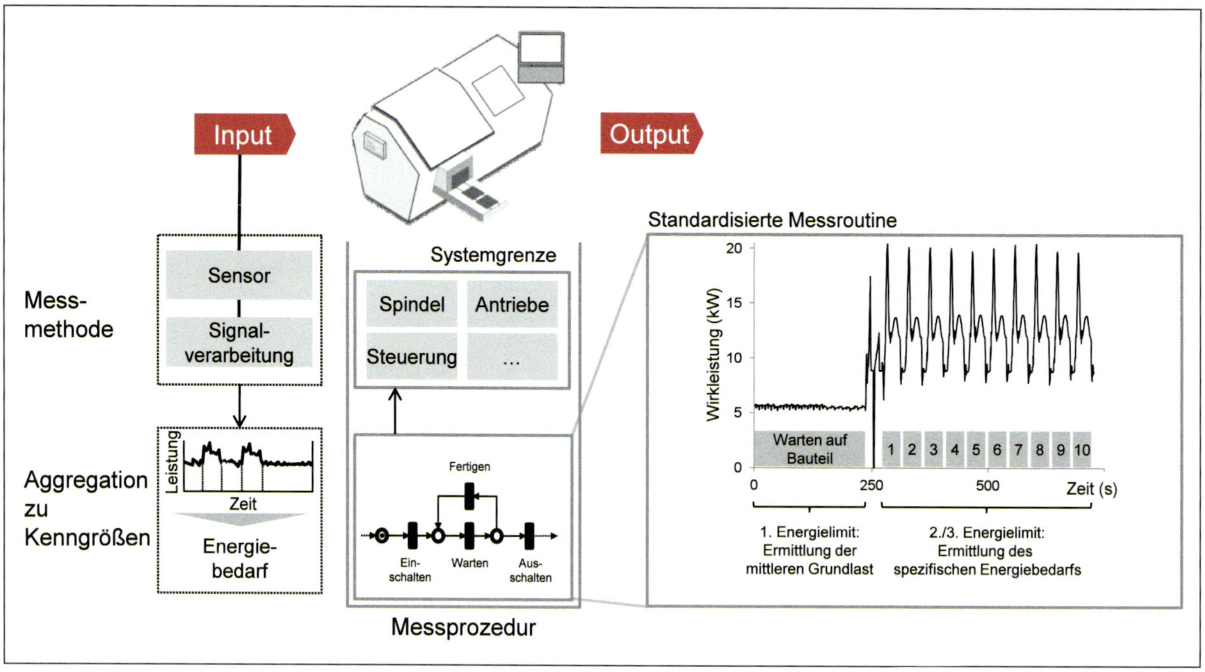

Abb. 6 Standardisiertes Messkonzept zur Bewertung von Werkzeugmaschinen (Zein 2012)

Referenzbauteile und -zyklen nahtlos in bestehende Produktionsbedingungen einbinden lässt (Abb. 6). In einer ersten Phase wird die gleichbleibende Leistungsaufnahme im Zustand „Warten auf Bauteil" über mehrere Minuten gemessen und als mittlerer Kennwert für das erste Energielimit berücksichtigt. Anschließend folgt unmittelbar eine Messung von zehn identischen Fertigungsfolgen, um den durchschnittlichen spezifischen Energiebedarf für die Energielimits 2 und 3 zu ermitteln. Die Ermittlung beider Werte ermöglicht es nun, über den Vergleich mit den entsprechenden Energielimits das Verbesserungspotenzial ganzheitlich zu quantifizieren und den Bewertungsprozess abzuschließen.

4.2.2.2 Steigerung der Energieeffizienz von Werkzeugmaschinen

Als Ergebnis der Bewertung ist ein ganzheitliches Verbesserungspotenzial für eine Werkzeugmaschine quantifiziert, welches im Rahmen des Planungsprozesses zur Steigerung der Energieeffizienz in konkrete Handlungsempfehlungen überführt wird. Eine Empfehlung von konkreten Handlungsansätzen für die maschinenorientierten Verbesserungspotenziale (Energielimit 1 und 2) ist nicht unmittelbar möglich, da diese von den jeweils ermittelten Leistungs- und Energieeinsparpotenzialen für die spezifische Maschine abhängen (Abb. 7).

Im Rahmen des entwickelten Performance-Management-Konzepts wurde daher eine Methodik zur Aufschlüsselung der Leistungsaufnahme von Werkzeugmaschinen entwickelt, um in einem ersten Planungsschritt die systemischen Potenziale auf die verursachenden Maschinenkomponenten herunterzubrechen. Hierzu werden durch die integrierte Messung von Leistungs- und Steuerungsdaten im Betrieb von Werkzeugmaschinen energetisch relevante Komponenten priorisiert und Ansatzpunkte für zeitliche oder leistungsbezogene Verbesserungen strukturiert.

Die Prüfung und Allokation von Maßnahmen zur Realisierung der Komponentenpotenziale erfolgt als zweiter Schritt des entwickelten Planungsprozesses. Abbildung 8 visualisiert den Vorgang der Maßnahmenplanung ausgehend von der Potenzial-Aufschlüsselung mit dem Ziel, konkrete Verbesserungsmaßnahmen abzuleiten. Hierzu wurden diverse technische und organisatorische Maßnahmen anhand der Wirkung auf die entsprechenden Energielimits klassifiziert und zugeordnet.

Zur Ausnutzung des leistungsbezogenen Verbesserungspotenzials für das erste Energielimit stehen insbesondere steuerungstechnische Maßnahmen zur Abschaltung von zuvor identifizierten, aktiven Komponenten im Wartezustand einer Werkzeugmaschine im Fokus. Das quantifizierte Energiepotenzial des zweiten Energielimits erweitert den Fokus auf die Reduktion des Energiebedarfs und der Energieverluste. Die direkte Energiereduktion über zeitliche oder leistungsorientierte Maßnahmen wird dabei einer Rückgewinnung von Energie vorgezogen (Zein et al. 2011). Entsprechend sind die vielfältigen Ansatzpunkte zur Energieeinsparung aufbereitet und priorisiert. Da das dritte Energielimit eine rein prozessorientierte Bewertung

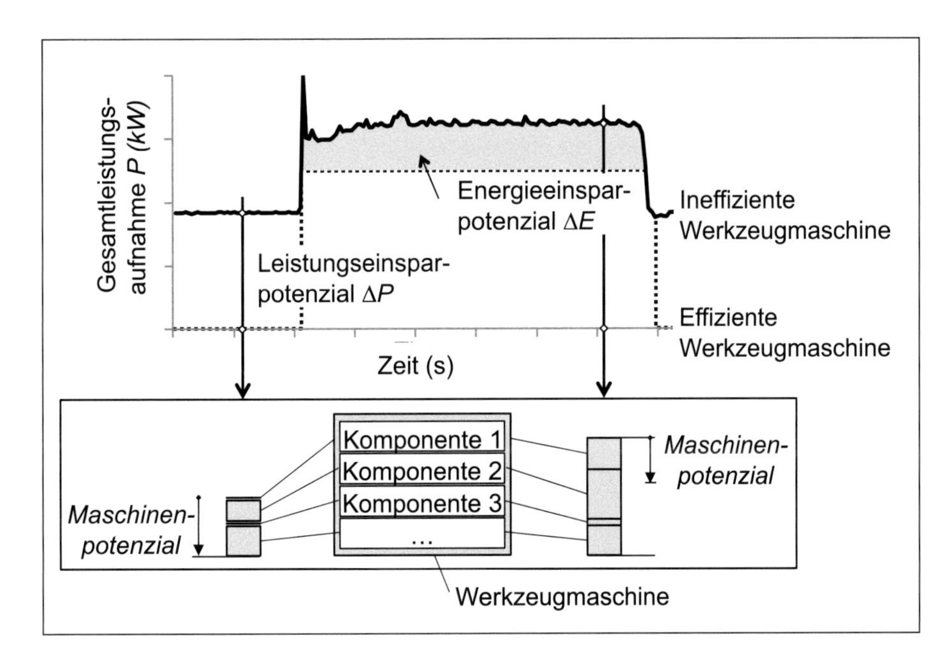

Abb. 7 Spezifizierung von Verbesserungspotenzialen durch Aufschlüsselung der Leistungsaufnahme auf die integrierten Komponenten (Zein 2012)

darstellt, resultieren als mögliche Maßnahmen ausschließlich die Adaption der Produktionsrate oder die zeitliche Anpassung der Produktionszeit bei gleichbleibender Produktionsrate (Zein 2012).

Mit der systematischen Prüfung, Auswahl und Festlegung von Verbesserungsmaßnahmen für die jeweilige Bewertungsperspektive endet der entwickelte Planungsprozess zur Steigerung der Energieeffizienz von Werkzeugmaschinen. Die Umsetzung der Maßnahmen und resultierende Wirkung auf das quantifizierte Verbesserungspotenzial initialisiert einen neuen Bewertungszyklus. Damit folgt das entwickelte Performance Management-Konzept mit dem Bewertungs- und Planungszyklus konsequent dem Prinzip eines kontinuierlichen Verbesserungsprozesses.

4.2.3 Beispielhafte Anwendung

Das energieorientierte Performance-Management-Konzept kann grundsätzlich für verschiedene Anwendungsfälle spezifiziert werden. Ausgehend von dem Einfluss- bzw. Gestaltungsbereich der jeweiligen Energielimits kann der Fokus des entwickelten Konzepts auf den Maschinenhersteller und/oder den Anwender ausgerichtet sein (s. Abb. 5). Insbesondere bei der Bewertung der

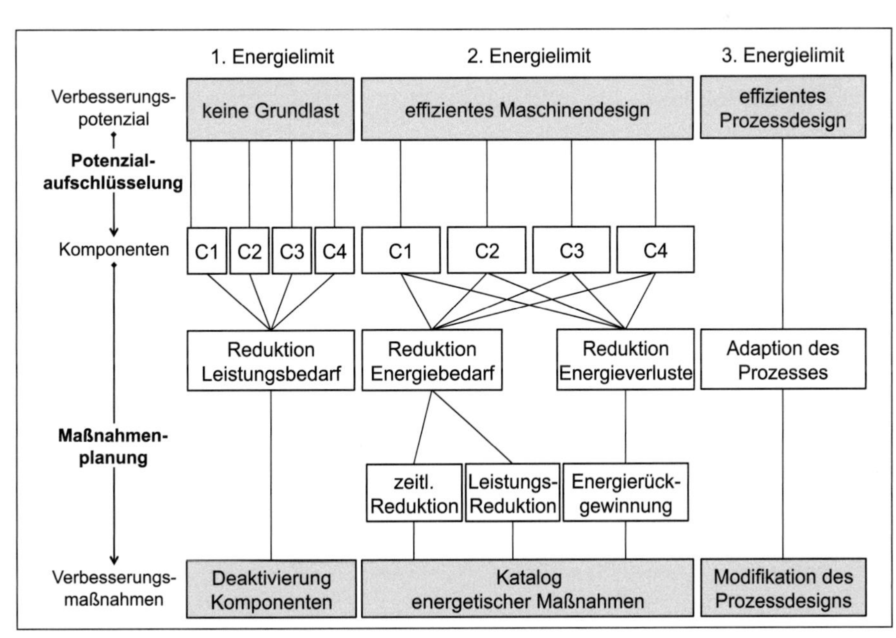

Abb. 8 Allokation von Maßnahmen zur Realisierung identifizierter Energieeinsparpotenziale (Zein 2012)

Energieeffizienz in frühen Phasen der Beschaffung von neuen Werkzeugmaschinen überschneiden sich beide Einflussbereiche. Dies bildet die Ausgangssituation für die exemplarische Anwendung mit einem primären Fokus auf den Bewertungsprozess anhand des ersten und zweiten Energielimits.

Das Fallbeispiel betrachtet ein Automobilkomponentenwerk mit einer aktuellen Anzahl von über 5.000 betriebenen Schleifmaschinen für die Wellenfertigung von Getrieben. Aufgrund einer Erweiterung der momentanen Fertigungskapazitäten und Erneuerung bestehender Anlagen sollen neue, energieeffiziente Schleifmaschinen in großem Umfang beschafft werden.

Das entwickelte Performance-Management-Konzept wurde zur Unterstützung des Beschaffungsprozesses aufgebaut und prototypisch implementiert. Ausgangspunkt für die Bewertung bildete die Spezifizierung eines empirischen Rands effizienter Prozesse als zweites Energielimit. 30 verschiedene Referenzmaschinen (Verzahnungs- und Außenrundschleifmaschinen zur Bearbeitung von gehärtetem Stahl) aus dem aktuellen Bestand des Standortes wurden in standardisierten Messungen untersucht und bewertet. Ein energetischer Vergleich zwischen effizienten Verzahnungs- und Außenrundschleifen ergab nur geringfügige Abweichungen zwischen den Technologien, so dass eine gemeinsame, effiziente Verbrauchsfunktion für beide Schleifverfahren etabliert werden konnte. Über das entwickelte Annäherungsverfahren wurde im Ergebnis ein empirischer Rand aus acht effizienten Prozessen mit minimalem, spezifischem Energiebedarf ermittelt (Abb. 9).

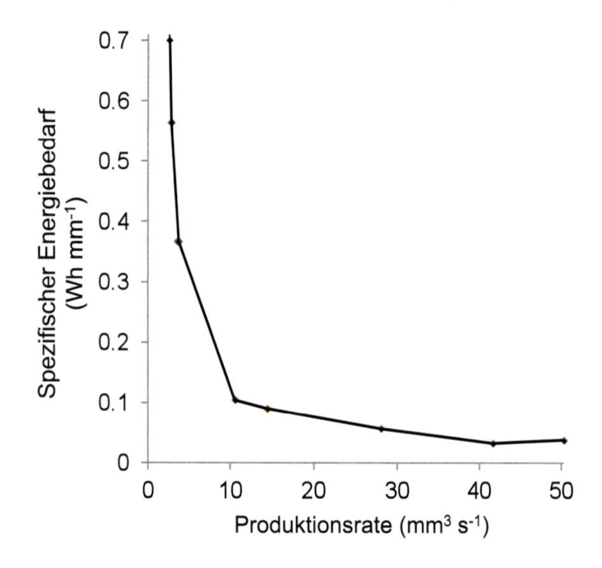

Abb. 9 Empirischer Rand effizienter Schleifmaschinen (Energielimit 2) (Zein 2012)

Die Bewertung der Energieeffizienz unter Berücksichtigung dieses empirischen, technisch erreichbaren Energielimits ist in Abbildung 10 am Beispiel von drei angebotenen Werkzeugmaschinen visualisiert.

Die Ergebnisse verdeutlichen, dass die Schleifmaschine A die geringste Grundlast aufweist im Vergleich zu den alternativen Systemen mit einem verbleibenden Verbesserungspotenzial von 3,5 kW. Die Quantifizierung des Verbesserungspotenzials für das zweite Energielimit weist Schleifmaschine C als beste Lösung aus. Es wird darüber hinaus deutlich, dass die Maschine C sogar das bestehende Energieminimum bei

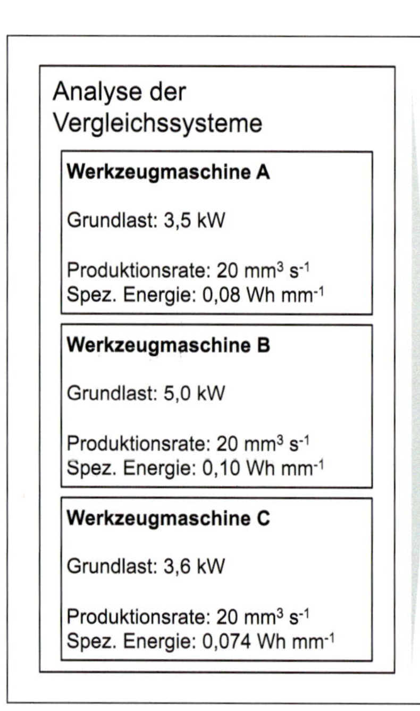

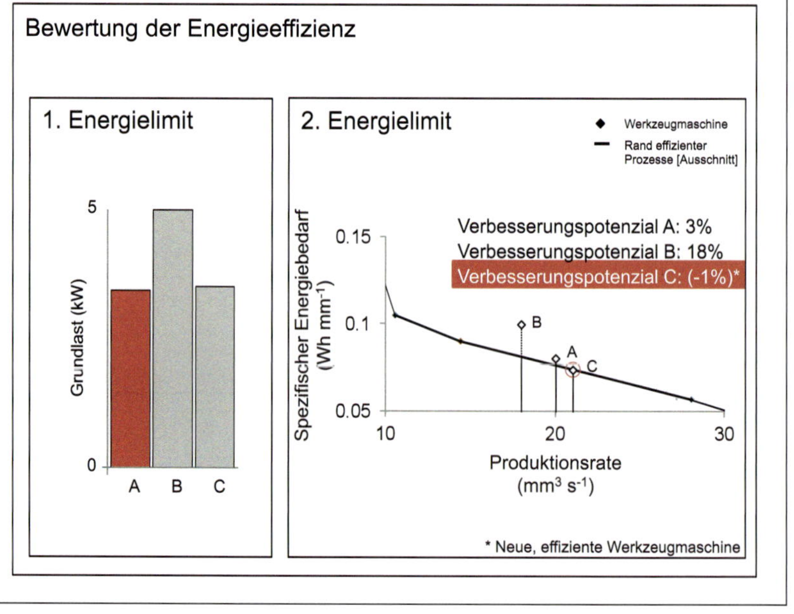

Abb. 10 Bewertung der Energieeffizienz von Schleifmaschinen in frühen Phasen der Beschaffung (Zein 2012)

der gegebenen Produktionsrate unterschreitet und damit als neue, effiziente Werkzeugmaschine in den Rand effizienter Prozesse aufgenommen wird. Die Ergebnisse der Effizienzbewertung stufen somit die Werkzeugmaschinen A und C positiv ein. Da keine Maschine in beiden Energielimits dominiert, ist ferner eine Berücksichtigung des Nutzerverhaltens erforderlich, um die energetische Relevanz der Kenngrößen abwägen zu können. Für einen unterstellten Einsatzzweck in einer Serienproduktion mit geringen Wartezeiten dominiert der Einfluss des Energielimits 2, so dass die Beschaffung von Werkzeugmaschine C aus energetischer Sicht vorzunehmen ist (Zein 2012).

Das Anwendungsbeispiel verdeutlicht, dass bereits in frühen Phasen der Beschaffung eine Bewertung der Energieeffizienz von Werkzeugmaschinen anhand der Energielimits 1 und 2 unmittelbar möglich ist. Es eröffnet sich somit die Möglichkeit, gemeinsam mit dem Hersteller bereits zu Beginn der Planung Verbesserungen zu initiieren. Ergänzend zur der operativen Nutzung des Energielimits 2 als Bewertungsgröße für die Beschaffung neuer Maschinen kann der Rand effizienter Prozesse strategisch als Treiber von technischem Fortschritt innerhalb von Beschaffungsstrategien eingesetzt werden. In Abbildung 11 sind drei Beschaffungsstrategien aufgeführt, die sich aus dem Energielimit 2 ableiten lassen. Hierzu zählen insbesondere die Entwicklung eines Energie-Labels für Werkzeugmaschinen mit der Einführung von Effizienzklassen, die Adaption höherer Produktionsraten und die Vorgabe eines weiter abnehmenden spezifischen Energiebedarfs der Technologie (Herrmann et al. 2007, Zein 2012). Die Energielimits 1 und 2 bieten somit insgesamt eine umfassende Möglichkeit, Werkzeugmaschinen aus energetischer Sicht zu vergleichen und aufgrund der Transparenz über die Energieeffizienz eine Steigerung der Energieeffizienz zielgerichtet zu initiieren.

4.3 Simulationsbasierte Planung und Steuerung energie- und ressourceneffizienter Prozessketten und Fabriksysteme

4.3.1 Ganzheitliche Sichtweise auf das Fabriksystem

Analysen von Einzelmaschinen sind eine notwendige, aber nicht ausreichende Perspektive zur Erhöhung der Energie- und Ressourceneffizienz in produzierenden Unternehmen (Herrmann et al. 2009, Thiede 2012). Aus ganzheitlicher Sichtweise muss vielmehr außerdem das Fabriksystem als dynamisches Zusammenspiel einer Vielzahl von Produktionsanlagen, aber auch der technischen Gebäudeausstattung (TGA) und der Gebäudehülle berücksichtigt werden (Hesselbach et al. 2008). Diese verschiedenen Elemente hängen energetisch stark wechselwirkend zusammen und führen in Summe zu individuellen Gesamtlastprofilen auf Prozessketten- und Fabriksystemebene (Abb. 12). Vor dem Hintergrund der Energie- und Ressourceneffizienz ist diese ganzheitliche Perspektive und die damit verbundenen Lastprofile von großer Wichtigkeit, z. B. für

1. die Dimensionierung und Steuerung der technischen Gebäudeausstattung, wie etwa Druckluft- oder Kälte-/Wärmeversorgung (Prozess und Raum)

V

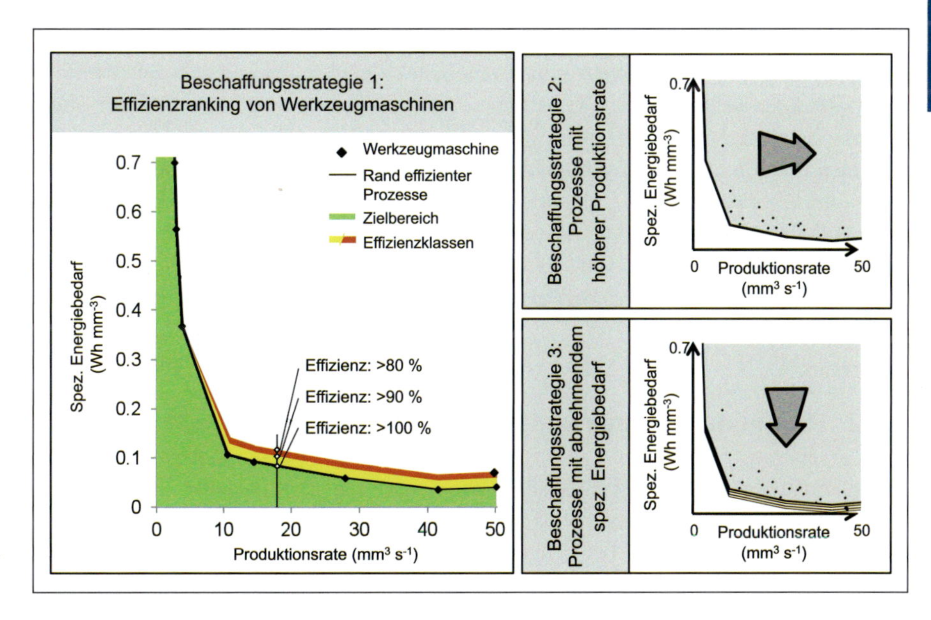

Abb. 11 Formulierung von Beschaffungsstrategien auf Basis des empirischen Rands effizienter Prozesse (Zein 2012)

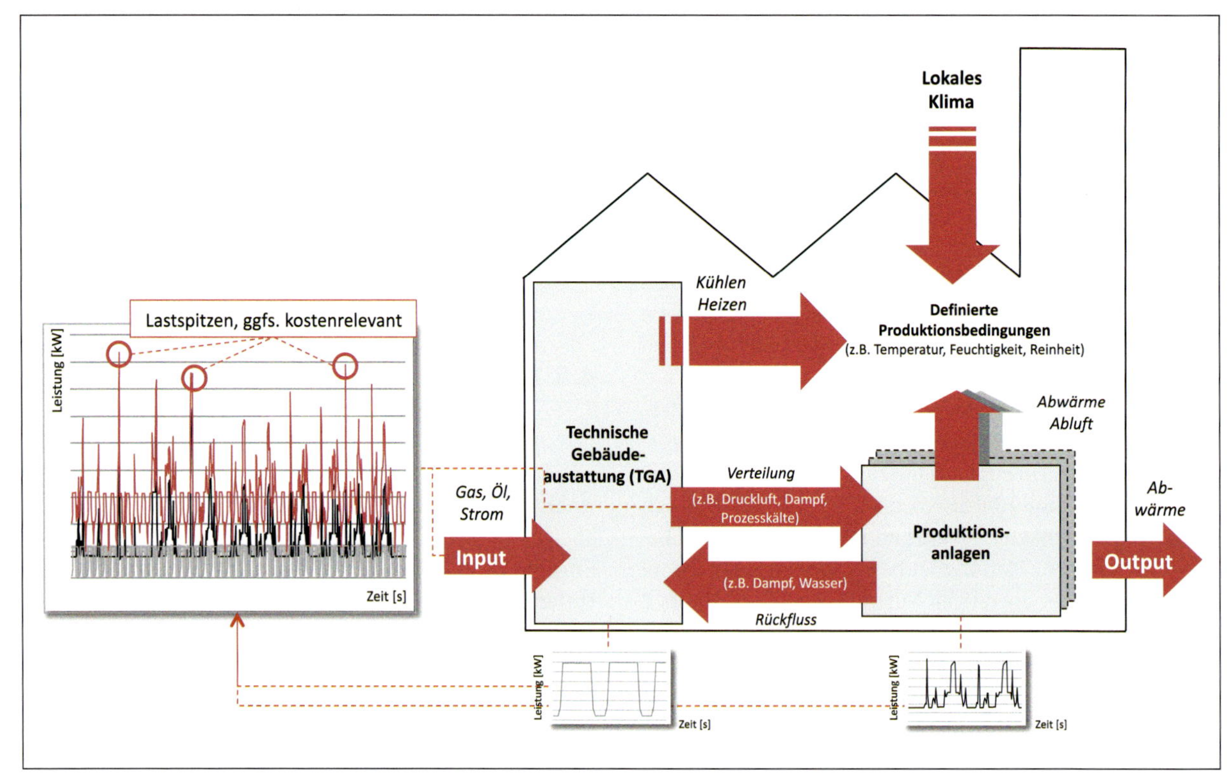

Abb. 12 Ganzheitliche Systemdefinition des Fabriksystems (u. a. Thiede 2012)

2. die realistische Bewertung von Energiekosten (z. B. über Berücksichtigung von Lastspitzen und Leistungspreis), Umweltwirkungen, technische Leistungsfähigkeit sowie – in Verbindung mit entsprechenden Ergebnisgrößen – der Energie- und Ressourceneffizienz des Systems
3. die Ableitung, Priorisierung und Auswahl von Effizienzmaßnahmen, die auch über Einzelmaschinen-Optimierungen hinausgehen.

Zur Bestimmung von Lastprofilen auf Systemebene stehen mit statischen Kalkulationen, künstlichen neuronalen Netzen, Fuzzy Logic und ereignisdiskreter Produktionssystemsimulation prinzipiell vier alternative Ansätze zur Verfügung (Fiedler et al. 2007, Lau et al. 2007, Herrmann et al. 2009). Die Analyse von Anforderungen bezüglich des Einsatzes in produzierenden Unternehmen zeigt die Vorteilhaftigkeit von simulationsbasierten Ansätzen (Thiede 2012, Herrmann et al. 2011).

4.3.2 Stand der Technik und Forschung

Eine Marktstudie von kommerziell erhältlicher Software zur ereignisdiskreten Produktionssystemsimulation (z. B. Plant-Simulation) zeigt, dass für die Beurteilung der Energie- und Ressourceneffizienz relevante Variablen, wie z. B. Energieverbräuche, bisher nicht im Rahmen von Standardfunktionalitäten berücksichtigt werden können (Thiede et al. 2012). In der Forschung wurden in den letzten Jahren dagegen verschiedene Ansätze entwickelt, die sich hinsichtlich ihres spezifischen Fokus, des Aufbaus und der Anwendbarkeit stark unterscheiden (Heilala et al. 2008, Rahimifard et al. 2010, Solding et al. 2009, Weinert et al. 2009, Junge 2007, Hesselbach et al. 2008, Hornberger 2009, Löfgren 2009, Johannsson et al. 2009, Dietmair, Verl 2010, Wohlgemuth et al. 2006, Siemens AG 2010). Bei der energieorientierten, ereignisdiskreten Produktionssystemsimulation können insgesamt drei verschiedene Paradigmen unterschieden werden (Thiede 2012, Abb. 13):

- Paradigma A: Einige Ansätze setzen auf die Nutzung konventioneller, kommerziell erhältlicher Simulationswerkzeuge und kombinieren diese mit einer externen (separierten) Bewertungsebene, um auch umweltbezogene Fragestellungen bewerten zu können. Vorteilhaft sind hierbei die relativ einfache Anwendbarkeit und die Möglichkeit des Aufbaus einer umfangreichen Bewertungsumgebung; allerdings ist die Untersuchung komplexerer und wechselwirkender Zusammenhänge nur schwierig möglich.
- Paradigma B: Zur Berücksichtigung der dynamischen Wechselwirkungen setzen andere Arbeiten auf die dynamische Kopplung verschiedener Simulationswerkzeuge für z. B. Produktion, technische Gebäudeausstattung

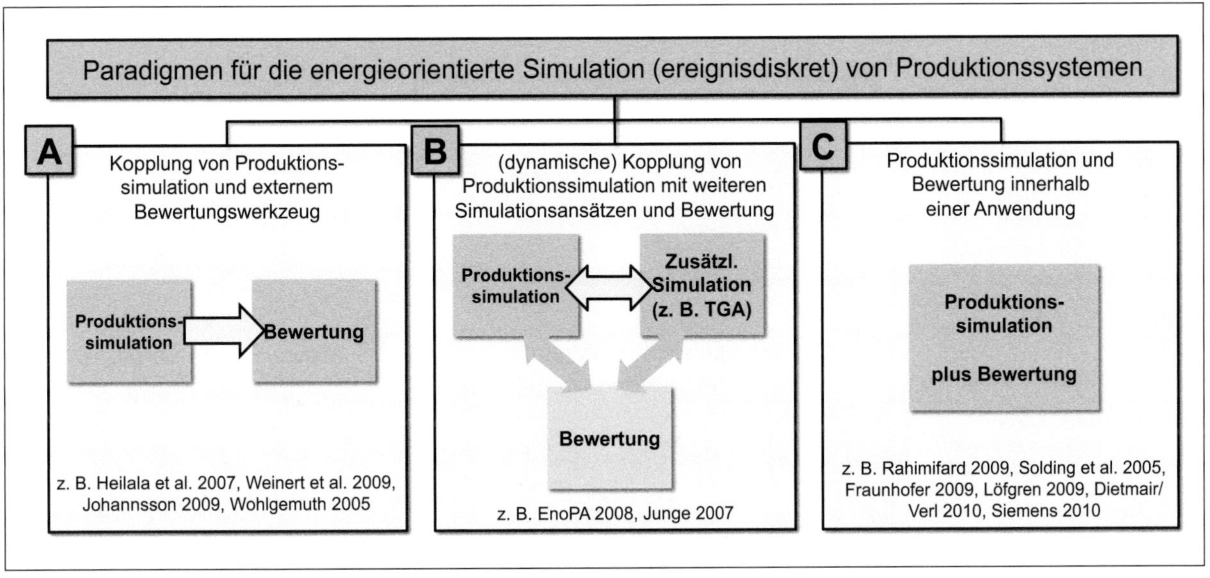

Abb. 13 Paradigmen der energieorientierten Produktionssystemsimulation (Herrmann et al. 2011)

und Gebäudehülle. Hiermit sind sehr detaillierte Untersuchungen grundsätzlich möglich, allerdings ist dafür ein sehr hoher Zeitaufwand und Expertenwissen für Modellierung und Simulation notwendig.

- Paradigma C: Ein weiterer Ansatzpunkt ist die Integration von Simulation und Bewertung innerhalb einer Softwareumgebung. Im Sinne einer „one-stop-solution" sind alle Funktionalitäten in einer kompakten Lösung nahtlos integriert, was Anwendbarkeit und Übertragbarkeit verbessert. Als Erweiterung von Paradigma A können hiermit komplexere Problemstellungen adressiert werden; allerdings ist eine starke Abhängigkeit von Funktionalitäten und Einschränkungen der zugrunde liegenden Software gegeben. Die Abbildung von kontinuierlichen Energieflüssen (z. B. im Bereich TGA) kann hier z. B. im Widerspruch zur eigentlichen ereignisdiskreten Logik stehen.

Auch wenn bereits eine gewisse Breite an Forschungsansätzen vorhanden ist, unterstreicht die tiefer gehende Analyse, dass die meisten dieser Ansätze die notwendige ganzheitliche Sichtweise auf Fabriksysteme nicht oder nur sehr unzureichend berücksichtigen.

4.3.3 Struktur des energieorientierten Simulationsansatzes

Vor dem Hintergrund der notwendigen ganzheitlichen Sichtweise sowie dem aus dem Stand der Technik und Forschung resultierenden Handlungsbedarf wurde ein innovativer Ansatz zur energieorientieren Produktionssystemsimulation entwickelt (Herrmann, Thiede 2009, Herrmann et al. 2011, Thiede 2012). Es handelt sich um eine durch den skalierbaren und modularen Aufbau sehr flexible Simulationsumgebung, die prinzipiell verschiedenste (starre, elastische oder lose verkettete) Prozessketten und Fabriksysteme abbilden kann. Als synergetische Integration der Paradigmen B und C – die Abbildung dynamischer Wechselwirkungen im Fabriksystem ist innerhalb eines Softwarewerkzeugs möglich – können verschiedene Nachteile kompensiert werden. Die Simulationsumgebung wurde in AnyLogic 6 umgesetzt, das alle technischen Möglichkeiten für diese nahtlose Integration bietet (hybride Simulation – ereignisdiskrete und kontinuierliche Simulation in einer Umgebung). Abbildung 14 zeigt die konzeptionelle Struktur des entwickelten Simulationsansatzes.

Zur Modellierung des spezifischen Produktionssystems werden generische Prozessmodule bereitgestellt (I), die durch entsprechende Parametrisierung das Verhalten beliebiger Produktionsmaschinen (z. B. zustandsbezogene Energieverbräuche, Ausfallzeiten, Produktionsleistung, Ausschuss) mit ausreichender Genauigkeit darstellen können. Einzelne Prozessmodule werden dann zu Prozessketten bzw. Produktionssystemen kombiniert (V) und Parameter zur Produktionsplanung und -steuerung (Produktionsprogramm, Losgrößen, produktspezifische Prozessparameter) hinterlegt (II).

Während des Simulationslaufs führen die Einzellastprofile von Produktionsmaschinen zu kumulierten produktionsseitigen Lastkurven. Die TGA-bezogenen Energiebedarfe der Produktionsanlagen (z. B. Druckluft, Prozesswärme) dienen als Eingangsgröße für detaillierte TGA-Module (III, z. B. Druckluftmodul). Hiermit können

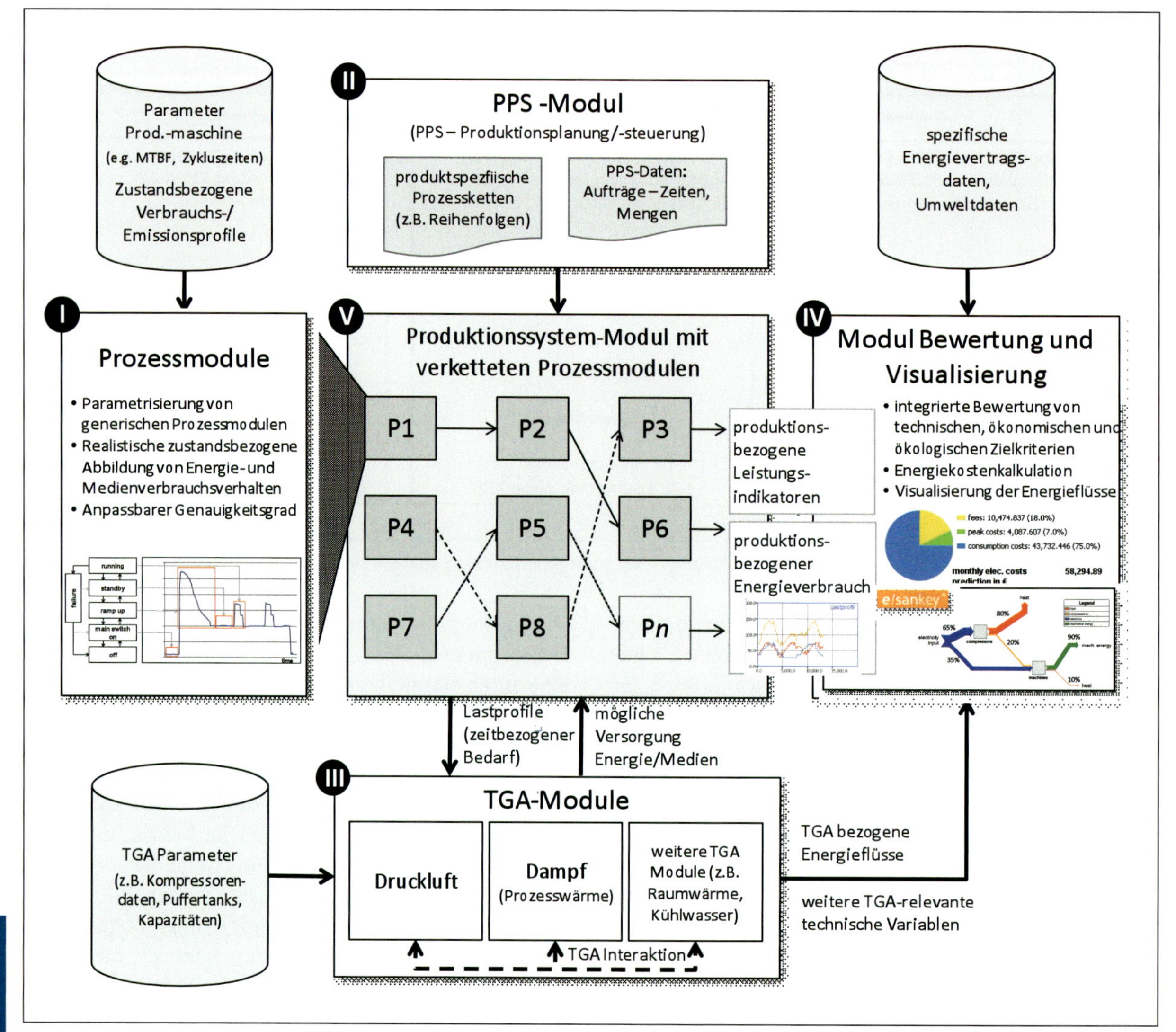

Abb. 14 Struktur des Simulationsansatzes (Thiede 2012)

– abhängig von der dynamischen Betriebsweise – zusätzliche Energiebedarfe des Fabriksystems (z. B. elektrischer Leistungsbedarf der Druckluftkompressoren) simuliert werden. Insgesamt ergibt sich so als Kombination von Produktion und TGA-Bedarfen das Gesamtlastprofil des Fabriksystems. Umgekehrt simulieren die TGA-Module aber auch die Versorgung mit Energie oder Medien. In Wechselwirkung mit der Produktion kann somit z. B. eine unzureichende Druckluftversorgung zu Störungen an den Produktionsmaschinen führen. Die Berücksichtigung dieser realen Zusammenhänge erlaubt eine interdisziplinäre Betrachtung hinzu einer ganzheitlichen Optimierung der Energie- und Ressourceneffizienz. Über eine grafische Benutzeroberfläche (Abb. 15) erfolgt die Darstellung und Auswertung der Simulationsläufe (IV) – neben dem Status der Produktion und energetischen Lastkurven werden verschiedenste Kennzahlen und Auswertungen bereitgestellt. Außerdem wird ein Schnittstelle zu E!Sankey (from IFU Hamburg GmbH,www.e-sankey.com) angeboten, die eine automatische Visualisierung als Sankey-Diagramm ermöglicht.

4.3.4 Beispielhafte Anwendungen

4.3.4.1 Aluminiumdruckguss

Das erste Fallbeispiel fokussiert den elektrischen Leistungsbedarf einer hoch automatisierten Prozesskette im Aluminiumdruckguss, in der in Großserienproduktion Getriebeblöcke für die Automobilindustrie gegossen werden. Die Prozesskette besteht aus drei parallelen Druckgusszellen und verbundenen Sägen, die zwei Werkzeugmaschinen (CNC Bearbeitungszentren) zur Nachbearbeitung ver-

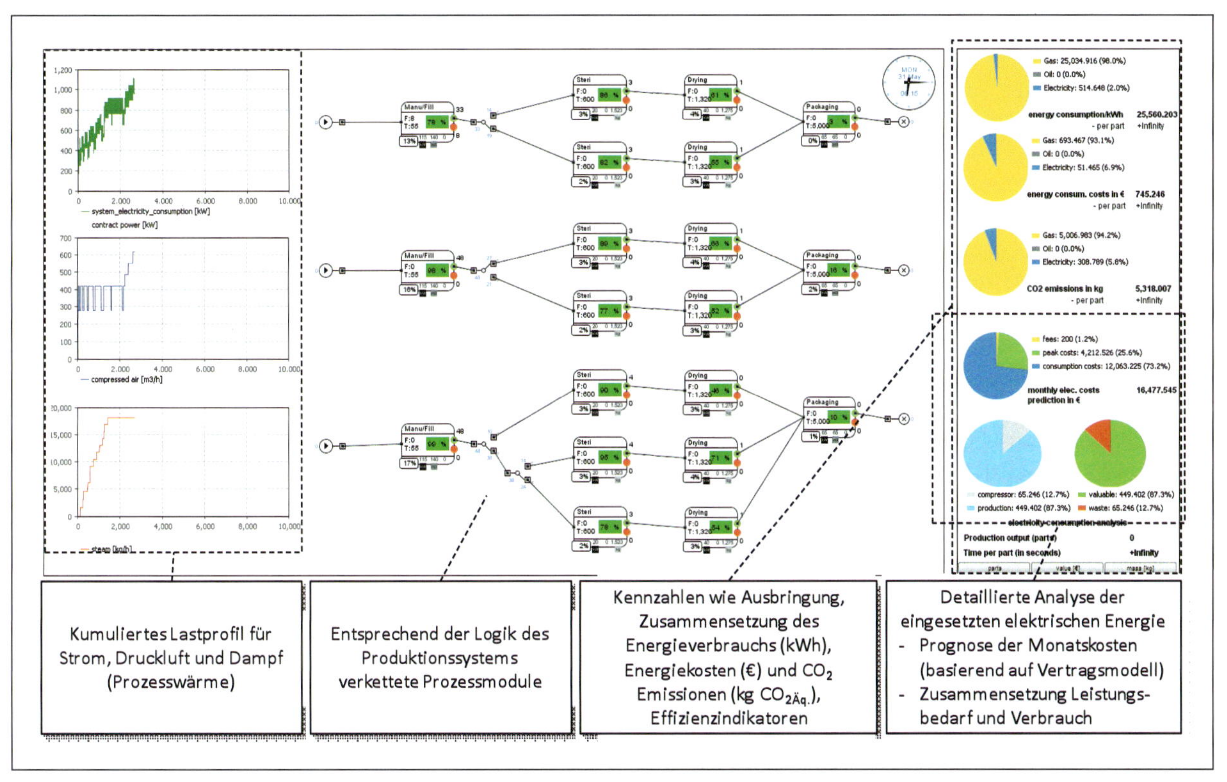

Abb. 15 Grafische Benutzeroberfläche des Simulationsansatzes (Thiede 2012)

sorgen. Anschließend folgen ein Strahlprozess sowie die abschließende Verpackung/Palettierung (Abb. 16). Die Prozesse sind starr verkettet. Die notwendigen Daten (z. B. Energiebedarfe der Einzelmaschinen, Ausfalldaten, Prozesszeiten) wurden aus der Betriebsdatenerfassung sowie im Rahmen von Messungen ermittelt. Anschließend wurde ein Simulationsmodell der Prozesskette aufgebaut und anhand realer Daten erfolgreich validiert (Genauigkeit >95 %). Das Simulationsmodell ermöglicht somit die Untersuchung verschiedenster Handlungsfelder zur Verbesserung der Energie- und Ressourceneffizienz.

Die simulationsbasierte energetische Analyse der Prozesskette ermöglicht nun im ersten Schritt die Identifikation und Quantifizierung von Verbrauchstreibern. Dies sind im vorliegenden Fall klar die drei Druckgusszellen (87 % des Verbrauchs) sowie der Strahlprozess (9 %). Außerdem auffällig ist der signifikante Anteil nicht-wertschöpfender Energieverbräuche (46 %). Auf Basis dieser Erkenntnisse können nun potenzielle Verbesserungsmaßnahmen simulativ untersucht werden. Beispielhaft seien hier zwei Maßnahmen aus der Prozesskettenplanung bzw. -steuerung dargestellt:

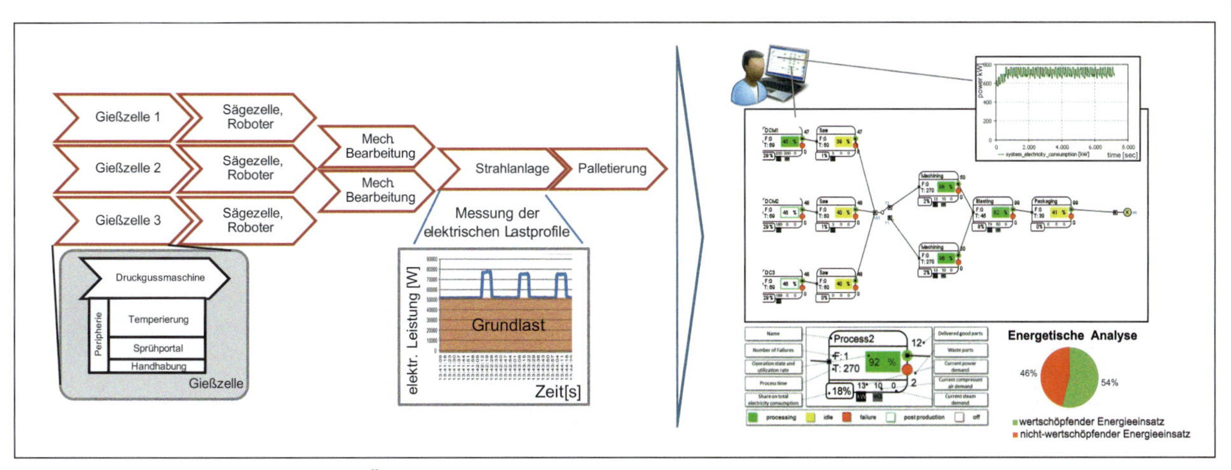

Abb. 16 Betrachtete Prozesskette und Überführung in Simulationsmodell (Thiede 2012)

- Batch-Produktion Strahlen mit automatischer Abschaltung: im Ausgangszustand läuft die Produktion im „one piece flow“ mit der Losgröße 1. Dies führt an verschiedenen Maschinen zu erheblichen Anteilen von Leerlauf (Wartezeiten), in denen Energie verschwendet wird (keine Wertschöpfung). Wie die energetische Analyse zeigt, besteht hier insbesondere beim Strahlprozess signifikantes Einsparpotenzial, zumal die Anlage eigentlich bis zu 20 Bauteile gleichzeitig bearbeiten kann. Die simulative Überprüfung bestätigt, dass durch eine bewusste Aufstauung und damit Batch-Bildung (eine Optimierung liefert hier Losgröße 4 als beste Lösung) die Ausbringung nicht gefährdet, aber - bei Abschaltung zwischen der Abarbeitung der Batches - ca. 7 % Energieverbrauch eingespart werden kann. Im konkreten Fall summiert sich dies auf eine jährliche Einsparung von ungefähr 30.000 €.
- Betrieb von nur zwei Druckgusszellen: Die Druckgusszellen sind die deutlich größten Verbraucher aber nicht die produktionsseitigen Engpässe der Produktion. Daher stellt sich insbesondere für Zeiten geringerer Auftragslage die Frage, welche Effekte durch die Nutzung von nur zwei Druckgusszellen auftreten. Die Simulation zeigt, dass die Ausbringung tatsächlich nur um 11 % reduziert wird. Der Energieverbrauch sinkt aber um 30%, was in jährlichen Einsparungen von 128.000 € resultiert.

Hiermit ist nun eine quantifizierte Abschätzung für Betriebsstrategien unter unterschiedlichen Auslastungsszenarien gegeben.

4.3.4.2 Textilindustrie - Weberei

Das zweite Fallbeispiel betrachtet eine Weberei zur Herstellung von technischen Textilien. Im Fokus stehen die über 40 Webmaschinen, auf denen die eigentliche Wertschöpfung stattfindet. Neben dem elektrischen Leistungsbedarf spielen hier aber auch die Bereitstellung und Nutzung von Druckluft sowie Dampf (für einen Vorbehandlungsprozess) eine wichtige Rolle. Zum Aufbau des Simulationsmodells wurden die technischen Spezifikationen der relevanten Anlagen aus Produktion und TGA (Webmaschinen, Druckluftkompressoren, Dampfkessel) sowie Daten aus der Maschinen- und Betriebsdatenerfassung hinzugezogen. Darüber hinaus wurden detaillierte Verbrauchsprofile einzelner Webmaschinen aufgenommen (Messung von Strom und Druckluft) und in ein parameterbasiertes Beschreibungsmodell überführt (Abb. 17). Das Modell ermöglicht eine dynamische und ausreichend genaue Berechnung des Energieverbrauchs abhängig von der Taktzahl der Maschine. Das Gesamtmodell konnte mithilfe realer Daten erfolgreich validiert werden (>95 % Genauigkeit). Die Abbildung zeigt das Zusammenspiel von Einzelmessungen,

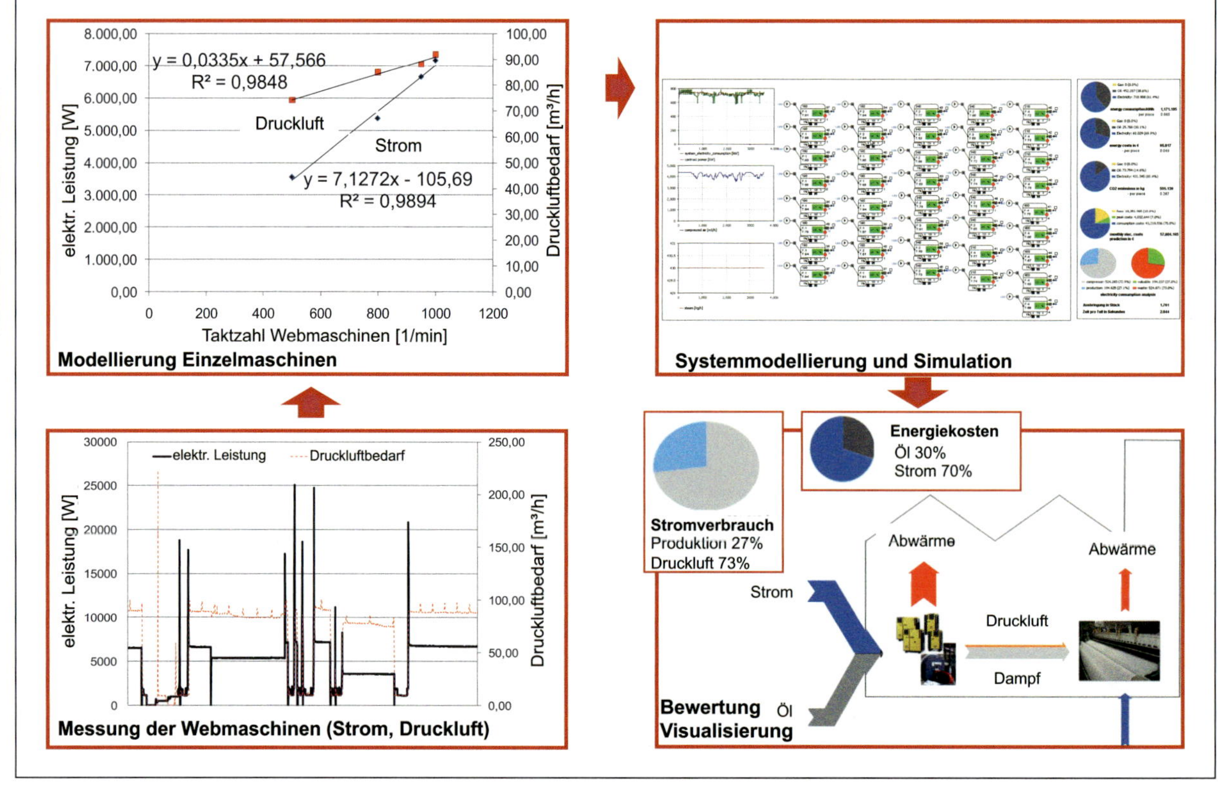

Abb. 17 Vorgehen und Ergebnisse Fallbeispiel Weberei (Thiede 2012)

Simulationsmodell und automatisierter Visualisierung der energetischen Flüsse als Sankey-Diagramm. Mit Hilfe des Simulationsmodells können ebenfalls Treiber und mögliche Verbesserungsansätze - sowohl produktions- als auch TGA-seitig - identifiziert und simulativ bewertet werden:

- Optimierte Druckluftversorgung: vor dem Hintergrund möglicher Überkapazitäten wurde die Steuerung der Druckluftkompressoren überprüft sowie der Effekt von Leckage-Reduzierung dynamisch simuliert. Entsprechend des Aufbaus des Simulationsmodells konnte nachgewiesen werden, dass - ohne negative Effekte auf die Ausbringung durch Störungen mangels Druckluft - 4 % des elektrischen Energieverbrauchs reduziert werden können. Dies entspricht einer Einsparung von ca. 33.000 € im Jahr.
- Nutzung von Wärmerückgewinnung: weiterhin wurde der Effekt der Nutzung von Wärmerückgewinnung für die Abwärme der Kompressoren auf die energetischen Flüsse der Weberei untersucht. Die Abwärme kann hier gut zur Vorerhitzung des Wassers zur Dampferzeugung genutzt werden. Dies führt zu Einsparungen von 24 % Energie in Form von Heizöl, mit einem monetären Effekt von 73.000 € im Jahr.

Literatur

Abele, E., Sielaff, T., Schiffler, A., Rothenbücher, S.: Analyzing Energy Consumption of Machine Tool Spindle Units and Identification of Potential for Improvements of Efficiency, in: Hesselbach, J., Herrmann, C. (Eds.), Proceedings of the 18th CIRP International Conference on Life Cycle Engineering. Glocalized Solutions for Sustainability in Manufacturing. Springer, Berlin, Heidelberg, 280 - 285, 2011

Binding, H. J.: Grundlagen zur systematischen Reduzierung des Energie- und Materialeinsatzes. Dissertation, Aachen, 1988

Branham, M. S., Gutowski, T. G., Jones, A., Sekulic, D. P.: A thermodynamic framework for analyzing and improving manufacturing processes, in: Proceedings of the IEEE international symposium on electronics and the environment. IEEE, 1 - 6, 2008

Dietmair, A., Verl, A.: A generic energy consumption model for decision making and energy efficiency optimisation in manufacturing. International Journal of Sustainable Engineering 2, 123 - 133, 2009

Dietmair, A. Verl. A.: Energy Consumption Assessment and Optimization in the Design and Use Phase of Machine Tools, Proceedings of 17th CIRP LCE Conference, pp. 116 - 121, 2010

Draganescu, F., Gheorghe, M., Doicin, C. V.: Models of machine tool efficiency and specific consumed energy. Journal of Materials Processing Technology 141, 9 - 15, 2003

Duflou, J. R., Sutherland, J. W., Dornfeld, D., Herrmann, C., Jeswiet, J., Kara, S., Hauschild, M., Kellens, K.: Towards energy and resource efficient manufacturing: A processes and systems approach. CIRP Annals, Vol. 61 (2), http://dx.doi.org/10.1016/j.cirp.2012.05.002, 2012

Fiedler, T.; Metz, D.; Ott, S.: Künstliche Neuronale Netze zur Lastprognose im Strom- und Gasbereich. Querschnitt, pp. 135 - 138, 2007

Fruehan, R.J., Fortini, O., Paxton, H.W., Brindle, R.: Theoretical Minimum Energies To Produce Steel for Selected Conditions, 2000 http://www1.eere.energy.gov/industry/steel/pdfs/theoretical_minimum_energies.pdf. Accessed August 16, 2011.

Hegener, G.: Energieeffizienz beim Betrieb von Werkzeugmaschinen - Einsparpotenziale bei der Auswahl der Fertigungstechnologie. Fertigungstechnisches Colloquium Stuttgart, 281 - 292, 2010

Heidenhain: Aspects of Energy Efficiency in Machine Tools, 2010 http://www.heidenhain.co.jp/fileadmin/pdb/media/img/Energieeffizienz_WZM_en.pdf. Accessed September 28, 2011.

Heilala, J., Vatanen, S., Tonteri, H., Montonen, J., Lind, S., Johansson, B., Stahre, J.: Simulation-based sustainable manufacturing system design. Proceedings of Winter Simulation Conference, pp. 1922 - 1930, 2008

Herrmann, C., Bergmann, L., Thiede, S., Zein, A.: Energy Labels for Production Machines. An Approach to Facilitate Energy Efficiency in Production Systems, in: Proceedings of the 40th CIRP International Seminar on Manufacturing Systems, Liverpool, 2007

Herrmann, C., Thiede, S., Zein, A., Ihlenfeldt, S., Blau, P.: Energy Efficiency of Machine Tools - Extending the Perspective, in: Proceedings of the 42nd CIRP Conference on Manufacturing Systems. Sustainable Development of Manufacturing Systems, Grenoble, 2009

Herrmann, C., Thiede, S.: Process chain simulation to foster energy efficiency in manufacturing. CIRP Journal of Manufacturing Science and Technology, 1/4: 221 - 229, 2009

Herrmann, C.: Ganzheitliches Life Cycle Management. Nachhaltigkeit und Lebenszyklusorientierung in Unternehmen. Springer, Berlin, Heidelberg, 2010 http://dx.doi.org/10.1007/978-3-642-01421-5.

Herrmann, C., Kara, S., Thiede, S., Luger, T.: Energy Efficiency in Manufacturing - Perspectives from Australia and Europe: Proceedings of the 17th CIRP LCE Conference, pp. 23 - 28, 2010

Herrmann, C., Thiede, S., Kara, S., Hesselbach, J.: Energy oriented simulation of manufacturing systems - concept and application, accepted for publication in: CIRP Annals - Manufacturing Technology: Elsevier, 2011

Hesselbach, J., Martin, L., Herrmann, C., Thiede, S., Lüdemann, B., Detzer, R.: Energieeffizienz durch optimierte Abstimmung zwischen Produktion und technischer Gebäudeausrüstung. Proceedings of the 15th CIRP LCE Conference, pp. 624 - 629, 2008

Hornberger, M.: Total Energy Efficiency Management, Proceedings of Electronic ecodesign congress Munich, 2009

International Energy Agency: Energy Technology Perspectives. In Support of the G8 Plan of Action. Scenarios and Strategies to 2050, 2006

Johansson, B., Kacker, R., Kessel, R., McLean, C., Sriram, R.: Utilizing Combinatorial Testing on Discrete Event Simu-

V

lation Models for Sustainable Manufacturing, Proceedings of ASME Design for Manufacturing and the Life Cycle Conference, 2009

Lau, H. C. W., Cheng, E. N. M., Lee, C. K. M., Ho, G. T. S.: A fuzzy logic approach to forecast energy consumption change in a manufacturing system, Expert Systems with Applications, 34/3: 1813 - 1824, 2007

Li, W., Kara, S.: An empirical model for predicting energy consumption of manufacturing processes: a case of turning process. Proceedings of the Institution of Mechanical Engineers, Part B: Journal of Engineering Manufacture 225, 1636 - 1646, 2011

Löfgren, B.: Capturing the life cycle environmental performance of a company's manufacturing system, Ph.D. thesis, Chalmers University of Technology, 2009

Gutowski, T. G., Dahmus, J. B., Thiriez, A.: Electrical Energy Requirements for Manufacturing Processes, in: Proceedings of 13th CIRP International Conference on Life Cycle Engineering. Towards a closed loop economy, 623 - 627, 2006

Fanuc, G.E.: The Environmental and Economic Advantages of Energy-Efficient Motors, 2008

http://leadwise.mediadroit.com/files/2928energy%20saving_wp_gft688.pdf. Accessed September 28, 2011.

Junge, M.: Simulationsgestützte Entwicklung und Optimierung einer energieeffizienten Produktionssteuerung, Dissertation, Universität Kassel, 2007

Mori, M., Fujishima, M., Inamasu, Y., Oda, Y.: A study on energy efficiency improvement for machine tools. CIRP Annals - Manufacturing Technology 60, 145 - 148, 2011

*Müller, E., Engelmann, J., Löffler, T., Strauch, J.:*Energieeffiziente Fabriken planen und betreiben, 1st ed. Springer, Berlin, 2009

Neugebauer, R., Blau, P., Harzbecker, C., Weidlich, D.: Ressourceneffiziente Maschinen- und Prozessgestaltung, in: Neugebauer, R. (Ed.), Zerspanung in Grenzbereichen. Machining on the cutting edge. Verlag Wissenschaftliche Scripten, 49 - 67, 2008 http://www.worldcat.org/oclc/271648201.

Pohselt, D.: Alte Maschinen brauchen oft weniger Energie als neue. Industriemagazin, 2011

http://www.industriemagazin.net/home/artikel/Fertigungstechnik/Alte_Maschinen_brauchen_oft_weniger_Energie_als_neue/aid/7247.

Rahimifard, S., Seow, Y., Childs, T.: Minimizing Embodied Product Energy to support energy efficient manufacturing. CIRP Annals, 59: 25 - 28, 2010

Renaldi, Kellens, K., Dewulf, W., Duflou, J. R.: Exergy Efficiency Definitions for Manufacturing Processes, in: Hesselbach, J., Herrmann, C. (Eds.), Proceedings of the 18th CIRP International Conference on Life Cycle Engineering. Glocalized Solutions for Sustainability in Manufacturing. Springer, Berlin, Heidelberg, 329 - 334, 2011

Schischke, K., Hohwieler, E., Feitscher, R., König, J., Kreuschner, S., Wilpert, P., Nissen, N. F.: Energy-Using Product Group Analysis - Lot 5, Machine tools and related machinery, Executive Summary - Final Version, 2012 online verfügbar: http://www.ecomachinetools.eu/typo/reports.html?file=tl_files/pdf/EuP_LOT5_ExecutiveSummary_August2012_Final.pdf, 2012

Siemens AG: Simulation of the Energy Consumption of Conveyor Lines with Tecnomatix Plant Simulation, presentation at slideshare.net/SiemensPLM, 2010

Solding, P., Petku, D., Mardan, N.: Using simulation for more sustainable production systems - methodologies and case studies, International Journal of Sustainable Engineering, 2/2:111 - 122, 2009

Thiede, S.: Energy Efficiency in Manufacturing Systems, book series: Herrmann, C., Kara. S. (Eds.) „Sustainable Production, Life Cycle Engineering and Management", Springer Berlin/Heidelberg, ISBN 978-3-642-25913-5, 2012

Thiede, S., Seow, Y., Andersson, J.; Johansson, B.: Environmental aspects in manufacturing system modelling and simulation - State of the art and research perspectives, in: CIRP Journal of Manufacturing Science and Technology, Elsevier, 2012

Tönshoff, H. K.: Werkzeugmaschinen. Grundlagen. Springer, Berlin, 1995

Weinert, N., Chiotellis, S., Seliger, G.: Concept for Energy-Aware Production Planning based on Energy Blocks, Proceedings of the 7th Global Conference on Sustainable Manufacturing, pp. 75 - 80, 2009

Wohlgemuth, V., Page, B., Kreutzer, W.: Combining discrete event simulation and material flow analysis in a component-based approach to industrial environmental protection, Environmental Modelling & Software, 21/11:1607 - 1617, 2006

Zein, A., Li, W., Herrmann, C., Kara, S.: Energy Efficiency Measures for the Design and Operation of Machine Tools: An Axiomatic Approach, in: Hesselbach, J., Herrmann, C. (Eds.), Proceedings of the 18th CIRP International Conference on Life Cycle Engineering. Glocalized Solutions for Sustainability in Manufacturing. Springer, Berlin, Heidelberg, 274 - 279, 2011

Zein, A.: Transition towards Energy Efficient Machine Tools, book series: Herrmann, C.; Kara. S. (Eds.) „Sustainable Production, Life Cycle Engineering and Management", Springer Berlin/Heidelberg, ISBN 978-3-642-32247-1, 2012

TEIL VI

Produktionsprozess

1 Fertigungsverfahren

Bernhard Müller, Hartmut Polzin, Volker Reichert, Dorothea Schneider, Andreas Sterzing, Frank Schieck, Martin Dix, Carsten Hochmuth, Claudius Rienäcker Ran Zhang, Andreas Schubert, Frank Riedel, Thomas Lampke, Thomas Grund, Daniel Meyer, Gerd Paczkowski, Ruben Winkler, Thomas Mäder, Bernd Wielage, Pierre Schulze

VI

1.1 Urformen

Einleitung – Ressourceneffiziente Urformtechnik

Bernhard Müller

Urformverfahren zählen insgesamt zu den bedeutendsten Fertigungsverfahren in der weltweiten industriellen Produktion. Im Vergleich zu den in ihrer industriellen Bedeutung vergleichbaren Verfahren der Umform- und Zerspanungstechnik leistet die Urformtechnik schon seit jeher einen besonders hohen Beitrag zur ressourceneffizienten Fertigung dank direkter endformnaher Herstellung von Bauteilen aus dem formlosen Zustand. Gleichzeitig beinhalten urformtechnische Prozessketten besonders energieintensive Fertigungsschritte, v. a. das Erschmelzen des formlosen Werkstoffs für die urformtechnische Weiterverarbeitung.

Im Folgenden wird näher auf die Potenziale der Ressourceneffizienzsteigerung der drei heute und zukünftig bedeutendsten urformtechnischen Verfahrensgruppen eingegangen:

- Die Gießereitechnik als wichtigste Verfahrensgruppe zum Urformen metallischer Werkstoffe
- das Spritzgießen als wichtigstes kunststoffverarbeitendes Urformverfahren und
- die generativen Fertigungsverfahren zur schichtweisen werkzeuglosen Herstellung hochkomplexer Bauteile als urformendes Verfahren mit besonders hohem Potenzial für die ressourceneffiziente Produktion von morgen.

1.1.1 Urformverfahren – Gießen

Hartmut Polzin

Beim Gießen handelt es sich um ein Urformverfahren, bei dem metallische Werkstoffe bis zum flüssigen Zustand erwärmt und anschließend in eine Form gegossen werden. Diese Form bildet die räumliche Begrenzung für das fluide Medium Schmelze und gibt ihm eine definierte Geometrie. In Abhängigkeit davon, wie oft eine Form genutzt werden kann, wird zwischen Formen zum einmaligen Gebrauch („verlorene Formen“) und Dauerformen zum mehrmaligen Gebrauch unterschieden. Verlorene Formen bestehen aus einem Formstoff, der aus Sand (meist Quarzsand), einem Binder sowie ggf. verschiedenen Additiven aufgebaut ist. Dauerformen werden in der Regel aus metallischen Werkstoffen wie Gusseisen oder Stahl hergestellt. Nach der Erstarrung und Abkühlung des vergossenen Werkstoffs wird der Gusskörper aus der Form entnommen und daraus entsteht durch Abtrennen des Gieß-und Speisesystems das eigentliche Gussteil.

Das Verfahren Gießen blickt auf eine sehr lange Geschichte zurück und ist damit eines der ältesten Fertigungsverfahren der Menschheit. Nach (Engels, Wübbenhorst 2007) wurden bereits 5000 v. Chr. in Vorderasien Kupfererze verhüttet. Von dort gelangte die Technologie des Kupferschmelzens nach Ägypten und Europa. Seit etwa 1500 v. Chr. ist die Erzeugung von Gussteilen aus Gusseisenlegierungen bekannt. Bis heute ist das Verfahren nicht aus der Palette der Fertigungsverfahren für metallische Bauteile wegzudenken. Einer der wichtigsten Gründe dafür ist seine nahezu unendliche Gestaltungsfreiheit, die Vorteile gegenüber anderen Fertigungstechnologien bringt. Denkt man beispielsweise an ein Zylinderkurbelgehäuse oder den Zylinderkopf eines Verbrennungsmotors, so wird schnell klar, dass derartig komplexe Bauteile weder durch Umformen, Fügen oder Trennen wirtschaftlich hergestellt werden können.

Die Gusswerkstoffe werden grundsätzlich in die Eisengusswerkstoffe und die Nichteisengusswerkstoffe unterschieden. Eisengusswerkstoffe sind Stahlguss, Gusseisen (mit Lamellengrafit, mit Kugelgrafit und mit Vermikulargrafit sowie Temperguss und legiertes Gusseisen (Liesenberg, Wittekopf 1992),(Hasse 1996). Auf der Seite der Nichteisengusslegierungen sind Werkstoffe auf der Basis von Aluminium (Lehnert, Drossel u. a. 1996), Magnesium, Titan (Peters, Leyens 2002), Kupfer, Zink, Zinn, Blei, Cobalt und Nickel von Bedeutung.

Einer der wichtigsten Abnehmerbereiche für Gussteile ist mit 40–50 % der Produktionsmengen der Automobilbau, typische Gussteile für Automotive Anwendungen sind Zylinderkurbelgehäuse und Zylinderköpfe, Ansaug- und Abgaskrümmer oder Fahrwerksteile. Weitere wichtige Gussverwender sind beispielsweise der Maschinenbau, der Energieanlagenbau, die Haushaltelektrik oder die Bauindustrie. Gussteile finden wir heute in nahezu allen Bereichen des Lebens, wobei die Bauteilmassen zwischen wenigen Gramm und etwa 280 Tonnen liegen.

1.1.1.1 Prozesskette Gussteilherstellung

Während die Gussteilerzeugung in früherer Zeit ein handwerklich geprägter Produktionsprozess war, findet man heute – bis auf wenige Ausnahmen (z. B. im Kunstguss) – weitgehend industrialisierte Fertigungsprozesse vor, die zum Großteil durch Maschinen, Manipulatoren oder Roboter durchgeführt werden. Dieser Fertigungsprozess ist durch einen weitgehenden Kreislaufcharakter

Abb. 1 Typische Gussteile: Pkw-Zylinderkurbelgehäuse Al-Legierung (l.), Nabe für Windenergieanlage aus Gusseisen mit Kugelgrafit (m.), Schiffspropeller aus Aluminiumbronze (r.) (MMG Waven).

der eingesetzten Materialien gekennzeichnet. In Abbildung 2 wird die Gießerei als System technologischer Kreise (Stölzel 1972) dargestellt. Auf der einen Seite des Prozesses befindet sich dabei der sogenannte Schmelz-Gieß-Kreis, in dem sich die metallischen Einsatzstoffe bewegen. Als Rohstoffe für den Schmelzbetrieb kommen Primär- und Sekundärmetalle, Zuschlagstoffe und Energie zum Einsatz. Das Gieß- und Anschnittsystem zur Versorgung des Formhohlraums mit Schmelze wird nach dem Trennen der Form vom Gusskörper (dem Auspacken) als Kreislaufmaterial erneut eingeschmolzen. Zusammen mit der unbegrenzten Möglichkeit, die erzeugten Gussteile nach Beendigung Ihrer Lebensdauer ebenfalls wieder einschmelzen und zur Herstellung neuer Teile verwenden zu können, ergibt sich für als Verfahren Gießen in diesem Bereich eine außerordentlich hohe Ressourceneffizienz. Bei den Gießverfahren mit verlorenen Formen (s. auch Abschnitte Sandgießverfahren und Feingießverfahren) existiert neben dem Schmelz- und Gießkreis auch der Formstoffkreislauf. Bei den meisten Gießverfahren mit verlorenen Formen verwendet man heute einen Formstoff, der zu 80–98 % aus Sand sowie aus Bindern und Additiven besteht. Dieser Formstoff wird heute zu ca. 80 bis 85 % mehrfach zur Form- und Kernherstellung eingesetzt. Die Formverfahren unterscheiden sich in dieser Hinsicht in den wiedereinsetzbaren Formstoffmengen recht deutlich. Während man bentonitgebundene Formstoffe zu etwa 98 % erneut zur Formherstellung nutzen kann, beträgt die Wiedereinsatzrate bei chemisch gebundenen Formstoffen 70 bis 90 %. Hier liegen Potenziale für die weitere Verbesserung bei der Kreislaufschließung und damit der Erhöhung der Ressourceneffizienz des Verfahrens. Der Verfahrensablauf bei der Gussteilerzeugung mit verlorenen Formen wird schematisch in Abbildung 3 dargestellt. Folgende Verfahrensschritte sind dabei zur Erzeugung von gegossenen Bauteilen notwendig.

1. Herstellung einer verlorenen Form zur Abbildung der Außenkontur des Bauteiles aus einem geeigneten Formstoff: Zur Herstellung der Form wird ein Modell als Urformwerkzeug benötigt. Eine Form besteht im einfachsten Fall aus einem Unter- und einem Oberkasten und besitzt eine horizontale Formteilung. Bei den Dauerformverfahren entfällt dieser Schritt durch eine mehrfach nutzbare Form.
2. Herstellung eines bzw. mehrerer Kerne zur Darstellung des Innenraumes des Gussteils: Kerne sind zum größten Teil heute als verlorene Kerne ausgeführt und damit

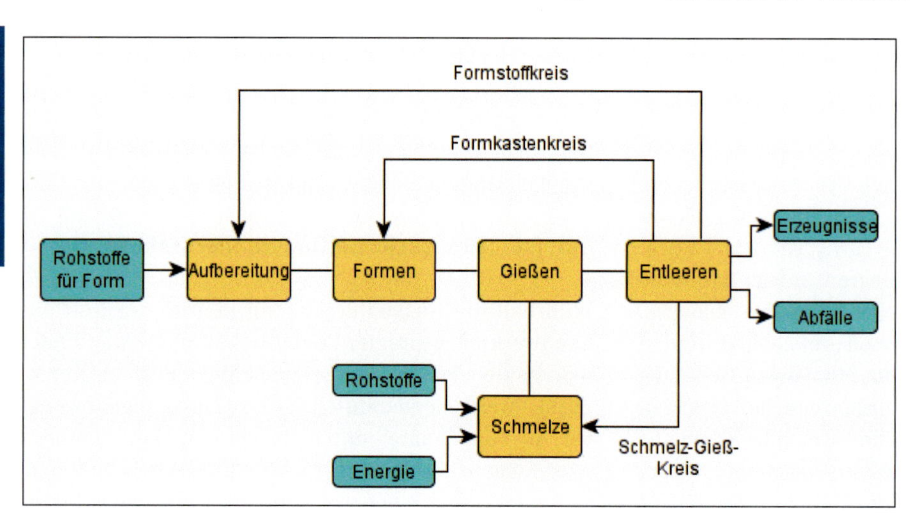

Abb. 2 Die Gießerei als System technologischer Kreise (Stölzel 1972).

VI

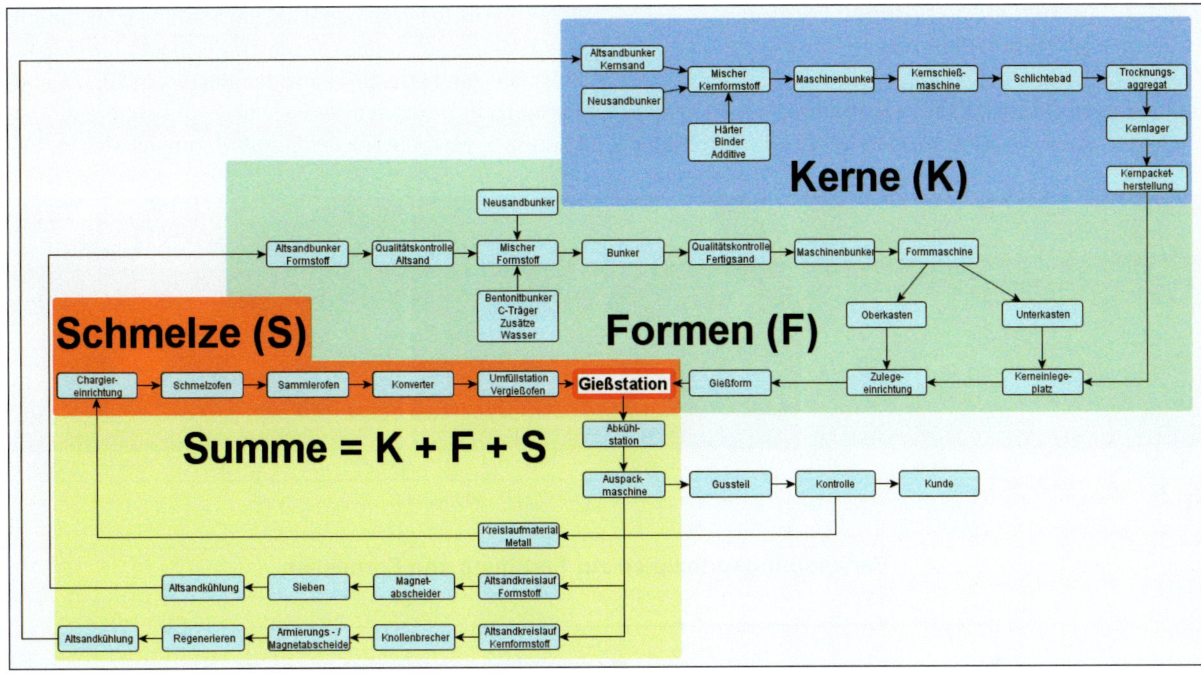

Abb. 3 Prinzipieller Arbeitsablauf in einer Gießerei mit Verwendung verlorener Formen (Strehle 2012).

nur für einen Abguss einsetzbar. Diese Kerne werden ebenfalls aus einem Formstoff auf der Basis eines Sandes unter Verwendung verschiedener Binder hergestellt. Sie können sowohl in verlorene als auch in Dauerformen eingelegt werden. Zur Herstellung eines Kernes wird ein Kernkasten als Urformwerkzeug benötigt.

3. Durch das Einlegen der Kerne wird die Form komplettiert, geschlossen, ggf. verklammert bzw. mit belastet, um dem metallostatischen Auftrieb der Schmelze beim Gießen widerstehen zu können. Die so hergestellte Form ist nun abgussfähig.
4. Die zum Abguss notwendige Schmelze wird im Schmelzbetrieb hergestellt. Dazu nutzt man metallische Rohstoffe in Form von Primär- (z. B. Roheisen) oder Sekundär- (z. B. Aluminumschrott) Rohstoffen, die mit betriebsinternem Kreislaufmaterial sowie Legierungselementen auf die Zielzusammensetzung eingeschmolzen werden. Als Schmelzaggregate kommen heute hauptsächlich Mittelfrequenz-Induktionsöfen oder koksbetriebene Kupolöfen zum Einsatz.
5. Nach dem Abguss der Form erstarrt die Schmelze und der so gebildete Gusskörper kühlt so lange in der Form ab, bis er genügend Formstabilität hat, um aus der Form entfernt zu werden.
6. Im nächsten Schritt erfolgt die Trennung des Gusskörpers von der Form, das sogenannte Auspacken. Dabei wird die verlorene Form zerstört, aus der Dauerform wird der Gusskörper entnommen.
7. Der Gusskörper wird nun vom Gieß- und Anschnittsystem befreit und es entsteht das eigentliche Gussteil. Das Gussteil kann nun weiteren Folgeprozessen unterzogen werden, bevor es an den Kunden ausgeliefert wird. Solche Folgeprozesse können Stahlputzen, Schleifen, Bearbeiten oder Beschichten sein.
8. Der entfernte Formstoff wird nun zu möglichst großen Teilen wiederaufbereitet (Wiederaufbereitung oder Regenerierung der Altsande) und erneut zur Form- und Kernherstellung eingesetzt.
9. Die aus dem Formstoffkreislauf anfallenden Abfallsande werden dann nach Möglichkeit mit anderen nichtmetallischen Abfällen wie Schlacken oder Ofenausbruch extern verwertet, beispielsweise im Straßen-, Deponie- oder Bergbau. Stoffe, die für eine solche Verwertung nicht infrage kommen, werden auf Deponien verbracht.

Abb. 4 Moderner Induktionsofenschmelzbetrieb (Foto: ABP Induction GmbH, Dortmund).

1.1.1.2 Gießen mit verlorenen Formen – Sandgießverfahren

Bei den allgemein als Sandformverfahren bezeichneten Verfahren mit verlorenen Formen werden die benötigten Formteile (d. h. Formen und Kerne) aus einem formlosen, schüttfähigen und meist feuchten Formstoff hergestellt. Beispiele für Formstoffe auf der Basis von Quarzsand, Chromitsand und synthetischem Mullitsand zeigt Abbildung 5. Man unterscheidet drei Gruppen von Verfes-

Abb. 5 Formstoffe auf der Basis von Quarzsand (l.), Chromitsand (m.) und synth. Mullitsand (r.) (Polzin 2012).

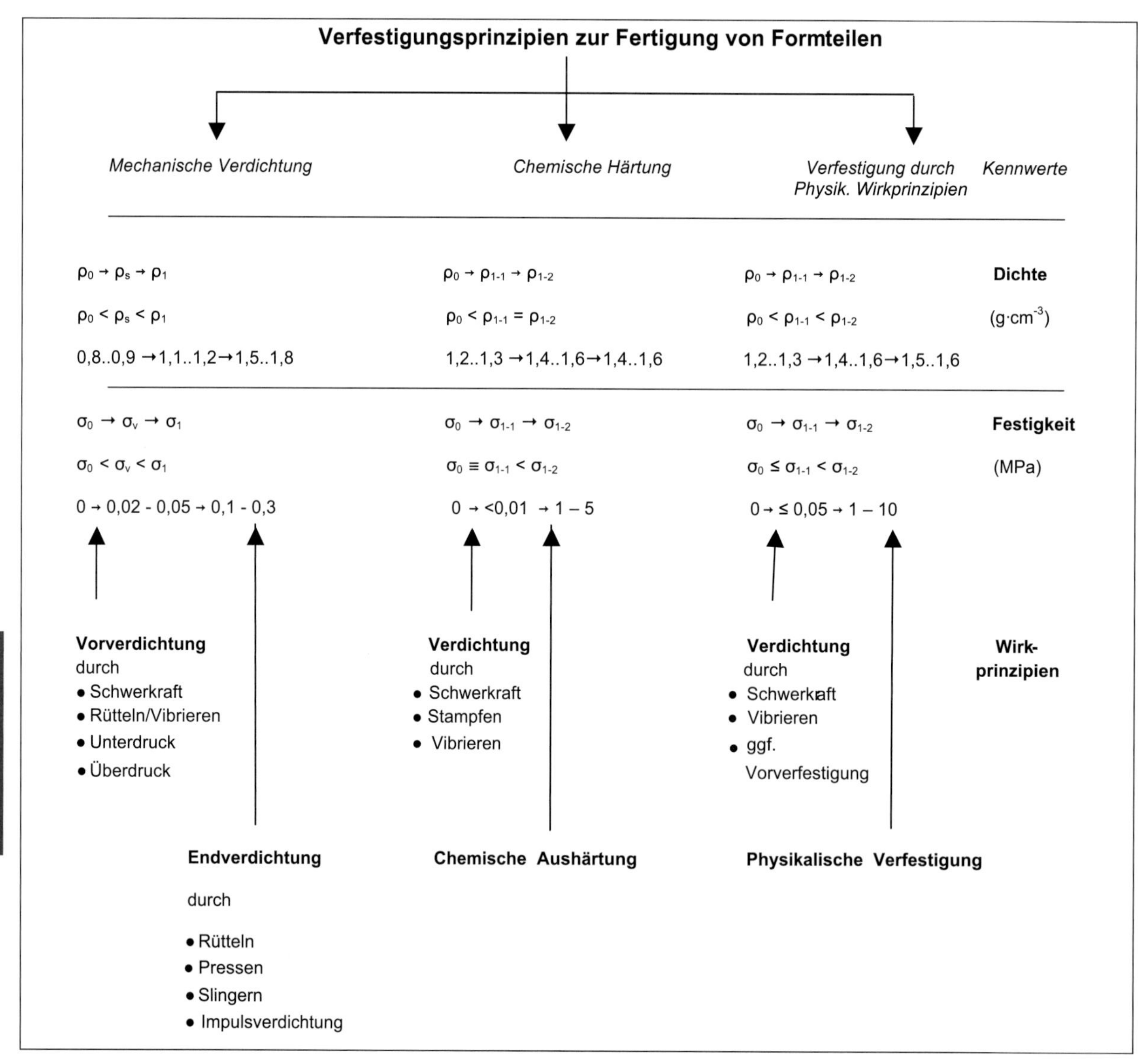

Abb. 6 Verfestigungsprinzipien zur Herstellung von Formteilen (Flemming, Tilch 1993).

Abb. 7 Sandkern (l.) und Unterkasten mit eingelegtem Kern (r.).

tigungsprinzipien für diese Formstoffe (s. dazu Abb. 6). Aufgrund ihrer Bedeutung für die Gießereiindustrie soll an dieser Stelle nur auf zwei der drei in Abbildung 6 dargestellten Prinzipien eingegangen werden. Abbildung 7 zeigt das Prinzip der Gussteilherstellung mit verlorenen Formen. Während in der linken Abbildung der benötigte Kern zur Darstellung der Innenkontur zu sehen ist, zeigt die rechte Abbildung den Unterkasten mit dem eingelegten Kern, dem Hohlraum für die Schmelze sowie dem Anschnittsystem zur Formfüllung.

Formverfahren mit mechanischer Verdichtung

Bei den sogenannten bentonitgebundenen Formstoffen besteht der Formstoff in der Regel aus Quarzsand (ca. 80–90 %), dem Tonmineral Bentonit (ca. 8–12 %), Wasser (ca. 2–4 %) sowie ggf. Additiven (0–5 %). Aus diesen Einsatzstoffen wird ein plastischer und damit verdichtbarer Formstoff hergestellt. In der Formmaschine wird durch die Verdichtung des Formstoffes die Festigkeit erzeugt, die Formen werden im feuchten („grünen") Zustand abgegossen. Aufgrund der im Vergleich zu den chemisch härtenden Formverfahren relativ geringen Festigkeit lassen sich bentonitgebundene Formen besser auspacken als chemisch gehärtete. Die Herstellung von Kernen ist aus dem gleichen Grund, zu geringe Festigkeit heute den chemisch härtenden Formverfahren vorbehalten. Der rückgewonnene Altsand des Verfahrens kann aufgrund der erneuten Bindefähigkeit des Systems Bentonit und Wasser zu 95 % oder mehr erneut zur Formherstellung genutzt werden. Die Formverfahren mit bentonitgebundenen Formstoffen sind heute die wichtigste Verfahrensgruppe zur Herstellung von Formen, ca. 70 % aller Formen werden weltweit nach dem Verfahren hergestellt. Begrenzt wird der Einsatz durch das Gießgewicht, bei Gussteilmassen ab etwa 1000 kg; dann reicht die Festigkeit des Formstoffs nicht mehr aus. Das Verfahren ist hochproduktiv, moderne Formanlagen können heute ca. 350 bis 400 Formen pro Stunde produzieren, wenn Gussteile mit Kernen abgegossen werden sollen. Eine solche Anlage für das Luftstrompressen zeigt beispielhaft Abbildung 8. Bei der Herstellung von kernlosem Guss und ggf. zusätzlich bei Verwendung kastenloser Formanlagen kann die Formleistung bis auf ca. 500 Formballen pro Stunde gesteigert werden (Abb. 9). Neben dieser ökonomischen Attraktivität hat das Verfahren auch günstige ökologische Eigenschaften. Mit dem Quarzsand, dem Bentonit sowie dem Wasser werden hauptsächlich anorganische Komponenten im Prozess verwendet, einziger organischer Bestandteil sind die Additive wie beispielsweise Kohlenstoff. Daraus resultierend sind die Gesundheits- und Umweltbelastungen bei Verwendung bentonitgebundener Formstoffe relativ gering. Die Summe dieser positiven Eigenschaften lässt die Vermutung zu, dass das Verfahren auch auf absehbare Zeit das wichtigste Formverfahren bleiben wird.

Abb. 8 Luftstrom-Verdichtungsformanlage ZFA-SD (Foto: Heinrich Wagner Sinto Maschinenfabrik, Bad Laasphe).

Abb. 9 Kastenloses DISAMATIC-Formprinzip (Foto: DISA, Herlev).

Formverfahren mit chemischer Härtung

Die nach den ton- oder bentonitgebundenen Formstoffen zweite wichtige Gruppe ist die der chemisch härtenden Formverfahren. Der Unterschied zur Gruppe der Verdichtungsformverfahren besteht darin, dass die Festigkeit im Kornhaufwerk hier durch eine chemische Reaktion realisiert wird. Der Formgrundstoff wird mit einem Härter vermischt und unter Zugabe eines Härters (flüssig, fest, pulver- oder gasförmig) zu einer Polymerisation angeregt. Durch diese entweder als Polykondensation oder Polyaddition ablaufende Reaktion kommt es zum Verkleben der einzelnen Sandkörner und damit zur in der Form oder im Kern gewünschten Festigkeit. Im Unterschied zu den bentonitgebundenen Formstoffen können Binder und Härter bei chemisch härtenden Formverfahren nur einmal verwendet werden, da die ablaufenden Verfestigungsreaktionen grundsätzlich irreversibel ablaufen. Um den Formgrundstoff erneut einsetzen zu können, muss der Verfahrensschritt „Regenerierung" in den Prozessablauf eingefügt werden, bei dem die verbrauchten Binderbestandteile von den Sandkörnern entfernt werden müssen. Chemisch härtende Formverfahren haben Festigkeiten von Faktor 10 bis 20 im Vergleich zu den tongebundenen Formstoffen. Das führt dazu, dass man diese Verfahren heute dort einsetzt, wo die thermischen und/oder die mechanischen Belastungen beim Gießen und Erstarren des Metalles für andere Formstoffsysteme zu hoch sind. Das betrifft einerseits nahezu die komplette Kernfertigung und andererseits die Herstellung von Formen für große und/oder dickwandige Gussteile mit Gießmassen ab ca. 1000 kg.
Die Gießereiindustrie wendet heute eine ganze Reihe chemisch härtender Formverfahren an, die sich gemäß der Übersicht neben anderen Möglichkeiten der Unterscheidung in drei Hauptgruppen einteilen lassen:

1. Kaltselbsthärtende Formverfahren
2. begasungshärtende Formverfahren
3. heiß- oder warmhärtende Formverfahren.

Eine besonders in letzter Zeit immer wichtiger werdende Unterscheidungsmöglichkeit ist die nach der chemischen Natur des eingesetzten Bindersystems in organische und anorganische Binder. Alle Systeme und die darüber hinaus existierenden haben heute ihre Anwendungsbereiche in der Erzeugung von qualitativ hochwertigen Gussteilen, wobei zu erwartende Entwicklungstrends in Richtung Anorganik zielen.

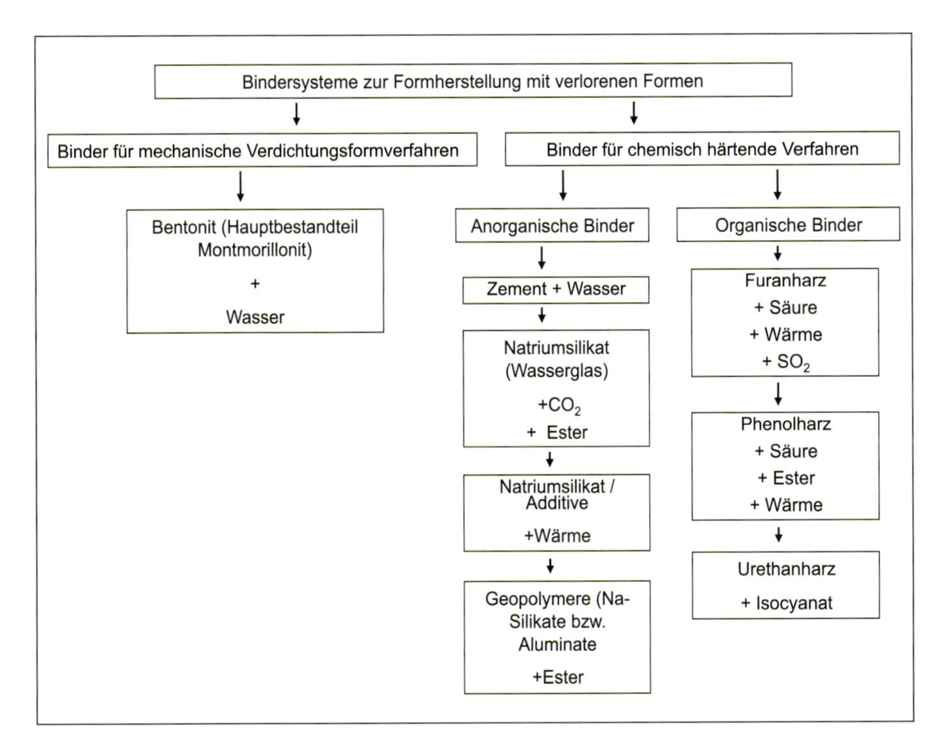

Abb. 10 Bindersysteme zur Formherstellung mit verlorenen Formen, insbesondere für chemisch härtende Verfahren

Abb. 11 Durchlaufwirbelmischer zur Aufbereitung kaltselbsthärtender Formstoffe (Foto: AAGM GmbH, Bopfingen)

Abb. 12 Kernschießmaschine zur Herstellung begasungshärtender Kerne Formstoffe (Foto: Laempe GmbH, Schopfheim)

VI

1.1.1.3 Gießen mit verlorenen Formen – Feingießverfahren

Das Wachsausschmelz- oder Feingießverfahren arbeitet unter Verwendung verlorener, meist aus Wachs bestehender Modelle. Diese Modelle werden zunächst zu sogenannten Modelltrauben mit dem Eingusssystem montiert. Um diese Modelle wird dann die spätere Gießform als keramische Schalenform durch mehrmaliges wechselweises Tauchen der Modelltrauben in einen feuerfesten Schlicker (Gemisch aus Binder und Feuerfestmaterial), anschließendes Besanden mit gröberem Feuerfestmaterial und Trocknen jeder Überzugsschicht aufgebracht. Mit ausreichender Schalendicke (in vielen Fällen 8 bis 10 Schichten) und unter den erforderlichen Bedingungen hergestellt, besitzt diese Keramikform ausreichende Festigkeit, die ein Entfernen der Wachsmodelle durch Ausschmelzen ermöglicht. Ihre Endfestigkeit und die erforderlichen Eigenschaften zur Aufnahme des flüssigen Gießmetalles erhält die ungeteilte Keramikform in einem Brennprozess bei Temperaturen von ca. 900 bis 1000 ° C. Anschließend wird die noch heiße Form zügig abgegossen. Dies ist notwendig, da die hergestellten Feingussteile meist geringe Wandstärken aufweisen und andererseits häufig schwer gießbare Legierungen wie beispielsweise hoch legierte Stähle oder Nickellegierungen vergossen werden. Während für die Schalenformherstellung früher nur der alkoholische Binder Ethylsilikat zur Verfügung stand, arbeiten moderne Verfahren heute weltweit fast ausnahmslos mit dem wässrigen Binder Silikasol (Kieselsol). In beiden Fällen entsteht die Bindung durch das Vernetzen von SiO_2-Partikeln, die aus Lösungen durch Gelierung bzw. Kondensation miteinander verkleben unter Einschluss anderer feuerfester Bestandteile.

Abb. 13 Wachsmodelltraube für das Feingießverfahren (Foto: Dörrenberg Edelstahl, Engelskirchen)

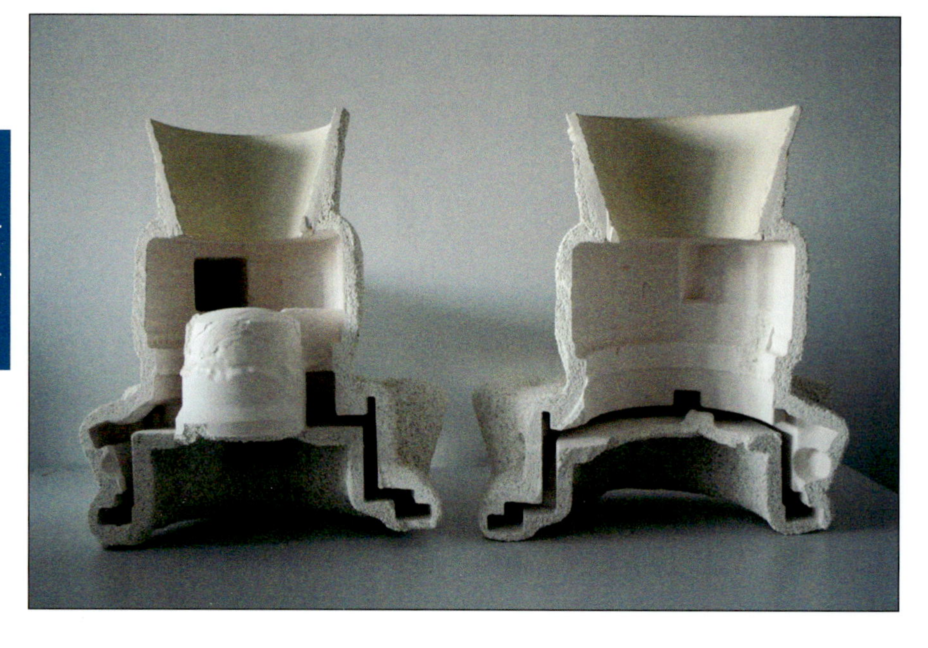

Abb. 14 Keramische Feingießform, geschnitten (Polzin 2012)

VI

1.1.1.4 Gießen mit Dauerformen – Kokillengießverfahren

Beim Kokillengießverfahren werden Dauerformen aus metallischen Werkstoffen (i. d. R. aus Stahl) verwendet. Die Kokille einhält die Außenmaße des Gussteiles unter Beachtung der Schwindmaße, der Aushebeschrägen sowie von Bearbeitungszugaben. Kokillen sind zur Entnahme des Gussteiles zwei- oder mehrteilig ausgeführt. Auch beim Kokillengießverfahren können zur Erzeugung von Hohlräumen im Gussteil Kerne eingesetzt werden. Während für einfache Innenkonturen Dauerkerne verwendet werden können, setzt man zur Erzeugung komplexerer Innenkonturen (verlorene) Sandkerne ein. Diese Kerne werden nach einem der zur Verfügung stehenden chemisch härtenden Formverfahren hergestellt. Beim klassischen Kokillengießverfahren wird die Form durch die Schwerkraft mit Schmelze gefüllt („Schwerkraft-Kokillengießen"). Das Kokillengießverfahren wird vorwiegend zur Fertigung von Gussteilen aus NE-Metalllegierungen wie Aluminium-, Magnesium- oder Kupferwerkstoffen eingesetzt. Eine besondere Verfahrensvariante stellt das Niederdruck-Kokillengießverfahren dar. Dabei befindet sich die Schmelze in einem Behälter unterhalb der Kokille. Der Badspiegel dieses Schmelzbehälters wird mit Druck beaufschlagt, sodass das Metall über ein Steigrohr in die Kokille gedrückt wird. Dieser Druck wird so lange aufrechterhalten, bis das Teil ausreichend erstarrt ist. Nach dem Abschalten des Druckes fließt die im Steigrohr befindliche Schmelze wieder in das Schmelzgefäß zurück. Das Kokillengießverfahren liegt sowohl hinsichtlich der wirtschaftlich zu fertigenden Stückzahl als auch in der Abkühlungsgeschwindigkeit der Gussteile und der daraus resultierenden mechanischen Eigenschaften zwischen dem Sandgießverfahren und dem im nächsten Abschnitt behandelten Druckgießverfahren.

1.1.1.5 Gießen mit Dauerformen – Druckgießverfahren

Das Druckgießverfahren ist ein Gießverfahren zur Herstellung von Gussteilen in Großserien aus Aluminium-, Magnesium- und Zinklegierungen. Die dazu notwendige Dauerform aus Warmarbeitsstahl („Druckgießform") befindet sich in einer Druckgießmaschine. Das zur Formfüllung notwendige Gießmetall wird mit Drücken zwischen 200 und über 1000 bar mit Strömungsgeschwindigkeiten zwischen 10 und 150 m/s in den Formhohlraum eingegossen („geschossen"). Die Formfüllzeiten sind dabei extrem kurz und liegen in einem Bereich zwischen 50 und 200 ms. Zur Sicherstellung einer optimalen, d. h. gleichmäßigen Erstarrung können Druckgießformen in bestimmten Bereichen sowohl gekühlt als auch beheizt werden. Zur Erzeugung von Hohlräumen in Druckgussteilen werden entweder metallische Dauerkerne („Kernzüge") oder in einigen Fällen auch verlorene Kerne eingesetzt. Durch den Großseriencharakter der hergestellten Gussteile haben Druckgießereien in der Regel einen hohen Automatisierungsgrad und nutzen Roboter für vielfältige Aufgaben. Oft ist eine Druckgießmaschine mit ihrer gesamten Peripherie in einer voll automatisierten Fertigungszelle installiert. Generell werden beim Druckgießverfahren zwei Verfahrensvarianten unterschieden: das Kaltkammer- und das Warmkammer-Druckgießverfahren.

Kaltkammer-Druckgießverfahren

Beim Kaltkammer-Druckgießverfahren wird die Aluminiumschmelze aus der Gießpfanne direkt in die Gießkammer an der festen Formseite eingefüllt. Dann drückt der hydraulisch bewegte Gießkolben die Schmelze durch das Kanalsystem in den Formhohlraum. Nach der unter Druck stattfindenden Erstarrung wird das Gussteil durch die Auswerferstifte aus der geöffneten Form ausgedrückt. Häufig wird es dann von einem Roboter erfasst und einer Abgratpresse zugeführt, in der das Anschnittsystem vom Teil entfernt wird. Eine spezielle Variante des Kaltkammer-Druckgießens stellt das Vakuum-Druckgießverfahren dar. Dabei wird die Form vor dem Gießen evakuiert. Durch die Arbeit unter Vakuum, die ggf. noch mit einem Ansaugen der Schmelze aus dem Warmhalteofen kombiniert wird, ist es möglich, porenfreie, dünnwandige und schweißbare Druckgussteile herzustellen.

Warmkammer-Druckgießverfahren

Beim Warmkammer-Druckgießverfahren befindet sich der Warmhalteofen im direkten Kontakt mit der Gießkammer. Über ein Ventil gelangt die Schmelze in die Gießkammer, wo sie durch den Gießkolben in den Formhohlraum eingebracht wird. Der weitere Verfahrensablauf ist analog dem Kaltkammer-Druckgießen. Das Verfahren eignet sich

Abb. 15 Kaltkammerdruckgießmaschine

besonders gut zur Herstellung von Gussteilen aus Zink-, Blei- und Zinnlegierungen. Zur Herstellung von Magnesiumgussteilen wird die Schmelze unter Luftabschluss mit der fünffachen Geschwindigkeit im Vergleich zum konventionellen Warmkammerverfahren vergossen.
Über die hier vorgestellten Verfahren hinaus gibt es noch weitere Gießverfahren mit Dauerformen. Solche Verfahren sind beispielsweise das Schleudergieß- und das Stranggießverfahren sowie das Flüssig-Pressen (Squeeze-Casting), auf die hier aber nicht näher eingegangen werden soll.

1.1.1.6 Betrachtungen zur Ressourceneffizienz

Das Verfahren Gießen zeichnet sich im Bereich der verwendeten metallischen Werkstoffe traditionell durch einen sehr hohen Kreislaufcharakter aus. Metalle können unbegrenzt wieder zu Bauteilen verarbeitet werden. Die verwendeten Einsatzstoffe sind heute zum Großteil Sekundärwerkstoffe, die aus Schrotten hergestellt werden. Die zur Formfüllung notwendigen Anschnitt- und Speisersysteme werden minimiert, in der Gießerei im Kreislauf geführt und erneut eingeschmolzen. Moderne Schmelztechnik leistet heute einen wichtigen Beitrag, um die beim Schmelzen der Gusswerkstoffe auftretenden Abbrandverluste zu minimieren. Beim Schmelzen trotzdem entstehende Schlacken oder Krätzen werden an Verhüttungsbetriebe abgegeben, die die darin enthaltenen Metalle extrahieren.
Während bei den Dauerformverfahren (z. B. Kokillen- oder Druckguss) kein Problem bei der Wiederverwendung der metallischen Formen besteht, müssen bei den Gießverfahren mit verlorenen Formen erhebliche Aufwendungen zur Wiederaufbereitung und zum Wiedereinsatz von Altformstoffen geleistet werden. Der Formstoffkreislauf ist zurzeit zu etwa 85 % geschlossen, d. h., Altformstoffe in dieser Größenordnung werden durch entsprechende Behandlungsverfahren erneut zur Herstellung von Formen und Kernen eingesetzt. Die verbleibenden ca. 10 bis 15 % stellen ein erhebliches Problem für die Gießereien dar. Wenngleich verlässliche Zahlen fehlen, kann man hier allein für Deutschland von etwa 1 Million Tonnen Altsand pro Jahr ausgehen. Das Hauptaugenmerk liegt auf der Verwertung dieser Altsande, d. h. ihrer technischen Nutzung in anderen Bereichen der Wirtschaft. Beispiele für solche Verwertungen sind die Verarbeitung in Zement- oder Ziegelwerken, der Einsatz im Straßenbau oder die Rekultivierung von Altbergbauanlagen. Trotz alledem müssen jährlich erhebliche Mengen an Altsanden deponiert werden. Im Bereich der eingesetzten Binder und Additive besteht der Anspruch, durch technische Weiterentwicklung die notwendigen Einsatzmengen dieser Stoffe zu minimieren. Die weitere Schließung des Formstoffkreislaufes hat eine sehr hohe Priorität in der verfahrens- und anlagentechnischen Entwicklung der Branche. Ähnliches gilt für Emissionen, die während des Produktionsprozesses der Gussteilerzeugung frei werden.
Eine der wichtigsten aktuellen Fragen bei der Gussteilerzeugung ist der zum Schmelzen notwendige Energieeinsatz. Gießereien benötigen große Mengen an Elektroenergie oder fossilen Energieträgern wie beispielsweise Steinkohlenkoks. Das Hauptaugenmerk zur Erhöhung der Ressourceneffizienz liegt hier auf der stetigen Verbesserung der Schmelztechnik, um Wirkungsgrade zu erhöhen und Verluste zu senken. Die Verwendung von Elektroenergie aus regenerativen Energiequellen ist vom technischen Gesichtspunkt aus selbstverständlich möglich. Beim Schmelzen mit fossilen Energieträgern besteht neben der Effizienzsteigerung der Schmelzaggregate (z. B. das Arbeiten mit Windvorwärmung beim Kupolofen) die Möglichkeit, mit anderen Energieträgern wie Öl oder Erdgas zu schmelzen. Ein besonders wichtiges, wenngleich nicht einfach zu lösendes Problem ist, die Nutzung der in großen Mengen anfallenden Abwärme in Gießereien. Da ein Schmelzbetrieb kein abgeschlossener Bereich ist, ist die Speicherung und Weiterverwendung der entstehenden Abwärme nicht einfach. Praktisch angewendet werden aber bereits heute Windvorwärmanlagen mit Abwärmebetrieb, die Nutzung von Wärme beim Abkühlen der Gussstücke zur parallelen Wärmebehandlung der Teile oder die Beheizung von Büros bzw. die Wassererwärmung im Sanitärbereich.

Literatur

Engels, G.; Wübbenhorst, H.: 5000 Jahre Gießen von Metallen, GIESSEREI-VERLAG GMBH DÜSSELDORF, ISBN: 978:3-87260-156-4, 2007

Flemming, E., Tilch, W.: Formstoffe und Formverfahren, Deutscher Verlag für Grundstoffindustrie, ISBN: 3-342-00531-9, 1993

Hasse, S.: Duktiles Gusseisen, Verlag Schiele & Schön Berlin, ISBN: 3-7949-0604-7, 1996

Lehnert, W., Drossel, G. u.a: Aluminium-Taschenbuch, Band 2: Umformen, Gießen, Oberflächenbehandlung, Recycling und Ökologie, Aluminium-Verlag GmbH Düsseldorf, ISBN 3-87017-242-8, 1996

Liesenberg, O.; Wittekopf, D.: Stahlguss- und Gusseisenlegierungen, Deutscher Verlag für Grundstoffindustrie, Leipzig, Stuttgart, ISBN: 3-342-00211-5, 1992

Peters, M., Leyens, C.: Titan und Titanlegierungen, WILEY-VCH Verlag Weinheim, ISBN 978-3-527-30539-1, 2002

Polzin, H.: Anorganische Binder zur Form- und Kernherstellung in der Gießerei, Verlag Schiele und Schön Berlin, ISBN: 978-3-7949-0824-0, 2012

Stölzel K.: Gießereiprozesstechnik. Theoretische und praktische technologische Grundlagen, VEB Deutscher Verlag für Grundstoffindustrie Leipzig, VLN 152-915/98/72, 1992

Strehle, M.: Dissertationsschrift, TU Bergakademie Freiberg, 2012

1.1.2 Ressourceneffizientes Spritzgießen

Volker Reichert, Dorothea Schneider

Spritzgießen ist ein Urformverfahren, in dem polymere Werkstoffe (Kunststoffe) über die Schmelze zu Formteilen in nahezu beliebiger Gestalt verarbeitet werden. Es ist aufgrund seiner Vorteile, dabei insbesondere die schnelle Komplettfertigung, das am häufigsten angewandte Verfahren zur Formteilherstellung aus Kunststoffen. Die Fertigung mittels Spritzguss ist weiterhin gekennzeichnet durch einen hohen Automatisierungsgrad, hohe Wirtschaftlichkeit und hohe Innovationsraten. Die Formteile finden in nahezu allen Lebensbereichen und Technikgebieten ihre Anwendung. Über branchenspezifische Erfassungssysteme wird auch eine energetische und/oder stoffliche Verwertung der Kunststoff-Formteile nach deren Gebrauch möglich.

Grundlage einer jeden angestrebten Prozessbewertung bzw. Prozessverbesserung sollte die genaue Kenntnis und Analyse des Prozesses sein, einschließlich der ihm zugrunde liegenden naturwissenschaftlichen Gesetzmäßigkeiten und seiner wirtschaftlichen Rahmenbedingungen.

Unter dem Blickwinkel eines optimalen Material- und Energieeinsatzes wird deshalb nachfolgend ein Überblick über das Spritzgießverfahren und seine Komponenten und Einflussgrößen gegeben.

Als Teil der Wertschöpfungskette Kunststoff-Formteilherstellung unterliegt es auch zukünftig sich weiterentwickelnden wirtschaftlichen und technischen Rahmenbedingungen. In diesem Sinne soll ein Ausblick erfolgen auf die Umsetzung von Trends zugunsten einer auch weiterhin (ressourcen-)effizienten und ökonomisch sinnvollen Produktion.

Begriffe und Definitionen zum Spritzgießen sind in (DIN 24450-1) enthalten und werden hier nicht weiter erläutert.

1.1.2.1 Wertschöpfungskette Kunststoff-Formteilherstellung

In (Koch 2011) wird die Wertschöpfungskette „Kunststoffindustrie" als eine komplexe Struktur mit interdisziplinären Technologiefeldern beschrieben, in der Kunststoffhersteller (chemische Industrie) und Kunststoffverarbeiter in der direkten Linie des Materialflusses liegen. Der Schwerpunkt der Wertschöpfung liegt in der Verarbeitung von Kunststoffen zu Produkten. Die Kernkompetenzen der Kunststoffindustrie ergeben sich aus dem interdisziplinären Zusammenwirken von

- Werkstoffen, d. h. der vorgelagerten chemischen Herstellung
- Aufbereitungs-, Verfahrens-, Werkzeug- und Maschinentechnik
- auf Anwendungen bezogene Produktkompetenz, d. h. zu erreichende Formteil-/bzw. Produkteigenschaften.

Der Anspruch ressourceneffizienter Herstellung muss infolgedessen entlang der gesamten Wertschöpfungskette konsequent berücksichtigt und verfolgt werden. Erst die ganzheitliche Betrachtung des gesamten Produktionsprozesses offenbart das tatsächliche Optimierungspotenzial und schützt vor Fehleinschätzungen. Auch eine Zusammenarbeit der Akteure innerhalb und entlang des Wertschöpfungsprozesses ist Voraussetzung für das Auffinden neuer Möglichkeiten zur Effizienzsteigerung und kann ihre Umsetzung ermöglichen und begünstigen. Eine weitere Quelle für deutliche Einsparungen bietet das Etablieren von Verfahrenskombinationen. Die Integration weiterer Technologien und der simultane Ablauf einzelner Prozessschritte verkürzt dabei die Wertschöpfungskette und erhöht damit die Leistungsfähigkeit.

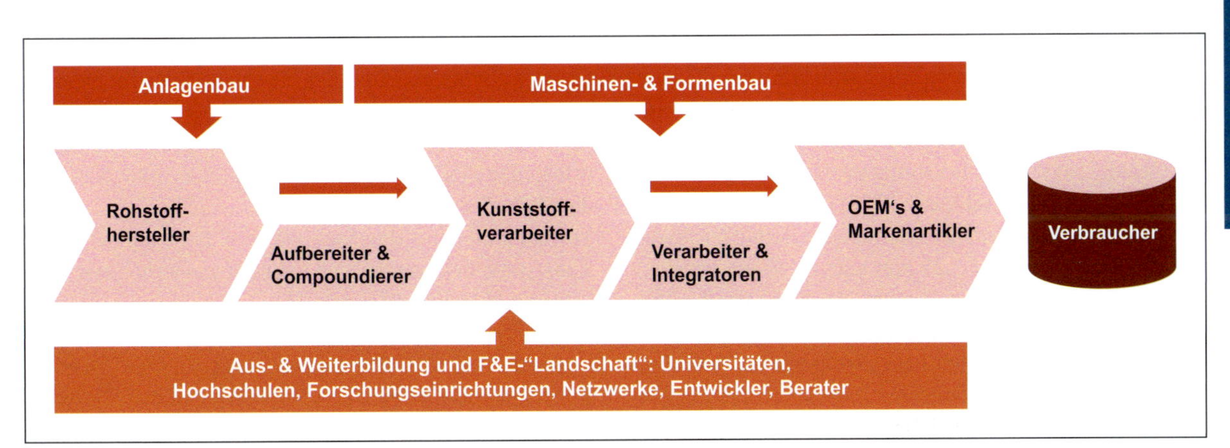

Abb. 16 Die Wertschöpfungskette der Kunststoffverarbeitung (Koch 2011)

VI

1.1.2.2 Prozesskette Spritzgießen

Bezogen auf das herzustellende Kunststoffformteil werden in (Steinko 2008) sechs „Phasen“ als Haupteinflussfaktoren auf die Prozesskette Spritzgießen definiert:

1. Mensch, fachliche Qualifikation, Motivation
2. Konzeption/Konstruktion von Formteil und Spritzgießwerkzeug
3. Rohstoff, Rohstoffbehandlung (meist aufbereitet, in Granulatform vorliegend)
4. Werkzeug, Heißkanalsystem, verfahrensgerechte Auslegung und Herstellung
5. Spritzgießmaschine, Betreiben bei optimalen Verfahrensparametern
6. Automation, Peripherie (einschließlich Datenerfassung, -auswertung, -speicherung)

Bemerkenswert ist, dass Steinko (Steinko 2008), trotz der sehr hohen Automatisierung des Spritzgießprozesses, den aktiv auf die Prozesskette einwirkenden Menschen einen sehr hohen Stellenwert einräumt. Von der Formteilkonzeption bis zur vollständigen Erreichung von wirtschaftlichen und technischen Zielstellungen beeinflussen sie und ihr Qualifikationsniveau den Prozess durch ihre Entscheidungen: „Was nützen die modernsten Maschinen und Produktionsanlagen, wenn die Verantwortlichen für die Technik und für ein positives betriebswirtschaftliches Ergebnis heute immer noch nicht in der Lage sind, den Zusammenhang zwischen der Entwicklung der Produkte und der Fertigung zu erkennen, entsprechend zuzuordnen und danach zu handeln“ (Steinko 2008).
Zu ähnlichen Schlussfolgerungen gelangt auch Brinkmann (Brinkmann 2010) und spricht in diesem Zusammenhang vom „konstruktionsrelevanten Energieverbrauch“. Der Konstrukteur des Kunststoffteils ist nur bei einer entsprechenden Qualifikation, dem Einbringen seiner beruflichen Erfahrungen und klar definierten vorgegebenen wirtschaftlich-technischen Zielkriterien in der Lage, material- und energieschonend hinsichtlich Fertigung, Einsatz und Entsorgung zu agieren. So hat zum Beispiel die Festlegung der Wandstärke bei thermoplastischen Formteilen einen entscheidenden Einfluss auf das Formteilgewicht sowie die Zykluszeit und damit auf Wirtschaftlichkeit und Ressourcenverbrauch. An einem Beispiel konnte in (Brinkmann 2010) eine Energieeinsparung von 24 % bei einer Wandstärkereduzierung an einem Formteil von 3 mm auf 2,25 mm nachgewiesen werden. Auch die Veränderung von Prozessparametern, z. B. einer Absenkung der Schmelzetemperatur um 200 °C, führte in (Brinkmann 2010) zu einer Energieeinsparung von 10 %. Zu beachten ist dabei aber immer, dass Veränderungen an Prozess- bzw. Produktionsparametern nicht zu Qualitätsverlusten führen dürfen.

Bei den im Spritzgießen üblichen hohen Stückzahlen ergeben bereits scheinbar „kleine“ Änderungen am Formteil „große“ wirtschaftliche und ökologische Effekte im Hinblick auf das Einsparen von Energie und die Verringerung des Kunststoffverbrauchs.
Grundvoraussetzungen für optimale Spritzgießprozesse sind somit neben modernen Maschinen und Werkzeugen fachlich gut qualifiziertes Personal, spritzgießgerecht konstruierte Formteile und der geeignete Kunststoff.

1.1.2.3 Verfahrenstechnik Spritzgießen

Spritzgießen ist ein sehr komplexer, diskontinuierlicher (zyklischer) Prozess. Die unterschiedlichen Prozessphasen laufen zum einen Teil nacheinander, zum anderen Teil gleichzeitig/simultan ab. Unter der Nutzung, d. h. dem „Verbrauch“, von Elektroenergie entsteht dabei aus Kunststoffgranulat in einem Zyklus (Schuss) das Formteil bzw. entstehen mehrere Formteile gleichzeitig.
Zum Prozess gehörende Komponenten sind:

- der eingesetzte Kunststoff, überwiegend in Form von Granulat verarbeitet
- die Spritzgießmaschine
- das Spritzgießwerkzeug mit der formbildenden Kavität, auch als Spritzgießform oder Form bezeichnet
- periphere Einrichtungen, z. B. Granulatförderer und -dosierer, Wärme- und Kühlgeräte, Robotik zum Teilehandling, Geräte zur Prozessdatenerfassung, -auswertung und -speicherung.

Das Spritzgießen dient überwiegend der Verarbeitung von thermoplastischen Kunststoffen zu Formteilen von wenigen Milligramm bis zu mehreren Kilogramm Gesamtmasse. Bei diesen Werkstoffen erfolgen keine chemischen Reaktionen während der Verarbeitung. Die Kunststoffe werden auf Schmelzetemperatur erhitzt, urgeformt (in die Kavität gespritzt) und abgekühlt. Die Verarbeitung duroplastischer Kunststoffe und Elastomere erfolgt ebenfalls mittels Spritzgießen. Das Erzeugen der fließfähigen Kunststoffmasse in der Spritzgießmaschine und das Einspritzen finden in der Regel unterhalb der Temperatur statt, bei der die chemische Reaktion zur Vernetzung der Moleküle einsetzt. Das Vernetzen der Kunststoff-Moleküle erfolgt dann im Werkzeug nach dem Füllen bzw. während des Füllens der Kavitäten.
Vereinfacht kann das Spritzgießen thermoplastischer Kunststoffe in folgende, sich zyklisch wiederholende, Prozessphasen eingeteilt werden:

- Plastifizieren des Kunststoffs, Granulat wird durch Energiezufuhr in Schmelze umgewandelt
- Schließen des Werkzeugs, Schließkraftaufbau
- Einspritzen des plastifizierten Kunststoffs

Abb. 17 Spritzgießzyklus, schematische Darstellung (Johannaber 2004)

- Nachdruck (Schwindungsausgleich) und Kühlen der Kavität und damit des herzustellenden Formteils im Werkzeug
- Öffnen des Werkzeugs und Entformung des Teils.

Kostenanalysen für diese Prozesskette ergeben, dass je nach dem herzustellenden Formteil, dem verwendeten Kunststoff und der eingesetzten Spritzgießmaschine der Energiekostenanteil zwischen 3 % und 10 % liegt (Jäger 1995) (Jaroschek 2013).

Tab. 1 Kostenverteilung beim Spritzgießen in Prozent (Johannaber 2004)

Herstellen						
Kostenart	Technische Formteile			Verpackungsteile		
Kunststoff	50			77		
Personal	10			4		
Werkzeug	10			4		
Maschine	30			15		
Maschine aufgeteilt	Anlage	Strom	Temperierung	Anlage	Strom	Temperierung
ohne ca. 0,75%	%	%	%	%	%	%
Wartungskosten	18	10	2	7	6	2

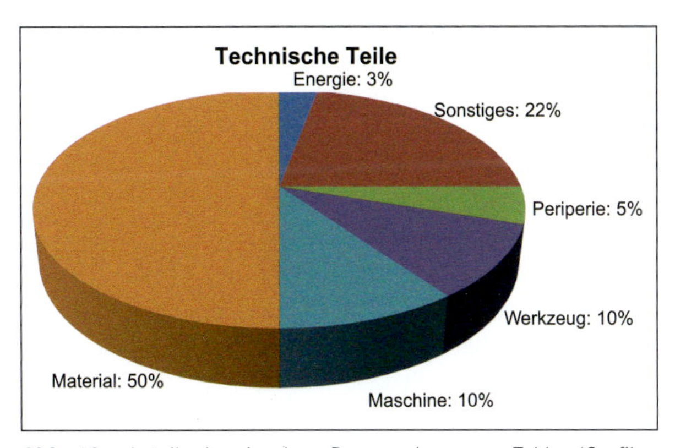

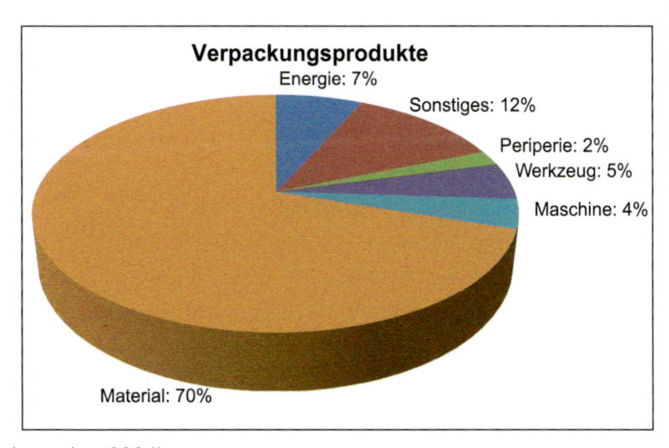

Abb. 18 Anteile der einzelnen Prozessphasen am Zyklus (Grafiken: Johannaber 2004)

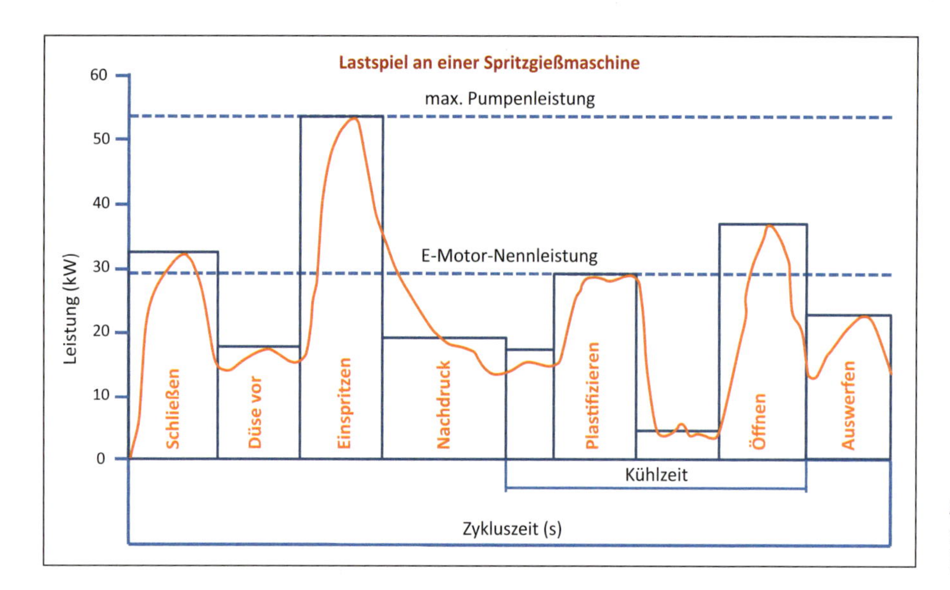

Abb. 19 Energieverbrauchsmessung eines Spritzgießzyklus (Reichert 1999)

Energieverbraucher im Prozess sind neben der Spritzgießmaschine auch Werkzeugtemperier-, Granulatförder- und Dosiergeräte.

Das Plastifizieren (Aufschmelzen) des Kunststoffs verursacht den größten Anteil des Energieverbrauchs im Zyklus. Zur Ermittlung der Gesamtenergiebilanz eines Kunststoffformteils muss darüber hinaus auch der Energieaufwand zur Herstellung des Kunststoffs (chemischer Prozess, Compoundierung, Granulierung) einfließen (Koch 2011) (DIN ISO 14067).

Johannaber beschreibt in (Johannaber 2004) als besonders kostenwirksame Maßnahme das Erreichen von Zeitgewinnen bei der Kühlzeit, deren Zyklusanteil im Mittel bei 50 % für Verpackungs- und Dünnwandteile und für technische Formteile bei 70 % liegt. Er schlägt im Ergebnis von Kosten- und Energieverbrauchsanalysen weiterhin vor, das Wärmeaustauschvermögen bzw. das gesamte Wärmemanagement des Prozesses zu analysieren und gegebenenfalls zu verbessern.

Charakteristisch für den Spritzgießprozess ist ein stark unterschiedlicher Energieverbrauch in den einzelnen Zyklusphasen (siehe dazu auch Erläuterung unter „Antriebs- und Steuerungsbaugruppen" im Kapitel „Spritzgießmaschine").

1.1.2.4 Spritzgießmaschine

Spritzgießmaschinen werden entsprechend ihrer Größe (Schließkraft, Arbeitsvermögen), nach Bauart (z. B. horizontal oder vertikal angeordnete Schließeinheit), nach verarbeitetem Kunststoff (z. B. Duroplast-, Silicon-Spritzgießmaschine) und/oder auch nach den zum Einsatz kommenden Verfahrenstechniken (Mehrkomponenten-Spritzgießmaschine) bezeichnet (Johannaber 2004) (Euromap 1).

Die Hauptbaugruppen einer Spritzgießmaschine sind Schließeinheit, Spritzeinheit und das Maschinengestell mit Steuerungs- und Antriebsbaugruppen.

Schließeinheit

Die Schließeinheit einer Spritzgießmaschine nimmt das Spritzgießwerkzeug auf, führt die zum Schließen, Zuhalten (während der Wirkung des Spritzdruckes) und Öffnen notwendigen Bewegungen durch und erzeugt die zum Zuhalten und Öffnen notwendigen Kräfte. Weitere Bestandteile sind Bauteile zum Entformen (Auswerfer) und für Werkzeugsonderfunktionen, z. B. Kernzüge. Charakteristisch für die Schließeinheit sind die düsenseitige und die auswerferseitige Werkzeug-Aufspannplatte, zwischen denen das Werkzeug eingebaut wird. Die auswerferseitige Werkzeug-Aufspannplatte ist beweglich, um das Öffnen, das Auswerfen der Formteile und das Schließen des eingebauten Werkzeugs zu realisieren. Neben der Bewegung wird über die auswerferseitige Werkzeug-Aufspannplatte auch die Schließkraft (Zuhaltekraft) auf das Werkzeug übertragen. Für das Aufbringen der Zuhaltekraft werden formschlüssige Verriegelungen, wie z. B. Kniehebel, verwendet oder kraftschlüssige Verbindungen, wie z. B. Hydraulikzylinder. Detaillierte Ausführungen zu den unterschiedlichen Bauarten von Schließeinheiten sind z. B. in (Johannaber 2004) zu finden.

Spritzeinheit

Die Spritzeinheit einer Spritzgießmaschine besteht aus:

- dem Plastifizierzylinder und der Plastifizierschnecke, die auch als Einspritzkolben arbeitet
- einer Rückstromsperre, die beim Einspritzen den Schmelzefluss zurück in die Schneckengänge verhindert

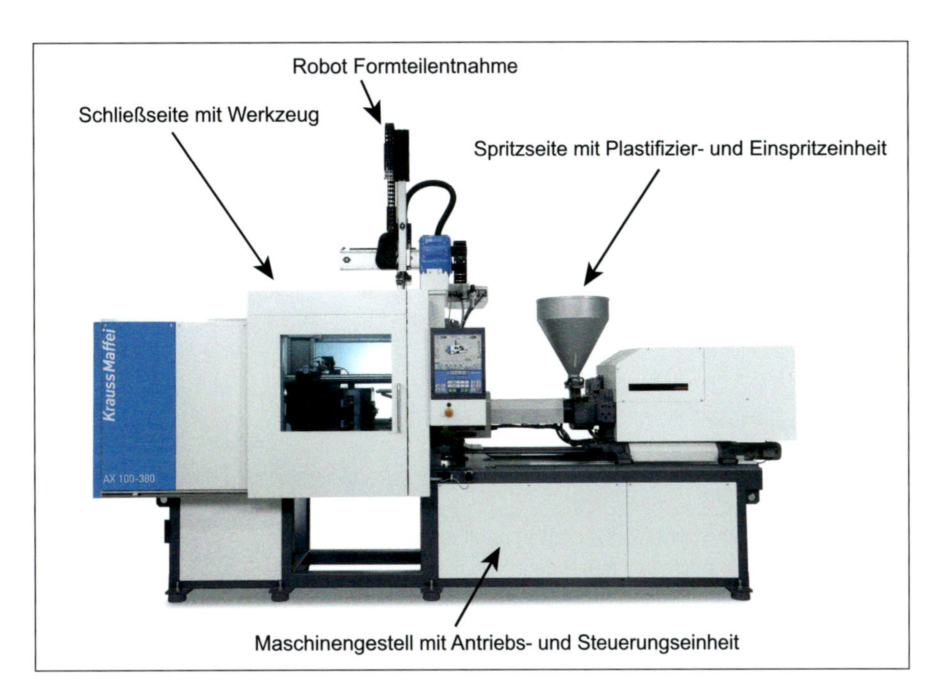

Abb. 20 Krauss Maffei Technologies GmbH (Foto: Krauss Maffei Technologies GmbH)

- Antrieben für das Plastifizieren und Einspritzen
- Antrieben zum Bewegen der Spritzeinheit (An- und Abfahren der Maschinendüse an die Werkzeugangießbuchse)
- Heizung und Kühlung des Plastifizierzylinders
- der Granulatzufuhr.

Das Plastifizieren der Kunststoffe erfolgt heute überwiegend mittels Schnecken. Diese verfügen über eine Einzugs-, eine Kompressions- und eine Homogenisierungszone. Die geometrischen Abmessungen dieser Zonen werden nach den zu erreichenden Plastifiziermengen unter Nutzung von Berechnungsprogrammen und praktisch gewonnenen Erfahrungen festgelegt. Für spezielle Kunststoffe, wie z. B. PVC, oder spezielle Verarbeitungsaufgaben, wie z. B. das Einmischen von Farben, können weitere Funktionselemente in die Schnecke integriert werden, beispielsweise zusätzliche Misch- und Scherelemente oder Entgasungszonen. Weite Verbreitung finden heute die Universal-3-Zonen-Schnecken. Diese stellen praktisch einen Kompromiss zwischen Leistungsfähigkeit und Wirtschaftlichkeit beim Plastifizieren dar. Für höhere Ansprüche hinsichtlich der Effizienz werden Spezialschnecken, z. B. zweigängige Barriere-Schnecken mit einem größeren Länge/Durchmesser-Verhältnis, eingesetzt (Steinbichler 2012) (Grönlund 2012).

Beim Plastifizieren wird dem Kunststoff auch Wärme durch äußere Heizelemente zugeführt. Zur Einsparung von Energie werden diese Heizelemente isoliert (Epstein 2012). Kostenvorteile lassen sich durch das Beheizen des Plastifizierzylinders mit Erdgas erreichen (Bürkle 2012).

Neuere Entwicklungen zum Plastifizieren sind z. B. der Einsatz von Ultraschall (Kamps 2011) (Lüling 2012), von inversen Schnecken (Rahner 2012) oder die Verwendung von Scheibenextrudern (Seidel 2009). Die Verwendung von Ultraschall, inversen Schnecken und der Scheibenextruder sind gegenwärtig auf die Plastifizierung für kleine Schussgewichte bis zu circa 2 Gramm beschränkt.

Insbesondere zur schonenden Verarbeitung von Kunststoffen mit Verstärkungsmaterialien wurden Spritzgießmaschinen mit Extrudern kombiniert. Der Extruder liefert einen kontinuierlichen Schmelzestrom. Dieser wird während des Einspritzens zunächst zwischengespeichert und gelangt erst im nachfolgenden Zyklus in die Kavität. Ein weiterer Vorteil dieser Spritzgieß-Compounder besteht darin, den Verfahrensschritt „Aufbereiten", also beispielsweise das Einarbeiten von Fasern in die Kunststoffmatrix, direkt vor dem Einspritzen durchführen zu können. Damit kann praktisch das Granulieren des Compounds und das erneute Plastifizieren eingespart und somit energieeffizienter gefertigt werden (Bürkle 2009).

Antriebs- und Steuerungsbaugruppen

Spritzgießmaschinen verfügen über Antriebs- und Steuerungsbaugruppen zur Erzeugung der notwendigen Bewegungen und Kräfte für den Prozess.

Die Steuerung gewährleistet

- die Einstellung und Einhaltung der Maschinenparameter Temperatur, Druck und Geschwindigkeit
- einen vollautomatischen Prozessablauf mittels entsprechender Regelungen sowie
- die Erfassung, Speicherung, Visualisierung und Weiterleitung von Maschinen- und Prozessdaten.

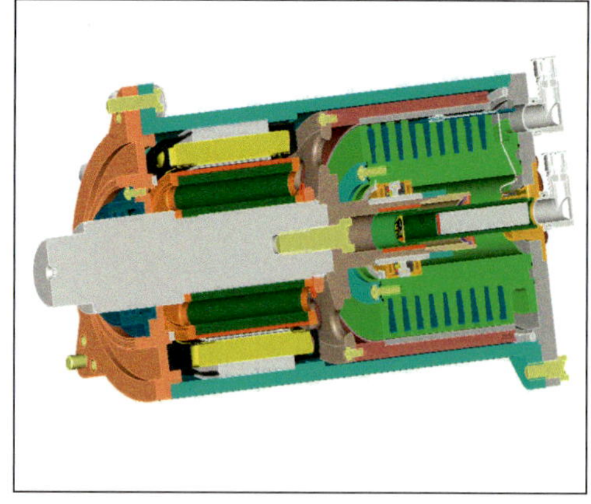

Abb. 21 Spritzgießmaschine mit Kombinations-Linearmotor zum Einspritzen (Foto: Arburg GmbH, Grafik: Siemens AG);

Da die Antriebe für Standardmaschinen nach einer mittleren Last und nicht nach der möglichen Spitzenbelastung ausgelegt sind, sollte die Maschine, um eine hohe Effizienz zu erreichen, möglichst im „oberen" Leistungsbereich arbeiten. Zur einheitlichen Ermittlung von Energieverbrauchswerten von Spritzgießmaschinen wurde die EUROMAP 60 geschaffen. Hiermit haben Kunststoffverarbeiter die Möglichkeit, Maschinen unterschiedlicher Hersteller und unterschiedlicher Bauarten hinsichtlich ihrer Energieeffizienz zu vergleichen. Wesentliche Unterschiede im Energieverbrauch und in den Kosten ergeben sich durch den zu verarbeitenden Kunststoff, die herzustellenden Formteile und das Maschinen-(Antriebs)-Konzept.

„Hauptenergieverbraucher" für die Antriebe in Spritzgießmaschinen sind in Abhängigkeit von den herzustellenden Formteilen die Zyklusphasen Plastifizieren, Einspritzen und Nachdruck mit den entsprechenden Werkzeug- und Maschinendüsenbewegungen. Für die translatorischen Bewegungen der Plastizierschnecke beim Einspritzen und beim Nachdruck sind Linearantriebe erforderlich, die relativ kurze Wege bei hohen Kräften und auch bei sehr kleinen Geschwindigkeiten realisieren müssen. Beim Einsatz elektrisch rotatorischer Antriebe anstelle von Hydraulikzylindern müssen für diese Zyklusphasen Umwandlungen von Dreh- in Linearbewegungen über verlustbehaftete mechanische Getriebe, wie z. B. Wälzschraubtriebe (Epstein 2012), erfolgen. Ein für Einspritzen und Nachdruck geeigneter elektrischer Linearmotor mit hohem Beschleunigungsvermögen wird in (Bürkle 2012) vorgestellt.

Die Beurteilung von Vor- und Nachteilen verschiedener Antriebskonzepte gestaltet sich sehr komplex, da sowohl technische als auch wirtschaftliche Kriterien zu berücksichtigen sind. In (Michaeli 2009) und in (Radermacher 2010) wird eine Methode zum systematischen Vergleich von Maschinen mit unterschiedlichen Antriebssystemen beschrieben. Das Fazit der Autoren lautet, dass für Anwender bei der Auswahl eines Antriebssystems immer die individuelle Gewichtung der Anforderungen an die Maschine und deren Betriebsverhalten ausschlaggebend sind.

Unbestritten ist jedoch, dass eine mehrstufige Umwandlung der Elektroenergie über hydrostatische Energie (Hydraulik) und mechanische Getriebe immer mit Wirkungsgradverlusten behaftet ist.

Die Elektromotoren, die als Antriebe in Spritzgießmaschinen eingesetzt werden, sind induktive Verbraucher. Das bedeutet, sie bauen zyklisch Magnetfelder auf und ab. Die dafür benötigte Energie, die Blindleistung, entnimmt der

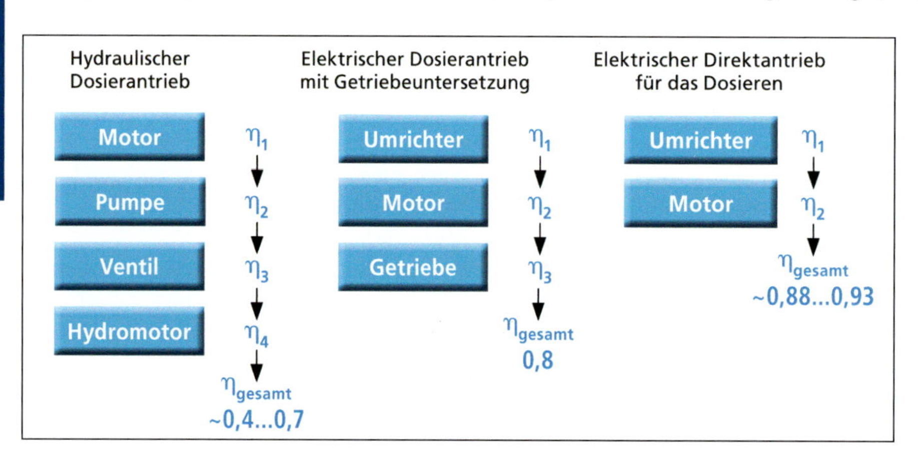

Abb. 22 Wirkungsgradketten unterschiedlicher Antriebsausführungen (Grafik: Sumitomo Demag GmbH)

Abb. 23 Elektrischer Dosiermotor (Foto: Sumitomo Demag GmbH)

Motor aus dem Stromnetz und speist sie nach dem Abbau des magnetischen Feldes wieder in das Netz zurück. Die Blindleistung vermindert somit die Kapazität, die im Versorgungsnetz für die Wirkleistung zur Verfügung steht. Die Verringerung der Blindleistung bietet deshalb Potenzial zur Steigerung der Energieeffizienz. Mit einem von (Krauss Maffei 2013) entwickelten Gerät entfällt der Rücktransport der Blindleistung in das Stromversorgungsnetz. Die Blindleistung wird dabei zum Aufbau eines magnetischen Feldes genutzt, sodass weniger elektrische Energie aus dem Stromnetz entnommen wird. Die Kapazität der elektrischen Versorgungsleitungen steht damit vollständig für die Wirkleistung zur Verfügung.

Werden Spritzgießmaschinen mit hydraulischen Antrieben im Teillastbereich betrieben, ist der Wirkungsgrad der Hydraulikpumpen und -motoren funktionsbedingt gering. Auch der die Pumpe antreibende Drehstrom-Asynchronmotor erzeugt in diesem Bereich einen relativ hohen Anteil an Blindleistung (Reichert 1999).

Energieverbrauchsmessungen an Spritzgießmaschinen werden seit Jahren von Maschinenherstellern und weiteren Firmen angeboten, (Oni 2010) und (Windsor 2013). Auf Basis dieser Messungen und dem bei den Kunststoffverarbeitern bekannten Produktionsspektrum konnten dann sogenannte „Maschinenabspeckungen" vorgenommen werden. Die Maschinen erhielten an die jeweilige Verarbeitungsaufgabe besser angepasste kleinere Hydraulikantriebe (Pumpen und Elektromotoren) mit geringerer Leistung. Hydraulische Antriebe wurden in der Vergangenheit oft so ausgeführt, dass mehr (hydraulische) Leistung zur Verfügung gestellt wurde, als der Prozess benötigt. Die „überschüssige" Energie wurde bewusst in Wärme (Drosselverluste) umgewandelt. Heute werden leistungsgeregelte elektrische und auch hydraulische Antriebe verwendet. Es werden beispielsweise Drehstromasynchronmotoren mit Frequenzumrichtern eingesetzt, die drehzahlveränderliche Hydraulikpumpen antreiben. So kann entsprechend den unterschiedlichen Anforderungen im Prozess besser im optimalen Wirkungsgradfeld gearbeitet werden.

Um die Spritzgießmaschinen wirtschaftlich fertigen zu können und gleichzeitig den Marktbedürfnissen nach besser an die Verarbeitungsaufgaben angepassten Antrieben gerecht zu werden, hat die Modularität der angebotenen Maschinenbaureihen zugenommen. Eine solche „universelle" Auslegung einer Spritzgießmaschine ist allerdings gegenüber einer Spezialmaschine hinsichtlich des Energieverbrauches immer im Nachteil - oder anders ausgedrückt - Flexibilität hat ihren (Energie-)Preis.

1.1.2.5 Kunststoff

Thermoplastische Kunststoffe sind gegenüber anderen Materialien, z. B. Metallen, ausgesprochen schlechte Wärmeleiter. Das hat zur Folge, dass ein einfaches Erhitzen durch Wärmeleitung im Kunststoff zu Verbrennungen an der Kontaktfläche führt. Für das Spritzgießen, bei dem der Kunststoff über die Schmelze zu einem Teil geformt wird, sind somit Einrichtungen erforderlich, die dem Kunststoff schnell und ohne diesen zu schädigen die erforderliche Energie zum Aufschmelzen zuführen. Der Kunststoff wird deshalb in der Plastifizierschnecke der Spritzgießmaschine, überwiegend durch die bei Schneckenrotation auf das Granulat ausgeübte Scherung, aufgeschmolzen und homogenisiert. Da jeweils nur so viel Granulat plastifiziert wird, wie für den nächsten Zyklus (Schuss) benötigt, beschreibt umgangssprachlich auch der Begriff „Dosieren" diesen Zyklusabschnitt.

Die zum Aufschmelzen erforderliche Energie (Enthalpie) ist abhängig vom verwendeten Kunststoff. Teilkristalline Kunststoffe erfordern mehr Energie als amorphe.

Die Schneckengeometrie hat entscheidenden Einfluss auf die effiziente Ausnutzung der zum Aufschmelzen des Granulates eingesetzten Energie. Entsprechende Berechnungsprogramme für eine optimale Geometrie der Plastifizierschnecken basieren auf mathematischen Modellen für das Aufschmelzen und das Strömungsverhalten von Granulat und Schmelze in den Schneckengängen. Entwicklungen zu diesem Thema wurden bereits in den 90er Jahren u. a. von den Professoren Michaeli in Aachen und Potente in Paderborn vorangetrieben (BMBF 2004).

Neben der theoretisch benötigten Wärmemenge zum Aufschmelzen von Kunststoff, zu entnehmen Enthalpie-Temperatur-Diagrammen wie z. B. in (Oberbach 1998), muss zusätzliche Energie eingesetzt werden, um wirkungsgradbedingte Verluste von Antrieben und Heizungen auszugleichen.

Somit stellt die Enthalpie eine theoretische Obergrenze für die Effizienz der Kunststoffverarbeitung im Sinne eines hundertprozentigen Wirkungsgrades dar. Dieser Wert ist nicht abhängig von der maschinellen Umsetzung. Er lässt

daher keine direkten Rückschlüsse auf die Effizienz einer Spritzgießmaschine zu, sondern bietet sich im Gegenteil für die Verwendung als Normierungsgröße an. Dabei kann die physikalische Eigenschaft der Enthalpie als unabhängiger Maßstab dienen für die Bewertung und den Vergleich der Energieeffizienz unterschiedlicher technologischer Prozessrealisierungen.

Beim Plastifizieren ist die Verweilzeit der Kunststoffe in der Schmelzephase zu berücksichtigen, um thermische Schädigungen des Kunststoffes auszuschließen.

Eine weitere die Kunststoffe charakterisierende Eigenschaft ist die Viskosität (Fließfähigkeit). Die Viskosität ist abhängig von der Temperatur der Kunststoffschmelze und der auf die Schmelze ausgeübten Scherung beim Einspritzen. Die Viskosität bestimmt neben der Fließkanalgeometrie und der Einspritzgeschwindigkeit den sich während des Einspritzens aufbauenden Druck. Verarbeitungstemperaturen für gebräuchliche Thermoplaste liegen zwischen 2000 °C und 4000 °C. Die von den Kunststoff-Herstellern empfohlenen Verarbeitungstemperaturen sollten eingehalten werden, sodass sich nur ein begrenzter Spielraum für Energieeinsparungen bietet. Für eine effiziente Produktion werden die Kunststoffe bzw. das Kunststoff-Granulat meist über voll automatisierte pneumatische Förder- und Dosiersysteme aus Silos der Spritzgießmaschine zugeführt. Diese umfassen auch Trockner, die hygroskopischen Kunststoffen (z. B. Polyamid) Feuchtigkeit entziehen, sowie Einrichtungen zum Zumischen von Farb- und/oder Füllstoffen.

1.1.2.6 Werkzeug

Das Spritzgießwerkzeug beinhaltet die formbildende Kavität (Hohlraum). Spritzgießwerkzeuge nehmen die Kunststoffschmelze auf, verteilen diese auf eine oder mehrere Kavitäten und verfügen über eine möglichst konturnahe Kühlung sowie über einen Auswerfer zum Entformen.

Die Werkzeuggröße wird von dem Formteil (bzw. von mehreren Formteilen) maßgeblich bestimmt. Entscheidend ist die projizierte Fläche, über die der Einspritzdruck wirkt. Um ein „Überspritzen“ zu vermeiden, muss die Zuhal-

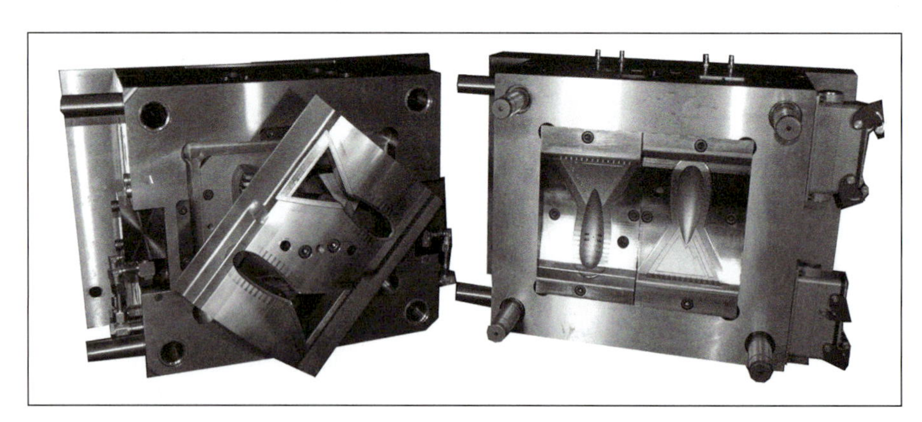

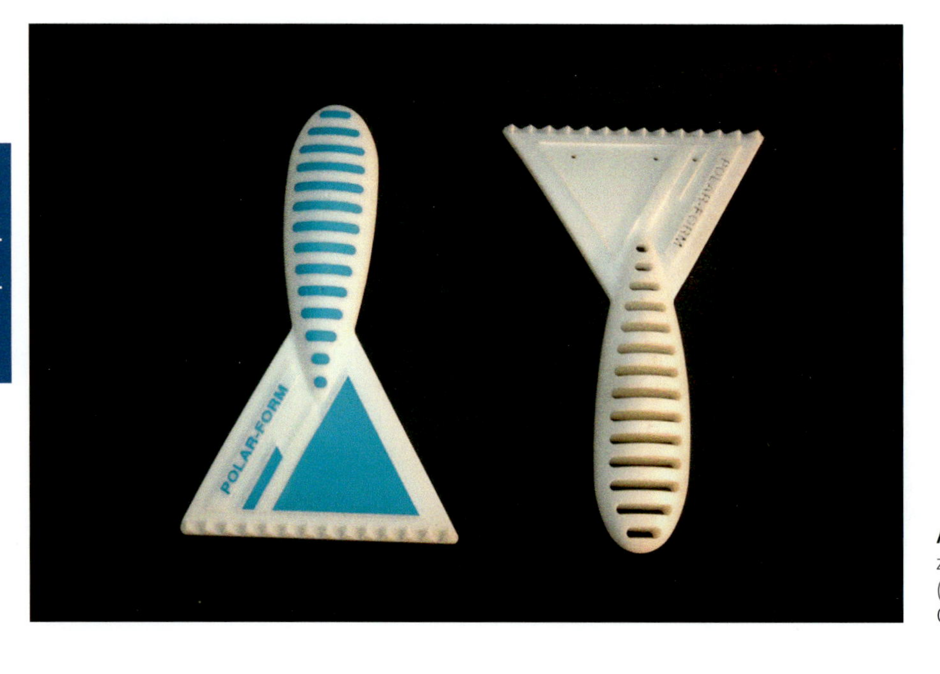

Abb. 24 Komponenten-Werkzeug und Formteil „Eiskratzer“ (Fotos: Polar-Form Werkzeugbau GmbH)

VI

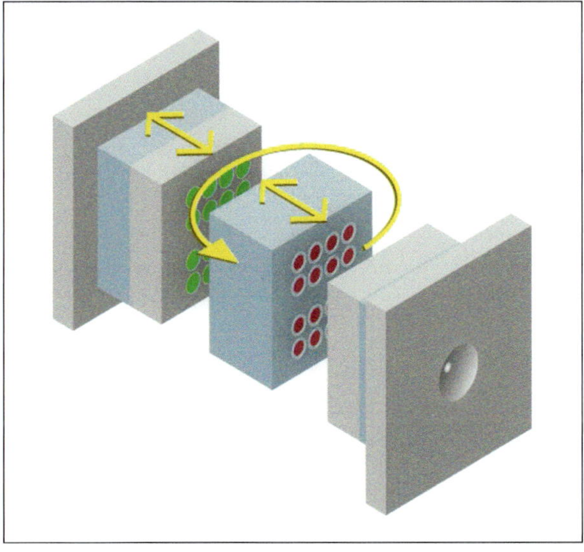

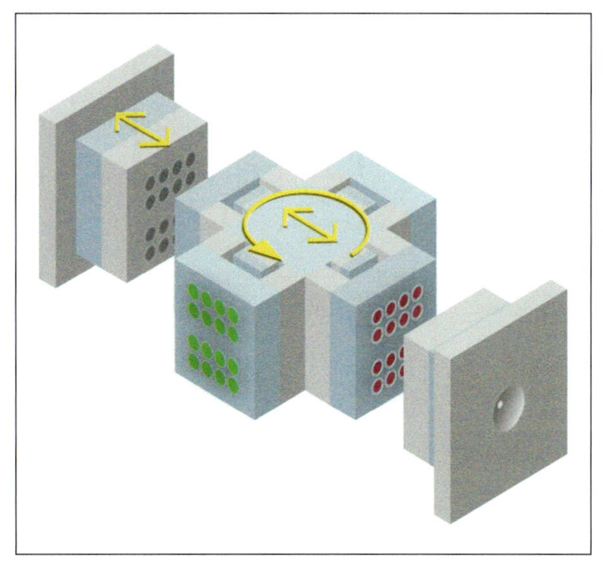

Abb. 25 Etagenwende-Werkzeug: Ideal für Formteile, bei denen die Teilbereiche unterschiedlich lange Kühlzeit benötigen.
Links: Mittelblock drehbar um eine vertikale Achse; rechts: zwei weitere Formhälften an der Wendeplatte.
Grafiken: Ferromatik Milacron GmbH

tekraft der Spritzgießmaschine größer sein als die vom Einspritzdruck erzeugte Kraft.

Mehrkavitätenwerkzeuge werden heute überwiegend mit Heißkanalverteilern und entsprechenden Düsen ausgeführt. Bei diesen Werkzeugen verbleibt das Schmelzevolumen von der Angießbuchse bis zum Formteilanschnitt von Schuss zu Schuss (Zyklus) im Heißkanal. Nachteilig sind Heißkanalwerkzeuge bei Farb- und Materialwechseln. Dabei muss der Heißkanal mit dem neuen Kunststoff „sauber gespült" werden, sodass dieses Material in der Regel entsorgt werden muss. Die Folge sind unnötiger Material- und Energieaufwand.

Bei Kaltkanal-Werkzeugen wird der Anguss mit dem Teil entformt. Die Angüsse werden teilweise direkt an der Maschine zerkleinert, dem Neumaterial zugegeben und erneut aufgeschmolzen.

Entwicklungen zur Steigerung der Effizienz sind auch im Werkzeugbereich eng mit verfahrens- und maschinentechnischen Entwicklungen, z. B. im Mehrkomponenten-Spritzgießen, verbunden.

Beispiele für innovative Entwicklungen und Trends im Werkzeug- und Formenbau sind:

- Einsatz von Impulstemperierung und variothermer Kühlung, z. B. (Berger 2011) (Jaroschek 2012) (Ridder 2009)
- Werkzeugeinsätze gefertigt mit generativen Verfahren, z. B. selektives Laser-Schmelzen, ermöglichen konturnahe Kühlungen (Hennrich 2012)
- Integrieren zusätzlicher Technologien/Funktionen in das Spritzgießwerkzeug: zusätzliches Abdichten, Thermoformen, farbig Lackieren, Beschichten der Oberflächen des Formteils, Montieren von Einzelteilen (Bauer 2012) (Strauß 2011)
- Der Trend zu immer kleineren Losgrößen wird zu einer Erhöhung der Werkzeugwechsel führen, d. h. Flexibilität benötigt kurze Umrüstzeiten (Bauer 2012)
- Technologiekombinationen ermöglichen Effizienzsteigerungen, wie z. B. das Vereinen der Drehtellertechnik mit der Etagentechnik zu Etagenwende-Werkzeugen, bei denen der Werkzeug-Mittelblock drehbar um eine vertikale Achse ausgeführt wird (Thümen 2012)
- „Elektrifizierung" von Antrieben in Spritzgießwerkzeugen, z. B. für Nadelverschlussdüsen, Ausschraubeinheiten (Bauer 2012)

1.1.2.7 Formteile

Formteile werden in der Praxis in technische Formteile und Verpackungsteile unterschieden (Johannaber 2004). Technische Formteile sind demgemäß aus hochwertigen Kunststoffen gefertigt und haben eine sehr gute Maßhaltigkeit sowie teilweise exzellente Oberflächenqualitäten. Verpackungsteile sind im Allgemeinen dünnwandige Formteile, die aber auch hohe Qualitätsansprüche erfüllen müssen. Eine weitere umfangreichere Klassifizierung in dreizehn anwenderbezogene Produktgruppen und in fünf anforderungsbezogene Produktfamilien nimmt Jäger in (Jäger 1995) vor. Aus dieser Klassifizierung lassen sich dann relativ genaue Anforderungen an die Spritzgießmaschine und den Prozess hinsichtlich Leistungsfähigkeit (Zykluszeit), Genauigkeit (z. B. Gewichtstoleranz), Bedienerführung und Flexibilität ableiten.

Die Wandstärke der Formteile hat einen entscheidenden Einfluss auf die Wirtschaftlichkeit und den effizienten Materialeinsatz. Infolge der relativ schlechten Wärmeleitung

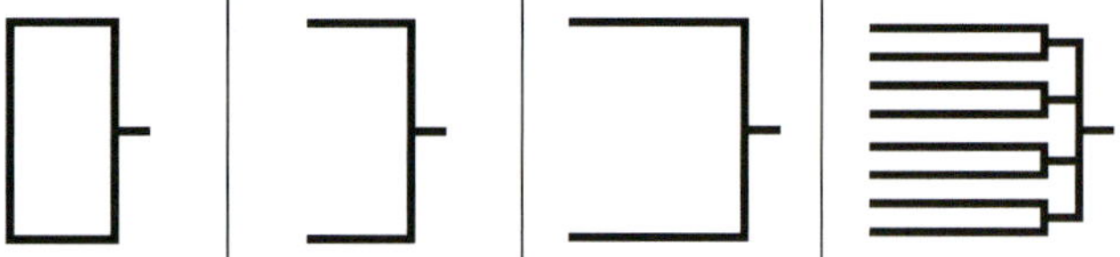

Formteil Geometrie	großvolumig dickwandig	großflächig flach dünnwandig	großflächig tief dünnwandig	kleinflächig tief dünnwandig in Mehrfach-Formen
Wandstärke Kühlzeit	groß	klein	klein	klein
Fließweg-Wanddicke-Verhältnis	klein	groß	groß	groß
Einspritzdruck	klein	groß	groß	groß
Einspritzstrom	klein	groß	groß	groß
Schließkraft	klein	groß	groß	klein (groß)
Plastifiziermenge	klein	klein	groß	groß
Kritische Größe	Hubvolumen	Schließkraft	Schließkraft Plastifiziermenge	Plastifiziermenge

Abb. 26 Beispiel einer Formteilklassifikation und deren qualitativer Einfluss auf kritische Maschinenparameter (Reichert 1996)

der Kunststoffe ist die Kühlzeit, die maßgeblich von der Wandstärke (quadratischer Einfluss) bestimmt wird, das zykluszeitbestimmende Element.

Die wesentliche Voraussetzung für eine optimale (energetische) Nutzung ist die geeignete Auswahl und Konfiguration der Maschine entsprechend der zu produzierenden Teile. Entsprechend der Geometrie der Formteile muss die Spritzgießmaschine verschiedene kritische Maschinenparameter erfüllen. Zu berücksichtigen sind dabei untere und obere Grenzen. Als Beispiel lässt sich die Auslegung der Maschine auf maximales Hubvolumen anführen. Bei kleineren zu fertigenden Formteilen stellt dabei die Verweilzeit des geschmolzenen Kunststoffes in der Plastifiziereinheit einen kritischen Faktor dar. Bei großen Hubvolumina und langen Zykluszeiten droht bei Nichtbeachtung die thermische Schädigung des Kunststoffes.

Hinsichtlich der Auslegung und Konfiguration der Spritzgießmaschine sind dem Anwender (Käufer) heute kaum Grenzen gesetzt. Der Markt bietet einerseits über ein ständig wachsendes und sich differenzierendes Angebot alle Möglichkeiten zur Auswahl der Maschine in Übereinstimmung mit den geforderten Kriterien. Andererseits liegt in dieser Dynamik zugleich die eigentliche Schwierigkeit, da zum Zeitpunkt der Investition sehr schwer das konkrete Produktionsspektrum über die gesamte Nutzungsdauer der Maschine sicher vorausgesagt werden kann. Leasing-Modelle oder modular aufgebaute Spritzgießmaschinen bieten gegebenenfalls für kleinere bis mittelgroße Maschinen eine wirtschaftliche Alternative.

1.1.2.8 Marktbeobachtung und Trends im Spritzgießen

Die aktuelle gesellschaftliche, wirtschaftliche und technische Entwicklung im Rahmen der sogenannten „Megatrends", wie beispielsweise des demografischen Wandels, des Klimawandels und der Ressourcenverknappung, um nur einige Schlagworte zu nennen, stellt die gesamte industrielle Fertigung und damit auch die Kunststoffindustrie vor eine Vielzahl neuer Herausforderungen (Bürkle 2012). Ohne Anspruch auf Vollständigkeit soll hier deshalb ein kurzer Ausblick auf einige interessante Trends der Branche folgen.

Die Herausforderungen für die gesamte Produktions-/Prozesstechnik liegen auch weiterhin in

- der Beherrschung kleiner werdender Losgrößen
- der zunehmenden Produkt-Individualisierung
- sich verkürzenden Lieferfristen
- umweltfreundlichen, energieeffizienten und emissionsarmen Produktionstechnologien (Koch 2011).

Aus diesen Marktbedingungen ergeben sich zugleich neue Chancen für das Spritzgießen und die Sicherung der langfristigen Wettbewerbsfähigkeit. Zu nennen ist hier insbesondere das Stichwort „Industrie 4.0", wobei eine stärkere Durchdringung der Produktionstechnologien mit neuen internetbasierten Informations- und Kommunikationstechnologien gefordert wird. Auch die Ermittlung von Ökobilanzen und der CO2-Belastungen durch Herstellung, Gebrauch und Entsorgung von Produkten (DIN ISO 14067) rückt in das Interesse der Kunden und Hersteller. Die Auskunft über diese Produktmerkmale und ihre positive

Beeinflussung bieten zusätzliche Verkaufs- und Investitionsargumente.

Das fordernde Marktumfeld drängt alle Industriezweige zu Innovation und Fortschritt, sodass sich auch ganz neue Märkte für spritzgegossene Formteile erschließen, beispielsweise durch:

- neue polymere Werkstoffe auf Basis nachwachsender Rohstoffe
- zunehmende Substitution metallischer Werkstoffe
- neue Geschäftsfelder für das Spritzgießen durch Entwicklungen in der Biotechnologie, auf dem Gesundheitsmarkt und in der eng mit dem Leichtbau verbundenen Elektromobilität (Bürkle 2012).

Aktuelle technologische Maßnahmen und Trends, um die Prozesskette Spritzgießen auch in Zukunft effizient und damit wettbewerbsfähig zu gestalten, beziehen sich insbesondere auf:

- Verfahrensintegrationen: Kombination des Spritzgießens mit Verfahren wie der Fluidinjektionstechnik, dem Prägen oder dem Schäumen
- Innovative Materialien: Spritzgießen von niedrig schmelzenden Metallen, Metall-Kunststoff-Verbundbauteile, Formteile mit textilen Geweben als Verstärkungsmatrix (Hofmanns 2012)
- Weiterentwicklungen der am Spritzgießprozess beteiligten Komponenten und Bauteile: Verbesserungen hinsichtlich Lebensdauer und Verschleiß, Einsatz verschleißfesterer Stähle für die Plastifiziereinheit, Beschichtungen schmelzeführender Bauteile.

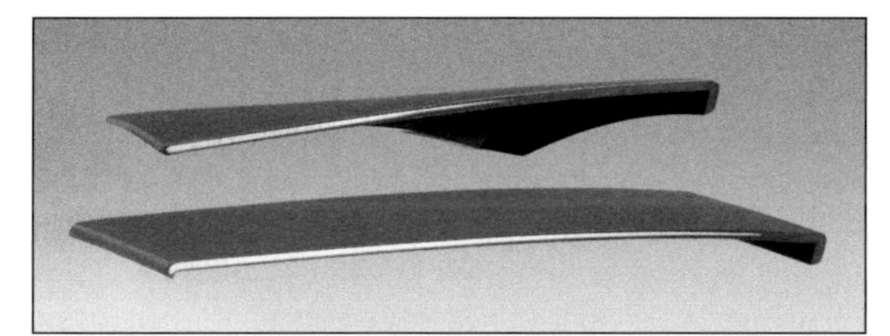

Abb. 27 Formteil hergestellt im Mehrkomponenten-Sandwich-Spritzgießen, lackierfähige Oberfläche aus ABS/PC-Compound, im Kern innen gleiches Material mit Glasfasern verstärkt (Foto: A&E Produktionstechnik GmbH)

Zusammenfassend können folgende Handlungsempfehlungen zur Steigerung der Energie- und Ressourceneffizienz bei der Fertigung von Kunststoffformteilen im Spritzgießen gegeben werden:

- Prozesskette ganzheitlich betrachten; Möglichkeiten der Zusammenarbeit, Prozessintegration und Verfahrenskombination nutzen
- Formteile im Sinne des Effizienzanspruchs konstruieren, dabei sinnvolle Qualitätsanforderungen festlegen (DIN 16742)
- am Prozess beteiligte Menschen und ihre jeweilige Qualifikation als Faktor beachten; Fachpersonal qualifizieren, befähigen und motivieren, effizient und ressourcenschonend zu arbeiten
- Wärmemanagement des Spritzgießprozesses berücksichtigen, umfassend Maschine, Werkzeug und Materialfluss optimieren
- Informationstechnologien für die systematische Anwendung von Wissen einsetzen
- Antriebe auf die benötigten Bewegungen und erforderlichen Kräfte hin bestmöglich auslegen
- verfahrenstechnisch relevante Komponenten weiterentwickeln, Effizienzsteigerungen durch Prozessverbesserungen realisieren
- Maschine und Konfiguration für den jeweiligen Anwendungsfall geeignet auswählen, gegebenenfalls ermöglicht über modularen Aufbau oder Leasingmodelle.

Literatur

Bauer, R.: Spritzgießwerkzeugtechnik im Jahr 2012, Kunststoffe 10 (2012); S. 80–90

Berger, G. u. a.: Mehr Glanz, weniger Bindenähte. Kunststoffe 7 (2011), S. 35–38

Brinkmann, T.: Energieeffizienz durch optimierte Produkt- und Werkzeugentwicklung. In: Spritzgießen 2010, Düsseldorf: VDI Verlag, 2010, ISBN:978-3-18-234306-6

BMBF Bundesministerium für Bildung und Forschung: Abschlussbericht zum Verbundprojekt: Entwicklung eines Konzepts zur Auslegung von energetisch optimierten Plastifiziereinheiten. Berlin, 2004

Bürkle, E. u. a.: Energieeffiziente Verarbeitung naturfaserverstärkter Kunststoffe. Kunststoffe 02/2009, S. 39–44 (Spritzgießcompounder)

Bürkle, E.: Das Zeitalter der Verfahrenskombination beginnt. Kunststoffe 10 (2012), S. 44–52

DIN ISO 14067: Treibhausgase – Carbon Footprint von Produkten – Anforderungen an und Leitlinien für quantitative Bestimmung und Kommunikation. Berlin: Beuth Verlag

DIN 16742: Kunststoffformteile - Toleranzen und Abnahmebedingungen. Berlin: Beuth Verlag, 2012

DIN 24450-1: Maschinen zum Verarbeiten von Kunststoffen und Kautschuk, Begriffe. Berlin: Beuth-Verlag

Epstein, O.: Kühlkonzept für kurze Taktzeiten. Kunststoffe 11 (2012), S. 58–59

EUROMAP 1: Beschreibung von Spritzgießmaschinen, Frankfurt am Main: Komitee der Hersteller von Kunststoff- und Gummimaschinen, 1083

EUROMAP 60: Injection molding machines. Determination of specific machine related electric energy consumption, Frankfurt am Main: Europäisches Komitee der Hersteller von Kunststoff- und Gummimaschinen, 1995

Gehring, A.: Der Energieverbrauch auf dem Weg vom Granulat zum Artikel. In: Spritzgießen 2010, Düsseldorf: VDI Verlag, 2010, ISBN 978-3-18-234306-6

Hennrich, B. u. a.: Weniger Verschleiß an additiv gefertigten Werkzeugeinsätzen. Kunststoffe 11 (2012), S. 45–48

Hofmanns, W.: Effizientes Spritzgießen. Plastverarbeiter 10 (2012)

Jaeger, A.: Wieviel Maschine braucht der Spritzgießbetrieb? In: Wirkungsfeld Spritzgießmaschine, Düsseldorf: VDI Verlag 1995, ISBN 978-3-18-234185-5

Jaroschek, C.: Heiß oder kalt, das ist hier die Frage. Kunststoffe 10 (2012), S. 92–98

Johannaber, F.; Michaeli, W.: Handbuch Spritzgießen. München: Carl Hanser Verlag, 2004

Kamps, T.: Plastifizieren von Kunststoffen mit Ultraschall beim Mikrospritzgießen. Dissertation RWTH Aachen 2011, ISBN: 978-3-86130-718-1

Koch, M. u. a.: Innovationsfelder der Kunststofftechnik: Roadmap für die Thüringer Kunststoffverarbeitungsindustrie. Ilmenau: TU Ilmenau, Fachgebiet Kunststofftechnik, 2011, ISBN: 978:3-9812489-8-2

Kraus Maffei Technologies: Pressemitteilung Economiser und Erdgasheizung www.kraussmaffei.com/de/service/serviceprodukte 15.04.2013

Lüling, M.: Spritzgießen mit Ultraschall, K-Profi 1 (2012), S. 4–9

Michaeli, W. u. a.: Spritzgießmaschinen auf dem Prüfstand. Kunststoffe 4 (2009), S. 38–42

Oberbach, K.: Saechtling Kunststoff Taschenbuch. München: Carl Hanser Verlag, S. 199

oni: Spritzgießmaschinen auf Diät; Kunststoff-Magazin 24.11.2010; www.oni.de

Radermacher, T. u. a.: Der Antrieb zählt. Kunststoffe 4 (2010), S. 40–44

Rahner, S.: Mit der Inversschnecke zu mehr Präzision bei Mikrobauteilen? K-Profi 1 (2013) 2, S. 18–19

Reichert, V.: Soviel wie nötig, sowenig wie nötig. Kunststoffberater 44 (1999) 12, S. 20–22

Reichert, V. u. a.: Hydraulische Antriebe und Steuerungen in Spritzgießmaschinen. Ölhydraulik und Pneumatik 40 (1996) 8, S. 533–539

Ridder, H.: Möglichkeiten und Grenzen variabler Werkzeugtemperierung. Kunststoff 5 (2009), S. 22–29

Schuh, G.; Boos, W. u. a.: Der Werkzeugbau im Wandel. Kunststoffe 10 (2012), S. 72–78

Seidel, F.: Kleines Gewicht große Anforderungen. Plastverarbeiter 5 (2009), S. 24–27

Steinbichler, G.: Schon- und Sparprogramm für Schnecken. Kunststoffe 1 (2012), S. 40–43

Steinko, W.: Optimierung von Spritzgießprozessen. München: Carl Hanser Verlag, 2008, ISBN: 978-3-446-40977-4

Strauß, O.: Effizient und flexibel – ein Spagat. Industrieanzeiger 27 (2011), S. 32–34

Thümen, Th.: Die vier Seiten eines Würfels. Kunststoffe 9 (2012), S. 26–30

Windsor Kunststofftechnologie GmbH, www.windsor-gmbh.de, 2013

1.1.3 Generative Fertigungsverfahren (Rapid Prototyping, Additive Manufacturing)

Bernhard Müller

1.1.3.1 Verfahrensbeschreibung

Allen generativen Fertigungsverfahren gemein ist der schichtweise Aufbau („Generieren") dreidimensionaler Körper aus einem formlosen Ausgangsmaterial (Flüssigkeit, Pulver, Draht) und die selektive Formgebung innerhalb dieser Schicht durch Sintern, Aufschmelzen oder chemische Bindung bzw. Umwandlung (s. Abb. 28). Für die Beschreibung der einzelnen Verfahren und die Systematik ihrer Einordnung in die Gruppe der generativen Fertigungsverfahren sei an dieser Stelle auf die einschlägige Literatur (Gebhardt 2007, Gibson et al 2010) sowie entsprechende Normen (VDI 3404, ASTM F2792) verwiesen. Zur Terminologie ist festzuhalten, dass sich nach anfänglicher Bezeichnung der Verfahren als „Rapid Prototyping" im internationalen Maßstab die Bezeichnung „Additive Manufacturing" durchgesetzt hat, was dazu führt, dass auch im deutschen Sprachgebrauch vermehrt von „additiver Fertigung" gesprochen wird. In populären Medien wird meist der fachlich nicht ganz korrekte Oberbegriff „3D-Drucken" bzw. „3D-Printing" verwendet.

Das weltweite Marktvolumen von Maschinen, Produkten und Dienstleistungen zur generativen Fertigung beträgt aktuell (Stand 2011) 1,3 Mrd. EUR bei einer jährlichen Wachstumsrate von 26,4 %. Konservative Schätzungen rechnen mit einem Marktvolumen von 2,8 Mrd. EUR in 2015 und 5 Mrd. EUR in 2019. Basierend auf der aktuellen Marktdurchdringung von nur 1 bis 8 Prozent lässt sich ein Gesamtmarktpotenzial von bis zu 130 Mrd. EUR ableiten. Bis heute wurden seit Entstehung der generativen Fertigungstechnologie Ende der 1980er Jahre weltweit knapp 49.000 industrielle Fertigungsanlagen installiert (Wohlers 2012).

Generative Fertigungsverfahren werden auf sehr verschiedene Weise unterteilt und klassifiziert, z. B. nach den physikalischen Prinzipien zur Erzeugung der Schicht (Gebhardt 2007), nach der Anzahl der Prozessschritte (VDI 3404), nach dem Aggregatzustand des Ausgangsmaterials (Grote et al 2007) oder nach der Art und Weise des Materialauftrags bzw. der Materialverfestigung (Wohlers 2012):

- Extrusionsbasierte Verfahren (Aufschmelzen von meist drahtförmigem Vormaterial in einer Heizdüse und gesteuerter Auftrag über ein Plottersystem, z. B. FDM/FLM-Fused Deposition Modeling/Fused Layer Modeling

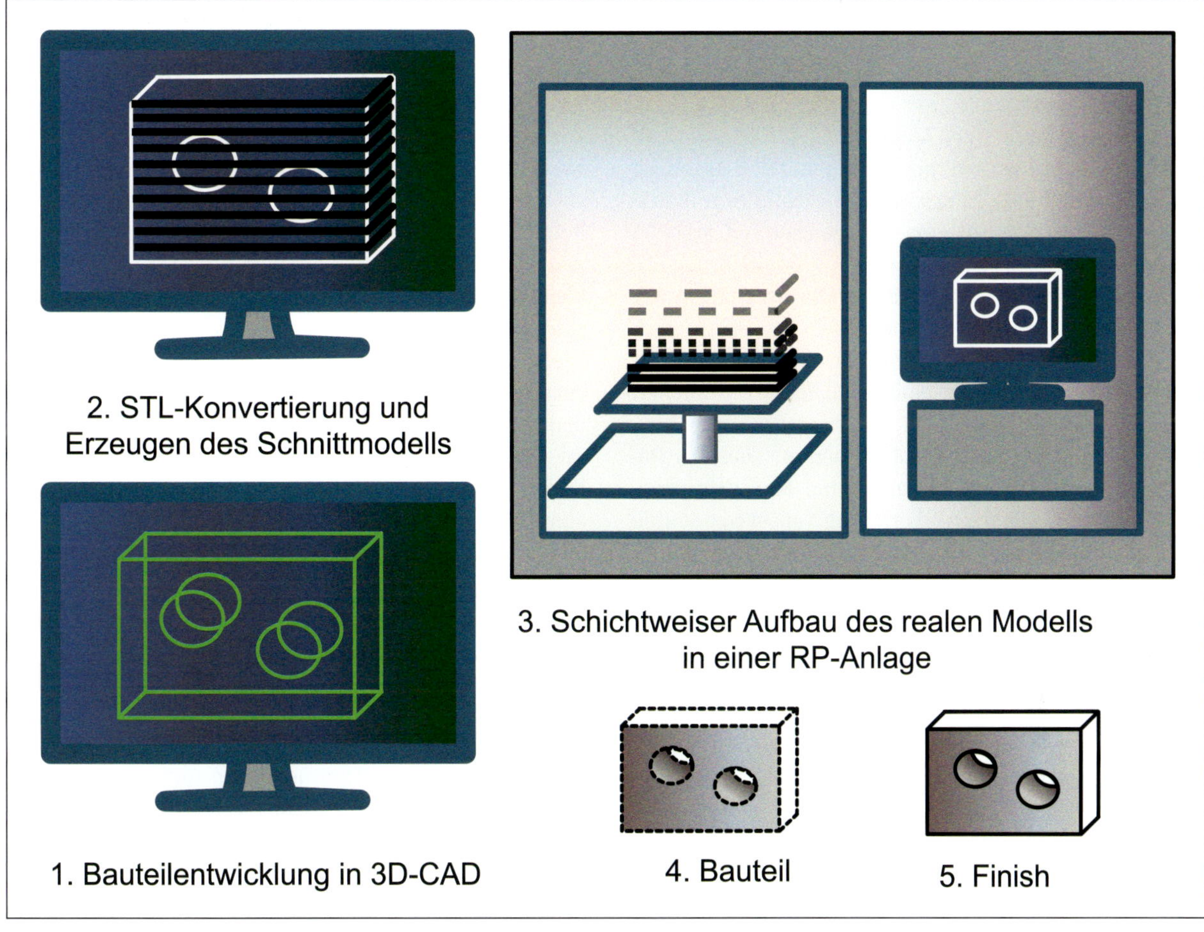

Abb. 28 Verfahrensprinzip generativer Fertigung, allgemein (links) und am Beispiel des Laserstrahlschmelzverfahrens (rechts)

- Druckverfahren (tröpfchenweiser Materialaufbau oder Binderauftrag auf ein Pulverbett analog dem Tintenstrahldruck, z. B. 3D-Drucken)
- Fotopolymerisationsverfahren (selektives UV-Licht-basiertes Aushärten von speziellen Kunststoffen, z. B. Stereolithographie)
- Selektives Sintern bzw. Schmelzen von Pulvermaterial (z. B. Lasersintern, Strahlschmelzen)
- Laminierverfahren (Aufeinanderkleben von Folien und Ausschneiden der Bauteilkontur, z. B. LOM Laminated Object Manufacturing)
- Verfahren mit gerichtetem Energieeintrag und gleichzeitigem Materialauftrag (z. B. Laser-Pulver-Auftragsschweißen, LENS Laser Engineered Net-Shaping).

1.1.3.2 Anwendungen

Anwender bzw. Teileabnehmer sind hauptsächlich die Automobil-OEMs sowie die großen Hersteller von Konsumgütern und Elektronikartikeln (praktisch ausschließlich für Konzeptstudien, Prototypen und Vorserienteile), Flugzeug- und Triebwerkshersteller (hauptsächlich Prototypen, aber auch erste Serienteile im Interieur- und Luftführungsbereich), Motorsportunternehmen (Rennställe und Fahrzeughersteller, für Prototypen und Serienteile), Werkzeugbau-, Kunststofftechnik- und Gießereiunternehmen (für Werkzeug- und Formeinsätze bzw. Gießereimodelle) sowie Maschinenbauunternehmen. Im Medizinbereich sind vor allem Implantathersteller und Dentallabors Abnehmer generativ gefertigter Teile. Vor allem in den USA treten auch Militärtechnikanbieter als Teileabnehmer auf.

Im Automotive-Sektor mit der ihn kennzeichnenden Massenfertigung werden generative Fertigungsverfahren heute weit verbreitet im Produktentwicklungsstadium zur Fertigung von Prototypen und Vorserienteilen eingesetzt (Wöllecke 2012). Vor allem die kunststoffverarbeitenden Verfahren sind hier etabliert mit Fertigungsanlagen bei den Automobil-OEM selbst sowie bei Zulieferern und vor allem bei spezialisierten Rapid-Prototyping-Dienstleistern. Auch mittelfristig liegt der künftig zu erwartende Anwendungsschwerpunkt generativer Fertigungsverfahren eher bei kleinen und höchstens mittleren Stückzahlen.

Im Bereich des Werkzeugbaus geht der Trend klar weg vom Rapid Tooling, der schnellen Fertigung von Vorserienwerkzeugen, hin zur Fertigung von Werkzeugeinsätzen mit Serieneigenschaften und voller Serientauglichkeit, verbunden mit besonderen Mehrwerten und Funktionalitäten zur Steigerung der Produktivität und Verbesserung der Bauteilqualität (z. B. laserstrahlgeschmolzene Werkzeugeinsätze mit konturbezogenen, geometrisch komplexen Kühl- und Temperierkanälen für Kunststoffspritzguss, Leichtmetalldruckguss und Warmumformverfahren wie Schmieden und Presshärten (Müller 2010, Gerth et al. 2013, Bergmann et al. 2011, Müller et al. 2013). Diese Anwendungsfelder gelten ebenso für andere Branchen mit Großserienfertigung.

In bestimmten Nischenbereichen beginnt sich das Rapid Manufacturing bzw. Direct Digital Manufacturing, d. h. die direkte generative Fertigung von Serienbauteilen und Endprodukten, zu etablieren (Müller-Lohmeier 2012). Serientypische Bauteileigenschaften, steigende Produktivität und Prozesssicherheit und -reproduzierbarkeit unterstützen diesen Trend, der dem Megatrend der individualisierten Fertigung folgt. Generative Fertigungsverfahren erlauben heute und in Zukunft auf einzigartige Weise die Umsetzung dieses Megatrends in die fertigungstechnische Realität. Im Schmuck-, Design- und Interieurbereich sind heute schon entsprechende Produkte auf dem Markt. In Zukunft wird die generative Fertigung integraler Funktionsbauteile höchster geometrischer Komplexität in kleiner und perspektivisch in mittlerer Stückzahl branchenübergreifend Einzug in die Produktion halten, verbunden mit der Herausforderung, die neuen Möglichkeiten und Gestaltungsfreiheiten der generativen Fertigung flächendeckend ins Bewusstsein der Produktentwickler und Konstrukteure gelangen zu lassen. Hierzu wird erwartet, dass vornehmlich die heute schon verfügbaren und erprobten Werkstoffe zum Einsatz kommen, aber auch die neu für die generative Verarbeitung qualifizierten Serienwerkstoffe angewendet werden.

Im Bereich der Medizintechnik ist die Endoprothetik der Bereich, in dem Individualisierung der Fertigung einen hochinteressanten Wachstumsmarkt darstellt, derzeit jedoch noch weitgehend ausgebremst durch die rigiden Kostenvorgaben (Fallpauschalen) der Krankenversicherungsträger (Krankenkassen), die die Patientenindividualisierung auf breiter Front heute noch verhindern. Das deutsche Gesundheitswesen erlaubt heute im Gegensatz zum Weltmaßstab auch noch keine vom Patienten auf dessen Wunsch und Wahl zugeschnittene und von ihm selbst zusätzlich finanzierte patientenindividuelle Lösung. Hier ist einerseits generell ein Umdenken erforderlich, andererseits werden die Kosten generativ gefertigter, patientenindividueller Implantate in den nächsten Jahren deutlich sinken. Neben patientenindividuellen Implantatausführungen zählt die Funktionsintegration in auf generativem Wege serienmäßig hergestellte „Standard"-Implantate zu den zukunftsweisenden Anwendungen (Neugebauer et al. 2011, Müller et al. 2012). Die entsprechenden Fertigungsketten werden durch spezialisierte Dienstleister aufgebaut werden, wobei den Werkstofftrends im Metallbereich weg von Edelstahl, Kobalt-Chrom und Titanlegierungen hin zum Reintitan und zu Nickel-Titan-Formgedächtnismaterialien und im Kunststoffbereich hin zum Einsatz bioinerter, biokompatibler und bioresorbierbarer Kunststoffe Rechnung getragen wird.

Die kunststoffverarbeitenden generativen Fertigungsverfahren haben weltweit bereits eine hohe Marktdurchdringung erreicht. Heute betreiben praktisch alle OEM im Automobilbau, aber auch in der Luftfahrt und der Konsumgüterproduktion eigene Anlagen. Darüber hinaus hat sich eine große Anzahl von Dienstleistern, vor allem für die Prototypenfertigung, gebildet. Die aktuell bedeutendsten industriellen Anwendungen sind dabei (Wohlers 2012):

- patientenindividuell gefertigte In-Ohr-Hörgerätgehäuse (2011: ca. 1,1 Mio. Stück direkt mittels Fotopolymerisation gefertigt)
- unsichtbare kieferorthopädische Kunststoffschienen, hergestellt mittels Thermoformen unter Verwendung stereolithografisch generierter Formwerkzeuge (als Ersatz für traditionelle Metallspangen)
- Luftführungssysteme in zivilen und militärischen Flugzeugen von Boeing, hergestellt mittels Lasersintern aus Polyamid (bis heute mehrere Tausend Stück produziert)
- Montage- und Spannvorrichtungen, hergestellt mittels FDM aus ABS bzw. Polycarbonat
- Chirurgische Schablonen und Resektionswerkzeuge zur Unterstützung von Chirurgen im Operationssaal zum Ausrichten, Bohren und Platzieren von Implantaten.

Im Metallbereich sind OEMs aus der Automobil-, Luftfahrt- und Energietechnik führende Anwender und setzen dabei hauptsächlich auf die Laserstrahlschmelztechnologie, v. a. für Bauteile mit hoher Wertschöpfung in kleiner Stückzahl. Der Dienstleistungsmarkt ist dabei noch relativ klein und nicht ausreichend entwickelt. Dennoch gibt es bereits eine Reihe von industriellen Anwendungen generativ gefertigter Metallkomponenten (Wohlers 2012):

- Zahnersatzteile, wie Kronen und Käppchen (generative Fertigung von 15.000 Stück pro Tag allein auf Laserstrahlschmelzanlagen der Fa. EOS)
- Hüftpfannenimplantate (bisher über 80.000 Stück gefertigt mittels Elektronenstrahlschmelzen, 30.000 davon bereits in Patienten implantiert)
- Kraftstoff-Einspritzsystem für das neue LEAP-Triebwerk von GE Aviation, künftig generativ als integrales Komplexteil gefertigt anstelle einer zwanzigteiligen Baugrup-

pe mit 19 Lötoperationen; außerdem werden künftig die Anströmkanten von Turbinenschaufeln generativ aus Titan gefertigt.

Während es schwierig ist, die nächste groß angelegte Serienanwendung mittels generativer Fertigungsverfahren vorherzusagen, lassen sich dennoch ihre allgemeinen Attribute benennen: niedrige Produktionsstückzahlen (bis zu Stückzahl 1), komplexe Form und geometrische Elemente zur Integration mehrerer Einzelteile in ein Komplexteil, Bauteilgewichtsreduzierung durch Topologieoptimierung oder Integration von Regelgitterstrukturen, außerdem der Verzicht auf Werkzeuge und Formen, Fügeoperationen und Lagerhaltung; möglicherweise ein hochwertiges Spezialteil mit angepasster oder lokal unterschiedlicher Legierungszusammensetzung (Wohlers 2012).

1.1.3.3 Werkstoffpalette

Generative Fertigungsverfahren lassen sich heute bezüglich der verarbeitbaren Werkstoffe in drei Klassen einteilen - die Kunststoff verarbeitenden (z.B. Lasersintern, FLM, Stereolithografie), die Metall verarbeitenden (Laserstrahlschmelzen und Elektronenstrahlschmelzen) und die Keramik verarbeitenden (z.B. 3D-Printing) Verfahren. Neben den etablierten Kunststoffen, die heute bereits verarbeitet werden, wie Polyamid (PA), Polyethylen (PE), Polystyrol (PS) und ABS (Acrylnitril-Butadien-Styrol), ist das PEEK-Material ein neuer, innovativer Werkstoff im Kunststoffbereich. PEEK (Polyetheretherketone) ist ein Hochtemperatur-Thermoplast, der in allen bekannten Flüssigkeiten nicht löslich ist und exzellenten Widerstand gegen fast alle organischen und nicht organischen Verbindungen zeigt. PEEK eignet sich besonders für Anwendungen, die über lange Zeiträume hohen Drücken und/oder hohen Temperaturen ohne Verformung oder Degradierung standhalten müssen. Als hemmend für den Einsatz von PEEK erweisen sich die hohen Kosten des Pulvermaterials und die fehlende Möglichkeit der Wiederverwendung.
Bei den Metall verarbeitenden generativen Verfahren haben sich bis heute bereits Stahlwerkstoffe (martensithärtender Werkzeugstahl, Edelstahl), Aluminium (Aluminium-Silizium-Gusslegierungen), Titanlegierungen (TiAl6V4), Kobalt-Chrom-Legierungen und Nickelbasis-Legierungen (Inconel) etabliert. Neue Werkstofftrends sind hier vor allem in der Verbreiterung der Legierungsbasis je Werkstoffgruppe zu finden - hauptsächlich mit dem Ziel, für Rapid-Manufacturing- oder Serienwerkzeugbau-Anwendungen den serienidentischen Werkstoff im Strahlschmelzprozess zu verarbeiten, der heute im konventionellen Fertigungsprozess verwendet wird. Das betrifft einerseits kohlenstoffhaltige Werkzeugstähle mit hohen erreichbaren Endhärten (für Serienwerkzeugbauanwendungen, z.B. in der Blechumformung), hochduktile Aluminium-Knetlegierungen für crashrelevante und Sicherheits-Bauteile sowie Reintitan für medizinische Anwendungen im Bereich der Endoprothetik. Als neue Werkstoffgruppe wurde kürzlich erstmals eine Kupferlegierung erfolgreich verarbeitet, um für bestimmte Bauteile die hohe thermische und elektrische Leitfähigkeit von Kupfer zum Tragen zu bringen (Becker 2011). Allerneueste Grundlagenforschungen beschäftigen sich heute bereits mit Formgedächtnislegierungen (FGL), wie z.B. Nickel-Titan für adaptronische und medizintechnische Anwendungen intelligenter Werkstoffe (Haberland 2012) und mit hochtemperaturfesten Leichtmetalllegierungen (Titanaluminide) für den Turbinenleichtbau v. a. in der Luftfahrt, aber auch im Bereich stationärer Turbinen (Fanning 2013).
Die keramische Materialien verarbeitenden Verfahren werden heute vorrangig für die kostengünstige Fertigung von Designprototypen, Anschauungsmustern und zum Teil mehrfarbigen Modellen und Objekten verwendet. Neue Trends gehen derzeit hin zur Verarbeitung technischer Feuerfestkeramiken, z.B. für Prototypen-Gießformen, und zur Verarbeitung bioresorbierbarer Keramiken und Keramik-Polymer-Verbundwerkstoffe für patientenindividuelle, temporäre Endoprothesen, die sukzessive durch körpereigenes Gewebe ersetzt werden sollen (z.B. Trikalziumphosphat, Hydroxylapatit).
Eine Verdrängung traditionell eingesetzter Werkstoffe setzt sich im Kunststoffbereich fort bei der Verdrängung der Sonderwerkstoffe für die generative Fertigung wie Fotopolymere und dem immer weiter um sich greifenden Einsatz von Werkstoffen, die heute in konventioneller Fertigung bereits zum Einsatz kommen. Dies gilt ebenso für den Metallsektor, wobei in beiden Bereichen die Besonderheiten der generativen Verfahren und Grenzen der Verarbeitbarkeit vieler Werkstoffe ebenso limitierend wirken wie der sehr aufwendige Prozess der Werkstoffqualifizierung und -bereitstellung in der für generative Verarbeitung nötigen Form (Pulver definierter Körnung bzw. Draht). Weitere Werkstoffverdrängungen ergeben sich aus den heute bereits in der konventionellen Fertigung stattfindenden Verdrängungen, denen auch die generativen Verfahren folgen müssen (z.B. Reintitan in der Medizintechnik oder hochfeste Stähle und hochduktile Aluminiumlegierungen in der Automobiltechnik). Formgedächtnismaterialien werden auf absehbare Zeit auf Nischenanwendungen beschränkt bleiben und deshalb nur eingeschränkt in die generative Fertigung Einzug halten.
Massenhaft zum Einsatz werden im Rapid Manufacturing die heute bekannten und in der Massenfertigung etablierten Werkstoffe kommen, während neue oder nur generativ verarbeitbare Werkstoffe vorläufig Nischenanwendungen vorbehalten bleiben, zumindest, bis gleichwertige oder überlegene Werkstoffeigenschaften ausreichend nachgewiesen und abgesichert sind.

Grundsätzlich lassen sich auf generativem Wege alle thermoplastisch schmelzenden Kunststoffe und schweißbaren Metalle verarbeiten, wobei gewisse Einschränkungen hinsichtlich während der Verarbeitung stattfindender Gefügeumwandlungen bestehen. Erforderlich sind weiter steigende Energieeinträge pro Ort und Zeiteinheit sowie Prozessanpassungen zur Vermeidung unerwünschter Eigenspannungen und Verzüge durch hohe Temperaturgradienten und Gefügeumwandlungsmechanismen. Gleichzeitige Verfahrensanpassungen zur einerseits verbesserten Oberflächenqualität und Maßhaltigkeit durch Reduzierung der Laserleistung und -fokusgröße, Schichtstärken und Pulverpartikelgrößen und zur andererseits gesteigerten Produktivität durch Laserleistungssteigerung und -defokussierung, höhere Scangeschwindigkeiten und größere Schichtstärken stellen eine große Herausforderung dar. Grundsätzlich wird durch die stetige Verfahrensweiterentwicklung die Verarbeitbarkeit neuer und weiterer Werkstoffe in den generativen Fertigungsprozessen zunehmen.

1.1.3.4 Trends

Im Kunststoffbereich ist durch die hohe Marktverbreitung und den in einigen Bereichen bereits vollzogenen Schritt vom Rapid Prototyping zum Rapid (bzw. Direct Digital) Manufacturing eine Entwicklung zur Einführung von Qualitätsmanagementsystemen zu beobachten, um nun auch die hohen Anforderungen, vor allem der Luftfahrt- und Automobilindustrie, an die systematische Qualitätsüberwachung für generativ gefertigte Bauteile zu erfüllen. Hier führen Unternehmen im Bereich der generativen Fertigung QM-Systeme ein, die mit dem anderen Urformverfahren Gießen vergleichbare Prüfprozeduren beinhalten, um die zuverlässige Qualitäts-Gerechtheit der generativ gefertigten Bauteile sicherzustellen.
Ein Quantensprung in der direkten generativen Fertigung von Metallteilen gelang durch die Weiterentwicklung des Metall-Lasersinterns zum Laserstrahlschmelzen, wodurch erstmals Metallteile direkt in einem einstufigen generativen Fertigungsprozess aus metallischen Serienwerkstoffen mit vollständig dichtem Gefüge hergestellt werden können, was durch das vollständige Aufschmelzen des pulverförmigen Ausgangsmaterials gelingt. Deutschland nimmt bei dieser Technologie weltweit die Spitzenposition ein. Die Technologie wurde sowohl in Deutschland entwickelt als auch erfolgreich kommerzialisiert. Es gibt mittlerweile vier in Deutschland ansässige Anlagenanbieter, außerdem einen direkten und zwei indirekte ausländische Wettbewerber (Frankreich, Schweden, USA). Bis heute wurden über 500 Laserstrahlschmelzanlagen weltweit verkauft (Wohlers 2012), diese befinden sich mehrheitlich an Forschungseinrichtungen sowie bei OEMs, Werkzeugbauunternehmen und Rapid-Prototyping-Dienstleistern. Der kommerzielle Durchbruch der Technologie als Fertigungsverfahren für Serienprodukte und -werkzeuge steht noch bevor, der Prozess muss weiter angewandt erforscht werden, um ihn robuster, reproduzierbarer und kostengünstiger zu gestalten.
Aktuelle Forschungsarbeiten konzentrieren sich auf die noch vergleichsweise jungen Strahlschmelzverfahren. Ein beachtenswerter Forschungstrend ist die weitere Laserleistungssteigerung im Laserstrahlschmelzprozess von aktuell 100–400 W (bei derzeit kommerziell verfügbaren Anlagen) auf 1 kW. Erste Anlagen mit 1 kW Laserleistung werden derzeit bei Beta-Testern installiert.
Einen weiteren wichtigen Trend in der Forschung und Entwicklung stellt die Echtzeit-Prozessüberwachung des Fertigungsprozesses dar, um den Fertigungsprozess vollständig zu dokumentieren, Unregelmäßigkeiten erkennen zu können und als längerfristiges Ziel unmittelbar regelnd in den Prozess einzugreifen (z. B. zur adaptiven Anpassung von Fertigungsparametern basierend auf Prozessüberwachungsdaten).
Ein wichtiger Trend der letzten Jahre ist die Verfügbarkeit immer kostengünstigerer Rapid-Prototyping-Anlagen, meist als „3D-Drucker" vermarktet (obwohl nicht zwangsläufiger nach dem am MIT entwickelten 3D-Printing-Verfahren arbeitend), zur Herstellung von Anschauungsmustern mit eingeschränkter Funktionalität. So gibt es heute bereits kleine Anlagen unter 5.000 EUR Anschaffungskosten. Hier ist zu erwarten, dass immer mehr solche preiswerten Anlagen angeboten werden, wodurch sich das schnelle „Drucken" dreidimensionaler Objekte flächendeckend in allen Bereichen der Wirtschaft und auch im Heim- und Privatbereich durchsetzen wird.
Als visionäre Entwicklung sind die „Personal-3D-Printer" (auch bekannt bzw. vermarktet unter Begriffen wie Fab@Home, RapMan, MakerBot, Cube oder Fabbster) zu sehen – hierbei handelt es sich um Geräte oder Bausätze meist unter 1.000 EUR Anschaffungskosten, mit denen jeder Mensch zu Hause Bauteile fertigen kann. Dabei konnten schon komplexe Funktionsbaugruppen aus verschiedenen Werkstoffen inklusive elektronischer Schaltkreise und Batterien gebaut werden (Lipson 2009). Die Genauigkeiten und Eigenschaften dieser Bauteile sind heute noch weit entfernt von denen auf industriellen Anlagen zur generativen Fertigung hergestellten Bauteilen. Aufgrund der extrem geringen Anschaffungskosten ist aber eine sehr schnelle und weite Verbreitung zu erwarten, wodurch sich die Weiterentwicklung extrem beschleunigen und der Vision der heimischen Eigenfertigung komplexer Produkte näherkommen wird. Bis heute sind weltweit über 31.000 Heim-3D-Drucker installiert, wobei ihr Anteil am Gesamtumsatz generativer Fertigungsanlagen auf lediglich 5,2 % geschätzt wird (Wohlers 2012).

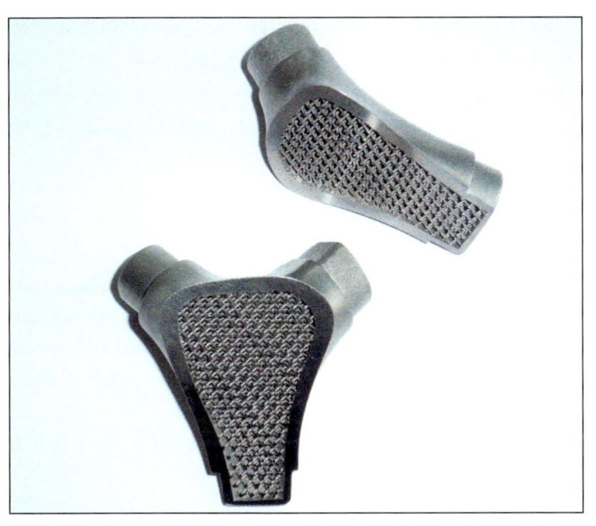

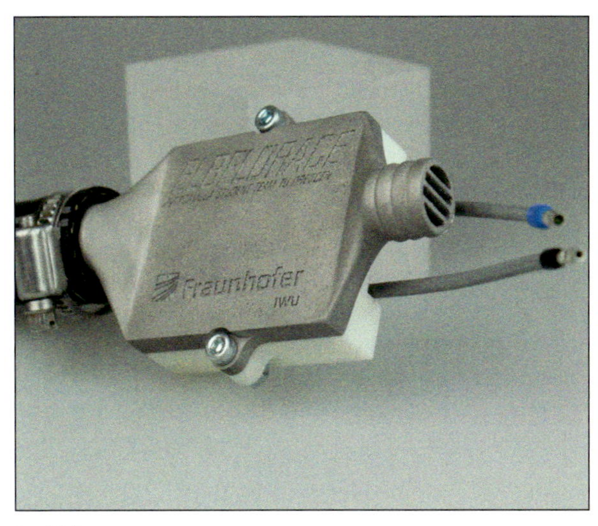

Abb. 29 Innere Leichtbau-Gitterstruktur (links), hocheffizienter Kühler (rechts)

1.1.3.5 Beitrag zur Steigerung der Ressourceneffizienz in der Produktion

Die heute noch weitverbreitete Betrachtung der generativen Fertigungsverfahren als direkte Substitution etablierter Fertigungsverfahren zur Fertigung geometrisch komplexer Bauteile wie CNC-Fräsen oder Gießen ist nicht zielführend, weder für die Durchsetzung der generativen Fertigung im industriellen Maßstab noch für die Ausschöpfung der Potenziale generativer Fertigung – auch und vor allem zur Steigerung der Ressourceneffizienz in der Fertigung und im Einsatz der Bauteile. Insbesondere für die Herstellung von Bauteilen mit eingeschränkter Komplexität in hoher Stückzahl werden sich generative Fertigungsverfahren niemals eignen. Die Vorteile generativer Fertigung lassen sich kaum in einem direkten Vergleich mit konventioneller Fertigung im Sinne eines Vergleichs „von Äpfeln mit Äpfeln" darstellen. Der tatsächliche Mehrwert generativer Fertigung liegt in den ihr eigenen, einzigartigen Fähigkeiten, wie z. B. zur Bauteilintegration, werkzeuglosen Fertigung, kundenspezifischen Designvariationen, hochkomplexen Bauteilgestaltung für kleine Stückzahlen oder Leichtbauteile mit innerer Gitterstruktur. Je geringer die Stückzahl und je größer die Komplexität bzw. Varianz eines Bauteils, umso mehr eignen sich generative Verfahren zu seiner Herstellung.

Neuartige Leichtbauansätze

Generative Fertigung ermöglicht neuartige Herstellungstechniken, die mit konventioneller Fertigung unmöglich sind. Einige dieser Techniken haben sich bereits in kommerziell verfügbare Produkte entwickelt, während andere bisher nur in Forschungs- und Entwicklungsprojekten rund um die Welt hervorgetreten sind. Dies beinhaltet:

Abb. 30 Topologieoptimierte Konstruktion eines Longboard(Skateboard)-Trägers, generativ gefertigt in Aluminium mittels Laserstrahlschmelzen (Quelle: Fraunhofer IWU)

- Gitterstrukturen und andere dreidimensionale Regelgeometriemuster im Inneren eines Bauteils zur Erzeugung von extremen Leichtbaustrukturen oder deutlich effizienteren Wärmetauschern (Abb. 29)
- direkte fertigungstechnische Umsetzbarkeit komplexer, topologieoptimierter Strukturen als rechneroptimierte, leichtest mögliche Konstruktion für vorgegebene Festigkeits- und Steifigkeitsanforderungen unter bestimmten geometrischen und weiteren Randbedingungen z. B. Bauraum, Lasteinleitungspunkte etc. (Abb. 30)
- funktional gradierte Multi-Material-Bauteile, wobei der Werkstoff bzw. die Legierungszusammensetzung eines Bauteils örtlich variiert werden kann (bis heute weitgehend unerforscht).

Für die effektive Erzeugung geometrisch komplexer Regelgitter- als auch topologieoptimierter Strukturen sowie Werkstoffgradienten durch Eigenschaftsdefinition einzelner Volumenelemente (Voxel) eines Bauteils sind noch erhebliche Softwareneu- und -weiterentwicklungen erforderlich. Entsprechende Software-Tools als Insellösung oder Zusatzbausteine für etablierte 3D-CAD-Systeme werden sich zweifellos entwickeln.

Effektive Produktentwicklung

Unzählige Fallstudien aus den letzten 20 Jahren haben gezeigt, dass mehrere, schnelle Design-Iterationen bzw. Konstruktionsschleifen unter Zuhilfenahme von generativ gefertigten „Rapid Prototypes" (Designmodelle, Funktionsmodelle, Fertigungsmodelle, Vorserienteile) zu einer kostengünstigen, optimierten Konstruktionsvariante führen und kostspielige und ressourcenintensive Konstruktionsänderungen und Nacharbeiten während der Werkzeugbau- bzw. Fertigungsphase vermeiden helfen. Das sogenannte „DesignFreeze", das Einfrieren eines Bauteilentwicklungs- und -konstruktionsstandes für die Fertigung, kann bei generativer Fertigung deutlich später erfolgen als bei konventionellen Herstellmethoden, da langwierige Werkzeug- und Formenbauprozess entfallen. Konstruktionsänderungen während des Fertigungszyklus' eines Produkts werden möglich, ohne kosten-, zeit- und ressourcenintensive Werkzeugänderungen zu verursachen.

Abfallfreie Fertigung

Generative Fertigung hat das Potenzial zu signifikanter Ressourcenschonung in der Fertigung im Vergleich zu etablierten Fertigungsverfahren. Mit generativen Fertigungsverfahren, insbesondere mit dem Strahlschmelzen von Metallbauteilen, können hochkomplexe Teile nahezu abfallfrei produziert werden. Leichtbaukomponenten, z. B. Luftfahrtanwendungen aus Titan, werden meist zerspanend hergestellt mit Zerspanungsraten von bis zu 90 %. Die in der Luftfahrtindustrie wichtige Kennzahl der „Buy-to-Fly-Ratio" (Verhältnis Materialeinkaufsgewicht zu Gewicht der Komponente wie verbaut) wird durch die endkonturnahe bis endkonturfertige Herstellung mittels generativer Verfahren erheblich günstiger gestaltet. Auch wenn Späne aus der mechanischen Fertigung oder Anguss- und Speisersysteme oft recycelt werden können, sind dadurch zusätzliche Ressourcen in Form von Energie (Schmelzenergie für Wiedereinschmelzprozesse) und Material (Materialverlust beim Wiedereinschmelzen durch Abbrand und Krätzeentstehung) erforderlich. Auch ist Recycling von Abfall nicht in jedem Fall möglich oder wirtschaftlich – so werden Titanspäne in der Luftfahrtindustrie nicht weiterverarbeitet, sondern entsorgt (Meyer 2012).

Das Ziel der abfallfreien Fertigung kommt dank generativer Fertigung in Reichweite, lässt sich doch nicht im Bauteil verarbeitetes Material in folgenden Bauprozessen wiederverwenden. So beschränkt sich der Materialabfall bei vielen Verfahren in der generativen Fertigung auf minimale prozessbedingte Verluste (Selbstreinigung von Aufschmelzdüsen, Abtropf- bzw. Pulververluste bei Materialwechsel und Maschinenreinigung etc.). Bei einigen generativen Verfahren (FLM, Stereolithografie, Laserstrahlschmelzen) entsteht zusätzlich Materialabfall in Form von verlorenen Stützstrukturen, die während des Bauprozesses zur Stabilisierung des in Entstehung befindlichen Bauteils verfahrensbedingt erforderlich sind. Bei Laminierverfahren entsteht Abfall in Form des ausgeschnittenen Restmaterials in der Größenordnung des Verhältnisses der Hüllgeometrie zur eigentlichen Bauteilgeometrie. Beim Lasersintern besteht aufgrund von Alterungsprozessen die Notwendigkeit der „Auffrischung" des Kunststoffpulvers, wodurch Abfall in Form von Altpulver entsteht. Beim Werkstoff PEEK (s. Kapitel VI.1.1.3.3) lässt sich das gesamte im Bauprozess eingesetzte und nicht im Bauteil verarbeitete Material nicht wiederverwenden und ist somit Abfall. Grundsätzlich lässt sich jedoch das Fazit ziehen, dass generative Fertigung in Bezug auf die Vision der abfallfreien Fertigung das größte Potenzial aller Fertigungsverfahren besitzt.

Es ist jedoch zu beachten, dass für einen realistischen Vergleich der Ressourceneffizienz von Fertigungsverfahren auch der Ressourceneinsatz in der Vor- und Rohmaterial- bzw. Halbzeugherstellung in die Betrachtung einbezogen werden muss. So ist die Herstellung der Pulvermaterialien für die generative Weiterverarbeitung in pulverbettbasierten Prozessen (Lasersintern, Strahlschmelzen, 3D-Drucken) teilweise ressourcenintensiver als bei konventionellen Fertigungsverfahren, wo Ausgangsmaterial in Form von Gussmasseln oder geschmiedeten Materialblöcken verarbeitet wird. Erste Studien zeigen aber, dass auch bei Betrachtung des gesamten Ressourcenstroms incl. Vormaterialerzeugung die generative Fertigung ressourceneffizienter ist als konventionelle Verfahren (Fleurinck 2012).

Werkzeuglose, bedarfsorientierte Fertigung just-in-time

Generative Fertigung eliminiert die Notwendigkeit von Werkzeugen und Formen und vermeidet so nicht nur den Ressourcenverbrauch in der Werkzeugfertigung, sondern reduziert ebenfalls Risiken in der Produktentwicklung durch Vermeidung der Vorab-Kapitalanlage in Werkzeuge und Formen. Dies erlaubt Unternehmen Agilität und Flexibilität in Entwicklung und Fertigung und ermöglicht eine bedarfsorientierte Fertigung („Manufacturing on demand") unter Reduzierung oder kompletter Vermeidung von Lagerhaltung und Transport und damit verbundenem Ressourcen- und Kapitaleinsatz.
Generative Fertigung ermöglicht tatsächliche „Just-in-time"-Fertigung, eine seit Jahrzehnten verfolgte Methode, die aber bisher nicht in vollem Umfang möglich war. Generative Fertigung eröffnet neue Perspektiven für dezentrale und bedarfsorientierte Fertigung – „on demand", „just in place" und „just in time".
Der Durchbruch der generativen Fertigung im industriellen Alltag ist auch abhängig von der Entwicklung einer Methodik zur Evaluierung und Identifizierung der besten Kandidaten für eine Überführung in generative Fertigung (Wohlers 2012). Dies könnte durch Computermodelle oder -algorithmen oder durch simple Ablaufdiagramme mit einer Reihe von Ja- und Nein-Antworten erreicht werden. Die Variablen in einer solchen Analyse sind komplex und noch nicht vollständig verstanden, sie beziehen Faktoren ein wie Gewichtsreduzierung, Rohmaterialkosten, Energieverbrauch, Integrationsmöglichkeit mehrerer Bauteile in ein Komplexteil, Abfall in der Fertigung, Baugeschwindigkeit, Kapitalkosten für Werkzeuge und Formen, Werkzeugänderungskosten, Produktionsstückzahlen und vieles mehr. Ein solches Qualifizierungsmodell für generative Fertigung wurde trotz diverser Ansätze bisher noch nicht erfolgreich entwickelt und eingeführt.

Ressourcenschonung in der Produktnutzung

Je nach Betrachtungsweise beschränkt sich Ressourceneffizienz in der Produktion nicht auf die Fertigung selbst („Cradle-to-Gate"-Betrachtung), sondern beinhaltet auch den Ressourcenverbrauch im Produkteinsatz („Cradle-to-Grave"-Betrachtung). In der Nutzungsphase generativer Produkte lassen sich aufgrund des extrem hohen Leichtbaupotenzials – jedes Volumenelement im Bauteil ohne Funktion kann entfallen – erhebliche Ressourceneinsparungen erzielen; in einem Ausmaß, dass gewisse Mehrkosten in der Fertigung der Produkte in Kauf genommen werden können, spart man doch ein Vielfaches dieser Mehraufwendungen im Produkteinsatz wieder ein, in der Regel in Form von Energie (Elektroenergie, Treibstoff). Das bezieht sich hauptsächlich auf Bauteile für Mobilitätsanwendungen aus den Bereichen Automobil- und Schienenfahrzeugtechnik sowie Luft- und Raumfahrt.

Effektivere Serienwerkzeuge

Der Einsatz generativer Fertigungsverfahren, insbesondere des Laserstrahlschmelzens, zur Herstellung von Komponenten, Aktivteilen und Einsätzen für Serienwerkzeuge und -formen ermöglicht die Integration zusätzlicher bzw. deutlich verbesserter Funktionen in die Werkzeuge, wodurch sie sich effektiver und ressourceneffizienter einsetzen lassen. Die heute bereits bedeutendste Funktionsverbesserung in Werkzeugen und Formen stellt die konturnahe Kühlung bzw. Temperierung dar, die eine vollkommen neue Qualität der Werkzeugtemperierung ermöglichen. Welche Ressourceneinsparungen und Effizienzsteigerungen damit möglich sind, wird im Folgenden anhand von zwei Praxisbeispielen erläutert.
Beim ersten Beispiel handelt es sich um ein Druckgießwerkzeug zur Herstellung der Lagertraverse (Unterteil des Zylinderkurbelgehäuses) eines Premium-Automobilmotors. Um den hohen Ansprüchen an Gewicht, Leistung und Emissionsverhalten gerecht zu werden, liefern auch Leichtbau-Komponenten, wie Gussteile aus Aluminium, einen großen Beitrag. Die zunehmende Komplexität der Bauteile stellt eine große Herausforderung an die Druckgussindustrie dar, da komplizierte Bauteile zunächst zu Nachteilen in Produktqualität und Herstellungskosten führen können. Um die Wirtschaftlichkeit der Gussteile zu sichern, sind oftmals neue Wege im Entwicklungs- und Fertigungsprozess zu beschreiten. Im herkömmlichen Druckguss kann das Bauteil nur schwer die anspruchsvollen Qualitätskriterien des Premium-Segments erfüllen. Das Hauptproblem im Druckguss, das Auftreten von Porosität, stellt dabei ein zentrales Ausschuss-Thema dar. Laboruntersuchungen zeigen lokale Gas- und Erstarrungsporosität im analysierten Bauteil. Hochleistungsmotoren unterliegen massiven thermischen und mechanischen Beanspruchungen. Um entsprechend statische und dynamische Festigkeiten zu garantieren und gleichzeitig Bauteilundichtigkeiten zu vermeiden, sind auftretende Porositätsvolumina zu minimieren und Präventivmaßnahmen zu ergreifen. Aus vorangegangenen Prozessschrittuntersuchungen erweist sich die Geometrie des Ölfiltertopfes als eine kritische Zone. In diesem Bereich treffen besonders hohe Funktionsanforderungen des Bauteils und besonders schwierige gießtechnische Bedingungen aufeinander. Eine Methode zur Reduktion derartiger Porositätsvolumina stellt das Einbringen einer zusätzlichen Temperierung im Bereich des Ölfiltertopfes der

Abb. 31 Werkzeugeinsatz in der Druckgießform (Foto: Druckguss Heidenau GmbH) (Gerth et al. 2013)

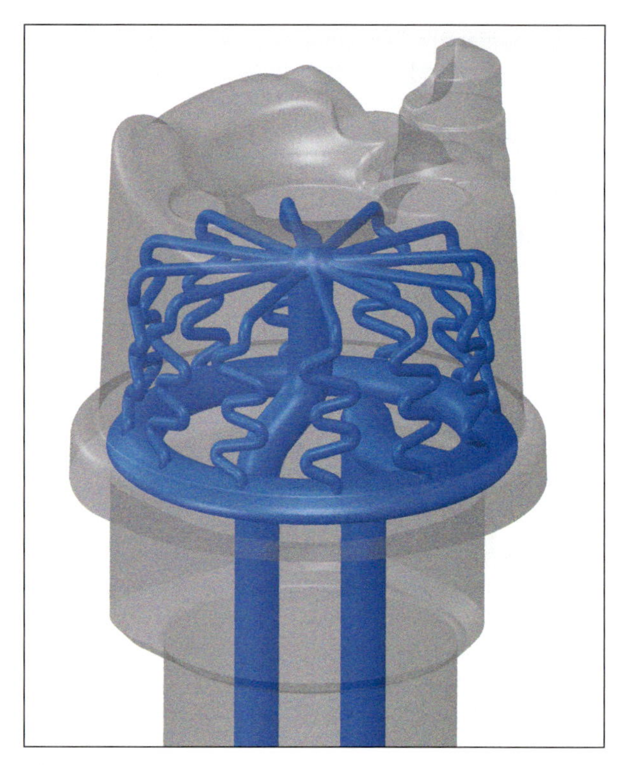

Abb. 32 Kühlkonzept Bypass-Kühlung

Lagertraverse dar. Jedoch stießen hier auch die modernsten Methoden der Werkzeugkühlung, wie z. B. das Jet Cooling, an ihre Grenzen, sodass völlig neue Wege beschritten werden mussten, um eine lokale konturnahe Kühlung des Gießwerkzeuges zu realisieren. Unter realen Produktionsbedingungen wurde dazu in der temperaturkritischen Zone des Angusses, im Bereich Ölfiltertopf, ein neuartiger Werkzeugeinsatz (Abb. 31) implementiert. Dieser beinhaltet querschnittsoptimierte, innovativ gestaltete Kanalsysteme nahe der Werkzeugoberfläche und wurde als generativ gefertigtes Hybridbauteil im Laserstrahlschmelzverfahren hergestellt. Über einen separaten Temperierkreislauf wurde eine gezielte und dank des neuartigen Ansatzes besonders effektive Kühlung (Abb. 32) des Werkzeugeinsatzes realisiert. In mehreren Optimierungsschleifen konnten sowohl die Temperierung des Werkzeugeinsatzes angepasst als auch Prozessparameter infolge der neu eingesetzten Technologie angeglichen werden.

Durch die Anwendung der konturnahen Kühlung konnte der Porositätsanteil im Bereich Ölfiltertopf deutlich reduziert und weitere prozessrelevante Parameter, wie die Zykluszeit, gesenkt werden. Der wesentliche Ausschussfaktor wurde so minimiert und eine Reduzierung der Herstellungskosten und des Ressourceneinsatzes herbeigeführt. Der laserstrahlgeschmolzene Werkzeugeinsatz erweist sich in den Untersuchungen als praxistauglich und offeriert zukünftig weiteres Potenzial in der Druckgusstechnologie (Gerth et al 2013).

Zum zweiten Praxisbeispiel: Im Rahmen der vom Bundesministerium für Bildung und Forschung geförderten Innovationsallianz „Green Carbody Technologies" wurde im Verbundprojekt Werkzeugbau unter anderem untersucht, wie der Prozess der Blechwarmumformung, das sogenannte Presshärten, durch eine innovative Werkzeugtemperierung mittels laserstrahlgeschmolzener Werkzeugaktivkomponenten ressourceneffizienter gestaltet werden kann. Nach Untersuchung der Serienfertigung im Automobil-Presswerk wurde unter Einbeziehung bestehender Probleme ein repräsentatives Demonstrator-Bauteil entwickelt. Das Design spiegelt ein typisches Presshärt-Bauteil wieder und weist geometrische Besonderheiten auf, die verdeutlichen, wo bisher die Grenzen der konventionell tieflochgebohrten Kühlkanäle im Hinblick auf eine gleichmäßige und schnelle Bauteilkühlung liegen.

Im Forschungsprojekt wurden verschiedene Varianten der Werkzeugkühlung entwickelt und mittels numerischer Simulation (Abb. 33) miteinander verglichen. Anhand der Simulationsergebnisse und unter Berücksichtigung der fertigungstechnischen Besonderheiten des Laserstrahlschmelzens konnte so die optimale Kühlkanalgeometrie für die Fertigung abgeleitet werden. Das Kühlkanalsystem (Abb. 34) konnte deutlich komplexer und filigraner mit nur vier Millimeter starken Kanälen gestaltet und mit deutlich geringerem und gleichmäßigerem Abstand zur Kontur angeordnet werden.

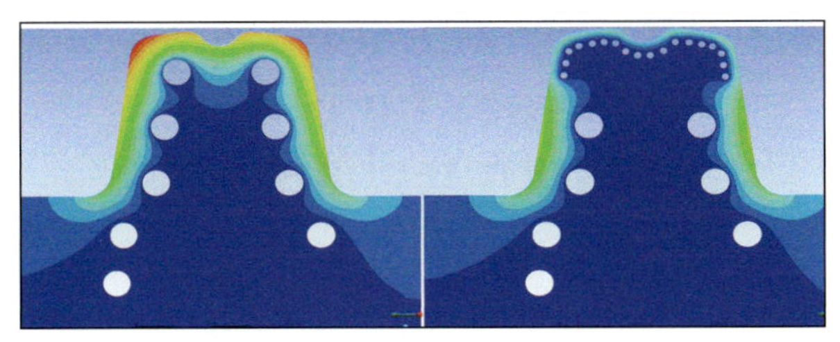

Abb. 33 Thermische Simulation: Vergleich der konventionell gebohrten (Maximaltemperatur im Werkzeug 191 ° C, links) und generativ gefertigten Kühlkanäle mit deutlich geringerer Temperaturbelastung des Werkzeugs (81 ° C, rechts)

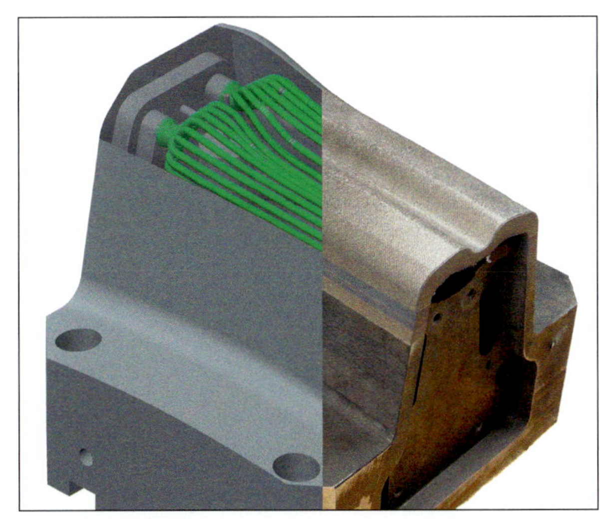

Abb. 34 Werkzeugeinsatz mit konturnaher, generativ gefertigter Kühlung (links: CAD, rechts: Realwerkzeug)

Um die Ergebnisse der Simulationen experimentell zu bestätigen, wurden umfangreiche Umformversuche auf einer Standard-Warmumformpresse unter produktionsnahen Bedingungen durchgeführt. Mithilfe von Temperatursensoren, Thermografie (Abb. 35) und computergestützter Analyse wurden alle relevanten Daten der Versuche aufgezeichnet und anschließend analysiert.

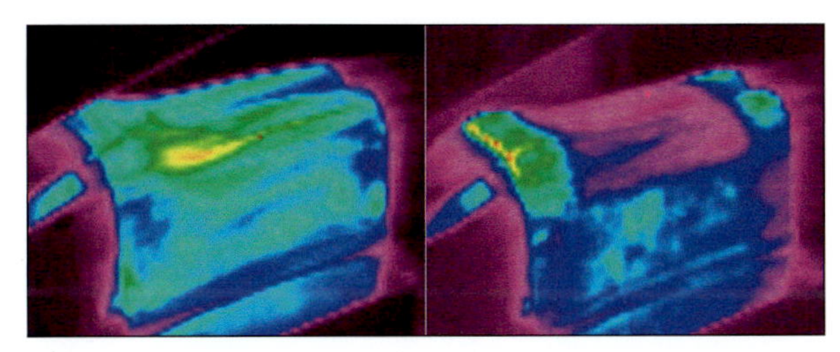

Abb. 35 Thermografieaufnahme des Stempels, mit konventioneller Kühlung (Temperatur im Konturbereich des Werkzeugs 142° C, links) und mit generativ gefertigter Kühlung (68° C, rechts)

Im Ergebnis konnte nachgewiesen werden, dass unter Nutzung der neuartigen, generativ gefertigten Werkzeugeinsätze die Haltezeit um 50 % (von 10 s auf 5 s) reduziert werden kann. Bei dem in diesem Projekt betrachteten Demonstrator-Bauteil entspricht dies einer Gesamtzyklus-Zeitreduzierung von 20 % und Primärenergieeinsparung von 715 MWh pro Jahr. Auch die Werkzeugfertigung selbst gestaltet sich ressourceneffizienter durch den Einsatz der generativen Laserstrahl-Schmelztechnologie. Gegenüber der konventionellen Fertigung konnten bei dem im Projekt betrachteten Werkzeug über 100 kWh elektrische Energie eingespart werden – bedingt durch den deutlich geringeren Elektroenergieverbrauch der Laserstrahlschmelzanlage im Vergleich zu einer CNC-Fräsmaschine, trotz aus heutiger Sicht noch längeren Fertigungszeiten (Neugebauer 2013).

Literatur

ASTM Standard F2792, 12a: Standard Terminology for Additive Manufacturing Technologies. West Conshohocken: ASTM International, 2012

Becker, D.: Additive Manufacturing of components out of copper by selective laser melting. 4th International Conference on Advanced Research in Virtual and Rapid Prototyping VRAP 2009, Leiria (Portugal), 6.–10. Oktober 2009

Bergmann, M., Müller, B., Wagner, A.: Generative Fertigungsverfahren – Innovationen bei der Herstellung komplizierter Werkzeuggeometrien für das Gesenkschmieden zur kurzfristigen Bereitstellung von geschmiedeten Prototypen. Schmiede-Journal (2011) März, S. 24–27

Fanning, P.: Power from powder. Eureka Magazine, February 2013, S. 39–40

Fleurinck, M.: Direct Digital Manufacturing in Every Day Business Practice – Today's Opportunities and Tomorrow's Challenges. Fraunhofer Direct Digital Manufacturing Conference DDMC 2012, Berlin, 14. und 15. März 2012

Gebhardt, A.: Generative Fertigungsverfahren – Rapid Prototyping, Rapid Tooling, Rapid Manufacturing. München Wien: Hanser Fachbuch, 2007

Gerth, N., Fischer, A., Hamann, I., Sauer, H., Müller, B., Rädel, T., Gebauer, M., Toeppel, T.: Prozessoptimierung im Druckgießverfahren – Laserstrahlgeschmolzener Werkzeugeinsatz im Praxistest. Gießerei 100 (2013), Nr. 4, 3. April 2013, S. 34–41

Gibson, I., Rosen, D., Stucker, B.: Additive Manufacturing Technologies – Rapid Prototyping to Direct Digital Manufacturing. New York: Springer, 2010

Grote, K.-H., Baumberger, G., Ch., Lindemann, U., Sohn, D.: Rapid Prototyping. In: Krause, F.-L., Franke, H.-J., Gausemeier, J. (Hrsg.): Innovationspotenziale in der Produktentwicklung. München: Carl Hanser Verlag, 2007, S.175–182

Haberland, C: Additive Verarbeitung von NiTi-Formgedächtniswerkstoffen mittels Selective Laser Melting. Dissertation, Ruhr-Universität Bochum, 2012

Lipson, H.: Voxel Printing – From Analog to Digital Rapid Prototyping. 4th International Conference on Advanced Research in Virtual and Rapid Prototyping VRAP 2009, Leiria (Portugal), 6.–10. Oktober 2009

Meyer, J.: „Industrialisation of Additive Manufacturing for Aerospace", Materialise World Conference, Leuven (Belgien), 19. April 2012

Müller, B.: Formenbau für die Kunststofftechnik - Gestalterische Freiheit dank Laserstrahlschmelztechnologie. KM Kunststoff-Magazin (2010) 3-4, S. 26-30

Müller, B., Hund, R., Malek, R., Gebauer, M., Polster, S., Kotzian, M., Neugebauer, R.: Added Value in Tooling for Sheet Metal Forming through Additive Manufacturing. In: Dimitrov, D., Schutte, C. (Hrsg.): Green Manufacturing for a Blue Planet. Proceedings of the 5th International Conference on Competitive Manufacturing COMA 13, Stellenbosch, 2013, S. 51-57

Müller, B., Töppel, T., Rotsch, C., Böhm, A., Bräunig, J., Neugebauer, R.: New Features and Functions in Implants through an innovative approach and additive manufacturing Technology. In: Ceretti, E. et al. (Hrsg.): Proceedings of the 1st International Conference on Design and Processes for Medical Devices PROMED. Rivoli: Neos Edizioni srl, 2012, S. 237-241

Müller-Lohmeier, K.: Rapid Prototyping und Direct Manufacturing: 2 Facetten der Generativen Technologien aus Industriesicht. 3. VPE Swiss Symposium „Virtuelle Produktentwicklung", Rapperswil (CH), 19. April 2012

Neugebauer, R. (Hrsg.): Innovationsallianz Green Carbody Technologies InnoCaT ® - Ergebnisse. Chemnitz: Fraunhofer IWU, Februar 2013

Neugebauer, R., Müller, B., Töppel, T.: Innovative implant with inner functional channels and cavities. European Cells and Materials 22 (2011), Suppl. 1, S. 11

VDI-Richtlinie 3404: Generative Fertigungsverfahren, Rapid-Technologien (Rapid Prototyping) - Grundlagen, Begriffe, Qualitätskenngrößen, Liefervereinbarungen. Düsseldorf: Verein Deutscher Ingenieure e. V., 2009

Wohlers, T.: Wohlers Report 2012 - Additive Manufacturing and 3D Printing State of the Industry - Annual Worldwide Progress Report. Fort Collins: Wohlers Associates, 2012

Wöllecke, Frank: Pleasure with Laser - Applications and Developments of additive Technologies at BMW. Fraunhofer Direct Digital Manufacturing Conference DDMC 2012, Berlin, 14. und 15. März 2012

1.2 Ressourceneffizienz – Relevanz für die Umformtechnik

Andreas Sterzing, Frank Schieck

1.2.1 Herausforderungen in der Automobilindustrie

Die Notwendigkeit des noch effizienteren Umgangs mit Ressourcen rückt als gesellschaftliche Aufgabe immer stärker in den Fokus von Wirtschaft, Forschung und Politik. Eine wesentliche Fragestellung lautet: Welche Möglichkeiten haben die Unternehmen des produzierenden Gewerbes, durch effizientere Technologien und Produktionssysteme sowohl die Kosten als auch den Ressourceneinsatz sowie die Emissionen zu reduzieren?
Insbesondere für die Unternehmen der Automobilindustrie können somit drei wesentliche Herausforderungen, denen sie sich stellen müssen (Abb. 1), identifiziert werden:

- Erhöhung der Effizienz im Fahrzeugbetrieb
- Effektivierung der Fahrzeugherstellung
- Flexibilisierung der Bauteilherstellung.

Der Anwendung von umformenden Verfahren im Fahrzeugbau, zum Beispiel für die Herstellung von Komponenten der Karosserie, des Antriebsstranges oder des Fahrwerks, kommt dabei eine besondere Bedeutung zu. So bietet sie das Potenzial, die Werkstoff- und somit die Energieeffizienz bei der Bauteilherstellung signifikant zu erhöhen. Andererseits ist die wirtschaftliche Durchsetzung von Leichtbaustrategien ohne die Anwendung von Umformtechnologien, was sowohl die Blech- als auch die Massivumformung einschließt, nicht vorstellbar.

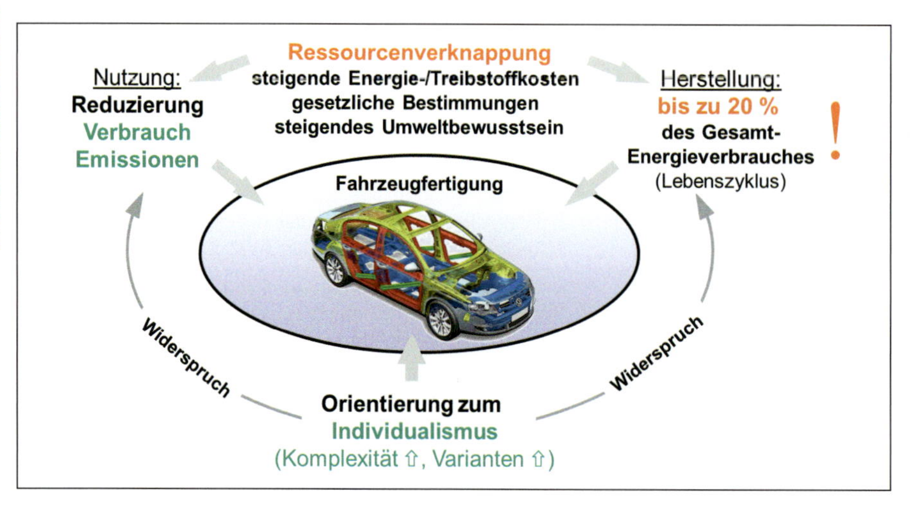

Abb. 1 Herausforderungen an die Automobilindustrie

VI

1.2.1.1 Erhöhung der Effizienz im Fahrzeugbetrieb

Eine der größten Herausforderungen, der sich die heutige Automobilindustrie in den nächsten Jahren stellen muss, besteht darin, den Kraftstoffverbrauch und damit die CO_2-Emissionen der Fahrzeuge deutlich zu verringern. Aufgrund der engen Beziehung zwischen Fahrzeugmasse und Verbrauch bietet neben Maßnahmen, die zur Verbesserung der Leistungsfähigkeit und Effektivität der Motoren führen, vor allem die Anwendung von Leichtbaulösungen ein großes Potenzial, dieser Aufgabe gerecht zu werden.

Das Ziel von Leichtbaustrategien ist es, das Eigengewicht einer Konstruktion zu minimieren, ohne dass dabei die Funktion, die Sicherheit sowie die Lebensdauer der Bauteile beeinträchtigt werden dürfen. Maßnahmen bzw. Konzepte, mit denen man versucht, sich dieser Aufgabe zu stellen, sind (Klein 1994, Schmidt, Puri 2000):

- Bedingungsleichtbau
- Stoffleichtbau sowie
- Formleichtbau.

Bedingungsleichtbau

Beim Bedingungsleichtbau wird eine Gewichtsreduktion auf indirektem Wege angestrebt. Dabei werden überzogene Sicherheitsanforderungen infrage gestellt und letztendlich abgebaut. Die Anwendung dieser Leichtbaustrategie erfordert die genaue Kenntnis des Belastungszustandes des Bauteiles.

Stoffleichtbau

Die Zielstellung beim Stoffleichtbau besteht in der Substitution herkömmlicher durch leichtere und festere Werkstoffe, wie zum Beispiel hoch und höchst feste Stahlwerkstoffe, Aluminium- und Magnesiumlegierungen sowie Kunststoffsysteme.

Formleichtbau

Beim Form- bzw. Strukturleichtbau besteht die Zielstellung darin, den Werkstoff unter Berücksichtigung der Belastung optimal anzuordnen. Dabei wird mithilfe einer entsprechenden Krafteinleitung bzw. -verteilung ein hohes Tragvermögen der Struktur bei gleichzeitig geringem Werkstoffeinsatz angestrebt.

Eine genaue Trennung zwischen diesen einzelnen Leichtbaustrategien ist in vielen Fällen nicht möglich. Auch die in den folgenden Kapiteln dargestellten Beispiele sind meist Mischformen.

1.2.1.2 Effizienzsteigerung in der Produktherstellung

Das Bewusstsein über den Klimawandel und die begrenzte Verfügbarkeit von Ressourcen führt dazu, dass auch in der Fahrzeugherstellung der Ressourceneinsatz auf den Prüfstand gestellt wird. Da der Anteil der Rohstoffkosten an den Gesamtkosten im Vergleich zum Kostenfaktor Arbeit für die Produktherstellung ständig steigt, werden in Zukunft – neben den bisherigen – neue, ressourceneffizienzbezogene Wettbewerbsfaktoren über den Erfolg eines Unternehmens am Markt entscheiden. So werden sowohl die Preise als auch insbesondere die Verfügbarkeit bzw. Zugänglichkeit von Rohstoffen immer mehr an Bedeutung gewinnen.

Nachhaltiges Handeln beginnt deshalb mit nachhaltiger Produktion. Dafür werden die Treiber für Fortschritt und Innovationen in der Produktionstechnik um ein weiteres Thema ergänzt: Ressourceneffizienz. Strategien

Abb. 2 Leichtbau-Strategien (Sterzing 2005)

und Lösungsansätze, die zu einer Effektivierung des Ressourceneinsatzes in der Produktion führen, sind zum Beispiel Maßnahmen zur Erhöhung der Prozessstabilität, die Anwendung von Effizienztechnologien, der Einsatz von effizienten Fertigungseinrichtungen oder die Optimierung von Prozessketten durch Verfahrensintegration bzw. -kombination. In den folgenden Ausführungen werden einige Lösungsansätze aufgegriffen, und es werden deren Potenziale hinsichtlich einer Effizienzsteigerung in der Produktion herausgearbeitet. Dabei ist aber eine ganzheitliche Betrachtung des Lebenszyklus der Produkte erforderlich, da zum Beispiel Fertigungstechnologien, die im Vergleich zur konventionellen Bauteilherstellung mit einem etwas größeren Energieeinsatz verbunden sind, im Produktbetrieb zu signifikanten Einsparungseffekten führen können.

1.2.1.3 Flexibilisierung der umformtechnischen Bauteilherstellung

Eine weitere Herausforderung, der sich die Unternehmen auf dem Gebiet der umformtechnischen Bauteilherstellung stellen müssen, ist die zunehmende Flexibilisierung der Bauteilfertigung. Unter Berücksichtigung der im Bereich der Fahrzeugfertigung immer schnelleren Modellwechsel und der gleichzeitig wachsenden Variantenanzahl, was neben Ausstattung und Motorisierung auch die Karosserieausführungen einschließt, sinkt die herzustellende Bauteilanzahl bei steigender Bauteilkomplexität. Der Entwicklung von hochflexiblen, skalierbaren Fertigungstechnologien in Verbindung mit wandelbaren Fertigungseinrichtungen kommt deshalb eine immer größer werdende Bedeutung zu, um eine wirtschaftliche Fertigung unter den zukünftigen Randbedingungen zu realisieren und dem Kostendruck gerecht werden zu können.

Am Fraunhofer-Institut für Werkzeugmaschinen und Umformtechnik (IWU) stellt die Entwicklung von Strategien für die wirtschaftliche Fertigung kleiner und mittlerer Stückzahlen einen wichtigen Forschungsschwerpunkt dar, wobei der Untersuchungsfokus im Bereich der Herstellung von Fahrzeugkomponenten die Realisierung sowohl von Komponenten der Karosserie, des Fahrwerkes als auch des Antriebsstranges umfasst. Eine Erfolg versprechende Herangehensweise ist dabei die Reduzierung des Formspeichergrades der Umformwerkzeuge (Abb. 3).

Im Vergleich zur konventionellen Bauteilherstellung bieten zum Beispiel wirkmedien- bzw. wirkenergiebasierte Umformtechnologien die Möglichkeit, die Anzahl der erforderlichen Werkzeuge bzw. Werkzeugkomponenten signifikant zu reduzieren, da das Wirkmedium bzw. die Wirkenergie die Funktion einer Werkzeugkomponente übernimmt. Beispiele, die hierbei ein großes Anwendungspotenzial besitzen, sind das Innenhochdruck-Umformen - wobei der Einsatz sowohl bei der umformtechnischen Verarbeitung von Rohren als auch von Blechen gesehen wird - oder die Elektromagnet-Umformung.

Modular, nach einem Baukastenprinzip aufgebaute Umformwerkzeuge stellen einen weiteren Ansatz dar, kleinere und mittlere Stückzahlen flexibel herzustellen. Dabei besteht das Ziel darin, durch Mehrfachnutzung von Werkzeugkomponenten und deren Neuzusammenstellung verschiedene Bauteilgeometrien realisieren zu können. Sogenannte „Systembaukästen" bieten sich vor allem für die Herstellung von in Geometrie und Dimension ähnlichen Bauteilen an.

Ein weiterer Ansatz für die flexible umformtechnische Herstellung ist die komplette Auflösung des Formspei-

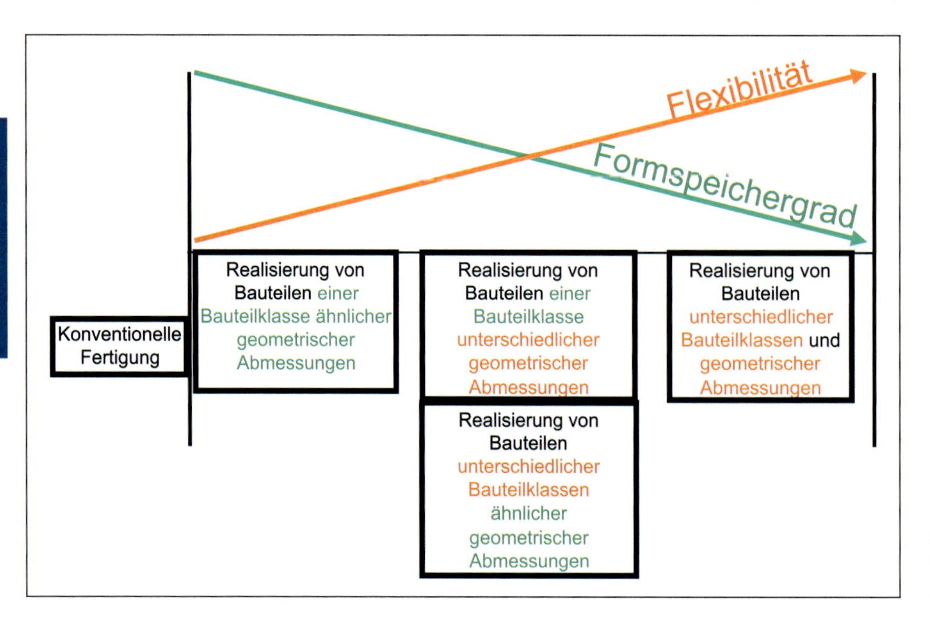

Abb. 3 Reduzierung des Formspeichergrades des Umformwerkzeuges

chergrades des umformenden Werkzeuges. Basierend auf einer geeigneten Prozesskinematik, die durch die Bewegung von Werkzeug und/oder Werkstück realisiert wird, erfolgt die Erzeugung der finalen Bauteilgeometrie. Beispiele für die werkzeugungebundene Bauteilherstellung, die sich insbesondere für kleinste Stückzahlen anbieten, sind das inkrementelle Blechumformen oder das Freiformschmieden.
Abschließend kann zusammengefasst werden, dass auch in Hinblick auf die flexible umformtechnische Herstellung von Bauteilen eine ganzheitliche Herangehensweise erforderlich ist, um eine entsprechende Wirtschaftlichkeit zu gewährleisten. In den folgenden Ausführungen werden deshalb auch ausgewählte Lösungsansätze zur Erhöhung der Flexibilität vorgestellt, diskutiert und die Einsatzpotenziale herausgearbeitet.

1.2.2 Ressourceneffiziente Blechumformung für Karosseriekomponenten

Die Großserienfertigung von Komponenten für Pkw-Karosseriestrukturen in Presswerken ist aus technologischer Sicht maßgeblich durch die Blechumformung dominiert. Aufgrund der hohen Produktionsraten von bis zu 16 Hüben pro Minute sowie der Dimension und Komplexität der Bauteile ergeben sich in dieser Branche erhebliche Einsparpotenziale für Energie und Ressourcen wie in kaum einem anderen Anwendungsfeld der Blechumformung. Allerdings wurden in den zurückliegenden Jahren unter dem wachsenden Kosten- und Konkurrenzdruck zwischen den einzelnen Automobilherstellern und ihren Zulieferern bereits erhebliche Anstrengungen zur Effizienzsteigerung, speziell in den Presswerken, unternommen. Aufgrund der hohen Relevanz sollen die weiteren Betrachtungen zur Steigerung der Ressourceneffizienz in der Blechumformung an Beispielen aus der Automobilproduktion erläutert und belegt werden. Dabei stehen technologische und werkstofftechnische Ansätze im Mittelpunkt. Der Bereich der Umformanlagen wird in einem gesonderten Kapitel behandelt.
Betrachtet man den gegenwärtigen Stand der Technik im Presswerk unter Aspekten der Energie- und Ressourceneffizienz, gibt es aus Sicht der Umformtechnologie fünf wesentliche Ansatzpunkte zu deren Steigerung:

- Ausnutzungsgrad des Ausgangsmaterials bezogen auf das finale Produkt (Platinenausnutzungsgrad)
- Vermeidung von Ausschuss/Nacharbeit
- Ausnutzung des Werkstoffpotenzials
- Verkürzung der Prozesskette (Operationsfolge) bis zum Fertigbauteil
- Einsatz stückzahloptimierter Fertigungstechnologien.

Im Durchschnitt werden in aktuellen Fahrzeugkarosserien ca. 380 Blechbauteile verbaut, die sich in unterschiedliche Klassen einordnen lassen:

- Außenhaut (Class A)
- Verstärkungsteile
- Strukturteile
- Anbauteile.

Eine typische, aus diesen Bauteilklassen zusammengesetzte Rohbaukarosserie hat dabei ein Gewicht von ca. 360 kg und stellt somit einen erheblichen Gewichtsfaktor innerhalb eines Fahrzeuges dar. Legt man hier einen durchschnittlichen Materialausnutzungsgrad von 60 % zugrunde, werden bereits 600 kg Ausgangswerkstoff in Form von Feinblechplatinen für die Herstellung einer Karosserie benötigt. In diesem Wert bleibt die Ausschuss-/Nacharbeitsrate von durchschnittlich 7 % unberücksichtigt. Setzt man dazu den durchschnittlichen Energieeinsatz für die Stahlblecherzeugung von 9,54 kWh/kg Stahl (Umweltbundesamt 2012) in Relation, ergibt sich durch Abfall- und Ausschussvermeidung ein erhebliches Energieeinsparpotenzial.
Neben dem Energieeinsatz zur Herstellung von Feinblechen wird von einer CO_2-Emission von durchschnittlich 2,59 kg CO_2/kg Stahl (Umweltbundesamt 2012) ausgegangen. In der Weiterverarbeitung dieser Blechhalbzeuge wird mit jedem Prozessschritt zusätzliche Energie zugeführt, die letztendlich in der Bilanz dem finalen Bauteil zugeordnet werden muss. Somit wirken sich Ausschussteile, die erst am Ende der Prozesskette Presswerk oder noch später im Karosseriebau detektiert werden, in potenzierter Form auf die Energie- und Ressourcen-Bilanz der Prozesskette aus. Somit stellt auch die rechtzeitige Erkennung von Fehlerteilen und deren schnelle Aussonderung aus der Prozesskette ein - wenn auch indirektes - Mittel zur Erhöhung der Energie- und Ressourceneffizienz in der Fahrzeugproduktion dar.
Neben den Aspekten einer direkten Verbesserung des Materialausnutzungsgrades muss auch der Werkstoff als solcher mit seinen spezifischen Eigenschaften vor und nach der Umformung genauer betrachtet werden. Vor allem heute im Einsatz befindliche hochfeste kalt umformbare Stähle, wie z. B. Dual- oder Komplexphasenstähle, zeigen während der Umformung bzw. der finalen Wärmebehandlung nach der Lackierung (Trocknung) ein ausgeprägtes Verfestigungsverhalten, was zu teilweise erheblich erhöhten Werten bei der Zugfestigkeit des finalen Bauteils führt. Können derartige Effekte exakt erfasst und bei der Bauteilauslegung berücksichtigt werden, kann die Blechdicke der Ausgangsplatinen für gleiche finale Bauteileigenschaften entsprechend verringert werden, was wiederum auch ein entsprechendes Einsparpotenzial für Ressourcen darstellt.

Für die Fertigung von Blechteilen in Pressen-Straßen steht entsprechend dem geplanten Bauteilspektrum eine feste Anzahl von Pressen – in der Regel fünf oder sechs – zur Verfügung. In Abhängigkeit der Bauteilgröße, der Komplexität und des Einsatzwerkstoffes wird aber nicht in jedem Fall die gesamte Anzahl der Pressen benötigt. Die Fertigungsplanung ist daher angehalten, beispielsweise auch durch Mehrfachfertigung von Bauteilen (z. B. Pkw-Türen bis zu vierfach fallend), die zur Verfügung stehende Pressen-Kapazität möglichst optimal auszunutzen. Allerdings sind oftmals Bauteile in der Fertigung, die entsprechend der Operationsfolge eine oder zwei Pressen der Straße nicht belegen. Im Sinne einer effizienten Fertigung besteht hier die Möglichkeit, zusätzliche Operationen wie beispielsweise Füge- und Montageaufgaben ins Presswerk zu transformieren.

Ein weiterer Ansatz zur energie- und ressourceneffizienten Fertigung von Komponenten für Fahrzeugkarosserien besteht in der Überlegung, die Fertigungstechnologie an Stückzahlszenarien anzupassen. Insbesondere für Fahrzeuge mit kleinen Stückzahlen, sogenannte Nischenfahrzeuge, kommen aktuell praktisch die gleichen, presswerksgebundenen Fertigungstechnologien für Blechteile zur Anwendung. Neben hohen finanziellen Aufwänden für die Beschaffung von Anlagen und Fertigungsmitteln sinkt auch die Energie- und Ressourceneffizienz mit der Stückzahl bzw. Losgröße. Durch den Einsatz neuer Fertigungskonzepte für kleine Stückzahlen, die sich deutlich von der Großserienfertigung unterscheiden, lassen sich erhebliche Verbesserungen bei der Energie- und Ressourceneffizienz erzielen.

Basierend auf der Umsetzung der genannten Maßnahmen können aus heutiger Sicht folgende Einsparpotenziale umgesetzt werden:

- Erhöhung des Platinen-Ausnutzungsgrades von derzeit durchschnittlich 60 % auf 75 %
- Reduzierung des Bauteilgewichts sowie des Ausgangsmaterials durch bessere Ausnutzung des Werkstoffpotenzials von 2–3 %
- Reduzierung von Ausschuss- bzw. Nacharbeitsteilen von derzeit durchschnittlich 7 % auf 2 %.

Im Weiteren werden konkrete Beispiele zur Illustration der Einsparpotenziale für Energie- und Ressourcen in der Blechumformung für Karosseriekomponenten erläutert.

1.2.2.1 Nutzung des Werkstoffpotenzials durch Berücksichtigung von Bake- und Work-Hardening-Effekten

Unter dem Bake-Hardening-Effekt versteht man eine Steigerung der Festigkeit im Grundwerkstoff, die durch ein Erwärmen hervorgerufen wird. Dieser Effekt tritt bei bestimmten Stahllegierungen bei Temperaturen um 200° C auf und ist, abhängig von der Legierung, mehr oder weniger stark ausgeprägt. In der Prozesskette der Karosseriefertigung erfolgt eine solche Erwärmung obligatorisch im Rahmen des Lackier- und Trocknungsprozesses. Zur Ausnutzung dieses Effektes ist es also nicht notwendig, einen zusätzlichen Wärmebehandlungsschritt mit der umformtechnischen Herstellung von Blechbauteilen zu kombinieren, wodurch die Nutzung dieses Effekts sowohl kosten- als auch energie- und ressourcenneutral ist.

Unter dem Work-Hardening-Effekt versteht man eine Steigerung der Festigkeit im Grundwerkstoff, die durch die plastische Deformation während des Umformprozesses hervorgerufen wird. Dieser Effekt tritt bei Stahllegierungen bei Raumtemperatur auf und ist im Wesentlichen abhängig vom Grad der Plastifizierung im Bauteil. Auch dieser Effekt kann ohne Zusatzaufwände in der Prozesskette genutzt werden.

In der Praxis der Blechteilfertigung im Presswerk werden beide Effekte noch heute nicht oder nur unzureichend genutzt. Untersuchungen zeigen, dass unter Berücksichtigung dieser Effekte die Ausgangsblechdicke um 2–3 % bei gleichbleibenden Festigkeitseigenschaften verringert werden kann. Dieses Einsparpotenzial erhöht sich dadurch, da auch für die technologisch bedingte Ankonstruktion, die in der Beschnitt-Operation vom eigentlichen Bauteil separiert wird, diese Reduzierung der Blechdicke umgesetzt werden kann, was sich letztendlich auch wieder im Platinen-Ausnutzungsgrad widerspiegelt.

Mithilfe systematischer Untersuchungen der Prozessparameter, der Wechselwirkungen von Bake- und Work-Hardening-Effekten und der spezifischen Werkstoffeigenschaften können diese Effekte bereits bei der Bauteilauslegung berücksichtigt werden. Dabei ist es notwendig, in die Festigkeitsbewertung des finalen Bauteiles, die heute

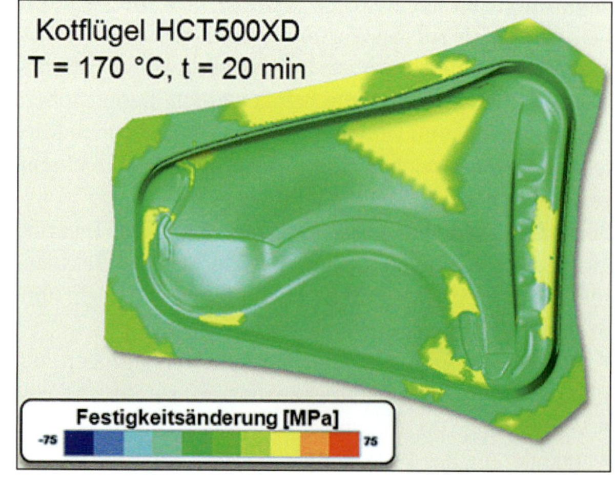

Abb. 4 FE-Simulation der Festigkeitssteigerung durch Bake-Hardening-Effekt

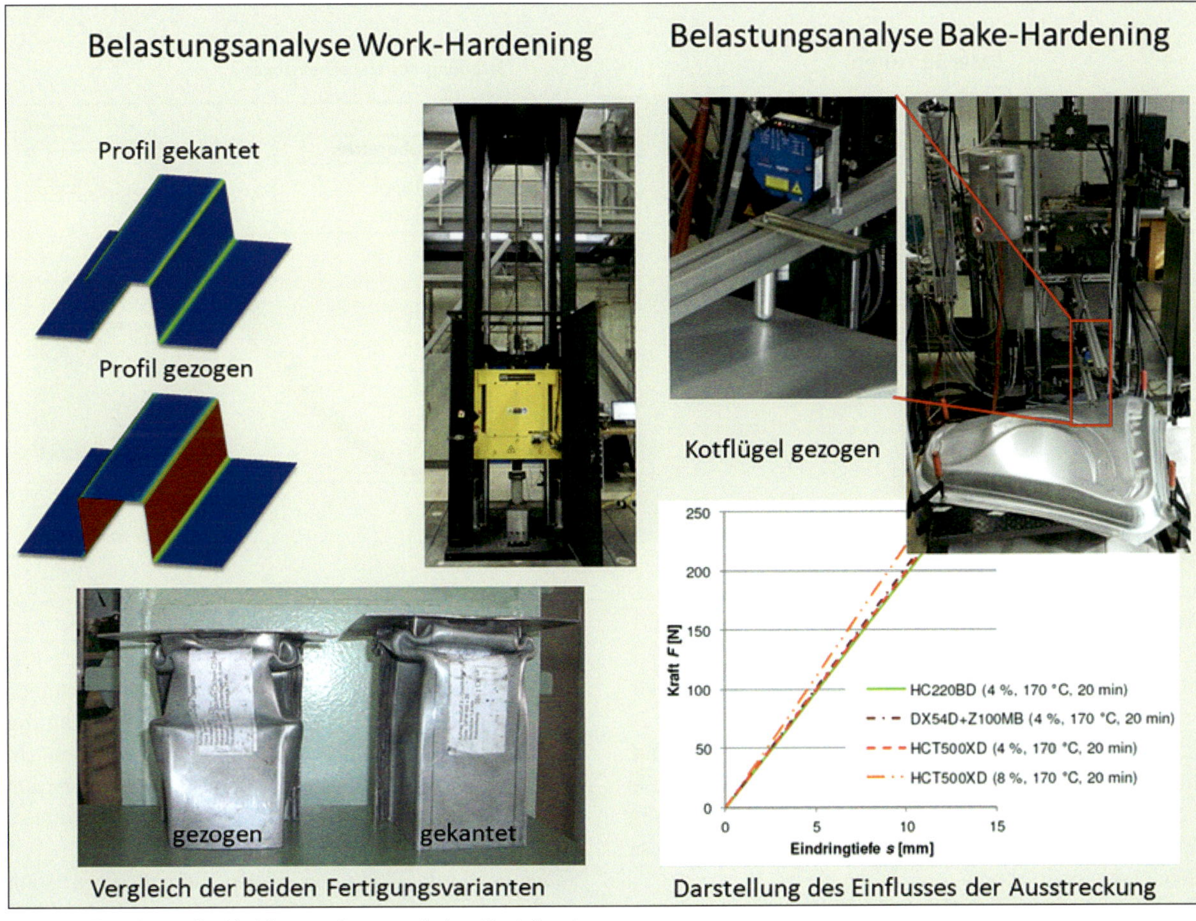

Abb. 5 Experimentelle Absicherung der numerischen Bauteilauslegung

in der Regel auf Basis einer FE-Simulation erfolgt, auch technologische Informationen, wie zum Beispiel aus einer FE-Umformsimulation resultierend, in das Berechnungsmodell zu integrieren. Die Festigkeitssteigerung für den Work-Hardening-Effekt ist am Beispiel eines Pkw-Kotflügels aus dem Werkstoff HCT 500 XD in Abbildung 4 dargestellt. Die Berücksichtigung der Bake- und Work-Hardening-Effekte in der Bauteilauslegung setzt eine genaue Kenntnis der Randbedingungen und Kennwerte voraus. Dazu ist es notwendig, die zur Auslegungen genutzten numerischen Verfahren mit experimentellen Untersuchungen abzusichern. In Abbildung 5 sind Beispiele zur experimentellen Absicherung der numerisch beschriebenen Effekte in Form einer mechanischen Belastungsanalyse dargestellt.

1.2.2.2 Erhöhung der Prozessstabilität zur Verringerung von Ausschuss- und Nacharbeitsteilen

Mit der wachsenden Bauteilkomplexität und dem Einsatz zunehmend hochfester Werkstoffe gehen häufig immer engere Prozessfenster einher, d. h. die Fertigung von Gutteilen ist nur unter Einhaltung spezifischer Prozessparameter innerhalb einer geringen Streubreite möglich. Um einen kontinuierlichen Fertigungsprozess ohne Anlagenstillstände und eine einhundertprozentige Qualität in der Weiterverarbeitung von Blechbauteilen gewährleisten zu können, ist es einerseits notwendig, fehlerbehaftete Bauteile zeitnah zu detektieren und auszuschleusen, anderseits den Produktionsprozess so zu überwachen, dass eine gezielte und individuelle Anpassung von Prozessparametern für möglichst jedes Bauteil erfolgen kann.

Wesentliche Qualitätsmerkmale für Blechteile stellen zunächst unkontrollierte Faltenbildung bei zu viel Materialnachlauf in die Umformzone bzw. Reißer oder Einschnürung bei zu geringem Materialnachlauf in die Umformzone dar. Einflussgrößen dafür können variierende Eigenschaften des Ausgangswerkstoffes (z. B. Blechdickenschwankung, Festigkeitsschwankung etc.), aber auch veränderliche Benetzung der Platinen mit Schmierstoff oder Temperatureinflüsse sein. In der Regel kann auf solche Prozessschwankungen mit einer Anpassung der Blechhalterkraft in der Ziehstufe reagiert werden. Eine indirekte Detektion des Prozesses zur Vermeidung von Falten oder Reißern kann

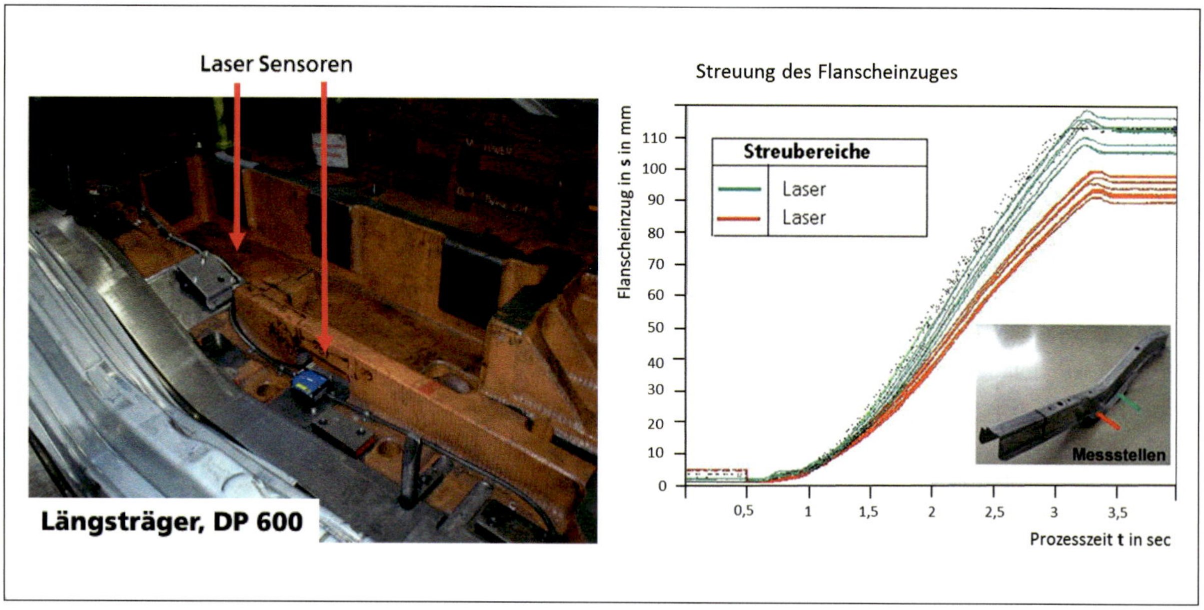

Laser Sensoren

Längsträger, DP 600

Streuung des Flanscheinzuges

Streubereiche

Laser

Laser

Flanscheinzug in s in mm

Prozesszeit t in sec

Messstellen

Abb. 6 Lasersensortechnik zur Messung des Flanscheinzuges

über die Überwachung des Flanscheinzuges in der Ziehstufe erfolgen. Ist der Blecheinzug im Flanschbereich zu hoch bzw. zu schnell, besteht Gefahr der Faltenbildung. In diesem Fall wäre die Blechhalterkraft zu erhöhen. Bei einem zu geringen bzw. langsamen Blecheinzug droht das Bauteil zu reißen. Hier schafft die Verringerung der Blechhalterkraft Abhilfe.

Geeignete Sensoren zur Überwachung des Blecheinzuges sind verfügbar und basieren auf unterschiedlichen Wirkprinzipien. So kann der Blecheinzug bei ungekrümmten Blechhalterabschnitten mittels Lasertriangulation überwacht werden, in anderen Bereichen stellen wirbelstrombasierende Sensoren ein geeignetes Mittel zur Überwachung des Flanscheinzuges dar. Abbildung 6 zeigt ein Werkzeug mit integriertem Laser-Sensor.

Bei komplexen Blechteilen ist es nicht notwendig, den gesamten Flanschbereich zu überwachen. Basierend auf vorangegangenen FE-Umformsimulationen können kritische Bauteilbereiche detektiert und dann für die Sensorüberwachung im Werkzeug berücksichtigt werden. Kennt und überwacht man diese kritischen Bereiche, kann in der Regel eine fehlerfreie Bauteilfertigung für das gesamte Bauteil gewährleistet werden.

Neben der Überwachung des Flanscheinzuges sind auch spezifische Werkstoffeigenschaften für jedes Bauteil für Rückschlüsse auf die Bauteilqualität von Interesse. Dazu ist es möglich, im Umformwerkzeug eine Echtzeit-Werkstoff-Prüfung in Form einer Minikalotte zu integrieren. Das dafür notwendige Prüfmodul zur Erzeugung der Kalotte ist dabei im Abfallbereich des Ziehteiles anzuordnen und liefert in Form eines Mini-Bulge-Tests für jedes Bauteil spezifische Werkstoffkennwerte. Diese ermöglichen sowohl die kontinuierliche Erfassung von Toleranzschwankungen als auch die gezielte Einflussnahme zur Optimierung von Blechhalterkräften in der Ziehstufe für jedes Bauteil. In Abbildung 7 ist ein Blechteilabschnitt mit integriertem Mini-Bulge im Abfallbereich (Ziehflansch) des Bauteiles dargestellt.

Neben der Vermeidung von „Falten“ und „Reißern“ stellt das Fehlermerkmal „Einschnürung“ einen Sonderfall dahin gehend dar, da die Detektion erheblich komplizierter und selbst für das geübte Auge nicht in jedem Fall erkennbar ist. Das Problem für die mit diesem Fehler behafteten Bauteile ist deren Weiterverarbeitung. Häufig werden diese Fehler erst beim Fügen oder auch Lackieren ganzer Baugruppen erkannt, was unweigerlich zum Ausschuss führt. Durch neue optische Verfahren ist es möglich, auch derartig schwer detektierbare Fehler direkt in der

Abb. 7 Mini-Bulge im Ziehflansch eines Bauteiles

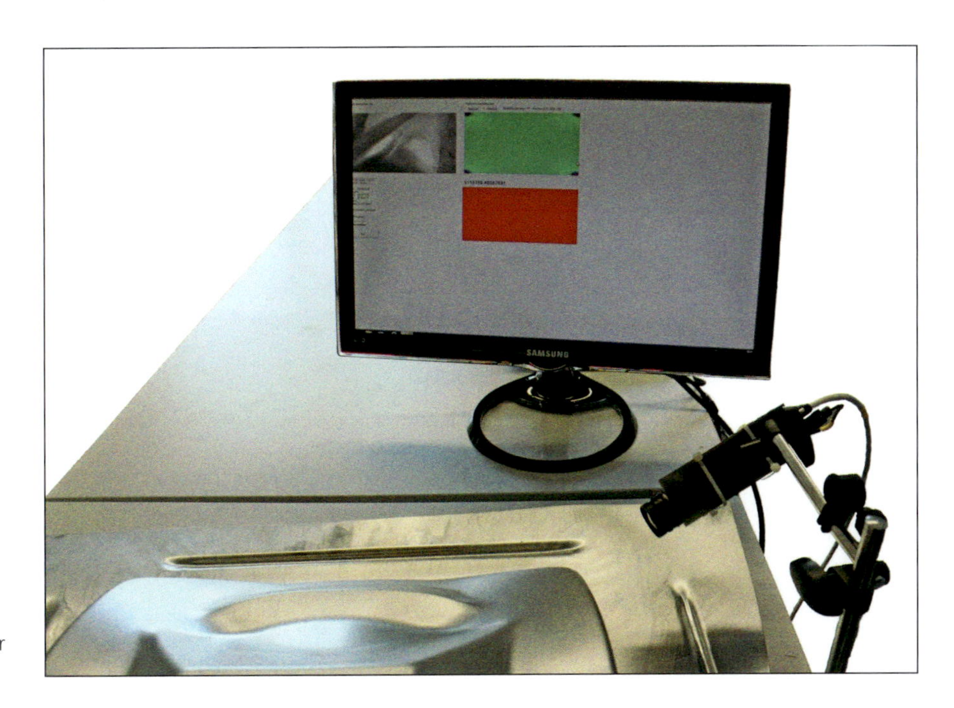

Abb. 8 Lasersensortechnik zur Ermittlung von Einschnürungen

Pressen-Straße zu erkennen und diese Bauteile zuverlässig auszuschleusen. In Abbildung 8 ist ein neu entwickeltes Kamerasystem dargestellt, das die Erkennung von Einschnürungen an Ziehteilen zuverlässig und automatisierbar innerhalb des Pressen-Taktes gewährleistet.

1.2.2.3 Verfahrenskombination Formen und Fügen im Presswerk

Moderne Presswerke sind immer für ein bestimmtes Bauteilspektrum ausgelegt, was unter anderem die Tisch-/Stößelgröße, die Presskraft und vor allem die Anzahl der Pressen und damit die maximale Anzahl von Operationen (OP) definiert. In der Regel sind das, um möglichst allen Bauteilen des potenziellen Spektrums gerecht werden zu können, fünf oder sechs Operationen. Unabhängig davon ist es jedoch möglich, bestimmte Bauteile auch mit ein oder zwei Operationen weniger zu fertigen. In solchen Fällen werden sogenannte Leerstationen eingefügt. Um jedoch das Potenzial dieser Leerstationen nutzen zu können, bietet es sich an, zusätzliche Verfahrensschritte zu integrieren bzw. zu kombinieren. Das soll im Weiteren anhand der Fertigung eines Frontklappen-Innenteils erläutert werden, wie in Abbildung 9 dargestellt.

Zunächst besteht in diesem Fall die Möglichkeit, das eigentliche Frontklappen-Innenteil zusammen mit dem Stützteil aus einer Platine zu fertigen. Das Stützteil wird dabei aus dem minimal vergrößerten Abfallbereich des Frontklappen-Innenteils generiert. Für die kombinierte Fertigung dieser beiden Bauteile sind vier Operationen innerhalb der Operationsfolge notwendig. Das Bauteil läuft allerdings auf einer Pressen-Straße mit möglichen sechs Operationsschritten, wodurch für die Integration der Fügeoperation zwei Schritte zur Verfügung stehen. Neben dem Stützteil sind weitere zwei Bauteile, das heißt die Scharnierverstärkungen, für die Realisierung der Baugruppe erforderlich. Diese Bauteile werden separat gefertigt und dann über eine Handhabungseinrichtung an der erforderlichen Stelle der Operationsfolge eingeführt und positioniert. Die neue Prozesskette inkl. der Fügeoperation für die insgesamt vier Bauteile ist in Abbildung 10 exemplarisch dargestellt.

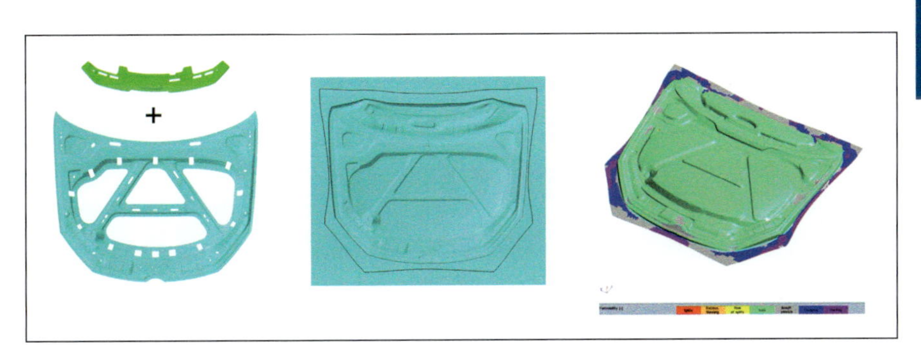

Abb. 9 Frontklappe innen und Stützteil (Verstärkung)

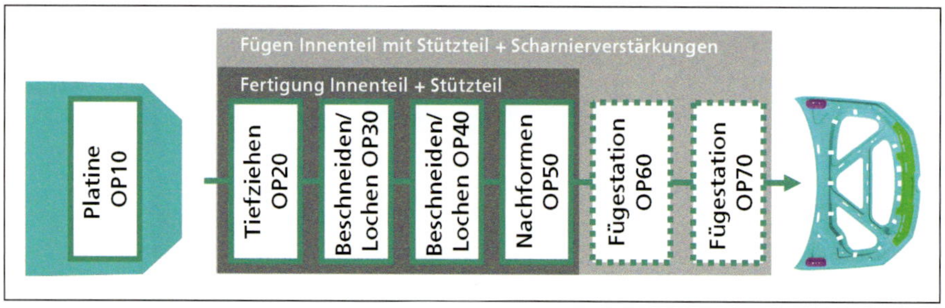

Fügen Innenteil mit Stützteil + Scharnierverstärkungen
Fertigung Innenteil + Stützteil
Platine OP10
Tiefziehen OP20
Beschneiden/ Lochen OP30
Beschneiden/ Lochen OP40
Nachformen OP50
Fügestation OP60
Fügestation OP70

Abb. 10 Operationsfolge Frontklappe innen inkl. mechanischem Fügen der Verstärkungsteile

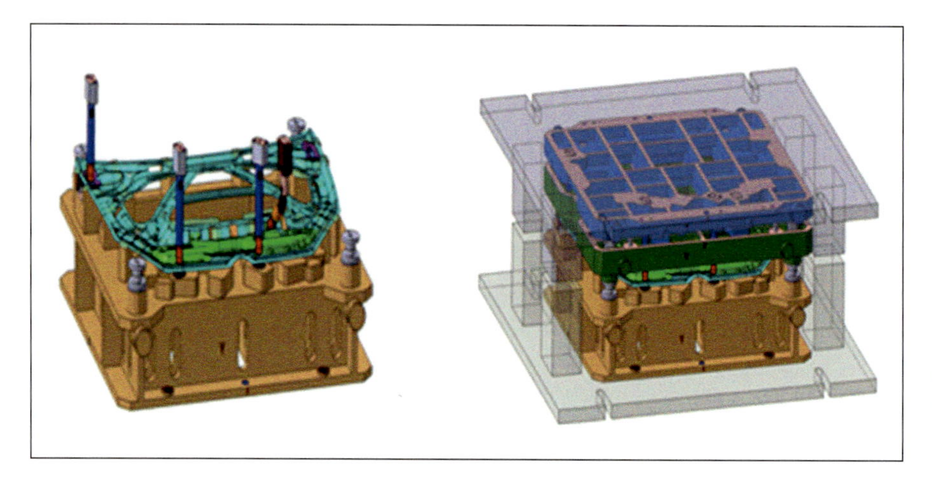

Abb. 11 Operationswerkzeug Fügen (links Werkzeugunterteil mit Fügeeinheiten, rechts Gesamtansicht)

Für den hier gezeigten Beispielfall eignet sich das mechanische Fügeverfahren Clinchen, da es bei guten Verbindungsfestigkeiten ohne zusätzliche Fügeelemente auskommt, was der Komplexität der Werkzeugtechnik zugutekommt. Abbildung 11 zeigt die konstruktive Umsetzung der Fügeoperation in einem Operationswerkzeug.

1.2.2.4 Verfahren Formschlagen

Hinter dem Begriff Formschlagen verbirgt sich das Umformen von Bauteilen ohne Blechhalter. Damit wird ein wesentliches Problem beim Herstellen von Blechteilen für Karosserieanwendungen eliminiert bzw. eingegrenzt, der Materialausnutzungsgrad. Bei normalen Tiefziehteilen sind in jedem Fall technologische Ankonstruktionen, das heißt Flansche, zur Regulierung des Blecheinzuges während der Tiefziehoperation notwendig. Diese Flansche werden dann in ein oder zwei Beschnitt-Operationen entfernt, um die finale Bauteilgeometrie zu realisieren. Beim Formschlagen kann diese technologisch bedingte Ankonstruktion vollständig oder zumindest teilweise entfallen, was den Materialausnutzungsgrad erheblich verbessert. Allerdings muss eingeschränkt werden, dass das Formschlagen nicht für alle Bauteilgeometrien anwendbar ist. Im Anwendungsfalle sind ein exakter Platinenzuschnitt sowie die genaue Einhaltung der basierend auf einer numerischen Prozessauslegung ermittelten Prozessparameter erforderlich. Als Beispiel für die technologische Umsetzung ist in Abbildung 12 die alternative Herstellung eines Verstärkungsteiles für eine Pkw-Rückleuchte dargestellt. Aufgrund spezifischer Genauigkeitsanforderungen und der speziellen Bauteilgeometrie kann hierbei jedoch nicht vollständig auf technologische Anbauflächen verzichtet werden.

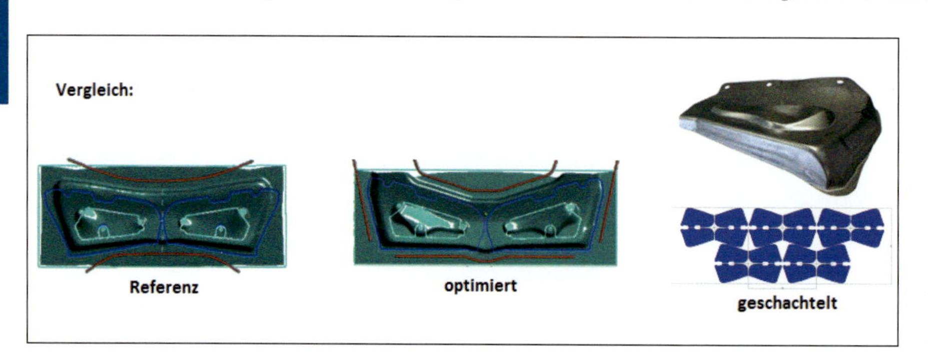

Abb. 12 Vergleich Tiefziehen und partielles Formschlagen mit optimiertem Streifenbild

Diese lassen sich jedoch gegenüber der konventionellen Technologie erheblich reduzieren.

1.2.2.5 Stückzahloptimierte Prozessketten für kleine Stückzahlen

Um vor allem kleine Automobilserien möglichst energie- und ressourceneffizient mit Karosseriebauteilen bedienen zu können, ist es vor allem für Strukturteile sinnvoll, die klassische, presswerksgebundene Fertigungsprozesskette vollständig oder teilweise durch Verfahrensschritte auf Basis von CNC-Blechbearbeitungszentren zu substituieren. Dadurch kann der Aufwand an bauteilspezifischen Fertigungsmitteln erheblich reduziert und auf entsprechend kleine Chargen bedarfsgerecht reagiert werden. Einerseits ist die Fertigung relativ kleiner Chargen im Presswerk aufgrund der Aufwände für Werkzeugwechsel und Umrüstung ineffektiv, anderseits bedingt die Fertigung größerer Chargen eine entsprechende Lagerhaltung bis zur eigentlichen, bedarfsgerechten Karosseriemontage. Sinnvoll ist dabei eine Aufteilung in vereinfachte Umformschritte wie z. B. das Formschlagen und nachfolgende Schritte zur Komplettierung des Bauteiles auf Basis nicht werkzeuggebundener Technologien. Ein Beispiel für diese nicht werkzeuggebundene Herangehensweise ist die Prozesskette „Stanzen-Biegen-Fügen". Um die Potenziale dieser alternativen Prozesskette in vollem Umfang nutzen zu können, ist es notwendig, bereits bei der Bauteilentwicklung und -konstruktion Besonderheiten, die sich aus dieser Fertigungsstrategie ergeben, zu berücksichtigen.

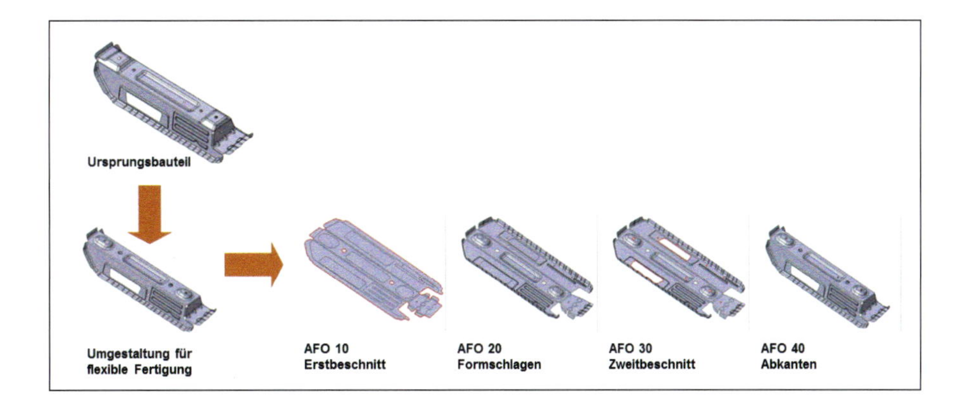

Abb. 13 Alternative Prozesskette Sitzquerträger für kleine Stückzahlen

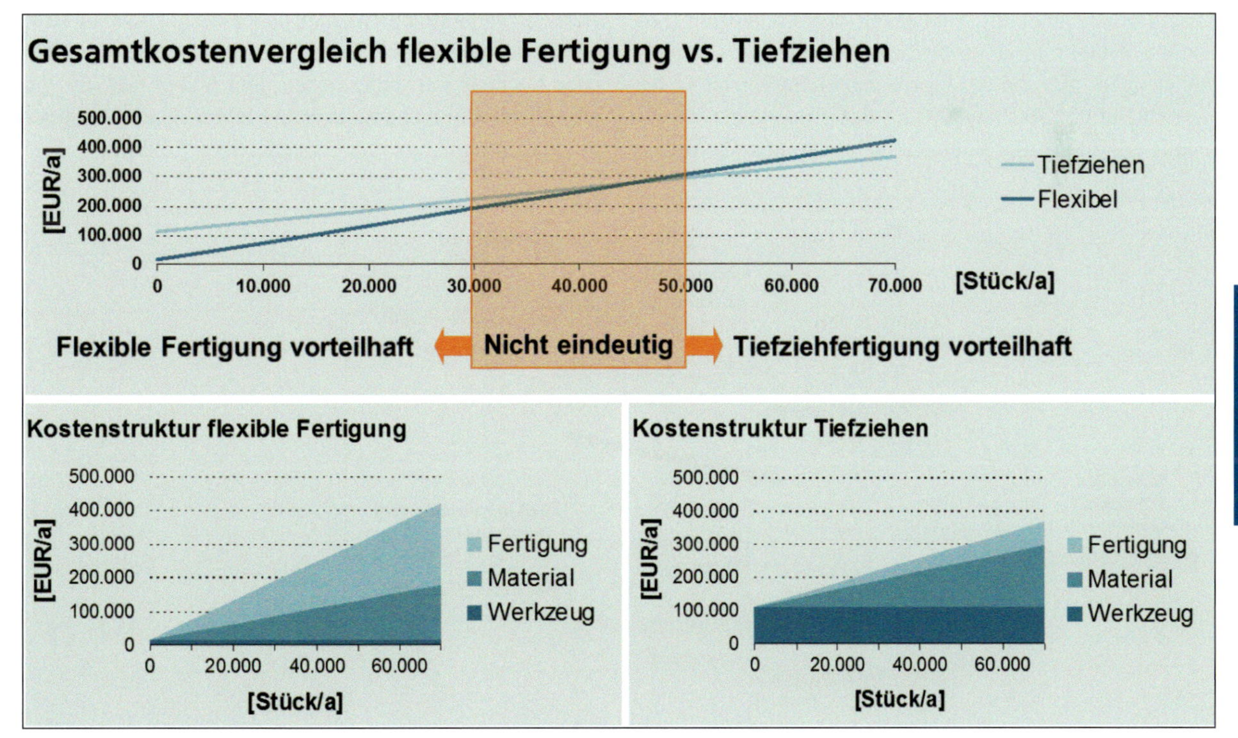

Abb. 14 Kostenbewertung CNC-gebundener Blechteilfertigung am Beispiel Sitzquerträger

In Abbildung 13 ist die flexible Fertigung mit hohem Anteil von Arbeitsschritten, die auf CNC-Blechbearbeitungsmaschinen durchgeführt werden, am Beispiel eines Sitzquerträgers dargestellt. Derartige Bauteile werden nach konventioneller Fertigungstechnologie auf einer sechsstufigen Transferpresse gefertigt. Für die alternative flexible Fertigung wird zunächst ein exakter Platinenumriss per Laser erzeugt, danach wird die erste Umformstufe, das Formschlagen, mit deutlich reduziertem Werkzeugaufwand (Entfall Blechhalter) in einer Presse durchgeführt. Alle weiteren Bearbeitungsschritte, wie der Zweitbeschnitt und das Abkanten, erfolgen dann werkzeugungebunden in flexiblen Laserschneidanlagen bzw. Biegeautomaten.
Die Effizienz alternativer Prozessketten mit hohem Anteil CNC-gestützter Blechbearbeitungsverfahren, auch unter Kostenaspekten, ist natürlich von der jeweiligen Fertigungsstückzahl pro Jahr und/oder über die Gesamtlaufzeit des Produktes abhängig. Für das hier gezeigte Beispiel ist der wirtschaftliche Stückzahlbereich in den Diagrammen in Abbildung 14 dargestellt.
Neben den genannten Möglichkeiten seitens der Technologie, die Energie- und Ressourceneffizienz bei der Fertigung von Blechteilen für Karosseriestrukturen zu verbessern, spielt auch die entsprechende Bauteilkonstruktion eine wichtige Rolle. Neben den reinen Funktionsaspekten eines Bauteils bzw. einer Baugruppe ist es in zunehmendem Umfang wichtig, auf fertigungs- und technologiegerechte Aspekte in der Konstruktion zu achten.
Weiterhin ist bei der Fertigung von Blechteilen auch die Gesamtbilanz über die Lebenszeit von Bedeutung. So können Bauteile zwar sehr effizient hergestellt werden, stellen aber aufgrund der Eigenschaften im Betrieb (z. B. Gewicht) eine Verschlechterung dar. Umgekehrt ist es möglich, Bauteile und Komponenten auf eine hohe Energie- und Ressourceneffizienz im Betrieb hin zu optimieren, wobei die Herstellung jedoch unter diesen Gesichtspunkten deutlich ineffizienter wird. Daher ist bereits in der Produktplanung eine Berücksichtigung von Funktion und Fertigung notwendig und ggf. eine wechselseitige Optimierung notwendig.

1.2.3 Ausgewählte Lösungsansätze für den Antriebsstrang

Im Hinblick auf eine ressourceneffiziente Fertigung von Komponenten des Fahrzeug-Antriebsstranges stellt die Anwendung von Net-Shape-Technologien einen Ansatz dar, signifikante Reduzierungen des Werkstoffeinsatzes zu erreichen. Weitere Potenziale, die mit dieser Herangehensweise bei der Bauteilherstellung im Zusammenhang stehen, sind die Reduzierung der mechanischen Bearbeitung oder die Verkürzung der Gesamtprozesskette.
Ein weiterer Erfolg versprechender Aspekt hinsichtlich der Effizienzsteigerung in der Fahrzeugherstellung und im -betrieb ist die Realisierung und Umsetzung von Hohlwellenkonzepten im automobilen Antriebsstrang.

1.2.3.1 Leichtbau-Nockenwelle

Nockenwellen stellen in Verbrennungsmotoren funktionell wichtige und hochdynamisch belastete Bauteile dar. Viele Fahrzeuggenerationen wurden daher mit gegossenen bzw. geschmiedeten Nockenwellen ausgerüstet. Ein wesentlicher Nachteil war dabei neben dem hohen Gewicht ein erheblicher Zerspanungsaufwand in der Bearbeitung der Rohnockenwelle hin zum einbaufertigen Produkt.

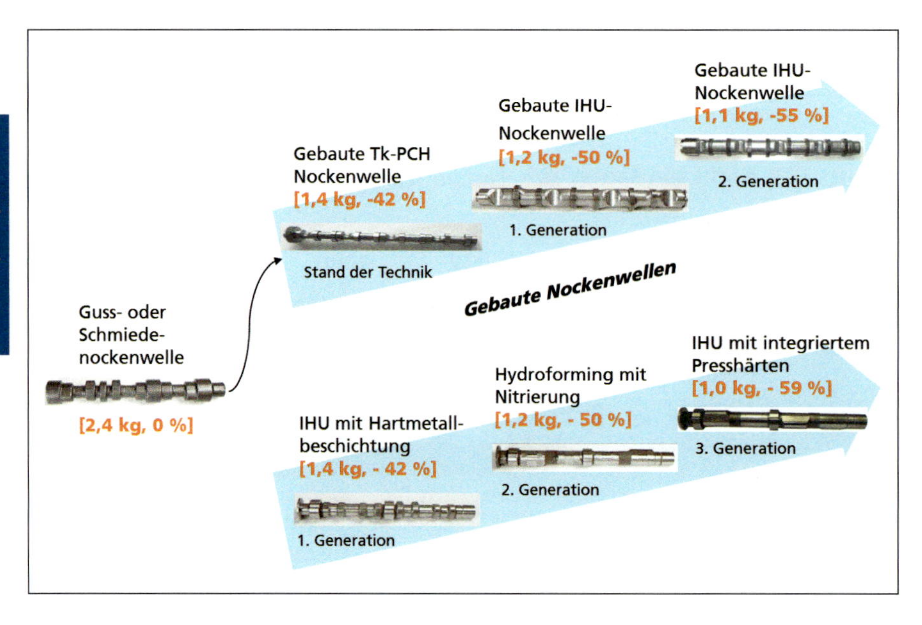

Abb. 15 Evolution der Leichtbau-Nockenwelle

VI

Im Zuge der zunehmend an Bedeutung gewinnenden Leichtbauaspekte in Fahrzeugen wurde auch die Nockenwelle hinsichtlich Gewichtseinsparpotenzialen untersucht. Dabei bietet der Einsatz von Hohlwellen ein erhebliches Einsparpotenzial, allerdings wäre ein Hohlbohren der Welle unter fertigungstechnischen Aspekten wenig effektiv. Aus diesem Grund wurde zu gebauten Nockenwellen übergegangen, deren Grundkörper auf einem Rohr basiert. Über entsprechend unterschiedliche Fügeverfahren werden hierbei separat gefertigte Nockenringe auf dem Zylinderrohr befestigt.
In der Weiterentwicklung der rohrbasierten Nockenwellentechnologie besteht durch den Einsatz der Innenhochdruck-Umformtechnologie ein weiteres Optimierungspotenzial durch Vergrößerung der Ausgangrohrdurchmesser bei gleichzeitiger Verringerung der Rohrwanddicke. Durch die entsprechende endkonturnahe Umformung der Nockenwellenrohre können Nockenringe immer dünner gefertigt werden bzw. durch entsprechende Verschleißschutzbehandlung der Oberfläche ganz entfallen. Dabei haben sich, wie in Abbildung 15 dargestellt, zwei unterschiedliche Strategien für die Leichtbaunockenwelle herauskristallisiert.
Der erste Strang repräsentiert die gebaute Nockenwelle, die sich aus einem Trägerrohr und entsprechend gefügten wesentlichen Funktionselementen wie Nockenringen und Lageringen zusammensetzt. Der zweite Strang greift den Gedanken der monolithischen Nockenwelle auf, wobei auch hier das Ausgangshalbzeug ein Rohr darstellt. Bei der monolithischen Leichtbaunockenwelle wird im Gegensatz zur gebauten Nockenwelle, bei der gehärtete Nockenringe zum Einsatz kommen, die Verschleißfestigkeit der Nockenlaufflächen mittels einer nachträglichen Oberflächenbehandlung realisiert. Das kann zum Beispiel durch das thermische Aufspritzen einer Hartstoffschicht oder das Nitrieren der Bereiche erfolgen. Eine Ausnahme bildet die pressgehärtete Nockenwelle, die den letzten Evolutionsschritt monolithischer Nockenwellen darstellt. Bei dieser Variante erfolgt die Umformung bei Temperaturen von ca. 800 ° C, wobei am Ende des Umformprozesses das Bauteil mit hoher Geschwindigkeit noch im Werkzeug abgekühlt wird, so dass eine Härtung erfolgen kann. Diese Variante ist wegen der Integration von Umformung und Wärmebehandlung sowie dem Entfall separat zu fügender Nockenringe besonders energie- und ressourceneffizient.

1.2.3.2 Getriebewelle

Auch auf dem Gebiet der Getriebewellen bietet sich die Fertigung von hohlen Strukturen an, um einerseits das Gewicht der Bauteile zu reduzieren. Andererseits ist davon auszugehen, dass diese Vorgehensweise in Verbindung mit innovativen Fertigungstechnologien und -einrichtungen auch zu einer effizienteren Bauteilherstellung führt. Neben der Reduzierung des Bauteilgewichtes sind zum Beispiel die Reduzierung des Werkstoffeinsatzes oder die Minimierung der Fertigungszeit weitere Effekte, die dabei angestrebt werden. Da bei Getriebe- oder auch Antriebswellen aufgrund der Bauteilbelastung die maximalen Schubspannungen im oberflächennahen Bauteilquerschnitt vorliegen und demgegenüber die Belastung im Kernbereich vernachlässigbar klein ist, ist diese Vorgehensweise zulässig.
Insbesondere für die Herstellung hohler Getriebewellen bieten sich Umformtechnologien an, den Ressourceneinsatz, was Energie, Material und Zeit einschließt, zu optimieren. Eingesetzt werden können diese zum Beispiel für die Realisierung der Hohlwellen-Struktur, der Vor- bzw. Zwischenformgebung sowie zur Erzeugung entsprechender Verzahnungen. Mithilfe der folgenden Ausführungen werden beispielhaft Umformtechnologien vorgestellt und diskutiert, die ein entsprechendes Anwendungspotenzial für die ressourceneffiziente Herstellung von hohlen Getriebewellen besitzen.

Herstellung der Hohlwelle mittels Bohrungsdrücken

Für die Umsetzung von hohlen Wellenkonzepten ist die Bereitstellung bzw. Realisierung der Hohlwelle ein wichtiger Aspekt, der im Kontext der Gesamtprozesskette sowie hinsichtlich der Wirtschaftlichkeit bewertet werden muss. Eine Möglichkeit, die sich dabei anbietet, ist die Verwendung von Rohren bzw. Hohlprofilen, die aber oftmals mit hohen Kosten verbunden ist. Der Einsatz massiven Vollmaterials als Ausgangshalbzeug repräsentiert eine andere Herangehensweise. Die Hohlwelle kann dann zum Beispiel mittels Tieflochbohren hergestellt werden. Aus Sicht der Materialeffizienz ist dies aber zu hinterfragen.
Eine Alternative, aus Vollmaterial hohle Wellen zu erzeugen, ist die Anwendung von Umformverfahren. Ein Beispiel dafür ist das sogenannte Bohrungsdrücken, eine Verfahrensentwicklung des Fraunhofer-Instituts für Werkzeugmaschinen und Umformtechnik (IWU). Diese Technologie kann für die Herstellung axialsymmetrischer Hohlformen aus massiven Halbzeugen eingesetzt werden. Das Bohrungsdrücken ist ein inkrementelles Druck-Umformverfahren. Die Hohlstruktur wird durch das gleichzeitige Wirken von Drückrollen und eines Formstempels, der die innere Geometrie des Bauteiles abbildet, realisiert. Das massive Ausgangshalbzeug wird dabei in einer Spanneinrichtung aufgenommen und in Rotation versetzt. Der Stempel dreht sich synchron zur Spindel bzw. zum Werkstück und führt mit den Drückrollen eine synchrone axiale Bewegung aus. Der durch den Stempel und die Drückrollen verdrängte Werkstoff fließt entgegengesetzt der Vorschubbewegung und bildet

die Außenkontur der Hohlwelle. Das Verfahren kann in Abhängigkeit der zu realisierenden Umformgrade und des eingesetzten Werkstoffes sowohl bei Raumtemperatur als auch temperaturunterstützt durchgeführt werden. Abbildung 16 veranschaulicht das Verfahrensprinzip.

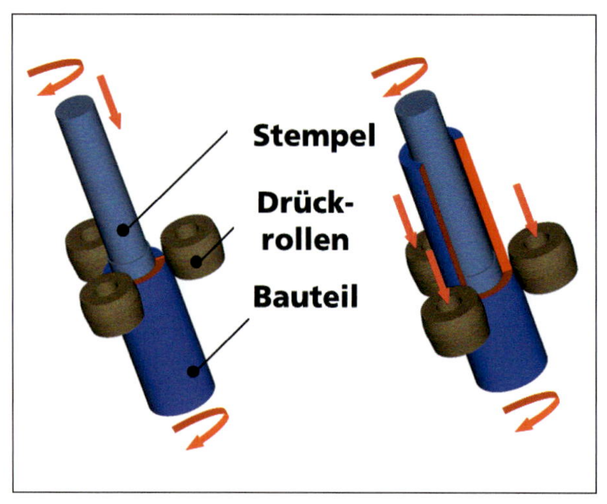

Abb. 16 Prinzip des Bohrungsdrückens

Im Rahmen von sowohl Industrie- als auch geförderten Projekten bestand bisher eine wesentliche Zielstellung darin, neben der prinzipiellen Machbarkeit auch die Serienfähigkeit nachzuweisen. Weiterhin wurden die Anwendungsgrenzen ermittelt. Abbildung 17 stellt das Prozessfenster dar, in dem sich das Bohrungsdrücken als Alternative gegenüber dem Tieflochbohren und dem Fließpressen anbietet.

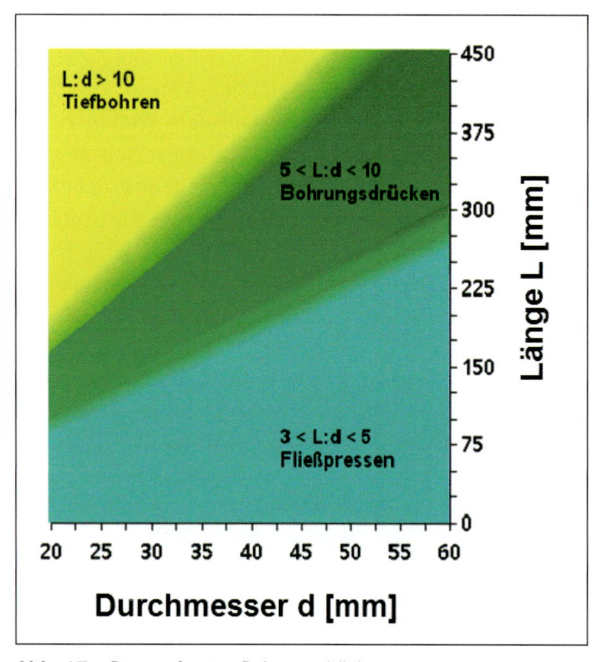

Abb. 17 Prozessfenster Bohrungsdrücken

Ein wesentlicher Vorteil gegenüber einer spanenden Herstellung der Hohlwelle ist die signifikant höhere Werkstoffausnutzung. So konnte für untersuchte Bauteilbeispiele eine Werkstoffnutzung von bis zu 90 % nachgewiesen werden (Abb. 18). Weiterhin besteht ein Vorteil darin, dass die Prozesszeit im Vergleich zum Tieflochbohren erheblich kürzer ist. Für die untersuchten Bauteile waren Einsparungen von bis zu 40 % im Vergleich zur konventionellen Herstellung möglich.

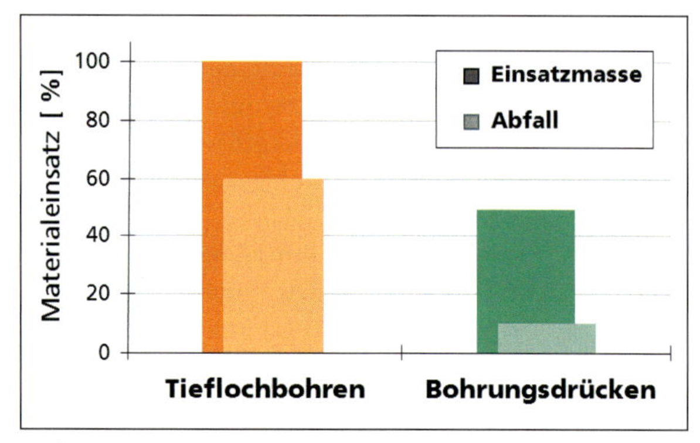

Abb. 18 Erhöhung der Werkstoffeffizienz

Unter Berücksichtigung der kinematischen Formgebung während des Bohrungsdrückprozesses mithilfe der Drückrollen lassen sich aufgrund der Flexibilität kleine und mittlere Stückzahlen wirtschaftlich herstellen. Im Bereich von typischen Pkw-Wellen ist sogar eine Net-Shape-Fertigung möglich.

Vor- bzw. Zwischenformgebung mittels Querkeilwalzen

Eine weitere Net-Shape-Technologie, die sich in die Gesamtprozesskette zur Herstellung hohler Getriebewellen einordnen lässt, ist das sogenannte Querkeilwalzen, das sich z. B. für die Vorform-Herstellung anbietet. Das Verfahren ist dabei dadurch gekennzeichnet, dass Ausgangshalbzeuge mit kreisrundem Querschnitt mithilfe keilförmiger Werkzeuge umgeformt werden. Durch das radiale Einstechen der Walzkeile in die Ausgangsform und das Verdrängen des Werkstoffes in axialer Richtung erfolgt eine Durchmesserreduzierung entsprechend der Geometrie der Werkzeuge. Somit ist es möglich, eine der finalen Bauteilgeometrie angepasste Werkstoffverteilung bzw. Vorform zu realisieren.
Hinsichtlich des Verfahrens kann man zwischen dem Querkeilwalzen mit sogenannten Flach- und Rundbackenwerkzeugen unterscheiden (Abb. 19). Dabei bietet das Querkeilwalzen mit runden Werkzeugen den Vorteil einer höheren Produktivität, da im Vergleich zur Variante mit Flachbackenwerkzeugen, bei der ein Leer- bzw. Rückhub

erforderlich ist, Bauteile kontinuierlich nacheinander umgeformt werden können. Ein Nachteil ist aber der kompliziertere Werkzeugaufbau.

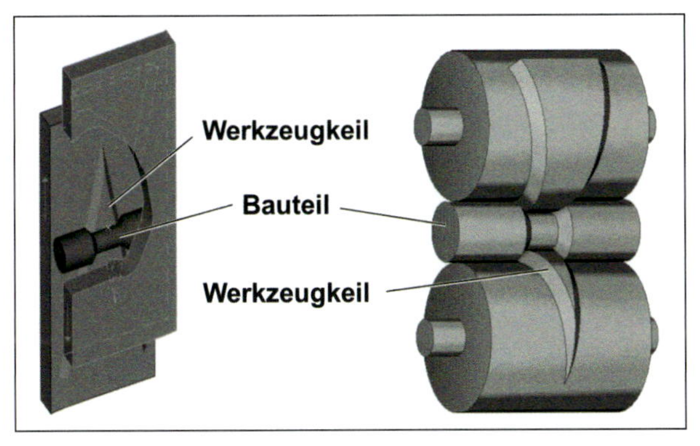

Abb. 19 Prinzip des Querkeilwalzens

Die Anwendung des Querkeilwalzens innerhalb der Prozesskette zur Herstellung von Getriebewellen repräsentiert einen wichtigen Forschungsschwerpunkt des Fraunhofer-Instituts für Werkzeugmaschinen und Umformtechnik (IWU) im Bereich der Massivumformung. Im Rahmen zahlreicher Forschungsprojekte wurde auch die Realisierbarkeit hohler Getriebewellen für den automobilen Antriebsstrang untersucht. Dazu war es erforderlich, eine spezielle Zusatzeinrichtung zu entwickeln, die eine gezielte Umformung der Innenkontur der Welle ermöglicht. Im Rahmen dieser Arbeiten wurden mithilfe von Prototypen die prinzipielle Machbarkeit nachgewiesen und entsprechende Wirtschaftlichkeitsbetrachtungen durchgeführt. Abbildung 20 veranschaulicht das modifizierte Verfahrensprinzip zur Realisierung hohler Vorformen für Getriebewellen.

Unter Berücksichtigung der erreichten Ergebnisse kann zusammengefasst werden, dass neben dem Aspekt der Optimierung des Werkstoffeinsatzes die Technologie des Querkeilwalzens auch zur Herstellung von Leichtbau-Wellen angewendet werden kann. Somit sind auch Effekte hinsichtlich der Reduzierung des Kraftstoffverbrauches und der CO_2-Emissionen zu erwarten.

Eine weitere Anwendung des Querkeilwalzens, die nicht unmittelbar im Zusammenhang mit der Herstellung von Getriebewellen zu sehen ist, stellt die Vorformgebung für nachfolgende Schmiedeprozesse dar. Durch eine bauteilangepasste Vorform bzw. Masseverteilung werden Voraussetzungen z. B. für das gratarme Gesenkschmieden geschaffen. Somit können auch hier Effekte hinsichtlich eines effizienten Materialeinsatzes erreicht werden. Aufgrund der Potenziale der umformtechnischen Bauteilherstellung hinsichtlich der positiven Beeinflussung finaler Bauteileigenschaften kann weiterhin ein Beitrag zur Herstellung von Leichtbau-Komponenten geleistet werden. Abbildung 21 zeigt quergewalzte Zwischenformen für nachfolgende Gesenkschmiede- bzw. andere Umformoperationen.

Wie bereits dargestellt, repräsentiert die Flexibilisierung der Produktion ebenfalls eine der wichtigsten Herausforderungen, der sich insbesondere die heutigen Zulieferunternehmen stellen müssen. Unter Berücksichtigung der steigenden Variantenvielfalt, der damit im Zusammenhang stehenden Reduzierung der Teileanzahl und der zunehmenden Bauteilanforderungen sind die Unternehmen gefordert, Strategien zu identifizieren, die eine wirtschaftliche Fertigung hochkomplexer Bauteile auch im kleinen und mittleren Stückzahlbereich erlauben.

Auch im Bereich der Massivumform-Verfahren, die oftmals dadurch charakterisiert sind, dass die finale Bauteilgrößtenteils durch die Werkzeuggeometrie abgebildet wird, gibt es entsprechende Ansätze, die Bauteilherstellung zu flexibilisieren. Eine Erfolg versprechende Herangehensweise ist auch hier, vergleichbar zur Blechumformung, die Erzeugung der Bauteilgeometrie durch eine geeignete Prozesskinematik, so dass der Formspeichergrad der Werkzeuge signifikant reduziert werden kann.

Das sogenannte Axial-Vorschub-Querwalzen (AVQ), bei dem die Fertigteilgeometrie fast vollständig mithilfe der

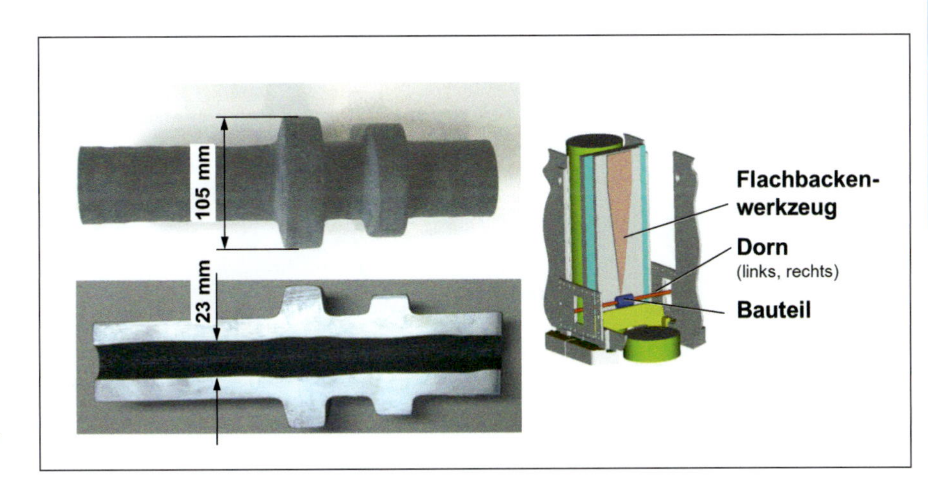

Abb. 20 Umformtechnische Herstellung hohler Vorformen für Getriebewellen

VI

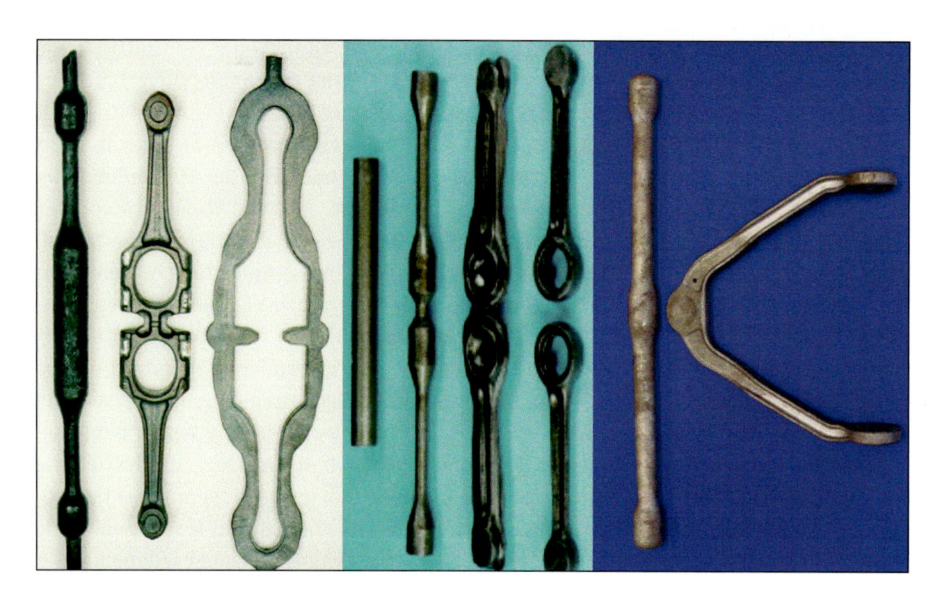

Abb. 21 Realisierung bauteilangepasster Vorformen mittels Querwalzen

Prozesskinematik realisiert wird, stellt in diesem Zusammenhang eine innovative Lösung dar. Im Gegensatz zum „konventionellen“ Querkeilwalzen können ohne die Anfertigung bauteilbezogener Umformwerkzeuge sowie ohne Werkzeugumbau unterschiedlichste rotationssymmetrische Geometrien bzw. eine große Formenvielfalt erzeugt werden. Dabei erfolgt die Umformung basierend auf der Relativbewegung zwischen dem zylindrischen Werkstück und zwei sich gleichsinnig bewegender Walzwerkzeuge, wobei diese durch eine entsprechende Zustellbewegung in das Werkstück eindringen. Zusätzlich erfolgt noch eine axiale Bewegung des sich frei drehenden Werkstückes, das heißt, es wird durch die Walzen hindurchgezogen (Ficker, Hardtmann 2012). Im Prozess-

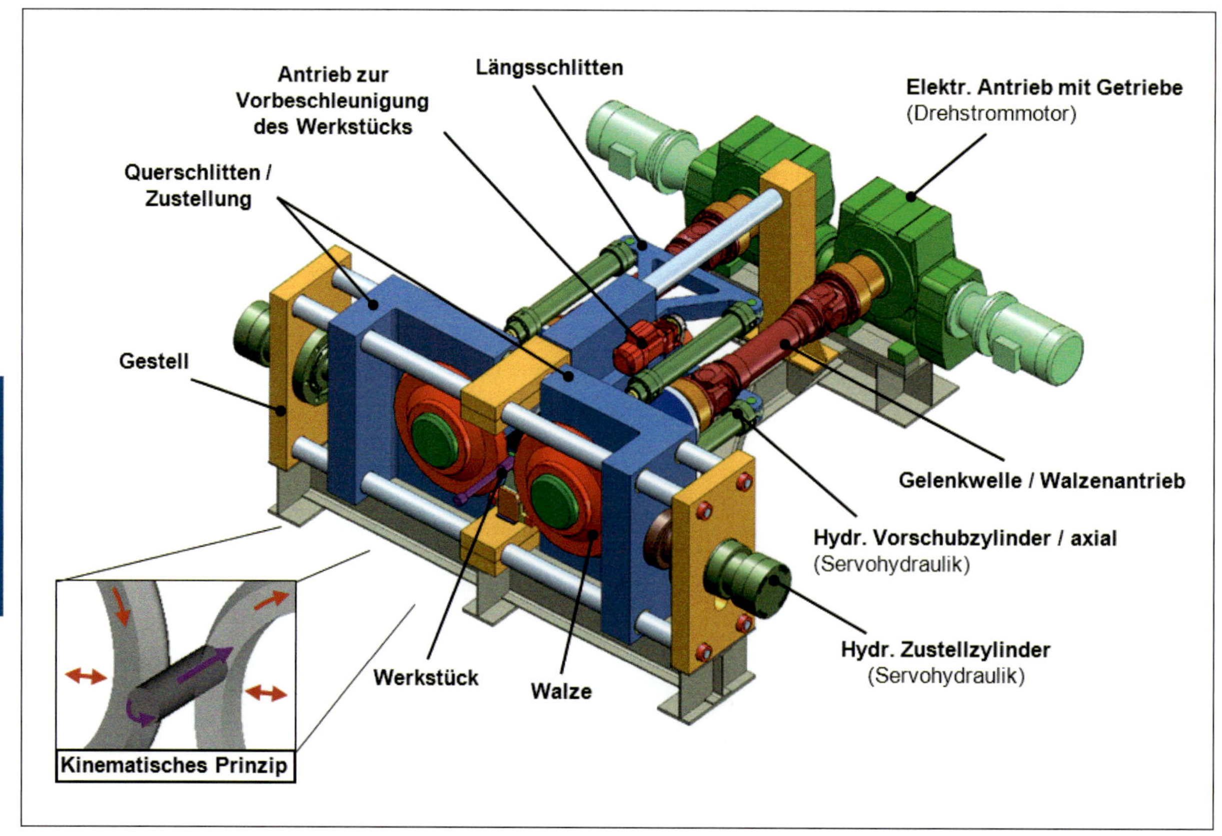

Abb. 22 Verfahrensprinzip „Axial-Vorschub-Querwalzen“

Abb. 23 AVQ-Prototypenmaschine

verlauf können die Zustellbewegung der Walzen sowie die Vorschubbewegung des Werkstückes variiert werden *(Abb. 22.)* Weiterhin ist es möglich, in einer Einspannung mehrere Einstiche und Überwalzungen zu realisieren, so dass Durchmesserreduzierungen von über 80 % am Werkstück möglich sind.
Insgesamt kann eingeschätzt werden, dass das Axial-Vorschub-Querwalzen ein Verfahren der Massivumformtechnik ist, die eine wirtschaftliche Fertigung von komplexen Bauteilgeometrien in einem kleinen bzw. mittleren Stückzahlbereich erlauben. Analog zum „konventionellen" Querkeilwalzen bietet sich das AVQ-Verfahren ebenfalls für die Herstellung von Net-Shape-Vwformen für wellenförmige Bauteile an, wobei auch eine Realisierung von hohlen Vorformen möglich ist. Neben dem Aspekt der Flexibilisierung der Bauteilherstellung lassen sich somit auch signifikante Effekte hinsichtlich der Material- und Ressourceneffizienz erzielen.
Unter Berücksichtigung dieser Potenziale repräsentiert das Axial-Vorschub-Querwalzen einen wichtigen Bestandteil der Strategie des Fraunhofer-Instituts für Werkzeugmaschinen und Umformtechnik (IWU), Prozessketten unter dem Aspekt Ressourceneffizienz ganzheitlich darzustellen. Die Entwicklung einer Prototypenmaschine durch die Lasco Umformtechnik GmbH in Kooperation mit dem Fraunhofer IWU zur Umsetzung der Technologie ist als Beispiel für die Aktivitäten auf diesem Gebiet zu nennen (Abb. 23).

Umformtechnischer Vorverzahnungsprozess

Ein weiterer wichtiger Forschungsschwerpunkt im Rahmen der Gesamtprozesskette „Verzahnte Hohlwelle" ist die Herstellung von Verzahnungsgeometrien mittels geeigneter Umformverfahren. Untersucht wird dabei insbesondere das Profilwalzen, eine Verfahrensvariante des Querwalzens.

Das Verfahren des Profil-Querwalzens lässt sich hinsichtlich der eingesetzten Umformwerkzeuge einteilen (Abb. 24):

- Flachbackenwerkzeuge
- konkave Werkzeuge
- konkave und konvexe Werkzeuge
- Rundrollenwerkzeuge.

Am Fraunhofer-Institut für Werkzeugmaschinen und Umformtechnik (IWU) liegt der Untersuchungsschwerpunkt beim Profil-Querwalzen nach dem sogenannten Einstechverfahren mit Rundrollen-Werkzeugen. Im Mittelpunkt stehen dabei insbesondere Untersuchungen zur Anwendung des Verfahrens für die Herstellung von Laufverzahnungen. Dabei galt deren umformtechnische Herstellung, das heißt das Walzen von Laufverzahnungen mit großen Zahnhöhen-Faktoren ($y > 2$), bis vor kurzem als nicht realisierbar. Im Rahmen von zahlreichen Forschungsprojekten konnten die Anwendungsgrenzen signifikant verschoben werden. Dadurch wurde die Voraussetzung für die Vergrößerung des Anwendungsgebietes für das Profilwalzen als Vorverzahnungsprozess geschaffen. Abbildung 25 gibt einen Überblick über die in den letzten Jahren erreichten Fortschritte (Neugebauer, Putz, Hellfritzsch 2007, Neugebauer, Hellfritzsch, Lahl 2008).
Beim Profil-Querwalzen nach dem Einstechverfahren mit Rundrollen-Werkzeugen kommen zwei bzw. drei außen verzahnte, gleichsinnig rotierende Werkzeuge zur Anwendung. Durch die Werkzeugrotation und das radiale Eindringen, realisiert durch den Werkzeugvorschub, wird ein abwälzbedingter asymmetrischer Werkstofffluss initiiert, wodurch die Geometrie der einzelnen Zähne erzeugt wird. Um an den beiden Zahnflanken vergleichbare Eigenschaften zu realisieren, und um die Sollkontur der Verzahnung zu gewährleisten, sind Reversiervorgänge, das heißt Drehrichtungswechsel, erforderlich. Abbildung 26 veranschaulicht den Prozessablauf.
Basierend auf dieser umformenden Vorbearbeitung bietet sich zum Beispiel die Möglichkeit, kosten- und energieintensive Teilprozesse wie das Schaben und Festigkeitsstrahlen zu substituieren, was neben einer Verkürzung der Prozesskette auch eine signifikante Reduzierung des energetischen Aufwandes bei gleichzeitiger Erhöhung der Wirtschaftlichkeit bedeutet. Weiterhin können signifikante Effekte hinsichtlich des Vorverzahnungsprozesses erzielt werden. Am Beispiel von Realbauteilen konnte nachgewiesen werden, dass Verkürzungen der Prozesszeiten im Vergleich zur spanenden Bearbeitung um bis zu 50 % sowie eine Reduzierung der eingesetzten Werkstoffmasse um bis zu 30 % möglich sind. Dabei muss angemerkt werden, dass die erreichbaren Effekte insbesondere von der Geometrie und Komplexität der Bauteile beeinflusst werden.
Weitere Vorteile, die sich aus prozesstechnischer Sicht ergeben, sind die relativ geringen Prozesskräfte sowie die

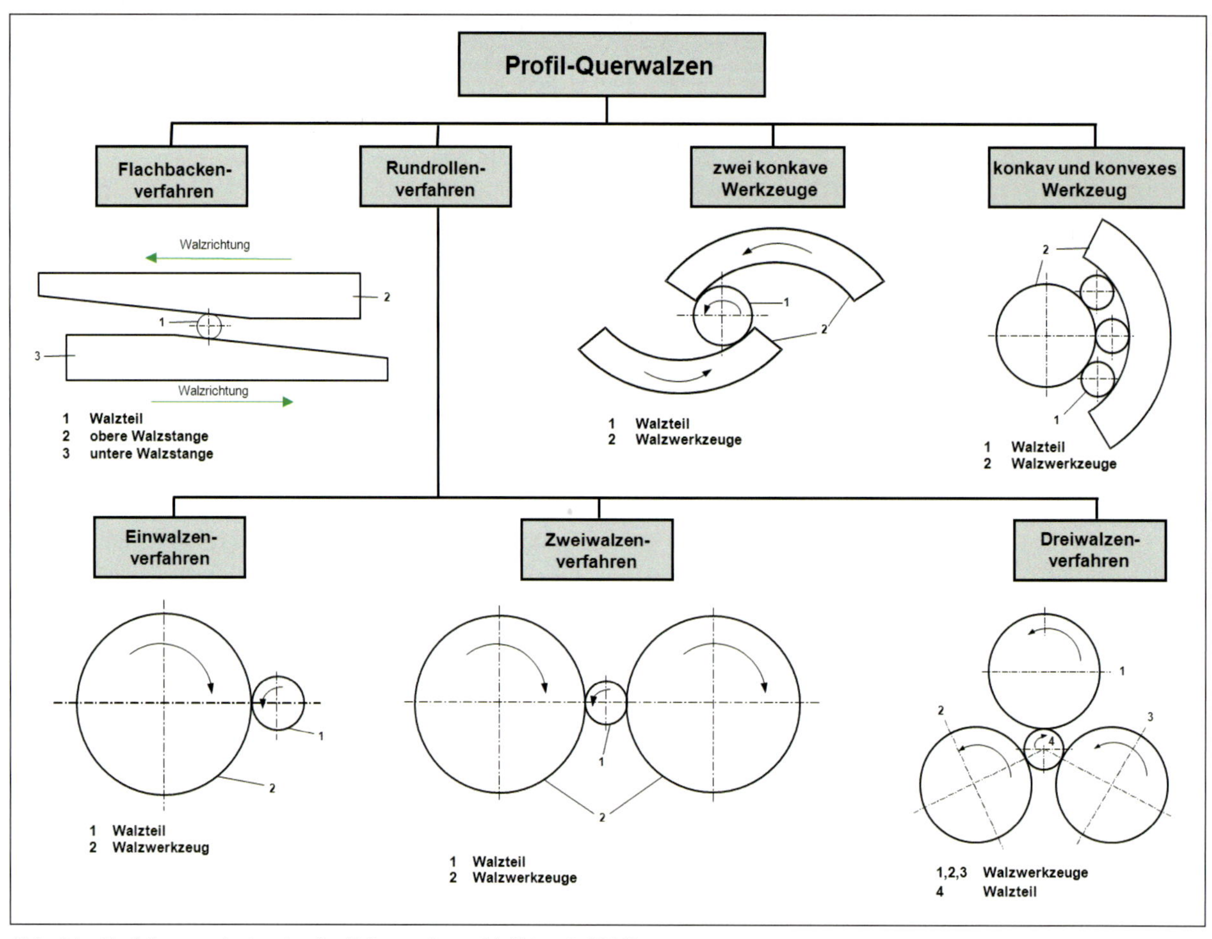

Abb. 24 Verfahrensvarianten des Profil-Querwalzens (Hellfritzsch 2005)

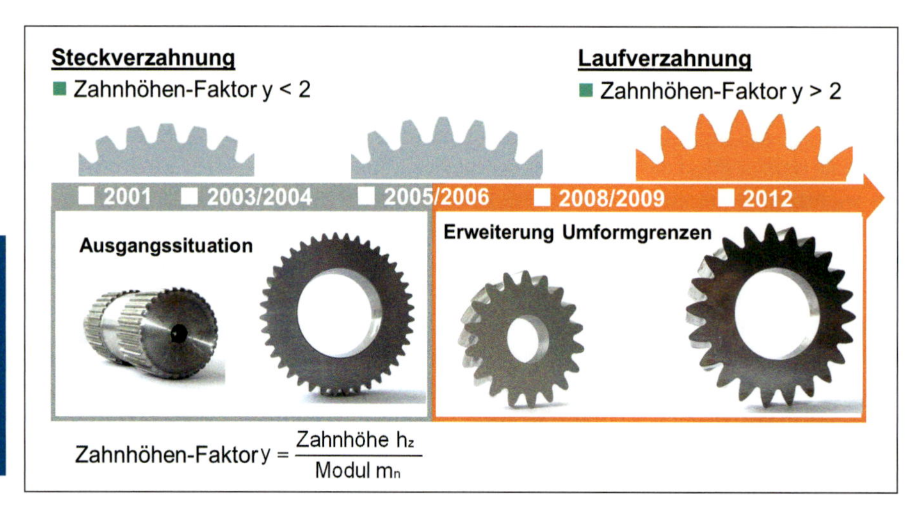

Abb. 25 Erreichte Fortschritte auf dem Gebiet des Walzens von Verzahnungen

Möglichkeit, eng nebeneinander liegende Verzahnungen umformtechnisch herzustellen (Abb. 27), wo spanende Verfahren an ihre Grenzen stoßen.

Im Hinblick auf die Bauteileigenschaften lässt sich zusammenfassen, dass durch die Umformung ein konturangepasster Faserverlauf sowie eine entsprechende Werkstoffverfestigung realisiert werden. Dadurch ergeben sich Effekte hinsichtlich höherer Zahnfußfestigkeiten sowie Flankentragfähigkeiten. Abbildung 28 veranschaulicht diesen Aspekt anhand der signifikanten Erhöhung der Härte an einer Beispielverzahnung. Ein weiterer Vorteil, der damit im unmittelbaren Zusam-

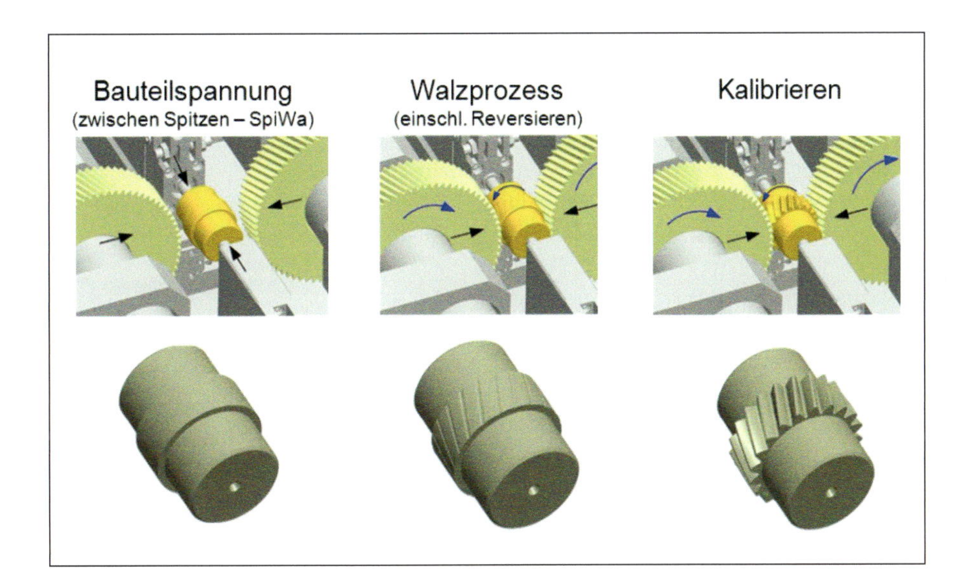

Abb. 26 Prozessablauf bei Profil-Querwalzen von Verzahnungen

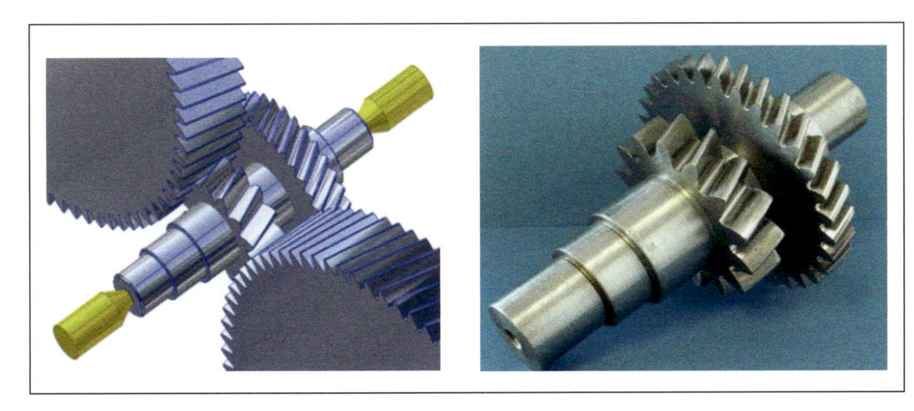

Abb. 27 Walzen nebeneinander liegender Verzahnungen

menhang steht, ist der im Vergleich zur Zerspanung geringere Abfall der Verzahnungsqualität während der Wärmebehandlung. Somit können nach dem Wärmebehandlungsprozess Verzahnungsqualitäten realisiert werden, die mit denen der spanend hergestellten Bauteile vergleichbar sind.
Ein wesentliches Ziel der Arbeiten des Fraunhofer-Instituts für Werkzeugmaschinen und Umformtechnik (IWU) auf diesem Gebiet ist die Erweiterung des Anwendungsgebietes dieser innovativen und vor allem effizienten Technologie zur Realisierung von Verzahnungen. Um dieses Ziel zu erreichen, wird zukünftig vor allem Handlungsbedarf hinsichtlich der weiteren Verbesserung der Bauteilqualität bzw. -eigenschaften, der Optimierung der Umformwerkzeuge sowie hinsichtlich der Integrierbarkeit in bestehende Prozessketten und Fertigungsabläufe gesehen.

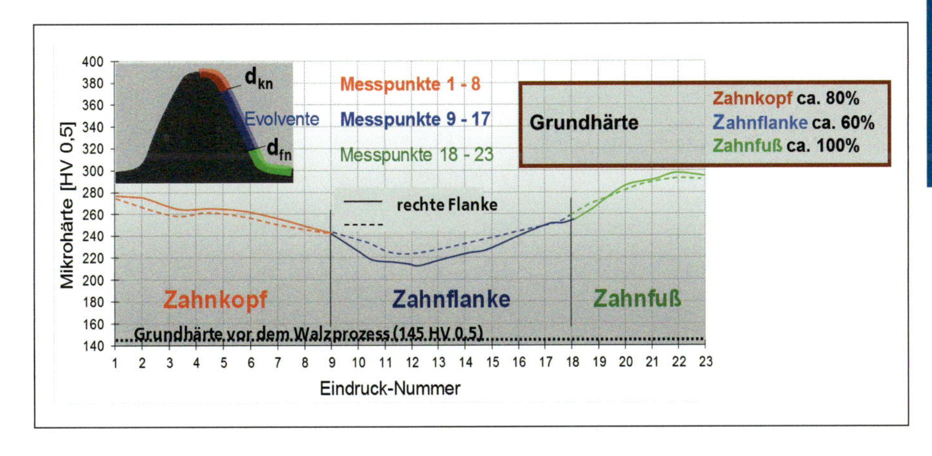

Abb. 28 Steigerung der Oberflächenhärte durch den Walzprozess

1.2.3.3 Gebaute Kurbelwelle

Kurbelwellen für automobile Antriebe sind bis heute durch ein relativ hohes Gewicht charakterisiert. Weiterhin ist der Aufwand hinsichtlich der mechanischen Bearbeitung im Herstellprozess aufgrund der üblichen Prozessketten als relativ hoch einzuschätzen. Insbesondere der Anteil der während der Fertigung erzeugten Späne ist aus Sicht einer ressourceneffizienten Fertigung zu hinterfragen.
Im Rahmen eines Kooperationsprojektes mit der Volkswagen Sachsen GmbH (gefördert aus Mitteln der Europäischen Union und des Freistaates Sachsen) bestand deshalb die Zielstellung darin, Strategien zu identifizieren, um einerseits das Gewicht von Kurbelwellen signifikant zu reduzieren und andererseits den Aufwand der mechanischen Bearbeitung zu minimieren. Ein Lösungsansatz, der im Rahmen des Projektes erarbeitet wurde, war die Entwicklung einer modular aufgebauten Kurbelwelle, wobei separate Blechteile für die Wangen und hohle Profilabschnitte für die Herstellung der Lager verwendet wurden. *Abbildung 29* zeigt den prinzipiellen Aufbau eines Kurbelwellen-Moduls.
Eine erste Herausforderung, der sich gestellt werden musste, war die Identifizierung geeigneter Technologien für die Herstellung von „Blech“-Wangen. Dabei wurden zwei Varianten berücksichtigt:

- zweiteilige Wange (Ausgangsblechdicke s0 = 8 mm)
- einteilige Wange (Ausgangsblechdicke s0 = 16 mm).

Unter Berücksichtigung der geforderten Genauigkeiten und Toleranzen wurde die Technologie des Feinschneidens für die Herstellung der Wangen ausgewählt und erfolgreich angewendet. Das Feinschneiden ist eine hocheffiziente Schneidtechnologie, die das Potenzial für Großserienanwendungen besitzt. Vorteile gegenüber dem konventionellen Scherschneiden sind insbesondere die hohe Schnittqualität, d.h. hoher Glattschnittanteil, sowie die hohe Maßhaltigkeit. Die erhöhte Qualität resultiert dabei aus dem

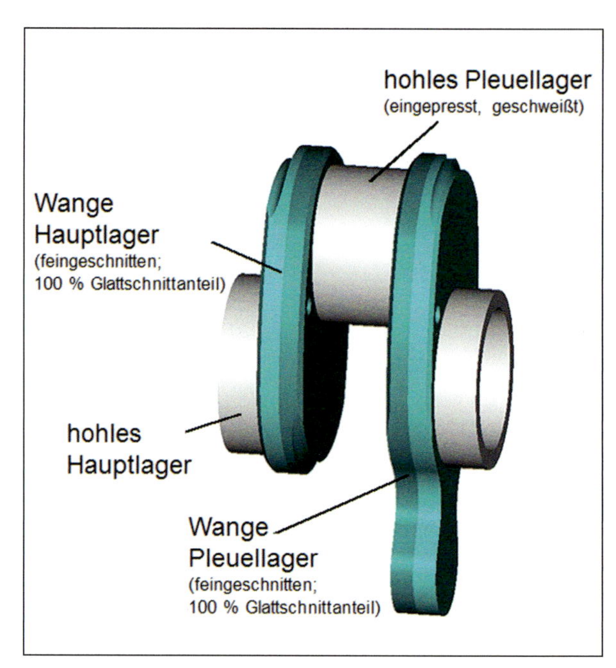

Abb. 29 Aufbau eines Kurbelwellenmoduls

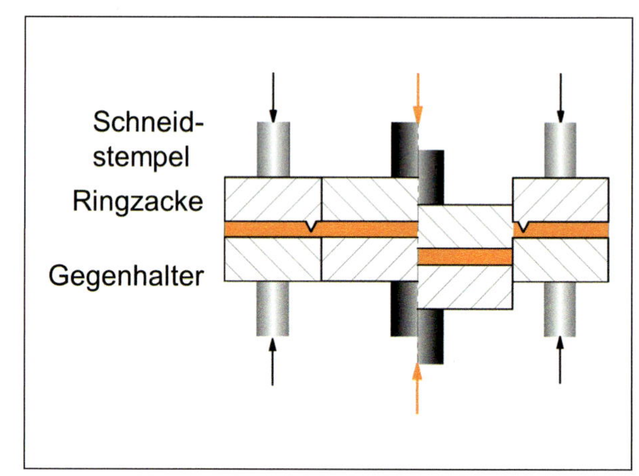

Abb. 30 Prinzip des Feinschneidens

Abb. 31 Realisierte „Gebaute Kurbelwelle“

Verfahrensprinzip. Während des Schneidprozesses wirkt eine Ringzacke. Mit deren Hilfe wird das Ausweichen des Werkstoffes verhindert und es werden Druckspannungen in die Schneidzone eingebracht (Schuler GmbH 1996). Abbildung 30 zeigt das Verfahrensprinzip.
Eine weitere Herausforderung bestand in der Identifizierung einer geeigneten Fügetechnologie, um die Gesamt-Kurbelwelle darzustellen. Im Rahmen der Arbeiten wurden sowohl Schweiß- als auch mechanische Fügeoperationen bewertet, die auf Form- und/oder Kraftschluss beruhen. Als geeignete Verfahrensvariante wurde die Kombination aus Einpressen und Schweißen ermittelt.
Basierend auf dieser Technologie konnten Kurbelwellen-Prototypen realisiert werden (Abb. 31), deren Bauteileigenschaften (Dauerfestigkeit, Torsionssteife) vergleichbar mit denen von Serienwellen waren. Geringe Defizite waren hinsichtlich der Geräuschemissionen feststellbar.
Im Hinblick auf die angestrebten Projektziele konnte nach Beendigung des Projektes zusammengefasst werden, dass das Bauteilgewicht (um 17 %) und der mechanische Bearbeitungsaufwand (Reduzierung des Späneanteils um 75 %) signifikant reduziert werden konnten. Weiterhin bietet die modulare Bauweise das Potenzial, unterschiedliche Bauteilgrößen wirtschaftlich herzustellen.

Literatur

Klein, B.: Leichtbau-Konstruktion, Berechnungsgrundlagen und Gestaltung, Friedr. Viehweg & Sohn Verlagsgesellschaft mbH, Braunschweig/Wiesbaden, 1994

Schmidt, W., Puri, W.: Systematische Entwicklung gewichtsoptimierter Bauteile, Tagungsband zum 11. Symposium „Design for X“, S. 37–40, Schnaittach, 12./13.10.2000

Sterzing, A.: Bewertung von Leichtbaupotenzial und Einsatzfähigkeit wölbstrukturierter Feinbleche, Dissertation, Berichte aus dem IWU, Band 29, Verlag Wissenschaftliche Scripten, Zwickau, 2005.

Umweltbundesamt, Datenbank PROBAS, 2012

Ficker, T., Hardtmann, A.: Entwicklung des Axial-Vorschub-Querwalzens an der TU Dresden – ein historischer Überblick von Anfang der 1970-er Jahre bis heute, UTF science (2012) Heft II, Seite 1–10.

Hellfritzsch, U.: Optimierung von Verzahnungsqualitäten beim Walzen von Stirnradverzahnungen, Dissertation, Berichte aus dem IWU, Band 32, Verlag Wissenschaftliche Scripten, Zwickau, 2005

Neugebauer, R., Putz, M., Hellfritzsch, U.: Improved Process Design and Quality for Gear Manufacturing with Flat and Round Rolling, CIRP annals 56 1; p. 307–312, 2007

Neugebauer, R., Hellfritzsch, U., Lahl, M.: Advanced Process Limits by Rolling of Helical Gears. Proceedings of the11th ESAFORM Conference on Material Forming 2008 (International Journal of Material Forming 11), Lyon, 23.–25.04.2008, p. 1183–1186, 2008

Schuler GmbH: Handbuch der Umformtechnik, Springer Verlag, 1996

1.3 Spanende Verfahren

1.3.1 Strategien zur Ressourceneinsparung bei der spanenden Bearbeitung

Martin Dix

Bisher standen bei der Betrachtung der Effizienz von spanenden Fertigungsverfahren die Ressourcen Zeit, Kühlschmier- sowie Werkzeugkosten im Fokus. Mit den steigenden Stromkosten erlangt die Energieeffizienz jedoch immer mehr Bedeutung und stellt somit ein entscheidendes ökonomisches Kriterium dar. Demzufolge müssen die klassischen Ansätze zur Optimierung der spanenden Bearbeitung um ein weiteres Zielkriterium ergänzt werden, was neue Ansätze und Vorgehen hinsichtlich der Prozessgestaltung fordert.
Im Rahmen dieses Kapitels werden Strategien zur Steigerung der Energie- und Ressourceneffizienz an Beispielen mit unterschiedlichen Betrachtungsräumen und Anwendungsfällen verdeutlicht. Die grundlegenden Strategien sind in Abbildung 1 skizziert.

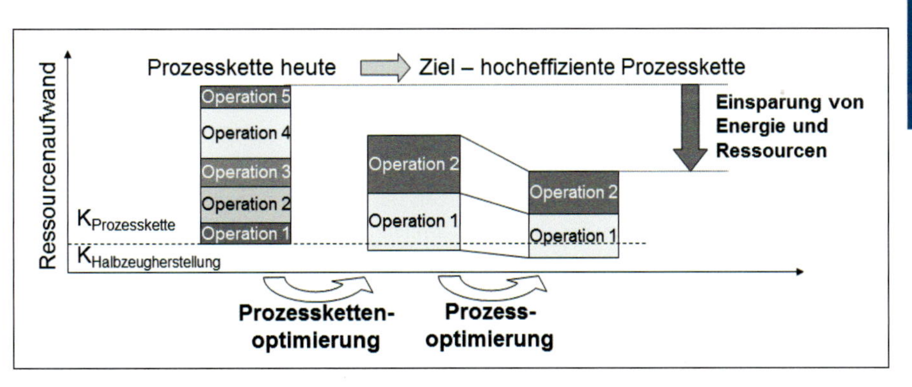

Abb. 1 Strategien zur energetischen und ressourcenspezifischen Optimierung der Fertigung

So besteht das Ziel bei der Prozesskettenoptimierung darin, möglichst energieeffiziente Prozesse auszuwählen und diese eng zu verzahnen. Weiterhin sind energieintensive Prozesse zu substituieren und durch die Integration von Teilprozessen eine Einsparung an Operationen und deren Energiebedarf zu erzielen.
Ergänzend dazu ist anzustreben, dass das abzuspanende Material minimiert wird, da das Halbzeug bzw. der Werkstoff schon einen sehr hohen Aufwand an Energie und Ressourcen beinhaltet. Hierbei sind die vorgelagerten Prozesse, wie beispielsweise Umformen oder Gießen, mit in die Betrachtung einzubeziehen.
Hinsichtlich der Substituierung energieaufwendiger Prozesse sei hier das Beispiel der Hartdrehbearbeitung als Ersatz für das energieintensive Schleifen aufgeführt. Dabei ergeben sich neben geringeren Energieverbräuchen im Prozess deutlich reduzierte Ressourcenbedarfe bezogen auf Schmierstoffe, Werkzeug- und Maschinenkosten. Vertiefte Ausführungen zu diesem Thema sind im Kapitel VI.1.3.5 aufgeführt.
Bei der Prozessintegration besteht das Ziel darin, verschiedene Prozesse und Verfahren in der Prozesskette miteinander zu koppeln und damit die Effizienz der Fertigung zu steigern. So ist anzustreben, möglichst viele Prozesse auf einer Maschine und Aufspannung durchzuführen, da somit Handlingsoperationen eingespart sowie Präzisionsverluste durch Umspannen vermieden werden können. Als Beispiel sei hier die Komplettbearbeitung von Antriebswellen auf Drehfräszentren angeführt. Wobei die kombinierte Auslegung von Maschine, Werkzeug und Prozess neben komplexen Dreh- und Fräsbearbeitungen auch die Einbringung von Verzahnungen mittels Wälzfräsen sowie die Fertigung von exzentrischen Formelementen mit hohen Zeitspanvolumen erlaubt. Somit kann die Bearbeitung vom Halbzeug bis zum Fertigteil auf einer Maschine realisiert werden.
Die Prozessoptimierung ist eine vielschichtige Thematik. Beispielsweise sind die Schnittparameter bestimmend für den Prozess und seine Produktivität, aber auch für den resultierenden Verschleiß am Werkzeug. Ein weiterer Punkt sind die Aufwendungen für die Kühlschmierung. Anhand einer Analyse eines Hochleistungsbohrprozesses werden im Kapitel VI.1.3.1 die energetischen Potenziale einer Prozessauslegung anhand des Einflusses des Zeitspanvolumens und der Kühlschmierstrategie aufgezeigt. Dabei wird deutlich, dass besonders bei den effizienten Hochleistungsprozessen eine Minimierung und Vermeidung des Einsatzes von Kühlschmierstoffen nicht zielführend ist.
Neben den eigentlichen Spanparametern ist die Werkzeugbahn und damit die Absicherung von günstigen Eingriffsverhältnissen entscheidend für die ökonomischen und ökologischen Größen der Bearbeitung. So kann durch eine optimierte Werkzeugbahn bei einer 5-achsigen simultanen Fräsbearbeitung zum einen Fertigungszeit – und damit Kosten sowie Energie für die Grundlast der Maschine – eingespart werden und zum anderen führen die günstigen Eingriffsbedingungen zur Erhöhung der Werkzeugstandzeit. Details dazu sind im Kapitel VI.1.3.4 aufgeführt.
Neben der Prozessauslegung im konventionellen Bereich ist der Einsatz von Zusatzsystemen – besonders bei schwer zerspanbaren Materialen – ein Weg, um eine hohe Prozesseffizienz bezogen auf Fertigungszeit und Werkzeugverschleiß zu erzielen. Diese sogenannte hybride Zerspanung beinhaltet die Kombination von unterstützenden Wirkmedien mit dem eigentlichen Zerspanprozess, welcher dadurch hinsichtlich Effizienz und Sicherheit verbessert wird. Als ein Beispiel sei hier die Zerspanung von Titan mit Hochdruckkühlschmierung zu nennen. Anders als bei konventioneller Zerspanung wird hier ein Hochdruckstrahl zur Reduktion der Kontaktzone zwischen Schneide und Span sowie zum Spanbruch eingesetzt. Wie die Ergebnisse im Kapitel VI.1.3.3 zeigen, kann damit die Prozesssicherheit und Effizienz bei schwierigen Prozessen, wie dem Einstechen in Titan, deutlich erhöht werden.
Ein weiterer Punkt ist die Prozesssicherheit. So führt eine Produktion von Ausschuss nicht nur zu finanziellen Verlusten für den Produzenten, sondern beinhaltet auch ein hohes Maß an verlorenem Energieaufwand. So ist, ökonomisch und ökologisch gesehen, Ausschuss der ungünstigste Fall, da neben Rohmaterial auch jegliche Wertschöpfung bis zum ausschusserzeugenden Produktionsschritt vernichtet wird. Des Weiteren besteht oft noch zusätzlicher Aufwand zur Demontage bzw. zum Recycling. Besonders gravierend ist dabei eine Ausschusserzeugung am Prozesskettenende, da dort schon ein hohes Maß an Aufwand hinsichtlich Energie und Ressourcen erbracht wurde. So bedingt ein Ausschussteil am Ende der spanenden Bearbeitung einem Energieverlust von 60 bis 80 MJ (Neugebauer 2008) pro kg Bauteilmasse, wohingegen ein Fehler am Ende der Hauptformgebung (z. B. Massivumformung) einen Energieverlust von 45 MJ (Neugebauer 2008) ausmacht. Demzufolge ist die Prozesssicherheit der spanenden Verfahren zur Neben- und Endformgebung, welche typischerweise am Ende der Prozesskette verstärkt auftreten, von größtem Interesse für die Energie- und Ressourceneffizienz einer Produktion (Neugebauer 2008).

1.3.2 Energetische Prozessanalyse und -gestaltung am Beispiel Bohren

Martin Dix

Das Verfahren Bohren ist eines der am meisten angewandten spanenden Verfahren und zeichnet sich durch einige Besonderheiten aus. So liegt die Bearbeitungsstelle im Inneren des Werkstückes und ist besonders bei Bohrungen mit einem hohen Verhältnis von Bohrtiefe

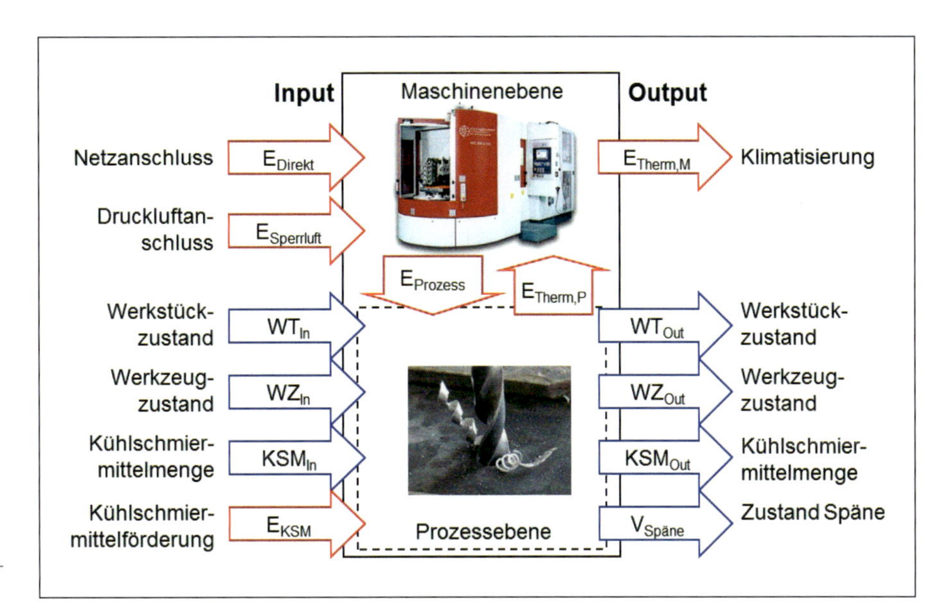

Abb. 2 Beschreibung der Energie- und Stoffströme beim Bohren anhand des Input-Output-Modells

zu Bohrungsdurchmesser als schwierig hinsichtlich Kühlschmiermittelzufuhr und Spanabtransport zu bezeichnen. Weiterhin ergeben sich mehrere Kontaktstellen zwischen Werkstück und Werkzeug mit unterschiedlicher Charakteristik, weswegen erhöhte Anforderungen an die Schmierung gestellt werden.

Die Energie- und Stoffflüsse beim Spanen, welche die Grundlagen für die Effizienzbestimmung sind, können am besten an einem sogenannten Input-Output-Modell verdeutlicht werden, welches in Abbildung 2 für das untersuchte Bohren dargestellt ist.

So bildet die Summe der Energieeinträge in die Maschine für die allgemeinen Verbraucher, die Druckluft und die Energie für die Kühlschmierung die sogenannte Maschinenenergie E_{Maschine}. Die an der Schneide umgesetzte Energie wird folgend als Prozessenergie E_{Prozess} bezeichnet und bestimmt im Verhältnis zur Maschinenenergie den Wirkungsgrad η_{WZM}. Dabei beziehen sich die folgend aufgeführten Energieangaben immer auf die Einbringung einer Durchgangsbohrung mit einem Durchmesser $D = 7\,mm$ und einer Bohrtiefe $s_{\text{Bohr}} = 35\,mm$ in Grauguss und dem damit verbunden Ausfahren des Bohrers.

In einer ersten Versuchsreihe wurden dabei die Verbräuche hinsichtlich Energie und Werkzeug bei der Bohrbearbeitung mit verschiedenen Werkzeugklassen und ihren spezifischen Spanparametern untersucht. Die Kernfrage dabei war, ob es aus ökologischen und ökonomischen Gesichtspunkten Sinn macht, ein teures Hochleistungswerkzeug anstatt eines einfachen aber günstigen Bohrwerkzeuges einzusetzen. Dabei kam eine Kühlschmierung mit externer Zuführung von Emulsion zum Einsatz. Die Ergebnisse dazu sind in Abbildung 3 aufgeführt.

Die Verläufe verdeutlichen, dass die Werkzeugauswahl mit ihrem spezifischen Zeitspanvolumen den Energieverbrauch der Maschine pro Bohrung entscheidend beeinflusst. Hingegen wird der Energieumsatz im Prozess relativ dazu kaum verändert. Somit wird deutlich, dass die Grundlast der Maschine in Kombination mit

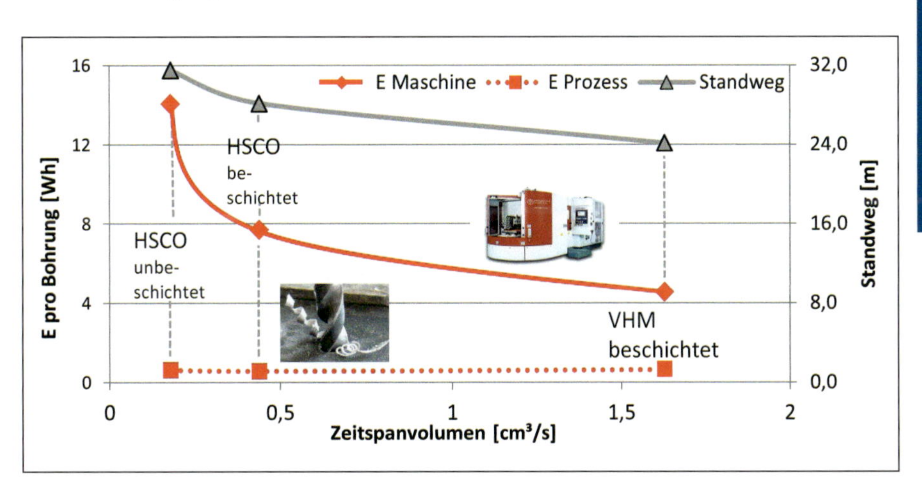

Abb. 3 Einfluss der Werkzeug- und Schnittparameterwahl auf die Energieverbräuche und dem Werkzeugverschleiß

Kühlschmierstrategie	$E_{Maschine}$	Werkzeugstandzeit	K_{KS}
Nassbearbeitung	100%	100 %	100 %
MMS (50 ml/h)	85 %	60 %	16 %
Trocken (Druckluft)	88 %	11 %	keine
Kryogene K. (CO_2)	104 %	>100 %	93 %

Tab. 1 Energie- und Ressourcenverbräuche beim Bohren mit verschiedenen Kühlschmierstrategien (VHM beschichtet, Zeitspanvolumen 2 cm^3/s)

der Fertigungszeit den entscheidenden Verbraucher darstellt. So wurde beim Einsatz eines einfachen unbeschichteten HSCO Werkzeugs ein Verhältnis von Maschinenenergie zu Prozessenergie von $\eta_{WZM} = 4\ \%$ und beim Hochleistungsprozess ein Verhältnis von $\eta_{WZM} = 14\ \%$ ermittelt. Somit ist selbst bei Hochleistungsprozessen die Prozesslast um ein Vielfaches geringer als die Grundlast, weswegen die Fertigungszeit die entscheidende Größe ist. Jedoch zeigt sich auch, dass mit steigender Werkzeugbelastung durch hohe Zeitspanvolumen die Werkzeugstandzeit trotz des Einsatzes höherwertiger Werkzeuge sinkt. Es gilt also, die thermomechanische Werkzeugbelastung durch Kühlschmiersysteme zu reduzieren, aber dabei nur minimale Zusatzaufwände an Energie und Ressourcen zu benötigen.

Hinsichtlich der Kühlschmierstrategien haben sich neben der konventionellen Nassbearbeitung mit Emulsion die Bearbeitung mit Minimalmengenschmierung MMS und die reine Trockenbearbeitung bei verschiedenen Bearbeitungsverfahren etabliert. Jedoch stellt das Bohren, wie eingangs schon erwähnt, einen schwierigen Prozess hinsichtlich Kühlung, Schmierung und Spanabfuhr dar. Zur Durchführung eines ressourcenspezifischen Vergleichstests wurden Bohrversuche mit den genannten Kühlschmierstrategien und der neuartigen Bearbeitung mit kryogener Kühlung (Trockeneis) durchgeführt. Die Ergebnisse der Untersuchungen sind in Tabelle 1 aufgeführt. Dabei werden die Verbräuche in Relation zur Nassbearbeitung gewichtet. Der Kühlschmiermittelverbrauch K_{KS} beschreibt die reinen Verbrauchskosten an Kühl- bzw. Schmierstoff bezogen auf 10 m Bohrmeter.

Die Ergebnisse zeigen, dass durch den Wechsel von der Nassbearbeitung hin zur Bearbeitung mit MMS Energie eingespart werden kann, da die Zuführung eines Aerosols bei entsprechender Parameterwahl effizienter als die Pumpleistung für die Nassbearbeitung ist. Auch sind die Verbrauchskosten für die Schmierung deutlich reduziert, jedoch wurden nicht die Standzeiten des Bohrers wie bei Nassbearbeitung erreicht, wodurch sich erhöhte Werkzeugkosten ergeben. Eine reine Trockenbearbeitung ist beim Hochleistungsbohren nicht anzustreben, da die geringen Energieeinsparungen durch drastisch reduzierte Standzeiten bezahlt werden. Die kryogene Kühlung ist die einzige Kühl(schmier)strategie, welche hinsichtlich der Werkzeugstandzeit das Niveau der Nassbearbeitung erreicht. Der aufgeführte leicht erhöhte Energiebedarf war bei den bisher durchgeführten Untersuchungen dem prototypischen Charakter der Anlage geschuldet, wobei eine Senkung des Energiebedarfes unter den der Nassbearbeitung zu erwarten ist. Die Verbrauchskosten der Kühl(schmier)ung liegen leicht unterhalb der Nassbearbeitung. Dabei ist zu beachten, dass diese ebenfalls bei Serieneinsatz noch sinken werden und des Weiteren sich durch die schmiermittel- und rückstandsfreie Kühlung große Einsparungen bei der folgenden hochenergetischen Bauteilreinigung ergeben.

Somit kann geschlussfolgert werden, dass ein effizientes Spanen eine Bearbeitung mit hohen Zeitspanvolumen ist, welche mit einer leistungsfähigen Kühl(schmier)ung zur Verschleißreduktion unterstützt wird.

1.3.3 Effizienzsteigerung bei der Titanbearbeitung durch Hochdruckkühlung

Carlo Rüger

Titan und seine Legierungen zeichnen sich durch eine hohe thermische und chemische Beständigkeit und ein exzellentes Verhältnis zwischen hoher Festigkeit und geringer Dichte aus. Typische Einsatzgebiete sind nicht nur in der Luft- und Raumfahrt und der Medizintechnik, sondern vermehrt auch im Aggregate- und Anlagenbau sowie auf dem Energiesektor. Vor allem hochbelastete und gleichzeitig hochdynamisch bewegte Bauteile werden zunehmend aus Titanlegierungen gefertigt, da hier aufgrund der Massenreduzierung durch Leichtbau ein hohes Energiesparpotenzial besteht, wodurch der Wirkungsgrad ganzer Systeme maßgeblich verbessert werden kann. Dem gegenüber stehen derzeit allerdings die sehr hohen Aufwendungen an Kosten und Ressourcen bei der Fertigung, was den universellen Einsatz von Titanbauteilen maßgeblich behindert.

Bei der Bauteilherstellung, vor allem in der Luft und Raumfahrt, ist es aufgrund der schlechten Umformeigenschaften von Titan üblich, komplexe Werkstückgeometrien aus nur grob vorgeformten Halbzeugen zu fertigen. Der Zerspanungsanteil beträgt dabei nicht selten mehr als 70% der Werkstückrohmasse und stellt somit einen wesentlichen Teil des Gesamtherstellungsaufwands dar.

Titan gilt allge-

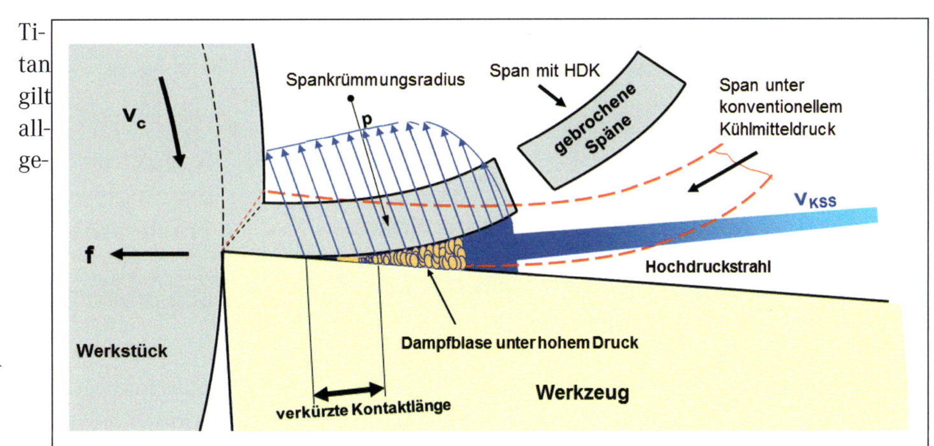

Abb. 4 Funktionsprinzip einer Hochdruckkühlung (HDK) am Werkzeug nach (Stoll, Arnold 2010)

mein als schwer spanbarer Werkstoff, wobei die Bearbeitung hohe Anforderungen an die Gesamtheit von Werkzeug, Maschine und Prozess stellt. Die Titanzerspanung charakterisiert sich durch starke Schwingungsneigung, schlechten Spanbruch und hohen Werkzeugverschleiß. Insbesondere beim Drehen ist durch die verfahrenstechnische Besonderheit des ununterbrochenen Schnitts die thermische Werkzeugbelastung besonders groß. Dem wird in der Praxis mit satter Emulsionsüberflutung zur Kühlung und stark reduzierten Schnittparametern begegnet, was zu sehr hohen Bearbeitungszeiten führt. Ergänzend ist beim Drehen von Titan der Spanbruch besonders kritisch. Die entstehenden Endlosspäne stauen sich im Arbeitsraum der Werkzeugmaschine und können sowohl Werkstück, als auch Werkzeug und Maschine beschädigen. Zusätzlich müssen sie regelmäßig und zumeist von Hand entfernt werden, was zum Zwangsstillstand der Werkzeugmaschine führt. Die Verbindung von großem Zerspanungsanteil mit geringen Abtragsraten, hohen Maschinenzeiten und beträchtlichen Werkzeugkosten macht die konventionelle Bearbeitung von Werkstücken aus Titan nicht nur enorm kosten-, sondern auch energie- und ressourcenintensiv. Unter diesem Aspekt spielt auch die Prozesssicherheit bei der Bearbeitung eine entscheidende Rolle, da eine Beschädigung des Werkstücks durch Späne oder verfrühtes Werkzeugversagen im Stadium der Endbearbeitung alle zuvor investierten Ressourcen vernichtet. Besonders unter sehr kritischen Zerspanungsbedingungen kann eine gezielte Wirkmedien- oder Wirkenergieüberlagerung sehr gute Resultate erreichen und die Prozesseffizienz entscheidend verbessern. Bei der Gesamtbilanzierung gilt es allerdings zu beachten, dass der zusätzliche Aufwand auch durch die erzielten Effekte gerechtfertigt wird.

Ein vielversprechender Lösungsansatz zur Prozessunterstützung bei der Zerspanung, insbesondere beim Drehen, ist der gezielte Einsatz einer Hochdruckkühlung. Hierzu

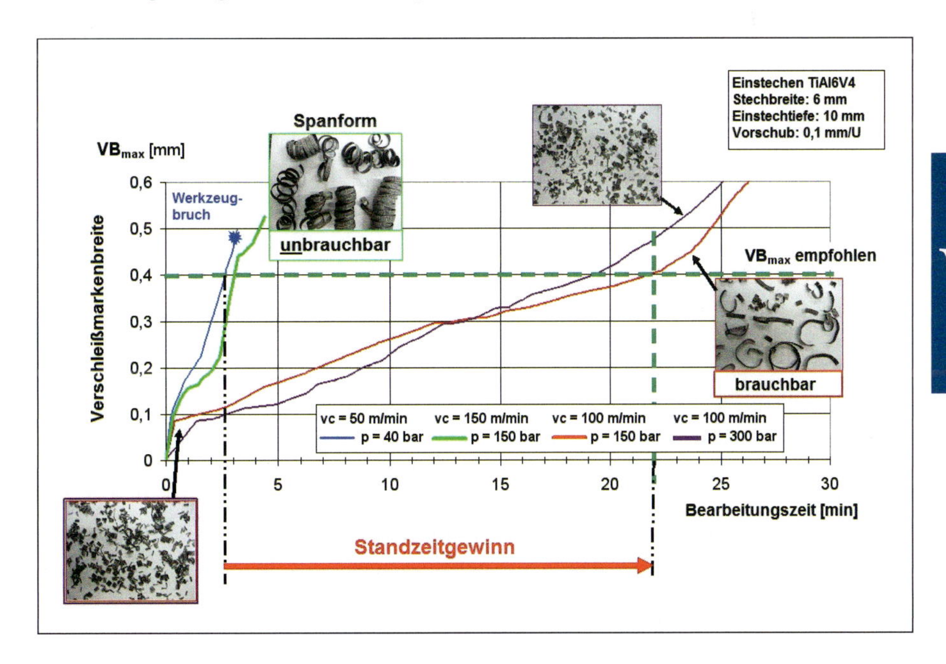

Abb. 5 Ergebnisse der Untersuchungen zum Einstechen mit HDK (Stoll, Arnold 2010)

wird Kühlschmieremulsion unter hohem Druck (im Versuch bis 300 bar) direkt zwischen Span und Spanfläche injiziert. Der so entstehende Staudruck resultiert in einer zusätzlichen Kraft, welche den ablaufenden Span von der Spanfläche vorzeitig abhebt. Auf diese Weise wird eine Vielzahl von entscheidenden positiven Effekten erzielt. Zum Ersten kann der Kühlschmierstoff durch den hohen Druck die sich ausbildende Dampfblase durchstoßen und wesentlich weiter zur Schneidkante vordringen, was vor allem die Kühlung und Schmierung von Prozess und Werkzeug deutlich verbessert. Zum Zweiten wird die Kontaktlänge zwischen Span und Spanfläche erheblich verkürzt, was zusätzlich zu einem verminderten Wärmeeintrag in das Werkzeug führt. Zum Dritten wird durch das vorzeitige Abheben eine engere Krümmung des ablaufenden Spans erreicht, was insgesamt zu einem wesentlich verbesserten Spanbruch führt.
An verschiedenen Titanlegierungen durchgeführte Untersuchungen zum Einstechen und Längsdrehen haben gezeigt, dass durch den Einsatz einer Hochdruckkühlung neben einer drastischen Erhöhung der Werkzeugstandzeit auch eine deutliche Steigerung der Schnittgeschwindigkeit über die konventionell eingesetzten Werte erreichbar ist. Im Versuch konnte beim Einstechdrehen von TiAl6V4 unter wirtschaftlichen Werkzeugstandzeiten eine Verdopplung der Produktivität (über zweifache Schnittgeschwindigkeit) erreicht werden. Zusätzlich wurde die Prozesssicherheit der gesamten Bearbeitung durch den stabileren Verschleißverlauf am Werkzeug und den wesentlich verbesserten Spanbruch entscheidend gesteigert. Die zusätzliche Energieaufnahme der im Versuch eingesetzten Werkzeugmaschine durch höhere Drehzahl und Schnittleistung belief sich dabei jedoch auf nur ca. 20 % der Maschinengrundlast. Somit kann beim Einsatz einer Hochdruckkühlung durch drastisch sinkende Bearbeitungszeiten maschinenseitig effektiv von einer deutlichen Energieeinsparung ausgegangen werden. Diese Spanne stellt energetisch gesehen den sinnvollen Rahmen für den Betrieb der Hochdruckversorgung dar.

Die Versuchsergebnisse zeigen, dass für die optimale Prozessauslegung mit Hochdruckkühlung bei der Titanzerspanung Druckstufen zwischen 120 und 150 bar sinnvoll und auch ausreichend sind. Bei weiteren Druckerhöhungen bis zum möglichen Maximaldruck der Versuchsanlage (ca. 300 bar) konnten nur noch geringe Mehreffekte erzielt werden, sodass eine industriell eingesetzte Hochdruckpumpe durchaus kleiner als die verwendete Labortechnik dimensioniert werden kann.
Insgesamt stellen die durchgeführten Untersuchungen zur Hochdruckkühlung einen entscheidenden Schritt in Richtung einer prozesssicheren und wirtschaftlichen Zerspanung von Titan dar. Darüber hinaus zeigt die Hochdruckkühlung ein hohes Potenzial, die Fertigungseffizienz deutlich zu steigern und somit mittel- und langfristig Bearbeitungszeit, Kosten und Energie zu sparen und damit natürliche Ressourcen zu schonen.

1.3.4 Reduktion von Fertigungszeit durch eine 5-achsig simultane Fräsbearbeitung

Carsten Hochmuth, Claudius Rienäcker

Die mechanische Bearbeitung von Umformwerkzeugen verursacht einen hohen Kosten- und Zeitaufwand. Der Kostenanteil beträgt ca. 30 % der gesamten Werkzeugherstellkosten, inklusive des Anteiles Bankarbeit/Tryout sind dies fast 60 % (Abb. 6).
Haupteinflussfaktor auf die Kosten sind die Maschinenbelegungszeit für die Bearbeitung der Werkzeuge sowie die Genauigkeit der Bearbeitung, welche den manuellen Nacharbeitsaufwand signifikant beeinflussen. Der Maschinenstundensatz wird oft zu mehr als 80 % durch die Kostenarten – Abschreibung, kalkulatorische Zinsen, Instandhaltungskosten – bestimmt, weniger als 20 % entfallen auf die Fertigungslohn- und Werkzeugkosten. Hieraus leiten sich zwingend die Forderungen nach Minimierung der Maschinenbelegungszeit durch Steigerung der Effektivität sowie Erhöhung der Genauigkeit der mechanischen Bearbeitung ab.

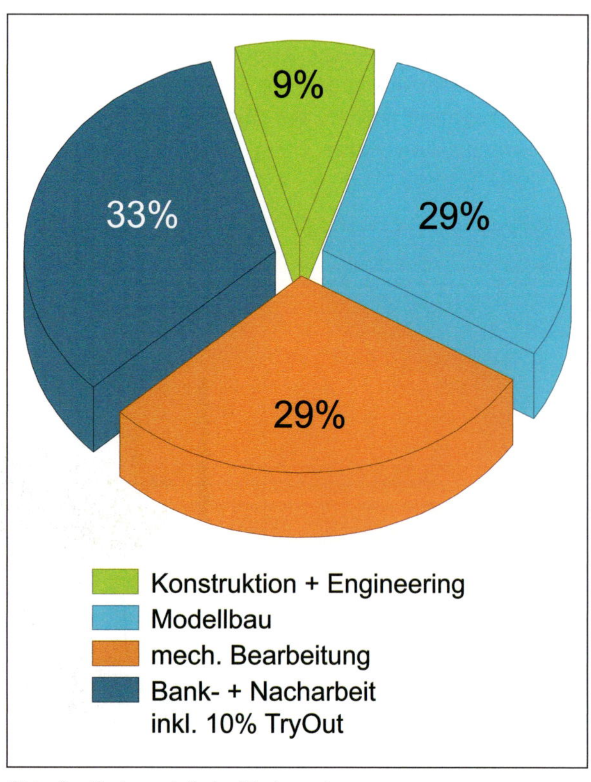

Abb. 6 Kostenanteile im Werkzeugbau

Die Maschinenkapazität setzt sich zu ca. 85 % aus Grundzeit und ca. 15 % aus Stillständen, Pausen und technischen Störungen zusammen. Die Grundzeit besteht aus ca. 80 % produktiver Zeit (Bearbeitungsfortschritt) und ca. 20 % Zeitanteil für das Rüsten, Prüfen sowie Reinigen. Damit sind fast 70 % der Maschinenkapazität - Tendenz steigend - Bearbeitungszeit, welche durch Bearbeitungstechnologie, Maschinendynamik und Maschinenkonzepte beeinflussbar sind. Der Zeitanteil bestimmt aufgrund der dominierenden Grundlast, wie im Kapitel VI.1.3.2 aufgeführt, im Wesentlichen den notwendigen Energiebedarf für die Herstellung des Werkzeuges.

Hieraus leitet sich die Möglichkeit zur Erschließung der vorhandenen zeitlichen, energetischen und kostenseitigen Potenziale ab. Nachfolgend werden erzielbare Effekte durch Optimierung der Bearbeitungsstrategie bei der spanenden Finishbearbeitung von Freiformflächen dargestellt (Rahmenplan zur Innovationsallianz „Green Carbody Technologies", Fraunhofer Institut für Werkzeugmaschinen und Umformtechnik 2009).

Bei dieser 3D-Bearbeitung kommen bedingt durch die Anwendung 3-achsiger Frässtrategien hauptsächlich Kugelfräser zum Einsatz. Um die geforderte Oberflächenqualität zu erreichen, müssen die Werkzeugwege mit einem geringen Bahnabstand erzeugt werden und erfordern trotzdem einen großen Aufwand an Nacharbeit. Die resultierenden Zeiten und Kosten entstehen sowohl für das Glätten der Oberfläche als auch für die Einpassung der Werkzeuge und die Montage der Werkzeugteile.

Die Effizienz der spanenden Bearbeitung wird zu einem Großteil durch die CNC-Programmierung bestimmt. Trotz dieser Tatsache ist die Unterstützung des Anwenders bei der Programmierung durch die CAD/CAM-Systeme, wie die Festlegung der Bearbeitungsrichtung, der Werkzeugauswahl sowie der technologischen Parameter nur sehr gering bzw. gar nicht ausgeprägt. Deren Wahl beruht auf dem Erfahrungswissen des Anwenders und weniger auf einer detaillierten Analyse der Geometrie. Sie neigt zu einer konservativen Parameterauswahl und zur Fehleranfälligkeit.

Durch den Einsatz von 5-achsigen Frässtrategien kann die Ressourceneffizienz der Bearbeitung signifikant erhöht werden. Dazu muss bei der Wahl der Strategie eine Unterscheidung zwischen den unterschiedlichen Ausprägungen der Geometrie getroffen werden.

Während bei der Herstellung von Gesenken, Spritz- und Druckgussformen tiefe Kavitäten, große Höhendifferenzen sowie kleine Innenradien anzutreffen sind, ist der Werkzeugbau für Karosseriebauteile, insbesondere der Bereich für Außenhautbauteile, durch geringe Höhenunterschiede geprägt. Hier dominieren ästhetische bzw. aerodynamische Gesichtspunkte die Geometrie, was zu schwach gekrümmten, flächigen Formen führt.

Aufgrund dieser divergierenden topologischen Ausprägungen unterscheiden sich die Ansätze der Frässtrategien grundlegend voneinander.

Im Formenbau liegt der Fokus in einer kontinuierlichen Anstellung des Werkzeuges mit einer Kugelgeometrie. Hierbei ist es das Ziel, die Prozesssicherheit beim Fräsen durch die Reduzierung des Aspektverhältnisses zu erhöhen und gleichzeitig Kollisionen des Werkzeughalters mit der Werkstückgeometrie zu vermeiden (Abb. 7). Damit kann der Einsatz des Verfahrens „Senkerodieren" verkürzt bzw. vollständig substituiert werden. Zusätzlich wird damit einer Verbesserung der Ressourceneffizienz erreicht. Zum

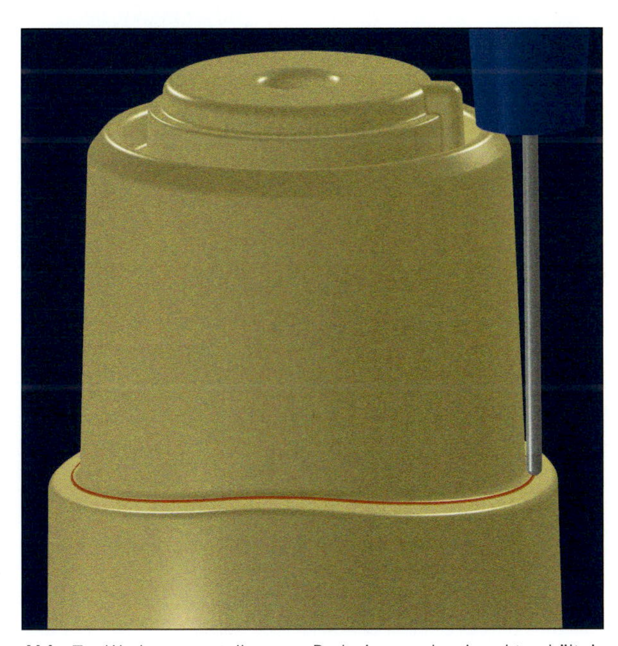

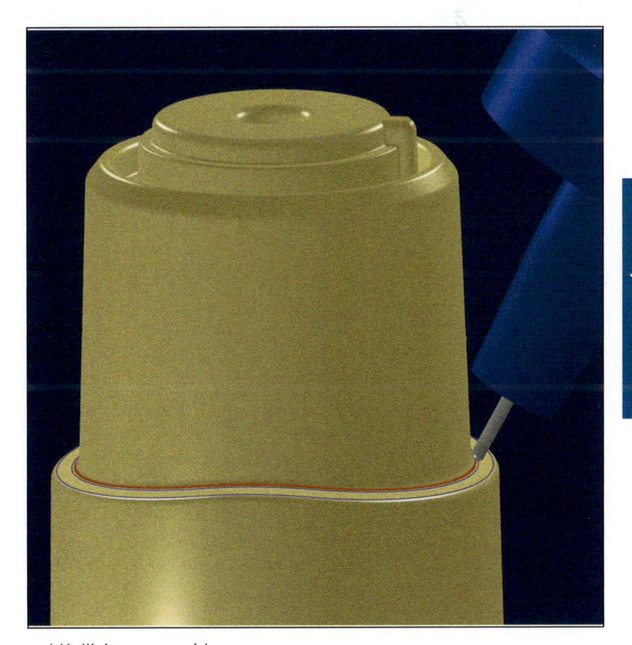

Abb. 7 Werkzeuganstellung zur Reduzierung des Aspektverhältnisses und Kollisionsvermeidung

einen entfallen der Aufwand zur Herstellung der Elektroden sowie der damit verbundene Verbrauch an Grafit oder Kupfer, Elektroenergie und Hilfsstoffen, wie Druckluft oder Kühlschmierstoffe. Zum anderen wird der Verbrauch an Elektroenergie für das Erodieren eliminiert.

Bei der Herstellung von Zieh- und Nachfolgewerkzeugen im Außenhautbereich eröffnen sich durch den Einsatz 5-achsig simultaner Frässtrategien ebenfalls große Potenziale zur Verbesserung der Ressourceneffizienz. Im Gegensatz zu den Strategien im Formenbau liegt hier der Schwerpunkt in der Substitution des ineffizienten Einsatzes von Kugelfräser durch die Anwendung von Torus- bzw. Schaftfräser. Hieraus ergibt sich ein Potenzial für die Reduzierung der Bearbeitungszeiten von bis zu 50 %, in Abhängigkeit der Werkzeuggeometrie auch darüber hinaus.

Die Basis-Strategien in den CAD/CAM-Systemen für die 5-achsige Bearbeitung sind das Wälz- und Stirnfräsen. Die Berechnung der Werkzeugwege basiert auf den Vektorinformationen der zugrunde liegenden Flächen oder Kurven. Die Erzeugung der Werkzeugbahnen mittels Stirnfräsen (bzw. entsprechender Verfahren) erfolgt entlang der ISO-Parameter **einer** Fläche. Zur Berechnung von 5-achsigen Fräsbahnen für einen Flächenverbund werden die ISO-Parameter durch eine Führungs- bzw. Steuerfläche beschrieben. Diese wird entweder durch den Anwender erstellt oder automatisch anhand der Grenzen des Flächenverbundes durch das CAD/CAM-System berechnet und durch eine einfache Regelfläche repräsentiert. Die unterschiedlichen Krümmungsverhältnisse der Geometrie haben dadurch keine Auswirkungen auf die Berechnung der Werkzeugwege. Auf diese Weise erlaubt bereits die Adaption von bekannten 3-achsigen Frässtrategien in Verbindung mit einer Anstellung normal zur Oberfläche eine deutliche Erhöhung des Bahnabstandes bei gleichbleibender Oberflächenqualität. Damit einher geht auch eine Senkung der Bearbeitungszeit und der entsprechenden Reduzierung des Energieverbrauches (Abb. 8).

Eine vollständige Ausschöpfung der vorhandenen Potenziale kann auf diese Weise jedoch nicht realisiert werden, da die Erzeugung der Werkzeugwege für die 5-Achs-Bearbeitung ohne Berücksichtigung der Maschinenkinematik erfolgt. Das führt vielfach zu Wendepunkten in den Ausgleichsachsen, die am Werkzeugeingriffspunkt zu einem Stillstand der Vorschubbewegung und damit zu Freischneidmarken am Werkstück führen.

Dazu ist ein geänderter Ansatz zur Aufbereitung der zugrunde liegenden Geometrie sowie zur Unterstützung des Anwenders bei der Auswahl technologischer Parameter notwendig.

In einer Weiterwicklung der Bearbeitungsstrategien zu einem hauptkrümmungsbasierten Fräsen wird versucht, den Anwender deutlich besser bei der Erzeugung der Steuerflächen sowie der Wahl von Werkzeug und technologischen Parametern zu unterstützen.

Der Grundansatz für diese neue Vorgehensweise beruht auf der Feststellung, dass die optimale Anschmiegung eines Torusfräsers, d. h. der maximal mögliche Bahnabstand erreicht werden kann, wenn die Fräsrichtung der Richtung der maximalen Hauptkrümmung entspricht (Jensen, Red, Pi 2002). Das bedeutet aber auch, dass die Geometrie nicht wie bisher als eine Einheit betrachtet, sondern in unterschiedliche Bearbeitungsbereiche aufgeteilt wird.

Dazu erfolgt zunächst durch das CAD/CAM-System eine Analyse der Krümmungen der zu bearbeitenden Topologie und die Inflexionen werden dem Anwender in unterschiedlichen Farben dargestellt.

Auf der Basis dieser lokalen Krümmungsinformationen wird die Geometrie in konvexe und konkave Bereiche aufgeteilt und durch den Anwender interaktiv die Steuerflächen aufgebaut. Diese Führungsflächen entsprechen

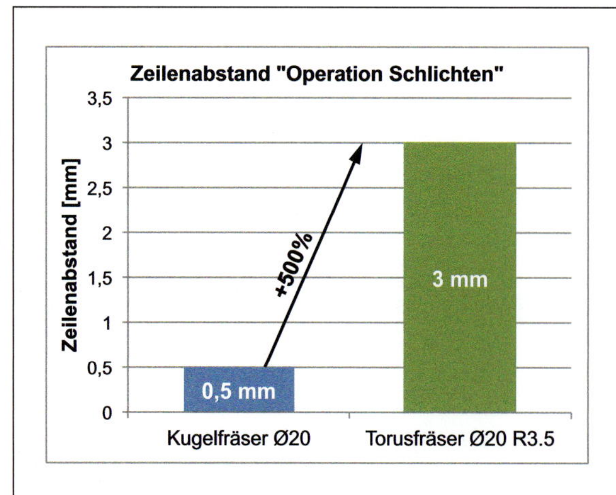

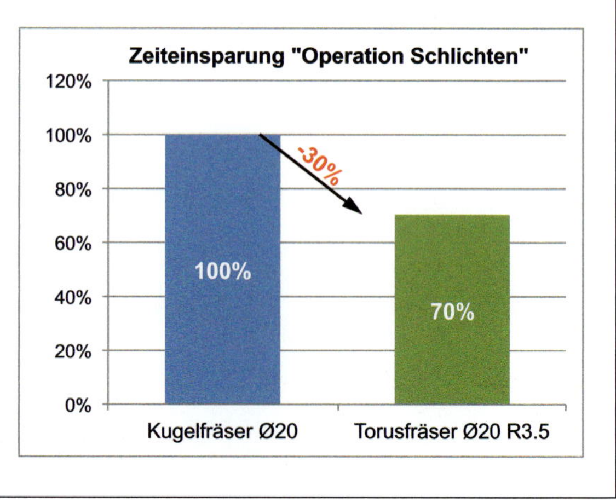

Abb. 8 Einsparpotenziale durch die Anwendung der 5-achsigen Simultanbearbeitung gegenüber der 3-achsigen Bearbeitung am Beispiel eines Dachstempels

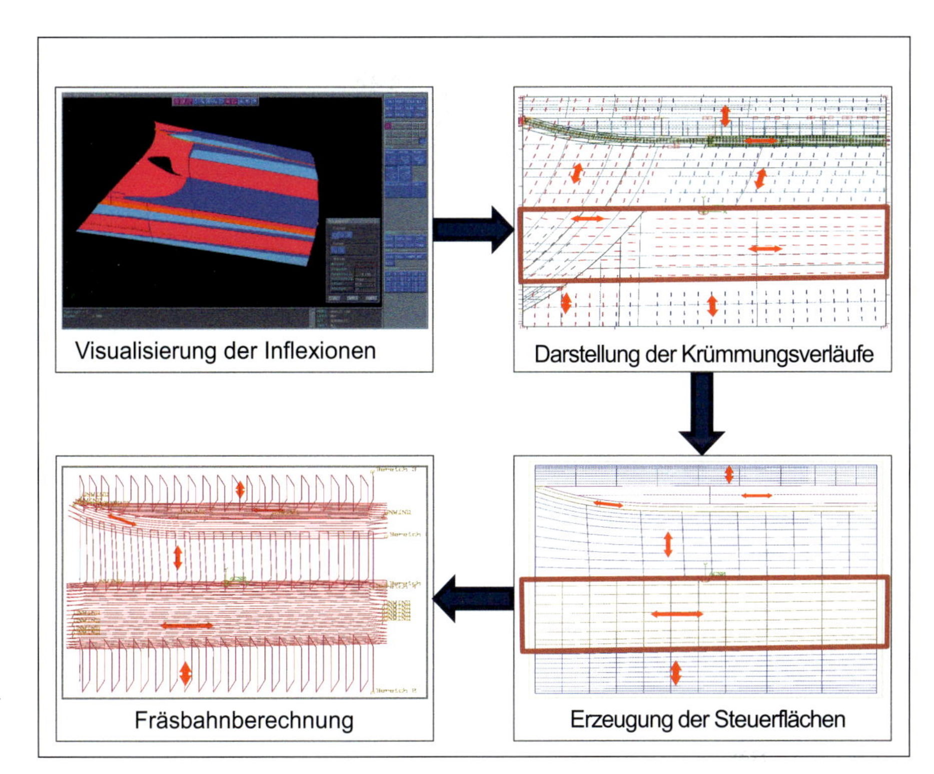

Abb. 9 Erzeugung krümmungsangepasster 5-achsig simultaner Fräsbahnen

geometrisch der Ausgangsgeometrie und sind mindestens C1-stetig, jedoch die ISO-Parameter folgen den Hauptkrümmungsrichtungen. Gleichzeitig repräsentieren diese Steuerflächen den Fräsbereich und die ISO-Parameter der Fläche die Fräsrichtung. Darauf aufbauend werden die Werkzeugwege mit einer optimalen Anschmiegung an die Werkstückgeometrie durch das CAD/CAM-System berechnet. Der notwendige Bahnabstand resultiert aus der minimalen Krümmung der Oberfläche und der geforderten Oberflächenqualität (Rilligkeit) (Abb. 9).

Die Unterstützung des Anwenders beschränkt sich nicht nur auf die einfachere Erzeugung der Steuerflächen, sondern erstreckt sich auch auf die Technologieoptimierung für das Bauteil. Somit können die Bearbeitungszeiten durch die Bahnoptimierung deutlich reduziert werden, wodurch der Energiebedarf bezogen auf die Bearbeitung deutlich sinkt.

Ein weiteres Potenzial zur Prozesszeit- und somit Energieeinsparung ergibt sich durch die Fräswerkzeugauswahl (Geometrie). Bereits in der Vergangenheit haben sich unterschiedliche Arbeiten mit der Automatisierung der Werkzeugauswahl beschäftigt. Diesen Arbeiten ist gemeinsam, dass sie zum Ziel haben, das größtmögliche Werkzeug für die Bearbeitung zu verwenden. Auf der Basis der kleinsten konkaven Krümmung und den Grenzwerten für die Orientierungswinkel wird der maximale Werkzeugdurchmesser aus einer vorgegebenen Liste ermittelt. Die Auswirkungen konvexer Bereiche auf den resultierenden Bahnabstand eines Fräswerkzeuges bleiben darin jedoch unberücksichtigt. Darüber hinaus wurde auch keine Betrachtung der technologischen Parameter, Schnittgeschwindigkeit und Zahnvorschub und deren Auswirkungen auf den Vorschub in Abhängigkeit des Werkzeugdurchmessers durchgeführt (Jensen, Red, Pi 2002, Lee, Chang 1996, Pi 1996).

Bei dem neuen Ansatz wird nach einem Werkzeug gesucht, mit dem es möglich ist, die gegebene Geometrie in minimaler Zeit zu bearbeiten. Dazu werden in erster Linie konvexe Bearbeitungsbereiche betrachtet, da diese in der Regel den maximalen Bahnabstand erlauben. Für diese Bereiche wird durch das CAD/CAM-System eine Liste von Werkzeugen vorgeschlagen, die eine möglichst geringe Bearbeitungszeit versprechen. Die Grundlage für diese Vorschläge bildet eine Berechnung der theoretischen Fräszeit anhand des Flächeninhaltes der Steuerflächen, die Fräsbereich und -richtung definieren, sowie der Berücksichtigung zusätzlicher Randbedingungen wie:

- Werkzeuggeometrie
- technologische Parameter des Werkzeuges
- lokale Krümmungen der Bauteilgeometrie
- geforderte Oberflächenqualität
- Restriktionen durch den minimal und maximal zulässigen Voreilwinkel.

Aus dieser Vorgehensweise ergibt sich eine Reihe von Vorteilen, die sich in einer signifikanten Senkung der Bearbeitungszeiten widerspiegeln. Durch die Ausrichtung der Fräsbahnen an den Krümmungen der Werkstückgeometrie

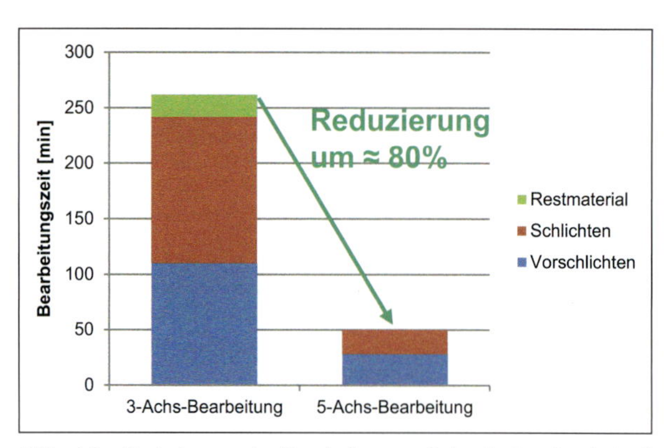

Abb. 10 Reduzierung der Bearbeitungszeit durch eine 5-achsig simultane Bearbeitung am Beispiel eines Türaufsatzes

wird eine optimale Anschmiegung des Werkzeuges an die Werkstückoberfläche erreicht. Diese führt zu einem maximalen Bahnabstand und gleichzeitig zu einer Reduzierung bzw. dem vollständigen Wegfall einer Restmaterialbearbeitung. Außerdem resultiert daraus der Vorteil, dass das Auftreten von Wendepunkten in den Ausgleichsachsen weitestgehend vermieden werden kann, wodurch der effektive Vorschub erhöht wird.

Zur Überführung dieser Technologie in die Praxis wurden die Operationen Vorschlichten und Schlichten an einem „Aufsatz – Türblech außen" realisiert und mit der 3-achsigen Bearbeitung am gleichen Bauteil verglichen (Abb. 10).

Hierbei ergab sich eine Reduzierung der Bearbeitungszeit von 4:21 h auf 50 min für die beiden Bearbeitungsoperationen. Das entspricht einer Reduzierung der Bearbeitungszeit um rund 80 %. Dadurch konnte eine Senkung des Energieverbrauches um 42 kWh erreicht werden. Die Polierfähigkeit der erzeugten Oberflächen wurde nachgewiesen (Rahmenplan zur Innovationsallianz „Green Carbody Technologies – Innocat", Fraunhofer-Institut für Werkzeugmaschinen und Umformtechnik 2013).

In Summe wird deutlich, dass die Optimierung der Werkzeugbahn besonders bei der Bearbeitung von komplexen Bauteilen ein vielversprechender Weg zur Erhöhung der Effizienz ist.

1.3.5 Substitution energieintensiver Prozesse - Beispiel Hartdrehen statt Schleifen

Ran Zhang, Andreas Schubert

Es ist bekannt, dass die Differenzen beim jeweiligen Energieverbrauch der Verfahrensgruppen zwischen Spanen mit unbestimmter Schneide und Spanen mit bestimmter Schneide mit einem Faktor bei 10:1 liegen (Degner 1986). Dieses Verhältnis macht deutlich, dass eine Substitution von spanenden Verfahren mit unbestimmter Schneide durch Verfahren mit bestimmter Schneide zu großen Energieeinsparungen führen kann. Bei der Endbearbeitung von Präzisionskomponenten wurde daher die kosten- und energieintensive Schleifbearbeitung in den letzten Jahren zunehmend durch Verfahren mit geometrisch bestimmter Schneide wie z. B. dem Hartdrehen abgelöst (Mücke 2009, Denkena, Tönshoff 2011).

Dichtungsgegenlaufflächen und Gleitlagersitzflächen können jedoch wegen der Förderwirkung der Drallstruktur, die durch Vorschubbewegung des Werkzeuges verursacht wird, bislang nicht mit Hartdrehen hergestellt werden. Durch die Rotation der Welle wird die Flüssigkeit in

GEFÖRDERT VOM

Bundesministerium
für Bildung
und Forschung

Die neuen Methoden zur Erzeugung von 5-achsig simultanen Fräsbahnen wurden im Rahmen der Innovationsallianz „Green Carbody Technologies" innerhalb des Teilprojektes 3.3.2 entwickelt und mündeten in einem Software-Prototypen für das hauptkrümmungsbasierte Fräsen der TEBIS AG. Dieses Vorhaben wurde durch das Bundesministerium für Bildung und Forschung gefördert.

Umfangsrichtung mitgeschleppt und an schräg gestellten Drallstrukturen axial abgelenkt (Buhl 2005). Dadurch wird die Flüssigkeit (z. B. Schmierstoff) drehrichtungsabhängig gefördert, damit können z. B. eine Leckage im Dichtsystem oder ein lokaler Mangel bzw. eine unregelmäßige Verteilung des Schmierstoffs bei Gleitlagerung verursacht werden.

Als Stand der Technik zur Herstellung von Wellenoberflächen als Dichtungsgegenlaufflächen oder Gleitlagersitzflächen wird aus obengenanntem Grund das Einstichschleifen angewendet (Sauer 2009). Das Verfahren ist weit verbreitet, jedoch zeit- und energieaufwendig und nicht hundertprozentig sicher beherrschbar (Vogt 1997).

Das Hartdrehen von Wellen wurde in den letzten Jahren in zunehmendem Maße zur Herstellung drallfreier Wellenoberflächen eingesetzt (Vogt 2007). Die neusten Untersuchungen zeigen, dass das Hartdrehen eine sehr geeignete Alternative zum Schleifen darstellt. So entstanden eine Reihe von Patenten mit unterschiedlichen Methoden:

- 1993 Vibrations-Bearbeitungsverfahren, DE 4223645 A1
- 2001 Tangentialdrehen, DE 19963897A1
- 2005 Rotationsdrehen, DE 102004026675B3
- 2007 Drallfreies Drehen durch geeignete Vorschubbewegungen, DE 102006009276B3.

Die Verfahren Vibrations-Bearbeitung, Tangential- und Rotationsdrehen haben jedoch den Nachteil, dass sie einen speziellen Maschinenaufbau und damit einen nicht unerheblichen Investitionsaufwand erfordern. Weiterhin sind kostenintensive Werkzeuge notwendig, da die Qualitätsanforderungen an die Werkzeugschneiden sehr hoch sind. Außerdem kann nur eine begrenzte Länge auf Wellenoberflächen mit Tangential- bzw. Rotationsdrehen bearbeitet werden. Das Verfahren mit geeigneten Vorschubbewegungen (aufeinanderfolgenden Stechdrehen) hat die Nachteile, dass die Bearbeitungszeit deutlich verlängert wird und eine sehr hohe Wiederholgenauigkeit der Werkzeugmaschine bei der Positionierung erforderlich ist.

Ein alternatives im Rahmen von eniPROD entwickeltes Verfahren ist das Start-Stopp-Drehen (SSD), um drallfreie Oberflächen an einem rotationssymmetrischen Werkstück herzustellen. Vorteilhafterweise entsteht die drallfreie Oberfläche dabei nur durch eine spezielle Vorschubkinematik des Werkzeugs. Das Werkzeug bewegt sich nicht wie beim Längsdrehen kontinuierlich, sondern wird nur in axialer Richtung bezüglich der Drehachse des Werkstücks geringfügig verschoben und anschließend angehalten. Eine beim Umpositionieren des Werkzeugs erzeugte Drallstruktur am Werkstück wird durch die Werkzeugschneide, die bei jeder Anhalteposition mindestens eine Umdrehung des Werkstücks verweilt, entfernt.

Nach Spanversuchen mit dieser neuartigen Vorschubkinematik und dem konventionellen Hartdrehen wurden die Oberflächenprofile der Proben mit taktilen und optischen Messgeräten (MMQ200 von Mahr, Keyence VK9700) erfasst und anschließend mit aktuellen Softwarelösungen der Firmen Mahr und Digital Surf, welche speziell für die Drallanalyse entwickelt wurden, berechnet.

Abb. 11 zeigt die Mantelflächenmakrostruktur einer mit WSP mit Wiper-Geometrie bearbeiteten Probe aus gehärteten 42CrMo4 mit 58-60 HRC. Die für das Drehen typische wiederholende Drallstruktur ist deutlich zu erkennen. Weiterhin ist der typische Drallwinkel $D\gamma$ der kontinuierlichen Vorschubbewegung zu erkennen, welcher sich aus dem Verhältnis von Vorschub- zu Schnittgeschwindigkeit ergibt. Das Ergebnis der Versuche mit dem Start-Stopp-Drehen in Abb. 12 entspricht den Erwartungen hinsichtlich Drallfreiheit. Alle Bearbeitungsspuren schließen sich wieder und somit besteht auch keine durchgehende Struktur auf der Mantelfläche. Die Gängigkeit bzw. der Drallwinkel sind gleich Null und damit ist der Förderquerschnitt von der bearbeiteten Wellenoberfläche auch Null, d. h. eine theoretisch förderneutrale rotationssymmetrische Oberfläche kann mittels Hartdrehens gefertigt werden.

Die Untersuchungen zeigen, dass das Hartdrehen mit Start-StoppDrehen eine geeignete Alternative für das Schleifen ist. Außerdem bietet das Start-Stopp-Drehen eine neue

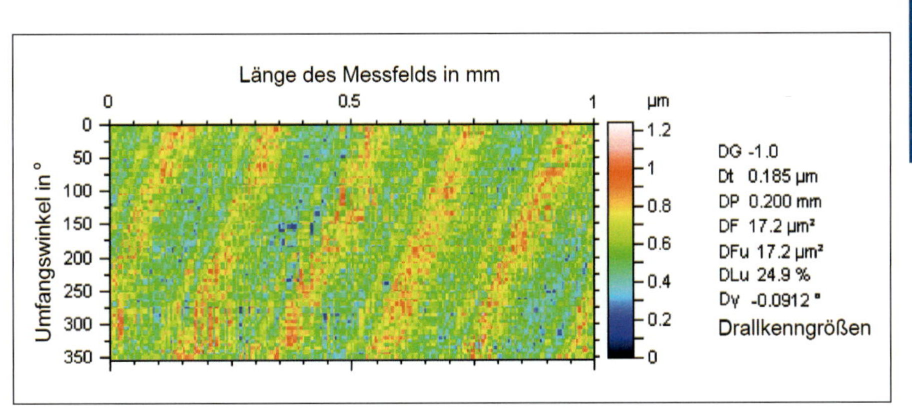

Abb. 11 Mit WSP mit Wiper-Geometrie erzeugte Drallstruktur (Werkzeug: CCGW-09T308GAWC2, Mitsubishi; a_p = *0,25 mm; f = 0,2 mm;* v_c = *183 m/min*).

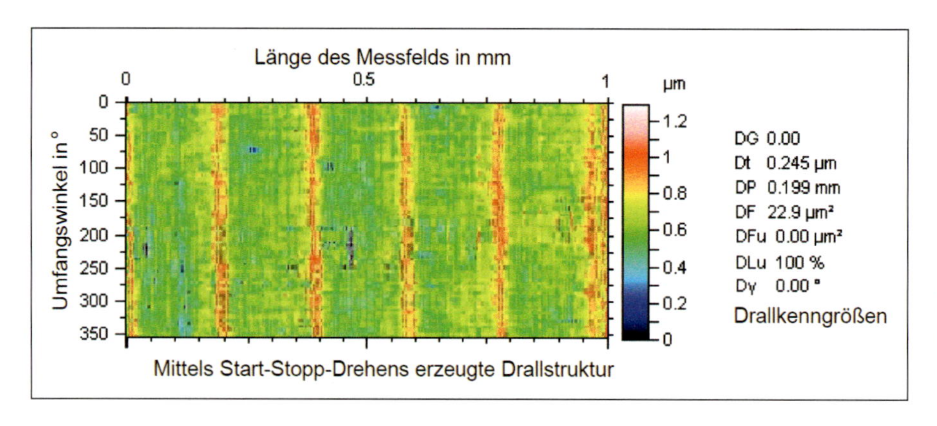

Abb. 12 Durch modifizierte Vorschubkinematik erzeugte Drallstruktur (Werkzeug: CCGW-09T308GAWC2; a_p = *0,25 mm;* v_c = *183 m/min*).

fertigungstechnische Möglichkeit zur Modifizierung der Oberflächen nach erwünschter Funktion. Mit dem Verfahren mit geometrisch bestimmter Schneide können die Oberflächenstrukturen im Mikrobereich z. B. Rautiefen und Drallstruktur durch Variation der Werkzeuggeometrie (Eckenradius, Verfasung, Wiper, ...), der Bearbeitungsparameter (Schnitttiefe, Vorschub, ...) bzw. entsprechender Methoden (Vorschubkinematik, Tangentialdrehen, Ultraschallüberlagerung, ...) so gestaltet werden, dass gewünschte Oberflächen für spezielle Anwendungen (RW-DRGegenlauffläche, Gleitlagersitzfläche, ...) zielgerichtet hergestellt werden können.

Literatur

Buhl, S.: Wechselbeziehungen im Dichtsystem von Radial-Wellendichtring, Gegenlauffläche und Fluid, IMA Uni Stuttgart., 2005

Degner, W.: Rationeller Energieeinsatz in der Teilefertigung , Berlin: VEB Verlag, 1986

Denkena, B., Tönshoff, H.: Spanen: Grundlagen, Garbsen: Springer Heidelberg Dordrecht London New York, 2011

Ficker, T., Hardtmann, A., Houska, M.: Weiterentwickelte Walzverfahren zum Profilieren von Ringen. MM Maschinenmarkt (34), 26–28, 2000

Fraunhofer-Institut für Werkzeugmaschinen und Umformtechnik,

Rahmenplan zur Innovationsallianz „Green Carbody Technologies", Fraunofer Gesellschaft, Chemnitz, 2009

Fraunhofer-Institut für Werkzeugmaschinen und Umformtechnik.: Ergebnisse Innovationsallianz „Green Carbody Technologies – InnoCaT®", (R. Neugebauer, Hrsg.) Chemnitz: Fraunhofer Institut für Werkzeugmaschinen und Umformtechnik, 2013

Jensen, C. G., Red, W. E., Pi, J.: Tool selection for five-axis curvature matched machining. Computer-Aided Design, 34 (3), 251–266, 2002

Lee, Y.-S., Chang, T.-C.: Automatic cutter selection for 5-axis sculptured surface machining. International Journal of Production Research, 34 (4), 977–998, 1996

Mücke, K.: Mit Rotation gegen Drall, Werkstatt+Betrieb(Son derdruck), 2009

Neugebauer, R.: Energieeffizienz in der Produktion – Untersuchungen zum Handlungs- und Forschungsbedarf, Fraunhofer Gesellschaft, 2008

Neugebauer, R., Drossel, W.-G., Treppe, F., Rennau, A., Sterzing, A., Schubert, A., et al.: Produktionstehnische Handlungsfelder zur ressourceneffizienten Fertigung von Powertrain-Komponenten, Ressourceneffiziente Technologien für den Powertrain – International Chemnitz Manufacturing Colloquium 2012, Chemnitz, 2012

Neugebauer, R., Schieck, F., Göschel, A., Schönherr, J.: Methode zur Stoff- und Energieflussbilanzierung von Prozessketten, In Methoden der energetisch-wirtschaftlichen Bilanzierung und Bewertung in der Produktionstechnik (S. 131–144), Chemnitz: Verlag Wissenschaftliche Scripten, 2011

Pi, J.: Automatic Tool Selection and Tool Path Generation for Five-Axis Surface Machinging. PHD-Thesis, Brigham Young University, Department of Mechanical Engineering, 1996

Sauer, B.: 3D-Oberflächenanalyse einer RWDR-Lauffläche unter Berücksichtigung der DIN EN ISO 25178, Tribologie-Fachtagung, Göttingen, Band 2, 2009

Stoll, A., Arnold, K.: Economic and energy-efficient cutting assisted by high pressure cooling, using the example of titanium alloys, Sustainable production for resource efficiency and ecomobility – International Chemnitz Manufacturing Colloquium 2010, (S. 231–246), Chemnitz, 2010

Tönshoff, H. K., Denkena, B.: Spanen – Grundlagen, Garbsen: Springer-Verlag Berlin Heidelberg New York, 2004

Vogt, R.: Alternative Bearbeitungsmethoden von Wellenoberflächen Tribologische Partner, Konstruktion Elektronik Maschinenbau (5), 1997

Vogt, R.: Einflussfoktoren auf Radialwellendichtringe, Antriebstechnik, V (1–2), 2007

1.4 Fügen

Frank Riedel

1.4.1 Fügetechnik – Schlüsseltechnologie für die Produktion und Produkte von morgen

Bei fast allen technischen Produkten müssen Einzelteile zu Baugruppen und letztlich zu einem finalen Produkt verbunden (gefügt) werden. Es gibt nur wenige Ausnahmen, monolithische Produkte, die ohne Fügetechnologien herstellbar sind. Dabei nimmt das Entwicklungstempo innovativer Produkte stetig zu und auch die Aufgabenstellungen, z. B. aus werkstofflicher, konstruktiver und funktionaler Sicht, werden für die notwendigen Fügetechnologien immer komplexer. Oftmals wird sogar das Entwicklungspotenzial und -tempo von High-Tech-Produkten durch die Verfügbarkeit notwendiger Fügetechnologien begrenzt, wie z. B. im Automobil- und Flugzeugbau. Neben den technischen und funktionalen Anforderungen an die Fügetechnik bei der Fertigung eines Produktes ist für das Betriebsergebnis auch der notwendige Aufwand für die jeweiligen Fügetechnologien in der Prozesskette entscheidend. Während in den zurückliegenden Jahren dafür hauptsächlich zeitliche und anlagentechnische Faktoren die entscheidende Rolle spielten, gewinnt der dafür notwendige Energie- und Ressourcenbedarf zunehmend an Bedeutung. Das ist in der aktuellen und zukünftigen globalen Entwicklung begründet. Die Prognosen zeigen eine unumkehrbare stetige Verknappung der Verfügbarkeit von entsprechenden Ressourcen auf. Die wachsende Bedeutung der Fügetechnik in diesem Kontext wird dadurch deutlich,

Abb. 2 Anforderungen bei der Herstellung eines Produktes

dass der Ressourcenanteil für die Fügetechnologie einer Fertigung oft einen wesentlichen Anteil aufweist. So können beispielsweise im Karosseriebau der Automobilindustrie bis zu 30 % des notwendigen Energiebedarfs einer Fertigung auf den Bedarf der Fügetechnologien entfallen.

Die Randbedingungen der erforderlichen Fügetechnologien hängen von dem Anforderungsprofil der heute sehr breitgefächerten Produktstruktur ab. Betrachtet man die Dimension der zu fügenden Bauteile, dann reichen die Aufgabenstellungen von Produkten im Nano-/Mikrobereich (wie z. B. Elektronik, Medizintechnik) über den wichtigen Bereich der Produktionstechnik (wie z. B. Fahrzeug- und Maschinenbau) bis hin zu Großprodukten wie z. B. im Brücken- und Stahlbau sowie Schiffs- und Offshorebereich (Abb. 1).

Dementsprechend komplex sind auch die heutigen Anforderungen an den Herstellungsprozess eines Produktes (Abb. 2). Neben den notwendigen zu erfüllenden funktio-

Abb. 1 Strukturgrößen gefügter Produkte

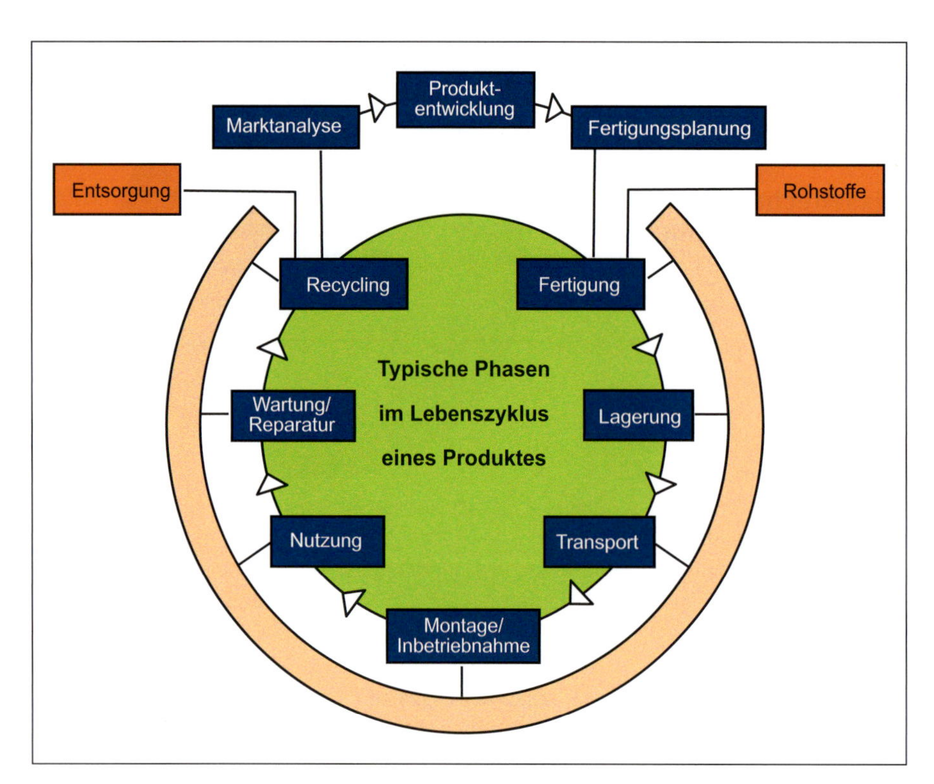

Abb. 3 Energie- und Ressourcenbedarf für die typischen Phasen im Lebenszyklus eines Produktes

nalen Randbedingungen und den wirtschaftlichen Zielen werden zunehmend auch ökologische und soziale Ziele formuliert.

Der Energie- und Ressourcenbedarf beschränkt sich aber nicht nur auf die Herstellung eines Produktes. Auch für die anderen Phasen eines Produktlebenszyklus werden Energien und Ressourcen benötigt (Abb. 3). Durch die stetig steigende Weltproduktion technischer Produkte und die sich teilweise stark verkürzenden Lebenszyklen von verschiedenen High-Tech-Produkten gewinnen beispielsweise Konzepte und Prozesse zur Entsorgung oder dem Recycling der Produkte am Lebensende zunehmend eine globale Bedeutung. Dementsprechend komplexer werden auch die heutigen Anforderungen an die Fügetechnologien und die Betrachtung aller Phasen eines Produktlebenszyklus ist erforderlich.

1.4.2 Wechselwirkung mit und Einfluss auf Prozessketten durch die Fügetechnologie

In Abbildung 4 sind die Kernkomponenten der Fügetechnik schematisch dargestellt. Dabei bilden die drei Komponenten

- Konstruktion
- Werkstoff und
- Technologie

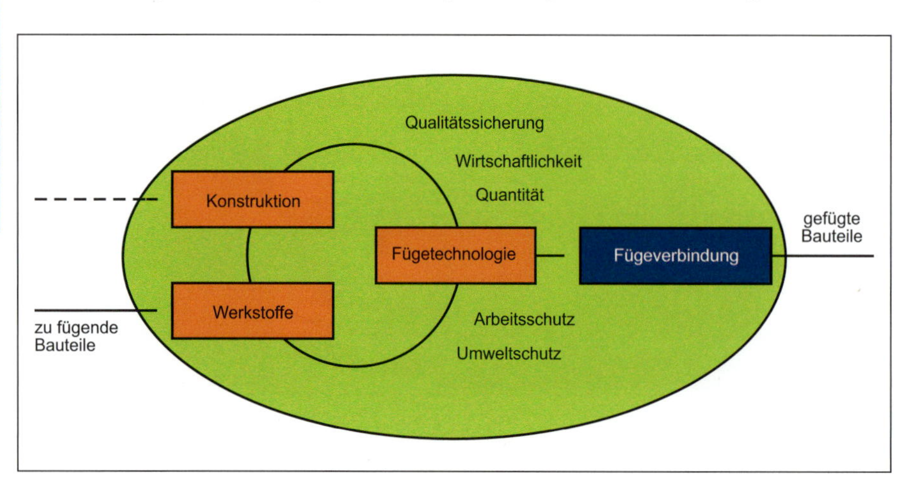

Abb. 4 Kernkomponenten der Fügetechnik

eine untrennbare Einheit für die Bewertung der Eignung, Möglichkeiten und Eigenschaften in Bezug zu einer Fügeaufgabe, auch definiert als Fügbarkeit (z.B. Schweißbarkeit nach DIN 8528).
Für eine Fügeaufgabe wird der Energie- und Ressourcenverbrauch gleichermaßen von allen drei Kernbereichen bestimmt. Obwohl der Verbrauch für die Technologie selbst eine zentrale Größe ist, hängt dieser Verbrauch gleichermaßen auch von den konstruktiven und werkstofflichen Randbedingungen ab. So ergibt sich z.B. beim Schweißen der erforderliche Temperatureintrag hauptsächlich durch werkstoffliche Faktoren, es können z.B. auch aufwendige Vor- und Nachwärmprozesse erforderlich sein, in Verbindung mit konstruktiven Randbedingungen, wie z.B. die Fugengeometrie (das zu verschweißende Nahtvolumen). Die Konstruktion selbst entscheidet über die prinzipielle Ausführung der Verbindungen. Anzustreben ist eine optimale Ausführung gefügter Konstruktionen. In der Praxis werden aber auch aus fügetechnischer Sicht überdimensionierte Konstruktionen gefertigt. Das betrifft sowohl die Anordnung, Anzahl und Dimension der Verbindungsnähte als auch die Ausführungsgüte. Ein Hauptgrund besteht u.a. auch darin, dass heute bei neuen Technologien und Produkten oft eine Unsicherheit bei der Bemessung und Gestaltung von gefügten Bauteilen vorhanden ist, die man oft durch ein nicht zwingend notwendig hohes Sicherheitsniveau versucht zu kompensieren. Während für konventionelle Verbindungen, wie geschweißte oder geschraubte Verbindungen, von konventionellen Stahlwerkstoffen auch ausgereifte Normen und Regelwerke für eine Bemessung, Gestaltung und Ausführung der Verbindungsnähte verfügbar sind, ist der verfügbare Kenntnisstand von Verbindungen mit neuen Technologien auf zum Beispiel den Gebieten Kleben oder mechanisches Fügen vergleichsweise gering. Das betrifft auch die Anwendung neuartiger Werkstoffe/Legierungen und besonders beanspruchte Konstruktionen (z.B. Crashbeanspruchung).
Je nach Komplexität der Fertigungsprozessketten können Fügetechnologien einen Einfluss auf nahezu alle Elemente der Prozesskette haben. Somit wird auch der Energie- und Ressourcenverbrauch für eine gesamtheitliche Fertigung durchaus sehr verschiedenartig durch die eingesetzten Fügetechnologien bestimmt. Während die Energiebilanz der elementaren Fügetechnologie noch verhältnismäßig eindeutig abbildbar ist, sind die direkten und indirekten Auswirkungen der Wahl der Fügetechnologie auf vor- und nachgelagerte Prozessschritte einer Prozesskette wesentlich komplexer.
Betrachtet man sorgfältig alle Elemente einer Prozesskette, dann wird klar, dass nahezu alle Elemente in Wechselwirkung mit der jeweiligen Fügetechnologie stehen bzw. durch diese beeinflusst werden. Das betrifft insbesondere auch Anforderungen an die Bauteiltoleranzen allein aus fügetechnischer Sicht. Beispielsweise dürfen für das Laserstrahlschweißen die Fügespalte teilweise nur im 1/10mm-Bereich liegen, während für das Metallschutzgasschweißen die Spalttoleranzen durchaus das Mehrfache betragen können. Das wirkt sich nicht nur auf alle vorgelagerten Fertigungsprozesse aus, sondern auch auf die notwendigen Handhabe-, Vorrichtungs- und Spanntechnologien, die auch Energie- und Ressourcen erfordern. Aber auch nachgelagerte Fertigungsprozesse können durch Fügetechnologien erforderlich sein bzw. beeinflusst werden. So müssen Schweißnähte für bestimmte Schweißkonstruktionen, wie z.B. im Stahl-, Brücken- und Schiffbau sowie im Offshorebereich, aufwendig mechanisch nachbearbeitet werden, um bestimmte geometrische und mechanische Eigenschaften zu gewährleisten. Auch hier unterscheiden sich die verschiedenen Fügetechnologien um Größenordnungen. Während moderne Strahl- und Hybridverfahren das Verschweißen von dickwandigen Bauteilen ohne Nachbearbeitung ermöglichen, sind die herstellbaren Nahtgüten z.B. mit Lichtbogenschweißverfahren stark eingeschränkt. Es wird deutlich, dass die Fügetechnologien den Energie- und Ressourcenbedarf einer gesamten Prozesskette deutlich beeinflussen können. Je nach Art und Komplexität der Fertigungsprozesskette müssen die sich ergebende Wechselwirkung mit anderen Gliedern der Prozesskette und dem sich ergebenden Einfluss durchgehend berücksichtigt werden, um die Energie- und Ressourceneffizienz in einer Fertigung bewerten und senken zu können. Dabei gewinnen auch zunehmend Überlegungen zu den Möglichkeiten der Rückgewinnung von Energien und Reststoffen aus den Prozessen eine Bedeutung.

1.4.3 Definition des Betrachtungsraums

Für die Erfassung und Bewertung des Energie- und Ressourcenverbrauches und dem möglichen Vergleich mit verschiedenen technologischen Varianten, ist es notwendig einen geeigneten Betrachtungsraum (Systemgrenze) zu definieren. Dafür kann man drei mögliche Betrachtungsräume unterscheiden:

- Betrachtungsraum Fügeprozess
- Betrachtungsraum Fügetechnologie (einschließlich direkt notwendiger Prozesse wie Handling- und Spannsysteme)
- Betrachtungsraum Prozesskette.

Am häufigsten wird heute der Betrachtungsraum Fügeprozess untersucht, da dieser die Kernkomponente des eigentlichen elementaren Fügens abbildet. Die Abgrenzung dieses Betrachtungsraumes ist relativ einfach möglich, da die Fügeprozesse i.d.R. durch abgeschlossene Anlagensysteme realisiert werden. Je nach Energieintensität kann ein solcher Betrachtungsraum ausreichend sein,

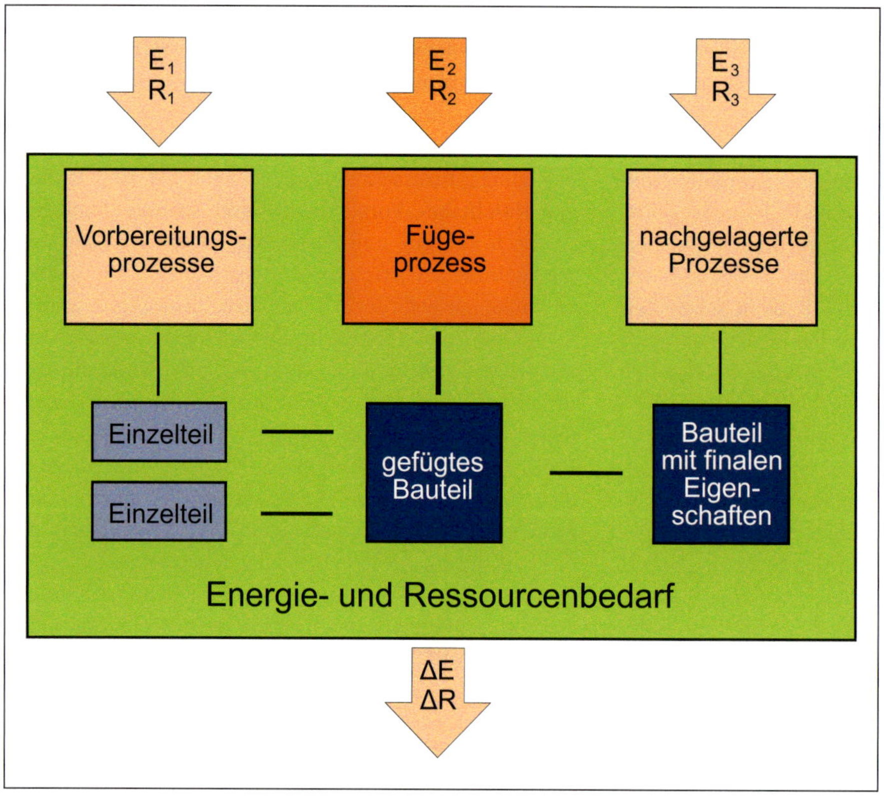

Abb. 5 Betrachtungsraum Fügetechnologie (Input-Throughput-Output-System)

wenn andere notwendige Prozesse für die Realisierung des Fügeprozesses einen geringen Anteil haben. Das betrifft beispielsweise alle manuellen Schweißprozesse in einer Fertigung von weniger anspruchsvollen Produkten, wie z. B. im konventionellen Stahlbau.

Bei einer mechanisierten oder automatisierten Fertigung muss der Betrachtungsraum auf die Fügetechnologie erweitert werden (Abb. 5). Das bedeutet, dass direkt notwendige vor- und nachgelagerte Prozesse wie Handlings- und Spannprozesse für die Realisierung des Fügeprozesses notwendig sind und auch entsprechende Energien und Ressourcen erfordern. Der Anteil im Vergleich zum eigentlichen Fügeprozess kann durchaus gleichwertig sein. Für eine Analyse werden sogenannte Input-Throughput-Output-Systeme definiert. Der Input berücksichtigt auch die in das System eingebrachten nicht-materiellen Güter, wie die Energie. Der Throughput beschreibt den Transformationsprozess im System und als Output werden auch ausgebrachte nicht-materielle Güter (Wärme, Abgase) quantifiziert.

Der tatsächliche Energie- und Ressourcenbedarf der Fügetechnologien als Anteil einer gesamten komplexen Fertigung erfordert auch einen komplexen Betrachtungsraum und die Berücksichtigung aller notwendigen Einflussgrößen, die den Energie- und Ressourcenbedarf beeinflussen. In Abbildung 6 sind ein komplexer Betrachtungsraum und mögliche Einflussgrößen schematisch dargestellt. Tatsächlich kann nur eine solche komplexe Betrachtungsweise bei komplexen Prozessketten, wie sie z. B. in der Automobilindustrie anzutreffen sind, zu einem relevanten Ergebnis führen. Denn bei solchen vielschichtigen Komponenten, die auch wesentliche Anteile des Energie- und Ressourcenbedarfes erfordern, würde die alleinige Betrachtung des Fügeprozesses bezüglich des Energie- und Ressourcenbedarfes zu irrelevanten Ergebnissen führen und einen objektiven Vergleich verschiedener Fügetechnologien und deren Auswirkung auf die Prozesskette nicht ermöglichen.

Nachfolgende Ausführungen zu den Möglichkeiten der Bewertung des Energie- und Ressourcenbedarf zeigen aber, dass solche komplexen Fragestellungen mit heutigen verfügbaren Methoden und Werkzeugen nur stark eingeschränkt beantwortet werden können.

1.4.4 Definition der Zielgrößen

Für die Ermittlung und Bewertung des Energie- und Ressourcenbedarfes von Fertigungsprozessen müssen die dafür notwendigen Kenngrößen definiert werden. Der wichtige Bezug muss bezüglich des tatsächlichen Verbrauches von Energie und Ressourcen und der damit verbundenen Beschaffung erfolgen. So ist es aus globaler Sicht sekundär, welche tatsächliche Wirkenergie bei dem jeweiligen

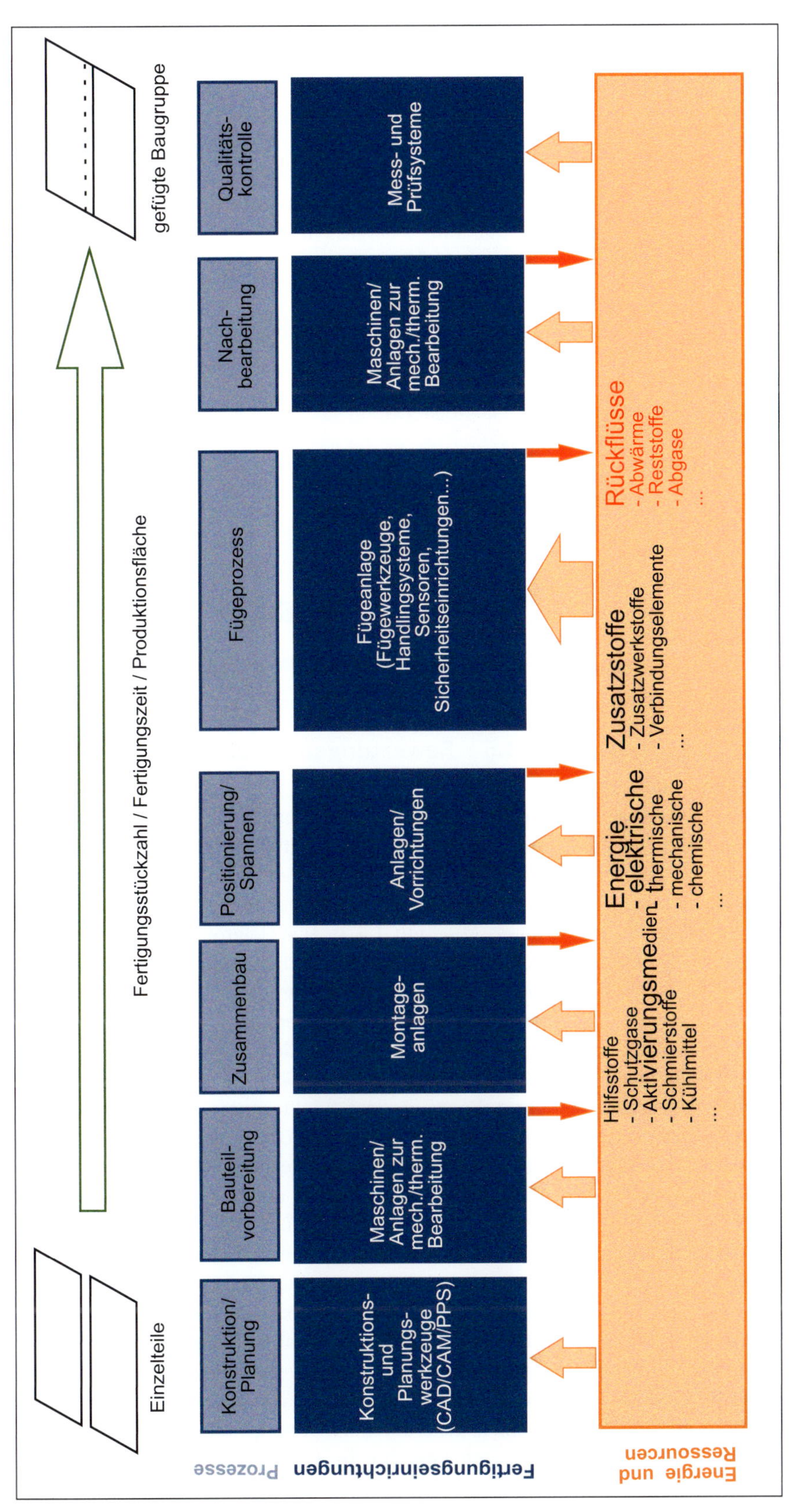

Abb. 6 Elemente eines gesamtheitlichen Betrachtungsraums für die Bewertung des Energie- und Ressourcenbedarfs des Fügens in einer Prozesskette

Fügeverfahren Anwendung findet (z.B. Photonen beim Laserstrahlschweißen, Plasma bei Lichtbogenschweißprozessen, Umformenergie beim Fügen durch Umformen), da diese Energien erst in der Fügeanlage erzeugt werden. Entscheidend für den Anwender ist die notwendige Energie für das Betreiben der jeweiligen Anlagentechnik. Diese Energie verursacht die entsprechenden Kosten im Produktionsprozess und belastet letztlich die globalen Ressourcen. Die Hauptenergieform weltweit für industrielle Fertigungsprozesse ist die Elektroenergie, die nahezu alle technischen Produktionsprozesse betreibt. Die benötigte Energie ist exakt quantifizierbar und direkt als Kostengröße darstellbar. Wie diese Elektroenergie letztlich erzeugt wird, hat für den Betreiber von Produktionsanlagen aus technischer Sicht eine sekundäre Bedeutung und wirkt sich nicht auf die Güte des Produktionsprozesses aus. Auch Energieformen wie Pneumatik oder Hydraulik zur Betreibung von Anlagen werden letztlich durch Anlagen mit Elektromotoren erzeugt.

Viele Fügeprozesse erfordern auch Ressourcen wie Zusatzwerkstoffe und technische Gase. Dieser Ressourcenbedarf ist wesentlich schwerer als vergleichende Bewertungsgröße darstellbar. Betrachtet man z.B. Schmelzschweißprozesse, so werden i.d.R. hochwertige Zusatzwerkstoffe und Schutzgase verwendet. Eine quantifizierbare physikalische Größe für diese Stoffe, die einen vergleichbaren Index für die Energie- und Ressourceneffizienz bildet, gibt es kaum. Erschwert wird die Bildung einer solchen Kenngröße auch dadurch, dass die Verfügbarkeit und der Aufwand der Beschaffung solcher Ressourcen regional sehr unterschiedlich sein können. Umfassende Datenbanken wie z.B. das Datenbanksystem GaBi bieten verschiedene Möglichkeiten, dienen insbesondere aber zur Erstellung von Ökobilanzen.

Betrachtet man die verschiedene notwendige Anlagentechnik für die jeweiligen Fügeprozesse, so werden auch hier sehr große Unterschiede deutlich. Vergleicht man die notwendige Anlagentechnik z.B. für das Kleben, Schrauben oder Nieten mit z.B. Anlagen für das Laser- oder Elektronenstrahlschweißen, sind für die letztgenannten Anlagen bedeutende Ressourcen allein für die Anlagenherstellung notwendig.

Zusammenfassend kann der Energie- und Ressourcenbedarf für die jeweiligen Fügetechnologien gesamtheitlich über die entstehenden Kosten bewertet werden. Die entstehenden Kosten für die benötigte Energie und Ressourcen widerspiegeln letztlich die globale Situation der Verfügbarkeit und dem Aufwand der Bereitstellung, aktuell und zukünftig. Nur die benötigte elektrische Energie, die für das Betreiben der meisten Fügeanlagen notwendig ist, kann von den Kosten losgelöst als tatsächlich vergleichbare transparente physikalische Energiekenngröße dargestellt werden.

Die Zielgröße der Beschreibung des Energie- und Ressourcenbedarfs einer Fügetechnologie für eine bestimmte Fügeaufgabe muss natürlich immer in Verbindung mit der Fügeaufgabe, den zu erzielenden Verbindungseigenschaften, betrachtet werden.

Zusammenfassend sind die Zielgrößen für die Betrachtung der Energie- und Ressourceneffizienz von Fügetechnologien in Abbildung 7 dargestellt.

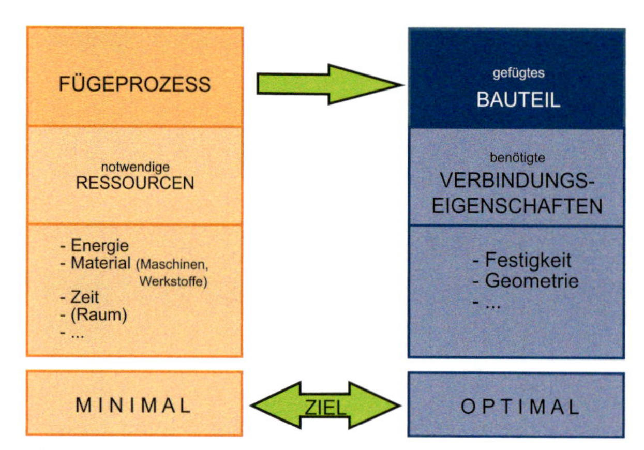

Abb. 7 Zielgrößen für die Bewertung der Energie- und Ressourceneffizienz von Fügetechnologien

1.4.5 Bewertungsmethoden

Für die Bewertung der Fügetechnologien bezüglich deren Energie- und Ressourceneffizienz gibt es verschiedene praktikable Ansätze. Die Tiefe der Bewertung hängt von dem definierten Betrachtungsraum und den Systemgrenzen ab (s. Abschnitt 1.4.3). Die Zielgrößen sind unabhängig vom Betrachtungsraum und müssen, wie in Abbildung 7 schematisch dargestellt, für die jeweilige Fügeaufgabe in Verbindung mit den Randbedingungen des zu realisierenden Produktionsprozesses definiert werden.

Einfache Bewertungsmethoden vergleichen den elementaren Energiebedarf (Elektroenergie) für die jeweilige Fügeanlage, wobei andere Größen des Energie- und Ressourcenbedarfes der Fügetechnologien und die Randbedingungen (Eigenschaften) der zu fügenden Bauteile als konstant definiert bzw. nicht direkt berücksichtigt werden. Diese Bewertungsmethode eignet sich für eine grobe Abschätzung einer prinzipiellen Energiebilanz der Fügeprozesse. Ein objektiver Vergleich verschiedener Technologien kann mit dieser Methode kaum erfolgen.

Eine relativ neue Bewertungsmethode ermittelt eine Kenngröße, die den elementaren Energiebedarf einer Fügetechnologie (kumulierter Energieaufwand [KEA]) für eine definierte Fügeaufgabe (Geometrie und Material) bezogen auf eine normierte Nahtlänge (z.B. 1 m) beschreibt und die entstehenden Eigenschaften und die mögliche Prozessgeschwindigkeit berücksichtigt (Abb. 8). Mit dieser Darstel-

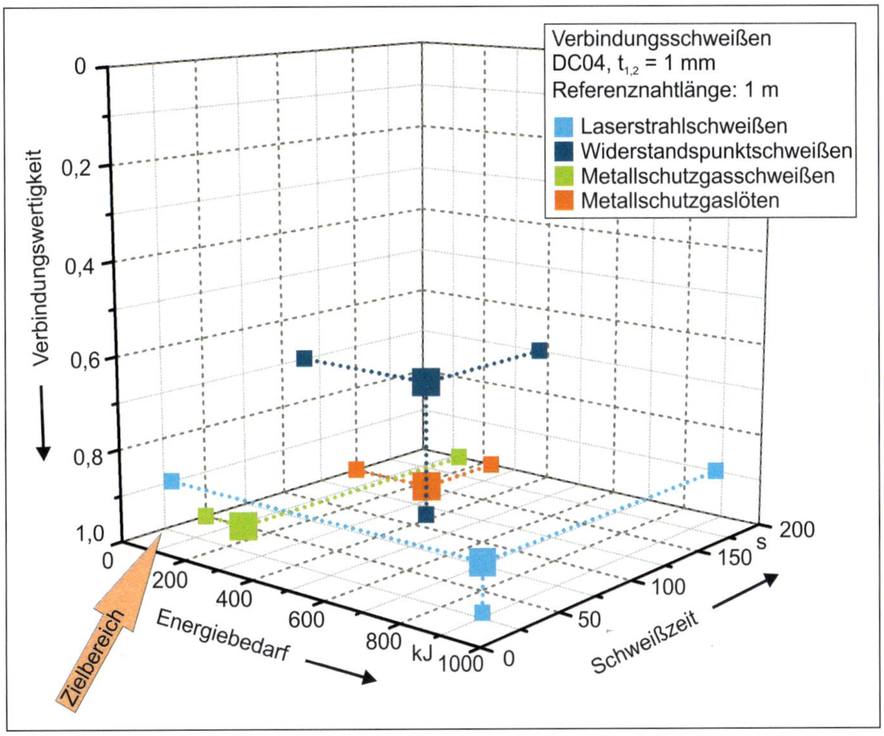

Abb. 8 Beispiel eines dreidimensionalen Betrachtungsraums für die Bewertung des Energiebedarfs verschiedener Fügetechnologien für eine definierte Fügeaufgabe

lung wird deutlich, dass ein Zielbereich im Diagramm links unten anzustreben ist. Somit können die verschiedenen Technologien über die jeweiligen Entfernungen (dreidimensional) von diesem Zielbereich sehr übersichtlich miteinander verglichen werden.

Der Vergleich von Wirkungsgraden einzelner Fügetechnologien eignet sich nur bedingt für die Bewertung des Energie- und Ressourcenbedarfs. Es muss beachtet werden, dass für einen Vergleich der Wirkungsgrade die Randbedingungen für die Berechnungen der Wirkungsgrade gleich und transparent sein müssen. Weiterhin ist zu berücksichtigen, dass allein ein Wirkungsgrad noch keine Schlussfolgerung zum tatsächlichen Energie- und Ressourcenbedarf einer Fügetechnologie ermöglicht.

Nachfolgend werden einige Beispiele für Bewertungsgrößen des Energie- und Ressourcenbedarfs gegeben. Für die jeweilige Anwendung hängt die Definition der Bewertungsgröße von den jeweiligen Zielgrößen ab.

Energie [J oder kWh]
pro Bauteil oder Produkt

Energie [J oder kWh]
pro 1 Meter Nahtlänge [m]

Energie [J oder kWh]
pro 1 Meter Nahtlänge [m] und Verbindungswertigkeit [Nahtfestigkeit/Grundwerkstofffestigkeit]

Bei einer Erweiterung des Betrachtungsraumes werden aber auch schnell Problemfelder sichtbar. Wenn z. B. für das Schweißen hochwertige Schutzgase und Zusatzwerkstoffe notwendig sind, ist es dem Anwender kaum möglich, diesen notwendigen Materialien quantitativ Energie- oder Ressourcenkenngrößen zuzuordnen. An dieser Stelle wird empfohlen, die entstehenden Kosten zu bewerten, die jeweils als aktueller Indikator für den Herstellungsaufwand und die Verfügbarkeit angesehen werden können, wenn diese frei von strategischen Marktinstrumenten sind.

1.4.6 Überblick über Fügetechnologien und Merkmale des Energie- und Ressourcenbedarfs

In Tabelle 1 sind den verschiedenen Fügeverfahrensgruppen Hauptwirkenergien schematisch zugeordnet. Damit soll nur ein Gesamtbild gegeben werden, welches die wesentlichen Wirkenergien der jeweiligen Fügeverfahrenshauptgruppe darstellt. Es muss berücksichtigt werden, dass jeder einzelne Fügeprozess tatsächlich sehr spezifisch ist und die tatsächlichen Wirkmechanismen sehr komplex sind. Betrachtet man beispielsweise Schweißverfahren, so gibt es Verfahren bei denen nur mechanische Energie (Kaltpressschweißen), nur thermische Energie (Lichtbogenschweißen) oder auch Energiekombinationen, wie

Tab. 1 Hauptenergieträger der Technologien in den Fügeverfahrensgruppen

Fügeverfahren / Energie		Fügeverfahrensgruppen								
		Zusammensetzen	Füllen	An- & Einpressen	Fügen durch Urformen	Fügen durch Umformen	Fügen durch Schweißen	Fügen durch Löten	Kleben	Textiles Fügen
Hauptwirkenergie	chemische Energie									
	thermische Energie									
	mechanische Energie									
Verfahrensbeispiele		■ Federnd spreizen	■ Einfüllen ■ Tränken	■ Schrauben	■ Eingießen	■ Clinchen ■ Nieten	■ WPS ■ MSG ■ Strahlschweißen	■ Weichlöten ■ Hartlöten	■ Kontaktkleben	■ Nähen

thermische und mechanische beim Magnetarc-Schweißen zu einer Schweißverbindung führen.

Letztlich werden fast alle Fügeanlagen mit elektrischem Strom betrieben und die verschiedenen Energien für den jeweiligen Wirkmechanismus des jeweiligen Prozesses werden in der Anlage umgewandelt und bereitgestellt. Das bedeutet, dass für den Anwender der elektrische Energiebedarf der Anlage quantifiziert werden kann.

Wie aber schon in den vorangegangenen Kapiteln ausgeführt, ist eine Bewertung des Energie- und Ressourcenbedarfs von Fügetechnologien allein über den elektrischen Stromverbrauch der Fügeanlage oft nur unzureichend repräsentativ. Einen großen Einfluss haben neben der Anlageninvestition auch notwendige Materialien (Fügeelemente, Zusatzwerkstoffe, Schutzgase) und Aufwendungen für vor- und nachgelagerte Prozesse (s. Abb. 5). Da diese Aufwendungen bezüglich des Energie- und Ressourcenbedarfs kaum quantifizierbar bewertet werden können, u. a. auch, weil fertigungsspezifische Gegebenheiten sich unterschiedlich auswirken, sind in Tabelle 2 für ausgewählte Fügeverfahren allgemeine Kriterien zusammengefasst, die für die Bewertung des Energie- und Ressourcenbedarfs der Fügeprozesse vorteilhafte Eigenschaften darstellen.

Prozesse / Fügeverfahren	Prozesselemente in einer Prozesskette und Eigenschaften									
	Pre-Prozesse		Fügeprozess						Post-Prozesse	
	Bauteilvorbereitung	Spannen/Positionieren	Wirkungsgrad	Energiebedarf (Anlage)	Prozessgeschwindigkeit	ZW/SG/Hilfsstoffe	Anlagentechnik	Nahtvolumen/Energieeintrag	Nachbearbeitung	Qualitätssicherung
Laserstrahlschweißen										
Metallschutzgasschweißen										
Widerstandspunktschweißen										
Mechanisches Fügen										
Kleben										

Tab. 2 Vorteilhafte Eigenschaften verschiedener Fügetechnologien bezüglich der Energie- und Ressourceneffizienz in einer Prozesskette (grün = vorteilhaft)

Es muss an dieser Stelle aber nochmals betont werden, dass die verschiedenen Fügetechnologien nur im Kontext mit den Randbedingungen einer spezifischen Fertigung verglichen werden können. Dabei kann die Bewertung einer Fügetechnologie bezüglich der Energie- und Ressourceneffizienz sehr unterschiedlich ausfallen. Während z. B. das Laserstrahlschweißen in einer hoch automatisierten Serienfertigung (z. B. Schaltgetriebefertigung) die Schlüsseltechnologie einer energie- und ressourceneffizienten Fertigung darstellen kann, ist die Energie- und Ressourcenbilanz bei Fertigungen mit großen Stillstands- bzw. Stand-by-Zeiten weitaus ungünstiger und die Anwendung konventioneller Lichtbogenschweißverfahren kann effizienter sein, die wiederum im vorgenannten Serienprozess weitaus ungünstiger wären. Das Beispiel zeigt, dass alle Betrachtungen sehr spezifisch von den jeweiligen Prozesskettenrandbedingungen, einschließlich der jeweiligen Zielgrößen abhängen.

1.4.7 Hinweise zur praktischen Bewertung

Wie in den vorangegangenen Abschnitten ausgeführt, ist eine allgemeine Übertragung von Ergebnissen zur Bewertung der Energie- und Ressourceneffizienz von Fügetechnologien auf verschiedene Prozessketten kaum möglich und sinnvoll, da die spezifischen Prozesskettenrandbedingungen und Zielgrößen i. d. R. nicht direkt vergleichbar sind. Nachfolgend werden einige Hinweise für die praktische Bewertung der Energie- und Ressourceneffizienz von Fügetechnologien gegeben.

Aktuelle praktische Aufgabenstellungen ermitteln den kumulierten Energieaufwand (KEA) für das Fügen eines speziellen Bauteils oder Produktes, um verschiedene Fügetechnologien bzw. Fügestrategien zu vergleichen. Als Beispiel ist in Abbildung 9 eine Pkw-Tür aus dem Karosseriebau abgebildet. Eine solche Tür wird aus verschiedenen Blechteilen hergestellt, die final gefügt werden müssen. Als Fügeprozesse eignen sich verschiedene Technologien, wie z. B. das Widerstandspunktschweißen, das Metallschutzgasschweißen, das Laserstrahlschweißen, mechanische Fügeprozesse (Clinchen, Nieten), das Kleben etc. Verschiedene Hersteller verfolgen unterschiedliche Fügestrategien. Entsprechend den gegebenen Randbedingungen einer Fertigung kann es sinnvoll sein, eine spezielle Fügetechnologie oder aber auch die Kombination verschiedener Fügetechnologien anzuwenden. Dabei ist es immer vorauszusetzen, dass die erforderlichen Verbindungseigenschaften für das jeweilige Produkt erfüllt werden.

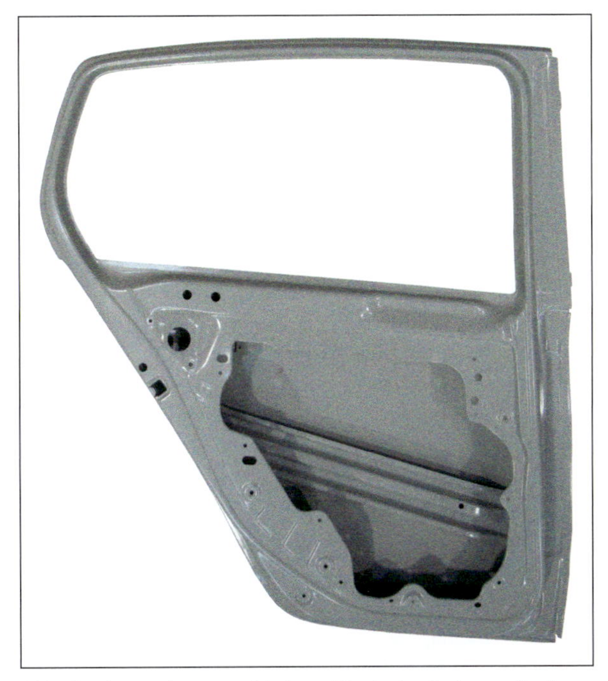

Abb. 9 Anwendung verschiedener Fügetechnologien zur Fertigung einer Pkw-Tür

Für eine Bewertung der Energie- und Ressourceneffizienz von Fügetechnologien können für die verschiedenen Fügestrategien alle notwendigen Kennwerte ermittelt, kumuliert und verglichen werden (Tab. 3). Der kumulierte Energiebedarf kann absolut in Joule oder in Kilowattstunden angegeben werden. Um realistische und belastbare Ergebnisse zu ermitteln, sollte der Energiebedarf einer Anlage möglichst gesamtheitlich erfasst werden. Dabei ist darauf zu achten, dass der tatsächliche in die Anlage eingespeiste Energieverbrauch gemessen wird. Oftmals wird fälschlicherweise bei der

Tab. 3 Ermittlung von Kennwerten für verschiedene Fügestrategien zur Berechnung des kumulierten Energieaufwandes (KEA) für einen Vergleich der Energieeffizienz

		Fügetechnologie	Summe Nahtlänge am Bauteil	Fertigungszeit	Energieverbrauch	
			[mm]	[s]	[kWh]	[J]
Fügestrategien	I	A	$l_{N,I}$	t_I	E_I	E_I
	II	B	$l_{N,II}$	t_{II}	E_{II}	E_{II}
	III	A + C	$\Sigma l_{N,III,A,C}$	$\Sigma t_{III,A,C}$	$\Sigma E_{III,A,C}$	$\Sigma E_{III,A,C}$

Energiebewertung von Fügetechnologien die an der Fügestelle wirkende Energie betrachtet – beim Schweißen z. B. die Streckenenergie – die aber entsprechend der Wirkprinzipien der Technologien und Anlagensysteme kaum Rückschlüsse auf die tatsächlich dafür benötigte Energie zulässt. Es gibt z. B. Technologien, wie das Laserstrahlschweißen, die für eine Laserstrahlleistung von wenigen kW die über 10-fache elektrische Einspeisung in die Anlage erfordern. In der Praxis werden für eine Energiebewertung auch häufig Wirkungsgrade der verschiedenen Verfahren verglichen. Diese Vergleiche lassen aber oft kaum eine tatsächliche Aussage zu den Energie- und Ressourcenverbräuchen zu. Einerseits sind die Randbedingungen zur Ermittlung der Wirkungsgrade in der Praxis sehr verschieden und oftmals auch intransparent. Andererseits geben allein Wirkungsgrade einer Technologie kaum Rückschluss auf den tatsächlich kumulierten Energieaufwand einer Technologie für einen jeweiligen Fertigungsschritt an einem Produkt. Beispielsweise arbeiten MSG-Schweißanlagen für das Lichtbogenschmelzschweißen mit sehr hohen Wirkungsgraden, benötigen aber wegen der verfahrenstechnischen Gegebenheiten relativ viel Energie z. B. für die Herstellung von Schweißverbindungen an Stahlkonstruktionen mit größeren Blechdicken, wegen des großen zu schmelzenden Nahtvolumens. Dementgegen stehen z. B. Laserstrahltechnologien mit relativ schlechten anlagentechnischen Wirkungsgraden. Aber durch die starke Energiedichte genügt oft eine vergleichsweise geringere Leistung, um vergleichbare Verbindungen herzustellen, wegen des sehr kleinen zu schmelzenden Nahtvolumens. Sollten trotzdem Wirkungsgrade von Technologien für einen Vergleich der Energie- und Ressourceneffizienz einer Fügetechnologie verwendet werden, muss genau hinterfragt werden, welche inhaltlichen Aussagen sich daraus wirklich ableiten lassen.
Globale Energiebewertungen (Abb. 10) umreißen einen sehr umfassenden Betrachtungsraum und ermöglichen eine Bewertung des Energiebedarfs pro Produkt für verschiedene Phasen der Produktlebenszyklen (vergl. Abb. 3). Dabei muss aber beachtet werden, dass mit einer Erweiterung des Betrachtungsraums die Unschärfe zur Auflösung einzelner Prozesse zunimmt. Weiterhin ist es für außenstehende Betrachter oftmals schwer, die Randbedingungen der durchgeführten Bewertung transparent nachvollziehen zu können.
Bei solchen globalen Energiebewertungen von komplexen Serienprodukten wird deutlich, welche großen Mengen an Energie und Ressourcen für die Herstellung, Benutzung und Entsorgung von Produkten notwendig sind. Das unterstreicht einmal mehr das erforderliche Bestreben, den

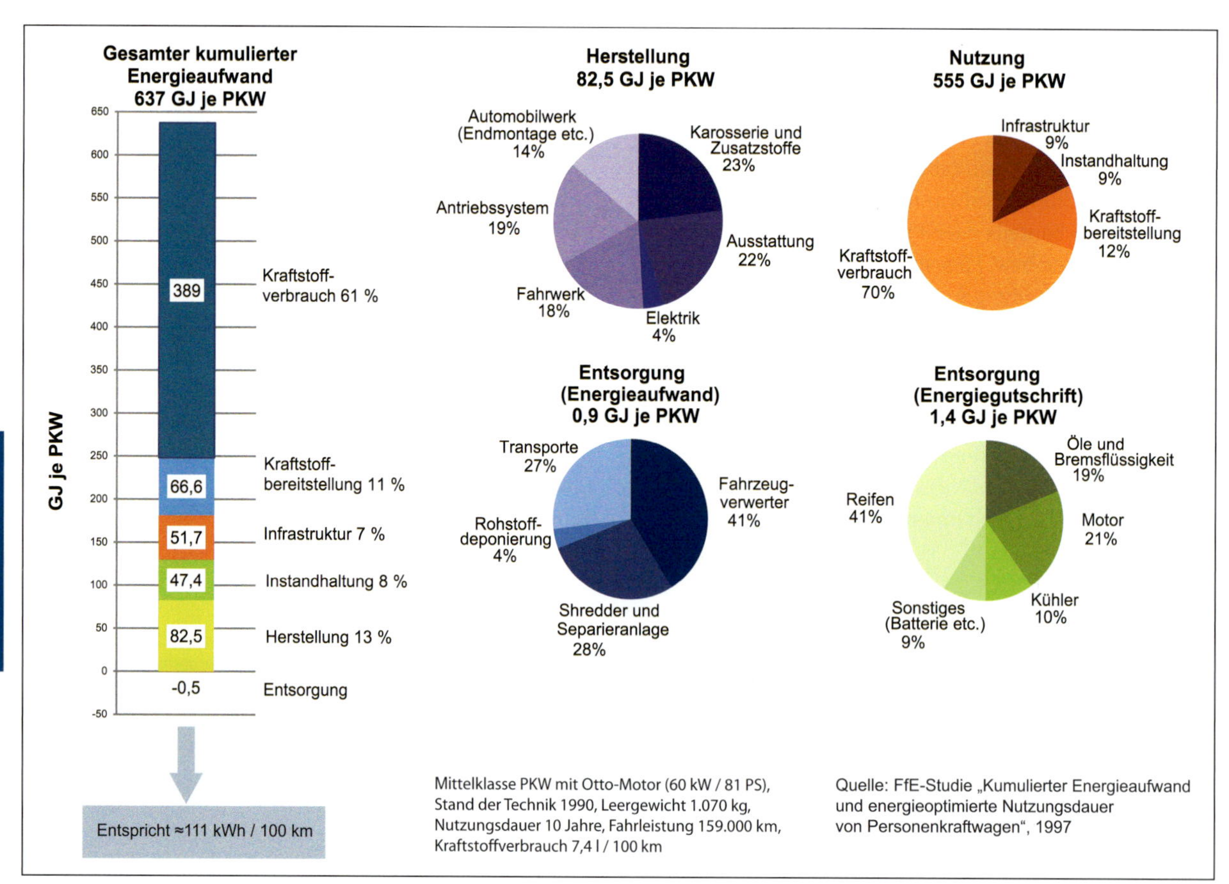

Abb. 10 Kumulierter Energieaufwand (KEA) eines Mittelklasse-Pkw (Benzin) im Produktlebenszyklus

Ressourcenaufwand zu senken, denn unabhängig von den damit verbundenen Kosten gibt es keinen Zweifel darüber, dass unsere globalen Ressourcen endlich sind.

Literatur

Waltl, H.; Neugebauer, R.: Innovationsallianz - Green Carbody Technologies - InnoCaT. Ergebnisbericht 2013

1.5 Oberflächen- und Beschichtungstechnik

1.5.1 Ressourceneffizienz durch Oberflächen- und Beschichtungstechnik

Thomas Lampke

Technische Produkte stehen über deren Oberfläche in Wechselwirkung mit der Umgebung, beeinflussen diese einerseits und werden andererseits von den Umgebungseinflüssen verändert, was sich bis in das Innere eines Erzeugnisses auswirken kann. Eine Vielzahl der Verarbeitungs- und Gebrauchseigenschaften von Werkstoffen wird von der Oberfläche bestimmt. Die gezielte Beeinflussung dieser physikalischen, chemischen und mechanischen Eigenschaften über technische Verfahren ist das Ansinnen der Oberflächentechnik, da häufig die Eigenschaften des Substrates nicht ausreichen, um die gewünschten Oberflächeneigenschaften hinreichend gut zu gewährleisten. Folglich muss die Oberfläche durch ressourceneffiziente Prozesse und Werkstoffe modifiziert, umgewandelt bzw. beschichtet werden. Im Gegensatz zu natürlichen Oberflächen, die ohne menschliches Einwirken entstehen, soll unter der Gestaltung technischer Oberflächen die gezielte menschliche Einflussnahme verstanden werden.

Durch die chemische Zusammensetzung und die Mikrostruktur im Oberflächenbereich lassen sich z. B. die Werkstoffeigenschaften Oberflächenhärte, -festigkeit, -zähigkeit und -duktilität, Zerspanbarkeit, Dauerfestigkeit sowie thermische und elektrische Leitfähigkeit in weiten Grenzen einstellen. Eigenschaften wie Glanz und Rauheit resultieren aus der Feingestalt, die durch Oberflächenbearbeitungsverfahren herstellbar sind. Insbesondere sind die Systemeigenschaften Korrosion und Verschleiß stark von der Zusammensetzung und Gestalt technischer Oberflächen abhängig und müssen sowohl bei der Verarbeitung (z. B. Vermeidung von Adhäsion zwischen Werkstück/Werkzeug, Vorbehandlung, Veredelung) als auch im Gebrauch betrachtet werden, um unerwünschten Prozessen wirkungsvoll zu begegnen. Nicht zuletzt deshalb wird seit geraumer Zeit die Oberfläche von Komponenten oder Bauteilen als Konstruktionselement betrachtet.

Durch diverse Verfahren auf Basis chemischer, physikalischer, thermisch aktivierter und auch mechanischer Prozesse - oder durch deren Kombination - lassen sich Zusammensetzung und Eigenschaften gemäß dem Anforderungsprofil gestalten. Hierbei ist zwischen Oberflächenbehandlung und -beschichtung zu unterscheiden. Gemäß DIN 8580 ist zum Beschichten ein formloser Beschichtungsstoff einzusetzen, der auf das Substrat aufgebracht wird. Damit ist neben den Eigenschaftsänderungen auch eine geometrische Veränderung des Werkstücks verbunden. Um die Schichteigenschaften wirkungsvoll und langfristig nutzen zu können, ist eine gute Schichthaftung erforderlich.

Funktionale Aufgaben von Oberflächen entstehen im Zusammenwirken mit äußeren, zumeist komplexen Beanspruchungen eines Bauteils. Dabei ist der Begriff „Oberflächenfunktionalität" einerseits sehr weitläufig, andererseits auch in den verschiedenen Disziplinen unterschiedlich belegt. Auch die Größenskalen bei der Betrachtung und Definition einer Oberfläche spielen eine Rolle. Die Funktionalität entsteht aus der Zusammensetzung und Gestalt der Oberfläche.

Das zentrale Problem beim Gestalten von technischen Oberflächen besteht darin, einen Werkstoffaufbau zu realisieren, der dem komplexen Anforderungsprofil gerecht wird. Dazu gehören z. B. Konturtreue (Form), Vermeidung von Wechselwirkungen mit dem Grundwerkstoff und diverse gegenläufige Werkstoffeigenschaften (z. B. hohe Härte bei guter Duktilität). Für die Akzeptanz eines langlebigen Produktes nimmt der Schutz vor Korrosion und Verschleiß eine herausragende Rolle ein. Da diese Eigenschaften systemabhängig sind, also von den jeweiligen Randbedingungen im Einsatzfall abhängen und nicht a priori einem Werkstoff zugeordnet werden können, ist der Entwicklungs- und Prüfaufwand für verschleiß- und korrosionsbeanspruchte Werkstoffe und Schichten (Oberflächen) sehr groß. Häufig treten die Charakteristika einer Oberfläche erst während der Beanspruchung in Erscheinung. Behandlungsstrategien zur Begünstigung bzw. Einstellung einer Charakteristik können positive oder negative Auswirkung auf die Summeneigenschaften eines Produktes haben. Diese Tatsachen zeigen die Komplexität hinsichtlich Eigenschaften und Anforderungen von Oberflächen auf und stehen dem Wunsch nach kurzen Produktentwicklungszeiten, niedrigen Kosten, Machbarkeit und Umweltverträglichkeit im Allgemeinen entgegen.

Aus werkstofftechnischer und konstruktiver Sicht muss ein Weg gefunden werden, über den die Einzel- und Summeneigenschaften eines Produktes sicher und reproduzierbar einstellbar sind. Hierzu sind vertiefte Kenntnisse über die Möglichkeiten zur Gestaltung technischer Oberflächen erforderlich, die Fachwissen in den Disziplinen Werkstoffkunde, Prozessgestaltung, Mikrostrukturanalytik, eigenschaftskennzeichnende Prüfung und Kostengestaltung voraussetzen.

1.5.2 Potenzial von Schutz- und Funktionsschichten hinsichtlich Energie- und Ressourceneffizienz

Thomas Grund

Ein Ansatz für eine umfassend nachhaltige Produktion ist die Steigerung ihrer Ressourceneffizienz. Das betrifft nicht nur den minimierten Materialeinsatz im Produkt, sondern auch verbesserte Verarbeitungstechnologien, optimierte Fertigungsabläufe, Energierückführung und neue Bauweisen. Neben der bloßen Werkstoffeinsparung werden so auch der Energiebedarf für Rohstoffgewinnung, Halbzeugherstellung, Werkstoffbe- und -verarbeitung, Bauteiltransport, Bauteilnutzung und Bauteilrecycling gesenkt. Bezogen auf die Indikatoren der „Nationalen Nachhaltigkeitsstrategie" der Bundesregierung bedient dieser Ansatz in hohem Maße die darin enthaltene Kategorie der „Generationengerechtigkeit", insbesondere deren Ziele Ressourcenschonung und Klimaschutz, da direkt die Rohstoff- und Energieproduktivität verbessert und der Primärenergieverbrauch sowie die Treibhausgasemissionen verringert werden können. Folgeeffekte wirken sich auf die Nachhaltigkeitskategorien „Lebensqualität" und „Sozialer Zusammenhalt" aus, da durch nachhaltige Produktion langfristig z. B. die wirtschaftliche Leistungsfähigkeit und das Beschäftigungsniveau erhalten bleiben.

In der Entwicklung nachhaltiger Produktion und Verarbeitung von materiellen Gütern oder Waren in Fabriken bilden folglich die eingesetzten Werkstoffe und ihre Bewertung hinsichtlich ihrer Energie- und Ressourceneffizienz ein zentrales Forschungsfeld. Die in der Produktion und Verarbeitung eingesetzten Werkstoffe bestimmen maßgeblich die anwendbaren Fertigungsverfahren und notwendigen Fertigungsschritte zur Herstellung eines Produkts. Bei der Werkstoffauswahl konzentriert sich der Ingenieur des Maschinen-, Anlagen- und Fahrzeugbaus üblicherweise auf den Produkteinsatz und die davon abhängenden technologischen, physikalischen und chemischen Werkstoffeigenschaften, die den spezifischen Einsatzanforderungen genügen müssen. Werkstoffsubstitutionen gehen oft nur aus ökonomischen Überlegungen hervor. Energetisch begründete Werkstoffsubstitutionen reduzieren sich meist auf den spezifischen Energieverbrauch eines Produkts im Einsatz, also z. B. auf Energieeinsparungen, die eine Leichtbauweise erzielt.

Leichtmetalle und Keramiken bieten als Konstruktionswerkstoffe im Leichtbau eine optimale Ergänzung zum Strukturleichtbau, da auch massiv gefertigte Bauteile über ein nur geringes Gewicht verfügen. Dies kann im Betrieb schnell bewegter Teile zu relevanten Energieeinsparungen führen, da Beschleunigungskräfte und Trägheitsmomente herabgesetzt werden. Der Einsatz von Leichtmetallen und Keramiken gestaltet sich jedoch oft als schwierig, da sowohl die Einsatzbedingungen als auch Fertigungsprozesse diese Werkstoffgruppen konstruktiv, ökonomisch oder ökologisch nicht zulassen. Beispielsweise besitzt Aluminium als preiswerter und leichter Werkstoff nur geringe Resistenz gegen abrasive Verschleißbeanspruchung, was Einsätze in Gleitpaarungen nicht zulässt. Ein großes Potenzial bieten daher Schicht- und Randschichtsysteme. Diese können Bauteiloberflächen lokal oder großflächig an Interaktionen mit der Umgebung anpassen. Die Haupteinsatzgebiete liegen dabei im Verschleiß- und Korrosionsschutz. Aber auch funktionelle Aufgaben, wie thermische oder elektrische Isolierung bzw. Leitfähigkeit oder die Metallisierung von Keramiken, können durch Schichten gewährleistet werden. Die Eigenschaften des beschichteten Grundwerkstoffs haben dabei keinen Einfluss mehr auf dessen Oberflächeneigenschaften. Somit ist es möglich, Leichtbaukomponenten sowie preiswerte oder leicht zu bearbeitende Grundwerkstoffe konstruktiv einzusetzen und lokal an spezifische Einsatzbedingungen anzupassen und so energiesparende und ressourcenschonende Bauteilentwicklungen zu ermöglichen.

Der reduzierte Energieeintrag ins Bauteil durch verschiedene Beschichtungsprozesse ist aktueller Gegenstand von Forschungen. Die Beschichtungsverfahren Anodisieren und thermisches Spritzen erlauben zwar diese Applikation, die Prozesse sind jedoch energetisch aufwendig. Prozessseitige Möglichkeiten der Energieeinsparung und die Anwendung auf neue Materialsysteme werden im Folgenden beleuchtet.

1.5.3 Anodische Oxidation von Leichtmetallen

Daniel Meyer, Thomas Lampke

1.5.3.1 Einleitung

Beim technischen Einsatz von Leichtmetallen wie Aluminium, Magnesium und Titan ist eine den Einsatzbedingungen angepasste Oberflächenbehandlung notwendig, um die

Metalloberfläche mit einer erhöhten Korrosions- und Verschleißbeständigkeit auszustatten. In der Regel kommen neben metallischen Beschichtungen (z. B. chemisch/galvanisch abgeschiedene Nickel- bzw. Nickeldispersionsschichten, Chrom- und Zinkbeschichtungen) vor allem durch elektro- und plasmachemische anodische Oxidation hergestellte Oxidschichten zum Einsatz. Beide Oxidationsverfahren basieren auf anodischer Konversion des Grundmaterials in einem wässrigen Elektrolyten. Je nach Verfahren und Grundwerkstoff unterscheiden sich die Prozessparameter, die Schichtbildungsmechanismen, die Mikrostruktur und die charakteristischen Eigenschaften der Oxidschichten, deren Vor- und Nachteile die Anwendungsbreite bestimmen (Brace 2000) (Jelinek 1997) (Yerokhin 1999).

Unter den Leichtmetallen nimmt Aluminium in Bezug auf den technischen Einsatz eine dominierende Stellung ein und gilt nach Stahl als der am häufigsten eingesetzte metallische Konstruktionswerkstoff im Maschinen-, Anlagen-, Automobil- und Flugzeugbau. Mittels elektrochemischer anodischer Oxidation (ANOX, auch Eloxieren) lassen sich auf der Aluminiumoberfläche amorphe und von einer hexagonalen Porenstruktur geprägte Aluminiumoxidschichten mit Dicken von üblicherweise 20–30 µm erzeugen. Durch plasmachemische anodische Oxidation (PAO, auch anodische Oxidation unter Funkenentladung ANOF) hergestellte Oxidschichten sind hingegen meist deutlich dicker und besitzen aufgrund der dichten kristallinen Mikrostruktur eine hohe Härte und Verschleißfestigkeit (Brace 1997) (Wielage 2008) (Yerokhin 1999).

1.5.3.2 Elektrochemische Hartanodisation von Aluminium bei Raumtemperatur

Unter einer Vielzahl an Verfahrensvarianten der elektrochemischen anodischen Oxidation hat sich das Hartanodisieren seit mehr als 50 Jahren als probates Verfahren zur Erzeugung verschleißfester Schichten auf Aluminiumwerkstoffen in der Industrie etabliert. Ungeachtet der breiten Anwendung haftet dem Verfahren der Nachteil eines hohen Energieverbrauchs an. Dieser resultiert aus einer energieintensiven Kühlung des bei Temperaturen um 0–5° C betriebenen, meist schwefelsäurebasierten Elektrolyten. Diese niedrigen Prozesstemperaturen minimieren die Rücklösung der Schicht und ermöglichen so dicke (bis 150 µm), harte und dichte Schichten, die beim Anodisieren bei Raumtemperatur nicht erzielt werden können. Fachfirmen können insbesondere die gestiegenen Energiekosten durch den bestehenden Preisdruck jedoch nur bedingt an den Kunden weiterreichen. Um gleiche Schichteigenschaften durch Hartanodisation bei Raumtemperatur (15–20° C) und damit verbunden eine verbesserte Energieeffizienz durch die reduzierte Kühlleistung zu ermöglichen, muss der Anodisierprozess vor allem im Hinblick auf den Rücklöseprozess verbessert werden. Dafür müssen dessen Einflussgrößen identifiziert und nutzbare Effekte aus Elektrolytmodifikationen und Anpassungen des Strom-/Spannungsregimes miteinander kombiniert werden. Bisher wurde eine Vielzahl an Elektrolytzusammensetzungen auf Schwefelsäurebasis mit verschiedenen Additiven erprobt. Als Vergleichsgröße zur Rücklöserate wurde die mit dem Porenvolumen korrelierende Mikrohärte der Schichten ermittelt und in Abhängigkeit von Elektrolyttemperatur (5° C, 10° C, 20° C) und -zusammensetzung (mit und ohne Additive) untersucht. Als Substratwerkstoff wurde Reinaluminium (Al99,5) gewählt. Nach der Vorbehandlung wurde als Ausgangspunkt das Gleichstrom-Schwefelsäure-(GS-) Verfahren angewendet, da diese Variante industriell am häufigsten eingesetzt wird und die breite Anwendung der Forschungsergebnisse gewährleistet.

Durch die Zugabe von Additiven auf Basis organischer Säuren (Glykolsäure, Methoxyessigsäure) in einen schwach konzentrierten Schwefelsäureelektrolyten (10 Vol.-% H_2SO_4) konnte die resultierende Konversionsschichthärte um bis zu 20 % (im Vergleich zu additivfreien Schwefelsäureelektrolyten und Temperaturen von 20° C) gesteigert werden. Die Additive wirken an der Grenzfläche der sich bildenden Aluminiumoxidschicht zum Elektrolyten und hemmen sowohl die elektrochemische als auch die physikalische Rücklösung des Oxids. Bei der Untersuchung von Mischelektrolyten, d. h. Elektrolyten, denen größere Mengen verschiedener weiterer Additive zugegeben wurden (z. B. Aluminiumsulfat, Zitronensäure, Borsäure, Isopropanol, Oxalsäure oder Glycerin), wurde ebenfalls eine reduzierte Rücklösung beobachtet. Beste Ergebnisse erbrachte ein Schwefelsäure-Glycerin-Mischelektrolyt, mit dem eine Härtesteigerung um 24 % und Erhöhung der spezifischen elektrischen Durchschlagfestigkeit um rund 280 % erreicht werden konnten (Abb. 1 und 2).

Ebenso wurden die Additive hinsichtlich ihrer gegenseitig verstärkenden Wirkung bei Kombination untersucht. Hierzu wurden zunächst die einzelnen Konzentrationsoptima ermittelt, bei denen sich durch minimierte Rücklösung maximale Schichthärten einstellen (Oxalsäure 10 g/l, Glycerin 30 Vol.-%). Durch die Kombination beider Substanzen im Bereich des Konzentrationsoptimums lässt sich die Rücklösung jedoch nicht beliebig weiter minimieren. Dennoch sind im Vergleich zu additivfrei hergestellten Schichten auch hier Härtesteigerungen von bis zu 30 % möglich.

Mit dem großtechnischen Einsatz modifizierter Elektrolyte (i. d. R. Badvolumina von mehreren Tausend Litern) ist durch die Steigerung der Elektrolyttemperatur von bspw. 5° C auf 10° C eine erhebliche Einsparung an elektrischer Kühlleistung erzielbar und somit eine deutlich energieeffizientere Hartanodisation möglich.

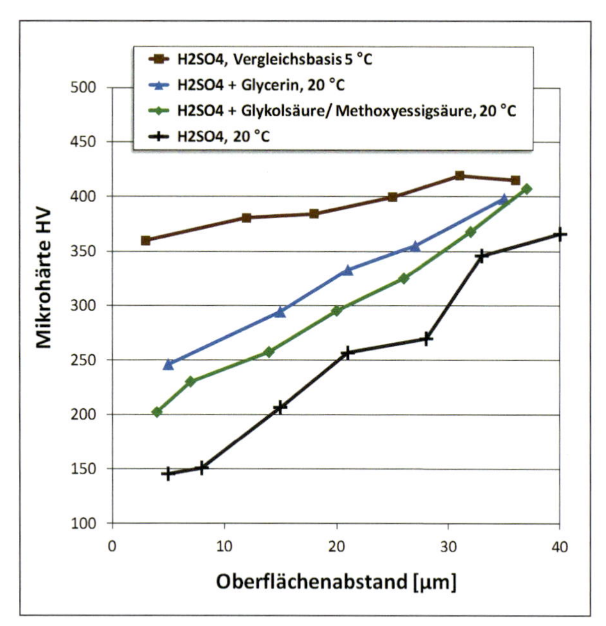

Abb. 1 Härteverläufe (nach Vickers) über die Schichtdicke bei Schichten, hergestellt mit verschiedenen Elektrolytmodifikationen bei Raumtemperatur (20° C) im Vergleich zur klassischen Hartanodisation (5° C)

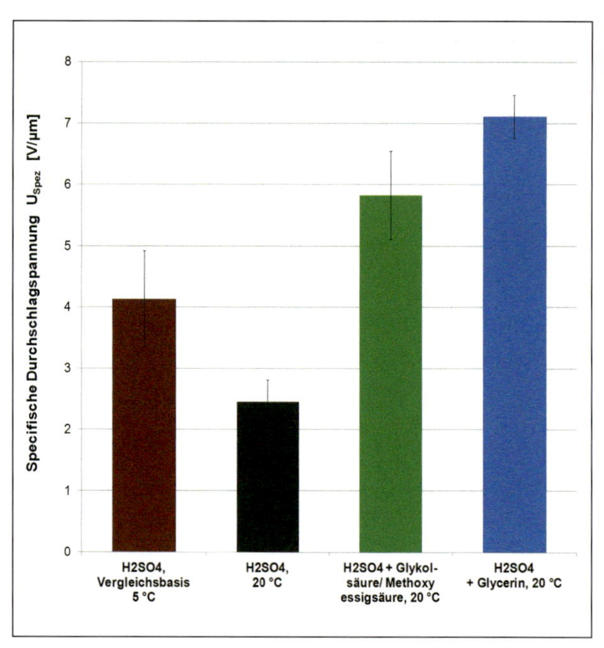

Abb. 2 Spezifische elektrische Durchschlagspannungen von Schichten, hergestellt mit verschiedenen Elektrolytmodifikationen bei Raumtemperatur (20° C) im Vergleich zur klassischen Hartanodisation (5° C)

Weitere Möglichkeiten der Prozessoptimierung bestehen durch Anwendung eines dynamischen Strom-Spannungs-Regimes. Dabei wird der sog. Erholungseffekt in Phasen geringeren Potenzials ausgenutzt und führt zu minimaler Rücklösung über die gesamte Prozessdauer. Experimentell wurde dieses dynamische Strom-Spannungs-Regime mittels langsamer (30/60/90 sec.) sowie schneller (80/160/240 ms) Rechteckpulse mit jeweils einer hohen (z. B. 4 A/dm^2) und einer vergleichsweise niedrigen Stromdichte (z. B. 1 A/dm^2) umgesetzt, wobei die über die gesamte Prozessdauer (30 min) durchschnittlich anliegende Stromdichte stets konstant blieb (2,5 A/dm^2).

Im Ergebnis konnte durch diese Prozessmodifikation die Dicke der Aluminiumoxidschichten bei etwa gleichem Energieeinsatz und gleicher Prozessdauer deutlich gesteigert werden (Abb. 3). Insbesondere bei kombinierten

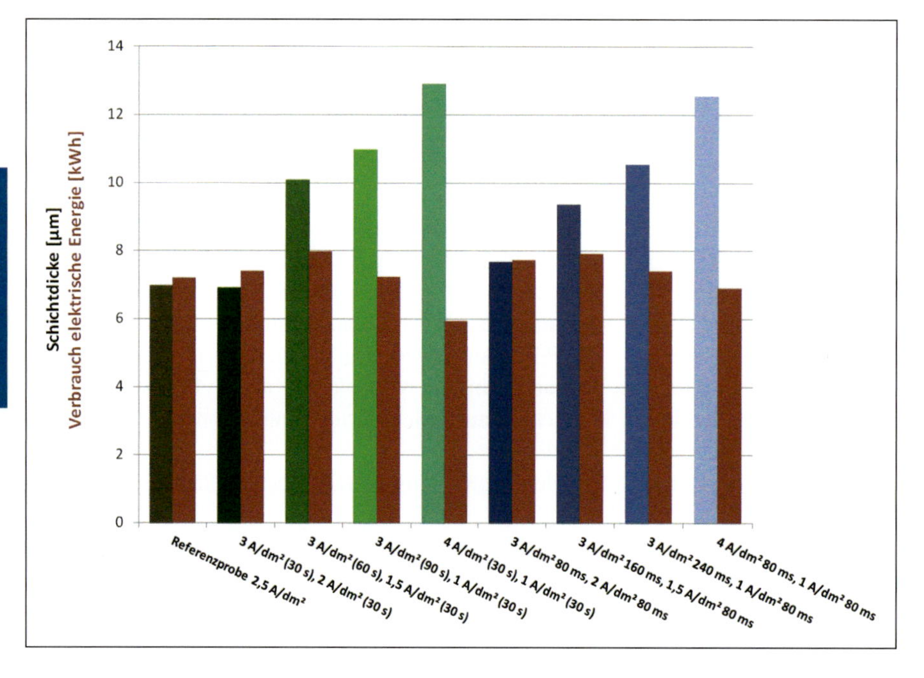

Abb. 3 Gesteigerte Dicke mittels Rechteckpulsens hergestellter Aluminiumoxidschichten auf Al99.5 im Vergleich zu konventionell anodisiertem Al99.5 (Referenzprobe)

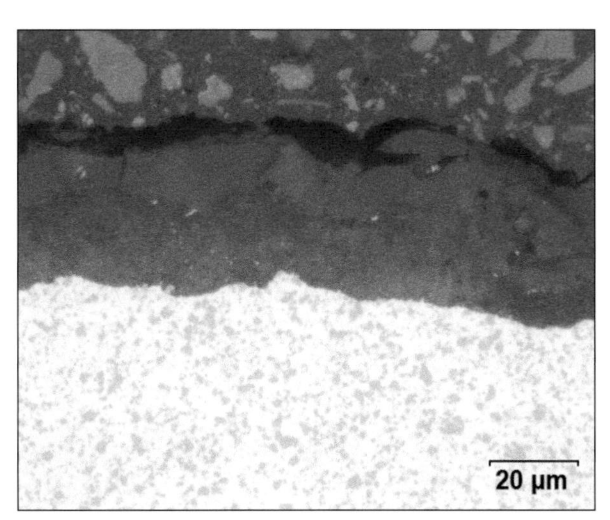

Abb. 4 Mittels plasmaelektrolytischer Oxidation oberflächenmodifiziertes, sprühkompaktiertes, hoch legiertes Aluminium Al-20Si-5Fe-2Ni

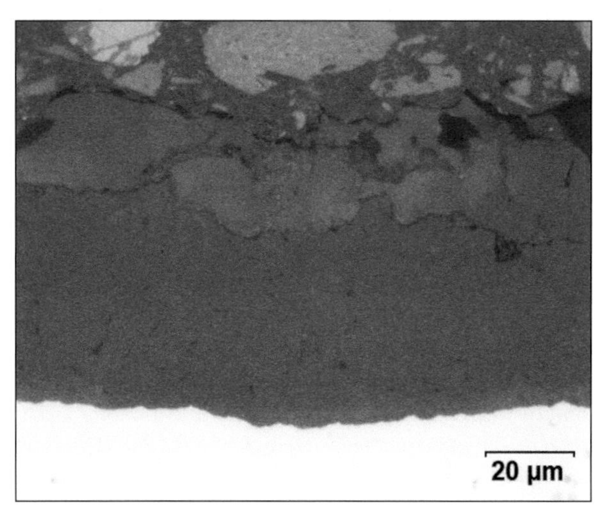

Abb. 5 Mittels plasmaelektrolytischer Oxidation oberflächenmodifizierte Referenzprobe (EN AW-2024, massiv) zum sprühkompaktierten Aluminiumwerkstoff (Abb. 1.4)

Stromdichten von 1 A/dm^2 und 4 A/dm^2 betrug diese Schichtdickensteigerung über 80 % (vgl. Referenzprobe mit konstanter Stromdichte von 2,5 A/dm^2). Dadurch lässt sich die Beschichtungsdauer und somit der Energieeinsatz in Bezug auf eine feste Zielschichtdicke deutlich reduzieren. Es wurde weiterhin sprühkompaktiertes Aluminium als Vertreter hochspezifischer High-End-Aluminiumwerkstoffe in die Untersuchungen einbezogen. Sprühkompaktieren erlaubt die Herstellung endkonturnaher Bauteile, verbunden mit energetischen Vorteilen im Vergleich zur Pulvermetallurgie. Sprühkompaktierte Aluminiumlegierungen sind durch das homogene und feinkristalline Gefüge besonders leistungsfähig hinsichtlich Festigkeit und der Anwendung bei erhöhten Temperaturen. Die Verfahrensbreite erlaubt die Herstellung maßgeschneiderter Aluminiumwerkstoffe, die, modifiziert mit einer Aluminiumoxidschicht, vielfältige Anwendungspotenziale eröffnen.

Als geeignetes Beschichtungsverfahren wurde die plasmaelektrolytische Oxidation, eine besondere Variante der anodischen Oxidation, angewendet. Dabei konnten trotz der hohen Legierungsanteile (z. B. Al-20Si-5Fe-2Ni) sehr gute Beschichtungsergebnisse erzielt werden (Abb. 4). Im Vergleich zu Referenzschichten auf EN AW-2024 (Abb. 5) zeigen Schichten auf sprühkompaktiertem Al-20Si-5Fe-2Ni trotz geringerer Schichtdicke eine ähnlich dichte Mikrostruktur.

Literatur zum Abschnitt 1.5.3

Brace, A. W.: The Technology of Anodizing Aluminium. 3. Aufl., Modena: Interall Srl, 2000

Brace, A. W.: Hard Anodizing of Aluminium. Stonehouse: Technicopy Limited, 1987

Jelinek, T. W.: Oberflächenbehandlung von Aluminium. Neuaufl., Saulgau: Eugen G. Leuze Verlag, 1997

Wielage, W. et al.: Anodizing - a key for surface treatment of aluminium. Key Engineering Materials, 384 (2008), S. 263-281

Yerokhin, A.L. et al.: Plasma electrolysis for surface engineering, Surface and Coatings Technology, 122/ 2-3 (1999), S. 73-93

1.5.4 Angepasste thermische Spritzprozesse

Gerd Paczkowski, Thomas Grund, Ruben Winkler, Thomas Mäder, Bernhard Wielage

1.5.4.1 Einleitung

Beim thermischen Spritzen werden definitionsgemäß Zusatzwerkstoffe – die sogenannten Spritzzusätze – innerhalb oder außerhalb von Spritzgeräten ab-, an- oder aufgeschmolzen, mindestens aber ausreichend plastifiziert, um nach einer Beschleunigung durch einen schnellen Gasstrom in Form von Spritzpartikeln auf die zu beschichtende Oberfläche aufgeschleudert zu werden und daran haften zu bleiben (DIN EN 657). Die zu beschichtende Oberfläche wird dabei nicht angeschmolzen und im Vergleich mit anderen thermischen Beschichtungsverfahren nur gering thermisch belastet. Die Spritzpartikel flachen beim Auftreffen auf dem Substrat ab, bleiben vorrangig durch mechanische Verklammerung an diesem haften und formen über die Vielzahl der auftreffenden Partikel in mehreren Partikellagen die Spritzschicht. Qualitätsmerkmale und daher häufig Zielgrößen von Spritzschichten sind geringe Porosität, gute Anhaftung ans Bauteil, Rissfreiheit und homogene Mikrostruktur. Die Schichteigenschaften werden

maßgeblich von der Temperatur und der Geschwindigkeit der Spritzpartikel zum Zeitpunkt ihres Auftreffens auf die zu beschichtende Oberfläche beeinflusst. Diese für die Schichtbildung wichtigsten Parameter sind in starkem Maße durch die Charakteristika der eingesetzten thermischen Spritzprozesse bestimmt.

Es existieren verschiedene Gruppen an Spritzverfahren. Die Gruppe der Flammspritzverfahren, bei denen der thermische Prozessenergieanteil durch die Verbrennung eines Brennstoff-Sauerstoff-Gemischs erfolgt, erfuhr in ihrer etwa 100-jährigen Entwicklung eine stete Verlagerung der auf die Spritzpartikel einwirkenden Energiebeladungen hin zu kinetischen Anteilen. Das so entstandene Hochgeschwindigkeitsflammspritzen minimiert die Beladung der Spritzpartikel mit thermischer Energie, beschleunigt diese jedoch zu wesentlich höheren Auftreffgeschwindigkeiten und ermöglicht so das Abscheiden äußerst dichter, teilweise mechanisch verfestigter Schichten (Abb. 6). In Weiterführung dieses Trends wurde in den 1990-er Jahren das Kaltgasspritzen, ein Grenzverfahren ohne primäre thermische Energiequelle, vorgestellt. Es verzichtet auf ein An- oder Erschmelzen der Spritzpartikel und wird auch als kinetisches Spritzen bezeichnet. Vor allem duktile Metalle wie Kupfer oder Aluminium können verarbeitet werden. Die entstehenden Schichten weisen dann ähnliche physikalische Eigenschaften wie die jeweiligen Massivmaterialien im hochverformten Zustand auf und können rekristallisierenden Wärmebehandlungen unterzogen werden. Herausragender Vorteil kaltgasgespritzter Schichten ist die äußerst geringe Poren-, Oxid- und Haftungsfehlerdichte (Abb. 6). Eine andere Gruppe häufig eingesetzter thermischer Spritzverfahren sind Plasmaverfahren. Diese können in verschiedenen Varianten unter Atmosphäre oder in Niederdruckkammern durchgeführt werden. Die thermische Energiequelle wird hier nicht durch eine Brennstoff-Sauerstoff-Flamme, sondern durch die Rekombination eines schnell strömenden ionisierten Plasmagases gebildet. Die dabei vorherrschenden Temperaturen im Plasmakern ermöglichen die Verarbeitung eines jeden Materials mit Schmelzbereich. Die thermische Belastung der Spritzpartikel ist sehr hoch, sodass thermisch induzierte Phasenveränderungen auftreten können. Mit den Plasmaspritzverfahren werden zumeist hoch schmelzende Metalle und Metalllegierungen sowie Keramiken verarbeitet (Abb. 6). Eine weitere Spritzverfahrensgruppe ist das Drahtlichtbogenspritzen. Hier werden mithilfe eines Lichtbogens zwei drahtförmig zugeführte Spritzzusätze aufgeschmolzen und durch Zerstäubergase in feine Spritzpartikel zerstäubt. Dadurch entsteht ein hoher Wärmeeintrag in den Spritzzusatz. Die Schichten zeigen daher oft eine im Vergleich zu den hochkinetischen Spritzverfahren erhöhte Porosität und Oberflächenrauheit. Durch die vergleichsweise einfache Prozesstechnik ist dieses Verfahren jedoch eines mit gleichbleibend hoher industrieller Relevanz (Abb. 6).

Typische technisch genutzte Dicken von Spritzschichten liegen, abhängig vom eingesetzten Spritzverfahren und der Anwendung, bei etwa 50–500 µm. Funktionelle thermisch gespritzte Schichten besitzen zwar technische Anwendungen ab etwa 30–50 µm, Verschleiß- und Korrosi-

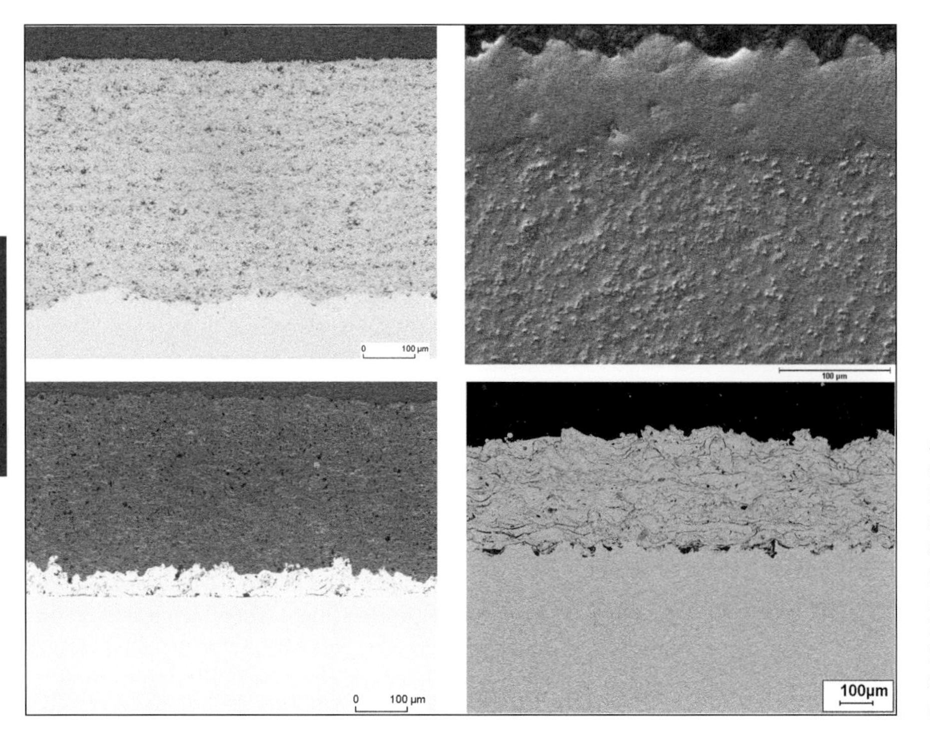

Abb. 6 oben (v. l. n. r.): hochgeschwindigkeitsflammgespritzte Hartmetallschicht (WC-CoCr) auf Stahl, kaltgasgespritzte Zinkschicht auf Aluminium; unten (v. l. n. r.): plasmagespritzte Aluminiumoxidschicht auf Stahl (mit Ni-basierter Zwischenschicht), lichtbogengespritzte rost- und säurebeständige Stahlschicht (1.4016) auf Stahl

onsschutzschichten – die Hauptanwendungen thermischer Spritzschichten – werden üblicherweise jedoch ab etwa 150 µm realisiert. Reparaturbeschichtungen oder über thermisches Spritzen pulvermetallurgisch hergestellte Free-Standing-Bodies erfordern oft auch wesentlich dickere Schichtaufbauten bis in den Zentimeterbereich. Die verschiedenen Verfahren des thermischen Spritzens ermöglichen dabei stets eine hohe Flexibilität in Bezug auf realisierbare Schicht-Substrat-Werkstoffkombinationen, Schichtqualitäten, -dicken und -haftzugfestigkeiten, Auftragleistungen und Auftragwirkungsgrade. HVOF- und CGS-Schichten können zum Teil schon ab etwa 20 µm dicht und homogen aufgetragen werden, wobei Auftragleistungen von 6–8 kg/h erreicht werden. Lichtbogengespritzte metallische Reparaturschichten mit Dicken im Zentimeterbereich können dagegen mit Auftragleistung von etwa 20 kg/h realisiert werden.
Der größte Vorteil thermischer Spritzverfahren gegenüber anderen auftragenden Beschichtungsverfahren ist die breite Palette an verarbeitbaren Schicht- und Substratwerkstoffen. Sowohl Metalle als auch Keramiken und Kunststoffe sowie auf diesen Werkstoffgruppen basierende Verbundwerkstoffe können durch thermisches Spritzen zu Schichten verarbeitet werden. Die Palette der Substratwerkstoffe umfasst alle festen metall-, keramik- und kunststoffbasierten Werkstoffe sowie Halbmetalle, Graphit, Gläser und Naturstoffe. Weitere Vorteile thermischer Spritzverfahren sind die Möglichkeit lokal und geometrisch definierte Schichten aufzubringen, eine geringe thermische Belastung der zu beschichtenden Bauteile und die Möglichkeit der Vor-Ort-Beschichtung. Wichtige Industriezweige, in denen thermisch gespritzte Schichten eingesetzt werden, sind die Automobilindustrie, die Papier- bzw. Druckindustrie, die Luft- und Raumfahrtindustrie, die Abfallwirtschaft, die energieerzeugende Industrie und der allgemeine Maschinen- und Anlagenbau. Die Hauptanwendungsfelder sind dabei der (kombinierte) Verschleiß- und Korrosionsschutz, die thermische Isolation, der Schutz vor Heißgaskorrosion oder die Anpassung von Reib- und Gleiteigenschaften.

1.5.4.2 Verschleißschutzschichten auf polymerbasierten Grundwerkstoffen

Steigende Weltmarktpreise für Rohstoffe zwingen zu einer energieeffizienten Verarbeitung und einem ressourcenschonenden Umgang mit Konstruktionsmaterialien in allen Bereichen des modernen Maschinenbaus. Unter diesen Gesichtspunkten stellt der Ersatz metallischer Grundwerkstoffe durch lang- und kurzfaserverstärkte Polyamide und Polyaryletherketone eine der wesentlichen und bedeutungsvollsten Herausforderungen der nächsten Jahre dar. Hochleistungspolymere bzw. hochtemperaturbeständige Thermoplaste erfahren ein zunehmendes Interesse in verschiedensten Bereichen der Industrie und Technik. Bauteile aus Metall werden unter konstruktiven Gesichtspunkten durch Polymere substituiert oder als hybrides System (Metall-Kunststoffverbund) in multifunktionalen Baugruppen ausgeführt.
Im Folgenden wird die Möglichkeit der Oberflächenfunktionalisierung von Hochleistungspolymeren auf der Basis von Polyetheretherketon (PEEK) durch thermisches Spritzen vorgestellt. Ziel ist es, das tribologische Verhalten dieser Werkstoffe zu verbessern. Es werden die systematische Herangehensweise zur Herstellung fest haftender metallischer Grundschichten auf polymerer Matrix und analytische Methoden zur Charakterisierung des Werkstoffverbundes dargelegt.

Motivation

Aktuelle Großprojekte der Luftfahrtindustrie basieren auf fortschrittlichen Methoden des Leichtbaus und erfordern innovative Materialien mit hoher Dauerfestigkeit bei geringem Gewicht. Als Konstruktionswerkstoffe eignen sich neben klassischen CFK-Werkstoffen thermoplastische Hochleistungspolymere, da diese mittels formgebender Verfahren (Spritzgießen, Lasersintern) zu komplex geformten Bauteilen verarbeitet werden können. Hochleistungspolymere, wie PEEK, besitzen trotz hervorragender mechanischer Eigenschaften die für die meisten Kunststoffe bekannten Nachteile hinsichtlich elektrischer Leitfähigkeit, UV- und Verschleißbeständigkeit der Oberflächen im Kontakt zu abrasiv wirkenden tribologischen Partnern. Das thermische Spritzen mit seiner Vielzahl an Verfahrensvarianten stellt eine Möglichkeit dar, diese Eigenschaften zu verbessern (Ivosevic 2005) (Ivosevic 2006) (Liu 2006). Um Spritzschichten in hoher Qualität, d. h. mit hoher Haftfestigkeit und geringer Porosität, auf PEEK zu applizieren, sind theoretische Vorbetrachtungen notwendig, da konventionelle Strategien zum Beschichten von Kunststoffen nur teilweise zum Erfolg führen (Batzer 1985). Ein besonderes Augenmerk liegt auf einer gezielten Bauteilvorbehandlung (Raustrahlen und Reinigen der Probekörper sowie Vorwärmen des polymeren Grundwerkstoffes mit geeigneter Temperaturführung beim Beschichtungsprozess) und der Verwendung analytischer Methoden zur Charakterisierung der Interfaceeigenschaften.

Theoretische Betrachtungen und Vorbehandlungsschritte

Polymere Werkstoffe charakterisieren sich durch das Vorhandensein von Makromolekülen gleichartiger Atomgruppen, die durch Haupt- und Nebenvalenzbindungen miteinander verknüpft sind (Batzer 1985). Das Eigen-

schaftsprofil wird im Wesentlichen durch die chemische Struktur, Bindungskräfte und Molekülmasse bestimmt. Die Herstellung von Thermoplasten auf der Basis von Polyaryletherketon erfolgt durch die sogenannte Kondensationspolymerisation (Bottenbruch 1994). Bei diesen Thermoplasten sind die Aromaten über Ether- sowie Ketonbrücken verbunden. Als problematisch erweist sich die schwere Löslichkeit dieser Kunststoffklasse, welche die Verwendung starker Säuren bedingt und den Syntheseprozess unwirtschaftlich und gefährlich gestaltet. Als Herstellungsverfahren erlangte die Friedel-Craft-Synthese (Braun 2005) bzw. das HF/BF3-Verfahren kommerzielle Bedeutung, welche aber aus oben angeführten Gründen für einen industriellen Gebrauch weiterentwickelt wurden. Die Firma ICI präsentierte 1978 das erste industriell relevante, unter dem Handelsnamen ®Victrex PEEK eingeführte Polyetheretherketon, welches durch nucleophile Substitution erzeugt wurde.
Hochkinetische Spritzverfahren eignen sich nicht für das Aufbringen einer metallischen Grundschicht auf polymeren Substraten, da eine zu hohe kinetische Energie der teilaufgeschmolzenen bzw. noch festen Partikelphase einen abrasiven Abtrag der Kunststoffoberfläche bewirken kann. Zudem wird mit Flammspritzverfahren eine zu große Wärmemenge in den Grundwerkstoff eingebracht, die unweigerlich zur thermischen Zersetzung der polymeren Oberfläche führt. In beiden Fällen können keine geschlossen anhaftenden Schichten appliziert werden. Als Schlüsseltechnologie erweist sich das sogenannte Drahtlichtbogenspritzen. Dieses Verfahren ermöglicht ein kontinuierliches Abschmelzen des drahtförmigen Spritzzusatzwerkstoffes, der durch ein beliebiges, kaltes Zerstäubergas in Richtung Bauteil beschleunigt wird. Die Spritzpartikelgeschwindigkeiten liegen zwischen 80 m/s und 150 m/s. Aufgrund strömungs- und elektrodynamischer Effekte (Wirbelablösung, Scherströmungen, instationärer Lichtbogen) wird der Spritzzusatzwerkstoff in einer stark variierenden Größenverteilung zerstäubt.
Die Beschichtung makromolekularer Stoffe mittels thermischer Spritzprozesse stellt einen komplexen physikalischen und chemischen Vorgang dar. Trifft ein zum Teil noch schmelzflüssiges bzw. stark erhitztes, metallisches Partikel auf die Oberfläche eines polymeren Kunststoffes, so wird diese schlagartig partiell aufgeschmolzen und teilweise thermisch zersetzt. Bei der nachträglichen Erstarrung der Polymerschmelzen verlieren die Kettenmoleküle deutlich an Beweglichkeit, was zu einem harten und spröden Körper führt. Die Temperatur, bei der diese Phasenumwandlung einsetzt, wird Glastemperatur (TG) genannt. Polyetheretherketon liegt in der Regel als teilkristalliner Kunststoff vor. Infolge von Wärmebewegungen der Moleküle und der Differenz freier Enthalpien nehmen die Moleküle diffusionsbedingt den Platz mit dem niedrigsten Energieniveau ein. Das Kristallwachstum beginnt an Primär- und Sekundärkeimen. Durch die Erhöhung der Viskosität der Schmelze (Keimbildung) wird der Transport von Kristallbausteinen behindert und endet mit dem Erreichen von TG. Die Morphologie der jeweiligen Probe hat einen wesentlichen Einfluss auf das Eigenschaftsspektrum des Polymers. Um Aussagen über thermische Eigenschaften (Glasübergangstemperatur, Schmelztemperatur, Wärmekapazität und Kristallinität) treffen zu können, sind spezielle Analyseverfahren notwendig. Diese Untersuchungsmethoden geben Aufschluss über Effekte im Interfacebereich zwischen polymerem und metallischem Werkstoff und vertiefen das Verständnis von Haftmechanismen beim thermischen Beschichten von Kunststoffen mittels thermischer Spritztechnik.
Wie bei metallischen Grundwerkstoffen erfolgt die Oberflächenvorbehandlung bei Kunststoffen ebenfalls nach Norm durch mechanisches Strahlen (DIN EN 13507). Die besten Ergebnisse hinsichtlich Aufrauens der Polymeroberfläche bei geringstmöglichen Strahlmittelrückständen werden mit Injektorstrahlen von Edelkorund bei 4 bar Arbeitsdruck erzielt. Für faserverstärktes PEEK liegt die gemittelte Rautiefe Rz für diesen Strahlvorgang bei 81,4 µm.

Metallisieren von PEEK durch Drahtlichtbogenspritzen

Auf der Basis von DSC-Analysen und praktischen Vorversuchen wurde für das Beschichten von PEEK eine notwendige Vorwärmtemperatur von etwa 140° C ermittelt, da bei Erreichen der Glasübergangstemperatur das Material deutlich an Festigkeit verliert und das Eindringen bzw. Einschmelzen von auftreffenden metallischen Schmelzepartikeln erleichtert wird. Im Schichtquerschliff wird optisch deutlich, dass dadurch sehr innige Werkstoffvermengungen im Schicht-Substrat-Interface erzielt werden, hier am Beispiel einer als Pufferschicht aufgetragenen Aluminiumbronze (Abb. 7, Abb. 8). Die hohe kinetische Energie der Spritzpartikel und das partielle Aufschmelzen des Substrats bewirken eine intensive Verklammerung der unterschiedlichen Werkstoffgruppen. Nachfolgend können auf derartig hergestellten Pufferschichten bspw. keramische (im Bildbeispiel Al2O3) Decklagen mittels Plasmaspritzen aufgetragen werden (Abb. 7).
Das Metallschicht-PEEK-Interface kann hochaufgelöst mit dem TEM-Dünnfilmen weiter ausgewertet werden. Abbildung 9 zeigt eine freipräparierte Lamelle mit Polymermatrix und tief eingedrungenen Bronzepartikeln. In Abbildung 10 wird am linken Bildrand ein Riss in der Grenzfläche PEEK zur Kohlenstofffaser sichtbar, der

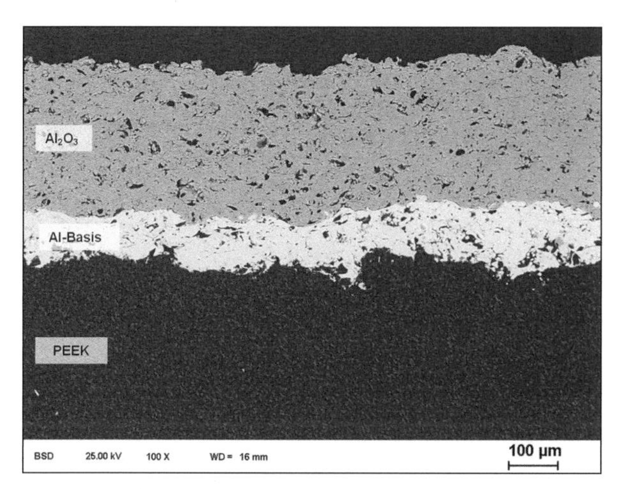

Abb. 7 Al2O3-Al-Verbundschicht auf PEEK (REM-Aufnahme, lichtbogengespritzte Al-Zwischenlage, plasmagespritzte keramische Decklage)

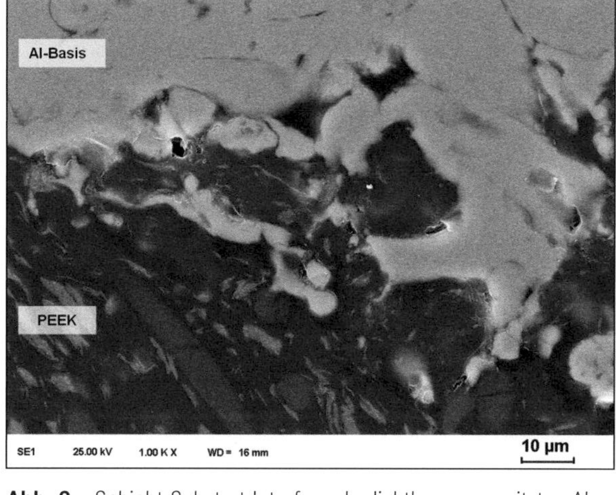

Abb. 8 Schicht-Substrat-Interface der lichtbogengespritzten Al-Zwischenlage auf PEEK

auf hohe Eigenspannungen im Schichtverbund hinweist. Auffällig ist der partiell stoffschlüssige Verbund zwischen Kunststoff und Metall. Bei eingehender Untersuchung der Grenzfläche der Werkstoffpaarung fällt ein grundsätzlich amorpher Charakter der polymeren Matrix bei lediglich lokal vorliegenden stängelförmigen Strukturen in Nähe der metallischen Phase auf, bei denen es sich um Kristallite im PEEK handeln kann. Der amorphe Hauptcharakter des PEEK im Interfacebereich leitet sich wahrscheinlich aus dem Einfluss des kalten Zerstäubergases ab. Die Polymerschmelze wird an diesen Stellen schlagartig abgekühlt bzw. eingefroren. Das Ergebnis ist eine glasartige, amorphe Struktur des Kunststoffes. In der Nähe der metallischen Partikel mit vergleichsweise hoher Wärmekapazität kann kristalline Erstarrung erfolgen.

1.5.4.3 Zusammenfassung

Um hochwertige Spritzschichten auf PEEK-Bauteilen abzuscheiden, sind eine angepasste Vorbehandlung der Substratoberfläche, eine Substratvorwärmung und eine hinsichtlich thermischer Ausdehnungskoeffizienten angepasste Werkstoffauswahl sinnvoll. Zum Beschichten eignen sich insbesondere Verfahren, die eine zum Teil schmelzflüssige Partikelphase erzeugen. Sollen Decklagen aus bspw. Keramiken oder Cermets aufgebracht werden, sind entsprechende Pufferlagen notwendig, die in dieser Veröffentlichung am Beispiel von Aluminiumbronze beschrieben werden. Beim Beschichten muss je nach Verfahrensvariante eine Wärmeregulation (Ab- bzw. Zufuhr) der zu beschichtenden Bauteile erfolgen, um eine erfolgreiche

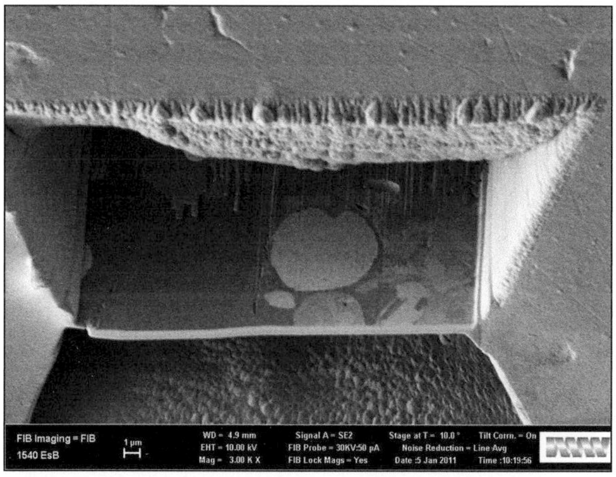

Abb. 9 Mittels Ionenstrahl präparierte Lamelle für Durchstrahlungsuntersuchungen im Metall-Kunststoff-Interface zwischen lichtbogengespritzter Aluminiumbronze und PEEK (dunkel: PEEK, hell: Al-Bronze)

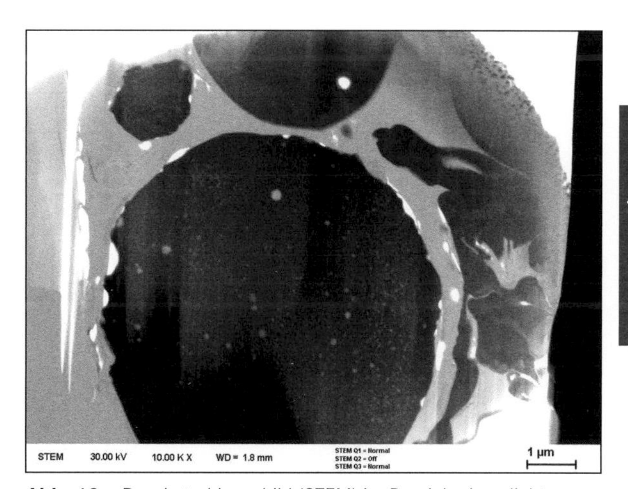

Abb. 10 Durchstrahlungsbild (STEM) im Bereich eines lichtbogengespritzten Aluminiumbronze-Partikels (dunkel), der in eine PEEK-Matrix (heller) eingedrungen ist; ganz links ist im Bild vertikal ein sehr hell erscheinender Spannungsriss sichtbar.

Anbindung der metallischen Phase zu gewährleisten. Die analytischen Vor- und Nachuntersuchungen vertiefen das Prozessverständnis und gewähren einen Einblick in die Haftmechanismen des hybriden Werkstoffsystems Polymer-Metall. Mithilfe der entwickelten und vorgestellten Strategien können nahezu beliebige Werkstoffe als Decklagen aufgebracht werden.

Literatur zum Abschnitt 1.5.4

Batzer, H.: Polymere Werkstoffe, Band1-Chemie und Physik. Stuttgart New York: Georg Thieme Verlag (1985)

Bottenbruch, L.: Hochleistungskunststoffe, 3/3. München: Hanser (1994)

Braun, D.: Polymer Synthesis: Theory and Practice. 4. Aufl., Berlin Heidelberg New York: Springer Verlag (2005)

Ivosevic, M. et al.: Adhesive/Cohesive Properties of Thermally Sprayed Functionally Graded Coatings for Polymer Matrix Composites. Journal of Thermal Spray Technology, 14/1 (2005), S. 45–51

Ivosevic, M. et al.: Solid particle erosion of thermally sprayed functionally graded coatings for polymer matrix composites. Surface and Coatings Technology, 200/16–17 (2006), S. 5145–5151

Liu, A. et al.: Arc sprayed erosion-resistant coating for carbon fibre reinforced polymer matrix composite substrates. Surface and Coatings Technology, 200/9 (2006), S. 3073–3077

1.6 Thermomechanische Behandlung

Pierre Schulze, Thomas Lampke

1.6.1 Ressourceneffizienz durch thermomechanische Behandlung

Die Kombination von Umform- und Wärmebehandlungsschritten hat zum Ziel, verbesserte mechanische Werkstoffeigenschaften, vor allem bei Stählen, einzustellen und Energie einzusparen (Weise 1998): Weise, A.: Entwicklung von Gefüge und Eigenspannungen bei der thermochemischen Behandlung des Stahls 42CRMo4. Dissertation, Flux Verlag Chemnitz, 1998. Grundsätzlich werden thermomechanische Behandlungsverfahren (TMB-Verfahren) nach dem Temperaturbereich unterteilt, in dem die Verformung stattfindet. Es wird zwischen Hochtemperatur- und Niedertemperatur-Thermomechanik unterschieden (Engl 1977). Bei der Hochtemperaturthermomechanik werden Stähle im stabilen Austenitgebiet, d. h. oberhalb A3, umgeformt. Das Rekristallisationsverhalten kann durch gezielte Steuerung der Umformung und der Temperatur beeinflusst werden. Bei der Niedertemperaturthermomechanik findet die Verformung unterhalb A3 vor, nach oder während der Gefügeumwandlung statt. Eine weitere Einteilung der TMB-Verfahren kann über den Zeitpunkt des Umformvorganges erfolgen. Entscheidend ist dabei, ob der Umformvorgang vor, während oder nach der Phasenumwandlung abläuft (Engl 1977). Ein typisches Anwendungsbeispiel thermomechanischer Verfahren in der Fertigung ist das Walzen von Flacherzeugnissen.

Die Temperatur und die Umformung werden bei der thermomechanischen Behandlung in ihrem zeitlichen Ablauf ge-

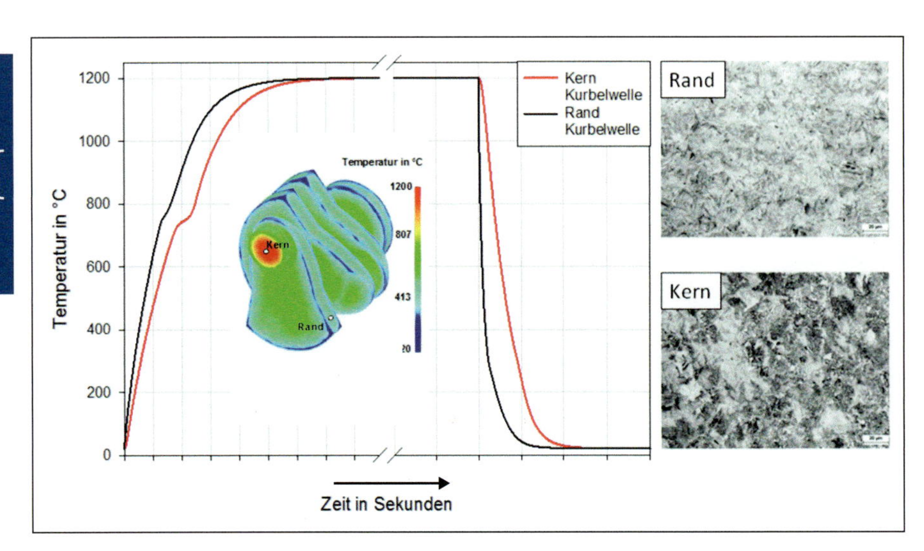

Abb. 1 Schematischer Temperaturverlauf eines Aufheiz- und Abkühlvorgangs mit auftretenden Temperaturgradienten zwischen Oberfläche und Kern bei einem Massivbauteil was zu Gefügeunterschieden führt.

zielt gesteuert. Bei Flacherzeugnissen kann aufgrund des geringen Werkstoffvolumens über der Blechdicke von einer annähernd homogenen Temperaturverteilung ausgegangen werden. Bei der Erwärmung und Abkühlung von massiven Bauteilen hingegen treten Temperaturgradienten auf, die bei der Auslegung der Prozesse berücksichtigt werden müssen. In Abbildung 1 wird dies am Beispiel eines Massivbauteils schematisch verdeutlicht. Zwischen Rand und Kern des Bauteils gibt es deutliche Unterschiede im Temperaturverlauf, sowohl beim Aufheizen als auch Abkühlen. Dies wirkt sich auf die entstehenden Gefüge bei der Wärmebehandlung aus. Neben der Temperatur können auch Spannungen bzw. Dehnungen und Gefügeanteile inhomogen verteilt sein. Dadurch ergeben sich bei der thermomechanischen Behandlung von Massivbauteilen Herausforderungen, die eine breite industrielle Anwendung erschweren.

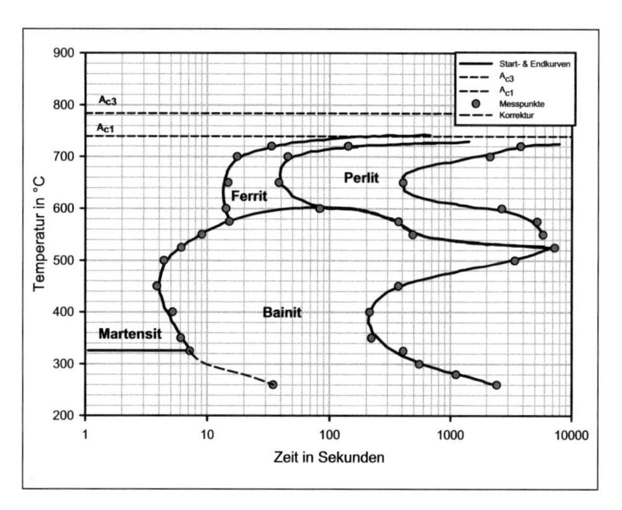

Abb. 3 Isothermes ZTU für Stahl 42CrMo4 (Schulze 2011) (Schulze 2012)

1.6.2 Modellierung der thermomechanischen Behandlung von massiven Bauteilen

Die numerische Modellierung ist ein adäquates Hilfsmittel, um die Werkstoffentwicklung bei der thermomechanischen Behandlung von Massivbauteilen abzubilden, Trial-and-Error-Versuche zu minimieren und Prozesse zu optimieren. Die Modellierung muss dabei verschiedene metall- und thermophysikalische Zusammenhänge berücksichtigen, um die Werkstoff- und Eigenschaftsentwicklung bei Warmumformprozessen abbilden zu können (Abb. 2).

Wie dargestellt beeinflussen sich die verschiedenen Kennfelder (Temperatur, Spannung/Dehnung und Gefügeumwandlung) gegenseitig. Weiterhin üben die chemische Zusammensetzung und die Korngröße des Werkstoffs einen Einfluss auf die einzelnen Kennfelder aus. Bei der thermomechanischen Behandlung muss somit der gesamte Prozess, inkl. Aufheiz-, Halte- und Abkühlphase, betrachtet werden.

Die numerische Modellierung erfordert verschiedene Modelle und Materialkenndaten, wie z. B. die Wärmeausdehnung. So ist es möglich, die bei der Abkühlung auftretenden Gefügeumwandlungen mittels des Johnson-Mehl-Avrami-Kolmogorov- (kurz: JMAK-) Modells unter Verwendung der Additivitätsregel abzubilden. Für die Berechnung des

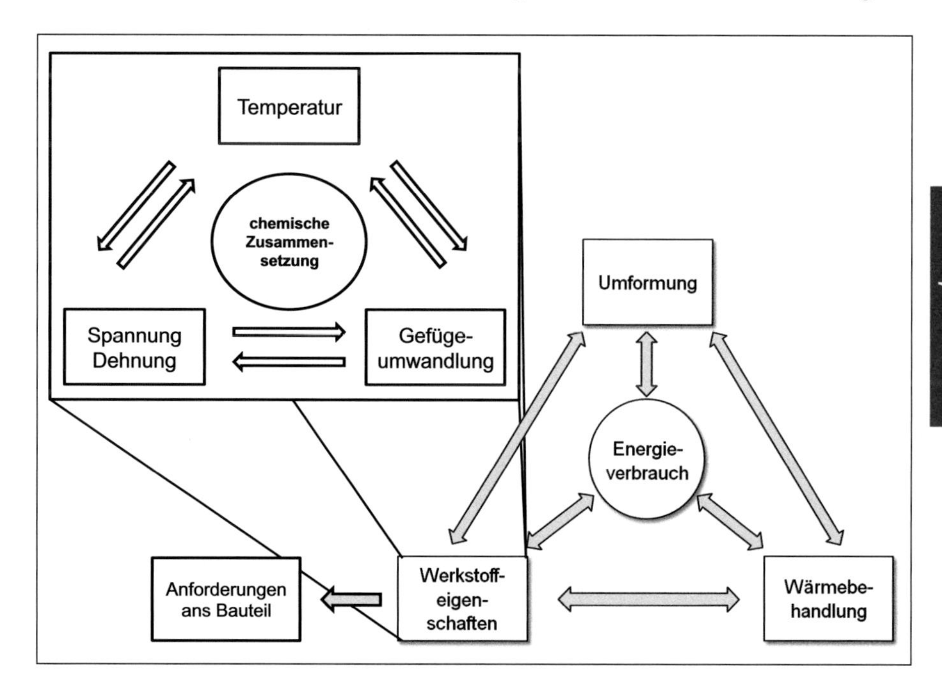

Abb. 2 Kopplung und Interaktionen zwischen Prozess- und Werkstoffsimulationen bei der thermomechanischen Behandlung (Denis 1992-1) (Denis 2002) (Diemar 2008)

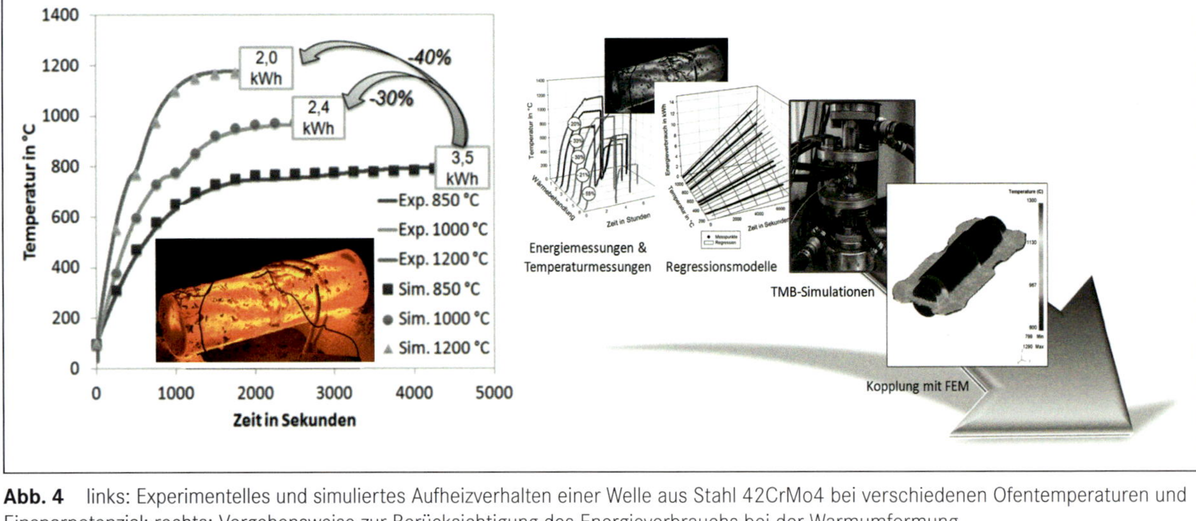

Abb. 4 links: Experimentelles und simuliertes Aufheizverhalten einer Welle aus Stahl 42CrMo4 bei verschiedenen Ofentemperaturen und Einsparpotenzial; rechts: Vorgehensweise zur Berücksichtigung des Energieverbrauchs bei der Warmumformung

Abkühlverhaltens unter Verwendung des JMAK-Modells ist die Eingabe des isothermen Zeit-Temperatur-Umwandlungsschaubildes (kurz: isothermes ZTU) erforderlich (Denis 1992) (Denis 2002) (Diemar 2008). Dieses ist bspw. über dilatometrische Untersuchungen bestimmbar. In Abbildung 3 ist ein isothermes ZTU beispielgebend für den Stahl 42CrMo4 dargestellt (Schulze 2011) (Schulze 2012).

Weitere Materialkenngrößen, die für die Simulation notwendig sind, sind u. a. die latenten Wärmen - die bei der Gefügetransformation auftreten - die Fließspannungen, die Härten, die thermischen Ausdehnungen, die spezifischen Wärmekapazitäten, die Wärmeleitfähigkeiten und die Transformationsdehnungen. Diese Materialkenngrößen sind in Abhängigkeit von der Temperatur und den Gefügebestandteilen zu deklarieren. Die Komplexität der Materialdaten erfordert eine Validierung der Simulation. Dies erfolgte u. a. durch Vergleiche von experimentellen und numerisch berechneten Dilatometrie- und Stirnabschreckversuchen (Schulze 2011) (Schulze 2012). Die Gefügetransformation beim Aufheizen kann mittels eines vereinfachten Diffusionsmodells (Gleichung [1]) wiedergegeben werden.

$$X_A = 1 - \exp\left[A \left(\frac{T - T_S}{T_E - T_S} \right)^D \right] \qquad (1)$$

Es ist XA der Volumenanteil, T die Temperatur, TS die Start- und TE die Endtemperatur der Umwandlung. A und D sind materialspezifische Koeffizienten. Neben der Verbesserung der mechanischen Eigenschaften hat die TMB zum Ziel, Energie einzusparen. Dies ist u. a. durch Einsparen von Wärmebehandlungsschritten, wie z. B: Anlassen, möglich. Um das Energieeinsparpotenzial bei TMB-Verfahren zu verdeutlichen, werden Untersuchungen zum Aufheizverhalten an Beispieldemonstratoren durchgeführt. In Abbildung 4 ist der experimentelle und simulierte Aufheizvorgang einer Welle bei verschiedenen Ofentemperaturen für die Wellenmitte dargestellt. An diesem Beispiel ist erkennbar, dass die Berücksichtigung der Gefügetransformation vom Ausgangsgefüge zum Austenit und die damit verbundene auftretende latente Wärme den Temperaturverlauf beeinflussen.

Bei einer Ofenerwärmung kann Energie eingespart werden kann, wenn eine höhere Ofentemperatur verwendet wird, da dadurch die Aufheiz- und Haltezeit beim Durchwärmen des Bauteils sinkt. Aus werkstofftechnischer Sicht ist anzumerken, dass eine hohe Temperatur bzw. ein zu schnelles Aufheizen unerwünscht ist, da dies u. a. zu starkem Kornwachstum führt. Gerade bei komplexer Geometrie bzw. großen Volumina können zu schnelle Aufheizraten zu großen Temperaturgradienten und damit Wärmespannungen im Bauteil führen und das Bauteil schädigen. Das verdeutlicht, dass die Kopplung der Werkstoffsimulation mit der Prozesssimulation notwendig ist (Schulze 2012).

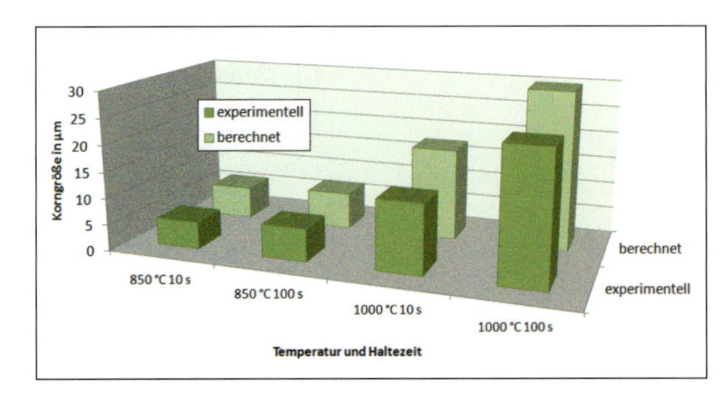

Abb. 5 Vergleich experimentell bestimmter und mit Gleichung (2) berechneter Korngrößen

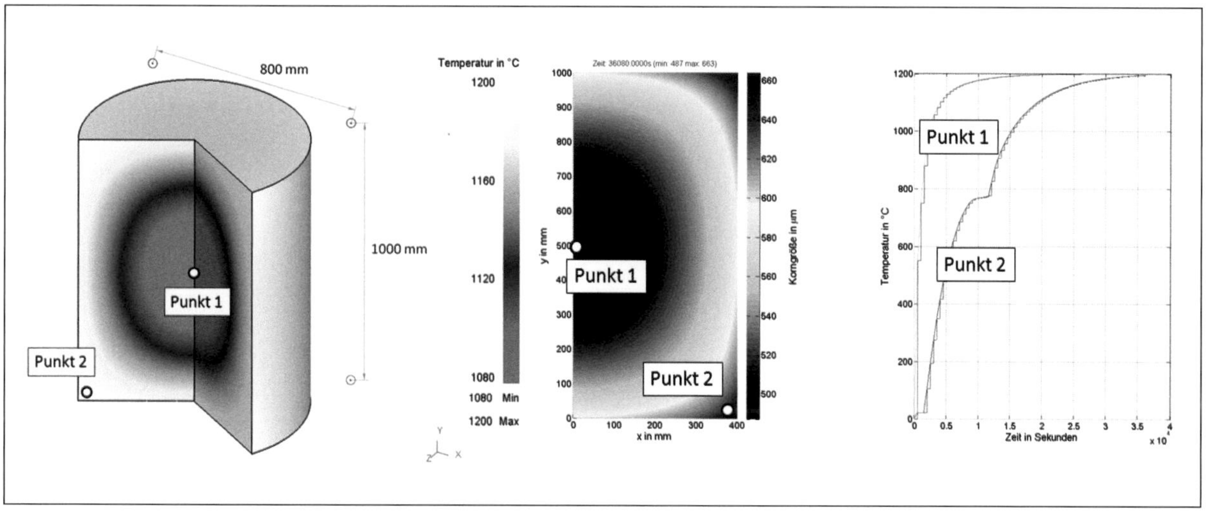

Abb. 6 Berechnung der Korngrößen mittels Temperaturberechnung über FEM und Verwendung des Modells nach (Denis 1992)

Um die Vorhersage bei den thermomechanischen Verfahren weiter zu verbessern, muss neben der Betrachtung des Abkühlprozesses und der Gefügeumwandlung vom Ausgangsgefüge zum Austenit auch die Korngrößenentwicklung betrachtet werden. Die Korngrößenentwicklung im Austenit kann mittels Gleichung (2) berechnet werden (Denis 1992) (Ikawa 1973).

$$G^a - G_0^a = k_0 \Sigma_i \left[\Delta t_i \cdot \exp\left(-\frac{Q}{RT_i} \right) \right] \quad (2)$$

Die ehemaligen Austenitkorngrenzen werden durch Pikrinsäure im abgeschreckten Zustand sichtbar gemacht und im Linienschnittverfahren die Korngröße ermittelt. In Abbildung 5 sind die experimentell bestimmten Korngrößen mit den durch Gleichung (2) berechneten dargestellt. Durch Kopplung der Gleichung (2) mit den berechneten Temperaturverläufen ist es möglich, die Korngrößenentwicklung bei der Modellierung zu berücksichtigen (Abb. 6).
Ziel ist es, den kompletten Produktionsprozess, den damit verbundenen Energieverbrauch und die Auswirkungen auf die Mikrostruktur, d. h. entstehende Gefüge und Korngrößen, und somit die mechanischen Eigenschaften des Bauteils zu berechnen und abzubilden. Dies ermöglicht eine ganzheitliche Optimierung hinsichtlich Energieverbrauch, Prozessdauer und Werkstoffeigenschaften.

Literatur zum Abschnitt 1.6

Engl. B.: Thermomechanische Behandlung von Stahl. Physik in unserer Zeit, 8/3 (1977), S. 89–93

Denis, S. et al.: Mathematical Model Coupling Phase Transformations and Temperature Evolutions in Steels, ISIJ International, 32/3 (1992), S. 316–325

Denis, S. et al.: Prediction of Residual Stress and Distortion of Ferrous and Non-Ferrous Metals: Current Status and Future Developments, JMEPEG, 2002

Diemar, A.: Simulation des Einsatzhärtens und Abschätzung der Dauerfestigkeit einsatzgehärteter Bauteile. Dissertation, Bauhaus-Universität Weimar, 2008

Ikawa, H. et al.: Grain growth of Commercial-Purity Nickel, Copper and Aluminum during Weld Thermal Cycle. Technology Reports of the Osaka University, 23/1100/1973), S. 103–113

Schulze, P. et al.: Validierung von Gefügesimulationen. Werkstoffe und werkstofftechnische Anwendungen, 43 (2011), S. 217–230

Schulze, P. et al.: Numerische Simulation von Gefügeentwicklungen als Grundlage für die energetische Optimierung von Warmumformprozessen. Ressourceneffiziente Technologien für den Powertrain, 2012, S. 153–173

2 Vor- und Nachbehandlung

Roland Müller

VI

Das Streben nach einer Senkung des Energieverbrauches und die Einsparung von Ressourcen haben sich besonders in den letzten Jahren zu Haupttriebkräften in der industriellen Produktion entwickelt. Beim Drang zu einer energiesparenden Produktion fällt das Augenmerk zunächst auf den eigentlichen Produktionsprozess. Allerdings summieren sich die Energieverbräuche für die Menge an notwendigen Nebenprozessen schnell auf und es wird deutlich, dass an vielen Stellen durch Prozessoptimierung und den Einsatz neuer Verfahren Energie eingespart werden kann. Beginnend mit einer strukturierten Aufteilung und Aneinanderreihung der einzelnen Abschnitte der Prozesskette lassen sich bereits während eines Prozessschrittes optimale Bedingungen für einen Folgeprozess schaffen. Eine Senkung des Ausschusses durch ideale Prozessbedingungen trägt zur indirekten Energieeinsparung in Form von eingesparten Ressourcen bei. Dazu gehören auch Produktionshilfsstoffe wie Kühlmittel oder Schmiermittel, die bisher häufig in unnötig hohen Mengen verwendet werden. Dabei spielt es keine Rolle, ob ein Werkstück nach der Produktion weiter verarbeitet wird oder als fertiges Bauteil die Prozesskette verlässt. Stets wird eine Reinigung nachgeschaltet, die je nach Bedarf einem bestimmten Reinigungsgrad entsprechen muss. Dementsprechend ist das Entfernen großer Ölmengen erheblich aufwendiger, da nun neben der eigentlichen Reinigung, den Spülvorgängen und der Trocknung in vielen Fällen ein zusätzlicher Reinigungsschritt vorgeschaltet werden muss (Schulz 2007). Durch den gezielten Einsatz von Kühl- und Schmiermitteln an produktionswichtigen Stellen kann der Verbrauch dieser Substanzen, bei gleichbleibend hoher Produktqualität, minimiert werden. Gleichsam begünstigt dieser Faktor die häufig nachfolgenden Reinigungsschritte, die ebenfalls ein hohes Energieeinsparungspotenzial besitzen. Es sollte also eine Möglichkeit gefunden werden, so viel Energie und Rohstoffe während einer Prozesskette einzusparen, ohne dass die Qualität des Produktes darunter leidet (Müller, Göschel 2011).

2.1 Verschmutzung

Die Oberfläche eines verschmutzten Bauteiles lässt sich in verschiedene Schichten unterteilen. Jede Schicht wird durch verschiedene physikalische und chemische Eigenschaften charakterisiert und muss dementsprechend bei der Reinigung beachtet werden.

Die Reaktionsschicht stellt in einigen Fällen eine Art Schutzschild (Aluminium, Edelstähle) vor anderen äußeren Einflüssen dar. Die für die Bauteilreinigung entscheidende Schicht ist die Verunreinigungsschicht.

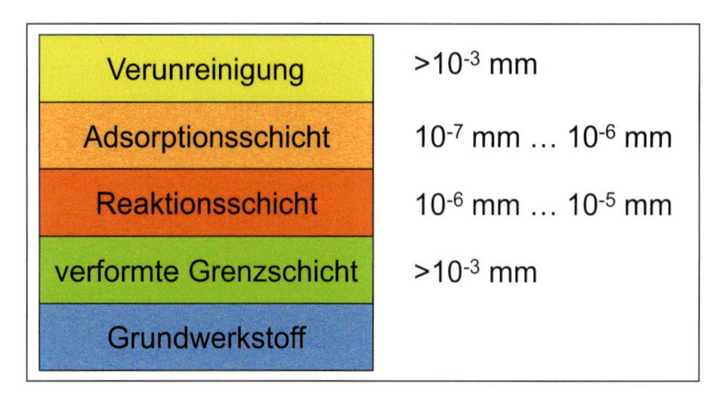

Abb. 1 Aufbau einer Oberflächenverschmutzung nach (Haase 1996)

Verschmutzungsarten

Als Grundlage für eine gelungene Reinigung müssen zunächst die anhaftenden Verunreinigungen identifiziert werden, bevor nach einem geeigneten Verfahren oder Reinigungsmittel gesucht werden kann. Durch die Bestimmung der chemischen und physikalischen Eigenschaften des Schmutzes kann die Anzahl der möglichen Reinigungsverfahren erheblich eingeschränkt werden. Des Weiteren bestimmt die Menge des Schmutzes, wie viele Reinigungsschritte notwendig sind, um den gewünschten Reinigungserfolg zu erzielen. Dabei lassen sich die Schmutzarten unterschiedlich klassifizieren. Zunächst kann der Rost- bzw. Verschmutzungsgrad des Bauteils betrachtet werden. Sie können jedoch auch nach ihrer Polarität, ihrer chemischen Zusammensetzung, ihrem Aggregatzustand oder ihrer Wirkung auf das Bauteil charakterisiert werden. Da jedoch bezüglich der Zusammensetzung nicht nur zwischen den verschiedenen Schmiermittelklassen, sondern auch zwischen den Schmiermitteln einer Klasse verschiedener Hersteller enorme Unterschiede bestehen, lassen sich diese nur schlecht nach ihrer chemischen Zusammensetzung charakterisieren. Jedes Schmiermittel kann spezifisch nach den Wünschen des Verbrauchers modifiziert werden. Dementsprechend reagiert die Reinigungsmittel herstellende Industrie mit einem speziell angepassten Reiniger, der den veränderten Eigenschaften des Schmiermittels gerecht wird (Boor, Möller 1987).

Anorganische Verunreinigungen entstehen häufig durch Materialabtrag bei der Bearbeitung des Werkstückes oder durch Korrosion des Ausgangsmaterials. Sie können jedoch auch durch verschiedene Produktionsschritte zugeführt werden, also aus einer anderen Substanz sein. Gleicht sich das Material von Werkstück und Schmutz, muss bei der Reinigung beachtet werden, dass das Bauteil durch den Reinigungsprozess nicht ebenfalls beschädigt wird.

Organische Verbindungen bestehen zum größten Teil aus Kohlenstoff, Wasserstoff und Sauerstoff. Es können jedoch auch einige substituierte Atome von Chlor, Fluor, Schwefel, Phosphor oder Stickstoff enthalten sein, welche die Eigenschaften des Basismoleküls verändern. Organische Verschmutzungen kommen als Hilfsstoffe auf das Bauteil, um den Produktionsprozess zu vereinfachen. Jedoch können bereits geringe Mengen organischer Substanzen in Form von Korrosionsschutz auf dem Ausgangsmaterial vorhanden sein. Zu den organischen Verschmutzungen zählen auch Lacke, Farben und Kunststoffe, die im Nachhinein auf das Bauteil aufgetragen wurden und später entfernt werden müssen, bzw. ebenfalls Staub, der sich bei der Lagerung auf dem Bauteil abgesetzt hat.

2.2 Reinigung

Bevor man ein bestimmtes Reinigungsverfahren oder einen Reiniger auswählt, sollte zunächst überprüft werden, was mit dem zu reinigenden Bauteil im Anschluss geschehen soll. Das Bauteil muss dem benötigten Reinheitsgrad des Folgeprozesses genügen, sollte jedoch auch nicht unnötig sauber sein, da dies einen unwirtschaftlich höheren Zeit-, Energie- und Kostenaufwand hervorruft. Im Allgemeinen wird in unterschiedliche Sauberkeitsstufen unterteilt. Bei der Grobreinigung werden gut sichtbare Verschmutzungen wie Späne, Rost oder Teile der Gussform vom Gussteil entfernt. Bei der einfachen Reinigung werden auch fest anhaftende Verunreinigungen entfernt, sodass das Bauteil augenscheinlich sauber ist. Die Feinreinigung ist besonders wichtig, wenn das Bauteil im Anschluss lackiert, phosphatiert, verchromt oder geklebt werden soll. Die Feinstreinigung wird angewendet um chirurgische Instrumente, Wafer oder andere elektronische Bauteile zu reinigen oder Werkstücke mit galvanischen Beschichtungen zu überziehen.

2.3 Reinigungsverfahren

Die Wahl des richtigen Verfahrens ist für den Produktionsprozess besonders wichtig, da von ihm das Gelingen des folgenden Prozessschrittes abhängt. Es muss abgeschätzt werden, wie der Zustand der Oberfläche nach der Reinigung sein muss, um Folgeprozesse zu ermöglichen. Dabei gilt stets der Grundsatz, dass ein Bauteil so sauber wie nötig sein muss und dabei so wenig wie möglich Energie und Reiniger verbraucht wird. Ein Reinigungsverfahren besteht nicht nur aus dem eigentlichen Prozess, sondern auch aus nachgeschalteten Spül- und Trocknungsvorgängen, die mindestens genauso energieaufwendig sind wie der Reinigungsprozess selbst (Jelinek 1999).

Nassverfahren

Zu den Nassverfahren gehören die Tauchreinigung, die Spritzreinigung, das Dampfumfluten, die Ultraschallreinigung und Kombinationen aus allen Verfahren (Klocke 2003).

Unter Tauchreinigung versteht man ein Reinigungsverfahren, bei dem das zu reinigende Werkstück vollständig in ein flüssiges Reinigungsbad getaucht wird. Das Entfernen der Verschmutzung wird durch die speziell abgestimmten chemischen Eigenschaften des Reinigungsmittels erzielt. Die Verunreinigungen werden dabei durch chemisches Lösen oder Emulgieren entfernt. Häufig werden diese chemischen Prozesse durch mechanische Einwirkungen wie Rotations- und Hubbewegungen unterstützt, um die Reinigungswirkung zu verbessern. Das Verfahren ist besonders flexibel, da jede Art von Waschflüssigkeiten zum Einsatz kommen kann und der Waschprozess temperaturunterstützt verlaufen kann (Mitschele 2001).

Bei der Spritzreinigung wird das Werkstück zunächst in einer entsprechenden Reinigungskammer eingespannt. Das Reinigungsmittel wird anschließend mithilfe von Düsen auf die Werkstückoberfläche gespritzt. Die dadurch resultierende Reinigung des verschmutzten Gegenstandes wird zum einen durch die lösende bzw. emulgierende Wirkung des Reinigers erzielt und zum anderen durch die kinetische Energie – somit wird auch die Impulswirkung des auftreffenden Strahls begünstigt. Die Spritzreinigung ist ein sehr flexibles Reinigungsverfahren, da es, sofern der für das Bauteil maximale Druck nicht überschritten wird und das Reinigungsmittel mit dem Material kompatibel ist, viele Vorteile gegenüber Tauchbädern aufweist. So können durch den Druck der Strahlen hartnäckige Verschmutzungen entfernt werden und auch größere Bauteile, die ein großes Tauchbecken erfordern würden, problemlos gereinigt werden. Dieses Verfahren wird bereits in der fertigungsintegrierten Reinigung von Motor- und Getriebeteilen eingesetzt (Wald 2002).

Weitere Verfahren sind:

- das Druckumfluten, das die Vorteile des Tauchbades mit denen der Spritzreinigung verbindet
- das Abkochen, bei dem am Boden des Beckens eine Heizeinrichtung für ein Sieden der Reinigungsflüssigkeit im Tauchbad sorgt
- das Dampfentfetten, bei dem das zu reinigende Werkstück in der Dampfzone mit gasförmigen Reinigungsmittel umgeben wird sowie
- die Ultraschallreinigung, bei der am Beckenrand Schwingungserzeuger angebracht sind, welche Ultraschallwellen erzeugen.

Strahlverfahren

Zu den Strahlverfahren gehören Druckluftverfahren, Schleuderstrahlen, Druckluftstrahlen und Dampfreinigungsstrahlen und CO_2-Schnee-Strahlen.
Beim Druckluftverfahren wird ein Strahlmittel in einen Druckluftstrom eingebracht oder aus einem Vorratsbehälter angesaugt. Bei einem Druck von 0,2–0,3 MPa verfügt das Strahlmittel über eine hohe kinetische Energie und ist so in der Lage, beim Aufprall Verschmutzungen wie Rost, Zunder oder Farbreste von der Oberfläche zu entfernen. Das Verfahren ist nicht für empfindliche Oberflächen geeignet, da diese bei härteren Strahlmitteln angegriffen und beschädigt werden. Der Materialabtrag kann zwar durch Verwendung von sanften Strahlmedien wie z. B. Getreideschrot herabgesetzt, jedoch nicht vollkommen ausgeschlossen werden. Die Reinigungskraft hängt entscheidend vom Strahlmittel, der Düsenform und vom Strahlwinkel ab. Man unterscheidet in drei verschiedene Methoden – Druckluftstrahlen, Vakuum- oder Saugkopfstrahlen und Injektorstrahlen.
Ein weiteres Strahlverfahren ist das Schleuderstrahlen. Es gleicht in seiner Funktion, den Vor- und Nachteilen, dem Reinigungsergebnis sowie in den Arbeitsschutzbestimmungen dem Druckluftstrahlen. Der entscheidende Unterschied liegt in der Art und Weise, wie das Strahlmedium auf die Oberfläche aufgetragen wird. Der Einsatz von Druckluft wird durch ein sich mit hoher Geschwindigkeit drehendes Schaufelrad ersetzt, das kontinuierlich mit Strahlmittel versorgt wird. Über die Schaufeln wird dieses Strahlmedium auf die Oberfläche des zu reinigenden Werkstückes geschleudert und trägt dort durch den Aufprall mit hoher Geschwindigkeit Verunreinigungen ab.
Eine Erweiterung zum Druckluftstrahlen stellt das Feuchtluftstrahlen dar. Da die Staubbildung beim herkömmlichen Druckluftstrahlen zu einigen Anwendungsgrenzen führt, wird dem Druckluftstrahl zusätzlich vor der Düse Flüssigkeit zugeführt. Dies ermöglicht eine nahezu staubfreie Bearbeitung des Werkstückes. Wenn eine Staubbildung gänzlich unerwünscht ist, kommt das Nassdruckluftstrahlen zum Einsatz. Bei diesem kann die Staubbildung auf ein Minimum reduziert werden. Auch bei diesem Verfahren wird der Druckluft vor oder hinter der Düse, eine Flüssigkeit (zumeist Wasser) zugegeben. Die Wassermenge ist an dieser Stelle jedoch höher als beim Feuchtstrahlen, wodurch es nicht nur zu leichter Feuchtigkeit auf der Bauteiloberfläche kommen kann, sondern auch zu einer Schlammschicht. Diese beeinträchtigt wiederum das Abschätzen des Reinigungsgrades während der Reinigung und es müssen Spülvorgänge nachgestellt werden.
Ein Dampfreinigungsstrahler besteht aus einer Pumpen, die Wasser in einen Auffangbehälter pumpt und somit einen Basisdruck erzeugt. Dort wird das Wasser über eine Heizeinrichtung auf über 100 °C erhitzt. Durch das Entspannen des Wassers in der Düse tritt Wasserdampf und kochendes Wasser aus der Düse aus und benetzt das Bauteil. Solche Anlagen verfügen meist über zwei unterschiedliche Druckstufen. Bei niedrigerem Druck tritt vorrangig Wasserdampf aus der Düse. Dieser wird für empfindliche Bauteile oder zum Nachspülen verwendet.
Bei CO_2-Schnee-Strahlen wird das Werkstück mit festem Kohlenstoffdioxid bestrahlt. Der Reinigungseffekt kann durch unterschiedliche Strahlwinkel begünstigt werden. Bei herkömmlichen Strahlverfahren können kleine Partikel nicht mehr entfernt werden, da die vom Strahl auf das Schmutzteilchen übertragene Kraft (die von der Größe des Teilchens abhängig ist) nicht mehr ausreicht, um dessen Adhäsionskräfte zu überwinden. Durch das Trockeneis kommt es zu zusätzlichen Effekten, wie Versprödung der Schmutzteilchen durch die niedrigen Temperaturen, die das Ablösen dennoch ermöglichen. Die Partikel werden dann sofort mit dem zugeführten Luftstrahl entfernt. Dieses Reinigungsverfahren ist sehr vielseitig, da es sowohl zur Reinigung von großen Teilen und Anlagen geeignet ist, als auch zur Präzisionsreinigung von kleinen Teilen verwendet werden kann. Es ist jedoch zu beachten, dass zu kleine Teile fortgeblasen werden können und somit eingespannt werden müssen. Ein guter Reinigungserfolg kann auch nur dann erzielt werden, wenn alle Bereiche des Bauteils vom Reinigungsstrahl direkt erreicht werden können. Es ist ein sehr schonendes Verfahren, das für sehr viele Materialien geeignet ist, da es keine abrasive Wirkung hat. Der Nachteil ist jedoch, dass dicke Verkrustungen, Lacke, Farbschichten oder Rost nicht gelöst werden können (Lennart, Fode 2007).

Mechanische Verfahren

Zu den mechanischen Verfahren gehören das Abwischen, das Bürsten/Fegen, das Schleudern, die Vibrationsreinigung und das Reinigungsschleifen und das Gleitschleifen.
Bei einigen leichten Verschmutzungen genügt es, das Bauteil mein einem trockenen Tuch abzuwischen. Durch Reibbewegungen werden die Adhäsionskräfte von Staub zum Bauteil gelöst und dieser lagert sich im Tuch ein. Flüssigkeiten werden durch Kapillarkräfte ins Innere des Tuches gesogen und bleiben dort. Im Allgemeinen ist diese Art der Reinigung eher für leichten Schmutz geeignet, der nicht fest anhaftet. Sie ist wegen ihrer sehr geringen abrasiven Wirkung besonders für empfindliche Oberflächen geeignet, die nicht mit aggressiven Lösungsmitteln in Berührung kommen dürfen. Dafür sind besonders weiche Tücher aus Wollfaser geeignet. Für gröbere Verschmutzungen gibt es Tücher aus Polymerfasern, Metallfasern, Materialkombinationen oder auch Schwämme und Stahlwolle. Dabei ist jedoch zu beachten, dass das verwendete Material nicht härter sein sollte, als die zu bearbeitende Oberfläche.

Unter Fegen oder Bürsten wird das mechanische Abschleifen oder Abstreifen von Verschmutzungen von der Bauteiloberfläche mithilfe von Borsten verstanden. Je nachdem wie stark der Schmutz am Bauteil anhaftet, werden weiche oder straffe Borsten verwendet. Es sollte bei der Wahl der Borsten bedacht werden, ob ein evtl. Abrieb durch harte Borsten toleriert werden kann oder nicht. Für Oxide, Lacke und ähnliche fest anhaftende Verunreinigungen werden Bürsten verwendet. Diese sind meist aus einem härteren Material, wie Metalldrähten und Kunststoff, können jedoch auch aus Naturfasern hergestellt werden. Diese werden zumeist in Rotation versetzt und über das zu reinigende Bauteil geführt. Dies kann manuell oder automatisch erfolgen. Die Schleif- bzw. Reinigungswirkung der Bürsten hängen von den Faktoren Borstenbeschaffenheit (Dicke, Länge, Härte), der Besatzdichte, der Verzopfungsart und dem Füllstoff zwischen den Borsten und der Winkelgeschwindigkeit und Anpresskraft der Bürste ab. Für die verschiedenen Einsatzgebiete gibt es auch unterschiedliche Bürstenformen – Stirnbürsten, Innenbürsten und Umfangsbürsten. Für das Stirnbürsten kann man Topf-, Pinsel- oder Tellerbürsten verwenden. Spiralrundbürsten und Flügelbürsten werden zum Innenbürsten eingesetzt und Walzen und Scheibenbürsten zum Umfangsbürsten. In der Praxis kommen vorwiegend harte Bürsten zum Einsatz um Lack, Rost oder Ähnliches zu entfernen. Weiche Borsten werden verwendet, um schwer zugängliche Bauteilabschnitte wie Sacklöcher zu reinigen.

Schleudern bezeichnet ein Reinigungsverfahren, bei dem es vorrangig um das Entfernen von Flüssigkeit geht. Dabei werden die betreffenden Bauteile in eine Zentrifuge mit einer Sieb- oder Lochblechtrommel gelegt. Es können Einzelteile oder Schüttgut getrocknet werden. Da die Trocknung jedoch meist nicht komplett möglich ist, müssen weitere Reinigungsschritte oder Trocknungsprozesse nachgeschaltet werden. Es ist ein ideales Reinigungsverfahren, anhaftende Flüssigkeiten zwischen den einzelnen Reinigungsschritten abzutrennen, um eine Verschleppung ins nächste Reinigungsbad zu vermeiden.

Das Prinzip der Vibrationsreinigung basiert auf dem Herabsetzen der Haftkraft von Verschmutzungen auf einer Oberfläche. Dabei wird das Werkstück in Schwingung versetzt. Die anhaftenden Schmutzpartikel werden gelöst und sammeln sich an den Schwingungsknoten. Dort kann der Schmutz von entsprechend angebrachten Düsen abgesaugt werden.

Unter Reinigungsschleifen versteht man das Entfernen von Verunreinigungen durch ein Schleifwerkzeug. Es können dabei schnell rotierende Schleifscheiben oder umlaufende Schleifbänder zum Einsatz kommen. Diese sind in der Lage, auch fest anhaftende Verschmutzungen, wie Oxidschichten, Lack oder Rost, zu entfernen. Dabei wird jedoch stets eine gewisse Menge des Grundmaterials mit abgetragen.

Das Gleitschleifen ist ein abrassives Verfahren, bei dem die zu reinigenden Bauteile zusammen mit Schleifkörpern, den sogenannten Chips, in einen Reinigungsbehälter gegeben werden und Bauteil und Chips relativ zueinander bewegt werden, was durch die entstehende Schleifbewegung zum Entgraten und zu einer Oberflächenbearbeitung führt. Soll zusätzlich eine Reinigungswirkung erzielt werden, können die mechanischen Effekte zu chemische, in Form von zugesetzten Compounds, ergänzt werden. Da bei diesem Verfahren Material abgetragen wird, muss dies für das Bauteil tolerierbar sein.

Thermische Verfahren

Zu den thermischen Verfahren gehören das Flammstrahlen, die Ofenreinigung, die Laserstrahlreinigung und die Salzbad-Reinigung.

Beim Flammstrahlen werden zwei Arbeitsschritte hintereinander geschaltet. Zunächst werden die Verschmutzungen mithilfe einer Flamme verbrannt, verdunstet oder abgesprengt. Anschließend müssen die Verbrennungsrückstände entfernt werden. Die Flamme wird zumeist von einem Acetylen-Sauerstoff-Gemisch genährt. Diese erreicht eine Höchsttemperatur von 3200° C. Durch die enorme Hitze werden organische Ablagerungen, wie Fette und Öle, verbrannt bzw. verdunsten. Zusätzlich werden Metalloxide zu reinen Metallen reduziert, deren Haftung an der Bauteiloberfläche erheblich geringer ist. Neben der chemischen Wirkung findet parallel auch ein mechanischer Vorgang statt (Eckert 2003).

Die Ofenreinigung lässt sich in drei Varianten unterteilen – das Gasbeizen, das Abrennen und die Reinigung im Schwelkammerofen.

Bei der Reinigung im Schwelkammerofen werden organische Verschmutzungen durch die hohen Temperaturen (300° C–470° C) verschwelt. Sie verdampfen an der Oberfläche als zumeist giftige Schwelgase, die vom Werkstück abgesaugt werden müssen. Dieses Verfahren wird zum Entlacken von Bauteilen oder Werkzeugen verwendet. Ebenfalls eignet es sich zum Entfernen von Isolierungen.

Beim Abbrennen im Ofen wird stets für eine Frischluftzufuhr gesorgt, wodurch Verschmutzungen, wie Fette und Öle, auf der Oberfläche verbrennen. Die Bauteile werden dabei sehr stark erhitzt, wobei auch feine Risse in der Werkstückoberfläche zuverlässig gereinigt werden können. Das Abbrennen wird vorrangig in Emaile-Betrieben eingesetzt, da dort zeitweilig frei stehende Öfen zur Bauteilreinigung genutzt werden. Da die Bauteile anschließend sehr gut beschichtbar sind, findet das Verfahren ebenso Einsatz in Verzinkungsbetrieben. Es wird häufig im Durchlaufbetrieb angewandt.

Zum Gasbeizen sind lediglich Eisenwerkstoffe geeignet. Die Werkstücke sind im Durchlaufofen mit einer Atmosphäre

aus Chlorwasserstoff, Stickstoff und Kohlenstoffdioxid umgeben. Dieses Gasgemisch ist in der Lage, Verunreinigungen von der Oberfläche abzulösen. Dafür verantwortlich sind zum einen die chemischen Eigenschaften der Gase und zum anderen die hohen Temperaturen von 550 °C bis 750 °C. Dadurch ist dieses Verfahren jedoch sehr energieaufwendig und wird nur in Sonderfällen angewandt.
Bei der Laserstrahlreinigung wird ein hochenergetischer, gebündelter Laserstrahl auf die zu reinigende Oberfläche gerichtet. Durch den enormen Energieeintrag, der sich größtenteils in Wärme umwandelt, kommt es zum Verdampfen der Schmutzschicht. Durch den schlagartigen Übergang in den gasförmigen Aggregatzustand werden auch nicht verdampfbare Teilchen abgesprengt. Die vom Laser mitgeführten Photonen geben ihren Impuls an die Schmutzteilchen ab, die daraufhin von der Oberfläche „abspringen“. Mit dieser Technologie ist eine sehr präzise Reinigung möglich. Es ist möglich, die oberste Lackschicht zu entfernen, ohne eine darunterliegende zu beschädigen, was auch für das darunter liegende Bauteil gilt. Durch den sehr kurzen Wärmeeintrag wird die Oberflächenbeschaffenheit des Basismaterials nicht verändert (Büchler 2000).
Die Salzbad-Reinigung ermöglicht es, eine Vielzahl von Verunreinigungen von der Bauteiloberfläche zu entfernen. Die Badtemperatur beträgt dabei zwischen 200° C und 650° C, wodurch eine thermochemische Reaktion zwischen Salzbad und Schmutz ausgelöst wird, bzw. der Schmutz gelöst wird. Die Bauteile werden in das geschmolzene Salzbad getaucht, wodurch anhaftende Verschmutzungen in kürzester Zeit entfernt werden können. Da Salze Wasser aus der Umgebung aufnehmen, kann es nach der Reinigung zur Korrosion kommen. Daher muss ein Spülgang mit Wasser folgen, um das Bauteil zu kühlen und Salzrückstände zu entfernen.

Chemische Verfahren

Zu den chemischen Verfahren gehören die Plasmareinigung und biochemische Reinigungsverfahren.
Die Plasmareinigung wird häufig ans Ende einer mehrstufigen Reinigungskette gestellt, da mit ihr nur kleine Mengen an Schmutz entfernt werden können. Allerdings wird dabei – im Vergleich zu anderen Verfahren – ein sehr hoher Reinheitsgrad erreicht. Der Plasmastrahl wird über die zu reinigende Oberfläche geführt. Dabei kommt es zu einer chemischen Reaktion zwischen Schmutz und Plasma, wodurch Verunreinigungen entfernt werden. So können auch fest anhaftende, adsorbierte Verschmutzungen zuverlässig entfernt werden. Das Bauteil ist nach der Reinigung trocken und nahezu fettfrei. Da eine kontinuierliche Reinigung möglich ist, lässt sich dieses Verfahren sehr gut in einer Prozesskette einreihen. Dieses Verfahren wird zumeist für großflächige Bauteile angewendet und kann als Durchlaufanlage vorliegen. Daher eignet es sich gut zum Reinigen von Metallbändern. Für komplizierte Bauteile können handgeführte Reinigungspistolen benutzt werden (Ottenberg, Feßmann 2001).
Bei der biochemischen Reinigung kommen Mikroorganismen zum Einsatz, die in der Lage sind, Verunreinigungen, wie Fette, Öle und andere Schmutzteilchen, zu zersetzen oder umzuwandeln. Die verwendeten Organismen werden speziell gezüchtet und können bei der Reinigung direkt beteiligt sein oder aber an der Aufbereitung des Reinigerbades mitwirken. Die Anlagenkosten sind zumeist höher als die der herkömmlichen Anlagen. Jedoch wird dieser Nachteil durch geringere Aufarbeitungskosten und Entsorgungskosten ausgeglichen (Wendels 2002).

2.4 Reinigungsmittel

Neben dem richtigen Reinigungsverfahren spielt auch das Reinigungsmittel eine entscheidende Rolle während des Reinigungsprozesses. Die chemische Zusammensetzung des Reinigers bestimmt neben der zumeist mechanischen Unterstützung des Reinigungsverfahrens, welche Verschmutzungen vom Bauteil entfernt werden können. Die Wahl des Reinigers beeinflusst ebenfalls den Umfang der gesamten Reinigungsanlage, da für verschiedene Reiniger unterschiedliche Sicherheitsmaßnahmen bzw. Aufarbeitungseinrichtungen notwendig sind. Zudem ist das Reinigungsmittel – neben Energie und Abfallbeseitigung – eine wichtige Komponente bei der Bestimmung der anfallenden Betriebskosten einer Reinigungsanlage.

2.5 Optimierung von Reinigungsverfahren

Um effizient und energiesparend Produzieren zu können, müssen neben der Reinigungskette einige Nebenprozesse ablaufen. Durch folgende Maßnahmen können so erhebliche Mengen an Energie, Ressourcen und zu entsorgenden Reststoffen eingespart werden (Schneider 2000), (Fischer 2003), (Stahl 2002).

Standzeit verlängern

Ein Reinigungsbad muss in bestimmten Intervallen erneuert werden, um eine gute Reinigungswirkung zu erzielen. Diese Intervalle lassen sich durch Pflegemaßnahmen verlängern. Dabei können, die auf dem Reinigungsbad schwimmenden Ölfilme durch Skimmer entfernt werden. Alternativ kann das Reinigungsmedium durch eine Kreislaufführung mit zwischengeschaltetem Filter kontinuierlich aufgebessert und vor allem grobe Verunreinigungen, wie Metallspäne, entfernt werden. Der Einsatz von Mikroorganismen ermöglicht die Qualitätsintervalle nicht nur zu verlängern, sondern auch über lange Zeit auf gleichem Niveau zu halten. Da neben der Verschmutzung des Bades auch eine Verschleppung von Wirkstoffen in ein nachfolgendes Reinigungsbad oder ein Spülbad zur Verminderung der Reinigungsleistung führt, können die waschaktiven Wirkstoffe nach Bedarf zugeführt werden. Hierbei sind Geräte nötig um den Wirkstoffgehalt im Bad zu ermitteln und diesen gezielt zuzuführen.

Verlustenergie weiternutzen

Bei vielen Reinigungsverfahren wird das Reinigungsmedium auf eine bestimmte Temperatur erhitzt, um optimale Reinigungsbedingungen zu schaffen. Verbrauchter Reiniger, der immer noch eine höhere Temperatur als der neu zugeführte Reiniger besitzt, wird mit diesem im Wärmetauscher in Kontakt gebracht und erhitzt diesen bereits, bevor er ins Reinigungsbad gelangt. Bei thermischen Verfahren, wie der Ofenreinigung, kann die hohe Temperatur der ausströmenden Abluft zum Vortemperieren des Reinigungsgases genutzt werden. Die in der Abluft noch unverbrauchten Kohlenwasserstoffe können in einer Nachverbrennungsstufe vollständig umgesetzt und in thermische Energie umgewandelt werden.

Wirksubstanzen aus Spülgang rückführen

In einer der Reinigung nachgeschalteten Spülstufe wird der Reiniger von der Bauteiloberfläche abgewaschen. Hierbei sammelt sich im Spülwasser eine Menge an Wirksubstanzen des Reinigers an. Um die Wirkstoffe aus dem Spülwasser zu entfernen, kann dieses durch Filter geleitet werden; und mittels Ultrafiltration können die Wirkstoffe vom Spülmedium abgetrennt und dem Reinigungsbad zugeführt werden.

Abwasserarmes Spülen

Da bei den Spülvorgängen große Mengen an Wasser verbraucht werden, ist eine Reinigung und Filterung des Spülwassers ebenso sinnvoll wie die Pflege des Reinigungsbades. Durch eine Kreislaufführung mit verschiedenen Filtern können abgewaschene Verschmutzungen zumindest in einem gewissen Maße entfernt werden. Beim Hintereinanderschalten mehrerer Spülstationen in Kaskadenschaltung wird das verbrauchte Spülwasser einer Stufe jeweils der vorangegangen zugeführt und kann somit mehrfach hintereinander genutzt werden.

Abfallprodukte, wenn möglich, weiterverwerten

Abgewaschene Schmiermittel können in einigen Fällen aus dem Reinigungsmedium zurückgewonnen werden. Beim Einsatz von Kohlenwasserstoffen als Reiniger ist dies häufig durch Destillation des verbrauchten Reinigers möglich, wobei gleichzeitig verbrauchter Reiniger zurückgewonnen werden kann. Aus dem Destillationsrückstand kann dann in einigen Fällen durch Filtration das Schmiermittel abgetrennt werden.

Literatur

Boor, U.; Möller, U.: Schmierstoffe im Betrieb. Düsseldorf: VDI Verlag (1987)

Büchler, E.: Lackabtrag mit Festkörperlaser rechnet sich. JOT, 40 (2000) 3, S. 110-116

Eckert, W.: Feuer und Flamme. JOT, 43 (2003) 2, S. 60-61

Fischer, P.: Vakuumverdampfer mit externem Wärmetauscher. JOT, 43 (2003) 4, S. 60-62

Haase, B.: Alternativen zum Einsatz von Halogenkohlenwasserstoffen Reinigungsmittel, Reinigungsmechanismen und Reinigungsanlagen. Renningen-Malmstein: Expertverlag (1996)

Jelinek, T. W.: Reinigen und Entfetten in der Metallindustrie. 1. Auflage, Eugen G. Leuze Verlag (1999)

Klocke, U.: Auslegung von Bauteilreinigungsanlagen mit Hilfe eines Fachinformationssystems. Dortmund (2003)

Lennart, L., Fode, P.: Co_2-Schneereinigung vor dem Laserschweißen- Sauberkeit sorgt für die beste Verbindung. JOT, 47 (2007) 9, S. 78-80

Ottenberg, M., Feßmann, J.: Plasmaprimer als Vorbehandlung für die Lackierung. JOT, 41 (2001) 10, S. 68-72

Mitschele, M.: Wässrige Reinigung in allen Variationen. JOT, 41 (2001) 11, S.40-41

Müller, R., Göschel, J: Energieeffizienz durch Analyse des Gesamtprozesses. ZWF, 106 (2011) 1-2, S. 46-49

Schneider, R.: Prozessablauf für die Wiederverwendung von Spülwasser. JOT, 40 (2000) 4, S. 33

Schulz, D.: Vermeidung von Verschmutzung- Bauteile sauber produzieren. JOT, 47 (2007) 02, S. 42-44

Stahl, P.: Extreme Verschmutzungen sind kein Problem. JOT, 42 (2002) 01, S. 45

Wald, D.: Reinigungszeit 4 Sekunden. JOT, 42 (2002) 12, S. 52-53

Wendels, St.: Bakterien reinigen und entfetten Oberflächen. JOT, 42 (2002) 11, S. 40-45,

3 Prozessüberwachung

Michael Kuhl

3.1 Fehlerminimierung

Grundlegend kann bei der Betrachtung von Fertigungsprozessen hinsichtlich einer ressourceneffizienten Produktion die optimale Prozessführung als Hauptangriffspunkt für Einsparmaßnahmen gelten, solange der Prozess in seiner eigentlichen Form und im Ablauf erhalten bleiben muss. Das Einsparpotenzial bildet sich für alle betriebswirtschaftlich relevanten Ressourcen, also neben Material und Energie auch für Zeit, Personal sowie Finanzmittel. Insbesondere die Möglichkeit der Fehlerminimierung und der damit verbundenen Vermeidung von Nacharbeit und Ausschuss bieten ein immenses Potenzial.

Ressourcenverluste durch Nacharbeit und Ausschuss werden natürlich immer lokal wirksam und können direkt erfasst werden. Darüber hinaus potenziert sich ein Ressourcenverlust bei Nichterkennung eines Fehlerfalls noch zusätzlich aufgrund der Fehlerübertragung in der nachfolgenden Wertschöpfungskette. Das heißt, während zum Beispiel eine Near-Netshape-Technologie gegenüber einem nichtoptimierten Verfahren kontinuierlich je Werkstück eine Einsparung ergibt, führt ein optimal stabiler und fehlerfrei ausgeführter Prozess auch zu globalen Einsparungen.

Bei realen Prozessen kann jedoch immer davon ausgegangen werden, dass

1. eine Fehlervermeidung in Serienfertigungen nicht hundertprozentig erreichbar ist - es also immer eine Wahrscheinlichkeit für fehlerbehaftete Teile gibt und dass
2. eine Weitergabe von Fehlern nicht hundertprozentig ausgeschlossen werden kann.

Wenn man also davon ausgeht, dass immer eine Wahrscheinlichkeit existiert, dass Fehler entstehen können und dass diese auch zu einem gewissen Prozentsatz weitergetragen werden, dann gilt, dass diese Wahrscheinlichkeiten möglichst gering gehalten werden müssen.

Dieser Umstand ist allgemein in der Produktion anerkannt und im Bedarfsfall natürlich in der Regel durch entsprechende Qualitätssicherungssysteme in der Fertigung hinterlegt. Mithin zielen eine Vielzahl von Maßnahmen und Methoden des betrieblichen Qualitätsmanagements in diese Richtung. Hinsichtlich der Bilanzierung wird ihm jedoch häufig nur wenig Rechnung getragen. Die Ursache hierfür liegt vor allem in der vordergründig hypothetischen Art eines solchen Ressourcenverlustes.

Von einem eingefahrenen Prozess erwartet man, dass er weitgehend fehlerfrei abläuft. Je nach Anforderung, Aufwand und Nutzen werden mehr oder weniger stark greifende qualitätssichernde Prozeduren etabliert, welche definierte Fehler an Bauteilen erkennen und diese Bauteile aussondern. Für die Bewertung der Maßnahmen wird dabei jedoch häufig nur die eigene Wertigkeit des Bauteils herangezogen, insbesondere, wenn die weitere Wertschöpfungskette nicht sichtbar hinterlegt ist. Häufig ist dies so im klassischen Kunden-Lieferantenverhältnis der Fall. Der kalkulierte Verlust bezieht sich damit lediglich auf die bis dahin eingebrachten Ressourcen, welche sich kumuliert im Nettowert des Teiles niederschlagen.[1]

Ein möglicher Gesamtressourcenverlust, welcher durch eine Weitergabe von fehlerbehafteten Teilen entstehen könnte, ist bis zum Eintreten nur hypothetisch und schwer vorhersagbar. Kalkuliert wird er damit in der Regel erst im tatsächlichen Eintrittsfall, also wenn er als Verlust in die betriebswirtschaftlichen Bilanzen aufgenommen werden muss, beziehungsweise dann, wenn er aufgrund systematischer Fehler gehäuft und beständig auftritt.

Diese Verluste werden in erster Linie als finanzieller Schaden wahrgenommen, hinter welchem sich jedoch die bereits aufgebrachten Ressourcen wie Material, Energie und Arbeitsleistung mit verbergen. Dass dieser Verlust immense Werte annehmen kann, soll ein einfaches Beispiel demonstrieren.

Als Annahme soll gelten, ein Zusammenbauteil mit sicherheitstechnischer Relevanz im Automobilbau besitzt eine bis dahin kumulierte Wertschöpfung von 10,00 Euro. Das Teil wird über eine Schicht fehlerhaft produziert. Der Fehler wird direkt im Anschluss an die Schicht erkannt.

Reale Annahmen wären:

Wertschöpfung	$W = 10{,}00$ € je Teil
Teilezahl	$M = 600$ Teile je Schicht
Schadensfall	$V = 10\ € \cdot 600 = 6.000{,}00$ €

Ist der Verlust „in-house“ aufgetreten, ist er gegebenenfalls marginal.

Wird der Fehler jedoch erst in einer späten Fertigungsstufe, bzw. der fertigen Karosserie erkannt, ergibt sich ein rechnerischer maximaler Schadensfall nach:

Teilezahl	$M = 600$ Teile je Schicht
Wertschöpfung	$W = 5.000{,}00$ € je Teil als veranschlagte Kosten je Karosserie
Schadensfall	$V = 5.000\ € \cdot 600 = 3.000.000{,}00$ €

Diese Schadenssumme und der hinter ihr stehende Ressourcenverlust sind damit nicht mehr marginal. Natürlich ist diese Rechnung sehr theoretisch, da man versuchen würde, den Schaden durch Nacharbeit zu begrenzen, aber das Beispiel soll die Bedeutung des Themas aufgrund der möglichen Potenzierung des Problems verdeutlichen.

[1] Nettowert meint hier die Summe der Kosten, welche für die bisherige Produktion des Teiles notwendig war und bezieht damit bisher verbrauchte Energie, Material, Personal, Finanzmittel mit ein.

Eminent wichtig ist – abseits der technischen Umsetzung – mithin eben auch die Wahrnehmung des möglichen Schadenspotenzials als realen betriebswirtschaftlichen Faktor. Geht man also von der These aus, dass Defekte sowie ihre Weitergabe nicht vollkommen vermeidbar sind, so ist das Hauptaugenmerk auf die Reduzierung der Wahrscheinlichkeiten zu lenken.
Hierfür stehen im Bereich der Produktionsprozesse im Wesentlichen drei Hauptansatzpunkte zur Verfügung:

- eine Qualitätssicherung im Prozesseingang und/oder Prozessausgang
- eine adäquate Prozessüberwachung
- eine geeignete Wartung und Instandhaltung.

3.2 Qualitätssicherung

Die Qualität von Produkten war seit jeher die Basis für ein erfolgreiches Agieren in bestehenden Märkten. Darüber hinaus ist sie aufgrund der einhergehenden Erwartung ein wichtiger Schlüssel für neue Märkte. Der Begriff der Qualität unterliegt dabei, wie auch die Qualitätserwartungen, einem stetigen Wandel in einem steigenden Trend. Definiert ist der Begriff Qualität nach DIN EN ISO 9000 formal als: „Grad, in dem ein Satz inhärenter Merkmale Anforderungen erfüllt".
Bezog sich der Begriff ursprünglich wertneutral auf die Beschaffenheit eines Produktes, so ist er heute weiter zu definieren. In der aktuellen Literatur findet sich eine Vielzahl von Definitionen und Auslegungen, welche letztendlich für die unterschiedlichen Methoden bzw. Strömungen des Qualitätsmanagements stehen.
Unter anderem umfasst (Pfeifer et al.) den Begriff dabei wie folgt:

- Qualität stellt eine Repräsentation einer Menge von Eigenschaften dar, welche einem Produkt oder Verfahren immanent oder beigegeben sind.
- Qualität fungiert als Maßstab, aufgrund dessen ein Kunde seine Kaufentscheidung herausbildet.
- Qualität bildet einen Faktor, welcher in Wechselwirkung mit der Wettbewerbssituation und Leistungsfähigkeit eines Anbieters steht (Pfeifer et al. 1990).

Die in den Begriff einfließenden Eigenschaften wie Produktanmutung, Zuverlässigkeit oder Lebensdauer werden dabei in der Wahrnehmung der Kunden zunehmend um Eigenschaften wie Umweltfreundlichkeit und Ressourceneffizienz erweitert, wenn man auf ein zu fertigendes Produkt eingeht. Natürlich unterliegen auch Geschäfts- und Managementprozesse seit geraumer Zeit allgemein einem Qualitätsgedanken. Im Kontext des hier ausgeführten Kapitels soll jedoch auf in einer Fertigung herstellbare Produkte und dabei auf die Ressourcen Energie und Material fokussiert werden. Die Ressourcen Zeit, Personal und Finanzmittel gehen hiermit natürlich grundlegend konform.
Die Idee einer geplanten und systematischen Qualitätsüberwachung geht in der Geschichte der Technik weit zurück. Die Einbettung in Firmenphilosophien fand zwangsläufig mit dem Übergang von Manufakturbetrieben in die Fabrikproduktion statt. Neben der Einführung der Serienfertigung durch Olds und später durch Ford war es die Beschreibung des Scientific Managements durch Taylor, welche als Vorreiter für eine Systematisierung der Produktion und der mit ihr einhergehenden Änderung der Qualitätsüberwachung gelten kann. Crosby führte bereits in den sechziger Jahren den Begriff der Null-Fehler-Produktion ein (Crosby 1967, Crosby 1979).
Ziel ist es prinzipiell, Fehler von vornherein zu vermeiden, sie im Fall des Auftretens so nah wie möglich zum Zeitpunkt der Entstehung zu lokalisieren und die Ursachen sofort zu beseitigen. Die Methoden des Qualitätsmanagements wie Six Sigma, kontinuierliche Verbesserungsprozesse KVP oder Kaizen-Methoden sind umfassend beschrieben. Sie selbst unterliegen dabei sowohl in Forschung als auch in der betrieblichen Umsetzung ebenfalls einem fortwährenden Entwicklungsprozess. Heraushebend kann man für diese Entwicklung als Innovationstreiber, neben organisatorischen Belangen und Änderungen von Firmenphilosophien, z. B. aufgrund der fortschreitenden Globalisierung, insbesondere die technischen Entwicklungen der verwendeten Informations- und Kommunikationstechnik erkennen.
Vielen der frühzeitig angedachten Methoden fehlte die notwendige technische Peripherie, um alle Aspekte umfassend umsetzen zu können. Hierzu gehören speziell die Bereiche Rechenkapazität, Datenspeichervolumen sowie Anbindung und Übertragungsrate der Datennetze. Neue, für den Bereich der Consumer- und Bürokommunikation entwickelte Rechentechniken und Datenkommunikationsdienste werden in Bereichen wie der Logistik, der Fabrikplanung und des Qualitätsmanagements wesentlich schneller partizipiert, als im Bereich der eher konservativen Fertigung. Jedoch auch hier steigt zunehmend die Geschwindigkeit der Umsetzung neuer Technologien. Als Beispiel sei die zunehmende Integration von Maschine-Maschine-Kommunikationsdiensten (M2M) zu nennen, welche sich Funkstandards aus Office-Bereichen oder Mobilfunkkommunikationslösungen, wie BlueTooth oder HSDPA (High Speed Downlink Packet Access), bedient.
Insbesondere unter dem Aspekt zunehmend internationaler Zulieferketten ist eine derart schlüssige und echtzeitnahe Verknüpfung von Daten der Fertigung und Qualitätskontrolle über den einzelnen Produktionsstandort hinaus zwingend notwendig. Hersteller von Produkten können

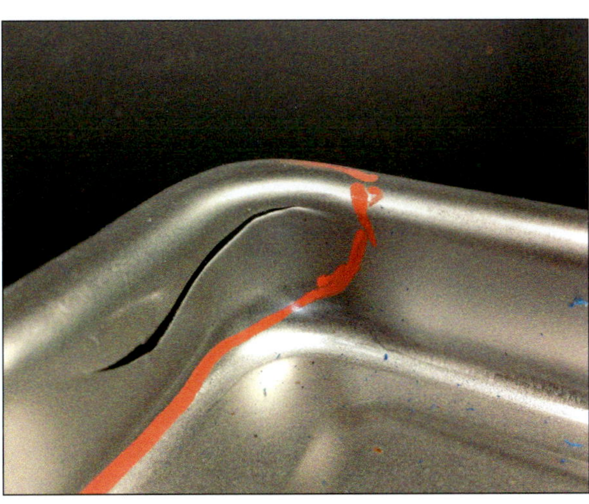

Abb. 3.1 Reißer an Umformteilen aufgrund lokaler Materialüberbeanspruchungen können im ungünstigsten Fall auch erst bei weit späteren Prozessstufen, beispielsweise bei thermischen Behandlungen, auftreten. Defekte in der Oberfläche machen sich häufig erst im Oberflächenfinish deutlich bemerkbar, hier durch Kontrastierung mit Streifenbeleuchtung.

umso sicherer und wettbewerbsfähiger am Markt agieren, je transparenter ihre Zulieferkette hinsichtlich zeitlicher Planung, Liefervolumen und Qualität ist. Aufgrund der zunehmenden Einengung von Terminketten und zur Vermeidung von Lagerhaltung werden zeitkritische Lieferstrategien unter Pseudonymen wie „Delivery on Demand" oder „Just in Time" die logistischen Abläufe zukünftig generell dominieren. Damit werden neben den positiven Aspekten jedoch auch – insbesondere die Zulieferer – unter steigenden Druck hinsichtlich der Qualitätskontrolle gesetzt. So sehen sich Zulieferer auch bei geringen Qualitätsmängeln zunehmend Regressforderungen und Konventionalstrafen gegenüber, können jedoch aufgrund der engen Terminketten kaum entsprechend reagieren. Insbesondere in internationalen Vorgängen kann dies zu erheblichen betrieblichen, finanziellen sowie Image-Problemen führen, sowohl für den Zulieferer als auch aufgrund von Rückläufen und damit verbundenen Kosten für den Industriekunden.

Sinnvoll ist es daher, bei entsprechender Marktstellung und etabliertem Lieferanten-Kundenverhältnis jeweils eine homogene bzw. harmonisch interagierende Methoden des Qualitätsmanagements über die gesamte Lieferantenkette zu spannen.

Da es nicht möglich und auch nicht sinnvoll ist, nach jedem Produktionsschritt eine vollständige Qualitätskontrolle durchzuführen, steht innerbetrieblich die Herausforderung, die Qualitätskontrolle so an den Fertigungsprozess anzupassen, dass diese möglichst an Prozessschritte mit hoher Wertschöpfung als Eingangskontrolle oder an dem vorangegangenen Prozess als Ausgangskontrolle durchgeführt wird.

Beide Varianten bieten Vor- und Nachteile. So ermöglicht eine Eingangskontrolle an einer Fertigungsstufe im Verständnis mit den Zusammenbaubedingungen eine funktionelle Betrachtung der Qualität des resultierenden Zusammenbauteils und darüber eine Lokalisierung der Qualitätssicherung für mehrere Eingangsteile des Produktes.

Für eine Fehlerursachenlokalisierung und das Verständnis sowie Verantwortlichkeit für die Behebung der Ursache ist hingegen eine möglichst große Nähe zum verursachenden Arbeitsschritt – also im Sinne einer Ausgangskontrolle – vorteilhaft. Überbetrieblich ist eine Ausgangskontrolle unumgänglich, um größere Folgeschäden durch Qualitätsmängel zu verhindern.

Stationen zur Qualitätsüberwachung sind eng mit der Produktionsplanung zu verzahnen. Im Zusammenspiel mit einer systematischen FMEA über alle Produktionsstufen lassen sich die Arbeitsstationen ermitteln, in welchen die prägnantesten Fehlerwahrscheinlichkeiten auftreten und an welchen Stationen der Grad der Wertschöpfung am höchsten ist. Zu diesen seit Langem praktizierten Aspekten kommen heute Überlegungen hinzu, an welchen eine Qualitätssicherung aus Sicht der Ressourceneffizienz besonders sinnvoll ist.

Als Beispiel für die notwendige Komplexität des Herangehens sei die Situation einer geometrischen Vermessung und qualitativen Bewertung von Eigenschaften an Umformteilen im Automotive-Bereich, z. B. dem Vorhandensein von Ausstanzungen, genannt. Üblicherweise werden Umformteile beim Abstapeln im Auslauf der Pressenlinien durch Mitarbeiter grob begutachtet und bekannte, häufiger auftretende Fehler konsequent verfolgt.

Die Prüfung auf Maßhaltigkeit, Vollständigkeit von Ausstanzungen, Risse etc. erfolgt damit zumindest stichprobenartig direkt an der Pressenauslassstrecke. Großflächige Defekte oder unerwünschte Ausdünnungen sind jedoch optisch nur schlecht erfassbar. Dies gilt umso mehr, wenn störende

Texturen, beispielsweise Zinkblumen, auf der Oberfläche eine Aufnahme erschweren. Erst nach dem Finish, z. B. nach einer Lackbeschichtung, werden derartige Defekte offensichtlich. Darüber hinaus können dem Umformen nachfolgende Bearbeitungsschritte, wie Schweißoperationen oder thermische Trocken- und Aushärteprozesse, Folgefehler in zu stark geschwächten Strukturen initiieren. Entsprechend bedarf es also auch im Finish einer finalen Prüfung, zumal erst an dieser Stelle wesentliche Merkmale in der Beschichtung, wie zum Beispiel Farbhomogenität oder Anmutung, bewertet werden können. Der Ansatz, die Bewertung ausschließlich in einer Station am Ende der Prozesskette durchzuführen, liegt natürlich insbesondere für Kleinbauteile nah. Vordergründig könnte man Kosten für Prüfstationen im Vorfeld einsparen. Dies würde aber dem Grundsatz einer möglichst frühzeitigen Erkennung von Defekten innerhalb der Wertschöpfungskette zuwiderlaufen. Auch wenn man davon ausgeht, dass im Beispiel der Lackierprozesse die Beschichtungs- bzw. Lackieranlage „sowieso in Betrieb ist“, lassen sich enorme Ressourcenverluste für das betriebswirtschaftliche Ergebnis vermeiden. Hintergrund ist eben, dass in der letzten Fertigungsstufe sehr hohe Energieverbräuche bezogen auf das Bauteil entstehen. Für den gleichen Durchsatz an zu beschichtender Fläche pro Zeit braucht eine nicht ausgelastete Anlage länger, die Energieeffizienz pro Fläche sinkt maßgeblich (Bayrisches Landesamt für Umwelt 2006). Im Fall der Durchbringung von fehlerbehafteten Teilen ergibt sich also ein Verlust durch die nochmals zu behandelnden, dann neuen Gutteile addiert um den Verlust durch die fehlerbehafteten Teile selbst. Die „sowieso“ laufende Anlage muss länger und damit ineffizienter betrieben werden, um die gleiche Anzahl von Gutteilen herzustellen. Das aufgeführte Beispiel ist sicher sehr markant, jedoch in vielen Bereichen bieten zusätzlich unter einem energetischen Gesichtspunkt geplante Qualitätskontrollen sinnvolle Ansätze.

In der Praxis wird die Bewertung von Merkmalen wie Geometrie und Vollständigkeit häufig automatisch durchgeführt. Die Finish-Bewertung wird in der Regel davon abgekoppelt in späteren Produktionsstufen durch speziell geschulte Mitarbeiter vorgenommen. Da zwischen den Prozessen und den mit ihnen gekoppelten Fehlertypen Abhängigkeiten existieren, bietet gemeinsame Bewertung der Daten aus allen Prozessstufen einen weiteren enormen Vorteil: die Schaffung der Möglichkeit einer automatisierbaren Rückverfolgbarkeit über die gesamte Prozesskette. Hierdurch entsteht ein verbessertes, ein globaleres Verständnis für mögliche Fehlerursachen und demzufolge ein verbessertes Verständnis für Eingriffsmöglichkeiten im Fehlerfall.

Mit einer Aussortierung von mangelbehafteten Teilen nah am Entstehungsort des Defektes lässt sich so ein hoher und energetisch begründeter Ressourcenverlust ohne wesentlichen Mehraufwand vermeiden. Durch eine informationstechnische Kopplung der Qualitätssicherungsstationen lässt sich darüber hinaus ein enormes Potenzial an Prozessverständnis und Möglichkeiten der Einflussnahme schaffen.

Allgemein kann man ableiten, dass eine Kopplung der Qualitätsbewertung über vollständige Wertschöpfungsketten hinweg die Effizienz des Qualitätsmanagementsystems deutlich erhöht und damit bei vergleichbar geringem betrieblichen Aufwand deutlich zur Ressourceneinsparung beitragen kann. Als zusätzliche technische Hilfsmittel stehen heute mathematische Algorithmen zur Verfügung, welche sowohl Strukturen in den entstehenden Datensätzen automatisiert entdecken als auch angelernte Strukturen erkennen können. Zu nennen sind hier beispielsweise Methoden der Hauptkomponentenanalyse oder mathematischer Systeme neuronaler Netze. Mit der heute verfügbaren Rechenleistung sind derartige Systeme durchaus in der Lage, als Echtzeit-Applikationen parallel zu den Produktionsvorgängen zu laufen.

Bekannt sind solche Algorithmen aus vielen Bereichen des Marketings, wo sie seit Langem erfolgreich eingesetzt werden. Dort werden unter anderem enorme Datenmengen über Handelsstrukturen, Marktstudien oder im einfachsten Fall über das Internet erhoben, um mittels mathematischer Verfahren des Data-Mining Korrelationen im Kundenverhalten aufzudecken und darauf angepasste Vermarktungsstrategien zu entwickeln. Die gleichen Algorithmen lassen sich aufgrund der zur Verfügung stehenden leistungsfähigen Rechentechnik verwenden, um Abhängigkeiten von auftretenden Fehlern von vorausgehenden Prozessstufen abzuleiten. Gleichwohl diese Verfahren immer noch den Menschen als koordinierenden und interpretierenden Fak-

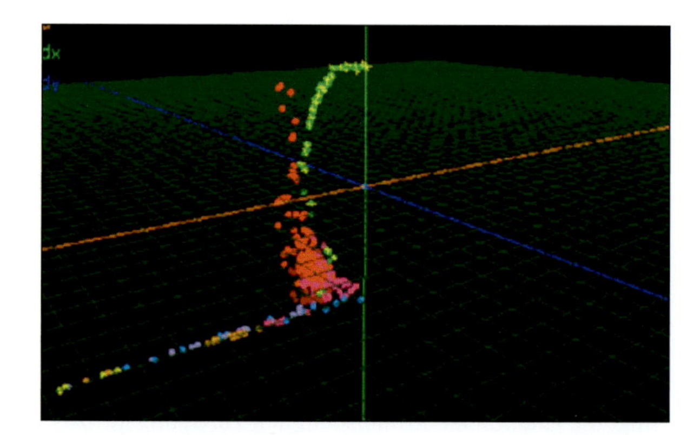

Abb. 3.2 Algorithmen des Data Mining und der Künstlichen Intelligenz können multivariate Problemstellung, beispielsweise die Bewertung und Klassifizierung von großen Datenmengen hinsichtlich möglicher Korrelationen zu Prozess- oder Qualitätsmängeln, optimal automatisieren. Die Abbildung zeigt die Zuordnung von Lernwerten zu verschiedenen Klassen bzw. Prozesszuständen anhand von drei Merkmalen; eine Klasse entspricht dabei einem Farbwert.

tor benötigen, bietet die Objektivität der mathematischen Bewertung von Abhängigkeiten ein immenses Potenzial. Liegen ausreichend korrelierende Daten vor und werden die Algorithmen adäquat eingesetzt, sind sie in der Lage, objektive Einschätzungen über Zusammenhänge aufzudecken, zu welchem auch geschultes Personal nur unzureichend in der Lage wäre.
Letztendlich ist aber auch hier die beste Einsparung wieder die, fehlerhafte Teile gar nicht erst zuzulassen, sondern neben der Erkennung von Qualitätsmängeln direkt und zeitnah korrigierend in den Fertigungsprozess einzugreifen.

3.3 Prozessüberwachung/ Prozessmonitoring

Die Prozessüberwachung bzw. das Prozessmonitoring ist ein Synonym für Methoden, technische Prozesse und Abläufe in ihren wesentlichen Merkmalen aufzunehmen und daraus Schlüsse über die Qualität des Prozesses zu ziehen. Wesentliche Zielrichtungen einer Prozessüberwachung sind:

- Erhöhung der Prozessverfügbarkeit
- Erhöhung der Maschinen- und Anlagensicherheit
- Verbesserung der Qualität der Produkte.

Im Sinne des gesamtheitlichen Ressourceneinsatzes sind alle drei Punkte wichtig. Speziell für den Einsatz von Material und Energie stellt dabei die Sicherung der Produktqualität einen zunehmend wichtigen Beitrag dar. Hintergrund ist auch hier das Bestreben nach einer „Null-Fehler-Produktion".
Die „Null-Fehler-Produktion" wird heute in der Realisierung in zwei wesentliche Richtungen diskutiert. Zum einen wird damit das Streben nach einer tatsächlichen fehlerfreien Fertigung beschrieben, wobei ein Fehler am Bauteil durch eine optimale Prozessregelung grundsätzlich vermieden wird. Zum anderen wird die für viele Fälle realistischere Herangehensweise diskutiert, fehlerbehaftete Produkte zumindest sofort nach Auftreten eines fehlerrelevanten Defektes aus dem weiteren Fertigungsprozess auszuschleusen und damit die Weitergabe zu verhindern. Insofern vermischen sich hier Qualitätsmonitoring und Prozessüberwachung am Ausgang des konkreten Fertigungsschrittes stark. Eine fehlerfreie Fertigung aufgrund eines qualitätsgerechten Prozesses obliegt der Prozessüberwachung, die fehlerfreie Fertigung aufgrund einer Fehlererkennung im Produkt basiert hingegen per se auf dem Qualitätsmonitoring. Speziell, wenn indirekte Mess- und Prüftechniken verwendet werden, lässt sich eine klare Trennung jedoch nur noch per Zieldefinition aufstellen.
Beide Betrachtungsweisen involvieren nach Möglichkeit die Herangehensweise, Abweichungen im Fertigungsprozess zu erkennen, bevor eine schädigende Auswirkung auf die Produktqualität eintreten kann. Wichtig ist dabei generell die Unterscheidung zwischen einem möglichen Defekt und einem tatsächlichen Fehler in einem Bauteil. Als Defekte können jegliche Abweichungen des Bauteiles von der gewünschten Eigenschaft bezeichnet werden. Fehler sind hingegen nur solche Defekte, welche die Qualität des Bau-

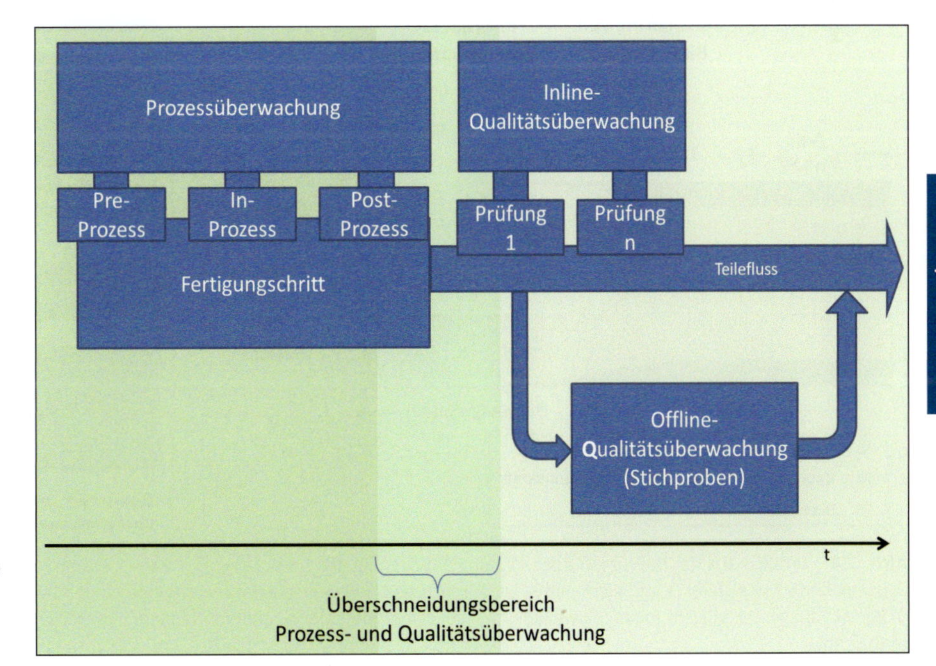

Abb. 3.3 Prozess- und Qualitätsüberwachung überschneiden sich prinzipbedingt, insbesondere wenn auf indirekte Mess- und Prüfverfahren zurückgegriffen wird.

VI

teiles in einer Art einschränken, sodass dieses nicht oder nur durch Nachbesserung seiner Bestimmung zugeführt werden kann. In Normenwerken und Prüfvorschriften werden daher Fehler, nicht jedoch Defekte definiert. Wann ein Defekt zu einem Fehler wird, bestimmen die in den Vorschriften allgemein oder jeweils für einen Anwendungsfall speziell festgelegten Toleranzwerte. So kann zum Beispiel gemäß DIN EN ISO 13 919-1 in einer Laserschweißnaht der Defekt „oberflächenoffene Pore“ bis zu einer Größe der doppelten Nahtbreite durchaus toleriert werden. Ist der Defekt, also hier eine Pore, jedoch größer als dieser Wert, ist die Schweißnaht fehlerhaft und entsprechend nachzuarbeiten.

Eine wesentliche Zielstellung des Prozessmonitorings in Hinblick auf eine ressourceneffiziente Produktion ist also allgemein die Ableitung und Analyse von produktqualitätsrelevanten Merkmalen aus dem jeweiligen Fertigungsprozess, um ein Abdriften der Bauteilqualität rechtzeitig zu erkennen. Über Steuer- oder Regelkreise soll darüber hinaus nach Möglichkeit eine Wiedererlangung der notwendigen Prozessqualität erreicht sowie eine Weitergabe von fehlerbehafteten Bauteilen vermieden werden.

Vorausgesetzt die Prozessüberwachung erkennt niO-Zustände des Prozesses mit ausreichender Sicherheit und Defekte lassen sich im Bauteil direkt oder indirekt ableiten, dann hat eine Prozessüberwachung wesentliche Vorteile gegenüber einer Qualitätsüberwachung.

Hierzu gehören insbesondere der Umstand, dass eine in-situ Überwachung aller Teile als 100%-Prüfung stattfindet und das schnellstmögliche Reaktionszeit bis hin zur Prozessregelung möglich ist. Darüber hinaus ist bei ausreichender Erkennungssicherheit keine zusätzliche Prüf- bzw. Messstation notwendig. Tendenziell rückt mit verbesserter Überwachungstechnologie das Prozessmonitoring also immer stärker in den Fokus. In einigen Bereichen der industriellen Produktion setzt man mittlerweile ausschließlich auf eine Prozessregelung mit der Maßgabe, dass die erzielbare sehr hohe Prozesssicherheit auch die Qualität der Produkte im Fertigungsschritt sichert. Nachteilig stellt sich demgegenüber jedoch dar, dass in der Regel kein direktes Mess- oder Prüfverfahren für die Erkennung einer iO-Qualität der Teile eingesetzt werden kann. Darüber hinaus ist eine finale Qualitätsvorhersage aufgrund der vorherrschenden Prozessdynamik während der Bearbeitung häufig gar nicht möglich.

Als Beispiel sei die Überwachung eines Laserschweißprozesses genannt. Frühe Prozessüberwachungssysteme fokussierten mit der Aufnahme von Daten über den Prozess auf die Wirkstelle des Lasers, dem Keyhole. Im ersten Ansatz erscheint dies logisch, da sich hier der Tool Center Point (TCP) des Lasers befindet und alle wesentlichen Sub-Prozesse vom Aufschmelzen der Werkstücke bis zur Gasentweichung in unmittelbarer Umgebung stattfinden. Prozessrelevante Größen wie Fokus- und Nahtlage, aber auch Defekte wie Materialauswürfe bzw. Spritzer können hier sicher detektiert werden. Andere kritische Defekte, zum Beispiel Bindefehler – also das Fehlen der Anbindung zwischen den Fügepartnern – sind im Bereich des Keyhole jedoch noch nicht sichtbar. Die durch den Laser verflüssigte Schmelze benötigt eine gewisse Zeit, um in ihre korrekte

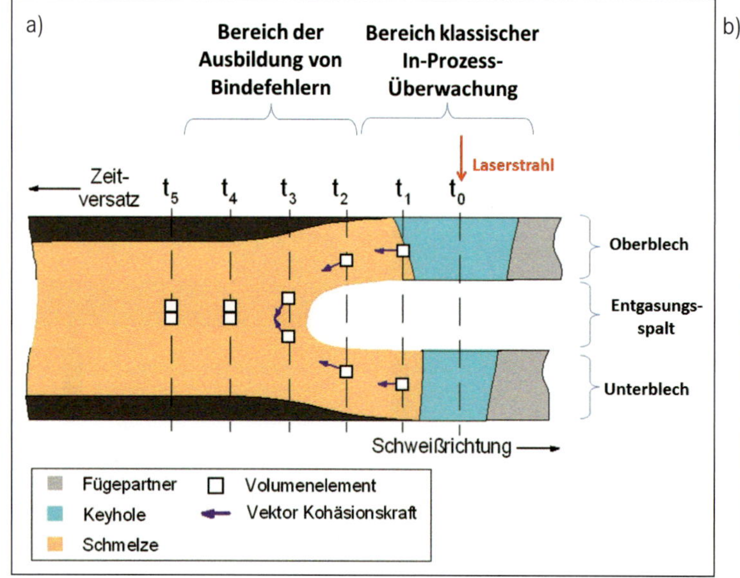

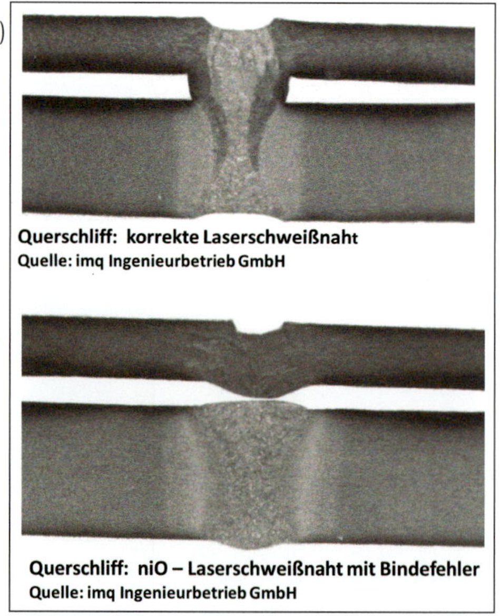

Abb. 3.4 Problematik der In-Prozess-Überwachung am Beispiel des Laserschweißens an Überlapp-Verbindungen: Aufgrund der Prozessdynamik lassen sich Defekte ggf. nicht mithilfe von In-Prozess-Sensoriken erfassen; a) Schema des zeitlichen Ablaufs im Naht-Längsschnitt, b) korrekt ausgebildete Naht (oben) sowie defekte Naht mit Bindefehler (unten) im Naht-Querschliff (Quelle Schliffbilder: imq Ingenieurbetrieb GmbH)

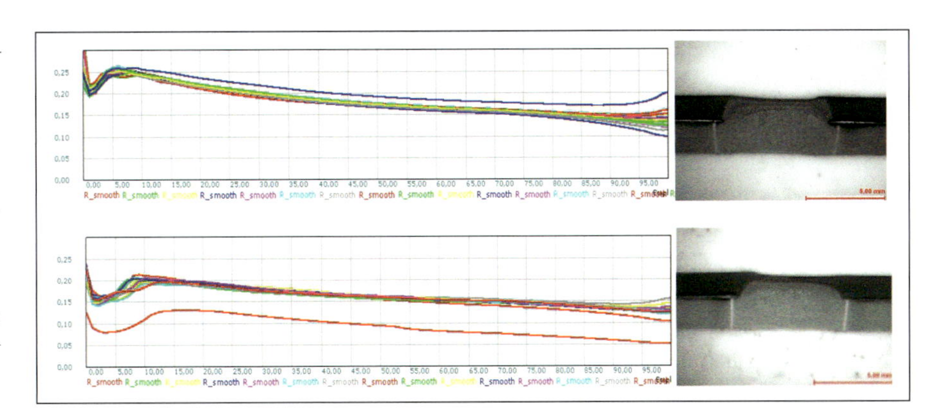

Abb. 3.5 Erkennung von Defekten am Beispiel des Widerstandpunktschweißens mittels einer Auswertung des Widerstandsverhaltens im Schweißprozess. Die Widerstandsverläufe im oberen Bild zeigen einen ordnungsgemäßen Prozess, die im unteren Bild einen niO-Prozess. Entscheidend für eine Prozessüberwachung sind vor allem die Verhältnisse im Kurvenverlauf und nicht die absoluten Werte. (Quelle Schliffbilder: imq Ingenieurbetrieb GmbH)

Endlage zu fließen. Wird dieser dynamische Vorgang gestört, entwickelt sich, zeitlich dem Aufschmelzen nachfolgend und außerhalb des betrachteten TCP, ein Defekt, welcher gegebenenfalls durch das In-Prozess-System nicht mehr erkennbar ist.

Der Übergang zwischen der In-Prozess-Stufe, also dem Aufschmelzen und der nachfolgenden Schmelzenbewegung sowie der dem Postprozess, in diesem Fall der erstarrenden und ausgekühlten Schmelze, ist damit mehr oder weniger fließend. Den finalen Zustand entwickelt eine Laserschweißnaht unter Umständen erst Minuten nach dem eigentlichen Schweißvorgang. Umso wichtiger ist es, die Prozessstufen hinsichtlich ihrer Einflüsse auf das Ergebnis genau zu kennen sowie die adäquaten Mess- und Prüfmittel einzusetzen.

Ein weiterer wesentlicher Nachteil einer In-Prozess-Überwachung gegenüber einer regulären Qualitätsüberwachung sind die zu verwendenden Mess- und Prüfverfahren. In-Prozess-Verfahren können in der Regel, wie bereits angerissen, häufig messtechnisch nur indirekt auf die eigentliche Qualität schließen. Prozessmessgröße und Qualitätsmessgröße sind damit üblicherweise nicht deckungsgleich. Dies gilt insbesondere, wenn die Aufnahme der Prozessgrößen für eine Prozessregelung maßgeblich ist.

Dass es trotzdem möglich ist, aus Prozessmessgrößen auf die Qualität zu schließen, zeigt das Beispiel des Widerstandspunktschweißens. Im vorliegenden Fall wurde eine Überwachung der Qualität von Punktschweißverbindungen an höchstfesten Blechen, hier 22MnB5, gefordert. Aus dem Prozess sind im Wesentlichen der im Setting festgelegte Schweißstrom sowie die sich im Prozessverlauf einstellende Schweißspannung zu entnehmen. Hieraus ergibt sich ein resultierender Widerstand, welcher indirekt bereits eine erste Ableitung auf die sich ergebende Qualität des Schweißpunktes erlaubt. Dabei sind jedoch nicht die Absolutwerte von Interesse, sondern der Verlauf des Widerstandsverhaltens über die Zeit. Für eine Auswertung sind damit Schwellwertverfahren ungeeignet, Analysemethoden, welche den zeitlichen Verlauf korrelieren, hingegen zielführend einsetzbar. Und auch hier gilt

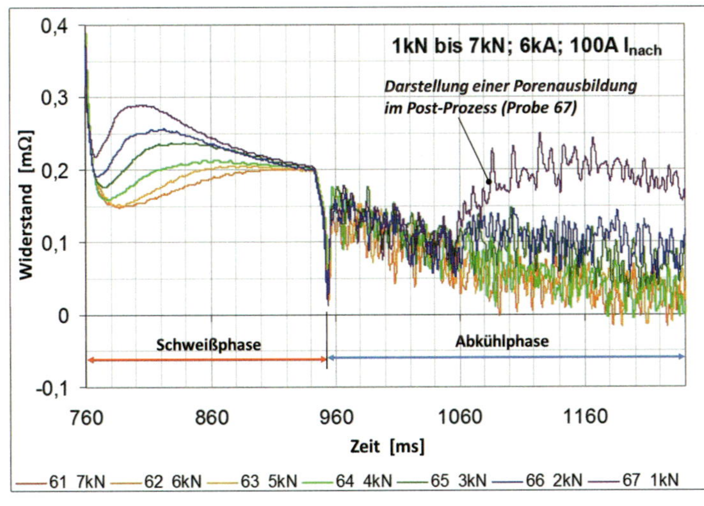

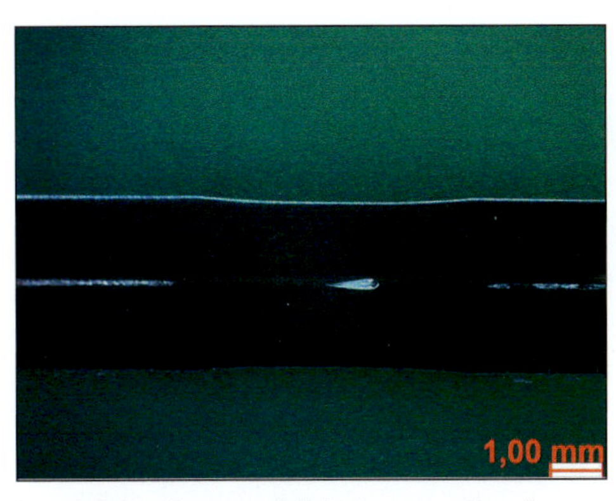

Abb. 3.6 Die Analyse des Widerstandsverlaufes im Abkühlprozess einer Widerstandspunktschweißung ermöglicht Aussagen über die Bildung von Poren und Rissen.
links: Widerstandsverläufe bei Schweißungen mit unterschiedlichen Zangenkräften; rechts: Schliffbild der Probe 67 (ungeätzt) mit Pore (Länge 0,92 mm) (Quelle Schliffbilder: imq Ingenieurbetrieb GmbH)

es, Betrachtungen über den eigentlichen Prozess hinaus anzustellen und weitere Größen mit aufzunehmen, um eine möglichst gute Gesamtaussage zu erhalten. Im speziellen Fall wurde im Anschluss an den eigentlichen Schweißprozess noch ein geringer Strom aufrechterhalten, um den Widerstandsverlauf auch im Abkühlprozess beobachten zu können. Hierdurch lassen sich neben den Kernaussagen zur erwarteten Linsenausprägung des Schweißpunktes zusätzlich Informationen über mögliche Poren oder Risse erlangen. Werden darüber hinaus die durch die Schweißzange eingebrachten Kraftverläufe aufgenommen, sind des Weiteren Aussagen zu Spritzern und Auswürfen möglich. Wie auch im Bereich des Qualitätsmonitoring lassen sich derartige multikriterielle Probleme vorteilhaft mit modernen Klassifizierungsverfahren lösen. Zum einen können sie den Anwender unterstützen, Korrelationen zwischen den gesuchten Prozess- oder Qualitätsmerkmalen und den Merkmalen in den Messgrößen zu finden, zum anderen kann man diese Verfahren optimal für eine automatische Erkennung der angelernten Fehlermuster verwenden. Die Erarbeitung eines Lösungsansatzes unter Hinzuziehung interdisziplinärer Kompetenzen aus den Bereichen des eigentlichen Fertigungsprozesses, der Messtechnik und darüber hinaus aus dem Bereich der Analysemethoden ist entsprechend wichtig.

3.4 Wartung und Instandhaltung

Definiert wird die Instandhaltung über verschiedene Normungswerke, allgemein über die DIN 31051 „Grundlagen der Instandhaltung“ sowie über die DIN EN 13306 „Begriffe der Instandhaltung“. Die Wartung und Instandhaltung hat vielfältigsten direkten und indirekten Einfluss auf Ressourceneffizienz einer Produktion.

Direkten Einfluss übt beispielsweise der Verschleiß an Werkzeugen und Maschinen aus, was zu einem Ansteigen des Energieverbrauchs je gefertigtem Teil führt. Indirekten Einfluss haben unter anderem die Instandhaltungsintervalle und -zeiten, durch welche die mögliche Maschinen- und Anlagenauslastung maßgeblich mitbestimmt werden.

Je nach Aufstellung der Produktion werden heutzutage verschiedene Strategien der Instandhaltung genutzt.

Als wesentlich zu nennen sind:

- präventive Wartung und Instandhaltung
- vorausschauende Wartung und Instandhaltung
- zustandsorientierte Wartung
- Instandsetzung nach Ausfall.

- Präventive Wartung und Instandhaltung

Bei der präventiven Wartung und Instandhaltung werden aufgrund von Erfahrungswerten oder Risikoberechnungen in der Regel zyklische Wartungsintervalle eingeführt, in welchen Verschleißteile oder Betriebsmittel ohne Rücksicht auf ihren tatsächlichen Verschleiß vorausschauend gewechselt werden. Die Zyklen können dabei durch Kennzahlen, wie Betriebsstunden oder Anzahl der gefertigten Teile, oder rein zeitgesteuert festgelegt werden.

Werden Methoden der Risikoanalyse für die Definition der Intervalle herangezogen, wird von risikobasierter Instandhaltung gesprochen.

Dieses Vorgehen sichert weitgehend eine hohe Maschinen- und Anlagenverfügbarkeit, wenn die Intervalle ausreichend kurz gewählt wurden. Aus Ressourcensicht wird hier jedoch der tatsächliche Bedarf sowohl hinsichtlich notwendiger Ersatzteile und Verbrauchsmaterial als auch hinsichtlich Zeit und Kapital häufig weit überzogen.

- Vorausschauende Wartung und Instandhaltung

Bei der vorausschauenden Wartung und Instandhaltung werden die Zeitpunkte der notwendigen Arbeiten aufgrund festgelegter Kenngrößen an den zu wartenden Teilen oder Systemen definiert. Hierzu gehört beispielsweise der Wechsel von Verschleißteilen aufgrund einer vorher festgelegten Verschleißmarke. Notwendige Ersatzteile werden in dieser Variante optimal eingesetzt. Jedoch lassen sich nicht alle Komponenten, welche einem Verschleiß unterliegen, durch entsprechende Marker überwachen. Insofern kommt die vorausschauende Wartung häufig in Kombination mit der präventiven Wartung zum Einsatz.

- Instandsetzung nach Ausfall

Bei einer Instandsetzung nach Ausfall wird ein Versagen von Komponenten in Kauf genommen. Für Produktionseinrichtungen ist dies nur für unkritische Komponenten einer Anlage akzeptabel. Hierzu kann man zum Beispiel allgemeine Beleuchtungseinrichtungen zählen, wobei auch hier eine möglichst schnelle Reparatur angestrebt werden sollte. Insbesondere Folgefehler sind ansonsten häufig nicht zu vermeiden.

- Zustandsorientierte Wartung

Die zustandsorientierte Wartung bildet aus Sicht der Instandhaltungsaufwendungen die optimalste, wenn auch technisch aufwendigste Variante. Hierbei werden permanent verschleißbezogene Zustände der Anlage über eine entsprechende Sensorik aufgenommen und ausgewertet. Unterschreitet eine überwachte Komponente einen definierten Abnutzungsgrad, welcher für einen sicheren Betrieb der Anlage nötig ist, wird ein entsprechender Wartungsvorgang initialisiert. Aufgrund der Vorhaltung von Abnutzungsvorräten kann dies so gesteuert werden, dass

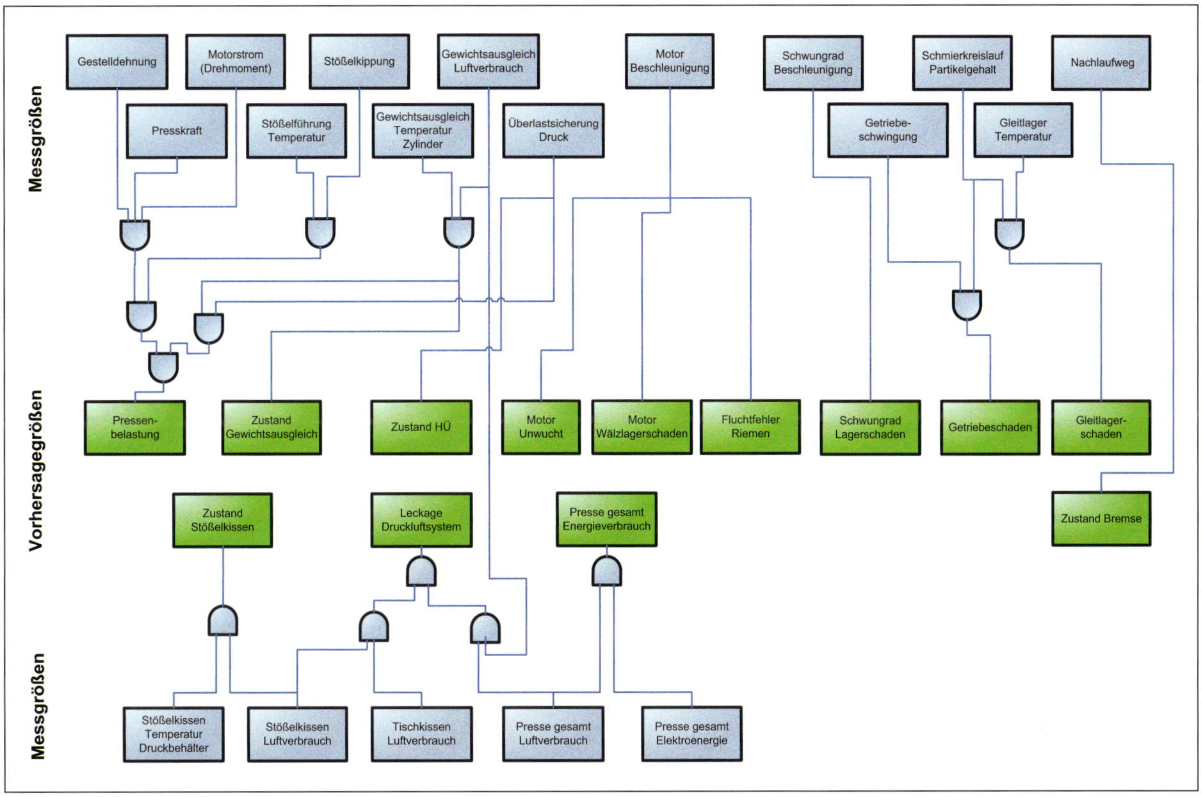

Abb. 3.7 Das Prinzip des Condition Monitoring, hier am Beispiel von Pressen, bietet eine exzellente Basis für eine optimale zustandsorientierte Instandhaltung von Maschinen und Anlagen.

die Produktion nicht sofort, sondern planbar unterbrochen werden kann. Die folgende Abbildung zeigt die notwendigen Verknüpfungen von Messgrößen zur Berechnung von Vorhersagegrößen am Beispiel einer Presse. Die Aufnahme von Basisgrößen wie Druck, Temperatur oder Lage kann dabei oftmals mit relativ geringem technischen Aufwand erfolgen, das Know-how liegt in der korrekten Bewertung der Größen.

In allen Varianten sollten anlagenübergreifende Betrachtungen im Sinne der gesamten Prozesskette sowie gesamtheitliche Risikobewertungen bezüglich des Eigentums, aber auch eben des Mitarbeiters und der Umwelt, in die Planung mit einfließen. Ansätze hierzu bieten Konzepte wie das Total Productive Management (TPM) oder ähnliche, welche neben der direkten Vermeidung von Betriebsstörungen auch Punkte wie das Qualitätsmanagement, das Training und die Ausbildung der Mitarbeiter sowie den Arbeits- und Umweltschutz explizit mit einbeziehen. Auf diese Weise können nicht nur technisch verursachte Ausfälle vermieden, sondern durch die Einbeziehung des Menschen auch die Gesamtverfügbarkeit der Maschinen und Anlagen wesentlich erhöht werden.

Literatur

Bayrisches Landesamt für Umwelt (Hrsg.): Energieeinsparung in Lackierbetrieben – Langfassung, Augsburg 2006

Pfeifer, T. et al.: Untersuchungen zur Qualitätssicherung, Stand und Bewertung – Empfehlungen für Maßnahmen, Forschungsbericht KfK-PFT 155, Kernforschungszentrum Karlsruhe 1990

Brüggemann, H., Bremer, P.: Grundlagen Qualitätsmanagement – Von den Werkzeugen über Methoden zum TQM, Springer Vieweg, ISBN 978-3-8348-1309-1, 2012

Crosby, P.: Cutting the cost of quality, Boston, Industrial Education Institute, OCLC 616899,1967

Crosby, P.: Quality is Free, New York: McGraw-Hill, ISBN 0-07-014512-1, 1979

4 Ressourceneffiziente Logistik

Katja Klingebiel, Lars Hackstein, Jan Cirullies,
Matthias Parlings, Kathrin Hesse,
Christian Hohaus, Eike-Niklas Jung

VI

In Wirtschaft und Forschung existieren verschiedene Ansätze zur Verbesserung der Ressourceneffizienz im Bereich der Herstellprozesse und mit Fokus auf das einzelne Unternehmen (Straube et al. 2008, S. 22). Im Zuge der Globalisierung ist eine Ausweitung der Liefernetzwerke bei gleichzeitiger Verringerung der Fertigungstiefe zu beobachten, die unter anderem zu einem steigenden Bedarf an Transporten führt (Pfohl 1997, S. 183; Plümer 2003, S. 125). Daher ist es unabdingbar, das gesamte Wertschöpfungsnetzwerk in die Planung einzubeziehen, um eine effektive Steigerung der Ressourceneffizienz zu ermöglichen.

Hohes Potenzial bietet die *Logistik*, da sie als verbindendes Element der Produktionsstandorte die Güter- und damit die Verkehrsströme steuert.

Ökonomische Gesichtspunkte sind in der Marktwirtschaft seit jeher die treibende Kraft der Weiterentwicklung der Logistik. Die Optimierung der Logistikeffizienz, d. h. des Quotienten aus Logistikleistung und Logistikkosten, wird als klassischer Zielkonflikt der Logistik verstanden (s. Abb. 1). Logistische Aktivitäten verursachen Kosten, deren Senkung im besonderen Interesse der Unternehmen liegt. Bestände führen nicht nur zu steigenden Kosten aufgrund von Kapitalbindung, sondern erfordern auch zusätzliche Lagerkapazitäten und verringern die Flexibilität, z. B. wenn Artikel obsolet zu werden drohen. Den Gegenpol zu den Kosten bildet die logistische Leistung der Lieferkette, die sich zusammensetzt aus der Produktivität, Verfügbarkeit und einem (vorzugsweise hohen) Servicegrad, der beispielsweise Funktionalitäten wie eine Sendungsverfolgung umfassen kann[1]. Kürzere Durchlaufzeiten, z. B. für die Wiederbeschaffung, bedeuten kürzere Reaktionszeiten auf die Kundennachfrage und führen somit zu einer höheren Flexibilität. Eine hohe Logistikleistung liegt somit auch im Interesse des Kunden.

Die zunehmende *Verknappung von natürlichen Ressourcen* und die damit einhergehende Preissteigerung stärkt das Bewusstsein der Unternehmen für einen effizienten Umgang mit Ressourcen. Beispielsweise wird in der deutschen Elektroindustrie die Beschaffung bestimmter Rohstoffe, u. a. strategische Metalle, wie Seltene Erden, als kritisch eingestuft. Der Zentralverband Elektrotechnik- und Elektronikindustrie e.V. (ZVEI) hat in Zusammenarbeit mit der Commerzbank eine Reihe von Maßnahme identifiziert, diesen Beschaffungsrisiken entgegen zu wirken. Dabei wird die Steigerung der Ressourceneffizienz als wichtiger Baustein zur langfristigen Gewährleistung der Versorgungssicherheit der deutschen Industrie angesehen (ZVEI 2010).

Neben der Ressourceneffizienz ist der Klimawandel eng verbunden mit dem Verbrauch fossiler Energieträger, denn rund 65 % der anthropogenen CO_2-Emissionen sind auf die Verbrennung fossiler Brennstoffe in Anlagen und Motoren zurückzuführen (Hesse 2008, Hesse 2009). Diese Sensibilisierung hinsichtlich der Treibhausgasemissionen wird durch die politisch vorangetriebene Internalisierung von ökologisch induzierten Kosten zukünftig weiter zunehmen. Dazu gehören die seit 2005 installierte fahrleistungsabhängige Lkw-Maut auf deutschen Autobahnen (BMU 2009a), die Aufnahme des Luftverkehrs in den Emissionshandel ab 2012 (Europäisches Parlament 2008) oder die politisch und wissenschaftlich diskutierte Aufnahme des Transportsektors in den Emissionshandel.

Auch der *Druck seitens Politik, Gesellschaft und Kunden* verstärkt die Entwicklung hin zu einem effizienten Umgang mit Ressourcen der Logistik. So verfolgt die Bundesregierung im Bereich Klimaschutz und Energieeffizienz ambitionierte Ziele: Die volkswirtschaftliche Energieproduktivität soll sich bis 2020 verdoppeln, d. h., die Energieproduktivität muss um mehr als 3 % pro Jahr erhöht werden (BMU 2009b). Die Erhöhung der Energieproduktivität bedeutet für die Unternehmen der Logistikbranche, mit vermindertem Einsatz energetischer Ressourcen die gleiche logistische Leistung zu erzielen. Dieser Ansatz wird in der sogenannten grünen Logistik verfolgt, die nach einer Studie der Bundesvereinigung Logistik (BVL) von 90 % der befragten Unternehmen

[1] Vgl. zum Beispiel VDI-Richtlinie 4400, Blatt 3

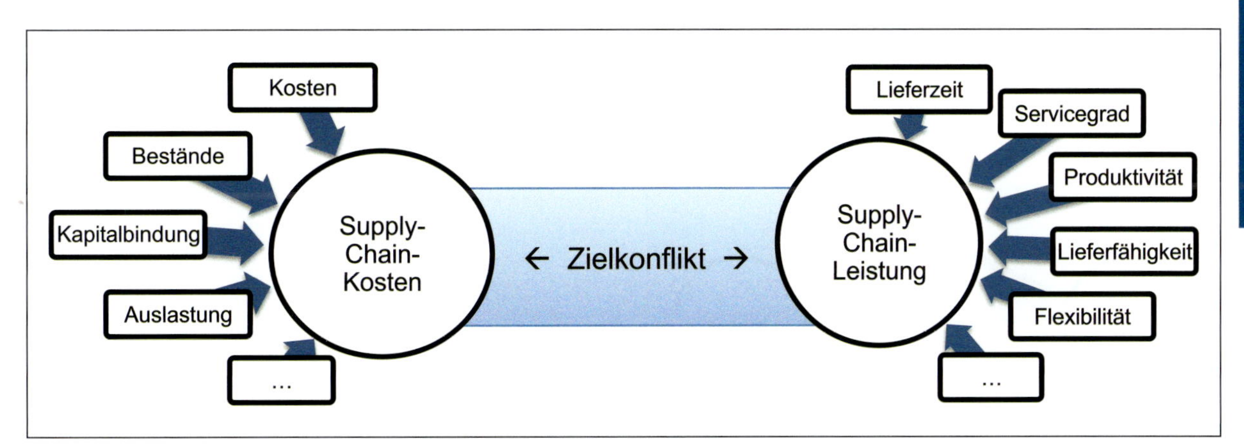

Abb. 1 Zielgrößen und Indikatoren zur Bewertung von Logistiksystemen (Cirullies et al. 2011, S. 610)

nicht als „Modeerscheinung“, sondern als nachhaltiges Thema angesehen wird (Straube, Pfohl 2008, S. 66).
Verschiedene Studien mit Fokus auf globale Supply Chains belegen, dass viele Unternehmen mittlerweile bereit sind, gesellschaftliche Verantwortung zu übernehmen (Clausen 2011).

- 81 % der Unternehmen wollen verstärkt ihre Umweltschutzmaßnahmen vorantreiben oder steigern.
- 60 % der Unternehmen verringern aktiv ihre CO_2-Emissionen.
- 24 % der Unternehmen berichten von resultierenden Kosteneinsparungen.
- 73 % Unternehmen denken, dass Nachhaltigkeit eine Chance zur Stärkung der Marke darstellt.
- 56 % der Unternehmen erwarten, dass die CO_2-Emissionen in Zukunft teurer bzw. bepreist werden.
- 76 % der Unternehmen beantworten damit Kunden- und Verbraucheranforderungen.
- 25 % der Unternehmen verlangen von ihren Logistikdienstleistern den Nachweis von CO_2-Emissionen.

Dies zeigt, dass die Ressourceneffizienz in der Logistik zu einem wirtschaftlichen Erfolgsfaktor und einem schlagkräftigen Marketinginstrument geworden ist.
Eine neue Dimension *ökologischer Kriterien* ist besonders im Rahmen einer ressourceneffizienten Logistik notwendig, die den Energiebedarf, den Ressourcenverbrauch und die in den Prozessen verursachten Emissionen bewertbar macht. Um die Verankerung ökologischer respektive ressourceneffizienter Ziele auf allen Planungsebenen zu gewährleisten, ist die gleichrangige Integration dieser Zielgrößen in das etablierte zweidimensionale Zielsystem erforderlich. So ist eine logistische Entscheidung in dem Spannungsfeld aus Kosten, Leistung und Umwelt zu treffen. Diese Ziele können häufig nicht in gleichem Maße erreicht werden. Eine individuelle Abwägung des jeweiligen Zielerreichungsgrades ist erforderlich (Abb. 2).

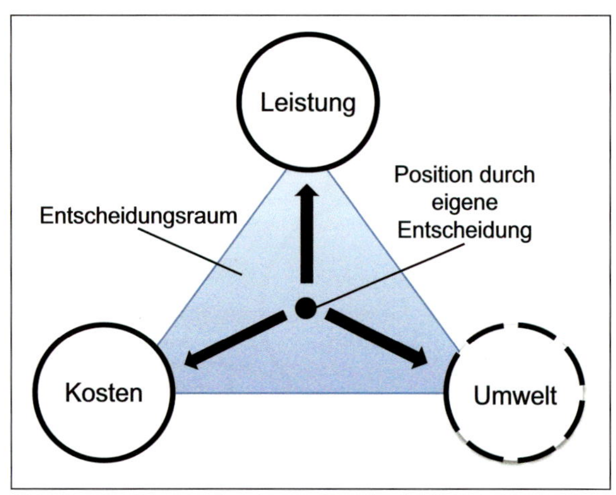

Abb. 2 Bestimmung der eigenen Position im Entscheidungsraum zwischen Leistung, Kosten und Umwelt

Das Zielsystem bezieht sich dabei gleichermaßen auf alle Planungsebenen von Logistiksystemen. Diese erstrecken sich von der Strukturierung des Liefernetzwerks über die Steuerung desselben bis hin zu den eingesetzten Techniken, die für die physische Bewegung der Logistikobjekte verantwortlich sind. Letztere lässt sich weiterhin in Abhängigkeit der zu überwindenden Distanzen in die Bereiche Transportlogistik und Intralogistik unterteilen. Während die Transportlogistik für den außerbetrieblichen Transport über größere Distanzen verantwortlich ist, beschäftigt sich die Intralogistik im Wesentlichen mit dem innerbetrieblichen Transport, der auch als Fördern bezeichnet wird. Trotz eines nachgewiesenen hohen Einspar- und Rationalisierungspotenzials in der Intralogistik steht die Ressourceneffizienz bei der Planung intralogistischer Systeme weiterhin im Hintergrund. Beispielsweise werden bei der *Planung von Materialflusssystemen* bislang die Energiekosten pauschal abgeschätzt (i. A. prozentual der Investitionskosten, oftmals ca. 3 % für Energiekosten p. a.). Eine Aufstellung der Energiekosten abhängig von den eingesetzten förder- und lagertechnischen Gewerken und deren Anordnung bzw. deren Zusammenspiel im System wird nicht vorgenommen, da die dafür benötigten Kennwerte nicht zur Verfügung stehen. Die Fokussierung auf die Investitionskosten hemmt dabei die Verbreitung von verbrauchsoptimierten Systemen. Allein im Bereich der elektrischen Antriebe ist laut ZVEI eine Stromeinsparung von 27,5 Mrd. kWh jährlich durch den Einsatz energiesparender Technologien möglich. Durch die Vielzahl eingesetzter Elektromotoren im Bereich der Fördertechnik, die maßgeblich die Abläufe innerhalb intralogistischer Systeme bestimmt, liegt das Einsparpotenzial bei bis zu 30 % der gesamten vom ZVEI prognostizierten Stromeinsparung. Neben der Verfügbarkeit exakter Kennwerte für technische Systemalternativen ist die Schaffung neuer Antriebs- und Bedienkonzepte für die Erschließung alternativer Antriebskonzepte ein wesentlicher Baustein für die Verbreitung energiebezogener Gestaltungsregeln in der Intralogistik.
Die nachfolgenden Beiträge erläutern anhand aussagekräftiger Beispiele Maßnahmen zur Steigerung der Ressourceneffizienz im Bereich der Logistik. Die beschriebenen Maßnahmen umfassen sowohl die Planung und den operativen Betrieb logistischer Netzwerke als auch den Bereich der technischen Intralogistik.

4.1 Strategische Logistiknetzwerkplanung: Ressourceneffiziente Gestaltung

Neben dem Einsatz effizienterer Technologien, z. B. effizientere Transportmittel und Antriebstechnik, kann die logistische Ressourceneffizienz insbesondere durch eine *Optimierung logistischer Strukturen und Prozessen* gesteigert werden. So kommen die TU Wien und die Fraunhofer Austria Research GmbH zu dem Ergebnis, dass über die Verbesserung der Transportlogistik mittels innovativer Transportplanungsansätze ein großes Potenzial zur Emissionsreduktion bei reduzierten Kosten ausgeschöpft werden kann (Sihn et al. 2010, S. 76). Zum 4. Wissenschaftssymposium der BVL resümieren auch Günthner u. a., dass „durch eine Verknüpfung unterschiedlicher Maßnahmen zur *Prozessoptimierung* eine Verbesserung der Energieeffizienz und eine Verringerung von CO_2-Emissionen erreicht werden“ könne (Günthner et al. 2008, S. 363).

In diesem Bereich zu berücksichtigende Stellschrauben zur ressourceneffizienten Optimierung betreffen einerseits die *strategische Logistiknetzwerkplanung*, d. h. unter anderem die Gestaltung der Anzahl und geografische Lage der Partner, die *Wahl der Versorgungskonzepte* zwischen den Unternehmen (z. B. Just-in-time mit vielen Kleinlieferungen vs. größerer Versorgungslosgrößen und Bestandsaufbau) und die *Planung der Material- und Informationsflussprozesse*.

Für einen möglichst *ressourcenschonenden Betrieb der Logistiknetzwerke* müssen andererseits die richtigen Entscheidungen in der operativen Planung und Kontrolle der Abläufe getroffen werden. So kann im operativen Transportmanagement mit der Wahl der Transportmittel sowie einer Auslastungsoptimierung ein Beitrag zur Ressourceneffizienz geleistet werden.

Während das folgende Kapitel die strategischen Aufgabenstellungen beleuchtet, widmet sich Kapitel VI.4.2 dem ressourceneffizienten Betrieb.

4.1.1 Strategische Ansatzpunkte für eine ressourceneffiziente Logistikgestaltung

Die oberste, strategische Entscheidungsebene bestimmt auf Basis unternehmenspolitischer Vorgaben über die unternehmensübergreifende Gestaltung eines Logistiknetzwerks, d. h. seiner Strukturen und Prozesse (Plümer 2003, S. 6). Der Planungshorizont umfasst einen Zeitraum von mehreren Monaten bis hin zu mehreren Jahren (Kuhn, Hellingrath 2002) und in der Regel sind für diese strategischen Entscheidungen nicht unerhebliche Investitionen zu tätigen, deren Umsetzungen nur schwer reversibel sind (Delfmann 1989, S. 217).

Zu den Gestaltungsaufgaben gehören auf der Strukturebene die Bestimmung der Anzahl an Netzwerkstufen, die räumliche Verteilung von Knotenpunkten (Produktionsanlagen, Lagerhäuser etc.), die Verbindung bzw. Vernetzung dieser Lokalitäten im Sinne der Relationen sowie die Zuordnung von Produktgruppen zu Standorten und Relationen. Gestaltungsfelder auf der Prozessebene umfassen die Auswahl der SC-Konzepte und die der einzelnen Prozessschritte im Ablauf der Supply Chain sowie die Gestaltung der Informationsprozesse zwischen den Partnern der Supply Chain und die Auswahl der IT-Systeme (Sucky 2008, S. 939–940).

Die Ergebnisse dieser Gestaltungsaufgaben bestimmen den Spielraum der unteren Planungsebenen. Folglich resultiert hier großes Potenzial für eine Verbesserung der Ressourceneffizienz. Jedoch besitzt diese Aufgabenstellungen eine außerordentliche Vielschichtigkeit.

Ressourceneinsatz findet in allen Supply-Chain Prozessen von der Beschaffungslogistik über die Produktionslogistik bis zur Absatzlogistik statt. Aufgrund teilweise immer noch stark hierarchisch geprägter Unternehmensstrukturen grenzen sich diese Logistikbereiche trotz aller Integrationsbemühungen des Supply-Chain-Managements häufig noch deutlich untereinander ab. So teiloptimieren sich einzelne Aufgabenbereiche, während Schnittstellen unbeachtet bleiben. Oft ist zu beobachten, dass Beschaffungs- als auch Absatzlogistik einer optimierten Produktionslogistik zuarbeiten. Dies führt zwangsläufig zu ineffizientem Ressourceneinsatz.

Als plakatives Beispiel sei ein Unternehmen mit mehreren Produktionsanlagen in Europa angeführt. Ware für den italienischen Markt wird in erheblichem Umfang an Werksstandorten in Deutschland gefertigt, da der italienische Standort zwar technisch zur Produktion befähigt ist, aber aufgrund von Losgrößenaspekten ineffizienter arbeitet. Unbeachtet bleibt bei dieser Werkszuordnung, dass der Transport der Fertigware von Deutschland nach Italien zu einer gesamthaft ungünstigeren Lösung führt, als die marktnahe Produktion. Mithilfe moderner Gestaltungsmethoden lässt sich ein ausgewogenes Maß von zu akzeptierenden Ineffizienzen über alle Logistikbereiche bestimmen, die so eine unternehmensweit ressourceneffizientere Lösung erreichen. Im Folgenden sollen die Gestaltungsparameter einer ressourceneffizienten Logistik diskutiert werden.

4.1.1.1 Ansatzpunkte einer ressourceneffizienten Transportlogistik

Zentrale Aufgabe der Transportlogistik ist das außerbetriebliche, physische Bewegen von Gütern innerhalb eines Logistiknetzwerks. Somit spielt sie als Querschnittsfunktion in allen Bereichen der Logistik, namentlich Beschaffungs-, Produktions- und Absatzlogistik eine wichtige Rolle. In der Beschaffung fällt der Transportlogistik die Aufgabe zu, die Versorgung der Produktion bzw. Lager (z. B. im Handel) zu gewährleisten. Innerhalb der Produktionslogistik ist sie für den Zwischenwerkstransport zuständig. Dies ist dann erforderlich, wenn Produktionsgüter über verschiedene Produktionsstufen an verschiedenen Standorten gefertigt werden und dadurch Transporte von Halbfertigware erforderlich sind. In der Absatzlogistik besteht die Aufgabe in der Versorgung der Märkte. Dies beinhaltet das Befüllen der Distributionslager und die davon ausgehende Versorgung der Absatzmärkte.

Strategische Planungsansätze (Vastag 1997) innerhalb der Transportlogistik arbeiten auf historischen oder prognostizierten „aggregierten Transportdaten". Die Erfahrung hat gezeigt, dass die Schaffung eines aussagekräftigen Datengerüstes einen zeitaufwendigen und für das Unternehmen sehr arbeitsintensiven Part darstellt. Die Gründe hierfür sind seltener das Fehlen der notwendigen Daten als die Möglichkeit des effizienten Zugriffs hierauf. Prinzipiell lassen sich die folgenden Datenbedarfe unterscheiden:

- Standorte: Sie enthalten Adressen und alle wichtigen Kenngrößen zu den existierenden Produktions- Umschlags- und Lagerstandorten.
- Kunden: Auch hier gilt, dass die eindeutige Identifizierung der einzelnen Kunden und die Möglichkeit der geografischen Codierung als Grundinformationen bereitstehen müssen.
- Bewegungs- und Auftragsdaten: Hier gilt es, die historischen oder prognostizierten Warenströme über einen repräsentativen Zeitraum abzubilden. Diese oftmals auch als Lieferscheindaten bezeichneten Informationen geben Antwort auf die Frage: „Was ist wann von wo nach wo über welche Strecke transportiert worden?" Sie enthalten Daten über den transportierten Artikel bzw. die transportierte Sendung, über den Abgangsort, über den Empfänger und das frachtpflichtige Gewicht.

Die wesentlichen Kostentreiber innerhalb der Transportlogistik lassen sich nach folgenden Komponenten aufteilen:

- Handling-Aufwand
- Transportmittel
- Transportentfernung
- Transportmenge
- Lieferservice.

In diesem Zusammenhang lassen sich für die Kostenbewertung nötige Berechnungsregeln basierend auf den zuvor genannten Komponenten ableiten.

Schildt definiert, dass die „transportabhängigen Kosten von der geografischen Lage der Anbieter und Nachfrager sowie von der Höhe der ausgelieferten Menge, bzw. der Lieferfrequenz, d. h. Lieferungen je Zeiteinheit, determiniert" werden (Schildt 1994). Dabei wird von einem „fiktiven Transportmittel" ausgegangen, das über zuvor

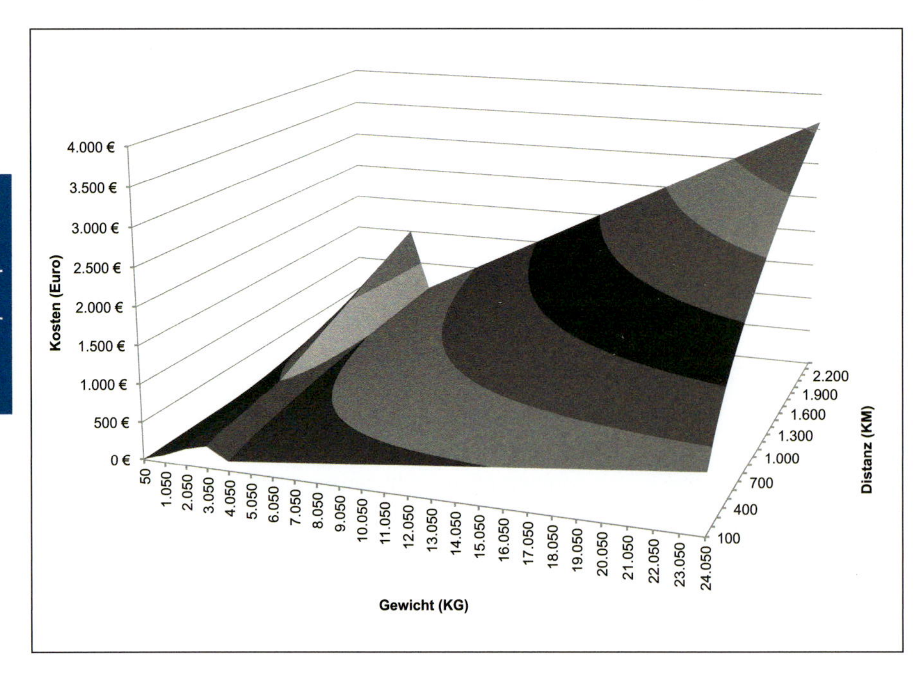

Abb. 3 Degressive Transportkostenfunktion

definierte Leistungsdaten verfügt (wie z. B. Ladekapazität oder Durchschnittsgeschwindigkeit). In Kombination mit der aggregierten Liefermenge können pro Lieferrelation (Punkt zu Punkt) entsprechende kalkulatorische Kosten ausgewiesen werden. Die jeweiligen Verortungen und Entfernungen können auf Basis digitaler Straßenwerke (van Bonn 2001) mit effizienten Routing-Algorithmen (Prestifilippo 2003) berechnet werden.

Dies unterstellt jedoch keine linearen Zusammenhänge zwischen den genannten Faktoren und den letztlich anfallenden Kosten. Beispielsweise weisen typische Kostenverläufe für Transportvorgänge für sowohl steigende Entfernung wie auch für steigende Mengen degressiv verlaufende Kostenentwicklungen auf. Beispielsweise kostet der Transport einer Tonne pro Kilometer bei einer Fahrstrecke (Stichstrecke) von 200 Kilometern mehr, als sie es bei einer Fahrstrecke von 400 Kilometern kostet. Denn mit zunehmender Fahrleistung reduzieren sich die Auswirkungen der Fahrzeugfixkosten an den Gesamtkosten.

4.1.1.2 Ansatzpunkte für eine ressourceneffiziente Produktionslogistik

Die Produktionslogistik ist verantwortlich für die Planung, Steuerung und Kontrolle der logistischen Abläufe in der Produktion. Sollen Elemente der Produktionslogistik im Rahmen von strategisch- bis taktischen Planungen eingebettet werden, so sollte dies nur in sehr begrenztem Umfang geschehen. Im Kontext dieses Beitrags besteht die zentrale Aufgabe der Produktionslogistik in der Erstellung des Produktionsplans, der vorgibt, welches Produkt in welcher Menge an welchem Produktionsort gefertigt wird. Des Weiteren wird nachfolgend von einer mehrstufigen, diskontinuierlichen Mehrproduktproduktion ausgegangen, deren Auflagengrößen sich im Bereich der Massen- und Serienproduktion bewegen. Die Beziehung der Produktion zum Absatzmarkt (Günther, Tempelmeier 2009, S. 13) kann sowohl auftragsorientiert (*make to order*) als auch lagerorientiert sein (*make to stock*).

Das Primärziel der Einbettung ist es, Produktionsallokationen auf Standort- oder auf Anlagen-Level vornehmen zu können und ein konzeptionelles Hauptproduktionsprogramm zu generieren. Mit dessen Ergebnissen können Berechnungen zum benötigten Ressourcenaufwand in der Transportlogistik durchgeführt werden.

Zur Erstellung eines Hauptproduktionsprogramms sind folgende Parameter von Relevanz:

- Produktionsorte und -anlagen: Beinhaltet Informationen zu bestehenden Produktionsstandorten. Zudem sind je Standort alle Produktionsanlagen und ihre jeweilige Gesamtkapazität verzeichnet (z. B. in maximal verfügbarer Anzahl von Schichten).
- Produktinformationen: Hält Basisinformationen inkl. Erzeugnisstruktur aller zu produzierenden Güter vor. Im Falle von mehrstufigen Produktionsprozessen sind auch Informationen zu Vorprodukten (z. B. Halbfertigware) und letztendlich eine komplette Erzeugnisstruktur notwendig.
- Nachfragemenge: Leitet sich im strategischen/taktischen Kontext aus historischen Absatzmengen und Prognosen ab.
- Technologie: Liefert Technologie der Produktionsanlagen und Aussagen zur Produzierbarkeit von Artikeln. Hier ist hinterlegt, welcher Artikel auf welcher Anlage mit welcher Leistung gefertigt werden kann.
- Kritische Ober- und Untergrenzen für Losgrößen (sofern Losgrößenthematik nicht in Bewertungsfunktion aufgegriffen): Beispielsweise können diese Grenzen so definiert werden, dass eine Fertigungsanlage eine minimale Losgröße von 100 Paletten eines Guts produzieren muss, damit der Produktionsauftrag zulässig an diesen Produktionsort vergeben werden kann. Werden z. B. die Aufträge eines gesamten Monats in das System eingegeben, so kann auch eine dem Gesamtmonat angemessene Angabe zur verfügbaren Arbeitszeit am Produktionsort abgegeben werden.

Es bleibt zu diskutieren, wie eine Bewertung der Energie- und Ressourceneffizienz eines Hauptproduktionsprogramms vorgenommen werden kann, sofern man sich in einer Supply-Chain übergreifenden strategischen und/oder taktischen Planung befindet. Im Folgenden wird davon ausgegangen, dass einer der entscheidenden Einflussfaktoren die Ausnutzung von degressiven Skaleneffekten ist. Die gleichen Effekte, die auf wirtschaftlicher Ebene durch die Economies of Scale und die Economies of Scope (Schildt 1994) beschrieben werden, wirken sich ebenfalls positiv auf die Energie- und Ressourceneffizienz aus.

Daraus abgeleitet ergeben sich für das strategische Modell folgende Bewertungsgrundlagen:

- Gewählte Losgrößen und damit verbundene Rüstzeiten je Anlage;
- Genutzter Leistungsgrad je Anlage (basierend auf gewähltem Produktionsplan der Anlage). Wie energie- und ressourceneffizient kann das geplante Produktionsprogramm auf den jeweiligen Anlagen gefahren werden?
- Wie lange stehen Produktionsanlagen im Gesamtsystem über den Betrachtungszeitraum still?

Nachdem nun Ansatzpunkte vorgestellt wurden, sollen im Folgenden zwei Verfahren vorgestellt werden, die sich zur ressourceneffizienten Gestaltung von Logistiknetzwerken eignen.

4.1.2 Ein Optimierungsverfahren für die strukturelle Gestaltung ressourceneffizienter Logistik

In den wissenschaftlichen Publikationen finden sich zahlreiche grundlegende Verfahren für die Transport- und Produktionsplanung (Günther, Tempelmeier 2009) und auch weiterführende, ganzheitliche Modellierungen für Supply-Chains (Erengüc, Simpson, Vakharia 1999). Letztere sind häufig aus Spezialfällen der Praxis entstanden oder sind für einzelne Branchen mit branchenspezifischen Anforderungen wie z. B. die Automobilbranche entworfen worden (Zesch, Brauer, Schwede 2009).

Erfahrungsgemäß haben viele Unternehmen das Potenzial nicht ausnutzen können, was bereits durch Teiloptimierungen ihrer Supply-Chain zu erzielen wäre. Dabei besitzen bereits Optimierungen für eng abgesteckte Bereiche der Supply-Chain das Potenzial für hohe Einsparungen. Beispielhaft dafür ist die Optimierung der Zuordnung von Produkten zu Produktionsorten.

Der größte Einsatz von Ressourcen findet in Supply-Chains in den Bereichen Produktion und Transport statt. Daher sollten Projekte zur Effizienzsteigerung möglichst auch diese beiden Bereiche abdecken, um nach Realisierung auch tatsächlich die erhofften Potenziale aufdecken zu können. Im Folgenden werden diese beiden Teilbereich im Kontext einer strategischen Planung beleuchtet. Es wird dargestellt, welche Parameter für den jeweiligen Bereich relevant sind, wenn sie in einer strategischen Supply-Chain-Planung berücksichtigt werden. Darauf folgend wird ein Konzept entwickelt, bei dem beide Bereiche innerhalb eines strategischen Planungsansatzes sinnvoll kombiniert werden können.

Das Themengebiet der Supply-Chain-Optimierung beschreibt den Ansatz einer ganzheitlichen Optimierung unter Berücksichtigung aller am logistischen Wertschöpfungsprozess beteiligten Bereiche: Dies umfasst Beschaffung, Produktion, Transport und Lagerung.

Es wird angenommen, dass bereits stark abstrahierende Modellierungen einen hohen Grad an Komplexität ausweisen. Dadurch besteht die Gefahr, dass die Komplexität des Entscheidungsraums den Blick auf die wesentlichen Stellschrauben im Netzwerk verdeckt. In diesem Zusammenhang darf der Aufwand für die Beschaffung aller benötigten Informationen (wie z. B. Vorhaltekosten für Gut a an Standort j in Periode p) nicht unterschätzt werden, da diese nicht in der zuständigen Fachabteilung des Unternehmens vorliegen.

Sinnvoll ist in diesem Zusammenhang eine Reduzierung des Planungshorizonts auf die Bereiche Produktions- und Transportlogistik, da sie erheblichen Ressourceneinsatz erfordern und Datenqualität und -umfang erfahrungsgemäß ausreichend vorhanden sind. Es sollte die Vorgabe gelten, mit möglichst wenigen Informationen einen größtmöglichen Raum für die Potenzial-Entwicklung aufzustellen.

Bei einer kombinierten Produktions- und Transportplanung steht die Allokation von Produkten und Vorprodukten zu den möglichen Produktionsstandorten und deren Produktionsanlagen im Fokus, um ein Gesamtoptimum nach Kosten oder Ressourceneffizienz (je nach Zielsetzung) zu erreichen.

Unabhängig von der genauen Zielsetzung lassen sich zwei generelle Zielsetzungen formulieren:

- Erstens die Verbesserung der Maschinenauslastung bestehender Produktionsstandorte und somit einer effizienteren Produktion in Absatzgebieten.
- Zweitens die Reduktion der Transportkilometer im Zwischenwerks- und Zustellverkehr durch nachfrageorientierte Wahl des Produktionsstandortes (Produktion am Nachfrageort).

Modellbildung

Im Folgenden wird ein exemplarisches Modell beschrieben, das die Kopplung von Produktions- und Transportlogistik unterstützt. Dabei wird von einem zweistufigen Fertigungsprozess mit der Möglichkeit von Zwischenwerkstransporten von Vorprodukten ausgegangen. Mit Hinblick auf den Modellierungsaufwand und die Lösbarkeit von realen Instanzen sind die Produktionsaspekte auf einem recht groben Niveau gehalten. Das Modell ist als LP-Modell (lineare Programmierung) formuliert und kann mithilfe moderner Lösungsverfahren (CPLEX 2011) oder Heuristiken gelöst werden.

Das hier beschriebene Modell formuliert folgende Fragestellungen, die es zu optimieren gilt.

- Welche Kunde sollten von welchem Standort beliefert werden?
- Welcher Artikel sollte auf welcher Anlage in welcher Menge produziert werden (gilt für Fertig- wie auch für Halbfertigware)?
- Welche Transportkosten entstehen sowohl für Zwischenwerks- als auch für Zustellrelationen?

Die Grundthese des zu entwerfenden Modells ist die, dass eine vom Absatzmarkt nachgefragte Menge bedient werden muss. Die nachgefragte Menge leitet sich aus historischen oder prognostizierten Absatzzahlen ab. Hier besteht für jeden Kunden i aus der Gesamtmenge aller Kunden U ein Bedarf D_{ia}, der für jeden Artikel a aus der Gesamtmenge aller Artikel A die nachgefragte Menge enthält. Diese Nachfragemenge muss von einer Anlage j aus der Gesamtmenge aller Anlagen der Fertigwarenproduktion M produziert werden. Einen Zugriff auf Lagerbestand sieht dieses durchsatzgetriebene Modell nicht vor:

$$\sum_{j\in M} x_{ija} = D_{ia} \qquad i\in U, \forall a\in A.$$

Sobald innerhalb des Modells eine Nachfragemenge produziert wird, muss diese erbrachte Leistung mit der gesamten zur Verfügung stehenden Arbeitszeit der betreffenden Anlage verrechnet werden. Dabei ist sowohl der Leistungswert der Anlage L_{ja} relevant, der die benötigte Leistung von Maschine j pro einer Mengeneinheit von Artikel a enthält, wie auch die Gesamtkapazität in Leistungseinheiten P_j der Anlage j von Relevanz:

$$\sum_{i\in U}\sum_{a\in A} x_{ija} \cdot L_{ja} \leq P_j \qquad \forall j\in M.$$

Die in diesem Fall vorgestellte Modellierung unterstützt einen zweistufigen Produktionsprozess. Der hierfür benötigte Zusammenhang zwischen produzierter Menge von Fertigproduktion und zuvor fertiggestellter Halbfertigware lässt sich als sogenannte Flusserhaltungsrestriktion definieren. Dies stellt sicher, dass alle zur Fertigwarenproduktion benötigten Halbfertigwaren ebenfalls produziert werden müssen. Dafür stehen Anlagen k aus der Gesamtmenge der Anlagen der Halbfertigwarenproduktion H zur Verfügung:

$$\sum_{i\in U} x_{ija} - \sum_{k\in H} y_{jka} = 0 \qquad j\in M, \forall a\in A.$$

Um Laufzeitverhalten und Transparenz des Lösungsansatzes zu gewährleisten, wird auf die explizite Modellierung der Halbfertigware verzichtet. Stattdessen werden der Bedarf und die erforderliche Produktion von Halbfertigware als Projektion auf die Fertigprodukte dargestellt. Ein Beispiel: Das Fertigprodukt a hat eine Gesamtnachfrage von 100 Tonnen. Das Produkt besteht aus zwei Halbfertigwaren e und f zu jeweils 50 %, die auf der Anlage k mit 3,5 t pro Stunde bzw. 2,5 t pro Stunde gefertigt werden können. Sofern die benötigte Halbfertigware zur nachgelagerten Produktion der Nachfragemenge von a auf Anlage k hergestellt werden soll, ergibt sich folgender Zusammenhang:

$$0{,}5 \cdot \frac{100\,t}{3{,}5\frac{t}{Std}} + 0{,}5 \cdot \frac{100\,t}{2{,}5\frac{t}{Std}} = 34{,}29\ Std.$$

(Benötigte Arbeitszeit auf Anlage k zur Herstellung der Gesamtnachfragemenge von a)

Dadurch ergibt sich die nächste benötigte Formulierung. Wie zuvor für die Anlagen der Fertigwarenproduktion wird für die Halbfertigwarenproduktion die Leistungsverrechnung eingeführt, so dass für jede Anlage k deren Gesamtkapazität in Leistungseinheiten P_k nicht überschritten werden darf. Dabei fällt für jede Einheit von Fertigprodukt a ein umgerechneter Leistungsaufwand $\hat{L}_{ja}$ für die Produktion der entsprechenden Halbfertigware:

$$\sum_{a\in A}\sum_{k\in H} y_{jka} \cdot \hat{L}_{ja} \leq P_k \qquad \forall j\in M.$$

Die im Folgenden dargestellten Restriktionen realisieren Beschränkungen an der Produktion der Fertigware. So geht dieses Modell von einer minimalen Produktionsmenge je Artikel aus, um adäquate Losgrößen zu garantieren. Dafür wird zunächst eine logische Variable (Indikatorvariable) s_{ja} eingeführt, die genau dann anschlägt, wenn die Anlage j den Artikel a produziert. Durch die Einführung der Indikatorvariablen wird das Modell zu einem gemischt-ganzzahligen Problem (Mixed-Integer Problem, MIP), welches komplexere Lösungsverfahren (z. B. Branch und Bound Verfahren) erforderlich macht und die benötigte Lösungszeit erhöht:

$$\sum_{i\in U} x_{ija} \leq s_{ja} \cdot \pi \qquad \forall j\in M, \forall a\in A,$$

$$\sum_{j\in M} s_{ja} \leq 1 \qquad \forall a\in A.$$

Mithilfe der Indikatorvariablen kann die Minimale-Produktionsmenge-Restriktion eingeführt werden. Sofern Artikel a auf Anlage j produziert wird, muss eine Mindestmenge von B Einheiten produziert werden. Der Parameter B lässt sich weiter verfeinern, so dass er auch eine artikelspezifische Mindestmenge vorgeben könnte (dann B_a):

$$B - \sum_{i\in U} s_{ja} \cdot x_{ija} \leq 0 \qquad \forall a\in A.$$

Die Zielformulierung beschreibt das tatsächliche Optimierungsziel während der Berechnung. Die beiden Kostenblöcke beschreiben die Transportkosten für Zustellung und Zwischenwerkstransporte. Die Produktionskosten stehen hierbei also nicht im Fokus und werden lediglich als Restriktionen (z. B. über die minimal zu produzierende Menge pro Artikel und Anlage) im Modell implizit verankert.

Der Parameter c^O_{jk} liefert die Transportkosten, die für den Transport einer Einheit zwischen Anlage j und Kunde i anfallen. Analog dazu liefert c^I_{jk} die Transportkosten, um eine Einheit im Zwischentransport zwischen Anlage j und Anlage k zu transportieren. Damit lässt sich festhalten, dass sich in dieser Zielformulierung die Transportkosten proportional (linear) zur transportierten Menge verhalten. Entscheidender ist jedoch, dass ein nach Entfernungen degressives Verhalten über die Kostenparameter c^O_{jk} und c^I_{jk} per se abbildbar ist:

$$Min \sum_{i\in U}\sum_{j\in M}\sum_{a\in A} x_{ija} \cdot c^O_{ij} + \sum_{j\in M}\sum_{k\in H}\sum_{a\in A} y_{jka} \cdot c^I_{jk}$$

Durchführung und Ergebnisse

Die beschriebene Modellbildung wird in Praxisprojekten mit strategischer und taktischer Ausrichtung eingesetzt. Nach Aufbereitung, Analyse und Validierung der benötigten Geschäftsdaten wird das virtuelle Mengengerüst aufgebaut. Über zuvor programmierte Schnittstellen kann dies dem Optimierungskern (z. B. CPLEX) übergeben werden. Im Kern ist bereits das Optimierungsmodell hinterlegt. Mithilfe von exakten Lösungsverfahren und Heuristiken kann dann das Mengengerüst hinsichtlich der vorliegenden Restriktionen optimiert werden. Per Rückübertragung und Spiegelung mit dem Mengengerüst werden die Ergebnisse analysiert und eventuell notwendige Anpassungen für weitere Läufe getätigt.
Um die Potenziale exemplarisch darzustellen, wird im Folgenden auf ein Praxisprojekt eingegangen, das im Jahr 2011 mit einem mittelständischen Unternehmen durchgeführt wurde. Der Fertigungsprozess umfasst Halbfertig- und Fertigware. Die Standorte befinden sich in Deutschland, Italien, Frankreich, Spanien und Polen. Die Distribution erfolgt europaweit fast ausschließlich per Komplettladung (Full Truck Load, FTL). Durch gewachsene Strukturen trat in der Vergangenheit oft das Problem von Kapazitätsengpässen bzw. Leerständen in der zweiten Fertigungsstufe auf. Zusätzlich belasteten das Unternehmen deutlich gestiegene Transportkosten. Diese wurden insbesondere durch viele Zwischenwerksverkehre und Produktionsallokationen weit weg vom jeweiligen Zustellmarkt verursacht.
Die Ergebnisse der Rechenläufe wurden zunächst im Projektteam analysiert, wobei geeignete Lösungen in einem erweiterten Team (Produktionsplaner, Logistiker) geprüft wurden. Wie der oben beschriebenen Bewertungsfunktion zu entnehmen ist, wurden die berechneten Varianten rein nach Transportaufwänden bewertet, wobei die produktionslogistischen Aspekte als Restriktionen beschränkend auf den zur Verfügung stehenden Lösungsraum wirkten. Abb. 4 ist zu entnehmen, wie sich die Optimierung auf die Lieferbeziehung im Gesamtnetzwerk auswirkt.
Die stark durch überregionalen Querversand geprägte IST-Situation (Status quo) wurde durch ein angepasstes Produktionsprogramm und neuer Kundenzuordnung so überarbeitet, dass regional abgegrenzte Zustellregionen entstanden, was letztendlich zu einer signifikanten Reduktion im größten Kostenbereich (≈ Ressourceneinsatz) der Zustellung führte. So konnten für das betrachtete Jahr rechnerische Einsparungen von über 20 % ermittelt werden (Abb. 5). Bereits für das nächste Quartal setzte das Unternehmen die Empfehlungen für die jeweiligen Artikelgruppen um.
Neben den Aussagen zur Transportplanung liefern die Rechenergebnisse auch das entsprechende Hauptproduktionsprogramm. Die Histogramme in Abb. 6 geben Auskunft über die Lastverteilung innerhalb des Anlagenparks im Fall des IST- und des SOLL-Konzepts. Während im ersten Fall ca. 60 % der Anlagen nicht unter Volllast gefahren werden, sind dies im zweiten Fall ca. 40 %. Insbesondere der Anteil der Maschinen, der mit einer Auslastung zwischen 20 und 80 % gefahren wurde, reduziert sich deutlich.
Ein weiterer Effekt der Kopplung schlägt sich in der Anzahl von Produkten nieder, die pro Anlage produziert werden sollen. Eine steigende Anzahl ist gleichzeitig mit steigenden Rüstzeiten und entsprechendem Leerlauf der Anlage verbunden. In Abb. 7 sind sogenannte Boxplots für die IST-Situation (Status quo) und die SOLL-Situation (optimiert) dargestellt. Sie sind so zu interpretieren, dass im Status quo der Hauptteil der Anlagen zwischen 8 und 25 unterschiedliche Artikel produziert. In der optimierten Variante verschiebt sich dieser Bereich auf 9 und 32. Der Mittelwert verschiebt sich von 15 auf 18 Artikel pro Anlage.

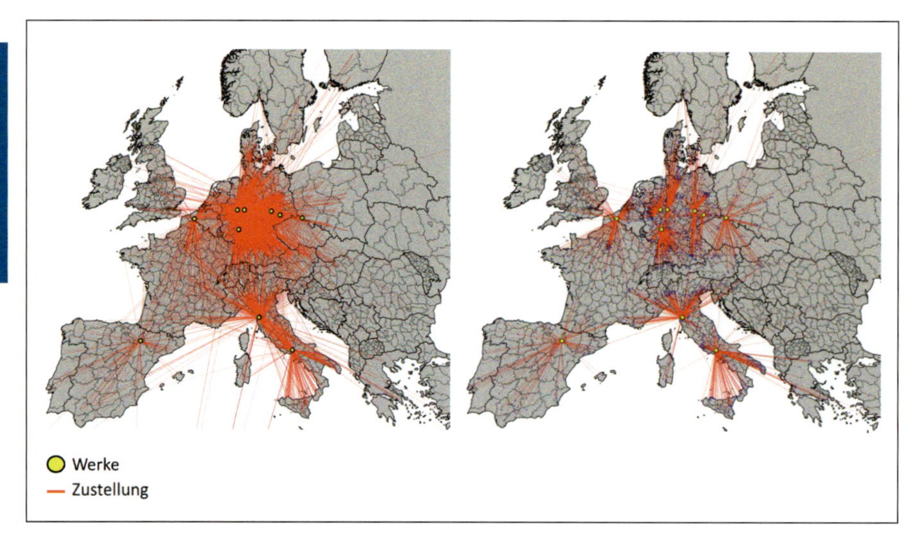

Abb. 4 Transportrelationen IST vs. SOLL

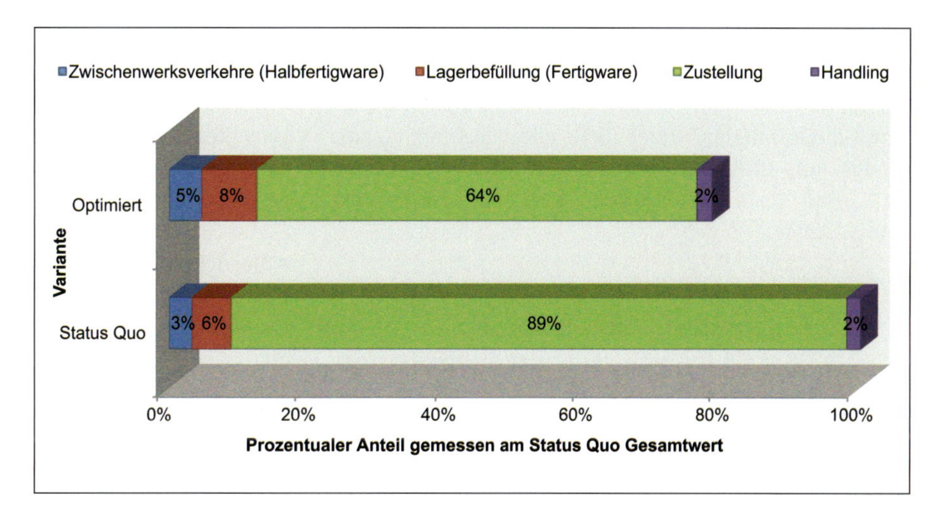

Abb. 5 Rechnerischer Ressourceneinsatz im Vergleich

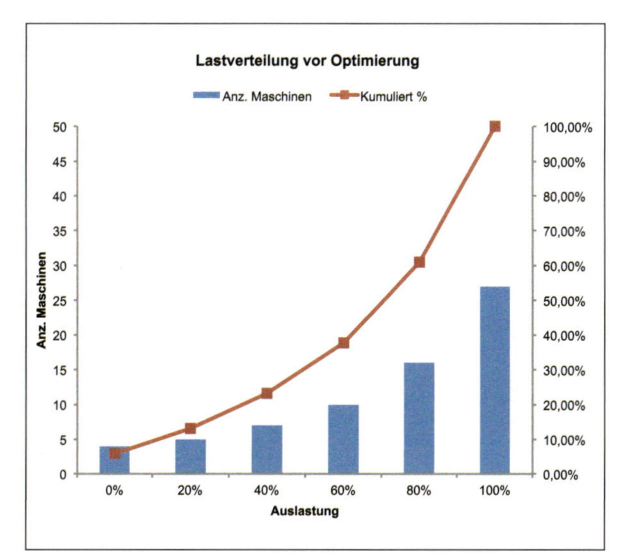

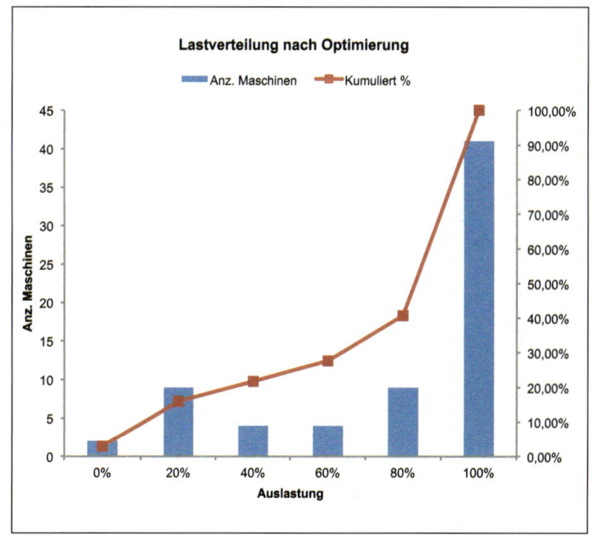

Abb. 6 Lastverteilung auf die Anlagen der Fertigproduktion im Vergleich zwischen IST und Soll

Letztendlich bedeutet die erzielte Reduktion der Transportkosten deutliche Änderungen in den Produktionsplänen und muss durch zusätzliche Analysen – mit Experten aus der Produktionslogistik – auf Machbarkeit und Profitabilität untersucht werden.

In einem Folgeprojekt wurden die Datenschnittstellen, die Datenaufbereitung und das Ansteuern des Optimierungsverfahrens teilautomatisiert, sodass sie nicht nur für historische Betrachtungen, sondern auch für zukünftige Produktions- und Absatzplanung eingesetzt

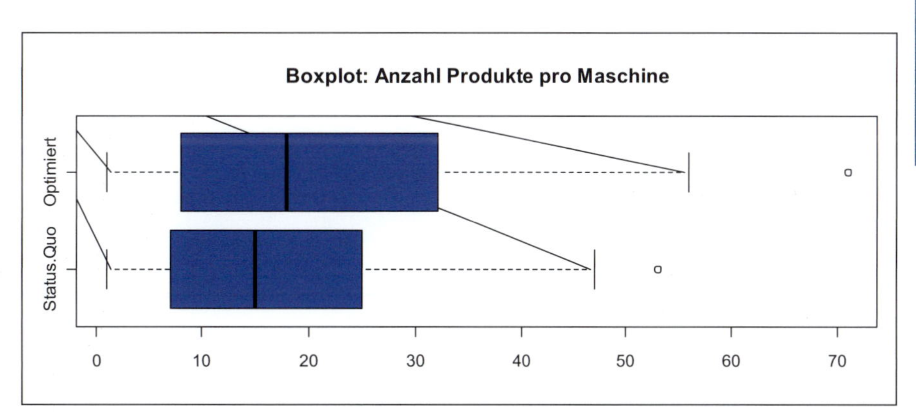

Abb. 7 Steigende Anzahl von Produkten verursacht steigende Rüstzeiten in der optimierten Variante.

werden können. Dabei werden erwartete Produktionsmengen und Absatzorte in das System eingegeben. Nach automatischem Modellaufbau, -befüllung und Optimierungslauf erhält der Nutzer als Resultat vorgeschlagene Produktions- und Transportpläne mit einer detaillierten Auflistung der anfallenden Ressourcenaufwände und Logistikkosten.

4.1.3 Supply-Chain-Simulation zur Gestaltung von ressourceneffizienten Prozessen

Nicht jede Gestaltungsaufgabe in der Logistik ist jedoch mittels einer Optimierung lösbar. Z. B sei ein Hersteller aufgefordert, für ein bestimmtes Nischenprodukt die Ressourceneffizienz seiner Supply Chain zu verbessern. Er bezieht Teile von weltweit verteilten Zulieferern für die Produktion in Deutschland, wobei sein Hauptabsatzmarkt der Ferne Osten ist. Erster und weitreichendster Ansatzpunkt ist die Anpassung der Netzwerkstruktur. Um den bei den transatlantischen Transporten entstehenden Energiebedarf und die Emissionen zu senken, ist eine Verlagerung der Produktion in die Nähe des Absatzmarktes möglich. Die Auswirkungen auf Kosten, Leistung und Umwelt sind abzuschätzen: Es wird eine Senkung des Energiebedarfs für Transporte in der Distribution erwartet. Der Transportaufwand auf der Beschaffungsseite bleibt nahezu unverändert. Produktionsseitig unterliegt insbesondere in ostasiatischen Ländern die Herstellung deutlich lockereren gesetzlichen Bestimmungen als in Europa. Somit steht dem gesunkenen Energiebedarf für Transporte eine Steigerung bei Herstellprozessen gegenüber. Kostenseitig ist durch den insgesamt gesunkenen Transportaufwand sowie die geringen, erwarteten Lohnkosten ein Vorteil zu erwarten. Die Logistikleistung als dritte Zieldimension muss jedoch möglicherweise Einbußen hinnehmen: Ein Standortwechsel der Produktion wird höchstwahrscheinlich eine (temporäre) Minderung der Produktqualität implizieren und durch noch nicht ausreichend entwickelte Infrastrukturen sind zunächst klassische Logistikziele wie die Termintreue in Gefahr.

Um eine aussagekräftige, quantitative Bewertung der dargestellten Gestaltungsoption zu erreichen, ist eine Szenarienanalyse durchzuführen, an die folgende Anforderungen gestellt werden:

- **Berücksichtigung aller Zielgrößen**
  Um die Wechselwirkungen zwischen den drei Zielen Kosten, Leistung und Ressourcenbedarf hinreichend analysieren zu können, ist deren gleichzeitige Berücksichtigung in einem integrativen Bewertungsmodell erforderlich.

- **Ganzheitlichkeit**
  Wie das Beispiel zeigt, ist die vollständige Lieferkette zu betrachten. Prozesse zur Produktionsversorgung, Distributionsprozesse und auch die Produktion selbst müssen im Betrachtungsrahmen liegen, damit die strukturelle Entscheidung bereits in der Planungsphase ganzheitlich bewertet wird (Kuhn 2008, S. 4).

- **Dynamik und Stochastik**:
  Die Planung von Logistiksystemen greift oft auf statische Methoden zurück. Die damit einhergehende Bewertung auf Basis von Mittelwerten und deren Abweichungen verdeckt jedoch die reale Dynamik von Märkten und Prozessen und ist nicht in der Lage, stochastische Risiken abzuschätzen. So entstehen später Unter- oder Überkapazitäten oder Disruptionen, die weder kostengünstig noch ressourceneffizient sind. Aus diesem Grund sind Planungsmethoden einzusetzen, die in der Lage sind, die Dynamik, d. h. das zeitliche Ablaufverhalten, der Netzwerkprozesse zu berücksichtigen (Wenzel et al. 2008, S. 15).

- **Handhabung von Komplexität**:
  Liefernetzwerke, insbesondere die der Automobilindustrie, sind hoch komplex (Garcia-Sanz et al. 2007). Ursachen hierfür sind vor allem eine hohe Variantenvielfalt, eine Vielzahl an Zulieferern und lange, intermodale Lieferketten. Instrumente zur Planungsunterstützung, die diese Komplexität handhaben können, sind erforderlich.

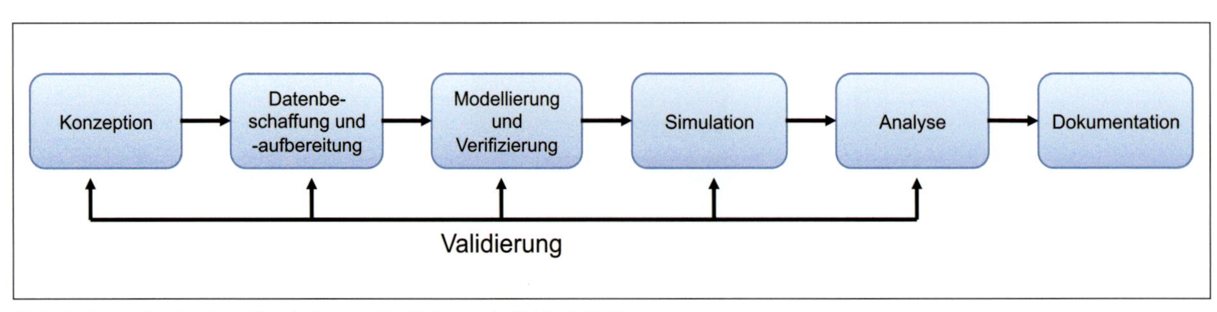

Abb. 8 Vorgehen in einer Simulationsstudie (Kuhn et al. 2010, S. 209)

- **Transparenz**:
Oftmals werden besondere Anforderungen an die Kommunikation, Visualisierung und Transparenz der Planungsergebnisse sowie an die Dokumentation der Ergebniswege gestellt (Wenzel et al. 2008, S. 15). Der Planer erhält dann die Möglichkeit, Ergebnisse zu validieren, ein Verständnis für Effekte im Netzwerk zu entwickeln und sein Resultat für höherrangige Verantwortliche schnell erfassbar aufzubereiten.

Für die, diesen Anforderungen gerecht werdende, ressourceneffiziente Gestaltung von Logistiknetzwerken hat sich die *Simulation* als geeignete Methode etabliert (Wenzel et al. 2008, S. 15). Der Ablauf einer simulationsbasierten Netzwerkgestaltung teilt sich in sechs Phasen auf (Kuhn et al. 2010; vgl. auch Abb. 8).
Einer der ersten Schritte beim Einsatz der Simulationstechnik besteht in der Spezifizierung des Problembereichs (auch Aufgabendefinition) und der zu erwartenden Leistungen. Dabei müssen sich sowohl die Ziele als auch die Problemstellung für die Detailkonzeptbewertung mittels Simulation direkt an den strategisch definierten Zielgrößen orientieren. Anschließend erfolgt die Analyse, ob eine Simulation diese Leistungen erbringen kann und welches Simulationswerkzeug am besten geeignet ist. Der nächste Schritt beinhaltet die Identifikation der notwendigen Modelldaten sowie die Beschaffung, Bereinigung und Vorbereitung dieser Daten für die Integration in das Simulationsmodell. Während des Modellierens entsteht das eigentliche Simulationsmodell, welches die Basis für die weitere Analyse darstellt und im Rahmen der Verifikation auf semantische und syntaktische Fehler überprüft wird (Rabe et al. 2008, S. 14). In der nächsten Phase werden die Simulationsläufe durchgeführt, wozu das Modell jeweils speziell auf die einzelnen Szenarien abgestimmt wird. Die Resultate der Simulationen werden anhand von Kennzahlen (KPIs) gemessen, die die Messgrößen in der Simulation zu aussagekräftigen Größen verdichten. Parallel zu allen Phasen wird die Absicherung der Korrektheit und Gültigkeit der gewonnenen Ergebnisse durch eine Modellvalidierung erreicht, in der Daten, Modell und Simulationsergebnisse kontinuierlich in wesentlichen Punkten mit dem realen Modell auf Übereinstimmung überprüft werden.
Ein geeignetes *Werkzeug* für simulationsbasierte, ressourceneffiziente Netzwerkgestaltung muss die Modellierung von Waren- und Informationsströmen zulassen und deren Verhalten anhand von Kosten-, Leistungs- und Umweltkriterien bewertbar machen. Ein derartiges Werkzeug stellt der am Fraunhofer-Institut für Materialfluss und Logistik entwickelte Supply-Chain-Simulator OTD-NET[2] dar (Wagenitz 2007). In dem von dem Bundesministerium für Wirtschaft und Technologie (BMWi) geförderten Forschungsprojekt „E²Log – Energieeffizienz in Logistik und Produktion“ (Förderkennzeichen 03ET1012A) wurde das Werkzeug befähigt, neben logistischen Kosten und Leistung auch eine energetische Bewertung von Netzwerkgestaltungsalternativen zu leisten. Im Rahmen des Projektes wurden dazu exemplarisch globale Lieferketten unter wechselnden Anforderungen seitens der Produktion untersucht, um sowohl qualitative als auch quantitative Aussagen über die Auswirkungen von Gestaltungsmaßnahmen wie der Anwendung unterschiedlicher Anlieferkonzepte oder der Erhöhung bzw. Verringerung der Zahl der Konsolidierungspunkte zu treffen.
Als Beispiel dafür soll hier die Analyse eines Netzwerkausschnitts eines deutschen Automobil-Produktionsstandortes über ein nahegelegenes Distributionszentrum bis zu dem Händler in München dienen (vgl. auch Cirullies et al. 2011, S. 613). Auf den Relationen werden Artikel des After-Sales-Geschäftes mit einem Gewicht von 55 kg und einem mittleren monatlichen Bedarf von 30 Stück transportiert. Die Strecke vom Distributionszentrum zum Händler beträgt 600 km, die mithilfe von 7,5-t-Lkws überwunden werden. Im Projekt wurden sechs Szenarien entwickelt und

[2] OTD-NET steht für order-to-delivery network simulation.

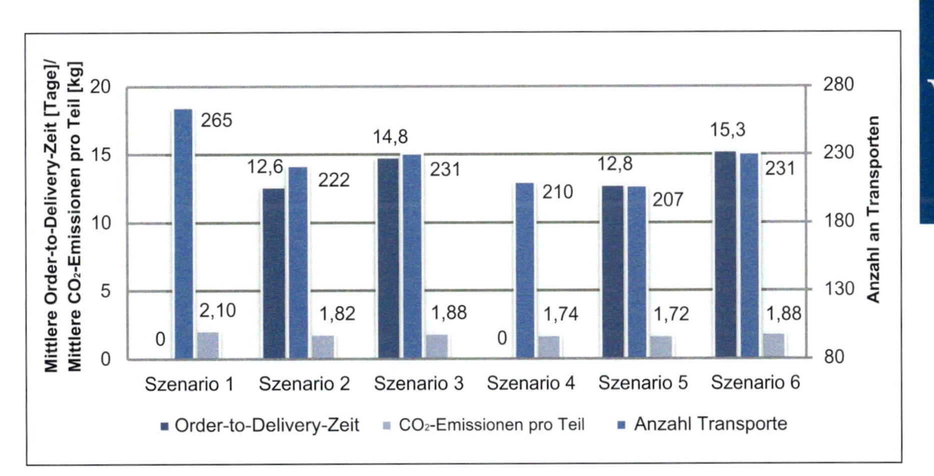

Abb. 9 Szenarienvergleich anhand von Logistikleistung, Anzahl an Transporten und CO_2-Emissionen

analysiert, die sich aus der Kombination der möglichen Entkopplungspunkte (Lagerung der Artikel im Werk, im Distributionszentrum oder bei dem Händler) und zweier Transportstrategien, die sich durch unterschiedliche Transportfrequenzen auszeichnen, ergeben. An diesem Beispiel zeigt sich der Zielkonflikt zwischen Kosten, Leistung und Ressourcen- bzw. Umwelteffizienz deutlich: Wenn die Güter durch eine geringe Transportfrequenz besser konsolidiert werden können (Szenarien 4 bis 6), sinkt die Zahl der Transporte um bis zu 20 % gegenüber den Szenarien 1 bis 3 mit hoher Transportfrequenz. Die verbesserte Transportauslastung reduziert die CO_2-Emissionen pro Teil um bis zu 17 % (vgl. Abb. 9). Leistungsseitig hingegen steigt die Zeit von der Bestellung bis zur Auslieferung (Order-to-Delivery) um bis zu 21 %.
Mit dieser exemplarischen Anwendung wird das Potenzial einer simulationsbasierten Netzwerkgestaltung deutlich. Sowohl die Methoden als auch die Werkzeuge befinden sich derzeit aber noch in der Entwicklung, um Ziele wie Energieeffizienz, Ressourceneffizienz und Emissionen durchgängig und vollständig in die Bewertung integrieren zu können. Damit diese Entwicklung vorangetrieben wird, sind auch die Anwender und Kunden gefordert, das notwendige Interesse an „grünen" Zielen weiter zu stärken.

4.2 Operative Netzwerkplanung: Ressourceneffizienter Betrieb

Unter dem ressourceneffizienten Betrieb von Supply Chains wird der effiziente Umgang mit den Ressourcen Finanz- und Betriebsmittel, Rohstoffe und Energie sowie Wissen und Personal verstanden (vgl. Straube et al. 2008, S. 18). Die Aufgaben im Betrieb von Supply Chains lassen sich dem operativen Management zuordnen und erstrecken sich auf die operative Planung und Kontrolle, die Auftragsvergabe sowie das Leistungs-, Kooperations- und Führungsverhalten in Supply Chains. Dabei lassen sich aus dem SCM-Aufgabenmodell (vgl. Kuhn, Hellingrath 2002, S. 143) die Auftragsabwicklung, das Supply Chain Event Management sowie das Transport-, Lager- und Fertigungsmanagement als die entsprechenden Kernaufgaben ableiten. Diese Aufgaben müssen nach Maßgabe der im Rahmen der Supply Chain Strategie festgelegten Zielsetzungen zukünftig unter stärkerer Beachtung der Ressourceneffizienz durchgeführt werden. Als Voraussetzung für den Betrieb ressourceneffizienter und damit umweltfreundlicher Supply Chains wird

die Entwicklung innovativer Technologien und Werkzeuge zur Messung und Quantifizierung der Umweltwirkung von Logistikprozessen genannt (vgl. Straube et al. 2008, S. 18; Straube, Borkowski 2008, S. 16). In diesem Abschnitt wird beschrieben, wie sich diese Maßgabe einer hohen Ressourceneffizienz in der Logistik durch den Einsatz innovativer Informationstechnologie im Betrieb der Supply Chain umsetzen lässt.

4.2.1 Informationstechnologie als Enabler

Die Dynamisierung der Wertschöpfungsketten stellt das Supply Chain Management vor immer größere Herausforderungen. Es wird zunehmend schwieriger, in Zeiten globaler Produktionsnetzwerke und Absatzmärkte die hohe Komplexität effizient zu beherrschen. Um dennoch eine hohe Auslastung der Produktionsstätten und eine hohe Lieferzuverlässigkeit hin zum Endkunden gewährleisten zu können, werden oftmals ineffiziente Logistikprozesse in Verbindung mit hohen Beständen oder Not- (bzw. Sonder-) Transporten in Kauf genommen. Lässt sich dies aus rein wirtschaftlichen Gründen noch rechtfertigen, so wird dieses Vorgehen den Ansprüchen einer ressourceneffizienten Logistik nicht gerecht.
Damit operative Entscheidungen in der Logistik vor diesem Hintergrund effizient getroffen werden können, ist der Einsatz von Informationstechnologie unverzichtbar. Da die Datenmenge und die Komplexität jedoch schneller wachsen als die Fähigkeit der heutigen IT-Systeme zum Umgang damit, werden neuartige Ansätze benötigt, um insbesondere den folgenden defizitären Bereichen zu begegnen (vgl. auch Klingebiel et al. 2010):

- **Individualisierbarkeit und Adaptivität:**
Heutige Planungs- und Steuerungssysteme sind zu starr, um mit Veränderungen Schritt zu halten. Daraus resultieren Ineffizienzen durch die Diskrepanz zwischen operativen Unternehmenssystemen und der realen Planungs- und Steuerungswelt.

- **Interoperabilität in der unternehmensübergreifenden Zusammenarbeit:**
Die moderne, ressourceneffiziente Supply Chain erfordert für die Abstimmung über Unternehmensgrenzen hinweg eine geeignete IT-Unterstützung. Klassische IT-Systeme für das SCM (ERP-Systeme, APS-Systeme) sind in der Regel auf die Grenzen einer Organisation beschränkt. Die IT-seitige Integration mehrerer Unternehmen wird zudem dadurch erschwert, dass die Unternehmen meistens in mehreren unabhängigen Netzwerken aktiv sind. Dieser Konflikt kann nur durch dezentrale, aber interoperable Systeme aufgelöst werden.

- **Ganzheitlichkeit und Vollständigkeit von operativen Entscheidungen:**

Kosten-, Leistungs- und Qualitätsziele werden durch die meisten klassischen Systeme abgedeckt. Für eine ganzheitliche Bewertung von Entscheidungsalternativen müssen jedoch auch die Umwelt- und Ressourcenwirkung mitberücksichtigt werden. Dabei soll sich die IT-seitige Unterstützung im Sinne der Vollständigkeit auf den gesamten Lebenszyklus des logistischen Netzwerks beziehen.

Im Folgenden wird das Konzept des logistischen Assistenzsystems als eine innovative Lösungsmöglichkeit vorgestellt, um im Betrieb von Supply Chains mit IT-Unterstützung eine größere Ressourceneffizienz zu erzielen.

4.2.2 Assistenzsysteme für die Supply Chain

Ein Assistenzsystem ist ein rechnerbasiertes System, das Menschen oder andere Computersysteme bei einer zielgerichteten Tätigkeit unterstützt (Klingebiel et al. 2010, Minor 2006). Die Aufgabe des Assistenzsystems besteht vor allem darin, die Entscheidungsqualität durch die Bereitstellung aufbereiteter Daten und die Unterstützung im Planungs- und Entscheidungsprozess zu verbessern (Gluchowski et al. 2008, S. 62 ff.). Dabei kommen Optimierungen, Simulationen und heuristische Verfahren zum Einsatz. Neben diesen funktionalen Fähigkeiten zeichnet sich ein Assistenzsystem insbesondere dadurch aus, die Interaktion zwischen Mensch und Entscheidungsunterstützungssystem leicht und effizient zu gestalten. Dies wird dadurch erreicht, dass das Assistenzsystem selbstständig die zur Zielerreichung notwendigen Aktionen erkennt und ausführt und dabei sowohl das Profil des Anwenders als auch die aktuelle Umweltsituation mit einbezieht. So verbindet ein logistisches Assistenzsystem zur effizienten Lösung komplexer Aufgaben die Leistungsfähigkeit heutiger (IT-) Technologien mit dem Expertenwissen und der Urteilsfähigkeit des Logistikers.
Der mit einem logistischen Assistenzsystem zu unterstützende Entscheidungsprozess im ressourceneffizienten Betrieb einer Supply Chain gliedert sich in die im Folgenden beschriebenen Teilprozesse (vgl. auch Klingebiel et al. 2010, Kuhn 2008, Abb. 10):

1. **Entscheidungsvorbereitung (Zustandserfassung und -bewertung):**
   Logistische Assistenzsysteme schaffen Transparenz über alle für die Ausübung einer logistischen Planungs- oder Steuerungsaufgabe notwendigen Daten. Die Zustände, Systemlasten, Leistungen, Kosten sowie der Ressourceneinsatz eines definierten, produktionslogistischen Systems werden dazu modellbasiert mess- und bewertbar gemacht. Der Zustand der Supply Chain wird visualisiert und anhand entscheidungsrelevanter Kennzahlen (wirtschaftliche und ökologische) überwacht. Beim Verlassen definierter Leistungs- und Kapazitätskorridore wird der Anpassungsbedarf identifiziert und dem Anwender ausgewiesen.

2. **Entscheidungsfindung (Entwicklung und Bewertung von Alternativen):**
   Wurde Anpassungsbedarf identifiziert, so grenzen Assistenzsysteme zunächst ein, welche potenziellen Maßnahmen im kurzfristigen, operativen Bereich zu den gewünschten Anpassungen führen könnten. Im Anschluss werden geeignete Steuerungsmaßnahmen in Form von Entscheidungsalternativen vorbereitet. Die dynamische Analyse von zukünftigen Systementwicklungen unter diesen Alternativen macht die Effekte auf das Produktions- und Logistiknetzwerk transparent. Auswirkungen auf entscheidungsrelevante KPI werden vergleichend oder absolut festgestellt.

3. **Entscheidungsausführung und -überwachung:**
   Damit eine Entscheidung umsetzbar ist, müssen alle Partner den Entscheidungsprozess unbeeinflusst nachvollziehen können. Hierfür werden von logistischen Assistenzsystemen Funktionen für gemeinsame Planungs- und Steuerungsaktivitäten bereitgestellt. Für den Einsatz im Supply Chain Management verfügen Assistenzsysteme zudem über Abstimmungsmaßnahmen für die unternehmensübergreifende Koordination der identifizierten Maßnahmen.

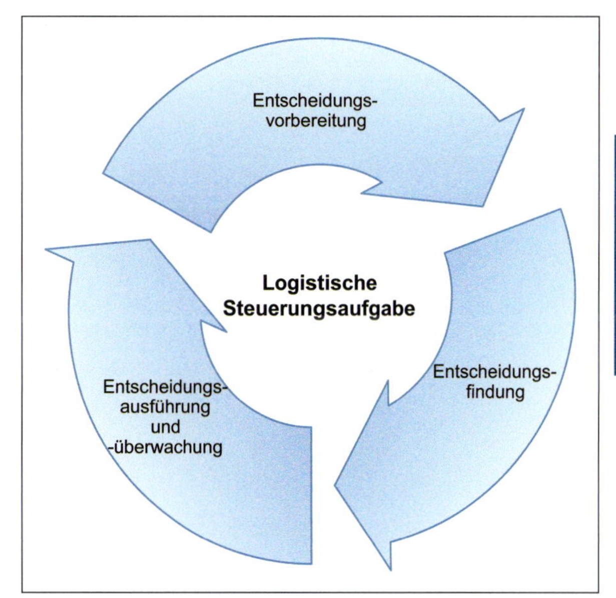

Abb. 10 Teilfunktionen logistischer Assistenzsysteme

In der (Produktions-) Logistik als besonders komplexes und dynamisches System finden sich zahlreiche Einsatzmöglichkeiten für Assistenzsysteme. Eine davon ist die Steuerung von langen Lieferketten in globalen Produktionsnetzwerken unter Berücksichtigung wirtschaftlicher und ökologischer Zielgrößen. Im folgenden Abschnitt ist der Einsatz des mit dem elogistics award 2011 ausgezeichneten Assistenzsystems ECO_2LAS zur wirtschaftlichen und ressourceneffizienten Steuerung der Lieferkette des VW Amarok unter Berücksichtigung ökologischer Kriterien beschrieben (vgl. Bockholt 2011; Bockholt et al. 2011; Deiseroth, Toth 2009).

4.2.3 ECO_2LAS – Einsatz eines Assistenzsystems zur Planungsunterstützung globaler Lieferketten unter Berücksichtigung ökologischer Auswirkungen

Das vom Fraunhofer IML und Volkswagen Nutzfahrzeuge gemeinsam entwickelte Assistenzsystem unter dem Namen ECO_2LAS wird in der Teileversorgung der Fahrzeugproduktion des VW Amarok in Pacheco in Argentinien aus zwei Konsolidierungszentren in Brasilien und Deutschland eingesetzt. Das Assistenzsystem wird dabei primär zur Unterstützung der Planung und Steuerung des Logistiknetzwerks verwendet – bestehend aus europäischen Zulieferern mit einem deutschen Konsolidierungszentrum, den brasilianischen Zulieferern mit einem Konsolidierungszentrum sowie dem Werk in Argentinien. Sowohl die Standard-Lieferkette für die Belieferung aus dem deutschen Konsolidierungszentrum als auch die Lieferkette für die Belieferung aus Brasilien beinhaltet einen Hauptlauf per Seefracht. Als Alternative für die Lieferkette von Deutschland nach Argentinien ist eine Luftfrachtabwicklung möglich. Für die Belieferung aus Brasilien können als Alternativen der Direkttransport per Lkw, der Bahntransport sowie die Luftfracht gewählt werden (vgl. Abb. 11). In beiden Lieferketten stellt der Standardprozess die kostengünstigste und ressourcenschonendste Alternative dar. Die anderen Alternativen bringen bei höheren Kosten und Ressourcenverbrauch erhebliche Einsparungen bei der Transportzeit. Die Motivation zum Einsatz des Assistenzsystems ECO_2LAS generiert sich aus der Vielzahl logistischer Herausforderungen in globalen Versorgungsprozessen, insbesondere bei der Versorgung außereuropäischer Standorte. Mithilfe des Assistenzsystems wird vor allem folgenden Herausforderungen begegnet:

- Die Versorgungsprozesse sind sehr zeitaufwendig, woraus hohe Lieferkettenbestände resultieren, die viele Ressourcen binden.

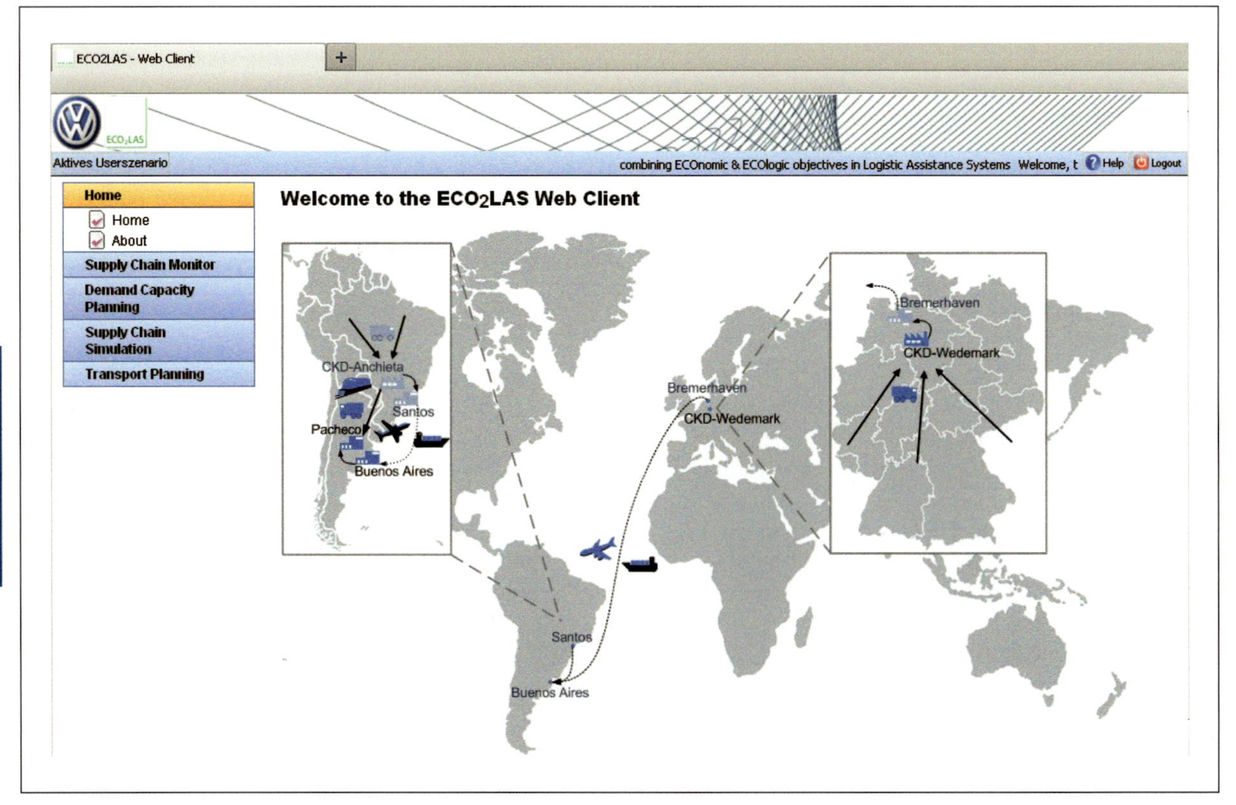

Abb. 11 Darstellung alternativer Transportrouten (Bockholt 2011)

- Die Transparenz in den komplexen Lieferketten ist insbesondere hinsichtlich der Bestände und tatsächlich stattgefundener Transporte unzureichend. Die ineffiziente Nutzung von Ressourcen kann dadurch nicht aufgedeckt werden.
- Versorgungsengpässe werden oftmals nicht rechtzeitig erkannt. Daraus resultiert die häufige Nutzung der Luftfracht und damit eine hohe Umweltbelastung zur kurzfristigen Reaktion auf Engpässe.
- Gleichzeitig wird die Luftfracht als einzige Alternative zur kurzfristigen Reaktion auf Versorgungsengpässe in Betracht gezogen. Ressourcenschonende Alternativen wurden bisher nicht berücksichtigt.
- CO_2-Emissionen als prägnante Bewertungsmöglichkeit für ressourceneffiziente Transporte können in der bisherigen Transportplanung nicht bei der Entscheidungsfindung ausgewiesen werden.

Um diese Herausforderungen zu bewältigen, integriert ECO_2LAS Softwarefunktionalitäten und Konzepte aus den Bereichen der klassischen Logistiksoftware und des Supply Chain Managements in vier Kernmodule (vgl. Abb. 12). Aus dem Supply Chain Management werden die bewährten Konzepte des Supply Chain Monitoring (SCMo) sowie das Demand Capapcity Planning (DCP) eingesetzt. Als klassische Logistiksoftware-Funktionalität wird die Transportplanung (TP) integriert, wobei neben der klassischen Kostenbewertung eine Bewertung der ökologischen Auswirkungen von Transportalternativen integriert wird. Um der Komplexität und Dynamik des internationalen Netzwerks Rechnung zu tragen, wird auf eine Simulationsumgebung zur Szenarioerstellung und -bewertung zurückgegriffen.

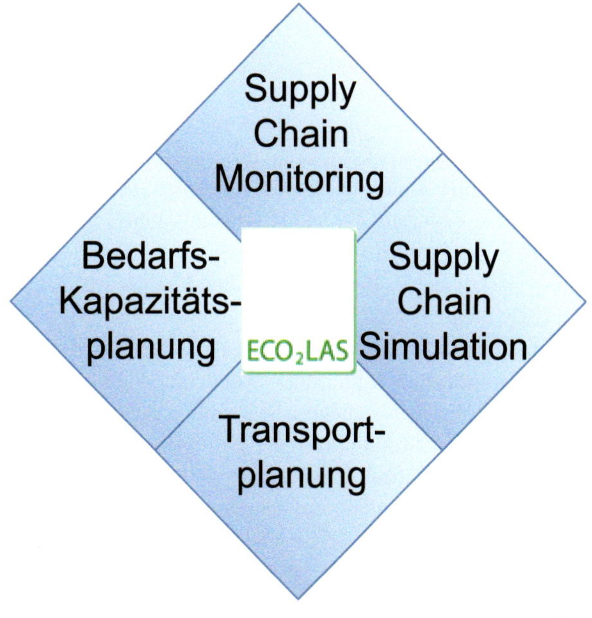

Abb. 12 Kernfunktionalitäten des Assistenzsystems ECO_2LAS (Bockholt 2011)

Im Modul SCMo wird die Ist-Situation im Netzwerk abgebildet. Dazu werden automatisiert Daten (z. B. Produktionsbedarfe, Bestände in den Konsolidierungszentren, aktuelle Transporte) aus den Operativsystemen in einem „Single Point of Truth“ (SPoT) aggregiert. Der Nutzen des Moduls SCMo liegt in der Schaffung von Transparenz

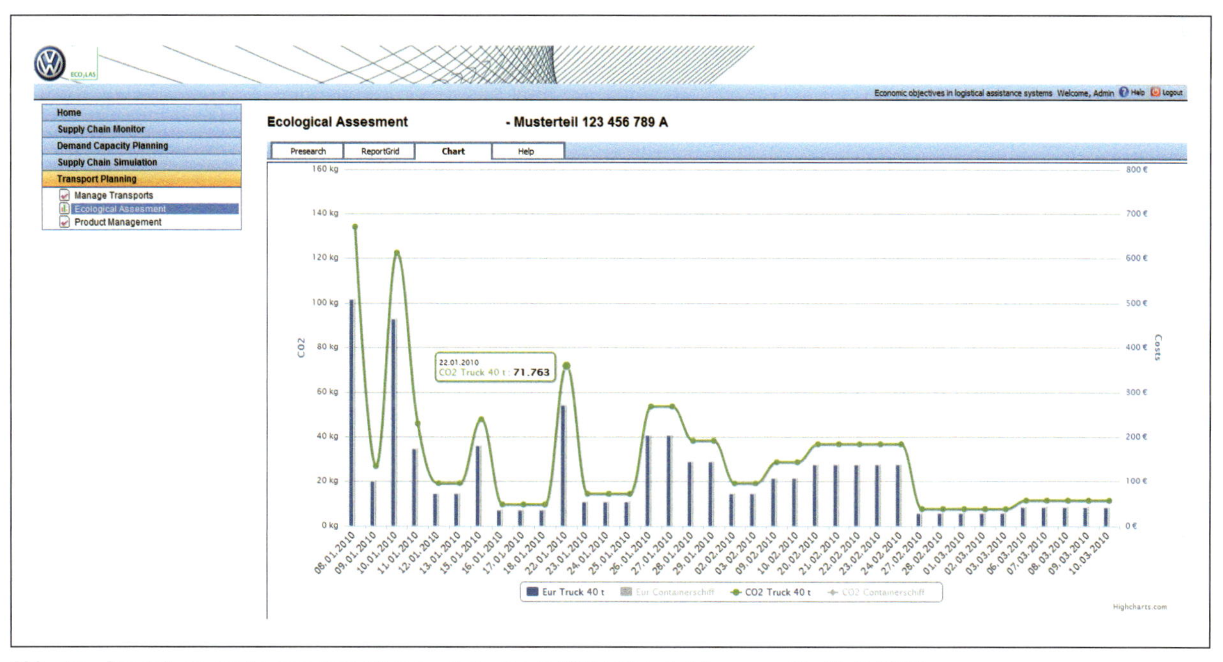

Abb. 13 Darstellung von Transportemissionen und -kosten in ECO_2LAS in Anlehnung an (Bockholt 2011)

über die Bestände in der Lieferkette bei gleichzeitigem Abgleich mit den Produktionsbedarfen. Dadurch können Engpässe innerhalb der laufenden Transportwochen, die zu ressourcenintensiven Sondertransporten führen würden, frühzeitig erkannt werden.

Auf Basis der im Rahmen des Monitoring abgebildeten Ist-Situation werden mit Hilfe eines OTD-NET-Simulationsmodells Planungsszenarien für die Lieferkette erstellt. Dabei bestehen Manipulationsmöglichkeiten für Bestände, Transporte, Lieferantenkapazitäten und Produktionsbedarfe, um benutzerspezifische Szenarien zu erstellen.

Diese Szenarien können dann mit den Modulen DCP und TP tiefer gehend analysiert werden. Beim DCP wird die durch Simulation prognostizierte Bedarfssituation mit den im Assistenzsystem hinterlegten Kapazitäten der Lieferantenproduktionen abgeglichen. So können Engpässe, die im mittelfristigen Zeitraum (nach den bereits initiierten Transporten) liegen, frühzeitig erkannt werden. Dies ermöglicht das proaktive Ergreifen von Gegenmaßnahmen, wie z.B. das frühzeitige Nutzen freier Lieferantenkapazitäten zur Abdeckung späterer - zu Lieferengpässen führender - Bedarfsspitzen.

Mithilfe des Moduls Transportplanung wird die zukünftige Transportsituation - untergliedert nach Lkw-, See- und Luftfracht - überwacht. Schiffspositionen können beispielsweise abgefragt und visualisiert werden. So wird auch Transparenz über „In-Transit-Bestände" geschaffen. Die Transportalternativen werden nach Kosten und CO_2-Emissionen bewertet und bieten dem Transportplaner somit neben ökonomischen Entscheidungskriterien auch eine ökologische Bewertungsgröße zur Planung zukünftiger Transporte. Abb. 13 zeigt die Darstellung von Transportemissionen und -kosten im Assistenzsystem ECO_2LAS.

4.3 Ressourceneffizienz in der technischen Intralogistik

Vor dem Hintergrund des Klimawandels und immer knapper werdender Ressourcen rückt das Thema „Ressourceneffizienz" zunehmend in den Fokus aktueller Optimierungsbemühungen in der Logistik. Dies ist einerseits durch betriebswirtschaftliche Ziele motiviert, andererseits durch gesetzliche Auflagen. Um zukünftig wettbewerbsfähig zu bleiben, müssen Unternehmen jegliche Möglichkeit ausschöpfen, den Ressourceneinsatz bzw. -verbrauch zu minimieren. Ein geeigneter Ansatzpunkt für eine Vielzahl von Unternehmen ist dabei der Bereich der Intralogistik. Die Intralogistik beschäftigt sich mit der Organisation, der Steuerung und der Optimierung der innerbetrieblichen Material- und Informationsflüsse (ten Hompel, Heidenblut 2011). Typische Ausprägungsformen von Intralogistiksystemen sind Fördersysteme, Lagersysteme, Kommissioniersysteme und Sortiersysteme, in denen auf die Erfüllung der logistischen Aufgabe angepasste technische Komponenten eingesetzt werden. In allen Systemtypen kommt unabhängig von den eingesetzten Spezialkomponenten Fördertechnik zum Einsatz, weswegen diese ein hohes Potenzial zur Optimierung bietet. Fördertechnik dient dazu, die physische Bewegung aller Arten von Waren oder Gütern über eine begrenzte Entfernung zu realisieren. In Abhängigkeit des technischen Prinzips, mit dessen Hilfe der Fördervorgang realisiert wird, lassen sich in der Fördertechnik sog. Stetigförderer und Unstetigförderer unterscheiden, deren jeweilige Spezifika in den folgenden Abschnitten näher erläutert werden (ten Hompel et al. 2007). Allen Fördermitteln ist gemein, dass diese insbesondere für den Einsatz innerhalb von Gebäuden mit elektrischen Antrieben ausgestattet sind und daher im Bereich der Energieeinsparung ein hohes Potenzial bieten.

Obwohl die Begriffe Ressourceneffizienz und Energieeffizienz vielfach synonym verwendet werden, ist die Senkung des Ressourcenverbrauchs im Betrieb nicht das alleinige Ziel, sondern schließt vielmehr den ganzheitlichen Ressourceneinsatz von der Produktion über den Betrieb bis zur Entsorgung der technischen Komponenten ein. Für den Bereich der Intralogistik kann davon ausgegangen werden, dass die Mehrzahl der Maßnahmen zur Energieeinsparung auch zu einer Steigerung der Gesamteffizienz beiträgt. Zudem lässt sich bereits durch geringe Investitionen in Technik oder Gebäude ein hohes Einsparungspotenzial erschließen. Positiver Nebeneffekt ist dabei, dass gleichzeitig eine Verbesserung des Unternehmensimages erreicht wird (Altintas et al. 2010).

Im Folgenden werden schwerpunktmäßig Ansatzpunkte zur Steigerung der Energieeffizienz in intralogistischen Systemen behandelt. Experten schätzen das Einsparpotenzial allein in diesem Bereich auf bis zu 33 % (ten Hompel Beck 2008, Lange, Kippels 2010). Neben der Fördertechnik besitzt die Gebäudetechnik einen wesentlichen Einfluss auf den Energieverbrauch eines intralogistischen Systems. Aus diesem Grund wird dieser Aspekt im Folgenden ebenfalls näher betrachtet. Ziel des Beitrags ist es, für Planer und Entscheider Hilfestellung bei der ressourceneffizienten Komponenten- und Systemauswahl im Bereich der Intralogistik zu leisten. Darüber hinaus soll das notwendige Hintergrundwissen vermittelt werden, um mögliche Konsequenzen und das resultierende Einsparpotenzial besser abschätzen zu können.

4.3.1 Ressourcenverbrauch in der Intralogistik

Der Ressourcenverbrauch in der Intralogistik lässt sich zunächst in zwei wesentliche Bereiche unterscheiden: Zum einen den Ressourcenverbrauch bzw. -einsatz bei der Herstellung von Komponenten für die Intralogistik und zum anderen den bei deren Nutzung innerhalb des Intralogistiksystems. Zum Ressourcenverbrauch in der Herstellung gehört neben der hierfür verbrauchten Energie auch das verwendete Material, dessen Knappheit bei der Betrachtung der Gesamteffizienz auch eine Rolle spielen muss. Aktuell fokussieren die durchgeführten Untersuchungen jedoch in erster Linie den Energieverbrauch während der Betriebsphase, deren Ergebnisse an späterer Stelle in diesem Abschnitt vorgestellt werden (vgl. z. B. Grün 2010). Im Rahmen des Herstellungsprozesses liegt folglich der Schwerpunkt bei solchen Maßnahmen, die eine Senkung des Energieverbrauchs im Betrieb erreichen.
Die Kenntnis der Verbraucher und das mit ihnen verbundene Einsparpotenzial ist zunächst zu identifizieren, um gezielte Maßnahmen zur Effizienzsteigerung treffen zu können. Der Gesamtverbrauch nach Energieträgern (z. B. Strom, Gas etc.) eines Intralogistiksystems lässt sich üblicherweise recht einfach ermitteln. Die Aufteilung auf einzelne Verbraucher ist deutlich schwieriger, da vielfach nur ein Wirkleistungszähler vorhanden ist, an dem beispielsweise sowohl die Förderanlage als auch die Beleuchtung angeschlossen ist (Grün 2010). Allgemeine Aussagen zum Energieverbrauch von intralogistischen Systemen lassen sich sehr schwer formulieren, da dieser von vielen unterschiedlichen Faktoren abhängt. Hierzu gehören beispielsweise der Automatisierungsgrad als Maß für die Anzahl der eingesetzten, technischen Komponenten oder die klimatischen Anforderungen, die wesentlich durch die einzuhaltenden Umgebungsbedingungen für Güter und Personal bestimmt werden. Ein Ansatzpunkt zur Standardisierung wird in (Kramm 2008) vorgestellt. Im Wesentlichen handelt es sich hierbei um die Einführung von Energieausweisen für Distributionszentren, die sowohl einen spezifischen Energiebedarf (z. B. bezogen auf Durchsatz, Bestand oder eine bestimmte Funktion) als auch den Gesamtenergiebedarf solcher Systeme vergleichbar machen sollen (Kramm 2008). Eine Umsetzung ist bisher ausgeblieben, was sicherlich auch der zuvor beschriebenen Problematik bei der Verbrauchserfassung geschuldet ist.
Nach (Kramm 2008) teilen sich die gesamten Energiekosten des Logistikdienstleisters zunächst in die Bereiche Transportlogistik und Intralogistik auf, wobei 76 % der Energie beim Transport und 24 % in der Intralogistik verbraucht werden. Die Energiekosten im Bereich der Intralogistik werden nach (Kramm 2008) weiterhin wie folgt untergliedert (Abb. 14):

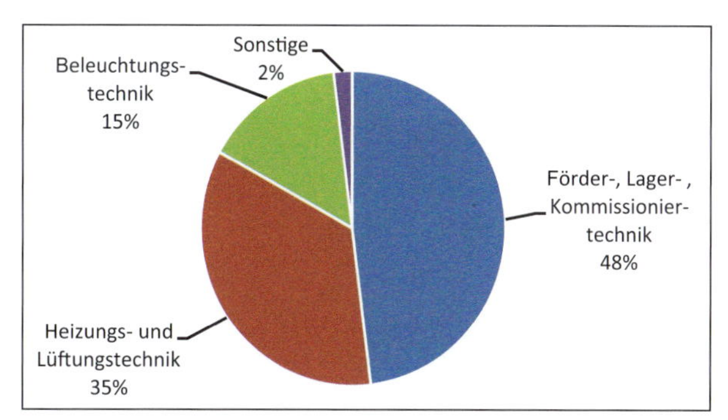

Abb. 14 Verteilung der Energiekosten im Bereich Intralogistik (nach Kramm 2008)

Aufgrund des hohen Anteils im Bereich der Transportlogistik muss davon ausgegangen werden, dass das Kerngeschäft des betrachteten Unternehmens auch in diesem Bereich liegt und das Einsparpotenzial in der Intralogistik in diesem Fall vergleichsweise gering ist (ca. 10 % der Gesamtkosten). Wird davon ausgegangen, dass sich die Verteilung auch auf Unternehmen mit Kerngeschäft in der Intralogistik übertragen lässt, wird das eigentliche Einsparpotenzial in diesem Bereich erst deutlich. Wesentliche Optimierungsbereiche sind einerseits alle Komponenten der technischen Intralogistik und deren Betrieb, andererseits sämtliche Einrichtungen aus der Gebäudetechnik (insbesondere Heizung, Lüftung und Beleuchtung).
Eine nach Branchen gegliederte Untersuchung des Energieverbrauchs in Gewerbe, Handel und Dienstleistungen wird in (Schlomann et al. 2011) vorgestellt. Die Intralogistik ist dabei dem Bereich „Textil, Bekleidung, Spedition“ zuzuordnen. Relevante Verbrauchsarten sind hierfür „Beleuchtung“, „mechanische Energie“ (z. B. für elektrische Antriebe), „Raumheizung“ und „Information- und Kommunikation“ (z. B. Server, Computer). Alle übrigen Verbrauchsarten (z. B. Prozesswärme für Schweißen oder Glühen) lassen sich im Kontext der Intralogistik als „Sonstige“ zusammenfassen. Damit ergibt sich nach (Schlomann et al. 2011) für Logistikbetriebe im Jahr 2010 die folgende Verteilung des Energieverbrauchs (Abb. 15):

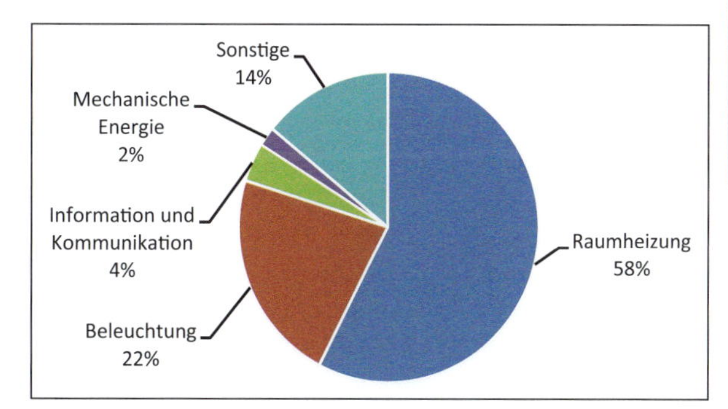

Abb. 15 Verteilung des Energieverbrauchs in Logistikbetrieben im Jahr 2010 (nach Schlomann et al. 2011)

VI

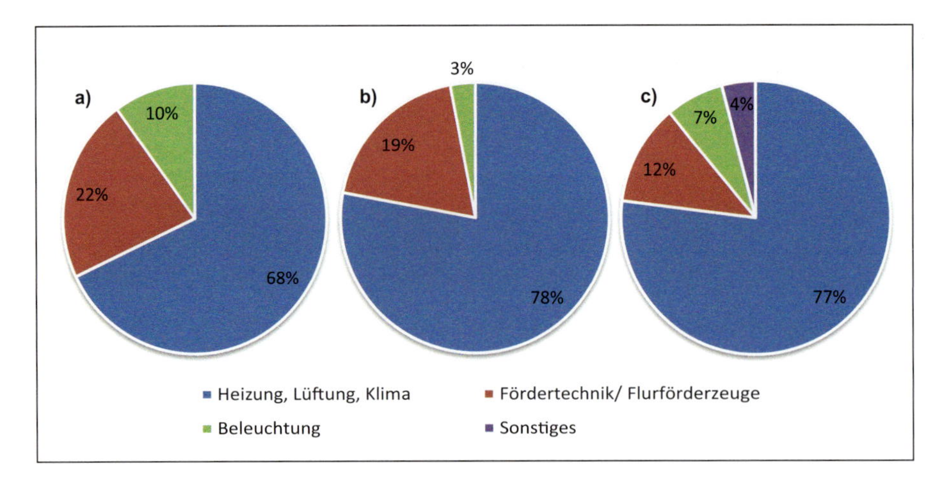

Abb. 16 Energieverbrauch in Intralogistiksystemen nach a) (Grün 2010) b) (Diez 2008) c) (Zadek, Schulz 2010)

Vergleichbare Aussagen durch beispielhafte Untersuchungen einzelner Logistikunternehmen werden in (Grün 2010), (Diez 2008) und (Zadek, Schulz 2010) vorgestellt. Hierbei handelt es sich um die Aufteilung des Energieverbrauchs eines logistischen Dienstleistungszentrums mit hohem Automatisierungsgrad (Grün 2010), eines nicht näher spezifizierten Lagers (Diez 2008) und der Verbrauchsstruktur verschiedener Logistikzentren (Zadek, Schulz 2010), wobei in allen Fällen keine detaillierten Informationen zum Unternehmen bzw. zur Systemstruktur vorliegen.

Die Ergebnisse aller zuvor genannten Untersuchungen sind in Abb. 16 dargestellt. Die Systemabhängigkeit der konkreten Verbrauchsverteilung wird hierbei deutlich. Den größten Anteil des Energieverbrauches nimmt dabei der Bereich Heizungs-, Lüftungs- und Klimatechnik ein. Gemeinsam mit der Beleuchtung wird dieser im Folgenden zum Bereich Gebäudetechnik (s. Abschnitt 4.3.2) zusammengefasst. Der Anteil der Förder- und Lagertechnik differiert in allen Beispielen, was unter Umständen auf den betrachteten Anwendungsfall zurückzuführen ist.

Die Beispiele zeigen deutlich, dass das jeweilige Optimierungspotenzial individuell zu ermitteln ist und die zu ergreifenden Maßnahmen bzw. deren Priorisierung darauf abgestimmt werden sollten. In den folgenden Abschnitten werden konkrete Ansatzpunkte zur Energieeinsparung in der Förder- und Lagertechnik sowie der Gebäudetechnik mit Bezug zur Intralogistik vorgestellt.

4.3.2 Maßnahmen zur Energieeinsparung im Bereich Gebäudetechnik

Aufgrund des zuvor dargestellten Potenzials zur Energieeinsparung im Bereich der Gebäudetechnik wird im Folgenden ein kurzer Überblick über mögliche Ansatzpunkte hierzu gegeben. Die Arbeitsgruppe „Sustainable Production Logistics“ der Bundesvereinigung Logistik (BVL) hat dazu eine Reihe von Maßnahmen erarbeitet, die in (LOG. Kompass 2010) zusammengefasst werden. Im Folgenden werden diese Ergebnisse im Überblick dargestellt. Die vorgestellten Maßnahmen zielen einerseits auf die Senkung des Energiebedarfs, anderseits auf die Energiegewinnung oder den Einsatz erneuerbarer Energien zur eigenen Deckung des Energiebedarfs.

Der Energieverbrauch durch Gebäudetechnik wird im Wesentlichen durch Klimatechnik (Heizung und Lüftung) sowie Beleuchtung verursacht. Im Bereich der Klimatechnik ist es sinnvoll, den Energiebedarf nach Möglichkeiten zu reduzieren. Dies kann beispielsweise durch Minimierung des umbauten Raumes (Günthner et al. 2009) oder mithilfe einer Wärmedämmung der Gebäudefassade in Verbindung mit wärmegedämmten Schnelllauftoren geschehen (LOG. Kompass 2010). Insbesondere offen stehende Tore sorgen in den Wintermonaten oftmals für unnötigen Energieverbrauch. Im Bereich der Wärmeerzeugung lassen sich Heizungsanlagen durch alternative Heizsysteme (Hackschnitzelheizungen, Geothermie o. ä.) ersetzen, die nicht von fossilen Energiequellen abhängen und langfristig gleichzeitig einen Kostenvorteil bringen (LOG.Kompass 2010). Zusätzlich ist es sinnvoll, die klimatischen Bedingungen individuell an die jeweiligen Bedürfnisse anzupassen. So kann anstelle des Heizens eines gesamten Hallenkomplexes gezielt an einzelnen Arbeitsplätzen geheizt werden, beispielsweise durch den Einsatz von Fußbodenheizungen oder den Einsatz von Dunkelstrahlern. Dunkelstrahler funktionieren durch Verbrennung eines Sauerstoff-Gas-Gemisches in einem geschlossenen Raum nach dem Prinzip der Wärmestrahlung und bieten ein Energiesparpotenzial zwischen 20 % und 40 % (Diez 2008, LOG.Kompass 2010).

Zur Verbesserung der Energieeffizienz im Bereich der Beleuchtung gibt es verschiedene bautechnische Ansätze, die auf die Reduktion des benötigten, künstlichen Lichts abzielen. Hierbei sind einerseits bauliche Maßnahmen zu nennen, die eine Tageslichtnutzung ermöglichen. Hierzu gehören Lichtbänder in den oberen Teilen der Wände sowie Lichtkuppeln im Dach, die, in Verbindung mit einer intelligenten Steuerung der übrigen Lichtanlage, den Energiebedarf wesentlich senken können (LOG.Kompass 2010). Weitere Maßnahmen sind der Einsatz effizienter Leuchtmittel, eine bereichsweise, mehrstufige Schaltung sowie der Einsatz von Bewegungsmeldern. In Summe lassen sich durch diese Maßnahmen bis zu 80% der Kosten für Beleuchtung einsparen (Diez 2008). Bewegungsmelder bieten sich insbesondere in wenig frequentierten Bereichen an, beispielsweise in automatisierten Lagerbereichen oder Fachbodenregalen mit geringer Entnahmehäufigkeit (Günthner et al. 2009).

Neben der Einsparung von Energie kann die Effizienz auch durch Energiegewinnung verbessert werden. Hierzu können beispielsweise Fotovoltaikanlagen eingesetzt werden. Diese lassen sich einfach auf den ansonsten brachliegenden Dachflächen von Industriegebäuden installieren. Aus betriebswirtschaftlicher Sicht ist der Einsatz von Fotovoltaikanlagen jedoch unter Umständen problematisch, da mit einer Amortisationsdauer von ca. 15–20 Jahren gerechnet werden muss (LOG.Kompass 2010). Bei Neubauten lässt sich zudem die CO_2-Bilanz durch den Einsatz alternativer Baustoffe verbessern. Dies kann beispielsweise mit einer Dachkonstruktion aus Holz erzielt werden. In einzelnen Fällen wurde der gesamte Regalbau eines Hochregallagers aus Holz realisiert. Der Einsatz eines Kubikmeters Holz bindet nach (LOG.Kompass 2010) in etwa 1 t CO_2. Einen guten Überblick zur Thematik von Maßnahmen in der Gebäudetechnik, die über den reinen Energieverbrauch hinaus gehen, bietet zudem (Bode et al. 2011).

4.3.3 Maßnahmen zur Energieeinsparung in Förder- und Lagersystemen

In Förder- und Lagersystemen werden in Abhängigkeit der eingesetzten Fördermittel eine Vielzahl von Elektro- oder Verbrennungsmotoren verwendet. Wie zuvor bereits erwähnt, lassen sich die Fördermittel in Stetig- und Unstetigförderer untergliedern.

Stetigförderer schaffen eine feste Verbindung zwischen zwei Punkten, wobei der Förderer immer aufnahmebereit ist und das Fördergut mithilfe der Gutaufnahme in Förderrichtung bewegt wird. Typische Beispiele hierfür sind Rollenförderer, Bandförderer und Kettenförderer.

Im Gegensatz dazu realisieren Unstetigförderer den Fördervorgang durch zyklisch nacheinander ablaufende Arbeitsoperationen. Auf diese Art und Weise können beliebig viele Punkte miteinander verbunden werden. Das Fördergut wird hierbei durch ein Lastaufnahmemittel aufgenommen, der eigentliche Fördervorgang wird durch einen hiervon getrennten Fahrantrieb realisiert. Unstetigförderer sind geführt oder frei verfahrbar, weswegen sie im Vergleich zu Stetigförderern den Vorteil einer hohen Flexibilität besitzen. Außerdem bieten Unstetigförderer den Vorteil, dass durch den Einsatz weiterer Geräte die Systemleistung skalierbar ist. Nachteilig ist bei den Unstetigförderern, dass diese zwischen den Fördervorgängen (Lastfahrten) Leerfahrten ausführen müssen, da der Zielort des vorherigen Vorgangs nicht mit dem Bedarfsort des darauffolgenden Vorgangs zusammen fällt. Dadurch besitzen Unstetigförderer eine deutlich niedrigere Förderleistung als Stetigförderer. Typische Beispiele für Unstetigförderer sind alle Arten von Flur- und Regalförderzeugen (Gabelstapler, Schlepper, Regalbediengeräte, Shuttle-Fahrzeuge etc.), Fahrerlose-Transport-Fahrzeuge (kurz: FTF), Aufzüge und Vertikalförderer sowie Hebezeuge und Krane. Als vertiefende Literatur zu Stetig- und Unstetigförderern sei an dieser Stelle auf (ten Hompel et al. 2007) verwiesen.

Stetigförderer sowie geführt verfahrbare Unstetigförderer sind häufig mit elektrischen Antrieben ausgestattet. Die Energiezufuhr erfolgt üblicherweise mittels Schleifleitung oder in Energieführungsketten verlegten Kabeln. Im Gegensatz dazu sind frei verfahrbare Unstetigförderer mit Elektromotoren in Verbindung mit elektrischen Energiespeichern und/oder Verbrennungsantrieben ausgerüstet. In Innenräumen kommen vorwiegend elektro- oder gasbetriebene Fahrzeuge zum Einsatz (ten Hompel et al. 2007). Die Verbindung von zwei verschiedenen Antrieben und zwei verschiedenen Energiespeichern wird dabei als Hybridantrieb bezeichnet (Bruns 2008). Die Maßnahmen im Bereich der Antriebstechnik fokussieren einerseits die Unabhängigkeit von fossilen Energiequellen, andererseits die Senkung des Energieverbrauchs durch den Einsatz effizienterer Technik, beispielsweise effizienterer Motoren. Letzteres Ziel lässt sich zudem durch konstruktive Optimierung der eingesetzten Technik erreichen. Eine Möglichkeit dazu ist die Verbesserung des Verhältnisses von bewegter Gesamtmasse zur Nutzlast, um so unnötigen Energieverbrauch zu vermeiden (Deutsche Energie-Agentur GmbH 2010). Weiterhin lassen sich eine Reihe von Organisations- und Steuerungsmaßnahmen durchführen, die durch eine gezielte Prozessverbesserung die hierfür benötigte Energie minimieren (vgl. z. B. Günthner et al. 2009). Die folgenden Abschnitte liefern einen Überblick, welche Möglichkeiten bei Stetigförderern, Unstetigförderern sowie der Organisation und Steuerung konkret ergriffen werden können.

4.3.3.1 Optimierung von Stetigförderern

Im Bereich der Stetigfördertechnik lassen sich zunächst angetriebene und nicht angetriebene Fördertechniken unterscheiden. Nicht angetriebene Fördertechnik funktioniert unter Ausnutzung der potenziellen Energie des Förderguts durch Abwärtsbewegung mithilfe der Schwerkraft. Gängige

Beispiele hierfür sind Rutschen oder Schwerkraftrollenbahnen. Aufgrund des fehlenden Antriebs bieten sie eine gute Möglichkeit zur Energieeinsparung. Allerdings sind sie nur begrenzt einsatzfähig, und zwar in solchen Systemen, wo die potenzielle Energie dem Fördergut bereits durch motorische Antriebe zugeführt wurde. Zudem ist die sichere Beherrschung der Bewegungsabläufe aufgrund wechselnder Guteigenschaften (Material, Gewicht etc.) und deren Auswirkung auf die Reibung zwischen Gut und Fördermittel problematisch (ten Hompel et al. 2007).

Als angetriebene Fördertechnik kommen typischerweise Rollen, Band- und Kettenförderer zum Einsatz. Kennzeichnend für Stetigförderer ist, dass das jeweilige Tragmittel (Rolle, Band oder Kette) auch gleichzeitig als Zugmittel dient. Der Antrieb erfolgt zumeist mithilfe von elektrischen Motoren, die in Verbindung mit Getrieben, Rollen und oder Riemen das Antriebssystem bilden. Bei Rollenförderern können zudem Trommelmotoren zum Einsatz kommen, die in Form von Antriebsrollen gleichzeitig als Tragrollen fungieren. Bei Band- und Kettenförderern ist zudem zu beachten, dass die Tragmittel über eine Gleitfläche geführt werden und somit Reibungskräfte in Abhängigkeit der dort vorhandenen Materialpaarung auftreten.

Konstruktiv gibt es demnach zwei wesentliche Bereiche, in denen sich Stetigförderer effizienter gestalten lassen: zum einen das Antriebssystem, zum anderen die Gestaltung der Trag- bzw. Zugmittel und deren Materialauswahl.

Bei Antriebssystemen von Stetigförderern kommen zumeist Drehstrommotoren in Form von Asynchron- und Synchronmotoren zum Einsatz, wobei der Anteil der Asynchronmotoren überwiegt. Gründe hierfür sind geringere Investitionskosten sowie die robuste Bauweise und keine Notwendigkeit für eine Anlaufhilfe. Gleichstrommotoren werden im industriellen Umfeld seltener eingesetzt. Obwohl sich ihre Drehzahl stufenlos regeln lässt, besitzen sie den Nachteil, dass das notwendige Wechselfeld durch einen Stromwender in Verbindung mit Schleifkontakten oder von einem Umrichter erzeugt werden muss (Deutsche Energie-Agentur GmbH 2010). Neben den Investitionskosten spielen bei der Auswahl des Antriebes die Betriebskosten eine entscheidende Rolle. Diese ergeben sich vor allem aus der im Betrieb verbrauchten Energie, um die benötigte mechanische Leistung bereitzustellen. Nach (Deutsche Energie-Agentur GmbH 2010) besitzen die laufenden Stromkosten in Abhängigkeit der jeweiligen Motorleistung einen Anteil von ca. 97 % der gesamten Lebenszykluskosten des Motors. Das Verhältnis von elektrischer Leistung zu erzielter mechanischer Leistung beschreibt den Wirkungsgrad des Antriebs, der eine unmittelbare Aussage über dessen Effizienz liefert (vgl. Doppelbauer 2004). Im Allgemeinen ist die resultierende mechanische Leistung geringer als die eingesetzte elektrische Leistung, d. h., der Wirkungsgrad ist kleiner als 100 %. Für das Beispiel des Asynchronmotors ist dies nach (Doppelbauer 2004) auf fünf physikalisch bedingte Verlustursachen zurückzuführen, auf die sich der Gesamtverlust typischerweise wie folgt aufteilt:

- Stromwärmeverluste im Stator (>50 %)
- Stromwärmeverluste im Rotor (20 %–30 %)
- Eisenverluste (15 %–25 %)
- Lüftungs- und Reibungsverluste (<10 %)
- Zusatzverluste durch sonstige Ursachen (5 %–10 %).

Grundsätzlich gilt, dass die absoluten Verluste sich antiproportional zur Antriebsleistung verhalten, d. h., dass bei einem größeren Antrieb tendenziell weniger Verluste auftreten (Volz 2010). Bei der Entwicklung sog. Energiespar- oder Hochwirkungsgradmotoren werden diese Verluste minimiert und damit der Wirkungsgrad deutlich erhöht. Es handelt sich dabei um Drehstromkurzschlussläufermotoren, die besonders für kontinuierlich laufende Prozesse mit hoher Auslastung geeignet sind (Doppelbauer 2004). Durch verschiedene konstruktive Maßnahmen (Einsatz von Kupfer statt Aluminium, bessere Blechqualität, Vergrößerung des Aktivmaterials) lassen sich die Verluste um bis zu 40 % bei unwesentlicher Vergrößerung des Antriebs senken (Doppelbauer 2004) (vgl. auch Volz 2010). Asynchronmotoren kommen häufig dort zum Einsatz, wo der Förderprozess mit konstanten Geschwindigkeiten realisiert wird.

Im Gegensatz dazu ist der Einsatz von Synchronmotoren in Verbindung mit Frequenzumrichtern dort sinnvoll, wo dynamische Belastungen durch variable Geschwindigkeiten oder Richtungswechsel auftreten. Anstelle eines Frequenzumrichters können zu diesem Zweck auch konventionelle Stellmethoden (geschwindigkeits-variable Getriebe o. Ä.) zum Einsatz kommen. Diese sind aus Sicht der Effizienz jedoch deutlich schlechter zu bewerten, da es zu weiteren Verlusten innerhalb des Getriebes kommt und sich mithilfe der Frequenzumrichter die Drehzahl des Antriebs an die entsprechende Aufgabe anpassen lässt. Dadurch wird den Antrieben nur die Energie zugeführt, die gerade für den Prozess benötigt wird. Ist keine Drehzahlregelung erforderlich, können Synchronmotoren auch ohne Frequenzumrichter mit Sanftanlauf-Geräten betrieben werden (Deutsche Energie-Agentur GmbH 2010).

Um bei der Auswahl des Antriebs eine einheitliche Vergleichsbasis zu schaffen, wurden in der IEC 60034-30:2008 Effizienzklassen eingeführt, die im Wesentlichen Auskunft über den Wirkungsgrad des Antriebs geben und für alle Niederspannungs-Drehstrommotoren zwischen 0,75 kW bis 375 kW Leistung gelten. Die Klassen werden durch die Buchstaben „IE“ und eine Zahl zwischen eins und vier gekennzeichnet, wobei höhere Zahlen einen höheren Wirkungsgrad bedeuten. Im Einzelnen sind die Klassen wie folgt definiert (Volz 2010):

Tab. 1 Effizienzklassen von Drehstrommotoren

IEC Energieklasse	IEC Code
Super Premium Efficiency	IE4
Premium Efficiency	IE3
High Efficiency	IE2
Standard Efficiency	IE1
Below Standard Efficiency	–

Die genannten Klassen auf Grundlage der IEC 60034-30:2008 dienen lediglich der internationalen Harmonisierung bei der Beschreibung der Effizienz der Antriebe. Die Vorgaben für die Anforderungen an einzusetzende Antriebe obliegen der jeweiligen Gesetzgebung und sind für die Europäische Union in der Verordnung (EG) Nr. 640/2009 der EU-Kommission definiert (Volz 2010). Danach ergeben sich die folgenden gesetzlichen Mindestenergiestandards für den Einsatz von Motoren und Frequenzumrichtern:

- Leistungsklasse 0,75–375 kW: mindestens IE2 ab 16.06.2011
- Leistungsklasse 7,5–375 kW: mindestens IE3 oder IE2 mit Frequenzumrichter ab 01.01.2015
- Leistungsklasse 0,75–375 kW: mindestens IE3 oder IE2 mit Frequenzumrichter ab 01.01.2017.

Die Einhaltung dieser Verordnungen obliegt den Herstellern der eingesetzten Fördertechnik. Im Hinblick auf das Einsparpotenzial ist es jedoch sinnvoll, auch unabhängig von den gesetzlichen Vorgaben bei der Technikauswahl die entsprechenden Motorspezifikationen zu berücksichtigen. Weiterhin sollte geprüft werden, welche Antriebsleistung für die Erfüllung der jeweiligen Aufgabe tatsächlich erforderlich ist. Ansonsten droht die Gefahr, dass aufgrund einer Überdimensionierung Energie leichtfertig verschwendet wird.
Wie bereits einleitend in diesem Abschnitt beschrieben, besteht eine weitere Möglichkeit zur Optimierung von Stetigförderern bei den Trag- bzw. Zugmitteln. Bei Band- und Kettenförderern kann dies durch eine Verbesserung der Reibpaarung zwischen Tragmittel und Gleitfläche erfolgen. Konkret geschieht dies durch den Einsatz spezieller Materialien, die verschleißarm sind und einen möglichst niedrigen Reibungskoeffizienten besitzen. Ein Beispiel hierfür ist das von der Firma Forbo Siegling entwickelte Transportband „Amp-Miser", das auf der Unterseite eine spezielle Gleitschicht besitzt, die wie ein trockenes Schmiermittel zwischen Band und Gleittisch fungiert. Dadurch sind Energieeinsparungen von bis zu 40 % möglich (Maienschein 2010). Weitere Vorteile liegen in niedrigeren Leistungsanforderungen an den Antrieb bzw. der Möglichkeit, längere Förderstrecken mit nur einem Antrieb zu realisieren (Forbo Siegling 2011). Ein weiteres Beispiel, bei dem mehrere der vorgestellten Maßnahmen in Kombination zur Anwendung kommen, ist der „Greenveyor" von Vanderlande Industries. Dabei handelt es sich um einen Bandförderer, bei dem friktionsarme Gurte, eine neue Gurtspanneinheit, ein effizienter Antrieb und ein effizientes Getriebe sowie eine leichtgewichtige Antriebsstation zum Einsatz kommen (verlag moderne industrie 2009). Damit lassen sich nach Angaben des Unternehmens bis zu 45 % der benötigten Energie einsparen (Vanderlande Industries 2009).
Abschließend ist festzuhalten, dass im Rahmen der Systemplanung von Stetigfördersystemen darauf zu achten ist, welche (Leistungs-)Anforderungen der Prozess an die Fördertechnik stellt. Auf dieser Grundlage kann eine gezielte Entscheidung unter Berücksichtigung der Effizienzklassen des Antriebs sowie der Effizienz der weiteren Komponenten (beispielsweise das Material des Transportbandes oder die Bauart des Getriebes) für den Einsatz einer bestimmten Technik getroffen werden.

4.3.3.2 Optimierung von Unstetigförderern

Der Einsatz von Unstetigförderern in intralogistischen Systemen ist weit verbreitet. Sie kommen sowohl in Fördersystemen (z. B. in Form von Verschiebewagen) als auch in Lagersystemen (z. B. Regalbediengeräte oder Stapler) zum Einsatz. In Bezug auf das Antriebssystem besteht ein wesentlicher Unterschied zwischen Stetig- und Unstetigförderern. Unstetigförderer müssen im Gegensatz zu Stetigförderern dynamische Bewegungsabläufe ausführen, da die Lastübergabe im Stillstand erfolgen muss (ten Hompel et al. 2007). Dies hat unmittelbare Auswirkungen auf das Antriebssystem, da dieses bedingt durch die Beschleunigungs- und Bremsvorgänge eine variable Geschwindigkeit realisieren muss. Dies kann entweder durch drehzahlgeregelte Motoren oder die Verwendung entsprechender Getriebe realisiert werden. Die frei verfahrenden Unstetigförderer müssen zudem einen Energiespeicher mitführen, der in Abhängigkeit des Motors entweder elektrische Energie oder Brennstoffe bevorratet. Aufgrund der Tatsache, dass die Verfahrbarkeit des Fördermittels entscheidend für die Auswahl des Antriebssystems ist, wird im Folgenden nach diesem Kriterium unterschieden.

Da die geführt verfahrbaren Unstetigförderer als stationär anzusehen sind, lässt sich ihnen elektrische Energie mithilfe von Schleifleitungen oder Energieführungsketten zuführen. Daher werden für solche Komponenten ausnahmslos elektrische Antriebe eingesetzt. Aufgrund der zuvor beschriebenen dynamischen Anforderungen sind hierfür drehzahlgeregelte Antriebe geeignet. Dabei können sowohl Drehstrommotoren mit Frequenzumrichtern als auch Gleichstrommotoren zum Einsatz kommen (Volz 2010). Führen die Fördermittel eine mehrdimensionale Bewegung aus, kommt üblicherweise für jede Bewegungsrichtung ein

Antrieb zum Einsatz. Dies ist beispielsweise bei Regalbediengeräten in Hochregallagern (HRL) oder automatischen Kleinteile-Lagern (AKL) der Fall. Bei kleineren Geräten kommen heutzutage bereits Servomotoren, bei größeren vorrangig Drehstrom-Asynchronmotoren zum Einsatz (Schumacher 2009). Aufgrund der hohen bewegten Masse der Bediengeräte und der potenziellen Energie des Lastaufnahmemittels, die durch den Hubantrieb zugeführt wird, eignen sich AKL- und HRL-Bediengeräte gut zur Nutzung der Bremsenergie beim Anhalten bzw. Absenken des Lastaufnahmemittels. Hierzu ist es sinnvoll, Frequenzumrichter einzusetzen. Diese bieten die Möglichkeit, den Motor beim Bremsen als Generator zu betreiben und die gewonnene Energie ins Netz zurückzuspeisen oder für andere Geräte bzw. Antriebe zu nutzen (Deutsche Energie-Agentur GmbH 2010). Bei Regalbediengeräten kann durch einen entsprechenden Frequenzumrichter die Energie beim Bremsen und Absenken zurückgespeist werden. Noch effizienter ist es in diesem Fall, durch sog. Zwischenkreiskopplung einen Energieaustausch zwischen Fahr- und Hubantrieb durchzuführen, d. h. beispielsweise die beim Absenken frei werdende Energie zum Betrieb des Fahrantriebs zu nutzen (viastore systems 2011). Das Einsparpotenzial durch solche Maßnahmen wird beispielhaft in (Grün 2010) auf 59 % beziffert, wobei dies von verschiedensten Randbedingungen abhängt (z. B. Gewicht von Fördergut und Bediengerät). Sowohl Energierückspeisung als auch Zwischenkreiskopplung sind inzwischen vielfach erprobt und Stand der Technik. Im Einzelfall muss jedoch anhand der konkreten Einsatzbedingungen geprüft werden, welches Verfahren zum Einsatz kommen sollte (Schumacher 2009). Allgemein wird das Potenzial zur Energieeinsparung durch Einsatz von Frequenzumrichtern auf ca. 12 % geschätzt, in Einzelfällen in Verbindung mit intelligenten Steuerungssystemen sogar auf 30 %–50 % (Deutsche Energie-Agentur GmbH 2010). Weiteres Einsparpotenzial kann durch den Einsatz energiesparender Antriebe erzielt werden. Allerdings ist hierbei zu beachten, dass diese nur eingeschränkt für den Start-Stopp-Betrieb geeignet sind, da die konstruktiv bedingte, größere Masse des Rotors ständig beschleunigt und abgebremst werden muss (viastore systems 2011).

Neben der effizienteren Gestaltung der Antriebstechnik besitzt die zu bewegende Gesamtmasse, bestehend aus Masse des Förderguts und des Geräts, einen wesentlichen Einfluss auf die benötigte Energie. Da sich die Masse des Förderguts aus dem konkreten Anwendungsfall ergibt und nur bedingt beeinflussbar ist, wird versucht, durch konstruktive Maßnahmen die Gerätemasse zu verringern und damit das Verhältnis von Eigengewicht und Nutzlast zu verbessern. Bei Bediengeräten für Kleinladungsträger, wie sie in AKL zum Einsatz kommen, beträgt dieses Verhältnis zwischen 8:1 und 20:1 (vgl. Dematic 2009, Günthner et al. 2009). Verbesserungsmaßnahmen konstruktiver Natur bei konventionellen Geräten werden häufig durch Leichtbau realisiert, wobei sich beispielshaft Einsparungen bis zu 25 % erzielen lassen (verlag moderne industrie 2009). Ein deutlich höheres Potenzial ergibt sich durch den Einsatz neuartiger, alternativer Techniken. Werden anstelle herkömmlicher Bediengeräte Shuttle-Fahrzeuge eingesetzt, die sich auf Bedienebenen durch das Regal bewegen, kann das Verhältnis auf ca. 2:1 bis 1,5:1 verbessert werden, wobei in diesen Fällen von einem Gutgewicht von 40 kg und entsprechend Fahrzeuggewichten von 80 kg bzw. 60 kg ausgegangen wird (vgl. Dematic 2009, Günthner et al. 2009). Je nach Bauform des Shuttle-Systems sind die Fahrzeuge entweder festen Regalebenen zugeordnet oder können mittels Vertikalförderer die Ebene wechseln. Bei fester Ebenenzuordnung werden üblicherweise Vertikalförderer für Behälter eingesetzt, die diese zur Einlagerung in den Ebenen bereitstellen bzw. diese aus dem Lager heraus fördern.

Eine Erweiterung der Shuttle-Lager stellt das Prinzip der zellularen Transportsysteme dar. Hierbei sind die Shuttle nicht nur in der Lage, die Ebene zu wechseln, sondern können sich sogar außerhalb der Regalanlage frei bewegen. Zellulare Transportsysteme sollen Stetigfördersysteme dort ersetzen, wo ein hohes Maß an Flexibilität und Wandelbarkeit erforderlich ist, wobei eine Selbststeuerung nach dem Prinzip des „Internet der Dinge" realisiert wird (Kamagaew, Große 2011). Dies bedeutet, dass es keine übergeordnete Steuerungsinstanz gibt, sondern die Fahrzeuge untereinander kommunizieren und kooperieren, um die Transportaufträge möglichst effizient abzuwickeln. In Bezug auf das Antriebssystem führt die freie Verfahrbarkeit der Shuttle dazu, dass diese im Gegensatz zu herkömmlichen Systemen, die mithilfe der Fahrschiene mit Energie versorgt werden, über einen Energiespeicher verfügen müssen. Insofern fallen sie unter die Kategorie der frei verfahrbaren Unstetigförderer, die im Folgenden näher betrachtet werden.

Der Fokus liegt dabei auf Geräten mit elektrischem oder hybridem Antriebssystem, wie sie vorwiegend in Innenräumen zum Einsatz kommen. Bei frei verfahrbaren Unstetigförderern ist neben dem Einsatz von energieeffizienten Antrieben insbesondere der Energiespeicher optimierbar. Eine wesentliche Rolle spielt dabei die Energie- und Leistungsdichte, die das Verhältnis von nutzbarer Energie zum Gewicht des Energiespeichers angeben. Mit Ausnahme der Gegengewichtsstapler, bei denen der Energiespeicher auch als Ballast genutzt werden kann, soll das Gesamtgewicht möglichst minimiert werden. Typische Energiespeicher in Unstetigförderern sind nach (Bruns 2008) Blei-Säure-Batterien (BS bzw. Pb), Nickel-Metall-Hybrid-Batterien (NiMH), Lithium-Ionen-Batterien (Li-Ion), Doppelschichtkondensatoren (DSK, SuperCaps, UltraCaps) sowie Hybridbatterien. Letztgenannte sind eine Kombination aus verschiedenen

Energiespeichern, bei denen die spezifischen Vorteile in Abhängigkeit der aktuellen Betriebssituation (beispielsweise Anfahren) ausgenutzt werden können (Bruns 2008). Auch bei den frei verfahrbaren Unstetigförderern bietet es sich an, die Bremsenergie entweder zum Betrieb anderer Antriebe oder zur Ladung des Energiespeichers zu nutzen. Neben der Möglichkeit, elektrische Energie direkt zu speichern, kann diese auch auf dem Fördermittel erzeugt werden. Dieses Prinzip findet beispielsweise bei Wasserstoffantrieben Anwendung. Dabei wird Wasserstoff in einer Brennstoffzelle oxidiert und über eine Pufferbatterie dem elektrischen Antrieb zur Verfügung gestellt (Bruns 2008). Aus Sicht der Ressourceneffizienz ist ein solches Antriebssystem zu befürworten, da bei der Oxidation des Wasserstoffs lediglich Wasser als Abfallprodukt entsteht. Nachteilig ist der hohe energetische Aufwand, der zur Erzeugung des Wasserstoffs erforderlich ist. Diese Energie sollte nicht aus fossilen Brennstoffen gewonnen werden, sondern beispielsweise durch Solarenergie. Entsprechende Konzepte hierzu wurden durch die Firma Fronius im sog. HyLOG-Projekt vorgestellt, bei dem Flurförderzeuge mit Wasserstoff betrieben werden (Fronius International 2011).

Die Nutzung spezifischer Eigenschaften verschiedener Antriebssysteme kommt bei den sog. Hybridantrieben zum Einsatz. Nach (Bruns 2008) bestehen Hybridantriebe aus der Kombination von zwei verschiedenen Antrieben und zwei verschiedenen Energiespeichern. Dies bedeutet, dass im Allgemeinen ein (für den Einsatz im Innenraum geeigneter) Verbrennungsantrieb mit einem elektrischen Antrieb gekoppelt wird. Je nach Kopplung der Antriebe unterscheidet man weiterhin in serielle, leistungsverzweigte und parallele Hybridantriebe (Bruns 2008). Die Technologie ist jedoch noch vergleichsweise neu und befindet sich im Entwicklungsstatus. Getrieben wird dieser Prozess wesentlich durch die Automobilindustrie, die auf der Suche nach Alternativen zu fossilen Energiequellen ist. Obwohl sich Hybridantriebe noch im Entwicklungsstadium befinden, existieren bereits eine Reihe von Produkten auf dem Fördertechnikmarkt, die diese Technologie nutzen (vgl. Bruns 2008). Neben der Optimierung von Gewicht und Antriebssystem existieren je nach Anwendungsfall auch weitere Ansatzpunkte zur Optimierung. Ein Beispiel ist die in (Bruns 2008) genannte Untersuchung von Dekra und Continental, nach der sich durch Verbesserung des Rollwiderstands der Räder bzw. Reifen ca. 10 % der notwendigen Energie einsparen lassen. Auch für Unstetigförderer sollte individuell in Abhängigkeit der prozessbedingten Anforderungen untersucht werden, welche Maßnahmen sich sinnvoll einsetzen lassen und welches Optimierungspotenzial diese bieten. Insbesondere die Beschaffung neuer Fördermittel sollte in jedem Fall unter Berücksichtigung der Ressourcen- bzw. Energieeffizienz erfolgen.

4.3.3.3 Optimierung durch Organisations- und Steuerungsmaßnahmen

Nachdem sich die vorherigen Abschnitte im Wesentlichen auf die Optimierung der Technik an sich bezogen, werden im folgenden Abschnitt Beispiele genannt, mit deren Hilfe sich während des Betriebs Energie einsparen lässt.

Eine sinnvolle Maßnahme für Stetigfördersysteme ist das bedarfsabhängige Ein- bzw. Ausschalten der Antriebe (Deutsche Energie-Agentur GmbH 2010), insbesondere für Systeme mit geringer Auslastung. Es sollte jedoch berücksichtigt werden, dass das häufige Ein- und Ausschalten energieeffizienter Motoren aufgrund der höheren Rotormasse ggf. zu einem erhöhten Energieverbrauch führen kann. Eine weitere Möglichkeit besteht in der Anpassung der Fördergeschwindigkeit an die aktuelle Lastsituation innerhalb des Systems. Dabei kann es durchaus sinnvoll sein, die Antriebe auch im Falle des Leerlaufs mit geringerer Geschwindigkeit zu betreiben, anstatt sie vollständig abzuschalten. Der Energieverbrauch ist in diesem Fall geringer und es treten keine Spitzen durch Anlaufströme auf. Ein solches Prinzip kommt beispielsweise bei Fahrtreppen zum Einsatz. Diese unterstützen üblicherweise drei Betriebsmodi (volle Geschwindigkeit, reduzierte Geschwindigkeit und Stillstand). Im Modus der reduzierten Geschwindigkeit reduziert sich der Energieverbrauch um ca. 50 % (ENEA 2010).

Bei Unstetigförderern, insbesondere bei frei verfahrbaren, spielt die Auftragsdisposition und die Wahl der Fahrstrecke eine entscheidende Rolle. Die Bandbreite aus organisatorischer Sicht reicht dabei von der individuellen Verteilung der Aufträge durch das Personal und die freie Wahl der Route durch den Gerätebediener bis zur automatischen, wegeoptimierten Auftragszuweisung und vorgegebenen Routenführung. Entsprechende Softwaresysteme berechnen dabei in Abhängigkeit der aktuellen Gerätestandorte die bestmögliche Auftragsverteilung, wobei sog. Anschlussfahrten (beispielsweise eine Auslagerung unmittelbar im Anschluss an eine Einlagerung) angestrebt werden. In automatischen Lagersystemen werden diese als Doppel- bzw. Mehrfachspiele bezeichnet (ten Hompel et al. 2007). Es kann davon ausgegangen werden, dass die eingesparten Wegstrecken unmittelbar zu einer Reduktion des Energieverbrauchs führen. Ein weiterer Aspekt bei Geräten, die mehrere Antriebe nutzen, ist die Beeinflussung der Einschaltzeitpunkte des jeweiligen Antriebs. Betrachtet man ein Regalbediengerät, so wurden ohne Berücksichtigung energetischer Aspekte beim Anfahren beide Antriebe gleichzeitig in Betrieb gesetzt. Dies führt kurzfristig zu einer in vielen Fällen vermeidbaren Lastspitze, da selten beide Antriebe über die gesamte Fahrstrecke in Betrieb sein müssen. Außerdem bietet es bei Verwendung des

Prinzips der Zwischenkreiskopplung an, dass durch verzögertes Einschalten des Fahrantriebs die durch die Absenkung frei werdende Energie direkt genutzt werden kann. Es ist in beiden Fällen zu berücksichtigen, dass die resultierenden Spielzeiten und damit die Geräteleistung sich dadurch nicht verlängern sollten. Insofern müssen bei der Anwendung die einzelnen Betriebszeiten der Antriebe in Abhängigkeit der jeweiligen Fahrt berechnet werden. Die Fahrzeitermittlung bietet zudem den Vorteil, dass die dadurch bekannte Differenz der Betriebszeiten der Antriebe intelligent genutzt werden kann. Dabei besteht die Möglichkeit, den Antrieb mit der kürzeren Betriebszeit mit verminderter Geschwindigkeit zu betreiben und dadurch Energie zu sparen. Das resultierende Einsparpotenzial aus solchen Maßnahmen wird in (Grün 2010) auf 5 % bis 15 % geschätzt. Dies zeigt deutlich, dass sich durch technische Maßnahmen in Verbindung mit einer optimierten Organisation und Steuerung weiteres Einsparungspotenzial erschließen lässt.

4.4 Zusammenfassung und Fazit

Die angeführten Beispiele aus den verschiedenen Teildisziplinen der Logistik haben die unterschiedlichen Facetten der Ressourceneffizienz aufgezeigt.

Gerade in produzierenden Unternehmen mit mittelständischer Prägung hat die Produktion eine vorherrschende Stellung. Die Logistik hat jedoch mit zeitlicher Verzögerung auch in diesen Unternehmen an Stellenwert gewonnen. Grund hierfür ist nicht zuletzt der steigende Kostendruck auf die Unternehmenslogistik und die Notwendigkeit, sparsamer mit dem Ressourcenverbrauch innerhalb der Supply-Chain umzugehen. Die in Abschnitt 4.1 diskutierten Ansatzpunkte und vorgestellten Verfahren zeigen Möglichkeiten auf, wie mithilfe strategischer, bereichsübergreifender Ansätze die Supply-Chain ressourceneffizient umstrukturiert und gestaltet werden kann.

Die Supply-Chain-Optimierung beschreibt einen Ansatz, die gesamte Logistik – sowohl Beschaffungs-, Produktions- als auch Absatzlogistik – innerhalb der Optimierung aufzugreifen und zu harmonisieren. Als Teilaufgabe bietet die Verknüpfung von Logistik- und Produktionsinteressen bereits eine große Chance, die Unternehmenslogistik effizienter zu gestalten. Bisher findet diese Betrachtung in der Regel nur in sequenzieller Weise statt („Erst die Produktion, dann die Logistik optimieren"). Nichtsdestotrotz sollten die Ergebnisse aufgrund ihres strategischen Charakters nicht überschätzt werden. Eine nachlaufende Feinanalyse und Machbarkeitsprüfung der Verbesserungspotenziale bleibt unumgänglich.

Hier kann die Supply Chain Simulation Einsatz finden. Immer dann, wenn komplexe Wirkzusammenhänge im Netzwerk nicht mehr mit analytischen Methoden erfasst werden können und dynamische und stochastische Einflüsse das Verhalten des Netzwerks bestimmen, kann die Planungsqualität mittels einer simulationsbasierenden Szenarienanalyse stark verbessert werden. So werden die Wirkzusammenhänge plausibilisiert und kritische Pfade können identifiziert werden.

Sensitivitätsanalysen des Netzwerks hinsichtlich stochastischer Einflüsse erlauben es, die Stabilität eines ressourceneffizienten Logistiknetzwerkes frühzeitig abzuschätzen. Simulationsbasierte Methoden können aber auch in der laufenden Planung und Disposition Einsatz finden, wenn Auswirkungen von Planungs- und Dispositionsentscheidungen abgesichert werden sollen.

Mithilfe des in Abschnitt 4.2 vorgestellten Assistenzsystems ECO_2LAS ist es erstmals möglich, ökonomische und ökologische Auswirkungen von zukünftigen Transportplanungsentscheidungen in komplexen Logistiknetzwerken der Automobilindustrie im operativen Betrieb echtzeitnah bewertbar zu machen. So wird die Erreichung des Ziels eines möglichst ressourcenschonenden Betriebs einer komplexen, globalen Supply Chain durch die transparente, ökonomische und ökologische Bewertung von Alternativen unterstützt. Durch das frühzeitige Erkennen von Engpässen im Liefernetzwerk können die extrem ressourcenintensiven und ökologisch belastenden Sondertransporte (Luftfracht) signifikant verringert werden. So konnten durch den Einsatz des Vorgängers des Assistenzsystems ECO_2LAS in der Produktionsversorgung des VW Crafter mit in Südafrika montierten Motoren die im Rahmen von Sondertransporten notwendigen Luftfrachttransporte um 95 % gesenkt werden (Klingebiel et al. 2010a, Deiseroth, Toth 2009). Zudem kann durch mehr Transparenz über die Bestände und Bestellungen im Netzwerk die Verschrottung obsoleter Bauteile verringert werden.

Im Abschnitt 4.3 wurde im Bereich der Intralogistik das erschließbare Einsparpotenzial aufgezeigt und anhand konkreter Einflussparameter beziffert. Diese lassen sich im Wesentlichen auf die Bereiche Gebäudetechnik sowie Förder- und Lagertechnik aufteilen. Es wurde gezeigt, dass es in beiden Bereichen vielfältige Ansatzpunkte zur Verbesserung der Energieeffizienz gibt und sich keine pauschale Aussage dazu treffen lässt, welche dieser Maßnahmen für welche Art von Unternehmen sinnvoll eingesetzt werden können. Dies ist individuell an die Anforderungen aus Prozesssicht sowie an betriebswirtschaftliche und unternehmenspolitische Randbedingungen anzupassen.

Literatur

Altintas, O., Avsar, C., Klumpp, M.: Change to Green in Intralogistics. In: Janssens, G.K., Ramaekers, K., Caris, A. (Hrsg.): The 2010 European Simulation and Modelling Conference, Conference Proceedings October 25-27, 2010 at Hasselt University, Oostende (ETI), Seiten 373-377. (2010)

Blutner, D., Cramer, S. et al.: „Assistenzsysteme für die Entscheidungsunterstützung". Endbericht der Arbeitsgruppe 5. Technical Report SFB 559 (Modellierung großer Netze der Logistik), Dortmund. (2007).

BMU - Bundesministerium für Umwelt, Naturschutz und Reaktorsicherheit: „Die Lkw-Maut", verfügbar unter: http://bmu.info/verkehr/gueterverkehr/lkwmaut/doc/4379.php (Zugriff: Dezember 2011). (2009a).

BMU - Bundesministerium für Umwelt, Naturschutz und Reaktorsicherheit: „Das Integrierte Energie- und Klimaschutzprogramm (IEKP)", verfügbar unter: http://www.bmu.de/klimaschutz/nationale_klimapolitik/doc/44497.php (Zugriff: Dezember 2011). (nur Einleitung) (2009b).

Bockholt, F.: „ECO$_2$LAS - Planungsunterstützung für globale Liefernetzwerke", Vortrag auf dem Internationalen Automobilkongress des AKJ 2011, 23./24. März 2011, Saarbrücken. (2011).

Bockholt, F.: „Operatives Störungsmanagement für globale Logistik-netzwerke. Ökonomie- und ökologieorientiertes Referenzmodell für den Einsatz in der Automobilindistrie." Dortmund: Verlag Praxiswissen (Unternehmenslogistik) (2012).

Bockholt, F., Raabe, W., Toth, M.: „Logistic Aaaistance Systems For Collaborative Supply Chain Planning", International Journal of Simulation and Process Modelling (IJSPM), verfügbar (2011). unter: http://www.inderscience.com/coming.php?ji=100&jc=ijspm&np=4&jn=International%20Journal%20of%20Simulation%20and%20Process%20Modelling (Zugriff: November 2011).

Bode, W. et al.: Praxisleitfaden „Grüne Logistik", Stand Mai 2011. Verfügbar unter: www.ris-logis.net/Gruene_Logistik/pdf/Praxisleitfaden.pdf (Zugriff: 12.12.2011). (2011).

Bruns, R.: Alternative Antriebe bei Flurförderzeugen - ein Vergleich: Funktionsweise, Vorteile/Nachteile, Kosten/Nutzen. Tagungsband Energieeffizienz im Lager, Köln. (2008).

Cirullies, J., Klingebiel, K., Scavarda, L. F. „Integration of Ecological Criteria Into the Dynamic Assessment of Order Penetration Points in Logistics Networks", in Burczynski, T., Kolodziej, J., Byrski, A., Carvalho, M.: (Hrsg.), ECMS 2011, Jubilee Conference. 25th European Conference on Modelling and Simulation in Krakow, Poland, 07.06.-10.06., S. 608-615. (2011).

Initiative 2° deutsche Unternehmer für Klimaschutz (Hrsg.), Clausen, U., Schneider, M., Dobers, K.: Klimaschutz liefern, Logistikprozesse klimafreundlich gestalten. Kurzstudie, Hamburg, Berlin, Dortmund, 2011.

CPLEX, I.: ILOG CPLEX Optimizer. Von http://www-01.ibm.com/software/integration/optimization/cplex-optimizer/ abgerufen(6. 12 2011).

Deiseroth, J.; Toth, M.: „Logistisches Assistenzsystem für die Disposition in globalen Lieferketten", Vortrag auf dem 11. Industrieforum Wolfsburg, 17.-18. Juni 2009, Wolfsburg. (2009).

Delfmann, W.: „Die Planung „robuster" Distributionsstrukturen bei Ungewissheit über die Nachfrageentwicklung im Zeitablauf", in Hax, H., Kern, W., Schröder, H.-H. (Hrsg), Zeitaspekte in betriebswirtschaftlicher Theorie und Praxis, C. E. Poeschel Verlag, Stuttgart. (1989).

Dematic GmbH (Hrsg.), N.N. (2009). Energieeffiziente Lösungen für die Intralogistik von Dematic. Verfügbar unter: http://www.dematic.com/docs/index.aspx?id=30122&n_d_from_y=2007-01-01+00%3a00%3a00&n_d_to_y=2012-01-01+00%3a00%3a00&newsrefid=30122&newsid=1545&row=28 (Zugriff: 12.12.2011).

Deutsche Energie-Agentur GmbH (Hrsg.), N.N.: (2010). Ratgeber „Fördertechnik für Industrie und Gewerbe". Verfügbar unter: http://www.dena.de/fileadmin/user_upload/Download/Dokumente/Publikationen/Strom/IEE/Ratgeber_F%C3%B6rdertechnik_Industrie_und_Gewerbe.pdf (Zugriff: 12.12.2011).

Diez, R.: Wie sich Energie in bestehenden Lägern mit einfachen Maßnahmen einsparen lässt. Tagungsband Energieeffizienz im Lager, Köln. (2008).

Doppelbauer, M.: Kompaktere Energiesparmotoren dank Kupfertechnologie. In: P&A Kompendium 2004, publish-industry Verlag GmbH, München, S.134. (2004). Verfügbar unter: http://www.pua24.net/pi/index.php?forward=downloadPdf.php&p=mJ3rC2nsGxWFBanjU.jGmQF3Ccl_ExFoccClnMfiMg3pRUO0V0jbEuPqmPg.G@7JBC9VbAFoaZOs_20dRw.GVn3yHaX6qgF4SupzIiJWcwFxbJ3bAhK3GhawHqJ9 (Zugriff: 12.12.2011).

Erengüc, S. S., Simpson, N., Vakharia, A.: Integrated production/distribution planning in supply chains:. European Journal of Operational Research, 115, 219-236. (1999).

Europäisches Parlament: „Emissionshandel im Luftverkehr ab 2012", (2008), verfügbar unter: http://www.europarl.europa.eu/sides/getDoc.do?language=DE&type=IMPRESS&reference=20807071PR33572 (Zugriff: Januar 2012).

ENEA Italian National Agency for New Technologies, Energy and Sustainable Economic Development (Hrsg.), N.N. (2010). Optimierung der Energieeffizienz bei Aufzügen. Deutsche Übersetzung: Fraunhofer Institut für System- und Innovationsforschung. Verfügbar unter: http://www.e4project.eu/Documenti/WP6/E4-German%20Final%20Brochure.pdf (Zugriff: 12.12.2011).

Fronius International GmbH (Hrsg.), N.N.:. Saubere Energie - Jederzeit abrufbar. Die Fronius Energiezelle. (2011) Verfügbar unter: http://www.fronius.com/cps/rde/xbcr/fronius_deutschland/4000062837_PRO_0107_fronius_energiezelle_de.pdf (Zugriff: 12.12.2011).

Forbo Siegling GmbH (Hrsg.), N.N.: Produktblatt „Amp Miser Energiesparende Transportbänder". (2011). Verfügbar unter: http://www.forbo-siegling.com/de/pages/brochures/special/download/fms_amp_miser_238_de.pdf (Zugriff: 12.12.2011).

Garcia Sanz, F.J., Semmler, K., Walther, J.: „Die Automobilindustrie auf dem Weg zur globalen Netzwerkkompetenz", Springer-Verlag Berlin, (2007).

Gluchowski, P., Gabriel, R., Dittmar, C.: „Management Support Systeme und Business Intelligence. Computergestützte Informationssysteme für Fach- und Führungskräfte.“, 2. Auflage, Springer, Berlin et al. S. 62ff. (2008).

Grün, O.: Steigerung der Energieeffizienz in der Intralogistik. (2010). Verfügbar unter: http://www.30pilot-netzwerke.de/nw-de/downloads-archiv/Aktuelles-Reg-Erfa-Wue-Bu_2010/Beitraege_Referenten/SSI_Schaefer_Vortrag_VA24.06.2010_WUe.pdf (Zugriff: 12.12.2011).

Günther, H.-O., Tempelmeier, H.: Produktion und Logistik. Berlin: Springer. (2009).

Günthner, W. A., Galka, S., Tenerowicz, P.: Roadmap für eine nachhaltige Intralogistik. Tagungsband zur 14. Wissenschaftlichen Fachtagung „Sustainable Logistics“, 26./27. Februar 2009, Herausgeber: Otto-von-Guericke-Universität Magdeburg, S. 205–219. (2009).

Günthner, W.A. et al.: „Technologie für die Logistik des 21. Jahrhunderts“, in Wimmer, T., Wöhner, H. (Hrsg), Werte schaffen – Kulturen verbinden, 25. Deutscher Logistik-Kongress Berlin, DVV Media Group, Hamburg, S. 360–394. (2008).

Hesse, K., Clausen, U.: Klimawandel und die Folgen für den Verkehr : Energieeffizienz von Logistikprozessen. In: Jahrbuch der Logistik, Düsseldorf: Verlagsgruppe Handelsblatt, S. 16–22. ISBN 3-9809412-4-8, 2008.

Hesse, K.: Carbon Footprints zur Bewertung der ökologischen Wirkung logistischer Prozesse, In: Praxishandbuch Logistik, Juni 2009.

Kamagaew, A., Große, E.: Multimodales Intralogistikkonzept – Zellulare Transportsysteme – Multishuttle Move. Hebezeuge Fördermittel 4/2011. Huss-Medien GmbH. (2011).

Klingebiel, K., Toth, M., Wagenitz, A.: „Logistische Assistenzsysteme“, in Pradel, W. H., Süssenguth, W., Piontek, J., Schwolgin, A. (Hrsg.), Praxishandbuch Logistik, Fachverlag Deutscher Wirtschaftsdienst, Köln, Abschnitt 2.2.10.

Klingebiel, K., Toth, M., Wagenitz, A.: „Dynamic Supply Chain Planning with Logistic Assistance Systems“, in Kozan, E. (Hrsg.), ASOR Bulletin, Vol. 29 No. 2, S. 3–14. (2010a)

Kramm, M.: Der Energieausweis für Distributionszentren. Tagungsband Energieeffizienz im Lager, Köln. (2008).

Kuhn, A.: „Simulation großer Logistik-Netze“, in Schriftliche Fassung der Vorträge zum Fertigungstechnischen Kolloquium am 10. und 11. September in Stuttgart, Ges. für Fertigungstechnik, S. 1–20. (2008).

Kuhn, A., Hellingrath, B.: „Supply Chain Management: Optimierte Zusammenarbeit in der Wertschöpfungskette“, Springer-Verlag, Berlin, Heidelberg. (2002).

Kuhn, A., Wagenitz, A., Klingebiel, K.: „Praxis Materialflusssimulation. Antworten zu oft zu spät?“, in Wolf-Kluthausen, H. (Hg.), Jahrbuch der Logistik, Korschenbroich: free beratung GmbH, S. 206–211. (2010).

Lange, E., Kippels, D.: Betriebslogistik wird „grün”. In: VDI Nachrichten Nr.22, 4. Juni 2010, VDI-Verlag, Düsseldorf. (2010).

LOG.Kompass, N.N.: Viele kleine Bausteine. In: LOG.Kompass 11/2010, DVV Media Group GmbH, Hamburg. (2010) Verfügbar unter: http://www.logkompass.de/fileadmin/user_upload/pdf/blickpunkt/blickpunkt_grafik_11.pdf (Zugriff: 12.12.2011).

Maienschein, B.: Neues Transportband verspricht 40% Energieersparnis in der Stückgutförderung. (2010). Verfügbar unter: http://www.mm-logistik.vogel.de/foerdertechnik/articles/281945/index.html (Zugriff: 12.12.2011).

Minor, M.: „Erfahrungsmanagement mit fallbasierten Assistenzsystemen“, Dissertation der Humboldt-Universität, Berlin. (2006).

Pfohl, H.-C.: „Informationsfluss in der Logistikkette. EDI – Prozessgestaltung – Vernetzung“, Erich-Schmidt-Verlag, Berlin. (1997).

Plümer, T.: „Logistik und Produktion“, Oldenbourg-Verlag, München. (2003).

Prestifilippo, G.: Effiziente Entfernungsberechnung durch Graphenreduktion bei Transportplanungen. Dortmund: Praxiswissen. (2003).

PricewaterhouseCoopers: „Land unter für den Klimaschutz? Die Transport- und Logistikbranche im Fokus“, (2009). verfügbar unter: http://www.pwc.de/de_DE/de/transport-und-logistik/assets/klimaschutz_final.pdf (Zugriff: Januar 2012).

Rabe, M., Wenzel, S., Spieckermann, S.: „Verifikation und Validierung für die Simulation in Produktion und Logistik. Vorgehensmodelle und Techniken.“ Springer, Berlin. (2008).

Schildt, B.: Strategische Produktions- und Distributionsplanung: betriebliche Standortoptimierung bei degressiv verlaufenden Produktionskosten. Dt. Univ.-Verl. (1994).

Schlomann, B. et al.: Energieverbrauch des Sektors Gewerbe, Handel, Dienstleistungen (GHD) in Deutschland für die Jahre 2007 bis 2010. Bericht an das Bundesministerium für Wirtschaft und Technologie (BMWi). (2011). Verfügbar unter: http://isi.fraunhofer.de/isi-de/e/download/publikationen/GHD-Erhebung_Bericht_Energieverbrauch_2006-2010.pdf?WSESSIONID=3aa666955a2a62f6a5019bcaa2da3fa2 (Zugriff: 12.12.2011).

Schumacher, M.: Sparen mit System. In: INDUSTRIE anzeiger 2009/31, Seite 30. (2009). Verfügbar unter: http://www.industrieanzeiger.de/news/-/article/12503/26471360/Sparen+mit+System/art_co_INSTANCE_0000/ (Zugriff: 12.12.2011).

Siehn, W. et al.: „Nachhaltige und energieeffiziente Logistik. Konzeption und Bewertung von unternehmensübergreifenden Logistikmodellen“, Industrie Management, Vol. 26 No. 2, S. 73–76. (2010).

Straube, F., Borkowski, S.: „Global Logistics 2015+. How the world‘s leading companies turn their logistics flexible, green and global and how this affects logistics service providers“, TU Verlag, Berlin. (2008).

Straube, F., Pfohl, H.-C.: „Trends und Strategien in der Logistik. Globale Netzwerke im Wandel; Umwelt, Sicherheit, Internationalisierung, Menschen“, DVV Media Group Dt. Verkehrs-Verl., Hamburg. (2008).

Straube, F., Pfohl, H.-C.: „Trends und Strategien in der Logistik. Globale Netzwerke im Wandel; Umwelt, Sicherheit, Internationalisierung, Menschen“, DVV Media Group Dt. Verkehrs-Verl., Hamburg. (nur Einleitung) (2008).

Straube, F., Scholz-Reiter, B., ten Hompel, M.: „Logistik im produzierenden Gewerbe“, Abschlussbericht, Berlin, Hannover. (2008).

Straube, F., Scholz-Reiter, B., ten Hompel, M.: „Logistik im produzierenden Gewerbe“, Abschlussbericht, Berlin, Hannover. (2008).

Sucky, E.: „Netzwerkmanagement“, in Arnold, D., Furmans, K. et al. (Hrsg.), Handbuch Logistik, 3. Aufl., Springer, Berlin, S. 934–945. (2008).

van Bonn, B.: Konzeption einer erweiterten Distributionsplanungsmethodik mittels standardisierter Geographiedatenmodelle. (R.Jünemann, Hrsg.) Dortmund: Praxiswissen. (2001).

ten Hompel, M., Beck, M.: Materialfluss und Energieeffizienz. In: Ruprecht, R. (Hrsg.): 9. Karlsruher Arbeitsgespräche Produktionsforschung 2008. FZKA, Karlsruhe. (2008).

ten Hompel, M., Heidenblut, V.: Taschenlexikon Logistik: Abkürzungen, Definitionen und Erläuterungen der wichtigsten Begriffe aus Materialfluss und Logistik. 3., bearb. u. erw. Aufl., Springer-Verlag, Berlin. (2011).

ten Hompel, M., Schmidt, T., Nagel, L.: Materialflusssysteme: Förder- und Lagertechnik. 3., völlig neu bearb. Aufl., Springer-Verlag, Berlin. (2007).

Vanderlande Industries: (Hrsg.), N.N. Vanderlande Industires' Grennveyor Provides 45 % Energy Savings. (2009). Verfügbar unter http://www.airporttechnology.com/contractors/baggage/vanderlande/press6.html (Zugriff: 12.12.2011).

Vastag, AKonzeption und Einsatz eines Verfahrens zur Distributionsstrukturplanung bei inbtermodalen Transporten. (R. Jünemann, Hrsg.) Dortmund: Praxiswissen. .: (1997).

verlag moderne industrie GmbH (Hrsg.), N.N.: Für eine grüne Zukunft. In: Materialfluss Oktober 2009. Verfügbar unter: http://www.warehouse-logistics.com/Download/Literatur/DE_Heft_materialfluss_10_2009_001.pdf (Zugriff: 12.12.2011).

viastore systems GmbH (Hrsg.), N.N.: viastore blue – 30 % und mehr Energie im Lager sparen. (2011). Verfügbar unter: http://www.viastore.de/fileadmin/Mediendatenbank/ServiceCorner/Produktinformationen/Energieeffizienz_Hochregallager_Intralogistik.pdf (Zugriff: 12.12.2011).

Volz, G.: Ratgeber „Elektrische Motoren in Industrie und Gewerbe: Energieeffizienz und Ökodesign-Richtlinie“. Deutsche Energie-Agentur GmbH (Hrsg.). (2010). Verfügbar unter: http://www.dena.de/fileadmin/user_upload/Download/Dokumente/Publikationen/Strom/IEE/Ratgeber_Motoren_Energieeffizienz_%C3%96kodesign.pdf (Zugriff: 12.12.2011).

Wagenitz, A.: „Modellierungsmethode zur Auftragsabwicklung in der Automobilindustrie“, Dissertation, Technische Universität Dortmund, Dortmund. (2007),

Wenzel, S., Collisi-Böhmer, S., Pitsch, H.; Rose, O., Weiß, M.: „Qualitätskriterien für die Simulation in Produktion und Logistik. Planung und Durchführung von Simulationsstudien“, Springer-Verlag, Berlin, Heidelberg. (2008)

Zadek, H., Schulz, R.: Nachhaltige Logsitkzentren. 27. Deutscher Logistik-Kongress, Bundesvereinigung Logistik, Berlin, 2010. Verfügbar unter: http://www.bvl.de/misc/filePush.php?mimeType=application/pdf&fullPath=/files/441/442/526/417/644/DLK10_B2_Nachhaltige-Logistikzentren_Impulsvortrag-Zadek.pdf (Zugriff: 12.12.2011). (2010)

Zesch, F., Brauer, K., Schwede, C.: Softwaregestützte, integrierte Produktionsterminierung und Transportplanung. Paderborner Frühjahrstagung: Verl.-Haus Monsenstein und Vannerda; Fraunhofer IML. (2009)

ZVEI (Hrsg): Zur Rohstoffsituation in der Elektroindustrie. Internet: http://www.zvei.org/fileadmin/user_upload/Wirtschft_Recht/Konjunktur_Markt/ZVEI_Elektrorohstoffe_Mai2010.pdf, Frankfurt 2010. (Zugriff 31.01.2012)

5 Hilfs- und Betriebsstoffe

Ulrich Seifert, Harald Bradke, Simone Hirzel, Ilka Gehrke, Volkmar Keuter, Josef Robert, Hildegard Lyko

5.1 Technische Gase

Ulrich Seifert

5.1.1 Einleitung

Der Sammelbegriff „Technische Gase" im Sinne dieses Kapitels umfasst Gase, die industriell in großem Maßstab hergestellt oder verwendet werden (Industriegase), wie auch Gase, die in der Produktion als unverzichtbare Hilfsstoffe eingesetzt werden. Allgemein nicht zu den technischen Gasen gezählt werden leitungsgebunden bereitgestellte Brenngase, insbesondere Erdgas.

Technische Gase werden üblicherweise unter einem gegenüber dem Atmosphärendruck erhöhten Druck gelagert und zur Anwendung bereitgestellt. Als Druckgase werden Stoffe bezeichnet, deren kritische Temperatur unter 50° C liegt oder deren Dampfdruck bei 50° C mehr als 3 bar beträgt und die, sofern sie gasförmig vorliegen, bei 15° C unter einem Überdruck von mehr als 1 bar stehen (TRG 100 1998). Diese Definition macht deutlich, dass der Aggregatzustand eines Druckgases bei der Lagerung und beim Einsatz vom gasförmigen Zustand abweichen kann, was sich z. B. im Begriff des „verflüssigten Gases" widerspiegelt. Neben Reinstoffen umfasst der Begriff „Druckgase" auch Gasgemische verschiedener Molekülarten.

Im staatlichen Technischen Regelwerk[1] werden als Hauptmerkmale zur Einteilung von Gasen die kritische Temperatur, die Brennbarkeit und die chemische Stabilität herangezogen. Hinsichtlich der Handhabungsform werden außerdem die im tiefkalten Zustand flüssigen Gase sowie die unter Druck in einem Lösungsmittel gelösten Gase unterschieden.

Wie bei anderen industriellen Roh- und Hilfsstoffen ist auch bei Gasen die Reinheit ein kostenrelevantes Merkmal, welches über die Eignung für einen bestimmten Anwendungszweck entscheiden kann. Üblicherweise wird die Qualität von (reinen) Gasen mit Kürzeln wie „5.0" bezeichnet, wobei die Zahl vor dem Punkt angibt, wie oft hintereinander die Ziffer 9 in der Bezeichnung der Zusammensetzung auftaucht; die Ziffer nach dem Punkt gibt die letzte Dezimalstelle der Zusammensetzung an. Ein „5.0"-Gas hat somit eine Reinheit von mindestens 99,999 %, ein „3.5"-Gas eine Reinheit von mindestens 99,95 %. Höchste Reinheitsanforderungen werden z. B. an Gase gestellt, die bei der Herstellung integrierter Schaltungen mit sehr hoher Integrationsdichte (SLSI-Chips) als Schutzgase bei Hochtemperaturprozessen verwendet werden (Reinheit 10.0 und höher).

Die Verwendung technischer Gase in der Produktion umfasst ein breites Anwendungsspektrum. Hierzu zählt der Einsatz

- als Reaktionskomponenten in chemischen Umwandlungsprozessen
- als Brennstoff oder Oxidationsmittel für Verbrennungsvorgänge
- als Schutz- oder Inertisierungsgase zur Verhinderung eines Luftzutritts oder zur Absenkung des Sauerstoffgehalts innerhalb von Anlagen
- als Hilfsstoffe zum Austrag oder zur Förderung anderer Medien (Treib- oder Fördermittel)
- als Lösemittel (im flüssigen oder überkritischen Zustand) für andere Komponenten
- als Hilfsstoffe zur Erzeugung von Schäume
- als Lebensmittel-Zusatzstoffe
- als Löschmittel sowie
- als Mittel der indirekten oder direkten Wärmeübertragung in offenen Systemen.

Der Einsatzzweck bestimmt nicht nur die stofflichen Merkmale (Stoffart, Zusammensetzung, Reinheitsgrad), sondern legt auch Anforderungen an den physikalischen Zustand der technischen Gase beim Einsatz fest (Temperatur, Druck, Aggregatzustand). Diese Anforderungen können sich auf die gesamte Prozesskette bis hin zur Erzeugung des technischen Gases auswirken.

Nicht näher betrachtet werden an dieser Stelle Druckgase, die als industrielle Wärmeträger bzw. Kältemittel in geschlossenen Systemen Verwendung finden, wobei vor allem der Phasenwechsel zwischen der Gas- und Flüssigkeitsphase und die damit verbundene Phasenübergangsenthalpie ausgenutzt werden. Dies betrifft Stoffe wie z. B. Ammoniak, die Kohlenwasserstoffe Propan und Butan sowie teil- und vollhalogenierte Kohlenwasserstoffe. Ein „Verbrauch" der Gase findet bei dieser Verwendungsform (abgesehen von Leckageverlusten) praktisch nicht statt.

5.1.2 Bereitstellung technischer Gase

Die Gewinnung *atmosphärischer Gase* aus der Umgebungsluft (mit den Hauptkomponenten Stickstoff, Sauerstoff und Argon sowie den Nebenbestandteilen Neon, Krypton und Xenon) erfolgt überwiegend zentral in industriellen Luftzerlegungsanlagen.

Die Form der Bereitstellung atmosphärischer Gase am Verwendungsort richtet sich nach den Verbrauchsmengen und nach dem geforderten Aggregatzustand. Große Mengen von Stickstoff und Sauerstoff werden in speziellen Tankfahrzeugen in tiefkalt verflüssigter Form angeliefert und

[1] Die bislang in Technischen Regeln für Druckgase enthaltenen Sicherheitsbestimmungen werden nun in den Technischen Regeln für Betriebssicherheit (TRBS) bzw. für Gefahrstoffe (TRGS) niedergelegt.

Abb. 1 Industrielle Luftzerlegungsanlage; Lagertanks für tiefkalt verflüssigte Gase (Quelle: Linde AG)

in wärmeisolierten Tanks zwischengespeichert. Sofern die Lagerung unter geringem Überdruck erfolgt, entspricht die Lagertemperatur der verflüssigten Gase näherungsweise dem Normalsiedepunkt, d.h -196° C bei Stickstoff und -183° C bei Sauerstoff. Die Kühlung der Lagertanks erfolgt durch kontinuierliche Verdampfung und gasförmige Entnahme eines kleinen Teilstroms, der bei fehlendem Verbrauch unmittelbar in die Atmosphäre abgeblasen wird. Der Betriebsdruck in den Lagertanks kann auch höher gewählt werden; in diesem Fall stellt sich eine höhere Lagertemperatur entsprechend dem Siedegleichgewicht ein. Eine Alternative bei geringeren Reinheitsanforderungen ist die Gewinnung der Hauptkomponenten Stickstoff und Sauerstoff aus der Umgebungsluft unmittelbar am Verwendungsort (On-Site-Bereitstellung). Hierzu zählen speziell die Erzeugung durch Luftzerlegung mittels Druckwechseladsorption (pressure swing adsorption, PSA) oder mittels Membrantrennverfahren. Stickstoff, der auf diese Weise erzeugt wird, findet u.a. als industriell genutztes Inertisierungsgas und als Hilfsstoff in der Lebensmittelindustrie Verwendung.

Mit steigenden Anforderungen an die Gasreinheit ist bei diesen Verfahren ein deutlicher Anstieg des spezifischen Energieaufwandes und der Gestehungskosten verbunden. Während die Edelgase Argon, Neon, Krypton und Xenon im industriellen Maßstab durch Luftzerlegung und aus dem Rückstandsgas der Ammoniaksynthese abgetrennt werden, wird Helium vorwiegend aus heliumreichen Erdgasvorkommen gewonnen.

Die großtechnische Herstellung anderer als atmosphärischer Gase richtet sich nach den hierfür benötigten Aus-

Abb. 2 Tanks für tiefkalt verflüssigten Stickstoff (links) und für Wasserstoff (rechts) (Quelle: Linde AG)

Abb. 3 Aggregat zur On-Site-Erzeugung von Stickstoff aus Druckluft (Quelle: Atlas Copco)

gangs- oder Rohstoffen (z. B. Erdgas, Spaltgase auf Basis von Erdölprodukten) bzw. – bei Gasen, die als Nebenprodukte industrieller Prozesse anfallen (z. B. Kohlendioxid) – nach den Gas erzeugenden Prozessen. Zur industriellen Gaserzeugung existieren spezielle Erzeugungsanlagen, in denen Gase zumeist als Koppelprodukte gewonnen werden (Beispiel Chloralkalielektrolyse: gleichzeitige Gewinnung von Chlor, Wasserstoff und Natronlauge sowie von Chlorwasserstoff als mögliches Folgeprodukt).

Auch bei anderen als den bereits erwähnten atmosphärischen Gasen erfolgen der Transport und die Bereitstellung typischerweise in Druckbehältern, d. h. in einzelnen Druckgasflaschen, in Flaschenbündeln oder Druckgastanks. Druckgasflaschen und Flaschenbündel werden üblicherweise mit 200 bar oder 300 bar Betriebsdruck abgefüllt. Dies betrifft Gase, deren kritische Temperatur unterhalb der Umgebungstemperatur liegt.

Auch andere technische Gase als die vorerwähnten Luftgase werden bei großen benötigten Mengen in tiefkalt verflüssigter Form bereitgestellt. Für den Transport bei geringem Überdruck werden spezielle wärmeisolierte Tankfahrzeuge eingesetzt; die Lagerung am Verwendungsort erfolgt ebenfalls in wärmeisolierten Tanks bei erniedrigter Temperatur. Solche Tanks werden auch als Kaltvergaser bezeichnet. Sie verfügen über Verdampfer, um das verflüssigte Gas wieder in den gasförmigen Zustand zu überführen. Kaltvergaser werden in verschiedenen Größen und Druckstufen angeboten – dies erlaubt die Anpassung an spezifische Bedürfnisse des Verwenders. Industriegaserzeuger und -lieferanten bieten solche Systeme mit einer Tankfernabfrage zur Überwachung des Tankinhalts und mit bedarfsgestützten Gasnachlieferungen an.

Eine Alternative zur Bereitstellung als industriell erzeugte Druckgase kann bei einigen Gasen die On-Site-Erzeugung im kleinen Maßstab aus festen oder flüssigen Ausgangsstoffen darstellen. Dazu zählt die Gaserzeugung durch Elektrolyse, z. B. von Wasserstoff, Sauerstoff und Chlor, und die Gaserzeugung durch chemische Reaktion.

Die für Synthesereaktionen im großtechnischen Maßstab benötigten Gase bzw. Gasgemische (Fischer-Tropsch-Synthese: Kohlenmonoxid und Wasserstoff, Ammoniaksynthese: Stickstoff und Wasserstoff) erfordern spezielle Erzeugungsanlagen, auf die an dieser Stelle nicht eingegangen wird. Bei industriellen Abnahmeströmen technischer Gase kann der Transport vom Gaserzeuger zum Gasverbraucher auch durch Pipelines erfolgen. Dies betrifft z. B. Wasserstoff, Kohlenmonoxid, Sauerstoff und Ethen. Solche Pipelines existieren allerdings nur als Verbindung zwischen großen Industriestandorten, im Unterschied zur nahezu flächendeckenden Erdgasversorgung durch überörtliche Gasversorgungsnetze.

Eine Sonderstellung nehmen Stoffe ein, die zwar formal zu den Druckgasen im Sinne der Definition aus TRG 100 zählen, deren Bereitstellung und/oder Verwendung aber im festen Aggregatzustand erfolgt. Dies betrifft z. B. den Einsatz von tiefkaltem, bei Umgebungsdruck festem Kohlendioxid („Trockeneis") als technischer Kälteträger oder als Strahlmittel. Dieser Stoff, der unter Normaldruck bei −78,5° C sublimiert, kann als tiefkalter Feststoff in Form von Blöcken oder als Granulat transportiert werden.

5.1.3 Verteilung technischer Gase

Die Verteilung am Einsatzort geschieht aus Druckgasbehältern, die in unmittelbarer Nähe der Verbrauchsstelle zur Entnahme angeschlossen werden, aus zentralen Gasversorgungsanlagen über ein Gasleitungsnetz oder aus lokalen Erzeugungsaggregaten. Bei der Gasbereitstellung aus einzelnen Druckgasflaschen oder Flaschenbündeln wird üblicherweise der Gasdruck an der Anschlussstelle mit Druckminderern vom Flaschendruck (bis 300 bar) auf den erheblich niedrigeren Druck des Leitungsnetzes reduziert. An den Entnahme- und Verbrauchsstellen findet üblicherweise eine weitere Druckreduktion statt.

Wenn technische Gase prozessbedingt unter hohem Druck eingesetzt werden, ist eine Verdichtung der Gase an der

Verbrauchsstelle oder in zentralen Verdichterstationen erforderlich, da im Falle einer Bereitstellung der Gase aus Druckgasflaschen oder Flaschenbündeln der Gasdruck an der Einspeisestelle im Zuge der Entnahme kontinuierlich abnimmt, sofern das Gas nicht druckverflüssigt vorliegt. In tiefkalt verflüssigter Form werden Gase allgemein nur unter relativ niedrigem Druck gelagert.

Die innerbetriebliche Verteilung kleiner Mengen tiefkalt verflüssigter Gase, insbesondere von Flüssigstickstoff, zur Verwendung in flüssiger Form erfolgt in mobilen Cryotanks oder Dewargefäßen.

Spezielle Gasgemische definierter Zusammensetzung werden von Industriegaserzeugern in Druckgasflaschen oder Flaschenbündeln geliefert. Da unter dem Einfluss der Schwerkraft keine praktisch relevante Entmischung zwischen Gasen unterschiedlicher molarer Masse eintritt, bleibt die Zusammensetzung in der Gasphase konstant. Durch die Bildung einer flüssigen Phase in einem Gasbehälter würde sich die Zusammensetzung der Gasphase jedoch verändern. Dies hat eine Begrenzung des möglichen Drucks zur Folge, wenn die gleichbleibende Zusammensetzung eines Gasgemisches gefordert ist, insbesondere dann, wenn mindestens eine Gemischkomponente einen relativ hohen Siedepunkt besitzt. Wenn derartige Gemische in der Produktion benötigt werden, kann die Herstellung durch Mischung der Einzelkomponenten am Einsatzort zweckmäßiger sein.

Bei extrem hohen Reinheitsanforderungen, die beispielsweise für Gase gelten, die zur Fertigung höchstintegrierter mikroelektronischer Schaltungen eingesetzt werden (Reinheit 10.0 und höher), ist die Beseitigung spurenförmiger Verunreinigungen unmittelbar vor der Verwendung der Gase im Allgemeinen wirtschaftlicher und technisch einfacher zu realisieren als die Bereitstellung und Aufrechterhaltung der geforderten Reinheit entlang der gesamten Kette von der Erzeugung über den Transport bis hin zur innerbetrieblichen Verwendung. Zur Darstellung höchst reiner Gase kommen insbesondere katalytische oder getterbasierte Gasnachreiniger zur Anwendung.

5.1.4 Aufbereitung und Ableitung von Gasen

Die Aufbereitung und prozessinterne Rückführung industriell eingesetzter Gase kann eine prozessspezifische Alternative zum ausschließlichen Einsatz von Frischgas im Durchlauf darstellen. Beispiele hierfür sind der Einsatz von Wasserstoff als Schutzgas- oder Reaktionsgaskomponente reduzierender Ofenatmosphären in der Metallverarbeitung und die Verwendung von Kohlendioxid als Extraktions- oder Lösungsmittel, wobei das Kohlendioxid durch Entspannung aus dem überkritischen in den gasförmigen Zustand übergeht. Die Rückführung erfordert eine auf die Anforderungen des jeweiligen Prozesses abgestimmte Aufbereitung, die die Ausschleusung unerwünschter Bestandteile und die Nachspeisung von Frischgas einschließt.

Bei einer prozessinternen Kreislaufführung technischer Gase mit Phasenwechsel zwischen Gas- und Flüssigkeitsphase ist zu berücksichtigen, dass sich höher siedende Komponenten und Verunreinigungen in der Flüssigkeitsphase anreichern können.

Die Behandlung von Gasströmen, die aus dem Prozess ausgeschleust werden oder die beim Ansprechen von Sicherheitseinrichtungen (z. B. Sicherheitsventilen) anfallen, richtet sich nach den Gefahreneigenschaften der Gase. Im Falle inerter Gase oder Luftgase kommt die unmittelbare Ableitung in die Atmosphäre in Betracht. Bei brennbaren Gasen kann eine thermische oder katalytische Nachverbrennung erforderlich sein. Toxische, reaktive oder umweltgefährdende Gase bedürfen im Regelfall einer Reinigung beispielsweise mit Hilfe von Gaswäschern.

Die Anforderungen an die Ableitung von Gasströmen in die Atmosphäre richten sich in Deutschland bei Anlagen, die einer Genehmigung nach dem Bundesimmissionsschutzgesetz bedürfen, nach den Bestimmungen der Technischen Anleitung zur Reinhaltung der Luft (TA-Luft).

5.1.5 Sicherheitsaspekte

Die Lagerung und der Transport von Gasen erfolgen generell unter erhöhtem Druck. Daher ist grundsätzlich mit einer Druckgefährdung zu rechnen, im Extremfall der Gefahr des Zerknalls von Behältern oder Leitungen bei außergewöhnlichen äußeren Einwirkungen (mechanische Beschädigung, unkontrollierte Erwärmung). Im Falle eines Brandes kann von Gasbehältern, die einer unkontrollierten Erwärmung durch heiße Brandgase oder Wärmestrahlung ausgesetzt sind, eine erhebliche Gefahr ausgehen.

Für die dauerhafte Aufstellung von Druckgasbehältern zur Entleerung in der Nähe von Arbeitsplätzen sind daher besondere Maßnahmen zum Schutz vor einer Brandeinwirkung auf die Gasbehälter vorzusehen. Dazu zählt die Aufstellung von Gasflaschen in belüfteten Gasflaschenschränken aus nicht brennbaren Materialien.

Gasflaschen zum Entleeren in größerer Anzahl müssen in besonderen Aufstellungsräumen oder im Freien untergebracht werden. Auch für das Bereitstellen zur Entleerung und für die Lagerung von Druckgasbehältern gelten besondere Anforderungen; diese richten sich im Detail nach den Gefahreneigenschaften der Druckgase (Brennbarkeit, Giftigkeit).

Abb. 4 Gasflaschenschrank für einzelne Gasflaschen (Quelle: DÜPERTHAL Sicherheitstechnik))

Brennbare Gase können beim Austritt in die Atmosphäre und bei der Mischung mit Luft in Anlagen eine gefährliche explosionsfähige Atmosphäre bilden. Nach den Bestimmungen der Betriebssicherheitsverordnung ist die Häufigkeit und Dauer des Auftretens gefährlicher explosionsfähiger Atmosphären und die Ausdehnung der betroffenen Bereiche durch eine Zoneneinteilung zu bewerten. Hinweise zur Festlegung der explosionsgefährdeten Bereiche sind insbesondere der Beispielsammlung (Anlage 4) zu BGR 104 „Explosionsschutzregeln“ zu entnehmen. Die TRBS 2152 mit ihren Teilen 1 bis 4 beschreibt das Vorgehen zur Beurteilung der Explosionsgefährdung und Schutzmaßnahmen zur Vermeidung oder Einschränkung gefährlicher explosionsfähiger Atmosphäre, zur Vermeidung der Entzündung und zum konstruktiven Explosionsschutz. Diese Vorgehensweise ist auch auf Anlagen zur Versorgung mit brennbaren technischen Gasen anzuwenden.

Die brandfördernde Wirkung oxidierender Gase, insbesondere von Sauerstoff, ist zu beachten: Bereits eine Erhöhung des Sauerstoffgehalts der Luft um wenige Prozentpunkte über den natürlichen Wert (21 Vol-%) führt zu einer signifikanten Herabsetzung der Zündtemperatur brennbarer Stoffe und zur Intensivierung von Verbrennungsreaktionen.

Die erstickende Wirkung von Gasen durch Luftverdrängung und damit durch die Erniedrigung des Sauerstoffgehalts der Atemluft ist zu berücksichtigen. Diese Gefahr betrifft speziell Inertgase (Stickstoff, Edelgase) sowie Löschgase (Kohlendioxid).

Die Toxizität mancher technischer Gase erfordert die Bereitstellung und Anwendung der Gase in einer Form, bei der durch ihre Verwendung in vollständig geschlossenen Systemen das Einatmen der Gase ausgeschlossen ist.

Bei tiefkalt verflüssigten Gasen besteht für Personen, die mit der tiefkalten Flüssigkeit in Kontakt kommen, die Gefahr der „Kälteverbrennung“, einer sehr schnell eintretenden thermischen Gewebeschädigung. Die gleiche Gefahr besteht auch beim Freiwerden druckverflüssigter Gase, welche mit einer starken Abkühlung durch Entspannungsverdampfung einhergeht.

Gase oder Flüssigkeiten, die durch Sicherheitseinrichtungen austreten können, müssen so abgeleitet werden, dass Beschäftigte nicht gefährdet werden.

Behälter und Rohrleitungen einschließlich zugehöriger Armaturen zur Bereitstellung von Gasen im Produktionsbetrieb sind zumeist Druckgeräte im Sinne der Druckgeräterichtlinie (RL 97/23/EG), sofern der maximal zulässige (Über-)Druck 0,5 bar überschreitet. Die Herstellung unterliegt den grundlegenden Sicherheitsanforderungen gemäß Anhang I der DGRL, wenn abhängig von der Art des Gases (gefährliches oder nicht-gefährliches Fluid) bestimmte Schwellenwerte des maximal zulässigen Drucks *PS*, des Volumens *V* und des Druckinhaltsproduktes (bei Behältern) bzw. der Nennweite *DN* und des Druck-Nennweiten-Produktes (bei Rohrleitungen) überschritten werden. Für solche Druckgeräte bestehen Anforderungen an das Konformitätsbewertungsverfahren und an die CE-Kennzeichnung. Die Anwendung harmonisierter Normen stellt eine Möglichkeit dar, um als Hersteller die grundlegenden Sicherheitsanforderungen zu erfüllen – im Falle metallischer Rohrleitungen ist dies beispielsweise die Normenreihe DIN EN 13480. Unterhalb der in Anhang II der DGRL spezifizierten Schwellenwerte müssen Druckgeräte lediglich entsprechend der geltenden guten Ingenieurpraxis ausgelegt und hergestellt werden und dürfen keine CE-Kennzeichnung des Herstellers mit Bezug auf die DGRL erhalten.

Für den außerbetrieblichen Transport von Gasen gelten die Anforderungen der Gefahrgutverordnung Straße, Eisenbahn und Binnenschifffahrt (GGVSEB). Diese regelt unter Bezugnahme auf internationale Abkommen zur Gefahrgutbeförderung auf der Straße (ADR), mit Eisenbahnen (RID) und auf schiffbaren Binnengewässern (ADN) die Anforderungen an die Beschaffenheit der Transportmittel sowie an die Zulässigkeit und Durchführung des Gefahrguttransports.

Der Betrieb von Gasbehältern und -Rohrleitungen unterliegt in Deutschland den Anforderungen der Betriebssicherheitsverordnung – soweit es sich dabei um Arbeitsmittel oder um überwachungsbedürftige Anlagen handelt – sowie den Anforderungen der Gefahrstoffverordnung, wenn es sich bei den Gasen um Gefahrstoffe handelt. Die Pflichten der BetrSichV zur Prüfung vor Inbetriebnahme und zur wiederkehrenden Prüfung sind zu beachten. Die maximalen Prüffristen bei überwachungsbedürftigen Anlagen richten sich nach den Einstufungsmerkmalen der DGRL für die Druckgeräte. Prüfungen solcher Behälter oder Anlagen müssen üblicherweise durch Zugelassene Überwachungsstellen (ZÜS) durchgeführt werden; in einfachen Fällen ist eine Prüfung auch durch befähigte Personen möglich.

Ortsbewegliche Druckgeräte, die den Bestimmungen internationaler Übereinkünfte über den Gefahrguttransport (ADR, RID u. a.) unterliegen, fallen nicht in den Anwendungsbereich der Druckgeräterichtlinie. Wenn solche Druckgeräte jedoch innerbetrieblich eingesetzt werden, unterliegen sie den Bestimmungen der BetrSichV.

Grundsätzlich sind alle Schutzmaßnahmen durch den Betreiber auf der Grundlage einer Gefährdungsbeurteilung festzulegen, dies betrifft auch das Erfordernis und die Fristen erstmaliger und wiederkehrender Prüfungen. Diese Anforderung gilt auch, wenn Anlagen zur Versorgung mit technischen Gasen lediglich Arbeitsmittel darstellen.

Gaswarnanlagen zur Überwachung der Raumluft in der Nähe gasführender Anlagen kommen zum Einsatz, wenn aufgrund technischer Merkmale eine dauerhafte technische Dichtheit der Anlagen nicht unterstellt werden kann und wenn mit dem Austritt von Gasen eine Gefährdung der Beschäftigten, der Anlagen oder Dritter verbunden sein kann. Sofern die Gase lediglich durch Luftverdrängung erstickend wirken können (Stickstoff, Edelgase), kommt eine Überwachung des Sauerstoffgehalts in der Raumluft in Betracht. Wenn die Gase brennbar sind, ist das messtechnisch zu überwachende Merkmal die sichere Unterschreitung der unteren Explosionsgrenze, welche sich bei den meisten brennbaren Gasen im Bereich einiger Volumen-% bewegt. Im Falle toxischer Gase richtet sich die Überwachung primär auf die Einhaltung des Arbeitsplatzgrenzwerts des jeweiligen Gases (Schichtmittelwert und Kurzzeitwert), der im ppm-Bereich bis ppb-Bereich (in Extremfällen) und somit um mehrere Zehnerpotenzen niedriger als die untere Explosionsgrenze liegt.

Abhängig vom Schutzkonzept kann die Überschreitung von Alarmschwellen zu einer optischen und/oder akustischen Alarmierung des betroffenen, gasgefährdeten Bereiches führen oder automatische Schalthandlungen zur Folge haben (Aktivierung oder Intensivierung der Lüftung, Unterbrechung der Gaseinspeisung, ggf. Entspannung des Inhalts gasführender Anlagen in einen sicheren Bereich).

Literatur

TRG 100: Druckgase, Allgemeine Bestimmungen für Druckgase, Stand: März 1985 (BArbBl. 1985 – 03 S. 81), zuletzt geändert BArbBl. 1998 – 06 S. 79

Richtlinie 97/23/EG des Europäischen Parlamentes und des Rates zur Angleichung der Rechtsvorschriften der Mitgliedstaaten über Druckgeräte (Druckgeräterichtlinie, DGRL)

Verordnung über Sicherheit und Gesundheitsschutz bei der Bereitstellung von Arbeitsmitteln und deren Benutzung bei der Arbeit, über Sicherheit beim Betrieb überwachungsbedürftiger Anlagen und über die Organisation des betrieblichen Arbeitsschutzes (Betriebssicherheitsverordnung – BetrSichV) vom 27. September 2002 (BGBl. I S. 3777), zuletzt geändert durch Artikel 5 des Gesetzes vom 8. November 2011 (BGBl. I S. 2178)

BGR 104: Explosionsschutz-Regeln (EX-RL), Sammlung technischer Regeln für das Vermeiden der Gefahren durch explosionsfähige Atmosphäre mit Beispielsammlung zur Einteilung explosionsgefährdeter Bereiche in Zonen, Deutsche Gesetzliche Unfallversicherung, Juli 2010

Verordnung über die innerstaatliche und grenzüberschreitende Beförderung gefährlicher Güter auf der Straße, mit Eisenbahnen und auf Binnengewässern (Gefahrgutverordnung Straße, Eisenbahn und Binnenschifffahrt – GGVSEB) vom 16. Dezember 2011

5.2 Effizienter Einsatz von Druckluft

Simon Hirzel, Harald Bradke

5.2.1 Einleitung

5.2.1.1 Relevanz der Druckluft für die Industrie

Druckluft wird in der industriellen Produktion neben elektrischer Energie, Strom und Dampf als wichtiger Energieträger sowie als Prozessmedium verwendet (U.S. DoE 2003). Da Druckluft für ein breites Aufgabenspektrum einsetzbar ist, sind Druckluftsysteme in nahezu allen Industriebetrieben anzutreffen. Schätzungen zufolge sind in Deutschland im Leistungsbereich zwischen 10 und 300 Kilowatt rund 62.000 Druckluftkompressoren im Einsatz (Radgen et al. 2001). Die Bedeutung der industriellen Druckluftnutzung ist aus energiewirtschaftlicher Sicht daran erkennbar, dass die typischerweise elektrisch betriebenen Druckluftsys-

Abb. 1 Relevanz der industriellen Drucklufttechnik für den Stromverbrauch in Deutschland 2008.

teme mit rund 7 % substanziell zum Stromverbrauch der deutschen Industrie beitragen (Abb. 1). Beim derzeitigen Strommix werden dadurch für den Betrieb von Druckluftsystemen in Deutschland jährlich rund 10 Megatonnen Kohlendioxid freigesetzt.

5.2.1.2 Ökonomische Bedeutung

Druckluftgetriebene Anwendungen besitzen Vorteile wie Robustheit oder Überlastsicherheit. Allerdings gilt Druckluft jedoch auch als vergleichsweise energieintensiver und teurer Energieträger (Yuan et al. 2006). Der Anteil der Energiekosten für die Druckluftbereitstellung spielt wie bei anderen, überwiegend dauerhaft betriebenen Anwendungen (z. B. Pumpen, Ventilatoren) für die Lebenszykluskosten der Anwendung eine wesentliche Rolle. Typischerweise wird der Anteil der Energiekosten an den Lebenszykluskosten einer Kompressorstation auf über 70 bis 80 % geschätzt (Abb. 2). Entsprechend verursachen

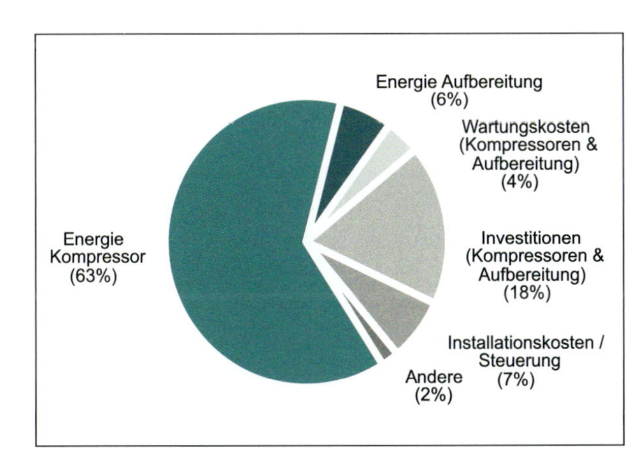

Abb. 2 Kostenstruktur einer optimierten Druckluftstation (Randbedingungen: Strompreis: 0,05 €/kWh; Betrachtungsdauer: 5 Jahre; Zinssatz: 8 %; Druckniveau: 7,5 bar; Angaben nach Ruppelt 2003).

Druckluftkompressoren je nach Leistung und Nutzungsdauer jährliche Energiekosten in fünf- bis sechsstelliger Höhe. Dies unterstreicht einerseits die wirtschaftliche Notwendigkeit, Druckluftsysteme effizient auszugestalten und zeigt andererseits, dass sich bei einer Lebenszyklusbetrachtung häufig höhere Investitionen für energieeffiziente Anlagen wirtschaftlich lohnen.

5.2.1.3 Effizienzpotenziale

Auf der einen Seite weisen Energiebedarfshochrechnungen für Druckluftsysteme in zahlreichen Ländern einen Anteil von rund 10 % an der industriellen Stromnachfrage aus und der Energieeinsatz ist für die Gesamtkosten von Druckluftsystemen sehr relevant. Auf der anderen Seite wurden in den vergangen Jahren wiederholt substanzielle, kosteneffiziente Energieeinsparpotenziale beim Einsatz von Druckluftsystemen identifiziert. Trotz Wirtschaftlichkeit werden diese Potenziale oft nicht ausgeschöpft (Abb. 3). Das unternehmensübergreifende wirtschaftliche Einsparpotenzial wird üblicherweise auf 20 % bis 30 % des Energieeinsatzes für den Betrieb von Druckluftsystemen beziffert (EC 2008, Radgen et al. 2001). Die damit in Aussicht stehenden Energiekosteneinsparungen spielen für einzelne Unternehmen eine wichtige Rolle. Allerdings sind die jeweils individuell realisierbaren Einsparungen von den jeweiligen Randbedingungen des betrachteten Druckluftsystems abhängig und können deutlich von dem genannten Durchschnitt abweichen.

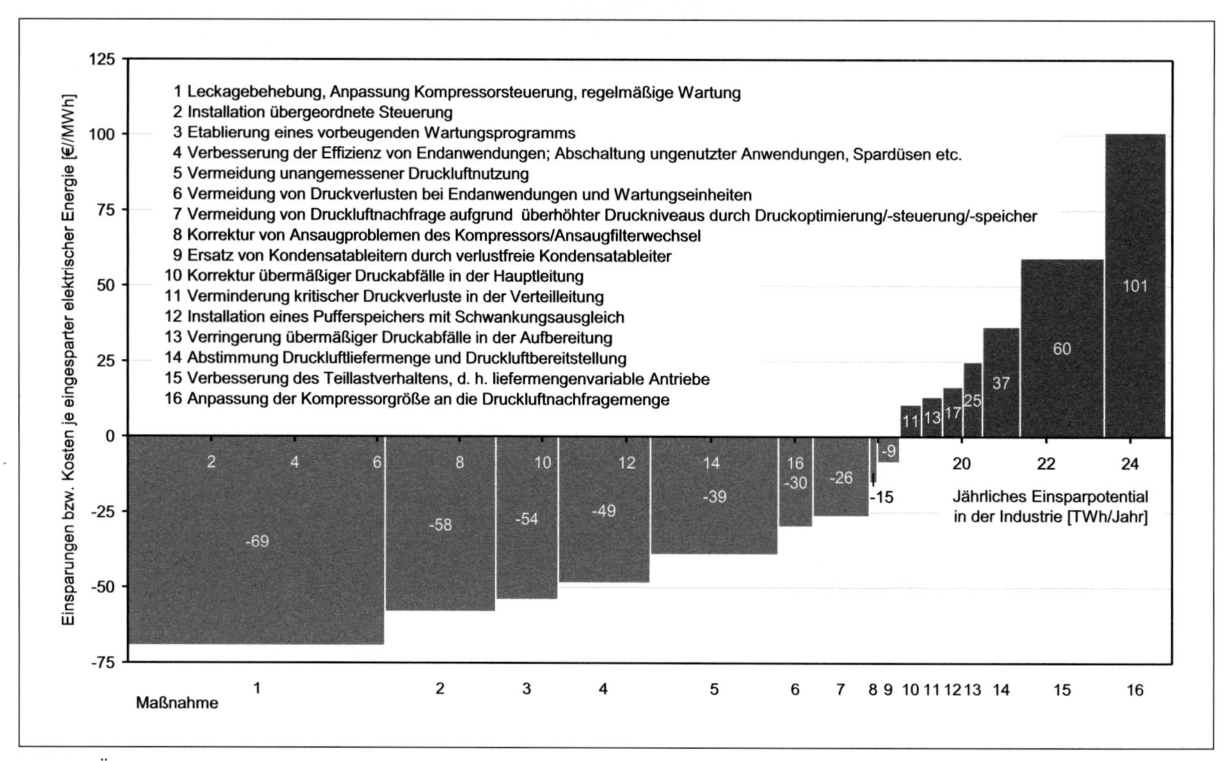

Abb. 3 Übersicht der durchschnittlichen Kosteneffizienz verschiedener Maßnahmen zur Steigerung der Energieeffizienz in der industriellen Drucklufttechnik als Vermeidungskostenkurve für Europa (Daten nach McKane et al. 2010; eigene Übersetzung; Annahme zum Wechselkurs: 1 € = 1,30 US$).

5.2.2 Grundbegriffe

Bevor näher auf Druckluftsysteme und verschiedene Ansatzpunkte zur Steigerung der Energieeffizienz eingegangen wird, werden zunächst einige Grundbegriffe näher erläutert, die im Zusammenhang mit der industriellen Drucklufttechnik verwendet werden. Insbesondere Druckangaben, Angaben zu Volumina und Effizienzangaben sind mehrdeutig und können zu Verständnisproblemen führen.

5.2.2.1 Druckangaben

Bei Druckangaben können unterschiedliche Bezugsniveaus verwendet werden. Während sich absolute Druckangaben (bar_{abs}) auf ein Vakuum beziehen, werden in der Drucklufttechnik typischerweise - ohne weitere explizite Kennzeichnung - relative Druckangaben (bar_{rel}) verwendet, die sich auf den vorherrschenden Umgebungsdruck beziehen. Typischerweise liegen absolute Druckangaben deshalb um rund 1 bar höher als relative Angaben.

5.2.2.2 Volumenangaben

Druckluftmengen, beispielsweise Verbrauchs- oder Liefermengen, werden in der Drucklufttechnik üblicherweise durch Volumenangaben beschrieben. Während Volumenangaben nur unter identischen Randbedingungen (insbesondere Druck, Temperatur) sinnvoll miteinander verglichen werden können, werden in der Drucklufttechnik teilweise unterschiedliche Randbedingungen zugrunde gelegt. Entsprechend sollten Volumenangaben bewusst unterschieden werden:

- **Normvolumen:** Das Normvolumen bezieht sich nach DIN 1343 auf eine Temperatur von 0° C, einen Umgebungsdruck von 1,01325 bar_{abs} und eine Luftfeuchtigkeit von 0 %. So abgegrenzte Normkubikmeter (m^3 i. N.) werden unter anderem für Verbrauchsangaben bei Antrieben verwendet.
- **Normalvolumen:** Für Angaben zu Liefermengen von Kompressoren mit Verdrängungsverdichtern wird hingegen als Referenzpunkt eine Temperatur von 20° C, ein Umgebungsdruck von 1 bar_{abs} und eine Luftfeuchtigkeit von 0 % genannt (u. a. ISO 1217). Die tatsächlichen Liefermengen von Kompressoren werden in der Praxis hingegen bezogen auf die jeweils vorherrschenden Ansaugbedingungen (Temperatur, Druck, Feuchtigkeit) als Normalvolumen angegeben und müssen bei Bedarf in ein Normvolumen umgerechnet werden (Ruppelt 2003).
- **Betriebsvolumen:** Angaben zu Betriebsvolumen beziehen sich jeweils auf einen komprimierten Zustand der

Luft, also beispielsweise die verdichtete Druckluft in einem Rohrleitungsnetz.

- Neben den genannten Bezugspunkten existieren andere leicht abweichende Randbedingungen für Volumenangaben (DIN ISO 2533, ISO 6358).

Das Volumen einer bestimmten Masse Luft weicht unter den unterschiedlichen Randbedingungen teilweise erheblich voneinander ab. So beträgt der Unterschied zwischen Normvolumina und Volumenangaben nach ISO 1217 rund 8 % (BOGE 2004), während sich Normvolumina und Betriebsvolumina erheblich unterscheiden: In einem Druckluftnetz mit 9 bar_{abs} nimmt das Betriebsvolumen eines Normkubikmeters räumlich ungefähr nur ein 9tel seines Normvolumens ein. Solche Unterschiede bei Volumenangaben sind insbesondere dann zu beachten, wenn Anlagen ausgelegt, Kosten für einen Kubikmeter Druckluft ermittelt oder Druckluftanwendungen analysiert werden.

5.2.2.3 Effizienzangaben

Effizienzangaben werden im Zusammenhang mit der industriellen Drucklufttechnik oft verwendet, sollten allerdings ebenfalls bewusst eingesetzt werden. Sie betreffen einerseits Druckluftkompressoren und andererseits gesamte Druckluftsysteme.

Effizienzangaben bei Druckluftkompressoren

Effizienzangaben bei Druckluftkompressoren werden in der Regel durch eine Gegenüberstellung der Energieaufnahme eines Kompressors oder Verdichters im Vergleich zu einem theoretischen Wert für die Verdichtung ermittelt (Charchut 2003).

- **Isothermer Wirkungsgrad:** Eine isotherme Verdichtung stellt aus thermodynamischer Sicht eine energieminimale Verdichtung dar. Der isotherme Wirkungsgrad eines Kompressors beschreibt das Verhältnis der für eine isotherme Verdichtung erforderlichen Leistungsaufnahme bezogen auf die Wellenleistung des Kompressors. Da eine isotherme Verdichtung praktisch nicht erreicht werden kann, lässt sich der isotherme Wirkungsgrad als Maß für die Annäherung an eine thermodynamisch ideale Verdichtung interpretieren.
- **Isentroper Wirkungsgrad:** Eine isentrope Verdichtung kommt in der Regel einer realen polytropen Zustandsänderung im Kompressor näher als eine isotherme Verdichtung. Analog zur isothermen Verdichtung beschreibt der isentrope Wirkungsgrad die Leistungsaufnahme für eine isentrope Verdichtung bezogen auf die Wellenleistung des Kompressors. Der isentrope Wirkungsgrad wird insbesondere im Zusammenhang mit der Vorausberechnung des Leistungsbedarfs eines Kompressors diskutiert oder zur Einordnung der Güte von Kompressoren herangezogen (Charchut 2003). Als Orientierung wird für gute, industrielle Druckluftkompressoren ein gegenüber der isentropen Verdichtung rund 35 % höherer Leistungsbedarf angegeben, während für Kompressoren mit geringer Effizienz eine Grenze von 50 % genannt wird (Schmid 2004, Abb. 4). Zu beachten ist dabei allerdings, dass auf diese Einordnung grundsätzlich auch die Größe und die Art des Kompressors Einfluss nehmen.
- **Exergetischer Wirkungsgrad:** Die beiden zuvor genannten energetischen Wirkungsgrade stellen stets jeweils einen realen und einen idealen Prozess, also zwei Prozesse, gegenüber. Der exergetische Wirkungsgrad beschreibt hingegen das Verhältnis des Exergiegehalts der bereitgestellten Druckluft bezogen auf den Exergieeinsatz für den Kompressor (Strom=100 % Exergie) (Bader et al. 2000). Die Exergie drückt dabei die maximal nutzbare Arbeit eines Systems, wenn es in ein Gleichgewicht mit seiner Umgebung gebracht wird. Entsprechend ist der Exergiegehalt damit von den Umgebungsbedingungen abhängig.

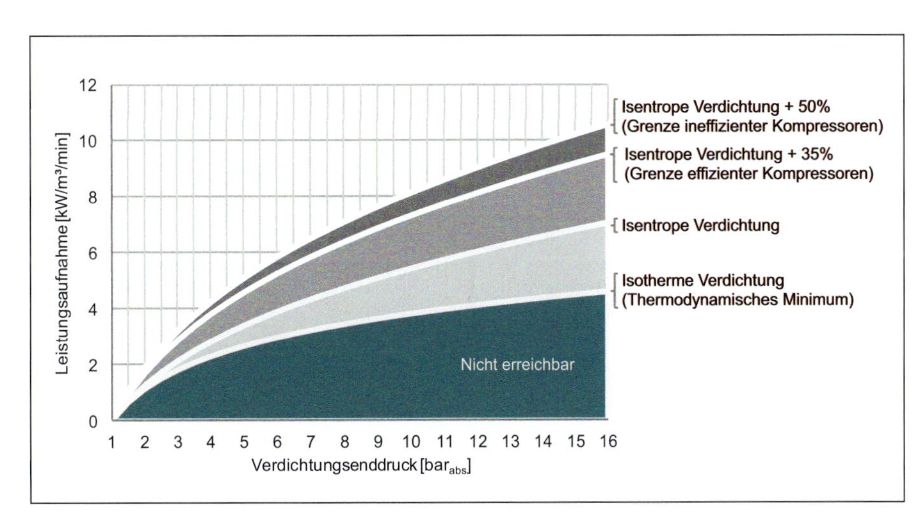

Abb. 4 Annäherung der Leistungsaufnahme für die Druckluftverdichtung in Abhängigkeit des Verdichtungsenddrucks (Bezugsdruck: 1 bar_{abs}).

- **Volumetrischer Wirkungsgrad:** Während die genannten Wirkungsgrade die energetische Güte von Kompressoren oder Verdichtern beurteilen, handelt es sich beim volumetrischen Wirkungsgrad um keine energetische Kenngröße. Stattdessen werden hier Volumenströme, Schadräume, interne Leckagen und Wirkungen von Temperaturunterschieden betrachtet (Charchut 2003).

Effizienzangaben bei Druckluftsystemen

Neben Effizienzangaben für Kompressoren werden auch für gesamte Druckluftsysteme übergreifende Angaben für die Energieeffizienz formuliert. Zur Veranschaulichung von Effizienzverläufen in Druckluftsystemen werden oft Energieflussdiagramme herangezogen. Schwächen dieser Diagramme liegen allerdings darin, dass sich die Ermittlungsgrundlagen der Diagramme oft als nur begrenzt nachvollziehbar erwiesen haben. Als Alternative bieten Exergieflussdiagramme die Möglichkeit, auf der Grundlage objektiv messbarer Daten die Arbeitsfähigkeit der Druckluft entlang der Wirkungskette des Druckluftsystems zu analysieren (Abb. 5). Diese Diagramme erlauben es, sowohl die Nutzung elektrischer Energie als auch Änderungen des Druckniveaus, Änderungen der Druckluftmengen (z. B. durch Leckagen) und Temperaturänderungen entlang der Wirkungskette des Druckluftsystems zu erfassen und zu veranschaulichen. Während druckluftgetriebene Endanwendungen in Exergieflussdiagrammen prinzipiell einbezogen werden können, wird dies jedoch aufgrund der Vielzahl und Fallspezifika der Anwendungen nicht empfohlen (Krichel et al. 2012).

5.2.3 Druckluftsysteme

Nachdem verschiedene Grundlagen für die Drucklufttechnik dargestellt wurden, werden nun die Teilbereiche von Druckluftsystemen zunächst im Überblick und dann vertiefend dargestellt und mit Blick auf ihren Beitrag zum Energiebedarf eingeordnet.

5.2.3.1 Systemübersicht

Ein Druckluftsystem kann in folgende vier Teilbereiche untergliedert werden (Abb. 5):

- **Drucklufterzeugung:** Für die Drucklufterzeugung wird Umgebungsluft durch Kompressoren auf das erforderliche Druckniveau verdichtet.
- **Druckluftaufbereitung:** In der Druckluftaufbereitung wird der Öl-, Partikel- und Feuchtigkeitsgehalt der verdichteten Luft über eine Kombination von Trocknern, Filtern und Abscheidern verändert.
- **Druckluftverteilung:** Die Druckluftverteilung leitet die typischerweise in zentralen Kompressorstationen bereitgestellte Druckluft durch ein Rohrleitungsnetz zu den dezentralen Endanwendungen im Betrieb.
- **Druckluftanwendung:** In den Druckluftanwendungen wird die verfügbare Druckluft letztlich für Endanwendungen eingesetzt.

Während elektrische Energie insbesondere für die Drucklufterzeugung und -aufbereitung genutzt wird, geht die Leistungsaufnahme eines Druckluftsystems ursächlich auf das erforderliche Druckniveau, die Druckluftverbrauchs-

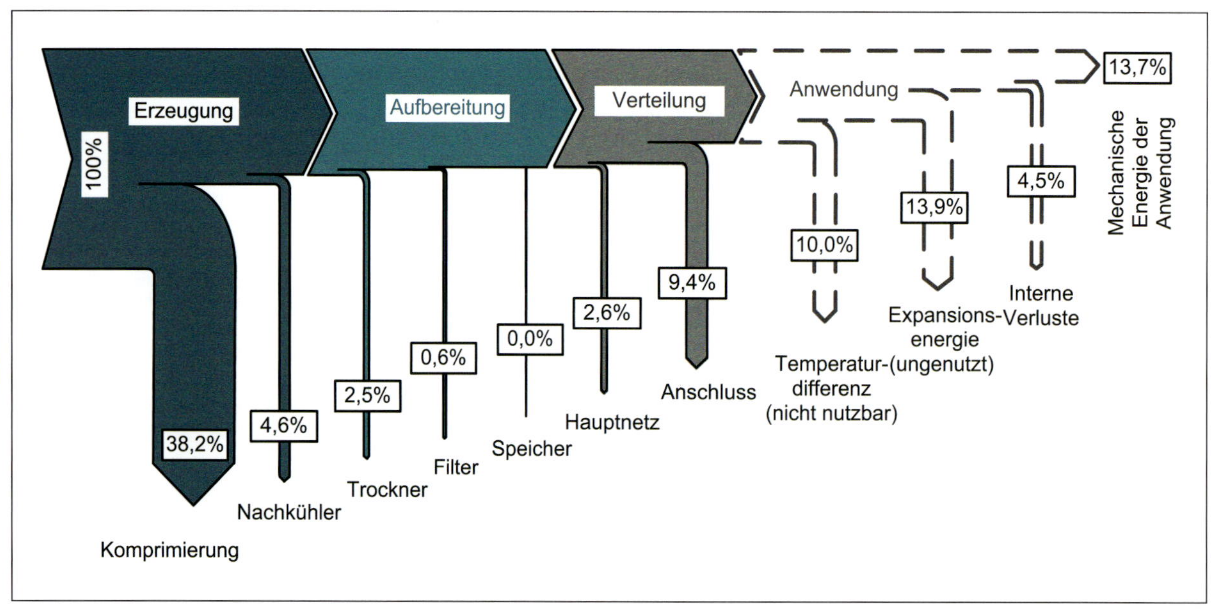

Abb. 5 Beispielhaftes Exergieflussdiagramm eines Druckluftsystems (Daten nach Krichel et al. 2012).

mengen und die notwendige Druckluftqualität zurück. Diese Parameter bestimmen sich im Wesentlichen aus den jeweils versorgten Endanwendungen und aus dem Zustand der Druckluftverteilung. Während die Drucklufterzeugung und -aufbereitung prinzipiell möglichst effizient arbeiten sollte, sind deshalb stets auch die Druckluftverteilung und -anwendung in Effizienzüberlegungen einzubeziehen.

5.2.3.2 Drucklufterzeugung

Kompressoren für die industrielle Drucklufterzeugung werden in der Regel anhand ihrer Bauarten unterschieden und decken unterschiedliche Arbeitsbereiche (Druckniveaus, Liefermengen) ab (Abb. 6). Typische industrielle Druckluftnetze arbeiten in einem Normaldruckbereich zwischen 1,5 und 16 bar_{rel}, wobei ein Bereich um etwa 6 bar_{rel} als am wirtschaftlichsten gilt (Grollius 2006). Für spezielle Anwendungen können teilweise auch deutlich höhere Druckniveaus erforderlich sein (z. B. für die PET-Flaschenproduktion bis zu 40 bar oder bis zu 400 bar für Dichtigkeitsprüfungen).

In der Industrie werden für die Drucklufterzeugung überwiegend Schraubenkompressoren, Kolbenkompressoren und radiale Turbokompressoren eingesetzt (Bloch 2006). Oft kommen für typische industrielle Druckluftnetze Schraubenkompressoren zum Einsatz, während bei höheren Druckniveaus eher Kolbenkompressoren und bei großen Fördervolumina Turbokompressoren verwendet werden.

- **Kolbenkompressoren:** Kolbenkompressoren besitzen zyklisch arbeitende Verdichter, die Umgebungsluft über ein Ansaugventil in einen geometrisch definierten Verdichtungsraum (Verdrängungsverdichter) einsaugen, nach dem Schließen des Ansaugventils über die Bewegung eines Kolben die angesaugte Luft komprimieren, und die verdichtete Umgebungsluft über ein weiteres Ventil in ein nachgelagertes Druckluftnetz als Druckluft ausschieben.
- **Schraubenkompressoren:** Schraubenverdichter gehören wie Kolbenverdichter zu den Verdrängungsverdichtern, saugen jedoch kontinuierlich Umgebungsluft an. Die Verdichtung erfolgt über zwei ineinandergreifende, rotierende Schraubenelemente, die einen Verdichtungsraum bilden. Dieser Verdichtungsraum wird entlang der Rotationsachse der Schraubenelemente zunehmen kleiner. Wird Umgebungsluft in diesem Verdichtungsraum eingeschlossen, wird sie entlang der Rotationsachsen der Schraubenelemente transportiert, durch den zunehmend kleineren Verdichtungsraum komprimiert und letztlich als Druckluft ausgeschoben.
- **Turbokompressoren:** Turbokompressoren sind anders als Kolben- und Schraubenkompressoren dynamische Verdichter, die Druckluft nicht in einem kleiner werdenden Verdichtungsraum erzeugen. Stattdessen wird angesaugte Luft normalerweise über mehrere Stufen hinweg durch Laufräder beschleunigt, über einen Diffusor geleitet und dadurch ein Druckaufbau erreicht. Im Gegensatz zu den Verdrängungsverdichtern ist das Leistungsverhalten der Turbokompressoren durch das Verdichtungsprinzip in hohem Maß von der Dichte der angesaugten Luft und damit vom jeweiligen Standort abhängig.

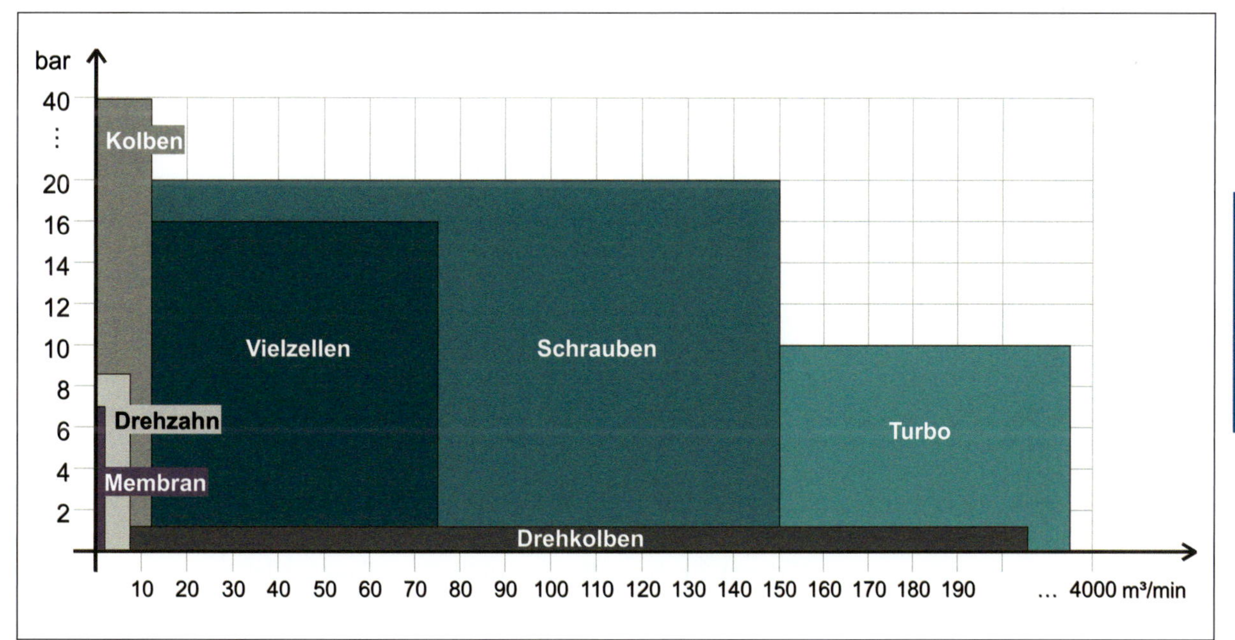

Abb. 6 Einordnung unterschiedlicher Kompressorbauarten nach Druckniveaus und Liefermenge (Kampagne „Druckluft effizient“).

Neben den genannten typischen Kompressorbauarten können zahlreiche weitere Bauarten von Kompressoren angetroffen werden.
Abhängig von den Anforderungen des jeweiligen Druckluftsystems werden entweder einzelne Kompressoren eingesetzt oder es werden mehrere Kompressoren im Verbund betrieben. Für den Energiebedarf ist dabei nicht nur die Leistungsaufnahme der Kompressoren im Lastbetrieb maßgeblich, sondern auch die Art der Steuerung spielt eine wesentliche Rolle. Bei mehreren Kompressoren werden üblicherweise übergeordnete Steuerungen eingesetzt, die eine flexible Anpassung der Liefermengen an den Druckluftbedarf ermöglichen.
Darüber hinaus sind am Standort der Drucklufterzeugung oder auch dezentral im Druckluftnetz Druckluftbehälter unterschiedlicher Größe vorhanden, die primär dazu eingesetzt werden, um Verbrauchs- und Liefermengenschwankungen bzw. Druckschwankungen zu kompensieren.

5.2.3.3 Druckluftaufbereitung

Bei der Verdichtung von Umgebungsluft werden Feuchtigkeit und Schwebstoffe der angesaugten Luft aufkonzentriert. Daneben können während der Verdichtung Ölpartikel in die Luft eingebracht werden. Die infolgedessen unkontrolliert partikel-, öl- und feuchtigkeitshaltige Druckluft muss aufbereitet werden, um Verschleiß und Ausfälle im nachgelagerten Druckluftsystem zu verhindern. Ein zu hoher Feuchtigkeitsgehalt kann beispielsweise zu Korrosion und Undichtigkeiten im Leitungsnetz führen, während ausgetragene Partikel die Lebensdauer von Endanwendungen beeinträchtigen können. Abhängig von der Höhe des angestrebten Partikel-, Öl- und Feuchtigkeitsgehalts werden unterschiedliche Druckluftqualitätsklassen vorgegeben (ISO 8573:2010). Die erforderliche Qualitätsklasse bestimmt sich aus den Einsatzzwecken der Druckluft (z.B. höhere Anforderungen im Nahrungsmittelbereich, geringere Anforderungen in der Metallerzeugung). Für die Aufbereitung wird eine Kombination unterschiedlicher Aufbereitungskomponenten eingesetzt.

- **Zyklonabscheider:** Dem Kompressor nachgeschaltete Zyklonabscheider nutzen die Massenträgheit größerer Kondensattröpfchen, um sie aus der Druckluft zu entfernen.
- **Drucklufttrockner:** Drucklufttrockner sorgen für eine weitere Reduzierung des Feuchtigkeitsgehalts in der Druckluft. Zwar steht für die Drucklufttrocknung eine Vielzahl unterschiedlicher Trocknertypen zur Verfügung, allerdings handelt es sich bei 90% der eingesetzten Trockner um Kältetrockner (Schmid 2004). Kältetrockner reduzieren den Feuchtigkeitsgehalt, indem sie Druckluft abkühlen und infolge der Abkühlung die Feuchtigkeit als Kondensat ausfällt. Sie benötigen in der Regel elektrische Energie. Werden strengere Anforderungen an den Feuchtigkeitsgehalt der Druckluft gestellt (niedrigerer Drucktaupunkt), so kommen unter anderem Adsorptionstrockner oder für kleinere Anwendungen Membrantrockner zum Einsatz. Adsorptionsbasierte Trocknungsverfahren nutzen ein thermisch regeneriertes Trocknungsmittel, das der durchgeleiteten Druckluft Feuchtigkeit entzieht. Abhängig vom Typ des Adsorptionstrockners können unterschiedliche Wärmequellen für die Regeneration des Trockenmittels zum Einsatz kommen. Membrantrockner hingegen nutzen die Diffusionseigenschaften von Wasserdampf zur Drucklufttrocknung. Dazu wird ein Teil der zugeführten Druckluft entspannt, wodurch ihr relativer Feuchtigkeitsgehalt sinkt. Diese Luft wird über eine Membran in Verbindung mit der übrigen Druckluft gebracht, wodurch die Feuchtigkeit in die trockenere Luft übergeht. Dieser Typ Trockner benötigt zwar keine direkte Energieversorgung zur Trocknung, nutzt aber für seinen Betrieb Druckluft und erhöht damit den gesamten Druckluftbedarf.
- **Druckluftfilter:** Druckluftfilter dienen primär dazu, Aerosole und Partikel aus der Druckluft zu entfernen. Filter werden nach der Art der Anlagerung von Schwebstoffen in Oberflächenfilter und Tiefenfilter unterschieden. Oberflächenfilter lagern Schwebstoffe an ihrer Oberfläche an und werden unter anderem als Grobfilter oder Vorfilter eingesetzt. Tiefenfilter hingegen sammeln Schwebstoffe in einem fein verästelten Fließ, besitzen höhere Abscheideraten als Oberflächenfilter und werden typischerweise als Fein- oder Hochleistungsfilter eingesetzt. Daneben werden in einigen Branchen (z.B. Nahrungsmittelindustrie, Pharmaindustrie) Aktivkohlefilter genutzt, um verbleibende Kohlenwasserstoffe, Geruchs- und Geschmacksstoffe aus der Druckluft zu entfernen. Ferner werden Sterilfilter verwendet, die durch eine regelmäßige Beaufschlagung mit Dampf keimfreie Druckluft bereitstellen.
- **Kondensatableiter:** Da die mit der Druckluft angesaugte Feuchtigkeit und Ölpartikel zusammen mit Schwebstoffen als flüssiges Kondensat in der Drucklufterzeugung und -aufbereitung ausfallen, muss das Kondensat aus dem System entfernt werden. Kondensatableiter dienen diesem Zweck, indem sie anfallendes Kondensat sammeln, aus dem Druckluftsystem ausleiten und einem Aufbereitungssystem zuführen.

5.2.3.4 Druckluftverteilung

Bei der Druckluftverteilung handelt es sich primär um ein System von Rohrleitungen, dass aufbereitete Druckluft vom Ort der Erzeugung an den Ort der Anwendung leitet. Ein Druckluftsystem sollte nur einen minimalen Einfluss auf die Druckluftmenge, den Fließdruck und die Druckluftqualität besitzen. In der Praxis kann die Druckluftverteilung jedoch einen bedeutenden Einfluss auf den Gesamtenergieeinsatz für ein Druckluftsystem entwickeln, wenn durch Druckabfälle und Leckagen in der Druckluftverteilung unnötige Energieverbräuche in der Drucklufterzeugung und -aufbereitung verursacht werden. Die Druckluftverteilung kann in folgende Teilabschnitte untergliedert werden (Feldmann 2003):

- **Hauptleitung:** Versorgungsleitung zwischen der Kompressorstation und den Hauptverbrauchszentren.
- **Verteilungsleitung:** Lokale Druckluftverteilung innerhalb eines Hauptverbrauchszentrums in Form einer Ring- oder Stichleitung oder als vermaschtes Ringsystem.
- **Anschlussleitung:** Verbindungsabschnitt zwischen Verteilungsleitung und Verbrauchern.

5.2.3.5 Druckluftanwendung

Seit dem Aufkommen der industriellen Druckluftnutzung hat sich eine sehr große Spannweite unterschiedlicher Druckluftanwendungen etabliert, die ursächlich den Energiebedarf von Druckluftsystemen bestimmen. In einem zentral versorgten Druckluftsystem sind für das generelle Druckniveau und die Druckluftqualität die Anwendungen mit dem höchsten Mindestdruckbedarf (zuzüglich der Druckverluste in Aufbereitung und Verteilung) und den höchsten Qualitätsanforderungen ausschlaggebend. Zu den Nutzungszwecken von Druckluft gehören:

- **Arbeitsluft:** Druckluft, deren Arbeitsfähigkeit zum Antrieb von Werkzeugen und Maschinen genutzt wird. Zur Arbeitsluft zählen:
  - Arbeitsluft für pneumatische Antriebe: Arbeitsluft, die für den Antrieb von Zylindern verwendet wird (z. B. für Verschiebe-, Dreh- oder Haltefunktionen).
  - Arbeitsluft für Druckluftwerkzeuge: Arbeitsluft, die für den Antrieb von Druckluftwerkzeugen genutzt wird (z. B. Hämmer, Bohrmaschinen, Nagler, Schleifer, Fräsen, Sägen).
  - Steuerluft: Arbeitsluft, die für Steuerungszwecke eingesetzt wird (z. B. zum Verstellen von Ventilen, Schiebern, Klappen).
- **Aktivluft:** Druckluft, die zum Transport von Stoffen und Medien verwendet wird. Zur Aktivluft zählen:
  - Förderluft: Aktivluft, die für den Materialtransport eingesetzt wird (z. B. Beförderung von Schüttgütern).
  - Aktivluft im weiteren Sinne: Aktivluft, die Material aus einem Werkzeug oder einer Maschine trägt (z. B. Sandstrahlen, Lackieren).
- **Prozessluft:** Druckluft, die in Verfahren und Prozesse eingebunden wird (z. B. Unterhaltung verfahrenstechnischer Prozesse, Trocknung, Kühlung, Belüftung).
- **Vakuumluft:** Druckluft, die zur druckluftgetriebenen Unterdruckerzeugung eingesetzt wird (z. B. Vakuumgreifer).
- **Prüfluft:** Druckluft, die für Prüf- und Kontrollzwecke verwendet wird (z. B. Auflagekontrolle, Zählung).

Je nach Druckluftanwendung sind neben den eigentlichen Endanwendungen weitere zusätzliche Komponenten im Bereich der Druckluftanwendung verbaut. Hierzu zählen unter anderem Steuerungseinheiten, Ventile, Wartungseinheiten und weiteres Anschlusszubehör.

5.2.4 Effiziente Systemausgestaltung

Im Anschluss an diesen Überblick über Druckluftsysteme können Maßnahmen zur Verbesserung der Energieeffizienz näher dargestellt werden. Die Eignung und Kosteneffizienz einzelner Maßnahmen hängt dabei unter anderem davon ab:

- ob sich das Druckluftsystem noch in der Planung befindet,
- ob es bereits installiert wurde,
- ob Maßnahmen als Teil der regulären Wartung etabliert werden sollen oder
- ob bestehende Komponenten ersetzt werden (Radgen 2003).

Im Idealfall wird die Energieeffizienz in Druckluftsystemen ausgehend von den Endanwendungen bereits in der Planungsphase der Systeme berücksichtigt.

Einige Energieeffizienzmaßnahmen bergen entsprechend ein sehr hohes, kostengünstiges Einsparpotenzial, wenn sie frühzeitig Berücksichtigung finden, da bei der Anlagenbeschaffung dann nur die Mehrkosten für die effizientere Komponente relevant sind und kein vorzeitiger Komponentenwechsel erfolgen muss. Dies gilt insbesondere bei Anlagenbestandteilen mit langen Nutzungsdauern, die nach ihrer Installation nur eingeschränkt verändert werden können. Zum Beispiel werden als typische Lebensdauer für Druckluftkompressoren rund 15 Jahre angegeben, während Druckluftnetze deutlich länger im Einsatz sein können (Feldmann 2003; Radgen et al. 2001). Entsprechend lassen sich rein durch eine Anlagenerneuerung bei Bestandsanlagen nur allmählich Energieeffizienzpotenziale erschließen (Hirzel et al. 2012). Allerdings können zahlreiche Maßnahmen auch beim Ersatz bestehender Komponenten und im Rahmen der regelmäßigen Wartung durchgeführt werden, z. B. in Form turnusgemäßer Wartungen der Filtereinsätze oder durch gezieltes Suchen nach Leckagen.

Die jeweilige Umsetzung der Maßnahmen ist vielfältig und kann sehr unterschiedlich konkretisiert werden. So können beispielsweise zur Reduzierung von Leckagen entweder

erstens regelmäßig Leckagesuchen mittels Ultraschallgerät vorgenommen werden oder zweitens Verbrauchsmessungen mit temporär installierten Messgeräten durchgeführt werden oder drittens anormale Verbrauchsabweichungen automatisiert über fest installierte Durchflusssensoren ermittelt werden. Entsprechend ergibt sich so eine Vielzahl unterschiedlicher Varianten zur Umsetzung einzelner Maßnahmen.

5.2.4.1 Drucklufterzeugung

Zentrale Herausforderungen für die energieeffiziente Ausgestaltung von Druckluftsystemen liegen aus technischer Sicht unter anderem in der Vielfalt der eingesetzten Druckluftsysteme, in der Größe der Druckluftnetze, in der oft sehr großen Anzahl dezentraler Druckluftverbraucher und in unzugänglichen, maschinenintegrierten Druckluftkomponenten. Die Drucklufterzeugung steht bei Betrachtungen der Energieeffizienz auch deshalb oft im Vordergrund, da hier bereits durch Änderungen an wenigen Komponenten substanzielle Verbesserungen des Energieeinsatzes erreicht werden können. Durch technologische Fortschritte bei Verdichtern, Antrieben und Steuerungen lassen sich so insbesondere bei älteren Anlagen deutliche Energieeinsparungen realisieren. Wesentliche Maßnahmen im Bereich der Drucklufterzeugung umfassen:

- **Bedarfsgerechte Auslegung:** Die Anzahl und die Auslegung der Druckluftkompressoren in einem Betrieb werden unter anderem bestimmt durch das Druckluftverbrauchsprofil, das Lieferverhalten der Kompressoren und durch Überlegungen zur Redundanz von Kompressoren für kritische Prozesse. Während bei Bestandsanlagen direkte Messungen der Verbrauchsprofile möglich sind, müssen bei der Planung von Neuanlagen die Verbräuche und das Schaltverhalten der Druckluftverbraucher sowie Leckagen, Reserven für Erweiterungen und Fehler bei den Verbrauchsmengeneinschätzungen berücksichtigt werden (BOGE 2004). Wird auf Basis der so ermittelten Verbräuche eine bedarfsgerechte Auslegung der Kompressoren bereits in der Planung erreicht, können neben verringerten Energiekosten auch Kosten für überdimensionierte Kompressoren vermieden werden.

- **Übergeordnete Steuerung:** Abhängig vom Druckluftverbrauchsprofil eines Betriebes ist die Nutzung eines einzelnen großen Kompressors aus energetischer Sicht oft wenig sinnvoll, da dadurch Leerlaufverluste oder energetisch unvorteilhafte Betriebspunkte begünstigt werden. Werden mehrere kleinere Kompressoren eingesetzt, kann eine übergeordnete Steuerung die zur Verfügung stehenden Kompressoren optimal einsetzen. In der Regel werden die Kompressoren durch die Steuerung dann so kombiniert, dass Kompressoren mit festen Liefermengen Grund- und Mittellast abdecken und ein Liefermengen variabler Kompressor für die Abdeckung der Lastspitzen genutzt wird. Der Einsatz einer modernen, übergeordneten Steuerung ermöglicht so einen energetisch günstigen Betrieb der Kompressoren und sichert eine gleichmäßige Nutzung redundanter Kompressoren.
- **Hocheffiziente Antriebe:** Der Einsatz hocheffizienter Elektromotoren für den Antrieb von Druckluftverdichtern spielt angesichts oft langer Betriebsdauern und hoher Anschlussleistungen der Druckluftkompressoren eine wichtige Rolle für den Energiebedarf eines Druckluftgesamtsystems. Bei der Modernisierung von Kompressoren sollte darauf geachtet werden, dass für den Antrieb Elektromotoren der derzeit höchsten Energie-Effizienzklasse (IE3-Motoren) gewählt werden.
- **Wärmerückgewinnung:** In Verbindung mit der Drucklufterzeugung fallen thermodynamisch bedingt große Mengen an Abwärme an. Ist eine geeignete Wärmesenke vorhanden, kann diese Abwärme für eine Heizungsunterstützung oder für die Bereitstellung von Brauchwasser oder Niedertemperatur-Prozesswärme genutzt werden. Dies führt zwar nicht zu Energieeinsparungen im Druckluftsystem, kann aber Energieeinsparungen in Heizsystemen bewirken. Abwärme lässt sich dabei direkt in Form einer um etwa 20 K gegenüber der zugeführten Kühlluft erwärmten Abluft nutzen, beispielsweise um eine Hallenbeheizung zu unterstützen. Alternativ ist eine indirekte Nutzung der Verdichtungswärme über einen zusätzlichen Warmwasserkreislauf möglich. Bei ölgeschmierten Schraubenkompressoren können so typischerweise Wassertemperaturen um etwa 70° C erreicht werden, bei trockenlaufenden Schraubenkompressoren teilweise auch etwas höhere Werte. Die auskoppelbare Wärmeleistung im Wasserkreislauf entspricht bis zu 76 % der zugeführten elektrischen Energie bei ölgeschmierten Schraubenkompressoren und bis zu 96 % bei trockenlaufenden Schraubenkompressoren (EnEffAH 2012).
- **Anpassung des Druckniveaus:** Durch eine generelle Absenkung des Druckniveaus am Kompressor kann der Energiebedarf eines Druckluftsystems in der Regel vergleichsweise einfach verringert werden. Durch eine Absenkung des Versorgungsdrucks um 1 bar wird in einem typischen Druckluftsystem eine Reduzierung des Energiebedarfs um rund 6 bis 10 % erreicht (Feldmann 2003). Bei einer Absenkung des Druckniveaus ist allerdings auch zu beachten, dass die Leistung einiger Druckluftkomponenten mit einem fallenden Druckniveau deutlich nachlassen kann (Feldmann 2003). Erfordern nur Teile der Anwendungen höhere Druckniveaus, kann auch eine Versorgung dieser Anwendungen über dezentrale Kompressoren (Yuan et al.

2006), Booster oder ein separates „Hochdruck"-Netz in Erwägung gezogen werden.

Während diese Maßnahmen im Bereich der Drucklufterzeugung wesentliche Energieeinsparungen versprechen, sollte allerdings nicht ausschließlich die Drucklufterzeugung, sondern stets das gesamte Druckluftsystem betrachtet werden.

5.2.4.2 Druckluftaufbereitung

Neben der Drucklufterzeugung können auch im Bereich der Druckluftaufbereitung Einsparungen erzielt werden. Hier lassen sich insbesondere folgende Maßnahmen nennen:

- **Angemessene Druckluftqualität:** Mit den Qualitätsanforderungen an die Druckluft steigt der Energieeinsatz für die Druckluftaufbereitung einerseits durch höhere Energieverbräuche bei den Drucklufttrocknern und andererseits durch Druckabfälle bei den Filtern. Wird Druckluft unbesehen auf einem zu hohen Niveau gefordert, wird unnötig Energie verbraucht. Entsprechend sollte sich die bereitgestellte Druckluftqualität an den Anforderungen der Anwendungen orientieren. Eine Orientierungshilfe für die Druckluftqualität nach Anwendungsbereichen bietet das VDMA Einheitsblatt 15390.
- **Trocknung:** Der Energieeinsatz für die Drucklufttrocknung ist hochgradig von der Art der Trocknung abhängig. Während ein Kältetrockner etwa 2 % der Energie für die Druckluftbereitstellung benötigt, kann dieser Anteil bei Adsorptionstrocknern bis zu 30 % betragen (EnEffAH 2012). Durch den Einsatz passender, moderner Trockner können somit deutliche Energieeinsparungen erzielt werden. Energieeinsparungen können auch durch die Kombination einzelner Trocknungsverfahren in Hybridsystemen erreicht werden. So kann die Trocknungsleistung an die jeweiligen Umgebungsbedingungen angepasst werden, beispielsweise indem der Feuchtigkeitsgehalt der Druckluft im Winter stärker als im Sommer gesenkt wird (Schmid 2004).
- **Regelmäßige Filterwartung:** Filter sollten regelmäßig gewartet werden, da Druckabfälle in den Filtern mit zunehmender Nutzungsdauer ansteigen. Infolgedessen ist dann entweder ein generell höheres Druckniveau am Kompressor notwendig, um Druckverluste zu kompensieren, oder die Leistung von Anwendungen kann sich mit dem Absinken des Druckniveaus verringern.
- **Kondensatableiter:** Zur Ableitung von Kondensat stehen unterschiedliche Arten von Kondensatableitern zur Verfügung. Durch die Verwendung moderner, elektronisch niveaugeregelter Kondensatableiter wird einerseits die Zuverlässigkeit der Ableiter gegenüber in der Anschaffung günstigeren, mechanisch gesteuerten Ableitern verbessert. Andererseits leisten sie auch einen Beitrag zur Energieeffizienz, indem gegenüber zeitgesteuerten Ableitern Druckluftverluste durch unnötiges Entleeren der Ableiter verhindert werden.

5.2.4.3 Druckluftverteilung

Die Druckluftverteilung ist oft ein energetischer Schwachpunkt von Druckluftsystemen, da hier mitunter wesentliche Energieverluste durch Leckagen auftreten (Abb. 7). Maßnahmen zur Verbesserung der Energieeffizienz in der Druckluftverteilung sind:

- **Leckagereduzierung:** Infolge von Undichtigkeiten in der Druckluftverteilung treten in Druckluftsystemen Leckageverluste auf. Eine vollständige Leckagefreiheit in Druckluftsystemen ist wirtschaftlich schwierig zu erreichen. Als Richtwerte für akzeptable Leckageanteile werden je nach Größe und Standort des Netzes Werte zwischen 5 und 15 % angegeben (BOGE 2004). Leckagen beschränken sich prinzipiell nicht nur auf die Druckluftverteilung, sondern können auch in der Druckluftaufbereitung sowie bei Druckluftanwendungen, z. B. innerhalb von Maschinen, angetroffen werden. Für die Identifikation und Lokalisierung von Leckagen können unterschiedliche Methoden eingesetzt werden. Eine generelle Identifikation von Leckagen ist beispielsweise durch unerklärte Veränderungen von Druckluftverbräuchen möglich, die im Rahmen einer kontinuierlichen Überwachung von Durchflussmengen auffallen. Alternativ können durch gezielte Verbrauchsmessungen außerhalb der Betriebszeiten Rückschlüsse auf Leckageanteile gezogen werden oder grobe Schätzverfahren wie Kesselentleerungsmethoden angewendet werden. Oft sind größere Leckagen aber auch bereits ohne Hilfsmittel hörbar und somit lokalisierbar. Zum Auffinden kleinerer Leckagen können ultraschallbasierte Leckagesuchgeräte oder Dichtigkeitsprüfmittel verwendet werden. Als eine weitere Variante der Leckagereduzierung können Teilbereiche des Druckluftnetzes, die nicht ständig genutzt werden (z. B. einzelne Werksbereiche), außerhalb der Betriebszeiten von der Versorgung z. B. über ein Magnetventil automatisch getrennt werden, wenn die Anwendungen dies erlauben. Somit sind die Leckagen nur noch während der Druckluftnutzung relevant.
- **Minimierung von Druckabfällen:** Insbesondere bei dynamisch erweiterten Druckluftnetzen können übermäßig hohe Druckabfälle auftreten, da eine Erhöhung der Durchflussmengen mit einem zusätzlichen Druckabfall einhergeht. Als Richtwerte für Druckverluste in einem fachgerecht installierten und dimensionierten, typischen Druckluftnetz sollte der Druckabfall bis zu

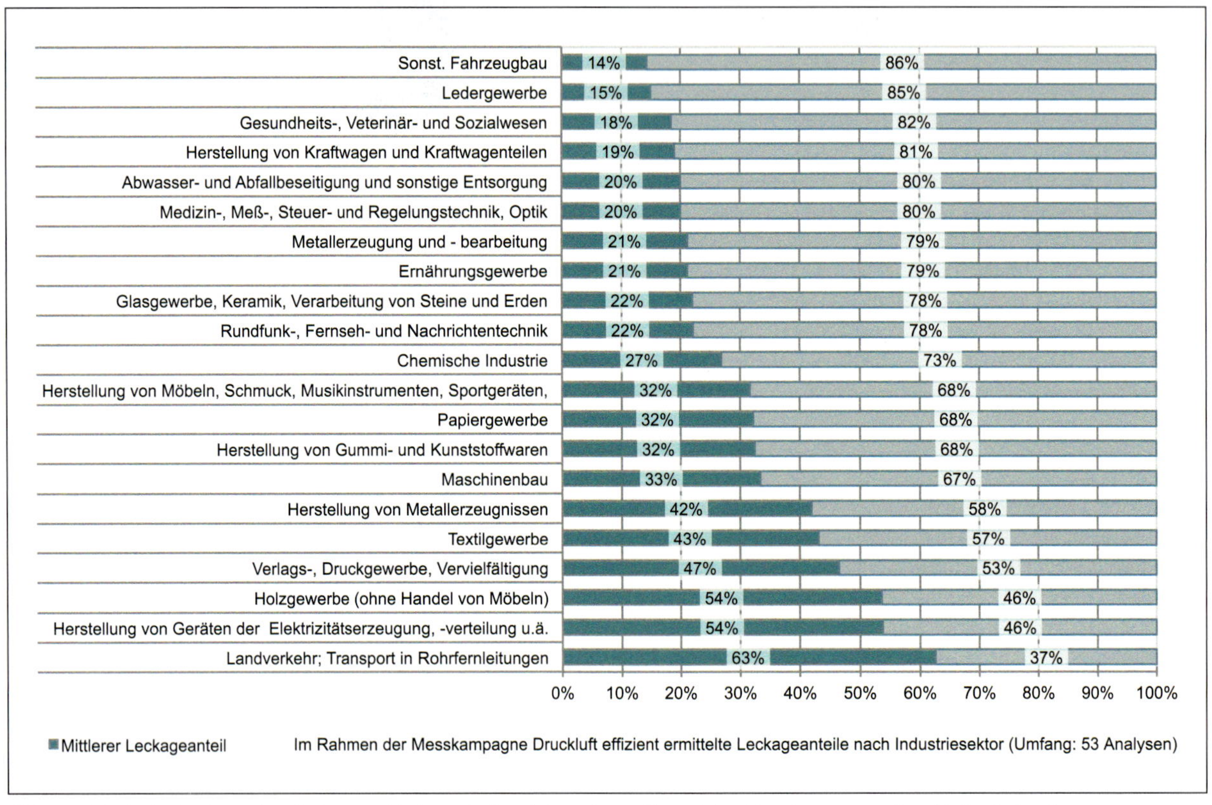

Abb. 7 Ermittelte Leckage-Anteile in verschiedenen Industriebranchen während der Messkampagne „Druckluft effizient".

0,1 bar betragen (Feldmann 2003). Treten deutlich höhere Druckabfälle auf, können sich Gegenmaßnahmen energiesparend auswirken.

5.2.4.4 Druckluftanwendung

Letztlich können auch im Bereich der Druckluftanwendungen unterschiedliche Maßnahmen ergriffen werden:

- **Energiesparende Endanwendungen:** Für Druckluftendanwendungen stehen oft verschiedene Anwendungsvarianten zur Verfügung. Beispielsweise werden zur Reduzierung von Druckluftverbräuchen verschiedene energiesparende Ansteuerungsstrategien (z. B. Kurzschlussventile, Zuluft-Abschaltungen) und Zylindertypen (z. B. einfach wirkende Zylinder) vorgeschlagen (EnEffAH 2012). Ähnlich können für Blasluftanwendungen Luft sparende Düsen anstelle von Standard-Düsen eingesetzt werden. Neben solchen konstruktiven Maßnahmen lässt sich auch durch eine Reduzierung der Nutzungshäufigkeit der Anwendungen Energie einsparen, beispielsweise indem nicht dauerhaft erforderliche Druckluftdüsen gezielt abgeschaltet werden. Auch können die Mitarbeiter dahin gehend geschult werden, dass ein unangemessener Drucklufteinsatz vermieden wird, beispielsweise für die persönliche Abkühlung im Sommer.

- **Dimensionierung und Einbau:** Bei pneumatischen Antrieben spielen die Dimensionierung und der Einbau der Antriebe für die Energieverbräuche eine wesentliche Rolle. So werden Antriebe aufgrund von Sicherheitsmargen oder um zwecks Lagerhaltung die Anzahl unterschiedlicher Komponenten gering zu halten, überdimensioniert. Infolge dieser Überdimensionierung benötigen die Antriebe mehr Druckluft als für die Antriebsaufgabe notwendig wäre. Eine Reduzierung von Sicherheitsmargen kann entsprechend dazu beitragen, Druckluftverbräuche zu reduzieren. Allerdings muss die Funktionsfähigkeit der Anwendung dabei sichergestellt bleiben. Darüber hinaus ziehen unnötig lange Schlauchverbindungen zwischen Ventil und Antrieb vermeidbare Druckluftverbräuche nach sich, da die Schläuche bei jedem Schaltvorgang mit Druckluft gefüllt werden müssen. Entsprechend lässt sich durch eine Reduzierung der Schlauchlängen der Druckluftverbrauch ebenfalls senken.
- **Alternativtechnologien**: Der Einsatz von Alternativtechnologien anstelle druckluftgetriebener Anwendungen wird seit Längerem diskutiert. Während in einigen Bereichen aufgrund der Umgebungsbedingungen oder für bestimmte Anwendungszwecke wenige Alternativen zur Druckluftnutzung bestehen (z. B. schiffchenloses Weben), können für verschiedene Anwendungen alter-

Funktion	Einsatzbereich	Alternative
Abtransport von Verunreinigungen	Ausblasinstrumente	Ventilatoren, Bürsten, Spülung mit Flüssigkeiten
Kühlung	trocken laufende Fertigungsmaschinen	Ventilatoren, flüssige Kühlmittel
Transport	Materialförderung	elektrische/hydraulische Antriebe
Prüfung und Kontrolle	Sensorik	elektronische Systeme
Steuerung	Steuerinstrumente (Ventile)	elektronische Systeme
Kraftübertragung	Antriebsmotoren (Bohr-, Schraubmaschinen, Metallbearbeitung)	elektrische Antriebe, hydraulische Antriebe

Tab. 1 Beispielhafte Systemalternativen für verschiedene Druckluftfunktionen (Schmid 2004).

native Technologien in Betracht gezogen werden (Tab. 1, U.S. DoE 2003). So verspricht beispielsweise der Einsatz von Niederdruckgebläsen anstelle von Druckluft für die Trocknung von Kunststoffgranulat einen wesentlichen energetischen Vorteil (Pohl 2012). Auch im Bereich der Antriebstechnik wird der Einsatz elektrischer Antriebe anstelle pneumatischer Antriebe intensiv thematisiert. Während pneumatische Antriebe unabhängig von den Energieverbräuchen verschiedene Vor- und Nachteile gegenüber elektrischen Antrieben besitzen (Tab. 2), werden derzeit Grundlagen diskutiert, wie hier eine standardisierte Gegenüberstellung der Antriebe sinnvoll erfolgen kann (VDI 2012). Grundsätzlich sollten Druckluftnutzer unterschiedliche technologische Alternativen bei der Auswahl der Technologie in Erwägung ziehen.

Tab. 2 Auswahl typischerweise Vor- und Nachteile druckluftbetriebener Anwendungen gegenüber elektrischen Alternativen.

Vorteile	Nachteile
▪ Überlastfähigkeit ▪ Robustheit ▪ einfacher konstruktiver Aufbau ▪ Einsatz in explosionsgefährdeten Bereichen ▪ leistungsloses Halten ▪ kontinuierliche Spitzenkraft ▪ hohe Leistungsdichte	▪ exakte Positionierung nur gegen Anschlag ▪ weiche Antriebskennlinien ▪ geringe Flexibilität einfacher Antriebe ▪ Kondensatanfall ▪ Abluftgeräusche ▪ gleichförmige Bewegungen bei variabler Belastung wegen Kompressibilität schwierig

5.2.5 Ausschöpfung bestehender Potenziale

5.2.5.1 Hemmnisse für die Umsetzung von Energieeffizienzmaßnahmen

Entscheidungen über die Umsetzung von Effizienzmaßnahmen sollten prinzipiell dem Prinzip der Wirtschaftlichkeit folgen. Entsprechend sollte ein Druckluftsystem so ausgestaltet werden, dass die geringsten Lebenszykluskosten realisiert werden. Während bei industriellen Druckluftsystemen zahlreiche Möglichkeiten zur Steigerung der Energieeffizienz existieren, lässt sich in der Praxis beobachten, dass oft auch simple Maßnahmen nicht umgesetzt werden. Als Gründe werden hierfür unterschiedliche Hemmnisse genannt. Sie verhindern ein Verhalten, das sowohl energieeffizient als auch kosteneffizient erscheint (Sorrell et al. 2004). Hemmnisse werden durch unvollständige Informationen über Verbräuche und Effizienzmaßnahmen hervorgerufen, durch versteckte Kosten oder mangelnde Anreize für die Umsetzung von Maßnahmen. Daneben spielen auch Risikoerwartungen durch mögliche Produktionsausfälle, begrenzte Investitionsbudgets oder schlicht begrenzt rationales Verhalten eine Rolle.

Mit Blick auf die Umsetzung von Energieeffizienzmaßnahmen bei Druckluftsystemen wirken sich insbesondere folgende Faktoren hemmend aus (Radgen et al. 2001):

- **Begrenzte Aufmerksamkeit:** Da das Management nur begrenzte Kapazitäten besitzt, konzentriert es sich in der Regel auf die Kernbereiche des Unternehmens und auf dessen strategische Ziele. Die Druckluftnutzung im Unternehmen gilt jedoch als Nebenprozess. Folglich befasst sich das Management nur sehr eingeschränkt mit der Drucklufttechnik.
- **Erfassung als Gemeinkosten:** Die Kosten für den Betrieb von Druckluftsystemen, einschließlich der für den Betrieb notwendigen Energie, werden den Gemeinkosten

zugeschlagen und nicht aufgeschlüsselt. Damit sind Energiekosten für Druckluftsysteme kaum sichtbar, erregen wenig Aufmerksamkeit und geben nur geringen Anstoß für die Umsetzung von Energieeffizienzmaßnahmen.

- **Managementstruktur:** In größeren Unternehmen nehmen unterschiedliche Organisationseinheiten wie Wartung, Produktion, Einkauf und Finanzierung Einfluss auf die Umsetzung von Energieeffizienzmaßnahmen bei Druckluftsystemen. Mitarbeiter in diesen Bereichen können unterschiedliche Prioritäten setzen. Eine Abstimmung dieser Mitarbeiter kann daher eine Umsetzung von Maßnahmen erschweren.
- **Wissens- und Bewusstseinsmagnel:** Entscheidungsträger, die eine hinreichende Entscheidungsbefugnis für die Umsetzung von Effizienzmaßnahmen besitzen, sind sich oft der Möglichkeiten zur Reduzierung der Energiekosten bei Druckluftsystemen nicht bewusst. Entsprechend ergreifen sie auch keine Maßnahmen zur Verbesserung der Energieeffizienz.

5.2.5.2 Unternehmensexterne Ansatzpunkte zur Überwindung von Hemmnissen

Um bestehende Hemmnisse zu überwinden und um damit eine stärkere Auseinandersetzung der Unternehmen mit der Energieeffizienz in der industriellen Drucklufttechnik zu erreichen, nutzt die Politik zahlreiche verschiedene Instrumente. Während viele dieser politischen Instrumente technologieunabhängig die generelle Steigerung der Energie- und Ressourceneffizienz (z. B. durch Energiemanagementsysteme) verfolgen, können im Speziellen für die industrielle Drucklufttechnik folgende informatorische, finanzielle und regulatorische Instrumente hervorgehoben werden:

- **Informatorische Instrumente:** Informatorische Instrumente dienen dazu, Nutzer von Druckluftsystemen in die Lage zu versetzen, sich der energetischen Schwachstellen ihrer Druckluftsysteme bewusst zu werden und Ansatzpunkte für eine Verbesserung der Energieeffizienz zu finden. Im deutschsprachigen Raum stehen Informationen und Berechnungstools für die Drucklufttechnik durch verschiedene Initiativen und Forschungsprojekte zur Verfügung.[2] In der Vergangenheit wurden darüber hinaus beispielsweise auch Möglichkeiten zur Etablierung eines Systems für das Druckluft-Benchmarking analysiert (Radgen 2005). Neben den genannten Initiativen und Projekten bieten zahlreiche Hersteller von Druckluftkompressoren und -komponenten auch detaillierte, oft technisch orientierte Informationsmaterialien an, die Nutzer im Bereich der energieeffizienten Nutzung der industriellen Drucklufttechnik unterstützen können.
- **Finanzielle Instrumente:** Finanzielle Instrumente dienen dazu, Kapitalengpässe für Investitionen in energieeffiziente Technologien zu überwinden und die finanzielle Attraktivität energieeffizienter Technologien zu erhöhen. Im Rahmen der Förderung hocheffizienter Querschnittstechnologien in kleinen und mittleren Unternehmen (KMU) werden beispielsweise Einzelmaßnahmen und systemische Optimierungen auf Basis unternehmensindividueller Konzepte finanziell unterstützt. Mit Blick auf die Drucklufttechnik betrifft diese Förderung unter anderem hocheffiziente Schraubenkompressoren mit Drehzahlregelung sowie für Grundlastanwendungen, übergeordnete Steuerungen, Ultraschallmessgeräte sowie Wärmetauscher für Druckluftkompressoren.[3] Daneben werden Analysen zur Drucklufttechnik auch im Rahmen technologieunabhängiger Förderprogramme finanziell gefördert, beispielsweise im Rahmen der „Energieberatung Mittelstand“ der Kreditanstalt für Wiederaufbau (KfW). Darüber hinaus werden zur Finanzierung von energieverbrauchs- und energieeffizienzrelevanten Maßnahmen durch die KfW zinsvergünstigte Kredite für unterschiedliche Zielgruppen und Schwerpunkte angeboten.
- **Regulatorische Instrumente:** Regulatorische Instrumente werden insbesondere von der Politik genutzt, um verbindliche Vorgaben hinsichtlich der Energieeffizienz zu formulieren. Beispielsweise wurden in Rahmen der Ökodesign-Richtlinie für verschiedene Produktgruppen Mindesteffizienzanforderungen erlassen. Während die Drucklufttechnik davon nur indirekt betroffen ist, z. B. durch Effizienzvorgaben für Elektromotoren oder Ventilatoren, werden mit Blick auf die Energieeffizienz in der industriellen Drucklufttechnik in Europa derzeit keine regulatorischen Vorgaben getroffen. Zur Zeit werden allerdings im Rahmen einer Ökodesign-Vorstudie Druckluftkompressoren näher untersucht (VHK 2012). Der Endbericht dieser Studie soll Anfang 2014 vorliegen. In China werden hingegen beispielsweise Mindesteffizienzanforderungen an verschiedene Arten stationärer Druckluftkompressoren gestellt (VHK 2012).

Angesichts ambitionierter energiepolitischer Zielsetzungen in der Europäischen Union und hoher Erwartungen an die Energieeffizienz ist zu erwarten (EC 2011), dass künftig auch weitere Aktivitäten zur Erschließung von Energieeffizienzpotenzialen in der Industrie, einschließlich der

[2] U. a. Kampagne Druckluft effizient (www.druckluft-effizient.de), dena Initiative Energieeffizienz (www.stromeffizienz.de/industrie-gewerbe/effiziente-technologien/druckluft.html), Kampagne effiziente Druckluft (www.druckluft.ch), LfU Druckluft-Check (www.lfu.bayern.de/energie/druckluftcheck/index.htm), HIER! Druckluftarme Produktion (www.hier-hessen.de/projekte/druckluftarme-produktion.html).

[3] Förderung Querschnittstechnologien (www.bafa.de/bafa/de/energie/querschnittstechnologien/index.html).

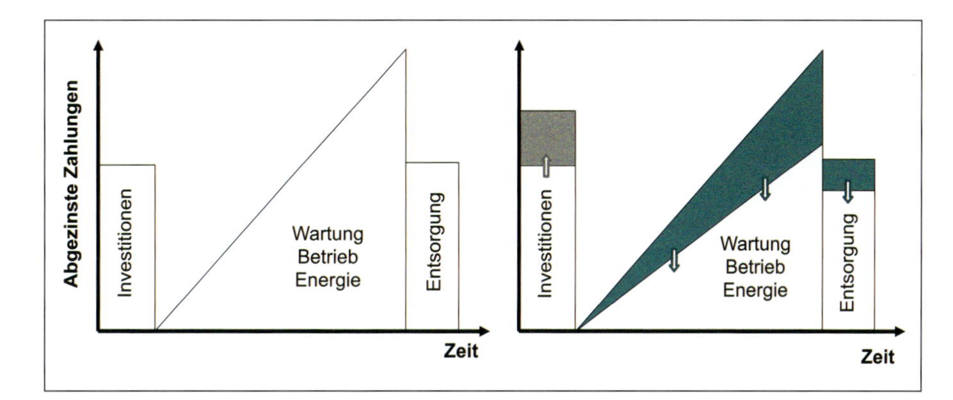

Abb. 8 Links: Veranschaulichung der Lebenszykluskosten von Standard-Technologien, rechts: energieeffizienten Technologien (in Anlehnung an Taylor 1981).

Potenziale im Bereich der Drucklufttechnik, unternommen werden.

5.2.5.3 Unternehmensinterne Ansatzpunkte zur Überwindung von Hemmnissen

Während die zuvor genannten Ansatzpunkte Aktivitäten der Politik betreffen, können Unternehmen einige generelle Rahmenbedingungen etablieren, um eine höhere Energieeffizienz bei Druckluftsystemen dauerhaft zu verankern. Dazu zählen unter anderem:

- **Kostenrechnung:** Solange Kosten für die Drucklufterzeugung und -bereitstellung als Gemeinkosten erfasst werden, bleiben die Druckluftkosten intransparent. Eine explizite Erfassung der Druckluft in Kostenrechnungssystemen und eine anreizbildende Umlage dieser Kosten auf die Verbrauchsstellen kann die Aufmerksamkeit für den energieeffizienten Einsatz von Druckluft deutlich erhöhen.
- **Lebenszyklusbetrachtungen:** Trotz eines wachsenden Bewusstseins in den Unternehmen für die Notwendigkeit von Lebenszyklusbetrachtungen spielt oft die Höhe der Investitionen bei Investitionsentscheidungen eine entscheidende Rolle. Da energieeffiziente technologische Lösungen auch bei Druckluftsystemen in der Regel höhere Investitionen als Standard-Lösungen erfordern und Energieeinsparungen erst im Verlauf der Zeit Kosten sparen, werden bei einer Fokussierung auf Investitionen tendenziell Standard-Lösungen bevorzugt (Abb. 8). Im Rahmen von Investitionsentscheidungen sollten langfristig orientierte Methoden der Vorteilhaftigkeitsbewertung (Barwertmethode, Annuitätenmethode) verankert

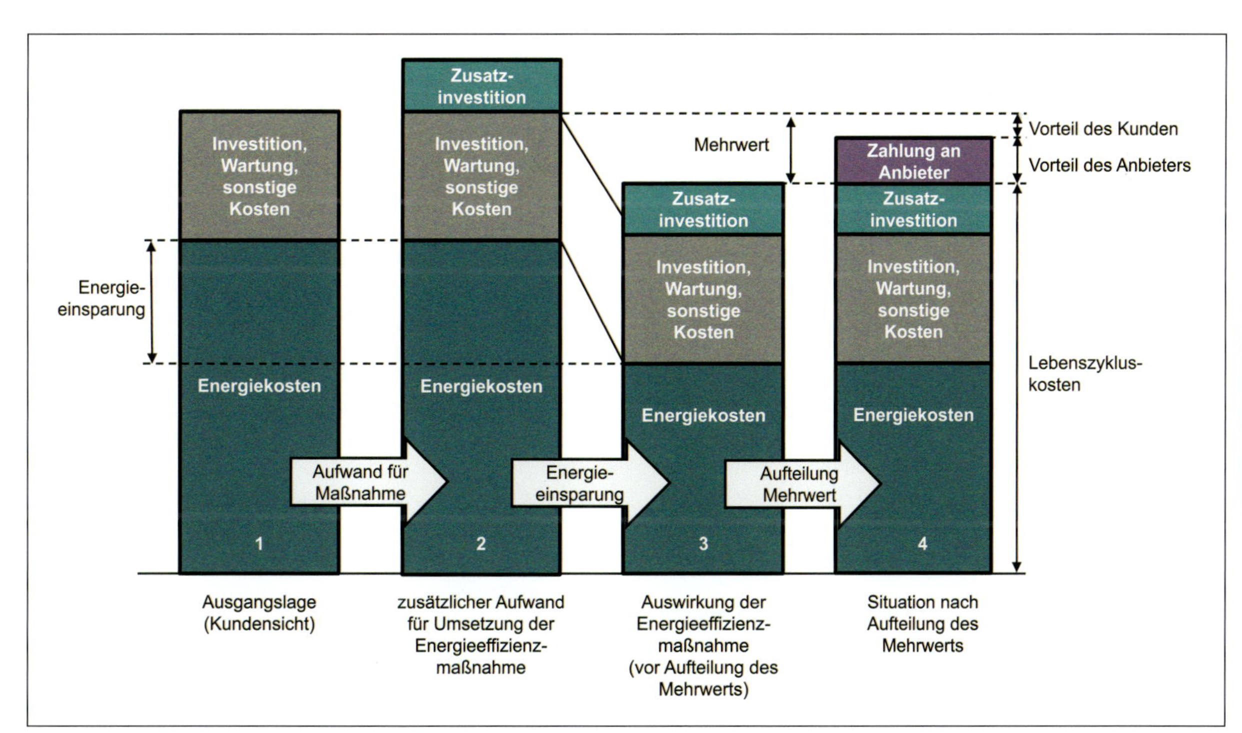

Abb. 9 Vorteile für Kunden und Anbieter durch das Druckluftcontracting.

werden. Komplementär kann die ebenfalls oft genutzte Amortisationszeit hinzugezogen werden. Sie stellt jedoch primär ein Risikomaß dar und sollte nicht ausschließlich, sondern ergänzend eingesetzt werden. Mit Blick auf den Beschaffungsprozess muss dabei allerdings auch sichergestellt werden, dass der technische Einkauf über die notwendigen technischen Informationen verfügt, um energieeffiziente Lösungen überhaupt beschaffen zu können. Oft fehlen hier relevante Kenntnisse oder Informationen.

- **Druckluft-Contracting:** Im Zusammenhang mit der Drucklufttechnik haben sich verschiedene Formen des Druckluft-Contractings etabliert, bei denen ein spezialisierter Dienstleister in unterschiedlichem Ausmaß Investitionen, Wartung und Betrieb von Teilen der Druckluftversorgung übernimmt (Dudda et al. 2006, Overrath 2003). Finanzielle Vorteile können sich dabei aufgrund von Energiekosteneinsparungen sowohl für den Dienstleistungsanbieter als auch für den Nutzer des Druckluftsystems ergeben (Abb. 9). Darüber hinaus verspricht die Zusammenarbeit mit einem Dienstleister gegenüber einer unternehmensinternen Lösung unter anderem Vorteile bei der Zuverlässigkeit der Druckluftversorgung, bei der Freisetzung von Kapital und Personalkapazitäten für strategische Aufgaben und bei der Sichtbarkeit der Druckluftkosten (Radgen et al. 2001).

Literatur

Bader, W. T., Kissock, J. K.: Exergy Analysis of Industrial Air Compression. In: Twenty-second National Industrial Energy Technology Conference, Houston, 2000, S. 89–98.

Bloch, H. P.: A practical guide to compressor technology. Hoboken: Wiley, 2006.

BOGE (Hrsg.): Druckluft Kompendium. Darmstadt: Hoppenstedt Bonnier, 2004.

Charchut, W.: Thermodynamik der trockenen und feuchten Luft. In: Ruppelt, E. (Hrsg.), Druckluft-Handbuch, Essen: Vulkan, 2003, S. 13–32.

Dudda, C., Radgen, P., Schmidt, J.: Contracting – Finanzierung – Betreibermodelle. Leitfaden für die Anwendung bei Druckluftanlagen. Karlsruhe: Fraunhofer Institut für System- und Innovationsforschung, 2006.

EC (European Commission): Integrated Pollution Prevention and Control. Reference Document on Best Available Techniques for Energy Efficiency. European Commission, 2008. Online: ftp://ftp.jrc.es/pub/eippcb/doc/ENE_Adopted_02-2009.pdf Zugriff: 11.04.2010.

EC (European Commission): Communication From The Commission To The European Parliament, The Council, The European Economic And Social Commitee And The Committee Of The Regions. A Roadmap for moving to a competitive low carbon economy in 2050. COM(2011) 112 final, 2011.

EnEffAh [EnEffAh-Projektkonsortium] (Hrsg.): EnEffAH. Energieeffizienz in der Produktion im Bereich Antriebs- und Handhabungstechnik. Grundlagen und Maßnahmen. EnEffAh-Projektkonsortium, Stuttgart, 2012.

Feldmann, K.-H.: Das optimale Druckluftnetz. In: Feldmann, K.-H., Overrath, J., Ruppelt, E., Stapel, A. G. (Hrsg.), Optimale Druckluftverteilung. So spart man Energie und Kosten in Drukluftleitungsnetzen, Renningen: expert, 2003, S. 1–72.

Grollius, H. W.: Grundlagen der Pneumatik. München: Fachbuchverlag Leipzig, 2006.

Hirzel, S., Plötz, P., Obergföll, B.: A function-based approach to stock modelling applied to compressed air systems. In: ECEEE 2012 Summer Study on Energy Efficiency in Industry, Arnheim, 2012, S. 579–589.

Krichel, S. V., Hülsmann, S., Hirzel, S., Elsland, R., Sawodny, O.: Exergy flow diagrams as novel approach to discuss the efficiency of compressed air systems. In: 8th International Fluid Power Conference (IFK), Dresden, 2012, S. 227–238.

McKane, A., Hasanbeigi, A.: Motor Systems Efficiency Supply Curves. Wien: United Nations Industrial Development Organization, 2010.

Overrath, J.: Druckluftcontracting. In: Feldmann, K.-H., Overrath, J., Ruppelt, E., Stapel, A. G. (Hrsg.), Optimale Druckluftverteilung. So spart man Energie und Kosten in Druckluftleitungsnetzen, Renningen: expert, 2003, S. 160–172.

Pohl, C.: Druckluft. In: Hesselbach, J. (Hrsg.), Energie- und klimaeffiziente Produktion: Grundlagen, Leitlinien und Praxisbeispiele, Wiesbaden: Springer Vieweg, 2012, S. 153–181.

Radgen, P., Blaustein, E. (Hrsg.): Compressed Air Systems in the European Union. Energy, Emissions, Savings Potential and Policy Actions. Stuttgart: LOG_X, 2001.

Radgen, P.: Bedeutung der Druckluftanwendung für Wettbewerbsfähigkeit, Energieverbrauch und CO_2-Emission. In: Ruppelt, E. (Hrsg.), Druckluft-Handbuch, Essen: Vulkan, 2003, S. 1–12.

Radgen, P.: Comparing Efficiency: Internet-Based Benchmarking for Compressed Air Systems. In: ACEEE Summer Study on Energy Efficiency in Industry, West Point, 2005, S. 3_119–3_129.

Ruppelt, E.: Bewertung der Wirtschaftlichkeit einer Drucklufterzeugung. In: Ruppelt, E. (Hrsg.), Druckluft-Handbuch, Essen: Vulkan, 2003, S. 477–500.

Schmid, C.: Energieeffizienz in Unternehmen. Eine wissensbasierte Analyse von Einflussfaktoren und Instrumenten. Zürich: vdf, 2004.

Sorrell, S., O'Malley, E., Schleich, J., Scott, S., The economics of energy efficiency: Barriers to cost-effective investment. Cheltenham: Edward Elgar, 2004.

Taylor, W. B.: The use of life cycle costing in acquiring physical assets. Long Range Planning, 14 (6), 1981, S. 32–43.

U.S. DoE (U.S. Department of Energy, Energy Efficiency and Renewable Energy) (Hrsg.): Improving Compressed Air System Performance. A sourcebook for industry. DOE/GO-102003 – 1822, Washington D.C.: U.S. DoE, 2003.

VDI (Verein Deutscher Ingenieure): Betriebskosten minimieren. Energieeffizienz und minimale Betriebskosten in der Antriebstechnik. VDI 2012. Online: http://www.vdi.de/technik/fachthemen/mess-und-automatisierungstechnik/artikel/energieeffizienz-und-minimale-betriebskosten-in-der-handhabungs-und-montagetechnik/ Zugriff: 03.12.2012.

VHK (Van Holsteijn en Kemma B. V.) Ecodesign Preparatory Study on Electric motor systems / Compressors ENER Lot 31. Inception Report (Task 0). VHK 2012. Online: http://www.eco-compressors.eu/downloads/2012-08-21%20Task%200%20Inception%20Report.pdf Zugriff: 03.12.2012.

Yuan, C. Y., Zhang, T., Rangarajan, A., Dornfeld, D., Ziemba, B., Whitbeck, R.: A decision-based analysis of compressed air usage patterns in automotive manufacturing. Journal of Manufacturing Systems, 25 (4), 2006, S. 293–300.

5.3 Nachhaltige Nutzung von Wasser

Ilka Gehrke, Volkmar Keuter, Josef Robert, Hildegard Lyko

5.3.1 Einleitung

Der Gebrauch und Verbrauch von Wasser unterschiedlicher Qualitätsstufen sowie die in verschiedenen Produktionsprozessen anfallenden Abwasserströme, die zur Verhinderung von Emissionen gereinigt werden müssen, haben eine wesentliche Bedeutung für die Wirtschaftlichkeit und den Umwelteinfluss von Produktionsprozessen. So ist es aus ökonomischen wie aus ökologischen Gründen geboten, den Verbrauch an Frischwasser sowie die abzuleitenden Abwassermengen und deren Schadstofffracht zu minimieren. Für die einzelnen Industriezweige existiert eine große Variation von sogenannten besten verfügbaren Techniken (Umweltbundesamt 2003), mit denen Wasser für den Einsatz in Produktionsprozessen beziehungsweise zur Direkteinleitung in ein Gewässer aufbereitet werden kann. Nachfolgend sind grundlegende Vorgehensweisen und Beispiele aus verschiedenen Industriezweigen dargestellt.

5.3.2 Bestandsaufnahme des Wasserhaushaltes

Für eine effizientere Nutzung von Frischwasser und eine sinnvolle Aufbereitung und Wiederverwendung von Abwasser sind eine Bestandsaufnahme der für die einzelnen Prozesse benötigten Wassermengen und -qualitäten sowie die Erfassung aller Abwasserströme und ihrer Schadstofffrachten unerlässlich. Mit den gewonnenen Daten lassen sich Entscheidungen über mögliche Maßnahmen treffen:

- Ersatz von wasserintensiven Prozessen durch wasserarme Prozesse, Beispiel: Ersatz einer Nassentstaubung durch filternde Abscheider
- Ersatz von Wäschern zur Reinigung von Gasen durch trockene Adsorptionsverfahren oder trockene katalytische Verfahren
- Einsatz trockener Desinfektionsverfahren (beispielsweise mit vor Ort erzeugtem Ozon aus Luft) statt der Verwendung wässriger Desinfektionslösungen
- Ersatz von Trinkwasser aus der öffentlichen Wasserversorgung durch alternative Quellen (Kap. VI.5.3.3)
- Zusammenführung und gemeinsame Behandlung verschiedener Abwasserteilströme mit dem Ziel der Direkteinleitung oder der Wiederverwendung als Prozess- oder Brauchwasser. Diese Vorgehensweise wird gewählt,
  - wenn die in verschiedenen Produktionsschritten anfallenden Abwässer ähnlich zusammengesetzt sind
  - wenn durch Zusammenführung verschiedener Abwasserströme eine Verdünnung bestimmter Inhaltsstoffe eintritt, die eine nachfolgende Reinigung (beispielsweise biologische Reinigung) erleichtert.
- Behandlung von Abwasserteilströmen am Ort ihrer Entstehung, wenn
  - toxische Wasserinhaltsstoffe aufwändig entfernt werden müssen
  - die gezielte Aufbereitung hoher konzentrierter Abwässer in geringeren Mengen wirtschaftlicher ist
  - sich der Abwasserteilstrom nach relativ einfacher Aufbereitung (beispielsweise nur durch Partikelfiltration) im gleichen Prozess wieder einsetzen lässt
  - wenn der Abwasserteilstrom eine oder mehrere Verunreinigungen enthält, die als Wertstoffe zurückgewonnen werden können.
- Durch zusätzliche Erfassung der Temperaturniveaus der einzelnen Teilströme lassen sich in die Verfahren zur Wasserbehandlung und Kreislaufschließung auch Verfahren zur Energierückgewinnung integrieren.

5.3.3 Prozesswassergewinnung

Wasser wird als Produktbestandteil, als Lösemittel, zu Reinigungs- und zu Transportzwecken eingesetzt. Während in der Getränkeindustrie wie in der Nahrungsmittelindustrie nicht oder nur zu einem geringen Anteil auf Trinkwasser verzichtet werden kann, wird in anderen Branchen Wasser aus anderen Quellen zu Prozesswasser gemäß der im Betrieb erforderlichen Spezifikation aufbereitet.
Als Wasserressourcen neben dem Trinkwasser aus der öffentlichen Versorgung stehen der Industrie zur Verfügung:

- Brunnenwasser
- Oberflächenwasser aus betriebsnahem Gewässer
- Regenwasser.

Als Trinkwasser gemäß der geltenden Trinkwasserverordnung (TVO) 2001 gilt Wasser, das nach den „allgemein anerkannten Regeln der Technik" (§17 Abs. 1 der TVO) aufbereitet wurde und dessen Inhaltsstoffe innerhalb der in der TVO angegebenen Grenzwerte liegen. Werkstoffe und Anlagenkomponenten, die zur Trinkwasseraufbereitung benutzt werden, sind dafür zertifiziert, d. h. die Materialien sind auf Unbedenklichkeit gemäß den relevanten Leitlinien des Umweltbundesamtes und der DVWG geprüft worden. Die Prüfungen werden u. a. durch das Hygieneinstitut in Gelsenkirchen vorgenommen.

Das bedeutet, dass aufbereitetes Wasser mit Trinkwasserqualität, das nicht mit entsprechend zugelassenen Verfahren und Komponenten erzeugt wurde, nicht als Trinkwasser im Sinne der TVO gilt und auch nicht als solches verwendet werden darf. Prozesswasser für Nicht-Lebensmittelindustrien, das in Bezug auf bestimmte Inhaltsstoffe strengeren Anforderungen genügen muss als Trinkwasser, kann allerdings mit alternativen Verfahren aufbereitet werden.

Wasserintensive Produktionsanlagen werden traditionell an geeigneten Gewässern angesiedelt. Ein Beispiel dafür ist die Papier- und Zellstoffindustrie. Trinkwasser aus der öffentlichen Wasserversorgung spielt als Prozesswasserquelle für die Papierindustrie in Deutschland nur noch eine untergeordnete Rolle (Jung 2011). Vielmehr decken gut 3/4 der Unternehmen ihren Frischwasserbedarf aus Oberflächengewässern, der Rest aus Brunnen oder Quellen.

Ein anderes Beispiel für die Verdrängung von Stadtwasser durch Oberflächenwasser ist die Erzeugung von Kesselspeisewasser zur Dampferzeugung. Auch bei der Verwendung von Stadtwasser muss dieses durch Ionenaustauscher aufbereitet werden, da der Grenzwert für die Leitfähigkeit von Kesselspeisewasser niedriger ist. Bei der Norddeutschen Affinerie in Hamburg wird seit einigen Jahren das Wasser der Elbe zu Prozesswasser aufbereitet (Müller 2003). Das gesamte Wasseraufbereitungsverfahren besteht aus den Prozessschritten Vorfiltration, Ultrafiltration, Umkehrosmose und Ionenaustauscher. Während in den beiden ersten Prozessschritten möglichst alle ungelösten Inhaltsstoffe aus dem Wasser entfernt werden, eliminiert die Umkehrosmose nahezu alle gelösten Stoffe. Mit den nachgeschalteten Kationen- und Anionenaustauschern, die von der ursprünglichen Stadtwasserbehandlungsanlage übernommen worden waren, werden Restsalze entfernt und der geforderte niedrige Wert der Leitfähigkeit erreicht.

Die Regenwasseraufbereitung zur Gewinnung von sauberem Brauchwasser spielt in Industrie und Gewerbe oft nur eine Rolle im Zusammenhang mit der Brauchwassergewinnung für Gebäude, wobei das hierfür gewonnene Regenwasser von Gebäudedächern gesammelt wird. Zu vielen Betrieben gehören allerdings auch größere, nicht überdachte Verkehrs- und Arbeitsflächen. Je nach Menge und Verschmutzungsgrad des dort anfallenden Regenwassers wird dieses vor einer Indirekteinleitung oder vor der Versickerung ohnehin gereinigt. Dafür bietet die Industrie verschiedene Systeme, in denen Grobstoffe und Leichtflüssigkeiten mechanisch abgeschieden und gelöste Schadstoffe adsorptiv entfernt werden. Die Verwendung derart aufbereiteten Regenwassers im Betrieb ist noch nicht industrielle Praxis, aber unter bestimmten Randbedingungen denkbar.

Abb. 1 Ultrafiltrationsanlage zur Aufbereitung von Elbewasser (Quelle: Osmo Membrane Systems GmbH, Korntal-Münchingen)

Abb. 2 Umkehrosmoseanlage zur Aufbereitung des Filtrats der Ultrafiltrationsanlage von Abb. 1 (Quelle: Osmo Membrane Systems GmbH, Korntal-Münchingen)

5.3.4 Abwasserentstehung und mögliche Reinigungsverfahren

Prozessabwässer in unterschiedlichen Mengen und mit unterschiedlichen organischen und anorganischen Frachten entstehen an vielen Stellen von Produktionsprozessen. In Tabelle 1 sind eine große Zahl von Abwasserquellen für einige Industriezweige exemplarisch aufgelistet, allerdings wegen der großen Bandbreite industrieller Wasserverwendung ohne Anspruch auf Vollständigkeit.

Tab. 1 Beispiele aus verschiedenen Industriezweigen für Prozesse, die Abwasser erzeugen

Industriezweig	Abwasserquellen
Chemische Industrie	Chemische Synthesen
	Abgasbehandlung
	Abschlämmung von Kesselspeisewassersystemen und Kühlkreisläufen
	Rückspülwasser von Filtern und Ionenaustauschern
	Regenwasser aus kontaminierten Bereichen
Textilindustrie	Wollwäsche
	Vorbehandlung vor der Veredlung
	Entschlichtung von Baumwolle und Baumwollemischgeweben
	Bleiche
	Färbeprozesse
	Wasch- und Reinigungsprozeduren
Nahrungsmittel- und Getränkeindustrie	Waschen und Einweichen von Rohstoffen
	Hydraulischer Transport von Materialien
	Reinigung von Apparaten, Anlagen und Behältern
	Rückspülung von Filtersystemen
	Kühlwasser
	Kondensat
	Abtauwasser aus Tiefkühlanlagen
Zellstoff- und Papierindustrie	Chemischer, biologischer oder mechanischer Aufschluss von Rohmaterial
	Wasch- und Siebprozesse
	Bleichprozesse
Eisen- und Stahlerzeugung	Nasse Abgasreinigung
	Kokereibetrieb
	Gichtgasaufbereitung
Nichteisenmetallindustrie	Aluminiumoxiderzeugung, Beizen, Bleibatterierecycling
	Indirekte Kühlung
	Direkte Kühlung z. B. für Gussstücke
	Schlackengranulierung
	Oberflächenwasser (Kontamination von Regenwasser)
	Hydrometallurgie
	Nassabscheider und Nass-Elektrofilter
Stahl- und Metallverarbeitung	Wasserbasierte Kühlschmierstoffemulsionen
	Galvanotechnische Anlagen
	Beizbäder
	Spülprozesse in der Oberflächentechnik

In Abbildung 3 sind die Entscheidungswege aufgezeichnet, die sich bei der Auswahl von Behandlungsverfahren für Prozessabwasser ergeben. In reduzierter Form sind sie auch für den Fall der Indirekt-Einleitung zu betrachten, wenn das abzugebende Abwasser Inhaltstoffe enthält, die in kommunalen Kläranlagen nicht oder nicht in den anfallenden Mengen zugelassen sind.
Für die Abwasserbehandlung existiert eine Vielzahl von mechanischen, chemisch-physikalischen, thermischen und biologischen Verfahren. Eine grobe Einteilung ihrer Anwendung für verschiedene Abwasserinhaltsstoffe ist in Abbildung 4 skizziert.
Der Grad der Prozesswasseraufbereitung sowie der Einengung von Wasserkreisläufen ist in einigen Industrien bereits weit fortgeschritten, wie die in Kap. 6 geschilderten Beispiele aus verschiedenen Industriebranchen zeigen. Zur Behandlung organisch belasteter Abwässer haben sich in jüngerer Zeit besonders Membranbioreaktoren (MBR) etabliert, die nachfolgend eingehender beschrieben werden. Darüber hinaus ermöglichen neue, chlorfreie Desinfektionsverfahren die Hygienisierung von Wasserströmen.

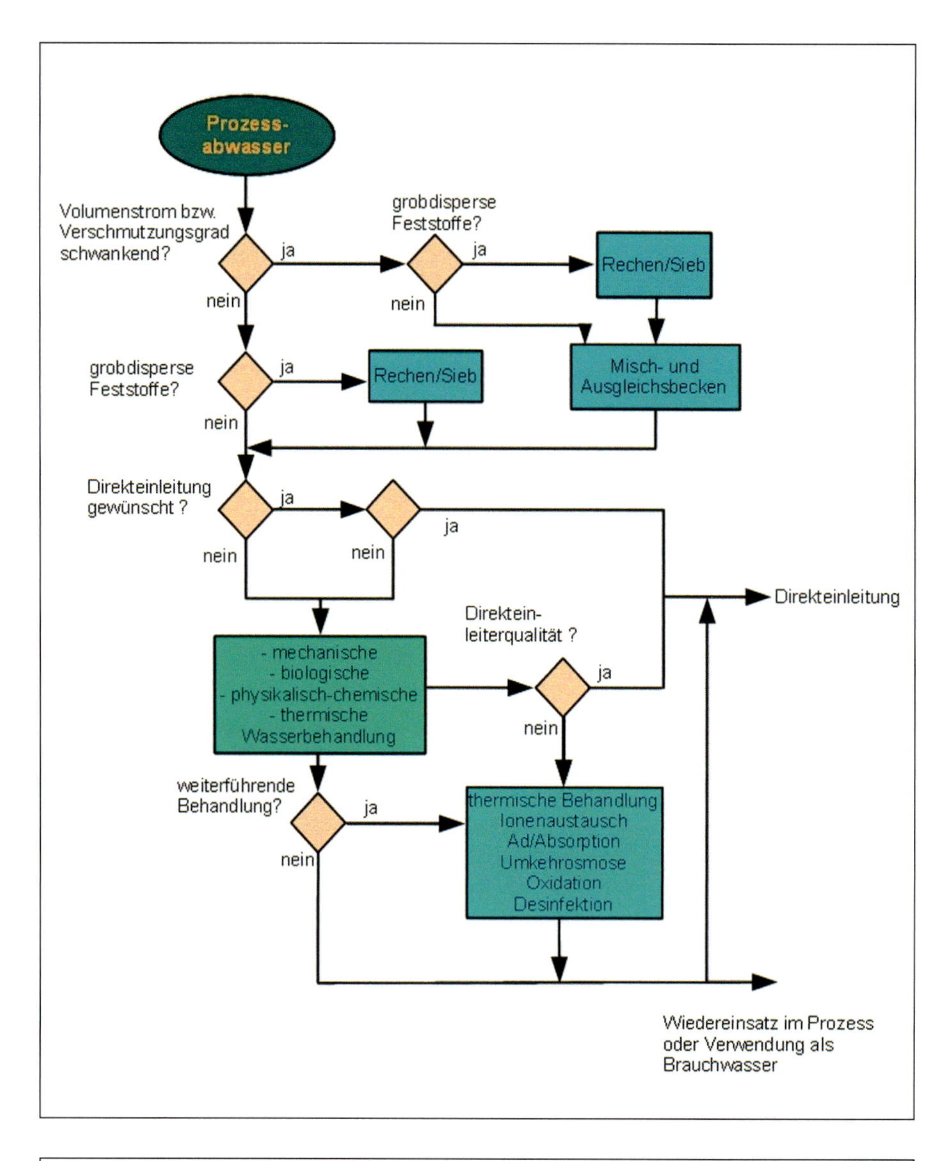

Abb. 3 Entscheidungswege zur Prozesswasserbehandlung mit dem Ziel der Wiederverwendung

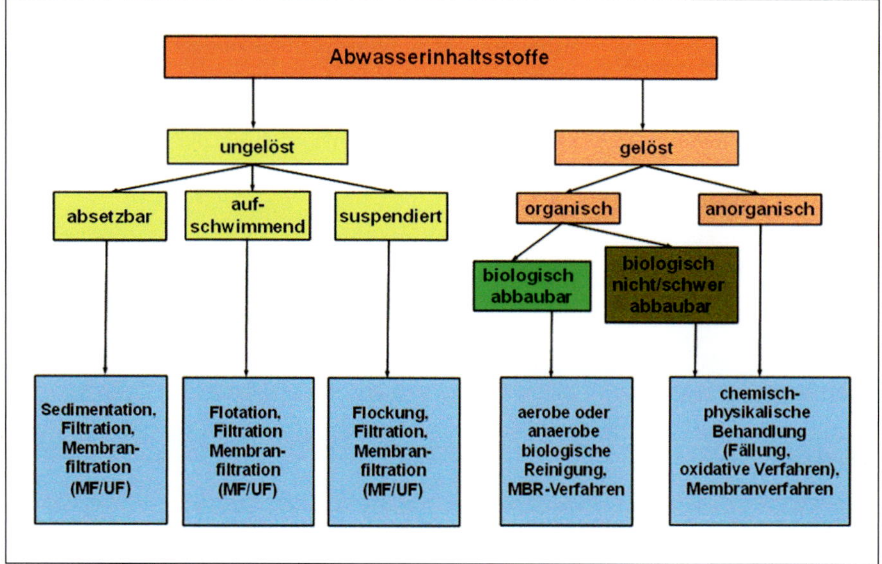

Abb. 4 Einteilung von Abwasserinhaltsstoffen und mögliche Behandlungsverfahren

5.3.5 Neuere Technologien zur Wasseraufbereitung und weitergehenden Abwasserreinigung

5.3.5.1 Anaerobe Abwasserreinigung mit Biogasnutzung

Bei Abwässern, die hoch belastet sind mit organischen Inhaltsstoffen, bietet sich eine anaerobe Vergärung an. Dabei werden die organischen Wasserinhaltsstoffe unter Ausschluss von Luftsauerstoff in Methan und Kohlendioxid umgewandelt. Das entstehende Biogas kann mit einem Gasmotor direkt am Entstehungsort verstromt werden. Im Gegensatz zur aeroben Abwasserbehandlung entfallen die Anlagenkomponenten und der Energiebedarf zur Belüftung des Klärbeckens. Außerdem ist die Menge des entstehenden Überschussschlammes geringer.
Typische Anwendungsfälle mit geeigneten Abwässern sind in der Lebensmittelindustrie zu finden.

5.3.5.2 Membranbioreaktoren

Besonders in der industriellen Abwasseraufbereitung und als effektive Vorbehandlung vor einer Umkehrosmose haben sich in jüngerer Zeit Membranbioreaktoren (MBR) bewährt. Sie gewähren den biologischen Abbau gelöster sowie partikulärer organischer Inhaltsstoffe. Die Abtrennung der für den biologischen Abbau notwendigen Biomasse erfolgt durch Ultrafiltrationsmembranen. Dies geschieht entweder in Modulen, die eigens für den getauchten Betrieb im Belebungsbecken oder in einem anschließenden Filtrationstank konzipiert sind, oder durch extern angeordnete Module, durch die das aus der biologischen Reinigungsstufe abgezogene Wasser nebst Klärschlamm im Crossflow-Modus gepumpt wird. Bei Modulen, die in das Klärbecken eingetaucht sind, wird die Überströmung der Membranen, die zur Eindämmung von Deckschichten notwendig ist, entweder durch eine verstärkte Belüftung oder durch eine Relativbewegung der Membranen (Rotation) erzeugt. Der wesentliche Vorteil der MBR-Technologie besteht darin, dass das gereinigte Wasser, unabhängig von den Absetzeigenschaften des Klärschlamms, vollständig frei ist von suspendierten Feststoffen und nahezu keimfrei. Damit sind alle Voraussetzungen gegeben zur weiteren Aufbereitung, beispielsweise durch Umkehrosmose, um qualitativ hochwertiges Prozesswasser zu erzeugen. Ein weiterer Vorteil von MBR-Anlagen liegt in ihrem geringeren Platzbedarf gegenüber einer herkömmlichen biologischen Kläranlage, weil der Belebtschlamm in höherer Konzentration vorliegen kann und ein Nachklärbecken nicht benötigt wird. Dies spielt gerade bei betrieblichen Kläranlagen eine große Rolle. Auch die anaerobe Abwasserreinigung lässt sich mit der Rückhaltung der Biomasse durch Membranen kombinieren (AnMBR-Verfahren). Für den Fall, dass Membranmodule in das Klärbecken integriert sind, entfällt aber die Möglichkeit der Deckschichtkontrolle durch eine Crossflow-Belüftung. Eine aktuelle Übersicht über Stand und Perspektiven der MBR-Technologie und die dazu am Markt verfügbaren Modulbauformen geben Svojitka und Wintgens (Svojitka 2012).

5.3.5.3 Innovative Filtrations- und Desinfektionsverfahren

Mikrosiebfiltration

Innovationen der Membrantechnik zielen auf höhere Permeatflüsse und damit eine geringere Anlagengröße und einen geringeren Energieverbrauch. Darüber hinaus versucht man, die Trennschärfe dieser Filtermedien mit möglichst einheitlichen Porengrößen exakt auf die zurückzu haltenden Partikel abzustimmen.
Mikrosiebe bilden eine neue Filterkategorie leistungsstarker Mikrofilter innerhalb der Membrantechnik (Gehrke 2007). Sie werden definiert als Folien, dünne Bleche oder Wafer aus organischen oder anorganischen Materialien, die sich durch eine definierte reproduzierbare und geordnete

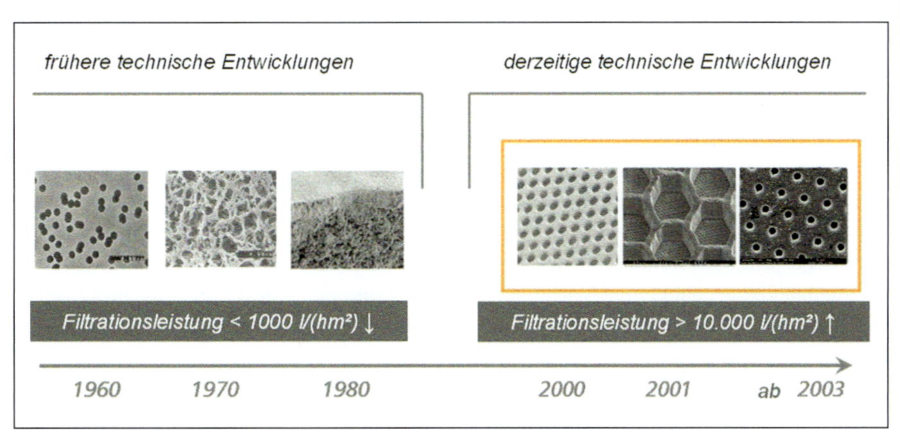

Abb. 5 Entwicklung der Mikrofilter im zeitlichen Überblick (v. l. n. r.: Track-Etch (spurgeätzte) Membran, Fa. Oxyphen; Polymermembran, Accurel, Fa. Membrana; Keramikmembran; Wafer-Mikrosieb, Fa. Aquamarijn; polymeres Mikrosieb, Universität Twente; metallisches Mikrosieb, Fraunhofer UMSICHT)

VI

Porengeometrie mit mehr als 5. Mrd. mikroskopischen Löchern pro Quadratmeter auszeichnen. Sie besitzen im Unterschied zu den ungeordneten herkömmlichen Mikrofiltern eine wesentlich höhere Trennschärfe, werden maßgeschneidert gefertigt, wirken aufgrund ihrer definierten Porengeometrie klassierend und sind sehr effizient (Abb. 5). Ihre Leistungen übersteigen die der traditionellen, spurgeätzten Membranen und der herkömmlichen, schwammartigen Polymermembranen um mindestens ein bis zwei Zehnerpotenzen (Gehrke 2007).
Wafer-Mikrosiebe werden in ersten Anwendungen in Molkereien zur Molkefiltration eingesetzt.

UV-LED-Desinfektion

Herkömmliche Quecksilberdampflampen zur UV-Desinfektion benötigen viel Bauraum, besitzen ein relativ breites Wellenlängenspektrum und nutzen umweltschädliches Quecksilber als Leuchtstoff. Leuchtdioden (LED) hingegen sind nur wenige Zentimeter groß, besitzen einen sehr hohen Wirkungsgrad sowie eine lange Lebensdauer und leuchten lokal aufgelöst die betreffende Fläche aus. LEDs zur UV-Desinfektion strahlen nahezu monochromatisches Licht einer Wellenlänge von 265 nm aus, das von den Nukleinsäuren (Erbinformation) in der Zelle absorbiert wird, Mikroorganismen schädigt und Keime inaktiviert. Experten prognostizierten, dass mittel- bis längerfristig UV-C-Leuchtdioden mit solch hohen Leistungen und Lebensdauern zu so geringen Kosten produziert werden, dass sie mit den üblichen Quecksilberdampflampen auch in großtechnischen Anwendungen, wie der Trinkwassergewinnung, konkurrieren können.

Komposit- und Hybridsysteme

Die Betreiber von Wasserwerken und Kläranlagen werden zunehmend mit Wasser- und Abwasserströmen konfrontiert, die neben den üblichen Partikeln, Bakterien und organisch abbaubaren Stoffen noch schwer oder gar nicht abbaubare Substanzen, wie Arzneimittelrückstände und Spurenstoffe, enthalten. Zahlreiche neue Barrieren werden gegen die Spurenstoffe errichtet, die z. B. den Einsatz von Ozon und/oder Aktivkohle zur Dekontamination beinhalten. Kompakte Hybridsysteme und multifunktionale Kompositmaterialien können eine weitergehende Wasserreinigung mit vergleichsweise geringerem apparatetechnischen Aufwand leisten. Dabei werden oft traditionelle Verfahren und Materialien der Wassertechnik mit neuen originellen Eigenschaften und Systemkomponenten aus der Nanotechnik ausgestattet. Auf dem Markt werden bereits Mixed-Matrix-Membranen mit hydrophilen Nanopartikeln in einer Polyamidmembran zur Umkehrosmose angeboten (QuantumFlux Membran, Fa. NanoH2O).

Neueste Entwicklungen zielen darauf ab, die Oberfläche von Membranen zu funktionalisieren. Neben dem reinen Siebeffekt werden so noch zusätzliche chemische Abbauprozesse eingeleitet, die z. B. den Abbau von Spurenstoffen, Keimen und den Filtratfluss hemmenden Deckschichten unterstützen. Beispielsweise wird eine Titandioxid-Beschichtung auf Mikrosieben zum fotokatalytischen Abbau von Arzneimittelrückständen entwickelt (Gehrke 2012). Gegenwärtig werden solche modifizierten Komposit-Mikrosiebe zur Integration in transportable Trinkwasserfilter angepasst, wo sie als robuste Vorfilter die Lebensdauer der Filterkartusche erhöhen sollen.
Neue Hybridsysteme integrieren Filtrationsprozesse und AOP-Verfahren (Advanced Oxidation Process = weitergehender Oxidationsprozess) in einem Prozessschritt. Zum Beispiel arbeitet das Fraunhofer-Institut für Umwelt-, Sicherheits- und Energietechnik UMSICHT zur Zeit gemeinsam mit einem Trinkwasserversorgungsunternehmen und Anlagenbauern an der Umsetzung von Nanopur, einem Hybridsystem aus Mikrosieben in Kombination mit einer LED-Dekontamination. Diese Hybridysteme sind multifunktional: Sie umfassen Filtration, Entkeimung und Dekontamination in einem Prozessschritt und sollen platzsparend in einem einzigen Modul zusammengeführt werden.

5.3.6 Beispiele aus verschiedenen Industriebranchen

5.3.6.1 Abwasserfreie Gebäudetechnik (branchenübergreifend)

Dezentrale Aufbereitungstechnik in Gebäuden wird global eine Alternative zur zentralen Ver- und Entsorgung werden. In modular aufgebauten Wasseraufbereitungsanlagen wird Abwasser getrennt erfasst und nach einer mehrstufigen Aufbereitung in unterschiedlichen Qualitäten wieder zur Verfügung gestellt. Zusammen mit neuer Sanitärtechnologie kann so ein Gesamtsystem zum Wasserrecycling entstehen. Dezentrale Aufbereitungs- und Kreislaufkonzepte wurden ursprünglich entwickelt für Regionen, in denen Wasserknappheit herrscht und keine Kanalisation und zentrale Kläranlagen vorliegen. Sie haben aber auch hierzulande an Bedeutung gewonnen und können für bestimmte Randbedingungen wirtschaftliche und ökologische Vorteile bedeuten. Denn mit diesen Konzepten können die typischen Defizite der zentralen Abwassersammlung und -aufbereitung ausgeschlossen werden, wie

- die Vermischung und Verdünnung von Abwässern unterschiedlicher Qualität und Herkunft und die dadurch erschwerte Reinigung
- der Verlust hochwertiger Nährstoffe wie Stickstoff, Phosphor und Kalium

Abwasser	Definition	Eigenschaften
Niederschlagswasser	Wasser aus Niederschlägen, das auf versiegelte Flächen oder Bebauungen fällt und ohne Möglichkeit einer Versickerung abgeführt werden muss	große, unregelmäßige Wassermengen, i. d. R. weitestgehend unbelastet
Grauwasser	häusliches Abwasser aus Küche, Bad, Dusche, Waschmaschine, etc. ohne Fäkalien und Urin	große Wassermengen, geringe Konzentrationen an Inhaltsstoffen, Mangel an Nährstoffen
Schwarzwasser	Sanitärabwasser aus Toiletten und Urinalen (Fäkalien mit Spülwasser)	s. Gelb- und Braunwasser
Gelbwasser	Bezeichnung des Urins im Falle von Urinseparationstoiletten und Urinalen, mit oder ohne Spülwasser	viele Nährstoffe, hohe Konzentrationen an Inhaltsstoffen, geringes Volumen
Braunwasser	Toilettenabwasser ohne Urin	Keime und Krankheitserreger, organische Stoffe

Tab. 2 Definition und Eigenschaften häuslicher Abwasserarten gemäß einem Stoffstrommanagement

- der Verbrauch von hochwertigem Trinkwasser zu Transportzwecken
- die Zunahme von Antibiotikaresistenzen, die vermutlich durch kommunale Kläranlagen begünstigt werden
- eine höhere Anfälligkeit zentraler Systeme gegenüber Katastrophen (Erdbeben, Überschwemmungen)
- eine aufwendige und unflexible Infrastruktur, hohe Investitions- und Betriebskosten.

Das mit neuen Konzepten der Siedlungsentwässerung stehende Stoffstrommanagement verfolgt eine qualitätsbezogen Differenzierung unterschiedlicher Abwasserarten und eine Anpassung der Verfahrenstechnik an die Eigenschaften der jeweiligen Abwasserfraktion (Tab. 2)

5.3.6.2 Betrieb alternativer Abwasseraufbereitungsanlagen

Voraussetzungen zum Bestehen und zur Akzeptanz dezentraler Abwasseraufbereitungsanlagen sind eine leichte Handhabbarkeit und der sichere Betrieb sowie die zuverlässige Wartung. Rudolph beschreibt dies aus den Augen der Nutzer mit den Worten „fit and forget" (Rudolph 2001). Dies ist in Anbetracht der zum Einsatz kommenden Technologie aber nicht immer möglich. Es resultiert ein vergleichsweise hoher apparativer, personeller und logistischer Aufwand, der die Anforderung zur Qualitätssicherung dezentraler Anlagen spezifisch höher macht (Cornel 2004).
Wilderer schlägt vor, dass eine professionelle Betreuung einer Anlage zumindest zum Anfang des Betriebes notwendig sei (Wilderer 2001). Hier bedarf es ausgebildeten und geschulten Personals zur Überwachung, Instandhaltung, Qualitätskontrolle sowie Fehlerbehebung des laufenden Systems. Anschließend sind die heutigen Möglichkeiten der Fernüberwachung einzusetzen. Die einzelnen Anlageneinheiten müssen automatisiert und vernetzt sein. Informationen über bestimmte Betriebszustände der einzelnen Komponenten sowie Abwasserparameter werden anschließend mit Hilfe mathematischer Modelle aufbereitet und visualisiert. Die Betriebskontrolle kann somit über Fernwirktechnik von einer externen, für mehrere Anlagen zuständigen Warte durchgeführt werden. Der Privatbetreiber ist von der Eigenkontrolle größtenteils entlastet. Nur im Falle von Störfällen ist die Entsendung eines Spezialisten zu der jeweiligen Anlage erforderlich (Wilderer 2001, Otterpohl 1999).
Die technischen Möglichkeiten einer zentral kontrollierten, IT-gesteuerten Fernüberwachung enthebt den Betreiber nicht gänzlich einer grundsätzlichen Betriebsüberwachung einer Anlage. Es ist technisch und logistisch übertrieben anzunehmen, dass jeder Störfall automatisiert wahrnehmbar und aus der Ferne kontrollierbar ist. Alternativ kann die Überwachung mehrerer Anlagen innerhalb eines bestimmten Einzugsgebietes von speziell dafür abgestelltem Personal der zentralen Leitwarte übernommen werden(Londong 2000).
Für Industriestaaten eignet sich dieses Konzept als innovative und dezentrale Technologie für Wohneinheiten, Unternehmenskomplexe, Einkaufszentren und Hotels.

5.3.6.3 Spurenschadstoffe (Arzneimittelrückstände, bedeutend für Krankenhäuser, Altenheime, Seniorenresidenzen)

Seit Jahren wird über die Einträge von pharmazeutischen Wirkstoffen in die aquatische Umwelt verstärkt diskutiert. Verschiedene Arbeitsgruppen haben sich mit Verfahren und Konzepten zur Behandlung in Kläranlagen und zur Behandlung von Teilströmen in Krankenhäusern beschäftigt. Die überwiegende Menge der Arzneiwirkstoffe, die im Wasser gefunden werden, stammen aus der Behandlung von Menschen.
In Bezug auf den Abbau von Mikroschadstoffen und endokrinen Disruptoren in Abwässern besteht Entwicklungsbedarf. Die im Rahmen eines vom BMBF geförderten Forschungsprojektes realisierte Kreislaufführung der aufbereiteten Wässer birgt grundsätzlich die Gefahr, dass nicht abgebaute Stoffe (z.B. Mikroschadstoffe wie Arzneimittelreste, hormonell aktive Substanzen etc.) angereichert werden (KOMPLETT). Nicht zuletzt aufgrund der modularen Konzeption der Aufbereitungsanlage eignet sich dieses System aber auch zum Einsatz z.B. in Kur-, Alten- und Pflegeheimen.
Die in Versuchen im Rahmen des Projekts KOMPLETT erhobenen Erkenntnisse zum Abbauverhalten von Mikroschadstoffen (am Beispiel von Carbamazepin, Diclofenac, Ibuprofen und Fluoxetin) innerhalb der Versuchsanlage zeigen trotz stark schwankender Ergebnisse eine erfolgreiche Elimination der Spurenstoffe in den verschiedenen Verfahrensstufen.
Anhand des geringen Toxizitätsfaktors im Anschluss an die Ozon- und UV-Behandlung kann mit großer Sicherheit von einer vollständigen Reduzierung des toxikologischen Potenzials des Abwassers im Anschluss an diese Aufbereitungsstufen einschließlich möglicher Metabolite und anderweitiger Abbauprodukte ausgegangen werden. Dies trifft auch für solche Mikroschadstoffe zu, die nicht detailliert betrachtet wurden.

5.3.6.4 Lebensmittel- und Getränkeindustrie

Wegen des vorab erwähnten Trinkwasserbedarfs für den direkten Kontakt mit Lebensmitteln beziehen sich viele Strategien zur Prozesswasseraufbereitung und Wiederverwendung auf die Bereiche von Flaschen- und Behälterspülanlagen sowie für die Verwendung als Kühl- oder Kesselspeisewasser. Bei der Aufbereitung von Cip-Reinigungslösungen und Spülwässern können mitunter auch Teile der Reinigungschemikalien zurückgehalten und wieder verwendet werden.
In der Milchverarbeitung fällt Abwasser als Nebenprodukt beziehungsweise als Prozessabwasser an, das in Kontakt mit Milch und ihren Folgeprodukten stand. Die Abwasserinhaltsstoffe sind dementsprechend zum überwiegenden Anteil (über 90%) gleichzusetzen mit Milch- oder Produktresten. Damit bedeutet die Erzeugung von derart belastetem Abwasser immer auch einen Verlust an verkäuflichen Produkten. Die Aufkonzentrierung dieser Milchbestandteile mittels Membrantrennverfahren ermöglicht neben der Abwasserreinigung einen wirtschaftlichen Mehrwert, wenn das Konzentrat beispielsweise als Viehfutter eingesetzt wird. Darüber hinaus ergibt sich in der Milchindustrie wie in vielen anderen Produktionsanlagen der Lebensmittelindustrie die Möglichkeit der Vergärung der Abwässer zu Biogas, unter Umständen zusammen mit anderen organischen Rest- und Abfallstoffen. Die Kombination der Vergärung mit der Membrantechnik erlaubt dann eine weitergehende Reinigung der Flüssigphase bis zur Erzeugung von Brauchwasser in hoher Qualität.

5.3.6.5 Papier- und Zellstoffherstellung

Es ist der Papierindustrie in den vergangenen Jahrzehnten gelungen, den Verbrauch an Frischwasser pro kg Papier von etwa 45 auf 10–11 Liter zu senken, im gleichen Zeitraum reduzierte sich der Wasserverbrauch der Zellstoffindustrie um 75% (Svojitka 2012). Dies gelingt durch Kreislaufführung des Produktionswassers, wobei an geeigneten Stellen Verfahren zur Entfernung von Fasern und anderen Feststoffen eingesetzt werden. Der Feststoffrückhalt durch Verfahren wie Flotation, Sedimentation und Filtration verhindert aber nicht die Anreicherung gelöster organischer Verunreinigungen sowie von Calcium und Chlorid. Besonders Ausfällungen von Calciumcarbonat können daher im Wasserkreislauf zu Betriebsproblemen führen. Zur Entfernung der hohen CSB-Fracht von Abwässern der Papierindustrie eignen sich MBR-Anlagen. In jüngerer Zeit wurden Labor- und Pilotversuche mit thermophil-aerober Abwasserreinigung bei etwa 50° C (Simstich 2012) durchgeführt. Durch die erhöhte Temperatur erhöht sich die Abbaukinetik, was den Bau kleinerer Anlagen erlaubt, außerdem ist der Überschussschlammanfall geringer. Neben einer CSB-Reduktion wurde beim thermophilen Membranbelebungsverfahren auch ein Rückhalt von etwa 70% des Calciumgehalts festgestellt.

5.3.6.6 Stahl- und Metallbearbeitung

Als Beispiele zur Abwasserbehandlung und Kreislaufführung in diesem Industriebereich sollen die Aufbereitung von Beizlösungen und die Kreislaufführung bei der Elektrotauchlackierung in der Automobilindustrie genannt werden. Bei der Elektrotauchlackierung folgen die wasserintensiven Prozesse Entfettung, Phosphatierung und die kathodische Lackierung aufeinander, außerdem wird

Wasser als Umlaufwasser in Lackierkabinen eingesetzt und im Kreislauf geführt. Zur Wasserkreislaufschließung an den einzelnen Prozessschritten werden druckgetriebene Membranverfahren wie Ultrafiltration und Umkehrosmose eingesetzt. Für ein organisch hoch belastetes Abwasser einer Lackiererei, das vorher extern entsorgt und verbrannt wurde, wurden Pilotversuche zur dezentralen Aufbereitung mit einem Membranbioreaktor durchgeführt (Lindemann 2009). Desgleichen wurde mit Mischabwasser aus einer Automobilproduktion verfahren. In beiden Fällen konnten gute Abbauresultate erzielt werden, sogar bei aromatischen Kohlenwasserstoffen und AOX aus dem Lackierabwasser. Mit einer der MBR-Anlage nachgeschalteten Umkehrosmose kann außerdem der Salzgehalt deutlich reduziert werden, sodass hochwertiges Prozesswasser gewonnen werden kann.

Edelstahloberflächen werden korrosionsresistent durch Ausbildung von Passivschichten. Damit diese sich einwandfrei ausbilden können, werden Edelstahlbauteile mittels starker Säuren von Schweißzunder, Oxidschichten, Anlauffarben, Fremdrost oder anderen Fremdstoffen befreit. Die in Beizbädern eingesetzten Säuren sind entweder eine Kombination aus Salpeter- und Flusssäure (HNO_3 und HF) oder aus Schwefel-, Phosphor und Flusssäure (H_2SO_4/ H_3PO_4 und HF). Während des Beizvorgangs nimmt die Säurestärke der Beizlösung ab, und die Konzentration an gelösten Metallionen steigt, oft unter Ausfällung von Metallfluoriden. Zur Regenerierung solcher Beizlösungen bedient man sich unter anderem thermisch-chemischer Verfahren wie der Pyrohydrolyse, der Retardation unter Einsatz von Anionenaustauscherharzen oder Membranverfahren. Zu letzteren gehören die Elektrodialyse, die Diffusionsdialyse, die Nanofiltration und die Membranelektrolyse (Rögener 2010). Dabei steht unter anderem auch die Rückgewinnung wertvoller Metalle wie Nickel im Vordergrund. Mit der Nanofiltration lassen sich beispielsweise Metallionen aufkonzentrieren, um dann eine entsprechend konzentrierte Lösung geringeren Volumens mittels Pyrohydrolyse zu behandeln und die Metalle als Wertstoffe wieder zu gewinnen.

5.3.6.7 Textilindustrie

In der Textilindustrie fallen sehr große Mengen Abwasser in Bleichprozessen und den damit verbundenen Spülprozessen an, deren Aufbereitung mit dem Ziel zur Wiederverwendung als sehr vielversprechend gilt. Als möglicher Kern einer Abwasserbehandlung gilt die Nanofiltration. Um deren Leistungsfähigkeit im Dauerbetrieb zu erhalten, wird sie mit geeigneten Vorbehandlungsverfahren wie Mikro- oder Ultrafiltration zur Abtrennung suspendierter Feststoffe kombiniert (Güney 2011).

Ein weiterer wasserintensiver Prozess ist die Färbung, da sie ebenfalls mit mehrstufigen Spülprozessen einhergeht. Die Wasseraufbereitungsverfahren richten sich nach den eingesetzten Farbstoffen. So lassen sich Azofarbstoffe beispielsweise nicht oder nur schlecht biologisch abbauen. Die Entfärbung des Spülwassers gelingt aber mithilfe der Nanofiltration, die auch immer gleichzeitig eine Teilentsalzung bewirkt. Stobbe beschrieb diesen Prozess mit keramischen Membranen, die sich durch eine hohe chemische, mechanische und thermische Beständigkeit auszeichnen und deshalb auch eine schärfere chemische Membranreinigung aushalten (Stobbe 2011). Für biologisch abbaubare Farbstoffe werden anaerobe Entfärbungsmethoden getestet, alternativ eignen sich oxidative Verfahren, beispielsweise auch unter Ausnutzung von Sonnenlicht (Geißen 2008).

5.3.6.8 Wäschereien

Industrielle Wäschereien, in denen beispielsweise Bodenmatten, Endloshandtücher oder Arbeitskleidung aus verschiedenen Industriebranchen gewaschen werden, produzieren hochbelastete Abwässer, die je nach Wäschereigut auch organische Lösemittel oder Schwermetalle enthalten können. Kuhn et al. beschreiben beispielsweise ein Verfahren, mit dem das Waschwasser einer Wäscherei in mehreren Behandlungsstufen aufbereitet wird (Kuhn et al. 2011). Dabei können nicht nur 80 % des ursprünglichen Wasserverbrauchs, sondern durch eine integrierte Wärmerückgewinnung auch 70 % der Energie zum Aufheizen des Waschwassers eingespart werden. In dieser Behandlungsanlage wird das Abwasser in Tanks gesammelt, grobe Feststoffe und vor allem Fasern werden durch ein Sieb zurückgehalten und die Wärme wird über einen Wärmetauscher zurückgewonnen. Ein Membranbioreaktor und eine anschließende Umkehrosmoseeinheit liefern das saubere Wasser zur Rückführung in den Waschprozess.

Literatur

Cornel, P., Weber, B., Böhm, H. R., Bieker, S., Selz,A. : Semizentrale Wasserver- und Entsorgungssysteme – Eine Voraussetzung zur innerstädtischen Wasserwiederverwendung? Verein zur Förderung des Instituts WAR (Hg.): Wasserwiederverwendung – eine ökologische und ökonomische Notwendigkeit wasserwirtschaftlicher Planung weltweit? 73. Darmstädter Seminar Abwassertechnik, Darmstadt, WAR Schriftenreihe Band 159 (2004), 17–32

Entwicklung und Kombination von innovativen Systemkomponenten aus Verfahrenstechnik, Informationstechnologie und Keramik zu einer nachhaltigen Schlüsseltechnologie für Wasser- und Stoffkreisläufe „Komplett", Förderkennzeichen 02WD0966

Gehrke, I., Keuter, V.: Development of nanocomposite membranes with photocatalytic surfaces. Journal of Nanoscience and Technology, in press, 2012.

Gehrke, I.: Mikrosiebe: Mikrotechnische Herstellung und filtertechnische Charakterisierung. München: Logos-Verlag, 2007

Geißen, S.-U., Kim, S.-M.: Industrielle Abwässer - Entwicklungen und Perspektiven. TU International, Forschungsberichte der TU Berlin (2008), S. 6-8

Gironès, M., Lammertink, R. G. H., Wessling, M.: Protein aggregate deposition and fouling reduction strategies with high-flux silicon nitride microsieves. Journal of Membrane Science 273 (2006) 1 - 2, S. 68-76

Güney, K., Arslan, H., Özgün, H., Minke, R., Koyuncu, I., Steinmetz, H.: Investigating pre-treatment methods for water reclamation from bleaching-washing wastewater. Conference Book of 6th IWA Specialist Conference on Membrane Technology for Water and Wastewater Treatment; 4 - 7 October 2011, Aachen; S. 67-68

Jung, H., Kappen, J., Hesse, A., Götz, B.: Wasser- und Abwassersituation in der deutschen Papier- und Zellstoffindustrie - Ergebnisse der Wasserumfrage 2010. Wochenblatt für die Papierfabrikation (2011) 9, S. 737-739

Kuhn, M., Mueller, C., Brandenberg, O: Waste water treatment and water reuse at the laundry CWS-boco Deutschland GmbH. Conference Book of 6th IWA Specialist Conference on Membrane Technology for Water and Wastewater Treatment; 4-7 October 2011, Aachen; S. 63-64

Lindemann, J.: Prozess- und Abwasseraufbereitung in der Automobilindustrie mittels MBR-Technik; Begleitbuch zur 8. AACHENER TAGUNG Wasser und Membranen, 27.-28 - Oktober 2009; S. W27 - 1 - W27 - 16

Londong, J. (2000): Strategien für die Siedlungsentwässerung. KA Korrespondenz Abwasser, Abfall 47 (2000), 1434-1443

Müller, J., Lauer, T.: Die Elbe in den Betrieb holen - Aufbereitung von Flusswasser für die Kesselspeisung schont teures Trinkwasser; Chemie Technik 32 (2003) 5, S. 84-86

Otterpohl, R., Oldenburg, M., Büttner, S. (1999): Alternative Entwässerungskonzepte zum Stoffstrommanagement. Korrespondenz Abwasser 46 (1999), 2, 204-212

Rögener, F., Reichhardt, T., Saartor, M., Buchloh, D.: Membrane separation techniques for energy and material efficient stainless steel pickling processes. Proceedings of 13th Aachener Membran Kolloquium, 27.-28. Oktober 2010, ISBN: 978-3-00-032823-7; S. 223-228

Rudolph, K.-U., Schäfer, D. (2001): Untersuchung zum internationalen Stand und der Entwicklung Alternativer Wassersysteme. BMBF-Forschungsvorhaben Nr. 02 WA0074, Bonn, Karlsruhe, Witten 2001. Abrufbar im Internet. URL:

Simstich, B., Beimfohr, C., Lyko, M., Horn, H.: Thermophiler Betrieb eines getauchten MBR bei 50° C zur Prozesswasserreinigung in der Papierindustrie. KA Korrespondenz Abwasser, Abfall 59 (2012) Nr. 5, S. 465-472

Stobbe, A.: Abwasseraufbereitung mit keramischen, nanoskalierten Membranen. Vortrag gehalten bei nano meets water III im Fraunhofer-Institut für Umwelt-, Sicherheits- und Energietechnik, Oberhausen, November 2011

Svojitka, J., Wintgens, T.: Membranbioreaktor-Technologie zur Abwasserbehandlung; F&S Filtrieren und Separieren: Global Guide of the Filtration and Separation Industry; Rödermark: VDL-Verlag GmbH, 2012; ISBN 978-3-00-037568-2; S. 271-279

Umweltbundesamt: Beste verfügbare Techniken - (BVT) Beste verfügbare Techniken, veröffentlicht in den BVT-Merkblättern URL: http://www.bvt.umweltbundesamt.de/sevilla/kurzue.htm (abgerufen am 31. Juli 2012)

Wilderer, P., Paris, S. (2001): Integrierte Ver- und Entsorgungssysteme für urbane Gebiete. Abschlussbericht 02WA0067 im Auftrag des BMBF, 2001. Abrufbar im Internet. URL: http://www2.gtz.de/Dokumente/oe44/ecosan/de-integrierte-verentsorgung-urban-2001.pdf (Stand 31.07.2012)

http://www.ptka.kit.edu/downloads/ptka-wte-w/WTE-W-Berichte-Alternativ_Wassersystem_de.pdf (Stand 31.07.2012)

TEIL VII

Beispiele ressourcenorientierten Handelns

1

Managen Sie Ihre Energie – Erfahrungen aus drei Jahren Energiemanagement

Heike Sarstedt, Florian Hondele

VII

1.1 Energiemanagement – Warum?

1.1.1 Wirtschaftliches und politisches Umfeld

Unternehmen müssen sich seit einigen Jahren in einem Umfeld steigender Energie- und Rohstoffpreise bewegen. Das öffentliche und politische Umfeld fordert verstärkt, den Energieverbrauch zu reduzieren und die Energieeffizienz der Industrie nachweislich zu steigern. Nach und nach münden diese Forderungen auch in rechtliche Rahmenbedingungen, an die sich die Industrie zu halten hat.
Mit der Energie eng verbunden ist der Blick auf den globalen Klimawandel, verursacht durch den CO_2-Anstieg in der Atmosphäre. Auch hier müssen sich Industrieunternehmen ihrer Verantwortung bewusst werden und ihre Strategien an zunehmenden rechtlichen Anforderungen und CO_2-Einsparvorgaben weltweit ausrichten, auch wenn ein globaler Emissionshandel derzeit fehlt. Shareholder und Stakeholder erwarten eine Antwort von Unternehmen auf die Herausforderung des Klimawandels.
Energieintensive Unternehmen, bei denen Energie ein wichtiger Kostenfaktor ist, haben diese Problematik im Blick und entwickeln seit Jahren Strategien und Prozesse, um steigenden Energiekosten entgegenwirken zu können. Unternehmen, deren Energiekosten im Vergleich zu anderen Kosten, wie für Personal oder Produktionsmaterial, bisher gering waren, haben noch ein höheres Einsparpotenzial. Diese Unternehmen erkennen nach und nach, dass sie den überproportional steigenden Energiekosten systematisch entgegenwirken müssen. Zudem gibt es viele Initiativen und Aktivitäten von Wissenschaft, Verbänden und Politik, die das Bewusstsein auf die Notwendigkeit, mit Energie effizienter umzugehen, lenken.
Unternehmen sind gefordert, ihre Strategien und Prozesse an die neuen Anforderungen anzupassen, um nachhaltig Energie und Kosten zu sparen. Dabei wird schon jetzt deutlich, dass die Steigerung der Energiepreise nicht vollständig abgepuffert werden kann. Energie wird damit in immer mehr Industrieunternehmen einer der wichtigsten Produktionsfaktoren.

1.1.2 Steigende Energiepreise und Klimawandel – die Ausgangssituation bei der MAN Truck & Bus AG

Bei der MAN Truck & Bus AG waren im Jahr 2008 die steigenden Energiepreise und die Veröffentlichung des IPCC-Berichtes zum Klimawandel die Gründe, im Rahmen des betrieblichen Umweltschutzes das Thema Energieeffizienz und Energiesicherheit verstärkt zu bearbeiten. Ziel war es, Maßnahmen zu definieren, die dem steigenden Energieverbrauch und der Kostensteigerung entgegenwirken und die Versorgungssicherheit erhöhen.
Zu Beginn der Aktivitäten wurde deutlich, dass nicht alle Mitarbeiter und Manager das gleiche Bewusstsein zum Energiesparen hatten. Es gab einige Hürden zu überwinden, bis die „Energiewende“ eingeleitet werden konnte. Es wurde schnell klar, dass energieeffizienter zu werden nicht nur eine Aufgabe für ein gutes Projektmanagement ist, sondern auch eine Frage der „Verhaltensänderung“ und damit eine Aufgabe des „Change-Managements“ ist.
In den folgenden Kapiteln beleuchten wir die Hürden und die Erfolgsfaktoren, die wir in nun gut drei Jahren Energiemanagement erkannt haben.

1.2 Anreize schaffen – Energie eine knappe Ressource? – Energiebedarf kontingentieren

Bei der MAN Truck & Bus AG waren die Ausgangssituationen an den Produktionsstandorten sehr unterschiedlich. Einige Standorte hatten schon gute Maßnahmen zur Verbesserung der Energieeffizienz ergriffen, einige hatten gute Möglichkeiten den Energieverbrauch zu messen und zu planen. Es gab viele technische, aber auch organisatorische Unterschiede.
Allen Standorten gemeinsam war, dass sie eine Energie- und Kostenplanung für das Geschäftsjahr erstellten, wobei das Produktionsprogramm berücksichtigt wurde.
An allen Standorten sollte gleichzeitig ein sichtbarer „Kickoff“ für die „Energiewende“ erfolgen.
Bei der Suche nach einem Hebel, um die Veränderung anzuschieben, standen zwei Fragen im Vordergrund:

1. Wie bringt man einen Standort dazu, Energie einzusparen, wenn Energie bis dato immer verfügbar war? Die Energieversorgung der Standorte war über Jahre danach ausgerichtet, die Produktion zu 100 % zu gewährleisten. Das war die Aufgabe der Mitarbeiter der Infrastrukturabteilungen, die zur vollsten Zufriedenheit erfüllt wurde.
2. Wie bringt man einen Standort dazu, die Ressource Energie zu sparen, wenn die relativen Kosten im Vergleich zum Umsatz nur 0,5 – 1 % betragen und die Erhöhungen

der Energieetats bei Preissteigerungen zumeist schnell bewilligt wurden?

Genau genommen fehlte mit diesen Randbedingungen der Anreiz zum Sparen.
Die Idee zur Überwindung dieser Hürde war einfach: Energie muss eine „knappe Ressource“ werden. Andere teurere Produktionsfaktoren oder auch Personalkosten sind im Fokus des Managements, da Kosten sehr genau analysiert werden und Budgets restriktiv gehandhabt werden. Aber wie kann Energie verknappt werden, die immer und überall, wo sie benötigt wurde, geliefert wird?
Die Lösung: Die Energie wurde kontingentiert. Bei der MAN Truck & Bus AG wurde das geplante Stromkontingent für die Jahre 2008, 2009 und 2010 um 3 % gekürzt. 3 % scheint nicht viel, absolut gesehen handelte es sich aber um einen Euro-Betrag im sechsstelligen Bereich. 3 % war auch ein Prozentsatz, der nach Expertenerfahrung mit geringinvestiven Mitteln erreichbar war, sodass zunächst keine zusätzlichen Invest-Gelder geplant werden mussten.
Die durch die Kontingentierung nicht verplanten Mittel wurden vom Vorstand für die detaillierte Energieeffizienzanalyse an allen Standorten freigegeben. Damit konnte die Ausgangssituation in allen Werken mit gleicher Methodik erfasst werden. Die Bereitschaft, hier gemeinsam vorzugehen, war hoch, da allen Standorten die 3 %-Einsparung „verordnet“ worden war und diese erfüllt werden sollte.
Es war klar, dass es nicht möglich sein würde, die Produktion einzustellen, wenn das Energiekontingent eines Standortes ausgeschöpft wäre, aber die „virtuelle“ Kontingentierung verfehlte ihre Wirkung als „Kick-off“ nicht.

1.2.1 Verschwendung vermeiden – Effizienzanalyse und Maßnahmen

Die Effizienzanalysen an allen Standorten wurden in enger Abstimmung mit den Infrastrukturabteilungen durchgeführt.
Dabei fiel insbesondere die hohe Grundlast auf, auch in Zeiten verminderter oder keiner Produktion. Eine Hürde, um hier nachhaltig wirksame Maßnahmen zur Senkung der Grundlast umzusetzen, war zum Teil technisch bedingt, zum Teil „menschlich“ bedingt, denn Abläufe zu ändern und Gewohnheiten aufzugeben ist nicht immer einfach.

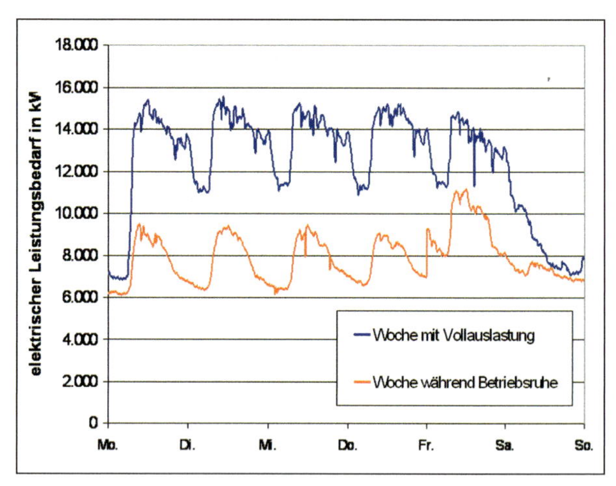

Abb. 2 Elektrischer Leistungsbedarf bei Vollauslastung und bei Betriebsruhe

In der Grafik erkennt man den elektrischen Leistungsbedarf, in einer Woche mit Vollauslastung und in einer Woche mit Betriebsruhe. Bei genauer Analyse der Ver-

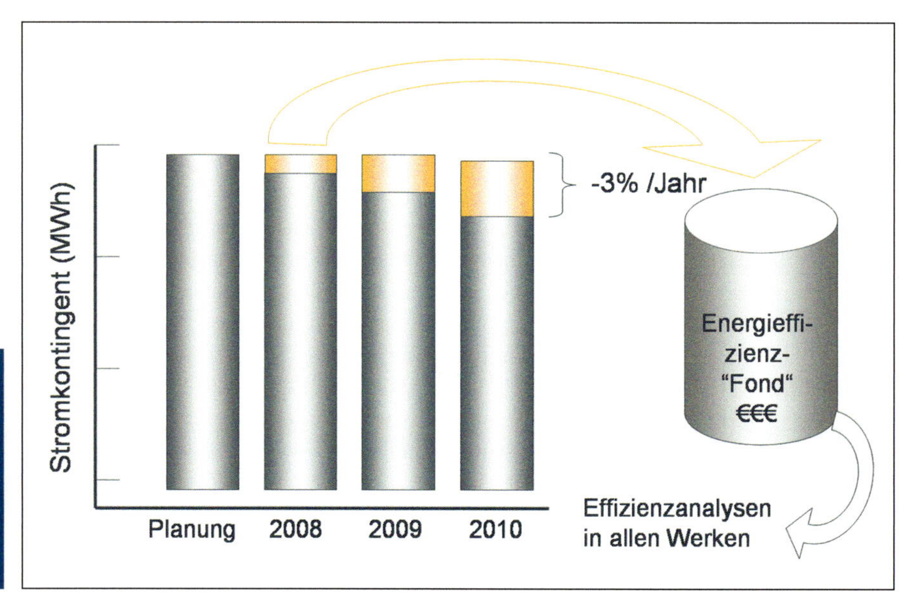

Abb. 1 Kontingentierung des Strombedarfs

braucher in der Betriebsruhe stellte man fest, dass Pumpen und Lüftungen im gleichen Takt weiterliefen wie zu Produktionszeiten. Oft waren auch Druckluftkompressoren in Betrieb und Beleuchtung war eingeschaltet.

Eine technische Hürde war erstaunlich: Die Möglichkeit zur vollständigen oder teilweisen Abschaltung der Anlagen war nicht bekannt oder möglich. Es fehlte der „Ausschalter". Auch kam es vor, dass Roboter ihre Programmierung nach dem Abschalten verloren hatten - oder Aggregate an Werkzeugmaschinen nur gemeinsam mit dem „Notausschalter" abgeschaltet werden konnten.

Organisatorisch war es oft so, dass die Verantwortlichen die Geräte und Anlagen zur Sicherheit lieber durchlaufen ließen, um den Produktionsanlauf nach einem Wochenende oder längerer Betriebsruhe nicht zu gefährden. Was verständlich war.

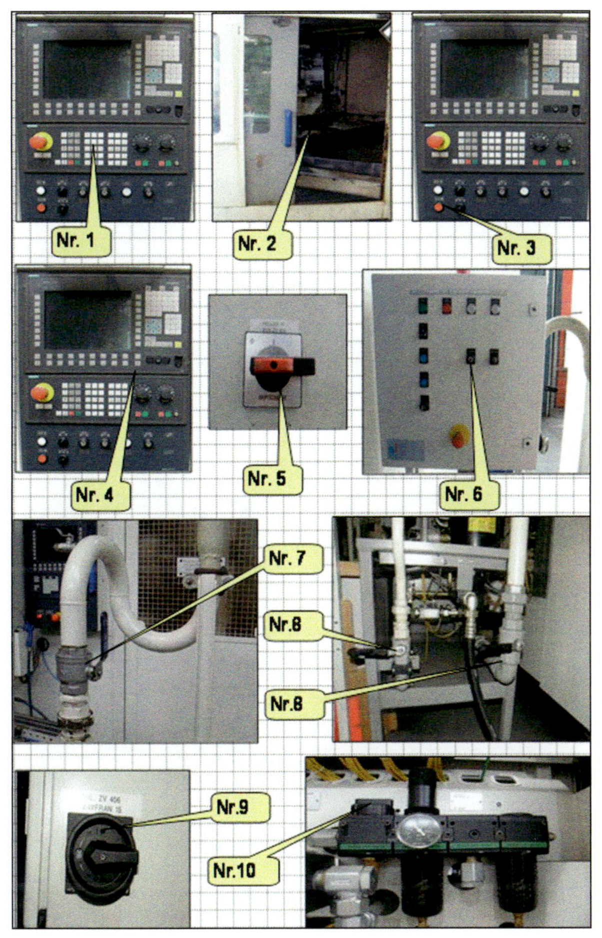

Abb.3 Abschaltsequenz im Rahmen der Total Productive Maintenance (TPM) an einer Werkzeugmaschine

Es war ein längerer Prozess, die Grundlast zu senken. Kurzfristige Betriebspausen (z.B. für eine Nacht oder ein Wochenende), mittelfristige Pausen (z.B. für verlängerte Wochenenden) und langfristige Pausen (mehr als drei Tage Betriebsruhe) bedürfen unterschiedlicher Maßnahmen.

Mittlerweile sind auch Anlagenhersteller in der Lage, Anlagen zur mechanischen Bearbeitung oder Roboter so zu programmieren und zu gestalten, dass sequenzielles An- und Abschalten möglich ist, und es gibt Stand-by-Schaltungen mit geringerem Energieverbrauch.

Verknüpft mit den Maßnahmen der „Total Productive Maintenance" (TPM) wurde auch das Herunterfahren oder Abschalten von Anlagen eine Routineaufgabe, die nachhaltig zur Senkung der Grundlast beitrug.

Anfangs wurde auch auf verstärkte Kontrollen in den Produktionsbereichen gesetzt, um unnötige Beleuchtung, Lüftung und Anlagen zu dokumentieren und Maßnahmen zum Abschalten zu definieren. „Licht aus - und Tür zu" beschreibt tatsächlich einen Großteil der organisatorischen Maßnahmen, die in der Summe erheblich Energie einsparten. Dass sich das „intelligente" Abschalten lohnt, zeigen die Einsparungen, die erzielt wurden: bis zu 5000 MWh Heizenergie und 690 MWh elektrische Energie. Das entspricht ca. 1700 t CO_2 und über 200 000 € in einem Jahr.

1.2.2 Energie messen und verteilen

„Was man nicht messen kann, kannst du vergessen". So oder so ähnlich kennen viele den Spruch - für den nachhaltigen Erfolg des Energiemanagements sind die plausible Verteilung von Kosten und das Messen und Visualisieren des Energieverbrauchs wichtige Erfolgsfaktoren.

Abb. 4 Stromzähler an einer Hauswand in Kamerun - bei der MAN Truck & Bus AG heute besser gelöst (Bild: Sarstedt)

Mit Beginn der Energieeffizienzkampagne 2008 wurden zunächst die größten Verbraucher an den Standorten ermittelt (Abb. 5).

VII

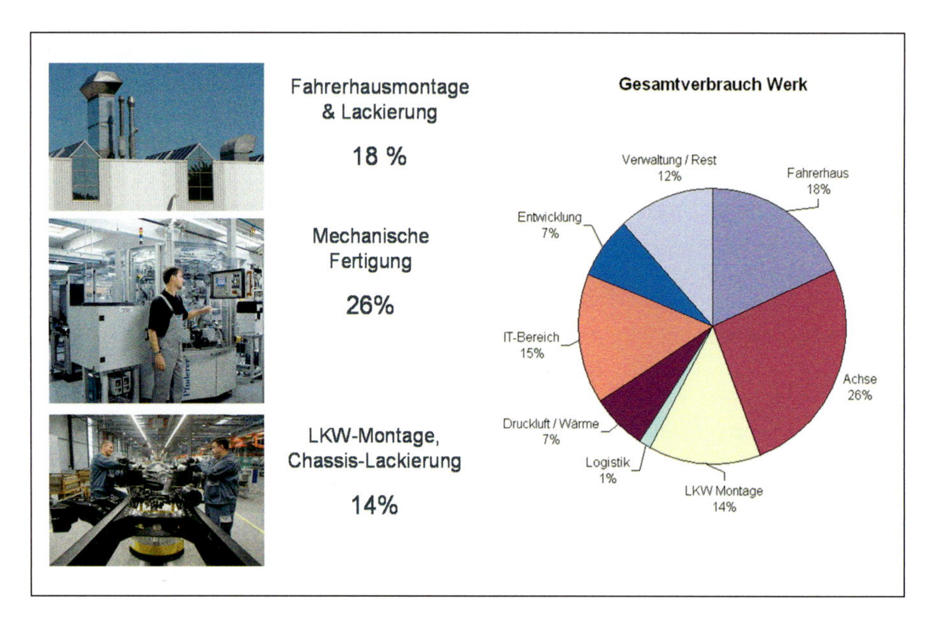

Abb. 5 Energieverbraucher an einem Produktionsstandort

Bei dieser Verteilung von Energie wurde deutlich, dass alle Bereiche einen guten Anteil am Verbrauch der Energie haben und damit aufgefordert waren, Energie einzusparen. Eine Hürde bei der Motivation der Bereiche zum effizienteren Umgang mit Energie war, dass die Gesamtkosten für den Energieverbrauch der Infrastrukturabteilung zugerechnet wurden. Diese hatte die Aufgabe die Kosten auf die Abteilungen weiterzuverteilen. Dabei wurden an

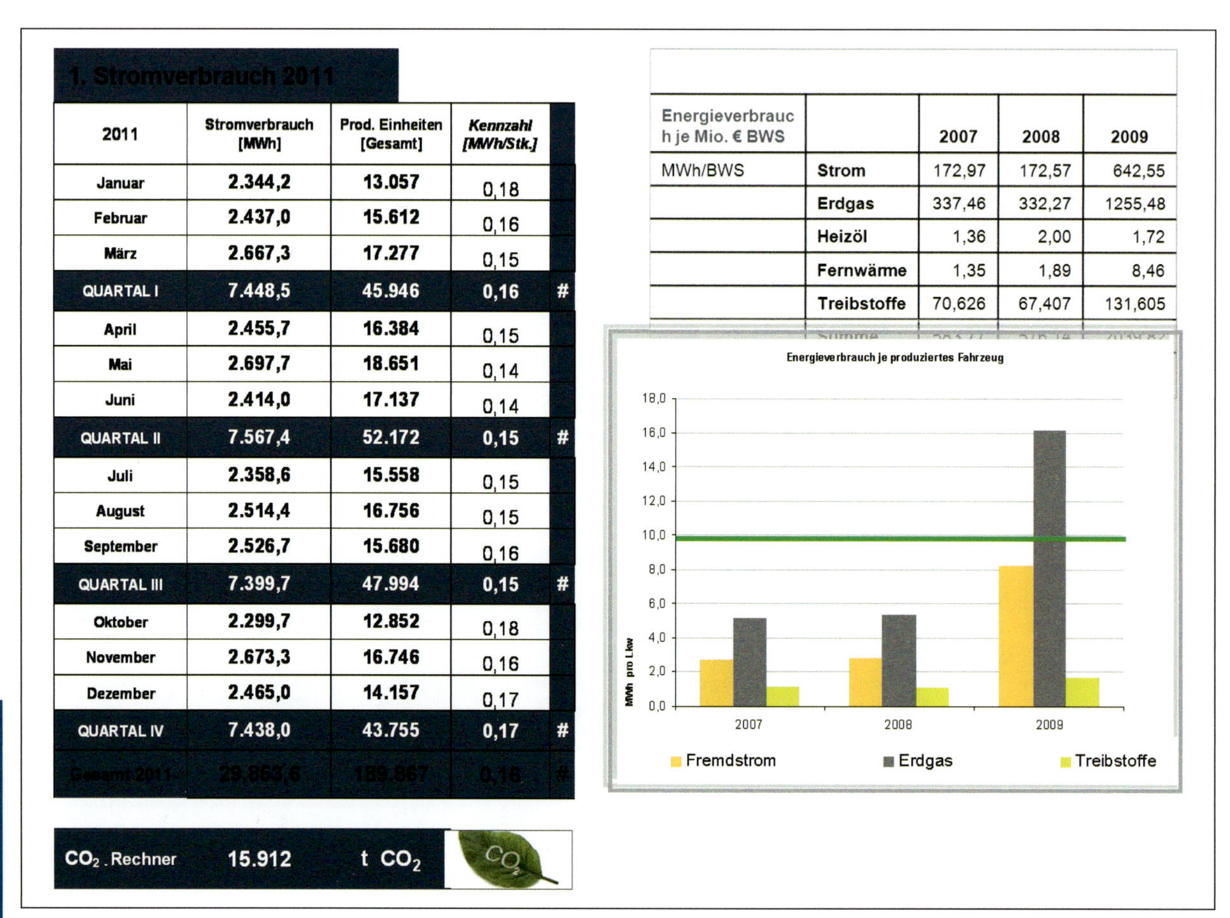

1. Stromverbrauch 2011

2011	Stromverbrauch [MWh]	Prod. Einheiten [Gesamt]	Kennzahl [MWh/Stk.]	
Januar	2.344,2	13.057	0,18	
Februar	2.437,0	15.612	0,16	
März	2.667,3	17.277	0,15	
QUARTAL I	7.448,5	45.946	0,16	#
April	2.455,7	16.384	0,15	
Mai	2.697,7	18.651	0,14	
Juni	2.414,0	17.137	0,14	
QUARTAL II	7.567,4	52.172	0,15	#
Juli	2.358,6	15.558	0,15	
August	2.514,4	16.756	0,15	
September	2.526,7	15.680	0,16	
QUARTAL III	7.399,7	47.994	0,15	#
Oktober	2.299,7	12.852	0,18	
November	2.673,3	16.746	0,16	
Dezember	2.465,0	14.157	0,17	
QUARTAL IV	7.438,0	43.755	0,17	#
Gesamt 2011	29.853,6	189.867	0,16	#

CO_2 - Rechner 15.912 t CO_2

Energieverbrauch je Mio. € BWS		2007	2008	2009
MWh/BWS	Strom	172,97	172,57	642,55
	Erdgas	337,46	332,27	1255,48
	Heizöl	1,36	2,00	1,72
	Fernwärme	1,35	1,89	8,46
	Treibstoffe	70,626	67,407	131,605

Abb. 6 Plausible Berichterstattung des Energieverbrauchs – Beispiel eines Standortes

vielen Standorten und insbesondere für die Wärme und Druckluft Verteilerschlüssel angewendet, die sich nach der Fläche des Bereichs ergaben. Die genaue Abrechnung nach Zählerwerten war nur in wenigen Bereichen und an einigen Großverbrauchern möglich.

Im Erfahrungsaustausch mit anderen Unternehmen zeigte sich, dass dieser Zustand nicht unüblich war. Obwohl es auf dem Markt seit Jahren viele Anbieter für Gebäudeleittechnik und Mess- und Regeltechnik gibt, sieht die betriebliche Praxis häufig noch anders aus. Oft fehlen neben den technischen Möglichkeiten auch die personellen Ressourcen, um eine komplexe Mess- und Regeltechnik flächendeckend zu installieren und auch bei Umbauten und Neubauten nachzuziehen.

Durch diese Verteilung der Kosten nach Verteilerschlüssel war es kaum möglich, Einsparerfolge direkt den Abteilungen zuzurechnen. Mehrkosten und Einsparerfolge wurden also „sozialisiert“.

Als Übergangslösung bis zu einer zählergenauen Erfassung und Abrechnung des Energieverbrauchs und der Kosten musste zunächst die Plausibilität und Transparenz der Verteilerschlüssel verbessert und kommuniziert werden. Um trotzdem Anreize für das Energiesparen setzen zu können, wurden Einsparmaßnahmen zum Teil auch einzeln bewertet und auf die Energiekosten angerechnet. Für Druckluft wurde an einem Standort auch die Möglichkeit genutzt, die anfallenden Kosten für die Reparatur der Druckluftleckagen zunächst auf eine gesonderte Kostenstelle zu buchen. Dies konnte aber nur eine vorübergehende Maßnahme sein, denn Kosten und Einsparerfolge sollten bei den Bereichen liegen, welche die Energie nutzen.

Letztendlich kann die Hürde der sozialisierten Kosten, wie es sie nach wie vor in den Unternehmen gibt, nur mit einem Maßnahmenplan überwunden werden, der zu einer bereichsbezogenen Erfassung und Auswertung des Energieverbrauchs führt. Wie weit man dabei die Energieverteilung und Kosten auf einzelne Kostenstellen verteilt und das zeitliche Intervall wählt (Monat/Quartal/Halbjahr), sollte davon abhängen, wie groß der Aufwand ist, diese Verteilung immer aktuell zu halten. Auch sollte eine plausible Bezugsgröße für die Einheit möglich sein, denn Produktionszeiten, Produktionsvolumen und gerade für Raumwärme witterungsbedingte Temperatureinflüsse, sollten in die Auswertung und Berichterstattung mit einbezogen werden. Nicht zu unterschätzen ist die Möglichkeit mit einer guten, plausiblen Berichterstattung, die auch Vergleiche zu anderen Bereichen oder Werken enthält, einen „sportlichen“ Ehrgeiz zu wecken und den Wettbewerb im Energiesparen zu unterstützen.

1.3 Ideen nicht vergessen – „Effizienzbuch“

Bei den klassischen Ansätzen der Energieberatung steht am Ende häufig ein Portfolio an Maßnahmen, die schnell Erfolg bringen. Viele gute Ideen, die nicht zu den „Low hanging fruits“ gehören, verschwinden in der Schublade. Oft werden diese Maßnahmen nicht mehr umgesetzt, auch wenn sie wirtschaftlich sind oder mit veränderten Randbedingungen, wie gestiegenen Energiekosten, die „Return on Invest-Vorgaben“ erfüllen.

Abb. 7 Effizienzbuch

Die Hürde ist hier, die vielen Ideen und Maßnahmen, die es im Unternehmen gibt, verfügbar zu machen und immer wieder auf Umsetzbarkeit zu prüfen.
Bei der MAN Truck & Bus AG haben wir mit dem Effizienzbuch eine Möglichkeit geschaffen, Ideen und Maßnahmen festzuhalten und damit den Erfahrungsaustausch zu unterstützen.
Es gibt mittlerweile auch EDV-gestützte Lösungen, die nutzbar sind. Aber egal wie diese Ideen und Maßnahmen dokumentiert werden, eines ist allen gemeinsam: Die Dokumentationen sollten aktuell sein, schnell zugänglich und in Abstimmung auch mit anderen Prozessen im Unternehmen, wie dem Ideenmanagement stehen.

1.4 Energieeffizienz nachhaltig sichern

1.4.1 Energiemanagement ist eine Aufgabe von Vielen

Nicht nur die Ideen und Maßnahmen sollten gesichert und regelmäßig ausgewertet werden. Viele andere Prozesse sind für den nachhaltigen Erfolg des sparsamen Umgangs mit Energie notwendig. Für diese Prozesse sind Menschen notwendig, die alle am Erfolg des Energiemanagements beteiligt sind.
Zu Anfang der Energieeffizienzkampagne standen die Kollegen der Infrastrukturabteilungen im Fokus. Nach und nach wurden dann die Verbraucher zum Energiesparen motiviert. Häufig bleibt das Energiemanagement eine Aufgabe dieser Bereiche. Es sind aber weitere Beteiligte notwendig:

- Energienutzer – darunter kann man Kostenstellenverantwortliche, Anlagenbetreuer, Planer, Instandhalten zusammenfassen.
- „Energiewandler" – sind die Infrastrukturabteilungen, d. h. die internen Versorger für elektrische Energie, Druckluft, Wärme.
- Beauftragte, Koordinatoren – z. B. für Umweltschutz oder Immissionsschutz, deren Aufgabe es ist, die Betreiber von Anlagen zur effizienten Nutzung von Energie und Ressourcen zu beraten.
- Controlling – Die Abteilungen geben die Randbedingungen vor für die Wirtschaftlichkeitsrechnungen, Planung und Aufteilung von Budget sowie die Kostenüberwachung.
- Einkauf für Maschinen und Anlagen. Die Kollegen im Einkauf haben mit ihren Entscheidungen einen langfristigen Einfluss auf den Energieverbrauch, denn hier gilt es, neben den günstigsten Anbietern auch die Kosten über die gesamte Lebensdauer in die Entscheidungsprozesse mit einzubeziehen.
- Energieeinkauf und Energielieferanten sollten sich eng mit den Nutzern und Energiewandlern abstimmen, um den Bezug von Energie optimal und kostengünstig zu gestalten.
- Top Management ist nicht zuletzt als Geber von Zielvorgaben und Vorbild ein wichtiger Faktor im Energiemanagement.

In allen Bereichen und bei allen Beteiligten sind Veränderungen notwendig, welche die Ausrichtung des Unternehmens im Sinne der Energieeffizienz unterstützen. Häufig sind es kleinere Veränderungen der Prozesse, wie Einrechnung von steigenden Energiepreisen in die Wirtschaftlichkeitsbetrachtungen. Aber auch das Selbstverständnis und die Verantwortung der Mitarbeiter müssen sich verändern, z. B. wie bei den Infrastrukturkollegen zu „internen Energieberatern". Für die Betrachtung von Kosten über den Lebenszyklus von Anlagen muss mehr Zeit in der Planung aufgewendet werden – zur Beschaffung zusätzlicher Informationen.
Diese Veränderungen gehen nicht von heute auf morgen und sollten nachhaltig in den Unternehmensprozessen verankert werden. Wie weit diese Prozesse einen gewünschten Sollzustand schon erreicht haben, wurde bei der MAN Truck & Bus AG mithilfe eines „Stufenmodells" abgebildet.

1.4.2 Energiemanagement braucht Prozesse – Das Stufenmodell

Wichtig für das nachhaltige Energiemanagement ist die sichtbare Darstellung von Erfolgen. Dabei ist eine Hürde, dass sich in der Aufbauphase des Energiemanagements die Aktivitäten nicht immer direkt am sinkenden Energieverbrauch als Kennzahl ablesen lassen. Die „klassische" Methode, Durchführung von Audits, lässt zwar weitere Verbesserungspotenziale erkennen, oft ist es aber schwierig zu sagen, wie sich das Unternehmen oder der Standort im Vergleich zum Vorjahr weiterentwickelt haben. Auch ein Vergleich der Kennzahlen unterschiedlicher Bereiche oder Standorte ist nur bedingt möglich, wenn z. B. unterschiedliche Produkte produziert werden oder die Fertigungstiefe unterschiedlich ist.
Daher wurde neben den Kennzahlen bei der MAN Truck & Bus AG eine Prozessbeschreibung und eine Prozessevaluierung entwickelt, die mehrere Funktionen erfüllt:
Sie beschreibt detailliert in fünf Stufen den „Reifegrad" der in 23 Themen unterteilten Kernprozesse, sodass sich die

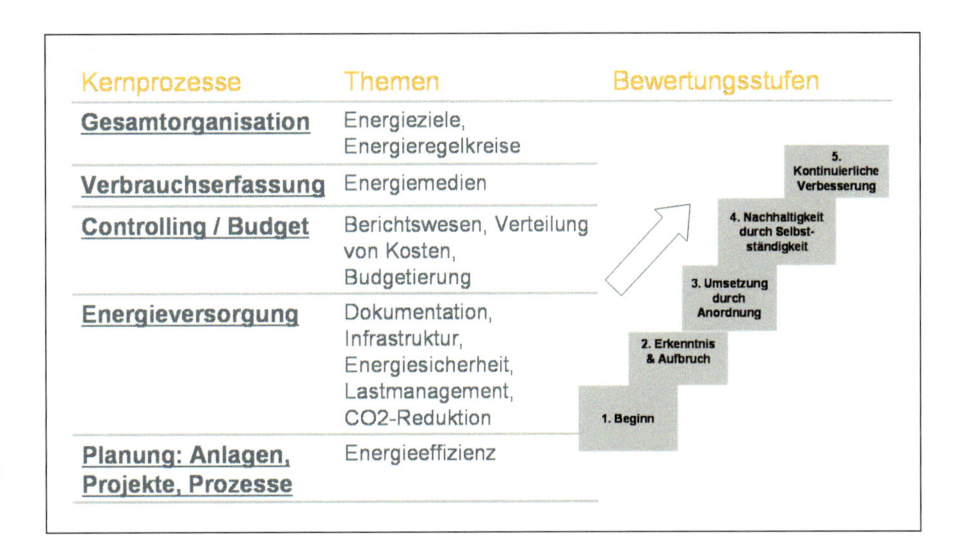

Abb. 8 Prozesse, Themen und deren Bewertung im Energiemanagement-Stufenmodell

beteiligten Bereiche ein Bild davon machen können, was „gutes" Energiemanagement ist und in welche Stufe der Bereich einzuordnen ist.

Die Bewertung der Prozesse kann in Eigenverantwortung erfolgen, sodass zunächst kein großer Aufwand für Audit-Teams entsteht.

Die Bewertung dient dann als Grundlage für den Erfahrungsaustausch zwischen den Standorten, sodass die Eigenansicht in der Diskussion mit Kollegen auch relativiert wird.

Durch die Visualisierung in Form eines Spinnennetz-Diagramms kann den Bereichs- oder Standortverantwortlichen der Istzustand erläutert und Ziele abgeleitet werden.

Mit dem Stufenmodell wird somit eine nachhaltige Entwicklung der Prozesse unterstützt.

Nach zwei bis drei Jahren wurde an den Standorten der MAN Truck & Bus AG im Schnitt die Stufe 3 bis 4 erreicht, aber auch in einigen Standorten die Stufe 5, z. B. bei der Gesamtorganisation. Kernprozesse, deren Verbesserung Invest-Maßnahmen benötigen, (Anlagen, Gebäudeausstattung), dauern in der Entwicklung erfahrungsgemäß länger.

Kernprozess	Themen	Bewertungsstufen				
		Beginn	Erkenntnis & Aufbruch	Umsetzung durch Anordnung	Nachhaltigkeit durch Selbstständigkeit	kontinuierliche Verbesserung
		1	2	3	4	5
Verbrauchs-erfassung	Stromnetz	Gesamtverbrauch des Werkes über Abrechnung des Energielieferanten oder Hauptzähler.	Verbrauchsmessung einzelner Gebäude, zeitliche Auflösung monatlich.	Messung der Hauptverbraucher, Abschätzung nicht messtechnisch erfasster Verbraucher über Laufzeit und Leistung, monatliche Verbrauchsbestimmung.	Messung der Hauptverbraucher, Messung nicht permanent durch Messtechnik erfasster Anlagen durch mobile Messung. Lastgang wird erfasst, monatliche Auflösung. Es liegt ein aktuelles Zählerschema vor.	Messtechnische Erfassung aller Großverbraucher, 85 % aller weiteren, relevanten Verbraucher über automatische Erfassung, Messung hat hohe zeitliche Auflösung für Verbrauch und Lastgang, es liegt ein aktuelles Zählerschema vor.

Abb. 9 Beschreibung und deren Bewertung am Beispiel des Themas „Stromnetz"

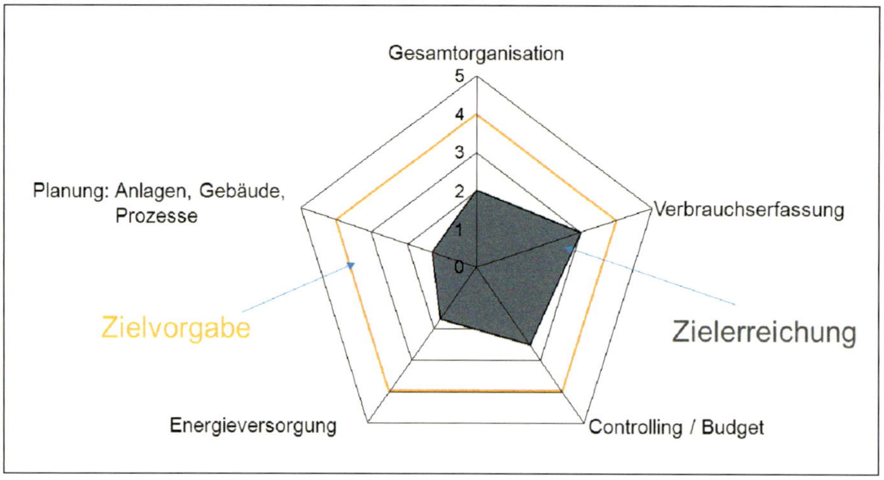

Abb. 10 Visualisierung der Prozessentwicklung im Energiemanagement

1.5 „Managen Sie Ihre Energie" – von E^2 zu E^4

Die ersten Jahre des Energiemanagements wurden in erster Linie durch die Verbesserung der Energieeffizienz und Energieversorgungssicherheit geprägt. Daher wurden alle Maßnahmen zu Beginn unter dem Slogan E^2 kommuniziert.
Slogans oder „Brands" sind ein wichtiger Erfolgsfaktor für das nachhaltige Energiemanagement. Damit können die vielen Einzelmaßnahmen im Unternehmen gebündelt und die gemeinsamen Erfolge kommuniziert *werden.*

KONSEQUENT EFFIZIENT

war ein weiterer Slogan, der Bezug nehmend auf unsere Fahrzeuge auch für das Energiemanagement der Produktion genutzt wurde.
Mit der Weiterentwicklung der MAN Klimastrategie kam, neben der Energieeffizienz, die CO_2-Reduktion wieder verstärkt in den Fokus.

Mit dem ambitionierten Ziel der MAN Klimastrategie, die direkten CO2-Emissionen um 25 % bis 2020 zu senken, auf der Basis des Jahres 2008 wurde aus dem Slogan E^2 die Kerninitiative E4 weiterentwickelt.

Abb. 11 *Consistently Efficiency Tour 2011* Slogans als Erfolgsfaktor für das Energiemanagement: „Konsequent effizient" oder „consistently efficient" – das Produkt und die Produktion

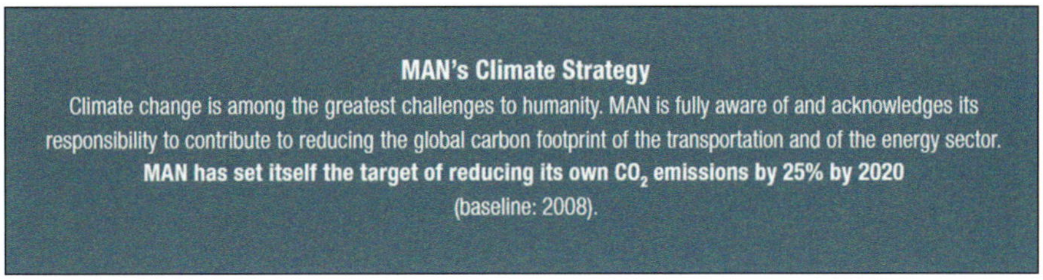

MAN's Climate Strategy

Climate change is among the greatest challenges to humanity. MAN is fully aware of and acknowledges its responsibility to contribute to reducing the global carbon footprint of the transportation and of the energy sector.

MAN has set itself the target of reducing its own CO_2 emissions by 25% by 2020

(baseline: 2008).

Abb. 12 *Von Energieeffizienz zur* MAN *Klimastrategie – (s.* http://www.man.eu/MAN/de/CR/*)*

Abb. 13 E hoch:

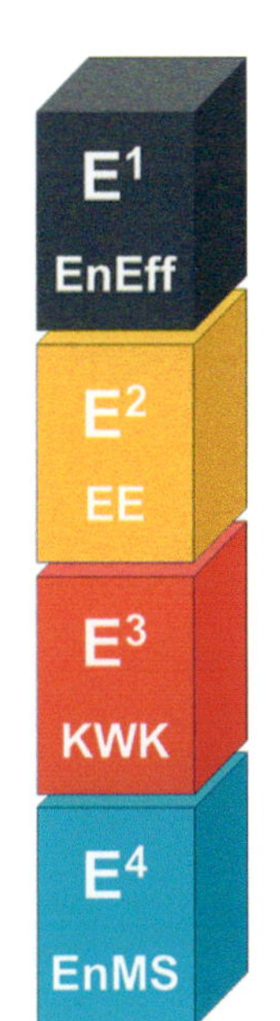

E^1 steht für die Energieeffizienz.

E^2 steht für die Nutzung regenerativer Energie (Wind, Sonne, Geothermie).

E^3 steht für die Energieeigenerzeugung (Strom und Wärme in effizienten Blockheizkraftwerken, im Idealfall noch mit regenerativen Brennstoffquellen, wie Biogas, Biomethan oder Holzpellets).

E^4 steht für das technische und organisatorische Energiemanagement, das zu einer kontinuierlichen Verbesserung nicht nur des Energieverbrauchs, sondern der CO_2-Reduktion führt. Mit dieser Weiterentwicklung und Integration der ursprünglichen Energieeffizienzkampagne in die MAN Klimastrategie ist nun das Thema *„Managen Sie Ihre Energie“* ein wichtiger Grundsatz für die Steuerung des Unternehmens geworden.

2 LED-Röhren als Ersatz für Leuchtstofflampen

Rasit Özgüc

2.1 Einleitung

Seit einigen Jahren befindet sich die Lichtbranche im Umbruch. Durch die Verbesserung der elektrischen und optischen Parameter von Leuchtdioden (LEDs[1])sind diese in der Allgemeinbeleuchtung (z. B. Büros, Lager, Parkhäusern, etc.) als effiziente und somit ressourcenschonende Alternative zu den bisherigen konventionellen Temperaturstrahlern, wie z. B. Glühlampe, Halogenlampen, etc., anzusehen. LED-Lampen strahlen kein UV-Licht und beinhalten kein Quecksilber und andere Schwermetalle Im Gegensatz zu Gasentladungslampen (Leuchtstofflampen, Energiesparlampen).

In der Industrie, öffentlichen Räumen und im Handels- und Dienstleistungssektor werden zum größten Teil drei Lampenarten eingesetzt: Glühlampen, Leuchtstofflampen und Hochdrucklampen. Nachfolgend werden Möglichkeiten bzw. Alternativen zur einfachen Sanierung älterer Beleuchtungsanlagen mit zweiseitig gesockelten, stabförmigen Leuchtstofflampen unter Verwendung von LED-Lampen aufgezeigt. In diesem Beitrag wird insbesondere auf die Sicherheit und Konformität bei einer Umstellung eingegangen. Des Weiteren werden exemplarisch an einem Praxisbeispiel mögliche Einsparungen aufgezeigt.

2.2 Betriebsarten von Leuchtstofflampen

In der Allgemeinbeleuchtung werden T5[2]- und T8-Leuchtstofflampen eingesetzt. Stabförmige Leuchtstofflampen gibt es in verschiedenen Längen, Wattagen und Farbtemperaturen. Werden bereits T5-Leuchtstofflampen eingesetzt, ist dies, bezogen auf die Lichtausbeute, eine effiziente Lösung. Im Nachfolgenden werden die Betrachtungen daher nur auf die meist verbreiteten T8-Leuchtstofflampen bezogen. In Tabelle 1 sind die Standardlängen und Wattagen aufgeführt:

Tab. 1 Standardtypen für T8-Leuchtstofflampen

Länge	Bemessungs-leistung	Farbtemperatur
0,6 m	18 W	2500 K - 6500 K (warmweiß - tageslicht-weiß)
0,9 m	30 W	
1,2 m	36 W	
1,5 m	58 W	

Leuchtstofflampen benötigen für den Betrieb eine Zündspannung, um das Gas zu ionisieren und letztendlich das Licht zu erzeugen. Diese Aufgabe wird durch Vorschaltgeräte erfüllt. Zu unterscheiden sind dabei:

- konventionelles Vorschaltgerät (KVG)
- verlustarmes Vorschaltgerät (VVG)
- elektronisches Vorschaltgerät (EVG).

Die Betriebsweise mit einem KVG oder VVG ist gleichzusetzen. Der Unterschied zwischen diesen beiden Vorschaltgeräten besteht darin, dass VVGs verlustarmer als KVGs sind. Neue Leuchten dürfen nicht mehr mit KVGs hergestellt und verkauft werden. Bereits installierte Leuchten, die mit einen dieser beiden Vorschaltgeräte betrieben werden, benötigen zur Erzeugung der Zündspannung einen Bimetall- oder elektronischen Starter. KVGs und VVGs sind robuste Bauteile, da sie nur eine Drahtwicklung und sonst keinerlei Elektronik beinhalten. Sie überleben meistens die Nutzungsdauer der Leuchte in einem Gebäude.

EVGs erzeugen die Zündspannung auf elektronische Weise. Dadurch sind die Verluste am Vorschaltgerät ziemlich niedrig. Auch der Leistungsfaktor beträgt nahezu 1. Durch die hochfrequente Spannung wird zudem der Stroboskopeffekt vermieden. Allerdings ist die Lebensdauer begrenzende Komponente das EVG selbst. Die Lebensdauer von EVGs ist stark von der Qualität, Anzahl der Starts und den Umgebungsbedingungen abhängig.

Die unterschiedlichen Vorschaltgeräte erfordern auch eine unterschiedliche Verschaltung der Leuchte (Abb. 1 und Abb. 2).

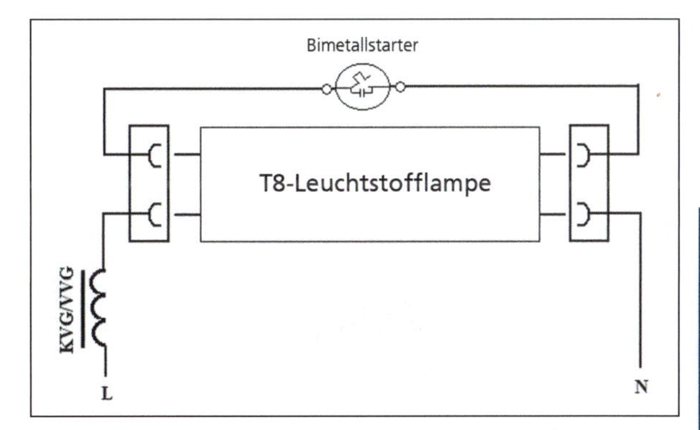

Abb. 1 Schaltungsbeispiel einer Leuchtstofflampe mit KVG/VVG und Bimetall Starter

[1] **L**ight **E**mitting **D**iode – Licht emittierende Diode, elektronisches Halbleiterelement

[2] Buchstabe „T" = Tube (Röhre), Ziffer multipliziert mit 1/8 Zoll (3,175 mm) = Röhrendurchmesser

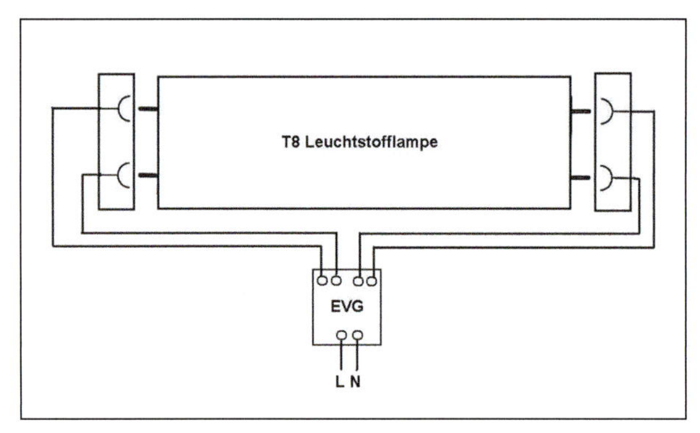

Abb. 2 Schaltungsbeispiel einer Leuchtstofflampe mit EVG

Abb. 3 ECO-LINE LED-Röhre mit KVG/VVG Schutz- und Kompatibilitätsschaltung von Fraunhofer UMSICHT

2.3 Retrofit-LED-Röhren

Leuchtstofflampen können durch LED-Röhren ersetzt werden. In der IEC 62560 Anhang C wurden Sicherheitsanforderungen an zweiseitig gesockelte Retrofit-LED-Lampen geregelt, sodass ein sicherer Einsatz gewährleistet werden kann. Retrofit bedeutet nach dieser Norm, dass es bei Austausch des Leuchtmittels zu keinerlei Modifikation in der Leuchte kommen darf. Allerdings gibt es verschiedene Varianten von LED-Röhren auf dem Markt. Gefährlich sind die, die einen elektrischen Durchgang von einer Kontaktseite zur anderen Kontaktseite der Röhre haben. Diese sind auf dem Markt nicht zugelassen, da es zu einem elektrischen Schlag beim Einsetzen in die Fassungen kommen kann.

2.3.1 Markterhältliche Varianten

Grundsätzlich kann man vier verschiedene LED-Röhrenvarianten auf dem Markt erhalten:

- Retrofit-Variante mit Fraunhofer Schutz- und Kompatibilitätsschaltung
- Retrofit-Variante mit LED- bzw. Durchgangsstarter
- LED-Lampen mit elektrischem Durchgang
- Konversions-Variante.

Retrofit-Variante mit Schutz- und Kompatibilitätsschaltung von Fraunhofer UMSICHT

Fraunhofer UMSICHT entwickelte eine elektronische Schaltung, die die Gefährdung eines gefährlichen elektrischen Schlags, wegen der sog. „Spannungsverschleppung“, verhindert. Besonderen Wert haben die Entwickler dabei auch auf die volle Kompatibilität zur Leuchtstofflampe gelegt, was somit bedeutet, dass keinerlei Umverdrahtung oder Auswechseln der Komponenten in der Leuchte erforderlich ist. Somit ist auch *kein Elektrofachpersonal* für das Einsetzen notwendig. Des Weiteren bedeutet das, dass der Austausch der Leuchtmittel während des Betriebs erfolgen kann. Diese Entwicklung wird unter dem Namen „ECO-Line“ von der Fa. Steinberg Leuchtmittelwerke GmbH vertrieben.
In Abbildung 4 werden die Schritte für das Einsetzen der LED-Röhren mit „Schaltung zur KVG/VVG Einzel-/Duoschaltungskompatibilität“ dargestellt.

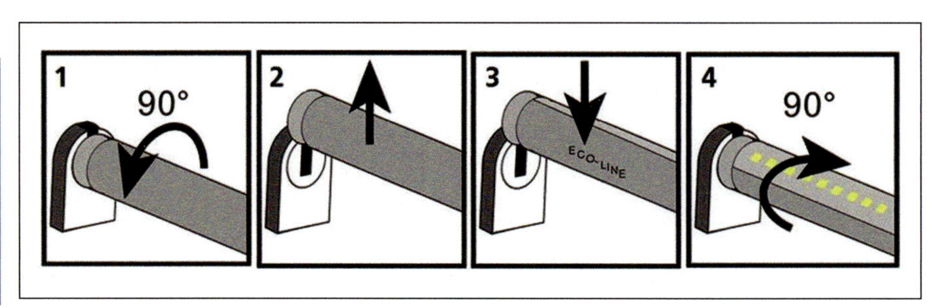

Abb. 4 Vorgehensweise bei Einsatz von LED-Röhren mit Entwicklung von Fraunhofer UMSICHT

Retrofit-Variante mit LED-Starter

Bei dieser Variante muss der konventionelle Starter für den Betrieb der Leuchtstofflampen gegen einen sogenannten LED-Starter ausgewechselt werden. Der Einsatz dieser LED-Lampen muss gemäß IEC durch *Elektrofachkräfte* erfolgen. Es muss zudem an entsprechend sichtbarer Stelle zu erkennen sein, dass ein LED-Starter eingesetzt wurde und dieser nur für den Betrieb unter der jeweiligen LED-Röhre gedacht ist. Es ist auch zwingend vorgeschrieben, die Spannungsversorgung vor Einsatz der LED-Röhre abzuschalten ist. Der Grund hierfür ist, dass auch bei dieser Variante der Laie nicht erkennen kann, ob eventuell das Vorschaltgerät überbrückt wurde. Dies kann beim Einsetzen einer Leuchtstoffröhre zu einem Kurzschluss führen.

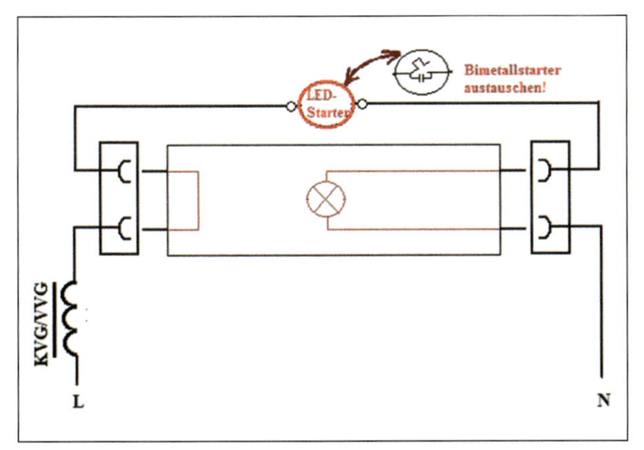

Abb. 5 Schaltungsbeispiel einer Retrofit-Variante mit LED-Starter

In Abbildung 6 sind die gemäß IEC 62560 beschriebenen Schritte für den Einsatz von Retrofit-LED-Röhren mit LED-Starter dargestellt.

LED-Lampen mit elektrischem Durchgang

Die LED-Röhren mit elektrischem Durchgang und die Konversionslampen stellen eine große Gefährdung beim Einsetzen dar (Abb. 7). Neben der Gefahr des elektrischen Schlags beim Einsetzen der LED-Röhre kann ein Kurzschluss entstehen, der zu Sekundärunfällen durch den Schreck führen kann *(Achtung: diese Lampen sind auf dem Markt nicht zugelassen!)*.

Abb. 7 Gefahr eines Stromschlags bei nicht geprüften Lampen

Konversions-Variante

Bei dieser Art von LED-Röhren muss eine Umverdrahtung der Leuchte vorgenommen werden. Dadurch wird der Installateur zum Hersteller und muss die Konformität neu erklären. Da der Betrieb dieser LED-Lampen aber nicht normenkonform ist, ist auch diese Variante *nicht zugelassen*.

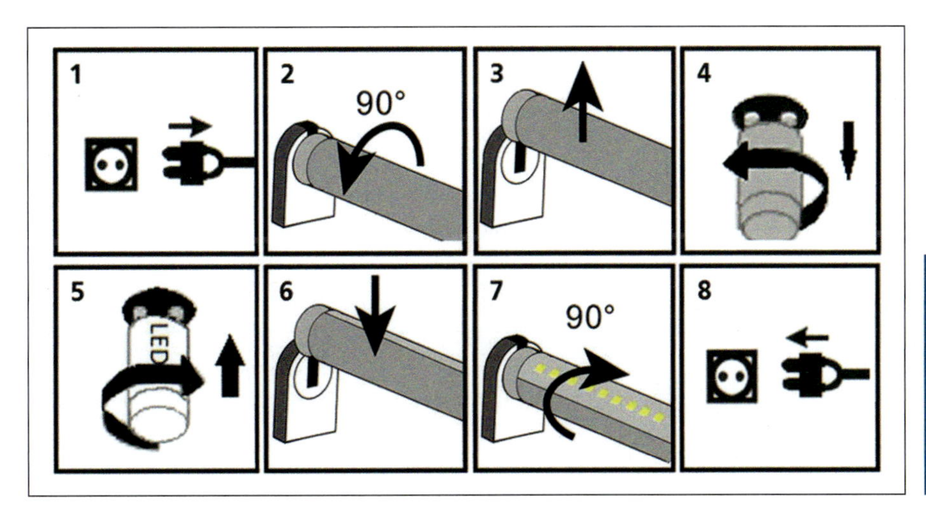

Abb. 6 Vorgehensweise bei Einsatz von LED-Röhren mit LED-Starter

Tab. 2 Zusammenfassung der Sicherheitsaspekte von LED-Röhren

	Leuchtstofflampe	Retrofit-Variante mit Schutz- und Kompatibilitätsschaltung von Fraunhofer UMSICHT	Retrofit-Variante mit LED-Starter	LED-Lampe mit el. Durchgang	Konversionsvariante
Spannungsfestigkeit zwischen den Sockelseiten	+	+	+	Gefahr eines Stromschlag	Gefahr eines Stromschlag
Betrieb mit induktivem Vorschaltgerät					
Mit Starter	+	+	Flackern	+	keine Funktion
Mit LED-Starter	keine Funktion	+	+	+	keine Funktion
Betrieb ohne Vorschaltgerät					
Mit Starter	Kurzschluss	+	Kurzschluss	+	Kurzschluss
Mit LED-Starter	Kurzschluss	+	Kurzschluss	+	Kurzschluss

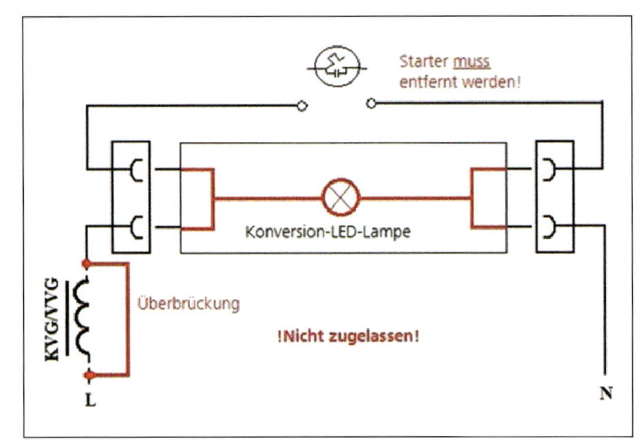

Abb. 8 Schaltungsbeispiel der Konversions-Variante

2.3.2 Konformität

Wie bereits beschrieben ist bei Einsatz von LED-Lampen mit der „Schutz- und Kompatibilitätsschaltung" von Fraunhofer UMSICHT *kein* Eingriff in die Leuchtenverdrahtung und Komponenten notwendig. Dadurch haben diese LED-Röhren ein Zertifikat für „geprüfte Sicherheit" und somit das GS-Zeichen erhalten (Abb. 9).

Sobald aber ein Umbau an der Leuchte oder Leuchtenverdrahtung erfolgt, wird derjenige der umbaut selbst zum Hersteller und muss somit die Konformität neu erklären. Dadurch wird die Haftung auf den Installateur übertragen.

Auch beim Kauf von Retrofit-Varianten sollten LED-Röhren eingesetzt werden, die mindestens nach folgenden Normen geprüft wurden:

Hinweis: GS-Zeichen[3]

Das GS-Zeichen findet seine Rechtsgrundlage im § 20/21 des Produktsicherheitsgesetzes (ProdSG). Voraussetzung für die Verwendung ist, dass eine GS-Stelle das GS-Zeichen einem Hersteller oder seinem Bevollmächtigten zuerkannt hat. Durch das GS-Zeichen wird angezeigt, dass bei der bestimmungsgemäßen oder vorhersehbaren Verwendung des gekennzeichneten Produktes die Sicherheit und Gesundheit des Verwenders nicht gefährdet sind. Das GS-Zeichen ist ein freiwilliges Zeichen, d. h. der Hersteller oder sein Bevollmächtigter entscheiden, ob ein Antrag auf Zuerkennung des GS-Zeichens gestellt wird.

[3] Quelle: Zentralstelle der Länder für Sicherheit

- EN 62560 „LED-Lampen mit eingebautem Vorschaltgerät für Allgemeinbeleuchtung für Spannungen > 50 V – Sicherheitsanforderungen"
- EN 62471 „Fotobiologische Sicherheit von Lampen und Lampensystemen"
- EN 55015 Grenzwerte und Messverfahren für Funkstöreigenschaften von elektrischen Beleuchtungseinrichtungen und ähnlichen Elektrogeräten.

Elektrotechnische Laien erkennen zertifizierte Röhren am einfachsten durch ein entsprechend an der Röhre angebrachtes Prüfzeichen (GS, VDE, TÜV etc.). *Achtung:*

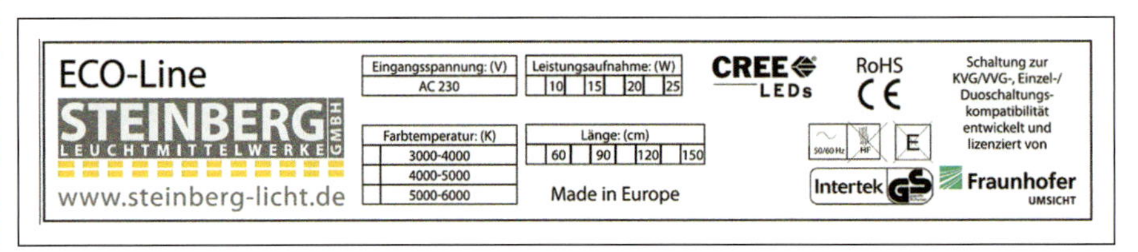

Abb. 9 Typenschild ECO-LINE LED-Röhre mit GS-Zeichen

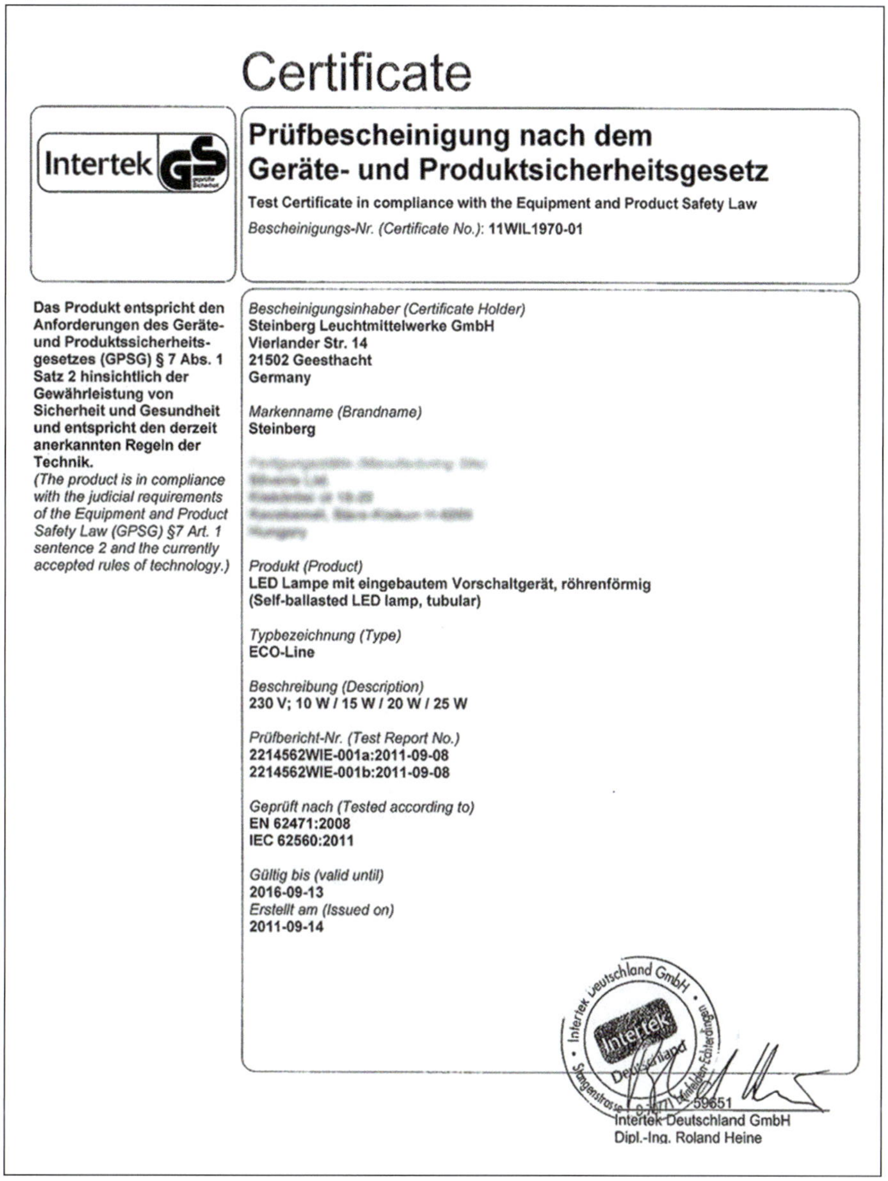

Certificate

Prüfbescheinigung nach dem Geräte- und Produktsicherheitsgesetz

Test Certificate in compliance with the Equipment and Product Safety Law

Bescheinigungs-Nr. (Certificate No.): **11WIL1970-01**

Das Produkt entspricht den Anforderungen des Geräte- und Produktssicherheitsgesetzes (GPSG) § 7 Abs. 1 Satz 2 hinsichtlich der Gewährleistung von Sicherheit und Gesundheit und entspricht den derzeit anerkannten Regeln der Technik.
(The product is in compliance with the judicial requirements of the Equipment and Product Safety Law (GPSG) §7 Art. 1 sentence 2 and the currently accepted rules of technology.)

Bescheinigungsinhaber (Certificate Holder)
Steinberg Leuchtmittelwerke GmbH
Vierlander Str. 14
21502 Geesthacht
Germany

Markenname (Brandname)
Steinberg

Produkt (Product)
LED Lampe mit eingebautem Vorschaltgerät, röhrenförmig
(Self-ballasted LED lamp, tubular)

Typbezeichnung (Type)
ECO-Line

Beschreibung (Description)
230 V; 10 W / 15 W / 20 W / 25 W

Prüfbericht-Nr. (Test Report No.)
2214562WIE-001a:2011-09-08
2214562WIE-001b:2011-09-08

Geprüft nach (Tested according to)
EN 62471:2008
IEC 62560:2011

Gültig bis (valid until)
2016-09-13
Erstellt am (Issued on)
2011-09-14

Intertek Deutschland GmbH
Dipl.-Ing. Roland Heine

Abb. 10 Beispiel eines GS-Zertifikats

CE-Zeichen ist kein Prüfzeichen! Es ist ratsam, vor einer Kaufentscheidung ein Prüfzertifikat vom Lieferanten oder Hersteller anzufordern. Aber auch hierbei ist Vorsicht geboten: Viele Hersteller oder Lieferanten stellen ein EMV-Zertifikat zur Verfügung. Dieses bescheinigt allerdings, dass das Produkt keine elektromagnetischen Störungen beim Betrieb verursacht. Dies hat nichts mit elektrischer Sicherheit zu tun. Ein Sicherheitszertifikat bescheinigt die Einhaltung von Sicherheitsanforderungen an LED-Lampen (Abb.10).

2.4 Leuchtstoffröhre vs. LED-Röhre

2.4.1 Beleuchtungsstärke

Während bei Leuchtstofflampen der Lichtstrom 360° in alle Richtungen abgestrahlt wird, strahlen LED-Röhren das Licht gerichtet auf die Nutzfläche (Schreibtisch, Ware, Gehweg, etc.). Der Gesamtlichtstrom Φ einer Leuchtstoffröhre ist grundsätzlich höher als der von LED-Röhren. Die Beleuchtungsstärke ist abhängig von dem auf die Nutzfläche auftreffenden Lichtstrom. Dieser ist stark vom Leuchtenbetriebswirkungsgrad abhängig.

$$E = \frac{\phi}{A} \quad [lx] \frac{[lm]}{[m^{2^\circ}]}$$

Leuchten, die keinen oder schlechte Reflektoren besitzen, bringen effektiv wenig vom insgesamt höheren Gesamtlichtstrom der Leuchtstoffröhren auf die Nutzfläche. Der Beleuchtungswirkungsgrad[4] setzt sich aus dem Raumwirkungsgrad[5] und Leuchtenbetriebswirkungsgrad zusammen.

$$\eta_B = \eta_R \lozenge \eta_L$$

Durch die gerichtete Strahlung bei den LED-Lampen kann der Wirkungsgrad der Leuchte nahezu vernachlässigt werden. In Abbildung 11 wird eine Beleuchtungsanlage mit einem schlechten Leuchtenbetriebswirkungsgrad im Betrieb mit Leuchtstofflampen gezeigt. In dieser Beleuchtungsanlage kann der Wirkungsgrad bei Einsatz von LED-Röhren nahezu ganz vernachlässigt werden, da das Licht hauptsächlich auf die Ware bzw. auf die Nutzfläche gestrahlt wird.

Abb. 11 Beispiel einer Beleuchtung mit schlechtem Leuchtenbetriebswirkungsgrad

Beim Vergleich von LED-Röhren mit konventioneller Beleuchtung ist sicherzustellen, dass die Beleuchtungsstärken auf der Nutzebene, in der die Sehaufgabe erfüllt werden soll, vergleichbar sind. Insbesondere ist auf die Einhaltung von Mindestbeleuchtungsstärken zu achten (DIN EN 12464-1). Dies kann mit einem Luxmeter einfach überprüft werden. Beispielsweise wurde im Flur einer Büroetage (Abb. 12) von Fraunhofer UMSICHT vor und nach der Umrüstung auf LED-Röhren folgende Beleuchtungsstärken auf dem Boden gemessen.

Mit Leuchtstofflampen	Mit LED-Röhren
315 lx	309 lx

Abb. 12 Flur mit LED-Röhren im Gebäude D 3.OG bei Fraunhofer UMSICHT

2.4.2 Einsparpotenziale anhand eines Praxisbeispiels in einer Produktionsstätte

Ein Kunststoffproduzierendes Unternehmen plant die Umstellung des Betriebes auf energieeffiziente LED-Röhren mit der Schutz- und Kompatibilitätsschaltung von Fraunhofer UMSICHT. Dies erfolgte in Begleitung eines Mitarbeiters von UMSICHT. Bei einer Begehung wurde festgestellt, dass die Beleuchtungsanlage hauptsächlich mit konventionell betriebenen Leuchtstofflampen (KVGs, VVGs) ausgestattet ist. Es fand eine Bemusterung mit LED-Röhren statt, um u. a. festzustellen, ob Mindestbeleuchtungsstärken eingehalten werden. Dies war der Fall, sodass der Startschuss für eine Amortisationsberechnung gegeben wurde.

Nebeninformationen zum Projekt

Der Betrieb lässt sich grob in vier Bereiche aufteilen: Verwaltung (Flure, Büros), Produktion, Lagerhalle, Mischerei. Die Produktion erfolgt im 3-Schichtbetrieb von Montag bis Samstag. Die Verwaltung ist von Montag bis Freitag besetzt. Der Stromtarif beträgt 0,14 € / kWh. Der Angebotspreis für die ermittelte Anzahl an Leuchtmitteln beträgt ca.54.000,- €. Es wurden ca. 6.000,- € für Wechselkosten angesetzt, sodass die Gesamtinvestition 60.000,- € beträgt.

[4] Der Beleuchtungswirkungsgrad gibt an, wie viel Lichtstrom von den Lampen auf die Nutzfläche fällt.

[5] Der Raumwirkungsgrad kann aus Raumwirkungsgradtabellen entnommen werden. Dieser berücksichtigt u. a. die Größe und auch die Reflexionseigenschaften eines Raumes.

Berechnungsergebnisse der Einsparungen

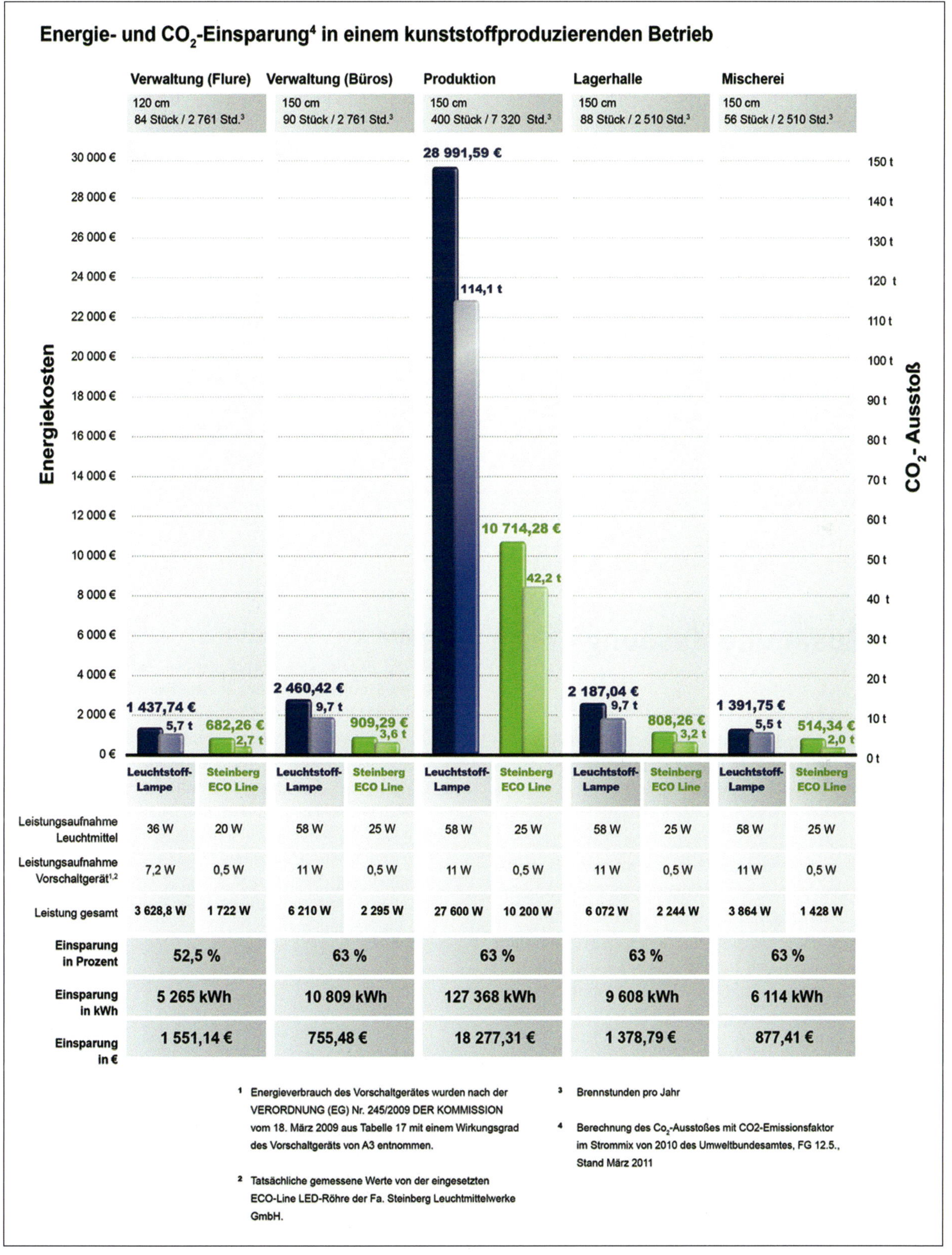

	Leuchtstoff-Lampe	Steinberg ECO Line	Leuchtstoff-Lampe	Steinberg ECO Line	Leuchtstoff-Lampe	Steinberg ECO Line	Leuchtstoff-Lampe	Steinberg ECO Line	Leuchtstoff-Lampe	Steinberg ECO Line
Leistungsaufnahme Leuchtmittel	36 W	20 W	58 W	25 W	58 W	25 W	58 W	25 W	58 W	25 W
Leistungsaufnahme Vorschaltgerät[1,2]	7,2 W	0,5 W	11 W	0,5 W	11 W	0,5 W	11 W	0,5 W	11 W	0,5 W
Leistung gesamt	3 628,8 W	1 722 W	6 210 W	2 295 W	27 600 W	10 200 W	6 072 W	2 244 W	3 864 W	1 428 W
Einsparung in Prozent	52,5 %		63 %		63 %		63 %		63 %	
Einsparung in kWh	5 265 kWh		10 809 kWh		127 368 kWh		9 608 kWh		6 114 kWh	
Einsparung in €	1 551,14 €		755,48 €		18 277,31 €		1 378,79 €		877,41 €	

[1] Energieverbrauch des Vorschaltgerätes wurden nach der VERORDNUNG (EG) Nr. 245/2009 DER KOMMISSION vom 18. März 2009 aus Tabelle 17 mit einem Wirkungsgrad des Vorschaltgeräts von A3 entnommen.

[2] Tatsächliche gemessene Werte von der eingesetzten ECO-Line LED-Röhre der Fa. Steinberg Leuchtmittelwerke GmbH.

[3] Brennstunden pro Jahr

[4] Berechnung des CO_2-Ausstoßes mit CO2-Emissionsfaktor im Strommix von 2010 des Umweltbundesamtes, FG 12.5., Stand März 2011

Abb. 13 Einsparungen aufgeteilt in Betriebsbereiche

VII

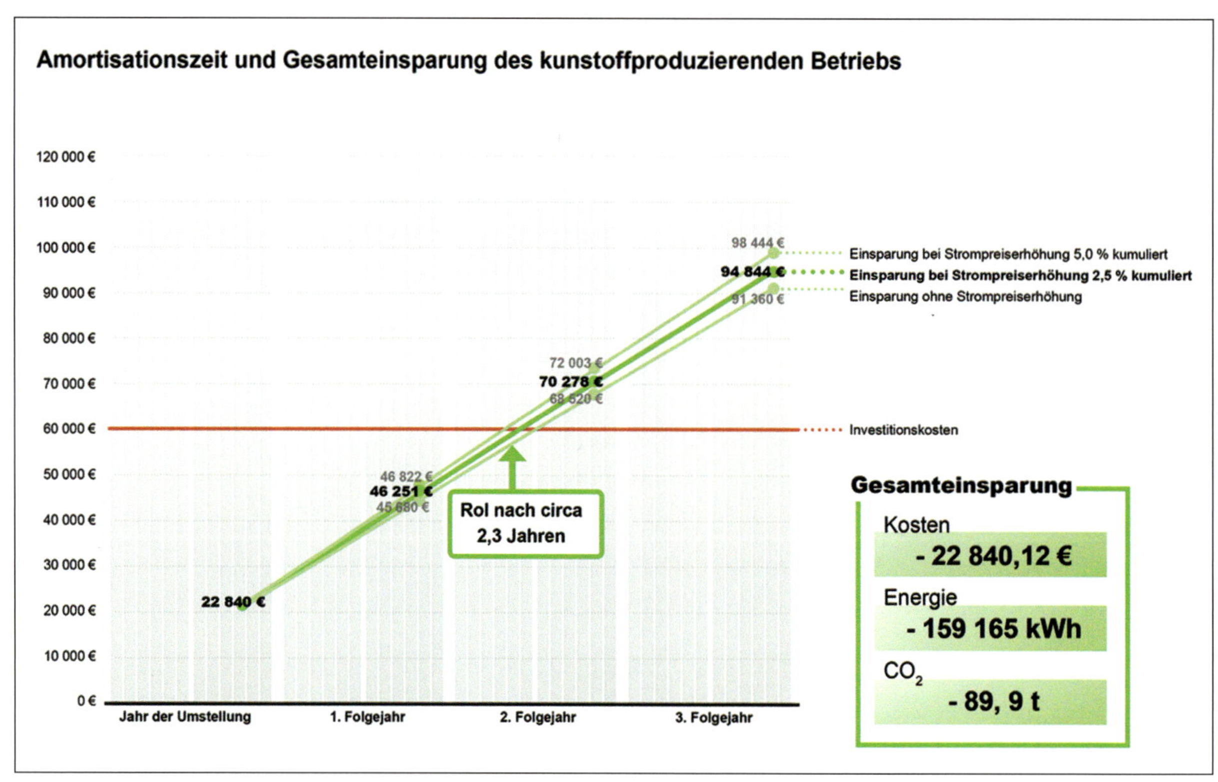

Abb. 14 Amortisationszeit und Gesamteinsparungen pro Jahr

2.5 Zusammenfassung

Die Umstellung der konventionell betriebenen Beleuchtungsanlage auf LED-Beleuchtung stellt eine einfache Maßnahme zur Reduzierung des Energieeinsatzes dar. Insbesondere bei der Retrofit-Variante mit Schutz- und Kompatibilitätsschaltung von Fraunhofer UMSICHT sind keine Auswirkungen auf die Produktions- bzw. Arbeitsprozesse zu erwarten. Die Amortisation ist stark von den Brennstunden abhängig. Die Lebensdauererwartung von LED-Beleuchtung ist viel höher als mit konventioneller Beleuchtung, sodass sich mittelfristig eine Investition in die neue Technologie auszahlen wird, insbesondere wenn sich die Herstellerpreise reguliert haben.

Literatur

Özgüc, R.: Begriffliche Grundlagen. In: Fachkunde Elektroberufe, 3. Aufl., P. Heymann, H. Sauerwein (Hrsg.); Troisdorf: Bildungsverlag Eins, 2009

Özgüc, R.: LED-Röhren als T8-Ersatz. In: Elektropraktiker, Ausgabe 12/2011, Berlin: Huss Medien GmbH, 2011

ZVEI.: Hinweise zum Einsatz von zweiseitig gesockelten LED-Lampen mit Sockeln G13 (Positionspapier 12/01). In: http://www.zvei.org/Verband/Publikationen/Seiten/LED-Lampen-als-Ersatz-fuer-Leuchtstofflampen-Positionspapier.aspx

Bundesanstalt für Arbeitsschutz und Arbeitsmedizin BAuA.: Sicher auf LED-Röhrenlampen umsteigen, Pressemitteilung vom 03. November 2011

3 Cleantan® – Ressourceneffiziente Produktion von Leder

Manfred Renner

Neues Verfahren zur Lederherstellung – Warum?

Die Lederherstellung ist eine prozessintensive, zeitaufwendige und umweltbelastende Technologie. Bis zu 70 Prozessschritte sind notwendig, um aus dem Rohstoff Tierhaut haltbares Leder für Schuhe, Möbel oder Autos zu produzieren. Pro Tonne Leder entstehen dabei 60 t Abwasser. Die Lederindustrie ist daher eine Branche mit hohem Umweltverschmutzungspotenzial. Fraunhofer UMSICHT hat ein vollkommen neues Verfahren zur Gerbung von Leder entwickelt, das umweltschonend ist und die Prozesszeit enorm verkürzt: Mithilfe von verdichtetem Kohlendioxid werden beim Gerbschritt Abwasser, Chemikalien und Zeit eingespart.

Herstellungsprozess bisher

Ziel des Gerbprozesses ist es, hochgradig fäulnisanfällige rohe Häute oder Felle zu einem haltbaren Material, dem Leder, zu verarbeiten. Das Gesamtverfahren beinhaltet zahlreiche komplexe chemische Reaktionen und mechanische Bearbeitungsschritte. Der Gerbschritt bildet dabei die grundlegende Prozessstufe, durch die das Leder haltbar wird und seine wesentlichen Merkmale erhält. Bei der Gerbung gelangen Gerbstoffe in die Haut, die für eine Brückenbildung zwischen den Hautkollagenen und dem Gerbstoff sorgen. Auf diese Weise vernetzt sich die Haut noch stärker als im Ursprungszustand und wird haltbar und stabil.

Zu 90 % wird als Gerbstoff das Mineralsalz Chrom-III eingesetzt. Beim konventionellen Verfahren werden die Häute dafür in rotierenden Gerbfässern in einem Zeitraum von 12 bis 24 Stunden mit einer Wasser Chrom-III-Lösung in intensiven Kontakt gebracht. Zuvor müssen die Häute im Prozessschritt „Pickel" mittels Säuren vorbehandelt werden, um den Gerbstoff optimal aufnehmen zu können. Das Gerbfass ist im konventionellen Prozess zur Hälfte mit Gerblösung und Häuten gefüllt. Das halbe Fassvolumen ist daher mit Umgebungsluft gefüllt. Diese Luft wird durch verdichtetes Kohlendioxid (CO_2) ersetzt und dadurch ist es möglich, die Gerbdauer um den Faktor 4 bis 10 zu senken, nahezu 100 % chrombelastetes Abwasser einzusparen und den Gerbstoffeinsatz (Chrom) um rund 50 % zu senken.

Statistische Daten zur Lederproduktion

Die EU ist nach China der zweitgrößte Lederproduzent der Welt. Die EU-Staaten produzierten im Jahr 2008 in 1633 Betrieben mit ca. 26 000 Beschäftigten zusammen rund 400 Millionen Quadratmeter Leder (World Statistical Compendium for Raw Hides and Skins, Leather and Leather Footwear 2008). Im Hinblick auf Beschäftigungszahlen, Produktion und Umsatz ist Italien mit ca. 10 bis 15 % der Weltproduktion und mit 50 % der in der EG produzierten Ledermenge an Rinds- und Kalbsleder der wichtigste Produktionsstandort in Europa. Der Gesamtumsatz der Branche für das Zwischenprodukt Leder betrug in den Jahren 2003 bis 2006 rund 23 Milliarden US-Dollar (World Statistical Compendium for Raw Hides and Skins, Leather and Leather Footwear, 2008). Weltweit wird das meiste Leder für die Produktion von Schuhen verwendet.

Vom Laborversuch (63 ml Hochdruck-Gerbanlage) in den vorindustriellen Maßstab (1 700 l Hochdruck-Gerbanalge)

In Laborversuchen wurde untersucht, welchen Einfluss verdichtetes Kohlendioxid auf den Gerbprozess ausübt. In einer Hochdrucksichtzelle wurde bei einem Druck von 100 bar die Gerbung durchgeführt. Die Gerblösung bestand aus Wasser, Chrom-III-Salzen, Salz, Ameisen- und Schwefelsäure. Ein Rührer sorgte dafür, dass zu gerbende Haut und Gerblösung in intensiven Kontakt gebracht wurden. Das Ergebnis: Die Gerbzeit reduzierte sich von 30 auf 5 Stunden. Die messbare Größe für den Gerberfolg und damit für die Qualität des Leders ist der Chromgehalt. Über Emissionsspektrometrie konnte ermittelt werden, dass auch mit dieser Methode der gewünschte Chromgehalt von mindestens 3 Gewichtsprozent (Masse Chrom, bezogen auf das Trockengewicht der Haut) erreicht werden kann.

Um dieses Verfahren auf größere Materialmuster zu übertragen, wurden in einer 20-Liter-Hochdruckgerbanlage die optimalen Bedingungen wie Temperaturen, Drücke und pH-Werte für die Gerbung von Hautstücken ermittelt. Die für dieses Projekt konzipierte Anlage ermöglichte es, Leder bis zu einem Druck von 320 bar und einer Temperatur von 60° C in einem sich drehenden Korb zu gerben. Die Rotation sorgt wie beim konventionellen, druckfreien Gerbverfahren für eine hohe Lederqualität, da Saugeffekte gesteigert werden und das Leder eine höhere Flexibilität erlangt. Hierbei konnte eine signifikante Einsparung des Abwassers erzielt werden. Die Modifikationen gegenüber dem konventionellen Verfahren sind eine Flüssigkeitsreduzierung der zu gerbenden Häute vor dem Gerbprozess um 10 bis 30 Gewichtsprozent, der Verwendung von nur so viel hoch konzentrierter Gerbflüssigkeit, wie die Häute aufnehmen können und dem Einsatz von verdichtetem CO_2 während der Gerbung. Aus dieser Vorgehensweise resultiert eine Reduzierung des chrombelasteten Abwassers um nahezu 100 %. Beim konventionellen Gerbschritt entstehen rund 1 bis 2 t chrom- und salzhaltigen Wassers pro Tonne Leder. Ein optimales Ergebnis der Ledergerbung war nach rund 2,5 Stunden erreicht, bei einem Druck zwischen 30 und 60 bar und einer Temperatur von 30° C.

Abb. 1 Prozessziele bei der ressourceneffizienten Produktion von Leder

Industrielle Umsetzung

Um die Möglichkeiten des neuen Gerbverfahrens zu demonstrieren, ist in Zusammenarbeit mit dem „Bundesministerium für Bildung und Forschung" eine Hochdruck-Gerbanlage im vorindustriellen Maßstab bei Fraunhofer UMSICHT aufgebaut worden. Die Anlage ermöglicht es, in einem Volumen von 1 700 l, bis zu 500 kg Haut (15 ganze Rinderhäute mit einer Fläche von ca. 130 m^2) in einem Batch zu gerben. Das auf den Weltmarkt bezogene Einsparungspotenzial kann mit 20 Mrd. Litern chromkontaminierten Abwassers, 160 000 t Chrom-III-Gerbstoff und 500 000 t Salz (Natriumchlorid) beziffert werden. Aus dieser Einsparung resultiert eine Reduktion der Energiemenge zur Produktion der Rohstoffe von $7{,}84 \cdot 10^{10}$ MJ und einer Reduktion der emittierten Kohlendioxidmenge von 4.000.000 t. Die Einführung der Technologie in die Industrie ist für 2014 geplant.

Literatur

World Statistical Compendium for Raw Hides and Skins, Leather and Leather Footwear, 2008, Food and Agriculture Organization of the United Nations, ISBN 978-92-5-005972-3

4 Erfahrung mit dem Gefahrstoffmanagementsystem GEVIS in der Fraunhofer-Gesellschaft

Thorsten Wack

4.1 Gefahrstoffmanagement in der Fraunhofer-Gesellschaft

Die Fraunhofer-Gesellschaft betreibt im Bereich Arbeitssicherheit für seine Institute sowie die selbstständigen Einrichtungen das EDV-gestützte Gefahrstoffverwaltungs- und Informationssystem GEVIS. Dieses ist seit Mitte 1997 mit wachsendem Erfolg im Einsatz. Eine vollständige Erneuerung des Systems fand 2006 statt. Die Plattform wird kontinuierlich angepasst, um sowohl den inhaltlichen Veränderungen hinsichtlich Gefahrstoffverordnung gerecht zu werden, als auch neueste technische Möglichkeiten gemäß Betrieb und Ergonomie auszuschöpfen. Aktuell wird beispielsweise die Anpassung an das GHS (Globally Harmonized System of Classification, Labeling and Packaging of Chemicals) vorgenommen.

4.1.1 Entstehungsgeschichte

GEVIS wurde 1997 entwickelt, um einerseits die Umsetzung der Gefahrstoffverordnung in der Fraunhofer-Gesellschaft voranzutreiben und andererseits die Gefahrstoffbeauftragten der einzelnen Fraunhofer Institute zu unterstützen bzw. zu entlasten.
In neun Jahren Betrieb hatte sich das System in der Fraunhofer-Gesellschaft etabliert. Da die mittlerweile veraltete technische Basis erneuert werden musste und sich darüber hinaus die Gefahrstoffverordnung grundlegend geändert hatte, erhielt 2006 das Fraunhofer-Institut für Umwelt-, Sicherheits- und Energietechnik UMSICHT den Auftrag, ein komplettes Reengineering durchzuführen. Dazu ist das, bei diversen Referenzkunden genutzte, Softwaresystem DUBAnet® (entwickelt vom Fraunhofer-Institut für Umwelt-Sicherheits- und Energietechnik UMSICHT) an die individuellen Bedürfnisse der Fraunhofer-Gesellschaft angepasst und erweitert worden. Von entscheidender Bedeutung war dabei die vollständige Datenübernahme aus dem bisher genutzten System GEVIS, in dem sich mittlerweile eine umfängliche Sammlung von Stoffdaten und Betriebsanweisungen befand.
Anfang 2007 wurde das neu entwickelte System GEVIS II in Betrieb genommen.

4.1.2 Technik

Ziel der technischen Realisierung war es, den Anwendern höchstmögliche Leistungsfähigkeit und Verfügbarkeit zu liefern. Zusätzlich sollten lokale Aufwände in den Instituten so gering wie möglich gehalten werden. Dazu wurde eine Server-Based-Computing-Lösung (SBC) realisiert, die weder Änderungen an der Netzwerkstruktur, Firewall Konfiguration o. ä. noch die Installation aufwendiger Clientsoftware in den Instituten erfordert. Die Umsetzung erfolgte in einer dem heutigen technischen Stand entsprechenden sicheren und verfügbaren Umgebung. Besonderes Augenmerk wurde auf die Benutzerverwaltung gelegt, die nach Log-in per Zertifikat der Fraunhofer-Gesellschaft eine transparente Abbildung der Benutzer unter Einbeziehung des Fraunhofer-Directory realisiert. Dadurch werden keine zusätzlichen Account Daten erzeugt. Als Präsentationsschicht kommen sowohl Citrix Presentation Server als auch asp.NET auf IIS-Servern zum Einsatz. Die Sicherheit ist durch die Verwendung von SSL-VPN basierend auf den Zertifikaten der Fraunhofer-Gesellschaft etabliert worden. Alle Anwender arbeiten mit einer identischen, zentral gepflegten Applikation, sodass divergierende Versionsstände ausgeschlossen sind. Anstelle der Distribution kumulativer Aktualisierungspakete werden Updates zudem zeitnah zentral installiert, wobei dennoch geschäftskritische Daten sicher im internen Netz verbleiben. Wie oben erwähnt, profitieren die Anwender davon, dass eigene Administrations- und Installationsaufwände weitestgehend entfallen und die Applikation zudem auch von Systemen aus nutzbar ist, die die Anforderung der Applikation selbst nicht erfüllen (z. B. zu geringe Hardwareanforderungen, abweichende Version von Windows® oder etwa ein anderes Betriebssystem wie Linux®, UNIX® oder Mac OS®).
GEVIS II besteht aus einer Management-Komponente, dem sogenannten GEVIS II Management Studio sowie einer Abfragekomponente, dem GEVIS II Webinterface. Beide sind durchgängig auf Basis des Microsoft.NET Frameworks realisiert worden.
Das GEVIS II Management Studio ermöglicht die Konfiguration der relevanten Daten in einer mandantenfähigen Struktur. Die Daten werden in einer Microsoft SQL-Server Datenbank persistent abgelegt. Alle Daten aus dem bisher genutzten System GEVIS sind dabei komplett migriert worden. Den Mitarbeitern in den einzelnen Instituten wurde durch eine ergonomische, intuitive Benutzerführung der Zugang zu relevanten Informationen bezogen auf die jeweiligen Arbeitsplätze und den dort eingesetzten Gefahrstoffen signifikant erleichtert.

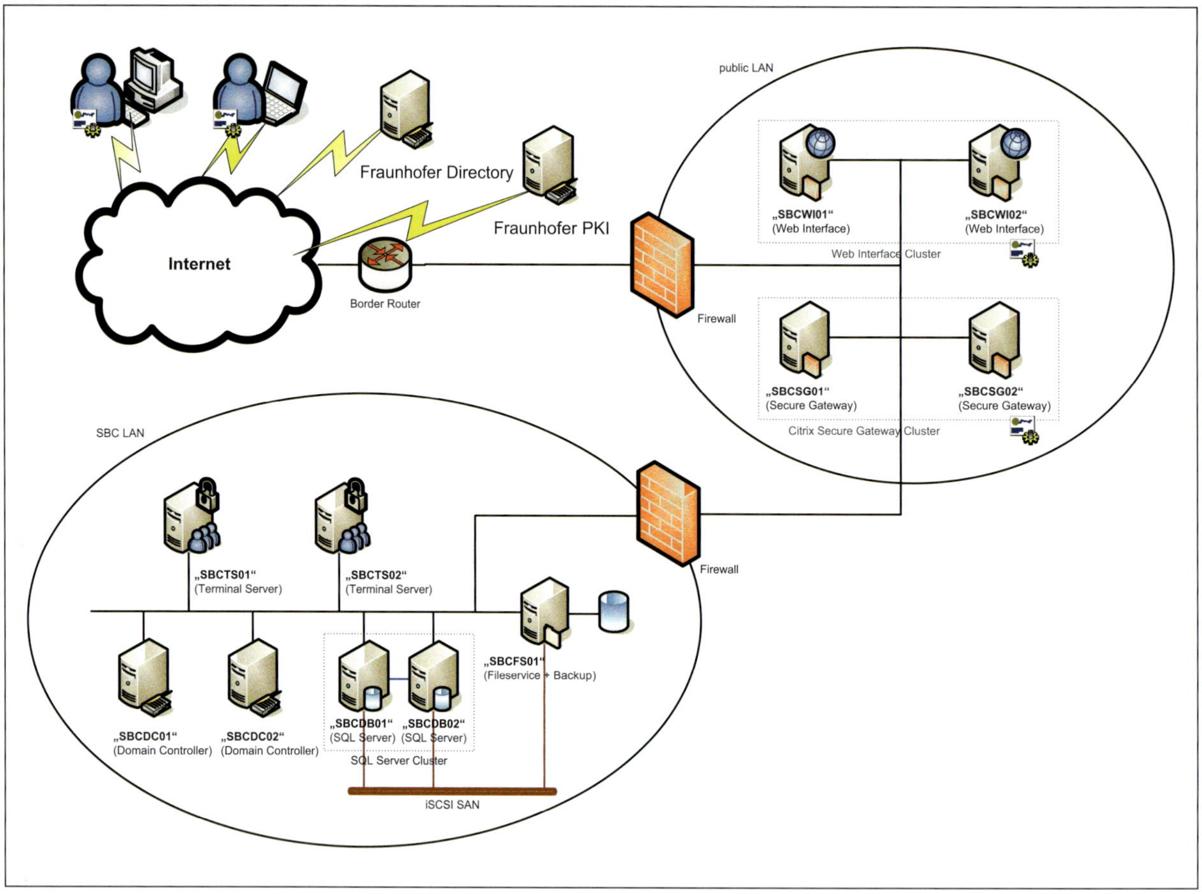

Abb. 1 Betriebskonzept GEVIS II

4.2 Aus Sicht der Anwender

Informationsverteilung und -lenkung – So viel wie nötig, so wenig wie möglich

GEVIS wurde vor dem Hintergrund einer gemischt zentralen/dezentralen Umsetzung der Gefahrstoffverordnung in der Fraunhofer-Gesellschaft entwickelt.

Die zentral organisierte Basis ist die vom Vorstand beauftragte Kernarbeitsgruppe am Fraunhofer-Institut für Molekularbiologie und angewandte Ökologie IME, die die grundlegenden Stoffdaten bereitstellt bzw. bewertet.

Die dezentralen Einheiten legen institutsspezifische Bereiche an. Die jeweiligen Gefahrstoffbeauftragten halten die Daten vor Ort auf Stand. Alle im Institut durchzuführenden Aufgaben (z. B. Erzeugung der arbeitsplatzbezogenen Betriebsanweisungen) werden durch diese Experten gesteuert.

GEVIS nutzt dabei die Kernkompetenzen aller am System Beteiligten:

- das IME und dessen Erfahrungen und Spezialwissen im Bereich der Stoffe, im Besonderen deren Bewertung und Einstufung
- die Gefahrstoffbeauftragten und deren einsatzspezifisches Wissen über Anwendung und Lagerung in den Instituten
- die Laborbeauftragten sowie die Mitarbeiter und deren anwenderseitige Kenntnisse über die Wirkungsbereiche der Stoffe.

GEVIS folgt strikt dem Prinzip, jede Information nur einmal im System zu speichern. Den hierarchischen Strukturen der Arbeitsbereiche, Rollen und Organisationsstrukturen folgend werden Informationen genau an die Stelle transferiert, wo sie notwendig oder gewünscht sind.

Folgende Basiselemente werden dazu im GEVIS vorgehalten:

- Stoffe
- Betriebsanweisungen
- Sicherheitsdatenblätter
- Unterweisungen

- Grundlagen zum Gefahrguttransport
- Bereiche (Arbeitsplätze, Räume, Schränke etc.)
- Arbeitsmittel
- Mitarbeiter
- Untersuchungen
- Unterweisungen
- Organisationseinheiten
- Persönliche Schutzausrüstung.

Mehrwert durch Verknüpfen – Wer hat wo Kontakt?

Aus vorab genannten Basiselementen wird im GEVIS durch institutsseitiges Verknüpfen untereinander ein Abbild der realen Zusammenhänge. Durch triviales Verbinden von Elementen wird mithilfe von GEVIS ein Mehrwert generiert, der z. B. die Gefahrstoffbeauftragten mit einem Mausklick darüber in Kenntnis setzt, welche Personen am Institut mit krebserzeugenden Stoffen potenziell in Kontakt kommen oder welche Mitarbeiter aufgrund ihres Kontakts mit Stoffen möglicherweise eine besondere arbeitsmedizinische Untersuchung durchlaufen müssen bzw. ein entsprechendes Angebot erhalten müssen.
Ermöglicht wird das Zusammenstellen dieser Informationen durch kontinuierliche Datenpflege, die z. B. im Bereich der Stoffe das Pflegen von derzeit etwa 315 Stoffeigenschaften erforderlich macht – alle zentral gepflegt und organisiert.

Verschiedene Katasterberichte liefern dem berechtigten Personenkreis Informationen über das Vorkommen von Stoffen, ergänzt durch Angaben zu Mengen und Gebinden. Analog zur hierarchischen Raumstruktur kann der Einstiegspunkt der Betrachtung frei gewählt werden. Zum Beispiel findet eine Aggregation von Mengen entsprechend der Struktur der Lagerbereiche statt. So kann labor-, gebäude- und institutsspezifisch oder auch fraunhoferweit der Einsatz bestimmter Stoffe ermittelt werden.

Zentral – Dezentral oder: Vom Allgemeinen zum Individuellen

In Abhängigkeit von der gewählten Systemstruktur können die einzelnen Mandanten das System auf Basis der zentral bereitgestellten Informationen für ihren operativen Betrieb anpassen, z. B. durch Anlegen zusätzlicher Eigenschaften bei den Stoffdaten oder durch die Einbindung betriebsspezifischer Dokumente.
Ein umfangreiches Rollenkonzept steuert die Zugriffsberechtigungen auf die im System hinterlegten Daten. Institutseigene Eigenschaften, z. B. zusätzliche Angaben zu Stoffen, sind voll in GEVIS integriert. Das bedeutet, dass sowohl bestimmte Berichte als auch die Suchfunktionalität diese Eigenschaften ohne Anpassung der Softwarebasis mit aufnehmen. Selbstverständlich bleiben institutsspezifisch ergänzte Eigenschaften für andere Institute verborgen.

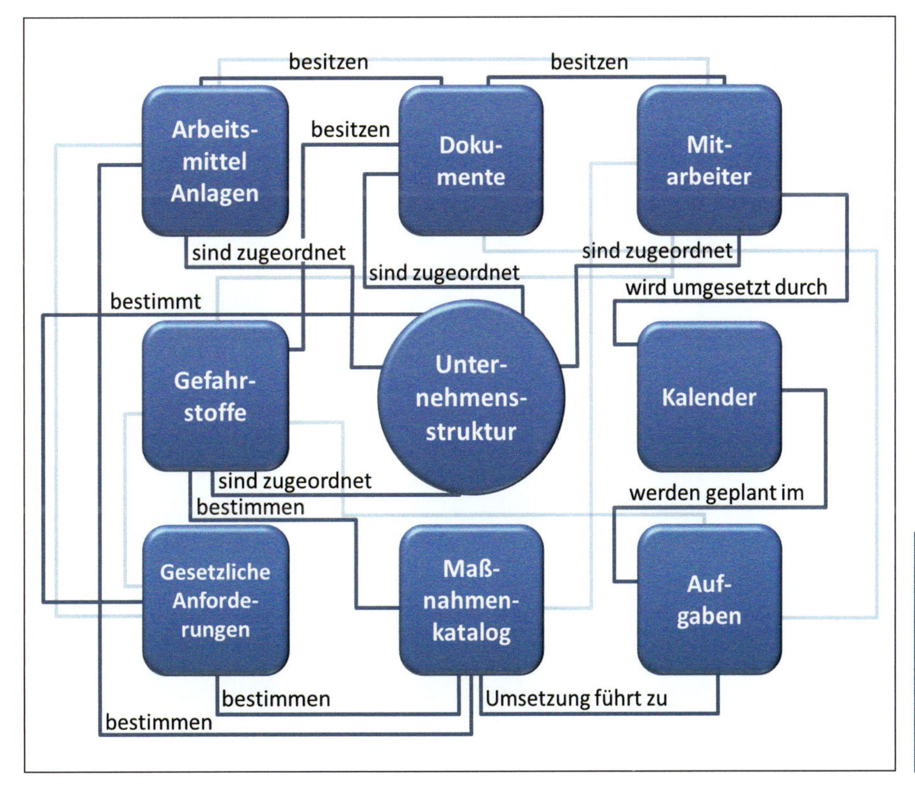

Abb. 2 Verknüpfung von Elementen

Dokumente – Immer dabei

Im GEVIS II Management Studio können allen Stoffzuordnungen, Bereichen, Mitarbeitern etc. beliebige Dokumente zugeordnet werden, die kontextsensitiv abrufbar sind. Die Bereitstellung erfolgt dezentral. Sofern ein bestehendes Dokument gegen eine aktualisierte Version ausgetauscht wird, bleiben die bestehenden Verbindungen davon unberührt. Mithilfe der Dokumentenzuordnung können Sicherheitsdatenblätter bereitgestellt werden, Unterweisungshistorien gepflegt werden oder für Untersuchungen notwendige Formulare vorgehalten werden – stets in aktueller Version. Auch auf dieser Ebene erfolgt eine granulare Zugriffssteuerung.

Unterweisungen und Untersuchungen – Immer auf Stand

Pflichten für Unterweisungen und Vorsorgeuntersuchungen werden im GEVIS II durch einen Mausklick erkennbar. Im Falle von Unterweisungen wird direkt an den nächsten Vorgesetzten eine Aufgabe „Durchführung von Unterweisungen" weitergeleitet. Hierdurch ergibt sich ein dichtes Netz an Verknüpfungen, das hervorragend geeignet ist, in Verbindung mit den entsprechenden organisatorischen Regelungen die Erfüllung der gesetzlichen Anforderungen zu unterstützen.

Betriebsanweisungen und Sicherheitsdatenblätter

Neben den Stoffdaten werden auch Betriebsanweisungen zentral bereitgestellt. Dieser Service führt an den Instituten zu einer enormen Entlastung. Aus der zentral zur Verfügung gestellten „Roh-Betriebsanweisung" kann eine sogenannte „Instituts-Betriebsanweisung" extrahiert werden, die wiederum zu einer arbeitsplatzspezifischen Betriebsanweisung führt. Das Vorgehen wird durch eine hochergonomische Komponente, die neben notwendigen Symbolbibliotheken auch passende Textbausteine liefert, effizient unterstützt.
Ähnliches gilt für das Bereitstellen der Sicherheitsdatenblätter. Ein Sicherheitsdatenblatt, das von einem beliebigen Institut zur Verfügung gestellt wird, kann nach Prüfung für alle Beteiligten zugänglich gemacht werden. Die aufwendige Beschaffung dieser notwendigen Dokumente entfällt für alle anderen Nutzer.

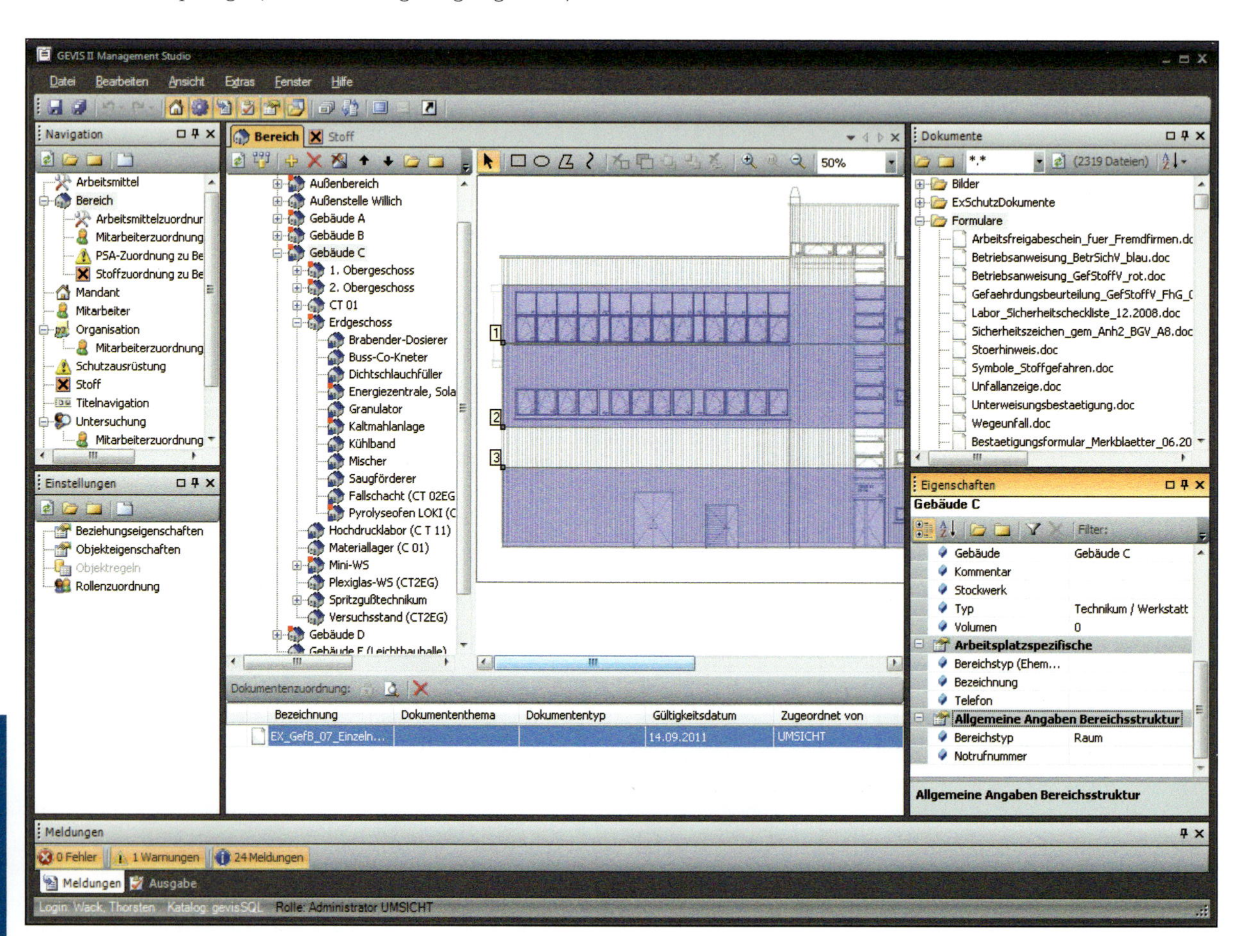

Abb. 3 GEVIS II Management Studio

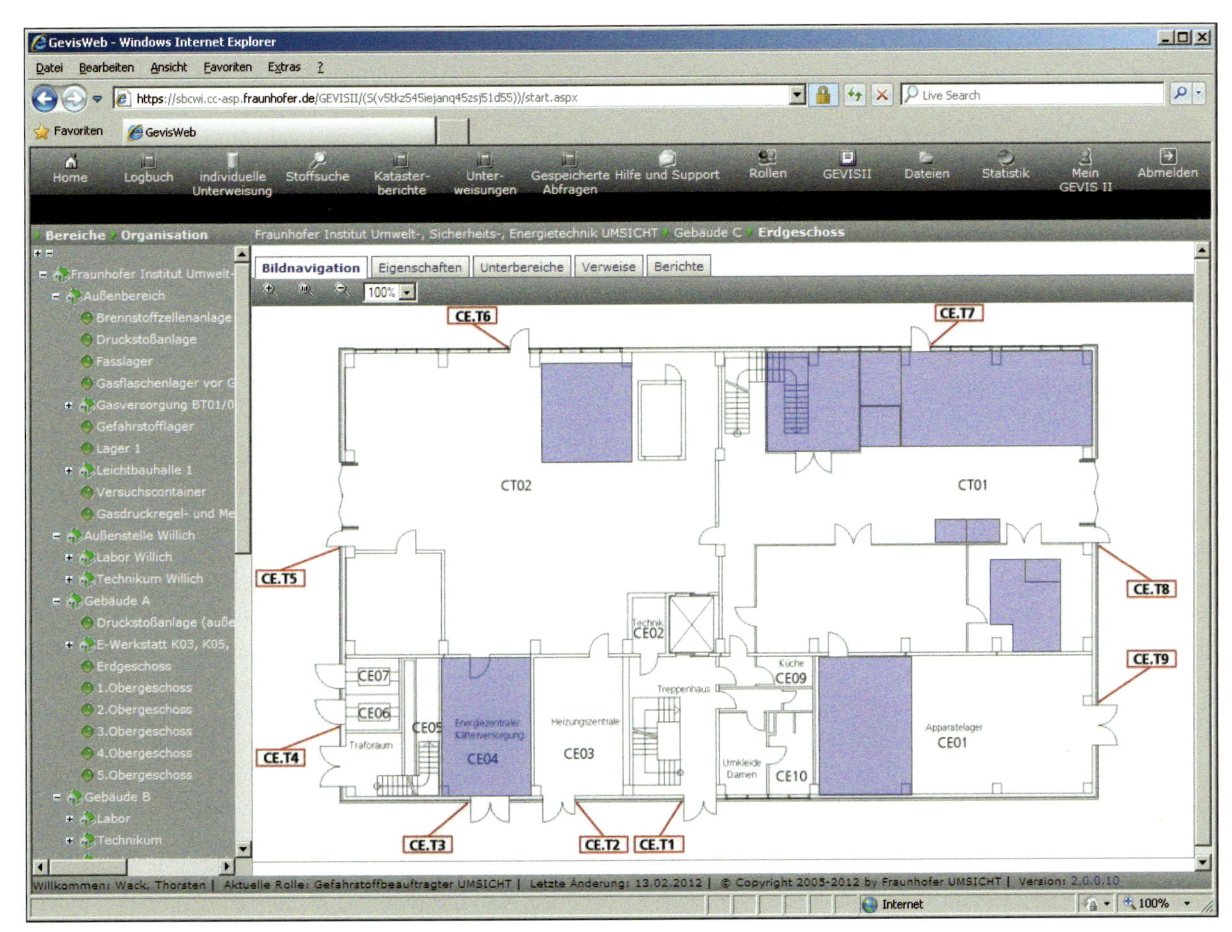

Abb. 4 GEVIS II Webinterface

Gefahrguttransport – Darf ich das transportieren?

GEVIS II verfügt über einen Assistenten, der bei der Erstellung des Beförderungspapiers oder bei der Anwendung der Kleinstmengenregelung Hilfestellung bietet. In kürzester Zeit lässt sich mit GEVIS II erkennen, ob ein geplanter Gefahrguttransport den ADR-Grundsätzen hinsichtlich der 1000-Punkte-Regelung entspricht.

Bedienungskonzept – So einfach ist das

Die Pflege und Bearbeitung der Daten erfolgt im GEVIS Management Studio (Abb. 3), Abruf bzw. Visualisierung im GEVIS-Webinterface (Abb. 4). Die Eingabe und Pflege der Daten in den Instituten wird in erster Linie von den Gefahrstoffbeauftragten bzw. von den von ihnen Delegierten vorgenommen.

Der Datenzugriff im GEVIS-Webinterface erfolgt ebenfalls analog zum Rollenkonzept. Der Zugang zu Katasterberichten ist für Gefahrstoffbeauftragte gegeben, für Mitarbeiter ohne Berechtigung jedoch verborgen. Der Zugang zu Dokumenten ist für Mitarbeiter frei, die dem betrachteten Bereich zugeordnet sind.

Rollenkonzept – Nicht alles ist erlaubt

Das im GEVIS bewährte Rollenkonzept unterstreicht die oben beschriebene Aufteilung der zentralen Bereitstellung und dezentral organisierten Nutzung und Lenkung der Informationen.

Das Konzept reicht vom Mitarbeiter mit ausschließlich lesenden Rechten in ausgewählten Bereichen bis hin zum GEVIS II-Nutzer mit administrativen Rechten zur vollständigen Bearbeitung aller Inhalte und Funktionen.

Die Vergabe der Rechte erfolgt auf Basis einer Vererbungsstrategie. Nutzer mit bestimmten Rechten sind befugt, eigene Rechte vollständig oder eingeschränkt an andere Personen weiterzugeben. So bleiben beispielsweise Lagerorte brisanter Stoffe vor unautorisiertem Zugriff verborgen.

Wiederherstellungsfunktion – Nichts geht verloren

Im Falle einer Fehlbedienung bzw. eines versehentlichen Löschens ganzer Bereichsstrukturen innerhalb eines Instituts kann der Zustand eines einzelnen Instituts zu einem frei wählbaren Zeitpunkt regeneriert werden. Dabei kann jeder Anwender die von ihm selbst getätigten Eingaben zurücknehmen, ohne dabei Transaktionen anderer Anwender zu tangieren.

Stoffe suchen und finden

Die GEVIS II Stoffdatenbank mit ca. 28.000 Stoffen bietet sich über die Verwendung aus dem Blickwinkel der Gefahrstoffbeauftragten hinaus als fundierte Fachinformationsquelle an. Um beispielsweise wissenschaftlich arbeitende Nutzer zu unterstützen, wurden hochfunktionale Suchmöglichkeiten implementiert, die über die Fähigkeiten gängiger Systeme hinausgehen. Beispielsweise sind Suchanfragen per Intervalldefinition in Kombination mit variablen Suchoperatoren anwendbar, die z. B. für das Auffinden von Substituten unumgänglich sind.

Technische Anforderungen – kein Aufwand für die Institute

Das bestehende System GEVIS ist aktuell in den meisten Instituten im Einsatz. Der Betrieb erfolgt via Terminal-Server – eine Vor-Ort-Installation an den Arbeitsplatzrechnern entfällt somit. Updates erfolgen von zentraler Stelle in Oberhausen. Ein Eingriff in die betriebseigenen IT-Strukturen entfällt. Kein Download, kein Versand auf CD, kein Aufwand.
Die eingesetzte Technik erlaubt die schrittweise Erweiterung des Systems entsprechend der Mandantenanzahl. Um den Zugriff für den Mitarbeiter zu erleichtern, existiert ein grafisch geführter Zugriff begrenzt auf die erforderlichen Informationen und Schaltflächen sowie eine Managementumgebung für die beauftragten Personen.

4.3 Mobile Clients

An vielen Instituten wird das Management Studio vom Gefahrstoffbeauftragten hauptsächlich zur Pflege von Stoffen und der Zuordnung von Mitarbeitern zu Arbeitsplätzen benutzt. Alle anderen Mitarbeiter des Instituts nutzen das GEVIS-Web, um ebensolche Stoffinformationen bezogen auf Mitarbeiter und Arbeitsplätze abzufragen. Viele dieser Arbeitsplätze liegen im Bereich des Labors und so beschränkt sich häufig die Nutzung von GEVIS II auf die Labormitarbeiter.
Allerdings stehen in vielen Instituten auch Technikumsanlagen, in denen ebenfalls (Gefahr-) Stoffe zum Einsatz kommen. Ein Arbeitsplatz an einer Technikumsanlage ist durchaus mit einem Laborarbeitsplatz vergleichbar. So liegt es nahe, den Einsatzbereich von GEVIS II auch auf Technikumsanlagen auszuweiten.
Einem Arbeitsplatz können in GEVIS II verschiedene Informationen zugeordnet werden: Zum einen Stoffe, Mitarbeiter und Betriebsanweisungen aber auch Dokumente in jedweder Form, beispielsweise ein Formular zur Unterweisung oder die eingescannte Unterweisung selbst aber auch Wartungs- und Bedienungsanleitungen von Anlagen.
Diese anlagenspezifischen Dokumente liegen mittlerweile häufig in elektronischer Form vor und können in GEVIS II strukturiert abgelegt und genutzt werden. Auch stehen sie allen Mitarbeitern an einer zentralen Stelle zur Verfügung. Durch den konsequent eingehaltenen Ansatz, Daten in einer mandantenfähigen Struktur abzulegen, haben Institute nur Einblick in die eigene, mit Daten hinterlegte Struktur. Eingeschränkt ist der Mitarbeiter allerdings darin, dass er die Informationen nur an seinem Computer am Büroarbeitsplatz abrufen kann. Aus diesem Grund wurde ein stationärer Computer Terminal Stand im Technikum eingerichtet, auf dem man das GEVIS II abrufen kann.

Abb. 5 Mitarbeiter am stationären GEVIS II Terminal im Technikum

Abb. 6 GEVIS II WebInterface auf einem mobilen Endgerät

Zusätzlich wurde das WLAN-Netz des Instituts auf das Technikum erweitert, sodass auch die Nutzung von GEVIS II auf einem mobilen Endgerät möglich ist. Der Mitarbeiter hat nun die Möglichkeit, das Gerät direkt mit zu seiner Anlage zu nehmen. Die für seine Arbeit relevanten Informationen hat er dort direkt und ortsunabhängig vorliegen. Dies macht in den meisten Fällen ein Ausdrucken der Dokumente überflüssig.

Es handelt sich um eine sehr praktikable Lösung, die den großen Vorteil bietet, mit einer entsprechenden Hardware einen direkten Zugriff auf anlagenspezifische Dokumente zu haben. In der Vergangenheit musste der Mitarbeiter oftmals einen Aktenordner zunächst aus seinem Büro holen, um spezifische Daten nachzuschlagen.

Als sehr praxisnah hat sich die Kombination von stationärem Stand und mobilem Endgerät erwiesen. Der stationäre Stand bietet permanent die Möglichkeit auf die Dokumente zuzugreifen, auch wenn der Tablet PC gerade nicht zur Hand ist, wogegen der Tablet PC im Einsatz an der Anlage sehr viel mehr Flexibilität bietet.

Bei Fraunhofer UMSICHT hat die Anlagendokumentation im Technikum und Labor mit GEVIS II die Alltagstauglichkeit bewiesen und wird weiter ausgebaut.

4.4 Fazit

Die statistische Auswertung von Mandanten, Stoffen und Verknüpfungen im GEVIS II-System zeigt ein stetiges Wachsen des Systems über Jahre. Auch Fraunhofer Institute, die bisher ein eigenes System betrieben haben, stoßen nach einiger Zeit zur GEVIS II Anwendergemeinschaft hinzu. Die Vorteile, auf eine zentrale Datenbasis zuzugreifen, die von einem ausgewählten Institut bereitgestellt und gepflegt wird, überwiegen und erhöhen die Akzeptanz seitens der Anwender innerhalb der Fraunhofer-Gesellschaft kontinuierlich. Dies spiegelt sich auch auf den regelmäßig stattfindenden Anwendertreffen wider. Die offene Programmgestaltung, die ein Maximum an Individualität zulässt, ist dabei der Schlüssel des Erfolgs. Die Institute ähneln sich zwar in ihrer äußeren Struktur, sind jedoch in ihrer Organisation und ihrem Aufbau durchaus unterschiedlich. GEVIS II vereint hier die Strukturen und lässt genügend Freiraum für spezielle Anforderungen eines jeden Instituts. Somit ist das GEVIS II-System eine Erfolgsgeschichte im Bereich von Arbeitssicherheit und Umweltschutz in der Fraunhofer-Gesellschaft.

GEVIS in Zahlen

28 300	Stoffe, Gefahrstoffe und Zubereitungen
315	Stoffeigenschaften
887 000	Stoffattribute
76	Institute bzw. Institutsteile
51900	Mitarbeiter
17 700	Betriebsanweisungen
24 200	Zuordnungen Mitarbeiter-Bereich
57 200	Zuordnungen Stoff-Bereich

Index

A

B

C

D

E

F

G

L

M

N

O

P

Q

R

S

T

X

Z